数学天元基金资助项目

现代数学译丛 40

分数阶积分和导数
理论与应用

Fractional Integrals and Derivatives
Theory and Applications

〔俄〕史蒂芬·G. 萨姆科 (Stefan G. Samko)

〔白〕阿纳托利·A. 克尔巴斯 (Anatoly A. Kilbas)　　著

〔美〕奥列格·I. 马里切夫 (Oleg I. Marichev)

李常品　李东霞　译

U0200549

科学出版社

北　京

图字: 01-2022-4671 号

内 容 简 介

本书是 Stefan G. Samko, Anatoly A. Kilbas, Oleg I. Marichev 所著英文专著 *Fractional Integrals and Derivatives: Theory and Applications* 的中文翻译版本. 书中阐述了几乎所有已知的分数阶积分-微分形式, 并对它们进行了相互比较, 强调了一个函数能否被另一个函数分数阶积分表出的问题, 突出了已知函数的分数阶积分可表示性问题比它的分数阶导数存在性问题更为重要, 揭示了在某种意义下, 函数分数阶导数的存在性等价于其分数阶积分的可表示性, 同时给出了分数阶积分-微分在积分方程和微分方程中的大量应用. 此外, 应原著作者要求, 本书增加了一个附录, 介绍了第三作者及其合作者开发的分数阶微积分的计算机代数系统.

本书可作为数学、物理和工程专业研究生的教材或参考书, 也可供相关科技人员参考.

图书在版编目(CIP)数据

分数阶积分和导数: 理论与应用/(俄罗斯) 史蒂芬 · G. 萨姆科 (Stefan G. Samko) 等著; 李常品, 李东霞译. —北京: 科学出版社, 2025.1
书名原文: Fractional Integrals and Derivatives: Theory and Applications
ISBN 978-7-03-078556-5

Ⅰ.①分… Ⅱ.①史… ②李… ③李… Ⅲ.①微积分②导数 Ⅳ.①O172 ②O172.1

中国国家版本馆 CIP 数据核字 (2024) 第 102004 号

责任编辑: 胡庆家 李 萍 贾晓瑞 李香叶 / 责任校对: 彭珍珍
责任印制: 张 伟 / 封面设计: 陈 敬

科学出版社 出版
北京东黄城根北街 16 号
邮政编码: 100717
http://www.sciencep.com
北京中科印刷有限公司印刷
科学出版社发行 各地新华书店经销
*
2025 年 1 月第 一 版 开本: 720×1000 1/16
2025 年 1 月第一次印刷 印张: 62 1/4
字数: 1 252 000
定价: **298.00 元**
(如有印装质量问题, 我社负责调换)

译 者 序

分数阶 (次) 积分和导数 (简称为分数阶微积分) 是数学分析的一个重要分支, 主要用于刻画历史依赖性和空间全域相关性 (有时又称为长距离相互作用). 其理论可以追溯到 1695 年 9 月 30 日 Leibniz 写给 L'Hôpital 的一封信中所讨论的关于 1/2 阶导数的可能性. Leibniz 的这一想法促使了任意阶积分和任意阶导数理论的出现, 但直到 19 世纪才被 Liouville, Riemann, Grünwald 和 Letnikov 等初步完成. 虽然分数阶积分和导数与整数阶积分和导数 (简称为微积分) 有着几乎相同的历史, 但在介绍微积分时, 总是先导数后积分, 而介绍分数阶微积分时顺序正好相反, 即先分数阶积分后分数阶导数. 特别是, 自分数阶微积分诞生至 20 世纪 70 年代, 分数阶积分和导数除了在流变学中的零星应用外, 主要是作为数学领域的纯理论而被数学家所使用.

20 世纪 70 年代后, 分数阶积分和导数逐渐引起了应用科学家和工程师的关注, 这主要由于历史依赖性、空间全域相关性、反常物理特性和反常动力学行为等的数学建模需要用到分数阶导数/积分, 反过来又极大地促进了数学家对分数阶积分和导数的重新认识和研究. 目前国际上如美国、法国、德国、俄罗斯、意大利、西班牙、澳大利亚、斯洛伐克等国家的学者对分数阶积分和导数的理论、应用和计算产生了浓厚的兴趣并做了不少工作.

相比欧美学者, 中国/华人学者在分数阶积分和导数方面的研究要晚得多, 据查, 20 世纪 80 年代前做过分数阶微积分研究的学者如下: 程民德[①]与陈永和于 1956 年研究了多元函数的分数阶积分及其在逼近论中的应用 (Bull. Acad. Polon. Sci. Cl. III. 4 (1956), 639-641), 1957 年研究了多元周期函数的非整数次积分与三角多项式逼近 (北京大学学报 3 (1957), no. 3, 259-279); 程民德和邓东皋于 1979 研究了 L^p 空间中多元周期函数的非整数次积分 (科学通报 24 (1979), no. 18, 817-820); 程毓淮[②]于 1961 年提出了一种分数阶积分进而定义了分数阶导数 (Comm. Pure Appl. Math. 14 (1961), 229-255), 用于求混合型偏微分方程的整体解, 该分数阶

[①] 英文名 Cheng Min-Teh, Cheng, Min De, 1980 年当选为中国科学院学部委员 (院士). 1917 年生于苏州, 在美国普林斯顿大学 Salomon Bochner 的指导下, 于 1949 年获得博士学位. 先后在普林斯顿大学、北京大学工作, 1998 年逝世于北京.

[②] 英文名为 Chen Yu Why, 当选为中国台湾第四届 (1962 年)"中央研究院院士" (https://academicians. sinica.edu.tw/index.php?r=academician-n%2Fd&_lang=ch). 1910 年生于南通, 在德国哥廷根大学 Richard Courant 的指导下, 于 1934 年获得博士学位. 先后在北京大学、西南联大、美国柯朗所、普林斯顿高等研究院、俄克拉荷马大学、韦恩州立大学、马萨诸塞大学阿默斯特分校工作, 1995 年逝世于美国.

积分/导数后来被称为 Chen fractional integral/derivative; 李火林 (先后在哈尔滨工业大学、江西工业大学、南昌大学等工作, 在南昌大学工作至退休) 于 1963 年发表了周期函数分数阶积分和导数的性质 (数学进展 6 (1963), no. 2, 187-190); 王斯雷 (先后在杭州大学、浙江大学工作, 在浙江大学工作至退休) 于 1964 年对上文给出了一些注记 (数学进展 7 (1963), no. 3, 346-348); 王世全 (英文名 Wong Roderick S. C., 1944 年 10 月生, 籍贯上海, 加拿大皇家科学院院士, 于 1969 年在加拿大阿尔伯塔大学获博士学位, 先后在加拿大曼尼托巴大学、香港城市大学工作, 在香港城市大学工作至退休) 于 1978 年研究了具有对数级数展开的函数的分数阶积分的渐近展开 (SIAM J. Math. Anal. 9 (1978), no. 5, 835-842).

但遗憾的是分数阶积分和导数没有在中国继续研究下去, 也没有引起足够的注意, 因而沉寂了相当长一段时间. 直到 2001 年初, 山东大学徐明瑜 (1939—2014) 系统深入地将分数阶导数应用于力学模型解决实际问题. 在同一时期, 李常品致力于分数阶微分方程的动力学分析、计算和应用的研究. 他们是国内自主致力于研究分数阶积分和导数及其应用的学者, 并培养了一批学生, 这些学生逐渐成长为国内分数阶积分和导数研究领域的生力军. 2002 年 6 月, 澳籍学者刘发旺回国在厦门大学工作, 组织了分数阶微分方程数值解讨论班并培养了不少学生, 2006 年他又返回到澳大利亚继续该课题的研究. 2004 年, 陈文 (1967—2018) 从国外回来于北京应用物理与计算数学研究所工作两年之后, 调入河海大学, 致力于力学与工程中的分数阶导数建模的研究并培养了不少学生. 自此, 国内掀起了分数阶积分和导数及其应用的研究热潮.

在分数阶积分和导数及其应用研究的同时, 伴随着两种思潮: 一种认为分数阶积分和导数无处不在、无所不能; 另一种认为它们没有明显的物理/几何意义, 其分析/计算或已臻成熟, 故无需再研究了. 从科技史和认识论的角度看, 拔高或降低任何一个科学领域, 都不利于人类认识自然和改造自然, 只有全面、细致、深刻地理解了它, 才会作出准确判断.

虽然分数阶积分和导数及其应用研究已取得了长足的进步, 但也出现了一些问题, 主要表现在以下几个方面: 分数阶微分方程的定解问题的不恰当提法; 分数阶导数一般不具有半群性质却没被慎用; 不恰当地将三角函数的整数阶导数推广到分数阶导数; “新” 的分数阶导数/积分的提出, 这些 “新” 导数/积分要么是已有分数阶导数/积分的简单变形, 甚至在相差一个因子的情形下就是整数阶导数/积分, 要么不具备分数阶积分和导数的本质特征 —— 可积奇异性和非局部性; 简单地将整数阶微积分的结论移植到分数阶微积分而导致结果不一定可信; 与分形 (fractals) 概念没有区分开来, 或不恰当地引入分形与分数阶微积分联系, 实际上分形偏重于几何, 而分数阶积分和导数本质上属分析范畴, 它们之间有联系但不等同; 分数阶 Laplace 算子不同定义的混用. 这些问题说明急需一本全面、系统、深入的分数阶积分和导数专著, 以帮助研究人员准确把握其实质并探索出哪些问题有意义并值得研究.

Stefan G. Samko, Anatoly A. Kilbas (1948—2010), Oleg I. Marichev 是苏联科学院院士 Fedor Dimitrievich Gahov 的博士生, Fedor Dimitrievich Gahov 以解决解析函数情形下古典 Riemann 边值问题 (Gahov 学派的习惯称谓) 而著名. 他们三人是该学派的代表人物. 1987 年, Samko, Kilbas 和 Marichev 在苏联 (现白俄罗斯) 明斯克的 Nauka i Tekhnika 出版了将近 700 页的分数阶积分和导数的俄文专著, 随后他们将原内容扩充了近三分之一并于 1993 年在阿姆斯特丹的 Gordon and Breach Science Publishers 出版了将近 1000 页的分数阶积分和导数的英文专著, 该专著是分数阶积分和导数领域里迄今为止唯一系统、深刻、全面的著作, 也是译者研究小组首选的讨论课教材. 原 Gordon and Breach Science Publishers 已加入 CRC 出版社 (现成为 Taylor & Francis 出版集团的一个分支), 而 CRC 已不再出版该英文著作, 也就是说现在已买不到此专著. 鉴于上述原因, 我们立志将英文原著翻译成中文, 呈现在同行面前.

在翻译过程中, 译者始终忠实于原文, 只对极少数定理进行了修正, 对于拿不准的内容, 等有机会再版时澄清. 英文原著中涉及大量英文人名, 考虑到国内学者的英文水平普遍较高, 故没有翻译成中文. 原著中涉及大量参考文献, 只有极少量文献 (大概 19 篇) 没被引用, 我们仍然保留下来, 等再版时在适当地方引用. 另外还对少量文献的作者名、标题、页码等进行了更正, 同时, 若中国/华人学者姓名缩写了, 则将其名字按姓在前、名在后的原则以译者注的形式补充完整, 以突出他们的工作, 当然, 英文原著中还有一些印刷错误, 我们在翻译中进行了逐一修改. 但无论如何, 该英文原著是分数阶微积分研究领域的经典名著, 现将中文版呈现出来, 供国内同行参考. 还有, 文案编辑李萍、贾晓瑞、李香叶已按现行符号将书中的三角函数符号 tg, ctg 改为 tan, cot, 但这不会影响阅读. 阅读此书, 需要具备较好的分析基础和一定的代数基础. 若还有较熟练的运算能力和较好的耐心, 书中的大部分式子可以自行推出. 此外, 原著第三作者 Oleg I. Marichev 及其合作者开发了分数阶微积分的计算机代数系统, 附录中有介绍, 这也是一个不可多得的资源.

在翻译原著过程中, 中国科学院院士周向宇研究员给予了大力支持和鼓励, 在此表示感谢. 除此之外, 下列专家阅读了部分或全部译稿并给予了修改意见, 他们是 (按姓氏首字母排序): 中国科学院数学与系统科学研究院白中治、美国加州大学默塞德分校陈阳泉、伊利诺伊理工学院段金桥、普渡大学沈捷、南卡罗来纳大学王宏等教授, 在此表示感谢. 同时还要感谢中国科学院院士北京应用物理与计算数学研究所郭柏灵研究员、美国工程院院士布朗大学 George Em Karniadakis 教授、保加利亚科学院 Virginia Kiryakova 教授、美国 Wolfram Research 公司 Oleg

I. Marichev 教授、斯洛伐克科希策技术大学 Igor Podlubny 教授、葡萄牙埃尔加夫大学 Stefan G. Samko 教授、白俄罗斯 Tamara Sapova 女士 (英文原著第二作者的遗孀)、俄罗斯沃罗涅日国立大学 Elina Shishkina 教授, 以及中国科学院院士、北京师范大学-香港浸会大学联合国际学院汤涛教授的支持. 译者对其博士生李东霞 (本书的第二译者) 的任劳任怨和卓有成效的合作深表感谢. 蔡敏博士通读了译稿全文并给出了有价值的修改意见, 在此表示感谢. 责任编辑胡庆家先生在出版过程中鼎力相助, 三位文案编辑仔细阅读译稿并进行了校正, 在此表示感谢. Olga Y. Kushel 博士 (曾是上海大学同事)、王百桦、杨超三位女士就原著版权问题给予了解答, 在此表示感谢. 最后衷心感谢数学天元基金 (基金号: 12126512) 和国家自然科学基金 (项目号: 11872234) 的大力支持.

译著中不足之处在所难免, 恳请读者批评指正.

李常品

2023 年 9 月 27 日于上海大学

俄文版序言

分数阶微分和积分的概念通常与 Liouville 的名字联系在一起. 然而, 微分学和积分学的创立者不仅考虑到整数阶, 还考虑到分数阶. 在阅读此书时, 我们会了解到分数阶导数是 Leibniz 的研究课题. Euler 也对其感兴趣. Liouville, Abel, Riemann, Letnikov, Weyl, Hadamard 以及许多其他过去和现在的著名数学家对分数阶积分-微分的发展产生了影响. 现在分数阶微积分已经成为数学分析中的重要课题.

整数阶积分和导数是指分析中通常的积分和导数. 但在分数阶情况下, 积分和导数表现出了其独特性. 由于在不同情形下自然地出现了各种各样的修正, 因此需要研究这些修正之间的联系.

分数阶导数和积分有很多用途, 它们本身也是因某些应用需求而产生的.

虽然分数阶导数和积分方面有很多独特的研究论文, 但从未出版过这样的专著. 该书恰好填补了这一空白. 它由著名的数学分析专家——S.G. Samko 教授 (罗斯托夫国立大学) 以及 A.A. Kilbas 和 O.I. Marichev 博士 (白俄罗斯国立大学) 共同撰写而成.

这部专著广泛而详细地阐述了分数阶积分-微分的数学研究现状.

作者们对分数阶积分和微分理论做出了宝贵贡献, 因此自然地, 他们的研究成果在此书中占据了相当一部分篇幅.

该书的结构如下. 每一章的主要小节使读者熟悉基本问题. 虽然读者有时需要参考原始资料, 但通常情况下, 一般性定理均给出了完整证明. 所有章节都包含一份带有结果和来源的历史概述. 其中的许多结论作为正文的补充内容给出了, 但没有证明.

该书中一部分内容专门讨论单变量的情形, 其余部分讨论多变量的情形. 多维情形尤其有趣. 只有在特殊情况下, 它才能简化为一维已知结果的组合. 在多变量情形下, 考虑了诸如分数阶积分-微分、Riesz 理论、超奇异积分、Bessel 分数阶积分-微分、双曲微分算子和抛物微分算子的分数次幂等内容.

该书还有一章专门讨论具有幂核或对数幂核的积分方程. 这里已经讨论的积分-微分算子用于求解相当一般的积分方程. 在讨论过程中, 运用 Muskhelishvili 和 Gahov 的经典结果是显然的. 该专著的作者来自 Gahov 学派, 是这些方法的大师, 他们与这些方法的发展有很大关系.

除此之外, 该书还包含大量的核中含有特殊函数的第一类积分方程理论, 其解通过分数阶积分-微分求得. 在最后一章中, 给出了分数阶微积分在微分方程的一些问题中的应用.

该专著的表述使用了基于微分和积分知识的简单日常用语, 一般在物理、数学和工程学院的授课范围内. 这使得本书对广大读者来说容易理解. 对数学分析感兴趣的人都会觉得这本书有趣. 它可以作为与分数阶积分和微分思想相关的问题的引论. 毫无疑问, 该书对专家来说既可作为带有大量参考书目的专著, 也可作为研究对象.

我相信这本专著会取得成功. 祝它好运.

S.M. Nikol'skii 院士
斯捷克洛夫数学研究所
莫斯科

英文版前言

本书不仅包含对分数阶微积分主要原理有条理的介绍, 还包含关于分数阶积分-微分的众多特殊研究的综述. 因此, 在将本书翻译成英文时, 我们无法避免地在这些综述中加入 1987 年本书俄文版发行后出现的论文. 这并不是一项容易的任务, 因为分数阶微积分的发展并没有停止过. 例如, 我们可以参看 1989 年在东京举行的第三届分数阶微积分会议的会议论文集《分数阶微积分与应用》(K. Nishimoto 编辑, 日本大学, 日本, 1990 年), 以及英文翻译版的参考文献中新出现的大约四百篇参考文献. 因此, 英文版的扩展主要源于 §§ 4, 9, 17, 23, 29, 34, 39 和 43 中的综述. §§ 23 和 29 中增加了很多内容, § 43 中的某些部分重写了. 所有综述, 包括补充部分, 都是理论性方面的. 本书不关心分数阶分析的应用层面, 诸如在工程、建模、力学等领域中的应用. 但我们提请读者注意论文 Simak [1987], Bagley [1990] 以及在俄文版之后出版的书 Gorenflo and Vessella [1991]. 在这些出版物中可以找到大量应用方面的参考文献.

我们引用参考文献的方式是在历史注记中 (§§ 4.1, 9.1, 17.1, 23.1, 29.1, 34.1, 39.1, 43.1) 强调发表年份. 在正文和评述中 (§§ 4.2, 9.2, 17.2, 23.2, 29.2, 34.2, 39.2, 43.2), 除少数可能很重要情况外, 不标明出版年份. (在翻译过程中, 文献引用都加了年份, 便于查阅和引用——译者注)

本书的正文也有一些细微的改动. 这些改动要么与新信息有关, 要么是为了改进表述方式.

俄文版由 S.G. Samko (俄文版前言, 历史简述, 俄文版序言, §§ 2, 4—9, 12—14, 17—20, 22—31) 和 A.A. Kilbas (其余部分) 用英文重写, 我们希望读者能欣赏这一伟大成就.

需要强调的是, 我们的兴趣主要集中在实分析领域. 这就是为什么复平面中的分数阶微积分, 尽管在 § 22 中有所考虑, 但与一个和多个实变量的分数阶分析相比, 在本书中处于次要地位. 尽管如此, 在 § 23 中我们还是对复分析框架下的研究成果做了相当全面的综述.

我们要感谢 R. Gorenflo 教授提供的一些关于近期出版物的有用信息.

最后但同样重要的是, 我们深深地感谢 Galina Smirnova, Yulia Zhdanova, Tatyana Bessonova 和 Igor Tarasyuk. 感谢他们耐心和认真地录入手稿.

俄文版前言

    冠名为分数阶微积分的数学分析领域, 主要处理任意 (实数或复数) 阶导数和积分的理论和应用, 已有相当长的历史, 参见历史简述. 分数阶微积分是一个复杂的课题, 它与函数论、积分方程和微分方程以及其他分析分支的各种问题有着千丝万缕的联系, 在数学分析各个领域的思想和成果的刺激下不断发展. 单变量和多变量函数的分数阶微积分持续深入发展. 许多出版物 —— 过去几年中的数百篇论文 —— 以及专门讨论分数阶微积分问题的国际会议都证明了这一点. 第一届这样的会议在 1974 年举行 (美国纽黑文, 会议论文集《分数阶微积分及其应用》, B. Ross 编辑, Lect. Notes Math., 1975, 第 457 卷), 第二届在 1984 年举行 (英国格拉斯哥, 会议论文集《分数微积分》, A.C. McBride 和 G.F. Roach 编辑, Res. Notes Math., 1985, 第 138 卷). 分数阶分析的发展历史悠久, 但令人惊讶的是很少有专门讨论这一主题的专著出现. 事实上, 世界数学文献无法指出有哪本书能彻底和全面地反映这一理论的成就. 唯一一本专门讨论分数阶微积分的书是由化学应用问题的专家 Oldham and Spanier [1974] 撰写的, 且只包含对该理论的一些经典观点的介绍. 书中主要关注具体函数的分数阶积分和导数的计算, 以及对扩散问题的应用. 以下书籍包含关于分数阶微积分领域某些问题的章节: Zygmund [1965b], Dzherbashyan [1966a], Sneddon [1966, 1979], Butzer and Nessel [1971], Butzer and Trebels [1988], Davis [1927b, 1936], Okikiolu [1971], Samko [1984], Fenyö and Stolle [1963]. 由哥本哈根大学以丹麦文发表的鲜为人知的论文 Marke [1942] 于专家们而言同样有趣. 最后, 我们挑选了一些包含分数阶微积分发展历史纲要的论文. 第一个这样的纲要出现在 Letnikov [1868b] 的论文中. 在 Davis [1927b, 1936], Mikolás [1975], Ross [1975, 1977a,b], Tremblay [1974, pp. 12-19] 的论文中也有关于分数阶微积分的历史纲要. 它们主要关注的是分数阶微积分发展的古典时期.

    也许因为分数阶积分-微分理论在过去的几十年发展非常迅速, 并且分支繁杂, 多变量的情况尤其如此, 从而导致没有一部完整的关于分数阶微积分的专著.

    缺失这样一部专著在某种程度上阻碍了分数阶微积分的发展. 有些基本且重要的结果发表在原始论文中, 其中有些文献难以找到甚至鲜为人知. 这会不可避免地导致科研人员浪费大量精力去获得已知的或很容易从已知结果中推得的结果. 同时也有一些论文包含了由于对该理论基本思想的不正确解释而导致的错误.

事实上, 分数阶微积分的历史上充斥着很多重新发现已知结果的论文, 有些基于与前人相同的方法, 有些则基于不同的方法. 存在各种不同分数阶积分-微分方法, 以及因此产生的分数阶微积分中的不同领域, 使得这种情况变得更为严重. 但很少有这些方法的比较, 且相对来说知之甚少. 而该领域的初学者会经常感到不便. 这种不便是他或她有必要在分数阶积分-微分众多不同定义和数量庞大的出版物面前确定自己的研究目标造成的.

本书作者对积分算子理论、函数论、积分和微分方程以及特殊函数感兴趣, 自 1967 年以来, 他们在研究中一直使用分数阶积分-微分这一工具. 在作者的研究中, 经常需要获得分数阶积分-微分理论中的一些结果, 逐渐地, 至少第一作者的兴趣转向了分数阶微积分 —— 首先是单变量函数情形, 然后从 1974 年开始转到多变量函数情形.

在他们的工作中, 作者们逐渐产生了写一本书的想法, 这本书要反映分数阶微积分的现代状态, 并介绍其在积分算子、积分方程和微分方程中的应用. 广泛的文献检索和对大量论文的分析强化了作者撰写专著的想法. 自 1968 年以来, 第一作者给罗斯托夫国立大学的本科生和研究生讲授单变量和多变量函数的分数阶积分-微分, 这一事实发挥了重要作用.

将迄今为止已知理论的所有重要结果都用完整的证明呈现出来的诱惑是巨大的. 然而, 这样的工作需要多卷来实现. 因此, 作者发现从正文中挑选出独特的历史综述部分作为每一章最后一节更为合适. 这些章节 (§§ 4, 9, 17, 23, 29, 34, 39, 43) 对当前章的内容进行历史评注, 包含与该章主题内容相近但未被纳入正文的讨论和结果表述. 这些评注和结果分为若干段, 其条目与相应章节相关. 例如, § 4.1 包含了与第一章相关的历史信息, 由提供该章 §§ 2.1—3.4 中信息的段落组成. 第二小节, § 4.2, 介绍了关于第一章主题和包括 §§ 2.1—2.7 和 §§ 3.1—3.4 中结果的相关研究. 作者面临选择正文材料的难题, 而作者的品味自然影响了这种选择. 通常, 各章的正文部分提出的结果都会给出完整的证明.

本书的前五章包含对分数阶积分-微分理论本身的介绍. 第一章—第四章处理单变量函数, 第五章处理多变量函数. 第六章—第八章包含分数阶微积分理论在积分方程和微分方程中的应用. 分数阶积分-微分在多维积分方程中的应用没有在本书中讨论. 这些应用可以在专著 Samko [1984] 中以及综述文章 Samko and Umarkhadzhiev [1985] 中找到.

我们提请读者注意 § 23.3, 其中回答了在第一届分数阶微积分会议 (纽黑文, 1974 年) 上提出的一些问题, 以及 § 9.3, 其中列表介绍了一些基本函数和特殊函数的分数阶积分和导数.

本书给出了大量的参考文献, 涵盖了众多描述理论和应用的出版物. 读者将发现书中参考了许多论文, 这些论文可能对分数阶微积分领域的专家和历史学家来说都是新的.

尽管会偶尔触及算子的分数幂理论, 例如 §5.7, 但作者并不关注此问题, 因为这将使内容偏离主题. 本书还涉及 Boole 和 Heavyside 的符号微积分, 但没有使用多变量 G 函数和 H 函数的思想, 因为这些函数的理论只处于发展的初期.

必须特别强调分数阶积分和导数或 Abel 型方程在应用中的重要性. 这种数学工具在各种科学领域中使用, 如物理学、力学、化学等领域. 在已知的关于等时降落 Abel 问题 (Abel [1881](1823)) 之后, Liouville [1832a] 首次将其应用于几何学、物理学和力学中的问题. 在这些问题中, 我们可以找到关于无限直线导体对磁铁影响的 Laplace 问题、两个这样导体相互作用的 Ampére 问题、与物体引力有关的问题、球中的热分布问题、近似求积的 Gauss 问题等. 在这方面, Letnikov [1874a], pp. 21-44, 对 Liouville 所考虑的应用问题的综述值得阅读.

有许多纯应用性质的论文使用了分数阶微积分的方法, 但本书不涉及除数学外其他领域的应用. 第六章—第八章中介绍的分数阶微积分在积分方程和微分方程中的应用本身具有理论数学性质. 对分数阶微积分纯应用方面感兴趣的读者应参考以下出版物: 前面提及的 Oldham and Spanier [1974], 其中包含章节 "对扩散问题的应用"; 论文 Oldham and Spanier [1976], 其中包含大量应用到化学物理、水文学、随机过程、粘弹性、引力理论等的文章; 《Abel 反演及其推广》一书 (新西伯利亚, 1978 年), 特别是书中的介绍性论文 Preobrazhenskii [1978]; 以及前面提到的第一届分数阶微积分会议论文集. 其他一些出版物也与此相关: 专著 Tseitlin [1984], 特别是 pp. 275-276 中的内容, Yu.I. Babenko [1986], 以及下列论文, Brenke [1922], Rothe [1931], Rabotnov [1948], Bykov and Botashev [1965], Shermergor [1966], Fedosov [1978], Gomes and Pestana [1978], Zâgânescu [1982a,b], Bagley and Torvik [1986], Koeller [1986], Gorenflo and Vessella [1987].

最后需要说明的是, "分数阶" 积分-微分一词在全书中都有使用. 这个词有时会有异议, 因为 "分数阶" 积分-微分的阶数是任意数, 不一定是分数. 但作者认为改变这个历史上确立的术语并不合适.

作者希望成功地介绍分数阶积分-微分的各种方法, 使读者熟悉它们之间的相互联系, 并澄清其中一些方法完全一致的问题, 包括定义域的一致性.

§§ 2, 4—6, 8, 9, 12—14, 17—22 (除 § 18.1 外), 22—31, 以及历史简述由 S.G. Samko 撰写.

§§ 15, 16, 18.4, 32 和 33 由 A.A. Kilbas 撰写.

§§ 7 (除 § 7.1 外), 10, 35—38, 40—42 由 O.I. Marichev 撰写.

§§ 3, 11, 34 由 Samko 和 Kilbas 共同撰写, §§ 39, 43 和 18.1 由 Kilbas 和 Marichev 共同撰写, § 1 由 Samko, Kilbas, Marichev 共同撰写.

B.S. Rubin 阅读了很大一部分手稿, 并给出了一些有价值的建议. Vu Kim Tuan

也阅读了部分章节并给出了建议. 在 § 38 中使用的一些材料由 N.A. Virchenko 提供, § 36 中的部分材料/素材由 Vu Kim Than 提供, § 37.5 和 § 37.6 中的部分材料/素材由 S.B. Yakubovich 提供, § 42 中的部分材料/素材由 V.S. Adamchik 和 A.V. Didenko 提供. 在稿件的准备方面, V.A. Nogin 和 B.G. Vakulov 也给予了专业性的帮助. 以下学者提供了有用的信息并协助作者寻找了一些论文: R.G. Buschman, I.H. Dimovski, B. Fisher, H.-J. Glaeske, R. Johnson, S.L. Kalla, K.S. Kölbig, E.R. Love, A.C. McBride, M. Mikolás, B. Muckenhoupt, K. Nishimoto, S. Owa, B. Ross, M. Saigo, R. Wheeden. 作者向他们表示感谢.

分数阶积分和导数主要形式的符号

$I_+^\alpha \varphi$ —— 左 Liouville 分数阶积分(5.2)

$I_-^\alpha \varphi$ —— 右 Liouville 分数阶积分(5.3)

$I_{a+}^\alpha \varphi$ —— 左 Riemann-Liouville 分数阶积分(2.17)

$I_{b-}^\alpha \varphi$ —— 右 Riemann-Liouville 分数阶积分(2.18)

$I_{a+;g}^\alpha \varphi,\ I_{a+;x^\sigma}^\alpha \varphi$ —— 一个函数关于另一个函数的分数阶积分(18.24), (18.38)—(18.41)

$I_{a+;\sigma,\eta}^\alpha \varphi$ —— 左 Erdélyi-Kober 型算子(18.1), (18.2)

$I_{b-;\sigma,\eta}^\alpha \varphi$ —— 右 Erdélyi-Kober 型算子(18.3), (18.4)

$I_{\eta,\alpha}^+ \varphi,\ K_{\eta,\alpha}^+ \varphi$ —— Kober 算子(18.5), (18.6)

$I_{\eta,\alpha} \varphi,\ K_{\eta,\alpha} \varphi$ —— Erdélyi-Kober 算子(18.8)

$I^\alpha \varphi$ —— Riesz 势(12.1), (25.1)

$I_\pm^{(\alpha)} \varphi$ —— 周期函数的 Weyl 分数阶积分(19.5), (19.7)

$\mathfrak{F}_\pm^\alpha \varphi$ —— Hadamard 分数阶积分(18.42), (18.44)

$J_{a+}^\alpha \varphi$ —— Grünwald-Letnikov 分数阶积分(20.46)

$I_c^\alpha \varphi$ —— Chen 分数阶积分(18.80)

$I_{z_0}^\alpha \varphi,\ I_{\pm,\theta}^\alpha \varphi$ —— 复平面上的 Riemann-Liouville 分数阶积分(22.8), (22.17)—(22.20)

$G^\alpha \varphi$ —— Bessel 分数阶积分(18.61), (27.8)

$G_\pm^\alpha \varphi$ —— 修正的 Bessel 分数阶积分(18.63)

$\mathcal{D}_\pm^\alpha f$ —— Liouville 分数阶导数(5.6), (5.7)

$\mathcal{D}_{a+}^\alpha f,\ \mathcal{D}_{b-}^\alpha f$ —— Riemann-Liouville 分数阶导数(2.22), (2.23), (2.32), (2.33)

$\mathcal{D}_{a+;g}^\alpha f$ —— 一个函数关于另一个函数的分数阶导数(18.29)

$\mathbf{D}_\pm^\alpha f$ —— Marchaud 分数阶导数(5.57), (5.58), (5.80)

$\mathbf{D}^\alpha f$ —— Riesz 分数阶导数(25.59)

$\mathbf{D}_{a+}^\alpha f,\ \mathbf{D}_{b-}^\alpha f$ —— 区间中 Marchaud 分数阶导数的类似形式(13.2), (13.5)

$\mathfrak{D}_{\pm}^{\alpha}f$	— Hadamard 分数阶导数(18.56), (18.57)
$\mathcal{D}_{\pm}^{(\alpha)}f$	— 周期函数的 Weyl 分数阶导数(19.17)
$\mathbf{D}_{\pm}^{(\alpha)}f$	— 周期函数的 Weyl-Marchaud 分数阶导数(19.18)
$f_{\pm}^{\alpha)}$	— Grünwald-Letnikov 分数阶导数(20.7)
$\mathcal{D}_{z_0}^{\alpha}f,\ \mathcal{D}_{\pm,\theta}^{\alpha}f$	— 复平面上的 Riemann-Liouville 分数阶导数(22.3), (22.21)
$\mathcal{D}_c^{\alpha}f$	— Chen 分数阶导数(18.87)
$(E\pm\mathcal{D})^{\alpha},\ (E\pm\mathbf{D})^{\alpha}$	— 修正的 Bessel 分数阶微分(18.71), (18.72)

历 史 简 述

在微积分本身诞生之时, 就有了将微分符号 $\dfrac{d^p f(x)}{dx^p}$ 推广到非整数阶 p 的想法. 历史上记载的讨论这种想法的第一次尝试出现在 Leibniz 的通信里. 在 Bernoulli 给 Leibniz 的一封关于函数积微分定理的信中, 他问这个定理在非整数阶微分情况下的意义. 在 Leibniz 给 L'Hôpital (1695) 和 Wallis (1697) 的信中讨论了考虑 1/2 阶微分和导数的可能性, 参见 Leibniz [1853, pp. 301-302], [1962, p. 25]. 感兴趣的读者可以在 Ross [1977a] 中找到叙述 Leibniz 的通信中有关分数阶微分想法的其他细节.

Euler [1738, p. 56] 迈出了发展分数阶理论的第一步. 他发现对幂函数 x^a 求非整数阶导数 $\dfrac{d^p x^a}{dx^p}$ (p 为非整数) 是有意义的. Laplace [1812, pp. 85, 156] 提出了对可由积分 $\displaystyle\int T(t)t^{-x}dt$ 表示的函数求非整数阶微分的想法. Lacroix [1820, pp. 409-410] 的书里重述了 Euler 的想法, 并给出了导数 $\dfrac{d^{1/2} x^a}{dx^{1/2}}$ 的精确表达式.

分数阶发展的第二步是由 Fourier [1955] 完成的. 他提出了用等式

$$\frac{d^p f(x)}{dx^p} = \frac{1}{2\pi} \int_{-\infty}^{\infty} \lambda^p d\lambda \int_{-\infty}^{\infty} f(t)\cos(\lambda x - t\lambda + p\pi/2)dt \tag{1}$$

定义非整数阶导数的想法 (文中多处出现 D^α, $\dfrac{d^\alpha}{dx^\alpha}$ 等记号, 读者需注意是何种分数阶导数 (非整数 $\alpha > 0$) 或分数阶积分 (非整数 $\alpha < 0$), 并注意积分区间, 否则会误用不存在的关系式——译者注). 这是对任意正数阶导数的第一个定义, 适用于任何充分 "好" 的函数, 不必是幂函数.

上面的例子可以看作分数阶积分-微分的前史. 分数阶微积分真正的历史是从 Abel 和 Liouville 的论文开始的. 在 Abel [1881, 1826] 的论文中, 求解了积分方程

$$\int_a^x \frac{\varphi(t)dt}{(x-t)^\mu} = f(x), \quad x > a, \quad 0 < \mu < 1, \tag{2}$$

该问题与等时曲线 (等时降落) 有关. 尽管等时曲线问题本身对应着 $\mu = 1/2$ 的情形, 但两篇论文都给出了在任意 $\mu \in (0,1)$ 情况下的解. 我们之所以强调这一

点, 是因为人们普遍有一个错觉, 认为 Abel 只解决了方程 (2) 在 $\mu = 1/2$ 时的情形. 尽管 Abel 的研究并不是在本着如何推广微分想法的精神下进行的, 但其研究在发展这些想法上发挥了巨大作用. 这是因为 Abel 方程的左端代表了 $1 - \mu$ 阶积分运算, 这一点以后会变得更加明显, 而 Abel 方程的反演导出了分数阶微分. 然而, 这种形式的分数阶积分-微分的概念形成得有些晚.

1832—1837 年 Liouville [1832a,b,c, 1834a,b, 1835a,b, 1837] 的一系列论文使他成为分数阶积分-微分重要理论的真正创立者. 虽然这时候的理论不像后来发展得那样完整, 但这些论文中提出了一些深远且重要的想法. Liouville [1832a] 基于指数函数的微分公式提出了最初的定义, 它与 $f(x)$ 相关, 其中 $f(x) = \sum\limits_{k=0}^{\infty} c_k e^{a_k x}$.
对于这样的函数, Liouville 给出的定义是, 对于任意的复数 p,

$$D^p f(x) = \sum_{k=0}^{\infty} c_k a_k^p e^{a_k x}. \tag{3}$$

这一定义的限制性显然与级数的收敛性有关. Liouville [1832a, p. 7] 从他给出的定义 (3) 出发, 得到了幂函数的微分. 此外, 在他的同一篇论文的第 8 页中, 他还推导出了下面这个公式, 虽然从现代的观点来看并不十分严谨

$$D^{-p} f(x) = \frac{1}{(-1)^p \Gamma(p)} \int_0^{\infty} \varphi(x+t) t^{p-1} dt, \quad -\infty < x < \infty, \quad \mathrm{Re}\, p > 0. \tag{4}$$

上式现在被称为 Liouville 形式的分数阶积分, 只是省略了因子 $(-1)^p$. 并且在文章 Liouville [1832a] 的第 11—69 页中, 考虑了许多在几何、物理、力学等问题上的应用. 这些问题已在序言中列出.

在进一步论文中, Liouville [1832b,c, 1834a,b, 1835a,b, 1837] 发展并应用了他所介绍的想法. 在他所得到的结果中, 他的第一篇文章 Liouville [1832a, p. 106] 中的一种观点特别值得一提, 即将分数阶导数定义为差商 $\Delta_h^p f / h^p$ 的极限, 其中 Δ_h^p 为分数阶差分. 然而 Liouville 没有本质上发展这一个想法, 除了他的文章 Liouville [1832a, p. 224] 的例子外, 在例子中他基于这种想法得到非整数 p 情形下的 Fourier 公式 (1). 他也用这种方法求出一些初等函数的分数阶导数. Grünwald [1867] 和 Letnikov [1868a] 的论文对这一想法进行了更深入的思考.

Liouville [1832c, 1837] 的论文首次将分数阶微积分应用于某几类线性常微分方程的求解中. 在他的另一篇论文 Liouville [1835b] 中, 他考虑了分数阶导数和积分中变量替换的影响. 此时, 由一个函数对另一个函数的分数阶积分-微分观点包含于其中但处于萌芽阶段. 在 30 年后, Holmgren [1865-1866] 的论文更清楚地阐述了这一想法. (感兴趣的读者可以在 Lützen [1990] 最近出版的一本书中找到 Liouville 的传记以及他对数学发展所做贡献的一般性分析.)

继 Liouville 的工作之后, 下一个意义重大的工作是论文 Riemann [1876]. 这篇论文是 Riemann 在 1847 年写的, 当时他还是个学生, 直到他去世十年后, 即 1876 年才得以发表. 论文中给出了分数阶积分的表达式

$$\frac{1}{\Gamma(\alpha)} \int_0^x \frac{\varphi(t)dt}{(x-t)^{1-\alpha}}, \quad x > 0, \tag{5}$$

从那时起, 这个表达式与 Liouville 构造的表达式 (4) 成了分数阶积分中主要的公式. 这里有必要注意到, 如果将 α 阶分数阶微分看作 $-\alpha$ 阶的分数阶积分, 就会产生 "补" 函数, Liouville 和 Riemann 都处理了这种所谓的 "补" 函数. 关于这一点也可以参见下文 § 4.1 及 § 9.1 中的历史注记.

1861 年, Joachimsthal [1861] 求解了核为 $(x^2 - t^2)^{-1/2}$ 的 Abel 积分方程. 74 年后, Satô [1935] 考虑了更一般核为 $[\tau(x) - \tau(s)]^{\alpha-1}$, $\alpha > 0$ 的方程, 尽管 Holmgren [1865-1866] 已经得到了它的解.

刚刚提到的 Holmgren 的这篇论文值得特别关注. 他用结果 (5) 作为分数阶积分的定义, 做了细致的修正研究并应用于常微分方程的求解. Holmgren 工作的优点在于, 他是第一个放弃 "补" 函数的人, 并有意识地建议人们将分数阶微分看作分数阶积分的逆运算. 几年后, Letnikov 在不知道 Holmgren 论文的情况下, 从同样的角度阐述了分数阶积分-微分理论 Letnikov [1868a,b, 1872, 1874a]. Holmgren 的论文在当代和后代数学家中都鲜为人知, 因此它本不应该被少引. 尽管 Holmgren 是在 Liouville 的一些相当正式的论断之后, 第一个严格证明两个函数乘积的分数阶导数 $D^\alpha(uv)$ 即 Leibniz 法则的人. 此外, 他也第一个介绍了函数关于另一个函数的分数阶积分的概念并且对如下形式的复合运算进行了详细研究

$$D_{\theta_1(x)}^{\lambda_1} f_1(x) D_{\theta_2(x)}^{\lambda_2} \cdots D_{\theta_n(x)}^{\lambda_n} f_n(x) u(x), \tag{6}$$

其中 $f_j(x)$ 代表乘积算子. 而且, 他还首先考虑了二元函数的偏导数和混合导数. Holmgren [1867] 的论文也推进了分数阶积分在常微分方程中的应用, 这一问题是由 Liouville [1832a] 开始的.

Grünwald [1867] 和 Letnikov [1868a] 基于定义

$$D^\alpha f(x) = \lim_{h \to 0} \frac{(\Delta_h^\alpha f)(x)}{h^\alpha} \tag{7}$$

得到了处理分数阶微分的方法. 前者给出了相对正式的论述, 后者则在这个定义的基础上给出了分数阶积分-微分严密和全面的构造性理论. Letnikov 特别指出, 这样定义的 $D^{-\alpha}$, 在 $\text{Re}\,\alpha > 0$ 时与 Liouville 给出的表达式 (4) 是一致的, 在恰当解释分数阶微分 $(\Delta_h^\alpha f)(x)$ 的情形下也与 Riemann 给出的定义一致. 并且他在定义 (7) 的框架下证明了半群性质.

Letnikov [1868b] 的论文是第一篇全面回顾分数阶微积分发展历史的论文. Letnikov [1874a] 发表的长篇论文在定义 (4) 和 (5) 的基础上建立了分数阶积分-微分的完整理论. 并给出了这一理论在微分方程求解中详细且全面的应用. 读者可以在 §42 中找到一些常微分方程的解, 它们可以追溯到 Letnikov 的这篇文章.

我们注意到 Sludskii [1889] 有一篇关于 Letnikov 传记及其工作的有趣文章. 也可以参见 Nekrasov and Pokrovskii [1889] 的论文.

除了 Liouville, Riemann, Holmgren, Grünwald 和 Letnikov 发表的论文之外, 还有许多其他论文. 例如, 我们可以提到的文章有 Peacock [1833], Greatbeed [1839a,b], Kelland [1840, 1847, 1850-1851], Center [1848a,b, 1849a,b], Tardy [1858], Vashchenko-Zakharchenko [1861], 其中一些包含了与前辈的激烈争论, 这些争论要么与补函数的概念有关, 要么与 Liouville 和 Riemann 定义看起来不一致有关, 尽管这种矛盾从当今的观点来看似乎有些牵强. 而其他的文章发展或详细说明了理论中的小要点, 但没有包含基本思想.

分数阶微积分随后的一个时期与复平面中解析函数的 Cauchy 公式有关

$$f^{(p)}(z) = \frac{p!}{2\pi i} \int_{\mathcal{L}} \frac{f(t)dt}{(t-z)^{1+p}}. \tag{8}$$

将此公式直接推广到非整数 p 会遇到函数 $(t-z)^{-p-1}$ 多值性带来的困难, 因此它取决于围绕 z 点曲线 $\mathcal{L}$ 的位置以及定义函数 $(t-z)^{-p-1}$ 分支的割线 C. 这种推广首先由 Sonine [1870, 1872] 完成. 他证明了当 $\mathrm{Re}\, p < 0$ 时, 解析函数这种新方法与 Riemann (参见 (5)) 一致:

$$f^{(p)}(z) = \frac{1}{\Gamma(-p)} \int_{z_0}^{z} \frac{f(t)dt}{(z-t)^{1+p}}, \tag{9}$$

这里的积分路径是复平面中的线段 $[z_0, z]$, z_0 是曲线 $\mathcal{L}$ 与分支割线 C 的交点.

需要强调的是, 分数阶微积分是从其起源于复平面而发展起来的, 可参见例如 Liouville [1832a,b,c, 1834a,b, 1835a,b, 1837]. 文章 Holmgren [1865-1866, p. 1] 中给出复平面上的公式

$$(I_{z_0}^{\alpha} f)(z) = \frac{(z-z_0)^{\alpha}}{\Gamma(\alpha)} \int_0^1 (1-t)^{\alpha} f[(1-t)z_0 + tz]dt,$$

显然是 (9) 的一个修改.

Letnikov [1872] 给出了一个重要注记. 当 $\mathcal{L}$ 是一个圆时, Cauchy-Sonine 公式 (8) 会转化为

$$f^{(p)}(z) = \frac{\Gamma(1+p)}{2\pi r^p} \int_0^{2\pi} e^{-ip\theta} f(z + re^{i\theta}) d\theta, \quad r = |z - z_0|. \tag{10}$$

我们注意到 Sonine [1872] 延续了由 Liouville 和 Holmgren 开始的 Leibniz 公式 $D^\alpha(uv)$ 的研究.

我们强调 Sonine 在 Cauchy 公式 (8) 扩展到非整数 p 时的优先性.

除了分数阶微积分本身的发展, Sonine [1884a,b] 开始研究比分数阶积分更一般化的对象及其在带特殊函数核的积分方程中的应用. 他得到了 Abel 型方程的解

$$\int_a^x k(x - t)\varphi(t) dt = f(x), \quad x > a,$$

这里的任意核 $k(x)$ 满足某些假设 Sonine [1884a,b]. 特别地, 他找到了带 Bessel 函数核的积分方程的解, Bessel 函数在应用中经常出现. 我们注意到, 许多年后, 这个结果被其他研究者重新发现. 关于 Sonine 想法的细节可以在第一章 §4.2 (注记 2.4)、第七章 §39.1 (参考 §37.1 和 §37.2 的注记)、第七章 §39.2 (参考 §37.3 的注记) 中看到.

1888—1891 年, Nekrasov [1888a,b,c, 1891] 给出了形如 (8) 的分数阶积分-微分在高阶微分方程积分中的应用. 他也是第一个通过形如 (6) 的复合运算, 给出将一些多维积分化为二重积分步骤的人. 复合式 (6) 代表他所考虑的微分方程的解.

19 世纪末, Hadamard [1892] 发表了一篇内容全面的论文. 虽然通过对解析函数的 Taylor 级数微分得到其分数阶微分

$$D^\alpha f(z) = \sum_{k=0}^{\infty} \frac{\Gamma(k+1)}{\Gamma(k+1-\alpha)} c_k (z - z_0)^{k-\alpha}, \quad c_k = \frac{f^{(k)}(z_0)}{k!} \tag{11}$$

的想法在 Hadamard 论文之前就已经知道, 但在这里它作为有效的数学工具使用, 理解为圆盘上关于径向变量的解析函数的分数阶微分. 从那时起, 任何使用 (11) 的方法通常都以 Hadamard 命名. 我们注意到, Hadamard 处理了如下形式的分数阶积分

$$I^\alpha f(z) = \frac{z^\alpha}{\Gamma(\alpha)} \int_0^1 (1 - \xi)^{\alpha-1} f(z\xi) d\xi, \tag{12}$$

这使得他进一步考虑了形如

$$\int_0^1 v(\xi) f(z\xi) d\xi \tag{13}$$

的广义分数阶积分. 然而, 虽然 Hadamard 考虑了 $v(\xi) = \dfrac{1}{\Gamma(\alpha)}(-\ln \xi)^{\alpha-1}$ 的情况, 但他没有发展这一想法. 多年以后, Dzherbashyan [1967, 1968a] 创立了广义积分 (13) 的实质性理论.

Hardy and Riesz [1915] 使用了分数阶积分来求发散级数的和. 从那时起, 由 Riesz 提出的 "正态均值", 即部分和的分数阶积分, 在数学分析中广为人知 (参见 § 14.6).

数学分析和函数论的发展导致新形式的分数阶积分-微分的出现. Weyl [1917] 定义了适用于周期函数的分数阶积分:

$$I_{\pm}^{(\alpha)}\varphi \sim \sum_{k=-\infty}^{\infty} (\pm ik)^{-\alpha}\varphi_k e^{ikx}, \quad \varphi_k = \frac{1}{2\pi}\int_0^{2\pi} e^{-ikt}\varphi(t)dt, \quad \varphi_0 = 0. \qquad (14)$$

它可以表示为与某个特殊函数 $\Psi_{\pm}^{\alpha}$ 的卷积

$$I_{\pm}^{(\alpha)}\varphi = \frac{1}{2\pi}\int_0^{2\pi} \Psi_{\pm}^{\alpha}(x-t)\varphi(t)dt. \qquad (15)$$

并且展示了分数阶积分 (14)—(15) 可以写为如下形式

$$I_+^{\alpha}\varphi = \frac{1}{\Gamma(\alpha)}\int_{-\infty}^{x} \frac{\varphi(t)dt}{(x-t)^{1-\alpha}}, \quad I_-^{\alpha}\varphi = \frac{1}{\Gamma(\alpha)}\int_x^{\infty} \frac{\varphi(t)dt}{(t-x)^{1-\alpha}}, \quad 0 < \alpha < 1, \quad (16)$$

这里假设 (16) 中周期函数 φ 在无穷区间上的积分理解为常规意义下的收敛, 条件 $\varphi_0 = 0$ 可以保证这种收敛性. 由此, 无穷区间上的分数阶积分, 特别是积分 $I_-^{\alpha}\varphi$, 在许多后来的论文中称为 Weyl 积分, 即使在积分绝对收敛的情况下. 这其实是一个历史误解, 无限区间上的分数阶积分最早出现在 Liouville 的论文中 (见 (4)), 而 Weyl 是从 (14)—(15) 得到了 (16), 并对那些仅满足条件 $\varphi_0 = 0$ 的周期函数的积分做了特别的解释.

因此, 任意 (非周期) 函数在无穷区间上的分数阶积分与 Weyl 的想法没有直接关系. 所以, 虽然要向他的深刻思想以及他对分数阶微积分后期发展的影响致敬, 但我们仍认为将 (16) 式这样的结构命名为 Liouville 分数阶积分更为合适, (16) 中的第一式为左 Liouville 分数阶积分, 第二式为右 Liouville 分数阶积分.

Weyl 也是第一个证明如下结论的人: 如果函数 $f(x)$ 是 λ 阶 ($\lambda > \alpha$) Lipschitz 函数, 那么它有任意 α 阶连续导数. 很快 Montel [1918] 得到了关于非周期函数的类似结论. 1928 年, Hardy 和 Littlewood 证明了 Lipschitz 函数分数阶积分-微分更精确的定理 —— 见下文.

前面提到的 Montel [1918] 的论文包含一些重要的性质. 文章中首次给出了有限区间上代数多项式分数阶导数类似 Bernstein 不等式的形式. 后来, Sewell [1935, 1937] 在复数域上建立了这样的不等式. Montel 还在函数分数阶可微的情形下推广了 Bernstein 关于代数多项式逼近可微函数的速率的定理. 他的论文中也包含了两个变量函数的类似结论的初始工作.

1922—1923 年, Riesz [1922-1923] 证明了分数阶积分的平均值定理, 并且证明了一个重要的推论, 即如果

$$|\varphi(x)| \leqslant v(x), \quad \left|\int_a^x \varphi(t)(x-t)^{\alpha-1}dt\right| \leqslant w(x), \quad x > a,$$

这里 $v(x), w(x)$ 为递增函数, 则

$$\left|\int_a^x \varphi(t)(x-t)^{\beta-1}dt\right| \leqslant c[v(x)]^{1-\beta/\alpha}[w(x)]^{\beta/\alpha}, \quad 0 < \beta < \alpha. \tag{17}$$

这等价于分数阶积分的单调优函数具有对数凸性的论断.

1924 年, Zeilon [1924] 发表了一篇原创性论文, 其中使用形式主义手法首次通过带 Cauchy 核 $(x-y)^{-1}$ 的奇异积分算子获得了左分数阶积分和右分数积分之间的联系 —— 参见引文的第 9 页和第 7 页. 我们注意到, 尽管它写得相当形式化并且在公式上也有一些错误, 但这篇论文包含了非常有趣和原创性的想法, 这些想法既没有被同时代人注意到, 也没有被后来的研究者注意到. 本书的第一作者在 1985 年幸运地发现了前面提到的这篇论文. 上面提到的左分数阶积分和右分数阶积分之间的建设性联系在很久以后的 1965—1967 年由不同数学家在各种情形下得到最终形式.

Marchaud [1927] 的这篇文章值得特别赞扬, 文章介绍了分数阶微分的一种新形式

$$(\mathbf{D}^\alpha f)(x) = c \int_0^\infty \frac{(\Delta_t^l f)(x)}{t^{1+\alpha}}dt, \quad \alpha > 0, \tag{18}$$

其中, $(\Delta_t^l f)(x)$ 是 l 阶差分, $l > \alpha, l = 1, 2, \cdots, c$ 为归一化常数. 这种形式与下面的 Liouville 形式一致:

$$(D^\alpha f)(x) = \frac{1}{\Gamma(\alpha-n)}\frac{d^n}{dx^n}\int_{-\infty}^x \frac{f(t)dt}{(x-t)^{\alpha-n+1}}, \quad n = [\alpha] + 1, \tag{19}$$

Liouville 形式要求函数 $f(x)$ 足够 "好". 值得注意的是, 与 (19) 相比, (18) 所给出的结构有一个显著的优势: 它适用于在无穷远处本质上行为更 "坏" 的函数. 特别地, (18) 中的 $f(x)$ 在无穷远处可能有一个小于 α 阶的增长, 但这在 (19) 中是不

可能的. 现在, 形如 (18) 的表达式称为 Marchaud 分数阶导数. 我们还注意到, 在 $l=1, 0<\alpha<1$ 的情况下, 差分形式 (18) 早在 Weyl [1917] 关于周期函数的论文中不经意出现过, 但关于这个想法本身的发展并没有被建议过. Marchaud 对 (18) 进行了彻底研究. 特别地, 他意识到 (18) 中的积分一般可以理解为 (ε, ∞) 上相应截断积分的极限, 这个积分不必是绝对收敛的.

此外, Marchaud 建议 (18) 中考虑用更一般的带有广义差分 $\sum\limits_{i=0}^{l} c_i f(x-k_i t)$ 的形式代替 $(\Delta_t^l f)(x)$, 这里 k_i 是任意递增的正数, 系数 c_i 由条件 $\sum\limits_{i=0}^{l} c_i k_i^j = 0, j=0$, $1, \cdots, l-1$ 唯一确定 (最多差一个常数倍). 他证明了如果 $f(x)$ 可由分数阶 Liouville 积分 $f = I_+^{\alpha} \varphi$ 表示, φ 是 "好" 的, 那么具有这种广义差分形式表示的分数阶导数 (10) 与 Liouville 分数阶导数等价, 因此它不依赖于 k_i 的选择. Marchaud 还介绍了二元函数的 (18) 型分数阶偏导数和混合导数.

无论如何高估 Hardy and Littlewood [1928a] 关于分数阶积分算子从 L_p 到 L_q 的映射性质的结果都不为过, $q^{-1} = p^{-1} - \alpha$. 它称为带有极限指数的 Hardy-Littlewood 定理. 它被他们推广至圆内解析函数空间 H_p 的情形 Hardy and Littlewood [1932], 而推广至多维 Riesz 势情形由 Sobolev [1938] 给出 —— 见下面的 (20) —— 其中 $q^{-1} = p^{-1} - \alpha/n, 1 < p < n/\alpha$. 这些带极限指数的定理不仅对分数阶微积分有着深刻的影响, 而且一般来说对函数论和泛函分析也有深刻影响.

Hardy and Littlewood [1928a] 还证明了 Lipschitz 空间上关于分数阶积分-微分映射性质的定理. 令

$$H_0^{\lambda} = \{f(x) : f(x) \in \text{Lip}\lambda, a \leqslant x \leqslant b, f(a) = 0\}.$$

他们证明了算子 I_{a+}^{α} 在 $\lambda + \alpha < 1$ 时将 H_0^{λ} 空间映入 $H_0^{\lambda+\alpha}$ 空间, 而算子 D_{a+}^{α} 在 $\lambda > \alpha$ 时将空间 $H_0^{\lambda}(\lambda > \alpha)$ 映入 $H_0^{\lambda-\alpha}$ 空间.

Lebesgue 积分理论的迅速发展自然对分数阶微积分产生了影响. 1928 年, Tonelli [1928] 注意到了绝对连续性在寻找 Abel 积分方程 (2) 的 Lebesgue 可积解中的角色. 这一角色的最终形式由 Tamarkin [1930] 揭示, 他得到了 Abel 方程在 L_1 空间中可解性的充分必要条件.

1930 年, Post [1930] 推广了上面提到的 Grünwald-Letnikov 方法, 他提出了 $a(\mathcal{D})f$ 的结构, 其中 $a(z)$ 在 $|z-1| < 1$ 时解析, $a(z) = z^{\alpha}$ 的情况对应 Grünwald-Letnikov 方法本身. 他证明了这种广义微分的 Leibniz 法则. 后来 Davis [1927b, pp. 78-85] 用另一种方法研究了广义微分 $\mathcal{D}^{\alpha} \log \mathcal{D}$ 和 $\varphi(\mathcal{D}) \log \mathcal{D}$.

1931 年, Watanabe [1931] 证明了在解析函数情形下具有如下形式的 Leibniz 法则

$$\mathcal{D}_{a+}^{\alpha}(fg) = \sum_{k=-\infty}^{\infty} \begin{pmatrix} \alpha \\ k+\beta \end{pmatrix} (\mathcal{D}_{a+}^{\alpha-\beta-k}f)(\mathcal{D}_{a+}^{\beta+k}g).$$

1934 年, Zygmund [1934] 证明了 $p=1$ 时周期函数的 Weyl 分数阶积分类似于 Hardy-Littlewood 定理的映射定理, 展示了它们从 $L_1(\log^+ L_1)^{1-\alpha}$ 到 $L_{1/(1-\alpha)}$ 的映射性质.

两年后, Riesz [1936a,b] (也可参见 Riesz [1938, 1949]) 引入多变量函数的分数阶积分作为势型算子, 此后通常称为 Riesz 势. 其中的一个势形式上是 Laplace 算子 $\Delta = \dfrac{\partial^2}{\partial x_1^2} + \cdots + \dfrac{\partial^2}{\partial x_n^2}$ 的负分数次幂 $(-\Delta)^{\alpha/2}$, 具体形式为

$$I^{\alpha}\varphi = c \int_{R^n} \frac{\varphi(y)dy}{|x-y|^{n-\alpha}}, \tag{20}$$

其中 R^n 是 n 维 Euclid 空间, $0 < \alpha < n$, c 是归一化常数. 另一个势由偏导数情形下双曲微分算子的相同幂构成, 它可以由下列形式引入

$$c \int_{K_+} \frac{\varphi(x-y)}{[r(y)]^{n-\alpha}}dy, \quad \alpha > n-2, \tag{21}$$

其中 $r(y) = \sqrt{y_1^2 - y_2^2 - \cdots - y_n^2}$ 为 Lorentz 距离, $K_+ = \{y : y_1^2 > y_2^2 + \cdots + y_n^2\}$. Riesz [1949], [1967(1939)] 说明了后一种势是求解偏导数情形下双曲微分方程 Cauchy 问题的有效方法.

在所引的 Riesz 的论文 (包括论文 Riesz [1961]) 中, 通过对参数 α 解析延拓引入到分数阶积分-微分的想法得到了建设性的实现. 特别地, 他证明了除有限个极点之外, 对于 $\alpha > n-2$ 或 $\mathrm{Re}\,\alpha > n-2$, 势 (21) 可能可以解析地延拓到整个复平面上.

1938 年, 对于不必在无穷远处为零的函数, Love [1938] 详细研究了其通常意义下收敛的分数阶积分

$$I_+^{\alpha}\varphi = \frac{1}{\Gamma(\alpha)} \lim_{N \to \infty} \int_0^N \varphi(x-t)t^{\alpha-1}dt.$$

他介绍了函数类 $I_\lambda, 0 < \alpha \leqslant \lambda$, 其中的函数满足

$$\left| \int_x^{x+T} \varphi(t)dt \right| \leqslant \omega(T), \quad \int_1^{\infty} t^{\lambda-1}d\omega(t) < \infty,$$

并证明了当 $\varphi \in I_\lambda$ 时, $I_+^{\alpha}\varphi$ 极限存在并且关于 x 一致收敛. 文章中对几乎周期函数的情况进行了特殊处理.

Love and Young [1938] 证明了一个在分数阶分析中很有用的公式: 分数阶分部积分公式

$$\int_a^b (\mathcal{D}_{a+}^\alpha f)(x)g(x)dx = \int_a^b f(x)(\mathcal{D}_{b-}^\alpha g)(x)dx.$$

Nagy [1936] 证明了在周期情况下一个关于用三角多项式逼近分数阶积分的收敛速度的 Bernstein 型定理. 对于三角和 $f(x) = \sum_{|k| \geqslant m} f_k e^{ikx}$, 他得到了 Favard 型不等式

$$\|I_{\pm}^{(\alpha)} f\|_{L_\infty} \leqslant \frac{c}{m^\alpha} \|f\|_{L_\infty}.$$

我们注意到, 他还给出了核 $\Psi_+^\alpha(x)$ [见 (15)] 的一些有趣性质, 这些性质在三角多项式逼近理论中很重要.

Bang [1941] (甚至连专家都很少知道) 的论文中, 证明了一个关于三角和 $f(x)$ $= \sum_{k=1}^N a_k e^{i\lambda_k x}$, $\lambda_k \neq 0$ 的类似不等式

$$\|I_{\pm}^{(\alpha)} f\|_{L_\infty} \leqslant c \left(\min_{1 \leqslant k \leqslant N} |\lambda_k| \right)^{-\alpha} \|f\|_{L_\infty}.$$

对于这样的三角和, Bang 也证明了 Bernstein 型不等式

$$\|D_{\pm}^{(\alpha)} f\|_{L_\infty} \leqslant \frac{2^{1-\alpha}}{\Gamma(2-\alpha)} \left(\max_{1 \leqslant k \leqslant N} |\lambda_k| \right)^\alpha \|f\|_{L_\infty}, \quad 0 < \alpha < 1.$$

在更一般的情形下 Civin [1940, 1941] 独立推出了后一个不等式, 但是有一个较差的常数.

从这些重要结果的展示可以看出, 分数阶微积分早已不再是一个独立的主题, 而是成了函数论中不可分割的一部分.

1940 年, Erdélyi [1940b], 以及 Erdélyi and Kober [1940] 发表了论文, 介绍了分数阶积分的以下修正

$$\frac{2x^{-2(\alpha+\eta)}}{\Gamma(\alpha)} \int_0^x (x^2 - t^2)^{\alpha-1} t^{2\eta+1} \varphi(t)dt,$$

$$\frac{2x^{2\eta}}{\Gamma(\alpha)} \int_x^\infty (t^2 - x^2)^{\alpha-1} t^{1-2\alpha-2\eta} \varphi(t)dt.$$

这些修正的分数阶积分在积分算子、积分方程和微分方程的应用中十分有用. 现在, 它们以及它们的推广称为 Erdélyi-Kober 分数阶积分. 但请注意, 与对 "函数

x^2 " 或 "函数 $\sqrt{x}$ " 的分数阶微分相关联的想法包含在很早以前 Liouville [1832a, p. 10] 这篇文章中.

在前面引用的 Erdélyi 和 Kober 的论文以及 Kober [1940] 的论文中, 研究了分数阶积分的 Mellin 变换, 从而开启了基于算子 (5) 与其本身乘以 $\Gamma(1-\alpha-s)/\Gamma(1-s)$ 的对应关系的分数阶微分方法. 应用这种关于 Fourier 变换对应关系的想法可以追溯到 Fourier [1955], 见 (1). 很久以后, Kober [1941b] 对其进行了恰当发展, 他是第一个在严格的基础上提出分数阶积分 I_+^α 和 Fourier 变换像中与 $(\pm ix)^{-\alpha}$ 乘法之间对应关系的人.

Kober [1941a] 也是第一个引入纯虚数阶积分的人, 并且证明了它在 L_2 空间中的映射性质.

在同一年, Cossar [1941] 引入了 Liouville 分数阶微分的一个有用修改形式

$$-\frac{1}{\Gamma(1-\alpha)} \lim_{N\to\infty} \frac{d}{dx} \int_x^N (t-x)^{-\alpha} f(t)dt.$$

它与 Marchaud 分数阶导数一样, 适用于在无穷处有 "坏" 行为的函数.

在对第二次世界大战结束前的分数阶微积分进行评论后, 我们结束了对历史的评价. 但即使只是列举 1941 年以来取得的重要成果, 也需要太多的篇幅. 所以我们通过列出从 1941 年至今对分数阶微积分发展做出了宝贵科学贡献的数学家的名字, 来向近几十年来的研究人员致敬. 他们是 M.A. Al-Bassam, L.S. Bosanquet, P.L. Butzer, M.M. Dzherbashyan, A. Erdélyi, T.M. Flett, Ch. Fox, S.G. Gindikin, S.L. Kalla, I.A. Kipriyanov, H. Kober, P.I. Lizorkin, E.R. Love, A.C. McBride, M. Mikolás, S.M. Nikol'skii, K. Nishimoto, I.I. Ogievetskii, R.O. O'Neil, T.J. Osler, S. Owa, B. Ross, M. Saigo, I.N. Sneddon, H.M. Srivastava, A.F. Timan, U. Westphal, A. Zygmund 及其他人.

读者可以在本书的综述 (§§ 4, 9, 17, 23, 29, 34, 39, 43) 中找到至 1990 年的有关分数阶微积分研究的信息.

作者要向 B. Ross 教授致敬: 他多年的活动和他的努力极大地促进了分数阶微积分的广泛普及和第一届关于这一主题国际会议的实现 (纽黑文, 1974 年). 作者还想指出第二届国际会议 (格拉斯哥, 1984 年) 的组织者 A.C. McBride 教授和 G.F. Roach 教授卓有成效的贡献, 以及第三届精彩会议的组织者 K. Nishimoto 教授的成功活动. 作者很高兴能参加后一个会议.

目　　录

《现代数学译丛》已出版书目

第一章　区间上的分数阶积分和导数

本章至关重要. 我们从 Abel 积分方程的解出发来介绍分数阶积分和导数. Riemann 和 Liouville 最早考虑它们, 因此被命名为 Riemann-Liouville 分数阶积分和导数. 这种构造形式推广了普通积分和微分的思想, 是本书一维分数阶积分-微分的主要形式之一.

本章证明了 Riemann-Liouville 分数阶积分和导数最简单的性质, 其中最重要的是 (a) 分数阶积分和微分算子的互逆, 以及 (b) 它们所适用的半群性质, 这些性质将会在某些特定的函数空间中证明. 我们将在后面看到, 这些性质对于其他形式的一维和多维的分数阶积分-微分算子也有效. 本章还研究了分数阶积分算子在 Hölder 空间 H^λ 和 L_p 空间以及类似的加权空间 $H_0^\lambda(\rho)$ 和 $L_p(\rho)$ 中的映射性质.

本书反复使用的数学分析中的各种概念和结论, 在 §1 中均有讨论.

§1　预 备 知 识

我们在此展示一些必需的数学分析中的思想和命题. 讨论诸如 Hölder 加权空间 $H_0^\lambda(\rho)$、可和函数的加权空间 $L_p(\rho)$、特殊函数和积分变换等问题.

1.1　H^λ 与 $H^\lambda(\rho)$ 空间

设 $\Omega = [a, b]$, $-\infty \leqslant a < b \leqslant \infty$, 因此 Ω 可以是有限区间、半直线或者全直线. 我们分别用标准符号 $R^1 = (-\infty, \infty)$ 和 $R_+^1 = [0, \infty)$ 表示整条实直线和半直线, 用 $\dot{R}^1$ 表示一条添加了无穷远点的实直线. 虽然本章中只需要有限区间上的 Hölder 函数空间, 但以备后需, 我们在这里介绍有限区间、半直线和全直线上的 Hölder 函数空间.

首先, 设 Ω 为有限区间. 函数 $f(x)$ 定义在 Ω 上, 如果对任意 $x_1, x_2 \in \Omega$,

$$|f(x_1) - f(x_2)| \leqslant A|x_1 - x_2|^\lambda, \tag{1.1}$$

则称函数在 Ω 上满足 λ 阶 Hölder 条件, 其中 A 为常数, λ 为 Hölder 指数. 显然, 如果函数 $f(x)$ 满足 Hölder 条件, 则它在 Ω 上连续.

定义 1.1　设 Ω 为有限区间. 我们用 $H^\lambda = H^\lambda(\Omega)$ 表示由通常为复值且在 Ω 上满足固定 λ 阶 Hölder 条件的函数组成的空间.

容易看到, 这样的定义只有 $0 < \lambda \leqslant 1$ 时才有趣, 因为如果 $\lambda > 1$, 那么空间 H^λ 只包含常函数 $f(x) \equiv \text{const.}$ 因为从 (1.1) 可知, 若 $\lambda > 1$, 则 $f'(x) \equiv 0$. 为此 (见下文定义 1.6), 我们将记 $H^0(\Omega) = C(\Omega)$.

我们还需要空间

$$h^\lambda = h^\lambda(\Omega), \tag{1.2}$$

其中的函数 $f(x)$ 满足比 (1.1) 更强的条件, 即, 对于所有 $x_1 \in \Omega$,

$$\frac{f(x_2) - f(x_1)}{|x_2 - x_1|^\lambda} \to 0, \quad \text{当 } x_2 \to x_1 \text{ 时.} \tag{1.3}$$

显然, $h^\lambda \subset H^\lambda$.

空间 $H^1(\Omega)$ 通常称为 Lipschitz 空间. 接下来, 我们给出绝对连续函数空间 $AC(\Omega)$ 的定义. 这个空间比 $H^1(\Omega)$ 更大一些.

定义 1.2   设 $f(x)$ 是 Ω 上的函数, 如果对于任意 $\varepsilon > 0$, 存在 $\delta > 0$, 使得对于任意有限个互不相交的区间 $[a_k, b_k] \subset \Omega, k = 1, 2, \cdots, n$, 当 $\sum\limits_{k=1}^{n}(b_k - a_k) < \delta$ 时, 不等式 $\sum\limits_{k=1}^{n}|f(b_k) - f(a_k)| < \varepsilon$ 成立, 则称函数 $f(x)$ 是区间 Ω 上的绝对连续函数. 由这类函数组成的空间记为 $AC(\Omega)$.

众所周知 (参见 Kolmogorov and Fomin [1968, p. 338] 或 Nikol'skii [1983b, pp. 368-369]), 绝对连续空间 $AC(\Omega)$ 与 Lebesgue 可和函数的原像构成的空间相同:

$$f(x) \in AC(\Omega) \Leftrightarrow f(x) = c + \int_a^x \varphi(t)dt, \quad \int_a^b |\varphi(t)|dt < \infty. \tag{1.4}$$

因此绝对连续函数 $f(x)$ 几乎处处可导, 其导数 $f'(x)$ 可和. 但其逆命题不成立, 即函数的绝对连续性并不能从其几乎处处可导且其导函数可和中推导出来; 这一事实将对分数阶积分-微分理论产生影响; 参见 §2.6.

显然 $H^1(\Omega) \subset AC(\Omega)$; 逆嵌入不成立. 例如, $f(x) = (x - a)^\alpha \in AC(\Omega)$, 但当 $0 < \alpha < 1$ 时, $(x - a)^\alpha \notin H^1(\Omega)$, 因为 $\lambda = 1$ 时, 条件 (1.1) 在 $x = a$ 处不成立.

定义 1.3   设 Ω 为区间, $f(x)$ 为 Ω 上的函数. 我们用 $AC^n(\Omega)$, $n = 1, 2, \cdots$ 表示在 Ω 上有 $n - 1$ 阶连续导数且 $f^{(n-1)}(x) \in AC(\Omega)$ 的全体函数组成的空间.

显然 $AC^1(\Omega) = AC(\Omega)$, 与 (1.4) 类似, 空间 $AC^n(\Omega)$ 由可表示为可和函数的 n 重 Lebesgue 变上限积分的函数组成, 相应地, (1.4) 中的常数变成 $n - 1$ 阶多项式 (见 §2 中的引理 2.4).

稍后会在 §6.3 中给出 Ω 为直线时修正的 $AC(\Omega)$ 空间.

现在, 令 Ω 为全直线或者半直线. 在这种情况下定义 $H^\lambda(\Omega)$ 空间, 需要在无穷远处增加一个 Hölder 行为的约束条件, 即, 如果对于所有绝对值充分大的 x_1 和 x_2,

$$|f(x_2) - f(x_1)| \leqslant A \left| \frac{1}{x_1} - \frac{1}{x_2} \right|^\lambda, \tag{1.5}$$

则称函数 $f(x)$ 在无穷远点的邻域内满足 Hölder 条件.

定义 1.1′ 设 Ω 为全直线或半直线. 我们用 $H^\lambda = H^\lambda(\Omega)$ 表示在 Ω 的任意有限区间上满足 Hölder 条件 (1.1), 在无穷远点的邻域内满足 (1.5) 的函数空间.

我们注意到, 在无界域上定义 Hölder 空间的两个条件 (1.1) 和 (1.5) 等价于单个条件或者 "全局" Hölder 条件

$$|f(x_2) - f(x_1)| \leqslant A \frac{|x_1 - x_2|^\lambda}{(1 + |x_1|)^\lambda (1 + |x_2|)^\lambda}, \tag{1.6}$$

这个条件可以直接验证得到.

下面的引理说明了两个 Hölder 函数拼接后, 将再次得到一个 Hölder 函数.

引理 1.1 设 $\Omega_1 = [a, c], \Omega_2 = [c, b], -\infty \leqslant a < c < b \leqslant \infty$ 和 $\Omega = [a, b]$. 若 $f(x) \in H^\lambda(\Omega_1), f(x) \in H^\lambda(\Omega_2)$ 且 $f(c - 0) = f(c + 0)$, 则 $f(x) \in H^\lambda(\Omega)$.

引理 1.1 的证明可以在书 Muskhelishvili [1968, p. 21] 中找到.

我们也需要下面的加权 Hölder 空间.

定义 1.4 设 $\rho(x)$ 为非负函数. 满足 $\rho(x)f(x) \in H^\lambda$ 的函数 $f(x)$ 组成的空间记为 $H^\lambda(\rho) = H^\lambda(\Omega; \rho)$.

下面的权函数 $\rho(x)$ 是由有限个点耦合的幂函数的积

$$\rho(x) = \prod_{k=1}^n |x - x_k|^{\mu_k}, \tag{1.7}$$

其中 μ_k 为实数, $x_k \in \Omega$. 最普遍的情况是

$$\rho(x) = (x - a)^\alpha (b - x)^\beta, \quad a \leqslant x \leqslant b. \tag{1.8}$$

若 Ω 中包含无穷远点, 将权重 (函数) (1.7) 改为下面的形式会比较合适, 即, 将点 $x = \infty$ 纳入考虑

$$\rho(x) = (1 + x^2)^{\mu/2} \prod_{k=1}^n |x - x_k|^{\mu_k}. \tag{1.9}$$

在考虑权重 (1.9) 时, 我们将用记号

$$\mu_0 = -\mu - \sum_{k=1}^{n} \mu_k \tag{1.10}$$

表示权重在无穷远处的指数. 根据 $H^\lambda(\rho)$ 空间的定义, 此空间中的函数可表示为如下形式

$$f(x) = \frac{f_0(x)}{\rho(x)}, \quad f_0(x) \in H^\lambda. \tag{1.11}$$

我们还需要如下的 $H^\lambda(\rho)$ 子空间.

定义 1.5   设 $\rho(x)$ 为 (1.7) 或 (1.9). 我们用 $H_0^\lambda(\rho) = H_0^\lambda(\Omega; \rho)$ 表示能使表达式 (1.11) 中 $f_0(x_k) = 0$ 和 $f_0(\infty) = 0$ (在 Ω 包含无穷远点的情况下) 成立的 $H^\lambda(\rho)$ 中函数的集合. 我们用 H_0^λ 表示 H^λ 中的一个函数空间, 其函数在 $x = a$ 和 $x = b$ 处为零.

在不产生误解的情况下, 我们常用 $H^\lambda, H^\lambda(\rho), H_0^\lambda(\rho)$ 来代替 $H^\lambda(\Omega), H^\lambda(\rho, \Omega),$ $H_0^\lambda(\rho, \Omega)$.

我们也会用到下面的带权空间

$$h_0^\lambda(\rho) = \{f(x) : \rho(x)f(x) \in h^\lambda, \rho(x)f(x)|_{x=a} = \rho(x)f(x)|_{x=b} = 0\}, \tag{1.12}$$

其中 h^λ 为空间 (1.2), 满足关系式 (1.3), $\rho(x)$ 为权重, 由 (1.8) 给出.

以上我们所介绍的空间均为容易赋范的线性空间. 因此, 当 Ω 为区间时, 我们令

$$\|f\|_{H^\lambda} = \max_{x \in \Omega} |f(x)| + \sup_{\substack{x_1, x_2 \in \Omega \\ x_1 \neq x_2}} \frac{|f(x_1) - f(x_2)|}{|x_1 - x_2|^\lambda}. \tag{1.13}$$

式 (1.13) 的第二项是 (1.1) 中所有可能常数 A 的下确界. 空间 H^λ 在范数 (1.13) 意义下是完备的, 即它是 Banach 空间, 例如 Muskhelishvili [1968, p. 173] 给出了证明. 当 Ω 为全直线或半直线时, 基于 (1.6), 范数通过以下关系式给出

$$\|f\|_{H^\lambda} = \max_{x \in \Omega} |f(x)| + \sup_{\substack{x_1, x_2 \in \Omega \\ x_1 \neq x_2}} (1 + |x_1|)^\lambda (1 + |x_2|)^\lambda \frac{|f(x_1) - f(x_2)|}{|x_1 - x_2|^\lambda}. \tag{1.14}$$

可以确定空间 $H^\lambda(\Omega)$ 在范数 (1.14) 下的完备性, 例如, 通过分数线性变换将整条直线 (半直线) 映射到圆 (半圆) 上, 再利用 H^λ 空间对任意有界曲线的完备性即可 —— Muskhelishvili [1968, p. 173]. 空间 (1.2) 也被认为是 H^λ 中的闭子空间 —— Krein, Petunin and Semenov [1976, p. 269].

加权情形下的范数可以在 (1.11) 的基础上给出

$$\|f\|_{H^\lambda(\rho)} = \|f_0\|_{H^\lambda}. \tag{1.15}$$

由于空间 $H^\lambda(\rho)$ 与 H^λ 等距 (见 (1.15)), $H^\lambda(\rho)$ 空间在此范数下的完备性是显然的.

下面的性质是成立的: 若 $f(x) \in H^\lambda([a, b])$ 且 $0 < \alpha < \lambda$, 则

$$g(x) = \frac{f(x) - f(c)}{|x - c|^\alpha} \in H^{\lambda - \alpha}([a, b]), \quad a \leqslant c \leqslant b;$$

$$\|g\|_{H^{\lambda - \alpha}} \leqslant \mathsf{k}\|f\|_{H^\lambda},$$

(1.16)

其中 k 不依赖于 $f(x)$, 参见 Muskhelishvili [1968, p. 22].

记 $L_1(\Omega)$ 为 Ω 上的 Lebesgue 可积函数空间. 若 Ω 为有限区间, $\rho(x)$ 为权重 (1.7), 则有下面的嵌入关系

$$C^1(\Omega) \subset H_0^\lambda(\Omega; \rho) \subset L_1(\Omega),$$

(1.17)

以及范数不等式成立

$$\mathsf{k}_1\|f\|_{L_1} \leqslant \|f\|_{H_0^\lambda(\rho)} \leqslant \mathsf{k}_2\|f\|_{C^1},$$

(1.18)

其中 $\lambda \leqslant \mu_k < \lambda + 1, k = 1, 2, \cdots, n$ ($\|f\|_{L_1}$ 的定义见 (1.26)). 此处及下文中的 $C^m(\Omega)$ 表示在 Ω 上 m 次连续可导的函数空间, 其范数为

$$\|f\|_{C^m} = \max_{x \in \Omega} \sum_{k=0}^m |f^{(k)}(x)|, \quad m = 1, 2, \cdots,$$

$$\|f\|_{C^0} \equiv \|f\|_C.$$

(1.19)

我们用 $C_0^\infty = C_0^\infty(R^1)$ 表示在 R^1 上无穷次可微的有限函数构成的空间.

下面介绍的空间是 $H^\lambda(\Omega)$ 空间在 $\lambda > 1$ 时的推广

定义 1.6 令 $\lambda = m + \sigma$, 其中 $m = 1, 2, \cdots, 0 < \sigma \leqslant 1$. 若 $f(x) \in C^m(\Omega)$ 且 $f^{(m)}(x) \in H^\sigma(\Omega)$, 则称 $f(x) \in H^\lambda(\Omega)$; 其范数定义为

$$\|f\|_{H^\lambda} = \|f\|_{C^m} + \|f^{(m)}\|_{H^\sigma}.$$

(1.20)

当 λ 是整数时, 我们经常要用包含对数乘子的 Hölder (Lipschitz) 条件来处理更广的函数空间, 如 §3 中的定理 3.1 和定理 3.2 所示. 为此, 我们给出以下定义.

定义 1.7 令 $\lambda = m + \sigma$, 其中 $m = 0, 1, 2, \cdots, 0 < \sigma \leqslant 1$. 若 $f(x) \in C^m(\Omega)$, 且

$$|f^{(m)}(x + h) - f^{(m)}(x)| \leqslant A|h|^\sigma \left(\ln \frac{1}{|h|} \right)^k, \quad |h| < \frac{1}{2}$$

(1.21)

和

$$\|f\|_{H^{\lambda,k}} = \|f\|_{C^m} + \sup_{\substack{x,x+h\in\Omega \\ |h|\leqslant 1/2}} \frac{|f^{(m)}(x+h)-f^{(m)}(x)|}{|h|^\sigma \left(\ln\frac{1}{|h|}\right)^k}, \tag{1.22}$$

则称 $f(x) \in H^{\lambda,k} = H^{\lambda,k}(\Omega)$, $k \in R_+^1$.

类似 (1.2), 我们引入函数空间 $h^{\lambda,k} = h^{\lambda,k}(\Omega)$, 此空间中的函数满足比 (1.21) 更强的条件, 即

$$\lim_{h\to 0} \frac{f^{(m)}(x+h)-f^{(m)}(x)}{|h|^\sigma \left(\ln\frac{1}{|h|}\right)^k} = 0, \quad x,x+h\in\Omega, \quad 0<|h|<\frac{1}{2}. \tag{1.23}$$

同样地, 类似 (1.5), (1.11) 和 (1.12), 我们有加权的函数空间 $H_0^{\lambda,k}(\rho)$, $H^{\lambda,k}(\rho)$ 和 $h_0^{\lambda,k}(\rho)$.

注 1.1　尽管在各种问题中使用 Hölder 空间非常方便 (且在本书中广泛应用), 但它们有一个本质的缺点: 它们是不可分的. 在 H^λ 和 $H^\lambda(\rho)$ 中不存在 "好的" 稠密子集, 并且在空间 H^λ 的范数下不可能找到 "更好的" 函数来逼近 $f(x) \in H^\lambda$, 因为在 H^λ 空间的范数下 "好" 函数的闭包生成 h^λ, 而非 H^λ (可参见 Krein, Petunin and Semenov [1976, p. 269]). H^λ 的这种 "负面" 性质不在我们的考虑之列. 但在第六章和第八章中如果要考虑在 H^λ 或 $H^\lambda(\rho)$ 中构造方程的近似解, 我们要记住这一点.

积分 Hölder 空间 H_p^λ 将在 § 14 中考虑. 此时 $f(x_1)$ 和 $f(x_2)$ 的临近值将不再用如 (1.1) 中一致度量来估计, 而是在积分意义下估计.

1.2 L_p 与 $L_p(\rho)$ 空间

我们假设读者熟悉函数的 Lebesgue 可测性和 Lebesgue 积分. 令 $\Omega = [a,b]$, $-\infty \leqslant a < b \leqslant \infty$. 我们用 $L_p = L_p(\Omega)$ 表示所有 Lebesgue 可测函数的集合, 函数通常取复值且满足 $\int_\Omega |f(x)|^p dx < \infty$, 其中 $1 \leqslant p < \infty$. 我们令

$$\|f\|_{L_p(\Omega)} = \left\{\int_\Omega |f(x)|^p dx\right\}^{1/p}. \tag{1.24}$$

如果 $p = \infty$, $L_p(\Omega)$ 空间定义为具有如下有限范数

$$\|f\|_{L_\infty(\Omega)} = \operatorname*{ess\,sup}_{x\in\Omega} |f(x)| \tag{1.25}$$

的所有可测函数的集合, 这里 $\operatorname{ess\,sup}|f(x)|$ 为函数 $|f(x)|$ 的本性上确界 —— 详见 Nikol'skii [1977, pp. 12-13].

以下我们假设 $1 \leqslant p \leqslant \infty$.

通常认为两个等价的函数, 即只在零测集上不同, 是 $L_p(\Omega)$ 中的同一个元素. 也就是说, 它们不加区分地作为这个空间中的元素.

对于范数 (1.24) 和 (1.25), 我们也会使用下面的符号

$$\|f\|_p = \|f\|_{L_p} = \|f\|_{L_p(\Omega)}. \tag{1.26}$$

接下来我们给出 L_p 空间的一些性质:

a) Minkowsky 不等式

$$\|f + g\|_{L_p(\Omega)} \leqslant \|f\|_{L_p(\Omega)} + \|g\|_{L_p(\Omega)}, \tag{1.27}$$

从而 $L_p(\Omega)$ 是赋范空间, 并且是完备空间.

b) Hölder 不等式

$$\int_{\Omega} |f(x)g(x)| dx \leqslant \|f\|_{L_p(\Omega)} \|g\|_{L_{p'}(\Omega)}, \quad p' = p/(p-1), \tag{1.28}$$

其中 $f(x) \in L_p(\Omega), g(x) \in L_{p'}(\Omega)$. 指标 p' 是与 p 共轭的, 满足

$$\frac{1}{p} + \frac{1}{p'} = 1. \tag{1.29}$$

当 $1 \leqslant p \leqslant \infty$ (若 $p = 1$, $p' = \infty$; 若 $p = \infty$, $p' = 1$) 时, 关系式 (1.28) 成立.

由 (1.28) 得到广义 Hölder 不等式

$$\int_{\Omega} |f_1(x) \cdots f_m(x)| dx \leqslant \|f_1\|_{L_{p_1}(\Omega)} \cdots \|f_m\|_{L_{p_m}(\Omega)}, \tag{1.30}$$

这里 $f_k(x) \in L_{p_k}(\Omega), k = 1, 2, \cdots, m, \sum\limits_{k=1}^{m} 1/p_k = 1$.

若 Ω 为有限区间, 我们可以从 Hölder 不等式得到嵌入关系

$$L_{p_1}(\Omega) \subset L_{p_2}(\Omega), \quad \|f\|_{L_{p_2}(\Omega)} \leqslant c\|f\|_{L_{p_1}(\Omega)}, \quad p_1 > p_2 \geqslant 1. \tag{1.31}$$

c) Fubini 定理使我们可以在重积分中交换积分顺序:

定理 1.1 设 $\Omega_1 = [a, b], \Omega_2 = [c, d], -\infty \leqslant a < b \leqslant \infty, -\infty \leqslant c < d \leqslant \infty$, $f(x, y)$ 是在 $\Omega_1 \times \Omega_2$ 上的可测函数. 如果下列积分至少有一个是绝对收敛的, 则它们相等

$$\int_{\Omega_1} dx \int_{\Omega_2} f(x, y) dy, \quad \int_{\Omega_2} dy \int_{\Omega_1} f(x, y) dx, \quad \iint\limits_{\Omega_1 \times \Omega_2} f(x, y) dx dy.$$

Fubini 定理的特殊情况: 若以下积分有一个是绝对收敛的, 则

$$\int_a^b dx \int_a^x f(x,y)dy = \int_a^b dy \int_y^b f(x,y)dx. \tag{1.32}$$

这个关系也被称为 Dirichlet 公式.

广义 Minkowsky 不等式

$$\left\{ \int_{\Omega_1} dx \left| \int_{\Omega_2} f(x,y)dy \right|^p \right\}^{1/p} \leqslant \int_{\Omega_2} dy \left\{ \int_{\Omega_1} |f(x,y)|^p dx \right\}^{1/p}, \tag{1.33}$$

这是 Fubini 定理的类似结论, 它也是成立的.

d) L_p 空间中函数的均值连续性.

引理 1.2　令 $f(x) \in L_p(\Omega)$, $1 \leqslant p < \infty$. 则当 $h \to 0$ 时,

$$\int_\Omega |f(x+h) - f(x)|^p dx \to 0, \tag{1.34}$$

当 $x + h \notin \Omega$ 时, 将函数 $f(x)$ 作零延拓.

e) 令 $C_0^\infty(\Omega)$ 表示 Ω 上有限且无穷次可微函数的空间. 在 Ω 上的有限性意味着在集合 $\Omega = [a,b](-\infty \leqslant a < b \leqslant \infty)$ 的端点 $x = a$ 和 $x = b$ 的邻域内 $f(x) \equiv 0$. 空间 $C_0^\infty(\Omega)$ 在 $L_p(\Omega), 1 \leqslant p < \infty$ 中稠密. 当 Ω 为有限区间时, 多项式空间也在 $L_p(\Omega), 1 \leqslant p \leqslant \infty$ 中稠密.

f) 通过所谓的 Lebesgue 控制收敛定理可以在积分符号下得到极限:

定理 1.2　设函数 $f(x,h)$ 有可和的优函数: $|f(x,h)| \leqslant F(x)$, 其中 $F(x)$ 不依赖参数 h, 且 $F(x) \in L_1(\Omega)$. 若 $\lim\limits_{h\to 0} f(x,h)$ 对几乎所有的 x 都存在, 则

$$\lim_{h\to 0} \int_\Omega f(x,h)dx = \int_\Omega \lim_{h\to 0} f(x,h)dx. \tag{1.35}$$

上述性质的证明可在书 Kolmogorov and Fomin [1968], Nikol'skii [1983b] 以及 Natanson [1974] 中找到.

我们还需要下面的结论.

定理 1.3　令 $\mathcal{K}(t) \in L_1(R^1)$ 且 $\int_{-\infty}^\infty \mathcal{K}(t)dt = 1$. 则当 $\varepsilon \to 0$ 时, $f(x) \in L_p(R^1)(1 \leqslant p < \infty)$ 的均值

$$\int_{-\infty}^\infty \mathcal{K}(t)f(x - \varepsilon t)dt = \frac{1}{\varepsilon} \int_{-\infty}^\infty \mathcal{K}\left(\frac{t}{\varepsilon}\right) f(x-t)dt \tag{1.36}$$

在 $L_p(R^1)$ 范数下收敛到 $f(x)$. 此外, 若 $|\mathcal{K}(t)| \leqslant A(|t|)$, $A(r) \in L_1(R_+^1)$, 且单调递减, 则均值 (1.36) 几乎处处收敛到 $f(x)$.

此定理中关于 L_p 范数收敛的证明是已知且简单的. 几乎处处收敛的证明可参见书 Stein [1973].

今后需要的类似于定理 1.3 的周期情况也值得一提.

定理 1.3′ 设函数 $k_\varepsilon(t)$ 满足以下条件:

1) $\displaystyle\int_0^{2\pi} k_\varepsilon(t)dt = 2\pi$;

2) $\displaystyle\int_0^{2\pi} |k_\varepsilon(t)|dt \leqslant M, M$ 不依赖于 ε;

3) $\displaystyle\lim_{\varepsilon\to0}\int_\delta^{2\pi} |k_\varepsilon(t)|dt = 0$, 对于任意的 $\delta > 0$.

则对于 $\varphi \in L_p(0, 2\pi), 1 \leqslant p < \infty$ (或 $\varphi(x) \in C([0, 2\pi])$), 在 L_p (或 C) 范数下有

$$\frac{1}{2\pi}\int_0^{2\pi} k_\varepsilon(t)\varphi(x - t)dt \xrightarrow[\varepsilon\to0]{} \varphi(x).$$

定理 1.3′ 是 Fourier 级数理论中的著名结论, 通过 Minkowsky 不等式它容易证明:

$$\left\|\frac{1}{2\pi}\int_0^{2\pi} k_\varepsilon(t)[\varphi(x - t) - \varphi(x)]dt\right\|$$

$$\leqslant 2\|\varphi\|\int_\delta^{2\pi} |k_\varepsilon(t)|dt + \int_0^\delta |k_\varepsilon(t)|\|\varphi(x - t) - \varphi(t)\|dt$$

$$\leqslant (2\|\varphi\| + M)\eta \to 0,$$

最后一个不等式通过选择第二项中的 δ 和第一项中的 ε 得到.

有时, 定理 1.3 和定理 1.3′ 称为恒等逼近定理.

定义 1.8 设 $\rho(x)$ 为非负函数. 我们用 $L_p(\rho) = L_p(\Omega; \rho)$ 表示由在 Ω 上可测并且满足

$$\|f\|_{L_p(\rho)} = \left\{\int_\Omega \rho(x)|f(x)|^p dx\right\}^{1/p} < \infty$$

的函数 $f(x)$ 组成的空间.

我们将只处理形式为 (1.7) 和 (1.9) 的权重.

基于等距性

$$\|f\|_{L_p(\rho)} = \|\rho^{1/p}f\|_{L_p(\Omega)} \tag{1.37}$$

可知, $L_p(\rho)$ 空间为 Banach 空间.

根据 (1.37), 从 (1.28) 中可以得到加权空间的类似 Hölder 不等式

$$\int_\Omega |f(x)g(x)|dx \leqslant \|f\|_{L_p(\rho)}\|g\|_{L_{p'}(\rho^{1-p'})}, \quad 1 < p < \infty. \tag{1.38}$$

在本书中, 我们不得不讨论卷积算子

$$h * \varphi = (h * \varphi)(x) = \int_{-\infty}^{\infty} h(x-t)\varphi(t)dt, \tag{1.39}$$

显然, $h * \varphi = \varphi * h$. L_p 空间中的有界性定理, 即 Young 定理, 对其成立.

定理 1.4　设 $h(t) \in L_1(R^1), \varphi \in L_p(R^1)$, 则 $(h*\varphi)(x) \in L_p(R^1), 1 \leqslant p \leqslant \infty$, 且不等式

$$\|h * \varphi\|_p \leqslant \|h\|_1 \|\varphi\|_p \tag{1.40}$$

成立.

接下来, 我们给出关于 L_p 空间中带齐次核的算子有界性的另一个定理. 我们先来回顾一下, 如果

$$k(\lambda x, \lambda t) = \lambda^\alpha k(x, t), \quad \lambda > 0, \tag{1.41}$$

则函数 $k(x, t)(x > 0, t > 0)$ 称为 α 阶齐次函数. 特别地, 令 $\lambda = t^{-1}$, 则任意 α 阶的齐次函数都可以表示为以下形式

$$k(x, t) = t^\alpha k_0 \left(\frac{x}{t}\right). \tag{1.42}$$

定理 1.5　设 $k(x, t)$ 为 -1 阶齐次函数. 若

$$k = \int_0^\infty |k(x, 1)|x^{-1/p'}dx = \int_0^\infty |k(1, t)|t^{-1/p}dt < \infty, \tag{1.43}$$

则积分算子

$$K\varphi = (K\varphi)(x) = \int_0^\infty k(x, t)\varphi(t)dt \tag{1.44}$$

在 $L_p(0, \infty), 1 \leqslant p < \infty$ 中有界, 且 $\|K\varphi\|_{L_p} \leqslant k\|\varphi\|_{L_p}$, k 由 (1.43) 给出.

证明　首先我们注意到 (1.43) 中的两个积分相等. 这一点可以通过变量替换 $t = 1/x$ 并考虑齐次性质 $k(1, x^{-1}) = xk(x, 1)$ 验证. 然后 (1.44) 可表示为 $K\varphi = \int_0^\infty k(1, t)\varphi(xt)dt$, 再利用广义 Minkowsky 不等式 (1.33) 可得

$$\|K\varphi\|_{L_p} \leqslant \int_0^\infty |k(1, t)|dt \left\{\int_0^\infty |\varphi(xt)|^p dx\right\}^{1/p} = k\|\varphi\|_{L_p}.$$

■

上面的后一个定理由 Hardy, Littlewood and Pólya [1926] 得到.

我们还需要给出 $L_p(R^1)$ 中卷积算子 (1.39) 的有界性定理. 这个定理称为 Fourier 乘子定理 —— Mihlin [1962, p. 239], 其证明在 Nikol'skii [1977, p. 59] 和 Stein [1973, p. 128] 中给出. 它是由核 $h(x)$ 的 Fourier 变换 $\hat{h}(x)$ 表出的. 至于 Fourier 变换, 见 §1.4.

定理 1.6 设函数 $m(x) = \hat{h}(x)$ 满足条件

$$|m(x)| \leqslant c, \quad |xm'(x)| \leqslant c, \quad x \in R^1. \tag{1.41'}$$

则算子 $\mathcal{F}^{-1}m\mathcal{F}\varphi$ (在稠密集上) 在 $L_p(R^1)$ 空间中有界, $1 < p < \infty$.

推论 设

$$A\varphi = \int_{-\infty}^{\infty} a(x-t)\varphi(t)dt, \quad B\varphi = \int_{-\infty}^{\infty} b(x-t)\varphi(t)dt.$$

若函数 $\hat{a}(x)/\hat{b}(x)$ 和 $\hat{b}(x)/\hat{a}(x)$ 满足条件 (1.41'), 则

$$A(L_p) = B(L_p), \quad 1 < p < \infty.$$

最后, 我们给出下面的 Banach 定理.

定理 1.7 设 A 和 B 是 Banach 空间 X 中的线性有界算子. 如果对于稠密集 X 中的 φ 有 $A\varphi \equiv B\varphi$, 则对于任意的 $\varphi \in X$ 都有 $A\varphi \equiv B\varphi$.

1.3 一些特殊函数

下面我们给出一些特殊符号和函数的定义以及最简单的性质, 更详细的信息可以在书 Erdélyi, Magnus, Oberbettinger and Tricomi [1953a] 和 Prudnikov, Brychkov and Marichev [1961, 1983, 1985] 中找到.

A. Pochhammer 符号 $(z)_n$ 对于整数 n 定义如下

$$(z)_n = z(z+1) \cdots (z+n-1), \quad n = 1, 2, \cdots, \quad (z)_0 \equiv 1. \tag{1.45}$$

显然

$$(z)_n = (-1)^n (1-n-z)_n, \quad (1)_n = n!, \tag{1.46}$$

$$(z)_n = \Gamma(z+n)/\Gamma(z), \tag{1.47}$$

其中 $\Gamma(z)$ 在 (1.54) 中给出. 方程 (1.47) 可以用来引入 n 为复数时的符号 $(z)_n$.

B. 二项式系数由如下公式定义

$$\binom{\alpha}{n} = \frac{(-1)^n(-\alpha)_n}{n!} = \frac{(-1)^{n-1}\alpha\Gamma(n-\alpha)}{\Gamma(1-\alpha)\Gamma(n+1)}. \tag{1.48}$$

特别地, 当 $\alpha = m, m = 1, 2, \cdots$ 时, 我们有

$$\begin{pmatrix} m \\ n \end{pmatrix} = \frac{m!}{n!(m-n)!}, \quad 若 \quad m \geqslant n,$$

$$\begin{pmatrix} m \\ n \end{pmatrix} = 0, \quad 若 \quad 0 \leqslant m < n. \tag{1.49}$$

在任意 (复数) β 和 α 情形下, $\alpha \neq -1, -2, \cdots$, 我们令

$$\begin{pmatrix} \alpha \\ \beta \end{pmatrix} = \frac{\Gamma(\alpha+1)}{\Gamma(\beta+1)\Gamma(\alpha-\beta+1)} = \frac{\sin(\beta-\alpha)\pi}{\pi} \frac{\Gamma(\alpha+1)\Gamma(\beta-\alpha)}{\Gamma(\beta+1)}. \tag{1.50}$$

从 (1.66) 和 (1.50) 可以看出, 对于任意固定的 α ($\neq -1, -2, \cdots$) 和实数 $\beta \to +\infty$,

$$\left| \begin{pmatrix} \alpha \\ \beta \end{pmatrix} \right| \leqslant \frac{c}{\beta^{1+\mathrm{Re}\alpha}}. \tag{1.51}$$

我们还注意到有以下关系

$$(-1)^j \begin{pmatrix} \alpha \\ j \end{pmatrix} = \begin{pmatrix} j-\alpha-1 \\ j \end{pmatrix}, \tag{1.52}$$

$$\sum_{j=0}^{k} \begin{pmatrix} \alpha \\ j \end{pmatrix} \begin{pmatrix} \beta \\ k-j \end{pmatrix} = \begin{pmatrix} \alpha+\beta \\ k \end{pmatrix}, \tag{1.53}$$

参见 Prudnikov, Brychkov and Marichev [1961, 4.2.5.13].

C. Gamma 函数 $\Gamma(z)$. 称第二类 Euler 积分

$$\Gamma(z) = \int_0^\infty x^{z-1} e^{-x} dx, \quad \mathrm{Re} z > 0 \tag{1.54}$$

为 Gamma 函数. 显然, 当 $\mathrm{Re} z > 0$ 时积分对于所有满足该条件的 $z \in C$ 收敛. 这里 $x^{z-1} = e^{(z-1)\ln x}$. 通过对这个积分进行解析延拓, 可将 Gamma 函数扩展到半平面 $\mathrm{Re} z \leqslant 0$ 上, $z \neq 0, -1, -2, \cdots$. 于是, 对 (1.54) 分部积分得到约化公式

$$\Gamma(z+1) = z\Gamma(z), \quad \mathrm{Re} z > 0, \tag{1.55}$$

可得等式

$$\Gamma(z) = \frac{\Gamma(z+n)}{(z)_n} = \frac{\Gamma(z+n)}{z(z+1)\cdots(z+n-1)}, \tag{1.56}$$

$$\mathrm{Re}z > -n, \quad n = 1,2,\cdots, \quad z \neq 0, -1, -2, \cdots,$$

这允许我们进行这样的解析延拓, 对于任意的 n, 将函数扩展到半平面 $\mathrm{Re}z > -n$. 还有一些其他的解析延拓方法, 可以在 Cauchy-Saalschütz, Euler-Gauss 和其他公式的基础上实现.

由 (1.56) 知, 函数 $\Gamma(z)$ 在复平面上除 $z = 0, -1, -2, \cdots$ 外处处解析, 这里 $\Gamma(z)$ 存在简单极点, 用公式表示为

$$\Gamma(z) = [(-1)^k/(k!(z+k))][1 + O(z+k)], \quad z \to -k, \quad k = 0,1,2,\cdots. \tag{1.57}$$

此式可从 (1.56) 中得到, 用 k 代替 $n-1$ 后, 令 $z \to 1-n$. 关于 $O(z+k)$ 的更精确的表达可以在 Marichev [1978d, p. 42] 中找到. 在这里以及书中的其他地方, 等式 $f(z) = O(g(z))$, $z \to a$, 意味着 $|f(z)/g(z)| < M < \infty$, $|z-a| < \varepsilon$. 关系式 $f(z) = o(g(z))$, $z \to a$, 意味着 $\lim\limits_{z \to a} \dfrac{f(z)}{g(z)} = 0$, 而等价关系 $f(z) \sim g(z)$, $z \to a$, 意味着 $\lim\limits_{z \to a} \dfrac{f(z)}{g(z)} = 1$.

由 (1.57), $(z+k)^{-1}$ 在极点 $z = -k$ 邻域内的系数称为 Gamma 函数的留数, 函数与其留数的关系由下式给出

$$\operatorname*{res}_{z=-k} \Gamma(z) = (-1)^k/k!, \quad k = 0,1,2,\cdots. \tag{1.58}$$

我们观察到 Gamma 函数有一个明显的性质 $\Gamma(n) = (n-1)!$, $n = 1,2,\cdots$, $\Gamma(1) = 1$, 并将一些其他的性质列出:

a) 一般差分方程

$$\Gamma(z+n) = (z)_n \Gamma(z),$$

$$\Gamma(z-n) = \frac{\Gamma(z)}{(z-n)_n} = \frac{(-1)^n}{(1-z)_n} \Gamma(z); \tag{1.59}$$

b) 函数方程 (余元公式)

$$\Gamma(z)\Gamma(1-z) = \pi/\sin z\pi, \quad \Gamma(1/2) = \sqrt{\pi}; \tag{1.60}$$

c) 倍元公式 (Legendre 公式)

$$\Gamma(2z) = \frac{2^{2z-1}}{\sqrt{\pi}} \Gamma(z)\Gamma\left(z + \frac{1}{2}\right), \tag{1.61}$$

以及更一般的 Gauss-Legendre 乘法定理

$$\Gamma(mz) = \frac{m^{mz-1/2}}{(2\pi)^{(m-1)/2}} \prod_{k=0}^{m-1} \Gamma\left(z + \frac{k}{m}\right), \quad m = 2, 3, \cdots; \tag{1.62}$$

d) 渐近 Stirling 公式

$$\Gamma(z) = \sqrt{2\pi} z^{z-1/2} e^{-z}[1 + O(1/z)], \quad |\arg z| < \pi, \quad z \to \infty, \tag{1.63}$$

以及其推论

$$n! = \sqrt{2\pi n}(n/e)^n[1 + O(1/n)], \quad n \to \infty, \tag{1.64}$$

$$|\Gamma(x + iy)| = \sqrt{2\pi}|y|^{x-1/2} e^{-\pi|y|/2}[1 + O(1/y)], \quad y \to \infty; \tag{1.65}$$

e) 两个 Gamma 函数在无穷远处的比值展开

$$\frac{\Gamma(z+a)}{\Gamma(z+b)} = z^{a-b} \sum_{k=0}^{N} \frac{c_k}{z^k} + z^{a-b} O(z^{-N-1}), \tag{1.66}$$

$$c_0 = 1, \quad |\arg(z+a)| < \pi, \quad |z| \to \infty,$$

其中系数 c_k 根据广义 Bernoulli 多项式得到, $c_k = \frac{(-1)^k (b-a)_k}{k!} B_k^{a-b+1}(a)$, 见 Luke [1969]. 广义 Bernoulli 多项式可以在 Gel'fond [1967, Chapter 4] 中找到.

在某些情况下, 我们还会使用 Gamma 函数对数的导数, 它也称为 Euler psi-函数

$$\psi(z) = \frac{d}{dz} \ln \Gamma(z) = \frac{\Gamma'(z)}{\Gamma(z)}. \tag{1.67}$$

D. Beta 函数 $B(z,w)$. 第一类 Euler 积分

$$B(z,w) = \int_0^1 x^{z-1}(1-x)^{w-1} dx, \quad \text{Re}\, z > 0, \quad \text{Re}\, w > 0 \tag{1.68}$$

称为 Beta 函数. 它与 Gamma 函数的关系式为

$$B(z,w) = \frac{\Gamma(z)\Gamma(w)}{\Gamma(z+w)}. \tag{1.69}$$

当 $\text{Re}\, z = 0$ 或 $\text{Re}\, w = 0 (z \neq 0, w \neq 0)$ 时, 积分 (1.68) 有意义. 这种情形理解为条件收敛. 特别地, 极限

$$B(z, i\theta) = \lim_{\varepsilon \to 0} \int_0^{1-\varepsilon} x^{z-1}(1-x)^{i\theta-1} dx, \quad \text{Re}\, z > 0, \quad \theta \neq 0 \tag{1.70}$$

与 $B(z,w)$ 关于 w 解析延拓到 $\text{Re}\, w = 0, w \neq 0$ 的结果一致.

积分

$$\int_x^\infty (t-x)^{\alpha-1}(t-y)^{\beta-1}dt = (x-y)^{\alpha+\beta-1}B(\alpha, 1-\alpha-\beta),$$

$$x > y, \quad 0 < \mathrm{Re}\alpha < 1 - \mathrm{Re}\beta \tag{1.71}$$

可通过变换 $t = y + (x-y)\xi^{-1}$ 简化到 (1.68), 此式将在后文中用到.

E. Gauss 超几何函数定义为在单位圆盘内的超几何级数和

$$_2F_1(a,b;c;z) = \sum_{k=0}^\infty \frac{(a)_k(b)_k}{(c)_k}\frac{z^k}{k!}. \tag{1.72}$$

其参数 a, b 和 c 以及变量 z 可以为复数 $(c \neq 0, -1, -2, \cdots)$, $(a)_k$ 为 Pochhammer 符号 (1.45). 这个级数在 $|z| < 1$, 以及 $|z| = 1$ 但 $\mathrm{Re}(c-a-b) > 0$ 时收敛. 对于 z 的其他值, Gauss 超几何函数用级数的解析延拓来定义. 延拓的方法之一是 Euler 积分表示

$$_2F_1(a,b;c;z) = \frac{\Gamma(c)}{\Gamma(b)\Gamma(c-b)}\int_0^1 t^{b-1}(1-t)^{c-b-1}(1-zt)^{-a}dt,$$

$$0 < \mathrm{Re}b < \mathrm{Re}c, \quad |\arg(1-z)| < \pi, \tag{1.73}$$

其中右端是在保证积分收敛的指定条件下定义的. 条件 $|\arg(1-z)| < \pi$ 意味着函数是在具有割线 $(1,\infty)$ 的复平面 z 上考虑的, 割线连接着 Gauss 超几何函数的奇点 $z = 1$ 和 $z = \infty$. 应该注意的是, 在 (1.73) 中, 我们选择了主值支 $(1-tz)^{-a} = e^{-a\ln(1-tz)}$, 当 $z \in [0,1]$ 时, 这里的 $\ln(1-tz)$ 为实数.

读者可在 Erdélyi, Magnus, Oberbettinger and Tricomi [1953a] 和 Prudnikov, Brychkov and Marichev [1961, 1983, 1985] 中找到 Gauss 超几何函数特例及性质的最广泛的列表. 在这里, 我们只列出此函数一些最简单的性质:

$$_2F_1(a,b;c;z) = {}_2F_1(b,a;c;z), \tag{1.74}$$

$$_2F_1(a,b;b;z) = (1-z)^{-a}, \tag{1.75}$$

$$_2F_1(a,b;c;0) = {}_2F_1(0,b;c;z) = 1, \tag{1.76}$$

$$_2F_1(a,b;c;1) = \frac{\Gamma(c)\Gamma(c-a-b)}{\Gamma(c-a)\Gamma(c-b)}, \quad \mathrm{Re}(c-a-b) > 0, \tag{1.77}$$

$$\frac{d^k}{dz^k}\,_2F_1(a,b;c;z) = \frac{(a)_k(b)_k}{(c)_k}\,_2F_1(a+k,b+k;c+k;z). \tag{1.78}$$

我们注意到许多重要的特殊函数是通过 Gauss 超几何函数定义的. 由此, 连带 Legendre 函数 $P_\nu^\mu(z)$ 可表示为

$$P_\nu^\mu(z) = \frac{1}{\Gamma(1-\mu)} \left(\frac{z+1}{z-1}\right)^{\mu/2} {}_2F_1\left(-\nu, 1+\nu; 1-\mu; \frac{1-z}{2}\right), \quad z \notin [-1, 1],$$
(1.79)

$$P_\nu^\mu(x) = \frac{1}{\Gamma(1-\mu)} \left(\frac{1+x}{1-x}\right)^{\mu/2} {}_2F_1\left(-\nu, 1+\nu; 1-\mu; \frac{1-x}{2}\right), \quad -1 < x < 1.$$
(1.80)

下面在 F 和 G 中定义的合流超几何函数和 Bessel 函数, 是在 Gauss 超几何函数中取极限得到的.

F. 合流超几何函数或 Kummer 函数定义为

$$_1F_1(a; c; z) = \sum_{k=0}^\infty \frac{(a)_k}{(c)_k} \frac{z^k}{k!} = \lim_{b\to\infty} {}_2F_1\left(a, b; c; \frac{z}{b}\right), \quad |z| < \infty.$$
(1.81)

G. Bessel 函数 $J_\nu(z), I_\nu(z), K_\nu(z)$ 是基于

$$_0F_1(c; z) = \sum_{k=0}^\infty \frac{z^k}{(c)_k k!} = \lim_{a\to\infty} {}_1F_1\left(a; c; \frac{z}{a}\right), \quad |z| < \infty$$
(1.82)

定义的, 由以下公式给出:

$$J_\nu(z) = \frac{1}{\Gamma(\nu+1)} \left(\frac{z}{2}\right)^\nu {}_0F_1\left(\nu+1; -\frac{z^2}{4}\right)$$
$$= \sum_{k=0}^\infty \frac{(-1)^k (z/2)^{2k+\nu}}{\Gamma(\nu+k+1)k!},$$
(1.83)

称为第一类 Bessel 函数,

$$I_\nu(z) = \sum_{k=0}^\infty \frac{(z/2)^{2k+\nu}}{\Gamma(\nu+k+1)k!} = e^{-\pi i\nu/2} J_\nu(iz)$$
(1.84)

称为修正的 Bessel 函数,

$$K_\nu(z) = \frac{\pi}{2\sin\nu\pi} [I_{-\nu}(z) - I_\nu(z)], \quad \nu \neq 0, \pm 1, \pm 2, \cdots,$$
$$K_n(z) = \lim_{\nu\to n} K_\nu(z), \quad n = 0, \pm 1, \pm 2, \cdots$$
(1.85)

称为 Mcdonald 函数. 显然 $K_{-\nu}(z) = K_\nu(z)$.

这里我们也注意到了之后会用到的公式——Prudnikov, Brychkov and Marichev [1983, 2.12.4.28],

$$\int_0^\infty \frac{\rho^{\nu+1} J_\nu(\rho a)}{(\rho^2 + 1)^\mu} d\rho = \frac{(a/2)^{\mu-1}}{\Gamma(\mu)} K_{\nu-\mu+1}(a), \tag{1.86}$$

$$a > 0, \quad -1 < \mathrm{Re}\nu < 2\mathrm{Re}\mu - 1/2.$$

H. 广义 Riemann zeta 函数 (Riemann-Hurwitz 函数) 由以下级数定义:

$$\zeta(s, a) = \sum_{m=0}^\infty (a + m)^{-s}, \quad \mathrm{Re}s > 1. \tag{1.87}$$

通过 Hurwitz 结果

$$\zeta(s, a) = \frac{2\Gamma(1-s)}{(2\pi)^{1-s}} \left[\sin\frac{s\pi}{2} \sum_{m=1}^\infty \frac{\cos 2\pi ma}{m^{1-s}} + \cos\frac{s\pi}{2} \sum_{m=1}^\infty \frac{\sin 2\pi ma}{m^{1-s}} \right] \tag{1.88}$$

可以将 (1.87) 解析延拓到其他 s 值. 在 Whittaker and Watson [1965, p. 63] 中可以找到这个函数更详细的性质. 当 $s = 0, -1, -2, \cdots$ 时上述函数在相差一个因子的情形下与 Bernoulli 多项式 $B_n(z)$ 一致:

$$\zeta(-n, a) = \frac{B_{n+1}(a)}{n+1}, \quad n = 0, 1, 2, \cdots. \tag{1.89}$$

I. Mittag-Leffler 函数是一个由下列级数定义的整函数

$$E_\alpha(z) = \sum_{k=0}^\infty \frac{z^k}{\Gamma(\alpha k + 1)}, \quad \alpha > 0. \tag{1.90}$$

更一般的级数

$$E_{\alpha,\beta}(z) = \sum_{k=0}^\infty \frac{z^k}{\Gamma(\alpha k + \beta)}, \quad \alpha > 0, \quad \beta > 0 \tag{1.91}$$

也称为 Mittag-Leffler 函数. 可以看出, $E_\alpha(z) = E_{\alpha,1}(z)$. 下面的结果已知 (Erdélyi, Magnus, Oberbettinger and Tricomi [1953a, 18.1(26)]),

$$\int_0^\infty e^{-t} t^{\beta-1} E_{\alpha,\beta}(t^\alpha z) dt = \frac{1}{1-z}, \quad |z| < 1. \tag{1.92}$$

并且它可以用于给出函数 $z^{\beta-1}E_{\alpha,\beta}(z^\alpha)$ 的 Laplace 变换, 即

$$\int_0^\infty e^{-p\xi}\xi^{\beta-1}E_{\alpha,\beta}(\xi^\alpha)d\xi = \frac{p^{\alpha-\beta}}{p^\alpha-1}, \quad \text{Re}\,p > 1, \tag{1.93}$$

Laplace 变换会在 § 1.4 中介绍. 特别地, 若 $\beta = 1$, 我们有

$$\int_0^\infty e^{-p\xi}E_\alpha(\xi^\alpha)d\xi = \frac{1}{p-p^{1-\alpha}}, \quad \text{Re}\,p > 1. \tag{1.94}$$

关于 Mittag-Leffler 函数的更多细节, 可参见 Erdélyi, Magnus, Oberbettinger and Tricomi [1953a, Chapter 18] 和 Dzherbashyan [1966a, Chapters 3,4].

　　阶为 (m,n,p,q) 的 Meijer G 函数, $0 \leqslant m \leqslant q, 0 \leqslant n \leqslant p$, 是通过 Mellin-Barnes 积分定义的

$$G_{pq}^{mn}\left(z\left|\begin{matrix}(a_p)\\(b_q)\end{matrix}\right.\right) = G_{pq}^{mn}\left(z\left|\begin{matrix}(a_1,\cdots,a_p)\\(b_1,\cdots,b_q)\end{matrix}\right.\right)$$

$$= \frac{1}{2\pi i}\int_L \frac{\prod_{j=1}^m \Gamma(b_j+s)\prod_{j=1}^n \Gamma(1-a_j-s)}{\prod_{j=n+1}^p \Gamma(a_j+s)\prod_{j=m+1}^q \Gamma(1-b_j-s)}z^{-s}ds, \tag{1.95}$$

其中无穷围道 L 将分子的左极点 $s = -b_j - k, j = 1,2,\cdots,m, k = 0,1,2,\cdots$ 和分子上的右极点 $s = 1 - a_j - k, j = 1,2,\cdots,n, k = 0,1,2,\cdots$ 分开. 在合适的条件下, 它可能是三种类型中的一种: $L = L_{-\infty}, L_{+\infty}$ 或 $L_{i\infty}$. 特别地, 它甚至可以是一条直线 $L = (\gamma - i\infty, \gamma + i\infty)$. 关于围道 $L_{\pm\infty}$ 和 $L_{i\infty}$ 的描述以及 G 函数的性质和特殊情形的详细列表可以在 Prudnikov, Brychkov and Marichev [1985] 和 Luke [1969] 中找到. 下面我们只给出几个关系:

$$G_{pq}^{mn}\left(z\left|\begin{matrix}(a_p)\\(b_q)\end{matrix}\right.\right) = G_{qp}^{nm}\left(\frac{1}{z}\left|\begin{matrix}1-(b_q)\\1-(a_p)\end{matrix}\right.\right), \tag{1.96}$$

$$z^\alpha G_{pq}^{mn}\left(z\left|\begin{matrix}(a_p)\\(b_q)\end{matrix}\right.\right) = G_{pq}^{mn}\left(z\left|\begin{matrix}(a_p)+\alpha\\(b_q)+\alpha\end{matrix}\right.\right), \tag{1.97}$$

$$G_{01}^{10}\left(z\left|\begin{matrix}\cdot\\0\end{matrix}\right.\right) = e^{-z}, \qquad G_{22}^{11}\left(x\left|\begin{matrix}0,\ 1/2\\0,\ 1/2\end{matrix}\right.\right) = \frac{1}{\pi(1-x)}, \tag{1.98}$$

$$G_{11}^{10}\left(x\left|\begin{matrix}\alpha\\0\end{matrix}\right.\right) = \frac{(1-x)_+^{\alpha-1}}{\Gamma(\alpha)}, \qquad G_{11}^{01}\left(x\left|\begin{matrix}\alpha\\0\end{matrix}\right.\right) = \frac{(x-1)_+^{\alpha-1}}{\Gamma(\alpha)}, \tag{1.99}$$

其中 y_+^α 是截断幂函数的符号

$$y_+^\alpha = y^\alpha, \quad y > 0; \quad y_+^\alpha = 0, \quad y < 0. \tag{1.100}$$

我们还注意到, 函数 (1.72), (1.79)—(1.85) 和 α 为有理数时的 (1.91) 和 (1.90) 以及许多其他重要的特殊函数都是 Meijer G 函数的特例.

1.4 积分变换

众所周知, 经典积分变换的形式如下:

$$(K\varphi)(x) = \int_{-\infty}^{\infty} k(x,t)\varphi(t)dt = g(x), \tag{1.101}$$

其中 $k(x,t)$ 是一些给定的函数 (积分变换的核), φ 是在某空间中给定的原函数, $g(x)$ 是函数 $\varphi(t)$ 的变换. 其中最重要的积分变换是核为 $k(x,t) = e^{ixt}$ 的变换, 即 Fourier 变换, 在 (1.44) 中 $k(x,t) = t^{x-1}$ 时即为 Mellin 变换. 它们通过变量和函数的变换 (参见 Marichev [1978d]) 相互联系, 具有广泛的应用.

其他所有经典的积分变换可以分为两类: (a) 形如 (1.44) 具有 (1.42) 型齐次核的卷积变换; (b) 与核中特殊函数的指数或参数有关的变换.

下面列出的卷积型变换中, (1.44) 形式的变换大部分是已知的. (对于提到的特殊函数的定义参见 Prudnikov, Brychkov and Marichev [1985].)

Laplace 变换 ($k(x,t) = e^{-xt}$);

正弦和余弦 Fourier 变换 ($k(x,t) = \sin xt$ 和 $\cos xt$);

Hankel 变换 ($k(x,t) = \sqrt{xt}J_\nu(xt)$);

Stieltjes 变换 ($k(x,t) = \Gamma(p)(x+t)^{-p}$);

奇异积分 Hilbert 变换 (在(1.101) 中, $k(x,t) = \pi^{-1}(t-x)^{-1}$);

Meijer 变换 ($k(x,t) = \sqrt{xt}K_\nu(xt)$);

核中包含 Neumann 函数的变换 ($k(x,t) = \sqrt{xt}Y_\nu(xt)$);

核中包含 Struve 函数的变换 ($k(x,t) = \sqrt{xt}H_\nu(xt)$);

核中包含抛物柱面函数的广义 Laplace 变换 ($k(x,t) = 2^{-\nu/2}e^{-xt/2}D_\nu(\sqrt{2xt})$);

$_1F_1$ 变换 ($k(x,t) = {_1F_1}(a; c; -xt)$);

广义 Meijer 变换 ($k(x,t) = (xt)^{\mu-1/2}e^{-xt}W_{\varkappa,\mu}(xt)$);

Gauss 超几何变换 $\left(k(x,t) = \dfrac{\Gamma(a)\Gamma(b)}{\Gamma(c)x}{_2F_1}\left(a,b;c;-\dfrac{t}{x}\right)\right)$;

Love 变换 $\left(k(x,t) = \dfrac{(x-t)_+^{c-1}}{\Gamma(c)}{_2F_1}\left(a,b;c;1-\dfrac{t}{x}\right)\right)$;

Buschman 变换 $\left(k(x,t) = (x^2-t^2)_+^{-\lambda/2}P_\nu^\lambda\left(\dfrac{t}{x}\right)\right)$;

Narain G 变换 $\left(\mathrm{k}(x,t) = G_{pq}^{mn}\left(xt \middle| \begin{matrix} (a_p) \\ (b_p) \end{matrix} \right) \right)$; 等等.

本书主要关注的如分数阶 Riemann-Liouville 积分, 左积分具有核 $\mathrm{k}(x,t) = (x-t)_+^{\alpha-1}/\Gamma(\alpha)$, 右积分具有核 $\mathrm{k}(x,t) = (t-x)_+^{\alpha-1}/\Gamma(\alpha)$, 这类积分属于第一类积分变换.

关于指标的积分变换类包括:

Kontorovich-Lebedev 变换 $(\mathrm{k}(x,t) = K_{ix}(t))$;

Mehler-Fock 变换 $(\mathrm{k}(x,t) = P_{ix-1/2}^k(t), t > 1; \mathrm{k}(x,t) = 0, t < 1)$;

Wimp 变换 $\left(\mathrm{k}(x,t) = G_{p+2,q}^{m,n+2}\left(t \middle| \begin{matrix} 1-\nu+ix, 1-\nu-ix, (a_p) \\ (b_p) \end{matrix} \right) \right)$; 等等.

读者可以在 Ditkin and Prudnikov [1974], Dzherbashyan [1966a], Lebedev [1963], Titchmarsh [1937] 中找到积分变换的理论. 以后我们只需要下面列出的这些理论中最简单的信息.

A. 实变量函数 $\varphi(t)(-\infty < t < \infty)$ 的 Fourier 变换定义如下

$$
\begin{aligned}
(\mathcal{F}\varphi)(x) &= \mathcal{F}\{\varphi(t); x\} = \hat{\varphi}(x) \\
&= \int_{-\infty}^{\infty} e^{ixt}\varphi(t)dt.
\end{aligned}
\tag{1.102}
$$

有时将其写成以下形式会很有用

$$
(\mathcal{F}\varphi)(x) = \frac{d}{dx}\int_{-\infty}^{\infty} \frac{e^{ixt}-1}{it}\varphi(t)dt.
\tag{1.103}
$$

逆 Fourier 变换为

$$
\begin{aligned}
(\mathcal{F}^{-1}g)(x) &= \hat{g}(x) = \frac{1}{2\pi}\tilde{g}(-x) \\
&= \frac{1}{2\pi}\int_{-\infty}^{\infty} e^{-ixt}g(t)dt,
\end{aligned}
\tag{1.104}
$$

它与 (1.102) 略有差异. 式 (1.102) 和 (1.104) 中的积分对于函数 $\varphi, g \in L_1(R^1)$ 是绝对收敛的, 而对于 $\varphi, g \in L_2(R^1)$ 在 $L_2(R^1)$ 范数下收敛. Fourier 积分的 L_1-理论和 L_2-理论广为人知, 见 Kolmogorov and Fomin [1968], Nikol'skii [1983b], Stein and Weiss [1974].

由 Riemann-Lebesgue 定理可知, 函数 $\varphi(t) \in L_1(R^1)$ 的 Fourier 变换是一个有界连续函数, 并且随着 $|x| \to \infty$, 趋近于零. $(\mathcal{F}\varphi)(x)$ 在无穷远处的衰减速率与

$\varphi(t)$ 的光滑性有关. 这种联系可以由简单关系给出

$$\mathcal{F}\{D^n\varphi(t);x\} = (-ix)^n(\mathcal{F}\varphi)(x), \tag{1.105}$$

$$D^n(\mathcal{F}\varphi)(x) = \mathcal{F}\{(it)^n\varphi(t);x\}, \tag{1.106}$$

其中 $D^n = \dfrac{d^n}{dx^n}$, $n = 1, 2, \cdots$. 这些等式对于充分好的函数如函数 n 阶连续可微并且 $\varphi^{(k)}(t) \in L_1(R^1), k = 0, 1, 2, \cdots, n$ 有效.

特别需要注意的是 Fourier 变换在卷积算子 (1.39) 中的应用. 如果 $h(t), \varphi(t) \in L_1(R^1)$, 则 $(h * \varphi)(x) \in L_1(R^1)$, 且 Fourier 卷积定理

$$\mathcal{F}\{(h * \varphi)(t);x\} = (\mathcal{F}h)(x)(\mathcal{F}\varphi)(x) \tag{1.107}$$

成立. 如果 $h(t) \in L_1(R^1), \varphi(t) \in L_2(R^1)$, 则 $(h*\varphi)(x) \in L_2(R^1)$, 或如果 $h(t), \varphi(t) \in L_2(R^1)$, 则 $(h * \varphi)(x)$ 连续、有界且在无穷远处为零.

B. 函数 $\varphi(t), t > 0$ 的正弦和余弦 Fourier 变换定义如下

$$\mathcal{F}_c\varphi = (\mathcal{F}_c\varphi)(x) = \int_0^\infty \varphi(t)\cos xt dt = g(x), \tag{1.108}$$

$$\mathcal{F}_s\varphi = (\mathcal{F}_s\varphi)(x) = \int_0^\infty \varphi(t)\sin xt dt = g(x), \tag{1.109}$$

其逆变换形式分别为

$$\varphi(t)(\mathcal{F}_c^{-1}g)(t) = \frac{2}{\pi}\int_0^\infty g(x)\cos xt dx, \tag{1.110}$$

$$\varphi(t)(\mathcal{F}_s^{-1}g)(t) = \frac{2}{\pi}\int_0^\infty g(x)\sin xt dx. \tag{1.111}$$

C. 函数 $\varphi(x)(x > 0)$ 的 Mellin 变换定义如下

$$\varphi^*(s) = \mathfrak{M}\{\varphi(t);s\} = \int_0^\infty t^{s-1}\varphi(t)dt, \tag{1.112}$$

其逆变换由下面的公式给出

$$\varphi(x) = \mathfrak{M}^{-1}\{\varphi^*(s);x\} = \frac{1}{2\pi i}\int_{\gamma-i\infty}^{\gamma+i\infty} \varphi^*(s)x^{-s}ds, \quad \gamma = \mathrm{Re}s. \tag{1.113}$$

如果我们将 (1.102) 和 (1.104) 中的 $\varphi(t)$ 替换为 $\varphi(e^t)$, ix 替换为 s, 则可以得到上述关系式. 若分别用 $h(e^t)$ 和 $\ln x$ 替换 $h(t)$ 和 x, 我们可以从 Fourier 卷积 (1.39) 中得到 Mellin 卷积关系式

$$(h \circ \varphi)(x) = \int_0^\infty h\left(\frac{x}{t}\right) \varphi(t) \frac{dt}{t}. \tag{1.114}$$

卷积定理 (1.107) 关于 (1.114) 的形式表为

$$(h \circ \varphi)^*(s) = h^*(s)\varphi^*(s), \tag{1.115}$$

用表达式 (1.115) 代替 (1.113) 中的 $\varphi^*(s)$, 结合 (1.114), 我们可以得到 Parseval 关系

$$\int_0^\infty h\left(\frac{x}{t}\right) \varphi(t) \frac{dt}{t} = \frac{1}{2\pi i} \int_{\gamma-i\infty}^{\gamma+i\infty} h^*(s)\varphi^*(s)x^{-s}ds. \tag{1.116}$$

我们用 $\leftrightarrow$ 来表示函数与其 Mellin 变换之间的对应关系. 容易证明以下所列的一般对应关系

$$
\begin{aligned}
&\varphi(ax) \leftrightarrow a^{-s}\varphi^*(s); \quad x^\alpha \varphi(x) \leftrightarrow \varphi^*(s+\alpha); \\
&\varphi(x^p) \leftrightarrow |p|^{-1}\varphi^*(s/p), p \neq 0; \quad \varphi(x^{-1}) \leftrightarrow \varphi^*(-s); \\
&(x^n \varphi(x))^{(n)} \leftrightarrow (1-s)_n \varphi^*(s), \quad x_1^{s+k}\varphi^{(k)}(x_1) = 0, \\
&\qquad k = 0, 1, \cdots, n-1, \quad x_1 = 0, \infty,
\end{aligned}
\tag{1.117}
$$

以及一些重要函数的 Mellin 变换公式

$$e^{-x} \leftrightarrow \Gamma(s), \quad \mathrm{Re}\, s > 0;$$

$$\frac{(1-x)_+^{\alpha-1}}{\Gamma(\alpha)} \leftrightarrow \frac{\Gamma(s)}{\Gamma(s+\alpha)}, \quad \mathrm{Re}\,\alpha, \mathrm{Re}\, s > 0;$$

$$\frac{(1-x)_+^{\alpha-1}}{\Gamma(\alpha)} \leftrightarrow \frac{\Gamma(1-\alpha-s)}{\Gamma(1-s)}, \quad 0 < \mathrm{Re}\,\alpha < 1 - \mathrm{Re}\, s;$$

$$\Gamma(p)(1+x)^{-p} \leftrightarrow \Gamma(s)\Gamma(p-s), \quad 0 < \mathrm{Re}\, s < \mathrm{Re}\, p;$$

$$\frac{1}{\pi(1-x)} \leftrightarrow \frac{\Gamma(s)\Gamma(1-s)}{\Gamma(s+1/2)\Gamma(1/2-s)} = \cot s\pi, \quad 0 < \mathrm{Re}\, s < 1;$$

$$J_\nu(2\sqrt{x}) \leftrightarrow \frac{\Gamma(s+\nu/2)}{\Gamma(\nu/2+1-s)}, \quad -\mathrm{Re}\,\nu/2 < \mathrm{Re}\, s < 3/4; \tag{1.118}$$

$$\frac{\Gamma(a)}{\Gamma(c)}{}_1F_1(a;c;-x) \leftrightarrow \frac{\Gamma(s)\Gamma(a-s)}{\Gamma(c-s)}, \quad 0 < \mathrm{Re}s < \mathrm{Re}a;$$

$$\frac{\Gamma(a)\Gamma(b)}{\Gamma(c)}{}_2F_1(a,b;c;-x) \leftrightarrow \frac{\Gamma(s)\Gamma(a-s)\Gamma(b-s)}{\Gamma(c-s)},$$

$$0 < \mathrm{Re}s < \mathrm{Re}a, \mathrm{Re}b;$$

$$\frac{(1-x)_+^{c-1}}{\Gamma(c)}{}_2F_1(a,b;c;1-x) \leftrightarrow \frac{\Gamma(s)\Gamma(s+c-a-b)}{\Gamma(s+c-a)\Gamma(s+c-b)},$$

$$\mathrm{Re}c > 0, \quad \mathrm{Re}s > 0, \quad \mathrm{Re}(s+c-a-b) > 0.$$

比较 (1.95), (1.113) 和 (1.118) 不难发现, 如果我们能在 (1.95) 中将 L 取为一条竖直线 $L = (\gamma - i\infty, \gamma + i\infty)$ 且不失去积分的收敛性, 则一般型的 Gamma 函数的乘积在积分符号 (1.95) 下的比值即为 G 函数的 Mellin 变换. 表达式 (1.118) 的右边是这个比值的特例, 左边是 G 函数的特例 (见 (1.98) 和 (1.99)).

读者可以在 Marichev [1978d] 和 Prudnikov, Brychkov and Marichev [1985] 中获得关于 Mellin 变换性质的更详细的信息和一些结果的列表.

D. 函数 $\varphi(x), 0 < x < \infty$ 的 Laplace 变换定义如下

$$L\varphi = (L\varphi)(p) = L\{\varphi(t); p\} = \int_0^\infty e^{-pt}\varphi(t)dt = g(p), \tag{1.119}$$

其逆变换由下面的公式给出

$$(L^{-1}g)(x) = L^{-1}\{g(p); x\} = \frac{1}{2\pi i}\int_{\gamma-i\infty}^{\gamma+i\infty} e^{px}g(p)dp = \varphi(x), \quad \gamma = \mathrm{Re}p > p_0. \tag{1.120}$$

通过 Mellin 变换 (1.112), 可以得到 Laplace 逆变换的另一种形式

$$(L^{-1}g)(x) = \frac{1}{2\pi i}\int_{\gamma-i\infty}^{\gamma+i\infty} \frac{x^{-s}}{\Gamma(1-s)}g^*(1-s)ds = \varphi(x), \quad \mathrm{Re}s = \gamma < 1, \tag{1.121}$$

见 Marichev [1978d, formula (8.29)].

积分

$$[h * \varphi] = [h * \varphi](x) = \int_0^x h(x-t)\varphi(t)dt \tag{1.122}$$

是 Laplace 变换的卷积关系式. 关于 (1.122) 的卷积定理 (1.107) 有如下形式

$$L[h * \varphi](p) = (Lh)(p)(L\varphi)(p). \tag{1.123}$$

我们还可以从 Fourier 变换 (1.102) 中得到 Laplace 变换, 通过对函数进行限制, 要求 $t < 0$ 时, $\varphi(t) = 0$, 再用复数变量 p 代替变量 ix. 其详细性质在诸如书 Ditkin and Prudnikov [1974] 中考虑过.

我们还有以下 Laplace 变换公式

$$(L\varphi^{(n)})(p) = p^n(L\varphi)(p) - \sum_{k=0}^{n-1} p^{n-k-1}\varphi^{(k)}(0), \qquad (1.124)$$

若相应的积分存在, 则它很容易通过分部积分证明.

§2　Riemann-Liouville 分数阶积分与导数

分数阶积分的思想与 Abel 积分方程密切相关. 因此, 从 Abel 方程的解展开研究是很方便的.

首先我们给出它的形式解. 然后证明 Abel 积分方程在绝对可积函数类中的可解性定理. 有了 Abel 方程的解, 我们就可以构造分数阶微分作为分数阶积分的逆运算. 从这个想法出发, 我们给出了相应的定义. 在这一节中, 我们会讨论分数阶积分-微分的第一个简单性质.

2.1　Abel 积分方程

积分方程

$$\frac{1}{\Gamma(\alpha)} \int_a^x \frac{\varphi(t)dt}{(x-t)^{1-\alpha}} = f(x), \quad x > a \qquad (2.1)$$

称为 Abel 方程, 这里 $0 < \alpha < 1$. 设 $a > -\infty$ 且方程只在有限的区间 $[a, b]$ 上考虑. 为了方便, 选取因子 $1/\Gamma(\alpha)$, 读者将会从后文的内容中明白如此选取的原因.

方程 (2.1) 可以用以下方法求解. 在 (2.1) 中分别将 x 替换为 t, t 替换为 s, 将方程的两边乘以 $(x-t)^{-\alpha}$ 并积分, 有

$$\int_a^x \frac{dt}{(x-t)^{\alpha}} \int_a^t \frac{\varphi(s)ds}{(t-s)^{1-\alpha}} = \Gamma(\alpha) \int_a^x \frac{f(t)dt}{(x-t)^{\alpha}}. \qquad (2.2)$$

运用 Dirichlet 公式 (1.32) 交换左边的积分顺序, 我们得到

$$\int_a^x \varphi(s)ds \int_s^x \frac{dt}{(x-t)^{\alpha}(t-s)^{1-\alpha}} = \Gamma(\alpha) \int_a^x \frac{f(t)dt}{(x-t)^{\alpha}}.$$

内层积分作变量代换 $t = s + \tau(x-s)$, 再应用公式 (1.68), (1.69) 容易求出

$$\int_s^x (x-t)^{-\alpha}(t-s)^{\alpha-1}dt = \int_0^1 \tau^{\alpha-1}(1-\tau)^{-\alpha}d\tau$$

$$= B(\alpha, 1-\alpha) = \Gamma(\alpha)\Gamma(1-\alpha).$$

从而

$$\int_a^x \varphi(s)ds = \frac{1}{\Gamma(1-\alpha)} \int_a^x \frac{f(t)dt}{(x-t)^\alpha}. \tag{2.3}$$

因此方程两端求导之后, 我们得到

$$\varphi(x) = \frac{1}{\Gamma(1-\alpha)} \frac{d}{dx} \int_a^x \frac{f(t)dt}{(x-t)^\alpha}. \tag{2.4}$$

所以如果 (2.1) 有解, 那么这个解必然由 (2.4) 给出, 因此是唯一的.

为了简单起见, 我们考虑 (2.1) 中 $0 < \alpha < 1$ 的情形. 因为当 $\alpha = 1$ 时是显然的, 而当 $\alpha > 1$ 时可以通过对 (2.1) 两端微分, 简化为 $0 < \alpha < 1$ 的情形. 事实上, 当 $\alpha > 1$ 时 Abel 方程的解包含在定理 2.4 之中.

类似地, 考虑形如

$$\frac{1}{\Gamma(\alpha)} \int_x^b \frac{\varphi(t)dt}{(t-x)^{1-\alpha}} = f(x), \quad x \leqslant b \tag{2.5}$$

的 Abel 方程, 当 $0 < \alpha < 1$ 时, (2.4) 用下列逆公式代替

$$\varphi(x) = -\frac{1}{\Gamma(1-\alpha)} \frac{d}{dx} \int_x^b \frac{f(t)dt}{(t-x)^\alpha}. \tag{2.6}$$

2.2 Abel 方程在可积函数空间中的可解性

下面我们来说明 $f(x)$ 满足什么条件时 Abel 方程可解. 为了明确表达本小节的主要结果 (定理 2.1), 我们引入记号

$$f_{1-\alpha}(x) = \frac{1}{\Gamma(1-\alpha)} \int_a^x \frac{f(t)dt}{(x-t)^\alpha}. \tag{2.7}$$

显然

$$\int_a^b |f_{1-\alpha}(x)|dx \leqslant \frac{1}{\Gamma(2-\alpha)} \int_a^b |f(t)|(b-t)^{1-\alpha}dt, \tag{2.8}$$

所以 $f(x) \in L_1(a,b)$ 就意味着 $f_{1-\alpha}(x) \in L_1(a,b)$.

定理 2.1 当 $0 < \alpha < 1$ 时, Abel 方程 (2.1) 在 $L_1(a,b)$ 中可解, 当且仅当

$$f_{1-\alpha}(x) \in AC([a,b]) \quad \text{且} \quad f_{1-\alpha}(a) = 0. \tag{2.9}$$

满足这些条件的方程有唯一解, 即 (2.4).

证明　必要性. 设 (2.1) 在 $L_1(a,b)$ 中可解. 那么上一小节中得到的所有结果都成立, 借助 Fubini 定理 (定理 1.1), 可以在 (2.2) 式中交换积分顺序. 因此 (2.3) 成立. 从而, 根据 (1.4) 我们得到 (2.9).

充分性. 因为 $f_{1-\alpha}(x) \in AC([a,b])$, 所以 $f'_{1-\alpha}(x) = \dfrac{d}{dx}f_{1-\alpha}(x) \in L_1(a,b)$. 因此 (2.4) 给出的函数几乎处处存在, 并且属于 $L_1(a,b)$. 接下来我们证明它确实是 (2.1) 的一个解. 为此, 我们把它代入 (2.1) 的左边, 并用 $g(x)$ 表示结果, 即

$$\frac{1}{\Gamma(\alpha)} \int_a^x \frac{f'_{1-\alpha}(t)}{(x-t)^{1-\alpha}} dt = g(x). \tag{2.10}$$

我们将证明 $g(x) = f(x)$, 从而证明了此定理. 方程 (2.10) 是关于 $f'_{1-\alpha}(x)$ 的 (2.1) 型方程. 它一定是可解的, 因为它只是一个符号. 所以根据 (2.4), 我们有

$$f'_{1-\alpha}(x) = \frac{1}{\Gamma(1-\alpha)} \frac{d}{dx} \int_a^x \frac{g(t)dt}{(x-t)^\alpha},$$

即 $f'_{1-\alpha}(x) = g'_{1-\alpha}(x)$. 这里 $f_{1-\alpha}(x)$ 和 $g_{1-\alpha}(x)$ 都是绝对连续函数, 前者根据假设, 后者借助 (2.3), 将 $f(x)$ 换为 $g(x)$. 因此 $f_{1-\alpha}(x) - g_{1-\alpha}(x) = c$. 注意, 绝对连续性条件在这种证明中是本质的: 它不能被弱化为连续性, 因为存在连续但不绝对连续的函数, 不为常数且导数几乎处处为零 —— Natanson [1974, p. 201]. 由已知我们有 $f_{1-\alpha}(a) = 0$, 而根据 (2.10) 是一个可解的方程, 得 $g_{1-\alpha}(a) = 0$. 因此 $c = 0$, 所以 $\displaystyle\int_a^x \frac{f(t) - g(t)}{(x-t)^\alpha} dt = 0$. 后者是一个形为 (2.1) 的方程. 则由解的唯一性得到 $f(t) - g(t) = 0$. ∎

运用辅助函数 $f_{1-\alpha}(x)$, 定理 2.1 给出了 Abel 方程的可解性判据. 下面的引理和推论就函数 $f(x)$ 本身给出了一个简单的充分条件.

引理 2.1　若 $f(x) \in AC([a,b])$, 则 $f_{1-\alpha}(x) \in AC([a,b])$ 且

$$f_{1-\alpha}(x) = \frac{1}{\Gamma(2-\alpha)} \left[f(a)(x-a)^{1-\alpha} + \int_a^x f'(t)(x-t)^{1-\alpha} dt \right]. \tag{2.11}$$

证明　根据 (1.4), 我们将函数 $f(t) = f(a) + \displaystyle\int_a^t f'(s)ds$ 代入 (2.7) 中可得

$$f_{1-\alpha}(x) = \frac{f(a)}{\Gamma(2-\alpha)}(x-a)^{1-\alpha} + \frac{1}{\Gamma(1-\alpha)} \int_a^x \frac{dt}{(x-t)^\alpha} \int_a^t f'(s)ds. \tag{2.12}$$

这里的第一项是绝对连续函数, 因为 $(x-a)^{1-\alpha} = (1-\alpha) \displaystyle\int_a^x (t-a)^{-\alpha} dt$. 又因为

$$\int_a^x \frac{dt}{(x-t)^\alpha} \int_a^t f'(s)ds = \int_a^x \left(\int_a^t \frac{f'(s)ds}{(t-s)^\alpha} \right) dt, \tag{2.13}$$

此式可以直接通过交换方程两端积分次序来验证, 则 (2.12) 中的第二项也是可和函数的原像, 因此它也是绝对连续的. 在 (2.12) 中交换积分顺序, 即得 (2.11). ∎

推论 若 $f(x) \in AC([a,b])$, 则当 $0 < \alpha < 1$ 时, Abel 方程 (2.1) 在 $L_1(a,b)$ 中可解, 其解 (2.4) 可由下式表出

$$\varphi(x) = \frac{1}{\Gamma(1-\alpha)} \left[\frac{f(a)}{(x-a)^\alpha} + \int_a^x \frac{f'(s)ds}{(x-s)^\alpha} \right]. \tag{2.14}$$

事实上, 根据引理 2.1, (2.12) 和 (2.13), 可解性条件 (2.9) 已经满足. 因为 $\varphi(x) = \frac{d}{dx} f_{1-\alpha}(x)$, 我们观察到 (2.14) 可以通过 (2.11) 的微分得到, 在积分符号下的微分借助 (2.13) 容易证明.

还要强调的是, 我们同时得到了 Abel 积分方程新的逆形式 (2.14), 它适用于右端函数 $f(x)$ 为绝对连续的情形.

与定理 2.1 类似, 可得 (2.5) 在 $L_1(a,b)$ 中可解, 当且仅当 $\widetilde{f}_{1-\alpha}(x) \in AC([a,b])$ 且 $\widetilde{f}_{1-\alpha}(b) = 0$, 其中

$$\widetilde{f}_{1-\alpha}(x) = \frac{1}{\Gamma(1-\alpha)} \int_x^b \frac{f(t)dt}{(t-x)^\alpha}, \quad 0 < \alpha < 1.$$

当 (2.5) 中的 $f(x) \in AC([a,b])$ 时, 它的解 (2.6) 可以写成类似 (2.14) 的形式

$$\varphi(t) = \frac{1}{\Gamma(1-\alpha)} \left[\frac{f(b)}{(b-t)^\alpha} - \int_t^b \frac{f'(s)ds}{(s-t)^\alpha} \right]. \tag{2.15}$$

注意在 § 14 中我们将给出 Abel 方程的逆的另一种形式, 见 (14.29) 和 (14.30).

2.3   分数阶积分和导数的定义及其最简单性质

对于 n 次积分, 有一个著名的公式

$$\int_a^x dx \int_a^x dx \cdots \int_a^x \varphi(x)dx = \frac{1}{(n-1)!} \int_a^x (x-t)^{n-1}\varphi(t)dt, \tag{2.16}$$

它由数学归纳法容易证明. 因为 $(n-1)! = \Gamma(n)$, 我们注意到 (2.16) 的右边可能对非整数值 n 也有意义. 因此, 很自然地定义如下非整数阶积分.

定义 2.1 设 $\varphi(x) \in L_1(a,b)$. 积分

$$(I_{a+}^{\alpha}\varphi)(x) \stackrel{\text{def}}{=} \frac{1}{\Gamma(\alpha)} \int_a^x \frac{\varphi(t)}{(x-t)^{1-\alpha}} dt, \quad x > a, \tag{2.17}$$

$$(I_{b-}^{\alpha}\varphi)(x) \stackrel{\text{def}}{=} \frac{1}{\Gamma(\alpha)} \int_x^b \frac{\varphi(t)}{(t-x)^{1-\alpha}} dt, \quad x < b \tag{2.18}$$

称为 α 阶分数阶积分, 其中 $\alpha > 0$. 有时它们分别称为左和右分数阶积分. 积分 (2.17) 和 (2.18) 公认的名称是 Riemann-Liouville 分数阶积分.

因此, 分数阶积分是我们通过考虑 Abel 方程已经知道的一种结构.

我们将更多地使用左分数阶积分, 有时使用 (2.7) 中所示的记号 $f_\alpha(x) = (I_{a+}^\alpha f)(x)$.

针对函数 $\varphi \in L_1(a,b)$ 所定义的分数阶积分 (2.17) 和 (2.18), 是几乎处处存在的. 在下文定理 2.6 和 §3 中, 我们将详细地考虑算子 I_{a+}^α, I_{b-}^α 在可和函数 $L_p(a,b)$ 空间和 Hölder 函数空间中的映射性质.

注意算子 I_{a+}^α 与 I_{b-}^α 之间的简单关系

$$QI_{a+}^\alpha = I_{b-}^\alpha Q, \quad QI_{b-}^\alpha = I_{a+}^\alpha Q, \tag{2.19}$$

这里 Q 为 "反射算子": $(Q\varphi)(x) = \varphi(a+b-x)$.

关系式

$$\int_a^b \varphi(x)(I_{a+}^\alpha\psi)(x)dx = \int_a^b \psi(x)(I_{b-}^\alpha\varphi)(x)dx \tag{2.20}$$

是成立的, 它通常称为分数阶积分的分部积分公式 —— 另见 (2.64). 式 (2.20) 可以通过 Dirichlet 公式 (1.32) 交换左端的积分次序直接证明. 如果

$$\varphi(x) \in L_p, \quad \psi(x) \in L_q, \quad 1/p + 1/q \leqslant 1 + \alpha, \quad p \geqslant 1, \quad q \geqslant 1,$$

且 $1/p + 1/q = 1 + \alpha$ 时, $p \neq 1, q \neq 1$, 则方程 (2.20) 成立. 我们将在 §3.3 中给出 (2.20) 在这些假设条件下的证明.

分数阶积分有如下性质

$$I_{a+}^\alpha I_{a+}^\beta \varphi = I_{a+}^{\alpha+\beta}\varphi, \quad I_{b-}^\alpha I_{b-}^\beta \varphi = I_{b-}^{\alpha+\beta}\varphi, \quad \alpha > 0, \quad \beta > 0. \tag{2.21}$$

等式 (2.21) 对于 $\varphi(t) \in C([a,b])$ 逐点成立, 对于 $\varphi(t) \in L_1(a,b)$ 几乎处处成立. 若 $\alpha + \beta \geqslant 1$, 则 (2.21) 对于 $\varphi(t) \in L_1(a,b)$ 也逐点成立. 性质 (2.21) 的证明是直接的

$$I_{a+}^\alpha I_{a+}^\beta \varphi = \frac{1}{\Gamma(\alpha)\Gamma(\beta)} \int_a^x \frac{dt}{(x-t)^{1-\alpha}} \int_a^t \frac{\varphi(\tau)d\tau}{(t-\tau)^{1-\beta}}.$$

利用 Fibini 定理交换积分次序后令 $t = \tau + s(x - \tau)$, 我们有

$$I_{a+}^{\alpha} I_{a+}^{\beta} \varphi = \frac{\mathrm{B}(\alpha, \beta)}{\Gamma(\alpha)\Gamma(\beta)} \int_a^x \frac{\varphi(\tau)d\tau}{(x - \tau)^{1-\alpha-\beta}},$$

这样就得到了 (2.21).

方程 (2.21) 中的结果称为分数阶积分的半群性质. 我们也会在 § 2.7 中考虑分数阶微分的这种性质.

至于分数阶微分, 自然地引入它作为分数阶积分的逆运算. 根据上面得到的 Abel 方程 (2.1) 或 (2.5) 的逆, 我们可得如下定义.

定义 2.2   对于区间 $[a, b]$ 内给定的函数 $f(x)$, 下面的表达式

$$(\mathcal{D}_{a+}^{\alpha} f)(x) = \frac{1}{\Gamma(1-\alpha)} \frac{d}{dx} \int_a^x \frac{f(t)dt}{(x-t)^{\alpha}}, \tag{2.22}$$

$$(\mathcal{D}_{b-}^{\alpha} f)(x) = -\frac{1}{\Gamma(1-\alpha)} \frac{d}{dx} \int_x^b \frac{f(t)dt}{(t-x)^{\alpha}} \tag{2.23}$$

分别称为 α 阶左分数阶导数和右分数阶导数, 这里 $0 < \alpha < 1$.

分数阶导数 (2.22) 和 (2.23) 通常称为 Riemann-Liouville 导数.

注意到我们定义了任意 $\alpha > 0$ 的分数阶积分, 而分数阶导数只介绍了 $0 < \alpha < 1$ 的情况. 在讨论 $\alpha \geqslant 1$ 之前, 我们先给出分数阶导数存在的一个简单充分条件.

引理 2.2   令 $f(x) \in AC([a, b])$, 则 $\mathcal{D}_{a+}^{\alpha} f$ 和 $\mathcal{D}_{b-}^{\alpha} f$ 对于 $0 < \alpha < 1$ 几乎处处存在. 同时 $\mathcal{D}_{a+}^{\alpha} f, \mathcal{D}_{b-}^{\alpha} f \in L_r(a, b), 1 \leqslant r < 1/\alpha$, 且

$$\mathcal{D}_{a+}^{\alpha} f = \frac{1}{\Gamma(1-\alpha)} \left[\frac{f(a)}{(x-a)^{\alpha}} + \int_a^x \frac{f'(t)dt}{(x-t)^{\alpha}} \right], \tag{2.24}$$

$$\mathcal{D}_{b-}^{\alpha} f = \frac{1}{\Gamma(1-\alpha)} \left[\frac{f(b)}{(b-x)^{\alpha}} - \int_x^b \frac{f'(t)dt}{(t-x)^{\alpha}} \right]. \tag{2.25}$$

这个引理的结论来自引理 2.1 的推论, $\mathcal{D}_{a+}^{\alpha} f, \mathcal{D}_{b-}^{\alpha} f \in L_r(a, b), 1 \leqslant r < 1/\alpha$ 可直接由 (2.24) 和 (2.25) 推出.

在后面的 § 14 中, 我们将分别给出当 $f'(t)$ 在点 $t = a$ 或 $t = b$ 上不一定可积时与 (2.24) 和 (2.25) 类似的分数阶导数的结果 —— (14.29) 和 (14.30).

另请注意, 在 § 13.2 和 § 13.3 中, 我们将证明分数阶导数存在的其他充分条件, 这些条件在应用中更加有用, 特别是允许函数 $f(x)$ 具有可积奇异性. 在这方面, 我们给出一个例子: 函数 $f(x) = (x - a)^{-\mu}, 0 < \mu < 1$ 的分数阶导

数 $(\mathcal{D}_{a+}^{\alpha}f)(x)$ 有定义. 利用 Beta 函数和 Gamma 函数的性质直接计算可以得到 Euler 公式

$$(\mathcal{D}_{a+}^{\alpha}f)(x) = \frac{\Gamma(1-\mu)}{\Gamma(1-\mu-\alpha)}\frac{1}{(x-a)^{\mu+\alpha}}, \tag{2.26}$$

特别地,

$$(\mathcal{D}_{a+}^{\alpha}f)(x) \equiv 0, \quad \text{若 } f(x) = \frac{1}{(x-a)^{1-\alpha}}. \tag{2.27}$$

若 $\mu+\alpha < 1$, 则分数阶导数 (2.26) 为可积函数. 这种情况在下述意义下是典型的 (§§ 13.2, 13.3): 函数 $f(x)$ 具有可积奇异性, 如果 $f(x)$ 的奇异性不超过 $1-\alpha$ 阶, 则 $f(x)$ 有可积分数阶导数 $\mathcal{D}_{a+}^{\alpha}f$.

注 2.1 论断 (2.27) 表示函数 $(x-a)^{\alpha-1}$ 对分数阶导数 $\mathcal{D}_{a+}^{\alpha}f$ 的角色相当于常数对于通常微分的角色.

我们现在来讨论高阶 $\alpha(\geqslant 1)$ 的分数阶导数. 我们将使用标准的符号: $[\alpha]$ 代表数 α 的整数部分, $\{\alpha\}$ 代表 "小数" 部分, $0 \leqslant \{\alpha\} < 1$, 因此

$$\alpha = [\alpha] + \{\alpha\}. \tag{2.28}$$

若 α 为一个整数, α 阶导数可以理解为通常意义下的微分:

$$\mathcal{D}_{a+}^{\alpha} = \left(\frac{d}{dx}\right)^{\alpha}, \quad \mathcal{D}_{b-}^{\alpha} = \left(-\frac{d}{dx}\right)^{\alpha}, \quad \alpha = 1, 2, 3, \cdots. \tag{2.29}$$

当 α 不为整数时, 通过以下关系引入 $\mathcal{D}_{a+}^{\alpha}f, \mathcal{D}_{b-}^{\alpha}f$ 是自然的:

$$\mathcal{D}_{a+}^{\alpha}f \overset{\text{def}}{=} \left(\frac{d}{dx}\right)^{[\alpha]} \mathcal{D}_{a+}^{\{\alpha\}}f = \left(\frac{d}{dx}\right)^{[\alpha]+1} I_{a+}^{1-\{\alpha\}}f, \tag{2.30}$$

$$\mathcal{D}_{b-}^{\alpha}f \overset{\text{def}}{=} \left(-\frac{d}{dx}\right)^{[\alpha]} \mathcal{D}_{b-}^{\{\alpha\}}f = \left(-\frac{d}{dx}\right)^{[\alpha]+1} I_{b-}^{1-\{\alpha\}}f. \tag{2.31}$$

因此

$$\mathcal{D}_{a+}^{\alpha}f = \frac{1}{\Gamma(n-\alpha)} \left(\frac{d}{dx}\right)^{n} \int_{a}^{x} \frac{f(t)dt}{(x-t)^{\alpha-n+1}}, \quad n = [\alpha]+1, \tag{2.32}$$

$$\mathcal{D}_{b-}^{\alpha}f = \frac{(-1)^{n}}{\Gamma(n-\alpha)} \left(\frac{d}{dx}\right)^{n} \int_{x}^{b} \frac{f(t)dt}{(t-x)^{\alpha-n+1}}, \quad n = [\alpha]+1. \tag{2.33}$$

我们也会用到下面的记号

$$\mathcal{D}_{a+}^{\alpha}f = I_{a+}^{-\alpha}f = (I_{a+}^{\alpha})^{-1}f, \quad \alpha \geqslant 0, \tag{2.34}$$

假设它们每一个都代表导数 (2.22), (2.32), 记号 $\mathcal{D}_{b-}^{\alpha}f = I_{b-}^{-\alpha}f$ 也可以类似地解释. 我们有时会使用记号 $\left(\dfrac{d}{dx}\right)^{\alpha}f(x) = (\mathcal{D}_{0+}^{\alpha}f)(x)$ 代替 $\mathcal{D}_{0+}^{\alpha}f(x)$, 见 §42.

导数 (2.22), (2.23) 存在的充分条件是

$$\int_a^x \frac{f(t)dt}{(x-t)^{\{\alpha\}}} \in AC^{[\alpha]}([a,b]),$$

其中 $AC^{[\alpha]}([a,b])$ 是在定义 1.3 中介绍的函数空间. 如果 $f(x) \in AC^{[\alpha]}([a,b])$, 则此充分条件成立.

不难证明, 表达式 (2.26) 对于任意 $\alpha > 0$ 成立, 并且类似于 (2.27), 我们有

$$(\mathcal{D}_{a+}^{\alpha}f)(x) \equiv 0, \quad \text{若 } f(x) = (x-a)^{\alpha-k}, \quad k = 1,2,\cdots,1+[\alpha]. \tag{2.35}$$

2.4　复分数阶积分和导数

§2.3 中介绍的关于实数 $\alpha > 0$ 的分数阶积分 I_{a+}^{α}, I_{b-}^{α} 和分数阶微分 $\mathcal{D}_{a+}^{\alpha}$, $\mathcal{D}_{b-}^{\alpha}$ 对任意满足 $\mathrm{Re}\,\alpha > 0$ 的复数 α 阶积分和微分也是有意义的, $\mathrm{Re}\,\alpha = 0$ 的情况会在下面特别讨论. 为此, 只需阐明多值幂函数 $\tau^{\alpha-1}, \alpha \in C$ 分支的选择. 下文任何地方我们都假设

$$\tau^{\alpha} = \tau^{\alpha_0}[\cos(\theta \ln \tau) + i \sin(\theta \ln \tau)], \quad \alpha = \alpha_0 + i\theta, \quad \tau > 0. \tag{2.36}$$

那么, 若将定义 (2.30)—(2.33) 中的 $[\alpha]$ 替换为 $[\mathrm{Re}\,\alpha]$, 引理 2.1的结论, 以及 (2.24), (2.25) $(0 < \mathrm{Re}\,\alpha < 1)$, (2.26), (2.27), (2.27), (2.34) 中的结果仍然成立.

显然, 复数 α $(\mathrm{Re}\,\alpha \neq 0)$ 阶的积分 (或导数) 表示原本定义在 $\mathrm{Im}\,\alpha = 0$ 中的分数阶积分 (或导数) 关于参数 α 的解析延拓.

纯虚数阶的分数阶导数的定义类似于 (2.22), 由下式给出

$$\mathcal{D}_{a+}^{i\theta}f = \frac{1}{\Gamma(1-i\theta)}\frac{d}{dx}\int_a^x (x-t)^{-i\theta}f(t)dt. \tag{2.37}$$

我们不能用 (2.17) 来定义纯虚阶的分数阶积分, 因为 $\alpha = i\theta$ 时积分发散. 所以人们已经接受了将纯虚阶的分数阶积分定义为 $I_{a+}^{i\theta}f = \dfrac{d}{dx}I_{a+}^{1+i\theta}f$. 因此

$$I_{a+}^{i\theta}f \overset{\text{def}}{=} \frac{1}{\Gamma(1+i\theta)}\frac{d}{dx}\int_a^x (x-t)^{i\theta}f(t)dt, \tag{2.38}$$

$$I_{b-}^{i\theta} f \overset{\text{def}}{=} \frac{1}{\Gamma(1+i\theta)} \frac{d}{dx} \int_a^x (t-x)^{i\theta} f(t)dt. \tag{2.39}$$

为了给出对于所有 $\alpha \in C$ 分数阶积分-微分的定义, 需要引入 $\alpha = 0$ 时的恒等算子

$$\mathcal{D}_{a+}^0 \varphi \overset{\text{def}}{=} I_{a+}^0 \varphi = \varphi, \tag{2.40}$$

显然, 这与 (2.38) 一致.

正如预期的那样, 与 $\text{Re}\,\alpha \neq 0$ 的情况不同, 纯虚数阶的积分和导数之间没有本质区别, 见 (2.37), (2.38). 算子 $I_{a+}^{i\theta}$ 和 $\mathcal{D}_{a+}^{i\theta}$ 就其本质而言更接近于奇异算子, 而不是纯粹归结于积分或微分, 以至于 "积分和微分运算" 这个名称对它们来说只是一个条件性的名称而已.

引理 2.3　若 $f(x) \in AC([a,b])$, 则 $\mathcal{D}_{a+}^{i\theta} f$ 对于所有 x 存在且可表示为 (2.24) 的形式, 其中 $\alpha = i\theta$.

引理 2.3 的证明与引理 2.1 及其推论的证明极其相似.

条件 $f(x) \in AC([a,b])$ 对于纯虚数阶积分 (导数) 的存在性是冗余的, 见 § 4.2 (注记 2.10). 后面的引理 8.2 中, 我们将看到当函数 $f(x) \in L_p(p > 1)$ 时, $\mathcal{D}_{a+}^{i\theta} f$ 能很好地定义, 并且算子 $\mathcal{D}_{a+}^{i\theta}$ 在空间 $L_p(p > 1)$ 中有界.

在下面的定理 2.2 中, 我们给出任意复数 α 阶 $(\text{Re}\,\alpha \geqslant 0)$ 分数阶导数存在的充分条件, 最简单的情形 $0 < \alpha < 1$ 和 $\text{Re}\,\alpha = 0$ 分别在引理 2.2 和引理 2.3 中考虑过. 既然我们将考虑 AC^n 类 (见定义 1.3) 中的有关定理, 先给出这类函数的特征.

引理 2.4　空间 $AC^n([a,b])$ 由且仅由可以表示为如下形式的函数组成

$$f(x) = \frac{1}{(n-1)!} \int_a^x (x-t)^{n-1} \varphi(t)dt + \sum_{k=0}^{n-1} c_k (x-a)^k, \tag{2.41}$$

其中 $\varphi \in L_1(a,b), c_k$ 为常数.

此引理的证明可直接从空间 $AC^n([a,b])$ 的定义以及 (1.4) 和 (2.16) 中得到.

注意在 (2.41) 中, 我们有

$$\varphi(t) = f^{(n)}(t), \quad c_k = f^{(k)}(a)/k!. \tag{2.42}$$

定理 2.2　令 $\text{Re}\,\alpha \geqslant 0$ 且 $f(x) \in AC([a,b]), n = [\text{Re}\,\alpha] + 1$. 则 $\mathcal{D}_{a+}^\alpha f$ 几乎处处存在, 且可以表示为

$$\mathcal{D}_{a+}^\alpha f = \sum_{k=0}^{n-1} \frac{f^k(a)}{\Gamma(1+k-a)} (x-a)^{k-\alpha} + \frac{1}{\Gamma(n-\alpha)} \int_a^x \frac{f^{(n)}(t)dt}{(x-t)^{\alpha-n+1}}. \tag{2.43}$$

证明　因为 $f(x) \in AC([a,b])$, 我们有表达式 (2.41). 将其代入 (2.32) 中, 结合 (2.42), 经简单的变换可以得到 (2.43). ∎

不难看出, 如果 $\mathrm{Re}\alpha > 0$, $\mathrm{Re}\beta > 0$, 式 (2.20), (2.21) 对复值的 α, β 也成立 (对于 (2.20), $1/p + 1/q < 1 + \mathrm{Re}\alpha$). 同样地, 当 $0 < \mathrm{Re}\alpha < 1$ 时、定理 2.1、引理 2.1 及其推论也成立.

最后注意下面引理的正确性.

引理 2.5　令 $\varphi(t) \in L_1(a,b)$. 对于任意的 $\alpha, \mathrm{Re}\alpha > 0$, 齐次 Abel 积分方程 $I_{a+}^\alpha \varphi$ 只有平凡解 $\varphi(x) \equiv 0$ (几乎处处).

证明　设 $m = [\mathrm{Re}\alpha]$. 先考虑 $\mathrm{Re}\alpha \neq 1, 2, \cdots$. 将等式 $I_{a+}^\alpha \varphi = 0$ 微分 m 次, 有 $I_{a+}^{\alpha-m} = 0$. 这里 $0 < \mathrm{Re}(\alpha - m) < 1$, 注意到定理 2.1 对复指数的有效性, 可得 $\varphi \equiv 0$. 如果 $\alpha = m - i\theta$, 将结果 $I_{a+}^\alpha = 0$ 微分 $m-1$ 次得到 $\int_a^x (x-t)^{-i\theta} \varphi(t) dt = 0$. 若 $\theta = 0$, 显然. 若 $\theta \neq 0$, 则运算类似于 (2.2), 有 $\int_a^{x-\varepsilon} \dfrac{dt}{(x-t)^{1+i\theta}} \int_a^t (t-s)^{-i\theta} \cdot \varphi(s) ds = 0, \varepsilon > 0$. 由 Fubini 定理交换积分次序, 再作变量替换 $t = s + \xi(x-s)$ 可得 $\int_a^{x-\varepsilon} (x-s)^{-2i\theta} \varphi(s) ds \int_0^{1-\frac{\varepsilon}{x-s}} \xi^{-i\theta}(1-\xi)^{-i\theta-1} d\xi = 0$. 因为 $\varphi(s) \in L_1$, 若 $\varepsilon \to 0$ 时内部积分收敛, 则极限可以通过第一个积分 (根据 (1.70)). 所以令 $\varepsilon \to 0$, 可以得到 $\mathrm{B}(1-i\theta, -i\theta) \int_a^x (x-s)^{-2i\theta} \varphi(s) ds = 0$. $\mathrm{B}(1-i\theta, -i\theta) \neq 0$, 结合 (2.37) 下面的说明, 立即知 $\varphi(s) \equiv 0$ 几乎处处成立. 得证. ∎

2.5　一些初等函数的分数阶积分

在下列公式中, 我们假设 $a \in C$, 并且当 $\mathrm{Re}\alpha < 0$ 时, $I_{a+}^\alpha \varphi = \mathcal{D}_{a+}^{-\alpha} \varphi$.

1. 对于幂函数 $\varphi(x) = (x-a)^{\beta-1}$, $\varphi(x) = (b-x)^{\beta-1}$, $\mathrm{Re}\beta > 0$, 分别有

$$I_{a+}^\alpha \varphi = \frac{\Gamma(\beta)}{\Gamma(\alpha+\beta)}(x-a)^{\alpha+\beta-1}, \quad \alpha \in C, \tag{2.44}$$

$$I_{b-}^\alpha \varphi = \frac{\Gamma(\beta)}{\Gamma(\alpha+\beta)}(b-x)^{\alpha+\beta-1}, \quad \alpha \in C, \tag{2.45}$$

这些公式与 (2.26) 类似, 可以通过直接计算来证明.

2. 更一般的情况 $\varphi(x) = (x-a)^{\beta-1}(b-x)^{\gamma-1}$ 可以得到 Gauss 超几何函数 (1.72):

$$I_{a+}^\alpha \varphi = (b-a)^{\gamma-1} \frac{\Gamma(\beta)}{\Gamma(\alpha+\beta)}(x-a)^{\alpha+\beta-1} {}_2F_1\left(1-\gamma, \beta; \alpha+\beta; \frac{x-a}{b-a}\right), \tag{2.46}$$

$$a < x < b,$$

其中 $\text{Re}\beta > 0$, γ 为任意常数. 通过对 Euler 表示式 (1.73) 进行简单的变换, 我们可以得到 (2.46). 对于函数 $\varphi(x) = (x-a)^{\beta-1}(x-c)^{\gamma-1}, c < a$, 可以得到一个类似的公式:

$$I_{a+}^{\alpha}\varphi = (a-c)^{\gamma-1}\frac{\Gamma(\beta)}{\Gamma(\alpha+\beta)}(x-a)^{\alpha+\beta-1}\,{}_2F_1\left(1-\gamma,\beta;\alpha+\beta;-\frac{x-a}{a-c}\right),$$

$$c < a < x, \tag{2.47}$$

这里 $\text{Re}\beta > 0$, γ 为任意常数. 借助 (1.75), 我们还得到了 (2.46), (2.47) 中有用的特例:

$$I_{a+}^{\alpha}\left[\frac{(x-a)^{\beta-1}}{(b-x)^{\alpha+\beta}}\right] = \frac{1}{(b-a)^{\alpha}}\frac{\Gamma(\beta)}{\Gamma(\alpha+\beta)}\frac{(x-a)^{\alpha+\beta-1}}{(b-x)^{\beta}}, \quad a < x < b, \tag{2.48}$$

$$I_{a+}^{\alpha}\left[\frac{(x-a)^{\beta-1}}{(x-c)^{\alpha+\beta}}\right] = \frac{1}{(a-c)^{\alpha}}\frac{\Gamma(\beta)}{\Gamma(\alpha+\beta)}\frac{(x-a)^{\alpha+\beta-1}}{(x-c)^{\beta}}, \quad c < a < x. \tag{2.49}$$

3. 令 $\varphi(x) = (x-a)^{\beta-1}\ln(x-a), \text{Re}\beta > 0$. 则

$$I_{a+}^{\alpha}[(x-a)^{\beta-1}\ln(x-a)] = \frac{\Gamma(\beta)}{\Gamma(\alpha+\beta)}(x-a)^{\alpha+\beta-1}[\psi(\beta)-\psi(\beta+\alpha)+\ln(x-a)], \tag{2.50}$$

其中 $\psi(z)$ 是 Euler psi 函数 (1.67). 事实上, 当 $\text{Re}\alpha > 0$ 时在积分

$$I_{a+}^{\alpha}\varphi = \frac{1}{\Gamma(\alpha)}\int_a^x \frac{(t-a)^{\beta-1}\ln(t-a)}{(x-t)^{1-\alpha}}dt$$

中作变量替换 $t = a + s(x-a)$, 我们得到 $I_{a+}^{\alpha}\varphi = [\Gamma(\alpha)]^{-1}(x-a)^{\alpha+\beta-1}[c_1 + c_2\ln(x-a)]$, 其中

$$c_1 = \int_0^1 \frac{s^{\beta-1}\ln s}{(1-s)^{1-\alpha}}ds, \quad c_2 = \int_0^1 (1-s)^{\alpha-1}s^{\beta-1}ds.$$

4. 对于函数 $\varphi(x) = \cos\sqrt{x-a}/\sqrt{x-a}$, 我们有

$$I_{a+}^{\alpha}\varphi = 2^{\alpha-1/2}\sqrt{\pi}(x-a)^{(2\alpha-1)/4}J_{\alpha-1/2}(\sqrt{x-a}), \quad \text{Re}\alpha \geqslant 0, \tag{2.51}$$

其中 $J_{\nu}(z)$ 为 Bessel 函数 (1.83). 对 $\cos z$ 进行 Taylor 展开可以得到 (2.51). 关系式 (2.51) 实际上是 Bessel 函数理论中著名的 Poisson 公式, 其形式为

$$J_{\nu}(z) = \frac{(z/2)^{\nu}}{\Gamma(\nu+1/2)\sqrt{\pi}}\int_{-1}^1 e^{izt}(1-t^2)^{\nu-1/2}dt. \tag{2.52}$$

等式 (2.51), (2.52) 可以通过简单的变量替换相互得到.

5. 通过类似的级数展开, 我们可以得到

$$I_{a+}^{\alpha}[(x-a)^{\alpha-1}\cos A(x-a)]$$

$$= \sqrt{\pi}\left(\frac{x-a}{A}\right)^{\alpha-1/2}\cos\frac{A(x-a)}{2}J_{\alpha-1/2}\left(\frac{A(x-a)}{2}\right), \quad \mathrm{Re}\,\alpha>0. \tag{2.53}$$

$$I_{a+}^{\alpha}[(x-a)^{\mu/2}J_{\mu}(\sqrt{x-a})]$$

$$= 2^{\alpha}(x-a)^{(\mu+\alpha)/2}J_{\mu+\alpha}(\sqrt{x-a}), \quad \alpha\in C, \quad \mathrm{Re}\,\mu>-1. \tag{2.54}$$

在式 (2.54) 中取 $\mu=-1/2$ 可得 (2.51).

我们不在这里详述指数函数 $e^{\gamma x}$ 和三角函数的分数阶积分-微分. 这与以下事实有关: 要求 $a\neq-\infty$ (或 $b\neq+\infty$) 的 Riemann 形式的分数阶积分, 并没有给出 $I^{\alpha}(e^{\gamma x})=\gamma^{-\alpha}e^{\gamma x}$ 这样的自然结果. 如果用分数阶积分-微分中的 Liouville 形式代替 I_{a+}^{α}, 此情形对应于 $a=-\infty$ (或 $b=+\infty$), 我们可以得到这样的公式. 因此, 我们将在 §5.1 中考虑指数函数和三角函数的分数阶积分. 另见 §9.3, 其中有各种初等和特殊函数的分数阶积分简表, 还包含其他诸如此类的表格和这样的积分定值方法的信息.

2.6　分数阶积分和微分的逆运算

众所周知, 对于一般的微分和积分, 如果先应用后者, 那么它们有逆运算, 即, $(d/dx)\int_a^x\varphi(t)dt=\varphi(x)$. 但在通常情况下, 常数 $\varphi(a)$ 的出现使得 $\int_a^x\varphi'(t)dt\neq\varphi(x)$. 同样地, $(d/dx)^nI_{a+}^n\varphi\equiv\varphi$, 但 $I_{a+}^n\varphi^{(n)}\neq\varphi$, 它们之间相差一个 $n-1$ 次的多项式. 类似地, 我们将一直有 $\mathcal{D}_{a+}^{\alpha}I_{a+}^{\alpha}\varphi\equiv\varphi$, 但 $I_{a+}^{\alpha}\mathcal{D}_{a+}^{\alpha}\varphi$ 不一定等于 φ, 因为可能会出现函数 $(x-a)^{\alpha-k}, k=1,2,\cdots,[\mathrm{Re}\,\alpha]+1$, 这些函数的线性组合在分数阶微分中起着多项式的作用, 见 (2.35). 下面将要证明的定理 2.4 阐明了这个问题. 简单起见, 我们先考虑下面的内容作为预备知识.

定义 2.3　用 $I_{a+}^{\alpha}(L_p), \mathrm{Re}\,\alpha>0$, 表示函数 $f(x)$ 的空间, 其中 $f(x)$ 可表示为可和函数的 α 阶左分数阶积分: $f=I_{a+}^{\alpha}\varphi, \varphi\in L_p(a,b), 1\leqslant p<\infty$.

空间 $I_{a+}^{\alpha}(L_1)$ 的特征由下面的定理给出, 它是定理 2.1 的推广.

定理 2.3　为使 $f(x)\in I_{a+}^{\alpha}(L_1)$, $\mathrm{Re}\,\alpha>0$, 只需且必须

$$f_{n-\alpha}(x)\overset{\mathrm{def}}{=}I_{a+}^{n-\alpha}f\in AC^n([a,b]), \tag{2.55}$$

其中 $n=[\mathrm{Re}\,\alpha]+1$, 并且

$$f_{n-\alpha}^{(k)}(a)=0, \quad k=0,1,2,\cdots,n-1. \tag{2.56}$$

证明 必要性. 令 $f = I_{a+}^{\alpha}\varphi, \varphi \in L_1(a,b)$. 由半群性质 (2.21), 我们有 $I_{a+}^{n-\alpha}f = I_{a+}^n\varphi, \varphi \in L_1(a,b)$, 根据引理 2.4 可得 (2.55) 和 (2.56).

充分性. 因为条件 (2.55) 和 (2.56) 成立, 根据引理 2.4, $f_{n-\alpha}(x)$ 可以有如下表示, $f_{n-\alpha}(x) = I_{a+}^n\varphi, \varphi \in L_1(a,b)$. 因此由半群性质 (2.21) 可得, $I_{a+}^{n-\alpha}f = I_{a+}^n\varphi = I_{a+}^{n-\alpha}I_{a+}^\alpha\varphi$. 所以 $I_{a+}^{n-\alpha}(f - I_{a+}^\alpha\varphi) = 0$. 因为 $\mathrm{Re}(n-\alpha) > 0$, 根据引理 2.5 可得 $f - I_{a+}^\alpha\varphi = 0$, 即 $f(x) \in I_{a+}^\alpha(L_1)$. ∎

结合定义 2.3, 我们强调, 一个函数 $f(x)$ 可表示为 α 阶分数阶积分和 $f(x)$ 存在 α 阶分数阶导数是不同的. 因此对于函数 $f(x) = (x-a)^{\alpha-1}, 0 < \alpha < 1$, 我们已经知道它有分数阶导数且等于 0 —— (2.35). 但函数 $(x-a)^{\alpha-1}$ 不能用任何可和函数的 α 阶分数阶积分表示. 因为此时这个函数 $f_{1-\alpha}(a) \neq 0$, 所以条件 (2.56) 不满足. 熟悉分布理论的读者会明白, 函数 $(x-a)^{\alpha-1}$ 只能是某个分布的 α 阶分数阶积分, 即 Dirac delta 函数 $\delta(x-a)$ —— 见 § 8.1.

让我们聚焦于分数阶导数的存在性本身. 为简单起见, 令 $0 < \mathrm{Re}\,\alpha < 1$. 如果说 $\mathcal{D}_{a+}^\alpha f = (d/dx)I_{a+}^{1-\alpha}f$ 几乎处处存在, 那么我们必须考虑到以下几点. 众所周知, 函数 $g(x)$ 的可和导数 $g'(x)$ 的存在性通常不能保证通过求积分得原函数以恢复到 $g(x)$, 即 $\int_a^x g'(t)dt = g(x) + c$ —— 可参见 Natanson [1974, p. 199]. 此外, 存在 (同上, p. 201) 一个单调连续函数 $g(x) \neq \mathrm{const}$ 使得 $g'(x) = 0$ 几乎处处成立. 在定理 2.1 的证明中已经提到了这一点. 如果我们处理绝对连续函数, 这些 "奇异" 效应就不会出现. 我们在此提醒读者, Lebesgue 积分中的分部积分一般可能只适用于绝对连续的函数, 后者已经在定理 2.3 的证明中使用.

基于这些原因, 可以清楚地看到, 假设 "分数阶导数 $\mathcal{D}_{a+}^\alpha f$ 几乎处处存在并且可和", 对于得到一个令人满意的理论是不够的, 即, 它对于函数 $f(x)$ 可表示成另一个函数的 α 阶分数阶积分是不充分的. 因此, 有必要使这一假设更强. 为此, 我们给出以下定义.

定义 2.4 令 $\mathrm{Re}\,\alpha > 0$. 如果 $I_{a+}^{n-\alpha}f \in AC^n([a,b]), n = [\mathrm{Re}\,\alpha] + 1$, 则称函数 $f(x) \in L_1(a,b)$ 有可和的分数阶导数 $\mathcal{D}_{a+}^\alpha f$.

换句话说, 这个定义使用了一个想法, 只用了描述空间 $I_{a+}^\alpha(L_1)$ 的两个条件 (2.55) 和 (2.56) 中的第一个.

注 2.2 如果 $\mathcal{D}_{a+}^\alpha f = (d/dx)^n I_{a+}^{n-\alpha}f$ 在通常意义下存在, 即 $I_{a+}^{n-\alpha}f$ 在任意点处 n 次可微, 那么显然, $f(x)$ 在定义 2.4 的意义下存在导数.

我们发现有必要强调上述原因, 因为混淆分数阶导数的存在性和函数的分数阶积分可表示性这两个概念, 以及有时对其中的第一个概念的粗心解释, 导致了许多作者的论文出现错误, 所以需要给出定义 2.4.

下面的定理是本小节的主要定理, 它处理了标题中提到的问题.

定理 2.4 令 $\mathrm{Re}\,\alpha > 0$. 则等式

$$\mathcal{D}_{a+}^{\alpha} I_{a+}^{\alpha} \varphi = \varphi(x) \tag{2.57}$$

对于任意的可和函数 $\varphi(x)$ 成立, 而

$$I_{a+}^{\alpha} \mathcal{D}_{a+}^{\alpha} f = f(x) \tag{2.58}$$

对于下列函数成立

$$f(x) \in I_{a+}^{\alpha}(L_1). \tag{2.59}$$

如果我们假设函数 $f(x) \in L_1(a,b)$ 有可和的导数 $\mathcal{D}_{a+}^{\alpha} f$ (在定义 2.4 意义下), 但不满足 (2.59), 那么 (2.58) 在一般情况下是不成立的, 需要用下面的结果代替

$$I_{a+}^{\alpha} \mathcal{D}_{a+}^{\alpha} f = f(x) - \sum_{k=0}^{n-1} \frac{(x-a)^{\alpha-k-1}}{\Gamma(\alpha-k)} f_{n-\alpha}^{(n-k-1)}(a), \tag{2.60}$$

其中 $n = [\mathrm{Re}\,\alpha] + 1$, $f_{n-\alpha}(x) = I_{a+}^{n-\alpha} f$. 特别地, 对于 $0 < \mathrm{Re}\,\alpha < 1$, 我们有

$$I_{a+}^{\alpha} \mathcal{D}_{a+}^{\alpha} f = f(x) - \frac{f_{1-\alpha}(a)}{\Gamma(\alpha)} (x-a)^{\alpha-1}. \tag{2.61}$$

证明 我们有

$$\mathcal{D}_{a+}^{\alpha} I_{a+}^{\alpha} \varphi = \frac{1}{\Gamma(\alpha)\Gamma(n-\alpha)} \frac{d^n}{dx^n} \int_a^x \frac{dt}{(x-t)^{\alpha-n+1}} \int_a^t \frac{\varphi(s)ds}{(t-s)^{1-\alpha}}.$$

交换积分次序并计算内部积分得到

$$\mathcal{D}_{a+}^{\alpha} I_{a+}^{\alpha} \varphi = \frac{1}{\Gamma(n)} \frac{d^n}{dx^n} \int_a^x \varphi(s)(x-s)^{n-1} ds. \tag{2.62}$$

则根据 (2.16), (2.57) 可从 (2.62) 中得到.

进一步, 在假设 (2.59) 成立的情形下, (2.58) 可立即从 (2.57) 中得出. 我们还注意到, (2.58) 实际上包含在证明定理 2.3 的充分性部分中. 我们还需要证明 (2.60). 为此, 我们重复使用定理 2.3 证明的充分性部分的方法, 区别仅在于积分以外的项现在不为零, 有一个额外的和式在 (2.60) 中给出. ∎

推论 1 与 Taylor 定理类似的表达式成立

$$f(x) = \sum_{j=-n}^{n-1} \frac{(\mathcal{D}_{a+}^{\alpha+j} f)(a)}{\Gamma(\alpha+j+1)} (x-a)^{a+j} + R_n(x), \quad \mathrm{Re}\,\alpha > 0, \tag{2.63}$$

其中 $R_n(x) = (I_{a+}^{\alpha+n} \mathcal{D}_{a+}^{\alpha+n} f)(x)$ 且假设 $f(x)$ 在定义 2.4 的意义下有一个可和的导数 $\mathcal{D}_{a+}^{\alpha+n} f$.

事实上, 显然 (2.63) 是性质 (2.60) 的重述.

我们也注意到, 公式 (2.60) 的一些推广在 §4.2 中给出 (注记 2.8).

推论 2 公式

$$\int_a^b f(x)(\mathcal{D}_{a+}^{\alpha}g)(x)dx = \int_a^b g(x)(\mathcal{D}_{b-}^{\alpha}f)(x)dx, \quad 0 < \mathrm{Re}\,\alpha < 1 \tag{2.64}$$

在假设 $f(x) \in I_{b-}^{\alpha}(L_p), g(x) \in I_{a+}^{\alpha}(L_q), p^{-1} + q^{-1} \leqslant 1 + \alpha$ 下成立.

如果我们记 $\mathcal{D}_{b-}^{\alpha}f = \varphi(x), \mathcal{D}_{a+}^{\alpha}g = \psi(x)$, 并运用 (2.58), 则 (2.64) 确实可以从 (2.20) 得到.

函数 $f(x), g(x)$ 满足 (2.64) 的一个简单充分条件是: $f(x), g(x) \in C([a,b])$, 且 $(\mathcal{D}_{a+}^{\alpha}g)(x), (\mathcal{D}_{b-}^{\alpha}f)(x)$ 对 $\forall x \in [a,b]$ 存在. 在 §14 中我们将给出限制较少的充分条件 —— 见定理 14.4 的推论.

2.7 复合公式. 与算子半群的联系

在下面的定理中, 我们发现对分数阶积分和分数阶导数使用统一的符号 (2.34) 是很方便的, 假设 $I_{a+}^{\alpha} = \mathcal{D}_{a+}^{-\alpha}, \mathrm{Re}\,\alpha < 0$.

定理 2.5 关系式

$$I_{a+}^{\alpha}I_{a+}^{\beta}\varphi = I_{a+}^{\alpha+\beta}\varphi \tag{2.65}$$

在以下任何一种情况下成立:

1) $\mathrm{Re}\,\beta > 0, \mathrm{Re}(\alpha + \beta) > 0, \varphi(x) \in L_1(a,b)$;

2) $\mathrm{Re}\,\beta < 0, \mathrm{Re}\,\alpha > 0, \varphi(x) \in I_{a+}^{-\beta}(L_1)$;

3) $\mathrm{Re}\,\alpha < 0, \mathrm{Re}(\alpha + \beta) < 0, \varphi(x) \in I_{a+}^{-\alpha-\beta}(L_1)$,

如果 α, β 为实数, $\alpha = 0, \beta = 0$ 和 $\alpha + \beta = 0$ 的情况也成立.

证明 1) 在 $\mathrm{Re}\,\alpha > 0, \mathrm{Re}\,\beta > 0$ 的情形下, 半群性质 (2.65) 已在 (2.21) 中建立. 我们来考虑 $\mathrm{Re}\,\alpha = 0, \mathrm{Re}\,\beta > 0$ 的情形, 令 $\alpha = i\theta$, 则

$$\begin{aligned}
I_{a+}^{i\theta}I_{a+}^{\beta}\varphi &= \frac{1}{\Gamma(\beta)\Gamma(1+i\theta)}\frac{d}{dx}\int_a^x \varphi(s)ds \int_s^x (x-t)^{i\theta}(t-s)^{\beta-1}dt \\
&= \frac{\mathrm{B}(1+i\theta,\beta)}{\Gamma(\beta)\Gamma(1+i\theta)}\frac{d}{dx}\int_a^x \varphi(s)(x-s)^{i\theta+\beta}ds = \frac{d}{dx}I_{a+}^{i\theta+\beta+1}\varphi.
\end{aligned} \tag{2.66}$$

因为 $\mathrm{Re}(i\theta + \beta + 1) = 1 + \mathrm{Re}\,\beta > 1$, 并且在 $\mathrm{Re}\,\alpha > 0, \mathrm{Re}\,\beta > 0$ 的情形下已经证得 (2.65), 于是我们有 $I_{a+}^{i\theta+\beta+1}\varphi = I_{a+}^1 I_{a+}^{i\theta+\beta}\varphi = \int_a^x (I_{a+}^{i\theta+\beta}\varphi)(t)dt$, 所以 (2.65) 中 $\alpha = i\theta$ 的情形由 (2.66) 证得.

在情形 1) 中, 还需考虑 $\text{Re}\,\alpha < 0$ 的情形. 我们有

$$I_{a+}^{\alpha} I_{a+}^{\beta} \varphi = \mathcal{D}_{a+}^{-\alpha} I_{a+}^{-\alpha+\beta+\alpha} \varphi = \mathcal{D}_{a+}^{-\alpha} I_{a+}^{-\alpha} I_{a+}^{\beta+\alpha} \varphi. \tag{2.67}$$

因为 $\text{Re}(-\alpha) > 0$ 且 $\text{Re}(\alpha + \beta) > 0$, 上式中最后一个等号可以借助 (2.65) 得到. 然后根据 (2.57), 在 $\text{Re}\,\alpha < 0$ 的情形下, (2.65) 可由 (2.67) 得到.

2) 对于 $\text{Re}\,\beta < 0, \text{Re}\,\alpha > 0$ 的情形, 由假设我们有 $\varphi = I_{a+}^{-\beta} \psi$, 其中 $\psi \in L_1$, 所以 $I_{a+}^{\alpha+\beta} \varphi = I_{a+}^{\alpha+\beta} I_{a+}^{-\beta} \psi$. 因为 $\text{Re}(\alpha + \beta + (-\beta)) > 0$, 根据情形 1), 我们可以得到 $I_{a+}^{\beta+\alpha} \varphi = I_{a+}^{\alpha} \psi = I_{a+}^{\alpha} \mathcal{D}_{a+}^{-\beta} \varphi = I_{a+}^{\alpha} I_{a+}^{\beta} \varphi$.

3) 在剩下的情形中, 通过假设 $\varphi = I_{a+}^{-\beta} \psi, \psi \in L_1$, 从而由情形 1), 可得 $I_{a+}^{\alpha} I_{a+}^{\beta} \varphi = I_{a+}^{\alpha} I_{a+}^{\beta} I_{a+}^{-\beta-\alpha} \psi = I_{a+}^{\alpha} I_{a+}^{-\alpha} \psi$. 所以 $I_{a+}^{\alpha} I_{a+}^{\beta} \varphi = \mathcal{D}_{a+}^{-\alpha} I_{a+}^{-\alpha} \psi$, 从而由 (2.57) 推得 (2.65).

还需要注意的是, $\alpha = 0, \beta = 0$ 的情形是平凡的, 而 $\alpha + \beta = 0$ 的情形恰好与 (2.57) 或 (2.58) 相同. ∎

注 2.3   在定理 2.5 中, 我们没有涵盖以下情形: 1) $\text{Re}\,\beta = 0, \text{Re}\,\alpha > 0$; 2) $\text{Re}(\alpha + \beta) = 0, \text{Re}\,\beta > 0$, 不过 $\alpha + \beta = 0, \text{Re}\,\beta > 0$ 的情形已包含在定理 2.4 中; 3) $\text{Re}\,\alpha = 0, \text{Re}\,\beta < 0$. 如果我们分别按下列条件构造可容许函数类, 则可证明在这些情形下 (2.65) 成立: 1) 存在纯虚数阶的可和导数 $\mathcal{D}_{a+}^{-\beta} \varphi$; 2) 存在纯虚数阶的可和导数 $\mathcal{D}_{a+}^{-\alpha-\beta} \varphi$; 3) 存在纯虚数阶的可和导数 $\mathcal{D}_{a+}^{-\beta} \varphi$ 和 $\mathcal{D}_{a+}^{-\alpha-\beta} \varphi$ (在定义 2.4 的意义下).

注 2.4   在定理 2.5 的情形 2) 中, 除非满足条件 $\varphi(x) \in I_{a+}^{-\beta}(L_1)$, 否则 (2.65) 不成立. 如果换掉这个条件, 我们只要求函数 $\varphi(x)$ 具有可和分数阶导数 (在定义 2.4 的意义下), 那么 (2.65) 会被替换为

$$I_{a+}^{\alpha} I_{a+}^{\beta} \varphi = I_{a+}^{\alpha+\beta} \varphi - \sum_{k=0}^{n-1} \frac{\varphi_{n+\beta}^{(n-k-1)}(a)}{\Gamma(\alpha-k)} (x-a)^{\alpha-k-1}, \tag{2.68}$$

这里 $n = [-\text{Re}\,\beta] + 1, \varphi_{n+\beta}(x) = I_{a+}^{\alpha+\beta} \varphi$. 关系式 (2.68) 可借助 (2.65) 从 (2.60) 中得到.

分数阶积分和导数的性质 (2.65) 称为半群性质. 这与算子半群的概念有关. 我们给出相应的定义, 但为了简单起见, 设参数 α 为实数.

定义 2.5   设 $T_{\alpha}, \alpha \geqslant 0$ 为 Banach 空间 X 中的线性有界算子, 如果

$$T_{\alpha} T_{\beta} = T_{\alpha+\beta}, \quad \alpha \geqslant 0, \beta \geqslant 0, \tag{2.69}$$

$$T_0 \varphi = \varphi, \quad \varphi \in X, \tag{2.70}$$

则称 T^α 的单参数族为半群. 如果对于任意 $\varphi \in X$,

$$\lim_{\alpha \to \alpha_0} \|T_\alpha \varphi - T_{\alpha_0} \varphi\|_X = 0, \quad 0 \leqslant \alpha_0 < \infty, \tag{2.71}$$

则称半群是强连续的. 如果极限 (2.71) 在算子拓扑中存在, 即 $\lim \|T_\alpha - T_{\alpha_0}\| = 0$, $\alpha \to \alpha_0$, 称其在一致 (算子) 拓扑中连续.

由 (2.69) 容易看出, 如果一个半群对于 $\alpha = 0$ 是强连续的, 则对于所有 $\alpha > 0$ 必然也是强连续的.

定理 2.6 分数阶积分算子在 $L_p(a,b)$ 中构成一个半群, 它对所有 $\alpha > 0$ 在一致拓扑中连续, 对所有 $\alpha \geqslant 0$ 强连续.

证明 首先我们注意到分数阶积分算子在 $L_p(a,b)$ 中有界, 即满足下列估计

$$\|I_{a+}^\alpha \varphi\|_{L_p(a,b)} \leqslant \frac{(b-a)^\alpha}{\alpha \Gamma(\alpha)} \|\varphi\|_{L_p(a,b)}, \quad \alpha > 0, \tag{2.72}$$

$$\|I_{b-}^\alpha \varphi\|_{L_p(a,b)} \leqslant \frac{(b-a)^\alpha}{\alpha \Gamma(\alpha)} \|\varphi\|_{L_p(a,b)}, \quad \alpha > 0. \tag{2.73}$$

上式利用 Minkowsky 不等式进行简单的运算即可证明. 定理 2.5 已经证明了性质 (2.69), 即关系式 (2.65). 接下来只需要处理半群的连续性. 令 $\alpha_0 > 0$. 我们有

$$\begin{aligned}
I_{a+}^{\alpha_0} \varphi - I_{a+}^\alpha \varphi &= \left[\frac{1}{\Gamma(\alpha_0)} - \frac{1}{\Gamma(\alpha)}\right] \int_a^x \frac{\varphi(t)dt}{(x-t)^{1-\alpha_0}} \\
&\quad + \frac{1}{\Gamma(\alpha)} \int_a^x [(x-t)^{\alpha_0-1} - (x-t)^{\alpha-1}]\varphi(t)dt \\
&= A\varphi + B\varphi.
\end{aligned}$$

下面估计 $\|A\varphi\|_{L_p}, \|B\varphi\|_{L_p}$. 根据 (2.72),

$$\|A\varphi\|_{L_p} \leqslant \left|1 - \frac{\Gamma(\alpha_0)}{\Gamma(\alpha)}\right| \frac{(b-a)^{\alpha_0}}{\Gamma(1+\alpha_0)} \|\varphi\|_{L_p}. \tag{2.74}$$

令 $\varphi(x)$ 在 $[a,b]$ 之外都为 0, 我们得到

$$|B\varphi| \leqslant \frac{1}{\Gamma(\alpha)} \int_0^{b-a} \frac{|1 - t^{\alpha-\alpha_0}|}{t^{1-\alpha_0}} |\varphi(x-t)|dt.$$

因此, 由 Minkowsky 不等式 (1.33),

$$\|B\varphi\|_{L_p} \leqslant \frac{1}{\Gamma(\alpha)} \int_0^{b-a} \frac{|1-t^{\alpha-\alpha_0}|}{t^{1-\alpha_0}} dt \left(\int_a^b |\varphi(x-t)|^p dx \right)^{1/p}$$ (2.75)

$$\leqslant \frac{1}{\Gamma(\alpha)} \int_0^{b-a} \frac{|1-t^{\alpha-\alpha_0}|}{t^{1-\alpha_0}} dt \|\varphi\|_{L_p}.$$

结合估计 (2.74), (2.75), 可得

$$\frac{\|(I_{a+}^\alpha - I_{a+}^{\alpha_0})\varphi\|_{L_p}}{\|\varphi\|_{L_p}} \leqslant \left| 1 - \frac{\Gamma(\alpha_0)}{\Gamma(\alpha)} \right| \frac{(b-a)^{\alpha_0}}{\Gamma(1+\alpha_0)} + \frac{1}{\Gamma(\alpha)} \int_0^{b-a} \frac{|1-t^{\alpha-\alpha_0}|}{t^{1-\alpha_0}} dt.$$

注意到可以在右边的积分中取极限 $\alpha \to \alpha_0$, 并且 $\Gamma(\alpha)$ 在 $\alpha > 0$ 时连续, 由此可以得到 $\lim_{\alpha \to \alpha_0} \|I_{a+}^\alpha - I_{a+}^{\alpha_0}\| = 0$.

令 $\alpha_0 = 0$. 下面我们来证明

$$\lim_{\alpha \to 0} \|I_{a+}^\alpha \varphi - \varphi\|_{L_p} = 0.$$ (2.76)

我们有

$$I_{a+}^\alpha \varphi - \varphi = \frac{1}{\Gamma(\alpha)} \int_0^{x-a} t^{\alpha-1} \varphi(x-t) dt - \varphi(x)$$

$$= \frac{\alpha}{\Gamma(1+\alpha)} \int_0^{x-a} \frac{\varphi(x-t) - \varphi(x)}{t^{1-\alpha}} dt + \varphi(x) \left[\frac{(x-a)^\alpha}{\Gamma(1+\alpha)} - 1 \right]$$

$$= U\varphi + V\varphi,$$

所以 $\|I_{a+}^\alpha \varphi - \varphi\|_{L_p} \leqslant \|U\varphi\|_{L_p} + \|V\varphi\|_{L_p}$. 显然

$$\|V\varphi\|_{L_p}^p \leqslant \int_a^b |\varphi(x)|^p \left| \frac{(x-a)^\alpha}{\Gamma(1+\alpha)} - 1 \right|^p dx.$$

根据 Lebesgue 控制收敛定理 (定理 1.2), 极限可以与积分符号交换次序. 因此 $\lim_{\alpha \to 0} \|V\varphi\|_{L_p} = 0$. 为了进一步估计 $U\varphi$, 我们在 L_p 空间范数下 (见 §1.2 中空间 L_p 的性质 f)) 用多项式 $P(x)$ 逼近函数 φ. 则

$$\|U\varphi\|_{L_p} \leqslant \|U(\varphi - P)\|_{L_p} + \|UP\|_{L_p}.$$ (2.77)

我们对第一项使用广义 Minkowsky 不等式, 在 $[a,b]$ 外对 $\varphi(x)$ 进行 0 延拓, 得到

$$\|U(\varphi - P)\|_{L_p} \leqslant \frac{2(b-a)^\alpha}{\Gamma(1+\alpha)} \|\varphi - P\|_{L_p} < \text{const}\varepsilon.$$

对于 (2.77) 中的第二项我们有

$$|UP| \leqslant \frac{\alpha}{\Gamma(1+\alpha)} \int_0^{b-a} t^\alpha \max |P'(t)| dt \xrightarrow[\alpha \to 0]{} 0,$$

由此证毕. ∎

半群 I_{a+}^α 在 $\alpha = 0$ 处的连续性不仅可以用 L_p 空间中的收敛来表示, 也可以用几乎处处收敛来表示. 考虑下面的定义.

定义 2.6   如果

$$\lim_{t \to 0} \frac{1}{t} \int_0^t [\varphi(x_0 - s) - \varphi(x_0)] ds = 0, \tag{2.78}$$

则称点 x_0 为函数 $\varphi(x) \in L_1(a, b)$ 的 Lebesgue 点.

众所周知, 几乎所有的点 $x_0 \in [a, b]$ 都是函数 $\varphi \in L_1(a, b)$ 的 Lebesgue 点——见 Zygmund [1945a].

定理 2.7   设 $\varphi \in L_1(a, b)$. 则

$$\lim_{\alpha \to 0} (I_{a+}^\alpha \varphi)(x) = \varphi(x) \tag{2.79}$$

在函数 $\varphi(x)$ 的任意 Lebesgue 点上成立, 从而在 $[a, b]$ 上几乎处处成立.

证明   设 x_0 为函数 $\varphi(x)$ 的 Lebesgue 点. 我们记

$$\Phi(t) = \int_{x_0-t}^{x_0} \varphi(s) ds = \int_0^t \varphi(x_0 - s) ds. \tag{2.80}$$

由 (2.78) 我们得到

$$\frac{\Phi(t)}{t} - \varphi(x_0) = \frac{1}{t} \int_0^t [\varphi(x_0 - s) - \varphi(x_0)] ds \to 0.$$

因此 $\Phi(t) = t[\varphi(x_0) + b(t)]$, 其中 $b(t)$ 为有界函数, 并且当 $0 < t < \delta = \delta(\varepsilon)$ 时, $|b(t)| < \varepsilon$. 我们有

$$I_{a+}^\alpha \varphi = \frac{1}{\Gamma(\alpha)} \int_0^{x_0-a} t^{\alpha-1} \varphi(x_0 - t) dt = \frac{1}{\Gamma(\alpha)} \int_0^{x_0-a} t^{\alpha-1} d\Phi$$

$$= \frac{\Phi(x_0 - a)}{\Gamma(\alpha)(x_0 - a)^{1-\alpha}} - \frac{1}{\Gamma(\alpha)} \frac{\Phi(t)}{t^{1-\alpha}} \bigg|_{t=0} + \frac{1-\alpha}{\Gamma(\alpha)} \int_0^{x_0-a} \frac{\Phi(t) dt}{t^{2-\alpha}}$$

$$= \frac{1-\alpha}{\Gamma(\alpha)} \int_\delta^{x_0-a} t^{\alpha-1} b(t) dt + \frac{\Phi(x_0 - a)}{\Gamma(\alpha)(x_0 - a)^{1-\alpha}}$$

$$+ \frac{1-\alpha}{\Gamma(\alpha)} \varphi(x_0) \int_0^{x_0-a} t^{\alpha-1} dt + \frac{1-\alpha}{\Gamma(\alpha)} \int_0^{\delta} t^{\alpha-1} b(t) dt.$$

因此

$$(I_{a+}^{\alpha} \varphi)(x_0) - \varphi(x_0) = \frac{\Phi(x_0-a)}{\Gamma(\alpha)(x_0-a)^{1-\alpha}} + \varphi(x_0) \left[\frac{1-\alpha}{\alpha \Gamma(\alpha)} (x_0-a)^{\alpha} - 1 \right]$$
$$+ \frac{1-\alpha}{\Gamma(\alpha)} \int_0^{\delta} t^{\alpha-1} b(t) dt + \frac{1-\alpha}{\Gamma(\alpha)} \int_{\delta}^{x_0-a} t^{\alpha-1} b(t) dt.$$

可在最后一个积分符号下取极限, 所以

$$\lim_{\alpha \to 0+} |(I_{a+}^{\alpha} \varphi)(x_0) - \varphi(x_0)| \leqslant |\varphi(x_0)| \lim_{\alpha \to 0+} \left[\frac{1-\alpha}{\Gamma(\alpha+1)} (x_0-a)^{\alpha} - 1 \right]$$
$$+ \lim_{\alpha \to 0+} \frac{1-\alpha}{\Gamma(\alpha)} \left| \int_0^{\delta} t^{\alpha-1} b(t) dt \right|$$
$$\leqslant \lim_{\alpha \to 0+} \frac{1-\alpha}{\Gamma(1+\alpha)} \delta^{\alpha} \varepsilon = \varepsilon.$$

因为 ε 是任意的, 所以我们可以得到 (2.79). ∎

注 2.5 当 $\alpha \to +0$ 时, 算子 I_{a+}^{α} 到单位算子的收敛性可以刻画得更为精确:

$$(I_{a+}^{\alpha} \varphi)(x) = \varphi(x) + \alpha \left[-\Gamma'(1)\varphi(x) + \frac{d}{dx} \int_a^x \ln(x-t)\varphi(t) dt \right] + o(\alpha)$$

对几乎所有的 x 成立, 其中 $o(\alpha)/\alpha \to 0$. 如果我们比较商 $[I_{a+}^{\alpha} \varphi - \varphi]/\alpha$ 和它在 $\alpha \to +0$ 时的极限, 容易给出这个结果, 后者可通过 L'Hôspital 法则计算. 关于这样的极限可参见书 Hille 和 Phillips [1962, p. 677]. 此极限在算子半群理论中称为无穷小生成元.

§3 Hölder 函数与可和函数的分数阶积分

我们考虑分数阶积分算子在 Hölder 空间和可和函数空间中的映射性质. 本节的定理表明, 分数阶积分不仅能保持不变, 而且从本质上改善了函数的性质. 对于分数阶积分 $I_{a+}^{\alpha} \varphi$, 我们给出了相应的公式及其证明. 对于分数阶积分 $I_{b-}^{\alpha} \varphi$, 可以根据 (2.19) 重新表述.

必须强调的是, 当 Hölder 条件有如下形式时

$$|\varphi(x+h) - \varphi(x)| \leqslant c\omega(h),$$

其中 $\omega(h)$ 是一个给定的连续非减的函数, $\omega(0) = 0$, 本节 §§ 3.1 和 3.2 中给出的关于分数积分算子从 H_0^λ 到 $H_0^{\lambda+\alpha}$ 的映射性质的结果, 或者在加权情况下从 $H_0^\lambda(\rho)$ 到 $H_0^{\lambda+\alpha}(\rho)$ 的映射性质的结果, 将在 § 13.6 中扩展到 Hölder 空间 H_0^ω.

这里和下文的 $c, c_1, c_2, \cdots$ 表示不依赖 x, h 等变量的绝对常数. 不同的常数可以用同一个字母表示.

本节中, 除了在 § 3.4 的定理 3.7、引理 3.2 和引理 3.3 中允许半轴情况 $-\infty < a < b = \infty$ 外, 其余所有情形 $[a,b]$ 都为有限区间.

3.1 H^λ 空间中的映射性质

下面的定理 3.1—定理 3.4 表明, 一般 α 阶分数阶积分会将 λ 阶的 Hölder 性质提高 α 阶. $\alpha + \lambda$ 为整数时是特殊情形. 它导致了空间 $H^{\lambda,1}$ 的出现 —— 见定义 1.7. 我们从主要的情形 $0 \leqslant \lambda \leqslant 1, 0 < \alpha < 1$ 着手讨论.

定理 3.1　设 $\varphi(x) \in H^\lambda([a,b]), 0 \leqslant \lambda \leqslant 1, 0 < \alpha < 1$. 则分数阶积分 $I_{a+}^\alpha \varphi$ 有如下形式

$$I_{a+}^\alpha \varphi = \frac{\varphi(a)}{\Gamma(1+\alpha)}(x-a)^\alpha + \psi(x), \tag{3.1}$$

如果 $\lambda + \alpha \neq 1$, 则 $\psi \in H^{\lambda+\alpha}$, 如果 $\lambda + \alpha = 1$, 则 $\psi \in H^{\lambda+\alpha,1}$; 并且有以下估计

$$|\psi(x)| \leqslant A(x-a)^{\lambda+\alpha} \tag{3.2}$$

成立.

证明　将 $I_{a+}^\alpha \varphi$ 表示为

$$I_{a+}^\alpha \varphi = \frac{\varphi(a)}{\Gamma(\alpha)} \int_a^x (x-t)^{\alpha-1} dt + \frac{1}{\Gamma(\alpha)} \int_a^x \frac{\varphi(t) - \varphi(a)}{(x-t)^{1-\alpha}} dt,$$

由此我们得到 (3.1), 其中

$$\psi(x) = \frac{1}{\Gamma(\alpha)} \int_a^x \frac{\varphi(t) - \varphi(a)}{(x-t)^{1-\alpha}} dt.$$

易知

$$|\psi(x)| \leqslant \|\varphi\|_{H^\lambda} \Gamma^{-1}(\alpha) \int_a^x (t-a)^\lambda (x-t)^{\alpha-1} dt.$$

通过作变量替换 $t = a + s(x-a)$, 可以推得 (3.2).

下面来证明 $\varphi(x) \in H^{\lambda+\alpha}$ 或 $\varphi(x) \in H^{\lambda+\alpha,1}$. 先考虑 $\lambda + \alpha \leqslant 1$ 的情况. 简洁起见, 我们令 $g(x) = \varphi(x) - \varphi(a)$, 从而

$$|g(x)| \leqslant A(x-a)^\lambda. \tag{3.3}$$

令 $h > 0; x, x + h \in [a, b]$. 我们有

$$\psi(x + h) - \psi(x)$$

$$= \frac{1}{\Gamma(\alpha)} \left(\int_{-h}^{x-a} \frac{g(x-t)dt}{(t+h)^{1-\alpha}} - \int_0^{x-a} \frac{g(x-t)}{t^{1-\alpha}} dt \right)$$

$$= \frac{g(x)}{\Gamma(1+\alpha)} [(x-a+h)^\alpha - (x-a)^\alpha] + \frac{1}{\Gamma(\alpha)} \int_{-h}^0 \frac{g(x-t) - g(x)}{(t+h)^{1-\alpha}} dt \qquad (3.4)$$

$$+ \frac{1}{\Gamma(\alpha)} \int_0^{x-a} [(t+h)^{\alpha-1} - t^{\alpha-1}][g(x-t) - g(x)]dt$$

$$= J_1 + J_2 + J_3.$$

如果 $h \geqslant x - a$, 由 (3.3), 我们发现

$$|J_1| \leqslant \frac{A}{\Gamma(1+\alpha)} (x-a)^\lambda |(x-a+h)^\alpha - (x-a)^\alpha| \leqslant ch^{\lambda+\alpha}.$$

如果 $0 < h < x - a$, 由 (3.3) 和不等式 $(1+t)^\alpha - 1 \leqslant \alpha t, t > 0$, 我们有如下估计

$$|J_1| \leqslant \frac{A}{\Gamma(1+\alpha)} (x-a)^{\lambda+\alpha} \left| \left(1 + \frac{h}{x-a} \right)^\alpha - 1 \right|$$

$$\leqslant ch(x-a)^{\lambda+\alpha-1} \leqslant ch^{\lambda+\alpha}.$$

然后

$$|J_2| \leqslant \frac{A}{\Gamma(\alpha)} \int_{-h}^0 \frac{|t|^\lambda}{(t+h)^{1-\alpha}} dt \leqslant ch^{\lambda+\alpha}.$$

最后我们来估计 J_3:

$$|J_3| \leqslant \frac{A}{\Gamma(\alpha)} \int_0^{x-a} t^\lambda [t^{\alpha-1} - (t+h)^{\alpha-1}]dt$$

$$= \frac{Ah^{\lambda+\alpha}}{\Gamma(\alpha)} \int_0^{\frac{x-a}{h}} t^\lambda [t^{\alpha-1} - (t+1)^{\alpha-1}]dt. \qquad (3.5)$$

因此, 如果 $x - a \leqslant h, \lambda + \alpha \leqslant 1$, 则 $|J_3| \leqslant ch^{\lambda+\alpha}$. 如果 $x - a > h$ 且 $\lambda + \alpha < 1$, 也可以得到 $|J_3| \leqslant ch^{\lambda+\alpha}$. 因为当 $t > 1$ 时, 有

$$|t^{\alpha-1} - (t+1)^\alpha| = t^{\alpha-1} \left[1 - \left(1 + \frac{1}{t} \right)^{\alpha-1} \right] \leqslant ct^{\alpha-2},$$

从而积分 (3.5) 在无穷远处收敛. 如果 $\lambda + \alpha = 1$, 则由 (3.5) 可得估计

$$|J_3| \leqslant Ah^{\lambda+\alpha} \left(c + \int_0^{\frac{x-a}{h}} t^{\lambda+\alpha-2} dt \right)$$

$$\leqslant c_1 h + c_2 h \ln \frac{x-a}{h} \leqslant ch \ln \frac{1}{h},$$

这里假设 $0 < h < 1/2$. 综合 J_1, J_2, J_3 的估计, 我们完成了定理在 $\lambda + \alpha \leqslant 1$ 的情况下的证明.

我们发现, 在介绍和研究所谓的 Marchaud 分数阶导数之后再给出剩余情况 $\lambda + \alpha > 1$ 的证明更为方便. 因此我们推荐读者参考 §13.4 中 $\lambda + \alpha > 1$ 的证明 —— 见引理 13.1 后的叙述部分. ∎

对于任意 $\alpha > 0$ 和 $\lambda > 0$ 的情况我们将在下面的定理 3.2 中考虑. 作为准备工作, 我们先给出定理 3.1 的一些推论.

推论 1 若 $\lambda + \alpha \neq 1$, 算子

$$\frac{1}{\Gamma(\alpha)} \int_a^x \frac{\varphi(t) - \varphi(a)}{(x-t)^{1-\alpha}} dt, \quad 0 < \alpha < 1$$

是从 $H^\lambda, 0 \leqslant \lambda \leqslant 1$ 映入 $H^{\lambda+\alpha}$ 的有界算子, 若 $\lambda + \alpha = 1$, 则其是映入 $H^{\lambda+\alpha,1}$ 的有界算子.

推论 2 算子 I_{a+}^α 是从 $C = H^0$ 映入 H^α 的有界算子.

不难看出, I_{a+}^α 确实从 L_∞ 有界映入 H^α:

$$\Gamma(\alpha)|f(x+h) - f(x)|$$

$$\leqslant \sup_{a \leqslant x \leqslant b} \left\{ \int_a^x [(x-t)^{\alpha-1} - (x+h-t)^{\alpha-1}] dt \|\varphi\|_{L_\infty} \right.$$

$$\left. + \int_x^{x+h} (x+h-t)^{\alpha-1} dt \|\varphi\|_{L_\infty} \right\} \leqslant ch^\alpha \|\varphi\|_{L_\infty},$$

其中 $f(x) = I_{a+}^\alpha \varphi, h > 0$.

定理 3.2 设 $\varphi(x) \in H^\lambda, \lambda \geqslant 0$. 则分数阶积分 $I_{a+}^\alpha \varphi, \alpha > 0$ 有如下形式

$$I_{a+}^\alpha \varphi = \sum_{k=0}^m \frac{\varphi^{(k)}(a)}{\Gamma(\alpha+k+1)} (x-a)^{\alpha+k} + \psi(x), \tag{3.6}$$

其中 m 是满足 $m < \lambda$ 的最大整数, 并且

$$\psi(x) \in \begin{cases} H^{\lambda+\alpha}, & \text{若 } \lambda+\alpha \text{ 不是整数} \\ & \text{或若 } \lambda \text{ 和 } \alpha \text{ 都是整数}, \\ H^{\lambda+\alpha,1}, & \text{若 } \lambda+\alpha \text{ 是一个整数} \\ & \text{但 } \lambda \text{ 和 } \alpha \text{ 都不是整数}. \end{cases}$$

如果函数

$$\psi(x) = \frac{1}{\Gamma(\alpha)} \int_a^x \left[\varphi(t) - \sum_{k=0}^m \frac{\varphi^{(k)}(a)}{k!}(t-a)^k \right] (x-t)^{\alpha-1} dt$$

有 $m + \{\alpha\}$ 阶导数:

$$\psi^{m+\{\alpha\}}(x) = \frac{1}{\Gamma(\{\alpha\})} \int_a^x \left[\varphi^{(m)}(t) - \varphi^{(m)}(a) \right] (t-a)^{\{\alpha\}-1} dt,$$

则定理 3.2 可以由定理 3.1 推得.

3.2 $H_0^\lambda(\rho)$ 空间中的映射性质

我们来回顾一下, $\varphi(x) \in H_0^\lambda(\rho)$ 意味着 $\rho(x)\varphi(x) \in H^\lambda$, 并且在 (1.7) 给出的权重函数 $\rho(x)$ 的所有 "固定" 点 x_k 上满足 $\rho(x)\varphi(x)|_{x=x_k} = 0$. 我们以研究 $\rho(x) = (x-a)^\mu$ 或 $\rho(x) = (b-x)^\nu$ 的情形为主.

注 3.1 下面在空间 $H_0^\lambda(\rho)$ 中考虑分数阶积分 I_{a+}^α 时, 都假设 $\rho(x)\varphi(x)|_{x=a} = 0$, 与权重函数 $\rho(x)$ 是否在点 $x=a$ 处固定无关.

定理 3.3 设 $0 < \lambda < 1, \lambda+\alpha < 1$. 当 $\rho = (x-a)^\mu, \mu < \lambda+1$, 或者 $\rho = (b-x)^\nu, \nu > \lambda+\alpha$ 时, 算子 I_{a+}^α 从 $H_0^\lambda(\rho)$ 有界映入到 $H_0^{\lambda+\alpha}(\rho)$.

证明 我们强调 μ 可能是负数并且 ν 没有上界.

1. $\rho(x) = (x-a)^\mu, \mu < \lambda+1$ 的情形. 令 $\varphi(x) \in H_0^\lambda(\rho)$, 以便 $\varphi(x) = (x-a)^{-\mu}g(x)$, 其中 $g(x) \in H^\lambda, g(a) = 0$. 我们想要证明 $G(x) = \int_a^x \left(\frac{x-a}{t-a}\right)^\mu \frac{g(t)dt}{(x-t)^{1-\alpha}}$ $\in H_0^{\lambda+\alpha}$ 且 $\|G\|_{H^{\lambda+\alpha}} \leqslant c\|g\|_{H^\lambda}$ $\left(\text{可以认为这里把等式右边的常数因子 } \frac{1}{\Gamma(\alpha)} \text{ 省略}\right.$ 了, 下同——译者注$\Big)$. 我们将 $G(x)$ 表示为

$$G(x) = \int_a^x \frac{g(t)dt}{(x-t)^{1-\alpha}} + \int_a^x \frac{(x-a)^\mu - (t-a)^\mu}{(t-a)^\mu(x-t)^{1-\alpha}} g(t)dt$$
$$= G_1(x) + G_2(x).$$

根据定理 3.1, $G_1(x) \in H_0^{\lambda+\alpha}$. 对于 $G_2(x)$, 我们有

$$
\begin{aligned}
& G_2(x+h) - G_2(x) \\
={} & \int_x^{x+h} \frac{(x+h-a)^\mu - (t-a)^\mu}{(t-a)^\mu (x+h-t)^{1-\alpha}} g(t)dt \\
& + [(x+h-a)^\mu - (x-a)^\mu] \int_a^x \frac{g(t)dt}{(t-a)^\mu (x+h-t)^{1-\alpha}} \\
& + \int_a^x \frac{(x-a)^\mu - (t-a)^\mu}{(t-a)^\mu} [(x+h-t)^{\alpha-1} - (x-t)^{\alpha-1}] g(t)dt \\
={} & J_1 + J_2 + J_3.
\end{aligned}
\tag{3.7}
$$

此外, 我们还需要以下不等式

$$
|x^\mu - y^\mu| \leqslant c(x-y)x^{\mu-1}, \quad x \geqslant y > 0, \ \mu \geqslant 0,
\tag{3.8}
$$

$$
|x^\mu - y^\mu| \leqslant |\mu|(x-y)y^{\mu-1}, \quad x \geqslant y > 0, \ \mu \leqslant 1,
\tag{3.9}
$$

这里常数 c 与 x, y 无关. 不等式 (3.8) 和 (3.9) 可以借助于如中值定理等手法证明.

我们首先来估计 J_1. 利用不等式 $|g(t)| \leqslant c\|g\|_{H^\lambda} (t-a)^\lambda$ 和 (3.9), 当 $\mu \leqslant 1$ 时,

$$
\begin{aligned}
|J_1| & \leqslant c\|g\|_{H^\lambda} \int_x^{x+h} \frac{(x+h-t)^\alpha dt}{(t-a)^{1-\lambda}} \\
& \leqslant c\|g\|_{H^\lambda} \int_x^{x+h} \frac{(x+h-t)^\alpha dt}{(t-x)^{1-\lambda}} = c_1 \|g\|_{H^\lambda} h^{\lambda+\alpha}.
\end{aligned}
$$

对于 $\mu \geqslant 1$ 的情况, 我们用 (3.8) 来估计:

$$
\begin{aligned}
|J_1| & \leqslant c\|g\|_{H^\lambda} (x+h-a)^{\mu-1} \int_x^{x+h} \frac{(x+h-t)^\alpha dt}{(t-a)^{\mu-\lambda}} \\
& \leqslant \frac{c\|g\|_{H^\lambda} h^\alpha}{(x+h-a)^{1-\mu}} \int_x^{x+h} \frac{dt}{(t-a)^{\mu-\lambda}}.
\end{aligned}
$$

因此, 根据 (3.8), 我们得到估计式

$$
\begin{aligned}
|J_1| & \leqslant c\|g\|_{H^\lambda} h^\alpha (x+h-a)^{\mu-1} [(x+h-a)^{\lambda+1-\mu} - (x-a)^{\lambda+1-\mu}] \\
& \leqslant c\|g\|_{H^\lambda} h^{\alpha+1} (x+h-a)^{\lambda+1} \leqslant c\|g\|_{H^\lambda} h^{\lambda+\alpha}.
\end{aligned}
\tag{3.10}
$$

当 $x - a \leqslant h$ 时, 若 $\mu > 0$, 我们有

$$|J_2| \leqslant c\|g\|_{H^\lambda} h^\mu \int_a^x \frac{(t-a)^{\lambda-\mu} dt}{(x+h-t)^{1-\alpha}} \leqslant c\|g\|_{H^\lambda} h^\mu \int_a^{x+h} \frac{(t-a)^{\lambda-\mu} dt}{(x+h-t)^{1-\alpha}}$$

$$\leqslant c\|g\|_{H^\lambda} h^\mu (x+h-a)^{\lambda+\alpha-\mu} \leqslant c\|g\|_{H^\lambda} h^{\lambda+\alpha}.$$

若 $\mu \leqslant 0$,

$$|J_2| \leqslant c\|g\|_{H^\lambda} (x-a)^\mu \int_a^x \frac{(t-a)^{\lambda-\mu} dt}{(x+h-t)^{1-\alpha}}$$

$$\leqslant c\|g\|_{H^\lambda} (x-a)^\mu \int_a^x \frac{(t-a)^{\lambda-\mu} dt}{(x-t)^{1-\alpha}}$$

$$\leqslant c\|g\|_{H^\lambda} (x-a)^{\lambda+\alpha} \leqslant c\|g\|_{H^\lambda} h^{\lambda+\alpha}.$$

对于 $x - a > h$ 的情形, 当 $\mu \leqslant 1$ 和 $\mu > 1$ 时, 分别根据 (3.8) 和 (3.9), 我们有

$$|J_2| \leqslant \frac{c\|g\|_{H^\lambda} h}{(x-a)^{1-\mu}} \int_a^x \frac{(t-a)^{\lambda-\mu} dt}{(x-t)^{1-\alpha}} = \frac{c\|g\|_{H^\lambda} h}{(x-a)^{1-\lambda-\alpha}} \leqslant c\|g\|_{H^\lambda} h^{\lambda+\alpha}$$

和

$$|J_2| \leqslant \frac{c\|g\|_{H^\lambda} h}{(h+x-a)^{1-\mu}} \int_a^{x+h} \frac{(t-a)^{\lambda-\mu} dt}{(x-t)^{1-\alpha}} = \frac{c\|g\|_{H^\lambda} h}{(h+x-a)^{1-\lambda-\alpha}} \leqslant c\|g\|_{H^\lambda} h^{\lambda+\alpha}.$$

最后, 通过变量代换 $t = a + s(x - a)$, 我们得到

$$|J_3| \leqslant \|g\|_{H^\lambda} (x-a)^{\lambda+\alpha} \int_0^1 |s^{\lambda-\mu} - s^\lambda| \left| \left(1 - s + \frac{h}{x-a}\right)^{\alpha-1} - (1-s)^{\alpha-1} \right| ds.$$

如果 $x - a \leqslant h$, 则 $|J_3| \leqslant c\|g\|_{H^\lambda} h^{\lambda+\alpha}$, 如果 $x - a > h$, 则

$$|J_3| \leqslant c\|g\|_{H^\lambda} (x-a)^{\lambda+\alpha-1} h \int_0^1 \frac{|s^{\lambda-\mu} - s^\lambda|}{(1-s)^{2-\alpha}} ds \leqslant c\|g\|_{H^\lambda} h^{\lambda+\alpha}.$$

结合 J_1, J_2, J_3 的估计, 我们有

$$|G_2(x+h) - G_2(x)| \leqslant c\|g\|_{H^\lambda} h^{\lambda+\alpha}.$$

利用这个估计式及不等式 $|G_1(x)| \leqslant c\|g\|_{H^\lambda} (x-a)^{\lambda+\alpha}$, 我们推出 $G(x) \in H_0^{\lambda+\alpha}$.

2. $\rho(x) = (b-x)^\nu, \nu > \lambda + \alpha$ 的情形. 现在令 $\varphi(x) = (b-x)^{-\nu}g(x)$, 其中 $g(x) \in H^\lambda$, 并且根据注 3.1 有 $g(a) = g(b) = 0$. 我们要证明

$$G(x) = \int_a^x \left(\frac{b-x}{b-t}\right)^\nu \frac{g(t)dt}{(x-t)^{1-\alpha}} \in H^{\lambda+\alpha}, \quad \|G\|_{H^{\lambda+\alpha}} \leqslant c\|g\|_{H^\lambda},$$

以及 $G(a) = G(b) = 0$. 因为当 $x \to a$ 时, $|G(x)| \leqslant c\int_a^x (t-a)^\lambda(x-t)^{\alpha-1}dt$, 那么条件 $G(a) = 0$ 是显然的. 如果 $x \to b$, 则

$$|G(x)| \leqslant (b-x)^\nu \int_{b-x}^{b-a} t^{\lambda-\nu}(t+x-b)^{\alpha-1}dt.$$

因此经过变量代换 $t = (b-x)\xi$ 后我们得到

$$|G(x)| \leqslant (b-x)^{\lambda+\alpha} \int_1^{\frac{b-a}{b-x}} t^{\lambda-\nu}(t-1)^{\alpha-1}dt$$

$$\leqslant (b-x)^{\lambda+\alpha} \int_1^\infty \frac{dt}{t^{\lambda-\nu}(t-1)^{\alpha-1}},$$

从而 $G(b) = 0$. 为了证明函数 $G(x)$ 的 Hölder 性质, 我们将其写成如下形式

$$G(x) = \int_a^x \frac{g(t)dt}{(x-t)^{1-\alpha}} + \int_a^x \frac{(b-x)^\nu - (b-t)^\nu}{(b-t)^\nu(x-t)^{1-\alpha}}g(t)dt$$

$$= G_1(x) + G_2(x).$$

由定理 3.1 可知, $G_1(x) \in H^{\lambda+\alpha}$ 并且 $\|G_1\|_{H^{\lambda+\alpha}} \leqslant c\|g\|_{H^\lambda}$. 对于 $G_2(x)$, 假设 $x + h \in (a, b)$, 则我们有

$$G_2(x+h) - G_2(x) = J_1 + J_2 + J_3,$$

其中

$$J_1 = \int_x^{x+h} \frac{(b-x-h)^\nu - (b-t)^\nu}{(b-t)^\nu(x+h-t)^{1-\alpha}}g(t)dt,$$

$$J_2 = [(b-h-x)^\nu - (b-x)^\nu]\int_a^x \frac{g(t)dt}{(b-t)^\mu(x+h-t)^{1-\alpha}},$$

$$J_3 = \int_a^x \frac{(b-x)^\nu - (b-t)^\nu}{(b-t)^\nu}[(x+h-t)^{\alpha-1} - (x-t)^{\alpha-1}]g(t)dt.$$

利用估计式 $|g(t)| \leqslant \|g\|_{H^\lambda}(b-t)^\lambda$ 及 (3.8), 我们得到

$$|J_1| \leqslant c \int_x^{x+h} (x+h-t)^\alpha (b-t)^{\lambda-1} dt$$

$$= c \int_0^h \xi^\alpha (b-x-h+\xi)^{\lambda-1} d\xi,$$

再对其作变量替换 $\xi = (b-x-h)s$, 可以得到

$$|J_1| \leqslant c(b-x-h)^{\lambda+\alpha} \int_0^{h/(b-x-h)} s^\alpha (1+s)^{\lambda-1} ds.$$

如果 $b-x-h \leqslant h$, 则

$$|J_1| \leqslant c(b-x-h)^{\lambda+\alpha} \left[1 + \int_1^{h/(b-x-h)} s^{\lambda+\alpha-1} ds \right] \leqslant ch^{\lambda+\alpha}.$$

但如果 $b-x-h \geqslant h$, 则

$$|J_1| \leqslant c(b-x-h)^{\lambda+\alpha} \int_0^{h/(b-x-h)} s^\alpha ds \leqslant ch^{\lambda+\alpha}.$$

对于 J_2, 我们再次使用 (3.8), 可得

$$|J_2| \leqslant ch(b-x)^{\nu-1} \int_a^x \frac{(b-t)^{\lambda-\nu} dt}{(x+h-t)^{1-\alpha}}$$

$$\leqslant ch(b-x)^{\nu-1} \int_a^x \frac{(b-t)^{\lambda-\nu} dt}{(x-t)^{1-\alpha}}.$$

作变量替换 $x-t = (b-x)\xi$. 因为 $\nu > \lambda+\alpha$, 则 $|J_2| \leqslant ch(b-x)^{\lambda+\alpha-1} \int_0^\infty \xi^{\alpha-1}(1+\xi)^{\lambda-\nu} d\xi$. 因此, $|J_2| \leqslant ch^{\lambda+\alpha}$.

现在只剩下对 J_3 的估计. 通过替换变量 $t = b-s(b-x)$, 我们有

$$|J_3| \leqslant c \int_1^{\frac{b-a}{b-x}} \frac{|1-s^\nu|}{s^{\nu-\lambda}} (b-x)^{\lambda+\alpha} \left| \left(s-1+\frac{h}{b-x} \right)^{\alpha-1} - (s-1)^{\alpha-1} \right| ds \|g\|_{H^\lambda}.$$

利用 (3.9), 并且 $b-x \geqslant h$ 且 $\lambda+\alpha < 1$, 可以得到

$$|J_3| \leqslant c\|g\|_{H^\lambda} (b-x)^{\lambda+\alpha} \frac{h}{b-x} \int_1^{\frac{b-a}{b-x}} \frac{|1-s^\nu| ds}{s^{\nu-\lambda}(s-1)^{2-\alpha}} \leqslant ch^{\lambda+\alpha}.$$

对于权重 $\rho(x) = (x-a)^\mu (b-x)^\nu$，类似的结论很容易从定理 3.3 中推出. 即, 下面的定理成立.

定理 3.3′　令 $0 < \lambda < 1, \lambda + \alpha < 1$. 则算子 I_{a+}^α 从 $H_0^\lambda(\rho)$ 映入 $H_0^{\lambda+\alpha}(\rho)$ 且有界, 其中 $\rho = (x-a)^\mu (b-x)^\nu, \mu < \lambda + 1, \nu > \lambda + \alpha$.

证明　令 $\varphi(x) \in H_0^\lambda(\rho)$. 我们选择任意一点 $c \in (a,b)$ 并引入函数

$$\varphi_a(x) = \begin{cases} \varphi(x), & x \leqslant c, \\ \varphi(c), & x \geqslant c, \end{cases} \qquad \varphi_b(x) = \begin{cases} 0, & x \leqslant c, \\ \varphi(x) - \varphi(c), & x \geqslant c, \end{cases}$$

使得 $\varphi(x) = \varphi_a(x) + \varphi_b(x)$. 方便起见, 我们记

$$\rho_a(x) = (x-a)^\mu, \quad \rho_b(x) = (b-x)^\mu,$$

则 $\varphi_a(x) \in H_0^\lambda(\rho_a), \varphi_b(x) \in H_0^\lambda(\rho_b)$. 下面我们以 $\varphi_a(x) \in H_0^\lambda(\rho_a)$ 为例来验证. 我们有

$$\rho_a(x)\varphi_a(x) = \begin{cases} g(x)/\rho_b(x), & x \leqslant c, \\ \rho_a(x)\varphi(c), & x \geqslant c, \end{cases}$$

其中 $g(x) = \rho(x)\varphi(x) \in H^\lambda([a,c]), g(a) = 0$. 因为函数 $[\rho_b(x)]^{-1}$ 和 $\rho_a(x)$ 分别在 $[a,c]$ 和 $[c,b]$ 上无穷次可微, 则 $g(x)/\rho_b(x) \in H^\lambda([a,c]), \rho_a(x)\varphi(c) \in H^\lambda([c,b])$. 因此 $\rho_a(x)\varphi_a(x)$ 作为 $H^\lambda([a,c])$ 和 $H^\lambda([a,c])$ 的连续 "缝合" 函数也属于 $H^\lambda([a,b])$. 从以上论点也可以清楚地看出 $\|\varphi_a\|_{H^\lambda(\rho_a)} \leqslant c\|\varphi\|_{H^\lambda(\rho)}$ 和 $\|\varphi_b\|_{H^\lambda(\rho_b)} \leqslant c\|\varphi\|_{H^\lambda(\rho)}$. 根据定理 3.3, 我们有

$$\|I_{a+}^\alpha \varphi_a\|_{H^{\lambda+\alpha}(\rho_a)} \leqslant c\|\varphi_a\|_{H^\lambda(\rho_a)} \leqslant c\|\varphi\|_{H^\lambda(\rho)}$$

和

$$\|I_{a+}^\alpha \varphi_b\|_{H^{\lambda+\alpha}(\rho_b)} \leqslant c\|\varphi_b\|_{H^\lambda(\rho_b)} \leqslant c\|\varphi\|_{H^\lambda(\rho)}.$$

注意到 $x \leqslant c$ 时, $(I_{a+}^\alpha \varphi_b)(x) \equiv 0$, 则 $\|I_{a+}^\alpha \varphi_b\|_{H^{\lambda+\alpha}(\rho)} \leqslant c_1\|I_{a+}^\alpha \varphi_b\|_{H^{\lambda+\alpha}(\rho_b)}$. 同时, 考虑到 $\rho_b(x) \in H^{\lambda+\alpha}$ 和 $\nu > \lambda + \alpha$, 可得 $\|I_{a+}^\alpha \varphi_a\|_{H^{\lambda+\alpha}(\rho)} \leqslant c_2\|I_{a+}^\alpha \varphi_a\|_{H^{\lambda+\alpha}(\rho_a)}$. 因此, 我们得到

$$\|I_{a+}^\alpha \varphi\|_{H^{\lambda+\alpha}(\rho)} \leqslant c\|I_{a+}^\alpha \varphi_a\|_{H^{\lambda+\alpha}(\rho_a)} + c\|I_{a+}^\alpha \varphi_b\|_{H^{\lambda+\alpha}(\rho_b)} \leqslant c\|\varphi\|_{H^\lambda(\rho)}.$$

■

最后我们将定理 3.3 和定理 3.3′ 推广到一般权重 (1.7) 的情形. 为此, 我们先证明一个引理, 对于核为 $(x+t)^{\alpha-1}, x > 0, t > 0$ 的积分给出类似定理 3.3 的结论. 这个引理在较弱的条件下自然成立.

引理 3.1 设 $\varphi(x), 0 < x \leqslant l$, 满足估计式 $|\varphi(x)| \leqslant kx^{-\gamma}, \alpha < \gamma < 1$. 则对于任意满足 $\alpha + \beta \leqslant 1$ 的 $\beta \geqslant 0$ 有

$$f(x) = \int_0^l \frac{\varphi(t)dt}{(t+x)^{1-\alpha}} \in H^{\alpha+\beta}([0,l]; x^{\gamma+\beta}) \tag{3.11}$$

且 $\|f\|_{H^{\alpha+\beta}(x^{\gamma+\beta})} \leqslant ck$, c 与 $\varphi(x)$ 无关.

证明 我们需要证明

$$\Phi(x) = x^{\gamma+\beta} \int_0^l \varphi(t)(t+x)^{\alpha-1}dt \in H^{\alpha+\beta}([0,l]).$$

假设 $l = 1, h > 0$, 我们有

$$|\Phi(x+h) - \Phi(x)| \leqslant k|(x+h)^{\gamma+\beta} - x^{\gamma+\beta}| \int_0^1 (x+h+t)^{\alpha-1}t^{-\gamma}dt$$

$$+ kx^{\gamma+\beta} \int_0^1 t^{-\gamma}[(t+x)^{\alpha-1} - (t+x+h)^{\alpha-1}]dt$$

$$= k(\Phi_1 + \Phi_2).$$

利用不等式 (3.8) 并作变量替换 $t = (x+h)s$, 得到估计

$$\Phi_1 \leqslant c_1 h(x+h)^{\alpha+\beta-1} \int_0^{1/(x+h)} s^{-\gamma}(1+s)^{\alpha-1}ds$$

$$\leqslant ch(x+h)^{\alpha+\beta-1} \leqslant ch^{\alpha+\beta}.$$

由 (3.9) 我们有

$$\Phi_2 \leqslant x^{\gamma+\beta}h \int_0^1 t^{-\gamma}(t+x)^{\alpha-2}dt$$

$$= cx^{\alpha+\beta-1}h \int_0^{1/x} (t+1)^{\alpha-2}t^{-\gamma}dt,$$

并且当 $x \geqslant h$ 时, 我们可以得到估计 $\Phi_2 \leqslant ch^{\alpha+\beta}$. 如果 $x \leqslant h$, 则

$$\Phi_2 \leqslant 2x^{\gamma+\beta} \int_0^1 t^{-\gamma}(t+x)^{\alpha-1}dt$$

$$= 2x^{\alpha+\beta} \int_0^{1/x} s^{-\gamma}(s+1)^{\alpha-1}ds \leqslant ch^{\alpha+\beta}.$$

结合 Φ_1 和 Φ_2 的估计, 我们就得到了引理的证明. ∎

最后, 下面的定理考虑具有一般形式的权重函数

$$\rho(x) = \sum_{k=1}^{n} |x - x_k|^{\mu_k}, \quad a = x_1 < x_2 < \cdots < x_n \leqslant b. \tag{3.12}$$

定理 3.4　设权重 $\rho(x)$ 由 (3.12) 式给出, $\lambda + \alpha < 1$ 并且以下条件成立:

1) $\mu_1 < \lambda + 1$;

2) $\lambda + \alpha < \mu_k < \lambda + 1, k = 2, \cdots, n - 1$;

3) 若 $x_n < b$, 取 $\lambda + \alpha < \mu_n < \lambda + 1$, 若 $x_n = b$, 取 $\lambda + \alpha < \mu_n$. 则算子 I_{a+}^{α} 从 $H_0^{\lambda}(\rho)$ 有界映入 $H_0^{\lambda+\alpha}(\rho)$.

此定理的证明实际上是定理 3.3、定理 3.3′ 和引理 3.1 的结论. 方便起见, 我们记 $\tilde{n} = \begin{cases} n - 1, & x_n = b, \\ n, & x_n < b. \end{cases}$ 令

$$\varphi_k(x) = \begin{cases} \varphi(x), & x_k \leqslant x \leqslant x_{k+1}, \\ 0, & x \notin [x_k, x_{k+1}], \end{cases} \quad k = 1, 2, \cdots, \tilde{n},$$

则 $\varphi = \sum_{k=1}^{\tilde{n}} \varphi_k(x)$. 显然

1) 如果 $x < x_k \ (k \geqslant 2)$, 则 $(I_{a+}^{\alpha} \varphi_k)(x) \equiv 0$;

2) 如果 $x_k < x < x_{k+1} \ (1 \leqslant k \leqslant \tilde{n})$, 则

$$(I_{a+}^{\alpha} \varphi_k)(x) = \frac{1}{\Gamma(\alpha)} \int_{x_k}^{x} \varphi(t)(x - t)^{\alpha-1} dt;$$

3) 如果 $x_{k+1} < x < x_{k+2} \ (1 \leqslant k \leqslant \tilde{n} - 1)$, 则

$$(I_{a+}^{\alpha} \varphi_k)(x) = \frac{1}{\Gamma(\alpha)} \int_{x_k}^{x_{k+1}} \varphi(t)(x - t)^{\alpha-1} dt;$$

4) 如果 $x \geqslant x_{k+2}$, 则 $(I_{a+}^{\alpha} \varphi_k)(x)$ 是无穷次可微函数.

因子 $|x - x_k|^{\mu_k}$ 在除点 x_k 外都是无穷次可微的. 我们容易得到, 在 $[a, b]$ 上 $I_{a+}^{\alpha} \varphi_k \in H_0^{\lambda+\alpha}(\rho)$. 当 $k = 1, \cdots, n - 1$ 时, 我们应用定理 3.3′, 在 2) 中当 $k = n, x_n < b$ 时, 我们运用定理 3.3, 在 3) 中我们作变量替换 $t = x_{k+1} - \xi$ 后利用引理 3.1.

注 3.2 定理 3.4 中的条件 $\lambda + \alpha < \mu_k, k = 2, \cdots, n$ 不能减弱. 如果 $\lambda + \alpha \geqslant \mu_k$, 则定理 3.4 不成立. 我们来举例说明, $\rho(x) = (b - x)^\mu, \mu < \lambda + \alpha$. 容易验证, 对于函数 $\varphi(x) = (x - a)^\lambda (b - x)^{\lambda - \mu} \in H_0^\lambda(\rho)$, 当 $x \to b$ 时, 有

$$(b - x)^\mu (I_{a+}^\alpha \varphi)(x) = \frac{(b - x)^\mu}{\Gamma(\alpha)} \int_d^x \frac{(t - a)^\lambda dt}{(b - t)^{\mu - \lambda}(x - t)^{1 - \alpha}} \neq O\left((b - x)^{\lambda + \alpha}\right),$$

因此 $I_{a+}^\alpha \varphi \notin H_0^{\lambda + \alpha}(\rho)$.

3.3 L_p 空间中的映射性质

现已知分数阶积分至少是保持 $L_p(a, b)$ 空间不变的, 见 (2.72) 和 (2.73). 那么揭示分数阶积分 $I_{a+}^\alpha \varphi$ 比函数 $\varphi(x) \in L_p$ "好" 多少的结论就更为重要. 这里的情况是, 如果 $0 < \alpha < 1/p$, 分数阶积分属于 $L_q, q > p$, 如果 $\alpha > 1/p$, 甚至可以证明它是属于 $H^{\alpha - 1/p}$ 或 $H^{\alpha - 1/p, 1/p'}$ 空间的连续 (Hölder) 函数, 参见定义 1.6 和定义 1.7. 下面的定理称为带极限指数的 Hardy-Littlewood 定理.

定理 3.5 若 $0 < \alpha < 1, 1 < p < 1/\alpha$, 则分数阶算子 I_{a+}^α 是从 L_p 到 L_q, $q = p/(1 - \alpha p)$ 的有界算子.

证明 这个定理需要用到的方法比我们迄今为止所使用的更为精细. 证明所必需的数学技术的呈现会使我们偏离主题. 因此, 我们只能给出一个更简单的结论的证明, 即, I_{a+}^α 从 $L_p, 1 \leqslant p < 1/\alpha$ 有界映入到 L_r, 其中 $1 \leqslant r < q = p/(1 - \alpha p)$. 对 $r = q$ 的证明, 以及对定理 3.5 中未包含的 $p = 1$ 和 $p = 1/\alpha$ 情形的证明, 感兴趣的读者参可阅 §4 和 §9 中提到的文献, 也可参看 §4.2 (注记 3.2, 注记 3.3). 由 (1.18), 我们只需证明 $r > p$ 的情况. 令 $\varepsilon = (1/r - 1/q)/2$. 则有

$$\Gamma(\alpha) |I_{a+}^\alpha \varphi| \leqslant \int_a^x \left(|\varphi(t)|^{\frac{p}{r}} (x - t)^{\varepsilon - \frac{1}{r}} \right) |\varphi(t)|^{1 - \frac{p}{r}} (x - t)^{\varepsilon - \frac{1}{p'}} dt.$$

利用广义 Hölder 不等式 (1.30), 其中 $n = 3, p_1 = r, p_2 = rp/(r - p)$, 以及 $p_3 = p' = \dfrac{p - 1}{p}$, 我们得到

$$\Gamma(\alpha) |I_{a+}^\alpha \varphi| \leqslant \left(\int_a^x |\varphi(t)|^p (x - t)^{r\varepsilon - 1} dt \right)^{\frac{1}{r}}$$

$$\times \left(\int_a^x |\varphi(t)|^p dt \right)^{\frac{1}{p} - \frac{1}{r}} \left(\int_a^x (x - t)^{\varepsilon p' - 1} dt \right)^{\frac{1}{p'}}$$

$$\leqslant c \|\varphi\|_{L_p}^{1 - \frac{p}{r}} \left(\int_a^x |\varphi(t)|^p (x - t)^{r\varepsilon - 1} dt \right)^{\frac{1}{r}}.$$

因此

$$\|I_{a+}^{\alpha}\varphi\|_{L_r} \leqslant c\|\varphi\|_{L_p}^{1-\frac{p}{r}} \left(\int_a^b |\varphi(t)|^p dt \int_a^b |x-t|^{r\varepsilon-1} dx \right)^{\frac{1}{r}}$$

$$\leqslant c\|\varphi\|_{L_p}^{1-\frac{p}{r}} \|\varphi\|_{L_p}^{\frac{p}{r}} = c\|\varphi\|_{L_p}.$$

■

推论　若 $\varphi(x) \in L_p$, $\psi(x) \in L_q$, $1/p + 1/q \leqslant 1+\alpha$, 并且 $1/p + 1/q = 1+\alpha$ 时, $p \neq 1$, $q \neq 1$, 则分数阶分部积分关系 (2.20) 成立.

事实上, 对于 $1/p + 1/q = 1+\alpha$ 的情况, 我们考虑使用嵌入关系式 (1.31). 根据定理 3.5 和 Hölder 不等式, (2.20) 左右两边的积分都是绝对收敛的. 因此可以使用 Fubini 定理交换积分次序, 进而 (2.20) 得证.

定理 3.6　如果 $\alpha > 0, p > 1/\alpha$, 则当 $\alpha - 1/p \neq 1, 2, \cdots$ 时, 分数阶积分算子 I_{a+}^{α} 从 $L_p(a,b)$ 有界映入 $H^{\alpha-1/p}(a,b)$, 当 $\alpha - 1/p = 1, 2, \cdots$ 时, 则有界映入 $H^{\alpha-1/p,1/p'}(a,b)$, 并且

$$(I_{a+}^{\alpha}\varphi)(x) = o\left((x-a)^{\alpha-\frac{1}{p}}\right), \quad \text{当 } x \to a \text{ 时}. \tag{3.13}$$

证明　利用 Hölder 不等式, 我们可以得到 (3.13) 式

$$|I_{a+}^{\alpha}\varphi| \leqslant \frac{1}{\Gamma(\alpha)} \left(\int_a^x |\varphi(t)|^p dt \right)^{\frac{1}{p}} \left(\int_a^x (x-t)^{(\alpha-1)p'} dt \right)^{\frac{1}{p'}}$$

$$\leqslant c(x-a)^{\alpha-\frac{1}{p}} \left(\int_a^x |\varphi(t)|^p dt \right)^{\frac{1}{p}}.$$

进一步, 我们先来考虑 $\alpha - 1/p \leqslant 1$ 的情形. 对于 $x, x+h \in [a,b]$, 我们有

$$(I_{a+}^{\alpha}\varphi)(x+h) - (I_{a+}^{\alpha}\varphi)(x)$$

$$= \frac{1}{\Gamma(\alpha)} \int_x^{x+h} (x+h-t)^{\alpha-1}\varphi(t)dt \tag{3.14}$$

$$+ \frac{1}{\Gamma(\alpha)} \int_a^x [(x+h-t)^{\alpha-1} - (x-t)^{\alpha-1}]\varphi(t)dt = I_1 + I_2.$$

利用 Hölder 不等式 (1.28), 我们发现

$$|I_1| \leqslant \frac{1}{\Gamma(\alpha)} \left(\int_x^{x+h} |\varphi(t)|^p dt \right)^{\frac{1}{p}} \left(\int_x^{x+h} (x+h-t)^{(\alpha-1)p'} dt \right)^{\frac{1}{p'}}$$

$$\leqslant ch^{\alpha-\frac{1}{p}} \|\varphi\|_{L_p},$$

$$|I_2| \leqslant \frac{\|\varphi\|_{L_p}}{\Gamma(\alpha)} \left(\int_a^x |(x+h-t)^{\alpha-1} - (x-t)^{\alpha-1}|^{p'} dt \right)^{\frac{1}{p'}}$$

$$\leqslant |\Gamma(\alpha)|^{-1} h^{\alpha-\frac{1}{p}} \|\varphi\|_{L_p} \left(\int_0^{\frac{x-a}{h}} |s^{\alpha-1} - (s+1)^{\alpha-1}|^{p'} ds \right)^{\frac{1}{p'}}.$$

如果 $x-a \leqslant h$, 则 I_2 的估计是显然的. 如果 $x-a > h$, 则我们利用 (3.9) 和 $(A+B)^{1/p'} \leqslant A^{1/p'} + B^{1/p'}$ 得到

$$|I_2| \leqslant h^{\alpha-\frac{1}{p}} \|\varphi\|_{L_p} \left[c_1 + c_2 \int_1^{(x-a)/h} s^{(\alpha-2)p'} ds \right]^{1/p'}$$

$$\leqslant h^{\alpha-\frac{1}{p}} \|\varphi\|_{L_p} \left[c_3 + c_4 \left(\frac{h}{x-a} \right)^{1-\alpha+1/p} \right],$$

在 $\alpha - \dfrac{1}{p} = 1$ 的情形下, c_4 需额外乘以 $\left(\ln \dfrac{x-a}{h} \right)^{1/p'}$. 因此我们得到估计

$$|I_2| \leqslant \begin{cases} ch^{\alpha-1/p} \|\varphi\|_{L_p}, & \text{若 } \alpha - 1/p < 1, \\ ch \left| \ln \dfrac{1}{h} \right|^{1/p'} \|\varphi\|_{L_p}, & \text{若 } \alpha - 1/p = 1. \end{cases}$$

结合对 I_1 和 I_2 的估计, 我们就完成了在 $\alpha - 1/p \leqslant 1$ 情形下的证明.

现在设 $\alpha - 1/p > 1$. 则 $k < \alpha - 1/p \leqslant k+1, k = 1, 2, \cdots$, 这时可以通过直接微分简化到之前的情形:

$$\frac{d^k}{dx^k} I_{a+}^\alpha \varphi = I_{a+}^{\alpha-k} \varphi, \quad 0 < \alpha - k \leqslant 1,$$

再利用 $\lambda > 1$ 时 H^λ 和 $H^{\lambda,k}$ 的定义即可. ∎

推论 定理 3.6 以一种更强的形式成立:

$$I_{a+}^\alpha : L_p(a,b) \to h^{\alpha-1/p}([a,b]), \quad 0 < 1/p < \alpha < 1 + 1/p,$$

其中 h^λ 是由 (1.2) 所定义的空间.

证明 对于 $\varphi \in L_p(a,b)$ 以及任意的 $\varepsilon > 0$, 等式 $\varphi = P_\varepsilon + \varphi_\varepsilon$ 成立, 其中 P_ε 是多项式, 并且根据 L_p 空间的性质 d), $\|\varphi\|_{L_p} < \varepsilon$. —— 见 §1.2. 因此由定理 3.6 有

$$|(I_{a+}^\alpha \varphi)(x+t) - (I_{a+}^\alpha \varphi)(x)| \leqslant |(I_{a+}^\alpha P_\varepsilon)(x+t) - (I_{a+}^\alpha P_\varepsilon)(x)|$$

$$+ |(I_{a+}^{\alpha}\varphi_{\varepsilon})(x + t) - (I_{a+}^{\alpha}\varphi_{\varepsilon})(x)|$$

$$\leqslant c_1|t|^{\alpha} + c_2|t|^{\alpha-1/p}\|\varphi_{\varepsilon}\|_{L_p}$$

$$= o(|t|^{\alpha-1/p}).$$

■

注 3.3 之前关于算子 I_{a+}^{α} 从 L_{∞} 有界映入到 H^{α} 的结论 (定理 3.1 的推论) 对应于定理 3.6 中 $p = \infty$ 的情形.

3.4 $L_p(\rho)$ 空间中的映射性质

现在我们考虑分数阶积分算子在加权空间 $L_p(\rho)$ 中的映射性质, 其中权重为 (3.12), $a = x_1 < x_2 < \cdots < x_n = b$. 事实证明, 即使是最简单的情况, 权重 $\rho(x) = |x - d|^{\mu}$ 都集中在区间 $[a,b]$ 中的某一点 d 的情况下, 对指数的限制也会因该区间的点 d 是否与区间 $[a,b]$ 的端点重合或为区间内的点而有本质的不同. 这里我们发现考虑半轴 $-\infty < a < b \leqslant \infty$ 也很方便.

我们从权重 $\rho(x) = (x - a)^{\mu}$ 开始考虑. 下面关于分数阶积分与幂函数交换的引理允许我们将分数阶积分算子 "非加权" 的有界性定理直接推广到其类似的加权情况. 记号 $\rho^{\mu}(x) = (x - a)^{\mu}$ 将在引理 3.2 和引理 3.3 中使用, 定理 3.7 和定理 3.8 中使用的与上述不同.

引理 3.2 令 $0 < \alpha < 1$, $\varphi \in L_p(0,l)$, $0 < l \leqslant \infty$, $1 < p < \infty$ 且 $\mu > -1 + 1/p$. 则下列等式成立

$$I_{0+}^{\alpha}\rho^{\mu}\varphi = \rho^{\mu}I_{0+}^{\alpha}(\varphi + A_1\varphi), \tag{3.15}$$

$$\rho^{\mu}I_{0+}^{\alpha}\varphi = I_{0+}^{\alpha}\rho^{\mu}(\varphi + A_2\varphi), \tag{3.16}$$

A_i 是 L_p 中的有界算子, 其表达式为

$$A_i = \pi^{-1}\mu\sin\alpha\pi \int_0^x A_i(x,t)\varphi(t)dt, \quad i = 1,2,$$

$$A_1(x,t) = \frac{1}{t-x}\int_t^x \left(\frac{y-t}{x-y}\right)^{\alpha}\left(\frac{t}{y}\right)^{\mu}\frac{dy}{y},$$

$$A_2(x,t) = \frac{1}{x-t}\int_t^x \left(\frac{y-t}{x-y}\right)^{\alpha}\left(\frac{y}{x}\right)^{\mu}\frac{dy}{y}.$$

下文引理 10.1 中 $p = 1, \mu > 0$ 的情形表明, 如果对于 (3.15) 有 $\varphi \in L_1(0,l)$, 对于 (3.16) 有 $(|\ln x| + 1)\varphi(x) \in L_1(0,l)$, 那么上述等式仍然成立, 算子 (3.15) 和

(3.16) 有界, 且 $(|\ln x| + 1)(\varphi(x) + A_1\varphi(x)) \in L_1(0, l), \varphi + A_2\varphi(x) \in L_1(0, l), 0 < l < \infty$.

证明 我们来证明算子 A_i 的有界性. 核 $A_1(x, t)$ 是 -1 阶齐次的, 并且

$$|A_1(1, t)| = t^\mu \int_0^1 \frac{\xi^\alpha(1-\xi)^{-\alpha}d\xi}{[t + \xi(1-t)]^{1+\mu}} \leqslant ct^\lambda, \quad \lambda = \begin{cases} \mu, & \mu < \alpha, \\ \alpha - \varepsilon & \mu \geqslant \alpha, \end{cases}$$

其中 $0 < \varepsilon < \alpha$. 鉴于此估计, 由定理 1.5, 算子 A_1 在 $L_p(0, l)$ 中有界. 算子 A_2 的有界性证明也是类似的. 下面我们来检验 (3.15). 我们有

$$x^\mu I_{0+}^\alpha(\varphi + A_1\varphi) = x^\mu I_{0+}^\alpha \varphi$$
$$- \frac{\mu \sin \alpha\pi}{\pi\Gamma(\alpha)} x^\mu \int_0^x t^\mu \varphi(t)dt \int_t^x \frac{(y-t)^\alpha dy}{y^{1+\mu}}$$
$$\times \int_y^x \frac{(x-\tau)^{\alpha-1}(\tau-y)^{-\alpha}}{\tau - t}d\tau.$$

利用 §11 中的 (11.4) 计算右端的内部积分, 我们得到 (3.15). 关系 (3.16) 的证明类似. ∎

下面的结论将引理 3.2 推广到加权空间并且对于任意 $\alpha > 0$ 成立.

引理 3.3 设 $\alpha > 0, \alpha \neq 1, 2, 3, \cdots, \varphi \in L_p([0, l], \rho^\beta), 0 < l \leqslant \infty, 1 < p < \infty$, $m = [\alpha], \beta < p - 1 + \min(\mu p, 0)$. 则 (3.15) 和 (3.16) 成立, 其中 A_i 在 $L_p([0, l], \rho^\beta)$ 中有界, 并由以下等式定义

$$A_1\varphi = A_1^{(\mu, \alpha)}\varphi = \sum_{j=0}^m c_j \int_0^x A_{1j}(x, \tau)\varphi(\tau)d\tau,$$

$$A_2\varphi = \rho^{-\mu} A_1^{(-\mu, \alpha)} \rho^\mu \varphi,$$

$$A_{1j}(x, \tau) = \tau^\mu(x-\tau)^{m-j} \int_0^1 \frac{\xi^{\alpha+m-j}}{(1-\xi)^{\{\alpha\}}}[\tau + \xi(x-\tau)]^{j-\mu-m-1}d\xi,$$

$$c_j = \binom{m+1}{j} \frac{m!(j-m-\mu)_{m-j+1}}{(m-j)!\Gamma(\alpha)\Gamma(1-\{\alpha\})}.$$

等式 (3.15) 可以通过直接对 $\rho^{-\mu}I_{0+}^\alpha\rho^\mu\varphi$ 作用分数阶微分算子 $\mathcal{D}_{0+}^\alpha$ 得到. 结论 (3.16) 可以从 (3.15) 中得到. 算子 $A_i, i = 1, 2$ 的有界性由定理 1.5 给出.

我们现在继续考虑分数阶积分本身.

定理3.7　设 $\alpha > 0, -\infty < a < b \leqslant \infty, p \geqslant 1, \mu < p-1, 0 < \alpha < m+1/p, q = p/[1-(\alpha-m)p]$；并且当 $p \neq 1$ 时，$0 \leqslant m \leqslant \alpha$，当 $p = 1$ 时，$0 < m \leqslant \alpha$. 则算子 I_{a+}^{α} 从 $L_p([a,b], \rho^{\mu})$ 有界映入 $L_q\left([a,b], \rho^{(\frac{\mu}{p}-m)q}\right)$.

证明　首先，考虑 $1 < p < \infty$. 我们令 $\varphi = \rho^{-\frac{\mu}{p}}\varphi_0, \varphi_0 \in L_p$. 如果 $m < \alpha$，则由 (3.15) 我们有 (可以假设 $a = 0$)

$$\left|\rho^{\frac{\mu}{p}-m}I_{0+}^{\alpha}\varphi\right| \leqslant c\rho^{\frac{\mu}{p}}I_{0+}^{\alpha-m}\rho^{-\frac{\mu}{p}}\varphi_0 = I_{0+}^{\alpha-m}\psi, \quad \|\psi\|_{L_p} \leqslant c\|\varphi\|_{L_p},$$

那么剩下的就是使用定理 3.5 —— 另见定理 3.2. 如果 $\alpha = m$，则 $\rho^{\frac{\mu}{p}-\alpha}I_{0+}^{\alpha}\rho^{-\frac{\mu}{p}}$ 是带有 -1 阶齐次核的算子. 从而，该定理可由定理 1.5 推出. 在 $p = 1$ 的情形下，要用到 Hölder 不等式 (1.28). 事实上，我们有

$$|I_{0+}^{\alpha}\varphi| \leqslant \frac{1}{\Gamma(\alpha)}\int_0^x \left\{(x-y)^{\alpha-1}y^{-\frac{\mu}{q'}}|\varphi(y)|^{\frac{1}{q}}\right\}\left\{y^{\mu}|\varphi(y)|\right\}^{\frac{1}{q'}}dy$$

$$\leqslant \frac{1}{\Gamma(\alpha)}\left(\int_0^x (x-y)^{(\alpha-1)q}y^{-\mu(q-1)}|\varphi(y)|dy\right)^{\frac{1}{q}}\left(\int_0^x y^{\mu}|\varphi(y)|dy\right)^{\frac{1}{q'}},$$

进而

$$\|\rho^{\mu-m}I_{0+}^{\alpha}\varphi\|_{L_q}$$

$$\leqslant \frac{1}{\Gamma(\alpha)}\|\rho^{\mu}\varphi\|_{L_1}^{\frac{1}{q'}}\left(\int_0^b x^{(\mu-m)q}dx \int_0^x (x-y)^{(\alpha-1)q}y^{-\mu(q-1)}|\varphi(y)|dy\right)^{\frac{1}{q}}$$

$$\leqslant \frac{1}{\Gamma(\alpha)}\|\rho^{\mu}\varphi\|_{L_1}^{\frac{1}{q'}}\left(\int_0^b y^{\mu}\mathrm{k}(y)|\varphi(y)|dy\right)^{\frac{1}{q}} \leqslant c\|\rho^{\mu}\varphi\|_{L_1},$$

因为

$$\mathrm{k}(y) = y^{-\mu q}\int_y^b x^{(\mu-m)q}(x-y)^{(\alpha-1)q}dx$$

$$\leqslant \int_1^{\infty} \xi^{(\mu-m)q}(\xi-1)^{(\alpha-1)q}d\xi < \infty.$$

由此该定理得证. ∎

需要注意定理 3.7 中重要的特殊情况 $\mu = 0$ 和 $q = p$:

$$\left\{\int_a^b (x-a)^{-\alpha p}|(I_{a+}^{\alpha}\varphi)(x)|^p dx\right\}^{\frac{1}{p}} \leqslant c\|\varphi\|_{L_p}, \tag{3.17}$$

$$1 < p < \infty, \quad -\infty < a < b < \infty.$$

不等式

$$\left\{\int_a^b (b-x)^{-\alpha p}|(I_{a+}^\alpha \varphi)(x)|^p dx\right\}^{\frac{1}{p}} \leqslant c\|\varphi\|_{L_p},\tag{3.18}$$

$$1 < p < 1/\alpha, \ -\infty < a < b \leqslant \infty$$

也成立. 它可以直接证明, 但参考下文 §5.3 中得到的 (5.45) 则会容易得多, 从那里可以直接得出结论.

不等式 (3.17) 和 (3.18) 在 $p=1$ 的情形下不成立. 例如, 前者被替换为

$$\int_a^b (x-a)^{-\alpha}|(I_{a+}^\alpha \varphi)(x)|dx \leqslant c\int_a^b |\varphi(x)|\ln\frac{b-a}{x-a}dx,\tag{3.17'}$$

这一点通过简单的估计就可以证明.

定理 3.7 的另一个特例 $p=1, a=0, (\alpha=m, \mu=-\varepsilon)$ 也需要强调一下:

$$\int_0^b x^{-\alpha-\varepsilon}|(I_{0+}^\alpha \varphi)(x)|dx \leqslant c\int_0^b x^{-\varepsilon}|\varphi(x)|dx, \quad b > 0, \alpha > 0, \varepsilon > 0,$$

其中 $c=c(\varepsilon)$. 如果 $\varepsilon=0 \left(\lim_{\varepsilon\to 0} c(\varepsilon) = \infty\right)$, 则这个关系式不成立. 当 $\varepsilon=0$ 时, 下面的不等式成立

$$\int_0^b x^{-\alpha}\ln^\lambda\frac{b+1}{x}|(I_{0+}^\alpha \varphi)(x)|dx \leqslant c\int_0^b \ln^{\lambda+1}\frac{b+1}{x}|\varphi(x)|dx,\tag{3.17''}$$

$$\int_b^\infty x^{-1}\ln^\lambda\frac{b+1}{b}x|(I_-^\alpha x^{1-\alpha}\varphi)(x)|dx \leqslant c\int_0^b \ln^{\lambda+1}\frac{b+1}{b}x|\varphi(x)|dx,\tag{3.17'''}$$

其中 $\alpha > 0, \lambda \geqslant 0, b > 0$. 第一个不等式在改变左端的积分顺序后, 通过简单的估计即可得证. 如果我们将第一个不等式中的 x 换为 x^{-1}, b 换为 b^{-1}, $\varphi(x)$ 换为 $x^{-2}\varphi(x^{-1})$, 就可以得到第二个不等式.

下面的定理具体地说明了 $p > 1$ 时, 定理 3.7 在有限区间 $[a,b]$ 上的情形.

定理 3.8 设 $-\infty < a < b < \infty$. 如果 $1 < p < \infty, 0 < \alpha - 1/p < 1$, 则算子 I_{a+}^α 从 $L_p(\rho^\mu)$ 有界映入 $H_0^{\alpha-1/p}(\rho^{\frac{\mu}{p}}), \mu < p-1$; 并且

$$(I_{a+}^\alpha \varphi)(x) = o\left((x-a)^{\alpha-\frac{1+\mu}{p}}\right), \quad \text{当 } x \to a \text{ 时}.\tag{3.19}$$

证明 设 $\varphi(x) = (x-a)^{-\mu/p}\varphi_0(x) \in L_p([a,b])$. 对 $I_{a+}^\alpha \varphi$ 使用 Hölder 不等式, 我们可以得到估计 (3.19):

$$|I_{a+}^{\alpha}\varphi| \leqslant \left(\int_a^x |\varphi_0(t)|^p dt\right)^{1/p} \left(\int_a^x (t-a)^{-\mu/(p-1)}(x-t)^{(\alpha-1)p'} dt\right)^{1/p'}$$

$$\leqslant c(x-a)^{\alpha-(1+\mu)/p} \left(\int_a^x |\varphi_0(t)|^p dt\right)^{1/p}.$$

为了证明算子 I_{a+}^{α} 从 $L_p(\rho^{\mu})$ 到 $H_0^{\alpha-1/p}(\rho^{\frac{\mu}{p}}), \mu < p-1$ 的有界性, 我们使用交换关系式 (3.15), 可以得到 $\rho^{\mu/p}I_{a+}^{\alpha}\rho^{-\mu/p}\varphi_0 = I_{a+}^{\alpha}\psi, \|\psi\|_{L_p} \leqslant c\|\varphi_0\|_{L_p}$, 再根据定理 3.6 就得到了我们想要的结果. ∎

推论　*定理 3.8 在更强的形式下也成立*

$$I_{a+}^{\alpha} : L_p(\rho^{\mu}) \to h_0^{\alpha-\frac{1}{p}}\left(\rho^{\frac{\mu}{p}}\right), \quad 0 < \frac{1}{p} < \alpha < \frac{1}{p}+1,$$

其中 $h_0^{\lambda}(r)$ 是带权空间 (1.12).

证明　如 §1.2 中 L_p 空间中函数的性质 e) 所示, L_p 中的任何函数都可以由 (a, b) 上的无穷次可微函数逼近. 因此, 函数 $\varphi \in L_p(\rho^{\mu})$ 可以表示为 $\varphi = a_{\varepsilon} + \varphi_{\varepsilon}$, 其中 a_{ε} 是在 $[a, b]$ 上的无穷次可微函数, $\|\varphi_{\varepsilon}\|_{L_p(\rho^{\mu})} < \varepsilon$. 记 $\Delta f = f(x+t) - f(x), f = I_{a+}^{\alpha}\varphi$, 则有

$$\left|\Delta\left(\rho^{\frac{\mu}{p}}f\right)\right| \leqslant \left|\Delta\left(\rho^{\frac{\mu}{p}}I_{a+}^{\alpha}a_{\varepsilon}\right)\right| + \left|\Delta\left(\rho^{\frac{\mu}{p}}I_{a+}^{\alpha}\varphi_{\varepsilon}\right)\right|. \tag{3.20}$$

定理 3.8 给出了估计 $\left|\Delta\left(\rho^{\mu/p}I_{a+}^{\alpha}\varphi_{\varepsilon}\right)\right| \leqslant c\|\varphi_{\varepsilon}\|_{L_p(\rho^{\mu})}h^{\alpha-1/p}$. 因为对于任意 $q > p$, $a_{\varepsilon} \in L_q(\rho^{\mu})$, 再次使用定理 3.8, 我们发现, 当 $h \to 0+$ (有的地方写为 +0, 但这不影响结论的证明, 下同——译者注) 时

$$\left|\Delta\left(\rho^{\frac{\mu}{p}}I_{a+}^{\alpha}a_{\varepsilon}\right)\right| \leqslant ch^{\alpha-\frac{1}{q}}\|a_{\varepsilon}\|_{L_q(\rho^{\mu})} = o\left(h^{\alpha-\frac{1}{p}}\right).$$

将得到的估计式代入 (3.20), 我们得到 $\left|\Delta\left(\rho^{\frac{\mu}{p}}f\right)\right| \leqslant h^{\alpha-\frac{1}{p}}(c\varepsilon + o(1))$. 从而推论得证. ∎

现在我们来考虑权重 $\rho(x) = |x-d|^{\mu}, a < d \leqslant b < \infty$ 的情形.

定理 3.9　设 $1 < p < 1/\alpha, \mu < p-1$, 后者只在 $d < b$ 时要求. 则算子 I_{a+}^{α} 从 $L_p(\rho), \rho(x) = |x-d|^{\mu}$ 有界映入 $L_q(r)$, 其中 $q = p/(1-\alpha p), r = |x-d|^{\nu}$ 且

$$\nu > -1, \quad \text{若}\quad \mu \leqslant \alpha p - 1;$$
$$\tag{3.21}$$
$$\nu = \mu q/p, \quad \text{若}\quad \mu > \alpha p - 1.$$

证明　令 $\varphi(t) = |t-d|^{-\mu/p}\psi(t), \psi \in L_p(a, b)$. 这里可以认为函数 φ 和 ψ 是非负的. 则对于任意 $x \in (a, d)$, 我们有

$$\Gamma(\alpha)(d-x)^{\frac{\nu}{q}}(I_{a+}^{\alpha}\varphi)(x) = A_1 + A_2,$$

其中 $A_1 = (d-x)^{\nu/q-\mu/p}\int_a^x (x-t)^{\alpha-1}\psi(t)dt$, $A_2 = (d-x)^{\nu/q}\int_a^x [(d-t)^{-\mu/p} - (d-x)^{-\mu/p}](x-t)^{\alpha-1}\psi(t)dt$. 由 (3.21) 可知 $\nu/q - \mu/p \geqslant 0$. 因此, 根据定理 3.5 我们得到

$$\|A_1\|_{L_q(a,d)} \leqslant c\|\psi\|_{L_p(a,d)} \leqslant c\|\varphi\|_{L_p([a,b];\rho)}. \tag{3.22}$$

对于 A_2 也需要证明类似的估计. 如果 $\mu \geqslant 0$, 则

$$A_2 = (d-x)^{\nu/q-\mu/p}\int_a^x \left[\left(\frac{d-x}{d-t}\right)^{\mu/p} - 1\right]\frac{\psi(t)dt}{(x-t)^{1-\alpha}} \leqslant 2A_1,$$

然后我们可以利用 (3.22). 如果 $\mu < 0$, 我们有

$$A_2 = (d-x)^{\nu/q}\int_a^x [(d-t)^{\frac{|\mu|}{p}} - (d-x)^{\frac{|\mu|}{p}}](x-t)^{\alpha-1}\psi(t)dt.$$

若 $\mu \leqslant \alpha p - 1$, 则根据 (3.8) 可以得到

$$A_2 \leqslant c(d-x)^{\frac{\nu-\varepsilon}{q}}\int_a^x (d-t)^{\frac{\varepsilon}{q}+\frac{|\mu|}{p}-1}(x-t)^{\alpha}\psi(t)dt$$

$$\leqslant c(d-x)^{\frac{\nu-\varepsilon}{q}}\int_a^d (d-t)^{\frac{\varepsilon}{q}+\frac{|\mu|}{p}+\alpha-1}\psi(t)dt$$

$$\leqslant c(d-x)^{\frac{\nu-\varepsilon}{q}}\|\psi\|_{L_p(a,d)} \in L_q(a,d),$$

其中 $0 < \varepsilon < \nu + 1$. 若 $\mu > \alpha p - 1$, 我们将 A_2 表示为

$$A_2 = \frac{|\mu|}{p}(d-x)^{\frac{\mu}{q}}\int_a^x (d-\xi)^{\frac{|\mu|}{p}-1}d\xi\int_a^{\xi}\frac{\psi(t)dt}{(x-t)^{1-\alpha}} \tag{3.23}$$

$$\leqslant c\int_a^x \left(\frac{d-x}{d-\xi}\right)^{\frac{\mu}{p}}\frac{g(\xi)d\xi}{d-\xi},$$

其中 $g = I_{a+}^{\alpha}\psi \in L_q(a,d), \|g\|_{L_q(a,d)} \leqslant c\|\psi\|_{L_q(a,d)}$. 我们注意到, 根据定理 1.5, (3.23) 右端的积分算子在 $L_p(a,d)$ 中有界.

对于 $x \in (d,b)$, 估计 $(x-d)^{\nu/q}(I_{a+}^{\alpha}\varphi)(x)$. 我们有

$$\Gamma(\alpha)(x-d)^{\frac{\nu}{q}}I_{a+}^{\alpha}\varphi = \left(\int_a^d + \int_d^x\right)\frac{(x-d)^{\frac{\nu}{q}}\psi(t)dt}{|t-d|^{\frac{\mu}{p}}(x-t)^{1-\alpha}} = B_1 + B_2. \tag{3.24}$$

若 $\mu \leqslant \alpha p - 1, 0 < \varepsilon < \min(1 - \alpha, \nu + 1)$, 对于 B_1 我们得到

$$B_1 \leqslant c(x-d)^{\frac{\nu-\varepsilon}{q}} \int_a^d \frac{(d-t)^{-\frac{\mu}{p}}\psi(t)dt}{(x-t)^{1-\alpha-\varepsilon}}$$

$$\leqslant c(x-d)^{\frac{\nu-\varepsilon}{q}} \left(I_{a+}^{\alpha+\varepsilon-\frac{\mu}{p}}\psi \right)(d)$$

$$\leqslant c(x-d)^{\frac{\nu-\varepsilon}{q}} \|\psi\|_{L_p(a,d)} \in L_q(d,b),$$

若 $\mu > \alpha p - 1$, 我们用关系式

$$(x-t)^{\alpha-1} = \frac{\sin\alpha\pi}{\pi}(d-t)^\alpha \int_d^x \frac{(x-t)^{\alpha-1}(\tau-d)^{-\alpha}}{\tau-t}d\tau$$

—— 见 (11.4), 代替 B_1 中的函数 $(x-t)^{\alpha-1}$. 交换积分次序后得到

$$B_1 = \frac{\sin\alpha\pi}{\pi}(x-d)^{\frac{\mu}{p}} \int_d^x \frac{(\tau-d)^{-\frac{\mu}{p}}g(\tau)d\tau}{(x-\tau)^{1-\alpha}}$$

$$g(\tau) = \int_a^d \left(\frac{d-t}{\tau-d}\right)^{\alpha-\frac{\mu}{p}} \frac{\psi(t)dt}{\tau-t}.$$

由定理 1.5 可得 $\|g\|_{L_p(d,b)} \leqslant c\|\psi\|_{L_p(a,b)}$. 因此根据定理 3.7, 我们发现

$$\|B_1\|_{L_q(d,b)} \leqslant c\|g\|_{L_p(a,b)} \leqslant c\|\psi\|_{L_p(a,b)}.$$

应用定理 3.7, 可以得到 (3.24) 中第二项所需的估计, 从而定理获证. ■

注 3.4　若定理 3.9 中 $\mu/p \leqslant \alpha - 1/p$, 我们不能取 $\nu = \mu q/p$. 事实上, 对于 $x \in \left(\dfrac{d+a}{2}, d\right)$, 令 $\varphi = |d-x|^{-\mu/p}$, 我们得到

$$(d-x)^{\frac{\nu}{q}}(I_{a+}^\alpha \varphi)(x) \geqslant c(d-x)^{\frac{\nu}{q}} \int_a^{\frac{d+a}{2}} \frac{(x-t)^{\alpha-1}}{(d-t)^{\frac{\mu}{p}}}dt$$

$$\geqslant c(d-x)^{\frac{\nu}{q}} \notin L_q.$$

与定理 3.9 类似的关于一般权重的定理也成立:

$$\rho(x) = \prod_{k=1}^n |x-x_k|^{\mu_k}, \quad r(x) = \prod_{k=1}^n |x-x_k|^{\nu_k}, \tag{3.25}$$

$$a = x_1 < \cdots < x_n = b.$$

我们不加证明地给出算子 I_{a+}^α 的相应命题.

定理 3.10 设 $1 < p < \infty$, $\mu_k < p - 1$, $k = 1, 2, \cdots, n-1$; $0 \leqslant m \leqslant \alpha$, $0 < \alpha < m + \dfrac{1}{p}$, $q = \dfrac{p}{1 - (\alpha - m)p}$, $\nu_1 = \left(\dfrac{\mu_1}{p} - m \right) q$, 如果 $\mu_k > \alpha p - 1$, $\nu_k = \left(\dfrac{\mu_k}{p} - m \right) q$, 如果 $\mu_k \leqslant \alpha p - 1$, $\nu_k > \left(\alpha - \dfrac{1}{p} - m \right) q$, $k = 2, \cdots, n$. 则算子 I_{a+}^{α} 从 $L_p(\rho)$ 有界映入 $L_q(r)$.

我们研究 $\alpha > 1/p$ 时, 分数阶积分 $I_{a+}^{\alpha} \varphi, \varphi \in L_p(\rho)$ 是否属于加权 Hölder 空间的问题. 首先我们考虑权重 $\rho(x) = |x - d|^{\mu}, a < d \leqslant b$.

定理 3.11 设 $1 < p < \infty$, $1/p < \alpha < 1 + 1/p$, 并且当 $a < d < b$ 时, $0 < \mu < p - 1$, 当 $d = b$ 时, $0 < \mu < \infty$. 则分数阶积分算子 I_{a+}^{α} 在 $\mu \neq \alpha p - 1$ 时, 从 $L_p(\rho), \rho(x) = |x - d|^{\mu}$ 有界映入 $H_0^{\min(\mu/p, \alpha - 1/p)}(\rho^{1/p})$, 在 $\mu = \alpha p - 1$ 时有界映入 $H_0^{\alpha - 1/p, 1/p'}(\rho^{1/p})$.

证明 令 $\nu = \mu/p, \varphi(x) = |x - d|^{-\nu} \varphi_0(x), \varphi_0 \in L_p$. 我们想要证明

$$f(x) = \int_a^x \left| \frac{x - d}{t - d} \right|^{\nu} \frac{\varphi_0(t)dt}{(x - t)^{1 - \alpha}} \in \begin{cases} H_0^{\min(\nu, \alpha - \frac{1}{p})}, & \text{若 } \nu \neq \alpha - \dfrac{1}{p}, \\ H_0^{\alpha - \frac{1}{p}, \frac{1}{p'}}, & \text{若 } \nu = \alpha - \dfrac{1}{p}, \end{cases}$$

$$c\|\varphi_0\|_{L_p} \geqslant \begin{cases} \|f\|_{H^{\min(\nu, \alpha - \frac{1}{p})}}, & \text{若 } \nu \neq \alpha - \dfrac{1}{p}, \\ \|f\|_{H^{\alpha - \frac{1}{p}, 1/p'}}, & \text{若 } \nu = \alpha - \dfrac{1}{p}. \end{cases} \tag{3.26}$$

固定点 $a_1 \in (a, d)$. 则根据定理 3.8, 我们有 $f(x) \in H^{\alpha - 1/p}([a, a_1])$, 并且 $f(a) = 0, \|f\|_{H^{\alpha - 1/p}([a, a_1])} \leqslant c\|\varphi_0\|_{L_p}$. 我们来证明当 $x = d$ 时 $f(x)$ 为零并且在 $[a_1, d]$ 上满足 (3.26). 令 $x \in (a_1, d)$, 我们有

$$f(x) = \left(\int_a^{a_1} + \int_{a_1}^x \right) \left| \frac{x - d}{t - d} \right|^{\nu} \frac{\varphi_0(t)dt}{(x - t)^{1 - \alpha}} = u(x) + v(x).$$

我们估计 $u(x)$:

$$|u(x)| \leqslant c(d - x)^{\nu} \|\varphi_0\|_{L_p} \left(\int_a^{a_1} \frac{(d - t)^{-\nu p'}dt}{(a_1 - t)^{(1 - \alpha)p'}} \right)^{\frac{1}{p'}}$$

$$\leqslant c(d - x)^{\nu} \|\varphi_0\|_{L_p}.$$

对于 $v(x)$, 我们有

$$|v(x)| \leqslant c(d-x)^{\nu} \|\varphi_0\|_{L_p} \left(\int_{a_1}^{x} \frac{(x-t)^{(\alpha-1)p'} dt}{(d-t)^{\nu p'}} \right)^{1/p'}. \tag{3.27}$$

若 $\nu < \alpha - 1/p$, 则

$$|v(x)| \leqslant (d-x)^{\nu} \|\varphi_0\|_{L_p} \left(\int_{a_1}^{x} (x-t)^{(\alpha-1-\nu)p'} dt \right)^{1/p'}$$

$$\leqslant c(d-x)^{\nu} \|\varphi_0\|_{L_p}.$$

若 $\nu > \alpha - 1/p$, 则作变量替换 $t = x - \xi(d-x)$ 后, 我们得到

$$|v(x)| \leqslant (d-x)^{\alpha-\frac{1}{p}} \|\varphi_0\|_{L_p} \left(\int_{0}^{\frac{x-a_1}{d-x}} \xi^{(\alpha-1)p'} (1+\xi)^{-\nu p'} d\xi \right)^{\frac{1}{p'}}$$

$$\leqslant c(d-x)^{\alpha-\frac{1}{p}} \|\varphi_0\|_{L_p}.$$

若 $\nu = \alpha - 1/p$, 我们取 $x - a_1 > d - x$, 可以类似地得到

$$|v(x)| \leqslant (d-x)^{\nu} \|\varphi_0\|_{L_p} \left(\int_{0}^{1} \xi^{(\alpha-1)p'} d\xi + \int_{1}^{\frac{x-a_1}{d-x}} \xi^{-1} d\xi \right)$$

$$\leqslant c(d-x)^{\nu} \|\varphi_0\|_{L_p} (1 + |\ln(d-x)|).$$

由以上估计可知 $f(d-0) = 0$. 类似地可以证明, 如果 $d < b$, 则 $f(d+0) = 0$. 为了估计函数 $f(x)$ 在 $x \in [a_1, d]$ 时的 Hölder 范数, 我们将 $f(x)$ 表示为

$$f(x) = \int_{a}^{x} \frac{\varphi_0(t) dt}{(x-t)^{1-\alpha}} + \int_{a}^{x} \frac{(d-x)^{\nu} - (d-t)^{\nu}}{(d-t)^{\nu}(x-t)^{1-\alpha}} \varphi_0(t) dt$$

$$= f_1(x) + f_2(x).$$

根据定理 3.8 我们有 $\|f_1\|_{H^{\alpha-1/p}([a,b])} \leqslant c\|\varphi_0\|_{L_p(a,b)}$.

对于 f_2, 我们得到 $f_2(x+h) - f_2(x) = J_1 + J_2 + J_3, a_1 \leqslant x < x+h \leqslant d$. J_1, J_2 和 J_3 与 (3.7) 中的相同, 但需将 $(x-a)^{\mu}$ 替换成 $(d-x)^{\nu}$. 简单起见, 只在 $\nu \leqslant 1$ 的情况下估计 J_1. 我们有

$$|J_1(x)| \leqslant \|\varphi_0\|_{L_p} \left(\int_{x}^{x+h} (d-t)^{-\nu p'} (x+h-t)^{(\alpha-1)p'} |(d-t)^{\nu} - (d-x-h)^{\nu}|^{p'} dt \right)^{\frac{1}{p'}}$$

$$\leqslant c\|\varphi_0\|_{L_p} \left(\int_x^{x+h} (d-t)^{-\nu p'} (x+h-t)^{(\alpha+\nu-1)p'} dt \right)^{\frac{1}{p'}}$$

$$\leqslant c\|\varphi_0\|_{L_p} \left(\int_x^{x+h} (x+h-t)^{(\alpha-1)p'} dt \right)^{\frac{1}{p'}} \leqslant ch^{\alpha-\frac{1}{p}} \|\varphi_0\|_{L_p}.$$

下面估计 J_2, 我们发现

$$|J_2| \leqslant ch^\nu \|\varphi_0\|_{L_p} \left(\int_a^x \frac{(d-t)^{-\nu p'} dt}{(x+h-t)^{(1-\alpha)p'}} \right)^{\frac{1}{p'}}$$

$$\leqslant ch^\nu \|\varphi_0\|_{L_p} \left(\int_a^{a_1} \frac{(d-t)^{-\nu p'} dt}{(a_1-t)^{(1-\alpha)p'}} + \int_{a_1}^x \frac{(d-t)^{-\nu p'} dt}{(x-t)^{(1-\alpha)p'}} \right)^{\frac{1}{p'}}$$

$$\leqslant ch^\nu \|\varphi_0\|_{L_p} \left[1 + \left(\int_{a_1}^x \frac{(d-t)^{-\nu p'} dt}{(x-t)^{(1-\alpha)p'}} \right)^{\frac{1}{p'}} \right].$$

括号中的积分与已经在 (3.27) 中估计的积分一致. 因此, 如果 $\nu < \alpha - 1/p$, 我们有 $|J_2| \leqslant ch^\nu \|\varphi_0\|_{L_p(a,b)}$. 如果 $\nu > \alpha - 1/p$, 方括号内的表达式用 $1 + c(d-x)^{\alpha-\nu-1/p}$ 估计, 如果 $\nu = \alpha - 1/p$, 用 $1 + \int_0^{\frac{x-a_1}{h}} \frac{d\xi}{\xi^{(1-\alpha)p'}(1+\xi)^{\nu p'}} \leqslant c \left(1 + \ln \frac{1}{h} \right)$ 估计, 这就得到了 J_2 所需的结果.

进一步, 我们来估计 J_3. 固定点 $\delta \in (a, a_1)$, 并且将 J_3 表示为

$$J_3 = \left(\int_a^\delta + \int_\delta^{a_1} + \int_{a_1}^x \right) \frac{(d-x)^\nu - (d-t)^\nu}{(d-t)^\nu} [(x+h-t)^{\alpha-1} - (x-t)^{\alpha-1}] \varphi_0(t) dt$$

$$= J_{31} + J_{32} + J_{33}.$$

显然, 对于第一项有

$$|J_{31}| \leqslant ch \int_0^\delta |\varphi_0(t)| dt \leqslant ch\|\varphi_0\|_{L_p},$$

对于第二项有

$$|J_{32}| \leqslant c\|\varphi_0\|_{L_p} \left(\int_\delta^{a_1} |(x-t)^{\alpha-1} - (x+h-t)^{\alpha-1}|^{p'} dt \right)^{\frac{1}{p'}}$$

$$\leqslant ch^{\alpha-\frac{1}{p}} \|\varphi_0\|_{L_p}.$$

最后我们有

$$|J_{33}| \leqslant c\|\varphi_0\|_{L_p} \left(\int_{a_1}^{x} \left(\frac{x-t}{d-t} \right)^{\nu p'} |(x-t)^{\alpha-1} - (x+h-t)^{\alpha-1}|^{p'} dt \right)^{\frac{1}{p'}},$$

因此 $|J_{33}| \leqslant ch^{\alpha-1/p}\|\varphi_0\|_{L_p}$.

在区间 $[a_1, d]$ 上的不等式 (3.26) 由上述估计得出. 如果 $d < b$, 对于区间 $[d, b]$, 证明类似. ■

注 3.5 分数阶积分 $I_{a+}^{\alpha}\varphi$ 在点 $x = d$ 处的行为导致了其 Hölder 性质的阶数依赖于 μ/p 和 $\alpha - 1/p$ 之间的关系. 这种行为可以通过改变 $f(x)$ 的权函数的指数来描述. 在这种情况下 Hölder 阶数不改变, 等于 $\alpha - 1/p$. 我们不加证明地给出对于一般权重 (3.25) 的分数阶积分算子的有界性定理. 读者可以在 §4.2 (注记 3.1) 中找到类似定理的另一个变体.

定理 3.12 设 $1 < p < \infty, 1/p < \alpha < 1+1/p, \mu_k < p-1, k = 1, 2, \cdots, n-1$. 则分数阶积分算子 I_{a+}^{α} 从 $L_p(\rho)$ 有界映入 $H_0^{\alpha-1/p}(r)$, 若 $r(x) = (x-a)^{\mu_1/p} \prod_{k \in \Lambda} |x - x_k|^{\delta_k}$, $\Lambda = \{k : k \in \{2, 3, \cdots, n\}, \mu_k > 0\}$, 并且 $\mu_k > \alpha p - 1$ 时, $\delta_k = \mu_k/p$, $\mu_k \leqslant \alpha p - 1$ 时, $\delta_k = \alpha + \varepsilon_k - 1/p, \varepsilon_k > 0$, 则其甚至可以有界映入 $h_0^{\alpha-1/p}(r)$.

这样自然产生了一个问题, 分数阶积分关于任意的、不必是幂权的带权空间 $L_p(\rho)$ 的映射性质是什么样的. 这种情况需要考虑满足所谓 Muckenhoupt 型条件的权重函数. 在这里我们不考虑这个问题, 但可以在 §9.2 (注记 5.8) 中找到一些信息. 也可以参考多维情形下的定理 25.4 和 §29.2 (注记 25.8 和注记 26.11).

§4 第一章的参考文献综述及补充信息

4.1 历史注记

关于分数阶微积分主要思想的起源和发展的论文概述已在本书开头的历史简述中给出. 这里我们的历史评述仅涉及本章内容.

§§ 2.1 和 2.2 的注记 方程 (2.1) 与 Abel 的名字有关, 他是第一个考虑并解决这个与等时降落轨迹问题有关的方程 $(0 < \alpha < 1)$ 的人 —— Abel [1881, 1826]. Abel 只处理情形 $\alpha = 1/2$ 的错误说法已经在 "历史简述" 中指出. Abel 型方程 $\int_0^x (x^2 - s^2)^{-1/2}\varphi(s)ds = f(x)$ 的求解由 Joachimsthal [1861] 给出. 对于更一般的如下类型方程:

$$\int_0^x [\tau(x) - \tau(s)]^{\alpha-1}\varphi(s)ds = f(x), \quad \alpha > 0, \tag{4.1}$$

其中 $\tau(x)$ 为单调递增函数, 虽然 Holmgren [1865-1866] 已经得到了它的解, 但实际上它是由 Satô [1935] 解决的. 方程 (4.1) 在许多应用中频繁出现. 例如, 其在广义解析函数理论中的应用, Polozhii [1964], Polozhii [1965, p. 236], Polozhii [1973, p. 186].

§ 2.1 中给出的 (2.1) 的解是众所周知的. 定理 2.1 和定理 2.3 中给出的在 $L_1(a,b)$ 中可解性的判据却鲜为人知. 它们在 $\alpha > 0$ 时是由 Tamarkin [1930, Theorem 4] 给出的. Dzherbashyan [1966a] 的书中阐述了 Tamarkin 定理的证明. 尽管早前 Tonelli [1928] 就将绝对连续性的思想用于求解 Abel 方程, 特别是得到了引理 2.1 的推论和 (2.14), 其中 $f \in AC([a,b])$, 但 Tamarkin [1930] 彻底澄清了绝对连续性在可和函数分数阶积分理论中的作用. Abel 方程在连续函数空间中的可解性准则实际上是在 Bôcher [1909, pp. 8-9] 的书中得到的, 将 (2.9) 中的条件替换为 $f_{1-\alpha}(x) \in C^1([a,b]), f_{1-\alpha}(a) = 0$.

§ 2.3 的注记 定义 2.1 可以追溯到 Riemann [1876] (1876 年出版, 1847 年完成). 分数阶微分的定义 2.2 也包含在这篇文章中. 与 Liouville 一样, Riemann 在定义分数阶微分时也处理了所谓的 "补" 函数. 这些函数实际上是具有任意常系数的幂函数, 它们由 Liouville 和 Riemann 为保证关系 $I_{a+}^{\alpha} \mathcal{D}_{a+}^{\alpha} f = f$ 对所有可容许的 f 成立而引入, 参见 (2.60). 我们提到了 Cayley [1880] 论文中有关 "补" 函数的论点. 第一个刻意拒绝使用 "补" 函数的人是 Holmgren [1865-1866], Letnikov [1874a] 也独立提出了这种观点. 为避免这些函数, Holmgren 和 Letnikov 引入了分数阶微分算子作为分数阶积分的左逆. 这种方法在现代分析中被广泛应用. 他们通过这种方法构建了分数阶微积分的基础.

关系式 (2.20) 由 Love and Young [1938] 建立.

Euler [1738, p. 56] 给出了式 (2.26), 他通过 (2.26) 引入了幂函数的分数阶导数并作为一个定义.

§ 2.4 的注记 在 Liouville, Riemann, Grünwald, Letnikov, Sonine 等的论文中, 认为分数阶积分-微分的阶 α 可以是复数. Kober [1941a] 通过 Mellin 变换引入了纯虚数阶 $\alpha = i\theta$ 的分数阶积分, 使人们可以把这样的分数阶积分看作 $L_2(0, \infty)$ 中连续的运算. 纯虚数阶分数积分的形式 (2.37) 和 (2.38) 出现在 Kalisch [1967] 中, 文章中还表明了它们可以生成 $L_p(0,1), 1 < p < \infty$ 中的有界算子. 对于整个实轴的情况, 可参见下面引理 8.2 中的结论. Fisher [1971b] 的论文中也研究了 L_p 空间中的纯虚数阶的分数阶积分. Love [1971], Love [1972] 对纯虚数阶分数阶积分的复合公式, 即所谓的指标律进行了详细的研究.

定理 2.2 实际上包含在 Tamarkin [1930] 中. 结果 (2.43) 本身是由 Holmgren [1865-1866, p. 7] 和 Letnikov [1868a, p. 26] 对于充分 "好" 的函数给出的.

§ 2.5 的注记 初等函数分数阶积分求值的关系式 (2.44)—(2.54) 很早之前就

已经得到. 特别地, (2.44) 和 (2.45) 实际上是由 Euler [1738] 通过定义引入的, (2.48) 和 (2.49) 可以在 Holmgren [1865-1866, p. 27] 中找到. 关于对数函数且 $\beta = 1$ 的关系式 (2.50) 由 Letnikov [1868a, p. 37] 给出. 结论 (2.54) 是对 Sonine 公式的修正, 称为第一 Sonine 积分 —— Sonine [1880] 或他的书 Sonine [1954, p. 206].

关于 (2.50) 的推导, 我们注意到由 Volterra [1916] 提出的一种想法, 通过对幂指数进行微分, 从纯幂函数的相应表达式中获得幂对数函数的结果. 特别地, 使用这种方法可以得到函数 $\varphi(x) = (x-a)^{\beta-1} \ln^m(x-a)$ 的分数阶积分 —— 见下文 § 9.3 中的表 9.1.

§ 2.6 的注记　空间 $I_{a+}^{\alpha}[L_1(a,b)]$ 作为对象最早出现在 Dzherbashyan and Nersesyan [1960, 1961] 中, 当 $(a,b) = R^1$ 时, 空间 $I_{a+}^{\alpha}[L_p(a,b)]$ 由 Samko [1969a] 给出, 当 (a,b) 有限时, 它由 Rubin [1972a] 给出. 定理 2.3 是由 Tamarkin [1930] 给出的. 在定理 2.3 之后讨论的对于几乎处处存在可和导数 $\mathcal{D}_{a+}^{\alpha} f$ 的函数 $f(x)$, 想将其表示为 α 阶分数阶积分不充分的原因是至关重要的. 认为这个条件满足充分性的错误包含在大量分数阶微积分的研究中. 本书中使用的定义 2.4 使我们能够给出 (2.58) 的严格证明, 该结果已在错误的假设下, 即 $\mathcal{D}_{a+}^{\alpha} f$ 几乎处处存在, 且只可求和, 被不同的作者 "证明".

§ 2.7 的注记　Riemann, Holmgren 和 Letnikov 的文章中证明了分数阶积分算子的半群性质 (2.56). 在 19 世纪的数学家中, 后者对这一性质给出了最为确切和完整的论述, 参见 Letnikov [1874a, ch. II] 和 Letnikov [1874b]. 这涉及在 Hille and Phillips [1962, Ch. 23, pp. 674-690] 书中给出的从半群理论角度描述的分数阶积分性质. 定理 2.5 在不同的假设下由不同的作者在不同时间证明. Bosanquet [1931] 在 Denjoy 意义下理解积分, 证明了该定理 $(\alpha > 0, \beta > 0)$; Isaacs [1961] 在 Cesaro 意义下考虑可加的 Stieltjes 积分, 证明了该定理. 对于 (2.65), Love [1972] 考虑的情况较定理 2.5 更为完整, 其中包括了 $\mathrm{Re}\,\alpha = 0$ 和 $\mathrm{Re}\,\beta = 0$ 的情形. Hille —— Hille and Phillips [1962, p. 675] 首次提出并证明了定理 2.6. 定理 2.7 的证明来自书 Dzherbashyan [1966a, p. 568]. 对 Riesz 分数阶积分在多维空间的类似结论, 我们参考 § 29.2 (注记 25.17).

§§ 3.1 和 3.2 的注记　Hölder 函数的分数阶微分的第一个结果是 Weyl [1917] 给出的. 他表明 —— 周期情形下 (将在 § 19 中考虑) —— 满足 λ 阶 Hölder 条件的函数具有 $\alpha < \lambda$ 阶连续分数阶导数. Montel [1918] 给出了 § 3 中考虑的非周期性情形下 Riemann-Liouville 分数阶导数的类似结论. 为此, 他使用了关于代数多项式函数的逼近函数速度的 Bernstein 型定理. H^{λ} 空间中分数阶积分-微分映射性质的确切结果由 Hardy and Littlewood [1928a] 给出. 他们得到了描述 I_{a+}^{α} 从 H_0^{λ} 到 $H_0^{\lambda+\alpha}$, $\lambda + \alpha < 1$ 的映射性质的定理 3.1 (以及将在下文 § 13 中证明的描述 $\mathcal{D}_{a+}^{\alpha}$ 从 H_0^{λ}, $\lambda > \alpha$ 到 $H_0^{\lambda-\alpha}$ 的映射性质的引理 3.1). 在定理

3.3、定理 3.3′ 和定理 3.4 中, 关于 I_{a+}^{α} 在具有带幂权空间 $H_0^{\lambda}(\rho)$ 中的映射性质 由 Rubin [1974c] 在点 $x = a$ 处幂指数的限制 $0 < \mu_1 < \lambda + 1$ 下证明. 如 Rubin [1986a] 的论文所述, 这些定理在假设 $\mu_1 < \lambda + 1$ 下证明. 除了定理 3.4 以不同的 方式证明外, 我们沿着 Rubin 的这些论文进行讨论.

我们注意到 Chen [1959] 的论文, 他考虑了某些积分算子在加权 Hölder 空间 中的映射性质, 推广了分数阶积分的情形. 这篇文章中的结果包括定理 3.3 ($0 \leqslant$ $\lambda < 1$).

§§ 3.3 和 3.4 的注记 定理 3.5—定理 3.7 是由 Hardy and Littlewood [1925, 1928a] 建立的, 在这方面也可参见 § 9.1 (§ 5.3 的注记). Hardy [1917] 首 先注意到一个简单的结论, 即 I_{a+}^{α} 将 L_p 映射到 $L_r, r < p/(1 - \alpha p)$. 特别情形 $\alpha - 1/p = 1, 2, \cdots$ 由 Kilbas 给出. 定理 3.8 由 Karapetyants and Rubin [1984] 得 到. 我们给出了 Rubin [1986a] 基于引理 3.2 的更短证明. 定理 3.7 的证明也基于引 理 3.2. 它由 Rubin [1986a] 给出, 另见 Rubin [1983c, p. 529] 以及 Karapetyants and Rubin [1984]. 当 $p = 1$ 时定理 3.7 的证明由 Flett [1958c] 给出. 引理 3.2 由 Karapetyants and Rubin [1982, 1985] 证明. 更一般的引理 3.3 由 Rubin [1983c, p. 529] 得到. 定理 3.6 和定理 3.8 推论的证明在 Karapetyants and Rubin [1984] 中给出.

在 $m = 0$ 的情形下定理 3.10 由 Karapetyants and Rubin [1984] 证明, 在 $m \in [0, \alpha]$ 的情形下由 Rubin [1986a] 证明. 这里我们只给出了此定理在特殊情 况下的一个更简单的证明. 当权重与点 $x = d$ 相关时, 我们参考定理 3.9. 其证 明是由 Kilbas 和 Rubin 独立得到的, 之前没有发表过. 定理 3.11 中 $\nu \neq \alpha - 1/p$ 的情形是 Karapetyants and Rubin [1984] 证明的. Kilbas 考虑了 $\nu = \alpha - 1/p$ 的 情形, 但没有在早些时候发表. 定理 3.12 由 Rubin [1986a] 证明.

4.2 其他结果概述 (与 §§ 1—3 相关)

2.1 复平面弧上的 Abel 方程和更一般方程

$$\int_a^t \frac{P(t - \tau)}{(t - \tau)^{\alpha}} \varphi(\tau) d\tau = f(t), \quad 0 < \alpha < 1$$

的解由 Sakalyuk [1963] 给出, 其中 $P(t)$ 是多项式, $t, \tau \in \mathcal{L}, \mathcal{L}$ 是端点为 a 和 b 的 光滑弧.

2.2 Bosanquet [1931] 考虑了 Abel 方程, 其解不一定 Lebesgue 可积, 但是 积分可以在 Denjoy 意义下理解.

2.3 有关 Abel 方程 (2.1) 的近似解的文章有很多. 我们注意到其中一些. Whittaker [1917-1918] 的论文是出现的第一篇文章. Fettis [1964] 提出了用 Ja-cobi 多项式逼近解的方法. 为了同样的目的, Minerbo and Levy [1969] 使用了正

交多项式. Weiss [1972] 和 Weiss and Anderssen [1971] 提出了一个求解更一般

的方程 $\int_0^x \mathrm{k}(x,t)(x-t)^{-\alpha}\varphi(t)dt = f(x), x > 0$ 的数值方法. Edels, Hearne and

Young [1962] 讨论了特定情形 $\alpha = 1/2$ 下与气体放电理论的问题有关的数值方法. Gorenflo and Kovetz [1966] 在论文中也考虑了这种情况, 其研究动机是在光谱学中的应用, 并且他们建议的方法考虑了具体的应用. Gorenflo [1965] 通过正交优化的方法给出了带有扰动的 Abel 方程的解. Gorenflo [1979, 1987a,c, 1990] 的一系列论文中给出了各种逼近方法的发展和评论. 我们注意到 Gorenflo [1987a] 提出了一种在应用中很方便的方法, 它通过 "好" 函数和具有未知跳跃的阶跃函数的有限组合的总和来给出近似解. Doktorskii and Osipov [1983], Voskoboinikov [1978] 和 Medvedev [1982] 使用了样条方法. 各种各样的逼近方法也可以在 Atkinson [1974a], Balasubramanian, Norrie and Vries [1979], Brunner [1973], Chan and Lu [1981], Eggermont [1981, 1984], Frie [1963], Gerlach and Wolfersdorf [1986], Zheludev [1982], Kosarev [1973], Lubich [1985], Malinovski and Smarzewski [1978], Sirola and Anderson [1967], Ugniewski [1976, 1977], Voskoboinikov [1980] 的论文中找到.

下文 § 16.5 中可以找到 Abel 方程渐近解方法思想的简要阐述.

2.4　Sonine [1884a,b], [1954, p. 148] 通过考虑方程

$$\int_a^x \mathrm{k}(x-t)\varphi(t)dt = f(x), \quad x > a \tag{4.2}$$

推广了 Abel 积分方程. 在对于核 $\mathrm{k}(x)$ 存在函数 $l(x)$ 使得

$$\int_0^x \mathrm{k}(t)l(x-t)dt = 1, \quad x > 0 \tag{4.2''}$$

的假设下, 他得到了精确解

$$\varphi(x) = \frac{d}{dx}\int_a^x l(x-t)f(t)dt. \tag{4.2'}$$

例如, 当核的形式为 $\mathrm{k}(x) = x^{\alpha-1}g(x), g(x) = \sum_{\nu=0}^{\infty} a_\nu x^\nu, a_0 \neq 0$ 时, 可以保证存在这样的函数 $l(x)$. 这时, $l(x) = x^{-\alpha}h(x), h(x) = \sum_{\nu=0}^{\infty} b_\nu x^\nu, 0 < \alpha < 1$ (Wick [1968]). Rubin [1982, pp. 62-63] 给出了满足 Sonine 条件的更广泛的核 $\mathrm{k}(x)$.

我们注意到, Volterra [1896] 利用求解 Abel 方程 (2.1) 的方法, 将一般的具

有连续函数 k(x, t) 的方程

$$\int_a^x \frac{\mathrm{k}(x, t)}{(x-t)^\alpha} \varphi(t) dt = f(x), \quad 0 < \alpha < 1$$

简化为核不带有奇异性的第二类积分方程. Volterra 将这种方法称为核变换法. 这种简化可以在下文 §31.3 中看到更详细的内容.

2.5 第二类 Abel 型积分方程

$$\varphi(x) - \frac{\lambda}{\Gamma(\alpha)} \int_0^x \frac{\varphi(t) dt}{(x-t)^{1-\alpha}} = f(x), \quad x > 0, \alpha > 0 \qquad (4.3)$$

的解由 Hille and Tamarkin [1930] 根据 Mittag-Leffler 函数 (1.90) 给出:

$$\varphi(x) = \frac{d}{dx} \int_0^x E_\alpha[\lambda(x-t)^\alpha] f(t) dt. \qquad (4.4)$$

可以应用 Mittag-Leffler 函数的 Laplace 变换 (1.93) 式和下文的 (7.14) 式来验证 (4.4).

Gorenflo [1987b] 将方程 (4.3), $\alpha = 1/2$, 用于解决与通过边界外辐射对均匀半空间进行 Newton 加热有关的一些应用问题.

方程 (4.4) 定义了分数阶积分算子 I_{a+}^α 的预解式 $(\lambda E - I_{0+}^\alpha)^{-1}$ (λ 变化至 $1/\lambda$). 在这方面, 需要提及 Hille [1939, 1945] 的论文, 其涉及这种预解子的研究, 并在线性算子谱理论和遍历理论的一般背景下考虑分数阶积分算子的特殊性质 —— Hille and Phillips [1962]. 更一般的积分算子

$$M\varphi = \int_0^x \left[\frac{(x-t)^{\alpha-1}}{\Gamma(\alpha)} + M_1(x, t) \right] \varphi(t) dt$$

的预解式 $(E - \lambda M)^{-1}$ 由 Hromov [1976], Matsnev [1980, 1983], Matsnev and Hromov [1983] 借助分数阶微分 $\mathcal{D}_{0+}^\alpha$ 的性质和 Mittag-Leffler 函数的渐近性进行研究, $M_1(x, t)$ 是除点 $t = x$ 外的充分光滑函数, 且在 $t \to x$ 时有比 $(x-t)^{\alpha-1}$ 更好的性质. 这方面还可参见 Kabanov [1984, 1988].

我们注意到 Hille and Tamarkin [1931] 得到了分数阶积分型算子特征值的界 —— 见 §23.2 (注记 19.10). Faber and Wing [1986] 将这个结果扩展到所谓的奇异值情形.

方程

$$\varphi(x) - \frac{\lambda}{\Gamma(\alpha)} \int_x^\infty (t-x)^{\alpha-1} \varphi(t) dt = 0, \quad x \in R^1, \quad 0 < \alpha < 1$$

对于 $\lambda > 0$ 有非平凡解 $\varphi(x) = Ce^{-ax}, a = \lambda^{1/\alpha}$, 也是其通解 (Hardy and Titch-marsh [1932], Titchmarsh [1937]).

Brakhage, Nickel and Rieder [1985] 关于 α 是有理数的情形: $\alpha = m/n < 1$, 用初等函数给出了 (4.3) 的闭形式解. Liouville [1834b, p. 285] 在整个实轴上考虑了 $\alpha = 1/2$ 时 (4.3) 型方程的解. 方程

$$\varphi(x) - \sum_{k=0}^{n-1} \frac{\lambda_k}{\Gamma(\alpha_k)} \int_0^x \frac{\varphi(t)dt}{(x-t)^{1-\alpha_k}} = f(x), \quad x > 0 \qquad (4.5)$$

比 (4.3) 更一般但 $\alpha_k = k/n$ 为有理数, 它由 Kostitzin [1947] 和 Rieder [1969] 求出其解. 后一篇文章还研究了一类形式为 (4.5) 的方程组.

在 $x = 0$ 处具有固定奇异性的方程

$$\varphi(x) - \frac{\lambda_k}{x^\alpha} \int_0^x \frac{\varphi(t)dt}{(x-t)^{1-\alpha}} = f(x), \quad 0 < x < 1$$

是闭形式可解的. 对应的齐次方程一般有非平凡解, 例如, 在 $L_p[0,1], 1 < p < \infty$ 中, 若 $\lambda > \dfrac{\Gamma(1+\alpha-1/p)}{\Gamma(\alpha)\Gamma(1-1/p)}$ 即存在非平凡解, 见 Mihailov [1966, p. 29].

我们也注意到 Davis [1924, p. 105] (另见 Davis [1927a]) 中给出了在 $P(t)$ 是多项式且 α 是有理数的情形下求解方程

$$\varphi(x) - \int_0^x \frac{P(t)\varphi(t)dt}{(x-t)^{1-\alpha}} = f(x), \quad x > a \qquad (4.6)$$

的过程.

分数阶微分 (或积分-微分) 的伴随方程 (4.3), (4.5) 和 (4.6), 会在 § 42 中考虑.

在应用问题中, 非线性 Abel 方程应运而生. 我们举例来说, Schneider [1982], 其包含最简单的情况, 对于特殊的 λ, $[\varphi(x)]^{1+\alpha/\beta} - \lambda(I_{0+}^\alpha \varphi)(x) = 0$. 并注意到其中包含大量的关于积分符号下具有一般非线性项的第二类非线性 Abel 方程的研究. 我们注意到 Dinghas [1958] 是这类最早的论文之一, 以及 Gorenflo and Vessella [1986, 1987] 的综合性工作, 其中详细地介绍了这些研究和应用. 求解第二类非线性 Abel 型方程的数值方法也可参见 Lubich [1986].

我们注意到, 如果在 (4.3) 和 (4.4) 中选择 $f \equiv 1$, 将 $\varphi = E_\alpha(\lambda x^\alpha)$ 代入 (4.3), 对于 Mittag-Leffler 函数进行分数阶积分, 得到以下关系

$$\frac{\lambda}{\Gamma(\alpha)} \int_0^x \frac{E_\alpha(\lambda t^\alpha)}{(x-t)^{1-\alpha}} dt = E_\alpha(\lambda x^\alpha) - 1, \quad \alpha > 0. \qquad (4.7)$$

我们也发现了相关的表达式

$$\frac{1}{\Gamma(\alpha)}\int_0^x \frac{t^{p-1}E_{2\alpha,\beta}(t^{2\alpha})}{(x-t)^{1-\alpha}}dt = x^{\beta-1}[E_{\alpha,\beta}(x^\alpha)-E_{2\alpha,\beta}(x^{2\alpha})], \quad \alpha>0, \beta>0, \quad (4.8)$$

它可以直接借助 Laplace 变换 (1.93) 来检查. 方程 (4.7) 和 (4.8) 是在论文 Humbert and Agarwal [1953] 以及 Agarwal [1953] 中得到的, 其中可以找到其他相关的联系, 也可以参见书 Dzherbashyan [1966a, Ch. III].

2.6 分数阶分部积分等式 (2.20) 允许利用一类给定的函数系 $\varphi_n(x), \psi_m(x)$ 构造新的双正交函数系:

$$\int_a^b \varphi_n(x)\psi_m(x)dx = \delta_{n,m}, \quad n,m=1,2,\cdots, \quad (4.9)$$

即, 令

$$\Phi_n(x) = v(x)I_{a+}^\alpha(u\varphi_n), \quad \Psi_m(x) = \frac{1}{v(x)}\mathcal{D}_{a+}^\alpha\left(\frac{\psi_m}{u}\right),$$

其中 $u(x), v(x)$ 是任意函数, $u(x) \not\equiv 0, v(x) \not\equiv 0$. 那么根据 (2.20), $\Phi_n(x), \Psi_m(x)$ 也满足 (4.9), 即使只是形式上的. 这个想法是由 Erdélyi [1940a] 提出的, 他用这种方法构建了新的基于 Jacobi 多项式的超几何函数 $_2F_1$ 和 $_3F_1$ 的双正交系,

$$\varphi_n(x) = {}_2F_1(-n,\beta+n;\gamma;x), \quad \psi_m(x) = cx^{\gamma-1}(1-x)^{\beta-\gamma}{}_2F_1(-m,\beta+m;\gamma;x),$$

$_2F_1$ 是 Gauss 超几何函数 (1.72). 他还给出了其他这样的双正交系. 有关此方法的其他情形, 我们参考 §9.2 (注记 5.4) 和 §23.2 (注记 18.7). Pacchiarotti and Zanelli [1983], Zanelli [1988] 关于 Legendre 和 Jacobi 多项式的分数阶导数的研究在某种意义上与 Erdélyi 的想法相近.

Erdélyi [1939a,b] 早先利用方程 (2.20) 来获得 Gauss 超几何函数的一些表示 —— 另请参阅 Manocha [1965, 1967a] 中有关 Appel 函数 F_1, F_2, F_4 的类似表示.

C.M. Joshi [1966] 使用分数阶积分 (2.17) 和 (2.18) 得到了三个有三个变量的 Lauricella 函数的积分表示 —— Erdélyi, Magnus, Oberbettinger and Tricomi [1953a, 5.14].

2.7 下面的关系式

$$f(x) = \sum_{k=-m}^{n-1}\frac{(x-x_0)^{\alpha+k}}{\Gamma(\alpha+k+1)}(\mathcal{D}_{a+}^{\alpha+k}f)(x_0) + R_{n,m},$$

其中 $m<\alpha, x>x_0\geqslant a$, 且

$$R_{n,m} = (I_{x_0}^{\alpha+n}\mathcal{D}_{a+}^{\alpha+n}f)(x) + \frac{1}{\Gamma(\alpha-m)}\int_a^{x_0}(x-t)^{\alpha-m-1}(\mathcal{D}_{a+}^{\alpha-m-1}f)(t)dt,$$

由 Y. Watanabe [1931, p. 31] 给出, 是 Taylor 展开式 (2.63) 的推广. 如果 $m = -n, x_0 \to a$, 从这里我们可以得到 (2.63). 然而, Riemann [1876] 已正式写下了带有分数阶导数的广义 Taylor 级数 $f(x+h) = \sum\limits_{m=-\infty}^{\infty} \dfrac{h^{m+r}}{\Gamma(m+r+1)}(\mathcal{D}_{a+}^{m+r}f)(x)$.
Hardy [1945] 对某类函数证明了这种扩展的有效性, 包括有限和无限的 a.

2.8　Dzherbashyan and Nersesyan [1958a,b] 提出了推广 Taylor 级数的另一种变形. 即, 令 $\alpha_0 = 0$, $\alpha_1, \cdots, \alpha_m$ 为实单调递增序列且满足 $0 < \alpha_k - \alpha_{k-1} \leqslant 1$, $k = 1, 2, \cdots, m$. 令 $x > 0$. 我们引入记号

$$\mathcal{D}^{(\alpha_k)}f = I_{0+}^{1-(\alpha_k-\alpha_{k-1})}\mathcal{D}_{0+}^{1+\alpha_{k-1}}f, \tag{4.10}$$

并注意一般情况下 $\mathcal{D}^{(\alpha_k)}f \neq \mathcal{D}_{0+}^{\alpha_k}f$. "分数阶导数" $\mathcal{D}^{(\alpha_k)}f$ 与 Riemann-Liouville 分数阶导数 $\mathcal{D}_{0+}^{\alpha_k}f$ 相差一个幂函数的有限和, 如 (2.68) 所示. 由这一事实我们可以得到广义 Taylor 展开式

$$f(x) = \sum_{k=0}^{m-1} \frac{(\mathcal{D}^{(\alpha_k)}f)(0)}{\Gamma(1+\alpha_k)}x^{\alpha_k} + \frac{1}{\Gamma(1+\alpha_m)}\int_0^x (x-t)^{\alpha_m-1}(\mathcal{D}^{(\alpha_m)}f)(t)dt \tag{4.11}$$

(Dzherbashyan and Nersesyan [1958a, p. 88], [1958b]), 若 $f(x)$ 具有所有用到的连续导数. 在所引文献中, 作者证明了在估计一般幂级数 $f(x) = \sum\limits_{k=0}^{\infty} a_k x^{\alpha_k}$ 的系数 $a_k = \dfrac{(\mathcal{D}^{(\alpha_k)}f)(0)}{\Gamma(1+\alpha_k)}$ 问题中, 以及在获得 Dirichlet 级数的函数的分解准则中引入导数 (4.10) 的用处. Dzherbashyan and Saakyan [1975] 进一步发展了这种在广义幂级数或 Dirichlet 级数中可分解函数的方法. 他们考虑将关于绝对单调函数的 Bernstein 定理推广到所谓的 $<p>$-绝对单调函数上. 这种想法的定义基于形式为 (4.10) 的分数阶积分-微分. Saakyan [1974, 1975] 以及 Dzherbashyan and Saakyan [1981] 以这种方式给出了绝对单调函数的进一步推广.

我们还注意到, 后面的论文给出了 Taylor 展开式的推广, 它与 Mittag-Leffler 函数和广义分数阶微分 $\prod\limits_{j=0}^{n-1}(\mathcal{D}_{0+}^{1/\rho} + \lambda_j E)f, \rho > 1$ 有关, 此后由 Saakyan [1988] 扩展到 $0 < \rho < 1$ 的情形.

我们还注意到 Osler [1971a] 在复平面上得到了形式为

$$f(z) = \sum_{k=-\infty}^{\infty} (\mathcal{D}^{\alpha+ak}f)(z_0)(z-z_0)^{\alpha+ak}/\Gamma(1+\alpha+ak)$$

的 Taylor 展开式. Fabian [1936b] 早先考虑过这种展开式的特殊情形. 我们还可以参考 Osler [1972b], 其中给出了复平面内 Taylor 展开式的某个类似积分. 在下面的 § 7.3 中, 我们讨论了一种类似积分, 它与 Osler 所考虑的不同 (见注 7.3). 结合 Taylor 展开式 (2.63) 的推广, 对于分数阶导数更复杂的结构, Badalyan [1977] 获得了一个形如 (4.11) 的关系式.

2.9 Volterra [1916] 在计算幂对数函数的积分时广泛采用的对幂指数进行微分的思想是由 Rubin [1977, 1982] 发展的. 我们可以沿用 Rubin [1977] 的思想, 利用关于 β 的分数阶积分求函数 $(x-a)^{\beta-1}\ln^{\nu}(1/(x-a))$ (对于 $x-a < 1$) 的分数阶积分. 基于对变量 β 卷积运算的应用, 论文 Rubin [1982] 中包含此方法的推

广. 可以通过这种方式得到用于计算 $(x-a)^{\beta-1}\prod\limits_{k=0}^{n}\left(\ln_k\dfrac{1}{x-a}\right)^{\lambda_k}$ 型函数的分数

阶积分的关系, 其中 $\ln_k\dfrac{1}{x} = \underbrace{\ln\ln\cdots\ln}_{k}\dfrac{1}{x}$, $-\infty < \lambda_k < \infty, \beta > 0$.

2.10 Love [1971] 给出了纯虚阶的分数阶积分 (2.38) 存在的充分条件. 例如,

他证明了如果函数 f 在 $[0,\infty]$ 上可积并且满足条件 $\displaystyle\int_0^{\delta} t^{-1}\omega_1(f,t)dt < \infty, \delta > 0$,

其中 $\omega_1(f,t)$ 是 f 的积分连续模 (见下文 (13.24)), 那么对于任意实数 θ, 分数阶积分 $I_{0+}^{i\theta}$ 存在. 将其与定理 13.5 比较, 定理 13.5 中包含了分数阶导数 $\mathcal{D}_{a+}^{\alpha}$ 存在的充分条件. Love [1971], [1972, p. 388] 也表明了这一点, 对于函数 $f \in L_1(a,b)$, $I_{a+}^{i\theta}f$ 存在当且仅当 $I_{a+}^{1+i\theta}f \in AC([a,b])$; 此时 $I_{a+}^{i\theta}f \in L_1(a,b)$ 且关系式 $I_{a+}^{-i\theta}I_{a+}^{i\theta}f = f$ 在 (a,b) 上几乎处处成立.

2.11 估计式 (2.72) 是下列不等式的特殊情况

$$\|e^{sg}I_{0+}^{\alpha}\varphi\|_p \leqslant \frac{b^{\alpha}}{\Gamma(\alpha+1)}\|e^{sg}\varphi\|_p,$$

$$\|e^{sg}I_{0+}^{\alpha}\varphi\|_p \leqslant \frac{\Gamma(\alpha/m)}{m\Gamma(\alpha)}\left(\frac{m!}{as}\right)^{\alpha/m}\|e^{sg}\varphi\|_p,$$

其中 $\alpha > 0, s > 0, \|\ \|_p$ 是 $L_p(0,b)$ 空间中的范数, $g(t) \in C^m([0,b]), m \geqslant 1, g^{(k)}(t) \leqslant 0, k = 1,\cdots,m-1, g^{(m)}(t) \leqslant -a \leqslant 0$ (在第二个不等式中 $a > 0$). 这些不等式由 Bukhgeim [1981], [1983, p. 46] 证明, 并在 Bukhgeim [1983] 中用于研究通过给定解的迹重构微分方程的反问题.

2.12 设 $X = L_p(0,1), 1 \leqslant p < \infty$ 或 $X = C([0,1])$, $\{I^{\alpha}\}_{\alpha \geqslant 0}$ 为 X 中的线性算子族系. 对于 $\varphi(x) \geqslant 0$, 条件

$$(I_1\varphi)(x) = \int_0^x \varphi(t)dt, \quad I_{\alpha}I_{\beta} = I_{\alpha+\beta}, \quad \alpha,\beta > 0, \quad (I_{\alpha}\varphi)(x) \geqslant 0$$

是否能唯一定义线性算子族 I_α 使得

$$(I_\alpha \varphi)(x) = (I_{0+}^\alpha \varphi)(x) = \frac{1}{\Gamma(\alpha)} \int_0^x \varphi(t)(x-t)^{\alpha-1} dt \qquad (4.12)$$

对所有的 $\varphi \in X$ 成立? 这个问题是 J. Lew 在 1974 年分数阶微积分的会议上提出的, 见 Osler [1975a, p. 397]. Cartwright and McMullen [1978] 的论文实际上包含这个问题的肯定答案, 其附加假设是: 在任意 Hausdorff 拓扑中, 映射 $\alpha \to I_\alpha$ 是从 R_+^1 到 $L(X \to X)$ 的连续映射.

2.13 我们注意到 Spain [1940] 的论文, 他基于插值关系 $F(\alpha) = \dfrac{\sin\alpha\pi}{\pi} \times$ $\displaystyle\sum_{k=-\infty}^{\infty} \frac{(-1)^k F(k)}{\alpha - k}$ 通过表达式

$$I^\alpha \varphi = \frac{\sin\alpha\pi}{\pi} \sum_{k=0}^{\infty} \frac{(-1)^k \varphi^{(k)}(x)}{\alpha - k} + \sum_{k=1}^{\infty} \frac{(-1)^k}{\alpha + k} \frac{1}{(k-1)!} \int_a^x (x-t)^{k-1} \varphi(t) dt, \quad x > a$$

讨论了对积分-微分 I^α 进行插值的思想. 但由于考虑到 $I^\alpha I^\beta \varphi$ 复合运算存在明显的困难, 该方法没有得到进一步的发展.

2.14 基于分数阶积分算子 $f_{(\alpha)}(x) = (I_{a+}^\alpha f)(x)$, Zanelli [1981a,b] 引入了函数的分数阶变差的概念: $V^{(\alpha)}(f; [a,b]) = \varliminf_{h\to 0} \int_a^b |h|^{-1} |f_{(1-a)}(x+h) - f_{(1-\alpha)}(x)| dx$ 在形式上与 $\int_a^b |(\mathcal{D}_{a+}^\alpha f)(x)| dx$ 吻合. 他研究了分数阶微分 $\mathcal{D}_{a+}^\alpha f$ 与带 Stieltjes 逼近多项式和某些加权平均的分数阶变差 $V^{(\alpha)}$ 的联系.

2.15 基于 (2.53) 和 (2.54), Pennell [1932], Thielman [1934] 分别通过函数 $\varphi(x)$ 已知的三角函数展开和 Bessel 函数展开, 将积分 $(I_{0+}^{1/2} \varphi)(x)$ 展开为 Fourier-Bessel 型级数.

2.16 设

$$_pF_q \begin{bmatrix} \alpha_1, \cdots, \alpha_p; x \\ \beta_1, \cdots, \beta_q \end{bmatrix} = \sum_{k=0}^{\infty} \frac{(\alpha_1)_k \cdots (\alpha_p)_k}{(\beta_1)_k \cdots (\beta_q)_k} \frac{x^k}{k!}$$

为广义超几何函数 (Erdélyi, Magnus, Oberbettinger and Tricomi [1953a, 4.1]). Misra [1973] 证明了如下 Rodrigues 型公式

$$_{p+1}F_q \begin{bmatrix} -n, \alpha_1, \cdots, \alpha_p; x \\ \beta_1, \cdots, \beta_q \end{bmatrix} = \frac{\Gamma(\beta_1) \cdots \Gamma(\beta_q)}{\Gamma(\alpha_1) \cdots \Gamma(\alpha_q)} x^{1-\beta_q} \mathcal{D}_{0+}^{\alpha_p - \beta_q}$$

$$\times x^{\alpha_p - \beta_q - 1} \mathcal{D}_{0+}^{\alpha_{p-1} - \beta_{q-1}} x^{\alpha_{p-1} - \beta_{q-2}} \mathcal{D}_{0+}^{\alpha_{p-2} - \beta_{q-2}} \times \cdots$$

$$\times x^{\alpha_3 - \beta_2} \mathcal{D}_{0+}^{\alpha_2 - \beta_2} x^{\alpha_2 - \beta_1} \mathcal{D}_{0+}^{\alpha_1 - \beta_1} [x^{\alpha_1 - 1}(1 - x)^n].$$

这里经典多项式的 Rodrigues 型公式包含在其特例之中. 还注意到 Koschmieder [1949b] 使用了分数阶导数来获得函数 $_pF_q$ 的一些性质.

3.1　当权重不变, 但 Hölder 指数改变时 (见注 3.5), 定理 3.12 变为如下形式. 设 $\mu_1 < p - 1, 0 < \mu_k < p - 1, k = 2, 3, \cdots, n - 1, \mu_n > 0$. 若 $1/p < \alpha < 1 + 1/p$, 则算子 I_{a+}^α 从 $L_p([a,b], \rho)$ 有界映入到 $H^{\lambda_0}([a,b]; \rho)$, 其中

$$\lambda = \begin{cases} \min\left(\alpha - 1/p, \mu/p\right), & \text{若 } \mu \neq \alpha p - 1, \\ -\varepsilon + \mu/p, & \text{若 } \mu = \alpha p - 1, \end{cases}$$

$\mu = \min\limits_{k \geqslant 2} \mu_k, \varepsilon > 0$ (Karapetyants and Rubin [1984]).

3.2　Hardy-Littlewood 定理 (定理 3.5) 对 $p = 1$ 满足以下类似结果:

$$\left\{\int_\beta^\alpha |(I_{a+}^\alpha \varphi)(x)|^q dx\right\}^{1/q} \leqslant C + C \int_a^b |\varphi(x)| (\ln^+ |\varphi(x)|)^{1/q} dx, \quad q = \frac{1}{1 - \alpha},$$

C 仅依赖于 α 和 (a, b) (Flett [1958c]). 在此之前, Zygmund [1934] 已在周期情形下证明了关于 Weyl 分数阶积分的类似不等式 —— 见下文 § 23.2 (注记 19.7).

3.3　我们来更详细地考虑 Hardy-Littlewood 定理 (定理 3.5) 中的极限情形 $p = 1/\alpha$. Hardy and Littlewood [1925] 已经注意到

$$I_{a+}^{1/p}(L_p) \subset \bigcap_{r \geqslant 1} L_r(a, b), \quad \text{但} \quad I_{a+}^{1/p}(L_p) \not\subset L_\infty(a, b). \tag{4.13}$$

后者可由例子 $f = I_{0+}^{1/p} \varphi_\varepsilon$ 证实, 其中

$$\varphi_\varepsilon(x) = \left|x - \frac{2}{e}\right|^{-\frac{1}{p}} \left(\ln \frac{1}{\left|x - \frac{2}{e}\right|}\right)^{-\frac{1+\varepsilon}{p}} \in L_p(0, 1), \quad 0 < \varepsilon < p - 1. \tag{4.14}$$

对于这个函数很容易证明当 $x \to 2/e - 0$ 时, $f(x) \geqslant c \left(\ln \dfrac{1}{2/e - x}\right)^{1 - \frac{1+\varepsilon}{p}}$ (Karapetyants and Rubin [1986]).

根据关系式 (4.13), 自然产生了构建中间空间 $X, L_\infty \subset X \subset \bigcup\limits_{r \geqslant 1} L_r$ 的想法, 它包含值域 $I_{a+}^{1/p}(L_p)$, 且尽可能地接近 $I_{a+}^{1/p}(L_p)$. 这里我们给出构建这种空间的两

种方法. 第一个是基于 $I_{a+}^{1/p}(L_p)$ 中函数 f 的局部性质, 第二种考虑函数 f 的 L_r 范数在 $r \to \infty$ 时的渐近行为.

A. 设 BMO(a,b) 是使函数 $f(x) \in L_1(a,b)$ 满足

$$\|f\|^* = \sup_{I \subset (a,b)} m_I f < \infty \tag{4.15}$$

的空间, 其中

$$m_I f = \frac{1}{|I|} \int_I |f(x) - f_I| dx, \quad f_I = \frac{1}{|I|} \int_I f(x) dx. \tag{4.16}$$

对范数 (4.15) 进行估计, 我们可以证明

$$I_{a+}^{1/p}(L_p) \subset \text{BMO}(a,b), \quad \|I_{a+}^{1/p}\varphi\|^* \leqslant C\|\varphi\|_p.$$

这样的结果显然是由 Peetre [1969] 在多维 Riesz 势中首次得到的, 尽管之前 Stein and Zygmund [1967] 也注意到了类似的结果. 在此方面, 我们参考论文 Reimann and Rychener [1975]. 对于有限区间 $[a,b]$ 上的 BMO 空间 (有界平均振动空间), 可以参考书 Kashin and Saakyan [1984, Ch. 5] 以及 Garnett [1984, Ch. 5].

B. Karapetyants and Rubin [1982] 引入了 Banach 空间 $X_\gamma(a,b)$, 此空间由具有有限范数 $\sup\limits_{r \geqslant 1}(r^{-\gamma}\|f\|_r)$ 的函数 $f(x) \left(\in \bigcap\limits_{r \geqslant 1} L_r(a,b)\right)$ 组成, 并证明了如果 $\gamma \geqslant 1/p'$, 则算子 $I_{a+,1<p<\infty}^{1/p}$ 从 $L_p(a,b)$ 有界映入到 $X_\gamma(a,b)$, 如果 $\gamma < 1/p'$, 则无界. 证明基于事实 $\|I_{a+}^{1/p}\|_{L_p \to L_r} = O(r^{1/p'}), r \to \infty$.

我们注意到 $0 < \gamma < 1$ 时, BMO$(a,b) \not\subset X_\gamma(a,b)$, 并且 $X_\gamma(a,b) \not\subset$ BMO(a,b). 第一个关系式可由例子 $f(x) = \ln x$ 验证, 当 $a = 0, b = 1$ 时, 可得关系 $\|f\|_r = \frac{r}{e}(1 + o(1)), r \to \infty$. 对应于第二个关系式的例子是

$$f(x) = \begin{cases} 0, & 0 < x < 1/2, \\ \left(\ln \dfrac{1}{x - 1/2}\right)^\gamma, & 1/2 < x < 1. \end{cases}$$

这些例子是由 Karapetyants and Rubin [1985] 给出的.

可在下文 §17.2 (注记 13.1) 中找到关于此想法发展的讨论.

3.4 设 $f(x) \in L_1(a,b)$. $(I_{a+}^\alpha f)(x)$ 几乎处处存在的简单事实有如下更清晰明确的说明: 对于任意点 x, $(I_{a+}^\alpha f)(x)$ 存在的地方是它的 (左) Lebesgue 点, 见 (2.78) (Love [1986-1987]). 这方面的结果也可参考 §17.2 (注记 12.6).

第二章 实轴和半轴上的分数阶积分和导数

本章研究无限区间上的分数阶积分和导数. 所考虑的函数满足其相应的积分在无穷远处收敛. 我们将以适当方式处理在无穷远处 "为零" 的函数, 例如, 在 $L_p(R^1)$, $1 < p < 1/\alpha$ 中, 或 $L_p(R^1; \rho)$ 中的函数, 关于 p 的条件可能因权重 $\rho(x)$ 而减弱, 或者是在无穷远处为零的加权 Hölder 函数. 对于这样的函数, 分数阶积分绝对收敛. 我们可以更宽泛地处理分数阶积分, 将其看作是条件收敛的:

$$\frac{1}{\Gamma(\alpha)} \int_{-\infty}^x \frac{\varphi(t)dt}{(x-t)^{1-\alpha}} = \frac{1}{\Gamma(\alpha)} \lim_{N \to \infty} \int_{x-N}^x \frac{\varphi(t)dt}{(x-t)^{1-\alpha}}.$$

如果局部可和函数 $\varphi(x)$ 的均值 $\int_x^{x+T} \varphi(t)dt$ 受到某些条件的限制, 那么我们可以允许函数不必在无穷远处取零. 这里不涉及这种情形的处理, 但我们将在周期 (§19, 例如 (19.20)) 和非周期 (§14.3) 情形下处理. 参见 §9.2 中的额外信息 (注记 5.1—注记 5.3, 注记 5.10).

§5 分数阶积分和导数的主要性质

5.1 定义和基本性质

式 (2.17) 和 (2.18) 给出的分数阶积分很容易从有限区间 $[a, b]$ 的情况扩展到半轴或整个实轴. 由于积分限的变化, (2.17) 或 (2.18) 可分别用于半轴 (a, ∞) 或 $(-\infty, b)$. 对于半轴的情形我们对应使用 (2.17) 和 (2.18) 中的符号, 并写为

$$(I_{0+}^\alpha \varphi)(x) = \frac{1}{\Gamma(\alpha)} \int_0^x \frac{\varphi(t)dt}{(x-t)^{1-\alpha}}, \quad 0 < x < \infty. \tag{5.1}$$

我们将整个实轴上的分数阶积分表示为

$$(I_+^\alpha \varphi)(x) = \frac{1}{\Gamma(\alpha)} \int_{-\infty}^x \frac{\varphi(t)dt}{(x-t)^{1-\alpha}}, \quad -\infty < x < \infty, \tag{5.2}$$

$$(I_-^\alpha \varphi)(x) = \frac{1}{\Gamma(\alpha)} \int_x^\infty \frac{\varphi(t)dt}{(t-x)^{1-\alpha}}, \quad -\infty < x < \infty. \tag{5.3}$$

我们可以将 (5.2) 和 (5.3) 写为卷积形式

$$
\begin{aligned}
(I_\pm^\alpha \varphi)(x) &= \frac{1}{\Gamma(\alpha)} \int_{-\infty}^{\infty} t_\pm^{\alpha-1} \varphi(x-t) dt \\
&= \frac{1}{\Gamma(\alpha)} \int_0^{\infty} t^{\alpha-1} \varphi(x \mp t) dt,
\end{aligned}
\tag{5.4}
$$

其中

$$
t_+^{\alpha-1} = \begin{cases} t^{\alpha-1}, & t > 0, \\ 0, & t < 0, \end{cases}
$$

$$
t_-^{\alpha-1} = \begin{cases} 0, & t > 0, \\ |t|^{\alpha-1}, & t < 0. \end{cases}
\tag{5.5}
$$

如果 $0 < \alpha < 1$ 且 $1 \leqslant p < 1/\alpha$, 则分数阶积分 $I_\pm^\alpha$ 对函数 $\varphi \in L_p(-\infty, \infty)$ 有定义. 事实上

$$
(I_+^\alpha \varphi)(x) = \frac{1}{\Gamma(\alpha)} \int_0^1 t^{\alpha-1} \varphi(x-t) dt + \frac{1}{\Gamma(\alpha)} \int_1^{\infty} t^{\alpha-1} \varphi(x-t) dt.
$$

可以利用不等式 (1.33) 证明第一项对于 x 几乎处处存在. 当 $1 \leqslant p < 1/\alpha$ 时, 由 Hölder 不等式 (1.28), 可得第二项对所有 x 存在.

与 (2.22) 和 (2.23) 类似, 在 $0 < \alpha < 1$ 的情况下引入 Liouville 分数阶导数

$$
\begin{aligned}
(\mathcal{D}_+^\alpha f)(x) &= \frac{1}{\Gamma(1-\alpha)} \frac{d}{dx} \int_{-\infty}^{x} \frac{f(t) dt}{(x-t)^\alpha}, \quad -\infty < x < \infty, \\
(\mathcal{D}_-^\alpha f)(x) &= -\frac{1}{\Gamma(1-\alpha)} \frac{d}{dx} \int_x^{\infty} \frac{f(t) dt}{(t-x)^\alpha}, \quad -\infty < x < \infty.
\end{aligned}
\tag{5.6}
$$

若 $\alpha \geqslant 1$, 类似于 (2.30), 我们令

$$
(\mathcal{D}_\pm^\alpha f)(x) = \frac{(\pm 1)^n}{\Gamma(n-\alpha)} \frac{d^n}{dx^n} \int_0^{\infty} t^{n-\alpha-1} f(x \mp t) dt, \quad n = [\alpha] + 1.
\tag{5.7}
$$

在半直线 $(0, \infty)$ 的情况下, 我们考虑

$$
\begin{aligned}
(\mathcal{D}_{0+}^\alpha f)(x) &= \frac{1}{\Gamma(n-\alpha)} \frac{d^n}{dx^n} \int_0^x \frac{f(t) dt}{(x-t)^{\alpha-n+1}}, \\
(\mathcal{D}_-^\alpha f)(x) &= \frac{(-1)^n}{\Gamma(n-\alpha)} \frac{d^n}{dx^n} \int_x^{\infty} \frac{f(t) dt}{(t-x)^{\alpha-n+1}}.
\end{aligned}
\tag{5.8}
$$

类似于 (2.19), $I_+^\alpha \varphi$ 与 $I_-^\alpha \varphi$ 之间的关系有如下形式

$$QI_\pm^\alpha \varphi = I_\mp^\alpha Q\varphi, \quad (Q\varphi)(x) = \varphi(-x), \quad -\infty < x < \infty. \tag{5.9}$$

算子 $I_\pm^\alpha$ 与平移算子和缩放算子满足简单交换法则. 我们先来介绍以下符号,

$$(\tau_h \varphi)(x) = \varphi(x - h), \quad x, h \in R^1, \tag{5.10}$$

$$(\Pi_\delta \varphi)(x) = \varphi(\delta x), \quad x \in R^1, \ \delta > 0. \tag{5.11}$$

容易验证

$$\tau_h I_\pm^\alpha \varphi = I_\pm^\alpha \tau_h \varphi, \tag{5.12}$$

$$\Pi_\delta I_\pm^\alpha \varphi = \delta^\alpha I_\pm^\alpha \Pi_\delta \varphi. \tag{5.13}$$

性质 (5.13) 对于在半轴上的分数阶积分 $I_{0+}^\alpha \varphi$ 也有效, 即

$$\Pi_\delta I_{0+}^\alpha \varphi = \delta^\alpha I_{0+}^\alpha \Pi_\delta \varphi. \tag{5.14}$$

半群性质

$$I_+^\alpha I_+^\beta \varphi = I_+^{\alpha+\beta} \varphi, \qquad I_-^\alpha I_-^\beta \varphi = I_-^{\alpha+\beta} \varphi \tag{5.15}$$

与有限区间情形一样是成立的. 如果 φ 是充分 "好" 的函数, 则 (5.15) 对于所有 $\alpha > 0, \beta > 0$ 成立. 它可以用类似 (2.21) 的方式验证. 在空间 $L_p(R^1)$ 的框架内, (5.15) 对满足 $\alpha + \beta < 1/p$ 的 $\alpha > 0, \beta > 0$ 有效 —— 见下文 §5.2 中关于 $I_\pm^\alpha$ 在 $L_p(R^1)$ 中映射性质的内容.

分数阶分部积分公式成立:

$$\int_{-\infty}^\infty \varphi(x)(I_+^\alpha \psi)(x)dx = \int_{-\infty}^\infty \psi(x)(I_-^\alpha \varphi)(x)dx, \tag{5.16}$$

$$\int_{-\infty}^\infty f(x)(\mathcal{D}_+^\alpha g)(x)dx = \int_{-\infty}^\infty g(x)(\mathcal{D}_-^\alpha f)(x)dx. \tag{5.17}$$

与 (2.20) 类似, (5.16) 可以通过直接交换积分次序得到. 通过改写 $I_+^\alpha \psi = g, I_-^\alpha \varphi = f$, (5.17) 可从 (5.16) 得到. 对于充分 "好" 的函数, 这些公式可以通过这种方式证明. 不难证明 (5.16) 对于 $\varphi(x) \in L_p, \psi(x) \in L_r, p > 1, r > 1, 1/p + 1/r = 1 + \alpha$ 成立. 这可以借助定理 5.3 证明, 与公式 (2.20) 的证明类似. 在分数阶导数 p 可和的情况下, (5.17) 的证明在后面定理 6.2 的推论 2 中给出.

方程 (5.16) 和 (5.17) 在半轴情况下也成立. 因此在 (5.1) 和 (5.3) 的记号下, 我们有

$$\int_0^\infty \varphi(x)(I_{0+}^\alpha \psi)(x)dx = \int_0^\infty \psi(x)(I_-^\alpha \varphi)(x)dx. \tag{5.16$'$}$$

对于 "充分好" 的函数, 纯虚数阶 $\alpha = i\theta$ 积分的定义与 (2.38) 类似:

$$(I_+^{i\theta}\varphi)(x) = \frac{1}{\Gamma(1+i\theta)}\frac{d}{dx}\int_0^\infty t^{i\theta}\varphi(x-t)dt. \tag{5.18}$$

我们现在介绍一些初等函数 $\varphi(x)$, 其分数阶积分 $I_\pm^\alpha\varphi$ 也可以用初等函数表示.

1. 对于 $\varphi = e^{\pm t}$, 我们有

$$(I_\pm^\alpha\varphi)(x) = e^{\pm x}, \quad \mathrm{Re}\,\alpha > 0, \tag{5.19}$$

其中右端和左端选择的符号必须相同. 事实上, $I_+^\alpha(e^x) = \dfrac{1}{\Gamma(\alpha)}\displaystyle\int_0^\infty e^{x-t}t^{\alpha-1}dt = e^x$. 更一般地, 我们有

$$I_\pm^\alpha(e^{\pm ax}) = a^{-\alpha}e^{\pm ax}, \quad \mathrm{Re}\,a > 0,\ \mathrm{Re}\,\alpha > 0, \tag{5.20}$$

它与 (5.19) 的证明类似, 可以借助 (7.5) (在下面的 §7 中得到). 还可以将 (5.20) 与方程 (22.26) 和 (22.27) 进行比较.

2. 等式

$$I_\pm^\alpha(e^{\pm ax}\sin bx) = \frac{e^{\pm ax}}{(a^2+b^2)^{\alpha/2}}\sin(bx \mp \alpha\varphi), \tag{5.21}$$

$$I_\pm^\alpha(e^{\pm ax}\cos bx) = \frac{e^{\pm ax}}{(a^2+b^2)^{\alpha/2}}\cos(bx \mp \alpha\varphi) \tag{5.22}$$

在假设条件 $a \geqslant 0, b \geqslant 0, a^2+b^2 > 0, \varphi = \arg(a+bi) \in [0,\pi/2]$ 和 $\mathrm{Re}\,\alpha > 0$ 下, 由 (5.20) 得到, 当 $0 < \mathrm{Re}\,\alpha < 1$ 时, 不包括 $a = 0$ 的情况. 对于后面的这种情况有

$$\begin{aligned}
I_\pm^\alpha(\sin bx) &= b^{-\alpha}\sin\left(bx \mp \frac{\alpha\pi}{2}\right), \\
I_\pm^\alpha(\cos bx) &= b^{-\alpha}\cos\left(bx \mp \frac{\alpha\pi}{2}\right).
\end{aligned} \tag{5.23}$$

3. 对于 $\varphi(x) = \begin{cases} (x-a)^{\beta-1}, & x > a, \\ 0, & x \leqslant a, \end{cases}$ $\mathrm{Re}\,\beta > 0$, 由 (2.44) 我们有

$$(I_+^\alpha\varphi)(x) = \begin{cases} \dfrac{\Gamma(\beta)}{\Gamma(\alpha+\beta)}(x-a)^{\alpha+\beta-1}, & x > a, \\[2mm] 0, & x \leqslant a. \end{cases}$$

4. 如果 $0 < \mathrm{Re}\alpha < \mathrm{Re}\mu$, 等式

$$I_+^\alpha \left[\frac{\Gamma(\mu)}{(1 \pm ix)^\mu}\right] = e^{\pm \frac{\alpha\pi i}{2}} \frac{\Gamma(\mu - \alpha)}{(1 \pm ix)^{\mu-\alpha}}, \tag{5.24}$$

$$I_-^\alpha \left[\frac{\Gamma(\mu)}{(x \pm i)^\mu}\right] = \frac{\Gamma(\mu - \alpha)}{(x \pm i)^{\mu-\alpha}} \tag{5.25}$$

成立, 其中幂函数 $(1 \pm ix)^\mu, (x \pm i)^\mu$ 以通常的方式理解, 即作为复平面中解析函数 z^μ 主值支的对应值, 其割线沿正半轴方向

$$z^\mu = |z|^\mu e^{i\mu \arg z}, \quad \lim_{\varepsilon \to +0} \arg z|_{z=t+i\varepsilon, t>0} = 0. \tag{5.26}$$

通过选择 (5.26), 我们可以写出

$$\begin{aligned} (\pm ix + 1)^\mu &= (1 + x^2)^{\frac{\mu}{2}} e^{\pm i\mu \arctan x}, \quad x \in R^1, \\ (x \pm i)^\mu &= (1 + x^2)^{\frac{\mu}{2}} e^{\pm i\mu \mathrm{arccot} x}, \quad x \in R^1. \end{aligned} \tag{5.27}$$

方程 (5.24) 可改写为

$$I_+^\alpha \left[\frac{\Gamma(\mu)}{(x \pm i)^\mu}\right] = e^{\mp \alpha\pi i} \frac{\Gamma(\mu - \alpha)}{(x \pm i)^{\mu-\alpha}}. \tag{5.28}$$

我们发现在后面 §7.1 的尾声证明方程 (5.24) 和 (5.25) 会比较方便. 目前我们只注意到, 假设 $(1 \pm ix)^\mu|_{x=-\xi} = e^{\mp i\mu\pi/2}(\xi \pm i)^\mu$ (参见 (5.27)), 则根据 (5.9) 中给出的关系, 这些公式可以相互推出. 因此, 只要证明方程 (5.24) 或 (5.25) 中的一个就可以了.

5.2 Hölder 函数的分数阶积分

本小节的结果与 §3 的结果相似, 区别在于由实轴 R^1 或半轴上存在无穷大而产生的特殊性. 我们从半轴 $\dot{R}_+^1 = [0, \infty]$ 上加权 Hölder 函数的情形开始. 我们考虑分数阶积分

$$\begin{aligned} I_{0+}^\alpha \varphi &= \frac{1}{\Gamma(\alpha)} \int_0^x \frac{\varphi(t)dt}{(x-t)^{1-\alpha}}, \quad x > 0, \\ I_-^\alpha \varphi &= \frac{1}{\Gamma(\alpha)} \int_x^\infty \frac{\varphi(t)dt}{(t-x)^{1-\alpha}}, \quad x > 0. \end{aligned} \tag{5.29}$$

它们在半轴上的 Hölder 性质将在通过下面的引理归结为有限区间的情形后得到.

引理 5.1　变换 $y = 1/(x+1)$ 将空间 $H^\lambda(\dot{R}^1_+; \rho), \rho = \rho(x), x > 0$ 映射到空间 $H^\lambda([0,1]; r)$ 上, 其中

$$r = r(y) = \rho[(1-y)/y], \quad 0 < y < 1. \tag{5.30}$$

该定理的证明可以通过直接验证得到. 需要注意的是变量 $y = 1/(x+1)$ 将 Hölder 条件 (1.6) 转换为 (1.1).

定理 5.1　设 $\varphi(x) \in H_0^\lambda(\dot{R}^1_+; \rho)$, 其中

$$\rho(x) = (1+x)^\mu \prod_{k=1}^n |x - x_k|^{\mu_k}, \quad 0 = x_1 < x_2 < \cdots < x_n < \infty. \tag{5.31}$$

并设 $\lambda + \alpha < 1, \lambda + \alpha < \mu_k < \lambda + 1, k = 2, 3, \cdots, n$. 如果

$$\mu_1 < \lambda + 1, \quad \mu + \sum_{k=1}^n \mu_k < 1 - \lambda, \tag{5.32}$$

则 $I_{0+}^\lambda \varphi \in H_0^{\lambda+\alpha}(\dot{R}^1_+; \rho^*)$. 如果 $\lambda + \alpha < \mu_1 < \lambda + 1$ (或 $\mu_1 = 0$) 或 $\alpha - \lambda < \mu + \sum_{k=1}^n \mu_k$, 则 $I_-^\alpha \varphi \in H_0^{\lambda+\alpha}(\dot{R}^1_+; \rho^*)$. 两种情况中都有 $\rho^* = (1+x)^{-2\alpha}\rho(x)$.

证明　通过变量替换, 定理 5.1 可简化为定理 3.4. 事实上, 由替换 $y = 1/(x+1), \tau = 1/(t+1)$, 得到

$$\int_0^x \frac{\varphi(t)dt}{(x-t)^{1-\alpha}} = y^{1-\alpha} \int_y^1 \frac{\varphi(\frac{1-\tau}{\tau})d\tau}{\tau^{1+\alpha}(\tau-y)^{1-\alpha}}, \tag{5.33}$$

$$\int_x^\infty \frac{\varphi(t)dt}{(t-x)^{1-\alpha}} = y^{1-\alpha} \int_0^y \frac{\varphi(\frac{1-\tau}{\tau})d\tau}{\tau^{1+\alpha}(y-\tau)^{1-\alpha}}. \tag{5.34}$$

由引理 5.1, 变换 $y = 1/(x+1)$ 将空间 $H^\lambda(\dot{R}^1_+; \rho)$ 映射到加权空间 $H^\lambda([0,1]; r(y))$ 上, 权重为

$$r(y) = \rho[(1-y)/y] = c \prod_{k=0}^n |y - y_k|^{\mu_k}, \tag{5.35}$$

其中 $y_0 = 0, \mu_0 = -\mu - \sum_{k=1}^n \mu_k, y_k = (1+x_k)^{-1}, k = 1, 2, \cdots, n$. 将定理 3.4 应用到积分 (5.33) 和 (5.34) 上, 简单变换后我们可以得到定理的证明. ∎

推论 1　$\rho(x) = x^\nu(1+x)^\mu$ 的情形, 若

$$\nu < \lambda + 1, \quad \mu + \nu < 1 - \lambda, \tag{5.36}$$

则算子 I_{0+}^α 将 $H_0^\lambda(\dot{R}_+^1; \rho)$ 映射到 $H_0^{\lambda+\alpha}(\dot{R}_+^1; \rho^*), \lambda + \alpha < 1, \rho^*(x) = x^\nu(1+x)^{\mu-2\alpha}$. 如果将条件 (5.36) 替换为

$$\lambda + \alpha < \nu < \lambda + 1, \quad \alpha - \lambda < \mu + \nu, \tag{5.37}$$

那么对于算子 I_-^α 也成立.

我们还注意到此推论中的特殊情况, 即 $\varphi \in H^\lambda([0,\infty]), \varphi(0) = \varphi(\infty) = 0$, 则对于 $\alpha < 0, \lambda + \alpha < 1$, 有

$$\int_0^x \frac{\varphi(t)dt}{(x-t)^{1-\alpha}} = \frac{\Phi(x)}{(1+x)^{2\alpha}}, \tag{5.38}$$

其中 $\Phi(x) \in H^{\lambda+\alpha}([0,\infty]), \Phi(0) = \Phi(\infty) = 0$.

式 (5.38) 中的结论对函数 $\varphi(x) \in H^\lambda(\dot{R}_+^1)$ 有意义, 不需要附加假设 $\varphi(0) = \varphi(\infty) = 0$. 为此我们记 $u(x) = \varphi(\infty) + \dfrac{\varphi(0) - \varphi(\infty)}{(1+x)^{1+\alpha}}$, 使得 $u(0) = \varphi(0), u(\infty) = \varphi(\infty)$. 因为根据 (2.49), $I_{0+}^\alpha[(1+x)^{-1-\alpha}] = \dfrac{x^\alpha}{\Gamma(1+\alpha)(1+x)}$, 我们有

$$I_{0+}^\alpha u = \frac{\varphi(0)}{\Gamma(1+\alpha)} \frac{x^\alpha}{1+x} + \frac{\varphi(\infty)}{\Gamma(1+\alpha)} \frac{x^{\alpha+1}}{1+x}.$$

然后将 (5.38) 应用于函数 $\varphi(x) - u(x)$, 我们得到以下结果.

推论 2 若 $\varphi(x) \in H^\lambda([0,\infty])$, 则对于 $\alpha > 0, \lambda + \alpha < 1$,

$$\int_0^x \frac{\varphi(t)dt}{(x-t)^{1-\alpha}} = \frac{\varphi(0)}{\alpha} \frac{x^\alpha}{1+x} + \frac{\varphi(\infty)}{\alpha} \frac{x^{\alpha+1}}{1+x} + \frac{\Phi(x)}{(1+x)^{2\alpha}},$$

其中 $\Phi(x) \in H^{\lambda+\alpha}([0,\infty]), \Phi(0) = \Phi(\infty) = 0$.

现在我们给出在整条实直线上的分数阶积分定理, 它与定理 5.1 相似, 但由于参数的其他条件不同而有本质上的区别.

定理 5.2 令 $\varphi(x) \in H_0^\lambda(\dot{R}^1; \rho)$, 其中

$$\rho(x) = (1+x^2)^{\frac{\mu}{2}} \prod_{k=1}^n |x - x_k|^{\mu_k}, \quad -\infty < x_1 < x_2 < \cdots < x_n < \infty. \tag{5.39}$$

如果 $\lambda + \alpha < 1, \lambda + \alpha < \mu_k < \lambda + 1, k = 1, 2, \cdots, n$, 并且 $\alpha + \lambda < \mu + \sum_{k=1}^n \mu_k < 1 - \lambda$, 则 $I_+^\alpha \varphi, I_-^\alpha \varphi \in H_0^{\lambda+\alpha}(\dot{R}^1; \rho^*)$, 其中 $\rho^* = (1+x)^{-2\alpha}\rho(x)$.

证明　鉴于 (5.9), 只考虑分数阶积分 $f(x) = I_-^{\alpha}\varphi$ 即可. 由于我们可以通过平移将原点转移到点 x_1, 显然 (由于 (5.12)), 我们可证明在 $0 = x_1 < x_2 < \cdots < x_n < \infty$ 情形下的定理. 由引理 1.1 不难看出, $f(x) \in H_0^{\lambda+\alpha}(\dot{R}^1; \rho^*)$ 当且仅当 $f(x) \in H_0^{\lambda+\alpha}(\dot{R}_+^1; \rho^*)$ 和 $f(-x) \in H_0^{\lambda+\alpha}(\dot{R}_+^1; \rho_1\rho_2)$, 其中 $\rho_1 = x^{\mu_1}, \rho_2 = (1+x^2)^{-\beta}, \beta = -2\alpha + \sum_{k=2}^{n}\mu_k$. 这里对于 $x \in R^1$, 我们考虑 $0 < c_1 \leqslant \dfrac{\rho^*(-x)}{\rho_1(x)\rho_2(x)} \leqslant c_2 < \infty$. 结论 $f(x) \in H_0^{\lambda+\alpha}(\dot{R}_+^1; \rho^*)$ 包含在定理 5.1 中. 并且对于 $x > 0$, 我们有

$$f(-x) = \frac{1}{\Gamma(\alpha)}\int_0^x \frac{\varphi(-t)dt}{(x-t)^{1-\alpha}} + \frac{1}{\Gamma(\alpha)}\int_0^\infty \frac{\varphi(t)dt}{(t+x)^{1-\alpha}}.$$

由定理 5.1, 第一项属于 $H_0^{\lambda+\alpha}(\dot{R}_+^1; \rho_1\rho_2)$. 下面我们用 $G(x)$ 来表示第二项. 对于 $0 < x < \infty$, 它是无穷次可微函数. 为了说明它在 $x \to 0$ 和 $x \to \infty$ 时的行为, 我们令

$$\Gamma(\alpha)G(x) = \int_0^2 \frac{\varphi(t)dt}{(t+x)^{1-\alpha}} + \int_2^\infty \frac{\varphi(t)dt}{(t+x)^{1-\alpha}} = G_1(x) + G_2(x).$$

当 $0 \leqslant x \leqslant 1$ 时, 对 $G_1(x)$ 使用引理 3.1, 同时考虑到 $G_2(x)$ 无穷次可微, 我们可以看出 $G(x) \in H_0^{\lambda+\alpha}([0,1]; \rho_1)$. 对于 $x \geqslant 1$, 由 $G_1(x)$ 在 $x \geqslant 1$ 时的无穷可微性以及 $G_1(1/y)$ 在 $y = 0$ 邻域内的明显行为, 容易得到 $G_1(x) \in H_0^{\lambda+\alpha}([1,\infty]; \rho_1\rho_2)$. 对于 $G_2(x), x \geqslant 1$, 经过变量替换 $t = \tau^{-1} + 1$ 和 $x = y^{-1} - 1$ 后, 我们有

$$\int_2^\infty \frac{\varphi(t)dt}{(t+x)^{1-\alpha}} = y^{1-\alpha}\int_0^1 \frac{\psi(\tau)d\tau}{(\tau+y)^{1-\alpha}}, \tag{5.40}$$

其中, 由引理 5.1 可得 $\psi = \tau^{-1-\alpha}\varphi\left(\dfrac{1+\tau}{\tau}\right) \in H_0^{\lambda}([0,1]; \rho_3), \rho_3 = \tau^{1+\alpha}\rho\left(\dfrac{1-\tau}{\tau}\right) = \tau^{1+\alpha+\mu_0}\rho_4(\tau)$, 这里权重 $\rho_4(\tau)$ 未 "连接" 点 $\tau = 0$, 且 $\mu_0 = \mu - \sum_{k=1}^{n}\mu_k$ (见 (5.35)). 因为 $\tau^{1+\alpha+\mu_0}\psi(\tau) \in H^{\lambda}([0,1])$ 且 $\tau^{1+\alpha+\mu_0}\psi(\tau)|_{\tau=0} = 0$, 我们可以看到在点 $\tau = 0$ 的邻域内, $|\psi(\tau)| \leqslant c\tau^{-\gamma}, \gamma = 1 + \alpha + \mu_0 - \lambda$. 应用引理 3.1 与 $\beta = \lambda$ (在条件 $\alpha - \lambda < -\mu_0 < 1 - \lambda$ 下是可能的), 考虑到 (5.40) 的右端关于 $y > 0$ 无穷次可微, 我们可以得到它属于 $H_0^{\lambda+\alpha}([0,1]; y^{2\alpha+\mu_0}\rho_4(y))$. 从而由引理 5.1, 其左端属于 $H_0^{\lambda+\alpha}(\dot{R}_+^1; \rho^*)$. ∎

注 5.1　光滑函数空间中的分数阶积分在实轴或半轴上映射性质的一些结果在 §§8.2 和 8.4 中可以找到.

5.3 可和函数的分数阶积分

这里我们考虑在实轴或半轴上给定函数 $\varphi \in L_p$ 的分数阶积分. 与有限区间情形的区别如下. 对于有限区间, 在任意 $L_p, 1 \leqslant p \leqslant \infty$ 空间上定义了分数阶积分算子 (见 §3.3), 并将 $L_p, 1 < p < \infty$ 映入 L_q 中. 其中, 当 $\alpha p < 1$ 时, q 为任意满足 $1 \leqslant q \leqslant p/(1-\alpha p)$ 的数; 当 $\alpha p \geqslant 1$ 时, q 满足 $1 \leqslant q < \infty$. 但对于实轴或半轴的情况, 这些算子只在 $1 \leqslant p < 1/\alpha$ 时有定义, 且仅在 $1 < p < 1/\alpha$ 和 $q = p(1-\alpha p)$ 时将 L_p 映入 L_q. 更确切地说, Hardy-Littlewood 定理 (定理 3.5) 在整个实轴上的形式如下.

定理 5.3 令 $1 \leqslant p \leqslant \infty, 1 \leqslant q \leqslant \infty, \alpha > 0$. 算子 $I_\pm^\alpha$ 从 $L_p(R^1)$ 到 $L_q(R^1)$ 中有界当且仅当 $0 < \alpha < 1, 1 < p < 1/\alpha$ 且 $q = p/(1-\alpha p)$.

我们省略了这个定理的证明以及定理 3.5 的证明 (参见 §9 中的文献), 这里只给出条件 $\alpha \in (0,1), p \in (1,1/\alpha), q = p/(1-\alpha p)$ 必要性的简单证明. 令 $\|I_+^\alpha \varphi\|_q \leqslant c\|\varphi\|_p$. 则 $\|I_+^\alpha \Pi_\delta \varphi\|_q \leqslant c\|\Pi_\delta \varphi\|_p$ 也成立, 算子 Π_δ 由 (5.11) 定义. 由 (5.13) 以及等式 $\|\Pi_\delta \varphi\|_p = \delta^{-1/p}\|\varphi\|_p$, 我们得到 $\|I_+^\alpha \varphi\|_q \leqslant c\delta^{\alpha+\frac{1}{q}-\frac{1}{p}}\|\varphi\|_p$. 令 δ 分别趋于 0 和 ∞, 我们注意到这个不等式仅在 $1/q = 1/p - \alpha$ 时有效. 因为 $q > 0$, 我们得到 $p < 1/\alpha$. 剩下的就是排除 $p = 1$ 的情形了. 函数

$$\varphi(x) = \begin{cases} \dfrac{1}{x}\ln^{-\gamma}\dfrac{1}{x}, & 0 < x < \dfrac{1}{2}, \\ 0, & x \notin (0, 1/2), \end{cases} \qquad \gamma > 1 \tag{5.41}$$

是 $L_1(R^1)$ 中的一个例子, 如果 $1 < \gamma < 2 - \alpha$, 则 $(I_+^\alpha \varphi)(x) \notin L_{1/(1-\alpha)}(R^1)$. 事实上, 对于 $0 < x < 1/2$, 我们有

$$\Gamma(\alpha)(I_+^\alpha \varphi)(x) > x^{\alpha-1}\int_0^x \frac{dt}{t\ln^\gamma 1/t} = \frac{x^{\alpha-1}\ln^{1-\gamma}\dfrac{1}{x}}{\gamma - 1}, \tag{5.42}$$

所以 $I_+^\alpha \varphi \in L_{1/(1-\alpha)}(R^1)$ 仅当 $(\gamma-1)/(2-\alpha) > 1$, 即 $\gamma > 2 - \alpha$ 时成立.

显然, 定理 5.3 也适用于半轴 $(0, \infty)$ 上的分数阶积分 (5.29).

关于 $p = 1$ 的情形的一些信息可以在定理 5.6 中找到.

对于半轴的情况, 我们给出定理 5.3 在加权情形下的结论.

定理 5.4 令

$$1 \leqslant p < \infty, \qquad 0 < \alpha < m + \frac{1}{p},$$
$$0 \leqslant m \leqslant \alpha, \qquad q = \frac{p}{1-(\alpha-m)p}, \tag{5.43}$$

其中 $p = 1$ 时 $m \neq 0$. 则算子 $I_-^\alpha, I_{0+}^\alpha$ 从 $L_p(R_+^1; x^\mu)$ 有界映入 $L_q(R_+^1; x^\nu), \nu = (\mu/p - m)q$:

$$\left\{ \int_0^\infty x^\nu |(I_-^\alpha \varphi)(x)|^q dx \right\}^{1/q} \leqslant \mathsf{k} \left\{ \int_0^\infty x^\mu |\varphi(x)|^p dx \right\}^{1/p} \tag{5.44}$$

($I_{0+}^\alpha \varphi$ 的情形类似), 其中, 对于 $I_{0+}^\alpha \varphi$, $\mu < p - 1$, 对于 $I_-^\alpha \varphi$, $\mu > \alpha p$.

定理 5.4 对算子 I_{0+}^α 的结论已在定理 3.7 中得到证明, 考虑到等式 $(I_{0+}^\alpha \varphi)(x) = y^{1-\alpha}(I_-^\alpha \varphi_1)(y)$, 通过代入

$$1/x = y, \quad y^{-1-\alpha}\varphi(x) = \varphi_1(y),$$

$$\mu_1 = -\mu + p + \alpha p - 2, \quad \nu_1 = \nu - 2 + (1 - \alpha)q,$$

从定理对 I_{0+}^α 的有效性可以推得其对 I_-^α 的有效性.

我们需要注意定理 5.4 的重要特例. 由 $\mu = 0, m = 0$ 的情形可以推得定理 5.3, 而 $\mu = 0, m = \alpha$ 时可得不等式

$$\int_0^\infty x^{-\alpha p} |(I_-^\alpha \varphi)(x)|^p dx \leqslant \mathsf{k}^p \int_0^\infty |\varphi(x)|^p dx, \quad 1 \leqslant p < 1/\alpha, \quad 0 < \alpha < 1; \tag{5.45}$$

$$\int_0^\infty x^{-\alpha p} |(I_{0+}^\alpha \varphi)(x)|^p dx \leqslant \mathsf{k}^p \int_0^\infty |\varphi(x)|^p dx, \quad 1 < p < \infty, \quad \alpha > 0, \tag{5.46}$$

它们被称为 Hardy 不等式. 我们也可以通过使用定理 1.5, 将 (5.45) 中的条件限制为 $1 < p < 1/\alpha$, 从而独立于定理 5.4 得到这些不等式. 定理 1.5 在此分别给出了不等式 (5.45) 和 (5.45) 中常数 k 的值:

$$\mathsf{k} = \Gamma\left(\frac{1}{p} - \alpha\right) \Big/ \Gamma\left(\frac{1}{p}\right),$$

$$\mathsf{k} = \Gamma\left(\frac{1}{p'}\right) \Big/ \Gamma\left(\alpha + \frac{1}{p'}\right).$$

不难证明这些常数是精确的.

我们发现 (在符号变换 $\mu/p = -\gamma, \varphi(x) = x^\gamma f(x)$ 之后) 通过以下方式将定理 5.4 中的情形 $m = \alpha$ (即情形 $q = p$) 重新表述会比较方便.

如果分别有 $(\alpha + \gamma)p < 1$ 和 $(\gamma + 1)p > 1$, 则算子 $x^\beta I_-^\alpha x^\gamma$ 和 $x^\beta I_{0+}^\alpha x^\gamma$, $\alpha > 0$, 从 $L_p(R_+^1)$ 有界映入 $L_p(R_+^1; x^{-p(\alpha + \beta + \gamma)}), p \geqslant 1$:

$$\int_0^\infty x^{-(\alpha+\beta+\gamma)p} |x^\beta I_-^\alpha x^\gamma f(x)|^p dx \leqslant \mathsf{k}^p \int_0^\infty |f(x)|^p dx, \tag{5.45'}$$

$$1 \leqslant p < \infty, \quad (\alpha + \gamma)p < 1, \quad \alpha > 0;$$

$$\int_0^\infty x^{-(\alpha+\beta+\gamma)p}|x^\beta I_{0+}^\alpha x^\gamma f(x)|^p dx \leqslant \mathsf{k}^p \int_0^\infty |f(x)|^p dx, \tag{5.46'}$$

$$1 \leqslant p < \infty, \quad (\gamma+1)p > 1, \quad \alpha > 0.$$

特别地, 当 $\alpha + \beta + \gamma = 0$ 且上面的条件满足时算子 $x^\beta I_-^\alpha x^\gamma$ 和 $x^\beta I_{0+}^\alpha x^\gamma, \alpha > 0$, 在 $L_p(R_+^1)$ 中有界.

在 (5.45′) 和 (5.46′) 中用 $x^{-p\mathrm{Re}(\alpha+\beta+\gamma)}$ 代替 $x^{-p(\alpha+\beta+\gamma)}$ 得到的不等式, 如果分别取 $p\mathrm{Re}(a+\gamma) < 1$ 和 $p(\mathrm{Re}\gamma+1) > 1$, 则其在以下两种情形 $\mathrm{Re}\alpha > 0, 1 \leqslant p < \infty$, 或 $\mathrm{Re}\alpha = 0, \alpha \neq 0, 1 < p < \infty$ 下对于复值的 α, β, γ 有效. 我们观察到纯虚数的情形 $\alpha = i\theta$ 可以通过将 $x^{-\gamma}I_{0+}^\theta x^\gamma$ 表示为 $I_{0+}^{i\theta} + (x^{-\gamma}I_{0+}^\theta x^\gamma - I_{0+}^{i\theta})$ 的形式来考虑, 其中第一项可由引理 8.2 处理, 第二项可由定理 1.5 处理.

对于不等式 (5.45′) 和 (5.46′) 的限制条件的边界情形, 当 $p = 1$ 和 $\gamma = 1 - \alpha$ 或 $\gamma = 0$ 时, 这些不等式左端的积分可能发散. 在这些情况下, 我们得到不等式 (3.17‴) 和 (3.17″), 而不是 (5.45′) 和 (5.46′). 特别地, 当 $\lambda = 0$ 时, 不等式 (3.17‴) 和 (3.17″) 表明算子 $x^{-1}I_-^\alpha x^{1-\alpha}$ 从 $L_1\left((b,\infty); \ln\dfrac{b+1}{b}x\right)$ 有界映入 $L_1(b,\infty)$, 算子 $x^{-\alpha}I_{0+}^\alpha$ 从 $L_1\left((0,b); \ln\dfrac{b+1}{x}\right)$ 有界映入 $L_1(0,b), 0 < b < \infty$.

现在我们不加证明地给出定理 5.4 对一般带幂权 (5.39) 情形的推广. 我们考虑 $x \in \Omega, \Omega$ 可以是半轴 R_+^1 或实轴 R^1. 对于 $\Omega = R_+^1$ 的情形, 我们设

$$0 = x_1 < \cdots < x_n < \infty. \tag{5.47}$$

记

$$\nu_k = \begin{cases} \left(\dfrac{\mu_k}{p} - m\right)q, & \mu_k < \alpha p - 1, \\[3mm] \left(\alpha - \dfrac{1}{p} - m\right)q + \varepsilon_k, & \mu_k \geqslant \alpha p - 1, \varepsilon_k > 0. \end{cases}$$

令 $\mu_0 = -\mu - \mu_1 - \cdots - \mu_n$. 并设

$$\nu_\infty^{(1)} = -\frac{\mu_1 q}{p} - \sum_{k=2}^n \nu_k - \begin{cases} \mu_0 q/p, & \mu_0 > 1 - p, \\ \varepsilon - q/p', & \mu_0 \leqslant 1 - p, \varepsilon > 0, \end{cases}$$

$$\nu_\infty^{(2)} = -mq - \sum_{k=1}^n \nu_k - \begin{cases} \mu_0 q/p, & \mu_0 > 1 - p, \\ \varepsilon - q/p', & \mu_0 \leqslant 1 - p, \varepsilon > 0, \end{cases}$$

$$\nu_\infty^{(3)} = -\left(\frac{\mu_0}{p} + m\right)q - \sum_{k=1}^n \nu_k,$$

从而定义 (5.39) 型权重函数:

$$r_+(x) = \begin{cases} (1+x)^{\nu_\infty^{(1)}} x^{(\mu_1/p-m)q} \prod_{k=2}^{n} |x-x_k|^{\nu_k}, & \Omega = R_+^1, \\ (1+|x|)^{\nu_\infty^{(2)}} \prod_{k=1}^{n} |x-x_k|^{\nu_k}, & \Omega = R^1, \end{cases}$$

$$r_-(x) = \begin{cases} (1+x)^{\nu_\infty^{(3)}} \prod_{k=1}^{n} |x-x_k|^{\nu_k}, & \Omega = R_+^1, \\ r_+(x), & \Omega = R^1. \end{cases}$$

定理 5.5 设 $1 < p < \infty, 0 \leqslant m \leqslant \alpha, 0 < \alpha < m + 1/p, \rho(x)$ 为在半直线上满足条件 (5.47) 的权重 (5.39). 令

$$\mu_k < p - 1, \quad k = 2, 3, \cdots, n. \tag{5.48}$$

如果除 (5.48) 外我们还有 $\mu_1 < p-1$, 则算子 I_{0+}^α 从 $L_p(R_+^1, \rho)$ 有界映入 $L_q(R_+^1, r_+)$. 如果除 (5.48) 外还有 $\mu < 1 - \alpha p$, 则算子 I_-^α 从 $L_p(R_+^1, \rho)$ 有界映入 $L_q(R_+^1, r_-)$. 最后, 如果除 (5.48) 外我们还有 $\mu_1 < p-1, \mu_0 < 1 - \alpha p$, 则算子 $I_\pm^\alpha$ 从 $L_p(R^1, \rho)$ 有界映入 $L_q(R^1, r_\pm)$.

我们注意到定理 5.5 中特别有用的情形:

$$\left\{ \int_{-\infty}^{\infty} |x|^\nu |(I_+^\alpha \varphi)(x)|^q dx \right\}^{\frac{1}{q}} \leqslant c \left\{ \int_{-\infty}^{\infty} |x|^\mu |\varphi(x)|^p dx \right\}^{\frac{1}{p}},$$

$$1 < p < \infty, \quad \alpha p - 1 < \mu < p - 1, \tag{5.49}$$

$$\frac{1}{p} - \alpha \leqslant \frac{1}{q} \leqslant \frac{1}{p}, \quad \frac{1+\nu}{q} = \frac{1+\mu}{p} - \alpha.$$

类似于 (5.45) 的不等式也适用于整个实轴 R^1 的情况, 即

$$\left\{ \int_{-\infty}^{\infty} |x|^{-\alpha p} |(I_\pm^\alpha \varphi)(x)|^p dx \right\}^{\frac{1}{p}} \leqslant \mathsf{k} \|\varphi\|_p, \quad 1 < p < 1/\alpha. \tag{5.50}$$

它包含在定理 5.5 中, 但也可以转换到半轴借助定理 1.5 得到.

我们现在证明一个简单的定理, 它适用于 $p = 1$ 的情况, 在应用中很有用.

定理 5.6 令 $f(x) = I_{0+}^\alpha \varphi$ 或 $f(x) = I_-^\alpha \varphi$. 如果 $\varphi(x) \in L_1(R_+^1; \rho), \rho = (1+x)^\mu, \alpha - 1 < \mu \leqslant 0$, 则

$$\left\{ \int_0^\infty (1+x)^\nu |f(x)|^r dx \right\}^{\frac{1}{r}} \leqslant \mathsf{k} \int_0^\infty (1+x)^\mu |\varphi(x)| dx, \tag{5.51}$$

其中 $1 \leqslant r < 1/(1-\alpha)$, $\nu = r(1-\alpha+\mu)-1$, 但 $\nu < r(1-\alpha)-1$ 时, $f(x) = I_{0+}^{\alpha}\varphi, \mu = 0$ 的情况除外.

证明 令 $f(x) = I_-^{\alpha}\varphi$ 且设 A 为 (5.51) 的左端. 由广义 Minkowsky 不等式, 我们有

$$A \leqslant \frac{1}{\Gamma(\alpha)} \int_0^{\infty} |\varphi(t)| \left(\int_0^t (1+x)^{\nu}(t-x)^{(\alpha-1)r}dx \right)^{1/r} dt.$$

运用变量替换 $x = t - (1+t)\xi$ 后, 考虑到 $\nu > -1$ 和 $(\alpha-1)r > -1$, 可以得到

$$\int_0^t (1+x)^{\nu}(t-x)^{(\alpha-1)r}dx = (1+t)^{\mu r} \int_0^{t/(t+1)} (1-\xi)^{\nu}\xi^{(\alpha-1)r}d\xi \leqslant c(1+t)^{\mu r}.$$

因此, 根据上述对 A 的估计得到了 (5.51). $f(x) = I_{0+}^{\alpha}\varphi, \mu = 0$ 的情况处理是类似的, 唯一的区别是, 我们考虑的积分为

$$\int_t^{\infty} (1+x)^{\nu}(x-t)^{(\alpha-1)r}dx = (1+t)^{\nu+1+(\alpha-1)r} \int_0^{\infty} \xi^{(\alpha-1)r}(\xi+1)^{\nu}d\xi.$$

∎

注 5.2 在整个轴上, 定理 5.5 对于权重 $(1+|x|)^{\mu}$ 同样适用, 其中当 $\mu \neq 0$ 时 $\alpha - 1 < \mu \leqslant 0, \nu = r(1-\alpha+\mu)-1$, 当 $\mu = 0$ 时 $\nu < r(1-\alpha)-1$. 其证明是类似的.

我们通过构造一个在轴 R^1 上可和的函数空间来结束本小节, 该空间对于分数阶积分是不变的. 空间 L_p 或具有带幂权空间 $L_p(\rho)$ 不具有此性质. 我们通过定义范数来引入具有指数权重的空间 $L_{p,\omega}$

$$\|\varphi\|_{L_{p,\omega}} = \left\{ \int_{-\infty}^{\infty} e^{-\omega t}|\varphi(t)|^p dt \right\}^{1/p}, \quad 1 \leqslant p < \infty. \tag{5.52}$$

我们也用 $C_{\omega} = C_{\omega}(R^1)$ 表示由满足 $e^{-\omega t}\varphi(t) \in C(\dot{R}^1), \|\varphi\|_{C_{\omega}} = \max e^{-\omega t}|\varphi(t)|$ 的函数 $\varphi(t)$ 组成的空间. 并且当 $p = \infty$ 时, 为了简洁我们记 $L_{p,\omega} = C_{\omega}$.

定理 5.7 算子 $I_{\pm}^{\alpha}, \alpha > 0$ 在 $L_{p,\omega}, 1 \leqslant p \leqslant \infty$ 中有界, 且

$$\|I_{\pm}^{\alpha}\|_{L_{p,\omega}\to L_{p,\omega}} \leqslant \begin{cases} (p/|\omega|)^{\alpha}, & 1 \leqslant p < \infty, \\ |\omega|^{-\alpha}, & p = \infty \end{cases} \tag{5.53}$$

和

$$\|I_{\pm}^{\alpha}\|_{L_{1,\omega}\to L_{1,\omega}} = \|I_{\pm}^{\alpha}\|_{C_{\omega}\to C_{\omega}} = |\omega|^{-\alpha} \tag{5.54}$$

对 $\pm\omega > 0$ 分别成立.

证明 对于 $\omega > 0$, 我们有

$$
\Gamma(\alpha)\|I_+^\alpha\varphi\|_{L_{p,\omega}} \leqslant \int_0^\infty t^{\alpha-1}dt \left\{ \int_{-\infty}^\infty e^{-\omega t}|\varphi(x-t)|^p dx \right\}^{1/p}
$$

$$
= \int_0^\infty e^{-\frac{t\omega}{p}}t^{\alpha-1}dt\|\varphi\|_{L_{p,\omega}} = \Gamma(\alpha)\left(\frac{p}{\omega}\right)^\alpha\|\varphi\|_{L_{p,\omega}}. \tag{5.55}
$$

为了得到 (5.54), 我们还需要非负函数 φ 满足 $\|I_\pm^\alpha\varphi\|_{L_{1,\omega}} = |\omega|^{-\alpha}\|\varphi\|_{L_{1,\omega}}$, 这可以从 (5.55) 的运算中看出, 从而对于函数 $\varphi(x) = e^{\omega x}$ 有 $\|I_\pm^\alpha\varphi\|_{C_\omega} = |\omega|^{-\alpha}\|\varphi\|_{C_\omega}$. ∎

5.4 Marchaud 分数阶导数

在 R^1 上的 Liouville 分数阶导数 (5.6) 通常可简化为比 (5.6) 更方便的形式. 我们暂时假设函数 $f(x)$ 足够 "好", 例如 $f(x)$ 是连续可微的, 且其导数 $f'(x)$ 以 $|x|^{\alpha-1-\varepsilon}$, $\varepsilon > 0$ 的速率在无穷远处衰减为零. 假设 $0 < \alpha < 1$. 我们有

$$
(\mathcal{D}_+^\alpha f)(x) = \frac{1}{\Gamma(1-\alpha)}\frac{d}{dx}\int_0^\infty t^{-\alpha}f(x-t)dt
$$

$$
= \frac{1}{\Gamma(1-\alpha)}\int_0^\infty t^{-\alpha}f'(x-t)dt
$$

$$
= \frac{\alpha}{\Gamma(1-\alpha)}\int_0^\infty f'(x-t)dt\int_t^\infty \frac{d\xi}{\xi^{1+\alpha}}
$$

$$
= \frac{\alpha}{\Gamma(1-\alpha)}\int_0^\infty \frac{f(x)-f(x-\xi)}{\xi^{1+\alpha}}d\xi. \tag{5.56}
$$

记

$$
(\mathbf{D}_+^\alpha f)(x) = \frac{\alpha}{\Gamma(1-\alpha)}\int_0^\infty \frac{f(x)-f(x-t)}{t^{1+\alpha}}dt
$$

$$
= \frac{\alpha}{\Gamma(1-\alpha)}\int_{-\infty}^x \frac{f(x)-f(t)}{(x-t)^{1+\alpha}}dt, \tag{5.57}
$$

则对于充分 "好" 的函数 $f(x)$, 有 $\mathbf{D}_+^\alpha f \equiv \mathcal{D}_+^\alpha f$.

类似的变换可以得到表达式

$$
(\mathbf{D}_-^\alpha f)(x) = \frac{\alpha}{\Gamma(1-\alpha)}\int_0^\infty \frac{f(x)-f(x+t)}{t^{1+\alpha}}dt, \quad -\infty < x < \infty, \tag{5.58}
$$

用其代替 $\mathcal{D}_-^\alpha f$. 通过 (5.57) 和 (5.58) 构造的式子称为 Marchaud 分数阶导数.

显然, 积分 (5.57) 和 (5.58) 在更一般的函数 $f(x)$ 假设下存在: 需要上述限制是为了实现从 $\mathcal{D}_+^\alpha f$ 到 $\mathbf{D}_+^\alpha f$ 的简单变换 (5.56). 很明显, 对于满足 $\lambda > \alpha$ 阶局

部 Hölder 条件的有界函数, 积分 (5.57) 和 (5.58) 是存在的. 如果函数 $f(x)$ 局部属于 $H^{\alpha,-a}, a > 1$ 空间且在无穷远处有界, 则上面的条件可能可以弱化为 $\lambda = \alpha$.

我们很自然地要问, $\mathbf{D}_+^\alpha f \equiv \mathcal{D}_+^\alpha f$ 是否不仅适用于 "充分好" 的函数, 而且也适用于所有那些使 $\mathcal{D}_+^\alpha f$ 和 $\mathbf{D}_+^\alpha f$ 存在的函数 $f(x)$ (例如几乎处处). 是否 $\mathcal{D}_+^\alpha f$ 存在就有 $\mathbf{D}_+^\alpha f$ 存在且反之亦然?

第二个问题可以立即给出否定的回答: 对于 $f(x) = \text{const}$, $\mathbf{D}_+^\alpha f$ 存在且 $\mathbf{D}_+^\alpha f = 0$, 但 $\mathcal{D}_+^\alpha f$ 对于 $f(x) = \text{const}$ 不存在. 一般来说, 设 $f(x)$ 是阶为 $\lambda > \alpha$ 的局部 Hölder 函数并且在无穷远处不为零, 例如, 趋于常数甚至如 $|x|^{\alpha-\varepsilon}$ 一样增长 (!), 则 $\mathbf{D}_+^\alpha f$ 存在. 但对于要求在无穷远处有更好性质的 $f(x), \mathcal{D}_+^\alpha f$ 则不存在.

回答第一个问题更加困难, 因为已经证明了算子 $\mathcal{D}_+^\alpha f$ 和 $\mathbf{D}_+^\alpha f$ 的定义域至少是不同的. 这种差异与分数阶积分的逆问题密切相关. 下述哪种形式

$$\mathbf{D}_\pm^\alpha I_\pm^\alpha \varphi \equiv \varphi \quad \text{或} \quad \mathcal{D}_\pm^\alpha I_\pm^\alpha \varphi \equiv \varphi$$

更自然? 在有限区间的情形下已经使用了第二个形式 (参见 §2.6). 在整个实轴 R^1 上时, 情况如下: 如果 $\varphi \in L_p$, 则第一个形式适用于所有允许的 $p, 1 \leqslant p < 1/\alpha$, 第二个等式只适用于 $p = 1$ 的情形 (参见下文 §6.2). 因此, Marchaud 分数阶导数 $\mathbf{D}_+^\alpha f$ 在 R^1 上比 Liouville 分数阶导数 $\mathcal{D}_+^\alpha f$ 更方便, 因为它们允许 $f(x)$ 在无穷远处有更多取值形式.

不言而喻, 在有限区间的情况下, 上面所讨论的 $\mathcal{D}_+^\alpha f$ 和 $\mathbf{D}_+^\alpha f$ 的差异以及在无穷远处与它们的行为有关的差异将不存在.

之后对于 "不是很好的" 函数, Marchaud 分数阶导数理解为条件收敛. 即, 令

$$(\mathbf{D}_{\pm,\varepsilon}^\alpha f)(x) = \frac{\alpha}{\Gamma(1-\alpha)} \int_\varepsilon^\infty \frac{f(x) - f(x \mp t)}{t^{1+\alpha}} dt. \tag{5.59}$$

则由定义有

$$\mathbf{D}_\pm^\alpha f = \lim_{\varepsilon \to 0} \mathbf{D}_{\pm,\varepsilon}^\alpha f, \tag{5.60}$$

其中收敛的性质将由所考虑的问题来定义. 因此, 在 §6.2 中研究逆问题 $\mathbf{D}_\pm^\alpha I_\pm^\alpha \varphi \equiv \varphi, \varphi \in L_p$ 时, 我们将在 L_p 范数意义下处理 (5.60) 中的极限.

表达式 (5.59) 称为截断的 Marchaud 分数阶导数.

我们注意到 Marchaud 分数阶导数有与 (5.9), (5.12) 和 (5.13) 类似的性质:

$$Q\mathbf{D}_\pm^\alpha f = \mathbf{D}_\mp^\alpha Qf, \quad \tau_h \mathbf{D}_\pm^\alpha f = \mathbf{D}_\pm^\alpha \tau_h f, \tag{5.61}$$

$$\Pi_\delta \mathbf{D}_\pm^\alpha f = \delta^{-\alpha} \mathbf{D}_\pm^\alpha \Pi_\delta f. \tag{5.62}$$

注 5.3 可以在半轴 $(0, \infty)$ 上获得类似于等式 (5.56)—(5.58) 的 Marchaud 分数阶导数. 导数 $(\mathcal{D}^\alpha f)(x)$ 转换为 $(\mathbf{D}^\alpha_- f)(x), x > 0$, 没有变化, 但对于 $(\mathcal{D}^\alpha_{0+} f)(x)$, 根据 (5.56) 我们得到

$$
\begin{aligned}
(\mathcal{D}^\alpha_{0+} f)(x) &= \frac{1}{\Gamma(1-\alpha)} \frac{f(0)}{x^\alpha} + \frac{1}{\Gamma(1-\alpha)} \int_0^x \frac{f'(x-t)}{t^\alpha} dt \\
&= \frac{f(0)}{\Gamma(1-\alpha)} \frac{1}{x^\alpha} + \frac{1}{\Gamma(1-\alpha)} \int_0^x f'(x-t) \left(\alpha \int_t^x \xi^{-1-\alpha} d\xi + \frac{1}{x^\alpha} \right) dt \\
&= \frac{f(x)}{\Gamma(1-\alpha)x^\alpha} + \frac{\alpha}{\Gamma(1-\alpha)} \int_0^x \frac{f(x) - f(x-t)}{t^{1+\alpha}} dt,
\end{aligned}
$$

所以

$$
(\mathbf{D}^\alpha_{0+} f)(x) \overset{\text{def}}{=} \frac{f(x)}{\Gamma(1-\alpha)x^\alpha} + \frac{\alpha}{\Gamma(1-\alpha)} \int_0^\infty \frac{f(x) - f(t)}{(x-t)^{1+\alpha}} dt, \tag{5.63}
$$
$$
x > 0, \quad 0 < \alpha < 1,
$$

它是半轴 $(0, \infty)$ 上的 "左" Marchaud 导数.

类似于 (5.63) 的构造也可用于有限区间 —— 见 § 13.1.

对于 $\alpha > 1$ 阶的 Marchaud 分数阶导数, 我们将在下文 § 5.6 中考虑.

5.5 Hadamard 有限部分积分

比较 Marchaud 分数阶导数 $\mathbf{D}^\alpha_\pm f = \dfrac{-\alpha}{\Gamma(1-\alpha)} \displaystyle\int_0^\infty \dfrac{f(x \mp t) - f(x)}{t^{1+\alpha}} dt$ 与分数阶积分 $I^\alpha_\pm$, 我们发现如果用 $-\alpha$ 代替 α, 则 $\mathbf{D}^\alpha_\pm f$ 可以形式上从 $I^\alpha_\pm$ 中得到. 此处减去的 $f(x)$ 保证了积分的收敛性. 因此, $\mathbf{D}^\alpha_\pm f$ 与发散积分的思想密切相关. 我们就其中的一些思想进行详细阐述.

定义 5.1 *对于任意 $A > 0, 0 < \varepsilon < A$, 设 $\Phi(t)$ 在区间 $\varepsilon < t < A$ 上可积. 如果存在常数 a_k, b 和 $\lambda_k > 0$ 使得*

$$
\int_\varepsilon^A \Phi(t) dt = \sum_{k=1}^N a_k \varepsilon^{-\lambda_k} + b \ln \frac{1}{\varepsilon} + J_0(\varepsilon), \tag{5.64}
$$

其中 $\lim\limits_{\varepsilon \to 0} J_0(\varepsilon)$ 存在且有限, 则称函数 $\Phi(t)$ 在 $t = 0$ 处有 Hadamard 性质. 由定义,

$$
\text{p.f.} \int_0^A \Phi(t) dt = \lim_{\varepsilon \to 0} J_0(\varepsilon). \tag{5.65}
$$

极限 (5.65) 称为 Hadamard 意义下发散积分 $\int_0^A \Phi(t)dt$ 的有限部分 (partie finie), 或者简单地称为 Hadamard 意义下的积分. 函数 $J_0(\varepsilon)$ 的构造性实现有时称为积分 $\int_0^A \Phi(t)dt$ 的正则化.

不难看出, (5.64) 中的常数 a_k, b, λ_k 不依赖于 A.

如果 $\Phi(t)$ 在无穷远处可积, 根据定义我们提出

$$\text{p.f.} \int_0^\infty \Phi(t)dt = \text{p.f.} \int_0^A \Phi(t)dt + \int_A^\infty \Phi(t)dt, \tag{5.66}$$

容易看出这个定义不依赖于 A 的选择.

现在我们回到 $\mathbf{D}_+^\alpha f$ 并考虑发散积分 $\int_0^\infty \dfrac{f(x-t)dt}{t^{+\alpha}}$. 下面的引理成立.

引理 5.2 设 $0 < \alpha < 1$ 且 $f(x)$ 为 $\lambda > \alpha$ 阶局部 Hölderian 函数. 则对于任意 x, 函数 $\Phi(t) = f(x-t)t^{-1-\alpha}$ 在 $t = 0$ 处有 Hadamard 性质, 并且如果 $t \to -\infty$ 时 $|f(t)| \leqslant c|t|^{\alpha-\varepsilon}, \varepsilon > 0$, 则

$$\text{p.f.} \int_0^\infty \frac{f(x-t)}{t^{1+\alpha}}dt = \int_0^\infty \frac{f(x-t)-f(x)}{t^{1+\alpha}}dt.$$

证明 可以通过直接验证条件 (5.64) 与定义 (5.65) 和 (5.66) 得到. ∎

引理 5.2 说明

$$\mathbf{D}_\pm^\alpha f = \text{p.f.} I_\pm^{-\alpha} f, \quad 0 < \alpha < 1. \tag{5.67}$$

也可以说对于任意 x, $\mathbf{D}_\pm^\alpha f$ 表示函数 $I_\pm^{-\alpha} f$ 在半平面 $\text{Re}\,\alpha < 0$ 上的解析延拓. 这一延拓对于引理 5.2 中提及的函数 $f(x)$ 而言, 也被推广到了半平面 $\text{Re}\,\alpha < \lambda$. 这可以从函数 $\Phi_1(\alpha) = I_\pm^\alpha f$ 和 $\Phi_2(\alpha) = \mathcal{D}_\pm^\alpha f$ 分别在半平面 $\text{Re}\,\alpha > 0, \text{Re}\,\alpha < 0$ 中的解析性 (对于充分 "好" 的函数) 以及它们在边界处重合的值: $\lim\limits_{\text{Re}\,\alpha \to 0+} \Phi_1(\alpha) = \lim\limits_{\text{Re}\,\alpha \to 0-} \Phi_2(\alpha) = I_\pm^{i\text{Im}\,\alpha} f$ 中推导出来.

与 (5.67) 类似的结果, $\mathbf{D}_{0+}^\alpha f = \text{p.f.} I_{0+}^{-\alpha} f$, $0 < \alpha < 1$ 对于 Marchaud 导数 (5.63) 也成立.

表达式 (5.67) 中对 $\mathbf{D}_+^\alpha f$ 的解释表明了如何使 Marchaud 导数对 $\alpha \geqslant 1$ 有意义. 为此, 我们在下一个引理中给出了发散积分 $I_+^{-\alpha} f, \alpha > 0$ 的正则化.

引理 5.3 设 $f(x) \in C^m$ 局部成立且 $f^{(m)}(x)$ 局部满足 $\lambda(0 \leqslant \lambda < 1)$ 阶 Hölder 条件. 则如果 $\text{Re}\,\alpha < m + \lambda$, 那么对于任意 x, 函数 $\Phi(t) = f(x-t)t^{-1-\alpha}$

在 $t = 0$ 处具有 Hadamard 性质. 如果 $t \to -\infty$ 时还有 $|f(t)| \leqslant c|t|^{\alpha-\varepsilon}$, 则

$$
\frac{1}{\Gamma(-\alpha)} \text{p.f.} \int_0^\infty \frac{f(x-t)}{t^{1+\alpha}} dt
$$

$$
= \frac{1}{\Gamma(-\alpha)} \int_0^1 \frac{f(x-t) - \sum_{k=0}^m (-1)^k \frac{t^k}{k!} f^{(k)}(x)}{t^{1+\alpha}} dt \tag{5.68}
$$

$$
+ \frac{1}{\Gamma(-\alpha)} \int_1^\infty \frac{f(x-t)}{t^{1+\alpha}} dt + \sum_{k=0}^m \frac{(-1)^k}{k!} \frac{f^{(k)}(x)}{\Gamma(-\alpha)(k-a)},
$$

其中 $\text{Re}\,\alpha < m + \lambda, \alpha \neq 0, 1, 2, \cdots$

这个引理的证明可通过直接验证得到.

我们注意到, 在选择 $m = [\alpha]$ 之后, 等式 (5.68) 可以改写为如下形式

$$
\frac{1}{\Gamma(-\alpha)} \text{p.f.} \int_0^\infty \frac{f(x-t)}{t^{1+\alpha}} dt = \frac{1}{\Gamma(-\alpha)} \int_0^\infty \frac{f(x-t) - \sum_{k=0}^{[\alpha]} \frac{(-1)^k}{k!} f^{(k)}(x)}{t^{1+\alpha}} dt, \tag{5.68'}
$$

$$
\alpha \neq 0, 1, 2, \cdots,
$$

对于引理 5.3 中提到的函数, 右侧的积分绝对收敛. 结果 (5.68′) 较 (5.68) 的形式更为紧凑.

根据 (5.67) 和 (5.68) 右端关于 α 的解析性, 很自然地使用 (5.68) 来定义 α ($\text{Re}\,\alpha > 0$) 阶分数阶导数. 我们来证明, 在函数 f 充分 "好" 的情况下, 这样的定义与定义 (5.7) 能很好地吻合.

定理 5.8　设 $f(x)$ 满足引理 5.3 的假设, 其中 $m \geqslant [\alpha] + 1$. 则对于任意 α, $\text{Re}\,\alpha > 0, \alpha \neq 1, 2, \cdots$, Liouville 分数阶导数 $\mathcal{D}_+^\alpha f$ 与 (5.68) 一致.

证明　与 (5.7) 对应, 设 $\beta = \alpha - n + 1, n = [\alpha] + 1 (0 < \beta < 1)$. 对于 "截断的" Liouville 导数, 我们有

$$
\frac{d^n}{dx^n} \int_{-\infty}^{x-\varepsilon} \frac{f(t) dt}{(x-t)^\beta}
$$

$$
= (-1)^n (\beta)_n \int_\varepsilon^\infty \frac{f(x-t) dt}{t^{n+\beta}} + \sum_{k=0}^{n-1} \frac{(-1)^k (\beta)_k}{\varepsilon^{k+\beta}} f^{(n-1-k)}(x-\varepsilon), \tag{5.69}
$$

这可以通过对左端积分直接微分来证明. 像 (5.68) 一样, 将上述等式的右端积分正则化, 我们得到

$$\int_\varepsilon^\infty \frac{f(x-t)dt}{t^{n+\beta}} = \int_\varepsilon^1 \left[f(x-t) - \sum_{k=0}^{n-1} \frac{(-1)^k}{k!}(t-\varepsilon)^k f^{(k)}(x-\varepsilon) \right] \frac{dt}{t^{n+\beta}}$$
$$+ \int_1^\infty \frac{f(x-t)}{t^{n+\beta}}dt + \sum_{k=0}^{n-1} \frac{(-1)^{n-k-1}}{(n-k-1)!} \frac{a_k(\varepsilon)}{\varepsilon^{k+\beta}} f^{(n-1-k)}(x-\varepsilon),$$

$$(5.70)$$

其中符号

$$a_k(\varepsilon) = \varepsilon^{\beta+k} \int_\varepsilon^1 (t-\varepsilon)^{n-1-k} t^{-n-\beta}dt = \int_0^{\frac{1-\varepsilon}{\varepsilon}} \xi^{n-1-k}(\xi+1)^{-n-\beta}d\xi.$$

将 (5.70) 代入 (5.69) 中, 得到下面的等式

$$\frac{d^n}{dx^n} \int_\varepsilon^\infty \frac{f(x-t)dt}{t^\beta}$$

$$= (-1)^n (\beta)_n \left\{ \int_\varepsilon^1 \left[f(x-t) - \sum_{k=0}^{n-1} \frac{(-1)^k}{k!}(t-\varepsilon)^k f^{(k)}(x-\varepsilon) \right] \frac{dt}{t^{n+\beta}} \right.$$

$$\left. + \int_1^\infty \frac{f(x-t)}{t^{n+\beta}}dt + \sum_{k=0}^{n-1} \frac{(-1)^k}{\varepsilon^{k+\beta}} f^{(n-1-k)}(x-\varepsilon) \left[\frac{(-1)^n (\beta)_k}{(\beta)_n} - \frac{a_k(\varepsilon)}{(n-k-1)!} \right] \right\},$$

$$(5.71)$$

我们有 $a_k(\varepsilon) = \int_0^\infty \xi^{n-1-k}(1+\xi)^{-n-\beta}d\xi - \int_{\frac{1-\varepsilon}{\varepsilon}}^\infty \xi^{n-1-k}(1+\xi)^{-n-\beta}d\xi$. 这里的第一项积分很容易化为 Beta 函数. 在第二个积分中作变换 $\xi+1 = 1/\varepsilon t$, 我们得到

$$a_k(\varepsilon) = \frac{\Gamma(n-k)\Gamma(k+\beta)}{\Gamma(n+\beta)} - \varepsilon^{\beta+k} \int_0^1 (1-\varepsilon t)^{n-1-k} t^{\beta+k-1}dt.$$

所以 (5.71) 中第二个方括号等于

$$\frac{\varepsilon^{k+\beta}}{(n-k-1)!} \int_0^1 (1-\varepsilon t)^{n-1-k} t^{\beta+k-1}dt \underset{\varepsilon\to 0}{\sim} \frac{\varepsilon^{k+\beta}}{(k+\beta)(n-k-1)!}.$$

然后容易得到 (5.71) 在 $\varepsilon \to 0$ 时的极限. 因此, 考虑到 $(-1)^n (\beta)_n = \Gamma(n-\alpha)/\Gamma(-\alpha)$ (由 (1.46) 和 (1.47) 得), 我们发现 Liouville 分数阶导数

$$\mathcal{D}_+^\alpha f = \frac{1}{\Gamma(n-\alpha)} \frac{d^n}{dx^n} \int_0^\infty f(x-t)t^{-\beta}dt$$

确实与 (5.68) 的右端等价. ■

5.6　有限差分的性质及 $\alpha > 1$ 时的 Marchaud 分数阶导数

定义 Marchaud 分数阶导数的等式 (5.57) 和 (5.58) 可以推广到 $\alpha > 1$ 的情况. 一种想法是用与 (5.7) 类似的方式进行处理. 令 $\alpha = n + \{\alpha\}, n = [\alpha]$, 并引入

$$\mathbf{D}_+^\alpha f = \frac{d^n}{dx^n} \mathbf{D}_+^{\{\alpha\}} f = \frac{\{\alpha\}}{\Gamma(1 - \{\alpha\})} \int_0^\infty \frac{f^{(n)}(x) - f^{(n)}(x - t)}{t^{1+\{\alpha\}}} dt.$$

也可以选择另一种方式, 引入高阶差分, 即在 (5.57) 和 (5.58) 中用 $l > 1$ 代替一阶差分. 我们将对后一种方式进行详细介绍. 它在某些方面是比较好的, 因为它直接显示了 $\mathbf{D}_+^\alpha f$ 对参数 α 的解析依赖性. 首先我们来考虑有限差分的一些简单性质.

根据平移算子 τ_h, 我们引入

$$(\Delta_h^l f)(x) = (E - \tau_h)^l f = \sum_{k=0}^l (-1)^k \binom{l}{k} f(x - kh), \tag{5.72}$$

它是函数 $f(x)$ 的步长为 h、中心为点 x 的 l 阶有限差分. 我们需要以下带参数 α 的函数:

$$A_l(\alpha) = \sum_{k=0}^l (-1)^{k-1} \binom{l}{k} k^\alpha, \quad \alpha > 0. \tag{5.73}$$

它以幂函数的有限差分出现: 对于 $f(x) = |x|^\alpha$, $(\Delta_1^l f)(0) = -A_l(\alpha)$. 下面给出这个函数的性质:

$$A_l(\alpha) = 0, \quad \alpha = 1, 2, \cdots, l - 1, \tag{5.74}$$

这对我们来说是很重要的. 它可以从以下显然的等式中得出

$$A_l(m) = -\left(x \frac{d}{dx}\right)^m (1 - x)^l |_{x=1}. \tag{5.74'}$$

对于非整数 α, 可以证明对于 $\alpha \in R^1, \alpha \neq 1, 2, \cdots, l-1, A_l(\alpha) \neq 0$, 见下文 (5.81) 和第五章中的引理 26.1.

引理 5.4　令 $f(x) \in C^m(R^1)$ 且 $l \geqslant m$. 则

$$(\Delta_h^l f)(x) = \frac{h^m}{(m-1)!} \int_0^1 (1-u)^{m-1} \sum_{k=0}^l (-1)^{m-k} k^m \binom{l}{k} f^{(m)}(x - khu) du. \tag{5.75}$$

证明　根据 Taylor 展开 (带积分型余项), 我们有

$$f(x - kh) = \sum_{i=0}^{m-1} \frac{(-kh)^i}{i!} f^{(i)}(x) + \frac{(-kh)^m}{(m-1)!} \int_0^1 (1-u)^{m-1} f^{(m)}(x - khu) du.$$

因此对于差分 (5.72), 我们得到等式

$$(\Delta_h^l f)(x) = -\sum_{i=0}^{m-1} \frac{(-h)^i}{i!} f^{(i)}(x) A_l(i)$$

$$+ \frac{h^m}{(m-1)!} \int_0^1 (1-u)^{m-1} \sum_{k=0}^l (-1)^{m-k} k^m \binom{l}{k} f^{(m)}(x - khu) du,$$

从而由 (5.74) 我们得到 (5.75). ∎

推论 1   如果 $f(x) \in C^m(R^1)$ 且 $f^{(m)}(x)$ 有界, 则

$$|(\Delta_h^l f)(x)| \leqslant c|h|^m \sup_x |f^{(m)}(x)|, \quad l \geqslant m, \tag{5.76}$$

其中 $c = \dfrac{1}{m!} \sum_{k=0}^l k^m \binom{l}{m} \leqslant \dfrac{l^m 2^l}{m!}$.

推论 2   如果 $f(x) \in C^m(R^1)$ 且 $|f^{(m)}(x+h) - f^{(m)}(x)| \leqslant A|h|^\lambda$, 这里 $A = A(x)$ 不依赖于 h, 则

$$|(\Delta_h^l f)(x)| \leqslant Ac|h|^{m+\lambda}, l > m, \tag{5.77}$$

其中 c 与 (5.76) 中的相同.

事实上, 因为 $l > m$ 和 (5.74), 我们可以将 (5.75) 中的 $f^{(m)}(x - khu)$ 替换为 $f^{(m)}(x - khu) - f^{(m)}(x)$. 则由 (5.75) 推得 (5.77) 是显然的.

回到分数阶导数, 为了推广 (5.57), 我们介绍任意 $\alpha > 0$ 的积分式

$$\int_0^\infty \frac{(\Delta_t^l f)(x)}{t^{1+\alpha}} dt, \quad \alpha > 0. \tag{5.78}$$

根据 (5.76) 和 (5.77), 当 $l > \alpha$ 且函数充分好时, 这里的积分收敛.

当 $0 < \alpha < 1$ 时, 等式

$$\int_0^\infty \frac{(\Delta_t^l f)(x)}{t^{1+\alpha}} dt = A_l(\alpha) \int_0^\infty \frac{f(x) - f(x-t)}{t^{1+\alpha}} dt \tag{5.79}$$

成立. 事实上,

$$\int_\varepsilon^\infty \frac{(\Delta_t^l f)(x)}{t^{1+\alpha}} dt = \frac{f(x)}{\alpha \varepsilon^\alpha} + \sum_{k=1}^l (-1)^k \binom{l}{k} k^\alpha \int_{k\varepsilon}^\infty \frac{f(x-t)}{t^{1+\alpha}} dt$$

$$= \sum_{k=1}^l (-1)^k \binom{l}{k} k^\alpha \int_{k\varepsilon}^\infty \frac{f(x-t) - f(x)}{t^{1+\alpha}} dt,$$

从而当 $\varepsilon \to 0$ 时可以得到 (5.79). 等式 (5.79) 表明了 (5.78) 应该选择什么样的正则化算子. 我们令

$$\mathbf{D}_{\pm}^{\alpha} f = -\frac{1}{\Gamma(-\alpha) A_l(\alpha)} \int_0^{\infty} \frac{(\Delta_{\pm t}^l f)(x)}{t^{1+\alpha}} dt, \quad l > \alpha > 0, \tag{5.80}$$

这与 (5.57) 和 (5.58) 一致.

我们称 (5.80) 为 Marchaud 分数阶导数. 根据性质 (5.74), 我们注意到乘积 $\Gamma(-\alpha) A_l(\alpha)$, $\alpha = 1, 2, \cdots, l-1$, 容易定义. 进一步, $\Gamma(-\alpha) A_l(\alpha)$ 还可以写为

$$-\Gamma(-\alpha) A_l(\alpha) = \int_0^{\infty} \frac{(1 - e^{-t})^l}{t^{1+\alpha}} dt = \frac{l}{\alpha} \int_0^1 \frac{(1-\xi)^{l-1}}{\left(\ln \dfrac{1}{\xi}\right)^{\alpha}} d\xi \overset{def}{=} \varkappa(\alpha, l). \tag{5.81}$$

事实上, 由 (5.19), 对于任意 α, 我们有 $\mathcal{D}_+^{\alpha}(e^x) = e^x$. 所以根据

$$e^x = -\frac{1}{\Gamma(\alpha) A_l(\alpha)} \int_0^{\infty} \frac{\sum_{k=0}^l (-1)^k \binom{l}{k} e^{x-kt}}{t^{1+\alpha}} dt,$$

就可以得到 (5.81) 中的第一个等式. 第二个等式可以通过作变量替换 $\xi = e^{-t}$ 再分部积分得到. 在以下各处, 对于 $\alpha = 1, 2, 3, \cdots$, $\Gamma(-\alpha) A_l(\alpha)$ 应理解为 (5.81). 这表明了 (5.80) 的右端不依赖于 $l(l > \alpha)$ 的选择.

与 (5.59) 一样, 我们介绍 "截断的" Marchaud 分数阶导数

$$\mathbf{D}_{+,\varepsilon}^{\alpha} f = -\frac{1}{\varkappa(\alpha, l)} \int_{\varepsilon}^{\infty} \frac{(\Delta_t^l f)(x)}{t^{1+\alpha}} dt, \quad l > \alpha. \tag{5.80'}$$

对于充分好的函数 $f(x)$, 导数 (5.80) 与 Liouville 导数 $\mathcal{D}_{\pm}^{\alpha} f$ 对于任意的 $\alpha > 0$ 一致. 这可以利用关于 α 的解析性来证明. 我们只需要注意, $\mathbf{D}_{\pm}^{\alpha} f$ 的解析性可以直接从 (5.80) 中看出, 而 $\mathcal{D}_{\pm}^{\alpha} f$ 的解析性已经在定理 5.8 中给出.

我们用下面这个定理来结束本小节.

定理 5.9　设 $\alpha > 0$, 函数 $f(x) \in C^{[\alpha]}(R^1)$. 则 Marchaud 分数阶导数 (5.80) 对满足 $\sup\limits_{x \in R^1} |f(x)| < \infty$ 和 $|f^{([\alpha])}(x + h) - f^{([\alpha])}(x)| \leqslant A(x) h^{\lambda}$ 的函数有定义, 其中 $\lambda > \alpha - [\alpha]$.

此定理的证明容易从 (5.77) 中得到.

5.7 与分数次幂的联系

在算子分数次幂的适当解释下, 分数阶微分算子 $\mathcal{D}_+^\alpha$ 可以看作微分算子的分数次幂:

$$\mathcal{D}_+^\alpha = (d/dx)^\alpha, \quad I_+^\alpha = (d/dx)^{-\alpha}. \tag{5.82}$$

实际上这是在 Banach 空间中发展分数次幂抽象理论的主要模型. 我们向想进一步熟悉这一理论的读者推荐书籍 Krasnosel'skii, Zabreiko, Pustyl'nik and Sobolevskii [1968], Yosida [1960]. 这里我们只简略地提到了这一理论中最简单的定义, 并指出它们在合适的条件下包括了分数阶积分-微分的情形.

令 X 为 Banach 空间, $\{T_t\}(t \geqslant 0)$ 为 X 中的强连续半群 (见定义 2.5). 算子

$$A = \lim_{\substack{t \to 0+ \\ (X)}} \frac{1}{t}(T_t - E) \tag{5.83}$$

称为半群 T_t 的生成元 (或无穷小算子). 已知 (见例如 Dunford and Schwartz [1962], p. 660) 算子 A 的定义域 $D(A)$ 在 X 中稠密, 且 A 是闭算子. 等式 $T_t = e^{tA}$ 至少在形式上成立, 确切的意思是 $T_t = \lim_{h \to 0} e^{tA_h}, A_h = \frac{1}{h}(T_h - E)$.

我们将考虑算子 A 的分数次幂 $(-A)^\alpha$, 它们是强连续半群的生成元. 算子 A 的正数次幂由下列公式定义

$$(-A)^\alpha \varphi = \frac{1}{\Gamma(-\alpha)} \int_0^\infty t^{-\alpha-1}(T_t\varphi - \varphi)dt, \tag{5.84}$$
$$0 < \alpha < 1, \quad \varphi \in D(A),$$

可与 Marchaud 公式 (5.57) 比较. Banach 空间中关于标量参数 t 的函数的积分在这里理解为 Bochner 积分 —— 关于后一个概念, 参见例如 Hille and Phillips [1962, Ch. III, Section 1]. 方程 (5.84) 通常称为 Balakrishnan 公式.

当 $\alpha \geqslant 1$ 时, 我们可以根据 (5.80) 定义分数次幂 $(-A)^\alpha$, 即等式

$$(-A)^\alpha \varphi = \frac{1}{\varkappa(\alpha, l)} \int_0^\infty t^{-\alpha-1}(E - T_t)^l \varphi dt, \tag{5.85}$$

其中 E 为恒等算子, $l > \alpha$ 且 $\varkappa(\alpha, l)$ 为 (5.81) 中的常数.

算子 $-A$ 的负幂在 $0 < \alpha < 1$ 时可定义为

$$(-A)^{-\alpha} \varphi = \frac{1}{\Gamma(\alpha)} \int_0^\infty t^{\alpha-1} T_t \varphi dt, \quad \varphi \in X, \tag{5.86}$$

但与 (5.84) 不同, 除非对半群 T_t 作额外假设, 否则积分 (5.86) 可能在无穷远处发散. 对于所有 $\alpha > 0$ 都能收敛的简单条件是

$$\|T_t\|_X \leqslant Me^{-\varepsilon t}, \quad \varepsilon > 0. \tag{5.87}$$

显然, 为了使 (5.82) 成立, 我们需要把算子 $A = d/dx$ 表示为半群 T_t 的生成元, 根据 (5.83), T_t 是平移算子

$$(T_t f)(x) = f(x - t) \tag{5.88}$$

构成的半群. 然而问题是如何选择空间 X, 使得半群 T_t 强连续且满足 (5.87). 因为在空间 $L_p(R^1), C(R^1)$ 中, $\|T_t\| = 1$, 不符合此要求. 为此我们将使用 $L_{p,\omega}, C_\omega$ 空间 (见上文定理 5.7).

引理 5.5   半群 (5.88) 在空间 $L_{p,\omega}(R^1), 1 \leqslant p \leqslant \infty$ 中强连续且

$$\|T_t\|_{L_{p,\omega}} = e^{-\frac{\omega}{p}t}, \quad 1 \leqslant p < \infty; \quad \|T_t\|_{C_\omega} = e^{-\omega t}.$$

引理的证明可以直接验证得到.

引理 5.5 允许我们指出, 积分 (5.86) 在空间 $L_{p,\omega}(\omega > 0)$ 范数下收敛, 且根据 (5.86), 我们有

$$\left(\frac{d}{dx}\right)^{-\alpha} \varphi = \frac{1}{\Gamma(\alpha)} \int_0^\infty t^{\alpha-1} \varphi(x - t) dt = I_+^\alpha \varphi,$$

其中 $\varphi \in L_{p,\omega}, 1 \leqslant p \leqslant \infty, \omega > 0$, 上面提到的积分的 $L_{p,\omega}$-收敛 (在无穷远处) 是隐含的. 对于 (5.84), 我们有

$$\left(\frac{d}{dx}\right)^\alpha \varphi = \frac{1}{\Gamma(-\alpha)} \int_0^\infty \frac{\varphi(x - t) - \varphi(x)}{t^{1+\alpha}} dt = \mathbf{D}_+^\alpha \varphi,$$

其中 $\varphi \in D(A) = \{\varphi(t) : \varphi'(t) \in L_{p,\omega}\}, \omega > 0$, 且 $0 < \alpha < 1$. 对于 $\alpha \geqslant 1$ 的情形我们可以根据 (5.85) 类似地处理.

§6   函数的 L_p-函数的分数阶积分表示

在 §5.3 中, 我们考虑了函数 $\varphi \in L_p$ 的分数阶积分 $I_\pm^\alpha \varphi$. 现在我们将更详细地讨论这种分数阶积分, 并给出其特征.

6.1 $I^\alpha(L_p)$ 空间

我们用 $I^\alpha_\pm(L_p)$ 来表示分数阶积分算子的像:

$$I^\alpha_\pm(L_p) = \{f : f(x) = I^\alpha_\pm \varphi, \varphi \in L_p(R^1)\}, \quad 0 < \alpha < 1, \quad 1 \leqslant p < 1/\alpha.$$

事实上, 如果 $1 < p < 1/\alpha$, 它们是相互一致的, 记

$$I^\alpha(L_p) \overset{\text{def}}{=} I^\alpha_+(L_p) = I^\alpha_-(L_p), \quad 1 < p < 1/\alpha, \tag{6.1}$$

但我们发现将这种一致性的证明推后到 §11.2 会更方便.

由定理 5.3,

$$I^\alpha(L_p) \subset L_q(R^1), \quad q = p/(1 - \alpha p), \tag{6.2}$$

由 Hardy 不等式 (5.45),

$$I^\alpha(L_p) \subset L_p(R^1; |x|^{-\alpha p}). \tag{6.3}$$

我们注意到

$$L_p(R^1; |x|^{-\alpha p}) \not\subset L_q(R^1), \quad L_q(R^1) \not\subset L_p(R^1; |x|^{-\alpha p}). \tag{6.4}$$

第一个式子是显然的, 第二个式子通过例子来说明, 对于 $|x| > 2$, 函数 $f(x) = |x|^{-1/q} \ln^{-1/p} |x|$, 对于 $|x| < 2$, $f(x) = 0$. 嵌入 (6.2), (6.3) 和 (6.4) 意味着

$$I^\alpha(L_p) \neq L_q(R^1), \quad I^\alpha(L_p) \neq L_p(R^1; |x|^{-\alpha p}). \tag{6.5}$$

因此根据定理 5.3, 空间 $I^\alpha(L_p)$ 不与任何 $L_r(R^1)(1 \leqslant r \leqslant \infty)$ 空间重合. 也不与任何 $L_r(R^1; \rho)$ 空间重合. 所以, 刻画空间 $I^\alpha(L_p)$ 是有必要的. §6.3 专门讨论了这一问题. 首先我们利用 §6.2 中的 Marchaud 导数研究分数阶积分 $I^\alpha_+ \varphi, \varphi \in L_p$ 的逆, 这将成为刻画空间 $I^\alpha(L_p)$ 的必要性部分.

在下文 §18 中, 我们将考虑分数阶积分算子 $I^\alpha_\pm$ 的如下修改, 即所谓的 Bessel 分数阶积分, 参见 §18.4:

$$G^\alpha_\pm \varphi = \frac{1}{\Gamma(\alpha)} \int_0^\infty t^{\alpha-1} e^{-t} \varphi(x \mp t) dt,$$

它与 $I^\alpha_\pm$ 的不同之处在于存在衰减的指数因子. 与 $I^\alpha_\pm$ 相比这个积分对于所有函数 $\varphi(t) \in L_p(R^1)(1 \leqslant p \leqslant \infty)$ 有定义. 此外, 由 Young 定理 (定理 1.4), $G^\alpha_\pm(L_p) \subset L_p$, 但 $I^\alpha_\pm(L_p) \not\subseteq L_p$. 值得注意的是

$$L_p \cap I^\alpha(L_p) = G^\alpha_+(L_p) = G^\alpha_-(L_p), \quad 1 < p < 1/\alpha,$$

其证明将会在 §18.4 中给出.

6.2　L_p-函数的分数阶积分的逆

在 L_p 空间的框架下, Liouville 微分, $\mathcal{D}^\alpha_\pm$, 仅在 $p = 1$ 时是分数阶积分 $I^\alpha_\pm \varphi$ 的逆: $\mathcal{D}^\alpha_\pm I^\alpha_\pm \varphi \equiv \varphi, \varphi \in L_p(R^1)$. 因为 $\mathcal{D}^\alpha_\pm I^\alpha_\pm \varphi = \dfrac{d}{dx} \displaystyle\int_{-\infty}^x \varphi(t)dt$, 需假定 $\varphi(x)$ 在无穷远处的可和性. 正如已经在 § 5.4 中指出的, 在 $p > 1$ 的情况下, 我们将用 Marchaud 导数代替 $\mathcal{D}^\alpha_\pm f$, 并在 $L_p(R^1)$ 范数下处理收敛性 —— 参见 (5.60).

下面的引理给出了截断的 Marchaud 分数阶导数的一个有用表示.

引理 6.1　对于用密度函数 $\varphi(x) \in L_p(R^1)(1 \leqslant p < 1/\alpha)$ 的分数阶积分表示的函数 $f(x) = I^\alpha_+ \varphi$, 其截断的分数阶导数有如下形式

$$(\mathbf{D}^\alpha_{+,\varepsilon} f)(x) = \int_0^\infty \mathcal{K}(t)\varphi(x - \varepsilon t)dt, \tag{6.6}$$

其中核

$$\mathcal{K}(t) = \frac{\sin \alpha\pi}{\pi} \frac{t^\alpha_+ - (t - 1)^\alpha_+}{t} \in L_1(R^1) \tag{6.7}$$

有如下性质:

$$\int_0^\infty \mathcal{K}(t)dt = 1 \quad 且 \quad \mathcal{K}(t) \geqslant 0. \tag{6.8}$$

证明　对于 $t > 0$, 我们有

$$f(x) - f(x - t) = \frac{t^\alpha}{\Gamma(\alpha)} \left\{ \int_0^\infty \varphi(x - t\xi)\xi^{\alpha-1}d\xi - \int_1^\infty \varphi(x - t\xi)(\xi - 1)^{\alpha-1}d\xi \right\},$$

所以

$$f(x) - f(x - t) = t^\alpha \int_0^\infty \mathrm{k}(\xi)\varphi(x - t\xi)d\xi, \tag{6.9}$$

其中

$$\mathrm{k}(\xi) = \frac{1}{\Gamma(\alpha)} \begin{cases} \xi^{\alpha-1}, & 0 < \xi < 1, \\ \xi^{\alpha-1} - (\xi - 1)^{\alpha-1}, & \xi > 1. \end{cases} \tag{6.10}$$

我们注意到 $\mathrm{k}(\xi) \in L_1(R^1_+)$ 且

$$\int_0^\infty \mathrm{k}(\xi)d\xi = 0. \tag{6.11}$$

根据 (6.9), 我们得到关系式

$$(\mathbf{D}^\alpha_{+,\varepsilon} f)(x) = \frac{\alpha}{\Gamma(1-\alpha)} \int_\varepsilon^\infty \frac{dt}{t^2} \int_0^\infty \mathrm{k}\left(\frac{\xi}{t}\right) \varphi(x-\xi) d\xi$$

$$= \frac{\alpha}{\Gamma(1-\alpha)} \int_0^\infty \frac{\varphi(x-\xi)}{\xi} d\xi \int_0^{\xi/\varepsilon} \mathrm{k}(s) ds$$

$$= \frac{\alpha}{\Gamma(1-\alpha)} \int_0^\infty \frac{\varphi(x-\varepsilon t)}{t} dt \int_0^t \mathrm{k}(s) ds.$$

这里

$$\int_0^t \mathrm{k}(s) ds = \alpha^{-1} t \Gamma(1-\alpha) \mathcal{K}(t), \tag{6.12}$$

可以通过对左端直接计算证得. 这样 (6.8) 就显然成立了. ∎

我们注意到, 在 (6.6) 的推广中, 对于任意 $\alpha > 0$, 可以类似地得到表达式

$$(\mathbf{D}^\alpha_{+,\varepsilon} f)(x) = \int_0^\infty \mathcal{K}_{l,\alpha}(t) \varphi(x-\varepsilon t) dt, \tag{6.6'}$$

其中左端的截断的 Marchaud 导数为 (5.80′),

$$\mathcal{K}_{l,\alpha}(t) = \frac{\sum_{k=0}^l (-1)^k \binom{l}{k} (t-k)_+^\alpha}{\varkappa(\alpha,l)\Gamma(1+\alpha)t}. \tag{6.7'}$$

不难证明

$$\mathcal{K}_{l,\alpha}(t) \in L_1(R^1) \quad \text{且} \quad \int_0^\infty \mathcal{K}_{l,\alpha}(t) dt = 1, \quad \text{若} \quad l > \alpha. \tag{6.8'}$$

定理 6.1　设 $f(x) = I^\alpha_\pm \varphi, \varphi \in L_p(R^1), 1 \leqslant p < 1/\alpha$. 则

$$\varphi(x) = (\mathbf{D}^\alpha_\pm f)(x), \tag{6.13}$$

其中 $\mathbf{D}^\alpha_\pm f$ 理解为

$$(\mathbf{D}^\alpha_\pm f)(x) = \lim_{\substack{\varepsilon \to 0 \\ (L_p)}} (\mathbf{D}^\alpha_{\pm,\varepsilon} f)(x). \tag{6.14}$$

(6.14) 中的极限也是几乎处处存在的.

引理 6.1 为这个定理的证明做好了铺垫. 事实上, 由 (6.6) 和 (6.8), 我们有

$$(\mathbf{D}^\alpha_{+,\varepsilon} f)(x) - \varphi(x) = \int_0^\infty \mathcal{K}(t)[\varphi(x-\varepsilon t) - \varphi(x)] dt.$$

利用广义 Minkowsky 不等式、Lebesgue 控制收敛定理 (定理 1.2) 和性质 (1.34), 我们得到

$$\|\mathbf{D}_{+,\varepsilon}^{\alpha} f - \varphi\|_p \leqslant \int_0^{\infty} \mathcal{K}(t)\|\varphi(x - \varepsilon t) - \varphi(x)\|_p dt \xrightarrow{\varepsilon \to 0} 0.$$

与定义 (6.14) 一致, (6.13) 得证. 由定理 1.3 可知, 极限 $\lim\limits_{\varepsilon \to 0} \mathbf{D}_{+,\varepsilon}^{\alpha} f, f \in I^{\alpha}(L_p)$ 几乎处处存在.

我们注意到引理 6.1 和定理 6.1 给出了不等式

$$\|\mathbf{D}_{+,\varepsilon}^{\alpha} f\|_p \leqslant \|\mathbf{D}_+^{\alpha} f\|_p, \quad f \in I_+^{\alpha}(L_p), \quad 1 \leqslant p < 1/\alpha. \tag{6.15}$$

事实上, 根据 (6.8) 和 (6.13), 由 (6.6) 我们有

$$\|\mathbf{D}_{+,\varepsilon}^{\alpha} f\|_p \leqslant \|\mathcal{K}\|_1 \|\varphi\|_p = \|\varphi\|_p = \|\mathbf{D}_+^{\alpha} f\|_p.$$

不等式 (6.15) 意味着对于 $f \in I_+^{\alpha}(L_p)$ 有等式

$$\lim_{\varepsilon \to 0} \|\mathbf{D}_{+,\varepsilon}^{\alpha} f\|_p = \sup_{\varepsilon > 0} \|\mathbf{D}_{+,\varepsilon}^{\alpha} f\|_p. \tag{6.16}$$

实际上, 将 = 替换为 $\leqslant$ 后, 由式 (6.16) 得到的不等式是显然的. 逆不等式由 (6.15) 和 (6.14) 得到.

根据定理 6.1, 只有 $\varphi(t) \equiv 0$ 时, $I_{\pm}^{\alpha} \varphi \equiv 0, \varphi \in L_p$. 由此, 我们可以利用下面的关系引入 $I^{\alpha}(L_p)$ 中的范数

$$\|f\|_{I^{\alpha}(L_p)} = \|\varphi\|_{L_p}, \quad f = I_+^{\alpha} \varphi. \tag{6.17}$$

具有范数 (6.17) 的空间 $I^{\alpha}(L_p)$ 是与 L_p 等距的 Banach 空间.

6.3　$I^{\alpha}(L_p)$ 空间的刻画

下一个定理用截断的 Marchaud 分数阶导数刻画了 $I^{\alpha}(L_p)$ 空间 (参见定理 20.4 和定理 20.5, 根据分数阶有限差分的 L_p 行为给出这个空间的特征).

定理 6.2　$f(x) \in I^{\alpha}(L_p)(1 < p < 1/\alpha)$ 的充分必要条件是

1) 满足以下两者之一:

$$\lim_{\substack{\varepsilon \to 0 \\ (L_p)}} \mathbf{D}_{+,\varepsilon}^{\alpha} f \in L_p, \tag{6.18}$$

$$\sup_{\varepsilon > 0} \|\mathbf{D}_{+,\varepsilon}^{\alpha} f\|_p < \infty; \tag{6.19}$$

2) 在必要性部分, $f(x) \in L_r(R^1)$, 其中 $r = q = p/(1 - \alpha p)$, 在充分性部分 r 是任意的 $(1 \leqslant r < \infty)$.

证明 此定理的必要性是一个简单事实, 实际上是 Hardy-Littlewood 定理 (定理 5.3)、定理 6.1 和 (6.15) 的推论. 充分性的部分则比较复杂.

令 $f \in L_r$, 并假设条件 (6.18) 和 (6.19) 中的一个成立. 我们来证明存在函数 $\varphi \in L_p$ 使得

$$f = I_+^\alpha \varphi \tag{6.20}$$

(即 $f \in I^\alpha(L_p)$). 为证明 (6.20), 我们将证明下面的结果, 对任意 $h > 0$,

$$f(x) - f(x - h) = (I_+^\alpha \varphi)(x) - (I_+^\alpha \varphi)(x - h). \tag{6.21}$$

我们记

$$(A_h \varphi)(x) = \int_{-\infty}^\infty a_h(x - t)\varphi(t)dt,$$
$$a_h(t) = \frac{1}{\Gamma(\alpha)}[t_+^{\alpha-1} - (t - h)_+^{\alpha-1}]. \tag{6.22}$$

则期望的结果 (6.21) 可写为 $f(x) - f(x - h) = (A_h \varphi)(x)$. 我们注意到 A_h 是带可和核 $a_h(t) \in L_1(R^1)$ 的卷积算子, 因此对于固定的 $\varepsilon > 0$, 复合算子 $A_h \mathbf{D}_{+,\varepsilon}^\alpha$ 是 $L_r(R^1)$ 中的有界算子 (对所有的 $r \geqslant 1$). 对充分 "好" 的函数 $f(x)$, 例如在 C_0^∞ 中, 我们有

$$A_h \mathbf{D}_{+,\varepsilon}^\alpha f = \mathbf{D}_{+,\varepsilon}^\alpha A_h f = (\mathbf{D}_{+,\varepsilon}^\alpha I_+^\alpha f)(x) - (\mathbf{D}_{+,\varepsilon}^\alpha I_+^\alpha f)(x - h).$$

因此根据表达式 (6.6),

$$A_h \mathbf{D}_{+,\varepsilon}^\alpha f = \int_0^\infty \mathcal{K}(t)[f(x - \varepsilon t) - f(x - h - \varepsilon t)]dt. \tag{6.23}$$

因为 C_0^∞ 在 L_r 中稠密, 并且考虑到左右两边算子的有界性, (6.23) 对所有的 $f \in L_r$ 成立.

令 $\varepsilon \to 0$, 可以从 (6.23) 中得到我们想要的结果 (6.21). 根据 (6.8), 等式 (6.23) 的右端在 L_r 范数下收敛到 $f(x) - f(x - h)$. 因此, 左边存在极限并且

$$\lim_{\varepsilon \to 0} A_h \mathbf{D}_{+,\varepsilon}^\alpha f = f(x) - f(x - h). \tag{6.24}$$

假设 (6.18) 成立. 因为算子 A_h 在 L_p 中有界, 所以极限存在

$$\lim_{\substack{\varepsilon \to 0 \\ (L_p)}} A_h \mathbf{D}_{+,\varepsilon}^\alpha f = A_h(\lim_{\substack{\varepsilon \to 0 \\ (L_p)}} \mathbf{D}_{+,\varepsilon}^\alpha f) = A_h \varphi,$$

其中 $\varphi = \mathbf{D}_+^\alpha f \in L_p$. 因为 $A_h \mathbf{D}_{+,\varepsilon}^\alpha f$ 在 L_r 和 L_p 范数下均收敛, 而极限函数一定几乎处处相等, 因此从 (6.24) 中可以得到与 (6.21) 一致的结果, $f(x) - f(x-h) = (A_h \varphi)(x)$.

假设 (6.19) 成立. 我们可以选择一个序列 $\varepsilon_k \to 0$ 使得 $\mathbf{D}_{+,\varepsilon_k}^\alpha f$ 在 L_p 中弱收敛 ($L_p, p > 1$ 空间中的有界集是弱紧的, 参见 Dunford and Schwartz [1962, p. 314]). 因为有界算子既强连续也弱连续, 通过类似的推导我们再次由 (6.24) 推得 (6.21).

因此等式 (6.21) 得证. 还需要注意的是, 如果函数的差完全一致, 那么函数本身可能只相差一个常数. 考虑到 $f, I_+^\alpha \varphi$ 分别属于 L_r, L_q, 由 (6.21) 可推得 (6.20). ∎

推论 1　空间 $I^\alpha(L_p)$ 中的范数 (6.17) 与下列范数等价

$$\|f\|_q + \|\lim_{\substack{\varepsilon \to 0 \\ (L_p)}} \mathbf{D}_{+,\varepsilon}^\alpha f\|_p, \tag{6.25}$$

$$\|f\|_q + \sup_{\varepsilon > 0} \|\mathbf{D}_{+,\varepsilon}^\alpha f\|_p, \quad q = p/(1-\alpha p). \tag{6.26}$$

推论 2　假设 $\mathbf{D}_-^\alpha f \in L_p, \mathbf{D}_+^\alpha g \in L_r, f \in L_s, g \in L_t$, 其中 $p > 1, r > 1, \frac{1}{p} + \frac{1}{r} = 1 + \alpha$ 且 $\frac{1}{s} = \frac{1}{p} - \alpha, \frac{1}{t} = \frac{1}{r} - \alpha$. 则分数阶分部积分关系式 (关于 Marchaud 分数阶导数; 见 (5.17)) 如下

$$\int_{-\infty}^\infty f(x)(\mathbf{D}_+^\alpha g)(x)dx = \int_{-\infty}^\infty g(x)(\mathbf{D}_-^\alpha f)(x)dx. \tag{6.27}$$

事实上, 若这些假设成立, 则 $f \in I^\alpha(L_p), g \in I^\alpha(L_r)$, 从而 (6.27) 可以由 (5.16) 得到.

为了表述另一个推论, 我们引入以下函数空间, 函数本身在 $L_r(R^1)$ 空间, 其分数阶导数 (Marchaud) 在 L_p 中:

$$L_{p,r}^\alpha(R^1) = \left\{ f(x) : f \in L_r, \lim_{\substack{\varepsilon \to 0 \\ (L_p)}} \mathbf{D}_{+,\varepsilon}^\alpha f \in L_p \right\}. \tag{6.28}$$

推论 3　令 $0 < \alpha < 1, 1 < p < 1/\alpha, 1 \leqslant r < \infty$. 则

$$L_{p,r}^\alpha(R^1) = L_r \cap I^\alpha(L_p). \tag{6.29}$$

注 6.1　根据 (5.49), 定理 6.2 的以下加权形式的结论成立: 函数 $f(x)$ 可以由分数阶积分 $I_+^\alpha \varphi$ 表示, $\varphi \in L_p(R^1; |x|^\mu), \alpha p - 1 < \mu < p - 1, p > 1$, 当且仅当

$$f(x) \in L_r(R^1; |x|^\nu), \quad \frac{1}{p} - \alpha \leqslant \frac{1}{r} \leqslant \frac{1}{p}, \quad \frac{1+\nu}{r} = \frac{1+\mu}{p} - \alpha$$

且

$$\sup_{\varepsilon > 0} \|\mathbf{D}_{+,\varepsilon}^{\alpha} f\|_{L_p(R^1; |x|^\mu)} < \infty.$$

我们在空间 $I^\alpha(L_p)$ 的刻画中加入关于函数 $f(x) \in I^\alpha(L_p)$ 在无穷远处的行为的如下想法: 非负 (或非正) 函数 $\varphi(x)$ 的分数阶积分 $f(x) = (I_\pm^\alpha \varphi)(x)$ 分别在 $x \to \pm\infty$ 时有 "坏" 行为. 也就是说, 它们最多以 $c|x|^{\alpha-1}$ 的速度衰减到零, 而函数 $\varphi(x)$ 衰减得更快 —— 见下文估计 (7.15). 所以如果函数 $f(x)$ 是实值的且 $f(x) \in L_r \cap I^\alpha(L_p), 1 \leqslant r \leqslant 1/(1-\alpha)$, 那么 $\mathbf{D}_\pm^\alpha f$ 必然会在轴上改变符号. 对于 $r = 1$ 的情况, 可以给出更精确的结果:

如果 $f(x) \in L_1 \cap I^\alpha(L_p), 1 \leqslant p < 1/\alpha$, 则对于任意 $\varepsilon > 0$, $\displaystyle\int_{-\infty}^{\infty} (\mathbf{D}_{\pm,\varepsilon}^\alpha f)(x) dx$

$= 0$. 如果 $p = 1$, 则也有 $\displaystyle\int_{-\infty}^{\infty} (\mathbf{D}_\pm^\alpha f)(x) dx = 0$.

事实上, 上述关于 $\mathbf{D}_{\pm,\varepsilon}^\alpha f$ 的关系可由 (5.59) 直接积分得到. 至于 $p = 1$ 时的 $\mathbf{D}_\pm^\alpha f$, 只需在实轴上对 (6.6) 积分即可.

在本节最后, 我们考虑空间 $I_\pm^\alpha(L_1)(0 < \alpha < 1)$ 的特征. 根据函数

$$f_{1-\alpha}^\pm(x) = \frac{1}{\Gamma(1-\alpha)} \int_0^\infty f(x \mp t) t^{-\alpha} dt$$

的绝对连续性, 这个空间的特征与有限积分的情况类似 (见定理 2.1).

定义 6.1　若 $f(x)$ 在任意有限区间上绝对连续, 且在闭实线 R^1 上 (因为包括两个无穷远点而完备化) 存在有界变差, 则称 $f(x) \in AC(R^1)$.

函数 $f(x)$ 属于 $AC(R^1)$ 的结论与它可表示为形式 $f(x) = \displaystyle\int_{-\infty}^{x} \varphi(t) dt + c$ 等价, 其中 $\varphi(t) \in L_1(R^1)$.

也可以通过将 R^1 映射到有限区间上来定义 $AC(R^1)$ 类. 即, 设 $x = x(y)$ 是区间 $[0,1]$ 到闭轴 $[-\infty, \infty]$ 上连续可微的一一映射且 $f(y) = f[x(y)]$. 可以证明, 通过关系 $AC(R^1) = \{f(x) : f(y) \in AC[0,1]\}$ 定义的 $AC(R^1)$ 与上面给出的定义等价.

定理 6.3　$f(x) \in I_\pm^\alpha(L_1)$ 的充分必要条件是 $f_{1-\alpha}^\pm(x) \in AC(R^1)$ 且 $f_{1-\alpha}^\pm(\mp\infty) = 0$ (符号对应选择).

定理的证明与有限区间的情况类似 (见定理 2.1).

6.4　函数可表示为分数阶积分的充分条件

注意到

$$\|\mathbf{D}_{+,\varepsilon}^\alpha f\|_p \leqslant \frac{\alpha}{\Gamma(1-\alpha)} \int_\varepsilon^\infty \frac{\omega_p(f,t)}{t^{1+\alpha}} dt, \tag{6.30}$$

其中

$$\omega_p(f,t) = \sup_{0<\tau<t} \|f(x+\tau) - f(x)\|_p, \tag{6.31}$$

我们看到由定理 6.2 可立即得到下列定理.

定理 6.4　如果 $f \in L_q(R^1), q = p/(1-\alpha p)$, 且 $\displaystyle\int_0^\infty t^{-1-\alpha}\omega_p(f,t)dt < \infty$, 则 $f \in I^\alpha(L_p), 1 < p < 1/\alpha$.

让我们给出 Hölder 函数 $f(x)$ 属于空间 $I^\alpha(L_p)$ 的简单充分条件. 首先我们证明以下将在书中反复使用的辅助估计.

对于积分

$$A_{a,b,c}(x) = \int_{-\infty}^\infty \frac{dt}{|t|^a(1+|t|)^b(1+|x-t|)^c},$$

其中 $a<1$ 且 $a+b+c>1$, 有估计式

$$A_{a,b,c}(x) \leqslant \mathsf{k} \begin{cases} (1+|x|)^{-\min(a+b,c,\,a+b+c-1)}, & \text{若} \max(c,a+b) \neq 1, \\ (1+|x|)^{1-a-b-c}\ln(2+|x|), & \text{若} \max(c,a+b) = 1, \end{cases} \tag{6.32}$$

这里 k 不依赖于 x.

证明　若函数 $A_{a,b,c}(x)$ 有界, 则只需估计 $|x| \to \infty$ 的情况. 我们将其表示为如下形式

$$A_{a,b,c}(x) = |x|^{1-a-b-c} \int_{-\infty}^\infty \frac{dt}{|\tau|^a \left(|\tau| + \dfrac{1}{|x|}\right)^b \left(|\tau-1| + \dfrac{1}{|x|}\right)^c}.$$

因此 $|x| \to \infty$ 时, 我们有

$$A_{a,b,c}(x) \leqslant \mathsf{k}|x|^{1-a-b-c} + |x|^{1-a-b-c}\left(\int_{-1/2}^{1/2} + \int_{1/2}^{3/2}\right).$$

显然

$$J_1 = \int_{-1/2}^{1/2} \leqslant \mathsf{k}\int_{-1/2}^{1/2} |\tau|^{-a}(|\tau|+1/|x|)^{-b}d\tau$$

$$= 2\mathsf{k}|x|^{a+b-1}\int_0^{|x|/2} \tau^{-a}(\tau+1)^{-b}d\tau.$$

因此对于 $|x| \to \infty$, 若 $a + b \neq 1$, 我们有 $J_1 \leqslant \mathsf{k}(|x|^{a+b-1} + 1)$; 若 $a + b = 1$, 我们有 $J_1 \leqslant \mathsf{k} \ln(2 + |x|)$. 类似地,

$$\int_{1/2}^{3/2} \leqslant \mathsf{k} \int_{-1/2}^{1/2} \left(|\xi| + \frac{1}{|x|} \right)^{-c} d\xi \leqslant \mathsf{k} \begin{cases} |x|^{c-1} + 1, & c \neq 1, \\ \ln(2 + |x|), & c = 1. \end{cases}$$

综上, 我们得到 (6.32). ∎

定理 6.5 若 $f(x) \in H^\lambda(\dot{R}^1), \lambda > \alpha$, 则

$$|(\mathbf{D}_{+,\varepsilon}^\alpha f)(x)| \leqslant c(1 + |x|)^{-\lambda-\alpha}, \quad \alpha < \lambda < 1, \tag{6.33}$$

$$|(\mathbf{D}_{+,\varepsilon}^\alpha f)(x)| \leqslant c(1 + |x|)^{-\lambda-\alpha} \ln(2 + |x|), \quad \lambda = 1, \tag{6.34}$$

其中 c 不依赖于 x 和 ε. 如果这里 $\lambda > \max(\alpha, -\alpha + 1/p)$ 且 $f(\infty) = 0$, 则 $f(x) \in I^\alpha(L_p)$.

证明 根据在 $\dot{R}^1$ 上的 Hölder 条件 (1.6), 我们得到不等式

$$|(\mathbf{D}_{+,\varepsilon}^\alpha f)(x)| \leqslant \frac{A}{(1 + |x|)^\lambda} \int_0^\infty \frac{dt}{t^{1+\alpha-\lambda}(1 + |x - t|)^\lambda}.$$

利用 (6.32), 我们得到 (6.33) 和 (6.34). 如果 $f(\infty) = 0$ 且 $\lambda > -\alpha + 1/p$, 则 $f \in L_q, 1/q = -\alpha + 1/p$. 此外, 从 (6.33) 和 (6.34) 可以看出 $\sup_{\varepsilon > 0} \|\mathbf{D}_{+,\varepsilon}^\alpha f\|_p < \infty$. 则由定理 6.2 有 $f \in I^\alpha(L_p)$. ∎

下一个定理关于加权项给出了充分条件.

定理 6.6 如果 $f(x) = \dfrac{g(x)}{|x|^\mu(1 + |x|)^\nu}$, 其中 $g(x) \in H^\lambda(\dot{R}^1)$, 则

$$|(\mathbf{D}_{+,\varepsilon}^\alpha f)(x)| \leqslant c|x|^{-\mu-\alpha}(1 + |x|)^{-\min(\nu, 1-\mu)}, \tag{6.35}$$

其中 $\lambda > \alpha, -\alpha < \mu \leqslant 1, \nu > \alpha$ 且 c 不依赖于 x 和 ε. 当 $\nu + \mu = 1$ 时, 需要在 (6.35) 中增加一个因子 $\ln(2 + |x|)$. 如果进一步还有

$$\frac{1}{q} - \nu < \mu < \frac{1}{q}, \quad \frac{1}{q} = \frac{1}{p} - \alpha, \tag{6.36}$$

则 $f(x) \in I^\alpha(L_p)$.

证明 记 $\rho(x) = |x|^\mu(1 + |x|)^\nu$, 我们有

$$(\mathbf{D}_{+,\varepsilon}^\alpha f)(x) = \frac{1}{\Gamma(-\alpha)\rho(x)} \int_\varepsilon^\infty \frac{g(x-t) - g(x)}{t^{1+\alpha}} dt$$

$$+ \frac{1}{\Gamma(-\alpha)} \int_\varepsilon^\infty \left[\frac{1}{\rho(x-t)} - \frac{1}{\rho(x)} \right] \frac{g(x-t)}{t^{1+\alpha}} dt$$

$$= A_\varepsilon(x) + B_\varepsilon(x).$$

关于 $A_\varepsilon(x)$ 的估计可从 (6.32) 中得到

$$|A_\varepsilon(x)| \leqslant c|x|^{-\mu}(1+|x|)^{-\nu-\alpha-\lambda} \tag{6.37}$$

(当 $\lambda = 1$ 时会出现因子 $\ln(2+|x|)$). 为了估计 $B_\varepsilon(x)$, 我们将其写为

$$B_\varepsilon(x) = \frac{1}{\Gamma(-\alpha)} \frac{1}{(1+|x|)^\nu} \int_\varepsilon^\infty \left[\frac{1}{|x-t|^\mu} - \frac{1}{|x|^\mu} \right] \frac{g(x-t)}{t^{1+\alpha}} dt$$

$$+ \frac{1}{\Gamma(-\alpha)} \int_\varepsilon^\infty \left[\frac{1}{(1+|x-t|)^\nu} - \frac{1}{(1+|x|)^\nu} \right] \frac{g(x-t)dt}{t^{1+\alpha}|x-t|^\mu}$$

$$= B_\varepsilon^1(x) + B_\varepsilon^2(x).$$

不难得到 $B_\varepsilon^1(x)$ 的估计

$$|B_\varepsilon^1(x)| \leqslant c(1+|x|)^{-\nu} \int_0^\infty t^{-1-\alpha} \left| |x|^{-\mu} - |x-t|^{-\mu} \right| dt$$

$$\leqslant c|x|^{-\mu-\alpha}(1+|x|)^{-\nu} \int_{-\infty}^\infty |t|^{-1-\alpha} \left| 1 - |1-t|^{-\mu} \right| dt$$

$$= c_1|x|^{-\mu-\alpha}(1+|x|)^{-\nu}.$$

进一步,

$$|B_\varepsilon^2(x)| \leqslant \frac{c}{|x|^{\alpha+\mu}} \int_0^\infty \left| \frac{1}{(1+|x|)^\nu} - \frac{1}{(1+|x||1-t\mathrm{sign}x|)^\nu} \right| \frac{t^{-1-\alpha}dt}{|1-t\mathrm{sign}x|^\mu}$$

$$\leqslant c|x|^{\nu-\alpha-\mu}(1+|x|)^{-\nu} \int_0^\infty t^{\nu-\alpha-1}|1-t|^{-\mu}(1+|x||1-t|)^{-\nu} dt$$

$$= \frac{c|x|^{\nu-\alpha-\mu}}{(1+|x|)^\nu} \int_{|t-1|>1/2} \cdots + \frac{c|x|^{\nu-\alpha-\mu}}{(1+|x|)^\nu} \int_{|t-1|<1/2} \cdots$$

$$= U_\varepsilon(x) + V_\varepsilon(x).$$

对于第一个积分我们有 $|t-1| > (t+1)/5$, 所以

$$U_\varepsilon(x) \leqslant \frac{c|x|^{-\alpha-\mu}}{(1+|x|)^\nu} \int_0^\infty \frac{dt}{t^{1+\alpha-\nu}(1+t)^{\nu+\mu}} = \frac{c_1}{|x|^{\alpha+\mu}(1+|x|)^\nu}.$$

而且有

$$V_\varepsilon(x) \leqslant c|x|^{\nu-\mu-\alpha}(1+|x|)^{-\nu} \int_0^1 \xi^{-\mu}(1+\xi|x|)^{-\nu}d\xi$$

$$= c|x|^{\nu-\mu-\alpha}(1+|x|)^{-\nu} \int_0^{|x|} t^{-\mu}(1+t)^{-\nu}dt \qquad (6.38)$$

$$\leqslant c|x|^{-\mu-\alpha}(1+|x|)^{-\min(\nu,1-\nu)}$$

(当 $\nu+\mu=1$ 时需增加因子 $\ln(2+|x|)$). 综合以上不等式, 我们看到, $B_\varepsilon(x)$ 有估计式 (6.38). 从而根据 (6.37), 截断的导数 $\mathbf{D}_{+,\varepsilon}^\alpha f$ 有一样的估计. 因此 (6.35) 得证. 得到了这一点, 定理其余的结论可从定理 6.2 中得到. ∎

下一个定理与定理 6.6 类似, 可以相应证明.

定理 6.6′ 若 $f(x) \in H^\lambda(\dot{R}^1), \lambda > \alpha, -\alpha+1/p < \mu < 1/p$, 则 $\dfrac{f(x)-f(0)}{|x|^\mu} \in I^\alpha(L_p)$.

现在我们来证明下面的定理.

定理 6.7 空间 $I^\alpha(L_p)$ 对于乘以函数 $a(x) \in H^\lambda(\dot{R}^1)(\lambda > \alpha)$ 所表示的算子保持不变性, 所以

$$\|af\|_{I^\alpha(L_p)} \leqslant \mathrm{k}\|a\|_{H^\lambda}\|f\|_{I^\alpha(L_p)},$$

其中 k 不依赖于 a 和 f.

证明 我们来验证定理 6.2 的条件. $af \in L_q$ 是显然满足的且 $\|af\|_q \leqslant \|a\|_{H^\lambda}\|f\|_q$. 此外,

$$\mathbf{D}_{+,\varepsilon}^\alpha(af) = a(x)\mathbf{D}_{+,\varepsilon}^\alpha f + A_\varepsilon f,$$

其中

$$A_\varepsilon f = \frac{\alpha}{\Gamma(1-\alpha)} \int_\varepsilon^\infty \frac{a(x)-a(x-t)}{t^{1+\alpha}}f(x-t)dt.$$

很显然, $\|a\mathbf{D}_{+,\varepsilon}^\alpha f\|_p \leqslant \|a\|_{H^\lambda}\|\mathbf{D}_{+,\varepsilon}^\alpha f\|_p$. 至于 $A_\varepsilon f$, 我们有

$$\|A_\varepsilon f\|_p \leqslant \frac{\alpha}{\Gamma(1-\alpha)}\|a\|_{H^\lambda} \int_0^\infty \frac{dt}{t^{1+\alpha-\lambda}} \left\{ \int_{-\infty}^\infty \frac{|f(x-t)|^p dx}{(1+|x|)^{\lambda p}(1+|x-t|)^{\lambda p}} \right\}^{1/p},$$

或在应用指标为 q/p 和 $(q/p)'$ 的 Hölder 不等式之后有

$$\|A_\varepsilon f\|_p \leqslant \frac{\alpha}{\Gamma(1-\alpha)}\|a\|_{H^\lambda}\|f\|_q \int_0^\infty \frac{dt}{t^{1+\alpha-\lambda}} \left\{ \int_{-\infty}^\infty \frac{dx}{(1+|x|)^{\lambda/\alpha}(1+|x-t|)^{\lambda/\alpha}} \right\}^\alpha.$$

根据 (6.32), 这里的二重积分是收敛的, 所以最终我们得到了 $\|\mathbf{D}_{+,\varepsilon}^\alpha(af)\|_p \leqslant c\|a\|_{H^\lambda}\|f\|_{I^\alpha(L_p)}$. 定理得证. ∎

注 6.2　下文 §11 证明的 (11.36) 指出, 空间 $I^\alpha(L_p)$, $1 < p < 1/\alpha$ 对于乘以阶跃函数 $\theta(x) = (1 + \mathrm{sign}x)/2$ 所表示的算子是保持不变的. 基于这一事实, 我们将在 §11.4 中给出 $f(x) \in I^\alpha(L_p)$ 的另一个充分条件, 它允许函数不连续 (见定理 11.6 的推论 2).

6.5　$I^\alpha(L_p)$-函数的连续积分模

我们用连续模 (6.31) 的一些简单性质结束本节. 虽然一般来说 $f \in I^\alpha(L_p)$ 时, 常常有 $f(x) \notin L_p(R^1)$, 但是根据 (6.6), 可以得到对于任意 h, $f(x) - f(x - h) \in L_p(R^1)$. 同时, 下面的结论对 $f(x) \in I^\alpha(L_p)(1 < p < 1/\alpha)$ 成立:

$$1)\quad \omega_p(f, t) \leqslant ct^\alpha \|\mathbf{D}_+^\alpha f\|_p; \tag{6.39}$$

$$2)\quad \omega_p(f, t) = o(t^\alpha), \quad \text{当 } t \to 0 \text{ 时}. \tag{6.40}$$

事实上, 对 (6.9) 运用广义 Minkowsky 不等式 (1.33), 可得到 (6.39). 为了得到 (6.39), 利用 (6.11) 我们将 (6.9) 改写为

$$f(x) - f(x - t) = t^\alpha \int_0^\infty \mathsf{k}(\xi)[\varphi(x - t\xi) - \varphi(x)]d\xi, \quad \varphi = \mathbf{D}_+^\alpha f,$$

再次利用广义 Minkowsky 不等式, 我们有

$$\omega_p(f, t) \leqslant t^\alpha \int_0^\infty |\mathsf{k}(\xi)|\omega_p(\varphi, t\xi)d\xi = o(t^\alpha). \tag{6.41}$$

从 (6.41) 中容易推出

$$\omega_p(f, t) \leqslant c_1 t^\alpha \omega_p(\varphi, t) + c_2 t \int_t^\infty \frac{\omega_p(\varphi, \xi)}{\xi^{2-\alpha}}d\xi, \tag{6.42}$$

其中 c_1, c_2 不依赖于 t. 通过简单的步骤, 也可得到以下估计

$$\int_0^A \frac{\omega_p(\varphi, t)}{t^{1+\alpha}}dt \leqslant \frac{2}{\Gamma(1+\alpha)} \int_0^A \frac{\omega_p(\varphi, t)}{t}dt + \frac{3A^\alpha}{\Gamma(1+\alpha)} \int_A^\infty \frac{\omega_p(\varphi, t)}{t^{1+\alpha}}dt. \tag{6.43}$$

§7　分数阶积分和导数的积分变换

我们在这里展示了将 Fourier, Laplace 和 Mellin 变换应用于分数阶积分和导数的结果. 有关这些变换的初步信息已在 §1.4 中给出.

7.1 Fourier 变换

本节的主要结论是以下分数阶积分的 Fourier 变换公式

$$\mathcal{F}(I_{\pm}^{\alpha}\varphi) = \hat{\varphi}(x)/(\mp ix)^{\alpha}, \quad 0 < \operatorname{Re}\alpha < 1. \tag{7.1}$$

与 (5.26) 相似, 函数 $(\mp ix)^{\alpha}$ 应理解为

$$(\mp ix)^{\alpha} = e^{\alpha \ln|x| \mp \frac{\alpha\pi i}{2}\operatorname{sign}x}. \tag{7.2}$$

如果 α 为实数, 我们也可以写为

$$(\mp ix)^{\alpha} = |x|^{\alpha} e^{\mp \frac{\alpha\pi i}{2}\operatorname{sign}x}. \tag{7.3}$$

对于分数阶微分的情形, 我们有类似的等式

$$\mathcal{F}(\mathcal{D}_{\pm}^{\alpha}\varphi) = (\mp ix)^{\alpha}\hat{\varphi}(x), \quad \operatorname{Re}\alpha \geqslant 0. \tag{7.4}$$

显然 (7.1) 和 (7.4) 式与 (1.105) 有关, 它们将后者推广到非整数阶的情形.

在证明 (7.1) 之前, 我们先给出辅助等式

$$\int_{0}^{\infty} t^{\alpha-1} e^{-zt} dt = \Gamma(\alpha)/z^{\alpha}, \quad z \neq 0, \quad \operatorname{Re}z \geqslant 0. \tag{7.5}$$

这里 $\operatorname{Re}z > 0$ 时 $\operatorname{Re}\alpha > 0$, $\operatorname{Re}z = 0$ 时 $0 < \operatorname{Re}\alpha < 1$, 并且在右半平面上选取函数 z^{α} 的解析主值, 使 z^{α} 在 α 为实数的情形下关于 $z = x > 0$ 为正值. 我们来证明这个等式. 根据 (1.54), 我们知道它关于 $z = x > 0$ 是成立的. 又因为等式左右两端在半平面 $\operatorname{Re}z > 0$ 中是解析的, 因此它在 $\operatorname{Re}z > 0$ 时也成立. 现在只剩下考虑边界情形 $\operatorname{Re}z = 0, z \neq 0$, 即

$$\int_{0}^{\infty} t^{\alpha-1} e^{-ixt} dt = \Gamma(\alpha)(ix)^{-\alpha}, \quad 0 < \operatorname{Re}\alpha < 1, \quad x \neq 0, \tag{7.6}$$

这里的条件 $\operatorname{Re}\alpha < 1$ 保证了左端积分在无穷远处的收敛性. 为了证明 (7.6) 我们作变量替换 $itx = z$:

$$\int_{0}^{\infty} t^{\alpha-1} e^{-ixt} dt = (ix)^{-\alpha} \int_{\mathcal{L}} z^{\alpha-1} e^{-z} dz, \tag{7.7}$$

其中对于 $x > 0$, $\mathcal{L}$ 为虚半轴 $(0, i\infty)$, 对于 $x < 0$, $\mathcal{L}$ 为虚半轴 $(-i\infty, 0)$. 因为 $|z| \to \infty$ 时, $|e^{-z}|$ 在右半平面指数衰减到零, 所以根据 Cauchy 积分定理我们有 $\int_{\mathcal{L}} z^{\alpha-1} e^{-z} dz = \int_{0}^{\infty} x^{\alpha-1} e^{-x} dx = \Gamma(\alpha)$. 这样就得到了 (7.6).

式 (7.1) 的证明由以下定理给出.

定理 7.1　等式 (7.1) 对于 $0 < \operatorname{Re}\alpha < 1$ 和 $\varphi(x) \in L_1(R^1)$ 成立, (7.1) 中的 Fourier 变换理解为 (1.103).

证明　由 (1.103), 我们有

$$\mathcal{F}(I_+^\alpha \varphi) = \frac{1}{\Gamma(\alpha)} \frac{d}{dx} \int_{-\infty}^\infty \frac{e^{ixt} - 1}{it} dt \int_{-\infty}^t \frac{\varphi(s) ds}{(t-s)^{1-\alpha}}$$

$$= \frac{1}{\Gamma(\alpha)} \frac{d}{dx} \int_{-\infty}^\infty \varphi(s) ds \int_s^\infty \frac{e^{ixt} - 1}{it(t-s)^{1-\alpha}} dt.$$

根据 Fubini 定理 (定理 1.1), 我们可以交换积分次序. 进一步, 微分后得到

$$\mathcal{F}(I_+^\alpha \varphi) = \frac{1}{\Gamma(\alpha)} \int_{-\infty}^\infty \varphi(s) ds \int_s^\infty \frac{e^{ixt} dt}{(t-s)^{1-\alpha}}$$

$$= \frac{1}{\Gamma(\alpha)} \int_{-\infty}^\infty \varphi(s) e^{ixs} ds \int_0^\infty \frac{e^{ix\tau} d\tau}{\tau^{1-\alpha}} = \frac{\hat{\varphi}(x)}{\Gamma(\alpha)} \int_0^\infty \frac{e^{ixt} dt}{t^{1-\alpha}}.$$

从而由 (7.6) 得到 (7.1). ∎

注 7.1　等式 (7.1) 不能直接推广到 $\operatorname{Re}\alpha \geqslant 1$ 的情形, 因为即使对于非常光滑的函数, (7.1) 的左端也可能不存在, 如 $\varphi \in C_0^\infty, \operatorname{Re}\alpha \geqslant 1$. 事实上, 如果 $\alpha = 1$ 我们有 $(I_+^1 \varphi)(x) = \int_{-\infty}^x \varphi(t) dt$, 所以当 $x \to +\infty$ 时 $(I_+^1 \varphi)(x) \to \text{const}$, 因此通常意义下 Fourier 变换 $\mathcal{F}I_+^1 \varphi$ 不存在. 如果 $\alpha > 1$, 我们选择非负函数 $\varphi \in C_0^\infty$ 且它在某个区间 $[a, b]$ 上为正值. 则对于 $x > b$,

$$\begin{aligned}
(I_+^\alpha \varphi)(x) &\geqslant \frac{1}{\Gamma(\alpha)} \int_a^b (x-t)^{\alpha-1} \varphi(t) dt \\
&\geqslant \min_{a \leqslant t \leqslant b} \varphi(t) \frac{(x-b)^\alpha - (x-a)^\alpha}{\Gamma(\alpha+1)},
\end{aligned} \tag{7.8}$$

因此 $(I_+^\alpha \varphi)(x) \sim Cx^{\alpha-1}$, 当 $x \to +\infty$ 时. 从而在通常意义下 Fourier 变换 $\mathcal{F}I_+^\alpha \varphi$ 也不存在. 在下面的 §8.2 中, 我们将在特别构造的函数空间中取 $\varphi(x)$, 将 (7.1) 推广到所有 $\alpha, \operatorname{Re}\alpha > 0$.

至于 (7.4), 它对于所有足够光滑的函数都有效, 对 $\operatorname{Re}\alpha > 0$ 而言, 例如那些 $n = [\operatorname{Re}\alpha] + 1$ 阶可微且在无穷远处与其导数一起快速衰减至零的函数. 我们可以通过以下方式验证: 将 $\mathcal{D}_+^\alpha f$ 改写为 $\mathcal{D}_+^\alpha f = I_+^{n-\alpha} f^{(n)}$, 然后应用 (7.1) 和 (1.105) 即可.

我们希望说明 (7.1) 也能用于估计某些积分. 也就是说, 我们将借助 (7.1) 来证明 (5.24). 首先在 (5.24) 中设 $\operatorname{Re}\mu > 1$. 则 $(1 \pm ix)^{-\mu} \in L_1(R^1)$, 进而由 (7.1)

(见定理 7.1) 有 $\mathcal{F}I_+^\alpha \left[\dfrac{\Gamma(\mu)}{(1 \pm ix)^\mu} \right] = \dfrac{\Gamma(\mu)}{(-ix)^\alpha} \mathcal{F} \left[\dfrac{1}{(1 \pm ix)^\mu} \right]$. 根据 (7.5) 得

$$\int_{-\infty}^{\infty} t_\pm^{\mu-1} e^{\mp t} e^{ixt} dt = \frac{\Gamma(\mu)}{(1 \mp ix)^\mu}, \quad \mathrm{Re}\mu > 0. \tag{7.9}$$

根据 Fourier 变换的逆公式 (1.104), 这意味着

$$\mathcal{F} \left[\frac{1}{(1 \pm ix)^\mu} \right] = \frac{2\pi}{\Gamma(\mu)} x_\pm^{\mu-1} e^{\mp x}, \tag{7.10}$$

它表明 $\mathcal{F}I_+^\alpha \left[\dfrac{\Gamma(\mu)}{(1 \pm ix)^\mu} \right] = 2\pi \dfrac{x_\pm^{\mu-1}}{(-ix)^\alpha} e^{\mp x}$. 对后面这个等式作 Fourier 逆变换, 并结合 (7.9) 将其中的 μ 替换为 $\mu - \alpha$, x 替换为 $-x$, 从而, 我们可以得到 (5.24). 以上推导对 $\mathrm{Re}(\mu - \alpha) > 1$ 成立, 但 (5.24) 本身对于 $\mathrm{Re}(\mu - \alpha) > 0$ 成立 (因为关于 μ 的解析性).

最后, 假设 $0 < \alpha < 1$, 我们给出了分数阶积分 $I_+^\alpha \varphi$ 和 $I_-^\alpha \varphi$ 在半轴上的余弦和正弦 Fourier 变换公式:

$$\mathcal{F}_c(I_{0+}^\alpha \varphi) = x^{-\alpha} \left(\cos \frac{\alpha\pi}{2} \mathcal{F}_c\varphi - \sin \frac{\alpha\pi}{2} \mathcal{F}_s\varphi \right), \quad x > 0, \tag{7.11}$$

$$\mathcal{F}_s(I_{0+}^\alpha \varphi) = x^{-\alpha} \left(\sin \frac{\alpha\pi}{2} \mathcal{F}_c\varphi + \cos \frac{\alpha\pi}{2} \mathcal{F}_s\varphi \right), \quad x > 0. \tag{7.12}$$

对于 $I_-^\alpha \varphi$ 的情形, 应将这些方程右端的 $\sin \dfrac{\alpha\pi}{2}$ 前面的符号替换为相反值. 通过分离实部和虚部, 很容易从 (7.1) 中得到这些关系.

7.2 Laplace 变换

从 (1.122) 可知, 分数阶积分 $(I_{0+}^\alpha \varphi)(x)(\mathrm{Re}\alpha > 0)$ 是如下形式的 Laplace 卷积

$$(I_0^\alpha \varphi)(x) = \left[\varphi(x) * \frac{x_+^{\alpha-1}}{\Gamma(\alpha)} \right], \quad \mathrm{Re}\alpha > 0. \tag{7.13}$$

因此对分数阶积分 $I_{0+}^\alpha \varphi$ 的 Laplace 变换使用卷积定理 (1.123), 不难得到结果

$$(LI_{0+}^\alpha \varphi)(p) = p^{-\alpha}(L\varphi)(p), \tag{7.14}$$

若函数 φ 充分好, 则其对于 $\mathrm{Re}\alpha < 0$ 也成立. 这里不考虑算子 $I_-^\alpha \varphi$, 因为复合式 $LI_-^\alpha \varphi$ 会导致一个复杂的算子, 其核包含 Kummer 函数 $_1F_1(a; c; z)$ (见 § 36).

为了证明 (7.14), 我们需要下面的引理.

引理 7.1　对于任意 $b > a$, 设 $\varphi(x) \in L_1(a, b)$, 并设

$$|\varphi(x)| \leqslant Ae^{p_0 x}, \quad \text{若} \quad x > b, \; A, p_0 - \text{const}, \; p_0 \geqslant 0 \tag{7.15}$$

成立, 且 $\text{Re}\,\alpha > 0$. 则对于 $x > b + 1$, 以下不等式成立

$$\begin{aligned}
|(I_{a+}^\alpha \varphi)(x)| &\leqslant Be^{p_0 x}, \quad \text{若} \quad p_0 > 0, \\
|(I_{a+}^\alpha \varphi)(x)| &\leqslant Bx^{\max(0, \text{Re}\,\alpha - 1)}, \quad \text{若} \quad p_0 = 0, \; B - \text{const}.
\end{aligned} \tag{7.16}$$

证明　令 $x > b + 1$. 为简单起见, 我们假设 α 为实数. 则有

$$\begin{aligned}
|(I_{a+}^\alpha \varphi)(x)| &\leqslant \frac{1}{\Gamma(\alpha)} \int_a^b (x - t)^{\alpha - 1} |\varphi(t)| dt + \frac{A}{\Gamma(\alpha)} \int_b^x \frac{e^{p_0 t}}{(x - t)^{1 - \alpha}} dt \\
&\leqslant C_1 x^{\max(0, \alpha - 1)} + \frac{Ae^{p_0 x}}{\Gamma(\alpha)} \int_0^{x - b} \frac{e^{-p_0 \tau}}{\tau^{1 - \alpha}} d\tau \\
&\leqslant C_1 x^{\max(0, \alpha - 1)} + C_2 e^{p_0 x}.
\end{aligned}$$

定理得证. ∎

定理 7.2　设 $\text{Re}\,\alpha > 0$. 那么在 $\text{Re}\,p > p_0$ 的情形下, (7.14) 对于满足引理 7.1 条件的函数 $\varphi(x)$ 成立, 其中 $a = 0$.

证明　Laplace 变换在 $\text{Re}\,p > p_0$ 情形下的适用性来自于引理 7.1 及以下事实: 如果 $\varphi \in L_1(0, b)$, 则 $I_{0+}^\alpha \varphi \in L_1(0, b)$ (参见 §2 和 §3). 等式 (7.14) 本身的正确性可以直接计算验证, 利用 Fubini 定理改变积分次序, 再利用 (7.5) 即可. ∎

定理 7.3　设 $-n < \text{Re}\,\alpha \leqslant 1 - n, n = 1, 2, \cdots$. 如果对于任意 $b > 0$, $\varphi(x) \in AC^n([0, b]), \varphi^{(j)}(0) = 0, j = 0, 1, 2, \cdots, n - 1$, 且估计 (7.15) 成立, 则 $\text{Re}\,p > p_0$ 时 (7.14) 成立.

证明　因为 $(I_{0+}^\alpha \varphi)(x) = (d/dx)^n (I_{0+}^{\alpha + n} \varphi)(x), \text{Re}\,\alpha + n > 0$ (根据 (2.32)), 并且根据条件 $\varphi^{(j)}(0) = 0$ 有 $(d/dx)^j (I_{0+}^{\alpha + n} \varphi)(x) = 0, x = 0, j = 1, 2, \cdots, n - 1$, 我们先应用 (1.124). 然后关于积分 $I_{0+}^{\alpha + n} \varphi$ 使用定理 7.2. 由此定理得证. ∎

我们注意到 (7.14) 会在第七章和第八章中用于求解各种积分和微分方程.

注 7.2　通过等式 (7.14) 和 Laplace 逆变换 (1.120) 得到了由 Laplace 算子 L 和 L^{-1} 表示算子 I_{0+}^α 的关系式, 即

$$(I_{0+}^\alpha \varphi)(x) = L^{-1} x^{-\alpha} L \varphi(x). \tag{7.17}$$

另一个与 (7.17) 类似的结果也成立,

$$(I_-^\alpha \varphi)(x) = L x^{-\alpha} L^{-1} \varphi(x). \tag{7.18}$$

它由下式代入 $\varphi = L\psi$ 得到

$$(I_-^\alpha L\psi)(x) = Lx^{-\alpha}\psi(x). \tag{7.19}$$

如果 $0 < \operatorname{Re}\alpha < 1$, 对于充分 "好" 的函数, 上式可通过直接计算验证.

7.3 Mellin 变换

式 (1.105), (7.1), (7.4) 和 (7.14) 表明, 任意 α 阶积分-微分在 Fourier 和 Laplace 变换中分别简化为与幂函数 $(\mp ix)^{-\alpha}$ 和 $p^{-\alpha}$ 的乘积. (1.117) 的结果表明, 当我们将 Mellin 变换应用于整数 n 阶导数时, 其变换会乘以 $(1-s)_n = \Gamma(1+n-s)/\Gamma(1-s)$. 关于分数阶积分和导数的后一种情形, 我们得出以下关系

$$(I_{0+}^\alpha f(x))^*(s) = \frac{\Gamma(1-\alpha-s)}{\Gamma(1-s)} f^*(s+\alpha), \quad \operatorname{Re}(s+\alpha) < 1, \tag{7.20}$$

$$(I_-^\alpha f(x))^*(s) = \frac{\Gamma(s)}{\Gamma(s+\alpha)} f^*(s+\alpha), \quad \operatorname{Re} s > 0, \tag{7.21}$$

在代入 $f(x) = x^{-\alpha}\varphi(x)$ 后, 根据 (1.117), 其形式为

$$(I_{0+}^\alpha x^{-\alpha}\varphi(x))^*(s) = \frac{\Gamma(1-\alpha-s)}{\Gamma(1-s)} \varphi^*(s), \quad \operatorname{Re}(s+\alpha) < 1, \tag{7.22}$$

$$(I_-^\alpha x^{-\alpha}\varphi(x))^*(s) = \frac{\Gamma(s)}{\Gamma(s+\alpha)} \varphi^*(s), \quad \operatorname{Re} s < 1. \tag{7.23}$$

这些公式成立的条件包含在下面的定理中.

定理 7.4 设 $\operatorname{Re}\alpha > 0$ 且 $f(t)t^{s+\alpha-1} \in L_1(0,\infty)$. 则当 $\operatorname{Re} s < 1 - \operatorname{Re}\alpha$ 时 (7.20) 成立, 当 $\operatorname{Re} s > 0$ 时 (7.21) 成立.

该定理的证明方法与定理 7.2 的证明方法相同. 给出的 α 和 s 的条件保证了内部积分的存在性.

定理 7.5 设 $-n < \operatorname{Re}\alpha \leqslant 1-n$, $n = 1,2,\cdots$, $f(t) \in C^n([0,b])$, b 为任意正数, 且 $f(t)t^{s+\alpha-1} \in L_1(0,\infty)$. 则当 $\operatorname{Re} s < 1 - \operatorname{Re}\alpha$ 且条件

$$x^{s-k}(I_{0+}^{\alpha+k}f)(x) = 0, \quad \text{当} \quad x = 0, \ x = \infty, \ k = 1,2,\cdots,n \tag{7.24}$$

满足时 (7.20) 成立, 当 $\operatorname{Re} s > 0$ 且条件

$$x^{s-k}(I_-^{\alpha+k}f)(x) = 0, \quad \text{当} \quad x = 0, \ x = \infty, \ k = 1,2,\cdots,n \tag{7.25}$$

满足时 (7.21) 成立.

证明 由条件 $f(t) \in C^n([0, b])$ 可知, 分数阶积分 $(I_{0+}^\alpha f)(x)$ 存在. 我们将其写为如下形式 $(I_{0+}^\alpha f)(x) = \dfrac{d^n}{dx^n}(I_{0+}^{\alpha+n} f)(x)$ (见 (2.32)).

然后我们对其应用 Mellin 变换并分部积分 n 次, 得到

$$(I_{0+}^\alpha f(x))^*(s) = \int_0^\infty x^{s-1} d\frac{d^{n-1}}{dx^{n-1}}(I_{0+}^{\alpha+n} f)(x)$$

$$= \sum_{k=0}^{n-1}(1-s)_k x^{s-k-1} I_{0+}^{\alpha+k+1} f(x)|_{x=0}^\infty$$

$$+ (1-s)_n \int_0^\infty x^{s-n-1} I_{0+}^{\alpha+n} f(x) dx.$$

由 (7.24), 求和项为零. 再利用定理 7.4 并分别将 α 替换为 $\alpha+n$, s 替换为 $s-n$, 我们得到结果

$$(I_{0+}^\alpha f(x))^*(s) = (1-s)_n \frac{\Gamma(1-\alpha-s)}{\Gamma(1-s+n)} f^*(s+\alpha).$$

因此, 我们推得了 (7.20). 积分 I_-^α 的情形可以类似考虑. 至此定理得证. ∎

连同 (7.22) 和 (7.23), 下面的定理刻画了分数阶积分和导数在 Mellin 逆变换中的应用, 后面也会用到.

定理 7.6 设 $f^*(s) \in L_2(1/2 - i\infty, 1/2 + i\infty), \eta \leqslant \min(0, \text{Re}(a-b))$. 则下列等式成立

$$x^b I_{0+}^{a-b} x^{-a} \int_{1/2-i\infty}^{1/2+i\infty} s^\eta f^*(s) x^{-s} ds = \int_{1/2-i\infty}^{1/2+i\infty} s^\eta \frac{\Gamma(1-a-s)}{\Gamma(1-b-s)} f^*(s) x^{-s} ds, \tag{7.26}$$

$$\text{Re}\, a < 1/2, \quad \text{Re}\, b < 1/2;$$

$$x^b I_-^{a-b} x^{-a} \int_{1/2-i\infty}^{1/2+i\infty} s^\eta f^*(s) x^{-s} ds = \int_{1/2-i\infty}^{1/2+i\infty} s^\eta \frac{\Gamma(b+s)}{\Gamma(a+s)} f^*(s) x^{-s} ds, \tag{7.27}$$

$$\text{Re}\, a > -1/2, \quad \text{Re}\, b > -1/2.$$

定理的证明可从 (7.26) 和 (7.27) 中的积分在给定的参数和函数条件下的存在性、它们几乎处处的绝对收敛性, 以及由此得到的交换 (7.26) 和 (7.27) 左端积分顺序的可能性中得到. 这样做后, 内部积分可通过 (1.68) 计算得到.

我们还注意到 §§ 10, 18 和 36 中包含各种复合公式, 这些公式给出了将其他的一些积分变换应用到算子 I_{0+}^α 和 I_-^α 上的结果, 以及它们的推广和修正 (另见 §§ 9, 23 和 39).

注 7.3 分数阶积分 $\Gamma(\alpha)(I_\pm^\alpha f)(x) = \int_0^\infty t^{\alpha-1} f(x \mp t) dt, \mathrm{Re}\alpha > 0$, 对于固定的 x 是函数 $\varphi_\pm(t) = f(x \mp t)$ 的 Mellin 变换. 应用 Mellin 逆变换 (1.113), 我们通过函数 $f(x)$ 的分数阶积分得到其如下表示, 即在对应的正负号选择下有

$$f(x \mp \tau) = \frac{1}{2\pi i} \int_{\alpha_1 - i\infty}^{\alpha_1 + i\infty} \Gamma(\alpha)(I_\pm^\alpha f)(x) \tau^{-\alpha} d\alpha, \quad \alpha_1 = \mathrm{Re}\alpha > 0, \qquad (7.28)$$

其中 $\tau > 0$. 显然这个公式可以解释为 Taylor 级数展开的一个积分类似物. 另外, 特别地取 $x = 0$, 我们有

$$f(\mp \tau) = \frac{1}{2\pi i} \int_{\alpha_1 - i\infty}^{\alpha_1 + i\infty} \Gamma(\alpha)(I_\pm^\alpha f)(0) \tau^{-\alpha} d\alpha, \quad \tau > 0. \qquad (7.29)$$

这意味着, 如果函数 $f(x)$ 的分数阶积分中的一点 $(I_\pm^\alpha f)(0)$ 在某条线上 $\mathrm{Re}\alpha = \alpha_1 > 0$ 对所有的 α 已知, 则函数可仅通过其分数阶积分在这点处的值反演出来.

§ 8 广义函数的分数阶积分和导数

我们假设读者对广义函数有一些最基本的了解. 广义函数视为在一个或另一个检验函数构成的空间上的连续泛函. 各种各样这样的空间根据实际处理的问题而选择使用, 以便考虑问题的特殊性. 这一点在本节中将很明显.

8.1 基本思想

我们将考虑 Ω 上的广义函数, 其中 Ω 是实轴或实半轴. Ω 为有限区间的情形只在 § 8.5 中给出了简要说明. 我们选择 Ω 上的检验函数, 其在 Ω 的内部无穷次可微, 在 Ω 的端点处满足指定的性态. 广义函数 f 作为检验函数 φ 上的泛函, 其值记为 (f, φ). 如果存在局部可积函数 $f(x)$ 使得 $\int_\Omega f(x)\varphi(x)dx$ 对每个检验函数 $\varphi(x)$ 都存在, 则称该广义函数是正则的, 并且

$$(f, \varphi) = \int_\Omega f(x)\varphi(x)dx. \qquad (8.1)$$

这里假设双线性形式 (f, φ) 的选择方式在广义函数正则的情况下与 (8.1) 一致.

假设检验函数空间 $X = X(\Omega)$ 是一个拓扑向量空间. 我们用 $X' = X'(\Omega)$ 来表示 X 的拓扑对偶空间, 即 X 上的连续线性泛函构成的空间.

我们来回忆一下集中在一个点上的广义函数的概念. 如果 $(f, \varphi) = 0$ 对于任意在开集 G 外为零的检验函数 φ 成立, 则称广义函数 $f \in X'$ 在开集 G 上为零.

满足 $f = 0 \in X'$ 的所有开集的并 O_f 称为 *广义函数* f 的零集. 零集关于 Ω 的补称为广义函数的支集, 记为 $\mathrm{supp} f = \Omega \setminus O_f$. 如果 $\mathrm{supp} f$ 为单点集 $\{x_0\}$, 那么我们称广义函数集中在点 x_0.

著名的 Dirac 函数 $\delta(x - x_0), x_0 \in \Omega$ 及其由下式定义的导数

$$(\delta^{(k)}(x - x_0), \varphi) = (-1)^k \varphi^{(k)}(x_0)$$

提供了广义函数集中在一个点上的例子.

逆命题也是正确的, 即任何集中在点 x_0 处的泛函 f, 其表示形式为 $f = \sum_{k=0}^{N} c^k \delta^{(k)}(x - x_0)$ —— Vladimirov [1979, p. 52] 或 Gel'fand and Shilov [1958, p. 149].

定义广义函数的分数阶积分和导数主要有两种方法. 第一种可以追溯到 Schwartz [1950-1951], 它是基于分数阶积分的定义, 即函数 $\dfrac{1}{\Gamma(\alpha)} x_{\pm}^{\alpha-1}$ 与广义函数 f 的卷积

$$\frac{1}{\Gamma(\alpha)} x_{\pm}^{\alpha-1} * f \tag{8.2}$$

—— 见 §8.3. 这种方法适用于半直线的情形. 第二种方法更为常见, 它是基于共轭算子定义的. 即根据分部积分 (2.20) 和 (5.16), 可以通过定义引入

$$(I_{a+}^{\alpha} f, \varphi) = (f, I_{b-}^{\alpha} \varphi), \tag{8.3}$$

其中 $I_{b-}^{\alpha}, I_{a+}^{\alpha}$ 和分数阶导数可类似定义. 如果 I_{b-}^{α} 将检验函数空间 X 连续映射到自身, 则通过 (8.3) 定义分数阶积分-微分的方法是正确的. 有时更一般的情形也是允许的, 例如, 当 f 和 $I_{a+}^{\alpha} f$ 被认为是不同检验函数空间 X 和 Y 上的广义函数以至于 $f \in X', I_{a+}^{\alpha} f \in Y'$ 时, 那么 I_{b-}^{α} 必须连续地将 Y 映射到 X.

我们将在 §8.3 中非常简略地概述 (8.2). 我们主要关注 (8.3). §8.2 中考虑了它在实轴 R^1 上的情形, §8.4 中处理了它在半实轴上的情形.

8.2 实轴 R^1 的情形. 检验函数 Lizorkin 空间

著名的 Schwartz 检验函数空间 S (无穷次可微函数且其自身与其各阶导数均在无穷远处迅速衰减到零) 以及有限的无穷次可微函数类 $C_0^{\infty} \subset S$, 不适用于分数阶积分和导数. 显然函数 $I_{\pm}^{\alpha} \varphi, \mathcal{D}_{\pm}^{\alpha} \varphi$, 其中 $\varphi \in S$, 是无穷次可微的, 但一般来说它们在无穷远处的行为并不充分好 —— 见注 7.1 和 (7.8) 中的不等式. 这表明尽管 $\varphi \in C_0^{\infty}$, 但其分数阶积分 $I_{\pm}^{\alpha} \varphi$ 在 $x \to +\infty$ 时可能有 "坏" 的行为. 考虑到这一点, 我们可以选择这样的无穷次可微的检验函数, 它们在 $x \to -\infty$ 时有 "好" 的行为,

在 $x \to +\infty$ 时有 "坏" 的行为. 例如, 我们可以引入无穷次可微的函数空间 $\mathfrak{S}_+$, 其中的函数对于 $x \to -\infty$ 有与 S 中函数相同的行为, 关于 $x \to +\infty$ 缓慢增长. 后者意味着对于每个 $k = 0, 1, 2, \cdots$ 存在 m 使得 $\sup(1+|x|)^{-m}|\varphi^{(k)}(x)| < \infty$. 空间 $\mathfrak{S}_+$ 以及类似的空间 $\mathfrak{S}_-$ (在 $x \to -\infty$ 处有 "坏" 行为) 分别关于分数阶积分 I_+^α 和 I_-^α 是不变的. 事实上, 对于 $\varphi \in \mathfrak{S}_+$ 及任意的 p, 当 $x \to -\infty$ 时, 我们有

$$\left| (1+|x|)^m \frac{d^k}{dx^k} I_+^\alpha \varphi \right| \leqslant \frac{(1+|x|)^m}{\Gamma(\alpha)} \int_0^\infty \frac{|\varphi^{(k)}(x-t)|}{t^{1-\alpha}} dt$$

$$\leqslant c(1+|x|)^m \int_0^\infty \frac{t^{\alpha-1} dt}{(1+|x|+t)^p}.$$

取 p 充分大 $(p > \alpha+1)$, 我们得到

$$\left| (1+|x|)^m \frac{d^k}{dx^k} I_+^\alpha \varphi \right| \leqslant c(1+|x|)^{m+\alpha+1-p} \int_0^\infty t^{\alpha-1}(1+t)^{-\alpha-1} dt \leqslant \text{const}, \quad (8.4)$$

其中 $p > m + \alpha + 1$. 很容易证明当 $x \to \infty$ 时, I_+^α 保持缓慢增长.

空间 $\mathfrak{S}_\pm$ 中的拓扑很容易用可数的范数来定义, 范数中包含在一个无穷远处以 "幂" 形式衰减到零的项和在另一个无穷远处 "幂" 增长的项.

空间 $\mathfrak{S}_\pm$ 在某种意义上与可和函数的空间 $L_{p,\omega}$ (见 (5.52)) 相近, 它们对于分数阶积分也是不变的.

空间 $\mathfrak{S}_\pm$ 的不便之处在于我们必须在不同的检验函数空间 $\mathfrak{S}_+$ 和 $\mathfrak{S}_-$ 上考虑分数阶积分 I_+^α 和 I_-^α. 一个更重要的缺点是 $\mathfrak{S}_\pm$ 上的广义函数在 $x \to \pm\infty$ 时衰减为零, 因此, 例如, 幂函数不属于 $\mathfrak{S}'_\pm$.

根据 Lizorkin 的有关工作, 我们来介绍子空间 $\Phi \subset S$, 它关于分数阶积分和微分不变. 引入这样一个空间的想法会在 Fourier 变换中阐明. 事实上, (7.1) 式将分数阶积分的作用简化为 Fourier 变换除以 $(\mp ix)^\alpha$:

$$\mathcal{F}(I_\pm^\alpha \varphi)(x) = (\mp ix)^{-\alpha} \hat{\varphi}(x). \quad (8.5)$$

如果函数 $\hat{\varphi}(x)$ 在除以 $(\mp ix)^\alpha$ 后不会变差, 则会得到所需的不变性. 因此我们介绍函数空间 Ψ, 函数 $\psi(x) \in S$ 且其所有导数在 $x = 0$ 处为零:

$$\Psi = \{\psi : \psi \in S, \ \psi^{(k)}(0) = 0, \ k = 0, 1, 2, \cdots\}.$$

一个函数 $\psi \in \Psi$ 的例子是 $\psi(x) = e^{-x^2 - x^{-2}}$.

定义 8.1 由 Fourier 变换在 Ψ 中的函数所构成的空间称为 Lizorkin 空间, 定义为

$$\Phi = \{\varphi : \varphi \in S, \hat{\varphi} \in \Psi\}.$$

因为 $0 = \hat{\varphi}^{(k)}(0) = \int_{-\infty}^{\infty} e^{i0 \cdot t} \varphi(t) t^k dt$, 空间 Φ 可用来表示与所有多项式正交的 Schwartz 检验函数 $\varphi(x) \in S$ 构成的空间:

$$\int_{-\infty}^{\infty} t^k \varphi(t) dt = 0, \quad k = 0, 1, 2, \cdots. \tag{8.6}$$

我们回顾一下, 之前的 (8.5) 是在 $0 < \mathrm{Re}\,\alpha < 1$ 的情形下证明的 (见注 7.1). 现在我们来证明, 在函数 $\varphi \in \Phi$ 的情形下, 它对所有的 α 都成立.

引理 8.1　如果 $\mathrm{Re}\,\alpha \geqslant 0$, 则等式 (8.5) 对于 $\varphi \in \Phi$ 成立.

证明　首先令 $1 \leqslant \mathrm{Re}\,\alpha < 2$. ($0 < \mathrm{Re}\,\alpha < 1$ 的情形包含在定理 7.1 中.) 则

$$\begin{aligned}
\mathcal{F}I_+^\alpha \varphi &= \Gamma^{-1}(\alpha) \lim_{N \to \infty} \int_{-\infty}^{N} e^{ixt} dt \int_{-\infty}^{t} (t-s)^{\alpha-1} \varphi(s) ds \\
&= \Gamma^{-1}(\alpha) \lim_{N \to \infty} \int_{-\infty}^{N} \varphi(s) e^{ixs} ds \int_{0}^{N-s} \xi^{\alpha-1} e^{ix\xi} d\xi.
\end{aligned} \tag{8.7}$$

如果 $\mathrm{Re}\,\alpha \neq 1$, 由分部积分得

$$\begin{aligned}
\mathcal{F}I_+^\alpha \varphi = \frac{1}{\Gamma(\alpha) ix} \lim_{N \to \infty} \bigg[& N^{\alpha-1} e^{ixN} \int_{-\infty}^{N} \Big(1 - \frac{s}{N}\Big)^{\alpha-1} \varphi(s) ds \\
& - (\alpha - 1) \int_{-\infty}^{N} \varphi(s) e^{ixs} ds \int_{0}^{N-s} \xi^{\alpha-2} e^{ix\xi} d\xi \bigg].
\end{aligned}$$

根据 (8.6), 这里的第一项趋于零 (应用 L'Hôpital 法则). 而第二项根据假设 $\mathrm{Re}\,\alpha < 2$, 可直接取极限. 考虑到积分 (7.6) 的值, 得到 $\mathcal{F}I_+^\alpha \varphi = \dfrac{(\alpha-1)\Gamma(\alpha-1)}{(-ix)^\alpha \Gamma(\alpha)} \hat{\varphi}(x)$, 从而得到了想要的结果.

根据 (8.6), 情形 $\alpha = 1$ 是简单的:

$$\mathcal{F}I_+^1 \varphi = \lim_{N \to \infty} \int_{-\infty}^{N} \varphi(s) \frac{e^{ixN} - e^{isx}}{ix} ds = -\frac{1}{ix} \hat{\varphi}(x).$$

我们现在考虑奇异的情况 $\mathrm{Re}\,\alpha = 1, \alpha \neq 1$, 从而 $\alpha = 1 + i\theta, \theta \neq 0$. 容易看到对于 $\varphi(x) \in \Phi$,

$$\int_{N-1}^{N} \varphi(s) e^{ixs} ds \int_{0}^{N-s} \xi^{i\theta} e^{ix\xi} d\xi \to 0, \quad \text{当} \quad N \to \infty.$$

因此由 (8.7),

$$\mathcal{F}I_+^\alpha\varphi = \frac{1}{ix\Gamma(\alpha)}\lim_{N\to\infty}\int_{-\infty}^{N-1}\varphi(s)e^{ixs}ds\left[\int_0^1\xi^{i\theta}d(e^{ix\xi}-1)+\int_1^{N-s}\xi^{i\theta}de^{ix\xi}\right].$$

通过分部积分和简单变换, 我们有

$$\mathcal{F}I_+^\alpha\varphi = -\frac{1}{ix\Gamma(\alpha)}\lim_{N\to\infty}\left\{\int_{-\infty}^{N-1}\varphi(s)e^{ixs}ds - N^{i\theta}e^{ixN}\int_{-\infty}^{N-1}\left(1-\frac{s}{N}\right)^{i\theta}\varphi(s)ds\right.$$
$$\left.+ i\theta\int_{-\infty}^{N-1}e^{ixs}\varphi(s)ds\int_0^{N-s}\frac{e^{ix\xi}-\chi(\xi)}{\xi^{1-i\theta}}d\xi\right\},$$

其中 $\chi(\xi)=\begin{cases}1, & \xi<1,\\ 0, & \xi>1.\end{cases}$ 显然这里第一项趋于 $\hat{\varphi}(x)$, 根据 (8.6) 第二项趋于零, 对于第三项, 可以在积分符号下取极限. 因此

$$\mathcal{F}I_+^\alpha\varphi = -\frac{1}{\Gamma(\alpha)}\left[\frac{\hat{\varphi}(x)}{ix}+\frac{\theta}{x}A(x)\hat{\varphi}(x)\right],\tag{8.8}$$

其中用到了

$$A(x)=\int_0^\infty\frac{e^{ix\xi}-\chi(\xi)}{\xi^{1-i\theta}}d\xi.$$

通过取极限, 由 (7.6) 不难得到 $A(x)=\Gamma(i\theta)(-ix)^{-i\theta}-(i\theta)^{-1}$, 它将 (8.8) 变为 $\mathcal{F}I_+^\alpha\varphi = (-ix)^{-1-i\theta}\hat{\varphi}(x)$. 最后令 $\text{Re}\,\alpha > 2$. 由半群性质 $I_+^\alpha\varphi = I_+^1 I_+^{\alpha-1}\varphi, \varphi\in\Phi$, 它可以简化为已经考虑过的情形. 同样, 根据半群性质 $I_+^{i\theta}\varphi = \frac{d}{dx}I_+^{1+i\theta}\varphi, \varphi\in\Phi$, 以及 (7.4), $\text{Re}\,\alpha = 0$ 的情形可从 $\text{Re}\,\alpha = 1$ 的情形中得到. ■

我们现在将引理 8.1 应用到纯虚数阶分数阶积分.

引理 8.2 定义在 Φ 上的算子 $I_\pm^{i\theta}, \theta\in R^1$ 可以延拓到 $L_p(R^1), 1<p<\infty$ 中的有界算子.

证明 根据引理 8.1, 在 Fourier 变换中, 算子 $I_+^{i\theta}$ 的作用至少在集合 Φ 上 (在 $L_p(R^1)$ 中稠密) 可简化为与有界函数

$$(-ix)^{-i\theta} = e^{(\pi/2)\theta\text{sign}x}[\cos(\theta\ln|x|)-i\sin(\theta\ln|x|)]$$

的乘积 —— 见 §9.2 (注记 8.1). 不难证明这个函数满足条件 (1.41′). 因此, 根据定理 1.6, 算子 $I_+^{i\theta}$ 在 $L_p(R^1)$ 中有界. ■

从引理 8.2 中容易推出算子 $I_{a+}^{i\theta}$ 在 $L_p(a,b), 1<p<\infty$ 中有界.

从定义 8.1 和引理 8.1 可以立即看出, 空间 Φ 对于任意阶的分数阶积分和微分确实是不变的.

空间 Φ 可以认为是具有 S 空间拓扑结构的拓扑向量空间. 后者 S 具有可数个半范数 $\sup_x (1+x^2)^{m/2}|\varphi^{(k)}(x)|$ 组成的拓扑. 空间 Φ 在 S 中是闭的. 事实上已知 (Gel'fand and Shilov [1958, p. 155]) 由 Fourier 像空间 $\mathcal{F}(S) = S$ 中的 S-拓扑定义了 S 中的拓扑, 与 S 中的初始收敛性一致. 因此只需说明 Ψ 在 S 中是闭的, 而这一点是显然的.

我们也可以在 Ψ 中定义一个拓扑, 它不仅包含函数 $\psi(x)$ 在无穷远处的行为, 也包含 $x \to 0$ 的行为, 即通过可数个半范 $\sup_x [(1+x^2)^{m/2}|x|^{-p}|\psi^{(k)}(x)|]$ 定义. 这个拓扑与 S 关于函数 $\psi \in \Psi$ 的拓扑一致. 这可以通过分别考虑 $|x| < 1$ 和 $|x| > 1$ 的情形, 并在第一种情形下应用带积分型余项的 Taylor 展开式来验证.

注 8.1   空间 Φ 不包含处处不等于零的实值函数. 这可在 (8.6) 中取 $k = 0$ 得到.

和通常一样, 空间 Φ 上连续线性泛函的空间用 Φ' 表示. 我们来比较 Φ' 和 S'. 我们先比较 Ψ' 和 S'. 因为 Ψ 在 S 中是闭的, 我们可以用 Schwartz 空间 S' 模掉子空间 Ψ'_0 (Ψ'_0 由 S' 中的泛函构成, 且以 Ψ 作为零空间) 得到的商空间定义 Ψ', 即

$$\Psi' = S'/\Psi'_0, \tag{8.9}$$

其中 $\Psi'_0 = \{f : f \in S', (f, \psi) = 0, \psi \in \Psi\}$. 我们使用了已知的一般事实: 如果 M 是线性拓扑空间 E 中的闭子空间, 则 $M' = E'/M^\perp$, 其中 $M^\perp$ 是 E' 中所有与 M 正交的泛函组成的空间. 根据空间 Ψ 的定义, Ψ'_0 由集中在 $x = 0$ 点的函数组成. 于是 —— 见 §8.1 —— Ψ'_0 由 delta 函数及其导数的线性组合组成. 众所周知 $\delta^{(k)}(x)$ 是幂函数的 Fourier 变换, 即 $\mathcal{F}\{(it)^k; x\} = 2\pi\delta^{(k)}(x)$, 这里的 Fourier 变换需在广义函数意义下理解:

$$(\hat{f}, \varphi) = (f, \hat{\varphi}), \tag{8.10}$$

其中 $\varphi \in S$ 或 $\varphi \in \Phi$. 因此, 由类似于 (8.9) 的表达式

$$\Phi' = S'/\Phi'_0, \tag{8.11}$$

我们有

$$\Phi'_0 = \{f : f \in S', (f, \varphi) = 0, \varphi \in \Phi\}, \tag{8.12}$$

它由多项式组成. 因此 Φ' 可以理解为是模掉了所有多项式子空间 P 的商空间 S'/P. 换句话说, Φ' 可以通过从 S' 中 "筛掉" 多项式得到, 即 Φ' 中不区分在 S' 中相差多项式的两个元素.

根据 (8.3) 我们通过下式来定义广义函数 $f \in \Phi'$ 的分数阶积分 $I_{\pm}^{\alpha}$,

$$(I_{\pm}^{\alpha} f, \varphi) = (f, I_{\mp}^{\alpha} \varphi), \quad \varphi \in \Phi. \tag{8.13}$$

分数阶微分对应于 $\mathrm{Re}\,\alpha < 0$ 的情形. 定义 (8.13) 对所有 α 适用. 事实上, 根据 (8.10), 我们有

$$(f, I_{\mp}^{\alpha} \varphi) = (\tilde{f}, \widehat{I_{\mp}^{\alpha} \varphi}) = (\tilde{f}, (\pm ix)^{-\alpha} \hat{\varphi}(x)). \tag{8.14}$$

由于 $\hat{\varphi}(x) \in \Psi$, 它乘以 $(\pm ix)^{-\alpha}$ 依然是 Ψ 中的连续算子, 我们得到 $(f, I_{\mp}^{\alpha} \varphi)$ 是 Φ 中的连续泛函.

注 8.2 对于函数 $f(x) \in L_p(R^1), p \geqslant 1/\alpha$, 当积分 $I_{\pm}^{\alpha} f$ 在通常意义下不存在, 在无穷远处发散时, 等式 (8.13) 可以作为函数分数阶积分的定义. 这时候, $I_{\pm}^{\alpha} f$ 为广义函数. 但若 $\alpha < 1$, 这个广义函数使其差分

$$\Delta_h f = f(x + h) - f(x)$$

以适当的方式定义: $(\Delta_h f, \varphi) = (f, \Delta_{-h} \varphi)$, 且当所有 $h \in R^1$ 和 $\Delta_h f \in L_p(R^1)$ 时, 它是正常函数. 利用表达式 (6.9), 这个结论容易得到. 在 $\alpha \geqslant 1$ 情形下, 引入高阶的差商可以得到类似的结论 —— 参见引理 26.4 中多维情形在类似情况下的精确公式.

我们来考虑一些例子. 考察等式 (5.24) 和 (5.25). 因为根据 (7.10), 对于任意 μ 有 $\mathcal{F}[(1 \pm ix)^{-\mu}] \in \Psi'$ (Fourier 变换理解为 (8.10)), 所以函数 $f(x) = (1 \pm ix)^{-\mu}$ 可以认为是 Φ' 中的元素. 情形 $\hat{f}(x) \equiv 0$ 与 $\mu = -m, m = 0, 1, 2, \cdots$ 的情形对应, 这与 Φ' 不包含多项式一致. 基于准则 (8.10), 我们得到等式

$$I_{+}^{\alpha}[(1 \pm ix)^{-\mu}] = \frac{\Gamma(\mu - \alpha)}{\Gamma(\mu)} e^{\pm i\alpha\pi/2} (1 \pm ix)^{\alpha-\mu}, \tag{8.15}$$

$$I_{-}^{\alpha}[(x \pm i)^{-\mu}] = \frac{\Gamma(\mu - \alpha)}{\Gamma(\mu)} (x \pm i)^{\alpha-\mu}, \tag{8.16}$$

对于除 $\mu = \alpha - m, m = 0, 1, 2, \cdots$ 外的所有复值 μ 成立. 对于这种情形, 我们有以下等式

$$I_{+}^{\alpha}[(1 \pm ix)^{m-\alpha}] = \frac{(-1)^{m-1}}{m! \Gamma(\alpha - m)} (1 \pm ix)^m \ln(1 \pm ix), \tag{8.17}$$

$$I_{-}^{\alpha}[(x \pm i)^{m-\alpha}] = \frac{(-1)^{m-1}}{m! \Gamma(\alpha - m)} (x \pm i)^m \ln(x \pm i), \tag{8.18}$$

其中 $\ln(1 \pm ix) = \ln\sqrt{1 + x^2} \pm i\,\mathrm{arctan}\,x, \ln(x \pm i) = \ln\sqrt{1 + x^2} \pm i\,\mathrm{arccotg}\,x$. 我们以 (8.17) 作为例子予以证明. 对于 $f(x) = (1 + ix)^{-\mu}$, 根据 (8.13), (8.14) 和

(8.15), 我们得到如下关系式

$$(I_+^\alpha f, \varphi) = (\mathcal{F}^{-1}(1+ix)^{-\mu}, (ix)^{-\alpha}\hat{\varphi}(x)).$$

考虑到 (7.9), 我们有

$$(I_+^\alpha f, \varphi) = \frac{1}{\Gamma(\mu)} \int_{-\infty}^{\infty} \frac{x_-^{\mu-1}e^x}{(ix)^\alpha} \hat{\varphi}(x)dx.$$

因为 $\hat{\varphi}^{(k)}(0) = 0, k = 0, 1, 2, \cdots$, 我们发现在整个复平面确定了 $(I_+^\alpha f, \varphi) = 0$ 的点 $\mu = -m,\ m = 0, 1, 2, \cdots$ 后, $(I_+^\alpha f, \varphi)$ 是关于 μ 的解析泛函. 那么从 (8.15) 中可以看出

$$(I_+^\alpha[(1+ix)^{m-\alpha}], \varphi) = \lim_{\mu \to \alpha-m} \frac{\Gamma(\mu-\alpha)}{\Gamma(\mu)} e^{i\alpha\pi/2} \int_{-\infty}^{\infty} (1+ix)^{\alpha-\mu}\varphi(x)dx.$$

根据 (8.6) 有 $\int_{-\infty}^{\infty}(x+i)^m\varphi(x)dx = 0$, 因此我们可以使用 L'Hôpital 法则, 从而得到 (8.17).

现在我们来估计 delta 函数及其导数的分数阶积分. 我们有

$$(I_\pm^\alpha\delta^{(k)}, \varphi) = (\delta^{(k)}, I_\mp^\alpha\varphi) = (-1)^k \frac{d^k}{dx^k}(I_\mp^\alpha\varphi)|_{x=0} = (-1)^k I_\mp^\alpha(\varphi^{(k)})|_{x=0}.$$

所以 $I_\pm^\alpha\delta^{(k)}$ 是按如下公式

$$(I_\pm^\alpha\delta^{(k)}, \varphi) = \frac{(-1)^k}{\Gamma(\alpha)} \int_0^\infty t^{\alpha-1}\varphi^{(k)}(\pm t)dt$$

或

$$(I_\pm^\alpha\delta^{(k)}, \varphi) = \frac{(-1)^k}{\Gamma(\alpha-k)} \int_{-\infty}^{\infty} t_\pm^{\alpha-k-1}\varphi(t)dt \tag{8.19}$$

作用的泛函, 其中 $\text{Re}\alpha > k$. 等式 (8.19) 意味着

$$I_\pm^\alpha\delta^{(k)} = \frac{(-1)^k}{\Gamma(\alpha-k)} t_\pm^{\alpha-k-1}, \quad \text{Re}\alpha > k. \tag{8.20}$$

容易证明, (8.20) 可以推广到 $\text{Re}\alpha \leqslant k$. 广义函数 $t_\pm^{\alpha-k-1}$ 在正则化意义下处理 —— 参见 (5.68). 这里点 $\alpha = k - m, m = 0, 1, 2, \cdots$ 是奇点, 对应等式为 $I_+^\alpha\delta^{(k)} = \delta^{(m)}$.

我们通过下面的注记来结束我们对空间 Φ 的考虑. 空间 Φ 除了其明显的优点 —— 定义简单、带 Fourier 像的运算清晰外, Φ 还有一个本质上的缺点: 它缺少乘子. 即, 如果对于所有 $\varphi(x) \in \Phi$, $m(x)\varphi(x) \in \Phi$, 那么 $m(x)$ 只可能是一个多项式. 实际上, 在这种情况下对于所有 $\varphi(x) \in \Phi$, 我们有 $\int_{-\infty}^{\infty} m(x)\varphi(x)dx = 0$, 但如上文所示, 由 (8.12) 定义的与 Φ 正交的空间仅由多项式构成.

8.3 Schwartz 方法

我们来考虑定义在检验函数空间 $K_1 = C_0^{\infty}(R^1)$ 上的广义函数. 根据文献 Schwartz [1950-1951], 我们用直积定义了两个广义函数的卷积.

设 $f(x)$ 和 $g(y)$ 分别是变量 x 和 y 的广义函数. 公式

$$(f \times g, \varphi) = (f(x), (g(y), \varphi(x, y)))$$

定义了在检验函数 $\varphi(x, y) \in K_2 = C_0^{\infty}(R^2)$ 上的泛函 $f \times g$, 被称为 $f(x)$ 和 $g(y)$ 的直积. 因为对于正则函数, 有

$$(f * g, \varphi) = \int_{-\infty}^{\infty} \int_{-\infty}^{\infty} f(x)g(y)\varphi(x + y)dxdy,$$

那么对于广义函数 $f(x)$ 和 $g(y)$, 可以自然地介绍

$$(f * g, \varphi) = (f(x) \times g(y), \varphi(x + y)), \tag{8.21}$$

即, 卷积 $f * g$ 是定义在形如 $\varphi(x+y)$ 的检验函数 $\varphi(x, y)$ 上的双变量泛函 $f(x) \times g(y)$ 的值. 然而函数 $\varphi(x + y)$ 在 R^2 上不是有限的, 因而它不是有双变量的检验函数. 容易看出 (8.21) 对例如在正半轴上有支集的广义函数 $f(x)$ 和 $g(y)$ 是有意义的. 事实上, 设检验函数 $\varphi(x)$ 的支集在区间 $[-a, a]$ 中. 由于 $f(x) = 0$, $x < 0, g(y) = 0, y < 0$, 所以如果我们用一个在三角形区域 $0 \leqslant x \leqslant a, 0 \leqslant y \leqslant a$, $x + y \leqslant a$ 中与 $\varphi(x+y)$ 重合的两个变量的有限函数 $\psi(x, y)$ 代替函数 $\varphi(x + y)$, 泛函 (8.21) 不会改变.

基于上面卷积的概念, 我们对于 $f \in K_1'$ 在半轴 $x > 0$ 上有支集的情形, 引入广义函数 f 的分数阶积分

$$(I_{0+}^{\alpha}f, \varphi) = (I_+^{\alpha}f, \varphi) = \left(\frac{x_+^{\alpha-1}}{\Gamma(\alpha)} * f, \varphi\right). \tag{8.22}$$

对于这样的函数我们得到, $I_+^{\alpha}f$ 在这个半轴上也有支集. 当 $\mathrm{Re}\,\alpha < 0$ 时, 等式 (8.22) 适用于所有的 α, 而 $x_+^{\alpha-1}$ 是通常意义的广义函数 —— 见 (5.68), 例如, 除去 $\alpha = 0, -1, -2, \cdots$ 的情形, 此时 (8.22) 由广义函数的直接微分法则代替.

我们将通过以下定理来总结 Schwartz 方法的正确性, 其中 K'_+ 表示在半轴 R^1_+ 上有支集的广义函数 f 组成的空间.

定理 8.1 若 $f \in K'_+$, 则对于任意 $\alpha \in C$ 也有 $I^\alpha_{0+} f \in K'_+$. 除此之外, 还有

$$I^\alpha_{0+} I^\beta_{0+} f = I^{\alpha+\beta}_{0+} f, \quad \alpha, \beta \in C,$$

并且对于每个 $f \in K'_+$ 存在唯一的广义函数 $g \in K'_+$ 使得 $f = I^\alpha_{0+} g, \alpha \in C$.

定理的证明可以直接从 $f \in K'_+$ 的分数阶积分 $I^\alpha_{0+} f$ 的定义中得到.

8.4　半轴的情形. 基于共轭算子的方法

定义检验函数空间在分数阶积分 I^α_- 和 I^α_{0+} 作用下不变的最简便方法如下. 设 $S(R^1_+)$ 是空间 $S = S(R^1)$ 限制在半轴上, 使得函数 $f(x) \in S(R^1_+)$ 在 $[0, \infty)$ 上无穷次可微且在 $x \to \infty$ 时与其所有导数一起快速衰减到零的函数空间. 容易证明算子 I^α_- 保持空间 $S(R^1_+)$ 不变. 另外, 设 $\mathfrak{S}^0_+ = \mathfrak{S}^0_+(R^1_+)$ 为在 $[0, \infty]$ 上无穷次可微函数 $\varphi(x)$ 的空间, 并且 $\varphi^{(k)}(x)$ 随着 $x \to \infty$ 时缓慢增长且 $\varphi^{(k)}(0) = 0, k = 0, 1, 2, \cdots$. 容易证明这个空间是关于算子 I^α_{0+} 不变的. 然而, 空间 $S(R^1_+)$ 和 $\mathfrak{S}^0_+(R^1_+)$ 有一个本质的缺点. 在 $S(R^1_+)$ 和 $\mathfrak{S}^0_+(R^1_+)$ 空间上广义函数的空间不包括随着 $x \to 0$ 增长的函数. 第二个空间甚至不包括在无穷远处有界或缓慢衰减到零的函数. 因此它不适于应用. 如同整轴的情形, 它将是 Lizorkin 型的检验函数空间 Φ 针对半轴情形的修正, 这样会更方便.

我们来介绍这样一个空间. 令

$$S_+ = S_+(R^1_+) = \Big\{ \omega : \omega \in C^\infty(R_+);$$
$$\lim_{x \to 0, \infty} x^l \omega^{(m)}(x) = 0, \ l, m = 0, 1, 2, \cdots \Big\}. \tag{8.23}$$

我们定义

$$\Phi_+ = \Phi(R^1_+) = \Big\{ \omega : \omega \in S_+; \int_0^\infty x^k \omega(x) dx = 0, \ k = 0, 1, 2, \cdots \Big\}. \tag{8.24}$$

因此空间 Φ_+ 中的函数具有这样的性质: 其 Mellin 变换在整数点 $s = 1, 2, \cdots$ 处为零. 我们通过范数

$$\sup_{m \leqslant k} \sup_{x > 0} (1 + x)^k |\omega^{(m)}(x)|, \quad k = 0, 1, 2, \cdots$$

来引入空间 S_+ 和 Φ_+ 的拓扑. 容易证明空间 S_+ 和 Φ_+ 在这个拓扑下完备.

函数

$$\varkappa(x) = \exp\left(-\frac{\ln^2 x}{4}\right) \sin\left(\frac{\pi}{2}\ln x\right) \tag{8.25}$$

给出了一个在 Φ_+ 中的例子. 这可以直接通过以下事实来检验: 这个函数的 Mellin 变换为

$$\int_0^\infty x^{z-1}\varkappa(x)dx = 2\int_0^\infty e^{-t^2/4}\mathrm{sh}(zt)\sin\frac{\pi}{2}t dt$$
$$= 2\sqrt{\pi}e^{z^2-\pi^2/4}\sin\pi z \tag{8.26}$$

—— 见 Prudnikov, Brychkov and Marichev [1961, 2.5.57.1] 中的表格.

我们注意到空间 Φ_+ 中的元素丰富. 可以证明对于任意函数 $\psi \in S_+$ 和 $\omega \in \Phi_+$, ω 和 ψ 的 Mellin 卷积 (见 (1.114)) 属于 Φ_+.

由于空间 $\Phi = \Phi(R^1)$ 关于算子 I_+^α 的不变性, 下面的引理容易证明.

引理 8.3 算子 $I_{0+}^\alpha, \mathrm{Re}\,\alpha > 0$, 将空间 Φ_+ 同胚映射到自身.

事实上, 设 $\varepsilon_0 : \Phi_+ \to \Phi$ 为从半轴零延拓到 R^1 的算子, P_+ 为限制在 R_+^1 上的算子, 从而 $I_{0+}^\alpha = P_+ I_+^\alpha \varepsilon_0$. 因为 $\varepsilon_0(\Phi_+) \subset \Phi = \Phi(R^1)$, 由 $\Phi(R^1)$ 关于算子 I_+^α 的不变性我们得到 $I_{0+}^\alpha(\Phi_+) \subseteq \Phi_+$. 通过类似地考虑分数阶微分 $\mathcal{D}_{0+}^\alpha$, 可以得到逆嵌入.

基于引理 8.3, 我们通过下式在 Φ_+ 的对偶空间 Φ'_+ 上定义算子 $I_-^\alpha, \mathrm{Re}\,\alpha > 0$,

$$(I_-^\alpha f, \omega) = (f, I_{0+}^\alpha \omega), \quad \omega \in \Phi_+. \tag{8.27}$$

从引理 8.3 可立即得出以下结论.

推论 算子 $I_-^\alpha, \mathrm{Re}\,\alpha > 0$, 将空间 Φ'_+ 同胚映射到自身.

在 $p \geqslant 1/\alpha$ 的情形下, 等式 (8.27) 可以作为 $f \in L_p(R_+^1)$ 的分数阶积分 $I_-^\alpha f$ 的定义, 尽管按照通常的理解, 这个积分在这种情形下一般会发散 —— 另见注 8.2. 它的出现是检验函数空间 Φ_+ 的一个优势. 下面将简要讨论的空间 $F_{p,\mu}$ 则没有这样的优点.

为了对算子 I_-^α 构造类似引理 8.3 的结论, 首先我们需要定义以下检验函数空间

$$\Phi_+^\alpha = \left\{\omega : \omega \in S_+, \int_0^\infty \omega(x)x^{\alpha-k}dx = 0, \ k = 0, 1, 2, \cdots\right\},$$

并配以 S_+ 空间的拓扑.

引理 8.4 算子 $I_-^\alpha, \mathrm{Re}\,\alpha > 0$, 将空间 Φ_+^α 同胚映射到 $\Phi_+^{-\alpha}$.

这个引理的证明很容易从引理 8.3 中得到, 因为我们观察到 $(I_-^\alpha\varphi)(x) = x^{2\alpha}(WI_{0+}^\alpha W\varphi)(x)$, $(W\varphi)(x) = x^{-1-\alpha}\varphi(1/x)$.

推论　通过等式 $(I_{0+}^\alpha f, \omega) = (f, I_-^\alpha \omega)$, $\omega \in \Phi_+^\alpha$ 定义的算子 I_{0+}^α, $\mathrm{Re}\,\alpha > 0$, 将空间 $(\Phi_+^{-\alpha})'$ 同胚映射到 $(\Phi_+^\alpha)'$.

注 8.3　如果 $\lambda \neq 0, 1, 2, \cdots$, 则 x 的幂函数 x^λ 是空间 Φ_+' 中的元素; 如果 $\alpha - \lambda \neq 1, 2, \cdots$, 则它是空间 $(\Phi_+^\alpha)'$ 中的元素 (排除掉那些在相应空间中使 x^λ 与零不加区分的 λ 的值).

8.5　McBride 方法

我们现在非常简要地讨论另一种由 McBride 发展起来的广义函数的分数阶积分-微分方法. 设 $\mathcal{J}_{pl}$ 为在 $(0, \infty)$ 上无穷次可微并且在 $[0, l]$ 上有支集的函数的空间, 并且对任意 $k = 0, 1, 2, \cdots$ (参见 (8.23)) 满足

$$\sup_{x>0} |x^{-p+k} \varphi^{(k)}(x)| < \infty, \tag{8.28}$$

这里 p 为任意实数. (半) 范数 (8.28) 在 $\mathcal{J}_p = \bigcup_{l=1}^\infty \mathcal{J}_{pl}$ 中生成拓扑.

首先我们观察到如果 $\lambda > p - 1$, 则幂函数 x^λ 属于对偶空间 $\mathcal{J}_p'$. 如果 $\lambda = q - p$, 则乘以 x^λ 是从 $\mathcal{J}_p$ 到 $\mathcal{J}_q$ 上的连续运算. 更有趣的是关于算子 I_-^α 在 $\mathcal{J}_p$ 中作用的结论. 为了阐述这一点我们再引入一个空间, 即由以下 (半) 范数定义的有限的无穷次可微的函数空间 $\mathcal{J}_0^*$ (与 $\mathcal{J}_p$ 空间类似):

$$\sup_{x>0} |x^{-k} (1 + |\ln x|)^{-1} \varphi^{(k)}(x)|, \quad k = 0, 1, 2, \cdots.$$

引理8.5　如果 $p + \mathrm{Re}\,\alpha < 0$ 和 $q = 0$ 时 $p + \mathrm{Re}\,\alpha > 0$, 对于此时的 $q \leqslant p + \mathrm{Re}\,\alpha$, 算子 I_-^α 将 $\mathcal{J}_p$ 连续映入 $\mathcal{J}_q$. 在 $p + \mathrm{Re}\,\alpha = 0$ 的情形下, 算子 I_-^α 将 $\mathcal{J}_p$ 连续映入空间 $\mathcal{J}_0^*$.

引理的证明可以通过简单的估计得到, 因此从略.

引理 8.5 允许我们定义广义函数 $f \in \mathcal{J}_q'$, $q \leqslant 0$ 的分数阶积分 $I_{0+}^\alpha f$,

$$(I_{0+}^\alpha f, \varphi) = (f, I_-^\alpha \varphi), \quad \varphi \in \mathcal{J}_p, \tag{8.29}$$

其中 $q < 0$ 时 $p = q - \alpha$, $q = 0$ 时 $p > -\alpha$. 根据 (8.29) 我们也可以对 $f \in (\mathcal{J}_0^*)'$ 定义 $I_{0+}^\alpha f$, 这种情形取 $\varphi \in \mathcal{J}_{-\alpha}$ 就可以了. 容易证明 $q < 0$ 时, I_{0+}^α 将 $\mathcal{J}_q'$ 映入 $\mathcal{J}_{q-\alpha}'$, $q = 0$ 时则将 $(\mathcal{J}_0^*)'$ 映入 $\mathcal{J}_{q-\alpha}'$ 中.

对于如何构造与分数阶积分类似的无穷次可微的函数空间, 还有一些其他已知的方法. 例如空间 $F_{p,\mu}$, 其定义如下. 我们用 F_p, $1 \leqslant p \leqslant \infty$ 表示由可数 (半) 范数

$$\gamma_k^p(\varphi) = \|t^k \varphi^{(k)}(t)\|_{L_p(R_+^1)}$$

定义的空间. 如果 $t^{-\mu}\varphi(t) \in F_p$, 则称 $\varphi \in F_{p,\mu}$. 空间 $\varphi \in F_{p,\mu}$ 中的拓扑由半范

$$\gamma_k^{p,\mu}(\varphi) = \gamma_k^p(t^{-\mu}\varphi)$$

自然生成.

对于除可数集外的值 $\mathrm{Re}\mu$, 算子 I_{0+}^α 和 I_-^α 连续地将 $F_{p,\mu}$ 映入到 $F_{p,\mu+\alpha}$ 中. 这里我们不详细考虑这些以及其他的空间, 只作如下注记 —— 见 §9 中的参考文献.

注 8.4 不论如何取满足 $\mu > -1, q \geqslant 1$ 的 μ 和 q 的值, 当 $p \geqslant 1/\alpha$ 时, 如下等式

$$(I_-^\alpha f, \varphi) = (f, I_{0+}^\alpha \varphi), \quad \varphi \in F_{q,\mu}$$

无法定义 $f \in L_p(R_+^1)$ 的分数阶积分 $I_-^\alpha f$.

事实上, 设 $\varphi \in F_{q,\mu}$. 我们取 $f(x) = x^{1-2/p}(1+x)^{-2/p'} \in L_p(R_+^1)$, $\varphi(x) = x^\mu(1+x)^{-(1+\varepsilon)/q} \in F_{p,\mu}, \varepsilon > 0$. 则根据不等式

$$I_{0+}^\alpha \varphi = \frac{1}{\Gamma(\alpha)} \int_0^x \frac{y^\mu(x-y)^{\alpha-1}}{(1+y)^{(1+\varepsilon)/q}} dy \geqslant \frac{cx^{\mu+\alpha}}{(1+x)^{(1+\varepsilon)/q}},$$

我们有

$$\begin{aligned}
(I_-^\alpha f, \varphi) &\geqslant c \int_0^\infty f(x) \frac{x^{\mu+\alpha} dx}{(1+x)^{(1+\varepsilon)/q}} \\
&= c \int_0^\infty \frac{x^{1+\mu+\alpha-2/p} dx}{(1+x)^{(1+\varepsilon)/q+2/p'}}.
\end{aligned} \tag{8.30}$$

当 $\varepsilon = 1, \alpha = 3$ 时, (8.30) 中的积分对于所有的 $\mu > -1$ 和 $q \in [1, \infty)$ 发散.

8.6 区间的情形

现在可以使用共轭算子的方法, 即用等式 (见 (2.20))

$$(I_{a+}^\alpha f, \varphi) = (f, I_{b-}^\alpha \varphi). \tag{8.31}$$

根据 (8.31), 如果 f 定义在检验函数 φ 上, φ 构成关于分数阶积分 I_{b-}^α 不变的空间 X, 那么我们就可以考虑广义函数 f 的分数阶积分 $I_{a+}^\alpha f$. 容易看出空间

$$C_b^\infty([a,b]) = \{\varphi : \varphi(x) \in C^\infty([a,b]), \varphi^{(k)}(b) = 0, \ k = 0, 1, 2, \cdots\} \tag{8.32}$$

满足这一目的. 它关于分数阶微分 $\mathcal{D}_{b-}^\alpha$ 也是不变的. 类似的空间

$$C_a^\infty([a,b]) = \{\varphi : \varphi(x) \in C^\infty([a,b]), \varphi^{(k)}(a) = 0, \ k = 0, 1, 2, \cdots\},$$

相对于分数阶积分 I_{a+}^{α} 和分数阶微分 $\mathcal{D}_{a+}^{\alpha}$ 不变.

通过简单的论证可以证明以下结论: 对于 $f \in X'$, $X = C_b^{\infty}([a,b])$, Abel 方程 $I_{a+}^{\alpha} \varphi = f$ 在广义函数空间 X' 有唯一解 $\varphi = \mathcal{D}_{a+}^{\alpha} f$, 这个解在 $(\mathcal{D}_{a+}^{\alpha} f, \omega) = (f, \mathcal{D}_{b-}^{\alpha} \omega)$, $\omega \in X$ 意义下理解.

§9   第二章的参考文献综述及附加信息

9.1   历史注记

§5.1 的注记   形式为 $I_-^{\alpha} \varphi$ 的分数阶积分-微分 (但实际上与 $I_+^{\alpha} \varphi$ 相差因子 $(-1)^{\alpha}$) 出现在 Liouville [1832a, p. 8] 的论文中. Liouville 通过对函数分数阶积分的原始定义进行形式转换, 由指数函数的级数或由这种函数的积分表示, 得到了此表达式, 我们也请读者参考他的论文 Liouville [1832b, 1834b]. 形为 (5.4) 的分数阶积分 I_+^{α} 可以在 Letnikov [1868a, p. 28] 中找到. Liouville 不得不处理所谓的补函数, 这给他带来了很多麻烦 —— Liouville [1832b, pp. 94-105], [1834a]. Letnikov [1868a] 给出了不含这种思想的分数阶微积分的表示. Abel 方程 $I_-^{\alpha} \varphi = f$ 在整条直线上的解首先由 Liouville [1834b, p. 277] 以 $\varphi = -I_-^{1-\alpha} f'$ 的形式获得. 关于纯虚阶积分 (5.18), 请参阅 §4.1 中的参考文献 (§2.4 的注记). 等式 (5.21)—(5.23) 由 Liouville [1832b, pp. 121-123] 得到, 后来 Letnikov [1868a, pp. 38-44] 给出了严格的证明. (5.25) 型的关系包含在 Erdélyi, Magnus, Oberbettinger and Tricomi [1953b, 13.2 (7)] 的手册中. 半轴情况下的结果 (5.16) 在 Kober [1940] 中首次出现.

§5.2 的注记   定理 5.1、定理 5.2 是由 Rubin [1986a] 证明的. 我们还注意到, (5.34) 型变换在很久以前就已经知道了, 例如, Isaacs [1953, p. 175].

§5.3 的注记   定理 5.3 是由 Hardy and Littlewood [1928a] 通过函数重排证明得到的 —— Hardy, Littlewood and Pólya [1948, p. 348]. 还有一个已知的初等证明, 它除了使用一系列的 Hölder 不等式和 Minkowsky 不等式外 —— Solonnikov [1962], 没有使用其他方法. 还有基于插值方法的证明 —— 见 §29.1 (§25.3 的注记) 中有关多维 (Riesz) 分数阶积分的类似定理的参考文献. 在证明定理 5.3 条件的必要性时, 我们遵循 Stein [1973, p. 139] 中的方法. 反例 (5.41) 由 Hardy and Littlewood [1928a] 给出. 在同一篇论文中, 也给出了定理 5.4 针对算子 I_{0+}^{α} 的证明, 但对所涉及的参数有更严格的假设. 同样作者的文章 [1936, p. 363] 中考虑了 $\mu = \alpha p - 1$ 的情形. 在定理 5.4 所述的假设下, Flett [1958c] 给出了关于算子 I_{0+}^{α} 的证明. 情形 $p = q = 1, \mu < -1$ 由 Bosanquet [1934, p. 13] 解决. 在 $m = \alpha$ 的情形下, 适用于 $p = 1$ 情形的算子 I_-^{α} 的证明可以在 Miller [1959] 中找到. Okikiolu [1966c] 给出了定理 5.4 中关于算子 I_-^{α} 的证明, 但要求 $m \neq 0$.

这篇文章在 (5.49) 的假设下 $\left(但要求 \dfrac{1}{p} - \alpha < \dfrac{1}{q}\right)$, 还证明了关于算子 $I_-^\alpha - I_+^\alpha$ 的 (5.49) 型不等式.

定理 5.4 关于算子 I_{0+}^α 的结论实际上已经在 §3 中给出 —— 见定理 3.7 和 4.1 (§§ 3.3, 3.4 的注记).

Rubin [1986a] 证明了定理 5.5, 它是 $p \neq 1$ 时定理 5.4 的推广.

定理 5.7 中 $p = 1$ 的情况由 Hille and Phillips [1962, p. 681] 给出.

§§ 5.4— 5.6 的注记 积分 (5.57) 已经出现在 Weyl [1917, p. 302] 中. 然而, 它在这里的出现具有偶发性特征. 形式 (5.57) 和更一般形式 (5.80) 的分数阶导数作为独立的研究对象, 出现在 Marchaud [1927] 中, 文章对其进行了全面的研究, 也可以参阅下文 §9.2 (注记 5.11). 所以现在公认的 Marchaud 分数阶导数为 (5.57)—(5.58). 定义 5.1 可以追溯到 Hadamard, 他提出了积分的有限部分概念 —— Hadamard [1978, ch. III].

在 (5.80) 中, 形为 (5.81) 的归一化因子的值由 Marchaud [1927] 给出. 他也使用了 "截断" 表达式 (5.59), (5.80′). Berens and Westphal [1968b] 对这些截断导数的 Laplace 变换进行了计算.

§ 5.7 的注记 半群理论和算子分数次幂的表示可以在许多书籍和论文中找到. 例如, 我们可以参考以下书籍, Dunford and Schwartz [1962], Yosida [1967], Hille and Phillips [1962], Butzer and Berens [1967], Krasnosel'skii, Zabreiko, Pustyl'nik and Sobolevskii [1968]. 算子分数次幂的定义 (5.84) (Marchaud 导数的抽象类似) 由 Balakrishnan [1960] 提出. 我们注意到 Lions and Peetre [1964], 其中截断结构 (5.85) 用于刻画 α 为整数的情况下分数次幂 $(-A)^\alpha$ 的定义域. Berens, Butzer and Westphal [1968] 将其推广到任意 $\alpha > 0$ 的情形. 空间 C_ω 中形式 (5.82), (5.84) 的分数阶积分-微分的实现包含在 Bakaev and Tarasov [1978] 中. 论文 Hughes [1977b] 与之相关. 它发展了无界算子的半群理论, 其中包括 Riemann-Liouville 算子 I_{0+}^α 在 $L_p(0,\infty)$ 中的情形. 也可参见 Lanford and Robinson [1989]. 关于算子的分数次幂理论, 可以提到许多文献. 例如, 我们指出, Krasnosel'skii and Sobolevskii [1959], Balakrishnan [1958, 1959, 1960], Yosida [1960], J. Watanabe [1961], Komatsu [1966, 1967, 1969a,b, 1970, 1972], Kato [1960, 1961, 1962], Butzer and Berens [1967], Westphal [1970a,b], Hövel and Westphal [1972], Yoshinaga [1971], Yoshikawa [1971], Hirsch [1976], Fattorini [1983].

§§ 6.1—6.3 的注记 L_p-函数的分数阶积分构成的空间 $I^\alpha(L_p), 1 < p < 1/\alpha$ 作为独立的研究对象出现在 Samko [1969a, 1970a, 1971a, 1973] 中. §6 中的表示基于 Samko [1973], 部分来自书 Samko [1984, §1].

定理 6.1 和引理 6.1 在 Samko [1973] 中得到证明, 另见 Samko [1984, pp. 9-14].

早先已知定理 6.1 在 $p = 2$ 时的情形, 对于具有紧支集的函数 $\varphi \in L_2(R^1)$ 而言 —— 参见 Stein and Zygmund [1965, p. 253], 其中在函数 $f(x)$ 本身属于 L_p 的附加假设下考虑了分数阶积分的修正 (12.1) —— 和在半轴的情况下 —— 参见 Berens and Westphal [1968b]. 定理 6.2 对于空间 $I^\alpha(L_p)$ 的刻画, 已在 Samko [1973] 中根据 (6.18) 式给出, 但形式较弱. 至于另一种形式 (6.19), Samko [1977d] 在 Riesz 分数阶积分的多维情形下证明了这一点. 充分性部分中, Herson and Heywood [1974] 根据 (6.19), 在条件 $1 < p < 1/(2\alpha)$ 的限制下给出了空间 $I^\alpha(L_p) \cap L_p$ 的刻画. Samko [1984] 给出了定理 6.2 的完整证明. 空间 (6.28) 最早出现在 Samko [1976a,b, 1977a] 的多维情形中. 在 Samko [1976a] 中也得到了 $p \leqslant r \leqslant p/(1 - \alpha p)$ 时多维情形下 (6.29) 的特征. 注 6.1 中所述的性质在 Samko [1978c, 1984] 中证明. 关于 $L_r \cap I^\alpha(L_p)$, $1 \leqslant r < 1/1 - \alpha$ 中实值函数的符号变化的结论, 在 Samko [1973] 中有相关说明. 定理 6.3 在 Samko [1971c] 中给出.

§§ 6.4—6.5 的注记　　Samko [1973] 中提到了定理 6.4 的充分性检验. Samko [1978b] 获得了更一般的形式和多维情形下的定理 6.5. Samko [1973] 证明了定理 6.7. 结论 (6.40) 归功于 Hardy and Littlewood [1928a], 他们考虑了周期情形, Samko [1969b] 中给出了非周期性的例子. 估计式 (6.42) 接近于 (13.62), 见下文. 估计式 (6.43) 在 Samko [1978c, § 1] 中给出.

§ 7.1 的注记　　关系式 (7.1) 最早是由 Kober [1941b, Lemma 3] 在假设 $0 < \alpha < 1, \hat{\varphi}(t) \in L_1(R^1)$ 下给出的 (参见定理 7.1).

§ 7.2 的注记　　关系式 (7.14) 显然最早由 Doetsch [1937, p. 301] 注意到, 其中 $\alpha > 0$ 或 $-n - 1 < \alpha \leqslant n$ 且 $\varphi(0) = \varphi'(0) = \cdots = \varphi^{(n-1)}(0) = 0$. 然而在此之前 α 为整数的情形是广为人知的. 关系式 (7.14) 在 Widder [1946] (1941 年第一版) 中以 Laplace 逆变换的方式证明 —— 见下文 § 9.2 (注 7.3). 引理 7.1 、定理 7.2 和定理 7.3 尚未在其他地方发表.

§ 7.3 的注记　　表达式 (7.20) 和 (7.21) 最早由 Kober [1940, Theorems 5(a), 5(b)] 于 1940 年发表, 对于在 $L_p(0, \infty)$ 空间中的函数, 当 $\alpha > 0, 1 \leqslant p < \infty$ 时, (7.17) 成立, 对于 (7.18) 则要求 $1 \leqslant p < 1/\alpha$. 定理 7.6 由 Vu Kim Tuan [1985c] 建立. Lambe [1939] 给出了形式解释分数阶积分-微分的等式 (7.28). 可以在 Mikolás [1962] 中找到它作为复平面中 Cauchy 关系式推广 (参见 (22.33″) 或 (22.21)) 的对于分数阶导数的严格公式.

§§ 8.1—8.2 的注记　　Semyanistyi [1960] 提出了引入空间 Φ 的想法. 它由 Lizorkin [1963] 进一步发展, Lizorkin 将这一概念引入到函数理论的实践中, 并广泛应用于单变量和多变量的 Liouville 微分理论. 我们还可以参考论文 Lizorkin [1969]. 我们在 § 8.2 讨论空间 Φ 时考虑它. 我们还注意到 Yoshinaga [1971], 其中研究了 Φ 的一些性质.

Veber [1974] 介绍了类似空间 $\mathfrak{S}_-$ 的检验函数空间 V. 这个空间与 $\mathfrak{S}_-$ 的不同之处在于其函数的右侧有限性. 它对于分数阶积分-微分 $I^\alpha_-, \mathcal{D}^\alpha_-$ 也是不变的. Veber [1976b] 还研究了 V' 中的卷积和 Fourier 变换在分数阶微分方程中的应用.

引理 8.2 关于 $L_p(0,1)$ 中分数阶积分算子 $I^{i\theta}_{0+}$ 的有界性结论首先由 Kalisch [1967] 注意到.

关系式 (8.17)—(8.20) 显然没有在其他地方被关注到. Brédimas [1973, p. 23] 在 Schwartz 方法的框架内, 在分数阶积分-微分的不同解释下 —— 通过分数阶差分给出了 (8.20) 中 $k = 0$ 的情形, 见下文 §9.2 (注记 8.5). 我们将在 §20 中给出对于普通函数情形的解释.

§8.3 的注记 这里给出的广义函数的分数阶积分-微分的方法源于 Schwartz [1950-1951, v. 2, p. 30]. 它在 Gel'fand and Shilov [1959, p. 149] 中再次提到.

§8.4 的注记 半轴上, 这种通过共轭算子的方法在 Erdélyi and McBride [1970], Erdélyi [1972, 1975], McBride [1975b, 1977] 论文中进一步发展. 在这一方法的简要表述中, 我们沿用 McBride [1975b, 1977] 的论文, 其中特别定义和研究了空间 $\mathcal{J}_{pl}$, $\mathcal{J}_p$ 和 $F_{p\mu}$. McBride [1979] 的书中讨论了所得到结果的进一步发展及其他类似的结果.

Rubin [1987b] 介绍了半轴情形下 Lizorkin 型的空间 Φ_+, Φ^α_+, 并研究了空间 $\Phi'_+, (\Phi^\alpha_+)'$ 中的分数阶积分.

§8.5 的注记 Veber and Urdoletova [1974] 在论文中发现了空间 $C^\infty_a([a,b])$, $C^\infty_b([a,b])$ 在分数阶积分下的不变性, 这是在有限区间 $[a,b]$ 上考虑广义函数的分数阶积分-微分的出发点. 后来, Estrada and Kanwal [1985] 在论文中使用了这些空间, 致力于求解 —— 在广义函数中 —— 各种类型的积分方程, 包括奇异方程 (带有 Cauchy 核)、Abel 积分方程等. 那里特别给出了方程

$$\int_a^x \frac{\varphi(\tau)d\tau}{[h(x)-h(\tau)]^{1-\alpha}} = f(x), \quad x > a$$

的广义函数解, 我们在 §18.2 和 §23.1 (§18.2 的注记) 中提到了与此类方程有关的分数阶积分算子.

9.2 其他结果概述 (与 §§5—8 相关)

5.1 Liouville 分数阶微分 $(\mathcal{D}^\alpha_- f)(x), 0 < \alpha < 1$, 可考虑用形式

$$(\mathcal{D}^\alpha_- f)(x) = -\frac{1}{\Gamma(1-\alpha)} \lim_{N \to \infty} \frac{d}{dx} \int_x^N \frac{f(t)dt}{(t-x)^\alpha} \tag{9.1}$$

代替 (5.6) (Cossar [1941]). 与 (5.6) 相比, 该定义对于无穷远处表现较差的函数更为方便. 从这个角度来看, 方法 (9.1) 与分数阶导数的 Marchaud 定义 (5.58) 有

一些共同之处. Cossar [1941] 证明了关系式

$$(\mathcal{D}_{-}^{\alpha}f)(x) = (\mathcal{D}_{b-}^{\alpha}f)(x) - \frac{\alpha}{\Gamma(1-\alpha)}\int_{b}^{\infty}\frac{f(t)dt}{(t-x)^{1+\alpha}}, \quad x < b.$$

Bosanquet [1969] 利用结构 (9.1) 研究了无穷区间上 Abel 方程局部可和解存在的条件. 特别地, 这篇文章中证明了以下结论: i) 若 $f(x)$ 可用通常收敛意义下的分数阶积分 $f(x) = (I_{-}^{\alpha}\varphi)(x), 0 < \alpha < 1$ 表示, 则必有 $\varphi(x) = (\mathcal{D}_{-}^{\alpha}f)(x)$, 其中 $(\mathcal{D}_{-}^{\alpha}f)(x)$ 是 Cossar 导数 (9.1). 后来 Isaacs [1989] 将逆命题推广到在无穷远处 (C, p) 可和的积分 $I_{-}^{\alpha}\varphi$. ii) $f(x)$ 可以表示为局部可和函数 $\varphi(x)$ 通常意义下收敛的积分 $f(x) = (I_{-}^{\alpha}\varphi)(x)$, $0 < \alpha < 1$ 的充分必要条件为, 对于所有的 a 和 b, $I_{b-}^{1-\alpha}f \in AC([a,b])$ 且 $b \to \infty$ 时,

$$\int_{x}^{b}(t-x)^{\alpha-1}dt\int_{b}^{\infty}(s-t)^{-\alpha-1}f(s)ds \to 0$$

对 x 几乎处处成立. 这是 Tamarkin 定理 (定理 2.1) 对全实线和局部可和解情形的推广.

　　假设存在核 $l(t)$ 使 (4.2″) 成立, Choudhary [1973] 将上述结论推广到 Sonine 型方程 (见 § 4.2 (注记 2.3)),

$$\int_{x}^{\infty}\mathrm{k}(t-x)\varphi(t)dt = f(x), \quad x > 0.$$

　　Trebels [1973, 1975] 使用 Cossar 导数研究 $BV_{\alpha}(R_{+}^{1})$ 空间中与 Fourier 乘子问题相关的分数阶微分, 该空间是有界变差函数空间的自然推广, 并且非常适用于分数阶微积分问题. 我们还可以参考 Gasper and Trebels [1978, 1979a,b, 1982], 其中 Cossar 导数可以在更复杂的函数空间 $WBV_{q,\gamma}$ 中找到应用并用来解决 Hankel 乘子问题. 我们参考 Carbery, Gasper and Trebels [1986], 其中证明了这些空间与局部 Riemann-Liouville 分数阶积分的空间 $RL(q,\gamma)$ 一致. Gasper and Trebels [1978, 1979a,b, 1982] 中也考虑了与 Bosanquet 引入的离散分数阶差分有关的空间 $WBV_{q,\gamma}$ 的 Fourier-Jacobi 乘子问题.

　　5.2　考虑 "截断的" 分数阶积分

$$(I_{+,N}^{\alpha}\varphi)(x) = \frac{1}{\Gamma(\alpha)}\int_{x-N}^{x}\frac{\varphi(t)dt}{(x-t)^{1-\alpha}}, \quad N > 0.$$

如果 $\varphi(t) \in L_{p}(R^{1}), 1 < p < 1/\alpha$, 则 $I_{+,N}^{\alpha}\varphi \to I_{+}^{\alpha}\varphi$ 不仅几乎处处成立且在范数 $L_{q}(R^{1}), q = p/(1-\alpha p)$ 下成立. 几乎处处收敛可借助于 Hölder 不等式得到. L_{q}

中的收敛性可由 Banach-Steinhaus 定理得到. 也可以利用表达式

$$(I_{+,N}^{\alpha}\varphi)(x) = f(x) - \frac{\sin\alpha\pi}{\pi}\int_{-\infty}^{x-N}\left(\frac{N}{x-N-t}\right)^{\alpha}\frac{f(t)dt}{x-t}, \quad f = I_{+}^{\alpha}\varphi$$

—— 参见 Samko [1973, Theorem 2 and Lemma 2].

5.3　Love [1938] 对不必在无穷远处衰减到零的函数 $\varphi(t)$ 的通常意义下收敛的分数阶积分 $I_{+}^{\alpha}\varphi = 1/\Gamma(\alpha)\lim_{N\to\infty}\int_{0}^{N}\varphi(x-t)t^{\alpha-1}dt$ 进行了全面研究. 他定义了函数空间 I_{λ}, $0 < \alpha \leqslant \lambda < 1$, 对于其中的函数 $\varphi(t)$, 存在函数 $\omega(T)$, $T > 0$ (依赖 $\varphi(t)$) 使得 $\left|\int_{x}^{x+T}\varphi(t)dt\right| \leqslant \omega(T)$ 和 $\int_{1}^{\infty}t^{\lambda-1}d\omega(t) < \infty$ 成立. 结果表明, 如果 $\varphi \in I_{\lambda}$, 那么当 $\lambda > \alpha$ 时, $I_{+}^{\alpha}\varphi$ (对于 x) 一致收敛, 当 $\lambda = \alpha$ 时, 对于 x 而言处处存在. 这篇文章中特别考虑了殆周期函数 (一致殆周期函数和 Stepanov 殆周期函数) 的情形. 在 Geisberg [1968] 和 Bosanquet [1969] 中也可以找到一些不在无穷远处为零的函数的分数阶积分的相关结果.

5.4　类似 §4.2 (注记 2.6) 中有限区间的情形, 可以使用分数阶分部积分公式 (5.16), (5.17) 和 (5.16′) 来构造函数的双正交系统. Erdélyi [1940a] 提出了这一思想, 他从 (5.16′) 式出发, 构造了半轴 $(0,\infty)$ 上用合流超几何函数表示的函数双正交系统. 给定的初始双正交系统 $\{\varphi_n,\psi_m\}$ (参见 §4.2 (注记 2.6)) 为 $\varphi_n(x) = L_n^{(\alpha)}(2x)$, $\psi_n(x) = e^{-2x}x^{\alpha}L_n^{(\alpha)}(2x)$, 其中 $L_n^{(\alpha)}(x) = \dfrac{1}{n!}x^{-\alpha}e^x\dfrac{d^n}{dx^n}(e^{-x}x^{n+\alpha}) = \sum_{j=0}^{n}\binom{n+\alpha}{n-j}\dfrac{(-x)^j}{j!}$ 为 Laguerre 多项式.

5.5　在假设 $\text{Re}\,\alpha < -n$ 下, Laguerre 多项式 $L_n^{(\alpha)}(x)$ (见上文) 可以表示为分数阶积分

$$L_n^{(\alpha)}(x) = \binom{n+\alpha}{n}e^x I_{-}^{-n-\alpha}(e^{-x}x^n)$$
$$= \binom{n+\alpha}{n}\frac{1}{\Gamma(\alpha)}\int_0^{\infty}e^{-t}t^{-\alpha-n-1}(x+t)^n dt.$$

Srivastava [1983] 用它来估计形为 $e^{-st}P(t)$ 的函数的分数阶积分, 其中 $P(t)$ 为多项式.

5.6　如果 $\eta > -1/p'$, 如下形式的分数阶积分算子 (记号源于 Erdélyi [1940b])

$$I_{\eta,\alpha}^{+}\varphi = \frac{x^{-\eta-\alpha}}{\Gamma(\alpha)}\int_0^x (x-t)^{\alpha-1}t^{\eta}\varphi(t)dt \tag{9.2}$$

在 $L_p(R^1_+)$ 中有界. 这从定理 1.5 中可以看出. 在 Erdélyi [1940b] 中, 对算子 (9.2) 进行了修正, 得到了与 (9.2) 相差有限维算子 (即相差一个和式) 的形式

$$I^+_{\eta,\alpha}\varphi = \frac{x^{-\eta-\alpha}}{\Gamma(\alpha)}\left\{\int_0^x (x-t)^{\alpha-1}t^\eta\varphi(t)dt\right.$$
$$\left. -\sum_{k=0}^{m-1}(-1)^k\binom{\alpha-1}{k}x^{\alpha-k-1}\int_0^\infty t^{k+\eta}\varphi(t)dt\right\}. \tag{9.3}$$

选择合适的 m, 这样的算子也在 $L_p(R^1_+)$, $1 < p < \infty$ 中有界, 如果 $\eta > -1/p'$, 选择 $m = 0$, 如果 $\eta < -1/p', \eta - 1/p \neq -1, -2, \cdots$, 选择 $m = [-\eta - 1/p']$. 文章还得到了 $\varphi \in L_p(R^1), 1 \leqslant p \leqslant 2$ 时分数阶积分 (9.3) 的 Mellin 变换表达式 (参见 (7.22))

$$(\mathfrak{M}I^+_{\eta,\alpha}\varphi)(s) = \frac{\Gamma(\eta+1/p'-i\xi)}{\Gamma(\eta+\alpha+1/p'-i\xi)}(\mathfrak{M}\varphi)(s), \quad s = i\xi + 1/p.$$

将 (9.3) 右侧的积分替换为变下限积分的算子也可获得类似的结果.

Rooney [1978] 考虑了算子 (9.3) 在加权空间 $L_p(R^1_+, x^\mu)$ 中的有界性.

5.7 通过推广定理 5.5, 这里我们在无穷区间的情形下给出了类似定理 3.12 的结论. 也就是说, 我们考虑分数阶积分算子从空间 $L_p(\Omega, \rho)$ 到 Hölder 空间 $H_0^{\alpha-1/p}(\Omega; r), 1/p < \alpha < 1 + 1/p$ 的有界性, 其中 Ω 为实轴或半轴. 令 $\rho(x)$ 为权重函数 (5.39). 我们来介绍符号

$$\delta_k = \begin{cases} \mu_k/p, & \text{若 } \mu_k > \alpha p - 1, \\ \alpha + \varepsilon_k - 1/p, & \text{若 } 0 < \mu_k \leqslant \alpha p - 1, \ \varepsilon_k > 0, \end{cases}$$

$$\Lambda_1 = \{k : k \in \{2, \cdots, n\}, \mu_k > 0\},$$

$$\Lambda_2 = \{k : k \in \{1, \cdots, n\}, \mu_k > 0\};$$

$$\delta_\infty^{(1)} = -\alpha - \frac{\mu_1}{p} - \sum_{k \in \Lambda_1}\delta_k + \begin{cases} -\alpha + (2-\mu_0)/p, & \text{若 } \mu_0 > 1 - p, \\ 1 - \alpha - \varepsilon_0 + 1/p, \ \varepsilon_0 > 0, & \text{若 } 2 - \alpha p - p < \mu_0 \leqslant 1 - p, \\ 1, & \text{若 } \mu_0 \leqslant 2 - \alpha p - p, \end{cases}$$

$$\mu_0 = -\mu - \mu_1 - \cdots - \mu_n;$$

$$\delta_\infty^{(2)} = -2\left(\alpha - \frac{1}{p}\right) - \sum_{k \in \Lambda_2}\delta_k - \begin{cases} \mu_0/p, & \text{若 } \mu_0 > 1 - p, \\ \varepsilon - 1/p', & \text{若 } \mu_0 \leqslant 1 - p, \ \varepsilon > 0, \end{cases}$$

$$\delta_\infty^{(3)} = -2\alpha + (2-\mu_0)/p - \sum_{k \in \Lambda_2}\delta_k;$$

$$r_+(x) = \begin{cases} (1+x)^{\delta_\infty^{(1)}} x^{\frac{\mu_1}{p}} \prod_{k \in \Lambda_1} |x - x_k|^{\delta_k}, & \text{对于 } \Omega = \dot{R}_+^1, \\ (1+|x|)^{\delta_\infty^{(2)}} \prod_{k \in \Lambda_2} |x - x_k|^{\delta_k}, & \text{对于 } \Omega = \dot{R}^1, \end{cases}$$

$$r_-(x) = \begin{cases} (1+x)^{\delta_\infty^{(3)}} \prod_{k \in \Lambda_2} |x - x_k|^{\delta_k}, & \text{对于 } \Omega = \dot{R}_+^1, \\ r_+(x), & \text{对于 } \Omega = \dot{R}^1. \end{cases}$$

下面的结论成立 (Rubin [1986a]). 设 $1 < p < \infty, 1/p < \alpha < 1/p + 1, \rho(x) = (1+x^2)^{\mu/2} \times \prod_{k=1}^n |x - x_k|^{\mu_k}$, 当 $x_k \in \Omega = \dot{R}_+^1$ 时, 令假设 (5.47) 成立, μ_k 满足 (5.48), 且 $\mu_1 < p - 1$, 则算子 I_{0+}^α 从 $L_p(R_+^1; \rho)$ 有界映入 $H_0^{\alpha - 1/p}(\dot{R}_+^1; r_+)$. 这里主要问题出现在 $\mu_0 \leqslant 2 - \alpha p - p$, 此时意味着在无穷远处不存在零效应, 即一般而言对于 $\varphi \in L_p(R_+^1; \rho)$, $\lim_{x \to \infty} r_+(x)(I_{0+}^\alpha \varphi)(x) \neq 0$. 如果 $\mu_1 < p - 1$ 和 $\mu_0 < 1 - \alpha p$ 均成立, 则算子 $I_\pm^\alpha$ 从 $L_p(\Omega; \rho)$ 有界映入 $H_0^{\alpha - 1/p}(\Omega; r_\pm)$.

5.8 存在加权定理 (定理 5.5) 到任意单、双权重加权估计的推广. Andersen and Heinig [1983] 得到了分数阶积分算子 (5.1) 和 (5.3), 以及更一般的 Erdélyi-Kober 算子 (18.1) 和 (18.3), 从 $L_p(R_+^1; \rho)$ 到 $L_q(R_+^1; r)$ 有界的充分条件. 例如, 他们证明了分数阶积分 (5.1) 的以下结果: 设 $1 \leqslant p \leqslant q \leqslant \infty, 0 < \alpha < 1$ 且 $\rho(x)$ 和 $r(x)$ 为在 R_+^1 上的非负权重函数; 如果存在 $\beta, 0 \leqslant \beta \leqslant 1$, 使得

$$F_{\alpha-1}(\beta, A) = \left(\int_A^\infty |(t - A)^{(\alpha-1)\beta} \tau(t)|^q dt \right)^{1/q}$$
$$\times \left(\int_0^A |(A - t)^{(\alpha-1)(1-\beta)p'} \rho(t)|^{-p'} dt \right)^{1/p'} \leqslant c < +\infty$$

对所有 $A > 0$ 成立, 则 I_{0+}^α 从 $L_p(R_+^1; \rho)$ 有界映入 $L_q(R_+^1; r)$.

Andersen and Sawyer [1968] 找到了半轴上分数阶积分 (5.1) 和 (5.3) 对单个权重 (即 $r = \rho$) 估计的充分必要条件. 例如, 他们证明了, 若 $0 < \alpha < 1, 1 < p < \frac{1}{\alpha}, \frac{1}{q} = \frac{1}{p} - \alpha$, 则算子 I_{0+}^α 从 $L_p(R_+^1; \rho)$ 有界映入 $L_q(R_+^1; \rho)$ 当且仅当以下不等式成立

$$\sup_{0 < h < a < \infty} \left[\frac{1}{h} \int_a^{a+h} \rho(t)^q dt \right]^{\frac{1}{q}} \left[\frac{1}{h} \int_{a-h}^a \rho(t)^{-p'} dt \right]^{\frac{1}{p'}} \leqslant c < +\infty.$$

他们还发现了对于权重 ρ (或者 r) 存在权重 r (对应地 ρ) 使得 I_{0+}^{α} 或 I_{-}^{α} 从 $L_p(R_+^1;\rho)$ 有界映入 $L_p(R_+^1;r)$ 的必要充分条件.

　　Stepanov [1988a,b,c, 1990a,b] 完全解决了 $\alpha \geqslant 1$ 时分数阶积分 (5.1) 的双加权估计问题. 例如他证明了对于 R_+^1 上的任意非负函数 $\rho(x)$ 和 $r(x)$, 算子 $I_{0+}^{\alpha}, \alpha \geqslant 1$ 从 $L_p(R_+^1;\rho)$ 有界映入 $L_q(R_+^1;r)$ 当且仅当

$$\max_{\beta=0,1} \sup_{A>0} F_{\alpha-1}(\beta, A) < \infty$$

($F_{\alpha-1}(\beta, A)$ 见上文). 对于 $p=1$ 和 $q=1$ 的情形, 他也得到了类似的结果, 并且根据函数 $F_{\alpha-1}(\beta, A)$ 找到了算子 I_{0+}^{α} 从 $L_p(R_+^1;\rho)$ 紧映入 $L_p(R_+^1;\tau)$ 的条件. 在 $1 \leqslant q < p < \infty$ 的情况下, Stepanov 也得到了与所列结论类似的结果. 在 $1 < p = q < \infty$ 的情形下, 其他条件由 Martin-Reyes and Sawyer [1989] 得到.

　　Strömberg and Wheeden [1985] 给出了多维分数阶积分 (见下文 § 29) 特别是实轴上的分数阶积分 (5.2) 和 (5.3) 允许多项式权估计的充分条件. 我们给出他们对 I_+^{α} 的一个结果. 设 $1 < p < \infty, 0 < 1/p - 1/q \leqslant \alpha, \beta = \alpha - 1/p + 1/q$, 且

$$Q(x) = \prod_{k=1}^{n} |x - x_k|^{\mu_k}, \quad -\infty < x_1 < x_2 < \cdots < x_n < +\infty, \quad \sum_{k=1}^{n} \mu_k \geqslant \beta,$$

$$\rho(x) = |Q(x)|^p \omega(x), \quad r(x) = \left[|Q(x)|(1+|x|)^{-\beta} \prod_{k=1}^{n} \left(\frac{|x - x_k|}{1 + |x - x_k|} \right)^{-\beta_k} \right]^q \omega(x)^{q/p},$$

其中 $\beta_k = \min(\mu_k, \beta)$, 非负可测函数 $\omega(x)$ 在 R^1 的任意区间 I 上满足所谓的 Muckenhoupt 条件 (也称为 A_p 条件)

$$\frac{1}{|I|} \int_I \omega(x)dx \left(\frac{1}{|I|} \int_I \omega(x)^{-1/p'} dx \right)^{p-1} \leqslant c < +\infty, \quad 1 < p < \infty.$$

则 I_+^{α} 从 $L_p(R^1;\rho)$ 有界映入 $L_q(R^1;r)$.

　　5.9　关于分数阶积分从 L_p 到 $L_q, q = p/(1 - \alpha p)$ 映射性质的 Hardy-Littlewood 定理 (定理 5.3), 由 O'Neil [1965] 扩展到 Orlicz 空间. 设 $L_M^*(R^1)$ 是由 N-函数生成的 Orlicz 空间. 我们在这里使用书 Krasnosel'skii and Rutitskii [1958] 中的术语. O'Neil [1965] 表明如果

$$1) \ \frac{uM'(u)}{M(u)} \geqslant p > 1, \quad 2) \int_0^1 \frac{M^{-1}(u)}{u^{1+\alpha}} du < \infty,$$

则分数阶积分算子 $I_{\pm}^{\alpha}, 0 < \alpha < 1$, 连续地将 $L_M^*(R^1)$ 映入到 $L_C^*(R^1)$ 中, 其中 $C^{-1}(x) = \int_0^x M^{-1}(u)u^{-1-\alpha}du$. Sharpley [1976] 使用另一种方法给出了稍弱的结

论. 我们注意到在假设 1) 下 $C(x)$ 是一个 N-函数. 我们必须申明, O'Neil 处理的是多维情况.

另见 Gel'man [1960] 和 Yasakov [1969], 其中涉及空间 $L_M^*(\Omega), \mathrm{mes}\,\Omega < \infty$ 中潜在类型算子的映射性质.

5.10 Geisberg [1968] 考虑了函数 $f(x)$ 的 Marchaud 分数阶导数 $(\mathbf{D}_+^\alpha f)(x)$, $0 < \alpha < 1, x \in R^1$, 这些函数 $f(x)$ 是阶大于 α 的局部 Hölder 函数, 有界且使得 $\lim\limits_{N\to\infty} N^{-1} \int_{-N}^{0} f(x)dx = c$ 存在. 他特别表明对于这些函数有 $I_+^\alpha \mathbf{D}_+^\alpha f \equiv f(x) - c$.

5.11 Marchaud [1927] 还定义并研究了一种比我们所说的 Marchaud 分数阶导数 (5.80) 更一般的结构. 即 Marchaud 考虑的 (见他的论文 pp. 348-351) 具有广义有限差分的结构:

$$f^\alpha(x) = \frac{1}{\gamma(\alpha)} \int_0^\infty \frac{\sum\limits_{i=0}^{l} c_i f(x - k_i t)}{t^{1+\alpha}} dt, \quad l = [\alpha] + 1,$$

其中 k_i 是任意递增的正数, 系数 c_i 受条件 $\sum\limits_{i=0}^{l} c_i k_i^j = 0, \ j = 0, 1, \cdots, l-1$ 的限制, 归一化常数 $\gamma(\alpha) = \Gamma(-\alpha) \sum\limits_{i=0}^{l} c_i k_i^\alpha$. 在 $\alpha = 1, 2, \cdots$ 的情形下必须取极限 $\alpha \to m = 1, 2, \cdots$. 他指出, 如果 $f(x) = I_+^\alpha \varphi$, 则 Liouville 分数阶导数 $\mathcal{D}_+^\alpha f$ 与 $f^\alpha(x)$ 一致, 因此它不依赖于 k 的选择. 当 $k_i = i, c_i = (-1)^i \binom{l}{i}$ 时, 表达式 $f^\alpha(x)$ 与 (5.80) 一致.

5.12 Popoviciu [1934] 考虑了与分数积分-微分相关的所谓的差商 $[x_1, \cdots, x_{n+1}; f] = ([x_2, \cdots, x_{n+1}; f] - [x_1, \cdots, x_n; f])/(x_{n+1} - x_n), \ [x; f] = f(x)$. 他特别表明 (参见他论文的第 39 页), 如果这种差商是有界的, 则 $f(x)$ 有 $\alpha < n$ 阶连续分数阶导数.

5.13 在文献 Gearhart [1979] 中, 从半群理论的角度考虑分数阶积分, 定义了 $L_2(0, \infty)$ 中对于左平移 $(T_t f)(x) = f(x + t), t > 0$ 不变的子空间, 并使得算子 I^α 在这些子空间中有界. 为此, 他引入了在 Hardy 子空间 $H^2(R_+^2)$ 上与 Toeplitz 算子酉等价的近似算子

$$W_\epsilon^\alpha f = \frac{1}{\Gamma(\alpha)} \int_0^\infty t^{\alpha-1} e^{-\varepsilon t} T_t f dt, \quad \varepsilon > 0 \tag{9.4}$$

—— 可与分数阶积分的修正 (18.64) 比较. 基于 Beurling 和 Lax 给出的 Toeplitz 算子关于空间平移不变的一些结果, 作者构造了一系列对 W_ε^α 有强极限的空间

$\hat{M} \subset L_2(0, \infty)$. 他还考虑了这个极限是否与算子 I^α_- 的直接形式重合的问题. 文章也处理了纯虚数阶算子的极限情形 $\alpha = i\eta$.

5.14　$I^\alpha_{0+}\varphi$ 或 $I^\alpha_-\varphi$ 为恒等常数的可能性: (1) $(I^\alpha_{0+}\varphi)(x) \equiv c, x \in R^1_+$, 或 (2) $(I^\alpha_-\varphi)(x) \equiv c, x \in R^1_+$, 容易处理. 设 $\varphi(x)$ 局部可积, 则 (1) 成立当且仅当 $\varphi(x) = (c/\Gamma(1-\alpha))x^{-\alpha}$ (对于 $0 < \alpha < 1$) 和 $c = 0, \varphi \equiv 0$ (对于 $\alpha \geqslant 1$). 当 $\int_0^\infty (1+t)^{-\alpha}|\varphi(t)|dt < \infty$ 时, (2) 成立当且仅当 $c = 0, \varphi \equiv 0$ (Roberts [1982]).

6.1　可以将空间 $I^\alpha(L_p)$ 的刻画推广到具有满足所谓 Muckenhoupt-Wheeden 条件的一般权重的空间 $I^\alpha[L_p(\rho)]$. Andersen [1982] 中给出了这一结果, §29.2 (注记 26.11) 中也对此进行了表述.

6.2　Samko and Chuvenkov [1975] 使用 O'Neil 的结果 (见上文注记 5.9) 将刻画 L_p 中函数分数阶积分的定理 6.2 推广到 Orlicz 空间. 即令注记 5.9 的条件 1) 和条件 2) 满足, 且注记 5.9 的函数 $M(x)$ 和 $C(x)$ 满足 Δ_2-条件 (Krasnosel'skii and Rutitskii [1958]). 函数 $f(x) \in I^\alpha(L^*_M)$, $0 < \alpha < 1$ 的充分必要条件是 $f(x) \in L^*_C(R^1)$, 且 $(\mathbf{D}^\alpha_{+,\varepsilon}f)(x)$ 在 $L^*_M(R^1)$ 的范数下随 $\varepsilon \to 0$ 收敛.

注意到函数 $C(x)$ 满足 Δ_2 条件当且仅当存在一个常数 $a > 0$ 使得

$$\int_0^x \frac{M^{-1}(u)}{u^\alpha} \frac{du}{u} \leqslant a\frac{M^{-1}(u)}{u^\alpha}, \quad x \geqslant x_0.$$

6.3　设 $a * \varphi$ 为卷积算子. 它连续地将

i) $L_r(R^1), 1 \leqslant r < p$ 映入 $I^\alpha(L_p)$, 如果 $a(x) \in I^\alpha(L_q), 1/q = 1 - 1/r + 1/p$;

ii) $L_p(R^1)$ 映入 $I^\alpha(L_p)$, 如果 $a(x) \in I^\alpha_+(L_1)$ 或 $a(x) \in I^\alpha_-(L_1)$;

iii) $I^\alpha(L_r)$ 映入 $I^\alpha(L_p)$, 如果 $1 < r \leqslant p < 1/\alpha$ 和 $a(x) \in L_q(R^1), 1/q = 1 - 1/r + 1/p$ (Samko [1973], Samko [1978c, p. 8]). 这个结论可以从关系式

$$a * \varphi = I^\alpha_+(\mathbf{D}^\alpha_+ a * \varphi)$$

中推得. 后者的有效性在上述假设下通过考虑等式对 "好" 函数的明显成立和相应空间中左右侧算子的有界性很容易获得.

6.4　设 $\omega_r(f, t)$ 是在 R^1_+ 上函数 $f(x)$ 的积分连续模 (6.31). 下面对估计式 (6.39) 的推广成立, $1 < p < 1/\alpha$,

$$\omega_r(I^\alpha_{0+}\varphi, t) \leqslant c\|\varphi\|_p t^{\alpha+1/r-1/p}, \quad p \leqslant r \leqslant p/(1-\alpha p). \tag{9.5}$$

它是算子 $K\varphi = \int_0^x \mathsf{k}(x-t)\varphi(t)dt$ (Karapetyants) 的一般估计

$$\omega_r(K\varphi, t) \leqslant \omega_s(\mathsf{k}, t)\|\varphi\|_p, \quad 1/p + 1/s = 1 + 1/r$$

的特殊情形.

7.1 如果 (9.1) 中的 Fourier 变换 $\mathcal{F}\varphi$ 和 $\mathcal{F}(I_{\pm}^{\alpha}\varphi)$ 分别在 $L_{p'}$ 和 $L_{q'}$ 的范数下收敛, $1 < p \leqslant 2, 1 < p < 1/\alpha, q = p(1 - \alpha p)^{-1}$, 则可以将分数阶积分的 Fourier 变换 (7.1) 和 $\varphi \in L_1(R^1)$ 的证明推广到函数 $\varphi \in L_p(R^1)$ —— Okikiolu [1966a] —— 其中考虑了 R^1 上的 Riesz 势. 我们注意到如果使用在 §8.2 中的空间 Φ 中的广义函数, 那么 Okikiolu [1966a] 中的证明会变得简单.

证明补充. 值得提及的是估计 $\|F_c I_{0+}^{\alpha}\varphi\|_p \leqslant c\|\varphi\|_p, 0 < \alpha < 1, p = 2/(1 + \alpha)$ (Titchmarsh [1937, s. 4.12]).

7.2 Widder [1946, pp. 73, 74] 的书中证明了以下类似定理 7.2 的结论.

定理 9.1 设对于任意 $b > 0, \varphi(x) \in L_1(0,b)$, 且积分 $\int_0^\infty e^{-p_0 t}|\varphi(t)|dt$ 收敛. 则关系式

$$\frac{1}{2\pi i}\int_{\gamma-i\infty}^{\gamma+i\infty} \frac{(L\varphi)(p)}{p^\alpha}e^{px}dp = \begin{cases} (I_{0+}^{\alpha}\varphi)(x), & x \geqslant 0, \\ 0, & x < 0 \end{cases}$$

对于 $\alpha \geqslant 1, \gamma > p_0, \gamma > 0$ 成立, 或对于 $0 < \alpha \leqslant 1$, 假定 $\varphi(u)$ 在点 $u = x, x \geqslant 0$ 的邻域内有有界变差.

7.3 设 $S_p\varphi = \frac{1}{\Gamma(p)}\int_0^\infty \frac{\varphi(t)dt}{(t+x)^p}$ 为 Stieltjes 变换. 表达式 $I_-^{p-1}S_p\varphi = S_1\varphi$ 成立. 在 Widder [1938] 的文章中通过使用分数阶积分 (5.3) 得到了广义 Stieltjes 变换

$$\int_0^\infty \frac{d\alpha(t)}{(x+t)^p} = f(x), \quad p > 0$$

的逆公式, 复值函数 $\alpha(t)$ 在实轴上的任意区间 $[0, R], R > 0$ 上有有界变差.

7.4 Berens and Westphal [1968a] 从 Laplace 变换的角度回答了函数 $f(x) \in L_p(R_+^1)$ 是否具有分数阶导数 $\mathbf{D}_+^{\alpha}f \in L_p(R_+^1)$ 的问题.

7.5 设 $W_{k,m}(x)$ 为 Whittaker 函数. Varma [1951] 定义了积分变换

$$(W\varphi)(x) = x\int_0^\infty e^{-xt/2}(xt)^{m-1/2}W_{k,m}(xt)f(t)dt. \tag{9.6}$$

它是 Laplace 变换 (1.119) 的推广, 后者可以在 $k + m = 1/2$ 的情形下从 (9.6) 中得到. 这种变换后来称为 Varma 变换. 令 $I_{0+}^{\alpha}\varphi$ 和 $I_-^{\alpha}\varphi$ 为分数阶积分 (5.1) 和 (5.3). 函数 $x^{-\lambda}(I_{0+}^{\alpha}\varphi)(x)$ 和 $x^{-\lambda-1}(I_-^{\alpha}\varphi)(1/x)$ 的 Laplace 积分变换与 Varma 变换一致 (参见 Kalla [1966]). 类似地, 函数 $(I_{0+}^{\lambda}\varphi)(x^2)$ 和 $x^{2\lambda-2}(I_-^{\lambda}\varphi)(x^{-2})$ 的 Laplace 变换与 §1.4 中介绍的 Meijer 变换一致 (Bora and Saxena [1971], Martič

[1973a,b]). Kalla [1966, 1969c, 1971] 考虑了 Varma 和 Stiltjes 积分变换 (见上面的注记 7.3) 以及一般的分数阶积分变换 (1.101).

在 K.J. Srivastava [1957] 中, 函数 $x^{\alpha/2+k-m}(I_{0+}^{\alpha}t^{m-k}\varphi(t))(x)$ 和 $x^{\alpha}(I_{m-k+\alpha/2,\alpha}^{+}\varphi)(x)$ 的广义 Meijer 变换

$$\widetilde{W}_{k,m}\varphi(x) = x\int_0^\infty (xt)^{-k-1/2}e^{-xt/2}W_{k+1/2,m}(xt)\varphi(t)dt \qquad (9.7)$$
$$= x^{-m-k}(W_{k+1/2,m}t^{-k-m}\varphi(t))(x)$$

导致了 (9.7) 型的变换, 其中 $I_{\eta,\alpha}^{+}$ 是算子 (9.2).

Bhise [1959] 定义了以 Meijer G 函数 (1.95) 为核的积分变换

$$(G\varphi)(x) = x\int_0^\infty G_{m,m+1}^{m+1,0}\Big(xt\Big|\begin{array}{c}\eta_1+\alpha_1,\cdots,\eta_m+\alpha_m\\\eta_1,\cdots,\eta_m,\rho\end{array}\Big)\varphi(t)dt, \qquad (9.8)$$

称为 Meijer-Laplace 变换. 它在 $\alpha_1 = \cdots = \alpha_{m-1} = 0, \alpha_m = -1/2-m-k, \eta_m = 2m, \rho = 0$ 的情形下简化为 Varma 变换, 在 $\alpha_1 = \cdots = \alpha_{m-1} = 0, \alpha_m = \rho = -m-k, \eta_m = m-k$ 的情形下简化为广义 Meijer 变换 (9.7). Mathur [1971, 1972] 发现了函数 $x^{-\mu-\nu}(I_{0+}^{\alpha}t^{\nu}\varphi(t))(x)$ 和 $(I_{\eta,\alpha}^{+}\varphi)(x)$ 的积分变换 (9.8).

7.6 一系列论文涉及求分数阶积分的特殊积分变换. Mathur [1972] 发现了分别对应于 $x^{\nu}(I_{0+}^{\alpha}\varphi(\sqrt{t}))(x^2)$ 和 $x^{\nu}(I_{0+}^{\alpha}\varphi)(x)$ 的 §1.4 中定义的 Meijer 变换和核中带 Gauss 函数 (1.72) 的变换 $x^{-1}\int_0^\infty {}_2F_1(\lambda,\mu;\nu;-t/x)\varphi(t)dt$. 他给出了求 Fox H 函数的分数阶积分的一个应用. Singh [1975a] 计算了函数 $x^{\nu+1/2}(I_{0+}^{\mu}\varphi)(x^2)$ 的积分变换, 其核中带有 Struve 函数即 $\mathbf{H}_{\nu}(x)$ (见 §1.4). Rakesh [1973] 发现了分数阶积分 (5.2) 和 (5.3) 的带 Fox H 函数 (在 Gupta and Mittal [1970] 中定义) 的积分变换.

7.7 设 $F(s_1,\cdots,s_n) = L_n f$ 为 n 维 Laplace 变换, 符号 $G(s) = A_n F(s_1,\cdots,s_n)$ 表示函数 $f(t,t,\cdots,t)$ 的一维 Laplace 变换. 针对非线性系统理论中的问题, Conlan and Koh [1975] 证明了: 如果

$$F(s_1,\cdots,s_n) = \frac{1}{s_m^{p+1}}F_1(s_1,s_2,\cdots,s_{m-1},s_{m+1},\cdots,s_n),$$

则函数 $G(s) = A_n F(s_1,\cdots,s_n)$ 和 $G_1(s) = A_{n-1}F_1(s_1,\cdots,s_{m-1},s_{m+1},\cdots,s_n)$ 通过分数阶微分运算相联系: $G(s) = \dfrac{(-1)^{[p]}}{\Gamma(p+1)}\mathcal{D}_{0+}^{p}G_1(s)$, 也可参见 Koh and Conlan [1976].

7.8 Smith [1941] 利用分数阶积分 (5.3) 和分数阶导数 (5.6) 得到了 $\rho > 0$ 和 $\rho = 0$ 时的 Laplace-Stieltjes 变换 $\int_0^\infty e^{-xt} t^\rho d\alpha(t)$ 之间的联系以及逆变换. 这里 $\alpha(t)$ 是每个区间 $(0, R)$, $R > 0$ 上的有界变差实值函数, 满足条件 $\alpha(0+) = 0$, $\alpha(t) = 2^{-1}[\alpha(t+0) + \alpha(t-0)]$.

7.9 Lambe [1939] 中应用 (7.28) 型公式 —— Taylor 级数展开的积分类似式子 —— 形式地导出了一些特殊函数即 Gauss 和 Legendre 合流超几何函数的积分表达式.

8.1 §8.2 中考虑的空间 Φ 在 $L_p(R^1)$, $1 < p < \infty$ 中稠密: 对于任意函数 $f \in L_p$ 和 $\varepsilon > 0$, 存在一个函数 $\varphi(x) \in \Phi$ 使得 $\|f - \varphi\|_p < \varepsilon$. Lizorkin [1969] 用他称之为完全平衡的平均证明了这一点. Samko [1982] 中给出了这种稠密性的另一种证明.

8.2 在 Lamb [1985a,b] 的论文中, 提出了一种考虑整条实直线上广义函数的分数阶积分 $I_\pm^\alpha$ 的某种方法. 该研究基于作者 Lamb [1984] 考虑的 Fréchet 空间中算子的分数次幂理论, Lamb 证明了算子 $I_\pm^\alpha$ 在空间

$$\mathcal{D}_{p,\mu} = \left\{ \varphi : \varphi \in C^\infty(R^1), \frac{d^k}{dx^k}[e^{-\mu x}\varphi(x)] \in L_p(R^1), k = 0, 1, 2, \cdots \right\}$$

中是算子 $I_\pm^1$ 的分数次幂, 并且在 $\mu > 0$ 时取 "+" 和 $\mu < 0$ 时取 "−" 的情形下实现了空间 $\mathcal{D}_{p,\mu}$ 到自身的同胚. 另见 Lamb [1986], 它通过 Fourier 乘子技术证明了这些结论.

8.3 Skórnik [1980, 1981] 在广义函数空间中考虑了分数阶积分 $\int_0^x e^{x^2-t^2} \times \frac{(x-t)^{\alpha-1}}{\Gamma(\alpha)} \times \varphi(x-t)dt$ 和相应的分数阶微分. 主要关注的是分数阶积分有唯一逆分数阶微分的广义函数空间的定义. 为了 "筛选" 出违反此唯一性的广义函数, 定义了由 Lojasewich 等给出的某种意义下在点 $x = 0$ 处等于零的广义函数空间.

8.4 设 $F_{p,\mu}$ 为 McBride [1975b, 1976] 定义的检验函数空间 —— §8.4. Ahuja [1981] 考虑了 Erdelyi 型算子 (9.3) 和更一般算子在空间 $F_{p,\mu}$ 中的映射性质.

8.5 Brédimas [1973, 1976a,b,c,d] 的一系列论文给出了与分数阶差分有关的 Schwartz 方法的有趣发展. 文中定义了分数阶微分算子

$$\lim_{h \to 0} \sum_{k=0}^\infty (-1)^k \binom{\alpha}{k} f(x - kh)/h^\alpha \tag{9.9}$$

(§20 在普通函数的情形下比较了这种方法). 结果表明, 在该极限的适当解释下,

算子 (9.9) 在半轴 R_+^1 有支集的广义 Schwartz 函数的子空间上的限制与 Schwartz 给出且在 §8.3 中展示的广义函数的分数阶积分 (阶为 $-\alpha$) 一致.

8.6　McBride [1982a] 定义了普通微分算子的分数次幂

$$L = x^{a_1} \mathcal{D} x^{a_2} \mathcal{D} x^{a_3} \cdots x^{a_n} \mathcal{D} x^{a_{n+1}} I, \quad \mathcal{D} = d/dx, \tag{9.10}$$

并考虑了它们在 §8.4 中所讨论的广义函数空间 $F_{p,\mu}$ 中的性质. 这里数 $m = \left| n - \sum_{i=1}^{n+1} a_i \right|$ 起着至关重要的作用. 在 McBride [1982a,b] 中通过 Erdelyi-Kober 算子处理了 $m \neq 0$ 的情形 (见 (18.1)—(18.2)). Lamb and McBride [1963] 通过算子分数次幂理论中所使用的谱方法研究了 $m = 0$ 的情形; $m = 0$ 的结果在某种意义上可以作为 $m > 0$ 的极限情况.

分数阶积分-微分的指数 (标) 律 $I^\alpha I^\beta = I^{\alpha+\beta}$ 和 $I^\alpha x^{-\alpha-\beta} I^\beta = x^{-\beta} I^{\alpha+\beta} x^{-\alpha}$ (后者见 §10) 在 McBride [1982b] 中推广到了算子 (9.10) 和算子 $L' = (-1)^n x^{a_{n'+1}} \mathcal{D} x^{a_n} \cdots x^{a_2} \mathcal{D} x^{a_1} I, \mathcal{D} = d/dx$, 在 McBride [1983] 中通过关系式

$$(\mathfrak{M} T^\alpha \varphi)(x) = \frac{h(x)}{h(x + \alpha\gamma)} (\mathfrak{M}\varphi)(x + \alpha\gamma)$$

推广到了由 Mellin 变换定义的算子 T^α, 其中 h 为给定的固定函数, γ 为固定的数.

在 McBride [1985] 的综述论文中可以找到算子 T^α 的分数阶微积分, 也可以在其中找到其他参考文献.

8.7　Vladimirov [1988] 将 Schwartz 方法 (8.22) 推广到 p-进数域的分布上. 他研究了相应分数阶积分的一些性质, 特别是证明了半群性质.

9.3　分数阶积分和导数的表格

这里我们不提供关于分数阶积分和导数的大型表格, 只限于下面关于 Riemann-Liouville 分数阶积分-微分 I_{a+}^α 和 Liouville 分数阶积分-微分 $I_\pm^\alpha$ 的表 9.1—表 9.3, 以及文献中的其他表. Erdélyi, Magnus, Oberbettinger and Tricomi [1954, ch. 13] 的手册中包含了各种初等函数和特殊函数的分数阶积分的好用表格. 在 Prudnikov, Brychkov and Marichev [1961, 1983, 1985] 的手册中可以找到各种函数的分数阶积分, 但没有特别挑出来作为分数阶积分公式. Higgins [1965b], Oldham and Spanier [1974], Tremblay [1974, pp. 91-92, 426-433], Lavoie, Osler and Tremblay [1976], Lavoie, Tremblay and Osler [1975], Nishimoto [1984a], Osler [1970a, 1971a] 的论文中也有相对较少但有趣的表格.

表 9.1

	$\varphi(x),\ x > a$	$(I_{a+}^{\alpha}\varphi)(x),\ x > a,\ \alpha \in C$
1	$(x-a)^{\beta-1}$	$\dfrac{\Gamma(\beta)}{\Gamma(\alpha+\beta)}(x-a)^{\alpha+\beta-1},\ \mathrm{Re}\beta > 0$
2	$(x \pm c)^{\gamma-1}$	$\dfrac{(a \pm c)^{\gamma-1}}{\Gamma(\alpha+1)}(x-a)^{\alpha}{}_2F_1\left(1, 1-\gamma; \alpha+1, \dfrac{a-x}{a \pm c}\right)$ $a \pm c > 0,\ \ \gamma \in C$
3	$(x-a)^{\beta-1}(b-x)^{\gamma-1}$	$\dfrac{\Gamma(\beta)}{\Gamma(\alpha+\beta)}\dfrac{(x-a)^{\alpha+\beta-1}}{(b-a)^{1-\gamma}}{}_2F_1\left(\beta, 1-\gamma; \alpha+\beta; \dfrac{x-a}{b-a}\right),$ $\mathrm{Re}\beta > 0,\ \ \gamma \in C,\ a < x < b$
4	$\dfrac{(x-a)^{\beta-1}}{(b-x)^{\alpha+\beta}}$	$\dfrac{\Gamma(\beta)}{\Gamma(\alpha+\beta)}\dfrac{(x-a)^{\alpha+\beta-1}}{(b-a)^{\alpha}(b-x)^{\beta}},\ \ \mathrm{Re}\beta > 0,\ \ a < x < b$
5	$(x-a)^{\beta-1}(x \pm c)^{\gamma-1}$	$\dfrac{\Gamma(\beta)}{\Gamma(\alpha+\beta)}\dfrac{(x-a)^{\alpha+\beta-1}}{(a \pm c)^{1-\gamma}}{}_2F_1\left(\beta, 1-\gamma; \alpha+\beta; \dfrac{a-x}{a \pm c}\right),$ $\mathrm{Re}\beta > 0,\ \ \gamma \in C,\ a \pm c > 0$
6	$\dfrac{(x-a)^{\beta-1}}{(x \pm c)^{\alpha+\beta}}$	$\dfrac{\Gamma(\beta)}{\Gamma(\alpha+\beta)}\dfrac{(x-a)^{\alpha+\beta-1}}{(a \pm c)^{\alpha}(x \pm c)^{\beta}},\ \ \mathrm{Re}\beta > 0,\ \ a \pm c > 0$
7	$\dfrac{(x-a)^{\alpha}}{(x \pm c)^{\alpha+1/2}}$	$\dfrac{\sqrt{\pi}}{\Gamma(\alpha+1/2)}\dfrac{1}{\sqrt{x \pm c}}\left(\dfrac{x-a}{\sqrt{a \pm c}+\sqrt{x \pm c}}\right)^{2\alpha},\ \mathrm{Re}\alpha > -1,$ $a \pm c > 0$
8	$e^{\lambda x}$	$\dfrac{e^{\lambda x}}{\Gamma(\alpha)\lambda^{\alpha}}\gamma(\alpha, \lambda x - \lambda a) = e^{\lambda a}(x-a)^{\alpha}E_{1,\alpha+1}(\lambda x - \lambda a)$
9	$(x-a)^{\beta-1}e^{\lambda x}$	$\dfrac{\Gamma(\beta)e^{\lambda a}}{\Gamma(\alpha+\beta)}(x-a)^{\alpha+\beta-1}{}_1F_1(\beta; \alpha+\beta; \lambda x - \lambda a),\ \ \mathrm{Re}\beta > 0$
10	$(x-a)^{\alpha-1}e^{2i\lambda x}$	$\sqrt{\pi}(2\lambda)^{1/2-\alpha}(x-a)^{\alpha-1/2}e^{i\lambda(x+a)}J_{\alpha-1/2}(\lambda x - \lambda a),$ $\mathrm{Re}\alpha > 0$
11	$\left\{\begin{matrix}\sin\lambda(x-a)\\ \cos\lambda(x-a)\end{matrix}\right\}$	$\dfrac{i^{-(1\pm 1)/2}}{2\Gamma(\alpha+1)}(x-a)^{\alpha}$ $\times[{}_1F_1(1; \alpha+1; i\lambda(x-a)) \mp {}_1F_1(1; \alpha+1; -i\lambda(x-a))]$
12	$\left\{\begin{matrix}\sin\lambda\sqrt{x-a}\\ \cos\lambda\sqrt{x-a}\end{matrix}\right\}$	$\sqrt{\pi}\left(\dfrac{\lambda}{2}\right)^{1/2-\alpha}(x-a)^{(2\alpha+1)/4}\left\{\begin{matrix}J_{\alpha+1/2}(\lambda\sqrt{x-a})\\ I_{\alpha+1/2}(\lambda\sqrt{x-a})\end{matrix}\right\}$
13	$(x-a)^{\beta-1}\left\{\begin{matrix}\sin\lambda(x-a)\\ \cos\lambda(x-a)\end{matrix}\right\},$ $\mathrm{Re}\beta > -(1 \pm 1)/2$	$\dfrac{i^{-(1\pm 1)/2}}{2}\dfrac{\Gamma(\beta)}{\Gamma(\alpha+\beta)}(x-a)^{\alpha+\beta-1}$ $\times[{}_1F_1(\beta; \alpha+\beta; i\lambda(x-a)) \mp {}_1F_1(\beta; \alpha+\beta; -i\lambda(x-a))]$
14	$(x-a)^{\alpha-1}\left\{\begin{matrix}\sin 2\lambda(x-a)\\ \cos 2\lambda(x-a)\end{matrix}\right\},$ $\mathrm{Re}\alpha > -(1 \pm 1)/2$	$\sqrt{\pi}\left(\dfrac{x-a}{2\lambda}\right)^{\alpha-1/2}\left\{\begin{matrix}\sin(\lambda x - \lambda a)\\ \cos(\lambda x - \lambda a)\end{matrix}\right\}J_{\alpha-1/2}(\lambda x - \lambda a)$
15	$(x-a)^{-1/2}\left\{\begin{matrix}\cos\lambda\sqrt{x-a}\\ \mathrm{ch}\lambda\sqrt{x-a}\end{matrix}\right\}$	$\sqrt{\pi}\left(\dfrac{\lambda}{2}\right)^{1/2-\alpha}(x-a)^{(2\alpha-1)/4}\left\{\begin{matrix}J_{\alpha-1/2}(\lambda\sqrt{x-a})\\ I_{\alpha-1/2}(\lambda\sqrt{x-a})\end{matrix}\right\}$

	$\varphi(x),\ x > a$	$(I_{a+}^{\alpha}\varphi)(x),\ x > a,\ \alpha \in C$
16	$\ln(x-a)$	$\dfrac{(x-a)^{\alpha}}{\Gamma(\alpha+1)}[\ln(x-a)+\psi(1)-\psi(\alpha+1)]$
17	$(x-a)^{\beta-1}\ln(x-a)$	$\dfrac{\Gamma(\beta)}{\Gamma(\alpha+\beta)}(x-a)^{\alpha+\beta-1}[\psi(\beta)-\psi(\alpha+\beta)+\ln(x-a)],$ $\mathrm{Re}\beta>0$
18	$(x-a)^{\beta-1}\ln^m(x-a)$	$(x-a)^{\alpha+\beta-1}\sum_{k=0}^{m}\binom{m}{k}\dfrac{d^k}{d\beta^k}\left(\dfrac{\Gamma(\beta)}{\Gamma(\alpha+\beta)}\right)\ln^{m-k}(x-a),$ $\mathrm{Re}\beta>0,\ m=1,2,\cdots$
19	$(x-a)^{\nu/2}J_{\nu}(\lambda\sqrt{x-a})$	$(2/\lambda)^{\alpha}(x-a)^{(\alpha+\nu)/2}J_{\alpha+\nu}(\lambda\sqrt{x-a}),\ \mathrm{Re}\nu>-1$
20	$(x-a)^{(2\alpha-3)/4}$ $\times Y_{\alpha-1/2}(2\lambda\sqrt{x-a})$	$\sqrt{\pi}\left(\dfrac{x-a}{\lambda}\right)^{\alpha-1/2}J_{\alpha-1/2}(\lambda\sqrt{x-a})Y_{\alpha-1/2}(\lambda\sqrt{x-a}),$ $\mathrm{Re}\alpha>0$
21	$(x-a)^{(2\alpha-3)/4}$ $\times K_{\alpha-1/2}(2\lambda\sqrt{x-a})$	$\sqrt{\pi}\left(\dfrac{x-a}{\lambda}\right)^{\alpha-1/2}I_{\alpha-1/2}(\lambda\sqrt{x-a})K_{\alpha-1/2}(\lambda\sqrt{x-a}),$ $\mathrm{Re}\alpha>0$
22	$(x-a)^{\beta-1}$ $\times{}_2F_1(\mu,\nu,\beta;\lambda(x-a))$	$\dfrac{\Gamma(\beta)}{\Gamma(\alpha+\beta)}(x-a)^{\alpha+\beta}{}_2F_1(\mu,\nu;\alpha+\beta;\lambda x-\lambda a),\ \mathrm{Re}\beta>0$
23	$(x-a)^{\beta-1}E_{\mu,\beta}((x-a)^{\mu})$	$(x-a)^{\alpha+\beta-1}E_{\mu,\alpha+\beta}((x-a)^{\mu}),\ \mathrm{Re}\mu>0,\ \mathrm{Re}\beta>0$

表 9.2

	$\varphi(x),\ x\in R^1$	$(I_{+}^{\alpha}\varphi)(x),\ x\in R^1,\ \alpha\in C$
1	$(b-ax)^{\gamma-1}$	$\dfrac{\Gamma(1-\alpha-\gamma)}{\Gamma(1-\gamma)a^{\alpha}}(b-ax)^{\alpha+\gamma-1},\ a>0,\ ax<b,\ \mathrm{Re}(\alpha+\gamma)<1$
2	$\dfrac{1}{(1+\pm ix)^{\mu}}$	$\dfrac{\Gamma(\mu-\alpha)}{\Gamma(\mu)}e^{\pm\alpha\pi i/2}\dfrac{1}{(1\pm ix)^{\mu-\alpha}},\ \mathrm{Re}(\mu-\alpha)>0,\ \mu\neq 0,-1,-2,\cdots$
3	$(x-a)_{+}^{\beta-1}$	$\dfrac{\Gamma(\beta)}{\Gamma(\alpha+\beta)}(x-a)_{+}^{\alpha+\beta-1},\ \mathrm{Re}\beta>0$
4	$e^{\lambda x}$	$\lambda^{-\alpha}e^{\lambda x},\ \mathrm{Re}\lambda>0$
5	$\left\{\begin{array}{c}\sin\lambda x\\\cos\lambda x\end{array}\right\}$	$\lambda^{-\alpha}\left\{\begin{array}{c}\sin(\lambda x-\alpha\pi/2)\\\cos(\lambda x-\alpha\pi/2)\end{array}\right\},\ \lambda>0,\ \mathrm{Re}\alpha<1$
6	$e^{\lambda x}\left\{\begin{array}{c}\sin\gamma x\\\cos\gamma x\end{array}\right\}$	$\dfrac{e^{\lambda x}}{(\lambda^2+\gamma^2)^{\alpha/2}}\left\{\begin{array}{c}\sin(\lambda x-\alpha\varphi)\\\cos(\lambda x-\alpha\varphi)\end{array}\right\},\ \varphi=\arctan(\gamma/\lambda),\ \mathrm{Re}\lambda>0,\ \gamma>0$

我们还注意到, 很久以前 Letnikov [1882, 1884, 1885, 1888b,c] 就发现了许多初等函数和非初等函数的分数阶积分和导数.

表 9.3

	$\varphi(x),\ x \in R^1$	$(I^\alpha_- \varphi)(x),\ x \in R^1,\ \alpha \in C$
1	$x^{\gamma-1},\ x>0$	$\dfrac{\Gamma(1-\alpha-\gamma)}{\Gamma(1-\gamma)} x^{\alpha+\gamma-1},\ \mathrm{Re}(\alpha+\gamma)<1, x>0$
2	$(ax+b)^{\gamma-1}$	$\dfrac{\Gamma(1-\alpha-\gamma)}{\Gamma(1-\gamma)a^\alpha}(ax+b)^{\alpha+\gamma-1},\ \ \mathrm{Re}(\alpha+\gamma)<1,\ |\arg(a/b)|<\pi$
3	$\dfrac{1}{[(x+a)(x+b)]^{\alpha+1/2}}$	$\dfrac{\sqrt{\pi}}{\Gamma(\alpha+1/2)}\dfrac{[(x+a)(x+b)]^{-1/2}}{(\sqrt{x+a}+\sqrt{x+b})^{2\alpha}},\ \mathrm{Re}\alpha>-1$
4	$e^{-\lambda x}$	$\lambda^{-\alpha}e^{-\lambda x},\ \mathrm{Re}\lambda>0$
5	$e^{-\lambda\sqrt{x}}$	$2^{\alpha+1/2}\pi^{-1/2}a^{1/2-\alpha}x^{(2\alpha+1)/4}K_{\alpha+1/2}(\lambda\sqrt{x}),\ \mathrm{Re}\lambda>0$
6	$\begin{Bmatrix}\sin\lambda x\\\cos\lambda x\end{Bmatrix}$	$\lambda^{-\alpha}\begin{Bmatrix}\sin(\lambda x+\alpha\pi/2)\\\cos(\lambda x+\alpha\pi/2)\end{Bmatrix},\ \lambda>0,\ \mathrm{Re}\alpha<1$
7	$\begin{Bmatrix}\sin\lambda\sqrt{x}\\\cos\lambda\sqrt{x}\end{Bmatrix}$	$\sqrt{\pi}\left(\dfrac{2}{\lambda}\right)^{\alpha-1/2}x^{(2\alpha+1)/4}\begin{Bmatrix}Y_{-\alpha-1/2}(\lambda\sqrt{x})\\J_{-\alpha-1/2}(\lambda\sqrt{x})\end{Bmatrix},\ \lambda>0,\ \mathrm{Re}\alpha<1/2$
8	$e^{-\lambda x}\begin{Bmatrix}\sin\gamma x\\\cos\gamma x\end{Bmatrix}$	$\dfrac{e^{-\lambda x}}{(\lambda^2+\gamma^2)^{\alpha/2}}\begin{Bmatrix}\sin(\lambda x+\alpha\varphi)\\\cos(\lambda x+\alpha\varphi)\end{Bmatrix},\ \gamma>0, \mathrm{Re}\lambda>0,\ \varphi=\arctan(\gamma/\lambda)$
9	$x^{-\nu/2}J_\nu(\lambda x)$	$(2/\lambda)^\alpha x^{(\alpha-\nu)/2}J_{\nu-\alpha}(\lambda\sqrt{x}),\ \lambda>0,\ \mathrm{Re}(2\alpha-\nu)<3/2$
10	$x^{-\nu/2}\begin{Bmatrix}Y_\nu(\lambda x)\\K_\nu(\lambda x)\end{Bmatrix}$	$\left(\dfrac{2}{\lambda}\right)^\alpha x^{(\alpha-\nu)/2}\begin{Bmatrix}Y_{\nu-\alpha}(\lambda\sqrt{x})\\K_{\nu-\alpha}(\lambda\sqrt{x})\end{Bmatrix},\ \begin{Bmatrix}\lambda>0,\ \mathrm{Re}(2\alpha-\nu)<3/2\\\mathrm{Re}\lambda>0\end{Bmatrix}$

上面的表 9.1—表 9.3 同时包含了分数阶积分和导数. 我们可以得到这些表中的关系式, 假定先取 $\mathrm{Re}\alpha>0$, 然后通过对参数 α 的解析延拓将其扩展到 $\mathrm{Re}\alpha\leqslant0$ 的情形. 我们还注意到, 如果按照 §22 中描述的沿 Pochhammer 环路积分的意义理解积分 I^α_{a+}, 那么与积分在点 $x=a$ 处收敛有关的条件 $\mathrm{Re}\beta>0$ 也可以省略. 在 Prudnikov, Brychkov and Marichev [1961, 1983, 1985] 的手册中, 一些关系式以可接受的两层方式表示, 也可参见 Prudnikov, Brychkov and Marichev [1989]. 许多在上述表格中给出的关系和许多新关系也可以通过 Marichev [1978d, 1981] 提出的方法得到 —— 考虑注记 36.9 中讨论的一般表达式. Adamchik and Marichev [1990] 实现了这种计算超几何函数积分的算法, 特别是在计算机代数 REDUCE 系统中计算由 (36.3) 定义的 Meijer G 函数的分数阶积分.

第三章　分数阶积分和导数的进一步性质

本章中, 我们将继续研究 Riemann-Liouville 分数阶积分和导数在实轴的有限和无限区间上的性质. 首先将考虑对第六章和第七章中第一类积分方程的研究很重要的问题. 讨论的问题包括带幂和指数权的分数阶积分和导数的复合运算、分数阶积分和奇异积分的联系、左和右分数阶积分的线性组合等. 然后将给出 L_p-函数和加权 Hölder 空间 $H_0^\lambda(p)$ 中函数的分数阶积分在区间上的刻画, 并在实变函数理论中考虑分数阶积分-微分的各个方面. 例如, 将研究分数阶积分-微分算子在 Lipschitz 空间 H_p^λ 和 $\tilde{H}_p^\lambda$ 中的映射性质、绝对连续函数的分数阶微分、分数阶积分和导数的不等式、分数阶微积分与积分和级数可和性问题的联系等. 最后, 将讨论两个函数乘积的经典 Leibniz 法则的推广, 并推导出分数阶积分在区间端点附近的渐近展开.

§10　带权的分数阶积分和导数的复合运算

在本节中, 我们考虑 L_p 空间, $1 \leqslant p < \infty$ 中带幂、指数和幂指数权的分数阶积分-微分算子的复合运算. 并研究这类算子的可交换性问题. 我们主要关注 $x^\gamma I_{0+}^\alpha x^\delta$ 型的简单复合运算. 需要指出, 这些算子的性质依赖其定义域和参数. 纯虚阶积分不能在整个 L_1 空间中定义, 并且它们的算子在这个空间中无界. 因此, 一般来说, 这里不考虑此类积分.

我们将使用以下特定符号. 设 $\alpha_1, \cdots, \alpha_n, \alpha_{n+1}$ 为复数并且只存在一个数 α_j 使得 $\operatorname{Re}\alpha_j = \min(\operatorname{Re}\alpha_1, \cdots, \operatorname{Re}\alpha_n, \operatorname{Re}\alpha_{n+1})$. 然后我们令 $\alpha_{n+1} = 0$, 并介绍函数

$$m(\alpha_1, \cdots, \alpha_n) = \begin{cases} 0, & \operatorname{Re}\alpha_i > 0, \ i = 1, 2, \cdots, n, \\ -\alpha_j, & \text{若存在}\alpha_j\text{使得}\operatorname{Re}\alpha_j < \\ & \min(0, \operatorname{Re}\alpha_1, \cdots, \operatorname{Re}\alpha_{j-1}, \\ & \operatorname{Re}\alpha_{j+1}, \cdots, \operatorname{Re}\alpha_n). \end{cases} \tag{10.1}$$

如果存在 α_j 和 α_k 满足 $\alpha_j \neq \alpha_k$ 但

$$\operatorname{Re}\alpha_j = \operatorname{Re}\alpha_k = \min(0, \operatorname{Re}\alpha_1, \cdots, \operatorname{Re}\alpha_n),$$

则函数 $m(\alpha_1, \cdots, \alpha_n)$ 无定义. 我们还介绍了特殊的函数空间

$$L_{p,*}(a,b) = \begin{cases} L_p(a,b), & \text{若 } p > 1,\ 0 \leqslant a < b \leqslant \infty, \\ L_1((a,b); |\ln x| + 1), & \text{若 } p = 1,\ 0 \leqslant a < b \leqslant \infty, \end{cases} \quad (10.2)$$

$$I_{0+}^{m(\alpha)*}(L_p(0,b)) = \begin{cases} L_p(0,b), & \text{若 } \mathrm{Re}\,\alpha > 0, \\ I_{0+}^{-\alpha}(L_{p,*}(0,b)), & \text{若 } \mathrm{Re}\,\alpha < 0; \end{cases}$$

$$I_{0+}^{m(\alpha)*}(L_{p,*}(0,b)) = \begin{cases} L_{p,*}(0,b), & \text{若 } \mathrm{Re}\,\alpha > 0, \\ I_{0+}^{-\alpha}(L_p(0,b)), & \text{若 } \mathrm{Re}\,\alpha < 0; \end{cases} \quad (10.3)$$

$$I_{-}^{m(\alpha)*}(L_p((a,\infty); x^q)) = \begin{cases} L_p((a,\infty); x^q), & \text{若 } \mathrm{Re}\,\alpha > 0, \\ I_{-}^{-\alpha}(L_{p,*}((a,\infty); x^q)), & \text{若 } \mathrm{Re}\,\alpha < 0; \end{cases}$$

$$I_{-}^{m(\alpha)*}(L_{p,*}((a,\infty); x^q)) = \begin{cases} L_{p,*}((a,\infty); x^q), & \text{若 } \mathrm{Re}\,\alpha > 0, \\ I_{-}^{-\alpha}(L_p((a,\infty); x^q)), & \text{若 } \mathrm{Re}\,\alpha < 0. \end{cases}$$

我们注意到 $L_{1,*}(a,b) \subset L_1(a,b)$, 若 $0 < a < b < \infty$, 则 $L_{1,*}(a,b) = L_1(a,b)$, 例如 $x^{-1}\ln^{-2} x \in L_1(0,b)$ 但 $x^{-1}\ln^{-2} x \notin L_{1,*}(0,b)$.

10.1　两个带幂权的单边积分复合运算

如 § 2 所述, 由 (2.17)—(2.18) 和 (2.32)—(2.34) 定义的分数阶积分和导数, 满足 (2.65) 给出的半群性质

$$I_{a+}^{\alpha} I_{a+}^{\beta} f(x) = I_{a+}^{\beta} I_{a+}^{\alpha} f(x), \qquad I_{a+}^{\beta} I_{a+}^{\alpha} f(x) = I_{a+}^{\alpha+\beta} f(x), \quad (10.4)$$

$$I_{b-}^{\alpha} I_{b-}^{\beta} f(x) = I_{b-}^{\beta} I_{b-}^{\alpha} f(x), \qquad I_{b-}^{\beta} I_{b-}^{\alpha} f(x) = I_{b-}^{\alpha+\beta} f(x). \quad (10.5)$$

根据定理 2.5 和注 2.3, 我们得到如下结果.

定理 10.1　设 α 和 β 为使得函数 $m(\alpha, \beta, \alpha+\beta)$ 和 $m(\alpha, \alpha+\beta)$ 有定义的复数. 若 $-\infty < a < b < +\infty$, $1 \leqslant p < \infty$, 则当 $f \in I_{a+}^{m(\alpha,\beta,\alpha+\beta)}(L_p(a,b))$ 和 $f \in I_{b-}^{m(\alpha,\beta,\alpha+\beta)}(L_p(a,b))$ 时, 分别有式 (10.4) 和 (10.5) 中的第一组关系式成立; 当 $f \in I_{a+}^{m(\alpha,\alpha+\beta)}(L_p(a,b))$ 和 $f \in I_{b-}^{m(\alpha,\alpha+\beta)}(L_p(a,b))$ 时, (10.4) 和 (10.5) 中的第二组关系式对应成立. 当 $b = \infty$ 时, (10.5) 中的关系式依然成立, 当 $M = m(\alpha, -\alpha, \beta, -\beta, \alpha+\beta, -\alpha-\beta)$ 时, 需将空间 $L_p(a,b)$ 替换为加权空间 $L_p((a,\infty); x^{p(M+1)-2})$.

注 10.1　若函数 $m(\alpha, \beta, \alpha+\beta)$ 和 $m(\alpha, \alpha+\beta)$ 没有定义, 那么在函数 $f(x)$ 空间的适当假设下定理 10.1 仍然成立. 这些空间会根据存在可和导数 $D^{-\gamma_j} f$ 的条件缩小, 其中 γ_j 是分别位于直线 $\{\gamma : \mathrm{Re}\,\gamma = \min(0, \mathrm{Re}\,\alpha, \mathrm{Re}\,\beta, \mathrm{Re}(\alpha+\beta))\}$, 或

者 $\{\gamma : \mathrm{Re}\gamma = \min(0, \mathrm{Re}\alpha, \mathrm{Re}(\alpha + \beta))\}$ 上的 $0, \alpha, \beta, \alpha + \beta$ 中的两点或四点, 或者 $0, \alpha, \alpha + \beta$ 中的两点或三点.

证明　如果 $b < \infty$, $p > 1$, 通过在有限区间 (a, b) 上考虑嵌入 $L_p(a, b) \subset L_1(a, b)$, 结合 (10.1) 中的符号及性质 $I^0_{a+}(L_p(a, b)) = L_p(a, b)$, 并且在 I^α_{a+} 转换到 I^α_{b-} 时使用替换 $x = a + b - y$, 则定理 10.1 及注 10.1 是定理 2.4、定理 2.5 和注 2.3 的直接推论. 如果 $b = +\infty$, 则此定理可从定理 10.6、关系式 (10.6) (将其中的 x 换为 x^{-1} 和 $f(x)$ 换为 $x^{-\alpha-\beta-1}f(x^{-1})$) 以及 (10.1) 中得到. ∎

根据 $b = \infty$ 时 (10.5) 式和 $a = 0$ 时 (10.4) 式中的第二个结果, 经上述替换, 我们得到如下带权因子的关系式:

$$x^\alpha I^\beta_{0+} x^{-\alpha-\beta} I^\alpha_{0+} x^\beta f(x) = I^\alpha_{0+} I^\beta_{0+} f(x) = I^{\alpha+\beta}_{0+} f(x), \tag{10.6}$$

$$x^\alpha I^\beta_- x^{-\alpha-\beta} I^\alpha_- x^\beta f(x) = I^\alpha_- I^\beta_- f(x) = I^{\alpha+\beta}_- f(x). \tag{10.7}$$

因此, 先考虑关于算子 $x^\gamma I^\alpha_{0+} x^\delta$ 性质的问题是很自然的. 此处及以下, 因子 x^γ 和 x^δ 均表示算子按指定顺序乘以函数 x^γ 和 x^δ. 这些算子作用的确切描述由以下结论给出.

引理 10.1　设 $\psi(x) \in L_p(0, b), 0 < b < \infty, 1 \leqslant p < \infty, p(1 + \mathrm{Re}\mu) > 1$ 且 $\mathrm{Re}\alpha \neq 0$. 则表达式 $\psi(x) = I^\alpha_{0+} x^\mu f(x)$, $f(x) \in I^{m(\alpha)*}_{0+}(L_p(0, b))$ 成立当且仅当 $\psi(x) = x^\mu I^\alpha_{0+} g(x)$, 其中 $g(x) \in I^{m(\alpha)*}_{0+}(L_{p,*}(0, b))$; 或者 $\psi(x) = x^{\mu-\varepsilon} I^\alpha_{0+} x^\varepsilon g_1(x)$, 其中 $g_1(x) \in I^{m(\alpha)*}_{0+}(L_p(0, b))$, $p(1 + \mathrm{Re}\varepsilon) > 1$. 算子 $I^\alpha_{0+} x^\mu$, $x^\mu I^\alpha_{0+}$ 和 $x^{\mu-\varepsilon} I^\alpha_{0+} x^\varepsilon$ 从这些空间映到 $L_p((0, b); x^{-p(\alpha+\mu)})$ 空间并且有界, 其中 $\mathrm{Re}\alpha > 0$.

证明　$\mathrm{Re}\alpha > 0$ **的情形**. **第 I 部分**. 必要性. 将 $\psi(x)$ 表示为形式 $\psi(x) = I^\alpha_{0+} x^\mu f(x)$, $f(x) \in L_p(0, b)$, $1 \leqslant p < \infty$. 我们证明存在一个函数 $g(x) \in L_{p,*}(0, b)$ 使得关系式

$$I^\alpha_{0+} x^\mu f(x) = x^\mu I^\alpha_{0+} g(x) \tag{10.8}$$

成立. 通过应用算子 $I^{-\alpha}_{0+} x^{-\mu}$ 到 (10.8) 上, 我们得到了这个函数并将其写为

$$g(x) = \frac{d}{dx}(xX(x)),$$

其中 $X(x) = (Xf)(x) = (x^{-1}I^{1-\alpha}_{0+} x^\alpha)(x^{-\mu-\alpha} I^\alpha_{0+} x^\mu)f(x)$. 若条件 $0 < \mathrm{Re}\alpha < 1$, $p(1 + \mathrm{Re}\mu) > 1$, $1 \leqslant p < \infty$ 满足, 分别对算子 $x^{-1} I^{1-\alpha}_{0+} x^\alpha$ 和 $x^{-\mu-\alpha} I^\alpha_{0+} x^\mu$ 应用 (5.46′) 中的不等式, 则 X 从 $L_p(0, b)$ 映到 $L_p(0, b)$ 且有界. 因此如果 $f(x) \in L_p(0, b)$, 则 $X(x) = x^{-1} I^1_{0+} g(x) \in L_p(0, b)$. 从而当 $p > 1$ 时, $g(x) \in L_p(0, b)$ —— 另见引理 3.2 和 (3.15). 如果 $p = 1$, 则条件 $x^{-1} I^1_{0+} g(x) \in L_1(0, b)$ 和 $(|\ln x| + 1)g(x) \in L_1(0, b)$ 等价. 这一事实可由例如 (3.17″) 取 $\alpha = 1$ 和 $\lambda = 0$ 或由关系式

$$\int_0^b x^{-1}\int_0^x |g(t)|dtdx = \int_0^b\int_0^x |g(t)|dtd\ln x$$

$$= \ln x\int_0^x |g(t)|dt\Big|_{x=+0}^{x=b} - \int_0^b \ln x|g(x)|dx \tag{10.8'}$$

得到. 例如, $b < 1$ 时由这些关系式即得上述等价性. 所以我们通过 (10.2) 证明了若 $f(x) \in L_p(0,b)$, 则 $g(x) \in L_{p,*}(0,b)$.

充分性. 令 $\psi(x)$ 满足 $\psi(x) = x^\mu I_{0+}^\alpha g(x)$, $g(x) \in L_{p,*}(0,b)$, $1 \leqslant p < \infty$. 我们证明存在一个函数 $f(x) \in L_p(0,b)$ 使得 (10.8) 成立. 根据 (10.8) 和 (3.16), 我们可以取 $f = \varphi + A_2\varphi$ 和 $g = \varphi$. 若 $g = \varphi \in L_p(0,b)$, $p > 1$, 根据引理 3.2 有 $f = \varphi + A_2\varphi \in L_p(0,b)$. 但当 $p = 1$ 时, 空间 $L_1(0,b)$ 需根据条件 $(|\ln x| + 1)g(x) \in L_1(0,b)$ 收缩. 这一事实从 $x \to 0$ 时算子 $(A_2\varphi)(x)$ 的表示中得到. 此表示可以从引理 3.2 关于 A_2 的关系式中获得, $p = 1$ 时仍然有效. 然后我们有

$$A_2(x,t) \underset{t\to 0}{\sim} x^{-1}\int_0^x \left(\frac{x}{x-y}\right)^\alpha \left(\frac{y}{x}\right)^\mu \frac{dy}{y}$$

$$= x^{-1}\mathrm{B}(\alpha+\mu, 1-\alpha)$$

$$= A_2(x,0),$$

$$(A_2\varphi)(x) \underset{t\to 0}{\sim} \pi^{-1}\mu\sin\alpha\pi\int_0^x A_2(x,0)\varphi(t)dt$$

$$= [\mathrm{B}(\alpha,\mu)]^{-1}x^{-1}I_{0+}^1\varphi(x).$$

由后一表达式和 (10.8') (用 φ 替换 g) 可得到条件 $A_2\varphi \in L_1(0,b)$ 与 $(|\ln x|+1)\varphi \in L_1(0,b)$ 的等价性. 因此, 如果 $g = \varphi \in L_{p,*}(0,b)$, 则 $f \in L_p(0,b)$.

$\mathrm{Re}\,\alpha > 0$ 的情形. 第 II 部分. 必要性. 令 $\psi(x)$ 满足 $\psi(x) = I_{0+}^\alpha x^\mu f(x)$, $f(x) \in L_p(0,b)$, $1 \leqslant p < \infty$, 且 $p(1 + \mathrm{Re}\,\varepsilon) > 1$. 则根据上面已证得的必要性结果, 存在函数 $g \in L_{p,*}(0,b)$ 使 (10.8) 成立. 根据上面已证得的充分性可知, 对于这样的函数 $g(x)$ 存在另一个函数 $g_1(x) \in L_p(0,b)$ 使类似 (10.8) 的关系 $x^\varepsilon I_{0+}^\alpha g(x) = I_{0+}^\alpha x^\varepsilon g_1(x)$ 成立. 从这些关系中去掉 $I_{0+}^\alpha g(x)$, 我们得到类似 (10.8) 的关系式

$$I_{0+}^\alpha x^\mu f(x) = x^{\mu-\varepsilon} I_{0+}^\alpha x^\varepsilon g_1(x), \tag{10.9}$$

从而给出了 ψ 的形式 $\psi = x^{\mu-\varepsilon} I_{0+}^\alpha x^\varepsilon g_1(x)$, $g_1(x) \in L_p(0,b)$.

充分性在这种情况下的证明是类似的, 或者在必要性的基础上互换 ε 和 μ, g_1 和 f.

Re$\alpha < 0$ 的情形. **第 I 部分**. 必要性. 设 $\psi(x)$ 使得 $\psi = I_{0+}^{\alpha} x^{\mu} f(x)$, $f(x) \in I_{0+}^{-\alpha}(L_{p,*}(0,b))$. 这意味着 $f(x) = I_{0+}^{-\alpha} f_1^*(x)$ 和 $\psi(x) = I_{0+}^{\alpha} x^{\mu} I_{0+}^{-\alpha} f_1^*(x)$, 其中 $f_1^*(x) \in L_{p,*}(0,b)$. 因为 $p(1 + \mathrm{Re}\mu) > 1$ 且 $f_1^*(x) \in L_{p,*}(0,b)$ 但 $-\mathrm{Re}\alpha > 0$, 所以利用在第 I 部分证明的充分性和性质 $I_{0+}^{\alpha} I_{0+}^{-\alpha} = E$, 我们得到关系式

$$\psi = I_{0+}^{\alpha}(x^{\mu} I_{0+}^{-\alpha} f_1^*) = I_{0+}^{\alpha}(I_{0+}^{-\alpha} x^{\mu} f_2) = x^{\mu} f_2 = x^{\mu} I_{0+}^{\alpha}(I_{0+}^{-\alpha} f_2) = x^{\mu} I_{0+}^{\alpha} g,$$

其中 $f_2 \in L_p(0,b)$, $g = I_{0+}^{-\alpha} f_2 \in I_{0+}^{-\alpha}(L_p(0,b))$.

充分性这种情形下的证明可通过对最后一个关系式进行反向论证得到.

Re$\alpha < 0$ **的情况**. **第 II 部分**. 这个证明与 Re$\alpha > 0$ 情形中的第 II 部分非常相似.

引理最后的结论来自上述论证和 (5.46′). ∎

现在我们用 (1.32) 中给出的 Dirichlet 公式来计算复合式

$$(x^{\beta_1} I_{0+}^{\alpha_1-\beta_1} x^{-\alpha_1})(x^{\beta_2} I_{0+}^{\alpha_2-\beta_2} x^{-\alpha_2}) f(x)$$
$$= x^{\beta_1} \int_0^x \frac{(x-t)^{\alpha_1-\beta_1-1}}{\Gamma(\alpha_1-\beta_1)} t^{\beta_2-\alpha_1} dt \int_0^t \frac{(t-\tau)^{\alpha_2-\beta_2-1}}{\Gamma(\alpha_2-\beta_2)} \tau^{-\alpha_2} f(\tau) d\tau$$
$$= x^{\beta_1} \int_0^x \frac{(x-\tau)^{\alpha_1+\alpha_2-\beta_1-\beta_2-1}}{\Gamma(\alpha_1-\beta_1)\Gamma(\alpha_2-\beta_2)} \tau^{\beta_2-\alpha_1-\alpha_2} f(\tau) d\tau$$
$$\times \int_0^1 u^{\alpha_2-\beta_2-1}(1-u)^{\alpha_1-\beta_1-1}(1-u(1-x/\tau))^{\beta_2-\alpha_1} du,$$
$$\mathrm{Re}(\alpha_1-\beta_1) > 0, \quad \mathrm{Re}(\alpha_2-\beta_2) > 0.$$

因此根据 (1.73) 我们得到下面的表示

$$(x^{\beta_1} I_{0+}^{\alpha_1-\beta_1} x^{-\alpha_1})(x^{\beta_2} I_{0+}^{\alpha_2-\beta_2} x^{-\alpha_2}) f(x)$$
$$= x^{\beta_1} \int_0^x \frac{(x-\tau)^{\alpha_1+\alpha_2-\beta_1-\beta_2-1}}{\Gamma(\alpha_1+\alpha_2-\beta_1-\beta_2)} \tag{10.10}$$
$$\times {}_2F_1(\alpha_1-\beta_2, \alpha_2-\beta_2; \alpha_1+\alpha_2-\beta_1-\beta_2; 1-x/\tau)$$
$$\times \tau^{\beta_2-\alpha_1-\alpha_2} f(\tau) d\tau.$$

如果我们交换 (10.10) 左侧括号中的算子, 那么指标 1 和指标 2 也将相互交换. 从而利用自变换公式:

$${}_2F_1(a, b; c; z) = (1-z)^{c-a-b} {}_2F_1(c-a, c-b; c; z), \tag{10.11}$$

Erdélyi, Magnus, Oberbettinger and Tricomi [1953a, 2.1.4(23)], 可以得到 (10.10) 的右端算子. 因此在适当的参数假设下, (10.10) 左端的算子可以交换

$$(x^{\beta_1} I_{0+}^{\alpha_1-\beta_1} x^{-\alpha_1})(x^{\beta_2} I_{0+}^{\alpha_2-\beta_2} x^{-\alpha_2}) f(x)$$
$$= (x^{\beta_2} I_{0+}^{\alpha_2-\beta_2} x^{-\alpha_2})(x^{\beta_1} I_{0+}^{\alpha_1-\beta_1} x^{-\alpha_1}) f(x). \tag{10.12}$$

我们分别用 T_{12}, F 和 T_{12}, T_{21} 表示 (10.10) 和 (10.12) 两端的算子. 这些算子的定义域及其有界映射到像空间上本质上取决于算子的参数, 首先取决于 $\mathrm{Re}(\alpha_1 - \beta_1)$ 和 $\mathrm{Re}(\alpha_2 - \beta_2)$ 的符号. 这些定义域可以是空间 $L_p(0, b)$, $0 < b < \infty$, $1 \leqslant p < \infty$, 也可以是由相应可表示性条件定义的 $L_p(0, b)$ 的一些子空间. 为了更方便地通过 $x^{-\gamma} I_{0+}^{\gamma} \psi(x)$ 和 $\psi \in L_{p,*}(0, b)$ 来描述这些空间, 引理 10.1 中条件 $p(1 + \mathrm{Re}\mu)$ 中的参数必须满足其他假设. 值得注意的是, 引理 10.1 本身给出了这种描述的主要技巧. 如果上述条件与算子定义域相交, 对应算子的值在交集上重合, 则可得到 (10.10) 或 (10.12).

定理 10.2 和表 10.1 给出了 T_{12}, T_{21} 和 F 之间的所有联系, 其中 $\alpha = \alpha_1 + \alpha_2 - \beta_1 - \beta_2$.

表 10.1

f	A_j	B_j	C_j	D_j	E_j
1	$\mathrm{Re}(\alpha_1 - \beta_1) > 0$, $\mathrm{Re}(\alpha_2 - \beta_2) > 0$, $p(1 - \mathrm{Re}\alpha_1) > 1$, $p(1 - \mathrm{Re}\alpha_2) > 1$	$T_{12}, F,$ T_{21}	$L_p(0, b)$	$L_p(0, b)$ 内	(10.10), (10.12)
2	$\mathrm{Re}(\alpha_1 - \beta_1) > 0$, $\mathrm{Re}(\alpha_2 - \beta_2) > 0$, $p[1 + \mathrm{Re}(\beta_2 - \alpha_1 - \alpha_2)] > 1$, $p(1 - \mathrm{Re}\alpha_2) > 1$	T_{12}, F	$L_p(0, b)$	$\{x^{-\alpha} I_{0+}^{\alpha} \psi,$ $\psi \in L_{p,*}(0, b)\}$	(10.10)
3	$\mathrm{Re}(\alpha_1 - \beta_1) > 0$, $\mathrm{Re}(\alpha_2 - \beta_2) > 0$, $p[1 + \mathrm{Re}(\beta_1 - \alpha_1 - \alpha_2)] > 1$, $p[1 + \mathrm{Re}(\beta_2 - \alpha_1 - \alpha_2)] > 1$	T_{12}, T_{21}	$L_p(0, b)$	$\{x^{-\alpha} I_{0+}^{\alpha} \psi,$ $\psi \in L_{p,*}(0, b)\}$	(10.12)
4	$\mathrm{Re}(\alpha_1 - \beta_1) < 0$, $\mathrm{Re}(\alpha_2 - \beta_2) > 0$, $p(1 - \mathrm{Re}\alpha_1) > 1$, $p(1 - \mathrm{Re}\alpha_2) > 1$, $p(1 - \mathrm{Re}\beta_1) > 1$, $\mathrm{Re}\alpha > 0$	T_{12}, F	$L_p(0, b)$	$L_p(0, b)$ 内	(10.10)
5	$\mathrm{Re}(\alpha_1 - \beta_1) < 0$, $\mathrm{Re}(\alpha_2 - \beta_2) > 0$, $p(1 - \mathrm{Re}\alpha_2) > 1$, $p(1 - \mathrm{Re}\beta_1) > 1$, $p[1 + \mathrm{Re}(\beta_2 - \alpha_1 - \alpha_2)] > 1$, $\mathrm{Re}\alpha > 0$	T_{12}, F	$L_p(0, b)$	$\{x^{-\alpha} I_{0+}^{\alpha} \psi,$ $\psi \in L_{p,*}(0, b)\}$	(10.10)
6	$\mathrm{Re}(\alpha_1 - \beta_1) < 0$, $\mathrm{Re}(\alpha_2 - \beta_2) > 0$, $p[1 + \mathrm{Re}(\alpha_1 - \beta_1 - \beta_2)] > 1$, $p(1 - \mathrm{Re}\beta_1) > 1$, $\mathrm{Re}\alpha < 0$	T_{12}	$\{x^{-\alpha} I_{0+}^{\alpha} \psi,$ $\psi \in L_{p,*}(0, b)\}$	$L_p(0, b)$	—

续表

f	A_j	B_j	C_j	D_j	E_j
7	$\mathrm{Re}(\alpha_1 - \beta_1) > 0,\ \mathrm{Re}(\alpha_2 - \beta_2) < 0,$ $p(1-\mathrm{Re}\alpha_1) > 1,\ p(1-\mathrm{Re}\beta_2) > 1,$ $\mathrm{Re}\alpha > 0$	$T_{12}, F,$ T_{21}	$\{x^{\alpha_2-\beta_2} I_{0+}^{\beta_2-\alpha_2}\psi,$ $\psi \in L_{p,*}(0,b)\}$	$\{x^{\beta_1-\alpha_1} I_{0+}^{\alpha_1-\beta_1}\chi,$ $\chi \in L_{p,*}(0,b)\}$	(10.10), (10.12)
8	$\mathrm{Re}(\alpha_1 - \beta_1) > 0,\ \mathrm{Re}(\alpha_2 - \beta_2) < 0,$ $p(1-\mathrm{Re}\alpha_1) > 1,\ p(1-\mathrm{Re}\beta_2) > 1,$ $\mathrm{Re}\alpha < 0$	T_{12}, T_{21}	$\{x^{\alpha_2-\beta_2} I_{0+}^{\beta_2-\alpha_2}\psi,$ $\psi \in L_{p,*}(0,b)\}$	$\{x^{\beta_1-\alpha_1} I_{0+}^{\alpha_1-\beta_1}\chi,$ $\chi \in L_{p,*}(0,b)\}$	(10.12)
9	$\mathrm{Re}(\alpha_1 - \beta_1) < 0,\ \mathrm{Re}(\alpha_2 - \beta_2) < 0,$ $p[1+\mathrm{Re}(\alpha_1-\beta_1-\beta_2)] > 1,$ $p(1-\mathrm{Re}\beta_1) > 1$	T_{12}	$\{x^{\alpha} I_{0+}^{-\alpha}\psi,$ $\psi \in L_{p,*}(0,b)\}$	$L_p(0,b)$	—
10	$\mathrm{Re}(\alpha_1 - \beta_1) < 0,\ \mathrm{Re}(\alpha_2 - \beta_2) < 0,$ $p[1+\mathrm{Re}(\alpha_1-\beta_1-\beta_2)] > 1,$ $p[1+\mathrm{Re}(\alpha_2-\beta_1-\beta_2)] > 1$	T_{12}, T_{21}	$\{x^{\alpha} I_{0+}^{-\alpha}\psi,$ $\psi \in L_{p,*}(0,b)\}$	$L_p(0,b)$	(10.12)
11	$p=1,\ \alpha_1=\alpha_2=0,$ $\mathrm{Re}\beta_1 < 0,\ \mathrm{Re}\beta_1 < 0$	$T_{12}, F,$ T_{21}	$L_1((0,b);$ $\ln^2 x + 1)$	$L_1(0,b)$	(10.10), (10.12)

定理 10.2　设表 10.1 中的条件 A_j 满足. 则定义在空间 $C_j \subset L_p(0,b), 1 \leqslant p < \infty$ 上的算子 B_j 从 C_j 有界映到 $D_j \subset L_p(0,b)$, 并且满足关系 E_j.

证明　不失一般性, 我们可以认为所有的参数 $\alpha_1, \alpha_2, \beta_1, \beta_2$ 都是实数. 我们首先假设条件 A_1 满足. 则根据 (5.46′) 知, $p \geqslant 1, p(1-\alpha_2) > 1$ 时算子 $x^{\beta_2} I_{0+}^{\alpha_2-\beta_2} x^{-\alpha_2}$ 在 L_p 中有界. 因此如果还有 $p(1-\alpha_1) > 1$, 则 T_{12} 在 L_p 中有界. 利用 Fubini 定理, 对在 $L_p(0,b)$ 中稠密的充分 "好" 函数集合中的 $f(x)$ 进行直接计算, 容易证明关系式 (10.10). 因此, (10.10) 右端的算子 F 也在这个稠密集上有界, 从而它在整个空间 $L_p(0,b)$ 上有界. 所以由定理 1.7, 在假设条件 A_1 下, (10.10) 在 $L_p(0,b)$ 中成立. 利用关系式 (10.11) 和条件 A_1 的对称性, 将指标 1 和指标 2 互换, 可从 (10.10) 得到 (10.12).

通过类似的论证, 将 (5.46′) 替换为 (3.17″) 并使用两次 ($\lambda = 1$ 和 $\lambda = 0$), 则可得到定理中最后一种情况 $j = 11$ 的结论.

需要强调的是, 算子 T_{12} 和 T_{21} 从 $L_p(0,b)$ 映射到的范围 (T_{12} 和 T_{21} 的像) 并不一致, 因为 $p(1-\alpha_2) > 1$ 时, 算子 T_{12} 映射到 $\{x^{\beta_1} I_{0+}^{\alpha_1-\beta_1} x^{\beta_2-\alpha_1-\alpha_2} I_{0+}^{\alpha_2-\beta_2}\psi(x),$ $\psi \in L_{p,*}(0,b)\}$ 上, 而 $p(1-\alpha_1) > 1$ 时, 算子 T_{21} 映射到 $\{x^{\beta_2} I_{0+}^{\alpha_2-\beta_2} x^{\beta_1-\alpha_1-\alpha_2} I_{0+}^{\alpha_1-\beta_1}\psi(x),\ \psi \in L_{p,*}(0,b)\}$ 上. 若上述条件收缩为 $p(1 + \beta_1 - \alpha_1 - \alpha_2) > 1$ 和 $p(1+\beta_2-\alpha_1-\alpha_2) > 1$, 则可以将引理 10.1 应用于算子 $x^{\beta_1} I_{0+}^{\alpha_1-\beta_1}$ 和 $x^{\beta_2} I_{0+}^{\alpha_2-\beta_2}$, 从而上述像彼此重合且与空间 $\{x^{-\alpha} I_{0+}^{\alpha}\varphi(x),\ \varphi \in L_{p,*}(0,b),\ \alpha = \alpha_1 + \alpha_2 - \beta_1 - \beta_2\}$ 一致. 这就得到了定理中 $j = 2$ 和 $j = 3$ 时的结论.

现在考虑 A_4 中给出的条件. 则根据定理 1.5, 算子 F 在 $L_p(0,b)$ 中有界. 事

实上, 我们令

$$k(x,\tau) = (1 - \tau/x)_+^{\alpha-1} {}_2F_1(\alpha_1 - \beta_2, \alpha_2 - \beta_2; \alpha; 1 - x/\tau)(x/\tau)^{\alpha+\beta_1-1}\tau^{-1},$$

并考虑 (1.43) 中的第二个积分:

$$\int_0^1 (1-\tau)^{\alpha-1} {}_2F_1(\alpha_1 - \beta_2, \alpha_2 - \beta_2; \alpha; 1 - \tau^{-1})\tau^{-\alpha-\beta_1-1/p}d\tau, \quad \mathrm{Re}\,\alpha > 0.$$

根据关系式

$$ {}_2F_1(a,b;c;z) = O(z^{-\alpha}) + O(z^{-b}), \quad a - b \neq 0, \pm 1, \pm 2, \cdots, z \to \infty \quad (10.13)$$

(Erdélyi, Magnus, Oberbettinger and Tricomi [1953a, 2.10(2)]), 当 $p(1-\alpha_2) > 1$ 和 $p(1-\alpha_1) > 1$ 分别成立时, 上面的积分与 $\int_0^1 \tau^{-\alpha_2-1/p}d\tau$ 和 $\int_0^1 \tau^{-\alpha_1-1/p}d\tau$ 相应收敛. 因此, 在此种情况下, 定理 1.5 可以应用到算子 F, 从而得 F 在 $L_p(0,b)$ 中有界. 当 $p \geqslant 1$, $p(1 - \beta_1) > 1$ 时, 则算子 $x^{\alpha_1} I_{0+}^{\beta_1-\alpha_1} x^{-\beta_1}$ 在 $L_p(0,b)$ 中有界 —— 参见 (5.46′), 将该算子应用到 F, 得到复合算子 $x^{\alpha_1} I_{0+}^{\beta_1-\alpha_1} x^{-\beta_1} F$ 在 $L_p(0,b)$ 中有界. 通过直接计算不难证明, $x^{\alpha_1} I_{0+}^{\beta_1-\alpha_1} x^{-\beta_1} F = x^{\beta_2} I_{0+}^{\alpha_2-\beta_2} x^{-\alpha_2} f(x)$. 对此结果两端作用逆算子 $x^{\beta_1} I_{0+}^{\alpha_1-\beta_1} x^{-\alpha_1}$, 最终我们在条件 A_4 下得到了 (10.10). 在更严格的条件 A_5 下, 我们可以像 $j = 2$ 的情形那样通过使用引理 10.1 来证明, 算子 T_{12} 和 F 的像可以用形式 $\{x^{-\alpha} I_{0+}^{\alpha}\psi, \ \psi \in L_{p,*}(0,b)\}$ 来表示.

现在我们给出 A_6 中的条件并且 $f(x) = x^{\alpha} I_{0+}^{-\alpha}\psi^*(x)$, $\psi^* \in L_{p,*}(0,b)$. 当 $\alpha > 0$ 时, 我们将引理 10.1 应用到算子 $x^{\alpha_1-\beta_1-\beta_2} I_{0+}^{-\alpha}\psi^*(x)$ 和 $I_{0+}^{\beta_1-\alpha_1} x^{\alpha_1-\beta_1-\beta_2}$ 上, 当 $\alpha = \alpha_1 - \beta_1 < 0$ 时, 作用到算子 $x^{\beta_1} I_{0+}^{\alpha_1-\beta_1} x^{-\beta_1}$ 上, $\mu = -\beta_1$. 因此, 我们得到

$$\begin{aligned}
T_{12}f(x) &= x^{\beta_1} I_{0+}^{\alpha_1-\beta_1} x^{-\alpha_1+\beta_2} I_{0+}^{\alpha_2-\beta_2} x^{\alpha_1-\beta_1-\beta_2} I_{0+}^{\beta_1-\alpha_1+\beta_2-\alpha_2}\psi^*(x) \\
&= x^{\beta_1} I_{0+}^{\alpha_1-\beta_1} x^{\beta_2-\alpha_1} I_{0+}^{\beta_1-\alpha_1} x^{\alpha_1-\beta_1-\beta_2}\psi_1(x) \\
&= x^{\beta_1} I_{0+}^{\alpha_1-\beta_1} x^{-\beta_1} I_{0+}^{\beta_1-\alpha_1}\psi_1^*(x) \\
&= x^{\beta_1-\beta_1} I_{0+}^{\alpha_1-\beta_1} I_{0+}^{\beta_1-\alpha_1}\psi_2(x) = \psi_2(x),
\end{aligned}$$

其中 $\psi_1, \psi_2 \in L_p(0,b)$, $\psi_1^* \in L_{p,*}(0,b)$. 这意味着在条件 A_6 下, 算子 T_{12} 从 C_6 有界映射到 $L_p(0,b)$ 上.

如果 A_7 或 A_8 中除关于 α 的条件外都满足, 则根据引理 10.1 和假设 $p(1-\beta_2) > 1$, $C_7 = C_8$ 中的函数 $f(x)$ 可以表示为如下形式 $f(x) = x^{\alpha_2} I_{0+}^{\beta_2-\alpha_2} x^{-\beta_2}\varphi$,

其中 $\varphi \in L_p(0, b)$. 从而分数阶导数 $\varphi(x) = x^{\beta_2} I_{0+}^{\alpha_2 - \beta_2} x^{-\alpha_2} f(x)$ 存在, 并且根据 $p(1 - \alpha_1) > 1$, 算子 T_{12} 在 C_7 中有定义且有界. 进一步由引理 10.1 有 $D_7 = D_8$, 且再一次 $T_{12}f$ 可表示为如下形式

$$T_{12}f(x) = x^{\beta_1} I_{0+}^{\alpha_1 - \beta_1} x^{-\alpha_1} \varphi(x) = x^{\beta_1 - \alpha_1} I_{0+}^{\alpha_1 - \beta_1} \chi, \quad \chi \in L_{p,*}(0, b).$$

在关系式两端作用有界算子 $x^{\alpha_2} I_{0+}^{\beta_2 - \alpha_2} x^{-\beta_2}$, 我们可以得到右端的复合关系式, 根据关于 A_1 型的相应假设, 它可以交换顺序:

$$x^{\alpha_2} I_{0+}^{\beta_2 - \alpha_2} x^{-\beta_2} T_{12}f(x) = x^{\beta_1} I_{0+}^{\alpha_1 - \beta_1} x^{-\alpha_1} x^{\alpha_2} I_{0+}^{\beta_2 - \alpha_2} x^{-\beta_2} \varphi(x)$$

$$= x^{\beta_1} I_{0+}^{\alpha_1 - \beta_1} x^{-\alpha_1} f(x).$$

在这个关系式两端作用逆算子 $x^{\beta_2} I_{0+}^{\alpha_2 - \beta_2} x^{-\alpha_2}$ 我们得到关系式 (10.12): $T_{12}f = T_{21}f$. 如果此外还有 $\mathrm{Re}\,\alpha > 0$, 则 T_{12} 和 T_{21} 仍然是有界算子, 其在直接计算后可以写为 (10.10) 的右端, 即 Ff.

在条件 A_9 情形下的证明与 A_6 的情形类似.

最后我们在比 A_9 更严格的条件 A_{10} 下证明 (10.12). 我们令 $T_{12}f = g$, $g \in L_p(0, b)$. 由 A_{10} 有 $p(1 - \beta_1) > 1$ 和 $p(1 - \beta_2) > 1$. 因此根据与 A_1 类似的原因, 关系式

$$x^{\alpha_1} I_{0+}^{\beta_1 - \alpha_1} x^{-\beta_1} x^{\alpha_2} I_{0+}^{\beta_2 - \alpha_2} x^{-\beta_2} g = x^{\alpha_2} I_{0+}^{\beta_2 - \alpha_2} x^{-\beta_2} x^{\alpha_1} I_{0+}^{\beta_1 - \alpha_1} x^{-\beta_1} g = f$$

成立. 将算子 T_{12} 和 T_{21} 应用到这些关系上我们得到 $g = T_{12}f$ 和 $g = T_{21}f$, 从而得到了 (10.12). ■

注 10.2　表 10.1 中的条件 A_j 是充分条件. 在某些情况下, 对于 $p > 1$, 它们可以扩展到 $\mathrm{Re}(\alpha_j - \beta_j) = 0$. 这可以从 (5.46′) 之后关于纯虚阶相应分数阶积分有界性的说明中看出.

现在我们考虑两个右分数阶积分-微分算子的复合, 其中 $b = +\infty$. 如果我们将 x 替换成 $1/x$, α 替换成 $1 - \beta$, β 替换成 $1 - \alpha$, $f(x)$ 替换成 $f(x^{-1})$, 那么算子 $x^{\beta} I_{0+}^{\alpha - \beta} x^{-\alpha} f(x)$ 就变成了 $x^{\beta} I_{-}^{\alpha - \beta} x^{-\alpha} f(x)$. 这一事实是由以下关系得出的

$$x^{\beta} I_{0+}^{\alpha - \beta} x^{-\alpha} f(x) = y^{1-\alpha} I_{-}^{\alpha - \beta} y^{\beta - 1} \varphi(y), \quad xy = 1, \quad f(x) = \varphi(y). \tag{10.14}$$

利用上述替换和 (10.11), 根据 (10.10) 和 (10.12) 我们可以得到关系式

$$(x^{\beta_1} I_{-}^{\alpha_1 - \beta_1} x^{-\alpha_1})(x^{\beta_2} I_{-}^{\alpha_2 - \beta_2} x^{-\alpha_2}) f(x)$$

$$= x^{\beta_1 + \beta_2 - \alpha_1} \int_x^{\infty} \frac{(\tau - x)^{\alpha_1 + \alpha_2 - \beta_1 - \beta_2 - 1}}{\Gamma(\alpha_1 + \alpha_2 - \beta_1 - \beta_2)}$$

$$\times\, {}_2F_1(\alpha_1 - \beta_1, \alpha_1 - \beta_2; \alpha_1 + \alpha_2 - \beta_1 - \beta_2; 1 - \tau/x)$$

$$\times\, \tau^{-\alpha_2} f(\tau) d\tau, \tag{10.15}$$

$$
\begin{aligned}
&(x^{\beta_1} I_-^{\alpha_1 - \beta_1} x^{-\alpha_1})(x^{\beta_2} I_-^{\alpha_2 - \beta_2} x^{-\alpha_2}) f(x) \\
&= (x^{\beta_2} I_-^{\alpha_2 - \beta_2} x^{-\alpha_2})(x^{\beta_1} I_-^{\alpha_1 - \beta_1} x^{-\alpha_1}) f(x).
\end{aligned}
\tag{10.16}
$$

类似地, 替换 x 为 $1/x$, $\psi(x)$ 为 $x^{\alpha-1}\psi(1/x)$, $f(x)$ 为 $x^{-\alpha-1}f(1/x)$ 和 $g(x)$ 为 $x^{-\alpha-1}g(1/x)$, 我们可以从引理 10.1 中得到下面的结果.

引理 10.2　设 $\psi(x) \in L_p((a,\infty); x^{p-\alpha p-2})$, $0 < a < \infty$, $1 \leqslant p < \infty$, $p(1 + \mathrm{Re}\,\mu) > 1$ 和 $\mathrm{Re}\,\alpha \neq 0$. 那么 $\psi(x) = I_-^\alpha x^{-\mu} f(x)$, 其中

$$f(x) \in I_-^{m(\alpha)*}(L_p((a,\infty);\ x^{p+\tilde{\alpha}p-2})), \quad \tilde{\alpha} = \mathrm{sign}\,\mathrm{Re}\,\alpha \cdot \alpha,$$

当且仅当 $\psi(x) = x^{-\mu} I_-^\alpha g(x)$, 其中

$$g(x) \in I_-^{m(\alpha)*}(L_{p,*}((a,\infty); x^{p+\tilde{\alpha}p-2}))$$

或者　$\psi(x) = x^{\varepsilon-\mu} I_-^\alpha x^{-\varepsilon} g_1(x)$, 其中

$$g_1(x) \in I_-^{m(\alpha)*}(L_{p,*}\ ((a,\infty); x^{p+\tilde{\alpha}p-2})), \ p(1 + \mathrm{Re}\,\varepsilon) > 1.$$

为了表述与定理 10.1 类似的结论, 在表 10.1 中, 我们将 α_i 替换为 $1 - \beta_i$, β_i 替换为 $1 - \alpha_i$, x 替换为 $1/x$, $L_p(0,b)$ 替换为 $L_p((a,\infty); x^{-2})$, $0 < a < \infty$, 并且在列 E_j 中将 (10.10) 替换为 (10.15), (10.12) 替换为 (10.16). 我们用 T_{12}, F 和 T_{21} 来表示 (10.15) 和 (10.16) 中的相应算子. 我们把这个重新排列的表称为表 10.1′, 但为简洁起见, 没有列出来. 根据定理 10.2 我们可以得到相应的结果.

定理 10.3　设表 10.1′ 中的条件 A_j 满足. 则算子 B_j 定义在空间 $C_j \subset L_p((a,\infty); x^{-2})$, $1 \leqslant p < \infty$ 上, 并 B_j 将 C_j 有界映到 $D_j \subset L_p((a,\infty); x^{-2})$ 上, 且满足表 10.1′ 中关系式 E_j.

式 (10.10) 和 (10.15) 的右端可以通过以下关系式进行转换

$$
{}_2F_1(a,b;c;z) = (1-z)^{-a}\, {}_2F_1\left(a, c-b; c; \frac{z}{z-1}\right)
\tag{10.17}
$$

(Erdélyi, Magnus, Oberbettinger and Tricomi [1953a, 2.1.4(22)]). 这会产生一类的两个结果. 我们令 $c = \alpha_1 + \alpha_2 - \beta_1 - \beta_2$, 并分别在 (10.10), (10.10) 和 (10.15) 经 (10.17) 变换得到两个结果. 其中, (10.15) 中进行替换 $a = \alpha_1 - \beta_2$, $b = \alpha_2 - \beta_2$, $\varphi(\tau) = \tau^{\beta_2 - \alpha_1 - \alpha_2} f(\tau)$; $a = \alpha_1 - \beta_2$, $b = \alpha_1 - \beta_1$, $\varphi(\tau) = \tau^{-\alpha_2} f(\tau)$; $a = \alpha_1 - \beta_2$, $b = \alpha_2 - \beta_2$, $\varphi(\tau) = \tau^{\beta_2 - \alpha_1 - \alpha_2} f(\tau)$; 以及 $a = \alpha_1 - \beta_2$, $b = \alpha_1 - \beta_1$, $\varphi(\tau) = \tau^{-\alpha_2} f(\tau)$. 我们也引入以下记号:

$$_1I_{0+}^c(a,b)\varphi(x) \equiv \int_0^x \frac{(x-\tau)^{c-1}}{\Gamma(c)} {}_2F_1\left(a,b;c;1-\frac{x}{\tau}\right)\varphi(\tau)d\tau, \tag{10.18}$$

$$_2I_{0+}^c(a,b)\varphi(x) \equiv \int_0^x \frac{(x-\tau)^{c-1}}{\Gamma(c)} {}_2F_1\left(a,b;c;1-\frac{\tau}{x}\right)\varphi(\tau)d\tau, \tag{10.19}$$

$$_3I_-^c(a,b)\varphi(x) \equiv \int_x^\infty \frac{(\tau-x)^{c-1}}{\Gamma(c)} {}_2F_1\left(a,b;c;1-\frac{x}{\tau}\right)\varphi(\tau)d\tau, \tag{10.20}$$

$$_4I_-^c(a,b)\varphi(x) \equiv \int_x^\infty \frac{(\tau-x)^{c-1}}{\Gamma(c)} {}_2F_1\left(a,b;c;1-\frac{\tau}{x}\right)\varphi(\tau)d\tau. \tag{10.21}$$

进行上述变换, 并考虑到 (10.12) 和 (10.16) 的交换性, 我们得到 (10.18)—(10.21) 中算子的以下复合展开式

$$_1I_{0+}^c(a,b)\varphi(x) = I_{0+}^{c-b}x^{-a}I_{0+}^b x^a\varphi(x), \tag{10.22}$$

$$_1I_{0+}^c(a,b)\varphi(x) = x^{c-a-b}I_{0+}^b x^{a-c}I_{0+}^{c-b}x^b\varphi(x); \tag{10.23}$$

$$_2I_{0+}^c(a,b)\varphi(x) = x^a I_{0+}^b x^{-a}I_{0+}^{c-b}x^{c-b}\varphi(x), \tag{10.24}$$

$$_2I_{0+}^c(a,b)\varphi(x) = x^b I_{0+}^{c-b} x^{a-c}I_{0+}^b x^{c-a-b}\varphi(x); \tag{10.25}$$

$$_3I_-^c(a,b)\varphi(x) = x^{c-a-b}I_-^b x^{a-c}I_-^{c-b}x^b\varphi(x), \tag{10.26}$$

$$_3I_-^c(a,b)\varphi(x) = I_-^{c-b}x^{-a}I_-^b x^a\varphi(x); \tag{10.27}$$

$$_4I_-^c(a,b)\varphi(x) = x^a I_-^b x^{-a}I_-^{c-b}\varphi(x), \tag{10.28}$$

$$_4I_-^c(a,b)\varphi(x) = x^b I_-^{c-b} x^{a-c}I_-^b x^{c-a-b}\varphi(x). \tag{10.29}$$

由 (10.11), (10.17) 和 Gauss 函数的其他简单性质, 我们能够写出算子 (10.18) —(10.21) 之间的关系, 为简洁起见, 省略指标 0+ 和 −, 得到

$$_jI^c(a,b) = {}_jI^c(b,a) = x^{(-1)^j(a+b-c)}{}_jI^c(c-a,c-b)x^{(-1)^j(c-a-b)},$$
$$j = 1,2,3,4; \tag{10.30}$$

$$_jI^c(a,b) = x^{-a}{}_{j+1}I^c(a,c-b)x^a, \quad j = 1,3; \tag{10.31}$$

$$_jI^c(a,b)\varphi(x) = y^{1-c}{}_{4-j}I^c(a,b)\varphi_1(y), \quad xy = 1,$$
$$\varphi_1(y) = x^{c+1}\varphi(x), \quad j = 1,2,3,4; \tag{10.32}$$

以及上述算子在特殊情况下的结果

$$_jI_{0+}^c(a,0) = I_{0+}^c, \quad {}_jI_{0+}^c(a,c) = x^{(-1)^j a}I_{0+}^c x^{(-1)^{j-1}a}, \quad j = 1,2, \tag{10.33}$$

$$_jI_-^c(a,0) = I_-^c, \quad {}_jI_-^c(a,c) = x^{(-1)^j a}I_-^c x^{(-1)^{j-1}a}, \quad j = 3,4. \tag{10.34}$$

经过对 (10.18)—(10.21) 中的算子进行上述替代和变换, 我们从定理 10.2 和定理 10.3 中得到以下结果.

定理 10.4　设 $\mathrm{Re}\,c > 0, 1 \leqslant p < \infty, 0 < e < d < \infty$ 并且表 10.2 中的条件 A_j 满足. 则相应算子 B_j 定义在空间 C_j 上, 并将 C_j 有界映到 D_j 上, 且满足表 10.2 中关系 E_j.

表 10.2

f	A_j	B_j	C_j	D_j	E_j
1	$\mathrm{Re}\,b > 0, p(1 + \mathrm{Re}\,a) > 1$	$_1I_{0+}^c(a,b)$	$L_p(0,d)$	$I_{0+}^c(L_{p,*}(0,d)$	(10.22)
2	$\mathrm{Re}\,b < 0, p(1 + \mathrm{Re}\,b) > 1,$ $p[1 + \mathrm{Re}(a+b)] > 1$	$_1I_{0+}^c(a,b)$	$\{x^b I_{0+}^{-b}\psi,$ $\psi \in L_{p,*}(0,d)\}$	$\{x^b I_{0+}^{c-b}\chi,$ $\chi \in L_{p,*}(0,d)\}$	(10.22)
3	$\mathrm{Re}(c-b) > 0, p(1 + \mathrm{Re}\,b) > 1,$ $p[1 + \mathrm{Re}(a+b-c)] > 1$	$_1I_{0+}^c(a,b)$	$L_p(0,d)$	$I_{0+}^c(L_{p,*}(0,d))$	(10.23)
4	$\mathrm{Re}(b-c) > 0, p(1 + \mathrm{Re}\,a) > 1$	$_1I_{0+}^c(a,b)$	$\{x^{c-b} I_{0+}^{b-c}\psi,$ $\psi \in L_{p,*}(0,d)\}$	$\{x^{c-b} I_{0+}^{b}\chi,$ $\chi \in L_{p,*}(0,d)\}$	(10.23)
5	$\mathrm{Re}(c-b) > 0, p(1 - \mathrm{Re}\,a) > 1$	$_2I_{0+}^c(a,b)$	$L_p(0,d)$	$I_{0+}^c(L_{p,*}(0,d))$	(10.24)
6	$\mathrm{Re}(b-c) < 0,$ $p[1 + \mathrm{Re}(c-a-b)] > 1,$ $p[1 + \mathrm{Re}(c-b)] > 1$	$_2I_{0+}^c(a,b)$	$\{x^{c-b} I_{0+}^{b-c}\psi,$ $\psi \in L_{p,*}(0,d)\}$	$\{x^{c-b} I_{0+}^{b}\chi,$ $\chi \in L_{p,*}(0,d)\}$	(10.24)
7	$\mathrm{Re}\,b > 0, p(1 - \mathrm{Re}\,b) > 1,$ $p[1 + \mathrm{Re}(c-a-b)] > 1$	$_2I_{0+}^c(a,b)$	$L_{p,*}(0,d)$	$I_{0+}^c(L_{p,*}(0,d))$	(10.25)
8	$\mathrm{Re}\,b < 0, p[1 + \mathrm{Re}(c-a)] > 1$	$_2I_{0+}^c(a,b)$	$\{x^b I_{0+}^{-b}\psi,$ $\psi \in L_{p,*}(0,d)\}$	$\{x^b I_{0+}^{c-b}\chi,$ $\chi \in L_{p,*}(0,d)\}$	(10.25)
9	$\mathrm{Re}(c-b) > 0, p(1 - \mathrm{Re}\,a) > 1$	$_3I_-^c(a,b)$	$L_{p,*}((e,\infty);$ $x^{pc+p-2})$	$I_-^c(L_{p,*}((e,\infty);$ $x^{pc+p-2}))$	(10.26)
10	$\mathrm{Re}(b-c) < 0,$ $p[1 + \mathrm{Re}(c-b)] > 1,$ $p[1 + \mathrm{Re}(c-a-b)] > 1$	$_3I_-^c(a,b)$	$\{x^{-c} I_-^{b-c}\psi,$ $\psi \in L_{p,*}((e,\infty);$ $x^{p(1+b-c)-2)}\}$	$I_-^b(L_{p,*}((e,\infty);$ $x^{pc+p-2}))$	(10.26)
11	$\mathrm{Re}\,b > 0, p(1 - \mathrm{Re}\,b) > 1,$ $p[1 + \mathrm{Re}(c-a-b)] > 1$	$_3I_-^c(a,b)$	$L_{p,*}((e,\infty);$ $x^{pc+p-2})$	$I_-^c(L_{p,*}((e,\infty);$ $x^{pc+p-2}))$	(10.27)
12	$\mathrm{Re}\,b < 0, p[1 + \mathrm{Re}(c-a)] > 1$	$_3I_-^c(a,b)$	$\{x^{-c} I_-^{-b}\psi,$ $\psi \in L_{p,*}((e,\infty);$ $x^{p-pb-2)}\}$	$I_-^{c-b}(L_{p,*}((e,\infty);$ $x^{p(1+c-b)-2)})$	(10.27)
13	$\mathrm{Re}(c-b) > 0, p(1 + \mathrm{Re}\,b) > 1,$ $p[1 + \mathrm{Re}(a+b-c)] > 1$	$_4I_-^c(a,b)$	$L_{p,*}((e,\infty);$ $x^{pc+p-2})$	$I_-^c(L_{p,*}((e,\infty);$ $x^{pc+p-2}))$	(10.28)
14	$\mathrm{Re}(b-c) > 0, p(1 + \mathrm{Re}\,a) > 1$	$_4I_-^c(a,b)$	$\{x^{-c} I_-^{b-c}\psi,$ $\psi \in L_{p,*}((e,\infty);$ $x^{p(1+b-c)-2)}\}$	$I_-^b(L_{p,*}((e,\infty);$ $x^{pc+p-2}))$	(10.28)
15	$\mathrm{Re}\,b > 0, p(1 + \mathrm{Re}\,a) > 1$	$_4I_-^c(a,b)$	$L_{p,*}((e,\infty);$ $x^{pc+p-2})$	$I_-^c(L_{p,*}((e,\infty);$ $x^{pc+p-2}))$	(10.29)
16	$\mathrm{Re}\,b < 0, p(1 + \mathrm{Re}\,b) > 1,$ $p[1 + \mathrm{Re}(b+a)] > 1$	$_4I_-^c(a,b)$	$\{x^{-c} I_-^{-b}\psi,$ $\psi \in L_{p,*}((e,\infty);$ $x^{p-pb-2)}\}$	$I_-^{c-b}(L_{p,*}((e,\infty);$ $x^{p(1+c-b)-2)})$	(10.29)

证明　考虑表 10.2 中 $j = 1$ 的情形. 我们将 (10.22) 的右侧表示为形式 $x^c(x^{-c}I_{0+}^{c-b}x^b)(x^{-a-b}I_{0+}^b x^a)\varphi(x)$, 并构造 (10.10) 中的 T_{12} 型算子. 对于这样的算子, 我们在定理 10.2 的情形 $j = 2, 5$ 中给出了条件. 在这些情况下, 当 $p = 1$ 时, 条件 $p[1 + \mathrm{Re}(\beta_2 - \alpha_1 - \alpha_2)] > 1$ 不满足, 但不是本质的. 上述所有条件可以推出定理 10.4 中 $j = 1$ 情形下的条件. 定理 10.2 中情形 $j = 7$ 下的类似条件, 可以推出定理 10.4 中情形 $j = 2$ 下的条件.

在考虑 (10.23)—(10.25) 中的关系时, 我们使用类似的论断和证明, 上述条件的对应关系是完全重复的. 我们还注意到, 从其他不等式自然产生的一些不等式排除在外.

在研究表 10.2 中情形 $j = 9, \cdots, 16$ 时, 我们运用 (10.32) 式, 然后此表中情形 $j = 5, 6, 7, 8, 3, 4, 1, 2$ 对应于 $\varphi_1(x) = x^{-c-1}\varphi(1/x)$. 这样我们就得到 $j = 9, \cdots, 16$ 情形下所示的函数和参数的条件. 从而定理获证. ∎

注 10.3　我们将形式 (10.18)—(10.21) 中的积分限 $(0, x)$ 和 (x, ∞) 替换为 (e, x) 和 (x, d), $0 < e < d < \infty$, 并分别用 $_1I_{e+}^c(a, b)$, $_2I_{e+}^c(a, b)$, $_3I_{d-}^c(a, b)$, $_4I_{d-}^c(a, b)$ 来表示对应的算子. 定理 10.4 对这些算子也有效, 但 A_j 中包括 p 的条件必须去掉. 在其他条件中, 我们将用 (e, d) 代替区间 $(0, d)$ 和 (e, ∞). 并分别将 I^α 中的下标 $0+$ 和 $-$ 替换为 $e+$ 和 $d-$. 我们也将关系式 $L_{p,*}(e, d) = L_p(e, d)$ 考虑在内.

注 10.3 源于将积分从 (e, d) 零延拓定义到 $(0, \infty)$ 的可能性, 以及乘以幂函数 x^γ (γ 任意) 的算子在 $L_p(e, d)$ 中的有界性. 在此基础上, 可以去掉 A_j 中包括 p 和与权重 x^γ 在零和无穷大处产生的影响有关的条件.

在本小节的最后, 我们发现注 10.2 可以适用于定理 10.3 和定理 10.4.

10.2　双边带幂权积分的复合运算

现在, 我们来寻找两个带幂权的算子 $x^{\beta_1}I_{0+}^{\alpha_1-\beta_1}x^{-\alpha_1}$ 和 $x^{\beta_2}I_-^{\alpha_2-\beta_2}x^{-\alpha_2}$ 的可交换条件, 并得到这种复合式子的一些重要表示. 为此, 我们采用了与上述算子略有不同的方法.

如果我们将 (1.113) 中给出的 Mellin 逆变换应用到 (7.20) 和 (7.21) 中, 然后将 α 替换为 $\alpha - \beta$, $f(x)$ 替换为 $x^{-\alpha}f(x)$, s 替换为 $s + \beta$, 可以得到表示式

$$x^\beta I_{0+}^{\alpha-\beta}x^{-\alpha}f(x) = \frac{1}{2\pi i}\int_{\gamma-i\infty}^{\gamma+i\infty}\frac{\Gamma(1-\alpha-s)}{\Gamma(1-\beta-s)}f^*(s)x^{-s}ds, \quad \mathrm{Re}(\alpha+s) < 1,$$

$$\tag{10.35}$$

$$x^\beta I_-^{\alpha-\beta}x^{-\alpha}f(x) = \frac{1}{2\pi i}\int_{\gamma-i\infty}^{\gamma+i\infty}\frac{\Gamma(\beta+s)}{\Gamma(\alpha+s)}f^*(s)x^{-s}ds, \quad \mathrm{Re}(\beta+s) > 0, \quad (10.36)$$

其中 $f^*(s)$ 是 $f(x)$ 的 Mellin 变换, 如 (1.112) 所示. 对于充分好的函数, 这些关系关于任意的 $\alpha - \beta$ 也成立. 这方面的细节可在 § 36 的开头看到.

如果我们构造 (10.35) 和 (10.36) 左端不同指数的复合, 并利用 (1.116) 中给出的 Mellin 变换的 Parseval 关系, 会得到下面的关系式

$$(x^{\beta_1} I_{0+}^{\alpha_1-\beta_1} x^{-\alpha_1})(x^{\beta_2} I_{-}^{\alpha_2-\beta_2} x^{-\alpha_2}) f(x)$$

$$= \frac{1}{2\pi i} \int_{\gamma-i\infty}^{\gamma+i\infty} \frac{\Gamma(1-\alpha_1-s)\Gamma(\beta_2+s)}{\Gamma(1-\beta_1-s)\Gamma(\alpha_2+s)} f^*(s) x^{-s} ds, \qquad (10.37)$$

$$-\operatorname{Re}\beta_2 < \operatorname{Re} s < 1 - \operatorname{Re}\alpha_1.$$

由于 (10.37) 中被积函数的 Gamma 乘子可以互换, 所以 (10.37) 左端的算子也可以进行相应的函数交换. 下面的结论给出了这类可交换性和上述算子有界性的充分条件.

定理 10.5　设 $\operatorname{Re}(\alpha_1-\beta_1) > 0$, $\operatorname{Re}(\alpha_2-\beta_2) > 0$, $p(1-\operatorname{Re}\alpha_1) > 1$, $p\operatorname{Re}\beta_2 > -1$ 并且 $f(x) \in L_p(0,\infty)$, $1 \leqslant p < \infty$. 则以下关系式

$$(x^{\beta_1} I_{0+}^{\alpha_1-\beta_1} x^{-\alpha_1})(x^{\beta_2} I_{-}^{\alpha_2-\beta_2} x^{-\alpha_2}) f(x)$$

$$= (x^{\beta_2} I_{-}^{\alpha_2-\beta_2} x^{-\alpha_2})(x^{\beta_1} I_{0+}^{\alpha_1-\beta_1} x^{-\alpha_1}) f(x)$$

$$= \int_0^\infty k_0\left(\frac{x}{t}\right) f(t) \frac{dt}{t},$$

$$k_0(y) = \frac{\Gamma(1+\beta_2-\alpha_1) y^{\beta_2}}{\Gamma(\alpha_2-\beta_2)\Gamma(1+\beta_2-\beta_1)} \qquad (10.38)$$

$$\times {}_2F_1(1+\beta_2-\alpha_1, 1+\beta_2-\alpha_2; 1+\beta_2-\beta_1; y), \quad y < 1,$$

$$k_0(y) = \frac{\Gamma(1+\beta_2-\alpha_1) y^{\alpha_1-1}}{\Gamma(\alpha_1-\beta_1)\Gamma(1+\alpha_2-\alpha_1)}$$

$$\times {}_2F_1(1+\beta_1-\alpha_1, 1+\beta_2-\alpha_1; 1+\alpha_2-\alpha_1; y^{-1}), \quad y > 1$$

成立, 并且 (10.38) 中的所有算子在 $L_p(0,\infty)$ 中有界.

证明　在定理的假设下, 上述算子在 $L_p(0,\infty)$ 中的有界性, 可连续应用 (5.45′) 和 (5.46′) 得到 (以一种或另一种顺序). 由 (10.37) 可以得到式 (10.38) 中的复合运算相互一致. 通过直接计算复合式或 (10.37) 中的积分可证明它们能表示为 (10.38) 的右端. 这可以通过留数理论或 Slater 定理来实现. (Marichev [1978d, Theorem 17].) ∎

我们现在指出这种复合运算中的重要情形.

A. 在 (10.37) 中, 令 $\alpha_1 = 1 - 2a$, $\alpha_2 = c - 2a$, $\beta_1 = 1 - c$, $\beta_2 = 0$. 利用 Marichev [1978d, Section 10] 中的 12.24(1) 和 (1.116) 中 Parseval 关系式, 我们通过交换算子得到如下复合展开

$$\int_0^\infty \frac{t^{2a-1}}{(x+t)^{2a}} {}_2F_1\left(a, a+\frac{1}{2}; c; \frac{4xt}{(x+t)^2}\right) f(t)dt$$

$$= \mathrm{B}(c, c-2a)(x^{1-c}I_{0+}^{c-2a}x^{2a-1})(I_-^{c-2a}x^{2a-c})f(x), \tag{10.39}$$

$$\mathrm{Re}(c-2a) > 0, \quad 2p\mathrm{Re}a > 1, \quad f(x) \in L_p(0, \infty), \quad 1 \leqslant p < \infty.$$

B. 在 (10.37) 中, 令 $\alpha_1 = \alpha$, $\alpha_2 = \beta_1 = \alpha/2$, $\beta_2 = 0$. 然后类似地应用 [Marichev, 1978d, Section 10] 中的 2.5(1), 我们有

$$\int_0^\infty \frac{t^{-\alpha}}{|x-t|^{1-\alpha}} f(t)dt = 2\Gamma(\alpha)\cos\frac{\alpha\pi}{2}(x^{\alpha/2}I_{0+}^{\alpha/2}x^{-\alpha})(I_-^{\alpha/2}x^{-\alpha/2})f(x),$$

$$\mathrm{Re}\alpha > 0, \quad p(1 - \mathrm{Re}\alpha) > 1, \quad f(x) \in L_p(0, \infty), \quad 1 \leqslant p < \infty.$$

$$\tag{10.40}$$

有关这些算子的细节可以在 §12.3 中找到, 特别地, 可以比较 (10.40) 和 (12.39).

C. 在 (10.37) 中令 $\alpha_1 = \beta_2 = 0$, $\alpha_2 = \beta_1 = 1/2$. 那么类似地, 应用 [Marichev, 1978d, Section 10] 中的 2.4(1) , 我们发现了展开式:

$$x^{1/2}I_{0+}^{-1/2}I_-^{1/2}x^{-1/2}f(x) = (Sf)(x),$$

$$\tag{10.41}$$

$$I_-^{1/2}I_{0+}^{-1/2}f(x) = (Sf)(x),$$

这里 $(Sf)(x)$ 是 (11.1) 中给出的奇异积分, 其中 $a = 0$, $b = \infty$.

D. 在 (10.37) 中令 $\alpha_1 = \beta_2 = -\alpha$, $\alpha_2 = \beta_1 = 0$ 或 $\alpha_1 = \beta_2 = 0$, $\alpha_2 = \beta_1 = \alpha$. 则 (10.37) 中的 Gamma 函数可分别转化为函数 $\dfrac{\sin s\pi}{\sin(s-\alpha)\pi} = \cos\alpha\pi + \sin\alpha\pi\cot(s-\alpha)\pi$ 和 $\dfrac{\sin(s+\alpha)\pi}{\sin s\pi} = \cos\alpha\pi + \sin\alpha\pi\cot s\pi$. 根据 (10.41), 上述函数对应算子 $\cos\alpha\pi E + \sin\alpha\pi x^{-\alpha}Sx^\alpha$ 和 $\cos\alpha\pi E + \sin\alpha\pi S$, 其中 E 是恒等算子. 作变换 $f = \varphi$ 和 $I_{0+}^{-\alpha}f = \varphi$, 从 (10.37) 中我们可以得到 (11.27) 和 (11.29) 中的关系式. 这些结果会在 §11 节中用其他方法证明.

10.3 多个带幂权积分的复合运算

我们构造三个算子 $x^{\beta_j}I_{0+}^{\alpha_j-\beta_j}x^{-\alpha_j}$ 或 $x^{\beta_j}I_-^{\alpha_j-\beta_j}x^{-\alpha_j}$, $j = 1, 2, 3$ 的 (10.37) 型复合运算, 并选择参数 α_j, β_j 使得 (10.37) 积分中的所有 Gamma 函数抵消. 则

基于 (1.113) 我们得到下面的关系式

$$I_{0+}^{\gamma} x^{\alpha} I_{0+}^{\beta} x^{\gamma} I_{0+}^{\alpha} x^{\beta} f(x) = f(x), \tag{10.42}$$

$$I_{-}^{\gamma} x^{\alpha} I_{-}^{\beta} x^{\gamma} I_{-}^{\alpha} x^{\beta} f(x) = f(x), \tag{10.43}$$

其中 $\alpha + \beta + \gamma = 0$. 显然, 如果我们在这些关系式中去掉 γ, 那么将得出与之等价的 (10.6) 和 (10.7). 我们的结果由定理 10.6 和表 10.3 给出.

表 **10.3**

	条件		取值
1	$\mathrm{Re}\,\alpha > 0$,	$\mathrm{Re}\,\beta > 0$	$u = v = 0$
2	$\mathrm{Re}\,\beta < 0$,	$\mathrm{Re}(\alpha + \beta) > 0$	$u = -\beta,\ v = 0$
3	$\mathrm{Re}\,\alpha < 0$,	$\mathrm{Re}(\alpha + \beta) > 0$	$u = -\beta,\ v = \alpha + \beta$
4	$\mathrm{Re}\,\beta > 0$,	$\mathrm{Re}(\alpha + \beta) < 0$	$u = -\beta,\ v = 0$
5	$\mathrm{Re}\,\alpha > 0$,	$\mathrm{Re}(\alpha + \beta) < 0$	$u = 0,\ v = \alpha$
6	$\mathrm{Re}\,\alpha < 0$,	$\mathrm{Re}\,\beta < 0$	$u = v = 0$

定理 10.6 设 α 和 β 是使 $m(\alpha, \alpha + \beta)$ 有定义的复数, 见 (10.1). 则当 $f(x) = x^u I_{0+}^{m(\alpha,\alpha+\beta)} x^v \psi(x)$, $\psi(x) \in L_p(0, b)$, $0 < b < \infty$, $1 \leqslant p < \infty$ 时, (10.6) 和 (10.42) 成立, 当 $f(x) = x^u I_{-}^{m(\alpha,\alpha+\beta)} x^v \psi(x)$, $\psi(x) \in L_p(a, \infty)$, $0 < a < \infty$, $1 < p < [\max(|\mathrm{Re}\,\alpha|, |\mathrm{Re}\,\beta|, |\mathrm{Re}(\alpha_\beta)|)]^{-1}$ 时, (10.7) 和 (10.43) 成立. 参数 u 和 v 在表 10.3 中给出. 若函数 $m(\alpha, \alpha+\beta)$ 没有定义, 则用 x^{-1} 代替 x, 用 $x^{-\alpha-\beta-1} f(x^{-1})$ 代替 $f(x)$ 后, 在注 10.1 中给出的关于 $f(x)$ 的附加假设下, 上述结论也成立.

证明 设 $\mathrm{Re}\,\alpha > 0$, $\mathrm{Re}\,\beta > 0$ 和 $f \in L_p(0, b)$. 则由条件 $p(1 + \mathrm{Re}\,\beta) > p \geqslant 1$ 和不等式 (5.46′), 有 $\varphi(x) = x^{\alpha-\beta} I_{0+}^{\alpha} x^{\beta} f(x) \in L_p(0, b)$. 从而 (10.6) 左端的复合运算在 $L_p(0, b)$ 中存在. 在定理的条件下, (10.6) 右端在 $L_p(0, b)$ 中存在. 我们在 $L_p(0, b)$ 中稠密的充分 "好" 的函数集合上验证 (10.6), 然后利用定理 1.7 将其推广到整个空间 $L_p(0, b)$.

对于右算子, 根据 (5.46′), 条件 $p(1 + \mathrm{Re}\,\beta) > 1$ 需要换成 $p\mathrm{Re}(\alpha + \beta) < 1$, 这是自然成立的.

通过使用第一种情形的结论, 其他五种情形可以转化为第一种情形但对应的是与 (10.6) 类似的关系:

$$x^{\alpha+\beta} I_{0+}^{-\beta} x^{-\alpha} I_{0+}^{\alpha+\beta} x^{-\beta} (x^{\beta} f(x)) = I_{0+}^{\alpha} (x^{\beta} f(x)),$$

$$x^{-\alpha} I_{0+}^{\alpha+\beta} x^{-\beta} I_{-}^{-\alpha} x^{\alpha+\beta} \psi(x) = I_{0+}^{\beta} \psi(x),$$

$$x^{\beta} I_{0+}^{-\alpha-\beta} x^{\alpha} I_{0+}^{\beta} x^{-\alpha-\beta} \psi(x) = I_{0+}^{-\alpha} \psi(x), \tag{10.44}$$

$$x^{-\alpha-\beta} I_{0+}^{\alpha} x^{\beta} I_{0+}^{-\alpha-\beta} x^{\alpha} \psi(x) = I_{0+}^{-\beta} \psi(x),$$

$$x^{-\beta}I_{0+}^{-\alpha}x^{\alpha+\beta}I_{0+}^{-\beta}x^{-\alpha}\psi(x)=I_{0+}^{-\alpha-\beta}\psi(x).$$

这里, 函数 ψ 通过定理条件和表 10.3 中所示的关系与 $f(x)$ 相联系. 例如, 实际上 (10.44) 中的前两个关系可以从 (10.6) 中得到, 分别通过作用算子 $x^{\alpha+\beta}I_{0+}^{-\beta}x^{-\alpha}$ 到 (10.6) 上和作替换 $\psi(x)=x^{-\alpha-\beta}I_{0+}^{\alpha}x^{\beta}f(x)$, 然后在 (10.6) 中分别将 β 替换为 $-\beta$, α 替换为 $\alpha+\beta$, f 替换为 $x^{\beta}f$ 和将 β 替换为 $\alpha+\beta$, α 替换为 $-\alpha$, f 替换为 ψ. 在表 10.3 中写出上述关系对应的条件 1 并逆推到 (10.6) 后, 就可以得到表 10.3 中的条件 2 和条件 3. 对于右算子的情况, 通过将 (10.44) 中的下标 0+ 替换为 $-$ 后得到的类似关系式也成立. 利用 (10.1) 式, 上述六个条件可合并到定理 10.6 的条件中.

　　定理后面的结论来自定理 10.1、注 10.1 和上述将 (10.4), (10.5) 与 (10.7) 和 (10.6) 联系起来的代换. 在 $\mathrm{Re}(\alpha+\beta+\gamma)>0$ 的情形下, (10.42) 和 (10.43) 左侧的复合可以通过带 Gorn 函数核的积分算子来表示

$$F_3(a,a',b,b';c;x,y)=\sum_{k,l=0}^{\infty}\frac{(a)_k(b)_k(a')_l(b')_l}{(c)_{k+l}k!l!}x^ky^l,\quad 0<x,y<1 \tag{10.45}$$

(Erdélyi, Magnus, Oberbettinger and Tricomi [1953a, 5.7.1.(8)]). 事实上, 两个分数阶积分的复合, 例如 (10.22) 型, 可产生 (10.18) 中给出的算子. 对上述算子再应用一个带幂权的分数阶积分, 我们得到以下形式为 (10.42) 的三个分数阶积分的复合式:

$$
\begin{aligned}
& I_{0+}^{\alpha}x^{\beta}{}_1I_{0+}^{c}(a,b)\varphi(x)\\
&=\int_0^x\frac{(x-t)^{\alpha-1}}{\Gamma(\alpha)}t^{\beta}dt\int_0^t\frac{(t-\tau)^{c-1}}{\Gamma(c)}{}_2F_1\left(a,b;c;1-\frac{t}{\tau}\right)\varphi(\tau)d\tau\\
&=\int_0^x\frac{\varphi(\tau)d\tau}{\Gamma(\alpha)\Gamma(c)}\int_{\tau}^x t^{\beta}(x-t)^{\alpha-1}(t-\tau)^{c-1}{}_2F_1\left(a,b;c;1-\frac{t}{\tau}\right)dt\\
&=\int_0^x\frac{\varphi(\tau)d\tau}{\Gamma(\alpha)\Gamma(c)}\sum_{k=0}^{\infty}\frac{(a)_k(b)_k(-\tau)^{-k}}{(c)_k k!}\int_{\tau}^x t^{\beta}(x-t)^{\alpha-1}(t-\tau)^{c+k-1}dt\\
&=\int_0^x\frac{\varphi(\tau)d\tau}{\Gamma(\alpha)\Gamma(c)}\sum_{k,l=0}^{\infty}\frac{(a)_k(b)_k(-\tau)^{-k}\Gamma(\alpha)\Gamma(c+k)(x-\tau)^{\alpha+c+k-1}x^{\beta}}{(c)_k k!\Gamma(\alpha+c+k)(\alpha+c+k)_l l!}\\
&\quad\times(-\beta)_l(\alpha)_l\left(1-\frac{\tau}{x}\right)^l\\
&=x^{\beta}\int_0^x\frac{(x-\tau)^{\alpha+c-1}}{\Gamma(\alpha+c)}F_3(a,\alpha,b,-\beta;\alpha+c;1-x/\tau,1-\tau/x)\varphi(\tau)d\tau,
\end{aligned}
\tag{10.46}
$$

$$\mathrm{Re}(\alpha+c)>0.$$

在上述计算过程中, 我们假设 $\mathrm{Re}\alpha > 0, \mathrm{Re}\beta > 0$ 并应用 Fubini 定理, 代入 $t = x - \eta(x - \tau)$, 并使用 (1.72) 对内积分中超几何级数进行展开. 在相应级数收敛的条件下, 所有这些计算都是正确的并且可以得到 (10.46) 的右端. 此后, 如果我们不仅用 F_3 表示 (10.45) 中的二重级数, 也使用它在 $0 < x, y < 1$ 以外的解析延拓, 那么这些条件可以被弱化, 甚至可以通过利用关系式的解析延拓原理来移除. 用同样的方法可以将条件 $\mathrm{Re}\alpha > 0$ 减弱到 $\mathrm{Re}(\alpha + c) > 0$. ∎

如果我们在 (10.46)中将 α 替换为 a', 将 β 替换为 $-b'$, 将 $\alpha + c$ 替换为 c, 并考虑 (10.22) 和 (10.35), 将得到以下类似于 (10.37) 的等式

$$\int_0^x \frac{(x-\tau)^{c-1}}{\Gamma(c)} F_3\left(a, a', b, b'; c; 1 - \frac{x}{\tau}, 1 - \frac{\tau}{x}\right) \varphi(\tau)d\tau$$

$$= \frac{1}{2\pi i} \int_{\gamma-i\infty}^{\gamma+i\infty} \frac{\Gamma(1+a-c-s)\Gamma(1+b-c-s)\Gamma(1-a'-b'-s)}{\Gamma(1+a+b-c-s)\Gamma(1-a'-s)\Gamma(1-b'-s)} \varphi^*(s+c)x^{-s}ds,$$

$$\mathrm{Re}s < 1 + \mathrm{Re}(a-c), \quad 1 + \mathrm{Re}(b-c), \quad 1 - \mathrm{Re}(a'+b'). \tag{10.47}$$

根据 (10.35) 式, 每一对 Gamma 函数, 一个函数在分子中一个函数在分母中, 都对应一个带幂权的分数阶积分. 因此, (10.47) 中的六个 Gamma 函数对应着三个这种分数阶积分的复合的六种变形, 并且每种复合中的积分可以以六种不同的顺序排列. 如果我们还考虑到每一个排列都对应着六个条件的变化, 并且这些条件与这些积分阶符号的不同变化相联系, 那么显然, 写出 (10.47) 所给的所有复合展开的变形和如表 10.2 所示的条件是不方便的.

类比 (10.37), 复合 (10.35) 和 (10.36) 中任意数量的分数阶算子, 我们得到了以下关系

$$\prod_{j=1}^m (x^{\beta_j} I_{0+}^{\alpha_j - \beta_j} x^{-\alpha_j}) \prod_{k=1}^n (x^{\delta_k} I_-^{\gamma_k - \delta_k} x^{-\gamma_k}) f(x)$$

$$= \frac{1}{2\pi i} \int_{\gamma-i\infty}^{\gamma+i\infty} \prod_{j=1}^m \frac{\Gamma(1-\alpha_j-s)}{\Gamma(1-\beta_j-s)} \prod_{k=1}^n \frac{\Gamma(\delta_k+s)}{\Gamma(\gamma_k+s)} f^*(s)x^{-s}ds \tag{10.48}$$

$$= \int_0^\infty G_{m+n,m+n}^{n,m}\left(\frac{x}{t} \middle| \begin{matrix} (\alpha)_m, (\gamma)_n \\ (\delta)_n, (\beta)_m \end{matrix}\right) f(t)\frac{dt}{t},$$

涉及的 Meijer G 函数由 (1.95) 给出.

满足 (10.48) 中第二个关系式的必要条件是 $\mathrm{Re}\left(\sum_{j=1}^m (\alpha_j - \beta_j) + \sum_{k=1}^n (\gamma_k - \delta_k)\right)$

> 0 —— 见定理 36.3 和 (36.21) 中的不等式.

下列定理给出了 (10.48) 左端括号中算子可交换的充分条件.

定理 10.7　设 $f(x) \in L_p(0, \infty)$, $p(1 - \mathrm{Re}\alpha_j) > 1$, $j = 1, 2, \cdots, m$, $p\mathrm{Re}\delta_k > -1$, $k = 1, 2, \cdots, n$, 且 $p \geqslant 1$, $\mathrm{Re}(\alpha_j - \beta_j) > 0$, $\mathrm{Re}(\gamma_k - \delta_k) > 0$ 或 $p > 1$, $\mathrm{Re}(\alpha_j - \beta_j) \geqslant 0$, $\mathrm{Re}(\gamma_k - \delta_k) \geqslant 0$. 则 (10.48) 左端的算子可交换. 如果此外还有 $\mathrm{Re}\left(\sum_{j=1}^{m}(\alpha_j - \beta_j) + \sum_{k=1}^{n}(\gamma_k - \delta_k)\right) > 0$, 则 (10.48) 的左端和右端, 除去中间的式子, 从 $L_p(0, \infty)$ 有界映射到 $L_p(0, \infty)$ 并且它们相等.

证明　上述结论是根据 (10.48) 的左端在 $L_p(0, \infty)$ 中的有界性得到的, 其在定理的条件下是有效的. 这里的论断与证明定理 10.2 中 $j = 1$ 时的情形相同, 但需考虑到关系式 (5.46′) 后的注记. ■

与定理 10.1 和定理 10.2 的情形一样, 定理 10.7 中的条件可以弱化并扩展到负 $\mathrm{Re}(\alpha_j - \beta_j)$ 或 $\mathrm{Re}(\gamma_k - \delta_k)$, 空间 $L_p(0, \infty)$ 可以收缩到相应的可由 $L_p(0, \infty)$ 中其他函数的分数阶积分构成的函数空间.

在本小节的最后, 我们注意到在适当的条件下, 可交换性对于更一般形式的 $x^{k\beta} I_{0+;x^k}^{\alpha-\beta} x^{-k\alpha}$ 和 $x^{m\beta} I_{-;x^m}^{\alpha-\beta} x^{-m\alpha}$ 算子的乘积也有效 (见 §18.2).

10.4　带指数权及幂指数权积分的复合运算

我们首先考虑两个带指数权的左积分的复合. 下面的结论成立.

引理 10.3　设 $\psi(x) \in L_p(0, b)$, $0 < b < \infty$, $1 \leqslant p < \infty$, 且 $\mathrm{Re}\alpha \neq 0$. 则表达式 $\psi(x) = e^{\lambda x} I_{0+}^{\alpha} e^{-\lambda x} f(x)$, $f(x) \in I_{0+}^{m(\alpha)}(L_p(0, b))$ 成立当且仅当 $\psi(x) \in I_{0+}^{m(-\alpha)}(L_p(0, b))$.

证明　对于 $\mathrm{Re}\alpha > 0$ 的情形, 此引理可以直接从引理 31.4 中得到, 因为根据这个引理, 算子 $e^{\lambda x} I_{0+}^{\alpha} e^{-\lambda x}$ 将 $L_p(0, b)$, $0 < b < \infty$, $1 \leqslant p < \infty$ 有界映射到 $I_{0+}^{\alpha}(L_p(0, b))$ 上. 情形 $\mathrm{Re}\alpha < 0$ 的考虑方式与引理 10.1 的相同. ■

根据引理 10.3, 我们能够得到以下与定理 10.1 类似的结果.

定理 10.8　设 α 和 β 是使函数 $m(\alpha, \beta, \alpha + \beta)$ 有定义的复数. 则算子 I_{0+}^{α} 和 $e^{\lambda x} I_{0+}^{\beta} e^{-\lambda x}$ 在空间 $I_{0+}^{m(\alpha,\beta,\alpha+\beta)}(L_p(0, b))$, $0 < b < \infty$, $1 \leqslant p < \infty$ 中可交换, 即以下关系式成立

$$I_{0+}^{\alpha} e^{\lambda x} I_{0+}^{\beta} e^{-\lambda x} f(x) = e^{\lambda x} I_{0+}^{\beta} e^{-\lambda x} I_{0+}^{\alpha} f(x). \tag{10.49}$$

如果 $\mathrm{Re}(\alpha + \beta) > 0$, $\mathrm{Re}\beta \neq 0$, 且 $f(x) \in I_{0+}^{m(\beta)}(L_p(0, b))$, 则

$$I_{0+}^{\alpha} e^{\lambda x} I_{0+}^{\beta} e^{-\lambda x} f(x) = \int_0^x \frac{(x - \tau)^{\alpha+\beta-1}}{\Gamma(\alpha + \beta)} {}_1F_1(\beta; \alpha + \beta; \lambda(x - \tau)) f(\tau) d\tau. \tag{10.50}$$

如果 $\mathrm{Re}(\alpha + \beta) > 0$, $\mathrm{Re}\alpha \neq 0$, 且 $f(x) \in I_{0+}^{m(\alpha)}(L_p(0, b))$, 则

$$e^{\lambda x} I_{0+}^{\beta} e^{-\lambda x} I_{0+}^{\alpha} f(x) = \int_0^x \frac{(x - \tau)^{\alpha+\beta-1}}{\Gamma(\alpha + \beta)} {}_1F_1(\beta; \alpha + \beta; \lambda(x - \tau)) f(\tau) d\tau. \tag{10.51}$$

当 $\mathrm{Re}(\alpha + \beta) > 0$ 时, (10.50) 和 (10.51) 中的算子则将上述空间有界映射到 $I_{0+}^{\alpha+\beta}(L_p(a, b))$ 上.

证明　只需在空间 $L_1(0, b)$ 中证明 (10.49)—(10.51). 根据 Fubini 定理, 我们做一些计算并利用 Erdélyi, Magnus, Oberbettinger and Tricomi [1953a] 手册中的积分表达式 6.5(1), 得到

$$
\begin{aligned}
I_{0+}^{\alpha} e^{\lambda x} I_{0+}^{\beta} e^{-\lambda x} f(x) &= \int_0^x \frac{(x-t)^{\alpha-1}}{\Gamma(\alpha)} e^{\lambda t} dt \int_0^t \frac{(t-\tau)^{\beta-1}}{\Gamma(\beta)} e^{-\lambda \tau} f(\tau) d\tau \\
&= \int_0^x \frac{(x-\tau)^{\alpha+\beta-1}}{\Gamma(\alpha)\Gamma(\beta)} f(\tau) d\tau \int_0^1 u^{\beta-1}(1-u)^{\alpha-1} e^{\lambda u(x-\tau)} du \\
&= \int_0^x \frac{(x-\tau)^{\alpha+\beta-1}}{\Gamma(\alpha+\beta)} \,_1F_1(\beta; \alpha+\beta; \lambda(x-\tau)) f(\tau) d\tau,
\end{aligned}
$$

$$
\mathrm{Re}\,\alpha > 0, \quad \mathrm{Re}\,\beta > 0. \tag{10.52}
$$

现在, 如果我们应用上述手册中的 6.3(7) 并以相反的顺序使用 (10.52) 中的关系式, 就会得到 (10.51). 在 $\mathrm{Re}\,\alpha > 0$ 且 $\mathrm{Re}\,\beta > 0$ 的情况下, (10.49) 中的关系式可从 (10.50) 和 (10.51) 中得到. 后面的这个条件可以弱化为定理 10.8 中的条件, 它也可以保证 (10.49)—(10.51) 中的所有积分收敛. ∎

我们注意到 (10.49) 使我们能够通过仅有两个 $I_{0+}^{\alpha_j} e^{\pm \lambda x}$ 算子的复合式获得任意个此类算子的复合式, 其中 λx 的符号可变. 例如, 以下关系式成立

$$
\begin{aligned}
I_{0+}^{\alpha} e^{-\lambda x} I_{0+}^{\beta} e^{\lambda x} I_{0+}^{\gamma} e^{-\lambda x} f(x) &= I_{0+}^{\alpha} e^{-\lambda x}(e^{\lambda x} I_{0+}^{\beta} e^{-\lambda x} I_{0+}^{\gamma} f(x)) \\
&= I_{0+}^{\alpha+\beta} e^{-\lambda x} I_{0+}^{\gamma} f(x),
\end{aligned} \tag{10.53}
$$

$$
\begin{aligned}
I_{0+}^{\alpha} e^{-\lambda x} I_{0+}^{\beta} e^{\lambda x} I_{0+}^{\gamma} e^{-\lambda x} I_{0+}^{\delta} e^{\lambda x} f(x) &= I_{0+}^{\alpha} e^{-\lambda x}(I_{0+}^{\beta+\gamma} e^{\lambda x} I_{0+}^{\delta} f(x)) \\
&= I_{0+}^{\alpha+\beta+\gamma} e^{-\lambda x} I_{0+}^{\delta} e^{\lambda x} f(x).
\end{aligned} \tag{10.54}
$$

与 (10.18)—(10.21) 类似, 我们介绍如下算子

$$
(I_{0+}^{c,a,\lambda} f)(x) = \int_0^x \frac{(x-\tau)^{c-1}}{\Gamma(c)} \,_1F_1(a; c; \lambda(x-\tau)) f(\tau) d\tau, \tag{10.55}
$$

$$
(I_{-}^{c,a,\lambda} f)(x) = \int_x^{\infty} \frac{(\tau-x)^{c-1}}{\Gamma(c)} \,_1F_1(a; c; \lambda(\tau-x)) f(\tau) d\tau, \tag{10.56}
$$

$$
\mathrm{Re}\,c > 0, \quad \mathrm{Re}\,\lambda > 0.
$$

显然

$$I_{0+}^{c,0,\lambda} = I_{0+}^{c,a,0} = I_{0+}^c, \quad I_{0+}^{c,c,\lambda} = e^{\lambda x} I_{0+}^c e^{-\lambda x},$$
$$I_-^{c,0,\lambda} = I_-^{c,a,0} = I_-^c, \quad I_-^{c,c,\lambda} = e^{\lambda x} I_-^c e^{-\lambda x}. \tag{10.57}$$

在 (10.50) 和 (10.50) 中代入 $\beta = a$ 和 $\alpha + \beta = c$ 后, 我们得到关系式

$$(I_{0+}^{c,a,\lambda} f)(x) = I_{0+}^{c-a} e^{\lambda x} I_{0+}^a e^{-\lambda x} f(x), \tag{10.58}$$

$$(I_{0+}^{c,a,\lambda} f)(x) = e^{\lambda x} I_{0+}^a e^{-\lambda x} I_{0+}^{c-a} f(x). \tag{10.59}$$

以下关系式可类似证明

$$(I_-^{c,a,\lambda} f)(x) = I_-^{c-a} e^{\lambda x} I_-^a e^{-\lambda x} f(x), \tag{10.60}$$

$$(I_-^{c,a,\lambda} f)(x) = e^{\lambda x} I_-^a e^{-\lambda x} I_-^{c-a} f(x). \tag{10.61}$$

为了研究 (10.58)—(10.61) 中的算子, 我们需要以下结果, 其可从定理 18.2 和定理 18.3 得到.

引理 10.4　设 $\mathrm{Re}\lambda > 0$, $\mathrm{Re}\alpha > 0$, $1 \leqslant p < (\mathrm{Re}\alpha)^{-1}$. 则算子 $e^{\lambda x} I_-^\alpha e^{-\lambda x} f(x)$ 将 $L_p(a, \infty)$, $0 < a < \infty$ 有界映射到 $I_-^\alpha(L_p(a, \infty))$ 上.

关系式 (10.58)—(10.61) 在下面定理给出的条件下有效. 该定理容易得证.

定理 10.9　设 $\mathrm{Re}c > 0$ 并且表 10.4 中的条件 A_j 满足. 则算子 B_j 可以定义在空间 $C_j \subset L_p(0,b)$, $0 < b < \infty$, $1 \leqslant p < \infty$ 上, 并 B_j 从 C_j 有界映射到 D_j 上, 且关系式 E_j 满足.

表 10.4

j	A_j	B_j	C_j	D_j	E_j
1	$\mathrm{Re}a > 0$	$I_{0+}^{c,a,\lambda}$	$L_p(0,b)$	$I_{0+}^c(L_p(0,b))$	(10.58)
2	$\mathrm{Re}a < 0$	$I_{0+}^{c,a,\lambda}$	$I_{0+}^{-a}(L_p(0,b))$	$I_{0+}^{c-a}(L_p(0,b))$	(10.58)
3	$\mathrm{Re}(c-a) > 0$	$I_{0+}^{c,a,\lambda}$	$L_p(0,b)$	$I_{0+}^c(L_p(0,b))$	(10.59)
4	$\mathrm{Re}(c-a) < 0$	$I_{0+}^{c,a,\lambda}$	$I_{0+}^{a-c}(L_p(0,b))$	$I_{0+}^a(L_p(0,b))$	(10.59)
5	$\mathrm{Re}a > 0$, $\mathrm{Re}\lambda > 0$, $p\max(\mathrm{Re}a, \mathrm{Re}c) < 1$	$I_-^{c,a,\lambda}$	$L_p(a,\infty)$	$I_-^c(L_p(a,\infty))$	(10.60)
6	$\mathrm{Re}a < 0$, $\mathrm{Re}\lambda > 0$, $p\mathrm{Re}(c-a) < 1$	$I_-^{c,a,\lambda}$	$\{e^{\lambda x} I_-^{-a} e^{-\lambda x}\psi, \ \psi \in L_p(a,\infty)\}$	$I_-^{c-a}(L_p(a,\infty))$	(10.60)
7	$\mathrm{Re}(c-a) > 0$, $\mathrm{Re}\lambda > 0$, $p\max(\mathrm{Re}c, \mathrm{Re}(c-a)) < 1$	$I_-^{c,a,\lambda}$	$L_p(a,\infty)$	$I_-^c(L_p(a,\infty))$	(10.61)
8	$\mathrm{Re}(c-a) < 0$, $\mathrm{Re}\lambda > 0$, $p\mathrm{Re}a < 1$	$I_-^{c,a,\lambda}$	$I_-^{a-c}(L_p(a,\infty))$	$\{e^{\lambda x} I_-^a e^{-\lambda x}\psi, \ \psi \in L_p(a,\infty)\}$	(10.61)

一般来说, 除一些特殊情况, 带指数权的多边分数阶积分的复合运算会使积分算子的形式非常繁琐. 这里考虑的是其中一种. 利用 Prudnikov, Brychkov and Marichev [1961] 手册中的 2.3.6.10, 我们计算下面的复合式:

$$I_-^{\alpha} e^{-\lambda x} I_{0+}^{\alpha} f(x)$$

$$= \int_0^x \frac{f(\tau)d\tau}{\Gamma^2(\alpha)} \int_x^{\infty} (t-x)^{\alpha-1}(t-\tau)^{\alpha-1} e^{-\lambda t} dt$$

$$+ \int_x^{\infty} \frac{f(\tau)d\tau}{\Gamma^2(\alpha)} \int_{\tau}^{\infty} (t-x)^{\alpha-1}(t-\tau)^{\alpha-1} e^{-\lambda t} dt \qquad (10.62)$$

$$= \frac{\lambda^{1/2-\alpha}}{\sqrt{\pi}\Gamma(\alpha)} \int_0^{\infty} |x-\tau|^{\alpha-1/2} e^{-\lambda(x+\tau)/2} K_{\alpha-1/2}\left(\frac{\lambda}{2}|x-\tau|\right) f(\tau)d\tau,$$

$$\mathrm{Re}\,\alpha > 0,$$

其中 $K_{\nu}(z)$ 是 (1.85) 中给出的 Mcdonald 函数. 对于 (10.62) 中的算子, 容易证明对应定理 10.9 的类似结论, 但 (10.43) 型性质不成立.

对于两个带幂指数权的单边分数阶积分的复合运算, 我们有以下关系式

$$I_{0+}^{\alpha} x^{-\delta} e^{\lambda x} I_{0+}^{\beta} x^{\delta} e^{-\lambda x} f(x)$$

$$= \int_0^x \frac{(x-t)^{\alpha+\beta-1}}{\Gamma(\alpha+\beta)} \Phi_1\left(\beta,\delta;\alpha+\beta; 1-\frac{x}{t}, \lambda(x-t)\right) f(t)dt, \qquad (10.63)$$

其中 Φ_1 是 Humbert 函数中的一个:

$$\Phi_1(\beta,\delta;\gamma;x,y) = \sum_{j,k=0}^{\infty} \frac{(\beta)_{j+k}(\delta)_j}{(\gamma)_{j+k}j!k!} x^j y^k, \quad |x| < 1, \quad |y| < 1. \qquad (10.64)$$

Erdélyi, Magnus, Oberbettinger and Tricomi [1953a, 1.5.7.1(20)] 修正了分子指标中的印刷错误 $((\beta)_m$ 代替 $(\beta)_n)$. 式 (10.63) 中的关系式可用与 (10.50) 相同的方法证明.

§ 11　分数阶积分与奇异算子的联系

在这一部分我们讨论了分数阶积分算子和奇异积分算子之间的联系, 给出了左分数阶积分如何通过奇异算子由右分数阶积分 (反之亦然) 表示. 我们首先给出一些关于奇异算子的必要预备知识.

11.1　奇异算子 S

如前所述, 设 $\Omega = [a, b]$, $-\infty \leqslant a < b \leqslant \infty$. 我们考虑奇异积分

$$(S\varphi)(x) = \frac{1}{\pi} \int_a^b \frac{\varphi(t) dt}{t - x}, \quad x \in (a, b) \tag{11.1}$$

在主值意义下的收敛性. 读者可以在书 Gahov [1977], Muskhelishvili [1968] 和 Gohberg and Krupnik [1973a] 中了解这种积分的理论以及下列定理 11.1—定理 11.3 的证明. 这里我们给出下文中会反复使用的算子 S 的性质. 算子 S 的一个重要性质是其在空间 $H_0^\lambda(\rho)$ 和 $L_p(\rho)$ 中的有界性. 设 $\rho(x)$ 为权重 (1.7) 或 (1.9), 当 a 和 b 为有限点时, $x_1 = a$, $x_n = b$.

定理 11.1　如果 $\operatorname{mes}\Omega < \infty$, $0 < \lambda < 1$, $\lambda < \mu_k < \lambda + 1 (k = 1, \cdots, n)$, 则算子 S 在空间 H_0^λ 和 $H_0^\lambda(\rho)$ 中有界, $\rho(x) = \prod\limits_{k=1}^n |x - x_k|^{\mu_k}$, $x_k \in \Omega$.

定理 11.2　如果 $\operatorname{mes}\Omega = \infty$, $0 < \lambda < 1$, $\lambda < \mu_k < \lambda + 1 (k = 1, \cdots, n)$ 且 $-\lambda < \mu + \sum\limits_{k=1}^n \mu_k < 1 - \lambda$, 则算子 S 在空间 $H_0^\lambda(\rho)$ 中有界, $\rho(x) = (1 + x^2)^{\mu/2} \prod\limits_{k=1}^n |x - x_k|^{\mu_k}$, $x_k \in \Omega$.

定理 11.3　如果 $-1 < \mu_k < p - 1 (k = 1, \cdots, n)$, 且 ($\operatorname{mes}\Omega = \infty$ 时) $-1 < \mu + \sum\limits_{k=1}^n \mu_k < p - 1$, 则算子 S 在空间 $L_p(\rho)$, $1 < p < \infty$ 中有界, $\rho(x) = (1 + x^2)^{\mu/2} \prod\limits_{k=1}^n |x - x_k|^{\mu_k}$, $x_k \in \Omega$.

在 $\Omega = R^1$ 的情形下, 算子 S 在 $L_p(R^1)$ 空间中的范数的显式值已知, 即

$$\|S\| = \tan[\pi/2 \min(p, p')], \tag{11.1'}$$

见 S.K. Pichorides [1972]. $\Omega = R^1$ 时方程 $S^{-1} = -S$ 也成立, 因此

$$S^2\varphi = -\varphi, \tag{11.2}$$

奇异积分 $S\varphi$ 的 Fourier 变换由下式给出

$$(\hat{S}\varphi)(x) = i\operatorname{sign}x\hat{\varphi}(x). \tag{11.3}$$

对于有限区间 $[a, b]$, 下列等式成立

$$\frac{1}{\pi} \int_a^b \frac{(t-a)^{\mu-1}(b-t)^{-\mu}}{t-x} dt$$

$$= \begin{cases} \dfrac{1}{\sin\mu\pi} \left| \dfrac{x-a}{x-b} \right|^{\mu-1} \dfrac{1}{b-x}, & \text{若 } x < a \text{ 或 } x > b, \\ -\cot\mu\pi \dfrac{(x-a)^{\mu-1}}{(b-x)^\mu}, & \text{若 } x < a < b, \end{cases} \tag{11.4}$$

$$0 < \operatorname{Re}\mu < 1;$$

$$\frac{1}{\pi} \int_a^b \left(\frac{t-a}{b-t} \right)^\mu \frac{dt}{t-x}$$

$$= \begin{cases} \dfrac{1}{\sin\mu\pi} \left[1 - \left| \dfrac{x-a}{x-b} \right|^\mu \right], & \text{若 } x < a \text{ 或 } x > b, \\ \dfrac{1}{\sin\mu\pi} \left[1 - \cos\mu\pi \left(\dfrac{x-a}{b-x} \right)^\mu \right], & \text{若 } x < a < b, \end{cases} \tag{11.5}$$

$$-1 < \operatorname{Re}\mu < 1;$$

$$\int_a^b \frac{(t-a)^{\nu-1}(b-t)^{\mu-1}}{t-x} dt$$

$$= \begin{cases} \dfrac{(b-a)^{\mu+\nu-1}}{b-x} \mathrm{B}(\mu,\nu){}_2F_1\left(1,\mu;\mu+\nu;\dfrac{b-a}{b-x}\right), \\ \quad \text{若 } x < a \text{ 或 } x > b; \\ (x-a)^{\nu-1}(b-x)^{\mu-1}\pi\cot\mu\pi - (b-a)^{\mu+\nu-2} \\ \quad \times \mathrm{B}(\mu-1,\nu){}_2F_1\left(2-\mu-\nu,1;2-\mu;\dfrac{b-x}{b-a}\right), \\ \quad \text{若 } x < a < b (\operatorname{Re}\mu > 0, \ \operatorname{Re}\nu > 0), \end{cases} \tag{11.6}$$

见 Prudnikov, Brychkov and Marichev [1961, 2.2.6.5-8] 和 Erdélyi, Magnus, Oberbettinger and Tricomi [1953b, 15.2(33)]. 我们注意到, 如果 $x \notin (a, b)$, 则积分 (11.4)—(11.6) 可以通过简单的变量替换求出. 例如, 如果 $x < a$, 作变量替换 $s = \dfrac{(t-a)(b-x)}{(b-a)(t-x)}$ 将 (11.4) 转换为 Beta 函数, 如果 $x > b$, 利用同样的变量替换结合 (1.73) 可以得到 (11.6). 如果 $a < x < b$, 所需等式可由在奇异积分理论中已知的 Sokhotskii 公式求得 —— 见 Gahov [1977, p. 38].

下列结果也成立

$$\int_a^b \frac{dt}{(t-a)^{\frac{\alpha}{2}}(b-t)^{\frac{\alpha}{2}}|t-y|^{1-\alpha}(t-x)}$$

$$= \frac{\pi\cot\frac{\alpha\pi}{2}\mathrm{sign}(y-x)}{(x-a)^{\frac{\alpha}{2}}(b-x)^{\frac{\alpha}{2}}|x-y|^{1-\alpha}}, \tag{11.7}$$

$$\int_a^b \frac{\mathrm{sign}(t-y)dt}{(t-a)^{\frac{1+\alpha}{2}}(b-t)^{\frac{1+\alpha}{2}}|t-y|^{1-\alpha}(t-x)}$$

$$= \frac{\pi\tan\frac{\alpha\pi}{2}}{(x-a)^{\frac{1+\alpha}{2}}(b-x)^{\frac{1+\alpha}{2}}|x-y|^{1-\alpha}}, \tag{11.8}$$

其中 $a < x < b,\ a < y < b,\ 0 < \alpha < 1$ —— 参见 Gahov [1977, pp. 530-531].

最后, 我们注意到奇异积分的换序公式

$$\int_a^b \frac{dy}{y-x}\int_a^b \frac{\varphi(y,t)dt}{t-y} = -\pi^2\varphi(x,x) + \int_a^b dt\int_a^b \frac{\varphi(y,t)dy}{(y-x)(t-y)}, \tag{11.9}$$

称之为 Poincaré-Bertrand 公式 —— 见 Gahov [1977, p. 63].

11.2　全直线的情况

分数阶积分 $I_+^\alpha\varphi$ 和 $I_-^\alpha\varphi$ 与奇异算子 S 之间的关系在全直线的情况下具有最简单的形式.

定理 11.4　设 $0 < \alpha < 1$, 且 $\varphi(x) \in L_p(R^1)$. 则分数阶积分 I_+^α 和 I_+^α 与奇异算子 S 通过以下等式相互联系

$$I_-^\alpha\varphi = \cos\alpha\pi I_+^\alpha\varphi + \sin\alpha\pi SI_+^\alpha\varphi, \quad 1 \leqslant p < 1/\alpha, \tag{11.10}$$

$$I_+^\alpha\varphi = \cos\alpha\pi I_-^\alpha\varphi - \sin\alpha\pi SI_-^\alpha\varphi, \quad 1 \leqslant p < 1/\alpha, \tag{11.11}$$

$$SI_\pm^\alpha\varphi = I_\pm^\alpha S\varphi, \quad 1 \leqslant p < 1/\alpha. \tag{11.12}$$

证明　首先设 $\varphi \in C_0^\infty$. 我们考虑积分

$$SI_+^\alpha\varphi = \frac{1}{\pi}\int_{-\infty}^\infty \frac{dt}{t-x}\frac{1}{\Gamma(\alpha)}\int_{-\infty}^t \frac{\varphi(\tau)d\tau}{(t-\tau)^{1-\alpha}}.$$

这里我们可以交换积分次序 (已知这样的运算在其中一个积分是奇异的情况下有效 —— 参见 Gahov [1977] 和 Muskhelishvili [1968]). 因此我们有

$$SI_+^\alpha\varphi = \frac{1}{\pi\Gamma(\alpha)}\int_{-\infty}^\infty \varphi(\tau)d\tau\int_\tau^\infty \frac{dt}{(t-\tau)^{1-\alpha}(t-x)}.$$

作变量替换 $t = \tau + s/(1-s)$ 后, 根据 (11.4), 内积分变为

$$\int_\tau^\infty \frac{dt}{(t-\tau)^{1-\alpha}(t-x)} = \int_0^1 \frac{s^{\alpha-1}(1-s)^{-\alpha}ds}{\tau-x+s(1+x-\tau)}$$

$$= \begin{cases} \dfrac{\pi}{\sin\alpha\pi}(\tau-x)^{\alpha-1}, & x < \tau, \\[2mm] -\pi\cot\alpha\pi(x-\tau)^{\alpha-1}, & x > \tau. \end{cases}$$

因此, 我们有

$$SI_+^\alpha\varphi = \frac{1}{\sin\alpha\pi\Gamma(\alpha)}\left[\int_x^\infty \frac{\varphi(\tau)d\tau}{(\tau-x)^{1-\alpha}} - \cos\alpha\pi\int_{-\infty}^x \frac{\varphi(\tau)d\tau}{(x-\tau)^{1-\alpha}}\right],$$

这样对于 $\varphi \in C_0^\infty$, 我们得到 (11.10). 由于算子 $I_\pm^\alpha$ 从 $L_p(R^1)$ 到 $L_q(R^1)$, $q = p/(1-\alpha p)$ 是有界的 (定理 5.3), 算子 S 在 $L_q(R^1)$ 中有界 (定理 11.3), 并且 C_0^∞ 在 $L_p(R^1)$ 中稠密, 根据 Banach 定理 (定理 1.7) 可以将此等式推广到 $L_p(R^1)$ 空间. 在 $p = 1$ 的情况下, 需要使用定理 5.6 代替定理 5.3 以及使用注 5.2.

根据 (5.9) 和关系式 $QS = -SQ$, 其中 $Q\varphi = \varphi(-x)$, 等式 (11.11) 可从 (11.10) 中得到.

交换关系 (11.12) 对于好的函数是显然的, 因为对于这样的函数此关系可以通过 Fourier 变换得到 —— 见 (7.11) 和 (11.3). 对于 L_p 中的函数, 仍会涉及算子 $I_\pm^\alpha$ 和 S 的有界性. ∎

推论 1   像空间的一致性

$$I_+^\alpha(L_p) = I_-^\alpha(L_p) \stackrel{\text{def}}{=} I^\alpha(L_p), \quad 1 < p < 1/\alpha$$

成立 (见 (6.1)). 空间 $I^\alpha(L_p)$ 相对于算子 S 不变.

事实上, 方程 $I_\pm^\alpha\varphi = I_\mp^\alpha(\cos\alpha\pi\varphi \mp \sin\alpha\pi S\varphi)$ 成立, 因此, 从算子 S 在 L_p 中的有界性可以得到像的一致性.

推论 2   如果 $\alpha > 0$ 且 $\beta > 0$, 则关系式

$$I_+^\alpha I_-^\beta = [\cos(\beta-\alpha)\pi E + \sin(\beta-\alpha)\pi S]I_-^\alpha I_+^\beta$$

成立, E 为恒等算子.

推论 3   Marchaud 导数 $\mathbf{D}_+^\alpha f$ 和 $\mathbf{D}_-^\alpha f$ 有以下关系式

$$\mathbf{D}_-^\alpha f = \cos\alpha\pi\mathbf{D}_+^\alpha f - \sin\alpha\pi S\mathbf{D}_+^\alpha f, \quad f \in I^\alpha(L_p). \tag{11.11$'$}$$

为得到 (11.11$'$), 只需令 $I_-^\alpha\varphi = f$, 根据定理 6.1, 在 (11.11) 两端作用算子 $\mathbf{D}_+^\alpha$, 同时结合 (11.12) 即可.

推论 4　对于任意 $0 < \alpha < 1$ 和 $1 < p < \alpha$, 不等式

$$\|\mathbf{D}_-^\alpha f\|_p \leqslant A\|\mathbf{D}_+^\alpha f\|_p, \quad f \in I^\alpha(L_p) \tag{11.11''}$$

成立, 其中 $A = |\cos\alpha\pi| + \sin\alpha\pi\tan[\pi/2\min(p,p')]$.

事实上, 这个估计是从 (11.11$'$) 和 (11.1$'$) 中得到的.

注11.1　如果 $-1 < \mu_k < p-1\,(k = 1,\cdots,n)$, $\alpha p - 1 < \mu + \sum\limits_{k=1}^n \mu_k < p-1$, $p > 1$, 则关系式 (11.10)—(11.12) 对于 $\varphi(x) \in L_p(\rho)$, $\rho(x) = (1+x^2)^{\mu/2} \prod\limits_{k=1}^n |x-x_k|^{\mu_k}$, $x_k \in R^1$ 成立. 此结果可由 Hardy-Littlewood 型定理 (定理 5.5) 和定理 11.3, 结合 Banach 定理 (定理 1.7) 推出.

注 11.2　在奇异积分理论 (Gahov [1977, p. 43]) 中有奇异积分的一个简单微分公式 $(Sf)^{(n)} = S(f^{(n)})$. 它对于分数阶微分也是有效的, 因此

$$\mathbf{D}_\pm^\alpha(Sf) = S(\mathbf{D}_\pm^\alpha f), \quad f \in I^\alpha(L_p), \quad 1 < p < 1/\alpha, \tag{11.13}$$

这也是交换性质 (11.12) 的一个解释.

11.3　区间及半直线的情形

现在让我们来看一下在有限区间 $[a,b]$ 的情形下, 分数阶积分 $I_{a+}^\alpha\varphi$ 和 $I_{b-}^\alpha\varphi$ 是如何相互联系的. 由于区间端点的影响, 这些关系较 (11.10)—(11.12) 更为复杂. 现有以下问题产生: 复合 $\mathcal{D}_{a+}^\alpha I_{b-}^\alpha$ (或 $\mathcal{D}_{b-}^\alpha I_{a+}^\alpha$) 的结果是什么? 很自然地期望算子 $\mathcal{D}_{a+}^\alpha$ 和 I_{b-}^α 在某种意义下相互抵消, 并且它们的复合是一个有界算子, 例如, 在通常的空间 H^λ 和 L_p 中. 我们将看到它包含加权奇异算子.

现在假设 $\varphi \in C_0^\infty$, 我们来考虑复合运算

$$\mathcal{D}_{a+}^\alpha I_{b-}^\alpha \varphi = \frac{\sin\alpha\pi}{\pi} \frac{d}{dx} \int_a^x \frac{dt}{(x-t)^\alpha} \int_t^b (\tau-t)^{\alpha-1}\varphi(\tau)d\tau$$

$$= \frac{\sin\alpha\pi}{\pi} \frac{d}{dx} \int_a^b \varphi(\tau)d\tau \int_a^{\min(x,\tau)} (x-t)^{-\alpha}(\tau-t)^{\alpha-1}dt.$$

我们引入函数

$$J_\varepsilon(x) = \frac{\sin\alpha\pi}{\pi} \frac{d}{dx}\left[\int_a^{x-\varepsilon} \varphi(\tau)d\tau \int_a^\tau (x-t)^{-\alpha}(\tau-t)^{\alpha-1}dt\right.$$

$$\left. + \int_{x+\varepsilon}^b \varphi(\tau)d\tau \int_a^x (x-t)^{-\alpha}(\tau-t)^{\alpha-1}dt\right],$$

且设

$$\mathcal{K}_1(x, \tau) \overset{\text{def}}{=} \int_a^\tau (x-t)^{-\alpha}(\tau-t)^{\alpha-1}dt$$

$$= \int_0^{\frac{\tau-a}{x-\tau}} s^{\alpha-1}(1+s)^{-\alpha}ds, \quad \tau < x,$$

$$\mathcal{K}_2(x, \tau) \overset{\text{def}}{=} \int_a^x (x-t)^{-\alpha}(\tau-t)^{\alpha-1}dt$$

$$= \int_0^{\frac{x-a}{\tau-x}} s^{-\alpha}(1+s)^{\alpha-1}ds, \quad \tau > x.$$

然后我们有

$$J_\varepsilon(x) = \frac{\sin\alpha\pi}{\pi}\left[\mathcal{K}_1(x, x-\varepsilon)\varphi(x-\varepsilon) - \mathcal{K}_2(x, x+\varepsilon)\varphi(x+\varepsilon)\right]$$

$$+ \frac{\sin\alpha\pi}{\pi}\left(\int_a^{x-\varepsilon} + \int_{x+\varepsilon}^b\right)\left(\frac{\tau-a}{x-a}\right)^\alpha \frac{\varphi(\tau)d\tau}{\tau-x}.$$

因此我们得到

$$\mathcal{D}_{a+}^\alpha I_{b-}^\alpha \varphi = \lim_{\varepsilon\to 0} J_\varepsilon(x) = \frac{\sin\alpha\pi}{\pi}\left\{\int_a^b \left(\frac{\tau-a}{x-a}\right)^\alpha \frac{\varphi(\tau)d\tau}{\tau-x}\right.$$

$$\left. + \lim_{\varepsilon\to 0} \varphi(x)\left[\mathcal{K}_1(x, x-\varepsilon) - \mathcal{K}_2(x, x+\varepsilon)\right]\right\}.$$

估计极限, 根据 Prudnikov, Brychkov and Marichev [1961] 中的 2.2.12.3, 我们发现

$$\lim_{\varepsilon\to 0}\left[\mathcal{K}_1(x, x-\varepsilon) - \mathcal{K}_2(x, x+\varepsilon)\right]$$

$$= \lim_{\varepsilon\to 0}\left\{\int_0^{\frac{x-a-\varepsilon}{\varepsilon}} [s^{\alpha-1}(1+s)^{-\alpha} - s^{-\alpha}(1+s)^{\alpha-1}]ds - \int_{\frac{x-a-\varepsilon}{\varepsilon}}^{\frac{x-a}{\varepsilon}} s^{-\alpha}(1+s)^{\alpha-1}ds\right\}$$

$$= \int_0^\infty \left[\frac{s^{\alpha-1}}{(1+s)^\alpha} - \frac{(1+s)^{\alpha-1}}{s^\alpha}\right]ds$$

$$= \pi\cot\alpha\pi.$$

因此我们有

$$\mathcal{D}_{a+}^\alpha I_{b-}^\alpha \varphi = \cos\alpha\pi\varphi(x) + \frac{\sin\alpha\pi}{\pi}\int_a^b \left(\frac{\tau-a}{x-a}\right)^\alpha \frac{\varphi(\tau)d\tau}{\tau-x}, \tag{11.14}$$

从而得到了所求的关系式. 现在知道了关系式的显式形式, 给出它的关于函数 $\varphi \in L_p$ 的严格证明就会很容易. 我们通过以下方式获得了其他关系.

定理 11.5　令 $0 < \alpha < 1$ 且

$$r_a(x) = x - a, \quad r_b(x) = b - x. \tag{11.15}$$

则分数阶积分 $I_{a+}^\alpha \varphi$, $I_{b-}^\alpha \varphi$ 和奇异积分算子 S 通过以下关系相互联系

$$I_{b-}^\alpha \varphi = \cos \alpha \pi I_{a+}^\alpha \varphi + \sin \alpha \pi I_{a+}^\alpha r_a^{-\alpha} S r_a^\alpha \varphi, \quad \varphi \in L_p, \quad p > 1, \tag{11.16}$$

$$I_{a+}^\alpha \varphi = \cos \alpha \pi I_{b-}^\alpha \varphi - \sin \alpha \pi I_{b-}^\alpha r_b^{-\alpha} S r_b^\alpha \varphi, \quad \varphi \in L_p, \quad p > 1, \tag{11.17}$$

$$I_{b-}^\alpha \varphi = \cos \alpha \pi I_{a+}^\alpha \varphi + \sin \alpha \pi r_b^\alpha S r_b^{-\alpha} I_{a+}^\alpha \varphi, \quad \varphi \in L_p, \quad p \geqslant 1, \tag{11.18}$$

$$I_{a+}^\alpha \varphi = \cos \alpha \pi I_{b-}^\alpha \varphi - \sin \alpha \pi r_a^\alpha S r_a^{-\alpha} I_{b-}^\alpha \varphi, \quad \varphi \in L_p, \quad p \geqslant 1. \tag{11.19}$$

当 $p\alpha \leqslant 1$ 时, 这些关系式几乎处处成立, 当 $p\alpha > 1$ 时, 这些关系式对每个 $x \in (a, b)$ 成立.

证明　首先令 $\varphi \in C_0^\infty$. 因为 $I_{a+}^\alpha \mathcal{D}_{a+}^\alpha f = f$, 所以 (11.16) 可从 (11.14) 中得到. 也可以直接通过交换 (11.16) 右端的积分顺序来验证. 对于 (11.18), 可通过直接计算来证明, 因此

$$r_b^a S \frac{1}{r_b^a} I_{a+}^\alpha \varphi = \frac{(b-x)^\alpha}{\pi \Gamma(\alpha)} \int_a^b \varphi(\tau) d\tau \int_\tau^b \frac{(t-\tau)^{\alpha-1}(b-t)^{-\alpha}}{t-x} dt.$$

如前所述, 奇异积分和绝对收敛积分的积分顺序可以交换. 因此根据 (11.4), 上式右端等于

$$\frac{1}{\Gamma(\alpha) \sin(\alpha\pi)} \int_x^b \frac{\varphi(\tau) d\tau}{(\tau - x)^{1-\alpha}} - \frac{\cot \alpha\pi}{\Gamma(\alpha)} \int_a^x \frac{\varphi(\tau) d\tau}{(x - \tau)^{1-\alpha}},$$

由此, 得到了 (11.18). 利用 (2.19) 和 $QS = -SQ$, 关系式 (11.17) 和 (11.19) 可分别从关系式 (11.16) 和 (11.18) 中得到.

因此对于 $\varphi \in C_0^\infty$, 关系式 (11.16)—(11.19) 得证. 由定理 11.3, 算子 $r_a^{-\alpha} S r_a^\alpha$ 在 L_p, $1 < p < 1/\alpha$ 中有界. 于是根据算子 I_{a+}^α 和 I_{b-}^α 从 L_p 到 L_q, $q = p/(1-\alpha p)$ 中的有界性, 结合定理 1.7, 我们可以推出 (11.16) 在 L_p 的稠密集 C_0^∞ 中的有效性意味着它对所有函数 $\varphi \in L_p$, $1 < p < 1/\alpha$ 的有效性.

对于 $\varphi \in L_p$, $1 < p < 1/\alpha$, 关系式 (11.17)—(11.19) 可以类似地证明. 通过嵌入关系 $L_{p_1}(a,b) \subset L_{p_2}(a,b)$, $p_1 > p_2$, 这些关系对于 $p \geqslant 1/\alpha$ 也成立.

为了阐明在 $p > 1/\alpha$ 的情况下对每个点 $x \in (a,b)$ 关系的有效性, 我们写出一个易于检验的结果: 设 $\varphi \in L_p$, $p > 1/\alpha$,

$$\frac{1}{r_a^\alpha} S r_a^\alpha \varphi = \frac{1}{r_a^{\alpha-1}} S r_a^{\alpha-1} \varphi + \frac{c}{(x-a)^\alpha}, \quad c = \frac{1}{\pi} \int_a^b \frac{\varphi(t)dt}{(t-a)^{1-\alpha}}. \tag{11.20}$$

因为 $p > 1/\alpha$ 时由定理 11.3 知算子 $r_a^{1-\alpha} S r_a^{\alpha-1}$ 在 L_p 中有界, 则根据定理 3.6, 等式 (11.16) 的右端为 Hölder 函数. 从而 (11.16) 点点成立. 其他的关系可类似证明.

现在还需考虑 (11.18) 和 (11.19) 中 $p = 1$ 的情况. 与 (11.20) 类似, 我们得到

$$r_a^\alpha S \frac{1}{r_a^\alpha} f = r_a^{\alpha-1} S r_a^{1-\alpha} f + \frac{c_1}{(x-a)^{1-\alpha}}, \quad c_1 = \frac{1}{\pi} \int_a^b \frac{f(t)dt}{(t-a)^\alpha},$$

假设右端积分存在. 因此, 对于 $f = I_{b-}^\alpha \varphi$, 经简单计算我们有

$$r_a^\alpha S \frac{1}{r_a^\alpha} I_{b-}^\alpha \varphi = r_a^{\alpha-1} S \frac{1}{r_a^{\alpha-1}} I_{b-}^\alpha \varphi - \frac{(x-a)^{\alpha-1}}{\pi} \Gamma(1-\alpha) \int_a^b \varphi(t)dt. \tag{11.21}$$

于是, 算子 $r_a^\alpha S r_a^{-\alpha} I_{b-}^\alpha$ 从 L_1 映射到 L_r, $1 < r < 1/1-\alpha$, 且是有界的. 事实上, 这对于右端第二项是显然的, 第一项可以根据定理 5.6 和定理 11.3 得到. (11.18) 中 $p = 1$ 的情形可以类似地考虑. ∎

推论 1　如果 $1 < p < 1/\alpha$, 由密度函数 $\varphi \in L_p$ 的分数阶积分 $I_{a+}^\alpha \varphi$ 和 $I_{b-}^\alpha \varphi$ 所表示的函数空间重合.

事实上, 根据 (11.16) 和 (11.17), 我们有

$$I_{b-}^\alpha \varphi = I_{a+}^\alpha (\cos\alpha\pi\varphi + \sin\alpha\pi r_a^{-\alpha} S r_a^\alpha \varphi),$$

$$I_{a+}^\alpha \varphi = I_{b-}^\alpha (\cos\alpha\pi\varphi - \sin\alpha\pi r_b^{-\alpha} S r_b^\alpha \varphi),$$

从而根据算子 $r_a^{-\alpha} S r_a^\alpha$ 和 $r_b^{-\alpha} S r_b^\alpha$ 在 L_p, $p < 1/\alpha$ 中的有界性, 推论得证.

推论 2　以下交换关系式成立

$$\begin{aligned}
I_{a+}^\alpha r_a^{-\alpha} S r_a^\alpha \varphi = r_b^\alpha S r_b^{-\alpha} I_{a+}^\alpha \varphi, \\
I_{b-}^\alpha r_b^{-\alpha} S r_b^\alpha \varphi = r_a^\alpha S r_a^{-\alpha} I_{b-}^\alpha \varphi.
\end{aligned} \tag{11.22}$$

与 (11.13) 类似, 我们可以将 (11.22) 解释为奇异积分的分数阶微分公式, 对于 $f \in I^\alpha(L_p)$, $1 < p < 1/\alpha$,

$$\mathbf{D}_{a+}^{\alpha}\left(\int_a^b\left(\frac{b-x}{b-t}\right)^{\alpha}\frac{f(t)dt}{t-x}\right)=\int_a^b\left(\frac{t-a}{x-a}\right)^{\alpha}\frac{(\mathbf{D}_{a+}^{\alpha}f)(t)}{t-x}dt,$$

$$\mathbf{D}_{b-}^{\alpha}\left(\int_a^b\left(\frac{x-a}{t-a}\right)^{\alpha}\frac{f(t)dt}{t-x}\right)=\int_a^b\left(\frac{b-t}{b-x}\right)^{\alpha}\frac{(\mathbf{D}_{b-}^{\alpha}f)(t)}{t-x}dt. \tag{11.22'}$$

推论 3　连同 (11.16)—(11.19), 下面的关系也成立

$$I_{b-}^{\alpha}\varphi=\cos\alpha\pi I_{a+}^{\alpha}\varphi+\sin\alpha\pi I_{a+}^{\alpha}\frac{1}{r_a^{\alpha-1}}Sr_a^{\alpha-1}\varphi+\frac{1}{\Gamma(\alpha)}\int_a^b\frac{\varphi(t)dt}{(t-a)^{1-\alpha}}, \tag{11.23}$$

$$I_{a+}^{\alpha}\varphi=\cos\alpha\pi I_{b-}^{\alpha}\varphi-\sin\alpha\pi I_{b-}^{\alpha}\frac{1}{r_b^{\alpha-1}}Sr_b^{\alpha-1}\varphi+\frac{1}{\Gamma(\alpha)}\int_a^b\frac{\varphi(t)dt}{(b-t)^{1-\alpha}}, \tag{11.24}$$

$$I_{b-}^{\alpha}\varphi=\cos\alpha\pi I_{a+}^{\alpha}\varphi+\sin\alpha\pi r_b^{\alpha-1}S\frac{1}{r_b^{\alpha-1}}I_{a+}^{\alpha}\varphi+\frac{(x-a)^{\alpha-1}}{\Gamma(\alpha)}\int_a^b\varphi(t)dt, \tag{11.25}$$

$$I_{a+}^{\alpha}\varphi=\cos\alpha\pi I_{b-}^{\alpha}\varphi-\sin\alpha\pi r_a^{\alpha-1}S\frac{1}{r_a^{\alpha-1}}I_{b-}^{\alpha}\varphi+\frac{(b-x)^{\alpha-1}}{\Gamma(\alpha)}\int_a^b\varphi(t)dt, \tag{11.26}$$

其中 $0<\alpha<2$, $\varphi(x)\in L_p(a,b)$, 在 (11.23) 和 (11.24) 中 $p>\max(1,1/\alpha)$, 在 (11.25) 和 (11.26) 中 $1\leqslant p<\infty$.

　　基于与 (11.20) 和 (11.21) 类似的关系式, 推论 3 的论断可直接从 (11.16)—(11.19) 得出. 它们对于 $\varphi\in L_p$ 有效性 (p 的取值如上) 的证明类似定理 11.5 中 (11.16)—(11.19) 的证明.

　　注 11.3　定理 3.12 中已经证明, 如果 $-1<\mu_k<p-1$ $(k=1,\cdots,n)$, 则 (11.16)—(11.19) 对于 $\varphi(x)\in L_p([a,b],\rho)$, $\rho(x)=\prod\limits_{k=1}^{n}|x-x_k|^{\mu_k}$, $x_k\in[a,b]$ 也有效.

　　在 $\Omega=R_+^1=[0,\infty)$ 的情形下, 分数阶积分算子 I_{0+}^{α}, I_-^{α} 和奇异积分 S 的关系可以通过取极限 $a\to 0$ 和 $b\to\infty$ 从 (11.16)—(11.19) 得到. 其关系由以下等式给出:

$$I_-^{\alpha}\varphi=\cos\alpha\pi I_{0+}^{\alpha}\varphi+\sin\alpha\pi I_{0+}^{\alpha}x_a^{-\alpha}Sx_a^{\alpha}\varphi, \tag{11.27}$$

$$I_{0+}^{\alpha}\varphi=\cos\alpha\pi I_-^{\alpha}\varphi-\sin\alpha\pi I_-^{\alpha}S\varphi, \tag{11.28}$$

$$I_-^{\alpha}\varphi=\cos\alpha\pi I_{0+}^{\alpha}\varphi+\sin\alpha\pi SI_{0+}^{\alpha}\varphi, \tag{11.29}$$

$$I_{0+}^{\alpha}\varphi=\cos\alpha\pi I_-^{\alpha}\varphi-\sin\alpha\pi x^{\alpha}Sx^{-\alpha}I_-^{\alpha}\varphi, \tag{11.30}$$

其中 $\varphi(x) \in L_p(R_+^1)$, 且在 (11.27), (11.28) 和 (11.30) 中 $1 < p < 1/\alpha$, 在 (11.29) 中 $1 \leqslant p < 1/\alpha$. 我们还注意到, (11.27) 和 (11.30) 是由 (11.16) 和 (11.19) 得出的, (11.28) 是由 (11.11) 结合 (11.12) 得出的, (11.29) 是由 (11.10) 得出的. 此外, (11.27)—(11.30) 导致了 (11.12) 型交换关系式

$$I_{0+}^\alpha x^{-\alpha} S x^\alpha = S I_{0+}^\alpha, \quad x^\alpha S x^{-\alpha} I_-^\alpha = I_-^\alpha S. \tag{11.31}$$

类似地, (11.23)—(11.26) 也可以转化到半轴 R_+^1 上.

我们用下列结论来结束本小节.

引理 11.1   设 $0 < \alpha < 1$. 则算子

$$A\varphi = \cos \alpha\pi \varphi(x) - \frac{\sin \alpha\pi}{\pi} \int_0^\infty \frac{\varphi(t)dt}{t-x}, \quad x > 0, \tag{11.32}$$

$$B\varphi = \cos \alpha\pi \varphi(x) + \frac{\sin \alpha\pi}{\pi} \int_0^\infty \left(\frac{t}{x}\right)^\alpha \frac{\varphi(t)dt}{t-x}, \quad x > 0 \tag{11.33}$$

是互逆的: $AB\varphi \equiv BA\varphi \equiv \varphi$, $\varphi \in L_p(R_+^1)$, $1 < p < 1/\alpha$.

证明   此引理可通过比较 (11.27) 和 (11.28) 得到. 事实上, 它们的形式为 $I_-^\alpha \varphi = I_{0+}^\alpha B\varphi$ 和 $I_{0+}^\alpha \varphi = I_-^\alpha A\varphi$. 因此, 对于充分 "好" 的函数 $\varphi(x)$, 显然有 $AB\varphi \equiv BA\varphi \equiv \varphi$, 则根据由定理 11.3 得到的算子 A 和 B 在 $L_p(R_+^1)$, $1 < p < 1/\alpha$ 中的有界性, 其对于所有的 $\varphi \in L_p(R_+^1)$ 成立.

我们注意到恒等式 $AB\varphi \equiv BA\varphi \equiv \varphi$ 可以用 Poincaré-Bertrand 公式 (11.9) 直接计算复合算子 AB 和 BA 来验证. ∎

11.4   一些其他的复合关系

我们证明, 若 $f(x) \in I^\alpha(L_p)$, 则函数 $f(x)$ 的 "截断" 也属于 $I^\alpha(L_p)$. 即, 令 $-\infty \leqslant a < b \leqslant \infty$ 且

$$P_{ab}\varphi = \begin{cases} \varphi(x), & x \in [a, b], \\ 0, & x \notin [a, b], \end{cases} \tag{11.34}$$

但对于半轴的情况 $[a, b] = R_+^1$ 或 $[a, b] = R_-^1$, 我们记

$$P_+\varphi = \begin{cases} \varphi(x), & x > 0, \\ 0, & x < 0, \end{cases} \qquad P_-\varphi = \begin{cases} 0, & x > 0, \\ \varphi(x), & x < 0. \end{cases} \tag{11.35}$$

我们还将证明 $P_{ab} I_+^\alpha \equiv I_+^\alpha N\varphi$, $\varphi \in L_p$, $1 < p < 1/\alpha$, N 为 L_p 中的有界算子.

定理 11.6   设 $\varphi \in L_p(R^1)$, $1 < p < 1/\alpha$. 则

$$P_+ I_+^\alpha \varphi = I_+^\alpha \psi, \quad \psi \in L_p(R^1), \tag{11.36}$$

其中

$$\psi(x) = \begin{cases} \varphi(x) + \dfrac{\sin\alpha\pi}{\pi} \displaystyle\int_0^\infty \left(\dfrac{t}{x}\right)^\alpha \dfrac{\varphi(-t)}{x+t}dt, & x > 0, \\[4mm] 0, & x < 0. \end{cases} \tag{11.37}$$

证明　根据定理 1.5 我们注意到 $\psi(x) \in L_p$. 若 $x < 0$, 则显然 $(I_+^\alpha \psi)(x) = 0$. 现在还需证明 $x > 0$ 时, $(I_+^\alpha \psi)(x) = (I_+^\alpha \varphi)(x)$. 我们有 $(I_+^\alpha \psi)(x) = \dfrac{1}{\Gamma(\alpha)} \times$

$\displaystyle\int_0^x \dfrac{\varphi(t)dt}{(x-t)^{1-\alpha}} + \dfrac{\sin\alpha\pi}{\pi\Gamma(\alpha)} \int_{-\infty}^0 (-\tau)^\alpha \varphi(\tau)d\tau \int_0^x \dfrac{(x-t)^{\alpha-1}t^{-\alpha}}{t-\tau}dt$. 根据 (11.4), 得

$$(I_+^\alpha \psi)(x) = (I_{0+}^\alpha \varphi)(x) + \dfrac{1}{\Gamma(\alpha)} \int_{-\infty}^0 \dfrac{\varphi(t)dt}{(x-t)^{1-\alpha}} = (I_+^\alpha \varphi)(x),$$

从而定理获证. ∎

我们强调, 定理 11.6 意味着如果函数 $f(x)$ 可以表示为 $L_p(R^1)$, $1 < p < 1/\alpha$ 中函数的分数阶积分, 则 $x > 0$ 时函数 $f_+(x) = f(x)$, $x < 0$ 时 $f_+(x) = 0$, 有相同的性质.

推论 1　设 $\varphi(x) \in L_p(R^1)$, $1 < p < 1/\alpha$. 则

$$P_{ab}I_+^\alpha \varphi = I_+^\alpha \psi, \quad \psi \in L_p(R^1), \tag{11.38}$$

其中

$$\psi(x) = \begin{cases} 0, & x < a, \\[3mm] \varphi(x) + \dfrac{\sin\alpha\pi}{\pi} \displaystyle\int_0^\infty \left(\dfrac{t}{x-a}\right)^\alpha \dfrac{\varphi(a-t)dt}{(x+t-a)^{1-\alpha}}, & a < x < b, \\[4mm] \dfrac{\sin\alpha\pi}{\pi} \left[\displaystyle\int_0^\infty \left(\dfrac{t}{x-a}\right)^\alpha \dfrac{\varphi(a-t)dt}{(x+t-a)^{1-\alpha}} \right. \\[4mm] \left. - \displaystyle\int_0^\infty \left(\dfrac{t}{x-a}\right)^\alpha \dfrac{\varphi(b-t)dt}{(x+t-b)^{1-\alpha}} \right], & x > b. \end{cases}$$

推论 2　设 $a(x)$ 为有有限间断点的分段常函数. 则对于 $f(x) \in I^\alpha(L_p)$ 有 $a(x)f(x) \in I^\alpha(L_p)$ 和 $\|af\|_{I^\alpha(L_p)} \leqslant c\|f\|_{I^\alpha(L_p)}$.

定理 11.7　设 $f(x)$ 为实轴上有有限间断点的、Hölder 指数为 $\lambda > \max(\alpha, -\alpha+1/p)$ 的分段 Hölder 函数, 且 $f(\infty) = 0$. 则 $f(x) \in I^\alpha(L_p)$.

证明 为简单起见, 我们假设 $f(x)$ 只在 $x = 0$ 处有一个间断点. 我们介绍函数

$$f_1(x) = \begin{cases} f(x), & x \geqslant 0, \\ \omega_1(x), & x < 0, \end{cases} \qquad f_2(x) = \begin{cases} \omega_2(x), & x > 0, \\ f(x), & x \leqslant 0, \end{cases}$$

其中函数 $\omega_1(x), \omega_2(x) \in C_0^\infty$ 且满足 $\omega_1(0) = f(+0)$, $\omega_2(0) = f(-0)$. 则 $f_i(x) \in H^\lambda(R^1)$, $f_i(\infty) = 0$, $i = 1, 2$. 因此根据定理 6.5 有 $f_i(x) \in I^\alpha(L_p)$. 显然 $f(x) = \theta(x) f_1(x) + \theta(-x) f_2(x)$, 其中 $\theta(x) = (1 + \operatorname{sign} x)/2$, 从而由定理 11.6 有 $f(x) \in I^\alpha(L_p)$. ∎

显然, 可以从 (11.36) 中得到类似的关系式 $P_- I_-^\alpha \varphi = I_-^\alpha g$, 函数 $g(x)$ 的表达式与 (11.37) 类似. 以下定理将 $P_- I_-^\alpha \varphi$ 表示为 $I_+^\alpha g$. 我们记

$$S_\alpha \varphi = \frac{1}{\pi} \int_{-\infty}^\infty \left| \frac{t}{x} \right|^\alpha \frac{\varphi(t) dt}{t - x}. \tag{11.39}$$

定理 11.8 对于 $\varphi(x) \in L_p(R^1)$, $1 < p < 1/\alpha$, 关系式

$$P_- I_-^\alpha \varphi = I_+^\alpha N \varphi \tag{11.40}$$

成立, 其中算子 N 为

$$N\varphi = \cos \alpha \pi P_- \varphi + \sin \alpha \pi S \varphi - \sin \alpha \pi P_+ S_\alpha P_+ \varphi \tag{11.41}$$

$$= \begin{cases} \dfrac{\sin \alpha \pi}{\pi} \displaystyle\int_{-\infty}^\infty \frac{\varphi(t) dt}{x - t} - \dfrac{\sin \alpha \pi}{\pi} \displaystyle\int_0^\infty \left(\frac{t}{x} \right)^\alpha \frac{\varphi(t)}{x - t} dt, & x > 0, \\[4mm] \cos \alpha \pi \varphi(x) + \dfrac{\sin \alpha \pi}{\pi} \displaystyle\int_{-\infty}^\infty \frac{\varphi(t) dt}{t - x}, & x < 0, \end{cases} \tag{11.42}$$

且在 $L_p(R^1)$ 中有界.

证明 应用 (11.10) 我们有

$$P_- I_-^\alpha \varphi = (E - P_+) I_+^\alpha (\cos \alpha \pi \varphi + \sin \alpha \pi S \varphi). \tag{11.43}$$

我们把 (11.36) 改写为

$$P_+ I_+^\alpha \varphi = I_+^\alpha P_+ (\varphi - \sin \alpha \pi S_\alpha P_- \varphi). \tag{11.44}$$

将 (11.44) 代入 (11.43) 中, 我们得到

$$\begin{aligned} P_- I_-^\alpha \varphi = I_+^\alpha \Big(& \cos \alpha \pi P_- \varphi + \sin \alpha \pi P_- S \varphi \\ & + \sin \alpha \pi \cos \alpha \pi P_+ S_\alpha P_- \varphi + \sin^2 \alpha \pi P_+ S_\alpha P_- S \varphi \Big). \end{aligned} \tag{11.45}$$

根据 (11.9), 在最后一项中交换积分次序, 我们发现, 若 $x > 0$,

$$P_+ S_\alpha P_- S\varphi = -\frac{1}{\pi^2 x^\alpha} \int_{-\infty}^{\infty} \varphi(\tau) d\tau \int_0^\infty \frac{t^\alpha dt}{(t+x)(t+\tau)}.$$

这里内积分等于

$$\int_0^\infty \frac{t^\alpha dt}{(t+x)(t+\tau)} = \frac{\pi}{\sin \alpha \pi} \frac{|\tau|^\alpha \nu(\tau) - x^\alpha}{\tau - x}, \quad x > 0, \qquad (11.46)$$

其中 $\tau > 0$ 时 $\nu(\tau) = 1$, $\tau < 0$ 时 $\nu(\tau) = \cos \alpha \pi$ (见 Prudnikov, Brychkov and Marichev [1961, 2.2.4.25, 26]).

　　因此,

$$P_+ S_\alpha P_- S\varphi = \frac{1}{\sin \alpha \pi} (P_+ S - P_+ S_\alpha P_+ - \cos \alpha \pi P_+ S_\alpha P_-)\varphi. \qquad (11.47)$$

然后 (11.45) 变为所需要的关系式 (11.40). $1 < p < 1/\alpha$ 时, 算子 (11.41) 在 $L_p(R^1)$ 中的有界性可从算子 S 和 S_α 在 $L_p(R^1)$ 中的有界性得到 (见定理 11.3). ■

§12　势型分数阶积分

　　在数学分析的许多领域中, 经常出现带有 "常数积分限" 的分数阶积分算子 (它们自然可以推广到多变量情形). 类比数学物理, 这种算子称为势型算子. 本节中, 我们不会涉及相应形式的分数阶微分, 即不考虑逆势算子的构造. 我们将在 §30.4 中对其加以阐述. 现在我们开始考虑势问题, 首先考虑函数在整个轴 R^1 上的情况.

12.1　实轴的情形. Riesz 势和 Feller 势

　　我们考虑积分

$$I^\alpha \varphi = \frac{1}{2\Gamma(\alpha) \cos(\alpha \pi/2)} \int_{-\infty}^{\infty} \frac{\varphi(t) dt}{|t - x|^{1-\alpha}}, \quad \mathrm{Re}\,\alpha > 0, \quad \alpha \neq 1, 3, 5, \cdots, \quad (12.1)$$

归一化因子的选择会在下文中说明 —— 见 (12.23) 和 (12.24). 积分 $I^\alpha \varphi$ 称为 Riesz 势. 我们将并列考虑 (12.1) 和它的以下修改

$$H^\alpha \varphi = \frac{1}{2\Gamma(\alpha) \sin(\alpha \pi/2)} \int_{-\infty}^{\infty} \frac{\mathrm{sign}(x - t)}{|x - t|^{1-\alpha}} \varphi(t) dt, \quad \mathrm{Re}\,\alpha > 0, \quad \alpha \neq 2, 4, 6, \cdots.$$

$$(12.2)$$

显然

$$I^\alpha = [2\cos(\alpha\pi/2)]^{-1}(I_+^\alpha + I_-^\alpha), \tag{12.3}$$

$$H^\alpha = [2\sin(\alpha\pi/2)]^{-1}(I_+^\alpha - I_-^\alpha), \tag{12.4}$$

其中 $I_\pm^\alpha$ 为算子 (5.2) 和 (5.3). 因此, $0 < \mathrm{Re}\alpha < 1$ 时, 可以在 $L_p(R^1)$, $1 \leqslant p < 1/\mathrm{Re}\alpha$ 上定义算子 I^α 和 H^α, 在此条件下, I^α 和 H^α 从 $L_p(R^1)$ 有界映入到 $L_q(R^1)$, 其中 $q = p/(1 - p\mathrm{Re}\alpha)^{-1}$.

将在 § 30.4 中说明, I^α 和 H^α 的逆算子可以构造为如下形式

$$\begin{aligned}(I^\alpha)^{-1}f &= \frac{1}{2\Gamma(-\alpha)\cos(\alpha\pi/2)}\int_{-\infty}^\infty \frac{f(x-t)-f(x)}{|t|^{1+\alpha}}dt \\ &= \frac{1}{2\Gamma(-\alpha)\cos(\alpha\pi/2)}\int_0^\infty \frac{f(x-t)+f(x+t)-2f(x)}{t^{1+\alpha}}dt,\end{aligned} \tag{12.1$'$}$$

$$\begin{aligned}(H^\alpha)^{-1}f &= \frac{1}{2\Gamma(-\alpha)\sin(\alpha\pi/2)}\int_{-\infty}^\infty \frac{f(x-t)-f(x)}{|t|^{1+\alpha}}\mathrm{sign}t\,dt \\ &= \frac{1}{2\Gamma(-\alpha)\sin(\alpha\pi/2)}\int_0^\infty \frac{f(x-t)-f(x+t)}{t^{1+\alpha}}dt.\end{aligned} \tag{12.2$'$}$$

(将这些算子与 Marchaud 分数阶导数 (5.57) 和 (5.58) 比较.)

令

$$S\varphi = \frac{1}{\pi}\int_{-\infty}^\infty \frac{\varphi(t)dt}{t-x}. \tag{12.5}$$

引理 12.1   算子 I^α 和 H^α 通过以下关系式互相联系

$$I^\alpha\varphi = SH^\alpha\varphi, \tag{12.6}$$

$$H^\alpha\varphi = -SH^\alpha\varphi, \tag{12.7}$$

其中 $0 < \mathrm{Re}\alpha < 1$, $\varphi \in L_p(R^1)$, $1 \leqslant p < 1/\mathrm{Re}\alpha$.

证明   只需证明 (12.6), 因为根据 (11.2), (12.7) 可以立刻由 (12.6) 得到. 至于 (12.6), 可以通过将 (11.10) 和 (11.11) 相加并结合 (12.3) 和 (12.4) 得到. ■

推论   分数阶积分算子 $I_\pm^\alpha$ 可以通过以下势算子 I^α 和 H^α 表示

$$I_\pm^\alpha = I^\alpha\left(\cos\frac{\alpha\pi}{2}E \mp \sin\frac{\alpha\pi}{2}S\right), \tag{12.8}$$

$$I_\pm^\alpha = H^\alpha\left(\pm\sin\frac{\alpha\pi}{2}E + \cos\frac{\alpha\pi}{2}S\right), \tag{12.9}$$

其中 $0 < \mathrm{Re}\alpha < 1$, E 为恒等算子.

证明 为了验证 (12.8) 和 (12.9), 只需应用 (12.6) 和 (12.7), 然后使用关系式 (12.3) 和 (12.4) 即可. ∎

等式 (12.8) 和 (12.9) 自然地驱动了算子 I^α 和 H^α 以算子 I_+^α 和 I_-^α 任意线性组合表达式的推广:

$$M_{u,v}^\alpha \varphi = u I_+^\alpha \varphi + v I_-^\alpha \varphi, \tag{12.10}$$

u 和 v 为任意常数. 算子 (12.10) 可以写为

$$M_{u,v}^\alpha \varphi = \frac{1}{\Gamma\alpha} \int_{-\infty}^{\infty} \frac{c_1 + c_2 \mathrm{sign}(x-t)}{|x-t|^{1-\alpha}} \varphi(t) dt, \tag{12.11}$$

这里 $c_1 = (u+v)/2$, $c_2 = (u-v)/2$ 使得

$$M_{u,v}^\alpha \varphi = (u+v) \cos \frac{\alpha\pi}{2} I^\alpha \varphi + (u-v) \sin \frac{\alpha\pi}{2} H^\alpha \varphi. \tag{12.12}$$

算子 (12.10) 称为 Feller 势. Feller 首次引入了形为

$$I_\delta^\alpha \varphi = \frac{1}{\Gamma(\alpha) \sin \alpha\pi} \int_{-\infty}^{\infty} \frac{\sin\{\alpha[\pi/2 + \delta\,\mathrm{sign}(t-x)]\}}{|x-t|^{1-\alpha}} \varphi(t) dt \tag{12.13}$$

的算子并证明了其满足半群性质 $I_\delta^\alpha I_\delta^\beta \varphi = I_\delta^{\alpha+\beta}$. 显然, 在 (12.10) 选择 $u = \dfrac{\sin(\alpha\pi/2 - \alpha\delta)}{\sin \alpha\pi}$ 和 $v = \dfrac{\sin(\alpha\pi/2 + \alpha\delta)}{\sin \alpha\pi}$, 可以得到 $I_\delta^\alpha \varphi$. 我们观察到

$$I_\delta^\alpha \varphi = \cos \alpha\delta I^\alpha \varphi - \sin \alpha\delta H^\alpha \varphi. \tag{12.14}$$

注 12.1 算子 $M_{u,v}^\alpha$ 有一种相当简单的逆算子形式, 类似于 Marchaud 分数阶导数. 由于用了算子 I^α 和 H^α, 其逆算子特别简单. 下文 §30.4 给出了势型算子 $M_{u,v}^\alpha$ 的逆.

在下面的定理 12.1 中, 我们将证明形式为 (12.10) 的两个算子的复合式仍为此类算子. 我们需要以下预备引理.

引理 12.2 设 $0 < \alpha < 1$, $0 < \beta < 1$, $\alpha + \beta < 1$ 和 $\varphi \in L_p(R^1)$, $1 \leqslant p < 1/(\alpha+\beta)$. 则

$$\sin(\alpha+\beta)\pi I_+^\alpha I_-^\beta \varphi = \sin \alpha\pi I_+^{\alpha+\beta} \varphi + \sin \beta\pi I_-^{\alpha+\beta} \varphi, \tag{12.15}$$

$$\sin(\alpha+\beta)\pi I_-^\alpha I_+^\beta \varphi = \sin \beta\pi I_+^{\alpha+\beta} \varphi + \sin \alpha\pi I_-^{\alpha+\beta} \varphi. \tag{12.16}$$

证明 利用等式 (11.10) 和 (11.11), 我们有

$$I_-^\alpha I_+^\beta \varphi = \cos \alpha\pi I_+^{\alpha+\beta} \varphi + \sin \alpha\pi S I_+^{\alpha+\beta} \varphi,$$

$$I_+^\alpha I_-^\beta \varphi = \cos\alpha\pi I_-^{\alpha+\beta}\varphi - \sin\alpha\pi S I_-^{\alpha+\beta}\varphi.$$

因此根据 (12.3) 和 (12.4),

$$(I_+^\alpha I_-^\beta + I_-^\alpha I_+^\beta)\varphi = 2\cos\alpha\pi\cos\frac{\alpha+\beta}{2}\pi I^{\alpha+\beta}\varphi + 2\sin\alpha\pi\sin\frac{\alpha+\beta}{2}\pi S H^{\alpha+\beta}\varphi,$$

$$(I_-^\alpha I_+^\beta - I_+^\alpha I_-^\beta)\varphi = 2\cos\alpha\pi\sin\frac{\alpha+\beta}{2}\pi H^{\alpha+\beta}\varphi + 2\sin\alpha\pi\cos\frac{\alpha+\beta}{2}\pi S I^{\alpha+\beta}\varphi.$$

利用引理 12.1, 我们得到关系式

$$(I_+^\alpha I_-^\beta + I_-^\alpha I_+^\beta)\varphi = 2\cos\frac{\alpha-\beta}{2}\pi I^{\alpha+\beta}\varphi,$$

$$(I_-^\alpha I_+^\beta - I_+^\alpha I_-^\beta)\varphi = 2\sin\frac{\beta-\alpha}{2}\pi H^{\alpha+\beta}\varphi,$$

这些等式经简单转换后就得到了 (12.15) 和 (12.16). ∎

定理 12.1 设 M_{u_1,v_1}^α 和 M_{u_2,v_2}^β 是形式为 (12.10) 的算子且 $0 < \alpha < 1$, $0 < \beta < 1$ 和 $\alpha + \beta < 1$. 则

$$M_{u_1,v_1}^\alpha M_{u_2,v_2}^\beta \varphi = M_{u,v}^{\alpha+\beta}\varphi, \tag{12.17}$$

其中 $\varphi \in L_p(R^1)$, $1 \leqslant p < 1/(\alpha+\beta)$, 且

$$u = u_1 u_2 + \frac{u_1 v_2 \sin\alpha\pi + v_1 u_2 \sin\beta\pi}{\sin(\alpha+\beta)\pi},$$

$$v = v_1 v_2 + \frac{u_1 v_2 \sin\beta\pi + v_1 u_2 \sin\alpha\pi}{\sin(\alpha+\beta)\pi}.$$

证明 由于任意复合运算 $I_\pm^\alpha I_\pm^\beta \varphi$ 对 $\varphi \in L_p(R^1)$, $1 \leqslant p < 1/(\alpha+\beta)$ 有定义, 根据半群性质 (5.15), 我们有

$$M_{u_1,v_1}^\alpha M_{u_2,v_2}^\beta \varphi = u_1 u_2 I_+^{\alpha+\beta}\varphi + v_1 v_2 I_-^{\alpha+\beta}\varphi + u_1 v_2 I_+^\alpha I_-^\beta \varphi + v_1 u_2 I_-^\alpha I_+^\beta \varphi. \tag{12.18}$$

等式 (12.15) 和 (12.16) 允许我们通过 $I_+^{\alpha+\beta}$ 和 $I_-^{\alpha+\beta}$ 来表示复合 $I_+^\alpha I_-^\beta$, $I_-^\alpha I_+^\beta$, 从而在简单操作后 (12.17) 可变为 (12.18). ∎

推论 1 如果 $0 < \alpha < 1$, $0 < \beta < 1$, $\alpha + \beta < 1$, 则

$$I^\alpha I^\beta = I^{\alpha+\beta}, \tag{12.19}$$

$$H^\alpha H^\beta = -I^{\alpha+\beta}, \tag{12.20}$$

$$I^\alpha H^\beta = H^{\alpha+\beta}. \tag{12.21}$$

推论 2　如果 $0 < \alpha < 1$, $0 < \beta < 1$, $\alpha + \beta < 1$, 则

$$I_\delta^\alpha I_\delta^\beta = I_\delta^{\alpha+\beta}. \tag{12.22}$$

利用 (12.14) 和等式 (12.19)—(12.21), 很容易得到 (12.22).

最后我们注意到, (12.3) 和 (12.4) 允许我们容易地将算子 $I_\pm^\alpha$ 的各种其他性质推广到算子 I^α, H^α 和 $M_{u,v}^\alpha$. 特别地, 下面的定理成立.

定理 12.2　令 $0 < \alpha < 1$ 且 $\varphi(x) \in L_1(R^1)$. 则

$$(\mathcal{F}I^\alpha\varphi)(x) = |x|^{-\alpha}\hat\varphi(x), \tag{12.23}$$

$$(\mathcal{F}H^\alpha\varphi)(x) = i\,\mathrm{sign}x|x|^{-\alpha}\hat\varphi(x), \tag{12.24}$$

$$(\mathcal{F}M_{u,v}^\alpha\varphi)(x) = \left[(u+v)\cos\frac{\alpha\pi}{2} + i(u-v)\sin\frac{\alpha\pi}{2}\mathrm{sign}x\right]\frac{\hat\varphi}{|x|^\alpha}. \tag{12.25}$$

利用关系式 (12.3), (12.4) 和 (12.10), 很容易从 (7.1) 和定理 7.1 证得上述定理.

12.2　Riesz 势在半轴上的截断

类似于定理 11.6, 我们提出一个问题: 如果 $f = I^\alpha\varphi$, 那么函数 $f_+(x)$, 在 $x > 0$ 时等于 $f(x)$, 在 $x < 0$ 时等于零, 是否也可以表示为 Riesz 势? 即

$$\theta_+(x)(I^\alpha\varphi)(x) = (I^\alpha\psi)(x), \quad -\infty < x < \infty, \tag{12.26}$$

$$\theta_\pm(x) = (1 \pm \mathrm{sign}x)/2, \tag{12.27}$$

如何根据 φ 找到 ψ?

定理 12.3　对于给定的函数 $\varphi \in L_p(R^1)$, $1 < p < 1/\alpha$, 存在一个函数 $\psi(x)$ 使得 (12.26) 成立. 其形式为

$$\psi(x) = \theta_+(x)\varphi(x) + \frac{1}{2}\tan\frac{\alpha\pi}{2}N^\alpha\varphi, \tag{12.28}$$

其中

$$N^\alpha\varphi = \frac{1}{\pi}\int_{-\infty}^\infty \frac{\dfrac{|t|^\alpha\mathrm{sign}t}{|x|^\alpha\mathrm{sign}x} - 1}{t-x}\varphi(t)dt. \tag{12.29}$$

证明　由 (11.36), $\theta_-(x)(I_+^\alpha\varphi)(x) = (I_+^\alpha\varphi_1)(x)$, 其中

$$\varphi_1(x) = \theta_-(x)\varphi(x) + \frac{\sin\alpha\pi}{\pi}\theta_+(x)\int_{-\infty}^\infty \left|\frac{t}{x}\right|^\alpha \frac{\varphi(t)dt}{t-x}.$$

则根据 (5.9),

$$\theta_+(x)(I_-^\alpha\varphi)(x) = (I_-^\alpha\varphi_2)(x), \qquad (12.30)$$

其中

$$\varphi_2(x) = \theta_+(x)\varphi(x) - \frac{\sin\alpha\pi}{\pi}\theta_-(x)\int_0^\infty \frac{t^\alpha}{|x|^\alpha}\frac{\varphi(t)dt}{t-x}.$$

将 (11.36) 和 (12.30) 相加并使用 (12.3), 我们得到

$$\theta_+(x)I^\alpha\varphi = \frac{1}{2\cos(\alpha\pi/2)}(I_+^\alpha\varphi_3 + I_-^\alpha\varphi_2), \qquad (12.31)$$

其中用 φ_3 表示 (11.37) 中的函数. 在 (12.31) 中使用 (12.8), 我们建立等式

$$\theta_+(x)I^\alpha\varphi = \frac{1}{2}I^\alpha\left[\varphi_2 + \varphi_3 + \tan\frac{\alpha\pi}{2}S(\varphi_2 - \varphi_3)\right].$$

因此, (12.26) 中的所想要的函数 ψ 由下式给出:

$$\psi(x) = \frac{1}{2}(\varphi_2 + \varphi_3) + \frac{1}{2}\tan\frac{\alpha\pi}{2}S(\varphi_2 - \varphi_3).$$

为了计算这里的奇异积分 $S(\varphi_2 - \varphi_3)$, 需要利用 Poincaré-Bertrand 关系式 (11.9) 来交换奇异积分的顺序. 简单计算后, 函数 $\psi(x)$ 简化为形式 (12.28).

现在只剩下说明函数 $\psi(x)$ 属于 $L_p(R^1)$. 这可由算子 N^α 在 $L_p(R^1)$, $1 < p < 1/\alpha$ 中的有界性得出, 后者通过转化到半轴 $R_\pm^1$ 并使用定理 5.5 和定理 11.3 得到. ■

注意到 (12.26), 其中 $\psi(x)$ 由 (12.28) 定义, 如果我们考虑到交换复合式子 $I^\alpha N^\alpha$ 中的积分顺序后所产生的内积分是初等函数且其值由下式给出:

$$\int_{-\infty}^\infty \frac{\operatorname{sign}t\,dt}{|t|^\alpha|t-x|^{1-\alpha}(t-y)} = \pi\cot\frac{\alpha\pi}{2}\frac{\operatorname{sign}x\operatorname{sign}(x-y)}{|y|^\alpha|x-y|^{1-\alpha}} \qquad (12.32)$$

—— 如, 见 Prudnikov, Brychkov and Marichev [1961, 2.2.6.26, 2.2.6.27], 则 (12.26) 可以通过这种方式直接验证.

推论 设 $P_{a,b}\varphi = \begin{cases} \varphi(x), & x \in [a,b], \\ 0, & x \notin [a,b]. \end{cases}$ 则

$$P_{ab}I^\alpha\varphi = I^\alpha\left(P_{ab}\varphi + \frac{1}{2}\tan\frac{\alpha\pi}{2}N_{ab}^\alpha\varphi\right), \qquad (12.33)$$

其中

$$N_{ab}^\alpha\varphi = \frac{1}{\pi}\int_{-\infty}^\infty\left[\left(\frac{t-a}{x-a}\right)^\alpha - \left(\frac{t-b}{x-b}\right)^\alpha\right]\frac{\varphi(t)}{t-x}dt, \quad \xi^\alpha = |\xi|^\alpha\operatorname{sign}\xi.$$

12.3　半轴的情形

势 (12.1) 和 (12.2) 也可以在半轴上考虑:

$$I_0^\alpha \varphi = \frac{1}{2\Gamma(\alpha)\cos(\alpha\pi/2)} \int_0^\infty \frac{\varphi(t)dt}{|x-t|^{1-\alpha}}, \quad x > 0, \tag{12.34}$$

$$H_0^\alpha \varphi = \frac{1}{2\Gamma(\alpha)\sin(\alpha\pi/2)} \int_0^\infty \frac{\operatorname{sign}(x-t)}{|x-t|^{1-\alpha}} \varphi(t)dt, \quad x > 0, \tag{12.35}$$

因此显然

$$I_0^\alpha = \frac{1}{2\cos(\alpha\pi/2)}(I_{0+}^\alpha + I_-^\alpha),$$

$$H_0^\alpha = \frac{1}{2\sin(\alpha\pi/2)}(I_{0+}^\alpha - I_-^\alpha).$$

且 (12.6) 和 (12.7) 型的如下关系式也成立:

$$I_0^\alpha \varphi = H_0^\alpha S_{(1+\alpha)/2}\varphi = S_{-(1+\alpha)/2} H_0^\alpha \varphi, \tag{12.36}$$

$$H_0^\alpha \varphi = -I_0^\alpha S_{\alpha/2}\varphi = -S_{-\alpha/2} I_0^\alpha \varphi, \tag{12.37}$$

这里使用了符号

$$S_\gamma \varphi = \frac{1}{\pi} \int_0^\infty \left(\frac{t}{x}\right)^\gamma \frac{\varphi(t)dt}{t-x}, \quad x > 0. \tag{12.38}$$

等式 (12.36) 和 (12.37) 可通过在下文证明的 (12.46) 和 (12.47) 中取极限 $b \to \infty$ 得到. 它们也可以用类似于 (12.46) 和 (12.47) 的推导方式独立证明.

现在我们证明 Riesz 势 $I^\alpha \varphi$ 和积分 $H^\alpha \varphi$ 的一个重要性质: 它们可以由分数阶积分的复合来表示, 即

定理 12.4　设 $0 < \alpha < 1$ 且 $\varphi(x) \in L_p(R_+^1)$, $1 \leqslant p < 1/\alpha$, 则

$$I_0^\alpha \varphi = I_-^{\alpha/2} I_{0+}^{\alpha/2} \varphi, \tag{12.39}$$

$$H_0^\alpha \varphi = I_-^{\frac{\alpha-1}{2}} I_{0+}^{\frac{\alpha+1}{2}} \varphi. \tag{12.40}$$

若假设 $\varphi(x) \in L_p(R_+^1)$, $1 \leqslant p < 1/(\alpha+\beta)$, $\alpha + \beta < 1$, 更一般的公式

$$
\begin{aligned}
I_-^\alpha I_{0+}^\beta \varphi &= \cos\frac{\alpha-\beta}{2}\pi I_0^{\alpha+\beta}\varphi + \sin\frac{\beta-\alpha}{2}\pi H_0^{\alpha+\beta}\varphi \\
&= \frac{\sin\alpha\pi}{\sin(\alpha+\beta)\pi} I_-^{\alpha+\beta}\varphi + \frac{\sin\beta\pi}{\sin(\alpha+\beta)\pi} I_+^{\alpha+\beta}\varphi
\end{aligned}
\tag{12.41}
$$

也成立.

证明 我们将证明 (12.41), 等式 (12.39) 和 (12.40) 容易从 (12.41) 中得到. 交换积分次序, 我们有

$$I_-^\alpha I_{0+}^\beta \varphi = \frac{1}{\Gamma(\alpha)\Gamma(\beta)} \int_0^\infty J(x,y)\varphi(y)dy, \qquad (12.42)$$

其中

$$J(x,y) = \int_{\max(x,y)}^\infty (t-y)^{\beta-1}(t-x)^{\alpha-1}dt.$$

根据等式 (1.71) 我们得到关系式 $J(x,y) = \mathrm{B}(\alpha, 1-\alpha-\beta)|x-y|^{\alpha+\beta-1}$ (对于 $x > y$) 和 $J(x,y) = \mathrm{B}(\beta, 1-\alpha-\beta)|x-y|^{\alpha+\beta-1}$ (对于 $x < y$). 因此通过简单的运算步骤可从 (12.42) 中推出 (12.41). ∎

最后我们注意到, (7.11) 和 (7.12) 可以导出以下关系式, 即余弦-和正弦-Fourier 变换 (参见 (12.23) 和 (12.24)):

$$\mathcal{F}_c I_0^\alpha \varphi = x^{-\alpha}\mathcal{F}_c\varphi, \qquad \mathcal{F}_s H_0^\alpha \varphi = x^{-\alpha}\mathcal{F}_s\varphi. \qquad (12.43)$$

12.4 有限区间的情形

在有限区间 $a \leqslant x \leqslant b$ 的情形下, 类似 (12.1) 和 (12.2) 的算子将表示为

$$A^\alpha \varphi = \frac{1}{2\Gamma(\alpha)\cos(\alpha\pi/2)} \int_a^b \frac{\varphi(t)dt}{|x-t|^{1-\alpha}}, \quad a < x < b, \qquad (12.44)$$

$$B^\alpha \varphi = \frac{1}{2\Gamma(\alpha)\sin(\alpha\pi/2)} \int_a^b \frac{\mathrm{sign}(x-t)}{|x-t|^{1-\alpha}}\varphi(t)dt, \quad a < x < b. \qquad (12.45)$$

它们有类似 (12.36) 和 (12.37) 的关系式. 即下面的定理成立:

定理 12.5 令 $0 < \alpha < 1$. 则

$$A^\alpha \varphi = B^\alpha S_{(\alpha+1)/2}\varphi = S_{-(\alpha+1)/2}B^\alpha\varphi, \qquad (12.46)$$

$$B^\alpha \varphi = -A^\alpha S_{\alpha/2}\varphi = -S_{-\alpha/2}A^\alpha\varphi, \qquad (12.47)$$

其中, 与 (12.38) 不同

$$S_\gamma \varphi = \frac{1}{\pi[(x-a)(b-x)]^\gamma} \int_a^b \frac{[(t-a)(b-t)]^\gamma \varphi(t)}{t-x}dt. \qquad (12.48)$$

式 (12.46) 和 (12.47) 对于如函数 $\varphi(t) \in L_p(\rho), 1 < p < \infty, \rho(x) = (x-a)^\mu(b-x)^\nu$ 成立, 其中 (12.47), (12.46) 的第一个等号要求 $\mu, \nu < p-1$, (12.46) 的第二个等号要求 $\mu, \nu < \dfrac{1+\alpha}{2}p - 1$.

证明 等式 (12.46) 和 (12.47) 是从基本关系 (11.16)—(11.19) 推导出来的. 我们将以 (12.47) 中的第一个等式为例加以说明. 将 (11.17) 中的 $\varphi(x)$ 替换为函数 $\varphi_1 = \cos\dfrac{\alpha\pi}{2}\varphi + \sin\dfrac{\alpha\pi}{2}S_{\alpha/2}\varphi$, 我们有

$$I_{a+}^{\alpha}\left(\cos\frac{\alpha\pi}{2}\varphi + \sin\frac{\alpha\pi}{2}S_{\alpha/2}\varphi\right)$$
$$= I_{b-}^{\alpha}\left(\cos\alpha\pi E - \sin\alpha\pi r_b^{-\alpha}Sr_b^{\alpha}\right)\left(\cos\frac{\alpha\pi}{2}\varphi + \sin\frac{\alpha\pi}{2}S_{\alpha/2}\varphi\right),$$

其中 E 为恒等算子且 $r_b\varphi = (b-x)\varphi(x)$. 应用 Poincaré-Bertrand 关系式 (11.9) 和 (11.5), 经简单操作后我们得到如下对称关系

$$I_{a+}^{\alpha}\left(\cos\frac{\alpha\pi}{2}\varphi + \sin\frac{\alpha\pi}{2}S_{\alpha/2}\varphi\right) = I_{b-}^{\alpha}\left(\cos\frac{\alpha\pi}{2}\varphi - \sin\frac{\alpha\pi}{2}S_{\alpha/2}\varphi\right).$$

因此 $\cos\dfrac{\alpha\pi}{2}(I_{a+}^{\alpha} - I_{b-}^{\alpha})\varphi = -\sin\dfrac{\alpha\pi}{2}(I_{a+}^{\alpha} + I_{b-}^{\alpha})S_{\alpha/2}\varphi$, 这与 (12.47) 中的第一个恒等式一致. 其他关系式也可以类似证明.

上述论断适用于充分 "好" 的函数. 如果我们考虑到以下几点, 式 (12.46) 和 (12.47) 对于函数 $\varphi \in L_p(\rho)$ 有效性的证明容易通过定理 1.7 得到: 1) "好" 函数在 $L_p(\rho)$ 中的稠密性; 2) 在 (12.46) 和 (12.47) 中涉及的算子在 $L_p(\rho)$ 中的有界性, 可以从定理 3.7 和定理 11.3 中得到, 定理给出了 $\mu, \nu \in (p(\alpha+1)/2 - 1, p-1)$ 时算子 A^{α}, B^{α} 和 $S_{(\alpha+1)/2}$ 的有界性, $\mu, \nu \in \left(\alpha p - 1, \dfrac{\alpha+1}{2}p - 1\right)$ 时算子 A^{α}, $S_{-(\alpha+1)/2}$ 和 B^{α} 的有界性, 以及 $\mu, \nu \in (\alpha p - 1, p-1)$ 时算子 B^{α}, A^{α}, $S_{\alpha/2}$ 和 $S_{-\alpha/2}$ 的有界性; 3) 关于参数 μ 和 ν, 空间 $L_p(\rho)$ 的嵌入关系, 其中 $\rho(x) = (x-a)^{\mu} \times (b-x)^{\nu}$. ∎

§13 区间上可表示为分数阶积分的函数

本节与 §6 紧密相关, 我们在 §6 中刻画了 $L_p(R^1)$ 中函数的分数阶积分. 在这里我们给出在区间 (和半直线) 上的类似刻画以及加权 Hölder 函数的分数阶积分的刻画. 后者作为从空间 $H_0^{\lambda}(\rho)$ 到 $H_0^{\lambda+\alpha}(\rho)$ 上的映射定理得到 (定理 13.13).

作为准备工作, 我们考虑 Marchaud 分数阶导数在区间上的类似性质. 我们还提醒读者注意 §13.3 中关于分数阶积分延拓和缝合的定理. 本节中, 我们假设以下各处 $0 < \alpha < 1$. 我们也允许分数阶 $0 < \operatorname{Re}\alpha < 1$.

13.1 区间上的 Marchaud 导数

我们现在将 Riemann-Liouville 分数阶积分 $\mathcal{D}_{a+}^{\alpha}f$ 转化成类似 (5.57) 的形式. 为此, 我们先考虑可微函数 $f(x)$. 在 (2.24) 中作分部积分, 我们有

$$\mathcal{D}_{a+}^{\alpha}f = \frac{1}{\Gamma(1-\alpha)} \left\{ \frac{f(a)}{(x-a)^{\alpha}} + \int_a^x (x-t)^{-\alpha} d[f(t)-f(x)] \right\}$$
$$= \frac{1}{\Gamma(1-\alpha)} \left\{ \frac{f(x)}{(x-a)^{\alpha}} + \lim_{t \to x} \frac{f(t)-f(x)}{(x-t)^{\alpha}} + \alpha \int_a^x \frac{f(x)-f(t)}{(x-t)^{1+\alpha}} dt \right\}. \tag{13.1}$$

对于 $f(t) \in C^1$, 中间的一项会消失, 我们记

$$\mathbf{D}_{a+}^{\alpha}f = \frac{f(x)}{\Gamma(1-\alpha)(x-a)^{\alpha}} + \frac{\alpha}{\Gamma(1-\alpha)} \int_a^x \frac{f(x)-f(t)}{(x-t)^{1+\alpha}} dt, \tag{13.2}$$

因此, 对于 (13.1) 中充分 "好"(可微) 的函数有 $\mathcal{D}_{a+}^{\alpha}f \equiv \mathbf{D}_{a+}^{\alpha}f$. (13.2) 中的结果可称为 Marchaud 分数阶导数在区间 $[a,b]$, $-\infty < a < b \leqslant \infty$ 情况的类似.

如果在区间 $[a,b]$ 外对函数 $f(x)$ 进行零延拓, 并在整条实线上应用通常的 Marchaud 分数阶导数, 则可以通过另一种方式得到 (13.2). 即令

$$f^*(x) = \begin{cases} f(x), & a \leqslant x \leqslant b, \\ 0, & x \notin [a,b]. \end{cases} \tag{13.3}$$

那么直接计算可知, 对于 $a < x < b$, $\mathbf{D}_+^{\alpha} f^*$ 与 (13.2) 的右端完全相同, 即

$$(\mathbf{D}_+^{\alpha} f^*)(x) = (\mathbf{D}_{a+}^{\alpha}f)(x), \quad a < x < b. \tag{13.4}$$

结合 (13.4), 我们注意到本节的许多结果, 特别是定理 13.1—定理 13.4, 可以运用 (13.4) 来作为 § 6 中相应定理的推论推导出来. 但我们更倾向于不延拓到整个实轴上, 而是给出它们独立直接的证明, 因为有限区间上的分数阶积分-微分问题相对于整个实轴情形更具有实际意义.

右 Marchaud 分数阶导数可类似引入, 即

$$\mathbf{D}_{b-}^{\alpha}f = \frac{f(x)}{\Gamma(1-\alpha)(b-x)^{\alpha}} + \frac{\alpha}{\Gamma(1-\alpha)} \int_x^b \frac{f(x)-f(t)}{(x-t)^{1+\alpha}} dt. \tag{13.5}$$

显然 (13.2) 的右端不仅对可微函数有定义, 对例如满足 Hölder 条件 $\lambda > \alpha$ 的函数也有定义.

Riemann-Liouville 和 Marchaud 导数对于两者都有定义的所有函数是否都相等? 我们将在下面看到 (参见定理 13.1 的推论), 它们对于由可和函数的分数阶积分表示的函数是一致的.

我们强调 (13.2) 式中的积分在一般情况下理解为常规收敛. 相应地, 我们引入与 (5.59) 类似的截断的分数阶导数:

$$\mathbf{D}_{a+,\varepsilon}^{\alpha}f = \frac{1}{\Gamma(1-\alpha)} \frac{f(x)}{(x-a)^{\alpha}} + \frac{\alpha}{\Gamma(1-\alpha)} \psi_{\varepsilon}(x), \tag{13.6}$$

其中

$$\psi_\varepsilon(x) = \int_a^{x-\varepsilon} \frac{f(x) - f(t)}{(x-t)^{1+\alpha}} dt, \quad \varepsilon > 0. \tag{13.7}$$

这里我们假设 $x \geqslant a + \varepsilon$. 为介绍定义在 $a \leqslant x \leqslant a + \varepsilon$ 上的 $\psi_\varepsilon(x)$, 我们定义函数 $f(t), t < a$. 以下两种形式都是可能的:

1) 为了介绍定义在 $a \leqslant x \leqslant a + \varepsilon$ 上的 $\psi_\varepsilon(x)$, 根据 (13.7) 考虑在区间 $[a, b]$ 以外对 $f(x)$ 进行零延拓, 则

$$\psi_\varepsilon(x) = f(x) \int_a^{x-\varepsilon} (x-t)^{-1-\alpha} dt = \frac{f(x)}{\alpha} \left[\frac{1}{\varepsilon^\alpha} - \frac{1}{(x-a)^\alpha} \right],$$
$$a \leqslant x \leqslant a + \varepsilon; \tag{13.8}$$

2) 令 $\psi_\varepsilon(x) \equiv 0$, $a \leqslant x \leqslant a + \varepsilon$.

对于不是很 "好" 的函数 $f(x)$, 分数阶 Marchaud 导数可以理解为

$$\mathbf{D}_{a+}^\alpha f = \lim_{\varepsilon \to 0} \mathbf{D}_{a+,\varepsilon}^\alpha f = \frac{f(x)}{\Gamma(1-\alpha)(x-a)^\alpha} + \frac{\alpha}{\Gamma(1-\alpha)} \lim_{\varepsilon \to 0} \psi_\varepsilon(x), \tag{13.9}$$

其中取极限的方式由所处理的函数定义. 特别地, 当考虑 L_p 中函数的分数阶积分时, 它会是 L_p 空间范数下的极限 (见定理 13.1). 在 $a \leqslant x \leqslant a + \varepsilon$ 上定义 $\psi_\varepsilon(x)$ 的两种形式都会用到. 我们记

$$\psi(x) = \lim_{\varepsilon \to 0} \psi_\varepsilon(x). \tag{13.10}$$

我们注意到, 由形式 1) 定义的函数 $\psi_\varepsilon(x)$, $a \leqslant x \leqslant a + \varepsilon$, 其优点是可与 (13.4) 相联系, 即截断的分数阶导数 (13.6) 与截断的 Marchaud 导数 $\mathbf{D}_{+,\varepsilon}^\alpha f^*$ 相等:

$$(\mathbf{D}_{+,\varepsilon}^\alpha f^*)(x) = (\mathbf{D}_{a+,\varepsilon}^\alpha f), \quad a < x < b, \tag{13.11}$$

其中 $f^*(x)$ 与 (13.3) 一样, $a \leqslant x \leqslant a + \varepsilon$ 时 $\psi_\varepsilon(x)$ 由形式 1) 定义.

首先我们验证 $\mathbf{D}_{a+}^\alpha$ 确实是空间 L_p 框架内分数阶积分算子的左逆算子.

定理 13.1　设 $f = I_{a+}^\alpha \varphi$, $\varphi \in L_p(a, b)$, $-\infty < a < b \leqslant \infty$, $1 \leqslant p < \infty$, $0 < \alpha < 1$. 则

$$\mathbf{D}_{a+}^\alpha f = \lim_{\substack{\varepsilon \to 0 \\ (L_p)}} \mathbf{D}_{a+,\varepsilon}^\alpha f = \varphi.$$

证明　因为

$$f(x) - f(x-t) = \frac{1}{\Gamma(\alpha)} \int_0^{x-a} y^{\alpha-1} \varphi(x-y) dy - \frac{1}{\Gamma(\alpha)} \int_t^{x-a} (y-t)^{\alpha-1} \varphi(x-y) dy,$$

利用 (6.10), 我们有

$$f(x) - f(x-t) = t^{\alpha-1} \int_0^{x-a} \mathrm{k}\left(\frac{y}{t}\right) \varphi(x-y)dy.$$

所以对于 $a + \varepsilon \leqslant x \leqslant b$, 我们得到

$$\psi_\varepsilon(x) = \int_0^{x-a} \frac{\varphi(x-y)}{y} dy \int_{y/(x-a)}^{y/\varepsilon} \mathrm{k}(s)ds.$$

这里产生了函数 $\mathcal{K}(t)$ (见 (6.12)), 所以

$$\frac{\alpha}{\Gamma(1-\alpha)}\psi_\varepsilon(x) = \int_0^{x-a} \varphi(x-y)\left[\frac{1}{\varepsilon}\mathcal{K}\left(\frac{y}{\varepsilon}\right) - \frac{1}{x-a}\mathcal{K}\left(\frac{y}{x-a}\right)\right]dy.$$

因为根据 (6.7), $\mathcal{K}\left(\dfrac{y}{x-a}\right) = \dfrac{\sin\alpha\pi}{\pi}\left(\dfrac{y}{x-a}\right)^{\alpha-1}$, 我们有

$$\frac{\alpha}{\Gamma(1-\alpha)}\psi_\varepsilon(x) = \int_0^{(x-a)/\varepsilon} \mathcal{K}(y)\varphi(x-\varepsilon y)dy - \frac{f(x)}{\Gamma(1-\alpha)(x-a)^\alpha}.$$

方便起见, 我们认为函数 φ 在区间 $[a,b]$ 外被延拓为零. 则由 (6.8),

$$\mathbf{D}_{a+,\varepsilon}^\alpha f - \varphi(x) = \int_0^\infty \mathcal{K}(y)[\varphi(x-\varepsilon y) - \varphi(x)]dy, \quad a + \varepsilon \leqslant x \leqslant b. \tag{13.12}$$

对于 $a \leqslant x \leqslant a + \varepsilon$, 利用 (13.8), 我们有

$$\begin{aligned}
\mathbf{D}_{a+,\varepsilon}^\alpha f - \varphi(x) &= \frac{f(x)}{\varepsilon^\alpha\Gamma(1-\alpha)} - \varphi(x) \\
&= \frac{\sin\alpha\pi}{\pi\varepsilon^\alpha}\int_a^x \frac{\varphi(x-t+a)dt}{(t-a)^{1-\alpha}} - \varphi(x).
\end{aligned} \tag{13.13}$$

应用广义 Minkowsky 不等式 (1.33), 我们得到

$$\begin{aligned}
\|\mathbf{D}_{a+,\varepsilon}^\alpha f - \varphi\|_{L_p(a,b)} &\leqslant \int_0^\infty \mathcal{K}(y)\|\varphi(x-\varepsilon y) - \varphi(x)\|_{L_p(a,b)}dy \\
&\quad + \frac{1}{\varepsilon^\alpha\Gamma(1-\alpha)}\|f\|_{L_p(a,a+\varepsilon)} + \|\varphi\|_{L_p(a,a+\varepsilon)}.
\end{aligned} \tag{13.14}$$

根据定理 1.2 和引理 1.2, 右端的第一项趋于零. 对于第二项, 当 $\varepsilon \to 0$ 时我们有

$$\frac{\|f\|_{L_p(a,a+\varepsilon)}}{\varepsilon^\alpha \Gamma(1-\alpha)} \leqslant \frac{\sin \alpha\pi}{\pi\varepsilon^\alpha} \int_a^{a+\varepsilon} \frac{dt}{(t-a)^{1-\alpha}} \left\{\int_t^{a+\varepsilon} |\varphi(x-t+a)|^p dx\right\}^{\frac{1}{p}}$$

$$\leqslant c\|\varphi\|_{L_p(a,a+\varepsilon)} \to 0.$$

$$(13.15)$$

∎

推论　对于函数 $f = I_{a+}^\alpha \varphi$, $\varphi \in L_1(a,b)$, Riemann-Liouville 导数 $\mathcal{D}_{a+}^\alpha f$ 和 Marchaud 导数 $\mathbf{D}_{a+}^\alpha f$ 几乎处处一致: $(\mathcal{D}_{a+}^\alpha f)(x) \equiv (\mathbf{D}_{a+}^\alpha f)(x) = \varphi(x)$.

事实上, 由定理 13.1 有 $\mathbf{D}_{a+}^\alpha f = \varphi$, 由定理 2.1 有 $\mathcal{D}_{a+}^\alpha f = \varphi$.

因为函数 $f(x)$ 的绝对连续性可使 $f(x) \in I^\alpha(L_1)$ (见引理 2.1 的推论), 所以我们得到 Riemann-Liouville 导数和 Marchaud 分数阶导数等价 (几乎处处), 特别是对于绝对连续函数. 在非直接形式中, 此结论在 (2.14) 中已得到本质体现.

注 13.1　在定理 13.1 中, $a \leqslant x \leqslant a+\varepsilon$ 时我们通过 (13.8) 引入函数 $\psi_\varepsilon(x)$ 来考虑 $\mathbf{D}_{a+,\varepsilon}^\alpha$. 如果 $a \leqslant x \leqslant a+\varepsilon$ 时我们取 $\psi_\varepsilon \equiv 0$, 定理 13.1 除 $p = 1$ 的情况外仍然成立. 证明是相同的, 唯一不同的是需要将 (13.14) 中的第二项替换为

$$\frac{1}{\Gamma(1-\alpha)} \left\|\frac{f(x)}{(x-a)^\alpha}\right\|_{L_p(a,a+\varepsilon)},$$ 它只在 $1 < p < \infty$ 时趋向零, 见 (5.46).

13.2 L_p 中函数的分数阶积分的刻画

根据 (13.7) 和 (13.8) 定义的函数 ψ_ε, 如 § 6.3 中一样, 我们在此推导函数 $f(x)$ 可表示为 $L_p(a,b)$ 中函数的分数阶积分的充要条件, 相应的定理将以两种形式给出.

定理 13.2　函数 $f(x)$ 可以表示 $f = I_{a+}^\alpha \varphi$, $\varphi \in L_p(a,b)$, $-\infty < a < b < \infty$, 其中 $0 < \alpha < 1$, $1 < p < \infty$ 的充分必要条件是 $f \in L_p(a,b)$, 并且在 L_p 中存在极限 $\lim\limits_{\substack{\varepsilon \to 0 \\ (L_p)}} \psi_\varepsilon(x)$, 其中 $\psi_\varepsilon(x)$ 为函数 (13.7)—(13.8), $1 \leqslant p < \infty$ 时, 这些条件是充分的.

证明　必要性. 令 $f = I_{a+}^\alpha \varphi$, $\varphi \in L_p$. 则必要条件 $f \in L_p$ 是平凡的. 由定理 13.1, $\mathbf{D}_{a+,\varepsilon}^\alpha f$ 收敛到 $L_p(a,b)$ 中的 φ, 从而得到了我们想要的结果.

充分性. 令 $f \in L_p$ 且 $\lim\limits_{\varepsilon \to 0} \psi_\varepsilon(x) = \psi(x)$. 我们考虑函数

$$\varphi_\varepsilon(x) = \frac{1}{\Gamma(1-\alpha)} \frac{f(x)}{(x-a)^\alpha} + \frac{\alpha}{\Gamma(1-\alpha)} \psi_\varepsilon(x). \tag{13.16}$$

根据 (13.7) 和 (13.8) 可以直接验证 $\varphi_\varepsilon \in L_p(a,b)$. 因为序列 $\{\varphi_\varepsilon\}$ 是基本列, 我们有 $\varphi_\varepsilon(x) \xrightarrow{L_p} \varphi \in L_p$, 其中 $\varphi(x) = \dfrac{f(x)}{\Gamma(1-\alpha)(x-a)^\alpha} + \dfrac{\alpha\psi(x)}{\Gamma(1-\alpha)}$. 我们来证明

$f = I_{a+}^{\alpha}\varphi$. 根据算子 I_{a+}^{α} 在 $L_p(a, b)$ 中的连续性只需证明 $f = \lim\limits_{\varepsilon \to 0} I_{a+}^{\alpha}\varphi_{\varepsilon}$. 结合 (13.7) 和 (13.8), $a + \varepsilon \leqslant x \leqslant b$ 时, 我们有

$$I_{a+}^{\alpha}\varphi_{\varepsilon} = \frac{\sin\alpha\pi}{\pi}\left\{\int_{a+\varepsilon}^{x}\frac{f(y)dy}{(x-y)^{1-\alpha}(y-a)^{\alpha}} + \frac{1}{\varepsilon^{\alpha}}\int_{a}^{a+\varepsilon}\frac{f(y)dy}{(x-y)^{1-\alpha}}\right.$$
$$\left. + \alpha\int_{a+\varepsilon}^{x}\frac{dy}{(x-y)^{1-\alpha}}\int_{a}^{y-\varepsilon}\frac{f(y)-f(t)}{(y-a)^{1+\alpha}}dt\right\}.$$

因此, 经简单变换我们得到

$$I_{a+}^{\alpha}\varphi_{\varepsilon} = \frac{\sin\alpha\pi}{\pi}\left\{\frac{1}{\varepsilon^{\alpha}}\int_{a}^{x}\frac{f(y)dy}{(x-y)^{1-\alpha}} - \alpha\int_{a}^{x-\varepsilon}f(t)dt\int_{t+\varepsilon}^{x}\frac{dy}{(x-y)^{1-\alpha}(y-t)^{+\alpha}}\right\}.$$
$$\tag{13.17}$$

等式

$$\int_{a}^{b}\frac{(y-a)^{\mu-1}(b-y)^{\nu-1}}{(y-c)^{\mu+\nu}}dy = \frac{(b-a)^{\mu+\nu-1}\mathrm{B}(\mu, \nu)}{(b-c)^{\mu}(a-c)^{\nu}}\tag{13.18}$$

$$c < a < b, \quad \mathrm{Re}\,\mu > v, \quad \mathrm{Re}\,\nu > 0$$

成立. 它是通过作变量替换 $y - c = (b-c)(a-c)[(b-a)t + a - c]^{-1}$ 证明的. 将此式应用到 (13.17)中, 我们发现

$$I_{a+}^{\alpha}\varphi_{\varepsilon} = \frac{\sin\alpha\pi}{\pi\varepsilon^{\alpha}}\left\{\int_{a}^{x}\frac{f(y)dy}{(x-y)^{1-\alpha}} - \int_{a}^{x-\varepsilon}\frac{f(t)(x-\varepsilon-t)^{\alpha}}{x-t}dt\right\}.$$

因此容易证明

$$I_{a+}^{\alpha}\varphi_{\varepsilon} = \int_{0}^{(x-a)/\varepsilon}\mathcal{K}(t)f(x-\varepsilon t)dt, \quad a + \varepsilon \leqslant x \leqslant b,\tag{13.19}$$

其中 $\mathcal{K}(t)$ 是函数 (6.7).

对于 $a \leqslant x < a + \varepsilon$, 由 (13.8) 我们有

$$I_{a+}^{\alpha}\varphi_{\varepsilon} = \frac{\sin\alpha\pi}{\pi\varepsilon^{\alpha}}\int_{a}^{x}\frac{f(y)dy}{(x-y)^{1-\alpha}}, \quad a \leqslant x < a + \varepsilon.\tag{13.20}$$

根据已经得到的表达式 (13.19) 和 (13.20), 容易证明类似于 (13.12)—(13.14) 中的变换, 即 $I_{a+}^{\alpha}\varphi_{\varepsilon} \xrightarrow{L_p} f$. ∎

注 13.2 若 $p = 1$, 对于函数 $f(x) = I_{a+}^{\alpha}\varphi$, $\varphi \in L_1(a, b)$, 结论 $f(x)(x-a)^{-\alpha} \in L_1(a, b)$ 一般不成立 (反例见 (5.41)). 这种情况下通常 $\lim\limits_{\varepsilon \to 0}\psi_{\varepsilon} \notin L_1$, 故 $p = 1$ 时,

定理 13.2 中的必要条件不成立. 但是, 如果我们要求序列 (13.16) 在 $L_1(a,b)$ 中收敛, 而不是序列 ψ_ε 在 $L_1(a,b)$ 中收敛, 那么可以将 $p = 1$ 的情形纳入必要性部分. 我们还介绍了函数 $\psi_\varepsilon(x)$ 的修正. 即, 令

$$\tilde{\psi}_\varepsilon(x) = \int_{-\infty}^{x-\varepsilon} \frac{f(x) - f(t)}{(x-t)^{1+\alpha}} dt, \quad a < x < b, \tag{13.21}$$

假设函数 $f(x)$ 在区间 $[a,b]$ 外零延拓. 容易证明 $\tilde{\psi}_\varepsilon(x) \equiv [\alpha/\Gamma(1-\alpha)]^{-1}\varphi_\varepsilon(x)$, 其中 $\varphi_\varepsilon(x)$ 为函数 (13.16). 所以如果我们在定理 13.2 中用 $\tilde{\psi}_\varepsilon(x)$ 代替 $\psi_\varepsilon(x)$, 那么结合定理 13.1, $1 \leqslant p < \infty$, $0 < \alpha < 1$ 时必要性和充分性的部分都成立.

回顾一下, 前面我们在定理 2.1 中给出分数阶积分 $I_{a+}^\alpha\varphi$, $\varphi \in L_1(a,b)$ 的刻画时考虑过 $p = 1$ 的情况.

根据 (2.19), 我们可以用一种显然的方式, 直接从定理 13.2 中得到关于右分数阶积分 $I_{b-}^\alpha\varphi$ 与定理 13.2 类似的结论.

进一步, 下面与定理 6.2 类似的结论成立.

定理 13.3　$f(x) = I_{a+}^\alpha\varphi$, $-\infty < a < x < b < \infty$, 其中 $\varphi \in L_p(a,b)$, $1 < p < \infty$, 其成立的充分且必要条件是 $f(x) \in L_p(a,b)$ 且

$$\sup_{\varepsilon>0} \|\mathbf{D}_{a+,\varepsilon}^\alpha f\|_p < \infty;$$

后者与条件 $\sup\limits_{\varepsilon>0} \|\tilde{\psi}_\varepsilon\|_p < \infty$ 等价, 其中 $\tilde{\psi}_\varepsilon(x)$ 是函数 (13.21). 此外

$$\varphi(x) = \frac{\alpha}{\Gamma(1-\alpha)} \lim_{\substack{\varepsilon \to 0 \\ (L_p)}} \tilde{\psi}_\varepsilon(x).$$

必要性显然包含在定理 13.2 中, 充分性部分则由表达式 (13.19) 和 (13.20) 得到, 其证明与定理 6.2 充分性部分所用的论断相同 —— 见 (6.24) 的思路.

我们还注意到定理 13.3 的一个很方便的变形, 它仅使用关于函数 $\psi_\varepsilon(x)$, $a + \varepsilon \leqslant x \leqslant b$ 的信息并且涵盖了半轴的情况.

定理 13.4　$f(x) = I_{a+}^\alpha\varphi$, $-\infty < a < x < b < \infty$, 其中 $\varphi \in L_p(a,b)$, 对于 $b < \infty$, $1 < p < \infty$, 对于 $b = \infty$, $1 < p < 1/\alpha$, 其成立的充分且必要条件是 $f(x)(x-a)^{-\alpha} \in L_p(a,b)$ 且

$$\sup_{\varepsilon>0} \int_{a+\varepsilon}^b |\psi_\varepsilon(x)|^p < \infty. \tag{13.22}$$

这一定理可通过直接分析定理 13.3 的证明得到.

现在我们将用符号 $I_{a+}^\alpha(L_p)$ 和 $I_{b-}^\alpha(L_p)$ 来表示 L_p 上的分数阶积分算子的像. 我们在上面 (定理 11.4 的推论 1、定理 11.5 的推论 1 和 (11.27)—(11.30)) 建立了

$$I_{a+}^{\alpha}(L_p) = I_{b-}^{\alpha}(L_p), \quad 1 < p < 1/\alpha,$$

其中 $L_p = L_p(a,b)$, $-\infty \leqslant a < b \leqslant \infty$. 因此, $1 < p < 1/\alpha$ 时, 空间 $I_{a+}^{\alpha}(L_p)$ 和 $I_{b-}^{\alpha}(L_p)$ 的特征等价. 我们记

$$I^{\alpha}[L_p(a,b)] = I_{a+}^{\alpha}(L_p) = I_{b-}^{\alpha}(L_p), \quad 1 < p < 1/\alpha. \tag{13.23}$$

若 $f = I_{a+}^{\alpha}\varphi$, $\varphi \in L_p(a,b)$, $-\infty < a < b < \infty$, 则空间 (13.23) 是 Banach 空间, 我们介绍与 (6.17) 类似的等价范数

$$\|f\|_{I_{a+}^{\alpha}[L_p(a,b)]} = \|\varphi\|_p \underset{1 \leqslant p < \infty}{\sim} \|f\|_p + \|\lim_{\varepsilon \to 0} \mathbf{D}_{a+,\varepsilon}^{\alpha} f\|_p$$

$$\underset{1 < p < \infty}{\sim} \|f\|_p + \sup_{\varepsilon > 0} \|\mathbf{D}_{a+,\varepsilon}^{\alpha} f\|_p.$$

空间 $I^{\alpha}[L_p(a,b)]$ 已在定理 13.2 和定理 13.3 中刻画. 根据定理 13.2, 它可以看作 $L_p(a,b)$ 中具有分数阶导数 $\mathbf{D}_+^{\alpha} f \in L_p(a,b)$ 的 Sobolev 型函数空间. 在这方面, 我们观察到在处理分数阶积分-微分时, 文献中经常考虑空间 $H^{\alpha,p}(a,b)$, 即 Bessel 势在区间 $[a,b]$ 上的限制. 它将在下文 § 18.4 中讨论. 现在我们只证明在 $-\infty < a < b < \infty$ 的情形下

$$I^{\alpha}[L_p(a,b)] = H^{\alpha,p}(a,b), \quad 1 < p < 1/\alpha$$

—— 见 § 18.4 的证明.

现在我们给出函数 $f(x)$ 可以表示为 L_p 中函数分数阶积分的一个简单充分条件. 令

$$\omega_p(f,h) = \sup_{|t| < h} \left\{ \int_a^b |f(x) - f(x-t)|^p dx \right\}^{1/p}, \tag{13.24}$$

这里假设函数 $f(x)$ 在区间 $[a,b]$ 外有零延拓.

定理 13.5 如果 $f(x) \in L_p(a,b)$ 且 $\int_0^{b-a} t^{-1-\alpha} \omega_p(f,t) dt < \infty$, 则 $f(x) \in I^{\alpha}[L_p(a,b)]$, $1 < p < 1/\alpha$.

因为

$$\left\{ \int_{a+\varepsilon}^b |\psi_{\varepsilon}(x)|^p dx \right\}^{1/p} \leqslant \int_{\varepsilon}^{b-a} t^{-1-\alpha} \omega_p(f,t) dt,$$

此定理可直接从定理 10.4 中得到. 对于加权绝对连续函数 $f(x)$, 我们将在 § 14.5 中给出函数 $f(x)$ 可以表示为 $L_1(a,b)$ 中函数的分数阶积分的一个相当简单的充分条件.

函数 $f(x)$ 是分数阶积分的最简单条件之一是假设 $f(x) \in H^\lambda$, $\lambda > \alpha$. 则 $\psi_\varepsilon(x)$ 的收敛性是显然的且定理 13.2 立即适用. 显然这个条件是多余的: 它给出了 $f = I_{a+}^\alpha \varphi$, 其中 φ 不仅在 L_p 中也在 Hölder 空间中, 见下文的引理 13.1. 下面的结论更加有趣.

定理 13.6 设 $f(x) = (x-a)^{-\mu} g(x)$, 其中 $g(x) \in H^\lambda([a,b])$, $-\infty < a < b < \infty$, $\lambda > \alpha$, $-\alpha < \mu < 1$. 则

$$|(\mathbf{D}_{a+,\varepsilon}^\alpha f)(x)| \leqslant c/(x-a)^{\mu+\alpha},$$

其中 c 不依赖 x 和 ε. 此外, 若 $\mu + \alpha < 1/p$, $1 \leqslant p < \infty$, 则 $f(x) \in I_{a+}^\alpha(L_p)$.

该证明与定理 6.6 的思路相同, 由于不包含无穷远点, 所以做了相应简化.

推论 如果 $g(x) \in H^\lambda([a,b])$, $\lambda > \alpha$, $-\alpha < \mu < -\alpha + 1/p$, 则 $(b-x)^{-\mu} g(x) \in I^\alpha[L_p(a,b)]$, $1 < p < 1/\alpha$.

事实上, 只需考虑变换 (13.23) 的一致性.

定理 13.6 将在下一小节中扩展到权重 $\prod_{k=1}^{N} |x - a_k|^{\mu_k}$ 的情形 —— 见定理 13.12.

我们观察到定理 13.6 的结论 $f(x) \in I_{a+}^\alpha(L_p)$ 也是由 $(x-a)^{-\mu} \in I_{a+}^\alpha(L_p)$, $p(\mu + \alpha) < 1$ 以及下面类似定理 6.7 的定理得到的.

定理 13.7 空间 $I_{a+}^\alpha[L_p(a,b)]$, $1 \leqslant p < \infty$, $0 < \alpha < 1$, 对于乘子 $a(x) \in H^\lambda([a,b])$, $\lambda > \alpha$ 保持不变且

$$\|af\|_{I_{a+}^\alpha(L_p)} \leqslant c\|a\|_{H^\lambda} \|f\|_{I_{a+}^\alpha(L_p)}.$$

这个定理的证明与定理 6.7 类似, 但可做一些简化. 下面的定理也成立.

定理 13.8 空间 $I^\alpha[L_p(a,b)]$, $1 < p < 1/\alpha$, 相对于加权奇异算子保持不变

$$S_a f = \int_a^b \left(\frac{x-a}{t-a} \right)^\alpha \frac{f(t)}{t-x} dt,$$

$$S_b f = \int_a^b \left(\frac{b-x}{b-t} \right)^\alpha \frac{f(t)}{t-x} dt,$$

(13.25)

即, 若 $f = I_{a+}^\alpha \varphi$, $\varphi \in L_p$, 那么也有 $S_a f = I_{a+}^\alpha \psi$, $\psi \in L_p$, $S_b f$ 类似.

此结论可从 (11.18), (11.19) 和 (13.23) 中得到.

13.3 分数阶积分的延拓、限制与 "缝合"

设在给定区间 $[a,b]$ 上 $f(x) \in I_{a+}^\alpha[L_p(a,b)]$. 我们提出以下问题: 1) 在区间 $[a,b]$ 外对函数 $f(x)$ 零延拓, 那么它是否在较大区间 $[A,B] \supset [a,b]$ 上属于

$I^\alpha_{A+}[L_p(A, B)]$? 2) 将其限制在更小的区间 $[c, d] \subset [a, b]$ 上是否属于 $I^\alpha_{c+}[L_p(c, d)]$? 由于 L_p 中函数的分数阶积分在 $p > 1/\alpha$ 的情况下是连续函数并且在一个端点处等于零, 因此对于 $p > 1/\alpha$ 答案通常是否定的. 如果 $p < 1/\alpha$, 答案将是肯定的. —— 见定理 13.9 和定理 13.10 的推论. 定理 13.9 和定理 13.10 也将产生一个非常有用的关于 "缝合" 分数阶积分的定理.

定理 13.9 设 $f(x) \in I^\alpha(L_p) = I^\alpha[L_p(R^1)]$, $1 < p < 1/\alpha$, 且 $-\infty \leqslant a < b \leqslant \infty$. 则函数 $f(x)$ 在 $[a, b]$ 上的限制属于空间 $I^\alpha[L_p(a, b)]$:

$$f(x) = (I^\alpha_{a+}\psi)(x), \quad x > a, \quad \psi(x) \in L_p(a, b), \tag{13.26}$$

其中

$$\psi(x) = \varphi(x) + \frac{\sin \alpha\pi}{\pi} \int_{-\infty}^{a} \left(\frac{a - \xi}{x - a}\right)^\alpha \frac{\varphi(\xi)}{x - \xi} d\xi, \quad \varphi = \mathbf{D}^\alpha_+ f. \tag{13.27}$$

定理 13.9 是定理 11.6 的一个方便的解释, 我们在定理 11.6 中证明了函数 $f(x) \in I^\alpha[L_p(R^1)]$ 在给定区间 $[a, b]$ 以外被截断为零, 那么该函数仍在空间 $I^\alpha[L_p(R^1)]$ 中. 事实上, $x > 0$ 时, (11.36) 与 (13.26) 相等. 不失一般性, 我们取 $a = 0$.

注 13.3 按照 (13.27) 的方式选择 $\psi(x)$, 等式 (13.26), 即等式

$$(I^\alpha_+\varphi)(x) = (I^\alpha_{a+}\psi)(x), \quad x > a, \tag{13.28}$$

不仅对 $\varphi \in L_p(R^1)$ 成立而且对函数 $\varphi(x) \in L_p(-\infty, b)$ 也成立, 其中 $a < x < b$.

推论 设 $\varphi(x) \in L_p(c, b)$, $c < a < b$, $1 < p < 1/\alpha$. 则表达式

$$(I^\alpha_{c+}\varphi)(x) = (I^\alpha_{a+}\psi)(x), \quad a < x < b$$

成立, 其中

$$\psi(x) = \varphi(x) + \frac{\sin \alpha\pi}{\pi} \int_{c}^{a} \left(\frac{a - \xi}{x - a}\right)^\alpha \frac{\varphi(\xi)}{x - \xi} d\xi \in L_p(a, b).$$

事实上, 如果我们在 (13.28) 中选择函数 $\varphi(x) \in L_p(-\infty, b)$, 并且它在 $x < c$ 时为零, 那么该推论立刻从 (13.28) 中得出.

我们强调定理 13.9 的推论给出了分数阶微积分中著名问题的答案, 即不同积分下限的分数阶积分 $I^\alpha_{a+}\varphi$ 和 $I^\alpha_{c+}\psi$ 之间是否存在某种关系 —— 见 § 17.1 中的历史注记 (§ 13.3 的注记).

下一个定理考虑 $[a, b]$ 上的给定函数 $f(x)$, 其在区间以外延拓为零. 令

$$f^*(x) = \begin{cases} f(x), & x \in [a, b], \\ 0, & x \notin [a, b]. \end{cases} \tag{13.29}$$

定理 13.10 设 $f(x) = I_{a+}^{\alpha}\varphi$, $a \leqslant x \leqslant b$, 其中 $\varphi(x) \in L_p(a,b)$, $1 < p < 1/\alpha$. 则

$$f^*(x) = (I_+^{\alpha}\varphi_1)(x), \quad x \in R^1, \tag{13.30}$$

其中 $\varphi_1(x) \in L_p(R^1)$ 且

$$\varphi_1(x) = \begin{cases} 0, & x < a, \\ \varphi(x), & a < x < b, \\ -\dfrac{\alpha}{\Gamma(1-\alpha)} \displaystyle\int_a^b \dfrac{f(t)dt}{(x-t)^{1+\alpha}} = g(x), & x > b. \end{cases} \tag{13.31}$$

证明 我们先证明 $g(x) \in L_p(b,\infty)$. 事实上

$$g(x) = -\frac{\alpha \sin \alpha\pi}{\pi} \int_a^b \varphi(\tau)d\tau \int_\tau^b \frac{dt}{(x-t)^{1+\alpha}(t-\tau)^{1-\alpha}}. \tag{13.32}$$

这里的内部积分可以通过作变量替换 $t = x - (x-\tau)/\xi$ 计算, 由此得

$$g(x) = -\frac{\sin \alpha\pi}{\pi} \int_a^b \left(\frac{b-\tau}{x-b}\right)^\alpha \frac{\varphi(\tau)d\tau}{x-\tau}. \tag{13.33}$$

所以由关于齐次核算子的 Hardy-Littlewood 定理 (定理 1.5) 知, $g(x) \in L_p(b,\infty)$. 将点 b 平移到原点并反射到正半轴上, 得到定理 1.5 中的核 $\mathrm{k}(x,t)$ 为 $(t/x)^\alpha \times (t+x)^{-1}$. 现在还需检验 (13.30), 其对于 $x \leqslant b$ 是显然成立的, $x > b$ 时我们需要证明等式

$$0 = \int_a^b \frac{\varphi(t)dt}{(x-t)^{1-\alpha}} + \int_b^x \frac{g(t)dt}{(x-t)^{1-\alpha}}.$$

后者可以直接建立: 在这里我们须用 (13.33) 替换 $g(t)$, 交换积分顺序, 然后应用 (11.4). 从而定理得证. ■

推论 设 $-\infty \leqslant a \leqslant c < d \leqslant b < \infty$. 如果 $f(x) \in I^\alpha[L_p(a,d)]$, $1 < p < 1/\alpha$, 则

$$f^*(x) = \begin{cases} f(x), & x \in [c,d], \\ 0, & x \in [a,b] \setminus [c,d] \end{cases} \in I^\alpha[L_p(a,b)].$$

如果 $f(x) \in I^\alpha[L_p(a,b)]$, $1 < p < 1/\alpha$, 则

$$f(x)|_{x \in [c,d]} \in I^\alpha[L_p(c,d)].$$

假设将函数 $f(x)$ 在 $[a, b]$ 或 $[c, d]$ 外零延拓, 那么直接应用定理 13.9 和定理 13.10 就可以得到该推论.

定理 13.11 (关于 "缝合") 设 $f_1(x)$ 和 $f_2(x)$ 分别是在 $[a, c]$ 和 $[c, b]$ 上给定的函数, $-\infty \leqslant a < c < b \leqslant \infty$ 且

$$f(x) = \begin{cases} f_1(x), & a \leqslant x \leqslant c, \\ f_2(x), & c < x \leqslant b. \end{cases}$$

如果 $f_1(x) \in I^\alpha[L_p(a, c)]$, $f_2(x) \in I^\alpha[L_p(c, b)]$, $1 < p < 1/\alpha$, 则 $f(x) \in I^\alpha[L_p(a, b)]$.

此定理容易从上面的推论中得到, 因为 $f(x) = f_1^*(x) + f_2^*(x)$, 其中 $f_k^*(x)$ 是函数 $f_k(x)$ 在定义区间外的零延拓.

现在, 我们说明定理 13.10 的一个应用.

定理 13.12 设 $-\infty < a = x_1 < x_2 < \cdots < x_{n-1} < x_n = b < \infty$. 如果 $f(x) \in H^\lambda([x_k, x_{k+1}])$, $k = 1, 2, \cdots, n-1$, $\lambda > \alpha$, 且 $p(\mu_k + \alpha) < 1$, $k = 1, 2, \cdots, n$, 则

$$g(x) = \frac{f(x)}{\prod\limits_{k=1}^{n} |x - x_k|^{\mu_k}} \in I^\alpha[L_p(a, b)], \quad 1 < p < 1/\alpha. \tag{13.34}$$

证明 对于 $x \in [x_k, x_{k+1}]$, 函数 $g(x)$ 有形式 $g(x) = (x - x_k)^{-\mu_k} g_1(x) + (x_{k+1} - x)^{-\mu_{k+1}} g_2(x)$, 其中 $g_i(x) \in H^\lambda([x_k, x_{k+1}])$, $i = 1, 2$. 则由定理 13.6 及其推论得到 $g(x)|_{x \in [x_k, x_{k+1}]} \in I^\alpha[L_p(x_k, x_{k+1})]$. 从而根据关于缝合的定理 13.11 有, $g(x) \in I^\alpha[L_p(a, b)]$. ∎

13.4 Hölder 函数的分数阶积分的刻画

现在我们继续 §§ 3.1 和 3.2 中的研究. 在 §§ 3.1 和 3.2 中我们证明了分数阶积分将函数的 Hölder 性质提高了 α 阶 (见定理 3.1—定理 3.3). 本小节中, 我们将通过证明所有定义在 $\lambda > \alpha$ 阶 (加权) Hölder 函数上的分数阶导数是 $\lambda - \alpha$ 阶 Hölder 函数, 来证明相反的性质. 然后, 我们将证明本小节的主要结论, 即分数阶积分实现了加权 Hölder 空间 $H_0^\lambda(\rho)$ 到 $H_0^{\lambda+\alpha}(\rho)$ 的同胚, 即连续的一一映射. 也就是说, 令

$$\rho(x) = \prod_{k=1}^{n} |x - x_k|^{\mu_k},$$

$$-\infty < a \leqslant x_1 < x_2 < \cdots < x_n \leqslant b < \infty. \tag{13.35}$$

下面的定理成立.

定理 13.13 设 $\rho(x)$ 为权重 (13.35), 其中 $x_1 = a$. 如果

$$\lambda + \alpha < 1, \quad 0 \leqslant \mu_1 < \lambda + 1,$$

$$\lambda + \alpha < \mu_k < \lambda + 1, \quad k = 2, \cdots, n, \tag{13.36}$$

则算子 I_{a+}^{α} 是空间 $H_0^{\lambda}(\rho)$ 到 $H_0^{\lambda+\alpha}(\rho)$ 上的同胚映射. 如果 $x_n = b$ 且

$$\lambda + \alpha < 1, \quad 0 \leqslant \mu_n < \lambda + 1,$$

$$\lambda + \alpha < \mu_k < \lambda + 1, \quad k = 1, 2, \cdots, n-1, \tag{13.37}$$

那么对于 I_{b-}^{α} 有类似的结论成立.

定理的证明在权重 $\rho(x) = (x-a)^{\mu}$ 的情形下相对容易, 而对于 (13.35) 形式的任意权重则相当复杂. 为了使表述更简单, 我们将其分成几步, 给出一系列的中间引理. 首先证明定理对权重 $\rho(x) = (x-a)^{\mu}$ 成立.

我们回忆空间 $H_0^{\lambda}(\rho)$ 由在点 x_k, $k = 1, 2, \cdots, n$ 处使 $\rho(x)f(x)$ 为零的函数 $f \in H^{\lambda}(\rho)$ 组成.

引理 13.1 如果 $f(x) \in H^{\lambda}([a,b])$, $\alpha < \lambda \leqslant 1$, 则

$$(\mathbf{D}_{a+}^{\alpha}f)(x) = \frac{f(a)}{\Gamma(1-\alpha)}\frac{1}{(x-a)^{\alpha}} + \psi(x),$$

其中 $\psi(x) \in H^{\lambda-\alpha}([a,b])$ 且 $\psi(a) = 0$, 此外 $\|\psi\|_{H^{\lambda-\alpha}} \leqslant c\|f\|_{H^{\lambda}}$.

证明 根据 13.2 和 (1.16), 只需证明

$$\psi_1(x) = \int_0^{x-a} t^{-1-\alpha}[f(x) - f(x-t)]dt \in H^{\lambda-\alpha}.$$

我们有

$$\psi_1(x+h) - \psi_1(x) = \int_0^{x-a} [f(x) - f(x-t)][(t+h)^{-\alpha-1} - t^{-\alpha-1}]dt$$

$$+ \int_{-h}^0 \frac{f(x+h) - f(x-t)}{(t+h)^{1+\alpha}}dt \tag{13.38}$$

$$+ \int_0^{x-a} \frac{f(x+h) - f(x)}{(t+h)^{1+\alpha}}dt = I_1 + I_2 + I_3.$$

容易看到

$$|I_1| \leqslant c \int_0^{\infty} t^{\lambda}|(t+h)^{-\alpha-1} - t^{-\alpha-1}|dt = c_1 h^{\lambda-\alpha},$$

其中 $c_1 = c \int_0^\infty t^\lambda |(t+1)^{-\alpha-1} - t^{-\alpha-1}| dt < \infty$, 且

$$|I_2| \leqslant c \int_{-h}^0 (t+h)^{\lambda-\alpha-1} dt = c_2 h^{\lambda-\alpha},$$

$$|I_3| \leqslant c h^\lambda \int_0^\infty (t+h)^{-\alpha-1} dt = c_3 h^{\lambda-\alpha}.$$

还需要注意的是 $\psi_1(a) = 0$, 这可由估计 $|\psi_1(x)| \leqslant c \int_0^{x-a} t^{\lambda-\alpha-1} dt$ 得出. ∎

通过引理 13.1, 我们将考虑定理 3.1 中至今仍未被证明的情况, 即 $\lambda + \alpha > 1$. 令 $f(x) \in I_{a+}^\alpha \varphi$, $\varphi \in H^\lambda([a,b])$, $0 < \lambda \leqslant 1$, $0 < \alpha < 1$, $\lambda + \alpha > 1$. 只需考虑 $\varphi(a) = 0$ 的情形. 与定义 1.6 相对应, 我们需证明 $(d/dx) I_{a+}^\alpha \varphi \in H^{\lambda+\alpha-1}$, 即 $\mathcal{D}_{a+}^{1-\alpha} \varphi \in H^{\lambda-(1-\alpha)}$. 因为 $\lambda > 1 - \alpha$, 由定理 13.5, 我们看到 $\varphi(x)$ 可表示为 $1 - \alpha$ 阶分数阶积分. 所以 Riemann-Liouville 分数阶导数 $\mathcal{D}_{a+}^{1-\alpha} \varphi$ 与 Marchaud 导数一致 —— 见定理 13.1 的推论. 因为 $\varphi(a) = 0$, 由引理 13.1 可以得到想要的结果.

我们的下一步是将引理 13.1 推广到加权 Hölder 函数的情况.

引理 13.2   每一个函数 $f(x) \in H_0^{\lambda+\alpha}(\rho)$, $0 < \lambda < 1$, $0 < \lambda + \alpha < 1$, $\rho(x) = (x-a)^\mu$, $0 \leqslant \mu < \lambda+1$, 都可表示为分数阶积分 $f = I_{a+}^\alpha \varphi$, 其中 $\varphi \in H_0^\lambda(\rho)$ 且

$$\|\varphi\|_{H_0^\lambda(\rho)} \leqslant c \|f\|_{H_0^{\lambda+\alpha}(\rho)}. \tag{13.39}$$

证明   利用定理 13.4, 我们首先证明对于 $p > 1$, $f = I_{a+}^\alpha \varphi$, $\varphi \in L_p$. 则根据定理 13.1 有 $\varphi = \mathbf{D}_{a+}^\alpha f$, 从而 (13.39) 可直接验证. 记 $g(x) = (x-a)^\mu f(x) \in H_0^{\lambda+\alpha}$. 我们来验证定理 13.4 的假设条件, 可以看到如果 $p(\mu-\lambda) < 1$, 则 $f(x)/(x-a)^\alpha = g(x)/(x-a)^{\alpha+\mu} \in L_p(a,b)$. 另外, 对于 $a + \varepsilon \leqslant x \leqslant b$, 我们有

$$\psi_\varepsilon(x) = \frac{1}{(x-a)^\mu} \int_\varepsilon^{x-a} \frac{g(x) - g(x-t)}{t^{1+\alpha}} dt$$

$$+ \int_\varepsilon^{x-a} \left[\frac{1}{(x-a)^\mu} - \frac{1}{(x-a-t)^\mu} \right] \frac{g(x-t)}{t^{1+\alpha}} dt$$

$$= A_\varepsilon(x) + B_\varepsilon(x).$$

因为 $|g(t) - g(x-t)| \leqslant c_1 t^{\lambda+\alpha}$ 且 $|g(x-t)| \leqslant c_2 (x-t-a)^{\lambda+\alpha}$, 我们得到不等式

$$|A_\varepsilon(x)| \leqslant c_3 (x-a)^{\lambda-\mu}, \quad |B_\varepsilon(x)| \leqslant c_4 (x-a)^{\lambda-\mu},$$

其中常数不依赖 ε 且具如下形式

$$c_3 = c_1 \int_0^1 t^{\lambda-1} dt, \quad c_4 = c_2 \int_0^1 [(1-t)^{-\mu} - 1](1-t)^{\lambda-\mu} t^{-1-\alpha} dt.$$

因此若 $p(\mu - \lambda) < 1$, (13.22) 成立, 从而 $f = I_{a+}^{\alpha}\varphi$, $\varphi \in L_p$. 还需验证 (13.39). 函数 $\varphi(x)$ 有形式 (13.2). 式 (13.2) 中的第一项在 $H_0^{\lambda}(\rho)$ 中, 并由 Hölder 函数的性质 (1.16) 有形为 (13.39) 的估计. 现在需要说明 $\psi(x) = \int_0^{x-a} \dfrac{f(x) - f(x-t)}{t^{1+\alpha}} dt \in H_0^{\lambda}(\rho)$ 和 $\|\psi\|_{H^{\lambda}(\rho)} \leqslant c\|f\|_{H^{\lambda+\alpha}(\rho)}$. 简单起见, 我们取 $a = 0$. 记 $\psi_0(x) = x^{\mu}\psi(x)$. 为了估计差 $\psi_0(x+h) - \psi_0(x)$, 我们将其表示为如下形式

$$\psi_0(x+h) - \psi_0(x) = \sum_{k=1}^{8} A_k(x),$$

其中

$$A_1(x) = \left[1 - \left(\frac{x}{x+h}\right)^{\mu}\right] \int_0^{x+h} \frac{g(x+h) - g(x)}{(x+h-y)^{1+\alpha}} dy,$$

$$A_2(x) = [(x+h)^{\mu} - x^{\mu}] \int_0^{x+h} \frac{(x+h)^{-\mu} - y^{-\mu}}{(x+h-y)^{1+\alpha}} g(y) dy,$$

$$A_3(x) = \left(\frac{x}{x+h}\right)^{\mu} \int_x^{x+h} \frac{g(x+h) - g(x)}{(x+h-y)^{1+\alpha}} dy,$$

$$A_4(x) = x^{\mu} \int_0^{x+h} \frac{(x+h)^{-\mu} - y^{-\mu}}{(x+h-y)^{1+\alpha}} g(y) dy,$$

$$A_5(x) = \int_0^x [g(x) - g(y)][(x+h-y)^{-1-\alpha} - (x-y)^{-1-\alpha}] dy,$$

$$A_6(x) = x^{\mu} \int_0^x g(y)(x^{-\mu} - y^{-\mu})[(x+h-y)^{-1-\alpha} - (x-y)^{-1-\alpha}] dy,$$

$$A_7(x) = \frac{1}{\alpha} \left(\frac{x}{x+h}\right)^{\mu} [g(x+h) - g(x)][h^{-\alpha} - (x+h)^{-\alpha}],$$

$$A_8(x) = \alpha^{-1} x^{\mu} g(x)[(x+h)^{-\mu} - x^{-\mu}][h^{-\alpha} - (x+h)^{-\alpha}].$$

分别估计这些项, 都会得出不等式

$$|\psi_0(x+h) - \psi_0(x)| \leqslant c\|f\|_{H^{\lambda+\alpha}(\rho)} h^{\lambda}.$$

我们省略这些不难但占用太多篇幅的计算; 它们在很大程度上类似定理 3.3 的证明过程. 条件 $\psi(a) = 0$ 容易验证. 由此引理得证. ∎

下面的推论结果来自引理 13.2 和定理 13.1 的推论.

推论　在引理 13.2 的假设下, 分数阶 Riemann-Liouville 和 Marchaud 导数对于函数 $f(x) \in H_0^{\lambda+\alpha}(\rho)$ 一致.

对比引理 13.2 和定理 3.3, 定理 13.13 在权重 $\rho(x) = (x-a)^\mu$ 的情形得证.

在引理 13.2 中作变换 $a+b-x \to x$, 我们得到了下面的引理.

引理 13.2′ 每个函数 $f(x) \in H_0^{\lambda+\alpha}(\rho)$, $\rho(x) = (b-x)^\mu$, $0 < \lambda+\alpha < 1$, $0 \leqslant \mu < \lambda+1$, 都可以表示为 $f = I_{b-}^\alpha \varphi$, 其中 $\varphi(x) \in H_0^\lambda(\rho)$ 且 $\|\varphi\|_{H^\lambda(\rho)} \leqslant c\|f\|_{H^{\lambda+\alpha}(\rho)}$.

在将引理 13.2 推广到形为 (13.35) 的任意权重情况之前, 我们先来证明两个辅助论断.

论断 1 如果 $f = I_{b-}^\alpha \varphi$, 其中 $\varphi \in H_0^\lambda(\rho)$, $\lambda+\alpha < 1$, $\lambda+\alpha < \mu_1 < \lambda+1$, $\lambda \leqslant \mu_k < \lambda+1$, $k = 2,3,\cdots,n$, $\rho(x)$ 为权重 (13.35) 且 $x_1 = a$, 则 $f = I_{a+}^\alpha \psi$, $\psi \in H_0^\lambda(\rho)$ 且 $\|\psi\|_{H^\lambda(\rho)} \leqslant c\|\varphi\|_{H^\lambda(\rho)}$.

如果考虑到奇异算子 S 在空间 $H_0^\lambda(\rho)$ 中的有界性, 此论断可立即从 (11.16) 得到 (见定理 11.1). 此外还有, $\psi = \cos\alpha\pi\varphi + \sin\alpha\pi r_a^{-\alpha} S r_a^\alpha \varphi$.

论断 2 (关于分数阶积分的零延拓) 设 $f = I_{x_j+}^\alpha \varphi$ 定义在区间 $[x_j, x_{j+1}]$ 上, 其中 $\varphi \in H_0^\lambda(r_j)$, $r_j(x) = |x-x_j|^{\mu_j}|x-x_{j+1}|^{\mu_{j+1}}$, $j = 1,2,\cdots,n$, 若 $0 \leqslant \mu_k < \lambda+1$, $k = 1,\cdots,j-1$, $\lambda+\alpha < \mu_{j+1} < \lambda+1$, $\lambda < \mu_k < \lambda+1$, $k = j, j+2,\cdots,n$, 则函数

$$f^*(x) = \begin{cases} f(x), & x_j \leqslant x \leqslant x_{j+1}, \\ 0, & a \leqslant x < x_j, \ x_{j+1} < x \leqslant b \end{cases}$$

可表示为 $f^*(x) = I_{a+}^\alpha \varphi_1$, 其中在 $[a,b]$ 上 $\varphi_1(x) \in H_0^\lambda(\rho)$, 权函数为 (13.35), 且还有

$$\|\varphi_1\|_{H^\lambda(\rho)} \leqslant c\|\varphi\|_{H^\lambda(r_j)}. \tag{13.40}$$

对于 L_p-函数的分数阶积分, 已经证明了类似的论断 —— 见定理 13.10. 论断 2 与定理 13.10 的证明方法相同. 我们只指出与 (13.31) 类似, 有

$$\varphi_1(x) = \begin{cases} 0, & x < x_j, \\ \varphi(x), & x_j < x < x_{j+1}, \\ -\dfrac{\alpha}{\Gamma(1-\alpha)} \displaystyle\int_{x_j}^{x_{j+1}} f(t)(x-t)^{-1-\alpha}dt, & x > x_{j+1}, \end{cases}$$

并且在验证 (13.40) 时需要使用定理 11.1.

引理 13.3 每一个函数 $f(x) \in H_0^{\lambda+\alpha}(\rho)$, $\lambda+\alpha < 1$, 都可以表示为 $f = I_{a+}^\alpha \varphi$, $\varphi(x) \in H_0^\lambda(\rho)$ 且 $\|\varphi\|_{H^\lambda(\rho)} \leqslant c\|\varphi\|_{H^\lambda(\rho)}$, 其中

$$\rho(x) = \prod_{k=1}^n |x-x_k|^{\mu_k}, \quad a = x_1 < \cdots < x_n \leqslant b,$$

$$0 \leqslant \mu_1 < \lambda + 1, \quad \lambda + \alpha < \mu_k < \lambda + 1, \quad k = 2, \cdots, n.$$

证明　设 c 为区间 (a, x_2) 内的任意点. 与定理 3.3′ 的证明类似, 我们令 $f(x) = f_1(x) + f_2(x)$,

$$f_1(x) = \begin{cases} f(x), & x \leqslant c, \\ f(c), & x \geqslant c, \end{cases}$$

$$\tag{13.41}$$

$$f_2(x) = \begin{cases} 0, & x \leqslant c, \\ f(x) - f(c), & x \geqslant c, \end{cases}$$

所以 $f_1(x) \in H_0^{\lambda+\alpha}(\rho_a)$, $f_2(x) \in H_0^{\lambda+\alpha}(\rho_0)$, 并且

$$\|f_1\|_{H^{\lambda+\alpha}(\rho_a)} \leqslant c \|f\|_{H^{\lambda+\alpha}(\rho)},$$

$$\tag{13.42}$$

$$\|f_2\|_{H^{\lambda+\alpha}(\rho_0)} \leqslant c \|f\|_{H^{\lambda+\alpha}(\rho)},$$

其中我们记 $\rho_a(x) = (x-a)^{\mu_1}$, $\rho_0(x) = (x-a)^{\lambda+\varepsilon} \prod\limits_{k=2}^{n} |x - x_k|^{\mu_k}$, $0 < \varepsilon < 1$.

我们注意到函数 (13.41) 的引入在某种意义上是证明定理 3.3′ 和本定理的主要因素: 它允许我们将积分下限 $x_1 = a$ 与其他点 x_k, $k = 2, 3, \cdots, n$ 分开 (可以有奇点).

在 $x_n < b$ 的情形下, 下文的任何地方 $x_{n+1} = b$.

根据引理 13.2 有表达式 $f_1(x) = I_{a+}^{\alpha} \varphi_1$ 成立, 其中 $\varphi_1(x) \in H_0^{\lambda}(\rho_a) \subset H_0^{\lambda}(\rho)$ 且

$$\|\varphi_1\|_{H^{\lambda}(\rho)} \leqslant c \|\varphi_1\|_{H^{\lambda}(\rho_a)} \leqslant c \|f_1\|_{H^{\lambda+\alpha}(\rho_a)} \leqslant c \|f\|_{H_0^{\lambda+\alpha}(\rho_a)}.$$

为了考虑函数 $f_2(x)$, 我们介绍下面的符号

$$r_k(x) = |x - x_k|^{\beta_k} |x - x_{k+1}|^{\beta_{k+1}}, \quad k = 1, \cdots, n-1;$$

$$\rho_k(x) = |x - x_k|^{\beta_k}, \quad k = 1, \cdots, n,$$

其中 $\beta_1 = \lambda + \varepsilon$, $\varepsilon > \alpha$, $\beta_k = \mu_k$, $k = 2, \cdots, n$. 我们来证明

$$f_2(x) = (I_{x_k+}^{\alpha} \psi_k)(x), \quad x_k \leqslant x \leqslant x_{k+1}, \tag{13.43}$$

其中在 $[x_k, x_{k+1}]$ 上 $\psi_k \in H_0^{\lambda}(r_k)$, $k = 1, 2, \cdots, n-1$, 在 $[x_n, b]$ 上 $\psi_n \in H_0^{\lambda}(\rho_n)$ (如果 $x_n < b$) 且

$$\|\psi_k\|_{H^{\lambda}(r_k)} \leqslant c \|f_2\|_{H^{\lambda+\alpha}(r_k)},$$

$$\tag{13.44}$$

$$\|\psi_n\|_{H^{\lambda}(\rho_n)} \leqslant c \|f_2\|_{H^{\lambda+\alpha}(\rho_n)}.$$

函数 $f_2(x)$ 在 $[x_n, b]$ 上时, 这一事实可从引理 13.2 中得到. 对于区间 $[x_k, x_{k+1}]$, $k = 1, \cdots, n-1$, 我们任意选择点 $c_k \in (x_k, x_{k+1})$ 并且设 $f_2(x) = f_{2,k}^{(1)}(x) + f_{2,k}^{(2)}(x)$, 其中

$$f_{2,k}^{(1)}(x) = \begin{cases} f_2(x), & x_k \leqslant x \leqslant c_k, \\ f_2(c_k), & c_k \leqslant x \leqslant x_{k+1}, \end{cases}$$

$$f_{2,k}^{(2)}(x) = \begin{cases} 0, & x_k \leqslant x \leqslant c_k, \\ f_2(x) - f_2(c_k), & c_k \leqslant x \leqslant x_{k+1}. \end{cases}$$

因为在 $[x_k, x_{k+1}]$ 上 $f_{2,k}^{(1)}(x) \in H_0^{\lambda+\alpha}(\rho_k)$, 根据引理 13.2 我们有 $f_{2,k}^{(1)}(x) = I_{x_k+}^{\alpha} \psi_k^{(1)}$, 其中 $\psi_k^{(1)} \in H_0^{\lambda}(\rho_k) \subset H_0^{\lambda}(r_k)$, 且

$$\|\psi_k^{(1)}\|_{H^{\lambda}(r_k)} \leqslant c\|f_{2,k}^{(1)}\|_{H^{\lambda+\alpha}(\rho_k)} \leqslant c\|f_{2,k}^{(1)}\|_{H^{\lambda+\alpha}(r_k)}. \tag{13.45}$$

进一步, 因为在 $[x_k, x_{k+1}]$ 上 $f_{2,k}^{(2)}(x) \in H_0^{\lambda+\alpha}(\rho_{k+1})$, 由引理 13.2′ 我们得到 $f_{2,k}^{(2)}(x) = I_{x_{k+1}-}^{\alpha} \psi_k^{(2)}$, 其中 $\psi_k^{(2)}(x) \in H_0^{\lambda}(\rho_{k+1}) \subset H_0^{\lambda}(r_k)$, 且

$$\|\psi_k^{(2)}\|_{H^{\lambda}(r_k)} \leqslant c\|f_{2,k}^{(2)}\|_{H^{\lambda+\alpha}(\rho_{k+1})} \leqslant c\|f_2\|_{H^{\lambda+\alpha}(r_k)}. \tag{13.46}$$

对函数 $f_{2,k}^{(2)}$ 应用论断 1 (见上文), 我们发现 $f_{2,k}^{(2)} = I_{x_k+}^{\alpha} \tilde{\psi}_k^{(2)}$, 其中在 $[x_k, x_{k+1}]$ 上 $\tilde{\psi}_k^{(2)} \in H_0^{\lambda}(r_k)$ 并且

$$\|\tilde{\psi}_k^{(2)}\|_{H^{\lambda}(r_k)} \leqslant c\|\psi_k^{(2)}\|_{H^{\lambda}(r_k)}. \tag{13.47}$$

因此我们得到了 (13.43), 其中 $\psi_k = \psi_k^{(1)} + \tilde{\psi}_k^{(2)}$. 范数不等式 (13.44) 是估计 (13.45)—(13.47) 的直接结论.

此外, 由论断 2, 函数 $f_2(x)$ 在区间 $[x_k, x_{k+1}]$ 以外的零延拓 $f_{2,k}^*$, 可用分数阶积分 $f_{2,k}^* = I_{a+}^{\alpha} \tilde{\varphi}_k$ 表示, 其中在 $[a, b]$ 上 $\tilde{\varphi}_k \in H_0^{\lambda}(\rho_0)$ 且

$$\begin{aligned} \|\tilde{\varphi}_k\|_{H^{\lambda}(\rho_0)} &\leqslant \mathrm{const}\|\psi_k\|_{H^{\lambda}(r_k)}, \quad k = 1, \cdots, n-1; \\ \|\tilde{\varphi}_n\|_{H^{\lambda}(\rho_0)} &\leqslant \mathrm{const}\|\psi_k\|_{H^{\lambda}(\rho_n)}. \end{aligned} \tag{13.48}$$

因此 $f_2 = I_{a+}^{\alpha} \varphi_2$, $\varphi_2 = \sum\limits_{k=1}^{n} \tilde{\varphi}_k(x) \in H_0^{\lambda}(\rho_0)$, 并且根据 (13.48), (13.44) 和 (13.42), 我们得到不等式

$$\|\varphi_2\|_{H^{\lambda}(\rho_0)} \leqslant \mathrm{const}\|f\|_{H^{\lambda+\alpha}(\rho)}.$$

现在我们来证明在 $[a,b]$ 上 $\varphi_2(x) \in H_0^\lambda(\rho)$ 和

$$\|\varphi_2\|_{H^\lambda(\rho)} \leqslant \mathrm{const}\|\varphi_2\|_{H^\lambda(\rho_0)}. \tag{13.49}$$

注意到 $x \leqslant c$ 时 $f_2(x) \equiv 0$, 回忆等式 $\varphi_2(x) = \mathbf{D}_{a+}^\alpha f_2$, 我们看到 $x \leqslant c$ 时 $\varphi_2(x) \equiv 0$ (对于 Marchaud 分数阶导数见 (13.2)). 因此, 根据 (13.48), 有 (13.49), 这又导致了不等式 $\|\varphi_2\|_{H^\lambda(\rho)} \leqslant \mathrm{const}\|f\|_{H^{\lambda+\alpha}(\rho)}$. 由此引理得证.

定理 13.13 的结论现在可由定理 3.4 和引理 13.3 推出. ∎

13.5　加权 Hölder 空间的并集上的分数阶积分

定理 13.13 刻画了在 Hölder 指数 λ 和权指数固定的情形下, 分数阶积分在带幂权的 Hölder 空间中的映射性质. 除此之外, 另一个结果在应用中也很有意义, 它揭示了在具有非固定指数的 Hölder 函数空间中, 即在所有空间 $H^\lambda(\rho)$ 的并集中, 分数阶积分的映射性质. 我们指的是关于 λ 和权重的并. 我们给出这些并集的相应符号.

我们用 $H^* = H^*(a,b)$ 表示由在开区间 (a,b) 中是 Hölder 函数 (任意阶) 且在区间端点处具有积分奇异性的函数组成的空间.

定义 13.1　空间 $H^* = H^*(a,b)$ 是所有满足下述条件函数 $f(x)$ 的集合：对于函数 $f(x)$, 存在数 $0 < \lambda \leqslant 1$ 和 $\varepsilon_1 > 0$, $\varepsilon_2 > 0$ 使得

$$f(x) = \frac{f^*(x)}{(x-a)^{1-\varepsilon_1}(b-x)^{1-\varepsilon_2}}, \tag{13.50}$$

其中 $f^*(x) \in H^\lambda([a,b])$.

空间 H^* 是广泛用于奇异积分方程理论的函数类 —— Muskhelishvili [1968] —— 有时称为 Muskhelishvili 类.

为了方便, 我们也介绍以下常见的具有固定指数的加权 Hölder 空间的符号

$$H_0^\lambda(\varepsilon_1, \varepsilon_2) = \{f : f(x) = (x-a)^{\varepsilon_1-1}(b-x)^{\varepsilon_2-1}g(x),$$
$$g(x) \in H^\lambda([a,b]),\ g(a) = g(b) = 0\}. \tag{13.51}$$

通过简单的论证, 等式

$$H^* = \bigcup_{\substack{0 < \lambda \leqslant 1 \\ \varepsilon_i > 0}} H_0^\lambda(\varepsilon_1, \varepsilon_2) = \bigcup_{\substack{0 < \lambda \leqslant \lambda_0 \\ 0 < \varepsilon_i < d(\lambda)}} H_0^\lambda(\varepsilon_1, \varepsilon_2) \tag{13.52}$$

成立, 其中 $0 < \lambda_0 \leqslant 1$ 和 $d(\lambda)$ 为任意正数.

我们还需要以下函数的并, 它们是大于 α 阶的 Hölder 函数:

$$H_\alpha^* = \bigcup_{\substack{\alpha < \lambda \leqslant 1 \\ \varepsilon_i > 0}} H_0^\lambda(\varepsilon_1, \varepsilon_2) = \bigcup_{\substack{\alpha < \lambda \leqslant \lambda_0 \\ 0 < \varepsilon_i < d(\lambda)}} H_0^\lambda(\varepsilon_1, \varepsilon_2), \tag{13.53}$$

其中 $\alpha < \lambda_0 < 1$, $d(\lambda) > 0$.

我们将在 §30 关于第一类积分方程的应用中使用空间 H^* 和 H_α^*. 现在我们给出空间 H_α^* 的等价刻画, 并说明分数阶积分算子将 H^* 映射到 H_α^* 上. 首先我们需要通过下面的定义引入辅助空间.

定义 13.2 如果 $f(x) \in C([a,b])$, 并且除端点 $x = a$ 和 $x = b$ 外, $f(x)$ 是 $\lambda > \alpha$ 阶 Hölder 函数:

$$|f(x) - f(x + h)| \leqslant c(x)|h|^\lambda, \quad \lambda > \alpha, \quad x, x + h \in (a, b), \tag{13.54}$$

其中 $c(x)$ 可能随 $x \to a$, $x \to b$ 增长, 但 $c(x) \leqslant \mathrm{const}(x-a)^{-\alpha}(b-x)^{-\alpha}$, 则称 $f(x) \in \tilde{H}_\alpha$.

定义 13.3 如果 $f(x)$ 是在开区间 (a,b) 内的 $\lambda > \alpha$ 阶 Hölder 函数, 并且 $x \to a$ 时有形式:

$$f(x) = f(a) + g(x)(x-a)^{-\alpha}, \tag{13.55}$$

其中 $g(x) \in H^\lambda([a,b])$, $\lambda > \alpha$, 并且 $g(a) = 0$, $x \to b$ 时有类似的假设, 则称 $f(x) \in \tilde{\tilde{H}}_\alpha$.

引理 13.4 空间 $\tilde{H}_\alpha$ 和 $\tilde{\tilde{H}}_\alpha$ 是相同空间.

证明 令 $f(x) \in \tilde{\tilde{H}}_\alpha$. 取 $a = 0$ 和 $f(a) = 0$ 我们发现 $f(x) = g(x)(x-a)^{-\alpha}$, $g \in H^\lambda$, 并且

$$|f(x) - f(x+h)| \leqslant (x+h)^{-\alpha}|g(x+h) - g(x)|$$
$$+ |g(x)|x^{-\alpha}(x+h)^{-\alpha}[(x+h)^\alpha - x^\alpha].$$

因此考虑到 $|g(x)| \leqslant cx^\lambda$, 经简单几步计算我们可以得到估计 $|f(x+h) - f(x)| \leqslant cx^{-\alpha}|h|^\lambda$. 同样地, 对于 $x \to b$ 也能得到所需的估计, 所以 $\tilde{\tilde{H}}_\alpha \subseteq \tilde{H}_\alpha$. 反之, 令 $f(x) \in \tilde{H}_\alpha$. 则对于 $x \to 0$ 我们有

$$|f(x) - f(x+h)| \leqslant cx^{-\alpha}|h|^\lambda. \tag{13.56}$$

在这里取 $h \to -x$, 我们得到

$$|f(x) - f(0)| \leqslant cx^{\lambda-\alpha}. \tag{13.57}$$

则

$$g(x) = x^\alpha[f(x) - f(0)] \in H^\lambda([a,b]). \tag{13.58}$$

事实上, $g(x+h) - g(x) = [(x+h)^\alpha - x^\alpha][f(x+h) - f(0)] + [f(x+h) - f(x)]x^\alpha$. 因此由 (13.56) 和 (13.57), 我们得到不等式 $|g(x+h) - g(x)| \leqslant c(x+h)^{\lambda-\alpha}|(x+h)^\alpha - x^\alpha| + ch^\lambda$, $h > 0$. 从而经简单估计后我们可以得到结论 (13.58). 此结论连同对情形 $x \to b$ 的类似考虑表明, $\tilde{H}_\alpha \subseteq \tilde{\tilde{H}}_\alpha$. ■

我们将根据空间 $\tilde{H}_\alpha = \tilde{\tilde{H}}_\alpha$ 给出空间 (13.53) 的等价刻画. 下面的引理成立.

引理 13.5　空间 H_α^* 由形为

$$f(x) = \frac{f^*(x)}{(x-a)^{1-\alpha-\varepsilon_1}(b-x)^{1-\alpha-\varepsilon_2}} \tag{13.59}$$

的函数组成, 其中 $0 < \varepsilon_1 < 1 - \alpha$, $0 < \varepsilon_2 < 1 - \alpha$ 且 $f^*(x) \in \tilde{H}_\alpha$.

引理的证明是在空间 $\tilde{\tilde{H}}_\alpha$ 定义的基础上直接验证得到的.

最后, 下面的定理对空间 H^* 中分数阶积分算子 I_{a+}^α, I_{b-}^α 的映射性质进行了深入刻画.

定理 13.14　阶为 α, $0 < \alpha < 1$ 的分数阶积分算子将 H^* 一对一地映射到 H_α^* 空间上:

$$I_{a+}^\alpha(H^*) = I_{b-}^\alpha(H^*) = H_\alpha^*. \tag{13.60}$$

证明　由定理 13.13, 若 $\lambda + \alpha < 1$, $0 < \varepsilon_i < 1 - \alpha - \lambda$, $i = 1, 2$, 我们有

$$I_{a+}^\alpha[H_0^\lambda(\varepsilon_1, \varepsilon_2)] = H_0^{\lambda+\alpha}(\varepsilon_1, \varepsilon_2).$$

则

$$I_{a+}^\alpha\left[\bigcup_{\substack{0 < \lambda < 1-\alpha \\ 0 < \varepsilon_i < 1-\alpha-\lambda}} H_0^\lambda(\varepsilon_1, \varepsilon_2)\right] = \bigcup_{\substack{\alpha < \mu < 1 \\ 0 < \varepsilon_i < 1-\mu}} H_0^\mu(\varepsilon_1, \varepsilon_2),$$

从 (13.52) 和 (13.53) 的角度来看, 它只不过是关于算子 I_{a+}^α 的等式 (13.60). 通过类似的论证, 算子 I_{b-}^α 的情形易证. ■

13.6　具有特定连续模函数的分数阶积分和导数

如果我们不使用 Hölder 函数, 而用满足

$$\omega(\varphi, h) \stackrel{\text{def}}{=} \sup_{0 < t < h} \sup_{x, x+t \in [a,b]} |\varphi(x+t) - \varphi(x)| \leqslant c\omega(h)$$

的函数组成的空间, 其中 $\omega(h)$ 是给定的连续增函数, $\omega(0) = 0$, 那么 §13.4 中的研究就可以得到极大的发展. 我们将这样的函数空间记为 $H^\omega = H^\omega([a,b])$, 对应

范数为 $\|\varphi\|_{H^\omega} = \|\varphi\|_C + \sup\limits_{h>0} \omega(\varphi, h)/\omega(h)$. 我们用 H_0^ω 表示 H^ω 中的子空间, 它由在 $x = a$ 处等于零的函数组成. 通常的 Hölder 空间 H^λ 对应幂函数 $\omega(t) = t^\lambda$ 的情形. 函数 $\omega(t)$ 有时也称为特征函数或广义 Hölder 空间 H^ω 的特征.

分数阶积分在 H^ω 空间中的映射性质是什么? 定理 13.13 指出 $I_{a+}^\alpha(H_0^\lambda) = H_0^{\lambda+\alpha}$, $\lambda + \alpha < 1$. 在先验假设 $\omega_\alpha(t) = t^\alpha\omega(t)$ 的情况下, 是否可以得到类似的结论

$$I_{a+}^\alpha(H_0^\omega) = H_0^{\omega_\alpha}, \tag{13.61}$$

什么样的特征 $\omega(t)$ 使式 (13.61) 成立? 我们将回答这些问题, 并概述更一般的加权情况.

下面使用几乎递减函数 $f(t)$ 的想法, 即对于所有的 $t_1 \geqslant t_2$ 有 $f(t_1) \leqslant cf(t_2)$, 其中 c 不依赖于 t_1 和 t_2. 类似地, 可定义几乎递增的函数.

下面两个定理通过类比奇异积分理论中已知的 Zygmund 估计和共轭函数 $H\varphi$ (见 (19.22)) 的连续模 $\omega(H\varphi, h)$ 估计 —— 通过函数 $\varphi(x)$ 本身的连续模 $\omega(\varphi, h)$ (见 Bari and Stechkin [1956]), 给出可称之为 Zygmund 型的估计.

定理 13.15 设 $\varphi(x)$ 在 $[a, b]$ 上连续并且 $\varphi(a) = 0$. 则对于分数阶积分 $I_{a+}^\alpha\varphi$, $0 < \alpha < 1$, 估计式

$$\omega(I_{a+}^\alpha\varphi, h) \leqslant ch\int_h^{b-a} \frac{\omega(\varphi, t)}{t^{2-\alpha}}dt \tag{13.62}$$

成立.

证明 我们对函数 $f(x) = I_{a+}^\alpha\varphi$ 的差 $f(x+h) - f(x)$ 使用 (3.4) 式. 然后估计 (3.4) 中的 J_1, J_2 和 J_3. 我们有 $|J_1| \leqslant c\omega(\varphi, x-a)|(x+h-a)^\alpha - (x-a)^\alpha|$. $x - a \leqslant h$ 时我们有 $|J_1| \leqslant ch^\alpha\omega(\varphi, h)$. 令 $x - a \geqslant h$. 则

$$\begin{aligned}|J_1| &\leqslant c\omega(\varphi, x-a)(x-a)^\alpha\left[\left(1 + \frac{h}{x-a}\right)^\alpha - 1\right] \\ &\leqslant c\frac{\omega(\varphi, x-a)}{(x-a)^{1-\alpha}}h.\end{aligned} \tag{13.63}$$

因为

$$\begin{aligned}\int_h^{b-a} \frac{\omega(\varphi, t)dt}{t^{2-\alpha}} &\geqslant \int_{x-a}^{b-a} \frac{\omega(\varphi, t)dt}{t^{2-\alpha}} \geqslant \omega(\varphi, x-a)\int_{x-a}^{b-a} \frac{dt}{t^{2-\alpha}} \\ &\geqslant c\frac{\omega(\varphi, x-a)}{(x-a)^{1-\alpha}},\end{aligned}$$

则由 (13.63) 知, $|J_1| \leqslant ch \int_h^{b-a} \frac{\omega(\varphi, t)dt}{t^{2-\alpha}}$. 另外,

$$|J_2| \leqslant \int_0^h (h-t)^{\alpha-1} |\varphi(x+t) - \varphi(x)| dt \leqslant \int_0^h (h-t)^{\alpha-1} \omega(\varphi, t) dt$$

$$= h^\alpha \int_0^1 \frac{\omega(\varphi, h\xi)}{(1-\xi)^{1-\alpha}} d\xi \leqslant ch^\alpha \omega(\varphi, h), \tag{13.64}$$

其中 $c = \int_0^1 (1-\xi)^{\alpha-1} d\xi$. 为了估计 J_3, 我们分成两种情况: 1) $x - a \geqslant h$; 2) $x - a \leqslant h$. 对于第一种情况

$$|J_3| \leqslant h^\alpha \int_0^1 |t^{\alpha-1} - (t+1)^{\alpha-1}| \omega(\varphi, th) dt + ch^\alpha \int_1^{\frac{x-a}{h}} t^{\alpha-2} \omega(\varphi, th) dt$$

$$\leqslant ch^\alpha \omega(\varphi, h) + ch \int_h^{b-a} t^{\alpha-2} \omega(\varphi, t) dt.$$

对于第二种情况, 显然

$$|J_3| \leqslant ch^\alpha \omega(\varphi, h). \tag{13.65}$$

如果我们考虑到 $h^\alpha \omega(\varphi, h)$ 被 (13.62) 右端所控制的事实 (根据函数 $\omega(\varphi, h)$ 的单调性容易得到), 则由 J_1, J_2 和 J_3 的估计可以得到 (13.62). ∎

定理 13.16 设 $f(x)$ 在 $[a, b]$ 上连续并且 $f(a) = 0$. 则其分数阶导数 $\mathbf{D}_{a+}^\alpha f$, $0 < \alpha < 1$ 满足如下估计

$$\omega(\mathbf{D}_{a+}^\alpha f, h) \leqslant c \int_0^h \frac{\omega(f, t)}{t^{1+\alpha}} dt, \tag{13.66}$$

这里假设右端积分收敛.

证明 我们首先注意到函数 $F(x) = \frac{f(x) - f(a)}{(x-a)^\alpha}$, $0 < \alpha < 1$ 满足估计

$$\omega(F, h) \leqslant c \int_0^h \frac{\omega(f, t)}{t^{1+\alpha}} dt. \tag{13.67}$$

下面我们来证明 (13.67). 取 $h > 0$, 我们有 $F(x+h) - F(x) = [f(x) - f(a)][(x + h - a)^{-\alpha} - (x-a)^{-\alpha}] + (x+h-a)^{-\alpha}[f(x+h) - f(x)] = A_1 + A_2$. 从而 $|A_2| \leqslant (x+h-a)^{-\alpha} \omega(f, h) \leqslant h^{-\alpha} \omega(f, h) \leqslant c \int_0^h t^{-1-\alpha} \omega(f, t) dt$ —— 这里最后一个不等

式我们用了 $t^{-1}\omega(f,t)$ 为几乎递减函数的事实, 例如, 见 Guseinov and Muhtarov [1980, p. 50]. 此外, 再次考虑这种递减性, 对于 A_1, 当 $x - a \leqslant h$ 时, 我们有

$$|A_1| \leqslant (x-a)^{-\alpha}\omega(f, x-a)$$

$$\leqslant c \int_0^{x-a} t^{-1-\alpha}\omega(f,t)dt$$

$$\leqslant c \int_0^{h} t^{-1-\alpha}\omega(f,t)dt.$$

当 $x - a \geqslant h$ 时, 由中值定理有估计 $|A_1| \leqslant ch(x-a)^{-1-\alpha}\omega(f, x-a) \leqslant ch^{-\alpha}\omega(f,t)$ $\leqslant c \int_0^h t^{-1-\alpha}\omega(f,t)dt.$ 结合对 A_1 和 A_2 的估计, 我们得到不等式 (13.67).

为了证明该定理, 根据 (13.67), 只需考虑 Marchaud 分数阶导数表达式 (13.2) 中的第二项, 即函数 (13.10) 即可. 对于这个函数, 我们有

$$\frac{\Gamma(1-\alpha)}{\alpha}[\psi(x+h) - \psi(x)]$$

$$= \int_0^{x-a} [f(x+h) - f(x+h-t) - f(x) + f(x-t)]t^{-1-\alpha}dt$$

$$+ \int_{x-a}^{x+h-a} [f(x+h) - f(x+h-t)]t^{-1-\alpha}dt = B_1 + B_2.$$

若 $x - a \leqslant h$, 则 $|B_1| \leqslant 2 \int_0^{x-a} \omega(f,t)t^{-1-\alpha}dt \leqslant 2 \int_0^h t^{-1-\alpha}\omega(f,t)dt.$ 若 $x-a \geqslant h$, 我们有

$$|B_1| \leqslant 2 \int_0^h \frac{\omega(f,t)dt}{t^{1+\alpha}} + 2 \int_h^{x-a} \frac{\omega(f,t)dt}{t^{1+\alpha}}$$

$$\leqslant 2 \int_0^h t^{-1-\alpha}\omega(f,t)dt + 2\alpha^{-1}h^{-\alpha}\omega(f,h)$$

$$\leqslant (2 + 4/\alpha) \int_0^h t^{-1-\alpha}\omega(f,t)dt.$$

对于 B_2, 我们有 $|B_2| \leqslant \int_{x-a}^{x+h-a} t^{-1-\alpha}\omega(f,t)dt.$ 若 $x - a \leqslant h$, 则 $|B_2| \leqslant \int_0^{2h} t^{-1-\alpha} \times \omega(f,t)dt \leqslant 2^{1-\alpha} \int_0^h t^{-1-\alpha}\omega(f,t)dt.$ 若 $x-a \geqslant h$, 作替换 $t = \xi + x - a$ 后, 考虑到函数 $t^{-1}\omega(f,t)$ 的 (几乎) 递减性, 我们有

$$|B_2| \leqslant \int_0^h \frac{\omega(f, x - a + \xi)}{(x - a + \xi)^{1+\alpha}} d\xi$$

$$\leqslant c \frac{\omega(f, h)}{h} \int_0^h \frac{d\xi}{(x - a + \xi)^\alpha} \leqslant c \frac{\omega(f, h)}{h^\alpha}.$$

结合对 B_1 和 B_2 的估计我们得到 (13.66). 从而定理得证. ∎

为表述 (13.61) 形式的结论, 我们将引入一个函数空间, 在这个空间中我们将给出容许的特征函数 $\omega(t)$ 的条件.

定义 13.4 如果

1) $\omega(t)$ 在 $[0, b - a]$ 上连续, $\omega(0) = 0$ 且 $\omega(t)$ 几乎递增;

2) $\displaystyle \int_0^t \left(\frac{t}{\xi} \right)^\delta \frac{\omega(\xi)}{\xi} d\xi \leqslant c\omega(t);$

3) $\displaystyle \int_t^{b-a} \left(\frac{t}{\xi} \right)^\beta \frac{\omega(\xi)}{\xi} d\xi \leqslant c\omega(t),$

那么我们说

$$\omega(t) \in \Phi_\beta^\delta, \quad \beta \geqslant 0, \quad \delta \geqslant 0. \tag{13.68}$$

空间 Φ_β^δ 可称为双参数型 Bari-Stechkin 空间 (与 Bari-Stechkin 类 Φ_β 比较, 例如, 见 Guseinov and Muhtarov [1980, p. 78]). 可以证明, $\delta \geqslant \beta$ 时, 空间 Φ_β^δ 是空的, 所以我们假设 $0 < \delta < \beta$.

定理 13.17 设 $0 < \alpha < 1$ 且 $\omega(t) \in \Phi_{1-\alpha}^0$. 则算子 I_{a+}^α 将空间 H_0^ω 同胚映射到具有特征 $\omega_\alpha(t) = t^\alpha \omega(t)$ 的空间 $H_0^{\omega_\alpha}$ 上.

定理 13.17 是由定理 13.15 和定理 13.16 中所使用的 Zygmund 型估计, 以及以下事实推导出来的: 在上述关于 $\omega(t)$ 的假设下, 函数 $f \in H_0^{\omega_\alpha}$ 可由函数 $\varphi \in H_0^\omega$ 的分数阶积分 $f = I_{a+}^\alpha \varphi$ 表示. 后者由定理 13.2 或定理 13.3 证明. 证明很简单, 留给读者. 还可以考虑类似的周期性情形的定理 19.8, 那里更详细地给出了类似情形下的可表示性.

最后, 我们观察到上述结果可以推广到加权空间的情形. 即, 令 $H_0^\omega(\rho)$ 为函数 $f(x)$ 构成的空间, 使得 $\rho(x) f(x) \in H_0^\omega$, $\|f\|_{H_0^\omega(\rho)} = \|\rho f\|_{H_0^\omega}$.

对于 $\rho(x) = (x - a)^\mu$, $0 \leqslant \mu < 2 - \alpha$, 让 $\rho(x)\varphi(x)$ 满足定理 13.15 假设条件, 此时的 $\varphi(x)$ 有形如 (13.62) 的 Zygmund 型估计,

$$\omega(\rho I_{a+}^\alpha \varphi, h) \leqslant c h^{\alpha + \gamma - 1} \int_0^h \frac{\omega(\rho\varphi, t) dt}{t^\gamma} + ch \int_h^{b-a} \frac{\omega(\rho\varphi, t)}{t^{2-\alpha}} dt, \tag{13.69}$$

其中 $\gamma = \max(1, \mu)$. 下面的定理也成立.

定理 13.18　设 $0 < \alpha < 1$, $\rho(x) = (x-a)^\mu$, $0 \leqslant \mu < 2 - \alpha$. 若 $\omega(t) \in \Phi^\delta_{1-\alpha}$, $\delta = \max(\mu - 1, 0)$, 则算子 I^α_{a+} 将空间 $H^\omega_0(\rho)$ 同胚映射到具有同样权重且特征为 $\omega_\alpha(t) = t^\alpha \omega(t)$ 的空间 $H^{\omega_\alpha}_0(\rho)$ 上:

$$I^\alpha_{a+}[H^\omega_0(\rho)] = H^{\omega_\alpha}_0(\rho). \tag{13.70}$$

定理的证明可在 Murdaev and Samko [1986a,b,c] 中找到, 其中还考虑了 $\rho(x) = (x-a)^\mu(b-x)^\nu$ 的情形 —— 也见 Samko and Murdaev [1987].

§ 14　实变函数的分数阶积分-微分的其他结果

在这部分中, 我们将考虑前面几节未涉及的实变函数理论中的分数阶微积分. 主要包括: 1) 分数阶积分在 L_p 范数下满足 Hölder 条件的函数空间中的映射性质; 2) 加权绝对连续函数的分数阶可微性; 3) 分数阶积分和导数的 Riesz 中值定理和 Kolmogorov 型不等式; 4) 级数可和性与积分的联系.

14.1　Lipschitz 空间 H^λ_p 和 $\tilde{H}^\lambda_p$

设 $\omega_p(f, \delta)$ 为函数 $f(x)$ 的积分连续模 (13.24), 其中 $f(x)$ 在 $[a, b]$ 上定义, 且在区间 $[a, b]$ 外延拓为零.

定义 14.1　如果 $f(x) \in L_p(a, b)$ 且 $\omega_p(f, \delta) \leqslant c\delta^\lambda$, 那么我们说 $f(x) \in H^\lambda_p = H^\lambda_p([a, b])$, 其中 $0 < \lambda \leqslant 1$. 如果 $\delta \to 0$ 时 $\omega_p(f, \delta) = o(\delta^\lambda)$, 那么我们说 $f(x) \in h^\lambda_p = h^\lambda_p([a, b])$.

空间 H^λ_p 和 h^λ_p 通常称为 Lipschitz 空间, 空间 H^λ_p 有时特指 $\mathrm{lip}(\lambda, p)$.

我们考虑 H^λ_p 中函数的性质, 也会给出 H^λ_p 空间中的 Hardy-Littlewood 嵌入定理. 首先, 我们通过强调下述估计来解释定义 14.1,

$$\int_a^{b-\delta} |f(x+\delta) - f(x)|^p dx \leqslant c\delta^{\lambda p}, \tag{14.1}$$

$$\int_a^{a+\delta} |f(x)|^p dx \leqslant c\delta^{\lambda p} \quad \text{和} \quad \int_{b-\delta}^b |f(x)|^p dx \leqslant c\delta^{\lambda p}, \quad \delta > 0. \tag{14.2}$$

Lipschitz 空间可能仅由 (14.1) 式定义, 即不必担心函数 $f(x)$ 在 $[a, b]$ 外的零延拓. 这样的空间将用 $\tilde{H}^\lambda_p$ 表示:

$$\tilde{H}^\lambda_p = \left\{ f(x) : f(x) \in L_p(a, b), \int_a^{b-\delta} |f(x+\delta) - f(x)|^p dx \leqslant c\delta^{\lambda p}, \delta > 0 \right\}, \tag{14.3}$$

所以 $H_p^\lambda \subset \tilde{H}_p^\lambda$. 若将 (14.3) 中的 $O(\delta^{\lambda p})$ 替换为 $o(\delta^{\lambda p})$, 可以类似介绍空间 $\tilde{h}_p^\lambda$.

空间 $\tilde{H}_p^\lambda$ 和 H_p^λ 配置的范数为

$$\|f\|_{\tilde{H}_p^\lambda} = \|f\|_p + \sup_{0<\delta<b-a} \delta^{-\lambda} \left\{ \int_a^{b-\delta} |f(x+\delta) - f(x)|^p dx \right\}^{1/p}, \qquad (14.4)$$

$$\|f\|_{H_p^\lambda} = \|f\|_{\tilde{H}_p^\lambda} + \sup_{0<\delta<b-a} \delta^{-\lambda} \left\{ \left(\int_a^{a+\delta} + \int_{b-\delta}^b \right) |f(x)|^p dx \right\}^{1/p}, \qquad (14.4')$$

所以 $\tilde{H}_p^\lambda$ 和 H_p^λ 为 Banach 空间.

我们注意到 $1 \leqslant p < \infty$ 时 $H^\lambda \to \tilde{H}_p^\lambda$ 和 $1 \leqslant p \leqslant 1/\lambda$ 时 $H^\lambda \to H_p^\lambda$. 嵌入 $H_0^\lambda \to H_p^\lambda$ 对于所有的 $1 \leqslant p < \infty$ 成立, 其中 $H_0^\lambda = H_0^\lambda([a,b])$ 是在点 $x = a$ 和 $x = b$ 处取零的 Hölder 函数空间. (我们用 $X \to Y$ 表示 Banach 空间 X 到 Y 的连续嵌入.) 可以直接验证 $(x-a)^\mu \in H_p^\lambda$ 和 $(x-a)^\mu \in \tilde{H}_p^\lambda$ 当且仅当 $\mu \geqslant \lambda - 1/p$ $(0 < \lambda < 1)$ 和 $\mu > \lambda - 1/p$ $(\lambda = 1)$.

一个自然的问题产生了. 如果 $f(x) \in H_p^\lambda$, 由函数 $f(x)$ 的 λ 阶光滑性是否可以得到 $f(x) \in L_r$, $r > p$? 如果是这样, $f(x)$ 在 L_r 范数中是否具有光滑性, 即, 是否可能有嵌入 $H_p^\lambda \to H_r^\mu$? 这个问题的答案由下面的 Hardy-Littlewood 定理给出, 我们省略它的证明但可参见 §17.1 (§14.1 的注记) 中的参考文献.

定理 14.1　如果 $\lambda p \leqslant 1$, 则在 $1 \leqslant p \leqslant r < q$ 的情形下 $H_p^\lambda \to H_r^\mu$ 和 $\tilde{H}_p^\lambda \to \tilde{H}_r^\mu$, 其中 $q = p/(1-\lambda p)$, $\mu = \lambda - 1/p + 1/r$. 如果 $\lambda p > 1$, 则 $H_p^\lambda \to H_0^{\lambda-1/p}$ 和 $\tilde{H}_p^\lambda \to \tilde{H}^{\lambda-1/p}$.

当 $\lambda p > 1$ 时, 这里在连续函数空间中嵌入常理解为通常的函数等价.

我们注意到由定理 14.1 可得如下推论.

推论　函数 $f(x) \in H_p^\lambda$ 或 $\tilde{H}_p^\lambda$ 是加权 p 次幂可积的:

$$\int_a^b \frac{|f(x)|^p dx}{(x-a)^{\nu p}(b-x)^{\nu p}} \leqslant c\|f\|_{\tilde{H}_p^\lambda}, \qquad (14.5)$$

其中 $f(x) \in H_p^\lambda$ 时 $\nu < \lambda$, $f(x) \in \tilde{H}_p^\lambda$ 时 $\nu < \lambda \leqslant 1/p$.

事实上, 若 $\lambda p \leqslant 1$, 由嵌入 $\tilde{H}_p^\lambda \to L_r$, $p \leqslant r < p/(1 - \lambda p)$, 在附加条件 $p/(1 - \nu p) < r < p/(1 - \lambda p)$ 下, 我们有

$$\int_a^b \frac{|f(x)|^p dx}{(x-a)^{\nu p}(b-x)^{\nu p}} \leqslant \|f\|_{L_r}^p \left\{ \int_a^b \frac{dx}{[(x-a)(b-x)]^{\nu r p/(r-p)}} \right\}^{(r-p)/r}$$

$$\leqslant c\|f\|_{\tilde{H}_p^\lambda}^p.$$

若 $\lambda p > 1$, 由定理 14.1 我们看到 $x \to a$ 时 $|f(x)| \leqslant c(x-a)^{\lambda-1/p}$, $x \to b$ 时类似, 显然 (14.5) 成立.

14.2 分数阶积分在 H_p^λ 空间中的映射性质

粗略地说, 如果移除左端点 $x = a$, 我们将证明在 $\lambda + \alpha < 1$ 的情形下分数阶积分 I_{a+}^α 将空间 H_p^λ 映入 $H_p^{\lambda+\alpha}$. 如果我们想考虑 $x = a$ 点的情形, 那么 $I_{a+}^\alpha : H_p^\lambda \to H_p^{\lambda+\alpha-\varepsilon}$, $\varepsilon > 0$ —— 见定理 14.3. 先考虑简单的情形 $\lambda = 0$, 我们可以证明整个区间 $[a, b]$ 上 I_{a+}^α 从 $H_p^0 = L_p$ 映入 H_p^α 的映射定理 (参见定理 3.6).

定理 14.2 算子 I_{a+}^α 和 I_{b-}^α, $0 < \alpha \leqslant 1$ 对于任意 $p \geqslant 1$ 从 $L_p(a,b)$ 有界映入到 $\tilde{H}_p^\alpha([a,b])$ 内, 对于 $1 \leqslant p \leqslant 1/\alpha$ 有界映入到 $H_p^\alpha([a,b])$.

证明 设 $f(x) = \Gamma(\alpha)I_{a+}^\alpha\varphi$, $\varphi \in L_p(a,b)$. 利用广义 Minkowsky 不等式 (1.33), 我们得到

$$
\left(\int_a^{b-\delta} |f(x+\delta)-f(x)|^p dx\right)^{1/p}
$$
$$
\leqslant \|\varphi\|_p \int_0^\delta (\delta-t)^{\alpha-1}dt + \|\varphi\|_p \int_0^{b-a} [t^{\alpha-1}-(t+\delta)^{\alpha-1}]dt \tag{14.6}
$$
$$
\leqslant c\delta^\alpha\|\varphi\|_p,
$$

所以 $\|f\|_{\tilde{H}_p^\lambda} \leqslant c\|\varphi\|_p$. 为了估计 $1 \leqslant p < 1/\alpha$ 时的范数 $\|f\|_{H_p^\lambda}$, 需要验证条件 (14.2). 我们有

$$
\left(\int_a^{a+\delta} |f(x)|^p dx\right)^{1/p} = \left(\int_0^\delta dx \left|\int_0^x t^{\alpha-1}\varphi(x+a-t)dt\right|^p\right)^{1/p}
$$
$$
\leqslant \int_0^\delta t^{\alpha-1}\left(\int_t^\delta |\varphi(x+a-t)|^p dx\right)^{1/p} dt,
$$

从而

$$
\left(\int_a^{a+\delta} |f(x)|^p dx\right)^{1/p} \leqslant \delta^\alpha\alpha^{-1}\|\varphi\|_p, \quad 1 \leqslant p < \infty, \quad \alpha > 0 \tag{14.7}
$$

—— 见定理 17.2 与此估计相关的内容. 此外, 对于 $J(\delta) = \int_{b-\delta}^b |f(x)|^p dx$, 由 Hardy 不等式 (3.18), 当 $p > 1$ 时我们有

$$
\frac{J\delta}{\delta^{\alpha p}} \leqslant \int_{b-\delta}^b \frac{|f(x)|^p dx}{(b-x)^{\alpha p}} \leqslant c\|\varphi\|_p^p.
$$

如果 $p = 1$, 则

$$J(\delta) \leqslant \int_a^{b-\delta} |\varphi(t)| dt \int_{b-\delta}^b (x-t)^{\alpha-1} dx + \int_{b-\delta}^b |\varphi(t)| dt \int_t^b (x-t)^{\alpha-1} dx \leqslant c\delta^\alpha \|\varphi\|_p,$$

从而定理得证. ∎

注 14.1 如果 $f(x) = I_{a+}^\alpha \varphi$, $\alpha > 0$, $\varphi \in L_p$, 则对于所有 $1 \leqslant p < \infty$, 有 $\int_a^{a+\delta} |f(x)|^p dx \leqslant c\delta^{\alpha p}$. 类似地, 如果 $f = I_{b-}^\alpha \varphi$, $\alpha > 0$, $\varphi \in L_p$, 则对于所有 $1 \leqslant p < \infty$ 有, $\int_{b-\delta}^b |f(x)|^p dx \leqslant c\delta^{\alpha p}$. 对于 I_{a+}^α 在 b 点邻域和 I_{b-}^α 在 a 点邻域, 这些估计只在 $1 \leqslant p < 1/\alpha$ 时成立. 它们可以通过取 $\varphi \equiv 1$ 来验证.

注 14.2 根据定理 14.1 在 $\alpha > 1/p$ 时给出的嵌入 $\tilde{H}_p^\alpha \to H^{\alpha-1/p}$ 知, 定理 14.2 是定理 3.6 的强化版本, 它指出 $\alpha > 1/p$ 时 $I_{a+}^\alpha : L_p \to H^{\alpha-1/p}$.

定理 14.3 设 $1 \leqslant p < \infty$, $\lambda + \alpha < 1$. 则算子 I_{a+}^α 实现了以下连续映射:

$$\tilde{H}_p^\lambda([a,b]) \xrightarrow{I_{a+}^\alpha} \tilde{H}_p^{\lambda+\alpha}([a_1,b]), \quad a_1 > a, \tag{14.8}$$

$$\tilde{H}_p^\lambda([a,b]) \xrightarrow{I_{a+}^\alpha} \tilde{H}_p^{\lambda+\alpha-\varepsilon}([a,b]), \quad 1 \leqslant p \leqslant 1/\lambda. \tag{14.9}$$

如果还有 $\varphi \in H_p^\lambda$ 和不等式

$$\int_{a+\delta}^b \frac{|\varphi(x)|^p dx}{(x-a)^{(1-\alpha)p}} \leqslant c\delta^{(\lambda+\alpha-1)p} \tag{14.10}$$

成立, 则 $I_{a+}^\alpha \varphi \in \tilde{H}_p^{\lambda+\alpha}([a,b])$ 并且满足 (14.2) 的前一个条件.

证明 为了估计差 $f(x+\delta) - f(x)$, 其中 $f(x) = \Gamma(\alpha) I_{a+}^\alpha \varphi$, 我们将使用 (3.4) 中的表示: $f(x+\delta) - f(x) = J_1 + J_2 + J_3$. 这里加数 J_1, J_2 和 J_3 在 (3.4) 中给出, 其中 $g(t)$ 替换为 $\varphi(t)$, h 替换为 δ. 我们有

$$\left\{ \int_a^{b-\delta} |J_2|^p dx \right\}^{1/p} \leqslant \int_0^\delta (\delta-t)^{\alpha-1} dt \left\{ \int_a^{b-\delta} |\varphi(x+t) - \varphi(x)|^p dx \right\}^{1/p}$$

$$\leqslant c\|\varphi\|_{\tilde{H}_p^\lambda} \int_0^\delta t^\lambda (\delta-t)^{\alpha-1} dt \leqslant c_1 \delta^{\lambda+\alpha} \|\varphi\|_{\tilde{H}_p^\lambda}.$$

此外,

$$\left\{ \int_a^{b-\delta} |J_3|^p dx \right\}^{1/p}$$

$$= \left\{ \int_0^{b-a-\delta} dx \left| \int_0^x [\varphi(x+a-t) - \varphi(x+a)][t^{\alpha-1} - (t+\delta)^{\alpha-1}] dt \right|^p \right\}^{1/p}$$

$$\leqslant \int_0^{b-a-\delta} [t^{\alpha-1} - (t+\delta)^{\alpha-1}]dt \left\{ \int_{a+t}^b |\varphi(x-t) - \varphi(x)|^p dx \right\}^{1/p}$$

$$\leqslant c\|\varphi\|_{\tilde{H}_p^\lambda} \int_0^{b-a} t^\lambda [t^{\alpha-1} - (t+\delta)^{\alpha-1}]dt$$

$$= c\|\varphi\|_{\tilde{H}_p^\lambda} \delta^{\lambda+\alpha} \int_0^{(b-a)/\delta} t^\lambda [t^{\alpha-1} - (t+1)^{\alpha-1}]dt$$

$$\leqslant c_1 \delta^{\lambda+\alpha} \|\varphi\|_{\tilde{H}_p^\lambda}.$$

与左端点有关的复杂情况由加数 J_1 产生. 我们有

$$\left\{ \int_{a_1}^{b-\delta} |J_1|^p dx \right\}^{1/p} \leqslant c \left\{ \int_{a_1}^{b-\delta} |\varphi(x)|^p (x-a)^{\alpha p} \left[\left(1 + \frac{\delta}{x-a}\right)^\alpha - 1 \right]^p dx \right\}^{1/p}$$

$$\leqslant c_1 \delta \left\{ \int_{a_1}^b |\varphi(x)|^p dx \right\}^{1/p} \leqslant c_1 \|\varphi\|_p \delta, \tag{14.11}$$

其中 c_1 不依赖于 δ 但依赖于 a_1, 当 $a_1 \to a$ 时 $c_1 \to \infty$. 因此 (14.8) 得证.

为了得到 (14.9), 我们将给出类似 (14.11) 中的估计, 其中包含左端点 $x = a$. 利用不等式 $(1+y)^\alpha - 1 \leqslant cy(1+y)^{\alpha-1}$, 我们得到

$$\left\{ \int_a^{b-\delta} |J_1|^p dx \right\}^{1/p} \leqslant c\delta \left\{ \int_a^b \frac{|\varphi(x)|^p dx}{(x-a+\delta)^{(1-\alpha)p}} \right\}^{1/p}.$$

因为 $(x-a+\delta)^{(1-\alpha)p} \geqslant (x-a)^{(\lambda-\varepsilon)p} \delta^{(1-\lambda-\alpha+\varepsilon)p}$, 其中 $0 < \varepsilon < \min(\lambda, 1-\lambda-\alpha)$, 由 (14.5) 我们得到

$$\left\{ \int_a^{b-\delta} |J_1|^p dx \right\}^{1/p} \leqslant c\delta^{\lambda+\alpha-\varepsilon} \left\{ \int_a^b \frac{|\varphi(x)|^p dx}{(x-a)^{(\lambda-\varepsilon)p}} \right\}^{1/p} \leqslant c_1 \delta^{\lambda+\alpha-\varepsilon} \|\varphi\|_{\tilde{H}_p^\lambda}.$$

现在令 $\varphi \in H_p^\lambda$ 且 (14.10) 满足. 加数 J_1 的估计如下:

$$\left\{ \int_a^{b-\delta} |J_1|^p dx \right\}^{1/p} \leqslant c \left\{ \int_a^{a+\delta} |\varphi(x)|^p [(x-a+\delta)^\alpha - (x-a)^\alpha]^p dx \right\}^{1/p}$$

$$+ c \left\{ \int_{a+\delta}^b |\varphi(x)|^p [(x-a+\delta)^\alpha - (x-a)^\alpha]^p dx \right\}^{1/p}$$

$$\leqslant c\delta^{\lambda+\alpha}\|\varphi\|_{H_p^\lambda} + c\delta\left\{\int_{a+\delta}^b |\varphi(x)|^p(x-a)^{(\alpha-1)p}dx\right\}^{1/p}.$$

应用 (14.10) 即可完成估计, 从而 $I_{a+}^\alpha\varphi \in \tilde{H}_p^{\lambda+\alpha}([a,b])$. 对于 $f = I_{a+}^\alpha\varphi$, 条件 (14.2) 中的前者容易直接验证得到. ∎

注 14.3　类似定理 3.6 的推论, 可以证明定理 14.3 对于空间 h_p^λ 也成立. 也可以证明定理 14.2 对于形式 $L_p(a,b) \xrightarrow{I_{a+}^\alpha} h_p^\alpha([a_1,b]), a_1 > a$ 成立.

由定理 13.5, H_p^λ, $\lambda > \alpha$ 中的函数可以用 L_p-函数的 α 阶分数阶积分表示:

$$H_p^\lambda \subset I^\alpha[L_p(a,b)], \quad \lambda > \alpha, \quad 1 < p < 1/\alpha. \tag{14.12}$$

现在相比定理 13.5, 根据定理 13.4, (13.22) 中条件的验证可以更为准确

$$\left\{\int_{a+\varepsilon}^b |\psi_\varepsilon(x)|^p dx\right\}^{1/p} \leqslant \int_\varepsilon^{b-a} \frac{dt}{t^{1+\alpha}}\left\{\int_a^{b-t} |f(x+t)-f(x)|^p dx\right\}^{1/p},$$

上式也表明

$$\tilde{H}_p^\lambda \subset I^\alpha[L_p(a,b)], \quad \lambda > \alpha, \quad 1 < p < 1/\alpha. \tag{14.13}$$

我们通过给出以下定理使嵌入 (14.13) 更精确.

定理 14.4　设 $f(x) \in \tilde{H}_p^\lambda([a,b])$, $\lambda > \alpha, 1 < p < 1/\alpha$. 则 $f(x) = I_{a+}^\alpha\varphi$, 其中 $\lambda \leqslant 1/p$ 时 $\varphi = \mathbf{D}_{a+}^\alpha f \in \tilde{H}_p^{\lambda-\alpha}([a,b])$, $\lambda > 1/p$ 时 $\varphi(x) - \dfrac{f(a)}{\Gamma(1-\alpha)}\dfrac{1}{(x-a)^\alpha} \in \tilde{H}_p^{\lambda-\alpha}([a,b])$.

这个定理的证明可以模仿证明引理 13.1 时使用的估计, 唯一的区别是式 (13.38) 中的项 I_1, I_2 和 I_3 不在一致范数下估计, 而是借助于 Minkowsky 不等式 (1.33) 在 L_p 范数下估计. 相应的步骤并不难, 所以省略. 我们应考虑到这样一个事实: 只有在 $\lambda \leqslant 1/p$ 的情形下 $(x-a)^{-\alpha} \in \tilde{H}_p^{\lambda-\alpha}$.

推论　分数阶分部积分公式 (2.64) 对于函数

$$f(x) \in \tilde{H}_p^\lambda, \quad g(x) \in H_q^\lambda, \quad \lambda > \alpha, \quad 1/p + 1/q \leqslant 1 + \alpha$$

也成立.

14.3　在整条直线上有定义且在每个有限区间内属于 H_p^λ 的函数的分数阶积分 和导数

现在我们假定函数 $\varphi(x)$ 定义在整条实直线上, 在函数 φ 和 f 的 H_p^λ 行为信息是局部的情况下研究分数阶积分 I_+^α 在空间 H_p^λ 中的行为, 所考虑的分数阶积

分有无穷积分限. 这种问题的提出使我们能够避免区间端点的影响 —— 比较定理 14.6、定理 14.7、定理 14.3 和定理 14.4. 下面考虑的分数阶积分认为是常规收敛的:

$$I_+^\alpha \varphi = \frac{1}{\Gamma(\alpha)} \lim_{N \to \infty} \int_{x-N}^x \frac{\varphi(t)dt}{(x-t)^{1-\alpha}}. \tag{14.14}$$

当我们允许函数 $\varphi(t)$ 不必在无穷远处为零时 (特别地, 它们可能是周期的), 这种积分的解释是必要的. 因此将在以下定理 14.5—定理 14.7 中假定极限 (14.14) 存在. 下面, 我们将在 § 19 中看到 (14.14) 确实存在, 并且在选择 $N = 2\pi n$, $n = 0, 1, 2, \cdots$ 下, 若 $\int_0^{2\pi} \varphi(t)dt = 0$, 其在 2π 周期函数上是常规收敛的.

定理 14.5　设 Ω 是一个长度为 l 的任意区间, $\varphi(x)$ 满足条件

$$\int_\Omega |\varphi(x)|^p dx \leqslant c, \quad 1 \leqslant p \leqslant \infty, \tag{14.15}$$

其中 $c = c(l)$ 不依赖 Ω 的位置, 且 $f(x) = I_+^\alpha \varphi$, $0 < \alpha < 1$, 对几乎所有 x 存在极限 (14.14). 则对于任意区间 $[a, b]$, 长度 $|b - a| \leqslant l$,

$$\int_a^b |f(x) - f(x+h)|^p dx = o(h^{\alpha p}), \quad h \to 0. \tag{14.16}$$

证明　我们有 $\Gamma(\alpha)f(x) = \int_{-\infty}^x \varphi(t)(x-t)^{\alpha-1}dt = \int_{x-dh}^x + \int_{x-Nh}^{x-dh} + \int_{-\infty}^{x-Nh}$ $= f_1 + f_2 + f_3$, 其中 $d > 0$ 和 $N > 0$ 为常数, 将在后面给出不同的选择. 设 $\Delta f = f(x) - f(x+h)$. 只需证明对于所有固定的 d 和 N 有

$$\int_a^b |\Delta f_2|^p dx = o(h^{\alpha p}), \tag{14.17}$$

以及对于所有 $0 < h \leqslant 1$、充分小的 d 和充分大的 N 有

$$\int_a^b |\Delta f_1|^p dx \leqslant \varepsilon h^{\alpha p}, \quad \int_a^b |\Delta f_3|^p dx \leqslant \varepsilon h^{\alpha p}. \tag{14.18}$$

我们有

$$\Delta f_2 = \int_{x-Nh}^{x-dh} (x-t)^{\alpha-1} [\varphi(t) - \varphi(t+h)]dt$$

$$= O(h^{\alpha-1}) \int_{x-Nh}^{x-dh} |\varphi(t) - \varphi(t+h)|dt.$$

因此

$$\int_a^b |\Delta f_2|^p dx \leqslant ch^{\alpha p-1} \int_a^b dx \int_{x-Nh}^{x-dh} |\varphi(t)-\varphi(t+h)|^p dt$$

$$\leqslant ch^{\alpha p-1} \int_{a-Nh}^{b-dh} |\varphi(t)-\varphi(t+h)|^p dt \int_{t+dh}^{t+Nh} dx \quad (14.19)$$

$$= c_1 h^{\alpha p} \int_{a-Nh}^{b-dh} |\varphi(t)-\varphi(t+h)|^p dt.$$

由 (14.15) 可知, 对于固定的 d, N 和充分小的 h, $\varphi(t)$, $\varphi(t+h) \in L_p(a-Nh, b-dh)$. 则根据 (1.34), 由 (14.19) 推得 (14.17).

为了得到 (14.18) 中的前一个不等式, 只需证明 $\int_a^b |f_1(x)|^p dx \leqslant \varepsilon h^{\alpha p}$ 以及关于 $f_1(x-h)$ 类似的关系式. 由 (14.15) 我们有

$$\left(\int_a^b |f_1(x)|^p dx \right)^{1/p} \leqslant \int_0^{dh} t^{\alpha-1} dt \left(\int_a^b |\varphi(x-t)|^p dx \right)^{1/p}$$

$$\leqslant \frac{(dh)^\alpha}{\alpha} \left(\int_{a-dh}^b |\varphi(x)|^p dt \right)^{1/p} \leqslant \varepsilon^{1/p} h^\alpha,$$

其中, 选择 d 充分小. 积分 $\int_a^b |f_1(x-h)|^p dx$ 可以类似地估计. 最后,

$$\Delta f_3 = \int_{Nh+h}^{\infty} \varphi(x-t)[t^{\alpha-1}-(t-h)^{\alpha-1}]dt + \int_{Nh}^{Nh+h} \varphi(x-t)t^{\alpha-1}dt$$

$$= I_1 + I_2.$$

结合 (14.15), 如果 N 充分大, 我们有

$$\left(\int_a^b |I_1(x)|^p dx \right)^{1/p} \leqslant \int_{Nh+h}^{\infty} [(t-h)^{\alpha-1}-t^{\alpha-1}]dt \left(\int_a^b |\varphi(x-t)|^p dx \right)^{1/p}$$

$$\leqslant ch^\alpha \int_{N+1}^{\infty} [(t-1)^{\alpha-1}-t^{\alpha-1}]dt \leqslant \varepsilon^{1/p} h^\alpha.$$

此外,

$$\left(\int_a^b |I_2(x)|^p dx \right)^{1/p} \leqslant (Nh)^{\alpha-1} h^{1-1/p} \left(\int_a^b dx \int_{Nh}^{Nh+h} |\varphi(x-t)|^p dt \right)^{1/p}$$

$$\leqslant N^{\alpha-1}h^{\alpha-1/p}\left(\int_{a-Nh-h}^{b-Nh}|\varphi(t)|^p dt\int_{t+Nh}^{t+Nh+h}dx\right)^{1/p}$$

$$= N^{\alpha-1}h^{\alpha}\left(\int_{a-Nh-h}^{b-Nh}|\varphi(t)|^p dt\right)^{1/p}.$$

因此利用 (14.15), 当 N 充分大时, 我们得到估计 $\left(\int_a^b|I_2(x)|^p dx\right)^{1/p}\leqslant cN^{\alpha-1}h^{\alpha}$

$\leqslant \varepsilon^{1/p}h^{\alpha}$. 于是定理得证. ∎

定理 14.6　设对于几乎所有 x, $f(x)=I_+^{\alpha}\varphi$ 作为极限 (14.14) 存在, 且对于 a 和 b, $\varphi(x)$, $\varphi(x-h)\in L_p(a,b)$. 如果

$$\int_a^b|\varphi(x)-\varphi(x-h)|^p dx\leqslant ch^{\lambda p}, \tag{14.20}$$

$$1\leqslant p\leqslant\infty,\quad 0<\lambda<1,$$

则对于上述的 a 和 b, 下式成立

$$\int_a^b|f(x)-f(x-h)|^p dx\leqslant c_1 h^{(\lambda+\alpha)p},\quad \lambda+\alpha<1, \tag{14.21}$$

其中 c_1 只依赖于 c.

证明　对于 $\Delta f=f(x)-f(x-h)$, 我们有

$$\Gamma(\alpha)\Delta f=\int_h^{\infty}[\varphi(x)-\varphi(x-t)][(t-h)^{\alpha-1}-t^{\alpha-1}]dt$$

$$-\int_0^h[\varphi(x)-\varphi(x-t)]t^{\alpha-1}dt=J_1+J_2.$$

简单估计后可得

$$\left(\int_a^b|J_1|^p dx\right)^{1/p}\leqslant c\int_h^{\infty}[(t-h)^{\alpha-1}-t^{\alpha-1}]dt\left(\int_a^b|\varphi(x)-\varphi(x-t)|^p dx\right)^{1/p}$$

$$\leqslant c\int_0^{\infty}t^{\lambda}[(t+h)^{\alpha-1}-t^{\alpha-1}]dt=c_1 h^{\lambda+\alpha}.$$

类似地,

$$\left(\int_a^b|J_2|^p dx\right)^{1/p}\leqslant\int_0^h t^{\alpha-1}dt\left(\int_a^b|\varphi(x)-\varphi(x-t)|^p dx\right)^{1/p}\leqslant ch^{\lambda+\alpha}.$$

∎

在下面的定理中, Marchaud 分数阶导数视为空间 $L_p(a, b)$ 中的一个极限

$$\mathbf{D}_+^\alpha f = \lim_{\varepsilon \to 0} (\mathbf{D}_{+,\varepsilon}^\alpha f)(x), \quad a \leqslant x \leqslant b, \tag{14.22}$$

其中 $\mathbf{D}_{+,\varepsilon}^\alpha f$ 为截断的 Marchaud 分数阶导数 (5.59).

定理 14.7 设 $f(x)$, $-\infty < x < \infty$ 满足条件 (14.15). 如果

$$\int_a^b |f(x) - f(x - h)|^p dx \leqslant ch^{\lambda p}, \quad 0 < \alpha < \lambda < 1, \tag{14.23}$$

则极限 (14.22) 存在. 如果除此之外对于所有充分小的 $d > 0$ 以及不依赖于 d 的常数 c, 有

$$\int_{a-d}^{b-d} |f(x) - f(x - h)|^p dx \leqslant ch^{\lambda p}, \tag{14.24}$$

则有

$$\int_a^b |\varphi(x) - \varphi(x - h)|^p dx \leqslant ch^{(\lambda - \alpha)p}, \quad \varphi = \mathbf{D}_+^\alpha f. \tag{14.25}$$

证明 首先我们注意到通过使用 (14.15) (应用在函数 f 上) 和 (14.23), 容易得到 $\mathbf{D}_{+,\varepsilon}^\alpha f \in L_p(a, b)$. 我们来证明序列 $\varphi_\varepsilon = \mathbf{D}_{+,\varepsilon}^\alpha f$ 是 $L_p(a, b)$ 中的基本列. 对于 $\varepsilon_1 < \varepsilon_2$, 我们有

$$\int_a^b |\varphi_{\varepsilon_1}(x) - \varphi_{\varepsilon_2}(x)|^p dx \leqslant \int_a^b dx \left(\int_{\varepsilon_1}^{\varepsilon_2} |f(x) - f(x - t)| t^{-\alpha - 1} dt \right)^p$$

$$= \int_a^b dx \left(\int_{\varepsilon_1}^{\varepsilon_2} |f(x) - f(x - t)| t^{-\alpha - \delta - 1/p} t^{\delta - 1/p'} dt \right)^p \tag{14.26}$$

$$\leqslant \left(\int_{\varepsilon_1}^{\varepsilon_2} t^{-1 + \delta p'} dt \right)^{p-1} \left(\int_a^b dx \int_{\varepsilon_1}^{\varepsilon_2} |f(x) - f(x - t)|^p t^{-p\alpha - 1 - p\delta} dt \right),$$

其中 $\delta > 0$; 根据 (14.23), 选择 $0 < \delta < \lambda - \alpha$, 我们看到 (14.26) 由下式控制

$$o(1) \int_{\varepsilon_1}^{\varepsilon_2} t^{-p\alpha - 1 - p\delta} dt \int_a^b |f(x) - f(x - t)|^p dx = o(1) \int_{\varepsilon_1}^{\varepsilon_2} t^{p(\lambda - \alpha - \delta) - 1} dt = o(1).$$

因此极限 (14.22) 存在. 此外, 对于 $\varphi = \mathbf{D}_+^\alpha f$, 我们有

$$\frac{\Gamma(1 - \alpha)}{\alpha} [\varphi(x) - \varphi(x - h)]$$

$$= \int_h^\infty [f(x - t) - f(x - h)][(t - h)^{-\alpha - 1} - t^{-\alpha - 1}] dt$$

$$+ \int_h^\infty [f(x) - f(x-h)]t^{-\alpha-1}dt$$

$$+ \int_0^h [f(x) - f(x-h)]t^{-\alpha-1}dt$$

$$= I_1 + I_2 + I_3.$$

利用 (14.23), 简单估计后得到

$$\left(\int_a^b |I_1|^p dx \right)^{1/p}$$

$$\leqslant \int_h^\infty [(t-h)^{-1-\alpha} - t^{-1-\alpha}]dt \left(\int_a^b |f(x-h) - f(x-t)|^p dx \right)^{1/p}$$

$$\leqslant c \int_h^\infty [(t-h)^{-1-\alpha} - t^{-1-\alpha}](t-h)^\lambda dt = c_1 h^{\lambda-\alpha}.$$

I_2 的估计是显然的, 至于 I_3, 由 (14.23) 我们得到

$$\left(\int_a^b |I_3|^p dx \right)^{1/p} \leqslant \int_0^h t^{-1-\alpha}dt \left(\int_a^b |f(x) - f(x-t)|^p dx \right)^{1/p} \leqslant ch^{\lambda-\alpha}.$$

从而定理得证. ∎

注 14.4 在定理 14.6 和定理 14.7 中, 我们考虑的是 O 型结论. 不难证明它们对于 o 型也成立.

14.4 绝对连续函数的分数阶导数

前面已经确定 —— 引理 2.2 —— 绝对连续函数 $f(x)$ 几乎处处存在 $\alpha \in (0,1)$ 阶分数阶导数, 并且有等式 (2.24)—(2.25). 这里我们将这些结论推广到更大的函数空间, 其中的函数具有如下形式,

$$f(x) = \frac{f^*(x)}{(x-a)^\mu (b-x)^\nu}, \quad \mu, \nu \in [0, 1-\alpha), \tag{14.27}$$

其中 $f^*(x) \in AC([a,b])$.

定理 14.8 形式为 (14.27) 的函数可表示为可和函数 $\varphi \in L_1(a,b)$ 的分数阶积分 $f = I_{a+}^\alpha \varphi$ 或 $f = I_{b-}^\alpha \varphi$.

证明 简单起见, 我们的考虑限制在 $\nu = 0$ 的情况, 一般情况可以简化为这种情况. 因为 $f^*(x) \in AC([a,b])$, 则 $f^*(x) = f^*(a) + \int_a^x \psi(t)dt$, 其中 $\psi(t) \in L_1$.

因为函数 $f^*(a)(x-a)^{-\mu}$ 可以表示为函数 $\mathrm{const}(x-a)^{-\mu-\alpha} \in L_1$ 的分数阶积分, 我们需要证明函数 $(x-a)^{-\mu}\int_a^x \psi(t)dt$ 可以表示为定理所要求的形式. 令 $\varphi(x) = \int_a^x \psi(s)A(x,s)ds$, 其中

$$A(x,s) = \frac{\partial}{\partial x}\int_s^x (\xi-a)^{-\mu}(x-\xi)^{-\alpha}d\xi$$

$$= (s-a)^{-\mu}(x-s)^{-\alpha} - \mu\int_0^{x-s} \frac{d\xi}{(x-a-\xi)^{1+\mu\xi\alpha}}.$$

并验证, 得

$$(x-a)^{-\mu}\int_a^x \psi(t)dt = \frac{\sin\alpha\pi}{\pi}\int_a^x \frac{\varphi(t)}{(x-t)^{1-\alpha}}dt. \tag{14.28}$$

我们先来确定 $\varphi(x) \in L_1(a,b)$. 事实上 $\|\varphi\|_{L_1} \leqslant \int_a^b |\psi(s)|ds\int_s^b |A(x,s)|dx$. 我们来证明 $\int_a^b |A(x,s)|dx \leqslant \mathrm{const}$. 因为 $A(x,a) = (1-\mu-a)\mathrm{B}(1-\mu,1-\alpha)(x-a)^{-\mu-\alpha}$ 且 $\frac{\partial}{\partial s}A(x,s) = \alpha(s-\alpha)^{-\mu}(x-s)^{-\alpha-1} > 0$, 则对所有的 $a < s < x$, $A(x,s) > 0$. 所以

$$\int_s^b A(x,s)dx$$

$$= (s-a)^{-\mu}\int_s^b (x-s)^{-\alpha}dx - \mu\int_s^b dx\int_s^x \frac{d\xi}{(\xi-s)^\alpha(x+s-a-\xi)^{1+\mu}}$$

$$= \frac{(s-a)^{-\mu}(b-s)^{1-\alpha}}{1-\alpha} + \int_s^b \frac{(b+s-a-\xi)^{-\mu}-(s-a)^{-\mu}}{(\xi-s)^\alpha}d\xi$$

$$= \int_s^b \frac{d\xi}{(\xi-s)^\alpha(b-a+s-\xi)^\mu} \leqslant \mathrm{const}.$$

为了验证 (14.28), 我们有

$$\int_a^x \frac{\varphi(t)dt}{(x-t)^{1-\alpha}} = \int_a^x \psi(s)ds\int_s^x \frac{A(t,s)}{(x-t)^{1-\alpha}}dt.$$

现在只剩下估计内部积分

$$\int_s^x \frac{A(t,s)dt}{(x-t)^{1-\alpha}} = \frac{1}{(s-\alpha)^\mu} \frac{\pi}{\sin\alpha\pi} - \mu \int_s^x \frac{dt}{(x-t)^{1-\alpha}} \int_s^t \frac{d\xi}{(t-\xi)^\alpha(\xi-a)^{1+\mu}}$$

$$= \frac{1}{(s-\alpha)^\mu} \frac{\pi}{\sin\alpha\pi} - \mu \int_s^x \frac{d\xi}{(\xi-a)^{1+\mu}} \frac{\pi}{\sin\alpha\pi}$$

$$= \frac{\pi}{\sin\alpha\pi} (x-a)^{-\mu},$$

这样就得到了 (14.28), 从而证明了函数 $f(x)$ 的分数阶积分的可表示性. ∎

定理 14.9 形式为 (14.27) 的函数的分数阶导数有如下公式

$$\mathcal{D}_{a+}^\alpha f = \frac{1}{\Gamma(1-\alpha)(x-a)} \int_a^x \frac{(1-\alpha)f(t) + (t-a)f'(t)}{(x-t)^\alpha} dt, \tag{14.29}$$
$$0 < \alpha < 1,$$

$$\mathcal{D}_{b-}^\alpha f = \frac{1}{\Gamma(1-\alpha)(x-a)} \int_x^b \frac{(1-\alpha)f(t) - (b-t)f'(t)}{(t-x)^\alpha} dt. \tag{14.30}$$

证明 我们记 $\varphi = \mathcal{D}_{a+}^\alpha f$. 由定理 14.8, $\varphi \in L_1$ 且 $f = I_{a+}^\alpha \varphi$. 我们也引入函数 $\varphi_1(x) = (x-a)\varphi(x)$ 并考虑其分数阶积分

$$I_{a+}^\alpha \varphi_1 = \frac{1}{\Gamma(\alpha)} \int_a^x \frac{(t-x)\varphi(t)}{(x-t)^{1-\alpha}} dt + \frac{1}{\Gamma(\alpha)} \int_a^x \frac{(x-a)\varphi(t)}{(x-t)^{1-\alpha}} dt$$

$$= -\alpha I_{a+}^{\alpha+1}\varphi + (x-a)(I_{a+}^\alpha\varphi)(x).$$

利用分数阶积分的半群性质我们得到

$$(I_{a+}^\alpha \varphi_1)(x) = -\alpha \int_a^x f(t)dt + (x-a)f(x) \overset{\text{def}}{=} f_1(x). \tag{14.31}$$

此处的右端是 $[a, b-\delta]$, $\delta > 0$ 上的绝对连续函数. 第一项是显然的, 第二项可从等式 $(x-a)f(x) = (x-a)^{1-\nu}(b-x)^{-\nu}f^*(x)$ 中得到, 因为所有的因子在 $[a, b-\delta]$, $\delta > 0$ 上都是绝对连续的. 则根据引理 2.2, (14.31) 关于 φ_1 可解并且

$$\varphi_1(x) = \frac{1}{\Gamma(1-\alpha)} \int_a^x \frac{f_1'(t)dt}{(x-a)^\alpha}.$$

这就是 (14.29). (14.30) 可类似地证明. ∎

注 14.5 方程 (14.29) 和 (14.30) 可推广到 $\alpha > 1$:

$$\mathcal{D}_{a+}^\alpha f = \frac{1}{\Gamma(n-\alpha)(x-a)^n} \int_a^x \frac{(t-a)^\alpha[(t-a)^{n-\alpha}f(t)]^{(n)}}{(x-t)^{\alpha-n+1}} dt, \tag{14.32}$$

其中 $n = [\alpha] + 1$, $\alpha \neq 1, 2, 3, \cdots$, 这与定理 14.9 证明类似.

14.5　分数阶积分和导数的 Riesz 中值定理及不等式

设函数 $\varphi(x)$ 是半轴上 $x \geqslant a$ 的给定函数. 下面的定理称为分数阶积分的 Riesz 中值定理 (或平均值定理).

定理 14.10　设 $0 < \alpha < 1$, $\varphi(x) \in L_1(a,b)$ 且

$$f(x) = (I_{a+}^\alpha \varphi)(x) \in C([a,b]), \quad f(a) = 0. \tag{14.33}$$

则对于给定的 $x > b$, 存在 $\tau \in [a,b)$ 使得

$$\int_a^b (x-t)^{\alpha-1}\varphi(t)dt = \int_a^\tau (\tau-t)^{\alpha-1}\varphi(t)dt \tag{14.34}$$

或 (两者等价)

$$(I_{a+}^\alpha \varphi)(x) - (I_{b+}^\alpha \varphi)(x) = (I_{a+}^\alpha \varphi)(\tau). \tag{14.35}$$

后者假设 $\varphi(t)$ 在 $[a,b]$ 外可积.

证明　以下等式成立

$$\int_a^b \varphi(t)(x-t)^{\alpha-1}dt = \frac{(x-b)^\alpha}{\Gamma(1-\alpha)} \int_a^b \frac{f(u)du}{(x-u)(b-u)^\alpha}, \quad x > b. \tag{14.36}$$

通过将 $I_{a+}^\alpha \varphi$ 代入右端, 交换积分顺序, 然后利用 (11.4) 计算内积分可以直接验证. 因为函数 $(x-u)^{-1}(b-u)^{-\alpha}$ 对于 $u \in [a,b]$ 不改变符号, 根据第一积分中值定理——Nikol'skii [1983a, p. 363]——作变量替换 $b - u = (x-b)s(1-s)^{-1}$ 后我们得到

$$\frac{1}{\Gamma(\alpha)} \int_a^b \varphi(t)(x-t)^{\alpha-1}dt = f(\tau_1)M(x), \quad a \leqslant \tau_1 \leqslant b, \tag{14.37}$$

其中

$$\begin{aligned}
M(x) &= \frac{(x-b)^\alpha \sin \alpha\pi}{\pi} \int_a^b \frac{du}{(x-u)(b-u)^\alpha} \\
&= \frac{\sin \alpha\pi}{\pi} \int_0^{(b-a)/(x-a)} \frac{ds}{s^\alpha(1-s)^{1-\alpha}}.
\end{aligned} \tag{14.38}$$

因为 $0 < M(x) < 1$ 且 $f(x)$ 连续, 所以存在 $\tau \in [a,\tau_1]$ 使得 $f(\tau_1)M(x) = f(\tau)$. 因此 (14.34) 得证, 从而得到了 (14.35). ■

推论 1　设 $\varphi(t)$ 满足定理 14.10 中的假设. 则

$$\left| \int_a^b (x-t)^{\alpha-1}\varphi(t)dt \right| \leqslant \max_{\xi \in [a,b]} \left| \int_a^\xi (\xi-t)^{\alpha-1}\varphi(t)dt \right|, \quad x > b. \tag{14.39}$$

推论 2　设 $\varphi(t) \in L_1(a,b)$. 则

$$\left| \int_a^b (x-t)^{\alpha-1} \varphi(t) dt \right| \leqslant \operatorname*{ess\,sup}_{\xi \in [a,b]} \left| \int_a^\xi (\xi-t)^{\alpha-1} \varphi(t) dt \right|, \quad x > b. \tag{14.40}$$

事实上, (14.39) 可直接从 (14.34) 推导出来, 而 (14.40) 可从 (14.36) 中推得, 不需要附加条件 (14.33), 因为

$$\int_a^b |M'(t)| dt = -\int_a^b M'(t) dt = M(a) < 1.$$

我们现在应用定理 14.10 得到分数阶积分的一些不等式.

定理 14.11　设对任意 $N > a$, $\varphi(x) \in L_1(a,N)$. 如果

$$|\varphi(x)| \leqslant V(x), \quad |(I_{a+}^\alpha \varphi)(x)| \leqslant W(x), \quad x > a, \tag{14.41}$$

其中 $V(x)$ 和 $W(x)$ 为非减函数, 则对于每个 β, $0 < \beta < \alpha$, 不等式

$$|(I_{a+}^\beta \varphi)(x)| \leqslant c[V(x)]^{1-\beta/\alpha}[W(x)]^{\beta/\alpha} \tag{14.42}$$

成立, 其中 c 不依赖于 x 和 β.

证明　先从 $0 < \alpha < 1$ 开始. 我们有

$$\Gamma(\beta)(I_{a+}^\beta \varphi)(x) = \int_a^\xi (x-t)^{\beta-1} \varphi(t) dt + \int_\xi^x (x-t)^{\beta-1} \varphi(t) dt$$
$$= I_1 + I_2, \tag{14.43}$$

其中点 ξ 的选择如下:

$$\xi = \begin{cases} x - [W(x)/V(x)]^{1/\alpha}, & \text{如果 } x > a + [W(x)/V(x)]^{1/\alpha}, \\ a, & \text{如果 } x < a + [W(x)/V(x)]^{1/\alpha}. \end{cases} \tag{14.44}$$

所以如果 $x < a + [W(x)/V(x)]^{1/\alpha}$, $I_1 = 0$. 我们注意到, 下式始终成立:

$$0 < x - \xi \leqslant [W(x)/V(x)]^{1/\alpha}. \tag{14.45}$$

根据 $V(x)$ 的单调性, 我们有

$$|I_2| \leqslant \int_\xi^x V(t)(x-t)^{\beta-1} dt \leqslant \beta^{-1} V(x)(x-\xi)^\beta,$$

然后由 (14.45) 得

$$|I_2| \leqslant \frac{1}{\beta} V(x) \left[\frac{W(x)}{V(x)} \right]^{\beta/\alpha} = \frac{1}{\beta} [V(x)]^{1-\beta/\alpha} [W(x)]^{\beta/\alpha}. \tag{14.46}$$

此外, $I_1 = \int_a^\xi \varphi(t)(x-t)^{\alpha-1}(x-t)^{\beta-\alpha}dt$, 并且因为 $(x-t)^{\beta-\alpha}$ 对于固定的 x 在 $[a,\xi]$ 上递增, 所以根据第二积分中值定理 —— Nikol'skii [1983a, p. 368] —— 我们有

$$I_1 = (x-\xi)^{\beta-\alpha} \int_u^\xi \varphi(t)(x-t)^{\alpha-1}dt, \quad 0 \leqslant u \leqslant \xi. \tag{14.47}$$

对 (14.47) 应用 (14.40), 我们得

$$|I_1| \leqslant (x-\xi)^{\beta-\alpha} \Gamma(\alpha) \operatorname*{ess\,sup}_{y \in [u,\xi]} |(I_{a+}^\alpha \varphi)(y)|$$

$$\leqslant \Gamma(\alpha)(x-\xi)^{\beta-\alpha} W(\xi).$$

因此, 考虑到 (14.44) 和函数 $W(\xi)$ 的单调性, 可以看到

$$|I_1| \leqslant \Gamma(\alpha) \left[\frac{W(x)}{V(x)} \right]^{(\beta-\alpha)/\alpha} W(x)$$

$$= \Gamma(\alpha)[V(x)]^{1-\beta/\alpha} [W(x)]^{\beta/\alpha}. \tag{14.48}$$

所以根据估计式 (14.46) 和 (14.48), 我们可以由 (14.43) 得到不等式 (14.42), 其中常数 $c = \dfrac{1}{\beta\Gamma(\beta)} + \dfrac{\Gamma(\alpha)}{\Gamma(\beta)}$. 根据 Gamma 函数的性质, 它由不依赖 β 的常数控制.

现在令 $\alpha > 1$. 我们选择一个整数 n, 使得 $\alpha/n < 1/2$ 并且令 $\alpha_n = \alpha k/n$, $k = 1, 2, \cdots, n-1$. 我们记 $f_\beta(x) = \max\limits_{a \leqslant t \leqslant x} |(I_{a+}^\beta \varphi)(t)|$ 并且使用定理已经证得的情况 $0 < \alpha < 1$, 分别用 $f_{\alpha_{k-1}}, f_{\alpha_k}$ 和 $f_{\alpha_{k+1}}$ 代替 $V, I_{a+}^\beta \varphi$ 和 W:

$$f_{\alpha_k}(x) \leqslant c\sqrt{f_{\alpha_{k-1}}(x)f_{\alpha_{k+1}}(x)}, \quad k = 1, 2, \cdots, n-1,$$

其中 $f_{\alpha_0} = V, f_{\alpha_n} = W$. 我们将 $k = 1, 2, \cdots, l-1, l, l+1, \cdots, (n-2), (n-1)$ 时的不等式提出来并分别作如下次幂

$$(n-l), 2(n-l), \cdots, (l-1)(n-l), l(n-l), l(n-l-1), \cdots, 2l, l.$$

将这些不等式相乘我们得到

$$f_{\alpha_l}(x) \leqslant c_1 [V(x)]^{1-\alpha_l/\alpha}[W(x)]^{\alpha_l/\alpha}, \qquad (14.49)$$

因此对于 $\beta = \alpha_1, \cdots, \alpha_{n-1}$, (14.42) 得证. 因为对于任意 $\beta \in (0, \alpha)$, 存在 $l = 1, 2, \cdots, n-1$ 使得 $0 < \beta - \alpha_l < 1$, 则 $I_{a+}^\beta \varphi = I_{a+}^{\beta-\alpha_l} I_{a+}^{\alpha_l} \varphi$. 因此, 再次利用已证得的关于小 α 的定理, 容易推导出任意 $\beta \in (0, \alpha)$ 的情形. ∎

推论 设 $\varphi_\alpha(x)$ 表示分数阶积分的单调控制函数 (或单调强函数):

$$\varphi_\alpha(x) = \sup_{0<t<x} |(I_{0+}^\alpha \varphi)(t)|, \quad \varphi(x) \in L_1(0, l), \quad \alpha \geqslant 0.$$

则

$$\varphi_\beta(x) \leqslant c[\varphi_0(x)]^{l-\beta/\alpha}[\varphi_\alpha(x)]^{\beta/\alpha}, \quad 0 < \beta < \alpha, \qquad (14.50)$$

其中 c 不依赖于 $\varphi(x)$.

注 14.6 定理 14.11 在 o 型的情况下也成立: 如果 $x \to \infty$ 时, $\varphi(x)/V(x) \to 0$ 和 $|(I_{a+}^\alpha \varphi)(x)| \leqslant W(x)$ 成立, 或者 $|\varphi(x)| \leqslant V(x)$ 和 $(I_{a+}^\alpha \varphi)(x)/W(x) \to 0$ 成立, 则对于 $0 < \beta < \alpha$,

$$(I_{a+}^\beta \varphi)(x)/[V(x)]^{1-\beta/\alpha}[W(x)]^{\beta/\alpha} \to 0. \qquad (14.51)$$

这一结论的证明由 Riesz [1922-1923] 给出.

我们现在给出定理 14.11 的一个重要重述.

定理 14.11′ 设对于每个 $N > a$, $f(x) \in I_{a+}^\alpha[L_1(a, N)], \alpha > 0$. 如果

$$|f(x)| \leqslant W(x), \quad |(\mathcal{D}_{a+}^\alpha f)(x)| \leqslant V(x), \quad x > a,$$

其中 $W(x)$ 和 $V(x)$ 是非减函数, 则在 $0 < \gamma < \alpha$ 的情况下

$$|(\mathcal{D}_{a+}^\gamma f)(x)| \leqslant c[V(x)]^{\gamma/\alpha}[W(x)]^{1-\gamma/\alpha}. \qquad (14.52)$$

定理的证明可在定理 14.11 中改写 $I_{a+}^\alpha \varphi = f$ 和 $\beta - \alpha = -\gamma$ 后得到.

推论 设对于每个 $N > 0$, $f(x) \in I_{0+}^\alpha[L_1(0, N)]$. 如果 $f(x)$ 和 $\mathcal{D}_{0+}^\alpha f$ 在半轴 $R_+^1 = (0, \infty)$ 上有界, 则在 $0 \leqslant \gamma \leqslant \alpha$ 的情况下

$$\|\mathcal{D}_{0+}^\gamma f\|_{C(R_+^1)} \leqslant \kappa \|f\|_{C(R_+^1)}^{1-\gamma/\alpha} \|\mathcal{D}_{0+}^\alpha f\|_{L_\infty(R_+^1)}^{\gamma/\alpha}. \qquad (14.53)$$

通过高阶导数和函数本身估计中间导数的不等式通常称为 Kolmogorov 不等式. 因此 (14.53) 是分数阶 Kolmogorov 型不等式.

我们不在此处讨论 (14.53) 中精确常数的问题. 关于分数阶积分和导数的这种和其他不等式的一些额外信息, 包括精确常数, 可在 §17.2 (注记 14.5—注记 14.7) 和 §19.8 中找到.

14.6　分数阶积分与级数和积分的求和

级数的广义求和 (根据 "分数阶" 均值, 也称为 Riesz 均值) 与分数阶积分之间有密切联系. 我们考虑级数 $\sum_{n=1}^{\infty} c_n$, 它不必是收敛的. 对于发散数列, 已有很多求和方法 —— 例如 Hardy [1945]. 它们基于以下事实, 即不考虑部分和

$$C(x) = \sum_{n=1}^{[x]} c_n, \tag{14.54}$$

而考虑它们平均中的一种或另一种, 以及均值 (平均) 的极限 (如果它存在的话) 被称为发散级数的和. 其中一个方法是使用以下形式的平均

$$C^{\alpha}(x) = \frac{\alpha}{x^{\alpha}} \sum_{n=1}^{[x]} (x - n)^{\alpha} c_n, \quad \alpha > 0, \tag{14.55}$$

数

$$s = \lim_{x \to \infty} C^{\alpha}(x) \tag{14.56}$$

称为级数 $\sum_{n=1}^{\infty} c_n$ 的 "和". 均值 (14.55) 称为 Riesz 正态均值. 已知 —— Hardy [1951, p. 115] —— 这种求和方法是正则的, 即收敛级数求和得到的结果即为其通常的和. 等式

$$C^{\alpha}(x) = \frac{\alpha}{x^{\alpha}} \int_0^x C(t)(x - t)^{\alpha - 1} dt \tag{14.57}$$

成立, 其中 $C(t)$ 是部分和 (14.54). 等式 (14.57) 可用分部积分公式验证:

$$\alpha \int_0^x C(t)(x - t)^{\alpha - 1} dt = \int_0^x (x - t)^{\alpha - 1} dC(t) = \sum_{n=1}^{[x]} (x - n)^{\alpha} c_n.$$

所以 Riesz 均值 (14.55), 在相差一个因子 $x^{-\alpha}\Gamma(1 + \alpha)$ 的情况下, 即是级数部分和的分数阶积分.

等式 (14.55) 同样适用于在无穷远处可能发散的积分

$$\int_0^{\infty} f(t) dt \tag{14.58}$$

的求和, 将该积分的值定义为极限

$$\lim_{x \to \infty} \frac{\alpha}{x^{\alpha}} \int_0^x F(t)(x - t)^{\alpha - 1} dt, \quad \alpha > 0, \tag{14.59}$$

其中 $F(t) = \int_0^t f(s)ds$.

类似地, 由于不可积奇异点 $t = 0$, 积分

$$\int_0^a f(t)dt, \quad f(t) \in L_1(\varepsilon, a), \quad 0 < \varepsilon < a \tag{14.60}$$

是发散的, 但它也可以求和. 如果下面积分的极限对于某些 $\alpha > 0$ 存在,

$$\lim_{x \to 0} \alpha x^{-\alpha} \int_0^x (x - t)^{\alpha - 1} dt \int_t^a f(s)ds, \tag{14.61}$$

那么它称为积分 (14.60) 的值.

(14.59), (14.61) 中定义的求发散积分的方法称为 (C, α) 方法或 Cesaro-Lebesgue 积分.

关于分数阶积分在级数与积分求和理论中的作用已有许多研究. 我们注意到 Hardy and Riesz [1915] 的论文是该理论的基础, 而 Bosanquet [1945] 的论文致力于研究 Cesaro-Lebesgue 积分 (14.60), (14.61) 的性质. 另见专著 Hardy [1951], Chandrasekharan and Minakshisundaram [1952] 和在 §§ 17.1 与 17.2 中所提供的书目.

§ 15 广义 Leibniz 法则

本节将经典的 Leibniz 法则

$$(fg)^{(\alpha)} = \sum_{n=0}^{\alpha} \binom{\alpha}{n} f^{(\alpha - n)} g^{(n)}, \quad \alpha = 1, 2, \cdots \tag{15.1}$$

推广到分数阶微分和积分的情形. 考虑了无穷级数形式的推广 —— 见 (15.12) —— 及其积分类似 —— (15.17).

15.1 实轴上解析函数的分数阶积分-微分

我们先证明一些关于函数项级数逐项分数阶积分和微分可能性的初步结论.

引理 15.1 如果级数 $f(x) = \sum\limits_{n=0}^{\infty} f_n(x)$, $f_n(x) \in C([a, b])$ 在 $[a, b]$ 上一致收敛, 则它可以逐项作分数阶积分:

$$\left(I_{a+}^{\alpha} \sum_{n=0}^{\infty} f_n \right)(x) = \sum_{n=0}^{\infty} (I_{a+}^{\alpha} f_n)(x), \quad \alpha > 0, \quad a < x < b, \tag{15.2}$$

右端的级数也在 $[a, b]$ 上一致收敛.

引理的证明可在简单估计 $\left| I_{a+}^{\alpha} f - I_{a+}^{\alpha} \left(\sum_{n=0}^{N} f_n \right) \right|$ 后结合级数的一致收敛性得到.

引理 15.2　设分数阶导数 $\mathcal{D}_{a+}^{\alpha} f_n$ 对于所有 $n = 0, 1, 2, \cdots$ 存在且级数 $\sum_{n=0}^{\infty} f_n$ 与 $\sum_{n=0}^{\infty} \mathcal{D}_{a+}^{\alpha} f_n$ 在每个子区间 $[a + \varepsilon, b]$, $\varepsilon > 0$ 上一致收敛. 则前一个级数可以利用公式

$$\left(\mathcal{D}_{a+}^{\alpha} \sum_{n=0}^{\infty} f_n \right)(x) = \left(\sum_{n=0}^{\infty} \mathcal{D}_{a+}^{\alpha} f_n \right)(x), \quad \alpha > 0, \quad a < x < b \tag{15.3}$$

逐项作分数阶微分.

证明　因为 $(\mathcal{D}_{a+}^{\alpha} f)(x) = (d/dx)^{[\alpha]+1}(I^{1-\{\alpha\}} f)(x)$, 所以根据数学分析的已知定理, 可以逐项应用算子 $(d/dx)^{[\alpha]+1}$, 从而引理 15.2 简化为引理 15.1. ■

如果 $\alpha < 0$, 则 $\mathcal{D}_{a+}^{\alpha}$ 表示分数阶积分 $I_{a+}^{-\alpha}$, 见 (2.34).

下面我们来证明两个关于解析函数的分数阶导数在区间 (a, b) 内的可表示性的引理; 即函数在这个区间内可展开为幂级数.

引理 15.3　如果函数 $f(x)$ 是区间 (a, b) 内的解析函数, 则

$$(\mathcal{D}_{a+}^{\alpha} f)(x) = \sum_{n=0}^{\infty} \binom{\alpha}{n} \frac{(x-a)^{n-\alpha}}{\Gamma(n+1-\alpha)} f^{(n)}(x), \quad x \in (a, b), \tag{15.4}$$

其中 $\binom{\alpha}{n}$ 为二项式系数 (1.48).

证明　设 $\alpha < 0$ 且

$$(\mathcal{D}_{a+}^{\alpha} f)(x) = \frac{1}{\Gamma(-\alpha)} \int_{a}^{x} (x-t)^{-\alpha-1} f(t) dt.$$

因为 $f(t)$ 为解析函数, 它可以表示为收敛的幂级数:

$$f(t) = \sum_{n=0}^{\infty} \frac{(-1)^n f^{(n)}(x)}{n!} (x-t)^n.$$

根据引理 15.1, 它可以逐项分数阶积分从而得到了 (15.4). 由 (1.48), 若 (15.4) 中的 $\alpha = 0$, 则对应等式 $f(x) = f(x)$. 现在令 $\alpha > 0$. 因为 $(\mathcal{D}_{a+}^{\alpha} f)(x) = (d/dx)^{[\alpha]+1}(\mathcal{D}_{a+}^{\{\alpha\}-1}) f(x)$, 则由 (15.4),

$$(\mathcal{D}_{a+}^{\alpha} f)(x) = \left(\frac{d}{dx} \right)^{[\alpha]+1} \sum_{n=0}^{\infty} \binom{\{\alpha\}-1}{n} \frac{(x-a)^{n-\{\alpha\}+1} f^{(n)}(x)}{\Gamma(2-\{\alpha\}+n)}.$$

进行逐项分数阶微分 (由对应级数的一致收敛性, 引理 15.2 表明这样做合理), 我们有

$$(\mathcal{D}_{a+}^{\alpha}f)(x) = \sum_{n=0}^{\infty} \binom{\{\alpha\}-1}{n} \left(\frac{d}{dx}\right)^{[\alpha]+1} \frac{(x-a)^{n-\{\alpha\}+1}f^{(n)}(x)}{\Gamma(2-\{\alpha\}+n)}.$$

根据 Leibniz 法则 (15.1) 和 (1.49), 我们发现

$$(\mathcal{D}_{a+}^{\alpha}f)(x) = \sum_{n=0}^{\infty} \binom{\{\alpha\}-1}{n} \sum_{k=0}^{[\alpha]+1} \binom{[\alpha]+1}{k} \frac{(x-a)^{n-\alpha+k}f^{(n+k)}(x)}{\Gamma(n-\alpha+k+1)}$$
$$= \sum_{n=0}^{\infty} \sum_{k=0}^{\infty} \binom{\{\alpha\}-1}{n} \binom{[\alpha]+1}{k} \frac{(x-a)^{n-\alpha+k}f^{(n+k)}(x)}{\Gamma(n-\alpha+k+1)}.$$

引入新的求和变量 $j = n + k$ 并改变求和顺序, 我们得到

$$(\mathcal{D}_{a+}^{\alpha}f)(x) = \sum_{j=0}^{\infty} \left(\sum_{n=0}^{j} \binom{\{\alpha\}-1}{n} \binom{[\alpha]+1}{j-n}\right) \frac{(x-a)^{j-\alpha}f^{(j)}(x)}{\Gamma(j-\alpha+1)}. \tag{15.5}$$

因此, 由 (1.53) 我们推出了 (15.4). ∎

引理 15.4 *如果函数 $f(x)$ 在点 a 的邻域内有如下展开*

$$f(x) = (x-a)^{\mu} \sum_{n=0}^{\infty} c_n (x-a)^n, \tag{15.6}$$

则分数阶导数 $\mathcal{D}_{a+}^{\alpha}f$ 可表示为

$$(\mathcal{D}_{a+}^{\alpha}f)(x) = (x-a)^{\mu-\alpha}g(x), \tag{15.7}$$

其中

$$g(x) = \sum_{n=0}^{\infty} \frac{c_n \Gamma(n+\mu+1)}{\Gamma(n-\alpha+\mu+1)}(x-a)^n, \tag{15.8}$$

并且级数 (15.6) 和 (15.7) 的收敛半径一致.

证明 根据引理 15.1 和引理 15.2, 我们可以对级数 (15.6) 进行逐项分数阶积分-微分. 因此根据 (2.44), 可以得到结论 (15.7) 和 (15.8). 一样的收敛半径可以利用通常的 Cauchy-Hadamard 公式并结合关系式

$$\frac{c_n \Gamma(n+\mu+1)}{\Gamma(n-\alpha+\mu+1)} \sim c_n n^{\alpha}, \quad n \to \infty \tag{15.9}$$

计算验证, 后一个关系可由 (1.66) 得到. 从而引理得证. ∎

推论　如果 $f(x)$ 在 (a,b) 内解析, 则 $(\mathcal{D}_{a+}^{\alpha}f)(x)$ 也在 (a,b) 内解析, 其中 $\alpha \in R^1$.

我们注意到, 在 §2 中, 对任意函数而言, 半群性质 (2.65) 成立, 对于解析函数的情况在更广泛的参数 α 和 β 假设下成立. 事实上, 引理 15.4 表明了如果函数 f 在点 a 的右邻域内解析, 则

$$\mathcal{D}_{a+}^{\alpha}\mathcal{D}_{a+}^{\beta}f = \mathcal{D}_{a+}^{\alpha+\beta}f, \quad \alpha \in R^1, \quad \beta < 1. \tag{15.10}$$

15.2　广义 Leibniz 法则

下面我们将实现 Leibniz 法则 (15.1) 到分数值 α 的两种形式的推广.

定理 15.1　设 $f(x)$ 和 $g(x)$ 在 $[a,b]$ 上解析. 则

$$\mathcal{D}_{a+}^{\alpha}(fg) = \sum_{k=0}^{\infty}\binom{\alpha}{k}(\mathcal{D}_{a+}^{\alpha-k}f)g^{(k)}, \quad \alpha \in R^1, \tag{15.11}$$

$$\mathcal{D}_{a+}^{\alpha}(fg) = \sum_{k=-\infty}^{+\infty}\binom{\alpha}{k+\beta}(\mathcal{D}_{a+}^{\alpha-\beta-k}f)(\mathcal{D}_{a+}^{\beta+k}g), \tag{15.12}$$

其中 $\binom{\alpha}{k+\beta}$ 在 (1.50) 中给出, $\alpha, \beta \in R^1$, 且 $\alpha \neq -1, -2, \cdots$, 时 β 为非整数.

证明　由 (15.4), 我们有

$$\mathcal{D}_{a+}^{\alpha}(fg) = \sum_{k=0}^{\infty}\binom{\alpha}{k}\frac{(x-a)^{k-a}}{\Gamma(k+1-\alpha)}(fg)^{(k)}.$$

应用通常的 Leibniz 法则 (15.1), 交换求和次序后, 我们得到

$$\mathcal{D}_{a+}^{\alpha}(fg) = \sum_{k=0}^{\infty}g^{(k)}(x)\sum_{j=0}^{\infty}\binom{\alpha}{\beta+j}\binom{k+j}{k}\frac{(x-a)^{k+j-\alpha}}{\Gamma(k+j+1-\alpha)}f^{(j)}(x). \tag{15.13}$$

因为 $\binom{\alpha}{k+j}\binom{k+j}{k} = \binom{\alpha}{k}\binom{\alpha-k}{j}$, 则 (15.13) 有如下形式

$$\mathcal{D}_{a+}^{\alpha}(fg) = \sum_{k=0}^{\infty}\binom{\alpha}{k}\sum_{j=0}^{\infty}\binom{\alpha-k}{j}\frac{(x-a)^{k+j-\alpha}}{\Gamma(k+j+1-\alpha)}g^{(k)}(x)f^{(j)}(x).$$

因此再次应用 (15.4), 我们就得到了 (15.11).

此外, 通过简单的重新计算 $\beta+k=j$, (15.12) 中整数 β 的情形可由 (1.49) 简化成 (15.11). 如果 β 不是整数, 根据同样的重新计算只需考虑 $\beta < 1$ 的情形. 我

们将 (15.11) 改写为 $\mathcal{D}_{a+}^{\beta}(gf) = \sum\limits_{k=0}^{\infty} \binom{\beta}{k} f^{(k)} \mathcal{D}_{a+}^{\beta-k} g$. 对等式两端作用算子 $\mathcal{D}_{a+}^{\alpha-\beta}$, 结合半群性质 (15.10), 我们有

$$\mathcal{D}_{a+}^{\alpha}(fg) = \mathcal{D}_{a+}^{\alpha-\beta}(\mathcal{D}_{a+}^{\beta}(fg)) = \mathcal{D}_{a+}^{\alpha-\beta}\left(\sum_{k=0}^{\infty} \binom{\beta}{k} f^{(k)} \mathcal{D}_{a+}^{\beta-k} g\right). \tag{15.14}$$

进行逐项分数阶微分 (在定理证明结束时证明此运算的合理性), 并再次利用 (15.11) 和 (15.10), 我们得到

$$\mathcal{D}_{a+}^{\alpha}(fg) = \sum_{k=0}^{\infty}\sum_{j=0}^{\infty} \binom{\beta}{k}\binom{\alpha-\beta}{j}(\mathcal{D}_{a+}^{\alpha-\beta-j+k} f)(\mathcal{D}_{a+}^{\beta-k+j} g).$$

令 $j - k = n$, 交换积分次序我们得到

$$\mathcal{D}_{a+}^{\alpha}(fg) = \sum_{n=0}^{\infty}\sum_{k=0}^{\infty} \binom{\beta}{k}\binom{\alpha-\beta}{n+k}(\mathcal{D}_{a+}^{\alpha-\beta-n} f)(\mathcal{D}_{a+}^{\beta+n} g)$$
$$+ \sum_{n=-\infty}^{0}\sum_{k=-n}^{\infty} \binom{\beta}{k}\binom{\alpha-\beta}{n+k}(\mathcal{D}_{a+}^{\alpha-\beta-n} f)(\mathcal{D}_{a+}^{\beta+n} g). \tag{15.15}$$

利用 (1.48), (1.72) 和 (1.77), 我们给出关系式

$$\sum_{k=0}^{\infty} \binom{\beta}{k}\binom{\alpha-\beta}{n+k} = \frac{\Gamma(\alpha-\beta+1)}{\Gamma(\alpha-\beta-n+1)n!} {}_2F_1(-\beta, \beta-\alpha+n; n+1; 1)$$
$$= \frac{\Gamma(\alpha+1)}{\Gamma(n+1+\beta)\Gamma(\alpha-\beta-n+1)}$$

和

$$\sum_{k=-n}^{\infty} \binom{\beta}{k}\binom{\alpha-\beta}{n+k} = \frac{\Gamma(\alpha+1)}{\Gamma(n+1+\beta)\Gamma(\alpha-\beta-n+1)}.$$

将这些关系式代入 (15.15) 并结合 (1.48), 我们就得到 (15.12).

为完成定理 15.1 的证明, 我们还需要说明 (15.14) 中的级数可以作逐项分数阶微分. 通过引理 15.4 和 (15.12), 原始和微分后的级数可分别表示为

$$(t-a)^{-\beta} g_1(t) \sum_{k=0}^{\infty} \binom{\beta}{k}(t-a)^k$$

和

$$(t-a)^{-\alpha} g_2(t) \sum_{n=-\infty}^{\infty} \frac{\Gamma(\alpha+1)}{\Gamma(n+1+\beta)\Gamma(\alpha-\beta-n+1)}.$$

函数 $g_1(t)$ 和 $g_2(t)$ 在点 a 的某个邻域内解析. 后一个级数关于 $t \in [a, x]$ 一致收敛, 如果我们观察到

$$\int_{-\infty}^{\infty} \frac{\Gamma(\alpha+1)d\tau}{\Gamma(\tau+1+\beta)\Gamma(\alpha-\beta-\tau+1)} = 2^{\alpha} \qquad (15.16)$$

—— Prudnikov, Brychkov and Marichev [1983, 2.2.2.4], 则其收敛性容易通过积分验证. 因此, 鉴于引理 15.2, (15.14) 可以作逐项微分. ∎

下面的定理给出了广义 Leibniz 法则 (15.12) 的积分类似.

定理 15.2　*如果函数 f 和 g 在点 a 的某个邻域内解析, 则公式*

$$\mathcal{D}_{a+}^{\alpha}(fg) = \int_{-\infty}^{\infty} \binom{\alpha}{\tau+\beta} \mathcal{D}_{a+}^{\alpha-\tau-\beta} f \mathcal{D}_{a+}^{\tau+\beta} g \, d\tau \qquad (15.17)$$

成立, 其中 $\alpha, \beta \in R^1$, 若 β 为非整数, $\alpha \neq -1, -2, \cdots$, $\binom{\alpha}{\tau+\beta}$ 由 (1.48) 定义.

证明　因为函数 f 和 g 在点 a 的某个邻域内解析, 我们有

$$f(x) = \sum_{n=0}^{\infty} \frac{f^{(n)}(a)}{n!}(x-a)^n, \quad g(x) = \sum_{m=0}^{\infty} \frac{g^{(m)}(a)}{m!}(x-a)^m. \qquad (15.18)$$

借助引理 15.1 和引理 15.2 以及等式 (2.44), 我们得到

$$(\mathcal{D}_{a+}^{\alpha-\tau-\beta}f)(x) = \sum_{n=0}^{\infty} \frac{f^{(n)}(a)(x-a)^{n-\alpha+\tau+\beta}}{\Gamma(\tau-\alpha+\beta+n+1)},$$

$$(\mathcal{D}_{a+}^{\tau+\beta}g)(x) = \sum_{m=0}^{\infty} \frac{g^{(m)}(a)(x-a)^{m-\tau-\beta}}{\Gamma(m-\tau-\beta+1)}.$$

将这些关系代入 (15.17) 的右端, 我们有

$$I = \int_{-\infty}^{\infty} \binom{\alpha}{\tau+\beta}(\mathcal{D}_{a+}^{\alpha-\tau-\beta}f)(\mathcal{D}_{a+}^{\tau+\beta}g)d\tau$$

$$= \int_{-\infty}^{\infty} \sum_{n=0}^{\infty} \sum_{m=0}^{\infty}$$

$$\times \frac{\Gamma(\alpha+1)f^{(n)}(a)g^{(m)}(a)(x-a)^{n+m-\alpha}d\tau}{\Gamma(\tau+\beta+1)\Gamma(\alpha-\tau-\beta+1)\Gamma(\tau-\alpha+\beta+n+1)\Gamma(m-\beta-\tau+1)}.$$

$$(15.19)$$

直接估计可知, 双级数在整个实轴上关于 τ 一致收敛. 因此可以逐项积分, 从而 (15.19) 有以下形式

$$I = \sum_{n=0}^{\infty} \sum_{m=0}^{\infty} \Gamma(\alpha+1) f^{(n)}(a) g^{(m)}(a) (x-a)^{n+m-\alpha}$$

$$\times \int_{-\infty}^{\infty} \frac{d\tau}{\Gamma(\tau+\beta+1)\Gamma(\alpha-\tau-\beta+1)\Gamma(\tau-\alpha+\beta+n+1)\Gamma(m-\beta-\tau+1)}.$$

已知后一个积分等于

$$\int_{-\infty}^{\infty} \frac{d\tau}{\Gamma(\alpha+\tau)\Gamma(\beta-\tau)\Gamma(\gamma+\tau)\Gamma(\delta-\tau)}$$

$$= \frac{\Gamma(\alpha+\beta+\gamma+\delta-3)}{\Gamma(\alpha+\beta-1)\Gamma(\alpha+\delta-1)\Gamma(\gamma+\beta-1)\Gamma(\gamma+\delta-1)}, \tag{15.20}$$

$$\mathrm{Re}(\alpha+\beta+\gamma+\delta) > 3$$

—— Prudnikov, Brychkov and Marichev [1983, 2.2.2.9]. 因此我们有

$$I = \sum_{n=0}^{\infty} \sum_{m=0}^{\infty} \frac{f^{(n)}(a)}{n!} \frac{g^{(m)}(a)}{m!} \frac{\Gamma(m+n+1)}{\Gamma(n+m-\alpha+1)} (x-a)^{n+m-\alpha}.$$

于是, 根据 (2.44) 我们得到

$$I = \sum_{n=0}^{\infty} \sum_{m=0}^{\infty} \frac{f^{(n)}(a)}{n!} \frac{g^{(m)}(a)}{m!} \mathcal{D}_{a+}^{\alpha}((x-a)^{n+m})$$

$$= \mathcal{D}_{a+}^{\alpha} \left(\sum_{n=0}^{\infty} \frac{f^{(n)}(a)}{n!} (x-a)^n \sum_{m=0}^{\infty} \frac{g^{(m)}(a)}{m!} (x-a)^m \right) = \mathcal{D}_{a+}^{\alpha}(fg).$$

∎

我们注意到 (15.12) 和 (15.17) 可以通过简单的变量替换推广到右分数阶微分 $\mathcal{D}_{b-}^{\alpha}$.

最后我们指出, Leibniz 法则 (15.1) 有许多推广和修正. 它们涉及 Liouville 型以及其他一些分数阶积分-微分的公式 —— 见 § 17.2.

§ 16   分数阶积分的渐近展开

本节讨论分数阶积分

$$(I_{0+}^{\alpha} f)(x) = \frac{1}{\Gamma(\alpha)} \int_0^x (x-t)^{\alpha-1} f(t) dt, \quad \alpha > 0 \tag{16.1}$$

在 $x \to 0$ 或 $x \to +\infty$ 处的渐近展开, 假设 f 在这些点附近的渐近展开已知. 此外, 还考虑了涉及幂以及对数和指数项的渐近展开式.

16.1 渐近展开的定义与性质

我们先列出一些必要的定义. 相关的细节可以在 Sidorov, Fedoryuk and Shabunin [1982, Sect. 42], Fedoryuk [1977, Ch. 1], Olver [1990, Ch. 1] 中找到.

定义 16.1 设 M 为实轴上的某个点集, a 为其极限点. 如果对于任意 n, 关于 $x \in M$ 定义的序列 $\{\varphi_n(x)\}$, $n = 0, 1, 2, \cdots$ 满足

$$\varphi_{n+1}(x) = o(\varphi_n(x)) \quad (x \to a,\ x \in M), \tag{16.2}$$

则其称为渐近序列 (当 $x \to a$, $x \in M$).

以下是一些渐近序列的例子:

1) $\varphi_n(x) = x^{\mu_n}$, $x \to 0$.

2) $\varphi_n(x) = x^{-\mu_n}$, $x \to \infty$.

3) $\varphi_n(x) = (\ln x)^{\mu_n}$, $x \to 0$; 或 $x \to \infty$, 其中 $\{\mu_n\}$ 是满足 $\lim\limits_{n \to \infty} \mu_n = \infty$ 的任意递增序列.

定义 16.2 设 $\{\varphi_n(x)\}$ 为渐近序列 (当 $x \to a$, $x \in M$). 如果对任意整数 $N \geqslant 0$, 带有常数 a_n 且形式为 $\sum\limits_{n=0}^{\infty} a_n \varphi_n$ 的级数对于函数 $f(x)$ 满足

$$f(x) - \sum_{n=0}^{N} a_n \varphi_n(x) = o(\varphi_N(x)) \quad (x \to a,\ x \in M), \tag{16.3}$$

则称此级数为一个渐近展开, 或函数 $f(x)$ 的渐近级数.

为了表示渐近展开式与函数 f 之间的联系, 我们使用以下记号

$$f(x) \sim \sum_{n=0}^{\infty} a_n \varphi_n(x) \quad (x \to a, x \in M). \tag{16.4}$$

如例 1) 和 2) 中关于幂渐近序列的渐近展开称为幂渐近级数.

接下来我们会省略集合 M. 我们还注意到, 虽然收敛级数是渐近级数, 但 "渐近级数" 这一术语通常用于一般情况下不收敛的级数.

我们给出渐近展开的一些性质. 其中最重要的是唯一性, 即给定函数对于给定渐近序列的渐近展开是唯一的. 然而不同的函数可能有相同的渐近展开, 例, 当 $x \to +\infty$ 时, $e^{-x} \sim \sum\limits_{n=0}^{\infty} 0 \cdot x^{-n}$ 和 $0 \sim \sum\limits_{n=0}^{\infty} 0 \cdot x^{-n}$.

可以用与收敛幂级数相同的方法处理幂渐近级数. 也就是说, 我们可以对这类序列进行逐项加法、乘法、积分, 有时还可以进行微分. 可以用定义 16.2 来证明以下命题.

引理 16.1 设 $\{\mu_n\}$ 和 $\{\nu_n\}$ 为递增序列, $\lim\limits_{n \to \infty} \mu_n = \lim\limits_{n \to \infty} \nu_n = +\infty$, 并且当 $x \to \infty$ 时以下渐近展开成立

$$f(x) \sim \sum_{n=0}^{\infty} a_n x^{-\mu_n}, \quad g(x) \sim \sum_{n=0}^{\infty} b_n x^{-\nu_n}.$$

则 $x \to \infty$ 时

$$f(x) + g(x) \sim \sum_{n=0}^{\infty} c_n x^{-\lambda_n}, \quad f(x)g(x) \sim \sum_{n=0}^{\infty} c_n x^{-\sigma_n},$$

其中递增序列 $\{\lambda_n\}$, $\lim\limits_{n\to\infty} \lambda_n = +\infty$ 是序列 $\{\mu_n\}$ 和 $\{\nu_n\}$ 的重排, 递增序列 $\{\sigma_n\}$, $\lim\limits_{n\to\infty} \sigma_n = +\infty$ 是根据其递增值求和列 $\mu_k + \nu_j$ 的重排. 特别地, $\lambda_0 = \min(\mu_0, \nu_0)$ 和 $\sigma_0 = \mu_0 + \nu_0$.

引理 16.2 设 $\{\mu_n\}$ 为递增序列, $\mu_n > 1$ 并且 $\lim\limits_{n\to\infty} \mu_n = +\infty$. 如果 $f(x)$ 在 $(c, +\infty)$ 中连续并且满足

$$f(x) \sim \sum_{n=0}^{\infty} a_n x^{-\mu_n}, \quad \text{当 } x \to +\infty, \tag{16.5}$$

则此级数可以逐项积分

$$\int_x^{\infty} f(t)dt \sim \sum_{n=0}^{\infty} \frac{a_n}{\mu_n - 1} x^{-\mu_n+1}, \quad \text{当 } x \to +\infty.$$

注 16.1 对于渐近序列 x^{μ_n}, $x \to 0$ 的渐近级数, 即

$$f(x) \sim \sum_{n=0}^{\infty} a_n x^{\mu_n}, \quad \text{当 } x \to 0, \tag{16.6}$$

也有类似引理 16.1 和引理 16.2 的命题成立.

我们也需要下面的 Watson 引理.

引理 16.3 设 $\alpha > 0$, $\beta > 0$, $f(t)$ 对于 $0 \leqslant t \leqslant a$ 连续且在 $t = 0$ 的邻域内无穷次可微. 则 $x \to \infty$ 时, 下面的渐近等式成立

$$\int_0^a e^{-xt^\alpha} t^{\beta-1} f(t)dt \sim \frac{1}{\alpha} \sum_{n=0}^{\infty} \Gamma\left(\frac{n+\beta}{\alpha}\right) \frac{f^{(n)}(0)}{n!} x^{-\frac{n+\beta}{\alpha}}. \tag{16.7}$$

读者可以在 Sidorov, Fedoryuk and Shabunin [1982, p. 408] 中找到此引理的证明.

16.2　幂渐近展开的情形

设 $\{\mu_n\}$ 为递增序列且 $\lim\limits_{n\to\infty}\mu_n=+\infty$. 如果函数 f 具有 (16.5) 或 (16.6) 形式的渐近展开, 我们将寻找分数阶积分 $(I_{0+}^\alpha f)(x)$ 的渐近展开.

由 (16.6) 式可以得到最简单的结果. 即下述结论成立.

定理 16.1　设 $\{\mu_n\}$ 为递增序列, $\mu_0>-1$ 并且 $\lim\limits_{n\to\infty}\mu_n=+\infty$. 如果 $f(x)$ 满足条件 (16.6), 则 $x\to0$ 时分数阶积分 $(I_{0+}^\alpha f)(x)$ 有渐近展开

$$(I_{0+}^\alpha f)(x)\sim\sum_{n=0}^{\infty}\frac{a_n\Gamma(\mu_n+1)}{\Gamma(\alpha+\mu_n+1)}x^{\mu_n+\alpha}.\tag{16.8}$$

证明　由 (16.6), 我们有 $f(t)=\sum\limits_{n=0}^{\infty}a_n t^{\mu_n}+R_N(t)$. 因此根据 (2.44), 我们得到

$$
\begin{aligned}
(I_{0+}^\alpha f)(x)&=\frac{x^\alpha}{\Gamma(\alpha)}\int_0^1(1-t)^{\alpha-1}f(xt)dt\\
&=\sum_{n=0}^{N}\frac{a_n\Gamma(\mu_n+1)}{\Gamma(\alpha+\mu_n+1)}x^{\mu_n+\alpha}+\frac{x^\alpha}{\Gamma(\alpha)}\int_0^1 R_N(xt)(1-t)^{\alpha-1}dt.
\end{aligned}
\tag{16.9}
$$

由 (16.4) 我们看到 $R_N(t)=o(t^{\mu_N})$, $t\to0$. 则对于充分大的 N, 我们有 $R_N(t)=t^{\mu_N}\alpha(t)$, 其中 $\alpha(t)$ 是在 $t\to0$ 时充分小的函数. 因此我们推出关系式 $\int_0^1 R_N(xt)\times(1-t)^{\alpha-1}dt=o(x^{\mu_N})$, $x\to0$ 时, 所以定理的结论由 (16.9) 得出. ∎

当 $f(t)$ 有渐近展开式 (16.5) 时情况会更加复杂. 现有三种主要方法寻找分数阶积分 (16.1) 的渐近展开. 它们是: 逐次展开法 —— Riekstyn'sh [1970], Riekstyn'sh [1974-1981, Vol. 2, Sec. 11]; 基于关于 Mellin 变换 (1.112) 的 Parseval 等式 (1.116) 表示 $I_{0+}^\alpha f$ 的方法 —— Riekstyn'sh [1974-1981, Vol. 3, §§ 31.1-31.3], Handelsman and Lew [1969, 1971] 和 Wong [1978]; 以及基于分布理论的方法 —— McClure and Wong [1979]. 我们将用最基本的方法 —— 逐次展开法给出 (16.1) 的渐近表示. 为简单起见, 我们设 $f(t)$ 有渐近展开

$$f(t)\sim\sum_{n=0}^{\infty}a_n t^{-n-\beta},\quad 0<\beta\leqslant1,\quad \text{当 } t\to+\infty.\tag{16.10}$$

应该注意的是, $I_{a+}^\alpha f$ 的渐近展开式在 $0<\beta<1$ 或 $\beta=1$ 的情况下会有所不同. 如果第一种情况我们也得到了幂渐近展开式, 那么第二种情况, 我们会得到幂对数渐近展开.

定理 16.2 设 f 是 $(0, +\infty)$ 上的局部可积函数满足 (16.10), 其中 $0 < \beta < 1$, 并令

$$f_1(t) = t^\beta f(t) - a_0,$$
$$f_{n+1}(t) = t f_n(t) - a_n, \quad n = 1, 2, \cdots. \tag{16.11}$$

如果 $K_n = \sup\limits_{t \in (1/2, \infty)} |t f_{n+1}(t)|$ 对于每个 $n \geqslant 0$ 有限, 则分数阶积分 $(I_{0+}^\alpha f)(x)$ 在 $x \to \infty$ 时有如下渐近展开

$$(I_{0+}^\alpha f)(x) \sim \sum_{n=0}^\infty \frac{\Gamma(1 - n - \beta)}{\Gamma(1 + \alpha - n - \beta)} a_n x^{\alpha - \beta - n} - \sum_{n=1}^\infty \frac{b_n}{\Gamma(1 + \alpha - n)} x^{\alpha - n}, \tag{16.12}$$

其中

$$b_n = \frac{(-1)^n}{(n-1)!} \int_0^\infty f_n(t) t^{-\beta} dt, \quad n = 1, 2, \cdots. \tag{16.13}$$

证明 因为 $f(t) = t^{-\beta}[a_0 + f_1(t)]$, 其中 $f_1(t)$ 在 (16.11) 中给出, 则根据 (2.44) 我们有

$$(I_{0+}^\alpha f)(x) = \frac{x^\alpha}{\Gamma(\alpha)} I(x) + \frac{a_0 \Gamma(1 - \beta)}{\Gamma(1 + \alpha - \beta)} x^{\alpha - \beta}, \tag{16.14}$$

其中 $I(x) = x^{-\beta} \int_0^1 (1 - t)^{\alpha - 1} f_1(xt) t^{-\beta} dt$. 记 $g_1(t) = (1 - t)^{\alpha - 1} - 1$ 并结合 (16.11), 我们得到

$$x^\beta I(x) = \int_0^1 f_1(xt) g_1(t) t^{-\beta} dt + \int_0^1 f_1(xt) t^{-\beta} dt$$
$$= \frac{1}{x} \left(\int_0^1 f_2(xt) \frac{g_1(t)}{t} t^{-\beta} dt + a_1 \int_0^1 \frac{g_1(t)}{t} t^{-\beta} dt \right) + \int_0^1 f_1(xt) t^{-\beta} dt.$$

我们继续这个过程. 下面引入符号

$$g_n(t) = (1 - t)^{\alpha - 1} - \sum_{k=0}^{n-1} \frac{(1 - \alpha)_k}{k!} t^k,$$
$$g_n^*(t) = t^{-n} g_n(t), \quad n = 1, 2, \cdots, \tag{16.15}$$

则 $x^\beta I(x)$ 可写为

$$x^\beta I(x) = \frac{1}{x^N} \int_0^1 f_{N+1}(xt) g_N^*(t) t^{-\beta} dt + \sum_{n=1}^{N} \frac{a_n}{x^n} \int_0^1 g_n^*(t) t^{-\beta} dt$$

$$+ \sum_{n=0}^{N-1} \frac{(1-\alpha)_n}{n! x^n} \int_0^1 f_{n+1}(xt) t^{-\beta} dt. \tag{16.16}$$

注意到 (16.10), (16.11) 和 (16.15), 以下式子成立

$$f_{n+1}(t) \sim \sum_{k=1}^{\infty} a_{n+k} t^{-k}, \quad t \to +\infty, \quad n = 0, 1, 2, \cdots, \tag{16.17}$$

$$g_n^*(t) = \sum_{k=n}^{\infty} \frac{(g_n^*)^{(k)}(0)}{k!} t^{k-n} = \sum_{k=n}^{\infty} \frac{(1-\alpha)_k}{k!} t^{k-n},$$

$$g_n^*(0) = \frac{(1-\alpha)_n}{n!}, \quad n = 1, 2, \cdots \tag{16.18}$$

根据 (16.17) 和引理 16.2, 我们得到估计, 当 $x \to \infty$ 时,

$$\int_0^1 f_{n+1}(xt) t^{-\beta} dt$$

$$= x^{\beta-1} \int_0^\infty f_{n+1}(t) t^{-\beta} dt - x^{\beta-1} \int_x^\infty f_{n+1}(t) t^{-\beta} dt \tag{16.19}$$

$$\sim x^{\beta-1} \int_0^\infty f_{n+1}(t) t^{-\beta} dt - \sum_{k=1}^{\infty} \frac{a_{k+n}}{(k+\beta-1) x^k}, \quad n = 0, 1, 2, \cdots$$

现在我们估计 $\int_0^1 f_{n+1}(xt) g_N^*(t) t^{-\beta} dt$. 根据定理的条件, 对于任意 $N \geqslant 0$ 有 $|f_{N+1}(t)| \leqslant K_N t^{-1}$, $t \geqslant 1/2$. 由 (16.15), $L_N = \sup\limits_{t \in (0,1/2)} |g_N^*(t)|$ 有限, 从而我们有估计 $|g_N^*(t)| \leqslant L_N$, $0 \leqslant t \leqslant 1/2$. 因此我们得到

$$\left| \int_0^1 f_{N+1}(xt) g_N^*(t) t^{-\beta} dt \right|$$

$$\leqslant L_N \int_0^{1/2} |f_{N+1}(xt)| t^{-\beta} dt + K_N x^{-1} \int_{1/2}^1 |g_N^*(t)| t^{-1-\beta} dt$$

$$\leqslant L_N x^{\beta-1} \int_0^\infty |f_{N+1}(t)| t^{-\beta} dt + K_N x^{-1} \int_{1/2}^1 |g_N^*(t)| t^{-1-\beta} dt.$$

故我们推得估计

$$\int_0^1 f_{N+1}(xt)g_N^*(t)t^{-\beta}dt = O(x^{\beta-1}), \quad 当\ x \to +\infty\ 时. \tag{16.20}$$

依据 (16.19) 和 (16.20), 我们得到, $x \to +\infty$ 时, $I(x)$ 有以下关系式

$$I(x) = \sum_{n=1}^N \frac{a_n}{x^{n+\beta}} \left(\int_0^1 g_n^*(t)t^{-\beta}dt - \sum_{k=0}^{n-1} \frac{(1-\alpha)_k}{k!(n+\beta-k-1)} \right)$$
$$+ \sum_{n=0}^{N-1} \frac{(1-\alpha)_n}{n!x^{n+1}} \int_0^\infty f_{n+1}(t)t^{-\beta}dt + O\left(\frac{1}{x^{N+1}} \right),$$

并且由 (16.15), (1.72) 和 (1.77), 我们发现

$$I(x) = \sum_{n=1}^N \frac{a_n\Gamma(\alpha)\Gamma(1-n-\beta)}{\Gamma(1-n-\beta+\alpha)}x^{-n-\beta}$$
$$+ \sum_{n=0}^{N-1} \frac{(1-\alpha)_n}{n!x^{n+1}} \int_0^\infty f_{n+1}(t)t^{-\beta}dt + O\left(\frac{1}{x^{N+1}} \right).$$

将此式代入 (16.14) 中并考虑以下等式

$$(1-\alpha)_n = (-1)^n\Gamma(\alpha)/\Gamma(\alpha-n), \tag{16.21}$$

就能得到我们想要的结果 (16.12). ∎

定理 16.3 设 f 在 $(0, +\infty)$ 上局部可积且满足 (16.10), 其中 $\beta = 1$. 令

$$f_1(t) = f(t), \quad f_{n+1}(t) = tf_n(t) - a_{n-1}, \quad n = 1, 2, \cdots. \tag{16.22}$$

如果 $K_n = \sup\limits_{t\in(1/2,\infty)} |tf_{n+1}(t)|$ 对于每个 $n \geqslant 0$ 均有限, 则分数阶积分 $(I_{0+}^\alpha f)(x)$ 在 $x \to +\infty$ 时有如下渐近展开

$$(I_{0+}^\alpha f)(x) \sim \ln x \sum_{n=0}^\infty \frac{(-1)^n a_n}{\Gamma(\alpha-n)n!}x^{\alpha-n-1} + \sum_{n=0}^\infty c_n x^{\alpha-n-1}, \tag{16.23}$$

其中

$$c_0 = \frac{a_0}{\Gamma(\alpha)}[\psi(1) - \psi(\alpha)] + d_1,$$

$$c_n = \frac{a_n}{\Gamma(\alpha)} \sum_{\substack{k=0 \\ k \neq n}}^{\infty} \frac{(1-\alpha)_k}{k!(k-n)} + \frac{(-1)^n d_{n+1}}{\Gamma(\alpha-n)n!}, \quad n = 0, 1, 2, \cdots, \tag{16.24}$$

$$d_{n+1} = \int_0^1 f_{n+1}(t)dt + \int_1^{\infty} \left(f_{n+1}(t) - \frac{a_n}{t} \right) dt, \quad n = 0, 1, 2, \cdots, \tag{16.25}$$

这里 $\psi(z)$ 由 (1.67) 给出.

　　证明　该定理的证明方法与上述定理 16.2 的相同. 利用记号 (16.15) 和 (16.22), (16.16) 可替换为

$$\Gamma(\alpha)x^{-\alpha}(I_{0+}^{\alpha}f)(x) = \frac{1}{x^N} \int_0^1 f_{N+1}(xt)g_N^*(t)dt + \sum_{n=1}^{N} \frac{a_{n-1}}{x^n} \int_0^1 g_n^*(t)dt$$
$$+ \sum_{n=0}^{N-1} \frac{(1-\alpha)_n}{n!x^n} \int_0^1 f_{n+1}(xt)dt. \tag{16.26}$$

这里 (16.17) 被替换为

$$f_{n+1}(t) \sim \sum_{k=1}^{\infty} a_{n+k-1}t^{-k}, \quad t \to +\infty, \quad n = 0, 1, 2, \cdots. \tag{16.27}$$

　　利用 (16.25), 我们将积分 $\int_0^1 f_{n+1}(xt)dt$ 改写为

$$\int_0^1 f_{n+1}(xt)dt = \frac{1}{x} \int_0^x f_{n+1}(t)dt = \frac{1}{x} \left[a_n \ln x - \int_x^{\infty} \left(f_{n+1}(t) - \frac{a_n}{t} \right) dt + d_{n+1} \right].$$

则根据 (16.27) 和引理 16.2, $x \to +\infty$, 我们有

$$\int_0^1 f_{n+1}(xt)dt \sim \frac{1}{x} \left(a_n \ln x - \sum_{k=1}^{\infty} \frac{a_{k+n}}{kx^k} + d_{n+1} \right).$$

将此估计式代入 (16.26) 并结合 (16.20), 其中 $\beta = 0$, 我们得到下列等式, $x \to +\infty$ 时

$$x^{-\alpha}\Gamma(\alpha)(I_{0+}^{\alpha}f)(x) = \sum_{n=1}^{N} \frac{a_{n-1}}{x^n} \int_0^1 g_n^*(t)dt + \sum_{n=0}^{N-1} \frac{(1-\alpha)_n}{n!x^{n+1}} (a_n \ln x + d_{n+1})$$
$$- \sum_{n=0}^{N-2} \frac{(1-\alpha)_n}{n!x^{n+!}} \sum_{k=1}^{N-n-1} \frac{a_{k+n}}{kx^k} + O\left(\frac{\ln x}{x^{N+1}} \right)$$

$$= \ln x \sum_{n=0}^{N-1} \frac{(1-\alpha)_n a_n}{n! x^{n+1}} + \frac{1}{x} \left(a_0 \int_0^1 g_1^*(t)dt + d_1 \right)$$

$$+ \sum_{n=1}^{N-1} \frac{1}{x^{n+1}} \left[a_n \left(\int_0^1 g_{n+1}^*(t)dt - \sum_{k=0}^{n-1} \frac{(1-\alpha)_k}{k!(n-k)} \right) \right.$$

$$\left. + d_{n+1} \frac{(1-\alpha)_n}{n!} \right] + O \left(\frac{\ln x}{x^{N+1}} \right).$$

根据 (16.15) 和 Prudnikov, Brychkov and Marichev [1961] 中的公式 2.2.4.20, 我们有

$$\int_0^1 g_1^*(t)dt = \int_0^1 \frac{(1-t)^{\alpha-1} - 1}{t} dt = \psi(1) - \psi(1-\alpha),$$

$$\int_0^1 g_{n+1}^*(t)dt - \sum_{k=0}^{n-1} \frac{(1-\alpha)_k}{k!(n-k)} = - \sum_{\substack{k=0 \\ k \neq n}}^{\infty} \frac{(1-\alpha)_k}{k!(n-k)},$$

因此, 由 (16.21) 我们可以得到想要的结果 (16.23). ∎

16.3　幂对数渐近展开的情形

设 $f(t)$ 具有幂对数渐近表示

$$f(t) \sim \sum_{n=0}^{\infty} a_n t^{\mu_n} (\ln t)^{m_n}, \quad \text{当 } t \to +\infty, \tag{16.28}$$

其中 $\{\mu_n\}$ 是递增序列, $\lim_{n\to\infty} \mu_n = +\infty$, m_n 为任意实数.

在这种情况下, 分数阶积分 $I_{0+}^{\alpha} f$ 的渐近展开式可利用逐项展开法, 即用与 § 16.2 中相同的方式得到. 这里我们不讨论这个问题 (见 § 17.1, § 16.3 的注记), 只考虑如下形式的幂对数渐近表示

$$f(t) \sim t^{-\beta} \sum_{n=0}^{\infty} a_n (\ln t)^{\gamma-n}, \quad \text{当 } t \to +\infty, \tag{16.29}$$

其中 β 是非负实数, γ 为任意实数. 这种情形下 $I_{0+}^{\alpha} f$ 的渐近展开可以通过两种方式获得: 基于将 $I_{a+}^{\alpha} f$ 表示为 Mellin 卷积 (1.114) 的方法 —— Bleistein [1977], 以及直接估计法 —— Wong [1978]. 我们将使用后面的方法.

如定理 16.2 和定理 16.3 中幂渐近展开 (16.10) 的情形一样, 当 $0 \leqslant \beta < 1$ 或 $\beta \geqslant 1$ 时, $I_{0+}^{\alpha} f$ 的渐近展开会有所不同. 我们先考虑第一种情况.

定理 16.4　设 $f(t)$ 是在 $[0, +\infty)$ 上局部可积的非负实值函数, 满足 (16.29), 其中 $0 \leqslant \beta < 1$. 则 $x \to +\infty$ 时

$$(I_{0+}^{\alpha}f)(x) \sim x^{\alpha-\beta} \sum_{n=0}^{\infty} B_n(\ln x)^{\gamma-n}, \tag{16.30}$$

其中

$$B_n = B_n(\alpha) = \frac{1}{\Gamma(\alpha)} \sum_{k=0}^{n} a_{n-k} \binom{\gamma+k-n}{k} \Omega_k(\alpha,\beta), \tag{16.31}$$

$$\Omega_k(\alpha,\beta) = \int_0^1 (1-t)^{\alpha-1} t^{-\beta} (\ln t)^k dt. \tag{16.32}$$

证明　我们将 $I_{0+}^{\alpha}f$ 改写为

$$(I_{0+}^{\alpha}f)(x) = \frac{1}{\Gamma(\alpha)} \int_0^{\sqrt{x}} \frac{f(t)dt}{(x-t)^{1-\alpha}} + \frac{1}{\Gamma(\alpha)} \int_{\sqrt{x}}^{x} \frac{f(t)dt}{(x-t)^{1-\alpha}} \tag{16.33}$$
$$= J_1 f + J_2 f.$$

接下来我们证明, 与 $J_2 f$ 相比, $J_1 f$ 是 "渐近小" 的. 选择 ε 使 $0 < \varepsilon < 1-\beta$. 因为 $t \to +\infty$ 时 $(\ln t)^{\gamma} = O(t^{\varepsilon})$, 则由 (16.29) 知, $t \to +\infty$ 时, $f(t) = O(t^{-\beta+\varepsilon})$, 因此

$$\int_0^{\sqrt{x}} f(t)dt = O(x^{(1-\beta+\varepsilon)/2}), \quad \text{当 } x \to +\infty. \tag{16.34}$$

我们设 $M_{\alpha} = \max_{0 \leqslant t \leqslant 1/2} (1-t)^{\alpha-1}$. 则 $\Gamma(\alpha)J_1 f \leqslant M_{\alpha} x^{\alpha-1} \int_0^{\sqrt{x}} f(t)dt$, 利用 (16.34) 我们得到如下估计

$$(J_1 f)(x) = O(x^{\alpha-\beta-\delta}), \quad \text{当 } x \to +\infty, \tag{16.35}$$

其中 $\delta = (1-\varepsilon-\beta)/2 > 0$.

现在我们来估计 $J_2 f$. 由 (16.29) 我们有

$$f(t) = t^{-\beta} \sum_{n=0}^{N} a_n (\ln t)^{\gamma-n} + R_N(t), \tag{16.36}$$
$$R_N(t) = O(t^{-\beta}(\ln t)^{\gamma-N-1}), \quad \text{当 } t \to +\infty.$$

因此

$$(J_2 f)(x) = \sum_{n=0}^{N} \frac{a_n}{\Gamma(\alpha)} L(\alpha,\beta,\gamma-n;x) + r_N(x), \tag{16.37}$$

其中使用了如下式子

$$L(\alpha, \beta, \gamma; x) = \int_{\sqrt{x}}^{x} (x-t)^{\alpha-1} t^{-\beta} (\ln t)^{\gamma} dt,$$

$$r_N(x) = \frac{1}{\Gamma(\alpha)} \int_{\sqrt{x}}^{x} (x-t)^{1-\alpha} R_N(t) dt. \tag{16.38}$$

将 $t = x\tau$ 代入 (16.38) 我们得到

$$L(\alpha, \beta, \gamma; x) = x^{\alpha-\beta} (\ln x)^{\gamma} \int_{x^{-1/2}}^{1} (1-\tau)^{\alpha-1} \tau^{-\beta} \left(1 + \frac{\ln \tau}{\ln x}\right)^{\gamma} d\tau. \tag{16.39}$$

因为 $x^{-1/2} \leqslant \tau \leqslant 1$, 则 $|\ln \tau / \ln x| \leqslant 1/2$, 因此 $\left(1 + \dfrac{\ln \tau}{\ln x}\right)^{\gamma} = \sum\limits_{k=0}^{\infty} \binom{\gamma}{k} \left(\dfrac{\ln \tau}{\ln k}\right)^{k}$.

将此表达式代入 (16.39) 中, 逐项积分, 并使用 (16.32) 以及可直接验证的估计

$$\int_{0}^{x^{-1/2}} (1-\tau)^{\alpha-1} \tau^{-\beta} (\ln \tau)^{k} d\tau = O(x^{-\delta}), \quad \delta > 0, \quad \text{当 } x \to +\infty,$$

我们得到渐近表达式

$$L(\alpha, \beta, \gamma; x) \sim x^{\alpha-\beta} \sum_{k=0}^{\infty} \binom{\gamma}{k} \Omega_k(\alpha, \beta) (\ln x)^{\gamma-k}, \quad \text{当 } x \to +\infty. \tag{16.40}$$

根据 (16.36), $t \geqslant 1$ 时存在常数 $k > 0$ 和 $x > 1$ 使得 $|R_N(t)| \leqslant k t^{-\beta} (\ln t)^{\gamma-N-1}$ 满足. 因此, 我们发现

$$r_N(x) \leqslant \frac{k}{\Gamma(\alpha)} \int_{\sqrt{x}}^{x} (x-t)^{\alpha-1} t^{-\beta} (\ln t)^{\gamma-N-1} dt.$$

考虑到 (16.38) 和 (16.40), 我们得到 $x \to +\infty$ 时, $r_N(x) = O(x^{\alpha-\beta}(\ln x)^{\gamma-N-1})$. 将 (16.40) 代入 (16.37) 并考虑最后的估计, 重新排列各项后, 我们得到渐近展开式

$$(J_2 f)(x) \sim x^{\alpha-\beta} \sum_{n=0}^{\infty} B_n (\ln x)^{\gamma-n}, \quad \text{当 } x \to +\infty,$$

其中 B_n 由 (16.31) 给出. 因此, 根据 (16.33) 和 (16.35) 我们得到定理的证明. ∎

情况 $\beta = 1$ 由以下定理刻画.

定理 16.5 设 $f(t)$ 是在 $[0, +\infty)$ 上局部可积的非负实值函数, 满足 (16.29), 其中 $\beta = 1$. 则 $x \to +\infty$ 时,

$$\Gamma(\alpha) x^{1-\alpha} (I_{0+}^{\alpha} f)(x) \sim \int_0^x f(t) dt + \sum_{n=0}^{\infty} C_n (\ln x)^{\gamma - n}, \tag{16.41}$$

其中

$$C_n = \sum_{k=0}^{n} a_{n-k} \binom{\gamma + k - n}{k} \Lambda_k(\alpha), \tag{16.42}$$

$$\Lambda_k(\alpha) = \int_0^1 \frac{(1-t)^{\alpha-1} - 1}{t} (\ln t)^k dt. \tag{16.43}$$

此定理的证明与定理 16.4 的证明相同: 将积分 $I_{0+}^{\alpha} f$ 写为形式

$$(I_{0+}^{\alpha} f)(x) = \frac{x^{\alpha-1}}{\Gamma(\alpha)} \int_0^x f(t) dt + \frac{1}{\Gamma(\alpha)} \int_0^x [(x-t)^{\alpha-1} - x^{\alpha-1}] f(t) dt, \tag{16.44}$$

再将右边的第二项表示为在 $(0, \sqrt{x})$ 和 $(\sqrt{x}, x)$ 上的两个积分的和 (见 (16.33)).

我们也研究了 (16.29) 中 $\beta > 1$ 的情形, 通过将 $(x-t)^{\alpha-1}$ 关于 x 进行 Taylor 展开, 并用表示式

$$(I_{0+}^{\alpha} f)(x) = \frac{x^{\alpha-1}}{\Gamma(\alpha)} \sum_{k=0}^{[\beta]-1} (-1)^k \binom{\alpha-1}{k} \int_0^x f(t) \left(\frac{t}{x}\right)^k dt$$

$$+ \frac{1}{\Gamma(\alpha)} \int_0^x \left[(x-t)^{\alpha-1} - x^{\alpha-1} \sum_{k=0}^{[\beta]-1} (-1)^k \binom{\alpha-1}{k} \left(\frac{t}{x}\right)^k \right] f(t) dt$$

$$\tag{16.45}$$

代替 (16.44). 然而, 这个结果比 (16.30) 和 (16.41) 更为复杂, 所以此处我们不详述其表示.

16.4 幂指数渐近展开的情形

当 $f(t)$ 有幂指数渐近展开表达式时, 为了找到其分数阶积分 $I_{0+}^{\alpha} f$ 的渐近展开式, 我们需要用到 Watson 引理 (引理 16.3). 这里我们只考虑最简单的零附近的幂指数渐近展开

$$f(t) \sim e^{-1/t} \sum_{n=0}^{\infty} a_n t^n, \quad \text{当 } t \to +0. \tag{16.46}$$

定理 16.6 如果 $f(t)$ 满足条件 (16.46), 则 $x \to +0$ 时,

$$(I_{0+}^{\alpha}f)(x) \sim e^{-1/x} \sum_{n=0}^{\infty} H_n x^{n+2\alpha}, \tag{16.47}$$

其中

$$H_n = H_n(\alpha) = \frac{\Gamma(\alpha+n+1)}{\Gamma(\alpha)} \sum_{k=0}^{n} \frac{(-1)^{n-k}\Gamma(n-k+\alpha)a_k}{(n-k)!\Gamma(\alpha+k+1)}. \tag{16.48}$$

证明 根据 (16.1) 和 (16.46), 当 $x \to +0$ 时, 关系式

$$(I_{0+}^{\alpha}f)(x) \sim \sum_{n=0}^{\infty} \frac{a_n}{\Gamma(\alpha)} \int_0^x (x-t)^{\alpha-1}e^{-1/t}t^n dt \tag{16.49}$$

成立. 我们考虑积分

$$J_{\alpha,n}(x) = \int_0^x (x-t)^{\alpha-1}e^{-1/t}t^n dt. \tag{16.50}$$

在 (16.50) 中作变量替换 $t = x/(1+\tau)$, 我们得到

$$J_{\alpha,n}(x) = x^{\alpha+n}e^{-1/x} \int_0^{\infty} e^{-\tau/x}\tau^{\alpha-1}(1+\tau)^{-\alpha-n-1}d\tau.$$

考虑引理 16.3, 我们发现, $x \to +0$ 时,

$$J_{\alpha,n}(x) \sim x^{2\alpha+n}e^{-1/x} \sum_{k=0}^{\infty} \frac{(-1)^k(\alpha+n+1)_k\Gamma(k+\alpha)}{k!}x^k. \tag{16.51}$$

将此式代入 (16.49), 我们就得到了期望的结果 (16.47). ∎

16.5 Abel 方程的渐近解

对于一些应用问题, 如果 f 在某点附近的渐近展开是已知的, 那么通常不需要求 Abel 方程

$$(I_{0+}^{\alpha}\varphi)(x) \equiv \frac{1}{\Gamma(\alpha)} \int_0^x \frac{\varphi(t)dt}{(x-t)^{1-\alpha}} = f(x), \quad 0 < x < +\infty \tag{16.52}$$

的解 φ, 只需寻找解 $\varphi(x)$ 在该点 (通常靠近零或无穷大) 附近的渐近展开. 在这方面, 我们使用渐近解的思想.

定义 16.3　设 $\{\psi_n(x)\}$ 为 $x \to a$ 的渐近序列, (16.52) 的自由项 $f(x)$ 具有渐近展开式

$$f(x) \sim \sum_{n=0}^{\infty} b_n \psi_n(x), \quad \text{当 } x \to a \quad (b_n \in \mathbf{C},\ n = 0, 1, 2, \cdots). \tag{16.53}$$

如果存在 $x \to a$ 的渐近序列 $\{\chi_n(x)\}$, 使得

$$\varphi(x) \sim \sum_{n=0}^{\infty} d_n \chi_n(x), \quad \text{当 } x \to a \quad (d_n \in \mathbf{C},\ n = 0, 1, 2, \cdots) \tag{16.54}$$

和

$$(I_{0+}^{\alpha} \varphi)(x) \sim \sum_{n=0}^{\infty} b_n \psi_n(x), \quad \text{当 } x \to a,$$

则渐近展开 (16.54) 称为 (16.52) 在 $x \to a$ 时的渐近解.

我们注意到, 渐近解的唯一性取决于给定函数关于给定渐近序列的渐近展开的唯一特性. 然而, 解本身的存在性一般不能从其渐近解的存在性推导出来.

如果我们知道分数阶积分 (16.1) 的渐近展开, 则可以找到 Abel 方程 (16.52) 的渐近解. 例如, 以下刻画 (16.52) 在 $x \to 0$ 和 $x \to +\infty$ 时的渐近解的命题是定理 16.1 和定理 16.4 的推论.

1) 如果自由项 $f(x)$ 有渐近展开

$$f(x) \sim \sum_{n=0}^{\infty} a_n x^{\mu_n}, \quad \text{当 } x \to 0, \tag{16.55}$$

其中 μ_n 为递增序列, $\mu_0 > \alpha - 1$ 且 $\lim_{n \to \infty} \mu_n = \infty$, 则 (16.52) 的渐近解由以下公式给出

$$\varphi(t) \sim \sum_{n=0}^{\infty} \frac{\Gamma(\mu_n + 1) a_n}{\Gamma(\mu_n - \alpha + 1)} t^{\mu_n - \alpha}, \quad \text{当 } t \to 0. \tag{16.56}$$

2) 设 $0 < \alpha < 1$ 且 $f(x)$ 有渐近展开

$$f(x) \sim x^{-\beta} \sum_{n=0}^{\infty} b_n (\ln x)^{\gamma - n}, \quad \text{当 } x \to +\infty, \tag{16.57}$$

其中 $0 \leqslant \beta < 1 - \alpha$, γ 为任意实数, 则 (16.52) 的渐近解认为是实的、非负的且在 $[0, +\infty)$ 上局部可积, 可表示成

$$\varphi(t) \sim t^{-\alpha - \beta} \sum_{m=0}^{\infty} c_m (\ln t)^{\gamma - m}, \quad \text{当 } t \to \infty. \tag{16.58}$$

这里常数 c_m 可通过以下公式得出 (通过已知的 b_n)

$$b_n = \frac{1}{\Gamma(\alpha)} \sum_{m=0}^{n} c_{n-m} \binom{\gamma - n + m}{m} \Omega_m(\alpha, \alpha + \beta),$$

其中 $\Omega_m(\alpha, \beta)$ 在 (16.32) 中给出. 例如,

$$c_0 = \frac{\Gamma(1 - \beta)}{\Gamma(1 - \alpha - \beta)} b_0,$$

$$c_1 = \frac{\Gamma(1 - \beta)}{\Gamma(1 - \alpha - \beta)} \{b_1 + b_0 \gamma [\psi(1 - \beta) - \psi(1 - \alpha - \beta)]\},$$

等等.

§ 17   第三章的参考文献综述及附加信息

17.1   历史注记

§ 10.1 的注记   式 (10.4) 和 (10.5) 中的第二组关系式有时称为第一指数定律 —— Love [1972]. 它们刻画了在 $L_p(a, b)$, $1 \leqslant p < \infty$ 中通常考虑的算子 I_{a+}^{α} 和 I_{b-}^{α} 的半群性质. 定理 2.5, 见 § 4.1 (§ 2.7 的注记) 和 Love [1967a, p. 174], [1967b, p. 1058, p. 1060] 的论文特别处理了 $p = 1$ 的情形. 定理 10.1 的最终结论由 Marichev [1990, Theorem 1] 证明.

很多作者研究过关系式 (10.4). Love and Young [1938], Hille [1939] 和 Kober [1940] 考虑了 $\mathrm{Re}\alpha > 0$ 且 $\mathrm{Re}\beta > 0$ 的情形. 对于 $L_p(0, b)$, $p \geqslant 2$ 的某个子空间中的函数, Kober [1941a] 还研究了 $\mathrm{Re}\alpha = \mathrm{Re}\beta = 0$, $a = 0$ 的情况. Riesz [1949] 将这些关系推广到 $\mathrm{Re}\alpha$ 或 $\mathrm{Re}\beta$ 为负数的情形, 但 $f \in C^p([a, b])$, $p > \max(-\mathrm{Re}\alpha, -\mathrm{Re}(\alpha + \beta))$. Gel'fand and Shilov [1959] 和 McBride [1975b, 1977, 1983] 在各种分布空间中对于所有的 α 和 β 考虑了 (10.4) 中的关系式; 后一位作者主要使用了空间 $F_{p,\mu}$ 和 $F'_{p,\mu}$ —— § 8.4. 在空间 $L_1(a, b)$ 以及其由相应分数阶导数存在性定义的子空间中, Love [1972] 对于所有的 α 和 β, 详细地研究了这些关系式.

关于 (10.6) 和 (10.7) —— 见下文 § 10.3 的注记.

Chen [1959, p. 309] 中给出了 (10.12) 中的特殊情况 $\alpha_1 - \beta_1 = \pm 1$, 尽管这个表达式显然似乎早已为人所知. Tremblay [1974] 的毕业论文中处理了解析函数的情形.

定理 10.2、定理 10.3、引理 10.1 和引理 10.2 由 Marichev [1990, Theorem 2, 3 和 Lemma 2, 3] 证明. 定理 10.4 给出的形式是首次发表 (即首次出现在书

中). Love [1967a, p. 181, p. 184], [1967b, p. 1063, p. 1070] 证明了 $p = 1$ 和 $\mathrm{Re}\alpha > 0$ 的情形, 作者处理了加权空间 $Q_q = \{f(x) : x^q f(x) \in L_1[0, d], d < \infty\}$ 和 $R_r = \{f(x) : x^r f(x) \in L_1(a, \infty), a > 0\}$. 这些论文分别详细研究了算子 (10.18), (10.19) 和 (10.20) 和 (10.21), 并对它们进行了分解 (10.22)— (10.29), 其参数值保证了分解对所有在 Q_q 或 R_r 中的 $f(x)$ 有效. 所引的论文中没有考虑仅通过可表示性 $f(x) = I_{0+}^{\mu}\psi(x)$, $\mathrm{Re}\mu > 0$, $\psi \in L_p(0, d)$ 的条件来保证这些关系式成立的参数值.

§ 10.2 的注记　定理 10.5 是首次发表. 然而, (10.38) 中前一个关系的另一种形式由 Love [1985a] 得到. 他将此等式称为第三指数定律, 并详细研究了其在空间 $L_1((0, \infty); x^{\mu}(x + 1)^{\nu})$ 或在由可表示性条件 (如上) 定义的子空间中的有效性条件 (在作者的系列论文中首次使用).

我们观察到作用在 $t > a > 0$ 时满足 $f(t) = 0$ 的函数 $f(t)$ 的算子 (10.39), 它的逆由 Ahiezer and Shcherbina [1957] 给出 —— 39.2 (注记 35.7 和注记 35.8).

§ 10.3 的注记　Marichev [1990, Theorem 4, 5] 证明了定理 10.6 和定理 10.7. 然而, 刻画第二指数定律 (Love 的术语 —— Love [1972]) 的关系式 (10.42), (10.43) 和 (10.6), (10.7) 很久以前就出现了. 显然 Widder [1938, p. 17, Lemma 3.11] 是最早的一篇, 它包含关系式 (10.6) 的特殊情况, 其形式为 $\mathcal{D}^k x^{2k-1} \mathcal{D}^{k-1} f(x) = x^{k-1} \mathcal{D}^{2k-1} x^k f(x)$, $\mathcal{D} = d/dx$, 由 Leibniz 公式得到. 这些关于 Kober 算子 $I_{\eta,\alpha}^{+}$ 和 $K_{\eta,\alpha}^{-}$ 的关系式 (参见 (18.5) 和 (18.6)) 是由 Kober [1940] 建立的, 其中 $\alpha > 0$, $\beta > 0$, 见 (18.16). (10.6) 和 (10.7) 型的等式也出现在 Higgins [1965a, pp. 7-8] 和 Love [1967a, (3.9)] 中. Love [1972] 也在空间 Q_q 中对所有参数值详细研究了 (10.6), 并获得了定理 10.6 型的结果. Erdélyi [1972] 和 McBride [1975a,b, 1977, 1982a, 1983] 对某些分布空间中的第二指数定律进行了研究. 后者在空间 $F_{p,\mu}$, $F'_{p,\mu}$ 中研究了如 (18.41) 所示的算子 $I_{0+;x^m}^{\alpha}$ 和 $I_{0-;x^m}^{\alpha}$ —— § 8.4.

Marichev [1972, 1974a] 考虑了空间 Q_q 和 R_r 中的算子 (10.47), McBride [1982a] (在 $F_{p,\mu}$ 空间) 和 Dimovski and Kiryakova [1985] 处理了 $m = 0$ 时的算子 (10.48), Kiryakova [1986, 1988a] 处理了 $n = 0$ 的情形.

§ 10.4 的注记　定理 10.8 和定理 10.9 是第一次出版. 然而, 复合 $\prod\limits_{j=1}^{n} I_{a+}^{\alpha_j} e^{\lambda_j x}$ 在很久以前就已经考虑了. 它们可以在 Letnikov [1888a] 和 Nekrasov [1888c] 的论文中找到, 其中以这种形式给出了具有二项式系数的 n 阶微分方程的解. 在 $n = 2$ 时的复合运算及其逆出现在 Davis [1927a, p. 137] 中, 但在很久以后 Prabhakar [1969, 1971a] 才对与 (10.55) 算子逆有关的问题进行了系统的研究. Prabhakar [1972b] 和 Prabhakar [1977] 分别考虑了算子 (10.63) 的特殊情形, 即算子 (10.55) 和 (10.56), 以及其类似情形.

　　Belward [1972] 研究了 $\lambda = 1$ 时 (10.62) 右端的算子, 他通过分数阶积分 (使用算子 (10.62) 的复合结构) 得到了它的逆.

　　§ 11.1 的注记　定理 11.1 在非加权情况下由 Plemeli (1908) 和 Privalov (1916) 给出 (证明和参考文献在 Muskhelishvili [1968] 中给出), 在加权情况下由 Duduchava [1970a,b] 得到. 定理 11.2 可通过简单的论证从定理 11.1 中得到. 例如, 将实轴映射到圆周上. 定理 11.3 在非加权情况下由 Riesz (1972) 得出, 在加权情况下由 Hardy and Littlewood [1936] 和 Hvedelidze (1957) 得出. 证明和参考文献可以在, 例如 Gohberg and Krupnik [1973a] 中看到.

　　§§ 11.2 和 11.3 的注记　至少隐含了通过奇异算子将左-和右-分数阶积分之间联系起来的想法的第一篇论文见 Zeilon [1924]. 在半轴的情况下, 此文有一个形式的结论, 它实际上给出了联系 (11.30) 或 (12.8) 中的一个关系式. 这可以在所引论文的第 9 页和第 7 页中看到. 应该强调的是, 该文章虽然有些结论是形式的且在表达上有一些错误, 包括前面提到的第 9 页, 但其中包含了明显受 T. Carleman 影响的有趣的原创想法, 不过没有被同时代人或后来的研究者注意到. 这是第一篇考虑广义 Abel 方程的论文, 该方程涉及左-和右-分数阶积分. § 30 中考虑了这个方程. 本书的作者以前也不知道这部有趣的工作, 只是在 1985 年才偶然发现的.

　　关系式 (11.10)—(11.12) 由 Wolfersdorf [1965a] 和 Samko [1968b] 独立得到, Kober [1967] 也给出了恒等式 (11.10). Samko 在同一篇论文中给出了定理 11.4 的推论 1, 2 和注 11.2. Samko [1967a,b, 1968a,c] 建立了关系式 (11.16)—(11.19); 其中 (11.18) 和 (11.19) 也由 Wolfersdorf [1965b] 得到. 我们也参考了论文 Kuttner [1953] 和 Chen [1961], 其中试图找到 (11.17) 型的关系, 但并没有发现这类显式关系式. 后来, Juberg [1972a,b, 1973] 再次发现了关系式 (11.19).

　　Kilbas [1977] (也见 Kilbas [1979]) 和 Rubin [1977] 得到了 (11.16) 和 (11.17) 关于 $0 < \alpha < 2$ 的修改形式 (11.23) 和 (11.24). Rubin [1980a] 给出了 (11.18) 和 (11.19) 形如 (11.25) 和 (11.26) 的修改.

　　§ 11.4 的注记　定理 11.6 和推论 1 实际上是由 Rubin [1972a] 得到的. Samko [1974] 用另一种方法证明了空间 $I^\alpha(L_p)$ 对于半轴上特征函数的乘积不变性. Samko 证明的定理 11.8 尚未在其他地方发表.

　　§ 12.1 的注记　算子 I^α 的广泛使用起源于 Riesz 的论文 Riesz [1936a, 1938, 1939], 其在多维情况下引入了该算子. 尽管 Feller [1952] 较早提出了包含一维 Riesz 势 I^α 和势 $H^\alpha\varphi$ 的更一般的势 I_δ^α 算子, 但势 $H^\alpha\varphi$ 也作为独立的研究对象出现在 Okikiolu [1965, 1966a] 中. Okikiolu [1966a] 和 Samko [1968b] 证明了关系式 (12.6) 和 (12.7). 我们也参考 Samko [1971c], 尽管这些关系式中至少前者早已由 Thorin [1957, p. 37] 所知. 引理 12.2 在 Kober [1968] 和 Samko [1971c]

中得证. 定理 12.1 在 Samko [1971c] 中给出. 等式 (12.19)—(12.21) 早在 Kober [1968] 中提出. Feller [1952] 得到了关于算子 I_α^δ 半群性质的结论 (12.22). Butzer and Trebels [1988, pp. 31-35] 的书中考虑了具有 Stieltjes 积分形式的势 $I^\alpha \varphi$ 和 $H^\alpha \varphi$, 也可参见 Butzer and Trebels [1968].

§ 12.2 的注记　这些结果由 Samko 获得, 尚未在其他地方发表.

§ 12.4 的注记　关系式 (12.46) 和 (12.47) 由 Samko [1967a] 得到, 也可参见 Samko [1968a].

§§ 13.1 和 13.2 的注记　定理 13.1 由 Rubin [1972a] 得到. 至于定理 13.1 的推论, 我们发现 Tamarkin [1930, p. 222, Lemma 1] 注意到了 Riemann-Liouville 和 Marchaud 导数对于绝对连续函数的一致性 (几乎处处). Rubin [1972a, 1973a] 得到了定理 13.2 中给出的 $L_p(a,b)$ 中函数的分数阶积分的刻画. 定理 13.3—定理 13.5 的结论没有在其他地方更早地给出. Marchaud [1927] 中包含了与定理 13.5 紧密相关的结论. 定理 13.6 和更一般的定理 13.12 由 Samko 给出, 没有见到更早期的结果. 定理 13.7 在 Samko [1973] 中得证, 该定理中 $p = 1$ 的情形由 Dzherbashyan and Nersesyan [1968] 在假设 $a(x) \in H^1([a,b])$ 下较早给出. 关于定理 13.7, 我们注意到 Penzel [1986, pp. 18-23], Penzel [1987] 考虑了加权空间 $x^{-\alpha} I_{0+}^\alpha [L_p(R_+^1; \rho)]$, $\rho = x^\gamma$ 中的乘子.

§ 13.3 的注记　此处的结果在 Rubin [1972a] 中得到, 这里给出了一些补充. 关于定理 13.9 的推论中给出的表示 $I_{c+}^\alpha \varphi = I_{a+}^\alpha \psi$, 我们注意到 E.R. Love 教授在纽黑文 (1974) 举行的分数阶微积分会议上提出了关于具有不同线性积分限的分数阶积分之间是否存在联系的问题 —— Osler [1975a, p. 376]. 这个问题的答案实际上已在 1972 年苏联人的研究中给出.

§ 13.4 的注记　这里的结果也由 Rubin [1974c] 得到. 我们注意到定理 13.13、引理 13.2 和引理 13.3 对所有 $\mu_1 < 1 + \lambda$ 也成立 —— Rubin [1986a]. 同样, 在 (13.37) 和引理 13.2′ 中也可以取 $\mu_1 < 1 + \lambda$.

§ 13.5 的注记　空间 $\tilde{H}_\alpha$ 和 $\tilde{\tilde{H}}_\alpha$ 以及引理 13.4 包含在 Samko [1978c] 的论文中, 其中也给出了定理 13.14 的证明. 与定理 13.14 紧密相连的结论隐含在 Wolfersdorf [1965b] 中.

§ 13.6 的注记　广义 Hölder 空间 H^ω 显然最早出现在 Stechkin [1951] 中. 关于奇异积分的 Zygmund 型估计, 我们参考 Bari and Stechkin [1956] 和 Guseinov and Muhtarov [1980] 的书. Murdaev [1985a] 中证明了定理 13.15—定理 13.17. 我们注意到定理 13.16 有一个到多维情形的推广 —— Samko and Yakubov [1985a]. 函数类 Φ_β^δ 在 Samko [1967a] 以及 Samko [1967b] 中定义了. 此函数类在 $\delta = 0$ 的情况下是已知的 (对于 $\beta \geqslant 1$), 例如 Guseinov and Muhtarov [1980]. 在

整数 $\beta = k$ 的情形下, 此函数类由 Samko and Yakubov [1985a] 引入. Samko and Yakubov [1984] 中隐含地使用了它. 估计式 (13.69) 和定理 13.18 由 Murdaev and Samko [1986a] 得到, 另见 Murdaev and Samko [1986b,c] 和 Samko and Murdaev [1987].

§ 14.1 的注记 定理 14.1 由 Hardy and Littlewood [1928b] 通过复分析方法建立. 其关于实分析方法的证明可以在 Il'in [1959] 中找到.

§§ 14.2 和 14.3 的注记 Hardy and Littlewood [1928a] 在周期函数的情况下给出了定理 14.5—定理 14.7. 我们在比 Hardy and Littlewood [1928a] 中更一般的条件下给出了这些定理. 定理 14.2—定理 14.4 是它们的修改. Kostometov [1990] 最近的论文中, 得到了这些 Hardy-Littlewood 结果的精确版本: 假设空间 $H_p^\lambda([a,b])$ 和 $H_p^{\lambda+\alpha}([a,b])$, $0 < \alpha < 1$ 以非对称方式定义, 即通过零延拓到半轴 $(-\infty, a)$, 同时保留空间, 并且在点 b 右侧不需担心这种延拓的可能性, 算子 I_{a+}^α 将 $H_p^\lambda([a,b])$ 空间一一映射到 $H_p^{\lambda+\alpha}([a,b])$, $0 < \alpha < 1$ 上.

§ 14.4 的注记 在函数 $f(x)$ 充分好的情形下, Letnikov [1874a, p.20, p.58] 建立了等式 (14.29) 和 (14.30). Moppert [1953] 关于连续可微函数给出了这些方程. Samko 证明了这些结果在加权绝对连续函数上的有效性的定理 14.9 和定理 14.8, 并且此前未在其他地方发表.

§ 14.5 的注记 分数阶积分的中值定理 (定理 14.10) 由 Riesz 证明, 最早发表于 Hardy and Riesz [1915], 随后发表于 Riesz [1922-1923]. 这里给出的证明也是基于 Riesz 的. 它出现在书 Chandrasekharan and Minakshisundaram [1952, Lemma 1.41] 中. 在单个假设 $\varphi(t) \in L_1(a,b)$ 下, Verblunsky [1931] 注意到了估计 (14.10).

定理 14.11 和注 14.5 中的结论由 Riesz [1922-1923] 证明. 函数 $f(x) \in I_{0+}^\alpha(L_1^{\text{loc}})$ 的 Kolmogorov 型不等式 (14.53) 是 Riesz 定理 (定理 14.11) 的直接推论. Bang [1941] 和 Geisberg [1968] 在其他假设下, 在整条线上证明了这样的不等式. 另见 § 17.2 (注记 14.1—注记 14.7) 和 § 19.8 中关于分数阶积分和导数的一些其他不等式的文献信息.

§ 14.6 的注记 这里简述的分数阶积分与级数和积分求和的关系是 Hardy and Riesz [1915] 得到的, 他们基于 Dirichlet 级数 $\sum_{n=1}^\infty a_n e^{-\lambda_n s}$ 的 Riesz 正态均值发展了求和方法. 我们参考 § 17.2 (注记 14.10—注记 14.15) 在求和理论中使用分数阶积分的其他文章.

§§ 15.1 和 15.2 的注记 分数阶微分的 Leibniz 公式 (15.11) 最早出现在 Liouville [1832b, p. 118] 的论文中, 其中分数阶微分是通过函数的指数级数展开定义的. 对于 Riemann-Liouville 定义的分数阶微分 $\mathcal{D}_{a+}^\alpha$, Leibniz 公式由 Holmgren [1865-1866, pp. 12-13] 证明, 并给出了积分形式的余项. 一年后, Leibniz 公式出现在 Grünwald [1867, p. 466] 中, 之后又出现在 Letnikov [1868a, p. 58] 的论文中, 也可参见 Letnikov [1874a, p. 83]. Grünwald 既没有从 Liouville 型也没有从 Riemann 型分数阶微分出发, 而是使用了通过差商极限定义 $\mathcal{D}^{\alpha}f$ 的方法. 这种方法作为 Grünwald-Letnikov 微分将在 § 20 中详细介绍. Sonine [1872] 也考虑了分数阶微分的 Leibniz 公式.

对于解析函数, Y. Watanabe [1931] 给出了 Leibniz 公式 (15.12) 类似现代方法的严格证明. 定理 15.1 中 (15.12) 的证明来自 Y. Watanabe 的想法.

Osler [1970a,b, 1971b, 1972a,c, 1973] 的一系列论文致力于分数阶导数的 Leibniz 公式 (15.12) 和 (15.17) 的推广、规范, 以及其他形式的拓展. 这些文献中的分数阶微分是在复平面上考虑的, 以 Cauchy 积分公式推广的形式定义的. 与之前的大部分工作不同, Osler 给出了 (15.12) 右端级数的精确收敛域. Osler [1972b,c] 中证明了 Leibniz 公式的积分类似, (15.17) 是其特殊情况.

§ 16.2 的注记　定理 16.1 是众所周知的, 例如 Riekstyn'sh [1974-1981, vol. 3, p. 271]. 定理 16.2 和定理 16.3 是 Kilbas [1988, Remarks 2,3] 中结果的特例, 另见 Kilbas [1990a, Remarks 1,2], Kilbas [1990b], 其中使用了 Riekstyn'sh [1970] 提出的方法. 后一位作者在假设函数 $\mathcal{F}(t)$ 和 $f(t)$ 有比 (16.10) 更一般的渐近形式下, 给出了卷积积分

$$\Omega(x) = \int_0^x \mathcal{F}(x-t)f(t)dt, \quad 当 \; x \to +\infty \tag{17.1}$$

的渐近结果 —— 见 § 17.2 (注记 16.1) 中的综述. 在证明定理 16.2 和定理 16.3 时我们仿照后一篇论文. McClure and Wong [1979] 通过分布理论方法获得了渐近展开式 (16.12) 和 (16.23), 而 Berger and Handelsman [1975] 最早将 Parseval-Mellin 等式表示应用于积分 (比 $I_{0+}^{\alpha}f$ 更一般) 来获得它们的渐近形式. 我们也参考 Riekstyn'sh [1974-1981, vol. 3, 31.1-31.3], Wong [1979] 和 § 17.2 (注记 16.2).

§ 16.3 的注记　假设 (17.1) 中函数 $\mathcal{F}(t)$ 和 $f(t)$ 有幂对数渐近形式 (16.28), Riekstyn'sh [1970] 通过修正的逐项展开法观察寻找卷积积分 (17.1) (比分数阶积分更一般) 渐近形式的可能性. 获得积分 (17.1) 渐近展开的其他方法可以在专著 Riekstyn'sh [1974-1981, Subsections 11.3, 15.1, 22.8, 32.3] 中找到.

定理 16.4 和定理 16.5 在 Wong [1978] 中得证. 其中还表明, 当分数阶积分 (16.1) 中密度有渐近形式 (16.29) 时, 可以通过 Bleistein [1977] 中发展的方法获得分数阶积分 (16.1) 的渐近展开. 该方法基于 Mellin 变换 (1.112) 的 Parseval 等式 (1.116), 假设 $a = +\infty$ 且在原点处函数 $k(t)$ 和 $f(t)$ 具有对数渐近形式, 则可以构造如下形式的积分的渐近展开式

$$I(x) = \int_0^a \mathrm{k}(xt)f(t)dt, \quad 当 \; x \to +\infty. \tag{17.2}$$

§ 16.4 的注记 定理 16.6 是更一般的结果 Riekstyn'sh [1970, Theorem 5] 的特例, 在函数 $\mathcal{F}(t)$ 有渐近形式 (16.6), 而 $f(t)$ 有某种渐近关系 ((16.46) 的推广) 时, 它允许我们获得卷积积分 (17.1) 在 $x \to 0$ 时的渐近展开式.

17.2 其他结果概述 (与 §§ 10—16 相关)

10.1 Grin'ko and Kilbas [1990] 研究了算子 (10.18)—(10.21) 在加权 Hölder 空间 $H_0^\lambda(\rho)$ 中的映射性质, 其中 ρ 为带幂权 (3.12) 或 (5.31), 并给出了这些算子实现 Hölder 空间 $H_0^\lambda(\rho)$ 与 $H_0^{\lambda+\alpha}(\rho)$ 同胚的条件. Grin'ko and Kilbas [1991] 发现 (10.18)—(10.21) 中参数 a, b 和 c 的条件足以使带特殊幂权的算子 (10.18)—(10.21) 的所有复合成为相同形式的算子. 特别地, 得到了这些算子类似半群性质 (2.21) 的一些结果.

11.1 左-和右-分数阶积分之间的关系式 (11.16)—(11.19) 和 (11.23)—(11.26) 可以推广到任意 $\alpha > 0$ 的情形. 即以下等式成立 (Rubin [1980a, p. 919])

$$I_{b-}^\alpha \varphi = \cos \alpha\pi I_{a+}^\alpha \varphi + \sin \alpha\pi I_{a+}^\alpha \frac{1}{r_a^{\alpha-n}} S r_a^{\alpha-n} \varphi + P_n \varphi, \tag{17.3}$$

其中 $[n] = \alpha$,

$$P_n \varphi = \sum_{k=1}^n c_k (x - a)^{n-k},$$

$$c_k = (-1)^{n-k} [(n-k)! \Gamma(k+\alpha-n)]^{-1} \int_a^b (t-a)^{\alpha+k-1-n} \varphi(t) dt.$$

11.2 设 $x > 0$. Kober [1961] 利用奇异算子 S 和某些带齐次核的算子 (1.44) 得到了复合算子 $\mathcal{D}_{0+}^\alpha x^\alpha I_-^\alpha x^{-\alpha}$ 和 $x^\alpha \mathcal{D}_-^\alpha x^{-\alpha} I_{0+}^\alpha$ 的表示. 这些表示可以通过 (11.27)—(11.29) 和 (3.15)—(3.16) 推出. 所引的论文 (p. 449) 中还表明, 如果在空间 $L_p(R_+^1)$ 上考虑算子 $x^{-\alpha} I_{0+}^\alpha$ 和 $x^{-\alpha} I_-^\alpha$, 则它们具有相同的值域.

12.1 Feller 势的半群性质 (12.17) 对提出的一般形式 —— M_{u_1,v_1}^α, M_{u_2,v_2}^β, 其中系数 u_i, v_i 任意 —— 在 $\alpha + \beta < 1$ 的情形下成立, 在 $\alpha + \beta = 1$ 的情形下, 一般无意义. 在特殊的 u_2, v_2 选择下 (给定 u_1, v_1) 半群性质在 $\alpha + \beta = 1$ 的情形下也成立:

$$M_{u,v}^\alpha M_{u,-v}^{1-\alpha} \varphi = M_{a,-b}^1 \varphi = a \int_{-\infty}^x \varphi(t) dt - b \int_x^\infty \varphi(t) dt,$$

其中 $0 < \alpha < 1$, $\varphi(t) \in L_1(R^1)$, 且 $a = u^2 + uv \cos \alpha\pi$, $b = v^2 + uv \cos \alpha\pi$. 因此, 假设 $\varphi(x) \in L_1(R^1)$, 则 Feller 势 $M_{u,v}^\alpha \varphi = f$ 的逆如下

$$\varphi(x) = \frac{\sin \alpha\pi}{\pi} \left[u \frac{d}{dx} \int_{-\infty}^x \frac{f(t) dt}{(x-t)^\alpha} - v \frac{d}{dx} \int_x^\infty \frac{f(t) dt}{(t-x)^\alpha} \right].$$

另见 (30.68) 和 (30.78). 我们记

$$\omega_f(x) = u \int_{-\infty}^{x} f(t)(x-t)^{-\alpha}dt - v \int_{x}^{\infty} f(t)(t-x)^{-\alpha}dt.$$

下面的定理成立.

定理17.1　函数 $f(x)$ 可表示为函数 $\varphi \in L_1(R^n)$ 的 Feller 势 $f = M_{u,v}^{\alpha}\varphi$ 当且仅当 $\omega_f(x) = AC(R^1)$ 且 $(u^2 + uv\cos\alpha\pi)\omega_f(-\infty) + (v^2 + uv\cos\alpha\pi)\omega_f(+\infty) = 0$.

这里 $AC(R^1)$ 是整个实轴上的绝对连续函数空间 —— 见定义 6.1. 将定理 17.1 与定理 6.3 进行比较. 这里提到的结果由 Samko [1971c] 得到.

12.2　Okikiolu [1967] 考虑了带幂权的势 I^{α} 和 H^{α} (见 (12.1) 和 (12.2)):

$$I_{\mu,\nu}^{\alpha}\varphi = \frac{|x|^{\mu-\nu-\alpha}}{2\Gamma(\alpha)\cos\alpha\pi/2} \int_{-\infty}^{\infty} |t|^{\nu} \frac{\varphi(t)dt}{|t-x|^{1-\alpha}},$$

$$H_{\mu,\nu}^{\alpha}\varphi = \frac{|x|^{\mu-\nu-\alpha}}{2\Gamma(\alpha)\sin\alpha\pi/2} \int_{-\infty}^{\infty} |t|^{\nu} \frac{\text{sign}(t-x)}{|t-x|^{1-\alpha}}\varphi(t)dt,$$

并介绍了它们的修正, 差别在于一个一维算子:

$$\tilde{I}_{\mu,\nu}^{\alpha}\varphi = \frac{|x|^{\mu-\nu-\alpha}}{2\Gamma(\alpha)\cos\alpha\pi/2} \int_{-\infty}^{\infty} |t|^{\nu}[|t-x|^{\alpha-1} - |t|^{\alpha-1}]\varphi(t)dt,$$

$$\tilde{H}_{\mu,\nu}^{\alpha}\varphi = \frac{|x|^{\mu-\nu-\alpha}}{2\Gamma(\alpha)\sin\alpha\pi/2} \int_{-\infty}^{\infty} |t|^{\nu} \left[\frac{\text{sign}(t-x)}{|t-x|^{1-\alpha}} - \frac{\text{sign}\,t}{|t|^{1-\alpha}}\right]\varphi(t)dt$$

(与所引用的论文相比, 记号多少有些改变). 主要结果是 (12.19)—(12.21) 型复合关系:

$$\tilde{I}_{\sigma,\nu+\alpha-\mu}^{\beta}I_{\mu,\nu}^{\alpha} = \tilde{I}_{\mu+\sigma,\nu}^{\alpha+\beta}, \quad \tilde{H}_{\sigma,\nu+\alpha-\mu}^{\beta}H_{\mu,\nu}^{\alpha} = -\tilde{I}_{\mu+\sigma,\nu}^{\alpha+\beta},$$

$$\tilde{I}_{\sigma,\nu+\alpha-\mu}^{\beta}H_{\mu,\nu}^{\alpha} = \tilde{H}_{\sigma,\nu+\alpha-\mu}^{\beta}I_{\mu,\nu}^{\alpha} = \tilde{H}_{\mu+\sigma,\nu}^{\alpha-\beta},$$

以及算子 $\tilde{I}_{\mu,\nu}^{\alpha}$ 和 $\tilde{H}_{\mu,\nu}^{\alpha}$ 从 $L_p(R^1)$ 有界映入 $L_r(R^1)$, 其中 $p > 1$, $0 < \mu \leqslant \alpha < 1$, 或 $\mu = 0$ 时 $0 < \alpha < 1$ 和 $-1 + 1/p < \nu < -\alpha + 1/p$, $1/r = -\mu + 1/p > 0$.

文章还通过 $\frac{d}{dx}\tilde{I}_{\sigma,\nu+\alpha-\mu}^{1-\alpha}$ 和 $\frac{d}{dx}\tilde{H}_{\sigma,\nu+\alpha-\mu}^{1-\alpha}$ 型结构给出了算子 $I_{\mu,\nu}^{\alpha}$ 和 $H_{\mu,\nu}^{\alpha}$ 的逆.

Okikiolu [1969] 研究了加权 Riesz 势 $I_{0,\mu}^{\alpha}$ 和加权 Fourier 变换

$$\mathcal{F}_{\sigma}^{(\nu)}\varphi = |x|^{\nu+\sigma} \int_{-\infty}^{\infty} |t|^{\nu}e^{ixt}\varphi(t)dt$$

之间的联系. 特别地, 对于充分 "好" 的函数 $\varphi(x)$, 有 $\mathcal{F}_{\sigma}^{(\mu+\alpha)}I_{0,\mu}^{\alpha}\varphi = \mathcal{F}_{\sigma}^{(\mu)}\varphi$, $0 < \alpha < 1$, $-1 < \mu < -\alpha$ 和 $I_{0,\nu+\sigma}^{\alpha}\mathcal{F}_{\sigma}^{(\nu)}\varphi = \mathcal{F}_{\sigma}^{(\nu-\alpha)}\varphi$, $0 < \alpha < 1$.

12.3 算子 (12.44) 是正定的, 定义为

$$\Gamma(\alpha)\cos(\alpha\pi/2)(A^{\alpha}\varphi,\varphi) = \int_a^b \int_a^b |x-y|^{\alpha-1}\varphi(x)\varphi(y)dxdy > 0,$$

其中 $\varphi \in L_2(a,b)$, $\varphi(x) \not\equiv 0$ (Tricomi [1927]).

12.4 算子 (12.44) 有如下性质

$$\int_{-1}^1 |x-y|^{\alpha-1}(1-y^2)^{-\frac{\alpha}{2}} C_n^{\frac{1-\alpha}{2}}(y)dy = \lambda_n C_n^{\frac{1-\alpha}{2}}(x),$$

其中 $|x| \leqslant 1$, $0 < \alpha < 2$, $\lambda_n = \dfrac{\pi\Gamma(n+1-\alpha)}{\sin(\alpha\pi/2)\Gamma(1-\alpha)n!}$, $C_n^{\lambda}(y)$ 是 Gegenbauer 多项式 (Pólya and Szegö [1931]).

12.5 Kokilashvili [1969, 1989a,b] 沿曲线研究了 Riesz 势算子

$$(K_{\alpha}f)(s) = \int_{-\infty}^{\infty} \frac{f(\sigma)d\sigma}{|z(s)-z(\sigma)|^{1-\alpha}}, \quad 0 < \alpha < 1,$$

其中 $z(s)$, $s \in R^1$, 定义一条曲线 Γ, 它在以下意义上是正则的: 给定任意圆 $D(z,r)$, 集合 $D(z,r) \cap \Gamma$ 的测度小于 cr, c 不依赖于 $r > 0$ 且 $z \in C$. 特别地, 他证明了一个定理, K_{α} 从 $L_p(R^1)$ 有界映入到 $L_q(R^1)$, $1 < p < \dfrac{1}{\alpha}$, $\dfrac{1}{q} = \dfrac{1}{p} - \alpha$, 当且仅当 Γ 是正则的. 他还给出了 $p = 1$ 时的弱型估计, 文献 Kokilashvili [1969] 中研究了 $\dfrac{1}{q} \geqslant \dfrac{1}{p} - \alpha$ 时曲线上的条件, 文献 Kokilashvili [1989b] 中考虑了曲线上 Lorentz 空间的情况. 曲线上带 Muckenhoupt 型权函数的情况可以在 Gabidzashvili and Kokilashvili [1990] 和 Kokilashvili [1989b] 中找到.

12.6 Love [1990] 考虑了 φ 除满足 Lebesgue 积分存在外没有其他可积条件下的 Riesz 势 $I^{\alpha}\varphi$. 如果 $0 < \alpha < 1$ 且 $(I^{\alpha}\varphi)(x)$ 对于某个 x 值存在, 那么它对几乎所有的 x 都存在, 且 $I^{\alpha}\varphi$ 在 R^1 中局部可积. Love 表明, 如果 $(I^{\alpha}\varphi)(a)$ 存在, 那么 $f = I^{\alpha}\varphi$ 在 a 点有平均连续性, 即

$$\frac{1}{h}\int_0^h |f(a\pm s) - f(s)|ds \to 0, \quad \text{当 } h \to +0.$$

Love 还推测类似的结果在 n 维情况下也有效. 这个猜测是正确的 —— 见 § 29.2 (注记 25.20).

13.1   我们现在讨论 $L_p(a,b)$ 中函数 φ 的分数阶积分 $f(x) = I_{a+}^\alpha \varphi$ 的局部性质. 为了明确它们在 $L_q(a,b)$, $q = p/(1-\alpha p)$, $1 < p < 1/\alpha$, 或 $H^{\alpha-1/p}(a,b)$, $p > 1/\alpha$ 中的行为 (见定理 3.5 和定理 3.6), 我们介绍下面的等式

$$\chi_{r,0}(f,\varepsilon) = \left(\frac{1}{\varepsilon}\int_0^\varepsilon |f(x)|^r dx\right)^{1/r},$$

$$\chi_{r,c}(f,\varepsilon) = \left(\frac{1}{2\varepsilon}\int_{c-\varepsilon}^{c+\varepsilon} |f(x)|^r dx\right)^{1/r}, \quad \text{如果 } 0 < c < e, \ 0 < \varepsilon < e,$$

其中为简单起见, 取 $a = 0$ 和 $b = e$. 需特别注意已在 §4.2 (注记 3.3) 中讨论过的 $p = 1/\alpha$ 的极限情况. 这里的结果由 Karapetyants and Rubin [1985, 1988] 给出.

定理 17.2   令 $f = I_{0+}^\alpha \varphi$, $\varphi \in L_p(0,e)$, $0 < \alpha < 1$, $1 \leqslant p \leqslant \infty$, $p_\alpha = p(1-\alpha p)^{-1}$. 则

$$\chi_{r,0}(f,\varepsilon) \leqslant C_r \varepsilon^{\alpha-1/p}\left(\int_0^\varepsilon |\varphi(x)|^p dx\right)^{1/p}, \tag{17.4}$$

其中 $p = 1$ 时 $1 \leqslant r < p_\alpha$; $1 < p < 1/\alpha$ 时 $1 \leqslant r \leqslant p_\alpha$; $p = 1/\alpha$ 时 $1 \leqslant r < \infty$; $1/\alpha < p \leqslant \infty$ 时 $1 \leqslant r \leqslant \infty$, 且

$$\chi_{r,c}(f,\varepsilon) \leqslant C_r \omega_{\alpha,p}(\varepsilon)\|\varphi\|_p, \tag{17.5}$$

其中

$$\omega_{\alpha,p}(\varepsilon) = \begin{cases} \varepsilon^{\alpha-1/p}, & \text{若 } 1 < p < 1/\alpha, \quad 1 \leqslant r \leqslant p_\alpha, \\ \varepsilon^{\alpha-1}, & \text{若 } p = 1, \quad 1 \leqslant r < p_\alpha, \\ (1 + |\ln\varepsilon|)^{1/p^\varepsilon}, & \text{若 } p = 1/\alpha, \quad 1 \leqslant r < \infty, \\ 1, & \text{若 } 1/\alpha < p \leqslant \infty, \quad 1 \leqslant r \leqslant \infty. \end{cases}$$

我们注意到 (17.4) 中的常数 C_r 不依赖于 e, 在 (17.5) 中不依赖于 $c \in [0,e]$. 对于 $p < 1/\alpha$, (17.5) 中的常数 C_r 也不依赖于 e. 在 $p = 1/\alpha$ 的情况下, (17.4) 和 (17.5) 中的常数 C_r 有如下渐近估计

$$C_r = O(r^{1/p'}), \quad \text{当 } r \to \infty. \tag{17.6}$$

在 $1 \leqslant p \leqslant 1/\alpha$ 的情形下, 估计 (17.5) 可以更精确: $\chi_{r,c}(f,\varepsilon) = o(\omega_{\alpha,p}(\varepsilon))$, $\varepsilon \to 0$. 因此, 分数阶积分的局部特征如下. 即, 令 $1 \leqslant p < \infty$, 则在定理 17.2 的

假设下

$$\operatorname*{ess\,inf}_{0<x<\delta} \frac{|f(x)|}{x^{\alpha-1/p}} = 0; \quad \operatorname*{ess\,inf}_{|x-c|<\delta} \frac{|f(x)|}{\omega_{\alpha,p}(|x-c|)} = 0, \quad 1 \leqslant p \leqslant 1/\alpha \tag{17.7}$$

对所有 $\delta > 0$ 成立. 它们给出了 $L_p(0,e)$ 中函数的分数阶积分 $f(x)$ 属于空间 $I_{0+}^{\alpha}(L_p(0,e))$ 的简单必要条件. 例如, 如果 $f(x)$ 在 $(0,e)$ 中连续且 $\lim_{x\to 0} x^{1/p-\alpha}f(x)$ $\neq 0$, 则 $f(x) \notin I_{0+}^{\alpha}(L_p(0,e))$. 同理 $f = \omega_{\alpha,p}(|x-c|) \notin I_{0+}^{\alpha}(L_p(0,e))$.

我们注意到 (17.4) 和 (17.5) 在某种意义上是精确的. 例如, 在 $p = 1/\alpha$ 的情形下, 从 (4.14) 得到的函数 $\varphi_\delta(x)$ ($\delta > 0$ 很小) 的分数阶积分 $f = I_{0+}^{\alpha}\varphi_\delta$ 在 $1/e < x < 2/e$ 时有估计 $f(x) \geqslant \dfrac{1}{2}\left[\ln\left(\dfrac{2}{e}-x\right)^{-1}\right]^{-\delta+1/p'}$ —— 见 § 4.2 (注记 3.3). 所以对于 $c = 2/e$, 我们有

$$\chi_{1,c}(f,\varepsilon) \geqslant \frac{1}{4\varepsilon}\int_{c-\varepsilon}^{c}[\ln(c-x)^{-1}]^{-\delta+1/p'}dx \geqslant \frac{1}{4}\left(\ln\frac{1}{\varepsilon}\right)^{-\delta+1/p'},$$

这证明了估计式 (17.5) 的准确性.

进一步, 令 $m_I = \dfrac{1}{|I|}\displaystyle\int_I |f(x) - f_I|dx$, $I \subset (a,b)$, 见 (4.16), 并且设 $\|f\|^*$ 为空间 $\mathrm{BMO}(a,b)$ 中的范数 (4.15).

定理 17.3 设 $f = I_{a+}^{\alpha}\varphi$, $\varphi \in L_p(a,b)$, $1 \leqslant p \leqslant \infty$, $0 < \alpha < 1 + 1/p$. 则

$$\sup_{I \subset (a,b)} |I|^{\frac{1}{p}-\alpha}m_I f \leqslant c\|\varphi\|_p. \tag{17.8}$$

不等式 (17.8) 在 $\alpha = 1/p$ 的情形下可直接验证, 其给出了算子 I_{a+}^{α} 从 $L_p(a,b)$ 有界映入到 $\mathrm{BMO}(a,b)$, 甚至如 § 4.2 (注记 3.3) 所述的有界映入到 VMO.

我们注意到定理 17.3 对于 $\alpha = 1/p$ 的一个改进, 它允许 $f(x)$ 在端点 $x = a$ 邻域内的某些行为. 我们记

$$\mathrm{BMO}_a^0(a,b) = \left\{ f : f \in \mathrm{BMO}(a,b),\ A = \sup_{0<\varepsilon<b-a}\frac{1}{\varepsilon}\left|\int_a^{a+\varepsilon} f(x)dx\right| < \infty \right\}.$$

通过右端点的相应条件, 空间 $\mathrm{BMO}_b^0(a,b)$ 可类似引入. 可以证明, 空间 $\mathrm{BMO}_a^0(a,b)$ 和 $\mathrm{BMO}_b^0(a,b)$ 是 $\mathrm{BMO}(a,b)$ 中的最大子空间, 它们分别由可零延拓后属于空间 $\mathrm{BMO}(-\infty,b)$ 和 $\mathrm{BMO}(a,\infty)$ 中的那些函数组成.

定理 17.4 在 $\alpha = 1/p$ 的情况下算子 I_{a+}^{α} 和 I_{b-}^{α} 分别从 $L_p(a,b)$, $1 < p < \infty$ 有界映入到 $\mathrm{BMO}_a^0(a,b)$ 和 $\mathrm{BMO}_b^0(a,b)$.

利用 John-Nirenberg 不等式 (参见 Kashin and Saakyan [1984, p. 210]) 有 $\text{BMO}(a,b) \subset \bigcap_{r \geqslant 1} L_r(a,b)$, 我们得到, 对于 $f \in \text{BMO}(a,b)$,

$$\|f\|_r = O(r), \quad r \to \infty. \tag{17.9}$$

通过考虑 Karapetyants and Rubin [1982] 引入的空间

$$X_{\gamma,\mu} = \{f : \psi_f(r) = r^{-\gamma}\|f\|_r \in L_\mu(1,\infty)\}, \quad \gamma \geqslant 0, \quad 1 \leqslant \mu \leqslant \infty,$$

§4.2 (注记 3.3) 中的结构可以推广. Karapetyants 和 Rubin 证明了 $I_{a+}^{1/p}(L_p) \subset X_{1/p,\infty}$. 我们根据局部特征 $\chi_{r,0}(f,\varepsilon)$ 和 $\chi_{r,c}(f,\varepsilon)$ 在 $r \to \infty$ 时的行为定义了一些更窄的空间. 对于 $I \subset (0,1)$, 如果 $I = (0,\varepsilon)$, $\varepsilon > 0$, 我们记 $\omega(I) = 1$; 对于其他任意区间, 我们记 $\omega(I) = (1 + |\ln|I||)^\lambda$, $\lambda \geqslant 0$. 令

$$Y_{\gamma,\mu,\lambda}(0,1) = \left\{f : \|f\| = \|r^{-\gamma} \sup_{I \subset (0,1)} \omega(I)\chi_r(f,I)\|_{L_\mu(1,\infty)} < \infty\right\}, \tag{17.10}$$

其中 $\gamma > 0$, $1 \leqslant \mu \leqslant \infty$, 对于 $I = (0,\varepsilon)$ 有 $\chi_r(f,I) = \chi_{r,0}(f,\varepsilon)$, 对于 $I = (c-\varepsilon, c+\varepsilon)$ 有 $\chi_r(f,I) = \chi_{r,c}(f,\varepsilon)$. 由不等式 $\chi_r(f,I) \geqslant \chi_s(f,I)$, $r \geqslant s$ 可知, 如果 $\mu < \infty$, 定义 (17.10) 中的 $\gamma > \mu^{-1}$ 是必要的. 可以证明 $Y_{\gamma,\mu,\lambda}$ 是 Banach 空间. 我们还观察到, 在 $\lambda = 0$ 的情况下, 空间 $Y_{\gamma,\mu,\lambda}(0,1)$ 与 $L_\infty(0,1)$ 一致.

定理 17.5 设 $\alpha = 1/p$, $1 < p < \infty$. 算子 I_{0+}^α 从 $L_p(0,1)$ 有界映入到空间 $X_{\gamma,\mu}(0,1)$ 和 $Y_{\gamma,\mu,\lambda}(0,1)$, 如果 $\lambda = 1/p'$, 当 $1 \leqslant \mu < \infty$ 时 $\gamma > 1/p' + 1/\mu$, 当 $\mu = \infty$ 时 $\gamma > 1/p$.

明确空间 $Y_{\gamma,\mu,\lambda}$ 和 BMO 之间的联系是有趣的. 不讨论细节, 我们只观察, 对于 $\lambda = \gamma = 1/p'$, $\mu = \infty$,

$$Y_{\gamma,\mu,\lambda}(0,1) \not\subset \text{BMO}(0,1), \quad \text{BMO}(0,1) \not\subset Y_{\gamma,\mu,\lambda}(0,1).$$

前者可以通过例子 $Y_1(x) = \left\{0, \text{当 } 0 < x < 1/2; \left(\ln \dfrac{1}{x-1/2}\right)^{1/p'}, \text{当 } 1/2 < x < 1\right\} \notin \text{BMO}(0,1)$ 直接验证. 后者对于任意可允许的 γ, μ 和 λ 成立. 否则对于 $f \in \text{BMO}(0,1)$, 我们将从 $f \in \text{BMO}_0^0(0,1)$ 中得到 $\sup_{0<\varepsilon<1} \chi_{1,0}(f,\varepsilon) < \infty$. 这并非总是可能的.

最后, 我们注意到空间 $X_{\gamma,\mu}(0,1)$ 与 $Y_{\gamma,\mu,\lambda}$ 不同, 如果 $\gamma > 1 + 1/\mu$, 则根据 (17.9) 有嵌入关系 $\text{BMO}(0,1) \subset X_{\gamma,\mu}(0,1)$. (B. Muckenhoupt 呼吁作者注意这一事实).

13.2   如 § 13.2 中所述, 如果 $1 < p < 1/\alpha$, 则分数阶积分值域 $I_{a+}^{\alpha}(L_p)$ 和 $I_{b-}^{\alpha}(L_p)$ 相互一致. 它们也与由 (12.44) 定义的区间 $[a, b]$ 上 Riesz 势 $A^{\alpha}\varphi$ 的像一致:

$$I_{a+}^{\alpha}(L_p) = I_{b-}^{\alpha}(L_p) = A^{\alpha}(L_p), \quad 1 < p < 1/\alpha.$$

后一个等式可从 (12.46) 或 (11.16)—(11.19) 中得到. 在 $p > 1/\alpha$ 的情况下关系式

$$I_{a+}^{\alpha}(L_p) \oplus R^1 = I_{b-}^{\alpha}(L_p) \oplus R^1$$

成立 (Rubin [1980a]; 在这方面参见 (17.3)). 在 $\alpha = 1/p$ 的情况下, 这些一致性都不成立. 这可以通过定理 17.2 的局部估计来证明. 对于 $p > 1/\alpha$, 我们还注意到以下嵌入关系

$$I_{a+}^{\alpha}(L_p) \subset A^{\alpha}(L_p), \quad 0 < \alpha < 2/p,$$

$$I_{a+}^{\alpha}(L_p) \subset A^{\alpha}(L_p) \oplus P_1, \quad 2/p < \alpha < 1,$$

$$A^{\alpha}(L_p) \subset I_{a+}^{\alpha}(L_p) \oplus P_0, \quad 1/p < \alpha < 1,$$

其中 P_j 是 $j = 0, 1$ 阶多项式构成的空间. 这些嵌入关系由算子 I_{a+}^{α}, I_{b-}^{α} 和 A^{α} 之间的关系式 (通过奇异算子相互联系) 推出 —— (11.16), (11.19), (12.46) 和 (12.47). Karapetyants and Rubin [1985] 利用以下表示

$$A^{\alpha} = x^{\alpha/2} I_{0+}^{\alpha/2} x^{-\alpha} I_{1-}^{\alpha/2} x^{\alpha/2},$$

$$I_{0+}^{\alpha} = x^{\alpha/2} I_{0+}^{\alpha/2} x^{-\alpha} I_{0+}^{\alpha/2} x^{\alpha/2}$$

对上述的第一和第二个嵌入给出了另一种证明.

13.3   Samko [1978c, § 8, Theorem 8.6] 和 Samko [1968c] (在更严格的假设下) 证明了定理 13.6 在加权 L_p 空间中的推广. 设 $\rho(x) = (x - a)^{\gamma}(b - x)^{\delta}$. 下面的定理成立:

定理 17.6   如果 $f(x) \in I_{a+}^{\alpha}[L_p(\rho)]$, $1 < p < \infty$, $0 < \alpha < 1$, 则也有

$$(x - a)^{\mu}(b - x)^{\nu} f(x) \in I_{a+}^{\alpha}[L_p(\rho_1)], \quad \rho_1(x) = \frac{\rho(x)}{(x - a)^{\mu p}(b - x)^{\nu p}},$$

假定 $-1 < \mu < 1$, $\alpha - 1 < \nu < 1 - \alpha$, $\gamma < p - 1 + \min(0, p\mu)$, $(\alpha + \nu)p - 1 < \delta < p - 1 + \min(0, p\nu)$.

13.4   定理 (13.18) 可以推广到权重固定在区间 $[a, b]$ 两个端点的情况. 设 $\rho(x) = (x - a)^{\mu}(b - x)^{\nu}$, $\mu \geqslant 0$, $\nu > 0$, $\mu + \alpha < 2$, $\mu + \nu < 2$, 下面的定理成立 (Murdaev and Samko [1986a,b] 和 Samko and Murdaev [1987]):

定理 17.7　如果 $\omega(\delta) \in \Phi_\beta^{\gamma-1}$, $\gamma = \max(1, \mu, \nu)$, $\beta = \min(1 - \alpha, \nu - \alpha)$, $\Phi_\beta^{\gamma-1}$ 是函数类 (13.68), 则分数阶积分算子 I_{a+}^α, $0 < \alpha < 1$ 将广义加权 Hölder 空间 $H_0^\omega(\rho)$ 同胚映射到空间 $H_0^{\omega_\alpha}(\rho)$ 上:

$$I_{a+}^\alpha[H_0^\omega(\rho)] = H_0^{\omega_\alpha}(\rho), \quad \omega_\alpha(\delta) = \delta^\alpha \omega(\delta).$$

13.5　定理 13.17 指出, I_{a+}^α 将广义 Hölder 空间 H_0^ω 映射到空间 $H_0^{\omega_\alpha}$ 上, $\omega_\alpha(h) = h^\alpha \omega(h)$. Karapetyants, Murdaev and Yakubov [1990] 将其推广到 H_p^ω 空间, 此空间在区间 $[a, b]$ 的 L_p 范数下具有广义 Hölder 条件. 作者给出了相应的同胚定理, 首先发现了函数在端点 $x = a$ 处为零的 L_p 类似性质, 这很好地符合所要求的同胚. 对此也可参见 §17.1 (§14.2 和 §14.3 的注记) 中提到的 Kostometov [1990], 其中 $\omega(h) = h^\lambda$.

13.6　Linker and Rubin [1981] 将 §13.3 中提出的关于限制和零延拓的定理以及分数阶积分的 "缝合" 定理推广到带幂对数核的卷积算子.

14.1　式 (14.40) 中的 Riesz 中值定理对有无穷积分限的情况成立:

$$\left| \int_{-\infty}^b (x - t)^{\alpha-1} \varphi(t) dt \right| \leqslant \operatorname*{ess\,sup}_{\xi < b} \left| \int_{-\infty}^\xi (\xi - t)^{\alpha-1} \varphi(t) dt \right|, \quad 0 < \alpha < 1,$$

这里只需假设左端的积分收敛 (Isaacs [1953])

14.2　Riesz 中值定理 (14.40) 有如下推广. 设 $\varphi(x) \in L_1(0, l)$, $l > 0$. 如果 $0 < \alpha < 1$ 且 $\lambda \leqslant 1 - \alpha$, 则

$$\operatorname*{ess\,min}_{0 < t \leqslant l} t^\lambda (I_{0+}^\alpha \varphi)(t) \leqslant \frac{x^\lambda}{\Gamma(\alpha)} \int_0^l \varphi(t)(x - t)^{\alpha-1} dt \leqslant \operatorname*{ess\,sup}_{0 < t \leqslant l} t^\lambda (I_{0+}^\alpha \varphi)(t),$$

假设这里的右 (左) 端分别非负 (非正)(Bosanquet [1967]).

Steinig [1970] 利用广义 Riesz 中值定理回答了如下问题: 若加权 x^λ 的分数阶积分 $x^\lambda (I_{0+}^\alpha \varphi)(x)$ 存在局部极值, 那么改变函数 $\varphi(x)$ 本身的符号对它有什么影响? 这是关于已知定理 (在函数原像的局部极值点处改变符号) 的分数阶类似物.

我们还注意到 Riesz 中值定理在 $\alpha > 1$ 情况下的推广, 见 Türke and Zeller [1983].

在上面引用的 Bosanquet [1967] 的论文中, 给出了 Riesz 中值定理的推广, 他将原来的幂核 $(x - t)^{\alpha-1}$ 替换为更一般的 Sonine 型 $G(x - t)$ 核. 关于后者, 见 §4.2 (注记 2.4).

14.3　Riesz 中值定理 (14.40) 可以推广到在 Denjoy-Perron 意义下可积的函数 —— Verblunsky [1931] 和 Burkill [1936]. 后者以及 Sargent [1946, 1950, 1951] 的论文, 也关注分数阶 Cesaro-Perron 积分, 即所谓的 $C_\alpha p$ -积分.

14.4   Bosanquet [1941] 证明了以下与 Riesz 中值定理 (14.40) 类似的离散不等式

$$\left|\sum_{\nu=0}^{m} A_{n-\nu}^{\alpha-1} a_\nu\right| \leqslant \max_{0\leqslant\mu\leqslant m}\left|\sum_{\nu=0}^{\mu} A_{\mu-\nu}^{\alpha-1} a_\nu\right|,$$

其中 $A_k^\sigma = \binom{k+\sigma}{k}$, $n \geqslant m \geqslant 0$, a_ν 为任意序列. 上面的求和可以认为是分数阶差分的离散.

同一作者的文献 Bosanquet [1958-1959] 证明了分数阶离散差分 "插值"Riesz 不等式 (14.42) 的一些类似结果.

14.5   分数阶 Marchaud 导数 $(\mathbf{D}_+^\alpha f)(x)$, $x \in R^1$, $0 < \alpha < 1$ 有 Hadamard 型估计:

$$\|\mathbf{D}_+^\alpha f\|_C \leqslant k\|f\|_C^{1-\alpha/2}\|f'\|_{H^1}^{\alpha/2},$$

其中 $\|f\|_C = \sup\limits_{x\in R^1}|f(x)|$, $\|g\|_{H^1} = \sup\limits_{x,y\in R^1}|g(x)-g(y)|/|x-y|$, 常数 $k = 2^{2-\alpha/2}\cdot$
$(2^{1/(1-\alpha)}-1)^{\alpha-1}/\Gamma(3-\alpha)$ 是精确的 —— Geisberg [1965].

14.6   Hardy, Landau and Littlewood [1935] 证明了 Kolmogorov 型不等式

$$\|I_-^\beta f\|_{L_p(R_+^1)} \leqslant k\|I_-^\alpha f\|_{L_p(R_+^1)}^{\frac{\gamma-\beta}{\gamma-\alpha}}\|I_-^\gamma f\|_{L_p(R_+^1)}^{\frac{\beta-\alpha}{\gamma-\alpha}}, \quad 1 < p < \infty,$$

其中 $-A < \alpha < \beta < \gamma < A$, $k = k(p, A)$. 关于分数阶积分-微分 I_{0+}^α 的类似不等式由 Hughes [1977a] 证明, 它也是 (14.53) 的推广. 对于函数 $f \in L_2(R_+^2)$ 且它有广义导数 $f^{(n)}(x) \in L_2(R_+^1)$, Magaril-Il'yaev and Tikhomirov [1981] 得到了类似的不等式

$$\|\mathcal{D}_-^\alpha f\|_{C(R_+^1)} \leqslant k\|f\|_{L_2(R_+^1)}^{\nu_1}\|f^{(n)}\|_{L_2(R_+^1)}^{\nu_2},$$

他们还给出了有效性的精确界: $\alpha \in (-1/2, n-1/2)$, $\nu_1 = n^{-1}(n-\alpha-1/2)$, $\nu_2 = 1 - \nu_1$ 以及常数 k 的精确值.

至于 (14.53) 中的最佳常数, Arestov [1979] 发现在 (14.53) 中使用 Marchaud 型导数且 $0 < \gamma \leqslant 1$, $\gamma \leqslant \alpha < 2$ 时, 它为 $\dfrac{[2\Gamma(\alpha+1)]^{1-\gamma/\alpha}}{\Gamma(\alpha-\gamma+1)}$.

Trebels and Westphal [1972] 将 (14.53) 推广到 Banach 空间中算子的分数次幂, 其形式为

$$\|(-A)^\beta f\| \leqslant k\|f\|^{1-\beta/\gamma}\|(-A)^\gamma f\|^{\beta/\gamma}, \quad 0 < \beta < \gamma,$$

其中 A 是算子的强连续半群的生成元, $(-A)^\beta$ 在 (5.85) 中给出.

14.7　如果 $p > 0$, $q > 0$, $p + q = r \geqslant 1$, $\gamma < r$, $0 \leqslant a < b \leqslant \infty$, $\omega(x)$ 递减且 $a < x < b$ 时 $\omega(x) > 0$, 则下面的 "Opial 型" 不等式成立 (Love [1985c])

$$\int_a^b |(I_{a+}^\alpha f)(x)|^p |(I_{a+}^\alpha f)(x)|^q x^{\gamma - \alpha p - \beta q - 1} \omega(x) dx \leqslant c \int_a^b |f(x)|^r x^{\gamma - 1} \omega(x) dx.$$

我们也注意到不等式

$$\int_a^b s(x) \varphi \left[\frac{|(I_{a+}^\alpha f)(x)|}{(I_{a+}^\alpha g)(x)} \right] dx \leqslant \int_a^b G(x) \varphi \left[\frac{|(f)(x)|}{g(x)} \right] dx,$$

其中 $G = g I_{b-}^\alpha \left(\dfrac{s}{I_{a+}^\alpha g} \right)$, $\varphi(u)$ 是正凸增函数, $s(x) \geqslant 0$, $g(x) > 0$ —— Godunova and Levin [1969]. Rozanova [1976] 和 Sadikova [1979] 对这种不等式进行了推广.

14.8　Askey [1975] 给出了分数阶积分与推导三角和代数多项式的各种不等式的方法之间的有趣联系.

14.9　设 $c(t) = \sum_{n=1}^{[t]} c_n$. 若对某个 $\alpha > 0$ (见 § 14.6), 级数 $\sum_{n=1}^{\infty} c_n$ 在 $s = \lim_{x \to \infty} \dfrac{\alpha}{x^\alpha} \int_0^x c(t) \times (x - t)^{\alpha - 1} dt$ 意义下可和且和为 s, 则对任意 $\alpha' > \alpha$, 级数以类似的方式可和且和相同 —— Hardy and Riesz [1915, p. 29].

14.10　设 $0 < \lambda_0 < \lambda_1 < \cdots < \lambda_n \to \infty$, $c(x) = \sum_{\lambda_n \leqslant x} c_n$ 和

$$C_\alpha(x) = \frac{1}{\Gamma(\alpha)} \int_0^x (x - t)^{\alpha - 1} c(t) dt = \frac{1}{\Gamma(\alpha + 1)} \sum_{\lambda_n \leqslant 2} (x - \lambda_n)^\alpha c_n, \quad \alpha > 0$$

为广义 Riesz 中值 (14.55) 的一个推广. Bosanquet [1943] 指出如果 $\varliminf \dfrac{\lambda_{n+1}}{\lambda_n} > 1$ 且 $x \to +\infty$ 时 $C_\alpha(x) = o(x^\gamma)$, $\gamma > -1$, 则 $C_\beta(x) = o(x^{\beta - \alpha + \gamma})$, 假定 $0 \leqslant \beta \leqslant \alpha$. Hardy and Riesz [1915] 较早地考虑了 $\gamma = \alpha$, $\beta = 0$ 的情形.

14.11　分数阶积分可用于研究函数的极限, 类似于其在级数求和中的应用 (参见 § 14.6). 即, 设 $\varphi(t)$, $t > 0$ 给定. 如果 $\lim_{x \to 0} \dfrac{\alpha}{x^\alpha} \int_0^x \varphi(t)(x - t)^{\alpha - 1} dt = 0$, 那么在 (C, α) 方法的意义下可以说 $\varphi(t) \xrightarrow[t \to \alpha]{} 0$. 现在设函数 $f(x)$ 存在极限

$$2S = \alpha \lim_{\xi \to 0} \frac{1}{\xi^\alpha} \int_0^\xi [f(x_0 + t) + f(x_0 - t)](\xi - t)^{\alpha - 1} dt, \quad \alpha > 0.$$

数 S 称为函数 f 在点 x_0 处的广义值. 记 $\varphi(t) = f(x+t) + f(x-t) - 2S$, 如果在 (C, α) 方法的意义下 $t \to 0$ 时 $\varphi(t) \to 0$, 那么我们说在同样的意义下 $f(t)$ 在点 x_0 处有值 S. Verblunsky [1931] 在上述意义下对值有限的函数进行了研究.

14.12 Bosanquet [1934] 给出了 Fourier 级数的分数阶积分 A 可和的充分条件. 如果级数 $\sum a_n x^n$ 在 $|x| < 1$ 时收敛到和 $A(x)$, 且该和有有限极限 $\lim\limits_{x \to 1-0} A(x) = S$ 并且在 $[0, 1]$ 上有有界变差, 则称级数 $\sum a_n$ 是 A 可和的. 令 $f(x) \in L_1(0, 2\pi)$ 且 $2\varphi(t) = f(x_0 + t) + f(x_0 - t) - 2S$. 所引文献中证明了如果存在 $\alpha > 0$ 和 $\varepsilon > 0$ 使得

$$\int_0^\varepsilon t^{-1-\alpha} |(I_{0+}^\alpha \varphi)(t)| dt < \infty,$$

那么函数 $f(x)$ 的 Fourier 级数在点 x_0 处是 A 可和的, 且和为 S.

Mohapatra [1973] 使用了较弱的条件 $\int_t^1 t^{-1-\alpha} (I_{0+}^\alpha \varphi)(t) dt = o\left(\log \frac{1}{t}\right)$, $\alpha \geqslant 0$ 对 Fourier 积分求和. 另见 Bosanquet [1936], Bhatt and Kishore [1987], Kishore and Hotta [1972], 其中将 $\frac{1}{t^\alpha}(I_{0+}^\alpha \varphi)(t)$, $\varphi(t) = \frac{1}{2}[f(x+t) + f(x-t)]$ 有有界变差作为函数 $f(t)$ 的 Fourier 级数广义可和的充分条件.

14.13 Beekmann [1967, 1968] 证明了积分变换

$$(C^\alpha \varphi)(x) = \frac{\alpha}{x^\alpha} \int_0^x (x-t)^{\alpha-1} \varphi(t) dt, \quad x > 0$$

是 "完美的", 即线性空间 B 中极限 $\lim\limits_{x \to \infty} \varphi(x)$ 有限的所有函数构成的集合, 在 B 中极限 $\lim\limits_{x \to \infty} (C^\alpha \varphi)(x)$ 有限的所有函数构成的集合中稠密. 在所引用的论文中可以看到更具体的公式.

14.14 Cossar [1941] 用 (C, α) 方法研究了积分 $\int_0^\infty f(x)\varphi(x)dx$ 的可和性, 得到了收敛积分 $\int_0^\infty (I_{0+}^\alpha f)(x)(\mathcal{D}_-^\alpha \varphi)(x)dx$, $\alpha > 1$. 这是分数阶分部积分公式, 其中 $\mathcal{D}_-^\alpha \varphi$ 是 Cossar 导数 (9.1).

14.15 §14.6 中概述的分数阶积分与级数求和方法的联系不仅适用于 Riesz 中值方法, 也适用于其他方法. 因此, Kuttner and Tripathy [1971] 研究了其与 Hausdorff 求和法之间的关系. 我们还注意到, Bosanquet and Linfoot [1931] 使用带幂对数核的 "广义"Riesz 中值, 得到了带幂对数核的 "分数阶积分".

最后关于求和理论中的分数阶积分, 我们提到论文 Flett [1958a,b], Gupta Sulaxana [1967], Hardy and Rogosinski [1943], Minakshisundaram [1944], Mikolás

[1959, 1960a,b, 1984, 1990a], Wang [1944a,b], Paley [1930] 和 Loo [1944]. 我们还注意到, 分数阶积分自然产生于 Hausdorff 和 Cesáro 求和方法中所谓的 Hausdorff 包含问题, 参见 Garabedian, Hille and Wall [1941].

我们还提到论文 Yogachandran [1987], 其中考虑了在 Cesáro 意义下处理渐近性 $f(x) \sim lx^p$, $x \to \infty$ 的问题.

14.16　已知函数的可微性与代数或三角多项式逼近它的速度之间的关系—— 例如, 书 Timan [1960]. Montel [1918] 的工作是第一篇在分数阶可微的情况下涉及这种关系的研究的论文. 他证明了 Bernstein 定理在分数阶导数的情况下的推广. 这说明代数多项式逼近函数 $f(x)$ 的速率由不等式 $|f(x) - P_n(x)| \leqslant An^{-\gamma}$, $-1 \leqslant x \leqslant 1$, $\gamma > 0$ 给出, 这意味着所有 $\alpha < \gamma$ 阶分数阶导数 $(\mathcal{D}_{a+}^{\alpha}f)(x)$, $a = -1$ 存在. 我们还注意到, Montel [1918] 甚至对两个变量的情形给出了推广—— 见 §24 中多变量函数的分数阶导数和 §29.2 (注记 24.8) 中提到的推广.

关于函数 (有分数阶导数) 的三角多项式逼近的研究很多, 见 §23.2 (注记 19.6). 对于非周期情况, 这类研究可以在以下文章中找到: Ibragimov [1953a,b], Nasibov [1962] 和 Kofanov [1987], 其中考虑了用代数多项式逼近分数阶积分, 后一篇论文的结果 (同一作者) 在工作 Nasibov [1965] 中被推广到两个变量函数的情况. 他的论文 Nasibov [1962] 包含一个在某种意义上的最终结果. 设 $W_1^{\alpha} = I_{a+}^{\alpha}(L_1)$ 为可表示成 $L_1(-1,1)$ 中函数 $f(x)$ 的分数阶积分的空间. 设 $E_n(f)_1 = \inf\{\|f - P\|_{L_1}\}$ 为 $f(x)$ 的最佳逼近, 下确界在所有次数 $\leqslant n$ 的多项式的集合中取, 并且 $E_n(W_1^{\alpha})_1 = \sup\{E_n(f); f \in W_1^{\alpha}\}$. 则如 Kofanov 所示, 若 $\alpha \geqslant 1$, $n \leqslant [\alpha] - 1$, 有

$$E_n(W_1^{\alpha})_1 = \sup_{t \in [-1,1]} \frac{1}{\Gamma(\alpha)} \left| \int_t^1 (x-t)^{\alpha-1} \operatorname{sign} \sin(n+2) \arccos x \, dx \right|.$$

最后, 我们注意到 Starovoitov [1984, 1985a,b, 1986] 研究了分数阶积分的有理函数逼近.

15.1　除分数阶导数的 Leibniz 公式 (15.11) 外, 还有下列带余项的 Leibniz 型表达式:

$$\mathcal{D}_{a+}^{\alpha}(uv) = \sum_{k=0}^{n-1} \binom{\alpha}{k} \mathcal{D}_{a+}^{\alpha-k} u v^{(k)} + R_n,$$

$$R_n = \frac{(-1)^n}{\Gamma(-\alpha)(n-1)!} \int_a^x (x-t)^{-\alpha-1} u(t) dt \int_t^x (x-\xi)^{n-1} v^{(n)}(\xi) d\xi \tag{17.11}$$

成立 (Holmgren [1865-1866, p. 12], Y. Watanabe [1931, p. 16], Al-Bassam [1961]). 与 (15.11) 相比, (17.11) 的优点是不需要函数 $v(x)$ 的无穷可微性.

15.2 广义分数阶导数 (20.10) 的 Leibniz 公式 (15.11) 由 Post [1930, p. 755] 证明 —— § 23.2 (注记 20.6). Y. Watanabe 通过将 f 和 g 展开为幂级数证明了比 (15.12) 更一般的关系

$$\mathcal{D}_{a+}^{\alpha}(fg) = \sum_{n=-\infty}^{\infty} \binom{\alpha}{\beta+n} \mathcal{D}_{a+}^{\alpha-\beta-n} f \mathcal{D}_{a+}^{\beta+n} g. \tag{17.12}$$

15.3 Osler [1970a, 1972a,c, 1973] 通过推广复平面上分数阶导数的 Cauchy 积分公式, 给出了 Leibniz 法则 (17.12) 和 (15.17) 的一系列推广 (见 (22.4)). Osler [1970a, 1973] 将 (17.12) 推广到函数 f 关于函数 φ 的分数阶导数 (和积分) 上, 即

$$\mathcal{D}_{\varphi}^{\alpha}f(x) = \frac{1}{\Gamma(-\alpha)} \int_{\varphi^{-1}(0)}^{x} f(t)[\varphi(x)-\varphi(t)]^{-\alpha-1}\varphi'(t)dt$$

—— 见 § 18.2. 并给出了如下推广

$$\mathcal{D}_{\varphi}^{\alpha}f(x,x) = \sum_{n=-\infty}^{\infty} \binom{\alpha}{\beta+h} \mathcal{D}_{\varphi(x),\psi(x)}^{\alpha-\beta-n} f(x,t)|_{t=x}, \tag{17.13}$$

其中 $\mathcal{D}_{\varphi,\psi}^{\alpha-\beta-n} f$ 表示 $f(x,t)$ 的混合分数阶导数, 其中函数 φ 关于第一个变量, 函数 ψ 关于第二个变量, 分别为 α 阶和 β 阶. Osler [1972a, 1973] 中讨论了 (17.12) 与 Fourier 级数理论中 Parseval 等式的关系, 从而进一步推广了 (17.13). 这些结果在上述论文中用于展开级数中的某些特殊函数. Arora and Koul [1987] 利用 Leibniz 法则的积分类似 (15.17) (其中 $\beta = 0$) 得到了一些特殊函数的积分表示. Osler [1972c] 中证明了 Leibniz 法则的一般积分类似, (15.17) 和 (17.12), (17.13) 为其特例. 我们补充说一下, Lavoie, Tremblay and Osler [1975] 证明了关系 (17.12) 的推广:

$$\mathcal{D}_{a+}^{\alpha}(x^{p+q}f(x))g(x) = \sum_{n=-\infty}^{\infty} c\binom{\alpha}{cn+\beta} \mathcal{D}_{a+}^{\alpha-\beta-cn}(x^p f(x))\mathcal{D}_{a+}^{\beta+cn}(x^q g(x)),$$

$$0 < c \leqslant 1,$$

并在比上文所引用的 Osler 的论文更弱的假设下, 通过 Pochhammer 积分 (见 § 22) 估计分数阶导数给出了它的积分类似.

15.4 Walker 表示

$$\mathcal{D}^N[f^N uv] = \sum_{n=0}^{N} W(N,n),$$

$$W(N, n) = \binom{N}{n} \mathcal{D}^{N-n}(f^{N-n}v)\mathcal{D}^{n-1}(f^n u')$$

和 Cauchy 关系

$$\mathcal{D}^{N-1}[f^N \mathcal{D}(uv)] = \sum_{n=0}^{N} C(N, n),$$

$$C(N, n) = \binom{N}{n} \mathcal{D}^{N-n-1}(f^{N-n}v')\mathcal{D}^{n-1}(f^n u')$$

是广义 Leibniz 公式, Osler [1975b] 将两种关系中的 $N = 1, 2, 3, \cdots$ 推广到任意值 $N \in \mathbf{C}$.

15.5　Al-Salam and Verma [1965] 和 Agarwal [1976] 将 Leibniz 法则 (15.11) 推广到所谓的 q-导数 —— §23.2 (注记 18.5).

15.6　Polking [1972] 对非线性多维分数阶微分算子 $\mathcal{D}_{p,q}^{\alpha}$, $0 < \alpha < 1, 1 \leqslant p \leqslant \infty$ 建立了类似的 Leibniz 法则, 算子 $\mathcal{D}_{p,q}^{\alpha}$ 定义如下

$$(\mathcal{D}_{p,q}^{\alpha}f)(x) = \left[\int_0^{\infty} \left(\int_{|y| \leqslant 1} \left| \frac{f(x+\rho y) - f(x)}{\rho^{\alpha}} \right|^p dy \right)^{q/p} \frac{d\rho}{\rho} \right]^{1/q}, \quad 1 \leqslant q < \infty,$$

$$(\mathcal{D}_{p,\infty}^{\alpha}f)(x) = \sup_{0 < \rho < \infty} \rho^{-\alpha} \left(\int_{|y| \leqslant 1} |f(x+\rho y) - f(x)|^p dy \right)^{1/p}, \quad q = \infty.$$

15.7　对于在复平面中以某种指数型整函数具体定义的分数阶导数, Gaer and Rubel [1975] 得到了此导数的 Leibniz 法则 (15.1) 及其推广 —— 参见 §23.2 (注记 22.9).

15.8　Manocha [1967b], Manocha and Sharma [1974], Arora and Koul [1987] 和 Srivastava [1972] 应用广义 Leibniz 法则得到了某些超几何型函数与 Fox H 函数之间的一些关系.

16.1　Riekstyn'sh 对以下情况给出了卷积积分 (17.1) (分数阶积分 (16.1) 的推广) 的渐近展开式: 1) 对于 $x \to +0$, 函数 $\mathcal{F}(t)$ 和 $f(t)$ 有渐近展开式 $f(t) \sim e^{-a/t^{\alpha}} \sum_{n=0}^{\infty} a_n t^{\mu_n}$, $t \to +0$. 如果 $a \geqslant 0$, $\alpha > 0$ 且 μ_n 是满足 $\mu_0 > -1$ 和 $\lim_{n \to \infty} \mu_n = +\infty$ 的递增序列, 那么上面的展开式为 (16.6) 和 (16.46) 的推广; 2) 对于 $x \to +\infty$, $\mathcal{F}(t)$ 和 $f(t)$ 有渐近表达式 ((16.10) 的推广):

$$f(t) \sim \sum_{m=0}^{M} b_m t^{\lambda_m} + \sum_{n=0}^{\infty} a_n t^{-n-\beta}, \quad 0 < \beta \leqslant 1, \quad 0 \leqslant \lambda_0 < \lambda_1 < \cdots < \lambda_n < \cdots.$$

$$(17.14)$$

我们注意到 Riekstyn'sh 使用修正的逐项展开法得到了 $x \to +\infty$ 时积分 (17.2) 的渐近表达式 —— 也可参见 Riekstyn'sh [1974-1981, v. 1, § 11] 的书. 此方法最先在 Tihonov and Samarskii [1959] 中使用.

16.2 Berger and Handelsman [1975] 在以下两种情况下得到了关于 x^p 的分数阶积分 $(I_{0+;x^p}^\alpha f)(x)$ 的渐近展开 —— (18.41): a) 对于 $x \to +0$, 假设函数 $f(t)$ 在 $t \to +0$ 时有渐近展开式 (16.6); b) 对于 $x \to +\infty$, 假设函数 $f(t)$ 有渐近展开

$$f(t) \sim e^{-at} \sum_{n=0}^{\infty} a_n t^{-\mu_n}, \quad a \geqslant 0, \tag{17.15}$$

其中 μ_n 是递增序列且满足 $\lim\limits_{n \to \infty} \mathrm{Re}\,\mu_n = +\infty$. 研究使用了 Handelsman and Lew [1969, 1971] 中发展的方法, 且基于关于 Mellin 变换 (1.112) 的 Parseval 等式 (1.116). 如果 $t \to +0$ 和 $t \to +\infty$ 时函数 k(t) 和 $f(t)$ 有幂渐近展开, 则这些方法可以让我们找到积分 (17.2) 的渐近展开. 也可参见 Riekstyn'sh [1974-1981, v. 3, §§ 31.1-31.3] 的书. Berger and Handelsman [1975] 中得到了以下结果: 1) 如果 $f(t)$ 有渐近展开 (16.6), 则 $x \to +0$ 时

$$(I_{0+;x^p}^\alpha f)(x) \sim \sum_{n=0}^{\infty} \frac{a_n \Gamma(1 + \mu_n/p)}{\Gamma(1 + \alpha + \mu_n/p)} x^{\mu_n + p\alpha}; \tag{17.16}$$

2) 如果 $t \to +\infty$ 时 $f(t)$ 有渐近展开 (17.15), 则 $x \to +\infty$ 时

$$(I_{0+;x^p}^\alpha f)(x) \sim \sum_{n=0}^{\infty} \frac{(-1)^n \mathfrak{M}\{f; p(n+1)\}}{n! \Gamma(\alpha - n)} x^{p(\alpha-n-1)}, \quad \text{若 } a > 0, \tag{17.17}$$

其中 $\mathfrak{M}$ 为 Mellin 变换 (1.112), 如果 $a = 0$ 且对所有 $n, m = 0, 1, 2, \cdots$, $\mu_m \neq p(n+1)$, 则

$$\begin{aligned}
(I_{0+;x^p}^\alpha f)(x) \sim &\sum_{n=0}^{\infty} \frac{(-1)^n \mathfrak{M}\{f; p(n+1)\}}{n! \Gamma(\alpha - n)} x^{p(\alpha-n-1)} \\
&+ \sum_{m=0}^{\infty} \frac{a_m \Gamma(1 - \mu_m/p)}{\Gamma(1 + \alpha - \mu_m/p)} x^{p\alpha - \mu_m}.
\end{aligned} \tag{17.18}$$

特别地, 如果 $0 < \beta < 1$ 时 f 有渐近展开 (16.10), 则根据 (17.18), 分数阶积分

(16.1) 在 $x \to \infty$ 时有如下渐近展开, 即

$$(I_{0+}^{\alpha}f)(x) \sim \sum_{n=0}^{\infty} \frac{a_n \Gamma(1-\beta-n)}{\Gamma(1+\alpha-\beta-n)} x^{\alpha-\beta-n}$$

$$+ \sum_{n=0}^{\infty} \frac{(-1)^n \mathfrak{M}\{f; n+1\}}{n! \Gamma(\alpha-n)} x^{p(\alpha-n-1)}, \tag{17.19}$$

它与 (16.11) 等价 —— 也见 Wong [1979]. 当 f 具有幂渐近展开式 (16.12) 或 (16.23) 时, McClure and Wong [1979] 通过基于分布理论的方法获得了这一结果. 尽管该方法强大, 但似乎并不能得到展开式 (17.17) 或 (17.18) 中误差项的结构, 这种结构在应用中特别是在积分的近似计算方面很重要. Kilbas [1990a] 使用修正的逐项展开方法 (见 §16 和 §17.1 (§16.2 的注记)) 得到了 $(I_{0+;x^p}^{\alpha}f)(x)$ 带有显式误差项的完全渐近展开, 其中 f 满足 (17.15), $a = 0$. 值 μ_m/p 为整数和非整数时结果会有所不同. Berger and Handelsman [1975] 指出前一种会得到对数渐近结果, 他们只给出了渐近展开的第一项. 当 f 满足 (17.15), $a = 0$ 时, Kilbas [1988, 1990b] 也利用该方法得到了 Erdélyi-Kober 型算子 (18.1) 的完全渐近展开式和显式误差项.

Berger and Handelsman [1975] 和 Kilbas [1988, 1990b] 也利用上述结果找到了 Euler-Poisson-Darboux 方程边值问题和广义轴对称位势理论边值问题的解的渐近表达式 —— 见 (41.23), (41.24), (41.42) 和 (41.44).

16.3　在 $f(t)$ 随 $t \to \infty$ 振荡的情况下, Riekstyn'sh [1974-1981, v. 3, n. 31.2] 书中的一个方法可能可以用来寻找分数阶积分的渐近表示.

16.4　Erdélyi [1974] 得到了如下积分在 $x \to +\infty$ 时的渐近表示:

$$\int_a^{+\infty} e^{-x(t-a)} (\mathcal{D}_{0+}^{1-\lambda}f)(t)dt,$$

$$\int_0^a e^{-xt} (\mathcal{D}_{0+}^{1-\lambda}f)(t)dt, \quad 0 < a < +\infty,$$

其中 $\mathcal{D}_{0+}^{1-\lambda}f$ 是分数阶导数 (2.22), $0 < \lambda < 1$.

16.5　假设 $\varphi(t)$ 有幂对数的渐近形式

$$\varphi(t) \sim t^{-\beta}(\ln t)^{\gamma}\left[c_0 + c_1 \frac{\ln\ln t}{\ln t} + c_2 \frac{(\ln\ln t)^2}{\ln t} + \cdots\right], \quad \text{当 } t \to +\infty,$$

其中 $0 \leqslant \beta \leqslant 1$ 且 $\gamma \in R^1$ (参见 (16.29)), Wong [1978] 发现了分数阶积分 $(I_{0+}^{\alpha}\varphi)(x)$, $x \to +\infty$ 渐近展开的五种首项. 在已知函数 $f(t)$ 有幂渐近展开 (16.5)

的假设下 $(t \to +\infty)$, 可以运用此结果及定理 16.4 和定理 16.5 来寻找非线性积分方程

$$\sqrt{\pi}\varphi(x) = \int_0^x (x-t)^{-1/2}[f(t) - \varphi^n(t)]dt, \quad n = 1, 2, \cdots \tag{17.20}$$

的渐近解 $\varphi(x)$.

我们注意到, 在这些和其他情况下, 方程 (17.20) 的解 $\varphi(x)$ 渐近展开的第一项早在 Handelsman and Olmstead [1972] 和 Olmstead and Handelsman [1976] 中给出, 其中还给出了在热传导理论问题中的一个应用.

16.6 在渐近项的数量固定的情况下, 可以提出一个利用函数 φ 的给定渐近展开式求分数阶积分 $I_{0+}^\alpha \varphi$ 的渐近展开式的问题. 也就是说, 设 $\varphi_n(x), x \in R_+^1$ 为渐近序列, 函数 $f(x)$ 在 $x \to +\infty$ 处对于固定 N 满足 (16.3), 但对 $N+1$ 并不必成立. 那么当 $x \to \infty$ 时 $I_{0+}^\alpha \varphi$ 的渐近展开是什么? 对于 $\varphi_n(x) = x^{-n}$, Betilgiriev [1982, 1984] 在研究半轴上的卷积型方程, 即研究符号具有分数阶实根的 Wiener-Hopf 方程时, 考虑了这种设定下的渐近性问题.

第四章　分数阶积分和导数的其他形式

本章将结束一维分数阶微积分理论的介绍. 这里将研究之前没有考虑的各种实变量的分数阶积分和导数, 并给出复平面上的分数阶微积分 (§ 22). 所考虑的一些新形式是前面章节中研究的 Riemann-Liouville 分数阶积分和导数的修正或直接推广. 另一些则是基于完全不同的方法. 然而, 许多不同的形式在某些函数空间上是相互等价的. 在某些情况下, 甚至先验不同形式的定义域也是重合的. 这一点会在本章中说明. 我们提请注意一个有趣的方法, 即基于分数阶差分的方法, 它可以追溯到 Grünwald 和 Letnikov. 这种方法在 § 20 中对周期和非周期的情况均有所发展.

本章末尾 (§ 23.3) 包含本书对 1974 年在纽黑文举行的第一届分数阶微积分会议上提出的一些开放性问题给出的答案集.

§ 18　Riemann-Liouville 分数阶积分的直接修正与推广

经典分数阶积分算子有很多已知的修正和推广, 它们无论在理论还是应用上都得到了广泛使用. 本节中, 我们将详细讨论此类修改, 诸如 Erdélyi-Kober 型算子、函数对另一个函数的分数阶积分、Hadamard 分数阶积分和导数、Bessel 型分数阶积分-微分、Chen 分数阶积分和 Dzherbashyan 广义积分等.

18.1　Erdélyi-Kober 型算子

Riemann-Liouville 分数阶积分和导数的以下修改广泛应用于对偶积分方程的研究 (参见 § 38) 和一些其他应用中:

$$I_{a+;\sigma,\eta}^{\alpha}f(x) = \frac{\sigma x^{-\sigma(\alpha+\eta)}}{\Gamma(\alpha)}\int_a^x (x^\sigma - t^\sigma)^{\alpha-1} t^{\sigma\eta+\sigma-1} f(t)dt, \quad \alpha > 0, \tag{18.1}$$

$$I_{a+;\sigma,\eta}^{\alpha}f(x) = x^{-\sigma(\alpha+\eta)}\left(\frac{d}{\sigma x^{\sigma-1}dx}\right)^n x^{\sigma(\alpha+n+\eta)} I_{a+;\sigma,\eta}^{\alpha+n}f(x), \quad \alpha > -n, \tag{18.2}$$

$$I_{b-;\sigma,\eta}^{\alpha}f(x) = \frac{\sigma x^{\sigma\eta}}{\Gamma(\alpha)}\int_x^b (t^\sigma - x^\sigma)^{\alpha-1} t^{\sigma(1-\alpha-\eta)-1} f(t)dt, \quad \alpha > 0, \tag{18.3}$$

$$I_{b-;\sigma,\eta}^{\alpha}f(x) = x^{\sigma\eta}\left(-\frac{d}{\sigma x^{\sigma-1}dx}\right)^n x^{\sigma(n-\eta)} I_{b-;\sigma,\eta-n}^{\alpha+n}f(x), \quad \alpha > -n, \tag{18.4}$$

其中对于任意实数 σ, $0 \leqslant a < x < b \leqslant \infty$; 对于整数 σ, $-\infty \leqslant a < x < b \leqslant \infty$. 特别地, 如果 $a = 0, b = +\infty$ 且 $\sigma = 1$, 积分 (18.1) 和 (18.3) 为

$$I_{\eta,\alpha}^{+}f(x) = I_{0+;1,\eta}^{\alpha}f(x) = \frac{x^{-\alpha-\eta}}{\Gamma(\alpha)}\int_0^x (x-t)^{\alpha-1}t^{\eta}f(t)dt, \quad \alpha > 0, \tag{18.5}$$

$$K_{\eta,\alpha}^{-}f(x) = I_{\infty-;1,\eta}^{\alpha}f(x) = \frac{x^{\eta}}{\Gamma(\alpha)}\int_x^{\infty} (t-x)^{\alpha-1}t^{-\eta-\alpha}f(t)dt, \quad \alpha > 0. \tag{18.6}$$

在 $a = 0$ 和 $b = +\infty$ 时, 算子 (18.1) 和 (18.3) 称为 Erdélyi 算子, 而 (18.5) 和 (18.6) 称为 Kober (或 Kober-Erdélyi) 算子. 因此自然地称算子 (18.1)—(18.4) 为 Erdélyi-Kober 型算子.

我们也使用下面的记号: 如果 $a = -\infty, b = +\infty$,

$$I_{-\infty+;\sigma,\eta}^{\alpha} = I_{+;\sigma,\eta}^{\alpha}, \quad I_{+\infty-;\sigma,\eta}^{\alpha} = I_{-;\sigma,\eta}^{\alpha}, \tag{18.7}$$

如果 $\sigma = 2$,

$$I_{0+;2,\eta}^{\alpha} = I_{\eta,\alpha}, \quad I_{-;2,\eta}^{\alpha} = K_{\eta,\alpha}. \tag{18.8}$$

算子 (18.8) 常称为 Erdélyi-Kober 算子.

算子 (18.1) 和 (18.3) (特别是算子 (18.5) 和 (18.6)) 是带 -1 阶齐次核的算子. 因此, 根据定理 1.5, 它在 $L_p(a,b)$ 中有界, 其中 $1 \leqslant p < \infty$, $a > 0$ 和 $b < +\infty$. 当 $a = 0$ 和 $b = +\infty$ 时, 如果 $\eta > -1+1/p\sigma$, 算子 (18.1) 在 $L_p(0,\infty)$, $1 \leqslant p < \infty$ 中有界, 如果 $\eta > -1/p\sigma$, 算子 (18.3) 在 $L_p(0,\infty)$, $1 \leqslant p < \infty$ 中有界. 特别地, 如果分别有 $\eta > -1/p'$ 和 $\eta > -1/p$, 算子 (18.5) 和 (18.6) 在 $L_p(0,\infty)$, $1 \leqslant p < \infty$ 中有界.

作变量替换 $x^{\sigma} = y$, $t^{\sigma} = \tau$, (18.1)—(18.4) 可以简化为通常的 Riemann-Liouville 分数阶积分和导数 (参见 § 2):

$$I_{a+;\sigma,\eta}^{\alpha}f(x) = y^{-\alpha-\eta}(I_{a^{\sigma}+}^{\alpha}\varphi)(y), \quad \varphi(y) = y^{\eta}f(x), \quad x^{\sigma} = y, \tag{18.9}$$

$$I_{b-;\sigma,\eta}^{\alpha}f(x) = y^{\eta}(I_{b^{\sigma}-}^{\alpha}\psi)(y), \quad \psi(y) = y^{-\alpha-\eta}f(x), \quad x^{\sigma} = y, \tag{18.10}$$

因此, 如果 $\alpha = 0$, 我们记

$$I_{a+;\sigma,\eta}^{0}f(x) = f(x), \quad I_{b-;\sigma,\eta}^{0}f(x) = f(x). \tag{18.11}$$

注意到性质

$$\left(\frac{d}{\sigma x^{\sigma-1}dx}\right)^n = x^{1-\sigma}\left(\frac{d}{\sigma dx x^{\sigma-1}}\right)^n x^{\sigma-1}, \tag{18.12}$$

由它我们可以将 (18.2) 和 (18.4) 写为等价形式

$$I_{a+;\sigma,\eta}^{\alpha} f(x) = x^{1-\sigma(1+\alpha+\eta)} \left(\frac{d}{\sigma dx x^{\sigma-1}} \right)^n x^{\sigma(1+\alpha+n+\eta)-1} I_{a+;\sigma,\eta}^{\alpha+n} f(x),$$

$$\alpha > -n,$$

(18.13)

$$I_{b-;\sigma,\eta}^{\alpha} f(x) = x^{1+\sigma(\eta-1)} \left(-\frac{d}{\sigma dx x^{\sigma-1}} \right)^n x^{\sigma(n-\eta+1)-1} I_{b-;\sigma,\eta}^{\alpha+n} f(x),$$

$$\alpha > -n.$$

(18.14)

关系式 (18.9) 和 (18.10) 使我们能够将 Riemann-Liouville 分数阶积分 I_{a+}^{α} 和 I_{b-}^{α} 的已知性质推广到 Erdélyi-Kober 型算子. 我们给出它们的主要性质以便在 §38 中求解对偶方程时使用:

　a) 位移公式

$$I_{a+;\sigma,\eta}^{\alpha} x^{\sigma\beta} f(x) = x^{\sigma\beta} I_{a+;\sigma,\eta+\beta}^{\alpha} f(x),$$

$$I_{b-;\sigma,\eta}^{\alpha} x^{\sigma\beta} f(x) = x^{\sigma\beta} I_{b-;\sigma,\eta-\beta}^{\alpha} f(x);$$

(18.15)

　b) 复合公式

$$I_{a+;\sigma,\eta}^{\alpha} I_{a+;\sigma,\eta+\alpha}^{\beta} f(x) = I_{a+;\sigma,\eta}^{\alpha+\beta} f(x),$$

$$I_{b-;\sigma,\eta}^{\alpha} I_{b-;\sigma,\eta+\alpha}^{\beta} f(x) = I_{b-;\sigma,\eta}^{\alpha+\beta} f(x),$$

(18.16)

对于 $\beta > 0, \alpha + \beta \geqslant 0$ 或 $\beta < 0, \alpha > 0$ 或 $\alpha < 0, \alpha + \beta \leqslant 0$, 在对应的函数空间成立 (见定理 2.5);

　c) 因式分解公式

$$I_{a+;\sigma,\eta}^{\alpha} f(x) = n^{-\alpha} \prod_{k=1}^{n} I_{a+;n\sigma,(\eta+k)/n-1}^{\alpha/n} f(x),$$

$$I_{b-;\sigma,\eta}^{\alpha} f(x) = n^{-\alpha} \prod_{k=1}^{n} I_{b-;n\sigma,(\eta+k-1)/n}^{\alpha/n} f(x);$$

(18.16′)

　d) 逆算子的表示

$$(I_{a+;\sigma,\eta}^{\alpha})^{-1} f(x) = I_{a+;\sigma,\eta+\alpha}^{-\alpha} f(x),$$

$$(I_{b-;\sigma,\eta}^{\alpha})^{-1} f(x) = I_{b-;\sigma,\eta+\alpha}^{-\alpha} f(x);$$

(18.17)

　e) 分数阶分部积分公式

$$\int_a^b x^{\sigma-1} f(x) I_{a+;\sigma,\eta}^{\alpha} g(x) dx = \int_a^b x^{\sigma-1} g(x) I_{b-;\sigma,\eta}^{\alpha} f(x) dx.$$

(18.18)

设 $J_\nu(x)$ 为第一类 Bessel 函数 (1.83). 我们定义修正的 Hankel 变换算子 $S_{\eta,\alpha;\sigma}$

$$S_{\eta,\alpha;\sigma}f(x) = \sigma^\alpha x^{-\alpha\sigma/2} \int_0^\infty t^{-\alpha\sigma/2+\sigma-1} J_{2\eta+\alpha}\left(\frac{2}{\sigma}(xt)^{\sigma/2}\right) f(t)dt, \quad \sigma > 0.$$
(18.19)

在对变量和函数进行相应的变换后, (18.19) 可以简化为通常的自对偶 Hankel 变换的形式 (Erdélyi, Magnus, Oberbettinger and Tricomi [1955, 8.1(1)]), 从而, 通过逆变换容易得到算子 (18.19) 的逆:

$$S_{\eta,\alpha,\sigma}^{-1} f(x) = S_{\eta+\alpha,-\alpha,\sigma} f(x), \quad \mathrm{Re}(2\eta+\alpha) \geqslant -1/2.$$
(18.20)

对于 (18.19), 以下复合公式成立

$$I_{0+;\sigma,\eta+\beta}^\alpha S_{\eta,\beta;\sigma} f(x) = S_{\eta,\alpha+\beta;\sigma} f(x), \quad I_{-;\sigma,\eta}^\alpha S_{\eta+\alpha,\beta;\sigma} f(x) = S_{\eta,\alpha+\beta;\sigma} f(x);$$
(18.21)

$$S_{\eta+\alpha,\beta;\sigma} S_{\eta,\alpha;\sigma} f(x) = I_{0+;\sigma,\eta}^{\alpha+\beta} f(x), \quad S_{\eta,\alpha;\sigma} S_{\eta+\alpha,\beta;\sigma} f(x) = I_{-;\sigma,\eta}^{\alpha+\beta} f(x);$$
(18.22)

$$S_{\eta+\alpha,\beta;\sigma} I_{0+;\sigma,\eta}^\alpha f(x) = S_{\eta,\alpha+\beta;\sigma} f(x), \quad S_{\eta,\alpha;\sigma} I_{-;\sigma,\eta+\alpha}^\beta f(x) = S_{\eta,\alpha+\beta;\sigma} f(x).$$
(18.23)

这些等式都可以借助所涉及算子的定义, 通过交换积分的顺序, 在一些收敛条件下 (例如 $\alpha > 0$, $\beta > 0$ 和 $\alpha + \beta > 0$) 计算内积分证明. 计算时使用 Prudnikov, Brychkov and Marichev [1983] 中的 2.12.4.6, 2.12.4.7 和 2.12.31.1 会很方便. 这些关系式通过解析延拓可以推广到参数 α, β 和 η 的其他值, 但相应的算子在更窄的函数空间中定义.

18.2　函数关于另一个函数的分数阶积分

Erdélyi-Kober 算子用幂 $(x^\sigma - t^\sigma)^{\alpha-1}$ 来代替 $(x-t)^{\alpha-1}$. 发展这个想法, 我们可以引入如下形式的分数阶积分

$$I_{a+;g}^\alpha \varphi = \frac{1}{\Gamma(\alpha)} \int_a^x \frac{\varphi(t)}{[g(x)-g(t)]^{1-\alpha}} g'(t)dt, \quad \alpha > 0, \quad -\infty \leqslant a < b \leqslant \infty,$$
(18.24)

其中 $\varphi(t) \in L_1(a,b)$, $g(t)$ 是有连续导数的单调函数. 积分 (18.24) 通常称为函数 $\varphi(x)$ 关于函数 $g(x)$ 的 α 阶分数阶积分.

如果

$$g'(x) \neq 0, \quad a \leqslant x \leqslant b,$$
(18.25)

则算子 $I_{a+;g}^\alpha$ 在对应的变量替换后容易由通常的 Riemann-Liouville 分数阶积分表示:

$$I_{a+;g}^\alpha \varphi = Q I_{c+}^\alpha Q^{-1} \varphi, \quad c = g(a), \tag{18.26}$$

其中 Q 为替换算子: $(Qf)(x) = f[g(x)]$. 因此在 (18.25) 的假设下, 分数阶积分 (18.24) 的许多性质, 特别地, 半群性质

$$I_{a+;g}^\alpha I_{a+;g}^\beta \varphi = I_{a+;g}^{\alpha+\beta} \varphi, \tag{18.27}$$

可直接从 Riemann-Liouville 分数阶积分 I_{c+}^α 的相应性质得出. 根据 (18.26) 和 (2.44), 如果 $g_\beta(x) = [g(x) - g(a)]^{\beta-1}$, 则等式

$$(I_{a+;g}^\alpha g_\beta)(x) = \frac{\Gamma(\beta)}{\Gamma(\alpha+\beta)} g_{\alpha+\beta}(x), \quad \alpha, \beta > 0 \tag{18.28}$$

成立.

根据 (18.26) 我们可以介绍相应的分数阶微分 $\mathcal{D}_{a+;g}^\alpha$ 使得 $\mathcal{D}_{a+;g}^\alpha = Q\mathcal{D}_{c+}^\alpha Q^{-1} f$. 简单计算后可得等式

$$(\mathcal{D}_{a+;g}^\alpha f)(x) = \frac{1}{\Gamma(1-\alpha)} \frac{1}{g'(x)} \frac{d}{dx} \int_a^x \frac{f(t)}{[g(x)-g(t)]^\alpha} g'(t)dt,$$
$$0 < \alpha < 1. \tag{18.29}$$

表达式 (18.29) 可以称为函数 $\varphi(x)$ 关于函数 $g(x)$ 的 α $(0 < \alpha < 1)$ 阶 Riemann-Liouville 分数阶导数. 高阶导数由类似 (2.30) 的关系式定义.

我们容易将 (18.29) 转换为 (13.2) 型 Marchaud 形式:

$$(\mathcal{D}_{a+;g}^\alpha f)(x) = \frac{1}{\Gamma(1-\alpha)} \frac{f(x)}{[g(x)-g(a)]^\alpha}$$
$$+ \frac{\alpha}{\Gamma(1-\alpha)} \int_a^x \frac{f(x)-f(t)}{[g(x)-g(t)]^{1+\alpha}} g'(t)dt, \tag{18.30}$$
$$0 < \alpha < 1.$$

为了证明这一点, 只需将算子 Q 和 Q^{-1} 分别从右、左两端作用到由 (13.2) 定义的算子 $\mathbf{D}_{c+}^\alpha$, $c = g(a)$ 上.

我们现在证明下面的定理, 它可以追溯到 Erdélyi [1964].

定理 18.1　假设 $g(x) \in C^1([a,b])$, $g'(x) \in H^\lambda([a,b])$ 且 (18.25) 成立, 则由可表示为函数 $\varphi \in L_p(a,b)$, $1 \leqslant p \leqslant \infty$, $-\infty < a < b < \infty$ 的分数阶积分 $I_{a+;g}^\alpha \varphi$, $0 < \alpha < 1$ 的函数组成空间, 不依赖于函数 $g(x)$ 的选择:

$$I_{a+;g}^\alpha(L_p) = I_{a+}^\alpha(L_p).$$

此外

$$I_{a+;g}^\alpha \varphi = I_{a+}^\alpha \psi,$$

$$\psi(x) = [g'(x)]^\alpha \varphi(x) + \int_a^x \frac{\partial \Phi(x,s)}{\partial x} \varphi(s) ds \in L_p, \tag{18.31}$$

其中 $\Phi(x,s) = \dfrac{\sin \alpha \pi}{\pi} g'(s) \displaystyle\int_s^x (x-u)^{-\alpha}(u-s)^{\alpha-1} h(s,u) du,$

$$h(s,u) = \left[\frac{u-s}{g(u)-g(s)} \right]^{1-\alpha} = \left[\int_0^1 g'(u+(s-u)\xi) d\xi \right]^{1-\alpha}.$$

证明　首先我们证明

$$I_{a+;g}^\alpha(L_p) \subseteq I_{a+}^\alpha(L_1). \tag{18.32}$$

设 $f(x) = I_{a+;g}^\alpha \varphi,\ \varphi \in L_p.$ 结合定理 2.3, 我们将证明

$$f_{1-\alpha} \overset{\text{def}}{=} I_{a+}^{1-\alpha} f = I_{a+}^{1-\alpha} I_{a+;g}^\alpha \varphi \in AC([a,b]), \quad f_{1-\alpha}(a) = 0. \tag{18.33}$$

我们有

$$\begin{aligned} f_{1-\alpha}(x) &= \frac{1}{\Gamma(\alpha)\Gamma(1-\alpha)} \int_a^x \frac{du}{(x-u)^\alpha} \int_a^u \frac{g'(s)\varphi(s)ds}{[g(u)-g(s)]^{1-\alpha}} \\ &= \int_a^x \Phi(x,s)\varphi(s)ds. \end{aligned} \tag{18.34}$$

因为

$$\Phi(x,s) = \frac{\sin \alpha \pi}{\pi} g'(s) \int_0^1 \xi^{\alpha-1}(1-\xi)^{-\alpha} h(s, s+(x-s)\xi) d\xi, \tag{18.35}$$

我们发现 $\Phi(s,s) = [g'(s)]^\alpha$, 所以 $\Phi(x,s) = [g'(s)]^\alpha + \displaystyle\int_s^x \frac{\partial \Phi(u,s)}{\partial u} du.$ 将其代入 (18.34) 并交换积分次序我们得到等式

$$f_{1-\alpha}(x) = \int_a^x \psi(t) dt, \tag{18.36}$$

其中 $\psi(t)$ 为函数 (18.31). 根据 $g(t)$ 的假设容易推出 $\left| \dfrac{\partial h(s,u)}{\partial u} \right| \leqslant c(u-s)^{\lambda-1}$, 所以从 (18.35) 中我们也可以得到 $\left| \dfrac{\partial \Phi(x,s)}{\partial x} \right| \leqslant c(x-s)^{\lambda-1}$. 因此 $\psi(t) \in L_p(a,b)$, 所以由 (18.36), (18.33) 中的两个条件成立. 从而我们证得了条件 (18.32), 又因 $\psi \in L_p$, 由此得到嵌入

$$I_{a+;g}^\alpha(L_p) \subseteq I_{a+}^\alpha(L_p). \tag{18.37}$$

等式 (18.31) 是关于函数 $\varphi(t)$ 的 Volterra 积分方程. 根据 (18.25), 这个方程在 L_p 中关于任意 $\psi(x) \in L_p$ 可解 —— 例如, 书 Kolmogorov and Fomin [1968, p. 461] (对于 $p = 2$), 文章 Zabreiko [1967] (对于任意 $p > 1$). 这意味着 (18.37) 实际上给出了关系 $I^\alpha_{a+;g}(L_p) = I^\alpha_{a+}(L_p)$. 因此定理得证. ∎

我们把 $g(x) = x^\sigma$ 的情况单列出来 (如 Erdélyi-Kober 算子一样), 取 $b = \infty$, 并记

$$I^\alpha_{-;x^\sigma}\varphi = \frac{\sigma}{\Gamma(\alpha)} \int_x^\infty \frac{t^{\sigma-1}\varphi(t)dt}{(t^\sigma - x^\sigma)^{1-\alpha}}, \quad \mathrm{Re}\,\alpha > 0. \tag{18.38}$$

所以利用 (18.3) 和 (18.7) 我们可以写出等式

$$I^\alpha_{-;x^\sigma}\varphi = x^{\sigma\alpha}I^\alpha_{-;\sigma,-\alpha}\varphi(x). \tag{18.39}$$

分数阶微分算子, (18.38) 的逆, 有如下形式

$$\mathcal{D}^\alpha_{-;x^\sigma}f = x^{-\sigma\alpha}I^{-\alpha}_{-;\sigma,\alpha}f(x) = \frac{\sigma^{1-n}}{\Gamma(n-\alpha)} \left(-\frac{d}{x^{\sigma-1}dx}\right)^n \int_x^\infty \frac{t^{\sigma-1}f(t)dt}{(t^\sigma - x^\sigma)^{\alpha-n+1}},$$

$$n = [\mathrm{Re}\,\alpha] + 1.$$

$$\tag{18.40}$$

算子

$$I^\alpha_{+;x^\sigma}, \quad I^\alpha_{a+;x^\sigma}, \quad I^\alpha_{b-;x^\sigma}, \quad \mathcal{D}^\alpha_{+;x^\sigma}, \quad \mathcal{D}^\alpha_{a+;x^\sigma}, \quad \mathcal{D}^\alpha_{b-;x^\sigma} \tag{18.41}$$

可以根据 (18.1)—(18.41) 类似写出. 我们注意到类似 (18.16′) 的公式:

$$I^\alpha_{a+;x^\sigma}f(x) = n^{-\alpha}x^{\sigma\alpha+\sigma n}(x^{-\sigma\alpha-\sigma}I^{\alpha/n}_{a+;x^{\sigma n}})^n f(x),$$

$$I^\alpha_{b-;x^\sigma}f(x) = n^{-\alpha}x^{\sigma\alpha+\sigma n}(x^{-\sigma\alpha-\sigma}I^{\alpha/n}_{b-;x^{\sigma n}})^n f(x). \tag{18.41′}$$

18.3　Hadamard 分数阶积分-微分

Riemann-Liouville 分数阶积分-微分形式上是微分算子 d/dx 的分数次幂 $(d/dx)^\alpha$, 如果在整个轴上考虑, 则其相对于平移不变.

Hadamard [1892] 给出了一种分数阶积分-微分结构, 它是 $\left(x\dfrac{d}{dx}\right)^\alpha$ 型分数次幂. 这种结构非常适合半轴的情况, 并且具有伸缩不变性. 因此 Hadamard 提出了如下形式的分数阶积分

$$\mathfrak{F}^\alpha_+\varphi = \frac{1}{\Gamma(\alpha)} \int_0^x \frac{\varphi(t)dt}{t\left(\ln\dfrac{x}{t}\right)^{1-\alpha}}, \quad x > 0, \quad \alpha > 0. \tag{18.42}$$

积分

$$\mathfrak{F}_-^\alpha \varphi = \frac{1}{\Gamma(\alpha)} \int_x^\infty \frac{\varphi(t)dt}{t\left(\ln\dfrac{t}{x}\right)^{1-\alpha}} \quad x > 0, \quad \alpha > 0 \tag{18.43}$$

可以类似定义. 用以下形式表示算子 $\mathfrak{F}_\pm^\alpha \varphi$ 很方便 (见符号 (5.5)),

$$\mathfrak{F}_\pm^\alpha \varphi = \frac{1}{\Gamma(\alpha)} \int_0^\infty t^{-1}\left(\ln\frac{1}{t}\right)_\pm^{\alpha-1} \varphi(xt)dt. \tag{18.44}$$

我们称 (18.42)—(18.44) 中的表达式为 Hadamard 分数阶积分. 如果 $\Pi_\delta f = f(\delta x)$, $\delta > 0$ 为伸缩算子, 则显然

$$\Pi_\delta \mathfrak{F}_\pm^\alpha = \mathfrak{F}_\pm^\alpha \Pi_\delta. \tag{18.45}$$

显而易见, (18.42) 是一个形式为 (18.24) 的分数阶积分, 其中函数 $g(t) = \ln t$, 所以 Hadamard 分数阶积分 (18.42) 是 "函数 φ 关于函数 $g(t) = \ln t$ 的分数阶积分". 然而, 在 § 18.2 中假设的, 存在连续导数 $g'(x)$ 的条件在这种情况下不成立. 所以积分 (18.42)—(18.43) 需要单独考虑. (如果我们不取原来的零积分下限, 而改为 $a > 0$, 则 $g'(t)$ 的连续性将满足, 但积分相对于伸缩的不变性将被破坏.)

容易看出, 算子 $\mathfrak{F}_\pm^\alpha$ 可通过变量替换与熟知的 Riemann-Liouville 算子 $I_\pm^\alpha$ 联系起来: $(\mathfrak{F}_+^\alpha \varphi)(e^x) = \dfrac{1}{\Gamma(\alpha)} \displaystyle\int_{-\infty}^x \frac{\varphi(e^t)dt}{(x-t)^{1-\alpha}}$, 对于 $\mathfrak{F}_-^\alpha \varphi$ 也有类似的结果. 所以关系

$$\mathfrak{F}_\pm^\alpha \varphi = A^{-1} I_\pm^\alpha A\varphi, \quad (A\varphi)(x) = \varphi(e^x) \tag{18.46}$$

成立.

关系式 (18.46) 允许我们将算子 $I_\pm^\alpha$ 的各种性质推广到算子 $\mathfrak{F}_\pm^\alpha$ 上. 因此, 观察例如

$$\|A\varphi\|_{L_p(R)} = \|\varphi\|_{\mathcal{L}_p(R_+^1)}, \tag{18.47}$$

其中

$$\mathcal{L}_p(R_+^1) = \left\{ \varphi(t) : \int_0^\infty |\varphi(t)|^p \frac{dt}{t} < \infty \right\}, \tag{18.48}$$

我们可以从 (18.46) 和 Hardy-Littlewood 定理 (定理 5.3) 中得出结论: 如果 $1 < p < 1/\alpha$, 则算子 $\mathfrak{F}_\pm^\alpha$ 从 $\mathcal{L}_p(R_+^1)$ 有界映入到 $\mathcal{L}_q(R_+^1)$, $q = p/(1 - \alpha p)$.

从 (18.46) 中我们也可以看到, 在函数 φ 和指标 α 和 β 的恰当假设下, 算子 $\mathfrak{F}_\pm^\alpha$ 有半群性质

$$\mathfrak{F}_\pm^\alpha \mathfrak{F}_\pm^\beta \varphi = \mathfrak{F}_\pm^{\alpha+\beta} \varphi. \tag{18.49}$$

我们也考虑以下形式的 Hadamard 分数阶积分

$$\mathfrak{F}_{a+}^{\alpha}\varphi = \frac{1}{\Gamma(\alpha)} \int_a^x \frac{\varphi(t)}{\left(\ln \frac{x}{t}\right)^{1-\alpha}} \frac{dt}{t}, \quad x > a \geqslant 0, \tag{18.50}$$

$$\mathfrak{F}_{b-}^{\alpha}\varphi = \frac{1}{\Gamma(\alpha)} \int_x^b \frac{\varphi(t)}{\left(\ln \frac{t}{x}\right)^{1-\alpha}} \frac{dt}{t}, \quad 0 < x < b, \tag{18.51}$$

以至于 $\mathfrak{F}_{0+}^{\alpha} = \mathfrak{F}_+^{\alpha}$ 和 $\mathfrak{F}_{\infty-}^{\alpha} = \mathfrak{F}_-^{\alpha}$. 与 (18.46) 类似, 我们有

$$\mathfrak{F}_{a+}^{\alpha}\varphi = A^{-1} I_{a_1+}^{\alpha} A\varphi, \quad \mathfrak{F}_{b-}^{\alpha}\varphi = A^{-1} I_{b_1-}^{\alpha} A\varphi, \tag{18.52}$$

其中 $a_1 = \ln a$, $b_1 = \ln b$.

通过直接验证我们得到性质

$$x\frac{d}{dx}\mathfrak{F}_{a+}^{\alpha+1} = \mathfrak{F}_{a+}^{\alpha}, \quad -x\frac{d}{dx}\mathfrak{F}_{b-}^{\alpha+1} = \mathfrak{F}_{b-}^{\alpha}, \quad \operatorname{Re}\alpha > 0. \tag{18.53}$$

与 Riemann-Liouville 分数阶导数类似, 根据 (18.53), Hadamard 分数阶导数有如下形式

$$\begin{aligned}
\mathfrak{D}_+^{\alpha} f &\overset{\text{def}}{=} \left(x\frac{d}{dx}\right)^{[\alpha]+1} \mathfrak{F}_+^{1-\{\alpha\}} f \\
&= \mathfrak{F}_+^{1-\{\alpha\}} \left(x\frac{d}{dx}\right)^{[\alpha]+1} f, \quad \alpha > 0,
\end{aligned} \tag{18.54}$$

其中 $[\alpha]$ 为 α 的整数部分, $\{\alpha\} = \alpha - [\alpha]$. 分数阶导数 $\mathfrak{D}_-^{\alpha} f$, $\mathfrak{D}_{a+}^{\alpha} f$ 和 $\mathfrak{D}_{b-}^{\alpha} f$ 可以类似写出. 特别地, 如果 $0 < \alpha < 1$, 我们有

$$\mathfrak{D}_+^{\alpha} f = \frac{1}{\Gamma(1-\alpha)} x\frac{d}{dx} \int_0^x \frac{f(t)}{\left(\ln \frac{x}{t}\right)^{\alpha}} \frac{dt}{t}. \tag{18.55}$$

导数 (18.55) 容易转换为类似 Marchaud 分数阶导数 (5.57) 的形式. 即, 按照 (5.57) 的方法或者使用 (18.46), 我们可以将 (18.55) 转换为如下形式 (假设函数 $f(x)$ 充分好)

$$\begin{aligned}
\mathfrak{D}_+^{\alpha} f &= \frac{\alpha}{\Gamma(1-\alpha)} \int_0^x \frac{f(x) - f(t)}{\left(\ln \frac{x}{t}\right)^{1+\alpha}} \frac{dt}{t} \\
&= \frac{\alpha}{\Gamma(1-\alpha)} \int_0^1 \frac{f(x) - f(tx)}{|\ln t|^{1+\alpha}} \frac{dt}{t}.
\end{aligned} \tag{18.56}$$

对于分数阶积分 (18.43), 其对应的分数阶微分为

$$\mathfrak{D}_-^\alpha f = \frac{\alpha}{\Gamma(1-\alpha)} \int_x^\infty \frac{f(x) - f(t)}{\left(\ln \frac{t}{x}\right)^{1+\alpha}} \frac{dt}{t}. \tag{18.56'}$$

如果 $\alpha \geqslant 1$, 可以给出类似 Marchaud 分数阶导数 (5.80) 的公式

$$\mathfrak{D}_+^\alpha f = \frac{1}{\varkappa(\alpha, l)} \int_0^1 \sum_{k=0}^l (-1)^k \binom{l}{k} f(t^k x) \frac{dt}{|\ln t|^{1+\alpha} t}, \quad l > a. \tag{18.57}$$

至于分数阶导数 $\mathfrak{D}_{a+}^\alpha f$, $a > 0$, 在 $0 < \alpha < 1$ 时我们用

$$\mathfrak{D}_{a+}^\alpha f = \frac{f(x)}{\Gamma(1-\alpha)\left(\ln \frac{x}{a}\right)^\alpha} + \frac{\alpha}{\Gamma(1-\alpha)} \int_a^x \frac{f(x) - f(t)}{\left(\ln \frac{x}{t}\right)^{1+\alpha}} \frac{dt}{t} \tag{18.58}$$

代替 (18.56) (参见 (13.2)).

最后我们注意到幂函数的 Hadamard 分数阶积分-微分如下:

$$\mathfrak{F}_+^\alpha(x^\mu) = \mu^{-\alpha} x^\mu, \quad \mu > 0, \tag{18.59}$$

$$\mathfrak{F}_-^\alpha(x^\mu) = |\mu|^{-\alpha} x^\mu, \quad \mu < 0, \tag{18.60}$$

其中 $-\infty < \alpha < \infty$, 如果 $\alpha < 0$, $\mathfrak{F}_\pm^\alpha$ 理解为 $\mathfrak{D}_\pm^\alpha$. 这些公式可通过简单计算得到.

18.4　Bessel 分数阶积分-微分的一维修正和空间 $H^{s,p} = L_p^s$

如我们所知, 整个轴上的 Riemann-Liouville 分数阶积分的算子, 有一定的缺点: 它们不能保持空间 $L_p(R^1)$ 不变, 且它们在这些空间的框架内并非对所有 α 有定义. 某些问题中, 例如在分数阶光滑的 Sobolev 型空间理论中, 处理在 $L_p(R^1)$ 中对所有 $\alpha > 0$ 有定义且在 $L_p(R^1)$ 中对所有 p (满足 $1 \leqslant p \leqslant \infty$) 有界的分数阶积分算子会很方便. 这类算子通过 Fourier 变换的像定义. 我们介绍卷积算子

$$G^\alpha \varphi = \int_{-\infty}^\infty G_\alpha(x - t) \varphi(t) dt, \tag{18.61}$$

它通过以下 Fourier 变换中的等式定义

$$\widehat{G^\alpha \varphi} = \frac{1}{(1 + |x|^2)^{\alpha/2}} \hat{\varphi}(x), \quad \mathrm{Re}\,\alpha > 0, \tag{18.62}$$

—— (7.1) 和 (12.23), (12.24). 根据 Bessel 函数定值 $G_\alpha(x)$, 使得 $G_\alpha(x)$ 的 Fourier 变换为 $(1 + |x|^2)^{-\alpha/2}$. 这就是为什么算子 (18.61) 称为 Bessel 分数阶积

分算子 (或 Bessel 势). 此算子将在 §27 详细讨论. 这种算子在多变量函数的分数阶微分理论中起着至关重要的作用. 它可用于单变量函数的情况, 但一维情况的特性允许我们定义类似的性质更简单的分数阶积分. 具体来说, 我们将介绍 Bessel 势 (18.61)—(18.62) 的修正, 这些修正由等式

$$\widehat{G_\pm^\alpha \varphi} = \frac{1}{(1 \mp ix)^\alpha} \hat{\varphi}(x), \quad \mathrm{Re}\,\alpha > 0 \tag{18.63}$$

代替 (18.62) 定义. 这意味着 (18.63) 中幂函数的一个分支选择为 (5.27). 由 (7.9) 我们发现算子 $G_\pm^\alpha$ 可以表示为初等函数的卷积:

$$G_\pm^\alpha \varphi = \frac{1}{\Gamma(\alpha)} e^{\mp x} x_\pm^{\alpha-1} * \varphi = \frac{1}{\Gamma(\alpha)} \int_0^\infty \frac{e^{-t} \varphi(x \mp t)}{t^{1-\alpha}} dt, \tag{18.64}$$

于是

$$G_+^\alpha \varphi = \frac{1}{\Gamma(\alpha)} \int_{-\infty}^x \frac{e^{-(x-t)} \varphi(t)}{(x-t)^{1-\alpha}} dt,$$

$$G_-^\alpha \varphi = \frac{1}{\Gamma(\alpha)} \int_x^\infty \frac{e^{x-t} \varphi(t)}{(t-x)^{1-\alpha}} dt. \tag{18.65}$$

如果 $\mathrm{Re}\,\alpha > 0$, 由定理 1.4, 算子 (18.65) 定义在函数 $\varphi(x) \in L_p(R^1)$, $1 \leqslant p \leqslant \infty$ 上.

我们观察到, (18.62) 和 (18.63) 有以下关系

$$G_+^{\alpha/2} G_-^{\alpha/2} = G^\alpha. \tag{18.66}$$

分数阶算子 $G_\pm^\alpha$ 的简单微分公式成立

$$\pm \frac{d}{dx} G_\pm^\alpha = G_\pm^{\alpha-1} - G_\pm^\alpha, \quad \mathrm{Re}\,\alpha > 1. \tag{18.67}$$

它们可以推广为

$$\left(E \pm \frac{d}{dx} \right)^n G_\pm^\alpha = G_\pm^{\alpha-n}, \quad \mathrm{Re}\,\alpha > n, \tag{18.68}$$

E 为单位算子. 这些公式的有效性很容易从 Fourier 变换中看出, 也可以通过积分 (18.65) 的直接微分建立.

根据表达式

$$G_\pm^\alpha = e^{\mp x} I_\pm^\alpha e^{\pm x}, \tag{18.69}$$

从 (5.15) 可以得到

$$G_\pm^\alpha G_\pm^\beta \varphi = G_\pm^{\alpha+\beta} \varphi, \quad \varphi \in L_p(R^1), \quad 1 \leqslant p \leqslant \infty, \tag{18.70}$$

其中 $\mathrm{Re}\alpha > 0$ 和 $\mathrm{Re}\beta > 0$, 从而, 每一个算子族 $\{G_+^\alpha\}_{\alpha>0}$ 和 $\{G_-^\alpha\}_{\alpha>0}$ 形成一个 $L_p(R^1)$ 中的半群. 它是连续的, 可以用类似定理 2.6 的方法验证.

我们引入相应的分数阶导数作为 Bessel 分数阶积分 (18.65) 的逆运算. 由 (18.69), $(G_\pm^\alpha)^{-1} = e^{\mp x}(I_\pm^\alpha)^{-1}e^{\pm x}$, 从而建立算子 $(G_\pm^\alpha)^{-1}$ 是显然的. 令 $0 < \alpha < 1$. 算子 $(I_\pm^\alpha)^{-1}$ 可以是 Liouville 形式也可以是 Marchaud 形式, 相应地有如下两种算子

$$\begin{aligned}
(E+\mathcal{D})^\alpha f &\overset{\text{def}}{=} \frac{e^{-x}}{\Gamma(1-\alpha)} \frac{d}{dx} \int_{-\infty}^x \frac{e^t \varphi(t)}{(x-t)^\alpha} dt \\
&= \frac{1}{\Gamma(1-\alpha)} \left(E + \frac{d}{dx} \right) \int_{-\infty}^x \frac{e^{-(x-t)}\varphi(t)}{(x-t)^\alpha} dt,
\end{aligned} \tag{18.71}$$

对于 $(E-\mathcal{D})^\alpha f$ 可以类似定义, 以及

$$(E \pm \mathbf{D})^\alpha f \overset{\text{def}}{=} \frac{\alpha}{\Gamma(1-\alpha)} \int_0^\infty \frac{f(x) - e^{-t}f(x \mp t)}{t^{1+\alpha}} dt. \tag{18.72}$$

式 (18.71) 和 (18.72) 左侧的记号明显来自 (18.68). 对于 "充分好" 的函数 $f(x)$, 分数阶导数 $(E \pm \mathcal{D})^\alpha f$ 和 $(E \pm \mathbf{D})^\alpha f$ 相互一致 (在相同的符号选择下).

容易看出, "Bessel 分数阶导数" (18.72) 与 Marchaud 导数 $\mathbf{D}_\pm^\alpha f$ 通过以下关系相互联系

$$(E \pm \mathbf{D})^\alpha f = \mathbf{D}_\pm^\alpha f + a_\pm * f, \tag{18.73}$$

其中

$$a_\pm(x) = \frac{\alpha}{\Gamma(1-\alpha)}(1-e^{\mp x})x_\pm^{-1-\alpha} \in L_1(R^1).$$

现在我们考虑空间

$$G^\alpha(L_p), \quad G_+^\alpha(L_p), \quad G_-^\alpha(L_p), \quad 1 \leqslant p < \infty.$$

它们分别由可表示为积分 (18.62) 和 (18.65) (函数 $\varphi \in L_p(R^1)$) 的函数组成. 根据定理 1.6 的推论, 这些空间相互一致

$$G^\alpha(L_p) = G_+^\alpha(L_p) = G_-^\alpha L_p, \quad 1 < p < \infty.$$

有时空间 $G^\alpha(L_p)$ 会采用其他符号, 例如, 我们也会使用 $H^{\alpha,p}$ 或 L_p^α, 自然地,

$$L_p^\alpha(R^1) = H^{\alpha,p}(R^1) = G^\alpha(L_p), \quad 1 < p < \infty.$$

这些空间称为 Bessel 势空间. 在后面的 § 27, 我们将在更一般的多变量函数的情形下详细讨论这些空间. 这样的空间表示广为人知的具有分数阶光滑性可微函数空间. 许多研究涉及此空间 —— 见书 Nikol'skii [1977] 和 Besov, Il'in and Nikol'skii [1975] 及其中的参考文献和下文 § 29 (§ 27 的注记) 中的文献书目. 本节我们在一维情况下给出空间 $L_p^\alpha(R^1)$ 的简单刻画, 其内容包括在下面的定理及其重要推论中.

定理 18.2　设 $0 < \alpha < 1$ 且 $1 < p < \infty$. 则 $f(x) \in L_p^\alpha(R^1)$ 当且仅当 $f \in L_p(R^1)$ 且 $(E + \mathbf{D})^\alpha f \in L_p(R^1)$, 其中 "Bessel 分数阶导数" 是 L_p 范数下的条件收敛积分:

$$(E + \mathbf{D})^\alpha f = \frac{\alpha}{\Gamma(1 - \alpha)} \lim_{\substack{\varepsilon \to 0 \\ (L_p)}} \int_\varepsilon^\infty \frac{f(x) - e^{-t} f(x - t)}{t^{1+\alpha}} dt. \tag{18.74}$$

此定理的证明与定理 6.1 和 定理 6.2 的证明非常相似, 但因存在指数递减因子可以进行相应简化; 例如, 代替 (6.6), 我们得到等式

$$\int_\varepsilon^\infty \frac{f(x) - e^{-t} f(x - t)}{t^{1+\alpha}} dt = \int_0^\infty e^{-\varepsilon t} \mathcal{K}(t) \varphi(x - \varepsilon t) dt, \quad f = G_+^\alpha \varphi, \tag{18.75}$$

其中 $\mathcal{K}(t)$ 是核 (6.7).

推论　对比定理 18.2 和定理 6.2, 结合 Bessel 和 Marchaud 微分之间的关系 (18.73), 我们看到

$$L_p \cap I^\alpha(L_p) = H^{\alpha, p}(R^1), \quad 1 < p < 1/\alpha. \tag{18.76}$$

我们观察到, 如果 $(E + \mathbf{D})^\alpha f$ 有类似 (5.80) 的等式

$$(E + \mathbf{D})^\alpha f = \frac{1}{\varkappa(\alpha, l)} \lim_{\substack{\varepsilon \to 0 \\ (L_p)}} \int_\varepsilon^\infty \sum_{k=0}^l (-1)^k \binom{l}{k} e^{-kt} f(x - kt) \frac{dt}{t^{1+\alpha}}, \tag{18.77}$$

并且 $(E + \mathbf{D})^\alpha = e^{-x} \mathbf{D}_+^\alpha e^t$, 则定理 18.2 可以推广到所有 $\alpha > 0$ 的值.

有时, 文献中会考虑空间 $H^{s,p}([a,b])$. 将这些空间定义为 $H^{s,p}(R^1)$ 中的函数在区间 $[a, b]$ 上的限制, 范数为 $\|f\|_{H^{s,p}([a,b])} = \inf \|g\|_{H^{s,p}(R^1)}$, 下确界是对 $g \in H^{s,p}(R^1)$ 取的, $g(x)$ 在 $[a, b]$ 上与 $f(x)$ 相同. 根据本书的呈现方式, 需要特别指出, 一般情况下, 空间 $H^{s,p}([a,b])$ 与 § 13 所研究的 $L_p(a,b)$ 中函数的分数阶积分空间 $I^\alpha[L_p(a,b)]$ 重合. 具体来说, 以下定理成立.

定理 18.3　设 $0 < \alpha < 1/p$ 且 $1 < p < \infty$. 则由范数的等价性,

$$H^{\alpha, p}([a, b]) = I^\alpha[L_p(a, b)], \tag{18.78}$$

$-\infty < a < b < \infty.$

证明   设 $f(x) \in H^{\alpha,p}([a,b])$. 则存在 $g(x) \in H^{\alpha,p}(R^1)$ 使得 $a \leqslant x \leqslant b$ 时 $g(x) = f(x)$. 根据 (18.76), 我们看到 $g(x) \in I^\alpha(L_p)$. 所以根据定理 13.9, $f(x) \in I^\alpha[L_p(a,b)]$. 反过来, 令 $f(x) \in I^\alpha[L_p(a,b)]$ 且 $f^*(x)$ 为其在区间 $[a,b]$ 外的零延拓. 由定理 13.10 我们有: $f^*(x) \in I^\alpha(L_p(R^1))$. 因为显然 $f^*(x) \in L_p(R^1)$, 根据 (18.76), 我们看到 $f^*(x) \in H^{\alpha,p}(R^1)$. ■

注 18.1   分析定理 18.3 证明可知, 在 $1/p < \alpha < 1/p + 1$ 的情况下, 关系式

$$H_0^{\alpha,p}([a,b]) = I_{a+}^\alpha[L_p(a,b)] \tag{18.79}$$

成立, 空间 $H_0^{\alpha,p}([a,b])$ 由 $f(x) \in H^{\alpha,p}([a,b])$ 且满足 $f(a) = 0$ 的函数组成. 可以证明, 在临界情形 $\alpha = 1/p$ 下, (18.78) 不成立, 甚至空间 $H^{\alpha,p}([a,b])$ 也不嵌入到 $I_{a+}^\alpha[L_p(a,b)]$ 中. 其原因在于 $\alpha = 1/p$ 时算子 (13.27) 在 L_p 中的无界性. 在任意 $\alpha > 1/p$, 但 $\alpha - 1/p \neq 1, 2, \cdots$ 的情况下, 若将假设 $f^{(k)}(a) = 0$, $k = 0, 1, \cdots$, $[\alpha - 1/p]$ 加到空间 $H_0^{\alpha,p}([a,b])$ 的定义中, 则 (18.78) 成立.

18.5   Chen 分数阶积分

对于在整个实轴上考虑的 Riemann-Liouville 算子 $I_\pm^\alpha \varphi$, 点 $+\infty$ 和 $-\infty$ 的作用并不相同. 例如, 分数阶积分 $I_\mp^\alpha \varphi$ 在一般情况下保持函数 $\varphi(x)$ 在 $\mp\infty$ 处的减少, 而在 $\pm\infty$ 处并不保持 (见 (7.8)). 在本小节中, 我们按照 Chen [1961] (Chen Yu Why) 的思路考虑一个 Riemann-Liouville 积分的修正, 其中左右无穷远点是对称的.

我们固定任意点 $c \in R^1$ 并令

$$(I_c^\alpha \varphi)(x) = \begin{cases} \dfrac{1}{\Gamma(\alpha)} \displaystyle\int_c^x \varphi(t)(x-t)^{\alpha-1} dt, & x > c, \\[3mm] \dfrac{1}{\Gamma(\alpha)} \displaystyle\int_x^c \varphi(t)(t-x)^{\alpha-1} dt, & x < c, \end{cases} \tag{18.80}$$

其中 $\alpha > 0$. 我们称 (18.80) 为 Chen 分数阶积分. 相比于 $I_+^\alpha \varphi$ 或 $I_-^\alpha \varphi$, 表达式 (18.80) 有一个明显的优点: 它适用于在无穷远处具有任意行为的函数, 也可以在区间 $[a,b]$ 中考虑, $a < c < b$, 端点 a 和 b 具有相同的权重.

介绍函数

$$P_{c+}\varphi = \varphi_{c+}(x) = \begin{cases} \varphi(x), & x > c, \\ 0, & x < c, \end{cases}$$

$$P_{c-}\varphi = \varphi_{c-}(x) = \begin{cases} 0, & x > c, \\ \varphi(x), & x < c, \end{cases} \tag{18.81}$$

我们可以将 (18.80) 写为

$$(I_c^\alpha \varphi)(x) = (I_+^\alpha \varphi_{c+})(x) + (I_-^\alpha \varphi_{c-})(x), \tag{18.82}$$

或算子形式

$$I_c^\alpha = I_+^\alpha P_{c+} + I_-^\alpha P_{c-} = P_{c+} I_+^\alpha P_{c+} + P_{c-} I_-^\alpha P_{c-}. \tag{18.83}$$

利用 (2.44) 和 (2.45), 由 (18.82) 我们有

$$I_c^\alpha(|x - c|^{\beta - 1}) = \frac{\Gamma(\beta)}{\Gamma(\alpha + \beta)} |x - c|^{\alpha + \beta - 1}. \tag{18.84}$$

对于在无穷远处行为 "充分好" 的函数 $\varphi(t)$, 例如, 对于函数 $\varphi(t) \in L_p(R^1)$, $1 \leqslant p < 1/\alpha$, 积分可以表示为

$$I_c^\alpha \varphi = \frac{1}{2\Gamma(\alpha)} \int_{-\infty}^{\infty} \frac{\varphi(t)dt}{|x - t|^{1-\alpha}} + \frac{1}{2\Gamma(\alpha)} \int_{-\infty}^{\infty} \frac{\text{sign}(x - t)}{|x - t|^{1-\alpha}} \varphi(t)\text{sign}(t - c)dt. \tag{18.85}$$

从 (18.83) 中容易推出, 对于任意局部可积函数 $\varphi(t)$ 和所有 $\alpha > 0$, $\beta > 0$, 算子 I_c^α 有半群性质

$$I_c^\alpha I_c^\beta \varphi = I_c^{\alpha + \beta} \varphi. \tag{18.86}$$

现在我们来考虑一个问题: 什么样的算子是 I_c^α 的逆, 即分数阶微分的对应形式是什么. 形式地, 我们有

$$(\mathcal{D}_c^\alpha f)(x) \overset{\text{def}}{=} (I_c^\alpha)^{-1} f = \begin{cases} (\mathcal{D}_{c+}^\alpha)(x), & x > c, \\ (\mathcal{D}_{c-}^\alpha)(x), & x < c. \end{cases} \tag{18.87}$$

特别地, 如果 $0 < \alpha < 1$,

$$(\mathcal{D}_c^\alpha f)(x) = \frac{1}{\Gamma(1 - \alpha)} \begin{cases} \dfrac{d}{dx} \displaystyle\int_c^x f(t)(x - t)^{-\alpha} dt, & x > c, \\ -\dfrac{d}{dx} \displaystyle\int_x^c f(t)(t - x)^{-\alpha} dt, & x < c. \end{cases} \tag{18.88}$$

在 $\alpha \geqslant 1$ 的情况下, 需要用到 (2.30) 和 (2.31). 我们观察到, 显然有

$$(\mathcal{D}_c^n f)(x) = [\text{sign}(x - c)]^n f^{(n)}(x), \quad n = 0, 1, 2, \cdots \tag{18.89}$$

这种逆运算的证明, 即, 关系 $\mathcal{D}_c^\alpha I_c^\alpha \varphi \equiv \varphi(x)$, $\alpha > 0$, $\varphi(x) \in L_1^{\text{loc}}(R^1)$, 可直接从定理 2.4 中得到.

回顾 Marchaud 型分数阶导数的表达式 (13.2) 和 (13.5), 我们从 (18.88) 得出, 当 $0 < \alpha < 1$ 时,

$$(\mathcal{D}_c^\alpha f)(x) = \frac{f(x)}{\Gamma(1-\alpha)|x-c|^\alpha} + \frac{\alpha}{\Gamma(1-\alpha)} \int_{\min(x,c)}^{\max(x,c)} \frac{f(x)-f(t)}{|x-t|^{1+\alpha}} dt. \quad (18.90)$$

从 (18.88) 到 (18.90) 的过程可以通过 "充分好" 的函数实现 —— 参见 § 13.1. 我们将 (18.90) 的右端记为 $(\mathbf{D}_c^\alpha f)(x)$, 以至于对 "充分好" 的函数我们有

$$(\mathcal{D}_c^\alpha f)(x) = (\mathbf{D}_c^\alpha f)(x). \quad (18.91)$$

等式的右端 $(\mathbf{D}_c^\alpha f)(x)$ 可以转化为

$$\begin{aligned} (\mathbf{D}_c^\alpha f)(x) &= \frac{\alpha}{\Gamma(1-\alpha)} \int_0^\infty \frac{f(x)-f_{c+}(x-t)-f_{c-}(x+t)}{t^{1+\alpha}} dt \\ &= \mathbf{D}_+^\alpha P_{c+} f + \mathbf{D}_-^\alpha P_{c-} f, \end{aligned} \quad (18.92)$$

其中使用了 (18.81) 中的符号, $\mathbf{D}_\pm^\alpha$ 为 Marchaud 分数阶导数 (5.57)—(5.58). 在 $\alpha \geqslant 1$ 的情况下, 如果使用 (5.80), 我们可以将导数 $(\mathbf{D}_c^\alpha f)(x)$ 写成与 (18.92) 类似的形式, 从而得到表达式

$$(\mathbf{D}_c^\alpha f)(x) = \frac{1}{\varkappa(\alpha,l)} \int_0^\infty \frac{(\Delta_t^l f_{c+})(x)+(\Delta_{-t}^l f_{c-})(x)}{t^{1+\alpha}} dt, \quad (18.93)$$

其中 $l > \alpha$, $\varkappa(\alpha,l)$ 为规范化因子 (5.81).

现在自然会提出一个问题: 点 c 的选择对 Chen 分数阶积分的影响是什么? 算子 $I_c^\alpha \varphi$ 和 $I_d^\alpha \varphi$ 的光滑性是否不同? 具体来说, 如果函数 $f(x)$ 可表示为某个空间如 L_p 中函数 φ 的分数阶积分 $f(x) = I_c^\alpha \varphi$, 那么它是否也可以表示为 $f(x) = I_d^\alpha \psi$, $\psi \in L_p$? 这个问题的答案在下面定理 18.4 中给出. 下面的引理初步澄清了 $I_c^\alpha \varphi$ 表示为 $I_c^\alpha \varphi = I_+^\alpha \psi_c$ 的可能性.

引理 18.1 设 $f(x)$ 可表示为 $f(x) = (I_c^\alpha \varphi)(x)$, 其中对于某些 b, $\varphi(x) \in L_p(-\infty, b)$, $1 < p < 1/\alpha$. 则

$$\begin{aligned} f(x) = I_+^\alpha \psi_c, \quad \psi_c(x) &= N_c\varphi = \nu_c(x)\varphi(x) + \frac{\sin\alpha\pi}{\pi} \int_{-\infty}^c \frac{\varphi(t)}{t-x} dt, \\ &\quad -\infty < x < b, \end{aligned} \quad (18.94)$$

其中当 $x > c$ 时 $\nu_c(x) = 1$, $x < c$ 时 $\nu_c(x) = \cos\alpha\pi$ 且 $\psi_c(x) \in L_p(-\infty, b)$. 如果 $\varphi \in L_p(R^1)$, 则也有 $\psi_c(x) \in L_p(R^1)$.

证明　回顾 (11.10) 和 (11.12)，我们用这些等式替换 (18.82) 中的 I_c^α. 我们得到关系式 $I_c^\alpha\varphi = I_+^\alpha(P_{c+}\varphi + \cos\alpha\pi P_{c-}\varphi + \sin\alpha\pi SP_{c-}\varphi)$，这与 (18.94) 一致. 根据定理 11.3，算子 $N_c = P_{c+} + \cos\alpha\pi P_{c-} + \sin\alpha\pi SP_{c-}$ 在 $L_p(R^1)$ 中有界. 从而定理得证. ∎

引理 18.2　算子

$$N_c = P_{c+} + \cos\alpha\pi P_{c-} + \sin\alpha\pi SP_{c-} \tag{18.95}$$

在空间 $L_p(R^1)$, $1 < p < 1/\alpha$ 中可逆且

$$N_c^{-1} = P_{c+} + \cos\alpha\pi P_{c-} - \sin\alpha\pi S_\alpha^c P_{c-}, \tag{18.96}$$

其中 S_α^c 是 (11.39) 型奇异算子:

$$S_\alpha^c\varphi = \frac{1}{\pi}\int_{-\infty}^{\infty}\left|\frac{t-c}{x-c}\right|^\alpha \frac{\varphi(t)dt}{t-x}. \tag{18.97}$$

证明　简单起见我们取 $c = 0$, 并记 $P_{c\pm} = P_\pm$ 且 $S_\alpha^c = S_\alpha$. 算子 (18.95) 和 (18.96) 有形式 $N_0 = P_+ + AP_-$ 和 $N_0^{-1} = P_+ + BP_-$, 其中 $A\varphi = \cos\alpha\pi\varphi + \sin\alpha\pi S\varphi$, $B\varphi = \cos\alpha\pi\varphi - \sin\alpha\pi S_\alpha\varphi$. 由定理 11.3, 它们均在 $L_p(R^1)$ 中有界. 我们来证明, 对于 $\varphi(t) \in L_p(R^1)$,

$$(P_+ + AP_-)(P_+ + BP_-)\varphi = (P_+ + BP_-)(P_+ + AP_-)\varphi = \varphi. \tag{18.98}$$

同时, 引理 11.1 指出算子 A 和 B 在半轴上是互逆的, 即

$$P_-AP_-BP_-\varphi = P_-BP_-AP_-\varphi = P_-\varphi,$$
$$\varphi \in L_p(R^1), \quad 1 < p < 1/\alpha. \tag{18.99}$$

(18.98) 进行乘法运算并利用 (18.99), 我们看到 (18.98) 简化为关系式 $P_+BP_- + P_+AP_-BP_- = 0$ 和 $P_+AP_- + P_+BP_-AP_- = 0$. 将 A 和 B 的表达式代入其中, 这些等式转化为

$$\sin\alpha\pi P_+SP_-S_\alpha P_- = \cos\alpha\pi P_+SP_- - P_+S_\alpha P_-, \tag{18.100}$$

$$\sin\alpha\pi P_+S_\alpha P_-SP_- = P_+SP_- - \cos\alpha\pi P_+S_\alpha P_-. \tag{18.101}$$

可以用 Poincaré-Bertrand 公式 (公式 (11.9)) 并直接计算上述式子的左侧从而得到验证. 事实上, 我们早已得到 (18.101) —— 见 (11.47). 根据 $r_\alpha P_+SP_-S_\alpha P_- = (P_+S_{-\alpha}P_-SP_-)r_\alpha$, $r_\alpha\varphi = |x|^\alpha\varphi(x)$, 我们注意到 (18.100) 也可从 (18.101) 中得到. ∎

定理18.4 设 $f(x)$ 可表示为 $f(x) = (I_c^\alpha \varphi)(x)$, $c \in R^1$, 其中 $\varphi(x) \in L_p^{\text{loc}}(R^1)$, $p > 1$, $p \neq 1/\alpha$, $0 < \alpha < 1$. 则 $f(x)$ 可以表示为

$$f(x) = (I_d^\alpha \psi)(x), \quad 1 < p < 1/\alpha, \tag{18.102}$$

$$f(x) = f(d) + (I_d^\alpha \psi)(x), \quad p > 1/\alpha, \tag{18.103}$$

点 d 任意, 其中 $\psi(x) \in L_p^{\text{loc}}(R^1)$. 如果 $\varphi \in L_p(R^1)$, $1 < p < 1/\alpha$, 则 $\psi \in L_p(R^1)$ 也成立. 函数 $\psi(x)$ 可通过下式计算得到

$$\psi(x) = N_{cd}\varphi \overset{\text{def}}{=} \nu_{cd}(x)\varphi(x) + \frac{\sin \alpha\pi}{\pi} \int_c^d \left| \frac{t-d}{x-d} \right|^\alpha \frac{\varphi(t)}{t-x} dt, \tag{18.104}$$
$$1 < p < 1/\alpha,$$

$$\psi(x) = \tilde{N}_{cd}\varphi \overset{\text{def}}{=} \nu_{cd}(x)\varphi(x) + \frac{\sin \alpha\pi}{\pi} \mu_{cd} \int_c^d \left| \frac{t-d}{x-d} \right|^{\alpha-1} \frac{\varphi(t)}{t-x} dt,$$
$$p > 1/\alpha, \tag{18.105}$$

其中

$$\nu_{cd}(x) = \begin{cases} \cos \alpha\pi, & x \in (c,d), \\ 1, & x \notin (c,d), \end{cases}$$

$$\mu_{cd}(x) = \text{sign}[(x-c)(c-d)].$$

证明 首先, 设 $\varphi(x)$ 和 $\psi(x)$ 是 $L_p(R^1)$, $1 < p < 1/\alpha$ 中的任意函数. 根据引理 18.1, 我们有 $I_c^\alpha \varphi = I_+^\alpha N_c \varphi$ 和 $I_d^\alpha \psi = I_+^\alpha N_d \psi$, 其中算子 N_c 和 N_d 由 (18.94) 或 (18.95) 给出 (二者相同). 因此, 若 $N_c\varphi = N_d\psi$, 我们就得到了想要的关系式 $I_c^\alpha \varphi = I_d^\alpha \psi$. 由引理 18.2, 算子 N_d 在 $L_p(R^1)$, $1 < p < 1/\alpha$ 中可逆, 因此我们只需验证关系式 $\psi = N_d^{-1} N_c \varphi$. 计算复合式 $N_d^{-1} N_c$, 我们有

$$N_d^{-1} N_c \varphi = \varphi + N_d^{-1}(N_c - N_d)\varphi. \tag{18.106}$$

显然 $N_c - N_d = (\cos \alpha\pi - 1)P_{cd} + \sin \alpha\pi S P_{cd}$, 其中

$$P_{cd}\varphi = \begin{cases} \varphi(x), & x \in (d,c), \\ 0, & x \notin (d,c), \end{cases}$$

(选取 $d < c$, 从而 d 是有限的). 所以

$$N_d^{-1}(N_c - N_d) = (\cos \alpha \pi - 1)P_{cd} + \sin \alpha \pi P_{d+}SP_{cd}$$
$$+ \sin \alpha \pi \cos \alpha \pi P_{d-}SP_{cd} - \sin^2 \alpha \pi S_\alpha^d P_{d-}SP_{cd}. \tag{18.107}$$

利用 Poincaré-Bertrand 公式 (公式 (11.9)) 和 (11.46) 计算复合式 $S_\alpha^d P_{d-}SP_{cd}$, 经简单变换后得到

$$\sin \alpha \pi S_\alpha^d P_{d-}SP_{cd} = P_{d+}SP_{cd} + \cos \alpha \pi P_{d-}SP_{cd} - S_\alpha^d P_{cd}.$$

将其代入 (18.107) 中, 我们得到关系式 $N_d^{-1}(N_c - N_d) = (\cos \alpha \pi - 1)P_{cd} + \sin \alpha \pi S_\alpha^d P_{cd}$. 因此, 由 (18.106) 我们有

$$\psi = N_d^{-1} N_c \varphi = \varphi + (\cos \alpha \pi - 1)P_{cd}\varphi + \frac{\sin \alpha \pi}{\pi} \int_d^c \left| \frac{t-d}{x-d} \right|^\alpha \frac{\varphi(t)dt}{t-x},$$

这与 (18.104) 一致. 所以等式

$$I_c^\alpha \varphi = I_d^\alpha N_{cd}\varphi \tag{18.108}$$

得证. 这对于函数 $\varphi(x) \in L_p(R^1)$, $1 < p < 1/\alpha$ 确实可以给出 (18.102) 和 (18.104). 因为算子 I_c^α 和 I_d^α 具有可变的积分上下限, 所以 (18.102) 仅在有限区间上使用函数 φ 的值 (通过 (18.104)). 注意到每个函数 $\varphi \in L_p^{\text{loc}}$ 在每个区间上与 $L_p(R^1)$ 中的某个函数重合, 我们看到 (18.102) 和函数 (18.104) 对 $\varphi \in L_p^{\text{loc}}$ 也有效.

只剩下考虑 $p > 1/\alpha$ 的情形. 根据嵌入 $L_p^{\text{loc}} \subset L_r^{\text{loc}}$, $r < 1/\alpha$, (18.104) 中函数的表示式 (18.102) 仍然成立, 但由于 $\alpha > 1/p$ 时算子 N_{cd} 在 L_p 中无界, 我们不能说 $\psi \in L_p$. 所以我们将 (18.104) 中的函数转化为一个新形式. 取 $d < c$, 对于 $t > d$, 我们有

$$\left| \frac{t-d}{x-d} \right|^\alpha = \text{sign}(x-d) \left| \frac{t-d}{x-d} \right|^{\alpha-1} + \frac{|t-d|^{\alpha-1}}{|x-d|^\alpha}(t-x),$$

这可以直接验证. 因此

$$\psi(x) = \tilde{\psi}(x) + \frac{\sin \alpha \pi}{\pi} \frac{1}{|x-d|^\alpha} \int_d^c (t-d)^{\alpha-1}\varphi(t)dt.$$

观察到 $f(x)$ 在 $p > 1/\alpha$ 时连续, 所以 $\int_d^c (t-d)^{\alpha-1}\varphi(t)dt = f(d)\Gamma(\alpha)$, 由 (18.84), 我们发现

$$I_d^\alpha \psi = I_d^\alpha \tilde{\psi} + \frac{f(d)}{\Gamma(1-\alpha)} I_d^\alpha(|x-d|^{-\alpha}) = I_d^\alpha \tilde{\psi} + f(d).$$

因此我们将 (18.102) 转化成了 (18.103). 还需要注意, 根据定理 11.3, (18.105) 中的奇异积分算子在 L_p, $p > 1/\alpha$ 中有界. ∎

18.6 Dzherbashyan 广义分数阶积分

我们考虑区间 $[0,1]$ 的情形. Riemann-Liouville 分数阶积分可写为

$$(I_{0+}^\alpha \varphi)(x) = \frac{x^\alpha}{\Gamma(\alpha)} \int_0^1 \varphi(xt)(1-t)^{\alpha-1}dt, \quad x > 0. \tag{18.109}$$

我们用任意 (可积) 函数代替函数 $\dfrac{(1-t)^{\alpha-1}}{\Gamma(\alpha)}$ 来推广 (18.109), 但忽略因子 x^α. 特别地, 根据 Hadamard [1978] 和 M.M. Dzherbashyan [1967, 1968a], 我们引进算子

$$(L^{(\omega)}\varphi)(x) = -\int_0^1 \varphi(xt)\omega'(t)dt, \tag{18.110}$$

其中函数 $\omega(x) \in C([0,1])$ 满足以下假设:

1) $\omega(x)$ 单调;

2) $\omega(0) = 1$, $\omega(1) = 0$, $0 < x < 1$ 时 $\omega(x) \neq 0$;

3) $\omega'(x) \in L_1(0,1)$.

条件 3) 意味着定义在有界函数 $\varphi(x)$ 上的算子 (18.110) 是好定义的.

如果 $\omega(t) = \dfrac{(1-t)^\alpha}{\Gamma(1+\alpha)}$, 则显然 $(L^{(\omega)}\varphi)(x) = x^{-\alpha}(I_{0+}^\alpha \varphi)(x)$.

在函数 $\varphi(x)$ 连续可微的情形下, 对 (18.110) 进行分部积分, 显然有 $(L^{(\omega)}\varphi)(x) = \varphi(0) + x \int_0^1 \varphi'(xt)\omega(t)dt$.

式 (18.110) 中的算子非常适用于幂函数:

$$L^{(\omega)}(x^\mu) = \Delta_\omega(\mu)x^\mu, \quad \mu > -1, \tag{18.111}$$

其中 $\Delta_\omega(\mu) = -\int_0^1 t^\mu \omega'(t)dt$. 当 $\mu > 0$ 时, Δ_ω 替换为另一种形式

$$\Delta_\omega(\mu) = -\mu \int_0^1 t^{\mu-1}\omega(t)dt. \tag{18.112}$$

因此, 算子 $L^{(\omega)}$ 对于可表示为幂级数

$$\varphi(t) = \sum_{k=0}^\infty a_k t^k \tag{18.113}$$

的函数 $\varphi(t)$ 的应用是很直接的:

$$(L^{(\omega)}\varphi)(x) = \sum_{k=0}^{\infty} \Delta_\omega(k) a_k x^k. \tag{18.114}$$

以下引理是引理 15.4 的推广.

引理 18.3 级数 (18.113) 和 (18.114) 有相同的收敛半径.

证明 为了证明引理, 我们将证明

$$\lim_{k\to\infty} \sqrt[k]{\Delta_\omega(k)} = 1. \tag{18.115}$$

由 (18.112) 我们有

$$k(1-\varepsilon)^{k-1}\int_{1-\varepsilon}^1 \omega(t)dt \leqslant \Delta_\omega(k) \leqslant k\int_0^1 \omega(t)dt, \quad k=1,2,\cdots,$$

其中 $(1>)\varepsilon>0$ 任意. 利用假设 1) 和 2), 我们看到 $1-\varepsilon \leqslant \lim_{k\to\infty} \sqrt[k]{\Delta_\omega(k)} \leqslant 1$, 这样就得到了 (18.115). ∎

关系式 (18.111) 表明了如何引入广义微分 $M^{(\omega)}$, 即 $L^{(\omega)}$ 的逆: $M^{(\omega)}L^{(\omega)}\varphi = L^{(\omega)}M^{(\omega)}\varphi$. 也就是说, 算子 $M^{(\omega)}$ 通过 $M^{(\omega)}(x^\mu) = \dfrac{1}{\Delta_\omega(\mu)}x^\mu$ 定义.

我们只考虑以下情况: 每个函数 $\omega(t)$ 都有一个非减的有界函数 $\alpha_\omega(x)$, 使得

$$\int_0^1 x^\mu d\alpha_\omega(x) = \frac{1}{\Delta_\omega(\mu)}, \qquad (M^{(\omega)}\varphi)(x) = \int_0^1 \varphi(xt)d\alpha_\omega(t),$$

它由 M.M. Dzherbashyan [1968a] 证明.

注 18.2 M.M. Dzherbashyan [1967, 1968a] 在比 1)—3) 中更弱的假设下, 考虑了形式更一般的算子 $L^{(\omega)}$,

$$L^{(\omega)}\varphi = -\frac{d}{dx}\left\{x\int_0^1 \varphi(xt)dp(t)\right\}, \quad p(t) = t\int_t^1 \frac{\omega(x)}{x^2}dx.$$

简单起见, 我们只处理了形式为 (18.110) 的算子 $L^{(\omega)}$.

§19 周期函数的 Weyl 分数阶积分和导数

通常形式的 Riemann-Liouville 分数阶积分 I_{a+}^α 或 I_{b-}^α 对于处理周期函数时使用的三角级数理论并不方便. 自然地, 希望定义一个将周期函数转换为周期函数的分数阶积分-微分算子. Riemann-Liouville 分数阶积分-微分没有此性质. 因此, 对于周期函数, 采用 Weyl 提出的另一种分数阶积分-微分定义. 本节将专门研究这一问题.

19.1 定义. 与 Fourier 级数的联系

设 $\varphi(x)$ 为 R^1 上的 2π 周期函数且设

$$\varphi(x) \sim \sum_{k=-\infty}^{\infty} \varphi_k e^{ikx}, \quad \varphi_k = \frac{1}{2\pi} \int_0^{2\pi} e^{-ikx} \varphi(x) dx \tag{19.1}$$

为其 Fourier 级数. 本节在处理分数阶积分时, 将考虑具有零均值的函数:

$$2\pi\varphi_0 = \int_0^{2\pi} \varphi(x) dx = 0, \tag{19.2}$$

即, 在考虑周期函数的分数阶积分时 "丢掉" 常数. 我们回忆两个周期函数的卷积

$$(A\varphi)(x) = \frac{1}{2\pi} \int_0^{2\pi} a(t)\varphi(x-t) dt, \tag{19.3}$$

它可以表示为 Fourier 级数

$$(A\varphi)(x) \sim \sum_{k=-\infty}^{\infty} a_k \varphi_k e^{ikx}, \tag{19.4}$$

其中 a_k 和 φ_k 为函数 $a(x)$ 和 $\varphi(x)$ 的 Fourier 系数. 有时序列 $\{a_k\}_{k=-\infty}^{\infty}$ 称为卷积算子 A 的 Fourier 乘子.

因为 $\varphi^{(n)}(x) \sim \sum_{k=-\infty}^{\infty} (ik)^n \varphi_k e^{-ikx}$, 按照 Weyl 的方法, 我们定义分数积分, 使得

$$I_{\pm}^{(\alpha)}\varphi \sim \sum_{k=-\infty}^{\infty} \frac{\varphi_k}{(\pm ik)^{\alpha}} e^{ikx}, \tag{19.5}$$

其中使用了 (19.2). 类似地, 分数阶微分定义为

$$\mathcal{D}_{\pm}^{(\alpha)}\varphi \sim \sum_{k=-\infty}^{\infty} (\pm ik)^{\alpha} \varphi_k e^{ikx} \tag{19.6}$$

—— 与公式 (7.1) 和 (7.4) 比较. 这样就满足了 2π 周期函数的分数阶积分和导数仍为 2π 周期函数的要求. 与 (7.3) 对应, 在 (19.5)—(19.6) 中 $(\pm ik)^{\alpha} = |k|^{\alpha} e^{\pm \frac{\alpha\pi i}{2} \operatorname{sign} k}$. 基于 (19.3)—(19.4), 定义 (19.5) 可以解释为

$$I_{\pm}^{(\alpha)}\varphi = \frac{1}{2\pi} \int_0^{2\pi} \varphi(x-t) \Psi_{\pm}^{\alpha}(t) dt, \quad \alpha > 0, \tag{19.7}$$

其中

$$\Psi_{\pm}^{\alpha}(t) = \sum_{k=-\infty}^{\infty}{}' \frac{e^{ikt}}{(\pm ik)^{\alpha}} = 2 \sum_{k=1}^{\infty} \frac{\cos(kt \mp \alpha\pi/2)}{k^{\alpha}}. \tag{19.8}$$

撇号表示无 $k = 0$ 的项. 式 (19.7) 的左端称为 α 阶 Weyl 分数阶积分. 已知 —— Zygmund [1965b, p. 201] —— 若 $\alpha > 0$, 则对所有 $t \in (0, 2\pi)$ 级数 (19.8) 收敛.

根据 Hurwitz 公式 (公式 (1.88)), 函数 $\Psi_{\pm}^{\alpha}$ 可以用广义 Riemann zeta 函数 (1.87) 表示:

$$\Gamma(\alpha)\Psi_{\pm}^{\alpha}(t) = (2\pi)^{\alpha}\zeta(1 - \alpha, \pm t/2\pi), \quad 0 < t < 2\pi. \tag{19.9}$$

等式 (19.9) 隐含在下文证明的表达式 (19.11) 和 (19.12) 中. 在整数 $\alpha = 1, 2, \cdots$ 的情形下, 函数 $\Psi_{\pm}^{\alpha}(t)$ 可由 (1.89) 表示为

$$\Psi_{\pm}^{m}(t) = -\frac{(\pm 2\pi)^m}{m!} B_m\left(\frac{t}{2\pi}\right), \quad 0 < t < 2\pi, \tag{19.10}$$

$B_m(t)$ 为第 m 个 Bernoulli 多项式.

由 (19.5) 在相同的符号选择下显然 $I_{\pm}^{(\alpha)} I_{\pm}^{(\beta)} \varphi = I_{\pm}^{(\alpha+\beta)} \varphi$. 我们观察到整数 $\alpha = 1, 2, 3, \cdots$ 的情形对应于通常的积分. 这意味着在周期内选择了有零均值的原像. 因此, 事实上我们只需重点考虑 $0 < \alpha < 1$ 的情形.

注意到 $\Psi_{-}^{\alpha}(t) = \Psi_{+}^{\alpha}(-t)$, 我们将注意力集中在 "左" 分数阶积分 $I_{+}^{(\alpha)}\varphi$ 上.

引理 19.1 在 $0 < \alpha < 1$ 的情形下函数 $\Psi_{+}^{\alpha}(t)$ 有如下形式

$$\Psi_{+}^{\alpha}(t) = \frac{2\pi}{\Gamma(\alpha)} t_{+}^{\alpha-1} + r_{\alpha}(t), \quad -2\pi < t \leqslant 2\pi, \tag{19.11}$$

其中函数

$$r_{\alpha}(t) = \frac{1}{\Gamma(\alpha)} \lim_{n \to \infty} \left[2\pi \sum_{m=1}^{n} (t + 2\pi m)_{+}^{\alpha-1} - \frac{(2\pi n)^{\alpha}}{\alpha} \right], \tag{19.12}$$

对于 $t \in (-2\pi, 2\pi]$ 无穷次可微.

证明 记

$$G(t) = \frac{2\pi}{\Gamma(\alpha)} \lim_{n \to \infty} \left[\sum_{m=0}^{n} (t + 2\pi m)_{+}^{\alpha-1} - (2\pi)^{\alpha-1} \frac{n^{\alpha}}{\alpha} \right], \tag{19.13}$$

我们需证对于 $-2\pi < t \leqslant 2\pi$ 时, $G(t) \equiv \Psi_{+}^{\alpha}(t)$. 为此只需证明 (根据 (19.8)) 函数 $G(t)$ 的 Fourier 系数与 $(ik)^{\alpha}$ 一致

$$G_k = \frac{1}{2\pi} \int_0^{2\pi} G(t) e^{-ikt} dt = (ik)^{-\alpha}. \tag{19.14}$$

为了说明这一点, 我们证明

$$G(t) = \sum_{m=-\infty}^{\infty} g(t + 2\pi m), \tag{19.15}$$

其中函数 $g(t)$ 由下式定义

$$g(t) = \frac{2\pi}{\Gamma(\alpha)} \left[t_+^{\alpha-1} - \frac{1}{2\pi} \int_{2m\pi}^{2(m+1)\pi} s_+^{\alpha-1} ds \right],$$

$2m\pi \leqslant t < 2(m+1)\pi$, $m = 0, \pm 1, \cdots$

如果考虑到 $(2\pi)^{\alpha-1} n^\alpha / \alpha = \frac{1}{2\pi} \int_0^{2n\pi} t^{\alpha-1} dt$ 和 $\int_{2n\pi}^{2(n+1)\pi} t^{\alpha-1} dt \to 0$, $n \to \infty$, 等式 (19.15) 可以直接验证.

函数 $g(t)$ 在 R^1 上绝对可积. 事实上

$$\int_{-\infty}^{\infty} |g(t)| dt = \frac{2\pi}{\Gamma(\alpha)} \sum_{m=0}^{\infty} \int_{2m\pi}^{2(m+1)\pi} \left| t^{\alpha-1} - \frac{1}{2\pi} \int_{2m\pi}^{2(m+1)\pi} s^{\alpha-1} ds \right| dt$$

$$= \frac{1}{\Gamma(\alpha)} \sum_{m=0}^{\infty} \int_{2m\pi}^{2(m+1)\pi} \left| \int_{2m\pi}^{2(m+1)\pi} [t^{\alpha-1} - s^{\alpha-1}] ds \right| dt.$$

这里对 $m \geqslant 1$ 的部分使用中值定理, 由 $\xi = \xi_{cp} \in (2m\pi, 2m\pi + 2\pi)$, 我们得到

$$\int_{-\infty}^{\infty} |g(t)| dt \leqslant c_1 + c_2 \sum_{m=1}^{\infty} \int_{2m\pi}^{2(m+1)\pi} \int_{2m\pi}^{2(m+1)\pi} \xi^{\alpha-2} ds dt$$

$$\leqslant c_1 + c_3 \sum_{m=1}^{\infty} m^{\alpha-2} < \infty.$$

函数 $g(t)$ 的绝对可积性和等式 $\sum_{m=-\infty}^{\infty} \int_0^{2\pi} |g(t + 2m\pi)| dt = \int_0^{\infty} |g(t)| dt$ 说明了 (19.15) 对几乎所有 t 是绝对收敛的. 这里我们使用了已知事实, 即级数 $\sum \int_a^b |f_m(t)| dt$ 收敛意味着级数 $\sum |f_m(t)|$ 几乎处处收敛 —— Zygmund [1965a, p. 49].

已知 —— Zygmund [1965a, p. 116] —— 对级数 (19.15) 和而言, Fourier 系数与函数 $g(t)$ 在点 $k = 0, \pm 1, \cdots$ 处的 Fourier 变换一致, 即 $G_k = \tilde{g}(k)$, 其中 $\tilde{g}(x)$ 是 Fourier 变换 (1.104). 因此, 结合 e^{-ikt} 在周期区间上的积分为零, $k \neq 0$,

我们有

$$G_k = \frac{1}{2\pi} \int_{-\infty}^{\infty} e^{-ikt} g(t) dt$$

$$= \frac{1}{\Gamma(\alpha)} \sum_{m=-\infty}^{\infty} \int_{2m\pi}^{2(m+1)\pi} \left[t_+^{\alpha-1} - \frac{1}{2\pi} \int_{2m\pi}^{2(m+1)\pi} s_+^{\alpha-1} ds \right] e^{-ikt} dt$$

$$= \frac{1}{\Gamma(\alpha)} \int_{0}^{\infty} t^{\alpha-1} e^{-ikt} dt, \quad k \neq 0.$$

利用上述积分的值 (已在 (7.6) 中求得), 我们得到 (19.14).

剩下需要说明函数 $r_\alpha(t)$ 的无穷可微性, 这容易从 (19.12) 看出, 并且 $r_\alpha^{(j)}(t) = c_j \sum_{m=1}^{\infty} (t+2m\pi)^{\alpha-1-j}$, 常数 c_j 易知, $j \geqslant 1$. ∎

推论　设 $|t| \leqslant \pi$. 函数 $\Psi_\pm^\alpha(t)$ 及其导数有以下估计

$$\left| \frac{d^j}{dt^j} \Psi_\pm^\alpha(t) \right| \leqslant c|t|^{\alpha-1-j}, \quad j = 0, 1, 2, \cdots. \tag{19.16}$$

由引理 19.1 和其推论可知, 由 (19.7) 定义的 Weyl 分数阶积分是正确的, 其正确性是在如下意义之下的: 它对任意可积函数适用, (19.7) 中的积分几乎处处存在, 并且也生成了一个可积函数 (很清楚, 若 $\varphi(t)$ 连续, 则 $I_\pm^\alpha$ 也连续).

根据 (19.11), 我们有

$$I_+^{(\alpha)} \varphi = \frac{1}{\Gamma(\alpha)} \int_0^x \frac{\varphi(t) dt}{(x-t)^{1-\alpha}} + \frac{1}{2\pi} \int_0^{2\pi} r_\alpha(x-t) \varphi(t) dt, \quad 0 < x \leqslant 2\pi.$$

当 $0 < x < 2\pi$ 时, 后一个被积函数是无穷次可微的, 因此对于内点 $0 < x < 2\pi$, Weyl 分数阶积分 (19.7) 与 Riemann-Liouville 分数阶积分 $I_{0\pm}^\alpha \varphi$ (第一项) 从可微性来看无本质不同. 第二个被积函数在端点 $x=0$ 和 $x=2\pi$ 处的行为通常与第一个被积函数相同.

在 $0 < \alpha < 1$ 的情形下, 完全对应于 (19.6) 可以自然地定义 Weyl 分数阶导数:

$$\mathcal{D}_\pm^{(\alpha)} f = \pm \frac{d}{dx} I_\pm^{(1-\alpha)} f. \tag{19.17}$$

(19.17) 可以称为 Weyl-Liouville 导数. 相比之下, 表达式

$$\mathbf{D}_\pm^{(\alpha)} f = \frac{1}{2\pi} \int_0^{2\pi} [f(x-t) - f(x)] \frac{d}{dx} \Psi_\pm^{1-\alpha}(t) dt \tag{19.18}$$

可称为 Weyl-Marchaud 导数, 参见 (5.57) 和 (5.58). 通过分部积分和积分符号下的正常微分, 方程 (19.18) 可从 (19.17) 的右端得到.

引理 19.2 对于函数 $f(x) \in H^\lambda([0, 2\pi])$, $\lambda > \alpha$, 分数阶导数 (19.17) 和 (19.18) 相互一致:

$$\mathcal{D}_\pm^{(\alpha)} f \equiv \mathbf{D}_\pm^{(\alpha)} f.$$

证明 设 $F(x)$ 为函数 $f(x)$ 的任意原函数. 则

$$\begin{aligned}
\mathcal{D}_+^{(\alpha)} f &= \frac{1}{2\pi} \frac{d}{dx} \int_0^{2\pi} \Psi_+^{1-\alpha}(t) d[F(x) - F(x - t)] \\
&= \frac{1}{2\pi} \frac{d}{dx} \left\{ \Psi_+^{1-\alpha}(t)[F(x) - F(x - t)]\big|_0^{2\pi} \right. \\
&\quad \left. - \int_0^{2\pi} [F(x) - F(x - t)] \frac{d}{dt} \Psi_+^{1-\alpha}(t) dt \right\} \\
&= -\frac{1}{2\pi} \int_0^{2\pi} [F'(x) - F'(x - t)] \frac{d}{dx} \Psi_+^{1-\alpha}(t) dt = \mathbf{D}_+^{(\alpha)} f,
\end{aligned}$$

利用 (19.16) 和 $f(x) \in H^\lambda$, $\lambda > \alpha$, 以上所有变换均容易验证. ∎

19.2 Weyl 分数阶积分的基本性质

我们从以下引理开始, 它在本节中对于理解 Weyl 积分的性质很重要.

引理 19.3 设 $\varphi(t) \in L_1(0, 2\pi)$ 且以 2π 为周期的函数, 并满足 (19.2). 则 Weyl 分数阶积分在实轴上与 Riemann-Liouville 积分一致:

$$I_+^{(\alpha)} \varphi = I_+^\alpha \varphi = \frac{1}{\Gamma(\alpha)} \int_{-\infty}^x \frac{\varphi(t) dt}{(x - t)^{1-\alpha}}, \quad 0 < \alpha < 1, \tag{19.19}$$

假定右端的积分理解为常规收敛:

$$\int_{-\infty}^x \frac{\varphi(t) dt}{(x - t)^{1-\alpha}} = \lim_{\substack{n \to \infty \\ n \in z^+}} \int_{x-2n\pi}^x \frac{\varphi(t) dt}{(x - t)^{1-\alpha}}. \tag{19.20}$$

以下关于绝对收敛积分的表示也成立

$$I_+^{(\alpha)} \varphi = \frac{1}{\Gamma(\alpha)} \int_0^\infty \varphi(x - t) \left\{ t^{\alpha-1} - \left(2\pi \left[\frac{t}{2\pi} \right] \right)^{\alpha-1} \right\} dt. \tag{19.21}$$

证明 因为 (19.12) 中的极限关于 $t \in [0, 2\pi]$ 是一致的, 由 (19.11) 我们得到

$$I_+^{(\alpha)} \varphi = \frac{1}{\Gamma(\alpha)} \lim_{n \to \infty} \int_0^{2\pi} \varphi(x - t) \left[\sum_{k=0}^n (t + 2\pi k)^{\alpha-1} - \frac{(2\pi)^{\alpha-1} n^\alpha}{\alpha} \right] dt.$$

运用 (19.2) 及函数 $\varphi(t)$ 的周期性, 我们有

$$I_+^{(\alpha)}\varphi = \frac{1}{\Gamma(\alpha)} \lim_{n\to\infty} \sum_{k=0}^{n} \int_{2k\pi}^{2(k+1)\pi} \varphi(x-t)t^{\alpha-1}dt$$

$$= \frac{1}{\Gamma(\alpha)} \lim_{n\to\infty} \int_0^{2(n+1)\pi} \varphi(x-t)t^{\alpha-1}dt,$$

根据 (19.20) 就得到了 (19.19). 为了证明 (19.21), 只需注意对于所有 $k = [t/2\pi] = 0, 1, 2, \cdots,$ $\int_{2k\pi}^{2(k+1)\pi} \varphi(x-t)(2\pi k)^{\alpha-1}dt = 0.$ ∎

我们要强调的是, 由于问题特殊性, 需用 (19.20) 来解释 (19.19) 中的积分, 它的收敛与函数 $\varphi(t)$ 的均值为零有关 —— 见 (19.2).

分数阶积分 $I_+^{(\alpha)}\varphi$ 和 $I_-^{(\alpha)}\varphi$ 之间存在 (11.10) 和 (11.11) 型的联系. 为了说明这一点, 我们引入带 Hilbert 核的奇异积分

$$H\varphi = \frac{1}{2\pi} \int_0^{2\pi} \varphi(t)\cot\frac{x-t}{2}dt, \tag{19.22}$$

它在主值意义上与共轭 Fourier 级数有关 —— Zygmund [1965a, p. 88] ——

$$\varphi \sim \sum_{k=-\infty}^{\infty} \varphi_k e^{ikx}, \quad H\varphi \sim -i \sum_{k=-\infty}^{\infty}{}' \operatorname{sign}k \varphi_k e^{ikx}. \tag{19.23}$$

定理 19.1 设 $\varphi(t) \in L_p(0, 2\pi), 1 < p < \infty.$ 则

$$I_-^{(\alpha)}\varphi = \cos\alpha\pi I_+^{(\alpha)}\varphi + \sin\alpha\pi H I_+^{(\alpha)}\varphi, \tag{19.24}$$

$$I_+^{(\alpha)}\varphi = \cos\alpha\pi I_-^{(\alpha)}\varphi - \sin\alpha\pi H I_-^{(\alpha)}\varphi. \tag{19.25}$$

证明 由 Riesz 定理 —— Zygmund [1934, p. 404], 算子 H 在 $L_p(0, 2\pi)$, $1 < p < \infty$ 中有界. 算子 $I_\pm^{(\alpha)}$ 也在 $L_p(0, 2\pi)$, $1 \leqslant p < \infty$ 中有界 (因为 $\Psi_\pm^\alpha(t) \in L_1$). 所以只需在 $L_p(0, 2\pi)$ 中稠密的无穷次可微的函数集中证明 (19.24) 和 (19.25) 成立即可. 对于这样的函数, 分数阶积分可以写为 (19.5), 所以根据 (19.23), 只需证明等式 $\frac{1}{(-ik)^\alpha} = \frac{\cos\alpha\pi}{(ik)^\alpha} + \frac{\sin\alpha\pi(-i\operatorname{sign}k)}{(ik)^\alpha}$. 此等式是显然的. 类似地, 可以验证 (19.25) 成立. ∎

19.3　周期函数的分数阶积分的其他形式

对于周期函数, 我们可以引入与 (12.1) 类似的 Riesz 势. 从 (12.23) 出发, 我们需将它定义为

$$I^{(\alpha)}\varphi \sim \sum_{k=-\infty}^{\infty}{}' \frac{\varphi_k}{|k|^\alpha} e^{ikx}. \qquad (19.26)$$

因为 $|k|^\alpha = \dfrac{1}{2\cos(\alpha\pi/2)}[(ik)^\alpha + (-ik)^\alpha]$, 我们以卷积的形式引入 $I^{(\alpha)}\varphi$,

$$I^{(\alpha)}\varphi = \frac{1}{2\pi}\int_0^{2\pi} \varphi(x-t)\Psi^\alpha(t)dt, \qquad (19.27)$$

其中

$$\Psi^\alpha(t) = \frac{\Psi_+^\alpha(t) + \Psi_-^\alpha(t)}{2\cos(\alpha\pi/2)} = 2\sum_{k=1}^{\infty} \frac{\cos kt}{k^\alpha}. \qquad (19.28)$$

与 Weyl 分数阶积分 (19.7) 类似, Riesz 势型算子 (19.27) 满足半群性质 $I^{(\alpha)}I^{(\beta)} = I^{(\alpha+\beta)}$, 这从 (19.26) 容易看出.

等式 (19.24) 和 (19.25) 简单变换后给出了算子 $I^{(\alpha)}$ 与分数阶积分 $I_+^{(\alpha)}$ 之间的关系:

$$I^{(\alpha)}\varphi = \cos(\alpha\pi/2)I_+^{(\alpha)}\varphi + \sin(\alpha\pi/2)I_+^{(\alpha)}H\varphi, \qquad (19.29)$$

$$I_+^{(\alpha)}\varphi = \cos(\alpha\pi/2)I^{(\alpha)}\varphi - \sin(\alpha\pi/2)I^{(\alpha)}H\varphi, \qquad (19.30)$$

其中 $\varphi(x) \in L_p(0,2\pi)$, $p > 1$.

我们可以称核满足下式

$$a_k \sim \frac{c}{|k|^\alpha}, \quad \text{当} \quad |k| \to \infty \qquad (19.31)$$

的任意卷积算子 (19.3) (参见 (19.34)) 为 α 阶分数阶积分算子. 式 (19.31) 中的常数 c 在 $k \to +\infty$ 或 $k \to -\infty$ 时的值可能不同. 算子 $I_\pm^{(\alpha)}$ 和 $I^{(\alpha)}$ 是此类算子的例子. 它们满足半群性质, 但缺点是它们是与非初等函数作卷积的. 相反地, 我们可以用具有性质 (19.31) 但没有半群性质的初等函数来构造卷积. 例如, 算子 $I_1^{(\alpha)}\varphi = \dfrac{1}{\Gamma(\alpha)}\int_0^{2\pi}[\sin(x-\xi)]_+^{\alpha-1}\varphi(\xi)$, 其中 t_+^α 理解如常, 参见 (5.5), 具有展开式

$$I_1^{(\alpha)}\varphi \sim \sum_{k=-\infty}^{\infty} a_k\varphi_k e^{ikx}, \quad a_k = \frac{e^{-i\frac{\alpha\pi}{2}} + (-1)^k e^{i\frac{\alpha\pi}{2}}}{2^{1+\alpha}} \frac{\Gamma\left(\dfrac{k+1-\alpha}{2}\right)}{\Gamma\left(\dfrac{k+1+\alpha}{2}\right)}, \qquad (19.32)$$

这里使用了 Prudnikov, Brychkov and Marichev [1961] 中的公式 2.5.12.36. 根据 (1.66), 条件 (19.31) 满足. 然而, 从 (19.32) 可以看出, 半群性质不成立.

我们请大家注意双参数分数阶积分算子族

$$I_\mu^{(\alpha)}\varphi = \int_0^{2\pi} K_{\alpha,\mu}(x-t)\varphi(t)dt,$$

其中

$$K_{\alpha,\mu}(x) = \sum_{k=1}^{\infty} \frac{\cos(kx - \mu\pi/2)}{k^\alpha}.$$

此类算子在周期函数的逼近理论中使用 —— 文献注记 § 23.1 (§ 19.3 的注记) 和 § 23.2 (注记 19.6). 简单变换后可得

$$K_{\alpha,\mu}(x) = \frac{\sin[(\mu+\alpha)\pi/2]}{\sin\alpha\pi}\Psi_+^{(\alpha)}(x) + \frac{\sin[(\alpha-\mu)\pi/2]}{\sin\alpha\pi}\Psi_-^{(\alpha)}(x).$$

所以算子 $I_\mu^{(\alpha)}$ 是 Weyl 分数阶积分算子的线性组合:

$$I_\mu^{(\alpha)}\varphi = \frac{\sin[(\mu+\alpha)\pi/2]}{\sin\alpha\pi}I_+^{(\alpha)}\varphi + \frac{\sin[(\alpha-\mu)\pi/2]}{\sin\alpha\pi}I_-^{(\alpha)}(x).$$

这里显然可以看出它与我们在 § 12 中考虑的非周期性情况下的 Feller 势类似 —— 见 (12.10) 和 (12.13). 显然 $I_\alpha^{(\alpha)} = I_+^\alpha$ 和 $I_{-\alpha}^{(\alpha)} = I_-^{(\alpha)}$.

19.4　Weyl 分数阶导数与 Marchaud 分数阶导数的一致性

从引理 19.3 和定义 (19.17) 可以看出, 假设 $\int_0^{2\pi} f(t)dt = 0$, Weyl 分数阶导数 (19.17) 与 Riemann-Liouville 导数

$$\mathcal{D}_+^{(\alpha)}f = \frac{1}{\Gamma(1-\alpha)}\frac{d}{dx}\int_{-\infty}^x \frac{f(t)dt}{(x-t)^\alpha}, \quad 0 < \alpha < 1 \qquad (19.33)$$

一致. 这里积分在 (19.20) 意义下处理. 式 (19.33) 中积分在无穷远处的常规收敛是必要的. 我们将证明, 使用 Weyl-Marchaud 形式 (19.18) 的分数阶微分可以避免常规收敛性. 下证对于 2π 周期函数 $f(x)$, 下式成立

$$\frac{1}{2\pi}\int_0^{2\pi}[f(x-t) - f(x)]\frac{d}{dt}\Psi_+^{1-\alpha}(t)dt$$

$$= \frac{\alpha}{\Gamma(1-\alpha)}\int_0^\infty \frac{f(x) - f(x-t)}{t^{1+\alpha}}dt, \qquad (19.34)$$

即

$$\mathbf{D}_+^{(\alpha)} f \equiv \mathbf{D}_+^{\alpha} f. \tag{19.35}$$

尽管一般情况下 (19.34) 中的两个积分在 $t = 0$ 时解释为常规收敛, 但现在我们主要强调的是右侧的积分在无穷远处是 "好" 的: 当 $t \to \infty$ 时它绝对收敛但不要求条件 $\int_0^{2\pi} f(t)dt = 0$ 成立.

为了准确解释 (19.34), 我们引入了相应的 "截断的" 导数

$$\mathbf{D}_{+,\varepsilon}^{(\alpha)} f = \frac{1}{2\pi} \int_{\varepsilon}^{2\pi} [f(x-t) - f(x)] \frac{d}{dt} \Psi_+^{1-\alpha}(t) dt, \tag{19.36}$$

并令 $\mathbf{D}_{+,\varepsilon}^{\alpha} f$ 为 (19.34) 右端的截断, 通过与 (5.59) 比较, 其表达式是熟悉的. 我们观察到, 如果函数 $f(x)$ 为 2π 周期函数, 那么 $\mathbf{D}_{+,\varepsilon}^{\alpha} f$ 也是如此.

引理 19.4　设 $f(x) \in L_p(0, 2\pi)$, $1 \leqslant p < \infty$. 截断的分数阶导数 $\mathbf{D}_{+,\varepsilon}^{(\alpha)} f$ 和 $\mathbf{D}_{+,\varepsilon}^{\alpha} f$ 同时收敛 (在 $L_p(0, 2\pi)$ 中对几乎所有 x), 且

$$\lim_{\varepsilon \to 0} \mathbf{D}_{+,\varepsilon}^{(\alpha)} f = \lim_{\varepsilon \to 0} \mathbf{D}_{+,\varepsilon}^{\alpha} f. \tag{19.37}$$

证明　以下等式成立:

$$\mathbf{D}_{+,\varepsilon}^{(\alpha)} f \equiv \mathbf{D}_{+,\varepsilon}^{\alpha} f - a_\varepsilon f(x) + \int_0^\infty b_\varepsilon(t) f(x-t) dt, \tag{19.38}$$

其中常数 a_ε 为级数的和 $a_\varepsilon = \dfrac{1}{\Gamma(1-\alpha)} \sum\limits_{m=1}^{\infty} [(2m\pi)^{-\alpha} - (2\pi m + \varepsilon)^{-\alpha}]$, 函数 $b_\varepsilon(t)$ 在 $2m\pi \leqslant t < 2\pi m + \varepsilon$, $m = 1, 2, \cdots$ 时定义为 $b_\varepsilon(t) = \dfrac{\alpha}{\Gamma(1-\alpha)} t^{-1-\alpha}$, 在这些区间外 $b_\varepsilon(t) = 0$. 等式 (19.38) 是通过类似引理 19.3 证明中的直接运算, 并使用

$$\frac{d}{dt} \Psi_+^{1-\alpha}(t) = -\frac{2\pi\alpha}{\Gamma(1-\alpha)} \sum_{m=0}^{\infty} (t + 2m\pi)^{-\alpha-1}, \quad 0 < t < 2\pi,$$

从而由 (19.36) 中得到(19.38). 后者可从 (19.11) 和 (19.12) 中得到.

显然, $\varepsilon \to 0$ 时 $a_\varepsilon \to 0$. 此外 $b_\varepsilon(t) \in L_1(0, \infty)$ 且 $\int_0^\infty b_\varepsilon(t)dt = a_\varepsilon \to 0$. 所以 (19.38) 右端的第二项和第三项趋于零 —— 既几乎处处也在 $L_p(0, 2\pi)$ 意义下 —— 从而完成证明. ∎

注 19.1　极限 (19.37) 对于函数 $f(x) \in H^\lambda$, $\lambda > \alpha$ (或 $f(x) \in H_p^\lambda$, $\lambda > \alpha$, 见 § 19.7) 确实存在. 我们还注意到, 所有考虑的分数阶微分形式在这些函数上相互一致:

$$\mathcal{D}_+^{(\alpha)} f \equiv \mathbf{D}_+^{(\alpha)} f \equiv \mathbf{D}_+^\alpha f. \tag{19.39}$$

这些等式的后者可从引理 19.4 得到, 前者已在之前的引理 19.2 中建立.

19.5　周期函数关于 Weyl 分数阶积分的可表示性

设 $f(x)$ 为 2π 周期函数, $x \in R^1$. 我们将证明截断的 Marchaud 导数

$$(\mathbf{D}_\varepsilon^\alpha f)(x) = \frac{\alpha}{\Gamma(1-\alpha)} \int_\varepsilon^\infty \frac{f(x) - f(x-t)}{t^{1+\alpha}} dt, \quad 0 < x < 2\pi \tag{19.40}$$

在 $L_p(0, 2\pi)$ 中的收敛性与函数关于 $L_p(0, 2\pi)$ 中函数的 Weyl 分数阶积分的可表示性等价. 即下面的定理成立.

定理 19.2　设 $0 < \alpha < 1$. 如果 $f \in X_{2\pi}$, 其中 $X_{2\pi} = L_p(0, 2\pi)$, $1 \leqslant p < \infty$, 或 $X_{2\pi} = C(0, 2\pi)$, 则以下结论等价:

1) 存在函数 $\varphi(x) \in X_{2\pi}$ 使得 $\|\mathbf{D}_{+,\varepsilon}^\alpha f - \varphi\|_{X_{2\pi}} \xrightarrow[\varepsilon \to \infty]{} 0$;

2) $f(x) = f_0 + I_+^{(\alpha)} \varphi$, 其中 $\varphi \in X_{2\pi}$, $f_0 = \dfrac{1}{2\pi} \displaystyle\int_0^{2\pi} f(x) dx$, 当 $X_{2\pi} = L_p(0, 2\pi)$, $1 < p < \infty$ 时, 这些结论也等价;

3) $\|\mathbf{D}_{+,\varepsilon}^\alpha f\|_p \leqslant c$, 其中 c 不依赖 ε.

证明　不失一般性, 我们取 $f_0 = 0$. 令 2) 满足. 则由引理 19.3, $f(x) = I_+^\alpha \varphi$, 积分 $I_+^\alpha \varphi$ 为常规收敛. 我们将使用 § 6 中的论断, 其证明了函数 $I_+^\alpha \varphi$ 的差 $f(x) - f(x-t)$ 可以表示为绝对收敛积分 (6.9). 鉴于这种表示, (6.6) 有效:

$$(\mathbf{D}_{+,\varepsilon}^\alpha f)(x) = \int_0^\infty \mathcal{K}(t) \varphi(x - \varepsilon t) dt, \tag{19.41}$$

其中核 $\mathcal{K}(t) \in L_1(0, \infty)$. 尽管这个公式是关于 $\varphi \in L_1(R^1)$ 得到的, 但由于 $\mathcal{K}(t) \in L_1(R^1)$, 容易看出其对于 2π 周期函数 $\varphi(x) \in X_{2\pi}$ 也成立. 运用 (6.8), 我们发现 (19.41) 给出了定理的结论 1) 和 3).

设 1) 满足. 我们利用表达式 (6.23): $A_h \mathbf{D}_{+,\varepsilon}^\alpha f = \displaystyle\int_0^\infty \mathcal{K}(t)[f(x - \varepsilon t) - f(x - h - \varepsilon t)] dt$, 其中 A_h 为算子 (6.22). 同样, 容易确定此等式在 2π 周期情况下成立. 按照与 § 6.3 相同的论点 —— 参见 (6.23) 之后的推理, 其中 $L_q(R^1)$ 收敛替换为 $X_{2\pi}$ 收敛 —— 我们得到

$$f(x) - f(x-h) = \lim_{\varepsilon \to 0} [(I_+^\alpha \varphi_\varepsilon)(x) - (I_+^\alpha \varphi_\varepsilon)(x-h)], \quad 其中 \ \varphi_\varepsilon(x) = \mathbf{D}_{+,\varepsilon}^\alpha f.$$

这里周期函数 φ_ε 的积分 $I_+^\alpha \varphi_\varepsilon$ 在 (19.20) 的意义下确实存在, 其中我们使用了等式 $\int_0^{2\pi} \varphi_\varepsilon(x) dx = 0$. 由于差值相同的两个 2π 周期函数, 可能只相差一个常数, 所以根据假设 $f_0 = 0$, 我们有

$$f(x) = \lim_{\varepsilon \to 0} I_+^\alpha \varphi_\varepsilon = \lim_{\varepsilon \to 0} I_+^{(\alpha)} \varphi_\varepsilon = I_+^{(\alpha)} (\lim_{\varepsilon \to 0} \varphi_\varepsilon). \tag{19.42}$$

式 (19.42) 中的极限在 $X_{2\pi}$ 中取. 等式 (19.42) 取极限得到了结论 2). 结论 3) 的有效性在情形 1) 中是显然的.

对于 3) 满足的情形, 证明与定理 6.3 中有关条件 (6.19) 的证明类似. ∎

现在观察到, 当 $1 < p < \infty$ 和 $\alpha > 0$ 时, $I_+^{(\alpha)}[L_p(0, 2\pi)] = I_-^{(\alpha)}[L_p(0, 2\pi)]$. 这可从 (19.24) 和 (19.25) 中得到, 因为算子 H 可以与 $I_+^{(\alpha)}$ 和 $I_-^{(\alpha)}$ 交换且在 L_p 中有界. 从 (19.29) 和 (19.30) 中也可以得到 $I_+^{(\alpha)}(L_p) = I_-^{(\alpha)}(L_p)$, $p > 1$. 所以我们有

$$I^{(\alpha)}(L_p) = I_+^{(\alpha)}[L_p(0, 2\pi)] = I_-^{(\alpha)}[L_p(0, 2\pi)], \quad 1 < p < \infty, \quad \alpha > 0. \tag{19.43}$$

注 19.2 定理 19.2 在 $0 < \alpha < 1$ 的情形下, 通过截断的左 Marchaud 分数阶微分给出了空间 $I^{(\alpha)}(L_p)$ 的刻画. 它可以通过 Marchaud 导数的结构 (5.80) 推广到任意 α 的情形. 也就是说, 令

$$\mathbf{D}_{+,\varepsilon}^\alpha f = \frac{1}{\varkappa(\alpha, l)} \int_\varepsilon^\infty \frac{(\Delta_t^l f)(x)}{t^{1+\alpha}} dt, \quad \alpha > 0, \tag{19.44}$$

其中 $l > \alpha$, 常数 $\varkappa(\alpha, l)$ 在 (5.81) 中给出. 如果在定理 19.2 中, $\mathbf{D}_{+,\varepsilon}^\alpha$ 表示 (19.44) 且 $l > \alpha$, 那么它对所有 $\alpha > 0$ 有效. 我们省略证明, 但在 §27 中将关于多变量函数证明该结论的非周期类似 (参见定理 27.3).

我们用以下定理结束本小节.

定理 19.3 函数 $f(x) \in L_p(0, 2\pi)$, $1 \leqslant p < \infty$ (或 $C(0, 2\pi)$) 可表示为分数阶积分:

$$f(x) = f_0 + I_+^{(\alpha)} \varphi, \quad \varphi \in L_p(0, 2\pi) \quad (\text{或} C(0, 2\pi)), \tag{19.45}$$

当且仅当存在函数 $g(x) \in L_p(0, 2\pi)$ (或 $C(0, 2\pi)$, 分别地) 使得

$$(ik)^\alpha f_k = g_k, \quad k \in \mathbf{Z}, \tag{19.46}$$

并且 $g(x) = \varphi(x)$. 当 $p > 1$ 时, (19.46) 等价于

$$|k|^\alpha f_k = \psi_k, \quad k \in \mathbf{Z}, \quad \psi(x) \in L_p(0, 2\pi), \tag{19.47}$$

但 $\psi(x) \neq \varphi(x)$.

证明　令 (19.45) 满足. 那么直接计算 (19.45) 中的 Fourier 系数, 有 $f_k = (I_+^{(\alpha)}\varphi)_k = (ik)^{-\alpha}\varphi_k$. 相反地, 设存在 $g \in L_p$ (或 $\in C$) 使得 (19.46) 成立, 即 $f_k = g_k/(ik)^{\alpha}$. 那么由 (19.5), $f_k = (I_+^{\alpha}g)_k$. 根据 Fourier 级数的唯一性定理我们有

$$f(x) = f_0 + I_+^{(\alpha)}\varphi.$$

为了得到 (19.47), 我们还需要观察, $p > 1$ 时函数 $f(x)$ 关于分数阶积分 $I_+^{(\alpha)}\varphi$, $\varphi \in L_p$ 的可表示性等价于关于 Riesz 势 (19.26) 和 (19.27) 的可表示性, 见 (19.43). ∎

19.6　Hölder 函数空间中的 Weyl 分数阶积分-微分

我们考虑在整直条线上连续的 2π 周期函数, 因此 $\varphi(0) = \varphi(2\pi)$. 和通常一样, 用 $\omega(\varphi, t) = \sup\limits_{\substack{x \in R^1 \\ |h| \leqslant t}} |\varphi(x+h) - \varphi(x)|$ 表示函数 $\varphi(x)$ 的连续模. 下面的定理类似于定理 13.15, 澄清了算子 $I_+^{(\alpha)}$ 如何提高函数 $\varphi(x)$ 的光滑性.

定理 19.4　设 $f(x) = (I_+^{(\alpha)}\varphi)(x)$, 其中 $\varphi(x)$ 为连续 2π 周期函数且 $0 < \alpha < 1$. 则

$$|f(x+h) - f(x)| \leqslant ch \int_h^{\pi} \frac{\omega(\varphi, t)}{t^{2-\alpha}} dt, \tag{19.48}$$

$$|f(x+h) - 2f(x) + f(x-h)| \leqslant ch^2 \int_h^{\pi} \frac{\omega(\varphi, t)}{t^{3-\alpha}} dt. \tag{19.49}$$

证明　我们将差 $f(x+h) - f(x)$ 表示为

$$f(x+h) - f(x) = \frac{1}{2\pi} \int_{-\pi}^{\pi} [\varphi(x-t) - \varphi(x)][\Psi_+^{\alpha}(t+h) - \Psi_+^{\alpha}(t)]dt, \tag{19.50}$$

其中使用了 $\varphi(x)$ 的周期性和 $\int_{-\pi}^{\pi} \Psi_+^{\alpha}dt = 0$. 因为可以取 $0 < h < \pi/2$, 因此

$$f(x+h) - f(x) = \int_{|t|<2h} + \int_{|t|>2h} = A + B.$$ 对于第一项我们有

$$|A| \leqslant c \int_{-2h}^{2h} \omega(\varphi, |t|)(|\Psi_+^{\alpha}(t+h)| + |\Psi_+^{\alpha}(t)|)dt.$$

因为 $\omega(\varphi, |t|) \leqslant \omega(\varphi, 2h) \leqslant 2\omega(\varphi, h)$ —— Timan [1960, p. 111], 由 $j = 0$ 时的估计 (19.16), 我们得到

$$
\begin{aligned}
|A| &\leqslant c\omega(\varphi, h) \int_{-3h}^{3h} |\Psi_+^\alpha(t)| dt \\
&\leqslant c_1\omega(\varphi, h) \int_0^{3h} t^{\alpha-1} dt \leqslant c_2 h^\alpha \omega(\varphi, h).
\end{aligned}
\tag{19.51}
$$

对于 B, 由中值定理和 (19.16) (取 $j = 1$) 我们得到

$$
\begin{aligned}
|B| &\leqslant ch \int_{2h<|t|<\pi} \omega(\varphi, |t|) \left| \left(\frac{d}{dt} \Psi_+^\alpha \right)(t + \theta h) \right| dt \\
&\leqslant c_1 h \int_{2h<|t|<\pi} \omega(\varphi, |t|)(|t| - h)^{\alpha-2} dt,
\end{aligned}
$$

这里 $|t| - h \geqslant |t|/2$, 所以

$$
|B| \leqslant ch \int_{2h}^\pi \omega(\varphi, t) t^{\alpha-2} dt.
\tag{19.52}
$$

因为 $h^\alpha \omega(\varphi, h) \leqslant ch \int_{2h}^\pi \omega(\varphi, t) t^{\alpha-2} dt$, 估计 (19.48) 可从 (19.51) 和 (19.52) 中得到.

为了证明 (19.49), 类似于 (19.50), 我们得到等式

$$
\begin{aligned}
&f(x + h) - 2f(x) + f(x - h) \\
&= \frac{1}{2\pi} \int_{-\pi}^\pi [\varphi(x - t) - \varphi(x)][\Psi_+^\alpha(t + h) - 2\Psi_+^\alpha(t) + \Psi_+^\alpha(t - h)] dt \\
&= \frac{1}{2\pi} \int_{|t|\leqslant 2h} + \frac{1}{2\pi} \int_{|t|\geqslant 2h} = A_1 + B_1.
\end{aligned}
$$

与上述方法完全相同, 我们有

$$
|A_1| \leqslant ch^\alpha \omega(\varphi, h).
\tag{19.53}
$$

下面来估计 B_1. 利用关于有限差分的等式 (5.75) 和 $j = 2$ 时的 (19.16), 若 $|t| \geqslant 2h$, 得到

$$
|\Psi_+^\alpha(t + h) - 2\Psi_+^\alpha(t) - \Psi_+^\alpha(t - h)| \leqslant ch^2 t^{\alpha-3}.
\tag{19.54}
$$

值得注意的是, (5.75) 中考虑的是非中心差分, 而我们采用的是中心差分. (5.75) 在中心差分的情况下的修改容易得到. 根据 (19.54), 我们看到 $|B_1|$ 被 (19.49) 的右端所控制. 因为 (19.53) 已经得到, 则 (19.49) 成立. ∎

定理 19.5 对于任意连续的 2π 周期函数, 估计式

$$\omega(\mathbf{D}_+^{(\alpha)}f, h) \leqslant c \int_0^h \omega(f, t)t^{-1-\alpha}dt, \quad 0 < \alpha < 1 \tag{19.55}$$

成立, 这里假设右端的积分收敛.

证明 设 $\varphi(x) = (\mathbf{D}_+^{(\alpha)}f)(x)$. 从 (19.18) 中我们得到表达式

$$\varphi(x+h) - \varphi(x) = \frac{1}{2\pi}\int_{-\pi}^{\pi}\Delta(x, h, t)\frac{d}{dt}\Psi_+^{1-\alpha}(t)dt, \quad h > 0,$$

其中 $\Delta(x, h, t) = f(x+h-t) - f(x+h) - f(x-t) + f(x)$. 显然, $|\Delta(x, h, t)| \leqslant 2\omega(f, |t|)$, 且 $|\Delta(x, h, t)| \leqslant 2\omega(f, h)$. 所以, 由 (19.16) 我们有

$$\begin{aligned}|\varphi(x+h) - \varphi(x)| &\leqslant c\left(\int_{|t|\leqslant h} + \int_{h\leqslant|t|\leqslant 2\pi}\right)\omega(f, t)|t|^{-1-\alpha}dt \\ &\leqslant c\left(\int_0^h \omega(f, t)t^{-1-\alpha}dt + \omega(f, h)h^{-\alpha}\right).\end{aligned} \tag{19.56}$$

因为 $\omega(f, h)/h \leqslant 2\omega(f, t)/t$ —— Timan [1960, p. 111] —— (19.56) 式的第二项可以被第一项控制, 从而得到 (19.55). ∎

推论 设 $f(x)$ 为连续 2π 周期函数且

$$\varphi(x) = \int_0^\infty [f(x) - f(x-t)]t^{-1-\alpha}dt, \quad 0 < \alpha < 1.$$

则

$$\omega(\varphi, h) \leqslant c\int_0^h \omega(f, t)t^{-1-\alpha}dt. \tag{19.57}$$

证明 只需回顾引理 19.4 即可. ∎

我们现在考虑广义 Hölder 空间 $H_0^\omega([0, 2\pi])$, 它由满足以下条件的 2π 周期函数组成: 在实直线上连续, 在周期上有零平均, 且使得 $\omega(\varphi, t) \leqslant c\omega(t)$ 成立, 其中 $\omega(t)$ 为给定的连续函数. 这个空间配置了类似于 §13.6 的范数. 我们指出, 指定空间 $H_0^\omega([0, 2\pi])$ 中的零下标意味着 $\int_0^{2\pi}\varphi(t)dt = 0$, 这与非周期性情况表示的意义不同.

$\Lambda_0^\omega([0, 2\pi])$ 表示连续的 2π 周期函数空间, 其均值为零, 且

$$|f(x + h) - 2f(x) + f(x - h)| \leqslant c\omega(h), \quad h > 0,$$

也称它为广义 Zygmund 空间. 令

$$\|f\|_{\Lambda_0^\omega} = \|f\|_C + \sup_{x,h} |f(x + h) - 2f(x) + f(x - h)|/\omega(h).$$

在下面假设

$$\omega(t) \in C([0, 2\pi]), \quad \omega(0) = 0, \quad \omega(t_1) \leqslant c\omega(t_2), \quad t_1 \leqslant t_2. \tag{19.58}$$

下一个定理是定理 19.4 的直接结果.

定理 19.6 设 $\omega(t)$ 满足条件 (19.58). 如果

$$\int_h^\pi \left(\frac{h}{t}\right)^{1-\alpha} \frac{\omega(t)}{t} dt \leqslant c\omega(h), \tag{19.59}$$

则 Weyl 分数阶算子 $I_+^{(\alpha)}$ 从 $H_0^\omega([0, 2\pi])$ 有界映入到 $H_0^{\omega_\alpha}([0, 2\pi])$, $\omega_\alpha(t) = t^\alpha \omega(t)$; 在更弱的假设下:

$$\int_h^\pi \left(\frac{h}{t}\right)^{2-\alpha} \frac{\omega(t)}{t} dt \leqslant c\omega(h), \tag{19.60}$$

算子从 $H_0^\omega([0, 2\pi])$ 有界映入到 $\Lambda_0^{\omega_\alpha}([0, 2\pi])$.

推论 Weyl 算子 $I_+^{(\alpha)}$, $0 < \alpha < 1$, 在 $\lambda + \alpha < 1$ 时从 $H_0^\lambda([0, 2\pi])$ 有界映入 $H_0^{\lambda+\alpha}([0, 2\pi])$, 在 $\lambda + \alpha < 2$ 时从 $H_0^\lambda([0, 2\pi])$ 有界映入 Zygmund 空间

$$\Lambda_0^{\lambda+\alpha} = \{f(x) : |f(x + h) - 2f(x) + f(x - h)| \leqslant ch^{\lambda+\alpha}, \ f_0 = 0\}. \tag{19.61}$$

如果 $\omega(t) = t^\lambda$, 当 $\lambda + \alpha < 1$ 和 $\lambda + \alpha < 2$ 时, 确实分别有 (19.59) 和 (19.60).

注 19.3 在 $[0, 2\pi]$ 上, 如果考虑在空间 H_0^ω 中但不必在整条实直线上连续的 2π 周期函数, 即 $\varphi(0) = \varphi(2\pi)$ 可能不成立, 则定理 19.6 中的结论可以修改为

$$I_+^{(\alpha)}(\varphi - \varphi_*) \in H^{\omega_\alpha}([0, 2\pi]),$$

其中 $\varphi_*(x)$ 是 $[0, 2\pi]$ 上的 2π 周期函数, 且等于 $[\varphi(0) - \varphi(2\pi)](x - 2\pi)/(2\pi)$.

注 19.4 定理 19.6 的推论在下述意义下是精确的: 当 $\varphi \in H_0^{1-\lambda}$, 一般来说 $I_\pm^{(\alpha)}\varphi \notin H^1$. 对应的例子是 Weierstrass 函数 —— Zygmund [1965b, p. 207].

定理 19.7　设 $0 < \alpha < 1$, $\omega(t)$ 满足 (19.58) 且 $\int_0^h t^{-1}\omega(t)dt \leqslant c\omega(h)$. 则 Weyl-Marchaud 分数阶微分算子 $\mathbf{D}_+^{(\alpha)}$, 以及 Marchaud 分数阶微分算子 $\mathbf{D}_+^\alpha$, 从空间 $H_0^{\omega\alpha}([0,2\pi])$ 有界映入 $H_0^\omega([0,2\pi])$.

此定理可立即从 (19.55) 中得到.

推论　如果 $f(x) \in H_0^\lambda([0,2\pi])$, $0 < \alpha < \lambda \leqslant 1$, 则 $\mathbf{D}_+^{(\alpha)}f \in H_0^{\lambda-\alpha}([0,2\pi])$.

在 $\lambda = 1$ 的情况下, 稍强于推论中所述的结论是有效的: $\Lambda_0^1 \overset{\mathbf{D}^{(\alpha)}}{\Rightarrow} H_0^{1-\alpha}$, 其中 Λ_0^1 是 (19.61) 中取 $\lambda + \alpha = 1$ 的空间. 我们省略证明, 但读者可以参考 Zygmund [1965b, p. 206].

最后, 结合定理 19.6 和定理 19.7, 我们得到如下定理, 其中使用了 (13.68) 中定义的函数类 Φ_β^δ.

定理 19.8　设 $\omega(t) \in \Phi_{1-\alpha}^0$. 则 Weyl 分数阶算子 $I_+^{(\alpha)}$, $0 < \alpha < 1$, 将空间 $H_0^\omega([0,2\pi])$ 同胚映射到 $H_0^{\omega\alpha}([0,2\pi])$ 上.

证明　根据 $\omega(t)$ 的假设, 由定理 19.6, $I_+^{(\alpha)}$ 从 H_0^ω 有界映入 $H_0^{\omega\alpha}$; 而由定理 19.7, $\mathbf{D}_+^{(\alpha)}$ 从 $H_0^{\omega\alpha}$ 有界映入 H_0^ω. 因此, 我们只需证明每个函数 $f(x) \in H^{\omega\alpha}$ 都可以由函数 $\varphi \in H_0^\omega$ 的 Weyl 分数阶积分 $f(x) = I_+^{(\alpha)}\varphi$ 表示. 因为 $H_0^\omega \subset C([0,2\pi])$, 依据定理 19.2 我们看到如果 $\mathbf{D}_{+,\varepsilon}^\alpha f$ 在 C 范数下收敛, 则函数 $f(x)$ 可以表示为函数 $\varphi \in C$ 的 Weyl 分数阶积分. 因为

$$|\mathbf{D}_{+,\varepsilon_1}^\alpha f - \mathbf{D}_{+,\varepsilon_2}^\alpha f| \leqslant \frac{\alpha}{\Gamma(1-\alpha)}\left|\int_{\varepsilon_1}^{\varepsilon_2} \frac{f(x) - f(x-t)}{t^{1+\alpha}}dt\right|$$

$$\leqslant c\int_{\varepsilon_1}^{\varepsilon_2} \frac{\omega_\alpha(t)}{t^{1+\alpha}}dt = c\int_{\varepsilon_1}^{\varepsilon_2} \frac{\omega(t)}{t}dt \to 0,$$

所以 $\mathbf{D}_{+,\varepsilon}^\alpha f$ 在 C 中的收敛性是显然的. 那么由定理 19.2, $f = I_+^{(\alpha)}\varphi$, $\varphi \in C([0,2\pi])$. 我们已知 $\mathbf{D}_+^{(\alpha)}I_+^{(\alpha)}\varphi \equiv \varphi$, $\varphi \in L_1([0,2\pi])$, 所以由定理 19.7, φ 不仅在 $C([0,2\pi])$ 中, 也在 H_0^ω 中. ∎

推论　Weyl 分数阶积分将 Hölder 空间 $H_0^\lambda([0,2\pi])$, $0 < \lambda < 1 - \alpha$ 同胚映射到空间 $H_0^{\lambda+\alpha}([0,2\pi])$ 上.

事实上, 如果 $0 < \lambda < 1 - \alpha$, 只需取 $\omega(t) = t^\lambda \in \Phi_{1-\lambda}^0$.

我们还给出定理 19.8 的一个 "乘子" 解释.

定理 19.8′　设 $f(x)$ 为连续 2π 周期函数, $I^{(\alpha)}$ 为由 Fourier 乘子 $|k|^{-\alpha}$ 定义的算子 (19.26). 如果 $\omega(t) \in \Phi_{1-\alpha}^0$, 则算子 $I^{(\alpha)}$ 将空间 $H_0^\omega([0,2\pi])$ 同胚映射到空间 $H_0^{\omega\alpha}([0,2\pi])$ 上.

证明 我们回顾 (19.29) 和 (19.30). 在上述关于 $\omega(t)$ 的假设下, 带 Hilbert 核的奇异算子 H 在 $H_0^\omega([0, 2\pi])$ 中有界. 这可以从已知的共轭函数的 Zygmund 估计中得到 —— Zygmund[1965a, p. 199]. 然后根据 (19.29) 和 (19.30) 有 $I^{(\alpha)}(H_0^\omega) = I_+^{(\alpha)}(H_0^\omega)$. 因此定理 19.8′ 可从定理 19.8 中推出. ∎

在本小节的最后, 我们发现关于 L_p 中分数阶积分映射性质的 Hardy-Littlewood 定理 (定理 3.5 和定理 3.6) 在周期情况下对 Weyl 积分也成立:

$$L_p(0, 2\pi) \xrightarrow{I_\pm^{(\alpha)}} L_q(0, 2\pi), \quad q = p/(1 - \alpha p), \quad 若 \quad 0 < \alpha < 1/p \quad (1 < p < \infty), \tag{19.62}$$

$$L_p(0, 2\pi) \xrightarrow{I_\pm^{(\alpha)}} H^{\alpha - 1/p}([0, 2\pi]), \quad 若 \quad 1/p < \alpha < 1/p + 1 \quad (1 \leqslant p < \infty). \tag{19.63}$$

$H^{\alpha - 1/p}$ 也可替换为空间 $h^{\alpha - 1/p}([0, 2\pi])$ (见定理 3.6 的推论). 在 $\alpha - 1/p = 1$ 的情况下我们有

$$L_p(0, 2\pi) \xrightarrow{I_\pm^{(\alpha)}} \lambda_0^1([0, 2\pi])$$

(参考定理 3.6), 其中 $\lambda_0^1([0, 2\pi])$ 是与空间 (19.61) 定义类似的函数空间, 其中将原来的 $O(h)$ 替换为 $o(h)$.

我们省略这些定理 3.5 和定理 3.6 在周期情况下的类似性质 (19.62) 和 (19.63) 的证明, 请参考 Zygmund [1965b]. 然而, 根据 (19.16) 中 $j = 0$ 的情况, 我们观察到 (19.62) 可以直接从定理 3.5 推出.

19.7 H_p^λ 空间中周期函数的分数阶积分和导数

我们在满足积分 Hölder 条件的周期函数空间中给出关于 Weyl 分数阶积分和微分的映射性质的 Hardy-Littlewood 定理.

我们用 $H_p^\lambda([0, 2\pi])$ 来表示满足条件

$$\int_0^{2\pi} |\varphi(x) - \varphi(x - \delta)|^p dx \leqslant c\delta^\lambda \tag{19.64}$$

的 2π 周期函数 $\varphi(x) \in L_p(0, 2\pi)$ 的空间 (参考 (14.1) 和 (14.2)), $h_p^\lambda([0, 2\pi])$ 是类似定义的空间, 其中 (19.64) 替换为

$$\lim_{\delta \to 0} \frac{1}{\delta^\lambda} \int_0^{2\pi} |\varphi(x) - \varphi(x - \delta)|^p dx = 0. \tag{19.65}$$

定理 19.9 设 $1 \leqslant p < \infty, 0 < \alpha < 1, 0 < \lambda < 1, \lambda + \alpha < 1$, 且令 $I_\pm^{(\alpha)}$ 和 $\mathbf{D}_\pm^{(\alpha)}$ 为 Weyl 分数阶积分-微分 (19.7) 和 (19.8). 则

$$L_p(0, 2\pi) \xrightarrow{I_\pm^{(\alpha)}} h_p^\alpha([0, 2\pi]), \tag{19.66}$$

$$H_p^\lambda([0, 2\pi]) \xrightarrow{I_\pm^{(\alpha)}} H_p^{\lambda+\alpha}([0, 2\pi]), \tag{19.67}$$

$$H_p^{\lambda+\alpha}([0, 2\pi]) \xrightarrow{\mathbf{D}_\pm^{(\alpha)}} H_p^\lambda([0, 2\pi]). \tag{19.68}$$

根据所考虑函数的周期性, 该定理是定理 14.5 和定理 14.6 的直接推论. 可以证明 (19.67) 和 (19.68) 对于 o 型的结论也成立:

$$h_p^\lambda([0, 2\pi]) \xrightarrow{I_\pm^{(\alpha)}} h_p^{\lambda+\alpha}([0, 2\pi]), \tag{19.69}$$

$$h_p^{\lambda+\alpha}([0, 2\pi]) \xrightarrow{\mathbf{D}_\pm^{(\alpha)}} h_p^\lambda([0, 2\pi]). \tag{19.70}$$

从 (19.67) 和 (19.68) 中我们得出结论, 算子 $I_\pm^{(\alpha)}$ 将 H_p^λ 一一映射到 $H_p^{\lambda+\alpha}$, $\lambda + \alpha < 1$ 上. 最初分数阶积分的可表示性问题可以通过定理 19.2 证明 $H_p^{\lambda+\alpha} \subset I^{(\alpha)}(L_p)$ 来解决. 分析定理 14.6 和定理 14.7 的证明可以确定映射

$$I_\pm^{(\alpha)}(H_p^\lambda) = H_p^{\lambda+\alpha} \tag{19.71}$$

是同胚的.

19.8　三角多项式的分数阶积分的 Bernstein 不等式

设

$$T_n(x) = \sum_{k=-n}^{n} a_k e^{ikx} \tag{19.72}$$

是三角多项式. 由 Bernstein 给出的不等式

$$\|T_n'\|_C \leqslant n\|T_n\|_C, \quad \|T_n'\|_p \leqslant n\|T_n\|_p, \quad 1 \leqslant p < \infty \tag{19.73}$$

是众所周知的, 见 Nikol'skii [1977, p. 94]. 以下定理介绍了其在 Weyl 分数阶导数 (19.6) 情形下的类似.

定理 19.10　对于任意三角多项式 $T_n(x)$ 有估计

$$\|\mathcal{D}_\pm^{(\alpha)} T_n\|_p \leqslant c(\alpha) n^\alpha \|T_n\|_p, \quad 1 \leqslant p \leqslant \infty, \quad 0 \leqslant \alpha \leqslant 1, \tag{19.74}$$

其中 $c(\alpha) = 2^{1-\alpha}/\Gamma(2-\alpha)$.

证明　首先令 $p = \infty$. 由 (19.39), 分数阶导数可以写为 Marchaud 形式, 使得

$$\mathcal{D}_\pm^{(\alpha)} T_n = \frac{\alpha}{\Gamma(1-\alpha)} \int_0^\infty \frac{T_n(x) - T_n(x \mp t)}{t^{1+\alpha}} dt.$$

因此

$$|\mathcal{D}_{\pm}^{(\alpha)} T_n| \leqslant \frac{\alpha}{\Gamma(1-\alpha)} \int_0^{2/n} \frac{|T_n(x) - T_n(x \mp t)|}{t^{1+\alpha}} dt$$
$$+ \frac{2\alpha \|T_n\|_C}{\Gamma(1-\alpha)} \int_{2/n}^{\infty} \frac{dt}{t^{1+\alpha}}. \tag{19.75}$$

因为 $|T_n(x) - T_n(x \mp t)| \leqslant t\|T_n'\|_C$, 根据 (19.73) 中的第一个不等式, 我们从 (19.75) 中得到

$$\|\mathcal{D}_{\pm}^{(\alpha)} T_n\|_C \leqslant \frac{2^{1-\alpha}}{\Gamma(2-\alpha)} n^\alpha \|T_n\|_C. \tag{19.76}$$

令 $1 \leqslant p < \infty$. 我们介绍卷积算子 $A_n \varphi = \int_0^{2\pi} T_n(x-t) \varphi(t) dt$. 容易看出 $(A_n \varphi)(x)$ 也是 n 阶的三角多项式. 根据已证得的 (19.76) 和 Hölder 不等式, 我们有

$$|(\mathcal{D}_{\pm}^{(\alpha)} A_n \varphi)(x)| \leqslant c(\alpha) n^\alpha \|A_n \varphi\|_C \leqslant c(\alpha) n^\alpha \|T_n\|_p \|\varphi\|_{p'}. \tag{19.77}$$

另一方面 $(\mathcal{D}_{\pm}^{(\alpha)} A_n \varphi)(x) = \int_0^{2\pi} (\mathcal{D}_{\pm}^{(\alpha)} T_n)(x-y) \varphi(y) dy$, 则

$$|(\mathcal{D}_{\pm}^{(\alpha)} A_n \varphi)(x)| \leqslant \|\mathcal{D}_{\pm}^{(\alpha)} T_n\|_p \|\varphi\|_{p'}. \tag{19.78}$$

不等式 (19.77) 和 (19.78) 对于所有函数 $\varphi \in L_{p'}$ 成立. 由于后一个不等式在 $\varphi(x) = |g(x)|^{p-1} \mathrm{sign} g(x) \in L_{p'}$ 和 $g(x) = \mathcal{D}_{\pm}^{(\alpha)} T_n$ 时可以转化为等式, 所以它是精确的. 则 $\|\mathcal{D}^{(\alpha)} T_n\|_p \leqslant c(\alpha) n^\alpha \|T_n\|_p$. ■

我们注意到, 如果我们使用 (19.73) 中的后一个不等式, 通过 Minkowsky 不等式在 L_p 范数下证明 (19.75) 和 (19.76), 则可以沿着与情况 $p = \infty$ 的思路得到 $1 \leqslant p < \infty$ 时的 (19.74). 上面给出的证明只使用了 (19.73) 中的第一个不等式.

注 19.5 如果 T_n 为三角多项式, 那么 $\mathcal{D}_{\pm}^{(\alpha)} T_n$ 也是同样阶数的三角多项式. 因此, 根据 (19.74) 和 (19.73), 形如 (19.74) 的估计对于所有的 $\alpha > 0$ 有效, 其中常数 $c(\alpha) = 2^{1-N-\alpha}/\Gamma(2+N-\alpha)$, N 为小于 α 的最大常数. 这个常数对于 $\alpha > 1$ 的情况并不是精确的 (即最佳的). 对于这样的 α, 不等式

$$\|\mathcal{D}_{\pm}^{(\alpha)} T_n\|_p \leqslant n^\alpha \|T_n\|_p, \quad 1 \leqslant p \leqslant \infty, \quad \alpha \geqslant 1 \tag{19.79}$$

成立, 其精确常数等于 1. 这是由 Lizorkin [1965] 在更一般的 "三角积分" $T_n(x) = \int_{-n}^n e^{ixt} d\sigma(t)$ 的背景下证明的.

注 19.6　对于 $0 < \alpha < 1$, 形式为

$$f(x) = \sum_{k=1}^{m} a_k e^{i\lambda_k x} \tag{19.80}$$

的概 (殆) 周期函数的分数阶导数的 Bernstein 不等式的以下表示成立:

$$\|\mathcal{D}_{\pm}^{(\alpha)} f\|_{L_\infty} \leqslant c(\alpha) n^\alpha \|f\|_{L_\infty}, \quad n = \max_{1 \leqslant k \leqslant m} |\lambda_k|, \tag{19.81}$$

其中常数 $c(\alpha) = 2^{1-\alpha}/\Gamma(2-\alpha)$ —— Bang [1941, pp. 21-22].

以下关于概周期函数 (19.80) 的 Favard 型不等式

$$\|I_{\pm}^{(\alpha)} f\|_{L_\infty} \leqslant \frac{c}{[\min |\lambda_k|]^\alpha} \|f\|_{L_\infty}, \quad \alpha > 0 \tag{19.82}$$

在某种意义上接近 Bernstein 型不等式 (19.81); 常数 c 依赖于 α 但不依赖于 $f(x)$ —— Bang [1941].

§20　基于分数阶差分的分数阶积分-微分方法
(Grünwald-Letnikov 方法)

众所周知, n 阶可微函数 $f(x)$ 满足

$$f^{(n)}(x) = \lim_{h \to 0} \frac{(\Delta_h^n f)(x)}{h^n}, \tag{20.1}$$

其中 $(\Delta_h^n f)(x)$ 为函数 $f(x)$ 的有限差分 (5.72). 如果我们能正确解释分数阶差分, 通过将等式中的 n 直接替换为 $\alpha > 0$, 则可用于定义分数阶导数.

与其他定义 (Riemann-Liouville, Marchaud 以及其他) 相比, 本节介绍的这种通过分数阶差分得到分数阶微分和积分的方法在数学分析中使用较少. 然而, 从数学分析发展的角度来看, 这种方法是很自然的, 它在很早以前由 Grünwald [1867] 和 Letnikov [1868a] 提出. 最近, 无论是从函数论的角度, Westphal [1974b], Butzer and Westphal [1975], Brédimas[1973,1976a,1976b,1976c,1976d], Neugebauer [1977], Wilmes [1979b], Bugrov [1985, 1986] 和 Burenkov and Sobnak [1985], 还是其在计算数学中的方便性, 例如 Zheludev [1974] 和 Lubich [1985], 都引起了人们的关注. 我们在 §20.2 中介绍的内容本质上基于上面所引用的 Butzer 和 Westphal 的论文.

在考虑函数 $f(x)$ 的分数阶差分时, 自然地假设它是在整条实线上给出的. 如果我们只处理左侧或右侧的平移, 则也可以考虑半直线的情形. 有限区间的情形将在 § 20.4 中特别讨论. 我们将分别处理周期和非周期的情况.

本节中 $X = X(R^1)$ 表示任意 $L_p(R^1)$, $1 \leqslant p < \infty$ 空间, 或 $C(\dot{R}^1)$, 对于周期情况, $X_{2\pi} = X(0, 2\pi)$ 表示在 $[0, 2\pi]$ 上的任意类似空间.

20.1 分数阶差分及其性质

在整条线上给定函数 $f(x)$, 根据 (5.72) 我们定义

$$(\Delta_h^\alpha f)(x) = (E - \tau_h)^\alpha f = \sum_{k=0}^{\infty} (-1)^k \binom{\alpha}{k} f(x - kh), \quad \alpha > 0. \tag{20.2}$$

这里 $\binom{\alpha}{k}$ 是二项式系数 (1.48). 根据 (1.51),

$$c(\alpha) \stackrel{\text{def}}{=} \sum_{k=1}^{\infty} \left| \binom{\alpha}{k} \right| < \infty, \tag{20.3}$$

所以级数 (20.2) 对于每个 $\alpha > 0$ 和有界函数一致绝对收敛, 如果 $f(x) \in X(X_{2\pi})$, 则其在 $X(X_{2\pi})$ 范数下收敛. 我们注意到, 对于整数 α, $c(\alpha) = 2^\alpha$. 级数 (20.3) 总是可以表示为有限和

$$c(\alpha) = \sum_{k=0}^{[\alpha]} (1 + (-1)^{k+[\alpha]}) \binom{\alpha}{k}. \tag{20.3'}$$

事实上, 因为 $\sum\limits_{k=0}^{\infty} (-1)^k \binom{\alpha}{k} = 0$ 和 $\binom{\alpha}{k} = (-1)^{k-[\alpha]-1} \left| \binom{\alpha}{k} \right|$, $k \geqslant [\alpha] + 1$ (由 (1.48)), 我们看到 $\sum\limits_{k=0}^{[\alpha]} (-1)^k \binom{\alpha}{k} + (-1)^{1+[\alpha]} \sum\limits_{k=[\alpha]+1}^{\infty} \left| \binom{\alpha}{k} \right| = 0$, 这就印证了 (20.3'). 容易从 (20.3') 中得到

$$c(\alpha) \equiv 2, \quad \text{若} \quad 0 < \alpha \leqslant 1,$$

$$2^{[\alpha]} \leqslant c(\alpha) \leqslant 2^{[\alpha]+1}, \quad \text{若} \quad \alpha > 1.$$

如果 $h > 0$, 则 (20.2) 称为左差分, 如果 $h < 0$, 则称为右差分.

注 20.1　差分 (20.2) 在 $\alpha < 0$ 的情况下通常没有定义, 因为该级数可能是发散的. 例如, 若 $f \equiv 1$ 就会出现这种情况. 实际上, 如果 $\alpha < 0$,

$$\sum_{j=0}^{n} (-1)^j \binom{\alpha}{j} = (-1)^n \binom{\alpha - 1}{n}$$
$$= \frac{1}{\Gamma(1-\alpha)} \frac{\Gamma(n+1-\alpha)}{\Gamma(n+1)} \tag{20.4}$$

——Prudnikov, Brychkov and Marichev [1961, 4.2.1.5]——在 $n \to \infty$ 时发散, 见 (1.66). 因此, $\alpha < 0$ 时 (20.2) 在周期性情况下显然是不可接受的. 对于非周期的情况, 如果 $f(x)$ 在无穷远处有 "好" 的递减性, 例如 $|f(x)| \leqslant c(1 + |x|)^{-\mu}$, $\mu > |\alpha|$, 则 (20.2) 中的级数在 $\alpha < 0$ 时有可能收敛.

我们给出了由 (20.2) 定义的差分的一些基本性质.

性质 1　$(\Delta_h^\alpha (\Delta_h^\beta f))(x) = (\Delta_h^{\alpha+\beta} f)(x)$.

性质 2　如果 $f \in X(X_{2\pi})$, 则 $\lim\limits_{h \to 0} \|\Delta_h^\alpha f\|_{X(X_{2\pi})} = 0$.

性质 3　$\|\Delta_h^{\alpha+\beta} f\|_{X(X_{2\pi})} \leqslant c(\alpha) \|\Delta_h^\beta f\|_{X(X_{2\pi})}$.

性质 1 通过直接验证建立. 根据 (20.3), 可以立刻得出性质 3. 性质 2 可以通过泛函分析的方法证明: 因为算子 Δ_h^α 关于 h 一致有界, 只需在 $X(X_{2\pi})$ 中稠密的 "好" 函数的集合中验证性质 2.

在非周期性情形下, 例如, 如果 $f(x)$ 在 $L_1(R^1)$ 中, 则 $\Delta_h^\alpha f$ 的 Fourier 变换由下式给出

$$(\widehat{\Delta_h^\alpha f})(x) = (1 - e^{ixh})^\alpha \hat{f}(x), \tag{20.5}$$

而在周期性情况下, Fourier 系数可以写为类似的公式, 即

$$(\Delta_h^\alpha f)_k = (1 - e^{-ikh})^\alpha f_k, \quad f_k = \frac{1}{2\pi} \int_0^{2\pi} f(t) e^{-ikt} dt. \tag{20.6}$$

等式 (20.5) 和 (20.6) 是通过直接验证得到的.

从 (20.1) 开始, 我们引入函数

$$f_\pm^{(\alpha)}(x) = \lim_{h \to +0} \frac{(\Delta_{\pm h}^\alpha f)(x)}{h^\alpha}, \quad \alpha > 0, \tag{20.7}$$

其中极限的本质根据所研究的问题可能有所不同: 即对每个 x, 对几乎所有 x, 或在空间 X 或 $X_{2\pi}$ 的范数下收敛. 在 (20.7) 中定义的函数称为 Grünwald-Letnikov 分数阶导数. 如果 (20.7) 中的极限是在 $X(X_{2\pi})$ 收敛的意义下得到的, 那么 (20.7) 可称为 $X(X_{2\pi})$ 中的强 Grünwald-Letnikov 导数.

在下面的定理 20.2 和定理 20.4 中, 我们将证明 Grünwald-Letnikov 分数阶导数与 Marchaud 导数

$$\mathbf{D}^{\alpha}_{\pm} f = \lim_{\varepsilon \to 0} \frac{\alpha}{\Gamma(1-\alpha)} \int_{\varepsilon}^{\infty} \frac{f(x) - f(x \mp t)}{t^{1+\alpha}} dt, \quad 0 < \alpha < 1 \qquad (20.8)$$

一致. 在 $\alpha \geqslant 1$ 时, 需用形式 (5.80) 代替 (20.8). 并且, 我们将看到 Grünwald-Letnikov 导数与 Marchaud 导数有相同的定义域, 以至于 (20.7) 中的收敛性意味着 (20.8) 中的收敛性, 反之亦然.

我们也可以用以下对称的差分方法

$$f^{\alpha)}(x) = \frac{1}{2\cos(\alpha\pi/2)} \lim_{h \to 0} \frac{(\Delta_h^{\alpha} f)(x) + (\Delta_{-h}^{\alpha} f)(x)}{|h|^{\alpha}} \qquad (20.7')$$

来代替 (20.7). 这种形式与算子 (12.1') 一致, 是 Riesz 势的逆, 即用

$$f^{\alpha)}(x) = \frac{\alpha}{2\Gamma(1-\alpha)\cos(\alpha\pi/2)} \int_0^{\infty} \frac{2f(x) - f(x-t) - f(x+t)}{t^{1+\alpha}} dt \qquad (20.8')$$

代替 (20.8). 所以我们可以称极限 (20.7') 为 Grünwald-Letnikov-Riesz 分数阶导数. 我们不详述这一点, 因为它与本节中研究导数 (20.7) 的思路相同.

注 20.2 在等式 (20.7) 中取 $\alpha < 0$ 可以定义分数阶积分. 根据注 20.1, 这样的定义适用于在无穷远处衰减足够快的函数. 在 § 20.4 中, 将在有限区间的情况下考虑由 (20.7) 定义的分数阶积分.

用解析函数 $a(E - \tau_h)$ 代替 $(E - \tau_h)^{\alpha}$ 可产生广义差分. 设函数 $a(\xi), 0 \leqslant \xi \leqslant 2$, 满足下面的假设:

1) 它在点 $\xi = 1$ 的邻域内解析:

$$a(\xi) = \sum_{k=0}^{\infty} a_k(\xi - 1)^k, \quad a_k = a^{(k)}(1)/k!, \qquad (20.9)$$

当 $|\xi - 1| \leqslant 1$ 时级数收敛;

2) 在点 $\xi = 0, \xi = 2$ 处绝对收敛:

$$c(\alpha) \stackrel{\text{def}}{=} \sum_{k=0}^{\infty} |a_k| < \infty;$$

3) $a(\xi)$ 在点 $\xi = 0$ 处等于零:

$$a(0) = \sum_{k=0}^{\infty} (-1)^k a_k = 0.$$

我们定义 $a(E - \tau_h) \stackrel{\text{def}}{=} \sum\limits_{k=0}^{\infty}(-1)^k a_k \tau_h^k = \sum\limits_{k=0}^{\infty}(-1)^k a_k \tau_k h$. 这个算子产生了一个广义差分

$$(a - \Delta_h f)(x) \stackrel{\text{def}}{=} a(E - \tau_h)f = \sum_{k=0}^{\infty}(-1)^k a_k f(x - kh),$$

显然, $a(\xi) = \xi^\alpha$ 时它与 $(\Delta_h^\alpha f)(x)$ 一致.

　　容易证明性质 $a - \Delta_h(b - \Delta_h f) = ab - \Delta f$, 其中 $ab - \Delta_h f$ 是由乘积 $a(\xi)b(\xi)$ 生成的广义差分. 这是差分 $\Delta_h^\alpha f$ 性质 1 的推广.

　　根据 Post [1930] 我们可以介绍广义微分 $a(\mathcal{D})f$, 类似于 (20.7), 通过等式将其定义为

$$a(\mathcal{D})f = \lim_{h \to 0} a\left(\frac{E - \tau_h}{h}\right)f, \tag{20.10}$$

其中

$$a\left(\frac{E - \tau_h}{h}\right)f = \sum_{j=0}^{\infty} a_j \left(\frac{E - \tau_h}{h} - I\right)^j f. \tag{20.11}$$

　　我们也可以给出另一种定义:

$$a[\mathcal{D}]f = \lim_{h \to 0} \frac{a - \Delta_h^\alpha f}{a(h)}. \tag{20.12}$$

与 (20.12) 相比, 等式 (20.10) 有一些缺点, 因为从形式上看, 如果 (20.11) 中的级数对大的 ξ 发散, 那么 (20.10) 中的序列可能对小的 h 发散. 所以如果函数 $a(\xi)$ 不是对所有的 ξ 解析, (20.10) 和 (20.11) 可以通过限制函数 $f(x)$ 而变得有意义, 这些限制保证了 (20.11) 中级数的收敛性. 然而, (20.10) 比 (20.12) 更加自然, 因为对于周期函数 $f(x)$, 它刚好可以得到公式

$$[a(\mathcal{D})f]_k = a(ik)f_k, \tag{20.13}$$

其中 f_k 为函数 f 的 Fourier 系数. 注意, (20.13) 本身假设函数 $a(\xi)$ 至少在整条虚轴上有定义.

　　我们将不进一步阐述广义微分 $a(\mathcal{D})$ 以及任何其他此类的推广. 我们只注意, 在函数 $f(x)$ 无穷次可微的情况下, 形式地应用 (20.10) 和 (20.11) 可以得到如下表示

$$a(\mathcal{D})f = \sum_{j=0}^{\infty}(-1)^j a_j (E - \mathcal{D})^j f = \sum_{j=1}^{\infty}(-1)^j b_j \mathcal{D}^j f,$$

$$\mathcal{D} = d/dx, \quad b_j = \sum_{\nu=j}^{\infty}(-1)^\nu \binom{\nu}{j} a_\nu.$$

20.2 Grünwald-Letnikov 导数与 Marchaud 导数的一致性. 周期情形

首先我们将证明函数 $f(x)$ 的 Grünwald-Letnikov 导数 (20.7) 的存在性等价于这个函数在相差一个常数的基础上可表示为 Weyl 分数阶积分 —— 定理 20.1. 我们先建立函数 $f(x)$ (可用分数阶积分表示) 分数阶差分 $\Delta_h^\alpha f$ 的一些辅助引理.

令 $\mathrm{k}_\alpha(x) = \dfrac{1}{\Gamma(\alpha)} x_+^{\alpha-1}$, 且

$$
\begin{aligned}
\mathrm{p}_\alpha(x) &= (\Delta_1^\alpha \mathrm{k}_\alpha)(x) \\
&= \frac{1}{\Gamma(\alpha)} \sum_{j=0}^\infty (-1)^j \binom{\alpha}{j} (x-j)_+^{\alpha-1}.
\end{aligned}
\tag{20.14}
$$

我们也需要函数

$$
\begin{aligned}
\chi_\alpha(x;h) &= \frac{2\pi}{h} \sum_{j=-\infty}^\infty \mathrm{p}_\alpha\left(\frac{x+2\pi j}{h}\right) \\
&= \frac{2\pi}{h} \sum_{-\frac{x}{2\pi}<j<\infty} \mathrm{p}_\alpha\left(\frac{x+2\pi j}{h}\right).
\end{aligned}
\tag{20.15}
$$

引理 20.1 函数 $\mathrm{p}_\alpha(x)$, $\alpha > 0$, 有下列性质

1) $\mathrm{p}_\alpha(x) \in L_1(R^1)$, $\displaystyle\int_{-\infty}^\infty \mathrm{p}_\alpha(x)dx = 1$;

2) $\widehat{\mathrm{p}_\alpha}(x) = \left(\dfrac{1-e^{ix}}{-ix}\right)^\alpha$, 选取使 $\widehat{\mathrm{p}_\alpha}(0) = 1$ 的幂函数主值;

3) 在 $\alpha = 1, 2, \cdots$ 的情况下, $x > \alpha$ 时 $\mathrm{p}_\alpha(x) \equiv 0$.

证明 我们从最简单的性质 3) 开始. 在 $\alpha = 1, 2, \cdots$ 的情况下, 对于 $x > \alpha$, 我们有

$$
\begin{aligned}
\mathrm{p}_\alpha(x) &= \frac{1}{\Gamma(\alpha)} \sum_{j=0}^\alpha (-1)^j \binom{\alpha}{j} (x-j)^{\alpha-1} \\
&= \frac{1}{\Gamma(\alpha)} \Delta_1^\alpha x^{\alpha-1}.
\end{aligned}
$$

但对于任意 m 阶多项式 $P_m(x)$, 当 $l > m$ 时 $(\Delta_h^l P_m)(x) \equiv 0$ —— (5.75). 因此 $\Delta_1^\alpha x^{\alpha-1} \equiv 0$, 从而 $\mathrm{p}_\alpha(x) \equiv 0$, 当 $x > \alpha$ 时.

2) 通过直接对 $\mathrm{p}_\alpha(x)$ 应用 Fourier 变换并使用 (7.6) 得到.

引理的证明中最难的部分是说明 1) 中的第一个结论. 设 $W = F(L_1)$ 为 $L_1(R^1)$ 中函数的 Fourier 变换所组成的环. 因此我们要证 $\left(\dfrac{1-e^{ix}}{-ix}\right)^\alpha \in W$. 设

$\mu(x)$ 为光滑阶跃函数, 即在 R^1 上无穷次可微并满足在 $|x| \leqslant 2$ 时 $\mu(x) = 1$, 在 $|x| \geqslant 3$ 时 $\mu(x) = 0$, 且在 $2 \leqslant |x| \leqslant 3$ 时 $0 \leqslant \mu(x) \leqslant 1$. 我们有

$$\left(\frac{1-e^{ix}}{-ix}\right)^\alpha = \mu(x)\left(\frac{1-e^{ix}}{-ix}\right)^\alpha + (1-e^{ix})^\alpha\frac{1-\mu(x)}{(-ix)^\alpha}. \tag{20.16}$$

第一项是无穷次可微的有限函数, 因此肯定属于 W. 这一点只需参考已知事实, Schwartz 空间 S 中的任意函数都是同一空间中某个函数的 Fourier 变换 (参见 § 8.2). 进一步, 我们来证明

$$\frac{1-\mu(x)}{(-ix)^\alpha} \in W. \tag{20.17}$$

我们将用以下已知事实 (例如, 见 Bochner [1962, p. 271]):

$$\text{若}\quad f \in L_1(R^1)\quad \text{且}\quad \hat{f} \in L_1(R^1), \quad \text{则}\quad f \in W. \tag{20.18}$$

因此, 对 Fourier 积分 f 进行分部积分, 我们容易得到函数 f 属于 W 的简单充分条件如下:

$$\text{若}\quad f \in L_1(R^1)\quad \text{且}\quad f' \in L_2(R^1), \quad \text{则}\quad f \in W. \tag{20.19}$$

由 (7.9) 我们看到对于任意 $\alpha > 0$, $(1-ix)^{-\alpha} \in W$. 则有 $[1-\mu(x)](1-ix)^{-\alpha} \in W$. 容易看出差 $[1-\mu(x)][(-ix)^{-\alpha} - (1-ix)^{-\alpha}]$ 满足 (20.19) 中的假设, 因此它在 W 中, 从而 (20.17) 得证.

为了证明 (20.16) 中的第二项属于 W. 我们将 $(1-e^{ix})^\alpha$ 展为二项式级数, 并注意到

$$(1-e^{ix})^\alpha\hat{\varphi}(x) = \hat{\psi}(x),$$

其中 $\psi(x) = \sum_{k=0}^\infty (-1)^k \binom{\alpha}{k}\varphi(x-k)$, $\|\psi\|_1 \leqslant c(\alpha)\|\varphi\|_1$, 这就给出了我们想要的结果.

因此我们得到了 1) 的第一部分. 至于后者, 很容易从 2) 中看出. ∎

引理 20.2　设 $\alpha > 0$ 和 $h > 0$. 则

1) $\displaystyle\int_0^{2\pi} \chi_\alpha(x; h)dx = 2\pi$;

2) $\|\chi_\alpha(\cdot; h)\|_{L_1(0,2\pi)} \leqslant M < \infty$, 其中 M 不依赖 h;

3) $\displaystyle\lim_{h\to 0+}\int_\delta^{2\pi} \chi_\alpha(x; h)dx = 0$, $\delta > 0$;

4) 函数 $\chi_\alpha(x; h)$ 的 Fourier 系数等于

$$(\chi_\alpha(\cdot; h))_k = \left(\frac{1-e^{-ikh}}{ikh}\right)^\alpha, \tag{20.20}$$

其中自然有 $(\chi_\alpha(\cdot;h))_0 = 1$.

证明 性质 1)—4) 是调和分析中与 Poisson 求和公式有关的已知结论的推论. 即若 $G(x) = \sum\limits_{j=-\infty}^{\infty} g(x+2\pi j)$, 则

$$g(x) \in L_1(R^1) \Rightarrow \|G\|_{L_1(0,2\pi)} \leqslant \|g\|_{L_1(R^1)}, \quad G_k = \tilde{g}(k), \qquad (20.21)$$

这是已知的并且也容易验证. 我们在证明引理 19.1 时已经使用了这一点. 利用 (20.21), 我们得到

$$
\begin{aligned}
\int_0^{2\pi} \chi_\alpha(x;h)dx &= 2\pi \int_{-\infty}^{\infty} \mathrm{p}_\alpha(x)dx, \\
\int_\delta^{2\pi} |\chi_\alpha(x;h)|dx &\leqslant 2\pi \int_{\delta/h}^{\infty} |\mathrm{p}_\alpha(x)|dx, \\
[\chi_\alpha(\cdot;h)]_k &= \tilde{\mathrm{p}}_\alpha(k),
\end{aligned}
\qquad (20.22)
$$

其中 $\tilde{\mathrm{p}}_\alpha(k)$ 是函数 p_α 的 Fourier 逆变换. 根据引理 20.1, 关系式 (20.22) 可以推出性质 1)—4). ∎

我们将等式

$$\chi_\alpha(x;h) = \frac{(\Delta_h^\alpha \Psi_+^\alpha)(x)}{h^\alpha} + 1 \qquad (20.23)$$

加到引理 20.2 中, 这澄清了为什么我们需要函数 $\chi_\alpha(x;h)$; 这里 $\Psi_+^\alpha(x)$ 是 Weyl 分数阶积分 (19.7) 的核 (19.8). 为了证明这一方程, 只需证明对应 Fourier 系数相同: $(\chi_\alpha(\cdot;h))_k = h^{-\alpha}(\Delta_h^\alpha \psi_+^\alpha)_k, k \neq 0$. 后者可从 (20.20), (20.6) 和 (19.8) 中得到.

现在我们准备证明主要结论. 在定理 20.1 和定理 20.2 中, 空间 $X_{2\pi}$ 表示任意 $L_p(0,2\pi)$, $1 \leqslant p < \infty$, 或 $C(0,2\pi)$ 空间.

定理 20.1 设 $f(x) \in X_{2\pi}$. (强) Grünwald-Letnikov 导数 (20.7) 在 $X_{2\pi}$ 中存在当且仅当存在函数 $\varphi_\pm(x) \in X_{2\pi}$ 使得

$$f(x) = I_\pm^{(\alpha)} \varphi_\pm + f_0, \quad f_0 = \frac{1}{2\pi} \int_0^{2\pi} f(x)dx, \qquad (20.24)$$

此时有 $\varphi_\pm(x) = f_\pm^{(\alpha)}(x)$.

证明 为明确起见, 我们选择左分数阶微分, 即对应符号 +. 设 (20.7) 中的导数存在并在 $X_{2\pi}$ 中收敛. 则

$$
\begin{aligned}
\left(f_+^{(\alpha)}\right)_k &= \frac{1}{2\pi} \int_0^{2\pi} e^{-ikx} \lim_{\substack{h \to +0 \\ (X_{2\pi})}} h^{-\alpha}(\Delta_h^\alpha f)(x)dx \\
&= \frac{1}{2\pi} \lim_{h \to +0} h^{-\alpha} \int_0^{2\pi} (\Delta_h^\alpha f)(x)e^{-ikx}dx.
\end{aligned}
$$

因此根据 (20.6), $(f_+^\alpha)_k = (ik)^\alpha f_k$. 因为 $f_+^{\alpha)}(x) \in X_{2\pi}$, 由定理 19.3 我们看到表达式 (20.24) 成立.

反过来, 设 (20.24) 满足. 则

$$(\Delta_h^\alpha f)(x) = \frac{1}{2\pi} \int_0^{2\pi} \varphi_+(t)(\Delta_h^\alpha \Psi_+^\alpha)(x - t)dt.$$

应用 (20.23), 我们有

$$\frac{(\Delta_h^\alpha f)(x)}{h^\alpha} = \frac{1}{2\pi} \int_0^{2\pi} \varphi_+(t)\chi_\alpha(x - t, h)dt. \tag{20.24'}$$

根据定理 1.3, 此方程使我们能够证明极限 $\left\| \dfrac{\Delta_h^\alpha f}{h^\alpha} - \varphi_+ \right\|_{X_{2\pi}} \to 0.$ ∎

定理 20.2 设 $f \in X_{2\pi}$. 则 Grünwald-Letnikov 分数阶导数 (20.7) 与 Marchaud 导数 (19.34) 同时存在, 并且相互一致:

$$\lim_{\substack{h \to +0 \\ (X_{2\pi})}} \frac{(\Delta_{\pm h}^\alpha f)(x)}{h^\alpha} = \frac{\alpha}{\Gamma(1-\alpha)} \lim_{\substack{\varepsilon \to 0 \\ (X_{2\pi})}} \int_\varepsilon^\infty \frac{f(x) - f(x \mp t)}{t^{1+\alpha}}dt. \tag{20.25}$$

若 $X_{2\pi} = L_p(0, 2\pi)$, $1 < p < \infty$, 则 Grünwald-Letnikov 与 Marchaud 导数甚至在不同的符号选择下同时存在.

证明 定理 20.2 可立即从定理 20.1 和定理 19.2 中得到, 关于不同符号的导数同时存在的结论可通过 (19.24) 和 (19.25) 推出. ∎

在 Marchaud 导数的恰当解释下, 定理 20.2 可以推广到 $\alpha \geqslant 1$ 的值 —— 注 19.2.

由定理 19.2 可知, 截断的 Marchaud 导数一致有界性条件 $\|\mathbf{D}_{+,\varepsilon}^\alpha f\|_{L_p(0,2\pi)} \leqslant c$ 是 Marchaud 导数在 L_p 中存在的充要条件, 或者同样地, 是函数 $f(x)$ 可表示为 L_p 中函数的 α 阶分数阶积分的充要条件. 下面的定理给出了关于 Grünwald-Letnikov 导数的类似结论.

定理 20.3 设 $f(x) \in L_p(0, 2\pi)$, $1 < p < \infty$. 则 Grünwald-Letnikov 导数 $f_+^{\alpha)}(x)$ 或 $f_-^{\alpha)}(x)$ 存在当且仅当

$$\|\Delta_h^\alpha f\|_{L_p(0,2\pi)} \leqslant ch^\alpha, \quad h > 0, \tag{20.26}$$

其中 c 不依赖 h.

证明 唯一需要证明的是 (20.26) 可使极限 $\lim_{h \to +0} h^{-\alpha} \Delta_h^\alpha f$ 在 L_p 中存在.
已知 L_p 中的有界集是弱紧的, 即此空间中的任意有界集有一个弱收敛序列——Dunford and Schwartz [1962, p. 314]. 所以存在一个序列 $h_m \to 0$ 和函数 $g(x) \in$

L_p 使得对于所有函数 $\psi(x) \in L_{p'}(0, 2\pi)$ 满足

$$\lim_{m \to \infty} \int_0^{2\pi} h_m^{-\alpha} (\Delta_{h_m}^\alpha f)(x) \psi(x) dx = \int_0^{2\pi} g(x) \psi(x) dx. \tag{20.27}$$

我们选择 $\psi(x) = \dfrac{1}{2\pi} e^{-ikx}$, 则 (20.27) 转化为等式 $\lim_{m \to \infty} \dfrac{1}{h_m^\alpha} (\Delta_{h_m}^\alpha f)_k = g_k$. 因此根据 (20.6) 我们看到 $(ik)^\alpha f_k = g_k$, $g(x) \in L_p$. 则定理 19.3 断言 $f(x)$ 可以表示为 (20.24), 鉴于定理 20.1, 这等价于在 L_p 存在 Grünwald-Letnikov 导数. ∎

注 20.3 在函数 $f(x)$ 可以表示为形式 (20.24) 的情形下, 不等式 (20.26) 可以更准确地写为

$$\|\Delta_h^\alpha f\|_{X_{2\pi}} \leqslant ch^\alpha \|\mathbf{D}_+^{(\alpha)} f\|_{X_{2\pi}}, \quad c = \sup_{h > 0} \int_0^{2\pi} |\chi_\alpha(x; h)| dx, \tag{20.26'}$$

它是由 (20.24') 推出的.

20.3 Grünwald-Letnikov 导数与 Marchaud 导数的一致性. 非周期情形

在整个实轴 R^1 的情况下, 分数阶积分不能保持空间 $L_p(R^1)$ 不变. 因此, 处理在空间 $L_p(R^1)$ 中收敛的 Grünwald-Letnikov 分数阶导数 $f_\pm^{\alpha)}$ 或 Marchaud 导数 $\mathbf{D}_\pm^\alpha f$ 时, 我们不要求函数本身在 $L_p(R^1)$ 中. 否则会明显限制问题的初始设定, 读者可以比较一下定理 20.4 与类似的定理 20.2.

定理 20.4 设 $f(x) \in L_r(R^1)$, $1 \leqslant r < \infty$, 并设 $\mathbf{D}_{+,\varepsilon}^\alpha f$ 为截断的 Marchaud 导数 (5.80'), $\mathbf{D}_{-,\varepsilon}^\alpha f$ 可以类似地按 (5.80') 写出. 则极限

$$f_\pm^{\alpha)}(x) = \lim_{\substack{h \to +0 \\ (L_p(R^1))}} \frac{(\Delta_{\pm h}^\alpha f)(x)}{h^\alpha}, \quad (\mathbf{D}_\pm^\alpha f)(x) = \lim_{\substack{\varepsilon \to 0 \\ (L_p(R^1))}} (\mathbf{D}_{\pm,\varepsilon}^\alpha f)(x) \tag{20.28}$$

对于任意 $p \in [1, \infty)$ 和 $\alpha > 0$ 同时存在且相等 (在相同符号的选择下), p 和 r 的值相互独立.

证明 为简洁起见, 我们只考虑 $0 < \alpha < 1$, $1 < p < 1/\alpha$ 的情况. 适用于所有 α 和 p 的证明, 请读者参考论文 Samko [1990a].

设 (20.28) 中的第二个极限存在. 则由定理 6.2, $f(x) = I_+^\alpha \varphi$, $\varphi = \mathbf{D}_+^\alpha f \in L_p$. 对积分 $f = I_+^\alpha \varphi$ 应用分数阶差分, 我们有

$$(\Delta_h^\alpha f)(x) = \int_{-\infty}^\infty \varphi(t) \sum_{j=0}^\infty (-1)^j \binom{\alpha}{j} \mathbf{k}_\alpha(x - t - hj) dt, \tag{20.29}$$

其中 $k_\alpha(x) = \dfrac{1}{\Gamma(\alpha)} x_+^{\alpha-1}$, 容易证明逐项积分的合理性. 在 (20.29) 中作变换 $x-t = h\tau$, 我们得到

$$\frac{(\Delta_h^\alpha f)(x)}{h^\alpha} = \frac{1}{h^\alpha}(\Delta_h^\alpha I_+^\alpha \varphi)(x) = \int_{-\infty}^\infty p_\alpha(\tau)\varphi(x-\tau h)d\tau, \qquad (20.30)$$

其中 $p_\alpha(\tau)$ 为函数 (20.14). 根据引理 20.1, 我们可以看到定理 1.3 适用, 所以当 $h \to +0$ 时, (20.30) 的右端在 $L_p(R^1)$ 范数下收敛到 $\varphi(x)$. 所以由 (20.30),

$$\lim_{\substack{h \to +0 \\ (L_p(R^1))}} \frac{(\Delta_h^\alpha f)(x)}{h^\alpha} = \varphi(x) = (\mathbf{D}_+^\alpha f)(x).$$

反过来, 令 Grünwald-Letnikov 导数 $f_+^{\alpha)}(x)$ 存在. 我们在定理关于 $f(x)$ 的假设下证明恒等式

$$I_+^\alpha\left(\frac{\Delta_h^\alpha f}{h^\alpha}\right) \equiv \int_{-\infty}^\infty p_\alpha(t)f(x-ht)dt. \qquad (20.31)$$

在 "好" 函数的情况下, 等式 (20.31) 可立即简化为 (20.30), 因为当 I_+^α 和 Δ_h^α 应用于 "好" 函数时它们可交换. 现在想要在 I_+^α 可应用于 $\Delta_h^\alpha f$ 但不可逐项应用于级数 $\Delta_h^\alpha f$ 的情况下证明 (20.31) 成立. 为了得到 (20.31), 我们使用定理 6.2 证明中已经用过的方法. 设 A_ξ 为 (6.22) 中的算子. 我们有 (现在在 "好" 函数上)

$$A_\xi(\Delta_h^\alpha f/h^\alpha) = h^{-\alpha}[(I_+^\alpha \Delta_h^\alpha f)(x) - (I_+^\alpha \Delta_h^\alpha f)(x-\xi)]$$
$$= h^{-\alpha}[(\Delta_h^\alpha I_+^\alpha f)(x) - (\Delta_h^\alpha I_+^\alpha f)(x-\xi)].$$

应用 (20.30), 我们得到

$$A_\xi(\Delta_h^\alpha f/h^\alpha) = \int_{-\infty}^\infty p_\alpha(t)f(x-th)dt$$
$$\qquad\qquad - \int_{-\infty}^\infty p_\alpha(t)f(x-\xi-th)dt. \qquad (20.32)$$

因为左右两端的算子都在 L_r 中有界, (20.30) 不仅对 "好" 函数成立, 对整个 L_r 空间中的函数也成立. 方程 (20.32) 意味着

$$\Delta_\xi^1 I_+^\alpha\left(\frac{1}{h^\alpha}\Delta_h^\alpha f\right) = \Delta_\xi^1 \frac{1}{h} p_\alpha\left(\frac{t}{h}\right) * f, \qquad (20.33)$$

其中 Δ_{ξ}^1 是一阶差分. 已知有相同差分的函数最多相差一个常数. 又因为所考虑的函数在 L_r 中, 这个常数为零, 所以 (20.33) 推出 (20.31) 成立.

得到方程 (20.31) 后, 我们令 $h \to 0$. 然后根据核 $p_{\alpha}(t)$ 的性质以及定理 1.3 我们得到 $f(x) = I_{+}^{\alpha}\left(\lim_{h \to +0} \dfrac{\Delta_h^{\alpha} f}{h^{\alpha}} f\right) = I_{+}^{\alpha}\varphi$, $\varphi = f_{+}^{\alpha)}$. 因此, 我们证明了函数 $f(x)$ 的 Grünwald-Letnikov 导数存在意味着 $f(x)$ 可以用该导数的分数阶积分来表示. 则根据定理 6.1, 函数 $f(x)$ 有 Marchaud 导数, 且与 $\varphi = f_{+}^{\alpha)}$ 相同. ∎

下面是定理 20.3 在非周期情况下的类似.

定理 20.5　设 $f(x) \in L_r(R^1)$, $1 \leqslant r < \infty$. 则 $f(x) \in I^{\alpha}(L_p)$, $1 < p < 1/\alpha$, 当且仅当

$$\|\Delta_h^{\alpha} f\|_p \leqslant ch^{\alpha}, \quad h > 0. \tag{20.34}$$

证明　不等式 (20.34) 的必要性可从 (20.30) 中得到. 为了证明充分性我们将使用 (20.31), 它是在定理关于 $f(x)$ 的假设下成立的. 因为空间 $L_p(R^1)$ 是弱紧的, 函数 $f(x)$ 一致有界意味着存在序列 $h_m \to 0$ 和函数 $\varphi(x) \in L_p(R^1)$ 使得 $h_m^{-\alpha}\Delta_{h_m}^{\alpha} f$ 在 L_p 中弱收敛于 $\varphi(x)$. 因为 (20.31) 的右端在 L_r 中强收敛于 $f(x)$, 所以一定在 L_r 中弱收敛. 则左端在 L_r 中存在一个弱极限:

$$\underset{\substack{m \to \infty \\ (L_r)}}{\text{w-}\lim} I_{+}^{\alpha}(\Delta_{h_m}^{\alpha} f / h_m^{\alpha}) = f(x). \tag{20.35}$$

还有, 因为 $h_m^{-\alpha}\Delta_{h_m}^{\alpha} f$ 在 L_p 中弱收敛且算子 I_{+}^{α} 从 L_p 有界映入 L_q, $q = p/(1-\alpha p)$, 所以我们推断极限

$$\underset{\substack{m \to \infty \\ (L_q)}}{\text{w-}\lim} I_{+}^{\alpha}\left(\dfrac{\Delta_{h_m}^{\alpha} f}{h_m^{\alpha}}\right) = I_{+}^{\alpha}\left(\underset{\substack{m \to \infty \\ (L_p)}}{\text{w-}\lim} \dfrac{\Delta_{h_m}^{\alpha} f}{h_m^{\alpha}}\right) = I_{+}^{\alpha}\varphi \tag{20.36}$$

也存在. 由于同一序列在 L_q 和 L_r 中的弱极限几乎处处相等, 从 (20.35) 和 (20.36) 中我们可以看出 $I_{+}^{\alpha}\varphi = f(x)$ 几乎处处成立. ∎

注 20.3′　类似于 (20.26′), 我们注意到在函数 $f(x) \in I^{\alpha}(L_p)$, $1 < p < 1/\alpha$ 的情况下, (20.34) 可以更精确:

$$\|\Delta_h^{\alpha} f\|_p \leqslant ch^{\alpha}\|\mathbf{D}_{+}^{\alpha} f\|_p, \quad c = \int_{-\infty}^{\infty} |p_{\alpha}(x)| dx, \quad h > 0. \tag{20.34′}$$

这可以从 (20.30) 中得到. 对于这样的 $f(x)$, 不等式

$$|\Delta_h^{\alpha} f(x)| \leqslant ch^{\alpha} \sup_x |(\mathbf{D}_{+}^{\alpha} f)(x)|, \quad h > 0 \tag{20.34″}$$

也成立.

注 20.4 在非周期性的情况下, 为了简洁起见, 我们只考虑在整直线上给定的函数. 不难看出定理 20.4 在半直线 R^1_+ 上对于右分数阶微分 $f^{\alpha)}_-$ 和 $\mathbf{D}^\alpha_- f$ 也有效. 为此, 只需当 x 为负数时定义 $f(x) \equiv 0$. 下面的定理给出了定理 20.5 在半轴情况下的修正.

定理 20.5′ 设 $f(x) \in L_r(R^1_+)$, $1 \leqslant r < \infty$. 则 $f(x)$ 在 $L_p(R^1_+)$ 中有 Marchaud 分数阶导数 $\mathbf{D}^\alpha_- f = \lim\limits_{\substack{\varepsilon \to 0 \\ (L_p)}} \mathbf{D}^\alpha_{-,\varepsilon} f$, $1 < p < 1/\alpha$, 当且仅当 $\|\Delta^\alpha_{-h} f\|_p \leqslant ch^\alpha$, $h > 0$, 其中 c 不依赖 h.

注 20.5 定理 20.5′ 是关于 $p \in (1, 1/\alpha)$ 建立的, 但其对于 $p \in (1, \infty)$ 也成立, 这需要其他方法 —— Samko [1990a].

20.4 有限区间上的 Grünwald-Letnikov 分数阶微分

分数阶差分 $\Delta^\alpha_h f$ 的定义本身假设函数 $f(x)$ 至少在半轴上给出. 当函数 $f(x)$ 只在区间 $[a,b]$ 上给出, 定义差分 $\Delta^\alpha_h f$ 的自然方法是与函数 $f(x)$ 的延拓相联系, 使其变成在区间 $[a,b]$ 外为零的函数. 所以对于在 $[a,b]$ 上给定的函数 $f(x)$, 我们定义

$$(\Delta^\alpha_h f)(x) \overset{\text{def}}{=} (\Delta^\alpha_h f^*)(x) = \sum_{j=0}^\infty (-1)^j \binom{\alpha}{j} f^*(x - jh), \qquad (20.37)$$

$$f^*(x) = \begin{cases} f(x), & x \in [a,b], \\ 0, & x \notin [a,b]. \end{cases}$$

显然, (20.37) 可以根据函数 $f(x)$ 本身写成另一等价形式, 避免延拓为零函数:

$$(\Delta^\alpha_h f)(x) = \sum_{j=0}^{\left[\frac{x-a}{h}\right]} (-1)^j \binom{\alpha}{j} f(x - jh), \quad x > a, \qquad (20.38)$$

$$(\Delta^\alpha_{-h} f)(x) = \sum_{j=0}^{\left[\frac{b-x}{h}\right]} (-1)^j \binom{\alpha}{j} f(x + jh), \quad x < b, \qquad (20.39)$$

其中 $h > 0$. 这样, 可以用与全直线的情况相同的方式引入 Grünwald-Letnikov 型分数阶导数 $f^{\alpha)}_{a+}$ 和 $f^{\alpha)}_{b-}$:

$$f^{\alpha)}_{a+}(x) = \lim_{h \to +0} \frac{1}{h^\alpha} \sum_{j=0}^{\left[\frac{x-a}{h}\right]} (-1)^j \binom{\alpha}{j} f(x - jh), \qquad (20.40)$$

$$f^{\alpha)}_{b-}(x) = \lim_{h \to +0} \frac{1}{h^\alpha} \sum_{j=0}^{\left[\frac{b-x}{h}\right]} (-1)^j \binom{\alpha}{j} f(x + jh). \qquad (20.41)$$

在 (20.38) 和 (20.39) 中, 可选择依赖 x 的变步长 h, 如在 (20.38) 中选 $h = (x-a)/n$, 在 (20.39) 中选 $h = (b-x)/n$. 则 (20.40) 变为

$$f_{a+}^{\alpha)}(x) = \frac{1}{(x-a)^\alpha} \lim_{n\to\infty} n^\alpha \sum_{j=0}^{n} (-1)^j \binom{\alpha}{j} f\left(x - j\frac{x-a}{n}\right), \qquad (20.42)$$

$f_{b-}^{\alpha)}$ 类似.

我们注意到, Grünwald 和 Letnikov 正是以这种方式引入了他们的分数阶微分.

直接从 (20.40) 和 (20.41) 开始, 可能会发展出一种独立的分数阶微分理论. 然而, 这种发展并没必要, 因为 Grünwald-Letnikov 导数与区间情况下所使用的其他形式一致, 例如, 与 Marchaud 导数. 下面的定理成立.

定理 20.6 设 $f(x) \in L_p(a,b)$, $1 \leqslant p < \infty$. 则 (20.40) 在 $L_p(a,b)$ 收敛的意义下存在当且仅当 Marchaud 导数 (13.9) 在相同意义下存在. 两种极限, 如果存在, 则相同:

$$f_{a+}^{\alpha)}(x) = \frac{f(x)}{\Gamma(1-\alpha)(x-a)^\alpha} + \frac{\alpha}{\Gamma(1-\alpha)} \int_a^x \frac{f(x)-f(t)}{(x-t)^{1+\alpha}} dt, \qquad (20.43)$$
$$0 < \alpha < 1.$$

这个定理容易从 (20.40), (20.37), 定理 20.4, (13.2) 和 (13.4) 中得到.

基于 (20.43) 中所示的两种不同分数阶微分定义的一致性, 可以得到导数 (20.40) 或 (20.41) 的各种性质. 例如, 我们注意到从 (20.43) 得出的简单公式, 如

$$f(x) \equiv 1 \Rightarrow f_{a+}^{\alpha)}(x) = \frac{1}{\Gamma(1-\alpha)(x-a)^\alpha}, \qquad (20.44)$$

尽管 (20.44) 也可以通过 (20.4) 直接建立; 以及

$$\lim_{h\to+0} \frac{1}{h^\alpha} \sum_{j=0}^{[\frac{x-a}{h}]} (-1)^j \binom{\alpha}{j} (x-jh-a)^\beta$$
$$= \frac{\Gamma(1+\beta)}{\Gamma(1+\beta-\alpha)} (x-a)^{\beta-\alpha}, \qquad (20.45)$$

(参见 2.44) 等. 特别地, 由 (20.45) 可以得到如下等式

$$\lim_{N\to\infty} N^\alpha \sum_{j=0}^{N} (-1)^j \binom{\alpha}{j} \left(1 - \frac{j}{N}\right)^\beta = \frac{\Gamma(1+\beta)}{\Gamma(1+\beta-\alpha)},$$

其中 $\beta \geqslant 0$, $0 < \alpha < 1$. 尽管可以证明它对于所有 $\alpha > 0$ 成立.

现在我们集中讨论分数阶积分的 Grünwald-Letnikov 定义 —— 见注 20.1 和注 20.2. 从 (20.40) 开始, 我们介绍

$$J_{a+}^\alpha \varphi = \lim_{h \to +0} h^\alpha \sum_{j=0}^{[\frac{x-a}{h}]} (-1)^j \binom{-\alpha}{j} \varphi(x-jh)$$

$$= \frac{1}{\Gamma(\alpha)} \lim_{h \to +0} h^\alpha \sum_{j=0}^{[\frac{x-a}{h}]} \frac{\Gamma(j+\alpha)}{\Gamma(j+1)} \varphi(x-jh). \tag{20.46}$$

类似地, 可以定义 $J_{b-}^\alpha \varphi$. 我们来证明 (20.46) 与 Riemann-liouville 分数阶积分相同.

定理 20.7　设 $\alpha > 0$ 和 $\varphi(x) \in L_1(a,b)$. 则 (20.46) 中的极限对几乎所有 x 存在且

$$J_{a+}^\alpha \varphi = \frac{1}{\Gamma(\alpha)} \int_0^{x-a} \varphi(x-t) t^{\alpha-1} dt. \tag{20.47}$$

证明　因为函数 $t^{\alpha-1}\varphi(x-t)$ 关于 x 几乎处处可积, 则 (20.47) 的右端可以写为积分和 $\frac{1}{\Gamma(\alpha)} \sum \varphi(x-\xi_j)\xi_j^{\alpha-1}\Delta x_j$, $x_j \leqslant \xi_j \leqslant x_{j+1}$ 的极限. 特别地, 我们可以选择 $x_j = jh$, $j \leqslant [(x-a)/h]$ 和 $\xi_j = x_j$. 于是有

$$\frac{1}{\Gamma(\alpha)} \int_0^{x-a} t^{\alpha-1} \varphi(x-t) dt = \frac{1}{\Gamma(\alpha)} \lim_{h \to +0} h^\alpha \sum_{j=1}^{[\frac{x-a}{h}]} j^{\alpha-1} \varphi(x-jh).$$

因为根据 (1.66), $\left| j^{\alpha-1} - \frac{\Gamma(j+\alpha)}{\Gamma(j+1)} \right| \leqslant \frac{c}{j^{2-\alpha}}$, 并且对几乎所有 x, 有

$$\lim_{h \to +0} h^\alpha \sum_{j=1}^{[\frac{x-a}{h}]} j^{\alpha-2} |\varphi(x-jh)| = 0,$$

所以上式与 (20.46) 中的极限一致. ∎

对于在轴或半轴上给定的函数, 如果其在无穷大时下降得足够快, 那么我们也可以证明类似定理 20.7 的结论.

§ 21　带幂对数核的算子

分数阶积分 $I_{a+}^\alpha \varphi$ 和 $I_{b-}^\alpha \varphi$ 在实轴上有限区间 $[a,b]$ 上的一种直接推广有如下形式

$$(I_{a+}^{\alpha,\,\beta} \varphi)(x) = \frac{1}{\Gamma(\alpha)} \int_a^x \frac{\ln^\beta \dfrac{\gamma}{x-t}}{(x-t)^{1-\alpha}} \varphi(t) dt,$$

$$(I_{b-}^{\alpha,\,\beta} \varphi)(x) = \frac{1}{\Gamma(\alpha)} \int_x^b \frac{\ln^\beta \dfrac{\gamma}{t-x}}{(t-x)^{1-\alpha}} \varphi(t) dt, \tag{21.1}$$

$$\alpha > 0, \quad \beta \geqslant 0, \quad \gamma > b-a,$$

包含对数和幂奇异性. 我们称这种结构为带幂对数核的算子 (简称为幂对数核算子). 这样的积分会在研究第一类幂对数核 (见 §§ 32 和 33) 积分方程时出现.

式 (21.1) 中算子的逆将在 § 32.3 中获得. 本节我们将考虑幂对数核算子在 Hölder 空间以及可和函数空间中的映射性质. 这里给出并证明的关于积分 $I_{a+}^{\alpha,\beta}\varphi$ 的结果是 §3 中关于分数阶积分 $I_{a+}^{\alpha}\varphi = I_{a+}^{\alpha,0}\varphi$ 的结果的推广. 我们还注意到, $H^{\lambda,k}$ 空间 (见定义 1.7) 对算子 (21.1) 起着重要作用, 这与分数阶积分算子的情况不同, 该空间仅在单独的情况下出现 (见定理 3.1 和定理 3.6).

21.1　在 H^{λ} 空间中的映射性质

以下定理说明了幂对数核算子如何在点 $x = a$ 以外提高函数 $\varphi(t)$ 的 Hölder 指数 (参见定理 3.1).

定理 21.1　设 $\varphi(t) \in H^{\lambda}([a,b])$, $0 \leqslant \lambda \leqslant 1$. 若 $0 < \alpha < 1$ 和 $\beta \geqslant 0$, 则

$$(I_{a+}^{\alpha,\beta}\varphi)(x) = \frac{\varphi(a)}{\Gamma(\alpha)}\Phi_{\beta,\alpha}(x) + \psi(x), \tag{21.2}$$

其中

$$\Phi_{\beta,\alpha}(x) = \int_0^{x-a} t^{\alpha-1}\ln^{\beta}\frac{\gamma}{t}dt, \tag{21.3}$$

当 $\lambda + \alpha \neq 1$ 时 $\psi(x) \in H^{\lambda+\alpha,\beta}$, 当 $\lambda + \alpha = 1$ 时 $\psi(x) \in H^{\lambda+\alpha,\beta+1}$, 且满足估计

$$|\psi(x)| \leqslant A(x-a)^{\lambda+\alpha}\ln^{\beta}\frac{\gamma}{x-a}, \quad A > 0 \ (x \to a). \tag{21.4}$$

函数 $\Phi_{\beta,\alpha}(x)$ 在 $x = a$ 点外无穷次可微, 如果 $\beta = m$ 为整数, 其有幂对数行为

$$\Phi_{m,\alpha}(x) = (x-a)^{\alpha}\sum_{k=0}^{m}\frac{(-1)^k(-m)_k}{\alpha^{k+1}}\ln^{m-k}\frac{\gamma}{x-a}. \tag{21.5}$$

如果 β 不是整数, 则对任意 $N = 1, 2, \cdots$, 我们有

$$\Phi_{\beta,\alpha}(x) = (x-a)^{\alpha}\sum_{k=0}^{N}\frac{(-1)^k(-\beta)_k}{\alpha^{k+1}}\ln^{\beta-k}\frac{\gamma}{x-a} + r_N(x), \tag{21.6}$$

其中

$$r_N(x) = O\left(\frac{(x-a)^{\alpha}}{\left(\ln\dfrac{\gamma}{x-a}\right)^{N+1-\beta}}\right), \quad x \to a.$$

证明　由定理 3.1, 只需证明 $\beta > 0$ 的情况. 如果我们设

$$\psi(x) = \frac{1}{\Gamma(\alpha)} \int_a^x (x-t)^{\alpha-1} \ln^\beta \frac{\gamma}{x-t} [\varphi(t) - \varphi(a)] dt,$$

则可得到 (21.2). 通过连续分部积分我们可以从 (21.3) 中得到关系式 (21.5) 和 (21.6). 对于 $\psi(x)$ 我们有

$$|\psi(x)| \leqslant \Gamma^{-1}(\alpha) \|\varphi\|_{H^\lambda} \int_a^x (x-t)^{\alpha-1} (t-a)^\gamma \ln^\beta \frac{\gamma}{x-t} dt,$$

作变量替换 $t = a + \tau(x-a)$ 后我们发现

$$|\psi(x)| \leqslant c(x-a)^{\lambda+\alpha} \int_0^1 \tau^{\alpha-1}(1-\tau)^\lambda \left(\ln \frac{1}{x-a} + \ln \frac{\gamma}{\tau} \right)^\beta d\tau.$$

应用已知估计

$$(a+b)^\nu \leqslant 2^{\max(\nu,1)}(a^\nu + b^\nu), \quad a \geqslant 0, \ b \geqslant 0, \ \nu > 0 \tag{21.7}$$

—— 例如, 见 Bari [1961, p. 31] —— 我们得到不等式

$$|\psi(x)| \leqslant (x-a)^{\lambda+\alpha} \left[c_1 \left| \ln^\beta \frac{\gamma}{x-a} \right| + c_2 \right],$$

从而得到了 (21.4).

进一步, 我们考虑 $\psi(x)$. 为简单起见, 假设 $a = 0, b = 1$ 和 $\gamma > 1$. 我们记

$$g(x) = \varphi(x) - \varphi(0), \quad |g(x)| \leqslant \|\varphi\|_{H^\lambda} x^\lambda, \tag{21.8}$$

并观察到

$$|g(x) - g(y)| \leqslant \|\varphi\|_{H^\lambda} |x-y|^\lambda. \tag{21.9}$$

令 $0 < h < 1/2; x, x+h \in [0,1]$. 我们先来研究 $\lambda + \alpha \leqslant 1$ 的情形, 有

$$\Gamma(\alpha)[\psi(x+h) - \psi(x)]$$

$$= g(x) \int_x^{x+h} t^{\alpha-1} \ln^\beta \frac{\gamma}{t} dt + \int_{-h}^0 (t+h)^{\alpha-1} \ln^\beta \frac{\gamma}{t+h} [g(x-t) - g(x)] dt$$

$$+ \int_0^x \left[\frac{\ln^\beta \frac{\gamma}{t+h}}{(t+h)^{1-\alpha}} - \frac{\ln^\beta \frac{\gamma}{t}}{t^{1-\alpha}} \right] [g(x-t) - g(x)] dt$$

$$= I_1 + I_2 + I_3.$$

根据 (21.8), $|I_1| \leqslant \|\varphi\|_{H^\lambda} x^\lambda \int_x^{x+h} t^{\alpha-1} \ln^\beta \frac{\gamma}{t} dt$. 如果 $x \leqslant h$, 则代入 $t = h\tau$, 并考虑不等式 (21.7), 我们发现

$$|I_1| \leqslant ch^\lambda \left| \int_0^{2h} \frac{\ln^\beta \frac{\gamma}{t}}{t^{1-\alpha}} dt \right| = ch^{\lambda+\alpha} \int_0^2 \frac{\left| \ln \frac{1}{h} + \ln \frac{\gamma}{\tau} \right|^\beta}{\tau^{1-\alpha}} d\tau$$

$$\leqslant h^{\lambda+\alpha} \left(c_1 \ln^\beta \frac{1}{h} + c_2 \right) \leqslant ch^{\lambda+\alpha} \ln^\beta \frac{1}{h}.$$

对于 $x > h$ 的情形, 通过变量替换 $t = x\tau$ 并使用 (21.7) 得到

$$|I_1| \leqslant cx^{\lambda+\alpha} \int_1^{1+h/x} \frac{\left(\ln \frac{\gamma}{\tau} + \ln \frac{1}{x} \right)^\beta}{\tau^{1-\alpha}} d\tau$$

$$\leqslant cx^{\lambda+\alpha} \left(\ln^\beta \frac{1}{x} \int_1^{1+h/x} \tau^{\alpha-1} d\tau + \int_1^{1+h/x} \tau^{\alpha-1} \ln^\beta \frac{\gamma}{\tau} d\tau \right).$$

因为 $\tau^{\alpha-1} \ln^\beta \frac{\gamma}{\tau} \leqslant \ln^\beta \gamma$, 当 $x > h$ 时我们得到

$$|I_1| \leqslant \frac{c_1 h}{x^{1-\alpha-\lambda}} \left(\ln^\beta \frac{1}{x} + 1 \right) \leqslant ch^{\lambda+\alpha} \ln^\beta \frac{1}{h}.$$

进一步, 在 I_2 中将 t 替换为 $h(\tau-1)$ 并结合 (21.7) 和 (21.8) 我们发现

$$|I_2| \leqslant c \int_{-b}^0 \frac{|t|^\lambda \ln^\beta \frac{\gamma}{t+h}}{(t+h)^{1-\alpha}} dt$$

$$\leqslant ch^{\lambda+\alpha} \int_0^1 \frac{\left(\ln \frac{1}{h} + \ln \frac{\gamma}{\tau} \right)^\beta (1-\tau)^\lambda}{\tau^{1-\alpha}} d\tau$$

$$\leqslant ch^{\lambda+\alpha} \ln^\beta \frac{1}{h}.$$

最后, 估计 I_3. 我们有

$$|I_3| \leqslant c \int_0^x t^\lambda \left| \frac{\ln^\beta \frac{\gamma}{t+h}}{(t+h)^{1-\alpha}} - \frac{\ln^\beta \frac{\gamma}{t}}{t^{1-\alpha}} \right| dt$$

$$\leqslant ch^{\lambda+\alpha} \int_0^{x/h} \tau^\lambda \left| \tau^{\alpha-1} \ln^\beta \frac{\gamma}{h\tau} \right| d\tau.$$

如果 $x \leqslant h$, 则由 (21.7) 我们得到

$$|I_3| \leqslant c_1 h^{\lambda+\alpha} \int_0^1 \tau^{\alpha+\lambda-1} \left(\ln \frac{1}{h} + \ln \frac{\gamma}{\tau} \right)^\beta d\tau$$

$$\leqslant ch^{\lambda+\alpha} \ln^\beta \frac{1}{h}.$$

如果 $x > h$, 则

$$|I_3| \leqslant c_1 h^{\lambda+\alpha} \left(\int_0^1 + \int_1^{x/h} \right) \tau^\lambda \left| \tau^{\alpha-1} \ln^\beta \frac{\gamma}{h\tau} - (\tau+1)^{\alpha-1} \ln^\beta \frac{\gamma}{h(\tau+1)} \right| d\tau = I_{31} + I_{32}.$$

对于 I_{31}, 与之前的论证相似, 我们发现 $|I_{31}| \leqslant ch^{\lambda+\alpha} \ln^\beta(1/h)$. 为估计 I_{32} 我们运用不等式

$$\left| \tau^{\alpha-1} \ln^\beta \frac{\gamma}{\tau} - (\tau+1)^{\alpha-1} \ln^\beta \frac{\gamma}{\tau+1} \right| \leqslant c\tau^{\alpha-2} \ln^\beta \frac{\gamma}{\tau}, \quad \tau \geqslant 1, \qquad (21.10)$$

此式可以通过中值定理得到. 然后由 (21.7) 我们有

$$|I_{32}| \leqslant ch^{\lambda+\alpha} \int_1^{x/h} \frac{\left(\ln \dfrac{1}{h} + \ln \dfrac{\gamma}{\tau} \right)^\beta}{\tau^{2-\alpha-\lambda}} d\tau$$

$$\leqslant ch^{\lambda+\alpha} \left(\ln^\beta \frac{1}{h} \int_1^{x/h} \frac{d\tau}{\tau^{2-\alpha-\lambda}} + \int_1^{x/h} \frac{\ln^\beta \dfrac{\gamma}{\tau}}{\tau^{2-\alpha-\lambda}} d\tau \right).$$

因此, 如果 $\lambda + \alpha < 1$, 由积分 $\int_1^\infty \tau^{\alpha+\lambda-2} d\tau$ 和 $\int_1^\infty \ln^\beta \frac{\gamma}{\tau} \tau^{\alpha+\lambda-2} d\tau$ 的收敛性, 我们有 $|I_{32}| \leqslant ch^{\lambda+\alpha} \ln^\beta \frac{1}{h}$. 如果 $\lambda + \alpha = 1$, 则

$$|I_{32}| \leqslant ch^{\lambda+\alpha} \left(c\ln^\beta \frac{1}{h} \ln \frac{x}{h} + c_1 \ln^{\beta+1} \frac{x}{h} + c_2 \right)$$

$$\leqslant ch^{\lambda+\alpha} \ln^{\beta+1} \frac{1}{h}.$$

结合对 I_1, I_2 和 I_3 的估计, 我们得到了定理在 $\lambda + \alpha \leqslant 1$ 情形下的证明.

现在令 $\lambda + \alpha > 1$. 我们想证 $\psi'(x) = (d/dx) I_{0+}^{\alpha,\beta} g \in H^{\lambda+\alpha-1,\beta}$. 我们将 $\dfrac{d}{dx} I_{0+}^{\alpha,\beta} g$ 转化为

$$\Gamma(\alpha) \frac{d}{dx} (I_{0+}^{\alpha,\beta} g)(x)$$

$$= x^{\alpha-1} \ln^\beta \frac{\gamma}{x} g(x) + \int_0^x \frac{d}{dt} \left(t^{\alpha-1} \ln^\beta \frac{\gamma}{t} \right) [g(x-t) - g(x)] dt \qquad (21.11)$$

$$= G_1(x) + G_2(x).$$

如果 g 是一个连续可微的函数, 那么 (21.11) 可以通过直接微分然后分部积分来验证. 如果 g 是 Hölder 函数, 则 (21.11) 左右两端一致的证明方法与 Liouville 分数阶导数和 Marchaud 分数阶导数在区间上一致的证明方法相同 (见定理 13.1 的推论和引理 13.2 的推论).

下面来证明 $G_1(x), G_2(x) \in H^{\lambda+\alpha-1,\beta}$. 我们有

$$G_1(x+h) - G_1(x) = (x+h)^{\alpha-1} \ln^\beta \frac{\gamma}{x+h} [g(x+h) - g(x)]$$

$$+ \left[(x+t)^{\alpha-1} \ln^\beta \frac{\gamma}{x+h} - x^{\alpha-1} \ln^\beta \frac{\gamma}{x} \right] g(x)$$

$$= G_{11} + G_{12}.$$

考虑到 (21.9), 对于 G_{11} 我们得到 $|G_{11}| \leqslant ch^{\lambda+\alpha-1} \ln^\beta \frac{1}{h}$. 根据 (21.8), 我们发现 G_{12} 满足

$$|G_{12}| \leqslant Ax^\lambda \left| x^{\alpha-1} \ln^\beta \frac{\gamma}{x} - (x+h)^{\alpha-1} \ln^\beta \frac{\gamma}{x+h} \right|.$$

由此, 若 $x \leqslant h$, 我们有

$$|G_{12}| \leqslant 2Ax^{\lambda+\alpha-1} \ln^\beta \frac{\gamma}{x} \leqslant ch^{\lambda+\alpha-1} \ln^\beta \frac{1}{h}.$$

令 $x > h$. 则根据 (21.10), 我们得到

$$|G_{12}| \leqslant cx^{\lambda+\alpha-2} h \ln^\beta \frac{\gamma}{x} \leqslant ch^{\lambda+\alpha-1} \ln^\beta \frac{1}{h}.$$

我们引入符号

$$K(t) = \frac{d}{dt} \left(t^{\alpha-1} \ln^\beta \frac{\gamma}{t} \right), \quad |K(t)| \leqslant ct^{\alpha-2} \ln^\beta \frac{\gamma}{t}, \tag{21.12}$$

则

$$G_2(x+h) - G_2(x) = \int_{-h}^0 K(t+h)[g(x-t) - g(x+t)]dt$$

$$+ [g(x+h) - g(x)] \int_0^x K(t+h)dt$$

$$+ \int_0^x [K(t+h) - K(t)][g(x-t) - g(x)]dt$$

$$= G_{21} + G_{22} + G_{23}.$$

我们先来估计 G_{21}. 由 (21.9), (21.12) 和 (21.7) 我们有

$$
\begin{aligned}
|G_{21}| &\leqslant c \int_{-h}^{0} (t+h)^{\lambda+\alpha-2} \ln^{\beta} \frac{\gamma}{t+h} dt \\
&\leqslant ch^{\lambda+\alpha-1} \int_{0}^{1} \tau^{\lambda+\alpha-2} \left(\ln \frac{1}{h} + \ln \frac{\gamma}{\tau} \right)^{\beta} d\tau \\
&\leqslant ch^{\lambda+\alpha-1} \ln^{\beta} \frac{1}{h}.
\end{aligned}
$$

进一步, 根据积分 $\displaystyle\int_{0}^{\infty} (\tau+1)^{\alpha-2} \ln^{\beta} \frac{\gamma}{\tau+1} d\tau$ 在 $\beta \geqslant 0$ 时的收敛性, 我们发现

$$
\begin{aligned}
|G_{22}| &\leqslant ch^{\lambda} \int_{0}^{x} (t+h)^{\alpha-2} \ln^{\beta} \frac{\gamma}{t+h} dt \\
&= ch^{\lambda+\alpha-1} \int_{0}^{x/h} (\tau+1)^{\alpha-2} \ln^{\beta} \frac{\gamma}{(\tau+1)h} d\tau \\
&\leqslant ch^{\lambda+\alpha-1} \left(\ln^{\beta} \frac{1}{h} \int_{0}^{x/h} (\tau+1)^{\alpha-2} d\tau + \int_{0}^{x/h} (\tau+1)^{\alpha-2} \ln^{\beta} \frac{\gamma}{\tau+1} d\tau \right) \\
&\leqslant ch^{\lambda+\alpha-1} \ln^{\beta} \frac{1}{h}.
\end{aligned}
$$

最后, 考虑到 (21.12) 和 (21.9), 我们有

$$
\begin{aligned}
|G_{23}| &\leqslant \sum_{k=0}^{1} c_k \int_{0}^{x} \left| \frac{\ln^{\beta-k} \frac{\gamma}{t+h}}{(t+h)^{2-\alpha}} - \frac{\ln^{\beta-k} \frac{\gamma}{t}}{t^{2-\alpha}} \right| t^{\lambda} dt \\
&= h^{\lambda+\alpha-1} \sum_{k=0}^{1} c_k \int_{0}^{x/h} \left| \frac{\ln^{\beta-k} \frac{\gamma}{\tau h}}{\tau^{2-\alpha}} - \frac{\ln^{\beta-k} \frac{\gamma}{(\tau+1)h}}{(\tau+1)^{2-\alpha}} \right| \tau^{\lambda} d\tau.
\end{aligned}
$$

由此, 若 $x \leqslant h$, 我们发现

$$
\begin{aligned}
|G_{23}| &\leqslant h^{\lambda+\alpha-1} \sum_{k=0}^{1} c_k \left(\int_{0}^{1} \frac{\left| \ln^{\beta-k} \frac{\gamma}{\tau h} \right|}{\tau^{2-\alpha-\lambda}} d\tau + \int_{0}^{1} \frac{\left| \ln^{\beta-k} \frac{\gamma}{(\tau+1)h} \right|}{(\tau+1)^{2-\alpha} \tau^{-\lambda}} d\tau \right) \\
&\leqslant h^{\lambda+\alpha-1} \left(c_1 \ln^{\beta} \frac{1}{h} + c_2 \ln^{\max(0,\beta)} \frac{1}{h} \right) \\
&\leqslant h^{\lambda+\alpha-1} \ln^{\beta} \frac{1}{h}.
\end{aligned}
$$

若 $x > h$, 则根据 (21.10) 和 (21.7) 我们得到

$$|G_{23}| \leqslant h^{\lambda+\alpha-1} \sum_{k=0}^{1} c_k \left(\int_0^1 + \int_1^{x/h} \right) \left[\frac{\ln^{\beta-k} \dfrac{\gamma}{\tau h}}{\tau^{2-\alpha}} - \frac{\ln^{\beta-k} \dfrac{\gamma}{(\tau+1)h}}{(\tau+1)^{2-\alpha}} \right] \tau^\lambda d\tau$$

$$\leqslant h^{\lambda+\alpha-1} \left(c \ln^\beta \frac{1}{h} + \sum_{k=0}^{1} c_k \int_1^{x/h} \frac{\left(\ln \dfrac{1}{h} + \ln \dfrac{\gamma}{\tau} \right)^{\beta-k}}{\tau^{3-\alpha-\lambda}} d\tau \right)$$

$$\leqslant h^{\lambda+\alpha-1} \ln^\beta \frac{1}{h},$$

从而定理得证. ∎

推论 1 算子

$$\frac{1}{\Gamma(\alpha)} \int_a^x \frac{\varphi(t) - \varphi(a)}{(x-t)^{1-\alpha}} \ln^\beta \frac{\gamma}{x-t} dt, \quad 0 < \alpha < 1, \quad \beta \geqslant 0$$

在 $\lambda + \alpha \neq 1$ 时从 H^λ, $0 \leqslant \lambda \leqslant 1$ 有界映入 $H^{\lambda+\alpha,\beta}$, 在 $\lambda + \alpha = 1$ 时有界映入 $H^{\lambda+\alpha,\beta+1}$.

推论 2 算子 $I_{a+}^{\alpha,\beta}$ 从 $C = H^0$ 有界映入 $H^{\alpha,\beta}$.

注 21.1 分析定理 21.1 的证明容易看出, 算子 $I_{a+}^{\alpha,\beta}$ 甚至从 L_∞ 有界映入 $H^{\alpha,\beta}$.

21.2 在 $H_0^\lambda(\rho)$ 空间中的映射性质

如 §3 一样, 我们从最简单的权重情况 $\rho(x) = (x-a)^\mu$ 和 $\rho(x) = (b-x)^\nu$ 开始研究.

定理 21.2 令 $0 < \lambda < 1$, $\lambda + \alpha < 1$. 则算子 $I_{a+}^{\alpha,\beta}$, $\beta \geqslant 0$ 从 $H_0^\lambda(\rho)$ 有界映入 $H_0^{\lambda+\alpha,\beta}(\rho)$, 其中 $\rho(x) = (x-a)^\mu$, $\mu < \lambda+1$ 或 $\rho(x) = (b-x)^\nu$, $\nu > \lambda+\alpha$.

证明 首先, 设 $\rho(x) = (x-a)^\mu$. 由定理 3.3 只需考虑 $\beta > 0$ 的情况. 为简单起见, 令 $a = 0$, $b = 1$. 设 $\varphi(t) \in H_0^\lambda(\rho)$, 所以 $\varphi(t) = g(t)t^{-\mu}$, 其中 $g(t) \in H^\lambda$, $g(0) = 0$. 我们要证

$$G(x) = \int_0^x \left(\frac{x}{t} \right)^\mu \ln^\beta \frac{\gamma}{x-t} \frac{g(t)dt}{(x-t)^{1-\alpha}} \in H_0^{\lambda+\alpha,\beta}$$

和 $\|G\|_{H^{\lambda+\alpha,\beta}} \leqslant c\|g\|_{H^\lambda}$. 将 $G(x)$ 表示为

$$G(x) = \int_0^x \frac{\ln^\beta \dfrac{\gamma}{x-t}}{(x-t)^{1-\alpha}} g(t)dt + \int_0^x \frac{|x^\mu - t^\mu|}{t^\mu(x-t)^{1-\alpha}} \ln^\beta \frac{\gamma}{x-t} g(t)dt$$

$$= \Phi(x) + \Psi(x). \tag{21.13}$$

由定理 21.1 我们得到 $\Phi(x) \in H_0^{\lambda+\alpha,\beta}$. 对于 $\Psi(x)$, 类似 (3.7), 有

$$
\Psi(x+h) - \Psi(x) = \int_x^{x+h} \ln^\beta \frac{\gamma}{x+h-t} \frac{(x+h)^\mu - t^\mu}{t^\mu (x+h-t)^{1-\alpha}} g(t)dt
$$

$$
+ [(x+h)^\mu - x^\mu] \int_0^x \ln^\beta \frac{\gamma}{x+h-t} \frac{(x+h-t)^{\alpha-1}}{t^\mu} g(t)dt
$$

$$
+ \int_0^x \frac{x^\mu - t^\mu}{t^\mu} \left[\frac{\ln^\beta \dfrac{t}{x+h-t}}{(x+h-t)^{1-\alpha}} - \frac{\ln^\beta \dfrac{t}{x-t}}{(x-t)^{1-\alpha}} \right] g(t)dt
$$

$$
= J_1 + J_2 + J_3. \tag{21.14}
$$

我们先来估计 J_1. 令 $\mu \leqslant 1$. 因为 $|g(t)| \leqslant \|g\|_{H^\lambda} t^\lambda$, 则根据 (3.9) 和 (21.7), 我们发现

$$
|J_1| \leqslant |\mu| \|g\|_{H^\lambda} \int_x^{x+h} \frac{(x+h-t)^\alpha}{(t-x)^{1-\lambda}} \ln^\beta \frac{\gamma}{x+h-t} dt
$$

$$
\leqslant |\mu| \|g\|_{H^\lambda} h^{\lambda+\alpha} \int_0^1 \frac{\tau^\alpha}{(1-\tau)^{1-\lambda}} \left(\ln \frac{1}{h} + \ln \frac{\gamma}{\tau} \right)^\beta dt
$$

$$
\leqslant c \|g\|_{H^\lambda} h^{\lambda+\alpha} \ln^\beta \frac{1}{h}.
$$

如果 $\mu > 1$, 则根据 (3.8), 我们有

$$
|J_1| \leqslant |\mu| \|g\|_{H^\lambda} (x+h)^{\mu-1} \int_x^{x+h} \frac{(x+h-t)^\alpha}{t^{\mu-\lambda}} \ln^\beta \frac{\gamma}{x+h-t} dt
$$

$$
\leqslant \frac{h^\alpha \ln^\beta \dfrac{\gamma}{h}}{(x+h)^{1-\mu}} \int_x^{x+h} \frac{dt}{t^{\mu-\lambda}}
$$

$$
= c \frac{h^\alpha \ln^\beta \dfrac{\gamma}{h}}{(x+h)^{1-\mu}} [(x+h)^{\lambda-\mu+1} - x^{\lambda-\mu+1}]
$$

$$
\leqslant c h^{1+\alpha} \ln^\beta \frac{\gamma}{h} (x+h)^{\lambda-1} \leqslant c h^{\lambda+\alpha} \ln^\beta \frac{1}{h}.
$$

我们估计 J_2. 如果 $x \leqslant h$, 当 $\mu \geqslant 0$ 时, 我们得到

$$
|J_2| \leqslant c h^\mu \int_0^x \frac{t^{\lambda-\mu}}{(x+h-t)^{1-\alpha}} \ln^\beta \frac{\gamma}{x+h-t} dt
$$

$$
\leqslant c h^{\mu+\alpha-1} \ln^\beta \frac{\gamma}{h} \int_0^x t^{\lambda-\mu} dt
$$

$$
\leqslant c h^{\mu+\alpha-1} \ln^\beta \frac{\gamma}{h} x^{\lambda-\mu+1} \leqslant c h^{\lambda+\alpha} \ln^\beta \frac{1}{h},
$$

当 $\mu < 0$ 时,

$$|J_2| \leqslant cx^\mu \int_0^x \frac{t^{\lambda-\mu}}{(x+h-t)^{1-\alpha}} \ln^\beta \frac{\gamma}{x+h-t} dt$$

$$\leqslant cx^\mu h^{\alpha-1} \ln^\beta \frac{\gamma}{h} \int_0^x t^{\lambda-\mu} dt$$

$$\leqslant ch^{\alpha-1} \ln^\beta \frac{\gamma}{h} x^{\lambda+1} \leqslant ch^{\lambda+\alpha} \ln^\beta \frac{1}{h}.$$

如果 $x > h$, 且 $\mu \leqslant 1$, 利用不等式 (3.9) 和 (21.7) 我们发现

$$|J_2| \leqslant |\mu| hx^{\mu-1} \int_0^x \frac{t^{\lambda-\mu}}{(t+h-t)^{1-\alpha}} \ln^\beta \frac{\gamma}{x+h-t} dt$$

$$\leqslant ch \int_0^x \frac{\ln^\beta \dfrac{\gamma}{x-t}}{t^{1-\lambda}(x-t)^{1-\alpha}} dt$$

$$= \frac{ch}{x^{1-\lambda-\alpha}} \int_0^1 \frac{\left(\ln \dfrac{\gamma}{x} + \ln \dfrac{1}{\tau} \right)^\beta}{(1-\tau)^{1-\lambda}\tau^{1-\alpha}}$$

$$\leqslant c \frac{h \ln^\beta \dfrac{1}{h}}{x^{1-\lambda-\alpha}} \leqslant ch^{\lambda+\alpha} \ln^\beta \frac{1}{h}.$$

令 $\mu > 1$. 则根据 (3.8), 我们有

$$|J_2| \leqslant \mu h(x+h)^{\mu-1} \int_0^{x+h} \frac{\ln^\beta \dfrac{\gamma}{x+h-t}}{t^{\mu-\lambda}(x+h-t)^{1-\alpha}} dt$$

$$= \mu \frac{h}{(x+h)^{1-\lambda-\alpha}} \int_0^1 (1-\tau)^{\lambda-\mu} \tau^{\alpha-1} \left(\ln \frac{\gamma}{x+h} + \ln \frac{1}{\tau} \right)^\beta d\tau$$

$$\leqslant c \frac{h}{(x+h)^{1-\lambda-\alpha}} \ln^\beta \frac{\gamma}{x+h} \leqslant ch^{\lambda+\alpha} \ln^\beta \frac{1}{h}.$$

对于 J_3, 作变换 $t = sx$ 得到

$$|J_3| \leqslant \|g\|_{H^\lambda} x^{\lambda+\alpha} \int_0^1 \frac{1-s^\mu}{s^{\mu-\lambda}} \left| \frac{\ln^\beta \dfrac{\gamma}{1-s+h/x}}{(1-s+h/x)^{1-\alpha}} - \frac{\ln^\beta \dfrac{\gamma}{1-s}}{(1-s)^{1-\alpha}} \right| ds.$$

如果 $x \leqslant h$, 则 $|J_3| \leqslant c\|g\|_{H^\lambda} h^{\lambda+\alpha}$. 如果 $x > h$, 由 (21.10) 我们有

$$|J_3| \leqslant \|g\|_{H^\lambda} x^{\lambda+\alpha-1} h \int_0^1 \frac{1-s^\mu}{s^{\mu-\lambda}(1-s)^{2-\alpha}} \ln^\beta \frac{\gamma}{1-s} ds \leqslant c\|g\|_{H^\lambda} h^{\lambda+\alpha}.$$

结合对 J_1, J_2 和 J_3 的估计, 我们得到

$$|\Psi(x+h) - \Psi(x)| \leqslant c\|g\|_{H^\lambda} h^{\lambda+\alpha} \ln^\beta \frac{1}{h}.$$

因此考虑到 (21.13) 和不等式 $|G(x)| \leqslant c\|g\|_{H^\lambda} x^{\lambda+\alpha} \ln^\beta \frac{\gamma}{x}$, 我们看到 $G(x) \in H^{\lambda+\alpha,\beta}$. 所以我们得到了在 $\rho(x) = (x-a)^\nu$, $\nu < \lambda+1$ 情形下定理的证明. 当 $\rho(x) = (b-x)^\nu$, $\nu > \lambda+\alpha$ 时, 利用不等式 (3.8), (3.9), (21.7) 和 (21.10), 定理可用与定理 3.3 相同的方式证明. ∎

下面类似定理 3.3′ 的结论可从定理 21.2 中得到.

定理 21.2′ 令 $0 < \lambda < 1$, $\lambda+\alpha < 1$. 则算子 $I_{a+}^{\alpha,\beta}$ 从 $H_0^\lambda(\rho)$ 有界映入 $H_0^{\lambda+\alpha,\beta}(\rho)$, $\rho(x) = (x-a)^\mu (b-x)^\nu$, $\mu < \lambda+1$, $\nu > \lambda+\alpha$.

定理 21.2′ 的证明方法与证明定理 3.3′ 的方法相同, 使用 $H_0^{\lambda,\beta}(\rho)$ 中函数的不等式: $\|g\|_{H^{\lambda,\beta}(\rho)} \leqslant \max(\|g\|_{H^{\lambda,\beta}(\rho_a)}, \|g\|_{H^{\lambda,\beta}(\rho_b)})$, 其中 $\rho_a(x) = (x-a)^\mu$, $\rho_b(x) = (b-x)^\nu$.

若要将定理 21.2 和定理 21.2′ 推广到一般权 (1.7) 的情形, 则需要对核为

$$(x+t)^{\alpha-1} \ln^\mu \frac{\gamma}{x+t}, \quad x > 0, \ t > 0$$

的积分给出引理 3.1 型的结论. 它有以下形式.

引理 21.1 设函数 $\varphi(x)$, $0 < x \leqslant l$ 有估计 $|\varphi(x)| \leqslant kx^{-\gamma}$, $\alpha < \gamma < 1$. 则对任意 $\mu \geqslant 0$, $\gamma > 2l$ 和满足 $\alpha+\beta \leqslant 1$ 的 $\beta \geqslant 0$, 有

$$f(x) = \int_0^l \frac{\ln^\mu \dfrac{\gamma}{x+t}}{(x+t)^{1-\alpha}} \varphi(t) dt \in H^{\alpha+\beta,\mu}([0,l]; x^{\gamma+\beta})$$

和 $\|f\|_{H^{\alpha+\beta,\mu}(x^{\gamma+\beta})} \leqslant ck$, 其中 c 不依赖于 $\varphi(x)$.

本引理的证明方法与证明定理 3.1 的方法相同, 这里要利用不等式 (21.7) 和 (21.10) 推导.

定理 21.3 令 $\rho(x)$ 为权重 (3.12), $\lambda+\alpha < 1$ 且下列条件满足:

1) $\mu_1 < \lambda+1$;

2) $\lambda+\alpha < \mu_k < \lambda+1$, $k = 2,3,\cdots,n-1$;

3) $x_n < b$ 时 $\lambda+\alpha < \mu_n < \lambda+1$, $x_n = b$ 时 $\lambda+\alpha < \mu_n$. 则算子 $I_{a+}^{\alpha,\beta}$ 从 $H_0^\lambda(\rho)$ 有界映入 $H_0^{\lambda+\alpha,\beta}(\rho)$.

定理 21.3 的证明方法与定理 3.4 的方法相同, 利用定理 21.2, 定理 21.2′ 和引理 21.1.

注 21.2 定理 21.3 中的条件 $\lambda + \alpha < \mu_k$, $k = 2, 3, \cdots, n$ 不能减弱: 若 $\lambda + \alpha \geqslant \mu_k$, 则定理 21.3 不成立. 事实上, 如果我们设 $\rho(x) = (b-x)^\mu$, $\mu \leqslant \lambda + \alpha$ 和 $\varphi(x) = (x-a)^\lambda (b-x)^\mu$, 则直接计算得 $(\rho I_{a+}^{\alpha,\beta} \rho^{-1} \varphi)(x) = \dfrac{(b-x)^\mu}{\Gamma(\alpha)} \displaystyle\int_a^x \dfrac{(t-a)^\lambda}{(b-t)^{\mu-\lambda}} (x-t)^{\alpha-1} \ln^\beta \dfrac{\gamma}{x-t} dt \neq O\left((b-x)^{\lambda+\alpha} \ln^\beta \dfrac{1}{b-x} \right)$, $x \to b$. 因此, 我们得到 $f = I_{a+}^{\alpha,\beta} \rho^{-1} \varphi \notin H_0^{\lambda+\alpha,\beta}(\rho)$ —— 参见注 3.2.

21.3 在 L_p 空间中的映射性质

根据广义 Minkowsky 不等式 (1.33), 容易证明算子 $I_{a+}^{\alpha,\beta}$ 在 $L_p = L_p(a, b)$, $p \geqslant 1$ 中有界:

$$\| I_{a+}^{\alpha,\beta} \varphi \|_{L_p} \leqslant c \| \varphi \|_{L_p}.$$

下面两个定理包含更精确的结论.

定理 21.4 如果 $0 < \alpha < 1$, $\beta \geqslant 0$ 且 $1 \leqslant p < 1/\alpha$, 则算子 $I_{a+}^{\alpha,\beta}$ 从 L_p 有界映入 L_s, $1 \leqslant s < q = p(1 - \alpha p)^{-1}$.

此定理可从定理 3.5 中得到, 因为对于任意小的 $\varepsilon > 0$ 和 $0 < \alpha < 1$,

$$|I_{a+}^{\alpha,\beta} \varphi| \leqslant c I_{a+}^{\alpha-\varepsilon}(|\varphi|). \tag{21.15}$$

定理 21.5 设 $p > 1$ 和 $1/p < \alpha \leqslant 1 + 1/p$, 则算子 $I_{a+}^{\alpha,\beta}$ 在 $\alpha < 1 + 1/p$ 时 从 L_p 有界映入 $H^{\alpha-1/p,\beta}$, 在 $\alpha = \dfrac{1}{p} + 1$ 时, 有界映入 $H^{\alpha-1/p,\beta+1/p'}$, 并且

$$(I_{a+}^{\alpha,\beta} \varphi)(x) = o\left((x-a)^{\alpha-1/p} \ln^\beta \dfrac{1}{x-a} \right), \quad \text{当} \quad x \to a. \tag{21.16}$$

证明 为简单我们设 $a = 0$, $b = 1$. 根据 (21.7), 估计 (21.6) 可从 Hölder 不等式 (1.28) 中得到:

$$|I_{0+}^{\alpha,\beta} \varphi| \leqslant \frac{1}{\Gamma(\alpha)} \left(\int_0^x |\varphi(t)|^p dt \right)^{1/p} \left(\int_0^x (x-t)^{(\alpha-1)p'} \ln^{\beta p'} \frac{\gamma}{x-t} dt \right)^{1/p'}$$

$$= \frac{1}{\Gamma(\alpha)} x^{\alpha-1/p} \left(\int_0^1 \tau^{(\alpha-1)p'} \left(\ln \frac{1}{x} + \ln \frac{\gamma}{\tau} \right)^{\beta p'} d\tau \right)^{1/p'} \left(\int_0^x |\varphi(t)|^p dt \right)^{1/p}$$

$$\leqslant c x^{\alpha-1/p} \ln^\beta \frac{1}{x} \left(\int_0^x |\varphi(t)|^p dt \right)^{1/p}.$$

$$\tag{21.17}$$

设 $x, x+h \in [0,1]$ 和 $0 < h \leqslant 1/2$. 我们有

$$\Gamma(\alpha)[(I_{0+}^{\alpha,\beta}\varphi)(x+h) - (I_{0+}^{\alpha,\beta}\varphi)(x)]$$

$$= \int_x^{x+h} (x+h-t)^{\alpha-1} \ln^\beta \frac{\gamma}{x+h-t} \varphi(t) dt$$

$$+ \int_0^x \left[(x+h-t)^{\alpha-1} \ln^\beta \frac{\gamma}{x+h-t} - (x-t)^{\alpha-1} \ln^\beta \frac{\gamma}{x-t} \right] \varphi(t) dt \qquad (21.18)$$

$$= \Phi_1 + \Phi_2.$$

应用 Hölder 不等式并考虑 (21.7), 我们发现

$$|\Phi_1| \leqslant \|\varphi\|_{L_p} \left(\int_x^{x+h} (x+h-t)^{(\alpha-1)p'} \ln^{\beta p'} \frac{\gamma}{x+h-t} dt \right)^{1/p'}$$

$$= \|\varphi\|_{L_p} h^{\alpha-1/p} \left(\int_0^1 \tau^{(\alpha-1)p'} \left(\ln \frac{1}{h} + \ln \frac{\gamma}{\tau} \right)^{\beta p'} d\tau \right)^{1/p'}$$

$$\leqslant c\|\varphi\|_{L_p} h^{\alpha-1/p} \ln^\beta \frac{1}{h},$$

$$|\Phi_2| \leqslant \|\varphi\|_{L_p} h^{\alpha-1/p} \left(\int_0^{x/h} \left| \tau^{\alpha-1} \ln^\beta \frac{\gamma}{\tau h} - (\tau+1)^{\alpha-1} \ln^\beta \frac{\gamma}{(\tau+1)h} \right|^{p'} d\tau \right)^{1/p'}.$$

因此, 若 $x \leqslant h$,

$$|\Phi_2| \leqslant 2\|\varphi\|_{L_p} h^{\alpha-1/p} \left(\int_0^1 \tau^{(\alpha-1)p'} \left(\ln \frac{1}{h} + \ln \frac{\gamma}{\tau} \right)^{\beta p'} d\tau \right)^{1/p'}$$

$$\leqslant C\|\varphi\|_{L_p} h^{\alpha-1/p} \ln^\beta \frac{1}{h}.$$

令 $x > h$. 我们应用不等式 (21.7) 和 (21.10) 有

$$|\Phi_2| \leqslant \|\varphi\|_{L_p} h^{\alpha-1/p} \left\{ \left(\int_0^1 + \int_1^{x/h} \right) \left| \tau^{\alpha-1} \ln^\beta \frac{\gamma}{\tau h} - (\tau+1)^{\alpha-1} \ln^\beta \frac{\gamma}{(\tau+1)h} \right|^{p'} d\tau \right\}^{1/p'}$$

$$\leqslant \|\varphi\|_{L_p} h^{\alpha-1/p} \left[c_1 \ln^\beta \frac{1}{h} + c_2 \left(\int_1^{x/h} \tau^{(\alpha-2)p'} \ln^{\beta p'} \frac{\gamma}{\tau h} d\tau \right)^{1/p'} \right].$$

则在 $\alpha - 1 < 1/p$ 的情形下, 根据积分 $\int_1^\infty \tau^{(\alpha-2)p'} \ln^{\beta p'} \dfrac{\gamma}{\tau} d\tau$ 的收敛性, 有

$$|\Phi_2| \leqslant \|\varphi\|_{L_p} h^{\alpha-1/p} \left(c_1 \ln^\beta \frac{1}{h} + c_2 \right) \leqslant c\|\varphi\|_{L_p} h^{\alpha-1/p} \ln^\beta \frac{1}{h}.$$

如果 $\alpha - 1 = 1/p$, 则

$$|\Phi_2| \leqslant \|\varphi\|_{L_p} h^{\alpha-1/p} \left[c_1 \ln^\beta \frac{1}{h} + c_2 \left(\ln^{\beta p'} \frac{1}{h} \int_1^{x/h} \frac{d\tau}{\tau} \right)^{1/p'} \right.$$

$$\left. + c_3 \left(\int_1^{(x-a)/h} \frac{\ln^{\beta p'} \dfrac{\gamma}{\tau}}{\tau} d\tau \right)^{1/p'} \right]$$

$$\leqslant c\|\varphi\|_{L_p} h^{\alpha-1/p} \ln^{\beta+1/p'} \frac{1}{h}.$$

综合 Φ_1 和 Φ_2 的估计, 定理获证. ∎

我们注意到, 在注 21.1 中观察到的 $I_{a+}^{\alpha,\beta}$ 从 L_∞ 有界映入 $H^{\alpha,\beta}$ 的结论对应着定理 21.5 中 $p = \infty$ 的情形.

注 21.3 在纯对数核 ($\alpha = 1$) 且 $0 < \beta < 1/p'$ 的情况下, 定理 21.5 的结论可以改进: 如果 $0 < \beta < 1/p'$, 则算子 $I_{a+}^{1,\beta}$ 从 L_p 有界映入 H^β.

我们来估计 (21.18) 中的 Φ_2. 利用不等式 $|a^\beta - b^\beta| \leqslant |a-b|^\beta$, $0 < \beta < 1$ 和 Hölder 不等式, 我们有

$$|\Phi_2| \leqslant \|\varphi\|_{L_p} h^{1/p'} \left(\int_0^{\frac{x-a}{h}} \ln^{\beta p'} \frac{t+1}{t} dt \right)^{1/p'}$$

$$\leqslant \|\varphi\|_{L_p} h^{1/p'} \left[c + c_1 \left(\int_{\frac{h}{x-a}}^1 \frac{dt}{t^{2-\beta p'}} \right)^{1/p'} \right]$$

$$\leqslant \|\varphi\|_{L_p} h^{1/p'} \left[c + c_1 \left(\frac{h}{x-a} \right)^{\beta-1/p'} \right] \leqslant c\|\varphi\|_{L_p} h^\beta.$$

21.4 在 $L_p(\rho)$ 空间中的映射性质

如 § 21.1, 我们先考虑权重 $\rho(x) = (x-a)^\mu$. 我们需要区分为 $1 < p < 1/\alpha$ 和 $p > 1/\alpha$ 的情形.

定理 21.6 如果 $p > 1$, $\mu < p - 1$ 且 $0 < \alpha < 1/p$, 则算子 $I_{a+}^{\alpha,\beta}$ 从 $L_p(\rho)$, $\rho(x) = (x-a)^\mu$ 有界映入 $L_s(r)$, 其中 $1 \leqslant s < q = p(1-\alpha p)^{-1}$, $r(x) = (x-a)^{\mu s/p}$.

根据 (21.15), 此定理可从定理 3.7 中得到.

定理 21.7　设 $1 < p < \infty$, $1/p < \alpha \leqslant 1/p+1$. 则算子 $I_{a+}^{\alpha,\beta}$ 在 $\alpha < 1/p+1$ 时从 $L_p(\rho)$, $\rho(x) = (x-a)^\mu$, $\mu > p-1$ 有界映入 $H^{\alpha-1/p,\beta}(\rho^{1/p})$, 在 $\alpha = 1/p+1$ 时有界映入 $H^{1,\beta+1/p'}(\rho)$, 且

$$(I_{a+}^{\alpha,\beta}\varphi)(x) = o\left((x-a)^{\alpha-(1+\mu)/p}\ln^\beta \frac{1}{x-a}\right), \quad x \to a. \tag{21.19}$$

证明　简单起见我们设 $a = 0$, $b = 1$. 令 $\varphi(x) = x^{-\nu}g(x)$, $\nu = \mu/p$, $g \in L_p$. 通过与 (21.17) 相同的论证, 可以得到估计式 (21.19). 我们将证明, 当 $\alpha - 1/p < 1$ 时,

$$G(x) = \int_0^x \left(\frac{x}{t}\right)^\nu (x-t)^{\alpha-1} \ln^\beta \frac{\gamma}{x-t} g(t)dt \in H^{\alpha-1/p,\beta},$$
$$\|G\|_{H^{\alpha-1/p,\beta}} \leqslant c\|g\|_{L_p}, \tag{21.20}$$

当 $\alpha - 1/p = 1$ 时

$$G(x) \in H^{1,\beta+1/p'}, \quad \|G\|_{H^{1,\beta+1/p'}} \leqslant c\|g\|_{L_p}. \tag{21.21}$$

我们将 $G(x)$ 表示为

$$G(x) = \Phi(x) + \Psi(x), \tag{21.22}$$

其中 $\Phi(x)$ 和 $\Psi(x)$ 与 (21.13) 中的相同, 但需将其中的 μ 替换为 $\nu = \mu/p$; 由定理的假设, 需注意 $\nu < 1$. 令 $0 < h < 1/2$. 根据定理 21.5 我们有

$$|\Phi(x+h) - \Phi(x)| \leqslant \begin{cases} ch^{\alpha-1/p}\ln^\beta \dfrac{1}{h}\|g\|_{L_p}, & \alpha - 1/p < 1, \\[2mm] ch\ln^{\beta+1/p'} \dfrac{1}{h}\|g\|_{L_p}, & \alpha - 1/p = 1. \end{cases}$$

我们将函数 $\Psi(x)$ 表示为 (21.14) 的形式: $\Psi(x+h) - \Psi(x) = J_1 + J_2 + J_3$, 其中 J_1, J_2 和 J_3 与式 (21.14) 中相同, 但需将 μ 替换为 $\nu = \mu/p$.

令 $\mu > 0$ 从而 $\nu > 0$. 利用 Hölder 不等式、(21.7) 和 x^ν 的 Hölder 性质, 我们得到

$$|J_1| \leqslant \|g\|_{L_p}\left(\int_x^{x+h} \frac{(x+h-t)^{(\nu+\alpha-1)p'}}{(t-x)^{\nu p'}}\ln^{\beta p'}\frac{\gamma}{x+h-t}dt\right)^{1/p'}$$
$$= \|g\|_{L_p}h^{\alpha-1/p}\left(\int_0^1 \frac{\tau^{(\nu+\alpha-1)p'}}{(1-\tau)^{\nu p'}}\left(\ln\frac{1}{h} + \ln\frac{\gamma}{\tau}\right)^{\beta p'}d\tau\right)^{1/p'}$$
$$\leqslant c\|g\|_{L_p}h^{\alpha-1/p}\ln^\beta \frac{1}{h}.$$

再对 J_2 使用一次 Hölder 不等式, 我们有

$$|J_2| \leqslant [(x+h)^\nu - x^\nu]\|g\|_{L_p} \left(\int_0^x \frac{(x+h-t)^{(\alpha-1)p'}}{t^{\nu p'}} \ln^{\beta p'} \frac{\gamma}{x+h-t} dt \right)^{1/p'}.$$

因此, 如果 $x \leqslant h$, 就有

$$|J_2| \leqslant ch^{\nu+\alpha-1} \ln^\beta \frac{\gamma}{h} \|g\|_{L_p} \left(\int_0^x t^{-\nu p'} dt \right)^{1/p'}$$

$$\leqslant ch^{\alpha-1/p} \ln^\beta \frac{1}{h} \|g\|_{L_p}.$$

如果 $x > h$, 则使用 (3.9) 和 (21.7) 我们发现

$$|J_2| \leqslant \nu h x^{\nu-1} \|g\|_{L_p} \left(\int_0^x \frac{(x-t)^{(\alpha-1)p'}}{t^{\nu p'}} \ln^{\beta p'} \frac{\gamma}{x-t} dt \right)^{1/p'}$$

$$\leqslant ch^{\alpha-1/p} \ln^\beta \frac{1}{h} \|g\|_{L_p}.$$

最后我们估计 J_3. 应用 Hölder 不等式并作变量替换 $t = sx$, 我们得到

$$|J_3| \leqslant \|g\|_{L^p} x^{\alpha-1/p} \left(\int_0^1 \left(\frac{1-s^\mu}{s^\nu} \right)^{p'} \left| \frac{\ln^\beta \frac{\gamma}{1-s+h(x-a)^{-1}}}{[1-s+h(x-a)^{-1}]^{1-\alpha}} - \frac{\ln^\beta \frac{\gamma}{1-s}}{(1-s)^{1-\alpha}} \right|^{p'} ds \right)^{1/p'}.$$

如果 $x \leqslant h$, 则 $|J_3| \leqslant ch^{\alpha-1/p}\|g\|_{L_p}$. 如果 $x > h$, 则由 (21.10),

$$|J_3| \leqslant \frac{ch}{x^{1+1/p-\alpha}} \|g\|_{L_p} \leqslant ch^{\alpha-1/p}\|g\|_{L_p}.$$

结合对 J_1, J_2 和 J_3 的估计我们有

$$|\Psi(x+h) - \Psi(x)| \leqslant ch^{\alpha-1/p} \ln^\beta \frac{1}{h} \|g\|_{L_p}. \tag{21.23}$$

因此, 根据 (21.22) 和 (21.23), 我们得到 (21.20) 和 (21.21), 这证明了定理在 $\mu > 0$ 时的情况. 如果 $\mu = 0$, 则定理与定理 21.5 一致.

现在令 $\mu < 0$, 因此 $\nu < 0$. 则

$$|J_1| \leqslant 2 \int_x^{x+h} (x+h-t)^{\alpha-1} \ln^\beta \frac{\gamma}{x+h-t} |g(t)| dt$$

$$\leqslant ch^{\alpha-1/p} \ln^\beta \frac{1}{h} \|g\|_{L_p}.$$

对于 J_2, 当 $x \leqslant h$ 时我们有估计

$$|J_2| \leqslant 2|I_{0+}^{\alpha,\beta} g| \leqslant cx^{\alpha-1/p} \ln^{\beta} \frac{1}{x} \|g\|_{L_p}$$

$$\leqslant ch^{\alpha-1/p} \ln^{\beta} \frac{1}{h} \|g\|_{L_p}.$$

如果 $x > h$, 则用类似 $\nu > 0$ 时的论证我们可以得到相同的结论.

　　我们对 J_3 应用 Hölder 不等式, 得到

$$|J_3| \leqslant 2\|g\|_{L_p} h^{\alpha-1/p} \left(\int_0^{x/h} \left| \tau^{\alpha-1} \ln^{\beta} \frac{\gamma}{\tau h} - (\tau+1)^{\alpha-1} \ln^{\beta} \frac{\gamma}{(\tau+1)h} \right|^{p'} d\tau \right)^{1/p'}.$$

如果 $x \leqslant h$, 则我们有

$$|J_3| \leqslant 4\|g\|_{L_p} h^{\alpha-1/p} \left(\int_0^1 \tau^{(\alpha-1)p'} \left(\ln \frac{1}{h} + \ln \frac{\gamma}{\tau} \right)^{\beta p'} d\tau \right)^{1/p'}$$

$$\leqslant c\|g\|_{L_p} h^{\alpha-1/p} \ln^{\beta} \frac{1}{h}.$$

如果 $x > h$, 考虑到 (21.10), 我们发现

$$|J_3| \leqslant \|g\|_{L_p} h^{\alpha-1/p} \left[c_1 \ln^{\beta} \frac{1}{h} + c_2 \left(\int_1^{x/h} \tau^{(\alpha-2)p'} \ln^{\beta p'} \frac{\gamma}{\tau h} d\tau \right)^{1/p'} \right]$$

$$\leqslant \begin{cases} c\|g\|_{L_p} h^{\alpha-1/p} \ln^{\beta} \dfrac{1}{h}, & \alpha - \dfrac{1}{p} < 1, \\[3mm] c\|g\|_{L_p} h \ln^{\beta+1/p'} \dfrac{1}{h}, & \alpha - \dfrac{1}{p} = 1. \end{cases}$$

因此, 在 $\mu < 0$ 的情况下也得到了 (21.20) 和 (21.21), 这就完成了证明. ∎

　　推论　在定理 21.7 的假设下, 算子 $I_{a+}^{\alpha,\beta}$ 在 $\alpha < 1/p+1$ 时从 $L_p(\rho)$, $\rho(x) = (x-a)^{\mu}$ 有界映入 $h^{\alpha-1/p,\beta}(\rho^{1/p})$, 在 $\alpha = 1/p+1$ 时有界映入 $h^{\alpha-1/p,\beta+1/p'}(\rho^{1/p})$.

　　这个推论可用与定理 3.8 类似的方法证明.

　　对于权重 $\rho(x) = |x-d|^{\mu}$, $a < d < b$, 结果如下.

　　定理 21.8　如果 $1 < p < 1/\alpha$, $\mu < p-1$, $a < d \leqslant b$, 则算子 $I_{a+}^{\alpha,\beta}$ 从 $L_p(\rho)$, $\rho(x) = |x-d|^{\mu}$, $a < d \leqslant b$ 有界映入 $L_s(r)$, 其中 $1 \leqslant s < q = p(1-\alpha p)^{-1}$, $r(x) = |x-d|^{\nu}$, ν 在 (3.21) 中给出并且 $q = s$.

　　根据 (21.15), 此定理可从定理 3.9 中得到.

定理 21.9 令 $1 < p < \infty$, $1/p < \alpha \leqslant 1/p+1$, $0 < \mu < p-1$ (如果 $a < d < b$) 或 $\mu > 0$ (如果 $d = b$).

1) 令 $\alpha - 1/p < 1$. 则算子 $I_{a+}^{\alpha,\beta}$ 在 $\mu \neq \alpha p - 1$ 时从 $L_p(\rho)$, $\rho(x) = |x - d|^\mu$, $a < d \leqslant b$ 有界映入 $H^{\min(\alpha-1/p,\mu/p),\beta}(\rho^{1/p})$, 在 $\mu = \alpha p - 1$ 时有界映入 $H^{\alpha-1/p,\beta+1/p'}(\rho^{1/p})$.

2) 令 $\alpha - 1/p = 1$. 则算子 $I_{a+}^{\alpha,\beta}$ 从 $L_p(\rho)$, $\rho(x) = |x - d|^\mu$, $a < d < b$ 有界映入 $H_0^{\mu/p,\beta}(\rho^{1/p})$, 且它在 $\mu < p$ 时从 $L_p(\rho)$, $\rho(x) = (b-x)^\nu$ 有界映入 $H_0^{\mu/p,\beta}(\rho^{1/p})$ 或在 $\mu \geqslant p$ 时有界映入 $H_0^{1,\beta+1/p'}(\rho^{1/p})$.

证明 我们按照定理 3.11 的证明方法来证明此定理. 令 $\nu = \mu/p$, $g(t) = |t - d|^\nu \varphi(t) \in L_p(a,b)$,

$$f(x) = \int_a^x \left| \frac{x-d}{t-d} \right|^\nu (x-t)^{\alpha-1} \ln^\beta \frac{\gamma}{x-t} g(t) dt.$$

我们想证, 如果 $\alpha - 1/p < 1$, 则

$$\|f\|_{H^{\lambda,\beta}} \leqslant c\|g\|_{L_p}, \quad \lambda = \min(\alpha-1/p, \mu/p) \quad \text{对于} \quad \mu \neq \alpha p - 1,$$
$$\|f\|_{H^{\alpha-1/p,\beta+1/p'}} \leqslant c\|g\|_{L_p} \quad \text{对于} \quad \mu = \alpha p - 1, \tag{21.24}$$

如果 $\alpha - 1/p = 1$, 则

$$\|f\|_{H^{\mu/p,\beta}} \leqslant c\|g\|_{L_p}, \quad \text{若} \quad d < b \quad \text{或} \quad d = b, \ \mu < p,$$
$$\|f\|_{H^{1,\beta+1/p'}} \leqslant c\|g\|_{L_p}, \quad \text{若} \quad d = b, \ \mu \geqslant p. \tag{21.25}$$

固定点 $a_1 \in (a,d)$. 根据定理 21.7, 如果 $\alpha-1/p < 1$, 我们有 $f \in H^{\alpha-1/p,\beta}(a,a_1)$, 如果 $\alpha-1/p = 1$, 则 $f \in H^{1,\beta+1/p'}(a,a_1)$. 我们要证 f 在 $[a_1,d]$ 上满足估计 (21.24) 和 (21.25). 将 f 表示为 $f = \Phi + \Psi$, 其中 Φ 和 Ψ 与 (21.13) 中的相同, 但需将 x^μ 替换为 $|d-x|^\nu$. 则由定理 21.7, 若 $\alpha-1/p < 1$, 则 $\Phi \in H^{\alpha-1/p,\beta}$, 若 $\alpha-1/p = 1$, 则 $\Phi \in H^{1,\beta+1/p'}$. 现在我们将 Ψ 表示为 $\Psi = J_1 + J_2 + J_3$, 其中 J_1, J_2 和 J_3 与等式 (21.14) 中的相同但 x^μ 被替换为 $|d-x|^\nu$. 令 $0 < h \leqslant 1/2$, $a_1 < x < x+h < d$. 则对于 J_1 我们有

$$|J_1| \leqslant \|g\|_{L_p} \left(\int_x^{x+h} \left| \frac{|(d-x-h)^\nu - (d-t)^\nu|}{(d-t)^\nu (x+h-t)^{1-\alpha}} \ln^\beta \frac{\gamma}{x+h-t} \right|^{p'} dt \right)^{1/p'}$$

$$\leqslant c\|g\|_{L_p} \ln^\beta \frac{\gamma}{h} \left(\int_x^{x+h} \frac{(d-t)^{-\nu p'} dt}{(x+h-t)^{(1-\alpha-\nu)p'}} \right)^{1/p'}$$

$$\leqslant ch^{\alpha-1/p} \ln^\beta \frac{1}{h} \|g\|_{L_p}.$$

对于 J_2 我们发现

$$|J_2| \leqslant ch^\nu \ln^\beta \frac{\gamma}{h} \|g\|_{L_p} \left[c + c_1 \left(\int_{a_1}^x \frac{(d-t)^{-\nu p'} dt}{(x-t)^{(1-\alpha)p'}} \right)^{1/p'} \right].$$

因此根据对 (3.27) 的估计, 取 $\nu = \mu/p$, 我们得到

$$|J_2| \leqslant \begin{cases} ch^\lambda \ln^\beta \dfrac{1}{h} \|g\|_{L_p}, & \lambda = \min\left(\alpha - \dfrac{1}{p}, \dfrac{\mu}{p}\right), \quad \mu \neq \alpha p - 1, \\[2mm] ch^{\alpha-1/p} \ln^{\beta+1/p'} \dfrac{1}{h} \|g\|_{L_p}, & \mu = \alpha p - 1. \end{cases}$$

我们观察到如果 $\alpha - 1/p = 1$, 则对于 $a < d < b$, $\mu/p < 1 = \alpha - 1/p$ (根据定理的假设 $\mu < p-1$). 因此, 这里只实现了 $\mu < \alpha p - 1 = p$ 的情形. 固定任意点 $\delta \in (a, a_1)$ 后, 我们可以将 J_3 改写为

$$|J_3| = \left(\int_a^\delta + \int_\delta^{a_1} + \int_{a_1}^x \right) \frac{[(d-x)^\nu - (d-t)^\nu]}{(d-t)^\nu}$$

$$\times \left[(x+h-t)^{\alpha-1} \ln^\beta \frac{\gamma}{x+h-t} - (x-t)^{\alpha-1} \ln^\beta \frac{\gamma}{x-t} \right] g(t) dt$$

$$= J_{31} + J_{32} + J_{33}.$$

显然 $|J_{31}| \leqslant ch \|g\|_{L_p}$. 对于 J_{32} 我们有

$$|J_{32}| \leqslant c\|g\|_{L_p} \left(\int_\delta^{a_1} \left| (x-t)^{\alpha-1} \ln^\beta \frac{\gamma}{x-t} - (x+h-t)^{\alpha-1} \ln^\beta \frac{\gamma}{x+h-t} \right|^{p'} dt \right)^{1/p'}$$

$$\leqslant ch^{\alpha-1/p} \ln^\beta \frac{1}{h} \|g\|_{L_p}.$$

最后对于 J_{33} 我们有

$$|J_{33}| \leqslant c\|g\|_{L_p} \left(\int_{a_1}^x \left(\frac{x-t}{d-t} \right)^{\nu p'} \left| (x-t)^{\alpha-1} \ln^\beta \frac{\gamma}{x-t} \right. \right.$$

$$\left. \left. - (x+h-t)^{\alpha-1} \ln^\beta \frac{\gamma}{x+h-t} \right|^{p'} dt \right)^{1/p'}$$

$$\leqslant ch^{\alpha-1/p} \|g\|_{L_p} \left(\int_0^{\frac{x-a_1}{h}} \left| \tau^{\alpha-1} \ln^\beta \frac{\gamma}{\tau h} - (\tau+1)^{\alpha-1} \ln^\beta \frac{\gamma}{h+\tau h} \right|^{p'} d\tau \right)^{1/p'}.$$

因此, 若 $x - a_1 \leqslant h$, 我们得到

$$|J_{33}| \leqslant 2ch^{\alpha-1/p}\|g\|_{L_p} \left(\int_0^1 \tau^{(\alpha-1)p'} \ln^{\beta p'} \frac{\gamma}{\tau h} d\tau \right)^{1/p'}$$

$$\leqslant ch^{\alpha-1/p} \ln^{\beta} \frac{1}{h} \|g\|_{L_p}.$$

对于 $x - a_1 > h$ 的情形, 我们发现

$$|J_{33}| \leqslant h^{\alpha-1/p}\|g\|_{L_p} \left[c\ln^{\beta} \frac{1}{h} + c_1 \left(\int_1^{\frac{x-a_1}{h}} \tau^{(\alpha-2)p'} \ln^{\beta p'} \frac{\gamma}{\tau h} d\tau \right)^{1/p'} \right]$$

$$\leqslant \begin{cases} ch^{\alpha-1/p} \ln^{\beta} \dfrac{1}{h} \|g\|_{L_p}, & \alpha - 1/p < 1, \\[2mm] ch \ln^{\beta+1/p'} \dfrac{1}{h} \|g\|_{L_p}, & \alpha - 1/p = 1. \end{cases}$$

综合 J_1, J_2 和 J_3 的估计, 我们看到 f 在 $[a_1, d]$ 上满足估计 (21.24) 或 (21.25). 在 $[d, b]$ 上 ($d < b$ 时) 的估计可以类似地证明. 因为当 $d < b$ 时, 我们已经证明了 (21.24) 和 (21.25) 在区间 $[a, a_1]$, $[a_1, d]$ 和 $[d, b]$ 上的有效性, 它们也可以推广到 $[a, b]$ 上. 通过类似上文给出的论断, 我们可以证明 $f(d) = 0$. 从而完成了证明. ∎

在本小节的最后, 我们指出, 在定理 21.6—定理 21.9 的基础上, 可以在一般权重 (1.7) 的情况下提出相应的定理 —— 例如, 类似于定理 3.10 和定理 3.12 的结论. 我们还注意到, 在纯对数核 ($\alpha = 1$) 且 $0 < \beta < 1/p'$ 的情况下, 定理 3.7 和定理 3.9 的结论可以改进 —— 见注 21.3.

21.5 渐近展开

带幂对数核积分 $I_{0+}^{\alpha,\beta}\varphi$ 的渐近表示可以通过 § 16 中关于分数阶积分提出的方法找到. 在 φ 具有幂渐近性 (16.5) 或 (16.6) 或幂对数渐近性 (16.28) 的情况下, 我们可以使用逐项展开或基于 Mellin 变换 (1.112) 的 Parseval 等式 (1.116) 的方法. 如果 φ 具有幂对数渐近性 (16.29), 还可以使用另外两种方法: 基于 $I_{0+}^{\alpha,\beta}\varphi$ 表示为 Mellin 卷积 (1.114) 的方法和直接估计方法: 见 § 16 和 § 17.1 (§§ 16.2—16.4 的注记).

例如, 如果 φ 具有幂对数渐近性 (16.29), 则我们想要获得积分

$$(J_{0+}^{\alpha,\nu}\varphi)(x) = \frac{1}{\Gamma(\alpha)} \int_0^x (x-t)^{\alpha-1} \ln^{\nu}(x-t)\varphi(t)dt,$$

$$0 < \alpha < 1, \quad \nu = 0, 1, 2, \cdots \tag{21.26}$$

在 $x \to +\infty$ 时的渐近展开. 与 §16.3 一样, 我们使用直接估计的方法.

定理 21.10　设函数 φ 在 $[0, +\infty)$ 上局部可积且

$$\varphi(t) \sim t^{-\beta} \sum_{n=0}^{\infty} a_n (\ln t)^{\gamma-n}, \quad \text{当 } t \to \infty, \tag{21.27}$$

其中 $0 < \beta < 1$, $-\infty < \gamma < \infty$ 为任意固定的数. 则 $x \to \infty$ 时,

$$(J_{0+}^{\alpha,\nu}\varphi)(x) \sim x^{\alpha-\beta} \sum_{n=0}^{\infty} b_n (\ln x)^{\nu+\gamma-n}, \tag{21.28}$$

其中

$$b_n = b_n(\alpha, \beta, \nu, \gamma) = \frac{1}{\Gamma(\alpha)} \sum_{m=0}^{n} a_{n-m} \sum_{k=0}^{m} \binom{\nu}{k} \binom{\gamma-n+m}{m-k} \Omega_{k,m-k}(\alpha, \beta), \tag{21.29}$$

$$n = 0, 1, 2, \cdots$$

和

$$\Omega_{k,m}(\alpha, \beta) = \int_0^1 (1-\tau)^{\alpha-1} \tau^{-\beta} \ln^k \tau \ln^m (1-\tau) d\tau$$

$$= (-1)^k \frac{\partial^{k+m}}{\partial \alpha^m \partial \beta^k} \mathrm{B}(\alpha, 1-\beta),$$

$\binom{\nu}{k}$ 和 $\binom{\gamma-n+m}{m-k}$ 为二项式系数 (1.48).

证明　我们将 (21.26) 表示为

$$(J_{0+}^{\alpha,\nu}\varphi)(x) = \frac{1}{\Gamma(\alpha)} \left(\int_0^{\sqrt{x}} + \int_{\sqrt{x}}^{x-\sqrt{x}} + \int_{x-\sqrt{x}}^{x} \right) (x-t)^{\alpha-1} \ln^\nu (x-t) \varphi(t) dt$$

$$= J_1\varphi + J_2\varphi + J_3\varphi.$$

与 $J_2\varphi$ 相比, 积分 $J_1\varphi$ 和 $J_3\varphi$ 是渐近小的:

$$J_1\varphi = O(x^{\alpha-\beta-\rho_1}), \quad J_3\varphi = O(x^{\alpha-\beta-\rho_2}), \quad x \to \infty,$$

其中 $\rho_1 > 0$ 和 $\rho_2 > 0$ 为固定的数. 我们来证明关于 $J_3\varphi$ 的估计. 我们选择 ε 使得 $0 < \varepsilon < \alpha/3$. 因为 $t \to \infty$ 时 $\ln^\gamma t = O(t^\varepsilon)$, 从 (21.27) 中我们得到 $\varphi(t) = O(t^{-\beta+\varepsilon})$, $t \to \infty$. 将 $x-t = x\tau$ 代入到 $J_3\varphi$ 中, 对于充分大的 x, 我们有下面的不等式:

$$J_3\varphi \leqslant c \int_0^{x^{-1/2}} (x\tau)^{\alpha-1} \ln^\nu (x\tau)[x(1-\tau)]^{-\beta+\varepsilon} x d\tau$$

$$\leqslant cM_{-\beta+\varepsilon} x^{-\beta+\varepsilon} \int_0^{\sqrt{x}} t^{\alpha-1} \ln^\nu t \, dt,$$

其中 $M_\alpha = \max\limits_{0 \leqslant \tau \leqslant 1/2} (1 - \tau)^{\alpha-1}$. 我们有 $t^{\alpha-1} \ln^\nu t = O(t^{\alpha-1+\varepsilon})$, $t \to \infty$, 因此

$$\int_0^{\sqrt{x}} t^{\alpha-1} \ln^\nu t\, dt = O(x^{(\alpha+\varepsilon)/2}), \quad x \to \infty.$$ 考虑到这一事实我们得到了关于 $J_3\varphi$ 的估计, 其中 $\rho_2 = (\alpha - 3\varepsilon)/2$. 对于 $J_1\varphi$ 的估计可类似地证明.

我们来估计 $J_2\varphi$. 由 (21.27), 当 $t \to \infty$ 时, 我们有

$$\varphi(t) = t^{-\beta} \sum_{n=0}^{N} a_n (\ln t)^{\gamma-n} + R_N(t), \quad R_N(t) = O(t^{-\beta}(\ln t)^{\gamma-N-1}), \quad (21.30)$$

因此

$$J_2\varphi = \sum_{n=0}^{N} \frac{a_n}{\Gamma(\alpha)} L(\alpha, \beta, \nu, \gamma - n; x) + r_N(x), \quad (21.31)$$

其中

$$L(\alpha, \beta, \nu, \gamma; x) = \int_{\sqrt{x}}^{x-\sqrt{x}} (x - t)^{\alpha-1} \ln^\nu(x - t) t^{-\beta} \ln^\gamma t\, dt,$$

$$r_N(x) = \frac{1}{\Gamma(\alpha)} \int_{\sqrt{x}}^{x-\sqrt{x}} (x - t)^{\alpha-1} \ln^\nu(x - t) R_N(t)\, dt. \quad (21.32)$$

将 (21.32) 中的 $x - t$, 替换为 $(1 - \tau)x$, 我们有

$$L(\alpha, \beta, \nu, \gamma; x) = x^{\alpha-\beta} \ln^{\nu+\gamma} x \int_{x^{-1/2}}^{1-x^{-1/2}} (1 - \tau)^{\alpha-1} \tau^{-\beta}$$

$$\times \left[1 + \frac{\ln(1 - \tau)}{\ln x}\right]^\nu \left[1 + \frac{\ln \tau}{\ln x}\right]^\gamma dt. \quad (21.33)$$

因为对于 $x^{-1/2} \leqslant \tau \leqslant 1 - x^{-1/2}$, $\left|\dfrac{\ln(1 - \tau)}{\ln x}\right| \leqslant 1/2$ 和 $\left|\dfrac{\ln \tau}{\ln x}\right| \leqslant 1/2$ 成立, 所以我们有

$$\left[1 + \frac{\ln(1 - \tau)}{\ln x}\right]^\nu \left[1 + \frac{\ln \tau}{\ln x}\right]^\gamma$$

$$= \sum_{m=0}^{\infty} \left[\sum_{k=0}^{m} \binom{\nu}{k} \binom{\gamma}{m - k} \ln^k(1 - \tau) \ln^{m-k} \tau\right] \ln^{-m} x.$$

将这个表达式代入到 (21.33) 中, 逐项积分并在 $x \to \infty$ 时使用如下可以直接验证的估计式

$$\int_0^{x^{-1/2}} (1 - \tau)^{\alpha-1} \tau^{-\beta} \ln^m \tau \ln^k(1 - \tau)\, d\tau = O(x^{-\delta_1}), \quad \delta_1 > 0,$$

$$\int_{1-x^{-1/2}}^{1} (1-\tau)^{\alpha-1}\tau^{-\beta}\ln^m\tau\ln^k(1-\tau)d\tau = O(x^{-\delta_2}), \quad \delta_2 > 0,$$

则我们找到了 (21.33) 在 $x \to \infty$ 时的渐近展开

$$L(\alpha,\beta,\nu,\gamma;x) \sim x^{\alpha-\beta} \sum_{m=0}^{\infty} \left[\sum_{k=0}^{m} \binom{\nu}{k}\binom{\gamma}{m-k}\Omega_{k,m-k}(\alpha,\beta) \right](\ln x)^{\nu+\gamma-m}.$$

$$(21.34)$$

最后, 将 (21.34) 代入到 (21.31) 中并结合估计 $r_N(x) = O(x^{\alpha-\beta}\ln^{\nu+\gamma-N-1}x)$, $x \to \infty$ (可从 (21.30) 中推出), 我们得到 (21.28) 和 (21.29). 定理得证. ■

　　注 21.4　定理 21.10 推广了定理 16.4, 并可用来寻找 (21.26) 的渐近解: 见 § 16.5 和 § 34.2 (注记 32.4).

§ 22　复平面上的分数阶积分和导数

　　之前的讨论是关注实变量函数的. 我们现在继续考虑与复变量函数分数阶微积分有关的一些思想和概念. 值得强调的是, 分数阶微积分一开始就是在复平面上发展起来的 —— Liouville, Grünwald, Letnikov, Sonine 等等.

　　在复平面中, 以下得到分数阶微积分的方法已知且被广泛使用.

　　I. 解析函数的分数阶积分-微分, 由指数级数 (Liouville 方法) 或幂级数 (Hadamard 方法) 表示. 这些都基于级数的逐项积分-微分. 前一种情况中 $\mathcal{D}^\alpha e^{az} = a^\alpha e^{az}$ 和后一种情况中 $\mathcal{D}^\alpha(z-z_0)^\mu = \dfrac{\Gamma(1+\mu)}{\Gamma(1+\mu-\alpha)}(z-z_0)^{\mu-\alpha}$ 实际上充当了定义, 其中 α, a 和 μ 是任意数.

　　对于函数 $f(z) = f(re^{i\varphi})$, 在圆盘中解析, Hadamard 方法实际上是关于变量 r 的 Riemann-Liouville 积分-微分.

　　II. 由以下规则将 Weyl 分数阶积分-微分推广到圆盘上的解析函数

$$f(z) = \sum_{k=0}^{\infty} f_k z^k \Rightarrow I^{(\alpha)}f = \sum_{k=1}^{\infty} \frac{f_k}{(ik)^\alpha}z^k \qquad (22.1)$$

—— Hardy 和 Littlewood. 这实际上是函数 $f(re^{i\varphi})$ 关于角变量 φ 的 Weyl 分数阶积分-微分.

　　III. 在复平面中直接引入 Riemann-Liouville 积分-微分:

$$(I_{z_0}^\alpha f)(z) = \frac{1}{\Gamma(\alpha)} \int_{z_0}^{z} \frac{f(t)dt}{(z-t)^{1-\alpha}}, \quad \text{Re }\alpha > 0, \qquad (22.2)$$

$$(\mathcal{D}_{z_0}^\alpha f)(z) = \frac{d^m}{dz^m}(I_{z_0}^{m-\alpha}f)(z), \quad m = [\text{Re}\alpha]+1, \ \text{Re}\alpha > 0, \qquad (22.3)$$

这里的积分路径是沿连接点 z_0 和 z 的直线区间. 一般来说, 可以沿连接 z_0 和 z 且在函数 $f(z)$ 定义域中的曲线对 (22.2) 中函数积分. 也允许仅在某个曲线上给出函数的情况 (例如, 参见 §23.1 (注记 22.1)).

我们需要补充一句, 如果在一个区域中考虑函数 $f(z)$, 则 (22.2)—(22.3) 沿线段 $[z_0, z]$ 积分意味着该区域相对 z_0 是星形的. 后者意味着如果一个点 z 在此区域中, 那么对于整条线段 $[z_0, z]$ 也是如此.

IV. 基于 Cauchy 型积分的微分公式推广的定义:

$$f^{(\alpha)}(z) = \frac{\Gamma(1+\alpha)}{2\pi i} \int_{\mathcal{L}} \frac{f(t)dt}{(t-z)^{1+\alpha}} \qquad (22.4)$$

—— Sonine, Laurent, Nekrasov 等等. 应当强调, 这种方法只适用于解析函数.

我们强调, 任何与定义 (22.2)—(22.4) 有关的工作都需要精确挑出多值函数的一个分支. 它通常是通过沿分支点到无穷远的割线或通过一种或另一种方式固定 $\arg(t-z)$ 来实现. 一般情况下, 在 (22.4) 中固定函数 $(t-z)^{1+\alpha}$ 分支的割线和曲线 L 的不同选择, 会给出不同的 $f^{(\alpha)}$ 值.

最后, 我们要说, 这些主要的方法 I—IV 存在各种推广 —— 参见例如 §22.3.

为了简单起见, 在本节中我们认为 α 是实数, 尽管所有的表示都可以很容易地推广到 α 为复数且 $\mathrm{Re}\,\alpha \neq 0$ 的情况.

22.1 复平面上分数阶积分-微分的定义和主要性质

设函数 $f(z)$ 定义在复平面的某个区域 G 中. 我们将 Riemann-Liouville 积分的直接推广 (22.2) 作为以下介绍的基本定义, 认为其他可从 (22.2) 推测得出. 为了使 (22.2) 中的积分对于所有 $z \in G$ 存在, 我们认为区域 G 相对于点 z_0 是星形的. 在 (22.2) 中有多值函数 $(z-t)^{1-\alpha}$. 我们固定点 z 并选择函数 $(z-t)^{1-\alpha}$ 的主值来唯一地解释积分 (22.2). 由此可知, 我们的意思是: 由于点 t 位于区间 $[z_0, z]$, 所以我们可以从 $\arg(z-t)$ 所有可能的值中选择与

$$\arg(z-t) = \arg(z-z_0) \qquad (22.5)$$

一致的值. 当然, 这需要我们固定 $\arg(z-z_0)$. 以下假设

$$0 \leqslant \arg(z-z_0) < 2\pi. \qquad (22.6)$$

然后从 (22.5) 式出发, 有

$$(z-t)^{1-\alpha} = |z-t|^{1-\alpha} e^{i(1-\alpha)\arg(z-z_0)}. \qquad (22.7)$$

积分区间为在直线段 $[z_0, z]$ 且主值为 (22.7) 的积分

$$(I_{z_0}^{\alpha} f)(z) = \frac{1}{\Gamma(\alpha)} \int_{z_0}^{z} \frac{f(t)dt}{(z-t)^{1-\alpha}}, \quad \alpha > 0, \qquad (22.8)$$

称为函数 $f(z)$ 的 α 阶分数阶积分. 式 (22.6) 中给出的条件意味着我们在复平面上考虑分数阶积分 $(I_{z_0}^{\alpha}f)(z)$, 其割线是平行于实轴从 z_0 到无穷远点 $+\infty + i\mathrm{Im}z_0$ 的射线.

由 (22.8) 和 (22.7), 我们也可以将 $I_{z_0}^{\alpha}f$ 写为

$$(I_{z_0}^{\alpha}f)(z) = \frac{e^{i\alpha\varphi}}{\Gamma(\alpha)}\int_0^r \rho^{\alpha-1}f(z_0 + (r-\rho)e^{i\varphi})d\rho, \tag{22.9}$$

其中 $\varphi = \arg(z - z_0)$, $r = |z - z_0|$. 显然, 现在关于分支的选择已没有歧义. 如果我们记 $f^*(\rho) = f(z_0 + \rho e^{i\varphi})$, 则

$$(I_{z_0}^{\alpha}f)(z) = e^{i\alpha\varphi}\frac{1}{\Gamma(\alpha)}\int_0^r \rho^{\alpha-1}f^*(r-\rho)d\rho. \tag{22.10}$$

所以分数阶积分 $I_{z_0}^{\alpha}f$ 在相差一个因子 $e^{i\alpha\arg(z-z_0)}$ 的情形下是关于径向变量 $r = |z - z_0|$ 的 Riemann-Liouville 分数阶积分 $(I_{0+}^{\alpha}f^*)(r)$.

因为 $t = z_0 + \xi(z - z_0)$, $0 \leqslant \xi \leqslant 1$, 经变量替换后, 我们从 (22.8) 中得到方程

$$(I_{z_0}^{\alpha}f)(z) = \frac{(z-z_0)^{\alpha}}{\Gamma(\alpha)}\int_0^1 (1-\xi)^{\alpha-1}f[(1-\xi)z_0 + \xi z]d\xi, \tag{22.11}$$

其中

$$(z-z_0)^{\alpha} = |z-z_0|^{\alpha}e^{i\alpha\arg(z-z_0)}. \tag{22.12}$$

这里使用了等式 $[(z-z_0)(1-\xi)]^{\alpha-1} = (z-z_0)^{\alpha-1}(1-\xi)^{\alpha-1}$. 我们强调, 一般来说, $(uv)^{\alpha-1} \neq u^{\alpha-1}v^{\alpha-1}$, 等式的有效性依赖于幂函数分支的选择. 然而, 如果 $u > 0$, 对于任意的幂函数分支

$$(zu)^{\alpha-1} = z^{\alpha-1}u^{\alpha-1}. \tag{22.13}$$

最后我们注意到, 如果 $f(z)$ 是连续的 (局部可积的), 则分数阶积分 $(I_{z_0}^{\alpha}f)(z)$ 在任意点 $z \in G$ 处 (或几乎处处) 有定义.

我们称 (22.3) 中的表达式为 α 阶分数阶导数. 类似 (22.11), 我们可以在 $0 < \alpha < 1$ 的情况下写出

$$(\mathcal{D}_{z_0}^{\alpha}f)(z) = \frac{1}{\Gamma(1-\alpha)}\frac{d}{dz}\left[(z-z_0)^{1-\alpha}\int_0^1 \frac{f((1-\xi)z_0 + \xi z)}{(1-\xi)^{\alpha}}d\xi\right]. \tag{22.14}$$

与通常一样, $\alpha < 0$ 时我们定义 $\mathcal{D}_{z_0}^{\alpha}f \overset{\text{def}}{=} I_{z_0}^{-\alpha}f$.

引理 22.1 设函数 $f(z)$ 在区域 G 内局部可积 (连续). 则对于几乎所有 (或所有) $z \in G$, 半群性质成立

$$(I_{z_0}^{\alpha} I_{z_0}^{\beta})(z) = (I_{z_0}^{\alpha+\beta} f), \quad \alpha \geqslant 0, \ \beta \geqslant 0. \tag{22.15}$$

引理的证明类似于实变量情形 —— 定理 2.5 —— 通过交换 (22.15) 左端的积分次序 (由 Fubini 定理知这是可行的), 再计算积分

$$\int_{\zeta}^{z} \frac{dt}{(t-\zeta)^{1-\alpha}(z-t)^{1-\beta}} = \mathrm{B}(\alpha, \beta)(z-\zeta)^{\alpha+\beta-1} \tag{22.16}$$

即可. 后面的结果作变量替换 $t = \zeta + s(z - \zeta)$ 后结合 (22.13) 容易得到.

我们现在考虑分数阶积分对应于无穷远点 z_0 的情形. 记 $\tau = e^{i\theta}$, $-\pi \leqslant \theta < \pi$, 并引入算子

$$(I_{+,\theta}^{\alpha} f)(z) = \frac{1}{\Gamma(\alpha)} \int_{e^{i\theta} \cdot \infty}^{z} \frac{f(t)dt}{(z-t)^{1-\alpha}}, \tag{22.17}$$

它沿着从无穷远点到点 z 与向量 $\tau = e^{i\theta}$ 平行且与 $(z-t)^{1-\alpha}$ 的主值相同的射线积分. 这里 $z_0 = e^{i\theta} \cdot \infty$ 是形式上的, 我们想强调的是, 在区间 $[-\pi, \pi)$ 中 θ 的选择对应着 (22.6) 中区间 $[0, 2\pi)$ 中选择 $\arg(z - z_0) = \arg(z - e^{i\theta}\infty) = \arg e^{i(\theta+\pi)}$ 的约定.

(22.17) 假设函数 $f(z)$ 的定义域 G 相对于点 $e^{i\theta} \cdot \infty$ 来说是星形的. 这意味着任意点 z 与整个射线 $(z, e^{i\theta} \cdot \infty)$ 一起属于 G. 显然, 这样的区域平行于向量 $\tau = e^{i\theta}$ 的半带状区域. 特别地, 它可能是具有曲线边界并包含无穷远点 $e^{i\theta} \cdot \infty$ 的半平面. 函数 $f(z)$ 在无穷远处必须具有 "好" 的行为, 以保证积分的收敛性.

我们也可介绍 "右" 分数阶积分

$$(I_{-,\theta}^{\alpha} f)(z) = \frac{1}{\Gamma(\alpha)} \int_{z}^{e^{i\theta} \cdot \infty} \frac{f(t)dt}{(t-z)^{1-\alpha}}, \tag{22.18}$$

它沿着从点 z 出发的射线 $(z, e^{i\theta} \cdot \infty)$ 积分, 幂函数取其主值.

容易看出, 在上述幂函数分支的选择下,

$$(I_{+,\theta}^{\alpha} f)(z) = e^{i(\theta+\pi)\alpha} \frac{1}{\Gamma(\alpha)} \int_{0}^{\infty} \frac{f(z + \rho e^{i\theta})}{\rho^{1-\alpha}} d\rho, \tag{22.19}$$

$$(I_{-,\theta}^{\alpha} f)(z) = e^{i\theta\alpha} \frac{1}{\Gamma(\alpha)} \int_{0}^{\infty} \frac{f(z + \rho e^{i\theta})}{\rho^{1-\alpha}} d\rho. \tag{22.20}$$

从 (22.19) 和 (22.20) 中我们看到 $I_{-,\theta}f \equiv e^{i\alpha\pi}I^\alpha_{+,\theta}f$. 然而, 使用两种构造可能是有益的, 因为算子 $I^\alpha_{+,\theta}$ 和 $I^\alpha_{-,\theta}$ 可以考虑取不同的 θ, 这通常意味着函数 $f(z)$ 的不同定义域.

类似 (22.3), 我们定义算子

$$(\mathcal{D}^\alpha_{\pm,\theta}f)(z) = \left(\pm\frac{d}{dz}\right)^m (I^{m-\alpha}_{\pm,\theta}f)(z), \quad m = [\text{Re}\alpha] + 1, \ \text{Re}\alpha > 0. \qquad (22.21)$$

现在我们挑出 $\tau = \mp 1$ 的情况, 即 $\theta = -\pi$ 和 $\theta = 0$. 那么在 (22.17) 和 (22.18) 中, 沿着与实轴平行的射线积分. 在这种情况下, 保留 (5.2) 的记号, 根据 (22.19) 和 (22.20), 我们写出 $I_{+,-\pi}f = I^\alpha_+ f$ 和 $I^\alpha_{-,0}f = I^\alpha_- f$, 因此

$$(I^\alpha_\pm f)(z) = \frac{1}{\Gamma(\alpha)}\int_0^\infty \frac{f(z \mp \rho)}{\rho^{1-\alpha}}d\rho. \qquad (22.22)$$

根据 (22.21), 相应分数阶导数的形式为

$$(\mathcal{D}^\alpha_\pm f)(z) = \left(\pm\frac{d}{dz}\right)^m (I^{m-\alpha}_\pm f)(z).$$

分数阶积分-微分 $(\mathcal{D}^\alpha_\pm f)(z)$ 意味着函数 $f(z)$ 定义在具有曲 "垂直" 边界的水平半带域中, 即符号 + 和 − 分别对应左侧和右侧.

在 $0 < \text{Re}\alpha < 1$ 的情况下, (22.21) 中的分数阶导数可表示为 Marchaud 型

$$(\mathcal{D}^\alpha_{+,\theta}f)(z) = \frac{\alpha e^{-i(\theta+\pi)\alpha}}{\Gamma(1-\alpha)}\int_0^\infty \frac{f(z) - f(z + \rho e^{i\theta})}{\rho^{1+\alpha}}d\rho$$

(与 §5 的思路相同, 见 (5.56) 和 (5.57)). 我们也可以类似地写出 $(\mathcal{D}^\alpha_{-,\theta}f)(z)$. 对于 $\text{Re}\alpha \geqslant 1$ 的情形, 必须使用 (5.80) 型的表达:

$$(\mathcal{D}^\alpha_{+,\theta}f)(z) = \frac{e^{-i(\theta+\pi)\alpha}}{\varkappa(\alpha,l)}\int_0^\infty \frac{(\Delta^l_{\rho e^{i\theta}}f)(z)}{\rho^{1+\alpha}}d\rho, \qquad (22.21')$$

其中 $(\Delta^l_{\rho e^{i\theta}}f)(z)$ 是步长为 $\rho e^{i\theta}$ 的有限差分 (5.72), 常数 $\varkappa(\alpha,l)$ 在 (5.81) 中给出. 从 (22.21) 到 (22.21′) 的转换可以在函数充分好的情况下以类似于 §5.5 中的转换方式实现. 我们要强调的是, 如在实变量情况中已经看到的那样 —— §5, 当分数阶导数不以 (22.21) 形式存在时, 它可能以 (22.21′) 形式存在. 因此, 由 (22.21′) 右端生成的算子的定义域通常大于由 (22.21) 生成算子的定义域. 所以, 用不同的符号 $(\mathbf{D}^\alpha_{+,\theta}f)(z)$ 来表示它是可取的, 如 (5.80) 中所示.

22.2　解析函数的分数阶积分-微分

解析函数的 Riemann-Liouville 分数积分-微分 (22.8) 和 (22.3) 仅在 α 为整数的情况才会再次得到一个解析函数, 在 α 为非整数的情况下, 会产生以 z_0 为支点的函数 (这从 (22.11) 和 (22.14) 可立即看出). 因此, 为了保持解析性, 我们必须修改分数阶积分-微分的定义, 使其不产生分支. 例如, 我们可能会放弃 (22.11) 中的因子 $(z - z_0)^\alpha$ 或 (22.14) 中的因子 $(z - z_0)^{-\alpha}$. 这相当于不直接考虑 $I_{z_0}^\alpha f$ 和 $\mathcal{D}_{z_0}^\alpha f$, 而是分别考虑 $(z - z_0)^{-\alpha} I_{z_0}^\alpha f$ 和 $\mathcal{D}_{z_0}^\alpha [(z - z_0)^\alpha f(z)]$. 在考虑解析函数的 (广义) 分数阶积分-微分时, 经常使用这种方法, 见下一小节. 现在, 保留初始定义 (22.8) 和 (22.3), 相反地, 我们通过允许它们一开始就以 z_0 为支点来扩大目前的函数集. 更准确地说, 我们假设函数 $f(z)$ 有形式 $f(z) = (z - z_0)^\mu g(z)$, $\mu \in R^1$, 其中 $g(z)$ 在点 z_0 的某个邻域内解析. 则

$$f(z) = \sum_{k=0}^\infty c_k (z - z_0)^{k+\mu}, \quad c_k = \frac{g^{(k)}(z_0)}{k!}. \tag{22.23}$$

这里出现的任何分支都会因主值的选择而消除, 使得 $(z - z_0)^\mu$ 在沿射线 $(z_0, z_0 + \infty)$ 切割的复平面内解析且

$$(z - z_0)^\mu = |z - z_0|^\mu e^{i\mu \arg(z - z_0)}, \quad 0 \leqslant \arg(z - z_0) < 2\pi.$$

引理 22.2　设 $f(z)$ 是 (22.23) 中给出的函数. 则对于所有 $\alpha \in R^1$,

$$(\mathcal{D}_{z_0}^\alpha f)(z) = (z - z_0)^{\mu-\alpha} \sum_{k=0}^\infty \frac{\Gamma(k+\mu+1)}{\Gamma(k+\mu-\alpha+1)} c_k (z - z_0)^k, \tag{22.24}$$

$$\mu \neq -1, -2, -3, \cdots,$$

级数 (22.23) 和 (22.24) 的收敛半径相同.

之前, 对在实轴上的解析函数也证明了类似的结论 (见引理 15.4). 如果我们考虑到 (22.23) 逐项积分和微分的可能性并使用公式 $\mathcal{D}_{z_0}^\alpha [(z-z_0)^\beta] = \frac{\Gamma(\beta+1)}{\Gamma(\beta-\alpha+1)} \cdot$ $(z-z_0)^{\beta-\alpha}$, 则可以类似地证明引理 22.2. 上述公式可根据 (22.16) 直接建立. 等式 (22.24) 将 (22.2) 和 (22.3) 中给出的分数阶积分-微分的初始定义与 Hadamard 方法联系起来. 至于 Liouville 方法, 它与 (22.17), (22.18) 和 (22.21) 中定义的分数阶积分-微分有关. 由 (7.5), 公式

$$\mathcal{D}_{+,\theta}^\alpha e^{az} = a^\alpha e^{az}, \quad \text{若} \quad \mathrm{Re}(ae^{i\theta}) < 0 \tag{22.25}$$

可立即从 (22.21) 和 (22.19) 中得到. (22.25) 的右端实际上依赖 θ: θ 的值影响着 a^α 分支的选择. 即在 (22.25) 中 a^α 表示 $a^\alpha = |a|^\alpha e^{i\alpha \arg a}$, $0 < \theta + \arg a < 2\pi$ (事

实上根据条件 $\text{Re}(ae^{i\theta}) < 0$, 可指定 $\pi/2 < \theta + \arg a < 3\pi/2$. 特别地,

$$\mathcal{D}_+^\alpha e^{az} = a^\alpha e^{az}, \quad \text{若} \quad \text{Re}\, a > 0, \tag{22.26}$$

$$\mathcal{D}_-^\alpha e^{az} = (-a)^\alpha e^{az}, \quad \text{若} \quad \text{Re}\, a < 0, \tag{22.27}$$

其中 $(\pm a)^\alpha$ 为对应主值. 根据 (22.26) 和 (22.27), 可表示为 Dirichlet 级数 $f(z) = \sum\limits_{k=1}^\infty a_k e^{\lambda_k z}$ 的函数 $f(z)$, 其中所有 $\text{Re}\lambda_k > 0$ 或所有 $\text{Re}\lambda_k < 0$, 有以下公式

$$(\mathcal{D}_+^\alpha f)(z) = \sum_{k=1}^\infty a_k \lambda_k^\alpha e^{\lambda_k z}, \quad \text{Re}\lambda_k > 0,$$

$$(\mathcal{D}_-^\alpha f)(z) = \sum_{k=1}^\infty a_k (-\lambda)_k^\alpha e^{\lambda_k z}, \quad \text{Re}\lambda_k < 0$$

(Liouville 根据定义写出 $(\mathcal{D}^\alpha f)(z) = \sum\limits_{k=1}^\infty a_k \lambda_k^\alpha e^{\lambda_k z}$, 但没有关心 λ_k 是什么).

　　现在我们转到解析函数的分数阶微分理论中最重要的问题之一: 即 Cauchy 公式

$$f^{(n)}(z) = \frac{n!}{2\pi i} \int_{\mathcal{L}} \frac{f(t)dt}{(t-z)^{n+1}}$$

对非整数值 n 的推广. 这里出现了多值函数 $(t-z)^{-\alpha-1}$. 为了挑出它的单值支, 我们用从 z 出发经 z_0 到无穷远的射线 (回忆我们现在考虑的函数形式 (22.23)) 对平面进行切割, 并在具有这种切割的平面中处理单值函数 (z 固定)

$$(t-z)^{-\alpha-1} = |t-z|^{-\alpha-1} e^{-i(1+\alpha)\arg(t-z)}. \tag{22.28}$$

假设已经选择了 $\arg(t-z)$ 的主值, 即若 $t-z > 0$, $\arg(t-z) = 0$. 由于割线可能平行于实轴并且位于点 z 的右侧, 因此我们通过条件

$$\arg(t-z)|_{t \in C_+} \in (-2\pi, 0] \tag{22.29}$$

确定这种选择, 其中 C_+ 是割线的边沿, 如图 1 所示.

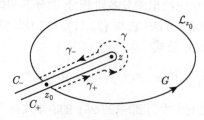

图 1　积分围道

定理 22.1 令 $f(z) = (z - z_0)^\mu g(z)$，其中 $\mu > -1$，$g(z)$ 在区域 G 中解析且 $(z - z_0)^\mu$ 的主值已选择. 则对于除 $\alpha = -1, -2, \cdots$ 外的所有 $\alpha \in R^1$,

$$(\mathcal{D}_{z_0}^\alpha f)(z) = \frac{\Gamma(1+\alpha)}{2\pi i} \int_{\mathcal{L}_{z_0}} \frac{f(t)dt}{(t-z)^{1+\alpha}}, \tag{22.30}$$

其中函数 $(t-z)^{-\alpha-1}$ 的主值由 (22.28) 和 (22.29) 确定，而位于区域 G 中的闭围道 $\mathcal{L}_{z_0}$ 是任一经过点 z_0 并沿正方向绕点 z 的围道. 特别地, 如果我们选择圆 $|t-z| = |z - z_0|$ 作为 $\mathcal{L}_{z_0}$, 则有

$$(\mathcal{D}_{z_0}^\alpha)(z) = \frac{\Gamma(1+\alpha)}{2\pi i |z - z_0|^\alpha} \int_0^{2\pi} e^{-i\alpha\theta} f(z + |z - z_0| e^{i\theta}) d\theta. \tag{22.30'}$$

证明 先令 $\alpha < 0$. 由于 (22.30) 中的被积函数在沿从 z 到 z_0 的射线切割的区域 G 中解析, 那么由 Cauchy 积分定理我们有

$$\frac{\Gamma(1+\alpha)}{2\pi i} \int_{\mathcal{L}_{z_0}} \frac{f(t)dt}{(t-z)^{1+\alpha}}$$

$$= \frac{\Gamma(1+\alpha)}{2\pi i} \left[\lim_{\gamma_+ \to C_+} \int_{\gamma_+} + \cdots + \lim_{\gamma_- \to C_-} \int_{\gamma_-} + \cdots + \lim_{\gamma \to \{z\}} \int_\gamma \cdots \right],$$

其中 $\gamma_\pm$ 为平行于割线边沿的直线, γ 为包围点 z, 半径为 ε 的圆 (见图 1). 所以通过 $(t-z)^{-1-\alpha}$ 在割线处的跳跃我们有

$$\frac{\Gamma(1+\alpha)}{2\pi i} \int_{\mathcal{L}_{z_0}} \frac{f(t)dt}{(t-z)^{1+\alpha}} = \frac{\Gamma(1+\alpha)}{2\pi i} (1 - e^{-2\alpha\pi i}) \int_{z_0}^z \frac{f(t)dt}{(t-z)^{1+\alpha}}$$

$$+ \frac{\Gamma(1+\alpha)}{2\pi} \lim_{\varepsilon \to 0} \varepsilon^{-\alpha} \int_0^{2\pi} f(z + \varepsilon e^{i\varphi}) e^{-i\alpha\varphi} d\varphi. \tag{22.31}$$

根据条件 (22.29), 我们看到 $(t-z)^{-1-\alpha} = e^{-(1+\alpha)\pi i}(z-t)^{-1-\alpha}$, 这里 $(x-t)^{-1-\alpha}$ 与 (22.7) 中选择的值相同, 其中 $1 - \alpha$ 被替换为 $-1 - \alpha$. 因此由 (22.31) 我们得

$$\frac{\Gamma(1+\alpha)}{2\pi i} \int_{\mathcal{L}_{z_0}} \frac{f(t)dt}{(t-z)^{1+\alpha}} = (I_{z_0}^{-\alpha} f)(z), \tag{22.32}$$

这证明了在 $\alpha < 0$ 时的 (22.30). 从 (22.3) 开始, 如果 $\alpha > 0$, 在 (22.32) 中用 $\alpha - [\alpha] - 1$ 代替 α, 在积分符号下对 (22.32) 做对应次数的微分后可以得到 (22.30). ∎

我们注意到 (22.30) 的右端常作为任意 α, $\alpha \neq -1, -2, \cdots$ 阶分数阶导数的初始定义.

注 22.1 将 (22.30) 表示为

$$(\mathcal{D}_{z_0}^\alpha f)(z) = \frac{\Gamma(1+\alpha)}{2\pi i} \int_{\mathcal{L}_{z_0}} \frac{f(t)dt}{\left(1 - \dfrac{z - z_0}{t - z_0}\right)^{1+\alpha} (t - z_0)^{1+\alpha}}$$

是很方便的, 围道 $\mathcal{L}_{z_0}$ 与之前相同. 它的方便之处在于我们处理的是标准割线: 假设选定了函数 $(1 - \omega)^{1+\alpha}$ 的主值, 则其在沿射线 $(-\infty, -1)$ 和 $(1, +\infty)$ 切割的平面中考虑, 而 $(t - z_0)^{1+\alpha}$ 的主值是在沿从 z 出发经过 z_0 到无穷远的射线切割的平面中处理的. 如果, 特别地 $z_0 = 0$, 我们有

$$(\mathcal{D}_0^\alpha f)(z) = \frac{\Gamma(1+\alpha)}{2\pi i} \int_{\mathcal{L}_0} \frac{f(t)}{\left(1 - \dfrac{z}{t}\right)^{1+\alpha}} \frac{dt}{t^{1+\alpha}}, \tag{22.33}$$

其中 $\mathcal{L}_0$ 绕 z 且通过原点.

注 22.2 若在定理 22.1 中用一个所谓的 Pochhammer 圈 $C = (z+, z_0+, z-, z_0-)$(见图 2) 来代替围道 $\mathcal{L}_{z_0}$, 并改变积分前的系数, 则定理中的限制条件 $\mu > -1$ 可以替换为 $\mu \neq 0, \pm 1, \pm 2, \cdots$, 因此

$$(\mathcal{D}_{z_0}^\alpha f)(z) = \frac{e^{-\mu\pi i}\Gamma(1+\alpha)}{4\pi \sin \mu\pi} \int_C \frac{f(t)dt}{(t - z)^{1+\alpha}}, \quad f(t) = (t - z_0)^\mu g(t). \tag{22.33'}$$

—— Lavoie, Tremblay and Osler [1975].

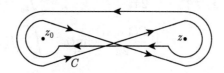

图 2 Pochhammer 圈

我们还将讨论对应于无穷远初始点 $z_0 = e^{i\theta} \cdot \infty$, $-\pi \leqslant \theta < \pi$ 的 (22.30). 设函数 $f(z)$ 在包含无穷远点 $z_0 = e^{i\theta} \cdot \infty$ 的曲线半平面 G_θ 中解析. 类似定理 22.1, 我们得到对于所有 $\alpha \in R^1$, $\alpha \neq -1, -2, \cdots$, 等式

$$(\mathcal{D}_{+,\theta}^\alpha f)(z) = \frac{\Gamma(1+\alpha)}{2\pi i} \int_{\mathcal{L}_\theta} \frac{f(t)dt}{(t - z)^{1+\alpha}} \tag{22.33''}$$

对于任意在正方向上包围了射线 $(z, e^{i\theta} \cdot \infty)$ 的 Hankel 围道 $\mathcal{L}_\theta = \mathcal{L}_\theta(z)$ 成立 (见图 3). 假设在沿射线 $(z, e^{i\theta} \cdot \infty)$ 切割的平面上, 解析函数 $(t - z)^{1+\alpha} = |t -$

$z|^{1+\alpha}e^{i(1+\alpha)\arg(t-z)}$ 的主值由条件 $\arg(t-z)|_{t\in C_+} \in (-2\pi, 0]$ 确定, 则

$$\arg(t-z)|_{t\in C_+} = \begin{cases} \theta, & -\pi \leqslant \theta \leqslant 0, \\ \theta - 2\pi, & 0 < \theta < 2\pi. \end{cases}$$

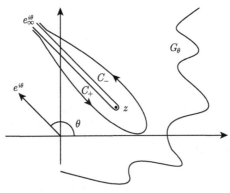

图 3 Hankel 围道

在本小节的最后, 我们不加证明地给出关于 Hardy 空间 H_p 中分数阶积分

$$\begin{aligned} (I_0^\alpha f)(z) &= \frac{1}{\Gamma(\alpha)} \int_0^z \frac{f(t)dt}{(z-t)^{1-\alpha}} \\ &= \frac{z^\alpha}{\Gamma(\alpha)} \int_0^1 (1-\xi)^{\alpha-1} f(z\xi)d\xi \end{aligned} \qquad (22.34)$$

映射性质的 Hardy-Littlewood 定理. 我们回顾 Hardy 空间 $H_p, 0 < p < \infty$, 它由在单位圆盘中解析且满足

$$\|f\|_p = \sup_{r>0} \left(\int_0^{2\pi} |f(re^{i\varphi})|^p d\varphi \right)^{1/p} < \infty$$

的函数 $f(z)$ 组成.

定理 22.2 令 $0 < p < \infty, 0 < \alpha < 1/p, \gamma > -1$. 则算子

$$z^{-\gamma-\alpha} I_0^\alpha z^\gamma f(z) = \frac{1}{\Gamma(\alpha)} \int_0^1 \xi^\gamma (1-\xi)^{\alpha-1} f(z\xi)d\xi$$

从 H_p 有界映入 $H_q, 1/q = 1/p - \alpha$.

定理的证明可以在原始论文 Hardy and Littlewood [1932, 1941] 或 Zygmund [1965b, p. 209] 中找到 —— 可以比较一下定理 22.2 与定理 3.5 和定理 3.7.

22.3　解析函数分数阶积分-微分的推广

设函数

$$f(z) = \sum_{k=0}^{\infty} f_k z^k \tag{22.35}$$

在单位圆盘中解析, 所以由 (22.24),

$$(\mathcal{D}_0^{\alpha} f)(z) = z^{-\alpha} \sum_{k=0}^{\infty} \frac{\Gamma(k+1)}{\Gamma(k-\alpha+1)} f_k z^k. \tag{22.36}$$

推广 (22.36) 的一种自然方法是将 (22.36) 中的因子 $\Gamma(k+1)/\Gamma(k-\alpha+1)$ 替换为更一般的因子. 我们从被称为广义 Gel'fond-Leont'ev 微分的推广开始. 从通常的微分 d/dz 对应于 (22.36) 中因子 $\Gamma(k+1)/\Gamma(k)$ 的简单事实出发, 根据 Gel'fond and Leont'ev [1951], 我们介绍算子

$$\mathcal{D}^n(a;f) = \sum_{k=n}^{\infty} \frac{a_{k-n}}{a_k} f_k z^{k-n}, \tag{22.37}$$

其中 $a(z) = \sum_{k=0}^{\infty} a_k z^k$. 假设函数 $a(z)$ 是 ρ 阶且 $\sigma \neq 0$ 型整函数 (关于这些想法, 例如参见书 Leont'ev [1983]). 也设

$$\lim_{k \to \infty} k^{1/\rho} \sqrt[k]{|a_k|} = (\sigma e \rho)^{1/p}. \tag{22.38}$$

我们指出在考虑上极限 $\overline{\lim\limits_{k \to \infty}}$ 的情况下 (22.38) 一直满足 —— Leont'ev [1983, p. 13]. 由 (22.38) 可知, 极限 $\lim\limits_{k \to \infty} \sqrt[k-n]{|a_{k-n}/a_k|} = 1$ 存在, 因此 (22.37) 中的级数与 (22.35) 的收敛半径相同. (22.37) 中的算子称为 Gel'fond-Leont'ev *广义微分算子*. 当 $a(z) = e^z$ 时, 显然 $\mathcal{D}^n(a;f) = d^n f/dz^n$.

算子

$$I^n(a;f) = \sum_{k=0}^{\infty} \frac{a_{k+n}}{a_k} f_k z^{k+n} \tag{22.39}$$

是 (22.37) 的右逆, 称为 Gel'fond-Leont'ev *广义积分算子*.

我们注意到, 尽管算子 $\mathcal{D}^n$ 和 I^n 是作为 n 阶整数积分-微分的直接推广引入的, 但它们也包含了对分数阶的推广. 为了说明这一点, 我们来考虑以下特殊情况:

$$a(z) = E_{\alpha}(z) = \sum_{k=0}^{\infty} \frac{z^k}{\Gamma(\alpha k + 1)}, \quad \alpha > 0, \tag{22.40}$$

即 Mittag-Leffler 函数 (1.90). 它的阶为 $\rho = 1/\alpha$, 型为 $\sigma = 1$ 且满足 (22.38). 则 $n = 1$ 阶广义积分的对应算子为

$$(\mathcal{J}_\alpha f)(z) \stackrel{\text{def}}{=} I^1(E_\alpha, f) = \sum_{k=0}^\infty \frac{\Gamma(\alpha k + 1)}{\Gamma(\alpha k + \alpha + 1)} f_k z^{k+1}. \tag{22.41}$$

引理 22.3 在 (22.41) 中定义的广义积分算子满足如下积分表示

$$(\mathcal{J}_\alpha f)(z) = \frac{1}{\Gamma(\alpha)} \int_0^1 (1 - t)^{\alpha-1} f(z t^\alpha) dt. \tag{22.42}$$

此引理的证明在观察到

$$\frac{\Gamma(\alpha k + 1)}{\Gamma(\alpha k + \alpha + 1)} = \frac{\mathrm{B}(\alpha, \alpha k + 1)}{\Gamma(\alpha)} = \frac{1}{\Gamma(\alpha)} \int_0^1 (1 - t)^{\alpha-1} t^{\alpha k} dt$$

后是显然的.

引理 22.3 允许我们在关于原点的星形域中, 将积分型算子的定义 (22.41) 从解析函数 $f(z)$ 推广到连续函数 (甚至可积函数).

我们也观察到

$$(\mathcal{J}_\alpha f)(z) = \frac{1}{\Gamma(\alpha)} \int_0^z \left(z^{\frac{1}{\alpha}} - t^{\frac{1}{\alpha}} \right)^{\alpha-1} f(t) \frac{t^{\frac{1}{\alpha}-1}}{\alpha} dt.$$

这里我们沿着连接点 0 和 z 的线段进行积分, 多值函数的主值以适当的方式选择. 因此, 算子 $\mathcal{J}_\alpha$ 也可以解释为函数 $f(z)$ 关于函数 $g(z) = z^{1/\alpha}$ 的 α 阶分数阶积分算子 —— 参见 § 18.2. 基于 (18.29), 我们可以建立 $\mathcal{J}_\alpha$ 的 (左) 逆算子 $\mathcal{D}_\alpha$:

$$(\mathcal{D}_\alpha f)(z) = \frac{1}{\Gamma(1 - \alpha)} \frac{1}{g'(z)} \frac{d}{dz} \int_0^z \frac{f(t) g'(t) dt}{[g(z) - g(t)]^\alpha},$$

其中 $g(z) = z^{1/\alpha}$. 经过简单变换后得

$$(\mathcal{D}_\alpha f)(z) = \frac{1}{\Gamma(1 - \alpha)} \left(\frac{1 - \alpha}{z} + \alpha \frac{d}{dz} \right) \int_0^1 \frac{f(z t^\alpha) dt}{(1 - t)^\alpha}. \tag{22.43}$$

算子 $\mathcal{D}_\alpha$ 对应展开式

$$(\mathcal{D}_\alpha f)(z) = \sum_{k=1}^\infty \frac{\Gamma(k\alpha + 1)}{\Gamma(k\alpha + 1 - \alpha)} f_k z^{k-1}. \tag{22.44}$$

我们可以进一步拓展我们的推广, 用任意满足某些假设的序列 b_k 替换 (22.36) 中的 $\dfrac{\Gamma(k+1)}{\Gamma(k-\alpha+1)}$. 因此, 令函数

$$b(z) = \sum_{k=0}^{\infty} b_k z^k \tag{22.45}$$

在单位圆盘中解析. 我们来考虑算子

$$\mathcal{D}\{b; f\} = b \circ f = \sum_{k=0}^{\infty} b_k f_k z^k. \tag{22.46}$$

该表达式称为函数 $b(z)$ 和 $f(z)$ 的 Hadamard 乘积复合. 当然 (22.46) 是对分数阶积分-微分概念的一个非常广泛的推广. 如果 $k \to \infty$ 时 $b_k \to \infty$, 则它确实推广了微分. 如果 $b_k \neq 0$, $k = 0, 1, 2, \cdots$, 方程 (22.46) 可逆, 这种情况下我们记

$$b^*(z) = \sum_{k=0}^{\infty} z^k / b_k. \tag{22.47}$$

在 $b_k \to \infty$ 的假设下, 对应的算子

$$I\{b; f\} = \mathcal{D}\{b^*; f\} = \sum_{k=0}^{\infty} \frac{f_k}{b_k} z^k$$

可以称为广义积分. 我们观察到, 函数 $b(z)$ 和 $b^*(z)$ 通常称为伴随的 (彼此) —— Smirnov and Lebedev [1964, p. 168].

　　引理 22.4　令 (22.45) 和 (22.47) 中的级数在单位圆中收敛. 如果 $g(z) = b \circ f$, 其中 $f(z)$ 在 $|z| < 1$ 时解析, 则

$$g(z) = \frac{1}{2\pi i} \int_{|t|=r} b\left(\frac{z}{t}\right) f(t) \frac{dt}{t}, \tag{22.48}$$

$$f(z) = \frac{1}{2\pi i} \int_{|t|=r} b^*\left(\frac{z}{t}\right) g(t) \frac{dt}{t}, \quad |z| < r < 1. \tag{22.49}$$

(22.48) 和 (22.49) 由 $f(t)$, $g(t)$, $b(z/t)$ 和 $b^*(z/t)$ 在相应级数上的展开和逐项积分得到.

　　选择不同的函数 $b(z)$, 我们将得到各种类型的积分-微分算子. 我们来考虑几个例子.

　　1. 令

$$b(z) = \frac{\Gamma(1+\alpha)}{(1-z)^{1+\alpha}} = \sum_{k=0}^{\infty} \frac{\Gamma(1+\alpha+k)}{\Gamma(1+k)} z^k, \quad |z| < 1. \tag{22.50}$$

则 $\mathcal{D}\{b; f\} = \displaystyle\sum_{k=0}^{\infty} \frac{\Gamma(1+\alpha+k)}{\Gamma(1+k)} f_k z^k$, 由 (22.24), 其与

$$\mathcal{D}\{b; f\} = \mathcal{D}_0^\alpha [z^\alpha f(z)] \tag{22.51}$$

一致, 或由 (22.48), 其与

$$\mathcal{D}\{b; f\} = \frac{\Gamma(1+\alpha)}{2\pi i} \int_{|t|=r} \frac{f(t)}{\left(1 - \dfrac{z}{t}\right)^{1+\alpha}} \frac{dt}{t} \tag{22.52}$$

一致, 参见 (22.30) 和 (22.33). 因此, 函数 $b(z)$ 的选取 (22.50), 给出了函数 $z^\alpha f(z)$ 的 Riemann-Liouville 分数阶微分. (22.51) 允许我们得到算子 $\mathcal{D}\{b; f\}$ 的逆 $I\{b; f\}$, 其形式为

$$I\{b; f\} = z^{-\alpha} (I_0^\alpha f)(z) = \frac{1}{\Gamma(\alpha)} \int_0^1 (1-t)^{\alpha-1} f(zt) dt. \tag{22.53}$$

根据 (22.49), 它可以写成

$$I\{b; f\} = \frac{1}{2\pi i} \int_{|t|=r} {}_2F_1\left(1, 1; 1+\alpha; \frac{z}{t}\right) f(t) \frac{dt}{t}, \tag{22.54}$$

其中 $|z| < r < 1$, 超几何函数 ${}_2F_1(1, 1; 1+\alpha; z) f(t) = b^*(z)$ 在这里作为伴随的核出现.

如果我们用 $b(z) = \dfrac{\Gamma(1+\alpha)z}{(1-z)^{1+\alpha}}$ 代替 (22.50), 会得到

$$\mathcal{D}\{b; f\} = \sum_{k=0}^{\infty} \frac{\Gamma(\alpha+k)}{\Gamma(k)} f_k z^k = z \mathcal{D}_0^\alpha [z^{\alpha-1} f(z)]. \tag{22.55}$$

后面的这种构造有时称为 Ruscheweyh 分数阶导数.

2. 令 $b(z) = \displaystyle\sum_{k=1}^{\infty} (ik)^\alpha z^k$. 则

$$\mathcal{D}\{b; f\} = \sum_{k=1}^{\infty} (ik)^\alpha f_k z^k \tag{22.56}$$

是 Weyl 分数阶微分: 它与函数 $f(z) = f(re^{i\varphi})$ 关于角变量 φ 的 Weyl 微分 $\mathcal{D}_+^{(\alpha)} f$ 一致 —— 参见 (19.6).

3. 最后, 我们选择 $b(z)$ 使 $\mathcal{D}\{b; f\}$ 与广义 Dzherbashyan 积分-微分

$$(L^{(\omega)} f)(z) = -\int_0^1 f(zt) \omega'(t) dt \tag{22.57}$$

一致 —— 见 § 18.6. 我们观察到, (22.57) 可以认为是对函数 $f(z) = f(re^{i\varphi})$ 关于径向变量 r 的应用算子 (18.110) 的结果. 由 (18.111)—(18.114), 我们引入函数

$$b(z) = \sum_{k=0}^{\infty} \Delta_{\omega}(k) z^k.$$

则显然有 $\mathcal{D}\{b; f\} = (L^{(\omega)} f)(z)$.

关于其他推广, 参见 § 23.2 (注记 22.3, 注记 22.5, 注记 22.8, 注记 22.15, 注记 22.16 和注记 22.18).

§ 23　第四章的参考文献综述及附加信息

23.1　历史注记

§ 18.1 的注记　算子 (18.5) 和 (18.6) 由 Kober [1940] 引入. 式 (18.1) 和 (18.3) 中 $a = 0$ 和 $b = +\infty$ 时的算子由 Erdélyi [1950] 提出, 另见 Erdélyi [1968], 具有 (18.13) 和 (18.14) 形式的算子 (18.2) 和 (18.4) 在 $\alpha > -1$ 时由 Lowndes [1971] 给出; $\alpha > -n$ 时由 Lowndes [1980] 给出.

算子 (18.8) 也与 Erdélyi 和 Kober 的名字有关; 似乎 Sneddon 是第一个以这种方式命名的人. 然而我们注意到, 算子

$$(A^{\rho} f)(x) = \frac{\sqrt{\pi}}{\Gamma(1+\rho)\Gamma(1/2-\rho)} \int_0^x \frac{t^{2\eta+1} f(t) dt}{(x^2-t^2)^{\rho+1/2}},$$

使得 $(A^{(1/2-\alpha)} f)(x) = \frac{\sqrt{\pi} x^{2\alpha+2\eta}}{2\Gamma(3/2-\alpha)} I_{\eta,\alpha} f(x)$, 也被称为 Sonine 算子, 参见 Sonine [1954, p. 208] 和 Levitan [1951, p. 129] 中的评注. 在后一篇论文中, 认为 $A^{(\rho)}$ 是结合 Bessel 函数级数的展开将三角函数转换为 Bessel 函数的算子. 我们必须补充一点, 与 "通过函数 x^2" 或 "通过函数 $\sqrt{x}$" 定义分数阶微分有关的想法已经可以在 Liouville 的论文中找到, 例如 Liouville [1832a, p. 10].

定义算子 (18.5) 和 (18.6) 的等式 (18.15), (18.16) 和 (18.18) 由 Kober [1940] 获得. Erdélyi [1950] 给出了在算子 (18.1) 和 (18.3) 中取 $a = 0$ 和 $b = +\infty$ 时的关系式 (18.15) 和 (18.18), 式 (18.17) 由 Lowndes [1971, 1980] 给出. McBride [1984, pp. 243-244] 建立了方程 (18.16′) 和 (18.41′) 在 $a = 0$ 和 $b = +\infty$ 时的关系, 并给出了它们在空间 $F_{p,\mu}$, $1 \leqslant p \leqslant \infty$ 中成立的条件. 后者可参见 § 8.4 . 对于 (18.16′) 的第一个关系, $\sigma = 1$, $a = 0$ 的情况可在 Buschman [1964b] 中找到. 在 $\sigma = 1$ 的情况下, Erdélyi [1940b] 得到了表示 (18.20) 和 (18.22), 用于截断修正

的 Hankel 和 Kober 变换. 然而, 这些比 (18.19), (18.5) 和 (18.6) 更为一般 (§ 23.2 (注记 18.3 和 18.3)). 在 $\sigma = 2$ 的情况下, 关于算子 (18.8) 的 (18.15)—(18.23) 型关系在 Sneddon [1962] 中给出.

§ 18.2 的注记 一个函数关于另一个函数的分数阶积分是 19 世纪数学家就已经知道的想法. 尽管 Liouville [1835b] 中有萌生这种想法的迹象, 但它实际上由 Holmgren [1865-1866, p. 10] 引入. Holmgren 的论文包含对复合形式 $D_{\theta_1(x)}^{\lambda_1} f_1(x) D_{\theta_2(x)}^{\lambda_2} \cdots D_{\theta_n(x)}^{\lambda_n} f_n(x) u(x)$ 的详细研究, 其中 $f_j(x)$ 表示与函数 $f_j(x)$ 做乘法运算, $D_{\theta_j(x)}^{\lambda_j}$ 是 "关于函数 $\theta_j(x)$" 的分数阶微分. 复合的算子应用于 $u(x)$. 在 Erdélyi [1964], Talenti [1965] 和 Erdélyi [1970] 的现代论文中再次出现了函数对另一个函数微分的概念. Shelkovnikov [1951] 处理了整数阶积分的情况. Chrysovergis [1971] 研究了一个函数对另一个函数的分数阶积分的一些简单性质. 我们还注意到, 在 Sewell [1937, ch. 3, s. 14] 关于曲线上函数在共形映射下分数阶可微性不变性的证明中, 可以找到这种积分的隐式形式.

Osler [1970a,b, 1972a,c] 研究了复平面内一个函数对另一个函数的分数阶积分. Krasnov [1977] 研究了 Grünwald-Letnikov 形式的 (在 § 20.4 中考虑) 函数对另一个函数的分数阶微分.

Erdélyi [1964] 证明了定理 18.1, 但证明并不完整. 分数阶积分的可表示性并不成立.

§ 18.3 的注记 Hadamard [1892] 引入了分数阶积分-微分 (18.42). 通过 Marchaud 型表示 (18.56)—(18.58) 对 Hadamard 分数阶微分的修改没有在其他地方介绍.

§ 18.4 的注记 Bessel 分数阶积分 (18.61) 广为人知由来已久. 它在 Aronszajn and Smith [1961], Aronszajn, Mulla and Szeptycki [1963] 和 Aronszajn [1965] 的论文中得到了广泛的研究, 这些论文致力于研究多维 Bessel 势. § 18.4 中考虑的分数阶积分-微分 $(E \pm \mathcal{D})^\alpha$ 是已知的, 例如, 可以在 Liverman [1964, pp. 28-31] 的书中找到它适应于半轴情况的形式 (18.17). 此处使用的算子形式 $(E \pm \mathbf{D})^\alpha$ 包含在 Karapetyants and Samko [1975a] 中. 关系式 (18.73) 也在那里得到证明. 文章中算子 $(E \pm \mathbf{D})^\alpha$ 用于研究卷积 (具有不连续符号) 奇异积分方程的正规可解性. 我们还注意到 Karapetyants [1977] 的论文, 其中算子 $(E \pm \mathbf{D})^\alpha$ 用于求解 Wiener-Hopf 积分方程 (用了一个没有分数阶的符号).

尽管定理 18.2 的结论似乎没有在其他地方以明显的形式给出, 但它必须被认为是已知的. 定理 18.3 中关于 $H^{s,p}([a,b])$ 与 $I^\alpha[L_p(a,b)]$ 在 $1 < p < 1/\alpha$ 情况下重合的结论 (18.78) 也是已知的, 是 Rubin [1972a] 中关于分数阶积分延拓和限制结果的直接推论 (本书的定理 13.9 和定理 13.10). 定理 18.3 的直接形式包含在

Biacino [1984, Theorem 2.1] 的论文中.

§ 18.5 的注记   Chen [1961] 介绍了这里所考虑的分数阶积分结果, 并证明了引理 18.1 和定理 18.4. 这里我们给出了不同于 Chen [1961] 的证明. 我们还注意到文章对定理 18.4 的证明有一个错误.

§ 18.6 的注记   Dzherbashyan [1967, 1968a] 介绍了所考虑的结构.

§§ 19.1—19.3 的注记   在 § 19 中考虑的周期函数分数阶微分的定义由 Weyl [1917] 提出. 在 Zygmund [1965b, Ch. XII, §§ 8,9] 的书中可以找到关于 Weyl 分数阶积分-微分主要结果的漂亮介绍. 我们在 § 19 阐明一些结果时使用了此书的思想. Love [1938], Nagy [1939], Takahashi [1940], Bang [1941] 等的论文研究了概周期函数的分数阶积分-微分. 这些文献中的第一篇文章还处理了全直线上的任意有界函数 —— 见 § 9.2 (注记 5.3).

Mikolás [1959] 观察到了函数 $\Psi_+^\alpha(x)$ 通过 Riemann zeta 函数给出的表示 (19.9). Hardy [1922] 以不同的方式指出了它与 zeta 函数的联系.

函数 $\Psi_+(x)$ 的表示形式 (19.11) 由 Weyl [1917, p. 300] 给出, 引理 19.1 的证明源自书 Zygmund [1965b, Ch. 12, § 8] 中的介绍. Nagy [1936] 获得了 Weyl 核 $\Psi_+^\alpha(x)$ 的一些性质, 这些性质在三角多项式逼近理论中很重要, 另见 Dzyadyk [1953]. 结构 (19.18) 以前没有被处理过. Weyl [1917, p. 300] 观察到了论断 (19.19). Weyl 分数阶积分的表示形式 (19.21) 是由 Mikolás [1959] 提议的.

关系式 (19.24) 和 (19.25) 显然没有在其他地方被注意到. 算子 $I_\mu^{(\alpha)}$ (与内核 $K_{\alpha,\mu}(x)$ 卷积) 广泛用于周期函数的逼近理论, 如 § 23.2 (注记 19.6) 中引用的 Nikol'skii, Efimov 和 Telyakovskii 的论文.

§ 19.4 的注记   Weyl 分数阶导数与 Marchaud 导数的形式一致, 等式 (19.35) 实际上可以在 Weyl [1917, pp. 301-302] 中找到. 引理 19.4 在某种意义上是新的.

§ 19.5 的注记   Samko [1985b] 证明了定理 19.2. Butzer and Westphal [1975] 证明了定理 19.3 中 (19.46) 和 (19.47) 的等价性.

§ 19.6 的注记   Murdaev [1985b] 证明了估计式 (19.48) 和 (19.49) 以及定理 19.6. Hardy and Littlewood [1928a, p. 589] 得到了 $\lambda+\alpha < 1$ 情形下定理 19.6 的推论, 其中还给出了注 19.4 中的结论; $\lambda+\alpha = 1$ 的情形是由 Zygmund [1945a] 得到的. Murdaev [1985b] 证明了定理 19.7 和定理 19.8. 定理 19.7 的推论和结论 (19.62) 是 Hardy and Littlewood [1928a, p. 576 和 p. 591] 得到的, 另见 Hardy and Littlewood [1926].

§ 19.7 的注记   这里给出的结果除同胚性 (19.71) 外, 均源于 Hardy and Littlewood [1928a, pp. 592-604].

§ 19.8 的注记   Civin [1940, 1941] 首次在 $C([0, 2\pi])$ 范数下将三角多项式的 Bernstein 不等式推广到分数阶导数. 事实上, 换言之, 可以在 Sewell [1937,

p. 111] 中找到. 我们注意到, 在有限区间上给出的关于代数多项式的分数阶导数的类似不等式实际上由 Montel [1918, p. 170] 得到. Ogievetskii [1958b,c] 将其推广到 $L_p(0, 2\pi)$ 范数的情形, $1 \leqslant p \leqslant \infty$. 我们注意到 Civin 考虑了更一般的指数型整函数的情形, 但不等式中的常数是粗糙的. 对所有 $\alpha \geqslant 1$ 的指数型整函数, Lizorkin [1965] 也得到了与经典 Bernstein 不等式相同的精确常数 1. 定理 19.10 中对 $0 < \alpha < 1$ 的简单证明给出了 (19.74) 中的常数. 该证明源自 Geisberg [1967]. 在更一般的形式 (19.81) 下, Bang [1941, pp. 21-22] 用另一种方法得到了分数阶导数的 Bernstein 不等式. Wilmes [1979a,b] 得到了带有精确常数 $2^{1-\alpha}$, $0 < \alpha < 1$ 的 Bernstein 不等式 (对于指数型函数).

Nagy [1936] 首先得到了周期函数 $f(x) = \sum\limits_{k=m}^{\infty} a_k e^{ikx}$ 分数阶积分的 Favard 型不等式 (19.82).

§ 20.1 的注记　将分数阶微分表示为有限差商极限的关系最早出现在 Liouville [1832b, pp. 107-110] 中, Liouville [1835a, p. 224] 利用他的方法形式地推导了分数阶微分的 Fourier 表达式, 并在 Liouville [1832b, p. 136] 中用它计算函数 $e^{ax} \sin bx$ 和 $e^{ax} \cos bx$ 的分数阶导数. 这些情形并没有在 Liouville 的论文中得到发展. 1867 年, Grünwald [1867] 提出了一种通过 (20.7), 或更确切地说, 通过 (20.42) 来发展分数阶积分-微分的方法. 然而, 他的论点不十分严格. 一年后, 在 Letnikov [1868a] 的论文中基于这种方法正确构造了完整的分数阶微积分理论. 为了说明 Letnikov 的研究对于 Grünwald 工作的独立性, 我们在此引用与 Letnikov 同时代的 Sludskii [1889] 的说法. 他写道: "A. Letnikov 的研究将作为其硕士学位论文. 其论文几乎已经完成, 这时候莫斯科 *Schlömilch* 杂志的最后一期中出现了 Grünwald 博士的论文. Letnikov 非常惊讶地发现, 在这篇论文中有他通过截然不同的方法获得的结果. 出于这个原因, 他立即决定不将此工作作为他硕士学位论文, 甚至不发表. 但因为 A.Yu. Davydov 的坚持, 承诺在毕业典礼上宣布 A. Letnikov 最重要的工作成果是在他了解 Grünwald 的论文之前获得的, 这一决定才被废除."

我们需要补充, 在 Most [1871] 中也可以找到关于差商方法的一些讨论.

应该注意的是, Grünwald 和 Letnikov 都在复平面上进行研究, (20.7) 中的增量 h 实际上是复数, 其固定方向由初始点 a 定义, 见 (20.42). 他们的方法在很长一段时间内被废弃了, 因为认为分数阶积分-微分的 Riemann-Liouville 形式明显是更可取的. 许多年后, 出现了论文 Ferrar [1927-1928], Stuloff[1951], Moppert [1953], Mikolás [1963, 1964], 其中从更现代的角度提出了 Grünwald-Letnikov 方法. 考虑了一些例子, 并追溯了与其他形式的联系等等. 我们补充, Letnikov 的方法也被 Yu.L. Rabinovich [1951] 提出来了. 这种方法随着 Westphal [1974b],

Butzer and Westphal [1975] 等论文的发表而焕发了新的生命, 其中从现代函数论的角度对它进行了解释, 并将分数阶微积分的各种经典问题与分数阶分析和函数论的现代问题联系起来. 进一步的发展可参见 Butzer, Dyckhoff, Görlich and Stens [1977], Bugrov [1985, 1986], Samko [1985b, 1990a] 等人的论文. 最后我们注意到, 广义函数框架下通过分数阶差分的方法是由Brédimas [1973, 1976a,b,c,d] 发展起来的.

Burenkov and Sobnak [1985] 注意到了常数 (20.3) 的表示 (20.3′) 以及恒等式 $c(\alpha) \equiv 2, 0 < \alpha < 1$.

Post [1930, p. 726] 介绍了 (20.10) 中的广义微分 $a(\mathcal{D})$. 我们注意到, Davis [1936, pp. 78-85] 基于另一种方法研究了广义微分 $\mathcal{D} \log \mathcal{D}$ 或 $\varphi(\mathcal{D}) \log \mathcal{D}$.

§ 20.2 的注记　这里我们使用了 Westphal [1974a,b] 以及 Butzer and Westphal [1975] 中的结构. 特别地, 其中也介绍了函数 (20.14) 和 (20.15). 引理 20.1 由 Westphal [1974a, p. 560] 证明, 另见 Butzer and Westphal [1975, pp. 127-128]. 基于绝对可积 Fourier 积分 Wiener 环的技巧, 我们给出了这个引理中第一个结论的另一种证明. 我们注意到, 这一陈述为 Bosanquet [1945] 所知, 见 Westphal [1974b, p. 562]. 引理 20.2 和定理 20.1 由 Butzer and Westphal [1975, pp. 128-129] 得到. 定理 20.2 是新的. 定理 20.3 由 Butzer and Westphal [1975, p. 123] 证明.

§ 20.3 的注记　定理 20.4 由 Samko [1985b, 1990a] 证明, 另见 Samko [1990b]. 在算子分数幂的一般背景下, 定理 20.4 的一个新版本包含在 Westphal [1974b, p. 568] 中, 但其中限制了函数及其分数阶导数属于同一空间 —— 见 § 23.2 (注记 20.1). 在无穷轴的情况下, 这样的假设基本上是限制性的. 定理 20.5 和定理 20.5′ 与定理 20.3 类似, 未在别处提及; 定理 20.5 的相近版本 ($r = p$ 且 $1 < p < \infty$) 可以在 Bugrov [1985, pp. 62, 64] 中找到.

§ 20.4 的注记　定义 (20.42) 和 (20.46) 可以追溯到 Grünwald 和 Letnikov. Grünwald [1867, pp. 455-458] 和 Letnikov [1868a, p. 19] 在函数充分好的情况下证明了积分 (20.46) 与 Riemann-Liouville 积分 (20.47) 一致. 定理 20.6 是新结论.

§ 21.1 的注记　对于整数 β 和 $\gamma = 1$, Kilbas [1975] 证明了关于带幂对数核算子 $I_{a+}^{\alpha,\beta}$ 的定理 21.1. 对于一般情况, 这个定理也是由 Kilbas 得到的, 其证明以前没有发表过.

§ 21.2 的注记　在整数 β 和 $\gamma = 1$ 的情形下, 对于权重 $\rho(x) = (x - a)^\mu$, $0 \leqslant \mu < \lambda + 1$ 或一般权重 (3.12), 其中 $0 \leqslant \mu_1 < \lambda + 1, \lambda + \alpha < \mu_k < \lambda + 1$, $k = 2, 3, \cdots, n$, Kilbas [1978] 得到了定理 21.2 和定理 21.3. 这些定理在一般情况下的证明由 Kilbas 给出, 但更早的证明未见过.

§§ 21.3 和 21.4 的注记　这里给出的是 Kilbas 获得的新结果. Kilbas and

Samko [1978] 在 $p > 1/\alpha$ 的情况下证明了注 21.3 中观察到的纯对数积分

$$(I_{a+}^{1,\beta}\varphi)(x) = \int_a^x \ln^\beta \frac{\gamma}{x-t}\varphi(t)dt, \quad \varphi \in L_p(a,b), \quad \beta > 0$$

的广义幂对数 Hölder 性质.

§ 21.5 的注记 定理 *21.10* 中给出的带对数整数次幂积分 $I_{0+}^{\alpha,\nu}\varphi$ 的渐近展开源自 Kilbas [1982], 其中除渐近展开 (21.27) 中 $0 < \beta < 1$ 的情况外, 还考虑了 $\beta = 1$ 和 $\beta > 1$ 的情况. 我们注意到, 在引用的论文中存在一个误解: 必须考虑积分

$$\int_0^x (x-t)^{\alpha-1}|\ln(x-t)|^\nu\varphi(t)dt,$$

而不是可能具有复数值的积分

$$\int_0^x (x-t)^{\alpha-1}\ln^\nu(x-t)\varphi(t)dt, \quad 0 < \alpha < 1, \quad -1 < \nu < +\infty.$$

§§ 22.1 和 22.2 的注记 分数阶微积分从一开始就在复平面中考虑的. 例如, 只需参考 Liouville [1832a,b,c, 1834a,b, 1835a,b, 1837] 的论文中关于可由指数函数级数表示的函数分数阶微分的初始定义, 或 Grünwald [1867], Letnikov [1868a], Sonine [1872]. 与 Hadamard 名字相关的方法可以追溯到他的论文 Hadamard [1892].

复平面中的 Weyl 分数阶微分 (22.1) (方法 II) 首先出现在 Hardy and Littlewood [1932] 中. 方法 III, 即 Riemann-Liouville 分数阶积分-微分 (22.2)—(22.3) 沿直线区间 $[z_0, z]$ 的积分, 可以在分数阶微积分的第一篇论文中找到. 关系式 (22.11) 已经包含在 Holmgren [1865-1866, p. 1] 的论文中. Grünwald 通过复平面中的分数阶差分 (参见 § 20) 定义了分数阶积分-微分, 并表明该定义可约化为 Riemann-Liouville 定义.

Sewell [1935, 1937] 结合复平面上的多项式逼近问题详细研究了复平面中沿曲线积分的 Riemann-Liouville 分数阶积分-微分 —— 见 § 23.2 (注记 22.1).

对于方法 IV, 我们注意到广义 Cauchy 公式 (22.4) 最早出现在 Sonine [1872] 的论文中, 他特别证明了在 $\alpha < 0$ 情况下, Cauchy 分数阶导数与分数阶积分 $I_{z_0}^{-\alpha}$ 的一致性 (22.32). 这个公式后被 Laurent [1884], Nekrasov [1888a, p. 87] 和 Krug [1890] 研究过, 并被 Sintsov [1891] 有效地用于研究具有非整数 s 的 Bernoulli 函数 $\varphi_{p,s} = \mathbf{D}_z^s\left[\left(\dfrac{z^2}{e^z-1}\right)^p (e^{xz}-1)\right]_{z=0}$. Montel [1918, p. 167] 以及 Hardy and Littlewood [1932] 使用了 Cauchy-Sonine 方法. Blumenthal [1931, p. 490] 使用了关系式 (22.4), 其中分数阶积分是从由 Volterra 发展的复合理论的角度处理的. 结构 (22.30) 首先由 Letnikov [1872, p. 428] 给出.

(22.17), (22.18) 和 (22.21) 中给出的分数阶积分-微分, 除了 $I^\alpha_{+,-\pi}$, $\mathcal{D}^\alpha_{+,-\pi}$ 和 $I^\alpha_{+,0}$, $\mathcal{D}^\alpha_{+,0}$ 的情况可以在 Nishimoto [1976a,b, 1977a,b, 1981, 1984b] 和他的合作者的文章中找到外, 另见 Owa and Nishimoto [1982], 显然没有在其他地方考虑.

定理 22.2 由 Hardy and Littlewood [1932, 1941] 得到.

§ 22.3 的注记　Hadamard [1978] 使用了形式为 (22.34) 的分数阶积分 I^α_0. 这与积分 (18.44) 一起作为起点, 提示他考虑更一般结构 $\int_0^1 V(t)f(zt)dt$ 的可能性. 然而, 他并没有以任何完整的形式实现这个想法. 这一想法的实现是由 Dzherbashyan [1967, 1968a] 以足够丰富的内容完成的.

Gel'fond-Leont'ev 的广义积分-微分可以追溯到 Gel'fond and Leont'ev [1951] 的论文. 有大量的文章包含与该理论相关思想的推广和发展. 在这方面, 我们参考论文 Korobeinik [1964a,b, 1965, 1983], 其中解析函数广义积分-微分的思想以最一般的形式发展. Korobeinik [1983] 还介绍和研究了定义在任意数集 $C = \{C_\alpha\}_{\alpha\in M}$ 上的广义微分和积分算子 $\mathcal{D}_c$ 和 J_c, 其中 M 不必是可数集. 我们注意到 Nagnibida [1966] 的论文, 其中包含了某些与 Gel'fond-Leont'ev 算子有关问题的研究. 算子 (22.41) 在 Gel'fond and Leont'ev [1951] 中作为一个例子提及. 其形式 (22.42) 的表示在 Dimovski [1981] 中给出, 另见 Dimovski [1982b, p. 105]. 在 Dimovski [1982a], [1982b, p. 106] 中可以找到某种意义上与 (22.43) 相近的结构.

从 Hadamard 组合 (22.46) 到卷积 (22.48) 的过渡是已知的, 例如文献 Smirnov and Lebedev [1964, p. 169]. Korobeinik [1964a,b, 1965] 在更一般的情况下研究了积分算子 (22.48) —— 见 § 23.2 (注记 22.18). 在引理 22.4 之后的例子 1—3 中, 我们沿用论文 Belyi [1977], 其中认为 (22.46) 中的广义微分与环域中解析函数的积分表示有关 —— 另见 Belinskii and Belyi [1971]. 变化形式 (22.55) 也可以在 Owa [1981a, 1982a, 1985a] 中找到.

Dzherbashyan [1967, 1968a] 的文章中介绍了 (22.57) 中给出的广义积分-微分, 并将其应用于解析函数理论中的一些问题.

23.2　其他结果概述 (与 §§ 18—22 相关)

18.1　设 $I^\alpha_{0+;\sigma,\eta}$ 和 $I^\alpha_{-;\sigma,\eta}$ 为算子 (18.1) 和 (18.7), $\mathfrak{M}$ 为 Mellin 变换 (1.112). 如果 $f \in L_p(0,\infty)$, $1 \leqslant p \leqslant 2$, 则 $I^\alpha_{0+;\sigma,\eta}f$, $I^\alpha_{-;\sigma,\eta}f \in L_p(0,\infty)$, 且

$$(\mathfrak{M}I^\alpha_{0+;\sigma,\eta}f)(s) = \frac{\Gamma(1+\eta-s/\sigma)}{\Gamma(1+\eta+\alpha-s/\sigma)}(\mathfrak{M}f)(s), \quad \text{Re}(\eta-s/\sigma) > -1, \quad (23.1)$$

$$(\mathfrak{M}I^\alpha_{-;\sigma,\eta}f)(s) = \frac{\Gamma(\eta+s/\sigma)}{\Gamma(\eta+\alpha+s/\sigma)}(\mathfrak{M}f)(s), \quad \text{Re}(\eta+s/\sigma) > 0, \quad (23.2)$$

其中 $s = 1/p + i\tau$, $-\infty < \tau < \infty$. 如果 $2 < p < \infty$ 且

$$f \in \mathfrak{M}_p = \{g : g = \mathfrak{M}^{-1}\varphi, \ \varphi \in L_{p'}(\sigma p^{-1} - i\infty, \sigma p^{-1} + i\infty), \ 1/p + 1/p' = 1\},$$

则 $I^{\alpha}_{0+;\sigma,\eta}f$ 和 $I^{\alpha}_{-;\sigma,\eta}f \in \mathfrak{M}_p$, 且 (23.1) 和 (23.2) 成立 (Erdélyi [1950, Lemma 5]). 在 $q = 1$ 的情况下, 算子 (18.5) 和 (18.6) 的这些结论首先由 Kober [1940, Theorems 5a 和 5b] 证明. Rooney [1978] 研究了加权空间 $L_p(R^1_+; x^\mu)$, $1 \leqslant p < \infty$ 上算子 $I^{\alpha}_{0+;\sigma,\eta}$ 和 $I^{\alpha}_{-;\sigma,\eta}$ 的映射性质; 另见 § 9.2 (注记 5.6).

设 $\mathfrak{M}$, L, L^{-1} 分别为 Mellin 变换算子 (1.112) 和 Laplace 变换算子 (1.119) 和 (1.120), $I^+_{\eta,\alpha}$ 和 $K^-_{\eta,\alpha}$ 为 Kober 算子 (18.5) 和 (18.6). 并设

$$\alpha > 0, \ \eta > 0; \quad f(x), \ x^{-1/2}f(x) \in L(0,\infty);$$

$$f^*(s) = \mathfrak{M}\{f(t); s\} \in L(1/2 - i\infty, 1/2 + i\infty)$$

和 $x^{-1/2}(I^+_{\eta,\alpha}f)(x)$, $x^{-1/2}(K^-_{\eta,\alpha}f)(x) \in L(0,\infty)$. 则以下关系式有效 (Fox [1972])

$$(I^+_{\eta,\alpha}f)(x) = x^{-\alpha-\eta}L^{-1}\{t^{-\alpha}L[\tau^\eta f(\tau); t]; x\},$$

$$(K^-_{\eta,\alpha}f)(x) = \{y^{1-\alpha-\eta}L^{-1}\{t^{-\alpha}L[\tau^{\eta-1}f(1/\tau); t]; y\}\}_{y=x^{-1}}.$$

Srivastava [1957–1958] 表明, Kober 算子 (18.5) 和 (18.6) 的复合 $I^+_{\eta,\alpha}I^+_{\xi,\alpha}$, $K^-_{\eta,\alpha}K^-_{\xi,\alpha}$ 可以表示为 $\int_0^\infty (xt)^\gamma \widetilde{w}_{\mu,\nu}(xt)f(t)dt$ 形式的算子复合, 其中 $\widetilde{w}_{\mu,\nu}(x) = x^{1/2}\int_0^\infty \tau^{-1}J_\nu(\tau)J_\mu(x/\tau)d\tau$ 是 Watson 函数, $J_\nu(x)$ 是 Bessel 函数 (1.83).

设 $Rf(x) = x^{-1}f(x^{-1})$; $\text{Re}\nu, \text{Re}(\nu + 2\alpha) \neq -2, -4, \cdots$, 且 $\text{Re}\alpha > 0$ 时 $T_\alpha = (I^+_{\nu/2,\alpha})^{-1}RI^+_{\nu/2,\alpha}$, $\text{Re}\alpha \leqslant 0$ 时 $T_\alpha = (K^-_{\nu/2+\alpha,-\alpha})^{-1}RK^-_{\nu/2+\alpha,-\nu}$. 如果 $f \in L_2(0,\infty)$, 则 $T_\alpha f \in L_2(0,\infty)$, 且 $T^{-1}_\alpha f = T_\alpha f$, $T_0 f = Rf$, $\lim\limits_{\alpha \to +\infty} \dfrac{1}{\alpha}T_\alpha f\left(\dfrac{x}{\alpha^2}\right) = \int_0^\infty J_\nu(2\sqrt{xt})f(t)dt$, 其中 $J_\nu(x)$ 是 Bessel 函数 (1.83) (Erdélyi [1940c]).

18.2 令 $S_{\eta,\alpha} \equiv S_{\eta,\alpha,1}$ 为修改的 Hankel 变换 (18.19) 且 $S_\eta = S_{\eta,0}$. 如果 $\text{Re}\eta > -1/2$, 则 Kober 算子 (18.5) 和 (18.6) 在 $L_2(0,\infty)$ 空间的框架内有下列表示 (Kober [1940]), 参见 (18.22),

$$I^+_{\eta,\alpha} = S_{2\eta+2\alpha}S_{2\eta+\alpha,\alpha} = S_{2\eta+\alpha,\alpha}S_{2\eta},$$

$$K^+_{\eta,\alpha} = S_{2\eta+\alpha,\alpha}S_{2\eta+2\alpha} = S_{2\eta}S_{2\eta+\alpha,\alpha},$$

$$I^-_{\eta,\alpha} = S_{2\eta+\alpha+\beta,\alpha-\beta}S_{2\eta+\beta,\beta}, \quad 0 \leqslant \text{Re}\beta \leqslant \text{Re}\alpha,$$

$$K^-_{\eta,\alpha} = S_{2\eta+\beta,\beta}S_{2\eta+\alpha+\beta,\alpha-\beta}.$$

$$(23.3)$$

Erdélyi and Kober [1940] 建立了连接 Kober 算子 (18.5) 和 (18.6) 与截断 Hankel 变换的关系:

$$mS_\nu f(x) = \int_0^\infty J_{\nu,m}(2\sqrt{xt})f(t)dt, \quad f \in L_p(0,\infty), \quad 1 \leqslant p \leqslant 2,$$

$$J_{\nu,m}(z) = \sum_{k=m}^\infty \frac{(-1)^k (z/2)^{\nu+2k}}{k!\Gamma(\nu+k+1)}, \quad \mathrm{Re}\,\nu/2 + 1/p' \neq 0, -1, -2, \cdots,$$

其中 $J_{\nu,m}(z)$ 是截断的 Bessel 函数 (参见 (1.83)).

Joshi [1961] 用 Kober 算子 (18.5) 和 (18.6) 来寻找以下广义 Hankel 变换之间的联系

$$\int_0^\infty (xt)^{\lambda+1/2} J_\lambda^\mu \left[\left(\frac{x^2 t^2}{4} \right)^\mu \right] f(t)dt,$$

$$\int_0^\infty (xt)^\nu J_\lambda^\mu \left[(xt)^\mu \right] f(t)dt,$$

其中 $J_\lambda^\mu(x) = \sum_{k=0}^\infty \frac{(-x)^k}{k!\Gamma(1+\lambda+\mu k)}$, $\mu > 0$, 是 Bessel-Maitland 函数 (见 Marichev [1978d, 11.63]), 指标 λ 可能有不同的值.

Bhise [1964] 应用 Erdélyi-Kober 算子来研究核中带 Mejer G 函数的积分变换

$$(Kf)(x) = \int_0^\infty G_{24}^{12} \left(xt \left|
\begin{matrix}
k - m - (\nu+1)/2, m - k + (\nu+1)/2 \\
\nu/2, \nu/2 + 2m, -\nu/2, -\nu/2 - 2m
\end{matrix}
\right. \right) f(t)dt$$

的某些性质. 这被称为广义 Hankel 变换. 在 $k + m = 1/2$ 的情况下它简化为 Hankel 变换.

18.3 Braaksma and Schuitman [1976] 将 Erdélyi-Kober 型分数阶积分 (18.1) 修改为类似 (9.3) 的 Erdélyi 结构:

$$
\tilde{I}_{0+,\sigma,\eta}^\alpha \varphi(x) = \frac{\sigma x^{-\sigma(\alpha+\eta)}}{\Gamma(\alpha)} \left[\int_0^x (x^\sigma - t^\sigma)^{\alpha-1} t^{\sigma(\eta+1)-1} \varphi(t)dt \right.
$$
$$
\left. - \sum_{k=0}^{m-1} (-1)^k \binom{\alpha-1}{k} \int_0^\infty \left(\frac{t}{x} \right)^{\sigma k} x^{\sigma(\alpha-1)} t^{\sigma(\eta+1)-1} \varphi(t)dt \right], \tag{23.4}
$$

并给出了算子 (18.3) 在 $b = +\infty$ 时的类似修改 $\tilde{I}_{-,\sigma,\eta}^\alpha$. 在所引论文中, 算子 $\tilde{I}_{0+,\sigma,\eta}^\alpha$

和 $\tilde{I}^{\alpha}_{-,\sigma,\eta}$ 在检验函数的特殊空间 $T(\lambda,\mu)$ (与 § 8 中介绍的不同):

$$T(\lambda,\mu) = \{\varphi \in C^{\infty}(0,\infty) : \sup_{\substack{t>0 \\ \lambda_n \leqslant c < \mu_n}} |t^{c+p}\varphi^{(p)}(t)|, \quad p = 0,1,2,\cdots,n,$$

$$n = 0,1,2,\cdots; \quad \lambda_n < \mu_n, \quad \lambda_0 > \lambda_1 > \cdots, \quad \lim_{n\to\infty}\lambda_n = \lambda;$$

$$\mu_0 < \mu_1 < \cdots, \quad \lim_{n\to\infty}\mu_n = \mu\}$$

与广义函数相应的对偶空间 $T'(1-\mu,1-\lambda)$ 中研究. 这些修改的分数阶积分与修改的 Hankel 变换 $mS_\nu f$ 的关系式也给出了 (参见上面的).

18.4 Saxena [1967c] 介绍了比 (18.5) 和 (18.6) 更一般的带 Gauss 超几何函数 (1.72) 核的算子

$$(Rf)(x) = \frac{x^{-\gamma-1}}{\Gamma(\alpha)} \int_0^x {}_2F_1(1-\alpha,\beta+m;\beta;t/x)t^\gamma f(t)dt, \qquad (23.5)$$

$$(Kf)(x) = \frac{x^\delta}{\Gamma(\alpha)} \int_x^\infty {}_2F_1(1-\alpha,\beta+m;\beta;x/t)t^{-\delta-1}f(t)dt. \qquad (23.6)$$

他给出了 Mellin 变换 (23.1) 和 (23.2) 的类似表达式以及分数阶分部积分 (18.18) 的类似表达式. Nieva del Pino [1973] 发现了定义在 (23.5) 和 (23.6) 中算子的 Varma 变换 (9.6) 以及 Mejer 和 Hankel 变换 (见 § 1.4). Kumbhat and Saxena [1975] 给出了这些算子通过 Laplace 算子 L 和 L^{-1} 的表示. Kalla and Saxena [1969] 和 Saxena and Kumbhat [1973] 也考虑了核中带 Gauss 超几何函数的 (23.5)—(23.6) 型 Kober 算子 (18.5) 和 (18.6) 的推广. 还存在以下类型的推广, 核中带 Wright 超几何函数 ${}_pF_q$ —— Malovichko [1976]; 带 Bessel 函数 —— Lowndes [1970]; 带 Meijer G 函数 —— Parashar [1967] 和 Kalla [1960, 1970] 和 Kiryakova [1986, 1988a]; 带 Fox H 函数 —— Kalla [1960, 1969b], Saxena and Kumbhat [1974], Goyal and Jain [1987], Kiryakova [1988b], Kalla and Kiryakova [1990]; 以及带某类中的任意函数 —— Kalla [1970-1971]; 也可参见 §§ 35.1, 36, 37.2, 39.2 .

18.5 设 $F_{p,\mu}$ 为 § 8.4 中定义的测试函数空间, $F'_{p,\mu}$ 为对偶空间, 并令

$$H_m^c f(x) \equiv \int_0^x \frac{(x^m - t^m)^{c-1}}{\Gamma(c)} {}_2F_1\left(a,b;c;1-\frac{x^m}{t^m}\right) mt^{m-1}f(t)dt, \qquad (23.7)$$

其中 $m > 0$, $\text{Re}\,c > 0$, $a,b \in C$, ${}_2F_1(a,b;c;z)$ 是 Gauss 超几何函数 (1.72). McBride [1975a] 证明了算子 $H_m^c f$ 可表示为

$$H_m^c f(x) = I_{0+,m}^{c-b} x^{-ma} I_{0+,m}^b x^{ma} f(x), \quad x > 0,$$

其中 $I_{0+,m}^{\alpha} \equiv I_{0+;m,0}^{\alpha}$ 为 (18.1)—(18.2) 中给出的 Erdélyi-Kober 型算子. 并且它从 $F_{p,\mu}$ 到 $F_{p,\mu-mc}$ 中和从 $F'_{p,\mu}$ 到 $F'_{p,\mu+mc}$ 中连续. 我们也对通过在函数 $_2F_1$ 中交换 x^m 和 t^m 或通过在整个核作相同的交换或将积分区间 $(0, x)$ 替换为 (x, ∞) 而从 $H_m^c f$ 得到的其他三个算子进行了类似研究, 另见 § 39.2 (注记 36.2).

McBride [1975b, 1977] 研究了当 $a = 0$ 和 $b = \infty$ 时 Erdélyi-Kober 型算子 (18.1) 和 (18.4) 在空间 $F_{p,\mu}$ 和 $F'_{p,\mu}$ 中的某些性质. McBride [1978] 考虑了 Hankel 变换 (见 1.4) 和 $\sigma = 2$ 时修正的 Hankel 变换 (18.19) 分别从 $F_{p,\mu}$, $F'_{p,\mu}$ 到 $F_{p,2/p-\mu-1}$, $F'_{p,2/p-\mu-1}$ 的映射性质. 他还建立了这些变换与 Erdélyi-Kober 型分数阶积分算子 (18.1) 和 (18.3) 之间的各种关系, 特别地, 在 $\sigma = 2$ 时证明了 (18.20)—(18.23).

我们注意到, Love [1967a,b] 早先在其他函数空间 Q_q 和 R_r 中研究了 $m = 1$ 时 (23.7) 型的算子, 如 § 17.1 (§ 10.1 的注记) 中所述. Higgins [1964] 也考虑了 $H_m^c f$ 型但带有变下限积分的算子 —— § 39.2 (注记 36.1和注记 36.2).

18.6 Saigo [1978, 1979, 1980a] (和 Saigo [1981b, 1985]) 介绍了积分算子

$$(I_{a+}^{\alpha,\beta,\eta}f)(x) = \frac{(x-a)^{-\alpha-\beta}}{\Gamma(\alpha)} \int_a^x (x-t)^{\alpha-1} {}_2F_1\left(\alpha+\beta, -\eta; \alpha; \frac{x-t}{x-a}\right) f(t)dt, \quad \mathrm{Re}\,\alpha > 0,$$

$$(I_{a+}^{\alpha,\beta,\eta}f)(x) = \left(\frac{d}{dx}\right)^n (I_{a+}^{\alpha+n,\beta-n,\eta-n}f)(x), \quad \mathrm{Re}\,\alpha \leqslant 0, \quad n = [-\mathrm{Re}\,\alpha] + 1;$$

$$(I_{b-}^{\alpha,\beta,\eta}f)(x) = \frac{(b-x)^{-\alpha-\beta}}{\Gamma(\alpha)} \int_x^b (t-x)^{\alpha-1} {}_2F_1\left(\alpha+\beta, -\eta; \alpha; \frac{t-x}{b-x}\right) f(t)dt, \quad \mathrm{Re}\,\alpha > 0,$$

$$(I_{b-}^{\alpha,\beta,\eta}f)(x) = \left(-\frac{d}{dx}\right)^n (I_{b-}^{\alpha+n,\beta-n,\eta-n}f)(x), \quad \mathrm{Re}\,\alpha \leqslant 0, \quad n = [-\mathrm{Re}\,\alpha] + 1;$$

$$(I_-^{\alpha,\beta,\eta}f)(x) = \int_x^\infty \frac{(t-x)^{\alpha-1}}{\Gamma(\alpha)} t^{-\alpha-\beta} {}_2F_1\left(\alpha+\beta, -\eta; \alpha; 1 - \frac{x}{t}\right) f(t)dt, \quad \mathrm{Re}\,\alpha > 0,$$

$$(I_-^{\alpha,\beta,\eta}f)(x) = \left(-\frac{d}{dx}\right)^n (I_-^{\alpha+n,\beta-n,\eta-n}f)(x), \quad \mathrm{Re}\,\alpha \leqslant 0, \quad n = [-\mathrm{Re}\,\alpha] + 1.$$

它们在 $\beta = -\alpha$ 或 $\beta = 0$ 的情况下可分别简化为 Riemann-Liouville 或 Kober 分数阶积分和导数. 所引用的论文中研究了这些算子的各种特性. 特别地, Saigo [1978] 的论文包含算子 $I_{0+}^{\alpha,\beta,\eta}$ 和 $I_-^{\alpha,\beta,\eta}$ 的 (10.28)—(10.29) 型复合表示, 分部积分公式

$$\int_0^\infty g(x)(I_{0+}^{\alpha,\beta,\eta}f)(x)dx = \int_0^\infty f(x)(I_-^{\alpha,\beta,\eta}g)(x)dx$$

的有效性条件, 以及下列类似半群性质 (2.65) 的有效性条件:

$$I_{a+}^{\alpha,\beta,\eta} I_{a+}^{\gamma,\delta,\alpha+\eta} f = I_{a+}^{\alpha+\gamma,\beta+\delta,\eta} f,$$

$$I_{a+}^{\alpha,\beta,\eta} I_{a+}^{\gamma,\delta,\eta-\beta-\gamma-\delta} f = I_{a+}^{\alpha+\gamma,\beta+\delta,\eta-\gamma-\delta} f,$$

$$I_{-}^{\gamma,\delta,\alpha+\eta} I_{-}^{\alpha,\beta,\eta} f = I_{-}^{\alpha+\gamma,\beta+\delta,\eta} f,$$

$$I_{-}^{\gamma,\delta,\eta-\beta-\gamma-\delta} I_{-}^{\alpha,\beta,\eta} f = I_{-}^{\alpha+\gamma,\beta+\delta,\eta-\gamma-\delta} f.$$

将前两个关系中的 $a+$ 替换为 $b-$ 后仍然成立. 文章中还研究了算子 $I_{0+}^{\alpha,\beta,\eta}$ 和 $I_{-}^{\alpha,\beta,\eta}$ 在空间 $L_p((0,\infty);x^\gamma)$, $1 \leqslant p \leqslant \infty$ 中的映射性质. Saigo [1979, 1980a, 1981b, 1985] 也表明, 上述等式可以给出以下逆算子的表达式:

$$(I_{a+}^{\alpha,\beta,\eta})^{-1} = I_{a+}^{-\alpha,-\beta,\alpha+\eta}, \quad (I_{b-}^{\alpha,\beta,\eta})^{-1} = I_{b-}^{-\alpha,-\beta,\alpha+\eta},$$

$$(I_{-}^{\alpha,\beta,\eta})^{-1} = I_{-}^{-\alpha,-\beta,\alpha+\eta},$$

并研究了在 $f(x) \in H^\lambda([a,b])$, $0 < \lambda < 1$ 情况下函数 $I_{a+}^{\alpha,\beta,\eta} f$ 和 $I_{b-}^{\alpha,\beta,\eta} f$ 的 Hölder 性质. Grin'ko and Kilbas [1990] 发现, 这些算子实现了加权 Hölder 空间之间的同胚关系; 见 § 17.2 (注记 10.1).

Srivastava and Saigo [1987] 考虑了算子 $I_{0+}^{\alpha,\beta,\eta}$ 和 $I_{1-}^{\gamma,\delta,\mu}$ 的乘法, 并应用其结果, 根据两个变量的 Appel 和 Kampé de Feriet 函数获得了 Euler-Poisson-Darboux 方程一些边界问题的显式解 —— § 43.2 (注记 41.1). Saigo and Glaeske [1990a,b] 研究了算子 $I_{0+}^{\alpha,\beta,\eta}$ 和 $I_{-}^{\alpha,\beta,\eta}$ 的映射性质和在空间 $F_{p,\mu}$ 中的乘积规则 —— § 8.4 .

18.7 Akopyan and Nersesyan [1958] 发展了在 § 4.2 (注记 2.6) 和 § 9.2 (注记 5.4) 中提到的 Erdélyi [1940a] 的想法, 利用 Erdélyi-Kober 算子 $I_{a+;\sigma,\eta}^\alpha$, $\sigma = 2$ 的分数阶分部积分 (18.18) 来构造一个新的双正交系统

$$\Phi_n(x) = \left(\frac{2}{j_{n,\nu}}\right)^\alpha x^{\nu+\alpha} J_{\nu+\alpha}(j_{n,\nu}x),$$

$$\Psi_m(x) = -\frac{2}{J_{\nu+1}^2(j_{m,\nu})\Gamma(1-\alpha)} \frac{d}{dx} \int_x^1 (t^2-x^2)^{-\alpha} t^{1-\nu} J_\nu(j_{m,\nu}t)dt,$$

其中 $j_{n,\nu}$, $n = 1, 2, \cdots$ 是 Bessel 函数 $J_\nu(z)$ 的根, $0 \leqslant \alpha < 1$. 在 $\nu = 1/2$ 的情形下, 可以从该系统中得到广义 Schlömilch 双正交系统.

18.8 Klyuchantsev [1976] 利用 Erdélyi-Kober 算子 $(x^{1-\sigma}d/dx)^\alpha$ 来获得微分算子

$$B_r = \frac{d^r}{dx^r} + \frac{b_1}{x}\frac{d^{r-1}}{dx^{r-1}} + \cdots + \frac{b_r}{x^r}, \quad r = 1, 2, \cdots$$

的变换算子 F_r, 即 $F_r^{-1}B_rF_r = d^r/dx^r$. 在满足某些奇偶性条件的函数 v 上, 算子 F_r 的形式为

$$F_r v = \prod_{k=1}^{r-1} x^{a_k}\left(\frac{d}{x^{r-1}dx}\right)^{c_k} v,$$

指数 a_k 和 c_k 由系数 $b_1,\cdots,b_r$ 确定.

Triméche [1981] 的论文包含对 Erdélyi-Kober 算子如下形式的推广:

$$(X\varphi)(x) = \int_0^x K(x,t)\varphi(t)dt, \quad ('X\varphi)(x) = \int_x^\infty K(t,x)A(t)\varphi(t)dt,$$

其中 $K(x,t)$ 为某个核函数. 这种推广充当了转换算子: 对于微分算子 $\Delta = \dfrac{1}{A(x)}\dfrac{d}{dx}\left(A(x)\dfrac{d}{dx}\right) - q(x)$, 有 $\Delta X f \equiv X\dfrac{d^2}{dx^2}f$.

18.9 Rooney [1956] 研究了 Erdélyi-Kober 型算子 $I_{0+;1,s}^\alpha = x^{-\alpha-s}I_{0+}^\alpha x^s$ 和 $I_{-;1,s}^\alpha = x^s I_-^\alpha x^{-\alpha-s}$ (参见 (18.1) 和 (18.7)) 在 Lorentz 空间 $L(p,q)$ 中的映射性质. 对于后者我们可以参考 O'Neil [1963]. 研究表明, 如果 $1 \leqslant p < \infty$, $q \geqslant p$, $\alpha > 0$, 则

$$\|I_{0+;1,s}^\alpha\|_{L(p,q)} \leqslant \frac{\Gamma(s+1-1/p)}{\Gamma(\alpha+s+1-1/p)}, \quad \|I_{-;1,s}^\alpha\|_{L(p,q)} \leqslant \frac{\Gamma(s+1/p)}{\Gamma(\alpha+s+1/p)},$$

前一个不等式要求 $s > -1/p'$, 后一个要求 $s > -1/p$. 这被用于研究 Varma 积分变换 (9.6) 和积分变换 $\displaystyle\int_0^\infty (xt)^{-m-1/2}e^{-xt/2}M_{k,m}(xt)f(t)dt$ 在空间 $L(p,q)$ 中的映射性质, 其中 $M_{k,m}(z)$ 是 Whittaker 函数 (Erdélyi, Magnus, Oberbettinger and Tricomi [1953a, 6.9]).

18.10 设 $I_{0+;\sigma,\eta}^\alpha$ 和 $I_{-;\sigma,\eta}^\alpha$ 为左和右 Erdélyi-Kober 算子 (18.1) 和 (18.7). 它们之间的联系类似于 (11.27)—(11.30) 之间的联系, 由 Rooney [1972] 以如下形式给出

$$I_{-;\sigma,\eta}^\beta H_1 = I_{0+;\sigma,\xi}^\alpha, \quad \mathrm{Re}\beta \leqslant \mathrm{Re}\alpha,$$

$$I_{0+;\sigma,\xi}^\alpha H_2 = I_{-;\sigma,\eta}^\beta, \quad \mathrm{Re}\alpha \leqslant \mathrm{Re}\beta,$$

其中 H_1 和 H_2 是带权空间 $L_p(R_+^1, x^\mu)$ 中有界的算子 (借助于 Fourier 乘子定理得到). 文章中利用这些关系, 得到了值域 $I_{0+;\sigma,\eta}^\alpha[L_p(R_+^1; x^\mu)]$ 和 $I_{-;\sigma,\eta}^\alpha[L_p(R_+^1; x^\mu)]$ 相互嵌入或重合的定理 —— Rooney [1973]. 这些结果可用于证明值域 $\tilde{S}_{\rho,\lambda,\gamma}(L_p(R_+^1; x^\mu))$ 的嵌入定理, 其中 $\tilde{S}_{\rho,\lambda,\gamma} = S_{\frac{\lambda+\gamma+\rho-1}{2},1-\rho,2}, S_{\frac{\lambda+\rho-1}{2},1-\rho,2}$ 是两个修正的 Hankel 变换 (18.19) 的复合 —— Rooney [1978].

18.11　Fox [1956] 表明, Erdélyi-Kober 分数阶积分, 在一定条件下, 保持积分变换所谓的链性质.

18.12　Mamedov and Orudzhaev [1981a,b] 利用 Hadamard 分数阶导数和积分 (18.42), (18.43), (18.56) 和 (18.56′) 来定义半轴上某些具有分数可微性的函数空间, 其非常适合应用 Mellin 变换.

18.13　设 $f(x) \in L_2(R_+^1, \rho_\alpha)$, 其中 $\rho_\alpha(x) = e^{-x}x^\alpha$, $\alpha \geqslant 0$, 令 $f(x) = \sum\limits_{n=0}^{\infty} c_n \hat{L}_n^{(\alpha)}(x)$, 其中 $\hat{L}_n^{(\alpha)}(x) = [\Gamma(n+\alpha+1)/\Gamma(n+1)]^{-1/2} L_n^{(\alpha)}(x)$ 为标准 Laguerre 多项式系统 (见 §9.2, 注记 5.4). $\sum\limits_{n=0}^{\infty} c_n^2 n^\nu < \infty$, $0 < \nu < 1$ 的充分必要条件是 $f(x)$ 可以表示为

$$f(x) = \int_x^\infty e^{x-t}(t-x)^{\nu-1}\varphi(t)dt, \quad \varphi(t) \in L_2(R_+^1, \rho_{\alpha+\nu})$$

(Rafal'son [1971]).

18.14　Skorikov [1975] 用 (18.87) 中给出的 Chen 分数阶微分来刻画区间上 Bessel 势空间 $L_p^\alpha([a,b]) = H^{\alpha,p}((a,b))$, $-\infty \leqslant a < b \leqslant \infty$. 文中利用 Chen 分数阶微分给出了空间 $L_p^\alpha([a,b])$ 的原始定义. 此定义在 $0 < \alpha < 1$, $1 < p < 1/\alpha$ 的情形下有形式

$$L_p^\alpha([a,b]) = \{f : f \in L_p, \mathbf{D}_c^\alpha f \in L_p\}, \tag{23.8}$$

其中 $\mathbf{D}_c^\alpha f$ 是 Chen-Marchaud 导数 (18.91)—(18.93), $a \leqslant c \leqslant b$. 结果表明, 该定义不依赖于点 c 的选择, $L_p^\alpha([a,b])$ 与全直线 Bessel 势限制在 $[a,b]$ 上的空间一致. 这些结果发展了定理 18.3, 它对应于 $c = a$ 或 $c = b$ 的情况. 对于 $p > 1/\alpha$ 的情况, Skorikov [1975] 考虑到 L_p^α 中函数的连续性对 (23.8) 进行了修改.

Nahushev and Salahitdinov [1988] 将 Chen 分数阶积分 (18.80) 的半群性质 (18.86) 推广到不同 "初始" 点的情况. 令

$$I_{c,d}^{\alpha,\beta}\varphi = \frac{\operatorname{sign}(x-c)|x-c|^{\alpha-1}}{\Gamma(\alpha)\Gamma(1+\beta)} \int_a^x F\left(1-\alpha, 1; 1+\beta; \left|\frac{t-d}{x-d}\right|^{\operatorname{sign}(x-c)}\right)\varphi(t)dt.$$

特别地, Nahushev and Salahitdinov [1988] 中证明了如果 $\alpha > 0$ 和 $\beta > 0$, 则

$$I_c^\alpha I_d^\beta \varphi = I_{c,c}^{\alpha,\beta}((t-a)^\beta \varphi(t)) + (x-a)^{\alpha-\beta+1} I_{d,c}^{\beta,\alpha}((t-a)^{\beta-1}\varphi(t)),$$

其中也考虑了复合运算 $I_c^\alpha \dfrac{d}{dx} I_d^\beta$.

18.15　在许多论文中, Al-Salam [1966a,b], Al-Salam and Verma [1965], Agarwal [1969, 1976], Sharma [1979] 和 Upadhyay [1971] 都引入并研究了一些所谓的 q 积分和 q 导数. 我们注意到, 它们的定义并不包含极限过程, 不是通常意义上的积分和导数的定义, 而是 q 导数思想在分数阶指数上的延伸, 即 $(\mathcal{D}_q f)(x) = \dfrac{f(x) - f(qx)}{x(1-q)}$, 它可以追溯到 Jackson [1910, 1951], 并在组合分析中发挥着重要作用. 这种分数阶的构造首先由 Al-Salam [1966a,b] 提出, 其形式为

$$({}_qI_-^{-\nu}f)(x) = q^{-\nu(\nu+1)/2}x^\nu(1-q)^\nu \sum_{k=0}^{\infty}(-1)^k \begin{bmatrix} -\nu \\ k \end{bmatrix} q^{k(k-1)/2}f(xq^{-\nu-k}),$$

$$-\infty < \nu < \infty, \ 0 < q < 1,$$

其中 $\begin{bmatrix} \alpha \\ k \end{bmatrix} = \dfrac{[\alpha][\alpha-1]\cdots[\alpha-k+1]}{[1][2]\cdots[k]}$, $[\alpha] = \dfrac{1-q^\alpha}{1-q}$. Al-Salam [1966a] 和 Agarwal [1969, 1976] 中给出了其他形式的分数阶 q 积分和 q 导数, 并给出了这些思想的一些应用. 也可以参考 Khan [1972] 和 Khan and Khan [1966]. 在书 Exton [1983] 中, 可以找到与相关 "q 理论" 的详细内容.

18.16　分数阶微分可以推广到在局部场 K 上的函数 (Onneweer [1975, 1980a,b]). 在空间 $L_p(K)$, $p \geqslant 1$ 的框架内, 定义了强分数阶导数, 它在 K 为实直线时类似于 Riesz 导数, 并特别研究了 Bessel 型势的相应空间. 也可以发现到这些空间与 K 上的 Lipshitz-Taibleson 型空间之间的关系.

19.1　设 $X_{2\pi}$ 与定理 19.2 中相同. 对于 2π 周期函数 $f(x)$, 如果存在函数 $\varphi(x) \in X_{2\pi}$ 和三角多项式序列 $T_n(x) = \sum\limits_{k=-n}^{n} a_{n,k}e^{ikx}$ 使得 $\|f - T_n\|_{X_{2\pi}}$, $\|\varphi - T_n^{(\alpha)}\|_{X_{2\pi}} \to 0$, 当 $n \to \infty$, 我们说 $f(x)$ 在 $X_{2\pi}$ 中有强 Weyl 分数阶导数. 那么根据定义 $\varphi = \mathcal{D}_+^{(\alpha)}f$ 是强 Weyl 导数. 这里 $T_n^{(\alpha)} = \sum\limits_{k=-n}^{n}(ik)^\alpha a_{n,k}e^{ikx}$ 是多项式 $T_n(x)$ 的 Weyl 分数阶导数. 下面的定理有效 —— Malozemov [1965a,b, 1969, 1973].

定理 23.1　函数 $f(x) \in X_{2\pi}$ 的强 Weyl 分数阶导数在 $X_{2\pi}$ 中的存在性与 Weyl 分数阶积分的可表示性: $f(x) = f_0 + I_+^{(\alpha)}\varphi$, $\varphi \in X_{2\pi}$, $\alpha > 0$ 等价.

将此定理与定理 19.2 比较可知, 强 Weyl 导数在 $X_{2\pi}$ 中的存在性等价于截断 Marchaud 导数在 $X_{2\pi}$ 中的收敛性.

19.2　以下内容在某种意义上与定理 19.3 和定理 19.2 (包括注 19.2) 相近, 它刻画了可由 L_p 中函数分数阶积分表示的函数 $f(x)$. 令 $\alpha > 0$ 且 m 为满足 $m \geqslant \alpha$ 的最小整数. Katsaras and Liu [1975] 介绍了 Weyl 分数阶导数的修正 (参

见 (19.17)), 形式为

$$D_+^{(\alpha)}f = \lim_{h_i \to 0} h_1^{-1} \cdots h_m^{-1} \Delta_{h_1} \cdots \Delta_{h_m} I^{(m-\alpha)}f, \tag{23.9}$$

其中 $\Delta_h f = f(x+h) - f(x)$, $\Delta_{h_1} \cdots \Delta_{h_m} f = \Delta_{h_1}(\Delta_{h_2} \cdots \Delta_{h_m} f)$, $I^{(m-\alpha)}f$ 为分数阶积分 (19.26)—(19.27). 他们证明了函数 $f(x)$ 在 L_p, $1 \leqslant p < \infty$ 中有极限 (23.9) 当且仅当存在函数 $g(x) \in L_p$ 使得 $g_n = (\mathrm{i}\,\mathrm{sign}\,n)^m |n|^\alpha f_n$.

19.3 下面的结论 (Kudryavtsev [1982]) 推广了 Fourier 级数理论中已知的 Szász 定理 —— Bari [1961, p. 647].

定理 23.2 设 $f(x) \in L_1(0, 2\pi)$, 且 $\mathcal{D}_+^{(\alpha)}f \in L_p(0, 2\pi)$ 存在, 即存在一个 Fourier 系数为 $\varphi_n = (\mathrm{i}n)^\alpha f_n$, $1 \leqslant p < 2$, $\alpha > 0$ 的函数 $\varphi = (\mathcal{D}_+^{(\alpha)}f) \in L_p$. 则对于任意 $\gamma > (\alpha + 1 - 1/p)^{-1}$, 以下估计式成立

$$\sum_{n=-\infty}^{\infty} |f_n|^\gamma < \infty, \qquad \sum_{|n|=N+1}^{\infty} |f_n|^\gamma = o(N^{1-\gamma(1+\alpha-1/p)}). \tag{23.10}$$

19.4 Kudryavtsev [1982] 介绍了 Weyl 分数阶积分-微分的推广, 其由展开

$$\mathcal{D}^{\alpha,\beta}f \in \sum_{n=-\infty}^{\infty} (\mathrm{i}n)^\alpha \ln^\beta |n| e^{\mathrm{i}nx}$$

定义, 称为 (α, β) 阶分数阶对数导数. 定理 23.2 推广到 $\mathcal{D}_{\alpha,\beta}f$ 的结论和证明在 Kudryavtsev [1982] 中给出, 结论如下所示: 如果 $\mathcal{D}_{\alpha,\beta}f \in L_p$, 在定理 23.2 的假设下, 那么代替 (23.10) 我们有

$$\sum_{|n|=N+1}^{\infty} |f_n|^\gamma = o(N^{1-\gamma(\alpha+1-1/p)}) \ln^{-\beta\gamma} N.$$

19.5 Esmaganbetov, Nauryzbaev and Smailov [1981] 中证明了将周期函数 $f(x)$ 的 Weyl 分数阶导数 $\mathcal{D}^{(\alpha)}f$ 在 L_p 中的存在性与 Fourier 级数部分和的分数阶导数的 L_p 范数行为联系起来的定理. 特别地, 证明了估计

$$\|\mathcal{D}_+^{(\alpha)}f\|_p \leqslant c \left[\sum_{n=1}^{\infty} n^{-\gamma r-1} \|\mathcal{D}^{(\alpha+r)}S_n(f)\|_p^\gamma \right]^{1/\gamma},$$

其中 $\alpha \geqslant 0$, $r > 0$, $\gamma = \min(r, p)$.

19.6 我们在 § 17.2 的注记 14.16 中提到了逼近理论方法在分数阶微积分问题中的应用. 在周期的情况下, 我们引用以下基本研究: Favard [1937], Nagy [1936], Nikol'skii [1941b, 1945], Králik [1956], Ogievetskii [1957, 1958a, 1961] 和 Timan [1958]. 特别地, Nagy [1936] 证明了估计 $E_n(I_+^{(\alpha)}f) \leqslant cn^{-\alpha}\omega_k(f, 1/n)$, Nikol'skii [1945] 和 Timan [1958] 说明了 $E_n(f)$ 是 f 在 L_p 中的最佳逼近 (通过

三角多项式), $\omega_k(f, 1/n)$ 是 L_p, $1 \leqslant p \leqslant \infty$ 中的 k 阶连续模. 我们可以添加 Xie
Ting-fan [1963], Nessel and Trebels [1969], Taberski [1976, 1977a,b, 1979, 1984a],
Butzer, Dyckhoff, Görlich and Stens [1977] 和 Esmaganbetov [1982a, 1984] 的论文
以及 Butzer and Nessel [1971, Ch. 11].　许多文章致力于通过各种三角和逼近分
数阶可微周期函数的各种问题, 例如 Pinkevich [1940], Nikol'skii [1941a,b, 1943],
Timan [1951], Dzyadyk [1953], Izumi and Sato [1955], Stechkin [1958], Efimov
[1956, 1959, 1960, 1961], Sun Yung-sheng [1959], Telyakovskii [1960, 1961], Pokalo
[1970], Rusak [1983, 1984, 1985], Zhuk [1986], Stepanets [1987, 1989] 等; 这些论
文中也有一些参考文献. V.F. Babenko [1983] 中估计了可由分数阶积分 $I_\mu^{(\alpha)}\varphi$,
$\varphi \in L_1$ 或 $\varphi \in L_\infty$ 表示的周期性函数空间的 Kolmogorov 直径.

19.7　在 $p = 1$ 的情况下, Hardy-Littlewood 定理的结论 (19.62) 不正确. 它
必须替换为以下结果. 如果 $0 < \alpha < 1$, $q = 1/(1 - \alpha)$, 则

$$\|I_+^{(\alpha)}\varphi\|_{L_p(0,2\pi)} \leqslant A \int_0^{2\pi} |f(x)|(\ln^+ |f(x)|)^{1-\alpha}dx + A,$$

常数 A 只依赖于 α —— Zygmund [1934]. 这一结果由 O'Neil [1966] 推广到
$\int_0^{2\pi} |f(x)|(\ln^+ |f(x)|)^s dx < \infty$, $s > 0$ 时的情形.

19.8　设 $f(x) \sim \sum\limits_{n=1}^{\infty} a_n \cos nx$. Izumi [1953] 给出了系数 a_n 的各种充分
条件, 使得有限极限 $\lim\limits_{x \to 0} \int_x^{\pi} (t - x)^{\alpha-1} f(t)dt$ 的存在性可以保证级数 $\sum\limits_{n=1}^{\infty} n^{-\alpha} a_n$,
$0 < \alpha < 1$ 的收敛性. 在 $\alpha = 1$ 的情况下, Matsuyama [1953] 给出了收敛的充分
必要条件.

19.9　周期函数 $f(x)$ 的 Weyl 分数阶导数的表达式 $\mathcal{D}^{(\alpha)}f = \dfrac{d^m g(x)}{dx^m}$, $g(x) = (I^{(m-\alpha)}f)(x)$, $m - 1 < \alpha < m$, 可以在 Peano 意义下处理微分 $(dg/dx)^m$ 来修
改. 这意味着多项式 $P_x(t)$ 的存在性使得 $g(x + t) - P_x(t) = o(|t|^m)$. Zygmund
[1945b] 考虑了以这种方式修改的分数阶导数, 并研究了性质 $f(x + t) - P_x(t) = O(|t|^{m+\beta})$ 与函数 $f(x)$ 的分数阶可微性之间的关系. 对于非周期的情况我们参考
Stein and Zygmund [1960-1961]. Welland [1968a] 将这些论文的思想发展到具有
缺项 Fourier 级数的函数 $f(x)$ 上, 关于多变量情况的推广可以在 Welland [1968b]
中找到.

19.10　设核 $\mathcal{K}(x, \xi)$ 有关于 x 的 α 阶 Weyl 分数阶导数 $\mathcal{K}_x^{(\alpha)}(x, \xi)$ 且

$$\int_0^{2\pi} \left(\int_0^{2\pi} |\mathcal{K}_x^{(\alpha)}(x, \xi)|^p dx \right)^{\frac{1}{p-1}} d\xi < \infty.$$

Hille and Tamarkin [1931] 证明了积分方程

$$y(x) - \lambda \int_0^{2\pi} \mathcal{K}(x,\xi) y(\xi) d\xi = 0, \quad 0 < x < 2\pi$$

的特征值 λ_n 满足条件 $|\lambda_n| n^{-\alpha-1+1/p} \to \infty,\ n \to \infty$.

19.11 设 $f(\theta) \sim \sum\limits_{n=1}^{\infty} a_n P_n^{\lambda}(\cos\theta)$ 为函数 $f(x)$, $x \in [0,\pi]$ 的超球面展开. Muckenhoupt and Stein [1965] 介绍了分数阶积分 $I_\alpha f$, 它可以简化为 a_n 除以 n^α. 因此, 它与超球面展开很匹配, 就像 Weyl 算子相对于通常的 Fourier 展开一样. 这种分数阶积分是根据超球面展开的卷积结构实现的. 他们证明了关于该算子从 L_p 到 L_r 的映射性质的 Hardy-Littlewood 型定理, 其中 $1/r = 1/p - \alpha/(2\lambda+1)$ 且 L_p 中的范数是关于测度 $|dm_\lambda\theta| = |\sin\theta|^{2\lambda} d\theta$ 的范数. 后来, Bavinck [1972] 考虑了更一般的 Fourier-Jacobi 展开的情形. 除了上述类型的结论外, 他还在 Lipschitz 空间 Lip(τ, p) 的适当定义下, 给出了他的分数阶积分算子在 Lipschitz 空间框架下的映射定理. 这是定理 19.9 的一个推广.

19.12 对于周期函数, Alexitz and Králik [1960] 考虑了 $\sum \Lambda(k) f_k e^{ikx}$ 型广义分数阶积分, 其中 $\Lambda(k)$ 是使得积分 $\int_1^{\infty} \Lambda(x) \dfrac{dx}{x}$ 收敛的任意函数, 他们也给出了它在一些逼近定理中的应用. Stepanets [1987, 1989] 最近的研究也与此相关. 他给出了周期函数的分类及其在逼近理论问题中的应用.

20.1 自然地将分数阶微分的定义 (20.7) 推广到算子的分数次幂. 对于无穷小算子的概念我们参考 § 5.7. 通过分数阶差分构造算子分数幂的想法源于 Butzer 而由 Westphal [1974b] 实现. 设 T_t, A 和 X 与 § 5.7 中的相同. 我们通过下面的关系来介绍分数次幂 $(-A)^\alpha$, $\alpha > 0$,

$$(-A)^\alpha f = \lim_{t \to 0+} t^{-\alpha} (E - T_t)^\alpha f, \tag{23.11}$$

其中 $(E - T_t)^\alpha f = \sum\limits_{k=0}^{\infty} (-1)^k \binom{\alpha}{k} T_{kt}$ 与 (20.2) 类似, 极限在空间 X 的范数意义下取得. 下面的定理成立 —— Westphal [1974b].

定理 23.3 算子 $(-A)^\alpha$ 的定义域 $D((-A)^\alpha)$ 在 X 中稠密, 若 $\alpha > \beta > 0$, 则 $D((-A)^\alpha) \subset D((-A)^\beta)$, 且 $(-A)^\alpha$ 是闭算子.

下面的定理由 Westphal [1974a] 给出, 另见 § 23.1 中的 § 20.3 的注记, 它在某种意义上与定理 20.4 相联系.

定理 23.4 对于 $f \in X$, 极限 (23.11) 在 X 中存在当且仅当极限

$$\frac{1}{\varkappa(\alpha, l)} \lim_{\varepsilon \to 0} \int_\varepsilon^{\infty} t^{-\alpha-1} (E - T_t)^l f dt, \quad l > \alpha$$

在 X 中存在且两个极限值相等 ($\varkappa(\alpha, l)$ 的值参见 (5.81)).

Grünwald 和 Letnikov 提出的分数阶微分的思想允许另一种广泛的推广. 将 $(\Delta_h^\alpha f)(x) = (E - \tau_h)^\alpha$ 中的平移算子 τ_h 替换为一个或另一个广义平移算子可以获得各种形式的分数阶微分. 这个想法由 Butzer and Stens [1976, 1977, 1978] 实现, 其中 $(\tau_h f)(x) = (1/2)[f(xh + \sqrt{(1-x^2)(1-h^2)}) + f(xh - \sqrt{(1-x^2)(1-h^2)})]$, $-1 < x < 1$, $-1 < h < 1$, 对应的分数阶导数为

$$\mathcal{D}^{(\alpha)}f = \lim_{h \to 1-0} \frac{(\bar{\Delta}_h^\alpha f)(x)}{(1-h)^\alpha}, \quad (\bar{\Delta}_h^\alpha f)(x) = (-1)^{[\alpha]} \sum_{j=0}^\infty (-1)^j \binom{\alpha}{j} (\tau_h^j f)(x),$$

在这些文章中它被称为 Chebyshev 导数. 这里的极限在空间 $X = C$ 或带权 $(1-x^2)^{-1/2}$ 的 $X = L_p$ 范数下取得. 特别地, $\mathcal{D}^{(1)}f = (1-x^2)f''(x) - xf'(x)$ 和 $\mathcal{D}^{(1/2)}f = -\sqrt{1-x^2}\frac{d}{dx}(Hf)(x)$, 其中 Hf 是 (19.22) 中定义的 Hilbert 奇异算子. 具有分数阶导数 $(\mathcal{D}^{(\alpha)}f)(x)$ 的函数 $f(x)$ 被且仅被刻画为那些可由 "分数阶积分" $f = \varphi * \psi_\alpha$ 表示的函数, 其中 $f * \varphi = (1/\pi)\int_{-1}^1 (\tau_x f)(t)\varphi(t)(1-t^2)^{-1/2}dt$, ψ_α 是使得 $\hat{\psi}_\alpha(k) = (-1)^{[\alpha]}k^{-2\alpha}$ 的函数. 这里 $\hat{f}(k) = (1/\pi)\int_{-1}^1 f(t)\cos(k\arccos t) \cdot (1-t^2)^{-1/2}dt$ 是 Fourier-Chebyshev 系数.

20.2 Grünwald-Letnikov 与 Riemann-Liouville 分数阶可微性之间的关系由下述定理 (Westphal [1974a]) 给出, 其中 $X = L_p(R_+^1)$, $1 \leqslant p < \infty$ 或 $X = C_0$, 后者是 R_+^1 上有界一致连续函数 $f(x)$ 的空间, 其中 $f(0) = 0$.

定理 23.5 设 $f(x) \in X$ 且 $\alpha > 0$. 则下面的结论相互等价:

i) Grünwald-Letnikov 导数在 X 中存在: $\lim_{h \to 0+} \|h^{-\alpha}\Delta_h^\alpha f - f_+^{(\alpha)}\|_X = 0$;

ii) $\frac{d^k}{dx^k}(I_{0+}^{n+1-\alpha}f)(x) \in AC_{\text{loc}}$, $k = 0, 1, \cdots, n$, 其中 $n = [\alpha]$, $\mathcal{D}_{0+}^\alpha f \in X$.

20.3 Bosanquet [1934, p. 240] 提出了一种引入 "分数阶差分" 的有趣方式:

$$\Delta_h^{(\alpha)}f(x) \stackrel{\text{def}}{=} \alpha \int_0^h (h-t)^{\alpha-1}(\mathcal{D}_{0+}^\alpha f)(x+t)dt,$$

因此, 当 $h \to 0$, $\Delta_h^{(\alpha)}f(x)/h^\alpha \to (\mathcal{D}_{0+}^\alpha f)(x)$.

20.4 Lizorkin [1965, p. 118] 给出了以下 Bernstein 型不等式 (19.74) 的推广. 令 $g(x) = \int_{-\sigma}^\sigma e^{ixt}d\omega(t)$, 其中 $\omega(t)$ 在 $[-\sigma, \sigma]$ 中有有界变差. 则函数 $g(x)$ 的分数阶导数

$$g^{(\alpha)}(x) = \int_{-\sigma}^{\sigma} (ix)^\alpha e^{ixt} d\omega(t), \quad \alpha \geqslant 1$$

有估计式 $\|g^{(\alpha)}\|_p \leqslant \sigma^\alpha \|g\|_p, \ 1 \leqslant p \leqslant \infty.$

20.5 下面给出的三角多项式 $T_n(x)$ 的 Weyl 分数阶导数的不等式

$$\|\mathcal{D}_+^{(\alpha)} T_n\|_p \leqslant \left(\frac{n}{2\sin(nh/2)}\right)^\alpha \|\Delta_h^\alpha T_n\|_p, \quad 0 < h < \frac{2\pi}{n}$$

(Taberski [1977b]),推广了 Stechkin-Nikol'skii 不等式,以及指数型 σ^α 整函数 $G(x)$ 的 Grünwald-Letnikov 分数阶导数的不等式, 即

$$\|G^{(\alpha)}\|_p \leqslant \sigma^\alpha [2\sin(\sigma h/2)]^{-\alpha} \|\Delta_h^\alpha G\|_p, \quad 0 < h < 2\pi/\sigma$$

(Wilmes [1979a,b] 和 Taberski [1982, p. 133]) 均类似于 Bernstein 型不等式 (19.74). 这里 $\Delta_h^\alpha f$ 是 "中心" 分数阶差分.

20.6 对于 Post 给出的广义微分 $a(\mathcal{D})f$ (参见 (20.10)), 广义 Leibniz 法则

$$a(\mathcal{D})[u(x)v(x)] = \sum_{k=0}^\infty \frac{1}{k!} u^{(k)}(x) a^{(k)}(\mathcal{D}) v(x)$$

成立 —— Post [1930, p. 755]. 特别地, 在 $a(x) = x^\alpha$ 的情况下会导致 Leibniz 公式 (15.11).

20.7 自然地, 将分数阶差分用于定义分数阶连续模; 因此 $\omega_\alpha(f, h) = \omega_{\alpha,X}(f, h) = \sup_{|t|<h} \|\Delta_t^\alpha f\|_X$, 其中 X 是 Banach 空间. Butzer, Dyckhoff, Görlich and Stens [1977], Taberski [1977b, 1986], Gaimnazarov [1981, 1985], Esmaganbetov [1982b] 和 V.G. Ponomarenko [1979, 1983] 等的文章中研究了这类连续模的性质. 也可以在 Drianov [1982, 1983, 1985] 中看到一些修正 (平均) 的分数阶差分. 所引用的大多数论文涉及最佳逼近理论的方法. Samko and Yakubov [1985b] 考虑了由分数阶连续模

$$H^{\varphi,\alpha} = \{f(x) : f(x) \in X, \sup_{\delta>0} \omega_\alpha(f,\delta)/\varphi(\delta) < \infty\}$$

定义的广义 Hölder 空间 $H^{\varphi,\alpha} = H_X^{\varphi,\alpha}$, 其中 $X = L_p(0,2\pi), \ 1 \leqslant p < \infty$, 或 $X = C(0,2\pi)$. 已证明如果 $\beta \geqslant \alpha > 0$, 则对于 $\varphi(\delta) \in \Phi_\alpha^0$ (参见 (13.68)), $H^{\varphi,\alpha} = H^{\varphi,\beta}$. Butzer, Dyckhoff, Görlich and Stens [1977] 较早地证明了 $\varphi(\delta) = \delta^\lambda$ 的情况. 还应注意到 Samko and Yakubov [1986] 中多维情况下的空间 $H^{\varphi,\alpha}$.

可以考虑更一般的与 Post 的想法 (20.11) 相应的连续模. 可以在 Boman [1978], Boman and Shapiro [1971] 和 Shapiro [1971] 的论文中找到连续模的广泛推广.

20.8　Taberski [1984b] 引入了分数阶积分的修改　$I^\alpha f = \Phi_\alpha * f$ 并考虑了它与 Grünwald-Letnikov 微分的联系. 这个修改积分的核 $\Phi_\alpha(x)$, $x \in R^1$ 定义为 $\Phi_\alpha(x) = \dfrac{1}{\sqrt{2\pi}} \displaystyle\int_{-\infty}^{\infty} \varphi_\alpha(t) e^{ixt} dt$, 其中 $\varphi_\alpha(t) = (-it)^\alpha P_\alpha(t)$, $P_\alpha(t)$ 是非负偶函数满足: $t \geqslant c > 0$ 时 $P_\alpha(t) \equiv 1$, 对所有的 $t \geqslant 0$ 有 $P'_\alpha(t) \geqslant 0$, 且 $t \to +0$ 时 $P_\alpha(t) = O(t^{\alpha+2})$, $P'_\alpha(t) = O(t^{\alpha+1})$, $P''_\alpha(t) = O(t^\alpha)$. 也见 Taberski [1986].

20.9　Lubich [1986] 通过以下离散卷积和

$$(I_h^\alpha f)(x) = h^\alpha \sum_{j=0}^{n} w_{n-j} f(jh) + h^\alpha \sum_{j=0}^{s} w_{n,j} f(jh), \quad x = nh$$

考虑了 Riemann-Liouville 分数阶积分 $(I_{0+}^\alpha f)(x)$ 的逼近. 这可以视为与 Grünwald-Letnikov 方法相联系的思想的发展. 设 $f(x) = x^{\beta-1} g(x)$, $\beta > 0$, g 光滑. 给定卷积权重 w_{n-j} 且 p 为正整数, 若联系 w_j, β, α 和 p 的某些假设成立, 则 "起始" 权重 w_{nj} 可以移去使得 $(I_h^\alpha f)(x) - (I_{0+}^\alpha f)(x) = O(h^p)$.

21.1　Kilbas [1983] 证明了在 Euclid 空间 R^n 有界域上的某些多维势型积分的广义 Hölder 性质, 其中带幂对数核的积分是这种积分的特例.

21.2　Riekstyn'sh [1970] 说明了: 假设 (17.1) 中的函数 $\mathcal{F}(t)$ 和 $f(t)$ 在 $t \to +\infty$ 时有幂对数渐近展开, 则卷积积分 (17.1) 有渐近展式 $(x \to +\infty)$, 推广了用修改的逐次展开法讨论的分数阶积分 (16.1).　在这种情况下, 读者可以在 Riekstyn'sh [1974-1981] 中找到其他获得 (17.1) 和 (17.2) 形式积分的渐近展开的方法.

22.1　当函数不一定解析, 只在某条曲线上给出时, 可以在复平面上考虑分数阶积分-微分. Fabian [1935] 在这种情况下考虑了分数阶积分-微分的某些性质, 例如存在性、指数律和 Taylor 型展开式 (见 §4.2, 注记 2.8). Sewell [1935, 1937] 结合函数论问题对分数阶积分-微分 (22.2)—(22.3) 沿曲线积分的情况进行了研究, 其中曲线上的函数给定. 特别地, 他挑出了一类可求长曲线, 在这些曲线上 $f(z) \equiv 1$ 的分数阶积分绝对一致收敛于 z. 对于此类曲线, 有以下结果: a) 对于 $\beta < \alpha$, 当 $(\mathcal{D}^\alpha f)(x)$ 存在时, 低阶导数 $(\mathcal{D}^\beta f)(x)$ 存在; b) 半群性质成立; c) 共形映射下的分数阶可微不变性有效. 然而我们注意到, Sewell 的论断隐含了一个函数对另一个函数的导数的概念 —— §18.3; d) 类似于引理 13.1 的 Hardy-Littlewood 定理, 在曲线上满足 $\lambda > \alpha$ 阶 Hölder 条件的函数 $f(z)$ 的分数阶导数 $\mathcal{D}^\alpha f$ 在曲线上的存在性; e) 在积分 "起点" z_0 之外的 Bernstein 型不等式 $|P^{(\alpha)_n}(z)| \leqslant An^\alpha$, $P_n(z)$ 是多项式. 除此之外, 还得到了复平面中其他的一些与多项式逼近有关的定理.

Belyi [1965a,b, 1967a,b, 1969, 1977], Belyi and Volkov [1968] 的论文中包含了许多对 Sewell 结果的发展和推广, 其中可以找到分数阶微积分在复平面上逼近理论中的各种应用. Dveirin [1977] 用线性多项式方法处理了存在 (22.46) 型有界广义导数的解析函数的最佳逼近问题.

关于曲线上的分数阶微积分, 我们也参考 Fabian [1936a], 其中所考虑的分数阶积分 (导数) $(\mathcal{D}_{z_0}^\alpha f)(z)$ 沿从点 z_0 开始到无穷远的曲线 L_{z_0} 积分, α 是任意复数. 该作者研究了 $z^{-\nu} f(z) \to A = \text{const}, z \to \infty$ 时 (沿曲线), $z^{-\mu}(\mathcal{D}_{z_0}^\alpha f)(z)$ 在 $z \to \infty$ 时的性质. 文献 Fabian [1936a] 将所得结果应用于级数与积分求和. Fabian 的其他论文 Fabian [1936c, 1954] 关注的是导数 $\mathcal{D}_{z_0}^\alpha f$ 沿相似曲线在点 z_0 处和在 $f(z)$ 允许的奇点处的分支特征.

Peschanskii [1989] 最近发表了一篇论文. 当函数在闭光滑曲线 Γ 上定义, 其给出了分数阶微积分的新版本. 作者介绍了此类函数的 Marchaud 型分数阶微分, 形式如下

$$D_\alpha f = D_\alpha^+ f + D_\alpha^- f, \quad f = f(t), \quad t \in \Gamma(\ni 0),$$

其中 $0 < \alpha < 1$, $D_\alpha^\pm f = \lim\limits_{\varepsilon \to 0} D_\alpha^{\varepsilon\pm} f$ 和

$$D_\alpha^{\varepsilon+} f = \frac{1}{2\pi i} \int_{\Gamma_{\varepsilon(t)}} \frac{\tau f(\tau) - t f(t)}{(1 - t/\tau)^{1+\alpha}} \frac{d\tau}{\tau^2},$$

$$D_\alpha^{\varepsilon-} f = \frac{1}{2\pi i} \int_{\Gamma_{\varepsilon(t)}} \frac{f(\tau) - f(t)}{(1 - \tau/t)^{1+\alpha}} \frac{d\tau}{t}$$

(参见 (22.52)), $\Gamma_{\varepsilon(t)}$ 是 Γ 除去弧 $(t(s-\varepsilon), t(s+\varepsilon))$ 后的剩余部分, 其中 $t(s) = t \in \Gamma$, s 为弧长参数. 相应分数阶积分 $F_\alpha \varphi = F_\alpha^\pm \varphi$ 的定义为

$$F_\alpha^+ \varphi = \frac{1}{2\pi i} \int_\Gamma {}_2F_1\left(1, 1; 1+\alpha; \frac{t}{\tau}\right) \varphi(\tau) \frac{d\tau}{\tau},$$

$$F_\alpha^- \varphi = \frac{1}{2\pi i} \int_\Gamma {}_2F_1\left(1, 1; 1+\alpha; \frac{\tau}{t}\right) \varphi(\tau) \frac{d\tau}{t}$$

(参见 (22.54)). Peschanskii [1989] 的主要结果指出, 在所有积分均选择合适分支的情况下, $f = F_\alpha \varphi$, $\varphi \in L_p(\Gamma)$, $1 < p < \infty$ 当且仅当 $f \in L_p(\Gamma)$ 且 $D_\alpha^{\varepsilon\pm}$ 在 $L_p(\Gamma)$ 中收敛, $\varepsilon \to +0$. 这些条件满足, 则 $\varphi = D_\alpha f$.

最后, 我们回想一下, 沿曲线进行分数阶积分的情况已经出现过一次 (见 § 17.2, 注记 12.5).

22.2 Carleman [1944, pp. 42-47] 证明了下面的定理. 给定函数 $f(x)$, $x \in R^1$, 对于某些 $\gamma > 0$, $\int_0^A |f(x)| dx$ 的增长速度不会快于 $|A|^\gamma$, 则在上下半平面 C_+ 和 C_- 中分别存在函数 $f_+(x)$ 和 $f_-(z)$, 使得

$$\lim_{y \to +0} \int_{x'}^{x''} [f_+(x+iy) - f_-(x-iy)] dx = \int_{x'}^{x''} f(x) dx$$

对于 $x', x'' \in [a, b]$ 是一致的, 无论区间 $[a, b]$ 如何选择. 函数 $f_\pm(z)$ 的唯一性结果由 Carleman 以分数阶积分的形式给出. 即在满足以下条件的函数类中, 他证明了函数 $f_\pm(z)$ 在相差多项式意义下的唯一性

$$\sup_{z \in C_\pm} \left| \frac{(I_{z_0}^\alpha f_\pm)(z)}{(z - z_0)^\alpha (z - \bar{z}_0)^\beta} \right| < \infty,$$

其中 $\alpha \leqslant 0$, $\beta \geqslant 0$ 和 $z_0 \in C_\pm$, 符号对应选择.

22.3 设 $f^{(\alpha)}(z) = \sum\limits_{k=1}^{\infty} (ik)^\alpha f_k z^k$ 是在单位圆盘中解析的函数 $f(x) = \sum\limits_{k=0}^{\infty} f_k z^k$ 的 Weyl 分数阶微分. Hardy and Littlewood [1941, p. 232] 证明了估计

$$\left(\int_0^{2\pi} |f^{(\alpha)}(re^{i\theta})|^p d\theta \right)^{1/p} \leqslant c(1-r)^{-\alpha} \left(\int_0^{2\pi} |f(r^{1/2} e^{i\theta})|^p d\theta \right)^{1/p}, \quad 0 < r < 1,$$

以及分数阶微分 $\mathcal{D}_0^\alpha f$ 的类似估计, 此时右侧出现因子 $r^{-\alpha}$.

Flett [1968] 使用了以下修正的 Weyl 分数阶积分:

$$\mathfrak{B}^\alpha f = \sum_{k=1}^{\infty} \frac{f_k}{k^\alpha} z^k, \quad f_0 = 0,$$

如下形式

$$\mathfrak{J}^\alpha f = \sum_{k=0}^{\infty} \frac{f_k}{(k+1)^\alpha} z^k, \tag{23.12}$$

在 Flett [1971, 1972a,b] 中考虑. 这些算子有以下表示

$$\mathfrak{B}^\alpha f = \frac{1}{\Gamma(\alpha)} \int_0^z \frac{\varphi(t)dt}{[\ln(z/t)]^{1-\alpha} t}, \quad \mathfrak{J}^\alpha f = \frac{1}{\Gamma(\alpha)z} \int_0^z \frac{\varphi(t)dt}{[\ln(z/t)]^{1-\alpha}},$$

即它们具有 Hadamard 型结构 (18.42). 特别地, 我们注意到, Flett [1968] 得到了估计

$$|(\mathfrak{B}^\alpha f)(re^{i\theta})| \leqslant Ar(1-r)^{-\alpha} \Phi(\theta), \quad 0 \leqslant r < 1,$$

其中 $\Phi(\theta) = \sup\limits_{z \in S_\eta(\theta)} |f(z)|$, $S_\eta(\theta)$ 是单位圆盘上的一部分, 由从点 $e^{i\theta}$ 到以 0 为圆心、η 为半径的圆的两条切线与该圆位于两个切点之间较长的圆弧界定.

在 Flett [1971, Theorem 6] 中可以找到算子 $\mathfrak{J}^\alpha$ 在空间 $B_{p,q,r}$ 中的映射性质, 空间的范数为

$$\|f\|_{p,q,\gamma} = \left\{ \int_0^1 (1-\tau)^{q\gamma-1} \left\{ \int_0^{2\pi} |f(\tau e^{i\varphi})|^p d\varphi \right\}^{\frac{q}{p}} d\tau \right\}^{\frac{1}{p}}.$$

Flett 的一个结果是估计 $\|\mathfrak{J}^\alpha \varphi\|_{p,q,\gamma-\alpha} \leqslant c\|\varphi\|_{p,q,\gamma}$, 其中 $0 < p \leqslant \infty, 0 < q \leqslant \infty$ 和 $\gamma > \alpha > 0$.

Kim Hong Oh [1984] 在附加假设 $f(z) = O((1 - |z|)^{-\gamma}), 0 < \alpha < \gamma \leqslant 1/p$ 下, 给出了 Hardy-Littlewood 定理 22.2 关于算子 $\mathfrak{J}^\alpha$ 的描述, 认为它是从 H^p, $0 < p < \infty$ 到 $H^q, q = \gamma p/(\gamma - \alpha)$ 的算子. 后文部分结果的一些发展可以在 Kim Yong Chan [1990] 中找到. 在 Kim Hong Oh [1986] 中, 定理 22.2 被推广到两个变量函数 $f(z, w)$ 的情况, $(z, w) \in C^2, |z| \leqslant 1, |w| \leqslant 1$.

Cohn [1987] 利用分数阶微分 $(\mathfrak{D}^\alpha f)(z) = \sum_{k=0}^{\infty} (k + 1)^\alpha f_k z^k$, (23.12) 的逆, 研究了单位圆盘中空间 H^p 和 BMO 的某些 "星形不变" 子空间的性质. Jevtič [1986] 估计了单位圆盘中被称为原子内部函数 $f(z) = \exp\left(-\dfrac{1 + z}{1 - z}\right)$ 的分数阶导数 $(\mathfrak{D}^\alpha f)(z), \alpha > 0$. 特别地, 他证明了如果 $p > 1/2\alpha$, 则 $\int_0^{2\pi} |(\mathfrak{D}^\alpha f)(re^{i\varphi})|^p d\varphi \leqslant c(1-r)^{\frac{p}{2}} - \alpha$, 如果 $p = 1/2\alpha$, 则幂函数需替换为 $\log(1-r)^{-1}$. 这方面也见 Ahern and Jevtič [1984].

22.4 对于函数 $f(z)$ 在单位盘 $|z| < 1$ 中解析并满足条件

$$\left(\int_{-\pi}^{\pi} |f(re^{i(\theta+h)}) - f(re^{i\theta})|^p d\theta\right)^{1/p} \leqslant c|h|^\lambda, \quad p \geqslant 1$$

的 Lipschiz 空间, Hardy and Littlewood [1932] 证明了此空间中函数的分数阶积分-微分与定理 14.6, 定理 14.7 和定理 19.9 相似的结果. 这些结果由 Gwilliam [1936] 推广到 $0 < p < 1$.

22.5 在 Pekarskii [1984b] 的文章中提出了分数阶导数 $(\mathcal{D}_0^\alpha f)(z)$ 的以下修正:

$$f^{(\alpha)}(z) = \frac{\Gamma(1 + \alpha)}{2\pi i} \int_{|t|=\rho} \frac{t^{-1-[\alpha]}f(t)}{(1 - z/t)^{1+\alpha}} dt = \mathcal{D}_0^\alpha[z^{\alpha-[\alpha]}f(z)], \tag{23.13}$$

其中 $\alpha > 0, |z| < \rho < 1$ (参见 (22.33) 和 (22.52)). 这个修正对应展开 $f^{(\alpha)}(z) = \sum_{k=[\alpha]}^{\infty} \dfrac{\Gamma(k - [\alpha] + 1 + \alpha)}{\Gamma(k - [\alpha] + 1)} f_k z^{k-[\alpha]}$ (参见 (22.36)). 它在解析函数理论中有与算子 $z^\alpha(\mathcal{D}_0^\alpha f)(z)$ 和 (23.12) 类似的优点, 它将解析函数映射到解析函数. 文章 Pekarskii [1984b] 中包含有理函数分数阶导数 (23.13) 的 Bernstein 型不等式. Pekarskii [1984b] 以及同一作者的论文 Pekarskii [1983, 1984a] 中的研究与 Hardy-Besov 空间中有理函数对解析函数的逼近有关. 我们注意到 Pekarskii [1984a] 中使用了形式为 (23.12) 的分数阶微分.

22.6 设 $f_\alpha(z) = \sum\limits_{k=1}^{\infty} (ik)^{-\alpha} f_k z^k$ 为 Weyl 分数阶积分 (22.1). 许多论文 ——

Hirshman [1953], Flett [1958b, 1959] —— 处理了 Littlewood-Paley 型函数

$$g_{k,\alpha}(\theta) = \left\{ \int_0^1 (1-\rho)^{k-\alpha k-1} |\rho^{-1} f_{\alpha-1}(\rho e^{i\theta})|^k d\rho \right\}^{1/k},$$

以及它的一些修改. 特别地, 通过 f 在 Hardy 空间 H_p, $0 < p < \infty$ 中的范数给出了 $g_{k,\alpha}(\theta)$ 在 $L_p(-\pi, \pi)$ 范数下的估计. 在这方面也见 Sunouchi [1957] 和 Koizumi [1957].

22.7 Lavoie, Tremblay and Osler [1975] 以及 Lavoie, Osler and Tremblay [1976] 通过修改的 Cauchy 积分公式 (22.4) 处理了形如 $t^\beta (\ln t)^\delta f(t)$ ($\delta = 0$ 或 $\delta = 1$) 且具有幂对数分支的解析函数的分数阶积分-微分 $\mathcal{D}^\alpha$. 上述修改处理沿 "Pochhammer 圈" ($z+, 0+, z-, 0-$) (见图 2) 的积分, 目的是保证对所有 α 和 β (除 $\alpha = -1, -2, \cdots$ 和 $\beta = \pm 1, \pm 2, \cdots$) 有统一形式的分数阶积分-微分定义. 对于这样的分数阶积分-微分定义, 他们证明了半群性质和 $\mathcal{D}^\alpha(uv)$ 的 Leibniz 法则. 复平面中的后一个公式早在 Osler [1970a, 1971b, 1972a,c, 1973] 的论文中, 通过分数阶积分-微分的初始定义 (22.30) 做了详细处理. 关于 Leibniz 法则, 我们也可参见 §17.2, 注记 15.3.

读者还可以在 Osler [1970a,b, 1971a, 1972a,b] 中找到复平面中一些通过基本函数表示的特殊函数 (如超几何, Bessel, Struve 等), 或通过分数阶积分表示的其他特殊函数. 超几何函数及其各种特殊情况也可以在 Campos [1985, 1986a,b] 中看到. 事实上, 这种情况以及超球函数的情况, 已经在 Letnikov [1884, 1885, 1888b] 中得到. Riemann-Hurwitz zeta 函数的表示可以在 Mikolás [1962] 的论文中找到.

Campos [1984] 还阐明了在函数有分支点的情况下, 积分曲线 ("Prochhammer 圈") 选择的作用. 作者使用 Hankel 围道 $\mathcal{L}_\theta$ 处理 Cauchy 型公式 (22.33''), 其中 θ 取决于 $z : \theta = \arg z$, 并且他的许多论文 Campos [1985, 1986a,b, 1989a,b, 1990a,b] 都基于这种形式的分数阶积分-微分. 特别地, Campos [1985] 中表明, 在作者的定义下 (用 Hankel 围道 $\mathcal{L}_\theta$, $\theta = \arg z$), Liouville 和 Riemann 方法 (5.20) 与 (2.26) 在复平面内是统一的. 我们还特别注意到 Campos [1989a], 其中引入了有用的所谓分支算子的概念. 例如, 如果交换两个积分-微分算子复合中的积分顺序使一条路径通过分支点, 这一概念就会出现.

22.8 Osler [1970b] 研究了一个函数对另一个函数的导数 (见 §18.3), 定义为

$$\mathcal{D}^\alpha_{h(z)} f(z) = \frac{\Gamma(1+\alpha)}{2\pi i} \int_L \frac{f(t) h'(t) dt}{[h(t) - h(z)]^{1+\alpha}},$$

其中 $[h(t) - h(z)]^{-1-\alpha}$ 有一条通过 $t = z$ 和 $t = h^{-1}(0)$ 的割线, 围道 L 通过 $h^{-1}(0)$ 并包围点 z.

特别地, 作者证明了关系式

$$\mathcal{D}^{\alpha}_{g(z)}f(z) = \mathcal{D}^{\alpha}_{g(z)}\left\{\frac{f(z)g'(z)}{h'(z)}\left[\frac{h(z) - h(\omega)}{g(z) - g(\omega)}\right]^{1+\alpha}\right\}\Bigg|_{w=z},$$

在计算 $\mathcal{D}^{\alpha}_{h(z)}\{\cdots\}$ 后代入 $w = z$.

Campos [1990b] 推广了 $h(z)$ 为幂函数时 $\mathcal{D}^{\alpha}_{h(z)}f(z)$ 型结构的 Taylor 和 Laurent 展开. 另见 Osler [1972b] 和 Lavoie, Osler and Tremblay [1976] 中对于 $h(z) = z - a$ 情形的类似结果.

22.9　Gaer [1968] 和 Gaer and Rubel [1971, 1975] 发展了一种奇特的方法, 将分数阶积分-微分作为参数 α 的整函数来研究. 考虑了在实直线 R^1 附近解析且在无穷远处为零的函数空间 G. 证明了对于每一个 $t \in R^1$ 和任意函数 $f \in G$, 都存在唯一的关于 z 的指数型整函数 $F(z, t)$, 其阶沿虚轴增长小于 π, 使得 $\frac{1}{n}f^{(n)}(t) = F(n, t)$, 作者将分数阶导数 $f^{(z)}(t)$ 定义为 $f^{(z)}(t) = \Gamma(1 + z)F(z, t)$. 在此定义的基础上, 所引论文中对积分-微分 $f^{(z)}(t)$ 进行了系统的研究. 在 Gaer [1975] 中也有关于这些结果的一些发展, 包括对 Banach 空间中有界线性算子的分数幂情形的推广.

22.10　文章 Kober [1970] 考虑了在半平面或条形域中解析的函数 $f(z)$ 的 Hardy 空间中 Liouville 形式 (以及 Riesz 形式) 的分数阶积分.

22.11　Diaz and Osler [1974] 考虑了复平面内固定步长 $h = 1$ 的分数阶差分, 其形式为

$$\Delta^{\alpha}f(z) = \sum_{k=0}^{\infty}(-1)^k\binom{\alpha}{k}f(z + \alpha - k), \quad z \in C$$

(参见 (20.2)). 关系式

$$\Delta^{\alpha}f(z) = \frac{\Gamma(\alpha + 1)}{2\pi i}\int_C \frac{f(t)\Gamma(t - z - \alpha)}{\Gamma(t - z + 1)}dt$$

成立, 其中围道 C 在正方向上包围射线 $L = \{t : t = z + a - \xi, \xi \geqslant 0\}$. 假设函数 $f(z)$ 在包含射线 L 的域中是解析的, 并且 $|f(z)| \leqslant M|(-z)^{\alpha-p}|$, $p > 0$. 他还获得了这些差分 $\Delta^{\alpha}f(z)$ 的 Leibniz 型公式.

22.12　在 M.M. Dzherbashyan 的论文中可以找到分数阶积分-微分在解析和亚纯函数理论中的广泛应用. 在他的工作 Dzherbashyan [1964], Dzherbashyan

[1966a, Ch. IX], Dzherbashyan [1966b] 中, 分数阶积分-微分被用于刻画圆盘中亚纯函数的一些新空间和获得它们的参数表示 (因式分解定理). 特别地, 亚纯函数理论中已知的 Jensen-Nevanlinna 表达式的推广是根据函数 $v_\alpha(\rho e^{i\varphi}, z) = \rho^{-\alpha} I_{0+}^\alpha \log|1 - \rho e^{i\varphi}/z|$, $\alpha > -1$ 给出的, 其中积分-微分是关于变量 p 的. 广义算子 $L^{(w)}$ —— (18.110) —— 被 Dzherbashyan [1969] 用于同样的目的. 半平面中亚纯函数的类似结果, 但其使用的是 Liouville 分数阶积分-微分, 可以在 A.M. Dzherbashyan [1986] 中找到.

Dzherbashyan [1968b,c] 中利用分数阶积分-微分 $\mathcal{D}^\alpha$ 推广了拟解析函数的概念. 这种推广是基于将 $f^{(n)}(x_0) = 0$, $n = 0, 1, \cdots \Rightarrow f(x) = 0$ 中 (蕴涵) 的整数阶导数替换成形式为 $(\mathcal{D}^{n\alpha} f)(x_0)$, $0 < \alpha < 1$ 的分数阶导数. Dzherbashyan and Nersesyan [1958c], Dzherbashyan and Martirosyan [1982] 和 Martirosyan and Ovesyan [1986] 的论文中关于分数阶微分在拟解析函数理论中的应用也与此相关.

Dzherbashyan and Nersesyan [1960, 1961] 使用 Riemann-Liouville 分数阶积分-微分来构建和研究与 Mittag-Leffler 函数 $E_{\alpha,\beta}(z)$ 相关的双正交系统中的展开式. 他们表明这些系统中包含分数阶微分方程某些相互共轭边值问题的特征函数. 在这方面, Dzherbashyan and Nersesyan [1961, 1968] 对此类边值问题进行了详细研究. Dzherbashyan [1970, 1981, 1982, 1984, 1987] 将这些问题进一步发展了.

22.13 设 $f(z)$ 为半平面 $\text{Re} z > 0$ 中的解析函数. 关于无穷远处行为的结果可以在 Komatu [1961] 中找到. 假设 $\text{Re} z_0 > 0$, $\mathcal{D}_{z_0}^\alpha f$ 是分数阶积分-微分 (22.3), 如果 $\text{Re} f(z) > 0$, 则 $z^{\alpha-1}(\mathcal{D}_{z_0}^\alpha f)(z) \to c/\Gamma(2 - \alpha)$, $z \to \infty$, $|\arg z| \leqslant a < \pi/2$, 其中 c 不依赖于 $f(z)$ 和 α, $\alpha \in R^1$. 对圆盘也得到了类似的结论.

函数 $f(z)$ 在单位圆盘中解析且满足条件 $\text{Re} f(z) > 0$ 和 $f(0) = 1$, Komatu [1967] 证明了估计 $\|I_0^\alpha f\|_{L_p(|z|=r)} \leqslant r^{-\alpha} \|I_0^\alpha k\|_{L_p(|z|=r)}$, 其中 $k(z)$ 是固定函数, $\alpha > 0$, $I_0^\alpha f$ 是分数阶积分 (22.2) ($z_0 = 0$).

22.14 Riemann-Liouville 分数阶积分-微分 $(\mathcal{D}_{z_0}^\alpha f)(z)$, $\alpha \in R^1$ 及其修正 (22.55), 在研究单叶函数、凸函数和星形函数的性质, 与 Biberbach 有关的单叶函数系数的问题、系数的估计、偏差定理等方面有着广泛的应用. 在过去十年里, 关于这些主题发表了许多论文. 我们想要强调 Komatu, Owa 和 Srivastava 在这些主题研究中的作用. 例如, Komatu [1961, 1967, 1979, 1985, 1986, 1987a,b], Owa [1976, 1980, 1981a,b,c, 1982a,b,c,d, 1983a,b,c, 1984a,b, 1985a,b,c,d, 1986, 1990], Srivastava and Owa [1984, 1985, 1986a,b,c, 1987a,b], Owa and Nishimoto [1984], Owa and Shen [1985], Reddy and Padmanabhan [1985], Al-Amiri [1965], Owa and Ahuja [1965], Sekine, Owa and Nishimoto [1986], Srivastava, Sekine, Owa and Nishimoto [1986], Owa and Al-Bassam [1986], Owa and Obradovič [1986], Owa and Sekine [1986], Zou Zhong Zhu [1988], Cho Nak Eun, Lee Sang Keun,

Kim Yong Chan and Owa [1969], Owa and Ren [1989], Fukui and Owa [1990], Nunokawa and Owa [1990], Saitoh [1990], Sekine [1987, 1990], Shanmugam [1990] 和 Sohi [1990]. 也见 Owa, Saigo and Srivastava [1989] 和 Srivastava, Saigo and Owa [1966], 其中使用了 Saigo 给出的分数阶积分-微分到复平面的推广 (见上文注记 18.6).

22.15 Dimovski and Kiryakova [1983] 考虑了特殊 Gel'fond-Leont'ev 算子 (22.41) 和积分 $(J_{\alpha,\mu}f)(z) = \sum_{k=0}^{\infty} \dfrac{\Gamma(\alpha k+\mu)}{\Gamma(\alpha k+\alpha+\mu)} f_k z^{k+1}$ 右端逆算子的加权推广 $(\mathcal{D}_{\alpha,\mu}f)(z) = \sum_{k=1}^{\infty} \dfrac{\Gamma(\alpha k+\mu)}{\Gamma(\alpha k-\alpha+\mu)} f_k z^{k-1}$. 特别地, 他们在星型域中解析且具有紧收敛拓扑结构的函数的空间 $H(G)$ 中得到了 (22.42) 的积分表示:

$$(J_{\alpha,\mu}f)(z) = \frac{z}{\Gamma(\alpha)} \int_0^1 (1-t)^{\alpha-1} t^{\mu-1} f(zt^\alpha) dt, \quad \mu \geqslant 1,$$

并刻画了所有可与 $J_{\alpha,\mu}$ 交换的线性算子 $T : H(G) \to H(G)$.

Linchuk [1985] 将这个刻画推广到任意复数 μ 的情形, 并得到了更简单的刻画形式.

22.16 Komatu [1979] 从半群的角度考虑了 $L^\alpha f = \sum_{k=1}^{\infty} a_k^\alpha f_k z^k$ 形式的广义积分-微分算子 (22.46), 并且证明了, 与 (22.48) 不同, 其有以下表示

$$L^\alpha f = \int_0^1 t^{-1} f(zt) d\sigma_\alpha(t), \quad f(z) = z + \sum_{k=2}^{\infty} f_k z^k, \quad |z| < 1.$$

这里测度 $d\sigma_\alpha(t)$ 由 α 和 $\{a_k\}_{k=1}^{\infty}$ 确定. 单独挑出 $a_k = 1/k$ 的情况, 这对应 Hadamard 分数阶积分算子 $\mathfrak{B}^\alpha$ —— 注记 22.3. 在这种情况下, 有效地构造了测度 $\sigma_\alpha(t)$. 当测度 $\sigma_\alpha(t)$ 的密度为 $\dfrac{a^\alpha}{\Gamma(\alpha)} t^{a-1} \left(\log \dfrac{1}{t}\right)^{\alpha-1}$ 时, 情形 $\sigma_1(t) = t^a, a > 0$ 可在 Komatu [1987a] 中找到. 算子 L^α 的一些不等式可在 Komatu [1985] 中找到. Komatu [1986] 在 $a_k = k$ 的情形下研究了 $\text{Re}\left[\dfrac{1}{z} L^\alpha f(z)\right]$ 在单位圆盘上的振荡, 振荡 $\underset{|t|=r}{\text{osc}} \text{Reg}(t)$ 定义为 $\underset{|t|=r}{\max} \text{Reg}(t) - \underset{|t|=r}{\min} \text{Reg}(t), 0 < r < 1$.

22.17 令 $a \in R^1$, $H(a)$ 为在区域 $S(a) = \{z \in C : |\text{Im}z| < a, 0 < a \leqslant +\infty\}$ 中解析且满足下列条件的函数空间. 给定 $t, 0 \leqslant t < a$, 存在 $A(t) \geqslant 0$ 使得对每个 $z = x + iy \in \overline{S(t)}$, 不等式 $|f(z)| \leqslant A(t) \exp\{x^2/2 - |x|(t^2 - y^2)^{1/2}\}$ 成立. Rusev

[1979] 表明 Erdélyi-Kober 型算子

$$(I_{-1/2,\alpha+1/2}f)(z) = 2[\Gamma(\alpha+1/2)]^{-1} \int_0^1 (1-t^2)^{\alpha-1/2} f(zt)dt$$

(参见 (18.8)), 其中 $-1/2 < \alpha < 1/2$ 实现了配置 $S(a)$ 紧子集上一致收敛拓扑的拓扑向量空间 $H(a)$ 到自身的同胚. 这被用来证明解析函数 $f(z)$ 在条状域 $S(a)$ 中可由一系列广义 Laguerre 多项式 $\{L_n^{(\alpha)}(z^2)\}_{n=0}^\infty$ —— Erdélyi, Magnus, Oberbettinger and Tricomi [1953b, 10.12], 其中 $\alpha \in R^1$, $\alpha \neq -1, -2, \cdots$ —— 表示的充要条件是 $f(z)$ 是 $H(a)$ 中的偶函数.

22.18　设 (22.48) 型算子

$$(Pf)(z) = \frac{1}{2\pi i} \int_{C_z} b\left(\frac{z}{t}\right) f(t)\frac{dt}{t^2}, \tag{23.14}$$

其可求长的闭 Jordan 曲线 C_z, 包围点 z 并含于 $f(z)$ 解析域 G 中. 并设函数 $b(z)$ 在区域 $|z-1| > 0$ 中解析, 在无穷远处以不小于 2 阶的速度衰减为零. Korobeinik [1964a,b] 证明算子 (23.14) 给出了定义在 $H(G)$ 上的连续线性算子的一般表示, 其中 G 是定义域, 而 $H(G)$ 是定义在 G 上的所有解析函数构成的集合. 在 $0 \in G$ 的情况下, 对充分接近 0 的 z, 它与一些广义微分的 Gel'fond-Leont'ev 算子一致. 此外, 算子及其幂也可以用无穷阶微分算子表示:

$$(P^m f)(z) = \sum_{k=m}^\infty \frac{\Delta_{k,m}}{k!} z^{k-m} f^{(k)}(z), \quad m = 1, 2, \cdots,$$

其中数 $\Delta_{k,m}$ 由 $b(z)$ 决定, 并满足条件 $\lim\limits_{k\to\infty} \sqrt[k]{|\Delta_{k,m}|} = 0$, $m \geqslant 1$.

23.3　分数阶微积分会议上提出的一些问题的回答 (纽黑文, 1974)

我们通过回答会议 (在标题中提到 (Osler [1975a])) 上提出的一些问题, 来完成本书中与单变量情况相关的部分. 我们从 Osler [1975a] 中挑选出以下可回答的问题.

1. 来自 Erdélyi 的问题. 设 $f(x)$ 在 $x \geqslant 0$ 时连续, S 是使得 $(\mathcal{D}_{0+}^\alpha f)(x)$ 存在且连续或局部可积的所有非负 α 的集合. S 是否具有最大元素?

2. 来自 Lee Lorch 的问题. 是否有一个类似微积分的中值定理的结论, 将分数阶的差分与相同分数阶的导数联系起来?

3. 来自 Love 的问题. 是否存在将不同积分下限的分数阶积分 $I_{a+}^\alpha \varphi$ 和 $I_{b+}^\alpha \varphi$ 联系起来的已知定理.

4a. 来自 Ross 的问题. 算子复合 $\mathcal{D}_{a+}^{\alpha}\mathcal{D}_{b+}^{\beta}$ 可以认为是对偏离指数定律 (半群性质) 的度量. 有哪些定理可以定义这一点, 这有什么意义?

7. 来自 Lew 的问题. 设 $\{I^{\alpha}\}_{\alpha \geqslant 0}$ 是 $L_1(0,1)$ 或 $L_2(0,1)$ 中的算子族. 条件 "$I^0 f = f$, $I^1 f = \int_0^t f(u)du$, $I^{\alpha}I^{\beta} = I^{\alpha+\beta}$, I^{α} 在某些算子拓扑中连续, 且对于 $f \geqslant 0$ 有 $I^{\alpha}f \geqslant 0$" 是否唯一地确定算子族 $\{I^{\alpha}\}_{\alpha \geqslant 0}$?

回答

1. 第一个问题的答案通常是否定的: 对于 $f(x) = x^{\beta}\ln x$, $\beta > 0$, 在 $(\mathcal{D}_{0+}^{\alpha}f)(x)$ 连续和可积的情况分别有 $S = [0, \beta)$ 和 $S = [0, \beta+1)$. 后一种情况对于 $f(x) = x^{\beta}$, $\beta > 0$ 我们也有 $S = [0, \beta+1)$.

2. 例如, 在实轴上给出函数的情况下, 答案很容易以 $(\Delta_h^{\alpha}f)(x) = h^{\alpha}(\mathbf{D}_+^{\alpha}f)_h(x)$ 的形式给出, 其中 $\varphi_h(x) = \int_{-\infty}^{\infty} p_{\alpha}(\tau)\varphi(x - \tau h)d\tau$ 表示函数 $\varphi(x)$ 的平均值, 其核为 (20.14) —— (20.30).

但是, 在连续导数的情况下能否写出等式 $(\Delta_h^{\alpha}f)(x) = h^{\alpha}(\mathbf{D}_+^{\alpha}f)(\xi)$, $\xi \in R^1$ 还不清楚. 后者在整数 $\alpha = l$ 的情况下有效, 这从下面的表达式中可以看出:

$$(\Delta_h^l f)(x) = \int_0^h \cdots \int_0^h f^{(l)}(x + t_1 + \cdots + t_l)dt_1 \cdots dt_l.$$

3. 答案在 § 13 中给出, 见定理 13.9 的推论.

4a. 答案可以从定理 13.9 的推论中得到: $(I_{a+}^{\beta}I_{c+}^{\alpha}\varphi)(x) = (I_{a+}^{\alpha+\beta}\psi)(x)$, $x > a > c$, 其中 $\psi(x)$ 与推论中相同. 也注意 § 23 的注记 18.14, 最后一部分与这个问题有关. 至于这种联系的意义, 我们可以参考 Nahushev and Salahitdinov [1988] 的论文, 该论文受到其在微分方程非局部边界问题中应用的启发.

7. 答案在 § 4.2, 注记 2.12 中给出.

我们还参考了 § 17.2, 注记 12.6 和 § 29.2, 注记 25.19 来回答 E.R. Love 教授在第三届国际分数微积分会议 (东京, 日本大学) 上提出的一些问题.

第五章　多变量函数的分数阶积分-微分

本章考虑多变量函数的分数阶积分和微分. 在多维情况下, 首先出现的是分数阶偏导数 (或偏分数阶导数) $\dfrac{\partial^\alpha f}{\partial x_k^\alpha}$、分数阶混合导数 (或混合分数阶导数) $\dfrac{\partial^{\alpha_1+\alpha_2} f}{\partial x_1^{\alpha_1} \partial x_2^{\alpha_2}}$ 等, 以及相应的分数阶积分. 这种方法在 §24 展开. 然而, 还有另一种可能的方法, 例如, 引入分数次幂 $(-\Delta)^{\alpha/2}$, 其中 $\Delta = \dfrac{\partial^2}{\partial x_1^2} + \cdots + \dfrac{\partial^2}{\partial x_n^2}$. 这种方法在 §§25 和 26 中发展. 它可以通过考虑常数系数偏导数中微分算子 $P(\mathcal{D})$ 的分数次幂 $[P(\mathcal{D})]^\alpha$ 来自然推广. 我们不在本书中详述这种推广, 只在 §§27 和 28 中处理算子 $P(\mathcal{D})$ 的一些特殊情形. 读者可以在 §29.1, 注记 28.2, 注记 28.4 和注记 28.6 中找到关于更一般情况的参考文献.

本章中采用以下符号. R^n 表示 n 维 Euclid 空间, $\dot{R}^n$ 是 R^n 添加唯一无穷点后的紧致化, $x = (x_1, x_2, \cdots, x_n)$, $t = (t_1, t_2, \cdots, t_n)$ 等是 R^n 中的点; $|x| = \sqrt{x_1^2 + x_2^2 + \cdots + x_n^2}$; $x \cdot t = x_1 t_1 + \cdots + x_n t_n$ 是 R^n 中的标量积; $x \circ t = (x_1 t_1, \cdots, x_n t_n)$ 是 R^n 中的向量; $dt = dt_1 \cdots dt_n$. 我们用 $R^n_{+\cdots+} = \{x : x \in R^n, x_1 \geqslant 0, \cdots, x_n \geqslant 0\}$ 表示 R^n 中具有非负坐标的区域. S_{n-1} 表示 R^n 中球心在原点的单位球面, $|S_{n-1}| = 2\pi^{n/2}\Gamma^{-1}(n/2)$ 为其面积. 我们用 $j = (j_1, j_2, \cdots, j_n)$ 表示任意使得 $x^j = x_1^{j_1} x_2^{j_2} \cdots x_n^{j_n}$ 且 $|j| = j_1 + j_2 + \cdots + j_n$ 的多指标. 不要将 $|j|$ 与 R^n 中距离的符号混淆. 令 $\mathcal{D} = \left(\dfrac{\partial}{\partial x_1}, \cdots, \dfrac{\partial}{\partial x_n}\right)$. 则 $\mathcal{D}^j = \dfrac{\partial^{|j|}}{\partial x_1^{j_1} \cdots \partial x_n^{j_n}}$.

在 $\alpha = (\alpha_1, \cdots, \alpha_n)$ 的情况下, $\alpha > 0$ 意味着 $\alpha_k > 0$, $k = 1, 2, \cdots, n$.

与通常一样, $L_p(R^n)$ 表示函数 $f(x) = f(x_1, \cdots, x_n)$ 的空间, 满足 $\|f\|_p = \left\{\displaystyle\int_{R^n} |f(x)|^p dx\right\}^{1/p} < \infty$; $C_0^\infty = C_0^\infty(R^n)$ 是无穷次可微的有限函数构成的空间.

§24　分数阶偏及混合积分和导数

以下是 Riemann-Liouville 分数阶积分-微分算子在多变量情况下的直接推广, 这些算子独立地作用于每个变量或其中的一部分. 除了 Riemann-Liouville 积分-微分外, 还将讨论其他形式, 如 Marchaud 或 Grünwald-Letnikov 方法、多变量周期函数和多势函数的 Weyl 型定义.

24.1　多维 Abel 积分方程

我们从 (2.1) 在多变量情况下的推广开始. 设 $\varphi(x) = \varphi(x_1, \cdots, x_n)$, $f(x) = f(x_1, \cdots, x_n)$ 为 n 个变量的函数且 $a = (a_1, \cdots, a_n)$ 是 R^n 中的固定点. 我们考虑方程

$$\frac{1}{\Gamma(\alpha)} \int_{a_1}^{x_1} \cdots \int_{a_n}^{x_n} \frac{\varphi(t)dt}{(x-t)^{1-\alpha}} = f(x), \quad x > a, \tag{24.1}$$

其中

$$\alpha = (\alpha_1, \cdots, \alpha_n), \quad (x-t)^{\alpha-1} = (x_1 - t_1)^{\alpha_1 - 1} \cdots (x_n - t_n)^{\alpha_n - 1},$$
$$\Gamma(\alpha) = \Gamma(\alpha_1) \cdots \Gamma(\alpha_n), \quad dt = dt_1 \cdots dt_n, \tag{24.2}$$

且 $x > a$ 意味着 $x_1 > a_1, \cdots, x_n > a_n$.

假设 $0 < \alpha_k < 1$, $k = 1, 2, \cdots, n$, 我们按照与 (2.2) 和 (2.3) 中相同的思路处理每个变量. 从而得到关系式

$$\int_{a_1}^{x_1} \cdots \int_{a_n}^{x_n} \varphi(s)ds = \frac{1}{\Gamma(1-\alpha)} \int_{a_1}^{x_1} \cdots \int_{a_n}^{x_n} \frac{f(t)dt}{(x-t)^{\alpha}},$$

这里使用了 (24.2) 中的记号. 此式关于 $x_1, \cdots, x_n$ 微分后我们得到

$$\varphi(x) = \frac{1}{\Gamma(1-\alpha)} \frac{\partial^n}{\partial x_1 \cdots \partial x_n} \int_{a_1}^{x_1} \cdots \int_{a_n}^{x_n} \frac{f(t)dt}{(x-t)^{\alpha}}. \tag{24.3}$$

因此, 如果 (24.1) 有解, 则其唯一地由 (24.3) 给出.

24.2　分数阶偏及混合积分和导数

从一维的定义 (2.17) 开始, 我们可以自然地定义关于第 k 个变量的 α_k 阶 Riemann-Liouville 分数阶偏积分

$$(I_{a_k+}^{\alpha_k} \varphi)(x) = \frac{1}{\Gamma(\alpha_k)} \int_{a_k}^{x_k} \frac{\varphi(x_1, \cdots, x_{k-1}, \xi, x_{k+1}, \cdots, x_n)}{(x_k - \xi)^{1-\alpha_k}} d\xi, \tag{24.4}$$

其中 $\alpha_k > 0$. 这个定义假定了 $x_k > a_k$ 时 $\varphi(x_1, \cdots, x_n)$ 有意义. 引入符号 $e_k = (\underbrace{0, \cdots, 0}_{k-1}, 1, 0, \cdots, 0)$ 来表示第 k 个单位向量, 我们可以将分数阶积分 (24.4) 改写成以下更短的形式

$$(I_{a_k+}^{\alpha_k} \varphi)(x) = \frac{1}{\Gamma(\alpha_k)} \int_0^{x_k - a_k} \frac{\varphi(x - \xi e_k)}{\xi^{1-\alpha_k}} d\xi.$$

进一步, 对于函数 $\varphi(x)$, $x_k > a_k$, $k = 1, 2, \cdots, n$, 表达式

$$
\begin{aligned}
(I_{a+}^\alpha \varphi)(x) &= (I_{a_1+}^{\alpha_1} \cdots I_{a_n+}^{\alpha_n} \varphi)(x) \\
&= \frac{1}{\Gamma(\alpha)} \int_{a_1}^{x_1} \cdots \int_{a_n}^{x_n} \frac{\varphi(t)dt}{(x-t)^{1-\alpha}}, \quad \alpha > 0
\end{aligned}
\tag{24.5}
$$

称为 $\alpha = (\alpha_1, \cdots, \alpha_n)$ 阶左 Riemann-Liouville 分数阶混合积分. 分数阶混合积分可以只用于部分变量, 即允许值 $\alpha_k = 0$. 这种情况下, 在 (24.5) 中令 $I_{a_k+}^{\alpha_k} \varphi \equiv \varphi$, 为简单起见, 在 $k = m+1, \cdots, n$ 时取 $\alpha_k = 0$, 在 $k = 1, 2, \cdots, m$ 时取 $\alpha_k > 0$, 我们有

$$
(I_{a+}^\alpha \varphi)(x) = \frac{1}{\Gamma(\alpha_1) \cdots \Gamma(\alpha_m)} \int_{a_1}^{x_1} \cdots \int_{a_m}^{x_m} \frac{\varphi(\tau, x'')}{(x'-\tau)^{1-\alpha'}} d\tau,
\tag{24.6}
$$

其中 $x' = (x_1, \cdots, x_m)$, $x'' = (x_{m+1}, \cdots, x_n)$, $(x'-\tau)^{1-\alpha} = \prod\limits_{k=1}^{m} (x_k - \tau_k)^{1-\alpha_k}$, $1 - \alpha' = (1 - \alpha_1, \cdots, 1 - \alpha_m)$.

关于函数 $\varphi(x)$ 在给定区域 $x < b$ 内的右分数阶混合积分 $I_{b-}^\alpha \varphi$ 可以类似定义. 当积分在某些变量上是左的, 而在另一些变量上是右的, 可能有一个更一般的变化形式, 例如

$$
(I_{a+, b-}^\alpha \varphi)(x) = \frac{1}{\Gamma(\alpha)} \int_{a_1}^{x_1} \cdots \int_{a_m}^{x_m} \int_{x_{m+1}}^{b_{m+1}} \cdots \int_{x_n}^{b_n} \frac{\varphi(t)dt}{(x'-t')^{1-\alpha'}(t''-x'')^{1-\alpha''}},
\tag{24.7}
$$

其中 x' 和 x'' 与 (24.6) 中的相同, $1 - \alpha'' = (1 - \alpha_{m+1}, \cdots, 1 - \alpha_n)$, 且 $t = (t', t'')$, $t' = (t_1, \cdots, t_m)$, $t'' = (t_{m+1}, \cdots, t_n)$, $1 \leqslant m \leqslant n$.

从 (24.4) 和 (2.22) 出发, 我们介绍关于第 k 个变量的 α_k $(0 < \alpha_k < 1)$ 阶 Riemann-Liouville 分数阶偏导数

$$
\begin{aligned}
(\mathcal{D}_{a_k+}^{\alpha_k} f)(x) &= \frac{1}{\Gamma(1-\alpha_k)} \frac{\partial}{\partial x_k} \int_{a_k}^{x_k} \frac{f(x_1, \cdots, x_{k-1}, \xi, x_{k+1}, \cdots, x_n)}{(x_k - \xi)^{\alpha_k}} d\xi \\
&= \frac{1}{\Gamma(1-\alpha_k)} \frac{\partial}{\partial x_k} \int_0^{x_k - a_k} \xi^{-\alpha_k} f(x - \xi e_k) d\xi.
\end{aligned}
$$

对于可微函数 $f(x)$ 可以将其写为类似 (2.24) 的形式

$$(\mathcal{D}_{a_k+}^{\alpha_k}f)(x) = \frac{1}{\Gamma(1-\alpha_k)} \left[\frac{f(x_1,\cdots,x_{k-1},a_k,x_{k+1},\cdots,x_n)}{(x_k-a_k)^{\alpha_k}} \right.$$

$$\left. + \int_{a_k}^{x_k} \frac{\frac{\partial f}{\partial \xi}(x_1,\cdots,x_{k-1},\xi,x_{k+1},\cdots,x_n)}{(x_k-\xi)^{\alpha_k}} d\xi \right]. \tag{24.8}$$

因为逆 (24.3) 对于 $0 < \alpha_k < 1$ 成立, 我们称 (24.3) 的右端为 $\alpha = (\alpha_1,\cdots,\alpha_n)$ 阶 Riemann-Liouville 混合导数. 与 (24.6) 类似, 分数阶混合导数可以只应用于某些变量. 特别地, 如 (24.6), 在 $k = m+1,\cdots,n$ 时令 $\alpha_k = 0$, 在 $k = 1,2,\cdots,m$ 时 $0 < \alpha_k < 1$. 表达式

$$(\mathcal{D}_{a+}^{\alpha}f)(x) = \frac{1}{\Gamma(1-\alpha)} \frac{\partial^m}{\partial x_1 \cdots \partial x_m} \int_{a_1}^{x_1} \cdots \int_{a_m}^{x_m} \frac{\varphi(\tau,x'')}{(x'-\tau)^{\alpha'}} d\tau \tag{24.9}$$

称为 $\alpha = (\alpha_1,\cdots,\alpha_m,0,\cdots,0)$ 阶 Riemann-Liouville 混合导数.

我们注意到 (24.3) 或 (24.9) 的微分顺序是至关重要的. 因此, 函数 $f(x_1,x_2) = (x_2-a)^{\alpha_2-1}g(x_1)$, $0 < \alpha_2 < 1$, 其中认为 $g(x_1)$ 是连续的但仅此而已, 对于 (24.3) 中使用的微分顺序可得导数 $\mathcal{D}_{a+}^{\alpha}f \equiv 0$, 但如果在 (24.3) 中使用 $\partial^2/\partial x_2 \partial x_1$ 就没有这样的导数.

如果函数 m 阶可导, 则通过在积分符号下求导 (24.9) 可转化为类似 (24.8) 的表达式. 我们将自己限制在两个变量的情况, $x = (x_1,x_2)$, 根据相应的结果有

$$(\mathcal{D}_{(a_1,a_2)+}^{(\alpha_1,\alpha_2)}f)(x) = \frac{1}{\Gamma(1-\alpha_1)\Gamma(1-\alpha_2)} \left[\frac{f(a_1,a_2)}{(x_1-a_1)^{\alpha_1}(x_2-a_2)^{\alpha_2}} \right.$$

$$+ \frac{1}{(x_1-a_1)^{\alpha_1}} \int_{a_2}^{x_2} \frac{\partial f(a_1,t_2)}{\partial t_2} \frac{dt_2}{(x_2-t_2)^{\alpha_2}}$$

$$+ \frac{1}{(x_2-a_2)^{\alpha_2}} \int_{a_1}^{x_1} \frac{\partial f(t_1,a_2)}{\partial t_1} \frac{dt_1}{(x_1-t_1)^{\alpha_1}}$$

$$\left. + \int_{a_1}^{x_1} \int_{a_2}^{x_2} \frac{\partial^2 f(t_1,t_2)}{\partial t_1 \partial t_2} \frac{dt_1 dt_2}{(x_1-t_1)^{\alpha_1}(x_2-t_2)^{\alpha_2}} \right].$$

对于 $\alpha_k > 1$ 的情况, 根据 (2.30), 我们由下式定义分数阶混合导数

$$\mathcal{D}_{a+}^{\alpha}f = \mathcal{D}^j I_{a+}^{j-\alpha}f, \quad \alpha \geqslant 0, \tag{24.10}$$

其中 $j = ([\alpha_1] + 1, \cdots, [\alpha_m] + 1, 0, \cdots, 0)$.

　　显然, 可以引入不同符号的 α_k 阶积分-微分算子 I_{a+}^{α}, $\alpha = (\alpha_1, \cdots, \alpha_n)$, 即对一些变量进行分数阶积分, 对另一些变量进行分数阶微分.

　　半群性质

$$I_{a+}^{\alpha} I_{a+}^{\beta} \varphi = I_{a+}^{\alpha+\beta} \varphi, \quad \alpha \geqslant 0, \ \beta \geqslant 0 \tag{24.11}$$

的有效性可用与 (2.24) 类似的证明方法验证, $\alpha + \beta$ 是向量 α 与 β 的和. 假设函数 $\varphi(x)$ 在区域 $x > a$ 的任何有界部分中可积.

　　对于任意单项式 $x^{\beta-1} = x_1^{\beta_1-1} \cdots x_n^{\beta_n-1}$, 读者可以通过公式

$$\mathcal{D}_{0+}^{\alpha}(x^{\beta-1}) = \frac{\Gamma(\beta)}{\Gamma(\beta - \alpha)} x^{\beta-\alpha-1}$$

直接验证它是否有 $a = (0, \cdots, 0)$ 的分数阶偏或混合积分或导数 (24.4), (24.5), (24.9) 或 (24.10), 其中 $\beta = (\beta_1, \cdots, \beta_n) > 0$, $\alpha = (\alpha_1, \cdots, \alpha_n)$ 任意, 当 $\alpha_i < 0$ 时 $\dfrac{\partial^{\alpha_i}}{\partial x_i^{\alpha_i}} = I_{0+}^{-\alpha_i}$, $\Gamma(\beta) = \Gamma(\beta_1)\Gamma(\beta_2) \cdots \Gamma(\beta_n)$ (参见 (2.44)).

　　对于函数在整个空间 R^n 上给出的情况, 我们可以考虑 Liouville 型分数阶积分

$$I_{+\cdots+}^{\alpha} \varphi = \frac{1}{\Gamma(\alpha)} \int_{R_{+\cdots+}^n} t^{\alpha-1} \varphi(x - t) dt, \tag{24.12}$$

$$I_{-\cdots-}^{\alpha} \varphi = \frac{1}{\Gamma(\alpha)} \int_{R_{+\cdots+}^n} t^{\alpha-1} \varphi(x + t) dt, \tag{24.13}$$

其中 $R_{+\cdots+}^n$ 表示区域 $\{t : t_1 \geqslant 0, \cdots t_n \geqslant 0\}$, $t^{\alpha-1} = t_1^{\alpha_1-1} \cdots t_n^{\alpha_n-1}$. 类似 (24.7) 也可以定义可任意选择符号 $+$ 和 $-$ 的分数阶积分 $I_{\pm\cdots\pm}^{\alpha} \varphi$.

　　Liouville 分数阶导数 $\mathcal{D}_+^{\alpha_k} f$ 可通过以下关系引入

$$\frac{\partial^{\alpha_k}}{\partial x_k^{\alpha_k}} f \stackrel{\text{def}}{=} \mathcal{D}_+^{\alpha_k} f \stackrel{\text{def}}{=} \frac{1}{\Gamma(1 - \alpha_k)} \frac{\partial}{\partial x_k} \int_0^{\infty} \frac{f(x_1, \cdots, x_{k-1}, x_k - \xi, x_{k+1}, \cdots, x_n)}{\xi^{\alpha_k}} d\xi, \tag{24.14}$$

其中 Liouville 分数阶混合导数

$$\mathcal{D}_{+\cdots+}^{\alpha} f, \quad \mathcal{D}_{-\cdots-}^{\alpha} f \tag{24.15}$$

的定义与 (24.9) 和 (24.10) 类似, 例如

$$\mathcal{D}_{-\cdots-}^{\alpha} f = \frac{(-1)^{n+[\alpha_1]+\cdots+[\alpha_n]}}{\prod\limits_{k=1}^{n} \Gamma[[\alpha_k] + 1 - \alpha_k]} \frac{\partial^{[\alpha_1]+\cdots+[\alpha_n]+n}}{\partial x_1^{[\alpha_1]+1} \cdots \partial x_n^{[\alpha_n]+1}} \int_{R_{+\cdots+}^n} t^{\alpha-1} \varphi(x + t) dt. \tag{24.15'}$$

我们也注意到 "分数阶分部积分" 公式的有效性

$$\int_{R^n} \varphi(x)(I_{+\cdots+}^{\alpha}\psi)(x)dx = \int_{R^n} \psi(x)(I_{-\cdots-}^{\alpha}\varphi)(x)dx, \qquad (24.16)$$

此式可通过 (5.16) 直接验证.

24.3 两个变量的情形. 算子张量积

在本小节中, 我们将特别考虑两个变量 x_1 和 x_2 的情形. 使用以下定义可以方便地引入算子张量积的概念.

定义 24.1 设 $A_1 u$ 和 $A_2 v$ 是定义在单变量函数 $u(x_l)$ 和 $v(x_2)$ 上的线性算子. 算子 A_1 和 A_2 的张量积为算子 $A_1 \otimes A_2$, 定义在形式为

$$\varphi(x_1, x_2) = \sum_i u_i(x_1)v_i(x_2) \qquad (24.17)$$

的函数上, 满足关系

$$(A_1 \otimes A_2)\varphi = \sum_i A_1 u_i A_2 v_i. \qquad (24.18)$$

在函数 φ 有具体类 X 的情况下 (例如, $X = L_p(R^2)$), 形为 (24.17) 的函数通常生成一个 X 的稠密集, 因此如果算子 $A_1 \otimes A_2$ 连续, 则可唯一地由函数 (24.17) 扩展到整个空间 X.

由定义 24.1 可知, 分数阶混合积分 $I_{a+}^{\alpha}\varphi$, $\alpha = (\alpha_1, \alpha_2)$ 是一维分数阶积分的张量积:

$$I_{a+}^{\alpha}\varphi = I_{a_1+}^{\alpha_1} \otimes I_{a_2+}^{\alpha_2}\varphi, \quad \alpha_1 \geqslant 0, \ \alpha_2 \geqslant 0. \qquad (24.19)$$

对于分数阶微分也同样成立

$$\mathcal{D}_{a+}^{\alpha}f = \mathcal{D}_{a_1+}^{\alpha_1} \otimes \mathcal{D}_{a_2+}^{\alpha_2}f, \quad \alpha_1 \geqslant 0, \ \alpha_2 \geqslant 0.$$

当 α_1 和 α_2 有不同的符号时, 我们写为

$$I_{a+}^{\alpha}\varphi = \mathcal{D}_{a_1+}^{-\alpha_1} \otimes I_{a_2+}^{\alpha_2}\varphi, \quad \alpha_1 < 0, \ \alpha_2 \geqslant 0.$$

定义在全平面上的函数 $\varphi(x_1, x_2)$, 其 Liouville 形式的分数阶积分 (24.12) 和 (24.13) 为

$$I_{\pm\pm}^{\alpha}\varphi = I_{\pm}^{\alpha_1} \otimes I_{\pm}^{\alpha_2}\varphi = \frac{1}{\Gamma(\alpha_1)\Gamma(\alpha_2)} \int_0^\infty \int_0^\infty \frac{\varphi(x_1 \mp t_1, x_2 \mp t_2)}{t_1^{1-\alpha_1} t_2^{1-\alpha_2}} dt_1 dt_2. \quad (24.20)$$

我们也考虑了在各自符号选择下的算子

$$I_{\pm\mp}^{\alpha}\varphi = I_{\pm}^{\alpha_1} \otimes I_{\mp}^{\alpha_2}\varphi, \quad \alpha_1 \geqslant 0, \ \alpha_2 \geqslant 0. \tag{24.21}$$

当 $\alpha_1 = 0$ 或 $\alpha_2 = 0$ 时, 其对应偏分数阶积分

$$I_{\pm\pm}^{(\alpha_1,0)} = I_{\pm}^{\alpha_1} \otimes E, \quad I_{\pm\pm}^{(0,\alpha_2)} = E \otimes I_{\pm}^{\alpha_2}, \tag{24.22}$$

其中 E 为单位算子.

设 $Q_1\varphi = \varphi(-x_1, x_2)$, $Q_2\varphi = \varphi(x_1, -x_2)$ 和 $Q_{12}\varphi = \varphi(-x_1, -x_2)$, 所以

$$Q_1 = Q \otimes E, \quad Q_2 = E \otimes Q, \quad Q_{12} = Q_1 Q_2 = Q \otimes Q$$

与定义 (24.18) 一致, Q 是 (5.9) 中定义的算子.

显然以下关系成立

$$Q_1 I_{++}^{\alpha} = I_{-+}^{\alpha} Q_1, \quad Q_2 I_{++}^{\alpha} = I_{+-}^{\alpha} Q_2, \quad Q_{12} I_{++}^{\alpha} = I_{--}^{\alpha} Q_{12},$$

(参见 (5.9)).

分数阶微分也可以写成类似 (24.19)—(24.22) 的形式, 例如

$$\mathcal{D}_{\pm}^{(\alpha_1,0)}f = (\mathcal{D}_{\pm}^{\alpha_1} \otimes E)f = \pm\frac{1}{\Gamma(1-\alpha_1)}\frac{\partial}{\partial x_1}\int_0^{\infty} t_1^{\alpha_1-1}f(x_1 - t_1, x_2)dt, \tag{24.23}$$

$\mathcal{D}_{\pm\pm}^{\alpha}f = \mathcal{D}_{\pm}^{\alpha_1} \otimes \mathcal{D}_{\pm}^{\alpha_2}f$ 等等.

算子张量积的概念很容易推广到 n 个变量的情况, 但我们不详述这一点.

24.4　分数阶积分算子在 $L_{\bar{p}}(R^n)$ 空间 (具有混合范数) 中的映射性质

为简化阐述, 我们只考虑两个变量 x_1 和 x_2 的情况. 我们想要自然地推广 Hardy-Littlewood 定理 (定理 5.3). 我们将处理算子 $I_{\pm}^{(\alpha_1,0)}$, $I_{\pm}^{(0,\alpha_2)}$ 和 $I_{\pm}^{(\alpha_1,\alpha_2)}$, 它们不是从 $L_p(R^2)$ 到 $L_q(R^2)$ 的, 在各变量可积的函数空间框架内通常有不同的幂 p_1 和 p_2. 特别地, 我们定义空间 $L_{\bar{p}}(R^2)$, $\bar{p} = (p_1, p_2)$, 其函数 $f(x_1, x_2)$ 有有限范数

$$\|f\|_{\bar{p}} = \left\{ \int_{R^1} \left[\int_{R^1} |f(x_1, x_2)|^{p_1} dx_1 \right]^{p_2/p_1} dx_2 \right\}^{1/p_2} < \infty, \tag{24.24}$$

其中, 通常 $1 \leqslant p_i < \infty$, $i = 1, 2$. 空间 $L_{\bar{p}}(R^2)$ 称为混合范数空间. 显然, 在 $p_1 = p_2 = p$ 的情况下 $L_{\bar{p}}(R^2) = L_p(R^2)$.

在下面的主要定理之前, 先介绍一个辅助定理.

引理 24.1 设 A_1 为任意从 $L_{p_1}(R^1)$ 有界映入 $L_{q_1}(R^1)$ 的线性算子, 并设 A_2 为卷积算子

$$A_2\varphi = \int_{-\infty}^{\infty} \mathrm{k}(\xi)\varphi(x_2 - \xi)d\xi,$$

其中核 $\mathrm{k}(\xi) \geqslant 0$ 非负且从 $L_{p_2}(R^1)$ 到 $L_{q_2}(R^1)$ 有界, $1 \leqslant p_i < \infty$, $1 \leqslant q_i < \infty$, $i = 1, 2$. 则算子 $A_1 \otimes A_2$ 从 $L_{\bar{p}(R^2)}$ 有界映入 $L_{\bar{q}(R^2)}$, $\bar{p} = (p_1, p_2)$, $\bar{q} = (q_1, q_2)$.

证明 根据 Fubini 定理 (定理 1.1) 容易证明, 如果算子 A_1 从 $L_{p_1}(R^1)$ 有界映入 $L_{q_1}(R^1)$, 则算子 $A_1 \otimes E$ 从 $L_{p_1,q_2}(R^2)$ 有界映入 $L_{q_1,q_2}(R^2)$ (对于任意 q_2). 因为 $A_1 \otimes A_2 = (A_1 \otimes E)(E \otimes A_2)$, 只需证明算子 $E \otimes A_2$ 从 $L_{p_1,p_2}(R^2)$ 有界映入 $L_{p_1,q_2}(R^2)$. 我们有

$$(E \otimes A_2)\varphi = \int_{-\infty}^{\infty} \mathrm{k}(t_2)\varphi(x_1, x_2 - t_2)dt_2,$$

应用广义 Minkowsky 不等式 (1.33), 我们得到估计

$$\left\{ \int_{R^1} |(E \otimes A_2)\varphi|^{p_1} dx_1 \right\}^{1/p_1} \leqslant \int_{R^1} \mathrm{k}(t_2)\|\varphi(\cdot, x_2 - t_2)\|_{p_1} dt_2, \tag{24.25}$$

这里的范数是相对于第一个变量而言的. 因为 $\|\varphi(\cdot, t_2)\|_{p_1} \in L_{p_2}(R^1)$, 算子 A_2 从 $L_{p_2}(R^1)$ 有界映入 $L_{q_2}(R^1)$, 在关于 x_2 的 $L_{q_2}(R^1)$ 范数估计 (24.25) 下, 我们有

$$\|(E \otimes A_2)\varphi\|_{p_1,q_2} = \|\|(E \otimes A_2)\varphi\|_{p_1}\|_{q_2} \leqslant c\|\varphi\|_{p_1,p_2}.$$

从而结论成立. ∎

定理 24.1 令 $1 \leqslant p_i < \infty$, $1 \leqslant q_i < \infty$, $i = 1, 2$. 偏分数阶积分算子 $I_{\pm}^{(\alpha_1, 0)}$ 从 $L_{p_1,p_2}(R^2)$ 有界映入 $L_{q_1,q_2}(R^2)$ 当且仅当

$$1 < p_1 < 1/\alpha_1, \quad 1 \leqslant p_2 < \infty, \quad 1/q_1 = 1/p_1 - \alpha_1, \quad q_2 = p_2. \tag{24.26}$$

分数阶混合积分算子 $I_{\pm\pm}^{(\alpha_1, \alpha_2)}$ 从 $L_{p_1,p_2}(R^2)$ 有界映入 $L_{q_1,q_2}(R^2)$ 当且仅当

$$1 < p_i < 1/\alpha_i, \quad 1/q_i = 1/p_i - \alpha_i, \quad i = 1, 2. \tag{24.27}$$

根据 (24.22) 和 (24.20), 该定理的充分性部分可直接从引理 24.1 和一维 Hardy-Littlewood 定理 (定理 5.3) 中得到. (24.26) 和 (24.27) 必要性的验证与定理 5.3 中单个变量函数的情况相同, 只需关于每个变量引入伸缩算子:

$$\Pi_\delta\varphi = \varphi(\delta \circ x), \quad \delta \circ x = (\delta_1 x_1, \cdots, \delta_n x_n), \quad \delta > 0,$$

其中 $\|\Pi_{\delta\varphi}\|_{\bar{p}} = \delta^{-1/\bar{p}}\|\varphi\|_{\bar{p}}$, $\delta^{-1/\bar{p}} = \delta_1^{-1/p_1} \cdots \delta_n^{-1/p_n}$.

注 24.1 我们注意到, 由于积分 (24.24) 先关于 x_1 进行, 然后关于 x_2 进行, 所以算子 $A_1 \otimes E$ 和 $E \otimes A_2$ 在空间 $L_{\bar{p}}(R^2)$ 中的行为是不相等的. 根据 Fubini 定理, 对任意 p_2 和任意从 $L_{p_1}(R^1)$ 到 $L_{q_1}(R^1)$ 中有界的算子 A_1, 算子 $A_1 \otimes E$ 从 $L_{p_1,p_2}(R^2)$ 到 $L_{q_1,p_2}(R^2)$ 中有界, 而算子 A_2 从 $L_{q_1}(R^1)$ 到 $L_{q_2}(R^1)$ 中有界的事实意味着算子 $E \otimes A_2$ 不是对所有的 p_1 都从 $L_{p_1,q_1}(R^2)$ 到 $L_{p_1,q_2}(R^2)$ 中有界. (通过参考 Krepkogorskii [1980] 可以得到算子 A_2 在 $L^2(R^1)$ 中有界而 $E \otimes A_2$ 不是对所有的 p_1 在 $L_{p_1,2}(R^2)$ 有界的例子.)

24.5　与奇异积分的联系

对于两个变量的函数我们考虑算子

$$
N\varphi = a_0\varphi(x_1, x_2) + \frac{a_1}{\pi} \int_{-\infty}^{\infty} \frac{\varphi(t_1, x_2)}{t_1 - x_1} dt_1 + \frac{a_2}{\pi} \int_{-\infty}^{\infty} \frac{\varphi(x_1, t_2)}{t_2 - x_2} dt_2
$$
$$
+ \frac{a_{12}}{\pi^2} \int_{-\infty}^{\infty} \int_{-\infty}^{\infty} \frac{\varphi(t_1, t_2) dt_1 dt_2}{(t_1 - x_1)(t_2 - x_2)}, \tag{24.28}
$$

称之为双奇异积分算子. 系数 a_0, a_1, a_2 和 a_{12} 都是实数. 利用一维奇异算子的记号 (已在 §11 介绍)

$$
S\varphi = \frac{1}{\pi} \int_{-\infty}^{\infty} \frac{\varphi(t) dt}{t - x},
$$

我们可以将双奇异积分算子 (24.28) 表示为张量积:

$$
N = a_0 E \otimes E + a_1 S \otimes E + a_2 E \otimes S + a_{12} S \otimes S.
$$

引理 24.2 双奇异积分算子 $S \otimes E$, $E \otimes S$ 和 $S \otimes S$ 在空间

$$
L_{\bar{p}}(R^2), \quad 1 < p_i < \infty, \ i = 1, 2
$$

中有界.

在这个引理中, $S \otimes E$ 有界可从引理 24.1 得到. 我们不给出 $E \otimes S$ 的证明, 只注意到它可以通过 J.T. Schwartz [1961] 关于奇异算子 (在 Banach 空间中有值) 的定理得到——Lizorkin [1970b]. 至于 $S \otimes S$, 它的有界性可从关系 $S \otimes S = (S \otimes E)(E \otimes S)$ 中得到.

我们用

$$
N_{\alpha_1}\varphi = \cos \alpha_1 \pi \varphi + \sin \alpha_1 \pi S\varphi
$$

来表示 (11.10) 和 (11.11) 中出现的一维奇异算子, 它将分数阶积分算子 I_+^α 和 I_-^α 联系起来. 我们介绍类似的双奇异算子

$$
N_{\alpha_1,\alpha_2}\varphi = N_{\alpha_1} \otimes N_{\alpha_2}\varphi, \tag{24.29}
$$

这允许我们写出算子 I^α_{++}, I^α_{+-} 和 I^α_{--} 之间的类似联系.

定理 24.2　令 $\varphi(x_1, x_2) \in L_{\bar{p}}(R^2)$, $1 < p_i < 1/\alpha_i$, $i = 1, 2$. 下列等式成立

$$I^\alpha_{++}\varphi = I^\alpha_{-+}N_{\alpha_1, 0}\varphi, \tag{24.30}$$

$$I^\alpha_{++}\varphi = I^\alpha_{+-}N_{0, \alpha_2}\varphi, \tag{24.31}$$

$$I^\alpha_{++}\varphi = I^\alpha_{--}N_{\alpha_1, \alpha_2}\varphi, \quad I^\alpha_{--}\varphi = I^\alpha_{++}N_{-\alpha_1, -\alpha_2}\varphi. \tag{24.32}$$

证明　方程 (24.30)—(24.32) 很容易从单变量函数的相应方程 (11.10) 和 (11.11) 中推出. 事实上, (11.10) 和 (11.11) 直接表明了 (24.30)—(24.32) 对形式为

$$\varphi(x_1, x_2) = \sum_s u_s(x_1)v_s(x_2), \quad u_s(x_1) \in L_{p_1}(R^1), \quad v_s(x_2) \in L_{p_2}(R^1)$$

的函数的有效性. 这样的函数在 $L_{\bar{p}}(R^2)$ 中稠密, 我们发现只需考虑 $u_s(x_1)$ 和 $v_s(x_1)$ 为阶跃函数的情况. 因此, 所需等式的有效性取决于左右两端算子的有界性. 后者由定理 24.1 和引理 24.2 给出. ∎

24.6　Marchaud 形式的分数阶偏和混合导数

对于 "好" 函数, 根据 (5.57) 我们可以将 Liouville 分数阶偏导数 (24.14) 表示为 Marchaud 形式:

$$\mathcal{D}^{\alpha_k}_{\pm}f = \frac{\alpha_k}{\Gamma(1 - \alpha_k)} \int_0^\infty \frac{f(x) - f(x \mp \xi e_k)}{\xi^{1+\alpha_k}} d\xi, \quad 0 < \alpha < 1, \tag{24.33}$$

其中 $e_k = (\overbrace{0, \cdots, 0}^{k-1}, 1, 0, \cdots, 0)$. 在 $\alpha_k \geqslant 1$ 的情形下, 如 (5.80) 所示, 也有类似的结果

$$\mathcal{D}^{\alpha_k}_{+}f = \frac{1}{\varkappa(\alpha_k, l_k)} \int_0^\infty \frac{(\Delta^{l_k}_{\xi e_k}f)(x)}{\xi^{1+\alpha_k}} d\xi, \tag{24.34}$$

其中选取整数 l_k 满足 $l_k > \alpha_k$, 有限差分 $\Delta^{l_k}_{\xi e_k}$ 作用在变量 x_k 上, $\varkappa(\alpha_k, l_k)$ 为常数 (5.81). 因此易知, 对于分数阶混合导数 $\mathcal{D}^\alpha_{\pm \cdots \pm}f$, $\alpha = (\alpha_1, \cdots, \alpha_n)$, 可用下式代替 (24.34):

$$\mathcal{D}^\alpha_{\pm \cdots \pm}f = \frac{1}{\varkappa(\alpha, l)} \int_{R^n_{+\cdots+}} \frac{(\Delta^l_{\pm t}f)(x)}{t^{1+\alpha}} dt, \quad \alpha > 0. \tag{24.35}$$

在 (24.35) 中使用了向量阶 $l = (l_1, \cdots, l_n)$ 和向量步长 $t = (t_1, \cdots, t_n)$ 的混合有限差分

$$
(\Delta_t^l f)(x) = \Delta_{t_1}^{l_1} [\Delta_{t_2}^{l_2} \cdots (\Delta_{t_n}^{l_n} f)](x)
$$

$$
= \sum_{0 \leqslant j \leqslant l} (-1)^{|j|} \binom{l}{j} f(x - j \circ t). \tag{24.36}
$$

这里 $j \circ h = (j_1 h_1, \cdots, j_n h_n)$, l_k 为满足 $0 < \alpha_k < l_k$ 的整数, $\binom{l}{j} = \prod_{k=1}^{n} \binom{l_k}{j_k}$. 式 (24.35) 中的归一化常数 $\varkappa(\alpha, l)$ 等于

$$
\varkappa(\alpha, l) = \prod_{k=1}^{n} \varkappa(\alpha_k, l_k).
$$

考虑到当 $\mathcal{D}_{\pm \cdots \pm}^\alpha f$ 不存在时 (24.35) 的右端可能存在的事实, 我们将用新的符号 $\mathbf{D}_{\pm \cdots \pm}^\alpha f$ 表示 (24.35) 的右端.

在 (24.35) 中, 可以考虑各种类型的分数阶微分, 例如 $\mathcal{D}_{+--+\cdots}^\alpha$, 这对应着各种符号的选择: 我们处理一些变量的左微分和另一些变量的右微分. 在这种情况下, 差分的步长为 $(t_1, -t_2, -t_3, t_4, \cdots)$ 型, 它对应于选定符号 $+$ 和 $-$ 的分布.

令 $\varepsilon = (\varepsilon_1, \cdots, \varepsilon_n) > 0$. 我们将称

$$
\mathbf{D}_{+\cdots+,\varepsilon}^\alpha f = \frac{1}{\varkappa(\alpha, l)} \int_{\varepsilon_1}^{\infty} \cdots \int_{\varepsilon_n}^{\infty} \frac{(\Delta_t^l f)(x)}{t^{1+\alpha}} dt \tag{24.37}
$$

为截断的 Marchaud 分数阶导数.

在 (24.35) 和 (24.36) 中假设了 $\alpha > 0$. 读者容易写出 $\alpha_k = 0$, $k = 1, 2, \cdots$ 时相应的结构.

我们将简要考虑在给定方向上的分数阶积分-微分的概念, 有可能出现各种类型的定义. 第 k 个变量的 Marchaud 型分数阶偏微分 (24.33) 可以直接推广到在给定方向上的微分. 因此, 令 $\omega = (\omega_1, \cdots, \omega_n)$, $|\omega| = 1$ 为定义方向的向量. 从 (24.33) 出发, 我们称表达式

$$
(\mathcal{D}_\omega^\alpha f)(x) = \frac{\alpha}{\Gamma(1-\alpha)} \int_0^\infty \frac{f(x) - f(x - \xi \omega)}{\xi^{1+\alpha}} d\xi \tag{24.38}
$$

为方向 ω 上的 $\alpha (\in R^1)$, $0 < \alpha < 1$ 阶分数阶导数. 从 (24.34) 开始, 利用沿 ω, $|\omega| = 1$ 方向的有限差分, 公式

$$
(\mathcal{D}_\omega^\alpha f)(x) = \frac{1}{\varkappa(\alpha, l)} \int_0^\infty \frac{(\Delta_{\xi\omega}^l f)(x)}{\xi^{1+\alpha}} d\xi \tag{24.38'}
$$

定义了在给定方向上的任意阶 $\alpha \in R^1_+$ 分数阶导数. 这个定义非常适合定义在 R^n 中的函数 $f(x)$, 或者至少定义在包含所有积分点以及从该点开始且与向量 $-\omega$ 方向相同的射线的无限域中的函数. 对于定义在 R^n 的有界域 Ω 中的函数, 可以引入与 (13.2) 类似的区间 Marchaud 分数阶导数. 特别地, 设 $a = (a_1, \cdots, a_2)$ 为区域 Ω 中的固定点. 从 (13.2) 和 (24.38) 出发我们介绍表达式

$$\mathbf{D}^\alpha_{a+}f = \frac{f(x)}{\Gamma(1-\alpha)|x-a|^\alpha} + \frac{\alpha}{\Gamma(1-\alpha)} \int_0^{|x-a|} \frac{f(x) - f\left(x - \xi \dfrac{x-a}{|x-a|}\right)}{\xi^{1+\alpha}} d\xi,$$

$$0 < \alpha < 1,$$

$$(24.38'')$$

并称它为在从点 a 出发的方向上的点 x 处的 α 阶分数阶导数. 类似的变形 $\mathbf{D}^\alpha_{a-}f$ 可以称为指向点 a 的方向上的导数.

我们也可以定义在给定方向上的分数阶积分

$$I^\alpha_\omega f = \frac{1}{\Gamma(\alpha)} \int_0^\infty \xi^{\alpha-1} f(x - \xi\omega) d\xi. \qquad (24.39)$$

在函数 $f(x)$ 充分 "好" 的情况下, 我们可以将分数阶导数 (24.38) 写成以下形式

$$\mathcal{D}^\alpha_\omega f = \frac{d}{d\omega} I^{1-\alpha}_\omega f, \quad 0 < \alpha < 1,$$

$\dfrac{d}{d\omega}$ 表示在 ω 方向上通常的微分. 算子 (24.38′) 是分数阶积分 (24.39) 的逆: 在函数 $\varphi(x)$ 充分好的情况下, $\mathcal{D}^\alpha_\omega I^\alpha_\omega \varphi \equiv \varphi$. 此式可直接证明, 但参考 (24.48′) 中分数阶积分和导数的 Fourier 变换会更加容易. (24.48′) 中的关系也可得到半群性质 $I^\alpha_\omega I^\beta_\omega \varphi = I^{\alpha+\beta}_\omega$. § 29.2, 注记 24.3 给出了在给定方向上分数阶积分-微分的进一步信息.

24.7 $L_{\bar{p}}(R^2)$ 中函数的分数阶积分的刻画

本节中我们将处理两个变量的函数 $f(x_1, x_2)$. 这里得到的结果与 § 6.2 中的结果类似, 可以认为是 § 6.2 中结果关于两个变量函数的分数阶偏及混合积分-微分情况的直接推广. 由 (6.7), 我们记 $\mathcal{K}_\alpha(t) = \dfrac{\sin\alpha\pi}{\pi} \dfrac{t^{\alpha-1}_+ - (t-1)^{\alpha-1}_+}{t}$, 从而需注意这个核对于 α 的依赖性. 类似 (6.6) 我们得到关系式

$$\mathbf{D}^{(\alpha_1,0)}_{+,\varepsilon_1} I^{(\alpha_1,0)}_+ \varphi = \int_0^\infty \mathcal{K}_{\alpha_1}(t) \varphi(x_1 - \varepsilon_1 t, x_2) dt, \qquad (24.40)$$

$$D_{+,\varepsilon_2}^{(0,\alpha_2)} I_+^{(0,\alpha_2)} \varphi = \int_0^\infty \mathcal{K}_{\alpha_2}(t) \varphi(x_1, x_2 - \varepsilon_2 t) dt, \tag{24.41}$$

$$D_{++,\varepsilon}^\alpha I_{++}^\alpha \varphi = \int_0^\infty \int_0^\infty \mathcal{K}_{\alpha_1}(t_1) \mathcal{K}_{\alpha_2}(t_2) \varphi(x_1 - \varepsilon_1 t_1, x_2 - \varepsilon_2 t_2) dt_1 dt_2, \tag{24.42}$$

其中 $D_{+,\varepsilon_1}^{(\alpha_1,0)} = D_{+,\varepsilon_1}^{(\alpha_1,0)} \otimes E$ 和 $D_{+,\varepsilon_2}^{(0,\alpha_2)}$ 分别是第一个和第二个变量的截断 Marchaud 分数阶微分 (5.59),$D_{++,\varepsilon}^\alpha$ 是截断的混合 Marchaud 分数阶微分 (24.37).

定理 24.3　设 $f(x_1, x_2) = I_+^{(\alpha_1,0)} \varphi$, $\varphi(x_1, x_2) \in L_{\bar{p}}(R^2)$, $1 \leqslant p_1 < 1/\alpha_1$, $1 \leqslant p_2 < \infty$. 则 $\varphi(x_1, x_2) = \lim\limits_{\varepsilon_1 \to 0} D_{+,\varepsilon_1}^{(\alpha_1,0)} f$, 其中极限在 $L_{\bar{p}}(R^2)$ 范数下取得. 类似地, 如果 $f(x_1, x_2) = I_{++}^\alpha \varphi$, $\varphi(x_1, x_2) \in L_{\bar{p}}(R^2)$, $1 \leqslant p_i < 1/\alpha_1$, $i = 1, 2$, 则

$$\varphi(x_1, x_2) = \lim_{\substack{\varepsilon \to 0 \\ L_{\bar{p}}(R^2)}} D_{++,\varepsilon}^\alpha f. \tag{24.43}$$

定理 24.3 可根据 (24.40)—(24.42) 证明, 其思路与定理 6.1 的相同: 使用核 $\mathcal{K}_{\alpha_i}(t)$, $i = 1, 2$ 的性质 (6.7) 和 (6.8).

我们介绍与 (6.1) 类似的 $L_{\bar{p}}(R^2)$ 中函数的分数阶混合积分空间

$$I_{\pm\pm}^\alpha(L_{\bar{p}}) = \{f : f = I_{\pm\pm}^\alpha \varphi, \ \varphi \in L_{\bar{p}}(R^2)\}. \tag{24.44}$$

如果 $1 \leqslant p_i < \alpha_i$, $i = 1, 2$, 则这个空间的定义是恰当的. 根据定理 24.2, 结合引理 24.2 中双奇异算子 N_{α_1,α_2} 在 $L_{\bar{p}}(R^2)$ 中的有界性, 如果 $1 < p_i < 1/\alpha_i$, $i = 1, 2$, 则空间 (24.44) 不依赖于符号的选择, 因此我们记

$$I^\alpha(L_{\bar{p}}) \overset{\text{def}}{=} I_{++}^\alpha(L_{\bar{p}}) = I_{--}^\alpha(L_{\bar{p}}) = I_{+-}^\alpha(L_{\bar{p}}) = I_{-+}^\alpha(L_{\bar{p}}),$$
$$1 < p_i < \frac{1}{\alpha_i}, \quad 0 \leqslant \alpha_i < 1, \quad i = 1, 2. \tag{24.45}$$

下面的定理我们使用记号

$$\bar{p}_\alpha = \left(\frac{p_1}{1 - \alpha_1 p_1}, \frac{p_2}{1 - \alpha_2 p_2} \right), \quad 1 < p_i < \frac{1}{\alpha_i}, \quad i = 1, 2$$

和截断的 Marchaud 导数 (24.37) 中的符号.

定理 24.4　令 $0 < \alpha_i < 1$, $1 < p_i < \dfrac{1}{\alpha_i}$, $i = 1, 2$. 则 $f \in I^\alpha(L_{\bar{p}})$ 当且仅当

1) $f(x) \in L_{\bar{p}_\alpha}(R^2)$;

2) $\lim\limits_{\varepsilon \to 0} D_{++,\varepsilon}^\alpha$ 在 $L_{\bar{p}}(R^2)$ 中存在.

证明　"仅当"的部分可从定理 24.3 中得到. "当"的部分可沿着定理 6.2 充分性的判定来证明. 我们将证明条件 1) 和 2) 意味着可表示性 $f(x) = I_{++}^{\alpha}\varphi$, $\varphi \in L_{\bar{p}}(R^2)$. 记 $g(x) = I_{++}^{\alpha}\mathbf{D}_{++}^{\alpha}f$, 其中 $\mathbf{D}_{++}^{\alpha}f = \lim_{\varepsilon \to 0}\mathbf{D}_{++,\varepsilon}^{\alpha} \in L_{\bar{p}}$. 代替等式 $f(x) = g(x)$, 我们将证明这些函数有限差分的一致性

$$(\Delta_{(h_1,h_2)}^{(1,1)}f)(x) = (\Delta_{(h_1,h_2)}^{(1,1)}g)(x). \tag{24.46}$$

这里指的是每个变量的一阶混合差分, 见 (24.36). 进一步的论证与证明定理 6.2 时等式 (6.21) 后的论述完全相同, 因此证明留给读者. 我们只注意以下两点: a) 我们将使用算子

$$A_h\varphi = \iint\limits_{R^2} a_h(x - t)\varphi(t)dt, \quad a_h(x) = (\Delta_h^{(1,1)}\mathrm{k}_\alpha)(x)$$

代替 (6.22), 式中 $h = (h_1, h_2)$, 若 $x_1 > 0$ 且 $x_2 > 0$, $\mathrm{k}_\alpha(x) = \dfrac{1}{\Gamma(\alpha_1)\Gamma(\alpha_2)}x_1^{\alpha_1-1}x_2^{\alpha_2-1}$, 若 $x_1 < 0$ 或 $x_2 < 0$, $\mathrm{k}_\alpha(x) = 0$; b) 我们将得到表达式

$$A_h\mathbf{D}_{++,\varepsilon}^{\alpha}f = \int_0^\infty \int_0^\infty \mathcal{K}_{\alpha_1}(t_1)\mathcal{K}_{\alpha_2}(t_2)(\Delta_{(h_1,h_2)}^{(1,1)}f)(x - \varepsilon t)dt,$$

用它代替 (6.23). ∎

定理 24.4 允许我们从分数阶混合导数的信息中获得关于分数阶偏导数的信息. 具体而言, 以下推论成立.

推论　设 $\lim_{\varepsilon \to 0}\mathbf{D}_{++,\varepsilon}^{\alpha} \in L_{\bar{p}}(R^2)$, $f \in L_{\bar{p}_\alpha}(R^2)$. 则 $\mathbf{D}_+^{(\alpha_1,0)}f \in L_{p_1,r_2}(R^2)$, $\mathbf{D}_+^{(0,\alpha_2)}f \in L_{r_1,p_2}(R^2)$, $r_i = p_i/(1 - \alpha_i p_i)$, $i = 1, 2$.

事实上, 根据定理 24.4, $f = I_{++}^{\alpha}\varphi$, $\varphi \in L_{p_1,p_2}$, 则 $\mathbf{D}_+^{(\alpha_1,0)}f = \mathbf{D}_+^{(\alpha_1,0)}I_{++}^{(\alpha_1,\alpha_2)}\varphi = I_+^{\alpha_2}\varphi \in L_{p_1,r_2}(R^2)$.

24.8　分数阶积分和导数的积分变换

本节主要研究定义在整个空间 R^n 上的 n 个变量的函数. 设

$$\mathcal{F}\varphi = \hat{\varphi}(x) = \int_{R^n} e^{ix\cdot t}\varphi(t)dt$$

为多维 Fourier 变换. 由于后者可以简化为一维 Fourier 变换对每个变量的逐次应用, 由定理 7.1 我们得到如下关系式:

$$\mathcal{F}I_{+\dots+}^{\alpha}\varphi = (-ix)^{-\alpha}\hat{\varphi}(x), \tag{24.47}$$

$$\mathcal{F}I_{-\cdots-}^{\alpha}\varphi = (ix)^{-\alpha}\hat{\varphi}(x), \tag{24.48}$$

对 Liouville 分数阶积分 (24.12) 和 (24.13) 成立, 其中 $(-ix)^{\alpha} = (-ix_1)^{\alpha_1}\cdots(-ix_n)^{\alpha_n}$, $0 < \alpha_k < 1$, $k = 1,\cdots,n$, $(ix)^{\alpha}$ 以同样的方式定义且 $\varphi \in L_1(R^n)$.

显然, 可以写出对应所有符号 $+$ 和 $-$ 选择的 $I_{\pm\cdots\pm}^{\alpha}\varphi$ 的关系.

对于在 ω 方向上的分数阶积分-微分 $I_{\omega}^{\alpha}f$, $I_{\omega}^{\alpha}f$——见 (24.39), (24.38) 和 (24.38′)——的结果

$$\begin{aligned}
\mathcal{F}(I_{\omega}^{\alpha}f) &= (-ix\cdot\omega)^{-\alpha}\hat{f}(x), \\
\mathcal{F}(\mathcal{D}_{\omega}^{\alpha}f) &= (-ix\cdot\omega)^{\alpha}\hat{f}(x),
\end{aligned} \tag{24.48′}$$

也可以通过直接变换建立.

设

$$L\varphi = \int_{R_{+\cdots+}^{n}} e^{-y\cdot t}\varphi(t)dt, \quad y = (y_1,\cdots,y_n) \tag{24.49}$$

为多维 Laplace 变换, $R_{+\cdots+}^{n}$ 为区域 $\{t : t_1 \geqslant 0,\cdots,t_n \geqslant 0\}$. 类似于 (7.14) 我们得到

$$(LI_{0+}^{\alpha}\varphi)(y) = y^{-\alpha}(L\varphi)(y), \tag{24.50}$$

其中

$$I_{0+}^{\alpha}\varphi = \frac{1}{\Gamma(\alpha)} \int_{0}^{x_1}\cdots\int_{0}^{x_n} (x-t)^{\alpha-1}\varphi(t)dt. \tag{24.51}$$

将已知的 Laplace 变换微分结果

$$(-\mathcal{D})^k L\varphi = L[t^k\varphi(t)], \quad k = (k_1,\cdots,k_n)$$

推广到分数阶积分-微分: 从而

$$\mathcal{D}_{-\cdots-}^{\alpha}L\varphi = L\psi, \quad \psi(t) = t^{\alpha}\varphi(t), \quad \alpha \geqslant 0, \tag{24.52}$$

$$I_{-\cdots-}^{\alpha}L\varphi = L\psi, \quad \psi(t) = t^{-\alpha}\varphi(t), \quad \alpha < 0, \tag{24.53}$$

这可以通过直接交换左侧的积分顺序验证. 如果 $t^{-\alpha}\varphi(t)$ 可积, 关系式 (24.53) 对于 $\alpha \geqslant 1$ 也成立.

对于多维 Mellin 变换

$$(\mathfrak{M}\varphi)(x) = \int_{R_{+\cdots+}^{n}} t^{x-1}\varphi(t)dt, \tag{24.54}$$

类似 (7.20) 和 (7.21) 的关系

$$(\mathfrak{M} I_{0+}^{\alpha} \varphi)(x) = \frac{\Gamma(1-x-\alpha)}{\Gamma(1-x)} (\mathfrak{M}\varphi)(x+\alpha),\qquad (24.55)$$

$$(\mathfrak{M} I_{-\cdots-}^{\alpha} \varphi)(x) = \frac{\Gamma(x)}{\Gamma(x+\alpha)} (\mathfrak{M}\varphi)(x+\alpha)\qquad (24.56)$$

在通常的假设 $\Gamma(x+\alpha) = \Gamma(x_1+\alpha_1)\cdots\Gamma(x_n+\alpha_n)$ 下有效等等.

上述关系式的证明未作详细论述: 在函数 $\varphi(t) = \varphi(t_1,\cdots,t_n)$ 的适当假设下, 它很容易从 §7 中相应的一维公式推导出来. 例如, 在 (24.53) 中只需假设函数 $\varphi(t) = \varphi(t_1,\cdots,t_n)$ 局部可积且在无穷远处缓慢增长.

24.9 关于分数阶积分-微分不变的 Lizorkin 函数空间

根据 §8.2, 我们在此定义多变量函数的空间 Φ, 它相对于分数阶偏和混合微分不变. 正如 §8.2 所述, 在 Fourier 变换中构造这种空间的想法是明确的. 即根据 (24.47) 和 (24.48), 如果空间 Φ 中的函数 $\varphi(t)$ 有 Fourier 变换 $\hat{\varphi}(t)$, 且与函数一起在超平面 $x_k = 0$, $k = 1,2,\cdots,n$ 上为零, 则空间所需的不变性成立. 所以用 Ψ 表示 Schwartz 空间 $S(R^n)$ 的子空间, 它由函数本身及其所有导数一起在超平面 $x_k = 0$, $k = 1,2,\cdots,n$ 为零的函数组成:

$$\Psi = \{\psi(x) : \psi \in S(R^n), (\mathcal{D}^j \psi)(x_1,\cdots,x_{k-1},0,x_{k+1},\cdots,x_n) \equiv 0,$$

$$|j| = 0,1,2,\cdots,k = 1,2,\cdots,n\}.$$

函数 $\psi(x) = e^{-|x|^2 - \sum\limits_{k=1}^{n} x_k^{-2}}$ 是此类函数的一个例子, 它定义在 Ψ 空间中.

我们将 Fourier 变换在 Ψ 中的函数构成的空间

$$\Phi = \Phi(R^n) = \{\varphi : \varphi \in S(R^n), \hat{\varphi} \in \Psi\}\qquad (24.56')$$

称为 Lizorkin 空间. 因此

$$\hat{\varphi}^{(j)}(x)|_{x_k=0} = i^{|j|} \int_{R^{n-1}} e^{ix'\cdot t'}(t')^{j'} dt' \int_{-\infty}^{\infty} \varphi(t',\xi)\xi^{j_k} d\xi,$$

其中 $t' = (t_1,\cdots,t_{k-1},t_{k+1},\cdots,t_n)$, $j' = (j_1,\cdots,j_{k-1},j_{k+1},\cdots,j_n)$, 从定义中即可以看出, 空间 (R^n) 由且仅由那些沿坐标轴的所有矩都等于零的函数 $\varphi \in S(R^n)$ 组成:

$$\int_{-\infty}^{\infty} \varphi(t_1,\cdots,t_{k-1},\xi,t_{k+1},\cdots,t_n)\xi^m d\xi = 0,$$

$$m = 0,1,2,\cdots,\quad k = 1,\cdots,n.$$

我们容易从定义中直接推导出来, 如果 $\varphi(t) \in \Phi(R^n)$, 那么任何 Liouville 分数阶积分 (导数) $I_{\pm \cdots \pm}^{\alpha} \varphi$ 也属于 $\Phi(R^n)$, $-\infty < \alpha < \infty$.

引理 24.3 关系式 (24.47) 和 (24.48) 对于所有 $\varphi(x) \in \Phi(R^n)$ 和 $\alpha_k \geqslant 0$, $k = 1, 2, \cdots, n$ 成立.

如果我们考虑到对于 $\varphi \in \Phi(R^n)$, $\varphi(t_1, \cdots, t_{k-1}, \xi, t_{k+1}, \cdots, t_n)$ 属于 $\Phi(R^1)$ 的事实, $t_1, t_2, \cdots$ 固定, 引理 24.3 可从引理 8.1 中得到.

如 §8.2 一样, 我们可以定义与 $\Phi(R^n)$ 对偶的广义函数空间 $\Phi'(R^n)$, 并考虑此类广义函数的分数阶积分和导数. 我们不详细考虑这个问题. 只注意可以通过这种方法证明 Dirac delta 函数 $\delta = \delta(x)$ 的分数阶积分公式:

$$I_{+\cdot+}^{\alpha} \delta = \frac{1}{\Gamma(\alpha)} t_+^{\alpha-1}, \quad \alpha > 0, \tag{24.57}$$

其中 $t_1 > 0, \cdots, t_n > 0$ 时 $t_+^{\alpha-1} = t_1^{\alpha_1-1} \cdots t_n^{\alpha_n-1}$, $t_k < 0$ 时 $t_+^{\alpha-1} \equiv 0$, 即使对于单个的 $k = 1, 2, \cdots, n$.

24.10 多变量周期函数的分数阶导数和积分

我们来考虑多变量周期函数 $f(x) = f(x_1, \cdots, x_n)$. 设 $\Delta = \{x : 0 \leqslant x_i < 2\pi\}$ 为周期立方体, $c_k = (2\pi)^{-n} \displaystyle\int_{\Delta} f(x) e^{ik \cdot x} dx$, $k = (k_1, \cdots, k_n)$ 为函数 $f(x)$ 的 Fourier 系数.

此函数的 Fourier 级数为

$$f(x) \sim \sum_{-\infty < |k| < \infty} c_k e^{ik \cdot x} = \sum_{k_n = -\infty}^{\infty} \cdots \sum_{k_1 = -\infty}^{\infty} c_{k_1 \cdots k_n} e^{i(k_1 x_1 + \cdots + k_n x_n)}.$$

周期函数 $f(x)$ 的 Weyl 分数阶积分-微分的定义与 (19.5)—(19.6) 类似. 而一维分数阶积分针对的是 Fourier 级数中不包含常数 c_0 的所有 (可和) 函数, 所以我们现在要排除每个变量中的常函数. 即根据 (19.5), 我们将周期函数的多重 (混合) Weyl 积分定义为

$$I^{(\alpha)} f = \sum_{-\infty < |k| < \infty}' \frac{c_k}{(ik)^{\alpha}} e^{ik \cdot x}, \tag{24.58}$$

上标符号表示省略所有 (!) 使得 $k_i = 0$ 的多重指标 $k = (k_1, \cdots, k_n)$ 的项, 即使对于单个的 $i = 1, \cdots, n$. 因此, 我们考虑的实际上是对这样的 k 使得 $c_k = 0$ 的函数, 即对于 $i = 1, 2, \cdots, n$,

$$\int_0^{2\pi} f(x_1, \cdots, x_{i-1}, \xi, x_{i+1}, \cdots, x_n) d\xi = 0. \tag{24.59}$$

如果函数 $f(x)$ 对所有的 $i = 1, 2, \cdots, n$ 满足条件 (24.59), 根据 Lizorkin and Nikol'skii [1965] 我们称函数在 Δ 上是中立的.

对于分数阶微分, 我们用如下表达式定义

$$\mathcal{D}^{(\alpha)} f \sim \sum_{-\infty < |k| < \infty} c_k (ik)^\alpha e^{ik \cdot x}. \tag{24.60}$$

为了明确起见, 我们选择 (24.58) 和 (24.60) 中关于每个变量的左分数阶积分-微分. 例如, 与 (24.12) 和 (24.13) 对应, 我们可以使用符号 $I_{+\cdots+}^{(\alpha)}$ 和 $\mathcal{D}_{+\cdots+}^{(\alpha)}$, 对于周期函数, 除这种左边的形式外我们不考虑任何其他形式. 考虑在 Δ 上中立且可和函数 $f(x_1, \cdots, x_n)$ 的 Weyl 分数阶积分 (24.58), 与 (19.7) 类似可解释为

$$I^{(\alpha)} f = \frac{1}{(2\pi)^n} \int_\Delta f(x-t) \prod_{i=1}^n \Psi_+^{\alpha_i}(t_i) dt, \quad \alpha_i > 0, \tag{24.61}$$

其中 $\Psi_+^{\alpha_i}(t_i)$ 为单变量函数 (19.8).

我们允许对于某些值 i, $\alpha_i = 0$ 的情况. 在这些情况中, 我们必须省略 (24.61) 中关于对应变量的积分. 简单起见我们假设 $\alpha_i > 0$, $i = 1, 2, \cdots, n$.

在函数充分好的情况下我们可以将 $0 < \alpha < 1$ 的 Weyl 分数阶微分写为

$$\mathcal{D}^{(\alpha)} f = \frac{\partial^n}{\partial x_1 \cdots \partial x_n} I^{(1-\alpha)} f, \tag{24.62}$$

其中 $1 - \alpha = (1 - \alpha_1, \cdots, 1 - \alpha_n)$.

定理 24.5 算子 $I^{(\alpha)}$ 在空间 $L_p(\Delta)$, $1 \leqslant p \leqslant \infty$ 中有界. 如果 $1 < p < \beta = (\max_i \alpha_i)^{-1}$, 则 $I^{(\alpha)}$ 从 $L_p(\Delta)$ 有界映入 $L_q(\Delta)$, $q = p/(1 - \beta p)$.

第一个结论是显然的, 因为 $\prod_{i=1}^n \Psi_+^{\alpha_i}(t_i) \in L_1(\Delta)$, 第二个结论可通过逐次应用相应的一维结果 (19.62) 并使用嵌入关系 $L_p(\Delta) \subset L_r(\Delta)$, $p > r$ 得到.

还可以得到一个类似定理 24.1 的结论, 即 Weyl 算子 $I^{(\alpha)}$ 在混合范数空间 $L_{\bar{p}}$ 框架内的有界性. 我们将其证明留给读者.

与定理 19.3 非常类似, 利用函数 $\Psi_+^{\alpha_i}(t_i)$ 的性质, 我们得到以下定理.

定理 24.6 有零均值 (24.59) 的 2π 周期函数 $\varphi(t) \in L_1(\Delta)$ 的 Weyl 分数阶积分 (24.61) 与 Liouville 分数阶积分:

$$I^{(\alpha)} \varphi = I_{+\cdots+}^\alpha \varphi = \frac{1}{\Gamma(\alpha)} \int_{R_{+\cdots+}^n} \varphi(x-t) t^{\alpha-1} dt, \quad 0 < \alpha < 1$$

在满足下列假设时一致, 积分的右端在无穷远处认为是常规收敛的:

$$\int_{R_{+\cdots+}^n} \varphi(x-t)t^{\alpha-1}dt = \lim_{|m|\to\infty} \int_0^{2\pi m_1} \cdots \int_0^{2\pi m_n} \varphi(x-t)t^{\alpha-1}dt,$$

$$m = (m_1, \cdots, m_n) \in \mathbf{Z}^n.$$

§ 19 中关于单个变量的分数阶积分-微分的其他结论可以类似地推广到多维情况. 例如, 我们注意到, 通过推广 (19.34) 可得, Weyl 分数阶导数 (24.62) 与 Marchaud 导数 (24.35) 相同:

$$\mathcal{D}^{(\alpha)}f = \frac{1}{\varkappa(\alpha,l)} \int_{R_{+\cdots+}^n} \frac{(\Delta_t^l f)(x)}{t^{1+\alpha}}dt, \quad \alpha > 0. \tag{24.63}$$

我们还给出了定理的以下表述, 其证明方法与定理 19.2 相同.

定理 24.7　设 $f(x)$ 为 Δ 上中立的周期函数, 且 $f(x) \in L_p(\Delta), 1 \leqslant p < \infty$. 则 $f(x)$ 可表示为 Weyl 分数阶混合积分:

$$f(x) = I^{(\alpha)}\varphi, \quad \varphi \in L_p(\Delta), \quad \alpha > 0,$$

当且仅当 $\lim\limits_{\varepsilon\to 0} \mathbf{D}_{+\cdots+,\varepsilon}^\alpha f \in L_p(\Delta)$, 极限在 $L_p(\Delta)$ 范数下取得.

24.11　Grünwald-Letnikov 分数阶微分

根据 (20.7), 我们定义多变量函数 $f(x) = f(x_1, \cdots, x_n)$ 的 Grünwald-Letnikov 分数阶混合导数. 设 $h = (h_1, \cdots, h_n)$ 为向量增量,

$$(\Delta_h^\alpha f)(x) = \sum_{0 \leqslant |j| < \infty} (-1)^{|j|} \binom{\alpha}{j} f(x - j \circ h) \tag{24.64}$$

为向量 $\alpha = (\alpha_1, \cdots, \alpha_n)$ 阶分数阶微分, $\alpha \geqslant 0, i = 1, 2, \cdots, n$, 步长为向量 h. 在 (24.64) 中 j 表示多重指标, $j \circ h = (j_1 h_1, \cdots, j_n h_n)$, $\binom{\alpha}{j} = \binom{\alpha_1}{j_1} \cdots \binom{\alpha_n}{j_n}$, 所以在所有 α_i 都为整数的情况下 (24.64) 会转化为 (24.36). 现在我们通过以下关系式来定义 α 阶 Grünwald-Letnikov 分数阶导数

$$f_{+\cdots+}^{\alpha)}(x) = \lim_{h\to+0} \frac{(\Delta_h^\alpha f)(x)}{h^\alpha}, \tag{24.65}$$

$$f_{-\cdots-}^{\alpha)}(x) = \lim_{h\to+0} \frac{(\Delta_{-h}^\alpha f)(x)}{h^\alpha}, \tag{24.66}$$

其中 $h^\alpha = h_1^{\alpha_1} \cdots h_n^{\alpha_n}$, $h_i > 0$, $i = 1, 2, \cdots, n$.

现在我们不加证明地给出 § 20 中所示结果在多维情况下的一些推广. 首先我们给出定理 20.2 的推广, 即周期函数 $f(x) = f(x_1, \cdots, x_n)$ 的 Grünwald-Letnikov 混合导数 (24.65) 与 Marchaud 导数同时存在. 令 $\Delta = \{x : 0 \leqslant x_i < 2\pi\}$.

定理 24.8 设周期函数 $f(x)$ 属于空间 $L_p(\Delta)$, $1 \leqslant p < \infty$. Grünwald-Letnikov 混合导数 (24.65) 与 Marchaud 导数同时存在且相等:

$$\lim_{\substack{h \to +0 \\ (L_p(\Delta))}} \frac{(\Delta_h^\alpha f)(x)}{h^\alpha} = \frac{1}{\varkappa(\alpha, l)} \lim_{\substack{\varepsilon \to 0 \\ (L_p(\Delta))}} \int_{\varepsilon_1}^\infty \cdots \int_{\varepsilon_n}^\infty \frac{(\Delta_t^l f)(x)}{t^{1+\alpha}} dt.$$

该定理的证明在某种意义上类似定理 20.2, 需要考虑定理 24.6 和 § 20 的结果.

非周期情况的相应结果更加困难. 当 α 是标量时, 我们关注非混合情况. 设 $\Delta_h^\alpha f$ 为向量步长 $h = (h_1, \cdots, h_n)$ 的分数阶差分, 定义类似 (24.64) 但标量 $j = 0, \pm 1, \cdots$ 和 $j \circ h = jh$. 下面的定理表明, Grünwald-Letnikov 方法通过商 $\dfrac{\Delta_h^\alpha f}{|h|^\alpha}$ 产生了在固定方向 $\dfrac{h}{|h|}$ 上的分数阶微分 (24.38′).

定理 24.8′ 设 $f(x) \in L_r(R^n)$, $1 \leqslant r < \infty$, 或 $f(x) \in C(\dot{R}^n)$. 则极限

$$\lim_{\substack{|h| \to 0 \\ (X)}} \frac{(\Delta_h^\alpha f)(x)}{|h|^\alpha}, \quad \lim_{\substack{\varepsilon \to 0 \\ (X)}} \frac{1}{\varkappa(\alpha, l)} \int_\varepsilon^\infty \frac{(\Delta_{\xi h'}^l f)(x)}{\xi^{1+\alpha}} d\xi$$

同时存在且相等, 其中 $X = L_p(R^n)$, $1 \leqslant p < \infty$, 或 $X = C(\dot{R}^n)$, 值 p 和 r 相互独立.

以下定理证明了在给定方向上的分数阶微分与分数阶差分的某些联系.

定理 24.8″ 设 $f(x) \in L_r(R^n)$, $1 < r < \infty$. 则分数阶导数 (24.38′) 作为 $L_p(R^n)$ 中收敛的积分存在, $1 < p < \infty$, 当且仅当

$$\|\Delta_{t\omega}^l f\|_p \leqslant ct^\alpha, \quad t > 0,$$

c 不依赖于 t.

定理 24.8′ 和定理 24.8″ 的证明可在 Samko [1990b] 中找到.

24.12 多势型算子

根据 (12.1), 我们介绍如下的势型算子 (对每个变量是 Riesz 势型算子)

$$\mathcal{K}^\alpha \varphi = \frac{1}{A} \int_{R^n} \frac{\varphi(t)dt}{\prod_{k=1}^n |x_k - t_k|^{1-\alpha_k}}, \tag{24.67}$$

其中 $\alpha_k > 0$, $\alpha_k \neq 1, 3, 5, \cdots$, $k = 1, \cdots, n$; $A = 2^n \prod_{k=1}^{n} \Gamma(\alpha_k) \cos \alpha_k \pi/2$.

我们称 (24.67) 为 Riesz 型多势算子. 算子

$$\mathcal{H}^\alpha \varphi = \frac{1}{B} \int_{R^n} \varphi(t) \prod_{k=1}^{n} \frac{\mathrm{sign}(x_k - t_k)}{|x_k - t_k|^{1-\alpha_k}} dt \qquad (24.68)$$

也可以定义为 (12.2) 的推广, 其中 $\alpha_k > 0$, $\alpha_k \neq 2, 4, 6, \cdots$, $B = 2^n \prod_{k=1}^{n} \Gamma(\alpha_k) \sin \alpha_k \pi/2$.

算子 $\mathcal{K}^\alpha$ 和 $\mathcal{H}^\alpha$ 是好定义的, 例如对于函数 $\varphi(t) \in L_p(R^n)$, $1 \leqslant p < \min_k(1/\alpha_k)$, 可以用类似一维 (§ 5.1) 的方式证明. 我们可以直接由一维 Hardy-Littlewood 定理 5.3 (通过对每个变量逐次应用) 证明: 在 $\alpha_1 = \alpha_2 = \cdots = \alpha_n$ 的情况下, 算子 $\mathcal{K}^\alpha$ 和 $\mathcal{H}^\alpha$ 从空间 $L_p(R^n)$, $1 < p < 1/\alpha_1$ 有界映入到空间 $L_q(R^n)$, $q = p/(1-\alpha_1 p)$.

对于取值不同的 α_k, L_p 关于中多势型算子映射性质的内容更有趣. 在这种情况下, 很自然地考虑带有向量 $\bar{p} = (p_1, \cdots, p_n)$ 的空间 L_p——参见 § 24.4. 因此推广 (24.24), 我们考虑具有混合范数

$$\|f\|_{\bar{p}} = \left\{ \int_{R^1} \left\{ \cdots \left\{ \int_{R^1} \left[\int_{R^1} |f(x_1, \cdots, x_n)|^{p_1} dx_1 \right]^{p_2/p_1} dx_2 \right\}^{p_3/p_2} \right. \right.$$
$$\left. \left. \cdots \right\}^{p_n/p_{n-1}} dx_n \right\}^{1/p_n} < \infty$$

的函数的空间 $L_{\bar{p}}(R^n)$.

定理 24.9　多势型算子 $\mathcal{K}^\alpha$, $\alpha = (\alpha_1, \cdots, \alpha_n)$, $\alpha_k > 0$ 从 $L_{\bar{p}}(R^n)$ 有界映入到 $L_{\bar{q}}(R^n)$, 其中 $\bar{p} = (p_1, \cdots, p_n)$, $\bar{q} = (q_1, \cdots, q_n)$, $1 \leqslant p_k < \infty$, $1 \leqslant q_k < \infty$, 当且仅当

$$1 < p_k < 1/\alpha_k, \quad q_k = p_k/(1-\alpha_k p_k), \quad k = 1, 2, \cdots, n.$$

证明定理 24.9 可以利用定理 24.1 使用的论断: "当" 的部分可以通过对每个变量逐次应用 Hardy-Littlewood 定理 (定理 5.3) 得到, 而 "仅当" 部分需使用伸缩算子.

我们可以很容易地将 § 12 中一维算子的各种结果推广到多势型算子. 我们只列出通过多重奇异算子建立的算子 $\mathcal{K}^\alpha$ 和 $\mathcal{H}^\alpha$ 之间关系. 在一维情况下这样的关系由 (12.6) 和 (12.7) 给出. 容易看出这些等式产生了算子 $\mathcal{K}^\alpha$ 和 $\mathcal{H}^\alpha$ 的如下关系

$$\mathcal{K}^\alpha \varphi = S\mathcal{H}^\alpha \varphi, \quad \mathcal{H}^\alpha \varphi = -S\mathcal{K}^\alpha \varphi, \qquad (24.69)$$

其中 S 为多重奇异算子

$$S\varphi = \int_{R^n} \frac{\varphi(t)dt}{\prod\limits_{k=1}^{n}(t_k - x_k)}$$

(在主值意义下处理). 假设 $\alpha_k > 0$. 如果对于某些 k, $\alpha_k = 0$, 则多势和多重奇异算子用于那些 $\alpha_k \neq 0$ 的变量.

由 (12.19)—(12.21) 容易证明

$$\mathcal{K}^\alpha \mathcal{K}^\beta = \mathcal{K}^{\alpha+\beta}, \quad \mathcal{H}^\alpha \mathcal{H}^\beta = -\mathcal{K}^{\alpha+\beta}, \quad \mathcal{K}^\alpha \mathcal{H}^\beta = \mathcal{H}^{\alpha+\beta}, \tag{24.70}$$

其中 $\alpha = (\alpha_1, \cdots, \alpha_n)$, $\beta = (\beta_1, \cdots, \beta_n)$, $\alpha + \beta = (\alpha_1 + \beta_1, \cdots, \alpha_n + \beta_n)$.

根据 (12.23), 多势 $\mathcal{K}^\alpha \varphi$ 的 Fourier 变换为

$$(\widehat{\mathcal{K}^\alpha \varphi})(x) = \prod_{k=1}^{n} |x_k|^{-\alpha_k} \hat{\varphi}(x) \tag{24.71}$$

(见 (24.47) 和 (24.48)).

也可以定义 Bessel 型势算子.

$$G^\alpha \varphi = \int_{R^n} \prod_{k=1}^{n} G_{\alpha_k}(x_k - t_k)\varphi(t)dt, \quad \alpha = (\alpha_1, \cdots, \alpha_n) \tag{24.72}$$

(见 (18.61)), 其中核 $G_{\alpha_k}(x_k)$ 的 Fourier 变换 (变量为 x_k) 等于 $(1 + |x_k|^2)^{-\alpha_k/2}$. 我们也提到了多势算子 (24.72) ((18.64) 的推广) 的修改:

$$G_+^\alpha \varphi = \int_{R_{+\cdots+}^n} \prod_{k=1}^{n} \frac{e^{-t_k}}{\Gamma(\alpha_k)t_k^{1-\alpha_k}} \varphi(x - t)dt. \tag{24.73}$$

设

$$G^\alpha(L_p), \quad G_+^\alpha(L_p), \quad 1 \leqslant p \leqslant \infty$$

分别是可表示为形式 (24.72) 和 (24.73) 的函数空间, 其中 $\varphi \in L_p(R^n)$. 根据定理 1.6 的推论和 (18.62) 和 (18.63), 不难证明

$$G^\alpha(L_p) = G_+^\alpha(L_p), \quad 1 < p < \infty. \tag{24.74}$$

空间 $G^\alpha(L_p)$ 和 $G_+^\alpha(L_p)$ 可以用分数阶混合导数在 L_p 中的存在性来刻画, 因此它们称为具有主导混合导数 (dominating mixed derivative) 的函数空间, 见 §29.2, 注记 24.4.

§25　Riesz 分数阶积分-微分

现在我们将研究多变量函数的分数阶积分-微分, 它是 Laplace 算子的分数次幂 $(-\Delta)^{\alpha/2}$. 在 Fourier 变换中, 定义这种幂的想法是明显的: 在函数 f 充分好的情况下, $(-\Delta)^{\alpha/2}f = \mathcal{F}^{-1}|x|^{\alpha}\mathcal{F}f$——见下文 (25.6). 本节的研究旨在有效地构建这种分数次幂并研究其性质. 负幂 $(-\Delta)^{-\alpha/2}$, $\mathrm{Re}\,\alpha > 0$, 将会是 Riesz 势

$$I^{\alpha}\varphi = \frac{1}{\gamma_n(\alpha)} \int_{R^n} \frac{\varphi(y)dy}{|x-y|^{n-\alpha}}, \quad \alpha \neq n, n+2, n+4, \cdots, \tag{25.1}$$

在 §12 中已经考虑了一维的情况; 归一化常数 $\gamma_n(\alpha)$ 在下面定义. Laplace 算子的正幂被认为是所谓的超奇异积分 $\mathbf{D}^{\alpha}f$, 由下文的 (25.59) 定义. 算子

$$(-\Delta)^{-\alpha/2}f = \mathcal{F}^{-1}|x|^{-\alpha}\mathcal{F}f = \begin{cases} I^{\alpha}f, & \mathrm{Re}\,\alpha > 0, \\ \mathcal{D}^{-\alpha}f, & \mathrm{Re}\,\alpha < 0, \end{cases} \tag{25.2}$$

其确切的定义会在下文给出, 我们将其称为分数阶 Riesz 积分-微分.

研究 Riesz 积分-微分的自然且方便的工具是 Fourier 变换.

25.1　预备知识

设

$$f(x) = (\mathcal{F}\varphi)(x) = \hat{\varphi}(x) = \int_{R^n} \varphi(y)e^{ix\cdot y}dy \tag{25.3}$$

为函数 $\varphi(y) = \varphi(y_1, \cdots, y_n)$ 的 Fourier 变换,

$$\varphi(x) = (\mathcal{F}^{-1}f)(x) = \tilde{f}(x) = \frac{1}{(2\pi)^n} \int_{R^n} f(y)e^{-ix\cdot y}dy$$

为逆 Fourier 变换 (或 Fourier 逆变换). 已知

$$\mathcal{F}(\mathcal{D}^j f) = (-ix)^j \hat{f}(x), \quad j = (j_1, \cdots, j_n), \tag{25.4}$$

所以对于 Laplace 算子 Δ 我们有

$$\mathcal{F}(\Delta\varphi) = -|x|^2 \mathcal{F}\varphi, \tag{25.5}$$

或

$$-\Delta\varphi = \mathcal{F}^{-1}|x|^2 \mathcal{F}\varphi. \tag{25.6}$$

众所周知, 卷积

$$f * \varphi = \int_{R^n} f(x - y)\varphi(y)dy \tag{25.7}$$

的 Fourier 变换由公式

$$\mathcal{F}(f * \varphi) = \hat{f} \cdot \hat{\varphi} \tag{25.8}$$

给出. 因此, 考虑 Riesz 势 (25.1) 时, 在任何情况下我们都必须知道核 $|x|^{\alpha-n}$ 的 Fourier 变换. 它将在 § 25.2 中利用径向函数 Fourier 变换的 Bochner 公式 (结果见下文引理 25.1) 进行计算. (函数 $\varphi = \varphi(|x|)$, 仅依赖 $|x|$, 称为径向函数). 以下引理的证明我们将使用在积分学中已知的公式

$$\int_{S_{n-1}} f(x \cdot \sigma)d\sigma = \frac{2\pi^{(n-1)/2}}{\Gamma\left(\dfrac{n-1}{2}\right)} \int_{-1}^{1} f(|x|t)(1 - t^2)^{(n-3)/2}dt. \tag{25.9}$$

它的证明可在例如 Fihtengol'ts [1966, pp. 405-407] 或 Samko [1984, pp. 42-43] 中找到. 我们回忆以原点为球心在 R^n 中的单位球面 S_{n-1}, $d\sigma$ 为 S_{n-1} 上的面积单元.

引理 25.1 径向函数的 Fourier 变换仍为径向函数. 下面的关系式也成立

$$\int_{|y|<N} e^{ix \cdot y}\varphi(|y|)dy = \frac{(2\pi)^{n/2}}{|x|^{(n-2)/2}} \int_{0}^{N} \varphi(\rho)\rho^{n/2}J_{n/2-1}(\rho|x|)d\rho, \tag{25.10}$$

其中 $\varphi(|y|)$ 在球 $|y| \leqslant N$ 中可和. 进一步,

$$\int_{R^n} e^{ix \cdot y}\varphi(|y|)dy = \frac{(2\pi)^{n/2}}{|x|^{(n-2)/2}} \int_{0}^{\infty} \varphi(\rho)\rho^{n/2}J_{n/2-1}(\rho|x|)d\rho, \tag{25.11}$$

对于任意满足

$$\int_{0}^{\infty} \rho^{n-1}(1 + \rho)^{(1-n)/2}|\varphi(\rho)|d\rho < \infty \tag{25.12}$$

的函数 $\varphi(\rho)$ 成立. 这里假设 (25.11) 左侧的积分常规收敛. 如果 $\displaystyle\int_{0}^{\infty} \rho^{n-1}|\varphi(\rho)|d\rho$ $< \infty$, 则它绝对收敛.

证明 将 (25.10) 的左侧转化为球面坐标, 我们有

$$\int_{|y|<N} e^{ix \cdot y}\varphi(|y|)dy = \int_{0}^{N} \varphi(\rho)\rho^{n-1}d\rho \int_{S_{n-1}} e^{i\rho x \cdot \sigma}d\sigma.$$

根据 (25.9) 和 Poisson 公式 (2.52) 我们得到

$$\int_{S_{n-1}} e^{ix\cdot\sigma}d\sigma = \frac{(2\pi)^{n/2}}{|x|^{n/2-1}} J_{n/2-1}(|x|), \tag{25.13}$$

这就推出了 (25.10). 因为 $\rho \to \infty$ 时 $|J_\nu(\rho)| \leqslant c/\sqrt{\rho}$, 当 (25.12) 满足时 (25.10) 右端的极限存在 $N \to \infty$. 由此得到了 (25.11). ∎

在本书的内容中, 有一点特别值得注意, 径向函数的 n 维 Fourier 变换可以通过分数阶 (一般来说) 积分-微分的一维 Fourier 变换来表示. 为此, 我们引入径向函数 $\varphi(|x|)$ 的符号表示

$$(\mathcal{F}_*\varphi)(r) = \int_{-\infty}^{\infty} e^{irt}\varphi(t)dt, \quad \varphi(-t) \equiv \varphi(t).$$

引理 25.1′   设 (25.12) 成立. 则

$$\hat{\varphi}(x) = \pi^{(n-1)/2}(\mathcal{F}_* I_{-;r^2}^{(n-1)/2}\varphi)(r), \quad r = |x|, \tag{25.14}$$

$$\varphi(r) = \pi^{\frac{1-n}{2}}(\mathcal{D}_{-;r^2}^{(n-1)/2}\mathcal{F}_*^{-1}f)(r), \tag{25.14′}$$

其中 $f(r) = \hat{\varphi}(x)|_{|x|=r}$, $\hat{\varphi}(x)$ 表示函数 $\varphi(|x|)$ 的 n 维 Fourier 变换 (关于 x), $\mathcal{D}_{-;r^2}^{(n-1)/2}$ 和 $I_{-;r^2}^{(n-1)/2}$ 为积分-微分 (18.38) 和 (18.40), n 为奇数时

$$\mathcal{D}_{-;r^2}^{(n-1)/2} \equiv \left(-\frac{d}{dr^2}\right)^{(n-1)/2}.$$

证明   根据引理 25.1, $\hat{\varphi}(x) = f(|x|)$ 仅依赖于径向变量, 所以只需考虑 $\hat{\varphi}(x)$, $x = (|x|, 0, \cdots, 0)$. 对于这样的 x 我们有

$$\hat{\varphi}(x) = \int_{-\infty}^{\infty} e^{i|x|\xi_1}d\xi_1 \int_{R^{n-1}} \varphi(|\xi|)d\xi_2 \cdots d\xi_n.$$

将内积分转化为极坐标形式就有

$$\hat{\varphi}(x) = |S_{n-2}| \int_{-\infty}^{\infty} e^{i|x|\xi_1}d\xi_1 \int_0^{\infty} \varphi\left(\sqrt{\rho^2 + \xi_1^2}\right) \rho^{n-2}d\rho$$

$$= |S_{n-2}| \int_{-\infty}^{\infty} e^{i|x|\xi_1}d\xi_1 \int_{|\xi_1|}^{\infty} t\varphi(t)(t^2 - \xi_1^2)^{(n-3)/2}dt.$$

根据 (18.38) 的符号, 这就证明了 (25.14). 对一维 Fourier 变换 $\mathcal{F}_*$ 和积分 $I_{-;x^2}^{(n-1)/2}$ 做逆运算, 得到 (25.14′). ∎

我们需要适用于 Riesz 积分-微分的检验函数的 Lizorkin 空间. 这个空间与关于 Liouville 分数阶偏和混合导数的 Lizorkin 空间不同 (参见 § 24.9), 可以定义为 Fourier 变换只在原点处为零而不在坐标平面上为零的函数的空间. 记

$$\Psi = \{\psi(x) : \psi \in S(R^n), \ (\mathcal{D}^j \psi)(0) = 0, \ |j| = 0, 1, 2, \cdots\}. \tag{25.15}$$

(§ 24.9 中这个空间定义的限制性比 (25.15) 要多.) 函数 $\psi(x) = \exp(-|x|^2 - |x|^{-2})$ 为空间 (25.15) 的例子. 我们现在来考虑由 Fourier 变换在 Ψ 中的函数组成的空间 Φ:

$$\Phi = \mathcal{F}(\Psi) = \{\varphi(x) : \varphi \in S(R^n), \ \varphi = \hat{\psi}, \ \psi \in \Psi\}. \tag{25.16}$$

这就得到了一个简单的刻画: 空间 Φ 由且仅由那些与多项式正交的 Schwartz 函数 Φ 组成:

$$\int_{R^n} x^j \varphi(x) dx = 0, \quad |j| = 0, 1, 2, \cdots \tag{25.17}$$

事实上, 已知——Gel'fand and Shilov [1959, p. 208]——Fourier 变换将 Schwartz 空间 S 映射到自身上, 从而根据 (25.15),

$$\int_{R^n} x^j \varphi(x) dx = i^{-|j|} \int_{R^n} (ix)^j \varphi(x) e^{ix \cdot 0} dx = i^{-|j|} (\mathcal{D}^j \hat{\varphi})(0) = 0.$$

因此 Φ 是所有矩都等于零的 Schwartz 函数的子空间.

空间 Φ 可以赋予空间 $S(R^n)$ 的拓扑结构, 使其成为一个完备空间.

为了证明我们一些操作的合理性, 我们将考虑 Φ 上 (Ψ 上) 的广义函数. 回忆广义函数 $f(\in \Phi')$ 的 Fourier 变换通过法则

$$(\hat{f}, \psi) = (f, \hat{\psi}), \quad \psi \in \Psi, \tag{25.18}$$

定义为泛函 $\hat{f} = \mathcal{F}f$. 这个定义是正确的, 因为 $\mathcal{F}(\Psi) = \Phi$ 且在 Schwartz 空间 $S(R^n)$ 拓扑下的 Fourier 变换为连续算子——Gel'fand and Shilov [1959, p. 208]. 如果 g 是 Ψ' 中的泛函, 则关系式

$$(\hat{g}, \varphi) = (g, \hat{\varphi}), \quad \varphi \in \Phi \tag{25.18'}$$

同样可以作为泛函 $g \in \Phi'$ 的 Fourier 变换的定义.

因为 $(\mathcal{D}^j \psi)(0) = 0, \ |j| = 0, 1, 2, \cdots, \ \psi \in \Psi$, 函数 $|x|^{-\alpha}$ 作为空间 Ψ' 中的元素对所有 $\alpha \in C^1$ 生成了正则泛函 $(|x|^{-\alpha}, \psi) = \int_{R^n} |x|^{-\alpha} \psi(x) dx$. 然而, 若

$\mathrm{Re}\alpha \geqslant n$, 它是 S' 或 Φ' 中的非正则泛函. 对于这样的 α, 我们将其理解为泛函 $(|x|^{-\alpha}, \psi)$ 从半平面 $\mathrm{Re}\alpha < n$ 解析延拓而实现的正则化. 后者由下列等式给出

$$\left(\frac{1}{|x|^{\alpha}}, \varphi\right) = \int_{|x|<1} \frac{\varphi(x) - \sum\limits_{|j| \leqslant m} (\mathcal{D}^j \varphi)(0) x^j / j!}{|x|^{\alpha}} dx$$

$$+ \int_{|x|>1} \frac{\varphi(x) dx}{|x|^{\alpha}} + \sum_{i=0}^{[m/2]} \frac{c_i}{n - \alpha + 2i} (\Delta^i \varphi)(0), \tag{25.19}$$

其中 $\varphi \in S(R^n)$, $m > \mathrm{Re}\alpha - n - 1$, $c_i = \pi^{n/2} 2^{1-2i} [i! \Gamma(i+n/2)]^{-1}$. 这直接实现了泛函 $(|x|^{-\alpha}, \varphi)$ 在半平面 $\mathrm{Re}\alpha < m + n + 1$ 中的解析延拓. 我们在一维情况下处理过这样的正则化——见 (5.68).

等式 (25.19) 通过减去 Taylor 和并结合关系式

$$\sum_{|j| \leqslant m} \frac{1}{j!} (\mathcal{D}^j \varphi)(0) \int_{|x|<1} x^j |x|^{-\alpha} dx = \sum_{i=0}^{[m/2]} \frac{c_i}{n - \alpha + 2i} (\Delta^i \varphi)(0)$$

以标准的方式推出. 后者可通过关系式

$$\Delta^m = \sum_{|j|=m} \frac{m!}{j!} \mathcal{D}^{2j} \tag{25.20}$$

直接验证得到.

式 (25.19) 去掉了 $\alpha - n = 2k$, $k = 0, 1, 2, \cdots$ 的情况, 由定义我们设

$$\left(\frac{1}{|x|^{n+2k}}, \varphi\right) = \lim_{\alpha \to n+2k} \left[\left(\frac{1}{|x|^{\alpha}}, \varphi\right) + \frac{c_k}{\alpha - n - 2k} (\Delta^k \varphi)(0)\right]. \tag{25.21}$$

正则化 (25.19) 可以表示为更简单的形式

$$\left(\frac{1}{|x|^{\alpha}}, \varphi\right) = \int_{R^n} \frac{\varphi(x) - \sum\limits_{|j| \leqslant [\mathrm{Re}\alpha] - n} \frac{1}{j!} (\mathcal{D}^j \varphi)(0) x^j}{|x|^{\alpha}} dx, \tag{25.22}$$

这里选择 $m = [\mathrm{Re}\alpha] - n$ (如果 $\mathrm{Re}\alpha > n$); 但是, 这必须去掉值 $\mathrm{Re}\alpha = n, n+1, n+2, \cdots$.

注 25.1 式 (25.19) 定义的泛函是除点 $\alpha = \alpha_k = n + 2k$, $k = 0, 1, 2, \cdots$ 外的所有 $\alpha \in C^1$ 的解析函数 (因为可以根据需要选择尽可能大的 m; 显然 (25.19)

的右端不依赖于此选择). 对于点 α_k, 泛函 (25.19) 有一阶极点且有表达式

$$\left(\frac{1}{|x|^\alpha}, \varphi\right) = (g_\alpha, \varphi) + \frac{c_k}{\alpha - \alpha_k}(\Delta^k \varphi)(0), \tag{25.23}$$

其中 (g_α, φ) 是点 α_k 邻域内的解析函数且

$$\lim_{\alpha \to \alpha_k}(g_\alpha, \varphi) = \left(\frac{1}{|x|^{\alpha_k}}, \varphi\right). \tag{25.24}$$

25.2 Riesz 势及其 Fouirer 变换. 不变 Lizorkin 空间

从形式上来说, 运算 (25.2) 可以写成函数 f 与函数 $\mathcal{F}^{-1}(|x|^{-\alpha})$ 的卷积 (广义下). 我们首先来计算 $\mathcal{F}^{-1}(|x|^{-\alpha})$, Fourier 变换在广义函数的意义下考虑. 用 Lizorkin 空间 (25.16) 作为检验函数空间会比较方便.

引理 25.2 函数 $|x|^{-\alpha}$ 的 Fourier 变换, 解释为 (25.18′), 由以下关系给出

$$\mathcal{F}(|x|^{-\alpha}) = \frac{(2\pi)^n}{\gamma_n(\alpha)}\begin{cases}|x|^{\alpha-n}, & \alpha \neq n+2k, \ \alpha \neq -2k, \\ |x|^{\alpha-n}\ln\dfrac{1}{|x|}, & \alpha = n+2k, \\ (-\Delta)^{-\alpha/2}\delta, & \alpha = -2k,\end{cases} \tag{25.25}$$

其中 $\delta = \delta(x)$ 为 Dirac delta 函数, $k = 0, 1, 2, \cdots$, 常数 $\gamma_n(\alpha)$ 等于

$$\gamma_n(\alpha) = \begin{cases}2^\alpha \pi^{n/2}\Gamma\left(\dfrac{\alpha}{2}\right)\Big/\Gamma\left(\dfrac{n-\alpha}{2}\right), & \alpha \neq n+2k, \ \alpha \neq -2k, \\ 1, & \alpha = -2k, \\ (-1)^{(n-\alpha)/2}\pi^{n/2}2^{\alpha-1}\left(\dfrac{\alpha-n}{2}\right)!\Gamma\left(\dfrac{\alpha}{2}\right), & \alpha = n+2k.\end{cases} \tag{25.26}$$

证明 设 $\operatorname{Re}\alpha < n$. 则 $|x|^{-\alpha}$ 是局部可积函数. 我们将用 Bochner 公式 (公式 (25.11)) 来计算此函数的 Fourier 变换. 先假设 $(n+1)/2 < \operatorname{Re}\alpha < n$, 所以函数 $\varphi(\rho) = \rho^{-\alpha}$ 满足条件 (25.12). 关系式 (25.11) 意味着

$$\mathcal{F}(|x|^{-\alpha}) = |x|^{\alpha-n}J, \quad 其中 \ J = (2\pi)^{n/2}\int_0^\infty \rho^{-\alpha+n/2}J_{n/2-1}(\rho)d\rho.$$

我们利用等式

$$\int_0^\infty \rho^\beta J_\nu(\rho)d\rho = 2^\beta \Gamma\left(\frac{\nu+\beta+1}{2}\right)\Big/\Gamma\left(\frac{\nu-\beta+1}{2}\right) \tag{25.27}$$

(称为 Weber 积分, 通过将 Poisson 积分 (2.52) 代入 (25.27) 左端, 然后交换积分顺序得到). 所以 $J = (2\pi)^{n/2} 2^{-\alpha+n/2} \Gamma\left(\dfrac{n-\alpha}{2}\right) \bigg/ \Gamma\left(\dfrac{\alpha}{2}\right)$, 这意味着我们在 $(n+1)/2 < \mathrm{Re}\,\alpha < n$ 的情况下证明了 (25.25) 中的第一行. 对于其余的 α, 函数 $|x|^{-\alpha}$ 的 Fourier 变换解释为 (25.18′). 根据 (25.18′), 我们将证明

$$\frac{(2\pi)^n}{\gamma_n(\alpha)}\left(\frac{1}{|x|^{n-\alpha}},\varphi\right) = \left(\frac{1}{|x|^\alpha},\hat{\varphi}\right),$$

$$\varphi \in \Phi,\ \alpha \neq n+2k,\ \alpha \neq -2k. \tag{25.28}$$

这对于 $(n+1)/2 < \mathrm{Re}\,\alpha < n$ 是正确的, 因为刚刚已经证明了这一点. 如果 $\mathrm{Re}\,\alpha \leqslant 0$, (25.28) 的左端解释为 (25.19). 因为 $\hat{\varphi} \in \Phi$, 右端对于所有的 $\alpha \in C^1$ 有定义且解析. 左端对于除点 $\alpha = -2k$ 和 $\alpha = n+2k$ 以外的所有 $\alpha \in C^1$ 解析, 所除去的点中包含可去奇点: 我们看到在第一种情况下 $(|x|^{\alpha-n},\varphi)$ 的极点由函数 $1/\gamma_n(\alpha)$ 的零点抵消, 在第二种情况下它的零点被 $\gamma_n(\alpha)$ 的零点抵消. 所以根据解析函数的唯一性, (25.28) 从其在 $(n+1)/2 < \mathrm{Re}\,\alpha < n$ 时的有效性得到.

还剩下 $\alpha = -2k$ 和 $\alpha = n+2k$ 的情况, 它们对应 (25.28) 左端的可去奇点. 前者根据 (25.4) 立即得到. 为了考虑值 $\alpha = \alpha_k = n+2k$ 的情况, 对于在点 α_k 附近的 α, 我们将 (25.28) 改写为 $(\alpha - \alpha_k)(|x|^{-\alpha},\hat{\varphi}) = (2\pi)^n a(\alpha)(|x|^{\alpha-n},\varphi)$, 其中 $a(\alpha) = (\alpha - \alpha_k)/\gamma_n(\alpha)$. 将此等式关于 α 微分, 我们得到

$$\frac{d}{d\alpha}\left(\frac{\alpha-\alpha_k}{|x|^\alpha},\hat{\varphi}\right) = (2\pi)^n\left(\frac{a'(\alpha)+a(\alpha)\ln|x|}{|x|^{n-\alpha}},\varphi\right). \tag{25.29}$$

由表达式 (25.23) 和连续性 (25.24), 当 $\alpha \to \alpha_k$ 时, 我们有

$$\frac{d}{d\alpha}\left(\frac{\alpha-\alpha_k}{|x|^\alpha},\hat{\varphi}\right) = (g_\alpha,\hat{\varphi}) + (\alpha-\alpha_k)\frac{d}{d\alpha}(g_\alpha,\hat{\varphi}) \to \left(\frac{1}{|x|^{\alpha_k}},\hat{\varphi}\right).$$

因为 $(|x|^{\alpha_k-n},\varphi) = 0$ (由 (25.17)), (25.29) 导致

$$\left(\frac{1}{|x|^{\alpha_k}},\hat{\varphi}\right) = (2\pi)^n a(\alpha_k)\left(\frac{\ln|x|}{|x|^{n-\alpha_k}},\varphi\right). \tag{25.30}$$

式 (25.30) 证明了 (25.25) 的第二行. 形式为 $a(\alpha_k) = -[\gamma_n(\alpha_k)]^{-1}$ 的常数的值可通过简单的计算得到. ∎

注 25.2　如果不在测试函数空间 $\Phi = \Phi(R^n)$ 上解释 (25.25) 中的广义 Fourier 变换, 而是在 Schwartz 空间 $S(R^n)$ 上解释, 那么需将 (25.25) 中的 $\ln\dfrac{1}{|x|}$

替换为 $\ln \dfrac{1}{|x|} + d_k$, 其中

$$
\begin{aligned}
d_k &= \gamma_n(\alpha_k) \lim_{\alpha \to \alpha_k} \frac{d}{d\alpha} \left[\frac{\alpha - \alpha_k}{\gamma_n(\alpha)} \right] \\
&= \ln 2 + \frac{1}{2} \left[\Gamma'(1) + \Gamma'\left(\frac{\alpha_k}{2}\right) \Big/ \Gamma\left(\frac{\alpha_k}{2}\right) + \sum_{\nu=1}^{k} \frac{1}{\nu} \right], \quad \alpha_k = n + 2k.
\end{aligned}
$$

从 (25.29) 和 (25.30) 的论证中可以容易地看出这一点.

因此, 算子 $\mathcal{F}^{-1}|x|^{-\alpha}\mathcal{F}$ 可实现为与函数 (25.25) 的卷积. 在 $\operatorname{Re}\alpha > 0$ 的情况下, 该函数是局部可和的, 并且对应的卷积是 Riesz 势 (25.1), 但 $\alpha = n, n+2, n+4, \cdots$ 除外. 对于排除的情况, 根据 (25.25) 我们考虑对数因子. 因此对于所有 α, $\operatorname{Re}\alpha > 0$, 我们将 Riesz 势定义为卷积

$$
I^{\alpha}\varphi = \int_{R^n} k_{\alpha}(x - y)\varphi(y)dy, \tag{25.31}
$$

其中

$$
k_{\alpha}(x) = \frac{1}{\gamma_n(\alpha)} = \begin{cases} |x|^{\alpha-n}, & \alpha - n \neq 0, 2, 4, 6, \cdots, \\ |x|^{\alpha-n} \ln \dfrac{1}{|x|}, & \alpha - n = 0, 2, 4, 6, \cdots, \end{cases} \tag{25.32}
$$

归一化常数由 (25.26) 给出. 函数 $k_{\alpha}(x)$ 称为 Riesz 核.

在积分

$$
I^{\alpha}\varphi = [\gamma_n(\alpha)]^{-1} \int_{R^n} |y|^{\alpha-n}\varphi(x - y)dy, \quad \alpha - n \neq 0, 2, 4, \cdots
$$

中转化极坐标, 我们有

$$
I^{\alpha}\varphi = \frac{1}{\gamma_n(\alpha)} \int_{S_{n-1}} d\sigma \int_0^{\infty} \frac{\varphi(x - \xi\sigma)}{\xi^{1-\sigma}}d\xi, \tag{25.33}
$$

即, 我们可以将 Riesz 势解释为沿着向量 σ 方向的 α 阶分数阶积分 (见 (24.39)) 再关于 σ 积分. 使用 (24.39) 中的记号, (25.33) 有形式

$$
I^{\alpha}\varphi = \frac{\Gamma\left(\dfrac{1+\alpha}{2}\right)\Gamma\left(\dfrac{n-\alpha}{2}\right)}{2\pi^{(n+1)/2}} \int_{S_{n-1}} (I_{\sigma}^{\alpha}\varphi)(x)d\sigma. \tag{25.34}
$$

　　Riesz 势 $I^\alpha\varphi$, $\text{Re}\alpha > 0$ 的 Fourier 变换, 至少对于函数 $\varphi(x) \in \Phi$ 可以简化为 $\hat{\varphi}(x)$ 除以 $|x|^\alpha$:

$$\mathcal{F}(I^\alpha\varphi) = \frac{1}{|x|^\alpha}\hat{\varphi}(x). \tag{25.35}$$

实际上这在引理 25.2 中已得到验证. 事实上, (25.35) 等价于方程

$$\int_{R^n} \text{k}_\alpha(y)\varphi(x+y)dy = \frac{1}{(2\pi)^n} \int_{R^n} e^{ix\cdot y}\frac{\hat{\varphi}(y)}{|y|^\alpha}dy, \quad \varphi \in \Phi, \tag{25.36}$$

此式 $x = 0$ 的情况已在引理 25.2 中证明——见 (25.28)——其他情况根据 Φ 相对于平移算子的不变性可从 (25.28) 中得到.

　　我们从 (25.35) 得出

$$\Delta I^\alpha\varphi = -I^{\alpha-2}\varphi, \quad \varphi \in \Phi, \ \text{Re}\alpha > 2.$$

定理 25.1　Lizorkin 空间 Φ 相对于 Riesz 势 I^α 不变, $I^\alpha(\Phi) = \Phi$, 且

$$I^\alpha I^\beta\varphi = I^{\alpha+\beta}\varphi, \quad \varphi \in \Phi, \ \text{Re}\alpha > 0, \ \text{Re}\beta > 0. \tag{25.37}$$

　　证明　由 (25.35) 和 (25.36) 很容易看出空间 Φ 的不变性: 因为对于任意 α 和 $\varphi \in \Phi$, 有 $|y|^{-\alpha}\hat{\varphi}(y) \in \Psi$, (25.36) 的右端属于空间 Φ, 即 $I^\alpha(\Phi) \subseteq \Phi$. 空间 Ψ 的每个函数都可表示为形式 $\psi(x) = |x|^{-\alpha}\psi_1(x)$, $\psi_1(x) \in \Psi$, 从而看出 $I^\alpha(\Phi) = \Phi$. 半群性质 (25.37) 可从 (25.35) 中得到. ■

　　注 25.3　即使 $\varphi(x) \in S(R^n)$, Riesz 势也不必在无穷远处迅速变为零. 因此, 例如, 令 $\varphi(x) \geqslant 0$, 且 $|x| < 1$ 时 $\varphi(x) \geqslant A > 0$. 则 $(I^\alpha\varphi)(x) \geqslant c|x|^{\alpha-n}$, $|x| \to \infty$ (在这方面见一维情况 (7.8)). 事实上, $(I^\alpha\varphi)(x) \geqslant A[\gamma_n(\alpha)]^{-1} \int_{|y|<1} |x-y|^{\alpha-n}dy$. 作极坐标变换, 我们有

$$(I^\alpha)(x) \geqslant c \int_{S_{n-1}} d\sigma \int_0^1 \rho^{n-1}(\rho^2 - \rho\sigma \cdot x + |x|^2)^{(\alpha-n)/2}d\rho$$

$$\geqslant \frac{c}{2} \int_{S_{n-1}} d\sigma \int_0^1 \rho^{n-1}(\rho^2 + |x|^2)^{(\alpha-n)/2}d\rho \geqslant c_1|x|^{\alpha-n}.$$

　　注 25.4　Lizorkin 空间 Φ 的选择对于写出对所有 α 和 β 的半群性质 (25.37) 至关重要 ($\text{Re}\alpha > 0$ 和 $\text{Re}\beta > 0$). 在函数 $\varphi(x)$ 属于 Schwartz 空间 $S(R^n)$ 的情况下, (25.37) 仅在限制条件 $\text{Re}(\alpha + \beta) < n$ 下有意义——见上文注 25.3.

我们注意到半群性质 (25.37) 在交换左边的积分顺序后, 对任意单位向量 e, $|e| = 1$ 会有以下关系式

$$\int_{R^n} |e - y|^{\alpha-n}|y|^{\beta-n}dy = \gamma_n(\alpha)\gamma_n(\beta)/\gamma_n(\alpha+\beta),$$

$$\alpha > 0, \quad \beta > 0, \quad \alpha + \beta < n. \tag{25.38}$$

我们也注意到

$$(I^\alpha(e^{ia\cdot y}))(x) = |a|^{-\alpha}e^{ia\cdot x}, \quad a = (a_1, \cdots, a_n). \tag{25.39}$$

这个结果是断言 $\hat{k}_\alpha(a) = |a|^{-\alpha}$ 的一个解释. 如果 $0 < \alpha < (n+1)/2$, 则 $e^{ia\cdot y}$ 的 Riesz 势是通常收敛的. 在 $\alpha \geqslant (n+1)/2$ 的情况下, 将其解释为参数 α 的解析延拓.

25.3 $L^p(R^n)$ 空间和 $L^p(R^n; \rho)$ 空间中算子 I^α 的映射性质

首先我们注意到, 如果 $1 \leqslant p < n/\alpha$, $0 < \alpha < n$, 则算子 I^α 对函数 $\varphi(y) \in L_p(R^n)$ 有定义. 其验证与一维的情况类似 (见 §5.1):

$$\gamma_n(\alpha)I^\alpha\varphi = \int_{|y|<1} |y|^{\alpha-n}\varphi(x-y)dy + \int_{|y|>1} |y|^{\alpha-n}\varphi(x-y)dy.$$

可以通过使用 Minkowsky 不等式来证明它局部属于 L_p, 从而第一个积分几乎对所有的 $x \in R^n$ 都存在, 如果 $1 \leqslant p < n/\alpha$, 可利用 Hölder 不等式证明第二个积分对所有的 x 存在.

以下将 Hardy-Littlewood 定理 (定理 5.3) 推广到多维 Riesz 积分 I^α 的结论, 称其为 Sobolev 定理.

定理 25.2 设 $1 \leqslant p \leqslant \infty$, $1 \leqslant q \leqslant \infty$ 和 $\alpha > 0$. 算子 I^α 从 $L_p(R^n)$ 有界映入 $L_q(R^n)$ 当且仅当

$$0 < \alpha < n, \quad 1 < p < \frac{n}{\alpha}, \quad \frac{1}{q} = \frac{1}{p} - \frac{\alpha}{n}. \tag{25.40}$$

我们省略此定理以及本小节其他结论的证明. 参见 §29.1 中的参考文献. 将定理 25.2 简化为一维情形的简单方法可参见 §29.2, 注记 25.2.

式 (25.40) 中的数 $q = \dfrac{np}{n - \alpha p}$ 称为 Sobolev 极限指数. 在后面的 §26.7, 我们将研究 $\varphi \in L_p(R^n)$ 的 Riesz 势, 这里 $p \geqslant n/\alpha$, 并在广义意义下解释此势.

设 $L_p(R^n; \rho)$ 是范数为 $\|f\|_{L_p(R^n;\rho)} = \left\{\displaystyle\int_{R^n} \rho(x)|f(x)|^p dx\right\}^{1/p}$ 的带权空间, 其中

$\rho(x)$ 为非负函数. 下面将 Sobolev 定理 (定理 25.2) 推广到权重是距离 $|x|$ 幂的情形.

定理 25.3 如果

$$\alpha > 0, \quad 1 < p < \infty, \quad 1 < r < \infty, \quad \alpha p - n < \gamma < n(p-1),$$

$$\frac{1}{p} - \frac{\alpha}{n} \leqslant \frac{1}{r} \leqslant \frac{1}{p}, \quad \frac{\mu+n}{r} = \frac{\gamma+n}{p} - \alpha, \tag{25.41}$$

则算子 I^α 从 $L_p(R^n; |x|^\gamma)$ 有界映入 $L_q(R^n; |x|^\mu)$.

我们观察到选择 $\gamma = 0$, $\mu = 0$ 和 $r = np(n-\alpha p)^{-1}$ 时, 定理 25.3 包含定理 25.2 中 "当" 的部分. 我们也注意到定理 25.3 中有用的特殊情况: $\gamma = 0$, $\mu = -\alpha p$, $r = p$,

$$\int_{R^n} |x|^{-\alpha p} |(I^\alpha \varphi)(x)|^p dx \leqslant A\|\varphi\|_p^p, \quad 1 < p < n/\alpha, \tag{25.42}$$

它是 Hardy 不等式 (5.45) 的推广.

在 $r = np(n-\alpha p)^{-1}$ 的情况下, 定理 25.3 可以推广到一般权重. 即, 设 $\rho(x)$ 满足所谓的 Muckenhoupt-Wheeden 条件

$$\left(\frac{1}{|Q|} \int_Q \rho^{q/p}(x)dx\right)^{p/q} \left(\frac{1}{|Q|} \int_Q \rho^{1/(1-p)}(x)dx\right)^{p-1} \leqslant c < \infty, \tag{25.43}$$

其中 Q 是 n 维立方体, $|Q|$ 是其 Lebesgue 测度.

定理 25.4 设 $0 < \alpha < n$, $1 < p < n/\alpha$ 且 $q = np/(n-\alpha p)$. 算子 I^α 从 $L_p(R^n; \rho)$ 有界映入 $L_q(R^n; \rho^{q/p})$, 当且仅当 $\rho(x)$ 满足条件 (25.43), 其中 $q = np/(n-\alpha p)$.

Sobolev 定理在 $p = 1$ 的情况下不成立, 但一个较弱的结论是正确的, 它称为弱型估计. 即设 $\lambda_f(t)$ 为函数 $f(x)$, $x \in R^n$ 的分布函数:

$$\lambda_f(t) = m\{x : |f(x)| > t\}, \quad t > 0. \tag{25.44}$$

显然 $\lambda_f(t) \leqslant t^{-p}\|f\|_p^p$, $\|f\|_p^p = \displaystyle\int_{R^n} |f(x)|^p dx$, 所以估计

$$t\lambda_{Tf}^{1/q}(t) \leqslant c\|f\|_p \tag{25.45}$$

弱于算子 T 从 L_p 到 L_q 有界的估计 $\|Tf\|_q \leqslant c\|f\|_p$. 根据 (25.44)—(25.45), Sobolev 定理中关于 Riesz 势的信息发生了改变. 即估计

$$m\{x : |(I^\alpha \varphi)(x)| > t\} \leqslant \left(\frac{c}{t}\|\varphi\|_1\right)^q, \quad q = \frac{n}{n-\alpha} \tag{25.46}$$

对于 $0 < \alpha < n$ 成立, 且 c 不依赖于 $t > 0$.

我们也给出了 Riesz 势算子在 Hölder 函数 $f(x)$, $x \in \dot{R}^n$ 空间中的映射性质, 其中 $\dot{R}^n$ 是 R^n 添加唯一无穷远点得到的紧致化. 为了保证 Hölder 函数 Riesz 势 I^α 的存在性, $\varphi(x)$ 在 $x = \infty$ 处必须为零, 这通过权重可以方便地实现. 设

$$H^\lambda(\dot{R}^n; \rho) = \{f(x) : \rho(x)f(x) \in H^\lambda(\dot{R}^n)\}, \quad 0 < \lambda < 1,$$

其中

$$H^\lambda(\dot{R}^n) = \left\{ f(x) : f(x) \in C(\dot{R}^n), |f(x+h) - f(x)| \leqslant \frac{c|h|^\lambda}{(1+|x|)^\lambda(1+|x+h|)^\lambda} \right\}$$

(参见 (1.5) 和 (1.6)). 令

$$H_0^\lambda(\dot{R}^n; \rho) = \{f(x) : f(x) \in H^\lambda(\dot{R}^n; \rho), \rho f|_{x=0} = \rho f|_{x=\infty} = 0\}.$$

给空间 $H^\lambda(\dot{R}^n; \rho)$ 配置自然范数, 使它成为 Banach 空间.

定理 25.5 令 $0 < \alpha < 1$ 且 $\lambda + \alpha < 1$. 算子 I^α 将空间 $H^\lambda(\dot{R}^n; (1 + |x|^2)^{(n+\alpha)/2})$ 同胚映射到空间 $H^{\lambda+\alpha}(\dot{R}^n; (1 + |x|^2)^{(n+\alpha)/2})$ 上. 如果 $\alpha + \lambda < \beta < n + \lambda$ 且 $\alpha - \beta < \varkappa < n - \lambda - \beta$, 则将空间 $H_0^\lambda(\dot{R}^n; |x|^\beta(1 + x^2)^{\varkappa/2})$ 映射到空间 $H_0^\lambda(\dot{R}^n; |x|^\beta(1 + x^2)^{-\alpha+\varkappa/2})$ 上.

我们省略证明, 只说明一点, 它是通过立体投影将空间 R^n 映射到单位球面 $S_n \subset R^{n+1}$ 上得到的. 值得注意的是, Riesz 势 $I^\alpha\varphi$ 由此转化为球面上的类似势 (由权重决定), 球面即通常度量的紧集, 其中 Hölder 性质通过直接估计建立—— 见 Vakulov [1986a,b].

我们通过 Riesz 势和一维 Liouville 型分数阶积分之间的一些简单关系来结束本小节. 为此我们需要 Poisson 和 Gauss-Weierstrass 积分

$$(P_t\varphi)(x) = \int_{R^n} P(y, t)\varphi(x - y)dy, \quad t > 0, \tag{25.47}$$

$$(W_t\varphi)(x) = \int_{R^n} W(y, t)\varphi(x - y)dy, \quad t > 0, \tag{25.48}$$

其中

$$P(x, t) = \frac{c_n t}{(|x|^2 + t^2)^{(n+1)/2}},$$
$$c_n = \pi^{-(n+1)/2}\Gamma\left(\frac{n+1}{2}\right) \tag{25.49}$$

为 Poisson 核,

$$W(x,t) = (4\pi t)^{-n/2} e^{-|x|^2/(4t)} \tag{25.50}$$

为 Gauss-Weierstrass 核.

定理 25.6 Riesz 势 $I^\alpha \varphi$, $\varphi \in L_p(R^n)$, $1 < p < n/\alpha$ 有表达式

$$
\begin{aligned}
(I^\alpha \varphi)(x) &= \frac{1}{\Gamma(\alpha)} \int_0^\infty t^{\alpha-1} (P_t \varphi)(x) dt \\
&= \frac{1}{\Gamma\left(\dfrac{\alpha}{2}\right)} \int_0^\infty t^{\frac{\alpha}{2}-1} (W_t \varphi)(x) dt.
\end{aligned} \tag{25.51}
$$

此外, 关系

$$(P_t I^\alpha \varphi)(x) = (I_-^\alpha (P_r \varphi)(x))(t), \tag{25.52}$$

$$(W_t I^\alpha \varphi)(x) = (I_-^{\alpha/2} (W_r \varphi)(x))(t) \tag{25.53}$$

成立, 其中算子 I_-^α 和 I_-^α 应用到变量 r 上.

证明 将 $P_t \varphi$ 和 $W_t \varphi$ 的表示式 (25.47) 和 (25.48) 代入 (25.51), 然后交换积分次序, 我们得到了易于计算的内积分, 从而得到了 $I^\alpha \varphi$. 应用算子 P 和 W, 并考虑半群性质 $P_t P_\tau = P_{t+\tau}$ 和 $W_t W_\tau = W_{t+\tau}$, 从 (25.51) 中可推出 (25.52) 和 (25.53). ∎

如果我们注意到

$$\hat{P}(\cdot, t) = e^{-t|x|}, \tag{25.54}$$

$$\hat{W}(\cdot, t) = e^{-t|x|^2} \tag{25.55}$$

——见, 例如 Stein and Weiss [1974], 则根据 Fourier 变换, (25.51)—(25.53) 是显然的.

比较 (25.51) 与 Liouville 分数阶积分 (5.4), 或更一般地, 用算子负幂的定义 (5.86), 我们发现在 (5.86) 中选择 Poisson 算子作为半群 $T_t \varphi = P_t \varphi$ 时, 它就是 Riesz 势.

25.4 Riesz 微分 (超奇异积分)

由引理 25.2, Riesz 微分 $(-\Delta)^{\alpha/2} f = \mathcal{F}^{-1} |x|^\alpha \mathcal{F} f$, $\mathrm{Re}\,\alpha > 0$ 可表示为与广义函数 $|x|^{-\alpha-n}$ 的卷积. 与 Riesz 势相比, 这种卷积, 即带核 $|x-y|^{-\alpha-n}$ 的积分, 有着比空间 R^n 的维数更高的奇性, 因此将其称为*超奇异积分*. 这样的积分是发散的, 因此我们适当定义卷积. 首先令 $0 < \alpha < 1$ (或 $0 < \mathrm{Re}\,\alpha < 1$), 我们可以保证

函数 $|x|^{-n-\alpha}$ (与充分好的函数) 的卷积

$$\int_{R^n} \frac{f(y) - f(x)}{|y - x|^{n+\alpha}} dy = -\int_{R^n} \frac{f(x) - f(x - y)}{|y|^{n+\alpha}} dy \qquad (25.56)$$

的收敛性. 对于有界可微函数, 如果 $0 < \alpha < 1$, 此积分收敛, 且可认为是 Marchaud 导数 (5.58) 的多维类似形式. 对于 $\alpha \geqslant 1$ 情况的推广, 可以采用正则化的方法, 如 (25.19) 和 (25.22) 一样使用 Taylor 级数, 也可以采用有限差分的方法. 在一维情况下处理 $\alpha \geqslant 1$ 的 Marchaud 分数阶导数时, 我们已经考虑了这两种方法——参见 (5.68) 和 (5.80). 为了实现 Riesz 导数, 我们将使用有限差分方法, 尽管一般来说, 它与前者等价 (见 § 26.5, 其中在更一般的情况下, 对性质好的函数证明了等价性), 但更可取.

我们来定义多变量函数 $f(x)$ 向量步长 h 的有限差分 $(\Delta_h^l f)(x)$. 令 τ_h 为平移算子:

$$(\tau_h f)(x) = f(x - h), \quad x, h \in R^n.$$

我们处理中心差分

$$\begin{aligned}(\Delta_h^l f)(x) &= \left(\tau_{-\frac{h}{2}} - \tau_{\frac{h}{2}}\right)^l f \\ &= \sum_{k=0}^{l} (-1)^k \binom{l}{k} f\left[x + \left(\frac{l}{2} - k\right) h\right]\end{aligned} \qquad (25.57)$$

(向量步长为 h, 中心为 x) 和非中心差分

$$\begin{aligned}(\Delta_h^l f)(x) &= (E - \tau_h)^l f \\ &= \sum_{k=0}^{l} (-1)^k \binom{l}{k} f(x - kh).\end{aligned} \qquad (25.58)$$

为了避免书写复杂化, 两种类型的差分都使用符号 $(\Delta_h^l f)(x)$, $\alpha > 0$, 在必要时会特别提到差分的选择. 因为不可能总是只使用一种差分, 所以我们考虑这两类差分——见下面的 § 26.4.

因此, 希望算子 $(-\Delta)^{\alpha/2}$, $\alpha > 0$ 以超奇异积分的形式给出

$$\mathbf{D}^\alpha f = \frac{1}{d_{n,l}(\alpha)} \int_{R^n} \frac{(\Delta_y^l f)(x)}{|y|^{n+\alpha}} dy, \qquad (25.59)$$

其中 $l > \alpha$ 时归一化常数 $d_{n,l}(\alpha)$ 的选取会使得 $\mathbf{D}^\alpha f$ 不依赖于 l. 如下构造式

$$\mathbf{D}_\varepsilon^\alpha f = \frac{1}{d_{n,l}(\alpha)} \int_{|y| \geqslant \varepsilon} \frac{(\Delta_y^l f)(x)}{|y|^{n+\alpha}} dy \qquad (25.60)$$

称为截断的超奇异积分.

我们发现, 在没有归一化常数的情况下, 对积分 (25.59) 改为下式讨论很方便:

$$T^\alpha f = \int_{R^n} \frac{(\Delta_y^l f)(x)}{|y|^{n+\alpha}} dy, \quad l > \alpha. \tag{25.61}$$

下一部分将对超奇异积分 (25.59) 和更一般的构造进行更详细的研究. 这里我们只关注主要事实, 在 (25.59) 中选择合适的归一化常数 $d_{n,l}(\alpha)$ 的情况下, 超奇异积分 (25.59) 在

$$\widehat{\mathbf{D}^\alpha f} = |x|^\alpha \hat{f}(x) \tag{25.62}$$

的意义下确实是 Riesz 导数.

引理 25.3　积分 $T^\alpha f, l > \alpha$ 的 Fourier 变换由以下关系给出

$$\mathcal{F}(T^\alpha f) = d_{n,l}(\alpha)|x|^\alpha \hat{f}(x), \quad f \in C_0^\infty, \tag{25.63}$$

其中当 $(\Delta_t^l f)(x)$ 是非中心差分时

$$d_{n,l}(\alpha) = \int_{R^n} (1 - e^{it_1})^l |t|^{-n-\alpha} dt, \tag{25.64}$$

当它为中心差分时

$$d_{n,l}(\alpha) = \int_{R^n} (e^{iy_1/2} - e^{-iy_1/2})^l |y|^{-n-\alpha} dy = 2^{l-\alpha} i^l \int_{R^n} \sin^l y_1 |y|^{-n-\alpha} dy. \tag{25.65}$$

证明　令 $T_\varepsilon^\alpha f$ 为积分 (25.61) 的截断, 如 (25.60). 设差分 $\Delta_y^l f$ 是非中心的. 则

$$\mathcal{F}(T_\varepsilon^\alpha f) = \sum_{k=0}^l (-1)^k \binom{l}{k} \int_{|y|>\varepsilon} \frac{dy}{|y|^{n+\alpha}} \int_{R^n} e^{ix\cdot\eta} f(\eta - ky) d\eta$$

$$= \hat{f}(x) \sum_{k=0}^l (-1)^k \binom{l}{k} \int_{|y|>\varepsilon} |y|^{-n-\alpha} e^{ikx\cdot y} dy,$$

即

$$\mathcal{F}(T_\varepsilon^\alpha f) = \hat{f}(x) \int_{|y|>\varepsilon} \frac{(1 - e^{ix\cdot y})^l}{|y|^{n+\alpha}} dy. \tag{25.66}$$

容易证明这里可以取极限 (例如, 在 L_2 意义下), 所以在对变量进行伸缩变换 $y = |x|^{-1}\xi$ 后, 有

$$\mathcal{F}(T^\alpha f) = |x|^\alpha \hat{f}(x) \int_{R^n} \frac{(1 - e^{i\xi\cdot x/|x|})^l}{|\xi|^{n+\alpha}} d\xi. \tag{25.67}$$

我们对变量也作了另一种变化:

$$\xi = \omega_x(\eta), \quad \omega_x(e_1) = \frac{x}{|x|},$$ (25.68)

其中 $\omega_x(\eta)$ 是任意 R^n 中的任意旋转, 它将第一个坐标向量 $e_1 = (1, 0, \cdots, 0)$ 转换为单位向量 $x/|x|$. 显然 $|\xi| = |\eta|$ 且 $\xi \cdot \frac{x}{|x|} = \eta \cdot e_1 = \eta_1$, 所以

$$\int_{R^n} \frac{(1 - e^{i\xi \cdot x/|x|})^l}{|\xi|^{n+\alpha}} d\xi = \int_{R^n} \frac{(1 - e^{i\eta_1})^l}{|\eta|^{n+\alpha}} d\eta,$$

它将 (25.67) 转化为了 (25.63)—(25.64).

在中心差分的情况下可类似论证. ∎

等式 (25.63) 除以 $d_{n,l}(\alpha)$ 后得到 (25.62). 但是我们必须谨慎, 因为对于某些 α, 常数 $d_{n,l}(\alpha)$ 可能为零. 对于中心差分的情况这个问题是简单的: 从 (25.65) 中可以看出, 归一化常数 $d_{n,l}(\alpha)$ 在 l 是奇数时等于零 (对所有 α), 在 l 是偶数时肯定不等于零.

因此, 在奇数阶中心差分的情况下, 构造 T^α 为零: $T^\alpha f \equiv 0$. 因此, 只取偶数阶 $l = 2, 4, 6, \cdots$ 的中心差分, 对所有 α, $0 < \alpha < l$ 就可以从 (25.63) 得到 (25.62).

非中心差分的情况下, 关于 $d_{n,l}(\alpha)$ 不为零的问题更加困难, 将在 § 26 中考虑, 其中详细研究了超奇异积分. 特别地, 将表明 $d_{n,l}(\alpha)$ 作为 α 的函数在区间 $(0, l)$ 的整点处为零.

我们提出了引理 25.3 的一个推论.

推论 归一化常数由公式 (25.64) 或 (25.65) 给出 (在它不为零的情况下), 超奇异积分 $\mathbf{D}^\alpha f$ 不依赖于 l $(l > \alpha)$ 的选择.

在本小节的最后, 我们给出以下类似 (25.51) 的关系式

$$\mathbf{D}^\alpha f = \frac{1}{\varkappa(\alpha, l)} \int_0^\infty t^{-1-\alpha}(E - P_t)^l f \, dt, \quad 0 < \alpha < l,$$ (25.69)

$$\mathbf{D}^\alpha f = \frac{1}{\varkappa\left(\frac{\alpha}{2}, l\right)} \int_0^\infty t^{-1-\frac{\alpha}{2}}(E - W_t)^l f \, dt, \quad 0 < \alpha < l,$$ (25.70)

其中 $\varkappa(\alpha, l)$ 是常数 (5.81), $P_t f$ 和 $W_t f$ 是 Poisson 和 Gauss-Weierstrass 积分 (25.47)—(25.48). 在 "好" 函数的情况下, 用 Marchaud 分数阶导数 (5.57) 做一维算子 I^α_- 和 $I^{\alpha/2}$ 的逆运算, 并进一步取极限 $t \to 0$, 这些关系式可由 (25.52) 和 (25.53) 导出. 关系式 (25.69) 和 (25.70) 可以认为是 (5.85) 在具体选择半群 T_t 后的实现. 关系式 (25.69) 是分数次幂 $(\sqrt{-\Delta})^\alpha$ 的实现, 而 (25.70) 给出了分数次幂 $(-\Delta)^{\alpha/2}$.

25.5　单边 Riesz 势

我们称积分算子

$$I_\pm^\alpha \varphi = \frac{c_{n-1}}{\Gamma(\alpha)} \int_{R_+^n} \frac{y_n^\alpha}{|y|^n} \varphi(x \mp y) dy, \quad c_n = \frac{\Gamma(n/2)}{\pi^{n/2}} \tag{25.71}$$

为单边 Riesz 势. 这里 $x = (x_1, \cdots, x_n) \in R^n$, 积分在半空间 $R_+^n = \{x : x \in R^n, x_n > 0\}$ 上进行. 由于 $y_n^\alpha |y|^{-n} \leqslant |y|^{\alpha-n}$, 算子 (25.71) 在某种意义上与 Riesz 势 $I^\alpha \varphi$ 相似, 特别是从 L_p 有界映入到 L_q, $q = np/(n - \alpha p)$, $1 < p < n/\alpha$. 积分 $I_\pm^\alpha$ 是 Liouville 分数阶积分 (5.4) 的直接推广, 若 $n = 1$, 则与之重合. 这就是我们对这些算子保持相同的符号的原因. 与一维情况一样, 我们将分别称势 $I_+^\alpha \varphi$ 和 $I_-^\alpha \varphi$ 为左势和右势. 我们记 $x' = (x_1, \cdots, x_{n-1})$, 并观察到 (25.71) 表示一维分数阶积分和 Poisson 积分的 "交错":

$$I_\pm^\alpha \varphi = \frac{1}{\Gamma(\alpha)} \int_0^\infty y_n^{\alpha-1} (P_{y_n} \varphi(\cdot, x_n \mp y_n))(x') dy_n, \tag{25.72}$$

其中

$$(P_{y_n} \varphi(\cdot, x_n - y_n))(x') = c_{n-1} y_n \int_{R^{n-1}} \frac{\varphi(x' - y', x_n - y_n)}{(|y'|^2 + y_n^2)^{n/2}} dy'.$$

我们来求势 $I_\pm^\alpha \varphi$ 的 Fourier 变换. 为此, 如 § 25.2 一样, 使用 § 24.9 中的 Lizorkin 空间 Φ 和 Ψ 会很方便.

引理 25.4　令 $\alpha > 0, \psi \in \Psi$ 且 $\varphi \in \Phi$. 则

$$\frac{c_{n-1}}{\Gamma(\alpha)} \int_{R^n} \frac{(x_n)_\pm^\alpha}{|x|^n} \widehat{\psi}(x) dx = \int_{R^n} (|\xi'| \pm i\xi_n)^{-\alpha} \psi(\xi) d\xi, \tag{25.73}$$

$$(\widehat{I_\pm^\alpha \varphi})(\xi) = (|\xi'| \mp i\xi_n)^{-\alpha} \widehat{\varphi}(\xi). \tag{25.74}$$

证明　我们记

$$k_{\pm,\varepsilon}^\alpha(x) = \frac{c_{n-1}}{\Gamma(\alpha)} (x_n)_\pm^\alpha |x|^{-n} e^{-\varepsilon|x_n|}$$

$$= \frac{1}{\Gamma(\alpha)} (x_n)_\pm^{\alpha-1} e^{-\varepsilon|x_n|} P(x', |x_n|),$$

其中 $P(x', |x_n|)$ 是 Poisson 核 (25.49):

$$P(x', |x_n|) = c_{n-1}|x_n|(|x'|^2 + x_n^2)^{-n/2}.$$

根据 (25.54), 有 $\widehat{k^{\alpha}_{\pm,\varepsilon}}(\xi) = (\mathcal{F}_{x_n}\mathcal{F}_{x'}k^{\alpha}_{\pm,\varepsilon})(\xi) = \dfrac{1}{\Gamma(\alpha)}\displaystyle\int_0^{\infty} x_n^{\alpha-1}e^{-x_n(\varepsilon+|\xi'|\mp i\xi_n)}dx_n$.

关系式 (7.5) 表明, 在 $\arg(\varepsilon+|\xi'|\mp i\xi_n) = 0$ (当 $\xi_n = 0$ 时) 的假设下, 后一个积分等于 $(\varepsilon+|\xi'|\mp i\xi_n)^{-\alpha}$. 因此

$$\frac{c_{n-1}}{\Gamma(\alpha)}\int_{R^n}\frac{(x_n)^{\alpha}_{\pm}e^{-\varepsilon|x_n|}}{|x|^n}\widehat{\psi}(x)dx = \int_{R^n}(\varepsilon+|\xi'|\mp i\xi_n)^{-\alpha}\psi(\xi)d\xi. \qquad (25.75)$$

这就有了 (25.73), $\varepsilon\to 0$, 进而有 (25.74). ■

推论 1　势 $I^{\alpha}_{\pm}$ 有半群性质: $I^{\alpha}_{\pm}I^{\beta}_{\pm} = I^{\alpha+\beta}_{\pm}$.

推论 2　Riesz 势 I^{α} 可表示为单边势的复合:

$$I^{\alpha} = I^{\alpha/2}_+I^{\alpha/2}_- = I^{\alpha/2}_-I^{\alpha/2}_+. \qquad (25.76)$$

我们现在来找 $I^{\alpha}_{\pm}$ 的逆算子的显式形式. 所希望的结构是在 $n = 1$ 的情况下与 Marchaud 导数 $\mathbf{D}^{\alpha}_{\pm}$ 重合——见 (5.57). 我们将变量 x' 的 Fourier 变换 $\mathcal{F}_{x'}$ 形式地应用于关系式 $(I^{\alpha}_+\varphi)(x) = f(x)$, $x = (x', x_n)$. 根据 (25.54) 我们得到

$$(I^{\alpha}_+e^{y_n|\xi'|}(\mathcal{F}_{x'}\varphi)(\xi', y_n))(x_n) = (\mathcal{F}_{x'}f)(\xi', x_n)e^{x_n|\xi'|},$$

其中算子 I^{α}_+ 应用到变量 y_n 上. 通过 Marchaud 导数 (5.57) 求逆, 我们得到

$$e^{x_n|\xi'|}(\mathcal{F}_{x'}\varphi)(\xi', x_n)$$
$$= -\frac{1}{\Gamma(-\alpha)A_l(\alpha)}$$
$$\times \int_0^{\infty}\left(\sum_{k=0}^l(-1)^k\binom{l}{k}(\mathcal{F}_{x'}f)(\xi', x_n-ky_n)e^{(x_n-y_nk)|\xi'|}\right)\frac{dy_n}{y_n^{1+\alpha}},$$

乘以 $e^{-x_n|\xi'|}$ 并应用逆 Fourier 变换 $\mathcal{F}^{-1}_{x'}$ 后, 最终得到

$$\varphi(x) = \frac{c_{n-1}}{\varkappa(\alpha, l)}\int_{R^n_+}\frac{y_n^{-\alpha}}{|y|^n}(\Delta_y^l f)(x)dy, \quad l > \alpha,$$

其中 $\Delta_y^l f$ 是非中心差分 (25.58). 所以

$$(I^{\alpha}_{\pm})^{-1}f = \frac{c_{n-1}}{\varkappa(\alpha, l)}\int_{R^n_+}\frac{y_n^{-\alpha}}{|y|^n}(\Delta^l_{\pm y}f)(x)dy \overset{\text{def}}{=} \mathbf{D}^{\alpha}_{\pm}f, \quad l > \alpha. \qquad (25.77)$$

式 (25.77) 中的积分是超奇异的. 不难看出, 对于 $f \in S(R^n)$, 它们在如下意义下收敛 (常规地):

$$\mathbf{D}^{\alpha}_{\pm}f = \lim_{\varepsilon\to 0}\mathbf{D}^{\alpha}_{\pm,\varepsilon}f,$$

其中

$$\mathbf{D}_{\pm,\varepsilon}^{\alpha}f = \frac{c_{n-1}}{\varkappa(\alpha,l)}\int_{\varepsilon}^{\infty}\int_{R^{n-1}}\frac{y_n^{-\alpha}}{|y|^n}(\Delta_{\pm y}^l f)(x)dy.$$

如果 $n=1$, 则结构 $\mathbf{D}_{\pm}^{\alpha}f$ 与 Marchaud 分数阶导数相同. 这就是与一维情况保持相同符号的原因.

我们也注意到 $(\widehat{\mathbf{D}_{\pm}^{\alpha}f})(\xi) = (|\xi'| \mp i\xi_n)^{\alpha}\hat{f}(\xi)$.

§ 26　超奇异积分与 Riesz 势空间

现在我们对 § 25 中定义的超奇异积分

$$\mathbf{D}^{\alpha}f = \frac{1}{d_{n,l}(\alpha)}\int_{R^n}\frac{(\Delta_y^l f)(x)}{|y|^{n+\alpha}}dy, \quad l > \alpha \tag{26.1}$$

进行更详细的探讨. 特别地, 在 L_p 空间的框架内考虑 Riesz 势时, 超奇异积分会产生 Riesz 势的 "真" 逆. 我们将阐明中心或非中心有限差分形式在超奇异积分的定义中具有什么优势. 此外, 将考虑比 $\mathbf{D}^{\alpha}f$ 更一般的超奇异积分. 它们是偏微分算子在分数阶情况下的自然推广, 因为任何常数系数的齐次偏微分算子都可能表示为超奇异型积分, 这一点将在 § 26.6 中证明.

在这一节中, § 26.7 被赋予了一个特殊的角色, 其研究了 Riesz 势空间 $I^{\alpha}(L_p)$, 考虑了分数阶 Sobolev 空间 $L_p^{\alpha}(R^n)$ 的推广空间 $L_{p,r}^{\alpha}(R^n)$, 建立了空间 $L_{p,r}^{\alpha}(R^n)$ 与 $I^{\alpha}(L_p)$ 之间的关系. 我们注意到, 关系

$$L_{p,r}^{\alpha}(R^n) = L_r \cap I^{\alpha}(L_p) \tag{26.2}$$

是主要结果之一.

26.1　归一化常数 $d_{n,l}(\alpha)$ 作为参数 α 的函数的研究

正如 § 25 末所明确指出的那样, 我们首先要回答 (26.1) 中所使用函数 $d_{n,l}(\alpha)$ 的零点问题. 我们将在本节中找到它们, 同时通过参数 α 的初等函数给出积分 (25.64) 和 (25.65) 的表示.

我们引入参数 α 的函数:

$$A_l(\alpha) = \begin{cases} A_l'(\alpha) = \sum_{k=0}^{l}(-1)^{k-1}\binom{l}{k}k^{\alpha}, & \text{非中心差分的情况}, \\[3mm] A_l''(\alpha) = 2\sum_{k=0}^{[l/2]}(-1)^{k-1}\binom{l}{k}\left(\frac{l}{2}-k\right)^{\alpha}, & \text{中心差分的情况}, \end{cases} \tag{26.3}$$

常数 $d_{n,l}(\alpha)$ 将用这些函数来表示, 这里 $l = 1, 2, \cdots$, 这些函数中的前者是读者在一维情况下所熟悉的, 它出现在定值 $\alpha \geqslant 1$ 的 Marchaud 分数阶导数的归一化常数过程中——见 (5.73) 和 (5.80). 在那里我们只考虑了具有非中心差分的 Marchaud 导数. 在偶数 $l = 2, 4, \cdots$ 的情况下, 函数 (26.3) 中的后者也可以表示为

$$A_l''(\alpha) = \sum_{k=0}^{l} (-1)^{k-1} \binom{l}{k} \left| \frac{l}{2} - k \right|^\alpha. \tag{26.4}$$

在奇数 l 的情况下, 此式右端均为零, 所以它与 $A_l''(\alpha)$ 不同.

引理 26.1 函数 $A_l'(\alpha)$, $\alpha \in R^1$ 仅在点 $\alpha = 1, 2, 3, \cdots, l-1$ 处为零. 函数 $A_l''(\alpha)$ 在 l 是偶数的情况下, 在偶数 $\alpha = 2, 4, 6, \cdots, l-2$ 处为零, 在 l 是奇数的情况下, 在奇数 $\alpha = 1, 3, \cdots, l-2$ 处为零.

证明 我们先考虑 $A_l(\alpha) = A_l'(\alpha)$. 我们使用在 §5 中得到的关系式——见 (5.81),

$$A_l'(\alpha) = \frac{l}{\Gamma(1-\alpha)} \int_0^1 \frac{(1-\xi)^{l-1}}{|\ln \xi|^\alpha} d\xi, \quad \alpha < l. \tag{26.5}$$

从 (26.5) 中容易看出, 在 $\alpha < l$ 的情况下, 函数 $A_l'(\alpha)$ 仅在 Gamma 函数的极点处为零: $\alpha = 1, 2, \cdots, l-1$. 如果 $\alpha = l$, 根据 (5.74') 我们有 $A_l'(\alpha) \neq 0$. 令 $\alpha > l$. 递推关系 $\frac{1}{l+1} A_{l+1}'(\alpha+1) = A_{l+1}'(\alpha) - A_l'(\alpha)$ 成立, 这一点可以通过定义 (26.3) 验证. 然后通过归纳法不难证明, 对于 $\alpha > l$, 如果 l 是奇数, 则 $A_l'(\alpha) > 0$, 如果 l 是偶数, 则 $A_l'(\alpha) < 0$. 因此 $\alpha > l$ 时, 也有 $A_l'(\alpha) \neq 0$.

现在令 $A_l(\alpha) = A_l''(\alpha)$. 使用 (26.4) 我们得出结论, 如果 α 是整数且有与 l 相同的奇偶性, 则

$$A_l''(\alpha) = \sum_{k=0}^{l} (-1)^{k-1} \binom{l}{k} \left(\frac{l}{2} - k \right)^\alpha.$$

因为 $(\rho^{1/2} - \rho^{-1/2})^l = \sum_{\nu=0}^{l} (-1)^\nu \binom{l}{\nu} \rho^{l/2-\nu}$, 那么对于与 l 奇偶性相同的 α,

$$- \left(\rho \frac{d}{d\rho} \right)^\alpha \left(\frac{\rho-1}{\sqrt{\rho}} \right)^l \Bigg|_{\rho=1} = A_l''(\alpha). \tag{26.6}$$

因此, 引理关于 $A_l''(\alpha)$ 的情形得证. ∎

注 26.1 引理 26.1 回答了关于函数 $A_l(\alpha) = A_l'(\alpha)$ 零点的问题. 在与超奇异积分相关的一些问题中 (Samko [1984, p. 140]), 确保复平面中的拟多项式 $A_l(z)$ 除点 $z = 1, 2, 3, \cdots, l-1$ 外没有其他零点是很重要的. 这个是一个公开问题.

定理 26.1 式 (26.1) 中的归一化常数 $d_{n,l}(\alpha)$ 是参数 α 的解析函数, 由以下关系式给出

$$d_{n,l}(\alpha) = \beta_n(\alpha) \frac{A_l(\alpha)}{\sin(\alpha\pi/2)}, \tag{26.7}$$

$$\beta_n(\alpha) = \frac{\pi^{1+n/2}}{2^\alpha \Gamma\left(1 + \dfrac{\alpha}{2}\right) \Gamma\left(\dfrac{n+\alpha}{2}\right)}, \tag{26.8}$$

但奇数阶 l 中心差分的情况除外, 此时 $d_{n,l}(\alpha) \equiv 0$. 常数 $d_{n,l}(\alpha)$ 在中心差分且偶数 l 的情况下, 对于所有 $\alpha > 0$ 都不为零, 而在非中心差分的情况下, 对 $\alpha > 0$ 而言当且仅当 $\alpha = 1, 3, 5, \cdots, 2[l/2] - 1$ 时为零.

证明　我们首先指出根据引理 26.1, 对于偶数的 α, $A_l(\alpha) = 0$, 因此 (26.7) 中的 $A_l(\alpha)/\sin(\alpha\pi/2)$ 在 $\alpha = 2, 4, 6, \cdots$ 的情况下应理解为

$$\lim_{\xi \to \alpha} \frac{A_l(\xi)}{\sin(\xi\pi/2)} = \frac{2}{\pi} (-1)^{\alpha/2} \frac{d}{d\alpha} A_l(\alpha). \tag{26.9}$$

在非中心差的情况下估计积分 (25.64), 我们有

$$\begin{aligned}
d_{n,l}(\alpha) &= \int_{R^1} (1 - e^{iy_1})^l dy_1 \int_{R^{n-1}} (|\tilde{y}|^2 + y_1^2)^{-(\alpha+n)/2} d\tilde{y} \\
&= \int_{R^1} (1 - e^{iy_1})^l |y_1|^{-1-\alpha} dy_1 \int_{R^{n-1}} (1 + |\eta|^2)^{-(\alpha+n)/2} d\eta.
\end{aligned} \tag{26.10}$$

通过极坐标变换, 我们得到在 R^{n-1} 上积分的值:

$$\begin{aligned}
\int_{R^{n-1}} (1 + |\eta|^2)^{-(\alpha+n)/2} d\eta &= |S_{n-2}| \int_0^\infty \rho^{n-2} (1 + \rho^2)^{-(n+\alpha)/2} d\rho \\
&= \frac{1}{2} |S_{n-2}| \int_0^\infty r^{(n-3)/2} (1 + r)^{-(n+\alpha)/2} dr \\
&= \frac{1}{2} |S_{n-2}| \mathrm{B}\left(\frac{n-1}{2}, \frac{1+\alpha}{2}\right).
\end{aligned}$$

因为

$$|S_{n-2}| = 2\pi^{(n-1)/2} \Big/ \Gamma\left(\frac{n-1}{2}\right), \tag{26.11}$$

我们有

$$\int_{R^{n-1}} (1 + |\eta|^2)^{-(\alpha+n)/2} d\eta = \pi^{(n-1)/2} \Gamma\left(\frac{1+\alpha}{2}\right) \Big/ \Gamma\left(\frac{n+\alpha}{2}\right).$$

所以

$$d_{n,l}(\alpha) = \frac{\pi^{(n-1)/2}\Gamma\left(\dfrac{1+\alpha}{2}\right)}{\Gamma\left(\dfrac{n+\alpha}{2}\right)} \int_0^\infty \frac{(1-e^{it})^l + (1-e^{-it})^l}{t^{1+\alpha}} dt$$

$$= \frac{2\pi^{(n-1)/2}\Gamma\left(\dfrac{1+\alpha}{2}\right)}{\Gamma\left(\dfrac{n+\alpha}{2}\right)} \int_0^\infty t^{-1-\alpha} \sum_{k=0}^{l}(-1)^k \binom{l}{k} \cos kt\, dt.$$

令 $0 < \alpha < 1$. 使用关系 $\sum_{k=0}^{l}(-1)^k \binom{l}{k} = 0$ 以及从 (7.6) 中得到的等式

$$\int_0^\infty x^{-\alpha} \sin kx\, dx = \frac{\pi k^{\alpha-1}}{2\sin(\alpha\pi/2)\Gamma(\alpha)}, \tag{26.12}$$

我们将得到的积分转化为

$$\sum_{k=0}^{l}(-1)^k \binom{l}{k} \int_0^\infty t^{-1-\alpha}(\cos kt - 1)dt = \frac{1}{\alpha}\sum_{k=0}^{l}(-1)^{k-1}\binom{l}{k}k \int_0^\infty t^{-\alpha}\sin kt\, dt$$

$$= \frac{\pi A_l(\alpha)}{2\Gamma(1+\alpha)\sin(\alpha\pi/2)},$$

这给出了 (26.7) 中 $d_{n,l}(\alpha)$ 的值. 对于其他 $\alpha \geqslant 1$ 的值, 所需的结果很容易通过关于 α 的解析延拓得到.

在中心差分且 l 为偶数的情况下, 类似 (26.10), 我们得到

$$d_{n,l}(\alpha) = (-1)^{l/2} \frac{2^{l-\alpha+1}\pi^{(n-1)/2}\Gamma\left(\dfrac{1+\alpha}{2}\right)}{\Gamma\left(\dfrac{n+\alpha}{2}\right)} \int_0^\infty \frac{\sin^l t}{t^{1+\alpha}} dt. \tag{26.13}$$

在区间 $[0,\pi]$ 上将 $\sin^l t$ 展开为关于 $\cos kt$ 的 Fourier 级数, 我们可以简单地得到公式

$$\sin^l t = 2^{l-1}\sum_{k=1}^{l/2}(-1)^{k-1}\binom{l}{l/2-k}(1-\cos 2kt).$$

对于 $0 < \alpha < 2$ 的情况, 使用这个结果并由分部积分有

$$\int_0^\infty t^{-1-l} \sin^l t\, dt = 2^{1-l} \sum_{k=1}^{l/2} (-1)^{k-1} \binom{l}{l/2-k} \frac{2k}{\alpha} \int_0^\infty t^{-\alpha} \sin 2kt\, dt$$

$$= \frac{\pi 2^{\alpha-l}}{\Gamma(1+\alpha)\sin(\alpha\pi/2)} \sum_{k=1}^{l/2} (-1)^{k-1} \binom{l}{l/2-k} k^\alpha.$$

(26.14)

容易看到

$$\sum_{k=1}^{l/2} (-1)^{k-1} \binom{l}{l/2-k} k^\alpha = \frac{(-1)^{l/2}}{2} A_l''(\alpha).$$

所以 (26.14) 转化为

$$\int_0^\infty \frac{\sin^l t}{t^{1+\alpha}} dt = (-1)^{l/2} \frac{2^{\alpha-l-1}\pi}{\Gamma(1+\alpha)} \frac{A_l(\alpha)}{\sin(\alpha\pi/2)}.$$

(26.15)

将这个表达式代入 (26.13), 经简单变换后我们得到 (26.7). 值 $\alpha \geqslant 2$ 的结果可关于 α 进行解析延拓获得. 在中心差分且 l 为奇数的情况下, 从 (25.65) 中我们容易看出 $d_{n,l}(\alpha) \equiv 0$.

　　关于 $d_{n,l}(\alpha)$ 为零的问题还有待阐明. 中心差分的情形根据 (25.65) 是显然的. 所以设差分是非中心的. 通过 (26.7), 问题被简化为函数 $A_l(\alpha) = A_l'(\alpha)$ 的零点问题, 这在引理 26.1 中已经得到. 根据 (26.5), 该函数的零点, 即 $\alpha = 1, 2, 3, \cdots$, $l-1$ 是基本的. 因此对于 $\alpha = 2, 4, \cdots$, $d_{n,l}(\alpha) \neq 0$ 与 (26.9) 对应. ■

　　对于偶数 α 我们分别在非中心和中心情况给出 $d_{n,l}(\alpha)$ 明确的值:

$$d_{n,l}(\alpha) = \frac{(-1)^{\alpha/2}\pi^{n/2}2^{1-\alpha}}{\Gamma\left(1+\frac{\alpha}{2}\right)\Gamma\left(\frac{n+\alpha}{2}\right)} \frac{dA_l(\alpha)}{d\alpha}, \quad l = 1, 2, 3, \cdots,$$

(26.16)

$$d_{n,l}(\alpha) = \frac{(-1)^{1+(\alpha+l)/2}2^{2-\alpha}\pi^{n/2}l!}{\Gamma\left(1+\frac{\alpha}{2}\right)\Gamma\left(\frac{n+\alpha}{2}\right)} \frac{dA_l(\alpha)}{d\alpha}, \quad l = 2, 4, 6, \cdots,$$

(26.17)

$$\alpha = 2, 4, 6, \cdots$$

因此, 选择与 (25.64), (25.65) 和 (26.7) 对应的归一化常数 $d_{n,l}(\alpha)$, 根据定理 26.1, 在除去非中心差分且 $\alpha = 1, 3, 5, \cdots$ 的情况外, (26.1) 是算子 $\mathbf{D}^\alpha f$ 的恰当定义.

对于所除去的情况 $d_{n,l} = 0$, 若使用非中心差分, 我们会遇到结构 (25.61) 的 "湮灭" 现象:

$$T^\alpha f = 0, \quad \alpha = 1, 3, 5, \cdots < l. \tag{26.18}$$

因此, 一方面, 非中心差分有不必要求其阶数为偶数的优势 (选择偶数 l 的要求一般意味着我们要取更大的 l, 这是不可取的). 另一方面, 在 $\alpha = 1, 3, 5, \cdots$ 的情况下, 非中心差分会导致不希望的结果 (26.18). 我们将在 § 26.2 中考虑这种特殊情况.

26.2 非中心差分情形下的光滑函数超奇异积分的收敛性和有限差分阶从 l 到 $l > 2[\alpha/2]$ 的减少

我们来证明, 对于 $[\alpha] + 1$ 阶偏导数有界的函数 $f(x)$, 超奇异积分 (26.1) 绝对收敛. 为明确起见, 我们考虑非中心差分的情况.

关系式

$$(\Delta_h^l f)(x) = m \sum_{|j|=m} \frac{h^j}{j!} \int_0^1 (1-u)^{m-1} \sum_{k=0}^l (-1)^{m-k} k^m \binom{l}{k} (\mathcal{D}^j f)(x - kuh) du,$$

$$l \geqslant m$$

$$\tag{26.19}$$

成立, 其中 $h^j = h_1^{j_1} \cdots h_n^{j_n}$. 我们已经给出了它在一维情况下的证明——(5.57). 在多变量情况下, 可以利用多变量函数带积分余项的 Taylor 展开来类似证明.

我们从 (26.19) 得出结论

$$|(\Delta_h^l f)(x)| \leqslant c|h|^m \sup_{\substack{x \in R^n \\ |j|=m}} |(\mathcal{D}^j f)(x)| = c_1 |h|^m, \quad l \geqslant m. \tag{26.20}$$

从 (26.20) 中容易得出, 如果函数 $f(x)$ 及其所有导数 $(\mathcal{D}^j f)(x)$, $|j| = [\alpha] + 1$ 有界, 则积分 (26.1) 绝对收敛.

现在我们证明, 在非中心差分的情况下, 对于 $l > 2[\alpha/2]$, 超奇异积分 (26.1) 常规收敛. 换句话说, 选择的整数 l 不必大于 α, 但它是最接近 α 的奇数. 我们认为 l 是奇数, 因为如果 l 是偶数并且 $l > 2[\alpha/2]$, 那么 $l > \alpha$.

下面的关系可直接验证

$$(\tau - 1)^l = P_l(\tau) + \left(\frac{1}{\tau} + \cdots + \frac{1}{\tau^{(l-1)/2}} + \frac{1}{2\tau^{(l+1)/2}} \right) (\tau - 1)^{l+1}, \tag{26.21}$$

其中 $P_l(\tau) = \dfrac{l}{2}(\tau - 1)^l(\tau + 1)\tau^{-(l+1)/2}$ 对于逆是反不变的, 即 $P_l(\tau^{-1}) = -P_l(\tau)$.
等式 (26.21) 生成了有限差分中相应的恒等式

$$(\Delta_y^l f)(x) = (P_y^l f)(x) - \sum_{k=1}^{(l-1)/2} (\Delta_y^{l+1} f)(x + ky) - \frac{1}{2}(\Delta_y^{l+1} f)\left(x + \frac{l+1}{2}y\right),$$

$$x, y \in R^n,$$

$$(26.22)$$

其中函数 $(P_y^l f)(x)$ 关于 y 是奇函数. 则因为 $l + 1 > \alpha$, 极限

$$\lim_{\varepsilon \to 0} \int_{|y| > \varepsilon} \frac{(\Delta_y^l f)(x)}{|y|^{n+\alpha}} dy = -\sum_{k=1}^{(l-1)/2} \int_{R^n} \frac{(\Delta_y^{l+1} f)(x + ky)}{|y|^{n+\alpha}} dy$$

$$- \frac{1}{2} \int_{R^n} \frac{(\Delta_y^{l+1} f)\left(x + \dfrac{l+1}{2}y\right)}{|y|^{n+\alpha}} dy$$

$$(26.23)$$

存在, 从而得到了超奇异积分 $\mathbf{D}^\alpha f$ 的常规收敛性.

我们现在回到带奇数阶非中心差分的超奇异积分的湮灭现象 (26.18). 由于允许 $l > 2[\alpha/2]$, 在 $\alpha = 1, 3, 5, \cdots$ 的情况下, 我们可以通过选择 $l = \alpha$ 来避免这种现象. 则 $A_l(l) \neq 0$, 那么由 (26.1) 所定义的超奇异积分是恰当的. 然而, 应该强调的是, 在这种情况下即使对于非常好的函数, 常规收敛也是本质的.

下面我们假设在非中心差分的情况下 $l > \alpha$ 且 l 是偶数, 在非中心差分因 $\alpha = 1, 3, 5, \cdots$ 而强制选择 $l = \alpha$ 的情况下 $l > 2[\alpha/2]$. 然而, 在 §26.4 中推广超奇异积分 (26.1) 时, 也将在中心差分的情况下允许 l 为奇数.

以下引理与 (25.34) 相近.

引理 26.2 Riesz 微分 $(-\Delta)^{\alpha/2} = \mathbf{D}^\alpha$ 可以解释为在任意方向 σ, $|\sigma| = 1$ 上的分数阶微分再关于 σ 积分的结果:

$$\mathbf{D}^\alpha f = -\frac{\Gamma(-\alpha)\sin(\alpha\pi/2)}{\beta_n(\alpha)} \int_{S_{n-1}} (\mathcal{D}_\sigma^\alpha f)(x) d\sigma, \qquad (26.24)$$

其中 $\beta_n(\alpha)$ 是常数 (26.8), $(\mathcal{D}_\sigma^\alpha f)(x)$ 是 σ 方向上的分数阶导数 (24.38)—(24.38′), $\mathbf{D}^\alpha f$ 中取非中心差分.

引理的证明通过球面坐标变换得到.

26.3 作为 Riesz 势的逆的超奇异积分

超奇异积分 (26.1) 对于充分好的函数, 如 $\varphi \in \Phi(R^n)$ 生成了 Riesz 势 $I^\alpha\varphi$ 的逆算子:

$$\mathbf{D}^\alpha I^\alpha \varphi = \varphi, \tag{26.25}$$

运用 Fourier 变换, 此式是显然的, 参见 (25.35) 和 (25.62). 我们将证明, 在 L_p 空间的框架内, 逆 (26.25) 在整个 Riesz 势的定义域上是正确的: $\varphi(x) \in L_p(R^n)$, $1 \leqslant p < n/\alpha$.

这里需要强调的是, 超奇异积分 $\mathbf{D}^\alpha$ 适用于不是 "非常好" 的函数 $I^\alpha\varphi$, 因此一般情况下不会绝对收敛. 它可以解释为 L_p 中的常规收敛:

$$\mathbf{D}^\alpha f = \lim_{\substack{\varepsilon \to 0 \\ (L_p)}} \mathbf{D}_\varepsilon^\alpha f, \tag{26.26}$$

其中 $\mathbf{D}_\varepsilon^\alpha f$ 是截断的超奇异积分 (25.60).

我们引入一些辅助函数, 它们是 Riesz 核 $\mathrm{k}_\alpha(x)$ 的有限差分. 即我们定义函数

$$\Delta_{l,\alpha}(x, h) = (\Delta_h^l \mathrm{k}_\alpha)(x), \tag{26.27}$$

其中 $\alpha > 0$, $l = 1, 2, 3, \cdots$, 挑出 $h = e_1 = (1, 0, \cdots, 0)$ 的情况, 令

$$\mathrm{k}_{l,\alpha}(x) = \Delta_{l,\alpha}(x, e_1), \tag{26.28}$$

则对于非中心差分且 $\alpha - n \neq 0, 2, 4$,

$$\mathrm{k}_{l,\alpha}(x) = \frac{1}{\gamma_n(\alpha)} \sum_{k=0}^l (-1)^k \binom{l}{k} |x - ke_1|^{\alpha-n}. \tag{26.29}$$

核

$$\mathcal{K}_{l,\alpha}(|x|) = \frac{1}{d_{n,l}(\alpha)|x|^n} \int_{|y|<|x|} \mathrm{k}_{l,\alpha}(y) dy \tag{26.30}$$

将在我们的讨论中发挥重要作用. 由 (25.25), $\widehat{\mathrm{k}}_\alpha(x) = |x|^{-\alpha}$, 所以函数 (26.27) 的 Fourier 变换由以下表达式给出

$$\mathcal{F}(\Delta_{l,\alpha}(\cdot, h))(x) = \begin{cases} |x|^{-\alpha}(1 - e^{ix\cdot h})^l, & \text{非中心差分}, \\ |x|^{-\alpha}(e^{ix\cdot h/2} - e^{-ix\cdot h/2})^l, & \text{中心差分}. \end{cases} \tag{26.31}$$

函数 $\Delta_{l,\alpha}(x, h)$ 可以通过旋转用 $\mathrm{k}_{l,\alpha}(x)$ 来表示:

$$\Delta_{l,\alpha}(x, h) = |h|^{\alpha-n} \mathrm{k}_{l,\alpha}\left(\frac{|x|}{|h|^2} \omega_x^{-1}(h)\right), \tag{26.32}$$

其中 $\alpha - n = 0, 2, 4, \cdots$ 时, $l > \alpha - n$. 这里 $\omega_x(h)$ 是旋转 (25.68). 在 $\alpha - n = 0, 2, 4, \cdots$ 和 $l > \alpha - n$ 的情况下, 如果我们考虑到 $\ln|h| \sum\limits_{k=0}^{l} (-1)^k \binom{l}{k} |x - kh|^{\alpha-n} \equiv 0$, 那么 (26.32) 可通过等式 $|x - ke_1| = \left| |x|e_1 - k\dfrac{x}{|x|} \right|$ 意味着的关系 $\left| \dfrac{|x|}{|h|^2} \omega_x^{-1}(h) - ke_1 \right| = |h|^{-1}|x - kh|$ 直接验证.

引理 26.3　函数 $\mathrm{k}_{l,\alpha}(x)$ 满足估计

$$|\mathrm{k}_{l,\alpha}(x)| \leqslant c(1 + |x|)^{\alpha-n-l}, \quad \text{当 } |x| \geqslant l + 1 \text{ 时}, \tag{26.33}$$

所以, 当 $l > \alpha$ 时,

$$|\mathrm{k}_{l,\alpha}(x)| \in L_q(R^n), \quad 1 - \alpha/n < 1/q \leqslant 1. \tag{26.34}$$

此外

$$\int_{R^n} \mathrm{k}_{l,\alpha}(x)dx = 0. \tag{26.35}$$

如果 l 为奇数, 式 (26.28) 中的差分是非中心差分, 并且将 (26.35) 中的积分理解为 $\lim\limits_{N \to \infty} \int_{|x-\frac{1}{2}e_1|<N} \mathrm{k}_{l,\alpha}(x)dx$, 则方程 (26.35) 对于 $2[\alpha/2] < l \leqslant \alpha$ 的情形也成立.

证明　我们记 $W(s) = \mathrm{k}_\alpha(x + se_1)$, $s \in R^1$, 所以 $\mathrm{k}_{l,\alpha}(x) = (\Delta_1^l W)(0)$. 根据已知关系式

$$(\Delta_\xi^l W)(s) = \int_0^\xi \cdots \int_0^\xi W^{(l)}(s - s_1 - \cdots - s_l)ds_1 \cdots ds_l, \tag{26.36}$$

我们得到 $\mathrm{k}_{l,\alpha}(x) = W^{(l)}(-\theta)$, $0 < \theta < l$, 因此估计 (26.33) 容易推出, 其中在 $\alpha - n = 0, 2, 4, \cdots$ 的情况下考虑了不等式 $\left| \dfrac{d^l}{d\rho^l}(\rho^k \ln \rho) \right| \leqslant c\rho^{k-l}$, $\rho > 1$ 和 $l > k$. 因为 $\mathrm{k}_{l,\alpha}(x)$ 的 q 次幂局部可积, $1/q > 1 - \alpha/n$, 所以 (26.33) 意味着 (26.34). 如果 $l > \alpha$, 等式 (26.35), 即关系 $\widehat{\mathrm{k}}_{l,\alpha}(0) = 0$ 可从 (26.31) 中得到. 进一步,

$$\int_{|x-\frac{1}{2}e_1|<N} \mathrm{k}_{l,\alpha}(x)dx = \int_{\substack{|y|<N \\ y_1>0}} \sum_{\nu=0}^{l} (-1)^\nu \binom{l}{\nu} \mathrm{k}_\alpha\left(y + \left(\frac{l}{2} - \nu\right)e_1\right)dy$$

$$+ \int_{\substack{|y|<N \\ y_1>0}} \sum_{\nu=0}^{l} (-1)^\nu \binom{l}{\nu} \mathrm{k}_\alpha\left(y - \left(\frac{l}{2} - \nu\right)e_1\right)dy.$$

将第二个求和项中的指标 ν 换为 $l - \nu$, 我们看到它与第一项相差因子 $(-1)^l$. 所以在奇数 l 的情况下, 对于所有 $N > 0$,

$$\int_{|x - \frac{1}{2} e_1| < N} \mathrm{k}_{l,\alpha}(x) dx = 0. \tag{26.37}$$

引理 26.4 *估计式*

$$|\mathcal{K}_{l,\alpha}(|x|)| \leqslant c \begin{cases} |x|^{\min(\alpha - n, 0)}, & \alpha \neq n, \\ \ln \dfrac{1}{|x|}, & \alpha = n, \end{cases} \quad |x| \leqslant 1, \tag{26.38}$$

$$|\mathcal{K}_{l,\alpha}(|x|)| \leqslant c|x|^{\alpha - n - l^*}, \quad |x| \geqslant 1 \tag{26.39}$$

成立, 其中, 在所有 $l > \alpha$ 的情况下 $l^* = l$, 在 (26.38) 中使用非中心差分且 $2[\alpha/2] < l \leqslant \alpha$ 的情况下 $l^* = l + 1$. 所以 $\mathcal{K}_{l,\alpha}(|x|) \in L_q(R^n)$, $1 - \alpha/n < 1/q \leqslant 1$.

证明   式 (26.38) 的有效性是显然的. 为了证明 (26.39), 我们使用性质 (26.35) 有

$$|\mathcal{K}_{l,\alpha}(|x|)| = \frac{1}{|x|^n} \left| \frac{1}{d_{n,l}(\alpha)} \int_{|y| > |x|} \mathrm{k}_{l,\alpha}(y) dy \right| \leqslant \frac{c}{|x|^{n+l-\alpha}}.$$

如果 $2[\alpha/2] < l \leqslant \alpha$, 以至于 l 为奇数, 则可以得到估计 (26.39), 因为 (26.37) 允许我们不在球 $|y| \leqslant |x|$ 上而是在层 $|x| - l/2 < |y| < |x| + l/2$ 上进行积分. 也就是说根据 (26.37) 和 (26.33), 对于 $|x| > l + 1$ 我们有

$$|\mathcal{K}_{l,\alpha}(|x|)| \leqslant \frac{1}{|x|^n |d_{n,l}(\alpha)|} \int_{|x| - \frac{1}{2} < |y| < |x| + \frac{1}{2}} |\mathrm{k}_{l,\alpha}(y)| dy$$

$$\leqslant \frac{c}{|x|^n} \left| \left(|x| + \frac{l}{2} \right)^{\alpha - l} - \left(|x| - \frac{l}{2} \right)^{\alpha - l} \right|$$

$$\leqslant c_1 |x|^{-n + \alpha - l - 1}.$$

我们现在证明以下定理, 该定理为得到 Riesz 势 $I^\alpha \varphi$ 的逆做准备, 可以看作是引理 6.1 在多维情形的推广.

定理 26.2   令 $f(x) = I^\alpha \varphi$, $0 < \alpha < n$, $\varphi \in L_p(R^n)$, $1 \leqslant p < n/\alpha$. 则截断的超奇异积分 $\mathbf{D}_\varepsilon^\alpha f$ 有如下表示:

$$(\mathbf{D}_\varepsilon^\alpha f)(x) = \int_{R^n} \mathcal{K}_{l,\alpha}(|y|) \varphi(x - \varepsilon y) dy. \tag{26.40}$$

证明　对 Riesz 势应用有限差分, 我们有

$$(\Delta_y^l f)(x) = \int_{R^n} \Delta_{l,\alpha}(\xi, y)\varphi(x - \xi)d\xi, \tag{26.41}$$

其中 $\Delta_{l,\alpha}(\xi, y)$ 是函数 (26.27). 因此

$$(\mathbf{D}_\varepsilon^\alpha f)(x) = \frac{1}{d_{n,l}(\alpha)} \int_{R^n} \varphi(x - \xi)d\xi \int_{|y|>\varepsilon} \frac{\Delta_{l,\alpha}(\xi, y)}{|y|^{n+\alpha}}dy.$$

在 $\varepsilon > 0$ 的情况下根据绝对收敛性可以交换积分次序. 我们使用 (26.32), 然后作变量替换 $\frac{|\xi|}{|y|^2}\omega_\xi^{-1}(y) = z \in R^n$, 其中 $\omega_x^{-1}(y)$ 是旋转 (25.68) 的逆. 则 $|y| = |\xi|/|z|$ 且

$$(\mathbf{D}_\varepsilon^\alpha f)(x) = \frac{1}{d_{n,l}(\alpha)} \int_{R^n} \frac{\varphi(x - \xi)}{|\xi^n|}d\xi \int_{|x|<|\xi|/\varepsilon} \mathrm{k}_{l,\alpha}(z)dz.$$

经伸缩变换 $\xi \to \varepsilon\xi$ 就导致了 (26.40). ∎

注 26.2　核 $\mathcal{K}_{l,\alpha}(|y|)$ 有平均性质:

$$\int_{R^n} \mathcal{K}_{l,\alpha}(|y|)dy = 1. \tag{26.42}$$

这种关系是归一化常数选择的结果, 容易间接建立: 令 $\varphi \in \Phi$, 那么在 (26.40) 中取极限 $\varepsilon \to 0$ 是可能的: $\mathbf{D}^\alpha f = \varphi(x)\int_{R^n} \mathcal{K}_{l,\alpha}(|y|)dy$. 因为根据 (26.25), 对于 $f = I^\alpha\varphi, \varphi \in \Phi$ 有 $\mathbf{D}^\alpha f = \varphi$, 从而得到了 (26.42).

推论　对于 (26.27) 中非中心差分的情况, 核 $\mathcal{K}_{l,\alpha}(|x|)$ 的 Fourier 变化由表达式

$$\widehat{\mathcal{K}}_{l,\alpha}(x) = \frac{1}{d_{n,l}(\alpha)|x|^\alpha} \int_{|y|>1} \frac{(1 - e^{ix\cdot y})^l}{|y|^{n+\alpha}}dy \tag{26.43}$$

给出.

事实上, 在 (26.40) 中取 $f \in \Phi$, 我们有 $\widehat{\mathbf{D}_\varepsilon^\alpha f}(x) = \widehat{\mathcal{K}}_{l,\alpha}(\varepsilon x)\widehat{\mathbf{D}^\alpha f}(x)$. 令 $\varepsilon = 1$, 则由 (25.66) 和 (25.62) 我们得到 (26.43).

定理 26.3　在 $L_p(R^n)$ 空间的框架下, 算子 $\mathbf{D}^\alpha f = \lim\limits_{\substack{\varepsilon \to 0 \\ (L_p)}} \mathbf{D}_\varepsilon^\alpha f$ 是 Riesz 势的左逆:

$$\mathbf{D}^\alpha I^\alpha \varphi \equiv \varphi, \quad \varphi \in L_p(R^n), \quad 1 \leqslant p < n/\alpha. \tag{26.44}$$

证明这个定理的方法由定理 26.2 给出. 事实上, 由 (26.42), 我们从 (26.40) 中得到

$$(\mathbf{D}_\varepsilon^\alpha f)(x) - \varphi(x) = \int_{R^n} \mathcal{K}_{l,\alpha}(|y|)[\varphi(x - \varepsilon y) - \varepsilon(x)]dy. \tag{26.45}$$

根据 Minkowsky 不等式我们有

$$\|\mathbf{D}_\varepsilon^\alpha f - \varphi\|_p \leqslant \int_{R^n} |\mathcal{K}_{l,\alpha}(|y|)| \omega_p^1(\varphi, \varepsilon y)dy, \tag{26.46}$$

其中 $\omega_p^1(\varphi, \varepsilon y) = \left\{ \int_{R^n} |\varphi(x) - \varphi(x + h)|^p dx \right\}^{1/p}$. 因此, 根据 Lebesgue 控制收敛定理, 并运用由引理 26.4 证得的结果 $\mathcal{K}_{l,\alpha}(|y|) \in L_1(R^n)$ 知, $\varepsilon \to 0$ 时 $\|\mathbf{D}_\varepsilon^\alpha f - \varphi\|_p \to 0$.

强调一下, 我们已经证明了截断的 Riesz 导数 (超奇异积分) $\mathbf{D}_\varepsilon^\alpha f$ 在 Riesz 势的值域 $I^\alpha(L_p)$ 内的 L_p 收敛性, 并在 (26.46) 中给出了这种收敛性的估计. 我们可以证明, 这种收敛也是几乎处处的. 我们不在此赘述, 请参阅 § 29.2, 注记 26.1.

在本小节的最后, 我们想说明, 除上文所考虑的超奇异积分外, § 25 所定义的结构 (25.69) 和 (25.70) 也可用来求 Riesz 势 $I^\alpha \varphi$, $\varphi \in L_p$ 的逆. 即下面的定理成立.

定理 26.3′ 令 $f = I^\alpha \varphi$, $\varphi \in L_p(R^n)$, $0 < \alpha < n$, $1 \leqslant p < n/\alpha$. 则

$$\varphi = \frac{1}{\varkappa(\alpha, l)} \lim_{\varepsilon \to 0} \int_\varepsilon^\infty t^{-1-\alpha}(E - P_t)^l f dt, \quad l > \alpha,$$

极限可以在 L_p 范数或几乎处处的意义下取得.

26.4 具有齐次特征的超奇异积分

我们通过引入结构

$$(\mathbf{D}_\Omega^\alpha f)(x) = \int_{R^n} \frac{(\Delta_y^l f)(x)}{|y|^{n+\alpha}} \Omega(x, y)dy$$

来推广超奇异积分 (26.1), 我们把不依赖于 $f(x)$ 的函数 $\Omega(x, y)$ 称为特征. 这遵循多维奇异积分理论中所接受的术语 (见 Mihlin [1962]). 这里我们不考虑这种一般形式的结构, 而是考虑 $\Omega(x, y)$ 不依赖于 x 且关于 y 齐次的情况: $\Omega = \Omega(y')$, $y' = y/|y|$, 所以

$$\mathbf{D}_\Omega^\alpha f = \frac{1}{d_{n,l}(\alpha)} \int_{R^n} \frac{(\Delta_y^l f)(x)}{|y|^{n+\alpha}} \Omega(y')dy, \quad l > \alpha. \tag{26.47}$$

尽管存在任意齐次特征 $\Omega(y')$, 我们仍像以前一样写出归一化常数, 使得 $\mathbf{D}_\Omega^\alpha f$ 与选择 $l > \alpha$ 无关. 见定理 26.4 的推论 1.

对于更一般的特征, 我们参考 §29.1 (§26.4 的注记) 和 §29.2 (注记 26.3 和注记 26.4) 中的参考文献.

我们立刻注意到, 超奇异积分中特征 $\Omega(y')$ 的存在允许我们在这个积分中使用奇数阶的中心差分.

我们将给出超奇异积分的某种分类 (26.47), 并在本节中讨论下列问题:

A) $\mathbf{D}_\Omega^\alpha f$ 的 Fourier 变换由什么关系给出?

B) 在 $\Omega(y')$ 满足什么条件时, 具有常数特征的超奇异积分 $\mathbf{D}^\alpha f$ 在 L_p 中的收敛性意味着具有特征 $\Omega(y')$ 的超奇异积分的收敛性, 反之亦然?

在 §26.6 中我们将更清楚地看到什么是超奇异积分 (26.47). 特别地, 我们将证明这类积分包含形式 $\mathcal{F}^{-1}a\mathcal{F}$ 的算子, 其中 $a(x) = |x|^\alpha a(x')$, $x' = x/|x|$ 是充分光滑的 α 阶齐次函数. 在 α 为整数的情况下, 算子类 (26.47) 包含所有齐次的 α 阶偏导数微分算子.

首先我们陈述以下内容.

定义 26.1　如果积分 (26.47) 使用非中心差分, 我们将称其为中立型超奇异积分, 如果它使用偶数 (或奇数) 阶中心差分, 则称其为偶数 (或奇数) 型超奇异积分.

根据 (26.20), 在函数 $f(x)$ 充分好的情况下, 如果 $\Omega(y') \in L_1(S_{n-1})$, 积分 (26.47) 在 $l > \alpha$ 时收敛. 对于中立型超奇异积分并具有偶特征 $\Omega(y') = \Omega(-y')$, 基于常规收敛, 差分的阶数可能会降低为

$$l > 2[\alpha/2], \tag{26.48}$$

此时在 $\alpha = 1, 3, 5, \cdots$ 的情形下, 强制选择 $l = \alpha$. 这与 §26.2 证明的思路相同. 我们认为在以下任意位置, l 都按照已说明的方式选择.

与偶数或奇数型的超奇异积分相比, 中立型的超奇异积分有一些优势. 这在降低阶数 l 的可能性 (26.48) 中已经显示出来. 并且它在势型算子的逆问题中更具普适性. 特别地, 它对于只考虑偶 (或奇) 特征 $\Omega(y')$ 的偶数 (或奇数) 型的积分是有意义的. 即如果特征是任意的:

$$\Omega(y') = \Omega_+(y') + \Omega_-(y'), \quad \Omega_\pm(y') = \frac{\Omega(y') \pm \Omega(-y')}{2},$$

则对偶数和奇数型积分分别有

$$\mathbf{D}_\Omega^\alpha f \equiv \mathbf{D}_{\Omega+}^\alpha f, \quad \mathbf{D}_\Omega^\alpha f \equiv \mathbf{D}_{\Omega-}^\alpha f, \tag{26.49}$$

即偶数或奇数类型的积分在特征具有相反奇偶性的情况下会湮灭. 例如, 这些关系式如下文证明的 (26.69)—(26.71) 所示. 另一方面, 中立型的超奇异积分有其自身的 "奇怪性", 这在下面的注中体现.

注 26.3 如果 $l > \alpha$, 对于任意 $\alpha = 1, 3, 5, \cdots$, 无论 f 和 Ω 是什么, 中立型的超奇异积分都会 "湮灭":

$$\int_{R^n} |y|^{-n-\alpha} (\Delta_y^l f)(x) \Omega(y') dy \equiv 0.$$

对于 $\Omega(y') = \mathrm{const}$, § 26.1 中已经建立 (见 (26.18)). 对于 $\Omega(y') \neq \mathrm{const}$, 这种湮灭在 Fourier 变换中是显然的, 如 (25.68) 和 (25.69) 所示. 至于 $l = \alpha$ 的情况, 中立型的超奇异积分常规收敛当且仅当 $\Omega(y')$ 是偶函数. 这通过将特征 $\Omega(y')$ 代入 (26.33) 的左端, 从 § 26.2 中的变换中可以看出.

注 26.4 在奇数型的超奇异积分的情况下, 归一化常数 $d_{n,l}(\alpha)$ 尚未确定. 常数 (25.65) 在奇数 l 的情况下等于零. 从 (26.7) 出发, 由引理 26.1, 考虑到 $\alpha = 1, 3, 5, \cdots$ 时, $A_l''(\alpha) = 0$, 对奇数型超奇异积分, 根据定义我们令

$$d_{n,l}(\alpha) = \beta_n(\alpha) \frac{A_l''(\alpha)}{\cos(\alpha\pi/2)}. \tag{26.50}$$

我们也注意到对于具有齐次特征的超奇异积分, 关系式

$$\mathbf{D}_\Omega^\alpha f = -\frac{\Gamma(-\alpha)\sin(\alpha\pi/2)}{\beta_n(\alpha)} \int_{S_{n-1}} \Omega(\sigma)(\mathcal{D}_\sigma^\alpha f)(x) d\sigma \tag{26.51}$$

成立, 其中 $(\mathcal{D}_\sigma^\alpha f)(x)$ 是在 σ 方向上的分数阶积分 (24.38)—(24.38'). 此结果推广了 (26.24), 可类似地通过在 (26.47) 中变换极坐标获得.

A) $\mathbf{D}_\Omega^\alpha f$ 的 Fourier 变换计算.

根据 (25.66)—(25.67) 中的变换, 我们容易证明 Fourier 变换关系

$$\mathcal{F}(\mathbf{D}_\Omega^\alpha f) = \mathcal{D}_\Omega^\alpha(x) \hat{f}(x) \tag{26.52}$$

是正确的, 其中函数 $\mathcal{D}_\Omega^\alpha(x)$ 由以下关系式给出

$$\mathcal{D}_\Omega^\alpha(x) = \frac{1}{d_{n,l}(\alpha)} \begin{cases} \displaystyle\int_{R^n} \frac{(1-e^{ix\cdot y})^l}{|y|^{n+\alpha}} \Omega(y') dy, & \text{非中心差分}, \\ \displaystyle\int_{R^n} \frac{(e^{\frac{i}{2}x\cdot y} - e^{-\frac{i}{2}x\cdot y})^l}{|y|^{n+\alpha}} \Omega(y') dy, & \text{中心差分}. \end{cases} \tag{26.53}$$

我们称函数 $\mathcal{D}_\Omega^\alpha(x)$ 为超奇异积分 $\mathbf{D}_\Omega^\alpha f$ 的符号. 这是多维奇异积分理论中所接受的术语——见 Mihlin [1962]. 显然, 符号 $\mathcal{D}_\Omega^\alpha(x)$ 是 α 阶齐次的:

$$\mathcal{D}_\Omega^\alpha(x) = |x|^\alpha \mathcal{D}_\Omega^\alpha(x'), \quad x' = x/|x|. \tag{26.54}$$

定理 26.4 设 $\Omega(\sigma) \in L_1(S_{n-1})$. 下列符号表示有效:

$$\mathcal{D}_\Omega^\alpha(x) = \frac{\omega_n(\alpha)}{\cos(\alpha\pi/2)} \int_{S_{n-1}} \Omega(\sigma)(-ix\cdot\sigma)^\alpha d\sigma, \quad \alpha \neq 1, 3, 5, \cdots, \quad (26.55)$$

$$\mathcal{D}_\Omega^\alpha(x) = \omega_n(\alpha) \int_{S_{n-1}} \Omega(\sigma)|x\cdot\sigma|^\alpha d\sigma, \quad (26.56)$$

$$\mathcal{D}_\Omega^\alpha(x) = -i\omega_n(\alpha) \int_{S_{n-1}} \Omega(\sigma)|x\cdot\sigma|^\alpha \mathrm{sign}(x\cdot\sigma)d\sigma, \quad (26.57)$$

其中 $\omega_n(\alpha) = \Gamma((n+\alpha)/2)[2\pi^{(n-1)/2}\Gamma(1/2+\alpha/2)]^{-1}$, 它们分别对应中立、偶数和奇数型超奇异积分, 式 (26.55) 中使用了符号 $(i\xi)^\alpha = |\xi|^\alpha e^{-i\frac{\alpha\pi}{2}\mathrm{sign}\xi}$. 在偶特征 $\Omega(\sigma)$ 的情况下, (26.55) 和 (26.56) 一致且对于 $\alpha = 1, 3, 5, \cdots$ 阶的中立型超奇异积分有效.

证明　在非中心差分的情况下我们有

$$\mathcal{D}_\Omega^\alpha(x) = \frac{1}{d_{n,l}(\alpha)} \int_{S_{n-1}} \Omega(\sigma)d\sigma \int_0^\infty \frac{(1-e^{i\rho x\cdot\sigma})^l}{\rho^{1+\alpha}} d\rho. \quad (26.58)$$

由于内积分关于 α 解析, 因此只需计算 $0 < \alpha < 1$ 的情况. 利用恒等式 $\sum_{k=0}^{l}(-1)^k \binom{l}{k} = 0$, 我们得到

$$\int_0^\infty \rho^{-1-\alpha}(1-e^{i\rho\xi})^l d\rho = \sum_{k=0}^{l}(-1)^k \binom{l}{k} \left[\int_0^\infty \rho^{-1-\alpha}(\cos k\rho\xi - 1)d\rho \right.$$
$$\left. + i \int_0^\infty \rho^{-1-\alpha} \sin k\rho\xi d\rho \right],$$

其中 $\xi = x\cdot\sigma$. 在第一个积分中分部积分并使用 (26.12), 有

$$\int_0^\infty \frac{(1-e^{i\rho\xi})^l}{\rho^{1+\alpha}} d\rho = \frac{\pi A_l'(\alpha)}{\Gamma(1+\alpha)\sin\alpha\pi}(-i\xi)^\alpha, \quad \alpha > 0, \quad l > \alpha, \quad (26.59)$$

根据 (26.7), 此式将 (26.58) 转化为 (26.55).

在中心差分的情况下, 类似 (26.58), 再次假设 $0 < \alpha < 1$, 我们得到内积分

$$I(\xi) = \int_0^\infty \rho^{-1-\alpha} \left(e^{\frac{i}{2}\rho\xi} - e^{-\frac{i}{2}\rho\xi} \right)^l d\rho$$
$$= \sum_{\nu=0}^{l}(-1)^\nu \binom{l}{\nu} \int_0^\infty \rho^{-1-\alpha} \left[e^{i\xi(\frac{1}{2}-\nu)\rho} - 1 \right] d\rho,$$
$$\xi = x\cdot\sigma.$$

应用 (26.59) 我们得到

$$I(\xi) = \frac{\pi}{\sin \alpha \pi \Gamma(1+\alpha)} \sum_{\nu=0}^{l} (-1)^{\nu-1} \binom{l}{\nu} \left[-i\xi \left(\frac{l}{2} - \nu \right) \right]^{\alpha}$$

$$= \frac{\pi |\xi|^{\alpha}}{2\Gamma(1+\alpha)} \left\{ \frac{1}{\sin(\alpha\pi/2)} \sum_{\nu=0}^{l} (-1)^{\nu-1} \binom{l}{\nu} \left| \frac{l}{2} - \nu \right|^{\alpha} \right.$$

$$\left. + i \frac{\text{sign}\xi}{\cos(\alpha\pi/2)} \sum_{\nu=0}^{l} (-1)^{\nu-1} \binom{l}{\nu} \left| \frac{l}{2} - \nu \right|^{\alpha} \text{sign}\left(\frac{l}{2} - \nu \right) \right\}.$$

注意到 l 为奇数时 $\sum_{\nu=0}^{l} (-1)^{\nu-1} \binom{l}{\nu} \left| \frac{l}{2} - \nu \right|^{\alpha} \equiv 0$, 其为偶数时 $\sum_{\nu=0}^{l} (-1)^{\nu-1} \binom{l}{\nu} \left| \frac{l}{2} - \nu \right|^{\alpha} \times \text{sign}\left(\frac{l}{2} - \nu \right) \equiv 0$, 我们看到对于偶数 l, $I(\xi) = \dfrac{\pi A_l''(\alpha)|\xi|^{\alpha}}{2\Gamma(1+\alpha)\sin(\alpha\pi/2)}$, 对于奇数 l, $I(\xi) = -\dfrac{\pi i A_l''(\alpha)|\xi|^{\alpha}\text{sign}\xi}{2\Gamma(1+\alpha)\cos(\alpha\pi/2)}$, 这给出了 (26.56)—(26.57). ∎

推论 1 如果选择所建议的归一化常数, 超奇异积分 (26.47) 不依赖有限差分的阶 l.

推论 2 在偶特征的情况下, 中立型和偶数型超奇异积分一致.

从 (26.56)—(26.57) 中我们还可知道, 适当选择超奇异积分的类型, 整数阶 α 超奇异积分 $\mathbf{D}_{\Omega}^{\alpha} f$ 是关于偏导数的齐次微分算子. 即下面的推论成立.

推论 3 对于 $\alpha = 2, 4, 6, \cdots$ 的中立型或偶数型超奇异积分或 $\alpha = 1, 3, 5, \cdots$ 的奇数型超奇异积分, 其符号是多项式

$$\mathcal{D}_{\Omega}^{\alpha}(x) = \frac{\pi}{2\delta\beta_n(\alpha)} \sum_{|j|=\alpha} \frac{\Omega_j}{j!} x^j, \tag{26.60}$$

其中对于中立型或偶数型超奇异积分 $\delta = 1$, 对于奇数型超奇异积分 $\delta = i$, Ω_j 为函数 $\Omega(\sigma)$ 的球面矩:

$$\Omega_j = \int_{S_{n-1}} \sigma^j \Omega(\sigma) d\sigma. \tag{26.61}$$

为了从 (26.56)—(26.57) 获得 (26.60), 需使用关系式

$$(x \cdot \sigma)^m = \sum_{|j|=m} \frac{m!}{j!} x^j \sigma^j.$$

B) 具有不同特征的超奇异积分的收敛性.

我们希望回答以下问题. 设函数 $f(x)$ 的超奇异积分对于某一特征 $\Omega_1(y')$ 收敛. 那么, 同一函数的超奇异积分对另一个特征 $\Omega_2(y')$ 是否收敛? 用以下方式来解决这一问题很方便: 具有常数特征的超奇异积分 (即 Riesz 导数 (26.1) 收敛) 收敛是否意味着具有任意特征的超奇异积分收敛, 反之亦然? 问题的第一个方面将得到肯定的解决, 即 $\mathbf{D}^{\alpha}f$ 收敛意味着具有任意有界特征的 $\mathbf{D}^{\alpha}_{\Omega}f$ 收敛. 有界的条件可以被弱化. 显然, 具有特征 $\Omega(y') \equiv 0$ 的 $\mathbf{D}^{\alpha}_{\Omega}f$ 收敛不能意味着 $\mathbf{D}^{\alpha}f$ 收敛, 因此逆断言将要求特征 $\Omega(y')$ 具有某些 "椭圆性" 条件.

对于函数 $f(x)$ 本身, 我们做一个先验假设, 即 $f(x) \in L_r(R^n)$, $1 < r < \infty$, 而其超奇异积分的收敛性将在 $L_p(R^n)$ 空间中考虑 $1 < p < \infty$:

$$\mathbf{D}^{\alpha}_{\Omega}f = \lim_{\varepsilon \to 0} \mathbf{D}^{\alpha}_{\Omega,\varepsilon}f, \tag{26.62}$$

其中

$$\mathbf{D}^{\alpha}_{\Omega,\varepsilon}f = \frac{1}{d_{n,l}(\alpha)} \int_{|y|>\varepsilon} \frac{(\Delta^l_y f)(x)}{|y|^{n+\alpha}} \Omega(y') dy.$$

我们在此不做详述, 只给出论证的要点. 证明的细节可以在 Nogin and Samko [1980, 1982] 中找到.

令 $f(x) \in L_r(R^n)$ 且 Riesz 导数 $\mathbf{D}^{\alpha}f$ 在 $L_p(R^n)$ 中存在. 对于这样的函数可以直接验证

$$\mathbf{D}^{\alpha}_{\Omega,\varepsilon}f = A_{\varepsilon}\mathbf{D}^{\alpha}f, \tag{26.63}$$

其中 A_{ε} 是卷积算子, 其核为

$$a_{\varepsilon}(x) = \frac{1}{d_{n,l}(\alpha)} \int_{|y|>\varepsilon} \frac{\Delta_{l,\alpha}(x,y)\Omega(y')}{|y|^{n+\alpha}} dy, \tag{26.64}$$

$\Delta_{l,\alpha}(x,y)$ 为函数 (26.27). 这个核局部可积且 $|a_{\varepsilon}(x)| \leqslant c|x|^{-n}$, $|x| \to \infty$. 利用函数 $\Delta_{l,\alpha}(x,y)$ 的性质 (见 § 26.3), 可以证明带此核的卷积算子关于 ε 在中 L_p 一致有界: $\|A_{\varepsilon}\|_{L_p \to L_p} \leqslant c$, 其中 c 不依赖 ε. 由此事实, 我们可以根据 Banach-Steinhaus 定理证明 (26.63) 中 $\varepsilon \to 0$ 时的极限. 极限算子 $A = \lim_{\varepsilon \to 0} A_{\varepsilon}$ 是形式为 $A\varphi = \Omega_0\varphi + B\varphi$ 的算子, 其中 Ω_0 是单位球面上的特征均值, B 是某个在 $L_p(R^n)$ 中有界的 Calderon-Zygmund 奇异算子, $1 < p < \infty$. 因此 (26.63) 给出了 $\mathbf{D}^{\alpha}_{\Omega,\varepsilon}f$ 在 $L_p(R^n)$ 中的收敛性. 为了获得逆断言, 需要限制算子 A 的可逆性. 计算这个奇异算子核的 Fourier 变换, 我们可以证明, 如果采用中立型的超奇异积分 (见

(26.55)), 则算子 A 的可逆性判据的形式为

$$\int_{S_{n-1}} (-ix \cdot \sigma)^\alpha \Omega(\sigma) d\sigma \neq 0, \quad |x| = 1. \tag{26.65}$$

如果特征充分光滑且满足椭圆性条件 (26.65), 则可以从 (26.63) 推导出逆命题, 即 $\mathbf{D}_{\Omega,f}^\alpha$ 在 L_p 中收敛意味着 $\mathbf{D}^\alpha f$ 在 L_p 中收敛, $f \in L_p$. 如果 $1 < p < \infty$, $1 < r < \infty$ 和 $1/p - \alpha/n \leqslant 1/r \leqslant 1/p$, 上述论断是合理的.

26.5 具有齐次特征的超奇异积分是与分布的卷积

我们将表明, 超奇异积分 (26.47) 可以表示成与形式为 $\Omega(x')/|x|^{n+\alpha}$ 的广义函数的卷积, 即, 超奇异积分与发散积分的正则化吻合. 对应 (25.19), 我们通过关系式

$$\begin{aligned}
\mathrm{p.f.} \frac{\Omega(x')}{|x|^{n+\alpha}} * f &= \int_{|y|<1} \Omega(y') \frac{f(x-y) - (R_y^{l-1}f)(x)}{|y|^{n+\alpha}} dy \\
&\quad + \int_{|y|>1} \frac{\Omega(y')f(x-y)}{|y|^{n+\alpha}} dy \\
&\quad + \sum_{|j| \leqslant l-1} \frac{(-1)^{|j|}}{j!} (\mathcal{D}^j f)(x) \mathrm{p.f.} \int_{|y|<1} \frac{y^j \Omega(y') dy}{|y|^{n+\alpha}}
\end{aligned} \tag{26.66}$$

定义了类似的特征为 $\Omega(x')$ 的发散积分的正则化, 其中

$$(R_y^{l-1}f)(x) = \sum_{|j| \leqslant l-1} \frac{(-y)^j}{j!} (\mathcal{D}^j f)(x)$$

是 Taylor 和, 且 $l > \alpha$. 运用极坐标变换, 根据 p.f. 积分的定义 (5.1), 我们容易得到

$$\mathrm{p.f.} \int_{|y|<1} \frac{y^j \Omega(y')}{|y|^{n+\alpha}} dy = \begin{cases} \Omega_j/(|j| - \alpha), & |j| \neq \alpha, \\ 0, & |j| = \alpha, \end{cases}$$

其中 Ω_j 是球面矩 (26.61). 所以

$$\begin{aligned}
\mathrm{p.f.} \frac{\Omega(x')}{|x|^{n+\alpha}} * f &= \int_{R^n} \Omega(y') \frac{f(x-y) - \chi(y)(R_y^{l-1}f)(x)}{|y|^{n+\alpha}} dy \\
&\quad + \sum_{|j| \leqslant l-1}{}' \frac{(-1)^{|j|}\Omega_j}{j!(|j| - \alpha)} (\mathcal{D}^j f)(x), \quad l > \alpha,
\end{aligned} \tag{26.67}$$

其中上标符号表示在整数 α 的情况下, 省略 $|j| = \alpha$ 的项, $\chi(y)$ 是球 $|y| < 1$ 的特征函数.

如果我们将 l 选择为与 α 最近的整数, $l > \alpha$, 即 $l = [\alpha] + 1$, 则 (26.67) 可写为

$$
\text{p.f.} \frac{\Omega(x')}{|x|^{n+\alpha}} * f = \int_{R^n} \frac{f(x-y) - (R_y^{[\alpha]} f)(x)}{|y|^{n+\alpha}} \Omega(y') dy, \tag{26.68}
$$
$$
\alpha \neq 1, 2, 3, \cdots,
$$

此式可直接验证. 形式 (26.68) 与 (26.67) 相比具有明显优势, 但不适用于整数情形的 α. (在整数 α 的情况下, 以限制 $\int_{S_{n-1}} \Omega(\sigma) d\sigma = 0$ 为代价可能是有意义的, 特别地, 它排除了 $\Omega(\sigma) = \text{const.}$)

定理 26.5　我们假设 $\Omega(\sigma) \in L_1(S_{n-1})$, 同时 $f(x) \in C^l(R^n), l > \alpha$ 有界. 则对于中立、偶数和奇数型的超奇异积分分别有

$$
(\mathcal{D}_\Omega^\alpha f)(x) = -\frac{\sin(\alpha\pi/2)}{\beta_n(\alpha)} \text{p.f.} \frac{\Omega(x')}{|x|^{n+\alpha}} * f, \qquad \alpha \neq 2, 4, 6, \cdots, \tag{26.69}
$$

$$
(\mathcal{D}_\Omega^\alpha f)(x) = -\frac{\sin(\alpha\pi/2)}{\beta_n(\alpha)} \text{p.f.} \frac{\Omega(x') + \Omega(-x')}{2|x|^{n+\alpha}} * f, \quad \alpha \neq 2, 4, 6, \cdots, \tag{26.70}
$$

$$
(\mathcal{D}_\Omega^\alpha f)(x) = -\frac{\cos(\alpha\pi/2)}{\beta_n(\alpha)} \text{p.f.} \frac{\Omega(x') - \Omega(-x')}{2|x|^{n+\alpha}} * f, \quad \alpha \neq 1, 3, 5, \cdots. \tag{26.71}
$$

在 (26.69)—(26.71) 中排除的整数 α 情况下, 超奇异积分是 α 阶偏导数的微分算子:

$$
(\mathcal{D}_\Omega^\alpha f)(x) = -\frac{(-1)^{[\alpha/2]}}{2\beta_n(\alpha)} \sum_{|j|=\alpha} \frac{\Omega_j}{j!} (\mathcal{D}^j f)(x) \tag{26.72}
$$

(对于中立型或偶数型超奇异积分 $\alpha = 2, 4, 6, \cdots$, 对于奇数型超奇异积分 $\alpha = 1, 3, 5, \cdots$).

证明　结果 (26.72) 由 (26.60) 得出, 但也可以避免考虑 Fourier 变换的问题直接建立. 我们以 (26.69) 为例证明. 我们有

$$
(\mathbf{D}_\Omega^\alpha f)(x) = \frac{1}{d_{n,l}(\alpha)} \int_{R^n} \frac{\Omega(y')}{|y|^{n+\alpha}} \left\{ f(x) + \sum_{\nu=1}^{l} (-1)^\nu \binom{l}{\nu} [f(x-\nu y) - R_{\nu y}^{l-1}(x)\chi(\nu y)] \right.
$$
$$
\left. + \sum_{\nu=1}^{l} (-1)^\nu \binom{l}{\nu} R_{\nu y}^{l-1}(x)\chi(\nu y) \right\} dy.
$$

因此经简单变换后

$$(\mathbf{D}_\Omega^\alpha f)(x) = -\frac{A_l'(\alpha)}{d_{n,l}(\alpha)} \int_{R^n} \Omega(y') \frac{f(x-y) - \chi(y) R_y^{l-1}(x)}{|y|^{n+\alpha}} dy$$
$$+ \frac{1}{d_{n,l}(\alpha)} \sum_{|j| \leqslant l-1} \frac{(-1)^{|j|} I_j}{j!} (\mathcal{D}^j f)(x), \tag{26.73}$$

其中

$$I_j = \int_{R^n} \frac{\Omega(y')}{|y|^{n+\alpha}} \sum_{\nu=0}^{l} (-1)^\nu \binom{l}{\nu} (\nu y)^j \chi(\nu y) dy.$$

通过直接计算我们发现 $I_j = \dfrac{A_l'(\alpha)}{\alpha - |j|} \Omega_j$, 其中 $A_l'(\alpha)/(\alpha - |j|)$ 在 $|j| = \alpha$ 的情况下替换为 $dA_l'(\alpha)/d\alpha$. 所以, (26.73) 转化为 (26.69). 类似地可以证明 (26.70) 和 (26.71). ∎

26.6　偏导数微分算子的超奇异积分表示

之前我们已经证明了具有齐次特征的超奇异算子集合 (26.47) 包含一些齐次微分算子, 见 (26.72). 现在我们来证明一个更强的论断, 即其逆命题, 所有常系数 α 阶齐次偏导数微分算子都可写成具有齐次特征的超奇异积分 $\mathbf{D}_\Omega^\alpha f$. 但首先我们提出一个更一般的问题, 这个问题受到了 Fourier 变换 (26.52) 的启发. 令 $a(x/|x|)$ 为给定的齐次函数. 是否存在一个特征 $\Omega(x/|x|)$ 使得

$$\mathbf{D}_\Omega^\alpha f = \mathcal{F}^{-1} a(x/|x|) |x|^\alpha \mathcal{F} f, \tag{26.74}$$

以及对于给定的 $a(x/|x|)$ 如何构造它?

我们观察到 (26.74) 右边的表达式本身可以认为是 Liouville 微分运算的推广. 若选择 $a(x) = |x|^{-|\alpha|} x_1^{\alpha_1} \cdots x_n^{\alpha_n}$, Liouville 偏或混合微分是其特殊情况 (见 (24.14)—(24.15′)). Sobolev and Nikol'skii [1963] 考虑了这种分数阶微分——与 $-\alpha - n$ 阶齐次函数的卷积——推广. 因此, 我们要证明这个广义微分与具有某种特征的超奇异积分一致.

为了明确起见, 我们处理中立型超奇异积分. 通过 (26.55), (26.74) 简化为

$$\frac{\omega_n(\alpha)}{\cos(\alpha\pi/2)} \int_{S_{n-1}} \Omega(\sigma) (-ix \cdot \sigma)^\alpha d\sigma = a(x), \tag{26.75}$$
$$|x| = 1,\ \alpha \neq 1, 3, 5, \cdots,$$

它是关于未知特征 $\Omega(\sigma)$ 的第一类积分方程. 这个方程可以通过在球面上做调和分析来求解, 这在 Stein [1973] 和 Stein and Weiss [1974] 中得到了很好的体

现——也参见 Samko [1984]. 我们回忆函数 $f(x)$, $x \in S_{n-1}$ 的 Fourier-Laplace 级数, 其形式为

$$f(x) \sim \sum_{m=0} Y_m(f, x), \tag{26.76}$$

其中 $Y_m(f, z)$ 是限制在单位球面上的 m 阶调和多项式. 可通过以下关系计算 m 阶谐波分量 $Y_m(f, x)$,

$$Y_m(f, x) = \frac{d_n(m)}{|S_{n-1}|} \int_{S_{n-1}} f(\sigma) P_m(x \cdot \sigma) d\sigma, \tag{26.77}$$

其中 $d_n(m) = \dfrac{n + 2m - 2}{n + m - 2} \dbinom{m + n - 2}{m}$ 是 m 阶线性独立谐波的数量. $P_m(t)$ 是广义 Legendre 多项式:

$$P_m(t) = \begin{cases} \dbinom{m + n - 3}{m}^{-1} C_m^{\frac{n-2}{2}}(t), & n \geqslant 3, \\ T_m(t), & n = 2, \end{cases}$$

其中 $C_m^\lambda(t)$ 是 Gegenbauer 多项式, $T_m(t) = \cos(m \arccos t)$ 是 Chebyshev 多项式. 如果函数 $f(t)$ 充分光滑, 则 (26.76) 中的级数收敛到它.

用 Fourier-Laplace 级数展开解以及 (26.75) 的右端, 我们得到关系式

$$\frac{\omega_n(\alpha)}{\cos(\alpha\pi/2)} \sum_{m=0}^{\infty} \int_{S_{n-1}} (-ix \cdot \sigma)^\alpha Y_m(\Omega, \sigma) d\sigma = \sum_{m=0}^{\infty} Y_m(a, x). \tag{26.78}$$

关系式

$$\int_{S_{n-1}} (-ix \cdot \sigma)^\alpha Y_m(\sigma) d\sigma = -\frac{\pi^{\frac{n}{2}-1}}{2^\alpha} \Gamma(1+\alpha) \sin \alpha\pi \frac{\Gamma\left(\dfrac{m-\alpha}{2}\right)}{\Gamma\left(\dfrac{m+n+\alpha}{2}\right)} i^m Y_m(x) \tag{26.79}$$

对于任意球谐函数 $Y_m(\sigma)$, $|x| = 1$ 成立; 在 α 为整数的情况下我们有

$$\int_{S_{n-1}} (x \cdot \sigma)^\alpha Y_m(\sigma) d\sigma = \begin{cases} c_m Y_m(x), & \alpha - m = 0, 2, 4, \cdots, \\ 0, & \alpha - m = 1, 3, 5, \cdots, \\ & \alpha - m = -1, -2, -3, \cdots, \end{cases} \tag{26.80}$$

其中 $c_m = 2^{1-\alpha} \pi^{n/2} \Gamma(1+\alpha) \left[\Gamma\left(\dfrac{m+n+\alpha}{2}\right) \Gamma\left(1+\dfrac{\alpha-m}{2}\right) \right]^{-1}$, $|x| = 1$ (例如, 见 Samko [1980, p. 163], Samko [1984, p. 91]). 所以在非整数 α 的情况下根据 (26.78), 由不同阶数的球谐函数的线性独立性得到

$$\Gamma\left(\frac{n+\alpha}{2}\right) \Gamma\left(1+\frac{\alpha}{2}\right) \sin \frac{\alpha\pi}{2} Y_m(\Omega, x) = -\frac{\pi}{i^m} \frac{\Gamma\left(\dfrac{m+n+\alpha}{2}\right)}{\Gamma\left(\dfrac{m-\alpha}{2}\right)} Y_m(a, x).$$

所以想要的解 $\Omega(x)$ 可以表示为级数

$$\Omega(x) = -\frac{\pi}{\Gamma\left(\dfrac{n+\alpha}{2}\right) \Gamma\left(1+\dfrac{\alpha}{2}\right) \sin \dfrac{\alpha\pi}{2}} \sum_{m=0}^{\infty} \frac{\Gamma\left(\dfrac{m+n+\alpha}{2}\right)}{i^m \Gamma\left(\dfrac{m-\alpha}{2}\right)} Y_m(a, x),$$

$$a \neq 1, 2, 3, \cdots$$

$$(26.81)$$

可以证明, 如果函数 $a(x)$ 在球面 $|x| = 1$ 上充分光滑, 则该级数收敛并且确实是方程 (26.75) 的解. 我们不详述这个证明. 我们还观察到, "缓慢" 收敛的级数 (26.81) 在发散积分下求和:

$$\Omega(x) = -\frac{\Gamma\left(\dfrac{n+\alpha+1}{2}\right)}{2\pi^{(n-1)/2}\Gamma(1+\alpha/2)} \text{p.f.} \int_{S_{n-1}} \frac{a(\sigma)d\sigma}{(ix \cdot \sigma)^{n+\alpha}}, \qquad (26.82)$$

$$|x| = 1, \ \alpha \neq 1, 2, 3, \cdots$$

(见 Samko [1983]; 右端的积分可以通过正则化或关于 α 进行解析延拓而变得有意义).

整数 α 的情形需要特别考虑. 我们在下面的定理中给出了相应的结果.

定理 26.6 设 $\alpha = 1, 2, 3, \cdots$, 并令

$$a_\alpha(\mathcal{D}) = \sum_{|j|=\alpha} a_j \mathcal{D}^j$$

为带常系数 a_j 的 α 阶齐次微分算子. 则存在一个 α 阶齐次多项式 $\Omega_\alpha(y)$ 使得

$$a_\alpha(\mathcal{D})f = \frac{1}{d_{n,l}(\alpha)} \int_{R^n} \frac{(\Delta_y^l f)(x)}{|y|^{n+\alpha}} \Omega_\alpha\left(\frac{y}{|y|}\right) dy, \qquad (26.83)$$

其中 $\alpha = 2, 4, 6, \cdots$ 时超奇异积分为中立或者偶数型, $\alpha = 1, 3, 5, \cdots$ 时为奇数型, 且假设函数 $f(x)$ 充分好. 超奇异积分的特征 $\Omega_\alpha(y')$ 可以由给定多项式 $a_\alpha(x)$ 通过关系式

$$\Omega_\alpha(y) = \int_{S_{n-1}} a_\alpha(\sigma) \mathcal{K}(y \cdot \sigma) d\sigma, \quad |y| = 1, \tag{26.84}$$

给出, 其中

$$\mathcal{K}(t) = \frac{(-1)^{[\alpha/2]} \Gamma(n/2)}{2\pi^{n/2} \Gamma\left(1 + \dfrac{\alpha}{2}\right) \Gamma\left(\dfrac{n+\alpha}{2}\right)} \sum_{k=0}^{[\alpha/2]} (-1)^k \Gamma\left(\frac{n}{2} + \alpha - k\right) k! d_n(\alpha - 2k) P_{\alpha-2k}(t),$$

$-1 < t < 1$, $d_n(\alpha - 2k)$ 和 $P_{\alpha-2k}(t)$ 与 (26.77) 中的相同.

证明　为了明确起见, 我们将处理偶数 $\alpha = 2, 4, 6, \cdots$ 的情形. 根据超奇异积分的 Fourier 变换 (26.56), 所需的特征由下式确定

$$\int_{S_{n-1}} \Omega_\alpha(\sigma)(x \cdot \sigma)^\alpha d\sigma = \frac{(-1)^{\alpha/2}}{\omega_n(\alpha)} a_\alpha(x), \quad |x| = 1. \tag{26.85}$$

类似 (26.76), 我们将 $a_\alpha(x)$ 和 $\Omega_\alpha(x)$ 在球谐级数中展开, 仅要求这些展开是有限和. 将展开代入 (26.85), 我们得到关系式

$$\sum_{m=0}^{\alpha} \int_{S_{n-1}} (x \cdot \sigma)^\alpha Y_m(\Omega_\alpha, \sigma) d\sigma = \frac{(-1)^{\alpha/2}}{\omega_n(\alpha)} \sum_{m=0}^{\alpha} Y_m(a_{\alpha,x}).$$

因此, 根据 (26.80),

$$\sum_{m=0}^{\alpha} c_m Y_m(\Omega_\alpha, x) = \frac{(-1)^{\frac{\alpha}{2}}}{\omega_n(\alpha)} \sum_{m=0}^{\alpha} Y_m(a_\alpha, x).$$

由 (26.80), 这里左侧的求和只对 $m = 0, 2, 4, \cdots, \alpha$ 进行, 这与多项式 $a_\alpha(x)$ 只含偶数阶调和分量的事实是一致的. 由于不同阶的球谐函数线性无关, 我们得到

$$Y_m(\Omega_\alpha, x) = (-1)^{\alpha/2} \frac{\Gamma\left(\dfrac{m+n+\alpha}{2}\right) \Gamma\left(1 + \dfrac{\alpha-m}{2}\right)}{\Gamma\left(1 + \dfrac{\alpha}{2}\right) \Gamma\left(\dfrac{n+\alpha}{2}\right)} Y_m(a_\alpha, x).$$

因此,

$$\Omega_\alpha(x) = \frac{(-1)^{\alpha/2}}{\Gamma\left(1 + \dfrac{\alpha}{2}\right) \Gamma\left(\dfrac{n+\alpha}{2}\right)} \sum_{m=0}^{\alpha} \Gamma\left(\frac{m+n+\alpha}{2}\right) \Gamma\left(1 + \frac{\alpha-m}{2}\right) Y_m(a_\alpha, x),$$

根据 (26.77), 此式可化为 (26.84).

$\alpha = 1, 3, 5, \cdots$ 的情况可以类似处理. ∎

经直接计算读者可以发现, 在 $\alpha = 2$, $a_2(x) = \sum_{i,j=1}^{n} a_{ij} x_i x_j$ 的情况下, (26.84)

变得非常简单, 即

$$\Omega_2(y) = \Gamma\left(\frac{n+2}{2}\right)\left[-\frac{n+2}{2}a_2(y) + \frac{1}{2}\mathrm{tra}_2\right],$$

其中 $\mathrm{tra}_2 = \sum_{i=1}^{n} a_{ii} = \frac{n}{|S_{n-1}|}\int_{S_{n-1}} a_2(\sigma)d\sigma$. 特别地, 我们看到

$$\frac{\partial^2 f}{\partial x_i \partial x_j} = -\frac{\Gamma((n+4)/2)}{d_{n,l}(2)}\int_{R^n}\frac{(\Delta_t^l f)(x)}{|t|^{n+2}}\frac{t_i t_j}{|t|^2}dt, \quad i \neq j. \tag{26.86}$$

26.7 Riesz 势空间 $I^\alpha(L_p)$ 及其基于超奇异积分的刻画. 空间 $L_{p,r}^\alpha(R^n)$

我们用

$$I^\alpha(L_p) = \{f : f = I^\alpha\varphi, \varphi \in L_p(R^n)\} \tag{26.87}$$

表示 $L_p(R^n)$ 中函数的 Risez 势空间. 如果 $0 < \alpha < n$ 且 $1 \leqslant p < n/\alpha$, 则它是好定义的. 根据定理 25.2 和 (25.42) 中的不等式

$$I^\alpha(L_p) \subset L_q(R^n), \quad I^\alpha(L_p) \subset L_p(R^n; |x|^{-\alpha p}),$$

$$1 < p < n/\alpha, q = np(n - \alpha p)^{-1}.$$

重复 § 6.1 中的论证, 我们容易看出 $I^\alpha(L_p) \neq L_q(R^n)$, $I^\alpha(L_p) \neq L_p(R^n; |x|^{-\alpha p})$. 可以证明 $I^\alpha(L_p)$ 不与任意 $L_r(R^n; \rho)$ 空间重合, 因此需要对其进行刻画.

如果我们在 Lizorkin 空间 (25.16) 中广义函数的意义下解释 Riesz 势:

$$(I^\alpha\varphi, \omega) = (\varphi, I^\alpha\omega), \quad \omega \in \Phi, \ \varphi \in L_p,$$

则空间 $I^\alpha(L_p)$ 也可以对 $p \geqslant n/\alpha$ 定义, $\alpha \geqslant n$ 的情况也可以接受, 因空间 Φ 相对于 I^α 不变, 此式是恰当的. 当然, 在这样的定义下, 它是一个广义函数空间. 这些函数可以称为是 "拟奇异" 的, 因为它们对于足够大阶数 $l > \alpha$ 的有限差分是通常的函数. (广义函数的有限差分以标准的方式定义: $(\Delta_h^l f, \omega) = (f, \Delta_{-h}^l \omega)$.) 我们已经在一维的情况下处理过这种情况——见注 8.2. 更准确地说, 以下引理成立.

引理 26.5 设 $f = I^\alpha \varphi$, $\varphi \in L_p$, $\alpha > 0$, $1 \leqslant p < \infty$, $l > \alpha$. 若 $p < n/\alpha$, 则对于任意 $h \in R^n$, $(\Delta_h^l f)(x) \in L_p(R^n)$. 若 $p \geqslant n/\alpha$, 此结论替换为: 泛函 $\Delta_h^l f \in \Phi'$ 是正则的且可以从 Lizorkin 空间 Φ 扩展到 Schwartz 空间 S:

$$(\Delta_h^l f, \omega) = (g, \omega), \quad \omega \in S, \tag{26.88}$$

其中 $g = g(x) = \Delta_{l,\alpha}(\cdot, h) * \varphi \in L_p(R^n)$.

证明 由 (26.32) 和 (26.33) 我们得到估计, 对于 $|x| \geqslant (l+1)|h|$,

$$|\Delta_{l,\alpha}(x, h)| \leqslant c|h|^l (|h| + |x|)^{\alpha-n-l}, \tag{26.89}$$

其中 c 不依赖于 x 和 h. 因此对于每个 h, $\Delta_{l,\alpha}(x, h) \in L_1(R^n)$, 则根据 (26.41), $\Delta_h^l f \in L_p(R^n)$. 令 $p \geqslant n/\alpha$. 在 Φ 中广义函数的意义下: $(\Delta_h^l f, \omega) = (\Delta_{l,\alpha}(\cdot, h) * \varphi, \omega)$, $\omega \in \Phi$, $\varphi \in L_p$ (此式可直接验证), (26.41) 成立. 前一个方程的右端可以扩展到所有 $\omega \in S$. 此外, 因为 $\Delta_{l,\alpha}(x, h) \in L_1(R^n)$, $g = \Delta_{l,\alpha}(\cdot, h) * \varphi \in L_p(R^n)$, 从而得到了我们想要的结果. ∎

我们通过关系式

$$\|f\|_{I^\alpha(L_p)} = \|\varphi\|_p, \quad 1 \leqslant p < \infty, \tag{26.90}$$

定义 $I^\alpha(L_p)$ 空间中的范数.

下面我们讨论 $I^\alpha(L_p)$ 空间的刻画. 我们将结合对空间

$$L_{p,r}^\alpha(R^n) = \{f : f \in L_r(R^n), \mathbf{D}^\alpha f \in L_p(R^n)\},$$
$$\|f\|_{L_{p,r}^\alpha} = \|f\|_r + \|\mathbf{D}^\alpha f\|_p, \quad \alpha > 0, 1 \leqslant p < \infty, 1 \leqslant r < \infty \tag{26.91}$$

的讨论来证明此刻画, 这个空间自然可以作为 $I^\alpha(L_p)$ 空间的某种推广. 我们强调, (26.91) 中的 $\mathbf{D}^\alpha f$ 理解为在 L_p 中收敛——见 (26.26). 我们从下面的辅助定理开始.

定理 26.7 令 $f(x) \in L_{p,r}^\alpha(R^n)$, $\alpha > 0$, $1 \leqslant p < \infty$, 且 $1 \leqslant r < \infty$. 则差分 $(\Delta_h^m f)(x)$, $m > \alpha$ 有表达式

$$(\Delta_h^m f)(x) = \int_{R^n} \Delta_{m,\alpha}(x - \xi, h)(\mathbf{D}^\alpha f)(\xi) d\xi, \tag{26.92}$$

其中 $\Delta_{m,\alpha}(x, h)$ 是函数 (26.27).

证明 我们假设 $\mathbf{D}^\alpha f$ 通过非中心差分构建, Δ_h^m 是中心差分且为简单起见, 令 $\alpha - n \neq 0, 2, 4, \cdots$, 其他变形可通过类似方式考虑. 记 $\varphi_\varepsilon = \mathbf{D}_\varepsilon^\alpha f$ 和 $B\varphi =$

$\Delta_{m,\alpha}(\cdot, h) * \varphi$. 我们有

$$B\varphi_\varepsilon = \frac{1}{d_{n,l}(\alpha)} \left\{ \int_{R^n} \Delta_{m,\alpha}(x-y, h) f(y) dy \int_{|y-z|>\varepsilon} \frac{dz}{|y-z|^{n+\alpha}} \right.$$

$$\left. + \sum_{\nu=1}^{l} (-1)^\nu \binom{l}{\nu} \nu^\alpha \int_{R^n} \Delta_{m,\alpha}(x-y, h) dy \int_{|y-x|>\varepsilon\nu} \frac{f(z) dz}{|y-z|^{n+\alpha}} \right\}.$$

当 $m > \alpha$ 时根据 (26.89), $\Delta_{m,\alpha}(x, h) \in L_1(R^n)$, 因此可以交换积分次序. 所以

$$B\varphi_\varepsilon = \frac{1}{d_{n,l}(\alpha)} \sum_{\nu=0}^{l} (-1)^\nu \binom{l}{\nu} \int_{R^n} f(z) dz \int_{|y|>\varepsilon} \frac{\Delta_{m,\alpha}(x-z-\nu y, h)}{|y|^{n+\alpha}} dy$$

$$= \frac{1}{\gamma_n(\alpha) d_{n,l}(\alpha)} \int_{R^n} \sum_{k=1}^{m} (-1)^k \binom{m}{k} f\left[x-z+\left(\frac{m}{2}-k\right)h\right] dz$$

$$\times \sum_{\nu=0}^{l} (-1)^\nu \binom{l}{\nu} \int_{|y|>\varepsilon} \frac{|z-\nu y|^{\alpha-n}}{|y|^{n+\alpha}} dy.$$

因此作替换 $z = \varepsilon\tau$, $y = \varepsilon \frac{|\tau|}{|\xi|^2} \omega_z(\xi)$ 后, 其中 $\omega_z(\xi)$ 是旋转 (25.68), 我们得到

$$B\varphi_\varepsilon = \frac{1}{\gamma_n(\alpha) d_{n,l}(\alpha)} \int_{R^n} \frac{(\Delta_h^m f)(x-\varepsilon\tau)}{|\tau|^n} d\tau$$

$$\times \int_{|\xi|<|\tau|} \sum_{\nu=0}^{l} (-1)^\nu \binom{l}{\nu} \left| |\xi| e_1 - \nu \frac{\xi}{|\xi|} \right|^{\alpha-n} d\xi,$$

由于等式 $\left| |\xi| e_1 - \nu \xi/|\xi| \right| = |\xi - \nu e_1|$, 从而有

$$\int_{R^n} \Delta_{m,\alpha}(x-\tau, h) \varphi_\varepsilon(\tau) d\tau = \int_{R^n} (\Delta_h^m f)(x-\varepsilon\tau) \mathcal{K}_{l,\alpha}(|\tau|) d\tau. \tag{26.93}$$

因此在 $\varepsilon \to 0$ 时, 得到了 (26.92). 接下来我们证明在 (26.93) 中取极限是合理的. 因为在 L_p 中 $\varphi_\varepsilon \to \varphi$ 且 $\Delta_{m,\alpha}(x, h) \in L_1(R^n)$, 左端在 L_p 中收敛, 另一方面, 因为 $f(x) \in L_r$ 且 $\mathcal{K}_{l,\alpha}(|\tau|) \in L_1$, 右端在 L_r 中收敛到 $(\Delta_h^m f)(x)$. 式 (26.93) 的左边和右边相等, 那么它们的极限也必须相等 (几乎处处). 这就给出了 (26.92). ∎

注 26.5 表示式 (26.92) 是 (26.41) 在条件 $f(x) \in I^\alpha(L_p)$ 被替换为条件 $f(x) \in L_{p,r}^\alpha(R^n)$ 后的推广.

注 26.6 由于 (26.92) 是在 (26.93) 中取极限得到的, 因此, 显然它不仅对 $f(x) \in L_{p,r}^\alpha(R^n)$ 成立, 在假设 $(\mathbf{D}^\alpha f)(x) \in L_p(R^n)$, $(\Delta_h^m f)(x) \in L_p(R^n)$, $m > \alpha$, $1 \leqslant p < \infty$ 下也成立.

空间 $I^\alpha(L_p)$ 的刻画由以下定理给出.

定理 26.8　设 $f(x)$ 局部可积且 $\lim\limits_{|x|\to\infty} f(x) = 0$. 则 $f(x) \in I^\alpha(L_p)$, $\alpha > 0$, $1 < p < \infty$, 当且仅当

1) $1 < p < n/\alpha$ 时, $f(x) \in L_q(R^n)$, $q = np/(n - \alpha p)$, 且 $\mathbf{D}^\alpha f \in L_p(R^n)$;

2) $p \geqslant n/\alpha$ 时, $(\Delta_h^l f)(x) \in L_p(R^n)$ 且 $\lim\limits_{\substack{\varepsilon \to 0 \\ (L_p)}} \int_{|h|>\varepsilon} |h|^{-n-\alpha} (\Delta_h^l f)(x) dh$ 存在,

其中选择 $l > 2[\alpha/2]$ (如 §26.2). 在 $p = 1$ 的情况下条件 $\mathbf{D}^\alpha f \in L_1$ 对于 "仅当" 部分成立. 此外,

$$I^\alpha(L_p) \cap L_r = L_{p,r}^\alpha, \quad \alpha > 0, \quad 1 \leqslant p < \infty, \quad 1 \leqslant r < \infty. \tag{26.94}$$

证明　考虑 "仅当" 部分. 令 $f(x) \in I^\alpha(L_p)$. 如果 $1 < p < n/\alpha$, 则由 Sobolev 定理 (定理 25.2), $f \in L_q$. 如果 $1 \leqslant p < n/\alpha$, 则根据定理 26.3, $\mathbf{D}^\alpha f \in L_p$. 令 $p \geqslant n/\alpha$, 则 $(\Delta_h^l f)(x) \in L_p$ (由 (26.41)), 且根据定理 26.2 的证明, (26.40) 对于 $\mathbf{D}_\varepsilon^\alpha f$ 成立因而 $\lim\limits_{\varepsilon \to 0} \mathbf{D}_\varepsilon^\alpha f$ 存在. 由此我们证明了 $I^\alpha(L_p) \cap L_r \subset L_{p,r}^\alpha(R^n)$.

考虑 "当" 部分. 令 $f(x) \in L_{p,r}^\alpha(R^n)$. 则我们有 (26.92). 我们观察到 (26.92) 的右端为 $\Delta_h^m I^\alpha \mathbf{D}^\alpha f$, 其中 $\mathbf{D}^\alpha f \in L_p$ (当 $1 \leqslant p < n/\alpha$ 时在通常意义下解释, 当 $p \geqslant n/\alpha$ 时在空间 Φ' 的意义下解释). 因此, 在 Φ' 的意义下 (26.92) 意味着 $\Delta_h^m f \equiv \Delta_h^m I^\alpha \mathbf{D}^\alpha f$. 我们观察到, 有限差分完全相同的函数 f 和 g, 其本身可能只相差一个多项式. 要看到这一点, 只需在 S' 的框架内做 Fourier 变换: $(1 - e^{ix \cdot h})^m (\hat{f} - \hat{g}) = 0$, $x, h \in R^n$, 并使用关于在某一点有支集的泛函的已知定理. 因此

$$f(x) = I^\alpha \mathbf{D}^\alpha f + P(x), \tag{26.95}$$

其中 $P(x)$ 为多项式. 这里 $f \in L_r$, "不包含" 多项式. 如果 $1 < p < n/\alpha$, 则 $I^\alpha \mathbf{D}^\alpha f \in L_q$ 也不包含多项式, 所以 $P(x) \equiv 0$. 从而由 (26.95), $f(x) \in I^\alpha(L_p)$. 至于 $p \geqslant n/\alpha$ 的情况, (26.95) 的含义相同, 因为在 $p \geqslant n/\alpha$ 时多项式的出现与 $I^\alpha(L_p)$ 空间的定义一致. 因此, 嵌入关系 $L_{p,r}^\alpha(R^n) \subseteq I^\alpha(L_p) \cap L_r$ 得证, 与上面证明的逆嵌入一起, 得到 (26.94).

如果我们取 $r = np/(n - \alpha p)$, 则关系 (26.94) 说明了条件 1) 的充分性, 为了得到条件 2) 的充分性, 考虑到注 26.6, 我们必须重复上述充分性部分的论证. ■

推论 1　令 $1 < p < n/\alpha$. 则

$$L_{p,q}^\alpha(R^n) = I^\alpha(L_p), \quad q = np/(n - \alpha p).$$

推论 2　空间 $L_{p,r}^\alpha(R^n)$ 不依赖于定义 $\mathbf{D}^\alpha f$ 的有限差分类型, 也不依赖于该差分在 §26.2 末注明的 l 的选择规则下的阶数 l.

推论 3 空间 $L_{p,r}^{\alpha}(R^n)$ 是完备的.

根据 (26.19), 定理 26.8 给出了一个函数属于 $I^{\alpha}(L_p)$, $1 < p < n/\alpha$ 的简单充分条件: $|f(x)| \leqslant c/(1+|x|)^{\lambda}$, 且 $|(\mathcal{D}^j f)(x)| \leqslant c/(1+|x|)^{\mu}$, $|j| = m > \alpha$; $\lambda > n/q$, $\mu > n/p$.

我们给出了刻画 $I^{\alpha}(L_p)$ 空间的另一个有用的变化形式, 它处理截断 Riesz 导数 $\mathbf{D}_{\varepsilon}^{\alpha} f$ 的 L_p 一致有界性, 而不是其收敛性.

定理 26.9 令 $1 < p < n/\alpha$. 则 $f(x) \in I^{\alpha}(L_p)$ 当且仅当

$$f(x) \in L_q(R^n), \quad q = np/(n - \alpha) \quad \text{或} \quad (1 + |x|^{\alpha})f(x) \in L_p(R^n), \qquad (26.96)$$

且存在序列 $\varepsilon_k \to 0$ 使得

$$\|\mathbf{D}_{\varepsilon_k}^{\alpha} f\|_p \leqslant c < \infty, \qquad (26.97)$$

其中 c 不依赖 ε_k.

定理的证明基于 $L_p(R^n)$ 空间的弱紧性. 与一维定理 6.2 的证明类似, 故省略, 见定理 6.2 的完整证明; 证明中需用算子 $\Delta_{m,\alpha}(\cdot, h) * \varphi$ 替换算子 (6.22), 其中 $\Delta_{m,\alpha}(\cdot, h)$ 为函数 (26.27), 然后代替 (6.23) 我们将得到 (26.95), 之后重复 (6.24) 中的论证.

空间 $I^{\alpha}(L_p)$ 也可用与 Poisson 半群和 Gauss-Weierstrass 半群有关的超奇异积分 (25.69) 和 (25.70) 在 L_p 中的收敛性来刻画. 即下列定理成立.

定理 26.10 令 $0 < \alpha < n$, $1 < p < n/\alpha$. 则 $f(x) \in I^{\alpha}(L_p)$ 当且仅当 $f \in L_q$, $q = np/(n - \alpha p)$, 且

$$\lim_{\substack{\varepsilon \to 0 \\ (L_p)}} \int_{\varepsilon}^{\infty} t^{-1-\alpha}(E - P_t)^l f dt \in L_p \quad \text{或} \quad \lim_{\substack{\varepsilon \to 0 \\ (L_p)}} \int_{\varepsilon}^{\infty} t^{-1-\alpha/2}(E - W_t)^l f dt \in L_p.$$

我们也注意到关系式

$$\lim_{\substack{\varepsilon \to +0 \\ (L_p)}} \mathbf{D}_{\varepsilon}^{\alpha} f = \lim_{\substack{t \to +0 \\ (L_p)}} t^{-\alpha}(E - P_t)^{\alpha} f,$$

$$f \in L_q(R^n), \ 1 < p < \infty, \ 1 < q < \infty, \qquad (26.97')$$

当这些极限有一个存在时, 此关系式成立. 如果 $q = p$, 这些关系从定理 23.4 和定理 26.10 中得到. 它对独立 p 和 q 的有效性可以在 Samko [1990a] 中看到.

在本节的最后, 我们对 Riesz 势的积分连续模做了一些简单的估计. 设 $f = I^{\alpha}\varphi$, $\varphi \in L_p$, $1 < p < n/\alpha$, $l > \alpha$. 则

$$\|\Delta_h^l f\|_p \leqslant c|h|^{\alpha}\|\varphi\|_p, \qquad (26.98)$$

且 $|h| \to 0$ 时

$$\|\Delta_h^l f\|_p = o(|h|^\alpha). \tag{26.98'}$$

这里 $c = \|k_{l,\alpha}\|_1$, 其中 $k_{l,\alpha}(x)$ 是核 (26.28). 估计式 (26.98) 可从表示

$$(\Delta_h^l f)(x) = |h|^\alpha \int_{R^n} k_{l,\alpha}(y)\varphi(x - |h|\omega_h(y))dy \tag{26.99}$$

中推出, 其中 $\omega_h(y)$ 为 (25.68) 中的旋转. 此表达式通过以下变换得到

$$(\Delta_h^l f)(x) = \frac{1}{\gamma_n(\alpha)} \sum_{k=0}^{l} (-1)^k \binom{l}{k} \int_{R^n} \frac{\varphi(x-y)dy}{|y-kh|^{n-\alpha}}$$

$$= \frac{|h|^\alpha}{\gamma_n(\alpha)} \int_{R^n} \sum_{k=0}^{l} (-1)^k \binom{l}{k} |\xi - ke_1|^{\alpha-n} \varphi(x - |h|\omega_h(\xi))d\xi,$$

后者与 (26.99) 一致. 根据引理 26.3, $k_{l,\alpha}(x) \in L_1(R^n)$, 所以 (26.99) 推出了 (26.98). 结合 (26.35), 它也推出了 (26.98').

§27　Bessel 分数阶积分-微分

在本节中我们考虑一个分数阶积分-微分, 即分数次幂 $(E - \Delta)^{-\alpha/2}$, 其中 E 为恒等算子, Δ 为 Laplace 算子. 这种积分-微分可通过 Fourier 变换简化为与幂 $(1 + |x|^2)^{-\alpha/2}$ 的乘积, 参见 (25.35) 和 (25.62), 其中考虑了幂 $(-\Delta)^{\alpha/2}$. 它将实现为函数 $(1 + |x|^2)^{-\alpha/2}$ 的 Fourier 变换原像 $G_\alpha(x)$ 的卷积. 与 Riesz 积分-微分的情况相比, 该原像是非初等函数. 函数 $G_\alpha(x)$ 可用修正的 Bessel 函数表示 (见下文 (27.1)). 这也是本节对所处理的分数阶积分-微分形式如此命名的原因. Bessel 分数阶积分的一个本质优点是它在无穷远处的行为比 Riesz 势更好, 对于 $L_p(R^n)$ 中的所有函数有定义, 并且对任意 $p, 1 \leqslant p \leqslant \infty$ 都是 $L_p(R^n)$ 中的有界算子, 这对于 Riesz 分数阶积分是不成立的.

27.1　Bessel 核及其性质

函数 $(1 + |x|^2)^{-\alpha/2}$ 的 Fourier 变换可以通过 Bochner 关系式 (25.11) 来计算. 我们有

$$\mathcal{F}^{-1}[(1 + |x|^2)^{-\alpha/2}] = (2\pi)^{-n/2}|x|^{1-n/2} \int_0^\infty \frac{\rho^{n/2} J_{n/2-1}(\rho|x|)}{(1+\rho^2)^{\alpha/2}} d\rho.$$

如果 $\alpha > (n+1)/2$, 这个积分收敛. 假设此条件满足, 则根据 (1.86) 我们得到

$$\mathcal{F}^{-1}[(1+|x|^2)^{-\alpha/2}] = \frac{2^{(2-n-\alpha)/2}}{\pi^{n/2}\Gamma(\alpha/2)} \frac{K_{(n-\alpha)/2}(|x|)}{|x|^{(n-\alpha)/2}} \stackrel{\text{def}}{=} G_\alpha(x), \qquad (27.1)$$

其中 $K_\nu(z)$ 是修正的 Bessel 函数 (1.85). 这个表达式对所有 $\alpha > 0$ 有意义. 函数 $G_\alpha(x)$ 称为 Bessel 核. 我们给出它的一些性质. 首先, 我们需要弄清楚它在原点和无穷远处的行为.

引理 27.1   函数 $G_\alpha(x)$ 在原点外是无穷次可微的, 当 $|x| \to 0$ 时有估计

$$G_\alpha(x) \sim \begin{cases} \dfrac{\Gamma((n-\alpha)/2)}{2^\alpha \pi^{n/2}\Gamma(\alpha/2)}|x|^{\alpha-n}, & \text{若 } 0 < \alpha < n, \\[2mm] \dfrac{1}{2^{n-1}\pi^{n/2}\Gamma(n/2)} \ln\dfrac{1}{|x|}, & \text{若 } \alpha = n, \\[2mm] \dfrac{\Gamma((\alpha-n)/2)}{2^n \pi^{n/2}\Gamma(\alpha/2)}, & \text{若 } \alpha > n, \end{cases}$$

当 $|x| \to \infty$ 时有估计

$$G_\alpha(x) \sim \frac{|x|^{(\alpha-n-1)/2}e^{-|x|}}{2^{(n+\alpha-1)/2}\pi^{(n-1)/2}\Gamma(\alpha/2)}.$$

引理的结论直接来自修正的 Bessel 函数的已知性质: 当 $z \to 0$ 时 $K_\nu(z) \sim 2^{\nu-1}\Gamma(\nu)z^{-\nu}$, $\nu \neq 0$, $K_0(z) \sim \ln(1/z)$ 和当 $z \to \infty$ 时 $K_\nu(z) \sim (\pi/2z)^{1/2}e^{-z}$——Erdélyi, Magnus, Oberbettinger and Tricomi [1953b]. 关于这一点, 我们注意关系式

$$K_\nu(z) = \frac{(\pi/2)^{1/2}z^\nu e^{-z}}{\Gamma(\nu+1/2)} \int_0^\infty e^{-zt}t^{\nu-1/2}(1+t/2)^{\nu-1/2}dt. \qquad (27.2)$$

推论 $G_\alpha(x) \in L_1(R^n)$, $\alpha > 0$.

现在, 首先根据函数 $G_\alpha(x)$ 在无穷远处迅速衰减的性质, 再次利用 (25.11), 不难证明对于所有 $\alpha > 0$,

$$\hat{G}_\alpha(x) = (1+|x|^2)^{-\alpha/2}, \qquad (27.3)$$

实事上可以取 $\operatorname{Re}\alpha > 0$.

由 (27.3) 可得

$$G_\alpha * G_\beta = G_{\alpha+\beta}, \quad \alpha > 0, \beta > 0, \qquad (27.4)$$

$$(E - \Delta)G_\alpha = G_{\alpha-2}, \quad \alpha > 2, \qquad (27.5)$$

$$\int_{R^n} G_\alpha(x)dx = 1, \quad \alpha > 0. \tag{27.6}$$

我们也注意到关系

$$G_\alpha(x) = \frac{1}{2^n \pi^{n/2} \Gamma(\alpha/2)} \int_0^\infty \xi^{(\alpha-n)/2-1} e^{-\xi - |x|^2/(4\xi)} d\xi. \tag{27.7}$$

它的证明可以在 Stein [1973] 中看到.

现在我们通过关系式

$$G^\alpha \varphi = \int_{R^n} G_\alpha(x-y)\varphi(y)dy \tag{27.8}$$

来定义 Bessel 势. 由引理 27.1, 它对于函数例如 $\varphi(y) \in L_p(R^n)$, $1 \leqslant p \leqslant \infty$ 是好定义的, 并且表示 $L_p(R^n)$ 中有界的算子:

$$\|G^\alpha \varphi\|_p \leqslant \|\varphi\|_p, \quad 1 \leqslant p \leqslant \infty, \alpha > 0, \tag{27.9}$$

这个不等式隐含在 (27.6) 以及核 $G_\alpha(x)$ 的正性中. 等式 (27.3) 和 (27.4) 可立即推出 Bessel 分数阶积分的简单性质:

$$G^\alpha G^\beta \varphi = G^{\alpha+\beta} \varphi, \quad \alpha > 0, \ \beta > 0 \tag{27.10}$$

(半群性质) 和

$$(E - \Delta)G^\alpha \varphi = G^{\alpha-2} \varphi, \quad \alpha > 2. \tag{27.11}$$

与 Riesz 势的情况不同, 对所有的 $1 \leqslant p \leqslant \infty$, $\alpha > 0$, $\beta > 0$, (27.10) 关于 L_p 中的函数成立. 当需要 $\alpha = 0$ 的情况时, 我们记 $G_0 = E$.

可以认为算子 G^α 是算子 $E - \Delta$ 负幂的构造性实现. 如 §§ 25 和 26 对 $(-\Delta)^{\alpha/2}$ 所做的那样, 实现该算子构造性的正幂是非常有趣的. 将在 § 27.4 给出这种实现.

27.2　与 Poisson, Gauss-Weierstrass 及元调和连续半群的联系

由 (25.52) 式, Riesz 势可与 Poisson 积分联系起来. Bessel 势与该积分的类似联系通过特殊函数给出. 因此, 下面的定理成立.

定理 27.1　令 $\varphi(x) \in L_p(R^n)$, $1 \leqslant p \leqslant \infty$. 则

$$(G^\alpha \varphi)(x) = \frac{2^{(1-\alpha)/2}\sqrt{\pi}}{\Gamma(\alpha/2)} \int_0^\infty t^{(\alpha-1)/2} J_{\frac{\alpha-1}{2}}(t)(P_t \varphi)(x)dt, \tag{27.12}$$

其中 $P_t \varphi$ 为 Poisson 积分 (25.47).

定理的证明可通过交换 (27.12) 右端的积分次序 (使用 Fubini 定理是可行的), 并应用关系式

$$\frac{2^{(1-\alpha)/2}\sqrt{\pi}}{\Gamma(\alpha/2)}\int_0^\infty t^{(\alpha-1)/2}J_{(\alpha-1)/2}(t)P(x,t)dt = G_\alpha(x) \tag{27.13}$$

得到, 其中 $P(x,t)$ 为 Poisson 核 (25.49). 至于 (27.13), 根据 (27.1), 它包含在 (1.86) 中.

同时 Bessel 势的修正 (由 Flett 提出) 存在, 它以更简单的方式与 Poisson 积分相联系. 这种修正基于在 Fourier 变换中用函数 $(1+|x|)^\alpha$ 代替 $(1+|x|^2)^{\alpha/2}$ 的思想. 我们设

$$\mathfrak{G}^\alpha\varphi = \int_{R^n}\mathfrak{G}_\alpha(x-y)\varphi(y)dy, \tag{27.14}$$

其中 $\mathfrak{G}_\alpha(x)$ 为函数 $(1+|x|)^{-\alpha}$ 的 Fourier 变换原像. 它通过以下关系与 Poisson 的核 $P(x,t)$ 联系起来

$$\mathfrak{G}_\alpha(x) = \frac{1}{\Gamma(\alpha)}\int_0^\infty t^{\alpha-1}e^{-t}P(x,t)dt, \tag{27.15}$$

此式通过 Fourier 变换容易验证:

$$(1+|x|)^{-\alpha} = \frac{1}{\Gamma(\alpha)}\int_0^\infty t^{\alpha-1}e^{-t}\hat{P}(\cdot,t)dt, \tag{27.16}$$

这里的点表示应用 Fourier 变换的变量. 至于 (27.16), 它可以从 (25.54) 中得到.

核 $\mathfrak{G}_\alpha(x)$ 可以写成如下形式

$$\mathfrak{G}_\alpha(x) = \frac{c_n}{\Gamma(\alpha)}|x|^{\alpha-n}\int_0^\infty \frac{s^\alpha e^{-s|x|}}{(1+s^2)^{(n+1)/2}}ds, \tag{27.17}$$

其中 c_n 是 (25.49) 中的常数, 这个结果是 (27.15) 的一个解释. 下面给出核 $\mathfrak{G}_\alpha$ 的性质, 它们容易从 (27.15) 和 (27.17) 中推出:

1) $\mathfrak{G}_\alpha$ 在原点外无穷次可微且 $\mathfrak{G}_\alpha(x) > 0$, $x \neq 0$;

2) 如果 $0 < \alpha < n$, 当 $x \to 0$ 时 $\mathfrak{G}_\alpha(x) \sim \dfrac{\Gamma((\alpha+1)/2)\Gamma((n-\alpha)/2)}{2\Gamma(\alpha)\pi^{(n+1)/2}}|x|^{\alpha-n}$,

如果 $\alpha = n$, 当 $x \to 0$ 时 $\mathfrak{G}_\alpha(x) \sim \dfrac{c_n}{\Gamma(n)}\ln\dfrac{1}{|x|}$, 如果 $\alpha > n$, $\mathfrak{G}_\alpha(x)$ 在点 $x = 0$ 处连续.

3) 当 $x \to \infty$ 时 $\mathfrak{G}_\alpha(x) \sim \alpha c_n |x|^{-n-1}$, 所以 $\mathfrak{G}_\alpha(x) \in L_1(R^n)$, 此外还有,
$\int_{R^n} \mathfrak{G}_\alpha(x)dx = 1$.

由上述性质可知, 势 $\mathfrak{G}^\alpha \varphi$ 对于函数 $\varphi(x) \in L_p(R^n)$, $1 \leqslant p \leqslant \infty$ 有定义, 且为有界算子:

$$\|\mathfrak{G}^\alpha \varphi\|_p \leqslant \|\varphi\|_p, \quad 1 \leqslant p \leqslant \infty. \tag{27.18}$$

以下关于修正的 Bessel 势 $\mathfrak{G}^\alpha \varphi$ 和 Poisson 积分之间关系的定理 (参见 (25.51)) 可立即从 (27.15) 中得出.

定理 27.2　令 $\varphi(x) \in L_p(R^n)$, $1 \leqslant p \leqslant \infty$. 则

$$\mathfrak{G}^\alpha \varphi = \frac{1}{\Gamma(\alpha)} \int_0^\infty t^{\alpha-1} e^{-t} P_t \varphi dt. \tag{27.19}$$

对于 Bessel 势 G^α, 我们还给出了 (27.12) 和 (27.15) 型以外的两种积分表示. 第一个是将 $G^\alpha \varphi$ 与 Gauss-Weierstrass 积分联系起来:

$$G^\alpha \varphi = \frac{1}{\Gamma(\alpha/2)} \int_0^\infty t^{\alpha/2-1} e^{-t} (W_t \varphi)(x) dt. \tag{27.20}$$

第二种是通过函数 φ 的元调和延拓

$$M_t \varphi = \frac{2t}{(2\pi)^{(n+1)/2}} \int_{R^n} \frac{K_{(n+1)/2}(\sqrt{|y|^2+t^2})}{(\sqrt{|y|^2+t^2})^{(n+1)/2}} \varphi(x-y) dy \tag{27.21}$$

来表示 $G^\alpha \varphi$, 公式为

$$G^\alpha \varphi = \frac{1}{\Gamma(\alpha)} \int_0^\infty t^{\alpha-1} (M_t \varphi)(x) dt \tag{27.22}$$

(与 Riesz 势的表示式 (25.51) 比较). 下面的结果

$$e^{-t}(W_t G^\alpha \varphi)(x) = (I_-^{\alpha/2}(e^{-\tau} W_\tau \varphi)(x))(t), \tag{27.23}$$

$$(M_t G^\alpha \varphi)(x) = (I_-^\alpha (M_\tau \varphi)(x))(t) \tag{27.24}$$

与关系式 (27.20) 和 (27.22) 相近, 与 (25.52) 和 (25.53) 类似. 如果我们考虑到

$$\mathcal{F}(e^{-t} W_t \varphi) = e^{-t(1+|x|^2)} \hat{\varphi}(x), \tag{27.25}$$

$$\mathcal{F}(M_t \varphi) = e^{-t\sqrt{1+|x|^2}} \hat{\varphi}(x), \tag{27.26}$$

那么在 Fourier 变换中等式 (27.20)—(27.24) 是显然的.

27.3 Bessel 势空间

我们称算子 G^α 的值域

$$G^\alpha(L_p) = \{f : f(x) = G^\alpha\varphi, \ \varphi \in L_p(R^n)\},$$

$$\alpha > 0, \ 1 \leqslant p \leqslant \infty \tag{27.27}$$

为 Bessel 势空间. 有时也称这个空间为有 α 阶分数阶光滑性的 Liouville 空间. 它相对于范数

$$\|f\|_{G^\alpha(L_p)} = \|\varphi\|_p$$

是 Banach 空间. 正如我们将在下面看到的, 这个空间是 Sobolev 空间 $L_p^m(R^n)$ 在分数阶 α 的情况下的推广. 所以 (27.27) 中定义的空间也称为分数阶 Sobolev 空间.

注 27.1 空间 $G^\alpha(L_p)$ 和 $\mathfrak{G}^\alpha(L_p)$ 相同:

$$G^\alpha(L_p) = \mathfrak{G}^\alpha(L_p), \quad 1 \leqslant p \leqslant \infty,$$

其中 $\mathfrak{G}^\alpha\varphi$ 是修正的 Bessel 势 (27.14). 可以通过以下事实证明这一点: 函数

$$\frac{(1+|x|)^\alpha}{(1+|x|^2)^{\alpha/2}} - 1 \quad \text{和} \quad \frac{(1+|x|^2)^{\alpha/2}}{(1+|x|)^\alpha} - 1$$

是 R^n 上可积函数的 Fourier 变换 (参见 Samko [1984, p. 52] 中引理 5.2 的推论).

本小节介绍的空间 $G^\alpha(L_p)$ 的性质, 与通过 Riesz 导数给出的 Riesz 势空间有很多共同之处. 现在, 我们考虑 § 26.7 中定义的空间 $L_{p,r}^\alpha(R^n)$ 的重要情况 $r = p$. 我们发现, 引入特殊的符号会比较方便

$$L_p^\alpha(R^n) = L_{p,p}^\alpha(R^n) = \{f : f \in L_p, \ \mathbf{D}^\alpha f \in L_p\},$$

$$\alpha > 0, \ 1 \leqslant p < \infty. \tag{27.28}$$

定理 27.3 Bessel 势空间由且仅由那些在 $L_p(R^n)$ 中有 α 阶 Riesz 导数的函数 $f(x) \in L_p(R^n)$ 组成, 即

$$G^\alpha(L_p) = L_p^\alpha(R^n), \quad 1 \leqslant p < \infty, \quad \alpha > 0, \quad c_1\|f\|_{L_p^\alpha} \leqslant \|f\|_{G^\alpha(L_p)} \leqslant c_2\|f\|_{L_p^\alpha}.$$

在证明这个定理的之前, 我们给出以下引理.

引理 27.2 集合 C_0^∞ 在

$$L_p^\alpha(R^n), \quad 1 \leqslant p < \infty$$

中稠密.

证明　1. 我们先证明 $L_p(R^n)$ 中的无穷次可微函数形成了 $L_p^\alpha(R^n)$ 中的稠密集. 这可以通过经常用于证明 "好" 函数在各种函数空间中的稠密性的标准方法实现, 即通过恒等逼近

$$f_m(x) = \int_{R^n} a(y) f\left(x - \frac{y}{m}\right) dy, \quad f \in L_p^\alpha,$$

其中 $a(y) \in C_0^\infty$, $\int_{R^n} a(y) dy = 1$. 则 $\|f - f_m\|_p \to 0$, 当 $m \to \infty$, 并且容易看出 $\mathbf{D}_\varepsilon^\alpha f_m \equiv (\mathbf{D}_\varepsilon^\alpha f)_m$. 所以存在 $\mathbf{D}^\alpha f_m = \lim_{\varepsilon \to 0} \mathbf{D}_\varepsilon^\alpha f_m$ 和 $\mathbf{D}^\alpha f_m \equiv (\mathbf{D}^\alpha f)_m$. 因此 $\|\mathbf{D}^\alpha(f_m - f)\|_p = \|(\mathbf{D}^\alpha f)_m - \mathbf{D}^\alpha f\|_p \to 0$, 当 $m \to \infty$.

我们注意到因为 $a(x) \in C_0^\infty$, 则对于所有 $|j| = 0, 1, 2, \cdots$, $\mathcal{D}^j f_m \in L_p(R^n)$.

2. 还需要用 C_0^∞ 函数来逼近 $L_p^\alpha(R^n)$ 中的函数 $f(x)$. 假设 $f(x) \in C^\infty(R^n)$ 且 $(\mathcal{D}^j f)(x) \in L_p(R^n)$, $|j| = 0, 1, 2, \cdots$, 令 $\mu(x)$ 是在 C_0^∞ 中且在球 $|x| < 2$ 内有支集的任意函数, 对于 $|x| \leqslant 1$ 恒等于 1, 并且满足 $|\mu(x)| \leqslant 1$. 我们需要证明, 当 $N \to \infty$ 时的 "截断"

$$\mu_N(x) f(x) \stackrel{\text{def}}{=} \mu(x/N) f(x) \in C_0^\infty$$

在范数 $\|f\|_p + \|\mathbf{D}^\alpha f\|_p$ 下是函数 $f(x)$ 的逼近. 我们记 $\nu(x) = 1 - \mu(x)$ 和 $\nu_N(x) = \nu(x/N)$. 只需证明 $\|\mathbf{D}^\alpha(\nu_N f)\|_p \to 0$. 我们有

$$\mathbf{D}^\alpha(\nu_N f) = \nu_N \mathbf{D}^\alpha f = d_{n,l}^{-1}(\alpha) \sum_{k=1}^l \binom{l}{k} B_{N,k} f,$$

其中

$$B_{N,k} f = \int_{R^n} |y|^{-n-\alpha} (\Delta_y^k \nu_N)(x)(\Delta_y^{l-k} f)(x - ky) dy, \tag{27.29}$$

$k = 1, 2, \cdots, l$, 因此必须证明极限 $\|B_{N,k} f\|_p \to 0$, 当 $N \to \infty$ 是正确的. 因为 $\Delta_y^k \nu_N \equiv \Delta_y^k \mu_N$, $k > 0$, 且根据 (26.20) 有 $|(\Delta_y^k \mu)(x)| \leqslant c|y|^k/(1 + |y|)^k$, 则由 Minkowsky 不等式, 我们得到

$$\|B_{N,k} f\|_p \leqslant cN^{-k} \int_{R^n} |y|^{k-n-\alpha} \left(1 + \frac{|y|}{N}\right)^{-k} \|\Delta_y^{l-k} f\|_p dy. \tag{27.30}$$

因为对所有 $|j| = 0, 1, 2, \cdots$, $\mathcal{D}^j f \in L_p(R^n)$, 所以从 (26.19) 中可得 $\|\Delta_y^{l-k} f\|_p \leqslant$

$c|y|^{l-k} \sum\limits_{|j|=l-k} \|\mathcal{D}^j f\|_p = c|y|^{l-k}$. 因此根据 (27.30), 我们有

$$\|B_{N,k}f\|_p \leqslant \frac{c_1}{N^k} \int_{|y|<1} \frac{dy}{|y|^{n+\alpha-l}} + \frac{c_2}{N^k} \int_{|y|>1} \frac{dy}{|y|^{n+\alpha-k}\left(1+\dfrac{|y|}{N}\right)^k}.$$

因此在 $k \neq \alpha$ 的情况下, 经简单变换后产生 $\|B_{N,k}f\|_p \leqslant c_3 N^{-k} + c_4 N^{-\alpha}$; 如果 α 为整数且 $k = \alpha$, 则 $\|B_{N,k}f\|_p \leqslant cN^{-\alpha}\ln N$. ∎

下面来证明定理 27.3.

证明   我们来证明嵌入关系

$$G^\alpha(L_p) \subseteq L_p^\alpha(R^n). \tag{27.31}$$

根据引理 27.1, 由于 $G^\alpha(x) \in L_1(R^n)$, 则 $G^\alpha(L_p) \subset L_p$. 进一步, 我们有

$$\frac{1}{(1+|x|^2)^{\alpha/2}} = \frac{1}{|x|^\alpha} \frac{|x|^\alpha}{(1+|x|^2)^{\alpha/2}}. \tag{27.32}$$

已知 (Stein [1973, p. 157], 也见 Samko [1984, p. 51]) 函数 $|x|^\alpha(1+|x|^2)^{-\alpha/2} - 1$ 是 $L_1(R^n)$ 中函数的 Fourier 变换. 所以 (27.32) 意味着 Fourier 原像

$$G^\alpha\varphi = I^\alpha(E+A)\varphi, \tag{27.33}$$

其中 A 是具有可和内核的卷积算子. 根据 (27.33) 中所涉及算子的有界性, 它可以从函数 $\varphi \in C_0^\infty$ 的情况推广到 $\varphi \in L_p(R^n)$, $1 \leqslant p < n/\alpha$. 当 $p \geqslant n/\alpha$ 时, (27.33) 对于函数 $\varphi \in L_p(R^n)$ 的有效性是 $I^\alpha\varphi$ 关于这种 φ 定义的推论 (见 §26.7). 所以等式 (27.33) 意味着 $G^\alpha(L_p) \subseteq L_p \cap I^\alpha(L_p)$. 因此, 根据 (26.94) 嵌入关系 (27.31) 得证. 并且, 由 (27.33), 对于 $f = G^\alpha\varphi$ 我们有

$$\|f\|_{L_p^\alpha} = \|f\|_p + \|\mathbf{D}^\alpha f\|_p \leqslant \|\varphi\|_p + \|(E+A)\varphi\|_p$$
$$\leqslant c\|\varphi\|_p = c\|f\|_{G^\alpha(L_p)}.$$

接下来, 我们证明逆嵌入关系. 令 $f \in L_p^\alpha(R^n)$. 我们用引理 27.2 中得到的 C_0^∞ 在 $L_p^\alpha(R^n)$ 中的稠密性, 并在范数 $\|f\|_p + \|\mathbf{D}^\alpha f\|_p$ 下用函数 $f_m \in C_0^\infty$ 逼近函数 f. 我们有 $1 = \dfrac{1}{(1+|x|^2)^{\alpha/2}} \dfrac{(1+|x|^2)^{\alpha/2}}{1+|x|^\alpha}(1+|x|^\alpha)$. 这里 $\dfrac{(1+|x|^2)^{\alpha/2}}{1+|x|^\alpha} - 1$ 是可和函数的 Fourier 变换 (见 Stein [1973, pp. 157-158], 以及 Samko [1984, p. 52]). 后一个关系式意味着以下 Fourier 原像的等式:

$$f_m = G^\alpha(E+U)(f_m + \mathbf{D}^\alpha f_m), \tag{27.34}$$

其中 U 是带可和内核的卷积算子. 因为算子 G^α 和 U 在 $L_p(R^n)$ 中有界, $1 \leqslant p < \infty$, 取极限 $m \to \infty$ 后, 由 (27.34) 我们得到 $f \in G^\alpha(L_p)$, 即 $L_p^\alpha(R^n) \subseteq G^\alpha(L_p)$ 和 $\|f\|_{G^\alpha(L_p)} = \|(E+U)(f + \mathbf{D}^\alpha f)\|_p \leqslant c(\|f\|_p + \|\mathbf{D}^\alpha f\|_p) = c\|f\|_{L_p^\alpha}$, 从而定理得证. ■

推论　算子 G^α 将空间 $L_p^\beta(R^n)$ 同胚映射到空间 $L_p^{\alpha+\beta}(R^n)$ 上, $\alpha \geqslant 0, \beta \geqslant 0$.

27.4 $(E - \Delta)^{\alpha/2}, \alpha > 0$ 基于超奇异积分的实现

根据定义 $(E - \Delta)^{\alpha/2}f = \mathcal{F}^{-1}(1 + |x|^2)^{\alpha/2}\mathcal{F}f$, 所以实际上我们讨论的是 Bessel 势 $f = G^\alpha\varphi, \alpha > 0$ 的逆. 首先在对于算子 G^α 不变的 Schwartz 空间 S 中取函数 φ, 然后再考虑 $\varphi \in L_p$ 的逆问题. G^α 的逆算子将使用超奇异型积分, 其中包含函数 $f(x)$ 的 Taylor 级数的余项 (见 (26.68)).

对于 $f \in S$ 且 $\alpha > 0, \alpha \neq 2, 4, 6, \cdots$, 我们记

$$T^\alpha f = \sum_{j \in \Lambda_\alpha} c_{\alpha,j}(\mathcal{D}^j f)(x) + d_\alpha \int_{R^n} [f(x-y) + (R_y^{[\alpha]}f)(x)]|y|^{-n-\alpha}\lambda_\alpha(|y|)dy, \quad (27.35)$$

其中 $(R_y^{[\alpha]}f)(x)$ 与 (26.66) 中的相同, Λ_α 是长度 $\leqslant [\alpha]$ 且分量为偶数的多指标集合, 并且

$$d_\alpha = \frac{2^\alpha}{\pi^{n/2}\Gamma(-\alpha/2)},$$

$$c_{\alpha,j} = \frac{d_\alpha\Gamma\left(\dfrac{|j| - \alpha}{2}\right)\Gamma\left(\dfrac{n + |j|}{2}\right)}{j!2^{1+\alpha-|j|}}\omega_j,$$

$$\omega_j = \int_{S_{n-1}} \sigma^j d\sigma,$$

$$\lambda_\alpha(|y|) = 2^{1-(n+\alpha)/2}|y|^{(n+\alpha)/2}K_{(n+\alpha)/2}(|y|) \quad (27.36)$$

$$= \int_0^\infty \xi^{-1+(n+\alpha)/2}e^{-\xi-|y|^2/(4\xi)}d\xi.$$

注意到对于偶数 $j_1, \cdots, j_n$ 的情况, $\Gamma\left(\dfrac{n + |j|}{2}\right)\omega_j = 2\Gamma\left(\dfrac{j_1 + 1}{2}\right)\cdots\Gamma\left(\dfrac{j_n + 1}{2}\right)\omega_j$. 我们也指出, 如果 $0 < \alpha < 1$, 则

$$T^\alpha f = f(x) - d_\alpha \int_{R^n} \frac{f(x) - f(x - y)}{|y|^{n+\alpha}}\lambda_\alpha(|y|)dy. \quad (27.37)$$

容易验证, (27.35) 和 (27.37) 中超奇异积分的特征 $\lambda_\alpha(|y|)$ 作为 Hölder 函数在原点和无穷远处稳定; 论文 Samko [1977a] 中研究了具有此类特征的超奇异积分, 其结果将在下面使用.

定理 27.4 设 $\alpha > 0$, $\alpha \neq 2, 4, 6, \cdots$ 且 $\varphi \in S$. 则 $T^\alpha G^\alpha \varphi = \varphi$, 其中 T^α 为算子 (27.35).

证明 我们注意到, 对于 S 中的函数, G^α 的逆算子可以写为

$$(G^\alpha)^{-1} f = (\mathcal{F}^{-1}(1 + |y|^2)^{\alpha/2}, f(y + x)), \tag{27.38}$$

其中 Fourier 变换 $\mathcal{F}^{-1}(1+|y|^2)^{\alpha/2}$ 在 S'-分布意义下解释. 此式用已知的 Gel'fand-Shilov 定理 (Gel'fand and Shilov [1958, p. 179]) 容易验证. 所以我们想要证明

$$(\mathcal{F}^{-1}(1 + |y|^2)^{\alpha/2}, f(x + y)) = (T^\alpha f)(x), \quad \alpha \neq 2, 4, \cdots, \tag{27.39}$$

如果 $\mathrm{Re}\,\alpha < 0$, 考虑到 (27.36), 我们有

$$(\mathcal{F}^{-1}(1 + |y|^2)^{\alpha/2}, f(x + y)) = d_\alpha \int_{R^n} \frac{\lambda_\alpha(|y|)}{|y|^{n+\alpha}} f(y + x) dy. \tag{27.40}$$

因为左端在整个复平面内关于 α 解析, 如果 $\mathrm{Re}\,\alpha > 0$, 则将积分的右端解释为解析延拓, 我们可以认为 (27.40) 对于 $\mathrm{Re}\,\alpha > 0$ 也成立. 这样的延拓通过在积分符号下减去函数 $f(x)$ 的 Taylor 级数来实现. 直接计算后我们得到 (27.39). ∎

注 27.2 因为 $(1 + |x|^2)^k = \sum\limits_{i=0}^{k} \binom{k}{i} |x|^{2i}$, 则在 $\alpha = 2, 4, 6, \cdots$ 的情况下, G^α 的逆算子有如下形式

$$(G^\alpha)^{-1} f = \sum_{i=1}^{\alpha/2} \binom{\alpha/2}{i} (-\Delta)^i f. \tag{27.41}$$

现在我们来证明如果将算子 T^α 解释为

$$T^\alpha f \overset{\mathrm{def}}{=} \lim_{\substack{\varepsilon \to 0 \\ (L_p)}} T_\varepsilon^\alpha f, \tag{27.42}$$

它是势 $f = G^\alpha \varphi$, $\varphi \in L_p$ 的逆, 其中 $T_\varepsilon^\alpha f$ 具有结构 (27.35) 但积分区域 R^n 被替换为 $|y| > \varepsilon$. 函数 $f(x) \in G^\alpha(L_p)$ 的导数 $\mathcal{D}^j f$ 在广义函数意义下理解. 函数 $f = G^\alpha \varphi$ 的导数 $\mathcal{D}^j f$ 的存在性可从以下事实中得到

$$G^\alpha(L_p) \subset L_p^m, \quad m = 0, 1, \cdots, [\alpha].$$

定理 27.5　设 $\alpha > 0$, $\alpha \neq 2, 4, 6, \cdots$, $\varphi \in L_p$, $1 < p < \infty$. 则 $T^\alpha G^\alpha \varphi = \varphi$,
其中 T^α 为算子 (27.42).

证明　我们想要证明

$$\lim_{\substack{\varepsilon \to 0 \\ (L_p)}} T_\varepsilon^\alpha G^\alpha \varphi = \varphi. \tag{27.43}$$

先来证明一致估计

$$\|T_\varepsilon^\alpha G^\alpha \varphi\|_p \leqslant c\|\varphi\|_p, \tag{27.44}$$

其中 c 不依赖 ε. 它的证明将使用 L_p 中 Fourier 乘子的思想 (Stein [1973, p. 113]).
因为根据 Stein [1973, p. 114] 中的定理 3 容易验证 $\|\mathcal{D}^j G^\alpha \varphi\|_p \leqslant c\|\varphi\|_p$, 所以
(27.44) 容易从估计

$$\|\mathbf{D}_{\lambda_\alpha, \varepsilon}^\alpha G^\alpha \varphi\|_p \leqslant c\|\varphi\|_p \tag{27.45}$$

中得到, 其中 c 不依赖 ε, 且

$$\mathbf{D}_{\lambda_\alpha, \varepsilon}^\alpha f = \int_{|y| > \varepsilon} \frac{f(x-y) - (R_y^{[\alpha]} f)(x)}{|y|^{n+\alpha}} \lambda_\alpha(|y|) dy. \tag{27.46}$$

令

$$\sigma_\varepsilon(x) = \int_{|y| > \varepsilon} \left(e^{ix \cdot y} - \sum_{|j| \leqslant [\alpha]} \frac{i^{|j|} x^j y^j}{j!} \right) \frac{\lambda_\alpha(|y|)}{|y|^{n+\alpha}} dy, \tag{27.46'}$$

所以 $\mathcal{F}(\mathbf{D}_{\lambda_\alpha, \varepsilon}^\alpha f) = \sigma_\varepsilon(x) \hat{f}(x)$, $f \in S$. 至于 (27.45), 它是下面引理的结论.

引理 27.3　函数 $(1 + |x|^2)^{-\alpha/2} \sigma_\varepsilon(x)$, $\alpha > 0$, 属于 L_p 中 Fourier 乘子空间
M_p, $1 < p < \infty$ (如果 $0 < \alpha < 1$, $1 \leqslant p < \infty$), 此外还有

$$\|(1 + |x|^2)^{-\alpha/2} \sigma_\varepsilon(x)\|_{M_p} \leqslant c, \tag{27.47}$$

其中 c 不依赖 ε.

引理 27.3 的证明. 对于 $0 < \alpha < 1$ 的情况我们参考 Samko [1977a], 其在这
种情况下, 对于任意的稳定特征情形证明了 (27.47) 甚至在更强的形式下——即
函数 $(1 + |x|^2)^{-\alpha/2} \sigma_\varepsilon(x)$ 的 Fourier 积分关于 ε 一致的绝对可和性. 所以这里我
们给出在 $\alpha \geqslant 1$ 情形下的证明. 我们将使用 Stein [1973, p. 114] 中的定理 3, 它
表明想证 (27.47), 只需验证估计

$$|x|^{|\nu|} |\mathcal{D}^\nu (1 + |x|^2)^{-\alpha/2} \sigma_\varepsilon(x)| \leqslant c, \quad |\nu| < [n/2] + 1, \tag{27.48}$$

其中 c 不依赖 ε. 由 Leibniz 公式容易看出 (27.48) 可从不等式

$$|\mathcal{D}^\nu \sigma_\varepsilon(x)| \leqslant c|x|^{\alpha - |\nu|}, \quad \nu \leqslant [n/2] + 1 \tag{27.49}$$

中得到, c 仍然不依赖 ε. 我们来证明 (27.49). 如果 $[\alpha]+1 \leqslant \nu \leqslant [n/2]+1$, 则

$$\mathcal{D}^\nu \sigma_\varepsilon(x) = \int_{|y|>\varepsilon} \frac{(iy)^\nu}{|y|^{n+\alpha}} \lambda_\alpha(|y|)e^{ix\cdot y}dy, \qquad (27.50)$$

因为 $\lambda_\alpha(|y|)$ 在 $|y| \to \infty$ 时快速衰减 (根据 (27.36)), 所以可以在积分符号下求导. 我们将单项式 $(iy)^\nu$ 表示为 $(iy)^\nu = \sum\limits_{m=0}^{[|\nu|/2]} |y|^{2m} P_{|\nu|-2m}(y)$, 其中 $P_{|\nu|-2m}(y)$ 是阶为 $|\nu|-2m$ 的齐次调和多项式 (见 Stein and Weiss [1974, p. 159]). 作极坐标变换并使用 Funk-Hecke 公式 (Erdélyi, Magnus, Oberbettinger and Tricomi [1953b, 11.4] 或 Samko [1984, p. 43]), 以及手册 Prudnikov, Brychkov and Marichev [1983] 中的关系式 2.12.2.2, 我们有

$$\mathcal{D}^\nu \sigma_\varepsilon(x) = \sum_{m=0}^{[|\nu|/2]} i^{|\nu|-2m} P_{|\nu|-2m}\left(\frac{x}{|x|}\right)|x|^{\alpha-|\nu|} \int_{\varepsilon|x|}^\infty \frac{\lambda_\alpha\left(\dfrac{\xi}{|x|}\right) J_{|\nu|-2m-1+n/2}(\xi)d\xi}{\xi^{\alpha-|\nu|+n/2}}.$$
$$(27.51)$$

如果 $\alpha-|\nu|+(n+1)/2 > 1$, 则根据 Bessel 函数在 $\xi \to 0$ 和 $\xi \to \infty$ 时的已知行为, 我们有

$$|\mathcal{D}^\nu \sigma_\varepsilon(x)| \leqslant c|x|^{\alpha-\nu} \sum \int_0^\infty \xi^{|\nu|-\alpha-n/2}|J_{|\nu|-2m-1+n/2}(\xi)|d\xi = c|x|^{\alpha-\nu}.$$

至于 $\alpha-|\nu|+(n+1)/2 \leqslant 1$ 的情况, 根据积分

$$\int_0^\infty \frac{\lambda_\alpha(\xi/|x|) J_{|\nu|-2m-1+n/2}(\xi)}{\xi^{\alpha-|\nu|+n/2}}d\xi, \quad m = 0, 1, \cdots, \left[\frac{|\nu|}{2}\right]$$

的一致有界性 (由函数 $\lambda_\alpha(\xi)$ 的单调性), 估计式 (27.49) 可从 (27.51) 中得到. 现在令 $|\nu| < [\alpha]+1$. 如果 $\alpha \neq 1, 3, 5, \cdots$, 我们有

$$|\mathcal{D}^\nu \sigma_\varepsilon(x)| \leqslant c \int_{|y| \leqslant |x|^{-1}} |y|^{|\nu|-\alpha-n}(x \cdot y)^{[\alpha]+1-|\nu|}dy$$

$$+ c \sum_{|j| \leqslant [\alpha]-\nu} |x|^{|j|} \int_{|y|>|x|^{-1}} |y|^{|\nu|+|j|-n-\alpha}dy$$

$$\leqslant c|x|^{\alpha-|\nu|}.$$

如果 $\alpha = 1, 3, 5, \cdots$, 利用带积分余项的 Taylor 公式, 我们有

$$\mathcal{D}^\nu \sigma_\varepsilon(x) = i^{|\nu|} \sum_{|j|=\alpha+1-|\nu|} \frac{(\alpha+1-|\nu|)!}{j!} x^j$$

$$\times \int_0^1 (1-\xi)^{\alpha-|\nu|}d\xi \int_{|y|>\varepsilon} y^{\nu+j}|y|^{-n-\alpha}\lambda_\alpha(|y|)e^{i\xi x \cdot y}dy.$$

用与 (27.50) 中积分相同的方式对 $|y| > \varepsilon$ 上的积分进行变换, 我们得到 (27.49). 从而引理 27.3 获证!

现在我们回到定理 27.5 的证明. 由上面得知, 得到了一致估计 (27.44), 剩下的就是利用 Banach-Steinhaus 定理在 L_p 中的稠密 Schwartz 空间 S 上验证 (27.43). 由定理 27.4, 对于 $\varphi \in S$, $T^\alpha G^\alpha \varphi = \varphi$, 则根据 Parseval 不等式和 Lebesgue 控制收敛定理可以证明 $\|T_\varepsilon^\alpha G^\alpha \varphi - \varphi\|_2 \xrightarrow[\varepsilon \to 0]{} 0$——先利用表达式 (27.46′). 我们选择 $r > 1$, 使得 p 在 2 和 r 之间, 并令 $\theta = 2(r-p)/p(r-2)$. 则我们从插值不等式 $\|f\|_p \leqslant \|f\|_r^{1-\theta}\|f\|_2^\theta$ 和一致估计 (27.44) 中推得 (27.43) 对任意 $\varphi \in S$ 成立. ∎

注 27.3　容易验证, 在 $\alpha = 2, 4, 6, \cdots$ 的情况下, 算子 (27.41) 是在 L_p 空间框架下 $G^\alpha \varphi$ 势在弱意义上的逆:

$$\left(G^\alpha \varphi, \sum_{i=0}^{\alpha/2} \binom{\alpha/2}{i}(-\Delta)^i \omega\right) = (\varphi, \omega), \quad \varphi \in L_p, \quad \omega \in S.$$

最后, 我们给出了三种构造算子 $(E - \Delta)^{\alpha/2}$, $\alpha > 0$ 的有效方法. 我们仅提供非常简要的信息, 相应的参考文献可在 §29.1 中找到. 第一种方法与算子 (27.35) 到形式

$$T^\alpha f = h_\alpha * f + \mathbf{D}_\Omega^\alpha f \tag{27.52}$$

的变换有关, 其中 $h_\alpha(y) \in L_1(R^n)$, $\mathbf{D}_\Omega^\alpha f$ 为超奇异积分

$$\mathbf{D}_\Omega^\alpha = \int_{R^n} \frac{(\Delta_y^l f)(x)}{|y|^{n+\alpha}}\Omega(y)dy, \tag{27.53}$$

其特征 $\Omega(y)$ 是小于 α 次的多项式——见 Nogin [1985a] 中给出的 $h_\alpha(y)$ 和 $\Omega(y)$ 的显式表达.

定理 27.6　令 $\alpha > 0$, $\alpha \neq 2, 4, 6, \cdots$, $1 < p < \infty$ 且 $\varphi \in L_p(R^n)$. 则 $T^\alpha G^\alpha \varphi = \varphi$, 其中

$$T^\alpha f = h_\alpha * f + \lim_{\substack{\varepsilon \to 0 \\ (L_p)}} \mathbf{D}_{\Omega,\varepsilon}^\alpha f,$$

$\mathbf{D}_{\Omega,\varepsilon}^\alpha f$ 是 (27.53) 对应的 "截断"($|y| > \varepsilon$) 积分.

我们注意到, 与 (27.35) 相比, 结构 (27.52) 的优势在于它通过函数 $f(x)$ 的平移构造的形式包含结构更简单的超奇异积分.

第二种方式与 (27.20) 相关, 并且在某种意义上类似 Riesz 势的结论 (25.70) 和定理 26.3′ 与定理 26.10. 我们记

$$\mathfrak{D}_\varepsilon^\alpha f = \frac{1}{\varkappa(\alpha/2, l)} \int_\varepsilon^\infty t^{-1-\alpha/2} (E - e^{-t} W_t)^l f dt, \quad 0 < \alpha < 2l, \qquad (27.54)$$

其中 $\varkappa(\alpha/2, l)$ 为常数 (5.81).

定理 27.7　设 $\varphi \in L_p(R^n)$. 则如果 $1 \leqslant p \leqslant \infty$, 则 $\lim\limits_{\substack{\varepsilon \to 0 \\ (p.p.)}} \mathfrak{D}_\varepsilon^\alpha G^\alpha \varphi = \varphi$, 如果

$1 \leqslant p < \infty$, 则 $\lim\limits_{\substack{\varepsilon \to 0 \\ (L_p)}} \mathfrak{D}_\varepsilon^\alpha G^\alpha \varphi = \varphi$.

如果我们令

$$\mathfrak{D}_\varepsilon^\alpha f = \frac{1}{\varkappa(\alpha, l)} \int_\varepsilon^\infty t^{-1-\alpha} (E - M_t)^l f dt, \quad 0 < \alpha < l, \qquad (27.55)$$

其中 M_t 为半群 (27.21), 定理 27.7 仍然成立.

最后, 第三种方法基于引入带 "加权" 差分的超奇异积分的思想

$$T_l^\alpha f = \frac{1}{d_{n,l}(\alpha)} \int_{R^n} \frac{(\Delta_y^l f)(x, \rho)}{|y|^{n+\alpha}} dy,$$

$$(\Delta_y^l f)(x, \rho) = \sum_{k=0}^l \binom{l}{k} (-1)^k \rho(k, y) f(x - ky). \qquad (27.56)$$

为明确起见, 我们考虑非中心差分的情况. 我们注意到, 在 § 18.4 考虑 Bessel 势时, 已经出现了权重为 $\rho(k, y) = e^{-ky}$ 的 "加权" 差分, 如 (18.77). 在 (27.56) 中我们用以下关系来定义权重 $\rho(k, y)$,

$$\rho(k, y) = 2^{1-(n+\alpha)/2} \left(\Gamma\left(\frac{n+\alpha}{2}\right) \right)^{-1} (k|y|)^{(n+\alpha)/2} K_{(n+\alpha)/2}(k|y|).$$

如果 $f \in S$, 带此权重的积分 (27.56) 有如下性质: a) 如果 $l > \alpha$, 积分 (27.56) 绝对收敛, 如果 $2[\alpha/2] < l \leqslant \alpha$, 积分常规收敛; b) 如果 $\alpha = 1, 3, 5, \cdots$ 且 $l > \alpha$, 则 $T_l^\alpha f \equiv 0$; c) $\mathcal{F}(T_l^\alpha f) = d_{n,l}(\alpha)(1 + |x|^2)^{\alpha/2} \hat{f}$, 其中常数 $d_{n,l}(\alpha)$ 与 § 26 中相同.

如果我们将定理 27.7 中的 $\mathfrak{D}_\varepsilon^\alpha f$ 替换为在 $|y| > \varepsilon$ 上积分的截断积分 (27.56), 定理的结论仍然成立 (Rubin [1986c,d]).

§ 28   多维分数阶积分-微分的其他形式

§§ 25—27 中考虑的在整个空间 R^n 中定义的多变量函数的分数阶积分-微分通过分数次幂 $(-\Delta)^{-\alpha/2}$ 或 $(E - \Delta)^{-\alpha/2}$ 来实现, 其中 Δ 是 Laplace 算子. 这种

方法的直接推广是考虑任意偏导数微分算子的分数次幂. 我们不考虑这种太一般的问题, 而只关注最简单的微分算子的分数次幂

$$\Box_p = \frac{\partial^2}{\partial x_1^2} + \cdots + \frac{\partial^2}{\partial x_p^2} - \frac{\partial^2}{\partial x_{p+1}^2} - \cdots - \frac{\partial^2}{\partial x_n^2}, \quad 1 \leqslant p < n \tag{28.1}$$

(超双曲情形),

$$\frac{\partial^2}{\partial x_1^2} + \cdots + \frac{\partial^2}{\partial x_{n-1}^2} - \frac{\partial}{\partial x_n} \tag{28.2}$$

(抛物情形).

因此, 在 §§ 25—27 中考虑的分数阶积分-微分属于椭圆情况.

前一个算子的负分数次幂的实现将产生具有 Lorentz 距离的 Riesz 双曲势, 而后者的负分数次幂实现将产生抛物势. 我们先考虑这些势, 然后给出抛物型算子 (28.2) 正分数次幂的实现.

在本节的最后, 我们研究了在某种意义上与 § 24 中结构相近的分数阶积分, 不同之处在于, 相应的积分区域不是 § 24 中的那种具有相反顶点 $x = (x_1, \cdots, x_n)$ 和 $a = (a_1, \cdots, a_n)$ 的八分仪 (octant) 或平行六面体, 而是顶点为 x 且底面不依赖 x 的常数超平面的金字塔. 我们将这样的分数阶积分称为 "金字塔" 积分.

28.1 具有 Lorentz 距离的 Riesz 势 (双曲 Riesz 势)

与 § 25 中椭圆情形下 Riesz 分数阶积分-微分的定义类似, 通过 Fourier 变换引入分数幂的想法是显然的, 至少形式上是如此. 事实上, 由于算子 (28.1) 应用 Fourier 变换可简化为与二次型的乘积:

$$\mathcal{F}(-\Box_p \varphi) = P(x)\mathcal{F}\varphi,$$

$$P(x) = x_1^2 + \cdots + x_p^2 - x_{p+1}^2 - \cdots - x_n^2, \tag{28.3}$$

所以很自然地将分数次幂 $(-\Box_p)^\lambda$ 作为算子引入, 它的定义将通过 Fourier 变换转化为与二次型 $P(x)$ 的分数次幂的乘积. 然而, 我们注意到, 与椭圆情形不同, 二次型 $P(x)$ 没有确定的符号. 当然, 我们可以通过考虑 $|P(x)|^\lambda$ 或 $|P(x)|^\lambda \mathrm{sign} P(x)$ 来避免出现负值的幂. 但以这种方式获得的分数幂不包含算子 $-\Box_p$ 通常的整数幂, 前者不包括奇数的 λ, 后者不包括偶数的 λ. 因此, 我们将使用标准的方法, 通过选择 "主值" 提高幂次.

我们介绍标准符号:

$$P_+^\lambda = \begin{cases} |P(x)|^\lambda, & P(x) > 0, \\ 0, & P(x) \leqslant 0, \end{cases}$$

$$P_-^\lambda = \begin{cases} 0, & P(x) \geqslant 0, \\ |P(x)|^\lambda, & P(x) < 0 \end{cases}$$

和

$$(P \pm i0)^\lambda = \lim_{\varepsilon \to +0} (P \pm i\varepsilon)^\lambda$$

$$= \begin{cases} |P(x)|^\lambda, & P(x) > 0, \\ e^{\pm \lambda \pi i} |P(x)|^\lambda, & P(x) < 0. \end{cases}$$

所以

$$(P \pm i0)^\lambda = P_+^\lambda + e^{\pm i\lambda\pi} P_-^\lambda. \tag{28.4}$$

从 (28.3) 出发, 我们引入以下两种形式的 D'Alembert 分数次幂:

$$(-\Box_p)_\pm^\lambda \varphi = \mathcal{F}^{-1} (P \mp i0)^\lambda \mathcal{F}\varphi \tag{28.5}$$

(参见一维的情况 (7.4)). 二次型分数次幂的 Fourier 变换公式在广义函数理论中已知. 我们以方便使用的形式给出

$$\mathcal{F}\left[(P \pm i0)^{\frac{\alpha - n}{2}} \right] = e^{\mp \frac{n-p}{2}\pi i} \gamma_n(\alpha) (P \mp i0)^{-\frac{\alpha}{2}}, \tag{28.6}$$

其中 $\gamma_n(\alpha)$ 是椭圆 Riesz 势常用的归一化常数 (25.26). (28.6) 的证明可以在 Gel'fand and Shilov [1959, p. 349] 中找到.

由 (28.6) 式, $\lambda = -\alpha/2$ 的算子 (28.5) 可实现为与函数

$$\frac{e^{\pm \frac{n-p}{2}\pi i}}{\gamma_n(\alpha)} (P \pm i0)^{\frac{\alpha-n}{2}} = \frac{1}{\gamma_n(\alpha)} \left(e^{\pm \frac{n-p}{2}\pi i} P_+^{\frac{\alpha-n}{2}} + e^{\pm \frac{\alpha-p}{2}\pi i} P_-^{\frac{\alpha-n}{2}} \right) \tag{28.7}$$

的卷积. 我们将这个卷积记为

$$I_{P \pm i0}^\alpha \varphi = \frac{e^{\pm i\frac{n-p}{2}\pi}}{\gamma_n(\alpha)} (P \pm i0)^{\frac{\alpha-n}{2}} * \varphi,$$

所以 $(-\Box_p)_\pm^{-\alpha/2} = I_{P \pm i0}^\alpha$. 根据 (28.7), 这个算子有形式

$$I_{P \pm i0}^\alpha \varphi = \frac{1}{\gamma_n(\alpha)} \left[e^{\pm \frac{n-p}{2}\pi i} \int_{K_+} \frac{\varphi(x-y)dy}{r^{n-\alpha}(y)} + e^{\pm \frac{\alpha-p}{2}\pi i} \int_{K_-} \frac{\varphi(x-y)dy}{|r^{n-\alpha}(y)|} \right], \tag{28.8}$$

其中

$$r(y) = \sqrt{|P(y)|} = \sqrt{x_1^2 + \cdots + x_p^2 - x_{p+1}^2 - \cdots - x_n^2},$$

$K_{\pm}$ 表圆锥:

$$K_+ = \{x : x \in R^n, P(x) \geqslant 0\},$$
$$K_- = \{x : x \in R^n, P(x) \leqslant 0\}.$$

函数 $r(y)$ 称为 Lorentz 距离, 锥 K_+ 称为光锥或特征锥.

　　如果 $\alpha > n - 2$, 则 (28.8) 中的积分在函数充分好的情况下收敛. 我们可以通过将 $r^{n-\alpha}(y)$ 表示为 $r^{n-\alpha}(y) = ||y'|^2 - |y''|^2|^{(n-\alpha)/2}$, 其中 $y' = (y_1, \cdots, y_p) \in R^p$ 和 $y'' = (y_{p+1}, \cdots, y_n) \in R^{n-p}$, 然后在 R^p 和 R^{n-p} 上重复积分, 并将 R^{n-p} 上的积分转化为极坐标来保证这一点, 这会给出 $(n-\alpha)/2 < 1$ 的条件.

　　在 $\alpha \leqslant n - 2$ 的情况下, 结构 (28.8) 是不确定的, 但它允许对 α 进行解析延拓使其适合 $\alpha \leqslant n - 2$ 的情况. 我们不详述此延拓, 请参见 §29.1 中的文献.

　　从 (28.5) 可直接得出

$$I_{P\pm i0}^{\alpha} I_{P\pm i0}^{\beta} = I_{P\pm i0}^{\alpha+\beta}. \tag{28.9}$$

　　我们提出如下问题: 是否可以引入一个只在锥 K_+ 和 K_- 上积分的 (28.8) 型的双曲分数阶积分算子, 并且半群性质 (28.9) 仍然成立? 显然, 为此我们不能从函数 $(P \pm i0)^\lambda$ 出发, 而需从函数 P_+^λ 或 P_-^λ 出发. 考虑到 (28.4), (28.6) 经简单变换后产生关系

$$\mathcal{F}(P_+^{(\alpha-n)/2}) = \frac{\gamma_n(\alpha)}{\sin(n-\alpha)\pi/2} \left(\sin\frac{p-\alpha}{2}\pi P_+^{-\alpha/2} + \sin\frac{p\pi}{2} P_-^{-\alpha/2} \right),$$
$$\mathcal{F}(P_-^{(\alpha-n)/2}) = \frac{\gamma_n(\alpha)}{\sin(n-\alpha)\pi/2} \left(\sin\frac{n-p}{2}\pi P_+^{-\alpha/2} + \sin\frac{n-p-\alpha}{2}\pi P_-^{-\alpha/2} \right). \tag{28.10}$$

因此

$$\mathcal{F}(P_+^{(\alpha-n)/2}) = (-1)^{p/2-1}\gamma_n(\alpha)\frac{\sin\alpha\pi/2}{\sin(n-\alpha)\pi/2} P_+^{-\alpha/2}, \tag{28.11}$$
$$\text{若}\quad p = 2, 4, 6, \cdots$$

和

$$\mathcal{F}(P_-^{\frac{(\alpha-n)}{2}}) = (-1)^{\frac{n-p}{2}-1}\gamma_n(\alpha)\frac{\sin\alpha\pi/2}{\sin(n-\alpha)\pi/2} P_-^{-\frac{\alpha}{2}}, \tag{28.12}$$
$$\text{若}\quad n - p = 2, 4, 6, \cdots.$$

根据 (28.11) 和 (28.12), 假设符号为 + 时 $p = 2, 4, 6, \cdots$, 符号为 − 时 $p = n-2, n-4, n-6, \cdots$, 则势

$$I_{P+}^{\alpha}\varphi = \frac{(-1)^{p/2-1}}{H_n'(\alpha)} \int_{K_+} \frac{\varphi(x-y)dy}{r^{n-\alpha}(y)}, \quad p = 2, 4, 6, \cdots, \tag{28.13}$$

$$I_{P-}^{\alpha}\varphi = \frac{(-1)^{\frac{n-p}{2}-1}}{H_n'(\alpha)} \int_{K_-} \frac{\varphi(x-y)dy}{|r^{n-\alpha}(y)|}, \quad n-p = 2,4,6,\cdots, \tag{28.14}$$

其中 $\alpha > n-2$,

$$H_n'(\alpha) = \gamma_n(\alpha)\frac{\sin \alpha\pi/2}{\sin(n-\alpha)\pi/2} \tag{28.15}$$

满足半群性质

$$I_{P\pm}^{\alpha}I_{P\pm}^{\beta} = I_{P\pm}^{\alpha+\beta}. \tag{28.16}$$

我们单独列出 $p=1$ 的情况. 形式 (28.13) 可能不适用, 而 (28.14) 对于奇数 n 适用:

$$I_{P-}^{\alpha}\varphi = \frac{(-1)^{(n+1)/2}}{H_n'(\alpha)} \int_{K_-} \frac{\varphi(x-y)}{|r^{n-\alpha}(y)|}dy, \quad p=1, \quad n=3,5,7,\cdots, \tag{28.17}$$

然而, $p=1$ 时还有另一种由 Riesz 引入的变形. 在光锥 K_+ 中, 我们考虑正半锥

$$K_+^+ = \{x : x_1^2 \geqslant x_2^2 + \cdots + x_n^2, x_1 \geqslant 0\}, \tag{28.18}$$

并令

$$I_{\square}^{\alpha}\varphi = \frac{1}{H_n(\alpha)} \int_{K_+^+} \frac{\varphi(x-y)}{r^{n-\alpha}(y)}dy, \quad \alpha > n-2, \tag{28.19}$$

这强调了算子 (28.19) 与 D'Alembert 算子 $\square = \dfrac{\partial^2}{\partial x_1^2} - \dfrac{\partial^2}{\partial x_2^2} - \cdots - \dfrac{\partial^2}{\partial x_n^2}$ 的关系. 将归一化常数 $H_n(\alpha)$ 选择为

$$\begin{aligned} H_n(\alpha) &= \frac{\gamma_n(\alpha)}{2\sin(n-\alpha)\pi/2} \\ &= 2^{\alpha-1}\pi^{-1+n/2}\Gamma\left(\frac{\alpha}{2}\right)\Gamma\left(\frac{\alpha+2-n}{2}\right), \end{aligned} \tag{28.20}$$

这种选择会在下文中明白.

势 (28.19) 通常称为双曲 Riesz 势. 它也可以写为

$$I_{\square}^{\alpha}\varphi = \frac{1}{H_n(\alpha)} \int_{K_+^-(x)} \frac{\varphi(y)dy}{r^{n-\alpha}(x-y)}, \tag{28.21}$$

其中

$$K_+^-(x) = \{y : (x_1-y_1)^2 \geqslant (x_2-y_2)^2 + \cdots + (x_n-y_n)^2, x_1-y_1 \geqslant 0\}$$

是顶点移到点 x 处的负半光锥.

下面假设归一化常数由 (28.20) 给出, 我们来证明算子 $I_\square^\alpha$ 有半群性质

$$I_\square^\alpha I_\square^\beta \varphi = I_\square^{\alpha+\beta} \varphi, \quad \square I_\square^{\alpha+2} \varphi = I_\square^\alpha \varphi. \tag{28.22}$$

为了证明这一点, 我们先计算指数函数 e^{x_1} 的 Riesz 势. 在这种情况下我们有

$$I_\square^\alpha (e^{x_1}) = \frac{e^{x_1}}{H_n(\alpha)} \int_{K_+^+} e^{-y_1} r^{\alpha-n}(y) dy,$$

如果选择

$$H_n(\alpha) = \int_{K_+^+} e^{-y_1} r^{\alpha-n}(y) dy, \tag{28.23}$$

我们得到

$$I_\square^\alpha (e^{x_1}) = e^{x_1}. \tag{28.24}$$

计算积分 (28.23) 我们有

$$H_n(\alpha) = \int_0^\infty e^{-y_1} dy_1 \int_{|\xi|<y_1} (y_1^2 - |\xi|^2)^{(\alpha-n)/2} d\xi, \quad \xi = (y_2, \cdots, y_n) \in R^{n-1}.$$

因此

$$H_n(\alpha) = \int_0^\infty y_1^{\alpha-1} e^{-y_1} dy_1 \int_{|\eta|<1} (1 - |\eta|^2)^{(\alpha-n)/2} dy$$

$$= \Gamma(\alpha) |S_{n-2}| \int_0^1 (1 - \rho^2)^{(\alpha-n)/2} \rho^{n-2} d\rho,$$

此式经简单变换后与 (28.20) 一致.

我们观察到, 更一般的等式

$$I_\square^\alpha (e^{a \cdot x}) = \frac{e^{a \cdot x}}{(a_1^2 - a_2^2 - \cdots - a_n^2)^{\alpha/2}}, \tag{28.25}$$

$$a = (a_1, \cdots, a_n) \in K_+^+, \quad a \cdot x = a_1 x_1 + \cdots + a_n x_n$$

可从 (28.24) 中推出 (参见 (25.39)).

这样我们得到了结果 (28.24), 它使我们能够直接证明半群性质 (28.22). 取 $\alpha > n-2$ 和 $\beta > n-2$, 我们有

$$I_\square^\alpha I_\square^\beta \varphi = \frac{1}{H_n(\alpha) H_n(\beta)} \int_{K_+^-(x)} r^{\alpha-n}(x-y) dy \int_{K_+^-(y)} r^{\beta-n}(y-\xi) \varphi(\xi) d\xi.$$

因 $y \in K_+^-(x)$, 显然 $K_+^-(y) \subset K_+^-(x)$. 所以交换积分次序我们得到

$$I_\square^\alpha I_\square^\beta \varphi = \frac{1}{H_n(\alpha) H_n(\beta)} \int_{K_+^-(x)} \varphi(\xi) d\xi \int_{D(x,\xi)} r^{\alpha-n}(x-y) r^{\beta-n}(y-\xi) dy, \quad (28.26)$$

其中 $D(x,\xi) = K_+^-(x) \cap K_+^+(\xi)$ (在交换积分顺序时引入锥 $K_+^-(y)$ 的特征函数). 通过沿锥体表面的移位和伸缩, 我们看到内积分等于

$$r^{\alpha+\beta-n}(x-\xi) B_n(\alpha,\beta), \quad B_n(\alpha,\beta) = \int_{D(0,e_1)} r^{\alpha-n}(y) r^{\beta-n}(e_1-y) dy,$$

$$e_1 = (1, 0, \cdots, 0),$$

显然 $B_n(\alpha,\beta)$ 为常数. 因此, 我们从 (28.26) 中得到

$$I_\square^\alpha I_\square^\beta \varphi = \frac{B_n(\alpha,\beta)}{H_n(\alpha) H_n(\beta)} H_n(\alpha+\beta) I_\square^{\alpha+\beta} \varphi. \quad (28.27)$$

在这里取 $\varphi = e^{x_1}$, 由 (28.34) 我们发现一定有关系式

$$B_n(\alpha,\beta) = H_n(\alpha) H_n(\beta) / H_n(\alpha+\beta)$$

成立 (参见 (25.38)). 由此可以立即将 (28.27) 转化为关系 (28.22) 中的前者. 至于后者, 可在积分符号下微分后直接验证得到.

注 28.1 双曲 Riesz 势 $I_\square^\alpha \varphi$ 的 Fourier 变换由以下结果给出

$$\mathcal{F}(I_\square^\alpha \varphi) = \frac{q}{|r(x)|^\alpha} \hat{\varphi}(x), \quad x \in R^n, \quad (28.28)$$

其中 $r^2(x) > 0$ 时 $q = e^{\frac{\alpha \pi i}{2} \mathrm{sign} x_1}$, $r^2(x) < 0$ 时 $q = 1$, $r^2(x) = x_1^2 - x_2^2 - \cdots - x_n^2$.

我们通过考虑二维情形下的 Riesz 双曲势 (28.21) 来结束本小节:

$$I_\square^\alpha \varphi = \frac{1}{H_2(\alpha)} \int_{|x_2-y_2|<x_1-y_1} \frac{\varphi(y) dy_1 dy_2}{[(x_1-y_1)^2 - (x_2-y_2)^2]^{1-\alpha/2}}$$

或

$$I_\square^\alpha \varphi = \frac{1}{H_2(\alpha)} \int_{|y_2|<y_1} \frac{\varphi(x-y) dy_1 dy_2}{(y_1^2 - y_2^2)^{1-\alpha/2}}, \quad x = (x_1, x_2), \quad y = (y_1, y_2). \quad (28.29)$$

作变量替换 $y_l + y_2 = 2\xi_1$, $y_l - y_2 = 2\xi_2$, 可将这个势转化为已经在 § 24 中考虑过的关于每个变量的 Liouville 分数阶积分:

$$I_\square^\alpha \varphi = \frac{1}{\Gamma^2(\alpha/2)} \int_0^\infty \int_0^\infty \frac{\varphi(z_1+z_2-\xi_1-\xi_2, z_1-z_2-\xi_1+\xi_2)}{\xi_1^{1-\alpha/2} \xi_2^{1-\alpha/2}} d\xi_1 d\xi_2$$

$$=\frac{1}{\Gamma^2(\alpha/2)}\int_{-\infty}^{z_1}\int_{-\infty}^{z_2}\frac{\varphi(s_1+s_2,s_1-s_2)ds_1ds_2}{(z_1-s_1)^{1-\alpha/2}(z_2-s_2)^{1-\alpha/2}}, \tag{28.30}$$

其中 $z_1=(x_1+x_2)/2,\ z_2=(x_1-x_2)/2$.

等式 (28.30) 可表示为算子形式:

$$I_\square^\alpha\varphi=A^{-1}I_{++}^{\alpha/2,\alpha/2}A\varphi, \tag{28.31}$$

其中 A 是变量线性变换的算子: $(A\varphi)(x)=\varphi(x_1+x_2,x_1-x_2)$ 和 $I_{++}^{\alpha/2,\alpha/2}$ 为 Liouville 积分算子 (24.20).

以下定理是 (28.31) 和定理 24.1 (关于 Liouville 分数阶积分 $I_{++}^{\alpha/2,\alpha/2}$) 的直接结论.

定理 28.1　设 $n=2,\ 1\leqslant p<\infty$, 且 $1\leqslant r<\infty$. 算子 $I_\square^\alpha$ 从 $L_p(R^2)$ 有界映入到 $L_r(R^2)$, 当且仅当

$$0<\alpha<2,\quad 1<p<2/\alpha,\quad r=2p/(2-\alpha p).$$

28.2　抛物势

本节中我们考虑热方程算子 (28.2) 的负分数次幂. 通常, 将 "时间" 变量单独挑出来记为 t, 空间变量重新记为 $x_1,\cdots,x_n$ 会很方便, 即在点 (x,t) 的 $(n+1)$ 维 Euclid 空间 R^{n+1} 中研究, 其中 $x\in R^n,\ t\in R^1$. 我们将处理算子

$$T=-\Delta_x+\frac{\partial}{\partial t} \tag{28.32}$$

的负分数次幂, 其中 Δ_x 是关于变量 $x_1,\cdots,x_n$ 的 Laplace 算子. 对于算子 (28.32) 我们有 Fourier 变换

$$\hat{T}\varphi=(|x|^2-it)\hat\varphi(x,t), \tag{28.33}$$

其中应用了在 R^{n+1} 中的 Fourier 变换:

$$(\mathcal{F}\varphi)(x,t)=\hat\varphi(x,t)=\int_{R^{n+1}}e^{ix\cdot\xi+it\tau}\varphi(\xi,\tau)d\xi d\tau. \tag{28.34}$$

因此, 作 Fourier 变换后可以通过函数 $(|x|^2-it)^{-\alpha/2}$ 自然地引入负分数次幂 $T^{-\alpha/2},\ \alpha>0$, 其中选择函数主值: $\arg(|x|^2-it)\in(-\pi/2,\pi/2)$. 该函数可表示由 Gauss-Weierstrass 核

$$W(x,t)=(4\pi t)^{-n/2}e^{-|x|^2/(4t)},\quad t>0 \tag{28.35}$$

定义的函数的 Fourier 变换. 令

$$h_\alpha(x,t) = \frac{1}{\Gamma(\alpha/2)} \begin{cases} t^{-1+\alpha/2}W(x,t), & t > 0, \\ 0, & t < 0. \end{cases} \tag{28.36}$$

引理 28.1   函数 $h_\alpha(x,t)$ 的 Fourier 变换 (28.34) 等于

$$\hat{h}_\alpha(x,t) = (|x|^2 - it)^{-\alpha/2}, \quad \alpha > 0. \tag{28.37}$$

引理的证明是通过直接计算得到的:

$$\int_{R^{n+1}} h_\alpha(\xi,\tau) e^{ix\cdot\xi + it\tau} d\xi d\tau = \frac{1}{(4\pi)^{n/2}\Gamma(\alpha/2)} \int_0^\infty \tau^{\frac{\alpha-n}{2}-1} e^{it\tau} d\tau \int_{R^n} e^{-\frac{|\xi|^2}{4\tau}+ix\cdot\xi} d\xi.$$

这里的内积分是易计算的一维积分的乘积, 因此在 $\alpha > 0$ 较小的情况下, 容易对 (28.37) 进一步验证, 一般的情况可以通过对 α 进行通常的解析延拓实现.

引理 28.1 允许我们以卷积的形式

$$T^{-\alpha/2}\varphi = H^\alpha\varphi \overset{\text{def}}{=} \int_{R^{n+1}} h_\alpha(\xi,\tau)\varphi(x-\xi,t-\tau)d\xi d\tau$$

$$= \frac{1}{\Gamma(\alpha/2)} \int_{R_+^{n+1}} \tau^{-1+\alpha/2}W(\xi,\tau)\varphi(x-\xi,t-\tau)d\xi d\tau, \tag{28.38}$$

或显式形式

$$H^\alpha\varphi = \frac{1}{\Gamma(\alpha/2)(4\pi)^{n/2}} \int_{R_+^{n+1}} \tau^{-1+(\alpha-n)/2} e^{-|\xi|^2/(4\tau)}\varphi(x-\xi,t-\tau)d\xi d\tau \tag{28.39}$$

引入热方程算子 T 的负分数次幂, 其中 R_+^{n+1} 为半空间 $\{(x,t): x \in R^n, t > 0\}$.

(28.39) 就是抛物势算子.

如果我们使用 Gauss-Weierstrass 算子的定义

$$(W_\tau\varphi)(x,t) = (4\pi\tau)^{-n/2} \int_{R^n} e^{-|\xi|^2/(4\tau)}\varphi(x-\xi,t)d\xi, \tag{28.40}$$

可以将 (28.38) 中出现的算子改写为如下形式

$$(H^\alpha\varphi)(x,t) = \frac{1}{\Gamma(\alpha/2)} \int_0^\infty \tau^{\alpha/2-1}(W_\tau\varphi)(x,t-\tau)d\tau \tag{28.41}$$

(参见 Riesz 势的表达式 (25.51)).

对于任意 $\alpha > 0$, 算子 H^α 定义在相当大的函数集合上, 例如它对有界且在 $t \to \infty$ 时关于 t 为零, 使得 $|\varphi(x,t)| \leqslant c(1+|t|)^{-a}$, $a > \alpha/2$ 的函数有定义. 这可以直接验证. 下面的定理阐明了 $L_p(R^{n+1})$ 中函数的抛物势的存在性.

定理 28.2　如果 $0 < \alpha < n + 2$ 且 $1 \leqslant p < (n+2)/\alpha$, 则积分 $H^\alpha \varphi$, $\alpha > 0$, $\varphi \in L_p(R^{n+1})$, 几乎处处绝对收敛, 且算子 H^α 从 $L_p(R^{n+1})$ 有界映入 $L_q(R^{n+1})$, 此时 $1 < p < (n+2)/\alpha$, $q = (n+2)p/(n+2-\alpha p)$.

我们不给出此定理的证明, 但可参见 §29.1 中的文献.

类似 Riesz 势空间 $I^\alpha(L_p)$ 或 Bessel 势空间 $G^\alpha(L_p)$, 可以引入抛物势空间

$$H^\alpha(L_p) = \{f : f = H^\alpha \varphi, \varphi \in L_p(R^{n+1})\}. \tag{28.42}$$

根据定理 28.2, 这些空间在 $1 \leqslant p < (n+2)/\alpha$ 的情形下是好定义的. 在下一小节中, 我们根据某些超奇异型积分的收敛性给出了空间 $H^\alpha(L_p)$ 的刻画.

我们注意到, (28.42) 型空间也可以考虑函数 $f(x)$ 只在半空间 R_+^{n+1} 中定义的情况.

最后我们指出, 与上文所述类似, 可以考虑微分算子 $E - \Delta_x + \partial/\partial t$ 的负分数次幂, 其中 E 是恒等算子. 在 Fourier 变换中, 我们需要处理函数

$$(1 + |x|^2 - it)^{-\alpha/2}, \tag{28.43}$$

因此以这种方式定义的分数次幂

$$\left(E - \Delta_x + \frac{\partial}{\partial t}\right)^{-\alpha/2}, \tag{28.44}$$

即对应的势, 与上面考虑过的抛物势 H^α 相关, 就像 Bessel 势 $G^\alpha \varphi$ 和 Riesz 势 $I^\alpha \varphi$ 相关一样. 分数幂 (28.44) 可以实现为与 (28.43) 的 Fourier 变换原像的卷积, 有如下形式

$$\begin{aligned}
\mathcal{H}^\alpha \varphi &= \frac{1}{\Gamma(\alpha/2)(4\pi)^{n/2}} \int_{R_+^{n+1}} \tau^{\frac{\alpha-n}{2}-1} e^{-\frac{|\xi|^2}{4\pi}-\tau} \varphi(x-\xi, t-\tau) d\xi d\tau \\
&= \frac{1}{\Gamma(\alpha/2)} \int_0^\infty \tau^{-1+\frac{\alpha}{2}} e^{-\tau} (W_\tau \varphi)(x, t-\tau) d\tau
\end{aligned}$$
$$\tag{28.45}$$

(与 Bessel 势 (27.20) 比较).

算子 (28.45) 也称为抛物势. 由于存在因子 $e^{-\tau}$, 它的定义域本质上大于势 (28.39) 的定义域, 特别地, 它在任意 $L_p(R^{n+1})$, $1 \leqslant p < \infty$ 空间中有界. 关于算子 (28.45) 更进一步的信息和参考文献见 §29.2, 注记 28.2—28.3.

28.3 基于超奇异积分实现的分数次幂算子 $\left(-\Delta_x + \dfrac{\partial}{\partial t}\right)^{\alpha/2}$ 和 $\left(E - \Delta_x + \dfrac{\partial}{\partial t}\right)^{\alpha/2}$, $\alpha > 0$

在本小节中, 我们有效地构造了超奇异积分 $T^\alpha f$ 和 $\mathfrak{T}^\alpha f$, $\alpha > 0$, 它们是定义在 (28.39) 和 (28.45) 中的抛物势 $f = H^\alpha \varphi$ 和 $f = \mathcal{H}^\alpha \varphi$ 的逆. 所以自然地称它们为抛物超奇异积分. 它们包含非标准的有限差分, 这反映了势对空间变量 x 和时间变量 t 的不同行为.

我们先分别形式地给出算子 T^α 和 $\mathfrak{T}^\alpha$ 作为势 H^α 和 $\mathcal{H}^\alpha$ 的逆的构造格式, 然后证明它们确实是相应势的逆. 下面我们将使用 Gauss-Weierstrass 核 (28.35), 并回忆它的性质 (Stein and Weiss [1974, pp. 16, 24]):

$$\int_{R^n} W(x,t)dx = 1, \tag{28.46}$$

$$\int_{R^n} W(y,t)W(x-y,\tau)dy = W(x,t+\tau), \tag{28.47}$$

$$(\mathcal{F}_x W)(\xi,t) = e^{-t|\xi|^2}, \tag{28.48}$$

其中

$$(\mathcal{F}_x \varphi)(\xi,t) = \int_{R^n} \varphi(x,t)e^{i\xi \cdot x}dx \tag{28.49}$$

是空间变量 x 的 Fourier 变换.

令 $f(x,t) = (H^\alpha \varphi)(x,t)$. 对此式两端应用算子 $\mathcal{F}_x$ 并使用 (28.48), 我们得到

$$I_+^{\alpha/2} e^{\eta|\xi|^2} (\mathcal{F}_x \varphi)(\xi,\eta)(t) = (\mathcal{F}_x f)(\xi,t)e^{t|\xi|^2}, \tag{28.50}$$

其中 $I_+^{\alpha/2}$ 是应用在变量 η 上的一维分数阶积分 (5.4). 通过 Marchaud 分数阶导数 (5.80), 对 (28.50) 中算子 $I_+^{\alpha/2}$ 做逆运算, 我们得到关系式

$$e^{t|\xi|^2}(\mathcal{F}_x \varphi)(\xi,t) = \frac{1}{\varkappa(\alpha/2,l)} \int_0^\infty \sum_{k=0}^l \binom{l}{k}(-1)^k (\mathcal{F}_x f)(\xi,t-k\eta)e^{(t-k\eta)|\xi|^2}\frac{d\eta}{\eta^{1+\alpha/2}}. \tag{28.51}$$

现在将上式乘以 $e^{-t|\xi|^2}$ 并应用算子 $\mathcal{F}_\xi^{-1}$, 得出

$$\varphi(x,t) = \frac{1}{\varkappa(\alpha/2,l)}$$

$$\times \int_0^\infty \left[f(x,t) + \sum_{k=1}^l (-1)^k \binom{l}{k} \int_{R^n} f(x-y, t-k\eta) W(y,k\eta) dy \right] \frac{d\eta}{\eta^{1+\alpha/2}}.$$

因此替换 $y \to \sqrt{k} y$, 经简单变换后我们有

$$\varphi(x,t) = \frac{1}{\varkappa(\alpha/2, l)} \int_{R_+^{n+1}} \frac{(\Delta_{y,\eta}^l f)(x,t)}{\eta^{1+\alpha/2}} W(y,\eta) dy d\eta \stackrel{\text{def}}{=} T^\alpha f, \qquad (28.52)$$

其中

$$(\Delta_{y,\eta}^l f)(x,t) = \sum_{k=0}^l (-1)^k \binom{l}{k} f(x - \sqrt{k} y, t - k\eta). \qquad (28.53)$$

由此我们构造了超奇异积分 (28.52) 的逆算子 $T^\alpha = (H^\alpha)^{-1}$.

对方程 $\mathcal{H}^\alpha \varphi = f(x,t)$ 进行类似的讨论, 通过超奇异积分可得以下关于 $\varphi(x,t)$ 的表达式

$$\varphi(x,t) = \frac{1}{\varkappa(\alpha/2, l)} \int_{R_+^{n+1}} \frac{(\Delta_{y,\eta}^l f)(x,t; e^{-\eta})}{\eta^{1+\alpha/2}} W(y,\eta) dy d\eta \stackrel{\text{def}}{=} (\mathfrak{T}^\alpha f)(x,t), \quad (28.54)$$

其中使用了 (28.53) 型加权差分:

$$(\Delta_{y,\eta}^l f)(x,t; e^{-\eta}) = \sum_{k=0}^l \binom{l}{k} (-1)^k e^{-k\eta} f(x - \sqrt{k} y, t - k\eta). \qquad (28.55)$$

在椭圆情况下加权差分就已经出现, 如 (27.56).

假设将 $T^\alpha f$ 和 $\mathfrak{T}^\alpha f$ 理解为

$$\begin{aligned} T^\alpha f &= \lim_{\varepsilon \to 0} (T_\varepsilon^\alpha f)(x,t), \\ \mathfrak{T}^\alpha f &= \lim_{\varepsilon \to 0} (\mathfrak{T}_\varepsilon^\alpha f)(x,t), \end{aligned} \qquad (28.56)$$

不难证明对于 $f \in S(R^{n+1})$, (28.52) 和 (28.54) 中的积分在任意点 (x,t) 处常规收敛, 其中 $T_\varepsilon^\alpha f$ 和 $\mathfrak{T}_\varepsilon^\alpha f$ 是 (28.52) 和 (28.54) 在移位半空间 $R_{+,\varepsilon}^{n+1} = \{(y,\eta) : y \in R^n, \eta > \varepsilon\}$ 上的截断积分.

现在我们来证明, (28.56) 意义下的超奇异积分 $T^\alpha f$ 和 $\mathfrak{T}^\alpha f$ 在空间 $\Phi = \Phi(R^{n+1})$ 和 $S = S(R^{n+1})$ 的框架内是相应势 $f = H^\alpha \varphi$ 和 $f = \mathcal{H}^\alpha \varphi$ 的逆, 这两个空间分别相对于算子 H^α 和 $\mathcal{H}^\alpha$ 不变.

定理 28.3 令 $f = H^\alpha \varphi$, $\alpha > 0$ 且 $\varphi \in \Phi$, 则 $T^\alpha f \equiv \lim_{\varepsilon \to 0} T_\varepsilon^\alpha f = \varphi$.

证明　我们将以表示式

$$T_\varepsilon^\alpha f = \int_{R_+^{n+1}} W(y,\eta) \mathcal{K}_{l,\alpha/2}(\eta) \varphi(x - \sqrt{\varepsilon} y, t - \varepsilon\eta) dy d\eta \qquad (28.57)$$

为基础, 其中 $\mathcal{K}_{l,\alpha}(\eta)$ 为核 (6.7′). 我们立刻注意到, 通过 (6.8′) 和 (28.46) 有

$$W(y,\eta) \mathcal{K}_{l,\alpha}(\eta) \in L_1(R^{n+1}),$$

$$\int_{R^{n+1}} W(y,\eta) \mathcal{K}_{l,\alpha}(\eta) dy d\eta = 1. \qquad (28.58)$$

我们来证明 (28.57). 将有限差分的表达式

$$(\Delta_{y,\eta}^l f)(x,t) = \sum_{k=0}^l (-1)^k \binom{l}{k} \int_{R^{n+1}} h_\alpha(z - \sqrt{k} y, \zeta - k\eta) \varphi(x - z, t - \zeta) dz d\zeta$$

代入积分 $T_\varepsilon^\alpha f$ 并交换积分次序, 其中 $h_\alpha(x,t)$ 为核 (28.36), 我们得到

$$T_\varepsilon^\alpha f = \frac{1}{\Gamma(\alpha/2)\varkappa(\alpha/2, l)} \int_{R^{n+1}} \left[\sum_{k=0}^l (-1)^k \binom{l}{k} \int_\varepsilon^\infty \frac{(\zeta - k\eta)_+^{\alpha/2-1}}{\eta^{1+\alpha/2}} d\eta \right.$$

$$\times \left. \int_{R^n} W(y,\eta) W(z - \sqrt{k} y, \zeta - k\eta) dy \right] \varphi(x - z, t - \zeta) dz d\zeta.$$

作变量替换 $y \to y/\sqrt{k}$, $k \neq 0$, 并根据 $W(y/\sqrt{k}, \eta) = k^{n/2} W(y, k\eta)$, 由 Gauss-Weierstrass 核的性质 (28.47), 我们有

$$T_\varepsilon^\alpha f = \frac{1}{\Gamma(\alpha/2)\varkappa(\alpha/2, l)} \int_{R^{n+1}} \left[\sum_{k=0}^l (-1)^k \binom{l}{k} \int_\varepsilon^\infty \frac{(\zeta - k\eta)_+^{\alpha/2-1}}{\eta^{1+\alpha/2}} d\eta \right]$$

$$\times W(z, \zeta) \varphi(x - z, t - \zeta) dz d\zeta.$$

因此, 替换 $z \to \varepsilon z$, $\eta \to \varepsilon\eta$ 后进行简单计算, 我们得到 (28.57).

由性质 (28.58), 我们可以在 (28.57) 的积分符号下取极限 $\varepsilon \to 0$. 从而我们得到结果 $\lim\limits_{\varepsilon \to 0} T_\varepsilon^\alpha f = \varphi$. ∎

定理 28.4　令 $f = \mathcal{H}^\alpha \varphi$, $\alpha > 0$, 且 $\varphi \in S$. 则 $\mathfrak{T}^\alpha f = \lim\limits_{\varepsilon \to 0} \mathfrak{T}_\varepsilon^\alpha f = \varphi$.

证明　与定理 28.3 的证明类似, 通过表达式

$$\mathfrak{T}_\varepsilon^\alpha f = \int_{R_+^{n+1}} W(y,\eta) \mathcal{K}_{l,\frac{\alpha}{2}}(\eta) e^{-\varepsilon\eta} \varphi(x - \sqrt{\varepsilon} y, t - \varepsilon\eta) dy d\eta$$

得到 (参见 (28.57)). 此式的证明与 (28.57) 类似.

对于 $\varphi \in L_p$, 如果将超奇异积分 $T^\alpha \varphi$ 和 $\mathfrak{T}^\alpha \varphi$ 解释为 L_p 中对应截断积分的极限, 它们仍然是势 $f = H^\alpha \varphi$ 和 $f = \mathcal{H}^\alpha \varphi$ 的逆. ∎

定理 28.5　令 $0 < \alpha < (n+2)/p$, $1 < p < \infty$, 且 $f = H^\alpha \varphi$, 其中 $\varphi \in L_p$. 则

$$T^\alpha f \equiv \lim_{\substack{\varepsilon \to 0 \\ (L_p)}} T^\alpha_\varepsilon f = \varphi. \tag{28.59}$$

证明　根据算子 $T^\alpha_\varepsilon H^\alpha$ 的有界性和 (28.57) 右端所涉及算子从 L_p 有界映入到 L_q, $q = (n+2)p/(n+2-\alpha p)$, 对于 $\varphi \in \Phi$ 成立的等式 (28.57) 可以推广到函数 $\varphi \in L_p$. 后一个有界性的结论根据估计式 $|\mathcal{K}_{l,\alpha/2}(\eta)| \leqslant c\eta^{-1+\alpha/2}$ 可从定理 28.2 中得到. 最后, 在 L_p 空间中对 (28.57) 取极限我们得到 (28.59). ∎

定理 28.6　令 $1 \leqslant p < \infty$, $\alpha > 0$ 且 $f = \mathcal{H}^\alpha \varphi$, 其中 $\varphi \in L_p$. 则

$$\mathfrak{T}^\alpha f \equiv \lim_{\substack{\varepsilon \to 0 \\ (L_p)}} \mathfrak{T}^\alpha_\varepsilon f = \varphi.$$

此定理的证明类似于上一个定理的证明 (也可看 §29.1 中的参考文献).

28.4　分数阶混合积分和导数的金字塔类似形式

在 §24 中, 我们介绍了分数阶混合积分和导数. 此类算子的积分域是一个具有相反顶点 $x = (x_1, \cdots, x_n)$ 和 $a = (a_1, \cdots, a_n)$ 的长方体. 特别地, 它可能是一个顶点为 x 的八分仪 (octant) 区域. 这些算子的核在平行六面体的那些通过点 x 的面上具有奇异性. 现在, 将积分域选择为一个顶点为 x, 底在固定超平面上 (不依赖于 x) 的金字塔. 至于内核, 我们假设它在通过点 x 的超平面上具有奇性. 由此出现了所谓的分数阶混合积分和导数的金字塔类似形式, 将在下文中给出, 它与 §24 中所考虑的分数阶混合积分和导数有着本质的区别, 并且不能简化为它们. 参见图 4 和图 5 中二维情况下分数阶混合积分和导数与其金字塔类似形式的积分域的比较.

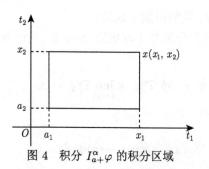

图 4　积分 $I^\alpha_{a+}\varphi$ 的积分区域

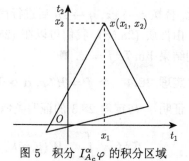

图 5　积分 $I^\alpha_{A_c}\varphi$ 的积分区域

稍后, 我们将给出一些辅助术语和记号. 设 $A = \|a_{jk}\|$ $(a_{jk} \in R^1)$ 为 $n \times n$ 的矩阵, 其行列式 $|A| = \det A \neq 0$, $a_j = (a_{j1}, \cdots, a_{jn})$ 为其行向量, $\bar{a}_{jk}$ 为逆矩阵 A^{-1} 的元素. 不失一般性, 我们令 $|A| = 1$. 并设 $A \cdot x = (a_1 \cdot x, \cdots, a_n \cdot x)$, $(A \cdot x)^\alpha = (a_1 \cdot x)^{\alpha_1} \cdots (a_n \cdot x)^{\alpha_n}$, 其中 $\alpha = (\alpha_1, \cdots, \alpha_n)$ 且 $b = (b_1, \cdots, b_n) \in R^n$, $c = (c_1, \cdots, c_n) \in R^n$, $-\infty < b_j, c_j < \infty$. 我们用

$$A_c(b) = \{t \in R^n : A \cdot (b - t) \geqslant 0, c \cdot t \geqslant 0\} \tag{28.60}$$

表示 R^n 中顶点在点 b 处, 底面在超平面 $c \cdot t = 0$ 上且侧面位于超平面 $a_j \cdot (b - t) = 0$, $j = 1, \cdots, n$ 的 n 维有界金字塔. 特别地, 如果 $A = E = \|\delta_{jk}\|$ 是单位矩阵且 $c = 1 = (1, \cdots, 1)$, 则 (28.60) 是最简单的金字塔标准, 其形式为

$$E_1(b) = \{t \in R^n : b \geqslant t, t \cdot 1 \geqslant 0\}. \tag{28.61}$$

如果 $n = 2$, 则它与由直线 $t_1 = b_1$, $t_2 = b_2$ 和 $t_1 + t_2 = 0$ 界定的三角形相同 (见图 6).

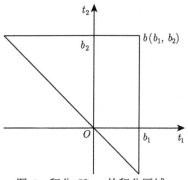

图 6 积分 $I_{E_1}^\alpha \varphi$ 的积分区域

上述分数阶混合积分的金字塔类似形式对应的 Abel 型积分方程 (见 (28.65)) 是 Mihlin [1959] 所考虑方程的推广.

以下命题包含金字塔 (28.60) 非空和有界的条件以及类似 Dirichlet 公式 (1.32) 的积分换序表达式.

引理 28.2 由 (28.60) 给出的金字塔 $A_c(b)$ 在 R^n 中非空 (有界), 当且仅当 $A^{-1}c \cdot b > 0$ $(A^{-1}c > 0)$.

此引理的证明可从线性变换 $t \to A^{-1}t$, $b \to A^{-1}b$ 会将金字塔 $A_c(b)$ 映射为金字塔

$$A_d(b) = \{t \in R^n : b \geqslant t, d \cdot t \geqslant 0\}, \quad d = A^{-1} \cdot c \tag{28.62}$$

的事实中得到.

引理 28.3　如果在 $A_c(b) \times A_c(b)$ 上的给定函数 $f(t,\tau)$ 可测, 且下式中有一个重积分是绝对收敛的, 则积分换序表达式成立

$$\int_{A_c(b)} dt \int_{A_c(t)} f(t,\tau)d\tau = \int_{A_c(b)} d\tau \int_{\sigma(b,\tau)} f(t,\tau)dt, \tag{28.63}$$

其中

$$\sigma(b,\tau) = \{t \in R^n : A \cdot \tau \leqslant A \cdot t \leqslant A \cdot b\}. \tag{28.64}$$

该引理的证明直接由 Fubini 定理 (定理 1.1) 得到.

现在我们考虑金字塔 $A_c(b)$ 上的 Abel 型积分方程

$$\frac{1}{\Gamma(\alpha)} \int_{A_c(x)} \frac{\varphi(t)dt}{(A \cdot (x-t))^{1-\alpha}} = f(x), \quad x \in A_c(b), \tag{28.65}$$

其中 $0 < \alpha < 1$ (这意味着 $0 < \alpha_1 < 1, \cdots, 0 < \alpha_n < 1$), $\Gamma(\alpha) = \Gamma(\alpha_1)\cdots\Gamma(\alpha_n)$, $x < b$ ($x_1 < b_1, \cdots, x_n < b_n$).

特别地, 如果 $A_c(b) = E_1(b)$, (28.65) 有如下形式

$$\frac{1}{\Gamma(\alpha)} \int_{E_1(x)} \frac{\varphi(t)dt}{(x-t)^{1-\alpha}} = f(x), \quad x \in E_1(b), \tag{28.66}$$

这与多维 Abel 方程 (24.1) 不同. 因此 (24.1) 不是 (28.65) 的特殊情况. 但在 § 2.1 中使用的方法可以用来求 (28.65) 的逆. 沿此思路, 分别将 (28.65) 式中的 t 替换为 τ, x 替换为 t, 将所得关系式的两端乘以 $(A \cdot (x-t))^{-\alpha}$, 并在金字塔 $A_c(x)$ 上积分. 应用引理 28.3, 我们有

$$\frac{1}{\Gamma(\alpha)} \int_{A_c(x)} \varphi(\tau)d\tau \int_{\sigma(x,\tau)} (A \cdot (x-t))^{-\alpha}(A \cdot (t-\tau))^{\alpha-1}dt = \int_{A_c(x)} (A \cdot (x-t))^{-\alpha}f(t)dt, \tag{28.67}$$

其中积分域 $\sigma(x,\tau)$ 由 (28.64) 给出. 为了估计 (28.67) 的内积分, 我们介绍新变量 $s_j = [a_j \cdot (x-t)]/[a_j \cdot (x-\tau)]$. 考虑到等式 $1 - s_j = [a_j \cdot (t-\tau)]/[a_j \cdot (x-\tau)]$ 以及 (1.68) 和 (1.69), 我们得到

$$\int_{\sigma(x,\tau)} (A \cdot (x-t))^{-\alpha}(A \cdot (t-\tau))^{\alpha-1}dt = \prod_{j=1}^{n} \int_0^1 s_j^{-\alpha_j}(1-s_j)^{\alpha_j-1}ds_j \tag{28.68}$$

$$= \Gamma(\alpha)\Gamma(1-\alpha).$$

因此 (28.67) 可以改写为形式

$$\int_{A_c(x)} \varphi(t)dt = \frac{1}{\Gamma(1-\alpha)} \int_{A_c(x)} (A \cdot (x-t))^{-\alpha}f(t)dt \overset{\text{def}}{=} f_{1-\alpha}(x). \tag{28.69}$$

这里我们作变量替换

$$t = A^{-1} \cdot \frac{\tau}{d}, \quad x = A^{-1} \cdot \frac{y}{d}, \quad \frac{x}{d} = \left(\frac{x_1}{d_1}, \cdots, \frac{x_n}{d_n} \right), \tag{28.70}$$

其中 $d = (d_1, \cdots, d_n)$ 在 (28.62) 中给出. 那么根据引理 28.2, (28.69) 等价于

$$\int_{E_1(y)} \psi(\tau) d\tau = g(y), \tag{28.71}$$

其中 $E_1(y)$ 是金字塔 (28.61) 且

$$\psi(\tau) = \varphi \left(A^{-1} \cdot \frac{\tau}{d} \right), \quad g(y) = f_{1-\alpha} \left(A^{-1} \cdot \frac{y}{d} \right) \prod_{k=1}^{n} d_k. \tag{28.72}$$

为了得到 (28.71) 的逆, 我们将其改写成以下形式

$$\int_{-(y_1+\cdots+y_{n-1})}^{y_n} d\tau_n \int_{-(y_1+\cdots+y_{n-2}+\tau_n)}^{y_{n-1}} d\tau_{n-1} \cdots \int_{-(\tau_2+\cdots+\tau_n)}^{y_1} \psi(\tau) d\tau = g(y). \tag{28.73}$$

将此式关于 $y_n, y_{n-1}, \cdots, y_1$ 连续求导, 得到关系式

$$\psi(y) = \frac{\partial^n}{\partial y_1 \cdots \partial y_n} g(y).$$

类似 (28.70), 我们将变量换为 $x = A^{-1} \cdot \frac{y}{d}$, 从而

$$\frac{\partial}{\partial y_k} = \sum_{j=1}^{n} \frac{a_{jk}^{-1}}{d_k} \frac{\partial}{\partial x_j}, \quad k = 1, 2, \cdots, n. \tag{28.74}$$

最后我们得到 (28.65) 的逆关系:

$$\varphi(x) = \frac{1}{\Gamma(1-\alpha)} \prod_{k=1}^{n} \left(\sum_{j=1}^{n} \tilde{a}_{jk} \frac{\partial}{\partial x_j} \right) \int_{A_c(x)} (A \cdot (x-t))^{-\alpha} f(t) dt. \tag{28.75}$$

特别地, 如果 $A_c(b) = E_1(b)$, 则 (28.75) 有形式

$$\varphi(x) = \frac{1}{\Gamma(1-\alpha)} \frac{\partial}{\partial x} \int_{E_1(x)} (x-t)^{-\alpha} f(t) dt, \tag{28.76}$$

其中 $\frac{\partial}{\partial x} = \frac{\partial}{\partial x_1} \cdots \frac{\partial}{\partial x_n}$.

现在我们证明 (28.65) 在 $L_1(A_c(b))$ 空间中的可解性. 为此我们介绍记号

$$I_{A_c}(L_1) = \left\{ g : g(x) = \int_{A_c(x)} h(t)dt, h(t) \in L_1(A_c(b)) \right\},\qquad(28.77)$$

并观察到如果 $g \in I_{A_c}(L_1)$, 则 g 的直至 n 阶偏导数在 $A_c(b)$ 上几乎处处存在, 且

$$\prod_{k=1}^n \left(\sum_{j=1}^n \tilde{a}_{jk} \frac{\partial}{\partial x_j} \right) g(x) = h(x).\qquad(28.78)$$

下面的结论与定理 2.1 类似.

定理 28.7 Abel 型方程 (28.65), 其中 $0 < \alpha < 1$, 在 $L_1(A_c(b))$ 中可解当且仅当

$$f_{1-\alpha}(x) \stackrel{\text{def}}{=} \frac{1}{\Gamma(1-\alpha)} \int_{A_c(x)} (A \cdot (x-t))^{-\alpha} f(t)dt \in I_{A_c}(L_1),\qquad(28.79)$$

$$f_{1-\alpha}(x)|_{c \cdot x=0} = \sum_{j=1}^n \tilde{a}_{jn} \frac{\partial}{\partial x_j} f_{1-\alpha}(x)|_{c \cdot x=0} = \cdots$$

$$= \prod_{k=2}^n \left(\sum_{j=1}^n \tilde{a}_{jk} \frac{\partial}{\partial x_j} \right) f_{1-\alpha}(x)|_{c \cdot x=0} = 0.\qquad(28.80)$$

这些条件满足时 (28.65) 的唯一解由 (28.75) 给出.

证明 在典型情形 $A_c(b) = E_1(b)$ 下, 该定理由 (28.71) 和 (28.73) 得出. 在任意金字塔 $A_c(b)$ 的情况下, 考虑到性质 (28.74), 作变量替换 (28.70) 后, 可从 (28.71) 和 (28.73) 推出. ∎

推论 方程 (28.66) 在 $L_1(E_1(b))$ 中可解当且仅当

$$f_{1-\alpha}(x) = \frac{1}{\Gamma(1-\alpha)} \int_{E_1(x)} (x-t)^{-\alpha} f(t)dt \in I_{E_1}(L_1),\qquad(28.81)$$

$$f_{1-\alpha}(x)|_{1 \cdot x=0} = \frac{\partial}{\partial x_n} f_{1-\alpha}(x)\Big|_{1 \cdot x=0} = \cdots$$

$$= \frac{\partial}{\partial x_2} \cdots \frac{\partial}{\partial x_n} f_{1-\alpha}(x)\Big|_{1 \cdot x=0} = 0.\qquad(28.82)$$

这些条件满足时 (28.66) 有唯一解, 并由 (28.76) 给出.

定理 28.7 通过辅助函数 $f_{1-\alpha}(x)$ 给出了 Abel 型方程 (28.65) 的可解性判据. 定理 28.8 及其推论就函数 $f(x)$ 本身给出了可解性的简单充分条件.

定理 28.8   设函数 $f(x)$ 有直至 n 阶的连续偏导数且

$$\mathcal{D}^\beta f(x)|_{c \cdot x = 0} = 0, \quad 0 \leqslant |\beta| \leqslant n - 1. \tag{28.83}$$

则 Abel 型方程 (28.65) 在 $L_1(A_c(b))$ 中可解, 并且它的唯一解可以表示为

$$\varphi(x) = \frac{1}{\Gamma(1 - \alpha)} \int_{A_c(x)} (A \cdot (x - t))^{-\alpha} \prod_{k=1}^n \left(\sum_{j=1}^n \tilde{a}_{jk} \frac{\partial}{\partial t_j} \right) f(t) dt. \tag{28.84}$$

证明   首先我们考虑标准方程 (28.66). 类似 (28.73) 我们将 $f_{1-\alpha}$ 表示为

$$\begin{aligned}
f_{1-\alpha}(x) &= \frac{1}{\Gamma(1 - \alpha)} \int_{E_1(x)} (x - t)^{-\alpha} f(t) dt \\
&= \frac{1}{\Gamma(1 - \alpha)} \int_{-(x_1 + \cdots + x_{n-1})}^{x_n} (x_n - t_n)^{-\alpha_n} dt_n \\
&\quad \times \int_{-(x_1 + \cdots + x_{n-2} + t_n)}^{x_{n-1}} (x_{n-1} - t_{n-1})^{-\alpha_{n-1}} dt_{n-1} \cdots \\
&\quad \times \int_{-(t_2 + \cdots + t_n)}^{x_1} (x_1 - t_1)^{-\alpha_1} f(t) dt_1.
\end{aligned}$$

逐个进行分部积分并考虑 (28.83), 我们有

$$f_{1-\alpha}(x) = \frac{1}{\Gamma(1 - \alpha)} \int_{E_1(x)} \frac{(x - t)^{1-\alpha}}{(1 - \alpha)} \frac{\partial f(t)}{\partial t} dt. \tag{28.85}$$

方程 (28.85) 满足 (28.81) 和 (28.82). 事实上, 前者是显然的, 后者可以通过连续地对 (28.85) 关于 $x_n, x_{n-1}, \cdots, x_2$ 求导来验证. 因此由定理 28.7 的推论我们得到定理关于标准方程 (28.66) 的结论. 一般的方程 (28.65) 通过变量替换 (28.70) 可简化为标准方程. 定理得证. ∎

推论   如果函数 $f(x)$ 有直至 n 阶的连续偏导数且

$$\mathcal{D}^\beta f(x)|_{1 \cdot x = 0} = 0, \quad 0 \leqslant |\beta| \leqslant n - 1, \tag{28.86}$$

则方程 (28.65) 有唯一解, 由以下关系式给出

$$\varphi(x) = \frac{1}{\Gamma(1 - \alpha)} \int_{E_1(x)} (x - t)^{-\alpha} \frac{\partial^n f(t)}{\partial t_1 \cdots \partial t_n} dt. \tag{28.87}$$

注 28.2   方程 (28.71) 是在积分几何问题中出现第一类积分方程的例子, 其中未知函数将通过其在某些集合上的已知积分来还原, 例如, 见 Gel'fand, Graev and Vilenkin [1962, p. 111].

从 (28.65) 和 (28.75) 出发, 我们介绍算子

$$(I_{A_c}^\alpha \varphi)(x) = \frac{1}{\Gamma(\alpha)} \int_{A_c(x)} \frac{\varphi(t)dt}{(A \cdot (x-t))^{1-\alpha}}, \quad \alpha > 0, \tag{28.88}$$

$$(\mathcal{D}_{A_c}^\alpha f)(x) = \frac{1}{\Gamma(1-\alpha)} \prod_{k=1}^n \left(\sum_{j=1}^n \tilde{a}_{jk} \frac{\partial}{\partial x_j} \right) \int_{A_c(x)} \frac{\varphi(t)dt}{(A \cdot (x-t))^\alpha}, \tag{28.89}$$

$$0 < \alpha < 1,$$

我们称其为 α 阶 Riemann-Liouville 分数阶混合积分和导数的金字塔类似形式, 参见 (24.5) 和 (24.9). 表达式 (28.88) 和 (28.89) 对 $A_c(b)$ 上的函数有定义.

定理 28.7 和定理 28.8 包含分数阶混合导数 (28.89) 存在的条件. 特别地, 如果函数 f 有直到 n 阶的连续偏导数且 (28.83) 成立, 则分数阶混合导数 (28.89) 可表示为

$$(\mathcal{D}_{A_c}^\alpha f)(x) = \frac{1}{\Gamma(1-\alpha)} \int_{A_c(x)} (A \cdot (x-t))^{-\alpha} \prod_{k=1}^n \left(\sum_{j=1}^n \tilde{a}_{jk} \frac{\partial}{\partial x_j} \right) f(t)dt. \tag{28.90}$$

借助于 (28.67), 对任意函数 $\varphi \in L_1(A_c(b))$, 我们可以验证半群性质

$$I_{A_c}^\alpha I_{A_c}^\beta \varphi = I_{A_c}^{\alpha+\beta} \varphi, \quad \alpha \geqslant 0, \beta \geqslant 0. \tag{28.91}$$

这里 $I_{A_c}^0 \varphi = \varphi$, $\alpha + \beta = (\alpha_1 + \beta_1, \cdots, \alpha_n + \beta_n)$.

(28.88) 和 (28.89) 形式的最简单算子为

$$(I_{E_1}^\alpha \varphi)(x) = \frac{1}{\Gamma(\alpha)} \int_{E_1(x)} \frac{\varphi(t)dt}{(x-t)^{1-\alpha}}, \quad \alpha > 0, \tag{28.92}$$

$$(\mathcal{D}_{E_1}^\alpha f)(x) = \frac{1}{\Gamma(1-\alpha)} \frac{\partial}{\partial x} \int_{E_1(x)} \frac{f(t)dt}{(x-t)^{1-\alpha}}, \quad 0 < \alpha < 1. \tag{28.93}$$

我们称它们为 α 阶 Riemann-Liouville 分数阶混合积分和导数的标准金字塔类似形式. 在 $\alpha_k > 1$ 的情形下, 我们通过关系式

$$(\mathcal{D}_{E_1}^\alpha f)(x) = \left(\frac{\partial}{\partial x} \right)^{[\alpha]+1} (I_{E_1}^{\alpha-[\alpha]-1} f)(x), \quad \alpha > 0, \tag{28.94}$$

引入类似于 (24.10) 的分数阶混合导数的标准金字塔类似形式, 其中

$$[\alpha] = ([\alpha_1], \cdots, [\alpha_n]), \quad \left(\frac{\partial}{\partial x} \right)^{[\alpha]} = \left(\frac{\partial}{\partial x_1} \right)^{[\alpha_1]} \cdots \left(\frac{\partial}{\partial x_n} \right)^{[\alpha_n]}.$$

下面只考虑算子 (28.92)—(28.94).

例 28.1 设 $\varphi(t) = (t_1 + \cdots + t_n)^{\beta-1}$, $\alpha > 0$. 则

$$(I_{E_1}^\alpha \varphi)(x) = \frac{\Gamma(\beta)}{\Gamma(|\alpha| + \beta)}(x_1 + \cdots + x_n)^{|\alpha|+\beta-1}, \quad \beta > 0, \tag{28.95}$$

$$(\mathcal{D}_{E_1}^\alpha \varphi)(x) = \frac{\Gamma(\beta)}{\Gamma(\beta - |\alpha|)}(x_1 + \cdots + x_n)^{\beta-|\alpha|-1}, \quad \beta > |\alpha|, \tag{28.96}$$

其中 $|\alpha| = \alpha_1 + \cdots + \alpha_n$.

这个例子说明了分数阶混合积分和导数的标准金字塔类似形式 (28.92) 和 (28.94), 在金字塔 $E_1(x)$ 底面所在的超平面 $x_1 + \cdots + x_n = 0$ 上保持幂行为不变——即把幂函数转化为幂函数. 与此不同, 分数阶混合积分和导数 (24.5) 和 (25.9) 在超平面 $x_k = a_k$, $k = 1, \cdots, n$ 上保持幂行为不变, 因为

$$(I_{a+}^\alpha(t - a)^{\beta-1})(x) = \frac{\Gamma(\beta)}{\Gamma(\alpha + \beta)}(x - a)^{\alpha+\beta-1}, \quad \alpha > 0, \beta > 0, \tag{28.97}$$

$$(\mathcal{D}_{a+}^\alpha(t - a)^{\beta-1})(x) = \frac{\Gamma(\beta)}{\Gamma(\beta - \alpha)}(x - a)^{\beta-\alpha-1}, \quad \alpha > 0, \beta > \alpha. \tag{28.98}$$

与 (24.6) 和 (25.9) 类似, 我们可以介绍关于某些变量的分数阶混合积分和导数的标准金字塔类似形式. 令

$$x = (x', x''), \quad x' = (x_1, \cdots, x_m), \quad x'' = (x_{m+1}, \cdots, x_n),$$

$$\alpha' = (\alpha_1, \cdots, \alpha_m, 0 \cdots, 0),$$

$$E_1'(x) = \{t \in R^n : t' \leqslant x', t'' = x'', t' \cdot 1 + x' \cdot 1 \geqslant 0\}. \tag{28.99}$$

然后我们记

$$(I_{E_1}^{\alpha'} \varphi)(x) = \frac{1}{\Gamma(\alpha')} \int_{E_1'(x)} (x' - t')^{\alpha'-1} \varphi(t', x'') dt', \quad \alpha' > 0, \tag{28.100}$$

$$(\mathcal{D}_{E_1}^{\alpha'} f)(x) = \left(\frac{\partial}{\partial x}\right)^{[\alpha']+1} (I_{E_1}^{\alpha'-[\alpha']-1} f)(x), \quad \alpha' > 0, \tag{28.101}$$

其中 $[\alpha'] = ([\alpha_1], \cdots, [\alpha_m], 0 \cdots, 0)$. 特别地, 如果 $x'' = (x_2, \cdots, x_n)$ 且固定, 那么 (28.100) 和 (28.101) 与一维分数积分 (2.17) 和导数 (2.29) 一致:

$$(I_{E_1}^{\alpha'} \varphi)(x) = (I_{-(x_2+\cdots+x_n)}^{\alpha_1} \varphi(t', x''))(x'), \tag{28.102}$$

$$(\mathcal{D}_{E_1}^{\alpha'} f)(x) = (\mathcal{D}_{-(x_2+\cdots+x_n)}^{\alpha_1} f(t', x''))(x'). \tag{28.103}$$

综上, 分数阶混合积分和导数的金字塔类似形式是不同于分数阶混合积分和导数的特殊结构. 特别地, 它们可能无法表示成一维分数阶积分的张量积. 不过, 一维分数阶积分和导数的一些性质可以转移到这类算子上. 例如, 指数定律 (28.91) 成立. 类似 Hardy-Littlewood 定理 (定理 5.3) 的结论也成立. 为了表述它, 如 §24.4, 我们考虑两个变量的情况.

我们引入函数 $f(x_1, x_2)$ 的空间 $L_{p_1, p_2}(E_1(b))$, 其范数为

$$\|f\|_{L_{\bar{p}}(E_1)} = \left\{ \int_{-b_1}^{b_2} \left[\int_{-x_2}^{b_1} |f(x_1, x_2)|^{p_1} dx_1 \right]^{p_2/p_1} dx_2 \right\}^{1/p_2} < +\infty. \tag{28.104}$$

以下定理是定理 24.1 的推论.

定理 28.9　如果 $1 < p_j < 1/\alpha_j$ 且 $1/q_j = 1/p_j - \alpha_j$, $j = 1, 2$, 则分数阶混合积分的金字塔类似形式 (28.92) 从 $L_{p_1, p_2}(E_1(b))$ 有界映入到 $L_{q_1, q_2}(E_1(b))$.

证明　设 $\varphi(t) \in L_{p_1, p_2}(E_1(b))$. 我们定义在三角形 $E_1(b)$ (见图 6, 属于矩形 $\Pi(b) = \{(t_1, t_2) \in R^2 : -b_2 < t_1 < b_1, -b_1 < t_2 < b_2\}$) 上的函数 $\varphi(t_1, t_2)$. 设 $\chi_{E_1(b)} \varphi = \{\varphi, x \in E_1(b); 0, x \in \Pi(b)\backslash E_1(b)\}$ 是三角形 $E_1(b)$ 上的特征函数. 现在应用定理 24.1 我们得到

$$\|I_{E_1}^{\alpha} \varphi\|_{L_{\bar{q}}(E_1)} = \|I_{-b_2,-b_1}^{\alpha_1,\alpha_2} \chi_{E_1(b)} \varphi\|_{L_{\bar{q}}(E_1)}$$

$$\leqslant \|I_{-b_2,-b_1}^{\alpha_1,\alpha_2} \chi_{E_1(b)} \varphi\|_{L_{\bar{q}}(\Pi)}$$

$$\leqslant c\|\chi_{E_1(b)} \varphi\|_{L_{\bar{p}}(\Pi)}$$

$$= c\|\varphi\|_{L_{\bar{p}}(E_1)}.$$

定理得证. ∎

§29　第五章的参考文献综述及附加信息

29.1　历史注记

§24.1 的注记　尽管在早期的出版物中没有发现多维 Abel 方程 (24.1) 的解, 但它可能在很久以前就已经知道了. 假设解在 Holmgren [1865-1866] 中已知是自然的——见下面一段. 求解 (24.1) 的 Laplace 变换方法可以在 Vasilache [1953] 和 Delerue [1953] 中找到, 前者适用于 $n = 2$ 而后者适用于任意的 n.

§24.2 的注记　许多论文 "介绍" 了每个变量或其中的一部分的分数阶偏或混合积分-微分. 值得强调的是, 这些概念在很久以前就出现了, 第一个真正引入

了两个变量函数的 Riemann-Liouville 分数阶积分-微分的人是 Holmgren [1865-1866, p. 14]. Montel [1918, p. 172] 将这些思想实质地用于函数论的问题.

§ 24.4 的注记　关于混合范数空间 $L_{\bar{p}}$ 的详细信息, 可以在书 Besov, Il'in and Nikol'skii [1975, ch. 1] 和论文 Benedek and Panzone [1961] 中找到. 在 $L_{\bar{p}}$ 空间中考虑分数阶积分的想法包含在后一篇论文中, 它是针对 Riesz 算子实现的. Skorikov [1977] 注意到分数阶混合积分算子 $I_+^{\alpha_1} \otimes I_+^{\alpha_2}$ 从 $L_{\bar{p}}$ 有界映入 $L_{\bar{q}}, q_i = p_i(1-\alpha_i p_i)^{-1}$ 的结论以及与分数阶偏积分的类似结果, Magaril-Il'yaev [1979] 发现了任意多个变量的情况, 尽管可能早已得知.

§ 24.5 的注记　Pilidi [1968] 首先注意到了不同分数阶积分算子之间存在通过双奇异算子构造的关系. 特别地, 他针对 $\varphi \in L_p, 1 < p < \min(\alpha_1^{-1}, \alpha_2^{-1})$ 给出了 (24.30). Skorikov [1977] 给出了对于 $\varphi \in L_{\bar{p}}$ 的关系 (24.30)—(24.32).

§ 24.6 的注记　Marchaud [1927] 中出现了两个变量的 Marchaud 分数阶偏和混合导数 (24.33)—(24.35). Kipriyanov [1959, 1960a,b, 1961a,b, 1962, 1967] 首次以不同于 (24.38) 和 (24.39) 的形式引入了多变量函数的方向分数阶积分-微分 (另请参阅 § 29.2, 注记 24.3).

§ 24.7 的注记　Skorikov [1977] 证明了比定理 24.4 稍弱的结论.

§ 24.8 的注记　本小节的关系是众所周知的, 并且很容易从相应的一维结果中推导出来. 有许多论文包含这些结果的详细证明, 大部分考虑了两个变量的情况, 例如, Jain [1970] 中包含 (24.56). 表达式 (24.52) 和 (24.53) 中 $n = 2$ 的情况可以在 Raina and Kiryakova [1983] 中找到.

§ 24.9 的注记　这里讨论的 Φ 空间是由 Lizorkin [1963] 介绍和研究的. Yoshinaga [1964] 也考虑了此问题.

§ 24.10 的注记　Weyl 型分数阶偏和混合导数最早出现在 Bessonov [1964] 中. 对于 L_p 中的函数 f, 作者考虑了如果 L_p 中存在一些其他型的偏或混合导数, 那么 L_p 中是否存在某些偏和混合导数 (见 § 29.2, 注记 24.5). Lizorkin and Nikol'skii [1965] 基于 L_p 空间对多变量周期函数的分数阶可微性进行了详细而完整的研究. 另参见 Nikol'skaya [1974], 其中 Weyl 分数阶混合导数存在性的问题与多个 Fourier 级数部分和的收敛速度有关. 定理 24.7 是对 Lizorkin and Nikol'skii [1965] 中定理 4 的一个细微修改.

§ 24.11 的注记　定义 (24.65) 和 (24.66) 似乎没有在其他地方介绍过. 可以认为定理 24.8 是新的结果.

§ 24.12 的注记　Okikiolu [1969] 引入了一种形式更一般的带有权重的 $\mathcal{K}^\alpha$ 型多势. 但没能更早注意到多势 $\mathcal{K}^\alpha$ 与 $\mathcal{H}^\alpha$ 之间的关系 (24.69).

§§ 25.1 和 25.2 的注记　关系式 (25.11) 通常与 Bochner [1962, pp. 263, 315] 的名字联系在一起, 而 (25.14) 和 (25.14′) 是 Leray [1953] 根据分数阶积分

给出的径向函数的 Fourier 变换.

(25.16) 中定义的 Φ 空间最早出现在 Semyanistyi [1960] 中. 后来 Lizorkin [1963] 和 Lizorkin [1969, 1972a] 对这类空间进行了彻底研究, 并给出了其在有分数阶光滑性的函数空间理论中的应用. 从那时起, 此类空间成为流行的研究对象, 并经常在数学文献中使用. 我们注意到, 这个特殊的空间也出现在 Helgason [1965] 中. 他似乎不知道 Lizorkin 的论文, 书 Helgason [1983, pp. 20, 59, 62] 中他结合 Φ 空间在 Radon 变换理论中的应用, 证明了 Φ 空间相对于 Riesz 势算子的不变性.

人们在很久以前就已经形式地知道了关系式 (25.25), 它在 $S(R^n)$ 上的分布意义上的证明由 Schwartz [1950-1951, t. 2, p. 114] 给出. 得到的结果与 (25.25) 的第二行相差与 Φ 正交的多项式加数 (参见注 25.2). Semyanistyi [1960] 提出了函数 $|x|^{-\alpha}$ 的 Fourier 变换在 Φ 分布意义上的解释, 也可以参考 Lizorkin [1972a, p. 242].

带核 $|x|^{\alpha-n}$ 的势首先出现在 Frostman [1935] 的论文中, 该论文致力于解决 R^n 中紧集唯一平衡势的存在性问题. 这种势是由 Frostman 的老师 Riesz [1936a, 1938, 1939, 1949] 引入的 (在指出这位杰出的数学家的影响时, 我们想提及 Gårding [1970] 撰写的讣告和简要评论了他工作的文章 Mikolás [1990b]). 我们在此不关心 Riesz 势与上调和函数的联系, 具体可以参考 Landkof [1966].

Semyanistyi [1960] 和 Lizorkin [1963] 注意到了 (25.16) 中定义的空间 Φ 相对于 Riesz 势的不变性.

§ 25.3 的注记　定理 25.2 由 Sobolev [1938] 提出. 必要性的证明遵循 Stein [1973, p. 140]. 后来 Thorin [1957] 提出了定理 25.2 基于凸性定理的证明. Plessis [1955] 提出了将 Sobolev 定理立即简化为 $n = 1$ 情况的基本论证 (见 § 29.2, 注记 25.2). Muckenhoupt and Stein [1965] 给出了基于线性算子插值的证明. 这个证明在 Stein [1973, p. 140] 的书中给出. Hedberg [1972] 给出了一个相当简单的可以很好地适用于所有 $n \geqslant 1$ 的证明. 我们还可参考 Meda [1969] 中给出的 Hedberg 想法在更一般情况下的发展. Yoshikawa [1971] 提出 Sobolev 定理的结论是分数次幂 $A^{-\alpha}f = \Gamma(\alpha)^{-1} \int_0^\infty t^{\alpha-1} T_t f$ 的一般类似结果的推论, T_t 是满足某些假设的算子半群.

定理 25.3 由 Stein and Weiss [1958] 证明. 带权 $\prod_{i=1}^{n} |x_i|^{\gamma_i}$ 或 $(|x'|^2+|x''|^2)^{\gamma/2}$, $x' = (x_1, \cdots, x_m)$ 和 $x'' = (x_{m+1}, \cdots, x_n)$ 的类似定理由 Nikolaev [1973a,b] 证明. 定理 25.4 由 Muckenhoupt and Wheeden [1974] 证明. 在 Welland [1975] 中可以找到这个定理更简单的证明. Kokilashvili and Gabidzashvili [1985] 给出了一个简单的证明以及在更一般的所谓各向异性 Riesz 势的情况下的证明——也见

Kokilashvili [1985a, pp. 36-54]. 还有其他推广 (所谓双加权等): 见 § 29.2, 注记 25.7 和注记 25.8. Zygmund [1956] 揭示了 Riesz 势的弱型估计 (25.46). 定理 25.5 由 Vakulov [1986a,b] 得到. 定理 25.6 关于 Poisson 积分的部分由 Stein and Weiss [1974, p. 57] 证明, 关于 Gauss-Weierstrass 积分的部分由 Johnson [1973] 证明.

§ 25.4 的注记 Riesz 微分 $\mathcal{F}^{-1}|\xi|^\alpha \mathcal{F}\varphi$ 关于超奇异积分 (25.62) 形式的实现最早出现在 Stein [1961] 中 (在 $0 < \alpha < 2$ 的情况下). Lizorkin [1970a] 考虑了 $\alpha > 0$ 的一般情况, 他引入了具有中心差分的超奇异积分 (25.61). Lizorkin [1970a] 确实定义了一个比 (25.61) 更一般的实体, 它对应所谓各向异性的情况. 他用这种各向异性超奇异积分来刻画各向异性的 Bessel 势空间. Lizorkin [1970a, p. 82] 和 Samko [1976a] 分别在中心和非中心差分的情况下研究了超奇异积分的 Fourier 变换, 即 (25.63). Rubin [1987a] 考虑了 Riesz 势 $f = I^\alpha\varphi, \varphi \in L_p$ 的逆 (25.69) 和 (25.70).

§ 25.5 的注记 积分 (25.71) 似乎最早出现在 Eskin [1973] 中. Rubin [1984b, 1985a,b] 提出了术语 "单边势", 他也研究了相似类的其他势. Rubin [1983b, 1984a, 1985a] 给出了 (25.71) 由超奇异积分 (25.77) 表示的逆算子, 以及函数 $\varphi \in L_p(R^n)$ 单边势的逆运算 $\mathbf{D}_\pm^\alpha I_\pm^\alpha \varphi \equiv \varphi$ 的证明.

§ 26.1 的注记 本小节中归一化常数的表示沿用 Samko [1976a], [1978b] 以及 [1980] 中的表达.

§ 26.2 的注记 Samko [1976a] 注意到了在非中心差分的情况下可将 l 阶降低到 $l > 2[\alpha/2]$. 在此之前已有学者知道, 在 $0 < \alpha < 2$ 的情况下, 可以取 $l = 1$ ——Stein [1961] 和 Lizorkin [1970a]. Samko [1976a] 提出, 在非中心差分的情况下可通过选择 $l = \alpha$ 来避免湮灭现象 (26.18).

Wilmes [1979a,b] 考虑了给定方向上的分数阶微分, Wilmes 在 Fourier 变换中定义了它, 没有在未经变换的函数中实现, 并给出了 (26.24).

§ 26.3 的注记 本小节的结果除定理 26.3′ 外, 均由 Samko [1976a] 得到. 后一个定理由 Rubin [1987a] 证明.

§ 26.4 的注记 具有齐次特征的超奇异积分出现在 Wheeden [1967, 1968, 1969a,b] 的论文中. 特征 $\Omega(x,y)$ 可以在 Fisher [1973] 中找到. 然而, 所有的这些论文中都通过正则化 (减去 Taylor 和) 而不是通过采用有限差分来引入 $\alpha > 2$ 超奇异积分. Samko [1977b, 1978b, 1980] 在齐次特征的情况下考虑了 (26.47) 型超奇异积分, Samko [1976b, 1977a] 在非齐次特征的情况下考虑了它. 需要说明的是, Wheeden 和 Fisher 在 Bessel 势理论的背景下研究了超奇异积分, 即认为超奇异积分 $\mathbf{D}^\alpha f$ 和 f 都在 L_p 中. 所引的 Samko 的论文和本书中采用的方法允许对于不同的 r 和 p 取 $f \in L_r$ 和 $\mathbf{D}^\alpha f \in L_p$, 其中包括了 "Bessel" 和 "Riesz" 的情形.

Samko [1978b, p. 235] 和 [1980, p. 198] 提出了根据齐次特征的超奇异积分

所使用的有限差分类型和阶数的分类方法. 关系式 (26.55)—(26.67) 也在 Samko 的上述论文中得到, Radzhabov [1974] 在 $0 < \alpha < 1$ 情况下证明了其中的第一个表达式.

Nogin and Samko [1980, 1982] 考虑了具有不同特征的超奇异积分同时收敛的问题. Nogin [1980] 在非齐次特征情况下研究了相同问题.

在某种意义上讲, Horváth [1978] 和 Ortner [1985] 关于解析延拓以及与 "伪函数" $k\left(\dfrac{x}{|x|}\right) |x|^{\lambda}, \lambda \in R^{1}$ 卷积的复合的论文也与 §26.4 的内容相关.

§§ 26.5 和 26.6 的注记 Samko [1978b] 证明了定理 26.5. 问题 (26.74) 的答案所具有的形式 (26.81), (26.82) 和定理 26.6 可在 Samko [1980, pp. 205-207] 中找到.

§ 26.7 的注记 此处给出的关于 $I^{\alpha}(L_p)$ 空间的研究延续了论文 Samko [1976a,b, 1977a,d] 和 [1984] 的结果, 且包括 $p \geqslant n/\alpha$ 时在分布意义下的研究. $I^{\alpha}(L_p)$ 空间出现较早, 但没有通过超奇异积分收敛性建立的刻画. 例如, 我们参考, Maz'ya and Havin [1972], 作者证明, 如果 $1 < p < n/\alpha$, 则在范数 $\|\mathcal{F}^{-1}|\xi|^{\alpha}\mathcal{F}\varphi\|_p$ 下, $C_0^{\infty}(R^n)$ 的闭包与 $I^{\alpha}(L_p)$ 重合. 更准确地说, 这个结论应该理解为 "抛去" 在这个闭包下获得的小于 α 阶多项式之后的闭包与 $I^{\alpha}(L_p)$ 重合. 特别地, Samko 的文章给出了引理 26.5 (Samko [1984, p. 78])、定理 26.8 中 $I^{\alpha}(L_p)$ 空间的刻画 (Samko [1976a,b] 和 [1984, §13])、定理 26.9 (Samko [1977d]) 和估计 (26.98)-(26.99) (Samko [1976a]). 空间 $L_{p,r}^{\alpha}(R^n)$ 是 Riesz 势空间和 Bessel 势空间的自然推广, 如果 $r = np/(n - \alpha p)$, 则其与前者一致, 如果 $r = p$, 则其与后者一致. Samko [1976a] 和 [1977a] 对它们进行了研究.

Rubin [1986b, 1987a] 得到了定理 26.10 的证明, Samko [1990a,b] 获得了 (26.97′) 在不同 p, q 下的证明, Samko [1976a] 给出了结论 (26.98) 和 (26.98′).

§ 27.1 的注记 在 Aronszajn and Smith [1961], Calderon [1961], Aronszajn, Mulla and Szeptycki [1963], Aronszajn [1965] 和 Adams, Aronszajn and Smith [1967] 的论文之后, 分数幂 $(E - \Delta)^{-\alpha/2}$ 被命名为 Bessel 势.

Schwartz [1950-1951, vol. 2, p. 116] 认为 Bessel 核 (在分布的意义上) 是函数 $(1 + |x|)^{-\alpha/2}$ 的 Fourier 原像.

§ 27.2 的注记 Flett [1971, pp. 445-448] 给出了定理 27.1 和 Bessel 势的修正 $\mathfrak{G}^{\alpha}\varphi$, Johnson [1973] 得到了 (27.20) 和 (27.23), Lizorkin [1964] 证明了 (27.22), (27.24) 和 (27.28).

§ 27.3 的注记 Stein [1961] 给出了 $0 < \alpha < 2$ 情形下的定理 27.3, 更一般的情况由 Lizorkin [1970a] 得到.

Bessel 分数阶积分算子实现了空间 $L_p^{\alpha}(R^n)$ 之间的同胚, 与此相关我们注意到有许多通过微分算子的分数次幂实现函数空间之间同胚的研究. 我们仅参考 Nikol'skii, Lions and Lizorkin [1965] 和 Alimov [1972] 的文章以及 § 29.2, 注记 25.13.

　　§ 27.4 的注记　　这里给出的结果除定理 27.7 以及定理后的陈述由 Rubin [1986b,c,d, 1987a] 证明外, 其余均由 Nogin [1982a,b, 1985a] 得到. Rubin [1986c,d] 给出了通过带加权差分的超奇异积分求 Bessel 势的逆的方法.

　　§ 28.1 的注记　　Gel'fand and Shilov [1959, Ch. III, § 3] 中给出了文中使用的二次型分数次幂的 Fourier 变换.

　　势 (28.21) 由 Riesz [1936b, 1967(1939)] 和 [1949] 引入. 特别地, 这些论文中得到了带 Lorentz 距离的势的性质 (28.22), (28.24) 和 (28.25). Riesz 不仅在整个锥 K_+^- 上考虑了这样的势, 也在由锥面 $\rho = 0$ 和某些充分光滑的其他曲面界定的区域 D 上考虑了它. 为简单起见, 我们处理了域 D 为锥体 K_+^- 的情况. Riesz [1949, 1967(1939)] 证明了带 Lorentz 距离的势是求解双曲型方程 Cauchy 问题的有效手段, 也可参阅书 Baker and Copson [1950, pp. 57-61] 的书. 可以在 Copson [1943, 1947a, 1956] 和 Fremberg [1946a,b] 中找到带 Lorentz 距离的势的各种应用.

　　Riesz 证明了定义在 $\mathrm{Re}\,\alpha > n - 2$ 情况下, Riesz 势 $I_\pm^\alpha \varphi$, 除了有限个极点外, 可以解析延拓到整个复平面. Fremberg [1945, 1946a] 给出了解析延拓的另一个证明. 我们进一步指出 Baker and Copson [1950, p. 60] 在 $n = 3$ 的情况下给出了的解析延拓的方法.

　　Nozaki [1964] 考虑了一般情况 (28.3) ($p = 1, 2, \cdots, n$ 而不是 $p = 1$) 下的 Riesz 双曲势 (28.19). 他定义了对应任意 p 的归一化常数 (28.20), 验证了半群性质 (28.22) 和关于 α 的解析延拓. 对于 $p \neq 1$ 的情况, 我们参考论文 Trione [1987] 或其再版 Trione [1988].

　　关系式 (28.28) 由 Schwartz [1961] 建立. 关于 Lorentz 距离的幂的 Fourier (Laplace) 变换的计算, 我们需提到 Vladimirov [1964] 的书和 Trione [1980] 的文章, 后者专门研究依赖 Lorentz 距离的函数的 Fourier-Laplace 变换.

　　定理 28.1 的结论应该是已知的, 但作者没有找到相应的参考文献.

　　微分算子分数次幂的实现与 "广义" 函数 $|P(x)|^\lambda$ 的研究密切相关, 其中 $P(x)$ 是多项式. 在这方面我们可以参考以下论文: Gel'fand and Graev [1955], Fedoryuk [1959], Bresters [1968], Bernstein and Gel'fand [1969], Atiyah [1970] 和 Palamodov [1980], 以及书 Gel'fand and Shilov [1959, ch. III, § 4], 其中包含任意函数升至 λ 次幂的结果.

　　§ 28.2 的注记　　抛物势 $H^\alpha \varphi$ 和 $\mathcal{H}^\alpha \varphi$——(28.39) 和 (28.45)——是 B.F. Jones 在研究热方程时引入的. Sampson [1986], Bagby [1971, 1974], Gopala Rao [1977,

1978], Chanillo [1981], Nogin [1981, 1982c] 和 Nogin and Rubin [1985a,b, 1986b, 1987] 对这些势及其空间 $H^\alpha(L_p)$ 和 $\mathcal{H}^\alpha(L_p)$ 进行了进一步的研究.

定理 28.2 的证明可以在 Gopala Rao [1977] 中找到.

§ 28.3 的注记　这里我们沿用了 Nogin [1981] 和 Nogin and Rubin [1985a, 1986b] 中的结果.

§ 28.4 的注记　Abel 型积分方程 (28.65) 的特殊情况 $n = 2$, $A = \begin{Vmatrix} 1 & 1 \\ -1 & 1 \end{Vmatrix}$ 和 $\alpha_1 = \alpha_2 = 1/2$, 由 Mihlin 在 1940 年首次解决, 它与研究波从直线边界反射时产生的问题有关. 为此, 我们参考 Mihlin [1959, p. 48] 和 Preobrazhenskii [1978, p. 8] 中的文献, 以及 Fedosov [1978] 中这种类型方程在空间角上超音速流问题中的应用.

方程 (28.65) 在任意自然数 n 和 $c = (\overbrace{0, \cdots, 0}^{k-1} 1, 0, \cdots, 0)$ 的情况下的解在 Kilbas and Vu Kim Tuan [1982] 中得到. 本小节的其他结果, 特别地, 对于混合函数积分和导数的金字塔类似形式, 其定义和性质在此处是首次发表.

29.2　其他结果概述 (与 §§ 24—28 相关)

24.1　Raina [1984b] 用一些特殊函数估计了形式为 $\varphi(t) = \exp(-\sum p_i t_i) P(\sum t_i)$ 的函数的分数阶混合积分 $I^\alpha_{-\cdots-} \varphi$, 其中 P 为多项式. 这是一维结果 H.M. Srivastava [1983] 的推广 (这方面参见 § 9.2, 注记 5.5). Srivastava 的结果由 R. Srivastava [1990] 更正并进一步发展.

我们还观察到, Koschmieder [1949a,b] 用分数阶混合积分 (24.6) 推导了 n 个变量 Lauricella 超几何函数 $F_A^{(n)}$ 的一些性质——Prudnikov, Brychkov and Marichev [1983, p. 745].

24.2　Verma [1969] 和 Mourya [1970] 给出了两个变量情况下 Erdélyi-Kober 型分数阶积分的修改. 即引入了算子 $I^\alpha_{0+;1,\xi} \otimes I^\beta_{0+;1,\eta}$, $I^\alpha_{-;1,\xi} \otimes I^\beta_{-;1,\eta}$ (§§ 18.1 和 24.3 中的符号) 和其他一些算子. Mourya [1970] 建立了这些算子的主要性质, 并给出了它们在一些特殊函数中的应用. 我们发现文章的第 173 页上有一个印刷错误, 第 175 页上有个错误. Verma [1969] 考虑了 Erdelyi-Kober 分数阶混合积分的二维 Mellin 变换. Raina [1984a] 研究了两个这类算子的各种复合运算. Verma [1970, 1972a] 中使用 Erdelyi-Kober 分数阶混合积分研究了二维积分变换 (二维 Hankel 变换的推广) 的性质.

Kaul [1971] 介绍了 Saxena 型广义分数阶积分 (23.5) 和 (23.6) 在两个变量情况下的修正, 并给出了它们的 Mellin 变换和分数阶分部积分的表达式. Saxena and Modi [1980] 和 Mathur and Krishna [1976] 将这些结果推广到更一般的多维算子的情况.

24.3　Kipriyanov [1959, 1960a,b, 1961a,b] 的多篇论文处理了函数 $f(x)$ 在点 $x \in R^n$ 处的分数阶方向导数 $f_a^{(\alpha)}(x)$, $0 < \alpha < 1$ (从点 $a \in R^n$ 出发). Kipriyanov 对这种导数的最初定义如下: $f_a^{(\alpha)}(x)$ 是满足关系式

$$\int_0^{|x-a|} f_a^{(\alpha)}(a + \xi e)\xi^{n-1}d\xi = \frac{1}{\Gamma(1-\alpha)} \int_0^{|x-a|} \frac{f(a + \xi e) - f(a)}{(|x-a| - \xi)^\alpha}\xi^{n-1}d\xi \quad (29.1)$$

的函数, 其中 e 是从 a 到 x 的单位向量, 即 $e = (x-a)/|x-a|$. 如 Kipriyanov [1960a,b] 所示, 这个定义给出了如下关于 $f_a^{(\alpha)}(x)$ 的关系:

$$f_a^{(\alpha)}(x) = \frac{\alpha}{\Gamma(1-\alpha)} \int_0^{|x-a|} \frac{f(x) - f(x - \xi e)}{\xi^{1+\alpha}} \left(1 - \frac{\xi}{|x-a|}\right)^{n-1}$$
$$+ \frac{\Gamma(n)}{\Gamma(n-\alpha)} \frac{f(x) - f(a)}{|x-a|^{1+\alpha-n}} \quad (29.2)$$

(参见 (24.38″)).

论文 Kipriyanov [1959, 1960a,b, 1961a,b] 中研究了此类分数阶导数的各种性质, 还研究了在定义域 $\Omega \subset R^n$ 的所有方向上具有分数阶导数的函数空间. 文章中也给出了这些空间与 Sobolev 空间 $W_p^l(\Omega)$ 的关系. 我们提到了其中一些结果, 例如 Kipriyanov [1960b].

1. 如果 $f_a^{(\alpha)}(x)$ 存在, 对于 $(x, a) \in \Omega \times \Omega$ 连续且有界, 则 $f(x) \in H^\alpha(\Omega)$; 如果 $\displaystyle\int_\Omega \sup_{a\in\Omega} |f_a^{(\alpha)}(x)|dx < \infty$ 且 $\alpha > 1/p$, 则 $f(x) \in H_p^{\alpha-1/p}$, $p > 1$.

2. 如果 $0 < \alpha < \lambda \leqslant 1$ 且 $f(x) \in H^\lambda(\bar{\Omega})$, 则 $f_a^{(\alpha)}(x)$ 对于所有 $(x, a) \in \Omega \times \Omega$ 存在并且关于 (x, a) 连续.

3. 设 $C^{(\alpha)}(\Omega)$ 是 $\bar{\Omega}$ 上连续函数的空间, 使得 $f_a^{(\alpha)}(x)$ 对于 $(x, a) \in \bar{\Omega} \times \bar{\Omega}$ 连续, 并设 $\|f\|_{C^{(\alpha)}(\Omega)} = \|f\|_c + \max_{(x,a)\in\Omega\times\Omega} |f_a^{(\alpha)}(x)|$. 则当 $l > n/p$ 且 $0 < \alpha < \min(1, l - n/p)$ 时, $\|f\|_{C^{(\alpha)}(\Omega)} \leqslant A\|f\|_{W_p^l(\Omega)}$, W_p^l 是整数 l 阶的 Sobolev 空间.

4. 对于范数为 $\|f\|_{L_q(\Omega)} + \|f_a^{(\alpha)}\|_{L_p(\Omega\times\Omega)}$ 的 $L_p^{(\alpha)}$ 空间有类似结论成立. 此外, 在通常假设下, 空间 W_p^l 到 $C^{(\alpha)}$ 的嵌入和 $L_q^{(\alpha)}$ 是紧的——Kipriyanov [1962].

我们也注意到, Kipriyanov [1976] 研究了在给定方向 ω, $|\omega| = 1$ 上的分数阶微分算子

$$\mathfrak{D}_\rho^\alpha f(x) = \frac{1}{\rho^{n-1-\alpha}\Gamma(1-\alpha)} \frac{d}{d\rho} \int_0^\rho (\rho^2 - \tau^2)^{-\alpha} f(a + \tau\omega)\tau^{n-1}d\tau, \quad (29.3)$$

其中 $\rho = |x - a|$, a 为固定点. 他证明了算子 (29.3) 可以转化为

$$\mathfrak{D}_\rho^\alpha f(x) = \frac{2\rho^{1+\alpha}}{\Gamma(1-\alpha)} \int_0^\rho \frac{f(x) - f(a+\tau\omega)}{(\rho^2 - \tau^2)^{1+\alpha}} \left(\frac{\tau}{\rho}\right)^{n-1} d\tau + \frac{\Gamma(n)}{\Gamma(n-\alpha)} \frac{f(x)}{\rho^\alpha}, \quad \rho = |x-a|$$

(参见 (29.2) 和 (24.38″)) 且 (29.3) 的逆算子可以用以下形式给出

$$\frac{2\rho^{2-n}}{\Gamma(\alpha)} \int_0^\rho t^{n-1-\alpha}(\rho^2 - t^2)^{\alpha-1}(\mathfrak{D}_t^\alpha f)(x)dt.$$

此外, 利用算子 $\mathfrak{D}_\rho^\alpha$ 构造了 $L_q^{(\alpha)}(\Omega)$ 型分数阶可微函数的空间, 在 p, l, q 和 α 的适当假设下, 此空间紧嵌入到 Sobolev 空间 $W_p^l(\Omega)$ 中.

24.4　Lizorkin [1965] 引入了分布意义下的 Liouville 分数阶偏和混合导数 (24.15): $(\mathbf{D}_{+\dots+}^\alpha f, \varphi) = (f, \mathbf{D}_{-\dots-}^\alpha \varphi)$, $\varphi \in \Phi$, 其中 Φ 为空间 (25.16). Lizorkin and Nikol'skii [1965] 引入了具有主导混合导数 (dominating mixed derivatives) 的空间 $S_p^\alpha L(R^n) = S_p^\alpha(R^n)$. 空间 $S_p^\alpha(R^n)$ 由混合导数 $\mathcal{D}_{+\dots+}^\alpha f \in L_p(R^n)$ 以及所有支撑导数 (support derivatives) 均在 $L_p(R^n)$ 中的函数 $f \in L_p(R^n)$ 组成. $\mathcal{D}_{+\dots+}^\alpha f$ 的支撑导数是 $\mathcal{D}_{+\dots+}^{\tilde\alpha} f$, 其中 $\tilde\alpha$ 通过将 $\alpha = (\alpha_1, \cdots, \alpha_n)$ 中的一些 α_k 替换为 0 得到. 这篇文章中证明了

$$S_p^\alpha = G^\alpha(L_p), \quad \alpha > 0, \ 1 < p < \infty, \tag{29.4}$$

其中 $G^\alpha(L_p)$ 是多势 (24.72) 的空间 (24.74). Nikol'skaya [1974] 的论文中, 研究了函数 $f \in S_p^\alpha(R^n)$ 的 Fourier 部分和逼近自身的性质.

Brychkov [1982] 对于所有 $\alpha \in R^n$ 考虑了的空间 S_p^α, 定义为分布, 并证明了 (29.4) 式 (在左右两端的适当解释下). 文章引入了 S_p^α 中广义函数关于部分变量的光滑阶的概念 (也见 Brychkov [1990]), 并给出了该阶与超平面上广义函数迹的存在性的关系.

24.5　设 $f(x)$ 是多变量 2π 周期函数, $\mathcal{D}^{(\alpha)} f$, $\alpha = (\alpha_1, \cdots, \alpha_n)$ 为 Weyl 分数阶导数 (24.60), (24.62). Bessonov [1964] 证明了如下结论. 令 $f \in L_p(\Delta)$, $\Delta = \{x : 0 \leqslant x_i \leqslant 2\pi\}$, $1 < p < \infty$. 如果存在 $\mathcal{D}^{(\alpha)} f \in L_p(\Delta)$ 和 $\mathcal{D}^{(\beta)} f \in L_p(\Delta)$, $\alpha_i \geqslant 0$, $\beta_i \geqslant 0$, 则 $\mathcal{D}^{(\gamma)} f \in L_p(\Delta)$, $\gamma = \theta\alpha + (1-\theta)\beta$, $0 \leqslant \theta \leqslant 1$. [Nikol'skii, 1963, p. 238] 获得了这一结论的某种推广.

24.6　Magaril-Il'yaev [1972] 在一般的混合范数空间 $L_p(R^n)$ 背景下, 以一般的形式考虑了非周期性情况的类似问题, 即当存在一些其他特定阶数 $\alpha_i = (\alpha_1^i, \cdots, \alpha_n^i)$ 的导数时, 一些此类分数阶导数 $\mathcal{D}_{-\dots-}^\beta f$, $\beta = (\beta_1, \cdots, \beta_n)$ 的存在性. 这就是所谓的中间导数问题. 这个问题与分数阶导数的乘法不等式有关, 这篇文

章对其有效性进行了全面研究. 关于中间导数问题的发展可以在同一作者的论文 Magaril-Il'yaev [1972] 中看到, 其中结果用某些广义术语给出.

24.7 Magaril-Il'yaev and Tikhomirov [1984] 在介绍流形 $M = T^{n'} \times R^{n''}$ (即一定数量的圆和轴的乘积) 的调和分析的一些问题时考虑了此类流形的分数阶微分. 它是由适应于圆和轴形成的流形 M 且与 Lizorkin 型空间 Φ 类似的空间定义的. 作者还在混合范数空间 $L_{\bar{p}}(M)$ 中考虑了分数阶导数的中间导数、Bernstein-Nikol'skii 不等式和 Favard 不等式等问题.

24.8 Montel [1918, p. 187] 给出了两个变量函数 $f(x, y)$ 分数阶混合导数的 Bernstein 型定理: 如果 $|f(x, y) - P_{n,m}(x, y)| \leqslant Am^{-\gamma} + Bn^{-\delta}$, $|x| < 1$, $|y| < 1$, $\gamma > 0$, $\delta > 0$, 其中 $P_{n,m}(x, y)$ 是代数多项式, 则 $f(x, y)$ 有 (α, β) 阶分数阶导数, $\alpha/\gamma + \beta/\delta < 1$, $\alpha > 0$, $\beta > 0$.

24.9 Esmaganbetov [1982b] 考虑了两个变量函数 $f(x_l, x_2)$ 的 Weyl 分数阶混合导数 $\mathcal{D}_{++}^{(\alpha_1, \alpha_2)} f$ 在 L_p 中的存在性与其 Fourier 部分和以及混合连续模行为之间的联系.

24.10 设在定义域 $\Omega \subset R^n$ 中考虑的函数 $f(x)$ 是函数 $g(x)$ 在 Ω 上的限制, 其中 $g(x)$ 在整个空间 R^n 中属于 Bessel 势空间 $L_p^\alpha(R^n)$ (§ 27). Skorikov [1975] 给出了这类函数 $f(x)$ 基于 Riemann-Liouville 分数阶偏导数, 或更一般的 Chen 导数 (18.18) 的刻画 (参见 § 23.2, 注记 18.14 中 $n = 1$ 的情况). Biacino and Miserendino[1979a, 1979b, 1979-1980], Biacino, Di Giorgio and Miserendino [1982] 以及 Biacino [1983] 在 $n = 2$ 的情形下对类似情况进行了考虑. 我们还提到了 Miserendino [1982, 1983], 作者研究了 $L_2^\alpha(\Omega)$ 中函数在边界 $\partial\Omega$ 点上的分数阶混合导数的存在性及其属于空间 $L_2(\partial\Omega)$ 的问题, 其中 α 为整数, Ω 为 R^n 中的平行六面体.

24.11 § 24.11 中对于在整个空间 R^n 定义的函数给出的 Grünwald-Letnikov 微分的定义适用于在一个区域中定义的函数. 这可用类似 § 20.4 的方式实现, 其中定义了有限区间上的 Grünwald-Letnikov 分数阶微分. 在两个变量的情况下, 可定义为 ((20.42) 的推广)

$$
\begin{aligned}
f_{a+}^{\alpha)}(x) = \lim_{\substack{N_1 \to \infty \\ N_2 \to \infty}} & \left(\frac{N_1}{x_1 - a_1}\right)^{\alpha_1} \left(\frac{N_2}{x_2 - a_2}\right)^{\alpha_2} \sum_{i=0}^{N_1} \sum_{j=0}^{N_2} (-1)^{i+j} \binom{\alpha_1}{i} \binom{\alpha_2}{j} \\
& \times f\left(x_1 - i\frac{x_1 - a_1}{N_1}, x_2 - j\frac{x_2 - a_2}{N_2}\right),
\end{aligned}
\tag{29.5}
$$

其中 $\alpha = (\alpha_1, \alpha_2)$, $a = (a_1, a_2)$ 且 $x_1 \geqslant a_1$, $x_2 \geqslant a_2$. Krasnov [1976] 使用了这样的定义并给出了分数阶导数 (29.5) 的一些性质.

　　Krasnov and Foht [1975] 给出了此定义关于区域 G 中解析函数的发展. 文章中考虑多变量函数的分数阶导数的方法, 它与椭圆微分方程的解的某些积分估计有关. 此前, Foht and Krasnov [1973] 在 Laplace 方程的情况下研究过这种方法. 后一篇论文中使用了解析函数的分数阶微分 $\dfrac{\partial^\alpha f}{\partial x^\alpha}$ 的定义, 其中作者将其简化为单项式 x^j, $j = (j_1, \cdots, j_n)$ 的分数阶微分, 但如果存在一个 $k = 1, \cdots, n$ 使得 $j_k < \alpha$, 则作者会去掉所有包含此项的单项式.

　　24.12　Brodskii [1976, 1977] 利用带 Bessel 微分算子 $By = \dfrac{\partial^2}{\partial y^2} + \dfrac{k}{y}\dfrac{\partial}{\partial y}$, $k > 0$ 的分数次幂 $B_{x_{n+1}}^{\alpha_{n+1}}$ 的分数阶混合微分 $\dfrac{\partial^{\alpha_1}}{\partial x_1^{\alpha_1}} \cdots \dfrac{\partial^{\alpha_n}}{\partial x_n^{\alpha_n}} B_{x_{n+1}}^{\alpha_{n+1}}$ 定义了半空间中某些具有分数阶光滑性的函数空间.

　　24.13　Wilmes [1979a,b] 对于 ρ 指数型函数 $f(x)$ 给出了给定方向 ω 上的分数阶微分 (24.48′) 的估计

$$\|\mathbf{D}_\omega^\alpha f\|_p \leqslant \left[\frac{\rho}{2\sin(r\rho/2)}\right]^\alpha \|\Delta_{r\omega}^\alpha f\|_p, \quad 0 < r < \frac{2\pi}{\rho}$$

(另见 § 23.2, 注记 20.5). 情形 $r = \pi/\rho$, $0 < \alpha < 1$ 意味着带常数 $2^{1-\alpha}$ 的 Bernstein 不等式.

　　25.1　Lizorkin 空间 (25.16) 由 Fourier 变换在原点为零的 Schwartz 函数 $f \in S$ 组成. 类似的空间 Φ, 适用于分数阶偏导数和积分 (见 § 24.9) 与坐标超平面上 Fourier 变换为零有关. 在其他一些问题中, 需要处理满足 $(\mathcal{D}^k \hat\varphi)(x) = 0$, $|k| = 0, 1, 2, \cdots, x$ 的 Schwartz 函数的 Lizorkin 型空间 Φ_V, 其中 V 是 R^n 中的给定闭集. Samko [1977f, 1982] 研究了这样的空间, 他给出其在 V 是 R^n 中锥时的刻画并证明了当 $m(V) = 0$ 时 Φ_V 在 $L_p(R^n)$ 中的稠密性. 如果 $p \geqslant 2$, 任意这样的集合 V 都可以得到这种稠密性, 如果 $1 < p < 2$, 集合 V 中被称为拟破碎集的某类集合可以得到这种稠密性 Samko [1982]. 后来 Samko [1991] 证明了在 $1 < p < 2$ 的情况下, 也可以选择任意满足 $m(V) = 0$ 的 V (也见文章中关于混合范数空间 $L_{\bar{p}}$ 的情况). Lizorkin [1969, 1972a] 较早地建立了 Φ_V 在 $L_p(R^n)$ 中稠密性, $1 < p < \infty$, V 是原点或坐标超平面的并集.

　　空间 Φ 对应 $V = \{0\}$ 的情况, 如果 $1 < p < \infty$ 且 $\gamma > -1$ 或者 $p = 1$, $\gamma > -1$ 且不为整数, 它在 $L_p(R^1; |x|^\gamma)$ 中稠密. 我们可参考 Muckenhoupt, Wheeden and Young [1963], 其中考虑了空间 S_{00}. 它由 Fourier 变换在原点附近等于零的 Schwartz 函数组成, 比 $\Phi_{\{0\}}$ 略窄一些. 我们发现, Samko [1982, 1991] 中确实给出了比 Φ_V 更窄的类似空间的稠密性.

25.2 du Plessis [1955] 发现, 因为 $|x|^n \geqslant \prod\limits_{j=1}^{n} |x_j|$, 或者更准确地, $|x|^n \geqslant n^{n/2} \prod\limits_{j=1}^{n} |x_j|$, Sobolev 空间可以立即简化为 $n=1$ 的情况. 这是从算术均值可以控制几何均值的事实中得到的. 所以

$$\int_{R^n} \frac{|\varphi(y)|dy}{|x-y|^{n-\alpha}} \leqslant \int_{R^n} \frac{|\varphi(y)|dy}{\prod\limits_{j=1}^{n} |x_j - y_j|^{1-\alpha/n}},$$

然后对每个变量应用一维 Hardy-Littlewood 定理 (定理 5.3), 可以得到想要的估计 $\|I^\alpha \varphi\|_q$, $\frac{1}{q} = \frac{1}{p} - \frac{\alpha}{n}$.

我们注意到, Lieb [1983] 证明了 Sobolev 不等式 $\|I^\alpha f\|_q \leqslant c\|f\|_p$, 有一个使等号成立的最大函数 f. Bessel 势不存在类似的函数——Lieb [1983, p. 352]. Lieb [1983] 在 $q = p'$ 或 $p = 2$ 或 $q = 2$ 的情况下明确地估计出了精确常数 c.

25.3 在极限情况 $p = n/\alpha$ 中, 算子 I^α 不是在全空间 $L_p(R^n)$ 中的绝对收敛积分, 但在 L_p 的稠密集上有 $\|I^\alpha \varphi\|_{\text{BMO}} \leqslant c\|\varphi\|_p$, 其中 BMO 是具有有界平均振荡的函数空间. 我们可参考一维情况中的 §4.2 (注记 3.3) 和 §17.2 (注记 13.1), 其中也给出了多维情况的参考文献. Harboure, Macias and Segovia [1984b] 在 $p = n/\alpha$ 情况下得到了 Riesz 势的加权估计. Mizuta [1987] 的论文也与此相关. 它涉及 L_p, $p = n/\alpha$ (α 为整数) 中函数所谓的 Riesz 势全可微性. 我们还提到 Strichartz [1980] 的论文, 他研究了 BMO 中函数的 Riesz (和 Bessel) 势. Chanillo [1982] 考虑了交换子 $b(x)(I^\alpha f)(x) - I^\alpha(bf)(x)$, $f \in L_p$, $b \in$ BMO. 在这方面我们也参考 Komori [1983], 其中给出了估计

$$\|bI^\alpha f - fI^\alpha b\|_{H^p} \leqslant c\|b\|_{H^q}\|f\|_r, \qquad \frac{1}{p} = \frac{1}{q} - \frac{1}{r} - \frac{\alpha}{n}.$$

在 $n = 1$ 的情况下, Murray [1985] 证明了交换子 $b\mathbf{D}^\alpha - \mathbf{D}^\alpha b$ 在 L_2 中有界当且仅当 $\mathbf{D}^\alpha b \in$ BMO. 关于这种迭代交换子的讨论可以在 Murray [1987] 找到.

25.4 Benedek and Panzone [1961] 关于 §§ 24.4 和 24.12 中定义的混合范数空间 $L_{\bar{p}}(R^n)$ 给出了类似 Sobolev 定理 (定理 25.2) 的结论. 算子 I^α 从 $L_{\bar{p}}(R^n)$ 有界映入到 $L_{\bar{q}}(R^n)$, $\bar{p} = (p_1, \cdots, p_n)$, $\bar{q} = (q_1, \cdots, q_n)$, 当且仅当 $1 < p_i < n/\alpha$ 且 $1/q_i = 1/p_i - \alpha/n$. 在这方面, Lizorkin [1970b] 获得了更一般的结论, 他考虑了更宽泛的卷积算子类, 特别地, 包括各向异性的 Riesz 势

$$\int_{R^n} [\rho(x-y)]^{\alpha-n}\varphi(y)dy, \tag{29.6}$$

其中 ρ 是非负 1 阶 a 齐次函数 (即 $\rho(t^{a_1}x_1,\cdots,t^{a_n}x_n)=t\rho(x)$, 其中 $t>0$, $a_j>0$, $\sum a_j=n$), 并且不在 $|x|=1$ 处为零. Lizorkin 证明了势 (29.6) 从 $L_{\bar{p}}(R^n)$ 有界映入到 $L_{\bar{q}}(R^n)$, 其中 $1<p_i\leqslant q_i<\infty$, $\alpha=\sum_{i=1}^n a_i(1/p_i-1/q_i)$, $p_n\neq q_n$. Besov, Il'in and Nikol'skii [1975, p. 32] 的书与此相关. Kokilashvili [1978] 在更一般的加权混合范数空间中和不同维数的子空间上, 证明了核为 $\rho(x)=\left(\sum_{j=1}^n |x_j|^{2\alpha_j}\right)^{1/2}$ 的各向异性 Riesz 势的类似结论. 在这方面, 我们发现 Il'in [1962] 最先得到 Riesz 势的不同维数的 Sobolev 型定理. Besov, Il'in and Nikol'skii [1975, p. 34] 在一般的各向异性的情况下给出了这个定理.

我们还提到了 Adams and Bagby [1974], 其中指出了通常的 (各向同性) Riesz 势算子从 $L_{\bar{p}}$ 到 $L_{\bar{q}}$ 的一些估计.

25.5 Sobolev [1950, p. 48] 首先注意到了势型积分

$$I_\Omega^\alpha\varphi=\int_\Omega |x-t|^{\alpha-n}\varphi(t)dt,\quad \varphi\in L_p(\Omega)$$

在有界域 $\Omega\in R^n$ 和 $p>n/\alpha$ 情况下的连续性. 进一步有 (Sobolev [1974, p. 256])

$$I_\Omega^\alpha\varphi\in\begin{cases} H^{\alpha-n/p}(\Omega), & \text{如果 } 0<\alpha-n/p<1,\\ H^{1,1/p'}(\Omega), & \text{如果 } \alpha-n/p=1,\\ H^1(\Omega), & \text{如果 } \alpha-n/p>1,\ 1/p+1/p'=1. \end{cases}\tag{29.7}$$

$H^{\lambda,k}$ 空间在一维情况下的定义在 §1 中给出 (定义 1.6). Mihlin [1962, p. 196] 对于特定值 $p=\infty$, 处理了核为 $A(x,y)|x-y|^{\alpha-n}$ 的情形, 其中第一个因子关于 x 是 Hölder 函数. 在 $\Omega=R^n$ 的情况下有一个类似于 (29.7) 的结论. 对于 $\varphi\in L_1(R^n)\cap L_p(R^n)$, $1<p<\infty$ 和 $n/p<\alpha<1+n/p$, Riesz 势 $I^\alpha\varphi$ 是 Hölder 函数: $I^\alpha\varphi\in h_{\text{loc}}^{\alpha-n/p}(R^n)=\{g:g(x+h)-g(x)=o(|h|^{\alpha-n/p})$ 关于 x 一致, $|h|\to 0$ 时$\}$ (du Plessis [1952]). Cotlar and Panzone [1960] 将该结果推广到某些卷积算子, Kilbas [1983] 将其推广到更一般的算子.

在 $\alpha-n/p>1$ 的情况下积分 $I_\Omega^\alpha\varphi$ 的估计 (29.7) 具体为: 如果 $\alpha-n/p\neq 1,2,\cdots$, $I_\Omega^\alpha\varphi\in H^{\alpha-n/p}(\Omega)$, 如果 $\alpha-n/p=1,2,\cdots$, $I_\Omega^\alpha\varphi\in H^{\alpha-n/p,1/p'}(\Omega)$. 这是关于比 $I_\Omega^\alpha\varphi$ 更一般的广义 Hölder 势的推论 (Kilbas [1987]).

25.6 在径向函数的情况下, 下面的表达式成立

$$(I_a^\alpha\varphi)(x)\overset{\text{def}}{=}\frac{1}{\gamma_n(\alpha)}\int_{|y|<a}\frac{\varphi(|y|)dy}{|x-y|^{n-\alpha}}$$

$$= \frac{1}{\gamma_n(\alpha)} \int_0^a \rho^{\alpha-1} U\left(\frac{|x|}{\rho}\right) \varphi(\rho) dp, \quad 0 < a \leqslant \infty,$$

其中 $U(\lambda) = \frac{2\pi^{n/2}}{\Gamma(n/2)} {}_2F_1\left(\frac{n-\alpha}{2}, 1 - \frac{\alpha}{2}; \frac{n}{2}; \lambda^2\right)$ (Rubin [1983c]). 定理 25.3 给出了径向函数的本质解释. 设 B_α 是 R^n 中以原点为中心半径为 a, $0 < a \leqslant \infty$ 的球. 以下定理成立 (若 $n = 2$ 参考 Karapetyants and Rubin [1982], 更一般的情况在 Rubin [1983c] 中给出).

定理 29.1 设 $\varphi(|x|) \in L_p(B_a; |x|^\nu)$, $1 < p < \infty$, $\nu < n(p-1)$, $n \geqslant 1$, $0 < \alpha < n$, $0 \leqslant m \leqslant \alpha$, $m < 1/p$, $q = p(1-mp)$. 则除 $a = \infty$ 时 $\nu \leqslant \alpha p - n$ 的情况外, $\|I^\alpha \varphi\|_{L_p(B_a; |x|^{\nu_0})} \leqslant c\|\varphi\|_{L_p(B_a; |x|^\nu)}$, 其中 $\nu > \alpha p - n$ 时 $\nu_0 = q(mn - \alpha + \nu/p)$, $\nu \leqslant \alpha p - n$ 时 $\nu_0 = q(mn + \varepsilon - np)$, $\varepsilon > 0$.

其证明基于径向变量的一维分数阶积分所给出的关于径向密度的 Riesz 势本身的表示, 即

$$(I_a^\alpha \varphi)(\sqrt{r}) = 2^{-\alpha} r^{1-n/2}(I_{0+}^{\alpha/2} s^{(n-\alpha)/2-1} I_{a^2-}^{\alpha/2} \varphi(\sqrt{\tau}))(r), \quad 0 < r \leqslant a,$$

其中 $I_{0+}^{\alpha/2}$ 和 $I_{a^2-}^{\alpha/2}$ 是在 (2.17)—(2.18) 中给出的 Riemann-Liouville 分数阶积分算子. Rubin [1983c, 1986a] 与此相关, 其中给出了关于径向密度的势的逆和值域的刻画.

25.7 在 Kokilashvili and Gabidzashvili [1985] 和 Gabidzashvili [1986b] 的文章以及书 Kokilashvili [1985a, pp. 36-45] 中, 将关于 Riesz 势权重估计的定理 25.4 推广到 $\rho(x) = \left(\sum\limits_{j=1}^n |x_j|^{2/\alpha_j}\right)^{1/2}$ $(\alpha_j > 0, \ j = 1, \cdots, n)$ 的各向异性势 (29.6) 的情形. 其中还给出了一般加权 Liouville 空间嵌入定理的应用. 极限情况 $(p')^{-1}(\sum \alpha_i)^{-n} = n - \alpha$ 可以在 Gabidzashvili [1988] 中找到. Gabidzashvili [1985a,b, 1986a] 在齐次空间 X 中将定理 25.4 推广到某些势型算子 T^α ((29.6) 的推广) 上, 并证明了 T^α 的双权估计定理. 他还给出了 Koosis 型定理, 允许以给定的权重 ρ 得到权重 r, 使得 T^α 从 $L_p(X; \rho)$ 有界映入到 $L_q(X; r)$, 反之亦然. 在 Kokilashvili and Kufner [1989a,b] 中可以找到更一般的齐次测度空间的情况, 特别地, 可以找到在 Lebesgue, Lorentz 和 Orlicz 空间的框架内关于测度的有界性条件.

25.8 加权定理 25.3 和定理 25.4 可以推广到更一般的情形, 包括从 $L_p(R^n; \rho_l)$ 到 $L_q(R^n; \rho_2)$ 的双权估计和弱型估计. 最近这些问题得到了广泛和本质的发展 (受到了极大的推动). Riesz 势的弱型不等式的双权问题由 Sawyer [1984] 首次解决, 然后 Gabidzashvili [1985a,b, 1986a] 给出了更有效的方法. 至于范数不等式、双权问题由 Sawyer [1988] 彻底解决, 其他方面由 Kokilashvili [1990, 1991] 解决. 其他的各种研究和推广, 我们参考 Dyn'kin and Osilenker [1983] 的研

究, Kokilashvili [1985a] 的书和他的文章 Kokilashvili [1969, 1985b,c, 1987a,b, 1989a,b] 以及 Gatto, Gutierrez and Wheeden [1983], Harboure, Macias and Segovia [1984a,b], Strömberg and Wheeden [1985, 1986], Heinig [1984, 1985], Andersen [1965], Chanillo and Wheeden [1985], Ruiz and Torrea [1986], Gabidzashvili [1986b, 1988, 1989], Kokilashvili and Gabidzashvili [1989], Gabidzashvili and Kokilashvili [1990], Gabidzashvili, Genebashvili and Kokilashvili [1992] 和 Fofana [1989] 的工作. 读者也可以参阅这些文章中的参考文献.

因为 Muckenhoupt-Wheeden 权重条件 (25.41) 并不总是容易检验, 所以 Abdullaev [1985] 在权重函数 ρ_1 和 ρ_2 的奇点集满足某些假设且 ρ_1 和 ρ_2 是与该集合的距离函数的情况下, 给出了加权有界条件.

25.9　Stein and Weiss [1960] 研究了算子 I^α 在 Hardy 空间 $H^p(R^n)$, $0 < p < +\infty$ 的框架内的映射性质, 由范数等价它在 $1 < p < \infty$ 时与 $L_p(R^n)$ 一致. Krantz [1982] 将他们的结果推广到比 I^α 更一般的算子上. 某些广义 Hardy 空间的情况可以在 Taibleson and Weiss [1980] 和 Han, Yongsheng [1988] 中找到. Strömberg and Wheeden [1985, 1986] 和 Gatto, Gutierrez and Wheeden [1985] 给出了 Riesz 势在加权 Hardy 空间 $H^p(R^n; p)$ 中的双权估计.

25.10　Muckenhoupt [1960] 将 Sobolev 定理 (定 25.2) 推广到广义 Riesz 势

$$I_\Omega^\alpha \varphi = \int_{R^n} \frac{\Omega(y)}{|y|^{n-\alpha}} \varphi(x-y) dy,$$

其中 $\Omega(y) = \Omega(y/|y|) \in L_{n/(n-\alpha)}(S_{n-1})$. 文章中也考虑了极限情况 $p = n/\alpha$ 和 $p = 1$. 特别地, 将一维 Zygmund-Flett 结果 (见 § 4.2, 注记 3.2) 推广到了 n 维情况:

$$\left\{ \int_B |(I_\Omega^\alpha \varphi)(x)|^q dx \right\}^{1/p} \leqslant c \int_B [1 + |\varphi(x)|][\log(1 + |\varphi(x)|)]^{1-\alpha/n} dx,$$

其中 B 是 R^n 中的球. Hedberg [1972] 在 $p = n/\alpha$ 和 $p = 1$ 情况下给出了 $\Omega \equiv 1$ 时的另一种证明, 它还证明了乘积不等式

$$\|I_\Omega^{\theta\alpha} \varphi\|_r \leqslant c \|\varphi\|_p^{1-\theta} \|I_\Omega^\alpha \varphi\|_q^\theta, \quad \varphi(x) \geqslant 0,$$

其中 $0 < \alpha < n$, $0 < \theta < 1$, $1 < p < \infty$, $p < q \leqslant \infty$, $1/r = (1-\theta)/p + \theta/q$.

Muckenhoupt and Wheeden [1971] 考虑了更一般的情况 $\Omega(y) \in L_r(S_{n-1})$, $r \geqslant n/(n-\alpha)$, 他在 $0 < \alpha < n$, $1 < p < n < \alpha$, $1/q = q/p - \alpha/n$ 且 $\alpha + \max(-n/p, -1/p - (n-1)/r') < \mu < -\alpha + \min(n/q', 1/q' + (n-1)/r')$ 的假设下证明了估计 $\||x|^\mu (I_\Omega^\alpha \varphi)(x)\|_q \leqslant c \||x|^\mu \varphi(x)\|_p$.

Samko [1977b, 1980] 在椭圆情形处理了算子 I_Ω^α 的逆问题, Samko [1978a] 处理了特殊的非椭圆情况.

25.11 O'Neil [1965] 研究了算子 I^α 在 Orlics 空间 $L_M^*(R^n)$ 中的映射性质. 对于 § 9.2, 注记 5.9 中阐述的一维情况的 O'Neil 定理, 如果将 $M(u)$ 的限制条件中的 α 替换为 α/n, 则其对于 $n \geqslant 1$ 的情况也成立. Kokilashvili and Krbec [1984a,b, 1985, 1986], 以及 Kokilashvili [1985a, pp. 78-82] 将 Riesz 势 I^α 的加权定理 25.4 推广到 Orlicz 空间, Kokilashvili and Krbec [1985, 1986] 给出了加权 Sobolev-Orlicz 空间嵌入定理的应用. Kokilashvili [1985c] 在加权 Orlicz 空间中将定理 25.4 推广到多重分数阶积分的情况.

O'Neil [1963] 为 Lorentz 空间 $L_{p,q}$ 建立了类似的 Sobolev 定理. Flett [1973] 考虑了加权 Lorentz 空间的情况, 其权重是满足 $m\{x : \varphi(x) \leqslant y\} \leqslant cy$ 的函数 $\varphi(x)$ 的幂. 一般情况下的带 Muckenhoupt 型权重的 Lorentz 空间, 可以在 Kokilashvili [1985a, pp. 64-71, 1987a, b] 的论文中找到. Adams [1975] 考虑了 Riesz 势在 Morrey 空间中的映射性质.

25.12 Chuvenkov [1978] 研究了 $\alpha = (\alpha_1, \cdots, \alpha_n), \alpha_j \geqslant 0$ 阶 Sobolev-Orlicz 空间 $L_M^{(\alpha)}(R^n)$ 和 $E_M^{(\alpha)}(R^n)$. 它们是 Liouville 空间 $L_p^{(\alpha)}(R^n)$ 的推广, 其函数满足 $f \in L_M (E_M)$, 且关于每个变量的 α_j 阶 Liouville 分数阶偏导数也在 $L_M (E_M)$ 中.

25.13 Lizorkin [1968, 1972b] 揭示了 Besov 空间 (定义可以在 Nikol'skii [1977] 或 Besov, Il'in and Nikol'skii [1975] 中找到) 与分数阶微分之间的联系, 证明了 Bessel 分数阶积分-微分 G^α——(27.8)——可实现 Besov 空间 $G^\alpha(B_{p,\theta}^r) = B_{p,\theta}^{\alpha+r}, 1 < p < \infty, 1 \leqslant \theta \leqslant \infty, 1 \leqslant r < \infty$ 之间的同胚. Herz [1968] 在 Besov 空间的适当解释下证明了关于 Riesz 分数阶积分的类似结论: $I^\alpha(\Lambda_{p,\theta}^r) = \Lambda_{p,\theta}^{\alpha+r}$. 即 $\Lambda_{p,\theta}^r$ 定义为无穷次可微函数空间在 Besov 范数下的完备化, 其 Fourier 像有不包含原点的紧支集. 这里容易看出它与 Lizorkin 空间 Φ 的关系.

25.14 Riesz 势在 Radon 变换理论中自然出现——Helgason [1983, pp. 20, 29 等].

我们还观察到 Brédimas [1977] 在逆球面 Radon 变换问题中使用了一维分数阶积分.

25.15 Rubin [1985a] 考虑了单边 Riesz 势 (25.71) 的修正, 使其适用于半空间的情况, 即

$$I_{0+}^\alpha \varphi = \frac{c_n}{\Gamma\alpha} \int_0^{x_n} \int_{R^{n-1}} \frac{(x_n - y_n)^\alpha}{|x-y|^n} \varphi(y)dy, \quad x \in R_+^n,$$

并且在 $n = 1$ 时与 Riemann-Liouville 积分 (5.1) 重合. 特别地, 澄清了 Riesz 势 $I^\alpha \varphi, \varphi \in L_p(R^n)$ 是否与半空间 $x_n > 0$ 中的单边势 $I_{0+}^\alpha \psi$ 一致, 其中 $\psi \in L_p$. 也

就是说, 如果 $\alpha < 1/p$, 那么我们可以明确地构造在 $L_p(R_+^n)$ 中有界的算子 A, 使得 $(I^\alpha\varphi)(x) = (I_{0+}^\alpha A\varphi)(x)$, $x_n > 0$. 如果 $\alpha > 1/p$, 为了满足这样的等式, 在对迹的适当解释下, $\dfrac{\partial^j f(x', 0)}{\partial x_n^j} = 0$, $x' = (x_1, \cdots, x_n)$, $j = 0, 1, \cdots, [\alpha - 1/p]$ 是充分必要的.

Rubin [1984b, 1986a] 中引入了与 R^n 中的球相关的单边 Riesz 势的类似修改

$$B_+^\alpha \varphi = \frac{c_{n-1}}{\Gamma(\alpha)} \int_{|y| < |x|} \frac{(|x|^2 - |y|^2)^\alpha}{|x - y|^n} \varphi(y) dy,$$

$$B_-^\alpha \varphi = \frac{c_{n-1}}{\Gamma(\alpha)} \int_{|y| > |x|} \frac{(|y|^2 - |x|^2)^\alpha}{|x - y|^n} \varphi(y) dy,$$

其中获得了以下结果: i) 半群性质; ii) 逆公式, 为简单起见, 下面给出 $0 < \alpha < 1$ 的情况, 即

$$(B_+^\alpha)^{-1} f = \frac{\Gamma(n/2)}{\Gamma(n/2 - \alpha)} \frac{f(x)}{|x|^{2\alpha}} + \frac{\alpha c_{n-1}}{\Gamma(1 - \alpha)} \int_{|y| < |x|} \frac{f(x) - f(y)}{(|x|^2 - |y|^2)^\alpha |x - y|^n} dy,$$

$$(B_-^\alpha)^{-1} f = \frac{\alpha c_{n-1}}{\Gamma(1 - \alpha)} \int_{|y| > |x|} \frac{f(x) - f(y)}{(|y|^2 - |x|^2)^\alpha |x - y|^n} dy;$$

iii) 将 Riesz 势 $I^\alpha\varphi$ 表示为算子复合

$$I^\alpha\varphi = 2^{-\alpha} B_\pm^{\alpha/2} |y|^{-\alpha} B_\mp^{\alpha/2} \varphi,$$

参见 (25.67), 以及 Rubin [1988].

25.16　Mizuta [1977] 研究了 Riesz 势的径向极限, 他证明了如果 $\varphi \in L_p(R^n; |x|^{-\beta})$, $\beta \geqslant 0$, $p > 1$ 和 $\alpha p + \beta < n$, 则存在一个 Riesz 容量为 $c_{\alpha p}(E) = 0$ 的 Borel 集 $E \subset S_{n-1}$, 对于每个 $\sigma \in S_{n-1} \setminus E$ 满足 $\lim\limits_{r \to \infty} (I^\alpha\varphi)(r\sigma) = 0$, $\alpha > 0$. Kurokawa and Mizuta [1979] 在更一般的假设下讨论了这个问题.

25.17　Kurokawa [1981] 证明了 Riesz (和 Bessel) 势在 $\alpha \to +0$ 时, 在几乎处处和 L_p 范数意义下都近似于恒等算子. 也就是说, i) 设 $1 \leqslant p < \infty$, $f \in L_p(R^n)$, 则 $I^\alpha f$ 在 f 的每个 Lebesgue 点都收敛于 f; ii) 设 $1 < q < p$, $f \in L_p \cap L_q$, 则 $I^\alpha f$ 在 L_p 范数下收敛于 f.

25.18　Cheng Min-teh and Chen Yung-ho [1956, 1957] 和 Wainger [1965] 考虑了 Riesz 势的周期类似, 即由多重 Fourier 展开

$$I^\alpha\varphi \sim \sum_{|k| \neq 0} \varphi_k |k|^{-\alpha} e^{ikx}$$

生成的算子, 其中 $k = (k_1, \cdots, k_n)$, $\alpha > 0$, $0 \leqslant x_i < 2\pi$, $i = 1, \cdots, n$. 一维情况可见 § 19.3. Cheng Min-teh and Deng Dong-gao [1979] 中也可以找到一些相关成果.

25.19 Emgusheva and Nogin [1988] 考虑了 Hadamard 结构 (18.42)—(18.44) 的 Riesz 型推广

$$\mathcal{J}^{\alpha}\varphi = [\gamma_n(\alpha)]^{-1} \int_{R_+^n} \varphi(x \circ y)|\overrightarrow{\ln y}|^{\alpha-n} dy,$$

$$\overrightarrow{\ln y} = (\ln y_1, \cdots, \ln y_n), \quad R_+^n = \{y \in R^n : y_1 > 0, \cdots, y_n > 0\}$$

及相应的在 R_+^n 中相对于伸缩不变的 Riesz 型分数阶导数.

25.20 设 $f(x)$ 在 R^n 中局部 Lebesgue 可积, $g(x) = I^{\alpha}f$ 为 Riesz 势, $0 < \alpha < 1$. 通过直接估计, 不等式

$$\frac{1}{h^n} \int_{|x-x_0|<h} |g(x) - g(x_0)|dx \leqslant ch \int_{R^n} \frac{|f(x)|dx}{|x-x_0|^{n-\alpha}(h+|x-x_0|)}$$

成立, c 仅依赖于 α 和 n (Samko). 当只假设 $(I^{\alpha}|f|)(x_0)$ 有限时, 从此估计中易知其左端收敛到零, 当 $h \to +0$ 时. 这证明了 Love 的猜想 (见 § 17.2, 注记 12.6). Love 自己给出了 $n = 2$ 情况的证明, 但证明冗长, 后来他发现到这一猜想也可以通过 Landkof [1966] 的中定理 1.11 来证明.

26.1 结合定理 26.3, 我们观察到函数 $f \in I^{\alpha}(L_p)$ 的截断 Riesz 导数 $\mathbf{D}_{\varepsilon}^{\alpha}f$ 不仅在 $L_p(R^n)$ 范数下收敛, 而且是几乎处处收敛的, 当 $\varepsilon \to 0$ 时. 这可以通过已知的方法从 (26.40) 中推导出来, 即比较恒等式的逼近和最大函数——Stein [1973, pp. 77-78]. 但也可以直接从 (26.40) 得到显式估计 (Samko [1977a] 或 Samko [1984, p. 78]). 因此

$$|(\mathbf{D}_{\varepsilon}^{\alpha}f)(x) - \varphi(x)| \leqslant c_1 \sup_{0<t<\varepsilon} \Phi_t(x) + c_2\Psi_{\varepsilon}(x) + \varepsilon^{l^*-\alpha}(c_3|\varphi(x)| + c_4\|\varphi\|_p), \quad f = I^{\alpha}\varphi,$$

这得到了几乎处处的收敛性. 这里 l^* 与 (26.39) 相同,

$$\Phi_t(x) = t^{-n} \int_{|y|<t} |\varphi(x-y) - \varphi(x)|dy, \quad \Psi_t(x) = \varepsilon^{l^*-\alpha} \int_{\varepsilon}^{1} t^{\alpha-l^*-1}\Phi_t(x)dt,$$

c_i $(i = 1, 2, 3, 4)$ 是绝对常数. Nogin [1985b, 1987b] 研究了特征为 $\Omega(y)$ (不必要求齐次) 的超奇异积分 $\mathbf{D}_{\Omega}^{\alpha}f$ 的几乎处处收敛性.

26.2 对于充分光滑且在无穷远处为零的函数, 其具有齐次特征 $\Omega(y/|y|)$ 的超奇异积分 $(\mathbf{D}_\Omega^\alpha f)(x)$ 有如下估计. 设 $f(x) \in C^l(R^n)$, $l > \alpha$, 且 $|f(x)| \leqslant c(1+|x|)^{-N_1}$, $|(\mathcal{D}^j f)(x)| \leqslant c(1+|x|)^{-N_2}$, 其中 $|j| = l$ 时, $N_1 > \alpha$, $N_2 > n$. 则当 $\Omega(\sigma) \in L_1(S_{n-1})$ 时,

$$|(\mathbf{D}_\Omega^\alpha f)(x)| \leqslant c(1+|x|)^{-\min(\alpha+N_1,N_2,1+\alpha)},$$

当 $\Omega(\sigma)$ 有界时,

$$|(\mathbf{D}_\Omega^\alpha f)(x)| \leqslant c(1+|x|)^{-\min(\alpha+N_1,N_2,n+\alpha)}$$

(Samko [1978b], [Samko, 1984, p. 89]).

26.3 超奇异积分 $(\mathbf{D}_\Omega^\alpha f)(x)$ 的分数阶 (一般情况) 连续模 $\omega_\gamma(f,\delta) = \sup\limits_{|h|<\delta} \|\Delta^\gamma f\|_X$, $X = L_p(R^n)$, $1 \leqslant p < \infty$, 或 $X = BC(R^n)$ 的估计如下:

$$\omega_\gamma(\mathbf{D}_\Omega^\alpha f, \delta) \leqslant cb(\delta)\frac{\omega_\gamma(f,\delta)}{\delta^\alpha} + c\int_0^\delta \frac{\omega_\gamma(f,t)}{t^{1+\alpha}}a(t)dt,$$

其中 $a(t) = \int_{S^{n-1}} \Omega(t\delta)d\sigma$, $t > 0$, $b(\delta) = \int_0^\infty t^{-1-\alpha}a(\delta t)dt$, $\gamma > 0$, $0 < \alpha < \lambda \leqslant l$. 这里 l 是 $\mathbf{D}_\Omega^\alpha$ 定义中差分的阶数. 对于 $\Omega \equiv \text{const}$, $a(t)$ 和 $b(\delta)$ 都是常数且可以选择 $\lambda > \alpha$ (Samko and Yakubov [1986]; 整数 γ 和 λ 以及 $X = C$ 的情况可以在同一作者的文章 Samko and Yakubov [1985a] 中找到).

26.4 在特征 $\Omega(y')$ 等于球面调和函数 $Y_m(y')$ 的情况下, 超奇异积分 $\mathbf{D}_\Omega^\alpha f$ 可以用 $\mathbf{D}^{\alpha-m}f$ 简单地表示:

$$\mathbf{D}_{Y_m}^\alpha f = \lambda Y_m(\mathcal{D})\mathbf{D}^{\alpha-m}f, \quad 若 \quad \alpha \geqslant m,$$

$$\mathbf{D}_{Y_m}^\alpha f = \lambda Y_m(\mathcal{D})I^{\alpha-m}f, \quad 若 \quad \alpha \leqslant m,$$

其中 λ 是依赖于 α, n, m 和奇异积分类型 (Samko [1978b], [1984, p. 90]) 的常数. 比较这些公式与 $\alpha = m$ 情况下的表示 (26.83).

Horváth, Ortner and Wagner [1987] 的论文在某种意义上也与此相关. 其中考虑了带核 $c_{n,\alpha,j}x^j|x|^{-j+\alpha-n}$ 的分布卷积, 在与 Laplace 算子相关的某些分次代数 (graded algebra) 中将核取成幂 x^j, 使 x^j 的分量关于代数的标准基为调和多项式 $Y_j(x)$. 另见 Ortner [1985].

26.5 空间 $I^\alpha(L_p)$, $1 < p < n/\alpha$ 有一种刻画, 它不像定理 26.8 和定理 26.9 那样用 $\mathbf{D}^\alpha$ 表示, 而是用 Strichartz 结构 $\int_0^\infty t^{-2\alpha-1}\left(\int_{|y|<1}|(\Delta_{ty}^k f)(x)|dy\right)^2 dt$ 表示. Bagby [1980] 在更一般的 Lorentz 空间 $L_{p,q}$ 的背景下给出了这种刻画.

Strichartz [1990] 给出了在这些条件下的像 $I^\alpha(H_p)$ 的刻画, H_p 为 Hardy 空间, $0 < p < 1$.

26.6 如果忽略刻画 $I^\alpha(L_p)$ 空间的条件 $f \in L_q(R^n)$ (见定理 26.8 和定理 26.9), 会有 $f(x)$ "包含" 多项式的情形, 因为函数 $f(x)$ 只由给定的半范 $\|\mathbf{D}^\alpha f\|_p$ 决定. Lizorkin [1979, 1980] 对函数 $f(x)$ 如何在无穷远处变成依赖定义半范的多项式这一问题进行了深入研究. 在这方面我们发现, 空间 $I^\alpha(L_p)$, $1 < p < \infty$, $p \geqslant n/\alpha$ 可以看作商空间 $S'/P^{\alpha-n/p}$ 的一个子空间, 其中 S' 是缓增分布的 Schwartz 空间, $P^{\alpha-n/p}$ 是由 S' 中次数不超过 $\alpha - n/p$ 的多项式构成的子空间. 对于 $p = 2$, 我们参考 Pryde [1980], 以及 $1 < p < \infty$ 时参考 Davtyan [1984, 1986a]. Davtyan 考虑了更一般的各向异性 Riesz 势的情况. 在此之前各向同性势的相应结果已经得知, 但作者没有找到相应的参考文献.

文章 Kurokawa [1988a] 与此相关. 那里作者处理了整数 α 的情形, 考察了函数 f 在 "Beppo Levi 空间" $\{f \in \mathcal{D}' : \mathcal{D}^j f \in L_p, |j| = \alpha\}$ 中的表示形式 $f = P(x) + I_k^\alpha \varphi$, $\varphi \in L_p$, 其中 $P(x)$ 是多项式, $I_k^\alpha \varphi$ 是 Riesz 势的修正. 后者由通常的 Riesz 核 $k_\alpha(x - y)$ 减去其在 $(-y)$ 处的 Taylor 部分和得到的核来定义. Kurokawa [1988b] 还给出了算子 I_k^α 一些加权 L_p 范数不等式. 在这方面必须提及类似一维 Riemann-Liouville 分数阶积分的 Erdélyi 修正 (见 § 9.2, 注记 5.6).

26.7 Samko [1976a] 考虑了具有特征 $\Omega(y)$ 的超奇异积分, 与 (27.47) 中的齐次情形相比, 该特征在 $y \to \infty$ 和 $y \to 0$ 时稳定并且消除了特征对超奇异积分收敛性的影响. 这是 § 26.4 中的问题 B). 与 § 26 一样, 证明也在 $L_{p,r}^\alpha$ 背景下完成, 即 $f \in L_r$, 且在 L_p 中考虑 $\mathbf{D}^\alpha f$ 的收敛. Nogin [1980, 1987b] 对更一般的特征, 包括齐次和稳定特征, 考虑了相同的问题, B. Nogin [1987b] 推广了 Wheeden [1972] 关于 $r = p$ 情况的结果, 但 Wheeden 对特征的假设相对较弱.

26.8 函数 $f(x) \in I^\alpha(L_p)$, $1 < p < n/\alpha$, 有整数 $|\beta| \leqslant \alpha$ 阶弱 (广义) 导数且 $\|\mathcal{D}^\beta f\|_r \leqslant c_1 \|\mathbf{D}^{|\beta|} f\|_r \leqslant c_2 \|\mathbf{D}^\alpha f\|_p$, 其中 $1/r = 1/p - (\alpha - |\beta|)/n$ (Samko [1976a], Samko [1984, p. 109]).

26.9 在整数 α 的情况下, § 26.7 中处理的空间 $L_{p,r}^\alpha(R^n)$ 与 Sobolev 型空间 $W_{p,r}^\alpha$ 一致, 后者由满足 $\mathcal{D}^j f \in L_p(R^n)$, $|j| = \alpha$ 的函数 $f \in L_r$ 组成 (Samko and Umarkhadzhiev [1980a,b] 和 Samko [1984, p. 112]). 因此, 我们可以作为推论指出

$$I^\alpha(L_p) = \{f : f \in L_q, \mathcal{D}^j f \in L_p, |j| = \alpha\},$$

$$1 < p < n/\alpha, \quad q = np/(n - \alpha p), \quad \alpha = 1, 2, \cdots, n - 1.$$

在相同文章中利用高阶导数给出了空间 $I^\alpha(L_p)$, $0 < \alpha < n/p$ 的刻画: $f(x) \in$

$I^\alpha(L_p)$ 当且仅当

$$f \in L_q, \quad \mathcal{D}^j f \in L_r, \quad |j| = \alpha, \quad \mathbf{D}^{\alpha - [\alpha]} \mathcal{D}^j f \in L_p,$$

其中 $1/q = 1/p - \alpha/n$, $1/r = 1/p - (\alpha - [\alpha])/n$.

26.10　下面给出的空间 $I^\alpha(L_p)$ 的坐标刻画涉及函数 $f(x) \in I^\alpha(L_p)$ 关于每个变量 x_i, $i = 1, 2, \cdots, n$ 的行为 (Nogin and Rubin [1986a]). 令

$$(I_i^\alpha \varphi)(x) = \frac{1}{\gamma_1(\alpha)} \int_{R^1} \frac{\varphi(x - te_i)}{|t|^{1-\alpha}} dt, \quad e_i = (\underbrace{0, \cdots, 0}_{i-1}, 1, 0, \cdots, 0)$$

为变量 x_i 的偏 Riesz 势并设

$$I_i^\alpha(L_p) = \{f : f = I_i^\alpha \varphi, \ \varphi \in L_p(R^n)\}, \quad \|f\|_{I_i^\alpha(L_p)} = \|\varphi\|_p, \quad i = 1, 2, \cdots, n.$$

定理 29.2　设 $1 < p < \infty$ 且 $0 < \alpha < 1/p$. 则 $I^\alpha(L_p) = \bigcap_{i=1}^{n} I_i^\alpha(L_p)$ 且范数 $\|f\|_{I^\alpha(L_p)}$ 和范数 $\sum_{i=1}^{n} \|f\|_{I_i^\alpha(L_p)}$ 等价.

Emgusheva and Nogin [1989] 给出了这个定理关于 (29.6) 型各向异性 Riesz 势的推广. 事实上, 他们处理了更一般的情况, 考虑各向异性空间

$$L_{p,r}^{\bar{\alpha}} = \left\{ f(x) : \|f\|_r + \left\| F^{-1} \sum_{j=1}^{n} |\xi_j|^{\alpha_j} (Ff)(\xi) \right\|_p < \infty \right\},$$

$\bar{\alpha} = (\alpha_1, \cdots, \alpha_n) \geqslant 0$ 并且用全空间 R^n 上的 Riesz 导数和分别关于每个变量的或变量的各种组合的 Riesz 导数对其进行刻画.

事实上, Davtyan [1986a,b] 更早地考虑了 $L_{p,r}^{\bar{\alpha}}$ 空间, 他使用 Lizorkin [1970a] 介绍的各向异性超奇异积分 $\mathbf{D}^\alpha f$, 将此空间定义为 $L_{p,r}^{\bar{\alpha}} = \{f : f \in L_r, \mathbf{D}^{\bar{\alpha}} f \in L_p\}$. 显然后者是空间 (26.91) 的推广. Davtyan 证明了 $L_{p,r}^{\bar{\alpha}} = L_r \cap I^{\bar{\alpha}}(L_p)$, 其中 $I^{\bar{\alpha}}(L_p)$ 是 (26.9) 型各向异性 Riesz 势的值域 $I^{\bar{\alpha}}(L_p)$. 他也证明了逆定理 $\mathbf{D}^{\bar{\alpha}} I^{\bar{\alpha}} f = f$, $f \in L_p$, $1 \leqslant p \leqslant n/\alpha^*$, $1/\alpha^* = n^{-1} \sum \alpha_j^{-1}$.

26.11　Nogin and Samko [1985] 刻画了权重 $\rho(x)$ 满足 Muckenhoupt-Wheeden 条件 (25.43) 的加权分数阶积分空间 $I^\alpha[L_p(R^n; \rho)]$. 因此 $f(x) \in I^\alpha[L_p(R^n; \rho)]$, $1 < p < n/\alpha$, 当且仅当 $f(x) \in L_q(\rho^{q/p})$, $1/q = 1/p - \alpha/n$, 并且在 $L_p(R^n; \rho)$ 的范数下存在 $\lim_{\varepsilon \to 0} \mathbf{D}_\varepsilon^\alpha f$ 或 $\|\mathbf{D}_\varepsilon f\|_{L_p(R^n; \rho)} \leqslant c$. 在 $n = 1$ 的情况下, 这个结论由 Andersen [1982] 得到. Nogin [1986, 1988] 研究了更一般的 $L_{p,r}^\alpha(\rho_1, \rho_2)$ 空间, 它是 (26.91) 的推广, 其中 $\rho_1 \in A_r$ 和 $\rho_2 \in A_p$ 为 Muckenhoupt 型权重. Nogin [1982d] 之前考虑过带幂权的情况.

26.12 下面关于函数及其 Riesz 导数的同时逼近定理均成立. 每个有有限范数

$$\|f\|_r + \|\mathbf{D}^\alpha f\|_p \tag{29.8}$$

的函数 $f(x)$ 可以关于此范数由 $C_0^\infty(R^n)$ 函数来逼近, $1 < p < \infty$, $1 < r < \infty$ 和 $\alpha > 0$. 对于 $1 < p < n/\alpha$ 时我们参考 Samko [1976a], 对于 $1/p - \alpha/n \leqslant 1/r \leqslant 1/p$ 时参考 Nogin and Samko [1981], 剩下的情况参见 Nogin [1982c].

26.13 如果对于所有 $f \in X$, $\mu f \in X$ 且 $\|\mu f\|_X \leqslant c\|f\|_X$, 则称函数 $\mu(x)$ 为 X 空间中的乘子. 有界函数 $\mu(x)$ 是分数阶积分 $I^\alpha(L_p)$ 空间中的乘子, $1 < p < n/\alpha$, 当且仅当算子

$$N_\varepsilon \varphi = \int_{R^n} N_\varepsilon(x,y)\varphi(y)dy,$$

$$N_\varepsilon(x,y) = \sum_{\nu=1}^l \binom{l}{\nu} \int_{|t|>\varepsilon} |t|^{-n-\alpha}(\Delta_t^\nu \mu)(x)\Delta_{l-\nu,\alpha}(x-y-\nu t, t)dt, \quad l > \alpha$$

在 $L_p(R^n)$ 中关于 ε 一致有界, 其中 $\Delta_{m,\alpha}(x,h)$ 为核 (26.32). 下面我们给出一些充分条件: 1) $\int_{R^n} |t|^{-n-\alpha}\|\Delta_t^i \mu\|_{n/\alpha}dt < \infty$; 2) 对于每个 $i = 1, \cdots, l-1$, 存在一个数 α_i, 满足 $0 < \alpha_i < \min(\alpha, l-i)$ 且 $\int_{R^n} |t|^{-n-\alpha+\alpha_i}\|\Delta_t^l \mu\|_{n/(n-\alpha_i)}dt < \infty$. 特别地, 函数 $\mu(x) \in C^\lambda(\hat{R}^n)$, $\lambda > \alpha$, 是 $I^\alpha(L_p)$ 中的乘子 (Samko [1977e]).

如果 $1 < p < 1/\alpha$, $0 < \alpha < 1$, 间断函数 $\chi_\Omega(x) = \begin{cases} 1, & x \in \Omega, \\ 0, & x \notin \Omega \end{cases}$ 是 $I^\alpha(L_p)$ 中的乘子, 其中 Ω 是半空间或球. 对于区域 Ω 满足所谓 Strichartz 条件的情况, Bessel 势情形可以在 Strichartz [1972] 中找到, Riesz 势情形可以在 Nogin and Rubin [1986a] 中找到.

26.14 如果 $0 < \varepsilon < \alpha$, $\nu > \varepsilon$, $c(x) \in C^\lambda(\dot{R}^n)$, $\lambda > \alpha - \varepsilon$, 乘以函数 $c(x)(1 + |x|^2)^{-\nu/2}$, $\nu > 0$ 的算子是从 $I^\alpha(L_p)$ 空间到 $I^{\alpha-\varepsilon}(L_p)$ 空间的紧算子 (Umarkhadzhiev [1981]).

26.15 Emgusheva and Nogin [1988] 在更一般的设定下, 即将 (25.60) 中在 $\{t : |t| > \varepsilon\}$ 上的积分替换为 $R^n \setminus G_\varepsilon$ 上的积分, 其中 G_ε 是满足假设 $m(K \cap G_\varepsilon) \to 0$, 当 $\varepsilon \to 0$ 时 (对于 R^n 中的每个紧集 K) 的原点的邻域, 研究了 Riesz 导数 $\mathbf{D}^\alpha f$ 作为 (26.26) 的极限. 我们发现 G_ε 可能是无界的. 特别地, 可以证明 $\mathbf{D}^\alpha f$ 的存在性不依赖于 G_ε 的选择.

26.16   广义 Marchaud 型差分 $\sum_{i=1}^{l} c_i f(x - k_i y)$ (§ 9.2, 注记 5.11) 也可用于多维 Riesz 微分 $\mathbf{D}^\alpha f$. Kuvshinnikova [1988] 实现了这一过程并给出了其在多维势型算子逆中的应用.

26.17   结合定理 26.10 和论断 (26.97′), 我们提到 Samko [1990a] 的以下结论. 设 $f(x) \in L_r(R^n)$, $1 < r < \infty$. 则 $\lim_{\varepsilon \to 0} \mathbf{D}_\varepsilon^\alpha f$ 在 $L_p(R^n)$ 中存在, $1 < p < \infty$, 当且仅当 $\|(E - P_t)^\alpha f\|_p \leqslant ct^\alpha$, $t \in R_+^1$, 其中 P_t 是 Poisson 算子 (25.47). 如果极限存在, 则

$$\|(E - P_t^\alpha) f\|_p \leqslant At^\alpha \|\mathbf{D}^\alpha f\|_p,$$

且 $\|\Delta_h^\alpha f\|_p \leqslant c|h|^\alpha \|\mathbf{D}^\alpha f\|_p$, $h \in R^n$.

26.18   我们注意到 Kochubei [1989a] 最近的一篇论文, 本质上使用了具有齐次特征的超奇异积分 $\mathbf{D}_\Omega^\alpha f$ 的结构和 § 26 中发展的技巧, 构造和研究了周期伪微分方程

$$u_t(x,t) + \sum_{k=0}^{m} (A_k u)(x,t) = f(x,t), \quad x \in R^n, \ t \in (0, T]$$

的 Cauchy 问题的基本解, 其中 A_k 是伪微分算子, 其符号 $a_k(x, t, \xi)$ 关于 ξ 齐次.

Liu Gui-Zhong [1989] 考虑了具有 Beltrami-Laplace 算子 δ 的分数阶球面抛物方程 $\frac{\partial u}{\partial t} + (-\delta)^{\alpha/2} u = 0$, 他实际上在 $L^2(S^n - 1)$ 中刻画了解的子空间.

非线性方程 $u_t = (I^\alpha u) \cdot \Delta u$ 初值问题的研究可以在 Ponce [1987] 中找到.

27.1   若函数 $g \in L_p(R^n)$ 的 Fourier 变换在立方体 $|\xi_j| \leqslant \sigma$, $j = 1, \cdots, n$ 中有支集, 则 Bessel 微分 $(E - \Delta)^{\alpha/2} g = \mathcal{F}^{-1}(1 + |\xi|^2)^{\alpha/2} \mathcal{F} g$ 的以下 Bernstein 型不等式成立

$$\|(E - \Delta)^{\alpha/2} g\|_p \leqslant c(1 + \sigma^2)^{\alpha/2} \|g\|_p.$$

Bohr-Favard 型不等式

$$\|(E - \Delta)^{-\alpha/2} g\|_p \leqslant c(1 + \sigma^2)^{-\alpha/2} \|g\|_p$$

也成立, 其中 $G^\alpha = (E - \Delta)^{-\alpha/2}$ 是 Bessel 分数阶积分算子, 函数 $g \in L_p(R^n)$ 的 Fourier 变换在上述立方体中为零. 两种不等式中的常数 c 都不依赖 $g(x)$ (Lizorkin [1969]).

27.2   各向异性 Bessel 势定义为

$$G^\alpha \varphi = \int_{R^n} G_\alpha(x - y) \varphi(y) dy, \quad \alpha = (\alpha_1, \cdots, \alpha_n),$$

其中核 $G_\alpha(x)$ 的 Fourier 变换为

$$\hat{G}_\alpha(x) = [1 + \rho^2(x)]^{-\alpha_*/2}, \quad \frac{1}{\alpha_*} = \frac{1}{n} \sum_{j=1}^{n} \frac{1}{\alpha_j},$$

$\rho(x)$ 是方程 $\sum_{j=1}^{n} x_j^2 \rho^{-2a_j}(x) = 1$, $a_j = a_*/a_j$ 的正解. 可表示为各向异性 Bessel 势 $G^\alpha\varphi$, $\varphi \in L_p(R^n)$ 的函数所在的空间 $G^\alpha(L_p)$ 与 Sobolev 空间 $L_p^{(\alpha)}(R^n)$ 一致. 该空间由函数 $f \in L_p(R^n)$ 及其 Liouville 分数阶偏导数 $\partial^{\alpha_j} f / \partial x_j^{\alpha_j}$ 均在 $L_p(R^n)$ 的函数组成. 此外, $G^\alpha(L_p)$ 可由相应的各向异性超奇异积分刻画 (Lizorkin [1972a]). § 27.3 中给出了 $\alpha_1 = \cdots = \alpha_n$ 的情形.

27.3 我们在这里指出与 Bessel 势性质相似, 但具有与 (25.71) 类似的单边特征的积分算子. 我们记

$$G_\pm^\alpha\varphi = g_\alpha^\pm * \varphi, \quad g_\alpha^\pm(x) = \frac{d_{n-1}}{\Gamma(\alpha)} \frac{(x_n)_\pm^\alpha K_{n/2}(|x|)}{|x|^{n/2}} \in L_1(R^n)$$

为单边 Bessel 势, 其中 $d_{n-1} = 2^{1-n/2}\pi^{-n/2}$, $\alpha > 0$, $\widehat{g_\alpha^\pm(\xi)} = (\sqrt{1 + |\xi|^2 - \xi_n^2} \mp i\xi_n)^{-\alpha}$. 与 (27.22) 类似, 等式

$$G_\pm^\alpha\varphi = \frac{1}{\Gamma(\alpha)} \int_0^\infty y_n^{\alpha-1} (M_{y_n}\varphi(\cdot, x_n \mp y_n))(x') dy_n$$

成立, 并且类似于 (25.76) 的表达式 $G^\alpha = G_\pm^{\alpha/2} G_\mp^{\alpha/2}$ 有效, 这里

$$(M_{y_n}\varphi(\cdot, x_n - y_n))(x') = d_n y_n \int_{R^{n-1}} \frac{K_{n/2}(\sqrt{|y'|^2 + y_n^2})}{(|y'|^2 + y_n^2)^{n/4}} \varphi(x' - y', x_n - y_n) dy.$$

$G_\pm^\alpha$ 的逆算子可用带加权差分的超奇异积分 (如 § 27.4 末) 实现, 因此

$$(G_\pm^\alpha)^{-1} f = \frac{d_n}{\varkappa(\alpha, l)} \int_{R_+^n} \frac{y_n^{-\alpha}}{|y|^n} (\bar{\Delta}_{\pm y}^l f)(x) dy, \quad l > \alpha,$$

其中

$$(\bar{\Delta}_y^l f)(x) = f(x) e^{y_n} |y|^{n/2} K_{n/2}(|y|) + \sum_{k=1}^{l} \binom{l}{k} (-1)^k (k|y|)^{n/2} K_{n/2}(k|y|) f(x - ky).$$

定理 29.3　设 $\alpha > 0$, $1 < p < \infty$. 则 $G_{\pm}^{\alpha}(L_p) = L_p^{\alpha}$ 且范数 $\|G_{\pm}^{\alpha}\varphi\|_{L_p^{\alpha}}$ 和 $\|\varphi\|_p$ 等价. 设

$$\varphi_{\varepsilon}^{\pm} = \int_{\varepsilon}^{\infty} \int_{R^n} |y|^{-n} y_n^{-\alpha} (\bar{\Delta}_{\pm y}^l f)(x) dy, \quad l > \alpha.$$

则 $f \in G_{\pm}^{\alpha}(L_p)$, $1 \leqslant p \leqslant \infty$, 当且仅当 $\lim\limits_{\substack{\varepsilon \to 0 \\ (L_p)}} \varphi_{\varepsilon}^{\pm} \in L_p(R^n)$. 如果 $f \in G_{\pm}^{\alpha}(L_p)$, $1 < p \leqslant \infty$, 则 $\lim\limits_{\varepsilon \to 0} \varphi_{\varepsilon}^{\pm}$ 也是几乎处处存在的.

除算子 $G_{\pm}^{\alpha}$ 外, 我们还可以考虑形式为

$$\frac{c_{n-1}}{\Gamma(\alpha)} \int_{R^n} \frac{(y_n)_{\pm}^{\alpha} e^{-|y_n|}}{|y|^n} \varphi(x-y) dy, \quad c_{n-1} = \frac{\Gamma(n/2)}{\pi^{n/2}} \tag{29.9}$$

的单边势. 它们的 Fourier 像可以简化为与 $(1 + |\xi'| \mp i\xi_n)^{-\alpha}$ 的乘积 (参见 $\varepsilon = 1$ 时的 (25.75)). 在 $n = 1$ 的情形下这些势与 §18.4 中考虑的算子 $(E \pm \mathcal{D})^{-\alpha}$ 一致.

在 Triebel [1980] 的书中可以找到算子 $G_{\pm}^{\alpha}$ 根据 Fourier 变换得到的定义, 其中证明了它们的映射性质 $G_{\pm}^{\beta} : L_p^{\alpha} \to L_p^{\alpha+\beta}$. Rubin [1985a, 1986c] 给出了势 $G^{\alpha}(L_p)$ 的显式形式, 特别地, 证明了这些势的逆和定理 29.3. Eskin [1973] 考虑了势 (29.9).

27.4　我们注意到 Bessel 势的空间 $G^{\alpha}(L_p)$ 基于 "截断的" 积分 (27.46), (27.54) 和 (27.55) 的刻画.

定理 29.4　设 $1 < p < \infty$, $\alpha > 0$, $\alpha \neq 2, 4, 6, \cdots$, 则 $f(x) \in G^{\alpha}(L_p)$ 当且仅当 $\mathcal{D}^j f \in L_p$, $|j| \leqslant |\alpha|$, 且满足以下条件之一:

i) 积分序列 $\mathbf{D}_{\lambda_{\alpha},\varepsilon}^{\alpha} f$ (27.46) 在 L_p 范数下收敛;

ii) $\sup\limits_{\varepsilon > 0} \|\mathbf{D}_{\lambda_{\alpha},\varepsilon}^{\alpha} f\|_p < \infty$.

我们观察到超奇异积分 $\mathbf{D}_{\lambda_{\alpha}}^{\alpha} f$ 与定理 27.3 中使用的 Riesz 导数 $\mathbf{D}^{\alpha}$ 相比具有一定的优势. 即它们包含在无穷远处指数为零的特征 $\lambda_{\alpha}(|y|)$.

定理 29.5　空间 $G^{\alpha}(L_p)$, $\alpha > 0$, $1 \leqslant p < \infty$ 包含且只包含那些函数: $f(x) \in L_p$, 序列 $\mathfrak{D}_{\varepsilon}^{\alpha} f$ 在 L_p 范数下收敛, $\mathfrak{D}_{\varepsilon}^{\alpha} f$ 是积分 (27.54), (27.55), 或截断的积分 (27.56).

前一个定理由 Nogin [1986] 建立, 后一个由 Rubin [1986b,d] 给出.

27.5　从算子的分数次幂角度介绍 Bessel 势的理论可以在 Fisher [1971c, 1972a,b,c] 中找到. 我们还提到了 Fujiwara [1968] 的论文, 其中用插值空间 $[H^{2,p}(R_+^n), L^p(R_+^n)]$ 刻画了半空间 (在第三类边界条件下) 中分数次幂 $(E - \Delta)^{\alpha/2}$ 的值域. 他之前的论文 Fujiwara [1967] 也与此相关. Fujiwara [1969] 研究了二阶椭圆型微分算子的纯虚数分数次幂.

27.6 Ginzburg [1984] 研究了在带状区域 $\{(x,y) \in R^{n+1} : x \in R^n, 0 < y < b\}$ 中某些加权 Bessel 势空间中的迹问题, 这些迹问题是通过关于 x 的 Bessel 分数阶微分和关于 y 的一阶通常微分定义的.

28.1 仅依赖于 Lorentz 距离 $\rho(\xi) = \sqrt{\xi_1^2 - \xi_2^2 - \cdots - \xi_n^2}$ 的函数, 即 Lorentz 不变函数, 其 Fourier-Laplace 变换的表达式类似 Bochner 结果 (25.11), 即

$$\int_{R^n} e^{i\xi \cdot z} \varphi[\rho^2(\xi)] d\xi = \frac{(2\pi)^{(n-2)/2}}{[-\rho^2(z)]^{(n-2)/4}} \int_0^\infty \varphi(t) t^{(n-2)/4} K_{(n-2)/2}\left(\sqrt{-t\rho^2(z)}\right) dt.$$

那里函数 $\varphi[\rho(\xi)]$ 在光锥 $K_+^+ = \{\xi : \rho^2(\xi) > 0, \xi_1 > 0\}$ 中有支集, $z = x + iy$, $x \in R^n$, $y \in K_+^- = \{y : \rho^2(y) > 0, y_1 < 0\}$, $K_\nu(z)$ 是 McDonald 函数, 并且假设左端的积分绝对收敛 (Domingues and Trione [1979]). 在这方面可参看书 Leray [1953], 其中用分数阶积分与一维 Fourier-Laplace 变换的复合给出了 Lorentz 不变函数的 Fourier-Laplace 变换的表达式, 类似 (25.14).

28.1′ Kipriyanov and Ivanov [1986] 在一般 Lorentz 空间 X 框架内引入了 (28.19) 型双曲 Riesz 势. 空间 X 定义在 R^n 中的光滑流形上, 具有 Lorentz 结构和度量 r_{xy}. 这是由方程 $\mathrm{ch}^2 r_{xy} = [x,y]^2[x,x]^{-1}[y,y]^{-1}$, $[x,y] = x_1 y_1 - x_2 y_2 - \cdots - x_n y_n$ 定义的, 它也称为 Lobachevskii 空间. 事实上, 作者处理了 Riesz 双曲势的以下修改

$$(I^\alpha f)(x) = \frac{1}{H_n(\alpha)} \int_{D_x} f(y) \mathrm{sh}^{\alpha-1} r_{xy} dy,$$

D_x 是相应类似 (28.18) 的锥体. 他们证明了关于 I^α 从 $L_p(X)$ 到 $L_q(X)$ 中有界的 Sobolev 型定理, 其中 $1 < p < q < \infty$, $1/q = 1/p - \alpha/n$, 以及在 $p = 1$ 时的弱型估计.

28.1″ Riesz [1961] 介绍了曲面上双曲单层势和双层势. 前者由带 Lorentz 距离的积分 $\int_{S(x)} g(\sigma) r^{\alpha-n}(\sigma - x) ds_\sigma$ 给出, $S(x)$ 是给定曲面 S 被锥 $K_+^-(x)$ 所截的部分 (参见 (28.21)). Ivanov and Kipriyanov [1989] 将 $\alpha = 2$ 的势应用于初始数据为 $u(x) = h(x)$, $\frac{\partial u}{\partial n} = g(x)$, $x \in S$ 的波动方程 的 Cauchy 问题.

28.2 Nogin and Rubin [1985a, 1987] 介绍并研究了空间

$$\mathcal{L}_{p,r}^\alpha = \mathcal{L}_{p,r}^\alpha(R^{n+1}) = \{f : \|f\|_r + \|\mathcal{F}^{-1}(|\xi|^2 + ir)^{\alpha/2} \mathcal{F} f\|_p < \infty\},$$

$$\alpha > 0, \quad 1 \leqslant p < \infty, \quad 1 \leqslant r < \infty$$

(与空间 $L_{p,r}^\alpha = \{f : \|f\|_r + \|\mathcal{F}^{-1}|\xi|^\alpha \mathcal{F} f\|_p < \infty\}$ 相比较, 见 (26.91)). 它们是 $H^\alpha(L_p)$ 和 $\mathcal{H}^\alpha(L_p)$ 空间的推广, 如果 $1 < p < \infty$, $0 < \alpha < 1 + n/2$, $r =$

$(n+2)p/(n+2-\alpha p)$, 则 $\mathcal{L}_{p,r}^{\alpha}$ 与前者一致, 如果 $\alpha > 0, 1 < p = r < \infty$, 则它与后者一致. 空间 $\mathcal{L}_{p,r}^{\alpha}$ 由那些可以表示为势 $H^{\alpha}\varphi$, $\varphi \in L_p$ 的函数 $f \in L_r(R^{n+1})$ 组成:

$$\mathcal{L}_{p,r}^{\alpha} = L_r \cap H^{\alpha}(L_p), \quad 1 \leqslant p, \ r < \infty, \ \alpha > 0.$$

它们通过关系式

$$\mathcal{L}_{p,r}^{\alpha} = \{f : f \in L_r, \quad T^{\alpha}f \in L_p\}, \quad 1 \leqslant p, \ r < \infty, \ \alpha > 0,$$

$$L_{p,r}^{\alpha} = \{f : f \in L_r, \sup_{\varepsilon > 0} \|T_{\varepsilon}^{\alpha}f\|_p < \infty\}, \quad 1 < p < \infty, \ 1 \leqslant r < \infty, \ \alpha > 0$$

来刻画, 其中 T^{α} 是算子 (28.52), $T_{\varepsilon}^{\alpha}f$ 是 (28.52) 的截断积分. 根据超奇异积分 (28.54), 空间 $\mathcal{L}_{p,p}^{\alpha} = H^{\alpha}(L_p)$ 有类似的刻画.

如果 $0 < \alpha < 2$, Chanillo [1981] 和 Nogin [1982c] 根据带一阶差分的超奇异积分也得到了空间 $H^{\alpha}(L_p)$ 的刻画. 对于 $0 < \alpha < 1$ 的情形, Bagby [1971] 利用了其他方法——Strichartz 结构. 对于 $\alpha \geqslant 1$ 的空间 $H^{\alpha}(L_p)$ 有非构造性的刻画——通过如 Gopala Rao [1977, 1978] 所示的约化.

Nogin and Rubin [1985a, 1987] 得到了 $\mathcal{L}_{p,r}^{\alpha}$ 空间 "可分离" 的特征, 这揭示了函数 $f(x,t) \in \mathcal{L}_{p,r}^{\alpha}$ 关于空间变量 x 和时间变量 t 中的不同行为, 因此

$$\mathcal{L}_{p,r}^{\alpha} = \{f : f \in L_r, \mathbf{D}_x^{\alpha}f \in L_p, \mathbf{D}_t^{\alpha/2}f \in L_p\},$$

其中 $1 < p < \infty, 1 \leqslant r < \infty, \alpha > 0$, 且

$$\mathbf{D}_x^{\alpha}f = \lim_{\substack{\varepsilon \to +0 \\ (L_p(R^{n+1}))}} \frac{1}{d_{n,l}(\alpha)} \int_{|y| > \varepsilon} \sum_{k=0}^{l} (-1)^k \binom{l}{k} f(x - ky, t)|y|^{-n-\alpha} dy$$

是关于变量 x 的 "偏" Riesz 导数, $\mathbf{D}_t^{\alpha/2}f$ 是关于 t 的偏 Riesz 导数. 可以使用一组偏坐标导数 $\mathbf{D}_{x_i}^{\alpha/2}f$, $i = 1, 2, \cdots, n$ 代替空间导数 $\mathbf{D}_x^{\alpha/2}f$ 来给出 $\mathcal{L}_{p,r}^{\alpha}$ 空间类似的 "坐标" 刻画. Nogin and Rubin [1985a, 1987] 应用这些刻画研究了 $\mathcal{L}_{p,r}^{\alpha}$ 中的乘子, 并在整数 α 的情况下建立了 $\mathcal{L}_{p,r}^{\alpha}$ 与 Sobolev 空间的联系. 特别地, 这些论文中给出了空间 $C^{\lambda}(\dot{R}^n)$ 中乘子的一些充分性检验条件. 还定义了 R^{n+1} 中包含所谓 Strichartz 域的一类更宽泛的域, 其特征函数为 $\mathcal{L}_{p,r}^{\alpha}$ 中的乘子. Bagby [1971] 研究了 $H^{\alpha}(L_p)$ 中的乘子. Chanillo [1981] 证明了 $C_0^{\infty}(R^{n+1})$ 中的函数是 $H^{\alpha}(L_p)$ 的乘子.

Nogin and Rubin [1985a, 1987] 证明了 $\mathcal{L}_{p,r}^{2m}$, $m = 1, 2, \cdots$ 由有偏导数 $\partial^{2m}f/\partial x_j^{2m}$, $j = 1, \cdots, n$, 且 $\partial^m f/\partial t^m$ 在 $L_p(R^{n+1})$ 中的函数 $f(x,t) \in L_p$ 组成. 奇

数 $\alpha = 2m - 1$, $m = 1, 2, \cdots$ 的情形也可以得到类似结论, 唯一的不同在于关于 t 的光滑性阶数 $m - 1/2$ 是分数的. 因此使用偏 Riesz 导数 $\mathbf{D}_t^{m-1/2}$. 对于 $r = p$, Gopala Rao [1977] 证明了与上文类似的结论, 但是他的结果在充分性部分包含了关于混合导数的多余信息. Nogin 和 Rubin 设法避免了这些冗余.

Bagby [1971] 给出了 $\mathcal{H}^\alpha(L_p)$ 空间的插值定理.

我们还观察到, 根据范数等价性, $\mathcal{H}^\alpha(L_p)$ 空间与 L_p 中函数的各向异性空间一致, 所涉及的 L_p 函数关于 x_j, $j = 1, \cdots, n$ 的 α 阶和关于 t 的 $\alpha/2$ 阶广义 Liouville 导数均在 L_p 中. 这是用 L_p 乘子技术证明的. 这种空间是 Lizorkin [1969, 1970a, 1972a] 所研究的一般各向异性空间的特例.

28.3 如 Nogin and Rubin [1985b] 中所示, 超奇异积分 $T^\alpha f$ 和 $\mathcal{T}^\alpha f$—— (28.52) 和 (28.54)——分别为势 $f = H^\alpha\varphi$ 和 $f = \mathcal{H}^\alpha\varphi$, $\varphi \in L_p$ 的逆, 可以解释为对应 "截断的" 积分的极限 (几乎处处).

28.4 Sprinkhuizen-Kuyper [1979a,b] 研究了抛物算子 $\dfrac{\partial^2}{\partial x^2} - \dfrac{\partial^2}{\partial y^2} - \dfrac{\nu}{y}\dfrac{\partial}{\partial y}$ 的分数次幂.

28.5 分数阶积分的另一种变形通过 Fourier 的像定义

$$\mathcal{F}(T_t^\alpha f) = e^{-\frac{t}{2}|x|^\alpha}\hat{f}(x), \quad \alpha > 0, \ t > 0.$$

Takano [1982] 研究了这一问题, 他证明了算子 $T^\alpha f$ 对于每个 α 在 $L_p(R^n; \rho)$ 空间中形成了一个 (C_0) 类半群, $\rho(x)$ 为 Muckenhoupt 型权重. 此半群的生成子是超奇异算子 $\mathbf{D}^\alpha$. Takano 将它解释为算子 $\mathcal{F}^{-1}|x|^\alpha\mathcal{F}$ 在 $L_p(R^n; \rho)$ 空间中的闭. Takano [1981] 较早地考虑了 $\rho(x) = (1 + |x|^2)^{-m/n}$, $m > n$ 的情况. 在一维情况下这个半群较早出现于一些概率问题 ($0 < \alpha < 1$ 的情形见 Kač [1950] 和 Elliott [1959]. $0 < \alpha < 2$ 的情形见 S. Watanabe [1962]).

28.6 关于多变量函数各种形式的分数阶积分-微分, 我们提到函数在 R^n 中的单位球面上给出的情况. 许多论文专门讨论 Beltrami-Laplace 算子在球面上的分数次幂以及它们的推广和类似形式. 我们推荐读者参阅 Samko [1983] 的综述论文, 在那里可以找到其他参考文献. 我们还引用了 Samko [1977c] 和 Pavlov and Samko [1984], 其中考虑了球面上 Riesz 积分-微分的直接类似, 包括球面超奇异积分. 另见 Colzani [1985] 和 Vakulov and Samko [1987].

28.7 分数阶积分-微分有一种推广, 这需要将一维情况在半轴 $(-\infty, x)$ 上的积分替换为在顶点为 $x \in R^n$ 的锥上的积分. Vladimirov, Drozhzhinov and Zav'yalov [1986] 的书中考虑了这一点, 定义如下: Γ 是 R^n 中的闭凸锐实锥; $\Gamma^* = \{\xi \in R^n : \xi \cdot x \geqslant 0 \ \forall x \in \Gamma\}$ 是 Γ 的共轭锥; $C = \mathrm{int}\,\Gamma^*$ 是 Γ^* 中内点的集合; S_Γ' 是在 Γ 中有支集的缓增广义函数的卷积代数; $H(C)$ 是管域 $T^C = \{z = x + iy :$

$x \in R^n, y \in C\}$ 中全纯函数的代数, 这些函数是广义函数 $g \in S'_\Gamma$ 的 Laplace 变换 $L[g] = (g(\xi), e^{iz \cdot \xi})$. 函数 $K_C(z) = \int_\Gamma e^{iz \cdot \xi} d\xi$ 称为管域 T^C 的 Cauchy 核. 若 $[\mathcal{K}_C(x)]^{-1} \in H(C)$, 则称开凸锐锥 C 是正则的.

下面介绍分数阶积分-微分的运算. 令 $C = \mathrm{int}\Gamma^*$ 为正则锥. 则对任意 $\alpha \in R^1$, 有 $\mathcal{K}_C^\alpha(z) = [\mathcal{K}_C^\alpha(z)]^\alpha \in H(C)$. 设 $\theta_\Gamma^\alpha(\xi) = L^{-1}[K_C^\alpha(z)](\xi)$ 是幂 $\mathcal{K}_C^\alpha(z)$ (若 $\alpha = 0$, 它是锥 Γ 的特征函数) 的 Laplace 原像. 则分数阶积分-微分算子定义为与分布 $\theta_\Gamma^\alpha(\xi)$ 的卷积. 这些算子形成了一个关于 α 的 Abel 群.

可以证明相同阶数的一维 Liouville 分数阶积分的张量积和带 Lorentz 度量的 Riesz 势是上述算子的特例.

28.8　在此之前, Gindikin [1964, 1967] 研究了另一种与 R^n 中的锥体相关的分数阶积分-微分方法 (另见 Vainberg and Gindikin [1967]). 与注记 28.7 相比, 这里的分数阶积分的阶是 "多维的". 设 V 是 R^n 中的凸锥, 不包含直线, 因此存在保持 V 的线性变换群 $G(V)$, 具有以下性质. 对所有点 x 和 $y \in V$, 存在唯一变换 $\psi \in G(V)$, 其中 $\psi(x) = y$. 如果我们固定点 $e \in V$, 则可以将群 $G(V)$ 的乘法结构转移到 V: $xy = g(x)y$, 其中 $g(x)e = x$, $g(x) \in G(V)$. 满足条件 $f(xy) = f(x)f(y)$ 的函数称为复幂函数. 每个这样的函数 f, 通过条件 $f(e) = 1$ 归一化, 有形式 $f(x) = \prod_{k=1}^l [\chi_k(x)]^{\rho_k} \stackrel{\text{def}}{=} x^\rho$, $\rho = (\rho_1, \cdots, \rho_l) \in C^l$. 数 l 称为锥 V 的秩, $\chi_k(x)$ 是点 x 的坐标的分数有理函数. 锥 V 通过不等式 $\chi_k(x) > 0$, $k = 1, \cdots, l$ 定义. 设 d_μ 是关于群 $G(V)$ 不变的测度. 它通过关系 $d_\mu = x^d dx$, $d = (d_1, \cdots, d_l) \in R^l$ 与 Euclid 测度联系. 进一步, 令 $\Gamma_V(\rho)$ 为第二类 Siegel 积分, 或锥 V 的 Γ 函数. 它可以表示为通常 Γ 函数的乘积. $\rho = (\rho_1, \cdots, \rho_l) \in C^l$ 阶 Riemann-Liouville 算子定义为

$$(\mathcal{P}_V \varphi)(x) = \frac{1}{\Gamma_V(\rho)} \int_x^\infty \varphi(y)(y - x)^{\rho+d} dy,$$

其中积分在由点 y ($y - x \in V$) 组成的锥 (x, ∞) 上进行.

Gindikin [1964] 对算子 $\mathcal{P}_V$ 进行了详细研究, 并给出了其在构造某些微分方程的基本解和求解积分几何问题中的应用. 也考虑了 Abel 方程 $\mathcal{P}_V \varphi = f$.

Gårding [1947] 早先研究了对称矩阵锥和 Hermitian 矩阵锥的情形, 在某种意义上得到了与后者相似的分析. Faraut [1987] 还考虑了对 Jordan 代数中的对称锥引入 Riesz 势的情形, 并给出了其在 Cauchy 问题中的应用.

Watanabe [1977] 的论文中也处理了与齐次锥相关的 Riemann-Liouville 算子.

我们观察到 V.S. Rabinovich [1969] 在研究卷积型多维积分方程时使用了 Riemann-Liouville 算子 $\mathcal{P}_V$, 其符号在无穷远处有一个与一些锥体相关的复幂函

数型的奇点. 这篇文章利用算子 $\mathcal{P}_V$ 构造了与 Sobolev-Slobodetskii 函数空间类似的空间. 这可应用于卷积型方程的 Noether 性质问题.

28.9 设 $A_c(b)$ 为金字塔 (28.60), $x \in R^n$, $\mathrm{k} = (\mathrm{k}_1, \cdots, \mathrm{k}_n)$ 为向量函数. 我们记 $\mathrm{k}(x) = \mathrm{k}_1(x) \cdots \mathrm{k}_n(x_n)$, 考虑比 (28.65) 更一般的 Abel 型方程

$$\int_{A_c(x)} \mathrm{k}(A \cdot (x-t))\varphi(t)dt = f(x), \quad x \in A_c(b). \tag{29.10}$$

设对于给定核 $\mathrm{k}(x)$ 存在向量函数 $l(x)$ 使得

$$\int_{\sigma(x,\tau)} l(A \cdot (x-t))\mathrm{k}(A \cdot (t-\tau))dt = 1, \tag{29.11}$$

其中 $\sigma(x,\tau)$ 是区域 (28.64). 则用与 (28.65) 中相同的方法可知, (29.10) 可解, 其唯一解为

$$\varphi(x) = \prod_{i=1}^{n} \left(\sum_{j=1}^{n} a_{ij}^{-1} \frac{\partial}{\partial x_j} \right) \int_{A_c(x)} l(A \cdot (x-t))f(t)dt$$

(Kilbas).

方程 (29.10) 是 Sonine 方程 (4.2) 的金字塔类似, 而 (29.11) 也是条件 (4.2″) 的金字塔类似.

28.10 Beatroux and Burbea [1989] 考虑了 C^n 的单位球中全纯函数 $f(z) = \sum a_k z^k$ 的 "分数阶径向微分" 算子, 定义为 $\mathbf{D}^\alpha f = \sum (|k| + 1)^\alpha a_k z^k$. 他们介绍了全纯函数的 Sobolev 型空间 $A_{q,\alpha}^p$, 它具有有限范数 $\|\mathbf{D}^\alpha f\|_{p,q}$ ($\| \ \|_{p,q}$ 表示关于测度 $(1 - \|z\|^2)^{q-1}dv(z)$ 的 L_p 范数, $q > 0$). 他们证明了关于参数 p, q, α 的嵌入定理, 并给出了 $A_{q,\alpha}^p$ 中函数的 Lipshitz 型估计. Jevtič [1989] 在更一般的 Hardy-Bergman 型空间 $H_\alpha^{p,q,\beta}$ 的背景下给出了类似结果.

28.11 在幂零群的背景下, Ricci and Stein [1989] 利用在群中解析齐次流形 V 上有支集的核的卷积, 定义了分数阶积分. 这些卷积的典例是沿着齐次曲线 $y = x^k$, $x \in R_+^1$, $k > 0$ 的分数阶积分, 或流形 V 是 R^{n+1} 中的 n 维前向光锥的情形. 他们研究了这类卷积 $L_p \to L_q$ 的有界性问题.

第六章　应用于带幂和幂对数核的第一类积分方程

本章中, 我们给出了分数阶积分和导数在第一类积分方程

$$M\varphi \equiv \int_{\Omega} \mathrm{k}(x,t)\varphi(t)dt = f(x), \quad x \in \Omega$$

中的应用, 其核 $\mathrm{k}(x,t)$ 为带有奇性的 $|x-t|^{\alpha-1}$, $0 < \alpha < 1$ 型或者更一般的 $|x-t|^{\alpha-1}\ln^m\dfrac{\gamma}{|x-t|}$ 型. 在前一种情形下分数阶积分自然出现, 后者涉及 §21 中考虑的分数阶积分的推广. 简单起见, 假设内核 $\mathrm{k}(x,t)$ 为实值函数, 右侧和未知函数可为复值函数.

在 $\mathrm{k}(x,t) = c(x,t)|x-t|^{\alpha-1}$ 的情况下, 上述方程的研究和求解基于显式挑选出分数阶积分算子的思想. 即, 通常来说方程 $M\varphi = f$ 可表示为形式 $I^{\alpha}N\varphi = f$, $N = \mathcal{D}^{\alpha}M$, 其中 I^{α} 和 $\mathcal{D}^{\alpha}$ 是形式合适的分数阶积分-微分. 在关于 $c(x,t)$ 相当弱的假设下, 经过 Abel 方程求逆后得到的方程 $N\varphi = g$, $g = \mathcal{D}^{\alpha}f$ 是第二类积分方程. 当 $c(x,t)$ 在 $t = x$ 处连续时, 它是第二类 Fredholm 方程. 若允许函数 $c(x,t)$ 在 $t = x$ 处有一个跳跃, 这种情况特别有趣并且在应用中经常出现, 但此情形证明会更加困难. 由此得到的第二类方程是奇异的. 这种方程的理论众所周知, 我们假设读者熟悉这一理论中最简单的想法和事实. 在 Gahov [1977] 和 Muskhelishvili [1968] 的著作中可以找到很好的介绍. 尽管如此, 我们还是根据本章的需要在预备小节 §30.1 中展示了这一理论的主要结果. 在某些简单的情况下 (如 §30.1 中), 我们将用最少的知识处理 §11 中考虑的奇异积分.

某些类型的奇异方程 (特别是 "控制" 方程) 是闭形式可解的, 即解可通过求积得到. 这允许我们以闭形式求得所考虑的这种第一类方程的显式解. 对于最一般的情形, 我们将得到具有定性性质的结果, 并刻画方程的可解性. 其中, 读者可以找到正规可解性判据和指数公式 (这些概念的定义见 §31.1).

我们提请读者注意与算子 M 以形式 $M = I^{\alpha}N$ 表示有关的微妙联系, 这始终是我们在研究方程时特别关注的问题. 这种表示显然假设了等式 $M = I^{\alpha}\mathcal{D}^{\alpha}M$ 成立, 但一般情况下 $I^{\alpha}\mathcal{D}^{\alpha}f \neq f$——见式 (2.60). 取可表示为 α 阶分数阶积分的函数 f (如 (2.59)) 可以保证关系 $I^{\alpha}\mathcal{D}^{\alpha}f = f$ 的有效性. 所以我们必须检查算子 M 的值域是否嵌入到分数阶积分算子 I^{α} 的值域中. 我们要时刻牢记这一点.

对于核具有幂对数奇异性的第一类方程, 研究方案是相同的. 分数阶积分用

§ 21 中考虑的算子 $I^{\alpha,m}$ 代替, 分数阶微分可通过 $I^{\alpha,m}$ 的逆算子实现为与 Volterra 函数的卷积.

§ 30 广义 Abel 积分方程

我们首先考虑广义 Abel 方程. 某种意义下, 方程在全轴上的情况会更容易. 在第一小节中, 为了方便读者, 我们给出有关奇异积分方程求解的必要预备知识.

30.1 控制奇异积分方程

方程

$$a_1(x)\varphi(x) + \frac{a_2(x)}{\pi}\int_{-\infty}^{\infty}\frac{\varphi(t)dt}{t-x} = f(x) \tag{30.1}$$

是全轴上的控制奇异积分方程. 简单起见, 我们假设系数 $a_1(x)$ 和 $a_2(x)$ 为实值函数, 右端和未知函数可为复值. 设

$$a_1(x),\ a_2(x) \in H^{\lambda}(\dot{R}^1),\quad 0 < \lambda \leqslant 1;\quad a_1^2(x) + a_2^2(x) \neq 0,\quad x \in \dot{R}^1. \tag{30.2}$$

我们记

$$G(x) = \frac{a_1(x) - ia_2(x)}{a_1(x) + ia_2(x)} = e^{i\theta(x)},\quad \theta(x) = \arg G(x). \tag{30.3}$$

整数

$$\varkappa = \frac{1}{2\pi}\int_{-\infty}^{\infty} d\arg G(x) \tag{30.4}$$

称为 (30.1) 的指标. 方程 (30.1) 是闭形式可解的, 其可解性由以下定理刻画.

定理 30.1 假设 (30.2) 满足. 如果 $\varkappa \geqslant 0$, 则方程 (30.1) 对任意右端 $f(x) \in L_p(R^1)$, $1 < p < \infty$ 在 $L_p(R^1)$ 中无条件可解, 它的通解由下式给出

$$\varphi(x) = \sum_{k=1}^{\varkappa} c_k \frac{a_2(x)Z(x)}{(x+i)^k} + \frac{a_1(x)}{A(x)}f(x) - \frac{a_2(x)Z(x)}{A(x)\pi}\int_{-\infty}^{\infty}\frac{f(t)dt}{Z(t)(t-x)}, \tag{30.5}$$

其中 c_k 是任意常数, 可能是复值, 如果 $\varkappa = 0$, 求和项省略, $A(x) = a_1^2(x) + a_2^2(x)$, 且

$$Z(x) = \left(\frac{x-i}{x+i}\right)^{-\varkappa/2}\sqrt{A(x)}e^{\gamma(x)},$$

$$\gamma(x) = \frac{1}{2\pi i}\int_{-\infty}^{\infty}\frac{\ln\left[\left(\dfrac{t-i}{t+i}\right)^{\varkappa}G(t)\right]}{t-x}dt.$$

如果 $\varkappa < 0$, (30.1) 可解当且仅当

$$\int_{-\infty}^{\infty} \frac{f(x)dx}{Z(x)(x+i)^k} = 0, \quad k = 1, \cdots, |\varkappa|. \tag{30.6}$$

我们也注意到, 如果 $a_1(x)$, $a_2(x) \in H^\lambda(\dot{R}^1)$, $0 < \lambda < 1$, 则

$$Z(x), \quad \frac{1}{Z(x)} \in H^\lambda(\dot{R}^1). \tag{30.7}$$

形式为

$$a_1(x)\psi(x) + \frac{1}{\pi} \int_{-\infty}^{\infty} \frac{a_2(t)\psi(t)}{t-x} dt = g(x) \tag{30.8}$$

的奇异方程对于 $\varkappa \geqslant 0$ 是求积可解的、无条件可解的, 其通解为

$$\psi(x) = \sum_{k=1}^{\varkappa} \frac{c_k Z(x)}{(x+i)^k} + \frac{a_1(x)}{A(x)} g(x) - \frac{Z(x)}{\pi} \int_{-\infty}^{\infty} \frac{a_2(t)g(t)dt}{Z(t)A(t)(t-x)}, \tag{30.9}$$

其中 $A(x)$ 和 $Z(x)$ 与 (30.5) 中的相同. $\varkappa < 0$ 时, (30.8) 可解的必要且充分条件是

$$\int_{-\infty}^{\infty} \frac{a_2(x)g(x)}{Z(x)(x+i)^k} dx = 0, \quad k = 1, \cdots, |\varkappa|.$$

区间上的控制奇异方程

$$a_1(x)\varphi(x) + \frac{a_2(x)}{\pi} \int_a^b \frac{\varphi(t)dt}{t-x} = f(x), \quad a < x < b \tag{30.10}$$

有更复杂的可解性图景. 与之前一样, 设

$$a_1(x), a_2(x) \in H^\lambda([a,b]); \quad a_1^2(x) + a_2^2(x) \neq 0, \quad x \in [a,b]. \tag{30.11}$$

方程 (30.10) 的解可以在区间端点处具有可积奇异性的 Hölder 函数空间 $H^* = H^*(a,b)$ 中找到 (参见定义 13.1). 这是由于 (30.10) 的解在端点处一般具有奇异性. 有时希望找到在一端或在两端都有界的解. 记

$$H = H([a,b]) = \bigcup_{\mu>0} H^\mu([a,b]) = H^* \cap C([a,b]), \tag{30.12}$$

$$H_a^* = H^* \cap C([a,b)), \quad H_b^* = H^* \cap C((a,b]). \tag{30.13}$$

我们将在空间 H^*, H_a^*, H_b^* 或 H 中寻找解.

与全轴的情况不同, (30.10) 的指标取决于解的空间. 设 $G(x) = e^{i\theta(x)}$ 为 (30.3) 中的函数 $G(x)$. 我们选择 $\arg G(x)$ 的值使得

$$0 \leqslant \theta(a) < 2\pi. \tag{30.14}$$

令

$$n_a = \begin{cases} 0, & \text{如果解在 } x \to a \text{ 时有界}, \\ 1, & \text{如果我们允许解在 } x \to a \text{ 时无界}, \end{cases}$$

n_b 可类似定义. 我们用 X 表示任意空间 H^*, H_a^*, H_b^* 或者 H. 设

$$\varkappa = \varkappa_X = \left[\frac{\theta(b)}{2\pi}\right] + n_a + n_b - 1$$

$$= \left[\frac{\theta(b)}{2\pi}\right] + \begin{cases} 1, & \text{对于空间 } H^*, \\ 0, & \text{对于空间 } H_a^* \text{ 或 } H_b^*, \\ -1, & \text{对于空间 } H \end{cases} \tag{30.15}$$

和

$$\mu_a = 1 - n_a - \frac{\theta(a)}{2\pi}, \quad \mu_b = \frac{\theta(b)}{2\pi} - \left[\frac{\theta(b)}{2\pi}\right] - n_b,$$

其中 $[\theta(b)/(2\pi)]$ 表示其整数部分. 我们强调 $\mu_a = \mu_a(X)$, $\mu_b = \mu_b(X)$ 和 $-1 < \mu_a < 1$, $-1 < \mu_b < 1$.

定理 30.2 设条件 (30.11) 和 (30.14) 满足且

$$f(x) = \frac{f_*(x)}{(x-a)^{1-\nu_a}(b-x)^{1-\nu_b}}, \quad f_*(x) \in H.$$

则 $\nu_a > \mu_a$, $\nu_b > \mu_b$, 且 $\varkappa \geqslant 0$ 时, (30.10) 在空间 X 中无条件可解, 其通解为

$$\varphi(x) = \frac{a_2(x)Z_0(x)}{A(x)}(x-a)^{\mu_a}(b-x)^{\mu_b}P_{\varkappa-1}(x) + \frac{a_1(x)f(x)}{A(x)}$$

$$- \frac{a_2(x)Z_0(x)}{\pi A(x)}\int_a^b \left(\frac{x-a}{t-a}\right)^{\mu_a}\left(\frac{b-x}{b-t}\right)^{\mu_b}\frac{f(t)dt}{Z_0(t)(t-x)}, \tag{30.16}$$

其中 $A(x)$ 与 (30.5) 中的相同, $P_{\varkappa-1}(x)$ 是系数任意的 $\varkappa - 1$ 次多项式 (如果 $\varkappa = 0$, $P_{\varkappa-1}(x) \equiv 0$),

$$Z_0(x) = \exp\left(\frac{1}{2\pi}\left[\int_a^b \frac{\theta(t)dt}{t-x} + \theta(a)\ln(x-a) - \theta(b)\ln(b-x)\right]\right) \in H. \tag{30.16'}$$

如果 $\varkappa < 0$, (30.10) 可解当且仅当

$$\int_a^b \frac{f(x)(x-a)^{k-1}dx}{Z_0(x)(x-a)^{\mu_a}(b-x)^{\mu_b}} = 0, \quad k = 1, \cdots, |\varkappa|.$$

此条件满足, 方程 (30.10) 有唯一解并由 (30.16) 给出, 其中 $P_{\varkappa-1} \equiv 0$.

30.2　全轴上的广义 Abel 方程

本小节中, 我们利用 Liouville 分数阶积分-微分 $I_{\pm}^{\alpha}$ 以闭形式有效地求解了以下第一类方程

$$M^{\alpha}\varphi \equiv u(x) \int_{-\infty}^{x} \frac{\varphi(t)dt}{(x-t)^{1-\alpha}} + v(x) \int_{x}^{\infty} \frac{\varphi(t)dt}{(t-x)^{1-\alpha}} = f(x), \tag{30.17}$$

$$\bar{M}^{\alpha}\psi \equiv \int_{-\infty}^{x} \frac{u(t)\psi(t)dt}{(x-t)^{1-\alpha}} + \int_{x}^{\infty} \frac{v(t)\psi(t)dt}{(t-x)^{1-\alpha}} = g(x). \tag{30.18}$$

方程 (30.17) 和 (30.18) 分别称为带内部和外部系数的广义 Abel 方程. 这些方程可以写为

$$M^{\alpha}\varphi \equiv \int_{-\infty}^{\infty} \frac{c_1(x) + c_2(x)\mathrm{sign}(x-t)}{|x-t|^{1-\alpha}} \varphi(t)dt = f(x), \tag{30.17'}$$

$$\bar{M}^{\alpha}\psi \equiv \int_{-\infty}^{\infty} \frac{c_1(t) + c_2(t)\mathrm{sign}(x-t)}{|x-t|^{1-\alpha}} \psi(t)dt = g(x), \tag{30.18'}$$

其中

$$c_1(x) = \frac{u(x) + v(x)}{2}, \quad c_2(x) = \frac{u(x) - v(x)}{2}. \tag{30.19}$$

根据分数阶积分算子, 显然方程 (30.17) 和 (30.18) 可改写为

$$M^{\alpha}\varphi \equiv u(x)\Gamma(\alpha)I_{+}^{\alpha}\varphi + v(x)\Gamma(\alpha)I_{-}^{\alpha}\varphi = f(x), \tag{30.20}$$

$$\bar{M}^{\alpha}\psi \equiv \Gamma(\alpha)I_{+}^{\alpha}(u\psi) + \Gamma(\alpha)I_{-}^{\alpha}(v\psi) = g(x), \tag{30.21}$$

其中 $I_{\pm}^{\alpha}$ 是分数阶积分算子 (5.2) 和 (5.3).

我们将在空间 $L_p(R^1)$, $1 < p < 1/\alpha$ 中寻找 (30.17) 和 (30.18) 的解. 关于 (30.17) 和 (30.18)——以及第一类方程——的一个主要问题如下. 在目前的情况下, 对于给定的解空间 $L_p(R^1)$, 我们如何描述 (30.17) 和 (30.18) 可容许的右端函数 $f(x)$ 和 $g(x)$? 我们将会看到值域 $M^{\alpha}(L_p)$ 和 $\bar{M}^{\alpha}(L_p)$ 与在 §6 中研究过的分数阶积分的空间 $I^{\alpha}(L_p)$ 一致或可能相差一个有限维空间.

至于系数 $u(x)$ 和 $v(x)$, 在 (30.17) 的情况下我们假设

$$u(x), v(x) \in H^\lambda(\dot{R}^1), \quad \lambda > \alpha, \tag{30.22}$$

在 (30.18) 的情况下我们假设

$$u(x), v(x) \in H^\lambda(\dot{R}^1), \quad \lambda > 0, \tag{30.23}$$

这里 $\dot{R}^1$ 是实轴加入唯一无穷点后的完备化, $H^\lambda(\dot{R}^1)$ 为 (1.6) 定义的 Hölder 空间. 我们指出, 条件 (30.22) 的产生是由于 $u(x)$ 和 $v(x)$ 的乘法需保持空间的 α 阶分数阶积分可表示性不变 (见定理 6.7).

我们假设系数 $u(x)$ 和 $v(x)$ 不同时为零:

$$u^2(x) + v^2(x) \neq 0, \quad x \in \dot{R}^1. \tag{30.24}$$

求解 (30.17) 和 (30.18) 的关键是 § 11 中建立的分数阶积分算子 $I_\pm^\alpha$ 与奇异算子 S 之间的联系.

A. 带外部系数的广义 Abel 方程的解.

将 (11.10) 应用到 (30.20), 我们有

$$M^\alpha \varphi \equiv \Gamma(\alpha)[(u + v \cos \alpha \pi) I_+^\alpha \varphi + v \sin \alpha \pi S I_+^\alpha \varphi] = f,$$

即将算子 M^α 表示为复合算子:

$$M^\alpha \varphi \equiv N_0 I_+^\alpha \varphi = f, \tag{30.25}$$

其中

$$N_0 \Phi = a_1 \Phi + a_2 S \Phi = a_1(x) \Phi(x) + \frac{a_2(x)}{\pi} \int_{-\infty}^\infty \frac{\Phi(t) dt}{t - x}, \tag{30.26}$$

$$a_1(x) = \Gamma(\alpha)[u(x) + v(x) \cos \alpha \pi], \quad a_2(x) = \Gamma(\alpha) \sin \alpha \pi v(x). \tag{30.27}$$

现在很清楚, (30.17) 的解将会以闭形式给出: 我们先用已知的结果求解形式为 (30.1) 的奇异方程

$$N_0 \Phi = f, \tag{30.28}$$

然后求 Abel 方程的逆. 在用上述方式求解这些方程时, 我们必须保证 Abel 方程 $I_+^\alpha \varphi = \Phi$ 的可解性. 即, 我们想找到解 $\varphi \in L_p$ 需假设 $f \in I^\alpha(L_p)$. 但对于这个我们不知道的 Abel 方程, 一般来说想求得它的逆, 要满足 $\Phi \in I^\alpha(L_p)$. 因此, 我们必须确保当控制奇异方程 (30.28) 的右边可表示为 α 阶分数阶积分时, 它的任意解 $\Phi(x)$ 也可以这样表示. 这将在下面的引理 30.1 中证明.

现在使用 (30.5) 中的结果求解 (30.28). 如上所述, 我们要在空间 $I^\alpha(L_p)$ 中求解这个方程. 我们将证明此方程的所有解都在空间 L_q, $q = p/(1 - \alpha p)$ 中 (由定理 5.3, $I^\alpha(L_p) \subset L_q$, $q = p/(1 - \alpha p)$), 然后证明如果 $f \in I^\alpha(L_p)$, 这些解属于 $I^\alpha(L_p)$. 由 (30.24) 和 (30.22) 知, 假设 (30.2) 满足. 则根据定义在 (30.19) 中的函数, (30.28) 的指标 $\varkappa$ (见 (30.4)) 满足

$$\varkappa = \frac{1}{\pi} \int_{-\infty}^{\infty} d \arg \left[c_1(x) + i c_2(x) \tan \frac{\alpha \pi}{2} \right]. \tag{30.29}$$

$\varkappa$ 是整数: $\varkappa = 0, \pm 1, \pm 2, \cdots$.

如果 $\varkappa \geqslant 0$, 奇异方程 (30.28) 的广义解根据 (30.5) 由以下关系给出

$$\Phi(x) = \sum_{k=1}^{\varkappa} c_k \frac{v(x) Z(x)}{(x+i)^k} + \frac{u(x) + v(x) \cos(\alpha \pi)}{\Gamma(\alpha) A(x)} f(x)$$
$$- \frac{v(x) Z(x)}{A(x)} \frac{\sin \alpha \pi}{\pi \Gamma(\alpha)} \int_{-\infty}^{\infty} \frac{f(t) dt}{Z(t)(t-x)}, \tag{30.30}$$

其中 c_k 是任意 (复) 常数,

$$A(x) = u^2(x) + 2u(x)v(x) \cos \alpha \pi + v^2(x), \tag{30.31}$$

函数 $Z(x)$ 为

$$Z(x) = \left(\frac{x-i}{x+i} \right)^{-\varkappa/2} \sqrt{A(x)} e^{\gamma(x)},$$
$$\gamma(x) = \frac{1}{2\pi i} \int_{-\infty}^{\infty} \frac{\ln \left[\left(\frac{\tau - i}{\tau + i} \right)^{-\varkappa} \frac{u(\tau) + e^{-i\alpha\pi} v(\tau)}{u(\tau) + e^{i\alpha\pi} v(\tau)} \right]}{\tau - x} d\tau. \tag{30.32}$$

如果 $\varkappa < 0$, 则可根据 (30.6) 给出 (30.26) 可解的充要条件: 右边与有限个线性无关的函数正交.

引理 30.1　设 $a_1(x), a_2(x) \in H^\lambda(\dot{R}^1)$, $\lambda > \alpha$. 如果 $f(x) \in I^\alpha(L_p)$, 则方程 $a_1 \Phi + a_2 S \Phi = f$ 的所有解 $\Phi \in L_q$, $q = p/(1 - \alpha p)$, 也都属于 $I^\alpha(L_p)$.

证明　因为 $f \in L_q(R^1)$, 则所有解均在 $L_q(R^1)$ 中且由 (30.5) 给出. 那么根据 (30.7)、定理 6.7 和定理 11.4 的推论 1, (30.5) 中的第二和第三项属于 $I^\alpha(L_p)$. 进一步, 由 (5.28) 我们有 $(x+i)^{-k} = I_+^\alpha \varphi_k$, 这里 φ_k 对每个 $p \geqslant 1$ 有 $\varphi_k(x) = \text{const}(x+i)^{-k-\alpha} \in L_p(R^1)$, $k = 1, 2, \cdots$, 所以 $(x+i)^{-k} \in I^\alpha(L_p)$, 再应用定理 6.7 有, $Z(x)v(x)(x+i)^{-k} \in I^\alpha(L_p)$. ∎

根据引理 30.1, 初始方程 (30.17) 或 (30.25) 可以通过关系

$$\varphi(x) = \mathbf{D}_+^\alpha \Phi, \quad \mathbf{D}_+^\alpha \Phi = \frac{\alpha}{\Gamma(1-\alpha)} \int_0^\infty \frac{\Phi(x) - \Phi(x-t)}{t^{1+\alpha}} dt \tag{30.33}$$

得到, 其中 $\Phi(x)$ 是函数 (30.30). Abel 方程的解 $\varphi \in L_p(R^1)$ 可利用定理 6.1 找到.

因此, 结合引理 30.1 和定理 30.1, 我们看到, 如果 $\varkappa \geqslant 0$, 则初始方程 (30.25) 对任意右端 $f \in I^\alpha(L_p)$ 可解. 这意味着如果 $\varkappa \geqslant 0$, 则 $I^\alpha(L_p) \subset M^\alpha(L_p)$. 另一方面, 根据 (6.1) 和定理 6.7, 从 (30.17) 中可直接得到 $M^\alpha(L_p) \subseteq I^\alpha(L_p)$. 所以

$$M^\alpha(L_p) = I^\alpha(L_p), \quad 如果 \quad \varkappa \geqslant 0. \tag{30.34}$$

在 $\varkappa < 0$ 的情况下, (30.34) 在 "相差有限维子空间" 意义下有效, 这是由有限个线性无关的可解性条件 (30.6) 产生的.

因此我们证明了如下定理.

定理 30.3 令假设 (30.22) 和 (30.23) 满足, $\varkappa$ 为指标 (30.29). 如果 $\varkappa \geqslant 0$, 方程 (30.17) 对于任意右端 $f(x) \in I^\alpha(L_p)$, $1 < p < 1/\alpha$, 在 $L_p(R^1)$ 中无条件可解, 其通解由 (30.33) 和 (30.30) 给出. 如果 $\varkappa < 0$, 则 (30.17) 对于且仅对于那些满足条件

$$\int_{-\infty}^\infty \frac{f(x)dx}{Z(x)(x+i)^k} = 0, \quad k = 1, \cdots, |\varkappa| \tag{30.35}$$

的右端 $f(x) \in I^\alpha(L_p)$ 可解. 如果这些条件满足, 方程有唯一解且由 (30.33) 和 (30.30) 给出, 其中 $c_k = 0$.

B. 带内部系数的广义 Abel 方程的解.

将 (11.10) 应用到 (30.21), 并结合交换性质 (11.12), 我们得到

$$\bar{M}^\alpha \equiv \Gamma(\alpha) I_+^\alpha [(u + v\cos\alpha\pi)\varphi + \sin\alpha\pi S(v\varphi)] = g,$$

即我们将算子 $\bar{M}^\alpha$ 表示为复合算子

$$\bar{M}^\alpha \varphi \equiv I_+^\alpha \bar{N}_0 \varphi = g, \tag{30.36}$$

其中

$$\bar{N}_0 \varphi = a_1 \varphi + S(a_2 \varphi) = a_1(x)\varphi(x) + \frac{1}{\pi} \int_{-\infty}^\infty \frac{a_2(t)\varphi(t)dt}{t-x}, \tag{30.37}$$

$a_1(x)$ 和 $a_2(x)$ 为系数 (30.27). 下面, 我们将先后求解 Abel 积分方程和 (30.8) 形式的奇异积分方程

$$\bar{N}_0 \varphi = \mathbf{D}_+^\alpha g, \tag{30.38}$$

这里, 假定 $g \in I^\alpha(L_p)$,

$$\mathbf{D}_+^\alpha g = \frac{\alpha}{\Gamma(1-\alpha)} \int_0^\infty \frac{g(x) - g(x-t)}{t^{1+\alpha}} dt \in L_p$$

(这里我们使用了定理 6.1). 接下来只需在 L_p 空间中求解 (30.38). 与之前外部系数的情况相比, 那时我们先求解奇异积分方程再求解 Abel 方程, 现在我们将使用相反的顺序. 因此不需要像以前那样用分数阶积分来表示奇异方程的解.

利用 (30.9) 求解 (30.38), 我们有

$$\varphi(x) = \sum_{k=1}^{\varkappa} \frac{c_k Z(x)}{(x+i)^k} + \frac{u(x) + v(x) \cos \alpha\pi}{\Gamma(\alpha) A(x)} (\mathbf{D}_+^\alpha g)(x)$$
$$- \frac{\sin \alpha\pi}{\pi \Gamma(\alpha)} Z(x) \int_{-\infty}^\infty \frac{v(t) (\mathbf{D}_+^\alpha g)(t)}{Z(t) A(t)(t-x)} dt, \tag{30.39}$$

这里 $\varkappa$ 与 (30.29) 相同, 且假设 $\varkappa \geqslant 0$. $A(x)$ 和 $Z(x)$ 是函数 (30.31) 和 (30.32).

在 $\varkappa < 0$ 的情况下, (30.38) 可解的充分必要条件为

$$\int_{-\infty}^\infty \frac{v(x)}{Z(x)} \frac{(\mathbf{D}_+^\alpha g)(x)}{(x+i)^k} dx = 0, \quad k = 1, \cdots, |\varkappa|.$$

利用分数阶分部积分公式 (5.17), 我们可以将这些正交性条件转换为

$$\int_{-\infty}^\infty g(x) \psi_k(x) dx = 0, \quad k = 1, \cdots, |\varkappa|, \tag{30.40}$$

其中

$$\psi_k(x) = \frac{d}{dx} \int_x^\infty \frac{v(t)(t+i)^{-k} dt}{(t-x)^\alpha Z(t)}.$$

为使用 (5.17), 我们需要证明 $v(t)(t+i)^{-k}/Z(t) \in I^\alpha(L_p)$. 这实际上是在引理 30.1 的证明中建立的.

由此, 我们得到以下定理.

定理 30.4 令假设 (30.23) 和 (30.24) 满足. 如果 $\varkappa \geqslant 0$, 方程 (30.18) 对于任意右端 $g(x) \in I^\alpha(L_p)$, $1 < p < 1/\alpha$, 在 $L_p(R^1)$ 中无条件可解, 其通解由 (30.39) 给出. 如果 $\varkappa < 0$, 则 (30.18) 对于满足正交性条件 (30.40) 的右端 $g(x) \in I^\alpha(L_p)$ 可解. 在此种情形方程的唯一解由 (30.39) 给出, 其中 $c_k = 0$.

30.3 区间上的广义 Abel 方程

现在我们在区间上考虑上述类型的方程:

$$u(x) \int_a^x \frac{\varphi(t)dt}{(x-t)^{1-\alpha}} + v(x) \int_x^b \frac{\varphi(t)dt}{(t-x)^{1-\alpha}} = f(x), \quad a < x < b, \tag{30.41}$$

$$\int_a^x \frac{u(t)\varphi(t)dt}{(x-t)^{1-\alpha}} + \int_x^b \frac{v(t)\varphi(t)dt}{(t-x)^{1-\alpha}} = g(x), \quad a < x < b, \tag{30.42}$$

其中 $0 < \alpha < 1$. 由于出现了此类方程的各种应用, 这种情形特别有趣——见 § 34.2 中的参考文献, 注记 30.8. 与 § 30.2 相比, 区间端点处系数的行为将对解的存在性、解的数量和奇点性质产生重要影响.

我们将以封闭形式给出 (30.41) 和 (30.42) 的完整解, 并阐明端点对方程解的影响.

我们将在端点处具有可积奇性的 Hölder 函数空间 H^* (见定义 13.1) 中寻找 (30.41) 和 (30.41) 的解. 回忆一下, 此空间由形式为

$$f(x) = \frac{\varphi^*(x)}{(x-a)^{1-\varepsilon_1}(b-x)^{1-\varepsilon_2}} \tag{30.43}$$

的函数组成, 其中 $\varepsilon_1 > 0$, $\varepsilon_2 > 0$, $\varphi^*(x)$ 是 $[a,b]$ 上的 Hölder 函数. 至于右端 $f(x)$ 和 $g(x)$, 我们假设

$$f(x), g(x) \in H_\alpha^*, \tag{30.44}$$

其中 H_α^* 是由 (13.53) 或 (13.59) 定义的空间. 定理 13.14 证明了 α 阶分数阶积分将空间 H^* 一对一地映射到 H_α^* 上.

将问题的设定与全轴情况进行比较, 我们认为解空间选择的差异是由 Hölder 空间不适用于全轴情况造成的. 这与无穷点 (虽然它们也可以使用) 的特殊性相关, 而区间 $[a,b]$ 上使用 L_p 空间不如 H^* 方便, 因为此时不易刻画右边的奇异性.

至于系数 $u(x)$ 和 $v(x)$, 我们假设

$$u(x), v(x) \in H^\lambda([a,b]), \quad \lambda > \alpha; \quad u^2(x) + v^2(x) \neq 0, \quad x \in [a,b]. \tag{30.45}$$

与 § 30.2 一样, 所使用的方法基于奇异积分构建的分数阶积分之间的关系. 在这种情况下, 将使用 (11.16)—(11.19).

A. 带外部系数的广义 Abel 方程的解. 我们根据分数阶积分 (2.17)—(2.18) 将 (30.41) 改写为

$$u(x)I_{a+}^\alpha \varphi + v(x)I_{b-}^\alpha \varphi = \frac{1}{\Gamma(\alpha)} f(x). \tag{30.46}$$

可以分别使用 (11.18) 或 (11.19) 消去 $I_{b-}^{\alpha}\varphi$ 或 $I_{a+}^{\alpha}\varphi$. 两种方式是等价的, 给出的解仅在形式上存在差异. 将式 (11.18) 的分数阶积分 $I_{b-}^{\alpha}\varphi$ 代入 (30.46), 我们得到奇异方程

$$a_1(x)\Phi(x) + \frac{a_2(x)}{\pi} \int_a^b \frac{\Phi(t)}{t-x}dt = \frac{f(x)}{(b-x)^{\alpha}}, \tag{30.47}$$

其中

$$a_1(x) = u(x) + v(x)\cos\alpha\pi, \quad a_2(x) = v(x)\sin\alpha\pi \tag{30.48}$$

和

$$\Phi(x) = \frac{1}{(b-x)^{\alpha}} \int_a^x \frac{\varphi(t)dt}{(x-t)^{1-\alpha}}. \tag{30.49}$$

因此, 我们需要先求解奇异方程 (30.47), 然后求 Abel 方程 (30.49) 的逆. 在这个过程中我们必须注意, 找到的 (30.47) 这种的解 Φ, 需保证 (30.49) 是可解的.

我们使用开曲线上奇异方程理论的已知结果 (Gahov [1977] 和 Muskhelishvili [1968]), 在我们的例子中开曲线为有限区间. 对应 § 30.1, 设

$$G(x) = \frac{a_1(x) - ia_2(x)}{a_1(x) + ia_2(x)} = \frac{u(x) + e^{-\alpha\pi i}v(x)}{u(x) + e^{\alpha\pi i}v(x)} = e^{i\theta(x)}, \tag{30.50}$$

其中 $\theta(x)$ 由条件

$$0 \leqslant \theta(a) < 2\pi \tag{30.51}$$

确定, $\varkappa$ 为整数 (30.15).

我们根据定理 30.2 并结合 (30.47) 的右端属于 H^* 的事实 (如果 $f \in H_{\alpha}^*$), 求解 (30.47). 在 $\varkappa \geqslant 0$ 的情况下我们得到

$$\int_a^x \frac{\varphi(t)dt}{(x-t)^{1-\alpha}} = \frac{a_2(x)Z_0(x)}{A(x)}(x-a)^{\mu_a}(b-x)^{\alpha+\mu_b}P_{\varkappa-1}(x) + \frac{a_1(x)}{A(x)}f(x)$$
$$- \frac{a_2(x)Z_0(x)}{\pi A(x)} \int_a^b \left(\frac{x-a}{t-a}\right)^{\mu_a} \left(\frac{b-x}{b-t}\right)^{\alpha+\mu_b} \frac{f(t)dt}{Z_0(t)(t-x)}, \tag{30.52}$$

其中 $A(x)$ 和 $Z_0(x)$ 为函数 (30.31) 和 (30.16′),

$$\mu_a = 1 - n_a - \frac{\theta(a)}{2\pi}, \quad \mu_b = \frac{\theta(b)}{2\pi} - \left[\frac{\theta(b)}{2\pi}\right] - n_b, \tag{30.53}$$

$P_{\varkappa-1}(x)$ 是带任意系数的 $\varkappa-1$ 次多项式 (在 $\varkappa = 0$ 的情况下 $P_{\varkappa-1}(x) \equiv 0$).

下面, 只需要将 (30.52) 作为关于 φ 的 Abel 方程求逆. 我们主要研究 (30.52) 的右端是否使这个方程有解. 由于我们要找到任意的解 $\varphi \in H^*$, 则需阐明 (根据定理 13.14), 如果 $f(x) \in H_{\alpha}^*$, 右端是否属于空间 H_{α}^*. 我们从下面的引理开始.

引理 30.2 假定 $\alpha - 1 < \mu_a \leqslant \alpha$ 和 $\alpha - 1 < \mu_b \leqslant \alpha$, 则加权奇异算子

$$S_{\mu_a, \mu_b} f = \frac{1}{\pi} \int_a^b \left(\frac{x-a}{t-a} \right)^{\mu_a} \left(\frac{b-x}{b-t} \right)^{\mu_b} \frac{f(t)}{t-x} dt$$

将空间 H_α^* 映射到自身之上.

证明 令 $H_0^\lambda(\varepsilon_1, \varepsilon_2)$ 为空间 (13.51). 根据定理 11.1, 如果

$$\mu_a < \lambda + \varepsilon_1 < 1 + \mu_a, \quad \mu_b < \lambda + \varepsilon_2 < 1 + \mu_b,$$

则算子 S_{μ_a, μ_b} 将 $H_0^\lambda(\varepsilon_1, \varepsilon_2)$ 映射到自身之上. 因为 H_α^* 是 $H_0^\lambda(\varepsilon_1, \varepsilon_2)$ 空间的并 (13.53), 则 $\mu_a \leqslant \alpha < 1 + \mu_a$, $\mu_b \leqslant \alpha < 1 + \mu_b$ 时, 算子 S_{μ_a, μ_b} 保持此并集不变. 此要求恰好与引理假设一致. ∎

我们现在考虑 (30.52) 的右端并回忆 $f(t) \in H_\alpha^*$. 根据定理 11.1, 我们有 $Z_0(x) \in H_0^\lambda([a,b])$. 因为乘以一个 $H^\lambda([a,b])$, $\lambda > \alpha$ 中的函数保持 H_α^* 空间不变, 假设

$$\alpha - 1 < \mu_a \leqslant \alpha, \quad \alpha - 1 < \mu_b \leqslant \alpha, \tag{30.54}$$

根据引理 30.2, 式 (30.52) 的右端属于 H_α^*. 由 (30.53), 为了满足后一个条件我们需要选择

$$n_b = 1. \tag{30.55}$$

对于前一个条件, 我们有

$$\begin{aligned} n_a &= 1, \quad \text{如果} \quad \theta(a)/(2\pi) < 1 - \alpha, \\ n_a &= 0, \quad \text{如果} \quad \theta(a)/(2\pi) \geqslant 1 - \alpha, \end{aligned} \tag{30.56}$$

并取指标 (30.15) 为

$$\varkappa = \left[\frac{\theta(b)}{2\pi} \right] + \begin{cases} 1, & \text{如果} \quad \theta(a) < (1-\alpha)2\pi, \\ 0, & \text{如果} \quad \theta(a) \geqslant (1-\alpha)2\pi \end{cases} \tag{30.57}$$

(回忆 $0 \leqslant \theta(a) < 2\pi$).

注 30.1 关系式 $\theta(a) = (1-\alpha)2\pi$ 对应于 $u(a) = 0$ 的情形.

因此, 按照 (30.55) 和 (30.56) 选择整数 n_a 和 n_b, (30.52) 的右端属于 H_α^*, 从而根据定理 13.14, (30.52) 关于 φ 可解. 对此 Abel 方程求逆, 我们得到在 $\varkappa \geqslant 0$

时广义 Abel 方程的通解:

$$\varphi(x) = \sum_{k=1}^{\varkappa} c_k \varphi_k + \frac{\sin \alpha\pi}{\pi} \frac{d}{dx} \int_a^x \frac{u(t) + v(t)\cos \alpha\pi}{A(t)} \frac{f(t)dt}{(x-t)^\alpha} - \left(\frac{\sin \alpha\pi}{\pi}\right)^2$$

$$\times \frac{d}{dx} \int_a^x \frac{v(t)Z_0(t)}{A(t)(x-t)^\alpha}dt \int_a^b \left(\frac{x-a}{s-a}\right)^{\mu_a} \left(\frac{b-x}{b-s}\right)^{\mu_b+\alpha} \frac{f(s)ds}{Z_0(s)(s-t)},$$
$$(30.58)$$

其中 c_k 是任意常数, $\varphi_k(x)$ 是对应的齐次方程的解 (在 $\varkappa = 0$ 时为零):

$$\varphi_k(x) = \frac{d}{dx} \int_a^x \frac{v(t)Z_0(t)(t-a)^{\mu_a+k-1}(b-t)^{\mu_b+\alpha}}{(x-t)^\alpha}dt, \qquad (30.59)$$

其中 $Z_0(t)$ 和 $A(t)$ 分别由 (30.16′) 和 (30.31) 给出,

$$\mu_a = \begin{cases} -\theta(a)/(2\pi), & \text{若 } 0 \leqslant \theta(a)/(2\pi) < 1-\alpha, \\ 1 - \theta(a)/(2\pi), & \text{若 } 1-\alpha \leqslant \theta(a)/(2\pi) < 1, \end{cases} \qquad (30.60)$$

$$\mu_b = \theta(b)/(2\pi) - [\theta(b)/(2\pi)] - 1.$$

通过交换积分次序, (30.58) 转换为

$$\varphi(x) = \sum_{k=1}^{\varkappa} c_k \varphi_k(x) + \frac{\sin \alpha\pi}{\pi} \frac{d}{dx} \int_a^b \mathcal{K}(x,t) f(t)dt, \qquad (30.61)$$

其中

$$\mathcal{K}(x,t) = \frac{u(t) + v(t)\cos \alpha\pi}{A(t)}(x-t)_+^{-\alpha}$$

$$+ \frac{\sin \alpha\pi}{\pi Z_0(t)} \int_a^x \left(\frac{\xi-a}{t-a}\right)^{\mu_a} \left(\frac{b-\xi}{b-t}\right)^{\alpha+\mu_b} \frac{Z_0(\xi)v(\xi)d\xi}{A(\xi)(\xi-t)(x-\xi)^\alpha}.$$

我们还可以将 (30.58) 转化为另一种不包含主值意义积分的形式. 根据 (11.16), 我们有

$$\frac{\sin \alpha\pi}{\pi} \int_a^b \left(\frac{s-a}{t-a}\right)^\alpha \frac{\varphi(s)ds}{t-s} = -\cos \alpha\pi \varphi(t) + \mathcal{D}_{a+}^\alpha I_{b-}^\alpha \varphi.$$

将此处的 α 替换为 $1-\alpha$, 我们得到奇异积分的表示如下

$$\frac{\sin \alpha\pi}{\pi} \int_a^b \frac{\varphi(s)ds}{s-t} = \cos \alpha\pi \varphi(t) + \frac{\sin \alpha\pi}{\pi} \frac{d}{dt} \int_a^t \frac{d\xi}{(t-\xi)^{1-\alpha}} \int_\xi^b \left(\frac{t-a}{\tau-a}\right)^{1-\alpha} \frac{\varphi(\tau)d\tau}{(t-\xi)^\alpha}.$$
$$(30.62)$$

将此表达式应用于 (30.58) 中最后的奇异积分项, 我们得到

$$\varphi(x) = \sum_{k=1}^{\varkappa} c_k \varphi_k + \frac{\sin \alpha \pi}{\pi} \frac{d}{dx} \int_a^x \frac{u(t)f(t)}{A(t)(x-t)^\alpha} dt$$

$$- \left(\frac{\sin \alpha \pi}{\pi} \right)^2 \frac{d}{dx} \int_a^x \frac{v(t)Z(t)dt}{A(t)(x-t)^\alpha} \frac{d}{dt} \int_a^t \frac{d\tau}{(t-\tau)^{1-\alpha}} \int_\tau^b \frac{\varphi(s)ds}{Z(s)(s-t)^\alpha},$$

$$(30.63)$$

其中

$$Z(t) = (t-a)^{1-\alpha+\mu_a} (b-t)^{\alpha+\mu_b} Z_0(t).$$

至于 $\varkappa < 0$ 的情况, 根据定理 30.2, 奇异积分 (30.47) 可解当且仅当

$$\int_a^b \frac{f(x)(x-a)^{k-1}dx}{Z_0(x)(x-a)^{\mu_a}(b-x)^{\alpha+\mu_b}} = 0, \quad k = 1, \cdots, |\varkappa|. \qquad (30.64)$$

如果条件满足, (30.47) 有唯一解, 由相同的结果关系式 (30.52) 给出, 其中省略了包含 $P_{\varkappa-1}(x)$ 的项.

此研究的最终结果在下面的定理中给出.

定理 30.5 令假设 (30.45) 满足, 设

$$\theta(x) = \arg \frac{u(x) + e^{-\alpha \pi i} v(x)}{u(x) + e^{\alpha \pi i} v(x)}, \quad 0 \leqslant \theta(a) < 2\pi,$$

且 $\varkappa$ 为整数 (30.57). 如果 $\varkappa \geqslant 0$, 特别地, 如果 $\theta(b) \geqslant 0$, 广义 Abel 方程 (30.42) 对于每个右端 $f(x) \in H_\alpha^*$ 在空间 H^* 中无条件可解. 其通解由 (30.58) 或 (30.63) 给出. 如果 $\varkappa < 0$, 方程可解当且仅当 (30.64) 中的条件满足, 并且它的唯一解由 (30.58) 或 (30.63) 给出, 其中 $c_k = 0$.

B. 带内部系数的广义 Abel 方程的解. 与全轴情形一样, 带内部系数的方程更容易求解, 因为我们先求解 Abel 方程, 再求解奇异方程.

方程 (30.42), 即

$$I_{a+}^\alpha(u\varphi) + I_{b-}^\alpha(v\varphi) = \frac{1}{\Gamma(\alpha)} g(x),$$

通过 (11.16) 可转化为

$$I_{a+}^\alpha[(u + v\cos\alpha\pi)\varphi + \sin\alpha\pi r_a^{-\alpha} S(r_a^\alpha v\varphi)] = \frac{1}{\Gamma(\alpha)} g(x).$$

对方括号中表达式的 Abel 方程求逆, 我们得到奇异方程

$$a_1(x)\psi(x) + \frac{1}{\pi}\int_a^b \frac{a_2(t)\psi(t)}{t-x}dt = g_1(x), \tag{30.65}$$

其中 $a_1(x)$ 和 $a_2(x)$ 与 (30.48) 中的相同且

$$\psi(x) = (x-a)^\alpha \varphi(x), \tag{30.66}$$

$$g_1(x) = \frac{(x-a)^\alpha}{\Gamma(\alpha)}(\mathcal{D}_{a+}^\alpha g)(x)$$

$$= \frac{\sin \alpha\pi}{\pi}(x-a)^\alpha \frac{d}{dx}\int_a^x \frac{g(t)dt}{(x-t)^\alpha}.$$

只需要求解 (30.65). 它的可解性由与上面相同的整数 $\varkappa$ 决定, 并且其解的表达式已知——Gahov [1977] 或 Muskhelishvili [1968]. 最终结果的推导留给读者.

30.4　常系数的情形

我们特别考虑广义 Abel 方程 (30.17), (30.18) 和 (30.41), (30.42) 在常系数下的情形.

A. 方程在全轴上.

如果系数 u 和 v 是常数, 则 (30.17) 的解可以避免应用变系数奇异积分方程的一般理论 (但如前所述需要与奇异积分联系) 得到. 考虑以 (30.17′) 形式给出的方程:

$$M^\alpha \varphi = \frac{1}{\Gamma(\alpha)}\int_{-\infty}^\infty \frac{c_1 + c_2\mathrm{sign}(x-t)}{|x-t|^{1-\alpha}}\varphi(t)dt = f(x), \quad x \in R^1, \tag{30.67}$$

其中 $0 < \alpha < 1$, c_1 和 c_2 为常数, $c_1^2 + c_2^2 \neq 0$. 为与逆算子对称, 取因子 $1/\Gamma(\alpha)$.

我们注意到积分 $M^\alpha \varphi$ 是 §12 中考虑的 Feller 势. 下面的定理给出了逆算子 $(M^\alpha)^{-1}$ 的显式形式. 我们强调 (30.68) 中的积分解释为 $L_p(R^1)$ 空间范数意义下的常规收敛, 并且其收敛也是几乎处处的.

定理 30.6　对于任意右端 $f(x) \in I^\alpha(L_p)$, $1 < p < 1/\alpha$, 方程 (30.67) 在 $L_p(R^1)$ 中可解并且有唯一解

$$\varphi(x) = \frac{\alpha}{A\Gamma(1-\alpha)}\int_{-\infty}^\infty \frac{c_1 + c_2\mathrm{sign}(x-t)}{|x-t|^{1+\alpha}}[f(x) - f(t)]dt$$

$$= \frac{\alpha}{A\Gamma(1-\alpha)}\int_0^\infty \frac{2c_1 f(x) - (c_1+c_2)f(x-t) - (c_1-c_2)f(x+t)}{t^{1+\alpha}}dt, \tag{30.68}$$

其中 $A = 4[c_1^2\cos^2(\alpha\pi/2) + c_2^2\sin^2(\alpha\pi/2)]$.

证明 我们有

$$M^\alpha \varphi = uI_+^\alpha \varphi + vI_-^\alpha \varphi, \quad u = c_1 + c_2, \quad v = c_1 - c_2,$$

(参见 (12.10)). 所以由分数阶积分 $I_\pm^\alpha$ 和奇异积分之间的联系 (11.10) 得到

$$M^\alpha \varphi \equiv I_+^\alpha N\varphi = f, \quad N\varphi = a_1\varphi + a_2 S\varphi, \tag{30.69}$$

其中 $a_1 = u + v\cos\alpha\pi$, $a_2 = v\sin\alpha\pi$. 由 (11.2) 有 $S^2\varphi \equiv -\varphi$, 所以带常数系数的奇异算子 N 可逆并且

$$N^{-1}\varphi = \frac{a_1}{a_1^2 + a_2^2}\varphi - \frac{a_2}{a_1^2 + a_2^2}S\varphi.$$

由定理 6.1 先对 (30.69) 中的 Abel 方程求逆, 然后对奇异算子求逆, 得到

$$\varphi = N^{-1}\mathbf{D}_+^\alpha f = \frac{1}{a_1^2 + a_2^2}(a_1\mathbf{D}_+^\alpha f - a_2 S\mathbf{D}_+^\alpha f), \tag{30.70}$$

其中 $\mathbf{D}_+^\alpha$ 是 Marchaud 分数阶导数 (5.57), (5.60). 将 (11.11′) 中的 $S\mathbf{D}_+^\alpha f$ 代入 (30.70), 我们得到

$$\varphi(x) = \frac{1}{A}[(c_1 + c_2)\mathbf{D}_+^\alpha f + (c_1 - c_2)\mathbf{D}_-^\alpha f], \tag{30.71}$$

从而得到 (30.68). ∎

我们挑出 (30.67) 的重要特例:

$$\int_{-\infty}^\infty \frac{\varphi(t)dt}{|x-t|^{1-\alpha}} = f(x), \quad \int_{-\infty}^\infty \frac{\text{sign}(x-t)}{|x-t|^{1-\alpha}}\psi(t)dt = g(x), \tag{30.72}$$

其中 $\varphi(t)$, $\psi(t) \in L_p(R^1)$, $1 < p < 1/\alpha$, $f(x)$, $g(x) \in I^\alpha(L_p)$. 根据 (30.68), 这些方程的解由以下关系式给出

$$\varphi(x) = \frac{\alpha}{2\pi}\tan\frac{\alpha\pi}{2}\int_{-\infty}^\infty \frac{f(x) - f(t)}{|x-t|^{1+\alpha}}dt, \tag{30.73}$$

$$\psi(x) = \frac{\alpha}{2\pi}\cot\frac{\alpha\pi}{2}\int_{-\infty}^\infty \frac{g(x) - g(t)}{|x-t|^{1+\alpha}}\text{sign}(x-t)dt. \tag{30.74}$$

因此我们得到了势 I^α 和 H^α 的逆, 见 (12.1), (12.2), (12.1′) 和 (12.2′). 对于充分好的函数 $f(x)$ 和 $g(x)$, 例如, 可微以及满足 $|f(x)| \leqslant c(1+|x|)^{-\nu}$, $\nu > 1-\alpha$, 这些关系式可写为

$$\varphi(x) = \frac{1}{2\pi}\tan\frac{\alpha\pi}{2}\frac{d}{dx}\int_{-\infty}^\infty \frac{\text{sign}(x-t)}{|x-t|^\alpha}f(t)dt, \tag{30.75}$$

$$\psi(x) = \frac{1}{2\pi} \cot \frac{\alpha\pi}{2} \frac{d}{dx} \int_{-\infty}^{\infty} \frac{g(t)dt}{|x-t|^\alpha}. \tag{30.76}$$

我们注意到 (30.67) 的可解性有一个关于右端 $f(x)$ 的简单充分条件, 它可以用以下形式表示

$$f(x) = \frac{f_*(x)}{(1+|x|)^\nu}, \quad f_*(x) \in H^\lambda(\dot{R}^1), \quad \lambda > \alpha, \quad \nu > \alpha. \tag{30.77}$$

则由定理 6.6 知, $f(x) \in I^\alpha(L_p)$, $1 < p < 1/\alpha$, 所以 (30.67) 在 L_p 中可解. 对于形式为 (30.77) 的函数 $f(x)$, 逆 (30.68) 可写为

$$\varphi(x) = \frac{1}{A\Gamma(1-\alpha)} \frac{d}{dx} \int_{-\infty}^{\infty} \frac{c_2 + c_1 \mathrm{sign}(x-t)}{|x-t|^\alpha} f(t)dt. \tag{30.78}$$

B. 函数在区间上.

对于方程

$$u \int_a^x \frac{\varphi(t)dt}{(x-t)^{1-\alpha}} + v \int_x^b \frac{\varphi(t)dt}{(t-x)^{1-\alpha}} = f(x), \quad a < x < b, \tag{30.79}$$

其中 $0 < \alpha < 1$, u 和 v 为常数, 我们可以从通解 (30.58) 中得到它的解. 关系式 (30.50) 给出的 $\theta(x)$ 现在是常数:

$$\theta(x) \equiv \theta = \arg \frac{u + e^{-\alpha\pi i}v}{u + e^{\alpha\pi i}v}, \quad 0 < \theta < 2\pi \tag{30.80}$$

(显然 $\theta = 0$ 当且仅当 $v = 0$).

引理 30.3   不等式 $0 < \theta < (1-\alpha)2\pi$ 和 $(1-\alpha)2\pi < \theta < 2\pi$ 分别等价于不等式 $uv < 0$ 和 $uv > 0$.

证明   由 (30.80) 我们有 $\dfrac{u}{v} = \dfrac{1 - e^{(\theta+2\pi\alpha)i}}{e^{i\theta} - 1} e^{-\alpha\pi i}$. 因为 $1 - e^{iz} = -2ie^{iz/2} \times \sin(z/2)$, 我们得到

$$\frac{u}{v} = \frac{\sin([\theta - (1-\alpha)2\pi]/2)}{\sin(\theta/2)},$$

从此式容易得到我们想要的结果. ∎

我们从引理 30.3 推出, 如果系数 u 和 v 具有相同的符号, 则由 (30.57) 中定义的 (30.79) 的指数 $\varkappa$ 等于 1, 如果 u 和 v 有不同的符号, 则指数 $\varkappa$ 等于 0.

我们由 (30.58) 得出, 在 $f(x) = 0$ 的情况下, 系数 u 和 v 符号不同的广义 Abel 方程 (30.79) 有非平凡解:

$$
\begin{aligned}
\varphi_0(x) &= \frac{d}{dx} \int_a^x (x-t)^{-\alpha}(t-a)^{-\theta/(2\pi)}(b-t)^{\alpha-1+\theta/(2\pi)}dt \\
&= \frac{d}{dx} \int_0^1 s^{-\alpha}(1-s)^{-\theta/(2\pi)}\left(s + \frac{b-x}{x-a}\right)^{\alpha-1+\theta/(2\pi)} ds \\
&= \frac{(b-a)(1-\alpha-\theta/(2\pi))}{(x-a)^2} \int_0^1 s^{-\alpha}(1-s)^{-\theta/(2\pi)}\left(s + \frac{b-x}{x-a}\right)^{\alpha-2+\theta/(2\pi)} ds.
\end{aligned}
$$

应用 (13.18), 我们得到

$$
\varphi_0(x) = \frac{\text{const}}{(x-a)^{\alpha+\theta/(2\pi)}(b-x)^{1-\theta/(2\pi)}}, \quad 0 < \theta < (1-\alpha)2\pi. \tag{30.81}
$$

结合 (30.63) 和 (30.81), 我们在下面的定理中陈述所得结论.

定理 30.7 方程 (30.79) 对于任意右端 $f(x) \in H_\alpha^*$ 在 H^* 中可解. 如果 $uv > 0$, 解是唯一的, 如果 $uv < 0$, 解包含一个任意的常数. 所有解由下式给出

$$
\varphi(x) = \frac{c}{(x-a)^{\alpha+\theta/(2\pi)}(b-x)^{1-\theta/(2\pi)}} + \frac{u}{A}\frac{\sin\alpha\pi}{\pi}\frac{d}{dx}\int_a^x \frac{f(t)dt}{(x-t)^\alpha}
$$
$$
- \frac{v}{A}\left(\frac{\sin\alpha\pi}{\pi}\right)^2 \frac{d}{dx}\int_a^x \frac{Z(t)dt}{(x-t)^\alpha}\frac{d}{dt}\int_a^t \frac{d\tau}{(t-\tau)^{1-\alpha}}\int_\tau^b \frac{f(s)ds}{Z(s)(s-\tau)^\alpha}, \tag{30.82}
$$

其中 $uv > 0$ 时 $c = 0$, $uv < 0$ 时 c 为任意常数, $A = u^2 + 2uv\cos\alpha\pi + v^2$; $uv > 0$ 时 $Z(t) = (t-a)^{2-\alpha-\theta/(2\pi)}(b-t)^{\alpha-1+\theta/(2\pi)}$, $uv < 0$ 时 $Z(t) = [(t-a)/(b-t)]^{1-\alpha-\theta/(2\pi)}$.

我们来考虑以下重要的特殊情形. Carleman 方程

$$
\int_a^b \frac{\varphi(t)dt}{|x-t|^{1-\alpha}} = f(x) \tag{30.83}
$$

吸引了许多作者的注意 (见 § 34.1 的参考文献), 它包含在 (30.79) 中 (选择 $u = v = 1$). 如果我们选择 $c = 0$ 和

$$
A = 4\cos^2\frac{\alpha\pi}{2}, \quad Z(t) = \left(\frac{b-t}{t-a}\right)^{\alpha/2}.
$$

结果 (30.82) 给出了其唯一解.

简单计算后可以证明, 当 (30.83) 的右端为

$$f(x) = (x-a)^n, \quad n = 0, 1, 2, \cdots \quad \text{和} \quad f(x) = [(x-a)(b-x)]^{(\alpha-1)/2}$$

时, 解分别为

$$\varphi(x) = \frac{n!}{\pi}(b-a)^n \sin\frac{\alpha\pi}{2}\frac{\Gamma(1-\alpha)}{\Gamma(n+1-\alpha)}\frac{\sum_{k=0}^{n}\binom{n-\alpha/2}{n-k}\left(\frac{b-x}{a-b}\right)^k}{[(x-a)(b-x)]^{\alpha/2}},$$

$$\varphi(x) = \frac{(b-a)^\alpha}{2\mathrm{B}\left(\alpha, \dfrac{1-\alpha}{2}\right)}[(x-a)(b-x)]^{-(1+\alpha)/2}.$$

Carleman 方程 (30.83) 还存在另一个逆公式:

$$\varphi(x) = \frac{\tan(\alpha\pi/2)}{2\pi}\frac{d}{dx}\int_a^b \frac{\mathrm{sign}(x-t)}{|x-t|^\alpha}f(t)dt$$

$$+ \frac{\sin^2(\alpha\pi/2)}{2\pi^2}\frac{d}{dx}\int_a^b M(x,t)[(t-a)(b-t)]^{-\alpha/2}f(t)dt, \tag{30.84}$$

其中

$$M(x,t) = \int_a^b \frac{\sqrt{(t-a)(b-t)} - \sqrt{(y-a)(b-y)}}{t-y}$$

$$\times \frac{dy}{|x-y|^\alpha[(y-a)(b-y)]^{(1-\alpha)/2}},$$

将此式与 (30.75) 比较. 我们来证明这个结果. 将等式 (30.52) 应用于所考虑的特殊情况 (30.83) 有以下形式

$$\int_a^x \frac{\varphi(t)dt}{(x-t)^{1-\alpha}} = \frac{1}{2}f(x) - \frac{1}{2\pi}\tan\frac{\alpha\pi}{2}\int_a^b \left[\frac{(x-a)(b-x)}{(t-a)(b-t)}\right]^{\alpha/2}\frac{f(t)dt}{t-x}. \tag{30.85}$$

另一方面, 因为 $\varphi(t)$ 是 (30.83) 的解, 在 (30.83) 中减去 (30.85), 我们有

$$\int_x^b \frac{\varphi(t)dt}{(t-x)^{1-\alpha}} = \frac{1}{2}f(x) + \frac{1}{2\pi}\tan\frac{\alpha\pi}{2}\int_a^b \left[\frac{(x-a)(b-x)}{(t-a)(b-t)}\right]^{\alpha/2}\frac{f(t)dt}{t-x}. \tag{30.86}$$

将 (30.85) 和 (30.86) 作为 Abel 方程求逆并将得到的结果相加, 我们得到关系式

$$2\varphi(x) = \frac{1}{\Gamma(\alpha)\cos(\alpha\pi/2)}\frac{d}{dx}\left(\cos^2\frac{\alpha\pi}{2}B^{1-\alpha}f - \sin^2\frac{\alpha\pi}{2}A^{1-\alpha}S_{-\alpha/2}f\right),$$

其中为了简洁, 使用了 (12.44), (12.45) 和 (12.48). 简单变换后我们将第二项表示为

$$A^{1-\alpha}S_{-\alpha/2}f = A^{1-\alpha}S_{(1-\alpha)/2}f + \frac{1}{2\pi\Gamma(1-\alpha)\sin\dfrac{\alpha\pi}{2}}$$

$$\times \int_a^b \frac{dt}{|t-x|^\alpha} \int_a^b \left(\left[\frac{r(t)}{r(\tau)}\right]^{\alpha/2} - \left[\frac{r(\tau)}{r(t)}\right]^{(1-\alpha)/2}\right) \frac{f(\tau)d\tau}{\tau-t},$$

其中 $r(t) = (t-a)(b-t)$. 在第一项中使用 (12.47), 然后经简单计算可以得到 (30.84).

至于另一个特殊情况

$$\int_a^b \frac{\mathrm{sign}(x-t)}{|x-t|^{1-\alpha}}\psi(t)dt = g(x), \tag{30.87}$$

与 (30.83) 不同的是对应的齐次方程存在非平凡解. (30.82) 中的结果意味着 (30.87) 的通解:

$$\psi(x) = \frac{c}{(x-a)^{(1+\alpha)/2}(b-x)^{(1+\alpha)/2}} + \frac{1}{2\pi}\cot\frac{\alpha\pi}{2}\frac{d}{dx}\int_a^x \frac{g(t)dt}{(x-t)^\alpha}$$

$$+ \frac{\cos^2\dfrac{\alpha\pi}{2}}{\pi^2}\frac{d}{dx}\int_a^x \left(\frac{t-a}{b-t}\right)^{(1-\alpha)/2}\frac{dt}{(x-t)^\alpha} \tag{30.88}$$

$$\times \frac{d}{dt}\int_a^t \frac{d\tau}{(t-\tau)^{1-\alpha}}\int_\tau^b \left(\frac{b-s}{s-a}\right)^{(1-\alpha)/2}\frac{g(s)ds}{(s-\tau)^\alpha}.$$

以下关系也是有效的

$$\psi(x) = \frac{c}{(x-a)^{(1+\alpha)/2}(b-x)^{(1+\alpha)/2}} + \frac{1}{2\pi}\cot\frac{\alpha\pi}{2}\frac{d}{dx}\int_a^b \frac{g(t)dt}{|x-t|^\alpha}$$

$$- \frac{\cos\dfrac{\alpha\pi}{2}}{2\pi^2}\frac{d}{dx}\int_a^b N(x,t)(t-a)^{(1-\alpha)/2}(b-t)^{(1-\alpha)/2}g(t)dt, \tag{30.89}$$

其中

$$N(x,t) = \int_a^b \frac{\sqrt{(t-a)(b-t)} - \sqrt{(y-a)(b-y)}}{t-y}$$

$$\times \frac{\mathrm{sign}(x-y)dy}{|x-y|^\alpha[(y-a)(b-y)]^{(1-\alpha)/2}}.$$

其推导与 (30.84) 式类似.

§31   带幂核的第一类方程的 Noether 性质

本节中, 我们将研究如下第一类方程的正规可解性问题和指数 (Noether 性质), 并给出适当解释:

$$M\varphi \equiv \int_\Omega \frac{c(x,t)}{|x-t|^{1-\alpha}} \varphi(t)dt = f(x),$$

$$x \in \Omega, \quad \Omega = [a,b], \ -\infty \leqslant a < b \leqslant \infty. \tag{31.1}$$

§30 中考虑的广义 Abel 方程是它们的特殊情况. 我们将 (31.1) 约化为等价的第二类积分方程. 后者一般是奇异的. 我们首先给出 Noether 算子理论和奇异积分方程理论中一些必要的预备知识. 然后考虑全轴 $\Omega = R^1$ 的情形, 最后处理有限区间 $\Omega = [a,b]$ 的情形, $-\infty < a < b < \infty$.

31.1   Noether 算子的预备知识

我们在此给出关于 Noether 算子的最低限度的信息, 这对于介绍 (31.1) 的可解性问题是必要的. 这些问题将在 §§ 31.2 和 31.3 中展开. 下面关于抽象 Banach 空间中算子 Noether 性质的定理, 称为 Nikol'skii-Atkinson-Gohberg 定理. Noether 算子理论的更多细节可以在 Gohberg and Krupnik [1973a] 和 S.G. Krein [1971] 的书中找到; 也见 § 34.1 中的参考文献.

设 X 和 Y 为 Banach 空间. 将所有从 X 到 Y 中有界的线性算子环记为 $[X \to Y]$.

定义 31.1   算子 A 在空间 X 中所有零元的集合

$$Z_X(A) = \{\varphi : A\varphi = 0, \varphi \in X\}$$

称为算子 $A \in [X \to Y]$ 的核.

对于伴随算子 $A^* \in [Y^* \to X^*]$, 我们类似地记为

$$Z_{Y^*}(A^*) = \{\psi : A^*\psi = 0, \psi \in Y^*\}.$$

它是 Y^* 中的子空间, 称为算子 A 的余核.

定义 31.2   算子 $A \in [X \to Y]$ 在空间 X 中称为正规可解的当且仅当它的值域 $A(X)$ 由与余核正交的元素组成

$$f = A\varphi, \quad \varphi \in X \quad \Leftrightarrow \quad (f,\psi) = 0, \quad \psi \in Z_{Y^*}(A^*).$$

定理 31.1　算子 $A \in [X \to Y]$ 在空间 X 中正规可解当且仅当它的值域 $A(X)$ 是空间 Y 中的闭集.

我们介绍下面关于核和余核维数的记号:

$$n = n_A = \dim Z_X(A), \quad m = m_A = \dim Z_{Y^*}(A^*).$$

数 m_A 称为算子 A 的亏数 (the deficiency number of the operator A). 有时数 m_A 和 n_A 都称为算子的亏数, 前者也称为算子的零度 (the nullity of the operator).

定义 31.3　如果算子 $A \in [X \to Y]$ 在空间 X 中正规可解且它的核及余核 都是有限维的: $n < \infty$, $m < \infty$, 则算子是 Noether 或 Noetherian 算子.

有序对 (n,m) 称为算子 A 的维数特征或 d-特征. 差 $\varkappa = n - m$ 称为算子指标. 我们也使用记号 $\varkappa = \varkappa_{X \to Y}(A)$, 在 $X = Y$ 的情况下记为 $\varkappa_X(A)$. 算子的指标对于小扰动是稳定的.

对于 Noether 算子, 以下结论成立.

定理 31.2　如果 $A \in [X \to Y]$ 和 $B \in [Y \to Z]$ 是 Noether 算子, 则算子 $BA \in [X \to Z]$ 也是 Noether 算子且

$$\varkappa_{X \to Z}(BA) = \varkappa_{X \to Y}(A) + \varkappa_{Y \to Z}(B).$$

定理 31.3　如果 $A \in [X \to Y]$ 是 Noether 算子且 T 是从 X 到 Y 中的全连续算子, 则算子 $A + T$ 也是 Noether 算子, 且 $\varkappa_{X \to Y}(A + T) = \varkappa_{X \to Y}(A)$.

定理 31.4　$A \in [X \to Y]$ 和 $B \in [Y \to Z]$ 是 Noether 算子当且仅当它有 左右正规化子 (regularizer) $R_l \in [Y \to X]$ 和 $R_r \in [X \to Y]$: $R_l A = E + T_1$ 和 $A R_r = E + T_2$, 其中 T_1 和 T_2 分别是 X 和 Y 中的全连续算子.

Noether 算子的常见例子是奇异积分算子 (30.1), (30.8) 和 (30.10). 我们回顾 有关这些算子 Noether 性质的已知结果, 它们将在下文中被用到.

定理 31.5　复值空间 $L_p(R^1)$, $1 < p < \infty$ 中的奇异积分算子

$$N_0 \varphi \equiv a_1(x) \varphi(x) + \frac{a_2(x)}{\pi} \int_{-\infty}^{\infty} \frac{\varphi(t) dt}{t - x} = f(x), \tag{31.2}$$

其中 $a_1(x)$, $a_2(x) \in C(\dot{R}^1)$ 为实值函数, 是 Noether 算子, 当且仅当 $a_1^2(x) + a_2^2(x) \neq 0$, $x \in \dot{R}^1$. 如果 $\varkappa \geqslant 0$, 算子 N_0 的 d-特征为 $(\varkappa, 0)$; 如果 $\varkappa \leqslant 0$, d-特征 为 $(0, |\varkappa|)$, 其中 $\varkappa$ 是整数 (30.4).

在有限区间上, 类似的算子会带一个 "正则" 项:

$$N \varphi \equiv a_1(x) \varphi(x) + \frac{a_2(x)}{\pi} \int_a^b \frac{\varphi(t) dt}{t - x} + \int_a^b \mathcal{K}(x,t) \varphi(t) dt = f(x). \tag{31.3}$$

对于区间的情况, 正规可解性条件和给出指标的关系依赖于解空间. 我们将给出两个已知的论断. 第一个论断将涉及正规可解性问题的 "经典" 背景, 即不考虑与伴随方程 $N^*\psi = 0$ 的解的正交性, 而是考虑与齐次转置方程

$$a_1(x)\psi(x) - \frac{1}{\pi}\int_a^b \frac{a_2(t)\psi(t)}{t-x}dt + \int_a^b \mathcal{K}(t,x)\psi(t)dt = 0 \tag{31.4}$$

的解的正交性. 并且 (31.3) 的解在 (a,b) 中是 Hölder 函数且在端点处有非固定阶数的可积奇点的函数空间中寻找. 第二个论断将处理如下情况: 在定义 31.3 的意义下解释 Noether 性质, 在空间 $L_p(\rho)$ 中考虑算子 (31.3), 权重函数 $\rho(x) = (x-a)^\mu(b-x)^\nu$.

已假定 (31.3) 和 (31.4) 中的系数 $a_1(x)$ 和 $a_2(x)$ 为实值. 至于核 $\mathcal{K}(x,t)$, 我们假设

$$K(x,t) = \frac{A(x,t) + B(x,t)\operatorname{sign}(x-t)}{|x-t|^{1-\varepsilon}}, \quad 0 < \varepsilon \leqslant 1,$$

其中 $A(x,t)$ 和 $B(x,t)$ 关于两个变量均为 Hölder 函数.

设 H^*, H_a^*, H_b^* 和 H 为 §30.1 中考虑的函数空间. 如 §30.1 中一样, $G(x)$ 表示

$$G(x) = \frac{a_1(x) - ia_2(x)}{a_1(x) + ia_2(x)}.$$

因为 $a_1(x)$ 和 $a_2(x)$ 是实值函数, 我们有 $G(x) = e^{i\theta(x)}$. 我们认为 $\theta(x) = \arg G(x)$ 的值是根据条件 $0 \leqslant \theta(a) < 2\pi$ 选择的, $\theta(x)$ 可延拓到其他点 $x \in (a,b)$.

定理 31.6 令 $a_1(x), a_2(x) \in H$, $a_1^2(x) + a_2^2(x) \neq 0$, $x \in [a,b]$, 且 $\theta(a) \neq 0$, $\theta(b) \neq 2\pi k$, $k = 0, \pm1, \pm2, \cdots$, 则 (31.3) 对于满足定理 30.2 假设的右端 $f(x)$ 在空间 H^*, H_a^*, H_b^* 或 H 中可解当且仅当

$$\int_a^b f(x)\psi_j(x)dx = 0, \tag{31.5}$$

其中 $\{\psi_j\}$ 分别是空间 H, H_b^*, H_a^* 或 H^* 中 (31.4) 的完全解系 (complete system of solutions). 齐次方程 (31.3) 的线性无关解的个数与 (31.5) 中给出的可解条件的个数之差等于 (30.15) 给出的指标.

定理 31.7 令 $a_1(x), a_2(x) \in C([a,b])$. 在 $L_p(\rho)$ 空间中, $1 < p < \infty$, $\rho(x) = (x-a)^\mu(b-x)^\nu$, $-1 < \mu < p-1$, $-1 < \nu < p-1$, (31.3) 是 Noether 算子当且仅当

I) $a_1^2(x) + a_2^2(x) \neq 0$, $a \leqslant x \leqslant b$;

II) $\theta(a) \neq 2\pi\dfrac{1+\mu}{p}$, $\theta(b) \neq -2\pi\dfrac{1+\mu}{p}$ (mod 2π).

这些条件满足, 算子 (31.3) 的指标等于

$$\varkappa = \left[\frac{\theta(b)}{2\pi} + \frac{1+\nu}{p}\right] + \left[\frac{1+\mu}{p} - \frac{\theta(a)}{2\pi}\right]$$

(参考 (30.15)). 在 $K(x,t) \equiv 0$ 的情形下, 算子 (31.3) 的 d-特征在 $\varkappa \geqslant 0$ 时为 $(\varkappa, 0)$, 在 $\varkappa \leqslant 0$ 时为 $(0, |\varkappa|)$.

在下面的小节中, 我们考虑有关算子 (31.3) 的 Noether 性质的问题. 方程 (31.3) 作为第一类方程一般来说不是正规可解的, 所以它的 "Noether 性" 问题需要适当地设置. 算子 M 一般不会是从某个空间 X 作用到同一空间 X 的 Noether 算子. 在 $X = L_p(R^1)$ 的情形下甚至是从 X 到 X 中无界的——见 Hardy-Littlewood 定理 (定理 5.3). 如果 mes $\Omega < \infty$, 算子 M 在 $L_p(\Omega)$ 中有界, 但不是从 $L_p(\Omega)$ 到 $L_p(\Omega)$ 中的 Noether 算子. 事实上, 如果 $M \in [L_p(\Omega) \to L_p(\Omega)]$ 是 Noether 算子, 则通过定理 31.4, 存在有界算子 R 使得 $RM = E + T$, 其中 T 在 $X = L_p(\Omega)$ 中全连续, mes $\Omega < \infty$ (在关于 $c(x,t)$ 更弱的假设下), 则恒等算子 $E = RM - T$ 在 X 中全连续, 这是不可能的.

自然产生了一个问题: 对于从 X 到 X 的非 Noether 算子 M, 是否可以构造空间 Y, 使得算子 M 是从 X 到 Y 的 Noether 算子? 这种空间的构建是为了实现 Noether 性质, 有时将这种构建称为算子的规范化.

根据 Hardy-Littlewood 定理 (定理 5.3), 带有界函数 $c(x,t)$ 的算子 M 从 $L_p(\Omega)$, $1 < p < 1/\alpha$, 到 $L_q(\Omega)$, $q = p/(1 - \alpha p)$ 中有界. 然而, 它不是从 L_p 到 L_q 的 Noether 算子. 下面我们通过 $c(x,t) \equiv 1$ 证明这一点. 对应定理 31.1 我们需证明值域 $M(L_p)$ 不是 L_q 中的闭集. 对于 $c(x,t) \equiv 1$, 根据 (30.34) 我们有 $M(L_p) = I^\alpha(L_p) \subset L_q$, 其中 $I^\alpha(L_p)$ 是分数阶积分空间. 我们回忆, $I^\alpha(L_p) \neq L_q$——见 (6.5). 例如, 由定理 6.5, 无穷次可微的有限函数属于 $I^\alpha(L_p)$, 所以 $I^\alpha(L_p)$ 空间在 L_q 中稠密, 因此它不是 L_q 中的闭集.

对于一般情况, 在 $c(x,t)$ 相当弱的假设下, 我们将证明 $M(L_p) \subseteq I^\alpha(L_p)$ 且值域 $M(L_p)$ 是 $I^\alpha(L_p)$ 中的闭集. 换言之, 我们将视算子 M 为从 L_p 到 $I^\alpha(L_p)$ 的 Noether 算子, $I^\alpha(L_p)$ 是范数为 (6.17) 的 Banach 空间.

31.2 在实轴上的方程

考虑的方程为

$$(M\varphi)(x) \equiv \int_{-\infty}^{\infty} \frac{c(x,t)}{|x-t|^{1-\alpha}} \varphi(t) dt = f(x), \quad 0 < \alpha < 1. \tag{31.6}$$

我们允许函数 $c(x,t)$ 在对角线 $t = x$ 上不连续:

$$c(x,t) = \begin{cases} u(x,t), & t < x, \\ v(x,t), & t > x, \end{cases} \tag{31.7}$$

所以

$$(M\varphi)(x) \equiv \int_{-\infty}^{x} \frac{u(x,t)\varphi(t)dt}{(x-t)^{1-\alpha}} + \int_{x}^{\infty} \frac{v(x,t)\varphi(t)dt}{(t-x)^{1-\alpha}} = f(x). \tag{31.6'}$$

在对角线连续 ($u(x,x-0) = v(x,x+0)$) 的情况下, 算子 M 将始终为 Fredholm 型, 即在相应设定下, 指标等于 0. 如果 $v(x,t) \equiv 0$, 它也会是 Fredholm 类型.

我们现在定义 (31.6) 中可容许的函数类 $u(x,t)$ 和 $v(x,t)$. 设 $R_+^2 = \{(t,x): t < x\}$, $R_-^2 = \{(t,x): t > x\}$.

定义 31.4　如果 i) $u(x,x) \in C(\dot{R}^1)$; ii) $u(x,t)$ 关于 x 是 λ ($0 < \lambda < 1$) 阶 Hölder 函数, 关于 t 是一致的:

$$|u(x_1,t) - u(x_2,t)| \leqslant A \frac{|x_1 - x_2|^\lambda}{(1+|x_1|)^\lambda (1+|x_2|)^\lambda}, \quad (x_1,t), (x_2,t) \in \bar{R}_+^2, \tag{31.8}$$

则定义在半平面 $\bar{R}_+^2$ 中的函数 $u(x,t)$ 属于类 $H_x^\lambda(\bar{R}_+^2)$.

类 $H_x^\lambda(\bar{R}_-^2)$ 可以类似定义. 写出 $c(x,t) \in H_x^\lambda(\bar{R}_\pm^2)$ 就代表 $u(x,t) \in H_x^\lambda(\bar{R}_+^2)$, $v(x,t) \in H_x^\lambda(\bar{R}_-^2)$.

我们观察到 $H_x^\lambda(\bar{R}_+^2)$ 中的函数有界, 但不一定关于 t 连续. 例如, $u(x,t) = x(1+x^2)^{-1}\mathrm{sign}\, t \in H_x^\lambda(\bar{R}_+^2)$, $\lambda = 1$.

A. 嵌入 $M(L_p) \subset I^\alpha(L_p)$, $1 < p < 1/\alpha$. 我们将算子 M 表示为

$$M\varphi = \int_{-\infty}^{x} \frac{u(t,t)\varphi(t)}{(x-t)^{1-\alpha}}dt + \int_{x}^{\infty} \frac{v(t,t)\varphi(t)}{(t-x)^{1-\alpha}}dt + \mathbf{K}_u^+ \varphi + \mathbf{K}_v^- \varphi, \tag{31.9}$$

其中

$$\mathbf{K}_u^+ \varphi = \int_{-\infty}^{x} \frac{u(x,t) - u(t,t)}{(x-t)^{1-\alpha}} \varphi(t)dt,$$
$$\mathbf{K}_v^- \varphi = \int_{x}^{\infty} \frac{v(x,t) - v(t,t)}{(t-x)^{1-\alpha}} \varphi(t)dt. \tag{31.10}$$

根据 (11.10), 我们得到

$$M\varphi = \Gamma(\alpha)I_+^\alpha N_0 \varphi + \mathbf{K}_u^+ \varphi + \mathbf{K}_v^- \varphi, \tag{31.11}$$

其中

$$N_0\varphi = [u(x,x) + v(x,x)\cos\alpha\pi]\varphi(x) + \frac{\sin\alpha\pi}{\pi}\int_{-\infty}^{\infty}\frac{v(t,t)\varphi(t)dt}{t-x}. \tag{31.12}$$

定理 31.8 如果 $c(x,t) \in H_x^\lambda(\bar{R}_\pm^2)$, $\lambda > \alpha$, 则 $M(L_p) \subseteq I^\alpha(L_p)$ 且

$$\|M\varphi\|_{I^\alpha(L_p)} \leqslant c\|\varphi\|_p, \quad 1 < p < 1/\alpha. \tag{31.13}$$

证明 根据 (31.12) 和 $L_p(R^1)$ 中奇异算子的有界性 (见定理 11.2), 只需给出定理关于 $\mathbf{K}_u^+\varphi$ 和 $\mathbf{K}_v^-\varphi$ 的证明. 我们使用定理 6.2. 因为 $u(x,t)$ 有界, 由 Hardy-Littlewood 定理 5.3, 我们得到 $\mathbf{K}_u^+\varphi \in L_q$. 为了验证条件 (6.19), 我们使用关系式

$$(\mathbf{K}_u^+\varphi)(x) - (\mathbf{K}_u^+\varphi)(x-t)$$
$$= \int_0^\infty \frac{u(x,x-t-s) - u(x-t,x-t-s)}{s^{1-\alpha}}\varphi(x-t-s)ds \tag{31.14}$$
$$+ t^\alpha \int_0^\infty [u(x,x-ts) - u(x-ts,x-ts)]k(s)\varphi(x-ts)ds,$$

其中 k(s) 为函数 (6.10). 我们来证明 (31.14). 对于 $f(x) = \mathbf{K}_u^+\varphi$, 我们有 $f(x) = \int_0^\infty [u(x,x-s) - u(x-s,x-s)]s^{\alpha-1}\varphi(x-s)ds$, 所以

$$f(x) - f(x-t)$$
$$= t^\alpha \int_{-1}^\infty [u(x,x-t-st) - u(x-t-st,x-t-st)](s+1)^{\alpha-1}\varphi(x-t-st)ds$$
$$- t^\alpha \int_0^\infty [u(x-t,x-t-st) - u(x-t-st,x-t-st)]s^{\alpha-1}\varphi(x-t-st)ds$$
$$= \int_0^\infty [u(x,x-t-s) - u(x-t,x-t-s)]s^{\alpha-1}\varphi(x-t-s)ds$$
$$+ t^\alpha \int_{-1}^\infty k(s+1)[u(x,x-t-ts) - u(x-t-st,,x-t-ts)]\varphi(x-t-ts)ds,$$

由此得到 (31.14). 通过此结果

$$\mathbf{D}_{+,\varepsilon}^\alpha \mathbf{K}_u^+\varphi$$
$$= \frac{\alpha}{\Gamma(1-\alpha)}\int_\varepsilon^\infty \frac{dt}{t^{1+\alpha}}\int_0^\infty \frac{u(x,x-t-s) - u(x-t,x-t-s)}{s^{1-\alpha}}\varphi(x-t-s)ds$$

$$+ \frac{\alpha}{\Gamma(1-\alpha)} \int_\varepsilon^\infty \frac{dt}{t} \int_0^\infty [u(x,x-ts) - u(x-ts,x-ts)]k(s)\varphi(x-ts)ds$$

$$= A_\varepsilon(x) + B_\varepsilon(x). \tag{31.15}$$

根据 (31.8),

$$|A_\varepsilon(x)| \leqslant \frac{c}{(1+|x|)^\lambda} \int_0^\infty \frac{g(x-t)dt}{t^{1+\alpha-\lambda}(1+|x-t|)^\lambda}, \quad g(x) = \int_0^\infty \frac{|\varphi(x-s)|ds}{s^{1-\alpha}},$$
$$\tag{31.16}$$

这里 $g(x) \in L_q(R^1)$, $q = p/(1-\alpha p)$. 由定理 5.3 得

$$\|A_\varepsilon\|_p \leqslant c \int_0^\infty t^{\lambda-\alpha-1} dt \left(\int_{-\infty}^\infty (1+|x|)^{-\lambda p}(1+|x-t|)^{-\lambda p}|g(x)|^p dx \right)^{1/p}$$

$$\leqslant c\|g\|_q \int_0^\infty t^{\lambda-\alpha-1} dt \left(\int_{-\infty}^\infty (1+|x|)^{-\lambda/\alpha}(1+|x-t|)^{-\lambda/\alpha} dx \right)^\alpha. \tag{31.17}$$

根据 (6.32), 内积分由 $c(1+t)^{-\lambda/\alpha}$ 控制, 所以 $\|A_\varepsilon\|_p \leqslant c\|\varphi\|_p \int_0^\infty (1+t)^{-\lambda} t^{\lambda-\alpha-1} dt$
$= c_1\|\varphi\|_p$.

对于 $B_\varepsilon(x)$, 我们有

$$B_\varepsilon(x) = \frac{\alpha}{\Gamma(1-\alpha)} \int_0^\infty k(s)ds \int_{\varepsilon s}^\infty \frac{u(x,x-t) - u(x-t,x-t)}{t} \varphi(x-t)dt,$$

或根据 (6.11),

$$B_\varepsilon(x) = -\frac{\alpha}{\Gamma(1-\alpha)} \int_0^\infty k(s)ds \int_0^{\varepsilon s} \frac{u(x,x-t) - u(x-t,x-t)}{t} \varphi(x-t)dt$$

$$= -\frac{\alpha}{\Gamma(1-\alpha)} \int_0^\varepsilon \frac{dt}{t} \int_0^\infty k(s)[u(x,x-ts) - u(x-ts,x-ts)]\varphi(x-ts)ds.$$

因此

$$|B_\varepsilon(x)| \leqslant c \int_0^\varepsilon \frac{dt}{t^{1-\lambda}} \int_0^\infty \frac{s^\lambda|k(s)\varphi(x-ts)|ds}{(1+|x|)^\lambda(1+|x-ts|)^\lambda},$$

应用 Minkowsky 不等式, 我们得到

$$\|B_\varepsilon\|_p \leqslant c \int_0^\varepsilon \frac{dt}{t^{1-\lambda}} \int_0^\infty s^\lambda|k(s)|ds \left\{ \int_{-\infty}^\infty \frac{|\varphi(x)|^p dx}{(1+|x|)^{\lambda p}(1+|x+ts|)^{\lambda p}} \right\}^{1/p}.$$
$$\tag{31.18}$$

不等式

$$\int_{-\infty}^{\infty} \frac{|\psi(x)|dx}{(1+|x|)^a(1+|x-h|)^a} \leqslant \frac{1+2^a}{(1+|h|)^a}\|\psi\|_1, \quad a > 0 \tag{31.19}$$

成立. 事实上, 设 $h > 0$, 因为 $h < 0$ 可通过变换 $x = -y$ 简化为前一种情况. 将 (31.19) 的左端记为 $J(h)$, 我们有

$$J(h) \leqslant \int_0^{\infty} \frac{|\psi(-x)|dx}{(1+x)^a(1+x+h)^a} + \left(\int_0^{h/2} + \int_{h/2}^{\infty}\right) \frac{|\psi(x)|dx}{(1+x)^a(1+|x-h|)^a}$$

$$\leqslant (1+h)^{-a}\|\psi\|_1 + \int_0^{h/2}(1+h-x)^{-a}|\psi(x)|dx + \int_{h/2}^{\infty}(1+x)^{-a}|\psi(x)|dx$$

$$\leqslant (1+h)^{-a}\|\psi\|_1 + \left(1 + \frac{h}{2}\right)^{-a}\|\psi\|_1,$$

从而得到了 (31.19). 由 (31.19), 我们可以从 (31.18) 中推出

$$\|B_\varepsilon\|_p \leqslant c\|\varphi\|_p \int_0^\varepsilon t^{\lambda-1}dt \int_0^\infty s^\lambda|\mathrm{k}(s)|(1+ts)^{-\lambda}ds.$$

内部积分的估计如下:

$$\tilde{J}(t) = \int_0^\infty s^\lambda|\mathrm{k}(s)|(1+ts)^{-\lambda}ds \leqslant ct^{-\alpha}, \quad t \to 0. \tag{31.20}$$

事实上, 因为对于 $s \geqslant 1$, $|\mathrm{k}(s)| \leqslant cs^{\alpha-2}$, 我们有

$$\tilde{J}(t) \leqslant c + c\int_1^\infty s^{\lambda+\alpha-2}(1+ts)^{-\lambda}ds$$

$$= c + c\int_0^1 \xi^{-\alpha}(\xi+t)^{-\lambda}d\xi$$

$$= c + ct^{1-\lambda-\alpha}\int_0^{1/t}\xi^{-\alpha}(1+\xi)^{-\lambda}d\xi \leqslant ct^{-\alpha}.$$

由 (31.20),

$$\|B_\varepsilon\|_p \leqslant c\varepsilon^{\lambda-\alpha}\|\varphi\|_p, \tag{31.21}$$

从而根据 (31.15), 有 $\|\mathbf{D}_{+,\varepsilon}^\alpha\mathbf{K}_u^+\varphi\|_p \leqslant c\|\varphi\|_p$.

因为 $(\mathbf{K}_v^-\varphi)(x) = (\mathbf{K}_{v^*}^+\varphi^*)(-x)$, $v^*(x,t) = v(-x,-t)$ 和 $\varphi^*(t) = \varphi(-t)$, 相同的估计对于 $\mathbf{D}_{+,\varepsilon}^\alpha\mathbf{K}_v^-\varphi$ 也有效. 根据定理 6.2, 此定理证得. ∎

B. 由复合算子 $I_+^\alpha N$ 表示的势型算子 $M = I_+^\alpha N$.

如果分数阶积分右端的值域为 $I^\alpha(L_p)$, 即 $I_+^\alpha \mathbf{D}_+^\alpha f \equiv f$, $f \in I^\alpha(L_p)$, 则定理 6.1 允许我们通过分数阶微分对分数阶积分的右端求逆. 因此根据在定理 31.8 中得到的嵌入 $M(L_p) \subseteq I^\alpha(L_p)$ 可以写出

$$M\varphi \equiv I_+^\alpha N\varphi, \quad N = \mathbf{D}_+^\alpha M, \quad \varphi \in L_p, \quad 1 < p < 1/\alpha. \tag{31.22}$$

下面的引理给出了算子 N 的显式表达.

引理 31.1 在定理 31.8 的假设下, 算子 $N = \mathbf{D}_+^\alpha M$ 有以下形式, 其中 M 是 (31.6) 中给出的算子

$$N = \Gamma(\alpha)N_0 + T, \tag{31.23}$$

其中 N_0 是 (31.12) 中给出的算子,

$$T\varphi = T_u^+ \varphi + \cos\alpha\pi T_v^- \varphi + \sin\alpha\pi S T_v^- \varphi, \tag{31.24}$$

这里

$$T_u^+\varphi = \frac{\alpha}{\Gamma(1-\alpha)} \int_0^\infty \frac{dt}{t^{1+\alpha}} \int_0^\infty \frac{u(x,x-t-s) - u(x-t,x-t-s)}{s^{1-\alpha}} \varphi(x-t-s)ds, \tag{31.25}$$

$$T_v^-\varphi = \frac{\alpha}{\Gamma(1-\alpha)} \int_0^\infty \frac{dt}{t^{1+\alpha}} \int_0^\infty \frac{v(x,x+t+s) - v(x+t,x+t+s)}{s^{1-\alpha}} \varphi(x+t+s)ds. \tag{31.26}$$

算子 T_u^+ 和 T_v^- 也可以表示为

$$T_u^+\varphi = \frac{\alpha}{\Gamma(1-\alpha)} \int_{-\infty}^x T_u^+(x,\tau)\varphi(\tau)d\tau,$$

$$T_v^-\varphi = \frac{\alpha}{\Gamma(1-\alpha)} \int_x^\infty T_v^-(x,\tau)\varphi(\tau)d\tau, \tag{31.27}$$

其中

$$T_u^+(x,\tau) = \int_\tau^x \frac{u(x,\tau) - u(t,\tau)}{(x-t)^{1+\alpha}(t-\tau)^{1-\alpha}} dt$$

$$= \frac{1}{x-\tau} \int_0^1 \frac{u(x,\tau) - u[\tau+s(x-\tau),\tau]}{s^{1-\alpha}(1-s)^{1+\alpha}} ds,$$

$$T_v^-(x,\tau) = \int_x^\tau \frac{v(x,\tau) - v(x,t)}{(t-x)^{1+\alpha}(\tau-t)^{1-\alpha}} dt$$

$$= \frac{1}{\tau-x} \int_0^1 \frac{v(x,\tau) - v[x,x+s(\tau-x)]}{s^{1+\alpha}(1-s)^{1-\alpha}} ds. \tag{31.28}$$

证明 从 (31.11) 中我们得到 $\mathbf{D}_+^\alpha M\varphi = \Gamma(\alpha)N_0\varphi + \mathbf{D}_+^\alpha \mathbf{K}_u^+\varphi + \mathbf{D}_+^\alpha \mathbf{K}_v^-\varphi$, 所以 $T = \mathbf{D}_+^\alpha \mathbf{K}_u^+ + \mathbf{D}_+^\alpha \mathbf{K}_v^-$. 由 (11.10) 我们推出, 对于 $f \in I^\alpha(L_p)$,

$$\mathbf{D}_+^\alpha f = \cos\alpha\pi \mathbf{D}_-^\alpha f + \sin\alpha\pi S\mathbf{D}_-^\alpha f. \tag{31.29}$$

根据定理 31.8, $\mathbf{K}_v^-\varphi \in I^\alpha(L_p)$, 则利用 (31.29) 经简单变换后我们得到 (31.24).

进一步, 在 (31.15) 中取极限 $\varepsilon \to 0$, 并结合 (31.21), 我们得到

$$\mathbf{D}_+^\alpha \mathbf{K}_u^+\varphi = \frac{\alpha}{\Gamma(1-\alpha)} \int_0^\infty \frac{dt}{t^{1+\alpha}} \int_0^\infty \frac{u(x,x-t-s) - u(x-t,x-t-s)}{s^{1-\alpha}}\varphi(x-t-s)ds$$

$$+ \frac{\alpha}{\Gamma(1-\alpha)} \int_0^\infty \mathrm{k}(s)ds \int_0^\infty \frac{u(x,x-t) - u(x-t,x-t)}{t}\varphi(x-t)dt. \tag{31.30}$$

如果极限在 L_p 范数意义下, 那么容易证明这里取极限的运算是合理的. 不难证明 (31.23) 中的积分不仅在 L_p 范数收敛的意义下存在, 也关于 x 在通常意义下几乎处处存在.

根据 (6.11), 得 (31.30) 的第二项恒为零. 显然, 表达式 (31.26) 可以通过对称性推导出来. 表达式 (31.27) 和 (31.29) 可以通过简单的变换得到. ∎

注 31.1 从定理 31.8 可以得到, 如果 $1 < p < 1/\alpha$, (31.23) 中的算子 T 至少在 $L_p(R^1)$ 中有界. 将在下面证明, 此算子在 $L_p(R^1)$ 中全连续. 根据 (31.8), 可以从 (31.28) 中观察到, 核 (31.28) 有估计

$$|T_u^+(x,\tau)| \leqslant \frac{c(x-\tau)^{\lambda-1}}{(1+|x|)^\lambda}, \quad |T_v^-(x,\tau)| \leqslant \frac{c(\tau-x)^{\lambda-1}}{(1+|x|)^\lambda},$$

其中 c 为常数.

C. 算子 M 的 Noether 性质.

前面的考虑为得到 (31.6) 的 Noether 性质铺平了道路. 设 $c(x,t)$ 为 (31.7).

定理 31.9 设 $c(x,t) \in H_x^\lambda(\bar{R}_\pm^2)$, $\lambda > \alpha$. 算子 M 是从 $L_p(R^1)$ 空间映入到 $I^\alpha(L_p)$ 空间的 Noether 算子, $1 < p < 1/\alpha$, 当且仅当

$$u^2(x,x) + v^2(x,x) \neq 0, \quad x \in \dot{R}^1. \tag{31.31}$$

在此条件下算子 M 的指标等价于

$$\varkappa_{L_p \to I^\alpha(L_p)}(M) = \frac{1}{\pi} \int_{-\infty}^\infty d\arg\left\{c_1(x) + ic_2(x)\tan\frac{\alpha\pi}{2}\right\}, \tag{31.32}$$

其中 $c_1(x) = u(x,x) + v(x,x)$, $c_2(x) = u(x,x) - v(x,x)$.

证明　因为 $\lambda > \alpha$, 根据定理 31.8, 嵌入 $M(L_p) \subseteq I^\alpha(L_p)$ 和 (31.22) 表达式成立. 基本论断表明, M 是从 L_p 到 $I^\alpha(L_p)$ 的 Noether 算子等价于 N 是从 L_p 到 L_p 的 Noether 算子. 由定理 31.5 可知, 条件 (31.31) 是 N_0 为 Noether 算子的充要条件, 在此条件下算子 N_0 的指数等于整数 (31.25). 因此, 根据定理 31.3, 只需说明算子 T 在 $L_p(R^1)$ 中全连续. 由于有界和连续算子的复合仍为全连续算子, 通过 (31.24) 以及算子 T_u^+ 和 T_v^- 的相似性, 我们发现只需证明算子 T_u^+ 的全连续性. 我们在下面的引理中单独地给出这一结论.

引理 31.2　如果 $u(x,t) \in H_x^\lambda(\bar{R}_+^2), \lambda > \alpha$, 则算子 T_u^+ 在 $L_p(R^1), 1 < p < 1/\alpha$ 中全连续.

证明　我们检验 Riesz 准则

$$\|(T_u^+\varphi)(x+\delta) - (T_u^+\varphi)(x)\|_p \leqslant \xi(\delta)\|\varphi\|_p, \quad \xi(\delta) \xrightarrow[\delta \to 0]{} 0, \tag{31.33}$$

$$\left(\int_{|x|>N} |(T_u^+\varphi)(x)|^p dx\right)^{1/p} \leqslant \eta(N)\|\varphi\|_p, \quad \eta(N) \xrightarrow[N \to \infty]{} 0, \tag{31.34}$$

它可以保证 (见 Dunford and Schwartz [1962, p. 324]) 算子 T_u^+ 的全连续性. 我们观察到, (31.27) 和 (31.28) 中给出的算子 T_u^+ 的表示很适合检验 (31.33), 而 (31.25) 则与 (31.34) 很匹配.

我们记 $F(x) = (T_u^+\varphi)(x)$. 由 (31.27), 我们有

$$\begin{aligned}
F(x+\delta) - F(x) &= \int_x^{x+\delta} T_u^+(x+\delta, \tau)\varphi(\tau)d\tau \\
&\quad + \int_{-\infty}^x [T_u^+(x+\delta, \tau) - T_u^+(x, \tau)]\varphi(\tau)d\tau \\
&= \Delta_1 + \Delta_2.
\end{aligned}$$

鉴于 (31.8), δ_1 的估计很简单:

$$\begin{aligned}
\|\Delta_1\|_p &\leqslant \int_0^\delta d\tau \left\{\int_{-\infty}^\infty |T_u^+(x-\tau+\delta, x)\varphi(x)|^p dx\right\}^{1/p} \\
&\leqslant c\int_0^\delta (\delta-\tau)^{\lambda-1}d\tau\|\varphi\|_p = \frac{c}{\lambda}\delta^\lambda\|\varphi\|_p.
\end{aligned} \tag{31.35}$$

进一步,

$$\|\Delta_2\|_p \leqslant \int_0^\infty d\tau \left\{\int_{-\infty}^\infty |T_u^+(x+\tau+\delta, x) - T_u^+(x+\tau, x)|^p |\varphi(x)|^p dx\right\}^{1/p}.$$

我们将 $T_u^+(x + \tau + \delta, x) - T_u^+(x + \tau, x)$ 表示为 $A_1 + A_2 + A_3$, 其中

$$A_1 = \int_x^{x+\tau} \frac{u(x + \tau + \delta, x) - u(x + \tau, x)}{(x + \tau + \delta - t)^{1+\alpha}(t - x)^{1-\alpha}} dt,$$

$$A_2 = \int_{x+\tau}^{x+\tau+\delta} \frac{u(x + \tau + \delta, x) - u(t, x)}{(x + \tau + \delta - t)^{1+\alpha}(t - x)^{1-\alpha}} dt,$$

$$A_3 = \int_x^{x+\tau} [(x + \tau + \delta - t)^{-1-\alpha} - (x + \tau - t)^{-1-\alpha}] \frac{u(x + \tau, x) - u(t, x)}{(t - x)^{1-\alpha}} dt.$$

我们先来估计 A_1:

$$|A_1| \leqslant \frac{c\delta^\lambda \tau^\alpha}{(1 + |x + \tau|)^\lambda} \int_0^1 \frac{ds}{s^{1-\alpha}[\delta + \tau(1 - s)]^{1+\alpha}}$$
$$= c_1 \frac{\delta^{\lambda-\alpha} \tau^\alpha}{(1 + |x + \tau|)^\lambda(\delta + \tau)},$$

其中使用了 (13.18). 因此

$$|A_1| \leqslant c_1 \frac{\delta^{\lambda-\alpha}}{(1 + |x + \tau|)^\lambda \tau^{1-\alpha}}. \tag{31.36}$$

也可以类似地对 A_2 进行估计, 其结果与 (31.36) 一致. 进一步, 对 A_3 使用中值定理, 我们有

$$|A_3| \leqslant \frac{c\delta}{(1 + |x + \tau|)^\lambda \tau^{2-\lambda}} \int_0^1 \frac{(1 - s + \xi)^\alpha ds}{s^{1-\alpha}(1 - s)^{1+\alpha-\lambda}(1 - s + \delta/\tau)^{1+\alpha}},$$

其中 $0 < \xi < \delta/\tau$, 所以

$$|A_3| \leqslant \frac{c\delta}{(1 + |x + \tau|)^\lambda \tau^{2-\lambda}} \int_0^1 \frac{s^{\alpha-1}(1 - s)^{\lambda-1-\alpha} ds}{(1 - s + \delta/\tau)^{1-\varepsilon}(1 - s + \delta/\tau)^\varepsilon}$$
$$\leqslant \frac{c_1 \delta^\varepsilon}{(1 + |x + \tau|)^\lambda \tau^{1-\lambda+\varepsilon}},$$

其中 $c_1 = c_1(\varepsilon)$, $0 < \varepsilon < \lambda - \alpha$. 根据 A_1, A_2 和 A_3 的估计, 我们有

$$\|\Delta_2\|_p \leqslant c\delta^\varepsilon \int_0^\infty \frac{a(\tau)d\tau}{\tau^{1-\lambda+\varepsilon}} + c\delta^{\lambda-\alpha} \int_0^\infty \frac{a(\tau)d\tau}{\tau^{1-\alpha}}, \tag{31.37}$$

其中 $a(\tau) = \left\{ \int_{-\infty}^{\infty} (1 + |x + \tau|)^{-\lambda p} |\varphi(x)|^p dx \right\}^{1/p}$. 显然, $0 \leqslant a(\tau) \leqslant \|\varphi\|_p$ 并且 $q > \max(p, 1/\lambda)$ 时容易证明 $\|a\|_q \leqslant \mathrm{k}\|\varphi\|_p$, 其中 $\mathrm{k} = \mathrm{k}(q)$. 假设函数 $a(\tau)$ 的可积阶数 q 在 $\max(p, 1/\lambda) < q < 1/(\lambda - \varepsilon)$ 限制范围内, 则在 $\tau > 1$ 的情况下应用 Hölder 不等式可知, (31.37) 中的积分有限且有估计 $\int_{0}^{\infty} \tau^{-\nu} a(\tau) d\tau \leqslant c\|\varphi\|_p$, 其中 $\nu = 1 - \lambda + \varepsilon$ 或 $\nu = 1 - \alpha$ 且 $c = c(\lambda, \varepsilon, \alpha, p)$. 可积阶数 q 的限制使得下面 ε 的选择总是可能的, 即 $\max(0, \lambda - 1/p) < \varepsilon < \lambda - \alpha$. 因此 (31.35) 和 (31.37) 意味着不等式 $\|F(x + \delta) - F(x)\|_p \leqslant c\delta^\varepsilon \|\varphi\|_p$ 成立, 所以 (31.33) 满足.

现在我们来证明 (31.34). 利用 (31.25), 我们得到

$$|(T_u^+ \varphi)(x)| \leqslant \frac{c}{(1 + |x|)^\lambda} \int_0^\infty \frac{dt}{t^{1+\alpha-\lambda}(1 + |x - t|)^\lambda} \int_0^\infty \frac{|\varphi(x - t - s)|}{s^{1-\alpha}} ds.$$

设 $g(x)$ 与 (31.16) 中的相同. 用与 (31.16) 和 (31.17) 中相同的估计, 我们有

$$\left(\int_{|x|>N} |T_u^+ \varphi|^p dx \right)^{1/p} \leqslant c\|g\|_q \int_0^\infty \frac{dt}{t^{1+\alpha-\lambda}} \left(\int_{|x|>N} \frac{dx}{[(1+|x|)(1+|x-t|)]^{\lambda/\alpha}} \right)^\alpha$$

$$\leqslant c_1 \|\varphi\|_p \frac{1}{(N+1)^\varepsilon} \int_0^\infty \frac{dt}{t^{1+\alpha-\lambda}} \left(\int_{|x|>N} \frac{dx}{(1+|x|)^{(\lambda-\varepsilon)/\alpha}(1+|x-t|)^{\lambda/\alpha}} \right)^\alpha,$$

这里 $\varepsilon > 0$. 我们选择 $\varepsilon < \alpha$ 和 $\varepsilon < \lambda - \alpha$, 则可根据 (6.32) 估计内部积分, 所以

$$\left(\int_{|x|>N} |T_u^+ \varphi|^p dx \right)^{1/p} \leqslant \frac{c_1 \|\varphi\|_p}{(N+1)^\varepsilon} \int_0^\infty \frac{t^{\lambda-\alpha-1} dt}{(1+t)^{\lambda-\varepsilon}} = \frac{c_2}{(N+1)^\varepsilon} \|\varphi\|_p,$$

这就完成了引理的证明, 从而也完成了定理 31.9 的证明. ∎

因此, 根据 (31.22), 方程 (31.6) 可以约化为第二类方程

$$N\varphi \equiv \Gamma(\alpha)[u(x,x) + v(x,x)\cos\alpha\pi]\varphi(x) + \frac{\sin\alpha\pi}{\pi} \int_{-\infty}^{\infty} \frac{v(t,t)}{t-x}\varphi(t)dt \tag{31.38}$$

$$+ T\varphi = \mathbf{D}_+^\alpha f,$$

其中 T 为全连续算子. 由定理 31.6 得到如下推论.

推论　设 $u^2(x,x) + v^2(x,x) \neq 0$, $x \in \dot{R}^1$. 方程 (31.6) 对于右端 $f(x) \in I^\alpha(L_p)$, $1 < p < 1/\alpha$ 在 L_p 中可解, 当且仅当

$$\int_{-\infty}^{\infty} \psi_j(x)(\mathbf{D}_+^\alpha f)(x)dx = 0, \quad j = 1, \cdots, m,$$

其中 $\psi_j(x)$ 是齐次奇异方程, 即 (31.38) 的伴随方程, $N^*\psi = 0$ 的线性独立完全解系.

D. 势型算子的正则化.

在本小节的最后, 我们考虑 (31.6) 的正则化问题, 即将其约化为 Fredholm 方程, 而不是奇异方程. 我们的目标是根据定理 31.4 以显式形式有效地构造算子 M 的正规化子. 此正规化子为算子

$$Rf = \frac{\alpha \sin \alpha \pi}{\pi A(x)} \int_{-\infty}^{\infty} \frac{c_0(x,t)}{|x-t|^{1+\alpha}}[f(x) - f(t)]dt, \tag{31.39}$$

其中

$$A(x) = u^2(x,x) + 2u(x,x)v(x,x)\cos \alpha \pi + v^2(x,x),$$

$$c_0(x,t) = \begin{cases} u(x,x), & t < x, \\ v(x,x), & t > x. \end{cases}$$

定理 31.10 设 $c(x,t) \in H_x^\lambda(\bar{R}_\pm^2)$, 且 $u(x,x), v(x,x) \in H^\lambda(\dot{R}^1)$, $\lambda > \alpha$. 如果 $u^2(x,x) + v^2(x,x) \neq 0$, $x \in \dot{R}^1$, 则算子 (31.39) 是算子 (31.6) 的正规化子:

$$RM\varphi = \varphi + T'\varphi, \quad MRf = f + T''f, \tag{31.40}$$

其中 T' 和 T'' 分别是 L_p 和 $T^\alpha(L_p)$ 中的全连续算子.

证明 首先我们注意到算子 R 从 $I^\alpha(L_p)$ 到 L_p 有界. 为看到这一点, 根据分数阶微分我们将算子 R 改写为

$$Rf = \frac{u(x,x)}{\Gamma(\alpha)A(x)}(\mathbf{D}_+^\alpha f)(x) + \frac{v(x,x)}{\Gamma(\alpha)A(x)}(\mathbf{D}_-^\alpha f)(x),$$

由此根据定理 6.1 和 (11.11″) 可立刻得到估计 $\|Rf\|_p \leqslant c\|f\|_{I^\alpha(L_p)}$.

由引理 31.2, 如果 $u(x) \in H^\lambda(\dot{R}^1)$, $\lambda > \alpha$, 算子

$$(uI_+^\alpha - I_+^\alpha u)\varphi = \frac{1}{\Gamma(\alpha)}\int_{-\infty}^x \frac{u(x,x) - u(t,t)}{(x-t)^{1-\alpha}}\varphi(t)dt$$

从 L_p 到 $I^\alpha(L_p)$ 中全连续. 因此, 在考虑 RM 和 MR 复合时, 我们可以将 Hölder 函数的乘法运算与算子 I_+^α 和 I_-^α 交换. 根据 (31.9), 我们有 $M = M_0 + T_1$, 其中 $M_0\varphi = \Gamma(\alpha)I_+^\alpha(u\varphi) + \Gamma(\alpha)I_-^\alpha(v\varphi)$, 且 T_1 为从 L_p 到 $I^\alpha(L_p)$ 的全连续算子 (见引理 31.2). 因此

$$RM\varphi = \frac{1}{A}(u\mathbf{D}_+^\alpha + v\mathbf{D}_-^\alpha)(uI_+^\alpha + vI_-^\alpha)\varphi + T_2\varphi$$

$$= \frac{1}{A}[(u^2 + v^2)\varphi + u\mathbf{D}_+^{\alpha} I_-^{\alpha} v\varphi + v\mathbf{D}_-^{\alpha} I_+^{\alpha} u\varphi] + T_3\varphi,$$

其中 T_2 和 T_3 是 $L_p(\dot{R}^1)$ 中的全连续算子. 因为 $\mathbf{D}_+^{\alpha} I_-^{\alpha} \varphi = \cos\alpha\pi\varphi + \sin\alpha\pi S\varphi$ 和 $\mathbf{D}_-^{\alpha} I_+^{\alpha} \varphi = \cos\alpha\pi\varphi - \sin\alpha\pi S\varphi$, 根据 (11.10) 和 (11.11) 我们有

$$RM\varphi = \frac{1}{A}[(u^2 + v^2 + 2uv\cos\alpha\pi)\varphi + \sin\alpha\pi(uSv - vSu)\varphi] + T_3\varphi.$$

因为算子 $Su - uS$ 在 $L_p(\dot{R}^1)$, $1 < p < \infty$ 中全连续, 所以 $uSv - vSu$ 也在 $L_p(\dot{R}^1)$, $1 < p < \infty$ 中全连续, 例如见 Gohberg and Krupnik [1973a, p. 33]. 所以 $RM\varphi = \varphi + T'\varphi$, 其中 T' 在 L_p 中全连续.

(31.40) 中第二项的有效性也可类似验证. ∎

31.3　有限区间上的方程

我们考虑如下形式的势型算子

$$M\varphi \equiv u(x) \int_a^x \frac{\varphi(t)dt}{(x-t)^{1-\alpha}} + v(x) \int_x^b \frac{\varphi(t)dt}{(t-x)^{1-\alpha}} + \int_a^b T(x,t)\varphi(t)dt \tag{31.41}$$
$$= f(x),$$

并从正规可解性问题适当设定的角度来研究它们. 在本小节的最后, 我们将得到有关算子 M 的 Noether 性质的结论. 这里 M 是从 L_p 到 $I^{\alpha}(L_p) = I^{\alpha}[L_p(a,b)]$ 的算子. 在这样的设定中, 伴随算子 M^* 解释为从广义函数空间 $I^{\alpha}(L_p)^* = \mathbf{D}_{a+}^{\alpha}(L_p)$ 到 $L_{p'}$ 的算子. 鉴于这种方程在有限区间上的广泛应用, 我们也对问题的 "经典" 设定感兴趣, 这时我们不处理伴随算子 M^* 而处理转置算子

$$M^{\tau}\psi = \int_a^x \frac{v(t)\psi(t)dt}{(x-t)^{1-\alpha}} + \int_x^b \frac{u(t)\psi(t)dt}{(t-x)^{1-\alpha}} + \int_a^b T(t,x)\psi(t)dt = g(x), \tag{31.42}$$

并用简单的形式刻画解 φ 和 ψ 的空间, 一般来说它们是拓扑空间但不是 Banach 空间.

A. 约化为带 Cauchy 核的方程.

将 (11.18) 和 (11.16) 分别应用于 (31.41) 和 (31.42), 经过初等变换后我们将它们约化为带 Cauchy 核的方程:

$$a_1(x)\Phi(x) + \frac{a_2(x)(b-x)^{\alpha}}{\pi} \int_a^b \frac{\Phi(t)dt}{(b-a)^{\alpha}(t-x)} + \mathbf{K}\Phi = f(x), \tag{31.43}$$

$$a_1(x)\psi(x) - \frac{1}{\pi(b-x)^{\alpha}} \int_a^b \frac{a_2(t)(b-t)^{\alpha}\psi(t)dt}{t-x} + \mathbf{K}^*\psi = g_1(x), \tag{31.44}$$

其中 $a_1(x)$ 和 $a_2(x)$ 为函数 (30.48), 且

$$\Phi(x) = \int_a^x \varphi(t)(x-t)^{\alpha-1}dt, \quad g_1(x) = \frac{\pi}{\sin(\alpha\pi)}\frac{d}{dx}\int_x^b g(t)(t-x)^{\alpha-1}dt, \quad (31.45)$$

$$\mathbf{K}\Phi = \frac{1}{\Gamma(\alpha)}T\mathbf{D}_{a+}^\alpha f, \quad \mathbf{K}^*\psi = \frac{1}{\Gamma(\alpha)}\mathbf{D}_{b-}^\alpha T^\tau\psi, \quad (31.46)$$

其中 T 是核为 $T(x,t)$ 的算子, T^τ 为转置算子. 需要指出的是, 对于下面考虑的函数 ψ, 为得到 (31.44), 所使用的 "右手" 表示 $T^\tau = I_{b-}^\alpha \mathbf{D}_{b-}^\alpha T^\tau$ 成立, 因为我们会证明函数 $T^\tau\psi$ 可表示为 α 阶分数阶积分.

B. 可容许的扰动 T 类.

为使 (31.4) 中的算子 $\mathbf{K}$ 有弱奇异性, 很自然地认为扰动算子 T 的核 $T(x,t)$ 有弱于 $1-\alpha$ 的奇异性. 利用分数阶分部积分, 我们得出如下要求, 即 $T(x,t)$ 关于 t 的 α 阶的分数阶导数

$$T_t^{(\alpha)}(x,t) = -\frac{1}{\Gamma(\alpha)}\frac{d}{dt}\int_t^b T(x,s)(s-t)^{-\alpha}ds \quad (31.47)$$

必须具有弱奇异性. 以下引理给出了可容许核 $T(x,t)$ 的简单充分条件.

引理 31.3 设

$$T(x,t) = \begin{cases} c_1(x,t)(x-t)^{\beta_1-1}, & t < x, \\ c_2(x,t)(t-x)^{\beta_2-1}, & t > x, \end{cases} \quad (31.48)$$

其中 $\alpha < \beta_i \leqslant 1$, $c_i(x,t)$ 是在 $[a,b]\times[a,b]$ 上的有界函数且当 $t \neq x$ 时关于 t 可微, 满足 $|\partial c_i/\partial t| \leqslant A_i|x-t|^{-1}$, $i = 1,2$. 则核 $T_t^{(\alpha)}(x,t)$ 可表示为 Volterra 退化核与带弱奇异性核的和:

$$T_t^{(\alpha)}(x,t) = T_0(x,t) + \begin{cases} \dfrac{c_2(x,b)}{\Gamma(1-\alpha)}(b-x)^{\beta_2-1}(b-t)^{-\alpha}, & t > x, \\ 0, & t < x, \end{cases} \quad (31.49)$$

$$|T_0(x,t)| \leqslant c|x-t|^{\min(\beta_1,\beta_2)-\alpha-1}. \quad (31.50)$$

证明 首先, 设 $t < x$. 我们有

$$T_t^{(\alpha)}(x,t) = -\frac{1}{\Gamma(1-\alpha)}\frac{d}{dt}\left\{\int_t^x \frac{c_1(x,s)ds}{(s-t)^\alpha(x-s)^{1-\beta_1}} + \int_x^b \frac{c_2(x,s)ds}{(s-t)^\alpha(s-x)^{1-\beta_2}}\right\}.$$

在第一个积分中我们作变量替换: $s = t + \omega(x - t)$, 然后在积分符号下微分, 而在后一个积分中我们先微分再作变量替换: $s = x + \omega(x - t)$. 我们得到

$$-\Gamma(1-\alpha)T_t^{(\alpha)}(x,t) = \frac{\beta_1 - \alpha}{(x-t)^{1+\alpha-\beta_1}} \int_0^1 \frac{c_1(x, t + \omega(x-t))}{\omega^\alpha(1-\omega)^{1-\beta_1}} d\omega$$

$$+ (x-t)^{\beta_1-\alpha} \int_0^1 \frac{\partial c_1(x,t)}{\partial t} \frac{(1-\omega)^{\beta_1} d\omega}{\omega^\alpha}$$

$$+ \frac{\alpha}{(x-t)^{1+\alpha-\beta_2}} \int_0^{(b-t)/(x-a)} \frac{c_2(x, x + \omega(x-t)) d\omega}{\omega^{1-\beta_2}(1+\omega)^{1+\alpha}}.$$

因为 $c_i(x, t)$ 有界, 所以积分的第一项和第三项有界. 至于第二项我们有

$$\left| \int_0^1 \frac{\partial c_1(x,t)}{\partial t} \frac{(1-\omega)^{\beta_1} d\omega}{\omega^\alpha} \right| \leqslant A_1 \int_0^1 \frac{d\omega}{(x-t)\omega^\alpha(1-\omega)^{1-\beta_1}}$$

$$= (x-t)^{-1} A_1 B(1-\alpha, \beta_1).$$

设 $t > x$. 在 (31.47) 中作分部积分并在积分符号下关于 t 微分, 我们得到

$$-\Gamma(1-\alpha)T_t^{(\alpha)}(x,t) = \frac{c_2(x,b)}{(b-x)^{1-\beta_2}(b-t)^\alpha}$$

$$- \int_t^b \frac{\partial c_2(x,s)}{\partial s} \frac{ds}{(s-x)^{1-\beta_2}(s-t)^\alpha}$$

$$+ (1-\beta_2) \int_t^b \frac{c_2(x,s)ds}{(s-x)^{1-\beta_2}(s-t)^\alpha}.$$

这里的第一项是退化核, 其他的项有以下估计

$$\left| \int_t^b \frac{\partial c_2(x,s)}{\partial s} \frac{ds}{(s-x)^{1-\beta_2}(s-t)^\alpha} \right| \leqslant A_2 \int_t^b \frac{ds}{(s-x)^{2-\beta_2}(s-t)^\alpha}$$

$$\leqslant \frac{c}{(t-x)^{1+\alpha-\beta_2}};$$

$$\left| \int_t^b \frac{c_2(x,s)ds}{(s-x)^{2-\beta_2}(s-t)^\alpha} \right| \leqslant \frac{c}{(t-x)^{1+\alpha-\beta_2}}.$$

结合所有估计我们得到 (31.49) 和 (31.50). ■

C. "经典" 版本中的 Noether 定理.

由于方程 (31.41) 和 (31.42) 可约化为奇异方程 (31.43) 和 (31.44), 我们可以使用奇异方程的 Noether 理论. 此处的主要工作是根据定理 31.6, 在 "经典" 方法的情况下适当选择解 φ 和 ψ 的空间. 当我们将 (31.41) 中的算子 M 视为在定义 31.3 设定下的从 $L_p(a,b)$ 到 $I^\alpha[L_p(a,b)]$ 中的 Noether 算子, 这种选择问题并没有出现.

在下面的定理中, 值

$$\theta(a) = \arg \frac{u(a) + v(a)e^{-\alpha\pi i}}{u(a) + v(a)e^{\alpha\pi i}}$$

在 $0 \leqslant \theta(a) < 2\pi$ 范围内选择.

定理 31.11　设 $u(x), v(x) \in H^\lambda([a,b]), \lambda > \alpha, f(x) \in H_\alpha^*$, 且核 $T(x,t)$ 满足引理 31.3 的假设, 并且 $u^2(x) + v^2(x) \neq 0, \theta(a) \neq 0, \theta(a) \neq (1-\alpha)2\pi, \theta(b) \neq 2\pi k$, $k = 0, \pm 1, \cdots$, 则方程 (31.41) 在空间 H^* 中可解当且仅当 $\int_a^b f(x)\psi_j(x)dx = 0$, 其中 $\{\psi_j\}$ 是齐次方程 (31.42) $(g(x) = 0)$ 的完全解系, 形式为

$$\psi(x) = (x-a)^{-\alpha}(b-x)^{-\alpha}\psi_*(x), \tag{31.51}$$

其中 $\psi_*(x)$ 是 $[a,b]$ 上的 Hölder 函数. 方程 (31.41) 和 (31.42) 线性无关解的个数之差通过 (30.57) 计算.

证明　通过将方程 (31.41) 和 (31.42) 约化为 (31.43) 和 (31.44) 来完成证明, 如下所示, 我们将从这类方程已知的事实出发进行证明. 我们把 (31.43) 和对应 (31.44) 的齐次方程改写成以下形式

$$a_1(x)\Phi_b(x) + \frac{a_2(x)}{\pi}\int_a^b \frac{\Phi_b(t)}{t-x}dt + \mathbf{K}_b\Phi_b = f_b(x), \tag{31.52}$$

$$a_1(x)\psi_b(x) - \frac{1}{\pi}\int_a^b \frac{a_2(t)\psi_b(t)}{t-x}dt + \mathbf{K}_b^*\psi_b = 0, \tag{31.53}$$

这里 $\Phi_b(x) = (b-x)^{-\alpha}\Phi(x), f_b(x) = (b-x)^{-\alpha}f(x), \psi_b(x) = (b-x)^\alpha\psi(x)$, $\mathbf{K}_b = (b-a)^{-\alpha}\mathbf{K}(b-t)^\alpha$ 且 $\mathbf{K}_b^* = (\mathbf{K}_b)^*$. 方程 (31.52) 和 (31.53) 是奇异积分方程, 满足定理 31.6 和定理 31.7 给出的 Noether 性质.

要解决的问题如下. 如果我们在空间 H^* 中寻找解 $\varphi(x)$, 则解 $\psi(x)$ 应选择什么空间, 使得 (31.52) 和 (31.53) 的解空间符合定理 31.6 的规定? 因为 (31.41) 和 (31.42) 的解通过关系式 $\Phi_b(x) = (b-x)^{-\alpha}\int_a^x (x-t)^{\alpha-1}\varphi(t)dt, \psi_b(x) = (b-$

$x)^{\alpha}\psi(x)$, 与 (31.52) 和 (31.53) 的解联系, 从而所需的选择由定理 31.6 和定理 13.14 确定. 根据定理 13.14, $\Phi(x) \in H_{\alpha}^{*}$, 所以 $\Phi_b(x) \in H^{*}$. 定理 30.2 和定理 31.6 分别促使我们在 $0 < \theta(a) < 2\pi(1-\alpha)$ 和 $2\pi(1-\alpha) < \theta(a) < 2\pi$ 的情况下寻找在点 $x = a$ 处有界或无界的解 $\Phi_b(x)$. 为严谨起见, 设 $\theta(a) > 2\pi(1-\alpha)$ (对应于无界解 $\Phi_b(x)$ 情形). 然后根据定理 31.6 在两个端点有界的函数空间中寻找 (31.52) 的解 $\psi_b(x)$, 即在 H 空间中. 因此, $\psi(x)$ 在形式为

$$\psi(x) = \psi_b(x)/(b-x)^{\alpha}, \quad \psi_b(x) \in H \tag{31.54}$$

的函数类中取得. 事实上, 我们将在更宽的空间 (31.51) 中找到函数 $\psi(x)$. 最简单的方法如下. 我们可以将 (31.41) 和 (31.42) 约化为 (31.43) 和 (31.44) 型或将权重函数 $(b-x)^{\alpha}$ 替换为 $(x-a)^{\alpha}$ 的 (31.52) 和 (31.53) 型奇异方程. 为此, 代替 (11.18) 和 (11.16), 我们使用 (11.17) 和 (11.19). 通过这种方法, 我们将得到右端为 $(x-a)^{-\alpha}f(x)$ 的 (31.52) 型方程和解为 $\psi_a(x) = (x-a)^{\alpha}\psi(x)$ 的 (31.53) 型方程. 重复上述想法可知, 相同解类 $\psi(x)$ 的选择必须满足 $\psi(x) = \psi_a(x)/(x-a)^{\alpha}$, $\psi_a(x) \in H$. 将其与 (31.54) 比较, 我们得到 (31.51).

将定理 31.6 应用到 (31.52) 上, 我们可以看到 (31.43) 在 H^{*} 中可解当且仅当 $\int_a^b f(x)\psi_j(x)dx = 0$, 其中 $\{\psi_j\}$ 是对应 (31.44) 的齐次方程在空间 (31.51) 中的完全解系. 如果 (31.43) 对于右端 $f(x) \in H_{\alpha}^{*}(\subset H^{*})$ 在 H^{*} 中可解, 则其所有解 $\Phi(x)$ 也属于子空间 H_{α}^{*}. 我们省略此论断的证明, 但给出一些解释. 对于奇异方程, 如 (31.52), 其核 $K(x,t)$ 关于两个变量都是 Hölder 函数, 已知如果其右端在端点处有阶数不超过给定数的幂型可积奇异性, 且核有足够大阶数的 Hölder 性质, 则 H^{*} 中的先验解也有类似奇异性. 这可以利用 Carleman-Vekua-regularization 方法证明 (见 Gahov [1977]). 此方法基于方程控制部分的逆. 从而可从 Fredholm 方程的理论中得到所需的解的信息. 对于我们的情况, 即在对核 $T(x,t)$ 的假设下, 区别仅在于我们得到了一个具有弱奇异核的 Fredholm 方程 (见下文注 31.3), 这个结论也成立. 这需要详细的估计, 而这些估计会占用太多空间, 因此省略.

因为 (31.43) 可解且其所有解均在 H_{α}^{*} 空间中, 所以 (31.41) 在 H^{*} 中可解. 我们可以看到, 该定理的最后一句话由其对 (31.52) 和 (31.53) 的有效性得出. ■

注 31.2 选择 (31.51) 是基于此空间与 (31.41) 和 (31.42) 的解空间 H^{*} 伴随的原因. 通过这种对第一类方程 (31.41) 的 (加权) Hölder 函数伴随空间的选择, 我们可以得到 Noether 定理的结论, 即定理 31.11. 我们想要强调, 伴随空间选择的主要思想是要求 $\int_a^b (x-a)^{\alpha}(b-x)^{\alpha}|\varphi(x)\psi(x)|dx < \infty$. 至于奇异方程理论, 伴

随空间的选择法则是 $\int_a^b |\varphi(x)\psi(x)|dx < \infty.$

注 31.3　我们可以研究正规化子 (在定理 31.4 的意义下解释), 显式地构造它并证明正则化方程 (即第二类 Fredholm 型方程) 的核具有弱奇异性. 也就是说, 如果 $u(x), v(x) \in H^\lambda, \lambda > \alpha,$ 且核 $T(x,t)$ 满足引理 31.3 的假设, 则正则化方程的核被 $|x-t|^{\mu-1}$ 控制, 其中 $\mu = \min(\lambda, \beta_1, \beta_2) - \alpha.$

D. 从 L_p 到 $I^\alpha(L_p)$ 的势型算子的 Noether 性质.

我们考虑如下形式

$$M\varphi \equiv \int_a^x \frac{u(x,t)\varphi(t)dt}{(x-t)^{1-\alpha}} + \int_x^b \frac{v(x,t)\varphi(t)dt}{(t-x)^{1-\alpha}} = f(x) \tag{31.55}$$

的 (31.41) 型方程. 假设函数 $u(x,t)$ 和 $v(x,t)$ 满足以下假设:

1) 它们是关于 x 的 $\lambda > \alpha$ 阶 Hölder 函数并且关于 t 一致:

$$|u(x_1,t) - u(x_2,t)| \leqslant A|x_1 - x_2|^\lambda, \quad \lambda > \alpha,$$
$$|v(x_1,t) - v(x_2,t)| \leqslant \tilde{A}|x_1 - x_2|^\lambda, \quad \lambda > \alpha, \tag{31.56}$$

其中分别有 $x_1 \geqslant t, x_2 \geqslant t$ 和 $x_1 \leqslant t, x_2 \leqslant t,$ 且 A 和 $\tilde{A}$ 不依赖 t;

2) $u(x,x) = u(x, x-0) \in C([a,b]), v(x,x) = v(x, x+0) \in C([a,b]).$

按照 § 31.1 的思路 (见 (31.9)—(31.22)), 并应用 (11.16), 我们将 (31.55) 简化为以下形式

$$M\varphi = \Gamma(\alpha)I_{a+}^\alpha N_\alpha\varphi + T_1\varphi + T_2\varphi = f(x), \tag{31.57}$$

其中

$$N_\alpha\varphi = a_1(x)\varphi(x) + \frac{1}{\pi}\int_a^b \left(\frac{y-a}{x-a}\right)^\alpha \frac{a_2(y)}{y-x}\varphi(y)dy, \tag{31.58}$$

且 $a_1(x) = u(x,x) + v(x,x)\cos\alpha\pi, a_2(x) = v(x,x)\sin\alpha\pi,$

$$T_1\varphi = \int_a^x \frac{u(x,y) - u(y,y)}{(x-y)^{1-\alpha}}\varphi(y)dy, \tag{31.59}$$

$$T_2\varphi = \int_x^b \frac{v(x,y) - v(y,y)}{(y-x)^{1-\alpha}}\varphi(y)dy. \tag{31.60}$$

我们将证明算子 T_1 和 T_2 是从 L_p 到 $I^\alpha(L_p)$ 中的全连续算子, $1 < p < 1/\alpha.$ 首先我们证明形为 (31.55) 的算子从 L_p 到 $I^\alpha(L_p)$ 中有界. 记

$$M_1\varphi = \int_a^x \frac{u(x,t)}{(x-t)^{1-\alpha}}\varphi(t)dt,$$

$$M_2\varphi = \int_a^x \frac{v(x,t)}{(t-x)^{1-\alpha}}\varphi(t)dt.$$

引理 31.4 设 $-\infty < a < b < \infty$, $0 < \alpha < 1$, $1 \leqslant p < \infty$. 对于满足假设 1) 和 2) 的函数 $u(x,t)$, 算子 M_1 从 L_p 到 $I_{a+}^\alpha[L_p(a,b)]$ 中有界. 如果 $u(x,x) \neq 0$, $a \leqslant x \leqslant b$, 则 $M_1[L_p(a,b)] = I_{a+}^\alpha[L_p(a,b)]$.

证明 令 $p > 1$. 我们有

$$M_1\varphi = \int_a^x \frac{u(t,t)\varphi(t)}{(x-t)^{1-\alpha}}dt + T_1\varphi,$$

其中 T_1 为算子 (31.59). 我们来证明 T_1 从 $L_p(a,b)$ 到 $I_{a+}^\alpha[L_p(a,b)]$ 中有界. 首先, 我们将利用定理 13.3 证明 $T_1(L_p) \subset I_{a+}^\alpha[L_p(a,b)]$. 根据此定理令

$$\tilde{\psi}_\varepsilon(x) = \int_{-\infty}^{x-\varepsilon} \frac{f(x)-f(t)}{(x-t)^{1+\alpha}}dt, \quad a < x < b,$$

其中 $f(t) = (T_1\varphi)(t)$, $-\infty < t < b$, 这里假设 $s < a$ 时 $\varphi(s) \equiv 0$. 简单变换后得到

$$\begin{aligned}
\tilde{\psi}_\varepsilon(x) = {}& \int_0^{x-\varepsilon} \varphi(s)ds \int_s^{x-\varepsilon} \frac{u(x,s)-u(t,s)}{(t-s)^{1-\alpha}(x-t)^{1+\alpha}}dt \\
& + \Gamma(\alpha) \int_0^\infty \mathrm{k}(s)ds \int_a^{x-\varepsilon s} \frac{u(x,t)-u(t,t)}{x-t}\varphi(t)dt,
\end{aligned} \tag{31.61}$$

其中 $\mathrm{k}(s)$ 为函数 (6.10). 因此经基本操作后可给出一致估计 $\|\tilde{\psi}_\varepsilon\|_p \leqslant c$, c 不依赖于 ε, 证明留给读者. 所以根据定理 13.3, 如果 $\varphi \in L_p$, 则 $T_1\varphi \in I^\alpha(L_p)$. 因此, 再次利用定理 13.3,

$$T_1\varphi = I_{a+}^\alpha V_1\varphi, \quad V_1\varphi = \mathbf{D}_{a+}^\alpha T_1\varphi = \lim_{\varepsilon \to 0} \frac{\alpha\psi_\varepsilon(x)}{\Gamma(1-\alpha)}.$$

由 (31.61) 和 (6.11), 我们得到

$$V_1\varphi = \frac{\alpha}{\Gamma(1-\alpha)} \int_a^x \varphi(s)ds \int_s^x \frac{u(x,s)-u(t,s)}{(t-s)^{1-\alpha}(x-t)^{1+\alpha}}dt. \tag{31.62}$$

鉴于 (31.56), 该积分算子的核由 $\mathrm{const}(x-s)_+^{\lambda-1}$ 控制, 因此算子 V_1 在 L_p 中有界. 这等价于算子 T_1 从 L_p 到 $I_{a+}^\alpha[L_p(a,b)]$ 的有界性.

进一步, 我们有 $M_1\varphi = I_{a+}^\alpha[\Gamma(\alpha)u(t,t)\varphi(t) + V_1\varphi]$. 我们还需观察到 V_1 是一个具有弱奇异性的 Volterra 型算子, 假设 $u(t,t) \neq 0$, 则方括号中的算子将 L_p 映射到自身之上.

情形 $p = 1$ 还有待考虑. 由于 $M_1\varphi$ 的上述表示适用于 $\varphi \in L_p, p > 1$, 所以显然它在 L_1 的稠密集中成立. 因为算子 M_1, I_{a+}^α 和 V_1 在 L_1 中有界, 此结果可以延拓到整个 L_1 空间. ∎

推论 1 设 $u(x,t)$ 和 $v(x,t)$ 满足假设 1) 和 2). 则算子 M_1 和 M_2 从 $L_p(a,b)$ 有界映入 $I^\alpha[L_p(a,b)]$, 其中 $-\infty < a < b < \infty, 0 < \alpha < 1, 1 < p < 1/\alpha$.

事实上, 通过对称性, 我们指出引理 31.4 的论断对于从 $L_p(a,b)$ 映入 $I_{b-}^\alpha[L_p(a,b)]$ 的算子 M_2 成立. 那么就只需回忆在 $1 < p < 1/\alpha$ 时值域的一致性: $I_{a+}^\alpha[L_p(a,b)] = I_{b-}^\alpha[L_p(a,b)]$.

推论 2 设 $u(x,t)$ 和 $v(x,t)$ 满足假设 1). 则算子 T_1 和 T_2 是从 $L_p(a,b)$ 映入 $I^\alpha[L_p(a,b)]$ 的全连续算子, 其中 $-\infty < a < b < \infty, 0 < \alpha < 1, 1 < p < 1/\alpha$.

事实上, 如推论 1 一样, 只需考虑算子 T_1. 它从 L_p 到 $I^\alpha(L_p)$ 内全连续等价于 (31.62) 在 $L_p(a,b)$ 空间内全连续. 如我们在引理 31.4 的证明中观察到的一样, 算子 V_1 的核由具有弱奇异性的核 $(x-s)_+^{\lambda-1}$ 控制. 则 V_1 在 $L_p(a,b)$ 空间中全连续——见 Krasnosel'skii, Zabreiko, Pustyl'nik and Sobolevskii [1968, p. 97].

我们将在下面的定理中给出 (31.55) 中算子 M 的 Noether 性质, 其中

$$G(x) = \frac{u(x,x) + v(x,x)e^{-i\alpha\pi}}{u(x,x) + v(x,x)e^{i\alpha\pi}} = e^{i\theta(x)}.$$

定理 31.12 设 $u(x,t)$ 和 $v(x,t)$ 满足假设 1) 和 2). 则 (31.55) 中的算子 M 是从 $L_p, 1 < p < 1/\alpha$ 空间到 $I^\alpha(L_p)$ 空间的 Noether 算子, 当且仅当

i) $$u^2(x,x) + v^2(x,x) \neq 0, a \leqslant x \leqslant b; \tag{31.63}$$

ii) $$\theta(a) \neq 2\pi\frac{1-\alpha p}{p} \,(\mathrm{mod}2\pi), \theta(b) \neq \frac{2\pi}{p'} \,(\mathrm{mod}2\pi). \tag{31.64}$$

满足这些条件, 算子 M 的指标由下式给出

$$\varkappa = \varkappa_{L_p \to I^\alpha(L_p)} = \left[\frac{1}{p} - \alpha - \frac{\theta(b)}{2\pi}\right] + \left[\frac{\theta(b)}{2\pi} + \frac{1}{p}\right]. \tag{31.65}$$

证明 表示式 (31.57)、定理 31.2 和定理 31.3 表明, 算子 M 从 L_p 映入 $I^\alpha(L_p)$ 的 Noether 性质等价于算子 N_α 是从 L_p 映入 L_p 的 Noether 算子. 后者等价于算子

$$a_1(x)\psi(x) + \frac{1}{\pi}\int_a^b \frac{a_2(y)}{y-x}\psi(y)dy \tag{31.66}$$

是 $L_p(\rho)$ 空间中的 Noether 算子, 权重为 $\rho(x) = (x-a)^{-\alpha p}$. 奇异算子和算子与连续函数的乘积在相差一个全连续算子意义下在 $L_p(\rho)$ 空间中是可交换的, 见

Gohberg and Krupnik [1971, 1973a], 所以 (31.66) 是 Noether 算子的判据包含在定理 31.12 中. ∎

注 31.4　定理 31.12 可以推广到权重为 $\rho(x) = (x-a)^\mu (b-x)^\nu$ 的空间 $L_p(\rho)$ 的情形, 其中 $-1 < \mu < p-1$, $-1 < \nu < p-1$. 为与定理 31.7 对应, 将 (31.64) 中的条件替换为 $\theta(a) \neq 2\pi \left(\dfrac{1+\mu}{p} - \alpha \right)$ 和 $\theta(b) \neq -2\pi \dfrac{1+\nu}{p} (\mathrm{mod}\ 2\pi)$, (31.65) 中的条件需要作类似的改变. 还应参考 §34.1 中引用的文献.

注 31.5　与定理 31.12 类似, 关于算子 M 的 Noether 性质 (在定义 31.3 的意义下) 的定理对于空间 $H_0^\lambda(\rho)$ 成立.

注 31.6　在 $1/p < \alpha < 1$ 的情形下, 定理 31.12 类型的结论成立. 这给出了算子 M 从 L_p 到一个特殊空间中的 Noether 性质 (见 §34.2, 注记 31.1).

E. $v(x,t) = 0$ 的情形.

我们现在特别考虑 (31.55) 的一个重要特殊情况, 即

$$\int_a^x \frac{u(x,t)}{(x-t)^{1-\alpha}} \varphi(t) dt = f(t), \quad 0 < \alpha < 1. \tag{31.67}$$

若 $u(x,x) \neq 0$, 则它可约化为第二类 Volterra 积分方程. 事实上 (31.57) 的形式为 $\Gamma(\alpha) I_{a+}^\alpha [u(t,t)\varphi(t)] + T_1 \varphi = f$. 作分数阶算子 I_{a+}^α 的逆运算, 根据 (31.62) 我们得到方程

$$u(x,x)\varphi(x) + \frac{\alpha\pi}{\sin\alpha\pi} \int_a^x \mathcal{K}(x,s)\varphi(s)ds = \mathbf{D}_{a+}^\alpha f, \tag{31.68}$$

其中

$$\mathcal{K}(x,s) = \int_s^x \frac{u(x,s) - u(t,s)}{(t-s)^{1-\alpha}(x-t)^{1+\alpha}} dt$$

$$= \frac{1}{x-s} \int_0^1 \frac{u(x,s) - u(s + \xi(x-s), s)}{\xi^{1-\alpha}(1-\xi)^{1+\alpha}} ds.$$

如果 $u(x,s)$ 满足 (31.56), 则这里的 $|\mathcal{K}(x,s)| \leqslant c(x-s)^{\lambda-1}$. 因此, 根据引理 31.4, 可以证明以下结果.

定理 31.13　设 $u(x,t)$ 满足 (31.56), $u(x,x)$ 在 $[a,b]$ 上连续且 $u(x,x) \neq 0$, $a \leqslant x \leqslant b$. 对于每个 $f(x) \in I_{a+}^\alpha(L_p)$, $p \geqslant 1$, (31.67) 与下面的第二类 Volterra 方程等价

$$\varphi(x) + \int_a^x A(x,s)\varphi(s)ds = g(x), \tag{31.69}$$

其中 $g(x) = \dfrac{1}{u(x,x)} (\mathbf{D}_{a+}^\alpha f)(x)$, 核 $A(x,s) = \dfrac{\alpha\pi\mathcal{K}(x,s)}{\sin\alpha\pi u(x,x)}$ 有弱奇异性. 因此, (31.67) 对于任意 $f(x) \in I_{a+}^\alpha(L_p)$ 在 $L_p(a,b)$ 中无条件唯一可解.

情形 $\alpha \geqslant 1$ 可类似地考虑, 假设 $u(x, t)$ 至 $[\alpha]$ 阶可微, $(\partial^{[\alpha]} u(x, t)) / \partial x^{[\alpha]}$ 满足 (31.56) 且在 $t = x$ 处连续.

31.4 关于解的稳定性

一般来说, 第一类积分方程的解不稳定, 该类方程的逆问题是不适定问题. 例如最简单的第一类方程——Abel 方程:

$$\int_a^x \frac{\varphi(t) dt}{(x - t)^{1 - \alpha}} = f(x), \quad x > a \tag{31.70}$$

在 $C([a, b])$ 空间中不稳定. 事实上, 我们选择 $f_n(x) = n^{-\alpha} [(x - a) / (b - a)]^n$, 则 $\|f_n\|_C = n^{-\alpha} \to 0, n \to \infty$. 由 (2.26), (31.70) 的解 $\varphi_n(x) = \dfrac{1}{\Gamma(\alpha)} \mathcal{D}_{a+}^\alpha f_n$ 等于

$$\varphi_n(x) = \left(\frac{x - a}{b - a} \right)^{n - \alpha} \frac{(b - a)^\alpha \Gamma(n + 1)}{n^\alpha \Gamma(\alpha) \Gamma(n + 1 - \alpha)}.$$ 所以根据 (1.66),

$$\|\varphi_n\|_C = \frac{(b - a)^\alpha \Gamma(n + 1)}{n^\alpha \Gamma(\alpha) \Gamma(n + 1 - \alpha)} \to \frac{(b - a)^\alpha}{\Gamma(\alpha)}.$$

在 $L_p(a, b)$ 空间也不稳定, 这可以通过以下方式修改上述例子来验证, 即

$$f_n(x) = n^{-\alpha + 1/p} [(x - a) / (b - a)]^n. \tag{31.71}$$

则当 $n \to \infty$ 时,

$$\|f_n\|_p = \frac{(b - a)^{1/p}}{n^{\alpha - 1/p} (np + 1)^{1/p}} \to 0, \quad \|\varphi_n\|_p = \frac{(b - a)^{1/p - \alpha}}{\Gamma(\alpha) p^{1/p}} \neq 0. \tag{31.72}$$

第一类方程解的不稳定性反映了一个简单的事实, 即方程的左端产生的算子将所考虑的解空间映射到其合适的子空间上, 而这个空间本身比其子空间要宽. 因此逆算子无界. 这意味着, 对于第一类方程在不同的度量下估计解的接近程度与右端的接近程度是很自然的. 也就是说, 要用更强的度量来考虑右端的接近程度, 例如在某个空间 X 中处理 (31.70) 时, 我们必须为右端取另一个空间 Y, 使得逆算子从 Y 到 X 中有界. 这样的方法可以自然地给出解的稳定性. 无论 $p \in [1, \infty]$ 和 $q \in [1, \infty]$ 取什么, 空间 $X = L_p$ 和 $Y = L_q$ 都不适合这一目标, 因为逆算子永远不会从 L_q 到 L_p 中有界. 我们可以通过取 $Y = I_{a+}^\alpha(X)$ 来得到稳定性, 即要求右端的类由可表示为给定空间中函数的分数阶积分的函数组成. (与 § 31.1 末关于第一类积分方程的正规可解性的类似观点进行比较.) 换句话说, 可以用如下方法自然地定义稳定性, 例如对于 (31.67), 不要求条件 $\|f\|_x \to 0$, 而要求

$\|\mathcal{D}_{a+}^{\alpha}f\|_X \to 0$ 这蕴含 $\|\varphi\|_X \to 0$. 这意味着在这种稳定性定义下我们感兴趣的是先验估计

$$\|\varphi\|_X \leqslant c\|\mathcal{D}_{a+}^{\alpha}f\|_X. \tag{31.73}$$

当然, 对于最简单的方程如 (31.70), 上面所阐述的思想是平凡的, 但事实证明, 在更一般的情形 (31.67) 和 (31.55) 或 (31.41) 下, 它是本质且有用的. 这种思想在例如 $X = L_p$ 或 $X = H^\lambda$, $X = H^\lambda(p)$ 的选择下有效, 因为在这种空间 X 的情形下, 空间 $I_{a+}^{\alpha}(X)$ 可以很好地研究和刻画——见 § 13. 我们也回顾一下, 已经证明空间 $I_{a+}^{\alpha}(L_p)$ 与 Sobolev 型空间 $H^{\alpha,p}$ 一致——见 § 18.4.

我们仅以 (31.67) 为例来说明上述思想.

定理 31.14　设 $u(x,t)$ 满足定理 31.13 的假设. 则 (31.68) 的解存在, 在任意的空间 $L_p(a,b)$, $1 \leqslant p < \infty$ 中唯一, 并且对于任意右端 f 有估计

$$\|\varphi\|_p \leqslant c\|\mathcal{D}_{a+}^{\alpha}f\|_p, \tag{31.74}$$

常数 c 仅依赖于 α 和核函数 $u(x,t)$.

证明　根据定理 31.13 只需对核中带弱奇异的第二类 Volterra 积分方程 (31.69) 证明估计 $\|\varphi\|_p \leqslant c\|g\|_p$. 后面的估计是这种方程的逆算子在 L_p 空间有界的结果, 例如, 我们参考 Mihlin [1959] 的书中第 44 页的估计 (6) 和第 94 页的推论. ■

定理 31.14 连同定理 13.5 得到了如下推论.

推论　设 $u(x,t)$ 满足定理 31.13 的假设, 则 (31.67) 的解 $\varphi(x)$ 有估计

$$\|\varphi\|_p \leqslant c\left(\|f\|_p + \int_0^{b-a} t^{-1-\alpha}\omega_p(f,t)dt\right), \quad 1 < p < 1/\alpha,$$

其中 $\omega_p(f,t) = \|f(x+t) - f(x)\|_p$. 这里, 显然可得一个简单的估计 $\|\varphi\|_p \leqslant c\|f\|_{H^\lambda}$, $1 < p < 1/\alpha$, $0 < \alpha < \lambda \leqslant 1$.

对于更一般的 (31.55) 和 (31.44), 我们可以得到类似的先验估计. 为了实现这一目标, 我们必须利用 § 31.3 中提出的这些方程到奇异积分方程的约化方法以及后者解的稳定性. 我们不对此进行详细说明.

这里我们也不关心与 Tihonov 意义下的求解第一类积分方程的不适定问题的正则化相关问题. 许多研究致力于这一目标. 例如, 我们参考 Zheludev [1974] 的文章, 直接涉及 Abel 方程 (也见 Zheludev [1982]), 其中提出了基于 Tihonov 正则化方法的数值方法. 以下论文也与此相关, Gerlach and Wolfersdorf [1986], Hai and Ang [1987], Gorenflo [1990], Ang, Gorenflo and Hai [1990]. 我们还注意到 Savelova [1980] 的论文, 其中涉及分数阶微分的一些稳定性问题, 包括多维情况.

§ 32 带幂对数核的方程

本节处理如下具有幂对数核和变积分限的第一类积分方程的解

$$\frac{1}{\Gamma(\alpha)} \int_a^x c(x-t)(x-t)^{\alpha-1} \ln^\beta \frac{\gamma}{x-t} \varphi(t) dt = f(x), \tag{32.1}$$

$$a < x < b,$$

其中 $[a, b]$ 是实轴上的有限区间, $a > 0$, $-\infty < \beta < \infty$, $\gamma > b - a$. 特别地, 给出了以下形式的卷积算子的逆公式

$$(I_{a+}^{\alpha,\beta} \varphi)(x) \equiv \frac{1}{\Gamma(\alpha)} \int_a^x (x-t)^{\alpha-1} \ln^\beta \frac{\gamma}{x-t} \varphi(t) dt = f(x), \tag{32.2}$$

$$a < x < b.$$

后一个方程的解与 § 2 中考虑的情形 $\beta = 0$ 不同, 需要应用 Volterra 型特殊函数. 这是必要的, 原因如下. 在对数的自然次幂 ($\beta = m = 1, 2, \cdots$) 的情形下, 函数 $x^{\alpha-1} \ln^m x$ (用它来代替考虑 $x^{\alpha-1} \ln^m(\gamma/x)$ 是很自然的) 是对幂函数 $x^{\alpha-1}$ 关于 α 求 m 次普通微分得到的: $x^{\alpha-1} \ln^m x = d^m x^{\alpha-1}/d\alpha^m$. 因此自然期望带任意实指数 β 次幂的对数函数 $x^{\alpha-1} \ln^\beta(\gamma/x)$ 可以通过对 $(\gamma/x)^{\alpha-1}$ 关于 α 求分数阶微分得到. 但这样做后, 我们得到的不是函数 $x^{\alpha-1} \ln^\beta(\gamma/x)$ 本身而是某种称为 Volterra 函数的特殊函数, 其渐近展开式的主项等于 $x^{\alpha-1} \ln^\beta(\gamma/x)$——见 (32.11) 和 (32.37).

为此, 我们先给出特殊 Volterra 函数的一些性质并证明它们的一些恒等式. 然后我们以闭形式求解如下形式的积分方程

$$\frac{1}{\Gamma(\alpha)} \int_a^x (x-t)^{\alpha-1} \sum_{k=0}^m A_{mk} \ln^k(x-t) \varphi(t) dt = f(x), \tag{32.3}$$

$$a < x < b, \ \alpha > 0,$$

其中 A_{mk} 为常系数, 对数的幂为非负整数. 最后, 我们得到了 (32.1), 以及特别地, (32.2) 的可解性准则. 我们指出, 与 (32.3) 不同, 未知函数 $\varphi(t)$ 通过某些 Volterra 积分方程的解给出. 我们还观察到, 以下结果可以推广到变下限的 (32.1)—(32.3) 型积分方程.

32.1 特殊 Volterra 函数及其性质

我们考虑由 Erdélyi, Magnus, Oberbettinger and Tricomi [1954, 18.3] 和 M. M. Dzherbashyan [1966a, Ch. 5, § 11, p. 261] 给出的 Volterra 函数

$$\mu(x,\sigma,\alpha) = \int_0^\infty \frac{x^{\alpha+\tau}\tau^\sigma d\tau}{\Gamma(\alpha+\tau+1)\Gamma(\sigma+1)}. \tag{32.4}$$

我们回顾它的一些性质. 函数 $\mu(x,\sigma,\alpha)$ 对于 $\mathrm{Re}\,\sigma > -1$ 有定义, 是关于 x 的解析函数, 支点为 $x=0$ 和 $x=\infty$, 没有其他奇点. 它是关于 α 的整函数. 它可以通过以下关系扩展成关于 σ 的整函数

$$\mu(x,\sigma,\alpha) = \frac{(-1)^n}{\Gamma(\sigma+n+1)} \int_0^\infty \tau^{\sigma+n} \frac{d^n}{d\tau^n}\left[\frac{x^{\alpha+\tau}}{\Gamma(\alpha+\tau+1)}\right] d\tau,$$
$$\mathrm{Re}\,\sigma > -n-1. \tag{32.5}$$

因此, 特别地,

$$\mu(x,-n,\alpha) = (-1)^{n-1}\frac{d^{n-1}}{d\alpha^{n-1}}\left[\frac{x^\alpha}{\Gamma(\alpha+1)}\right], \quad n=1,2,\cdots. \tag{32.6}$$

根据 (32.4) 可得微分公式

$$\frac{d^n}{dx^n}\mu(x,\sigma,\alpha) = \mu(x,\sigma,\alpha-n). \tag{32.7}$$

Volterra 函数在零处的渐近展开由关系式给出

$$\mu(x,\sigma,\alpha) = x^\alpha \left(\ln\frac{1}{x}\right)^{-\alpha-1}\left[\sum_{n=0}^{N-1}\frac{(-1)^n(\sigma+1)_n}{n!}\mu(1,-n-1,\alpha)\left(\ln\frac{1}{x}\right)^{-n}\right.$$
$$\left. + O\left(\left(\ln\frac{1}{x}\right)^{-N}\right)\right],$$
$$\mathrm{Re}\,\sigma > -1, \quad \left|\arg\ln\left(\frac{1}{x}\right)\right| < \pi, \quad x \to 0, \tag{32.8}$$

其中 $(\sigma+1)_m$ 是 (1.45) 中给出的 Pochhammer 记号.

在引理 32.1 中, 我们证明了会在后面使用的两个积分恒等式. 它们涉及某些特殊函数. 为简单起见, 我们记

$$(I_-^\beta g)(\alpha) = \begin{cases} (I_-^\beta g)(\alpha), & \beta > 0, \\ (\mathcal{D}_-^\beta g)(\alpha), & \beta < 0, \end{cases} \tag{32.9}$$

其中 $I_-^\beta g$ 和 $\mathcal{D}_-^\beta g$ 是半轴 $(0,+\infty)$ 上的右分数阶积分 (5.3) 和分数阶导数 (5.8). 我们用 $I_\tau^\beta[g(\tau,x)](t)$ 表示算子 I_-^β 在点 t 处关于 τ 作用在函数 $g(\tau,x)$ 上. 我们介

绍函数

$$\nu(x) = \mu(x,0,0), \quad \nu_h(x) = (d/dx)\nu(xe^h), \tag{32.10}$$

$$\mu_{t,\beta}(x) = I_\tau^\beta \left[\frac{1}{\Gamma(\tau)} \left(\frac{x}{\gamma} \right)^{\tau-1} \right](t), \quad -\infty < \beta < \infty, \tag{32.11}$$

我们也将这些函数称为 Volterra 函数. 下面的引理成立.

引理 32.1 对于 Volterra 函数 (32.10) 和 (32.11), 下面的积分等式成立

$$\int_0^x t^{\alpha-1}[\ln t + h - \psi(\alpha)]\nu_h(x-t)dt = -x^{\alpha-1}, \quad \alpha > 0, \tag{32.12}$$

$$\int_0^x \mu_{\alpha,\beta}(t)\mu_{1-\alpha,-\beta}(x-t)dt = \gamma, \quad 0 < \alpha < 1, \; -\infty < \beta < \infty. \tag{32.13}$$

证明 设 $h \in R^1$. 我们考虑关系式

$$\int_0^x \frac{t^{\alpha-1}(x-t)^{\sigma-1}}{\Gamma(\alpha)\Gamma(\sigma)} e^{h(\alpha+\sigma-1)}dt = \frac{x^{\alpha+\sigma-1}}{\Gamma(\alpha+\sigma)} e^{h(\alpha+\sigma-1)}, \quad \alpha > 0, \; \sigma > 0, \tag{32.14}$$

它可以通过 (1.68) 和 (1.69) 直接验证. 首先, 我们将关于 σ 的积分算子 I_σ^1 应用到 (32.14) 上, 然后应用关于 α 的微分算子 I_α^{-1}. 根据 Stirling 公式 (1.63), 我们得到关系式

$$\int_0^x \frac{t^{\alpha-1}}{\Gamma(\alpha)} e^{h\alpha} \left[\ln t + h - \frac{\Gamma'(\alpha)}{\Gamma(\alpha)} \right] dt \int_0^\infty \frac{(x-t)^{\tau-1} e^{h(\tau-1)}}{\Gamma(\tau)} d\tau = -\frac{x^{\alpha+\sigma-1}}{\Gamma(\alpha+\sigma)} e^{h(\alpha+\sigma-1)}.$$

在这里取 $\sigma = 1$, 并使用 (1.67), (32.4) 和 (32.6), 我们有

$$\int_0^x t^{\alpha-1}[\ln t + h - \psi(\alpha)]\nu((x-t)e^h)dt = -x^\alpha/\alpha, \quad \alpha > 0. \tag{32.15}$$

这个结果关于 x 微分, 并应用 (32.7) 和估计 $\nu(x) = O(\ln(1/x)^{-1})$, 当 $x \to 0^+$ 时 (根据 (32.8)), 鉴于 (32.10) 我们得出结论的第一个等式 (32.12).

现在令 $-\infty < \beta < \infty$. 与之前 $\beta = 1$ 时将普通的整数阶积分和微分算子应用于 (32.14) 类似, 我们先将关于 α 的算子 I_α^β 应用于 (32.14), 然后再应用关于 σ 的算子 $I_\sigma^{-\beta}$——见 (32.9). 在关系式中取 $\sigma = 1-\alpha$ ($0 < \alpha < 1$) 和 $h = -\ln\gamma$, $\gamma > b - a$, 并结合 (32.11), 我们得到另一个等式 (32.13). ∎

注 32.1 根据 (32.8), 由 (32.11) 定义的函数在零处有渐近行为

$$\mu_{\alpha,\beta}(x) = \left(\frac{x}{\gamma} \right)^{\alpha-1} \left(\ln \frac{\gamma}{x} \right)^{-\beta} \left[\frac{1}{\Gamma(\alpha)} + \beta \frac{d}{d\alpha} \left(\frac{1}{\Gamma(\alpha)} \right) \ln^{-1} \frac{\gamma}{x} + O\left(\ln^{-2} \frac{\gamma}{x} \right) \right],$$

$$\text{当 } x \to +0 \text{ 时}. \tag{32.16}$$

因此 (32.13) 可以解析延拓到 $\alpha = 0$, $\beta > 0$ 和 $\alpha = 1$, $\beta < 0$ 的情形. 如果我们在 (32.16) 中取 $\alpha = 1$, $\beta = 1$, 则根据 (32.7), 不难得到 (32.10) 定义的函数 $\nu_h(x)$ 在零处的渐近展开:

$$\nu_h(x) = O(x^{-1} \ln^{-2}(1/x)), \quad \text{当 } x \to +0 \text{ 时}. \tag{32.17}$$

32.2　带非负整数次对数幂的方程的解

首先我们考虑 (32.3) 形式的最简单的方程, $m = 1$ 的情形:

$$\frac{1}{\Gamma(\alpha)} \int_a^x (x-a)^{\alpha-1} [\ln(x-t) + A] \varphi(t) dt = f(x), \quad \alpha > 0. \tag{32.18}$$

不失一般性, 假设 $A_{11} = 1$ 和 $A_{10} = A$. 我们将算子

$$(J_{a+}^h g)(x) = \int_a^x \nu_h(x-t) g(t) dt \tag{32.19}$$

应用到方程两端, 其中 ν_h 的形式为 (32.10), 并设 $h - \psi(\alpha) = A$. 则根据 (32.12), (31.18) 和方程

$$\frac{1}{\Gamma(\alpha)} \int_a^x (x-t)^{\alpha-1} \varphi(t) dt = -\int_a^x \nu_h(x-t) f(t) \tag{32.20}$$

同时可解. 根据 § 2, 后一个方程和 (32.18) 的唯一解由公式

$$\varphi(x) = -(\mathcal{D}_{a+}^\alpha J_{a+}^h f)(x) \tag{32.21}$$

给出, 其中 $\mathcal{D}_{a+}^\alpha$ 是 (2.30) 中给出的 Riemann-Liouville 分数阶导数.

现在我们考虑 (32.3) 中 $m = 2$ 的情形:

$$\frac{1}{\Gamma(\alpha)} \int_a^x (x-t)^{\alpha-1} [\ln^2(x-t) + A_{21} \ln(x-t) + A_{20}] \varphi(t) dt = f(x), \quad \alpha > 0. \tag{32.22}$$

再次不失一般性, 假设 $A_{22} = 1$. 在 (32.12) 中取 $h = h_2$ 并将其关于 α 微分, 再将乘以 $h_1 - \psi(\alpha)$ 的 (32.12) 加到此关系式中, 我们发现

$$\int_0^x t^{\alpha-1} \{ \ln^2 t + [h_2 + h_1 - 2\psi(\alpha)] \ln t$$

$$+ [h_2 - \psi(\alpha)][h_1 - \psi(\alpha)] - \psi'(\alpha) \} \nu_{h_2}(x-t) dt$$

$$= -x^{\alpha-1}[\ln x + h_1 - \psi(\alpha)], \quad \alpha > 0. \tag{32.23}$$

现在假设常数 h_1 和 h_2 通过以下关系与常数 A_{20} 和 A_{21} 联系,

$$h_1 + h_2 - 2\psi(\alpha) = A_{21}, \quad [h_1 - \psi(\alpha)][h_2 - \psi(\alpha)] - \psi'(\alpha) = A_{20}, \tag{32.24}$$

$J_{a+}^{h_1}$ 和 $J_{a+}^{h_2}$ 分别是在 (32.19) 中取 $h = h_1$ 和 $h = h_2$ 的算子. 先将 $J_{a+}^{h_2}$ 作用到 (32.22), 两端再作用算子 $J_{a+}^{h_1}$, 结合 (32.23) 和 (32.24) 我们发现

$$\frac{1}{\Gamma(\alpha)} \int_a^x (x-t)^{\alpha-1} \varphi(t) dt = (-1)^2 (J_{a+}^{h_1} J_{a+}^{h_2} f(t))(x). \tag{32.25}$$

因此 (32.22) 与后一个方程都是可解的, 其唯一解为

$$\varphi(x) = (-1)^2 (\mathcal{D}_{a+}^{\alpha} J_{a+}^{h_1} J_{a+}^{h_2} f)(x). \tag{32.26}$$

分析 (32.18) 和 (32.22) 的解, 我们看到 (32.12) 和 (32.23) 中的关系分别在构造解 (32.21) 和 (32.26) 时起到了主要作用. 类似地, 对于求解任意 m 的 (32.3), 起主要作用的等式由下列结果给出, 它是 (32.12) 和 (32.23) 的推广.

引理 32.2 设 $m = 1, 2, \cdots$, 常数 $A_{mj} = A_{mj}(m, \alpha)$ 由递归关系定义

$$A_{mm}(m, \alpha) = 1, \quad m \geqslant 1;$$

$$A_{10}(1, \alpha) = h_1 - \psi(\alpha), \cdots, A_{10}(m, \alpha) = h_m - \psi(\alpha);$$

$$A_{m,m-1}(m, \alpha) = A_{m-1,m-2}(m, \alpha) + A_{1,0}(1, \alpha), \quad m \geqslant 2;$$

$$A_{mj}(m, \alpha) = A_{m-1,j}(m, \alpha) A_{10}(1, \alpha) + \frac{d}{d\alpha} A_{m-1,j}(m, \alpha) + A_{m-1,j-1}(m, \alpha),$$

$$j = 1, \cdots, m-2, \ 若 \ m \geqslant 3;$$

$$A_{m0}(m, \alpha) = A_{m-1,0}(m, \alpha) A_{10}(1, \alpha) + \frac{d}{d\alpha} A_{m-1,0}(m, \alpha), \quad m \geqslant 2, \tag{32.27}$$

则等式

$$\int_0^x t^{\alpha-1} \sum_{j=0}^m A_{mj}(m, \alpha) \ln^j t \nu_{h_m}(x-t) dt = -x^{\alpha-1} \sum_{j=0}^{m-1} A_{m-1,j}(m-1, \alpha) \ln^j x \tag{32.28}$$

成立.

证明　如果 $m = 1$, 根据 (32.27) 我们有 $A_{11}(1, \alpha) = 1$, $A_{10}(1, \alpha) = h_1 - \psi(\alpha)$. 如果 $m = 2$, 则 $A_{22}(2, \alpha) = 1$, $A_{21}(2, \alpha)$ 和 $A_{20}(2, \alpha)$ 在 (32.24) 给出. 因此, (32.28) 在 $m = 1$ 时与 (32.12) 一致, 在 $m = 2$ 时与 (32.23) 一致. 在 (32.23) 中将 h_1 换为 h_2, h_2 换为 h_3, 将此式关于 α 求导并与此式 $(h_1 = h_2, h_2 = h_3)$ 乘以 $A_{10}(1, \alpha) = h_1 - \psi(\alpha)$ 得到的结果相加, 我们得到 $m = 3$ 时的 (32.28). 继续此过程并用数学归纳法我们可以证明 (32.28) 对任意自然数 m 成立. ■

现在常数 $h_1, \cdots, h_m$ 通过关系 (32.27) 与常数 $A_{m,m-1}, \cdots, A_{m0}$ ($A_{mm} = 1$) 联系, 算子 $J_{a+}^{h_1}, \cdots, J_{a+}^{h_m}$ 分别是在 (32.19) 中取 $h = h_1, \cdots, h_m$ 的算子. 连续地将算子 $J_{a+}^{h_1}, \cdots, J_{a+}^{h_m}$ 应用到 (32.3) 两端, 利用引理 32.2 和 §2 中的论断我们得到如下定理.

定理 32.1　设常数 $h_1, \cdots, h_m$ 通过 (32.27) 与常数 $A_{m,m-1}, \cdots, A_{m0}$ ($A_{mm} = 1$) 联系, 算子 $J_{a+}^{h_1}, \cdots, J_{a+}^{h_m}$ 是在 (32.19) 中给出的算子. 则 (32.3) 与方程

$$I_{a+}^{\alpha} \varphi = (-1)^m J_{a+}^{h_1}, \cdots, J_{a+}^{h_m} f \tag{32.29}$$

同时可解且其唯一解的形式为

$$\varphi = (-1)^m \mathcal{D}_{a+}^{\alpha} J_{a+}^{h_1} \cdots J_{a+}^{h_m} f, \tag{32.30}$$

其中 I_{a+}^{α} 为分数阶积分 (2.17), $\mathcal{D}_{a+}^{\alpha}$ 为分数阶导数 (2.30).

特别地, 如果 $\alpha = 1$, 则带纯对数核 (32.3) 的解有以下形式

$$\varphi(x) = (-1)^m \frac{d}{dx} J_{a+}^{h_1} \cdots J_{a+}^{h_m} f. \tag{32.31}$$

现在我们研究 (32.27), 它反映了 (32.3) 中涉及的常数 $A_{mm}, A_{m,m-1}, \cdots, A_{m0}$ 与其解 (32.30) 中包含的常数 $h_1, \cdots, h_m$ 之间的关系. 如果 $m = 2$, 则 (32.27) 与 (32.24) 一致, 由 Vieta 定理, (32.27) 等价于数 $h_1 - \psi(\alpha)$ 和 $h_2 - \psi(\alpha)$ 是二次方程

$$z^2 - A_{21}z + A_{z0} + \psi'(\alpha) = 0 \tag{32.32}$$

的根. 如果 $m = 3$, 则 (32.27) 的形式为

$$A_{33}(3, \alpha) = 1,$$
$$A_{32}(3, \alpha) = h_1 + h_2 + h_3 - 3\psi(\alpha),$$
$$A_{31}(3, \alpha) = [h_1 - \psi(\alpha)][h_2 - \psi(\alpha)] + [h_1 - \psi(\alpha)][h_3 - \psi(\alpha)]$$
$$\qquad + [h_2 - \psi(\alpha)][h_3 - \psi(\alpha)] - 3\psi'(\alpha),$$
$$A_{30}(3, \alpha) = [h_1 - \psi(\alpha)][h_2 - \psi(\alpha)][h_3 - \psi(\alpha)] - A_{3,2}(3, \alpha)\psi'(\alpha) - \psi''(\alpha).$$

根据 Vieta 定理, 这等价于数 $h_1 - \psi(\alpha)$, $h_2 - \psi(\alpha)$, $h_3 - \psi(\alpha)$ 是三次方程

$$z^3 - A_{32}z^2 + [A_{31} + 3\psi'(\alpha)]z - [A_{30} + A_{32}\psi'(\alpha) + \psi''(\alpha)] = 0 \tag{32.33}$$

的根. 类似地, 对于一般的任意自然数 m 的情况, 数 $h_1 - \psi(\alpha), \cdots, h_m - \psi(\alpha)$ 是某个 m 次代数方程的根, 即

$$z^m - a_{m-1}z^{m-1} + \cdots + (-1)^{m-1}a_1 z + (-1)^m a_0 = 0, \tag{32.34}$$

其中系数 $a_{m-1}, \cdots, a_1, a_0$ 通过 (32.3) 中涉及的常数 $A_{m,m-1}, \cdots, A_{m0}$ $(A_{mm} = 1)$ 表示, 例如, $a_{m-1} = A_{m,m-1}$ 等.

32.3 带实数次对数幂的方程的解

我们继续求解 (32.1). 我们立即注意到 (32.13) 可推出以下结论.

引理 32.3 方程

$$\int_a^x \mu_{\alpha,\beta}(x-t)\varphi(t)dt = f(x) \tag{32.35}$$

在 $L(a,b)$ 中的可解性与方程

$$\int_a^x \varphi(t)dt = \frac{1}{\gamma}\int_a^x \mu_{1-\alpha,-\beta}(x-t)f(t)dt \tag{32.36}$$

在 $L(a,b)$ 中的可解性等价, 其中 $\mu_{\alpha,\beta}(x)$ 和 $\mu_{1-\alpha,-\beta}(x)$ 为函数 (32.11).

我们引进记号

$$u_{\alpha,\beta} \equiv u_{\alpha,\beta}(x) = \begin{cases} \dfrac{1}{\Gamma(\alpha)}\left(\dfrac{x}{\gamma}\right)^{\alpha-1}\ln^{-\beta}\dfrac{\gamma}{x}, & \alpha > 0, \ -\infty < \beta < \infty, \\[3mm] \beta\left(\dfrac{x}{\gamma}\right)^{-1}\ln^{-\beta-1}\dfrac{\gamma}{x}, & \alpha = 0, \ 0 < \beta < \infty, \end{cases} \tag{32.37}$$

并注意到 $u_{\alpha,\beta}(x)$ 是 Volterra 函数 (32.11) 渐近展开的主项:

$$\mu_{\alpha,\beta}(x) = u_{\alpha,\beta}(x)[1 + o(1)], \quad \text{当 } x \to +0.$$

在下文中, 下面的引理起到着基础性的作用.

引理 32.4 设 $c(x)$ 是 $(0, b-a]$ 上的绝对连续函数并且关系式

$$c_0 = \lim_{x \to 0} c(x), \quad r(x) = \frac{c(x)u_{\alpha,\beta}(x)}{\mu_{\alpha,\beta}(x)} - c_0 \tag{32.38}$$

成立. 则对于任意函数 $\varphi(x) \in L(a,b)$, 以下关系式成立

$$\int_a^x c(x-t)u_{\alpha,\beta}(x-t)\varphi(t)dt$$

$$= c_0 \int_a^x \mu_{\alpha,\beta}(x-t)\varphi(t)dt \tag{32.39}$$

$$+ \int_a^x \mu_{\alpha,\beta}(x-t)dt \int_a^t \psi(t-\tau)\varphi(\tau)d\tau,$$

其中

$$\psi(x) = -\frac{1}{\gamma}\int_0^x r'(y)dy \int_0^y \mu_{\alpha,\beta}(t)\frac{d}{dx}\mu_{1-\alpha,-\beta}(x-t)dt \in L(0, b-a). \tag{32.40}$$

证明　我们先来证明 $\psi(x) \in L(0, b-a)$. 令 $\alpha > 0$, $\beta > 0$, $[\beta]$ 是 β 的整数部分. 根据 (32.16), 我们有

$$\int_0^{b-a} |\psi(x)|dx \leqslant c \int_0^{b-a}|r'(y)|dy \int_0^y \frac{dt}{t^{1-\alpha}} \int_y^{b-a} \frac{\ln^{-\beta}\frac{\gamma}{t}\ln^{\beta}\frac{\gamma}{x-t}}{(x-t)^{1+\alpha}}dx$$

$$= c\int_0^{b-a}|r'(y)|dy \int_0^y \frac{dt}{t^{1-\alpha}}\int_y^{b-a}\left[\ln\frac{t}{x-t}+\ln\frac{\gamma}{t}\right]^{[\beta]}$$

$$\times \left[\left(\ln^{\beta-[\beta]}\frac{\gamma}{x-t}-\ln^{\beta-[\beta]}\frac{\gamma}{t}\right)+\ln^{\beta-[\beta]}\frac{\gamma}{t}\right]\ln^{-\beta}\frac{\gamma}{t}(x-t)^{-1-\alpha}dx.$$

应用二项式公式, 作变换 $x = t\tau$, 我们得到

$$\int_0^{b-a}|\psi(x)|dx \leqslant c\sum_{i=0}^{[\beta]}\binom{[\beta]}{i}\int_0^{b-a}|r'(y)|dy\int_0^y\frac{dt}{t^{1-\alpha}}$$

$$\times \int_y^{b-a}\frac{\left|\ln\frac{t}{x-t}\right|^i}{\ln^{\beta-[\beta]+i}\frac{\gamma}{t}}\frac{\left(\left|\ln\frac{t}{x-t}\right|^{\beta-[\beta]}+\ln^{\beta-[\beta]}\frac{\gamma}{t}\right)}{(x-t)^{1+\alpha}}dx$$

$$\leqslant c\sum_{i=0}^{[\beta]}\binom{[\beta]}{i}\int_0^{b-a}|r'(y)|dy$$

$$\times \int_0^y\frac{dt}{t}\int_{y/t}^{(b-a)/t}\frac{\left|\ln\frac{1}{\tau-1}\right|^{\beta-[\beta]+i}+\left|\ln\frac{1}{\tau-1}\right|^i}{(\tau-1)^{1+\alpha}}d\tau$$

$$\leqslant c \sum_{i=0}^{[\beta]} \binom{[\beta]}{i} \int_0^{b-a} |r'(y)|dy \left(\int_1^{(b-a)/y} \ln\tau + \int_{(b-a)/y}^{\infty} \ln\frac{b-a}{y} \right)$$

$$\times \frac{\left|\ln\dfrac{1}{\tau-1}\right|^{\beta-[\beta]+i} + \left|\ln\dfrac{1}{\tau-1}\right|^i}{(\tau-1)^{1+\alpha}} d\tau$$

$$\leqslant c \sum_{i=0}^{[\beta]} \binom{[\beta]}{i} \int_0^{b-a} |r'(y)|dy$$

$$\times \int_1^{\infty} \frac{\left(\left|\ln\dfrac{1}{\tau-1}\right|^{\beta-[\beta]+i} + \left|\ln\dfrac{1}{\tau-1}\right|^i \right) \ln\tau}{(\tau-1)^{1+\alpha}} d\tau$$

$$< +\infty.$$

情形 $\alpha = 0, \beta > 0$ 和 $\alpha > 0, \beta < 0$ 可以类似地考虑.

现在利用引理 32.2. 设 $f(x) = \int_a^x c(x-t)u_{\alpha,\beta}(x-t)\varphi(t)dt$, 结合 (32.28), 我们有

$$\frac{1}{\gamma} \int_a^x \mu_{1-\alpha,-\beta}(x-t)f(t)dt$$

$$= \frac{1}{\gamma} \int_a^x \mu_{1-\alpha,-\beta}(x-t)dt \int_a^t [c_0\mu_{\alpha,\beta}(t-\tau) + r(t-\tau)\mu_{\alpha,\beta}(t-\tau)]\varphi(\tau)d\tau$$

$$= c_0 \int_a^x \varphi(t)dt + \frac{1}{\gamma} \int_a^x \mu_{1-\alpha,-\beta}(x-t)dt \int_a^t r(t-\tau)\mu_{\alpha,\beta}(t-\tau)\varphi(\tau)d\tau.$$

$$(32.41)$$

我们可以直接验证

$$\frac{1}{\gamma} \int_a^x \mu_{1-\alpha,-\beta}(x-t)dt \int_a^t r(t-\tau)\mu_{\alpha,\beta}(t-\tau)\varphi(\tau)d\tau$$

$$= \int_a^x dt \int_a^t \psi(t-\tau)\varphi(\tau)d\tau.$$

则从 (32.41) 中可得

$$\frac{1}{\gamma} \int_a^x \mu_{1-\alpha,-\beta}(x-t)f(t)dt = c_0 \int_a^x \varphi(t)dt + \int_a^x dt \int_a^t \psi(t-\tau)\varphi(\tau)d\tau.$$

但根据引理 32.3, 关系式

$$f(x) = \int_a^x \mu_{\alpha,\beta}(x-t)\left[c_0\varphi(t) + \int_a^t \psi(t-\tau)\varphi(\tau)d\tau\right]dt$$

成立. 因此得到了 (32.39). 从而引理得证. ∎

　　进一步, 我们考虑算子

$$(T_\psi\varphi)(x) = \int_a^x \psi(x-t)\varphi(t)dt. \tag{32.42}$$

它在 $L_p(a,b), 1 \leqslant p \leqslant \infty$ 中全连续, 且有零谱半径, 参见 Zabreiko [1967]. 因此算子 $c_0 E + T_\psi$ 在 $L_p(a,b)$ 中可逆, 根据引理 32.4, 下面给出 (32.1) 在 $L_p(a,b)$ 中可解性的判据.

　　定理 32.2　设函数 $c(x), c(0) \neq 0$ 满足引理 32.4 中的条件, $u_{\alpha,\beta}(x)$ 有形式 (32.37). 则方程

$$\int_a^x c(x-t)u_{\alpha,\beta}(x-t)\varphi(t)dt = f(x) \tag{32.43}$$

在 $L_p(a,b)$ $(1 \leqslant p \leqslant \infty)$ 中可解当且仅当自由项 $f(x)$ 可以表示为

$$f(x) = \int_a^x \mu_{\alpha,\beta}(x-t)\chi(t)dt, \quad \chi(t) \in L_p(a,b). \tag{32.44}$$

条件满足后, 方程的唯一解由以下表达式给出

$$\varphi = (c_0 E + T_\psi)^{-1}\frac{d}{dx}\left(\frac{1}{\gamma}\int_a^x \mu_{1-\alpha,-\beta}(x-t)f(t)dt\right), \tag{32.45}$$

其中 $(c_0 E + T_\psi)^{-1}$ 是如下算子的逆算子

$$(c_0 E + T_\psi)\varphi(x) = c_0\varphi(x) + \int_a^x \psi(x-t)\varphi(t)dt, \tag{32.46}$$

函数 $\psi(x)$ 由 (32.40), (32.11) 和 (32.38) 定义.

　　推论　方程 (32.2) 在 $L_p(a,b), 1 \leqslant p \leqslant \infty$ 中可解, 当且仅当自由项 $f(x)$ 可表示为形式 (32.44). 此条件满足时, 方程有唯一解 φ, 其表达式如下

$$\varphi = (E + T_\psi)^{-1}\frac{d}{dx}\left(\frac{1}{\gamma}\int_a^x \mu_{1-\alpha,-\beta}(x-t)f(t)dt\right). \tag{32.47}$$

通过与 Volterra 函数 $\dfrac{1}{\gamma}\mu_{1-\alpha,-\beta}$ 的卷积对 (32.43) 右端 f 所在的空间的刻画包含在引理 32.3 中, 这是定理 2.1 关于 (32.44) 形式的方程的推广.

注 32.2 容易证明, 在 $p \geqslant 1/\alpha$, $0 < \alpha \leqslant 1$ 的情形下, 如果 $c \neq 0$, 关系 $I_{a+}^{\alpha,\beta}\varphi = c$, $\varphi \in L_p$ 一般是不可能的. 即, 如果 $p > 1/\alpha$, $\beta \in R^1$ 或 $p = 1/\alpha$, $\beta \geqslant -1 + \alpha$, 则 $\varphi \equiv c \equiv 0$.

§ 33 带幂对数核的第一类方程的 Noether 性质

本节研究如下带幂对数核的第一类积分方程的 Noether 性质

$$\mathbf{K}\varphi \equiv \int_a^b \frac{c(x,t)}{|x-t|^{1-\alpha}} \ln^\beta \frac{\gamma}{|x-t|} \varphi(t)dt = f(x), \quad a < x < b, \tag{33.1}$$

其中 $[a,b]$ 为实轴上的有限区间, $-\infty < \beta < \infty$, $0 \leqslant \alpha < 1$ (如果 $\alpha = 0$ 则 $\beta < -1$), $\gamma > b - a$, 函数 $c(x,t)$ 在对角线 $x = t$ 上有第一类跳跃:

$$c(x,t) = \begin{cases} u(x,t), & t < x, \\ v(x,t), & t > x. \end{cases} \tag{33.2}$$

§ 31 中考虑的方程 (31.1) 是 (33.1) 的特殊情况 $0 < \alpha < 1$, $\beta = 0$. 我们将在相应恰当的背景下研究算子 $\mathbf{K}$ 的 Noether 性质, 即从空间 $L_p = L_p(a,b)$, $1 < p < \infty$ 到一个特殊的 Banach 空间 X. 我们将证明因子 $\ln^\beta \dfrac{\gamma}{|x-t|}$ 的出现会削弱或加强对角线 $x = t$ 处核的奇异性 (取决于 β 的符号), 在势型算子 (33.1) 的核中只改变算子 $\mathbf{K}$ 的值域. 至于 (33.1) 的 Noether 性质, 它在以下意义下保持不变: $\mathbf{K}$ 从 L_p 到 X 的 Noether 性质等价于 L_p 中不依赖 β 的某个奇异积分算子的 Noether 性质.

算子 (33.1) 的 Noether 性质的研究方案与 § 31 中带幂核算子 (31.1) 的相同. 我们只注意到幂次统一的对数因子的存在使得算子 $I_{a+}^{\alpha,\beta}$ 和 $I_{b-}^{\alpha,\beta}$ 值域的嵌入定理的证明和通过奇异积分算子将这些算子联系起来的恒等式相当复杂, 其中幂对数核 (见 (21.1)) 起着重要作用. 为了推导前者, 我们利用 § 32 中得到的 Volterra 函数 (32.11) 的性质, 对于后者, 我们对分数阶积分与奇异算子关系中的参数求任意阶微分. 所得结果将用于研究 (33.1) 是否为 Noether 算子.

33.1 算子 $I_{a+}^{\alpha,\beta}$ 和 $I_{b-}^{\alpha,\beta}$ 值域的嵌入定理

设 $0 \leqslant \alpha < 1$, $-\infty < \beta < \infty$. 回顾记号

$$I_{a+}^{\alpha,\beta}\varphi = \frac{1}{\Gamma(\alpha)}\int_a^x \frac{\ln^\beta \dfrac{\gamma}{x-t}}{(x-t)^{1-\alpha}}\varphi(t)dt,$$

$$I_{b-}^{\alpha,\beta}\varphi = \frac{1}{\Gamma(\alpha)}\int_x^b \frac{\ln^\beta \dfrac{\gamma}{t-x}}{(t-x)^{1-\alpha}}\varphi(t)dt. \tag{33.3}$$

如果 $0 < \alpha < 1$, $\beta = 0$, 我们将使用符号 $I_{a+}^\alpha\varphi$ 和 $I_{b-}^\alpha\varphi$, 因为在这种情况下积分 (33.3) 与分数阶积分 (2.17) 和 (2.18) 一致. 在 $\alpha = 0$ 的情况下, 我们将省略 (33.3) 中的因子 $1/\Gamma(\alpha)$, 并假设 $\beta < -1$.

我们引入 Banach 空间, 其函数可由带幂对数核且密度 $\varphi \in L_p(a,b)$, $1 < p < \infty$ 的 (33.3) 表示:

$$I_{a+}^{\alpha,\beta}(L_p) = \{f : f = I_{a+}^{\alpha,\beta}\varphi, \varphi \in L_p(a,b); \|f\|_{I_{a+}^{\alpha,\beta}(L_p)} = \|\varphi\|_{L_p}\}, \tag{33.4}$$

$$I_{b-}^{\alpha,\beta}(L_p) = \{f : f = I_{b-}^{\alpha,\beta}\varphi, \varphi \in L_p(a,b); \|f\|_{I_{b-}^{\alpha,\beta}(L_p)} = \|\varphi\|_{L_p}\}. \tag{33.5}$$

我们得到了这种空间的嵌入定理, 它是更一般论断的推论. 我们介绍比 (33.4) 和 (33.5) 更一般的 Banach 空间

$$I_{a+}^g(L_p) = \left\{f : f(x) = \int_a^x g(x-t)\varphi(t)dt, \varphi \in L_p(a,b); \|f\|_{I_{a+}^g(L_p)} = \|\varphi\|_{L_p}\right\},$$

$$g(x) \in L(0, b-a), \quad 1 \leqslant p \leqslant \infty. \tag{33.6}$$

下面的定理可从 §32 的结果中得到.

定理 33.1   设 $\mu_{\alpha,\beta}(x)$ 为 Volterra 函数 (32.11), $u_{\alpha,\beta}$ 为其在原点附近的主要部分 (32.37) 且 $c(x)$ 为 $(0, b-a]$ 上的绝对连续函数, $c_0 = \lim\limits_{x\to 0} c(x)$. 则以下结论成立:

1) 如果 $c_0 \neq 0$, 则

$$I_{a+}^{cu_{\alpha,\beta}}(L_p) = I_{a+}^{\mu_{\alpha,\beta}}(L_p). \tag{33.7}$$

2) 如果 $c_0 = 0$, 则嵌入

$$I_{a+}^{cu_{\alpha,\beta}}(L_p) \to I_{a+}^{\mu_{\alpha,\beta}}(L_p) = I_{a+}^{u_{\alpha,\beta}}(L_p) \tag{33.8}$$

成立且此嵌入算子是全连续算子.

证明   定理的论断来自引理 32.4: 前者根据 (32.46) 在 $L_p(a,b)$ 中的有界性, 后者根据 $L_p(a,b)$ 中 Volterra 算子 (32.46) 的全连续性. ∎

推论　设

$$1 \leqslant p < \infty, \quad 0 \leqslant \alpha < 1, \quad 0 < \delta < \alpha, \ \text{若} \ \alpha > 0, \quad -\infty < \beta_1 < \beta_2 < \infty.$$

则下列嵌入成立

$$I_{a+}^{\alpha,\beta_1}(L_p) \to I_{a+}^{\alpha,\beta_2}(L_p), \quad \text{若} \ \alpha \geqslant 0 \quad (\text{若} \ \alpha = 0, \text{则} \ \beta_2 < -1), \tag{33.9}$$

$$I_{a+}^{\alpha,\beta_1}(L_p) \to I_{a+}^{\alpha,\beta_2}(L_p) \to I_{a+}^{\alpha-\delta}(L_p), \quad \text{若} \ \alpha > 0, \quad \beta_1 > 0, \tag{33.10}$$

并且这些嵌入算子全连续.

33.2　具有幂对数核的算子与奇异算子之间的联系

早在 § 11 中, 我们就知道了联系 Riemann-Liouville 分数阶积分算子 I_{a+}^{α} 和 I_{b-}^{α} 与奇异算子 S 的关系 (11.16) 和 (11.17). 它们在研究有限区间 $[a, b]$ 上带幂核的势型算子 (31.55) 的 Noether 性质中发挥了重要作用. 因此很自然地期望, 带幂对数核的算子 $I_{a+}^{\alpha,\beta}$ 和 $I_{b-}^{\alpha,\beta}$ 与奇异算子 S 之间的联系对于带幂对数核的势型算子 (33.1) 也起到类似的作用. 从 (11.16) 和 (11.17) 出发, 我们将通过对这些方程求关于参数 α 的任意阶微分来寻找这种联系. 这允许我们在整数阶微分下选出对数的自然幂, 而对此方法的修改将有助于涵盖任意阶的情况.

我们介绍带幂对数核的奇异算子

$$(S_{a,\alpha,m}\varphi)(x) = \frac{1}{\pi} \int_a^b \left(\frac{t-a}{x-a}\right)^{\alpha} \frac{\ln^m \dfrac{t-a}{x-a}}{t-x} \varphi(t)dt,$$

$$(S_{b,\alpha,m}\varphi)(x) = \frac{1}{\pi} \int_a^b \left(\frac{b-t}{b-x}\right)^{\alpha} \frac{\ln^m \dfrac{b-t}{b-x}}{t-x} \varphi(t)dt, \tag{33.11}$$

$$S_{a,\alpha}\varphi \overset{\text{def}}{=\!=} S_{a,\alpha,0}\varphi, \quad S_{b,\alpha}\varphi \overset{\text{def}}{=\!=} S_{b,\alpha,0}\varphi.$$

引理 33.1　如果 $m = 0, 1, 2, \cdots$ 且

$$1 < p < \infty, \quad -1 + 1/p < \alpha < 1/p, \tag{33.12}$$

则算子 $S_{a,\alpha,m}$ 和 $S_{b,\alpha,m}$ 在 $L_p(a, b)$ 中有界.

证明　如果 $m = 0$, 则引理的论断可从定理 11.11 中得到, 如果 $m = 1, 2, \cdots$, 它可从定理 1.5 中得到. ∎

注 33.1　已知 (33.12) 给出的条件不仅是算子 $S_{a,\alpha}$ 和 $S_{b,\alpha}$ 在 $L_p(a, b)$ 中有界的充分条件, 而且也是必要条件, 参见 Gohberg and Krupnik [1973b].

注 33.2　设 $\|S_{a,\alpha,m}\| = \max\limits_{\|\varphi\|_{L_p}=1} \|S_{a,\alpha,m}\varphi\|_{L_p}$ 为算子 $S_{a,\alpha,m}$ 的范数. 则根据定理 1.5 可得估计

$$\|S_{a,\alpha,m}\| \leqslant \frac{1}{\pi} \int_0^\infty t^{\alpha-1/p} \frac{|\ln^m t|}{|t-1|} dt, \quad m = 1, 2, \cdots, \tag{33.13}$$

算子 $S_{b,\alpha,m}$ 的类似估计也成立.

我们将 (11.16) 和 (11.17) 改写为以下形式

$$I_{b-}^\alpha \varphi = I_{a+}^\alpha[\cos(\alpha\pi)\varphi + \sin(\alpha\pi)S_{a,\alpha}\varphi], \quad \varphi \in L_p(a,b),\ 0 \leqslant \alpha < 1/p, \tag{33.14}$$

$$I_{a+}^\alpha \varphi = I_{b-}^\alpha[\cos(\alpha\pi)\varphi - \sin(\alpha\pi)S_{b,\alpha}\varphi], \quad \varphi \in L_p(a,b),\ 0 \leqslant \alpha < 1/p, \tag{33.15}$$

当 $\alpha \to 0$ 时, 即 $\varphi = \varphi$. 对于带幂对数核的算子 $I_{a+}^{\alpha,\beta}$ 和 $I_{b-}^{\alpha,\beta}$ 也有类似的等式. 即, 以下定理成立.

定理 33.2　设 $\varphi \in L_p(a,b)$, $1 < p < \infty$, $0 \leqslant \alpha < 1/p$, $-\infty < \beta < \infty$. 则关系式

$$I_{b-}^{\alpha,\beta}\varphi = I_{a+}^{\alpha,\beta}[\cos(\alpha\pi)\varphi + \sin(\alpha\pi)S_{a,\alpha}\varphi + T_1\varphi], \tag{33.16}$$

$$I_{a+}^{\alpha,\beta}\varphi = I_{b-}^{\alpha,\beta}[\cos(\alpha\pi)\varphi - \sin(\alpha\pi)S_{b,\alpha}\varphi + T_2\varphi] \tag{33.17}$$

成立, 其中 T_1 和 T_2 是 $L_p(a,b)$ 中的全连续算子.

证明　我们需要证明 (33.16). 如果 $\beta = 0$, 则其与 (33.14) 一致. 如果 $\beta \neq 0$, 则如上所述为得到想要的结果, 我们对 (33.14) 中的 α 应用 β 次微分. 我们先考虑自然数 $\beta = 1, 2, \cdots$, 将 (33.14) 乘以 $\Gamma(\alpha)$, 将所得结果关于 α 求 β 次导数再除以 $\Gamma(\alpha)$, 我们得到

$$I_{b-}^{\alpha,\beta}\varphi = \sum_{j=0}^\beta \binom{\beta}{i} I_{a+}^{\alpha,\beta-j} N_j^\alpha \quad (\beta = 1, 2, \cdots), \tag{33.18}$$

其中

$$N_j^\alpha = \frac{d^j(\cos\alpha\pi)}{d\alpha^j}E + \sum_{i=0}^j \frac{\partial^{j-i}\sin(\alpha\pi)}{\partial\alpha^{j-i}} S_{a,\alpha,i}.$$

因此根据定理 33.1 的推论和引理 33.1, 对于自然数 β 我们得到了 (33.16).

现在设 β 为任意实数. 我们很自然地认为现在需对 (33.14) 应用任意 β 阶微分 (或积分). 然而我们不能使用 Liouville 分数阶积分-微分算子, 因为如果 $1/p <$

$\alpha < 1$, 算子 $S_{a,\alpha}$ 不能保持 $L_p(a,b)$ 空间不变性, 如果 $\alpha \geqslant 1$, (33.14) 不正确. 事实证明, 在这种情况下截断算子

$$(\tilde{I}_+^\beta f)(\alpha) = c_\alpha \gamma^\alpha I_-^\beta \left(\frac{\Gamma(t)}{\gamma^t} P_{\alpha,\varepsilon}^+ f \right)(\alpha), \quad c_\alpha = \begin{cases} 1/\Gamma(\alpha), & \alpha > 0, \\ 1, & \alpha = 0, \end{cases} \qquad (33.19)$$

与我们的目标十分匹配, 其中 $P_{\alpha,\varepsilon}^+$ 是投影

$$(P_{\alpha,\varepsilon}^+ f)(x) = \begin{cases} f(t), & t \in [\alpha, \alpha + \varepsilon], \\ 0, & t \notin [\alpha, \alpha + \varepsilon], \end{cases} \qquad 0 \leqslant \alpha < \alpha + \varepsilon < 1/p. \qquad (33.20)$$

我们将 (33.14) 中的 α 替换为 t 然后关于 t 应用 (33.19).

A. 首先我们对得到的关系式的左边作变换. 对于 $\beta > 0$ (如果 $\alpha = 0$, 取 $\beta > 1$), 根据 (33.19) 我们有

$$\begin{aligned} (\tilde{I}_+^\beta I_{b-}^t \varphi)(x) &= c_\alpha \gamma^\alpha \frac{1}{\Gamma(\beta)} \int_\alpha^{\alpha+\varepsilon} \frac{\Gamma(t)dt}{\gamma^t (t-a)^{1-\beta}} \frac{1}{\Gamma(t)} \int_x^b \frac{\varphi(y)dy}{(y-x)^{1-t}} \\ &= c_\alpha \int_x^b \frac{\varphi(y)dy}{(y-x)^{1-\alpha}} \int_0^\varepsilon \frac{\tau^{\beta-1}}{\Gamma(\beta)} \left(\frac{y-x}{\gamma} \right)^\tau d\tau. \end{aligned}$$

利用结果

$$\int_0^\varepsilon \frac{\tau^{\beta-1}}{\Gamma(\beta)} \left(\frac{x}{\gamma} \right)^\tau d\tau = \left(\ln \frac{\gamma}{x} \right)^{-\beta} \left[1 - \frac{1}{\Gamma(\beta)} \int_{\varepsilon \ln \frac{\gamma}{x}}^\infty \tau^{\beta-1} e^{-\tau} d\tau \right] \quad (\beta > 0), \quad (33.21)$$

我们发现

$$(\tilde{I}_+^\beta I_{b-}^t \varphi)(x) = (I_{b-}^{\alpha,-\beta} \varphi)(x) - c_\alpha \int_x^b \frac{\lambda_\beta(t-x)}{(t-x)^{1-\alpha-\varepsilon}} \varphi(t)dt, \qquad (33.22)$$

这里

$$\lambda_\beta(x) = \frac{x^{-\varepsilon}}{\Gamma(\beta)} \ln^{-\beta} \frac{\gamma}{x} \int_{\varepsilon \ln \frac{\gamma}{x}}^\infty e^{-\tau} \tau^{\beta-1} d\tau = O\left(\ln^{-1} \frac{\gamma}{x} \right), \quad 当 x \to 0 \text{ 时}, \quad (33.23)$$

此式可由 Erdélyi, Magnus, Oberbettinger and Tricomi [1953a, 6.9.2(21), 6.13.1(1)] 给出的关系

$$\int_u^\infty e^{-t} t^{\alpha-1} dt = u^{\alpha-1} e^{-u} \left[1 + O\left(\frac{1}{|u|} \right) \right], \quad 当 |u| \to \infty \text{ 时} \qquad (33.24)$$

得到.

根据定理 33.1,

$$c_\alpha \int_x^b \frac{\lambda_\beta(t-x)}{(t-x)^{1-\alpha-\varepsilon}}\varphi(t)dt = I_{b-}^{\alpha+\varepsilon}V_1\varphi,$$

其中 V_1 是 $L_p(a,b)$ 中的全连续 Volterra 算子. 以下任何地方我们将用 V_2, V_3, $\cdots$ 表示 $L_p(a,b)$ 中的全连续 Volterra 算子. 因此根据 (33.14) 和定理 33.1 的推论, 我们有

$$c_\alpha \int_x^b \frac{\lambda_\beta(t-x)}{(t-x)^{1-\alpha-\varepsilon}}\varphi(t)dt = I_{a+}^{\alpha+\varepsilon}N_{\alpha+\varepsilon}V_1\varphi = I_{a+}^{\alpha,-\beta}V_2N_{\alpha+\varepsilon}V_1\varphi,$$

其中 $N_t\varphi = \cos(t\pi)\varphi + \sin(t\pi)S_{a,t}\varphi$. 将此表达式代入 (33.22), 我们得到关系式

$$\tilde{I}_+^\beta I_{b-}^t\varphi = I_{b-}^{\alpha,-\beta}\varphi - I_{a+}^{\alpha,-\beta}V_3\varphi, \tag{33.25}$$

其中 $V_3 = V_2N_{\alpha+\varepsilon}V_1$.

现在令 $\beta < 0$, $\alpha > 0$. 则利用 (33.18)—(33.20), (33.23), (33.21), 我们得到

$$\tilde{I}_+^\beta I_{b-}^t\varphi = c_\alpha\gamma^\alpha(-1)^{[-\beta]+1}\frac{d^{[-\beta]+1}}{d\alpha^{[-\beta]+1}}I_t^{1+\beta+[-\beta]}\frac{\Gamma(t)}{\gamma^t}P_{\alpha,\varepsilon}^+I_{b-}^t\varphi$$

$$= c_\alpha\gamma^\alpha(-1)^{[-\beta]+1}\frac{d^{[-\beta]+1}}{d\alpha^{[-\beta]+1}}\int_x^b\left(\frac{\tau-x}{\gamma}\right)^\alpha$$

$$\times\left[\frac{\ln^{-1-\beta-[-\beta]}\frac{\gamma}{\tau-x}}{\tau-x} - \frac{\lambda_{1+\beta+[-\beta]}(\tau-x)}{(\tau-x)^{1-\varepsilon}}\right]\varphi(\tau)d\tau$$

$$= I_{b-}^{\alpha,-\beta}\varphi - c_\alpha\int_x^b\left(\frac{\tau-x}{\gamma}\right)^\alpha\frac{\ln^{[-\beta]+1}\frac{\gamma}{\tau-x}}{(\tau-x)^{1-\varepsilon}}\lambda_{1+\beta+[-\beta]}(\tau-x)\varphi(\tau)d\tau. \tag{33.26}$$

结合 (33.23), 定理 33.1 和 (33.14), 我们发现

$$c_\alpha\int_x^b\left(\frac{\tau-x}{\gamma}\right)^\alpha\frac{\ln^{[-\beta]+1}\frac{\gamma}{\tau-x}}{(\tau-x)^{1-\varepsilon}}\lambda_{1+\beta+[-\beta]}(\tau-x)\varphi(\tau)d\tau$$

$$= I_{b-}^\alpha V_4\varphi = I_{a+}^\alpha N_\alpha V_4\varphi = I_{a+}^{\alpha,-\beta}V_5N_\alpha V_4\varphi.$$

则根据 (33.26), 我们得到 (33.25), 其中 $V_3 = V_5N_\alpha V_4$.

B. 现在我们转换表达式 $\tilde{I}_+^\beta \cos(t\pi) I_{a+}^t \varphi$. 如果 $\beta > 0$, 则根据 (33.18)—(33.20), 我们有

$$\tilde{I}_+^\beta \cos(t\pi) I_{a+}^t \varphi = c_\alpha \gamma^\alpha \int_a^x \frac{\varphi(y)dy}{x-y} \frac{1}{\Gamma(\beta)} \int_\alpha^{\alpha+\varepsilon} \frac{\cos(t\pi)}{(t-\alpha)^{1-\beta}} \left(\frac{x-y}{\gamma}\right)^t dt. \quad (33.27)$$

将内积分进行分部积分并结合 (33.21), 我们得到

$$\frac{1}{\Gamma(\beta)} \int_\alpha^{\alpha+\varepsilon} \frac{\cos(t\pi)}{(t-\alpha)^{1-\beta}} \left(\frac{x-y}{\gamma}\right)^t dt = \left(\frac{x-y}{\gamma}\right)^\alpha \ln^{-\beta} \frac{\gamma}{x-y} [\cos(\alpha\pi) - \tilde{\lambda}(x-y)],$$

其中

$$\tilde{\lambda}(u) = \int_{\varepsilon \ln \frac{\gamma}{u}}^\infty e^{-\tau} \frac{\tau^{\beta-1}}{\Gamma(\beta)} d\tau + \int_0^\varepsilon \sin(s+\alpha)\pi ds \int_{\varepsilon \ln \frac{\gamma}{u}}^\infty e^{-\tau} \frac{\tau^{\beta-1}}{\Gamma(\beta)} d\tau \to 0, \quad \text{当 } u \to 0 \text{ 时.}$$

因此根据定理 33.1, (33.27) 表示为

$$\tilde{I}_+^\beta \cos(t\pi) I_{a+}^t \varphi = I_{a+}^{\alpha,-\beta} [\cos(\alpha\pi)\varphi + V_6\varphi]. \quad (33.28)$$

对于 $\beta < 0$, 可用与情况 A 相同的方式得到类似的结果.

C. 最后我们考虑表达式 $\tilde{I}_+^\beta I_{a+}^t \sin(t\pi) S_{a,t}\varphi$. 令 $\beta > 0$. 如情形 B 一样进行分部积分, 然后根据 (33.11), 我们有

$$
\begin{aligned}
& \tilde{I}_+^\beta I_{a+}^t \sin(t\pi) S_{a,t}\varphi \\
& = c_\alpha \int_a^x \frac{dy}{(x-y)^{1-\alpha}} \left(\int_0^\varepsilon \sin(a+s)\pi \left(\frac{x-y}{\gamma}\right)^s \frac{s^{\beta-1}}{\Gamma(\beta)} ds \right) (S_{a,\alpha}\varphi)(y) dy \\
& + \int_0^\varepsilon \left[\int_a^x \frac{\ln^{-\beta} \frac{\gamma}{x-y}}{(x-y)^{1-\alpha}} \lambda(x-y,\tau)(S_{\tau+\alpha,1}\varphi) dy \right] d\tau,
\end{aligned}
\quad (33.29)
$$

其中

$$\lambda(u,\tau) = \frac{c_\alpha}{\Gamma(\beta)} \int_{\tau \ln \frac{\gamma}{u}}^{\varepsilon \ln \frac{\gamma}{u}} e^{-s} s^{\beta-1} \sin \left(\alpha + s \ln^{-1} \frac{\gamma}{u} \right) \pi ds \to 0, \quad \text{当 } u \to 0 \text{ 时.}$$

与 (33.29) 的右端第一项类似的表达式 (用余弦代替正弦) 已在情况 B 中考虑. 因此应用定理 33.1 我们将 (33.29) 约化为

$$\tilde{I}_+^\beta I_{a+}^t \sin(t\pi) S_{a,t}\varphi = I_{a+}^{\alpha,-\beta} \left[\sin(\alpha\pi) S_{a,\alpha}\varphi + V_7\varphi + \int_0^\varepsilon V_\tau(S_{\tau+\alpha,1}\varphi) d\tau \right]. \quad (33.30)$$

对于 $\tau > 0$, 这里的 V_τ 为 $L_p(a,b)$ 中的全连续算子. 如果 $\tau = 0$, 则根据定理 33.1 的第一个结论, 全连续性不成立.

如果我们回到引理 32.4 的证明, 我们可以检查算子函数 V_τ 在 $(0, \varepsilon]$ 上的算子拓扑中关于 τ 连续, 并且在 $[0, \varepsilon]$ 上关于 τ 一致有界. 同样地, 根据 (33.13) 我们有

$$\|S_{\tau+\alpha,1}\| \leqslant c = \frac{1}{\pi} \int_0^\infty t^{\alpha+\tau-1/p} |t-1|^{-1} |\ln t| dt.$$

因此算子 $\int_0^\varepsilon V_\tau S_{\tau+\alpha,1} d\tau$ 在 $L_p(a,b)$ 中全连续, 所以我们从 (33.30) 中可以得到结果

$$\tilde{I}_+^\beta I_{a+}^t \sin(t\pi) S_{a,t} \varphi = I_{a+}^{\alpha,-\beta} [\sin(\alpha\pi) S_{a,\alpha} \varphi + V_8 \varphi]. \tag{33.31}$$

在 $\beta < 0$ 的情形下, 可以通过类似上面的论证得到相似的结果.

综合我们在情形 A, B 和 C 下得到的 (33.25), (33.28) 和 (33.31), 我们得到 (33.16). 通过对 (33.16) 两端应用算子 $A : f(x) \to f(a+b-x)$, 可以得到关系 (33.17). 证毕. ■

由 (33.16) 和 (33.17) 可知, (33.4) 和 (33.5) 中给出的空间一致. 即, 以下论断成立.

推论　　如果 $0 \leqslant \alpha < 1/p$, 则根据范数等价性, Banach 空间 $I_{a+}^{\alpha,\beta}(L_p)$ 和 $I_{b-}^{\alpha,\beta}(L_p)$ 一致:

$$I_{a+}^{\alpha,\beta}(L_p) = I_{b-}^{\alpha,\beta}(L_p) \overset{\text{def}}{=\!=} I^{\alpha,\beta}(L_p). \tag{33.32}$$

33.3　方程 (33.1) 的 Noether 性质

我们考虑 (33.1), 根据假设 (33.2), 它有如下形式

$$\mathbf{K}\varphi \equiv \int_a^x \frac{u(x,t)}{(x-t)^{1-\alpha}} \ln^\beta \frac{\gamma}{x-t} \varphi(t) dt + \int_x^b \frac{v(x,t)}{(t-x)^{1-\alpha}} \ln^\beta \frac{\gamma}{t-x} \varphi(t) dt, \tag{33.33}$$

其中 $-\infty < \beta < \infty, 0 \leqslant \alpha < 1$ (如果 $\alpha = 0$, 则 $\beta < -1$).

我们假设在 $0 < \alpha < 1$ 的情况下, 函数 $u(x,t)$ 和 $v(x,t)$ 满足下列类似 (31.55) 的条件 1) 和 2), 因此

1) $u(x,x) = u(x, x-0) \in C([a,b])$, $v(x,x) = v(x, x+0) \in C([a,b])$;

2) 在 $\alpha < 1$ 的情况下, 函数 $u(x,t)$ 和 $v(x,t)$ 是关于 x 的 $\lambda > \alpha$ 阶 Hölder 函数, 且关于 t 一致;

3) 在 $\alpha = 1$ 的情况下, 函数 $u(x,t)$ 和 $v(x,t)$ 关于 x 可微且以下不等式成立

$$\left| \frac{\partial u}{\partial x} \right| \leqslant \frac{c_1}{(x-t)^{1-\varepsilon_1}}, \quad \left| \frac{\partial v}{\partial x} \right| \leqslant \frac{c_2}{(t-x)^{1-\varepsilon_1}}, \quad \varepsilon_1 > 0,$$

$$|u(x,t) - u(t,t)| \leqslant c_3(x-t)^{\varepsilon_2}, \quad |v(x,t) - v(t,t)| \leqslant c_4(t-x)^{\varepsilon_2}, \quad \varepsilon_2 > 0,$$

其中 c_1, c_2, c_3 和 c_4 为正常数.

考虑情形 $0 \leqslant \alpha < 1/p$ (如果 $\alpha = 0$, 则 $\beta < -1$). 根据定理 33.2 的推论, 我们将研究算子 $\mathbf{K}$ 从 $L_p(a,b) \equiv L_p$, $1 < p < \infty$ 映入到 $I^{\alpha,\beta}(L_p)$ (由 (33.32) 定义) 的映射性质.

我们将 (33.33) 中的算子表示为

$$\mathbf{K} = \mathbf{K}^{\alpha,\beta} + T_1^{\alpha,\beta} + T_2^{\alpha,\beta}, \tag{33.34}$$

其中

$$\mathbf{K}^{\alpha,\beta}\varphi = I_{a+}^{\alpha,\beta}u\varphi + I_{b-}^{\alpha,\beta}v\varphi, \tag{33.35}$$

$$(T_1^{\alpha,\beta}\varphi)(x) = \frac{1}{\Gamma(\alpha)} \int_a^x \frac{u(x,t) - u(t,t)}{(x-t)^{1-\alpha}} \ln^\beta \frac{\gamma}{x-t} \varphi(t)dt,$$

$$(T_2^{\alpha,\beta}\varphi)(x) = \frac{1}{\Gamma(\alpha)} \int_x^b \frac{v(x,t) - v(t,t)}{(t-x)^{1-\alpha}} \ln^\beta \frac{\gamma}{t-x} \varphi(t)dt. \tag{33.36}$$

引理 33.2　如果 $1 < p < \infty$, $0 \leqslant \alpha < 1/p$, 函数 $u(x,t)$ 和 $v(x,t)$ 是关于 x 的 $\lambda > \alpha$ 阶 Hölder 函数且关于 t 一致, 则 $T_1^{\alpha,\beta}$ 和 $T_2^{\alpha,\beta}$ 是从 $L_p(a,b)$ 映入到 $I^{\alpha,\beta}(L_p)$ 的全连续算子且

$$T_1^{\alpha,\beta} = I_{a+}^{\alpha,\beta}\tilde{V}_1, \quad T_2^{\alpha,\beta} = I_{b-}^{\alpha,\beta}\tilde{V}_2, \tag{33.37}$$

其中算子 $\tilde{V}_1$ 和 $\tilde{V}_2$ 是 $L_p(a,b)$ 中的全连续算子.

证明　如果 $0 < \alpha < 1$, $\beta = 0$, 则这个引理的论断与引理 31.4 一致且

$$T_1^{\alpha,0} = I_{a+}^{\alpha}\tilde{V}_1, \quad T_2^{\alpha,0} = I_{b-}^{\alpha}\tilde{V}_2, \tag{33.38}$$

其中算子

$$\tilde{V}_1\varphi = \frac{\alpha\sin\alpha\pi}{\pi} \int_a^x \varphi(s)ds \int_s^x \frac{u(x,s) - u(t,s)}{(t-s)^{1-\alpha}(x-t)^{1+\alpha}} dt, \tag{33.39}$$

$$\tilde{V}_2\varphi = \frac{\alpha\sin\alpha\pi}{\pi} \int_x^b \varphi(s)ds \int_x^s \frac{v(x,s) - v(t,s)}{(s-t)^{1-\alpha}(t-x)^{1+\alpha}} dt \tag{33.40}$$

是 $L_p(a,b)$ 中的全连续算子.

使用 (33.19) 中给出的算子, 用与定理 33.2 的证明中对 (33.14) 和 (33.15) 所使用的相同变换 (33.38). 经过一些与定理 33.1 和定理 33.2 中所考虑的类似变换后, 我们有

$$T_1^{\alpha,\beta} = I_{a+}^{\alpha,\beta}[\sin(\alpha\pi)\tilde{V}_1 + T_3], \quad T_2^{\alpha,\beta} = I_{b-}^{\alpha,\beta}[\sin(\alpha\pi)\tilde{V}_2 + T_4] \quad (0 \leqslant \alpha < 1/p),$$

其中算子 T_3 和 T_4 是 $L_p(a,b)$ 中的全连续算子. 因此, 根据 $L_p(a,b)$ 中算子 $\tilde{V}_1$ 和 $\tilde{V}_2$ 的全连续性知该定理成立. ∎

根据 (33.34), (33.3) 中算子的 Noether 性质与 (33.35) 中模型算子的 Noether 性质等价. 后者根据定理 33.2 可表示为形式

$$\mathbf{K}^{\alpha,\beta}\varphi = I_{a+}^{\alpha,\beta}[N_\alpha\varphi + T_5\varphi], \tag{33.41}$$

其中 N_α 是 (31.58) 中给出的奇异积分算子, T_5 是 $L_p(a,b)$ 中的全连续算子.

我们从 (33.41) 中得到从 $L_p(a,b)$ 到 $I^{\alpha,\beta}(L_p)$ 的算子 $\mathbf{K}$ 的 Noether 性质等价于在 $L_p(a,b)$ 中奇异积分算子

$$N_\alpha\varphi = [u(x,x) + v(x,x)\cos(\alpha\pi)]\varphi(x) + \frac{\sin(\alpha\pi)}{\pi}\int_a^b \left(\frac{t-a}{x-a}\right)^\alpha \frac{v(t,t)\varphi(t)dt}{t-x}$$
$$\tag{33.42}$$

的 Noether 性质. 利用关于算子 N_α 的 Noether 性质的定理 31.7, 我们得到如下类似定理 31.12 的结论.

定理 33.3　设 $1 < p < \infty$, $0 \leqslant \alpha < 1/p$, 并且当 $\alpha > 0$ 时, $-\infty < \beta < \infty$; 当 $\alpha = 0$ 时, $\beta < -1$, 令函数 $u(x,t)$ 和 $v(x,t)$ 满足上面的条件 1) 和 2). 则 (33.33) 中给出的算子是从 $L_p(a,b)$ 映入到 $I^{\alpha,\beta}(L_p)$ 的 Noether 算子当且仅当

1) $u^2(x,x) + 2u(x,x)v(x,x)\cos\alpha\pi + v^2(x,x) \neq 0$,　$a \leqslant x \leqslant b$; $\tag{33.43}$

2) $\theta(a) \neq 2\pi(-\alpha + 1/p)$,　$\theta(b) \neq 2\pi/p'$　$(\mathrm{mod}2\pi)$, $\tag{33.44}$

其中

$$e^{i\theta(x)} = \frac{u(x,x) + v(x,x)e^{-i\alpha\pi}}{u(x,x) + v(x,x)e^{i\alpha\pi}},\quad 0 \leqslant \theta(a) < 2\pi. \tag{33.45}$$

如果这些条件满足, 算子 $\mathbf{K}$ 的指标等于

$$\varkappa = \varkappa_{L_p \to I^{\alpha,\beta}(L_p)} = \begin{cases} k, & 0 \leqslant \theta(a) < 2\pi(-\alpha + 1/p), \\ k-1, & 2\pi(-\alpha + 1/p) < \theta(a) < 2\pi, \end{cases} \tag{33.46}$$

其中 k 是由条件

$$\theta(b) - 2\pi k \in (-2\pi/p, 2\pi/p') \tag{33.47}$$

定义的整数.

特别地, 如果 $\alpha = 0$ 且 $\beta < -1$, 则 (33.33) 给出的算子是 Noether 算子当且仅当

$$u(x,x) + v(x,x) \neq 0,\quad a \leqslant x \leqslant b, \tag{33.48}$$

其指标等于 $\varkappa = \varkappa_{L_p \to I^{0,\beta}(L_p)} = 0$.

比较定理 31.12 和定理 33.3, 我们得到一个有趣事实.

定理 33.4 *势型算子*

$$M\varphi \equiv \frac{1}{\Gamma(\alpha)} \int_a^b \frac{c(x,t)}{|x-t|^{1-\alpha}} \varphi(t) dt$$

核中因子 $\ln^\beta \dfrac{\gamma}{|x-t|}$ 的存在会削弱或增强核在对角线 $x=t$ 处奇异性 (依赖 β 的符号), 它在 $0 < \alpha < 1/p$ 的意义下会改变算子的值域但不影响其 Noether 性质, 然后从 $L_p(a,b)$ 到 $I^{\alpha,\beta}(L_p)$ 的算子 $\mathbf{K}$ 的 Noether 性质等价于 L_p 中奇异算子 (33.42) 的 Noether 性质.

注 33.3 定理 33.3 可以推广到 $L_p([a,b], \rho)$ 上, 其中 $\rho(x) = \prod\limits_{k=1}^{n} |x-x_k|^{\mu_k}$ 为广义幂权. 对于从 Hölder 加权空间 $H_0^\lambda(\rho)$ 到广义 Hölder 加权空间 $H_0^{\lambda+\alpha,\beta}(\rho)$ 的算子 $\mathbf{K}$, 关于其 Noether 性质的定理也成立 (见 §34.2, 注记 33.1 和注记 33.2).

注 33.4 定理 33.3 在 $0 \leqslant \alpha < 1/p$ 情形下给出了 (33.3) 中算子的 Noether 性质. 在 $1/p < \alpha \leqslant 1$ 的情形下 (见 §34.2, 注记 33.1), 也存在类似的结论. 特别地, 如果 $\alpha = 1$ 且 $\beta > 0$, 则 (33.1) 中带纯对数核算子的 Noether 性质成立. 并且带此类核的算子的 Noether 性质还有更一般的研究 (见 §34.2, 注记 33.4).

§34 第六章的参考文献综述及附加信息

34.1 历史注记

§ 30.1 的注记 这里我们仅考虑了方程在全轴和轴的一个区间上的情形. 读者可以在 Gahov [1977] 和 Muskhelishvili [1968] 以及 Gohberg and Krupnik [1973a] 的书中更详细地了解奇异积分方程理论, 其中这些方程是在复平面的曲线上考虑的.

§§ 30.2 和 30.3 的注记 Zeilon [1924] 首次提出了有限区间和半轴上的广义 Abel 方程, 包括内部系数和外部系数情形. 在 1960 年至 1970 年间处理广义 Abel 方程的学者并不知道这篇论文, 因此关于这篇文章还应参考 §17.1, §§11.2 和 11.3 的注记. Zeilon 在这篇论文中提出了一种将广义 Abel 方程约化为奇异特征方程或与后者相关的解析函数情形下的 Hilbert 边值问题的形式体系. 文中还首次尝试考虑了具有常系数的广义 Abel 积分方程组. Zeilon 提出的约化为奇异方程的方法在 1924 年是惊人的原创. 他指出, 广义 Abel 方程的解可以约化为奇异方程和通常 Abel 方程的逐次解. 然而, 他既没有给出奇异方程正确的解, 也没有研究其可解性. Muskhelishvili [1968] 和 Gahov [1977] 很晚才获得这样的解.

Sakalyuk [1960, 1965] 首先在有限区间的情况下给出了已充分研究过可解性的广义 Abel 方程的解. Sakalyuk 使用了 Carleman 解析延拓法. Wolfersdorf [1965b] 和 Samko [1967a, 1968c] 基本上削弱了这些论文中的限制性假设. Samko 论文中的解是基于 §30 中提出的另一种方法得到的. 它基于与奇异算子的直接联系, 不仅可以用来阐明可容许解与广义 Abel 方程右端的联系, 还可以用来研究带幂型核的第一类方程.

Samko [1968b, 1969a, 1970a] 求解了全轴上的广义 Abel 方程 (30.17) 和 (30.18). §§ 30.2 和 30.3 中的介绍根据 Samko [1978c, §§ 3 和 9] 给出, 也见 Samko [1985a] 的研究.

§ 30.4 的注记　方程 (30.67) 的显式解由 Samko [1970b, 1973] 给出. 另请参阅 Samko [1971c], 其中该方程的解以 (30.63) 的形式得到. Samko [1968c] 注意到了 (30.72) 中的情况. 这些情况一般较早为人所知. 对于具有紧支集的函数 $\varphi \in L_2(R^1)$ 的关系式 (30.73) 我们参考 Stein and Zygmund [1965], 关系式 (30.74) 我们可参考 Heywood [1967]. Heywood [1971] 表明, 如果 $f(x) \in I^\alpha(L_p)$, $1 < p < 1/\alpha$, 则 (30.73) 和 (30.74) 中的积分对于 x 几乎处处条件收敛. Jones [1970] 研究了 (30.72) 在某些广义函数空间中的解.

Wolfersdorf [1969] 特别考虑了在有限区间上具有常系数的广义 Abel 方程 (30.79), 并用带超几何核的积分给出了它的解. 形式 (30.82) 的解由 Samko [1978c, §9] 给出, 在书 Gahov [1977] 中提出. 引理 30.3 的论断由 Wolfersdorf [1969] 给出, 由 Ganeev [1979, 1982] 再次提及. 后文也通过超几何函数给出了有限区间上常系数广义 Abel 方程的解, 但与 Wolfersdorf [1969] 的结果不同.

方程 (30.83) 的解首先由 Carleman [1922] 给出. 他给出的解可参见下文 § 34.2. 解的另一种形式由 Ahiezer and Shcherbina [1957] 获得 (另见 § 34.2). Williams [1963] 将 (30.67) 与一些静电问题联系起来, 得到了相同的结果. Krein [1955] 在与逆 Sturm-Liouville 问题相关的研究中得出了某种求解积分方程的方法. 特别地, 他得到了 Carleman 方程 (30.83) 的解. 这方面我们也参考 Mhitaryan [1968].

Samko [1968a] 给出了 Carleman 方程形式为 (30.84) 的解, 他也得到了 (30.89).

§ 31.1 的注记　定理 31.1—定理 31.4 是 Noether 算子理论中的著名定理. 在抽象 Banach 空间中, 它们首先由 Nikol'skii [1943] 在指标等于零的 Fredholm 情形下得到, 并由 Atkinson [1951] 和 Gohberg [1951] 进一步推广到非零指标的情形. 可以使用 Gohberg and Krein [1957], Kato [1958] 以及 § 31.1 开头引用的书籍来更详细地了解 Banach 空间中的 Noether 算子理论.

对于更一般的在复平面上任意光滑曲线, 诸如 §§ 31.5—31.7 这种类型的定理是众所周知的. 我们仅针对全轴或任意要求的区间的情况给出公式. Widom

[1960] 特别考虑了这种情况. 定理 31.5 是众所周知的, 例如可以在 Gohberg and Krupnik [1973a] 中找到. 定理 31.6 是关于开围道上奇异积分方程 Noether 定理有效性的经典陈述—— 见书 Gahov [1977] 和 Muskhelishvili [1968]. 然而, 这些书中关于核 $\mathcal{K}(x,t)$ 的假设缺少一般性. Gohberg and Krupnik [1968, 1969, 1971] 获得了更一般形式的定理 31.7. 在以显式形式写出指标时, 我们使用 Karapetyants and Samko [1975b] 给出的表达式来重新计算指标.

§ 31.2 的注记　Samko [1968d] 提出了所研究的带幂核的第一类方程具有 Noether 性质的适当设定. 在论文 Samko [1971b, 1973] 中, 他在这样的设定下研究了 (31.6) 的 Noether 性质. § 31.2 中的结果主要源自后一篇论文. 定理 31.10 由 Rubin [1972b] 证明.

§ 31.3 的注记　本节的结果除关于有限区间 L_p 中 Noether 性质的定理 31.12 由 Rubin [1973a] 获得外, 其余均由 Samko [1967a, 1968d, 1978c] 得到. 注 31.4 中提到的关于 $L_p(\rho)$ 的结果由 Rubin [1972a] 获得, 包括 $a = -\infty$ 或 $b = \infty$ 的情形. Rubin [1972b, 1975] 研究了更一般的带权空间 $L_p(\rho)$ 中的 Noether 性质.

注 31.5 中提到的算子 (31.55) 从 $H_0^\lambda(\rho)$ 到 $H_0^{\lambda+\alpha}(\rho)$ 的 Noether 性质判据由 Rubin [1974c] 得到. 我们注意到这里起决定作用的是空间同胚定理 31.13 的应用, 即由 Riemann-Liouville 算子 (2.17) 和 (2.18) 实现的空间 $H_0^\lambda(\rho)$ 和 $H_0^{\lambda+\alpha}(\rho)$ 之间的同胚. 它允许用与解 φ 本身相同的简单项来刻画 (31.55) 的右端 f 的类.

方程 (31.55) 中 $v(x,t) \equiv 0$ 的情况, 即 (31.67) 在很早之前就已得知. Volterra [1896] 在比 § 31 更严格的函数 $u(x,t)$ 假设下, 已经对其进行了研究——另见 Volterra [1982, pp. 100-101]. 通过使用 Marchaud 形式的分数阶微分, 我们设法削弱了 § 31 中关于函数 $u(x,t)$ 的假设.

§ 31.4 的注记　这里提出的关于稳定性的论点应该认为是熟知的. Samko [1968c, 1970a] 提出将空间 $I^\alpha(L_p)(\equiv H^{\alpha,p})$ 作为具有弱奇异性的第一类积分方程的右端的空间. 如果我们使用后来得到的具有弱奇异性的第二类 Volterra 积分方程预解算子在 L_p 中有界的结果, 定理 31.13 可以看作是从研究 Volterra [1896] 中得到的一个论断.

§ 32.1 的注记　Volterra [1916] 提出了对 (32.14) 中的参数 α 应用微分和积分的思想, 这导致了 (32.12) 中的关系式. Rubin [1973b, 1976, 1977] 证明了关于参数 α 类似应用 Liouville 微分会得到关系式 (32.13).

§ 32.2 的注记　Volterra [1916] 首先考虑了具有幂对数核和变上限积分的方程 (32.2) 的闭形式解问题. 这些结果的介绍也包含在 Volterra and Peres [1924], Volterra and Peres [1936, Ch. 7, pp. 166-181] 中. Volterra 找到了最简单方程 (32.18) 的解, 并指出了 (32.3) 中更一般方程的求解方法. 该方法是基于恒等式

(32.15) 的推广, 即

$$\int_0^x t^{\alpha-1} \sum_{k=0}^m B_{mk} \ln^k t\nu[(x-t)e^h]dt = -\frac{x^\alpha}{\alpha} \sum_{k=0}^{m-1} B_{m-1,k} \ln^k x, \quad \alpha > 0, \quad (34.1)$$

其中 $\nu(x)$ 的形式为 (32.10), 参见 (32.28). 我们还发现最简单方程 (32.18) 的解包含在 M.M. Dzherbashyan [1966a, Ch. 5, §1.1, p. 264] 和 Volterra [1982, p. 102] 的书中.

　　Kilbas 得到的引理 32.3 和定理 32.1, 以及引理 32.3 中的 (32.27) 等价于表示 (32.3) 的解 (32.30) 的数 $h_1, h_2, \cdots, h_m$ 与代数方程 (32.34) 的根, 这一事实在此之前都没有被提及.

　　§ 32.3 的注记　本小节的结果由 Rubin [1977] 得到.

　　§ 33.1 的注记　定理 33.1 由 Rubin [1977] 证明. 此前他在对数的自然幂和非负实幂的情形下在 $L_p(a,b)$ 空间中得到了 (33.10) 中的嵌入——见 Rubin [1973b, 1976].

　　§ 33.2 的注记　本小节的结果由 Rubin [1973b, 1977] 给出.

　　§ 33.3 的注记　Rubin 在文献 [1973b, 1976] 中分别针对对数的自然幂、非负实幂和任意幂研究了从空间 $L_p(a,b)$ $(1 < p < \infty)$ 到空间 (33.32) 中的带幂对数核势型算子 (33.1) 的 Noether 性质.

34.2　其他结果概述 (与 §§ 30—33 相关)

　　30.1　Carleman [1922] 根据围道积分得到了方程

$$\int_0^1 \frac{\varphi(t)dt}{|x-t|^{1-\alpha}} = f(x), \quad 0 < x < 1 \tag{34.2}$$

的解

$$\varphi(x) = \frac{i\sin\frac{\alpha\pi}{2}}{2\pi^2} \frac{d}{dx} \int_{\Gamma_x} \frac{dt}{(t-x)^\alpha} \int_0^1 \left[\frac{t(t-1)}{s(s-1)}\right]^{\alpha/2} \frac{f(s)ds}{s-t}, \tag{34.3}$$

其中 Γ_x 是只在点 x 与正实半轴 R_+^1 相交的任意闭围道.

　　30.2　Carleman 方程

$$\int_0^a \frac{\varphi(y)dy}{|x^2-y^2|^{1-\alpha}} = f(x), \quad 0 < x < a$$

的解已知, 其形式为

$$\varphi(x) = -\frac{2\Gamma(1-\alpha)\sin\frac{\alpha\pi}{2}}{\pi\left[\Gamma\left(\frac{2-\alpha}{2}\right)\right]^2}\frac{1}{x^\alpha}\frac{d}{dx}\int_x^a\frac{t^{2\alpha}dt}{(t^2-x^2)^{\alpha/2}}\frac{d}{dt}\int_0^t\frac{f(s)s^{1-\alpha}ds}{(t^2-s^2)^{\alpha/2}}.$$

此方程可以通过变量替换约化为 (34.2). 这与从 (30.82) 或 (30.84) 中得到的结论不同——见 Ahiezer and Shcherbina [1957]. 后来 Williams [1963] 得到了关于 (34.2) 的类似结果.

30.3 带不同核的第一类积分方程

$$\int_{-\infty}^\infty\frac{c(x-t)}{|x-t|^{1-\alpha}}\varphi(t)dt = f(x), \quad -\infty < x < \infty, \tag{34.4}$$

其中

$$c(x) = \begin{cases} u(x), & x > 0, \\ v(x), & x < 0, \end{cases} \quad u(x), v(-x) \in H^\lambda(\dot{R}_+^1), \quad \lambda > \alpha$$

可以约化为带不同奇异核的第二类积分方程

$$N\varphi \equiv a_1\varphi(x) + \frac{\sin\alpha\pi}{\pi}\int_{-\infty}^\infty\frac{v(-|t-x|)}{t-x}\varphi(t)dt + \int_{-\infty}^\infty T(x-t)\varphi(t)dt = g(x),$$

这里 $a_1 = u(0) + v(0)\cos\alpha\pi$, $g(x) = \frac{1}{\Gamma(\alpha)}\mathbf{D}_+^\alpha f$. 通过显式估计 $u(x)$ 和 $v(x)$, 核 $T(x)$ 是除原点外在任何点处连续的函数, 且有估计 $|T(x)| \leqslant c|x|^{\alpha-1}$, $x \to 0$ 和 $|T(x)| \leqslant c(1+|x|)^{-\alpha-1}$, $x \to \infty$. 算子 N 的结构为 $N\varphi = \lambda\varphi + \mu S\varphi + h_1 * \varphi + S(h_2 * \varphi)$, 其中 λ 和 μ 是常数, $h_1(x), h_2(x) \in L_1(R^1)$. 如果算子 N 可逆, 则算子 N^{-1} 有相同的形式——Samko [1975], Samko [1978c, § 5].

30.4 Wolfersdorf [1969] 求解了在有限区间上具有常数系数的广义 Abel 方程 (30.79) $(a = 0, b = 1)$, 解的形式为

$$\varphi = \frac{c}{(x-a)^{\alpha+\theta/(2\pi)}(1-x)^{1-\theta/(2\pi)}}$$

$$+ \frac{\sin\alpha\pi}{A\pi}\frac{d}{dx}\left\{u\int_0^x\frac{f(t)dt}{(x-t)^\alpha} - v\int_x^1\frac{f(t)dt}{(t-x)^\alpha}\right\} - \lambda\int_0^1 P(x,t)f(t)dt.$$

如果 $uv > 0$, 则这里的 $c = 0$; 如果 $uv < 0$, 则 c 任意. $A = u^2 + 2uv\cos\alpha\pi + v^2$, 如果 $uv > 0$,

$$\lambda = -\frac{v\sin^2\alpha\pi}{A\pi^2}\frac{\Gamma(2-\theta/(2\pi))\Gamma(1-\alpha)}{(\alpha+1)\Gamma(1-\alpha-\theta/(2\pi))},$$

如果 $uv < 0$, 则 $\lambda = \dfrac{v \sin^2 \alpha\pi}{A\pi^2} \dfrac{\Gamma(1 - \theta/(2\pi))\Gamma(-\alpha)}{\Gamma(1 - \alpha - \theta/(2\pi))}$.

$$P(x,t) = [x(1-x)]^{-1-\alpha}\,_2F_1\left(2 - \frac{\theta}{2\pi}, 1 + \alpha; 2 + \alpha; \frac{x-t}{x(1-t)}\right), \quad 若 \quad uv > 0,$$

如果 $uv < 0$, 则 $P(x,t) = \dfrac{d}{dx}\left\{[x(1-x)]^{-\alpha}\,_2F_1\left(1 - \dfrac{\theta}{2\pi}, \alpha; 1 + \alpha; \dfrac{x-t}{x(1-t)}\right)\right\}$,

其中 θ 在 (30.80) 中给出. 在 $u = v$ 和 $u = -v$ 的情况下, 将此与 (30.84) 和 (30.89) 比较. Ganeev [1982] 也根据超几何函数给出了另一种形式的解.

30.5 当广义 Abel 方程 (30.41) 在复平面的光滑曲线上考虑时, 也可以闭形式求解. 这种情况由 Sakalyuk [1963] 和 Peters [1969] 研究. 后者还求解了光滑曲线上的广义 Abel 方程 (30.42) 和方程

$$\int_{C_{az}} \frac{\varphi(t)dt}{(z-t)^{1-\alpha}} + k\int_{C_{za}} \frac{\varphi(t)dt}{(t-z)^{1-\alpha}} = f(z), \quad z \in C, \tag{34.5}$$

其中 C 为闭围道, C_{az} 和 C_{za} 为其两条弧. 这里 $k \neq 1$ 且 $k \neq e^{2\pi i\alpha}$. Chumakov and Vasil'ev [1980] 考虑了 $k = 1$ 和 $k = e^{2\pi i\alpha}$ 的情况, 这表示相应的 Riemann 边值问题的退化情况. 我们注意到, Peters [1969] 将方程约化为在闭围道上的 (34.5) 来求解. 例如求解了方程

$$\int_0^\pi \frac{\mathrm{sign}(x-t)}{|\sin(x-t)|^{1-\alpha}}\varphi(t)dt = f(x), \quad 0 < x < \pi.$$

Chumakov [1971] 考虑了 (30.41) 关于区间系统的情况的修正.

30.6 Vasil'ev [1981b, 1982b] 研究了广义 Abel 方程 (30.41) 的 "例外" 情况, 即 $u(x)$ 和 $v(x)$ 在区间 $[a,b]$ 上的有限个点处同时为零.

当 $u(x)$ 和 $v(x)$ 在点 a 和 b 处可能无界时, Orton [1980] 在一些广义函数空间中给出了方程 (30.41) 的解.

30.7 Sakalyuk [1962] 指出了求解方程

$$u(x)\int_a^x \frac{P(x-t)}{(x-t)^{1-\alpha}}\varphi(t)dt + v(x)\int_x^b \frac{P(x-t)}{(t-x)^{1-\alpha}}\varphi(t)dt = f(x)$$

的算法, 此方程比 (30.41) 更一般, 其中 $P(x)$ 为多项式. Peters [1969] 在光滑开曲线的情况下考虑了它. 我们也参考 Neunzert and Wick [1966] 中 $v(x) \equiv 0$, $f(x) \equiv 1$ 的情形.

我们还观察到, Chumakov [1970] 和 Peschanskii [1984] 分别考虑了 (30.41) 在有限区间和闭围道上的一些推广, 其核中带有 Gauss 超几何函数 (1.72).

30.8　有限区间上的广义 Abel 方程 (30.41) 有许多应用. 我们注意到其中的一些. 首先是混合型微分方程的边值问题, 例如 Wolfersdorf [1965b]. 我们还注意到文章 Bzhikhatlov [1971], 在求解退化型方程边值问题时, 得到了一个类似广义 Abel 方程 (30.41) 的方程. Wolfersdorf [1970] 将广义 Abel 方程应用于博弈论问题. Lundgren and Chiang [1967] 指出了特殊情况 ($u \equiv v \equiv 1$ 或 $u \equiv -v \equiv 1$) 在磁流体力学问题中的应用. 文献 Arutyunyan [1959a,b] 和 Arutyunyan and Manukyan [1963] 给出了常系数方程 (30.41) 在蠕变和塑性理论的接触问题中的应用. Rubin [1983a] 在更一般的变系数情况下给出了类似的应用.

我们还观察到, 广义 Abel 方程的特例 $\cos \alpha \pi I_{0+}^{\alpha} \varphi - I_{1-}^{\alpha} \varphi = f$ 出现在非线性 Hilbert 边值问题的应用中——Hatcher [1985].

30.9　虽然 Zeilon [1924] 首先尝试求解了广义 Abel 积分方程组, 但它们真正的研究是最近才开始的. Lowengrub and Walton [1979] 和 Walton [1975] 提出了更严谨的方法. 前文用解析延拓的方法将两个 (30.41) 型方程组成的方程组——以非一般形式考虑——约化为两对函数的 Riemann 边值问题. 在后面的文章中, 将两个比 (30.41) 形式更一般的方程组成的方程组约化为完整的奇异方程. 论文的研究受到方程组在弹性理论混合问题中应用的影响. 这方面我们也参考 Lowengrub [1976].

Vasil'ev [1981a,c, 1982a] 得到了广义 Abel 方程组有意义的结果. 由给定方程组构造出一些 Hermitian 形式后, 他就这些形式的符号可定性, 得到了解的唯一性准则和方程组的绝对可解性准则. 在某些情况下, 解的数目和可解条件通过这些形式的秩和符号来表示.

特别地, Vasil'ev [1982a] 将广义 Abel 方程组 $UI_{a+}^{\alpha} \varphi + VI_{b-}^{\alpha} \varphi = f$ 约化为奇异积分方程组, 其中 φ 和 f 为向量函数, U 和 V 为矩阵函数. 他对形式 $I_{a+}^{\alpha}(U\varphi) + I_{b-}^{\alpha}(V\varphi) = f$ 的方程组作了类似的研究. 在常系数的情况下, 例如当 U 和 V 是数阵时, 利用 Hermitian 形式的方法给出了方程组可解性的完整结果. 对于形式为

$$\int_{-\infty}^{\infty} \frac{C_1 + C_2 \text{sign}(x - t)}{|x - t|^{1-\alpha}} \varphi(t) dt = f(x), \quad x \in R^1$$

的方程组, 其中 C_1 和 C_2 是数矩阵, Vasil'ev [1981a, c] 获得了 (30.68) 型的显式逆关系.

Vasil'ev [1985] 考虑了全轴上包含了向量函数 $\varphi(-x)$ 和向量函数 $\varphi(x)$ 的广义 Abel 方程组.

我们还注意到 Penzel [1986, 1987] 的文章, 其在权重为 $\rho = x^\gamma$ 的空间 $L_p(R_+^1; \rho)$ 中研究了半轴 R_+^1 上的广义 Abel 方程组.

30.10 将变分法应用于正多项式算子函数逼近问题, 积分-微分方程

$$\lambda\varphi(x) = \int_0^1 \frac{\text{sign}(x-t)}{|x-t|^\alpha}\varphi'(t)dt, \quad 0 < \alpha < 1$$

会出现在函数逼近问题中——Kogan [1964, 1965]. 在这些论文中, 通过求右端的逆, 这个方程可约化为具有正定算子的第二类齐次 Fredholm 方程.

30.11 Sadowska [1959] 给出了非线性积分-微分方程

$$\int_0^x F(x, t, \varphi(t), \varphi'(t))(x-t)^{\alpha-1}dt = f(x), \quad x > 0, \quad 0 < \alpha < 1$$

可解性的一些结果.

31.1 §30 中, 在 $0 < \alpha < 1$ 的情形下求解了广义 Abel 方程 (30.41), 即方程 $M\varphi = u(x)I_{a+}^\alpha\varphi + v(x)I_{b-}^\alpha\varphi = f$. 在 $\alpha \notin (0,1)$ 情形下也可以考虑此问题. 如果 $\alpha < 0$, 则此关系可解释为分数阶微分方程. Rubin [1980a] 对任意 $\alpha \in R^1$ 的方程 $M\varphi = f$ 进行了全面研究. 特别地. 对每个 α, 他构造了一对与空间 $L_p(a, b)$ 有关的 Banach 空间 X 和 Y, 使得算子 M 是从 X 到 Y 的 Noether 算子.

31.2 Rubin [1972b, 1974a] 研究了第一类积分方程

$$M\varphi \equiv \int_\Omega c(x, y)|x-y|^{\alpha-1}\varphi(y)dy = f(x), \quad x \in \Omega$$

的 Noether 性质, 其中函数 $c(x, y)$ 在对角线 $x = y$ 处不连续, Ω 是全轴上区间的并集, 并且认为 M 是从 $L_p(\Omega; \rho)$ 到 $I^\alpha[L_p(\Omega; \rho)]$ 的算子. Rubin [1974b] 在 Ω 是复平面上充分光滑曲线的情况下研究了算子 M 的 Noether 性质.

31.3 Rubin [1975, 1980c] 在更一般的情况下研究了势型算子 M (见 (31.1)) 的 Noether 性质, 这里 $c(x, t)$ 不仅在 $t = x$ 处有跳跃, 也在 $t = a_k$, $k = 1, \cdots, m$, $x = b_j$, $j = 1, \cdots, n$ 处有跳跃, 其中 $a_k = b_j$ 的情形尤为重要. 这种推广很有意义, 特别地, 它允许我们考虑 "具有有限个势型核" 的方程

$$\sum_{k=1}^n \int_{a_k}^{a_{k+1}} c_k(x, t)|x-t|^{\alpha-1}\varphi(t)dt = f(x).$$

31.4 定理 31.9 中所述的势型算子的 Noether 性质可以在 $u(x, t)$ 和 $v(x, t)$ 无穷远处较弱的行为假设下证明. 即我们将自己限制在退化函数的情形 $u(x, t) = \sum_{k=1}^n a_k(x)b_k(t)$, $v(x, t) = \sum_{k=1}^m c_k(x)d_k(t)$, 并且如果我们不考虑从 L_p 到 $I^\alpha(L_p)$ 的 Noether 性质而考虑从 L_2^s 到 $L_s^{s+\alpha}$ 的 Noether 性质. 这里 $L_2^s = L_2^s(R^1)$ 是分数阶光滑的 Sobolev 空间, 势型算子认为是闭的—— Skorikov [1974].

31.5 Skorikov [1979] 考虑了比 (34.3) 更一般的具有 "几乎差分" 核的积分方程

$$\int_{-\infty}^{\infty} \frac{m(x, x-t)}{|x-t|^{1-\alpha}} \varphi(t) dt = f(x)$$

的 Noether 性质. 他在 $y = 0$, $m(x,y)$ 对 y 有第一类跳跃的情况下, 得到了 Noether 性质的判据和指标公式. 这个研究是基于对一类卷积型奇异方程的约化.

31.6 Samko and Vasil'ev [1981] 挑出了几类比广义 Abel 方程更一般的方程, 这些方程可约化成具有亚纯核的完全奇异方程, 因此可以闭形式求解.

31.7 Kalisch [1972] 和 Malamud [1979, 1980] 考虑了算子 $I_{0+}^{\alpha}\varphi + \int_0^x k(x, t)\varphi(t)dt$ 与 $L_p(0,a)$ 中分数阶积分算子 I_{0+}^{α} 相似的问题. 我们回顾, 如果 X 中存在一个可逆线性算子 C, 使得 $AC = CB$, 则称算子 A 和 B 在 X 中是相似的.

31.8 Atkinson [1974b] 考虑了 $p = 1$ 时与 (31.67) 一致的方程

$$\int_0^x \frac{u(x,t)}{(x^p - t^p)^{\alpha}} \varphi(t)dt = f(x), \quad 0 < x < b, \quad 0 < \alpha < 1.$$

他证明了, 如果核满足额外的光滑性假设 $u(x,t) \in C^{n+2}\{(x,t) \in R^2 : 0 \leqslant t \leqslant x \leqslant b\}$, 自由项有表示 $f(x) = x^{\beta}g(x)$, $g(x) \in C^{n+1}[0,b]$ 且不等式 $p\alpha + \beta > 0$ 成立, 则该方程的唯一解 φ 有形式 $\varphi(x) = x^{p\alpha-1+\beta}\psi(x)$, $\psi \in C^n[0,b]$. 研究方法类似于 (31.67) 到第二类 Volterra 积分方程的约化, 以及在特殊分数阶空间中对后者应用的逐次逼近方法.

31.9 与第一类 Volterra 方程 (31.67) 稳定性问题有关, Vessella [1985] 证明了, 如果函数 $u(x,t)$ 和 $u_t(x,t)$ 连续, 则以下估计成立

$$\|\varphi\|_p \leqslant c(\|\varphi'\|_p^{\alpha/(1+\alpha)}\|f\|_p^{1/(1+\alpha)} + \|f\|_p).$$

这类估计的灵感源自某些应用中未知解的导数的某些信息已知的事实. 他还处理了分数阶 Sobolev 空间 $H^{p,s}$ 中更一般的范数. Ang, Gorenflo and Hai [1990] 在正则化思想的背景下给出了这类估计的推广.

32.1 Rubin and Volodarskaya [1979] 和 Rubin [1980c, 1982] 研究了比 (32.1) 更一般的方程, 其形式为

$$\int_0^x c(x-t)k(x-t)\varphi(t)dt = f(x), \quad x \in (a, b), \tag{34.6}$$

这里函数 $c(x)$ 在 $[0, b-a]$ 上满足某些与绝对连续性有关的条件, 核 $k(x)$ 有如下形式

$$k(x) = x^{\alpha-1}g\left(\ln \frac{\gamma}{x}\right), \quad \alpha \geqslant 0, \quad \gamma > b-a. \tag{34.7}$$

因子 $g\left(\ln\dfrac{\gamma}{x}\right)$ 将比幂函数弱的奇异性 (或零) 引入核中. 例如, $g(x)$ 有形式

$$g(x) = \prod_{k=1}^{n} \ln_k^{\beta_k} \frac{\gamma}{x}, \quad \ln_k = \underbrace{\ln\cdots\ln}_{k\ 次}, \quad -\infty < \beta_k < \infty.$$

在被引文献中, 通过对变量 α 应用卷积算子可以减弱或加强核的奇异性, 一般来说这个卷积的核是一个分布.

32.2　Rubin [1980b] 根据 Marchaud 导数的差分结构得到了卷积 $I_{a+}^{\alpha,1}\varphi$, $\varphi \in L_p(a,b)$ (§ 32.2) 的刻画和逆关系. 我们记

$$\mu(x) = -\int_0^\infty \frac{x^{t-a}}{\Gamma(t-\alpha+1)} \exp\left(t\frac{\Gamma'(\alpha)}{\Gamma(\alpha)}\right) dt.$$

下面的结论成立.

定理 34.1　如果 $1 < p < \infty$, 极限

$$(Bf)(x) = \lim_{\varepsilon\to 0} \int_a^{x-\varepsilon} [f(x)-f(y)]\mu'(x-y)dy$$

在 $L_p(a,b)$ 中存在是函数 $f \in L_p(a,b)$ 可表示为形式 $f = I_{a+}^{\alpha,1}\varphi$, $0 < \alpha < 1$, $\varphi \in L_p(a,b)$ 的必要条件, 如果 $1 \leqslant p < \infty$, 则它为充分条件, 其中在区间 $[a,b]$ 外我们取 $f(x) \equiv 0$. 此外, 关系式

$$\varphi(x) = f(x)\mu(x-a) - (Bf)(x)$$

成立. 将此与 § 13 中关于分数阶积分的类似定理 13.2 比较.

32.3　Linker and Rubin [1981] 研究了可用于密度 $\varphi \in L_p(a,b)$ 卷积 (32.2) 表示的函数空间的限制, 延续和 "缝合" 问题. § 13.3 中给出了分数阶积分的类似结果.

32.4　根据幂对数核积分渐近展开的知识, 我们可以找到相应方程的渐近解 (见 § 16.5). 关于这方面的内容, 我们参考 Kilbas [1982] 和 § 23.1 (§ 21.5 的注记).

32.5　Volterra and Peres [1924] 考虑了比 (32.3) 更一般的方程

$$\int_0^x (x-t)^{\alpha-1}\left[\sum_{k=0}^m A_{mk}\ln^k(x-t) + (x-t)^\alpha a(x,t)\right]\varphi(t)dt = f(x), \quad \alpha > 0,$$

$$(34.8)$$

其中 $a(x,t)$ 是某个给定的函数. 利用关系式 (34.1), 将该方程约化为较简单的第一类 Volterra 方程, 其中不存在对数因子. 特别地, 如果 $\alpha = 1$ 和 $m = 1$, 在 $a(x,t)$ 关于 x 的一些光滑性假设下, 则 (34.8) 可化为第二类 Volterra 积分方程.

32.6   Veber [1976b] 在相对 Liouville 分数阶积分-微分不变的某个广义函数空间中得到了轴上最简单积分方程 (32.2) 的逆公式:

$$\frac{1}{\Gamma(\alpha)} \int_{-\infty}^{x} (x-t)^{\alpha-1} \ln(x-t)\varphi(t)dt = f(x).$$

有趣的是, 与有限区间的情况不同, 齐次方程 ($f \equiv 0$) 在所考虑的广义函数空间中具有非平凡解 $\varphi(t) = c\exp(e^{\psi(\alpha)}t)$.

32.7   Kilbas [1976c] 在 $H_0^\lambda(\rho)$ 和 $H_0^{\lambda,k}(\rho)$ 加权 Hölder 空间中研究了具有特殊 Volterra 函数 (32.10) 和 $h = \psi(\alpha)$ 的卷积算子 (32.19) 的行为. 并证明了这个算子在 $H_0^{\lambda,k}(\rho)$ ($k = 1, 2, \cdots$) 中的有界性和在 $H_0^\lambda(\rho)$ 中的全连续性.

32.8   Ahiezer and Shcherbina [1957] 最早得到了方程

$$\frac{1}{\pi} \int_a^b \ln\left|\frac{x+y}{x-y}\right| \varphi(y)dy = f(x), \quad 0 \leqslant a < x < b < +\infty \qquad (34.8')$$

在 $a = 0$ 时的解为

$$\varphi(\sqrt{x}) = \frac{\sqrt{x}}{\pi}(\mathcal{D}_{b^2-}^{1/2}\mathcal{D}_{0+}^{1/2}f(\sqrt{y}))(x),$$

其中 $\mathcal{D}_{0+}^{1/2}$ 和 $\mathcal{D}_{b^2-}^{1/2}$ 分别为 Riemann-Liouville 分数阶微分算子 (2.22) 和 (2.23). 此解作为更一般的积分方程 (39.10′) (相比 (34.8′)) 解的特殊情况得到, 后一方程的核中含有 Gauss 超几何函数. Vasilets [1989] 在加权空间 $L_p([a,b];\rho)$ 中研究了在任意 $a \geqslant 0$ 情况下该方程的闭形式解和可解性条件, 其中权重为 $\rho(x) = (x-a)^\mu(b-x)^\nu$.

33.1   在对数自然数幂的情况下 Rubin [1973b] 将定理 33.3 推广到加权空间 $L_p([a,b]:\rho)$, 其中

$$\rho(x) = \prod_{k=1}^n |x-x_k|^{\mu_k}, \quad a = x_1 < \cdots < x_n = b. \qquad (34.9)$$

Rubin [1976] 指出此结果对于对数的实非负次幂成立.

33.2   Kilbas [1978] 研究了从加权 Hölder 空间 $H_0^\lambda(\rho)$ 到广义加权 Hölder 空间 $H_0^{\lambda+\alpha,\beta}(\rho)$ 的具有对数自然次幂的幂对数核算子 (33.1) 的 Noether 性质, 其中 $0 < \lambda < 1, 0 < \lambda + \alpha < 1, \beta = 1, 2, \cdots, \rho$ 为 (34.9) 中的权重. 我们注意到, 如果 β 是自然数, 这里的起主要作用是由带幂对数核的算子 $I_{a+}^{\alpha,\beta}$ 和 $I_{b-}^{\alpha,\beta}$ 实现的空间 $H_0^\lambda(\rho)$ 与 $H_0^{\lambda+\alpha,\beta}(\rho)$ 的同胚定理. 它的证明使用了与特殊 Volterra 函数卷积的算子 (32.19) 的性质 (见 § 32.2), 以及 § 21 的结果.

33.3　如果 $\varphi \in L_p \equiv L_p(a,b)$, $1/p < \alpha < 1$, 则以下类似 (33.16) 和 (33.17) 的关系式成立

$$I_{b-}^{\alpha,\beta}\varphi = I_{a+}^{\alpha,\beta}[\cos(\alpha\pi) + \sin(\alpha\pi)S_{a,\alpha-1}\varphi + T_3\varphi] + c_1(\varphi), \qquad (34.10)$$

$$I_{a+}^{\alpha,\beta}\varphi = I_{b-}^{\alpha,\beta}[\cos(\alpha\pi) - \sin(\alpha\pi)S_{b,\alpha-1}\varphi + T_4\varphi] + c_2(\varphi), \qquad (34.11)$$

其中 T_3 和 T_4 是 L_p 中的全连续算子, $c_1(\varphi)$ 和 $c_2(\varphi)$ 是泛函. Rubin [1977] 证明了这些关系式, 并将它们应用于算子 (33.1) 从 L_p 到 $I_{a+}^{\alpha,\beta}(L_p) \oplus R$ ($1/p < \alpha < 1$) 的 Noether 性质的研究——注 32.2. 他还证明了类似于定理 33.3 和定理 33.4 的结果.

这种研究方法不适用于例外情况 $\alpha = 1/p$, 因为当 $1/p - 1 < \alpha < 1/p$ 时, (33.16) 和 (33.17) 中涉及的算子 $S_{a,\alpha}$ 和 $S_{b,\alpha}$ 有界, 并且当 $1/p < \alpha < 1/p+1$ 时, (34.1) 和 (34.11) 中涉及的算子 $S_{a,\alpha-1}$ 和 $S_{b,\alpha-1}$ 有界. 因此, 在 $\alpha = 1/p$ 的情况下, 算子 (33.1) 的 Noether 性质问题仍未解决.

33.4　Rubin [1973b] 研究了带纯对数核 ($\alpha = 1$, $\beta > 0$) 作用于空间 L_p 的势型算子 (33.1) 的 Noether 性质, 其中对数是一次幂, Kilbas [1976a, 1977] 在对数自然次和实次幂的情况下研究了其 Noether 性质.

Kilbas [1976b, 1977, 1979] 研究了如下比带纯对数核 ($\alpha = 1$, $\beta > 0$) 算子 (33.1) 更一般的算子的 Noether 性质

$$\mathbf{K}\varphi \equiv \sum_{j=1}^{m}\int_a^b K_j(x,t)\ln^{\beta_j}\frac{\gamma}{|x-t|}\varphi(t)dt = f(x), \quad -\infty < a < b < \infty.$$

他认为这个算子会从 $L_p([a,b];\rho)$ ($1 < p < \infty$) 空间作用到另一个特殊空间, 其中 ρ 是权重 (34.9). 这里 $\beta_j \geqslant 0$ ($j = 1,2,\cdots,m$), $\gamma > b - a$ 和函数 $K_j(x,t)$ 中可能同时存在连续和在对角线 $s = t$ 处有跳跃的分片连续函数. 与这些方程相关的其他结果可以在 Kilbas [1984, 1985] 的论文中看到.

33.5　Rubin and Volodarskaya [1979] 和 Rubin [1980c] 研究了比嵌入关系 (33.10) 更一般的卷积算子 (34.6) 值域的嵌入. 在这些论文的基础上, 研究所谓的广义 Volterra 函数并通过 Laplace 变换性质研究其渐近性.

33.6　Rubin and Volodarskaya [1979] 和 Rubin [1982] 考虑了具有更一般类型 (34.7) 奇异性的势型算子的 Noether 性质.

第七章 带特殊函数核的第一类积分方程

本章将讨论分数阶积分-微分在带特殊函数 $K(x,t)$ 核的第一类一维积分方程

$$\int_a^b K(x,t)f(t)dt = g(x), \quad -\infty \leqslant a < x < b \leqslant +\infty \tag{1}$$

中的应用. 这类方程与积分变换紧密相连 —— 见 §1.4. 其他数学领域许多的问题如微分方程 (第八章)、函数理论等, 以及物理、力学及其他自然科学领域的问题都可以归结为它们. 所谓的对偶积分方程 (如 (38.1)) 和三重积分方程 (如 (38.31)) —— 见本章最后一节的典型例子 —— 可以写成 (1) 的形式.

形如 (1) 的方程是第一类方程, 因此其逆问题是一个不适定问题. 对于此类方程, 有许多已知的求解方法, 它们取决于核的类型. 卷积方程被研究得最多, 即形式 (1) 中 $K(x,t) = k(x-t)$ 的方程 —— Gahov and Cherskii [1978], Titchmarsh [1937], Hirshman and Widder [1958], H. M. Srivastava and Buschman [1977]. 我们观察到后一本书包含许多以特殊函数为核的方程及其解, 以及大量的参考论文致力于求具有变上、下限积分的卷积方程的闭形式解.

本章构造了 Abel 积分方程 (2.1) 的推广或修正方程 (1) 的解, 以及与 Abel 方程相关的复合型方程的解. 事实证明, 最有效的方法是因子分解法, 也称为复合展开法, 它给出了算子 (1) 的几类复合表示, 即分数阶积分-微分算子及其他有已知逆表示的算子的复合. 世界各地的许多数学家都为这种方法的发展做出了相当大的贡献, 该方法始于 20 世纪 60 年代初 —— 见 §39.1. 然而我们注意到, 早在这之前, 19 世纪末俄国数学家 Sonine [1884a, b] 就使用了因子分解方法的隐含思想, 实际上, Lebedev [1948] 在 1948 年使用了该方法 —— 见 §§39.1 和 39.2 (注记 37.3 和注记 35.7).

§35 带 Gauss 和 Legendre 函数的齐次核方程

在本节中我们考虑了核为 Gauss 超几何函数或 Legendre 函数的 Mellin 卷积积分方程, 它们在应用中非常重要. 我们将证明, 这些方程可以用两个带幂权的分数阶积分-微分算子的复合去求逆, 或者用涉及 Gauss 或 Legendre 函数和通常微分的算子以非常对称的方式求逆. 在这些研究中我们将使用 §10.1 中的结果.

35.1 带 Gauss 函数的方程

我们在区间 $0 \leqslant e < x < d \leqslant \infty$ 上处理以下四个带 Gauss 超几何函数核的积分方程

$$\int_e^x \frac{(x-\tau)^{c-1}}{\Gamma(c)} {}_2F_1\left(a, b; c; 1 - \frac{x}{\tau}\right) \varphi(\tau) d\tau = g(x), \tag{35.1}$$

$$\int_e^x \frac{(x-\tau)^{c-1}}{\Gamma(c)} {}_2F_1\left(a, b; c; 1 - \frac{\tau}{x}\right) \varphi(\tau) d\tau = g(x), \tag{35.2}$$

$$\int_x^d \frac{(\tau-x)^{c-1}}{\Gamma(c)} {}_2F_1\left(a, b; c; 1 - \frac{x}{\tau}\right) \varphi(\tau) d\tau = g(x), \tag{35.3}$$

$$\int_x^d \frac{(\tau-x)^{c-1}}{\Gamma(c)} {}_2F_1\left(a, b; c; 1 - \frac{\tau}{x}\right) \varphi(\tau) d\tau = g(x). \tag{35.4}$$

根据注 10.3, 我们将 (35.1)—(35.4) 左侧的算子记为 ${}_1I_{e+}^c(a,b)\varphi$, ${}_2I_{e+}^c(a,b)\varphi$, ${}_3I_{d-}^c(a,b)\varphi$ 和 ${}_4I_{d-}^c(a,b)\varphi$ (如果 $d < \infty$), 或 ${}_3I_-^c(a,b)\varphi$ 和 ${}_4I_-^c(a,b)\varphi$ (如果 $d = \infty$).

根据 (10.22)—(10.29) 中给出的关系, 算子 ${}_jI^c(a,b)$ 是两个单边带幂权的分数阶积分或导数的复合. 这种可表示性的条件由定理 10.4 和注 10.3 给出, 这表明如果 φ 属于空间 L_p 或它的某些子空间, 则在相应的条件下, 算子 ${}_jI^c(a,b)$ 会是从 L_p 的某个子空间出发的映射并且 (10.22)—(10.29) 中给出的一些或其他关系式是有效的. 这意味着, 如果右端, 即函数 $g(x)$, 取自表 10.2 中由算子 ${}_jI^c(a,b)$ 映射到的空间 D_j, 则对应的方程 ${}_jI^c(a,b)\varphi = g$ 有唯一解, 其可通过对组成算子 ${}_jI^c(a,b)$ 的两个积分-微分算子逐次求逆得到. 实现这些逆运算, 我们从 (10.22)—(10.29) 得到 (35.1)—(35.4) 的解, 表示如下:

$$\varphi(x) = x^{-a} I_{e+}^{-b} x^a I_{e+}^{b-c} g(x), \tag{35.5}$$

$$\varphi(x) = x^{-b} I_{c+}^{b-c} x^{c-a} I_{e+}^{-b} x^{a+b-c} g(x), \tag{35.6}$$

$$\varphi(x) = I_{e+}^{b-c} x^a I_{c+}^{-b} x^{-a} g(x), \tag{35.7}$$

$$\varphi(x) = x^{a+b-c} I_{e+}^{-b} x^{c-a} I_{c+}^{b-c} x^{-b} g(x), \tag{35.8}$$

$$\varphi(x) = x^{-b} I_{d-}^{b-c} x^{c-a} I_{d-}^{-b} x^{a+b-c} g(x), \tag{35.9}$$

$$\varphi(x) = x^{-a} I_{d-}^{-b} x^a I_{d-}^{b-c} g(x), \tag{35.10}$$

$$\varphi(x) = I_{d-}^{b-c} x^a I_{d-}^{-b} x^{-a} g(x), \tag{35.11}$$

$$\varphi(x) = x^{a+b-c} I_{d-}^{-b} x^{c-a} I_{d-}^{b-c} x^{-b} g(x). \tag{35.12}$$

为了建立相应的定理, 我们将表 10.2 列 E_j 中的 (10.22)—(10.29) 分别替换为 (35.5)—(35.12), 并将得到的列记为 E'_j. 下面的结论成立.

定理 35.1 假设 $\mathrm{Re}\, c > 0$, 我们考虑区间 $(0, d)$ 上的 (35.1) 和 (35.2) $(e = 0)$ 以及区间 (e, ∞) 上的 (35.3) 和 (35.4) $(d = \infty)$. 如果表 10.2 中的算子 B_j 满足条件 A_j 且给定的函数 $g(x) \in D_j, 1 \leqslant p < \infty$, 则对应形式 (35.1)—(35.4) 的方程 $B_j \varphi = g$ 的唯一解由表达式 E'_j 给出, 其中 $e = 0, d = \infty$. 定理在 $e > 0$ 和 $d < \infty$ 时的对应结论仍然成立, 这种情况下应省略 A_j 中涉及 p 的条件.

证明 事实上, 定理的所有结论都可以在定理 10.2 和定理 10.4 的证明以及注 10.3 中得到. 我们还注意到, 例如, 如果 $e > 0$, 则 (35.1) 中核的奇点 $\tau = 0$ 在积分区间之外. 这个事实允许我们从假设 A_1 和 A_2 中删除包含 p 的条件, 因为没有加入函数 $\varphi(\tau)$ 及核在 $\tau = 0$ 处的奇异性. (35.2)—(35.4) 中的其他算子也有类似论断. ∎

从 (10.30)—(10.32) 可以看出, (35.1)—(35.4) 可以认为是同一方程, 例如, 可认为是第一个方程的四种不同书写形式. 其他方程与此不同的只是变量, 函数和参数的变化.

应该注意的是, 除了 (35.5)—(35.12) 中给出的关系式外, 我们可以使用其他形式来表示 (35.1)—(35.4) 的解, 特别是利用核为超几何函数的积分算子. 通过使用 (10.4) 和 (10.5) 中给出的或类似的关系, 可以从 (35.5)—(35.12) 中获得这种表示. 以 (35.5) 为例, 我们将构造 (35.1) 的两个解. 显然, (35.5) 中给出的解可以写成

$$\varphi(x) = x^{-a} \left(\frac{d}{dx} \right)^m x^a x^{-a} I_{e+}^{m-b} x^a I_{e+}^{(m-c)-(m-b)} g(x),$$

或

$$\varphi(x) = x^{-a} I_{e+}^{-b} x^a I_{e+}^{b-c+m} \left(\frac{d}{dx} \right)^m g(x), \quad m = 1, 2, \cdots.$$

需强调的是, 后一种关系不等价于 (35.5), 因为后者假设了函数 $g(x)$ 属于 $L_p(e, d)$ 的子空间, 其中的函数可表示为 $g = I_{e+}^m \chi, \chi \in L_p(e, d)$, 即具有导数 $g^{(m)}(x)$ 和 $g(e) = g'(e) = \cdots = g^{(m-1)}(e) = 0$. 将后两个表达式与 (10.24) 比较, 并结合 (10.16), 我们得到 (35.1) 的解的表示:

$$\varphi(x) = x^{-a} \frac{d^m}{dx^m} \left\{ x^a \int_e^x \frac{(x-\tau)^{m-c-1}}{\Gamma(m-c)} {}_2F_1 \left(-a, m-b; m-c; 1 - \frac{\tau}{x} \right) g(\tau) d\tau \right\},$$

$$0 < \mathrm{Re}\, c < m, \quad g \in I_{e+}^c(L_{p,*}(e, d));$$

$$(35.13)$$

$$\varphi(x) = \int_e^x \frac{(x-\tau)^{m-c-1}}{\Gamma(m-c)} {}_2F_1\left(-a, -b; m-c; 1-\frac{\tau}{x}\right) g^{(m)}(\tau)d\tau,$$

$$0 < \mathrm{Re}\, c < m, \quad g \in C^m([e,d]) \quad g(e) = g'(e) = \cdots = g^{(m-1)}(e) = 0.$$

$$(35.14)$$

显然, 如果 $e > 0$, 则如 (10.2) 所示 $L_{p,*}(e,d) = L_p(e,d)$. 类似地, 我们可以转换 (35.5)—(35.12) 中给出的其他关系.

35.2　带 Legendre 函数的方程

核中涉及 Chebyshev, Legendre, Gegenbauer, Jacobi 等多项式的方程 (35.1)—(35.4) 的不同特例出现在微分方程的应用中, 如 § 40.2. 这里我们考虑在下文中最有用的方程, 即核中带 Legendre 函数 (1.79), (1.80) 的方程:

$$\int_e^x (x^2 - t^2)^{-\mu/2} P_\nu^\mu\left(\frac{x}{t}\right) f(t)dt = g(x), \tag{35.15}$$

$$\int_e^x (x^2 - t^2)^{-\mu/2} P_\nu^\mu\left(\frac{t}{x}\right) f(t)dt = g(x), \tag{35.16}$$

$$\int_x^d (t^2 - x^2)^{-\mu/2} P_\nu^\mu\left(\frac{x}{t}\right) f(t)dt = g(x), \tag{35.17}$$

$$\int_x^d (t^2 - x^2)^{-\mu/2} P_\nu^\mu\left(\frac{t}{x}\right) f(t)dt = g(x), \tag{35.18}$$

这里假设 $0 \leqslant e < x < d \leqslant \infty$, 在所有情况下 $\mathrm{Re}\,\mu < 1$, 且上述积分在变端点处收敛. 我们将通过 Mellin 变换得到这些方程的解. 我们详细地考虑第一个方程.

在 (35.15) 中, 我们通过以下替换来改变变量和函数

$$t^{1-\mu} f(t) H(t-e) = 2\varphi(t^2), \quad t^2 = \tau,$$

$$x^2 = y, \quad y/\tau = \eta,$$

$$(\eta - 1)^{-\mu/2} H(\eta - 1) P_\nu^\mu(\sqrt{\eta}) = h(\eta), \tag{35.19}$$

$$g(\sqrt{y}) = g_1(y),$$

其中 $H(\xi)$ 是阶跃函数, 即当 $\xi > 0$ 时 $H(\xi) = 1$; 当 $\xi < 0$ 时 $H(\xi) = 0$. 则此方程有形式

$$\int_0^\infty h(y/\tau)\varphi(\tau)\tau^{-1}d\tau = g_1(y).$$

对后者应用 (1.112) 中定义的 Mellin 变换, 利用 Marichev [1978d] 书中 11.14 (1) 式并考虑 (1.115) 中给出的卷积定理, 我们得到关系式

$$\varphi^*(s) = 2^{-\mu} \frac{\Gamma(1-s)\Gamma(1/2-s)}{\Gamma((1+\mu+\nu)/2-s)\Gamma((\mu-\nu)/2-s)} g_1^*(s), \tag{35.20}$$

$$\mathrm{Re}\,\mu < 1, \quad \mathrm{Re}(2s-\mu-\nu) < 1, \quad \mathrm{Re}(2s+\nu-\mu) < 0.$$

可以通过各种方法从 (35.20) 得到其原像 $\varphi(t)$, 从而得到 $f(t)$. 我们将在这里指出其中的三种方法, 它们会得到不同形式的解.

A. 利用 (10.35) 中给出的表示, 并通过不同的方式 (垂直和横向) 对 Gamma 函数进行分组, 我们得到了函数 $\varphi(y)$ 的两种如下表示:

$$\varphi(y) = 2^{-\mu}(y^{(1-\mu-\nu)/2} I_{0+}^{(\mu+\nu-1)/2})(y^{1+(\nu-\mu)/2} I_{0+}^{(\mu-\nu-1)/2} y^{-1/2}) g_1(y), \tag{35.21}$$

$$\varphi(y) = 2^{-\mu}(y^{(1-\mu-\nu)/2} I_{0+}^{(\mu+\nu)/2} y^{-1/2})(y^{1+(\nu-\mu)/2} I_{0+}^{(\mu-\nu)/2-1}) g_1(y). \tag{35.22}$$

这些表示对于足够好的函数 $g_1(y)$ (括号中的算子可交换) 是一致的, 因为它们之间只相差一个替换, ν 换为 $-\nu-1$, 而根据性质 $P_\nu^\mu(z) = P_{-\nu-1}^\mu(z)$, 这种不同并不是本质的. 通过 (35.19) 中给出的表达式对 (35.21) 作逆变换, 我们得到 (35.15) 的解的以下表示:

$$f(x) = 2^{1-\mu} x^{-\nu} I_{e+;x^2}^{(\mu+\nu-1)/2} x^{2+\nu-\mu} I_{e+;x^2}^{(\mu-\nu-1)/2} x^{-1} g(x), \tag{35.23}$$

其中 $I_{e+;x^2}^\alpha$ 是 § 18.2 中定义的算子, 见 (18.41).

B. 若将 (35.20) 的分子和分母同乘以 $\Gamma(1+(\mu+\nu)/2-s)$ 后对 Gamma 函数应用 (1.61) 式中给出的倍元公式, 再利用 (10.35) 式及其类似式子

$$x^{\beta/2} I_{0+;\sqrt{x}}^{\alpha-\beta} x^{-\alpha/2} f(x) = \frac{1}{2\pi i} \int_{\gamma-i\infty}^{\gamma+i\infty} \frac{\Gamma(1-\alpha-2s)}{\Gamma(1-\beta-2s)} f^*(s) x^{-s} ds, \tag{35.24}$$

$$2\gamma < 1 - \mathrm{Re}\,\alpha.$$

则可得到解的另一种表示

$$\varphi^*(s) = 2^\nu \frac{\Gamma(1-2s)\Gamma(1+(\mu+\nu)/2-s)}{\Gamma(1+\mu+\nu-2s)\Gamma((\mu-\nu)/2-s)} g_1^*(s),$$

$$\varphi(y) = 2^\nu (y^{-(\mu+\nu)/2} I_{0+;\sqrt{y}}^{\mu+\nu})(y^{1+(\nu-\mu)/2} I_{0+}^{-\nu-1} y^{(\mu+\nu)/2}) g_1(y),$$

最后方程 (35.15) 所要求的解可写为

$$f(x) = (2x)^{\nu+1} I_{e+;x^2}^{-\nu-1} I_{e+}^{\mu+\nu} g(x). \tag{35.25}$$

C. 在许多情况下, 可用与 (35.16) 几乎对称的表达式来得到 (35.15) 解的第三种表示形式. 为了得到它, 我们首先注意到 (10.35) 中分子和分母中 Gamma 函数的参数之差等于 $\beta - \alpha$, 并且如果 $\mathrm{Re}(\beta - \alpha) < 0$, 则 (10.35) 右边的积分对应分数阶积分 $x^{\beta} I_{0+}^{\alpha-\beta} x^{-\alpha}$; 如果 $\mathrm{Re}(\beta - \alpha) > 0$, 则它对应于分数阶导数. 类似地, (35.20) 对应的参数之差为 $1 - \mu$, $\mathrm{Re}(1 - \mu) > 0$, 即, (35.20) 右端对应于函数 $g_1(y)$ 的分数阶导数. 所以根据原像, 可以方便地将这个分数阶导数写成包括通常微分算子在内的算子的复合运算.

为了得到原像, 我们利用以下事实, 由 (10.35) 知 $\alpha - \beta = -n$ 时, Mellin 变换乘以 $(1 - \beta - s)_n$ 对应着算子 $x^{\beta} \left(\dfrac{d}{dx} \right)^n x^{n-\beta}$, 以及从 (35.24) 中得到的对应关系 $x^{\beta/2} \left(\dfrac{d}{d\sqrt{x}} \right)^n x^{(n-\beta)/2} \leftrightarrow (1 - \beta - 2s)_n$. 将 (35.20) 的右边乘除以 $(1 - \beta - s)_n$ 或 $(1 - \beta - 2s)_n$, 其对应的数为 $\beta = 1 + (\nu - \mu)/2$ 或 $\beta = n$, 我们将 (35.20) 的右边写为

$$\frac{2^{-\mu} \Gamma(1-s) \Gamma(1/2-s)}{\Gamma((1+\mu+\nu)/2 - s) \Gamma((\mu-\nu)/2 + n - s)} \left(\frac{\mu-\nu}{2} - s \right)_n g_1^*(s),$$

$$\frac{2^{-\mu-n} \Gamma((1-n)/2 - s) \Gamma(1 - n/2 - s)}{\Gamma((1+\mu+\nu)/2 - s) \Gamma((\mu-\nu)/2 - s)} (1 - n - 2s)_n g_1^*(s).$$

如果 $1 - \mathrm{Re}\mu - n < 0$, 则第一类 Gamma 函数对应于形为 $(\eta - 1)^{\mu_1/2} H(\eta - 1) P_{\nu_1}^{\mu_1}(\eta^{-1/2})$ 的 "分数阶积分" 核, 其中参数 μ_1 和 ν_1 需特殊选择; 参见 Marichev [1978d, 11.13(4)]. 第二类乘子对应于上述带幂乘子的通常微分算子, 其位于积分的外部和内部. 在后一种情况下, 函数 $g_1(y)$ 还需要额外假设. 经 (35.19) 中的变换后, 可得到给定表达式中的原像, 我们最终得到了 (35.15) 解的以下四种表示:

$$f(x) = x^{-\nu} \left(\frac{d}{x dx} \right)^n x^{n+\nu}$$
$$\times \int_e^x (x^2 - \tau^2)^{(n+\mu)/2-1} P_{n+\nu}^{2-n-\mu} \left(\frac{\tau}{x} \right) g(\tau) d\tau, \tag{35.26}$$

$$f(x) = x^{-n} \int_e^x (x^2 - \tau^2)^{(n+\mu)/2-1} P_{n+\nu}^{2-n-\mu} \left(\frac{\tau}{x} \right) \tau^{1-\mu-\nu}$$
$$\times \left(\frac{d}{\tau d\tau} \right)^n (\tau^{2n+\mu+\nu-1} g(\tau)) d\tau, \tag{35.27}$$

$$f(x) = x^{\mu+n-1}\frac{d^n}{dx^n}\Big\{x^{1-\mu}$$
$$\times \int_e^x (x^2-\tau^2)^{(n+\mu)/2-1}\tau^{-n}P_\nu^{2-n-\mu}\left(\frac{\tau}{x}\right)g(\tau)d\tau\Big\}, \tag{35.28}$$

$$f(x) = \int_e^x (x^2-\tau^2)^{(n+\mu)/2-1}P_\nu^{2-n-\mu}\left(\frac{\tau}{x}\right)g^{(n)}(\tau)d\tau. \tag{35.29}$$

后一个关系式包含一个 (35.16) 形式的算子. 因此, 在这里将 $g^{(n)}(\tau)$ 替换为 $f(\tau)$, $f(x)$ 替换为 $g(x)$, μ 替换为 $2-n-\mu$, 并考虑 (35.15) 和 (35.29) 的互逆性, 我们获得 (35.16) 的解的以下表示形式

$$f(x) = I_{e+}^{\mu-\nu-2}I_{e+;x^2}^{\nu+1}(2x)^{-\nu-1}g(x), \tag{35.30}$$

$$f(x) = \left(\frac{d}{dx}\right)^n \int_e^x (x^2-t^2)^{(n+\mu)/2-1}P_\nu^{2-n-\mu}\left(\frac{x}{t}\right)g(t)dt, \tag{35.31}$$

$$f(x) = x^{-n}\int_e^x (x^2-t^2)^{(n+\mu)/2-1}P_\nu^{2-n-\mu}\left(\frac{x}{t}\right)\tau^{\mu+\nu-1}$$
$$\times \left(\frac{d}{dt}\right)^n (t^{1-\mu}g(t))dt, \tag{35.32}$$

这里 (35.30) 可参考 (35.25), (35.32) 参考 (35.28).

在 (35.15) 和 (35.16) 中将 $t^{2-\mu}f(t)$ 替换为 $f(t^{-1})$, $x^\mu g(x)$ 替换为 $g(x^{-1})$, x 替换为 x^{-1} 以及 e 替换为 d^{-1}, 我们得到 (35.18) 和 (35.17). 此性质允许我们使用所得到的解来寻找 (35.17) 和 (35.18) 的相应解. 特别地, 可以从 (35.30) 和 (35.25) 中得到解

$$f(x) = (x/2)^{\nu+1}I_{d-}^{\mu-\nu-2}x^{1-\mu-\nu}I_{d-;x^2}^{\nu+1}x^{\mu-\nu-3}g(x), \tag{35.33}$$

$$f(x) = 2^{\nu+1}(x)^{\mu+\nu+1}I_{d-;x^2}^{-\nu-1}x^{1+\nu-\mu}I_{d-}^{\mu+\nu}x^{-\nu-1}g(x). \tag{35.34}$$

我们不写出类似于 (35.26)—(35.29) 的表达式, 它们可通过相似方式获得. 我们只指出一点, 方程 (35.17) 和 (35.18) 的解可以分别由不同于 (35.28)—(35.29) 和 (35.31)—(35.32) 的表达式表示, 仅需将积分区间 (e,x) 改为 (x,d) 和将 $(x^2-t^2)^{(n+\mu)/2-1}$ 改为 $(-1)^n(t^2-x^2)^{(n+\mu)/2-1}$.

利用给出解 (35.25) 的方法, 通过直接估计我们可以看到, 除 (35.33) 和 (35.34) 外, (35.17) 和 (35.18) 的解还有其他容许的形式, 分别为

$$f(x) = (2x)^{\nu+1}I_{d-;x^2}^{-\nu-1}I_{d-}^{\mu+\nu}g(x), \tag{35.35}$$

$$f(x) = I_{d-}^{\mu-\nu-2} I_{d-;x^2}^{\nu+1} (2x)^{-\nu-1} g(x). \tag{35.36}$$

在 § 10.1 结果的基础上, 利用定理 18.1、引理 31.4、注 10.3 以及 Legendre 函数的对称性, 即 $P_\nu^\mu(z) = P_{-\nu-1}^\mu(z)$ (根据 Legendre 函数的对称性, 我们可以不失一般性地假设 $\mathrm{Re}\,\nu \geqslant -1/2$), 得到的结果可以表述为如下定理.

定理 35.2　设 $\mathrm{Re}\,\mu < 1$, $\mathrm{Re}\,\nu \geqslant -1/2$ 且 $0 < e < d < \infty$. 方程 (35.15)—(35.18) 在 $L_p(e, d)$ 中可解, $1 \leqslant p < \infty$, 当且仅当分别有 $g \in I_{e+}^{1-\mu}(L_p(e, d))$ 和 $g \in I_{d-}^{1-\mu}(L_p(e, d))$. 这些条件满足后, 每个方程都有唯一解, 解由 (35.25), (35.30) 和 (35.35), (35.36) 给出.

(35.15)—(35.18) 中分别取 $e = 0$ 和 $d = 0$ 的情况更为复杂, 需要进一步研究 (见 § 39.2, 注 35.3).

§ 36　视作积分变换的分数阶积分和导数

在 § 2 中引入分数阶积分-微分算子 I_{a+}^α 和 I_{b-}^α 时, 我们实际上分别考虑了三种情况, 即 $\mathrm{Re}\,\alpha > 0$ 时的积分、$\mathrm{Re}\,\alpha < 0$ 时的微分和 $\mathrm{Re}\,\alpha = 0$, $\alpha \neq 0$ 时的虚数阶积分-微分. 然而, 如果我们使用 Fourier 或 Mellin 变换, 则有一种方法可以同时对所有的 α 定义这些算子. 因此我们可以写出等式

$$I_{0+}^\alpha f(x) = \frac{1}{2\pi i} \int_{\gamma-i\infty}^{\gamma+i\infty} \frac{\Gamma(1-\alpha-s)}{\Gamma(1-s)} f^*(s+\alpha) x^{-s} ds,$$
$$\mathrm{Re}(s+\alpha) < 1, \tag{36.1}$$

$$I_{-}^\alpha f(x) = \frac{1}{2\pi i} \int_{\gamma-i\infty}^{\gamma+i\infty} \frac{\Gamma(s)}{\Gamma(s+\alpha)} f^*(s+\alpha) x^{-s} ds,$$
$$\gamma = \mathrm{Re}\,s > 0, \tag{36.2}$$

见 (10.35) 和 (10.36), 分别对 (7.20) 和 (7.21) 应用 (1.113) 中定义的逆 Mellin 变换即可得到. 这里 $f^*(x)$ 表示函数 $f(x)$ 的 Mellin 变换 (1.112).

(36.1) 和 (36.2) 右边的被积函数包含两个 Gamma 函数的比值. 这促使我们考虑此类更复杂的结构, 其中涉及 Gamma 函数的任意乘积之比, 例如类似 Meijer G 函数 (1.95) 中的被积函数的结构. 从而原像的实现将产生以 Meijer G 函数为核的积分变换 (1.44), 其中 $k(x, t) = G_{pq}^{mn} \left(\frac{x}{t} \middle| \begin{matrix} (a_p) \\ (b_q) \end{matrix} \right)$. 其特殊情况在 § 1.4 中指出.

但原像的表达对于构造积分卷积变换理论是不方便的. 有两个原因. 首先如 I_{0+}^α 和 I_{-}^α 情形一样, 可以证明变换的定义本质上依赖于 G 函数的参数, 尽管 G 函数

本身解析依赖于其参数. 其次, G 函数并非对所有的 m, n, p, q 值都存在. 例如, 如果 $p = q = 0$ 或 $m = n = 0$, $p, q \geqslant 0$, 则它不存在. 因此, 利用 (1.116) 中给出的 Parseval 关系, 用 Mellin 变换的方式来定义卷积型积分变换更为方便.

36.1 G 变换的定义. 空间 $\mathfrak{M}_{c,\gamma}^{-1}(L)$ 和 $L_2^{(c,\gamma)}$ 及其特征

将 (1.116) 中的 $h^*(s)$ 视为 (1.95) 中 Gamma 函数的乘积之比, 我们得到如下概念.

定义 36.1 函数 $f(x)$ 的 G 变换由以下积分定义

$$
\begin{aligned}
(Gf)(x) &\equiv \left(G_{pq}^{mn} \left| \begin{matrix} (a_p) \\ (b_q) \end{matrix} \right| f(t) \right)(x) \\
&\equiv \frac{1}{2\pi i} \int_\sigma \Gamma \begin{bmatrix} (b_m) + s, & 1 - (a_n) - s \\ (a_p^{n+1}) + s, & 1 - (b_q^{m+1}) - s \end{bmatrix} f^*(s) x^{-s} ds,
\end{aligned}
\tag{36.3}
$$

其中

$$
\begin{aligned}
&\Gamma \begin{bmatrix} (b_m) + s, & 1 - (a_n) - s \\ (a_p^{n+1}) + s, & 1 - (b_q^{m+1}) - s \end{bmatrix} \\
&= \Gamma \begin{bmatrix} b_1 + s, & \cdots, & b_m + s, & 1 - a_n - s, & \cdots, & 1 - a_n - s \\ a_{n+1} + s, & \cdots, & a_p + s, & 1 - b_{m+1} - s, & \cdots, & 1 - b_q - s \end{bmatrix} \\
&= \frac{\prod\limits_{j=1}^{m} \Gamma(b_j + s) \prod\limits_{j=1}^{n} \Gamma(1 - a_j - s)}{\prod\limits_{j=n+1}^{p} \Gamma(a_j + s) \prod\limits_{j=m+1}^{q} \Gamma(1 - b_j - s)},
\end{aligned}
\tag{36.4}
$$

$f^*(s)$ 为 $f(x)$ 在直线 $\sigma = \{s \mid \operatorname{Re} s = 1/2\} = \{1/2 - i\infty, 1/2 + i\infty\}$ 上的 Mellin 变换 (见 (1.112)); $(a_n) = a_1, a_2, \cdots, a_n$; $(a_p^{n+1}) = a_{n+1}, a_{n+2}, \cdots, a_p$; $(b_m) = b_1, \cdots, b_m$; $(b_q^{m+1}) = b_{m+1}, \cdots, b_q$; p 维和 q 维向量 (a_p) 和 (b_q) 的分量是满足以下条件的复数

$$
\begin{aligned}
\operatorname{Re} a_j &\neq 1/2 + l, \quad j = 1, \cdots, n; \\
\operatorname{Re} b_j &\neq -1/2 - l, \quad j = 1, \cdots, m.
\end{aligned}
\tag{36.5}
$$

显然, 如果 $m = n = p = q = 0$, 则

$$
(G_{00}^{00} | : |f(t))(x) = f(x).
\tag{36.6}
$$

自然地会关心 (36.3) 中积分的收敛性. 因为根据 (1.65), Gamma 函数在 $|\mathrm{Im}s| \to \infty$ 时有幂指数渐近性, 所以函数空间由在无穷远处带幂指数权重的 $f^*(s)$ 刻画. 这表明了引入以下三个定义的必要性.

定义 36.2　有序对 (c^*, γ^*) 称为 G 变换 (36.3) 的特征, 其中

$$c^* = m + n - \frac{p+q}{2}, \quad \gamma^* = \mathrm{Re}\left(\sum_{j=1}^{p} a_j - \sum_{j=1}^{q} b_j\right), \tag{36.7}$$

数值

$$\eta = 2\mathrm{sign}c^* + \mathrm{sign}\gamma^* \tag{36.8}$$

称为 G 变换的指标, 函数

$$H(s) = \Gamma\left[\begin{array}{cc} (b_m) + s, & 1 - (a_n) - s \\ (a_p^{n+1}) + s, & 1 - (b_q^{m+1}) - s \end{array}\right] \tag{36.9}$$

和数 $p+q$ 分别称为核的像 (G 变换的核在 Mellin 变换下的像或 G 函数在 Mellin 变换下的像) 和 G 变换的复杂性指标.

定义 36.3　令 $c, \gamma \in R^1$, 且 $2\mathrm{sign}c + \mathrm{sign}\gamma \geqslant 0$. 我们记 $\mathfrak{M}_{c,\gamma}^{-1}(L)$ 是函数 $f(x)(0 < x < \infty)$ 组成的空间, 函数 $f(x)$ 表示为以下形式

$$f(x) = \frac{1}{2\pi i}\int_{\sigma} f^*(s)x^{-s}ds, \tag{36.10}$$

$$f^*(s) = s^{-\gamma}e^{-\pi c|\mathrm{Im}s|}F(s), \tag{36.11}$$

其中 $F(s) \in L(\sigma)$. 为简洁起见, 我们将 $\mathfrak{M}_{0,0}^{-1}(L)$ 记为 $\mathfrak{M}^{-1}(L)$.

定义 36.4　我们用 $L_2^{c;\gamma}$ 表示满足 (36.10) 和 (36.11) 的函数 $f(x)(0 < x < \infty)$ 的空间, 其中要求 $F(s) \in L_2(\sigma)$, $2\mathrm{sign}c + \mathrm{sign}\gamma \geqslant 0$, 并且假设沿 σ 的积分均方收敛.

有序对 (c, γ) 称为空间 $\mathfrak{M}_{c,\gamma}^{-1}(L)$ 和 $L_2^{(c,\gamma)}$ 的特征.

由 (1.65) 可知, 渐近关系

$$H(s) \sim |s|^{-\gamma^*}e^{-c^*\pi|\mathrm{Im}s|}, \quad |\mathrm{Im}s| \to \infty \tag{36.12}$$

成立, 因此积分

$$h(x) = \frac{1}{2\pi i}\int_{\sigma} H(s)x^{-s}ds \tag{36.13}$$

在 $\eta > 0$ 时, 除 $c^* = 0, 0 < \gamma^* \leqslant 1, p = q, x = 1$ 的情况外处处收敛, 如果 $\eta = 0$, 积分处处发散. 但是如果 $\eta = 0$ 且 $p \neq q$, 则函数 $h(x)$ 可以通过 (36.13) 形式的

收敛积分来定义, 其中围道 σ 与直线 $\mathrm{Re}\,s = 1/2 + \varepsilon\,\mathrm{sign}(q-p)$, $\varepsilon > 0$ 重合. 因此, $\eta > 0$ 的情形与通常由 Meijer G 函数实现的 G 变换联系起来. 而 $\eta < 0$ 的情形是奇异的, 特别地, 如果 $c^* < 0$, 它们对应于 Laplace, Stieltjes 和 Meijer 型变换的逆变换, 如果 $c^* = 0$, $\gamma^* < 0$, 它们对应于分数阶微分的逆变换. 至于 $\eta = 0$ 的情形, 它们对应 Watson 型变换, 即, 特别地, 对应 Narain 变换 —— 见 Marichev [1978d, Sec.8.3], Hankel 变换和 § 36.7 中考虑的 Y 变换和 $\mathbf{H}$ 变换 $(p \neq q)$, 或者虚数阶积分型变换 $(p = q)$. 空间 $\mathfrak{M}_{c,\gamma}^{-1}(L)$ 和 $L_2^{(c,\gamma)}$ 所给的定义考虑了 $H(s)$ 在无穷远处的行为. 即, 如果 $c + c^* > 0$ 或 $c + c^* = 0$ 且 $\gamma + \gamma^* \geqslant 0$ (可简写为不等式 $2\mathrm{sign}(c+c^*) + \mathrm{sign}(\gamma+\gamma^*) \geqslant 0$), 则 (36.3) 中的积分在 $\mathfrak{M}_{c,\gamma}^{-1}(L)$ 的情况下绝对收敛, 在 $L_2^{(c,\gamma)}$ 的情况下均方收敛.

我们给出这些空间的性质.

1) 关系式 $L_2^{(0,0)} = L_2(0,\infty)$ 成立.

2) $x^{-1}f(x^{-1}) \in \mathfrak{M}_{c,\gamma}^{-1}(L)$ 或 $L_2^{(c,\gamma)}$ 当且仅当分别有 $f(x) \in \mathfrak{M}_{c,\gamma}^{-1}(L)$ 或 $L_2^{(c,\gamma)}$.

3) 空间 $\mathfrak{M}_{c,\gamma}^{-1}(L)$ 和 $L_2^{(c,\gamma)}$ 的集合对于以下意义是良序集: 如果 $2\mathrm{sign}(c'-c) + \mathrm{sign}(\gamma'-\gamma) > 0$, 则

$$\mathfrak{M}_{c',\gamma'}^{-1}(L) \subset \mathfrak{M}_{c,\gamma}^{-1}(L), \quad L_2^{(c',\gamma')} \subset L_2^{(c,\gamma)}. \tag{36.14}$$

4) 具有范数

$$\|f\|_{\mathfrak{M}_{c,\gamma}^{-1}} = \int_\sigma |F(s)ds|, \quad \|f\|_{L_2^{(c,\gamma)}} = \|F\|_{L_2(\sigma)} \tag{36.15}$$

以及通常的标量加法和数乘运算的空间 $\mathfrak{M}_{c,\gamma}^{-1}(L)$ 和 $L_2^{(c,\gamma)}$ 是 Banach 空间, 它们分别与 $L(-\infty,\infty)$ 和 $L_2(-\infty,\infty)$ 等距.

5) 以下定理分别根据空间 $\mathfrak{M}^{-1}(L)$ 和 $L_2(0,\infty)$ 给出了空间 $\mathfrak{M}_{c,\gamma}^{-1}(L)$ 和 $L_2^{(c,\gamma)}$ 的刻画.

定理 36.1　a) 空间 $\mathfrak{M}_{0,\gamma}^{-1}(L)$ 和 $L_2^{(0,\gamma)}$ 由可表示为形式 $f(x) = x^{-\gamma}I_{0+}^\gamma\varphi(x)$ 的函数 $f(x)$ 组成, 其中 $\varphi(x)$ 分别属于 $\mathfrak{M}^{-1}(L)$ 和 $L_2(0,\infty)$.

b) 当 $c > 0$ 时空间 $\mathfrak{M}_{c,\gamma}^{-1}(L)$ 和 $L_2^{(c,\gamma)}$ 由满足以下不等式的函数 $f(x)$ 组成, 其中常数 M_j 仅依赖于 $f(x)$,

$$\left\|\left[\left(x\frac{d}{dx}\right)^m \prod_{k=1}^n \left(1 - \frac{2c}{k+m-c-\gamma-1/2}x\frac{d}{dx}\right)\right]f(n^{2c}x)\right\| < M_j, \tag{36.16}$$

$$m > c + \gamma, \quad n = 1, 2, 3, \cdots,$$

且 (36.16) 中的范数分别在空间 $\mathfrak{M}^{-1}(L)$ 和 $L_2(0,\infty)$ 中估计.

证明 只对空间 $L_2^{(c,\gamma)}$ 给出证明, 因为 $\mathfrak{M}_{c,\gamma}^{-1}(L)$ 的情况是类似的.

a) 令 $c = 0$. 则根据定义 $f(x) \in L_2^{(0,\gamma)}$ 当且仅当

$$f(x) = \frac{1}{2\pi i} \int_\sigma s^{-\gamma} F(s) x^{-s} ds, \quad F(s) \in L_2(\sigma), \tag{36.17}$$

其中积分在均方意义下收敛. 我们将 (36.17) 转化为

$$f(x) = \frac{1}{2\pi i} \int_\sigma \frac{\Gamma(1-s)}{\Gamma(1+\gamma-s)} F_1(s) x^{-s} ds,$$
$$F_1(s) = s^{-\gamma} \frac{\Gamma(1+\gamma-s)}{\Gamma(1-s)} F(s). \tag{36.18}$$

根据 (1.66), $F_1(s)$ 属于 $L_2(\sigma)$ 当且仅当 $F(s) \in L_2(\sigma)$, 因为 $\gamma \geqslant 0$, 则 $\Gamma(1-s)/\Gamma(2+\gamma-s) \in L_2(\sigma)$, 结合 L_2 空间中 Parseval 关系式 (1.116) —— 例如 Titchmarsh [1937, p. 127, Theorem 73 和 p. 71, formula 2.1.17] —— 我们有

$$\frac{1}{2\pi i} \int_\sigma \frac{\Gamma(1-s)}{\Gamma(2+\gamma-s)} F_1(s) x^{-s} ds = \int_0^1 \frac{(1-t)^\gamma}{\Gamma(\gamma+1)} \varphi(xt) dt,$$

其中 $\varphi(x)$ 为函数 $F_1(s)$ 的逆 Mellin 变换. 则从 (36.18) 我们得到关系式

$$x^\gamma f(x) = \frac{1}{2\pi i} \frac{d}{dx} \int_\sigma \frac{\Gamma(1-s)}{\Gamma(2+\gamma-s)} F_1(s) x^{1+\gamma-s} ds = \frac{d}{dx} I_{0+}^{\gamma+1} \varphi(x).$$

因为 $F_1(s) \in L_2(\sigma)$, 所以 $\varphi(x) \in L_2(0,\infty)$ —— 例如 Titchmarsh [1937, p. 126, Theorem 71] 和 M.M. Dzherbashyan [1966a, p. 58, Theorem 1.16] —— 因此对于任意 $E > 0$, $\varphi(x) \in L(0, E)$. 因此 $\frac{d}{dx} I_{0+}^{\gamma+1} \varphi(x) = I_{0+}^\gamma \varphi$, 从而 $f(x) = x^{-\gamma} I_{0+}^\gamma \varphi(x)$.

b) 令 $c > 0$. 函数 $f(x)$ 属于 $L_2^{(c,\gamma)}$ 当且仅当

$$f(x) = \frac{1}{2\pi i} \int_\sigma s^{-\gamma} e^{-\pi c|\mathrm{Im}s|} F(s) x^{-s} ds, \quad F(s) \in L_2(\sigma).$$

从 (1.65) 可知函数 $F(s)$ 和

$$F_1(s) = s^{m-\gamma} e^{-\pi c|\mathrm{Im}s|} F(s) \Gamma^{-1}(1/2 - c - \gamma + m + 2cs),$$

$$m > \gamma + c,$$

同时属于或不属于 $L_2(\sigma)$ 空间. 函数 $s^m\Gamma^{-1}(1/2 - c - \gamma + m + 2cs)$ 满足 M.M. Dzherbashyan [1966a, Subsection 2.3.2] 中定理的条件. 因此 $L_2^{(c,\gamma)}$ 与 Dzherbashyan [1966a, p. 90] 中的 L_2^Φ 空间一致, 其中

$$\Phi(s) = s^m/\Gamma(1/2 - c - \gamma + m + 2cs), \quad m > \gamma + c.$$

因此乘积

$$s^m e^{-2cs\ln n} \prod_{k=1}^{n} \left(1 + \frac{2cs}{k + m - c - \gamma - 1/2}\right), \quad s \in \sigma$$

在 $n \to \infty$ 时有界收敛于上述函数 $\Phi(s)$. 后者意味着

$$s^m e^{-2cs\ln n} \prod_{k=1}^{n} \left(1 + \frac{2cs}{k + m - c - \gamma - 1/2}\right)/\Phi(s)$$

关于 s 和 n 一致有界. 然后根据 M.M. Dzherbashyan [1966a, p. 90] 的结论, $f(x)$ 属于 $L_2^\Phi = L_2^{(c,\gamma)}$ 当且仅当 (36.16) 中的估计式成立. 由此定理得证. 我们只需注意, 在 $\mathfrak{M}_{c,\gamma}^{-1}(L)$ 的情况下, 应该使用 Vu Kim Tuan [1986a] 对于空间 $\mathfrak{M}_\Phi^{-1}(L)$ 的相应结果代替引用的后一个结论. ∎

36.2 G 变换的存在性、映射性质及表示

我们现在考虑 $\mathfrak{M}_{c,\gamma}^{-1}(L)$ 和 $L_2^{(c,\gamma)}$ 空间中 G 变换算子的存在性和映射性质, 并通过沿射线 $(0,\infty)$ 且核中包含 Meijer G 函数的积分得到其通常的表示形式. 以下结论回答了关于存在性和映射性质的问题.

定理 36.2 定义在 (36.3) 中的特征为 (c^*,γ^*) 的 G 变换在 $\mathfrak{M}_{c,\gamma}^{-1}(L)$ 和 $L_2^{c,\gamma}$ 空间中存在当且仅当

$$2\text{sign}(c + c^*) + \text{sign}(\gamma + \gamma^*) \geqslant 0. \tag{36.19}$$

在此条件下 G 变换将空间 $\mathfrak{M}_{c,\gamma}^{-1}(L)$ 和 $L_2^{c,\gamma}$ 分别同胚映射到空间 $\mathfrak{M}_{c+c^*,\gamma+\gamma^*}^{-1}(L)$ 和 $L_2^{(c+c^*,\gamma+\gamma^*)}$ 上.

证明 令 $f(x) \in \mathfrak{M}_{c,\gamma}^{-1}$ 或 $L_2^{c,\gamma}$. 则从 (36.10) 和 (36.11) 中分别得到 $f^*(s) = s^{-\gamma}e^{-\pi c|\text{Ims}|}F(s)$, $F(s) \in L(\sigma)$ 或 $F(s) \in L_2(\sigma)$. 因为 (c^*,γ^*) 是 G 变换的特征, 所以 (36.12) 给出的渐近关系关于 (36.7) 中定义的数值成立. 因此考虑到 $s \in \sigma$, 我们得到表达式

$$H(s)f^*(s) = s^{-\gamma-\gamma^*}e^{-\pi(c+c^*)|\text{Ims}|}F_1(s), \tag{36.20}$$

其中 $F_1(s) \in L(\sigma)$ 或 $F_1(s) \in L_2(\sigma)$. 因此, 定义 G 变换 (36.3) 中的积分 (如果存在) 是 $\mathfrak{M}_{c+c^*,\gamma+\gamma^*}^{-1}(L)$ 和 $L_2^{c+c^*,\gamma+\gamma^*}$ 空间中的函数. 我们现在来寻找这个积分存

在的条件. 因为对于 $s \in \sigma$, $|x^{-s}| = x^{-1/2}$ 且 $F_1(s) \in L(\sigma)$ 或 $L_2(\sigma)$, 所以只有幂指数权重 $s^{-\gamma-\gamma^*} e^{-\pi(c+c^*)|\mathrm{Im}s|}$ 影响它的存在性. 如果 $c + c^* > 0$, 则此权重对于任意 $\gamma + \gamma^*$ 随着 $|\mathrm{Im}s| \to \infty$ 指数递减. 如果 $c + c^* = 0$, 则此权重只在 $\gamma + \gamma^* > 0$ 时递减, 或在 $\gamma + \gamma^* = 0$ 时有界. 这些可以统一成形式为 (36.19) 的条件. 如果这些条件不满足, 则权重在无穷远处增长, 从而积分 (36.3) 发散. 从上述证明可以清楚地得出映射的同胚性. ∎

定理 36.3 设不等式

$$4\mathrm{sign}c^* + 2\mathrm{sign}\gamma^* + \mathrm{sign}|p - q| > 0 \tag{36.21}$$

和条件

$$\mathrm{Re}b_j > -1/2, \ j = 1, 2, \cdots, m; \quad \mathrm{Re}a_j < 1/2, \ j = 1, 2, \cdots, n \tag{36.22}$$

成立. 则在 (36.3) 中定义的 G 变换在 $\mathfrak{M}^{-1}(L)$ 空间中存在且可以表示为以下包含 Meijer G 函数的 Mellin 卷积积分

$$(Gf)(x) = \int_0^\infty G_{pq}^{mn} \left(\frac{x}{y} \ \middle| \ \begin{matrix} (a_p) \\ (b_q) \end{matrix} \right) f(y) \frac{dy}{y}. \tag{36.23}$$

证明 如果 (36.21) 中的条件成立, 则当 $c^* = 0$, $p = q$ 时 G 函数 $G_{pq}^{mn} \left(x \ \middle| \ \begin{matrix} (a_p) \\ (b_q) \end{matrix} \right)$ 存在且在任意区间 $[\varepsilon, E]$, $0 < \varepsilon < E < \infty$ 上可积, 其中包括奇点 $x = 1$. 对于 $0 < \gamma^* < 1$, 如 Prudnikov, Brychkov and Marichev [1985] 的 8.2.1.48 式观察到的那样, 此函数有 $O((1-x)^{\gamma^*-1})$ 阶奇异性. 首先考虑 $p \leqslant q$. 则此 G 函数在奇点 $x = 0$ 和 $x = \infty$ 附近有渐近性, 可写为如下形式 (见 Marichev [1978d, Sec. 8.3] 或 Marichev [1983]):

$$G_{pq}^{mn} \left(x \ \middle| \ \begin{matrix} (a_p) \\ (b_q) \end{matrix} \right) = \begin{cases} O(|x|^b), \quad x \to 0, \ b \leqslant \min\limits_{1 \leqslant k \leqslant m} \mathrm{Re}b_k, \\ O(|x|^{a-1}) + \varepsilon|x|^\rho \cos[(q-p)x^{1/(q-p)} + \delta], \quad x \to \infty, \\ \quad a \geqslant \max\limits_{1 \leqslant k \leqslant n} \mathrm{Re}a_k \ \text{和} \ \varepsilon = 0, \ \delta = \mathrm{const} \ \text{或} \\ \quad \varepsilon \neq 0, q \geqslant p + 2, \ c^* = 0, \\ \quad (q-p)\rho = (1 + p - q)/2 - \gamma^*. \end{cases} \tag{36.24}$$

因此对于 $c^* > 0$ 或 $c^* = 0$ 且 $\gamma^* > 0$, $q = p$ 得到

$$\int_0^\infty G_{pq}^{mn} \left(x \ \middle| \ \begin{matrix} (a_p) \\ (b_q) \end{matrix} \right) x^{s-1} dx = \int_0^1 O(x^b) x^{s-1} dx + \int_1^\infty O(x^{a-1}) x^{s-1} dx. \tag{36.25}$$

因此根据 (36.22), 如果 $s \in \sigma$, 则左端的积分有界收敛. 后者意味着存在一个常数 $c > 0$ 使得对于任意 $\varepsilon > 0$, $E > 0$ 和 $t \in R^1$, 估计式

$$
\left| \int_\varepsilon^E K(x) x^{it-1/2} dx \right| \leqslant c, \quad K(x) = G_{pq}^{mn} \left(x \left| \begin{array}{c} (a_p) \\ (b_q) \end{array} \right. \right)
$$

成立 —— 参见 Vu Kim Tuan [1986a]. 进一步, 还需考虑当 $c^* = 0$ 时 $q > p$ 情况下的不等式 $q \geqslant p + 2$. 然后从 (36.21) 和 (36.24) 可知, 在其他情况 $c^* = \gamma^* = 0$, $q \geqslant p + 2$ 中, 形式为

$$
\varepsilon \int_1^\infty x^{s-1} x^{[2(q-p)]^{-1}-1/2} \cos[(q-p) x^{1/(q-p)} + \delta] dx
$$
$$
= \varepsilon(q-p) \int_1^\infty t^{(q-p)\theta i - 1/2} \cos[(q-p)t + \delta] dt, \tag{36.26}
$$
$$
\theta = \mathrm{Im} s, \quad s \in \sigma
$$

的附加项出现在 (36.25) 的右端. 式 (36.26) 中右端的积分也是有界收敛的. 因此, (36.21) 和 (36.22) 给出的条件保证了 (36.25) 中的积分对于 $s \in \sigma$ 有界收敛. 因此, 根据 $\mathfrak{M}^{-1}(L)$ 空间中的 Parseval 关系 —— 参见 (1.116), (36.23) 中的积分收敛且等于 (36.3) —— 参见 Vu Kim Tuan [1985a].

现在令 $p \geqslant q$. 将 G 变换的反射关系 (1.36) 和平移关系 (1.97) 应用到 (36.23) 的右边, 并作变量替换 $x = 1/x'$ 和 $y = 1/y'$, 我们有

$$
\frac{1}{x'} (Gf) \left(\frac{1}{x'} \right) = \int_0^\infty G_{qp}^{nm} \left(\frac{x'}{y'} \left| \begin{array}{c} -(b_q) \\ -(a_p) \end{array} \right. \right) \frac{1}{y'} f \left(\frac{1}{y'} \right) \frac{dy'}{y'}. \tag{36.27}
$$

现在利用 § 36.1 中给出的 $\mathfrak{M}^{-1}(L)$ 空间的性质 2), 容易得到 $p \leqslant q$ 的情况. ∎

注 36.1 如果 $c^* = \gamma^* = 0$ 且 $p = q$, 则 G 函数 $G_{pq}^{mn} \left(x \left| \begin{array}{c} (a_p) \\ (b_q) \end{array} \right. \right)$ 在点 $x = 1$ 处有 $O((1-x)^{i\psi-1})$ 阶不可积奇异性, 其中 $\mathrm{Im}\,\psi = 0$, 且这种情况下 (36.23) 仅在 $f(x) = 0$ 的情况下收敛. 式 (36.21) 中的条件不包括此情况.

定理 36.4 设 $2\mathrm{sign} c^* + \mathrm{sign} \gamma^* \geqslant 0$ 且 (36.22) 中的条件满足. 则 G 变换在 $L_2(0, \infty)$ 空间中存在且可以表示为如下形式

$$
(Gf)(x) = \frac{d}{dx} \int_0^\infty G_{p+1,q+1}^{m,n+1} \left(\frac{x}{y} \left| \begin{array}{c} 1, (a_p)+1 \\ (b_q)+1, 0 \end{array} \right. \right) f(y) dy, \tag{36.28}
$$

其中 $(a_p)+1 = a_1+1, a_2+1, \cdots, a_p+1$. 如果还有 $2\mathrm{sign}\, c^* + \mathrm{sign}\, (\gamma^* - 1/2) > 0$, 则在 (36.3) 中定义的 G 变换在 $L_2(0, \infty)$ 空间存在且可以表示为 (36.23).

证明　如果 $2\mathrm{sign}\, c^* + \mathrm{sign}\, \gamma^* \geqslant 0$, 则根据 (36.12) 中的渐近估计, (36.9) 中给出的函数在直线 σ 上有界. 因此 $H(s)/(1-s) \in L_2(\sigma)$ 且 (36.3) 可以写为

$$(Gf)(x) = \frac{1}{2\pi i} \frac{d}{dx} \int_\sigma \frac{H(s)}{1-s} f^*(s) x^{1-s} ds. \tag{36.29}$$

现将 (1.116) 中给出的 $L_2(0, \infty)$ 空间中的 Parseval 关系应用到 (36.29) 右端, 并结合 G 函数的平移关系, 特别地, 有

$$x G_{p+1,q+1}^{m,n+1} \left(x \left| \begin{array}{c} 0, (a_p) \\ (b_q), -1 \end{array} \right. \right) = G_{p+1,q+1}^{m,n+1} \left(x \left| \begin{array}{c} 1, (a_p)+1 \\ (b_q)+1, 0 \end{array} \right. \right), \tag{36.30}$$

我们不难得到 (36.28).

如果还有 $2\mathrm{sign}c^* + \mathrm{sign}(\gamma^* - 1/2) > 0$, 则不仅有 $H(s)/(1-s) \in L_2(\sigma)$ 还有 $H(s) \in L_2(\sigma)$, 因为 $H(s) = O(|s|^{-\gamma^*})$. 因此可以立刻将 Parseval 关系应用到 (36.3), 从而证明了 (36.23). ∎

注 36.2　因为例如, $\left(G_{01}^{10} \left| \begin{array}{c} - \\ 0 \end{array} \right| f(t) \right)(x) = L\left\{ \frac{1}{t} f\left(\frac{1}{t} \right); x \right\}$ 和 $\left(G_{01}^{00} \left| \begin{array}{c} - \\ 0 \end{array} \right| f(t) \right)$

$(x) = L^{-1} \left\{ \frac{1}{t} f\left(\frac{1}{t} \right); x \right\}$ ——见 (1.119)—(1.121)——但 (36.23) 和 (36.30) 形式的 Meijer G 函数在 $m = n = 0$ 的 G 变换中不存在, 所以不是每个 G 变换都可以表示为 (36.23) 或 (36.28). 当 $2\mathrm{sign}c^* + \mathrm{sign}\gamma^* > 0$ 和 $2\mathrm{sign}c^* + \mathrm{sign}\gamma^* < 0$ 时 G 变换对应经典的正和逆积分卷积变换; 当 $2\mathrm{sign}c^* + \mathrm{sign}\gamma^* = 0$ 时, 即, $c^* = \gamma^* = 0$ 时, $p \neq q$ 对应 Watson 变换 (见 Titchmarsh [1937, Chapter 8] 和 M.M Dzherbashyan [1966a, Chapter 2, Section 1] 的书) 或 $p = q$ 对应虚数分数阶型积分 $I_{0+}^{i\theta}$ 和 $I_-^{i\theta}$. 这一点在 § 36.1 中有更详细说明. 因此, 带齐次核的积分卷积变换理论的一般方法通过 (36.3) 中的表示实现.

36.3　G 变换的分解

我们介绍如下定义.

定义 36.5　算子 (36.3) 通过具有较低复杂性指标的其他 G 变换得到的复合表示称为 G 变换的因子分解, 复杂性指标见定义 36.2.

式 (36.3) 中除平凡 G 变换外, 最简单的 G 变换是复杂度指标等于 1 的变换. 它们与 (1.119)—(1.121) 中给出的 Laplace 变换有关, 定义如下.

定义 36.6 函数 $f(x)$ 的以下变换

$$x^\alpha \Lambda_\pm x^{-\alpha} f(x) = x^\alpha L\{t^{\pm\alpha-1} f(t^{\mp 1}); x^{\pm 1}\}$$
$$= \int_0^\infty \left(\frac{x}{t}\right)^\alpha e^{-(x/t)^{\pm 1}} f(t) \frac{dt}{t}, \tag{36.31}$$

$$x^\alpha \Lambda_\pm^{-1} x^{-\alpha} f(x) = x^{\alpha\mp 1} L^{-1}\{t^{\pm\alpha} f(t^{\pm 1}); x^{\mp 1}\}$$
$$= \frac{1}{2\pi i} \int_{\gamma-i\infty}^{\gamma+i\infty} \frac{f^*(s) x^{-s}}{\Gamma(\pm\alpha\pm s)} ds, \tag{36.32}$$

$$\text{Re}(s+\alpha) \lessgtr 0,$$

称为带幂乘子的修正的正 Laplace 变换和逆 Laplace 变换, 其中 $\{\varphi(t); p\}$ 和 $L^{-1}\{g(p); x\}$ 在 (1.119) 和 (1.120) 或 (1.121) 中给出.

复杂性指标等于 2 的 G 变换也可以看作简单变换. 它们是分数阶积分和导数 I_{0+}^α 和 I_-^α, Stieltjes, Hankel 和 Meijer 变换, 正弦和余弦变换及其逆变换. 根据 (1.115) 中的卷积定理或 (1.116) 中的 Parseval 关系式, 几个 G 变换的复合对应着 (36.9) 形式的核变换的乘积, 从而导致核变换中 Gamma 函数个数的增加. 这又导致了复杂性指标更大的 G 变换. 因此, 很自然地希望在某些条件下的任何 G 变换都可以分解为其他 G 变换的复合, 特别地分解为上面列举的简单 G 变换. 事实上, 以下论断是正确的.

定理 36.5 设 $G_1, \cdots, G_l$ 是核 $H_1(s), \cdots, H_l(s)$ 满足条件

$$H_1(s) H_2(s) \cdots H_l(s) = H(s) \tag{36.33}$$

的 G 变换, 其中 $H(s)$ 的形式为 (36.9), 且令变换 $G_1, \cdots, G_l$ 的复杂度指标低于 G, 它们的特征分别为 $(c_1^*, \gamma_1^*), \cdots, (c_l^*, \gamma_l^*)$. 那么如果 (36.19) 中的条件成立, $\mathfrak{M}_{c,\gamma}^{-1}(L)$ 和 $L_2^{c,\gamma}$ 中的 G 变换 (见 (36.3)) 可以因子分解为变换 $G_1, \cdots, G_l$ 按一定顺序的排列

$$(Gf)(x) = (G_{i_l} \cdots G_{i_2} G_{i_1} f)(x), \tag{36.34}$$

当且仅当 $(i_1, \cdots, i_l)$ 是使得不等式

$$2\text{sign}\left(c + \sum_{j=1}^k c_{i_j}^*\right) + \text{sign}\left(\gamma + \sum_{j=1}^k \gamma_{i_j}^*\right) \geqslant 0, \tag{36.35}$$
$$k = 1, 2, \cdots, l$$

成立的数 $(1, 2, \cdots, l)$ 的重排. 对于任何一组上述形式的变换 $G_1, \cdots, G_l$, 总存在至少一个满足 (36.35) 的重排.

证明　　显然, 存在满足条件 (36.33) 的 G 变换. 例如, 如果我们令 $l = p + q$, 并设 $\Gamma(b_i + s)$, $i = 1, 2, \cdots, m$, $\Gamma(1 - a_i - s)$, $i = 1, 2, \cdots, n$, $\Gamma^{-1}(a_i + s)$, $i = n+1, \cdots, p$, $\Gamma^{-1}(1 - b_i - s)$, $i = m+1, \cdots, q$ 分别为变换的核 $H_1(s), \cdots, H_{p+q}(s)$, 则此条件成立, 从而通过在 (36.1) 和 (36.2) 中定义的修正的正逆 Laplace 变换可以产生因子分解 —— 见注 36.2. 显然, 从 (36.33) 可以得到关系式

$$\sum_{i=1}^{l} c_i^* = c^*, \quad \sum_{i=1}^{l} \gamma_i^* = \gamma^* \tag{36.36}$$

成立. 连续应用 l 次定理 36.3, 我们容易得到 (36.35) 中给出的充分必要条件, 这些条件保证了整个复合函数 $(G_{i_k} \cdots G_{i_2} G_{i_1} f)(x)$, $k = 1, 2, \cdots, l$ 的存在. 这些复合函数属于 $\mathfrak{M}_{c', \gamma'}^{-1}(L)$ 或 $L_2^{(c', \gamma')}$ 空间, 其中 $c' = c + \sum_{j=1}^{k} c_{i_j}^*$, $\gamma' = \gamma + \sum_{j=1}^{k} \gamma_{i_j}^*$, 因此根据 (36.36) 对于 $k = l$ 我们分别有 $(Gf)(x) \in \mathfrak{M}_{c+c^*, \gamma+\gamma^*}^{-1}(L)$ 或 $(Gf)(x) \in L_2^{(c+c', \gamma+\gamma')}$.

现在证明当 (36.35) 给出的条件成立时, 重排 $(i_1, \cdots, i_l)$ 的存在性. 为此, 我们按照以下方式选择指标 $i_1, \cdots, i_l$. 令 i_1 是 c_i^* 中最大的数的指标. 如果有几个这样的 c_i^*, 则我们将 i_1 取成数对 (c_i^*, γ_i^*) 中 γ_i^* 最大的指标, 这里 c_i^* 是最大的数, 如果有多个这样的 γ_i^*, 则 i_1 是这个集合中任意的 i. 取出这个指标对应的数对 (c_i^*, γ_i^*), 然后我们考虑剩下的数对, 以类似的方式选择下一个指标 i_2 和其对应的数对. 因此经过这样的选择后, 我们有不等式

$$2\mathrm{sign}(c_{i_j}^* - c_{i_{j+1}}^*) + \mathrm{sign}(\gamma_{i_j}^* - \gamma_{i_{j+1}}^*) \geqslant 0,$$
$$j = 1, 2, \cdots, l - 1. \tag{36.37}$$

我们来证明 (36.35) 可从 (36.37) 中得到. 假设 (36.35) 不成立, 例如, 对于 $k = l - 1$:

$$2\mathrm{sign}\left(c + \sum_{j=1}^{l-1} c_{i_j}^*\right) + \mathrm{sign}\left(\gamma + \sum_{j=1}^{l-1} \gamma_{i_j}^*\right) < 0, \tag{36.38}$$

即不等式

$$c + c_{i_1}^* + \cdots + c_{i_{l-1}}^* < 0, \tag{36.39}$$

或

$$c + c_{i_1}^* + \cdots + c_{i_{l-1}}^* = 0,$$
$$\gamma + \gamma_{i_1}^* + \cdots + \gamma_{i_{l-1}}^* < 0 \tag{36.40}$$

成立. 根据 (36.36), 我们从 (36.19) 可知

$$2\mathrm{sign}(c + c_{i_1}^* + \cdots + c_{i_l}^*) + \mathrm{sign}(\gamma + \gamma_{i_1}^* + \cdots + \gamma_{i_l}^*) \geqslant 0,$$

即

$$c + c_{i_1}^* + \cdots + c_{i_{l-1}}^* + c_{i_l}^* > 0 \tag{36.41}$$

或

$$
\begin{aligned}
& c + c_{i_1}^* + \cdots + c_{i_{l-1}}^* + c_{i_l}^* = 0, \\
& \gamma + \gamma_{i_1}^* + \cdots + \gamma_{i_{l-1}}^* + \gamma_{i_l}^* \geqslant 0.
\end{aligned}
\tag{36.42}
$$

若 (36.39) 和 (36.41) 或 (36.39) 和 (36.42) 或 (36.40) 和 (36.41) 同时成立, 则 $c_{i_l}^* > 0$, 又因为构造 $c_{i_1}^* \geqslant c_{i_2}^* \geqslant \cdots \geqslant c_{i_l}^*$, 所以 $c + c_{i_1}^* + \cdots + c_{i_{l-1}}^* > 0$, 这与 (36.39) 矛盾. 现在我们假设 (36.40) 或 (36.42) 中的条件组成立, 则 $c_{i_l}^* = 0$ 且 $\gamma_{i_l}^* > 0$. 所以从 (36.19) 和 (36.40) 以及不等式 $c_{i_1}^* \geqslant c_{i_2}^* \geqslant \cdots \geqslant c_{i_l}^* = 0$ 得 $c_{i_1}^* = c_{i_2}^* = \cdots = c_{i_l}^* = 0$, $c = 0$, 从 (36.37) 得 $\gamma_{i_1}^* \geqslant \gamma_{i_2}^* \geqslant \cdots \geqslant \gamma_{i_l}^* > 0$, 并且从条件 $2\mathrm{sign}c + \mathrm{sign}\gamma \geqslant 0$ 有 $\gamma \geqslant 0$. 后者与 (36.40) 矛盾, 因此 (36.38) 不成立. 类似地可以证明取值 $k = l - 2, \cdots, 1$ 时, 不等式 (36.35) 成立. ∎

36.4 G 变换的逆

定理 36.6 令 $g(x) \in \mathfrak{M}_{c+c^*, \gamma+\gamma^*}^{-1}(L)$ 或 $g(x) \in L_2^{(c+c^*, \gamma+\gamma^*)}$. 则 G 变换

$$(G^{-1}g)(x) = \left(G_{q,p}^{p-n, q-m} \left| \begin{matrix} (b_q^{m+1}) & (b_m) \\ (a_p^{n+1}) & (a_n) \end{matrix} \right| g(y) \right)(x) = f(x) \tag{36.43}$$

是定义在 (36.3) 中 G 变换 (符号为 $(Gf)(x) = g(x)$) 的逆变换. 如果定理 36.5 中的条件满足, 则 (36.43) 中的逆变换可以分解为关系

$$f(x) = (G^{-1}g)(x) = (G_{i_1}^{-1} G_{i_2}^{-1} \cdots G_{i_l}^{-1} g)(x). \tag{36.44}$$

证明 因为 $g \in \mathfrak{M}_{c+c^*, \gamma+\gamma^*}^{-1}$ (或 $L_2^{(c+c^*, \gamma+\gamma^*)}$), 所以由定理 36.2, (36.43) 中的 G 变换存在并且将函数 g 映射到 $\mathfrak{M}_{c,\gamma}^{-1}$ (或 $L_2^{(c,\gamma)}$) 空间中的函数 f. 现在将 (36.3) 中的 G 变换应用到 (36.43), 直接计算左侧的复合运算, 可以抵掉所有 Gamma 函数, 从而利用 (36.3), 我们得到了左侧的函数 $g(x)$.

式 (36.44) 中涉及逆 G 变换 $G_{i_j}^{-1}$ 的特征为 $(-c_{i_j}^*, -\gamma_{i_j}^*)$, $j = 1, 2, \cdots, l$. 因此 (36.35) 中的条件关于 (36.44) 有

$$2\mathrm{sign}\left(c + c^* - \sum_{j=k}^{l} c_{i_j}^* \right) + \mathrm{sign}\left(\gamma + \gamma^* - \sum_{j=k}^{l} \gamma_{i_j}^* \right) \geqslant 0, \tag{36.45}$$

$$k = 1, 2, \cdots, l.$$

显然 (36.45) 与 (36.35) 一致, 因此定理 36.5 允许我们使用 (36.44) 按照上述重排 $(i_1, \cdots, i_l)$ (36.44) 分解逆算子 (36.43). ∎

注 36.3　如果 $\mathfrak{M}_{c,\gamma}^{-1}(L)$ 或 $L_2^{(c,\gamma)}$ 空间的特征 (c, γ) 满足条件

$$2\mathrm{sign}\left(c - \sum_{i=1}^{l}\left|c_i^*\right|\right) + \mathrm{sign}\left(\gamma - \sum_{i=1}^{l}\left|\gamma_i^*\right|\right) \geqslant 0, \tag{36.46}$$

那么 (36.35) 中的限制对于所有重排都是正确的, 因此 (36.34) 中算子 G_{i_j} 和 (36.44) 中算子 $G_{i_j}^{-1}$ 应用顺序可以是任意的, 即在这种情况下, 这些 G 变换可交换.

我们考虑重要的情况, 所有的 $G_i, i = 1, 2, \cdots, l$ 都是 (36.31) 和 (36.32) 中定义的修正 Laplace 变换. 将这些关系应用 Mellin 变换 (见 (1.112)), 我们看到对应算子变换的核 (36.9) 只在分子或分母中包含一个 Gamma 函数

$$\Gamma(\pm\alpha \pm s) \leftrightarrow x^{\alpha}\Lambda_{\pm}x^{-\alpha}, \quad \mathrm{Re}(\alpha + s) \geqslant 0, \tag{36.47}$$

$$\Gamma^{-1}(\pm\alpha \pm s) \leftrightarrow x^{\alpha}\Lambda_{\pm}^{-1}x^{-\alpha}, \quad \mathrm{Re}(\alpha + s) \geqslant 0. \tag{36.48}$$

因此, 上述每个 Laplace 变换都对应于 G 变换 (36.3) 中的一个 Gamma 函数. 也就是说, 在某些条件下, 这个一般的 G 变换可以分解为算子的复合

$$\begin{aligned}
&x^{b_j}\Lambda_{+}x^{-b_j}, \quad j = 1, 2, \cdots, m; \\
&x^{a_j-1}\Lambda_{-}x^{1-a_j}, \quad j = 1, 2, \cdots, n; \\
&x^{a_j}\Lambda_{+}^{-1}x^{-a_j}, \quad j = n+1, \cdots, p; \\
&x^{b_j-1}\Lambda_{-}^{-1}x^{1-b_j}, \quad j = m+1, \cdots, q.
\end{aligned} \tag{36.49}$$

我们用符号

$$\Lambda_1, \cdots, \Lambda_m, \Lambda_{m+1}, \cdots, \Lambda_{m+n}, \Lambda_{m+n+1}, \cdots, \Lambda_{m+p}, \Lambda_{m+p+1}, \cdots, \Lambda_{p+q}$$

表示这些按指定顺序排列的算子. 根据 (36.7) 计算它们的特征分别为 $(1/2, -\mathrm{Re}b_j), j = 1, 2, \cdots, m, (1/2, \mathrm{Re}a_j), j = 1, 2, \cdots, n, (-1/2, \mathrm{Re}a_j), j = n+1, \cdots, p, (-1/2, -\mathrm{Re}b_j), j = m+1, \cdots, q$. 按指定顺序我们将它们记为 $(\theta_1, \xi_1), \cdots, (\theta_{p+q}, \xi_{p+q})$. 对于这样的因子分解, 定理 36.5 和定理 36.6 可以用下列方式给出.

定理 36.7　设条件 (36.19) 和 (36.22) 以及不等式

$$\begin{aligned}
&\mathrm{Re}a_j > -1/2, \quad j = n+1, \cdots, p; \\
&\mathrm{Re}b_j < 1/2, \quad j = m+1, \cdots, q
\end{aligned} \tag{36.50}$$

成立. 则 (36.3) 中定义的 G 变换可以通过带幂乘子 (36.49) 的修正 Laplace 变换的某种顺序的复合在 $\mathfrak{M}_{c,\gamma}^{-1}(L)$ 和 $L_2^{(c,\gamma)}$ 中分解

$$(Gf)(x) = (\Lambda_{i_{p+q}} \cdots \Lambda_{i_2}\Lambda_{i_1}f)(x),\tag{36.51}$$

当且仅当数 $(1,2,\cdots,p+q)$ 的重排 $(i_1,\cdots,i_{p+q})$ 使得不等式

$$2\mathrm{sign}\left(c+\sum_{j=1}^{k}\theta_{i_j}\right) + \mathrm{sign}\left(\gamma+\sum_{j=1}^{k}\xi_{i_j}\right) \geqslant 0,\tag{36.52}$$

$$k=1,2,\cdots,p+q$$

成立.

定理 36.8 设 $g(x) \in \mathfrak{M}_{c+c^*,\gamma+\gamma^*}^{-1}(L)$ 或 $L_2^{c+c^*,\gamma+\gamma^*}$ 且数 $(1,2,\cdots,p+q)$ 的某个重排 $(i_1,\cdots,i_{p+q})$ 满足条件 (36.19), (36.22), (36.50) 和 (36.52). 则定义在 (36.43) 中的 (36.3) 的逆可以通过特征为 $(\theta_1,\xi_1),\cdots,(\theta_{p+q},\xi_{p+q})$ 的算子 $\Lambda_1,\cdots,\Lambda_{p+q}$ 分解

$$f(x) = (G^{-1}g)(x) = (\Lambda_{i_1}^{-1}\Lambda_{i_2}^{-1}\cdots\Lambda_{i_{p+q}}^{-1}g)(x).\tag{36.53}$$

注 36.4 对于 (36.49) 中的算子, 核 $H_1(s),\cdots,H_{p+q}(s)$ 的变换分别是形式为 $\Gamma(b_j+s)$, $\Gamma(1-a_j-s)$, $\Gamma^{-1}(a_j+s)$ 或 $\Gamma^{-1}(1-b_j-s)$ 的单个 Gamma 函数. 这时我们可以通过不同的方法将这些 Gamma 函数组合成不同的组, 例如成对组合. 因此, 我们可以通过使用 (36.34) 获得 G 变换复合展开的许多变换形式, 例如, 利用分数阶积分和导数, Hankel, Stieltjes 和 Meijer 变换及其逆变换.

注 36.5 假设 (36.5) 成立, 如果 (36.22) 或 (36.50) 中的条件对于某些指标 j 不成立, 则应将 (36.49) 中正 Laplace 变换核中的函数 e^{-z} 替换 $e^{-z}-\sum_{k=0}^{r}\dfrac{(-z)^k}{k!}$. 对于这样的指标 j, 可以用以下公式将核的像对应的 Gamma 函数变成 3 个 Gamma 函数

$$\Gamma(a+s) = (-1)^k\frac{\Gamma(a+k+s)\Gamma(1-a-k-s)}{\Gamma(1-a-s)},\tag{36.54}$$

$$-k < \mathrm{Re}(a+s) < 1-k.$$

在适当的 k 选择下, 后者不能满足的条件现在将得到满足. 但是这样的操作会导致 G 变换的复杂性指标增加.

综上所述, 我们有下列论断, 它在积分变换理论中很重要.

定理 36.9 G 变换以及, 特别地, 经典卷积型正和逆积分变换是一定数量的正和逆 Laplace 变换 (36.31) 和 (36.32) 的复合, 其可容许的应用顺序依赖函数 f 所在的空间和变换的参数. 对于 $\mathfrak{M}_{(c,\gamma)}^{-1}(L)$ 或 $L_2^{(c,\gamma)}$ 型足够好的函数空间, 满足例如 $2c - p - q > 0$ 的条件, 算子 $\Lambda_1, \cdots, \Lambda_{p+q}$ 可交换且它们的复合构成了定义在 (36.3) 中的 G 变换.

36.5　分数阶积分在 $\mathfrak{M}_{c,\gamma}^{-1}(L)$ 和 $L_2^{(c,\gamma)}$ 空间中的映射性质、分解及逆运算

定理 36.10　任意复数 α 阶分数阶积分-微分算子 $x^{-\alpha}(I_{0+}^\alpha f)(x)$ 和 $x^{-\alpha} \cdot (I_-^\alpha f)(x)$ 在 $\mathfrak{M}_{0,\gamma'}^{-1}(L)$ 和 $L_2^{(0,\gamma')}$ 空间中都有定义, 其中 $\gamma' = \max(0, -\mathrm{Re}\alpha)$. 这些算子将空间 $\mathfrak{M}_{c,\gamma}^{-1}(L)$ 和 $L_2^{(c,\gamma)}$ 分别同胚映射到 $\mathfrak{M}_{c,\gamma+\mathrm{Re}\alpha}^{-1}(L)$ 和 $L_2^{(c,\gamma+\mathrm{Re}\alpha)}$ 上, 其中 $2\mathrm{sign}c + \mathrm{sign}(\gamma - \gamma') \geqslant 0$, 且它们可以在下面指出的相应条件下通过 (36.31) 和 (36.32) 中算子的复合进行因子分解: 如果 $f(x) \in \mathfrak{M}_{0,\gamma}^{-1}(L)$ 或 $L_2^{(0,\gamma)}$ 且 $\mathrm{Re}\alpha > -1/2$, 则

$$(I_{0+}^\alpha f)(x) = x^{-1}\Lambda_-^{-1} x^\alpha \Lambda_- x f(x); \tag{36.55}$$

如果 $f(x) \in \mathfrak{M}_{1/2,-\mathrm{Re}\alpha}^{-1}(L)$ 或 $L_2^{(1/2,-\mathrm{Re}\alpha)}$ 且 $\mathrm{Re}\alpha > -1/2$, 则

$$(I_{0+}^\alpha f)(x) = x^{\alpha-1}\Lambda_- x^{-\alpha}\Lambda_-^{-1} x^{\alpha+1} f(x); \tag{36.56}$$

如果 $f(x) \in \mathfrak{M}_{0,\gamma}^{-1}(L)$ 或 $L_2^{(0,\gamma)}$ 且 $k > -\mathrm{Re}\alpha - 1/2$, 则

$$(I_{0+}^\alpha f)(x) = \left(\frac{d}{dx}\right)^k x^{-1}\Lambda_-^{-1} x^{\alpha+k}\Lambda_- x f(x); \tag{36.57}$$

如果 $f(x) \in \mathfrak{M}_{0,\gamma}^{-1}(L)$ 或 $L_2^{(0,\gamma)}$ 且 $\mathrm{Re}\alpha < 1/2$, 则

$$(I_-^\alpha f)(x) = x^\alpha \Lambda_+^{-1} x^{-\alpha}\Lambda_+ x^\alpha f(x); \tag{36.58}$$

如果 $f(x) \in \mathfrak{M}_{1/2,\gamma}^{-1}(L)$ 或 $L_2^{(1/2,\gamma)}$ 且 $\mathrm{Re}\alpha < 1/2$, 则

$$(I_-^\alpha f)(x) = \Lambda_+ x^\alpha \Lambda_+^{-1} f(x); \tag{36.59}$$

如果 $f(x) \in \mathfrak{M}_{0,\gamma}^{-1}(L)$ 或 $L_2^{(0,\gamma)}$ 且 $k - 1/2 < \mathrm{Re}\alpha < k + 1/2$, 则

$$(I_-^\alpha f)(x) = x^\alpha \Lambda_+^{-1} x^{-\alpha} I_{0+}^k \Lambda_+ x^{\alpha-k} f(x). \tag{36.60}$$

证明　设 n 为满足 $\operatorname{Re}\alpha + n > 0$ 的整数. 则我们有

$$
\begin{aligned}
x^{-\alpha}(I_{0+}^{\alpha}f)(x) &= x^{-\alpha}\frac{d^n}{dx^n}\left(I_{0+}^{\alpha+n}\frac{1}{2\pi i}\int_{\sigma}f^*(s)x^{-s}ds\right) \\
&= x^{-\alpha}\frac{d^n}{dx^n}\frac{1}{2\pi i}\int_{\sigma}f^*(s)I_{0+}^{\alpha+n}x^{-s}ds \\
&= x^{-\alpha}\frac{d^n}{dx^n}\frac{1}{2\pi i}\int_{\sigma}\Gamma\left[\begin{matrix}1-s\\1+\alpha+n-s\end{matrix}\right]f^*(s)x^{\alpha+n-s}ds \\
&= x^{-\alpha}\frac{1}{2\pi i}\int_{\sigma}\Gamma\left[\begin{matrix}1-s\\1+\alpha+n-s\end{matrix}\right]f^*(s)\frac{d^n}{dx^n}x^{\alpha+n-s}ds \\
&= \frac{1}{2\pi i}\int_{\sigma}\Gamma\left[\begin{matrix}1-s\\1+\alpha-s\end{matrix}\right]f^*(s)x^{-s}ds.
\end{aligned}
\tag{36.61}
$$

根据上述积分的绝对收敛性, (36.61) 中所作的所有积分和微分顺序的交换均成立. 前者根据 $|s|^{\gamma}F(s)\in L(\sigma)$ —— 见 (36.11) —— 或 $L_2(\sigma)$ 空间中的 Parseval 关系和 $|s|^{-\gamma}F(s)\in L_2(\sigma)$ 得到. 如果现在将变换的核写为乘积 $\Gamma^{-1}(1+\alpha-s)\Gamma(1-s)$, 那么 (36.55) 和 (36.56) 中的因子分解关于空间和 $\operatorname{Re}\alpha$ 的相应条件容易作为定理 36.7 的特例得到.

现在令 α 为任意复数且 k 为使得 $\operatorname{Re}\alpha + k + 1/2 > 0$ 的正整数. 则由 (1.47), 乘积 $\Gamma^{-1}(1+\alpha-s)\Gamma(1-s)$ 可以写为

$$
\Gamma\left[\begin{matrix}1-s\\1+\alpha-s\end{matrix}\right] = (1+\alpha-s)_k\Gamma^{-1}(1+\alpha+k-s)\Gamma(1-s).
$$

现在根据注 36.3 之后的论断和 Brychkov, Glaeske and Marichev [1983, p. 24] 中的关系 8, 14 和 12, 以及 k 的选择, 像 $(1+\alpha-s)_k$, $\Gamma^{-1}(1+\alpha+k-s)$ 和 $\Gamma(1-s)$ 对应算子 $x^{-\alpha}\left(\dfrac{d}{dx}\right)^k x^{\alpha+k}$, $x^{-1-\alpha-k}\Lambda_-^{-1}x^{1+\alpha+k}$ 和 $x^{-1}\Lambda_- x^1$, 它们的特征分别为 $(0,-k)$, $(-1/2,\operatorname{Re}\alpha+k)$ 和 $(1/2,0)$. 从而得到了 (36.57) 型的因子分解. 其余的关系可类似证明. 此定理的第一个结论是定理 36.2 的直接推论. ∎

推论 1　$\mathfrak{M}_{c,\gamma}^{-1}(L)$ 或 $L_2^{(c,\gamma)}$ 空间的函数可以表示为形式 $f(x) = x^{-\gamma}I_{0+}^{\gamma}\varphi(x)$, 其中 $\varphi(x)$ 分别属于 $\mathfrak{M}_{c,0}^{-1}(L)$ 或 $L_2^{(c,0)}$.

推论 1 的证明可以从 $x^{-\gamma}I_{0+}^{\gamma}$ 是特征为 $(0,\gamma)$ 的 G 变换的事实中得到的, 因此如果 $2\operatorname{sign}c + \operatorname{sign}\gamma \geqslant 0$, 则它是从 $\mathfrak{M}_{c,0}^{-1}(L)$ 或 $L_2^{(c,0)}$ 空间分别到 $\mathfrak{M}_{c,\gamma}^{-1}(L)$ 或 $L_2^{(c,\gamma)}$ 空间上的同胚映射.

推论 2　如果 $\alpha = i\theta$ 是纯虚数, 则算子 $I_{0+}^{i\theta}$ 是空间 $\mathfrak{M}_{c,\gamma}^{-1}(L)$ 和 $L_2^{(c,\gamma)}$ 中的自同胚.

该推论的证明可以直接从 $x^{-i\theta} I_{0+}^{i\theta}$ 是特征为 $(0,0)$ 的 G 变换的事实中得到.

36.6　因子分解的其他例子

本节讨论利用分数阶积分对 Hankel 变换和 Bessel 变换、广义 Laplace 变换和势型积分作因子分解的一些例子. 为方便起见, 我们记 (1.114) 中的 Mellin 卷积为 $\{h(x)\}\varphi$, 令 $\{h(1/x)\}\varphi = \int_0^\infty h(t/x)\varphi(t)t^{-1}dt$.

以下结论成立.

定理 36.11　修正的 Hankel 变换

$$\{J_\nu(2\sqrt{x})\}f = \int_0^\infty J_\nu\left(2\sqrt{\frac{x}{t}}\right)f(t)\frac{dt}{t}, \quad \mathrm{Re}\nu > -1, \tag{36.62}$$

将 $\mathfrak{M}_{c,\gamma}^{-1}(L)$ 和 $L_2^{(c,\gamma)}$ 空间同胚映射到自身, 并且可以因子分解为

$$\{J_\nu(2\sqrt{x})\}f = x^{-1-\nu/2}\Lambda_-^{-1}x^{1+\nu}\Lambda_+ x^{-\nu/2}f(x). \tag{36.63}$$

如果还有 $f(x) \in \mathfrak{M}_{1/2,\mathrm{Re}\nu/2}^{-1}(L)$ 或 $f(x) \in L_2^{1/2,\mathrm{Re}\nu/2}(L)$, 则另一种顺序的因子分解

$$\{J_\nu(2\sqrt{x})\}f = x^{\nu/2}\Lambda_+ x^{-1-\nu}\Lambda_-^{-1}x^{1+\nu/2}f(x) \tag{36.64}$$

也成立.

证明　可从以下事实中得到, 如果 $\mathrm{Re}\nu > -1$, 则根据 (1.118) 中的第六个关系和 Parseval 关系 —— 见 (1.116), (36.62) 中的算子表示为

$$\{J_\nu(2\sqrt{x})\}f = \frac{1}{2\pi i}\int_\sigma \Gamma(s+\nu/2)\Gamma^{-1}(1+\nu/2-s)f^*(s)x^{-s}ds. \tag{36.65}$$

所以如注 36.3 后的论断, 它可以通过两个算子 $x^{\nu/2}\Lambda_+ x^{-\nu/2}$ 和 $x^{-1-\nu/2}\Lambda_-^{-1}x^{1+\nu/2}$ 进行因子分解. 它们的特征分别为 $(1/2, \mathrm{Re}\nu/2)$ 和 $(-1/2, -\mathrm{Re}\nu/2)$. 因此, 应用定理 36.5, 我们得到了保证这些算子以一种或另一种顺序存在以及 (36.63) 和 (36.64) 存在的条件. ∎

定理 36.12　Bessel Y 变换的修正形式

$$\{Y_\nu(2\sqrt{x})\}f = \int_0^\infty Y_\nu\left(2\sqrt{\frac{x}{y}}\right)f(y)\frac{dy}{y}, \quad |\mathrm{Re}\nu| < 1, \tag{36.66}$$

将 $\mathfrak{M}_{c,\gamma}^{-1}(L)$ 和 $L_2^{(c,\gamma)}$ 空间同胚映射到自身, 其中 $Y_\nu(z)$ 是第二类 Bessel 函数 (Erdélyi, Magnus, Oberbettinger and Tricomi [1953b, 7.2.1]), 它可以通过 Hankel

算子 $J_\nu = \{J_\nu(2\sqrt{x})\}$ 和形为 $K = x^{-\nu/2}I_-^{-1/2}x^{(\nu+1)/2}$ 和 $I = x^{-(\nu+1)/2}I_{0+}^{1/2}x^{\nu/2}$ 的分数阶导数或积分进行因子分解. 如果 $c = 0$ 且 $\nu < 1/2$, 则算子 J_ν 可以在任意位置, 算子 K 必须应用在 I 之后:

$$Y_\nu = KIJ_\nu = KJ_\nu I = J_\nu KI. \tag{36.67}$$

如果 $2\mathrm{sign}c + \mathrm{sign}(\gamma - 1/2) \geqslant 0$, 则算子的应用顺序任意.

证明　根据 (1.116) 和 Marichev [1978d] 书中的 9.4(1), 我们得到 G 变换

$$(G_Y f)(x) = \frac{1}{2\pi i}\int_\sigma \Gamma\left[\begin{matrix} s+\nu/2, & s-\nu/2 \\ s-(\nu+1)/2, & (3+\nu)/2-s \end{matrix}\right] f^*(s)x^{-s}ds. \tag{36.68}$$

它的特征为 $(0,0)$, 所以根据定理 36.2, 它在任意 $\mathfrak{M}_{c,\gamma}^{-1}(L)$ 和 $L_2^{c,\gamma}$ 空间中存在并且同胚地将此空间映射到自身. 如果还满足式 (36.22)中的条件, 其形式为 $-1 < \mathrm{Re}\nu < 1$, 则根据定理 36.3, (36.68) 中的积分可转化为式 (36.66) 中的积分. 现在我们将变换的核写成以下形式

$$\Gamma\left[\begin{matrix} s+\nu/2 \\ \nu/2+1-s \end{matrix}\right]\Gamma\left[\begin{matrix} s-\nu/2 \\ s-(\nu+1)/2 \end{matrix}\right]\Gamma\left[\begin{matrix} \nu/2+1-s \\ (3+\nu)/2-s \end{matrix}\right].$$

利用 (1.117) 中的第二个关系式, 根据 (36.1), (36.2) 和 (36.65) 不难建立以下 Mellin 变换的对应关系

$$\Gamma\left[\begin{matrix} a+s \\ c+s \end{matrix}\right] \leftrightarrow x^a I_-^{c-a} x^{-c}, \qquad\qquad \mathrm{Re}(a+s) > 0, \tag{36.69}$$

$$\Gamma\left[\begin{matrix} b-s \\ d-s \end{matrix}\right] \leftrightarrow x^{1-d} I_{0+}^{d-b} x^{b-1}, \qquad\qquad \mathrm{Re}(b-s) > 0, \tag{36.70}$$

$$\Gamma\left[\begin{matrix} a+s \\ d-s \end{matrix}\right] \leftrightarrow x^{(a-d+1)/2}\{J_{a+d-1}(2\sqrt{x})\}x^{(d-a-1)/2}, \mathrm{Re}(a+d),\ \mathrm{Re}(a+s) > 0. \tag{36.71}$$

将这些关系式应用于上述核 I 的像, 容易得到定理所示的全部因子分解. 空间特征的条件由定理 36.5 推出. ∎

定理 36.13　修正的 Bessel **H** 变换

$$\{\mathbf{H}_\nu(2\sqrt{x})\}f = \int_0^\infty \mathbf{H}_\nu\left(2\sqrt{\frac{x}{y}}\right)f(y)\frac{dy}{y}, \quad -2 < \mathrm{Re}\nu < 0, \tag{36.72}$$

将 $\mathfrak{M}_{c,\gamma}^{-1}(L)$ 和 $L_2^{(c,\gamma)}$ 空间同胚映射到自身, 其中 $\mathbf{H}_\nu(z)$ 是 Stuve 函数 (Erdélyi, Magnus, Oberbettinger and Tricomi [1953b, 7.5.4]), 它可以因子分解为以下复合

$$\{\mathbf{H}_\nu(2\sqrt{x})\}f = (J_\nu)(x^{(\nu+1)/2}I_-^{-1/2}I_{0+}^{1/2}x^{-(\nu+1)/2})f(x), \tag{36.73}$$

$$\{\mathbf{H}_\nu(2\sqrt{x})\}f = x^{(\nu+1)/2}I_-^{-1/2}x^{-\nu/2}(J_\nu)x^{\nu/2}I_+^{1/2}x^{-(\nu+1)/2}f(x), \tag{36.74}$$

$$\{\mathbf{H}_\nu(2\sqrt{x})\}f = (x^{(\nu+1)/2}I_-^{-1/2}x^{-\nu/2})(x^{\nu/2}I_{0+}^{1/2}x^{-(\nu+1)/2})(J_\nu)f(x), \tag{36.75}$$

其中前两种情况 $f(x) \in \mathfrak{M}^{-1}(L)$ 或 $f(x) \in L_2(0,\infty)$, 第三种情况 $f(x) \in \mathfrak{M}_{0,1/2}^{-1}(L)$ 或 $L_2^{(0,1/2)}$. 此外, (36.73) 和 (36.74) 右端的算子可交换且 (36.75) 中的算子 (J_ν) 可与算子 $x^{(\nu+1)/2}I_-^{-1/2}x^{-\nu/2}$ 和 $x^{\nu/2}I_+^{1/2}x^{-(\nu+1)/2}$ 交换.

证明   与定理 36.11 和定理 36.12 的证明类似, 它基于变换 $\{\mathbf{H}_\nu(2\sqrt{x})\}f$ 的表示

$$\{\mathbf{H}_\nu(2\sqrt{x})\}f = \frac{1}{2\pi i}\int_\sigma \Gamma\left[\begin{array}{c} s+\nu/2 \\ 1+\nu/2-s \end{array}\right]\Gamma\left[\begin{array}{c} s+(\nu+1)/2 \\ s+\nu/2 \end{array}\right]$$
$$\times \Gamma\left[\begin{array}{c} (1-\nu)/2-s \\ 1-\nu/2-s \end{array}\right]f^*(s)x^{-s}ds, \tag{36.76}$$

其中 $-2 < \mathrm{Re}\,\nu < 0$, 从书 Marichev [1978d] 的 9.5(1) 中得到. ∎

定理 36.14 广义 Laplace 变换

$$D_\nu\{f(y);x\} = 2^{-\nu/2}\int_0^\infty e^{-x(2y)^{-1}}D_\nu\left(\sqrt{\frac{2x}{y}}\right)f(y)\frac{dy}{y}, \tag{36.77}$$
$$\mathrm{Re}\,\nu < 1,$$

将 $\mathfrak{M}_{c,\gamma}^{-1}(L)$ 和 $L_2^{(c,\gamma)}$ 空间分别同胚映射到 $\mathfrak{M}_{c+1/2,\gamma-\mathrm{Re}\,\nu/2}^{-1}(L)$ 和 $L_2^{(c+1/2,\gamma-\mathrm{Re}\,\nu/2)}$ 空间, 其中 $D_\nu(z)$ 为抛物柱面函数, 它可以因子分解为以下复合展开

$$D_\nu\{f(y);x\} = x^{1/2}I_-^{-\nu/2}x^{(\nu-1)/2}\Lambda_+f(x), \tag{36.78}$$

$$D_\nu\{f(y);x\} = \Lambda_+ x^{1/2}I_-^{-\nu/2}x^{(\nu-1)/2}f(x), \tag{36.79}$$

其中 $\mathrm{Re}\,\nu < 0$ 且在后一种情况中 $2\,\mathrm{sign}\,c + \mathrm{sign}(\gamma + (1-\mathrm{Re}\,\nu)/2) \geqslant 0$.

证明   根据 Marichev [1978d] 书中的 8.30(1), 我们考虑 G 变换

$$(G_D f)(x) = \frac{1}{2\pi i}\int_\sigma \Gamma\left[\begin{array}{c} s,s+1/2 \\ s+(1-\nu)/2 \end{array}\right]f^*(s)x^{-s}ds. \tag{36.80}$$

它的特征为 $(1/2, -\mathrm{Re}\nu/2)$，因此在 $\mathfrak{M}_{c,\gamma}^{-1}(L)$ 或 $L_2^{(c,\gamma)}$ 空间中存在，且根据定理 36.2 将上述空间映射到 $\mathfrak{M}_{c+1/2,\gamma-\mathrm{Re}\nu/2}^{-1}(L)$ 或 $L_2^{(c+1/2,\gamma-\mathrm{Re}\nu/2)}$. 式 (36.80) 到 (36.77) 的还原性由定理 36.3 和定理 36.4 得到，因子分解关系式 (36.78) 和 (36.79) 由定理 36.4 得到. 基于对应关系

$$D_\nu \leftrightarrow \begin{bmatrix} s, s+1/2 \\ s+(1-\nu)/2 \end{bmatrix} = \Gamma[s]\Gamma \begin{bmatrix} s+1/2 \\ s+(1-\nu)/2 \end{bmatrix} \tag{36.81}$$
$$\leftrightarrow (\Lambda_+)(x^{1/2}I_-^{-\nu/2}x^{(\nu-1)/2}).$$

容易形式地写出这些分解关系. ∎

在本小节的最后，我们举例说明 (12.34) 中势型积分

$$I_0^\alpha \varphi = \frac{1}{2\Gamma(\alpha)\cos(\alpha\pi/2)} \int_0^\infty \frac{\varphi(t)dt}{|x-t|^{1-\alpha}}, \qquad x > 0 \tag{36.82}$$

分解成 (12.39) 的另一个证明，尽管是形式的. 对于任意函数 $f \in \mathfrak{M}_{c,\gamma}^{-1}(L)$ (或 $L_2^{(c,\gamma)}$)，我们有表示

$$x^{-\alpha}(I_0^\alpha f)(x) = \frac{1}{2\pi i} \int_\sigma \Gamma \begin{bmatrix} s-\alpha, & 1-s \\ s-\alpha/2, & 1+\alpha/2-s \end{bmatrix} f^*(s)x^{-s}ds, \tag{36.83}$$

见书 Marichev [1978d] 中的 2.5(1). 现在利用 (36.69) 和 (36.70) 容易得到下面的因子分解

$$x^{-\alpha}(I_0^\alpha f)(x) = (x^{-\alpha}I_-^{\alpha/2}x^{\alpha/2})(x^{-\alpha}I_{0+}^{\alpha/2})f(x), \tag{36.84}$$

这里的阶是任意的. 核变换可以通过另一种方式分解为两个部分，从而通过 Hankel 变换实现因子分解.

36.7　作用在分数阶积分和导数上的 G 变换的映射性质

定理 36.15　设条件

$$2\mathrm{sign}(c+c^*) + \mathrm{sign}(\gamma + \gamma^* + \mathrm{Re}\alpha) \geqslant 0,$$
$$2\mathrm{sign}c + \mathrm{sign}(\gamma + \mathrm{Re}\alpha) \geqslant 0 \tag{36.85}$$

成立. 则算子 $x^{-\alpha}(I_{0+}^\alpha f)(x)$ 的 G 变换 (36.3) 在 $\mathfrak{M}_{c,\gamma}^{-1}(L)$ 或 $L_2^{(c,\gamma)}$ 空间中存在，且可以通过以下关系式定值

$$(Gx^{-\alpha}(I_{0+}^\alpha f))(x) = \left(G_{p+1,q+1}^{m,n+1} \begin{vmatrix} 0, & (a_p) \\ (b_q), & -\alpha \end{vmatrix} f(t) \right)(x). \tag{36.86}$$

定理的证明可从定理 36.5 中得到, 其中我们令 $l = 2$, $G_{i_1}f = x^{-\alpha}I_{0+}^\alpha f$, $G_{i_2}f = Gf$ (在 (36.3) 中定义), 此复合将 (36.3) 替换为 G 变换:

$$\left(G_{p+1,q+1}^{m,n+1}\left|\begin{matrix} 0, & (a_p) \\ (b_q), & -\alpha \end{matrix}\right| f(t)\right)(x).$$

定理 36.16　设定理 36.15 中的条件满足. 则算子 $x^{-\alpha}(I_-^\alpha f)(x)$ 的 G 变换 (36.3) 在 $\mathfrak{M}_{c,\gamma}^{-1}(L)$ 或 $L_2^{(c,\gamma)}$ 空间中存在, 且可通过以下关系式计算

$$(Gx^{-\alpha}(I_-^\alpha f))(x) = \left(G_{p+1,q+1}^{m+1,n}\left|\begin{matrix} (a_p), & 0 \\ -\alpha, & (b_q) \end{matrix}\right| f(t)\right)(x). \tag{36.87}$$

定理的证明与定理 36.15 的类似.

36.8　分数阶积分和导数的指标律

对于分数阶积分和导数, 有已知的所谓指标律, 由 (10.4), (10.5), (10.42) 和 (10.43) 给出, 见定理 10.7. 在本小节中, 我们证明了以下定理, 在定理描述的条件下算子 I_{0+}^α 和 I_-^α 的指标律以及类似 §10.7 的定理在 $\mathfrak{M}_{c,\gamma}^{-1}(L)$ 和 $L_2^{(c,\gamma)}$ 空间中成立.

定理 36.17　设 $(\alpha_1, \cdots, \alpha_n)$ 和 $(\beta_1, \cdots, \beta_n)$ 为两组任意复数. 则算子 $x^{\beta_i}I_{0+}^{\alpha_i-\beta_i}x^{-\alpha_i}$ 在空间 $\{f(x) : f(x) = x^\delta g(x), g(x) \in \mathfrak{M}_{0,\gamma}^{-1}(L)$ 或 $g(x) \in L_2^{(0,\gamma)}\}$ 中可交换, 其中

$$\gamma = \max\left\{0, \max\mathrm{Re}\sum_{j=1}^k(\beta_{i_j} - \alpha_{i_j}), \{i_1, \cdots, i_k\} \subset \{1, 2, \cdots, n\}\right\}, \tag{36.88}$$

$$\delta > \max_{1\leqslant i\leqslant n}\mathrm{Re}\alpha_i - 1/2. \tag{36.89}$$

此外, 如果 $(\beta_1, \cdots, \beta_n)$ 是数组 $(\alpha_1, \cdots, \alpha_n)$ 的某个重排, 则所有这些算子的复合是恒等算子

$$(x^{\beta_{i_n}}I_{0+}^{\alpha_{i_n}-\beta_{i_n}}x^{-\alpha_{i_n}})\cdots(x^{\beta_{i_1}}I_{0+}^{\alpha_{i_1}-\beta_{i_1}}x^{-\alpha_{i_1}})f(x) = f(x). \tag{36.90}$$

如果 (36.88) 或 (36.89) 中的条件不满足, 则上述算子不能交换.

证明　设表达式 $f(x) = x^\delta g(x)$ 成立, 其中 $g(x) \in \mathfrak{M}_{0,\gamma}^{-1}(L)$ 或 $L_2^{(0,\gamma)}$. 则根据 (36.10) 我们有

$$x^{\beta_{i_1}}I_{0+}^{\alpha_{i_1}-\beta_{i_1}}x^{-\alpha_{i_1}}f(x) = x^{\beta_{i_1}}I_{0+}^{\alpha_{i_1}-\beta_{i_1}}\frac{1}{2\pi i}\int_\sigma g^*(s)x^{\delta-\alpha_{i_1}-s}ds.$$

因为根据 (36.89), $\mathrm{Re}(\delta - \alpha_{i_1} - s) > -1$, 则对于 $m > \mathrm{Re}(\beta_{i_1} - \alpha_{i_1})$, 我们有

$$x^{\beta_{i_1}} I_{0+}^{\alpha_{i_1} - \beta_{i_1}} x^{-\alpha_{i_1}} f(x) = x^{\beta_{i_1}} I_{0+}^{-m} I_{0+}^{\alpha_{i_1} - \beta_{i_1} + m} \frac{1}{2\pi i} \int_\sigma g^*(s) x^{\delta - \alpha_{i_1} - s} ds$$

$$= x^{\beta_{i_1}} I_{0+}^{-m} \frac{1}{2\pi i} \int_\sigma \Gamma \begin{bmatrix} 1 - \alpha_{i_1} - s + \delta \\ 1 - \beta_{i_1} - s + \delta + m \end{bmatrix} g^*(s) x^{\delta - \beta_{i_1} + m - s} ds$$

$$= x^{\beta_{i_1}} \frac{1}{2\pi i} \int_\sigma \Gamma \begin{bmatrix} 1 - \alpha_{i_1} - s + \delta \\ 1 - \beta_{i_1} - s + \delta + m \end{bmatrix} g^*(s) \frac{d^m}{dx^m} x^{\delta - \beta_{i_1} + m - s} ds$$

$$= \frac{1}{2\pi i} \int_\sigma \Gamma \begin{bmatrix} 1 - \alpha_{i_1} - s + \delta \\ 1 - \beta_{i_1} - s + \delta \end{bmatrix} g^*(s) x^{\delta - s} ds = \varphi(x).$$

考虑到条件 $g^*(s) s^\gamma \in L(\sigma)$ 或 $g^*(s) s^\gamma \in L_2(\sigma)$, 我们所使用的积分分别绝对收敛或在 L_2 中 (根据 Parseval 关系), 所以进行的所有算子换序都有效. 所构建的函数 $\varphi(x)$ 属于空间 $\{f(x) : f(x) = x^\delta g(x), g(x) \in \mathfrak{M}_{0,\gamma'}^{-1}(L)$ 或 $g(x) \in L_2^{(0,\gamma')}$, 其中 $\gamma' = \gamma + \mathrm{Re}(\alpha_{i_1} - \beta_{i_1})\}$. 关于参数 γ', (36.88) 和 (36.89) 中的条件可改写为

$$\gamma^* = \max \left\{ 0, \max \mathrm{Re} \sum_{j=1}^k (\beta_{i_j} - \alpha_{i_j}), \{i_1, \cdots, i_k\} \subset \{1, 2, \cdots, n\} \setminus \{i_1\} \right\},$$

$$\delta > \max_{\substack{1 \leqslant i \leqslant n \\ i \neq i_1}} \mathrm{Re} \alpha_i - 1/2.$$

所以可以再次对 $\varphi(x)$ 应用算子 $x^{\beta_{i_2}} I_{0+}^{\alpha_{i_2} - \beta_{i_2}} x^{-\alpha_{i_2}}, i_2 \in \{1, \cdots, n\} \setminus \{i_1\}$. 继续这个过程, 通过定理 36.5 我们得到复合 $(x^{\beta_{i_n}} I^{\alpha_{i_n} - \beta_{i_n}} x^{-\alpha_{i_n}}) \cdots (x^{\beta_{i_1}} I^{\alpha_{i_1} - \beta_{i_1}} x^{-\alpha_{i_1}}) f(x)$ 对于任意重排 $(i_1, \cdots, i_n)$ 都存在, 而且它可以表示为 G 变换的形式

$$\frac{1}{2\pi i} \int_\sigma \Gamma \begin{bmatrix} 1 - \alpha_{i_n} + \delta - s, & \cdots, & 1 - \alpha_{i_1} + \delta - s \\ 1 - \beta_{i_n} + \delta - s, & \cdots, & 1 - \beta_{i_1} + \delta - s \end{bmatrix} g^*(s) x^{\delta - s} ds$$

$$= \frac{1}{2\pi i} \int_\sigma \Gamma \begin{bmatrix} 1 - \alpha_1 + \delta - s, & \cdots, & 1 - \alpha_n + \delta - s \\ 1 - \beta_1 + \delta - s, & \cdots, & 1 - \beta_n + \delta - s \end{bmatrix} g^*(s) x^{\delta - s} ds, \tag{36.91}$$

见 (10.48), 因此它不依赖于复合算子的其他应用. 这个顺序的改变导致了 (36.91) 中 Gamma 乘子顺序的改变. 如果此外有 $\{\beta_1, \cdots, \beta_n\} = \{\alpha_1, \cdots, \alpha_n\}$, 则所有的 Gamma 函数相互抵消, 右端的值为 $x^\delta g(x)$, 从而得到了 (36.90).

现在设 (36.89) 中的条件不满足, 即, 设存在一个数 j 使得 $\delta \leqslant \mathrm{Re} \alpha_j - 1/2$. 首先设 $\delta < \mathrm{Re} \alpha_j - 1/2$. 则若 $\varepsilon < \mathrm{Re} \alpha_j - 1/2 - \delta$, 算子 $x^{\beta_j} I_{0+}^{\alpha_j - \beta_j} x^{-\alpha_j} f(x)$ 对于函

数 $f(x) = x^{-1/2+\varepsilon} e^{-x} \in \mathfrak{M}_{0,\gamma}^{-1}(L)$ 或 $L_2^{(0,\gamma)}$ 不存在. 类似地, 对于 $\delta = \mathrm{Re}\,\alpha_j - 1/2$, 可以在这个定理公式指出的空间中找到使得上述算子不存在的函数 $f(x)$.

最后, 我们假设某个数组 $(i_1, \cdots, i_k)$ 不满足 (36.88) 中的条件. 则根据定理 36.5, 复合 $\prod_{j=1}^{k} (x^{\beta_{i_j}} I^{\alpha_{i_j} - \beta_{i_j}} x^{-\alpha_{i_j}}) f(x)$ 在 $\mathfrak{M}_{0,\gamma}^{-1}(L)$ 或 $L_2^{(0,\gamma)}$ 空间中不存在. ∎

定理 36.18　设除 (36.89) 外定理 36.17 的条件满足, 将 (36.89) 替换为相反的不等式
$$\delta < \max_{1 \leqslant j \leqslant n} \mathrm{Re}\,\alpha_i - 1/2. \tag{36.92}$$
则在定理 36.17 中用 I_- 代替 I_{0+} 后得到的结论成立.

定理的证明与定理 36.17 的类似.

推论 1　设 $\gamma = \max(0, -\mathrm{Re}\,\alpha, -\mathrm{Re}\,\beta, -\mathrm{Re}(\alpha+\beta))$ 且 $\delta > \max(-\mathrm{Re}\,\alpha, -\mathrm{Re}\,\beta) - 1/2$, 或 $\gamma = \max(0, -\mathrm{Re}\,\alpha, -\mathrm{Re}(\alpha+\beta))$ 且 $\delta > -\mathrm{Re}\,\alpha - 1/2$. 则在 (10.4) 中的第一和第二个关系式分别在空间 $\{f(x) : f(x) = x^{\delta} g(x), g(x) \in \mathfrak{M}_{0,\gamma}^{-1}(L)\}$ 和 $\{f(x) : f(x) = x^{\delta} g(x), g(x) \in L_2^{(0,\gamma)}\}$ 中成立.

推论的证明基于以下表示得到

$$x^{-\alpha-\beta} I_{0+}^{\alpha} I_{0+}^{\beta} f(x) = \frac{1}{2\pi i} \int_{\sigma} \Gamma \begin{bmatrix} \beta+1-s \\ \alpha+\beta+1-s \end{bmatrix} \Gamma \begin{bmatrix} 1-s \\ \beta+1-s \end{bmatrix} f^*(s) x^{-s} ds.$$

推论 2　设 $\gamma = \max(0, \mathrm{Re}\,\alpha, \mathrm{Re}\,\beta, \mathrm{Re}(\alpha+\beta))$ 且 $\delta > \max(\mathrm{Re}\,\alpha, \mathrm{Re}\,\beta) - 1/2$. 则关系式
$$I_{0+}^{\alpha} x^{-\alpha} I_{0+}^{\beta} x^{-\beta} f(x) = I_{0+}^{\beta} x^{-\beta} I_{0+}^{\alpha} x^{-\alpha} f(x) \tag{36.93}$$
在空间 $\{f(x) : f(x) = x^{\delta} g(x), g(x) \in \mathfrak{M}_{0,\gamma}^{-1}(L)\}$ 和 $\{f(x) : f(x) = x^{\delta} g(x), g(x) \in L_2^{(0,\gamma)}\}$ 中成立.

此推论的证明可从定理 36.17 和推论 1 中得到.

推论 3　设 $\gamma = \max(0, -\mathrm{Re}\,\alpha, -\mathrm{Re}(\alpha+\beta))$ 且 $\delta > \max(0, -\mathrm{Re}\,\beta, -\mathrm{Re}(\alpha+\mathrm{Re}\,\beta)) - 1/2$. 则 (10.42) 中的关系式在空间 $\{f(x) : f(x) = x^{\delta} g(x), g(x) \in \mathfrak{M}_{0,\gamma}^{-1}(L)\}$ 和 $\{f(x) : f(x) = x^{\delta} g(x), g(x) \in L_2^{(0,\gamma)}\}$ 中成立.

证明　考虑到 $\alpha+\beta+\gamma = 0$, 我们将 (10.42) 的左端改写为 $I_{0+}^{-\alpha-\beta} x^{\alpha+\beta} x^{-\beta} I_{0+}^{\beta} x^{-\alpha-\beta} I_{0+}^{\alpha} x^{\beta} f(x)$. 若推论的条件满足, 此复合存在且值为

$$\frac{1}{2\pi i} \int_{\sigma} \Gamma \begin{bmatrix} 1+\alpha+\beta-s \\ 1-s \end{bmatrix} \Gamma \begin{bmatrix} 1-s \\ 1+\beta-s \end{bmatrix} \Gamma \begin{bmatrix} 1+\beta-s \\ 1+\alpha+\beta-s \end{bmatrix} f^*(s) x^{-s} ds = f(x).$$

这样就完成了证明, 也参见定理 10.6 的证明. ∎

§ 37 带非齐次核的方程

在本节中, 我们考虑几类闭形式可解的第一类积分方程, 其核不能直接表示为形式 $K(x/t)$. 它们是: ① 核为 $K(x-t)$ 型的方程, 在替换 $x = \ln y$ 和 $t = \ln \tau$ 后, 核的形式为 $K(\ln \theta)$, $\theta = y/\tau$; ② 某些具有 Bessel 函数的非卷积方程; ③ 可分解为更简单的可逆方程的复合型方程; ④ 与特殊函数关于参数积分有关的方程 —— Kontorovich-Lebedev 和 Mehler-Fock 型变换.

37.1 带差分核的方程

我们研究以下七个左 Abel 型积分算子

$$(I_{a+}^{\alpha,\beta,\lambda} f)(x) = \int_a^x \frac{(x-t)^{\alpha-1}}{\Gamma(\alpha)} {}_1F_1(\beta; \alpha; \lambda(x-t)) f(t) dt, \tag{37.1}$$

$$(A_{a+}^{\alpha,\lambda} f)(x) = \int_a^x \frac{(x-t)^{\alpha-1}}{\Gamma(\alpha)} \bar{J}_{(\alpha-1)/2}(\lambda(x-t)) f(t) dt, \tag{37.2}$$

$$(B_{a+}^{\alpha,\lambda} f)(x) = \int_a^x \frac{(x-t)^{\alpha-1}}{\Gamma(\alpha)} \bar{J}_{\alpha/2-1}(\lambda(x-t)) f(t) dt, \tag{37.3}$$

$$(C_{a+}^{\alpha,\lambda} f)(x) = \int_a^x \frac{(x-t)^{\alpha-1}}{\Gamma(\alpha)} \bar{J}_{\alpha-1}(\lambda\sqrt{x-t}) f(t) dt, \tag{37.4}$$

$$(D_{a+}^{\alpha,\lambda} f)(x) = \int_a^x \frac{(x-t)^{\alpha-1}}{\Gamma(\alpha)} \bar{J}_{\alpha}(\lambda(x-t)) f(t) dt, \tag{37.5}$$

$$(E_{a+}^{\alpha,\lambda,\gamma} f)(x) = \int_a^x \frac{(x-t)^{\alpha-1}}{\Gamma(\alpha)} \bar{J}_{\alpha-1}(\lambda\sqrt{(x-t)(x-t+\gamma)}) f(t) dt, \tag{37.6}$$

$$|\arg \gamma| < \pi,$$

$$(S_{a+}^{\alpha} f)(x) = \int_a^x \left(2\operatorname{sh}\frac{x-t}{2}\right)^{\alpha-1} \frac{f(t)}{\Gamma(\alpha)} dt, \tag{37.7}$$

在 (37.1)—(37.7) 中将 $x-t$ 替换为 $t-x$, $[a,x]$ 替换为 $[x,b]$, $b \leqslant \infty$, 可以对应得到右算子 $I_{b-}^{\alpha,\beta,-\lambda}$, $A_{b-}^{\alpha,\lambda}$, $B_{b-}^{\alpha,\lambda}$, $C_{b-}^{\alpha,\lambda}$, $D_{b-}^{\alpha,\lambda}$, $E_{b-}^{\alpha,\lambda,\gamma}$ 和 S_{b-}^{α}. 对于 $b = +\infty$ 的情况, 在上述算子中我们将用 —— 代替符号 ∞——例如, (10.56). 在上面的表达式中 $\alpha(\operatorname{Re}\alpha > 0)$, β, λ 和 γ 为一些复数, ${}_1F_1(a; c; z)$ 为定义在 (1.81) 中的合流超几何函数, $\bar{J}_{\nu}(z)$ 为 Bessel-Clifford 函数, 其定义为

$$\bar{J}_{\nu}(z) = \bar{I}_{\nu}(iz) = \Gamma(\nu+1)\left(\frac{z}{2}\right)^{-\nu} J_{\nu}(z) = \sum_{k=0}^{\infty} \frac{(-z^2/4)^k}{(\nu+1)_k k!}. \tag{37.8}$$

函数 $\bar{I}(z)$ 也将在下面出现.

根据 $\bar{J}_\nu(0) = \bar{I}_\nu(0) = 1$ 这一明显关系, 我们得到

$$I_{a+}^{\alpha,\beta,0} = A_{a+}^{\alpha,0} = B_{a+}^{\alpha,0} = C_{a+}^{\alpha,0} = D_{a+}^{\alpha,0} = E_{a+}^{\alpha,0,\gamma} = I_{a+}^{\alpha}. \tag{37.9}$$

这使我们可以考虑将算子 (37.1)—(37.7) —— 结合渐近估计 $2\mathrm{sh}(\tau/2) \sim \tau, \tau \to 0$ —— 作为分数阶积分算子 I_{a+}^{α} 的某些推广.

从上述算子核的级数表示出发, 利用 Legendre 倍元公式 (1.61), 不难写出以下刻画 (37.1)—(37.4) 中算子结构的关系式:

$$I_{a+}^{\alpha,\beta,\lambda} = \sum_{k=0}^{\infty} \frac{(\beta)_k}{k!} \lambda^k I_{a+}^{\alpha+k}$$

$$= I_{a+}^{\alpha}(E - \lambda I_{a+}^1)^{-\beta}, \tag{37.10}$$

$$A_{a+}^{\alpha,\lambda} = \sum_{k=0}^{\infty} \frac{(\alpha/2)_k}{k!} (-\lambda^2)^k I_{a+}^{\alpha+2k}$$

$$= I_{a+}^{\alpha}(E + \lambda^2 I_{a+}^2)^{-\alpha/2}, \tag{37.11}$$

$$B_{a+}^{\alpha,\lambda} = \sum_{k=0}^{\infty} \left(\frac{\alpha+1}{2}\right)_k \frac{(-\lambda^2)^k}{k!} I_{a+}^{\alpha+2k}$$

$$= I_{a+}^{\alpha}(E + \lambda^2 I_{a+}^2)^{-(\alpha+1)/2}, \tag{37.12}$$

$$C_{a+}^{\alpha,\lambda} = \sum_{k=0}^{\infty} \frac{1}{k!} \left(-\frac{\lambda^2}{4}\right)^k I_{a+}^{\alpha+k}$$

$$= I_{a+}^{\alpha} \exp\left(-\frac{\lambda^2}{4} I_{a+}^1\right)^k, \tag{37.13}$$

其中 E 为恒等算子. 这些关系式中间部分的和称为 Neumann 广义级数. 因为算子 I_{a+}^k 在 $L_p(a,b)$ 中有界, $p \geqslant 1, b < \infty$ —— 见定理 2.6 的证明 —— 那么这些级数对于 $|\lambda| < \|I_{a+}^1\|_{L_p(a,b)}^{-1}$ 可求和. 因为 (37.1)—(37.4) 中的算子是关于 λ 的解析函数, 在求和之后, 可以省略对 λ 和 (37.10)—(37.13) 中级数的限制. 类似的方法可以应用于 (37.5)—(37.7) 及相应的右算子, 但在 $b = +\infty$ 的情况下, 我们在使用 Neumann 广义级数时必须谨慎, 需考虑核中特殊函数在无穷远处的渐近估计.

我们也注意到由 (37.10) 和 (10.58) 可得到一个重要关系式

$$I_{a+}^{\alpha-\beta} e^{\lambda x} I_{a+}^{\beta} e^{-\lambda x} = I_{a+}^{\alpha}(E - \lambda I_{a+}^1)^{-\beta}, \tag{37.14}$$

其中 $e^{\pm\lambda x}$ 表示乘以函数 $e^{\pm\lambda x}$ 的算子, 见式 (18.77) 后的关系式.

基于 (37.10)—(37.13) 和 (2.65) 中的半群性质容易写出关系式

$$I_{a+}^{\alpha,\beta,\lambda} I_{a+}^{\gamma,\delta,\lambda} = I_{a+}^{\alpha+\gamma,\beta+\delta,\lambda}, \tag{37.15}$$

$$A_{a+}^{\alpha,\lambda} = I_{a+}^{\alpha/2,\alpha/2,i\lambda} I_{a+}^{\alpha/2,\alpha/2,-i\lambda}, \qquad\qquad A_{a+}^{\alpha,\lambda} A_{a+}^{\gamma,\lambda} = A_{a+}^{\alpha+\gamma,\lambda}, \tag{37.16}$$

$$B_{a+}^{\alpha,\lambda} = I_{a+}^{\alpha/2,(\alpha+1)/2,i\lambda} I_{a+}^{\alpha/2,(\alpha+1)/2,-i\lambda}, \qquad A_{a+}^{\alpha,\lambda} B_{a+}^{\gamma,\lambda} = B_{a+}^{\alpha+\gamma,\lambda}, \tag{37.17}$$

$$I_{a+}^{1} B_{a+}^{\alpha,\lambda} = A_{a+}^{\alpha+1,\lambda}, \qquad\qquad C_{a+}^{\alpha,\lambda} C_{a+}^{\gamma,\delta} = C_{a+}^{\alpha+\gamma,\sqrt{\lambda^2+\delta^2}}, \tag{37.18}$$

$$C_{a+}^{\alpha,\lambda} C_{a+}^{\gamma,i\lambda} = I_{a+}^{\alpha+\gamma}, \qquad\qquad C_{a+}^{\alpha,\lambda} I_{a+}^{\beta} = C_{a+}^{\alpha+\beta,\lambda},$$

以及右算子的类似表达式.

从 (37.1)—(37.7) 中的算子与分数阶积分的联系 (37.9) 可以得出, (37.1)—(37.7) 中的算子在 $L_p(a,b)$ 中与 I_{a+}^{α} 有相同的值域, 即下面的结论成立.

定理 37.1　设 $-\infty < a < b < \infty$, $0 < \alpha < 1$, $1 \leqslant p < \infty$. 则 (37.1)—(37.7) 中的算子从 $L_p(a,b)$ 有界映射到 $I_{a+}^{\alpha}[L_p(a,b)](\subset L_p(a,b))$ 上.

定理的证明可直接从性质 $_1F_1(\beta;\alpha;0) = \bar{J}_\nu(0) = 1$, $2\mathrm{sh}(\tau/2) \sim \tau$, $\tau \to 0$ 和引理 31.4 中推出.

将 (37.1)—(37.7) 与 (1.122) 比较容易看到, 如果 $a = 0$ 或 $a > 0$ 且函数 $f(t)$ 在区间 $0 < t < a$ 上定义为零, 则 (37.1)—(37.7) 可以写成 (1.122) 中的 Laplace 卷积. 然后分别用 Erdélyi, Magnus, Oberbettinger and Tricomi [1953a] 中的关系式 6.10(5), Prudnikov, Brychkov and Marichev [1983] 中的关系式 2.12.8.4 (情况 $I_\nu^{\nu+1}$, $I_\nu^{\nu+2}$, I_ν^{0}), 2.12.9.3 ($n = 0$) 和 2.12.11.5, 以及 Prudnikov, Brychkov and Marichev [1961] 中的 2.4.10.4 相应地对核的 Laplace 变换进行计算, 由 (1.123) 中的卷积关系不难得到 (37.1)—(37.7) 的 Laplace 变换如下:

$$(LI_{0+}^{\alpha,\beta,\lambda} f)(p) = p^{-\alpha}(1 - \lambda p^{-1})^{-\beta}(Lf)(p), \quad \mathrm{Re}\lambda > 0,\ \mathrm{Re}p > 0; \tag{37.19}$$

$$(LA_{0+}^{\alpha,\lambda} f)(p) = (p^2 + \lambda^2)^{-\alpha/2}(Lf)(p), \qquad \mathrm{Re}p > |\mathrm{Im}\lambda|; \tag{37.20}$$

$$(LB_{0+}^{\alpha,\lambda} f)(p) = p(p^2 + \lambda^2)^{-(\alpha+1)/2}(Lf)(p), \quad \mathrm{Re}p > |\mathrm{Im}\lambda|; \tag{37.21}$$

$$(LC_{0+}^{\alpha,\lambda} f)(p) = p^{-\alpha} \exp[-\lambda^2/(4p)](Lf)(p), \quad \mathrm{Re}p > 0; \tag{37.22}$$

$$(LD_{0+}^{\alpha,\lambda} f)(p) = \left(\frac{2}{p + \sqrt{p^2 + \lambda^2}}\right)^{\alpha}(Lf)(p), \quad \mathrm{Re}p > |\mathrm{Im}\lambda|; \tag{37.23}$$

$$(LE_{0+}^{\alpha,\lambda,\gamma} f)(p) = \left(\frac{2}{p + \sqrt{p^2 + \lambda^2}}\right)^{\alpha-1} \frac{\exp[(p - \sqrt{p^2 + \lambda^2})\gamma/2]}{\sqrt{p^2 + \lambda^2}}(Lf)(p),$$

$$\mathrm{Re}p > |\mathrm{Im}\lambda|; \tag{37.24}$$

$$(LS_{0+}^\alpha f)(p) = \frac{\Gamma(p + (1-\alpha)/2)}{\Gamma(p + (1+\alpha)/2)}(Lf)(p), \qquad 2\mathrm{Re}p > \mathrm{Re}\alpha - 1. \qquad (37.25)$$

(37.19)—(37.25) 右端与 (37.10)—(37.13) 的右端比较, 我们观察到前四个关系式可通过将 (37.10)—(37.13) 中的 I_{a+}^1 替换为 p^{-1} 得到 —— 参见 (7.14).

与之前一样, 除 (37.15)—(37.18) 之外, 从 (37.19)—(37.25) 中我们很容易得到算子关系式

$$E_{a+}^{\alpha,\lambda,0} = D_{a+}^{\alpha-1,\lambda}A_{a+}^{1,\lambda}, \qquad D_{a+}^{\alpha,\lambda}D_{a+}^{\beta,\lambda} = D_{a+}^{\alpha+\beta,\lambda}, \qquad (37.26)$$

$$E_{a+}^{\alpha,\lambda,\gamma}E_{a+}^{\beta,\lambda,\delta} = A_{a+}^{1,\lambda}E_{a+}^{\alpha+\beta-1,\lambda,\gamma+\delta}, \qquad (37.27)$$

$$I_{a+}^{\alpha+\beta}S_{a+}^{\gamma+1} = I_{a+}^{\alpha+1,1,-\lambda/2}S_{a+}^{\gamma-1}I_{a+}^{\beta+1,1,\gamma/2}, \qquad (37.28)$$

$$E_{a+}^{\alpha,\lambda,\gamma}D_{a+}^{\beta,\lambda} = E_{a+}^{\alpha+\beta,\gamma}. \qquad (37.29)$$

我们现在来考虑 (37.1)—(37.7) 中算子的逆问题. (37.19)—(37.25) 表明 (37.1)—(37.7) 中核 $h(x)$ 的 Laplace 变换 $(Lh)(p)$ —— 参见 (1.119) —— 和相应的逆 $(Lh)(p)^{-1}$ 有相同的形式, 只是参数的值有所不同. 在最简单的分数阶积分算子 I_{0+}^α 的情形下, $(Lh)(p) = p^{-\alpha}$ 与条件 $\mathrm{Re}\alpha > 0$ 对应, 此条件迫使我们将逆算子 D_{0+}^α 的核的 Laplace 变换 p^α 表示为 $p^\alpha = p^n p^{-(n-\alpha)}$, 其中 $\mathrm{Re}(n-\alpha) > 0$, p^n 对应算子 $\left(\dfrac{d}{dx}\right)^n = D_{0+}^n$ —— 参见 (1.124). 在对 (37.1)—(37.7) 中的算子求逆时也要进行类似的运算.

考虑到上述论断, 我们将构造以下方程的解

$$(I_{a+}^{\alpha,\beta,\lambda}f)(x) = g(x), \qquad a < x < b \leqslant \infty. \qquad (37.30)$$

利用 (37.10), (10.58), (10.59) 和 Erdélyi, Magnus, Oberbettinger and Tricomi [1953a] 中的 6.3(7), 我们形式地得到 (37.30) 的解的如下表示:

$$
\begin{aligned}
f(x) &= \{(I_{a+}^{\alpha,\beta,\lambda})^{-1}g\}(x) = I_{a+}^{-\alpha}(E - \lambda I_{a+}^1)^\beta g(x) \\
&= I_{a+}^{-l}I_{a+}^{l+m-\alpha}(E - \lambda I_{a+}^1)^\beta I_{a+}^{-m}g(x) \\
&= \left(\frac{d}{dx}\right)^l I_{a+}^{l+m-\alpha,-\beta,\lambda}\left(\frac{d}{dx}\right)^m g(x) \\
&= \left(\frac{d}{dx}\right)^l \int_a^x \frac{(x-t)^{l+m-\alpha-1}}{\Gamma(l+m-\alpha)}{}_1F_1(-\beta; l+m-\alpha; \lambda(x-t))g^{(m)}(t)dt \\
&= \left(\frac{d}{dx}\right)^l R(x),
\end{aligned}
\qquad (37.31)
$$

$$f(x) = e^{\lambda x} I_{a+}^{-\beta} e^{-\lambda x} I_{a+}^{\beta-\alpha} g(x), \tag{37.32}$$

$$f(x) = I_{a+}^{\beta-\alpha} e^{\lambda x} I_{a+}^{-\beta} e^{-\lambda x} g(x), \tag{37.33}$$

$$f(x) = e^{\lambda x} \left(\frac{d}{dx}\right)^l I_{a+}^{l+m-\alpha,\beta-\alpha,-\lambda} \left(\frac{d}{dx}\right)^m (e^{-\lambda x} g(x)). \tag{37.34}$$

类似地, 从 (37.10)—(37.25) 出发, 我们可以形式地写出 (37.2)—(37.7) 的以下逆算子表示:

$$\begin{aligned}
f(x) &= \{(A_{a+}^{\alpha,\lambda})^{-1} g\}(x) = (A_{a+}^{-\alpha,\lambda} g)(x) \\
&= (I_{a+}^{-2} + \lambda^2)^l A_{a+}^{2l+2m-\alpha,\lambda} (I_{a+}^{-2} + \lambda^2)^m g(x) \\
&= \left(\frac{d^2}{dx^2} + \lambda^2\right)^l \int_a^x \frac{(x-t)^{2l+2m-\alpha-1}}{\Gamma(2l+2m-\alpha)} \bar{J}_{l+m-(\alpha+1)/2}(\lambda(x-t)) \\
&\quad \times \left(\frac{d^2}{dt^2} + \lambda^2\right)^m g(t)dt,
\end{aligned} \tag{37.35}$$

$$\{(B_{a+}^{\alpha,\lambda})^{-1} g\}(x) = I_{a+}^1 (A_{a+}^{-\alpha-1,\lambda} g)(x), \tag{37.36}$$

$$\{(C_{a+}^{\alpha,\lambda})^{-1} g\}(x) = \left(\frac{d}{dx}\right)^l \int_a^x \frac{(x-t)^{l+m-\alpha-1}}{\Gamma(l+m-\alpha)} \bar{I}_{l+m-\alpha-1}(\lambda\sqrt{x-t}) g^{(m)}(t)dt, \tag{37.37}$$

$$\{(D_{a+}^{\alpha,\lambda})^{-1} g\}(x) = (D_{a+}^{-\alpha,\lambda} g)(x) = 2^k \left[D_{a+}^{k-\alpha,\lambda} \sum_{j=0}^k \binom{k}{j} A_{a+}^{-j,\lambda} I_{a+}^{j-k} g\right](x), \tag{37.38}$$

$$k - 1 \leqslant \operatorname{Re}\alpha < k, \quad k = 1, 2, \cdots,$$

$$\begin{aligned}
\{(E_{a+}^{\alpha,\lambda,\gamma})^{-1} g\}(x) &= (E_{a+}^{2-\alpha,\lambda,-\gamma} A_{a+}^{-2,\lambda} g)(x) \\
&= (E_{a+}^{k-\alpha+1,\lambda,-\gamma} D_{a+}^{-k,\lambda} A_{a+}^{-2,\lambda} g)(x),
\end{aligned} \tag{37.39}$$

$$k - 1 \leqslant \operatorname{Re}\alpha < k+1, \quad k = 1, 2, \cdots,$$

$$\begin{aligned}
\{(S_{a+}^{\alpha})^{-1} g\}(x) &= (S_{a+}^{-\alpha} g)(x) \\
&= \left[S_{a+}^{2k-\alpha} \left(I_{a+}^{-1} + \frac{\alpha+1}{2} - k\right)_k \left(I_{a+}^{-1} + \frac{1-\alpha}{2}\right)_k g\right](x),
\end{aligned} \tag{37.40}$$

$$2k - 2 \leqslant \operatorname{Re}\alpha < 2k, \quad k = 1, 2, \cdots.$$

为了证明这些逆关系, 我们用 $R(x)$ 表示 (37.31), (37.34) 和 (37.37) 中符号 $\left(\dfrac{d}{dx}\right)^l$ 之后以及 (37.35) 和 (37.36) 中符号 $\left(\dfrac{d^2}{dx^2}+\lambda^2\right)^l$ 之后的积分算子. 则 (37.1)—(37.7) 中算子可逆的条件可归纳为下面的一般性定理.

定理 37.2　设方程 $[h*f](x)$ 中 $0 \leqslant a < x < b < \infty$ (见 (1.122)), h 为 (37.1)—(37.7) 中的算子, $\mathrm{Re}\,\alpha > 0$, g 为 $[a,b]$ 上的给定函数, f 为未知函数. 在 $a > 0$ 的情况下我们假设当 $0 < x < a$ 时 $f(x) = g(x) = 0$. 则若 $g(x) \in I_{a+}^{\alpha}[L_p(a,b)]$, $b < \infty$, $p \geqslant 1$, 此方程的解 $f = h^{-1}g$ 在 $L_p(a,b)$ 空间中存在且唯一. 当 $p = 1$ 时, 如果满足下列附加条件, 该解可以用 (37.31)—(37.40) 中给出的对应关系表示:

1) 对于 (37.31), $0 < \mathrm{Re}\,\alpha < l + m$, $l, m = 1, 2, \cdots$, $g \in AC^m([a,b])$, $g(a) = g'(a) = \cdots = g^{(m-1)}(a) = 0$, $R \in AC^l([a,b])$, 且 $R(a) = R'(a) = \cdots = R^{(l-1)}(a) = 0$, 如果只有 $g \in AC^m$ 或 $R \in AC^l$, 则 $l = 0$ 或 $m = 0$;

2) 对于 (37.32), $1 \leqslant p < \infty$ 和 $\mathrm{Re}\,\beta > 0$ 或 $\mathrm{Re}\,\beta < 0$ 但 $g(x)$ 可表示为 $g(x) = (I_{a+}^{\alpha-\beta}\psi)(x)$, $\psi(x) \in L_p(a,b)$;

3) 对于 (37.33), $1 \leqslant p < \infty$ 和 $\mathrm{Re}(\alpha - \beta) > 0$ 或 $\mathrm{Re}(\alpha - \beta) < 0$ 但 $g(x) = (I_{a+}^{\beta}\psi)(x)$, $\psi(x) \in L_p(a,b)$;

4) 对于 (37.34)—(37.37), 条件类似于 1);

5) 对于 (37.38), $0 < \mathrm{Re}\,\alpha < k$, $g \in AC^{k+2}([a,b])$ 和 $g(a) = g'(a) = \cdots = g^{(k+1)}(a) = 0$;

6) 对于 (37.39), $0 < \mathrm{Re}\,\alpha < k + 1$, $g \in AC^{k+5}([a,b])$ 和 $g(a) = g'(a) = \cdots = g^{(k+4)}(a) = 0$;

7) 对于 (37.40), $0 < \mathrm{Re}\,\alpha < 2k$, $g \in AC^{2k}([a,b])$ 和 $g(a) = g'(a) = \cdots = g^{(2k-1)}(a) = 0$.

证明　可根据方程的相应 Laplace 变换及其逆的存在性、唯一性和一致性, 以及所有给定算子在函数 g 和 f 的所属空间的存在性得到. 条件 $g \in I_{a+}^{\alpha}[L_p(a,b)]$ 由定理 31.13 得到, 条件 2) 和 3) 由定理 10.9 推出, 如果我们考虑到相应分数阶导数的存在, 则在子情况 2) 和 3) 的最后, 条件 $g \in I_{a+}^{\alpha}[L_p(a,b)]$ 必须替换为条件 $g \in I_{a+}^{\alpha-\beta}[L_p(a,b)]$ 或 $g \in I_{a+}^{\beta}[L_p(a,b)]$. 条件 $g(a) = g'(a) = \cdots = g^{(m-1)}(a) = 0$ 保证了在使用 (1.124) 时积分之外的项为零. ∎

注 37.1　根据 (37.8), 本小节所有算子定义在 (37.2)—(37.6) 的关系式中, 将 λ 替换为 $i\lambda$ 等价于将函数 $\bar{I}_\nu$ 换为 $\bar{J}_\nu$.

注 37.2　在本小节的所有关系中作反射变换, 即用 $a + b - x$ 替换 x, 并对函数 f 和 g 作相应变换, 在 $b < \infty$ 时不难写出右算子 $I_{b-}^{\alpha,\beta,-\lambda}$, $A_{b-}^{\alpha,\lambda}$, $B_{b-}^{\alpha,\lambda}$, $C_{b-}^{\alpha,\lambda}$, $D_{b-}^{\alpha,\lambda}$, $E_{b-}^{\alpha,\lambda,\gamma}$ 和 S_{b-}^{α} 对应的关系和结果. 当 $b = \infty$ 时, 这样的结果一般在更强的条件下仍然成立.

37.2 Hankel 及 Erdélyi-Kober 变换对应的广义算子

这里研究将在 § 38 中考虑某几类对偶积分方程时使用的 Hankel 变换和 Erdélyi-Kober 变换对应的广义算子. 广义 Erdélyi-Kober 算子与以下算子仅相差权重因子,

$$\int_0^x (x^2 - t^2)^{\nu/2} J_\nu(\lambda\sqrt{x^2 - t^2})\varphi(t)dt = \psi(x), \quad \text{Re}\,\nu > -1, \qquad (37.41)$$

$$\int_x^\infty (t^2 - x^2)^{\nu/2} J_\nu(\lambda\sqrt{t^2 - x^2})\varphi(t)dt = \psi(x), \quad \text{Re}\,\nu > -1. \qquad (37.42)$$

算子 (37.41)—(37.42) 可从算子 $C_{0+}^{\alpha,\lambda}$ 和 $C_-^{\alpha,\lambda}$ —— 见 (37.4) 及其后文 —— 中得到, 依次在 $C_{0+}^{\alpha,\lambda}$ 和 $C_-^{\alpha,\lambda}$ 中作替换 $\alpha = \nu + 1$ 和 $2^{\nu+1}tf(t^2) = \lambda^\nu\varphi(t)$, 并用 x^2 替换 x. 在这些替换之后, 我们观察到, 由定理 37.2, (37.37) 和注 37.2, (37.41) 和 (37.42) 的逆关系式分别为

$$\varphi(x) = \lambda\frac{d}{dx}\int_0^x t(x^2 - t^2)^{-(\nu+1)/2}I_{-\nu-1}(\lambda\sqrt{x^2 - t^2})\psi(t)dt, \qquad (37.43)$$

和

$$\varphi(x) = -\lambda\frac{d}{dx}\int_x^\infty t(t^2 - x^2)^{-(\nu+1)/2}I_{-\nu-1}(\lambda\sqrt{t^2 - x^2})\psi(t)dt, \qquad (37.44)$$

假设其中 $\lambda > 0$, $-1 < \text{Re}\,\nu < 0$, $\psi \in AC([0, b])$, 对于 (37.42), $\psi(x) = O(e^{-\lambda x} \cdot x^{\nu-1/2-\varepsilon})$, 当 $x \to \infty$ 时, $\varepsilon > 0$. 如果我们将符号 I_ν 和 J_ν 互换, 相当于在 (37.41)—(37.44) 中用 $i\lambda$ 替换 λ, 则 (37.41) 和 (37.43) 在相同条件下成立. 但是 (37.42) 和 (37.44) 的有效性条件发生了变化, 因为 (37.42) 中的积分必须收敛且核中的函数 $I_\nu(z)$ 在无穷远处呈指数增长.

基于 (37.41) 和 (37.42), 我们介绍下面的广义 Erdélyi-Kober 算子

$$J_\lambda(\eta, \alpha)f(x) = 2^\alpha\lambda^{1-\alpha}x^{-2\alpha-2\eta}\int_0^x t^{2\eta+1}(x^2 - t^2)^{(\alpha-1)/2}J_{\alpha-1}(\lambda\sqrt{x^2 - t^2})f(t)dt, \tag{37.45}$$

$$R_\lambda(\eta, \alpha)f(x) = 2^\alpha\lambda^{1-\alpha}x^{2\eta}\int_x^\infty t^{1-2\alpha-2\eta}(t^2 - x^2)^{(\alpha-1)/2}J_{\alpha-1}(\lambda\sqrt{t^2 - x^2})f(t)dt, \tag{37.46}$$

其中 $\alpha > 0$, $\eta > -1/2$. 我们也可以通过将 (37.45) 和 (37.46) 右端中的 $J_{\alpha-1}$ 替换为 $I_{\alpha-1}$ 来定义算子 $J_{i\lambda}(\eta, \alpha)$ 和 $R_{i\lambda}(\eta, \alpha)$.

广义 Hankel 变换算子由下式定义

$$S \begin{pmatrix} a, & b, & y \\ \eta, & \alpha, & \sigma \end{pmatrix} f(x)$$

$$= 2^{\alpha} x^{2\sigma-\alpha} (x^2 - a^2)^{-\sigma} \times \int_y^{\infty} \tau^{1-\alpha-2\sigma} (\tau^2 - y^2)^{\sigma} J_{2\eta+\alpha} \tag{37.47}$$

$$\times (\sqrt{(x^2 - a^2)(\tau^2 - b^2)}) f(\tau) d\tau.$$

显然此算子可以通过以下关系式与 (18.19) 中的 $S_{\eta,\alpha,2}$ 联系

$$S \begin{pmatrix} 0, & 0, & 0 \\ \eta, & \alpha, & \sigma \end{pmatrix} = S \begin{pmatrix} 0, & 0, & 0 \\ \eta, & \alpha, & 0 \end{pmatrix} = S_{\eta,\alpha,2}. \tag{37.48}$$

我们形式地给出上面所介绍算子的一些性质, 但没有指明函数空间. 与之前一样, 这些性质对于充分好的函数可以直接计算检验, 然后再推广到 L_p 中的函数.

(1) 如果 $\lambda \to 0$, 显然 (37.45) 和 (37.46) 中的算子与 Erdélyi-Kober 算子 (18.8) 一致:

$$J_0(\eta, \alpha) = I_{\eta,\alpha}, \quad R_0(\eta, \alpha) = K_{\eta,\alpha}. \tag{37.49}$$

(2) 基于 (18.11) 我们有

$$J_0(\eta, 0) = E, \quad R_0(\eta, 0) = E. \tag{37.50}$$

(3) 从 (37.45) 和 (37.46) 中可以得到平移关系

$$J_{\lambda}(\eta, \alpha) x^{2\beta} f(x) = x^{2\beta} J_{\lambda}(\eta + \beta, \alpha) f(x), \tag{37.51}$$

$$R_{\lambda}(\eta, \alpha) x^{2\beta} f(x) = x^{2\beta} R_{\lambda}(\eta - \beta, \alpha) f(x). \tag{37.52}$$

(4) 计算相应的重积分, 使用 Prudnikov, Brychkov and Marichev [1983] 中的 2.15.35.2, 其中 $b^2 + c^2 = 1$, 不难证明当 $\alpha > 0$, $\beta > 0$ 时

$$J_{i\lambda}(\eta + \alpha, \beta) J_{\lambda}(\eta, \alpha) = J_{\lambda}(\eta + \alpha, \beta) J_{i\lambda}(\eta, \alpha) = I_{\eta,\alpha+\beta}, \tag{37.53}$$

$$R_{i\lambda}(\eta, \alpha) R_{\lambda}(\eta + \alpha, \beta) = R_{\lambda}(\eta, \alpha) R_{i\lambda}(\eta + \alpha, \beta) = K_{\eta,\alpha+\beta}, \tag{37.54}$$

—— 见 (37.18).

(5) 考虑到上面的关系式并使用 (37.50), 我们可以通过求解相应的积分方程 (参见 §18.1) 来定义算子 $J_{\lambda}(\eta, \alpha)$ 和 $R_{\lambda}(\eta, \alpha)$, $\alpha < 0$, 即

$$J_{\lambda}(\eta, \alpha) f(x) = x^{-2\alpha-2\eta} \left(\frac{d}{2x dx} \right)^n x^{2n+2\alpha-2\eta} J_{\lambda}(\eta, \alpha + n) f(x), \tag{37.55}$$

$$R_\lambda(\eta, \alpha) f(x) = x^{2\eta} \left(-\frac{d}{2x\,dx} \right)^n x^{2n-2\eta} R_\lambda(\eta - n, \alpha + n) f(x), \tag{37.56}$$

其中 $-n < \alpha < 0$, $n = 1, 2, \cdots$. 因此我们推导出关系式

$$J_{i\lambda}^{-1}(\eta, \alpha) = J_\lambda(\eta + \alpha, -\alpha), \quad J_\lambda^{-1}(\eta, \alpha) = J_{i\lambda}(\eta + \alpha, -\alpha); \tag{37.57}$$

$$R_{i\lambda}^{-1}(\eta, \alpha) = R_\lambda(\eta + \alpha, -\alpha), \quad R_\lambda^{-1}(\eta, \alpha) = R_{i\lambda}(\eta + \alpha, -\alpha). \tag{37.58}$$

(6) 对于 (37.45) 和 (37.46) 中的算子, 下列类似分部积分的公式成立

$$\int_0^\infty x f(x) J_\lambda(\eta, \alpha) g(x)\,dx = \int_0^\infty x g(x) R_\lambda(\eta, \alpha) f(x)\,dx. \tag{37.59}$$

(7) 根据 Prudnikov, Brychkov and Marichev [1983] 中的关系式 2.12.35.2 和 2.12.35.6 来计算算子的复合, 可以证明以下算子关系式, 它们将 (37.45)—(37.47) 中的算子联系起来.

$$J_{i\lambda}(\eta + \alpha, \beta) S \begin{pmatrix} 0, & 0, & \lambda \\ \eta, & \alpha, & \sigma \end{pmatrix} = S \begin{pmatrix} 0, & \lambda, & \lambda \\ \eta, & \alpha + \beta, & \sigma - \eta - (\alpha + \beta)/2 \end{pmatrix}, \tag{37.60}$$

$$R_\lambda(\eta, \alpha) S \begin{pmatrix} 0, & 0, & \lambda \\ \eta + \alpha, & \beta, & \sigma \end{pmatrix} = S \begin{pmatrix} 0, & \lambda, & \lambda \\ \eta, & \alpha + \beta, & \sigma + \eta + (\alpha + \beta)/2 \end{pmatrix}, \tag{37.61}$$

$$S \begin{pmatrix} 0, & \lambda, & \lambda \\ \eta + \alpha, & \beta, & \sigma \end{pmatrix} S \begin{pmatrix} \lambda, & 0, & 0 \\ \eta, & \alpha, & \sigma - \eta - \alpha/2 \end{pmatrix} = J_\lambda(\eta, \alpha + \beta), \tag{37.62}$$

$$S \begin{pmatrix} 0, & 0, & 0 \\ \eta, & \alpha, & 0 \end{pmatrix} S \begin{pmatrix} \lambda, & 0, & 0 \\ \eta + \alpha, & \beta, & \eta + \alpha + \beta/2 \end{pmatrix} = R_{i\lambda}(\eta, \alpha + \beta). \tag{37.63}$$

(8) 利用 (37.62) 并取 $\alpha + \beta = 0$, 我们可以推出, 方程

$$S \begin{pmatrix} 0, & y, & y \\ \eta, & \alpha, & \sigma \end{pmatrix} f(x) = g(x) \tag{37.64}$$

有解

$$f(x) = S \begin{pmatrix} y, & 0, & 0 \\ \eta + \alpha, & -\alpha, & \sigma \end{pmatrix} g(x), \tag{37.65}$$

从而可得算子关系式

$$S^{-1} \begin{pmatrix} 0, & y, & y \\ \eta, & \alpha, & \sigma \end{pmatrix} = S \begin{pmatrix} y, & 0, & 0 \\ \eta + \alpha, & -\alpha, & \sigma \end{pmatrix}. \tag{37.66}$$

37.3　核中带 Bessel 函数的非卷积算子

在本小节中, 我们考虑以下两个核中带 Bessel 函数的非卷积算子:

$$\left(\bar{J}_{\alpha,\lambda}^{+}f\right)(x) = \int_{0}^{x} \frac{(x-t)^{\alpha-1}}{\Gamma(\alpha)} \bar{J}_{\alpha-1}(\lambda\sqrt{t(x-t)})f(t)dt, \tag{37.67}$$

$$\left(\bar{I}_{\alpha,\lambda}^{-}f\right)(x) = \int_{0}^{x} \frac{(x-t)^{\alpha-1}}{\Gamma(\alpha)} \bar{I}_{\alpha-1}(\lambda\sqrt{x(x-t)})f(t)dt, \tag{37.68}$$

其中 $\bar{J}_{\nu}(z)$ 和 $\bar{I}_{\nu}(z)$ 为定义在 (37.8) 中的 Bessel-Clifford 函数. 稍后我们也会处理不同于 (37.67) 和 (37.68) 的算子: 将符号 $\bar{J}$ 和 $\bar{I}$ 分别替换为 $\bar{I}$ 和 $\bar{J}$. 我们将这些算子表示为 $\bar{I}_{\alpha,\lambda}^{+}$ 和 $\bar{J}_{\alpha,\lambda}^{-}$. 显然有

$$\bar{I}_{\alpha,\lambda}^{+} = \bar{J}_{\alpha,i\lambda}^{+}, \quad \bar{J}_{\alpha,\lambda}^{-} = \bar{I}_{\alpha,i\lambda}^{-}. \tag{37.69}$$

在 $\lambda = 0$ 的情况下, 上述所有算子与分数阶积分算子一致

$$\bar{J}_{\alpha,0}^{+} = \bar{I}_{\alpha,0}^{+} = \bar{J}_{\alpha,0}^{-} = \bar{I}_{\alpha,0}^{-} = I_{0+}^{\alpha}, \tag{37.70}$$

而对其他 λ 的值, 也与分数解积分密切相关, 是算子 $\bar{J}_{1,\lambda}^{\pm}$ 或 $\bar{I}_{1,\lambda}^{\pm}$ 与 $I_{0+}^{\alpha-1}$ 以某种顺序的复合. 这些性质是以下陈述的结果.

定理 37.3　设 $\mathrm{Re}\,\alpha > 0$ 且 $f \in L_p(0,b)$, $b < \infty$, $p \geqslant 1$. 则 (37.67) 和 (37.68) 中引入的算子有定义且它们从 $L_p(0,b)$ 有界映到 $I_{0+}^{\alpha}[L_p(0,b)]$ 上. 如果还有 $\mathrm{Re}\,\beta > 0$, 则下面的复合关系式成立:

$$I_{0+}^{\beta}(\bar{J}_{\alpha,\lambda}^{+}f)(x) = (\bar{J}_{\alpha+\beta,\lambda}^{+}f)(x), \tag{37.71}$$

$$(\bar{I}_{\alpha,\lambda}^{-}I_{0+}^{\beta}f)(x) = (\bar{I}_{\alpha+\beta,\lambda}^{-}f)(x). \tag{37.72}$$

证明　第一个结论可立刻从引理 31.4 得到. 关系式 (37.71) 和 (37.72) 可通过直接计算证明, 例如, 对于 (37.72):

$$\int_{0}^{x} \frac{(x-t)^{\alpha-1}}{\Gamma(\alpha)} \bar{I}_{\alpha-1}(\lambda\sqrt{x(x-t)})dt \int_{0}^{t} \frac{(t-\tau)^{\beta-1}}{\Gamma(\beta)} f(\tau)d\tau$$

$$= \int_{0}^{x} \frac{f(\tau)d\tau}{\Gamma(\alpha)\Gamma(\beta)} \int_{\tau}^{x} (x-t)^{\alpha-1}(t-\tau)^{\beta-1} \bar{I}_{\alpha-1}(\lambda\sqrt{x(x-t)})dt.$$

作变量替换 $t = x + (\tau - x)\theta^2$ 并结合 (37.8) 和 Prudnikov, Brychkov and Marichev [1983] 中的关系式 2.15.2.6, 我们很容易得到内层积分的值, 从而得到 (37.72) 的右端. ■

需要指出的是, (37.71) 和 (37.72) 使我们能够通过 § 18.1 以及定义 (37.55) 和 (37.56) 中使用的方法, 对负值 α 定义算子 $\bar{J}_{\alpha,\lambda}^+$ 和 $\bar{I}_{\alpha,\lambda}^-$. 即, 我们令

$$(\bar{J}_{\alpha,\lambda}^+ f)(x) = \left(\frac{d}{dx}\right)^n (\bar{J}_{\alpha+n,\lambda}^+ f)(x), \tag{37.73}$$

$$(\bar{I}_{\alpha,\lambda}^- f)(x) = \left(\bar{I}_{\alpha+n,\lambda}^- f^{(n)}\right)(x),$$
$$-n < \operatorname{Re}\alpha \leqslant 1-n, \quad n = 1, 2, \cdots. \tag{37.74}$$

我们还注意到 (37.71) 和 (37.72) 给出了表示

$$(\bar{J}_{\alpha,\lambda}^+ f)(x) = I_{0+}^{\alpha-1}(\bar{J}_{1,\lambda}^+ f)(x), \tag{37.75}$$

$$(\bar{I}_{\alpha,\lambda}^- f)(x) = (\bar{I}_{1,\lambda}^- I_{0+}^{\alpha-1} f)(x), \tag{37.76}$$

它们描述了算子 $\bar{J}_{1,\lambda}^+$ 和 $\bar{J}_{1,\lambda}^-$ 在 (37.67) 和 (37.68) 研究中的重要作用, 其中 α 任意. 下列结论包含了 (37.73)—(37.76) 的有效性条件.

定理 37.4 设 $f \in AC^{(n-1)}([0,b])$, $n = 1 + [-\operatorname{Re}\alpha]$ 且 $\operatorname{Re}\alpha < 0$. 则 (37.73) 和 (37.74) 中的结构存在.

定理 37.5 设 $f \in L_p(0,b)$, $b < \infty$, $p \geqslant 1$. 则对于 $\operatorname{Re}\alpha > 0$, (37.75) 成立, 对于 $\operatorname{Re}\alpha > 1$ 或 $0 < \operatorname{Re}\alpha \leqslant 1$ 且 $f \in I_{0+}^{1-\alpha}[L_p(0,b)]$, (37.76) 成立.

这两个定理的证明是显然的, 可由 (37.71) 和 (37.72) 中提到的算子 (37.67) 和 (37.68) 与分数阶积分的联系得到.

现在我们考虑 (37.67) 和 (37.68) 中算子的逆问题. 由 (37.75) 和 (37.76) 可知, 这个问题可简化为算子 $\bar{J}_{1,\lambda}^+$ 和 $\bar{I}_{1,\lambda}^-$ 的逆问题. 为了解决后者, 我们证明以下辅助性结论.

引理 37.1 等式

$$\int_t^x \tau \frac{\partial}{\partial \tau} J_0(\lambda\sqrt{t(\tau-t)}) \frac{\partial}{\partial \tau} I_0(\lambda\sqrt{x(x-\tau)}) d\tau$$
$$= x\frac{\partial}{\partial x} J_0(\lambda\sqrt{t(x-t)}) - t\frac{\partial}{\partial t} I_0(\lambda\sqrt{x(x-t)}) \tag{37.77}$$

成立.

证明 我们用 A 表示 (37.77) 的左端并将被积函数中的 Bessel 函数分别展开为关于 k 和 l 求和的级数. 将这些级数对 τ 进行微分, 并将 l 替换为 $k - m$, $0 \leqslant m \leqslant k$, 我们得到

$$A = -\sum_{k=0}^{\infty} \sum_{m=1}^{k-1} \frac{(-1)^m m (\lambda^2 t/4)^m (k-m)(\lambda^2 x/4)^{k-m}}{(m!)^2 ((k-m)!)^2}$$

$$\cdot \int_t^x \tau(\tau - t)^{m-1}(x - \tau)^{k-m-1}d\tau.$$

我们用 Prudnikov, Brychkov and Marichev [1961] 手册中的关系式 2.2.6.11 来计算内部积分, 得到

$$A = -\sum_{k=0}^{\infty} \frac{(x-t)^{k-1}}{(k!)^2} \left(\frac{\lambda}{2}\right)^{2k} \sum_{m=1}^{k-1} \binom{k}{m}(-1)^m t^m x^{k-m}(tk + (x-t)m).$$

由所引手册中的 4.2.3.1 和 4.2.3.18 可知, 有限和等于 $-tkx^k - kx(-t)^k$. 从而, 我们得到 (37.77) 的右端. ∎

定理 37.6　设 $F(x) \in AC([0,b])$. 则方程

$$\frac{d}{dx}(\bar{J}_{1,\lambda}^+ f)(x) = f(x) + \int_0^x f(t)\frac{\partial}{\partial x}J_0(\lambda\sqrt{t(x-t)})dt = F(x) \tag{37.78}$$

有唯一解, 其形式为

$$f(x) = x^{-1}\bar{I}_{1,\lambda}^-(xF(x))' = F(x) - x^{-1}\int_0^x F(\tau)\tau\frac{\partial}{\partial \tau}I_0(\lambda\sqrt{x(x-\tau)})d\tau. \tag{37.79}$$

证明　在 (37.78) 中将 x 换为 τ, 并在方程两端乘以

$$\tau\frac{\partial}{\partial \tau}I_0(\lambda\sqrt{x(x-\tau)}),$$

然后关于 τ 从 0 到 x 积分, 我们有

$$\int_0^x f(\tau)\tau\frac{\partial}{\partial \tau}I_0(\lambda\sqrt{x(x-\tau)})d\tau + \int_0^x \tau\frac{\partial}{\partial \tau}I_0(\lambda\sqrt{x(x-\tau)})d\tau$$

$$\times \int_0^\tau f(t)\frac{\partial}{\partial \tau}J_0(\lambda\sqrt{t(\tau-t)})dt$$

$$= \int_0^x F(\tau)\tau\frac{\partial}{\partial \tau}I_0(\lambda\sqrt{x(x-\tau)})d\tau.$$

为了计算内部积分, 我们交换左侧第二项的积分顺序并使用引理 37.1. 于是我们得到了关系式

$$x\int_0^x f(t)\frac{\partial}{\partial x}J_0(\lambda\sqrt{t(x-t)})dt = \int_0^x F(\tau)\tau\frac{\partial}{\partial \tau}I_0(\lambda\sqrt{x(x-\tau)})d\tau. \tag{37.80}$$

现在用 (37.78) 减去 (37.80), 容易得到 (37.79). ∎

定理 37.7 设 $0 < \text{Re}\,\alpha < 1$, $g \in I_{0+}^{\alpha}[L_1(0,b)]$ 且 $g(0) = 0$. 则 (37.67) 的逆算子对于这样的函数 $g(x)$ 存在且可表示为以下两种形式:

$$(\bar{J}_{\alpha,\lambda}^{+})^{-1}g(x) = x^{-1}\int_0^x I_0(\lambda\sqrt{x(x-t)})d[t(I_{0+}^{-\alpha}g)(t)], \qquad (37.81)$$

$$(\bar{J}_{\alpha,\lambda}^{+})^{-1}g(x) = x^{-1}(\bar{I}_{1-\alpha,\lambda}^{-}\varphi)(x),$$
$$\varphi(x) = xg'(x) + (1-\alpha)g(x). \qquad (37.82)$$

证明 将方程 $(\bar{J}_{\alpha,\lambda}^{+}f)(x) = g(x)$ 应用关系式 (37.75), (37.78) 和 (37.79) 可直接得到 (37.81). 为得到 (37.82) 中的表达式, 我们介绍记号

$$\frac{d}{dt}[t(I_{0+}^{-\alpha}g)(t)] = (I_{0+}^{-\alpha}\varphi)(t), \qquad (37.83)$$

并将 (37.76) 应用到 (37.81). 则 (37.81) 的右端有此形式 $x^{-1}(\bar{I}_{1-\alpha,\lambda}^{-}\varphi)(x)$. 我们想证 $\varphi(x) = xg'(x) + (1-\alpha)g(x)$, 由此可以得到 (37.82) 中的表示. 为此我们将 (37.83) 写成 $\varphi(x) = I_{0+}^{\alpha-1}x^{1-\alpha}x^{\alpha}I_{0+}^{-\alpha}g(x)$ 并应用 (10.12),

$$\varphi(x) = x^{\alpha}I_{0+}^{-\alpha}I_{0+}^{\alpha-1}x^{1-\alpha}g(x)$$
$$= x^{\alpha}\frac{d}{dx}(x^{1-\alpha}g(x)) \qquad (37.84)$$
$$= (1-\alpha)g(x) + xg'(x),$$

这里假设 $g(x)$ 充分光滑. 后面的关系式显然可以推广到函数 $g(x) \in I_{0+}^{\alpha}[L_1(0,b)]$. ∎

定理 37.8 设 $0 < \text{Re}\,\alpha < 1$, $x^{-1}h(x) \in L_1(0,b)$ 且 $h(x) \in I_{0+}^{\alpha}[L_1(0,b)]$. 则 (37.68) 中的逆算子对于这样的函数 $h(x)$ 存在且可表示为

$$(\bar{I}_{\alpha,\lambda}^{-})^{-1}h(x) = x^{1-\alpha}\frac{d}{dx}[x^{\alpha}\bar{J}_{1-\alpha,\lambda}^{+}x^{-1}h(x)]. \qquad (37.85)$$

证明 利用 (37.67), (37.68), (37.81) 和定理 37.7, 其中将 $x^{\alpha}(x^{1-\alpha}g(x))'$ 替换为 $f(x)$, $xf(x)$ 替换为 $h(x)$, 以及 α 替换为 $1-\alpha$ 后可直接得到 (37.85). 关于 $h(x)$ 的条件保证了 (37.68) 的逆算子的存在性及其 (37.85) 的表示形式. ∎

37.4 复合型方程

在数学物理的一系列问题中, 有时会遇到积分算子, 它可以生成带 Volterra 核的第一类积分方程, 从而它们可以表示为更简单的可逆算子的复合. 我们称这些方程为复合型方程. 本小节考虑此类方程的一些典型例子.

A. 如果我们令 $x = y$, 记 $u(y, y) = \varphi(2y)$, 并在双曲型方程 (40.19) (见下文) 的解 (40.28) 中作变量替换

$$(1 + \theta)y = t, \quad 2y = x, \quad \tau(t)t^{\mu+p-1} = f(t),$$

$$\frac{1}{l_3}\left(\frac{2}{x}\right)^{1-\mu-2p} \varphi(x) = g(x)\Gamma(p), \tag{37.86}$$

则可以得到积分关系式

$$\int_0^x \frac{(x-t)^{p-1}}{\Gamma(p)} \Xi_2\left(\mu, 1-\mu; p; \frac{x-t}{2x}, \frac{\lambda^2 t(x-t)}{4}\right) f(t)dt = g(x), \tag{37.87}$$

核中涉及的 Humbert 函数将在 (40.25) 中定义.

这种关系式的逆公式可以通过两种方法得到. 一是考虑相应双曲型方程(40.19) 其他边值问题的解. 另一种是研究 (37.87) 中算子的结构. 这两种方式我们都会说明. 为了使用第一种方法我们考虑第二 Cauchy-Goursat 边值问题, 对于 (40.19), 边值条件为

$$u(x, x) = \varphi(2x), \quad u_y(x, 0) = 0. \tag{37.88}$$

我们强调若函数 (40.28) 中常数由 (40.31) 给出, 则其满足条件 $u_y(x, 0) = 0$. 根据文章 Kapilevich [1966a, (5.1), (5.3)] 和 Gordeev [1968], 对于 (40.19), 第二 Cauchy-Goursat 边值问题的解形式为

$$
\begin{aligned}
u(x, y) &= \int_0^{x-y} [\varphi'(t) + (\mu + p)t^{-1}\varphi(t)]\bar{H}(x, y; t/2, t/2)dt \\
&\quad + \int_{x-y}^{x+y} [\varphi'(t) + 2^{-1}(\mu + p)\varphi(t)]R(x, y, t/2, t/2)dt,
\end{aligned} \tag{37.89}
$$

其中 $\bar{H}$ 和 R 分别为 Green-Hadamard 函数和 Riemann 函数. 它们的显式表示形式由 Kapilevich [1966b, p. 1481] 通过三重级数给出. 在 (37.89) 中令 $y = 0$ 并结合条件 $u(x, 0) = \tau(x)$, 我们得到关系式

$$\tau(x) = \int_0^x [\varphi'(t) + (\mu + p)t^{-1}\varphi(t)]\bar{H}(x, 0; t/2, t/2)dt. \tag{37.90}$$

由 Kapilevich [1966a] 中的 (5.31a) 得到

$$
\begin{aligned}
\bar{H}(x, 0; \eta, \eta) &= \bar{\varkappa}2^{2p}x^{-\mu}\eta^{\mu+2p}R_1^{-2p}\Xi_2\left(\mu, 1-\mu; 1-p; -\frac{R_1^2}{2x\eta}, -\frac{\lambda^2 R_1^2}{4}\right), \\
\bar{\varkappa} &= \frac{2^{1-2p}\sqrt{\pi}}{\Gamma(1-p)\Gamma(p+1/2)}, \quad R_1^2 = x(x - 2\eta), \quad p < 1.
\end{aligned} \tag{37.91}
$$

将 (37.91) 代入 (37.90) 并使用 (37.86) 中的变换, 我们得到关系式

$$f(x) = 2^{2p-1} l_3 \bar{\varkappa} \Gamma(p) x^{-1} \int_0^x \left[(g(t) t^{1-2p-\mu})_t' + (\mu + p) t^{-1} g(t) t^{1-\mu-2p} \right]$$

$$\times (x-t)^{-p} t^{\mu+2p} \Xi_2 \left(\mu, 1-\mu; 1-p; \frac{t-x}{2t}, \frac{\lambda^2 x}{4}(t-x) \right) dt.$$

因此, 考虑到 $\bar{\varkappa}$ 和 (40.31) 中 l_3 的值, 我们最终得到 (37.87) 的逆公式如下

$$f(x) = \frac{1}{x} \int_0^x t^p \frac{(x-t)^{-p}}{\Gamma(1-p)} \Xi_2 \left(\mu, 1-\mu; 1-p; \frac{t-x}{2t}, \frac{\lambda^2 x}{4}(t-x) \right) d(t^{1-p} g(t)),$$

$$0 < p < 1. \tag{37.92}$$

自然地, 这些关系式中的函数 g 和 f 必须使得这里的积分存在. 为此, 条件 $t^{\mu+1} g(t) \to 0$, $t^{2-\mu} g(t) \to 0$ 和 $t f(t) \to 0$, 当 $t \to 0$ 时, 以及条件 $g \in AC^1([0, b])$ 是充分的.

(37.92) 确实是 (37.87) 的逆, 这可由 (40.19) ($\lambda = ib$, $b > 0$) 的 Cauchy 初值问题和第二 Cauchy-Goursat 问题解的唯一性定理得到.

所得结果与以下特殊情况中已知的逆关系一致.

(1) 如果 $\lambda = 0$, 则根据 (40.25) 和 (1.80), (37.87) 和 (37.92) 有如下形式

$$\int_0^x (x^2 - t^2)^{(p-1)/2} P_{-\mu}^{1-p} \left(\frac{t}{x} \right) f(t) dt = g(x), \tag{37.93}$$

$$f(x) = \frac{1}{x} \int_0^x t^p (x^2 - t^2)^{-p/2} P_{-\mu}^p \left(\frac{x}{t} \right) d(t^{1-p} g(t)). \tag{37.94}$$

后一个关系式通过将积分中的导数移除, 也可以改写为

$$f(x) = \frac{1}{x} \int_0^1 \eta^p (1 - \eta^2)^{-p/2} P_{-\mu}^p \left(\frac{1}{\eta} \right) \frac{x}{\eta} \frac{\partial}{\partial x} (g(x\eta) x^{1-p}) \eta^{1-p} d\eta$$

$$= \frac{d}{dx} \int_0^1 g(x\eta) x^{1-p} (1 - \eta^2)^{-p/2} P_{-\mu}^p \left(\frac{1}{\eta} \right) d\eta \tag{37.95}$$

$$= \frac{d}{dx} \int_0^x (x^2 - t^2)^{-p/2} P_{-\mu}^p \left(\frac{x}{t} \right) g(t) dt.$$

(37.93) 和 (37.95) 分别是在 (35.16) 和 (35.31) 取 $e = 0$ 和 $n = 1$ 的特殊情况.

(2) 如果 $\lambda = \mu = 0$, 则 (37.87) 和 (37.92) 是互逆关系式 $(I_{0+}^p f)(x) = g(x)$ 和 $f(x) = \frac{d}{dx} I_{0+}^{1-p} g(x)$.

(3) 如果 $\mu = 0$, 则根据 (40.25) 和 (37.8), (37.87) 和 (37.92) 可改写为 $(\bar{I}_{p,\lambda}^+ f)(x) = g(x)$ 和 $f(x) = x^{-1}(\bar{J}_{1-p,\lambda}^{-1}\bar{\varphi}_1)(x)$, 其中 $\varphi_1(x) = xg'(x) + (1-p)g(x)$, 参见 (37.67), (37.82) 和 (37.69).

我们考虑 (37.87) 中算子的结构. 为此结合 (18.41) 我们计算

$$
I_{0+;x^2}^p x^{-1}\left(\bar{I}_{\alpha,\lambda}^+ f\right)(x) = \int_0^x \frac{(x^2 - y^2)^{p-1}}{\Gamma(p)} \frac{2y}{y} dy
$$

$$
\times \int_0^y \frac{(y-t)^{\alpha-1}}{\Gamma(\alpha)} \bar{I}_{\alpha-1}(\lambda\sqrt{t(y-t)}) f(t) dt
$$

$$
= \left[\sum_{k=0}^\infty \left(\frac{\lambda^2}{4}\right)^k \frac{2}{(\alpha)_k k!} \int_0^x \frac{f(t)t^k dt}{\Gamma(p)\Gamma(\alpha)}\right]
$$

$$
\times \int_t^x (x^2 - y^2)^{p-1}(y-t)^{k+\alpha-1} dy
$$

$$
= \left[\sum_{k=0}^\infty \left(\frac{\lambda^2}{4}\right)^k \frac{2}{(\alpha)_k k!} \int_0^x \frac{f(t)t^k dt}{\Gamma(p)\Gamma(\alpha)}\right] (x-t)^{p+k+\alpha-1}(x+t)^{p-1}
$$

$$
\times \int_0^1 (1-\tau)^{p-1}\tau^{k+\alpha-1}\left(1 - \frac{t-x}{t+x}\tau\right)^{p-1} d\tau
$$

$$
= \left[\sum_{k=0}^\infty \left(\frac{\lambda^2}{4}\right)^k \frac{2}{(\alpha)_k k!} \int_0^x \frac{f(t)t^k dt}{\Gamma(p)\Gamma(\alpha)}\right] (x-t)^{p+k+\alpha-1}(x+t)^{p-1} \frac{\Gamma(p)\Gamma(k+\alpha)}{\Gamma(p+\alpha+k)}
$$

$$
\times {}_2F_1\left(1-p, \alpha+k; p+\alpha+k; \frac{t-x}{t+x}\right)
$$

$$
= \sum_{k=0}^\infty \left(\frac{\lambda^2}{4}\right)^k \frac{2(2x)^{p-1}}{k!\Gamma(p+\alpha+k)} \int_0^x f(t)t^k(x-t)^{p+k+\alpha-1}
$$

$$
\times {}_2F_1\left(1-p, p; p+\alpha+k; \frac{x-t}{2x}\right) dt
$$

$$
= 2(2x)^{p-1} \int_0^x \frac{(x-t)^{p+\alpha-1}}{\Gamma(p+\alpha)}
$$

$$
\times \Xi_2\left(p, 1-p; p+\alpha; \frac{x-t}{2x}, \frac{\lambda^2}{4}t(x-t)\right) f(t) dt, \tag{37.96}
$$

其中 $\text{Re}\,p > 0$. 因此我们得到了仅与 (37.87) 相差一个变量替换的算子. 从而 (37.87) 有形式

$$
\int_0^x \frac{(x-t)^{p-1}}{\Gamma(p)} \Xi_2\left(\mu, 1-\mu; p; \frac{x-t}{2x}, \frac{\lambda^2}{4}t(x-t)\right) f(t) dt
$$

$$= (2x)^{1-\mu} I_{0+;x^2}^{\mu} (2x)^{-1} (\bar{I}_{p-\mu,\lambda}^+ f)(x), \quad \mathrm{Re}\, p > \mathrm{Re}\, \mu > 0. \tag{37.97}$$

特别地, 在 $\lambda = 0$ 的情形下, 我们可从 (37.97) 获得 (37.93) 中算子的如下复合表示

$$\int_0^x (x^2 - t^2)^{(p-1)/2} P_{-\mu}^{1-p} \left(\frac{t}{x}\right) f(t)dt = (2x)^{1-\mu} I_{0+;x^2}^{\mu} (2x)^{-1} I_{0+}^{p-\mu} f(x). \tag{37.98}$$

如果考虑到算子等式 $I_{0+;x^2}^{-1} I_{0+}^1 = (2x)^{-1}$, 则此关系与 (35.16) 和 (35.30) 吻合.

以下陈述是上述论证的结果.

定理 37.9　设 $\mathrm{Re}\, p > 0$, $g(x) \in AC^1([0,b])$, $b < \infty$, 且 $t \to 0$ 时 $t^{\mu+1} g(t) \to 0$, $t^{2-\mu} g(t) \to 0$. 则在函数 $f(x) \in AC^1((0,b))$, $b < \infty$, $t f(t) \to 0$, $t \to 0$ 的空间中 (37.87) 可由 (37.92) 求逆.

我们还注意到, 在适当的条件下使用 (37.82), (37.87) 的解可表示为复合形式

$$
\begin{aligned}
f(x) &= x^{-1} (\bar{J}_{1+\mu-p,\lambda}^- \varphi)(x), \\
\varphi(x) &= 2^\mu x^{p-\mu} \frac{d}{dx} [x^{2+\mu-p} I_{0+;x^2}^{-\mu} x^{\mu-1} g(x)].
\end{aligned}
\tag{37.99}
$$

B. 现在我们考虑积分方程

$$\int_0^x \frac{(x-t)^{\gamma-1}}{\Gamma(\gamma)} \Xi_1 \left(\alpha, \alpha', \beta; \gamma; 1 - \frac{t}{x}, \lambda(x-t)\right) f(t)dt = g(x), \tag{37.100}$$

$$\mathrm{Re}\, \gamma > 0,$$

其中

$$\Xi_1(\alpha, \alpha', \beta; \gamma; x, y) = \sum_{j,k=0}^{\infty} \frac{(\alpha)_j (\alpha')_k (\beta)_j}{(\gamma)_{j+k} j! k!} x^j y^k, \quad |x| < 1 \tag{37.101}$$

是 Humbert 函数 (见 Erdélyi, Magnus, Oberbettinger and Tricomi [1953a, 5.7(25)]). 我们将在函数空间 $Q_q = \{f : f(x)x^q \in L_1(0,b), b < \infty\}$ 中研究这个方程. 下面的结论成立.

定理 37.10　积分方程 (37.100) 有解 $f \in Q_q$, $q < \min(0, \mathrm{Re}(\gamma - \alpha - \beta))$, 且当 $\mathrm{Re}(\gamma - \alpha - \beta) > 0$ 时 $q \leqslant 0$, 当且仅当 $g(x) \in I_{0+}^\gamma(Q_q)$. 此条件满足后方程有唯一解. 如果还有 $\min(\mathrm{Re}\,\alpha', \mathrm{Re}(\gamma - \alpha), \mathrm{Re}(\gamma - \beta)) > 0$, 则 (37.100) 的解可表示为

$$f(x) = e^{\lambda x} I_{0+}^{-\alpha'} e^{-\lambda x} I_{0+}^{\alpha+\alpha'-\gamma} x^\beta I_{0+}^{-\alpha} x^{-\beta} g(x). \tag{37.102}$$

证明　根据 (37.101) 和 Erdélyi, Magnus, Oberbettinger and Tricomi [1953a] 中的 2.10(1), 2.10(2), 定义在 (37.101) 中的函数当 $x \to 1$ 时有以下渐近展开

$$\Xi_1(\alpha, \alpha', \beta; \gamma; x, y) = \begin{cases} O((1-x)^{\gamma-\alpha-\beta}), & \mathrm{Re}(\gamma - \alpha - \beta) < 0, \\ O(\ln(1-x)), & \gamma - \alpha - \beta = 0, \\ O(1), & \mathrm{Re}(\gamma - \alpha - \beta) > 0. \end{cases} \quad (37.103)$$

因此 (37.100) 中的被积函数可以改写为 $t^q f(t)[O(t^{-q} + O(t^{\gamma-\alpha-\beta-q}))]$, $t \to 0$, 这保证了该积分的存在性. 现在应用引理 31.4, 当 $p = 1$ 时对于空间 Q^q, 我们得到 $g \in I_{0+}^\gamma(Q_q)$, $f \in Q_q$. 逆命题的论断也可从引理 31.4 中得到.

现在令 $g \in I_{0+}^\gamma(Q_q)$ 且定理第二部分的条件满足. 则根据定理 10.9, 定义在 (10.55) 中的算子 $I_{0+}^{\gamma-\alpha, \alpha', \lambda}$ 将函数 $f \in Q_q$ 转化为 $(I_{0+}^{\gamma-\alpha, \alpha', \lambda} f)(x) \in I_{0+}^{\gamma-\alpha}(Q_q)$. 这意味着 $x^{-\beta}(I_{0+}^{\gamma-\alpha, \alpha', \lambda} f)(x) \in L_1(0, b)$, 则算子 $I_{0+}^{\alpha+n}$, $\mathrm{Re}\,\alpha + n > 0$ 可应用到后一函数. 将 $I_{0+}^{\alpha+n} x^{-\beta} (I_{0+}^{\gamma-\alpha, \alpha', \lambda} f)(x)$ 看作一个重积分, 改变积分的次序并使用函数 Ξ 的积分表示

$$\Xi_1(\alpha, \alpha', \beta; \gamma; x, y) = \frac{\Gamma(\gamma)}{\Gamma(\alpha)\Gamma(\gamma-\alpha)} \int_0^1 u^{\alpha-1}(1-u)^{\gamma-\alpha-1}(1-ux)^{-\beta}$$
$$\times {}_1F_1(\alpha'; \gamma-\alpha; y(1-u))du,$$
$$\mathrm{Re}\,\alpha > 0, \quad \mathrm{Re}(\gamma - \alpha) > 0, \quad x \notin [1, \infty),$$

我们得到

$$I_{0+}^{\alpha+n} x^{-\beta} (I_{0+}^{\gamma-\alpha, \alpha', \lambda} f)(x) = x^{-\beta} \int_0^x \frac{(x-t)^{\gamma+n-1}}{\Gamma(\gamma+n)}$$
$$\times \Xi_1(\alpha+n, \alpha', \beta; \gamma+n; 1 - t/x, \lambda(x-t)) f(t) dt. \quad (37.104)$$

基于 (37.103) 和 (37.104), 我们可以得出结论 $x^\beta I_{0+}^{\alpha+n} x^{-\beta} (I_{0+}^{\gamma-\alpha, \alpha', \lambda} f)(x) \in I_{0+}^{\gamma+n}(Q_q)$, 因此 $I_{0+}^{\alpha+n} x^{-\beta} (I_{0+}^{\gamma-\alpha, \alpha', \lambda} f)(x) \in I_{0+}^{\gamma+n-\beta}(L_1)$. 从而, 可以对 (37.104) 两边作 n 次微分, 从而产生关系

$$I_{0+}^\alpha x^{-\beta} (I_{0+}^{\gamma-\alpha, \alpha', \lambda} f)(x) = x^{-\beta} \int_0^x \frac{(x-t)^{\gamma-1}}{\Gamma(\gamma)}$$
$$\times \Xi_1\left(\alpha, \alpha', \beta; \gamma; 1 - \frac{t}{x}, \lambda(x-t)\right) f(t) dt. \quad (37.105)$$

最后, 结合 (10.58) 我们得到 (37.100) 的以下复合表示:

$$\int_0^x \frac{(x-t)^{\gamma-1}}{\Gamma(\gamma)} \Xi_1\left(\alpha, \alpha', \beta; \gamma; 1 - \frac{t}{x}, \lambda(x-t)\right) f(t)dt \tag{37.106}$$

$$= x^\beta I_{0+}^\alpha x^{-\beta} I_{0+}^{\gamma-\alpha-\alpha'} e^{\lambda x} I_{0+}^{\alpha'} e^{-\lambda x} f(x) = g(x).$$

现在对这个组合中的每个算子求逆, 我们得到 (37.102). ∎

37.5 W 变换及其逆变换

本小节中, 我们考虑所谓的 W 变换的一些性质. 此变化是通过类比 § 36 中的 G 变换引入的, 并且是所谓的关于指标的积分变换的推广. W 变换的特例是已知的 Kontorovich-Lebedev 变换和 Mehler-Fock 变换 —— 见 § 1.4 和下面的 (37.109), (37.110) 和 (37.141).

定义 37.1 *函数 $f(x)$ 的 W 变换由积分定义*

$$(Wf)(x) \equiv \left(W_{pq}^{mn}\left|\begin{matrix} \nu, (\alpha_p) \\ (\beta_q) \end{matrix}\right| f(t)\right)(x)$$

$$= \frac{1}{2\pi i}\int_\sigma \Gamma[\nu - ix - s, \nu + ix - s] \tag{37.107}$$

$$\times \Gamma\left[\begin{matrix} (\beta_m) + s, & 1 - (\alpha_n) - s \\ (\alpha_p^{n+1}) + s, & 1 - (\beta_q^{m+1}) - s \end{matrix}\right] f^*(1-s)ds,$$

其中 $\nu(\mathrm{Re}\,\nu > 1/2)$ 以及向量 (α_p) 和 (β_q) 的分量 (参见 (36.3) 的解释) 是满足 (36.5) 中条件的复参数, $f^*(s)$ 是函数 $f(x)$ 的 Mellin 变换, σ 是围道 $\sigma = \{s, \mathrm{Re}\,s = 1/2\}$.

显然, 以下关系式将 G 变换和 W 变换联系起来了, 显然

$$(Wf)(x) = \left(G_{p+2,q}^{m,n+2}\left|\begin{matrix} 1 - \nu + ix, 1 - \nu - ix, (\alpha_p) \\ (\beta_q) \end{matrix}\right| f_1(y)\right)(1) \tag{37.108}$$

成立, 其中 $f_1(y) = y^{-1}f(y^{-1})$, 见 (36.3).

定义 37.2 *带虚数指标 $\nu = ix$ 的变换*

$$K_{ix}\{f(t)\} = \int_0^\infty K_{ix}(t)f(t)dt, \tag{37.109}$$

$$K_{ix}^{-1}\{g(t)\} = \frac{2}{\pi^2 x}\int_0^\infty t\,\mathrm{sh}\,\pi t K_{it}(x)g(t)dt \tag{37.110}$$

分别称为正和逆 Kontorovich-Lebedev 变换, 其中 $K_{ix}(t)$ 为 Mcdonald 函数 (见 (1.85)).

以下定理的公式和证明使用 §36 中的术语.

定理 37.11 在 (37.101) 中定义的特征为 $(c^*+1, \gamma^*-2\mathrm{Re}\nu+2)$, $\mathrm{Re}\nu > 1/2$ 的 W 变换在 $\mathfrak{M}_{c,\gamma}^{-1}(L)$ 空间中的函数上有定义当且仅当

$$2\mathrm{sign}(c^*+c+1) + \mathrm{sign}(\gamma+\gamma^*-2\mathrm{Re}\nu+2) \geqslant 0. \tag{37.111}$$

证明 可从定理 36.2 中得到, 因为根据 (37.108), W 变换可看作在点 1 处特征为 $(c^*+1, \gamma^*-2\mathrm{Re}\nu+2)$ 的 G 变换. ∎

定理 37.12 设 (36.22) 中的条件和不等式

$$4\mathrm{sign}(c^*+1) + 2\mathrm{sign}(\gamma^*-2\mathrm{Re}\nu+2) + \mathrm{sign}|2+p-q| > 0 \tag{37.112}$$

满足. 则在 (37.107) 中定义的 W 变换在 $\mathfrak{M}^{-1}(L)$ 空间中的函数上有定义且可表示为

$$(Wf)(x) = \int_0^\infty G_{p+2,q}^{m,n+2}\left(t\left|\begin{array}{l}1-\nu+ix, 1-\nu-ix, (\alpha_p) \\ (\beta_q)\end{array}\right.\right) f(t)dt. \tag{37.113}$$

如果考虑定理 37.11 证明中的论断, 则此定理的证明可从定理 36.3 中得到.

定理 37.13 设 (36.19) 和 (37.111) 中的条件满足. 则 $\mathfrak{M}_{c,\gamma}^{-1}(L)$ 空间中函数的 W 变换可通过以下关系表示为 G 变换 (在 (36.3) 中定义) 与正 Kontorovich-Lebedev 变换 (在 (37.109) 中定义) 的复合

$$(Wf)(x) = 2^{2-2\nu} K_{2ix}\left\{t^{2\nu-1}\left(G_{pq}^{mn}\left|\begin{array}{l}(\alpha_p) \\ (\beta_q)\end{array}\right. f_1(y)\right)\left(\frac{t^2}{4}\right)\right\}, \tag{37.114}$$

其中 $f_1(y)$ 为 (37.108).

证明 根据定理 37.11, 在此定理的条件下 W 变换在空间 $\mathfrak{M}_{c,\gamma}^{-1}(L)$ 中的函数上有定义. 我们利用 Marichev [1978d] 中的 9.3(1) 将其改写为

$$\frac{1}{2}\Gamma[\nu-ix-s, \nu+ix-s] = \int_0^\infty K_{2ix}(2\sqrt{y})y^{\nu-s-1}dy. \tag{37.115}$$

这使我们可以将 (37.107) 转换为

$$(Wf)(x) = \frac{1}{2\pi i}\int_\sigma \Gamma\left[\begin{array}{l}(\beta_m)+s, 1-(\alpha_n)-s \\ (\alpha_p^{n+1})+s, 1-(\beta_q^{m+1})-s\end{array}\right] f^*(1-s)ds$$

$$\times 2\int_0^\infty K_{2ix}(2\sqrt{y})y^{\nu-s-1}dy. \tag{37.116}$$

根据 (36.19) 中的条件, 我们可以利用 Fubini 定理 —— 见定理 1.1 —— 交换 (37.116) 中的积分次序. 作变量替换 $2\sqrt{y} = t$ 并运用 (36.3), 容易得到表示式 (37.114). ∎

定理 37.14　设 $f(x) \in \mathfrak{M}^{-1}(L)$. 则定义在 (37.109) 中的 Kontorovich-Lebedev 变换可利用两个修正的正 Laplace 变换 (36.31) 和 (36.32) 和逆 Laplace 变换 (1.119) 进行复合表示, 即

$$K_{i\sqrt{x}}\{f(t)\} = \sqrt{\pi}x^{-1/2}\Lambda_{-}^{-1}x^{1/2}\Lambda_{+}x^{-1/2}L\{f(t); \mathrm{ch}(2/\sqrt{x})\}. \tag{37.117}$$

证明　Mcdonald 函数的积分表示

$$K_{ix}(t) = \int_0^\infty e^{-t\mathrm{ch}u}\cos uxdu. \tag{37.118}$$

—— 见 Prudnikov, Brychkov and Marichev [1961, 2.4.18.4] —— 使我们可以将 (37.109) 写为形式

$$K_{ix}\{f(t)\} = \int_0^\infty f(t)dt \int_0^\infty e^{-t\mathrm{ch}u}\cos uxdu. \tag{37.119}$$

因为 $f(t) \in \mathfrak{M}^{-1}(L)$, 所以估计

$$
\begin{aligned}
|K_{ix}\{f(t)\}| &= \frac{1}{2\pi}\left|\int_0^\infty dt \int_\sigma F(s)t^{-s}ds \int_0^\infty e^{-t\mathrm{ch}u}\cos uxdu\right| \\
&\leqslant \frac{1}{2\pi}\int_\sigma |F(s)ds| \int_0^\infty \int_0^\infty e^{-t\mathrm{ch}u}t^{-1/2}dtdu \\
&= \frac{1}{2\pi}\int_\sigma |F(s)ds| \int_0^\infty \frac{\sqrt{\pi}du}{\sqrt{\mathrm{ch}u}} < +\infty,
\end{aligned}
$$

可从 (37.119) 中得到. 由此我们可以在 (37.119) 中交换积分次序:

$$K_{ix}\{f(t)\} = \int_0^\infty \cos uxdu \int_0^\infty e^{-t\mathrm{ch}u}f(t)dt.$$

作变量替换 $u = 2/\sqrt{u'}$ 并将 x 替换为 $\sqrt{x}$, 考虑到关系式 $J_{-1/2}(z) = \sqrt{2/(\pi z)}$, 并使用 $\nu = -1/2$ 时从 (36.62) 和 (36.63) 中得到的余弦 Fourier 变换的因子分解, 于是我们得到 (37.117). ∎

定理 37.15　设 $f \in \mathfrak{M}_{c,\gamma}^{-1}(L)$, $1/2 < \mathrm{Re}\nu < 3/4$ 且不等式

$$2\mathrm{sign}(c + c^*) + \mathrm{sign}(\gamma + \gamma^* - 1/4) \geqslant 0 \tag{37.120}$$

成立. 则定义在 (37.107) 中的 W 变换算子 $((Wf)(x) = g(x))$ 的逆有以下形式

$$f(x) = \frac{1}{2}\left(G_{p,q}^{q-m,p-n}\left[\begin{array}{c} -\left(\alpha_p^{n+1}\right), -\left(\alpha_n\right) \\ -\left(\beta_q^{m+1}\right), -\left(\beta_m\right)\end{array}\right| y^{-3/2+\nu}K_{2i\sqrt{1/y}}^{-1}\left\{g\left(\frac{\tau}{2}\right)\right\}\right)(x).$$

(37.121)

如果还有 $q - m - n > m + n - p$, $\mathrm{Re}\beta_j < 1/4$, $j = m + 1, \cdots, q$, $xe^{2\pi x}g(x) \in L_1(0, \infty)$, 且 (36.22) 中的条件成立, 则 (37.121)可表示为

$$f(x) = \frac{1}{\pi^2 x}\int_0^\infty t\mathrm{sh}2\pi t$$

$$\times G_{p+2,q}^{q-m,p-n+2}\left(x\left|\begin{array}{c} 1 + \nu + it, 1 + \nu - it, 1 - \left(\alpha_p^{n+1}\right), 1 - \left(\alpha_n\right) \\ 1 - \left(\beta_q^{m+1}\right), 1 - \left(\beta_m\right)\end{array}\right.\right)g(t)dt.$$

(37.122)

证明　将算子 $K_{2i\sqrt{x}}^{-1}\{g(\tau/2)\}$ 应用于 W 变换 $(Wf)(x/2) = g(x/2)$, 我们得到关系式

$$K_{2i\sqrt{x}}^{-1}\left\{g\left(\frac{\tau}{2}\right)\right\} = \frac{1}{\pi^2\sqrt{x}}\int_0^\infty \tau\mathrm{sh}\pi\tau K_{i\tau}(2\sqrt{x})(Wf)\left(\frac{\tau}{2}\right)d\tau$$

$$= \frac{1}{\pi^2\sqrt{x}}\int_0^\infty \tau\mathrm{sh}\pi\tau K_{i\tau}(2\sqrt{x})d\tau$$

$$\times \frac{1}{2\pi i}\int_\sigma \Gamma\left(\nu - s - \frac{i\tau}{2}\right)\Gamma\left(\nu - s + \frac{i\tau}{2}\right)$$

$$\times \Gamma\left[\begin{array}{cc} (\beta_m) + s, & 1 - (\alpha_n) - s \\ (\alpha_p^{n+1}) + s, & 1 - (\beta_q^{m+1}) - s\end{array}\right]f^*(1 - s)ds.$$

(37.123)

根据 (37.120) 中的条件, 我们可以利用 Vu Kim Tuan and Yakubovich [1985] 的结果, 其在 $1/2 < \mathrm{Re}\nu < 3/4$ 的条件下证明了交换 (37.123) 中积分顺序的合理性. 现在使用所引论文中的 (19) 来估计内部积分

$$\int_0^\infty \tau\mathrm{sh}\pi\tau K_{i\tau}(2\sqrt{x})\Gamma(\nu - s - i\tau/2)\Gamma(\nu - s + i\tau/2)d\tau = 2\pi^2 x^{\nu-s}, \quad (37.124)$$

我们可将 (37.123) 写为

$$K_{2i\sqrt{x}}^{-1}\left\{g\left(\frac{\tau}{2}\right)\right\} = 2x^{\nu-1/2}\left(G_{pq}^{mn}\left[\begin{array}{c}(\alpha_p)\\(\beta_q)\end{array}\right|\frac{1}{y}f\left(\frac{1}{y}\right)\right)(x).$$

(37.125)

为了得到 (37.121) 中的表达式, 只需对 (37.125) 中给出的 G 变换应用定理 36.8 以及 G 函数的反射和平移关系式 (1.96) 和 (1.97).

现在我们将证明解可以表示成 (37.122) 的形式. 因为 $q - m - n > m + n - p$ 且 (36.22) 中的条件成立, 则由定理 36.3, (37.121) 可改写为

$$
f(x) = \frac{1}{2\pi^2} \int_0^\infty G_{p,q}^{q-m,p-n} \left(xy \, \middle| \, \begin{matrix} -(\alpha_p^{n+1}), & -(\alpha_n) \\ -(\beta_q^{m+1}), & -(\beta_m) \end{matrix} \right) y^{-\nu} dy
$$

$$
\times \int_0^\infty \tau \, \mathrm{sh}\, \pi\tau K_{i\tau}(2\sqrt{y})(Wf)(\tau/2) d\tau. \tag{37.126}
$$

现在想要得到 (37.122), 只需交换 (37.126) 中的积分顺序, 然后应用关系式

$$
\int_0^\infty y^{-\nu} K_{i\tau}(2\sqrt{y}) G_{p,q}^{q-m,p-n} \left(xy \, \middle| \, \begin{matrix} -(\alpha_p^{n+1}), -(\alpha_n) \\ -(\beta_q^{m+1}), -(\beta_m) \end{matrix} \right) dy
$$

$$
= \frac{1}{2} G_{p+2,q}^{q-m,p-n+2} \left(x \, \middle| \, \begin{matrix} \nu - i\tau, \nu + i\tau, -(\alpha_p^{n+1}), -(\alpha_n) \\ -(\beta_q^{m+1}), -(\beta_m) \end{matrix} \right),
$$

以及 (1.97) 中给出的 G 函数的性质. 现在只需说明交换积分次序的合理性: 根据条件 $\tau \mathrm{sh} \pi\tau g(\tau/2) \in L_1(0,\infty)$ 和 $\mathrm{Re}\beta_j < 1/4, j = m+1,\cdots,q$ 和估计式

$$
\left| \int_0^\infty G_{p,q}^{q-m,p-n} \left(xy \, \middle| \, \begin{matrix} -(\alpha_p^{n+1}), & -(\alpha_n) \\ -(\beta_q^{m+1}), & -(\beta_m) \end{matrix} \right) y^{-\nu} K_{i\tau}(2\sqrt{y}) dy \right|
$$

$$
< \mathrm{const} \int_0^\infty y^{-\mathrm{Re}\nu} (xy)^{-1/4} K_0(2\sqrt{y}) dy < +\infty
$$

知, 可以交换积分次序. 由此定理得证. ∎

37.6 分数阶积分在逆 W 变换中的应用

如定理 37.13 所示, W 变换可表示为包含 G 变换 (36.3) 的复合. 而 G 变换可以通过 (36.31) 和 (36.32) 中的算子进行因子分解, 根据定理 36.10 这些算子在配对后可能产生分数阶积分-微分算子. 为了详细说明这一点, 我们研究 (37.107) 中定义的 W 变换的一个重要特例, 反过来它也是已知的 Mehler-Fock 变换的推广. 即, 我们考虑变换, 其定义如下

$$
(F_3 f)(x) = \left(W_{13}^{01} \, \middle| \, \begin{matrix} \nu, (\alpha_1) \\ (\beta_3) \end{matrix} \, \middle| \, f(t) \right)(x)
$$

$$
\equiv \frac{1}{2\pi i} \int_\sigma \frac{\Gamma(\nu - ix - s)\Gamma(\nu + ix - s)\Gamma(1 - \alpha_1 - s)}{\Gamma(1 - \beta_1 - s)\Gamma(1 - \beta_2 - s)\Gamma(1 - \beta_3 - s)} f^*(1 - s) ds, \tag{37.127}
$$

其中 $\mathrm{Re}\nu > 1/2$ 且参数 α_1, β_1, β_2 和 β_3 满足 (36.5) 中的条件. 因为 (37.127) 中积分的核满足形式 (10.47) 而它与 (10.45) 中的 Gorn 函数 F_3 有关, 我们将其称为 F_3 变换.

从核中挑出函数 $\Gamma(\nu - ix - s)$ 和 $\Gamma(\nu + ix - s)$, 我们计算剩下四个 Gamma 函数的特征 (36.7):

$$c^* = -1, \quad \gamma^* = \mathrm{Re}(\alpha_1 - (\beta_1 + \beta_2 + \beta_3)). \tag{37.128}$$

现在很容易给出以下四个定理, 它们是定理 37.11 — 定理 37.15 的特例.

定理 37.16　定义在 (37.127) 中特征为 $(0, \gamma^* - 2\mathrm{Re}\nu + 2)$, $\mathrm{Re}\nu > 1/2$ 的 F_3 变换对于 $\mathfrak{M}^{-1}_{c,\gamma}(L)$ 空间中的函数有定义当且仅当

$$2\mathrm{sign}c + \mathrm{sign}(\gamma + \gamma^* - 2\mathrm{Re}\nu + 2) \geqslant 0. \tag{37.129}$$

定理 37.17　设关于参数 α_1, β_1, β_2 和 β_3 的条件 (36.22) 满足且

$$\gamma^* - 2\mathrm{Re}\nu + 2 > 0. \tag{37.130}$$

则定义在 (37.127) 中的 F_3 变换在 $\mathfrak{M}^{-1}(L)$ 空间中的函数上有定义并且可以表示为

$$(F_3 f)(x) = \frac{1}{\Gamma(2 - 2\nu - \beta)} \int_1^\infty (t-1)^{1-2\nu-\beta}$$

$$\times F_3\Big(1 - \nu - \beta - ix, a', 1 - \nu - \beta + ix, b'; \tag{37.131}$$

$$2 - 2\nu - \beta; 1 - t, 1 - \frac{1}{t}\Big) f(t) dt,$$

其中

$$\alpha_1 = \beta_1 + \beta_2, \quad \beta_1 = a', \quad \beta_2 = b', \quad \beta_3 = \beta. \tag{37.132}$$

定理 37.18　设 $f(x) \in \mathfrak{M}^{-1}_{c,\gamma}(L)$, $1/2 < \mathrm{Re}\nu < 3/4$ 且

$$2\mathrm{sign}(c-1) + \mathrm{sign}(\gamma - \mathrm{Re}\beta - 1/4) \geqslant 0. \tag{37.133}$$

如果条件

$$\mathrm{Re}\beta < 1/4, \quad \mathrm{Re}a' < 1/4, \quad \mathrm{Re}b' < 1/4 \tag{37.134}$$

成立且 $xe^{2\pi x}g(x) \in L(0,\infty)$, 则 F_3 变换 $(g(-x) \overset{\text{def}}{=} g(x))$ 有以下逆关系:

$$(F_3^{-1}g)(x) = \frac{x^{\nu-1}}{2\pi}\int_{-\infty}^{\infty} \frac{\Gamma(1-\nu-a'+it)\Gamma(1-\nu-b'+it)\Gamma(1-\nu-\beta+it)}{\Gamma(1-\nu-a'-b'+it)\Gamma(2it)}$$

$$\times {}_3F_2(1-\nu-a'+it, 1-\nu-b'+it, 1-\nu-\beta+it;$$

$$1-\nu-a'-b'+it, 2it+1; 1/x)x^{it}g(t)dt.$$

$$(37.135)$$

定理 37.19 设 $\mathrm{Re}\,\nu > 1/2$, 参数 $\alpha_1 = \beta_1 + \beta_2$, β_1, β_2 和 $\beta_3 = \beta$ 满足 (36.22) 其中 $m = 0$, $n = p = 1$, $q = 3$ 且不等式

$$2\mathrm{sign}(c-1) + \mathrm{sign}(\gamma - \mathrm{Re}\,\beta) \geqslant 0 \tag{37.136}$$

成立. 则以下通过 Kontorovich-Lebedev 变换 (37.109)、修正的 Laplace 变换 (36.1) 和 (36.2) 和分数阶积分-微分算子实现的 $\mathfrak{M}_{c,\gamma}^{-1}(L)$ 空间中的 F_3 变换的因子分解成立:

$$(F_3f)(x) = 2^{2-2\nu}K_{2ix}\left\{\left[t^{2\nu-1}t^b\Lambda_-^{-1}t^\varepsilon\Lambda_-^{-1}t^dI_{0+}^\delta t^{\gamma_1}\left(\frac{1}{t}f\left(\frac{1}{t}\right)\right)\right]\left(\frac{t^2}{4}\right)\right\},$$

$$(37.137)$$

$$(F_3f)(x) = 2^{2-2\nu}K_{2ix}\left\{\left[t^{2\nu-1}t^b\Lambda_-^{-1}t^\varepsilon I_{0+}^\delta t^d\Lambda_-^{-1}t^{\gamma_1}\left(\frac{1}{t}f\left(\frac{1}{t}\right)\right)\right]\left(\frac{t^2}{4}\right)\right\},$$

$$(37.138)$$

$$(F_3f)(x) = 2^{2-2\nu}K_{2ix}\left\{\left[t^{2\nu-1}t^bI_{0+}^\delta t^\varepsilon\Lambda_-^{-1}t^d\Lambda_-^{-1}t^{\gamma_1}\left(\frac{1}{t}f\left(\frac{1}{t}\right)\right)\right]\left(\frac{t^2}{4}\right)\right\}.$$

$$(37.139)$$

表 37.1—表 37.3 分别给出了各关系在条件 $\mathrm{Re}\,\delta > 0$ 下参数 b, ε, d, δ 和 γ_1 的取值.

表 37.1

b	ε	d	δ	γ_1
$a'-1$	$b'-a'$	$1-b'+\beta$	$a'+b'-\beta$	$-a'-b'$
$a'-1$	$\beta-a'$	$1+b'-\beta$	a'	$-a'-b'$
$\beta-1$	$b'-a'$	$1+a'-b'$	b'	$-a'-b'$

表 37.2

b	ε	d	δ	γ_1
$a'-1$	$1+b'-a'$	$\beta-a'-b'-1$	a'	$1-\beta$
$\beta-1$	$1+b'-\beta$	$b'-1$	a'	$1-a'$
$a'-1$	$1+\beta-a'$	$a'-1$	$a'+b'-\beta$	$1-b'$

表 37.3

b	ε	d	δ	γ_1
b'	$\beta - a' - b' - 1$	$a' - \beta$	a'	$1 - a'$
b'	$\beta - a' - b' - 1$	$\beta - a'$	a'	$1 - b'$
β	$-a' - 1$	$a' - b'$	$a' + b' - \beta$	$1 - a'$

考虑定理 37.11 证明中的论断, 则定理证明可从定理 36.5 中得到.

如前所述, F_3 变换包括 Olevskii 和 Mehler-Fock 变换, 可分别在 (37.107) 中取 $a' = 0$ 和 $a' = 0, \beta = 1/2 - \nu$, 并结合 (1.79) 得到, 即

$$
(_2F_1 f)(x) = \frac{1}{\Gamma(2 - 2\nu - \beta)} \int_1^\infty (t - 1)^{1 - 2\nu - \beta}
$$

$$
\times\, _2F_1(1 - \nu - \beta - ix, 1 - \nu - \beta + ix; 2 - 2\nu - \beta; 1 - t) f(t) dt, \tag{37.140}
$$

$$
g(x) = \int_1^\infty t^{1/4 - \nu/2} (t - 1)^{1/4 - \nu/2} P_{-1/2 + ix}^{\nu - 1/2}(2t - 1) f(t) dt. \tag{37.141}
$$

这些表达式与 Marichev [1978d] 中表示 (8.55) 和 (8.42) 的区别在于变量和函数的一些变化. (37.140) 和 (37.141) 成立需分别将 (37.130) 中的条件改为 $2 - 2\mathrm{Re}\nu - \mathrm{Re}\beta > 0$ 和 $3/2 - \mathrm{Re}\nu > 0$, 由定理 37.15 的假设 $1/2 < \mathrm{Re}\nu < 3/4$ 知, 以上两个条件满足.

至于 (37.141) 形式的 Mehler-Fock 变换, 下面的结论可立即由定理 37.19 推出.

定理 37.20　令 $1/2 < \mathrm{Re}\nu < 3/4$ 且不等式

$$
2\mathrm{sign}(c - 1) + \mathrm{sign}(\gamma - \mathrm{Re}\nu - 1/2) \geqslant 0 \tag{37.142}
$$

成立. 则定义在 (37.141) 中的变换可通过以下关系式表示为 $\mathfrak{M}_{c,\gamma}^{-1}(L)$ 空间中的因子分解

$$
g(x) = 2^{2 - 2\nu} K_{2ix} \left\{ \left(t^{2\nu - 1} t^b \Lambda_-^{-1} t^\varepsilon \Lambda_-^{-1} t^d \left(\frac{1}{t} f\left(\frac{1}{t} \right) \right) \right) \left(\frac{t^2}{4} \right) \right\}, \tag{37.143}
$$

其中参数值为 $b = -1, \varepsilon = 1/2 - \nu$ 和 $d = 1/2 + \nu$, 或 $b = -1/2 - \nu, \varepsilon = \nu - 1/2$ 和 $d = 1$.

§38　分数阶微积分在对偶积分方程研究中的应用

力学中许多混合条件下应用问题的解可简化为所谓的对偶和三重积分方程. 这些方程的特别之处在于未知函数在不同的区间上满足不同的积分关系. 在例如

Sneddon [1966, 7 或 6], Uflyand [1977] 或 Virchenko [1989] 的书中 —— 也见 Popov [1976] 的研究, 可以找到这些方程理论的详细基础知识, 包括对其各种求解方法的研究. 我们在这里考虑通过应用分数阶积分-微分将对偶和三重方程简化为二阶 Fredholm 积分方程的一些典型例子, 而二阶 Fredholm 积分方程的理论是已知的.

38.1 对偶方程

例 38.1 用 Hankel 变换研究数学物理中的混合边值问题时, 常遇到核中带 Bessel 函数 (1.83) 的对偶积分方程, 其形式为

$$\int_0^\infty t^{-2\alpha}[1 + R(t)]\Psi(t)J_\mu(xt)dt = F(x), \quad 0 < x < 1,$$

$$\int_0^\infty t^{-2\beta}\Psi(t)J_\nu(xt)dt = G(x), \quad 1 < x < \infty, \tag{38.1}$$

这里 $R(t)$, $F(x)$ 和 $G(x)$ 为给定函数, $\Psi(t)$ 为未知函数. 为将 (38.1) 表示为适合使用 Kober 算子 (18.5) 和 (18.5) 的形式, 我们对变量作如下变换

$$\psi(y) = y^{-1/2}\Psi(2\sqrt{y}), \quad f(x) = 2^{2\alpha}x^{-\alpha}F(\sqrt{x}),$$

$$g(x) = 2^{2\beta}x^{-\beta}G(\sqrt{x}), \quad k(y) = R(2\sqrt{y}). \tag{38.2}$$

然后使用 (18.19), 这些方程可写为

$$S_{\mu/2-\alpha,2\alpha,1}(1+k)\psi = f, \quad S_{\nu/2-\beta,2\beta,1}\psi = g, \tag{38.3}$$

其中函数 f 和 g 分别定义在区间 $I_1 = (0,1)$ 和 $I_2 = (1,\infty)$ 上.

我们先考虑 $k(y) \equiv 0$ 的情况. 令

$$\lambda = (\mu + \nu)/2 + \beta - \alpha. \tag{38.4}$$

分别将 (18.5) 和 (18.6) 应用到 (38.3), 并利用 (18.21), 我们得到关系式

$$I^+_{\mu/2+\alpha,\lambda-\mu}f = I^+_{\mu/2+\alpha,\lambda-\mu}S_{\mu/2-\alpha,2\alpha,1}\psi = S_{\mu/2-\alpha,\lambda-\mu+2\alpha,1}\psi,$$

$$K^-_{\mu/2-\alpha,\nu-\lambda}g = K^-_{\mu/2-\alpha,\nu-\lambda}S_{\nu/2-\beta,2\beta,1}\psi = S_{\mu/2-\alpha,\lambda-\mu+2\alpha,1}\psi. \tag{38.5}$$

设函数 h 由以下表达式定义

$$h = \begin{cases} I^+_{\mu/2+\alpha,\lambda-\mu}f, & x \in I_1, \\ K^-_{\mu/2-\alpha,\nu-\lambda}g, & x \in I_2. \end{cases} \tag{38.6}$$

则 (38.5) 可写成单个方程

$$S_{\mu/2-\alpha,\lambda-\mu+2\alpha,1}\psi = h, \tag{38.7}$$

根据 (18.20), 其逆关系为

$$\psi = S_{\nu/2+\beta,\mu-\lambda-2\alpha,1}h. \tag{38.8}$$

在这里代入 (38.6) 中的值并作 (38.2) 的逆变换, 我们得到 $R(t) \equiv 0$ 时对偶方程 (38.1) 的显式解 $\Psi(t)$. 在适当的参数和函数条件下以上所有运算都有效.

方程 (38.1) 的解可以通过另一种方法得到. 为了得到它, 我们将函数 f 表示为 $f = f_1 + f_2$, 其中

$$f_1 = \begin{cases} f, & \text{在 } I_1 \text{ 上}, \\ 0, & \text{在 } I_2 \text{ 上}, \end{cases} \qquad f_2 = \begin{cases} 0, & \text{在 } I_1 \text{ 上}, \\ f, & \text{在 } I_2 \text{ 上}, \end{cases} \tag{38.9}$$

类似地有 $g = g_1 + g_2$. 则根据 (38.5) 我们有

$$I^+_{\mu/2+\alpha,\lambda-\mu}f = K^-_{\mu/2-\alpha,\nu-\lambda}g. \tag{38.10}$$

因为函数 f_1 和 g_2 已知, 所以 (38.10) 可以认为是关于未知函数 f_2 和 g_1 的方程, 其形式为

$$I^+_{\mu/2+\alpha,\lambda-\mu}f_2 - K^-_{\mu/2-\alpha,\nu-\lambda}g_1 = K^-_{\mu/2-\alpha,\nu-\lambda}g_2 - I^+_{\mu/2+\alpha,\lambda-\mu}f_1. \tag{38.11}$$

左边的第一项在区间 I_1 上为零, 根据 (18.17) 中的第二个结果我们可以得到函数 g_1 的关系式. 从而可得函数 $g = g_1 + g_2$. 现在通过 g 和 (38.3) 中的第二个结果, 以及 (18.20) 中的逆关系式来寻找函数 ψ, 我们最终得到解的表示形式

$$\psi = S_{\nu/2+\beta,-2\beta,1}g. \tag{38.12}$$

可以在区间 I_2 上考虑 (38.11). 则左端的第二项为零, 通过类似论证我们可以得到解的另一种表示形式

$$\psi = S_{\mu/2+\alpha,-2\alpha,1}f. \tag{38.13}$$

可以证明 (38.8), (38.12) 和 (38.13) 构造的解是等价的.

现在我们考虑 (38.1) 中带任意函数 $R(t)$ 的情形. 我们将上述在特殊情况 $R(t) = 0$ 下给出的解 (38.8) 作为包含某些未知函数 $h = h_1 + h_2$ (形式为 (38.9)) 的 "平凡" 解. 将其代入 (38.3) 我们得到方程组

$$f = S_{\mu/2-\alpha,2\alpha,1}S_{\nu/2+\beta,\mu-\lambda-2\alpha,1}h + S_{\mu/2-\alpha,2\alpha,1}kS_{\nu/2+\beta,\mu-\lambda-2\alpha,1}h,$$
$$g = S_{\nu/2-\beta,2\beta,1}S_{\nu/2+\beta,\mu-\lambda-2\alpha,1}h = K^-_{\nu/2-\beta,\lambda-\nu}h. \tag{38.14}$$

通过 (18.17) 中的第二个关系式对 (38.14) 中的第二个方程求逆, 我们得到区间 I_2 上的函数: $h_2 = K^-_{\mu/2-\alpha,\nu-\lambda} g_2$. 结合表达式 $h = h_1 + h_2$ 和 (18.22) 中的第一个关系式, 在区间 I_1 上我们可以将上述方程组中的第一个方程写为

$$
I^+_{\nu/2+\beta,\mu-\lambda} h_1 + S_{\mu/2-\alpha,2\alpha,1} k S_{\nu/2+\beta,\mu-\lambda-2\alpha,1} h_1
$$
$$
= f - S_{\mu/2-\alpha,2\alpha,1} k S_{\nu/2+\beta,\mu-\lambda-2\alpha,1} h_2. \tag{38.15}
$$

现在利用 (18.17) 中的第一个方程对算子 $I^+_{\nu/2+\beta,\mu-\lambda}$ 求逆并使用 (18.21) 中的第一个结果, 我们最终得到在区间 I_1 上的关系式

$$
h_1 + S_{\mu/2-\alpha,\lambda-\mu+2\alpha,1} k S_{\nu/2+\beta,\mu-\lambda-2\alpha,1} h_1 = H,
$$

$$
H = I^+_{\mu/2+\alpha,\lambda-\mu} f - S_{\mu/2-\alpha,\lambda-\mu+2\alpha,1} k S_{\nu/2+\beta,\mu-\lambda-2\alpha,1} h_2.
$$

在给定函数的适当条件下, 这将是关于函数 h_1 的第二类 Fredholm 积分方程. 其核包含函数 k, 且右端是已知函数, 因为已经得到函数 h_2. 构造这个方程的解, 可以得到函数 h, 然后由 (38.8) 和 (38.2) 就找到了 (38.1) 的解.

例 38.2   这里我们考虑如下形式的对偶方程

$$
\int_k^\infty t^{-\mu-\nu}(t^2-k^2)^\beta J_\mu(xt)\Psi(t)dt = F(x), \quad 0 < x < 1,
$$
$$
\int_k^\infty J_\nu(xt)\Psi(t)dt = G(x), \quad 1 < x < \infty, \tag{38.16}
$$

其中 $k \geqslant 0$. 与之前例子一样, 我们使用记号 $I_1 = (0,1)$ 和 $I_2 = (1,\infty)$. 作替换

$$
\Psi(t) = t^{\nu+1}\psi(t), \quad F(x) = (x/2)^{\mu-2\beta}f(x), \quad G(x) = (2/x)^\nu g(x), \tag{38.17}
$$

并使用 (37.47) 中的记号, 则 (38.16) 为

$$
S\begin{pmatrix} 0, & 0, & k \\ \beta, & \mu-2\beta, & \beta \end{pmatrix}\psi(x) = f(x), \quad x \in I_1;
$$
$$
S\begin{pmatrix} 0, & 0, & k \\ \nu, & -\nu, & 0 \end{pmatrix}\psi(x) = g(x), \quad x \in I_2. \tag{38.18}
$$

分别将 (37.45) 和 (37.46) 中的算子应用到 (38.18), 并使用 (37.60) 和 (37.61) 中的性质我们得到方程

$$
S\begin{pmatrix} 0, & k, & k \\ \beta, & -\beta, & \beta/2 \end{pmatrix}\psi(x) = h(x), \quad x \in I_1 \cup I_2, \tag{38.19}
$$

其中 $h = h_1 + h_2$ (见 (38.9)), 其中

$$
\begin{aligned}
h_1(x) &= J_{ik}(\mu - \beta, \beta - \mu)f(x), \\
h_2(x) &= R_k(\beta, \nu - \beta)g(x).
\end{aligned}
\tag{38.20}
$$

现在利用 (37.65) 给出的逆关系, 我们发现

$$
\psi(x) = S \begin{pmatrix} k, & 0, & 0 \\ 0, & \beta, & \beta/2 \end{pmatrix} h(x),
\tag{38.21}
$$

因此作 (38.17) 的逆变换后不难得到 (38.16) 的显式解.

例 38.3　现在我们考虑另一种形式的对偶积分方程

$$
\begin{aligned}
P^\mu\{H(\tau)\psi(\tau); x\} &= f(x), \quad 0 \leqslant x \leqslant a; \\
P^\mu\{\psi(\tau); x\} &= g(x), \quad a < x < \infty, \quad |\mu| < 1/2,
\end{aligned}
\tag{38.22}
$$

其中

$$
P^\mu\{\psi(\tau); x\} = \int_0^\infty P_{-1/2+i\tau}^{-\mu}(\mathrm{ch}x)\psi(\tau)d\tau, \quad 0 \leqslant x < \infty
\tag{38.23}
$$

是广义逆 Mehler-Fock 积分变换, 核中有在 (1.79) 中定义的连带 Legendre 函数 $P_{-1/2+i\tau}^{-\mu}(z)$. 这里我们注意到, 如果在 (38.22) 的第二个关系中用 $\pi^{-1}\tau\mathrm{sh}\tau\pi\Gamma(1 - \nu + i\tau)\Gamma(1 - \nu - i\tau)g(\tau)$ 替换 $\psi(\tau)$, 用 $z^{\nu-3/2}\mathrm{sh}^{1/2-\nu}xf(\mathrm{ch}^2(x/2))$ 替换 $g(x)$, 并令 $\mu = 1/2 - \nu$, 则根据 Marichev [1978d] 中的 (8.42) 和 (8.43), 我们得到修正的正 Mehler-Fock 变换 (37.141) 的逆. 假设 (38.22) 中的函数 $H(\tau)$ 已知.

我们介绍 Erdélyi-Kober 算子的类似形式, 它由函数关于另一个函数 (即 $\mathrm{ch}x$) 的分数阶积分定义 (见 §18.2)

$$
\begin{aligned}
I_{\pm\mu}\{\varphi(t); x\} &= (\pi/2)^{\pm1/2}\Gamma^{-1}(1/2 \mp \mu)(\mathrm{sh}x)^{-(\mu\mp\mu)/2} \\
&\quad \times \int_0^x (\mathrm{sh}t)^{(1+\mu\pm1\pm\mu)/2}(\mathrm{ch}x - \mathrm{ch}t)^{-1/2\mp\mu}\varphi(t)dt, \\
&\quad |\mu| < 1/2,
\end{aligned}
\tag{38.24}
$$

$$
\begin{aligned}
K_{\pm\mu}\{\varphi(t); x\} &= (\pi/2)^{\mp1/2}\Gamma^{-1}(1/2 \mp \mu)(\mathrm{sh}x)^{(\mu\pm\mu)/2} \\
&\quad \times \int_x^\infty (\mathrm{sh}t)^{(1-\mu\mp1\mp\mu)/2}(\mathrm{ch}t - \mathrm{ch}x)^{-1/2\mp\mu}\varphi(t)dt, \\
&\quad |\mu| < 1/2.
\end{aligned}
\tag{38.25}
$$

我们将 (38.24) 和 (38.25) 求逆得到的算子分别记为 $I_{\pm\mu}^{-1}$ 和 $K_{\pm\mu}^{-1}$, 但此处不具体写出. 然后通过直接计算可以证明以下两个复合关系:

$$I_{-\mu}^{-1}\{P^{\mu}\{\chi(\tau);t\};x\} = (\mathcal{F}_c\chi)(x), \quad \chi \in L_1(0,\infty), \tag{38.26}$$

$$K_{\mu}^{-1}\{P^{\mu}\{\chi(\tau);t\};x\} = \mathcal{F}_s\left\{\frac{\chi(t)}{\omega(t)\mathrm{th}\pi t};x\right\}, \quad \frac{\chi}{\omega} \in L_1(0,\infty), \tag{38.27}$$

其中 $|\mu| < 1/2$, $\omega(t) = \Gamma(1/2+\mu+it)\Gamma(1/2+\mu-it)[\Gamma(1/2+it)\Gamma(1/2-it)]^{-1}$, $\mathcal{F}_c$ 和 $\mathcal{F}_s$ 是定义在 (1.108) 和 (1.109) 中的正弦、余弦 Fourier 变换.

我们引入符号

$$G(x) = \begin{cases} G_1(x), & 0 \leqslant x \leqslant a, \\ G_2(x), & a < x < \infty, \end{cases} \tag{38.28}$$

其中 $G_2(x) = \sqrt{2/\pi}K_{\mu}^{-1}\{g(t);x\}$, $a < x < \infty$, $G_1(x)$ 是一个未知函数. 分别将算子 $I_{-\mu}^{-1}$ 和 K_{μ}^{-1} 应用到 (38.22) 上并结合 (38.26) 和 (38.27), 我们得到关系式

$$\begin{aligned} \mathcal{F}_c\{H(\tau)\psi(\tau);s\} &= F(x), \quad 0 \leqslant x \leqslant a; \\ \mathcal{F}_s\left\{\frac{\psi(\tau)}{\omega(\tau)\mathrm{th}\tau\pi};x\right\} &= G(x), \quad a < x < \infty, \end{aligned} \tag{38.29}$$

其中 $F(x) = \sqrt{2/\pi}I_{-\mu}^{-1}\{f(t);x\}$, $0 \leqslant x \leqslant a$. 对第二个方程求逆并使用 (1.111), 我们发现

$$\psi(\tau) = \frac{2}{\pi}\omega(\tau)\mathrm{th}\pi\tau\left[\binom{a}{0}(\mathcal{F}_sG_1)(\tau) + \binom{\infty}{a}(\mathcal{F}_sG_2)(\tau)\right], \tag{38.30}$$

这里及下文, 记号 $\binom{b}{a}(\mathcal{F}_sG)(\tau)$ 表示 (1.109) 中对应积分在区间 (a,b) 上进行而不是在 $(0,\infty)$ 上. 为了找到未知函数 G_1, 我们将 (38.30) 代入到 (38.29) 中的第一个方程中, 可得第二类 Fredholm 积分方程. 求解它并找到 (38.29) 中定义的函数 G 后, 由 (38.30) 可得所需的函数 $\psi(\tau)$.

38.2 三重方程

例 38.4 我们考虑三重积分方程

$$\begin{aligned} \int_0^{\infty} t^{-2\beta}J_{\nu}(xt)\Psi(t)dt &= F_1(x), \quad 0 < x < a, \\ \int_0^{\infty} t^{-2\alpha}J_{\mu}(xt)\Psi(t)dt &= G_2(x), \quad a < x < b, \end{aligned} \tag{38.31}$$

$$\int_0^\infty t^{-2\beta} J_\nu(xt)\Psi(t)dt = F_3(x), \quad b < x < \infty,$$

其中 F_1, G_2 和 F_3 为给定函数, Ψ 是未知函数. 我们作替换

$$\psi(t) = t^{-1}\Psi(t), \quad f(x) = (2/x)^{2\beta}F(x),$$
$$g(x) = (2/x)^{2\alpha}G(x), \tag{38.32}$$

令

$$F(x) = \sum_{j=1}^{3} F_j(x); \quad F_j(x) = \begin{cases} F(x), & x \in I_j, \\ 0, & x \notin I_j, \end{cases} \tag{38.33}$$

$$I_1 = (0, a), \quad I_2 = (a, b), \quad I_3 = (b, \infty),$$

并类似地定义函数 $G(x)$, 函数 G_1, G_3 和 F_2 仍然未知. 然后利用 (18.19), 方程组 (38.31) 有形式

$$S_{\nu/2-\beta,2\beta,2}\psi(x) = f(x),$$
$$S_{\mu/2-\alpha,2\alpha,2}\psi(x) = g(x). \tag{38.34}$$

根据 (18.20), 我们从后一个方程中得到

$$\psi(x) = S_{\mu/2+\alpha,-2\alpha,2}g(x), \tag{38.35}$$

其中 $g(x) = g_1(x) + g_2(x) + g_3(x)$, 即 g 包含未知函数 g_1 和 g_3. 为了找到它们我们介绍记号

$$K = K_{\nu/2-\beta,(\mu-\nu)/2-\alpha+\beta},$$
$$I = I_{\mu/2+\alpha,(\nu-\mu)/2+\beta-\alpha}, \tag{38.36}$$

并将 I 的逆算子 I^{-1} 应用到 (38.34) 中的第一个关系式. 然后将算子 K 应用到 (38.34) 中的第二个关系式, 并使用 (18.17) 和 (18.21) 中的关系. 由此得到了结果 $I^{-1}f = Kg$:

$$I^{-1}f = I^{-1}S\psi = I_{\nu/2+\beta,(\mu-\nu)/2+\alpha-\beta}S_{\nu/2-\beta,2\beta,2}\psi(x)$$

$$= S_{\nu/2-\beta,(\mu-\nu)/2+\alpha+\beta,2}\psi(x),$$

$$Kg = K_{\nu/2-\beta,(\mu-\nu)/2+\beta-\alpha}S_{\mu/2-\alpha,2\alpha,2}\psi(x) \tag{38.37}$$

$$= S_{\nu/2-\beta,(\mu-\nu)/2+\alpha+\beta,2}\psi(x).$$

以同样的方式类似应用算子 K^{-1} 和 I 后, 不难得到第二个相同形式的关系, 它与第一个关系式一起联立得到方程组

$$I^{-1}f(x) = Kg(x), \quad K^{-1}f(x) = Ig(x). \tag{38.38}$$

在区间 I_1 和 I_3 上方程 (38.38) 可分别写为

$$\binom{x}{0}I^{-1}f_1(x) = \binom{a}{x}Kg_1(x) + \binom{b}{a}Kg_2(x) + \binom{\infty}{b}Kg_3(x),$$
$$x \in I_1, \tag{38.39}$$

$$\binom{\infty}{x}K^{-1}f_3(x) = \binom{a}{0}Ig_1(x) + \binom{b}{a}Ig_2(x) + Ig_3(x),$$
$$x \in I_3. \tag{38.40}$$

分别关于 g_1 和 g_3 求逆, 我们得到未知函数, 有以下结果:

$$g_1(x) = -\binom{a}{x}K^{-1}\binom{\infty}{b}Kg_3(x) + \binom{a}{x}K^{-1}\binom{x}{0}I^{-1}f_1(x)$$
$$-\binom{a}{x}K^{-1}\binom{b}{a}Kg_2(x), \tag{38.41}$$

$$g_3(x) = -\binom{x}{b}I^{-1}\binom{a}{0}Ig_1(x) + \binom{x}{b}I^{-1}\binom{\infty}{x}K^{-1}f_3(x)$$
$$-\binom{x}{b}I^{-1}\binom{b}{a}Ig_2(x). \tag{38.42}$$

在这里消去 g_3, 我们最终得出关系式

$$g_1(x) = \binom{a}{x}K^{-1}\binom{\infty}{b}K\binom{x}{b}I^{-1}\binom{a}{0}Ig_1(x)$$
$$+\binom{a}{x}K^{-1}\left\{\binom{x}{0}I^{-1}f_1(x) - \binom{b}{a}Kg_2(x)\right\} \tag{38.43}$$
$$-\binom{a}{x}K^{-1}\binom{\infty}{b}K\binom{x}{b}I^{-1}\left\{\binom{\infty}{x}K^{-1}f_3(x) - \binom{b}{a}Ig_2(x)\right\}.$$

计算 (38.43) 中算子的复合形式, 可以看出在适当的函数假设下, 这种关系式是关于 g_1 的第二类 Fredholm 积分方程. 考虑到这个方程是可解的, 利用 (38.42), (38.35) 和 (38.32) 我们可以得到方程组 (38.31) 的解.

在本节的最后, 我们将证明 (38.31) 在特殊情况 $F_1 = F_3 = 0$ 下等价于下例中的方程组.

例 38.5　我们考虑三重积分方程

$$\mathfrak{M}^{-1}\left\{\frac{\Gamma(\xi + s/\delta)}{\Gamma(\xi + \beta + s/\delta)}\varphi^*(s); x\right\} = 0, \quad x \in I_1 \cup I_3;$$

$$\mathfrak{M}^{-1}\left\{\frac{\Gamma(1 + \eta - s/\sigma)}{\Gamma(1 + \eta + \alpha - s/\sigma)}\varphi^*(s); x\right\} = g_2(x), \quad x \in I_2, \tag{38.44}$$

其中 I_j $(j = 1, 2, 3)$ 是 (38.33) 中的区间, $\alpha, \beta, \xi, \eta, \delta > 0$, $\sigma > 0$ 为实参数, 未知函数 $\varphi^*(s) = \mathfrak{M}\{\varphi(x); s\}$ 为某个函数 $\varphi(x)$ 的 Mellin 变换 —— 见 (1.112).

利用 (38.33) 中的符号以及 (23.1) 和 (23.2), 我们将 (38.44) 中的方程组简化为

$$I_{0+;\sigma,\eta}^\alpha \varphi(x) = g(x), \quad I_{-;\delta,\xi}^\beta \varphi(x) = f(x), \tag{38.45}$$

或在对应区间上的形式

$$\binom{a}{x} I_{-;\delta,\xi}^\beta \varphi_1(x) + \binom{b}{a} I_{-;\delta,\xi}^\beta \varphi_2(x) + \binom{\infty}{b} I_{-;\delta,\xi}^\beta \varphi_3(x) = 0, \quad x \in I_1,$$

$$\binom{a}{0} I_{0+;\sigma,\eta}^\alpha \varphi_1(x) + \binom{x}{a} I_{0+;\sigma,\eta}^\alpha \varphi_2(x) = g(x), \qquad x \in I_2, \quad (38.46)$$

$$\binom{\infty}{x} I_{-;\delta,\xi}^\beta \varphi_3(x) = 0, \qquad x \in I_3.$$

利用 (18.17) 将 (38.46) 中的第三、第二和第一方程关于函数 φ_3, φ_2 和 φ_1 求逆, 我们得到关系式

$$\varphi_3(x) = 0,$$

$$\varphi_2(x) = -\binom{x}{a} I_{0+;\sigma,\eta+\alpha}^{-\alpha} \binom{a}{0} I_{0+;\sigma,\eta}^\alpha \varphi_1(x) + \binom{x}{a} I_{0+;\sigma,\eta+\alpha}^{-\alpha} g_2(x), \quad (38.47)$$

$$\varphi_1(x) = -\binom{a}{x} I_{-;\delta,\xi+\beta}^{-\beta} \binom{b}{a} I_{-;\delta,\xi}^\beta \varphi_2(x).$$

将第三个关系式中 φ_1 的值代入第二个关系式, 最终我们得到关于 φ_2 的第二类 Fredholm 方程

$$\varphi_2(x) = \binom{x}{a} I_{0+;\sigma,\eta+\alpha}^{-\alpha} \binom{a}{0} I_{0+;\sigma,\eta}^\alpha \binom{a}{x} I_{-;\delta,\xi+\beta}^{-\beta} \binom{b}{a} I_{-;\delta,\xi}^\beta \varphi_2(x)$$

$$+ \binom{x}{a} I_{0+;\sigma,\eta+\alpha}^{-\alpha} g_2(x). \tag{38.48}$$

对此方程求逆后, 不难将其复原成方程组 (38.44) 的解.

综上我们注意到, 如果我们在 (38.31) 中设

$$F_1 = F_3 = 0, \quad G_2(x) = (x/2)^{2\alpha+1} g_2(x),$$
$$\mu = \alpha_0 + \beta_0 + \xi + \eta,$$
$$\nu = \xi + \eta, \quad \alpha = (\alpha_0 - \beta_0 + \eta - \xi - 1)/2, \tag{38.49}$$
$$\beta = (\eta - \xi - 1)/2, \quad \Psi(t) = S_{\eta, \beta_0 + \xi - \eta, 2} \varphi(t),$$

则根据 (18.19), (18.22), (23.1) 和 (23.2), 此方程组的形式为 (38.44), 其中 α 为 α_0, β 为 β_0 且 $\delta = \sigma = 2$. 得到了这个方程组的解, 我们就找到了 (38.31) 中给出的方程组的解, 即 (38.49)

$$\Psi(t) = S_{\eta, \beta_0 + \xi - \eta, 2} \varphi(t).$$

§ 39 第七章的参考文献综述及附加信息

39.1 历史注记

§ 35.1 的注记 Higgins [1964] 首先考虑了 (35.4) 形式的方程, 其中 $d = 1$ 且积分下限可变. 他在充分光滑的函数空间中获得了 (35.11) 和 (35.14) 形式的解. 我们注意到, 在此之前 Ta Li [1960, 1961] 和 Buschman [1962a] 分别研究了该方程的两个特例, 即核中分别涉及 Chebyshev 和 Legendre 多项式的方程 (参见下文中的 § 39.2, 注记 35.1).

Love [1967a,b] 首先应用分数阶积分-微分方法在 Q_q 和 R_r 空间中研究 (35.1)—(35.4), 空间 Q_q 和 R_r 在 § 17.1, § 10.1 的注记中给出 (见下文 § 39.2, 注记 35.2).

定理 35.1 此前未发表, 但 $p = 1$ 的情形包含在上面提到的 Love 的论文中.

§ 35.2 的注记 方程 (35.16) 首先由 Copson [1958, p. 353] 在求解第一象限中双曲方程 (40.19) ($\lambda = 0$) 的 Dirichlet 问题时得到并求逆. 但是, 上述论文没有特别指出这一结果. 因此, 普遍认为 Buschman [1963] 的论文是第一个获得 (35.16) 和 (35.18) 的逆关系式的论文. Erdélyi [1964, 1967] 利用分数阶积分-微分方法和广义函数理论找到了 (35.15) 和 (35.17) 的解 (35.25) 和 (35.35) (见下文 § 39.2, 注记 35.3).

§§ 36.1 和 36.2 的注记 Kober [1940] 和 Erdélyi [1940b] 在文献中提出了通过逆 Mellin 变换算子定义分数阶积分和导数的想法 (36.1) 和 (36.2), 尽管此前这种想法已由 Zeilon [1924] 提出.

Vu Kim Tuan, Marichev and Yakubovich [1986] 首先通过 Mellin-Barnes 积分 (36.3) 引入了 G 变换的定义, 其形式与 (36.3) 稍有不同. 此前, Narain Roop [1959] 考虑了 (36.23) 形式的变换的特殊情况, Narain Roop [1962, 1963a, 1963b] 和 Fox [1961] 对这一情形做了更详细的研究. Vu Kim Tuan [1985a] 研究了 $\mathfrak{M}_{0,0}^{-1}(L)$ 空间, 他将此空间表示为 L^{-1}. 更一般的空间 $\mathfrak{M}_{\Phi}^{-1}(L)$ 在 Vu Kim Tuan [1986a] 中介绍. $L_2^{(c,\gamma)}$ 是 L_2^{Φ} 空间的特殊情况, 它由 Akopyan [1960] 介绍 —— 也见 M.M. Dzherbashyan [1966a]. 定理 36.1—定理 36.4 在 Vu Kim Tuan [1986b] 和 Vu Kim Tuan, Marichev and Yakubovich [1986] 中证明.

§ 36.3 的注记　积分变换因子分解的想法, 即将它们表示为其他 "更简单" 的积分变换的复合, 很可能最先出现在表示为两个正 Laplace 变换复合的 Stieltjes 变换的展开表达式中 —— Widder [1938, 1946] 和 Erdélyi, Magnus, Oberbettinger and Tricomi [1955]. Tricomi [1935] 通过正逆 Laplace 变换的复合指出了 Hankel 变换的展开式. Hirshman and Widder [1958] 系统地应用这类复合来研究卷积型变换. 就 (36.23) 形式的 G 变换而言, 将它因子分解的想法在 Fox [1963, 1971] 和 Rooney [1983] 中提出 (见下文 § 39.2, 注记 36.1—注记 36.4).

Brychkov, Glaeske and Marichev [1983, 1986] 首先形式地提出了 G 变换 (36.3) 通过此类更简单的 G 变换以及特殊表格和符号的因子分解, 即不描述条件和函数空间. Higgins [1965a,b] 和 Marichev [1974b, 1976c] 做了一些预备性的研究. 论文 Vu Kim Tuan, Marichev and Yakubovich [1986] 中解决了 $\mathfrak{M}_{c,\gamma}^{-1}(L)$ 空间中因子分解的问题, 其中证明了定理 36.5.

§§ 36.4–36.8 的注记　Vu Kim Tuan, Marichev and Yakubovich [1986] 和 Marichev and Vu Kim Tuan [1985b, 1986] 分别证明了定理 36.6—定理 36.8 和定理 36.10—定理 36.13. 这些小节中的其他结果由 Vu Kim Than 获得, 且此前尚未发表.

§ 37.1 的注记　K.N. Srivastava [1964c] 以较为烦琐的形式得到了 (37.1) 在 $\lambda = 1$ 时的解 (37.31)—(37.34). Wimp [1965] 利用 Laplace 变换给出了 (37.1) 的 (37.31) 形式的解, 其中 $l = 0$, $a = 0$, 我们可参考 Rusia [1969a,c]. 方程 (37.1) 最完美的研究由 Prabhakar [1969] ($\lambda = 0$, $a = 0$), Prabhakar [1971a] 给出, 他采用了分数阶积分-微分方法, 其中 $\mathrm{Re}\,\alpha > 0$, 并分别在 $\mathrm{Re}\,\beta > 0$ 和 $\mathrm{Re}\,\beta < \mathrm{Re}\,\alpha$ 时找到了解 (37.32) 和 (37.33).

Tedone [1914] 首先考虑了 (37.2) 中取 $\alpha = 0$, $\alpha = 2n+1$ 和 $\lambda = i$ 的方程 (n 为非负整数), 即方程

$$\int_0^x (x-t)^n I_n(x-t) f(t) dt = g(x),$$

其中 $I_n(z)$ 为 (1.84) 中给出的修正 Bessel 函数. 在自然数 n 的情况下, 他将这个方程简化为最简单的 $n = 0$ 的形式, 并得到了它的形式解. Elrod [1958] 利用 (37.20) 找到了 (37.2) 在 $a = 0$ 和 $a = 1$ 时的解.

Burlak [1962] 和 Sneddon [1962] 获得了 (37.41) 的形式解, 它与 (37.4) 仅相差一个变量变换. 它的可解性的充分条件由 Srivastav [1966] 给出. 我们仅提及一下, 另一种形式的 (37.4) 已经在 1884 年由 Sonine 求得. 关于这一点请参阅 § 39.2, 注 37.3 以及本书开头的简史大纲.

方程 (37.5)—(37.7) 的解由 Marichev [1978b] 给出. 本小节的介绍源自此论文.

§ 37.2 的注记 Burlak [1962] 和 Sneddon [1962] 形式地得到了方程 (37.41) 和 (37.42) 的解 (37.43) 和 (37.44); 另见 Srivastav [1966] 和 Rusia [1967] 的论文. Bharatiya [1965] 给出了 (37.41) 的解在连续函数空间中存在的必要条件, Soni [1971] 给出了该方程在 $L_2(0, \infty)$ 空间中的可解性判据.

一般认为 (37.41) 的解以及因而 (37.4) 的解最初由 Burlak 和 Sneddon 给出. 然而, 事实上, Sonine [1884a] (也见 Sonine [1954]) 求解了一个方程, 此方程在特殊情况下, 通过变量的二次变换可简化为 (37.41) (见下文 § 39.2, 注记 37.3). 我们还注意到, Sneddon 在不知道 Sonine 的这篇论文的情况下将 (37.41) 中的算子称为 Sonine 算子, 因为 Sonine 已经关于 Bessel 函数计算了两个这种特殊积分, 其在文献中称为 Sonine 积分. 关于这些我们可以参考 (2.54) 和 Prudnikov, Brychkov and Marichev [1983, equations 2.12.4.6 和 2.12.35.12]. 我们还观察到, Rozet [1947] 在 $L_2(0, \infty)$ 空间中给出了 (37.41) 在 $v = 0$ 时的逆公式 (见 § 39.2, 注记 37.4).

Lowndes [1970] 引入了 (37.45) 和 (37.46) 中定义的广义 Erdélyi- Kober 算子和 (37.47) 中给出的广义 Hankel 变换算子, 他还证明了 (37.48)—(37.66) 等结果.

§ 37.3 的注记 Bakievich [1963] 首先构造了算子 (37.67) 在 $0 < \alpha < 1$ 时的逆算子 (37.81). 然而, 在特殊情况 $\alpha = 1$ 下, 这种算子的逆, 以定理 37.6 中关系的形式, 更早出现在论文 Vekua [1945] 的以及他的书 [Vekua, 1948, pp. 69-70] 中. 这篇文章中指出了表达式 (37.78) 和 (37.79), 在 1942 年证明的更一般的关系式, 以及 Laplace 方程 $\Delta u = 0$ 解与 Helmholtz 方程 $\Delta u + \lambda^2 u = 0$ 解的联系. 此方面可参见 § 40.2 和 § 43.2, 注记 40.1.

Henrici [1953] 在论文中指出了 (37.71) 以另一种形式表述的特殊情况. 本小节的其他结果是 Lowndes [1985a] 中研究的进一步发展, 此论文指出并研究了算子 (37.68) 的修正形式. 定理 37.7 在 Marichev [1972] 的论文中作为更一般性结论的特例提及.

§ 37.4 的注记 本小节的结果由 Marichev [1972] 给出.

§ 37.5 的注记   所谓的关于指数的积分变换, 或关于特殊函数的参数的积分变换的特殊情况, 最近才被发现和比较研究. Lebedev [1963] 介绍了在 (37.109), (37.110) 中定义的 Kontorovich-Lebedev 变换和在 (37.141), (38.23) 中给出的 Mehler-Fock 变换理论的基础知识. 在论文 Wimp [1964] 中, 作者介绍了核中带 Meijer G 函数的更一般的变换 (37.113), 得到了它的逆公式, 并考虑了五种特殊情况. 这方面应该参考书 Marichev [1978d, Section 8.4]. Yakubovich [1985] 发现了形式更紧凑的逆关系 (37.122), 并研究了该变换的复合结构. 本小节的介绍来自论文 Vu Kim Tuan, Marichev and Yakubovich [1986].

我们还注意到, 论文 Kalia [1970] 和 Shah [1972] 中考虑了上述核中带有 G 函数和 H 函数的变换的不同代表.

§ 37.6 的注记   Brychkov, Marichev and Yakubovich [1986] 提出了形式为 (37.131) 的 F_3 变换. 定理 37.16—定理 37.20 由 Yakubovich 证明, 此前尚未发表.

§§ 38.1 和 38.2 的注记   Beltrami [1881] 首先得到了对偶方程 (38.1) 在 $R = G = \mu = \nu = 0$, $\alpha - \beta = 1/2$, 且 $F \equiv 1$ 时的解. 我们还注意到, 之前 Weber [1872] 给出了偏微分方程可约化为对偶方程的问题. 很久之后, King [1935], Busbridge [1938], Tranter [1950, 1951, 1954], Gordon [1954] 和 Noble [1955], 以及 Titchmarsh [1937] 的论文中研究了方程 (38.1) 不同的特殊情况, 主要是 $R = G = \mu = \nu = 0$. 上述论文中使用了各种方法与分数阶积分-微分方法有很大不同.

Copson [1947b] 首次应用 1/2 阶分数阶积分来求解 (38.1) 形式的对偶方程. 在这方面也见 Noble [1958] 和 Sneddon [1960]. 该方法在论文 Copson [1961], Peters [1961] 和 Lowengrub and Sneddon [1962, 1963] 中提出, 用于解决 $\mu = \nu$, $R \equiv 0$ 情况下的 (38.1).

Ahiezer [1954] 首先将带 Sonine 算子的分数阶积分 (见 § 39.2, 注 37.3) 应用于求解 (38.16) 形式的对偶方程 ($F = \mu = \nu = 0$), 并修正了关于 x 的条件的顺序. 他的论文 Ahiezer [1957] 将这个结果推广到 $\nu = -\mu$ 的情形. Peters [1961], Burlak [1962], Lowndes [1970] 等的论文专门研究了 μ 和 ν 任意时的方程 (38.16). 但是, 所有的这些文章都包含对问题的不当设定. 方程 (38.16) 中的第一个等式没有在 (k, ∞) 上进行积分, 而是在 $(0, \infty)$ 上积分. 但如果函数 $(t^2 - k^2)^\beta$ 在 $0 < t < k$ 上的值尚未指定, 那么它不是对于任意的 β 都成立.

需要注意的是, Erdélyi and Sneddon [1962] 和 Sneddon [1962] 的论文中, 开始系统地将 (18.1)—(18.6) 中给出的 Erdélyi-Kober 型算子应用于对偶、三重等方程理论. 同时, 这些论文和许多后续论文的研究都是在不研究函数空间和参数条件的情况下形式地进行.

§§ 38.1 和 38.2 使用了以下论文中的材料并进行了一些修改, Erdélyi and

Sneddon [1962] 和 Sneddon [1962] —— 例 38.1, Lowndes [1970] —— 例 38.2, Virchenko and Ponomarenko [1979] —— 例 38.3, Virchenko and Makarenko [1975a] —— 例 38.4, Lowndes [1971] 和 Sneddon [1975, 1979] —— 例 38.5. 我们还注意到 (38.8) 中的解由 Titchmarsh [1937] (在 $\mu = \nu$ 时) 和 Peters [1961] 获得, 而 (38.12) 和 (38.13) 中的解由 Noble [1955] 得到, Gordon [1954] 和 Copson [1961] 使用了 "检验" 解的方法 (例 38.1).

39.2 其他结果概述 (与 §§ 35—38 相关)

35.1 Higgins [1964] 考虑了积分方程

$$\int_x^1 \frac{(t-x)^{c-1}}{\Gamma(c)} {}_2F_1\left(\alpha, \beta; c; 1 - \frac{t}{x}\right) f(t)dt = g(x), \quad 0 < x_0 \leqslant x \leqslant 1, \quad (39.1)$$

对于充分光滑的右端 $g(x)$, 他在适当假设下得到了两种形式的解

$$f(x) = I_{1-}^{\alpha-c} x^\beta I_{1-}^{-\alpha} x^{-\beta} g(x),$$

$$f(x) = \frac{1}{\Gamma(\alpha-c+m)} \int_x^1 (t-x)^{\alpha-c+m-1} t^\beta (I_{1-}^{-m-\alpha} g_1)(t)$$

$$\times {}_2F_1\left(m, -\beta; \alpha-c+m; 1 - \frac{x}{t}\right) dt,$$

$$g_1(\tau) = \tau^{-\beta} g(\tau), \quad m = 1, 2, \cdots,$$

这里 I_{1-}^α 是 (2.18) 或 (2.34) 中给出的分数阶积分-微分算子. 我们注意到, 上述 Higgins 的论文是第一篇使用分数阶积分-微分算子对 ${}_2F_1$ 变换进行因子分解的论文. 将 (39.1) 中的 $1 - t/x$ 替换为 $1 - x/t$ 的方程, 其解由 Wimp [1965] 利用 Laplace 变换得到

$$f(x) = \frac{(-1)^m}{\Gamma(m-c)} \int_x^1 (t-x)^{m-c-1} \times {}_2F_1\left(-\alpha, -\beta; m-c; 1 - \frac{t}{x}\right) g^{(m)}(t)dt,$$

$$m = 1, 2, \cdots, m > \mathrm{Re}\, c > 0.$$

此前, 文章 Ta Li [1960, 1961] 和 Buschman [1962a] 分别考虑了此方程的两种特殊情况, 即核中带第一类 Chebyshev 多项式 $T_n(x)$ 的方程

$$\int_x^1 \frac{T_n(t/x)}{\sqrt{t^2 - x^2}} f(t)dt = g(x), \quad 0 < x_0 \leqslant x \leqslant 1 \quad (39.2)$$

和带 Legendre 多项式 $P_n(x)$ 的方程

$$\int_x^1 P_n(t/x) f(t)dt = g(x), \quad 0 < x_0 \leqslant x \leqslant 1. \quad (39.3)$$

这些文章中采用求解 (2.1) 中 Abel 方程的经典方法 (见 §2.1). 在 Widder [1963b] 的论文中, 用基于 Laplace 变换的方法求解了 (39.2) 和 (39.3). 我们还观察到, 在 Erdélyi [1963a] 的论文中通过使用 Rodrigues 公式求解了形如 (39.3) 的方程. R.P. Singh [1967] 和 Dixit [1977, 1978] 分别获得了将方程 (39.3) 中的 $P_n(x)$ 替换为广义 Legendre 多项式 $Q_{mk}(x)$、广义 Rice 多项式 $H_n^{\alpha,\beta}(x)$、超几何函数 $_4F_3(-n, \alpha+\beta+1, \xi, \xi'; p, p', 1+\alpha; x)$ 后所得的方程的解.

积分方程

$$\int_x^1 (t-x)^\alpha P_n^{(\alpha,\beta)}\left(\frac{2t}{x}-1\right) f(t)dt = g(x), \quad 0 < x_0 \leqslant x \leqslant 1, \tag{39.4}$$

其中

$$P_n^{(\alpha,\beta)}(x) = (\alpha+1)_n[n!]^{-1}{}_2F_1(-n, n+\alpha+\beta+1; \alpha+1; (1-x)/2)$$

是 (39.1) 的特殊情况, 它的解首先由 Higgins [1963b] 得到 —— 见 K.N. Srivastava [1964b] 和 Rusia [1969b]. Bhonsle [1966a,b], Rusia [1966b, 1969d], C. Singh [1970b] 和 K.N. Srivastava [1964a, 1965a,b,c] 获得了核中带 Jacobi 多项式的齐次型方程的解.

35.2 空间 $Q_q(a,b)$ 表示如下函数空间: 函数 $\varphi(x)$ 在 (a,b) 上几乎处处有定义且函数 $x^q\varphi(x)$ 在 (a,b) 上局部可积. Love [1967a] 得到了 (35.1) 和 (35.2) 在 $Q_q(0,d)$, $0 < d < \infty$ 中存在唯一解的充要条件, 以及它们的显式解 (35.5)—(35.8). Love [1967b] 继续了这些研究, 其中证明了在空间 $Q_q(d,\infty)$, $0 < d < \infty$ 中 (35.9)—(35.12) 是 (35.3)—(35.4) 的解.

我们注意到, Buschman [1964b] 形式地将方程 (35.2) 的解表示为两个在 (18.1) 和 (18.2) 中给出的 Erdélyi-Kober 型算子的复合. Müller and Richberg [1980] 得到了方程 (35.3) 的特殊情况的逆公式, 即, 得到了核中带第一类 Chebyshev 多项式的方程

$$\int_x^\infty \frac{T_n(x/t)}{\sqrt{t^2-x^2}} f(t)dt = g(x), \quad x > 0$$

的逆, 此方程与 (39.2) 类似.

R.K. Saxena and Kumbhat [1975], 在参数的恰当假设下推出了以下算子的逆关系, 其中 $f(x) \in L_p(0,\infty)$, $1 \leqslant p \leqslant 2$,

$$
\begin{aligned}
&\frac{x^{-\eta-\delta}}{\Gamma(\delta)} \int_0^x t^\eta (x-t)^{\delta-1}{}_2F_1\left(\alpha, \beta; \delta; 1-\frac{t}{x}\right) f(t)dt, \\
&\frac{x^\eta}{\Gamma(\gamma)} \int_x^\infty t^{-\eta-\gamma}(t-x)^{\gamma-1}{}_2F_1\left(\alpha, \beta; \gamma; 1-\frac{x}{t}\right) f(t)dt.
\end{aligned}
\tag{39.5}
$$

Goyal and Jain [1987] 发现了比 (39.5) 更一般的核中有 Wright 超几何函数的算子逆关系.

Braaksma and Schuitman [1976] 在检验函数空间 $T(\lambda, \mu)$ 中得到了 (35.4) 形式的算子

$$(Af)(x) = \frac{1}{\Gamma(c)} \int_x^\infty \left(1 - \frac{x}{t}\right)^{c-1} {}_2F_1\left(a, b; c; 1 - \frac{t}{x}\right) f(t) \frac{dt}{t}$$

的逆关系, 在广义函数空间 $T'(\lambda, \mu)$ 中得到了与 A 共轭的算子 A' 的逆关系 (见 23.2, 注记 18.3).

利用 Love [1967a, b] 的方法, Prabhakar [1972a] 构造了方程

$$\int_x^b \frac{(t^m - x^m)^{c-1}}{\Gamma(c)} {}_2F_1\left(a, b; c; 1 - \frac{x^m}{t^m}\right) mt^{m-1} f(t) dt = g(x), \quad x > 0, \operatorname{Re} c > 0$$

$$(39.6)$$

的解.

McBride [1975b] 得到了比 (35.1) 更一般的方程 $H_m^c f = g$ (见 § 23.2, 注记 18.5) 的逆关系式, 以及 (35.2)—(35.4) 类似推广的逆关系. 研究在检验函数空间 $F_{p\mu}$ 和广义函数空间 $F'_{p\mu}$ (在 §8.4 中考虑) 中给出.

Saigo [1978, 1979] 找到了算子 $I_{a+}^{\alpha, \beta, \eta}$ 和 $I_{b-}^{\alpha, \beta, \eta}$, $-\infty \leqslant a < b \leqslant \infty$ 的逆关系式 (见 § 23.2, 注记 18.6).

核中带第一类 Gauss 超几何函数的方程在求解有两条退化线的混合型方程的 Trikomi 问题时出现, Smirnov [1982] 通过将方程简化为 (35.1) 型方程得到了其逆关系.

35.3　Erdélyi [1964] 使用分数阶积分-微分方法获得了当 $\operatorname{Re} \mu < 1$ 和 $\operatorname{Re} \nu \geqslant -1/2$ 时, (35.15) 在有限区间上可积解存在的充要条件, 他以 (35.25) 形式构造了该方程的显式解. Erdélyi 还指出了 (35.17) 在 $d = \infty$ 时的解的形式 (35.35), 此前 K.N. Srivastava [1961–1962] 已对此进行了研究. 在他给出的逆表达式中有个错误 —— 也见 Habibullah [1981].

Erdélyi [1967] 在 $(0, \infty)$ 上有支集的广义函数空间中研究了 μ 和 ν 为任意实数的 (35.15), 并找到了解为通常函数的条件.

Smirnov [1981, 1984] 指出了两个形式为 (35.15) 和 (35.16) 的方程可逆的充分条件, 并给出了它们的逆关系式.

Din Khoang An [1989] 分别在 $L_p((0, a), x^\gamma)$ 和 $L_p((a, \infty), x^\gamma)$, $0 < a < \infty$ 空间中得到了 (35.15)—(35.16) 在 $e = 0$ 时和 (35.17)—(35.18) 在 $d = \infty$ 时的解的存在唯一性条件, 并构造了它们的逆关系式.

我们注意到, Buschman [1962b], Higgins [1963a] 和 K.N. Srivastava [1963] 的一系列论文致力于求解 (35.17) 形式 (核中的 $P_n^\lambda(x)$ 替换为 Gegenbauer 超球面多项式 $C_n^\lambda(x)$) 的方程.

35.4　Sneddon [1968] 的论文提出了基于 (1.112) 定义的 Mellin 变换和 (1.115) 中的卷积定理求解方程

$$\int_x^a \mathrm{k}\left(\frac{x}{t}\right) f(t) \frac{dt}{t} = g(x), \quad 0 \leqslant x \leqslant a,\ a \leqslant \infty \tag{39.7}$$

的一般方法. 例如, 其中给出了 (35.4), (35.15), (35.17) (取 $d = \infty$), 以及 (39.1)—(39.3) 等方程的解.

35.5　Kalla and Saxena [1974] 得到了比 (23.5) 和 (23.6) 更一般的算子

$$\frac{\mu x^{-\eta-1}}{\Gamma(1-\alpha)} \int_0^x {}_2F_1\left(\alpha, \beta+m; \gamma; \frac{at^\mu}{x^\mu}\right) t^\eta f(t) dt, \tag{39.8}$$

$$\frac{\mu x^\delta}{\Gamma(1-\alpha)} \int_x^\infty {}_2F_1\left(\alpha, \beta+m; \gamma; \frac{at^\mu}{x^\mu}\right) t^{-\delta-1} f(t) dt \tag{39.9}$$

的逆关系式, 其中 $f(x) \in L_p(0,\infty)$, $1 \leqslant p \leqslant 2$, 或 $f(x) \in \mathfrak{M}_p(0,\infty)$, $p > 2$, 假定以下条件成立

$$\gamma \neq 0, -1, -2, \cdots, \quad \mathrm{Re}(\gamma - \alpha - \beta) > m - 1, \quad m = 1, 2, \cdots, \mu > 0,$$

$$\mathrm{Re}\eta > \max\left(1/p, 1/p'\right), \quad 1/p + 1/p' = 1, \quad |\arg(1-a)| < \pi.$$

这里 $\mathfrak{M}_p(0,\infty)$ 表示 $L_p(0,\infty)$, $p > 2$ 的子集, 由 $L_{p'}(-i\infty, i\infty)$ 中函数的逆 Mellin 变换组成 —— 也见 § 23.2, 注记 18.1.

在 Parashar [1967] 的论文中, 考虑了比 (23.5) 和 (23.6) 更一般的核中带 Meijer G 函数的方程, 并在某些条件下证明了它们在空间 $L_1(0,\infty)$ 中的解的唯一性. Kalla [1969a] 利用 Mellin 变换得到了这个方程在 $L_p(0,\infty)$, $1 \leqslant p \leqslant 2$, 或 $\mathfrak{M}_p(0,\infty)$, $p > 2$ 中的逆关系式. Kalla [1960], Kalla and Kiryakova [1990] 和 Kalla [1976] 分别将这些结果推广到更一般的核中带 Fox H 函数和任意函数的方程. 读者可以在 § 23.2, 注记 18.4 中找到 (23.5) 和 (23.6) 的其他推广.

35.6　Love [1975] 得到了积分方程

$$\int_0^\infty {}_2F_1(a, b; c; -x/t) t^b f(t) dt = g(x), \quad 0 < x < \infty$$

可解性的充要条件. 他基于左侧的复合表示, 通过 Riemann-Liouville 分数阶积分算子 (5.1) 和 Stieltjes 变换 (参见 § 9.2, 注记 7.3), 构造了该方程的解. 此前, Swaroop [1964] 给出了另一种通过 Mellin 逆变换求解该方程的方法.

这些研究在 Prabhakar and Kashyap [1980] 以及 Love, Prabhakar and Kashyap [1982] 的论文中继续进行, 其中积分方程

$$\int_0^\infty \frac{t^{c-1}}{\Gamma(c)} {}_2F_1\left(a, b; c; -\frac{t}{x}\right) f(t)dt = g(x), \quad \int_0^\infty \frac{t^{c-1}}{\Gamma(c)} {}_1F_1(a; c; -xt) f(t)dt = g(x)$$

分别在左端可表示为 Riemann-Liouville 分数阶积分算子 (5.3) 与 Stieltjes 变换和 Laplace 变换的复合的基础上求解.

35.7　Lebedev [1948] 证明了积分方程

$$(Tf)(x) = \frac{2}{\pi} \int_0^a \mathbf{K}\left(\frac{2\sqrt{tx}}{t+x}\right) \frac{f(t)dt}{t+x} = g(x), \quad 0 \leqslant x \leqslant a \qquad (39.10)$$

有解

$$f(x) = -\frac{2}{\pi} \frac{d}{dx} \int_x^a \frac{tdt}{\sqrt{t^2 - x^2}} \frac{d}{dt} \int_0^t \frac{\tau g(\tau)d\tau}{\sqrt{t^2 - \tau^2}},$$

其中 $\mathbf{K}(u) = (\pi/2){}_2F_1(1/2, 1/2; 1; u^2)$ 是第一类椭圆积分. 这个结果基于算子 T 可表示为通过函数 x^2 定义的左和右分数阶积分算子的复合:

$$(Tf)(x) = \frac{2}{\pi} \int_0^x \frac{dt}{\sqrt{x^2 - t^2}} \int_t^a \frac{f(\tau)d\tau}{\sqrt{\tau^2 - t^2}}.$$

Copson [1947b] 同时将这种方法应用于求解静电学中的二维方程. 应该指出, Lebedev 和 Copson 的论文是第一个通过将核中带特殊函数的第一类积分方程表示为更简单且解已知的 Abel 型方程来求解的. 也就是说, 这些文献首先使用了核中带特殊函数的积分算子的因子分解法.

我们还注意到 Lebedev [1948] 将他的结果应用到如下方程中

$$\int_0^a \frac{(xt)^m}{(x+t)^{2m+1}} {}_2F_1\left(m + \frac{1}{2}, m + \frac{1}{2}; 2m+1; \frac{4xt}{(x+t)^2}\right) f(t)dt = g(x),$$

且 Kalla [1975] 的文章使用了 Lebedev 的方法求解了参数不同的类似方程

$$\int_0^a (x+t)^{-2\alpha} {}_2F_1\left(\alpha, \frac{1}{2}; 1; \frac{4xt}{(x+t)^2}\right) f(t)dt = g(x),$$

$$0 \leqslant x \leqslant a, \quad 0 < \alpha < 1.$$

Ahiezer and Shcherbina [1957] 的文章给出了方程

$$\int_0^a \frac{1}{(x^2+t^2)^p} {}_2F_1\left(\frac{p}{2}, \frac{p+1}{2}; \frac{q}{2}; \frac{4x^2t^2}{(x^2+t^2)^2}\right) f(t)dt = g(x), \quad 0 < x < a \quad (39.10')$$

的形式解, 其中 $0 < a \leqslant +\infty, 0 < 2p < q < 2p + 2$. 如果 $p = 1/2, q = 2$, 则 (39.10′) 的特殊情形是 (39.10′), 也见 Williams [1963].

35.8　利用 (18.1)—(18.4) 中给出的 Erdélyi-Kober 型算子, Lowndes [1978, 1980] 在下列情况中得到了第一类积分方程

$$\int_a^b \mathcal{K}(x,t)\varphi(t)dt = f(x), \quad a < x < b \tag{39.11}$$

的解:

$$\mathcal{K}(x,t) = \frac{\sigma\delta x^{\sigma\eta-1}t^{\delta\mu}}{\Gamma(1-\alpha)\Gamma(1-\beta)} \int_{\max(x,t)}^{\infty} \frac{\tau^{\sigma(\alpha-\eta)+\delta(\beta-\mu)-1}}{(\tau^\sigma - x^\sigma)^\alpha(\tau^\delta - t^\delta)^\beta}\psi(\tau)d\tau,$$

$$a = 0, \quad b = +\infty, \quad 0 < \alpha, \beta < 1, \quad \sigma > 0, \quad \delta > 0, \quad -\infty < \mu, \eta < \infty$$

和

$$\mathcal{K}_1(x,t) = \frac{\sigma\delta x^{-\sigma(\alpha+\eta)}t^{\delta(1-\mu-\beta)-1}}{\Gamma(\alpha)\Gamma(\beta)} \int_a^{\min(x,t)} \frac{\tau^{\sigma(\eta+1)+\mu\delta-1}\psi(\tau)d\tau}{(x^\sigma - \tau^\sigma)^{1-\alpha}(t^\delta - \tau^\delta)^{1-\beta}},$$

$$\mathcal{K}_2(x,t) = x^{1-\sigma(\alpha+\eta+1-s)}\left(\frac{1}{\sigma}\frac{d}{dx}x^{1-\sigma}\right)^s(x^{\sigma(\alpha+\eta-1)-1}\mathcal{K}_1(x,t)),$$

$$b < +\infty, \quad \sigma > 0, \quad \delta > 0, \quad \alpha > 0, \quad \beta > 0, \quad -\infty < \mu, \nu < \infty,$$

其中 $\psi(t)$ 是某个函数. Williams [1963] 的文章也与此相关.

带修正 Bessel 函数 $K_\lambda(z)$ 的方程

$$\int_0^a K_\lambda(p|x - t|)\frac{\varphi(t)dt}{|x - t|^\lambda} = f(x), \quad 0 < x < a, \text{ Re}p > 0, |\lambda| < 1/2$$

和 (39.10′) 形式的方程被作为例子考虑. Ahner and Lowndes [1964] 找到了核 $\mathcal{K}(x,t)$ 比上述方程更一般的方程 (39.11) 的解, 并将其结果应用于求解 (38.16), (38.44) 形式的对偶和三重积分方程.

36.1　Fox [1963, 1965b, 1971] 发展了求解积分方程

$$\text{K}f(x) \equiv \int_0^\infty \text{k}(xt)f(t)dt = g(x), \quad x > 0 \tag{39.12}$$

的方法, 其中核 k 的 Mellin 变换 $\text{k}^*(s) = \mathfrak{M}\{\text{k}(x); s\}$ —— 见 (1.112) —— 满足一定条件.

基于 Mellin 变换卷积定理 (1.115), Fox [1963] 在函数 k*(s) 满足函数方程

$$k^*(s)k^*(1-s) = \prod_{j=1}^{n} \frac{\Gamma(\alpha_j + (\eta_j + 1 - s)/m_j)\Gamma(\alpha_j + (\eta_j + s)/m_j)}{\Gamma((\eta_j + 1 - s)/m_j)\Gamma((\eta_j + s)/m_j)} \tag{39.13}$$

的条件下, 研究了在 $L_2(0, \infty)$ 中求解 (39.12) 的方法. 最简单的情况 $k^*(s)k^*(1-s) = 1$ 是众所周知的, 例如, 书 Titchmarsh [1937]. 论文 Fox [1963] 通过 (18.1)—(18.4) 中定义的 Erdélyi-Kober 型算子表示了 (39.12) 的解, 其核 $k(x)$ 满足 (39.13). 例如, 如果 (39.13) 成立, 其中 $\alpha_1 = \alpha$, $\eta_1 = \eta$ 且 $m_1 = m$, 则 (39.12) 的形式解为

$$f(x) = \int_0^\infty (I_{0+;m;\eta/m}^\alpha k)(xt)(I_{0+;m;\eta/m}^\alpha g)(t)dt,$$

其中算子 $I_{0+;\sigma,\eta}^\alpha$ 在 (18.1) 中给出. 方程 (39.12) 在 $k(x) = \sqrt{2/\pi}x^\alpha \cos(x - \alpha\pi/2)$ 时的解也作为例子给出.

Fox [1965b, 1971] 的论文基于 (1.119) 和 (1.120) 中定义的正和逆 Laplace 变换, 发展了一种方法, 通过该方法对于核 $k(x)$ 满足

$$k^*(s) = \prod_{j=1}^{n} \Gamma(\alpha_j s + \beta_j)\left[\prod_{k=1}^{n} \Gamma(\gamma_k s + \delta_k)\right]^{-1} \tag{39.14}$$

的 (39.12) 可以获得形式解. 例如, 得到了 (39.12) 在 $k(x) = \sin x$, $k(x) = \sqrt{x}J_\nu(x)$ 和 $k(x) = x^\nu K_\nu(x)$ 时的解, 其中 $J_\nu(x)$ 和 $K_\nu(x)$ 分别为第一类 Bessel 函数 (1.83) 和 Macdonald 函数 (1.85). Fox [1972] 和 R. U. Verma [1978] 分别应用此方法找到了以下变换的逆关系式: (9.6) 中定义的 Varma 变换和核中带 Meijer G 函数 $G_{1,2}^{2,0}(x)$ —— (1.95) —— 的变换 (39.12).

36.2 如果 $k(x)$ 和 $h(x)$ 满足互逆关系

$$\int_0^\infty k(xt)f(t)dt = g(x), \qquad \int_0^\infty h(xt)g(t)dt = f(x), \tag{39.15}$$

则称它们形成了一对 Fourier 核, 且其中一个可看作是另一个的逆表示. 当 $h(t) \neq k(t)$ 和 $h(t) = k(t)$ 时, Fourier 核分别称为非对称和对称 Fourier 核. 经常会考虑比 (39.15) 更一般的关系式

$$\int_0^\infty k_1(xt)f(t)\frac{dt}{t} = \int_0^x g(t)dt, \qquad \int_0^\infty h_1(xt)g(t)\frac{dt}{t} = \int_0^x f(t)dt, \tag{39.16}$$

其中 $k_1(x) = \int_0^x k(t)dt$, $h_1(x) = \int_0^x h(t)dt$. 如果被积函数可以微分, 则它们可简化为 (39.15).

Narain Roop [1959] 最先给出了 Meijer G 函数作为对称 Fourier 核的研究. 这些研究在论文 Fox [1961] 中得到发展. 这篇论文最早介绍和研究了后来称为 Fox H 函数的超几何型新的一般函数. Fox H 函数理论可在 Braaksma [1964] 的论文和 Mathai and Saxena [1978] 的书以及 Prudnikov, Brychkov and Marichev [1985] 的手册中找到.

Marichev [1978d] 和 R.U. Verma [1972b] 也考虑了与对称 Fourier 核相关的问题. R.U. Verma [1974, 1975] 使用基于正和逆 Laplace 变换的方法分别将核中带 G 函数和 H 函数的方程 (39.12) 简化为具有对称 Fourier 核的方程, 并构造了这些方程的闭形式解.

Kesarwani [1962, 1963a,b, 1965] 将 G 和 H 函数作为非对称 Fourier 核进行研究. 我们也注意到 Kesarwani [1971] 找到了函数 $f(x)$, $g(x) \in L_2(0, \infty)$ 满足对偶方程 (39.15) 的充要条件, 其中

$$\mathrm{k}(x) = \mathrm{h}(x) = \gamma \mu^{\gamma/2} x^{(\gamma-1)/2} G_{2p,2q}^{q,p} \left((\mu x)^{\gamma} \left| \begin{array}{c} a_1, \cdots, a_p, -a_1, \cdots, -a_p \\ b_1, \cdots, b_q, -b_1, \cdots, -b_q \end{array} \right. \right),$$

且 $G_{2p,2q}^{q,p}$ 是在 (1.95) 中定义的 Meijer G 函数.

当 (39.15) 或 (39.16) 中 $\mathrm{h}(t) = \mathrm{k}(t)$ 时, 函数 $f(x)$ 和 $g(x)$ 互称为 k 变换. Mainra [1963] 和 B. Singh [1965] 研究了 k 变换 (39.15) 的类, 其中 Fourier 核分别是通过以下方式表示的广义 Watson 函数 $\omega_{\mu_1, \cdots, \mu_n}^{\nu_1, \cdots, \nu_m}(x)$: 通过 Bessel 函数乘积的多次积分以及通过将 (18.1) 和 (18.3) 中给出的 Erdélyi-Kober 型算子应用到 Watson 函数. Soni [1969] 证明了如果 $f(x)$, $g(x) \in L_2(0, \infty)$, Re $\alpha > 0$ 且 Re $\eta > -1/2$, 则 $f(x)$ 和 $g(x)$ 是 k 变换当且仅当函数 $I_{\eta, \alpha}^{+} f(x)$ 和 $K_{\eta, \alpha}^{-} f(x)$ 是 k 变换, 其中 $I_{\eta, \alpha}^{+}$, $K_{\eta, \alpha}^{-}$ 是在 (18.5), (18.6) 中定义的 Kober 算子.

36.3 Fox [1961], Kesarwani [1965], R.K. Saxena [1966b, 1967b], K.C. Gupta and Mittal [1970], Rattan Singh [1970], Kalla [1972], Buschman and Srivastava [1975], Kumbhat [1976], Nasim [1982] 的一系列论文涉及在 $L_1(0, \infty)$ 或 $L_2(0, \infty)$ 中寻找核中带 Fox H 函数或其特殊情况的方程 (39.12) 的逆关系. 解在某些特殊情况下包含 (18.1) 和 (18.3) 中给出的 Erdélyi-Kober 型分数阶积分算子 —— R.K. Saxena [1966b], Kalla [1972], Buschman and Srivastava [1975]. 例如, 得到了 (9.6) 中给出的 Varma 变换以及 Hankel 变换和 Meijer 变换 (见 § 1.4) 的逆关系式.

在 V.P. Saxena [1970], Bhise and Madhavi Dinge [1980] 和 Madhavi Dinge [1978] 的论文中, 核中带 Fox H 函数的 (39.12) 形式的积分算子被表示为 Erdélyi-Kober 型算子 (18.1) 和 (18.3) 与带较低阶 Fox H 函数的算子 (39.12) 的复合.

R.U. Verma [1977-1978] 形式地构造了核为两个单变量 Fox H 函数乘积的二维积分方程的解.

我们注意到 Raina and Koul [1977, 1981] 和 Raina [1979] 证明了 Fox H 函数的分数阶积分 (5.1) 和 (5.3) 仍为 H 函数, 但阶数更高.

36.4 Rooney [1983] 研究了积分变换

$$(Kf)(x) = \int_0^\infty G_{pq}^{mn}\left(xt\,\middle|\,\begin{matrix} a_1, \cdots, a_p \\ b_1, \cdots, b_q \end{matrix}\right) f(t)dt, \quad x > 0, \tag{39.17}$$

从加权空间 $\mathcal{L}_{\mu,r} = \left\{ f: \int_0^\infty |x^\mu f(x)|^r \, x^{-1}dx < \infty, 1 \leqslant r < \infty \right\}$ —— 见 Rooney [1973] —— 到 $\mathcal{L}_{1-\mu,s}$ 上的映射性质. 通过使用 Mellin 变换, 在核中 Meijer G 函数参数的恰当假设下, 他根据 Erdélyi-Kober 型算子 (18.1) 和 (18.3) 以及修正的 Hankel 和 Laplace 变换

$$(H_{k,\eta}f)(x) = \int_0^\infty (xt)^{1/k-1/2} J_\eta(|k|(xt)^{1/k}) f(t)dt, \quad \mathrm{Re}\,\eta > -1,$$

$$(L_{k,\alpha}f)(x) = \int_0^\infty (xt)^{-\alpha} e^{-|k|(xt)^{1/k}} f(t)dt, \quad k = \pm 1, \pm 2, \cdots, x > 0$$

的值域刻画了算子 $\mathbf{K}f$ 的值域. 在 $p + q = 2m + 2n$ 的情况下, 给出了方程 $(\mathbf{K}f)(x) = g(x)$ 求逆的条件和表达式.

令

$$\mathcal{H}_\gamma f(x) = x^{-\gamma-1/2} H_{1,\gamma}[t^{\gamma+1/2}f(t)](x),$$

$\mathcal{D}^\alpha f$ 为 (5.8) 中的分数阶导数. Gasper and Trebels [1982] 证明了算子 $\mathcal{D}^\alpha \mathcal{H}_\gamma$ 从 $\mathcal{L}_{\alpha+\gamma+1/2+1/p,p}$ 有界映入 $\mathcal{L}_{\gamma+1/2+1/p,p'}$, 并推出了 (p,p) 型 $\mathcal{H}_\gamma$ 乘子的必要条件.

36.5 一系列论文涉及应用 Erdélyi-Kober 型算子 (18.2) 和 (18.4) 寻找核中带特殊 Macdonald 函数 $K_\nu(x)$ 和 Whittaker 函数 $W_{k,\mu}(x)$ 的积分变换 (39.12) 的逆关系.

Saksena [1958], Fox [1965b], Okikiolu [1966b, 1970] 和 Manandhar [1972] 利用定义在 (18.1)—(18.3) 中的 Erdélyi-Kober 型算子和 (1.112) 中的 Mellin 变换分别在以下情况下在 $L_p(0,\infty)$ 中找到了变换

$$x^\gamma \int_0^\infty (xt)^{\alpha-1/2} K_{\nu-1/2}(xt) f(t)dt = g(x), \quad x > 0 \tag{39.18}$$

的逆关系, 其中 $p = 2, \gamma = 0, \alpha = \nu > 1/2$; $p > 1, \nu > 1/p, \gamma \geqslant 1 - 2/p > \gamma - \nu$, $\alpha + 1 - 1/p > \nu > -\alpha + 1/p$ 和 $1 \leqslant p < \infty, \nu \in R^1$, 这里当 $\nu > 0$ 时 $\alpha > |\nu - 1/2| + 1/2 + 1/p'$ $(1/p + 1/p' = 1)$; 当 $\nu < 0$ 时 $\alpha > |\nu| - 1/p'$.

Okikiolu [1966b] 表明 (39.18) 中的算子可表示为修正的 Laplace 变换和 (18.3) 中 Erdélyi-Kober 型算子的复合, 且它从 $L_p(0,\infty)$ 有界映入 $L_q(0,\infty)$, $1/q = 1 - \gamma - 1/p > 0$. 他还证明了将积分变换 (39.18) 中的 $y^{\alpha-1/2}K_{\nu-1/2}(y)$ 替换为 $y^{1/2-\nu}J_{\nu-1/2}(y)$, $y^{1/2-\nu}Y_{1/2-\nu}(y)$ 和 $y^{1/2-\nu}\mathbf{H}_{1/2-\nu}(y)$ 后, 这些积分变化可表示为 Erdélyi-Kober 型分数阶积分 (18.1), (18.3) 与正余弦 Fourier 变换 (1.108), (1.109) 的复合, 其中 $J_\mu(y)$, $Y_\mu(y)$, $\mathbf{H}_\mu(y)$ 为 Bessel 函数和 Struve 函数 —— 在 (1.83) 和 Erdélyi, Magnus, Oberbettinger and Tricomi [1953b, 7.2.1, 7.5.4] 中给出.

Saksena [1958] 和 R. K. Saxena [1966a] 应用 Kober 算子 (18.6) 得到了 Varma 变换 (9.6) 的逆关系. 我们还注意到, Fox [1972] 根据正 L 和逆 L^{-1} 变换算子发现了逆 Varma 变换.

H. M. Srivastava [1968] 得到了变换

$$\int_0^\infty (xt)^{\nu-1/2}e^{-xt/2}W_{k+1/2,\mu}(xt)f(t)dt = g(x), \quad x > 0 \tag{39.19}$$

的逆关系, 此变换与 Varma 变换的特殊情况 $\mu = \nu$ 一致. H.M. Srivastava 证明了如果 $f(x) \in L_2(0,\infty)$ 是 (39.19) 的解且 $-\nu \leqslant k < \nu + 1/2$, 则 $f(x) = L^{-1}I_{-,1,\nu-k}^{\nu+k}g(x)$, 其中 L^{-1} 是逆 Laplace 变换算子, $I_{-,1,\nu-k}^{\nu+k}$ 是 Erdélyi-Kober 算子 (18.2). Pathak [1973] 给出了 (39.19) 的解的其他表示.

我们还注意到 McKellar, Box and Love [1983] 和 Love [1985b] 应用分数阶积分-微分来寻找核中带 Struve 函数 $\mathbf{H}_\nu(z)$ 的积分变换 (39.12) 的逆关系式 —— Erdélyi, Magnus, Oberbettinger and Tricomi [1953b, 7.5.4].

36.6 K.J. Srivastava [1957, 1957, 1958, 1959] 应用 Kober 算子 (18.5) 和 (18.6) 来研究从空间 $L_p(0,\infty)$ 作用到 $L_{p'}(0,\infty)$ $(1 \leqslant p \leqslant 2, 1/p + 1/p' = 1)$ 中的广义 Mellin 变换 (9.7), 以及 $L_2(0,\infty)$ 中的变换 $\int_0^\infty \omega_{\mu,\nu}(xt)f(t)dt$, 其核为 Watson 函数 $\omega_{\mu,\nu}(x) = x^{1/2}\int_0^\infty t^{-1}J_\nu(t)J_\mu(x/t)dt$, 其中 $J_\nu(x)$ 是 (1.83) 中的 Bessel 函数 —— 分别见 K.J. Srivastava[1957, 1958, 1959].

36.7 Marichev [1972, 1974a] 考虑了方程

$$\int_a^x f(t)\frac{(x-t)^{c-1}}{\Gamma(c)}F_3\left(\alpha,\alpha',\beta,\beta';c;1-\frac{x}{t},1-\frac{t}{x}\right)dt = g(x),$$

$$0 \leqslant a < x < b \leqslant \infty, \quad \text{Re}\, c > 0,$$

其核中包含 (10.45) 中定义的两个变量的 Appel 函数 F_3. 他通过三个分数阶积分-微分算子的复合或通过核中带 F_3 函数的算子 (见 §10.3) 得到了此方程的解.

Marichev and Vu Kim Tuan [1985a] 研究了核中包含 Appel 函数 F_1 的类似方程.
Vu Kim Tuan [1986c] 证明了 Abel 型方程

$$\int_0^x \frac{(x-t)^{c-1}}{\Gamma(c)} \left(\frac{t}{x}\right)^\alpha \mu(x,t)f(t)dt = g(x)$$

的解在函数 $f(x) \in Q_q$ 的空间 (见 § 17.2, § 10.1 的注记) 存在唯一的充要条
件, 其中 $\mu(x,t)$ 为解析函数, $\mu(x,x) \neq 0$. 他将此结果推广到包含 Kummer,
Gauss 和 Appel 超几何函数 $\mu(x,t) = {}_1F_1(a;b;\lambda(x-t))$, ${}_2F_1(a,b;c;1-x/t)$,
$F_3(a,a';b,b';c;1-x/t,1-t/x)$ 的方程.

36.8 H.M. Srivastava and Buschman [1973] 考虑了以下形式的算子

$$x^{-\gamma-\alpha} \int_0^x (x+at)^{\alpha-1} t^\gamma f(t)dt, \quad x^\delta \int_x^\infty (t+bx)^{\beta-1} t^{-\delta-\beta} f(t)dt,$$

如果 $a = -1$ 和 $b = -1$, 则可以得到 Kober 算子 (18.5) 和 (18.6). 他们证明了
这些算子的复合是带齐次核的积分算子, 核中涉及 Appel 函数 F_1, 以及特别地,
Gauss 超几何函数 ${}_2F_1$.

36.9 Habibullah [1977] 研究了积分算子

$$Af(x) = x^\lambda \int_0^\infty (xt)^{b-1} {}_2F_1(a,b;c;-xt)f(t)dt,$$

$$Bf(x) = x^\lambda \int_0^\infty (xt)^{a-1} {}_1F_1(a,c;-xt)f(t)dt,$$

$$Cf(x) = x^\lambda \int_0^\infty (xt)^{a-1} \Psi(a,c;xt)f(t)dt,$$

其中 ${}_2F_1$ 是 Gauss 超几何函数 (1.72), ${}_1F_1$ 是合流超几何函数 (1.81), Φ 是 Tricomi
函数 —— Erdélyi, Magnus, Oberbettinger and Tricomi [1953a, 6.5]. 作者证明
了算子 A 和 B 可分别表示为 Erdélyi-Kober 算子 (18.1) 与广义 Stieltjes 变换和
Laplace 变换的复合, 算子 C 可表示为广义 Stieltjes 变换和 Laplace 变换的复合
(见 § 1.4 和 § 9.2, 注记 7.3, 注记 7.8). 基于这些结果, Habibullah 证明了算子 A,
B 和 C 从 $L_p(0,\infty)$, $p \geqslant 1$ 到 $L_q(0,\infty)$, $1/q = 1 - 1/p - \lambda \geqslant 0$ 中的有界性, 并
在参数的恰当假设下发现了它们的逆关系. 我们注意到, 之前 Swaroop [1964] 在
另一个函数空间得到了此类结果. 我们也参考 Marichev [1978d, Sect. 8.2] 中有
关于算子 A 和 B 的结果和 Love [1975] 中有关于算子 A 的结果.

36.10 设 $I_{\eta,\alpha}^+$ 为定义在 (18.5) 中的 Kober 算子, ${}_2F_1$ 为 (1.72) 中的 Gauss
超几何函数, T_n 为积分算子 $(T_nf)(x) = (-1)^n x f(x) + \int_0^x \mathrm{k}(t/x)f(t)dt$. Erdélyi

[1940c] 证明了如果 $f(x) \in L_2(0, \infty)$, $k(x) = [B(n, \nu+1)]^{-1} x^{\nu/2} {}_2F_1(1-n, \nu+n-1; \nu+1; x)$, $\nu > -1$, 则 T_n 可表示为

$$(T_n f)(x^{-1}) = (I^+_{\nu/2, \alpha})^{-1} R I^+_{\nu/2, \alpha} f(x), \quad Rg(x) = x^{-1} g(x^{-1}).$$

36.11　利用分数阶积分 $x^\beta I^\alpha_{0+} x^\gamma$ 和 $x^\beta I^\alpha_- x^\gamma$, Marichev [1976c] 证明了复合型关系 ((36.34) 的特殊情况). 与 (11.27)—(11.30) 类似地实现了核中带有某些特殊函数的积分算子对与奇异算子之间联系的关系更加有趣. 我们指出两对这种类型的关系, 即

$$\begin{aligned}
\{J_{-\nu}(2\sqrt{x})\}\varphi &= (\cos \nu\pi + \sin \nu\pi x^{-\nu/2} S x^{\nu/2})\{J_\nu(2\sqrt{x})\}\varphi, \\
\{J_\nu(2\sqrt{x})\}\varphi &= \{J_{-\nu}(2\sqrt{x})\}(\cos \nu\pi - \sin \nu\pi x^{\nu/2} S x^{-\nu/2})\varphi,
\end{aligned} \tag{39.20}$$

其中 $|\operatorname{Re}\nu| < 1/2$, $\{J_\nu(2\sqrt{x})\}\varphi = \displaystyle\int_0^\infty J_\nu(2\sqrt{x/t})\varphi(t)t^{-1}$ 和

$$\begin{aligned}
{}_3I^c_-(a,b)\varphi(x) &= [\cos c\pi + \gamma x^{c-a-b} S x^{a+b-c} + \lambda S]{}_1I^c_{0+}(a,b)\varphi(x), \\
{}_2I^c_{0+}(a,b)\varphi(x) &= {}_4I^c_-(a,b)[\cos c\pi - \gamma x^{a+b} S x^{-a-b} - \lambda x^c S x^{-c}]\varphi(x),
\end{aligned} \tag{39.21}$$

其中 ${}_jI^c_{0+}(a,b)(j=1,2)$, ${}_kI^c_-(a,b)$ $(k=3,4)$ 为 (10.18)—(10.21) 中的算子,

$$\gamma = -\frac{\sin a\pi \sin b\pi}{\sin(c-a-b)\pi}, \quad \lambda = \frac{\sin(c-a)\pi \sin(c-b)\pi}{\sin(c-a-b)\pi}, \quad c \neq a+b,$$

$$(S\varphi)(x) = \frac{1}{\pi}\int_0^\infty \frac{\varphi(t)dt}{t-x}.$$

这些关系式之前已在 Marichev [1974b] 中得到. 对于充分好的函数此类的所有表达式都成立, 可通过在方程两端应用 (1.112) 中定义的 Mellin 变换来证明.

我们还注意到, 通过使用这种类型的关系和 Mellin 变换, Marichev [1978a] 指出了一类可通过求积求解的具有幂对数核的完全奇异方程.

36.12　H.M. Srivastava [1990] 在涉及无穷级数的恒等式中使用了 Riemann-Liouville 分数阶积分-微分. 他展示了这样的练习如何最终产生各种特殊函数的线性和双线性生成函数.

Saigo and Raina [1988] 和 Saigo [1987] 计算了以下函数的广义分数阶积分和导数 (在 §23.2, 注记 18.6 中给出): 一类具有若干初等函数的本质上任意系数的多项式, 几个初等函数, 以及 (1.83) 和 (1.84) 中给出的 Bessel 函数和修正 Bessel 函数. Saigo, Kant and Koul [1990] 研究了由 R.K. Saxena and Kumbhat [1974] 引入且涉及 Fox H 函数的两个分数阶微积分算子的类似问题.

37.1 Widder [1963a], Buschman [1964a], Khandekar [1965], K.N. Srivastava [1966a,b], Rusia [1966a, 1969b], C. Singh [1968, 1970a, 1975], B.K. Joshi [1973], H.L. Gupta and Rusia [1974] 的一系列论文研究了 (37.1) 在特殊情况 (核为广义 Laguerre 多项式 $L_n^\alpha(x)$ 或 Whittaker 函数 $M_{k,\nu}(x)$) 下的解. 所使用的方法基于 Laplace 变换或基于将这些方程简化为 Abel 积分方程 (2.1).

通过使用 Laplace 变换, S.B. Gupta [1973] 求解了方程

$$\int_0^x e^{a(x-t)}(x-t)^\alpha L_{m,\nu}^\alpha[(x-t)^\mu]f(t)dt = g(x), \quad 0 < x < a,$$

核中包含的 $L_{m,\mu}^\alpha(z)$ 为广义 Laguerre 多项式, 它通过 Laplace 变换定义

$$L\{x^\alpha e^{ax}L_{m,\mu}^\alpha(x); p\} = \frac{\Gamma(m\mu + \alpha + 1)}{\Gamma(m\mu + 1)}(p-a)^{-\alpha}[1 - (p-a)^{-\mu}]^{-m},$$

$$\alpha > 0, \ \text{Re}(p-a) > 0,$$

参见 (37.19).

通过使用 Laplace 变换, H.M. Srivastava [1976] 得到了比 (37.1) 更一般的带有多变量合流超几何函数

$$\Phi_2^r(a_1, \cdots, a_r; b; z_1, \cdots, z_r) = \sum_{m_1, \cdots, m_r = 0}^\infty \frac{(a_1)_{m_1} \cdots (a_r)_{m_r}}{(b)_{m_1 + \cdots + m_r}} \frac{z_1^{m_1}}{m_1!} \cdots \frac{z_r^{m_r}}{m_r!}$$

的积分方程的逆关系式. 他也指出, 这种方法可以用来求解一般方程 (4.2), 在那种情况下, 核的 Laplace 变换 $Lk(p)$ 可表示为 $Lk(p) = [(p-\alpha)^n(Lk_1)(p)]^{-1}$, $k_1(x)$ 为某个函数.

37.2 利用 Laplace 变换, Kalla [1968] 和 T.N. Srivastava and Y.P. Singh [1968] 得到了方程 —— 见 (37.2) —— 即

$$\int_a^x (x^2 - t^2)^\nu J_\nu(\lambda(x^2 - t^2))e^{-b(x^2 - t^2)}f(t)dt = g(x),$$

$$\int_0^x (x-t)^\nu J_\nu^\mu(\lambda(x-t)^\mu)f(t)dt = g(x)$$

的解, 其中 $J_\nu(x)$ 为 (1.83) 中的 Bessel 函数, $J_\nu^\mu(x)$ 为 Bessel-Maintland 函数 (见 § 23.2, 注记 18.3).

Prabhakar [1971b] 应用分数阶积分-微分方法求解了积分方程

$$\int_a^x (x-t)^{\beta-1}E_{\alpha,\beta}^\rho[\lambda(x-t)]f(t)dt = g(x), \quad \text{Re}\beta > 0$$

和类似的变下限方程, 其中 $E_{\alpha,\beta}^{\rho}(z) = \sum\limits_{k=0}^{\infty} \dfrac{(\rho)_k z^k}{k!\Gamma(\alpha k + \beta)}$, $\mathrm{Re}\,\alpha > 0$ 是广义 Mittag-Leffler 函数.

H.M. Srivastava and Buschman [1974] 利用基于 Laplace 变换的方法寻找更一般的核中带 Fox H 函数的广义卷积方程

$$\int_0^x (x-t)^{\alpha-1} H_{p,q}^{m,n}\left[x-t \,\middle|\, \begin{matrix} (a_1, A_1), \cdots, (a_p, A_p) \\ (b_1, B_1), \cdots, (b_q, B_q) \end{matrix}\right] f(t)dt = g(x) \qquad (39.22)$$

的解. 作为例子, 考虑了该方程的特例: 核中带广义 Wright 函数 ${}_p\Psi_{q-1}$, Meijer G 函数的特殊情况 $G_{p,q}^{1,n}(x)$ 和广义超几何函数 ${}_pF_{p-1}$ 的方程. 在这方面, 我们也指出 Nair [1975] 的论文, 他考虑了具有广义 Wright 函数 ${}_p\Psi_q$ 和广义 Bessel-Mailtand 函数 $J_\nu^\mu(x)$ 的卷积方程. H.M. Srivastava [1972] 的文章中利用 Mellin 变换得到了一个类似 (39.22) 且有变下限和无穷上限的方程的解. 并且作为特例, 考虑了涉及 $G_{p,q}^{m,n}(x)$ 形式的 G 函数, ${}_pF_q(x)$ 形式的广义超几何函数, Whittaker 函数 $W_{\lambda,\mu}(x)$ 和 Bessel 函数 $J_\nu(x)$, $K_\nu(x)$ 和 $Y_\nu(x)$ 的方程.

37.3　Sonine [1884a,b] 和 Sonine [1954, p. 151] 证明了算子 (4.2) 和 (4.2′) 的核

$$\mathrm{k}(x) = (2x)^{-p}\frac{J_{-p}(2i\sqrt{xy})}{(2i\sqrt{xy})^{-p}}, \quad l(x) = \frac{(2x)^{p-1}J_{p-1}(2\sqrt{xy})}{(2\sqrt{xy})^{p-1}}, \quad 0 < p < 1 \quad (39.23)$$

和它的特殊情况 $p = 1/2$,

$$\mathrm{k}(x) = \frac{\cos(2i\sqrt{xy})}{\sqrt{\pi x}}, \quad l(x) = \frac{\cos(2\sqrt{xy})}{\sqrt{\pi x}}, \qquad (39.24)$$

以及核

$$\mathrm{k}(x) = \frac{x^{-p}e^{-yx}}{\Gamma(1-p)}, \quad l(x) = \frac{1}{\Gamma(p-1)}\int_{-\infty}^x \tau^{p-2}e^{-\tau x}d\tau,$$

与分数阶积分-微分算子的核

$$\mathrm{k}(x) = x^{\alpha-1}/\Gamma(\alpha), \quad l(x) = x^{-\alpha}/\Gamma(1-\alpha), \quad 0 < \alpha < 1$$

均具有 (4.2″) 中给出的性质. 经过变量和函数的二次变换

$$x = \xi^2, \quad t = \tau^2, \quad a = c^2, \quad 2\sqrt{y} = \lambda, \quad 2^{1-p}\tau f\left(\tau^2\right) = F(\tau), \quad g\left(\xi^2\right) = G(\xi);$$

$$x = a + b^2 - \xi^2, \quad t = a + b^2 - \tau^2, \quad 2i\sqrt{y} = \lambda, \quad 2f(t) = \sqrt{\pi}F(\tau), \quad g(x) = G(\xi),$$

核为 (39.23) 的算子 (4.2) 和 (4.2′) 有如下形式

$$\int_c^\xi \left(\frac{\sqrt{\xi^2 - \tau^2}}{i\lambda}\right)^{-p} J_{-p}(i\lambda\sqrt{\xi^2 - \tau^2})F(\tau)d\tau = G(\xi),$$

$$F(\tau) = \frac{d}{d\tau}\int_c^\tau \left(\frac{\sqrt{\tau^2 - \xi^2}}{\lambda}\right)^{p-1} J_{p-1}(\lambda\sqrt{\tau^2 - \xi^2})\xi G(\xi)d\xi, \quad 0 < p < 1,$$

它们与 (37.41), (37.43) 一致, 并且 (4.2) 和 (4.2′) 中算子在核为 (39.24) 的情况下有形式

$$\int_\xi^b \frac{\cos\left(\lambda\sqrt{\tau^2 - \xi^2}\right)}{\sqrt{\tau^2 - \xi^2}}\tau F(\tau)d\tau = G(\xi),$$

$$F(\tau) = -\frac{2}{\pi\tau}\frac{d}{d\tau}\int_\tau^b \frac{\operatorname{ch}\left(\lambda\sqrt{\xi^2 - \tau^2}\right)}{\sqrt{\xi^2 - \tau^2}}\xi G(\xi)d\xi.$$

在一些论文中, 后一个表达式归功于 D.S. Jones [1956].

37.4　Rozet [1947] 在核 $K(x,t)$ 的适当假设下在 $L_2(0,\infty)$ 中获得了积分方程 (39.12) 的逆关系. 作为例子, 他找到了以下方程的解的关系

$$\int_0^x \frac{J_1(2\sqrt{x(x-t)})}{\sqrt{x-t}}f(t)dt = g(x), \quad \int_0^x \frac{J_n(\sqrt{x(x+t)})}{(\sqrt{x+t})^n}f(t)dt = g(x),$$

第一个方程是 (37.68) 的极限情况 $\alpha = 0$, $\lambda = 2i$.

Mackie [1965] 得到了非卷积方程 $(J_{\alpha,\lambda}^+ f)(x) = g(x)$ 在 $\alpha = 1$ 时的逆关系, 方程中的算子在 (37.67) 中给出. Soni [1970b] 的论文是更一般结果的例子 (见 § 39.2, 注记 37.11).

利用 (37.67) 中给出的非卷积算子和 (5.1) 和 (5.8) 中定义的分数阶积分-微分算子, Soni [1968] 刻画了如下函数空间: 函数 $f(x) \in L_2(0,\infty)$ 使得

$$x^{\nu/2}\int_0^\infty J_\nu(2\sqrt{xt})t^{-\nu/2}f(t)dt \in L_2(0,\infty), \quad \nu > 0.$$

Lowndes [1985a,b] 研究了算子

$$I_\lambda(\eta,\alpha)f(x) = 2^{\alpha-1}\lambda^{1-\alpha}x^{-(\eta+\alpha)}\int_0^x t^\eta \left(\frac{x-t}{x}\right)^{(\alpha-1)/2} J_{\alpha-1}(\lambda\sqrt{x(x-t)})f(t)dt,$$

$$\alpha \geqslant 0, \quad \lambda \geqslant 0,$$

$$I_\lambda(\eta,\alpha)f(x) = x^{m-\eta}I_\lambda(0,\alpha+m)(d/dx)^m x^\eta f(x), \quad \alpha \leqslant 0, \lambda \geqslant 0$$

和算子 $I_{i\lambda}(\eta, \alpha)$ 的性质, 其中 m 是使得 $0 < \alpha + m \leqslant 1$ 的正整数, 算子 $I_{i\lambda}(\eta, \alpha)$ 通过在上述关系中用 $I_{\alpha-1}$ 替换 $J_{\alpha-1}$ 定义, 其中 $J_\nu(z)$ 和 $I_\nu(z)$ 是 (1.83) 和 (1.84) 中给出的 Bessel 函数, 参见 (37.68).

37.5　Pollard and Widder [1970] 运用算子分析方法来求解方程

$$\int_0^x \mathrm{k}(x - t)f(t)dt = g(x), \quad x > 0,$$

其中核 $\mathrm{k}(u) = \dfrac{1}{u\sqrt{4\pi u}} \exp\left(-\dfrac{1}{4u}\right)$ $(u > 0)$ 与热方程的解有关. 该方程的解通过 $1/2$ 阶 Riemann-Liouville 分数阶积分-微分算子表示.

37.6　设 $J_\lambda(\eta, \alpha)$ 和 $R_\lambda(\eta, \alpha)$ 是 (37.45) 和 (37.46) 中的算子, $L_{p,\nu} \equiv L_p([0, \infty); x^{\nu p - 1})$ 为带权空间. 如果 $\alpha \geqslant 1/2$, $1 < p < \infty$, 则算子 $J_\lambda(\eta, \alpha)$ 和 $R_\lambda(\eta, \alpha)$ 分别当 $\nu < 2 + 2\eta$ 和 $\nu > -2\eta$ 时在 $L_{p,\nu}$ 中有界. 如果 $0 < \alpha < 1/2$, $2/(1 + 2\alpha) < p < 2/(1 - 2\alpha)$, 则 $J_\lambda(\eta, \alpha)$ 和 $R_\lambda(\eta, \alpha)$ 分别当 $\nu < \min(1, 2/p) + 2\alpha + 2\eta$ 和 $\nu > \max(1, 2/p) - 2\alpha - 2\eta$ 时在 $L_{p,\nu}$ 中有界 —— Heywood and Rooney [1975] 和 Heywood [1975].

37.7　根据论文 Prabhakar [1969, 1971a] 并使用 q 分数阶积分 (参见 § 23.2, 注记 18.15), Prabhakar and Chakrabarty [1976] 获得了 (37.1) 在 q 积分类似下的逆关系, 其中核中的 ${}_1F_1$ 替换为基本合流超几何函数 ${}_1\Phi_1$ (参见 Slater [1966]).

37.8　Pinney [1945] 考虑了积分方程

$$\int_0^\infty p(t)\varphi\left(\sqrt{x^2 + t^2}\right) dt = f(x), \quad x > 0, \tag{39.25}$$

并找到了它的解

$$\varphi(x) = -\frac{1}{x}\frac{d}{dx}\int_0^\infty f\left(\sqrt{x^2 + t^2}\right)q(t)dt,$$

这里假设对于函数 $p(x)$, 存在函数 $q(x)$ 对于任意 $r > 0$ 使得 $\displaystyle\int_0^{\pi/2} p(r\cos\varphi)$ $q(r\sin\varphi)d\varphi = 1$. 后一个关系式类似于 $(4.2'')$ 相对于 Sonine 方程 (4.2) 的作用, Pinney 也得到了这个关系式的充分条件. 他还考虑了以下特殊情况:

$$p(t) = t^{1-2\mu}L_\nu^{-\mu}\left(kt^2\right), \quad 0 < \mathrm{Re}\,\mu < 1,$$

其中

$$L_\nu^{-\mu}(z) = -\frac{\sin\nu\pi}{\pi}\Gamma(\mu + \nu + 1)\sum_{k=0}^\infty \frac{\Gamma(k - \nu)}{\Gamma(k + \mu + 1)}\frac{z^k}{k!}.$$

为广义 Legendre 函数 —— 当 $\nu = n$ 为自然数时 $L_n^{-\mu}(z)$ 为 Legendre 函数. 特别地, $p(t) \to t^{1-2\mu}$ (当 $\nu \to 0$ 时), 且

$$p(t) = t^{1-\mu} J_{-\mu}(\alpha t), \quad 0 < \operatorname{Re}\mu < 1,$$

其中 $J_{-\mu}(z)$ 为 (1.83) 中给出的第一类 Bessel 函数; 特别地, 如果 $\mu = 1/2$, $p(t) = \cos \alpha t$. 当 $p(t) = t^{1-2\mu}$, $0 < \operatorname{Re}\mu < 1$ 时, 他给出了 (39.25) 与 Abel 方程 (2.1) 的关系, 并在 $p(t) = \cos \alpha t$ 时将 (39.25) 简化为方程

$$\int_x^\infty \frac{\cos(\alpha\sqrt{t-x})}{\sqrt{t-x}} f(t)dt = g(x), \quad x > 0.$$

37.9 Soni [1970a] 找到了算子 (37.4) 的积分表示

$$\int_0^x (x-t)^{\nu/2} J_\nu[2\sqrt{k(x-t)}]f(t)dt$$

$$= \frac{k^{\nu/2}}{\Gamma(\nu+1)} \int_0^x (x-t)^\nu \left[\frac{d}{dt} \int_0^t J_0[2\sqrt{k(t-\tau)}]f(\tau)d\tau \right] dt,$$

证明了方程

$$\frac{d}{dx} \int_{-\infty}^x J_0[2\sqrt{k(x-t)}]f(t)dt = g(x), \quad -\infty < x < \infty$$

在 $L_2(-\infty, \infty)$ 中可解的充分必要条件并获得了以下形式的解

$$f(x) = -\frac{d}{dx} \int_x^\infty J_0[2\sqrt{k(t-x)}]g(t)dt.$$

因为方程

$$\frac{d}{dx} \int_a^x J_0[2\sqrt{k(x-t)}]f(t)dt = g(x), \quad a > -\infty$$

对应的齐次方程 ($g \equiv 0$) 在 $L_2(a, +\infty)$ 中有非平凡解, Soni [1970a] 还研究了此方程在 $L_2(a, +\infty)$ 中存在唯一解的条件. 对于变下限的算子也有类似的研究 —— 另见 Bouwkamp [1976]. Williams [1963] 利用两个 (37.4) 形式的方程复合的表示方法求解了核为

$$\mathcal{K}(x,t) = \int_b^\infty (\tau^2 - b^2)^r \tau^{-m-n-1} J_m(x\tau) J_n(t\tau)d\tau$$

的方程 (39.11).

　　我们在此注意到, 在整条直线上考虑的核中带 Bessel 函数 $J_\nu(x)$ 的其他积分方程出现在应用中. 可以从 (40.26) 和 (40.27) 中得到两个这样的方程, 在前一个关系中关于 y 微分, 并令 $y = 0$, 并且结合 (40.45) 和 (40.44), 在后一个关系中取 $y = 0$ 并结合 (40.32) 和 (40.47). 则对于 $\mu = 0$, 作替换 $\tau(x) = l_2 g(x)$, $|p| < 1/2$, $p \neq 0$ 后, 我们得到关系式

$$\int_{-\infty}^{\infty} \frac{\nu(t)}{|t-x|^{2p}} \bar{J}_{-p}(\lambda|t-x|)dt = g(x), \quad -\infty < x < \infty,$$

$$\nu(x) = -\frac{\operatorname{ctg} p\pi}{2\pi} \int_{-\infty}^{\infty} \frac{\operatorname{sign}(t-x)}{|t-x|^{1-2p}} \frac{d}{dt}\left[g(t)\bar{J}_{p-1}(\lambda|t-x|)\right] dt,$$

其中 $\bar{J}_\nu(z)$ 为 (37.8) 中的 Bessel-Klifford 函数. 在函数 $g(x)$ 的适当假设下, 可以验证第二个关系式是第一个关系式的逆.

　　37.10　设 K_ν 为定义在 (1.85) 中的 Macdonald 函数, $Y_\nu(z)$ 为第二类 Bessel 函数 —— Erdélyi, Magnus, Oberbettinger and Tricomi [1953b, 7.2.1]. 利用 Mellin 变换和表 9.1 中的结果 21 和 20, V.K. Varma [1969] 找到了类似 (37.4) 的变下限且有无穷上限的方程的解, 其中 J_ν 被替换为 K_ν 和 Y_ν:

$$\int_x^{\infty} (t-x)^{(\nu-1)/2} K_\nu(2\sqrt{t-x})f(t)dt = g(x),$$

$$\int_x^{\infty} (t-x)^{(\nu-1)/2} Y_\nu(2\sqrt{t-x})f(t)dt = g(x).$$

　　37.11　Mackie [1965] 利用将积分方程约化为第一象限的偏微分方程边值问题

$$\frac{\partial^2 \varphi}{\partial x \partial y} + c(x,y)\varphi = 0, \quad c(x,y) = c(y,x), \quad \varphi(x,0) = f(x), x > 0, \tag{39.26}$$

$$\varphi(0,y) = -f(y), \quad y > 0$$

的方法, $x > 0$, $y > 0$, 获得了积分方程

$$\int_0^x \mathcal{K}(x,t)g(t)dt = f(x), \quad g = \frac{1}{2}\left(\frac{\partial \varphi}{\partial x} - \frac{\partial \varphi}{\partial y}\right)\bigg|_{x=y}$$

的解, 其中 $\mathcal{K}(x,t) = R(x,x;t,0)$, 且 $R(x,x_0;t,t_0)$ 是 (39.26) 的 Riemann 函数 —— 定义 40.2. 例如, 求解了当 $\alpha = 1$ 时的 (37.67) 和方程

$$\int_0^x P_n(x/t)\varphi(t)dt = g(x), \quad \int_0^x P_n(t/x)\varphi(t)dt = g(x),$$

其中 $P_n(z)$ 为 Legendre 多项式, 参见方程 (39.3).

37.12 Prabhakar [1972b] 考虑了方程

$$\int_\alpha^x \frac{(x-t)^{c-1}}{\Gamma(c)}\Phi_1(a,b;c;1-x/t,\lambda(x-t))f(t)dt = g(x), \quad \alpha < x < \beta, \quad (39.27)$$

$$\int_\alpha^x \frac{(x-t)^{c-1}}{\Gamma(c)}\Phi_1(a,b;c;1-t/x,\lambda(x-t))f(t)dt = g(x), \quad \alpha < x < \beta, \quad (39.28)$$

其中 $\Phi_1(a,b;c;x,y)$ 是 (10.64) 中给出的 Humbert 函数, $\alpha > 0$, $\beta < \infty$. 特别地, 如果 $\lambda = 0$, 则 (39.27) 和 (39.28) 与 Love 方程 (35.1) 和 (35.2) 一致; 如果 $b = 0$, 则它们与 (37.1) 形式的方程一致. Prabhakar 找到了 (39.27) 和 (39.28) 在 $L_1(\alpha, \beta)$ 中可解的判定准则并分别得到了它们如下形式的解

$$f(x) = e^{\lambda x}x^{-b}I_{\alpha+}^{-a}e^{-\lambda x}x^b I_{\alpha+}^{a-c}g(x), \quad f(x) = I_{\alpha+}^{a-c}e^{\lambda x}x^b I_{\alpha+}^{-a}e^{-\lambda x}x^{-b}g(x).$$

这里 $I_{\alpha+}^a$ 是 (2.17) 中定义的 Riemann-Liouville 分数阶积分-微分算子. Prabhakar [1977] 证明了 (39.27) 和 (39.28) 形式的带变下限和无穷上限积分的方程及更一般方程的类似结果. 例如, 得到了方程

$$\int_x^\beta \frac{[h(t)-h(x)]^{c-1}}{\Gamma(c)}\Phi_1\left(a,b;c;1-\frac{h(x)}{h(t)},\lambda(h(x)-h(t))\right)f(t)dh(t) = g(x),$$

$$\alpha < x < \beta$$

的类似结果, 其中 $h(t) \in C^\infty[\alpha,\beta]$, $h'(t) > 0$. 特别地, 我们注意到如果 $\lambda = 0$ 且 $h(t) = t^m$, 则上一个方程可以简化为 (39.6); 如果 $b = 0$ 且 $h(t) = t$, 则它可简化为 (37.1).

37.13 Tanno [1967] 研究了卷积积分变换 $\int_{-\infty}^\infty k(x-t)f(t)dt = g(x)$ 的逆问题, 其中 $k(x) = \dfrac{1}{2\pi i}\int_{-\infty}^{i\infty}[l(t)]^{-1}e^{xt}dt$, $l(t)$ 是具有实零点和极点的亚纯函数. 他还对于更一般的变换考虑了这样的问题. 在这方面应该参考书 Hirshman and Widder [1958]. 例如, 得到了 Abel 方程 (2.1)、Higgins 方程 (39.1) 和 (39.4) 形式的方程的解.

37.14 R.K. Saxena and Sethi [1973] 发现了类似 (37.60) 和 (37.61) 的运算关系, 并将 (37.47) 中给出的广义 Hankel 变换算子与修正的算子 (23.5) 和 (23.6) 联系起来.

37.15 Tedone [1914] 考虑了核中带修正 Bessel 函数 (1.84) 的积分方程

$$\int_a^x (x-t)^n I_m(x-t)f(t)dt = g(x), \quad m \geqslant 0, m+n \geqslant 0. \quad (39.29)$$

基于函数 $I_m(z)$ 的性质, 他证明了 (39.29) 中算子的一些差分递推关系. 这用来将 (39.29) $(m, n = 0, 1, 2, \cdots)$ 的解简化为更简单方程 ($m = n = 0$) ——
§ 39.1, § 36.1 的注记 —— 和微分方程的逐次解. 如果 $m = 0, 1, 2, \cdots$, $n = -1, -2, \cdots, m + n > 0$, 则 (39.29) 也可简化为具有差分核的 Volterra 积分方程的解.

37.16 Yakubovich, Vu Kim Tuan, Marichev and Kalla [1987] 在 $L_2(R_+^1)$ 空间中证明了类似定理 37.15 的定理, 并考虑了 W 变换 (37.107) 的特殊情况.

Glaeske [1984, 1986] 和 Glaeske and Hess [1986, 1987, 1988] 研究了广义函数的 Kontorovich-Lebedev 变换 (37.109) 和 Mehler-Fock 变换 (37.141).

38.1 在研究 (38.1) 的特殊情况时, Lebedev [1957] 获得了包含由函数 x^2 定义的 1/2 阶分数阶积分的 Shlemil'ch 方程

$$\int_0^r \frac{\varphi(t)dt}{\sqrt{r^2 - t^2}} \equiv -\int_0^{\pi/2} \varphi(r \cos \theta)d\theta = g(r)$$

—— § 18.2. Lebedev and Uflyand [1958] 使用了该方程的逆关系式.

38.2 在 $G = 0$, $\mu = \nu$ 的情形下, Tranter [1954] 将 (38.1) 的解表示为带 Bessel 函数 (1.83) 的级数 $\sum_{k=0}^{\infty} a_k J_{\nu+2k+n}(x)$, 从而将该问题简化为求解关于 a_k 的无穷维线性方程组.

Cooke [1956] 使用了这种方法的积分类似形式, 并将该方程组简化为第二类 Fredholm 积分方程.

Nasim and Aggarwala [1984] 提出了一种求解 (38.1) 的方法, 该方法基于将 (38.1) 分解为两个更简单的对偶方程组, 其中 $F(x) = 0$ 和 $G(x) = 0$.

38.3 Walton [1975, 1977] 研究了广义函数空间中对偶方程 (38.1) 的解的唯一性问题.

38.4 Buschman [1964b] 和 Kesarwani [1967] 指出, 通过使用 Erdélyi-Kober 型分数阶积分算子 (18.1), (18.7) 和 (1.112) 中定义的 Mellin 变换, 可分别将 $R(t) = 0$ 时的对偶积分方程 (38.1) 与核中带有 Meijer G 函数的对偶积分方程简化为半直线上 $[0, \infty)$ 形式相同的单个方程.

通过使用 Mellin 变换, Nasim and Sneddon [1978] 研究了具有一般形式的核的对偶方程. 例如, 考虑了核中带不同 Bessel 函数和三角函数的 (38.1) 形式的对偶方程.

38.5 通过使用 Erdélyi-Kober 算子的二维类似 —— § 29.2 (注记 24.2) —— Makarenko [1975] 研究了核中带有 Bessel 函数的对偶和三重积分方程. 使用例 38.2 中的方法, Virchenko and Gamaleya [1988] 考虑了 (38.16) 形式的对偶

方程组.

38.6 通过使用分数阶积分-微分, Sethi and Banerji [1974-1975] 将比 (38.16) 更一般的方程简化为第二类 Fredholm 方程.

38.7 Grinchenko and Ulitko [1963] 最先研究了与 Mehler-Fock 变换相关的且可简化为 (38.22) (其中 $g = \mu = 0$, $H(\tau) = \text{th} \tau \pi / \tau$) 的对偶方程组. 他们利用由函数 $\text{ch} x$ 定义的 $1/2$ 阶分数阶积分, 将这样的方程组简化为第二类 Fredholm 积分方程.

Babloyan [1964] 使用类似的方法求解了两个具有相同核和两个具有三角函数核的方程组. Ruhovets and Uflyand [1966] 最先研究了 (38.22) 在 μ 为整数时的系统. 这些结果由 Virchenko and Makarenko [1974] 进一步发展.

我们还注意到 Lebedev and Skal'skaya [1969] 的论文, 他们研究了 $\mu = 0$ 和 $H(\tau)$ 为特殊形式时的系统 (38.22), 并且代替分数阶积分得到了带 Gauss 超几何函数的方程

$$\int_1^x \frac{\varphi(t)}{\sqrt{x-t}} {}_2F_1\left(\alpha, -\alpha; \frac{1}{2}; 1 - \frac{x}{t}\right) dt = g(x).$$

他们利用 Love [1967b] 的结果 (§ 35.1) 对此方程求逆.

Virchenko [1984] 在研究核中包含广义连带 Legendre 函数的三个对偶方程时, 使用了更一般的包含 Gauss 超几何函数的方程

$$\int_a^x \varphi(t)(\text{ch}\, x - \text{ch}\, t)^{c-1} {}_2F_1\left(a, b; c; \frac{\text{ch} x - \text{ch} t}{\text{ch} x + d}\right) dt = g(x), \quad c > 0$$

的逆关系.

S.P. Ponomarenko [1982] 考虑了矩阵型 $P^\mu[A_j(\tau)\Psi(\tau)] = f^{(j)}(x)$, $j = 1, 2$ 对偶方程组, 并使用 (38.24)—(38.27) 将该系统简化为第二类 Fredholm 方程组.

在一些论文中, 考虑方程 (38.22) 的同时还考虑了与 Kontorovich-Lebedev 逆变换相关的类似方程. Lowndes [1977] 研究了这种类型的对偶和三重积分方程, 并将前一个方程作为后一个方程的极限情况进行研究. 其中一例对偶方程闭形式可解, 其他对偶方程则简化为第二类 Fredholm 积分方程.

38.8 (38.31) 推广了 Cooke [1972] 和 Borodachev [1976] 文章中的方程组, 并与 S.P. Ponomarenko [1978] 文章中的方程组有交集. 通过使用 Erdélyi-Kober 型算子, 所有的这些方程组都能简化为第二类 Fredholm 方程.

38.9 Virchenko and Makarenko [1975b] 和 Makarenko [1975] 考虑了核比 $J_\nu(z)$ 更一般的对偶和三重积分方程, 即核为上面提到的 Watson 函数 $\omega_{\mu,\nu}$ —— § 39.2 (注记 36.6) —— 的积分方程. 它们可化为第二类 Fredholm 方程.

38.10　　Virchenko [1986] 利用 § 38.1(例 38.1) 中给出的方法, 通过将核为 $_2F_1$ 和 $_3F_2$ 的两个对偶方程简化为方程 $Af = g$ 找到了它们的逆关系, 其中 A 是 § 39.2 (注记 36.9) 中的算子.

38.11　　K.N. Srivastava [1968] 和 Virchenko and Romashchenko [1982] 分别考虑了形式为 (38.22), 其中 $\mu = 0$ 和任意 μ 的三重积分方程. Pathak [1978] 的研究结果在后一篇文中得到了推广.

利用 Erdélyi-Kober 算子 (18.5) 和 (18.6), Lowengrub and Walton [1979] 和 Walton [1979] 将形如 (38.31) 的三重方程组简化为广义 Abel 积分方程组 —— § 34.2 (注记 30.9).

Lowndes and Srivastava [1990] 将某类涉及广义 Laguerre 多项式的三重级数方程简化为 (38.31) 形式的三重积分方程, 并得到了这些三重级数方程的精确解.

38.12　　一些文献中考虑了四重和 n 重积分方程. Ahmad [1971] 利用 Cooke [1965] 的方法研究了核中带 $J_\nu(z)$ 函数的四重方程. Dwivedi and Trivedi [1977] 将 § 38.1 中求解方程组 (38.16) 时所使用的方法应用于类似的三重和四重方程中.

Vu Kim Tuan [1986b] 进行了进一步的推广, 他考虑了核中带有 Meijer G 函数的 n 重方程, 其形式为

$$\frac{d}{dx} \int_0^\infty x G_{p+l_i+1,q_i+m+1}^{m,l_i+1} \left(xy \left| \begin{array}{l} 0, (a_{l_i}^i), (c_p) \\ (b_m), (d_{q_i}^i), -1 \end{array} \right. \right) f(y) dy = g_i(x), \quad \alpha_{i-1} < x < \alpha_i,$$

$$x \frac{d}{dx} \int_0^\infty G_{p_i+l+1,q+m_i+1}^{m_i,l+1} \left(xy \left| \begin{array}{l} 1, (a_l), (c_{p_i}^i) \\ (b_{m_i}^i), (d_q), 0 \end{array} \right. \right) f(y) dy = g_i(x), \quad \alpha_{i-1} < x < \alpha_i,$$

其中 $0 < \alpha_0 < \alpha_1 < \cdots < \alpha_{n-1} < \alpha_n = \infty$ 是半直线 $[0, \infty)$ 到区间的划分, $g_i(x)$ 是给定的函数, 其余参数满足适当的假设. Vu Kim Tuan 证明了这个系统在空间 $f(x) \in L_2(0, \infty)$ 中可解当且仅当 $g_i \in L_2(\alpha_{i-1}, \alpha_i)$, $i = 1, 2, \cdots, n$. 并且在这种情况下, 找到了其闭形式的唯一解. Vu Kim Tuan 使用了文献 Fox [1965a] 和 R.K. Saxena [1967a,c] 中的方法. 这些文献形式地构造了核比 Fox H 函数更一般的对偶方程的解, 并应用了 Erdélyi-Kober 算子.

第八章 在微分方程中的应用

本章中我们将关注分数阶积分-微分在研究 Euler-Poisson-Darboux 型偏微分方程以及分数阶和整数阶常微分方程中的应用. 特别地, 以闭形式求解了 Cauchy, Dirichlet 和 Neumann 奇异初值问题, 并证明了某些分数阶微分方程的存在唯一性定理. 由此得到的解在混合型偏微分方程的 Tricomi 型边值问题中有广泛应用.

§40 二阶偏微分方程解析解的积分表示
及其在边值问题中的应用

本节讨论 Vekua [1948] 中发展的带解析系数椭圆方程的一般理论的某些方面, 以及它们在所谓的广义 Helmholtz 双轴对称方程中的应用. 我们证明, 如果将 (18.8) 中定义的 Erdélyi-Kober 算子 $I_{\eta,\alpha}$ 以及 (37.45) 中定义的广义 Erdélyi-Kober 算子 $J_\lambda(\eta, \alpha)$ 应用于各变量中的解析函数, 则可得到上述 Helmholtz 方程的解. 这些结果被应用于某些边值问题的求解.

40.1 预备知识

给定如下具有两个独立变量且系数解析的二阶一般齐次偏微分方程

$$Hu \equiv u_{\xi\eta} + a(\xi, \eta)u_\xi + b(\xi, \eta)u_\eta + c(\xi, \eta)u = 0, \tag{40.1}$$

$$H_1 u \equiv u_{xx} - u_{yy} + A_1(x, y)u_x + B_1(x, y)u_y + C_1(x, y)u = 0, \tag{40.2}$$

$$Ku \equiv u_{xx} + u_{yy} + A(x, y)u_x + B(x, y)u_y + C(x, y)u = 0 \tag{40.3}$$

和与 (40.1) 和 (40.3) **共轭的方程**

$$H^*v \equiv v_{\xi\eta} - (a(\xi, \eta)v)_\xi - (b(\xi, \eta)v)_\eta + c(\xi, \eta)v = 0, \tag{40.4}$$

$$K^*v \equiv v_{xx} + v_{yy} - (A(x, y)v)_x - (B(x, y)v)_y + C(x, y)v = 0. \tag{40.5}$$

一般来说, 我们假设复变量 x, y, ξ 和 η 通过以下关系相互联系

$$\begin{aligned} \xi &= x + iy, \quad \eta = x - iy, \\ x &= (\xi + \eta)/2, \quad y = (\xi - \eta)/2i. \end{aligned} \tag{40.6}$$

我们用 $\bar{\xi}$ 表示 ξ 的共轭数, 并且注意到 $\bar{\xi} = \eta$ 当且仅当 x 和 y 为实数.

我们介绍微分算子

$$\frac{\partial}{\partial \xi} = \frac{1}{2}\left(\frac{\partial}{\partial x} - i\frac{\partial}{\partial y}\right), \quad \frac{\partial}{\partial \eta} = \frac{1}{2}\left(\frac{\partial}{\partial x} + i\frac{\partial}{\partial y}\right). \tag{40.7}$$

特别地, 以下关系式是显然的, 即

$$4\frac{\partial^2}{\partial \xi \partial \eta} = \frac{\partial^2}{\partial x^2} + \frac{\partial^2}{\partial y^2} = \Delta_2, \tag{40.8}$$

其中 Δ_2 是二维 Laplace 算子.

如果 (40.1)—(40.3) 的系数通过关系式

$$\left.\begin{aligned}4a(\xi,\eta)\\4b(\xi,\eta)\end{aligned}\right\} = A\left(\frac{\xi+\eta}{2}, \frac{\xi-\eta}{2i}\right) \pm iB\left(\frac{\xi+\eta}{2}, \frac{\xi-\eta}{2i}\right),$$

$$4c(\xi,\eta) = C\left(\frac{\xi+\eta}{2}, \frac{\xi-\eta}{2i}\right), \tag{40.9}$$

$$A_1(x,y) = A(x, -iy), \quad B_1(x,y) = iB(x, -iy),$$
$$C_1(x,y) = C(x, -iy) \tag{40.10}$$

相互联系, 则 (40.1)—(40.3) 和 (40.4)—(40.5) 分别可由 (40.6) 中给出的变换相互转化, 用 iy 代替 y, (40.2) 会变为 (40.3). 尽管如此, 对于实数 ξ, η, x 和 y, 上述方程可按以下方式分类. 方程 (40.1), (40.4) 和 (40.2) 分别称为第一和第二标准型双曲型方程, (40.3) 和 (40.5) 称为椭圆型方程.

设 $\xi = x + iy$ 是复平面 C 上某个单连通域 $\mathfrak{D}$ 中的一个点, x 和 y 本身可能为复数. 然后我们用 $\bar{\mathfrak{D}}$ 表示包含与 ξ 相联系的点 η (通过 (40.6)) 的区域. 进一步, 我们用 $(\mathfrak{D}, \bar{\mathfrak{D}})$ 表示 $\mathfrak{D}$ 和 $\bar{\mathfrak{D}}$ 的 (Cartesian) 积, 称为圆柱域. 我们介绍以下定义.

定义 40.1 如果 (40.1) 和 (40.3) 的系数 a, b, c 关于变量 $(\xi, \eta) \in (\mathfrak{D}, \bar{\mathfrak{D}})$ 解析, 函数 A, B, C 在 $(x, y) \in \mathfrak{D}$ 中解析且 (40.9) 中的关系成立, 则复平面中的单连通域 $\mathfrak{D}$ 称为 (40.1) 和 (40.3) 的基本域.

对于 (40.3) 的解, 我们通过解析函数指出最重要的表示关系, 它将广泛用于下面的特殊情况. 首先, 这样的关系式使用 Riemann 函数的概念.

定义 40.2 条件为

$$R|_{\xi=\xi_0} = \exp \int_{\eta_0}^{\eta} a(\xi_0, t)\, dt,$$

$$R|_{\eta=\eta_0} = \exp \int_{\xi_0}^{\xi} b(\tau, \eta_0)\, d\tau \tag{40.11}$$

的共轭方程 (40.4) 的 Goursat 边值问题的解 $v = R(\xi, \eta) = R(\xi, \eta; \xi_0, \eta_0)$ 称为 H 算子 (40.1) 对应点 $(\xi_0, \eta_0) \in \mathfrak{D}$ 的 Riemann 函数.

我们注意到 Riemann 函数的以下性质:

a) 如果 $a, b \in C^1(\mathfrak{D})$, $c \in C(\mathfrak{D})$, 则域 $\mathfrak{D}$ 中算子 H 的 Riemann 函数 R 存在且唯一;

b) 关系式 $R_\eta(\xi_0, \eta) = a(\xi_0, \eta) R(\xi_0, \eta)$ 和 $R_\xi(\xi, \eta_0) = b(\xi, \eta_0) R(\xi, \eta_0)$ 在特征 $\xi = \xi_0$ 和 $\eta = \eta_0$ 上成立;

c) 归一化条件 $R(\xi_0, \eta_0; \xi_0, \eta_0) = 1$ 成立;

d) 互反条件 $R^*(\xi, \eta; \xi_0, \eta_0) = R(\xi_0, \eta_0; \xi, \eta)$ 成立, 即关于后两个变量 ξ_0 和 η_0 的函数 $R(\xi, \eta; \xi_0, \eta_0)$ 是共轭方程 (40.4) 对应于点 ξ, η 的 Riemann 函数 R^*.

Riemann 函数更详细的信息和它在方程 (40.1) 的不同特殊情况下的表可以在书 Babich, Kapilevich, Mihlin, Natanson et al. [1964], Koshljakov, Gliner and Smirnov [1970] 和论文 Andreev, Volkodavov and Shevchenko [1974] 中找到. 其他参考文献也在那里被引用.

以下结论成立 —— Vekua [1948, p. 31].

定理 40.1 设 $\mathfrak{D}$ 为 (40.3) 的某个基本域. 则 $\mathfrak{D}$ 中 (40.3) 的所有正则解, 即在 $\mathfrak{D}$ 中可以展开为 Taylor 级数的解, 可以表示为如下形式

$$u(x, y) = \alpha_0 R(\xi_0, \eta_0; \xi, \bar{\xi}) + \int_{\xi_0}^{\xi} \Phi(t) R(t, \eta_0; \xi, \bar{\xi}) dt + \int_{\eta_0}^{\bar{\xi}} \Phi^*(\tau) R(\xi_0, \tau; \xi, \bar{\xi}) d\tau,$$

$$(\xi_0, \eta_0) \in (\mathfrak{D}, \overline{\mathfrak{D}}).$$

$$(40.12)$$

这里 α_0 是某个常数, $\Phi(\xi)$ 和 $\Phi^*(\eta)$ 分别是在 $\mathfrak{D}$ 和 $\overline{\mathfrak{D}}$ 中解析的函数, 假设 (40.6) 中的关系式成立, 则解由 $u(x, y)$ 唯一定义.

下面的陈述通过满足比 Riemann 函数的条件更简单的函数, 给出了 (40.3) 的解的几个类似的积分表示.

定理 40.2 设 $\gamma(\xi, \eta, \theta)$ 是圆柱 $(\mathfrak{D}, \overline{\mathfrak{D}}, \mathfrak{D})$ 中的解析函数, 其中 $\mathfrak{D}$ 为 (40.1) 的某个基本域, 并设此函数关于 ξ 和 η 满足 (40.1). 此外设 $\varphi(\xi)$ 是在 $\mathfrak{D}$ 中解析的任意函数, 且下面给出的所有积分存在. 则如果条件 (40.6) 和 (40.9) 成立, 积分

$$u(x, y) = \int_L \gamma(\xi, \bar{\xi}, \theta) \varphi(\theta) d\theta, \tag{40.13}$$

沿 $\mathfrak{D}$ 中的任意闭曲线满足 (40.3). 如果还有关系式

$$\lim_{\theta \to \xi} \left[\frac{\partial}{\partial \eta} \gamma(\xi, \eta, \theta) + a(\xi, \eta) \gamma(\xi, \eta, \theta) \right] = 0, \tag{40.14}$$

$$\lim_{\theta \to \eta} \left[\frac{\partial}{\partial \xi} \gamma(\xi, \eta, \theta) + b(\xi, \eta) \gamma(\xi, \eta, \theta) \right] = 0 \tag{40.15}$$

分别成立, 则对应地, 以下形式的积分

$$u(x, y) = \int_{\xi_0}^{\xi} \gamma(\xi, \bar{\xi}, \theta) \varphi(\theta) d\theta, \tag{40.16}$$

$$u(x, y) = \int_{\bar{\xi}_0}^{\bar{\xi}} \gamma(\xi, \bar{\xi}, \theta) \varphi(\theta) d\theta \tag{40.17}$$

是 (40.3) 在 $\mathfrak{D}$ 中的正则解, 其中 ξ_0 在 $\mathfrak{D}$ 的边界上.

注 40.1　将定理 40.2 的条件 (40.6) 和 (40.9) 替换为条件 $\xi = x + iy$, $\bar{\xi} = x - iy$ 和 (40.10) 后, 它也关于 (40.2) 成立. 在这种情况下, 函数 $\gamma(\xi, \bar{\xi}, \theta)$ 和 $\varphi(\xi)$ 解析的条件可能会弱化为它们的二阶连续导数存在.

注 40.2　下面的函数

$$R(\theta, \eta_0; \xi, \eta), \quad \eta_0 \in \bar{\mathfrak{D}}; \quad \int_{\theta}^{\xi} R(t, \eta_0; \xi, \eta)(t - \theta)^{\alpha - 1} dt, \quad \mathrm{Re}\, \alpha > 0$$

是两个满足定理 40.2 条件的函数 $\gamma(\xi, \eta, \theta)$ 的例子.

定理 40.3　如果 A, B 和 C 在 $\mathfrak{D}$ 中解析, 则 (40.3) 任意在 $\mathfrak{D}$ 中正则的解也在 $\mathfrak{D}$ 中关于 x 和 y 解析.

40.2　广义 Helmholtz 双轴对称方程解的表示

在本小节中, 我们在 (40.3) 和 (40.2) 相互联系的情况下, 即广义 Helmholtz 双轴对称方程

$$H^{\lambda}_{p,\mu} u \equiv u_{xx} + u_{yy} + \frac{2\mu}{x} u_x + \frac{2p}{y} u_y + \lambda^2 u = 0, \quad p, \mu, \lambda\text{-const} \tag{40.18}$$

和将 (40.18) 中的 y 替换为 $-iy$ 后得到的对应的双曲方程

$$h^{\lambda}_{p,\mu} u \equiv u_{xx} - u_{yy} - \frac{2p}{y} u_y + \frac{2\mu}{x} u_x + \lambda^2 u = 0 \tag{40.19}$$

获得了其解的不同积分表示. 我们还考虑了上述方程的一些特殊逆关系.

在特殊情况 $\mu = \lambda = 0$ 下, (40.18) 是所谓的轴对称势理论方程. 这会在 § 41.1 和 § 43.1 (§§ 41.1 和 41.2 的注记) 中详细讨论. 这里只说明一点, 如果我们

要在具有坐标 $(x_1, x_2, \cdots, x_m, y_1, y_2, \cdots, y_n)$ 和时间 t 的空间中找到 D'Alembert 波动方程

$$\sum_{k=1}^{m} \frac{\partial^2 u}{\partial x_k^2} + \sum_{k=1}^{n} \frac{\partial^2 u}{\partial y_k^2} - \frac{1}{\lambda^2} \frac{\partial^2 u}{\partial t^2} = 0, \tag{40.19'}$$

如下形式的单频解

$$u = u(X, Y, t) = u_1(X, Y)e^{\pm i\lambda t},$$

$$X^2 = x_1^2 + x_2^2 + \cdots + x_m^2, \quad Y^2 = y_1^2 + y_2^2 + \cdots + y_n^2,$$

则会出现具有特殊值 $x = X, y = Y, 2\mu = m - 1$ 和 $2p = n - 1$ 的 (40.18).

算子 $H_{p,\mu}^{\lambda}$ 的两个显著性质给出了有效构造 (40.18) 的解的可能性. 这里存在 "一致性关系"

$$\begin{aligned} H_{p,\mu}^{\lambda}\left(x^{1-2\mu}u\right) &= x^{1-2\mu}H_{p,1-\mu}^{\lambda}u, \\ H_{p,\mu}^{\lambda}\left(y^{1-2p}u\right) &= y^{1-2p}H_{1-p,\mu}^{\lambda}u \end{aligned} \tag{40.20}$$

和利用调和函数的 Erdélyi-Kober 算子给出的 (40.18) 解的复合表示. 其中调和函数是关于 x 和 y 的偶函数, Erdélyi-Kober 算子在 (18.8) 和 (37.45) 中定义. 这个表示从关系式

$$I_{-1/2,\mu}^{(x)}I_{-1/2,p}^{(y)}J_{\lambda}^{(x)}(0,0)\Delta f = H_{p,\mu}^{\lambda}I_{-1/2,\mu}^{(x)}I_{-1/2,p}^{(y)}J_{\lambda}^{(x)}(0,0)f \tag{40.21}$$

中得到, 上述算子中的指标 x 和 y 表示算子所作用的变量. 根据 (40.20), 用 $1-\mu$ 代替 μ, 或用 p 代替 $1-p$, 并分别乘以 $x^{1-2\mu}$ 或 y^{1-2p}, (40.18) 的每一个解 $\tilde{u}$ 对应着由 $\tilde{u}$ 得到的这个方程的另一个解. 从 (40.21) 中可以得到, 如果 f 调和, 即满足 Laplace 方程 $\Delta f = 0$, 则函数 $u = H_{p,\mu}^{\lambda}I_{-1/2,\mu}^{(x)}I_{-1/2,p}^{(y)}J_{\lambda}^{(x)}(0,0)f$ 是 (40.18) 的解. 类似的性质对于 (40.19) 也成立.

方程 (40.20) 容易通过直接计算验证. 可以证明方程 (40.21) 是引理 40.1 和引理 40.2 的直接推论. 这些引理描述了 Erdélyi-Kober 型算子在微分算子

$$L_{\eta}^{(x)} = x^{-2\eta-1}\frac{d}{dx}x^{2\eta+1}\frac{d}{dx} = \frac{d^2}{dx^2} + \frac{2\eta+1}{x}\frac{d}{dx}, \quad L_{-1/2}^{(x)} = \frac{d^2}{dx^2} \tag{40.22}$$

中的应用. 论文 Lowndes [1979, 1981, 1985a] 证明了这些引理以及下面的引理 40.3 —— 也见 Erdélyi [1963b, 1965a] 和 §§ 43.1, 40.2 和 40.3 的注记, 以及 § 43.2 的注记 40.1.

引理 40.1 设 $f(x) \in C^2(0,b)$, $b > 0$, 且 $f(0) = f''(0) = 0$. 则

$$J_{\lambda}^{(x)}(0,0)f''(x) = \left(\frac{d^2}{dx^2} + \lambda^2\right)J_{\lambda}^{(x)}(0,0)f(x).$$

引理 40.2　设 $\alpha > 0$, $f \in C^2(0,b)$, $b > 0$, $x^{2\eta+1}f(x)$ 在零点可积, 且当 $x \to 0$ 时 $x^{2\eta+1}f'(x) \to 0$. 则

$$J_\lambda^{(x)}(\eta, \alpha)L_\eta^{(x)}f(x) = \left(L_{\eta+\alpha}^{(x)} + \lambda^2\right)J_\lambda^{(x)}(\eta, \alpha)f(x),$$

特别地, 如果 $\lambda = 0$, 则 $I_{\eta,\alpha}L_\eta^{(x)}f(x) = L_{\eta+\alpha}^{(x)}I_{\eta,\alpha}f(x)$.

引理 40.3　设 $\alpha > 0$, $f \in C^2(0,b)$, $b > 0$, 且 $x^{\eta+k}f^{(k)}(x)(k=0,1,2)$ 在零处可积. 则

$$(x^{-\eta-\alpha}\bar{J}_{\bar{\alpha},\lambda}x^\eta)x^2 L_{\alpha+\eta}^{(x)}f(x) = x^2\left(L_{\eta+\alpha}^{(x)} + \lambda^2\right)(x^{-\eta-\alpha}\bar{J}_{\bar{\alpha},\lambda}x^\eta)f(x),$$

其中 $\bar{J}_{\bar{\alpha},\lambda}$ 通过将算子 (37.68) 中的 $\bar{I}$ 替换为 $\bar{J}$ 得到.

Lowndes [1985a] 证明了通过使用引理 40.3, 我们可以在原点附近找到 (40.18) 的完整解系, 形式为

$$u_n(x,y) = A_n r^{-\mu-p}J_{2n+\mu+p}(\lambda r)P_n^{(p-1/2,\mu-1/2)}(\cos 2\theta),$$
$$x = r\cos\theta, \quad y = r\sin\theta, \quad A_n\text{——const}, \quad n = 0, 1, 2, \cdots, \tag{40.23}$$

其中 $J_\nu(z)$ 是 (1.83) 中给出的 Bessel 函数, $P_n^{(a,b)}(z)$ 是 Jacobi 多项式 —— Erdélyi, Magnus, Oberbettinger and Tricomi [1953b, 10.8]. Lowndes 使用了 (40.18) 在 $\lambda = 0$ 时的已知结果, 它通过极坐标中变量的除法得到. 特别地, 我们还注意到在 (40.18) 的情况下, (40.23) 中的解系有形式 $A_n r^{-p}J_{n+p}(\lambda r)C_n^p(\cos\theta)$ 和 $A_n r^n C_n^p(\cos\theta)$, 其中 C_n^p 分别在 $\mu = 0$ 和 $\mu = \lambda = 0$ 时为 Gegenbauer 多项式.

然而, 为了找到 (40.18) 解的积分表示, 使用基于定理 40.2 和 (40.21) 的另一种方法更为合适. 我们用 $\Gamma(x,y,t)$ 表示 (40.18) 的一个特解, 它通过 (40.6) 与定理 40.2 中的解 $\gamma(\xi,\eta,t)$ 联系. 利用 (40.21) 中的关系式及其特殊情况 $\mu p\lambda = 0$, 我们可以推出该解应满足形式

$$\Gamma(x,y,t) = x^a y^b \rho^c \theta(\tilde{x}, \tilde{y}), \tag{40.24}$$

其中 $\tilde{x} = -\rho/(4xt)$, $\tilde{y} = -\lambda^2\rho/4$, $\rho = (x-t)^2 + y^2$, 且 a, b, c 必须有定义. 将 (40.24) 代入 (40.18) 并进行一些运算, 我们得到一个关于 $\theta(\tilde{x}, \tilde{y})$ 的二阶偏导数的方程. 该方程在以下两种情况 (仅通过 (40.20) 联系) 是 Erdélyi, Magnus, Oberbettinger and Tricomi [1953a] 中 5.9 (29) (5.9 节中的 (29) 式——译者注) 形式的两个方程的线性组合, 其中 $\theta = \Xi_2$, 系数为 x^{-2} 和 λ^2:

1) $a = -\mu$, $b = 1 - 2p$, $c = p - 1$, $\alpha\beta = \mu(1-\mu)$, $\alpha + \beta = 1$, $\gamma = p$;

2) $a = -\mu$, $b = 0$, $c = -p$, $\alpha\beta = \mu(1-\mu)$, $\alpha + \beta = 1$, $\gamma = 1 - p$.

所以我们可以得到 $\theta(\tilde{x}, \tilde{y}) = \Xi_2(\alpha, \beta; \gamma; \tilde{x}, \tilde{y})$, 其中

$$\Xi_2(\alpha, \beta; \gamma; x, y) = \sum_{k,l=0}^{\infty} \frac{(\alpha)_k(\beta)_k x^k y^l}{(\gamma)_{k+l} k! l!}, \quad |x| < 1 \tag{40.25}$$

是 Humbert 合流超几何函数, 参数 $\alpha = \mu$ 和 $\beta = 1 - \mu$. Kapilevich [1966a] 根据 (1.79) 给出的 Legendre 函数 $P_\nu^0(z) = P_\nu(z)$ 和 (37.8) 中给出的 Bessel-Clifford 函数, 获得了此类函数如下形式的积分表示

$$\Xi_2(\mu, 1 - \mu; \gamma; x, y) = (\gamma - 1) \int_0^1 (1 - t)^{\gamma - 2} P_{-\mu}(1 - 2xt)$$
$$\times \bar{I}_{\gamma - 2}(2\sqrt{(1 - t)y}) dt, \tag{40.25'}$$
$$\mathrm{Re}\,\gamma > 1.$$

应该注意的是, 如果 $xt < 0$, $\mu \neq 0$, 则变量 $\tilde{x} = -\rho/(4xt)$ 可以在 Humbert 函数的割线上 —— 奇异线. 为了排除奇异情况, 我们将 (40.24) 中的特解取成 1) 中所示的参数并乘以分段常数乘子 $l_1 \tau(t) |t|^\mu (\mathrm{sign}\,xt + 1)^{|\mathrm{sign}\,\mu|}$, 其中 $0^0 \stackrel{\mathrm{def}}{=} 1$, l_1 为常数. 然后我们根据 (40.13) 对得到的表达式关于参数 t 积分. 从而得到了函数

$$u(x, y) = l_1 |x|^{-\mu} y^{1-2p} \int_{-\infty}^{\infty} \frac{\tau(t) |t|^\mu (\mathrm{sign}\,xt + 1)^{|\mathrm{sign}\,\mu|}}{[(x - t)^2 + y^2]^{1-p}}$$
$$\times \Xi_2\left(\mu, 1 - \mu; p; -\frac{\rho}{4xt}, -\frac{\lambda^2 \rho}{4}\right) dt. \tag{40.26}$$

类似地, 根据 2) 我们得到第二个函数

$$u(x, y) = l_1 |x|^{-\mu} \int_{-\infty}^{\infty} \frac{\nu(t) |t|^\mu (\mathrm{sign}\,xt + 1)^{|\mathrm{sign}\,\mu|}}{[(x - t)^2 + y^2]^p}$$
$$\times \Xi_2\left(\mu, 1 - \mu; 1 - p; -\frac{\rho}{4xt}, -\frac{\lambda^2 \rho}{4}\right) dt, \tag{40.27}$$

显然它和 (40.26) 都是 (40.18) 的解. 我们注意到如果分别有 $p = 0, -1, -2, \cdots$ 和 $p = 1, 2, \cdots$, 则 (40.26) 和 (40.27) 中的函数没有定义, 在这些情况下需要一种特殊的方法来构造解.

我们可以直接验证所构造的解 (40.24) 满足 (40.14) 中相应的条件. 因此基于 (40.16) 和注 40.1, 在 (40.26) 中用 $-iy$ 替换 y, 用区间 $0 < x - y < t < x + y$,

$t = x + \theta y$ 替换 $-\infty < t < \infty$, 我们得到函数

$$u(x,y) = l_3 x^{-\mu} \int_{-1}^{1} \frac{\tau(x + \theta y)}{(1 - \theta^2)^{1-p}} (x + \theta y)^\mu$$
$$\times \Xi_2 \left(\mu, 1 - \mu; p; \frac{y^2(1 - \theta^2)}{4x(x + \theta y)}, \frac{\lambda^2}{4} y^2(1 - \theta^2) \right) d\theta, \tag{40.28}$$

当 $p > 0$ 时它满足双曲方程 (40.19).

在 (40.28) 中用 iy 对 y 进行逆替换, 我们得到关系式

$$u(x,y) = -i(2i)^{1-2p} l_3 x^{-\mu} \int_L \tau(\sigma) \sigma^\mu (\xi - \xi^{-1})^{2p-1}$$
$$\times \Xi_2 \left(\mu, 1 - \mu; p; \frac{y^2(\xi - \xi^{-1})^2}{16x\sigma}, \frac{\lambda^2 y^2}{16} (\xi - \xi^{-1})^2 \right) \frac{d\xi}{\xi}, \tag{40.29}$$

$$\sigma = x + iy\cos\varphi,$$

$$L = \{\xi = e^{i\varphi}, 0 \leqslant \varphi \leqslant \pi\}, \quad p > 0,$$

它在作替换 $\theta = y\cos\varphi$ 后也可以写成如下形式

$$u(x,y) = l_3 x^{-\mu} y|y|^{-2p} \int_{-y}^{y} \tau(x + i\theta)(x + i\theta)^\mu (y^2 - \theta^2)^{p-1}$$
$$\times \Xi_2 \left(\mu, 1 - \mu; p; \frac{\theta^2 - y^2}{4x(x + i\theta)}, \frac{\lambda^2}{4}(\theta^2 - y^2) \right) d\theta, \quad p > 0. \tag{40.30}$$

为了使 (40.26)—(40.30) 中的积分存在, 函数 τ 和 ν 必须满足下文和下一小节定理中给出的某些条件. 需要注意的是, 这些表达式中的积分算子是形式为 $I_{-1/2,\mu}^{(x)} I_{-1/2,p}^{(y)} J_\lambda^{(x)}(0,0)f$ 的算子的复合 —— (40.21), 这将在下面研究它们的边值时观察到.

根据以上论断我们得到如下结论.

定理 40.4 设 $p > 0$, $\mu \geqslant 0$, $\tau(z)$ 是 $z = x + iy$ 在 $z = 0$ 邻域内的解析函数且它是 x 和 y 的偶函数, 即 $\tau(\bar{z}) = \overline{\tau(z)}$, $\tau(-\bar{z}) = \overline{\tau(z)}$, $\mathrm{Re}\tau$ 是 x 和 y 的偶函数, $\mathrm{Im}\tau$ 是 x 和 y 的奇函数, 且当 $xy = 0$ 时 $\mathrm{Im}\tau = 0$. 则 (40.29) 和 (40.30) 给出了 (40.18) 在 $(0,0)$ 邻域的所有经典解 $u \in C^2$, 当 $u(x, \pm 0)$ 有界时是关于 x 和 y 的偶函数. 当分别有 $0 < p < 1/2$ 和 $0 < \mu < 1/2$ 时, 关系式 $u_y(x, 0) = 0$ 或更精确地 $u_y(x, y) = O(y)$ 和关系式 $u_x(0, y) = 0$ 或更精确地 $u_x(x, y) = O(x)$ 分别成立. 如果此外还有

$$l_3 = [B(p, 1/2)]^{-1} = \Gamma(p + 1/2)[\sqrt{\pi}\Gamma(p)]^{-1}, \tag{40.31}$$

则 (40.28)—(40.30) 中给出的函数满足 Dirichlet 条件

$$u(x,0) = \tau(x), \tag{40.32}$$

且当 $y \to 0$ 时 $u(x,y) = \tau(x) + O(y^2)$. 如果 $\tau(z)$ 在点 $z = z_1$ 和 $z = -z_1$ 处有奇异性, 则 $\pm z_1, \pm \bar{z}_1$ 也是 (40.29), (40.30) 给出的解 $u(x,y)$ 的奇点.

定理基本结论的证明可以在 Gilbert [1989] 的书中找到. 条件 (40.32) 可以直接通过在 (40.28) 和 (40.29) 中取极限 $y \to 0$ 验证.

定理 40.4 表明 (40.29) 中的算子将解析函数映射为 (40.18) 的解. 在一般情况下, 它的逆算子是由 Gilbert [1989, pp. 205-206] 构造的一个烦琐级数. 就特殊情况 $\mu = \lambda = 0$ 而言, 这样的算子可以通过一种相对简单的方式显式地找到 —— Gilbert [1960]. 接下来我们证明逆算子的其他特殊情况 —— 当 $\mu\lambda = 0$ 时 —— 可以以闭形式构造.

情形 A. 设 $\mu = 0, p > 0$. 我们假设 $\tau(\bar{z}) = \overline{\tau(z)}$. 则根据条件 (40.31), (40.30) 有如下形式

$$
\begin{aligned}
u(x,y) &= \frac{y^{1-2p}}{\mathrm{B}(p,1/2)} \int_{-y}^{y} \tau(x+i\theta)(y^2 - \theta^2)^{p-1} \bar{J}_{p-1}(\lambda\sqrt{y^2 - \theta^2}) d\theta \\
&= \frac{2y^{1-2p}}{\mathrm{B}(p,1/2)} \int_{0}^{y} \mathrm{Re}\tau(x+i\theta)(y^2 - \theta^2)^{p-1} \bar{J}_{p-1}(\lambda\sqrt{y^2 - \theta^2}) d\theta \\
&= \pi^{-1/2}\Gamma(p+1/2) J_{\lambda}^{(y)}(-1/2, p) \mathrm{Re}\tau(x+iy) \\
&= \pi^{-1/2}\Gamma(p+1/2) y^{1-2p}(C_{0+}^{p,\lambda} f)(w), \\
f(t) &= \mathrm{Re}\tau(x+i\sqrt{t})t^{-1/2}, \quad w = y^2,
\end{aligned}
\tag{40.33}
$$

其中 $\bar{J}_\nu(z)$ 是 (37.8) 给出的 Bessel-Clifford 函数, $J_\lambda^{(y)}(\eta, \alpha)$ 和 $C_{0+}^{p,\lambda}$ 是作用于第二个变量的算子 (37.45) 和 (37.4). 利用 (37.57) 和 (37.37) 中给出的这些算子的逆关系式, 我们得到了 (40.33) 的逆算子, 表示如下:

$$
\begin{aligned}
\mathrm{Re}\tau(x+iy) &= \sqrt{\pi}\Gamma^{-1}(p+1/2) J_{i\lambda}^{(y)}(p-1/2, -p) \\
&= \frac{2^{1-m}\sqrt{\pi}y}{\Gamma(p+1/2)} \int_{0}^{y} \frac{(y^2 - t^2)^{m-p-1}}{\Gamma(m-p)} \\
&\quad \times \bar{I}_{m-p-1}(\lambda\sqrt{y^2 - t^2}) \left(\frac{1}{t}\frac{d}{dt}\right)^m \left(t^{2p-1}u(x,t)\right) t dt.
\end{aligned}
\tag{40.34}
$$

现在, 从定理 37.2 可以得出相应的结论.

定理 40.5 设对于所有 x, $g(y) = u(x, \sqrt{y})y^{p-1/2} \in AC^m([0, b])$, $b < \infty$ 且 $g(0) = g'(0) = \cdots = g^{(m-1)}(0) = 0$, $0 < p < m$. 则当 $\mu = 0$ 时 (40.18) 的每个解 $u(x, y)$ 通过 (40.34) 对应于某个调和函数 $\mathrm{Re}\tau(x + iy)$. 如果 $u(x, y)$ 是 x 和 y 的偶函数, 则 $\mathrm{Re}\tau(x + iy)$ 也是 x 和 y 的偶函数且相应的解析函数 $\tau(z)$ 有关系式 $\tau(\bar{z}) = \overline{\tau(z)}$ 成立.

情形 B. 设 $\lambda = 0$, $p > 0$. 我们假设在单位圆盘 $|z| \leqslant 1$ 的边界 Γ 上有一个偶函数 u:

$$u(x, y)|_\Gamma = f(\varphi), \quad \Gamma = \{x = \cos\varphi, y = \sin\varphi, |\varphi| \leqslant \pi\},$$
$$f(\varphi) = f(-\varphi) = f(\pi - \varphi), \quad \varphi \neq \pm\pi/2. \tag{40.35}$$

在 (40.30) 中代入 $z = x + iy = e^{i\varphi}$, $x + i\theta = t$ 并利用 (40.35), 我们得到下面的积分方程:

$$\frac{x^{-\mu}|y|^{2-2p}}{iy\, \mathrm{B}(p, 1/2)} \int_{\bar{z}}^z \tau(t)t^\mu[(z - t)(\bar{z} - t)]^{p-1}$$
$$\times {}_2F_1\left(\mu, 1 - \mu; p; \frac{(z - t)(t - \bar{z})}{2t(z + \bar{z})}\right) dt = f(\varphi), \tag{40.36}$$
$$|\varphi| < \pi, \quad \varphi \neq \pm\pi/2.$$

(40.36) 中的积分沿连接点 $\bar{z}$ 和 z 的垂直区间进行. 这个区间可以用一个形式为 $t = e^{i\alpha}$, $|\alpha| \leqslant \varphi$ 的圆 Γ 的一段来代替, 因为 $\tau(t)$ 在单位圆盘内是解析的, 其他被积函数除了边界上的点 $t = z$, $\bar{z}$, 0, ∞ 或圆的对应段外的位置, 处处解析. 根据 Cauchy 定理, 对于这种积分围道的改变, 积分的值不变. 为了选择 (40.36) 关于变量 z 的单值支, 我们沿半直线 $y = 0$, $x \leqslant 0$ 进行切割, 并设 $|\varphi| < \pi$. 则 $[(z - t)(\bar{z} - t)]^{p-1} = [2t(\cos\alpha - \cos\varphi)]^{p-1}$ 变成了在点 $t = -1$ 处有跳跃的单值函数, 并且 (40.36) 有形式

$$\int_{-\varphi}^\varphi \frac{\tau(e^{i\alpha})e^{i\alpha(p+\mu)}}{(\cos\alpha - \cos\varphi)^{1-p}} {}_2F_1\left(\mu, 1 - \mu; p; \frac{1}{2}\left(1 - \frac{\cos\alpha}{\cos\varphi}\right)\right) d\alpha$$
$$= 2^{1-p}\, \mathrm{B}(p, 1/2)\sin\varphi|\sin\varphi|^{2p-2}\cos^\mu\varphi f(\varphi). \tag{40.37}$$

由于超几何函数的辐角必须在割线 $[1, \infty)$ 之外, 因此必须假设条件 $|\varphi| < \pi/2$, 从而排除了穿过方程的奇异线 $x = 0$ 的情况.

将 (40.37) 中的积分分成 $[-\varphi, 0]$ 和 $[0, \varphi]$, $0 \leqslant \varphi < \pi/2$ 上的两个积分, 在第一个积分中作替换 $\alpha = -\alpha_1$, 同时考虑到 $\tau(t)$ 偶函数的性质和 (1.79), 我们得到

核中包含 Legendre 函数的 Mellin 卷积型积分方程, 如 (35.18) 所示, 其中

$$f(\cos\alpha)|\sin\alpha| = \mathrm{Re}\left(\tau(t)t^{p+\mu}\right), \quad \eta = \cos\alpha, \quad x = \cos\varphi, \quad d = 1,$$

$$0 \leqslant \alpha < \pi/2, \quad 0 \leqslant \varphi < \pi/2, \quad g(x) = \frac{2^{-p}\sqrt{\pi}}{\Gamma(p+1/2)}\left(1-x^2\right)^{p-1/2}x^\mu f(\arccos x).$$

$$(40.38)$$

利用关于这个方程求逆的定理 35.2, 我们可以给出下面的结论.

定理 40.6 设 $p > 0$, $\mu < 1/2$, 函数 $f(\varphi)$ 可使 (40.38) 中相应函数 $g(x)$ 可以表示为 $g(x) = (I_{1-}^p h)(x)$, 其中 $h \in L_1(\varepsilon, 1)$, $\varepsilon > 0$, 且 $(I_{1-}^p h)(x)$ 为 (2.18) 中定义的分数阶积分. 则定义在圆 $|z| = 1$, $xy \neq 0$ 上的 (40.36) 的解, 在偶函数 $\tau(\bar{t}) = \tau(-t) = \overline{\tau(t)}$ 的空间中可简化为以下 Hilbert 边值问题的解 (Gahov [1977]).

Hilbert 问题 40.1 需要找到一个函数 $\tau(z) = \xi(x, y) + i\eta(x, y)$ 在圆盘 $|z| < 1$ 的四分之一内, $x > 0$, $y > 0$, 解析, 且一直连续到其边界 l, 并且 $\tau(z)$ 的实部和虚部的极限值在 l 上满足线性关系式

$$a(t)\xi(t) + b(t)\eta(t) = c(t), \quad t \in l, \tag{40.39}$$

其中在轴 $x = 0$ 和 $y = 0$ 上, $a = c = 0$, $b(t) = 1$, 在四分之一圆周上 $a(t) = \cos\alpha(p+\mu)$, $b(t) = -\sin\alpha(p+\mu)$, $c(t) = f(\cos\alpha)\sin\alpha$, $0 \leqslant \alpha < \pi/2$. 在这种情况下, f 通过关系式 (35.34) 和 (40.38), 由 (40.35) 中的给定函数 $f(\varphi)$ 表示. 解应该在函数 $\tau(z)$ 的空间中找到, 函数 $\tau(z)$ 在 $z = 1$ 附近有界且在 $z = i$ 处有可积奇点.

注 40.3 如果 $\mu > 1/2$, 则 $1 - \mu < 1/2$, 从而利用 (40.20) 中的性质得到与定理 40.6 类似的定理成立. 则在 (35.4) 中需用 $t^{1-\mu}$ 代替 t^μ, μ 需用 $1 - \mu$ 代替.

定理 40.6 的证明 函数 $\tau(z)$ 是偶函数并且在右半圆盘中解析, 在对 (35.18) 求逆后, 我们得到了求此函数极限值 $\tau(t)$ 的问题, 如果具有 $\mathrm{Re}[\tau(t)t^{p+\mu}] = f(\cos\alpha)|\sin\alpha|$ 形式 (40.38) 的已知边界值. 如定理 40.4 所述, 函数 $\tau(z)$ 在坐标轴上, 即 $xy = 0$, 必须有 $\mathrm{Im}\tau(z) = 0$ 的性质. 这三个条件可以与指定系数的条件 (40.39) 结合起来.

我们计算指标 $\varkappa$ 和 Hilbert 问题 40.1 解的个数. 根据书 Gahov [1977, § 30], 我们将关系式 $\mathrm{Re}[\tau(t)t^{p+\mu}] = c(t)$ 改写为如下形式

$$2c(t) = t^{p+\mu}\tau^+(t) + \overline{t^{p+\mu}\tau^+(t)} = t^{p+\mu}\tau^+(t) + \overline{t^{p+\mu}}\tau^-(t).$$

因此我们推出相应 Riemann 问题的边界条件

$$\tau^+(t) = -e^{-2i\alpha(p+\mu)}\tau^-(t) + 2e^{-i\alpha(p+\mu)}c(t), \quad t \in \Gamma. \tag{40.40}$$

这里 $\tau^+(t)$ 是 $|z| < 1$ 中解析函数 $\tau(z)$ 在圆 $|z| = 1$ 上的极限值, $z \to t = e^{i\alpha}$, $0 \leqslant \alpha < \dfrac{\pi}{2}$, 且 $\tau^-(t)$ 是某个不必解析的函数 $\tau^-(z)$, $|z| > 1$ 在 $|z| = 1$ 上的极限值. 通过类似的方法, 反映了 τ 在轴上的解析性关系 $\tau^+ = \tau^-$ 能够被简化.

由于 $\tau(t)$ 是偶函数, 则齐次条件 $\tau^+(t) = -t^{-2p-2\mu}\tau^-(t)$ 除了割线上的奇点 $t = -1$ 外, 可以延拓到整个圆上. 绕 $-1 \arg t^{-2p-2\mu}$ 的回路后有一个等于 $-4\pi(p + \mu)$ 的跳跃 —— Gahov [1977, § 43.2]. 所以指标 $\varkappa$ 在 $t = -1$ 点可积的解空间中等于 $[-2p - \mu] + 1$, 值 $|\varkappa|$ 当 $\varkappa \geqslant 0$ 时刻画了齐次 Hilbert 问题解的个数, 或当 $\varkappa < 0$ 时刻画了相应非齐次问题可解性条件的个数. 这个问题本身的解可以根据 Gahov [1977, § 46] 中给出的表达式来构造. 将上述函数 $\tau(z)$ 代入 (40.30), 其中 $\lambda = 0$, 我们得到以下 Dirichlet 问题的解 $u(x, y)$.

Dirichlet 问题 40.2　需要找到一个实值函数 $u(x, y)$, 它是 x 和 y 的偶函数并且除线 $x = 0$ 外在圆盘 $|z| \leqslant 1$ 处处连续. 这个函数必须满足 (40.18), 其在圆盘中, 当 $xy \neq 0$ 时, $\lambda = 0$, $0 < p < 1/2$, 在圆周 $|z| = 1$ 上, 初始数据 (40.35) 必须在直线 $y = 0$ 上连续有界且 $u_y(x, 0) = 0$; 如果只有 $\mu < 1/2$, 此函数在轴 $x = 0$ 上有界.

40.3　广义 Helmholtz 双轴对称方程的边值问题

在本小节中, 基于 (40.26)—(40.28), 我们构造了半平面中 (40.18) 的 Dirichlet 和 Neumann 问题以及特征三角形中 (40.19) 的半齐次 Cauchy 问题的解. 我们还指出了奇异线附近解的行为特征, 以及保证积分存在的函数条件.

首先, 我们阐明 (40.26) 在 $x \to 0$ 时的行为. 从 (40.25) 中可以看出, 以下表示成立

$$
\begin{aligned}
\Xi_2(\alpha, \beta; \gamma; x, y) &= \sum_{l=0}^{\infty} \frac{y^l}{(\gamma)_l l!} {}_2F_1(\alpha, \beta; \gamma + l; x) \\
&= \sum_{k=0}^{\infty} \frac{(\alpha)_k (\beta)_k x^k}{(\gamma)_k k!} \bar{J}_{\gamma+k-1}(2i\sqrt{y}).
\end{aligned}
\tag{40.41}
$$

将 (10.13) 形式的 Gauss 超几何函数展开代入 (40.41), 当 $x \to \infty$, $|\arg(-x)| < \pi$ 时, 我们得到 (40.41) 的主项如下:

$$
\begin{aligned}
\Xi_2(\alpha, \beta; \gamma; x, y) \sim{} &\Gamma\begin{bmatrix} \gamma, & \beta - \alpha \\ \beta, & \gamma - \alpha \end{bmatrix} {}_0F_1(\gamma - \alpha; y)(-x)^{-\alpha} \\
&+ \Gamma\begin{bmatrix} \gamma, & \alpha - \beta \\ \beta, & \gamma - \beta \end{bmatrix} {}_0F_1(\gamma - \beta; y)(-x)^{-\beta}, \quad \alpha \neq \beta;
\end{aligned}
$$

$$\Xi_2(\alpha,\alpha;\gamma;x,y) \sim \Gamma \begin{bmatrix} \gamma \\ \alpha,\gamma-\alpha \end{bmatrix} {}_0F_1(\gamma-\alpha;y)(-x)^{-\alpha}\ln(-x), \quad \beta=\alpha. \tag{40.42}$$

后一个关系式由 Erdélyi, Magnus, Oberbettinger and Tricomi [1953a] 中的 2.10(7) 得到. 将 (40.42) 应用到 (40.26), 我们发现, 如果 $\mu < 1/2$, 则值 $u(0,y)$ 存在; 如果 $\mu > 1/2$, 则极限 $\lim\limits_{x\to 0}|x|^{2\mu-1}u(x,y)$ 存在; 如果 $\mu = 1/2$, 则极限 $\lim\limits_{x\to 0}\ln^{-1}|x|u(x,y)$ 存在. 这些性质表明, (40.26) 中给出的解当 $\mu > 1/2$ 时在直线 $x=0$ 上有 $O(x^{1-2\mu})$ 阶幂奇异性; 当 $\mu = 1/2$ 时在直线 $x=0$ 上有 $O(\ln|z|)$ 阶对数奇异性.

现在我们利用渐近展开 ${}_0F_1(\nu;-y) = O[y^{(1-2\nu)/4}\cos(2\sqrt{y}+\pi(1-2\nu)/4)]$, $y\to\infty$ —— Marichev [1978d, (6.21)]. 则根据 (40.42), 我们发现

$$\Xi_2(\alpha,\beta;\gamma;x,y) = O\left(y^{1/4+(\alpha-\gamma)/2}x^{-\alpha}\right) + O\left(y^{1/4+(\beta-\gamma)/2}x^{-\beta}\right),$$
$$\alpha\neq\beta, \quad x,y\to\infty. \tag{40.43}$$

因此 (40.26) 中的被积函数在 $t\to\infty$ 时有如下估计, 即若 $\lambda\neq 0$, 为 $O[\tau(t)\cdot|t|^{\mu+p-3/2}]$; 若 $\lambda=0$, 为 $O[\tau(t)|t|^{2p-2}(1+|t|^{2\mu-1})]$. 因此, 如果函数 $\tau(t)|t|^{\mu+p-3/2}$ 和 $\tau(t)|t|^{2p-2}(1+|t|^{2\mu-1})$ 在无穷远处可积, 则式 (40.26) 中的反常积分收敛.

通过以上研究, 得出下面的两个结论.

定理 40.7 设 $\tau(t)$ 是在轴 $(-\infty,\infty)$ 上有界的连续函数且在无穷远处满足以下条件: 当 $\mu > 0$, $\lambda\neq 0$ 时 $|\tau(t)| < C|t|^{1/2-\mu-p-\varepsilon}$, 或当 $\mu\geqslant 1/2$, $\lambda=0$ 时 $|\tau(t)| < C|t|^{2-2\mu-2p-\varepsilon}$ 和当 $0 < \mu < 1/2$, $\lambda=0$ 时 $|\tau(t)| < C|t|^{1-2p-\varepsilon}$, 其中 C 为常数, $\varepsilon > 0$. 则半平面 $y > 0$ 中的 Dirichlet 问题, 即寻找方程 (40.18) 在点 x, $-\infty < x < \infty$, $x\neq 0$ 处满足初值 (40.32) 的解 $u\in C^2(y>0, x\neq 0)$, 它对于 $p < 1/2$, $p\neq 0, -1, -2, \cdots$ 可解, 其解用 (40.26) 表示, 其中的系数为

$$l_1 = [\mathrm{B}(1/2, 1/2-p)]^{-1} = \Gamma(1-p)[\sqrt{\pi}\,\Gamma(1/2-p)]^{-1}. \tag{40.44}$$

当 $q=0$ 时, 导数 u_y 在 $y\to 0$ 处的行为在表 41.4 中刻画. 解 u 和 u_x 在 $x\to 0$ 时的行为也在表 41.4 中给出, 但其中 $q=0$ 且需将 p 替换为 μ, y 替换为 x. 解 (40.26) 在 $y\to\infty$ 处有如下渐近行为

$$u(x,y) = O\left[y^{-p-\mu-1/2}(1+y^{2\mu-1})\right], \quad \lambda\neq 0,$$
$$u(x,y) = O\left[y^{-2\mu-1/2}(1+y^{4\mu-2})\right], \quad \lambda=0.$$

定理 40.8 设 $\nu(t)$ 是在轴 $(-\infty, \infty)$ 上的连续函数且满足以下在无穷远处的条件: 当 $\lambda \neq 0$ 时 $|\nu(t)| < C|t|^{p-\mu-1/2-\varepsilon}$; 当 $\lambda = 0$ 时 $|\nu(t)| < C|t|^{2p-1-\varepsilon}(1 + |t|^{1-2\mu})$, 其中 C 为常数, $\varepsilon > 0$. 则在半平面 $y > 0$ 中的加权 Neumann 问题, 即寻找方程 (40.18) 满足初值

$$\lim_{y \to 0+} y^{2p} u_y(x, y) = \nu(x), \quad -\infty < x < \infty, \quad x \neq 0 \tag{40.45}$$

的解 $u \in C^2(y > 0, x \neq 0)$, 它对于 $p > -1/2, p \neq 0, 1, 2, \cdots$ 可解, 其解用关系式

$$u(x, y) = u_2(x, y) + C_1 u_{01}(x, y) + C_2 u_{02}(x, y), \quad C_1, C_2\text{——const} \tag{40.46}$$

表示. 这里 $u_2(x, y)$ 的形式为 (40.27), 其中系数

$$l_2 = -\frac{B(p, 1/2)}{2\pi}, \tag{40.47}$$

函数

$$u_{0j} = r^{-p-\mu} J_{(-1)^j(p+\mu)}(\lambda r), \quad r^2 = x^2 + y^2, \quad j = 1, 2$$

是方程 (40.18) 满足齐次条件 (40.45) 的奇异解. 解 u 及其导数在 $x \to 0$ 和 $y \to 0$ 时的行为在表 41.4 中用与定理 40.7 相同的方式刻画, 而解在 $y \to \infty$ 时的行为则在 (40.20) 的基础上由定理 40.7 得到.

注 40.4 由式 (40.46) 可知, 在没有额外的空间限制的情况下, 奇异线上初值问题的解不可能是唯一的. 在 $p = 1/2$ 的情形下, 可以在 (40.46) 中再加一个核中涉及函数 $\ln(\rho/y)$ 的解. 更多的细节我们参考 § 41.4.

注 40.5 将函数 (40.27) 中的常数因子 l_1 取为 (40.47) 中的 l_2, 再将 (40.27) 在点 p 的邻域内展开: $u_2 = p^{-1} u_{20} + \tilde{u}_2 + O(p)$, 我们写出此展开式的第二项

$$\tilde{u}_2(x, y) = \frac{|x|^{-\mu}}{2\pi} \int_{-\infty}^{\infty} \nu(t)|t|^{\mu}(\text{sign}xt + 1)^{|\text{sign}\mu|} \sum_{k,l=0}^{\infty} \frac{(\mu)_k(1-\mu)_k}{(k+l)!k!l!}$$

$$\times \left(-\frac{\rho}{4xt}\right)^k \left(-\frac{\lambda^2\rho}{4}\right)^l \left[\ln \rho + \mathbf{C} - \sum_{j=1}^{k+l} \frac{1}{j}\right] dt, \tag{40.48}$$

$$\rho = (x - t)^2 + y^2,$$

其中 $\mathbf{C}$ 为 Euler-Mascheroni 常数. 该函数是定理 40.8 中给出的问题在奇异情况 $p = 0$ 下的解. 如果 $\lambda = \mu = 0$ 且求解半平面中 Neumann 问题所必需的条件

$$\int_{-\infty}^{\infty} \nu(t) dt = 0 \tag{40.49}$$

成立, 则由 (40.48) 可推出 Laplace 方程

$$u(x,y) = \frac{1}{2\pi} \int_{-\infty}^{\infty} \nu(t) \ln\left[(x-t)^2 + y^2\right] dt \qquad (40.50)$$

在半平面 $y > 0$ 中的 Neumann 问题的解的 Dini 关系式.

注 40.6　如果 $p \geqslant 1/2$, 则 (40.27) 也表示下列加权 Dirichlet 问题的解

$$\lim_{y\to+0} y^{2p-1} u(x,y) = \frac{1}{1-2p}\nu(x), \quad p > 1/2, \quad p \neq 1,2,3,\cdots, \qquad (40.51)$$

$$\lim_{y\to 0} \ln^{-1} y\, u(x,y) = \nu(x), \quad p = 1/2, \qquad (40.52)$$

并且 (40.48) 也是 (40.52) 中问题的解.

最后我们注意到, 在 (40.28) 的基础上, 我们可以类似得到双曲方程 (40.19) 半齐次 Cauchy 问题

$$u(x,0) = \tau(x), \quad \lim_{y\to 0+} y^{2p} u_y(x,y) = 0, \quad 0 < x < 1 \qquad (40.53)$$

的解, 并给出其可解性的相应陈述.

定理 40.9　如果 $\tau \in C^2([0,1])$, $0 < p < 1/2$, 且 l_3 在 (40.31) 中给出, 则 (40.53) 中的 Cauchy 问题在三角形域 $D = \{0 < x - y < x + y < 1\}$ 中有 (40.28) 形式的经典解 $u \in C^2(D)$.

§ 41　Euler-Poisson-Darboux 方程

本节讨论 Euler-Poisson-Darboux 方程在椭圆和双曲情形下解的积分表示, 以及它们在 Dirichlet, Neumann 和 Cauchy 边值问题解的构造中的应用. 如 § 40 所示, 通过使用 (18.8) 中定义的 Erdélyi-Kober 算子, 求解最简单的常系数方程的解可以化为求解 Euler-Poisson-Darboux 方程.

41.1　Euler-Poisson-Darboux 方程解的表示

广义 Euler-Poisson-Darboux 方程

$$E(\beta, \beta^*)u = u_{\xi\eta} - \frac{\beta^* u_\xi - \beta u_\eta}{\xi - \eta} = 0, \quad \beta^*, \beta \text{——const}, \qquad (41.1)$$

在求解轴对称势理论问题时具有特别重要的意义. 此方程与 (40.1) 对应, 其中 $a(\xi,\eta) = -\beta^*/(\xi-\eta)$, $b(\xi,\eta) = \beta/(\xi-\eta)$ 和 $c(\xi,\eta) = 0$. 经 (40.6) 中的替换后,

其形式为

$$E^+u = u_{xx} + u_{yy} + \frac{2q}{y}u_x + \frac{2p}{y}u_y = 0, \tag{41.2}$$

$$\beta = p + iq, \quad \beta^* = p - iq, \tag{41.3}$$

我们注意到 R^n 中的 Laplace 方程

$$U_{x_1x_1} + U_{x_2x_2} + \cdots + U_{x_nx_n} = 0, \tag{41.3'}$$

寻找具有以下形式的解

$$U(x_1, \cdots, x_n) = u(x, r), \quad x = x_n, \quad r = \sqrt{x_1^2 + \cdots + x_{n-1}^2},$$

具有轴对称性 $r = 0$, 则 (41.3') 可约化为 (41.2) 的形式, 其中 $q = 0$, $2p = n - 2$ 和 $y = r$. 这样的解称为 $2p + 2$ 维轴对称势并满足方程

$$u_{xx} + u_{rr} + \frac{2p}{r}u_r = 0. \tag{41.3''}$$

由于 (41.3'') 中的算子关于 r 是偶函数, 因此 (41.3'') 的每个解都是 r 的偶函数, 如果 $p = 0$, 则 2 维轴对称势是调和函数.

另外两种情形将有所不同. 当研究 (41.1) 或 (41.2) 时, 我们分别假设 β 和 β^* 是实数或复共轭数, $\mathrm{Re}\beta = \mathrm{Re}\beta^* = p$.

通过直接计算, 我们可证明以下结论.

引理 41.1   函数 u 是方程 $E(\beta, \beta^*)u = 0$ 的解当且仅当函数

$$v(\xi, \eta) = (\eta - \xi)^{\beta + \beta^* - 1}u(\xi, \eta) \tag{41.4}$$

满足方程 $E(1 - \beta^*, 1 - \beta)v = 0$.

引理 41.2   如果 $u_1(\xi, \eta)$ 满足 (41.1), 则函数

$$u(\xi, \eta) = (a\xi + b)^{-\beta}(a\eta + b)^{-\beta^*}u_1\left(\frac{c\xi + d}{a\xi + b}, \frac{c\eta + d}{a\eta + b}\right) \tag{41.5}$$

也是 (41.1) 的解, 其中 a, b, c 和 d 是使得 $ad - bc \neq 0$ 的任意常数.

引理 41.3   设 $\beta > 0$, $\beta^* > 0$, 且 $\tau(\theta)$ 是任意二次连续可微函数. 则积分

$$J_1(\beta, \beta^*) = \int_0^1 \tau[\xi + (\eta - \xi)t]t^{\beta^* - 1}(1 - t)^{\beta - 1}dt \tag{41.6}$$

满足 (41.1), 若 (40.6) 中的条件成立, 则它在 $p > 0$ 的情况下也满足 (41.2).

我们注意到, 如果令

$$\gamma(\xi, \eta, \theta) = C(\xi - \theta)^{-\beta}(\eta - \theta)^{-\beta^*}, \quad C\text{——const}, \tag{41.7}$$

引理 41.3 可从定理 40.2 中得到, 则形如 (40.17) 的积分, 即

$$J_2(\beta, \beta^*) = \int_{\eta_0}^{\eta} \gamma(\xi, \eta, \theta)\nu(\theta)d\theta, \quad \eta_0 = \xi \tag{41.8}$$

将会满足 (41.1), 且利用引理 41.1 它可以转化为 (41.6), 其中 $\nu(\theta)$ 是任意二次连续可微函数且 $\beta < 1$, $\beta^* < 1$. 显然, 如果 $\beta \neq 1/2$, $\beta^* \neq 1/2$, $p \neq 1/2$, 则 (41.6) 和 (41.8) 是线性无关的解.

定理 41.1 如果 $0 < \beta < 1$, $0 < \beta^* < 1$, 且 $\beta \neq 1/2$ 或 $\beta^* \neq 1/2$, 则 (41.1) 的广义解由下式给出

$$u(\xi, \eta) = \int_0^1 \tau(\theta)t^{\beta^*-1}(1-t)^{\beta-1}dt$$

$$+ (\eta - \xi)^{1-\beta-\beta^*} \int_0^1 \nu(\theta)t^{-\beta}(1-t)^{-\beta^*}dt$$

$$= J_1(\beta, \beta^*) + J_2(\beta, \beta^*) = J(\beta, \beta^*), \tag{41.9}$$

$$\theta = \xi + (\eta - \xi)t,$$

其中 $\tau(\theta)$ 和 $\nu(\theta)$ 是任意二次连续可微函数. 如果 $0 < p < 1$, $p \neq 1/2$, 则 (41.2) 的广义解由 (41.9) 给出, 其中 $\tau(\theta)$ 和 $\nu(\theta)$ 是任意连续函数.

在 $\beta = \beta^* = p = 1/2$ 的情况下, 此解为

$$u(\xi, \eta) = \int_0^1 \tau(\theta)(t - t^2)^{-1/2}dt$$

$$+ \int_0^1 \nu(\theta)(t - t^2)^{-1/2}\ln[(t - t^2)(\eta - \xi)]dt. \tag{41.10}$$

注 41.1 特别地, 如果 $\tau(\theta)$ 和 $\nu(\theta)$ 是某个区域 $\mathcal{D}$ 内的解析函数, 即对于 $(\xi, \eta) \in \mathcal{D}$, 则 (41.9) 和 (41.10) 给出了 (41.1) 在 $\mathcal{D}$ 中所有的解析解.

我们简要地描述一下在参数 β 和 β^* 的其他值下寻找 (41.1) 的通解的过程. 设 $-k < \beta^* < 1 - k$, $-l < \beta < 1 - l$, $k, l = 1, 2, 3, \cdots$, $\beta + \beta^* \neq -1, -2, -3, \cdots$, 则根据不等式 $0 < 1 - k - \beta^* < 1$ 和 $0 < 1 - l - \beta < 1$, (41.6) 中给出的函数 $J_1(1 - k - \beta^*, 1 - l - \beta)$ 是方程 $E(1 - k - \beta^*, 1 - l - \beta)u = 0$ 的解. 假设 $\tau(\theta)$ 充

分光滑, 我们计算导数值如下

$$\frac{\partial^{k+l}}{\partial\xi^k\partial\eta^l}J_1(1-k-\beta^*,1-l-\beta)=\int_0^1\tau^{(k+l)}(\theta)t^{-\beta}(1-t)^{-\beta^*}dt. \tag{41.11}$$

显然, (41.11) 右边的积分满足方程 $E(1-\beta^*,1-\beta)u=0$. 因此将 (41.11) 乘以 $(\eta-\xi)^{1-\beta-\beta^*}$, 并利用引理 41.1, 我们得到函数

$$(\eta-\xi)^{1-\beta-\beta^*}\int_0^1\tau^{(k+l)}(\theta)t^{-\beta}(1-t)^{-\beta^*}dt, \quad \theta=\xi+(\eta-\xi)t,$$

它是 (41.1) 的解. 对第二个解 J_2 进行类似变换后, 我们得到 (41.1) 的通解, 即

$$u(\xi,\eta)=(\eta-\xi)^{1-\beta-\beta^*}\frac{\partial^{k+l}}{\partial\xi^k\partial\eta^l}J(1-k-\beta^*,1-l-\beta), \tag{41.12}$$

其中 $J(\beta,\beta^*)$ 在 (41.9) 中给出.

利用不等式 $\beta^*+k>0$ 和 $\beta+l>0$, 我们可以得到通解的另一种形式

$$u(\xi,\eta)=(\eta-\xi)^{1-\beta-\beta^*}\frac{\partial^{k+l}}{\partial\xi^k\partial\eta^l}\frac{J(\beta+l,\beta^*+k)}{(\eta-\xi)^{1-\beta-\beta^*-k-l}}. \tag{41.13}$$

例如, 若 $\beta=\beta^*=1/2-k$, $k=0,1,2,\cdots$, 则 J_1 和 J_2 将变成线性相关的解, 应将 (41.10) 的右侧代替 J 代入 (41.12) 和 (41.13). 若 β 和 β^* 中有一个为整数, 则 (41.1) 可以通过级联 Laplace 方法求积得到 —— Babich, Kapilevich, Mihlin, Natanson et al. [1964, p. 43].

需要注意的是, 我们通过使用 Riemann 方法和 (41.1) 的 Riemann 函数

$$R_E(\xi,\eta;\xi_0,\eta_0)=(\eta-\xi)^{\beta+\beta^*}(\eta-\xi_0)^{-\beta}(\eta_0-\xi)^{-\beta^*}{}_2F_1(\beta,\beta^*;1;\sigma),$$
$$\sigma=\frac{(\xi-\xi_0)(\eta-\eta_0)}{(\xi-\eta_0)(\eta-\xi_0)} \tag{41.14}$$

可以得到 (41.9) 中的表达式, 其中 ${}_2F_1$ 是 Gauss 超几何函数 (1.73) —— Babich, Kapilevich, Mihlin, Natanson et al. [1964, p. 48].

不难将上述结果推广到椭圆方程 (41.2) 的情形. 因此, 由 (41.7), (41.3), 以及取 $\mathrm{Im}\,t=0$ 的 (41.6), 我们得到 (41.2) 的特解:

$$\gamma(\xi,\eta,t)=c_1(\xi-t)^{-\beta}(t-\bar\xi)^{-\bar\beta}$$
$$=c_1\exp[-(p+iq)\ln(\xi-t)-(p-iq)\ln(t-\bar\xi)]$$

$$= c_1 \exp[-2p \ln |\xi - t| - (p + iq)i \arg(\xi - t) - (p - iq)i \arg(t - \bar\xi)]$$

$$= c_1 |\xi - t|^{-2p} \exp[-(p + iq)i\psi - (p - iq)i(\pi - \psi)]$$

$$= c_2 r_1^{-2p} e^{2q\psi}, \tag{41.15}$$

其中

$$r_1 = |\xi - t| = \sqrt{(x - t)^2 + y^2}, \tag{41.16}$$

$$\psi = \arg(\xi - t) = \arccos[(x - t)/r_1], \quad y_1 \geqslant 0. \tag{41.17}$$

在 (41.15) 中令 $c_1 = l_1 \tau(t)$ 或 $c_2 = l_2 \nu(t)$, 并沿 $-\infty < t < \infty$ 轴积分, 利用关于 (41.2) 的引理 41.1 (也见 (40.20)), 我们得到以下两个 (41.2) 的解:

$$u(x, y) = l_1 y^{1-2p} \int_{-\infty}^{\infty} \frac{\tau(t) e^{2q\psi}}{[(x - t)^2 + y^2]^{1-p}} dt, \tag{41.18}$$

$$u(x, y) = l_2 \int_{-\infty}^{\infty} \frac{\nu(t) e^{2q\psi}}{[(x - t)^2 + y^2]^p} dt. \tag{41.19}$$

这些表示是 (40.18) 的解 (40.26) 和 (40.27) 的类似形式, 对于 $\mu = \lambda = 0$, 当 $q = 0$ 时与 (40.12) 一致. (41.18) 和 (41.19) 也是 $J_1(\beta, \beta^*)$ 和 $J_2(\beta, \beta^*)$ 的类似形式. 与 (40.10) 类似, 包含对数函数的解是 (41.2) ($p = 1/2$) 的解, 形式为

$$u(x, y) = l_3 \int_{-\infty}^{\infty} \frac{\tau(t) e^{2q\psi}}{\sqrt{(x - t)^2 + y^2}} \left[C_1 + C_2 \ln \frac{y}{(x - t)^2 + y^2} \right] dt, \tag{41.20}$$

其中 C_1 和 C_2 是任意常数.

作变换 (40.6) 和 $(1 - 2t)y = \theta$ 并考虑 (41.3), 我们得到以下 (40.30) 的类似表达式:

$$u(x, y) = l_3 y^{1-2p} \int_{-y}^{y} \tau(x + i\theta)(y^2 - \theta^2)^{p-1} \left(\frac{y + \theta}{y - \theta} \right)^{iq} d\theta. \tag{41.21}$$

特别地, 如果 $q = 0$ 且 $\tau(\bar z) = \overline{\tau(z)}$, 则由 (41.21) 我们可以得到 (40.33) 的特殊情况, 其中 $\lambda = 0$:

$$u(x, y) = 2l_3 y^{1-2p} \int_0^y \mathrm{Re}\,\tau(x + i\theta)(y^2 - \theta^2)^{p-1} d\theta$$

$$= l_3 \Gamma(p) I_{-1/2, p}^{(y)} \mathrm{Re}\,\tau(x + iy), \tag{41.22}$$

其中 $I_{\eta,\alpha}^{(y)}$ 是作用在 y 上的 Erdélyi-Kober 算子 (18.8). 下面类似于定理 40.4 的结论对 (41.21) 和 (41.22) 有效.

定理 41.2 设 $p > 0$, $\tau(z)$ 是 $z = 0$ 邻域内的解析函数. 则 (41.21) 给出了 (41.2) 在 $(0,0)$ 邻域内的所有经典解 $u \in C^2$. 如果 $\tau(z)$ 是关于 y 的偶函数且满足条件 $\tau(\bar{z}) = \overline{\tau(z)}$, 则 (41.22) 给出了 (41.2) 在 $q = 0$ 时 $(0,0)$ 邻域内的所有经典解 $u \in C^2$, 它们是关于 y 的偶函数. 在这种情况下, $u(d, \pm 0)$ 的值是有界的, 如果 $0 < p < 1/2$, 则当 $y \to 0$ 时 $u_y(x,0) = 0$ 且 $u_y(x,y) = O(y)$. 如果还有 (40.31) 成立, 则 (41.21) 和 (41.22) 中给出的 $u(x,y)$ 满足 (40.32).

假设定理 40.5 中的条件成立, 则 (41.22) 的逆关系式可以从 (40.34) 中得到, 其中 $\lambda = 0$, 从而 $\bar{I}_{m-p-1}(\lambda\sqrt{y^2 - t^2}) = 1$.

在本小节的结论中, 我们注意到, 根据 §17.2, 注记 16.1 中的关系式可以推出 $\tau(z)$ 和 $u(x,y)$ 渐近性之间的关系, 当 $y \to \infty$ 时. 事实上, 如果

$$\operatorname{Re}\tau(x + iy) \sim \sum_{k=0}^{\infty} d_k(x)y^{-2k}, \quad \text{当 } y \to +\infty \text{ 时}, \tag{41.23}$$

则根据 (41.22) 和 (17.18) 我们得到 (40.32) 和 (40.31) 中定义的 (41.2) ($q = 0$) 边值问题的解 $u(x,y)$ 的以下渐近展开, 即

$$\begin{aligned}
u(x,y) \sim\ & l_3\Gamma(p)\left[\sum_{k=0}^{\infty} \frac{(-1)^k \mathfrak{M}^{(y)}\{g(x+iy); 2(k+1)\}}{k!\Gamma(p-k)y^{2k+1}}\right. \\
& \left. + \sum_{k=0}^{\infty} d_k(x)\frac{\Gamma(1/2 - k)}{\Gamma(1/2 + p - k)y^{2k}}\right], \quad \text{当 } y \to +\infty \text{ 时},
\end{aligned} \tag{41.24}$$

其中 $\mathfrak{M}^{(y)}\{g(x+iy); 2(k+1)\}$ 是函数 $g(x+iy)$ 在点 $2(k+1)$ 处关于 y 的 Mellin 变换 (参见 (1.112)).

41.2 Cauchy 问题的经典解和广义解

将 y 替换为 iy 后, 椭圆方程 (41.2) 转化为以下形式的双曲方程

$$E^- u = u_{xx} - u_{yy} - \frac{2q}{y}u_x - \frac{2p}{u}u_y = 0. \tag{41.25}$$

它通过在特征三角形 $D^- = \{0 < -y < x < 1 + y\}$ 中考虑初始条件为

$$u(x,0) = \tau(x), 0 \leqslant x \leqslant 1, \quad \lim_{y \to 0-}(-y)^{2p}u_y(x,y) = \nu(x), \quad 0 < x < 1 \tag{41.26}$$

的 Cauchy 问题来刻画, 如果我们在上面的表达式中设

$$\xi = x + y, \quad \eta = x - y, \quad \beta^* = p + q, \quad \beta = p - q, \tag{41.27}$$

则可以从 (41.9) 和 § 41.1 中通解的其他关系式获得该问题 (系数具有精确性) 的解. 因此下面的结论成立.

定理 41.3 如果 $\tau \in C^2([0,1])$, $\nu \in C^2((0,1))$, $0 < \beta^* < 1$, $0 < \beta < 1$ 且 $\beta + \beta^* < 1$, 则通过 (41.26) 给出的 (41.25) 在区域 D^- 内的 Cauchy 问题是适定的, 其解 $u \in C^2(D^-)$ 由下式给出

$$
\begin{aligned}
u(x, y) = & -A_1(-y)^{1-2p} \int_0^1 \nu(x + y(1 - 2t))(1 - t)^{-\beta^*} t^{-\beta} dt \\
& + \frac{1}{\mathrm{B}(\beta, \beta^*)} \int_0^1 \tau(x + y(1 - 2t))(1 - t)^{\beta - 1} t^{\beta^* - 1} dt,
\end{aligned}
\tag{41.28}
$$

其中 $A_1 = [(1 - 2p)\mathrm{B}(1 - \beta^*, 1 - \beta)]^{-1}$.

推论 如果条件

$$
u(x, -x) = \psi(x), \quad 0 \leqslant x \leqslant 1/2
\tag{41.29}
$$

在特征线 $y = -x$ 上成立, 则下面通过 $\tau(x)$ 和 $\psi(x)$ 给出的 $\nu(x)$ 表示式成立:

$$
\begin{aligned}
\nu(x) = & -\frac{2^{1-2p}\Gamma(1 - \beta)}{\Gamma(1 - 2p)} x^\beta \frac{d}{dx} I_{0+}^{\beta^*} \psi\left(\frac{x}{2}\right) \\
& + \frac{2^{1-2p}\Gamma(2p)\Gamma(1 - \beta)}{\Gamma(1 - 2p)\Gamma(\beta^*)} \frac{d}{dx} I_{0+}^{2p} \tau(x),
\end{aligned}
\tag{41.30}
$$

其中 I_{0+}^α 是在 (2.17) 中定义的分数阶积分算子.

证明 将 $y = -x$ 代入 (41.28), 利用 (41.29), 将 $2xt$ 替换为 η, $2x$ 替换为 x 后, 我们得到

$$
\begin{aligned}
\psi\left(\frac{x}{2}\right) = & -A_1 2^{2p-1}\Gamma(1 - \beta^*) I_{0+}^{1-\beta^*} x^{-\beta}\nu(x) \\
& + \frac{\Gamma(2p)}{\Gamma(\beta^*)} x^{1-2p} I_{0+}^\beta x^{\beta^* - 1}\tau(x).
\end{aligned}
$$

将算子 $I_{0+}^{\beta^*-1}$ 应用到这个关系式, 我们发现

$$
\begin{aligned}
\nu(x) = & -\frac{2^{1-2p}x^\beta}{A_1\Gamma(1 - \beta^*)} I_{0+}^{\beta^*-1}\psi\left(\frac{x}{2}\right) \\
& + \frac{2^{1-2p}\Gamma(2p)}{A_1\Gamma(\beta^*)\Gamma(1 - \beta^*)} x^\beta I_{0+}^{\beta^*-1} x^{1-2p} I_{0+}^\beta \tau(x) x^{\beta^*-1}.
\end{aligned}
$$

现在, 我们利用 (10.12) 计算上式中的复合算子:

$$
\begin{aligned}
I_{0+}^{\beta^*-1} x^{1-2p} I_{0+}^{\beta} x^{\beta^*-1} \tau(x) &= I_{0+}^{-\beta}(I_{0+}^{2p-1} x^{1-2p} I_{0+}^{\beta} x^{-\beta}) x^{2p-1} \tau(x) \\
&= I_{0+}^{-\beta}(I_{0+}^{\beta} x^{-\beta} I_{0+}^{2p-1} x^{1-2p}) x^{2p-1} \tau(x) \\
&= x^{-\beta} \frac{d}{dx} I_{0+}^{2p} \tau(x),
\end{aligned}
$$

这就得到了 (41.30). ∎

　　注 41.2　如果比定理 41.3 限制少的条件 $0 < \beta + \beta^* < 1$, $\beta^* > 0$, $\beta < 1$ 满足, (41.30) 中的关系也成立.

　　注 41.3　(41.30) 在研究混合型方程时被广泛使用 —— 例如, 见 Tricomi [1947], Bitsadze [1953, 1959, 1961] 和 Smirnov [1970, 1985]. 然而, (41.30) 通常由更复杂的方法证明 (没有使用 (10.12)).

　　在许多情况下, 特别是在求解混合型方程的边值问题时, 定理 41.3 中的条件 $\tau, \nu, u \in C^2$ 给出了给定函数的限制, 而这些限制很难验证. 这个问题是通过考虑 (41.28) 型的形式解来解决的, 它不够光滑, 可以用 C^2 空间中的解逼近. 现在我们考虑由 K.I. Babenko [1951, 1985] 引入的 Cauchy 问题的广义解类 R_1.

　　定义 41.1　如果 $0 < p < 1$ 且

$$
\tau \in H^{\alpha_1}([0,1)), \ \alpha_1 > 1-p; \quad \nu \in H^{\alpha_2}([0,1)), \ \alpha_2 > p, \tag{41.31}
$$

则当 $\beta = \beta^* = p$ 时 (41.28) 中的函数称为 (41.25) 当 $q = 0$ 时在区域 $D^- = \{0 < -y < x < 1+y\}$ 中 R_1 类的广义解.

　　下面的结论成立.

　　定理 41.4　设定义在 (41.25), (41.26) 中的 Cauchy 问题的广义解 (41.28) 在 $q = 0$ 时属于 R_1 类. 则 $u_x, u_y \in C(D^-)$, 函数 u_y 满足 (41.26) 中的第二个条件, 且存在 (41.25) 的经典解序列 $\{u_n\}_{n=1}^{\infty}$, $u_n \in C^2(D^-)$, 使得在任意闭三角形 $D_{\varepsilon}^- = \{\varepsilon < -y < x < 1+y\}$ 中 $\lim\limits_{n \to \infty} u_n = u$.

　　证明　在 (41.28) 中取坐标 (41.27), 并根据 (41.31) 使用引理 13.2, 我们得到如下表达式

$$
\begin{aligned}
\tau(\theta) &= \tau(0) + \int_0^{\theta} (\theta - s)^{-p+\varepsilon} \varphi(s) ds, \\
\nu(\theta) &= \nu(0) + \int_0^{\theta} (\theta - s)^{p-1+\varepsilon} \psi(s) ds,
\end{aligned} \tag{41.32}
$$

其中 $\varepsilon > 0$ 充分小, 且 $\varphi, \psi \in C([0,1])$. 将这些值代入 (41.28) ($\beta^* = \beta = p$), 并在

区域 $0 < s < \theta, \xi < \theta < \eta$ 中交换积分次序, 我们得到

$$u(\xi, \eta) = - A_1 2^{2p-1}(\eta - \xi)^{1-2p}\, \mathrm{B}(1-p, 1-p)\nu(0) + \tau(0)$$

$$+ \left(\int_0^\xi ds \int_\xi^\eta d\theta + \int_\xi^\eta ds \int_s^\eta d\theta \right)$$

$$\times \left[-A_1 2^{2p-1}\psi(s)(\eta - \theta)^{-p}(\theta - \xi)^{-p}(\theta - s)^{p-1+\varepsilon} \right.$$

$$\left. + (\mathrm{B}(p,p))^{-1}(\eta - \xi)^{1-2p}\varphi(s)(\eta - \theta)^{p-1}(\theta - \xi)^{p-1}(\theta - s)^{-p+\varepsilon} \right].$$

$$(41.33)$$

现在利用替换 $\theta = (\eta - \xi)t + \xi$ 或 $\theta = (s - \theta)t + \eta$, 通过 (1.72) 计算内积分, 我们有

$$u(\xi, \eta) = - A_1 2^{2p-1}\mathrm{B}(1-p, 1-p)(\eta - \xi)^{1-2p}\nu(0) + \tau(0)$$

$$- 2^{2p-1}A_1 \mathrm{B}(1-p, p+\varepsilon)(\eta - \xi)^{-p}$$

$$\times \int_\xi^\eta \psi(s)(\eta - s)^\varepsilon {}_2F_1\left(p, 1-p; 1+\varepsilon; \frac{\eta - s}{\eta - \xi} \right) ds$$

$$+ \frac{\mathrm{B}(p, 1-p+\varepsilon)}{\mathrm{B}(p,p)}(\eta - \xi)^{-p}$$

$$\times \int_\xi^\eta \varphi(s)(\eta - s)^\varepsilon {}_2F_1\left(p, 1-p; 1+\varepsilon; \frac{\eta - s}{\eta - \xi} \right) ds \qquad (41.34)$$

$$+ \int_0^\xi \varphi(s)(\eta - s)^{-p+\varepsilon} {}_2F_1\left(p, p - \varepsilon; 2p; \frac{\eta - \xi}{\eta - s} \right) ds$$

$$- \frac{A_1\, \mathrm{B}(1-p, 1-p)}{2^{1-2p}(\eta - \xi)^{2p-1}} \int_0^\xi \psi(s)(\xi - s)^{p-1+\varepsilon}$$

$$\times {}_2F_1\left(1-p, 1-p-\varepsilon; 2-2p; \frac{\xi - \eta}{\xi - s} \right) ds.$$

式中所涉及的积分都是正常积分, 并且在域 $\mathcal{D}$ 中具有关于 ξ 和 η 的连续导数. (41.34) 中最后一个积分关于 ξ 的导数也存在, 因为由 (10.13), 当 $s \to \xi$ 时 $(\xi - s)^{p-1+\varepsilon} {}_2F_1\left(\frac{\xi - \eta}{\xi - s} \right) = O(1)$. (41.34) 中除第一项和最后一项外, 所有项的导数在 $\eta \to \xi$ 时为 $O((\eta - \xi)^{-p})$ 阶. 将算子 $(\eta - \xi)^{2p}\left(\dfrac{\partial}{\partial \eta} - \dfrac{\partial}{\partial \xi} \right)$ 应用到 (41.34), 并取极限 $\eta \to \xi$, 我们发现

$$\lim_{\eta \to \xi}(\eta - \xi)^{2p}(u_\eta - u_\xi) = - A_1 2^{2p}\mathrm{B}(1-p, 1-p)(1-2p)$$

$$\times \left[\nu(0) + \int_0^\xi \psi(s)(\xi - s)^{p-1+\varepsilon} ds \right]$$

$$= -2^{2p}\nu(\xi),$$

并且这个极限关于 $0 \leqslant \xi \leqslant \theta < 1$ 是一致的. 因此, 经 (41.27) 中的替换后, 我们得到 (41.26) 中的第二个关系式.

因为 $\varphi, \psi \in C([0,1])$, 所以根据 Weierstrass 定理在任意区间 $[0, \theta_0]$, $\theta_0 < 1$ 上存在函数序列 $\{\varphi_n(s)\}_{n=1}^\infty$, $\{\psi_n(s)\}_{n=1}^\infty \in C^2([0,1])$ 分别一致收敛于 φ 和 ψ. 根据 (41.32) 它们对应同样属于 $C^2([0,1])$ 的函数 $\tau_n, \nu_n, n = 1, 2, \cdots$. 但此时 (41.28) 中由 u_n 表示的相应解还属于 $C^2(D^-)$ 且 $u_n \to u$. ∎

41.3　多维半空间中的半齐次 Cauchy 问题

我们考虑半空间 $R_+^{n+1} = \{(x, y) : x = (x_1, \cdots, x_n) \in R^n, y > 0\}$ 中双曲方程

$$\sum_{k=1}^n \frac{\partial^2 u}{\partial x_k^2} - \frac{\partial^2 u}{\partial y^2} - \frac{2p}{y}\frac{\partial u}{\partial y} = 0 \tag{41.35}$$

在半齐次初始条件

$$u(x, 0) = \tau(x), \quad u_y(x, 0) = 0 \tag{41.36}$$

下的 Cauchy 问题, 其中 $\tau(x) \in C^2(R^n)$ 是给定函数. 已知 (Courant and Hilbert [1951, p. 466]), 若 $2p = n - 1$, 则 (41.35) 和 (41.36) 中给出问题的解是唯一的, 它可以表示为函数 τ 在空间 R^n 中的球面均值 $M_n(x, y; \tau)$:

$$u(x, y) = M_n(x, y; \tau) = \frac{1}{|S_{n-1}|} \int_{S_{n-1}} \tau(x + yt)d\sigma, \tag{41.37}$$

这里 $t = (t_1, \cdots, t_n)$ 在单位球面 S_{n-1} 上, 即 $|t| = 1$, $d\sigma$ 是单位球的面积微元, $|S_{n-1}| = 2\pi^{n/2}/\Gamma(n/2)$ 是单位球的表面积. 其值通过在 (25.9) 中取 $f \equiv 1$ 计算. 特别地, 关系式

$$M_n(x, 0; \tau) = \tau(x), \tag{41.38}$$

$$M_1(x, y; \tau) = 2^{-1}[\tau(x - y) + \tau(x + y)] \tag{41.39}$$

可从 (41.37) 中得到.

我们将 (18.8) 中定义的 Erdélyi-Kober 算子 $I_{\eta,\alpha}$ 关于 y 作用到解 (41.37) 上, 下面用 $I_{\eta,\alpha}^{(y)}$ 表示. 然后利用引理 40.2 中 $\lambda = 0$ 的情况, 选择 $I_{\eta,\alpha}^{(y)}$ 的参数, 使

(41.35) 中 $2p = n - 1$ 的算子转化为 (41.35) 中 $2p$ 任意的算子. 通过这种方式, 我们构造出了函数

$$u(x, y) = \frac{\Gamma(p + 1/2)}{\Gamma(n/2)} I^{(y)}_{n/2-1, p+(1-n)/2} M_n(x, y; \tau). \tag{41.40}$$

根据引理 40.2, 这个函数是 (41.35) 的解, 常系数 $\dfrac{\Gamma(p + 1/2)}{\Gamma(n/2)}$ 的选择是为了使 (41.36) 中的条件对于 (41.38) 成立.

我们注意到, 如果使用 §18.1 中考虑的 Erdélyi-Kober 算子 $I_{\eta, \alpha}$ 在 $\alpha < 0$ 时的定义, 那么在 $p < (n-1)/2$ 的情况下, (41.40) 仍然是 (41.35) 和 (41.36) 中给出的 Cauchy 问题的解. 但是, Bresters [1973] 证明了解 (41.40) 在 $p < 0$ 的情况下不是唯一解.

由 (23.1), (41.40) 可表示为如下形式

$$u(x, y) = \frac{\Gamma(p + 1/2)}{\Gamma(n/2)} \int_{\gamma - i\infty}^{\gamma + i\infty} \frac{\Gamma((n-s)/2)}{\Gamma((1-s)/2 + p)} \mathfrak{M}^{(y)} \{M_n(x, y; \tau); s\} y^{-s} ds,$$
$$0 < \gamma < 1, \tag{41.41}$$

其中 $\mathfrak{M}^{(y)}$ 是作用在 y 上的 Mellin 变换 (在 (1.112) 中定义). 对于 $2p \neq -1, -3,$ $\cdots$, Cauchy 问题这种形式的解是可以接受的, 且它在研究该解的渐近行为时很有用.

例如, 当 $n = 1$ 时, $p > 0$ 且 $\tau(t)$ 具有最简单形式的渐近展开

$$\tau(t) \sim \sum_{k=0}^{\infty} a_k t^{-k}, \quad t \to \infty, \tag{41.42}$$

我们可以找到解 $u(x, y)$ 在 $y \to \infty$ 时的渐近展开式. 然后, 如 Berger and Handelsman [1975] 所作的那样

$$M_1(x, y; \tau) \sim \sum_{k=0}^{\infty} c_k(x) y^{-2k}, \tag{41.43}$$

其中 $c_0(x) = a_0,$

$$c_k(x) = \sum_{j=0}^{2k-1} \binom{2k-1}{j} a_{2k-j}(-x)^j, \quad k = 1, 2, \cdots$$

是 $2k - 1$ 阶多项式. 因此利用 (17.18) 我们得到了 (41.25) 在 $q = 0$ 时的解的渐近展开:

$$u(x,y) \sim \frac{\Gamma(p+1/2)}{\sqrt{\pi}}\left[\sum_{k=0}^{\infty}\frac{2(-1)^k\mathfrak{M}^{(y)}\{M_1(x,y;\tau);2k+1\}}{k!\Gamma(p-k)y^{2k+1}}\right.$$
$$\left.+\sum_{k=0}^{\infty}\frac{\Gamma(1/2-k)}{\Gamma(p+1/2-k)}\right]c_k(x)y^{-2k}. \tag{41.44}$$

在本小节的结论部分, 我们注意到在任意 λ 的情况下, 利用引理 40.2 我们能够在解 (41.37) 的基础上构造任意二阶常系数齐次线性双曲方程 Cauchy 问题的解. 事实上, 上述方程通过变量替换可以简化为方程

$$\sum_{k=1}^{n}v_{x_kx_k} - v_{yy} - \lambda^2 v = 0. \tag{41.45}$$

根据引理 40.2, 该方程的解 $v(x,y)$ 可通过以下关系转换为 (41.35) 在 $2p = n - 1$ 时的解 $u(x,y)$,

$$u(x,y) = \frac{\Gamma(n/2)}{\sqrt{\pi}}J_{i\lambda}^{(y)}\left(-\frac{1}{2}, \frac{n-1}{2}\right)v(x,y), \tag{41.46}$$

其中 $J_\lambda^{(y)}(\eta,\alpha)$ 是在 (37.45) 中定义的作用在 y 上的广义 Erdélyi-Kober 算子 $J_\lambda(\eta,\alpha)$. 那么解 $v(x,y)$ 也满足 (41.36), 逆变换由下面的表达式给出

$$u(x,y) = \frac{\sqrt{\pi}}{\Gamma(n/2)}J_\lambda^{(y)}\left(\frac{n}{2} - 1, \frac{1-n}{2}\right)M_n(x,y;\tau). \tag{41.47}$$

如果在解 $v(x,y)$ 的基础上我们构造函数

$$\tilde{v}(x,y) = \int_0^y v(x,t)dt, \tag{41.48}$$

则它也是 (41.45) 的解, 满足与 (41.36) 对称的半齐次初始条件

$$\tilde{v}(x,0) = 0, \quad \tilde{v}_y(x,0) = \tau(x). \tag{41.49}$$

在 (41.49) 中用 $\nu(x)$ 代替 $\tau(x)$, 并与 (41.47) 中给出的函数相加, 我们得到了 (41.45) 一般形式的 Cauchy 问题 (41.26) $(p = 0)$ 的解.

41.4 半平面上加权 Dirichlet 和 Neumann 问题

本小节中, 我们将应用 (41.18)—(41.20) 中给出的结果求解半平面 $y > 0$ 中参数 p 和 q 任意的 (41.2) 的 Dirichlet 和 Neumann 问题. 以下类似定理 40.7 和定理 40.8 的结果成立.

定理41.5 设 τ 是在实直线 $(-\infty, \infty)$ 上有界的连续函数. 则半平面 $y > 0$ 上的 Dirichlet 问题, 即在无穷远处有界的函数空间中求 (41.2) 满足初始条件 (40.32) 的解 $u(x, y) \in C^2(y > 0)$, 对于任意实数 q 仅在 $p < 1/2$ 时适定. 其解在 (41.18) 中给出, 其中

$$l_1 = \frac{(1 - 2p)\mathrm{B}(1 - \beta, 1 - \bar{\beta})}{2^{2p}\pi e^{q\pi}}. \tag{41.50}$$

定理 41.6 设 ν 是在实直线 $(-\infty, \infty)$ 上绝对可积的连续函数, 并且如果 $p \leqslant 0$, 则还有 $|\nu(t)| \leqslant C|t|^{2p-1-\varepsilon}$, $\varepsilon > 0$, $|t| \to \infty$, C 为常数. 令 (40.49) 中的必要条件满足. 则半平面 $y > 0$ 中的加权 Neumann 问题, 即求 (41.2) 在无穷远处为零且在轴 $-\infty < x < \infty$ 上满足边界条件 (40.45) 的解 $u \in C^2 (y > 0)$, 仅在以下三种情况下适定:

1) $p > q$, q 为任意实数; 2) $-1/2 < p < 0$, $q = 0$ 和 3) $p = q = 0$. 在前两种情况下, 上述问题的解由 (41.19) 给出, 其中

$$l_2 = -2^{2p-2}\pi^{-1}e^{-q\pi}\mathrm{B}(\beta, \bar{\beta}), \tag{41.51}$$

在第三种情况下, 解由 (40.50) 给出, 并且仅当 $q = 0$, $p \to 0$ 时, 与解 (41.19) (系数由 (41.51) 给出) 联系. 这些解包含的积分在集合 $\{y \geqslant 0, |x| < R\}$ 中绝对且一致收敛, 并且这些解在无穷远处为零, 其阶为 $u = O(\rho^{-2p-1})$, $u_x, u_y = O(\rho^{-2p-2})$, $\rho = \sqrt{x^2 + y^2} \to \infty$.

定理 41.7 设 $p = 1/2$, τ 是在实直线上的连续函数且 $|\tau(t)| < C|t|^{-\varepsilon}$, $\varepsilon > 0$, $|t| \to \infty$, C 为常数. 则半平面 $y > 0$ 中的加权 Dirichlet 和 Neumann 问题可解, 即可以找到 (41.2) 在无穷远处为零且分别满足以下条件的解 $u \in C^2(y > 0)$:

$$\lim_{y \to 0+} \ln^{-1} y u(x, y) = \lim_{y \to 0+} y u_y(x, y) = \tau(x), \quad -\infty < x < \infty, \tag{41.52}$$

其解由 (41.20), 其中 ψ 的形式为 (41.17),

$$l_3^{-1} = -(1 + e^{2q\pi})(C_1 - AC_2), \quad A = \ln 4 + 2C + \psi(1/2 - iq) + \psi(1/2 + iq), \tag{41.53}$$

或由其等价关系

$$u(x, y) = \frac{e^{-q\pi}}{2\mathrm{ch}q\pi} \int_{-\infty}^{\infty} \frac{\tau(t)e^{2q\psi}}{\sqrt{(t-x)^2 + y^2}} \ln \frac{e^{AC-1}y^C}{((x-t)^2 + y^2)^C} dt \tag{41.54}$$

给出, 其中 C, C_1 和 C_2 是任意常数, $\psi(z)$ 在 (1.67) 中定义.

注 41.4　假设 $p < 1/2$, 且 (40.32) 和 (40.45) 成立, 将 (41.18) 关于 y 微分, 并在得到的方程和 (41.19) 中取极限 $y \to 0+$, 进一步, 作变量替换

$$c_1 = \mathrm{ch}q\pi, \quad c_2 = -\mathrm{sh}q\pi, \quad \alpha = 1 - 2p,$$

$$f(x) = \tau(x), \quad \varphi(t) = \Gamma(\alpha)l_2 e^{q\pi}\nu(t),$$

我们得到 (12.11) 和 (30.78) 中的关系式, 它们反映了正逆 Feller 变换之间的联系.

以下边值问题对于其他参数 p 和 q 可解.

A. 如果 $p > 1/2$ 且 q 为任意实数, 则加权 Dirichlet 问题 (40.51), $-\infty < x < \infty$ 可解, 其解由 (41.19) 和 (41.51) 给出.

B. 如果 $p = 0$ 且 $q \neq 0$, 则加权 Neumann 问题

$$\lim_{y \to 0+} \ln^{-1} y u_y(x, y) = \nu(x) \tag{41.55}$$

可解, 其解由 (41.19) 给出, 其中 $p = 0$, $l_2 = [4qe^{q\pi}\mathrm{sh}q\pi]^{-1}$.

C. 如果 $p < 0$ 且 $q \neq 0$, 则 Neumann 问题

$$u_y(x, 0) = \nu(x), \quad -\infty < x < \infty \tag{41.56}$$

在无穷远处有界的函数空间中可解, 其解由 (41.18) 给出, 其中

$$\tau(t) = -pq^{-1} \int_{-\infty}^{t} \nu(\theta)d\theta + C, \quad C \text{——} \mathrm{const},$$

如果 u 在无穷远处为零, 则 $C = 0$.

D. 如果 $q = 0$, $p = -1/2$, 则加权 Neumann 问题

$$\lim_{y \to +0} (y \ln^{-1} y)^{-1} u_y(x, y) = \nu(x), \quad -\infty < x < \infty \tag{41.57}$$

可解, 其解由 (41.19) 给出, 其中 $q = 0$, $l_2 = -1/2$.

E. 如果 $q = 0$, $p < -1/2$, 则在条件 (40.49) 和 $|\nu(t)| < C|t|^{-2-\varepsilon}$, $\varepsilon > 0$, $|t| \to \infty$ 下, 加权 Neumann 问题

$$\lim_{y \to +0} y^{-1} u_y(x, y) = \nu(x), \quad -\infty < x < \infty \tag{41.58}$$

在函数本身及其一阶导数在无穷远处为零的函数空间中唯一可解, 解由 (41.18) 给出, 其中 $q = 0$,

$$\tau(t) = \int_{-\infty}^{t} (t - \theta)\nu(\theta)d\theta, \quad l_1 = \frac{2\Gamma(1-p)}{\sqrt{\pi}\Gamma(-1/2-p)}.$$

为了使上述问题唯一可解, 我们必须假设解的附加条件, 并去掉 (41.2) 的奇异解形式: $y^{1-2p} r_1^{2p-2} e^{2q\psi}$, y^{1-2p}, $r_1^{-2p} e^{2q\psi}$, 当 $p = 1/2$ 时, 解的形式为 1, $\ln y$, $r_1^{-1} \ln(y r_1^{-2}) e^{2q\psi}$.

表 41.1 反映了当 $y \to 0$ 时, (41.2) 的解 u 及其导数 u_y 的阶对参数 p 和 q 的依赖性.

表 41.1

p	$< -\frac{1}{2}$	$-\frac{1}{2}$	$-\frac{1}{2} < p < 0$	0	> 0	$0 < p < \frac{1}{2}$	$\frac{1}{2}$	$> \frac{1}{2}$
q	0	0	0	0	$\neq 0$	$\forall$	$\forall$	$\forall$
$u = 0$	1	1	1	1	1	1	$\ln y$	y^{1-2p}
$u_y = 0$	y	$y \ln y$	y^{-2p}	1	1	y^{-2p}	y^{-1}	y^{-2p}

表 41.1 还表明了对应在奇异线 $y = 0$ 上给出条件的适定 Neumann 和 Dirichlet 问题的权重.

§42　分数阶常微分方程

分数阶导数的符号下包含未知函数 $y(x)$ 的方程, 即如下形式的方程

$$F\left(x, y(x), \mathcal{D}_{a_1}^{\alpha_1} \omega_1(x) y(x), \mathcal{D}_{a_2}^{\alpha_2} \omega_2(x) y(x), \cdots, \mathcal{D}_{a_n}^{\alpha_n} \omega_n(x) y(x)\right) = g(x) \quad (42.1)$$

称为分数阶常微分方程, 其中 $\mathcal{D}_{a_j}^{\alpha_j} = \mathcal{D}_{a_{j+}}^{\alpha_j}$ 或 $\mathcal{D}_{a_{j-}}^{\alpha_j}$. 类比经典微分方程理论, 分数阶微分方程可分为常系数和变系数的线性、齐次和非齐次方程. 分数阶微分方程既可以在正则函数空间中研究, 即在经典意义下函数的某次幂可和, 函数连续并可微到一定阶, 这样的函数构成的空间, 也可以在各种广义函数空间中研究.

分数阶微分方程的 Cauchy 和 Dirichlet 问题的类似问题经常在应用中出现. 因此, 如果我们想在初始条件下

$$\mathcal{D}_{b+}^{\beta_1} y(x) \Big|_{x=x_0} = b_1, \ \mathcal{D}_{b+}^{\beta_2} y(x) \Big|_{x=x_0} = b_2, \cdots,$$

$$\mathcal{D}_{b+}^{\beta_m} y(x) \Big|_{x=x_0} = b_m, \ x_0, b, b_1, \cdots, b_m, \beta_1, \cdots, \beta_m \text{——const},$$

找到 (42.1) 的解 $y(x)$, 那么可以说我们在寻找 (42.1) 的 Cauchy 型问题的解. 如果未知函数或其整数阶或分数阶导数的值在某个区间 $[x_0, x_1]$ 的端点处给定, 那么可以说我们在处理 (42.1) 的 Dirichlet 型问题.

本节中, 我们将讨论某些分数阶微分方程问题的适当设置. 因此, 我们将研究这些方程在某些函数空间中的可解性问题. 进一步, 将考虑分数阶积分-微分理论和分数阶微分方程理论在几类整数阶微分方程积分 (或求解) 中的应用.

42.1　一般形式的分数阶微分方程及微分方程组的 Cauchy 型问题

我们需要找到满足以下方程的函数 $y(x)$,

$$\frac{d^\alpha}{dx^\alpha}y(x) = f(x,y), \quad n-1 < \alpha \leqslant n, \quad n = 1,2,\cdots, \tag{42.2}$$

$n = -[-\alpha]$, 其中此处及下文 $\dfrac{d^\alpha}{dx^\alpha} = \mathcal{D}_{0+}^\alpha$, 初始条件为

$$\left.\frac{d^{\alpha-k}}{dx^{\alpha-k}}y(x)\right|_{x=0+} = b_k, \quad k = 1,2,\cdots,n, \tag{42.3}$$

其中 $f(x,y)$ 是给定函数, $\alpha, b_1, \cdots, b_n$ 是给定常数.

我们将考虑一系列关于上述问题解的存在性和唯一性的定理.

我们用 R_n 表示 $R \times R$ 中域 D 内的点集 (x,y):

$$R_n = \left\{(x,y) \in D : 0 < x \leqslant h, \left|x^{n-\alpha}y(x) - \frac{b_n}{\Gamma(\alpha-n+1)}\right| \leqslant a\right\},$$
$$a > \left|\sum_{k=0}^{n-1} \frac{h^{n-k}b_k}{\Gamma(\alpha-k+1)}\right|, \tag{42.4}$$

其中 a, h 和 b_0 为某些常数.

定理 42.1　设 $f(x,y)$ 为在 D 中连续的实值函数, 关于 y 满足 Lipschitz 条件:

$$|f(x,y_1) - f(x,y_2)| \leqslant A|y_1 - y_2|, \tag{42.4'}$$

且条件 $\sup\limits_{(x,y)\in D}|f(x,y)| = b_0 < \infty$ 成立. 则域 $R_1 \subset D$ 中存在当 $n=1$ 时 Cauchy 型问题 (42.2), (42.3) 的连续唯一解. 对于 $n=1$ 的情况 R_1 参考 (42.4).

定理 42.2　设 $f(x,y)$ 满足定理 42.1 中的条件. 则域 $R_n \subset D, n = 1,2,\cdots$ 中存在 Cauchy 型问题 (42.2), (42.3) 的连续唯一解.

定理 42.3　设 $f_k(x,y_1,\cdots,y_m), k = 1,2,\cdots,m$ 为在域 $D_m \subset R \times R^m$ 中连续的实值函数, 且满足条件

$$|f_k(x,y_1,\cdots,y_m) - f_k(x,z_1,\cdots,z_m)| \leqslant A\sum_{i=1}^m |y_i - z_i|, \quad k = 1,2,\cdots,m$$

和 $\sup\limits_{\substack{(x,y_1,\cdots,y_m)\in D_m \\ k=1,2,\cdots,m}} |f_k(x,y_1,\cdots,y_m)| = M < \infty.$ 则域

$$\tilde{R}_1 = \left\{ (x, y_1, \cdots, y_m) \in D_m : 0 < x \leqslant h, \right.$$

$$\left. \left| x^{1-\alpha} y_k(x) - \frac{b_k}{\Gamma(\alpha)} \right| \leqslant a, k = 1, 2, \cdots, m \right\},$$

其中 $a > Mh/\Gamma(\alpha+1)$, 存在以下 Cauchy 型问题的连续唯一解,

$$\frac{d^\alpha}{dx^\alpha} y_k(x) = f_k(x, y_1, \cdots, y_m), \quad \frac{d^{\alpha-1}}{dx^{\alpha-1}} y_k(x) \Big|_{x=0+} = b_k,$$

$$k = 1, 2, \cdots, m, \quad 0 < \alpha \leqslant 1.$$

定理 42.4　设 $f_k(x, y_1, \cdots, y_m)$ 满足定理 42.3 中的条件. 则域

$$\tilde{R}_n = \left\{ (x, y_1, \cdots, y_m) \in D_m : 0 < x \leqslant h, \right.$$

$$\left. \left| x^{n-\alpha} y_k(x) - \frac{b_{k,n}}{\Gamma(\alpha-n+1)} \right| \leqslant a, \ k = 1, 2, \cdots, m \right\},$$

其中

$$a > \left| \sum_{j=0}^{n-1} \frac{h^{n-j} b_{k,j}}{\Gamma(\alpha-j+1)} \right|, \quad b_{k,0} = M, \ k = 1, 2, \cdots, m$$

中存在以下 Cauchy 型问题的连续唯一解,

$$\frac{d^\alpha}{dx^\alpha} y_k(x) = f_k(x, y_1, \cdots, y_m), \quad \frac{d^{\alpha-j}}{dx^{\alpha-j}} y_k(x) \Big|_{x=+0} = b_{k,j},$$

$$k = 1, 2, \cdots, m, \quad j = 1, 2, \cdots, n, \quad n-1 < \alpha \leqslant n.$$

定理 42.5　设 $p_k(x), \ k = 0, 1, \cdots, m$, 且 $f(x)$ 是在区间 $(0, h)$ 上的连续函数. 则 Cauchy 型问题

$$\sum_{k=0}^{m} p_k(x) \frac{d^{(m-k)\alpha}}{dx^{(m-k)\alpha}} y(x) = f(x), \quad 0 < \alpha \leqslant 1,$$

$$\frac{d^{k\alpha-1}}{dx^{k\alpha-1}} y(x) \Big|_{x=0+} = b_k, \quad k = 1, 2, \cdots, m$$

在 $(0, h)$ 上有连续的唯一解.

定理 42.6　在定理 42.5 的条件下, Cauchy 型问题

$$\sum_{k=0}^{m} p_k(x) \frac{d^{(m-k)\alpha}}{dx^{(m-k)\alpha}} y(x) = f(x), \quad n-1 < \alpha \leqslant n,$$

$$\left. \frac{d^{k\alpha-j}}{dx^{k\alpha-j}} y(x) \right|_{x=0+} = b_{k,j}, \quad k = 1, 2, \cdots, m, \ j = 1, 2, \cdots, n$$

在 $(0, h)$ 上有连续的唯一解.

　　证明　定理 42.1—定理 42.6 的证明与整数阶微分方程相应定理的证明差别不大. 因此我们证明定理 42.1.

　　对 (42.2) 积分, 其中 $\dfrac{d^{-\alpha}}{dx^{-\alpha}} = I_{0+}^{\alpha}$, 我们有

$$\frac{d^{-\alpha}}{dx^{-\alpha}} \frac{d^{\alpha}}{dx^{\alpha}} y(x) = \frac{d^{-\alpha}}{dx^{-\alpha}} f(x, y),$$

从而根据 (2.61) 中的性质和 (42.3) 中的条件, 我们得到

$$y(x) = b_1 \frac{x^{\alpha-1}}{\Gamma(\alpha)} + \int_0^x \frac{(x-t)^{\alpha-1}}{\Gamma(\alpha)} f(t, y) dt. \tag{42.5}$$

因此, (42.2) 和 (42.3) 中的问题简化为 (42.5). 现在我们来证明如果连续函数 $f(x, y)$ 满足 (42.5), 则它满足 (42.2) 和 (42.3). 事实上, 将算子 $\dfrac{d^{\alpha}}{dx^{\alpha}}$ 应用到 (42.5) 上, 我们有

$$\frac{d^{\alpha}}{dx^{\alpha}} y(x) = \frac{b_1}{\Gamma(\alpha)} \frac{d^{\alpha}}{dx^{\alpha}} x^{\alpha-1} + \frac{d^{\alpha}}{dx^{\alpha}} \frac{d^{-\alpha}}{dx^{-\alpha}} f(x, y),$$

从而, $\dfrac{d^{\alpha}}{dx^{\alpha}} y(x) = f(x, y)$.

　　如果将算子 $\dfrac{d^{\alpha-1}}{dx^{\alpha-1}}$ 应用到 (42.5), 则可以很容易地得到 (42.3) 中 $n = k = 1$ 时的条件:

$$\frac{d^{\alpha-1}}{dx^{\alpha-1}} y(x) = \frac{b_1}{\Gamma(\alpha)} \frac{d^{\alpha-1}}{dx^{\alpha-1}} x^{\alpha-1} + \frac{d^{-1}}{dx^{-1}} f(x, y)$$

$$= b_1 + \frac{1}{\Gamma(1)} \int_0^x f(t, y(t)) dt,$$

然后令 $x = 0$.

　　从我们的论述中可以看出, (42.5) 在上述意义上等价于 (42.2), 初始条件在 (42.3) 中给出.

剩下的证明我们通过逐次逼近法完成, 也可使用压缩映射的方法 —— Kolmogorov and Fomin [1968, p. 73]. 令

$$y_0(x) = b_1 \frac{x^{\alpha-1}}{\Gamma(\alpha)},$$
$$y_n(x) = b_1 \frac{x^{\alpha-1}}{\Gamma(\alpha)} + \int_0^x \frac{(x-t)^{\alpha-1}}{\Gamma(\alpha)} f(t, y_{n-1}(t)) dt, \quad n = 1, 2, \cdots. \tag{42.6}$$

首先, 对于 $0 < x \leqslant h$ 我们要求点 $(x, y_n(x))$ 在 R_1 中. 估计

$$\left| x^{1-\alpha} y_n(x) - \frac{b_1}{\Gamma(\alpha)} \right| = \left| \frac{x^{1-\alpha}}{\Gamma(\alpha)} \int_0^x (x-t)^{\alpha-1} f(t, y_{n-1}(t)) dt \right|$$
$$\leqslant \frac{b_0 x}{\Gamma(\alpha+1)} \leqslant \frac{b_0 h}{\Gamma(\alpha+1)}, \tag{42.7}$$

可从条件 $\sup\limits_{(x,y) \in D} |f(x, y)| = b_0$ 中得到. 如果条件 $b_0 h / \Gamma(\alpha+1) < a$ 成立, 则对于 $0 < x \leqslant h$, $(x, y_n(x)) \in R_1$.

现在我们估计差 $y_n(x) - y_{n-1}(x)$. 由 (42.7) 我们有

$$|y_1(x) - y_0(x)| \leqslant b_0 x^\alpha / \Gamma(\alpha+1)$$
$$\leqslant b_0 h^\alpha / \Gamma(\alpha+1).$$

利用 (42.4') 中给出的 Lipschitz 条件和 (42.6) 中的估计式 ($n = 1$), 我们发现

$$|y_2(x) - y_1(x)| = \frac{1}{\Gamma(\alpha)} \left| \int_0^x (x-t)^{\alpha-1} [f(t, y_1(t)) - f(t, y_0(t))] dt \right|$$
$$\leqslant \frac{A}{\Gamma(\alpha)} \int_0^x (x-t)^{\alpha-1} |y_1(t) - y_0(t)| dt$$
$$\leqslant \frac{A}{\Gamma(\alpha)} \int_0^x (x-t)^{\alpha-1} \frac{b_0 t^\alpha}{\Gamma(\alpha+1)} dt \leqslant \frac{A b_0 h^{2\alpha}}{\Gamma(2\alpha+1)}.$$

多次重复这样的估计, 我们最终得到不等式

$$|y_n(x) - y_{n-1}(x)| \leqslant A^{n-1} b_0 h^{n\alpha} / \Gamma(n\alpha+1).$$

由此可知, 序列 $y_n(x)$ 关于 x ($0 < x \leqslant h$) 一致收敛到某个极限函数 $y(x)$. 这个极限函数在 $0 < x \leqslant h$ 中连续, 并且满足不等式

$$|x^{1-\alpha} y(x) - b_1 / \Gamma(\alpha)| \leqslant a,$$

该不等式通过在 (42.7) 中取极限 $n \to \infty$ 得到. 现在, 在 (42.6) 中取极限, 我们根据 $f(x, y)$ 的连续性得到 (42.5).

我们证明解 $y(x)$ 对于充分小的 h 唯一. 令 $Ah^\alpha / \Gamma(\alpha + 1) < 1$, 我们假设所考虑的问题存在两个解 $y(x)$ 和 $Y(x)$. 将它们代入 (42.5) 后相减, 我们得到

$$
\begin{aligned}
|y(x) - Y(x)| &= \left| \int_0^x \frac{(x-t)^{\alpha-1}}{\Gamma(\alpha)} [f(t, y(t)) - f(t, Y(t))] dt \right| \\
&\leqslant \frac{A}{\Gamma(\alpha)} \int_0^x (x-t)^{\alpha-1} |y(t) - Y(t)| dt.
\end{aligned}
$$

我们假设差 $|y(x) - Y(x)|$ 在区间 $0 < x \leqslant h$ 中的某一点 $x = \xi$ 处有最大值 δ. 则对于 $x = \xi$, 从最后一个不等式我们有 $\delta \leqslant A\Gamma^{-1}(\alpha)\delta h^\alpha \alpha^{-1}$ 或 $1 \leqslant Ah^\alpha / \Gamma(\alpha + 1)$, 这与假设矛盾. 这样就完成了定理 42.1 的证明.

定理 42.2 的证明与定理 42.1 的证明类似, 只是在这种情况下我们令

$$
y_0(x) = \sum_{k=1}^n \frac{b_k x^{\alpha-k}}{\Gamma(\alpha - k + 1)}.
$$

定理 42.3 和定理 42.4 是定理 42.1 和定理 42.2 对于分数阶微分方程组情况的推广. 定理 42.5 和定理 42.6 是定理 42.1 和定理 42.2 的特殊情况. ∎

在本小节的最后, 我们考虑使用定理 42.1 和定理 42.2 的两个例子.

例 42.1　我们求解以下 Cauchy 型问题

$$
\frac{d^\alpha}{dx^\alpha} y(x) = \lambda y(x), \quad n - 1 < \alpha \leqslant n,
$$

$$
\left. \frac{d^{\alpha-k}}{dx^{\alpha-k}} y(x) \right|_{x=0+} = b_k, \quad k = 1, 2, \cdots, n.
$$

利用定理 42.1 的证明, 我们有

$$
y_0(x) = \sum_{k=1}^n b_k \frac{x^{\alpha-k}}{\Gamma(\alpha - k + 1)},
$$

$$
y_m(x) = y_0(x) + \frac{\lambda}{\Gamma(\alpha)} \int_0^x (x-t)^{\alpha-1} y_{m-1}(t) dt.
$$

因此对于 $m = 1, 2, \cdots$, 我们发现

$$y_1(x) = y_0(x) + \lambda \sum_{k=1}^n b_k \frac{x^{2\alpha-k}}{\Gamma(2\alpha-k+1)},$$

$$y_2(x) = y_1(x) + \lambda^2 \sum_{k=1}^n b_k \frac{x^{3\alpha-k}}{\Gamma(3\alpha-k+1)},$$

$$\cdots,$$

它在一般情况下为

$$y_m(x) = \sum_{k=1}^n b_k \sum_{j=1}^{m+1} \lambda^{j-1} \frac{x^{\alpha j-k}}{\Gamma(\alpha j-k+1)}, \quad m = 1, 2, \cdots.$$

取极限 $m \to \infty$ 后, 我们得到解的以下表示:

$$y(x) = \sum_{k=1}^n b_k \sum_{j=1}^\infty \lambda^{j-1} \frac{x^{\alpha j-k}}{\Gamma(\alpha j-k+1)}$$

$$= \sum_{k=1}^\infty b_k x^{\alpha-k} E_{\alpha,1+\alpha-k}\left(\lambda x^\alpha\right),$$

其中 $E_{\alpha,\beta}(z)$ 为在 (1.91) 中定义的 Mittag-Leffler 函数. 特别地, 如果 $\alpha = n = 1$, 则

$$y(x) = b_1 \sum_{j=1}^\infty \lambda^{j-1} \frac{x^{j-1}}{\Gamma(j)} = b_1 e^{\lambda x},$$

并且我们得到了一阶方程 Cauchy 问题已知解和上述 α 阶方程问题已知解的 "连接".

例 42.2　现在我们构造以下非齐次微分方程 Cauchy 型问题的解:

$$\frac{d^\alpha}{dx^\alpha} y(x) - \lambda y(x) = h(x), \quad n-1 < \alpha \leqslant n,$$

初始条件为

$$\frac{d^{\alpha-k}}{dx^{\alpha-k}} y(x) \bigg|_{x=0+} = b_k, \quad k = 1, 2, \cdots, n.$$

类似于前一个例子, 我们有

$$y_m(x) = y_0(x) + \frac{\lambda}{\Gamma(\alpha)} \int_0^x (x-t)^{\alpha-1} y_{m-1}(t) dt$$

$$+ \frac{1}{\Gamma(\alpha)} \int_0^x (x-t)^{\alpha-1} h(t) dt,$$

因此

$$y_m(x) = \sum_{k=1}^{n} b_k \sum_{j=1}^{m+1} \lambda^{j-1} \frac{x^{\alpha j - k}}{\Gamma(\alpha j - k + 1)}$$

$$+ \sum_{j=1}^{m} \frac{\lambda^{j-1}}{\Gamma(\alpha j)} \int_0^x (x-t)^{\alpha j - 1} h(t) dt.$$

取极限 $m \to \infty$ 后, 我们找到了 Cauchy 型问题的解

$$y(x) = \sum_{k=1}^{n} b_k x^{\alpha - k} E_{\alpha, 1 + \alpha - k}(\lambda x^\alpha)$$

$$+ \int_0^x (x-t)^{\alpha - 1} E_{\alpha, \alpha}[\lambda(x-t)^\alpha] h(t) dt.$$

42.2　分数阶线性微分方程的 Cauchy 型问题

我们考虑分数阶线性微分方程

$$\mathfrak{D}^{\sigma_n} y(x) + \sum_{k=0}^{n-1} p_k(x) \mathfrak{D}^{\sigma_{n-k-1}} y(x) + p_n(x) y(x) = f(x), \qquad (42.8)$$

其中

$$\mathfrak{D}^{\sigma_k} = \mathcal{D}_{0+}^{\alpha_k - 1} \mathcal{D}_{0+}^{\alpha_{k-1}} \cdots \mathcal{D}_{0+}^{\alpha_0}, \quad k = 1, 2, \cdots, n, \quad \mathfrak{D}^{\sigma_0} = \mathcal{D}_{0+}^{\alpha_0 - 1},$$

$$\sigma_k = \sum_{j=0}^{k} \alpha_j - 1, \quad k = 0, 1, \cdots, n, \quad 0 < \alpha_j \leqslant 1, \quad j = 0, 1, \cdots, n \qquad (42.9)$$

—— 显然, $\alpha_k = \sigma_k - \sigma_{k-1}, k = 1, 2, \cdots, n, \alpha_0 = \sigma_0 + 1$ —— $p_k(x)$ 和 $f(x)$ 为给定函数. 我们需要找到这个方程满足以下初始条件的解 $y(x)$,

$$\left. \mathfrak{D}^{\sigma_k} y(x) \right|_{x=0} = b_k, \quad k = 0, 1, \cdots, n-1. \qquad (42.10)$$

我们在以下情况研究此 Cauchy 型问题

$$p_k(x) \equiv 0, \quad k = 0, 1, \cdots, n,$$

即, 我们考虑方程

$$\mathfrak{D}^{\sigma_n} y(x) = f(x) \qquad (42.11)$$

和 (42.10) 中给出的初值条件.

下面的结论成立.

定理 42.7 设函数 $f(x) \in L_1(0, a)$ 可表示为如下形式

$$f(x) = \frac{d^{\alpha_n - 1}}{dx^{\alpha_n - 1}} \tilde{f}(x), \quad \alpha_n < 1, \tag{42.12}$$

其中 $\tilde{f}(x) \in L_1(0, a)$. 则 (42.11) 和 (42.10) 中定义的 Cauchy 型问题存在唯一解, 可表示为

$$y(x) = \sum_{k=0}^{n-1} b_k \frac{x^{\sigma_k}}{\Gamma(1 + \sigma_k)} + \int_0^x \frac{(x-t)^{\sigma_n - 1}}{\Gamma(\sigma_n)} f(t) dt.$$

证明 显然, 由 (42.9) 可知

$$\mathfrak{D}^{\sigma_k} = \frac{d^{\alpha_k - 1}}{dx^{\alpha_k - 1}} \frac{d}{dx} \mathfrak{D}^{\sigma_{k-1}}. \tag{42.13}$$

因此, (42.11) 可以写为

$$\frac{d^{\alpha_k - 1}}{dx^{\alpha_k - 1}} \frac{d}{dx} \mathfrak{D}^{\sigma_{n-1}} y(x) = f(x)$$

或

$$\mathfrak{D}^{\sigma_{n-1}} y(x) = \frac{d^{-\alpha_n}}{dx^{-\alpha_n}} f(x) + b_{n-1}. \tag{42.14}$$

因此, (42.11) 和 (42.10) 中定义的问题简化为问题 (42.14), 其初始条件在 (42.10) 中给出, 其中 $k = 0, 1, \cdots, n - 2$. 再次将 (42.13) 应用到 (42.14), 类似上面的讨论我们得到

$$D^{\sigma_{n-2}} y(x) = \frac{d^{-\alpha_{n-1}}}{dx^{-\alpha_{n-1}}} \frac{d^{-\alpha_n}}{dx^{-\alpha_n}} f(x) + \frac{d^{-\alpha_{n-1}}}{dx^{-\alpha_{n-1}}} b_{n-1} + b_{n-2}. \tag{42.15}$$

现在 (42.11) 和 (42.10) 中定义的问题简化为了问题 (42.15), 初始条件为 (42.10), 其中 $k = 0, 1, \cdots, n - 3$. 继续此过程, 我们将 (42.11) 简化为等价方程

$$y(x) = \mathfrak{D}^{-\sigma_n} f(x) + \mathfrak{D}^{-\sigma_{n-1}} b_{n-1} + \cdots + \mathfrak{D}^{-\sigma_0} b_0,$$

如果我们考虑到关系

$$\mathfrak{D}^{-\sigma_k} b_k = b_k \frac{x^{\sigma_k}}{\Gamma(1 + \sigma_k)},$$

上述方程的形式为

$$y(x) = \sum_{k=0}^{n-1} b_k \frac{x^{\sigma_k}}{\Gamma(1 + \sigma_k)} + \mathfrak{D}^{-\sigma_n} f(x). \tag{42.16}$$

我们来证明上述函数 $y(x)$ 满足 (42.10) 中的初始条件. 为此, 我们将算子 $\mathfrak{D}^{\sigma_0}$ 应用到 (42.16) 得到

$$\mathfrak{D}^{\sigma_0}y(x) = \sum_{k=0}^{n-1} b_k \frac{x^{\sigma_k - \sigma_0}}{\Gamma(1 + \sigma_k - \sigma_0)} + \mathfrak{D}^{\sigma_0}\mathfrak{D}^{-\sigma_n}f(x).$$

这里令 $x = 0$, 我们得到 (42.10) 中 $k = 0$ 的条件. 将算子 $\mathfrak{D}^{\sigma_1}$ 应用到 (42.16) 并令 $x = 0$, 我们得到 (42.10) 中 $k = 1$ 的条件. 继续此过程我们可以证明 (42.10) 中的所有条件满足. 上述 Cauchy 型问题解的唯一性也可从 (42.16) 中得到. ∎

现在我们给出本小节的主要定理.

定理 42.8　设函数 $p_k(x)(k = 0, 1, \cdots, n)$ 为 Lipschitz 函数, 即它们在区间 $[0, a]$ 上满足 $\lambda = 1$ 阶 Hölder 条件 (§ 1.1), 且 $f(x)$ 是 $[0, a]$ 中的连续函数, 并可表示为

$$f(x) = \frac{d^{\alpha_n - 1}}{dx^{\alpha_n - 1}}\tilde{f}(x), \quad 0 < \alpha_n < 1, \tag{42.17}$$

其中 $\tilde{f}(x) \in L_1(0, a)$. 如果 $\alpha_0 > 1 - \alpha_n$, 则在 (42.8) 和 (42.10) 中定义的 Cauchy 型问题在 $[0, a]$ 上有连续的唯一解.

证明　我们令 $\mathfrak{D}^{\sigma_n}y(x) = \Phi(x)$. 则 (42.8) 具有二阶 Volterra 积分方程的形式

$$\Phi(x) = \omega(x) + \int_0^x W(x, t)\Phi(t)dt, \tag{42.18}$$

其中

$$\begin{aligned} W(x, t) = &-p_n(x)\frac{(x - t)^{\sigma_n - 1}}{\Gamma(\sigma_n)} \\ &-\sum_{k=0}^{n-1} p_{n-k-1}(x)\frac{(x - t)^{\sigma_n - \sigma_k - 1}}{\Gamma(\sigma_n - \sigma_k)}, \end{aligned} \tag{42.19}$$

$$\begin{aligned} \omega(x) = &f(x) - p_n(x)\sum_{k=0}^{n-1} b_k \frac{x^{\sigma_k}}{\Gamma(1 + \sigma_k)} \\ &-\sum_{k=0}^{n-1} p_{n-k-1}(x)\sum_{m=k}^{n-1} b_m \frac{x^{\sigma_m - \sigma_k}}{\Gamma(1 + \sigma_m - \sigma_k)}. \end{aligned} \tag{42.20}$$

(42.19) 表明核 $W(x, t)$ 在 $t = x$ 处有弱奇异性. 对 (42.18) 应用逐次逼近法, 我们发现该方程在 $[0, a]$ 上连续的解 $\Phi(x) \in L_1(0, a)$ 不超过一个. 因此, 由定理 42.7 我们推出在 (42.8) 和 (42.10) 中定义问题的解的唯一性. 根据定理 42.7, 该问题

解的存在性证明也可归结为对以下表示式的证明

$$\Phi(x) = \frac{d^{\alpha_n - 1}}{dx^{\alpha_n - 1}} \tilde{\Phi}(x), \quad \tilde{\Phi}(x) \in L_1(0, a). \tag{42.21}$$

事实上, 由于 (42.18) 的解 $\Phi(x) = \mathfrak{D}^{\sigma_n} y(x)$ 不超过一个, 则由定理 42.7 只需证明函数

$$y(x) = \sum_{k=0}^{n-1} b_k \frac{x^{\sigma_k}}{\Gamma(1 + \sigma_k)} + \frac{1}{\Gamma(\sigma_n)} \int_0^x (x - t)^{\sigma_n - 1} \Phi(t) dt$$

是 (42.8) 和 (42.10) 中所给问题的解. 因此, 我们必须验证 (42.21) 和定理 42.7 中给出的条件. 现在我们进行此验证.

考虑到条件 $\alpha_0 > 1 - \alpha_n$, $\alpha_n > 0$ 和不等式

$$\sigma_k + \alpha_n \geqslant \sigma_0 + \alpha_n = \alpha_0 - 1 + \alpha_n > 0, \quad \sigma_m - \sigma_k + \alpha_n > \alpha_n > 0,$$

根据 (2.44) 我们写出关系式

$$\frac{x^{\sigma_k}}{\Gamma(1 + \sigma_k)} = \frac{d^{\alpha_n - 1}}{dx^{\alpha_n - 1}} \frac{x^{\sigma_k + \alpha_n - 1}}{\Gamma(\sigma_k + \alpha_n)}, \quad k = 0, 1, \cdots, n - 1,$$

$$\frac{x^{\sigma_m - \sigma_k}}{\Gamma(1 + \sigma_m - \sigma_k)} = \frac{d^{\alpha_n - 1}}{dx^{\alpha_n - 1}} \frac{x^{\sigma_m - \sigma_k + \alpha_n - 1}}{\Gamma(\sigma_m - \sigma_k + \alpha_n)}, \quad m = k, k+1, \cdots, n - 1,$$

结合 (42.17) 我们可将 (42.20) 写成

$$\begin{aligned}
\omega(x) =\ & \frac{d^{\alpha_n - 1}}{dx^{\alpha_n - 1}} \tilde{f}(x) - p_n(x) \frac{d^{\alpha_n - 1}}{dx^{\alpha_n - 1}} \sum_{k=0}^{n-1} b_k \frac{x^{\sigma_k + \alpha_n - 1}}{\Gamma(\sigma_k + \alpha_n)} \\
& - \sum_{k=0}^{n-1} p_{n-k-1}(x) \frac{d^{\alpha_n - 1}}{dx^{\alpha_n - 1}} \sum_{m=k}^{n-1} \frac{x^{\sigma_m - \sigma_k + \alpha_n - 1}}{\Gamma(\sigma_m - \sigma_k + \alpha_n)}.
\end{aligned} \tag{42.22}$$

现在应用 Dzherbashyan and Nersesyan [1968, p. 17] 给出的结果, 他们证明了对于任意函数 $g(x) \in L_1(0, a)$ 和 $p_k(x) \in C([0, a])$ 存在唯一的函数 $G(x) \in L_1(0, a)$ 满足关系式

$$p_k(x) \frac{d^{-\alpha}}{dx^{-\alpha}} g(x) = \frac{d^{-\alpha}}{dx^{-\alpha}} G(x), \quad 0 \leqslant \alpha < 1. \tag{42.23}$$

类似的结论可在引理 3.2 和引理 10.1 中找到.

基于上述结果, (42.22) 可改写为

$$\omega(x) = \frac{d^{\alpha_n - 1}}{dx^{\alpha_n - 1}} \tilde{\omega}(x), \tag{42.24}$$

其中 $\tilde{\omega}(x)$ 为 $L_1(0, a)$ 中的某个函数. 此外, 从 (42.18) 和 (42.19) 中我们有

$$\Phi(x) = \omega(x) - p_n(x)\frac{d^{-\sigma_n}}{dx^{-\sigma_n}}\Phi(x) - \sum_{k=0}^{n-1} p_{n-k-1}(x)\frac{d^{\sigma_k - \sigma_n}}{dx^{\sigma_k - \sigma_n}}\Phi(x),$$

因此根据 (42.23) 我们得到

$$\Phi(x) = \omega(x) + \frac{d^{-\varkappa}}{dx^{-\varkappa}}v(x), \quad v(x) \in L_1(0, a), \tag{42.25}$$

其中

$$\varkappa = \min\{\sigma_n, \sigma_n - \sigma_0, \cdots, \sigma_n - \sigma_{n-1}\} = \min\{\sigma_n, \alpha_n\}.$$

因此由 (42.24) 和 (42.25), 可得

$$\Phi(x) = \frac{d^{\alpha_n - 1}}{dx^{\alpha_n - 1}}\tilde{\omega}(x) + \frac{d^{-\varkappa}}{dx^{-\varkappa}}v(x).$$

如果现在 $\varkappa \geqslant 1 - \alpha_n$, 则 (42.21) 中的表达式得证. 如果 $\varkappa < 1 - \alpha_n$, 则根据 (42.23), 存在 $p \in \mathbf{N}$ 使得 $(p-1)\varkappa < 1 - \alpha_n < p\varkappa$ 且

$$\Phi(x) = \frac{d^{\alpha_n - 1}}{dx^{\alpha_n - 1}}\tilde{\omega}(x) + \frac{d^{-p\varkappa}}{dx^{-p\varkappa}}\tilde{v}(x), \quad \tilde{v}(x) \in L_1(0, a). \qquad\blacksquare$$

在本小节的最后, 我们指出最简单的分数阶微分方程的 Cauchy 问题

$$\mathcal{D}_{0+}^{\alpha}y - \lambda y = 0, \quad x > 0, \quad I_{0+}^{1-\alpha}y\Big|_{x=0+} = 1, \quad 0 < \alpha < 1 \tag{42.8$'$}$$

和

$$\mathcal{D}_{-}^{\alpha}y - \lambda y = 0, \quad x > 0, \quad y(0) = 1, \quad 0 < \alpha < 1 \tag{42.8$''$}$$

分别有解 $y = x^{\alpha-1}E_{\alpha,\alpha}(\lambda x^{\alpha})$ 和 $y = \exp(-\lambda^{1/\alpha}x)$. 这里分数阶导数 $\mathcal{D}_{0+}^{\alpha}$ 和 $\mathcal{D}_{-}^{\alpha}$ 在 (5.9) 中定义, Mittag-Leffler 函数 $E_{\alpha,\beta}(z)$ 在 (1.91) 中定义.

42.3　分数阶线性微分方程的 Dirichlet 型问题

我们考虑区间 $[0, 1]$ 上具有分数阶导数的二阶微分方程, 其形式为

$$Ly \equiv y''(x) + a_0(x)y'(x)$$
$$+ \sum_{k=1}^{m} a_k(x)\mathcal{D}_{0+}^{\alpha_k}(\omega_k(x)y(x)) + a_{m+1}(x)y(x) = f(x), \tag{42.26}$$

其中 $0 < \alpha_k < 1$ 且函数 $a_0(x), a_{m+1}(x), a_k(x), \omega_k(x), k = 1, 2, \cdots, m, f(x)$ 在 $[0, 1]$ 上连续.

在形式 (42.26) 方程的边值问题理论中, 以下两个定理很重要. 其中第一个类似于 Hopf 原理 —— Bitsadze [1961, pp. 25, 26].

定理 42.9 设 $\omega_k(x)(k = 1, 2, \cdots, m)$ 为 $[0, 1]$ 上的非减正函数, 满足 $\varkappa_k > \alpha_k$ 阶 Hölder 条件, $0 < \alpha_k < 1$, $k = 1, 2, \cdots, m$, 且 $a_k(x) \in C[0, 1]$, $a_k \leqslant 0$, $0 < x < 1$, $k = 1, 2, \cdots, m + 1$. 如果 $y \in C^2(0, 1)$ 是 (42.26) 不同于常数的解, 则 $y(x)$ 的正最大值和负最小值只能在端点 $x = 0$ 或 $x = 1$ 取到.

证明 我们采用反证法, 即假设存在 x_0, $0 < x_0 < 1$, 使得 $\max\limits_{0 \leqslant x \leqslant 1} y(x) = y(x_0) > 0$. 我们注意到, 如果 $\varphi(t)$ 在 $[0, x]$ 上连续, 在点 $t = x$ 处满足 $\varkappa > \alpha$ 阶 Hölder 条件且在该点处有最大值, 则由 (13.1) 得到了 $(D_{0+}^\alpha \varphi)(x) > 0$. 因此, 由于函数 $\omega_k(x)$ 在 $[0, 1]$ 上为正且非减, 则 $\omega_k y$ 在点 x_0 处有正最大值. 所以存在 $\delta > 0$ 使得不等式

$$0 < y(x) < y(x_0), \quad a_k(x)(D_{0+}^{\alpha_k} \omega_k y)(x) \leqslant 0, \quad k = 1, 2, \cdots, m$$

对于任意 $x \in [x_0 - \delta, x_0]$ 成立. 若令等式 $Ly = 0$, 我们有

$$y'' + a_0(x)y' = -\sum_{k=1}^m a_k(x)D_{0+}^{\alpha_k}\omega_k(x)y - a_{m+1}(x)y.$$

因此

$$y'' + a_0(x)y' \geqslant 0, \quad x \in [x_0 - \delta, x_0]. \tag{42.27}$$

在区间 $[x_0 - \delta, x_0]$ 上我们引入辅助函数

$$z(x) = y(x) + \varepsilon g(x),$$

其中 $g(x) = \exp(-\mu x) - \exp(-\mu x_0)$, $\mu > 0$, $0 < \varepsilon < [y(x_0) - y(x_0 - \delta)]/g(x_0 - \delta)$. 将 $y(x) = z(x) - \varepsilon g(x)$ 代入 (42.27), 我们有

$$z'' + a_0(x)z' \geqslant \varepsilon\mu\exp(-\mu x)[\mu - a_0(x)].$$

如果我们选择 μ 使得对于 $x \in [x_0 - \delta, x_0]$ 有 $\mu > a_0(x)$, 则得到

$$z'' + a_0(x)z' > 0. \tag{42.28}$$

如果只有 $z(x)$ 在开区间 $(x_0-\delta,x_0)$ 上有最大值, 则条件 $z'=0$ 和 $z''\leqslant 0$ 在对应点处成立. 这与 (42.28) 矛盾. 因此 $z(x)$ 只能在 x_0 处有最大值, 因为

$$z(x_0-\delta) < y(x_0-\delta) + \frac{y(x_0)-y(x_0-\delta)}{g(x_0-\delta)}g(x_0-\delta)$$

$$= y(x_0) = z(x_0), \quad z'(x_0) \geqslant 0.$$

但 $0 \leqslant z'(x_0) = y'(x_0) + \varepsilon g'(x_0) = y'(x_0) - \varepsilon\mu\exp(-\mu x_0)$, 因此 $y'(x_0) \geqslant \varepsilon\mu \cdot \exp(-\mu x_0) > 0$, 这与极值的必要条件 $y'(x_0)$ 矛盾. 因此 $y(x)$ 的极值不能在区间 $[0,1]$ 内取到. ∎

第二个定理类似于 Zaremba-Giraud 原理 —— Bitsadze [1961, p. 26].

定理 42.10 设定理 42.9 中的条件满足. 如果 $y \in C[0,1]\cup C^1(0,1)\cup C^2(0,1)$ 是 (42.6) 中方程 $Ly=0$ 的解, 且

$$y^* = \max_{0\leqslant x\leqslant 1} y(x) = y(1) > 0$$

$$(y_* = \min_{0\leqslant x\leqslant 1} y(x) = y(1) < 0),$$

则 $y'(1) > 0$ $(y'(1) < 0)$. 如果 $y^* = y(0) > 0$ $(y_* = y(0) < 0)$, 且附加条件成立, 即 $y(x) \in C^1(0,1)$, $\omega_k(x) \in C^1[0,\varepsilon_0]$, $\omega_k(0) \neq 0$, $k=1,2,\cdots,m$, 其中 ε_0 是很小的正数, 则 $y'(0) < 0$ $(y'(0) > 0)$.

定理的证明可直接从定理 42.9 中得到.

定义 42.1 我们称在边界条件

$$y(0) = y(1) = 0 \tag{42.29}$$

下求解 (42.26) 的问题为此方程的 Dirichlet 型问题.

定理 42.11 设 (42.26) 系数满足定理 42.9 的条件且 $a_0(x) \equiv 0$, $a_k(x)$, $\omega_k(x) \in C^1[0,1]$, $k=1,2,\cdots,m$. 则在 (42.26) 和 (42.29) 中定义的 Dirichlet 型问题在函数空间 $C[0,1]\cap C^2(0,1)$ 中无条件可解且解唯一.

证明 不难验证以下等式

$$\varphi(x) = x\varphi(x) - (x-1)\varphi(x)$$

$$= \frac{d}{dx}\left[\int_0^x t\varphi(t)dt + \int_x^1 (t-1)\varphi(t)dt\right]$$

$$= \frac{d}{dx}\left[\int_0^x t\varphi(t)dt + x(x-1)\varphi(x) + \int_x^1 (t-1)\varphi(t)dt - x(x-1)\varphi(x)\right]$$

$$= \frac{d^2}{dx^2}\left[\int_0^x (x-1)t\varphi(t)dt + \int_x^1 x(t-1)\varphi(t)dt\right]$$

$$= \frac{d^2}{dx^2}\int_0^1 G(x,t)\varphi(t)dt,$$

其中

$$G(x,t) = \begin{cases} t(x-1), & t \leqslant x, \\ x(t-1), & t > x. \end{cases} \tag{42.30}$$

因此在 $a_0(x) \equiv 0$ 的情况下我们可以将 (42.26) 改写为

$$\frac{d^2}{dx^2}\Phi(x) = 0, \tag{42.31}$$

其中

$$\Phi(x) = y(x) + \int_0^1 G(x,t)a_{m+1}(t)y(t)dt$$
$$+ \sum_{k=1}^m \int_0^1 G(x,t)a_k(t)(\mathcal{D}_{0+}^{\alpha_k}\omega_k y)(t)dt - \int_0^1 G(x,t)f(t)dt. \tag{42.32}$$

此式可直接验证, 然后由 (42.29) 我们可以证明 $\Phi(0) = \Phi(1) = 0$. 因此, 由 (42.31) 我们得到关系

$$\Phi(x) = 0. \tag{42.33}$$

因此我们证明了 (42.26) 和 (42.29) 中给出的 Dirichlet 型问题等价于积分方程 (42.32) 和 (42.33). 可以直接验证该方程是第二类 Fredholm 方程. 根据定理 42.9 和定理 42.10 以及边界条件 (42.29), $f(x) = 0$ 时的齐次积分方程 (42.32) 和 (42.33) 等价于 Dirichlet 型齐次问题, 因此它只有平凡解 $y = 0$. 从而我们推出 Fredholm 非齐次方程无条件唯一可解, 因此 Dirichlet 型问题也无条件唯一可解. ■

42.4 广义函数空间中分数阶常系数线性微分方程的解

我们考虑分数阶线性微分方程

$$\sum_{j=1}^n a_j I^{\alpha_j} y(x) = f(x), \tag{42.34}$$

其中 $a_1, a_2, \cdots, a_n$ 是非零复常系数, $\alpha_1, \alpha_2, \cdots, \alpha_n$ 是不同的实指数, 这里及下文认为 $I^{\alpha_j} = I_{0+}^{\alpha_j} = \mathcal{D}_{0+}^{-\alpha_j}$. 该方程推广了第一类和第二类 Abel 积分方程, 以及通常的整数阶常系数线性微分方程.

我们将在 $[0, \infty)$ 中有支集的缓增分布空间 $\mathcal{S}'_+$ 中寻找 (42.34) 的解 $y(x)$. 读者可以在 Vladimirov [1979] 的著作中获得关于本小节以及本书其他术语和注释的更详细信息.

设 $f(x) \in \mathcal{S}'_+$. 我们将 (42.34) 写为卷积

$$\mathrm{k}(x) * y(x) = f(x), \tag{42.35}$$

其中

$$\mathrm{k}(x) = \sum_{j=1}^{n} a_j f_{\alpha_j}(x), \tag{42.36}$$

广义函数 $f_\alpha(x) \in \mathcal{S}'_+$ 为

$$f_\alpha(x) = \begin{cases} x_+^{\alpha-1}/\Gamma(\alpha), & \alpha > 0, \\ f_{\alpha+N}^{(N)}(x), & \alpha \leqslant 0, \ \alpha + N > 0, \ N = [-\alpha] + 1. \end{cases} \tag{42.37}$$

我们对 (42.35) 两边应用 Fourier-Laplace 积分变换. 对于 $f(x) \in \mathcal{S}'_+$, 此变换定义为

$$F(z) = L[f(x)](z) = L[f](x + iy) = V[f(\xi)e^{-(y,\xi)}](x), \tag{42.38}$$

其中 $V[g(\xi)](x)$ 是以通常方式定义的广义函数 $g(\xi) \in \mathcal{S}'_+$ 的 Fourier 变换 —— Vladimirov [1979, p. 105]. 我们介绍符号

$$Y(z) = L[y(x)](z), \quad K(z) = L[\mathrm{k}(x)](z) = \sum_{j=1}^{n} \frac{a_j e^{i\pi\alpha_j/2}}{z^{\alpha_j}}, \tag{42.39}$$

其中幂函数的分支由条件 $z^{\alpha_j} > 0$ 给出, $z = x > 0$, $j = 1, 2, \cdots, n$. 因为 $f(x)$, $y(x), \mathrm{k}(x) \in \mathcal{S}'_+$, 则 $F(z), Y(z), K(z)$ 在复平面 C 的上半平面 $C^+ = \{z : \mathrm{Im} z > 0\}$ 中解析.

我们用 H 表示复变量 $z = x + iy$ 的函数 $G(z)$ 的集合, 其中 $G(z)$ 在 C^+ 中解析, 且对任意不依赖 z 的实非负常数 M, p 和 q, 满足估计 $|G(z)| \leqslant M(1 + |z|^2)^{p/2}(1 + y^{-q})$. 集合 H 称为 Vladimirov 代数, 是关于解析函数的加法和乘法以及函数与复数乘积的乘性代数.

下面的论断成立 —— Vladimirov [1979, p. 173].

定理 42.12　代数 $\mathcal{S}'_+$ 和 H 是代数同构和拓扑同胚的. Fourier-Laplace 变换是从 $\mathcal{S}'_+$ 到 H 上的同胚, 并且关系式 $L[\mathrm{k}(x) * y(x)](z) = K(z)Y(z)$ 对于任意广义函数 $\mathrm{k}(x), y(x) \in \mathcal{S}'_+$ 成立.

因此 (42.34) 在空间 $\mathcal{S}'_+$ 中有解当且仅当代数方程 $K(z)Y(z) = F(z)$ 的解 $Y(z)$ 在 Vladimirov 代数 H 中. 进一步如果 $Y \in H$, 则 (42.34) 的唯一解由如下关系给出

$$y(x) = L^{-1}[F(z)/K(z)], \tag{42.40}$$

这里 L^{-1} 是从 H 映射到 $\mathcal{S}'_+$ 上的逆 Fourier-Laplace 变换.

如果形如 (42.39) 的函数 $K(z)$ 在 $\mathbf{C}^+$ 中没有零点, 则 $1/K(z) \in H$, 因此 $Y(z) = F(z)/K(z) \in H$. 在这种情况下 (42.34) 对于每个 $f(x) \in \mathcal{S}'_+$ 在 $\mathcal{S}'_+$ 中可解.

现在我们假设函数 $K(z)$ 有 l 个零点 $z = z_j \in \mathbf{C}^+$, $j = 1, 2, \cdots, l$. 此零点集不可能有无穷个元素, 因为一旦如此, 则 $K(z) \equiv 0$. 因此假设条件 $F(z_j) = L[f(x)](z_j) = 0$, $j = 1, 2, \cdots, l$ 成立, 则函数 $Y(z) = F(z)/K(z)$ 在 H 中.

我们分别用 N 和 N_0 表示函数 $K(z)$ 具有正虚部和零虚部的零点的阶数之和. 此外, 如果 $K(z)$ 在坐标原点处为零, 那么我们将不考虑此零点. 则下面的表达式成立

$$N = \frac{1}{2\pi}[\arg K(z)]_\gamma - \frac{1}{2}\left(N_0 - \max_{1 \leqslant j \leqslant n} \alpha_j\right). \tag{42.41}$$

这是由广义辐角原理得到的 —— Gahov [1977, p. 100]. 这里 $[\omega]_\gamma$ 指的是 ω 沿闭围道 γ 正向回路后的变化, 其中 γ 由绕 $K(z)$ 所有零点的上半圆和实轴上连接这个半圆的区间组成.

我们得到以下结论.

定理 42.13　设 $N \geqslant 0$ 是在 (42.41) 中定义的函数 $K(z)$ 具有正虚部的零点阶数之和, $K(z)$ 是 $\mathbf{C}^+$ 中的解析函数, 表示形式为 (42.39) 并且是 (42.36) 中广义函数 $\mathrm{k}(x)$ 的 Fourier-Laplace 变换. 如果 $N = 0$, 则 (42.34) 对每个 $f(x) \in \mathcal{S}'_+$ 在 $\mathcal{S}'_+$ 中可解. 如果 $N > 0$, $z_1, z_2, \cdots, z_l$ 是 $K(z)$ 的所有零点, 阶数为 $r_1, r_2, \cdots, r_l$, $r_1 + r_2 + \cdots + r_l = N$, 且 $\mathrm{Im}\, z_j > 0$, $j = 1, 2, \cdots, l$, 则 (42.34) 在 $\mathcal{S}'_+$ 中可解当且仅当函数 $F(z) = L[f(x)](z)$ 零点 $z_1, z_2, \cdots, z_l$ 的阶数分别大于或等于 $r_1, r_2, \cdots, r_l$. 如果解存在, 则它唯一地由 (42.40) 给出. 在 $N = 0$ 的情况下, (42.34) 的解可表示为 $y(x) = f(x) * g_0(x)$, 其中 $g_0(x) = L^{-1}[1/K(z)]$ 是算子 $\mathrm{k}(x)*$ 的基本解, 即在 $[0, +\infty)$ 中有支集且满足方程 $\mathrm{k}(x) * g_0(x) = \delta(x)$ 的广义函数, 其中 δ 是 Dirac delta 函数.

现在设 (42.34) 的右端 $f(x)$ 属于空间 D'_+，该空间由在 $[0, \infty)$ 上有支集的广义函数组成. 显然它比 S'_+ 的范围更广. 我们也构造 (42.34) 在 D'_+ 中的解 $y(x)$.

设 c 为实非负常数使得 $c > \max\limits_{1 \leqslant j \leqslant l} |z_j|$. 则 $1/K(z + ic) \in H$, 广义函数

$$g(x) = e^{cx} L^{-1}[1/K(z + ic)] \tag{42.42}$$

通常属于 D'_+ 空间. 我们注意到 $g(x)$ 不依赖于 c 且关系式 $g(x) = g_0(x)$ 在 $N = 0$ 的情形下成立.

我们考虑以下卷积

$$
\begin{aligned}
k(x) * g(x) &= L^{-1}[K(z)] * e^{cx} L^{-1}[1/K(z + ic)] \\
&= e^{cx} \left(L^{-1}[K(z + ic)] * L^{-1}[1/K(z + ic)] \right) \\
&= e^{cx} \delta(x) = \delta(x),
\end{aligned}
$$

其中 $\delta(x)$ 是 delta 函数. 由此我们得到函数 $g(x)$ 是算子 $k(x)*$ 在空间 D'_+ 中的基本解且

$$y(x) = f(x) * g(x). \tag{42.43}$$

从而我们得到以下结论.

定理 42.14   如果 $f(x) \in D'_+$, 则 (42.34) 在空间 D'_+ 中的唯一解由 (42.43) 给出, 其中 $g(x)$ 是算子 $k(x)*$ 的基本解, 形式为 (42.42).

注 42.1   空间 D'_+ 中的广义函数 $g(x)$ 可以在更窄的空间中. 因此, 如果 $g(x)$ 和 $f(x)$ 在 $[0, \infty)$ 上连续, 则 (42.43) 中的 $y(x)$ 在 $[0, \infty)$ 上连续且 (42.43) 有如下形式

$$y(x) = \int_0^x f(t)g(x - t)dt, \quad x > 0.$$

当 $g(x)$, $f(x) \in L_2^{\text{loc}} = \{\varphi : \varphi \in L_2(a, b),\ \forall a, b \in R^1\}$ 时, 此表达式也成立.

42.5   分数阶微分在整数阶微分方程中的应用

我们考虑两个例子, 将分数阶微分理论应用于二阶和 n 阶常微分方程的积分 (即求解) 中.

例 42.3   我们考虑以下二阶方程

$$(a_2 + b_2 x + c_2 x^2)\frac{d^2 y}{dx^2} + (a_1 + b_1 x)\frac{dy}{dx} + a_0 y = 0. \tag{42.44}$$

我们将寻找方程具有分数阶导数 $y = \mathcal{D}_{x_0}^p z(x)$ 形式的解, 其中 p 阶 $\mathcal{D}_{x_0}^p = \mathcal{D}_{x_0+}^p$ 必须定义. 对以下形式的分数阶导数使用 (15.11) 中给出的 Leibniz 关系

$$x\mathcal{D}_{x_0}^{p+1}z(x) = \mathcal{D}_{x_0}^{p+1}(xz(x)) - (p+1)\mathcal{D}_{x_0}^p z(x)$$

$$x^2\mathcal{D}_{x_0}^{p+2}z(x) = \mathcal{D}_{x_0}^{p+2}(x^2z(x)) - 2(p+2)\mathcal{D}_{x_0}^{p+1}(xz(x))$$

$$+ (p+1)(p+2)\mathcal{D}_{x_0}^p z(x),$$

从 (42.44) 中我们得到

$$\mathcal{D}_{x_0}^{p+2}([a_2 + b_2 x + c_2 x^2]z(x))$$

$$+ \mathcal{D}_{x_0}^{p+1}([a_1 + b_1 x - 2c_2(p+2)x - b_2(p+2)]z(x))$$

$$+ \mathcal{D}_{x_0}^p([a_0 - b_1(p+1) + (p+1)(p+2)c_2]z(x)) = 0.$$

将在任意有限区间上可积且满足条件 $z(x_0) = z'(x_0) = 0$ 的函数 $z(x)$ 空间中找到这个方程的解, 我们需要后一个 (齐次) 条件, 以便当 $p < 0$ 时算子关系式 $\mathcal{D}_{x_0}^p \dfrac{d}{dx} = \dfrac{d}{dx}\mathcal{D}_{x_0}^p$ 和 $\mathcal{D}_{x_0}^p \dfrac{d^2}{dx^2} = \dfrac{d^2}{dx^2}\mathcal{D}_{x_0}^p$ 成立. 那么之前的方程可以写为如下形式

$$\mathcal{D}_{x_0}^p \left\{ \frac{d}{dx}\left[\frac{d}{dx}\left(a_2 + b_2 x + c_2 x^2\right) + a_1 + b_1 x - 2c_2(p+2)x - b_2(p+2)\right] \right.$$

$$\left. + a_0 - b_1(p+1) + c_2(p+1)(p+2) \right\} z(x) = 0. \tag{42.45}$$

我们定义参数 p 为二次方程的一个解

$$a_0 - b_1(p+1) + c_2(p+1)(p+2) = 0. \tag{42.46}$$

然后由 (42.45) 得到简单的微分方程

$$\frac{dz}{dx}(a_2 + b_2 x + c_2 x^2) = -z[a_1 + b_1 x - (2+p)(b_2 + 2c_2 x)],$$

此方程的解容易通过分离变量法得到, 即

$$z(x) = (a_2 + b_2 x + c_2 x^2)^{p+1} \exp\left\{ -\int \frac{a_1 + b_1 x}{a_2 + b_2 x + c_2 x^2} dx \right\}. \tag{42.47}$$

这里的参数 a, b 和 c 必须满足适当的条件, 确保关系 $z(x_0) = z'(x_0) = 0$ 和 $p < 0$ 成立.

因此 (42.44) 的形式解为

$$y(x) = \mathcal{D}_{x_0}^p z(x), \tag{42.48}$$

其中参数 p 在 (42.46) 中定义.

(42.47) 中的积分可以根据其参数之间的关系计算得到不同形式. Holmgren [1867] 完成了对其所有值和函数 $z(x)$ 相应表示的详细研究. 这里我们只给出关于其中一种情况的结果.

设 $c_2 \neq 0$, $b_2^2 - 4a_2c_2 \neq 0$. 则 $a_2 + b_2x + c_2x^2 = c_2(x - \alpha)(x - \beta)$, 简单计算后, (42.47) 中的函数 $z(x)$ 的形式为 $z(x) = c_2^{p+1}(x - \alpha)^{p-q+1}(x - \beta)^{p-r+1}$, 其中 $q = \dfrac{b_1\alpha + a_1}{c_2(\alpha - \beta)}$, $r = -\dfrac{b_1\beta + a_1}{c_2(\alpha - \beta)}$, 且当 $x_0 = \alpha$ 或 $x_0 = \beta$ 时, 条件 $\mathrm{Re}(p - q) > 0$ 或 $\mathrm{Re}(p - r) > 0$ 必须分别满足.

(42.44) 的特殊情形是超几何方程 —— Erdélyi, Magnus, Oberbettinger and Tricomi [1953a, 2.1(1)] —— 其中 $a_2 = 0$, $b_2 = 1$, $c_2 = -1$, $a_1 = c$, $b_1 = -(a + b + 1)$, $a_0 = -ab$. 则相应方程 (42.46) 导致 $p_1 = a - 1$ 和 $p_2 = b - 1$. 由 (42.47) 和 (42.48), 对于这些参数中的第一个 $p_1 = a - 1$, 我们得到超几何方程解表示

$$y(x) = \mathcal{D}_{x_0}^{a-1} x^{a-c}(1 - x)^{c-b-1}. \tag{42.49}$$

这是 (1.73) 中给出的 Euler 积分表示的修改, 也是表 9.1 中的表达式 3. 计算 (42.49) 中的积分, 我们通过超几何函数给出解的表示

$$y(x) = \frac{\Gamma(a - c + 1)}{\Gamma(2 - c)} x^{1-c} {}_2F_1(1 + a - c, 1 + b - c; 2 - c; x).$$

例 42.4　我们考虑如下具有二项式系数的 n 阶常微分方程

$$\sum_{k=0}^{n} (a_k + b_k x) \frac{d^k y}{dx^k} = 0. \tag{42.50}$$

利用任意阶积分-微分算子, 我们以 $(n - 1)$ 维积分的形式构造 (42.50) 的一个解. 为此我们先介绍多项式

$$\varphi(x) = \sum_{k=0}^{n} a_k x^k, \quad \psi(x) = \sum_{k=0}^{n} b_k x^k = b_n \prod_{k=1}^{n} (x - \lambda_k), \tag{42.51}$$

其中我们用 $\lambda_1, \lambda_2, \cdots, \lambda_n$ 表示 $\psi(x)$ 的根, 满足 $\lambda_j \neq \lambda_k$, $j \neq k$, $j, k = 1, 2, \cdots, n$. 作替换

$$y = \exp(\lambda_1 x) Y(x), \quad \lambda_1 \neq 0, \tag{42.52}$$

并使用恒等式

$$\frac{d^m}{dx^m}\left(e^{\lambda_1 x}Y(x)\right) = e^{\lambda_1 x}\left(\lambda_1 + \frac{d}{dx}\right)^m Y(x),$$

我们将 (42.50) 改写为如下形式

$$\varphi\left(\lambda_1 + \frac{d}{dx}\right)Y(x) + x\psi\left(\lambda_1 + \frac{d}{dx}\right)Y(x) = 0. \tag{42.53}$$

我们将寻找这个方程具有 p 阶导数形式的解, 因此

$$Y(x) = \frac{d^p}{dx^p}y_1(x),$$

其中函数 $y_1(x)$ 在任意区间 $(0,a)$ 上可积且满足条件

$$y_1(0) = y'(1) = \cdots = y_1^{(p-1)}(0) = 0. \tag{42.54}$$

则 (42.53) 简化为方程

$$\frac{d^{p+1}}{dx^{p+1}}\left\{\frac{d^{-1}}{dx^{-1}}\left[\varphi\left(\lambda_1 + \frac{d}{dx}\right) - (p+1)\frac{d^{-1}}{dx^{-1}}\psi\left(\lambda_1 + \frac{d}{dx}\right)\right]\right.$$
$$\left. + x\frac{d^{-1}}{dx^{-1}}\psi\left(\lambda_1 + \frac{d}{dx}\right)\right\}y_1(x) = 0. \tag{42.55}$$

我们引入多项式

$$\psi_1(x) = x^{-1}\psi(\lambda_1 + x), \quad \varphi_1(x) = x^{-1}[\varphi(\lambda_1 + x) - (p+1)\psi_1(x)]. \tag{42.56}$$

因为 $\psi(\lambda_1) = 0$, 所以 $\psi_1(x)$ 为 $n-1$ 阶多项式. 通过令

$$p+1 = \frac{\varphi(\lambda_1)}{\psi_1(0)} = \frac{\varphi(\lambda_1)}{\psi_1'(\lambda_1)} = \alpha_1, \tag{42.57}$$

我们得到 $x\varphi_1(x)$ 在 $x = 0$ 处为零, 因此 $\varphi_1(x)$ 是 $n-1$ 阶多项式. 我们假设 $\alpha_1 < 0$. 则关系式

$$\varphi_1\left(\frac{d}{dx}\right)y_1(x) + x\psi_1\left(\frac{d}{dx}\right)y_1(x) = 0, \tag{42.58}$$

由 (42.55) 中给出的 $-p-1$ 阶齐次 Abel 方程得到, 并通过 (42.56) 中的符号写出. 因此在 (42.54) 和 $\alpha_1 < 0$ 的条件下, (42.50) 简化为 $n-1$ 阶方程 (42.58).

类推上述降阶过程, 我们得到如下 $\alpha_j - 1$ 阶微分方程组:

$$y(x) = e^{\lambda_1 x} \frac{d^{\alpha_1 - 1}}{dx^{\alpha_1 - 1}} y_1(x),$$

$$y_1(x) = e^{\lambda_{11} x} \frac{d^{\alpha_2 - 1}}{dx^{\alpha_2 - 1}} y_2(x), \cdots, \tag{42.59}$$

$$y_{n-2}(x) = e^{\lambda_{1,n-2} x} \frac{d^{\alpha_{n-1} - 1}}{dx^{\alpha_{n-1} - 1}} y_{n-1}(x).$$

这里 $y_{n-1}(x) = \exp(\lambda_{1,n-1} x)(a_n + b_n x)^{-\alpha_n}$ 是最后一个一阶简单方程

$$\varphi_{n-1}\left(\frac{d}{dx}\right) y_{n-1}(x) + x\psi_{n-1}\left(\frac{d}{dx}\right) y_{n-1}(x) = 0 \tag{42.60}$$

的解, $x = \lambda_{1,m}$ 是方程 $\psi_m(x) = 0$ 的根且

$$\psi_m(x) = x^{-1}\psi_{m-1}(\lambda_{1,m-1} + x), \quad m = 1, 2, \cdots, n - 1,$$

$$\psi_0(x) = \psi(x), \quad \lambda_{1,0} = \lambda_1, \tag{42.61}$$

$$\varphi_m(x) = x^{-1}[\varphi_{m-1}(\lambda_{1,m-1} + x) - \alpha_m \psi_m(x)], \quad m = 1, 2, \cdots, n - 1,$$

$$\varphi_0(x) = \psi(x), \tag{42.62}$$

$$\alpha_m = \varphi_{m-1}(\lambda_{1,m-1})/\psi'_{m-1}(\lambda_{1,m-1}), \quad m = 1, 2, \cdots, n. \tag{42.63}$$

我们证明 $\lambda_{1,m} = \lambda_{m+1} - \lambda_m, m = 1, 2, \cdots, n - 1$. 根据 (42.56), (42.51) 和 (42.61), 我们有以下关系式

$$\psi_2(x) = x^{-1}\psi_1(\lambda_{1,1} + x) = x^{-1} b_n \prod_{k=2}^{n} (x + \lambda_1 + \lambda_{1,1} - \lambda_k).$$

因为 $x = \lambda_{1,1}$ 是方程 $\psi_1(x) = 0$ 的根, 所以我们可以记 $\lambda_{1,1} = \lambda_2 - \lambda_1$. 继续此推导过程, 对于 $\lambda_{1,m}, m = 2, 3, \cdots, n - 1$, 我们得到

$$\lambda_{1,m} = \lambda_{m+1} - \lambda_m, \quad \psi_m(x) = b_n \prod_{k=m+1}^{n} (x + \lambda_m - \lambda_k), \tag{42.64}$$

$$m = 1, 2, \cdots, n - 1.$$

(42.54) 中的条件和 $\alpha_1 < 0$ 与函数 $y_1(x)$ 有关. 对于其他函数 $y_k(x)$, 类似条件的形式为

$$y_k(0) = y'_k(0) = \cdots = y_k^{(n-k)}(0) = 0, \quad k = 1, 2, \cdots, n - 1,$$

$$\alpha_k < 0, \ k = 1, 2, \cdots, n, \ a_n = 0, \tag{42.65}$$

最后一个条件 $a_n = 0$ 从 $y_{n-1}(0) = 0$ 中得到. 在这些假设下, 对 (42.59) 中的方程组作卷积, 我们得到 (42.50) 的一个解的表示:

$$
\begin{aligned}
y(x) = & b_n^{-\alpha_n} e^{\lambda_1 x} \frac{d^{\alpha_1 - 1}}{dx^{\alpha_1 - 1}} e^{(\lambda_2 - \lambda_1)x} \frac{d^{\alpha_2 - 1}}{dx^{\alpha_2 - 1}} \cdots \\
& \times \frac{d^{\alpha_{n-1} - 1}}{dx^{\alpha_{n-1} - 1}} e^{(\lambda_n - \lambda_{n-1})x} x^{-\alpha_n}.
\end{aligned}
\tag{42.66}
$$

我们可以证明 (42.65) 给出了以下关于 α_k 的条件:

$$
\begin{aligned}
& \alpha_1 < 0, \quad \alpha_n < -1, \quad \alpha_{n-1} < -1, \\
& \alpha_{n-2} < -2, \cdots, \alpha_2 < -n + 2.
\end{aligned}
\tag{42.67}
$$

如果我们利用 (42.66) 中 Abel 积分的解析延拓, 它们可以被推广.

(42.50) 的特殊情况: $n = 2, a_2 = b_0 = 0, b_2 = -b_1 = 1$ 是 Kummer 退化超几何方程

$$
xy'' + (c - x)y' - ay = 0.
\tag{42.68}
$$

对于此方程

$$
\varphi(x) = cx - a, \quad \psi(x) = x^2 - x,
$$

$$
\lambda_1 = 1, \quad \lambda_2 = 0, \quad \alpha_1 = c - a, \quad \alpha_2 = a,
$$

且相应的 (42.67) 有如下形式: $\alpha_1 < 0, \alpha_2 < -1$. 对于 (42.68), (42.66) 中给出的解有如下表达式

$$
\begin{aligned}
y(x) & = e^x \frac{d^{c-a-1}}{dx^{c-a-1}} e^{-x} x^{-a} \\
& = e^x \int_0^x \frac{(x-t)^{a-c}}{\Gamma(1+a-c)} e^{-t} t^{-a} dt \\
& = \frac{\Gamma(1-a)}{\Gamma(2-c)} x^{1-c} e^x {}_1F_1(1-a; 2-c; -x),
\end{aligned}
\tag{42.69}
$$

其中 ${}_1F_1$ 是在 (1.81) 中定义的 Kummer 退化超几何函数, 也在表 9.1 的公式 9 中给出. 这里的条件 $c - a < 0, a < -1$ 可以推广到 $c - a < 1, a < 1$, 它保证了积分的收敛性.

§ 43　第八章的参考文献综述及附加信息

43.1　历史注记

§ 40.1 的注记　本小节的介绍源自书 Vekua [1948].

§§ 40.2 和 40.3 的注记　Weinstein [1952, 1953, 1954, 1955a] 首先考虑了广义轴对称势理论中微分方程的分数阶积分-微分方法. 在论文 [1955a] 和 [1960] 中, 他通过分数阶积分 (引理 40.2, $\lambda = 0$) 证明了在不同的参数 p 下 (40.19), $\mu = \lambda = 0$ 的解彼此之间的关系. 此想法由 Erdélyi [1963b, 1965a, b] 和 Erdélyi [1970] 发展, 作者研究了 (40.22) 中给出的微分算子 $L_\eta^{(x)}$ 的性质. 特别地, 在论文 [1963b] 和 [1965a] 中, 他证明了 $\lambda = 0$ 情况下的引理 40.2 以及它关于 (18.8) 中定义的 Erdélyi-Kober 算子 $K_{\eta,\alpha}$ 的类似结论 —— § 43.2, 注记 40.1. 在这些结论的基础上, Erdélyi 借助 Erdélyi-Kober 算子找到了 p 取不同值, 当 $\mu = \lambda = 0$ 时, (40.18) 和 (40.19) 的解之间的关系. Lowndes [1979, 1981, 1985a] 推广了 Erdélyi 的结果, 证明了引理 40.1—引理 40.3 和 (40.23) 中的关系式. 我们还注意到, 这种想法的雏形实际上是由 Poisson [1823] 提出的. Weinstein [1953] 指出了形式 (40.20) 的 "一致性表达", 尽管此类结果已经出现在文献 Darboux [1915] 中.

§§ 40.2—40.3 中的介绍源自文章 Marichev [1976a, 1978c], (40.21)—(40.23) 中做了一定的修改, (40.26), (40.27) 和 (40.48) 中插入了 "校准因子" (regulator) $(\mathrm{sign}\,xt + 1)^{|\mathrm{sign}\,\mu|}$.

§§ 41.1 和 41.2 的注记　方程 (41.1) 作为更一般方程的特例, 最早由 Euler [1956, pp. 177, 426-432] 在研究空气在不同截面管道中的运动和可变厚度弦的振动时得到. Euler 找到了 (41.1) 的解, 其中 $0 < \beta = \beta^* < 1/2$. Poisson [1823] 求解了 $q = 0$ 时 (41.25) 形式的方程, 他获得了 (41.22) 中解表示的双曲类似形式, 称为 Poisson 表示.

(41.1) 在 $\beta^* = \beta$ 时的通解由 Riemann [1876, pp. 40, 381-395] 得到. 他利用某种辅助函数构造了 Cauchy 问题的解, 该方法后来由他的名字命名 —— (41.14). 方程 (41.2) 在 $q = 0$ 时的基本解, 即 (41.3″) 的解, 首先由 Beltrami [1881] 在 $2p = 1$ 的情况下指出来. 这个结果在 1948 年才被 Weinstein [1948] 推广到 $p > 0$ 的情况, 他发现了该解的两种表示形式.

我们注意到, 在远晚于 Euler 和 Poisson 的 1915 年, (41.25) 中 $q = 0$, $0 < p < 1$ 出现在 Darboux [1915] 的书中, 他称之为 Euler-Poisson 方程, 其与表面曲率问题的研究有关. 因此, 许多作者将形式 (41.1), (41.25) 和 (41.26) 的方程称为 Euler-Poisson-Darboux 方程, 尽管 Euler-Poisson 方程的名字更精确.

这些方程在 1923 年 Tricomi [1947] 的书第一版之后引起了极大的关注. 该书中, (41.1), (41.2) 和 (41.25) 形式的方程 ($q = 0$, $p = 1/6$) 在研究 "混合型" 椭圆双曲方程 $yu_{xx} + u_{yy} = 0$ 的边值问题中发挥了主要作用, 后来称之为 Tricomi 方程. 有关这个问题的更多细节我们参考 Bitsadze [1953, 1959, 1961] 和 Smirnov [1970, 1977, 1985, 1986].

可以在 Weinstein [1953, 1965] 的论文中找到更详细的历史信息. 我们只注意到 Weinstein [1953] 可能包含从一般方程 (41.3) 到 (41.3″) 的第一个简化, 以及与 (41.2) 有关的 (41.22) 的表示, 其中 $q = 0, 0 < p < 1/2$.

§ 41.1 开头的介绍从 Tricomi [1947] 的书中得到. (41.18) 和 (41.19) 中的关系由 Marichev [1976b] 得到. 定理 41.2 ($q \neq 0$) 由 Marichev 证明. (41.23) 和 (41.24) 中的关系式由 Berger and Handelsman [1975] 找到.

定理 41.3 由 Gordeev [1968] 证明. 在 $\beta^* = \beta$ 的情况下, 此结果在其他符号下较早已知 —— Bitsadze [1953, 1959, 1961], Smirnov [1970, 1977, 1986] 和 Gilbert [1989]. 空间 R_1 由 K.I. Babenko [1951] 引入, 他证明了定理 41.4 —— 另见 Babenko [1985].

§ 41.3 的注记   Poisson [1823] 在 $n = 3, p = 1$ 的情况下首先考虑了方程 (41.35). Weinstein [1952] 针对不同的参数 p 研究了 (41.35) 和 (41.36) 中的 Cauchy 问题. 他得到了这个问题形如 (41.40) 的解. Weinstein 指出并使用了关系式 $u_y^p = yu^{p+1}$, $u^p = y^{1-2p}u^{1-p}$, 对于不同的 p, 将形式为 (41.35) 的方程的解 $u = u^p$ 相互联系起来 —— (40.20).

§ 41.3 中的介绍来自 Berger and Handelsman [1975], 除 (41.46)—(41.49) 来自 Lowndes [1983] 外.

§ 41.4 的注记   Vekua [1947] 首次考虑了 $q = 0$ 时 (41.2) 的 Dirichlet 问题. 特别地, 他在这种情况下证明了定理 41.5. 实数 q 任意的定理 41.5 以及 § 41.4 中的其他结果由 Marichev [1976b] 在 $p = 1/2$ 的情况下用某些更精确的定义得到.

§ 42.1 的注记   O'Shaughnessy [1918] 的论文可能是第一篇讨论求解方程 $D^{1/2}y = y/x$ 方法的论文. 此方程的两个解由 O'Shaughnessy 给出, 并由 Post [1919] 进一步讨论. 它们本质上是不同的, 因为它们实际上是两个不同方程的解, 即 $\mathcal{D}_{0+}^{1/2}y = y/x$ 和 $\mathcal{D}_-^{1/2}y = y/x$, 但 O'Shaughnessy 和 Post 并没有考虑到这一点. 后来 Mandelbrojt [1925], 也见 Volterra [1982, p. 99], 在研究泛函 $\int_0^1 F[\mathcal{D}_{a+}^\alpha y(x); x]dx$ 的极值问题时, 得到了一个分数阶微分方程. Mandelbrot 假设相应的变分等于零, 得到了具有 Cauchy 条件的分数阶微分方程 $F_\alpha[\mathcal{D}_{a+}^\alpha y(x); x] = 0$. M. Fujiwara [1933] 的论文特别考虑了包含 (18.54) 中定义的 Hadamard 分数阶微分算子 $\mathcal{D}_+^\alpha$ 的方程 $(\mathfrak{D}_+^\alpha y)(x) = (\alpha x^{-1})^\alpha y(x)$, $\alpha > 0$, 此文也可以看作是分数阶微分方程理论的史前史.

这一理论的第一个重要步骤由 Pitcher and Sewell [1938] 完成, 他们在 § 42.1 以外的条件下, 证明了方程 $(\mathcal{D}_{a+}^\alpha y)(x) = f(x, y)$ 的 Cauchy 型问题解的存在唯一性的定理 42.1 和定理 42.2. Barrett [1954] 在 (42.10) 中条件假设成立的情况下获得了 (42.11) 的解. 这些结果后来在 Al-Bassam [1965, 1982], Al-Abedeen [1976] 和 Al-Abedeen and Arora [1978] 的论文中得到了推广. 他们证明了某些与线性

常微分方程理论中相应定理相似的结论. §42.1 中的介绍基于上述论文中的简化结果.

§42.2 的注记 本小节的主要介绍来自 M.M. Dzherbashyan and Nersesyan [1968] 的论文. (42.8′) 的解在 M.M. Dzherbashyan [1968c] 中给出, 而 (42.8″) 的解是众所周知的, 例如, Titchmarsh [1937].

§42.3 的注记 M.M. Dzherbashyan [1970], Nahushev [1976, 1977] 以及 Aleroev [1982, 1984] 研究了 (42.26) 的 Dirichlet 问题. §42.3 中的介绍来自上述 Nahushev 的论文.

§42.4 的注记 本小节的介绍源自论文 Didenko [1984a,b, 1985] 和 Kochura and Didenko [1985].

§42.5 的注记 利用分数阶积分-微分构造常微分方程解的想法最早由 Liouville [1832c] 提出, 他考虑了方程 (42.44). Holmgren [1867], Sohncke [1867] 和 Letnikov [1874a, part III] 利用 Liouville 的想法研究了这个方程. Letnikov 进行了更全面且详细的研究.

许多作者也研究了方程 (42.50). Letnikov [1888a], Nekrasov [1888b, 1891] 和 Karasev [1957] 以及 Alekseevskii [1884] 使用了分数阶微积分的方法.

§42.5 中的表述源自 Letnikov [1874a, 1888a] 和 Holmgren [1867] 的文章.

43.2 其他结果概述 (与 §§40—42 相关)

40.1 Erdélyi [1963b, 1965a, 1970] 在 $\lambda = 0$ 情况下证明了关于 (18.8) 中第二个 Erdélyi-Kober 算子的类似于引理 40.2 的结论.

引理 43.1 设 $\alpha > 0$, $f \in C^2(0, \infty)$, $x^{2\eta-1}f(x)$ 和 $x^{2\eta}f'(x)$ 在无穷远处可积. 则

$$L_\eta^{(x)} K_{-\eta,\alpha} f(x) = K_{-\eta,\alpha} L_{\eta-\alpha}^{(x)} f(x),$$

其中 $L_\eta^{(x)}$ 和 $K_{\eta,\alpha}$ 分别在 (40.22) 和 (18.8) 中给出.

注意到通过使用关系式 $L_\eta^{(x)} \left(x^{-2\eta}f(x) \right) = x^{-2\eta} L_{-\eta}^{(x)} f(x)$, 在 Erdélyi [1963b] 指出的适当假设下, 关系式

$$I_{0+;x^2}^\alpha L_\eta^{(x)} f = L_{\eta-\alpha}^{(x)} I_{0+;x^2}^\alpha f, \quad I_{-;x^2}^\alpha L_\eta^{(x)} f = L_{\eta-\alpha}^{(x)} I_{-;x^2}^\alpha f$$

可从引理 40.2 和引理 43.1 中得出. 这些关系式由 Lowndes [1979] 推广, 因此

$$J_\lambda^\alpha L_\eta^{(x)} f = \left(L_{\eta-\alpha}^{(x)} + \lambda^2 \right) J_\lambda^\alpha f, \quad R_\lambda^\alpha L_\eta^{(x)} f = \left(L_{\eta-\alpha}^{(x)} - \lambda^2 \right) R_\lambda^\alpha f,$$

其中算子 J_λ^α 和 R_λ^α 通过以下表达式与 (37.45) 和 (37.46) 中定义的广义 Erdélyi-Kober 算子 $J_\lambda(\eta,\alpha)$, $R_\lambda(\eta,\alpha)$ 相联系,

$$J_\lambda^\alpha f = x^{2a+2\eta} J_\lambda(\eta,\alpha) x^{-2\eta} f, \quad R_\lambda^\alpha f = x^{-2\eta} R_\lambda(\eta,\alpha) x^{2\alpha+2\eta} f.$$

特别地 (Lowndes [1981]), 假设 $t^{-1/2}f(t) \to 0$, 当 $t \to \infty$ 时且 J_λ 和 R_λ 的逆算子由 $(J_\lambda)^{-1}f(x) = J_{i\lambda}f(x)$, $(R_\lambda)^{-1}f(x) = R_{i\lambda}f(x)$ 计算得到 —— (37.57) 和 (37.58), 则下面的表达式成立

$$J_\lambda f(x) = J_\lambda^0 f(x) = J_\lambda^1 f'(x) = \int_0^x J_0\left(\lambda\sqrt{x^2 - t^2}\right) f'(t)dt$$

$$= f(x) - \lambda \int_0^x \frac{t}{\sqrt{x^2 - t^2}} J_1\left(\lambda\sqrt{x^2 - t^2}\right) f(t)dt, \quad f(0) = 0;$$

$$R_\lambda f(x) = R_\lambda^0 f(x) = -R_\lambda^1 f'(x) = \int_x^\infty J_0\left(\lambda\sqrt{t^2 - x^2}\right) f'(t)dt$$

$$= f(x) - \lambda \int_x^\infty \frac{t}{\sqrt{t^2 - x^2}} J_1\left(\lambda\sqrt{t^2 - x^2}\right) f(t)dt.$$

我们注意到第一种关系的另一种形式由 Vekua [1948, p. 69] 给出.

Lowndes [1981] 也证明了两个与引理 43.2 类似的结论.

引理 43.2　设 $f \in C^2(b, \infty)$, $b > 0$, 且当 $x \to \infty$ 时, $x^{-1/2}f(x) \to 0$, $x^{1/2}f' \to 0$, $x^{-1/2}f''(x) \to 0$. 则 $R_\lambda f''(x) = \left(\dfrac{d^2}{dx^2} - \lambda^2\right) R_\lambda f(x)$, $\lambda \geqslant 0$.

引理 43.3　设 $f \in C^2(b, \infty)$, $b > 0$, 且当 $x \to \infty$ 时, $f^{(k)}(x) = O(e^{-\delta x})$, $\delta > \lambda \geqslant 0$, $k = 0, 1, 2$. 则 $R_{i\lambda}f''(x) = \left(\dfrac{d^2}{dx^2} + \lambda^2\right) R_{i\lambda}f(x)$.

所有这些结果都被用于求解具有混合边界条件的 Laplace 方程的某些边值问题. 注意基于引理 43.2, 我们可以利用结果 $v = R_\lambda u$ 从 Laplace 方程 $\Delta_2 u = u_{xx} + u_{yy} = 0$ 和 $\Delta_3 u = u_{xx} + u_{yy} + u_{zz} = 0$ 的基本解 $u = -\ln r$, $r = \sqrt{x^2 + y^2}$ 和 $u = r^{-1}$, $r = \sqrt{x^2 + y^2 + z^2}$ 中, 得到广义 Helmholtz 型方程 $(\Delta_2 - \lambda^2)v = 0$ 和 $(\Delta_3 - \lambda^2)v = 0$ 的基本解 $v = K_0(\lambda r)$ 和 $v = r^{-1}e^{-\lambda r}$.

设 $I_p(\eta, \alpha)$ 为 § 39.2 (注记 37.4) 中给出的算子

$$M_\gamma^{(x)} = x^{1-\gamma} \frac{d}{dx} x^{1+\gamma} \frac{d}{dx} = x^2 \frac{d^2}{dx^2} + (1+\gamma)x\frac{d}{dx}.$$

Lowndes [1985b] 证明了如果 $\alpha > 0$, $f \in C^2(0, b)$, $b > 0$, $x^{\eta+m}f^{(m)}(x)(m = 0, 1, 2)$ 在 0 处可积, 且当 $x \to 0$ 时 $x^{\eta+1}f(x) \to 0$, 则

$$I_p(\eta, \alpha)M_{2(\alpha+\eta)}^{(x)}f(x) = \left[M_{2(\alpha+\eta)}^{(x)} + (px)^2\right] I_p(\eta, \alpha)f(x),$$

其中 $p = \lambda$ 或 $p = i\lambda$, $\lambda > 0$. 他在 $\alpha < 0$ 的情况下得到了类似的结论, 并应用这

些结果寻找 (40.18) 和方程

$$\sum_{k=1}^{m}\frac{\partial^2 u}{\partial x_k^2}+\frac{\partial^2 u}{\partial y^2}+\frac{2p}{y}\frac{\partial u}{\partial y}+\lambda^2 u=0,\quad p>-1/2$$

的完全解系, 这可从上述方程在 $\lambda=0$ 时对应的完全解系中得到.

Kilbas, Saigo and Zhuk [1991] 得到了类似引理 40.2、引理 40.3 和引理 43.1 的结果, 并将算子 $L_\eta^{(x)}$ 与在 §23.2, 注记 18.6 中定义的算子 $I_{0+}^{\alpha,\beta,\xi}$ 和 $I_-^{\alpha,\beta,\xi}$ 联系起来. 例如, 他们证明了如果 $\alpha>0$, ξ 和 β 为实数, $\nu=\min(0,\xi-\beta)$, 当 $\xi\neq\beta$ 时 $\delta=0$; 当 $\xi=\beta$ 时 $\delta=1$, $f\in C^2(0,b)$, $b>0$, $x^{\nu+k}(\ln x)^\delta f^{(k)}(x)(k=0,1,2)$ 在 0 处可积, 则

$$I_{0+}^{\alpha,\beta,\xi}x^2 L_{-\beta/2}^{(x)}f(x)=x^2 L_{\beta/2}^{(x)}I_{0+}^{\alpha,\beta,\xi}f(x).$$

40.2　Erdélyi [1965b] 将 §§ 40.2—40.3 中使用的基于引理 40.1—引理 40.3, 引理 43.1—引理 43.3 的方法应用于广义 Stokes-Beltrami 系统

$$y^{2p}u_x=v_y,\quad y^{2p}u_y=-v_x,\qquad (43.1)$$

其中解 (u,v) 称为 $(2p+2)$ 维共轭对称势. 这种想法的条件受到以下事实的制约: 由 (43.1), u 是 (41.3″) 的解, 其中 $r=y$, 称为 $(2p+2)$ 维对称势. Erdélyi [1965b, p. 221] 通过推广 Pahareva and Virchenko [1962] (也见 Polozhii [1964, 1965, 1973]) 的研究, 证明了如果 (u,v) 是 $(2p+2)$ 维势, 则 $(I_{p-1/2,\alpha}^{(y)}u,y^{2\alpha}I_{0,\alpha}^{(y)}v)$ 是 $(2p+2\alpha+2)$ 维势, 假定 $p>-1/2$, $p+\alpha>-1/2$. 这里 $I_{\eta,\alpha}^{(y)}$ 是 (18.8) 中给出的关于 y 的 Erdélyi-Kober 算子 $I_{\eta,\alpha}$.

Friedlander and Heins [1989] 考虑了 (40.19), 其中 $\mu=\lambda=0$, 即取 $q=0$ 时的 (41.25), Erdélyi [1970] 利用分数阶积分-微分的技巧得到了更广结果. Erdélyi 利用他的想法, 从波动方程的解中推导出了相应方程形式为 (41.6) 的解. 早前, Copson and Erdélyi [1958] 使用这个想法研究了 (40.19) (其中 $\lambda=0$) 的某个边值问题的解.

40.3　对于 $\mu=\lambda=0$ 时的方程 (40.18) 和 $\lambda=0$ 时的方程 (40.18), Krivenkov [1957] 和 Henrici [1953] 分别通过 (41.22) 形式的解析函数和 (40.33) 形式的解析函数得到了比 (41.22) 更一般的解的表示.

40.4　Copson [1958] 考虑了双曲方程 (40.19) (其中 $\lambda=0$) 在 $x>0$, $y>0$ 象限内的 Dirichlet 问题. 通过使用 Riemann 方法, 他构造了这个问题在 $x<y$ 和 $x>y$ 时的解. 当 $\mu=p$ 时, 假设所给边值 $u(x,0)$ 和 $u(0,y)$ 满足方程 $u(x,0)=u(0,x)$; 当 $p>\mu$ 时, 假设边值满足方程 $u(0,x)=\dfrac{\Gamma(p+1/2)}{\Gamma(\mu+1/2)}x^{-1}I_{\mu-1,p-\mu}u(x,0)$,

然后他表明此解及其导数对于足够大的 $\mu + p$ 在穿过直线 $y = x$ 时连续. 这里 $I_{\eta,\alpha}$ 是 (18.8) 中定义的 Erdélyi-Kober 算子.

40.5 Weinstein [1960] 研究了 (40.22) 中定义的算子 $L_\eta^{(x)}$ 的某些性质, 并用其来研究方程

$$\sum_{k=1}^n \left(\frac{\partial^2 u}{\partial x_k^2} + \frac{p_k}{x_k} \frac{\partial u}{\partial x_k} \right) = 0, \quad p_k = \text{const} \tag{43.2}$$

的解. 特别地, 他证明了如果 $u(x_1, x_2, \cdots, x_n)$ 是此方程的任意解, 则

$$r^{2-n-p_1-p_2-\cdots-p_n} u\left(\frac{x_1}{r^2}, \frac{x_2}{r^2}, \cdots, \frac{x_n}{r^2} \right), \quad r^2 = \sum_{k=1}^n x_k^2$$

是它的另一个解. 在 $p_1 = \cdots = p_n = 0$ 的情形下, 此性质有时称为 Kelvin 定理.

40.6 Radzhabov [1971, 1978, 1980–1982, 1982] 和 Radzhabov, Sattarov and Dzhahirov [1977a,b], 以及其中引用的论文, 详细研究了一些方程解 (包括基本解) 的性质: 具有奇性系数的椭圆型方程 (40.18) 和 (43.2), 以及它们的某些类似和迭代推广的方程. 他们获得了这些方程的解和某些边界值问题解的积分表示, 如 Dirichlet, Neumann, "混合" 等边值问题. 他们使用并发展了与 (40.20) 和引理 40.2 有关的思想, 以及 Gilbert [1989] 和 Weinstein [1955b] 的方法. 他们发现了高阶迭代方程的可分解为形如 (43.2) 的方程复合的解的结构.

这类方程主要为双曲型, 其 Cauchy 和 Cauchy-Goursat 边值问题由 Kapilevich [1966a,b, 1967, 1969] 等研究. 他使用了多变量超几何函数的技巧. 特别地, 在文献 [1966a, 1966b, 1967] 中, 他首次构造了方程 (40.19) 的 Riemann 函数和 Green-Hadamard 函数, 得到了 Cauchy 问题和 Cauchy-Goursat 问题的解. Kapilevich [1969] 根据核中涉及函数 $_0F_{m-1}(a_1, \cdots, a_{m-1}, z)$ 的积分算子 —— Erdélyi, Magnus, Oberbettinger and Tricomi [1953a] —— 得到了方程

$$\left(\frac{\partial^2}{\partial s^2} + \frac{a}{s} \frac{\partial}{\partial s} + b^2 - \frac{\partial^2}{\partial x^2} \right)^m u - c^{2m} u = 0$$

类似于 (41.36) 的半齐次问题的解.

40.7 Chen [1959, 1961] 根据函数 $U(x,0) = U_0(x)$ 和 $U_\xi(x,0) = U_1(x)$ 的性质, 特别地, 根据函数的 Hölder 性质, 研究了方程 $\xi^m U_{xx} + U_{\xi\xi} = 0$ 在奇异线 $\xi = 0$ 附近解的性质 —— Chen [1959]. 作变换 $2p = m(m+2)^{-1}$, $r = (1-2p)\xi^{1/(1-2p)}$ 和 $U(x,\xi) = u(x,r)$, 他将此方程简化为 (41.3″) 中给出的方程形式, 其中 $0 < p < 1/2$, 并将复数域上两个变量的解析延拓方法应用于后一方程. 这种方法在 Lewy [1952, 1959] 的论文中提到, 它与 Vekua [1948] 书中已给出的方法类似. 根据这

种方法, 上述方程的每个解 $U(x, \eta)$ 对应某个解析函数, 对于 $\xi = 0$, 其实部和虚部通过函数 $U_0(x)$ 和 $U_1(x)$ 的分数阶积分表示. Chen [1961] 指出这样的积分解 $U(x, \eta)$, 根据 $U_1(x)$ 或 $I_{a+}^{2p-1}(U_0(x) - U_0(a))$ 在 L_q 空间中的范数, 解的分数阶导数的范数满足特别的估计.

Usanetashvili [1982] 证明了方程 $\xi^m U_{xx} + U_{\xi\xi} = 0$, $m = \mathrm{const} > 0$ 的混合边值问题正则解的存在性和唯一性, 其中所期望解的余法向导数的值在边界的椭圆部分指定, 退化线 $\xi = 0$ 上的条件包含 2.3 节中定义的 Riemann-Liouville 分数阶积分和导数.

40.8　Hasanov [1979], Isamukhamedov and Oramov [1962], Ivashkina and Nevostruev [1978], Kumykova [1974], Nahushev [1985], Salahitdinov and Mengziyaev [1977] 针对 "混合型" 方程证明了一类带有 Riemann-Liouville 型分数阶积分-微分算子边界条件的边值问题解的唯一性和存在性. 对于退化双曲方程, 解的存在唯一性由 Kumykova [1980, 1981], Orazov [1982], Salahitdinov and Mirsaburov [1981, 1982] 证明.

Nahushev and Borisov [1977] 和 Zhemukhov [1986] 分别研究了载荷抛物型方程的第一、第二和混合边值问题, 以及二阶退化载荷双曲型方程的 Darboux 问题. 载荷部分包含 Riemann-Liouville 分数阶积分和导数 —— § 43.2, 注记 42.5.

40.9　Kochubei [1989b] 考虑了在 Banach 空间中具有闭线性算子 A 以及 "正则化" 分数阶导数

$$(D^{(\alpha)}x)(t) = (D_{0+}^{\alpha}x)(t) - [\Gamma(1-\alpha)]^{-1} t^{-\alpha} x(0), \quad 0 < \alpha < 1$$

的方程的 Cauchy 问题

$$(D^{(\alpha)}x)(t) = Ax(t), \quad 0 < t < T, \quad x(0) = x_0,$$

其中 $\mathcal{D}_{0+}^{\alpha}$ 是 (2.22) 中定义的 Riemann-Liouville 分数阶微分算子. 他找到了关于算子 A 的预解式 $(A - \lambda E)^{-1}$ 的条件, 这些条件导致了 Cauchy 问题的唯一可解性. 将结果应用于 "时间" 变量中有分数阶微分的偏微分方程 "混合" 问题.

Kochubei [1990] 中特别处理了 $A = L$ 的带有 n 个变量的二阶椭圆微分算子的情况. 相应的 Cauchy 问题为

$$(D_t^{(\alpha)}x)(y, t) = Lx(y, t), \quad y \in R^n, \quad 0 < t < T, \quad u(y, 0) = \varphi(y),$$

称之为分数阶扩散问题, 在 $\varphi(y)$ 和算子 L 系数的恰当假设下可证明其有唯一解. 对于 L 是 Laplace 算子的情况, 可用 Fox H 函数找到显式基本解, 并证明它在 R^n 上关于 y 的可积性. 在这方面, 我们可参考 Schneider and Wyss [1989] 和 Wyss [1986] 的工作.

40.10 Chanillo and Wheeden [1985] 应用分数阶积分算子的双加权估计 —— § 29.2, 注记 25.8, 得到了散度形式下椭圆算子的负特征值个数的信息. Kerman and Sawyer [1985] 利用他们对势算子所谓迹不等式的刻画, 研究了 Schrödinger 算子 $H = -\Delta - V$ 的定义域和本征谱, 其中 Δ 是 Laplace 算子, V 是 R^n 上的非负可测函数.

41.1 根据 Vekua [1947] (定理 41.5), Olevskii [1949] 在半球和 R^n 的半空间中, 在 p 满足一定条件下, 求解了方程 (41.2) ($q = 0$) 的 Dirichlet 问题. 在半球的情况下, Huber [1954] 将结果推广到任意 p. 对于任意的 p 和 μ, Hall, Quinn and Weinacht [1974] 得到了 R^n 中四分之一球情形下, 形为 (40.18) ($\lambda = 0$) 的方程的类似结论.

Volkodavov [1971] 和 Evsin [1973, 1975] 构造了 (41.2) 的基本解, 分别解决了半圆盘 $\{x^2 + y^2 < 1, y > 0\}$ 中的 Dirichlet 问题和边界包含轴 Ox 的区间 $[-1, 1]$ 的区域中的 Neumann-Dirichlet 问题.

41.2 Diaz and Weinberger [1953] 研究了 (41.35) 和 (41.36) 中的 Cauchy 问题, Blum [1954] 考虑了所有 p 值, 包括奇异情形 $2p = -1, -3, -5, \cdots$. 我们还注意到, 在 E. C. Young [1969] 和 Asral [1981] 的论文中可分别找到关于奇异 Cauchy 问题于 (41.36) 和在直线 $y = \varepsilon > 0$ 上满足 (41.36) 型条件的正则 Cauchy 问题的研究评论.

41.3 Saigo [1980a, 1980b, 1981a], 另见 [1981b, 1985, 1987], 研究了域 $0 < \xi < \eta < 1$ 中 Euler-Poisson-Darboux 方程 (41.1) 的三个边值问题, 边界条件涉及 § 23.2, 注记 18.6 中给出的积分算子 $I_{0+}^{\alpha,\beta,\eta}$ 和 $I_{b-}^{\alpha,\beta,\eta}$. 第一个 Goursat 型问题具有以下边界条件

$$I_{0+}^{a,b,\beta^*-a-1} u(0, \eta) = \varphi_1(\eta), \quad I_{1-}^{c,b,\beta-c-1} u(\xi, 1) = \varphi_2(\xi).$$

另外两个问题就是所谓的平移问题, 它们的研究从 Nahushev [1969] 开始. 在这方面, 我们也可参考文献 Bzhikhatlov, Karasev, Leskovskii and Nahushev [1972]. 在第二个问题中, 边界条件的形式为

$$u(\xi, \xi) = \varphi_1(\xi),$$
$$A I_{0+}^{a,b,\beta^*-a-1} u(0, \xi) + B I_{1-}^{a+\beta-\beta^*,c,\beta^*-a-1} u(\xi, 1) = \varphi_2(\xi),$$

第三个问题的边界条件为

$$u(\xi, \xi) = \varphi_1(\xi),$$
$$A \xi^{b+\beta+\beta^*-1} I_{0+}^{a,b,\beta^*-a-1} u(0, \xi) + B(1-\xi)^{c+\beta+\beta^*-1} I_{1-}^{a+\beta-\beta^*,c,\beta^*-a-1} u(\xi, 1) = \varphi_2(\xi).$$

这里 A, B, a, b, c, d 为给定常数, φ_1 和 φ_2 是所有三个问题中的给定函数. 在 A 和 B 是给定函数且 $\beta^* = \beta$, $a = -b = -c = \beta - 1$ 的情况下第二个问题与论文 Nahushev [1969] 中的问题一致. 所有这些问题都可简化为带 Cauchy 核的奇异积分方程, 并且用 Gahov [1977] 书中的方法来求解.

Srivastava and Saigo [1987] 用两个变量的 Kampe de Feriet 函数表示了上述问题的解. 他们还考虑了一些特殊情况, 其中 Kampe de Feriet 函数可以化为相对简单的超几何函数.

我们还注意到 Orazov [1981] 推广了 Nahushev [1969] 的结果. Volkodavov and Repin [1982] 用算子 $I_{0+}^{\alpha,\beta,\eta}$ 和 $I_{b-}^{\alpha,\beta,\eta}$ 求解了另一个此类的问题. Repin [1990] 研究了特殊域中方程 $y^2 u_{xx} - u_{yy} + d u_x = 0$ 的上述第二个边值问题.

41.4　通过在广义函数空间中使用 Fourier 变换, Bresters [1978] 构造了方程

$$\sum_{k=1}^{n} \frac{\partial^2 u}{\partial x_k^2} - \frac{\partial^2 u}{\partial y^2} - \frac{2p}{y}\frac{\partial u}{\partial y} - \lambda^2 u = 0$$

的 Cauchy 问题 (41.36) 的解, 解的关系式如下

$$u(x,y) = \frac{2}{|S_n|} \int_{-1}^{1} \tau(x+yt) \frac{\cos\left(\lambda y \sqrt{1-t^2}\right)}{\sqrt{1-t^2}} dt$$

—— (41.37) —— 并且它推广了 E.C. Young [1969] 的论文中这种问题的经典解.

41.5　Bureau [1955, 1960, 1961] 研究了双曲型偏导数方程的 Cauchy 问题. 特别地, 考虑了波动方程 (40.19) 和 Euler-Poisson-Darboux 方程 (41.1) 和 (41.35). 他使用了发散积分有限部分和对数部分的概念, 它们分别用 pf 和 pl 表示且与 Hadamard 定义有关 —— §5.5. 特别地, 通过这些想法可以推广 Weinstein [1948, 1952, 1953] 论文中的一些结果. 我们给出一些他的定义.

设 $A(t) \in C^m$ 在点 x 的邻域内表示为如下形式

$$A(t) = \sum_{k=0}^{m-1} \frac{A_k(x)}{k!}(t-x)^k + B_m(t), \quad A_k(x) = A^{(k)}(x),$$

且令

$$I_s(x) = \int_a^x A(t)(x-t)^s dt,$$

$$P(y; s, u+1) = \sum_{k=0}^{s} (-1)^k \frac{A_k(x)}{k!(k-u)} y^{k-u}.$$

则我们记

$$\mathrm{p}fI_{-m-\mu}(x) = \lim_{\varepsilon \to 0}\left[\int_a^{x-\varepsilon} A(t)(x-t)^{-m-\mu}dt - P(\varepsilon; m-1, m+\mu)\right]$$

$$= P(a-x; m-1, m+\mu) + \int_a^x B_m(t)(x-1)^{-m-\mu}dt,$$

$$\mathrm{p}fI_{-m}(x) = P(a-x; m-2, m) + (-1)^{m-1}\frac{A_{m-1}(x)}{(m-1)!}ln(x-a) + \int_a^x \frac{B_m(t)}{(x-t)^m}dt,$$

$$\mathrm{p}lI_{-m}(x) = (-1)^m\frac{A_{m-1}(x)}{(m-1)!}; \quad \mathrm{p}lI_s(x) = 0, \quad s \neq -m,$$

其中 $0 < \mu < 1$, $m = 1, 2, 3, \cdots$.

Bureau 证明了 $\mathrm{p}fI_s$ 和 $\mathrm{p}lI_s$ 的基本性质, 比如各种估计、与微分算子的交换, 以及与积分 Cauchy 主值的联系. 他将所有这些结果推广到多维积分, 并研究了这些想法在偏微分方程中的应用.

41.6　Zheng [1982], Cheng [1982] 研究了 (41.25), $q = 0$ 的一些奇异线上带有条件的 "混合" 边值问题及其推广.

41.7　Wood [1975] 在简单方程 $u_{xx} + u_{zz} + w^2c^{-2}(x)u = 0$ 的基本解已知的情况下, 研究了求方程 $u_{xx} + u_{yy} + u_{zz} + w^2c^{-2}(z)u = 0$ 的基本解的问题. 在 $c(z) = z$ 的情况下, 这个问题可以通过使用分数阶积分来解决.

41.8　Clements and Love [1974] 考虑了两个 "混合" Heumann-Dirichlet 问题, 涉及寻找函数 $V(r, z)$, $r = \sqrt{x^2 + y^2}$, 在半空间 $z > 0$ 中调和, 假设 V_z 和 V 在平面 $z = 0$ 的不同部分给出, 并在 $r = a$ 和 $r = b$ 时有一个跳跃. 根据 Copson [1947b], 这些问题的解有如下形式

$$V(r, z) = \frac{1}{2\pi}\int_0^\infty \sigma(\rho)\rho\partial\rho\int_{-\pi}^\pi \frac{d\varphi}{(z^2 + r^2 - 2r\rho\cos\varphi)^{1/2}},$$

因此可以归结为依次求解 Abel 型方程

$$\int_a^x \frac{\rho\sigma(\rho)d\rho}{\sqrt{x^2 - \rho^2}} = f_1(x), \quad \int_x^b \frac{\rho\sigma(\rho)d\rho}{\sqrt{\rho^2 - x^2}} = f_2(x)$$

和方程

$$f(x) + \frac{2(-1)^\delta}{\pi}\int_0^c \frac{(xt)^\delta f(t)}{1 - x^2t^2}dt = y(x), \quad 0 < x < c = \sqrt{a/b},$$

其中 $\delta = 0$ 或 $\delta = 1$.

41.9　Belonosov [1961, 1962] 研究了平面二连通域情况下双调和方程 $\Delta^2 u = 0$ 的某些边值问题. 为了解决这些问题, 他使用了 (22.4) 中定义的复平面内的分数阶微分 $f^{(\alpha)}$, 其中 $\mathcal{L} = (-i\infty, i\infty)$, 以及联系 $f^{(\alpha)}$ 与 Laplcae 变换的表达式——§§ 7.2 和 9.2, 注记 7.2 和注记 7.4.

41.10　Shinbrot [1971] 指出了 Navier-Stokes 方程存在带分数阶导数 $\mathcal{D}_{0+}^\alpha u$, $0 < \alpha < 1/2$ ("时间" 变量上) 的弱解 u 的一些充分条件. 他得到了这种导数在 L_2 中的范数估计. 这个问题首先由 Lions [1959] 考虑, 他在 $0 < \alpha < 1/4$ 的情况下, 在空间维度的某些假设下发现了这种估计.

41.11　Senator [1971] 获得了椭圆边值问题解 u 的 Schauder 和 L_p 估计, 此边值问题的边界条件包含具有非光滑符号和一般分数阶导数的拟微分算子.

41.12　Berens and Westphal [1968a] 考虑了 Cauchy 问题

$$\frac{d}{dx}\omega(x,t) + \mathcal{D}_{0+}^\gamma \omega(x,t) = 0, \quad x > 0, \quad t > 0, \quad 0 < \gamma < 1,$$

$$\lim_{x \to 0} \|\omega(x,t) - f_0(t)\|_{L_p} = 0, \quad 1 \leqslant p < \infty,$$

其中 $\mathcal{D}_{0+}^\gamma$ 是在 (5.6) 中定义的关于 t 的 Riemann-Liouville 分数阶微分算子. 他们以 $\omega = W_\gamma^{(x)} f_0$ 的形式构造了这个问题的解, 其中 W_γ 对于任意 $x > 0$ 是 $L_p(0, \infty)$ 中 C_0 类半群.

42.1　利用 Picard 方法和 Schauder 不动点原理, Tazali [1982] 证明了两个定理, 给出了 Cauchy 型问题

$$(D_{a+}^\alpha y)(x) = f(x, y(x)), \quad a < x \leqslant a + h, \quad h > 0;$$

$$(D_{a+}^{\alpha-1} y)(x)\Big|_{x=a} = b, \quad 0 < \alpha \leqslant 1$$

解 $y(x)$ 的存在条件. 这些结论推广了 Caratheodory 在 $\alpha = 1$ 时已得到的结果.

Grin'ko [1991] 在实直线的有限区间 $[a, b]$ 上的 Hölder 加权空间 $H_0^\lambda([a, b], \rho)$, $\rho(x) = (x-a)^\mu (b-x)^\nu$ 中证明了具有广义分数阶导数 ((10.19) 的逆) 的非线性微分方程解的存在唯一性定理. 他还构造了这个方程的近似解, 并得到了这个解的估计.

Arora and Alshamani [1980] 研究了 (42.2) 和 (42.3) 中给出的 Cauchy 型问题的稳定性. Hadid and Alshamani [1986] 在 $f(x, y)$ 的适当假设下证明了这个问题的解在无穷远处的估计.

42.2　一系列论文主要涉及广义函数空间 V' 中分数阶线性微分方程组的研究 —— § 9.1, §§ 8.1 和 8.2 的注记.

Veber [1976a] 找到了具有常系数矩阵 A 的方程组 $y^{(\alpha)}(x) = Ay(x)(0 < \alpha < 2)$ 的 Cauchy 问题的解. Imanaliev and Veber [1960] 和 Veber [1983a,b] 研究了该包含基本矩阵的方程组的不同解在 $x \to \infty$ 时的渐近行为. Veber [1985a] 研究了方程组

$$y^{(\alpha)}(x) = A(x)y(x) + f(x), \quad n - 1 < \alpha \leqslant n, \ n = 1, 2, \cdots \tag{43.3}$$

的 Cauchy 问题, 其中 $A(x)$ 对于 $x \geqslant 0$ 为连续矩阵函数, Veber [1985b] 考虑了这种方程组在取常数矩阵 $A(x) = A = \text{const}$ 时的基本解. Veber [1973] 的论文考虑了单个方程的情况.

Veber [1983b] 证明了比 (43.3) 更一般的带常数矩阵 A, B, C 的方程组

$$Ay'(x) + By^{(\alpha)}(x) + Cy = g(x), \quad 0 < \alpha \leqslant 1 \tag{43.4}$$

的 "被动性" 判据, 并发现了其基本解在 $x \to \infty$ 时的拟渐近展开式. 上述概念的定义可以在例如 Vladimirov [1979, pp. 86, 278] 和 Vladimirov, Drozhzhinov and Zav'yalov [1986, pp. 34, 58, 209] 中找到. 我们还注意到, Seitkazieva [1980] 利用基于 Laplace 变换的方法构造了形如 (43.4) 在 $0 < \alpha < 1$ 时的方程的解.

Bykov and Botashev [1965] 将研究 (浇灌犁沟) 中的一个问题简化为 (43.4) 形式的方程:

$$y'(x) = q - \lambda \int_0^x [1 + b(x - t)^{-\alpha}] y'(t) dt, \quad 0 < \alpha < 1.$$

在 Veber [1985b] 的论文中可以找到应用问题简化为微分方程和分数阶导数微分方程组的其他例子.

42.3 Srivastava, Owa and Nishimoto [1984] 在 $C = \mathcal{L}_\pi(z)$ 或 $C = \mathcal{L}_0(z)$ 的情况下, 用分数阶微分算子 $f_\nu \equiv (\mathcal{D}_{+,\pi}^\nu f)(z)$ —— (22.17), (22.18) 和 (22.21) 证明了如下结论.

定理 43.1 设 $\varphi(\nu, z) \neq 0$ 在复平面 z 中的区域 D 内解析. 如果

$$\varphi(\nu; z) = \exp\left\{\int \frac{\varphi(\nu + 1; z)}{\varphi(\nu; z)} dz\right\} \Big/ \left(\exp\left\{\int \frac{\varphi(\nu + 1; z)}{\varphi(\nu; z)} dz\right\}\right)_{-\nu}$$

且 $f_\nu(z)$ 存在, 则方程 $f_\nu(z) = \varphi(\nu; z) f(z)$, $z \in D$ 的解有以下形式

$$f(z) = k\left(\exp\left\{\int \frac{\varphi(\nu + 1; z)}{\varphi(\nu; z)} dz\right\}\right)_{-\nu}, \quad k \neq 0\text{-const}, \quad z \in D.$$

在 Nishimoto, Owa and Srivastava [1984] 的论文中, 对于更一般的方程 $f_\nu(z) = \varphi(\nu; z) f(z) + \varphi(\nu; z) g(z)$ 获得了这样的结果.

42.4　在论文 Wiener [1983a,b] 及其中引用的论文中, 将 § 5.5 中考虑的 Hadamard 分数阶积分-微分理论 (有限部分意义上) 用于研究各种分数阶微分方程. 特别地, 考虑了极谱法理论中的方程

$$(\mathcal{D}_{0+}^{1/2}y)(x) - cx^a y(x) = x^{-1/2}, \quad x > 0, \quad -1/2 < a \leqslant 0.$$

Wiener [1988], Hadid and Grzaslewicz [1990] 以及 Campos [1990c] 发现了此类具有幂型系数方程的特解.

42.5　Nahushev [1974] 考虑了方程

$$K_\alpha\varphi \equiv \mathcal{D}_{0+}^\alpha x^\beta \varphi(x) + \sum_{j=1}^m a_j(x)\mathcal{D}_{0+}^{\alpha_j}\varphi(x) + b(x)\varphi(x) = c(x), \quad 0 < x < 1$$

的恰当解问题, 其中

$$0 < \alpha < 1, \beta > 0, \alpha > \alpha_1 > \cdots > 0 > \cdots > \alpha_m, \qquad a_j(x) \in \begin{cases} C^1([0,1]), & \alpha_j > 0, \\ C([0,1]), & \alpha_j < 0. \end{cases}$$
$$b(x), c(x) \in C([0,1]).$$

设 $C_\gamma((0,1))$ 是函数 $\varphi(x)$ 的 Banach 空间, 其范数为 $\|\varphi\|_\nu = \max_{x\in[0,1]}|x^\gamma\varphi(x)|$, γ 为常数. Nahushev 证明了如果 $\beta < \alpha - (\text{sign}\alpha_j + 1)\alpha_j/2$, 则对于每个 $c(x) \in C_0((0,1))$, $C_\beta((0,1))$ 空间中上述方程存在唯一解.

Nahushev [1975] 的另一篇文章研究了方程

$$y^m u_{xx} + u_{yy} + a(x,y)u_x + b(x,y)u_y + c(x,y)u = 0$$

在有界区域 $D \in \{y > 0\}$ 中的 "混合" 边值问题, 其边界包含轴 Ox 的区间 $0 < x < 1$. 此区间上边界条件为 $\lim_{y\to 0} K_1 u = \Psi(x)$, $0 < x < 1$, 其中 K_1 是 K_α 在 $\alpha = 1$ 时的值. 在文中得到的极值原理的基础上, Nahushev 证明了该问题解的稳定性和唯一性, 并考虑了这种解的存在性问题.

42.6　Aleroev [1982, 1984] 研究了微分方程

$$u''(x) + a(x)\mathcal{D}_{0+}^\alpha u(x) = f(x), \quad 0 \leqslant x \leqslant 1 \tag{43.5}$$

Dirichlet 问题的谱, 其中 $0 < \alpha < 1$. 他证明了条件为 $u(0) + \beta u'(0) = u(1) = 0$ 和 $f(x) = 0$, $a(x) = \lambda$ 的问题, 对于 $\beta \geqslant 0$ 在函数空间 $C[0,1] \cap C^2(0,1]$ 中没有负特征值, 而对于条件 $\alpha u(0) + \beta u'(0) = \gamma$, $\bar{\alpha}u(1) + \bar{\beta}u'(1) = \gamma$, $a(x) = \lambda$ 的问题

有特征值但不超过一个连续集. 他也证明了问题 $a(x) = \lambda$, $u(0) = 0$, $u(1) = 0$ 特征值 $\lambda = \lambda_k$ 的不等式

$$\sum_{k=1}^{\infty} |\lambda_k|^{-2} \leqslant \frac{1}{16} \Gamma^2(2 - \alpha).$$

我们还注意到, 早前 Nahushev [1977] 表明 $\lambda = \lambda_k$ 是后一个问题的特征值当且仅当 λ_k 是 (1.91) 中定义的 Mittag-Leffler 函数 $E_{2-\alpha,2}(-\lambda)$ 的零点. 所有这些零点其模充分大, 都是简单零点, 当 $k \to \infty$ 时它们有估计 $\lambda_k = O(k^{2-\alpha})$ —— Dzherbashyan [1966a, p. 142].

Bogatyrev [1980–1981] 和 Amvrosova [1984] 考虑了特征值的渐近行为, 以及在实轴的有限区间上微分算子 $y^{(n)} - \lambda y$ 的一致收敛问题, 边界条件集中在该区间的端点并且包含 § 2.3 中给出的 Riemann-Liouville 分数阶导数.

42.7 利用算子的实现关系, 例如, 见 Gel'fand and Shilov [1959, p. 151], Malakhovskaya and Shikhmanter [1975] 提出了构造如下积分-微分方程 Cauchy 问题广义解的方法:

$$Q_n\left(\frac{d}{dx}\right) y(x) - a \int_0^x \frac{y(t)}{(x-t)^\alpha} dt = f(x), \quad x > 0,$$

初值条件为 $y_j(0) = a_j$, $j = 0, 1, \cdots, n-1$, 其中 $0 < \alpha < 1$ 为有理数, $Q_n(x)$ 为 n 阶多项式.

42.8 Leskovskii [1980] 以 (1.91) 中定义的 Mittag-Leffier 函数的形式构造了带不同特定指数 α_j $(-1 \leqslant \alpha_j < 0)$ 的齐次方程 (42.34) 的线性独立解. 非齐次方程 (42.34), $\alpha_j = (j-1)/n$ 的特解最早由 Davis [1927a] 得到 —— (4.6) 和 § 4.2, 注记 2.5 和 §§ 30 和 34.

Alonso [1964] 研究了同一类型具有常系数的方程

$$\lambda_0 f(x) + \sum_{j=1}^{n} \frac{\lambda_j}{\Gamma(\alpha_j)} \int_x^c (y-x)^{\alpha_j - 1} f(y) dy = 0, \quad \text{Re}\, \alpha_j > 0.$$

他证明了此方程的解具有 $f(x) = e^{-\eta x}$ 的形式当且仅当参数 η 满足条件

$$\text{Re}\,\eta > 0, \quad \lambda_0 + \sum_{j=1}^{n} \lambda_j \eta^{-\alpha_j} = 0, \quad c = \infty.$$

Alonso 还在 $n = 1$ 的情况下研究了相应非齐次方程的解的性质.

通过类比常系数线性常微分方程, Campos [1990c] 提出了一种根据特征拟多项式的根来求解形如 (42.34) 的简单方程的方法, 其中分数阶导数在复平面上给出 —— § 22.1.

42.9　Kochura and Didenko [1985] 研究了形式为 (42.34) 的具有分段常系数的方程.

42.10　Bragg [1969, 1976] 考虑了具有闭线性算子 A 和常系数 α_j 和 β_j 的超几何型方程

$$t\frac{d}{dt}\prod_{j=1}^{q}\left(t\frac{d}{dt}+\beta_j-1\right)u(t)-At\prod_{j=1}^{p}\left(t\frac{d}{dt}+\alpha_j\right)u(t)=0,\quad t>0$$

的抽象 Cauchy 问题. 通过使用分数阶积分, 他得到了连接该方程在不同参数值下的解的表达式, 并将这些表达式用于研究双曲型退化方程的 Cauchy 问题

$$u_{tt}-t^m u_{xx}+\nu t^{m/2-1}u_x=0,\quad t>0,\ m\geqslant 2,\quad u(x,0)=\varphi(x),\quad u_t(x,0)=\varphi(x).$$

42.11　Yu. Rabinovich and Nesterov [1961] 考虑了微分算子 $K_n u$:

$$K_n u=\sum_{k=0}^{n}P_k(z)\frac{d^{n-k}u}{dz^{n-k}}=0,\tag{43.6}$$

其中 P_k 是次数一定的多项式. 他们利用 (22.30) 和 (22.33′) 中定义的分数阶导数, 以及在 $z_0=\infty$ 的情况下通过类似 (22.33′) 的关系式定义的分数阶导数, 找到了 (43.6) 中算子阶数 n 可以降低的条件.

在 Nesterov [1861] 的论文中, 用这些导数来构造具有 s 个奇异点的 Fuchs 型微分方程

$$\prod_{k=1}^{s}(z-a_k)^n u^{(n)}+\sum_{j=1}^{n}Q_{(s-1)j}(z)\prod_{k=1}^{s}(z-a_k)^{n-j}u^{(n-j)}=0$$

的解, 其中 $Q_m(z)$ 是 m 次多项式.

42.12　一系列论文涉及分数阶积分-微分方法在求解具有多项式系数的 (43.6) 型二阶线性微分方程中的应用.

Al-Bassam [1962, 1964, 1966, 1976, 1985a,b, 1986, 1988, 1987, 1990], Al-Bassam and Kalla [1989] 通过 Leibniz 法则 (17.11), 以及分数阶积分和导数的其他性质将微分和积分-微分方程简化为以下复合算子方程

$$I_{a+}^{-\alpha}p(x)I_{a+}^{-1}q(x)I_{a+}^{\alpha+n-1}y(x)=0,\quad n=1,2,\cdots,\tag{43.7}$$

其中 $p(x)$ 和 $q(x)$ 是 $\prod\limits_{k=1}^{m}(a_k+b_kx)^{\alpha_k}e^{\mu x}$ 形式的乘积. 证明了某类二阶微分方程等价于 (43.7) 的充分必要条件, 并构造了它们的解. 考虑了 Gauss, Hermite,

Kummer, Laguerre, Legendre 和 Jacobi 函数, 广义超几何函数 $_2F_2$ 和 $_3F_2$ 以及正交多项式的方程算例. 在 (43.7) 的基础上, 这些方程的解通过相应的分数阶积分及其复合表示 —— §§ 9.3 和 10. 在这方面, 也可参见 Al-Bassam [1989] 的论文, 所考虑的方程的解包含广义幂级数, 特别地, 也考虑了包含类似指数函数、三角函数和双曲函数的情况.

Higgins [1967] 提出了一种原创的获得非齐次超几何方程通解的方法. 该方法基于 (1.119) 和 (1.120) 中给出的正逆 Laplace 变换, 以及关于参数的 Erdélyi-Kober 变换 (18.1) 和 (18.2) 的应用.

Nishimoto [1985a,b, 1986a,b, 1987, 1989] 以及他在 *J. Coll. Engng. Nihon Univ.* 1988. B-29, 1989. B-30 上发表的论文, 将 § 43.2, 注记 42.3 中给出的分数阶积分-微分算子 f_ν 应用到与 Gauss, Kummer, Laguerre, Legendre 等特殊函数有关的 Fuchs 型常微分和偏微分方程特解的研究中. 在这方面, 我们还参考了 Nishimoto and Kalla [1988, 1989] 以及 Nishimoto and Tu Shih-Tong [1990a,b].

42.13 Fedosov and Yanenko [1984] 证明了半整数阶偏导数方程

$$\sum_{k=0}^{n} a_k \mathcal{D}_{+,x}^{k/2} \mathcal{D}_{+,y}^{(n-k)/2} u(x,y) = f(x,y), \quad a_k \text{——const},$$

—— § 24.2 —— 可以通过将其算子表示成 n 个形式为 $\mathcal{D}_{+,x}^{1/2} + \alpha_j \mathcal{D}_{+,y}^{1/2}$ 的可逆算子的复合来研究, 其中

$$\mathcal{D}_{+,x}^{1/2} u(x,y) = \frac{1}{\sqrt{\pi}} \frac{d}{dx} \int_{-\infty}^{x} (x-t)^{-1/2} u(t,y) dt,$$

α_j 是某个特征多项式的根. 特别地, 在 $n=1$, $a_0=0$, $a_1=1$ 的情况下, 指出了此方程通解的如下关系式

$$u(x,y) = \pi^{-1/2} \int_{-\infty}^{x} \int_{-\infty}^{s} (s-\xi)^{1/2} \frac{\partial}{\partial \xi} [f\left(\xi, y + \alpha^2(x-s)\right)$$
$$- \alpha f\left(s, y + \alpha^2(x-s) + \xi - s\right)] d\xi ds$$
$$+ \begin{cases} q\left(y + \alpha^2 x\right), & \alpha \leqslant 0, \\ 0, & \alpha > 0, \end{cases}$$

其中 $q(t)$ 是任意函数. 作者也仔细地考虑了 $n=2$ 的情况.

42.14 为了将算子 P 转换为 D^2, Yaroslavtseva [1976] 构造了算子 F_j,

$j = 1, 2$, 即在某个函数空间的元素 v 上满足性质 $PFv = FD^2v$ 的算子 F, 其中

$$P = -\left(\frac{d^2}{d\varphi^2} + 2\nu\mathrm{ctg}\varphi\frac{d}{d\varphi} - \nu^2\right), \quad D = -i\frac{d}{d\varphi}.$$

特别地, 对于实数 $\nu > 0$, 算子 F_1 的形式为

$$F_1 v = \frac{2^\nu\Gamma(\nu + 1/2)}{\sqrt{\pi}\Gamma(\nu)}(\sin\varphi)^{1-2\nu}\int_0^\varphi v(t)(\cos t - \cos\varphi)^{\nu-1}dt,$$

对于其他 ν 的值, 其形式为检验函数 v 与函数 $\sin^{2\nu}(\varphi/2)$ 的卷积.

应用这些结果将微分方程

$$\sum_{k=0}^n a_k P^{n-k}u = 0, \quad a_k \text{——const}, \quad 0 < \varphi < \pi$$

的 Cauchy 问题简化为常微分方程

$$\sum_{k=0}^n (-1)^{n-k}a_k\omega^{2n-2k} = 0$$

的 Cauchy 问题.

42.15   Biacino and Miserendino [1979b] 考虑了算子

$$Lu = \sum_{|\alpha|\leqslant 4} a_\alpha(x)D^\alpha u, \quad |\alpha| = \alpha_1 + \alpha_2,$$

$$\alpha = (\alpha_1, \alpha_2), \quad x = (x_1, x_2)$$

的性质, 其中分数阶导数 $D^\alpha u$ 在 Biacino and Miserendino [1979-1980, 1979a] 的文章中定义 —— 也见 §29.2, 注记 24.10. 他们在以下表示的基础上, 给出了指标 Lu 等于零的条件, 研究了 Sobolev 空间中算子 L 的映射性质,

$$Lu = \sum_{|\alpha|\in\{2,3,4\}} a_\alpha(x)D^\alpha u + \sum_{|\alpha|<2} a_\alpha(x)D^\alpha u.$$

42.16   Sprinkhuizen-Kuyper [1979a] 证明了关于方程

$$\left(-\frac{1}{x}\frac{d}{dx}\right)^l\left(\frac{d^2}{dx^2} + \frac{\nu}{x}\frac{d}{dx}\right)^k f(x) = g(x), \quad 0 < x \leqslant 1$$

Cauchy 问题的解的一系列定理, 其定解条件为 $f^{(j)}(1) = 0, j = 0, 1, \cdots, l+2k-1$. 对于 $g(x) \in C([0,1])$ 上述问题的解 $f(x) = I_\nu^{2k,l} g(x)$ 在空间 $f(x) \in C^{2k+l}([0,1])$ 中, 其中

$$
I_\nu^{\mu,\lambda} f(x) = \frac{1}{\Gamma(\lambda + \mu)} \int_x^1 \left(\frac{y^2 - x^2}{2} \right)^{\lambda + \mu - 1} y^{1-\mu}
$$

$$
\times {}_2F_1 \left(\lambda + \frac{\mu + \nu - 1}{2}, \frac{\mu}{2}; \lambda + \mu; 1 - \frac{x^2}{y^2} \right) f(y) dy.
$$

文中还研究了这个核中带 Gauss 超几何函数的算子的一些性质.

这些结果由 McBride [1982a, 1983] 和 Dimovski and Kiryakova [1985] 发展, 他们考虑了比 (9.5) 更一般的算子. 对于这样的算子, 发现了它们由 Erdélyi-Kober 型分数阶积分-微分算子 (18.1) 和 (18.2) 的复合形式和 Meijer G 函数 (10.48) 给出的积分表示. Sprinkhuizen-Kuyper [1979a] 较早考虑了这些表示中使算子带有 (10.18) 形式 Gauss 超几何函数的特殊情况.

42.17   Tremblay [1979] 和 Tremblay and Fugère [1984] 研究了以下算子的性质

$$
D^{\alpha,r} = D_z^\alpha \left(z^\alpha D_z^\alpha \right)^r,
$$

$$
D_{n,r_1,\cdots,r_m}^{\beta,\delta,\alpha_1,\cdots,\alpha_m} = \left\{ D_z^{(1-\delta),\beta} \prod_{j=1}^m (zD + \alpha_j)^{r_j} z^{\delta\beta} \right\}^n,
$$

其中 $D = \dfrac{d}{dz}$, D_z^α, $\alpha \in C$ 是 (22.4) 中给出的分数阶导数; $\beta, \alpha_j \in C$ $(j = 1, 2, \cdots, m)$, $\delta = 0$ 或 $\delta = 1$; r, n, r_j $(j = 1, 2, \cdots, m)$ 是非负整数. 特别地, 得到了算子关系

$$
D^{\alpha,r} D^{\beta,r} = D^{\alpha+\beta,r},
$$

$$
D_{n,r_1,\cdots,r_m}^{\beta,\delta,\alpha_1,\cdots,\alpha_m} = D_z^{(1-\delta)\theta\beta n} z^{\delta(1-\theta)\beta n}
$$

$$
\times \prod_{i=1}^{n-1} \prod_{j=1}^m (zD + \alpha_j - \beta\theta n + \beta_i)^{r_j} z^{\delta\theta\beta n} D_z^{(1-\delta)(1-\theta)\beta n},
$$

其中 $\theta = 0$ 或 $\theta = 1$, 以及 $D_{n,r_1,\cdots,r_m}^{\beta,\delta,\alpha_1,\cdots,\alpha_m}$ 通过算子 $z^{(1-2\gamma)\omega + (1-\gamma)k} D^k z^{(2\gamma-1)\omega + \gamma k}$ 给出的表示, 其中 $\gamma = 0$ 或者 $\gamma = 1$, $\omega \in C$, $k = 0, 1, \cdots, n(r_1 + \cdots + r_m)$.

作为例子, 给出了通常的微分算子 D 和积分算子 D_z^{-1} 的新的算子关系式.

参 考 文 献

Abdullaev, S.K. (1985) Some classes of integral operators in spaces of integrable functions (Russian). *Dokl. Akad. Nauk SSSR*, **283**, no 4, 777–780, {*Trans. in Soviet Math. Dokl.*, **32** (1985), no 1, 171–174}.

Abel, N.H. (1881) Solution de quelques problèmes à l'aide d'integrales définies. In *Gesammelte mathematische Werke*. Leipzig: Teubner, Vol. 1, 11–27, (First publ. in Mag. Naturvidenkaberne, Aurgang, **1**, no 2, Christiania, 1823).

—— (1826) Auflösung einer mechanischen Aufgabe. *J. für reine und angew. Math.*, **1**, 153–157.

Adamchik, V.S. and Marichev, O.I. (1990) The algorithm for calculating integrals of hypergeometric type functions and its realization in REDUCE system. In *Proc. Intern. Symp. Symbolic and Algebraic Computation* (ISSAC-90), (Tokyo, 1990), ACM Press, 212–224.

Adams, D.R. (1975) A note on Riesz potentials. *Duke Math. J.*, **42**, no 4, 765–778.

Adams, D.R. and Bagby, R.J. (1974) Translation-dilation invariant estimates for Riesz potentials. *Indiana. Univ. Math. J.*, **23**, no 11, 1051–1067.

Adams, R., Aronszajn, N. and Smith, K.T. (1967) Theory of Bessel potentials, II. *Ann. Inst. Fourier, Grenoble*, **17**, no 2, 1–135.

Agarwal, R.P. (1953) A propos d'une note de M. Pierre Humbert. *C. r. seances Acad. Sci.*, **236**, no 21, 2031–2032.

—— (1969) Certain fractional *q*-integrals and *q*-derivatives. *Proc. Cambridge Phil. Soc.*, **66**, no 2, 365–370.

—— (1976) Fractional *q*-derivatives and *q*-integrals and certain hypergeometric transformations. *Ganita.*, **27**, no 1–2, 25–32.

Ahern, P. and Jevtič, M. (1984) Mean modulus and the fractional derivative of an inner function. *Complex Variables Theory Appl.*, **3**, no 4, 431–445.

Ahiezer, N.I. (1954) On some dual integral equations (Russian). *Dokl. Akad. Nauk SSSR*, **98**, no 3, 333–336.

—— (1957) To the theory of dual integral equations (Russian). *Uchebn. zap. Khar'kov. Univ., Ser.* 4, **80**, no 25, 5–31.

Ahiezer, N.I. and Shcherbina, V.A. (1957) About inversion of some singular integrals (Russian). *Ibid.*, 191–198.

Ahmad, M.I. (1971) Quadruple integral equations and operators of fractional integration. *Glasgow Math. J.*, **12**, no 1, 60–64.

Ahner, J.F. and Lowndes, J.S. (1964) On the solution of a class of integral equations. *J. Math. Anal. and Appl.*, **100**, no 2, 447–462.

Ahuja, G. (1981) On fractional integration for generalized functions. *J. Maulana Azad Coll. Tech.*, **14**, 79–85.

Akopyan, S.A. (1960) Integral transforms connected with differential operators of infinite order (Russian). *Izv. Akad. Nauk Armyan. SSR, Ser. Fiz.-Mat. Nauk*, **13**, no 1, 3–27.

Akopyan, S.A. and Nersesyan, A.B. (1958) Some integro-differential operators and expansions in series analogous to Sohlömilch series (Russian). *Dokl. Akad. Nauk Armyan. SSR*, **27**, no 4, 201–207.

Al-Abedeen, A.Z. (1976) Existence theorem on differential equations of generalized order. *Rafidain J. Sci. Mosul. Univ. Iraq*, **1**, 95–104.

Al-Abedeen, A.Z. and Arora, H.L. (1978) A global existence and uniqueness theorem for ordinary differential equations of generalized order. *Canad. Math. Bull.*, **21**, no 3, 267–271.

Al-Amiri, H.S. (1965) Prestarlike functions of order α and type β with negative coefficients. *Ann. UMCS, Sect.* **A**, **39**, 1–11.

Al-Bassam, M.A. (1961) Some properties of Holmgren-Riesz transform. *Ann. Scuola Norm. Sup. Pisa, Ser. 3, Sci. Fis. e Mat.*, **15**, *Fasc.* 1–2, 1–24.

—— (1962) Concerning Holmgren-Riesz transform equations of Gauss-Riemann type. *Rend. Circolo Mat. Palermo. Ser. 2*, **11**, no 1, 47–66.

—— (1964) On certain types of Holmgren-Riesz transform equations and their equivalent differential equations. *J. für reine und angew. Math.*, **216**, no 1–2, 91–100.

—— (1965) Some existence theorems on differential equations of generalized order. *Ibid.*, **218**, 70–78.

—— (1966) On an integro-differential equation of Legendre-Volterra type. *Portugal. Math.*, **26**, no 1–2, 53–61.

—— (1967) On Laplace's second order linear differential equations and their equivalent Holmgren-Riesz transform equations. *J. für reine und angew. Math.*, **225**, 76–84.

—— (1976) On some differential and integro-differential equations associated with Jacobi's differential equation. *J. für reine und angew. Math.*, **288**, 211–217.

—— (1982) On fractional calculus and its applications to the theory of ordinary differential equations of generalized order. In *Nonlinear Analysis and Appl.* (New Foundland, Canada, 1961), eds. S.P. Singh and J.H. Burry, in *Lect. Notes in Pure and Appl. Math.*, Dekker, New York, Basel, **80**, 305–331.

—— (1985a) Some applications of fractional calculus to differential equations. In *Fractional Calculus*, eds. A.C. McBride and G.F. Roach, Boston: Pitman Adv. Publ. Progr., *Res. Notes Math.*, **138**, 1–11.

—— (1985b) Application of fractional calculus to differential equations of Hermite's type. *Indian J. Pure and Appl. Math.*, **16**, no 9, 1009–1916.

—— (1986) On fractional analysis and its applications. In *Modern Analysis and its Appl.*, ed. H.L. Manocha, New Delhi: Prentice Hall of India Ltd., 269–307.

—— (1988) Some applications of generalized calculus to differential and integro-differential equations. In *Proc. Intern. Conf. Math. Anal. and its Appl.* (Kuwait, 1935), Oxford: Pergamon Press, 61–76.

—— (1989) A unified class of differential equations. *Math. Japan.*, **34**, no 4, 513–533.

—— (1987) On generalized power series and generalized operational calculus and its application. In *Nonlinear Analysis*, ed. Th.M. Rassias, Singapore: World Sci. Publ. Co., 51–88.

—— (1990) Applications of fractional calculus to a class of integro-differential equations of Riemann-Papperitz-Gauss type. In *Proc. Intern. Conf. Fractional Calculus and Its Appl.* (Tokyo, 1989), ed. K. Nishimoto, Tokyo: Coll. Engin. Nihon Univ., 1–11.

Al-Bassam, M.A. and Kalla, S.L. (1989) On orthogonal polynomials associated with differential equations of Laguerre type. *Serdica Bulg. Math. Publ.*, **15**, 217–222.

Alekseevskii, V.P. (1884) On integration of the equation $d^n y/dz^n + (\alpha/z)d^{n-1}y/dz^{n-1} + \beta y = 0$ (Russian). *Soobshachen. Khar'kov. mat. obshchestva*, Vyp. 1, 41–64.

Aleroev, T.S. (1982) The Sturm-Liouville problem for a second-order differential equation with fractional derivatives in the lower terms (Russian). *Differentsial'nye Uravneniya*, **18**, no 2, 341–342.

—— (1984) Spectral analysis of a class of non-selfadjoint operators (Russian). *Ibid.*, **20**, no 1, 171–172.

Alexitz, G. and Králik, D. (1960) Über Approximationen mit den arithmetiachen Mitteln allgemeiner Orthogonalreihen. *Acta Math. Acad. Sci. Hung.*, **11**, no 3–4, 387–399.

Alimov, S.A. (1972) Fractional powers of elliptic operators and isomorphism of classes of differentiable functions (Russian). *Differentsial'nye Uravneniya*, **8**, no 9, 1609–1626.

Alonso, J. (1964) On differential equations of fractional order. *Dr Diss.*, Univ. Cincinnati, 70 pp. In *Diss. Abstrs.*, 1985, **26**, no 4, Pos. 2231. Order no 64–11, 947.

Al-Salam, W.A. (1966a) Some fractional q-integrals and q-derivatives. *Proc. Edinburgh Math. Soc.*, **15**, no 2, 135–140.

—— (1966b) q-Analogues of Cauchy's formulas. *Proc. Amer. Math. Soc.*, **17**, no 3, 616–621.

Al-Salam, W.A. and Verma, A. (1965) Remarks on fractional q-integrals. *Bull. Soc. Roy. Sci. Liege*, **44**, no 9–10, 600–607.

—— (1975) A fractional Leibniz q-formula. *Pacif. J. Math.*, **60**, no 2, 1–9.

Amvrosova, O.I. (1984) The theorems of equiconvergence for the differential operators with power singularities in the boundary conditions (Russian). In *Differ. equat. and theory functions*, Saratov: Izdat. Saratov. univ., 13–19.

Andersen, K.F. (1965) Weighted inequalities for fractional integrals. In *Fractional Calculus*, eds. A.C. McBride and G.F. Roach, Boston: Pitman Adv. Publ. Progr., *Res. Notes. Math.*, Vol. 138, 12–25.

—— (1982) On the range and inversion of fractional integrals in weighted spaces. *Proc. Roy. Soc. Edinburgh*, **A 92**, no 1–2, 51–64.

Andersen, K.F. and Heinig, H.P. (1983) Weighted norm inequalities for certain integral operators. *SIAM J. Math. Anal.*, **14**, no 4, 834–844.

Andersen, K.F. and Sawyer, E.T. (1968) Weighted norm inequalities for the Riemann-Liouville and Weyl fractional integral operators. *Trans. Amer. Math. Soc.*, **308**, no 2, 547–558.

Andreev, A.A., Volkodavov, V.F. and Shevchenko, G.N. (1974) On Riemann function (Russian). In *Differentsial'nye Uravneniya: Trudy Mat. Kafedr Ped. Inst.*, RSFSR, Ryazan', **4**, 25–31.

Ang, D.D., Gorenflo, R. and Hai, D.D. (1990) Regularization of a generalized Abel integral equation. *Facnber. Math.*, Ser. A, Freie Univ. Berlin, Preprint Nr A-90-8.

Arestov, V.V. (1979) Inequalities for fractional derivatives on the half-line. *Approxim. Theory, Banach Center Publ., PWN-Polish Sci. Publ.*, Warsaw, **4**, 19–34.

Aronszajn, N. (1965) Potentiels besséliens. *Ann. Inst. Fourier, Grenoble*, **15**, no 1, 43–58.

Aronszajn, N., Mulla, F. and Szeptycki, P. (1963) On spaces of potentials connected with L^p classes. *Ibid.*, **13**, no 2, 211–306.

Aronszajn, N. and Smith, K.T. (1961) Theory of Bessel potentials. I. *Ibid.*, **11**, 385–475.

Arora, A.K. and Koul, C.L. (1987) Applications of fractional calculus. *Indian J. Pure and Appl. Math.*, **18**, no 10, 931–937.

Arora, H.L. and Alshamani, J.G. (1980) Stability of differential equation of non-integer order through fixed point in the large. *Indian J. Pure and Appl. Math.*, **11**, no 3, 307–313.

Arutyunyan, N.H. (1959a) The plane contact problem in the theory of plasticity with a power strengthening of the material (Russian). *Izv. Akad. Nauk Armyan. SSR, Ser. Fiz.-Mat. Nauk*, **12**, no 2, 77–105.

—— (1959b) The plane contact problem in the theory of creep (Russian). *Prikl. Mat. i Meh.*, **23**, no 5, 901–924.

Arutyunyan, N.H. and Manukyan, M.M. (1963) The contact problem in the theory of creep with frictional forces taken into account (Russian). *Ibid.*, **27**, no 5, 613–620.

Askey, R. (1975) Inequalities via fractional integration. In *Proc. Intern. Conf. Fractional Calculus and its Appl.* (New Haven, 1974), ed. B. Ross, *Lect. Notes Math.*, **457**, 106–115.

Asral, B. (1981) On the regular Cauchy problems for the Euler-Poisson-Darboux equations and the method of ascent. *Bull. Math. Soc. Sci. Math. RSR*, **25**, no 2, 121–128.

Atiyah, M.F. (1970) Resolution of singularities and division of distributions. *Comm. Pure and Appl. Math.*, **23**, no 2, 145–150.

Atkinson, F.V. (1951) The normal solvability of linear equations in normed spaces (Russian). *Mat. Sb. (N.S.)*, **28(70)**, no 1, 3–14.

Atkinson, K.E. (1974a) The numerical solution of an Abel integral equation by a product trapezoidal method. *SIAM J. Numer. Anal.*, **11**, no 1, 97–101.

—— (1974b) An existence theorem for Abel integral equations. *SIAM J. Math. Anal.*, **5**, no 5, 729–736.

Babenko, K.I. (1951) On the theory of mixed type equations (Russian). *Dr. Diss.*, Moscow, 196 pp.

—— (1985) The maximum principle for the Euler-Tricomi equation (Russian). *Dokl. Akad. Nauk SSSR*, **285**, no 4, 777–782, {Transl. in *Soviet Math. Dokl.* **32** (1985), no 3, 752–756}.

Babenko, V.F. (1983) The diameters of certain classes of convolutions (Russian). *Ukrain. Mat. Z.*, **35**, no 5, 603–607.

Babenko, Yu.I. (1986) *Heat and mass transfer. The method of calculation for the heat and diffusion flows* (Russian). Moscow: Himiya, 144 pp.

Babich, V.M., Kapilevich, M.B., Mihlin, S.G., Natanson, G.J. et al. (1964) *The linear equations of mathematical physics* (Russian). Moscow: Nauka, 366 pp.

Babloyan, A.A. (1964) The solution of certain dual integral equations (Russian). *Prikl. Mat. i Meh.*, **28**, no 6, 1015–1023.

Badalyan, A.A. (1977) On the question of generalizations of Taylor's formula (Russian). *Dokl. Akad. Nauk SSSR*, **232**, no 2, 265–266, {Transl. in *Soviet Math. Dokl.* **18**, (1977), no 1, 45–48}.

Bagby, R.J. (1971) Lebesgue spaces of parabolic potentials. *Illinois. J. Math.*, **15**, no 4, 610–634.

—— (1974) Parabolic potentials with support on a half-spaoe. *Ibid.*, **18**, no 2, 219–222.

—— (1980) A characterization of Riesz potentials and an inversion fonnula. *Indiana Univ. Math. J.*, **29**, no 4, 581–595.

Bagley, R.L. (1990) On the fractional order initial value problem and its engineering applications. In *Proc. Intern. Conf. Fractional Calculus and its Appl.* (Tokyo, 1989), ed. K. Nishimoto. Tokyo: Coll. Engin. Nihon Univ., 12–20.

Bagley, R.L. and Torvik, P.J. (1986) On the fractional calculus model of viscoelastic behaviour. *J. Rheol.*, **30**, no 1, 133–155.

Bakaev, N.Yu. and Tarasov, R.P. (1978) Semigroups and a method for the stable solution of the Abel equation (Russian). *Sibirsk. Mat. J.*, **19**, no 1, 3–9, {Transl. in *Siberian Math. J.*, **19** (1978), no 1, 1–5}.

Baker, B.B. and Copson, E.T. (1950) *The mathematical theory of Huygens' principle.* Oxford: Clarendon Press, 192 pp.

Bakievich, M.I. (1963) Singular Tricomi problems for equation $\eta^{\alpha} u_{\xi\xi} - u_{\xi\xi} - \mu^2 \eta^{\alpha} u = 0$ (Russian). *Volzh. Mat. Sb.*, Kuibyshev: Ped. Inst., no 1, 42–52.

Balakrishnan, A.V. (1958) Representation of abstract Riesz potentials of the elliptic type. *Bull. Amer. Math. Soc.*, **64**, no 5, 266–289.

—— (1959) Operational calculus for infinitesimal generators of semi-groups. *Trans. Amer. Math. Soc.*, **91**, no 2, 330–353.

—— (1960) Fractional powers of closed operators and the semi-groups generated by them. *Pacif. J. Math.*, **10**, no 2, 419–437.

Balasubramanian, R., Norrie, D.H. and Vries, G. de. (1979) The application of the least squares finite element method to Abel's integral equation. *Intern. J. Nume. Methods in Eng.*, **14**, 201–209.

Bang, T. (1941) Une inégalité de Kolmogoroff et les fonctions presque-périodiques. *Det. Kgl. Danske Vig. Selskab. Math.-Fys. Medd. Kobenhavn*, **19**, no 4, 1–26.

Bari, N.K. (1961) *Trigonometrical series* (Russian). Moscow: Fizrnatgiz, 935 pp.

Bari, N.K. and Stechkin, S.B. (1956) The best approximations and differential properties of two conjugate functions (Russian). *Trudy Moskov. Mat. obshch.*, **5**, 483–522.

Barrett, J.H. (1954) Differential equations of non-integer order. *Canad. J. Math.*, **6**, no 4, 529–541.

Bavinck, H. (1972) A special class of Jacobi series and some applications. *J. Math. Anal. and Appl.*, **37**, no 2, 767–797.

Beatroux, F. and Burbea, J. (1989) Holomorphic Sobolev spaces on the ball. *Diss. Math.* Warsaw: Polska Akad. Nauk, **276**, 57 pp.

Beekmann, W. (1967) Perfekte lntegralverlahren. *Dr. Diss.*, Eberhard-Karls-Univ., Tübingen, 65 pp.

—— (1968) Perfecte Integralverfahren. *Math. Z.*, **104**, 99–105.

Belinskii, E.S. and Belyi, V.I. (1971) Integral representations with associated kernels and generalized integro-differential operators (Russian). In *Metric questions of the theory of functions and mappings,* no 2, Kiev: Naukova Dumka, 21–36.

Belonosov, S.M. (1961) On a method of solving the plane static problems of the theory of elasticity for two-connected domains (Russian). *Sibirak. Mat. J.*, **2**, no 3, 341–365.

—— (1962) *The principal plane static problems of the theory of elasticity for one- and two-connected domains* (Russian). Novosibirsk: Izdat. Sibirsk. Otdel. Akad. Nauk SSSR, 231 pp.

Beltrami, E. (1881) Sulla teoria delle funzioni potenziali symmetriche. *Rend. Accad. Sci. di Bologna*, **2**, 461–505.

Belward, J.A. (1972) Solutions of some Fredholm integral equations using fractional integration, with an application to a forced convection problem. *Z. angew. Math. und Phys.*, **23**, no 6, 901–917.

Belyi, V.I. (1965a) Some properties of fractional derivatives in a complex domain and their application to the theory of approximation of functions (Ukrain). *Dop. Akad. Nauk Ukrain. RSR*, no 2, 167–170.

—— (1965b) Questions of the approximation of functions of certain classes in a complex domain, I and II (Russian). *Ukrain. Mat. Z.*, **17**, no 1, 3–17 and no 2, 3–16.

—— (1967a) On the question of best linear approximation methods of functions analytic in the unit disc (Russian). *Ibid.*, **19**, no 2, 104–109.

—— (1967b) The approximation of funtions with continuous fractional derivative (Ukrainian). *Dop. Akad. Nauk Ukrain. RSR, Ser. A*, no 11, 994–997.

—— (1969) The approximation of quasismooth functions of a complex variable (Russian). *Izv. Akad. Nauk Armyan. SSR, Ser. Mat.*, **4**, no 5, 364–393.

—— (1977) On the question of integral representations of functions regular in a circular annulus (Russian). *Ibid.*, **12**, no 2, 147–156.

Belyi, V.I. and Volkov, Yu.I. (1968) Some applications of integro-differential operators of arbitrary order in the theory of approximation of functions (Russian). *Izv. Vyssh. Uchehn. Zaved. Mat.*, no 10, 3–12.

Benedek, A. and Panzone, R. (1961) The space L_p with mixed norm. *Duke Math. J.*, **28**, no 3, 302–324.

Berens, H., Butzer, P.L. and Westphal, U. (1968) Representation of fractional powers of infinitesimal generators of semigroups. *Bull. Amer. Math. Soc.*, **74**, no 1, 191–197.

Berens, H. and Westphal, U. (1968a) Zur Charakterisierung von Ableitungen nicht-ganzer Ordnung im Rahmen der Laplace-Transformation. *Math. Nachr.*, **38**, no 1–2, 115–129.

—— (1968b) A Cauchy problem for a generalized wave equation. *Acta sci. math.*, **29**, no 1–2, 93–106.

Berger, N. and Handelsman, R.A. (1975) Asymptotic evaluation of fractional integral operators with applications. *SIAM J. Math. Anal.*, **6**, no 5, 766–773.

Bernstein, I.N. and Gel'fand, S.I. (1969) Meromorphy of the function P^λ (Russian). *Funktsional. Anal. i Pril.*, **3**, no 1, 84–85.

Besov, O.V., Il'in, V.P. and Nikol'skii, S.M. (1975) Integral representations of functions and embedding theorems (Russian). Moscow: Nauka, 480 pp.

Bessonov, Yu.L. (1964) On the existence of mixed derivatives of fractional order in L_p (Russian). *Uspehi Mat. Nauk*, **19**, no 4, 163–170.

Betilgiriev, M.A. (1982) On the asymptotic behaviour of the Wiener-Hopf integral equationin in the case of fractional zeros of symbol (Russian). Rostov-on-Don, Dep. in VINITI 15.1O.62, no 5166, 12 pp.

—— (1984) Asymptotic behavior of the solution of the Wiener-Hopf equation in the case of fractional zeros of the symbol (Russian). *Izv. Vyssh. Uchebn. Zaved. Mat.*, no 3, 62–65, {Transl. in *Soviet Math. (Izv. VUZ)*, **28** (1984), no 3, 83–87}.

Bharatiya, P.L. (1965) The inversion of a convolution transform whose kernel is a Bessel function. *Amer. Math. Month.*, **72**, no 4, 393–397.

Bhatt, S.M. and Kishore, N. (1987) Absolute Norlund summability of a Fourier series. *Indian J. Math.*, **9**, no 2, 259–267.

Bhise, V.M. (1959) Inversion formula for a generalized Laplace integral. *J. Vikram Univ. India*, **11**, no 3, 57–63.

—— (1964) Operators of fractional integration and a generalised Hankel transform. *Collect. Math.*, **16**, no 2–3, 201–209.

Bhise, V.M. and Madhavi Dinge (1980) On composition of integral operators with Fourier type kernels. *Indian J. Pure and Appl. Math.*, **11**, no 9, 1183–1187.

Bhonsle, B.R. (1966a) Inversion integrals for the Legendre transfonnation and the birth rate of a population. *Ganita*, **17**, 69–95.

—— (1966b) Inversions of some integral equations. *Proc. Nat. Acad. Sci. India*, **A 36**, no 4, 1003–1006.

Biacino, L. (1983) Teoremi di immersione per le derivate parziali di ordine frazionario delle funzioni di $W^r(\Omega)$. *Boll. Unione Mat. Ital.*, **2-C**, no 1, 1–40.

—— (1984) Soluzioni negli spazi de Lebesgue della equazione integrale di Abel. *Ric. Mat.*, **33**, no 2, 267–287.

Biacino, L., Di Giorgio, M. and Miserendino, D. (1982) Derivate di ordine frazionario per funzioni di $W^r(\Omega)$. *Boll. unione mat. ital. Analisi funzionale e Appl.*, *Ser.* 6, **1-C**, no 1, 235–278.

Biacino, L. and Miserendino, D. (1979a) Derivate di ordine frazionario per funzioni di $L^2(R^2)$ e caratterizzazione degli spazi $H^s(R^2)$. *Le Matematiche, Catania*, **34**, no 1–2, 143–165.

—— (1979b) Perturbazioni di operatori ellittici mediante operatori contenenti derivate di ordine frazionario. *Ibid.*, **34**, no 1–2, 166–167.

—— (1979–1980) Le derivate di ordine frazionario e gli spazi $W^r(\Omega)$. *Rend. Accad. sci. Fis., Mat., Napoli, Ser.* 4, **46**, no 118, 189–220.

Bitsadze, A.V. (1953) On the problem of equations of mixed type (Russian). In *Itogi Nauki: Trudy Mat. Inst. Steklov*, Moscow: Izdat. Akad. Nauk SSSR, **41**, 60 pp.

—— (1959) Equations of mixed type (Russian). In *Itogi Nauki*, Vyp. 2. Moscow: Izdat. Akad. Nauk SSSR, 164 pp.

—— (1961) Some classes of the partial differential equations (Russian). Moscow: Nauka, 448 pp.

Bleistein, N. (1977) Asymptotic expansions of integral transforms of functions with logarithmic singularities. *SIAM J. Math. Anal.*, **8**, no 4, 655–672.

Blum, E.K. (1954) The Euler-Poisson-Darboux equation in the exceptional cases. *Proc. Amer. Math. Soc.*, **5**, no 4, 511–520.

Blumenthal, L.M. (1931) Note on fractional operators and the theory of composition. *Amer. J. Math.*, **53**, 483–492.

Bôcher, M. (1909) An introduction to the study of integral equations. In *Tracts in Math and Math. Phys.*, no 10. Cambridge Univ. Press, 8–9.

Bochner, S. (1962) *Lectures on Fourier integrals* (Russian). Moscow: Fizmatgiz, 380 p. (English ed. in Princeton Univ. Press, 1959).

Bogatyrev, S.V. (1980–1981) A theorem of equiconvergence for a boundary value problem (Russian). In *Diff. equat. and theory of functions*, Saratov: Izdat. Saratov. Univ., Vyp. 2, 22–41.

Boman, J. (1978) Equivalence of generalized moduli of continuity. *Stockholms Univ. Math. Inst. (Medd.)*, no 1, 1–54.

Boman, J. and Shapiro, H.S. (1971) Comparison theorems for a generalized modulus of continuity. *Arkiv für Mat.*, **9**, no 1, 91–116.

Bora, S.L. and Saxena, R.K. (1971) On fractional integration. *Publs. inst. math. Beograd*, **11**, no 25, 19–22.

Borodachev, N.M. (1976) On a particular class of solutions of triple integral equations (Russian). *Prikl. mat. i meh.*, **40**, no 4, 655–661, {Transl. in *J. Appl. Math. Mech.*,1976, **40**, no 4, 605–611}.

Bosanquet, L.S. (1931) On Abel's integral equation and fractional integrals. *Proc. London Math. Soc., Ser.* 2, **32**, 134–143.

—— (1934) The absolute summability (A) of Fourier series. *Proc. Edinburgh Math. Soc., Ser.* 2, **4**, 13–17.

—— (1936) The absolute Cesàro summability of a Fourier series. *Proc. London Math. Soc., Ser.* 2, **41**, no 1, 517–528.

—— (1941) A mean value theorem. *J. London Math. Soc.*, **16**, no 1–4, 146–148.

—— (1943) Note on convexity theorems. *Ibid.*, **18**, 239–246.

—— (1945) Some properties of Cesàro-Lebesgue integrals. *Proc. London Math. Soc., Ser.* 2, **49**, 40–62.

—— (1958–1959) On the order of magnitude of fractional differences. *Calcutta Math. Soc. Golden Jubilee Memor.*, **1**, 161–172.

—— (1967) Some extensions of M. Riesz's mean value theorem. *Indian J. Math.*, **9**, no 1, 65–90.

—— (1969) On Liouville's extension of Abel's integral equation. *Mathematika*, **16**, no 1, 59–85.

Bosanquet, L.S. and Linfoot, E.H. (1931) Generalized means and the summability of Fourier series. *Quart. J. Math. Oxford Ser.*, **8**, no 5–8, 207–229.

Bouwkamp, C.J. (1976) On some Bessel-function integral equations. *Ann. Mat. Pura ed Appl.*, **108**, 63–67.

Braaksma, B.L.J. (1964) Asymptotic expansions and analytic continuations for a class of Barnes integrals. *Compos. Math.*, **15**, no 3, 239–341.

Braaksma, B.L.J. and Schuitman, A. (1976) Some classes of Watson transforms and related integral equations for generalized functions. *SIAM J. Math. Anal.*, **7**, no 6, 771–798.

Bragg, L.R. (1969) Hypergeometric operator series and related partial differential equations. *Trans. Amer. Math. Soc.*, **143**, no 1, 319–336.

—— (1976) The Riemann-Liouville integral and parameter shifting in a class of linear abstract Cauchy problems. *SIAM J. Math. Anal.*, **7**, no 1, 1–12.

Brakhage, H., Nickel, K. and Rieder, P. (1985) Auflösung der Abelschen Integralgleichung. *2 Art. Z. angew. Math. und Phys.*, **16**, no 2, 295–298.

Brédimas, A. (1973) L'operateur de differentiation d'ordre complexe. *Bull. Sci. Math.*, *Ser.* 2, **97**, no 1, 17–28.

—— (1976a) La différentiation d'ordre complexe, le produit de convolution généralizé et le produit canonique pour les distributions. *C. R. Acad. sci. Paris*, **282**, no 1, A37–A40.

—— (1976b) Extensions, propriétés complementaires et applications des operateurs de différentiation à gauche et à droite d'ordre complexe. *Ibid.*, **283**, no 1, A3–A6.

—— (1976c) Applications à certaines équations différentielles des premier et second ordre à coefficients polynomiaux des opérateurs de differentiation d'ordre complexe à gaucheet à droite. *Ibid.*, **283**, no 6, A337–A340.

—— (1976d) La différentiation d'ordre complexe et les produits canonique et de convolution generalise: complements. *Ibid.*, **283**, no 16, A1095–A1096.

—— (1977) The complex order differentiation operator and the "spherical" Liouville-Radon transform in R^n, $n \geqslant 2$. *J. Math. Pures et Appl.*, **56**, no 4, 479–491.

Brenke, W.C. (1922) An application of Abel's integral equation. *Amer. Math. Month.*, **29**, 58–60.

Bresters, D.W. (1968) On distributions connected with quadratic forms. *SIAM J. Appl. Math.*, **16**, no 3, 563–581.

—— (1973) On the equation of Euler-Poisson-Darboux. *SIAM J. Math. Anal.*, **4**, no 1, 31–41.

—— (1978) On a generalized Euler-Poisson-Darboux equation. *Ibid.*, **9**, no 5, 924–934.

Brodskii, A.L. (1976) Some imbedding theorems for a certain class of singular fractional differential operators (Russian). *Dokl. Akad. Nauk SSSR*, **227**, no 6, 1265–1266, {Trans. in *Soviet Math. Dokl.* **17** (1978), no 2, 591–595}.

—— (1977) On some imbedding theorems for a class of singular fractional-differential operators (Russian). *Differentsial'nye Uravneniya*, **13**, no 9, 1637–1647, {Trans. in *Diff. Equat.* **13** (1977), no 9, 1140–1147 (1978)}.

Brunner, H. (1973) The numerical solution of a class of Abel integral equations by piecewise polynomials. *J. Comput. Phys.*, **12**, 412–416.

Brychkov, Yu.A. (1982) On the theory of spaces with a dominating mixed derivative (Russian). *Mat. Zametki*, **31**, no 5, 678–694, {Trans. in *Math. Notes* **31** (1982),no 5–6, 345–354}.

—— (1990) On smoothness of generalized functions. In *Proc. Intern. Conf. Fractional Calculus and its Appl.* (Tokyo, 1989), ed. K. Nishimoto, Tokyo: Coll. Engin. Nihon Univ., 21–24.

Brychkov, Yu.A., Glaeske, H.-J. and Marichev, O.I. (1983) Factorization of integral transformations of convolution type (Russian). In *Mathematical analysis. Itogi Nauki i Tekhniki*. Moscow: Akad. Nauk SSSR. Vsesoyuz. Inst. Nauchn. i Tekhn. Informatsii (VINITI), 21, 3–41.

—— (1986) Die Produktstruktur einer Klasse von Integraltransformationen. *Z. Anal. Anwendungen*, **5**, no 2, 119–123.

Brychkov, Yu.A., Marichev, O.I. and Yakubovich, S.B. (1986) Integral Appell F_3-transformation with respect to parameters. In *Proc. Intern. Conf. Complex Analysis and Appl.' 85*. (Varna, 1985), Sofia: Publ. House Bulg. Acad. Sci., 135–140.

Bugrov, Ya.S. (1985) Fractional difference operators and classes of functions (Russian). *Trudy Mat. Inst. Steklov*, **172**, 60–70.

—— (1986) Linear methods of summability of Fourier series and fractional difference operators (Russian). *Ibid.*, **173**, 32–37.

Bukhgeim, A.L. (1981) Carleman estimates for Volterra operators and the uniqueness of inverse problems (Russian). In *Nonclassical problems of mathematical physics*, Novosibirsk: Akad. Nauk SSSR, Sibirsk. Otdel., Vychisl. Tsentr, 56–64.

—— (1983) *Volterra equations and inverse problems*. Novosibirsk: Nauka, Sibirsk, Otdel., 208 pp.

Bureau, F.J. (1955) Divergent integrals and partial differential equations. *Comm. Pure and Appl. Math.*, **8**, no 1, 143–202.

—— (1960) Problems and methods in partial differential equations. *Ann. Mat. Pura ed Appl.*, **51**, 225–299.

—— (1961) Problems and methods in partial differential equations. *Ibid*, **55**, 323–366.

Burenkov, V.I. and Sobnak, Sh.D. (1985) Equivalent norms in Nikol'skii-Besov spaces containing differences of fractional order (Russian). In *Boundary value problems of mathematical physics and some problems in the theory of function spaces*, Moscow: Univ. Druzhby Narodov, 9–20.

Burkill, J.C. (1936) Fractional orders of integrability. *J. London Math. Soc.*, **11**, 220–226.

Burlak, J. (1962) A pair of dual integral equations occurring in diffraction theory. *Proc. Edinburgh Math. Soc., Ser.* 2, **13**, no 2, 179–187.

Busbridge, I.W. (1938) Dual integral equations. *Proc. London Math. Soc., Ser.* 2, **44**, no 2, 115–129.

Buschman, R.G. (1962a) An inversion integral for a Legendre transformation. *Amer. Math. Month.*, **69**, no 4, 266–289.

—— (1962b) An inversion integral. *Proc. Amer. Math. Soc.*, **13**, no 5, 675–677.

—— (1963) An inversion integral for a general Legendre transformation. *SIAM Rev.*, **5**, no 3, 232–233.

—— (1964a) Convolution equations with generaralized Laguerre polynomial kernels. *Ibid.*, **6**, no 2, 166–167.

—— (1964b) Fractional integration. *Math. Japan.*, **9**, 99–106.

Buschman, R.G. and Srivastava, H.M. (1975) Inversion formulas for the integral transfonnation with the *H*-function as kernel. *Indian J. Pure and Appl. Math.*, **6**, no 6, 563–589.

Butzer, P.L. and Berens, H. (1967) *Semigroups of operators and approximation*. Die Grund. Math. Wiss., Bd. **145**. New York: Springer, 321 pp.

Butzer, P.L., Dyckhoff, H., Görlich, E. and Stens, R.L. (1977) Best trigonometric approximation, fractional order derivatives and Lipschitz classes. *Canad. J. Math.*, **29**, no 4, 781–793.

Butzer, P.L. and Nessel, R.J. (1971) *Fourier Analysis and Approximation*. Vol. 1: *One-dimensional theory*. Basel: Birkhäuser, 553 pp.

Butzer, P.L. and Stens, R.L. (1976) Fractional Chebyshev operational calculus and best algebraic approximation. In *Proc. Intern. Symp. Austin. Approximation Theory*, Vol. 2, (Texas, 1976), Acad. Press, 315–319.

—— (1977) The operational properties of the Chebyshev transform, II: Fractional derivatives. In *The approximation theory of functions.* (Kaluga, 1975), Moscow: Nauka, 49–61.

—— (1978) Chebyshev transform methods in the solution of the fundamental theorem of best algebraic approximation in the fractional case. In *Proc. Conf. Fourier analysis and approximation theory* (Budapest, 1976), eds. G. Alexits and P. Turan, Amsterdam, 191–212.

Butzer, P.L. and Trebels, W. (1968) Hilbert transforms, fractional integration and differentiation. *Bull. Amer. Math. Soc.*, **74**, no 1, 106–110.

—— (1988) *Hilberttransformation, gebrochene Integration und Differentiation*. Köln–Opladen: Weatdeutscher Veri., 82 pp.

Butzer, P.L. and Westphal, U. (1975) An access to fractional differentiation via fractional difference quotients. In *Proc. Intern. Conf. Fractional Calculus and Its Appl.* (New Haven, 1974, ed. B. Ross, *Lect. Notes Math.*, **457**, 116–145)

Bykov, Ya.V. and Botashev, A.I. (1965) The properties of Yu.N. Rabotnov's special functions and the inversion of integral operaton (Russian). In *Studies in integro-differential equations in Kirghizia*, no 3, Frunze: Ilim, 3–22.

Bzhikhatlov, H.G. (1971) A boundary value problem for a certain degenerate hyperbolic equation and singular integral equations of the third kind (Russian). *Differentsial'nye Uravneniya*, **7**, no 1, 3–14.

Bzhikhatlov, H.G., Karasev, I.M., Leskovskii, I.P. and Nahushev, A.M. (1972) *The selected questions of the differential and integral equations (Russian)*. Nal'chik: Kabard. Balkar. Univ., 290 pp.

Calderon, A.P. (1961) Lebesgue spaces of differentiable functions and distributions. In *Proc. Sympos. Pure Math. Amer. Math. Soc.*, Providence R.I., Vol. 4, 33–49.

Campos, L.M.B.C. (1984) On a concept of derivative of complex order with applications to special functions. *IMA J. Appl. Math.*, **33**, no 2, 109–133.

—— (1985) On rules of derivation with complex order for analytic and branched functions. *Portugal Math.*, **43**, no 3, 347–376.

—— (1986a) On a systematic approach to some properties of special functions. *IMA J. Appl. Math.*, **36**, no 2, 191–206.

—— (1986b) On extensions of the Laurents' theorem in the fractional calculus with applications to the generation of higer transcendental functions. *Matem. Vesnik,* Yugoslavia, **38**, 375–390.

—— (1989a) On the branchpoint operator and the annihilation of differintegrations. *SIAM J. Math. Anal.*, **20**, no 2, 439–453.

—— (1989b) On a generalized Mittag-Leffler theorem and implicit differintegration. *Ibid.*, **20**, no 2, 454–467.

—— (1990a) On the properties of differintegrations and branch-point derivatives, including annihilation. In *Proc. Intern. Conf.: Fractional Calculus and its Appl.* (Tokyo, 1989), ed. K. Nishimoto, Tokyo: Coll. Engin. Nihon Univ., 25–33.

—— (1990b) On generalizations of the series of Taylor, Lagrange, Laurent and Teixeira. *Intern. J. Math. and Math. Sci.*, **13**, no 4, 687–708.

—— (1990c) On the solution of some simple fractional differential equations. *Int. J. Math. and Math. Sci.*, **13**, no 3, 481–496.

Carbery, A., Gasper, G. and Trebels, W. (1986) On localized potential spaces. *J Approx. Theory*, **48**, no 3, 251–261.

Carleman, T. (1922) Über die Abelsche Integralgleichung mit konstanten Integrationsgrenzen. *Math. Z.*, **15**, 111–120.

—— (1944) *L'intégrale de Fourier et queations qui s'y rattachent.* Almqvist and Wiksells Boktyckere, 119 pp.

Cartwright, D.I. and McMullen, J.R. (1978) A note on the fractional calculus. *Proc. Edinburgh Math. Soc.*, **21**, no 1, 79–80.

Cayley, A. (1880) Note on Riemann's paper "Versuch einer allgemeinen Auffassung der Integration und Differentiation", Werke, pp. 331–433. *Math. Ann.*, **16**, 81–82.

Center, R.W. (1848a) On the value of $(d/dx)^\theta x^\theta$ when θ is a positive proper fraction. *Cambridge and Dublin Math. J.*, **3**, 163–169.

—— (1848b) On differentiaton with fractional indices, and on general differentiation. *Ibid.*, **3**, 274–285.

—— (1849a) On differentiaton with fractional indices, and on general differentiation, II: On general differentiation. *Ibid.*, **4**, 21–26.

—— (1849b) On the symbolical value of the integral $\int x^{-1} dx$. *Ibid.*, 4, 261–284.

Chan, C.K. and Lu, P. (1981) On the stability of the solution of Abel's integral equation. *J. Phys. A: Math. and Gen.*, **14**, no 3, 575–578. (全名为 Chan Chong Kiu, Lu Pao ——译者注)

Chandrasekharan, K. and Minakshisundaram, S. (1952) *Typical means. Tata institute Monographs.* I. Oxford Univ. Press, 142 pp.

Chanillo, S. (1981) Hypersingular integrals and parabolic potentials. *Trans. Amer. Math. Soc.,* **267**, no 2, 531–547.

—— (1982) A note on commutators. *Indiana Univ. Math. J.,* **31**, no 1, 7–16.

Chanillo, S. and Wheeden, R.L. (1985) L^p-estimates for fractional integrals and Sobolev inequalities with applications to Schrödinger operators. *Commun. Part. Differ. Equat.,* **10**, no 9, 1077–1116.

Chen, Y.W. (1959) Hölder continuity and initial value problems of mixed type differential equations. *Comm. Math. Helv.,* **33**, no 4, 296–321. (Chen, Y. W. 的全名为 Chen Yu Why——译者注)

—— (1961) Entire solutions of a class of differential equations of mixed type. *Commun. Pure Appl. Math.,* **14**, no 3, 229–255.

Cheng, H.Y. (1982) On mixed problem for non-homogeneous Euler-Poisson-Darboux equation. *J. Hangzhou. Univ.,* **9**, no 1, 67–73. (Chen, H. Y. 的全名为 Cheng Huai Yu——译者注)

Cheng Min-teh and Chen Yung-ho (1956) Fractional integrals of functions of several variables with applications to the theory of approximation. *Bull. Acad. Polon. Sci.,* Cl. 3, **4**, 639–641.

—— (1957) Fractional integrals of periodic functions of several variables and the approximation by trigonometric polynomials. *J. Peking Univ.,* **3**, 259–280.

Cheng Min-teh and Deng Dong-gao (1979) Fractional integration of periodic functions of several variables in L^p space. *Kexue Tongbao,* **24**, no 18, 817–820.

Cho Nak Eun, Lee Sang Keun, Kim Yong Chan and Owa, S. (1969) On certain fractional operators. *Math. Japan.,* **34**, no 3, 333–339.

Choudhary, B. (1973) An extension of Abel's integral equation. *J. Math. Anal and Appl,* **44**, no 1, 113–130.

Chrysovergis, A. (1971) Some remarks on Talenti's semigroup. *Canad. Math. Bull.,* **14**, no 2, 147–150.

Chumakov, F.V. (1970) The Abel equation with hypergeometric kernel (Russian). In *Proc. Conf. on Boundary Value Problems* (Kazan, 1969), Kazan: Izdat. Kazan. Univ., 267–271.

—— (1971) An Abel type equation on a composite contour (Russian). *Vestsi Akad. Navuk BSSR, Ser. Fiz.-Mat. Navuk,* no 1, 55–81.

Chumakov, F.V. and Vasil'ev, I.L. (1980) Integral equations of Abel type on a closed contour (Russian). *Vestnik Beloruss Gos. Univ., Ser.,* **1**, no 2, 40–44.

Chuvenkov, A.F. (1978) Sobolev-Orlicz spaces of fractional order (Russian). *Izv. Severo-Kavkaz. Nauchn. Tsentra Vyssh. Shkoly, Ser. Estestv. Nauk,* no 1, 6–10.

Civin, P. (1940) Inequalities for trigonometric integrals. Preliminary report. *Bull. Amer. Math. Soc.,* **46**, no 5, 410 pp.

—— (1941) Inequalities for trigonometric integrals. *Duke Math. J.*, **8**, no 4, 656–665.

Clements, D.L. and Love, E.R. (1974) Potential problems involving an annulus. *Proc. Cambridge Phil. Soc.*, **76**, no 1, 313–325.

Cohn, W.S. (1987) On fractional derivatives and star invariant spaces. *Mich. Math. J.*, **34**, no 3, 391–406.

Colzani, L. (1985) Hardy spaces on unit spheres. *Boll. Unione Mat. Ital.*, **64**, no 1, 219–244.

Conlan, J. and Koh, E.L. (1975) A fractional differentiation theorem for the Laplace transform. *Canad. Math. Bull.*, **18**, no 4, 605–606.

Cooke, J.C. (1956) A solution of Tranter's dual integral equations problem. *Quart. J. Mech. Appl. Math.*, **9**, no 1, 103–110.

—— (1965) The solution of triple integral equations in operational form. *Ibid*, **18**, no 1, 57–72.

—— (1972) The solution of triple and quadruple integral equations and Fourier-Bessel series. *Ibid.*, **25**, no 2, 247–263.

Copson, E.T. (1943) Some applications of Marsel Riesz's integrals of fractional order. *Proc. Roy. Soc. Edinburgh*, **A 61**, 260–272.

—— (1947a) On the Riesz-Riemann-Liouville integral. *Proc. Edinburgh Math. Soc.*, **8**, no 1, 25–36.

—— (1947b) On the problem of the electrified disc. *Ibid.*, no 3, 14–19.

—— (1956) Some applications of Riesz's method. In *Proc. Conf. Diff. Equat.*, Univ. Maryland: Book Stora, 107–113.

—— (1958) On a singular boundacy value problem for an equation of hyperbolic type. *Arch. Ration. Mech. and Analysis*, **1**, no 4, 349–356.

—— (1961) On certain dual integral equations. *Proc. Glasgow Math. Assoc.*, **5**, no 1, 21–24.

Copson, E.T. and Erdélyi, A. (1958) On a partial differential equation with two singular lines. *Arch. Ration. Mech. and Analysis*, **2**, no 1, 76–86.

Cossar, J. (1941) A theorem on Cesàro summability. *J. London Math. Soc.*, **16**, 56–68.

Cotlar, M. and Panzone, R. (1960) Generalized potential operators. *Rev. Union Mat. Argentina*, **19**, no 1, 3–41.

Courant, R. and Hilbert, D. (1951) *Methods of Mathematical Physics*, 3rd ed., Vol. 2 (Russian). Moscow, Leningrad: Gos. Izdat. Tehn.-Teor. Lit, 544 pp. (English ed. in New York: Interscience Publ., 1953).

Darboux, G. (1915) *Léçons sur la théorie générale des surfaces et les applications géométriques du calcul infinitésimal*. Vol. 2. Paris: Gauthier-Villars.

Davis, H.T. (1924) Fractional operations as applied to a class of Volterra integral equations. *Amer. J. Math.*, **46**, 95–109.

—— (1927a) The applications of fractional operators to functional equations. *Ibid.*, **49**, no 1, 123–142.

—— (1927b) A survey of methods for the inversion of integrals of Volterra type. *Indiana Univ. Studies. Study*, no 76, 77, 72 pp.

—— (1936) *The Theory of Linear Operator*. Bloomington, Indiana: Principia Press, 617 pp.

Davtyan, A.A. (1984) Hypersingular integrals and anisotropic potentials (Russian). Erevan, Dep. in Armyan. NIINTI 08.01.65, no 1, 25 pp.

—— (1986a) Sobolev-Liouville spaces with quasi-homogeneous norm (Russian). *Izv. Vyssk. Uckebn. Zaved. Mat.*, no 5, 82–84.

—— (1986b) Spaces of anisotropic potentials. Applications (Russian). *Trudy Mat. Inst. Steklov*, **173**, 113–124.

Delerue, P. (1953) Sur le calcul symbolique á n variables et sur les fonctions hyperbesséliennes. *Ann. Soc. Sci. Bruxelles, Ser.* 1, **67**, no 2, 83–104.

Diaz, J.B. and Osler, T.J. (1974) Differences of fractional order. *Math. Comput.*, **28**, no 125, 185–202.

Diaz, J.B. and Weinberger, H.F. (1953) A solution of the singular initial value problem for the Euler-Poisson-Darboux equation. *Proc. Amer. Math. Soc.*, **4**, no 5, 703–715.

Didenko, A.V. (1984a) On the solution of the composite equation of Abel type in generalized functions (Russian). Odessa, Dep. in Ukrain. VINITI 15.08.84, no 1464, 11 pp.

—— (1984b) On the solutions of systems of some convolution type equations in the space of generalized functions (Russian). Minsk, Dep. in VINITI 11.09.84, no 6170, 10 pp.

—— (1985) On the solution of a class of the integro-differential equations of fractional order (Russian) . Odessa, Dep. in Ukrain. NIINTI 01.04.85, no 662, 13 pp.

Dimovski, I.H. (1981) Convolution representation of the commutant of Gel'fond-Leont'ev integration operator. *C. R. Acad. Bulg. Sci.*, **34**, no 12, 1643–1646.

—— (1982a) Representation fomulas for the commutants of integer powers of Gel'fond-Leont'ev integration operators. In *Proc. Conf. Math. i Math. Educ., Union Bulg. Math.* (Sunny Beach, 1982), Sofia: Publ. House Bulg. Acad. Sci., 166–172.

—— (1982b) *Convolutional calculus*. Sofia: Publ. House Bulg. Acad. Sci., 2, 198 pp. (Second ed.: Dorbrecht. Boston and London: Kluwer Acad. Publ., East Europ. Ser. 1990, **43**, 184 pp).

Dimovski, I.H. and Kiryakova, V.S. (1983) Convolution and commutant of Gel'fond–Leont'iev operator of integration. In *Proc. Intern. Conf. Constr. Function Theory'* 81 (Varna, 1981), Sofia: Publ. House Bulg. Acad. Soi., 288–294.

—— (1985) Transmutations, convolutions and fractional powers of Bessel-type operators via Meijer's *G*-function. In *Proc. Intern. Conf. Complex Analysis and Appl.* '83 (Varna,1983), Sofia: Publ. House Bulg. Acad. Sci., 45–66.

Din Khoang An (1989) The integral equations with Legendre function in the kernels in the singular cases (Russian). *Dokl. Akad. Nauk BSSR*, **33**, no 7, 591–594.

Dinghas, A. (1958) Zur Existenz von Fixpunkten bei Abbildungen vom Abel-Liouvilleschen Typus. *Math. Z.*, **70**, no 2, 174–189.

Ditkin, V.A. and Prudnikov, A.P. (1974) *Integral transforms and operational calculus* (Russian). Moscow: Nauka, 542 pp.

Dixit, L.A. (1977) An integral equation involving generalized Rice's polynomials. *Proc. Indian Acad. Sci*, **A 85**, no 5, 379–382.

—— (1978) An integral equation involving $_4F_3$ in the kernel. *Indian J. Pure and Appl. Math.*, **9**, no 7, 739–745.

Doetsch, G. (1937) *Theorie und Anwendung der Laplace-Transformation.* Berlin: Springer, 436 pp.

—— (1956) *Handbuch der Laplace-Transformation.* Basel und Stuttgart: Birhäuser Verlag, **3**, 300 pp.

Doktorskii, R.Ya. and Osipov, A.V. (1983) The inversion of Abel equation by means of cubical splines (Russian). In *Calculation systems and algorithms*, Rostov n/D: Izdat. Rostov. Univ., 114–121.

Domingues, A.G. and Trione, E.S. (1979) On the Laplace transforms of retarded, Lorentz-invariant functions. *Adv. Math.*, **31**, no 1, 51–62.

Drianov, D.P. (1982) Average modulus of smoothness of fractional index and fractional order derivatives. *C. R. Acad. Bulg. Sci.*, **35**, no 12, 1635–1637.

—— (1983) Average modulus of smoothness of fractional index and applications. *Ibid.*, **36**, no 1, 41–43.

—— (1985) Equivalence between fractional average modulus of smoothness and fractional K-functional. *Ibid.*, **38**, no 12, 1609–1612.

Duduchava, R.V. (1970a) Singular integral operaton in a Hölder space with weight (Russian). *Dokl. Akad. Nauk SSSR*, **191**, no 1, 16–19.

—— (1970b) The boundedness of the singular integration operator in Hölder spaces with weight (Russian). In *Mat. Issled.*, Kishinev: Inst. Mat. with Vychisl. Tsentr. Akad. Nauk MSSR, Vol. 5, Vyp. 1, 56–76.

Dunford, M. and Schwartz, J.T. (1962) *Linear operators. General theory* (Russian). Moacow: Izdat. Inoetr. Lit., 895 pp. (English ed. in Intencience Publ., 1953).

Dveirin, M.Z. (1977) The problems of best approximation of the classes of functions analytic in the unit circle (Russian). In *Proc. Intern. Conf. Teoriya priblizh. funktsii* (Kaluga,1975), Moscow: Nauka, 129–132.

Dwivedi, A.P. and Trivedi, T.N. (1977) Triple and quadruple integral equations occurring in diffraction theory. *Proc. Indian Acad. Sci.*, **A 85**, no 4, 179–185.

Dyn'kin, E.M. and Osilenker, B.P. (1983) Weighted estimates of singular integrals and their applications (Russian). In *Mathematical analysis. Itogi Nauki i Tekhniki*, Moscow: Akad. Nauk SSSR, VINITI, Vol. 21, 42–129.

Dzherbashyan, A.M. (1986) Equilibrhun relations and factorization theorems for functions that are meromorphic in the half plane (Russian). *Izd. Akad. Nauk Armyan. SSR, Ser. Mat.*, **21**, no 3, 213–279.

Dzherbashyan, M.M. (1964) The parametric representation of some general classes of meromorphic functions in the unit circle (Russian). *Dokl. Akad. Nauk SSSR*, **157**, no 5, 1024–1027.

—— (1966a) *Integral transforms and representations of functions in the complex domain* (Russian). Nauka, 671 pp.

—— (1966b) Classes of functions and their parametric representation (Russian). In *Intern. Conf. Contemporary Problems in Theory Anal. Functions* (Erevan, 1965), Moscow: Nauka, 118–137.

—— (1967) A generalized Riemann-Liouville operator and some applications of it (Russian). *Dokl. Akad. Nank SSSR*, **117**, no 4, 767–770.

—— (1968a) A generalized Riemann-Liouville operator and some of its applications (Russian). *Izv. Akad. Nauk SSSR, Ser. Mat.*, **32**, no 5, 1075–1111.

—— (1968b) An extension of the Denjoy-Carleman quasianalytic classes (Russian). *Dokl. Akad. Nauk SSSR*, **180**, no 4, 782–785.

—— (1968c) An extension of the Denjoy-Carleman quasianalytic classes (Russian). *Izv. Akad. Nauk Armyan. SSR, Ser. Mat.*, **3**, no 3, 171–248.

—— (1969) Theory of factorization of functions meromorphic in the disc (Russian). *Mat. Sb.*, **79**, Vyp. 4, 517–615.

—— (1970) A boundary value problem for a Sturm-Liouville type differential operator of fractional order (Russian). *Izv. Akad. Nauk Armyan. SSR Ser. Mat.*, **5**, no 2, 71–96.

—— (1981) Basisness of biorthogonal systems generated by boundary value problems for differential operators of fractional order (Russian). *Dokl. Akad. Nauk SSSR*, **261**, no 5, 1054–1058.

—— (1982) Basisness of biorthogonal system generated by boundary value problems for differential operators of fractional order (Russian). In *Proc. 7th soviet-ceskoslov. semin. Appl. of Methods of Theory Funct. and Functional Analysis to Problems of Math. Physics*, Erevan: Izdat. Erevan. Univ., 103–111.

—— (1984) Interpolation and spectral expansions associated with differential operators of fractional order (Russian). *Izv. Akad. Nauk Armyan. SSR, Ser. Mat.*, **19**, no 2, 81–181.

—— (1987) On a boundary value problem in the complex domain (Russian). *Ibid.*, **22**, no 6, 523–542.

Dzherbashyan, M.M. and Martirosyan, V.M. (1982) On the theory of α-quasianalytic classes (Russian). *Izd. Akad. Nauk Armyan. SSR, Ser. Mat.*, **17**, no 4, 264–306.

Dzherbashyan, M.M. and Nersesyan, A.B. (1958a) The criterion of the expansion of the functions to the Dirichlet series (Russian). *Izv. Akad. Nauk Armyan. SSR, Ser. Fiz.-Mat. Nauk*, **11**, no 5, 85–108.

—— (1958b) On the application of some integro-differential operators (Russian). *Dokl. Akad. Nauk SSSR*, **121**, no 2, 210–213.

—— (1958c) Some integro-differential operators and quasi-analytical classes of functions which are connected with them (Russian). *Izv. Akad. Nauk Armyan. SSR, Ser. Fiz.-Mat. Nauk*, **11**, no 5, 107–120.

—— (1960) The expansions on special biorthogonal systems and boundary value problems for the differential equations of fractional order (Russian). *Dokl. Akad. Nauk SSSR*, **132**, no 4, 747–750.

—— (1961) The expansions on some biorthogonal systems and boundary value problems for the differential equations of fractional order (Russian). *Trudy Moskov. Mat. Obshch.*, **10**, 89–179.

—— (1968) Fractional derivatives and the Cauchy problem for differential equations of fractional order (Russian). *Izv. Akad. Nauk Armyan. SSR, Ser. Mat.*, **3**, no 1, 3–29.

Dzherbashyan, M.M. and Saakyan, B.A. (1975) Classes of formulas and expansions of Taylor-Maclaurin type associated with differential operators of fractional order (Russian). *Izv. Akad. Nauk SSSR, Ser. Mat.*, **39**, no 1, 69–122.

—— (1981) Expansions in series of generalized absolutely monotone functions (Russian). *Anal. Math.*, **7**, no 2, 85–106.

Dzyadyk, V.K. (1953) On the best approximation in the class of periodic functions having a bounded s-th derivative $(0 < s < 1)$ (Russian). *Izv. Akad. Nauk SSSR, Ser. Mat.*, **17**, no 2, 135–162.

Edels, H., Hearne, K. and Young, A. (1962) Numerical solutions of the Abel integral equation. *J. Math. and Phys.*, **41**, no 1, 62–75.

Efimov, A.V. (1956) On approximation of certain classes of continuous functions by Fourier sums and by Féjer sums (Russian). *Izv. Akad. Nauk SSSR, Ser. Mat.*, **22**, no 1, 81–116.

—— (1959) On approximation of continuous functions by Fourier sums (Russian). *Uspehi Mat. Nauk*, **14**, Vyp. 2, 225–227.

—— (1960) On approximation of periodic functions by Vallée-Poussin sums, II (Russian). *Izv. Akad. Nauk SSSR, Ser. Mat.*, **24**, no 3, 431–468.

—— (1961) The linear methods of approximation of some classes of continuous periodical functions (Russian). *Trudy Mat. Inst. Akad. Nauk SSSR*, **62**, 3–47.

Eggermont, P.P.B. (1981) A new analysis of the trapezoidal-discretization method for the numerical solution of Abel-type integral equations. *J. Integr. Equat.*, **3**, no 4, 317–332.

—— (1984) Stability and robustness of collocation methods for Abel-type integral equations. *Numer. Math.*, **45**, no 3, 431–445.

Elliott, J. (1959) Absorbing barrier processes connected with the symmetric stable densities. *Illinois J. Math.*, **3**, 200–216.

Elrod, H.G., Jr. (1958) Note on a solution of the telegraphist's equation applicable to supersonic shear flow. *J. Math and Phys.*, **37**, no 1, 66–68.

Emgusheva, G.P. and Nogin, V.A. (1988) Riesz's derivatives with nonstandart truncation and it's application to the inversion and description of the potentials commuting with dilatations (Russian). *Dokl. Akad. Nauk SSSR*, **300**, no 2, 277–280, {Transl. in *Soviet Math. Dokl. 37 (1963)*, no 3, 644–646}.

—— (1989) Characterization of the functions from the anisotropical classes of Liouville's type (Russian). *Izv. Vyssh. Uchebn. zaved. Mat.*, no 7, 63–66, {Transl. in *Soviet Math.* (*Izv. VUZ*)}.

Erdélyi, A. (1939a) Note on the transformation of Eulerian hypergeometric integrals. *Quart. J. Math., Oxford ser.*, **10**, 129–134.

—— (1939b) Transformation of hypergeometric integrals by means of fractional integration by parts. *Ibid.*, **10**, 176–189.

—— (1940a) On some biorthogonal sets of functions. *Ibid.*, **11**, no 42, 111–123.

—— (1940b) On fractional integration and its application to the theory of Hankel transforms. *Ibid*, **11**, no 44, 293–303.

—— (1940c) A class of hypergeometric transforms. *J. London Math. Soc.*, **15**, 209–212.

—— (1950) On some functional transformations. *Rend. Sem. Mat. Univ. e Politecn. di Torino*, **10**, 217–234.

—— (1963a) An integral equation involving Legendre's polynomial. *Amer. Math. Month.*, **70**, no 6, 651–652.

—— (1963b) Some applications of fractional integration. *Boeing Sci. Res. Labor. Docum. Math. Note*, no 316, D1–62–0266, 23 pp.

—— (1964) An integral equation involving Legendre functions. *J. Soc. Industr. and Appl. Math.*, **12**, no 1, 15–30.

—— (1965a) An application of fractional integrals. *J. Analyse Math.*, **14**, 113–126.

—— (1965b) Axially symmetric potentials and fractional integration. *J. Soc. Industr. and Appl. Math.*, **13**, no 1, 216–228.

—— (1967) Some integral equations involving finite parts of divergent integrals. *Glasgow Math. J.*, **8**, no 1, 50–54.

—— (1968) Some dual integral equations. *SIAM J. Appl. Math.*, **16**, no 6, 1338–1340.

—— (1970) On the Euler-Poisson-Darboux equation. *J. Analyse Math.*, **23**, 89–102.

—— (1972) Fractional integrals of generalized functions. *J. Austral. Math. Soc.*, **14**, no 1, 30–37.

—— (1974) Asymptotic evaluation of integrals involving a fractional derivative. *SIAM J. Math. Anal.*, **5**, no 2, 159–171.

—— (1975) Fractional integrals of generalized functions. In *Proc. Intern. Conf. Fractional Calculus and its Appl.* (New Haven, 1974), ed. B. Ross, *Lect. Notes Math.*, Vol. 467, 151–170.

Erdélyi, A. and Kober, H. (1940) Some remarks on Hankel transforms. *Quart. J. Math., Oxford ser.*, **11**, no 43, 212–221.

Erdélyi, A., Magnus, W., Oberbettinger, F. and Tricomi, F.G. (1953a) *Higher Transcendental Functions.* In 3 vols, Vol. 1. New York: McGraw-Hill Book Co., 302 pp. (Reprinted Krieger, Melbourne, Florida, 1981).

—— (1953b) *Higher Transcendental Functions.* Vol. 2. New York: McGraw-Hill Book Co., 396 pp. (Reprinted Krieger, Melbourne, Florida, 1981).

—— (1954) *Higher Transcendental Functions.* Vol. 3. New York: McGraw-Hill Book Co., 292 pp. (Reprinted Krieger, Melbourne, Florida, 1981).

—— (1955) *Tables of Integral Transforms.* In 2 vols, Vol. 2. New York: McGraw-Hill Book Co., 451 pp.

Erdélyi, A. and McBride, A.C. (1970) Fractional integrals of distributions. *SIAM J. Math. Anal.*, **1**, no 4, 547–557.

Erdélyi, A. and Sneddon, I.N. (1962) Fractional integration and dual integral equations. *Canad. J. Math.*, **14**, no 4, 685–693.

Eskin, G.I. (1973) *Boundary value problems for elliptic pseudodifferential equations* (Russian). Moscow: Nauka, 232 pp.

Esmaganbetov, M.G. (1982a) On connections of the modulus of smoothness of derivative with the best approximation and Fourier coefficients of function in $L_p[0, 2\pi]$ ($1 < p < \infty$) (Russian). Alma-Ata, Dep. in VINITI 28.01.82 no 380, 14 pp.

—— (1982b) The conditions of existence of the mixed Weyl derivatives in $L_p[0, 2\pi]$ ($1 < p < \infty$) and their structure properties (Russian). Alma-Ata, Dep. in VINIT 08.04.82, no 1675, 27 pp.

—— (1984) On exactness of estimates of modulus of smoothness for functions in $L_p[0, 2\pi]$ ($1 < p < \infty$) (Russian). In *Modern questions of the theory of functions and functional analysis*, Karaganda, 27–33.

Esmaganbetov, M.G., Nauryzbaev, K.Zh. and Smailov, E.S. (1981) On the estimates of the modulus of smoothness of positive order in L_p (Russian). Alma-Ata, Dep. in VINITI 12.06.81, no 2859, 15 pp.

Estrada, R. and Kanwal, R.P. (1985) Distributional solutions of singular integral equations. *J. Integr. Equat*, **8**, no 1, 41–85.

Euler, L. (1738) De progressionibvs transcendentibvs, sev qvarvm termini generales algebraice dari negvevnt /L.Eulero/. In *Comment. Acad. Sci. Imperialis Petropolitanae*, **5**, 36–57.

—— (1956) *Integral calculus* (Russian). Moscow: Fizmatgiz, Vol. 3, 447 pp.

Evsin, V.I. (1973) The Holmgren problem for a certain equation with singular coefficients (Russian). *Differentsial'nye Uravneniya*, **9**, no 1, 41–48.

—— (1975) The solvability of the Holmgren problem for a certain degenerate elliptic equation (Russian). *Ibid.*, **11**, no 1, 38–46.

Exton, H. (1983) *q-Hypergeometric Functions and Applications*. Chichester: Ellis Horwood Ltd, 347 pp.

Faber, V. and Wing, G.M. (1986) Singular values of fractional integral operators: a unification of theorems of Hille, Tamarkin, and Chang. *J. Math. Anal. and Appl.*, **120**, no 2, 745–760.

Fabian, W. (1935) Fractional calculus. *Phil. Mag.*, **20**, no 135, 781–789.

—— (1936a) Fractional calculus. *J. Math. and Phys.*, **15**, 83–89.

—— (1936b) Expansions by the fractional calculus. *Quart. J. Math., Oxford Ser.*, **7**, 252–255.

—— (1936c) Fractional calculus. *Math. Gazette*, **20**, 249–253.

—— (1954) The Riemann surfaces of a function and its fractional integral. *Edinburgh Math. Notes*, **39**, 14–16.

Faraut, J. (1987) Intégrales de Marcel Riesz sur un cone symetrique. *Publ Dé Math.*, **18**, 17–30.

Fattorini, H.O. (1983) A note on fractional derivatives of semigroups and cosine functions. *Pacif. J. Math.*, **109**, no 2, 335–347.

Favard, J. (1937) Sur les meilleurs procédés d'approximation de certaines classes de fonctions par des polynomes trigonométriques. *Bull. Sci. Math.*, **61**, 209–224, 243–256.

Fedoryuk, M.V. (1959) Nonhomogeneous generalized functions of two variables (Russian). *Mat. Sb. (N.S.)*, **49**, no 4, 431–446.

—— (1977) *The saddle-point method* (Russian). Moscow: Nauka, 368 pp.

Fedosov, V.P. (1978) On some generalized Abel equations (Russian). In *Abel's inversion and its generalizations* (Russian), Novosibirsk: Inst. Teor. i Prikl. Meh. Sibirsk. Otdel. Akad. Nauk SSSR, 106–111.

Fedosov, V.P. and Yanenko, N.N. (1984) Equations with partial derivatives of half-integral degree (Russian). *Dokl. Akad. Nauk SSSR*, **276**, no 4, 804–806, {Transl. in *Soviet Phys. Dokl.* **29** (1984), no 4, 288–291}.

Feller, W. (1952) On a generalization of Marcel Riesz potentials and the semigroups generated by them. *Comm. Sémin. Math. L 'Univ. Lund (Medd. Lunds Univ. Mat. Sémin.) Tome suppl.*, **21**, 72–81.

Fenyö, S. and Stolle, H.W. (1963) *Theorie und Praxis der linearen Integralgleichungen*. Berlin: Dtsch. Veri. Wiss., 3, 548 pp.

Ferrar, W.L. (1927–1928) Generalised derivatives and integrals. *Proc. Roy. Soc. Edinburgh*, **48**, no 1–2, 92–105.

Fettis, H.E. (1964) On the numerical solution of equations of the Abel type. *Math. Comput.*, **18**, no 84, 491–496.

Fihtengol'ts, G.M. (1966) *Course of integral and differential calculus*. In 3 vols, Vol. 3, (Russian). Moscow: Nauka, 858 pp.

Fisher, M.J. (1971a) Singular integrals and fractional powen of operators. *Trans. Amer. Math. Soc.*, **161**, no 2, 307–326.

—— (1971b) Imaginary powers of the indefinite integrals. *Amer. J. Math.*, **93**, no 2, 317–328.

—— (1971c) Purely imaginary powers of certain differential operators, I. *Ibid.*, **93**, no 2, 452–478.

—— (1972a) Purely imaginary powen of certain differential operaton, II. *Ibid.*, **94**, no 3, 835–860.

—— (1972b) Fractional powers of operators and Bessel potentials on Hilbert space. *Stud. Math.*, **41**, no 2, 191–206.

—— (1972c) Applications of the theory of imaginary powers of operators. *Rocky Mountain J. Math.*, **2**, no 3, 465–511.

—— (1973) Some generalizations of the hypersingular integral operators. *Stud. Math.*, **47**, no 2, 95–121.

Flett, T.M.(1958a) On the absolute summability of a Fourier series and its conjugate series. *Proc. London Math. Soc., Ser.* 3, **8**, no 30, 258–311.

—— (1958b) Some more theorems concerning the absolute summability of Fourier series and power series. *Ibid.*, **8**, no 31, 357–387.

—— (1958c) A note on some inequalities. *Proc. Glasgow Math. Assoc.*, **4**, no 1, 7–15.

—— (1959) Some theorems on fractional integrals. *Proc. Cambridge Phil. Soc.*, **55**, no 1, 31–50.

—— (1968) Mean values of power series. *Pacif. J. Math.*, **25**, no 3, 463–494.

—— (1971) Temperatures, Bessel potentials and Lipschitz spaces. *Proc. London Math. Soc.*, **22**, no 3, 385–451.

—— (1972a) The dual of an inequality of Hardy and Littlewood and some related inequalities. *J. Math. Anal. Appl.*, **38**, no 3, 746–785.

—— (1972b) Lipschitz spaces of functions on the circle and the disc. *Ibid.*, **39**, no 1, 125–158.

—— (1973) On a theorem of Pitt. *J. London Math. Soc.*, (2), **7**, no 2, 376–384.

Fofana, I. (1989) Continuité de l'intégrale fractionnaire et espace $(L^q, l^p)^\alpha$. *C. R. Acad. sci., Paris, Ser.* 1, **308**, no 18, 525–527.

Foht, A.S. and Krasnov, V.A. (1973) Integral estimates of the fractional derivatives of a hannonic function and some of their applications (Russian). *Differentsial'nye Uravneniya*, **9**, no 12, 2276–2279.

Fourier, J. (1955) *The Analytical Theory of Heat.* New York: Dover publ., 466 pp. (First publ.: Théorie Analytique de la Chaleur. Paris, 1822).

Fox, Ch. (1956) An application of fractional integration to chain transform theory. *Proc. Amer. Math. Soc.*, **9**, no 6, 968–973.

—— (1961) The *G* and *H* functions as symmetrical Fourier kernels. *Trans. Amer. Math. Soc.*, **98**, no 3, 395–429.

—— (1963) Integral transforms based upon fractional integration. *Proc. Cambridge Phil. Soc.*, **59**, no 1, 63–71.

—— (1965a) A formal solution of certain dual integral equations. *Trans. Amer. Math. Soc.*, **119**, no 3, 389–398.

—— (1965b) An inversion formula for the kernel $K_v(x)$. *Proc. Cambridge Phil. Soc.*, **61**, no 2, 457–467.

—— (1971) Solving integral equations by L and L^{-1} operators. *Proc. Amer. Math. Soc.*, **29**, no 2, 299–306.

—— (1972) Applications of Laplace transforms and their inverses. *Ibid.*, **35**, no 1, 193–200.

Fremberg, M.E. (1945) Proof of a theorem of M. Riesz concerning a generalization of the Riemann-Liouville integral. *Kungl. Fysiogr. Sällsk. i Lund Förhandl.*, **15**, no 27, 265–276.

—— (1946a) A study of generalized hyperbolic potentials with some physical applications. *Comm. Sémin. Math. L'Univ. Lund.*, **7**, 1–100.

—— (1946b) Some applications of the Riesz potential to the theory of the electromagnetic field and the meson field. *Proc. Roy. Soc. London. Ser. A*, **188**, 18–31.

Frie, W. (1963) Zur Auswertung der Abelschen Integralgleichung. *Ann. Phys. DDR*, **10**, no 5–8, 332–339.

Friedlander, F.G. and Heins, A.E. (1989) On the representation theorems of Poisson, Riemann and Volterra for the Euler-Poisson-Darboux equation. *Arch. Ration. Mech. and Analysis*, **33**, no 3, 219–230.

Frostman, O. (1935) Potentiel d'equilibre et capacité des ensembles avec quelques applications à la théorie des fonctions. *Medd. Lunds Univ. Mat. Sémin.*, **3**, 1–118.

Fujiwara, D. (1967) Concrete characterization of the domains of fractional powers of some elliptic differential operators of the second order. *Proc. Japan. Acad.*, **43**, no 2, 82–86.

—— (1968) L^p-theory for characterizing the domain of the fractional powers of $-\Delta$ in the half space. *J. Fac. Sci. Univ. Tokyo, Sec. 1*, **15**, part 2, 169–177.

—— (1969) On the asymptotic behaviour of the Green operators for elliptic boundary problems and the pure imaginary powers of some second order operators. *J. Math. Soc. Japan.*, **21**, no 4, 481–522.

Fujiwara, M. (1933) On the integration and differentiation of an arbitrary order. *Tôhoku Math. J.*, **37**, 110–121.

Fukui, S. and Owa, S. (1990) An application of fractional calculus for Robertson's result. In *Proc. Intern. Conf. Fractional calculus and its appl.* (Tokyo, 1989), ed. K. Nishimoto, Tokyo: Coll. Engin. Nihon Univ., 39–43.

Gabidzashvili, M.A. (1985a) Weighted inequalities for anisotropic potentials (Russian). In *Mat. analysis: Nauclh Trudy Gruzin. Politehn. Inst.*, no 3 (285), 48–57.

—— (1985b) Weighted inequalities for integrals of potential's type in homogeneous spaces (Russian). In *Report. of the Extended Sessions of A Seminar of the I. N. Vekua Inst. Appl. Math.* (Tbilisi, 1965), Tbilisi. Gos. Univ., Vol. 1, no 2, 37–40.

—— (1986a) Weighted inequalities for Riesz potentials and their generalizations (Russian). *Soobshch. Akad. Nauk Gruzin. SSR*, **121**, no 1, 37–40.

—— (1986b) Weighted inequalities for anisotropic potentials (Russian). *Trudy Tbiliss. Mat. Inst. Razmadze Akad. Nauk Gruzin. SSR*, no 82, 25–36.

—— (1988) Weighted inequalities for anisotropic potentials (Russian). *Ibid.*, no 89, 3–11.

—— (1989) Weighted inequalities for potentialsin the spaces of homogeneous type (Russian). *Soobshch. Akad. Nauk Gruzin. SSR*, **133**, no 1, 17–20.

Gabidzashvili, M.A., Genebashvili, I.Z. and Kokilashvili, V.M. (1992) Two-weight inequalities for generalized potentials (Russian). *Trudy Mat. Inst. Steklov*, **194,89–96**.

Gabidzashvili, M.A. and Kokilashvili, V.M. (1990) Weighted estimates for fractional integrals on the curves (Russian). *Dokl. Akad. Nauk SSSR*, **310**, no 1, 14–17.

Gaer, M.C. (1968) Fractional derivatives and entire functions. **Ph. Dr. thes.**, Univ. of Illinois. Urbana, Illinois, 91 pp.

—— (1975) Interpolation series for fractional derivatives and iterates of functions and operators. *J. Math. Anal. and Appl.*, **50**, no 1, 135–141.

Gaer, M.C. and Rubel, L.A. (1971) The fractional derivative via entire functions. *Ibid.*, **34**, no 2, 289–301.

—— (1975) The fractional derivative and entire functions. In *Proc. Intern. Conf. Fractional Calculus and ita Appl.* (New Haven, 1974), ed. B. Ross, *Lect. Notes Math.*, **457**, 171–206.

Gahov, F.D. (1977) *Boundary value problems,* 3rd, ed., (Russian). Moscow: Nauka, 640 pp. (Transl. of second ed. in Oxford: Pergamon Press, 1966, 561 pp.).

Gahov, F.D. and Cherskii, Yu.I. (1978) *Equations of convolution type* (Russian). Moscow: Nauka, 295 pp.

Gaimnazarov, G. (1981) Moduli of smoothness of fractional order of functions defined on the whole real axis (Russian). *Dokl. Akad. Nauk Tadzhik. SSR*, **24**, no 3, 148–150.

—— (1985) Some relations for moduli of smoothness of fractional order in the space $L_p(-\infty,\infty)$ (Russian). *Izv. Akad. Nauk Tadzhik. SSR. Otdel. Fiz.-Mat. Him. i Geol. Nauk*, **97**, no 3, 8–13.

Ganeev, R.M. (1979) On Abel's generalized integral equation (Russian). In *Diff. equat. and math. phys.: Nauch. Trudy Kuibyshev. Ped. Inst.*, **232**, Vyp. 1, 12-14.

—— (1982) Solution of Abel's generalized integral equation with constant coefficients (Russian). *Izv. Vyssh. Uchebn. zaved. Mat.*, no 6, 14–18, {Transl. in *Soviet Math. (Izv. VUZ)*, **26** (1982), no 6, 13–18}.

Garabedian, H.L., Hille, E. and Wall, H.S. (1941) Formulations of the Hausdorff inclusion theorem. *Duke Math. J.*, **8**, 193–213.

Gårding, L. (1947) The solution of Cauchy's problem for two totally hyperbolic linear differential equations by means of Riesz integrals. *Ann. Math. Ser. 2*, **48**, no 4, 785–826.

—— (1970) Marcel Riesz in memoriam. *Acta Math.*, **124**, no 1–2, I–XI.

Garnett, J.B. (1984) *Bounded analytic functions* (Russian). Moscow: Mir, 470 pp.

Gasper, G. and Trebels, W. (1978) Jacobi and Hankel multipliers of type (p, q), $1 < p < q < \infty$. *Math. Ann.*, **237**, no 3, 243–251.

—— (1979a) A characterization of localized Bessel potential spaces and applications to Jacobi and Hankel multipliers. *Stud. Math.*, **65**, 243–278.

—— (1979b) Multiplier criteria of Hörmander type for Fourier series and applications to Jacobi series and Hankel transforms. *Math. Ann.*, **242**, no 3, 225–240.

—— (1982) Necessary conditions for Hankel multipliers. *Indiana Univ. Math. J.*, **31**, no 3, 403–414.

Gatto, A.E., Gutierrez, C.E. and Wheeden, R.L. (1983) On weighted fractional integrals. In *Proc. Conf. on harmonic analysis in honour of A. Zygmund. Wadswath Intern. Group* (Belmont, 1961), Calif.: Univ. of Chicago, Vol. 1, 124–137.

—— (1985) Fractional integrals on weighted H^p spaces. *Trans. Amer. Math. Soc.*, **289**, no 2, 575–589.

Gearhart, L. (1979) The Weyl semigroup and left translation invariant subspaces. *J. Math. Anal. and Appl.*, **67**, no 1, 75–91.

Geisberg, S.P. (1965) A generalization of Hadamard's inequality (Russian). *Leningrad Meh. Inst. Sb. Nauch. Trudov*, no 50, 42–54.

—— (1967) The analogues of the S.N. Bernstein's inequalities for the fractional derivative (Russian). In *Quest. appl. math. and geomet. modclir.: Short contents of reports of 25th nauch. conf.* (Leningrad, 1967), Leningrad. Inzhen.-Stroit. Inst., 5–10.

—— (1968) Fractional derivatives of functions bounded on the axis (Russian). *Izv. Vyssh. Uchebn. Zaved. Mat.*, no 11, 51–69.

Gel'fand, I.M. and Graev, M.I. (1955) The analogue of the Plancherel formula for the classical groups. *Trudy Moskow. Mat. Obshch.*, 4, 375–404.

Gel'fand, I.M., Graev, M.I. and Vilenkin, N.Ya. (1962) *Integral geometry and connected questiona of representation theory* (Russian). Moscow: Fizmatgiz, 656 pp. (Transl. as *Generalized Functions*. Vol. 5: *Integral Geometry and Repreaentation Theory*, New York: Acad. Press, 1966, 499 pp.).

Gel'fand, I.M. and Shilov, G.E. (1958) *The spaces of test and generalized functions* (Russian). Moscow: Fizmatgiz, 307 pp. (Transl. as *Generalized Functions*. Vol. 1: *Properties and Operations*, New York: Acad. Press, 1964, 423 pp.).

—— (1959) *Generalized Functions and Operations on them* (Russian). Moscow: Fizmatgiz, 470 pp. (Transl. as *Generalized Functions*. Vol. 2: *Spaces of Fundamental and Generalized Functions*, New York: Acad. Press, 1968, 261 pp.).

Gel'fond, A.O. (1967) *The calculus of finite differences* (Russian). Moscow: Nauka, 375 pp.

Gel'fond, A.O. and Leont'ev, A.F. (1951) On a generalization of Fourier series (Russian). *Mat. Sb. (N.S.)*, **29(7)**, no 3, 477–500.

Gel'man, I.V. (1960) On integrals of potential type in the Orlicz' spaces (Russian). *Izv. Vyssh. Uchehn. Zaved. Mat.*, no 2, 44–56.

Gerlach, W. and Wolfersdorf, L.von (1986) On approximate computation of the values of the normal derivative of solutions to linear partial differential equations of second order with application to Abel's integral equation. *Z. angew. Math. und Mech.*, **66**, no 1, 31–36.

Gilbert, R.P. (1960) On the singularities of generalized axially symmetric potentials. *Arch. Ration. Mech. and Analysis*, **6**, no 2, 171–176.

—— (1989) *Function Theoretic Methods in Partial Differential Equations.* New York, London: Acad. Press, 311 pp.

Gindikin, S.O. (1964) Analysis in homogeneous domains (Russian). *Uspehi Mat. Nauk*, **19**, no 4, 3–92.

—— (1967) The Cauchy problem for strongly homogeneous differential operators (Russian). *Trudy Moskov. Mat. Obshch.*, **16**, 181–208.

Ginzburg, A.S. (1984) Traces of functions from weighted classes (Russian). *Izv. Vyssh. Uehebn. Zaved. Mat.*, no 4, 61–64, {Trans. in *Soviet Math. (Izv. VUZ)*, **23** (1984), no 4, 30–64}.

Glaeske, H.-J. (1984) Some investigations on the Mebler-Fock transform of distributions. In *Proc. Conf. Convergence and Generalized Functions* (Katowice, 1983), Warsawa: Publ. House Polish Acad. Soi., 43–50.

—— (1986) Some investigations concerning the Mehler-Fock and the Kontorovich-Lebedev transformation. In *Proc. Intem. Conf. Complex Analysis and Appl.*, 85 (Varna,1985), Sofia: Publ. House Bulg. Acad. Sci., 226–238.

Glaeske, H.-J. and Hess, A. (1986) A convolution connected with the Kontorovich-Lebedev transform. *Math. Z.*, **193**, 67–78.

—— (1987) On the convolution theorem of the Mehler-Fock-transform for a class of generalized functions, I. *Math. Nachr.*, **131**, 107–117.

—— (1988) On the convolution theorem of the Mehler-Fock-transform for a class of generalized functions, II. *Ibid.*, **136**, 119–129.

Godunova, E.K. and Levin, V.I. (1969) Certain integral inequalities containing derivatives (Russian). *Izv. Vyssh. Uchebn. Zaved. Mat.*, **12**, 20–24.

Gohberg, I.Ts. (1951) On linear equations in normed spaces (Russian). *Dokl. Akad. Nauk SSSR*, **76**, no 4, 477–480.

Gohberg, I.Ts. and Krein, M.G. (1957) Fundamental aspects of defeet numbers, root numbers and indices of linear operators (Russian). *Uspehi Mat. Nauk*, **12**, no 2, 43–118.

Gohberg, I.Ts. and Krupnik, N.Ya. (1968) The spectrum of singular integral operators in L_p spaces (Russian). *Studia Math.*, **31**, no 4, 347–362.

—— (1969) The spectrum of singular integral operators in L_p spaces with weight (Russian). *Dokl. Akad. Nauk SSSR*, **185**, no 4, 745–748.

—— (1971) Singular integral operators with piecewise continuous coefficients and their symbols (Russian). *Izv. Akad. Nauk SSSR, Ser. Mat.*, **36**, no 4, 940–964.

—— (1973a) *Introduction to the theory of one-dimensional singular integral operators (Russian)*. Kishinev: Shtiintsa, 426 pp.

—— (1973b) Singular integral equations with unbounded coefficients (Russian). In *Mat. Issled.*, Kishinev: Inst. Mat. s Vychisl. Tsentr. Akad. Nauk MSSR, Vol. 5, 46–57.

Gomes, M.I. and Pestana, D.D. (1978) The use of fractional calculus in probability. *Portugal Math.*, **37**, no 3–4, 259–271.

Gopala Rao, V.R. (1977) A characterization of parabolic function spaces. *Amer. J. Math.*, **99**, no 5, 985–993.

—— (1978) Parabolic function spaces with mixed norm. *Trans. Amer. Math. Soc.*, **246**, no 2, 451–461.

Gordeev, A.M. (1968) Certain boundary value problems for a generalized Euler-Poisson-Darboux equation (Russian). *Volzh. Mat. Sb.*, Kuibyshev: Ped. Inst., Vyp. 6, 56–61.

Gordon, A.N. (1954) Dual integral equations. *J. London Math. Soc.*, **29**, no 3, 360–363.

Gorenflo, R. (1965) Lösung einer Abelschen Integralgleichung bei Anwesenheit von Störungen mittels quadratischer Optimierung. *Z. angew. Math. und Mech.*, **45**, S.-H T33–T35.

—— (1979) Numerical treatment of Abel integral equations. In *Inverse and Improperly posed probl. in Diff. Equat.* (Berlin, 1979), ed. G. Anger, Akademie-Verlag, 125–133.

—— (1987a) Computation of rough solutions of Abel integral equations. In *Inverse and Ill-posed probl.*, eds. H.W. Engl and C.W. Groetsch, 195–210.

—— (1987b) Newtonsche Aufheizung, Abelsche Integralgleichungen zweiter Art und Mittag-Leffler-Funktionen. *Z. Naturforsch.*, **42a**, 1141–1146.

—— (1987c) On numerical treatment of first kind Abel integral equations. *Freie Univ. Berlin*, Preprint no 258, 21 pp.

—— (1990) On stabilizing the inversion of Abel integral operators. In *Proc. Intern. Conf. Fractional Calculus and its Appl.* (Tokyo, 1989), ed. K. Nishimoto, Tokyo: Coll. Engin. Nihon Univ., 44–51.

Gorenflo, R. and Kovetz, Y. (1966) Solution of an Abel-type integral equation in the presence of noise by quadratic programming. *Numer. Math.*, **8**, 392–406.

Gorenflo, R. and Vessella, S. (1986) *Abel integral equations: applications and analytic properties*. Freie Univ. Berlin, Preprint no 236, 109 pp.

—— (1987) Abel integral equations: applications and analytic properties, II. *Ibid.*, no 245, 38 pp.

—— (1991) Abel integral equations: analysis and applications. *Lect. Notes Math.*, Berlin: Springer-Verlag, Vol. 1461, 215 pp.

Goyal, S.P. and Jain, R.M. (1987) Fractional integral operators and the generalized hypergeometric functions. *Indian J. Pure and Appl. Math.*, **18**, no 3, 251–259.

Greatbeed, S.S. (1839a) On general differentiation. Nos 1 and 2. *Cambridge Math. J.*, **1**, 11–21 and 109–117.

—— (1839b) On the expansion of a function of a binomial. *Ibid.*, 67–74.

Grinchenko, V.T. and Ulitko, A.F. (1963) On a mixed boundary value problem of heat conduction for half-space (Russian). *Inzhenerno-fizich. Z.*, **6**, no 10, 67–71.

Grin'ko, A.P. (1991) solution of a non-linear differential equation with generalized fractional derivative (Russian). *Dokl. Akad. Nauk BSSR*, **35**, no 1, 27–31.

Grin'ko, A.P. and Kilbas, A.A. (1990) Generalized fractional integrals in Hölder space with weights (Russian). *Dokl. Akad. Nauk BSSR*, **34**, no 6, 493–496.

—— (1991) On composition of some generalized fractional integrals. *J. Math. Res. and Exposit.*, **11**, no 2, 165–171.

Grünwald, A.K. (1867) Uber "begrenzte" Derivationen und deren Anwendung. *Z. angew. Math. und Phys.*, **12**, 441–480.

Gupta, H.L. and Rusia, K.C. (1974) Invenion of an integral equation involving generalized Laguerre polynomial. *Ganita*, **25**, no 1, 45–54.

Gupta, K.C. and Mittal, P.K. (1970) The H-function transform. *J. Austral. Math. Soc.*, **11**, no 2, 142–148.

Gupta, S.B. (1973) On certain integral equations. *Math. Balkan.*, **3**, 115–117.

Gupta Sulaxana, K. (1967) On the strong Riesz means of Fourier series. *Indian J. Math*, **9**, no 1, 95–107.

Guseinov, A.I. and Muhtarov, H.S. (1980) *Introduction to the theory of nonlinear singular integral equations* (Russian). Moscow: Nauka, 415 pp.

Gwilliam, A.E. (1936) On Lipschitz conditions. *Proc. London Math. Soc., Ser. 2*, **40**, 353–364.

Habibullah, G.M. (1977) Some integral operators with hypergeometric functions as kernels. *Bull. Math. Soc. Sci. Math. RSR*, **21**, no 3–4, 293–300.

—— (1981) An integral operator involving a Legendre function. *J. Natur. Sci. and Math.*, **21**, no 2, 147–153.

Hadamard, J. (1892) Essai sur l'étude des fonctions données par leur développment de Taylor. *J. Math. Pures et Appl., Ser. 4*, **8**, 101–186.

—— (1978) *The Cauchy problem for linear partial differential equations of hyperbolic type* (Russian). Moscow: Nauka, 352 pp. (Transl. from the French ed. Hermann, Paris, 1932).

Hadid, S.B. and Alshamani, J.G. (1986) Liapunov stability of differential equations of non-integer order. *Arab J. Math.*, **7**, no 1-2, 7–17.

Hadid, S.B. and Grzaslewicz, R. (1990) On the solutions of certain type of differential equation with fractional derivative. In *Proc. Intern. Conf. Fractional Calculus and its Appl.* (Tokyo, 1969), ed. K. Nishimoto, Tokyo: Coll. Engin. Nihon Univ., 52–55.

Hai, D.D. and Ang, D.D. (1987) Regularisation of Abel's integral equation. *Proc. Roy. Soc. Edinburgh*, **107 A**, 165–168.

Hall, N.S., Quinn, D.W. and Weinacht, R.J. (1974) Poisson integral formulas in generalized bi-axially symmetric potential theory. *SIAM J. Math. Anal.*, **5**, no 1, 111–118.

Han, Yongsheng (1988) Riesz potential operators on certain Hardy-type spaces $H_0^{p,q,s} R^n$. *Approx. Theory and Appl.*, **4**, no 1, 19–35.

Handelsman, R.A. and Lew, J.S. (1969) Asymptotic expansion of a class of integral transforms via Mellin transforms. *Arch. Ration. Mech. and Analysis*, **35**, no 5, 382–396.

—— (1971) Asymptotic expansion of a class of integral transforms with algebraically dominated kernels. *J. Math. Anal. Appl.*, **35**, no 2, 405–433.

Handelsman, R.A. and Olmstead, W.E. (1972) Asymptotic solution to a class of nonlinear Volterra integral equations. *SIAM J. Appl. Math.*, **22**, no 3, 373–384.

Harboure, E., Macias, R.A. and Segovia, C. (1984a) Boundedness of fractional operators on L^p-spaces with different weights. *Trans. Amer. Math. Soc.*, **285**, no 2, 629–647.

—— (1984b) A two weight inequality for the fractional integral when $\rho = n/\alpha$. *Proc. Amer. Math. Soc.*, **90**, no 4, 555–562.

Hardy, G.H. (1917) Notes on some points in the integral calculus. XLVIII: On some properties of integrals of fractional order. *Messenger Math.*, **47**, no 10, 145–150.

—— (1922) Notes on some points in the integral calculus. LV: On the integration of Fourier series. *Ibid.*, **51**, no 12, 186–192.

—— (1945) Riemann's form of Taylor's series. *J. London Math. Soc.*, **20**, no 1, 48–57.

—— (1951) *Divergent Series* (Russian). Moscow: Izdat. Inostr. Lit., 504 pp. (Transl. from Oxford: Clarendon Press, 1949, 396 pp.).

Hardy, G.H., Landau, E. and Littlewood, J.E. (1935) Some inequalities satisfied by the integrals or derivatives of real or analytic functions. *Math. Z.*, **39**, no 5, 677–695.

Hardy, G.H. and Littlewood, J.E. (1925) Some properties of fractional integrals. *Proc. London Math. Soc. Ser. 2*, **24**, 37–41.

—— (1926) Notes on the theory of series V : on Parseval's theorem. *Ibid.*, **26**, no 1, 287–294.

—— (1928a) Some properties of fractional integrals, I. *Math. Z.*, **27**, no 1, 565–606.

—— (1928b) A convergence criterion for Fourier series. *Ibid.*, **28**, no 4, 612–634.

—— (1932) Some properties of fractional integrals, II. *Ibid*, **34**, 403–439.

—— (1936) Some more theorems concerning Fourier series and Fourier power series. *Duke Math. J.*, **2**, no 2, 354–382.

—— (1941) Theorems concerning mean values of analytic or harmonic functions. *Quart. J. Math., Oxford ser.*, **12**, no 48, 221–256.

Hardy, G.H., Littlewood, J.E. and Pólya, G. (1926) The maximum of a certain bilinear form. *Proc. London Math. Soc., Ser. 2*, **25**, 265–282.

—— (1948) *Inequalities* (Russian). Moscow: lzdat. Inostr. Lit., 458 pp. (Engl. second ed. in Cambridge Univ. Press, 1952, 324 pp.).

Hardy, G.H. and Riesz, M. (1915) *The general theory of Dirichlet's series*. Cambridge University Press, no 18, 78 pp.

Hardy, G.H. and Rogosinski, W.W. (1943) Notes on Fourier series I: On sine series with positive coefficients. *J. London Math. Soc.*, **18**, 50–57.

Hardy, G.H. and Titchmarsh, E.C. (1932) An integral equation. *Proc. Cambridge Phil. Soc.*, **28**, no 2, 165–173.

Hasanov, A. (1979) Problems with nonlocal boundary conditions for a class of equations of mixed type (Russian). *Differentsial'nye Uravneniya*, **15**, no 1, 153–158, {Transl. in *Dif. Equat.* **15** (1979), no 1, 107–111.}.

Hatcher, J.B. (1985) A non-linear boundary problem. *Proc. Amer. Math. Soc.*, **95**, no 3, 441–448.

Hedberg, L.I. (1972) On certain convolution inequalities. *Ibid.*, **36**, no 2, 505–510.

Heinig, H.P. (1984) Weighted norm inequalities for classes of operators. *Indiana Univ. Math. J.*, **33**, no 4, 573–582.

—— (1985) Estimates for operators in mixed weighted L^p-spaces. *Trans. Amer. Math. Soc.*, **287**, no 2, 483–493.

Helgason, S. (1965) The Radon transform on Euclidean spaces, compact two-point homogeneous spaces and Grassmann manifolds. *Acta Math.*, **113**, no 3–4, 153–180, (English ed. in Birkhäuser, 1960).

—— (1983) *The Radon tranaform*. Moscow: Mir, 152 pp.

Henrici, P. (1953) Zur Funktionentheorie der Wellengleichung mit Anwendungen auf spezielle Reihen und Integrale mit Besselschen, Whittakerschen und Mathieuschen Funktionen. *Comm. Math. Helv.*, **27**, no 3–4, 235–293.

Herson, D.L. and Heywood, P. (1974) On the range of some fractional integrals. *J. London Math. Soc.*, Ser. 2, **8**, no 4, 607–614.

Herz, C.S. (1968) Lipschitz spaces and Bernstein's theorem on absolutely convergent Fourier transforms. *J. Math. and Mech.*, **18**, no 4, 283–323.

Heywood, P. (1967) On a modification of the Hilbert transform. *J. London Math. Soc.* Ser. 2, **42**, no 1, 641–645.

—— (1971) On the inversion of fractional integrals. *Ibid*, **3**, no 3, 531–538.

—— (1975) Improved boundedness conditions for Lowndes' operators. *Proc. Roy. Soc. Edinburgh*, **A 73**, no 19, 291–299.

Heywood, P. and Rooney, P.G. (1975) On the boundedness of Lowndes' operators. *J. London Math. Soc.*, **10**, no 2, 241–248.

Higgins, T.P. (1963a) An inversion integral for a Gegenbauer transformation. *J. Soc. Industr. and Appl. Math.*, **11**, no 4, 886–893.

—— (1963b) An inversion for a Jacobi integral transformation. *Boeing Sci. Res. Labor. Docum. Math.*, D1-82-0250.

—— (1964) A hypergeometric function transform. *J. Soc. Industr. and Appl. Math.*, **12**, no 3, 601–612.

—— (1965a) The Rodrigues operator transform, Preliminary report. *Boeing Sci. Res. Labor. Docum. Math. Note*, no 437, D1-82-0492, Seattle, Washington, 125 pp.

—— (1965b) The Rodrigues operator transform. Tables of generalized Rodrigues formulas. *Ibid.*, no 438, D1-82-0493, Seattle, Washington, 55 pp.

—— (1967) The use of fractional integral operators for solving nonhomogeneous differential equations. *Ibid.*, no 541, D1-82-0677, Seattle, Washington, 19 pp.

Hille, E. (1939) Notes on linear transformations. II: Analyticity of semi-groups. *Ann. Math.*, **40**, no 1, 1–47.

—— (1945) Remarks on ergodic theorems. *Trans. Amer. Math. Soc.*, **57**, no 2, 245–269.

Hille, E. and Phillips, R.S. (1962) *Functional analysis and semigroups* (Russian). Moscow: Izdat. Inostr. Lit., 829 pp., (Transl. from ed. in Amer. Math. Soc. Providence. R.I. 1957, 808 pp.).

Hille, E. and Tamarkin, J.D. (1930) On the theory of linear integral equations. *Ann. Math.*, **31**, 479–528.

—— (1931) On the characteristic values of linear integral equations. *Acta Math.*, **57**, 1–76.

Hirsch, F. (1976) Extension des proprietés des puissances fractionnaires. *Lect. Notes Math.*, **563**, 100–120.

Hirshman, I.I. (1953) Fractional integration. *Amer. J. Math.*, **75**, no 3–4, 531–546.

Hirshman, I.I. and Widder, D.V. (1958) *The convolution transform* (Russian). Moscow: Izdat. Inostr. Lit., 312 pp. (Transl. from ed. in Princeton Univ. Press, 1955, 268 pp.).

Holmgren, Hj. (1865–1866) Om differentialkalkylen med indices af hvad natur som helst. *Kongl. Svenska Vetenskaps-Akad. Handl. Stockholm*, **5**, no 11, 1–83.

—— (1867) Sur l'integration l'équation différentielle $(a_2 + b_2x + c_2x^2)d^2y/dx^2 + (a_1 + b_1x)dy/dx + a_0y = 0$. *Ibid.*, **7**, no 9, 1–58.

Horváth, J. (1978) Composition of hypersingular integral operators. *Appl. Anal.*, **7**, 171–190.

Horváth, J., Ortner, N. and Wagner, P. (1987) Analytic continuation and convolution of hypersingular higher Hilbert-Riesz kernels. *J. Math. Anal. Appl.*, **123**, no 2, 429–447.

Hövel, H.W. and Westphal, U. (1972) Fractional powers of closed operators. *Stud. Math.*, **42**, no 2, 177–194.

Hromov, A.P. (1976) An application of the fractional differentiation operator (Russian). In *Differentsial'nye Uravneniya i Vychisl. Mat.*, Saratov: Izdat. Saratov. Univ., Vyp. 6, part 1, 3–22.

Huber, A. (1954) On the uniqueness of generalized axially symmetric potentials. *Ann. Math.*, **60**, no 2, 351–358.

Hughes, R.J. (1977a) On fractional integrals and derivatives in L^p. *Indiana Univ. Math. J.*, **26**, no 2, 325–328.

—— (1977b) Semigroups of unbounded linear operators in Banach space. *Trans. Amer. Math. Soc.*, **230**, no 505, 113–145.

Humbert, P. and Agarwal, R.P. (1953) Sur la fonction de Mittag-Leffler et quelques-unes de ses generalisations. *Bull. sci. math.*, **77**, no 10, 180–185.

Ibragimov, I.I. (1953a) On the best approximation of a function whose s-th derivative has a discontinuity of the first kind (Russian). *Dokl. Akad. Nauk SSSR*, **89**, no 6, 973–975.

—— (1953b) On the best mean approximation of a function whose s-th derivative is of bounded variation on the interval $[-1, 1]$ (Russian). *Ibid.*, **90**, no 1, 13–16.

Il'in, V.P. (1959) On a theorem of G.H. Hardy and J.E. Littlewood (Russian). *Trudy Mat. Inst. Akad. Nauk SSSR.*, **53**, 128–144.

—— (1962) The properties of some classes of differentiable functions of several variables defined in n-measurable domain (Russian). *Ibid.*, **66**, 227–383.

Imanaliev, M.I. and Veber, V.K. (1960) Generalization and application of functions of Mittag-Leffler type (Russian). In *Studies in integro-differential equations*, 13, Frunze: Ilim, 49–59.

Isaacs, G.L. (1953) M. Riesz's mean value theorem for infinite integrals. *J. London Math. Soc.*, **28**, no 110, 171–176.

—— (1961) The iteration formula for inverted fractional integrals. *Proc. London Math. Soc., Ser.* 3, **11**, no 42, 213–238.

—— (1989) Fractional derivatives as inverses. *Canad. J. Math.*, **41**, no 1, 178–192.

Isamukhamedov, S.S. and Oramov, Zh. (1962) On boundary value problems for equations of mixed type of the second kind with a nonsmooth line of degeneracy (Russian). *Differentsial'nye Uravneniya.*, **18**, no 2, 324–334, {Transl. in Dif. Equat. 18 (1982), no 2, 263–271}.

Ivanov, L.A. and Kipriyanov, I.A. (1989) Riesz' potentials and Cauchy problems for the wave equation in the Lorentz space (Russian). In *Appl. of new methods of analysis to diff. equat.*, Voronezh: Izdat. Voronezh. Univ., 31–36.

Ivashkina, G.A. and Nevostruev, L.M. (1978) Boundary value problem with displacement for the equation of second kind (Russian). *Differentsial'nye Uravneniya*, **14**, no 2, 281–290, {Transl. in Dif. Equat. 14 (1978), no 2, 196–202}.

Izumi, S. (1953) Some trigonometrical series, III. *J. Math. Tokyo*, **1**, no 2–3, 126–136.

Izumi, S. and Sato, M. (1955) Some trigonometrical series, XVII. *Proc. Japan. Acad. Sci.*, **31**, no 10, 659–684.

Jackson, F.H. (1910) On q-definite integrals. *Quart. J. Pure and. Appl. Math.*, **41**, 193–203.

—— (1951) Basic integration. *Quart. J. Math., Oxford ser.*, **2**, no 5, 1–16.

Jain, N.C. (1970) A relation between Mellin transform and Weyl (fractional) integral of two variables. *Ann. polon. math.*, **23**, no 3, 225–257.

Jevtič, M. (1986) On the integral means of the fractional derivatives of the atomic inner function. In *Proc. Intern. Conf. Complex Analysis and Appl.'* 85 (Varna, 1985), Sofia: Publ. House Bulg. Acad. Sci., 290–294.

—— (1989) Projection theorems fractional derivatives and inclusion theorems for mixed-norm spaces on the ball. *Analysis*, **9**, no 1–2, 83–105.

Joachimsthal, F. (1861) Ueber ein attractionsproblem. *J. für reine und angew. Math.*, **58**, 135–137.

Johnson, R. (1973) Temperatures, Riesz potentials, and the Lipschitz spaces of Herz. *Proc. London Math. Soc.*, **27**, no 2, 290–316.

Jones, B.F., Jr. (1968) Lipschitz spaces and the heat equation. *J. Math. and Mech.*, **18**, no 5, 379–409.

Jones, D.S. (1956) A new method for calculating scattering with particular reference to the circular disc. *Comm. Pure Appl. Math.*, **9**, no 4, 713–746.

—— (1970) A modified Hilbert transform. *Proc. Roy. Soc. Edinburgh. Section*, **A 69**, no 1, 45–76.

Joshi, B.K. (1973) An integral equation involving Whittaker's function. *Math. Student.*, **41**, no 4, 407–408.

Joshi, C.M. (1966) Fractional integration and integral representations of certain generalized hypergeometric functions. *Ganita*, **17**, no 2, 79–88.

Joshi, J.M.C. (1961) Fractional integration and generalized Hankel transform. *Agra Univ. J. Res. (Sci.)*, **10**, no 2, 293–300.

Juberg, R.K. (1972a) Finite Hilbert transforms in L^p. *Bull. Ameri. Math. Soc.*, **78**, no 3, 435–438.

—— (1972b) On the boundedness of certain singular integral operators. Hilbert space operators and operator algebras. In *Proc. Intern. Conf., Colloq. Math. Soc. Jánoa Bolyai* (Tihany, 1970), Amsterdam: North-Holland Publ., Vol. 5, 305–318.

—— (1973) The spectra for operators of a basic collection. *Bull. Amer. Math. Soc.*, **79**, no 4, 821–824.

Kabanov, S.N. (1984) The theorem on the equiconvergence for one operator of fractional differentiation (Russian). In *Researches on modern problems of math: Mater. conf. young scientists of Saratov. univ.*, Saratov, 38–41; Dep. in VINITI 23.05.84, no 3318.

—— (1988) The theorem on the equiconvergence for the operator of differentiation of order n with boundary conditions generated by linear functionals (Russian). In *Matematika i prilozh.*, Saratov: lzdat. Saratov. Univ., 4–6.

Kač, M. (1950) On some connections between probability theory and differential and integral equations. In *Proc. Sec. Berkeley Symp. Math. Stat. and Prob.*, Berkeley, 189–215.

Kalia, R.M. (1970) Theorems on a new class of integral transforms, III. *Acta Mexic. cienc. y tecnol.*, **4**, no 1, 1–5.

Kalisch, G.K. (1967) On fractional integrals of pure imaginary order in L_p. *Proc. Amer. Math. Soc.*, **18**, no 1, 136–139.

—— (1972) On the similarity of certain operators. Hilbert space operators and operator algebras. In *Proc. Intern. Conf., Coloq. Math. Soc. János Bolyai* (Tihany, 1970), Amsterdam: North-Holland Publ., Vol. 5, 333–346.

Kalla, S.L. (1960) Operators of fractional integration. *Lect. Notes Math.*, **798**, 258–280.

—— (1966) Some theorems on fractional integration. *Proc. Nat. Acad. Sci. India*, **A 36**, no 4, 1007–1012.

—— (1968) On the solution of certain integral equations of convolution type. *Acta Mexic. cienc. y tecnol.*, **2**, no 2, 85–87.

—— (1969a) Fractional integration operators involving generalized hypergeometric functions, II. *Ibid.*, **3**, no 1, 1–5.

—— (1969b) Integral operators involving Fox's *H*-function. *Ibid.*, **3**, no 3, 117–122.

—— (1969c) Some theorems on fractional integration, II. *Proc. Nat. Acad. Sci. India*, **A 39**, no 1, 49–56.

—— (1970) Fractional integration operators involving generalized hypergeometric functions. *Rev. Univ. Nac. Tucumán*, **A 20**, no 1–2, 93–100.

—— (1970–1971) On operators of fractional integration. *Math. Notae*, **22**, no 1–2, 89–93.

—— (1971) Some generalized theorems of fractional integration. *Rev. Univ. Nac. Tucumán*, **A 21**, no 1–2, 235–239.

—— (1972) On the solution of an integral equation involving a kernel of Mellin-Bamea type integral. *Kyungpook Math. J.*, **12**, no 1, 93–101.

—— (1975) On an integral equation of electrostatic problems. *Metn. J. Pure and Appl. Sci.*, **8**, no 3, 291–294.

—— (1976) On operators of fractional integration, II. *Math. Notae*, **25**, 29–35.

Kalla, S.L. and Kiryakova, V.S. (1990) A generalized fractional calculus dealing with *H*-functions. In *Proc. Intern. Conf. Fractional Calculus and its Appl.* (Tokyo, 1989), ed. K. Nishimoto. Tokyo: Coll. Engin. Nihon Univ., 62–69.

Kalla, S.L. and Saxena, R.K. (1969) Integral operators involving hypergeometric functions. *Math. Z.*, **108**, no 3, 231–234.

—— (1974) Integral operators involving hypergeometric functions, II. *Rev. Univ. Nac. Tucumán*, **A 24**, 31–36.

Kapilevich, M.B. (1966a) Confluent hypergeometric Horn functions (Russian). *Differentsial'nye Uravneniya*, **2**, no 9, 1239–1254.

—— (1966b) A certain class of hypergeometric functions of Horn (Russian). *Differentsial'nye Uravneniya*, **4**, no 8, 1465–1483.

—— (1967) Singular Cauchy and Tricomi problems (Russian). *Dokl. Akad. Nauk SSSR*, **177**, no 6, 1265–1268.

—— (1969) The solution of iterated Cauchy problema in basis series (Russian). *Dokl. Akad. Nauk SSSR*, **185**, no 1, 28–31.

Karapetyants, N.K. (1977) The Wiener-Hopf integral equation with the symbol having a zero of fractional order (Russian). *Differentsial'nye Uravneniya*, **13**, no 8, 1471–1476.

Karapetyants, N.K., Murdaev, H.M. and Yakubov, A.Ya. (1990) On isomorphism between generalized Hölder classes realized by fractional integrals (Russian). *Dokl. Akad. Nauk SSSR*, **314**, no 2, 288–291.

Karapetyants, N.K. and Rubin, B.S. (1982) Riesz radial potentials on the disc and fractional integration operators (Russian). *Ibid.*, **263**, no 6, 1299–1302, {Transl. in *Soviet Math. Dokl.*, **25** (1982), no 2, 522–525}.

—— (1984) Operators of fractional integration in spaces with a weight (Russian). *Izv. Akad. Nauk Armyan. SSR, Ser. Mat.*, **19**, no 1, 31–43.

—— (1985) Local properties of fractional integrals and the BMO spaces on the segment of real axis (Russian). Rostov-on-Don, Dep. in VINITI 06.02.86, no 669-B, 43 pp.

—— (1986) Integral equations of the first kind with a weak singularity with a radial right-hand side (Russian). In *Diff. and integral equat. and complex analysis*, Elista: Kalmytsk. Gos. Univ., 87–108.

—— (1988) Fractional integrals with the limiting exponent (Russian). *Izv. Vyssh. Uchebn. Zaved. Mat.*, no 3, 69–72, {Transl. in *Soviet Math. (Iz. VUZ)*, 1966, **32**, no 3, 98–102}.

Karapetyants, N.K. and Samko, S.G. (1975a) Singular convolution operators with a discontinuous symbol (Russian). *Sibirsk. Mat. Z.*, **16**, no 1, 44–61, {Transl. in *Siberian Math. J.* **16** (1975), no 1, 35–48}.

—— (1975b) Singular integral operators with the Carlemanian shift in the case of piecewise continuous coefficients, I (Russian). *Izv. Vyssh. Uchebn. Zav. Mat.*, no 2, 43–54.

Karasev, I.M. (1957) On the question of the integrating one type of degenerating hypergeometric equation (Russian). In *Uchen. Zap. Kabardino-Balkarsk. Ped. Inst.*, Nal'chik: Kabardino-Balkarsk. Izdat., Vyp. 17, 29–36.

Kashin, B.S. and Saakyan, A.A. (1984) *Orthogonal series* (Russian). Moscow: Nauka, 494 pp.

Kato, T. (1958) Perturbation theory for nullity, deficiency and other quantities of linear operators. *J. Analyse Math*, **6**, no 1, 261–322.

—— (1960) Note on fractional powers of linear operators. *Proc. Japan. Acad. Sci.*, **A 36**, 94–96.

—— (1961) Fractional powers of dissipative operators. *J. Math. Soc. Japan.*, **13**, no 3, 248–274.

—— (1962) Fractional powers of dissipative operators, II. *Ibid.*, **14**, no 2, 242–248.

Katsaras, A. and Liu, D. (1975) Sur les dérivées fractionnaires des fonctions périodiques. *C.R. Acad. sci. Paris*, **281**, no 9, A265–A268. (Liu, D 全名改为 Liu Dar——译者注)

Kaul, C.L. (1971) On fractional integration operators of functions of two variables. *Proc. Nat. Acad. Sci. India.*, **A 41**, no 3-4, 233–240.

Kelland, P. (1840) On general differentiation, I and II. *Trans. Roy. Soc. Edinburgh*, **14**, 567–603 and 604–618.

—— (1847) On general differentiation, III. *Ibid.*, **16**, no 3, 241–303.

—— (1850–1851) On a process in the differential calculus, and its application to the solution of certain differential equations. *Ibid.*, **20**, no 1, 39–55.

Kerman, R. and Sawyer, E. (1985) Weighted norm inequalities for potentials with applications to Schrödinger operators, Fourier transforms, and Carleson measures. *Bull. Amer. Math. Soc.*, **12**, no 1, 112–116.

Kesarwani, R.N.(Narain Roop) (1959) A Fourier kernel. *Math. Z.*, **70**, no 4, 297–299.

—— (1962) The *G*-functions as unsymmetrical Fourier kernel, I. *Proc. Amer. Math. Soc.*, **13**, no 6, 950–959.

—— (1963a) The *G*-function as unsymmetrical Fourier kernel, II. *Ibid.*, **14**, no 1, 16–28.

—— (1963b) The *G*-function as unsymmetrical Fourier kernel, III. *Ibid.*, **14**, no 1, 271–277.

—— (1965) A pair of unsymmetrical Fourier kernels. *Trans. Amer. Math. Soc.*, **115**, no 3, 356–369.

—— (1967) Fractional integration and certain dual integral equations. *Math. Z.*, **98**, 83–88.

—— (1971) On an integral transform involving *G*-functions. *SIAM J. Appl. Math.*, **20**, no 1, 93–98.

Khan, M.A. (1972) An algebraic study of certain *q*-fractional integrals and *q*-derivatives. *Math. Studlent*, **40**, 442–446.

Khan, M.A. and Khan, A.H. (1966) Fractional *q*-integration and integral representations of "bibasic" double hypergeometric series of higher order. *Acta Math. Vietnam*, **11**, no 2, 234–240.

Khandekar, P.R. (1965) On a convolution transform involving generalized Laguerre polynomial as its kernel. *J. Math. Pures et Appl.*, **44**, no 2, 195–197.

Kilbas, A.A. (1975) Power-logarithmic integrals in spaces of Hölder functions (Russian). *Vestsi Akad. Navuk BSSR, Ser. Fiz.-Mat. Navuk*, no 1, 37–43.

—— (1976a) Application of a certain integral representation in studying the Noethericity of integral operaton with logarithmic kernels (Russian). *Ibid.*, no 2, 24–33.

—— (1976b) The Noethericity of integral operators with logarithmic kernels (Russian). *Ibid*, no 4, 35–39.

—— (1976c) Generalized Hölder spaces and an operator of convolution type with a special Volterra function (Russian). *Ibid.*, no 5, 44–52.

—— (1977) Integral equations of the first kind with logarithmic kernels of arbitrary order (Russian). *Dokl. Akad. Navuk BSSR*, **21**, no 12, 1078–1081.

—— (1978) Operators of potential type with power-logarithmic kernels in Hölder spaces with weight (Russian). *Vestsi Akad. Navuk BSSR, Ser. Fiz.-Mat. Navuk*, no 2, 29–37.

—— (1979) Operators of potential type with logarithmic kernels of arbitrary nonnegative orders (Russian). *Izv. Vyssh. Uchebn. Zaved. Mat.*, no 1, 28–37, {Transl. in *Soviet Mat. (Izv. VUZ)*, **23** (1979), no 1, 22–29}.

—— (1982) Asymptotic expansions for power-logarithmic integrals containing logarithms (Russian). *Vestsi Akad. Navuk. BSSR, Ser. Fiz.-Mat. Navuk*, no 6, 29–36.

—— (1983) Smoothness of multidimensional operators of potential type over a bounded domain (Russian). *Izv. Vyssh. Uchebn. Zaved. Mat.*, no 6, 58–61, {Transl. in *Soviet Mat. (Izv VUZ)*, **27** (1983), no 6, 73–76}.

—— (1984) Integral equations with logarithmic kernels (Russian). In *Proc. Intern. Conf. Complex Analysis and Appl.*, **81** (Varna, 1981), Sofia: Publ. House Bulg. Acad. Sci., 537–546.

—— (1985) Integral equations of the first kind with logarithmic kernels (Russian). In *Proc. commemorative seminar on boundary value problem* (Minsk, 1981), Minsk: Universitetskoe, 57–64.

—— (1987) On the action of Riesz potential from $L_p(R^n)$ and the smoothness of integral operators (Russian). *Dokl. Akad. Navuk BSSR*, **31**, no 2, 108–111.

—— (1988) Asymptotic expansions of fractional integrals and solutions of Euler-Poisson-Darboux equation (Russian). *Differentsial'nye Uravneniya*, **24**, no 10, 1764–1776, {Transl. in *Dif. Equat.* **24** (1988), no 10, 1174–1185}.

—— (1990a) Asymptotic expansions for fractional integrals and their applications. In *Proc. Intern. Conf. Fractional Calculus and its Appl.* (Tokyo, 1969), ed. K. Nishimoto. Tokyo: Coll. Engin. Nihon Univ., 70–79.

—— (1990b) Asymptotic representations of fractional integrals (Russian). *Izv. Vyssh. Uchebn. Zaved. Mat.*, no 1, 40–50.

Kilbas, A.A., Saigo, M. and Zhuk, V.A. (1991) On composition of generalized fractional integration operators with differential operator of axially symmetric potential theory (Russian). *Differentsial'nye Uravneniya*, **26**, no 9, 1650–1652.

Kilbas, A.A. and Samko, S.G. (1978) The smoothness of functions that are representable by logarithmic integrals (Russian). *Vestnik Beloruss. Gos. Univ., Ser. 1*, no 1, 73–75.

Kilbas, A.A. and Vu Kim Tuan (1982) A multidimensional analogue of Abel's integral equation (Russian). *Dokl. Akad. Navuk BSSR*, **26**, no 10, 879–881.

Kim Hong Oh (1984) Derivatives of Blaschke products. *Pacif. J. Math.*, **114**, no 1, 175–190.

—— (1986) On a theorem of Hardy and Littlewood on the polydisc. *Proc. Amer. Math. Soc.*, **97**, no 3, 403–409.

Kim Yong Chan (1990) Some properties of φ-fractional integrals. In *Proc. Intern. Conf. Fractional Calculus and its Appl.* (Tokyo, 1989), ed. K. Nishimoto. Tokyo: Coll. Engin. Nihon Univ., 80–84.

King, L.V. (1935) On the acoustic radiation pressure on circular discs: Inertia and diffraction corrections. *Proc. Roy. Soc. London Ser.* A, **153**, no 878, 1–16.

Kipriyanov, I.A. (1959) The fractional derivative and imbedding theorems (Russian). *Dokl. Akad. Nauk SSSR*, **126**, no 6, 1187–1190.

—— (1960a) The operator of fractional differentiation and the powers of elliptic operators (Russian). *Ibid*, **131**, no 2, 238–241.

—— (1960b) On the spaces of fractionally differentiable functions (Russian). *Izv. Akad. Nauk SSSR, Ser. Mat.*, **24**, no 6, 865–882.

—— (1961a) On some inequalities for an operator of fractional differentiation (Russian). In *Studies of modern problems of constructive theory of functions.* Moscow: Fizmatgiz, 143–148.

—— (1961b) On some properties of the fractional derivative by direction (Russian). *Izv. Vyssh. Uchebn. Zaved. Mat.*, no 2, 32–40.

—— (1962) On complete continuity of the imbedding operators in the spaces of fractionally differentiable functions (Russian). *Uspehi Mat. Nauk*, **17**, Vyp. 2, 183–189.

—— (1967) Fourier-Bessel transforms and imbedding theorems for weight classes (Russian). *Trudy Mat. Inst. Steklov*, **89**, 130–213, {Transl. in *Proc. Steklov Inst. Math.*, 1967, **89**, 149–248 (1968)}.

—— (1976) On an operator generated by the Fourier-Bessel transform (Russian). *Mat. Z.*, **8**, no 3, 601–620.

Kipriyanov, I.A. and Ivanov, L.A. (1986) Riesz potentials on Lorentz spaces (Russian). *Mat. Sb. (N.S.)*, **130**, no 4, 465–474, {Transl. in *Math. USSR, Sb.* **58** (1967), no 2, 467–475}.

Kiryakova, V.S. (1986) On operators of fractional integration involving Meijer's G-function. *C. R. Acad. Bulg. Sci.*, **39**, no 10, 25–28.

—— (1988a) A generalized fractional calculus and integral transforms. In *Generalized Functions, Convergence Structures and Their Appl.*, eds. B. Stanković, E. Pap, S. Pilipović and V.S. Vladimirov, New York, London: Plenum Press, 205–217.

—— (1988b) Generalized $H_{m,0}^{n,0}$-function fractional integration operators in some classes of analytic functions. In *Proc. 3 Intern. Symp.* (Hertseg-Novy, 1986), *Matem. Vesnik*, *Yugoslavia*, Vol. 40, no 3–4, 259–266.

Kishore, N. and Hotta, G.C. (1972) On absolute Norlund summability of a Fourier series. *Annal. Univ. Un Timisoara. Series tinte Math.*, **10**, Fasc. 2, 171–182.

Klyuchantsev, M.I. (1976) Integrals of fractional order and singular boundary value problems (Russian). *Differentsial'nye Uravneniya*, **12**, no 6, 983–990.

Kober, H. (1940) On fractional integrals and derivatives. *Quart. J. Math. Oxford ser.*, **11**, no 43, 193–211.

—— (1941a) On a theorem of Schur and on fractional integrals of purely imaginary order. *Trans. Amer. Math. Soc.*, **50**, no 1, 160–174.

—— (1941b) On Dirichlet's singular integral and Fourier transforms. *Quart. J. Math. Oxford ser.*, **12**, no 46, 76–85.

—— (1961) On certain linear operations and rellations between them. *Proc. London Math. Soc.*, Ser. 3, **11**, no 43, 434–458.

—— (1967) A modification of Hilbert transforms, the Weyl integral and functional equations. *J. London Math. Soc.*, **42**, no 1, 42–50.

—— (1968) The extended Weyl integral and related operations. *Proc. Amer. Math. Soc.*, **19**, no 2, 285–291.

—— (1970) New properties of the Weyl extended integral. *Proc. London Math. Soc., Ser. 3*, **21**, no 3, 557–575.

Kochubei, A.M. (1989a) Parabolic pseudo-differential equations, hypersingular integrals and Markov processes (Russian). *Izv. Akad. Nauk SSSR, Ser. Mat.*, **352**, no 5, 909–934, {Transl. in *Math. USSR, Izv.*, 1989, **33**, no 2, 233–259}.

—— (1989b) Cauchy problem for equations of fractional order (Russian). *Differentsial'nye Uravneniya*, **25**, no 8, 1359–1368.

—— (1990) Diffusion of fractional order (Russian). *Ibid.*, **26**, no 4, 660–670.

Kochura, A.I. and Didenko, A.V. (1985) On the solution of the differential equation of fractional order with piecewise constant coefficients (Russian). Odessa, Dep. in Ukrain. NIINTI 29.04.85, no 855, 13 pp.

Koeller, R.C. (1986) Polynomial operators, Stieltjes convolution and fractional calculus in hereditary mechanics. *Acta Mech.*, **58**, 251–264.

Kofanov, V.A. (1987) Approximation by algebraic polynomials of classes of functions which are fractional integrals of summable functions (Russian). *Anal. Math.*, **13**, no 3, 211–229.

Kogan, H.M. (1964) On an integro-differential equation (Russian). *Uspehi Mat. Nauk*, **19**, no 4, 228–230.

—— (1965) On the order of approximation of functions in the space Z_α by the linear positive polynomial operators (Russian). In *Studies on modern problems of constructive theory of functions*, Baku: Izdat. Akad. Nauk Azerb. SSR, 157–162.

Koh, E.L. and Conlan, J. (1976) Fractional derivatives, Laplace transforms and association of variables. *Intern. J. System. Sci.*, **7**, no 5, 591–596.

Koizumi, S. (1957) On fractional integration. *Tôhoku Math. J.*, **9**, no 3, 298–306.

Kokilashvili, V.M. (1969) Anisotropic potentials and singular integrals with weak singularity on curves (Russian). *Soobshch. Akad. Nauk. Gruzin. SSR*, **135**, no 3, 465–467.

—— (1978) Anisotropic Bessel potentials. An imbedding theorem with a limiting exponent (Russian). In *Quest. of the theory of functions and math. phys. Trudy Tbiliss. Mat. Inst. Razmadze Akad. Nauk Gruzin. SSR*, **58**, 134–149.

—— (1985a) Maximal functions and singular integrals in weighted function spaces (Russian). *Ibid.*, **80**, 114 pp.

—— (1985b) Maximal functions and integrals of potential type in weighted Lebesgue and Lorentz spaces (Russian). *Trudy Mat. Inst. Steklov*, **172**, 192–201.

—— (1985c) Singular and fractional integrals in weight spaces (Russian). In *Reports of the extended sessions of a seminar of the I.N. Vekua Inst. Appl. Math.* (Tbilissi, 1985), Tbiliss. Gos. Univ., **1**, no 2, 83–86.

—— (1987a) Weighted estimates for maximal functions and fractipnal integrals in Lorentz spaces (Russian). *Trudy Tbiliss Mat. Inst. Razmadze Akad. Nauk Gruzin. SSR*, **86**, 74–85.

—— (1987b) Weighted inequalities for maximal functions and fractional integrals in Lorentz spaces. *Math. Nachr.*, **133**, 33–42.

—— (1989a) Fractional integrals on curves (Russian). *Dokl. Akad. Nauk SSSR*, **305**, no 1, 33–35.

—— (1989b) Fractional integrals on curves (Russian). *Trudy Tbiliss. Mat. Inst. Razmadze Akad. Nauk Gruzin. SSR*, **98**, 56–70.

—— (1990) Weighted norm inequalities for classical integral operators. In *Nonlinear analysis, function spaces and applications, 4, Proc. Spring School held in Rudnice*, Teubner-Texte zur Mathematik.

—— (1991) On weight problem for the integrals with positive kernels (Russian). *Bull. Georgian Acad. Sci.*, **141**, no 1.

Kokilashvili, V.M. and Gabidzashvili, M.A. (1985) Weighted inequalities for anisotropic potentials and maximal functions (Russian). *Dokl. Akad. Nauk SSSR*, **282**, no 6, 1304–1306, {Transl. in *Soviet Math. Dokl.*, 1985, **31**, 583–585}.

—— (1989) Two weight weak-type inequalities for fractional type integrals. *Českosl. Akad. Vêd. Mat. Ústav.*, no 45, 11 pp.

Kokilashvili, V.M. and Krbec, M. (1984a) Weight norm inequalities for fractional order maximal functions and Riesz potentials in Orlicz spaces. *Ibid.*, 1–17.

—— (1984b) On the boundedness of Riesz potentials and fractional maximal functions in weighted Orlicz spaces. In *Proc. Intem. Conf. Constructive Theory of Functions*, 84 (Varna, 1984), Sofia: Publ. House Bulg. Acad. Sci., 468–472.

—— (1985) Weighted inequalities for Riesz potentials and fractional maximal functions in Orlicz spaces (Russian). *Dokl. Akad. Nauk SSSR*, **283**, no 2, 280–283, {Transl. in *Soviet Math. Dokl.* **32** (1985), no 1, 70–73}.

—— (1986) On the boundedness of anisotropic fractional maximal functions and potentials in weighted Orlicz spaces (Russian). *Trudy Tbiliss. Mat. Inst. Razmadze Akad. Nauk Gruzin. SSR*, **82**, 106–115.

Kokilashvili, V.M. and Kufner, A. (1989a) Fractional integrals on spaces of homogeneous type. *Českosl. Akad. Vêd. Mat. Ústav.*, no 44, 17 pp.

—— (1989b) Fractional integrals on spaces of homogeneous type. *Comment. Math. Univ. Carolinae*, **30**, no 3, 511–523.

Kolmogorov, A.N. and Fomin, S.V. (1968) *Fundamentals of the theory of functions and functional analysis* (Russian). Moscow: Nauka, 496 pp.

Komatsu, H. (1966) Fractional powers of operators, I. *Pacif. J. Math.*, **19**, no 2, 285–346.

—— (1967) Fractional powers of operators, II: Interpolation spaces. *Ibid.*, **21**, no 1, 89–111.

—— (1969a) Fractional powers of operators, III: Negative powers. *J. Math. Soc. Japan.*, **21**, no 2, 205–220.

—— (1969b) Fractional powers of operators, IV: Potential operators. *Ibid.*, 221–226.

—— (1970) Fractional powers of operators, V: Dual operators. *J. Fas. Sci. Univ. Tokyo, Sec. IA*, **17**, 373–396.

—— (1972) Fractional powers of operators, VI: Interpolation of non-negative operators and imbedding theorems. *Ibid.*, **19**, no 1, 1–63.

—— (1975) Generalized Poisson integrals and regularity of functions. In *Proc. Intern. Conf. Fractional Calculus and its Appl.* (New Haven, 1974), ed. B. Ross, *Lect. Notes Math.*, **457**, 232–248.

Komatu, Y. (1961) On fractional angular derivative. *Kōdai Math. Sem. Rep.*, **13**, no 4, 249–254.

—— (1967) On mean distortion for analytic functions with positive real part in a circle. *Nagoya Math. J.*, **29**, 221–228.

—— (1979) On a one-parameter additive family of operators defined on analytic functions regular in the unit disc. *Bull. Fac. Sci. Engng. Chuo Univ.*, **22**, 1–22.

—— (1985) On the range of analytic functions related to Caratheodory class. *Ann. polon. math*, **46**, 141–145.

—— (1986) On oscillation in a class of analytic functions related to fractional integration. In *Proc. Intern. Conf. Complex Analysis and Appl.' 85* (Varna, 1985), Publ. House Bulg. Acad. Sci., 327–334.

—— (1987a) On a family of integral operators related to fractional calculus. *Kōdai Math. J.*, **10**, no 1, 20–38.

—— (1987b) On the range of values of analytic functions relating to a family of integral operators. *Mat. Vesnik*, **39**, no 4, 399–404.

Komori, Y. (1983) The factorization of H^p and the commutators. *Tokyo J. Math.*, **6**, no 2, 435–445.

Korobeinik, Yu.F. (1964a) On equations of infinite order in generalized derivatives (Russian). *Sibirsk. Mat. Z.*, **5**, no 6, 1259–1261.

—— (1964b) Generalized differentiation operations applied to an arbitrary analytic function (Ruasian). *Izv. Akad. Nauk SSSR, Ser. Mat.*, **28**, no 4, 833–854.

—— (1965) On a certain integral operator (Russian). *Litovsk. Mat. Sb.*, **5**, no 1, 97–115.

—— (1983) *The shift operators on the number sets (Russian)*. Rostov on-Don: Izdat. Rostov. Univ., 155 pp.

Kosarev, E.L. (1973) On the numerical solution of the Abel integral equation (Russian). *Z. Vychisl. Mat. i Mat. Fiz.*, **13**, no 6, 1591–1596.

Koschmieder, L. (1949a) Funktionales Rechnen mit allgemeinen Ableitungen. *Anz. Öster. Akad. Wiss. Math.-Natur. Kl.*, **86**, no 13, 241–244.

—— (1949b) Verallgemeinerte Ableitungen und hypergeometrische Funktionen. *Monatsh. Math.*, **53**, 169–183.

Koshljakov, N.S., Gliner, E.B. and Smirnov, M.M. (1970) *Differential Equations of Mathematical Physics* (Russian). Moscow: Vysshaya shkola, 710 p. (Engl. transl. in Amsterdam: North-Holland Publ. Co., 1984, 701 pp.).

Kostitzin, V. (1947) Sur une généralisation de l'équation intégrale d'Abel. *C. R. Acad. sci., Paris*, **224**, no 12, 885–887.

Kostometov, G.P. (1990) On the properties of Abel integral operators (Russian). In *Mezhvuzov. sb. "Problemy mat. anal.", Vyp. 11, Nelin. uravneniya i variats. neravenstva, lin. operatory i spektr. teoriya*, ed. N.N. Ural'tseva, Leningrad: Izdat. Leningrad. Univ., 187–191.

Králik, D. (1956) Untersuchung der Integrale und Derivierten gebrochener Ordnung mit den Methoden der konstruktiven Funktionentheorie. *Acta Math. Acad. Sci. Hung.*, **7**, no 1, 49–64.

Krantz, S.G. (1982) Fractional integration on Hardy spaces. *Stud. Math.*, **73**, no 2, 87–94.

Krasnosel'skii, M.A. and Rutitskii, Ya.B. (1958) *Convex functions and Orlicz spaces* (Russian). Moscow: Fizmatgiz, 271 pp.

Krasnosel'skii, M.A. and Sobolevskii, P.E. (1959) Fractional powers of operators in Banach spaces (Russian). *Dokl. Akad. Nauk SSSR*, **129**, no 3, 499–502.

Krasnosel'skii, M.A., Zabreiko, P.P., Pustyl'nik, E.I. and Sobolevskii, P.E. (1968) *Integral operators in spaces of summable functions* (Russian). Moscow: Nauka, 499 pp.

Krasnov, V.A. (1976) Fractional derivatives of functions of several variables (Russian). In *Boundary value problems of the electrodynamics of conducting media*, Kiev: Izdanie Inst. Mat. Akad. Nauk Ukrain. SSR, 240–243.

—— (1977) The fractional derivative of a function with respect to another function (Russian). In *Nauchn. Trudy Tashkent. Gos. Univ.*, no 548; *Voprosy Mat.*, 58–61.

Krasnov, V.A. and Foht, A.S. (1975) Integral estimates for fractional derivatives of the solutions of linear elliptic type equations in the L_2 metric, I (Russian). *Differentsial'nye Uravneniya*, **11**, no 6, 1042–1053.

Krein, M.G. (1955) On a new method of solution of linear integral equations of the first and second kinds (Russian). *Dokl. Akad. Nauk SSSR*, **100**, no 3, 413–416.

Krein, S.G. (1971) *Linear equations in a Banach space* (Russian). Moscow: Nauka, 104 pp.

Krein, S.G., Petunin, Yu.I. and Semenov, E.M. (1976) *Interpolation of linear operators* (Russian). Moscow: Nauka, 400 pp.

Krepkogorskii, V.L. (1980) Counter-examples to the theory of the operators in the spaces with mixed norm (Russian). Kazan, Dep. in VINITI 11.07.80, no 2963, 11 pp.

Krivenkov, Yu.P. (1957) A representation of solutions of Euler-Poisson-Darboux equation by analytic functions (Russian). *Dokl. Akad. Nauk SSSR*, **116**, no 4, 545–548.

Krug, A. (1890) Theorie der Derivationen. *Akad. Wiss. Wien, Denkenschriften. Math..- Natur. Kl.*, **57**, 151–226.

Kudryavtsev, D.L. (1982) Fourier series of functions which have a fractional-logarithmic derivative (Russian). *Dokl. Akad. Nauk SSSR*, **266**, no 2, 274–276.

Kumbhat, R.K. (1976) An inversion formula for an integral transfonn. *Indian J. Pure and Appl. Math.*, **7**, no 4, 368–375.

Kumbhat, R.K. and Saxena, R.K. (1975) Theorems connecting L, L^{-1} and fractional integration operators. *Proc. Nat. Acad. Sci. India*, **45 A**, no 3, 205–209.

Kumykova, S.K. (1974) A certain problem with nonlocal boundary conditions on the characteristics for an equation of mixed type (Russian). *Differentsial'nye Uravneniya*, **10**, no 1, 78–88.

—— (1980) A boundary value problem with shift for a hyperbolic equation that is degenerate inside the domain (Russian). *Ibid.*, **16**, no 1, 93–104, {Transl. in *Dif. Equat.* **16** (1980), no 1, 68–77}.

—— (1981) A problem with nonlocal conditions on characteristics for a hyperbolic equation that degenerates inside the domain (Russian). *Ibid.*, **17**, no 1, 81–90, {Transl. in *Dif. Equat.* **17** (1981), no 1 , 55–61}.

Kurokawa, T. (1981) On the Riesz and Bessel kernels as approximations of the identity. *Sci. Repts. Kagoshima Univ.*, **30**, 31–45.

—— (1988a) Riesz potentials, higher Riesz transforms and Beppo Levi spaces. *Hiroshima Math. J.*, **18**, 541–597.

—— (1988b) Weighted norm inequalities for Riesz potentials. *Japan J. Math.*, **14**, no 2, 261–274.

Kurokawa, T. and Mizuta, Y. (1979) On the order at infinity of Riesz potentials. *Hiroshima Math. J.*, **9**, 533–545.

Kuttner, B. (1953) Some theorems on fractional derivatives. *Proc. London Math. Soc.*, *Ser. 3*, **3**, no 12, 480–497.

Kuttner, B. and Tripathy, N. (1971) An inclusion theorem for Hausdorff summability method associated with fractional integrals. *Quart. J. Math., Oxford ser.*, **22**, no 86, 299–308.

Kuvshinnikova, I.L. (1988) Modified hypersingular integrals and its application to the operators of potential type with difference radial characteristics (Russian). *Izv. Vyssh. Uchedn. Zaved. Mat.*, **4**, 76–79.

Lacroix, S.F. (1820) *Traité du calcul différentiel et du calcul intégral.* 3 ed. Paris: Courcier.

Lamb, W. (1984) Fractional powers of operators defined on a Fréchet space. *Proc. Edinburgh Math. Soc.*, **27**, no 2, 165–180.

—— (1985a) A distributional theory of fractional calculus. *Proc. Roy. Soc. Edinburgh*, **A 99**, no 3–4, 347–357.

—— (1985b) Fractional calculus via fractional powers of operators. In *Fractional Calculus*, eds. A.C. McBride and G.F. Roach, Boston: Pitman Adv. Publ. Progr., *Res. Notes Math.*, Vol. 138, 49–62.

—— (1986) Fourier multipliers on spaces of distributions. *Proc. Edinburgh Math. Soc.*, **29**, no 3, 309–327.

Lamb, W. and McBride, A.C. (1963) On relating two approadtes to fractional calculus. *J. Math. Anal. and Appl.*, **132**, no 2, 590–610.

Lambe, C.G. (1939) An infinite integral formula. *Proc. Edinburgh Math. Soc. Ser. 2*, **6**, no 2, 75–77.

Landkof, M.S. (1966) *Foundations of Modern Potential Theory* (Russian). Moscow: Nauka, 515 pp. (Transl. in New York, Heidelberg: Springer-Verlag, 1972, 424 pp.).

Lanford, O.E. and Robinson, D.W. (1989) Fractional powers of generators of equicontinuous semigroups and fractional derivatives. *J. Austral. Math. Soc.*, A, **46**, no 3, 473–504.

Laplace, P.S. (1812) *Théorie analytique dea probabilites.* Paris: Courcier.

Laurent, H. (1884) Sur le calcul des dérivées a indices quelconques. *Nouv. Ann. Math.*, **3**, no 3, 240–252.

Lavoie, J.L., Osler, T.J. and Tremblay, R. (1976) Fractional derivatives and special functions. *SIAM Rev.*, **18**, no 2, 240–268.

Lavoie, J.L., Tremblay, R. and Osler, T.J. (1975) Fundamental properties of fractional derivatives via Pochhammer integrals. In *Fractional Calculus and ita Appl.* (New Haven, 1974), ed. B. Ross, *Lect. Notes Math.*, **457**, 323–356.

Lebedev, N.N. (1948) On application of the singular integral equations to the problem of distribution of the electricity on the thin non-closed surfaces (Russian). *Z. Tekhn. Fiz.*, **18**, Vyp. 6, 775–784.

—— (1957) Distribution of the electricity on the thin paraboloidal segment (Russian). *Dokl. Akad. Nauk SSSR*, **114**, no 3, 513–516.

—— (1963) *Special Functions and Their Applications* (Russian). Moscow, Leningrad: Fizmatgiz, 358 pp. (Transl. in New York: Prentice Hall Inc., Englewood, Cliff, 1965).

Lebedev, N.N. and Skal'skaya, I.P. (1969) The solution of a class of dual integral equations connected with the Mehler-Fock transform on the theory of elasticity and mathematical physics (Russian). *Prikl. mat. i meh.*, **33**, Vyp. 6, 1061–1066, {Transl. in *J. Appl. Math. Mech.*, 1969 (1970), **33**, 1029–1036}.

Lebedev, N.N. and Uflyand, Ya.S. (1958) Axial-symmetric contact problem for an elastic layer (Russian). *Ibid.*, **22**, Vyp. 3, 320–326.

Leibniz, G.W. (1853) Leibniz an de l'Hospital (Letter from Hannover, Germany, September 30, 1695). In *Oeuvres Mathématiques de Leibniz. Correspondance de Leibniz avec Hugens, van Zulichem et le Marquis de L'Hospital.* P. 1. vol. 2, Paris: Libr. de A. Franck, 297–302.

—— (1962) Leibniz an Wallis (Letter, May 26, 1697). In *Leibnizens Mathematische Schriften.* Hildesheim: Olms Verl., Vol. 4. 23–29.

Leont'ev, A.F. (1983) *Entire functions. Series of exponentials* (Russian). Moscow: Nauka, 176 pp.

Leray, J. (1953) *Hyperbolic Differential equations.* Princeton: Inst. Adv. Study, 238 pp. (Russian ed. in Moscow: Nauka, 1984, 206 pp.).

Leskovskii, I.P. (1980) On the solution of the linear homogeneous differential equations with fractional derivatives and constant coefficients (Russian). In *Some queations of diff. equat. in the solution of appl. problems.* Tula: Tul'sk. Politech. Inst., 85–86.

Letnikov, A.V. (1868a) Theory of differentiation with an arbitrary index (Russian). *Mat. Sb.,* **3,** 1–66.

—— (1868b) On historical development of differentiation theory with an arbitrary index (Russian). *Ibid.,* **3,** 85–112.

—— (1872) On explanation of the main propositions of differentiation theory with an arbitrary index (Russian). *Ibid.,* **6,** Vyp. 1, 413–445.

—— (1874a) Investigations on the theory of integrals of the form $\int_a^x (x-u)^{p-1} f(u)du$ (Russian). *Ibid.,* **7,** Vyp. 1, 5–205.

—— (1874b) Recherches relatives à la théorie des intégrales de la forme $\int_a^x (x - u)^{p-1} f(u)du.$ *Bull. Sci. Math. Astron. J.,* **7,** 233–238.

—— (1882) New investigations about trigonometric functions (Russian). *Mat. Sb.,* **10,** Vyp. 1–4, 227–312.

—— (1884) On the definite integrals which contain functions satisfing the hypergeometric equation (Russian). *Ibid.,* **11,** Vyp. 3, 327–414.

—— (1885) On hyperspherical functions and on the expansions of arbitrary function in a series of hyperspherical functions (Russian). *Ibid.,* **12,** Vyp. 2, 205–282.

—— (1888a) On the integration of the equation $(a_n + b_n x)\dfrac{d^n y}{dx^n} + (a_{n-1} + b_{n-1}x)\dfrac{d^{n-1}y}{dx^{n-1}} + \cdots + (a_0 + b_0 x)y = 0$ (Russian). *Ibid.,* **14,** Vyp. 1, 205–215.

—— (1888b) On hypergeometric functions of higher order (Russian). *Ibid.,* **14,** Vyp. 1, 216–222.

—— (1888c) On the reduction of multiple integrals (Russian). *Ibid.,* **14,** Vyp. 1, 303–328.

Levitan, B.M. (1951) Expansions in Fourier series and integrals with Bessel functions (Russian). *Uspehi Mat. Nauk,* **6,** no 2, 102–143.

Lewy, H. (1952) A theory of terminals and reflection laws of partial differential equations. *ONR Tech. Rep. Stanford Univ.,* no 4.

—— (1959) On the reflection laws of second order partial differential equations in two independent variables. *Bull. Amer. Math. Soc.,* **65,** no 2, 37–58.

Lieb, E.H. (1983) Sharp constants in the Hardy-Littlewood-Sobolev and related inequalities. *Ann. Math.,* **118,** no 2, 349–374.

Linchuk, N.E. (1985) Representation of commutants of the generalized Gel'fond-Leont'ev integration operator (Russian). *Izv. Vyssh. Uchebn. Zaved. Mat.,* no 5, 72–74.

Linker, A.I. and Rubin, B.S. (1981) Theorems on contraction, continuation and sewing for the images of convolution operators with power-logarithmic kernels on the finite segment (Russian). Rostov-on-Don, Dep. in VINITI 18.06.81, no 2919, 12 pp.

Lions, J.L. (1959) Sur l'existence de solutions des équations de Navier-Stokes. *C. R. Acad. sci. Paris*, **248**, no 20, 2647–2849.

Lions, J.L. and Peetre, J. (1964) Sur une classe d'espaces d'interpolation. *Inst. Hautes Etudes Sci. Publ. Math.*, **19**, 5–66.

Liouville, J. (1832a) Mémoire sur quelques questions de géométrie et de mécanique, et sur un nouveau genre de calcul pour résoudre ces questions. *J. l'Ecole Roy. Polytéchn*, **13**, Sect. 21, 1–69.

—— (1832b) Mémoire sur le calcul des différentielles à indices quelconques. *Ibid.*, 71–162.

—— (1832c) Mémoire sur l'integration de l'équation: $(mx^2 + nx + p)d^2y/dx^2 + (qx + pr)dy/dx + sy = 0$ á l'aide des différentielles indices quelconques. *Ibid.*, 163–186.

—— (1834a) Mémoire sur le théoréme des fonctions complémentaires. *J. für reine und ungew. Math.*, **11**, 1–19.

—— (1834b) Mémoire sur une formule d'analyse. *Ibid.*, **12**, no 4, 273–287.

—— (1835a) Mémoire sur l'usage que l'on peut faire de la formule de Fourier, dans le calcul des differentielles à indices quelconques. *Ibid.*, **13**, no 1–3, 219–232.

—— (1835b) Mémoire sur le changement de la variable indépendante dans le calcul des differentielles indices quelconques. *J. l'Ecole Roy. Polytéchn*, **15**, Sect. 24, 17–54.

—— (1837) Mémoire sur l'intégration des équations différentielles à indices fractionnaires. *Ibid.*, **15**, no 55, 58–84.

Liu Gui-Zhong (1989) Characterization of the range of the propagation operator for the spherical reaction-diffusion equation. *Eindhoven Univ. Techn. Rep. Appl. and Numer. Anal. RANA* 89–11, 9 pp.

Liverman, T.P.G. (1964) *Generalized Functions and Direct Operational Methods*, Vol. 1. Englewood Cliffs, New Jeraey: Prentice-Hall, 338 pp.

Lizorkin, P.I. (1963) Generalized Liouville differentiation and the functional spaces $L_p^r(E_n)$. Imbedding theorems (Russian). *Mat. Sb. (N.S.)*, **60**, no 3, 325–353.

—— (1964) Functions of Hirschman type and relations between the spaces $B_p^r(E_n)$ and $L_p^r(E_n)$ (Russian). *Ibid.*, **63**, no 4, 505–535.

—— (1965) Bounds for trigonometrical integrals and the Bernstein inequality for fractional derivatives (Russian). *Izv. Akad. Nauk SSSR, Ser. Mat.*, **29**, no 1, 109–126.

—— (1968) Generalized Hölder spaces $B_{p,\vartheta}^{(r)}$ and their interconnections with the Sobolev spaces L_p^r (Russian). *Sibirsk. Mat. Z.*, **9**, no 5, 1127–1152.

—— (1969) Generalized Liouville differentiations and the multiplier method in the theory of imbeddings of classes of differentiable functions (Russian). *Trudy Mat. Inst. Steklov*, **105**, 89–167.

—— (1970a) Characterization of the spaces $L_p^r(R^n)$ in terms of difference singular integrals (Russian). *Mat. Sb. (N.S.)*, **81**, no 1, 79–91.

—— (1970b) The multipliers for the Fourier ingegrals and the estimates for convolutions in the spaces with mixed norm. Applications (Russian). *Izv. Akad. Nauk SSSR, Ser. Mat.*, **34**, no 1, 218–247.

—— (1972a) Operators connected with fractional differentation and classes of differentiable functions (Russian). *Trudy Mat. Inst. Steklov*, **117**, 212–243.

—— (1972b) Generalized Hölder classes of functions in connection with fractional differentiation (Russian). *Ibid.*, **128**, 172–177.

—— (1979) The behaviour of the functions from the Liouville's classes at infinity. On the Riesz's potentials of arbitrary order (Russian). *Trudy Mat. Inst. Steklov*, **150**, 174–197.

—— (1980) The behaviour of the functions from the Liouville's classes at infinity (Russian). In *Modern problems of the theory of functions: Mater. vsesoyuz. shkoly* (Baku, 1977), Baku: Azerb. Univ., 156–159.

Lizorkin, P.I. and Nikol'skii, S.M. (1965) Classification of differentiable function on the base of spaces with dominating mixed derivatives (Russian). *Trudy Mat. Inst. Steklov*, **77**, 143–167.

Loo, C.T. (1944) Two tauberian theorems in the theory of Fourier series. *Trans. Amer. Math. Soc.*, **56**, no 3, 508–518.

Love, E.R. (1938) Fractional integration, and almost periodic functions. *Proc. London Math. Soc., Ser.* 2, **44**, no 5, 363–397.

—— (1967a) Some integral equations involving hypergeometric functions. *Proc. Edinburgh Math. Soc.*, **15**, no 3, 169–198.

—— (1967b) Two more hypergeometric integral equations. *Proc. Cambridge Phil. Soc.*, **63**, no 4, 1055–1076.

—— (1971) Fractional derivatives of imaginary order. *J. London Math. Soc., Ser.* 2, **3**, no 2, 241–259.

—— (1972) Two index laws for fractional integrals and derivatives. *J. Austral. Math. Soc.*, **14**, no 4, 385–410.

—— (1975) A hypergeometric integral equation. In *Proc. Intern. Conf. Fractional Calculus and it. Appl.* (New Haven, 1974), ed. B. Ross, Lect. Notes Math., **457**, 272–288.

—— (1985a) A third index law for fractional integrals and derivatives. In *Fractional Calculus*, eds. A.C. McBride and G.F. Roach, Boston: Pitman Adv. Publ. Progr., *Res. Notes Math.*, **138**, 63–74.

—— (1985b) Inversion of the Struve transform. *Ibid.*, 75–88.

—— (1985c) Inequalities like Opial's inequality. *Rocznik naukowo-dydaktyczny WSP w Krakowie. Pr. mat.*, **97**, no 11, 109–118.

—— (1986–1987) Lebesgue points of fractional integrals. *Real Anal. Exch.*, **12**, no 1, 327–336.

—— (1990) Two theorems on Riesz-type fractional integrals. In *Proc. Intern. Conf. Fractional Calculus and its Appl.* (Tokyo, 1969), ed. K. Nishimoto, Tokyo: Coll. Engin. Nihon Univ., 85–93.

Love, E.R. and Young, L.C. (1938) On fractional integration by parts. *Proc. London Math. Soc., Ser.* 2, **44**, 1–35.

Love, E.R., Prabhakar, T.R. and Kashyap, N.K. (1982) A confluent hypergeometric integral equation. *Glasgow Math. J.*, **23**, no 1, 31–40.

Lowengrub, M. (1976) Systems of Abel type integral equations. In *Function theoretic methods in diff. equat.*, eds. R.P. Gilbert and R.J. Weinacht, Pitman Publ., 277–296.

Lowengrub, M. and Sneddon, I.N. (1962) An axisymmetric boundary value problem of mixed type for a half-space. *Proc. Edinburgh Math. Soc., Ser.* 2, **13**, no 1, 39–46.

—— (1963) The solution of a pair of dual integral equations. *Proc. Glasgow Math. Assoc.*, **6**, no 1, 14–18.

Lowengrub, M. and Walton, J. (1979) Systems of generalized Abel equations. *SIAM J. Math. Anal.*, **10**, no 4, 794–807.

Lowndes, J.S. (1970) A generalisation of the Erdélyi-Kober operators. *Proc. Edinburgh Math. Soc., Ser.* 2, **17**, no 2, 139–148.

—— (1971) Some triple integral equations. *Pacif. J. Math.*, **38**, no 2, 515–521.

—— (1977) On dual and triple integral equations involving modified Bessel functions. *Appl. Anal.*, **6**, no 4, 253–260.

—— (1978) Solution of an integral equation. *Glasgow Math. J.*, **19**, no 1, 69–73.

—— (1979) An application of some fractional integrals. *Ibid.*, **20**, no 1, 35–41.

—— (1980) The solution of some integral equations. *Math. Meth. Appl. Sci.*, **2**, no 1, 26–33.

—— (1981) On some generalisations of the Riemann-Liouville and Weyl fractional integrals and their applications. *Glasgow Math. J.*, **22**, no 2, 173–180.

—— (1983) Cauchy problems for second order hyperbolic differential equations with constant coefficients. *Proc. Edinbrgh Math. Soc.*, **26**, no 3, 307–311.

—— (1985a) On some fractional integrals and their applications. *Ibid., Ser.* 2, **28**, no 1, 97–105.

—— (1985b) On two new operators of fractional integration. In *Fractional Calculus*, eds. A.C. McBride and G.F. Roach. Boston: Pitman Adv. Publ. Progr., *Res. Notes Math.*, **138**, 87–98.

Lowndes, J.S. and Srivastava, H.M. (1990) Some triple series and triple integral equations. *J. Math. Anal. Appl.*, **150**, no 1, 181–187.

Lubich, Ch. (1985) Fractional linear multistep methods for Abel-Volterra integral equations of the second kind. *Math. Comput.*, **45**, no 172, 463–469.

—— (1986) Discretized fractional calculus. *SIAM J. Math. Anal.*, **17**, 704–719.

Luke, Y.L. (1969) *The Special Functions and Their Approximations*, Vol. 1. Acad. Press, 349 pp.

—— (1980) *The Special Mathematical Functions and Their Approrimations* (Russian). Moscow: Mir, 608 pp.

Lundgren, T. and Chiang, D. (1967) Solutions of a class of singular integral equations. *Quart. Appl. Math.*, **24**, no 4, 303–313. (Chiang, D 全名为 Chiang Donald——译者注)

Lützen, J. (1990) Joseph Liouville, 1609–1882. In *Studies in the History of Mathematics and Physical Sciences*, Springer-Verlag, Vol. 15, 825 pp.

Mackie, A.G. (1965) A class of integral equations. *Amer. Math. Month.*, **72**, no 9, 956–960.

Madhavi Dinge (1978) Composition of fractional integral operator and an operator with Fourier type kernel. *Bul. Univ. Brasov.*, **C 20**, 3–6.

Magaril-Il'yaev, G.G. (1979) The problem of an intermediate derivative (Russian). *Mat. Zametki*, **25**, no 1, 81–96.

—— (1982) Generalized Sobolev classes and inequalities of Bernstein-Nikol'skii type (Russian). *Dokl. Akad. Nauk SSSR*, **264**, no 5, 1066–1068.

Magaril-Il'yaev, G.G. and Tikhomirov, V.M. (1981) On the Kolmogorov inequality for fractional derivatives on the half-line. *Anal. Math.*, **7**, no 1, 37–47.

—— (1984) Some questions of harmonic analysis on $T^n \times R^n$ (Russian). In *Some problems in modern analysis*, Moscow: Moscov. Gos. Univ., Meh.-Mat. Fak., 57–82.

Mainra, V.P. (1963) On self-reciprocal functions. *Bull. Caleutta Math. Soc.*, **55**, no 1, 41–49.

Makarenko, L.G. (1975) Certain triple integral equations with kernels of Watson type (Russian). *Ukrain. Mat. Z.*, **27**, Vyp. 5, 682–686.

Malakhovskaya, R.M. and Shikhmanter, E.D. (1975) Certain formulae for the realization of operators, and their application to the solution of integro-differential equations (Russian). *Trudy Tomsk. Gos. Univ.*, **220**, 46–56.

Malamud, M.M. (1979) Perturbations of the operator of fractional integration (Russian). *Funktsional. Anal. i Prilozh.*, **13**, no 2, 85–86.

—— (1980) Spectral analysis of Volterra operators with a kernel depending on the difference between arguments (Russian). *Ukrain. Mat. Z*, **32**, no 5, 601–609.

Malinovski, H. and Smarzewski, R. (1978) A numerical method for solving the Abel equation. *Zastow. Mat. Appl. Math.*, XVI, **2**, 275–281.

Malovichko, V.A. (1976) A generalized hypergeometric function, and some integral operators that contain it (Russian). In *Mat. fiz.*, Kiev: Naukova Dumka, Vyp. 19, 99–103.

Malozemov, V.M. (1965a) The generalized differentiation of periodic functions (Russian). *Vestnik Leningrad. Univ., Ser. Mat., Meh., Astron.*, Vyp. 20, no 7, 164–167.

—— (1965b) Generalized differentiation of periodic functions (Russian). In *Sb. Nauchn. Trudov Leningrad. Meh. Inst.*, **50**, 147–166.

—— (1969) Simultaneous approximation of a periodic function and of all its derivatives, including fractional ones, by trigonometric polynomials (Russian). *Vestnik Leningrad. Univ., Ser. Mat., Meh., Astron.*, Vyp. 24, no 7, 49–54.

—— (1973) *Simultaneous approximation of a function and its derivatives* (Russian). Leningrad: Izdat. Leningrad. Gos. Univ., 112 pp.

Mamedov, R.G. and Orudzhaev, G.N. (1981a) Some characteristics of classes of functions which have fractional derivatives (Russian). In *Investigations on some questions of the constructive theory of functions and diff. equat.* Baku: Azerb. Inst. Nefti i Khimii, 3–11.

—— (1981b) Some classes of functions, their interconnection and characteristics (Russian). *Ibid.*, 12–15.

Manandhar, R.P. (1972) Fractional integrals and Meijer Bessel transform. *Ranchi Univ. Math. J.*, **3**, 36–43.

Mandelbrojt, S. (1925) Sulla generalizzazione del calcolo delle variazione. *Atti. Reale Accad. Naz. Lincei. Rend. Cl. Sci. Fis. Mat. e Natur.*, Ser. 6, **1**, 151–156.

Manocha, H.L. (1965) Transformation of integral expression for F_4 by means of fractional integration by parts. *Bull. Math. Soc. Sci. Math. RSR*, **9**, no 4, 337–341.

—— (1967a) Integral expressions for Appell's functions F_1 and F_2. *Riv. mat. Univ. Parma*, Ser. 2, **8**, 235–242.

—— (1967b) Some expansions by fractional derivatives. *Mathematica (RSR)*, **9**, no 2, 303–309.

Manocha, H.L. and Sharma, B.L. (1974) Fractional derivatives and summation. *J. Indian Math. Soc.*, **38**, no 1–4, 371–382.

Marchaud, A. (1927) Sur les dérivés et sur les différences des fonctions de variables réelles. *J. Math. Pures et Appl.*, **6**, no 4, 337–425.

Marichev, O.I. (1972) Two Volterra equations with Horn functions (Russian). *Dokl. Akad. Nauk SSSR*, **204**, no 3, 546–549, {Transl. in *Soviet Math. Dokl.*, 1972, **13**, no 3, 703–707}.

—— (1974a) The Volterra equation of Mellin convolution type with F_3-function in the kernel (Russian). *Vestsi Akad. Navuk BSSR, Ser. Fiz.-Mat. Navuk*, no. 1, 128–129; Dep. in VINITI 21.09.73, no 7307, 23 pp.

—— (1974b) A class of integral equations of Mellin convolution type with special functions inthe kernels (Russian). *Ibid.*, no. 1, 126–127; Dep. in VINITI 21.09.73, no 7308, 18 pp.

—— (1976a) Singular boundary value problems for the generalized biaxially symmetric Helmholtz equation (Russian). *Dokl. Akad. Nauk SSSR*, **230**, no 3, 523–528, {Transl. in *Soviet Math. Dokl.*, 1976, **17**, no 5, 1342-1346}.

—— (1976b) Neumann and Dirichlet weight problems in the half-plane for the generalized Euler-Poisson-Darboux equation (Russian). *Vestsi Akad. Navuk BSSR, Ser. Fiz.-Mat. Navuk*, no 4, 128–131.

—— (1976c) Some integral equations of Mellin convolution type containing the special functions in the kernels (Russian). *Ibid.*, no 6, 119–120; Dep. in VINITI 02.04.76, no 1640, 85 pp.

—— (1978a) Complete singular integral equations with power-logarithmic kernels which are solvable in quadratures (Russian). *Vestnik Beloruss Gos. Univ., Ser.* 1, no. 1, 8–14.

—— (1978b) Integral operators with special functions in the kernels which generalize integration operators of complex order (Russian). *Vestsi Akad. Navuk BSSR, Ser. Fiz.-Mat. Navuk*, no. 2, 38–44.

—— (1978c) An integral representation of the solutions of a generalized biaxially symmetric Helmholtz equation and formulae for its inversion (Russian). *Differentsial'nye Uravneniya*, **14**, no 10, 1824–1831.

—— (1978d) *A method of calculating integrals from special functions (theory and tables of formulas)* (Russian). Minsk: Nauka i Tekhnika, 310 pp. (Transl. as *Handbook of Integral Transforms of Higher Transcendental Functions, theory and algorithmic tables.* Chichester, New York: Ellis Horwood Ltd., 1982, 336 pp.).

—— (1981) A method for calculating integrals of hypergeometric functions (Russian). *Dokl. Akad. Nauk BSSR*, **25**, no 7, 590–593.

—— (1983) Asymptotic behavior of functions of hypergeometric type (Russian). *Vestsi. Akad. Navuk BSSR, Ser. Fiz.-Mat. Navuk*, no. 4, 16–25.

—— (1990) Compositions of fractional integrals and derivatives with power weights. In *Proc. Intern. Conf. Fractional Calculus aad its Appl.* (Tokyo, 1989), ed. K. Nishimoto. Tokyo: Coll. Fngin. Nihon Univ., 94–99.

Marichev, O.I. and Vu Kim Tuan (1985a) Some Volterra equations with Appell function F_1 in the kernel (Russian). In *Proc. commemorative seminar on boundary value problems* (Minsk, 1981), Minsk: Universitetakoe, 169–172.

—— (1985b) Composition structure of some integral transfonnations of convolution type (Russian). In *Reports of the extended sessions of a seminar of the I.N. Vekua Inst. Appl. Math.* (Tbilisi, 1985), Tbiliss. Gos. Univ., **1**, no 1, 139–142.

—— (1986) The factorization of G-tranaform in two spaces of functions. In *Complex Analysis and Appl.'* 85 (Varna, 1985), Sofia: Publ. House Bulg. Acad. Sci., 418–433.

Marke, P.W. (1942) *Bidrag til teorien for integration og differentiation of vilkaarlig orden,* I. Kobenhavn: Kommission hos J.H. Schultz Forl. Fr. Bagges Kgl., 127 pp.

Martič, B. (1973a) A note on fractional integration. *Publs. l'inst. math.*, Beograd, **16**, no 30, 111–113.

—— (1973b) On the connections between Riemann-Liouville fractional integral, Meijer and Hankel transforms. *Rad. Akad. nauka i Umjetn. Bosne i Hercegovine. Od. prirod. i mat. nauka.*, Sarajevo, **45**, kn. 12, 145–148.

Martin-Reyes, F.J. and Sawyer, E.T (1989) Weighted inequalities for Riemann-Liouville fractional integrals of order one and greater. *Proc. Amer. Math. Soc.*, **308**, no 2, 547–558.

Martirosyan, V.M. and Ovesyan, K.R. (1986) On the theory of M.M. Dzherbashyan's α-quasianalytic classes in angular domains (Russian). *Izv. Akad. Nauk Armyan. SSR, Ser. Mat.*, **21**, no 4, 392–413.

Mathai, A.M. and Saxena, R.K. (1978) *The H-function with Applications in Statistics and Other Disciplines*. New York: Halsted Press Book John Wiley, 192 pp.

Mathur, B.L. and Krishna, S. (1976) On multivariate fractional integration operators. *Indian J. Pure and Appl. Math.*, **8**, no 9, 1078–1082.

Mathur, S.L. (1971) Meijer-Laplace transform and fractional integration. *Math. Education*, **A 5**, no 2, 58–64.

—— (1972) Some theorems on fractional integration. *Ibid*, **A 6**, no 1, 29–36.

Matsnev, L.B. (1980) On generating functions of Volterra integral operators (Russian). In *Differentsial'nye uravneniya i teoriya funktsii*, Saratov: Izdat. Saratov. Univ., Vyp. 3, 3–24.

—— (1983) On generating functions of a class of Volterra operators (Russian). In *Vychisl. mat. i programmir.*, Saratov: Izdat. Saratov. Univ., Vyp. 3, 71–85.

Matsnev, L.B. and Hromov, A.P. (1983) On the completeness of the eigen-functions and the adjoint elements of the finite-dimensional perturbation of the Volterra operator (Russian). *Ibid.*, Vyp. 3, 51–55.

Matsuyama, N. (1953) Some trigonometrical series, II. *J. Math. Tokyo*, **1**, no 2–3, 117–127.

Maz'ya, V.G. and Havin, V.P. (1972) The nonlinear potential theory (Russian). *Uapehi Mat. Nauk.*, **27**, no 6, 67–138.

McBride, A.C. (1975a) Solution of hypergeometric integral equations involving generalized functions. *Proc. Edinburgh Math. Soc.*, **19**, no 3, 265–285.

—— (1975b) A theory of fractional integration for generalized functions. *SIAM J. Math. Anal.*, **6**, no 3, 583–599.

—— (1976) A note on the spaces $F'_{p,\mu}$. *Proc. Roy. Soc. Edinburgh*, **A 77**, no 1–2, 39–47.

—— (1977) A theory of fractional integration for generalised functions, II. *Ibid*, **A 77**, no 3–4, 335–349.

—— (1978) The Hankel transform of some classes of generalised functions and connections with fractional integration. *Ibid.*, **A 81**, no 1-2, 95–117.

—— (1979) *Fractional calculus and integral tranaforms of generalised functions*, Res. Notes Math. **31**. San Francisco ets.: Pitman Press, 179 pp.

—— (1982a) Fractional powers of a class of ordinary differentilal operators. *Proc. London Math. Soc., Ser. 3*, **45**, no 3, 519–546.

—— (1982b) Index laws for some ordinary differential operators. *Lect. Notes Math.*, **964**, 485–493.

—— (1983) A note on the index laws of fractional calculus. *J. Austral. Math. Soc.*, **A 34**, no 3, 356–363.

—— (1984) On an index law and a result of Buschman. *Proc. Roy. Soc. Edinburgh.*, **A 96**, no 3–4, 231–247.

—— (1985) A Mellin transform approach to fractional calculus on $(0, \infty)$. In *Fractional Calculus*, eds. A.C. McBride and G.F. Roach, Boston: Pitman Adv. Publ. Progr., *Res. Notes Math.*, **138**, 99–139.

McClure, J.P. and Wong, R. (1979) Exact remainders for asymptotic expansions of fractional integrals. *J. Inst. Math. Appl.*, **24**, no 2, 139–147.

McKellar, B.H.J., Box, M.A. and Love, E.R. (1983) Inversion of the Struve transform of half integer order. *J. Austral. Math. Soc.*, **B 25**, no 2, 161–174.

Meda, S. (1969) A note on fractional integration. *Rend. Sem. Mat. Univ. Padova*, **81**, 31–35.

Medvedev, N.V. (1982) Solution of Abel integral equations by the spline method (Russian). In *Problems in the qualitative theory of diff. equat.*, Cheboksary: Chuvash. Goa. Univ., 62–65.

Mhitaryan, S.M. (1968) The formulae of N.I. Ahiezer and V.A. Shcherbina for the inversion of certain singular integrals (Russian). *Mat. Issled.* Kishinev: Inst. Mat., **3**, Vyp. 1, 61-70.

Mihailov, L.G. (1966) *Integral equations with a kernel homogeneous of degree -1* (Russian). Dushanbe: Donish, 49 pp.

Mihlin, S.G. (1959) *Lectures on linear integral equations* (Russian). Moscow: Fizmatgiz, 232 pp.

—— (1962) *Higher-dimensional singular integrals and integral equations* (Russion). Moscow: Fizmatgiz, 254 pp.

Mikolás, M. (1959) Differentiation and integration of complex order of functions represented by trigonometrical series and generalized zeta-functions. *Acta Math. Acad. Sci. Hung.*, **10**, no 1–2, 77–124.

—— (1960a) Sur la sommation des séries de Fourier au moyen de l'integration d'ordre fractionnaire. *C. R. Acad. sci. Paris*, **251**, no 8, 837–839.

—— (1960b) Application d'une nouvelle méthode de sommation aux séries trigonométriques et de Dirichlet. *Acta Math. Acad. Sci. Hung.*, **11**, no 3–4, 317–334.

—— (1962) Über die Begründung eines einheitlichen und erweiterten. Infinitesimal kalküls im komplexen. *Ann. Univ. sci., Budapest, Sect. math.*, **5**, 69–76.

—— (1963) Generalized Euler sums and the semigroup property of integro-differential operators. *Ibid.*, **6**, 89–101.

—— (1964) Sur la propriété principale des opérateurs différentiels généralisés. *C. R. Acad. sci. Paris*, **258**, no 2, 5315–5317.

—— (1975) On the recent trends in the development, theory and applications of fractional calculus. In *Proc. Intern. Conf. Fractional Calculus and its Appl.* (New Haven,1974), ed. B. Ross, *Lect. Notes Math.*, **457**, 357–375.

—— (1984) Integro-differential operators and theory of summation. In *Functional Analysis, Holomorphy and Approximation Theory*. Amsterdam: North-Holland Publ, Vol. 2, 245–258.

—— (1990a) A new method of summations based on fractional integration and generalized zeta-functions. *Ibid*, 106–109.

—— (1990b) Historical remarks about the works of M. Riesz in the theory of generalized integro-differential operaton and their applications. In *Proc. Intern. Conf. Fractional Calculus cad its Appl.* (Tokyo, 1989), ed. K. Nishimoto, Tokyo: Coll. Engin. Nihon Univ., 110–111.

Miller, J.B. (1959) A continuum of Hilbert spaces in L^2. *Proc. London Math. Soc., Ser.* 3, **9**, no 34, 208–226.

Minakshisundaram, S. (1944) A note on the theory of Fourier series. *Proc. Nat. Inst. Sci. India.*, **10**, 205–215.

Minerbo, G.N. and Levy, M.E. (1969) Inversion of Abel's integral equation by means of orthogonal polynomials. *SIAM J. Numer. Anal.*, **6**, no 4, 598–616.

Miserendino, D. (1982) Tracce delle derivate di ordine frazionario delle funzioni di classe W^τ in un rettangolo. *Boll. Unione Mat Ital. Analisi funzionale e Appl., Ser.* 6, **1-C**, no 1, 357–376.

—— (1983) Derivate di ordine frazionario per funzioni di classe W^τ in un rettangolo limitato di R^k c loro tracce. *Ibid.*, **2-C**, no 1, 105–156.

Misra, A.P. (1973) Application of fractional-derivative operators to Rodrigues type of formulae for polynomial sets. *Math. Balkan.*, **3**, 358–382.

Mizuta, Y. (1977) On the radial limits of Riesz potentials at infinity. *Hiroshima Math. J.*, **7**, no 1, 165–175.

—— (1987) On the differentiability of Riesz potentials of functions. *Ibid.*, **17**, no 2, 355–359.

Mohapatra, R.M. (1973) Note on summability (L) of Fourier integrals. *Colloq. Math.*, **28**, no 2, 291–297.

Montel, P. (1918) Sur les polynomes d'approximation. *Bull. Soc. math. France*, **46**, 151–196.

Moppert, K.F. (1953) Über einen verallgemeinerten Ableitungsoperator. *Comm. Math. Helv.*, **27**, no 2, 140–150.

Most, R. (1871) Über die Anwendung der Differentialquotienten mit allgemeinem Index zum Integrieren von Differentialgleichungen. *Z. angew. Math. und Phys.*, **16**, 190–210.

Mourya, D.P. (1970) Fractional integrals of the functions of two variables. *Proc. Indian Acad. Sci.*, **A 72**, no 4, 173–184.

Muckenhoupt, B. (1960) On certain singular integrals. *Pacif. J. Math.*, **10**, no 1, 239–261.

Muckenhoupt, B. and Stein, E.M. (1965) Classical expansions and their relation to conjugate harmonic functions. *Trans. Amer. Math. Soc.*, **118**, no 6, 17–92.

Muckenhoupt, B. and Wheeden, R.L. (1971) Weighted norm inequalities for singular and fractional integrals. *Ibid.*, **161**, no 2, 249–258.

—— (1974) Weighted norm inequalities for fractional integrals. *Ibid.*, **192**, no 465, 261–274.

Muckenhoupt, B., Wheeden, R.L. and Young, Wo-Sang (1963) L_2-multipliers with power weights. *Adv. Math.*, **49**, no 2, 170–216.

Müller, C. and Richberg, R. (1980) Über die Radon-Transformation kreissymmetrischer Funktionen und ihre Beziehung zur Sommerfeldschen Theorie der Hankelfunktionen. *Math. Meth. Appl. Sci.*, **2**, no 1, 108–129.

Murdaev, H.M. (1985a) The estimate of the modulus of continuity of the integrals and derivatives of fractional order (Russian). Groznyi, Dep. in VINITI 14.06.85, no 4209, 16 pp.

—— (1985b) The estimates of Zygmund type for Weyl fractional integrals and derivatives (Russian). Groznyi, Dep. in VINITI 18.09.85, no 6720-B, 16 pp.

Murdaev, H.M. and Samko, S.G. (1986a) Fractional integro-differentiation operators in weighted generalized Hölder spaces (Russian). In *Voprosy Vychisl. i Prikl. Mat.*, Tashkent, Vyp. 80, 116–119.

—— (1986b) Weighted estimates of the modulus of continuity for fractional integrals of weighted functions with a given modulus of continuity (Russian). Rostov-on-Don, Dep. in VINITI 11.05.86, no 3351-B, 42 pp.

—— (1986c) Fractional integro-differentiation in the weighted generalized Hölder spaces $H_0^\omega(\rho)$ with the weight $\rho(x) = (x - a)^\mu (b - x)^\nu$ (Russian). Rostov-on-Don, Dep. in VINITI 11.05.86, no 3350-B, 25 pp.

Murray, M.A. (1985) Commutators with fractional differentiation and BMO Sobolev spaces. *Indiana Univ. Math. J.*, **34**, no 1, 205–215.

—— (1987) Multilinear singular integrals involving a derivative of fractional order. *Stud. Math.*, **87**, no 2, 139–165.

Muskhelishvili, N.I. (1968) *Singular Integral Equations* (Russian). 2nd ed. Moscow: Nauka, 511 p. (English ed. in Akademie-Verlag, Berlin, 1965).

Nagnibida, N.I. (1966) Certain properties of generalized integration operators in an analytic space (Russian). *Sibirsk. Mat. Z.*, **7**, no 6, 1306–1318.

Nagy, B.S. (1936) Über gewisse Extremalfragen bei transformierten trigonometrischen Entwicklungen, I: periodischer Fall. *Ber. Verhandl. Sächsisch Akad. Wiss. Leipzig, Math. Phys. Kl.*, **90**, 103–134.

—— (1939) Über gewisse Extremalfragen bei transformierten trigonometrischen Entwicklungen, II: Nichtperiodischer Fall. *Ibid.*, **91**, no 1, 3–24.

Nahushev, A.M. (1969) A new boundacy value problem for a certain degenerate hyperbolic equation (Russian). *Dokl. Akad. Nauk SSSR*, **187**, no 4, 736–739.

—— (1974) Inverse problems for degenerate equations, and Volterra integral equations of the third kind (Russian). *Differentsial'nye Uravneniya*, **10**, no 1, 100–111.

—— (1975) A certain mixed problem for degenerate elliptic equations (Russian). *Ibid.*, **11**, no 1, 192–195.

—— (1976) The Darboux problem for a certain degenerate second order loaded integro-differential equation (Russian). *Ibid.*, **12**, no 1, 103–108.

—— (1977) The Sturm-Liouville problem for a second order ordinary differential equation with fractional derivatives in the lower terms (Russian). *Dokl. Akad. Nauk SSSR*, **234**, no 2, 308–311.

—— (1985) Nonlocal boundary value problems with shift and their connection with loaded equations (Russian). *Differentsial'nye Uravneniya*, **21**, no 1, 92–101, {Transl. in *Dif. Equat.* **21** (1985), no 1, 74–81}.

Nahushev, A.M. and Borisov, V.N. (1977) Boundary value problems for loaded parabolic equations and their applications to the prediction of ground water level (Russian). *Differentsial'nye Uravneniya*, **13**, no 1, 105–110, {Transl. in *Dif. Equat.* **13** (1977), no 1, 71–75}.

Nahushev, A.M. and Salahitdinov, M.S. (1988) The law of composition of operators for fractional integro differentiation with various origins (Russian). *Dokl. Acad. Nauk SSSR*, **299**, no 6, 1313–1316, {Transl. in *Soviet Math. Dokl.*, **37** (1966), no 2, 565–568}.

Nair, V.C. (1975) Integral equations of convolution form. *Riv. mat. Univ. Parma, Ser. 4*, **1**, 9–15.

Narain Roop (see Kesarwani Roop Narain) .

Nasibov, F.G. (1962) On the degree of the best approximations of functions having a fractional derivative in the Riemann-Liouville sense (Russian). *Izv Akad. Nauk. Azerb. SSR, Ser. Fiz.-Mat. i Tehn. Nauk*, no 3, 51–57.

—— (1965) On order of the best approximations of functions in several variables having a fractional derivative (Russian). In *Studies of Contemporary Problems Constructive Theory of Functions*, Baku: Izdat. Akad. Nauk Azerb. SSR, 73–79.

Nasim, C. (1982) An integral equation involving Fox's *H*-function. *Indian J. Pure and Appl. Math.*, **13**, no 10, 1149–1162.

Nasim, C. and Aggarwala, B.D. (1984) On certain dual integral equations. *Ibid.*, **15**, no 3, 323–340.

Nasim, C. and Sneddon, I.N. (1978) A general procedure for deriving solutions of dual integral equations. *J. Eng. Math.*, **12**, no 2, 115–128.

Natanson, I.P. (1974) *Theory of functions of a real variable* (Russian). Moscow: Nauka, 460 pp.

Nekrasov, P.A. (1888a) General differentiation (Russian). *Mat. Sb.*, **14**, Vyp. 1, 45–168.

—— (1888b) An application of general differentiation to integration of equations of the form $\sum (a_s + b_s x) x^s D^s y = 0$ (Russian). *Ibid.*, 344–393.

—— (1888c) An application of general differentiation to a problem of reducing of multi-dimensional integrals (in connection with integration of the Laplace equation) (Russian). *Ibid.*, 410–426.

—— (1891) Ueber lineare Differentialgleichungen, welche mittelst bestimmter Integrale integrirt werden /P.A. Nekrassoff/. *Math. Ann.*, **38**, 509–560.

Nekrasov, P.A. and Pokrovskii, P.M. (1889) On the examination of the manuscripts of A.V. Letnikov, which were found after his death and were delivered to the mathematical society (Russian). *Mat. Sb.*, **14**, no 2, 202–204.

Nessel, R.J. and Trebels, W. (1969) Gebrochene Differentiation und Integration und Characterisierungen von Favardklassen. In *Proc. Conf. Constr. Theory Funct.*, Budapest, 331–341.

Nesterov, S.V. (1861) Application of a generalized differentation operator to an equation of the Fuch's class (Russian). *Vestnik Moscov. Univ., Ser I, Mat. Meh.*, no 2, 21–27.

Neugebauer, C.J. (1977) Smoothness of Bessel potentials and Lipschitz functions. *Indiana Univ. Math. J.*, **26**, no 3, 585–591.

Neunzert, H. and Wick, J. (1966) Über eine Verallgemeinerung der Abelschen Integralgleichung. *Ber. Kernforschungsanlage.* Jülich, no 442, 1–23.

Nieva del Pino, M.E. (1973) Theoremas de integracion fraccional. *Rev. Univ. Nac. Tucumán*, **A 23**, 205–214.

Nikolaev, V.P. (1973a) The estimate of the integrals of potential type in the space L_p with weight. The imbedding theorems (Russian). In *Theory and calculation of the transmission mechanisms*, Habarovsk, 176–181.

—— (1973b) Estimates of integrals of potential type. Imbedding theorems in L_p^2 spaces with a weight (Russian). In *Trudy Sem. Kaf. Teoret. Meh. i Vyssh. Mat.*, Vyp. 5, 149–156.

Nikol'skaya, N.S. (1974) The approximation of the differentiable functions of several variables by the Fourier sums in the L_p-metric (Russian). *Sibirsk. Mat. Z.*, **15**, no 2, 395–412.

Nikol'skii, S.M. (1941a) Estimations of the remainder of Féjer's sum for periodical functions possessing a bounded derivative (Russian). *Dokl. Akad. Nauk SSSR*, **31**, no 3, 210–214.

—— (1941b) Sur l'évaluation asymptotique du reste dans l'approximation au moyen des sommes de Fourier (Russian). *Ibid.*, **32**, no 8, 386–389.

—— (1943) Linear equations in normed linear spaces (Russian). *Izv. Akad. Nauk SSSR, Ser. Mat.*, **7**, no 3, 147–166.

—— (1945) Approximations of periodic functions by trigonometrical polynomials (Russian). *Trudy Mat. Inst. Steklov*, **15**, 1–76.

—— (1963) Stable boundary values of differentiable functions of several variables (Russian). *Mat. Sb. (N.S.)*, **61**, 224–252.

—— (1977) *The approximation of functions of several variables and imbedding theorems* (Russian). Moscow: Nauka, 455 pp.

—— (1983a) *Course of mathematical analysis*. Vol. 1 (Russian). Moscow: Nauka, 464 pp.

—— (1983b) *Course of mathematical analysis*. Vol. 2 (Russian). Moscow: Nauka, 446 pp.

Nikol'skii, S.M., Lions, J.L. and Lizorkin, P.I. (1965) Integral representation and isomorphism properties of some classes of functions /S.M. Nikolsky, J.L. Lions, P.I. Lizorkin/. *Ann. della Scuola Norm. Sup. Pisa, Sci. fis., mat., Ser.* 3, **19**, no 11, 127–178.

Nishimoto, K. (1976a) Fractional derivative and integral, Pt I. *J. Coll. Engng. Nihon Univ.*, **B-17**, 11–19.

—— (1976b) Nishimoto's fractional differintegration and the solution of Legendre's differential equation. *Ibid.*, **B-17**, 21–25.

—— (1977a) Osler's cut and Nishimoto's cut. *Ibid.*, **B-18**, 9–13.

—— (1977b) On the fractional calculus. In *Dissertations in Celebration of the 30th anniversary of Coll. of Engng. Nihon Univ.*, 91–131.

—— (1981) Fractional calculus (generalized integral and derivative). In *Proc. Symp. On Fractional Calculus and its Appl.* (Kyoto, 1961), Kyoto Univ., Res. Inst. Math. Sci., 1–32.

—— (1984a) Tables of fractional differintegrations of elementary functions. *J. Coll. Engng. Nihon Univ.*, **B-25**, 41–46.

—— (1984b) *Fractional Calculus (Integrals and differentiations of arbitrary order).* Koriyama: Descartes Press, 197 pp.

—— (1985a) Applications to the solutions of linear second order differential equations of Fuchs type. In *Functional Caulculus*, eds. A.C. McBride and G.F. Roach, Boston: Pitman Adv. Publ. Progr., *Res. Notes Math.*, **138**, 140–153.

—— (1985b) An application of fractional calculus to the differential equation of Fuchs type $\varphi_2 \cdot z + \varphi_1(\nu - az) - \varphi \cdot z_\nu = f$. *J. Coll. Engng. Nihon Univ.*, **B-26**, 1–11.

—— (1986a) An application of fractional calculus to a differential equation of Fuchs type $\varphi_2 \cdot (z^2 - z) + \varphi_1 \cdot (2\nu z - \nu + 1) - \varphi \cdot \nu(\nu - 1) = f$. *Ibid.*, **B-27**, 5–16.

—— (1986b) Application of fractional calculus to a differential equation of Fuchs type $\varphi_2 \cdot (z^2 - z) + \varphi_1 \cdot (2\nu z - \nu + 1) - \varphi \cdot \nu(\nu - 1) = f$. *Ibid.*, **B-27**, 17–30.

—— (1987) *Fractional Calculus* Vol. 2. Koriyama: Descartes Press, 169 pp.

—— (1989) *Fractional Calculus* Vol. 3. Koriyama: Descartes Press, 202 pp.

Nishimoto, K. and Kalla, S.L. (1988) Application of fractional calculus to a third order linear ordinary differential equation. *Serdica Bulg. math. publ.*, **14**, no 4, 385–391.

—— (1989) Use of fractional calculus to solve certain linear differential equations. *J. Coll. Engng. Nihon Univ.*, **B-30**, 23–26.

Nishimoto, K., Owa, S. and Srivastava, H.M. (1984) Solutions to a new class of fractional differintegral equations. *Ibid.*, **B-25**, 75–76.

Nishimoto, K. and Tu Shih-Tong (1990a) Applications of fractional calculus to ordinaryand partial differential equations of Gauss type. In *Proc. Intern. Conf. Frational Calculus and its Appl.* (Tokyo, 1989), ed. K. Nishimoto, Tokyo: Coll. Engin. Nihon Univ., 159–185.

—— (1990b) Applications of fractional calculus to third order ordinary and partial differential equations of Fuchs type. *Ibid.*, 166–174.

Noble, B. (1955) On some dual integral equations. *Quart. J. Math., Oxford ser.*, **6**, no 2, 81–87.

—— (1958) Certain dual integral equations. *J. Math. and Phys.*, **37**, no 2, 128–136.

Nogin, V.A. (1980) On the convergence in $L_p(R^n)$ of the hypersingular integrals (Russian). Rostov-on-Don, Dep. in VINITI 18.11.80, no 4651, 26 pp.

—— (1981) Inversion and characterization of the parabolic potentials with L_p-densities (Russian). Rostov-on-Don, Dep. in VINITI 30.03.81, no 1395, 19 pp.

—— (1982a) Inversion of Bessel potentials (Russian). *Differentsial'nye Uravneniya*, **18**, no 8, 1407–1411.

—— (1982b) Inversion of Bessel potentials (Russian). Rostov-on-Don, Dep. in VINITI 29.04.82, no 2088, 16 pp.

—— (1982c) Hypersingular integrals and its applications (Russian). *Dr. Diss*, Rostov-on-Don, 150 pp.

—— (1982d) On the weighted spaces of Riesz's potentials type (Russian). *Izv. Vyssh. Uchebn. Zaved. Mat.*, no 6, 77–79, {Transl. in *Soviet Math. (Izv. VUZ)*, **26** (1982), no 6, 100–103}.

—— (1985a) Inversion of Bessel potentials by means of hypersingular integrals (Russian). *Ibid.*, no 3, 57–65.

—— (1985b) On the almost everywhere convergence of the hypersingular integrals (Russian). Rostov-on-Don, Dep. in VINITI 27.05.85, no 3651, 22 pp.

—— (1986) Weighted spaces $L_{p,r}^\alpha(\rho_1, \rho_2)$ of differentiable functions of fractional smoothness (Russian). *Mat. Sb. (N.S.)*, **131**, no 2, 213–224, {Transl. in *Math. USSR-Sb.*, 1966, **59**, no 1, 209–221}.

—— (1987a) On a method of the inversion and characterization of Bessel potentials with L_p-densities (Russian). In *Integral equat. and integral operators*, Krasnodar: Kuban. Univ., 64–72.

—— (1987b) Convergence of hypersingular integrals (Russian). *Izv. Vyssh. Uchebn. Zaved. Mat.*, no 3, 80–82, {Transl. in *Soviet Math. (Izv. VUZ)*, **31** (1967), no 3, 111–114}.

—— (1988) Application of the hypersingular integrals to characterization of the weighted spaces of the differentiable functions (Russian). *Izv. Severo-Kavkaz. Nauch. Tsentra Vyssh. Shkoly, Ser. Estestv. Nauk*, no 2, 59–62.

Nogin, V.A. and Rubin, B.S. (1985a) Application of the method of the hypersingular integrals to the investigation of the spaces of parabolic potentials (Russian). Rostov-on-Don, Dep. in VINITI 26.02.85, no 1457, 53 pp.

—— (1985b) Inversion and characterization of parabolic potentials with L_p-densities (Russian). *Dokl. Akad. Nauk SSSR*, **284**, no 3, 535–536, {Transl. in *Soviet Math. Dokl.*, **32** (1985), no 2, 44–51}.

—— (1986a) Boundedness of the operator of multiplication by a characteristic function of the Strichartz domain in spaces of Riesz potentials (Russian). In *Izv. Severo-Kavkaz. Nauch. Tsentra. Vyssh. Shkoly, Ser. Estestv. Nauk*, 2, 62–66.

—— (1986b) Inversion of parabolic potentials with L_p-densities (Russian). *Mat. Zametki*, **39**, no 6, 831–840.

—— (1987) The spaces $\mathcal{L}_{p,r}^{\alpha}(R^{n+1})$ of parabolic potentials. *Analysis Math.*, **13**, no 4, 321–338.

Nogin, V.A. and Samko, S.G. (1980) On the convergence in $L_p(R^n)$ of the hypersingular integrals with homogeneous characteristics (Russian). Rostov-on-Don, Dep. in VINITI 14.01.81, no 179, 47 pp.

—— (1981) On the simultaneous approximation of functions and their Riesz derivatives (Russian). *Dokl. Akad. Nauk SSSR*, **261**, no 3, 548–550, {Transl. in *Soviet Math. Dokl.*, **24** (1981), no 3, 552–554}.

—— (1982) Convergence in $L_p(R^n)$ of hypersingular integrals with a homogeneous characteristic (Russian). In *Diff. and integral equat. and their appl*, Elista: Kalmytsk. Gos. Univ., 119–131.

—— (1985) Inversion and characterization of Riesz potentials with densities in weighted L_p-spaces (Russian). *Izv. Vyssh. Uchebn. Zaved. Mat.*, no 1, 70–72.

Nozaki, Y. (1964) On Riemann-Liouville integral of ultra-hyperbolic type. *Ködai Math. Sem. Rep.*, **6**, no 2, 69–87.

Nunokawa, M. and Owa, S. (1990) An application of fractional calculus for certain analytic functions. In *Proc. Intern. Conf. Fractional Calculus and its Appl.* (Tokyo, 1969), ed. K. Nishimoto, Tokyo: Coll. Engin. Nihon Univ., 175–178.

Ogievetskii, I.I. (1957) Generalizations of some results of G.H. Hardy, J.E. Littlewood and A. Zygmund on fractional integration and differentiation of periodic functions (Russian). *Ukrain. Mat. Z.*, **9**, no 2, 205–210.

—— (1958a) On the theory of fractional differentiation and integration of periodic functions belonging to an L_p class with $p > 1$ (Russian). *Dokl. Akad. Nauk SSSR*, **118**, no 3, 443–446.

—— (1958b) Generalization of P. Civin's inequality for the fractional derivative of a trigonometric polynomial to L_p-space (Ukrain.). *Dop. Akad. Nauk Ukrain. RSR*, no 5, 466–468.

—— (1958c) Generalization of the inequality of P. Civin for the fractional derivative of a trigonometrical polynomial to L_p space /I.I. Ogiewetzki/. *Acta Math. Acad. Sci. Hung.*, **9**, no 1–2, 133–135.

—— (1961) Integration and differentiation of fractional order of periodic functions and constructive theory of functions (Russian). In *Studies of Modern Problems of Constructive Theory of Functions* (Leningrad, 1959), Moscow: Fizmatgiz, 159–184.

Okikiolu, G.O. (1965) A generalisation of the Hilbert transform. *J. London Math. Soc.*, **40**, no 1, 27–30.

—— (1966a) Fourier transfroms and the operator H_α. *Proc. Cambridge Phil. Soc.*, **62**, no 1, 73–78.

—— (1966b) On integral operators with kernels involving Bessel functions. *Ibid.*, **3**, 477–484.

—— (1966c) Bounded linear transformations in L^p space. *J. London Math. Soc.*, **41**, no 3, 401–414.

—— (1967) Fractional integrals ol the H_α-type. *Quart. J. Math., Oxford ser.*, **18**, no 69, 33–42.

—— (1969) On the operator $F_\alpha^{(\nu)}$ and fractional integrals. *J. London Math. Soc., Ser. 2*, **1**, no 4, 619–629.

—— (1970) On integral operators with kernels involving Bessel functions (correction and addendum). *Proc. Cambridge Phil. Soc.*, **67**, no 3, 563–586.

—— (1971) *Aspects of the theory of bounded integral operators in L_p-spaces*. London: Acad. Press., 522 pp.

Oldham, K.B. and Spanier, J. (1974) *The fractional calculus*. New York, London: Acad. Press, 234 pp.

—— (1976) Fractional calculus and its applications. *Bull. Inst. Politehn. IASI*, Sec. 1, **24**, no 3–4, 29–34.

Olevskii, M.N. (1949) Solution of the Dirichlet problem for the equation $\Delta u + (p/x_n)\partial u/\partial x_n = \rho$ for a hemispherical region (Russian). *Dokl. Akad. Nauk SSSR*, **64**, no 6, 767–770.

Olmstead, W.E. and Handelsman, R.A. (1976) Asymptotic solution to a class of nonlinear Volterra integral equations. *SIAM J. Appl. Math.*, **30**, no 1, 180–189.

Olver, F. (1990) *Asymptotics and special functions* (Russian). Moscow: Nauka, 523 pp. (English ed. in Academic Press, 1974).

O'Neil, R.O. (1963) Convolution operators and $L(p,q)$ spaces. *Duke Math. J.*, **30**, no 1, 135–140.

—— (1965) Fractional integration in Orlicz spaces, I. *Trans. Amer. Math. Soc.*, **115**, no 3, 300–328.

—— (1966) Les fonctions conjugées et les intégrales fractionnaires de la classe $L(\log^+ L)^s$. *C. R. Acad. sci. Paris*, **263**, no 14, A463–A466.

Onneweer, C.W. (1975) Fractional differentiation and Lipschitz spaces on local fields. *Math. Notes*, Princeton: Princeton Univ. Press.

—— (1980a) Fractional differentiation and Lipschitz spaces on local fields. *Trans. Amer. Math. Soc.*, **258**, no 1, 155–165.

—— (1980b) Saturation results for operators defining fractional derivatives on local fields. *Colloq. Math. Soc. János Bolyai*, **35**, 923–931.

Orazov, I. (1981) A boundary value problem with shift for a generalized Tricomi problem (Russian). *Differentsial'nye Uravneniya*, **17**, no 2, 339–344.

—— (1982) A problem with displacement for a hyperbolic equation with noncharacteristic degeneration on a part of the boundary (Russian). *Ibid.*, **18**, no 1, 92–100, {Transl. in *Dif. Equat.* **18** (1982), no 1, 78–64}.

Ortner, N. (1980) Faltung hypersingulärer lntegraloperatoren. *Math. Ann.*, **248**, no 1, 19–46.

—— (1985) Analytic continuation and convolution of hypersingular higher Hilbert-Riesz kernels. In *A. Haar memor. conf.* (Budapest, 1965), *Colloq. Math. Soc. János Bolyai*, Vol. 49, 675–685.

Orton, M. (1980) The generalized Abel equations for Schwartz distributions. *SIAM J. Math. Anal.*, **11**, no 3, 596–611.

O'Shaughnessy, L. (1918) Problem # 433. *Amer. Math. Month.*, **25**, 172–173.

Osler, T.J. (1970a) Leibniz rule for fractional derivatives, generalized and an application to infinite series. *SIAM J. Appl. Math.*, **18**, no 3, 658–674.

—— (1970b) The fractional derivative of a composite function. *SIAM J. Math. Anal.*, **1**, no 2, 288–293.

—— (1971a) Taylor's series generalized for fractional derivatives and applications. *Ibid.*, **2**, no 1, 37–48.

—— (1971b) Fractional derivatives and Leibniz rule. *Amer. Math. Month.*, **78**, no 6, 645–649.

—— (1972a) A further extension of the Leibniz rule to fractional derivatives and its relation to Parseval's formula. *SIAM J. Math. Anal.*, **3**, no 1, 1–16.

—— (1972b) An integral analogue of Taylor's series and its use in computing Fourier transforms. *Math. Comput.*, **26**, no 116, 449–460.

—— (1972c) The integral analogue of the Leibniz rule. *Ibid.*, **26**, no 120, 903–915.

—— (1973) A correction to Leibniz rule for fractional derivatives. *SIAM J. Math. Anal.*, **4**, no 3, 456–459.

—— (1975a) Open questions for research. In *Proc. Intern. Conf. Fractional Calculus and its Appl.* (New Haven, 1974), ed. B. Ross, *Lect. Notes Math.*, **467**, 378–381.

—— (1975b) Leibniz rule for fractional derivatives used to generalize formulas of Walker and Cauchy. *Bul. Inst. Politehn. Iasi, Sec. I.*, **21**, no 1–2, 21–24.

Owa, S. (1976) On the distortion theorems, I. *Kyungpook Math. J.*, **18**, no 1, 53–59.

—— (1980) On applications of the fractional calculus. *Math. Japan.*, **25**, no 2, 195–206.

—— (1981a) A remark on new criteria for univalent functions. *Kyungpook Math. J.*, **21**, no 1, 15–23.

—— (1981b) An application of the fractional derivative, I. *Ibid.*, no 2, 205–212.

—— (1981c) On the fractional calculus. In *Proc. Symp. On Fractioaal Calculus and its Appl.* (Kyoto, 1981), Kyoto Univ., Res. Inst. Math. Sci., 57–60.

—— (1982a) On the Ruscheweyh's new criteria for univalent functions. *Math. Japan.*, **27**, no 1, 77–96.

—— (1982b) On the classes of univalent functions with negative coefficients. *Ibid.*, no 4, 409–416.

—— (1982c) An application of the fractional calculus. *Kyungpook Math. J.*, **22**, no 1, 15–19.

—— (1982d) On new criteria for analytic functions. *Tamkang J. Math.*, **13**, no 2, 201–213.

—— (1983a) An application of the fractional derivative, II. *Ibid.*, **14**, no 2, 123–130.

—— (1983b) An application of the fractional derivative, III. *Math. Japan.*, **28**, no 2, 239–244.

—— (1983c) On certain subclass of analytic and univalent functions in the unit disk. *Bull. Iran Math. Soc.*, **10**, no 1–2, 55–66.

—— (1984a) On new criteria for univalent functions. *Tamkang J. Math.*, **15**, 25–34.

—— (1984b) On new classes of analytic functions with negative coefficients. *Intern. J. Math. and Math. Sci.*, no 7, 719–730.

—— (1985a) Some applications of the fractional calculus. In *Fractional Calculus*, eds. A.C. McBride and G.F. Roach, Boston: Pitman Adv. Publ. Progr., *Res. Notes Math.*, **138**, 164–175.

—— (1985b) An application of the Ruscheweyh derivatives. *Math. Japan.*, **30**, no 6, 927–946.

—— (1985c) An application of the Ruscheweyh derivatives, II. *Publ. Inst. math.*, **38**, 99–110.

—— (1985d) On functions satisfying Re[$f(z)/z$] > α. *Tamkang J. Math.*, **16**, no 3, 35–44.

—— (1986) On Komatu's conjectures for certain linear operator. *Mat. Vesnik*, **38**, no 4, 545–551.

—— (1990) On certain generalization subclasses of analytic functions involving fractional calculus. In *Proc. Intern. Conf. Fractional Calculus and its Appl.* (Tokyo, 1989), ed. K. Nishimoto, Tokyo: Coll. Engin. Nihon Univ., 170–184.

Owa, S. and Ahuja, O.P. (1965) An application of the fractional calculus. *Math. Japan.*, **30**, no 6, 947–955.

Owa, S. and Al-Bassam, M.A. (1986) An application of the fractional calculus. *Pure and Appl. Math. Sci.*, **24**, no 1–2, 1–7.

Owa, S. and Nishimoto, K. (1982) A remark on Nishimoto's fractional differintegrations. *J. Coll. Engng. Nihon Univ.*, **B-23**, 25–32.

—— (1984) A note on a class of convex functions. *Ibid.*, **B-25**, 53–56.

Owa, S. and Obradovič, M. (1986) A remark on the Ruacheweyh derivatives. *Bull. Soc. Roy. Sci. Liége*, **55**, no 2, 279–284.

Owa, S. and Ren, F. (1989) An application of certain convolution operators. *Math. Japan.*, **34**, no 5, 815–819. (Ren, F 全名为 Ren Fu Yao——译者注)

Owa, S., Saigo, M. and Srivastava, H.M. (1989) Some characterization theorems for starlike and convex functions involving a certain fractional integral operator. *J. Math. Anal. and Appl.*, **140**, no 2, 419–426.

Owa, S. and Sekine, T. (1986) A note on Ruscheweyh derivatives. *Bull. Soc. Roy. Sci. Liége*, **55**, no 4, 483–486.

Owa, S. and Shen, C.Y. (1985) On the coefficients of generalized starlike of convex functions of order α. *Ibid.*, **54**, no 4–5, 195–202. (Shen, C. Y. 全名为 Shen Chung-Yi——译者注)

Owa, S. and Srivastava, H.M. (1969) A distortion theorem and a related conjecture involving fractional derivatives of convex function. In *Univalent Functions, Fractional Calculus and their Appl.*, ed. H.M. Srivastava, S. Owa, New York, Chichester: Halsted Press, John Willey and Sons, 219–228.

Pacchiarotti, N. and Zanelli, V. (1983) Ortogonalitá di polinomi di grado non intero: il caso delle derivate di ordine 1/2 dei polinomi di Legendre. *Atti Semin. mat. e fis. Univ. Modena*, **32**, no 1, 60–81.

Pahareva, N.A. and Virchenko, N.A. (1962) Some integral transformations in the class of x^k-analytic functions (Ukrain.). *Dop. Akad. Nauk Ukrain. RSR*, no 8, 998–1003.

Palamodov, V.P. (1980) Riemann-Liouville integrals, singular points of hypersurfaces and hyperbolic equations (Russian). In *Proc. Conf. Partial diff. equat.* (Novosibirsk, 1978), Novosibirsk: Nauka, Sibirsk. Otdel., 144–146.

Paley, R.E.A.C. (1930) On the Cesàro summability of Fourier series and allied series. *Proc. Cambridge Phil. Soc.*, **26**, no 2, 173–203.

Parashar, B.P. (1967) Domain and range of fractional integration operators. *Math. Japan.*, **12**, no 2, 141–145.

Pathak, R.S. (1973) Some theorems on Whittaker transforms. *Indian J Pure and Appl. Math.*, **4**, no 3, 308–317.

—— (1978) On a class of dual integral equations. *Proc. Kongl. Nederl. Akad. Weten*, **81**, no 4, 491–501.

Pavlov, P.M. and Samko, S.G. (1984) Description of spaces $L_p^\alpha(S_{n-1})$ in terms of spherical hypersingular integrals (Russian). *Dokl. Akad. Nauk SSSR*, **276**, no 3, 546–550, {Transl. in *Soviet Math. Dokl*, **29** (1984), no 3, 549–553}.

Peacock, G. (1833) Report on the recent progress and present state of certain branches of analysis (general differentiation). *3rd annual report of the British Assoc.*, 206–225, 240–247.

Peetre, J. (1969) On the theory of $\mathcal{L}_{p,\lambda}$ spaces. *J. Funct. Analysis*, **4**, no 1, 71–78.

Pekarskii, A.A. (1983) Rational approximations of the class H_p, $0 < p \leqslant \infty$ (Russian). *Dokl. Akad. Nauk BSSR*, **27**, no 1, 9–12.

—— (1984a) Direct and inverse theorems of rational approximation of the Hardy class (Russian). *Ibid.*, **28**, no 2, 111–114.

—— (1984b) Inequalities of Bernstein type for derivatives of rational functions, and inverse theorems of rational approximation (Russian). *Mat. Sb. (N.S.)*, **124**, no 4, 571–588.

Pennell, W.O. (1932) The use of fractional integration and differentiation for obtaining certain expansions in terms of Bessel functions or of sines and cosines. *Bull. Amer. Math. Soc.*, **38**, 115–122.

Penzel, F. (1986) Zur Theorie Verallgemeinerter Abelscher Integralgleichungen. *Dr. Diss.*, Darmstadt, 63 pp.

—— (1987) On the theory of generalized Abel integral equations on the half-line. *Integr. Equat. and Operator Theory*, **10**, no 4, 595–620.

Peschanskii, A.I. (1984) Integral equations with hypergeometric function on closed contour (Russian). Odessa, Dep. in Ukrain. NIINTI 29.02.84, no 361 Uk-D, 25 pp.

—— (1989) On a characterization of the space of fractional integrals of curvilinear convolution type. (Russian). *Izv. Vyscsh. Uchebn. Zaved. Mat.*, no 7, 29–39.

Peters, A.S. (1961) Certain dual integral equations and Sonine's integrals. *Technical Report No 265, IMM-NYU*, Courant Inst. Math. Sci. New York Univ., 41 pp.

—— (1969) Some integral equations related to Abel's equation and the Hilbert transform. *Comm. Pure and Appl. Math.*, **22**, no 4, 539–560.

Pichorides, S.K. (1972) On the best values of the constants in the theorem of M. Riesz, Zygmund and Kolmogorov. *Stud. Math.*, **44**, no 2, 165–179.

Pilidi, V.S. (1968) On some properties of multiple Abel operators (Russian). In *Mater. second sci. conf. young scientists of Rostov. region. Seet. natur. sci.*, Rostov on-Don: Izdat. Rostov. Univ., 125–126.

Pinkevich, V.T. (1940) Sur l'ordre du reste de la série de Fourier des fonctions dérivables an sens de Weyl (Russian). *Izv. Akad. Nauk SSSR, Ser. Mat.*, **4**, no 6, 521–526.

Pinney, E. (1945) A class of integral equations which generalize Abel's equation. *Bull. Amer. Math. Soc.*, **51**, no 4, 259–265.

Pitcher, E. and Sewell, W.E. (1938) Existence theorems for solutions of differential equations of non-integral order. *Ibid.*, **44**, no 2, 100–107, (A correction in no 12, pp. 888).

Plessis, N.du (1952) A theorem about fractional integrals. *Proc. Amer. Math. Soc.*, **3**, no 6, 892–898.

—— (1955) Some theorems about the Riesz fractional integral. *Trans. Amer. Math. Soc.*, **80**, no 1, 124–134.

Poisson, S.D. (1823) Mémoire sur l'integration des équations linéaires aux differences partielles. *J. l'Ecole Roy. Polytechn.*, **12**, 215–246.

Pokalo, A.K. (1970) Linear methods for the approximation of derivatives and integrals in the sense of Weyl of periodic functions (Russian). *Vestsi Akad. Navuk BSSR, Ser. Fiz.-Mat. Navuk,* , no 2, 32–39.

Polking, J.C. (1972) A Leibniz formula for some differentiation operators of fractional order. *Indiana Univ. Math. J.*, **21**, no 11, 1019–1029.

Pollard, H. and Widder, D.V. (1970) Inversion of a convolution transform related to heat conduction. *SIAM J. Math. Anal.*, **1**, no 4, 527–532.

Polozhii, G.N. (1964) Limit values and inversion formulae along the cuts of the fundamental integral representation for p-analytic functions with characteristic $p = x^k$, I (Russian). *Ukrain. Mat. Z.*, **16**, no 5, 631–656.

—— (1965) *Generalization of the theory of analytic functions of a complex variable. P-analytic and (p, q)-analytic functions and some of their applications* (Russian). Kiev: Izdat. Kiev. Univ., 442 pp.

—— (1973) *The theory and application of p-analytic and (p, q)-analytic functions* (Russian). Kiev: Naukova Dumka, 423 pp.

Pólya, G. and Szegö, G. (1931) Über den transfiniten Durchmesser (Kapazitätskonstante) von ebenen und räumlichen Punktmengen. *J. für reine und angew. Math.*, **165**, 4–49.

Ponce, G. (1987) The initial value problem for a nonlinear nonuniform parabolic equation. *Ann. Mat. Pura ed Appl.*, **148**, 17–28.

Ponomarenko, S.P. (1978) The solution of a class of triple integral equations associated with the integral Hankel transformation (Russian). *Ukrain. Mat. J.*, **30**, no 8, 833–840.

—— (1982) The operator method for solving systems of dual integral equations which are connected with the Mehler-Fock integral transformation (Russian). *Ibid.*, **34**, no 3, 316–321.

Ponomarenko, V.G. (1979) A.F. Timan's inequalities for the modulus of smoothness of fractional order (Russian). Dnepropetrovsk, Dep. in VINITI 20.08.79, no 3093, 16 pp.

—— (1983) Modulus of smoothness of fractional order and the best approximations in L_p ($1 < p < \infty$) (Russian). In *Constructive Function Theory'* 81 (Varna: 1981), Sofia: Publ. House Bulg. Acad. Sci., 129–133.

Popov, G.Ya. (1976) The method of dual integral equations (Russian). In *Development of contact problems in USSR*, Moscow: Nauka, 56–87.

Popoviciu, T. (1934) Sur quelques propriétés des fonctions d'une ou de deux variables reelles. *Mathematica (Cluj)*, **8**, 1–85.

Post, E.L. (1919) Discussion of the solution of $(d/dx)^{1/2}y = y/x$ (problem # 433). *Amer. Math. Month.*, **26**, 37–39.

—— (1930) Generalized differentiation. *Trans. Amer. Math. Soc.*, **32**, 723–781.

Prabhakar, T.R. (1969) Two singular integral equations involving confluent hypergeometric functions. *Proc. Cambridge Phil. Soc.*, **66**, no 1, 71–89.

—— (1971a) Some integral equations with Kummer's functions in the kernels. *Canad. Math. Bull.*, **14**, no 3, 391–404.

—— (1971b) A singular integral equation with a generalized Mittag–Leffler function in the kernel. *Yokohama Math. J.*, **19**, 7–15.

—— (1972a) A class of integral equations with Gauss functions in the kernels. *Math. Nachr.*, **52**, no 1–6, 71–83.

—— (1972b) Hypergeometric integral equations of a general kind and fractional integration. *SIAM J. Math. Anal.*, **3**, no 3, 422–425.

—— (1977) A general class of operators involving $\Phi_1(a, b; c; z, w)$ and related integral equations. *J. Indian Math. Soc.*, **41**, no 1–2, 163–179.

Prabhakar, T.R. and Chakrabarty, M. (1976) A class of basic integral equations with basic hypergeometric function $_1\Phi_1$ in the kernels. *Indian J. Pure and Appl. Math.*, **7**, no 11, 1253–1260.

Prabhakar, T.R. and Kashyap, N.K. (1980) A new class of hypergeometric integral equations. *Ibid.*, **11**, no 1, 92–97.

Preobrazhenskii, N.G. (1978) The Abel inversion in the physical problems (Russian). In *Abel's inversion and its generalizations.* Novosibirsk: Inst. teor. i prikl. meh. Sibirsk. Otdel. Akad. Nauk SSSR, 6–24.

Prudnikov, A.P., Brychkov, Yu.A. and Marichev, O.I. (1961) *Integrals and Series. Elementary Functions* (Russian). Moscow: Nauka, 800 pp., (English ed. as Vol. 1 in New York, London: Gordon and Breach Sci. Publ., 1986, 798 pp.).

—— (1983) *Integrals and Series. Special Functions* (Russian). Moscow: Nauka, 752 pp., (English ed. as Vol. 2 in New York, London: Gordon and Breach Sci. Publ., 1986, 750 pp.).

—— (1985) *Integrals and Series. Supplementary Chapters* (Russian). Moscow: Nauka, 801p., (English ed as Vol. 3: More special functions in New York, London, Gordon and Breach Sci. Publ., 1989, 800 pp.).

—— (1989) Calculus of integrals and Mellin transform (Russian). In *Mathematical analysis. Itogi Nauki i Tekhniki.* Moscow: Acad. Nauk SSSR. VINITI, **27**, 3–146.

Pryde, A.J. (1980) Spaces with homogeneous norms. *Bull. Austral. Math. Soc.*, **21**, no 2, 189–205.

Rabinovich, V.S. (1969) A multidimensional equation of convolution type the symbol of which has singularities of a complex power-type function of a linearly-homogeneouscone (Russian). *Izv. Vyssh. Uchebn. Zaved. Mat.*, no 8, 64–74.

Rabinovich, Yu.L. (1951) Notes of the translators (Russian). In *R. Courant, D. Hilbert: Methods of Mathematical Physics*, 3d ed., Vol. 2 (Russian), Moscow, Leningrad: Gos. Izdat. Tehn.-Teor. Lit., 1951, 520–529.

Rabinovich, Yu.L. and Nesterov, S.V. (1961) General form of the linear differential equations with the degree reduced by the generalized differentiation operator D^α (Russian). *Dokl. Akad. Nauk SSSR*, **137**, no 6, 1309–1311.

Rabotnov, Yu.M. (1948) The equilibrium of the elastic environment with post-action (Russian). *Prikl. mat. i meh.*, **12**, 53–62.

Radzhabov, E.L. (1974) Certain hypersingular integral operators (Russian). *Izv. Akad. Nauk Tadzhik. SSR, Otdel. Fiz.-Mat. Him. i Geol. Nauk*, no 2, 17–25.

Radzhabov, N. (1971) Certain integral representations for a Hehnholtz type equation with a singular curve (Russian). *Dokl. Akad. Nauk Tadzhik. SSR*, **14**, no 8, 5–9.

—— (1978) Elementary solutions and integral representations for a class of differential equations with n-singular hyperplane (Russian). *Differentsial'nye Uravneniya*, **14**, no 10, 1832–1843.

—— (1980–1982) *The integral representations and boundary value problems for some differential equations with a singular line or singular surfaces*. In 3 parts (Russian). Dushanbe: Tadzh. Univ., Pt. 1: 127 pp.; Pt. 2: 170 pp.; Pt. 3: 170 pp.

—— (1982) Integral representations and boundary value problems for an equation of Helmholtz type with several singular surfaces (Russian). In *Analytic methods in the theory of elliptic equat.* Novosibirsk: Nauka, Sibirsk. Otdel., 34–46.

Radzhabov, N., Sattarov, A.S. and Dzhahirov, D.K. (1977a) Fundamental solution and integral representations for an equation of elliptic type with two singular lines (Russian). *Dokl. Akad. Nauk Tadzhik. SSR*, **20**, no 9, 13–17.

—— (1977b) The analogue of Poisson formula for a certain second order equation of elliptic type with two singular lines (Russian). *Ibid.*, **20**, no 12, 3–7.

Rafal'son, S.Z. (1971) Fourier-Laguerre coefficients (Russian). *Izv. Vyssh. Uchebn. Zaved. Mat.*, no 11, 93–98.

Raina, R.K. (1979) On the Weyl fractional differentiation. *Indian J. Pure and Appl. Math.*, **10**, no 1–2, 37–41.

—— (1984a) On composition of certain fractional integral operators. *Ibid.*, **15**, no 5, 509–518.

—— (1984b) On the multiple Weyl fractional integral of a general system of polynomials. *Boll. unione mat. ital. Ser.* 6, **3-A**, no 2, 283–287.

Raina, R.K. and Kiryakova, V.S. (1983) On the Weyl fractional operator of two dimensions. *C. R. Acad. Bulg. Sci.*,, **36**, no 10, 1273–1276.

Raina, R.K. and Koul, C.L. (1977) Fractional derivatives of the H-functions. *Jnanabha*, **7**, 97–105.

—— (1981) On Weyl fractional calculus and H-function transform. *Kyungpook Math. J.*, **21**, no 2, 275–279.

Rakesh, S.L. (1973) Theorems on fractional integration operators. *Fasc. Math.*, **7**, 37–40.

Reddy, G.L. and Padmanabhan, K.S. (1985) Some properties of fractional integrals and derivatives of univalent functions. *Indian J. Pure and Appl. Math.*, **16**, no 3, 291–302.

Reimann, H.M. and Rychener, T. (1975) Funktionen beschräenkter mittlerer Oszillation. *Lect. Notes Math.*, **487**, 1–141.

Repin, O.A. (1990) A boundary value problem for moisture transfer equation (Russian). *Differentsial'nye Uravneniya*, **26**, no 1, 169–171.

Ricci, F. and Stein, E.M. (1989) Harmonic analysis on nilpotent groups and singular integrals. III. Fractional integrals along manifolds. *J. Funct. Analysis*, **86**, 360–389.

Rieder, P. (1969) Die auflösung einer klasse verallgemeinerter Abelscher integralgleichungen. *Math. Z.*, **109**, no 1, 29–52.

Riekstyn'sh, E.Ya. (1970) Asymptotic representation of certain types of convolution integral (Russian). *Latvian Mat. Ezhegodnik*, Vyp. 6, 223–239.

—— (1974–1981) *Asymptotic expansions of integrals.* In3vols(Russian). Riga: Zinatne, vol. 1: 1974, 391 pp.; Vol. 2: 1977, 463 pp.; Vol. 3: 1981, 370 pp.

Riemann, B. (1876) Versuch einer allgemeinen Auffassung der Integration und Differentiation. In *Gesammelte Mathematische Werke und Wissenschaftlicher*, Leipzig: Teubner, 331–344, (New ed. Gesammelte... in New York: Nachlass. Dover Publ. Inc., 1953, 558 pp.+116 pp.).

Riesz, M. (1910) Sur un probleme d'Abel. *Rend. Circolo Mat. Palermo*, **30**, 339–348.

—— (1922–1923) Sur un théoréme de la moyenne et ses applications. *Acta Litt. ac Sci. reg. Univ. Hung. Francisco-Josephinae. Sec. Sci. Math.*, **1**, 114–128.

—— (1936a) Potentiels de divers ordres et leurs fonctions de Green. In *C. R. Congrés Intern. Math.*, Oslo, **2**, 62–63.

—— (1936b) L'intégrales de Riemann-Liouville et solution invariantive du probléme de Cauchy pour l'équation des ondes. *Ibid.*, 44–45.

—— (1938) L'intégrales de Riemann-Liouville et potentiels. *Acta Litt. Acad. Sci. Szeged,* **9**, 1–42.

—— (1939) Rectification au travail "Intégrales de Riemann-Liouville et potentiels". *Ibid.*, **9**, no 2, 116–118.

—— (1949) L'intégrale de Riemann-Liouville et le problème de Cauchy. *Acta Math.*, **81**, no 1–2, 1–223.

—— (1961) The analytic continuation of the Riemann-Liouville integral in the hyperbolic case. *Canad. J. Math.*, **13**, no 1, 37–47.

—— (1967(1939)) L'integrale de Riemann-Liouville et le probleme de Cauchy pour l'equation des ondes. *Bull. Soc. Math. France. Déc. suppl.*, 153–170.

Roberts, K.L. (1982) On fractional integrals equivalent to a constant. *Canad. Math. Bull.*, **25**, no 3, 335–338.

Rooney, P.G. (1956) On some properties of certain fractional integrals. *Trans. Roy. Soc. Canada, Ser.* 3, **50**, 61–70.

—— (1972) On the ranges of certain fractional integrals. *Canad. J. Math.*, **24**, no 6, 1193–1218.

—— (1973) A technique for studying the boundedness and extendability of certain types of operators. *Ibid.*, **25**, no 5, 1090–1102.

—— (1978) On the ranges of certain fractional integrals, II. *Appl. Anal.*, **8**, no 2, 175–184.

—— (1983) On integral transformations with *G*-function kernels. *Proc. Roy. Soc. of Edinburgh*, **A 93**, no 3–4, 265–297.

Ross, B. (1975) A brief history and exposition of the fundamental theory of fractional calculus. In *Proc. Intern. Conf. Fractional Calculus and its Appl.* (New Haven, 1974), ed. B. Ross, *Lect. Notes Math.*, Vol. 457, 1–36.

—— (1977a) The development of fractional calculus 1695–1900. *Historia Math.*, **4**, 75–89.

—— (1977b) Fractional calculus. A historical apologia 56 # 5811 for the development of a calculus using differentiation and antidifferentiation of non-integral orders. *Math. Magaz.*, **50**, no 3, 115–122.

Rothe, R. (1931) Zur Abelschen Integralgleichung. *Math. Z.*, **33**, no 3, 375–387.

Rozanova, G.I. (1976) Sharp integral inequalities with the derivatives of order $\alpha > 0$ (Russian). *Mat. fizika*, Vyp. 3, 97–103.

Rozet, T.A. (1947) On inversion formulas for a class of integral transforms (Russian). *Dokl. Akad. Nauk SSSR*, **57**, no 3, 227–230.

Rubin, B.S. (1972a) On the spaces of fractional integrals on straightline contour (Russian). *Izv. Akad. Nauk Armyan. SSR, Ser. Mat,* **7**, no 5, 373–386.

—— (1972b) On operators of potential type in weight spaces on an arbitrary contour (Russian). *Dokl. Akad. Nauk SSSR*, **207**, no 2, 300–303, {Transl. in *Soviet Math. Dokl.*, 1972, **13**, no 6, 1530–1534}.

—— (1973a) Potential operators on an interval of the real axis (Russian). *Izv. Vyssh. Uchebn. Zaved. Mat.*, **6**, 73–81.

—— (1973b) The Noethericity of operators of potential type with power-logarithmical kernels on an interval of the real axis (Russian). *Izv. Severo-Kavkaz. Nauch. Tsentra Vyssh. Shkoly, Ser. Estestv. Nauk*, no 4, 112–114.

—— (1974a) The operators of potential type on a union of intervals of the real axis (Russian). In *Mat. Analysis and its Appl.*, Rostov-on-Don: Izdat. Rostov. Univ., Vyp. 5, 144–149.

—— (1974b) The operators of potential type on a curvilinear contour (Russian). *Ibid.*, 150–155.

—— (1974c) Fractional integrals in Hölder spaces with weight, and operators of potential type (Russian). *Izv. Akad. Nauk Armyan. SSR, Ser. Mat.*, **9**, no 4, 308–324.

—— (1975) The Noethericity of operators of potential type in spaces of functions *p*-summable with weight (Russian). *Izv. Vyssh. Uchehn. Zaved. Mat.*, no 8, 81–90.

—— (1976) Operators of potential type with power-logarithmic kernels in the case of a nonnegative exponent for the logarithm (Russian). *Izv. Severo-Kavkaz. Nauch. Tsentra Vyssh. Shkoly, Ser. Estestv. Nauk,*, no 3, 17–22.

—— (1977) A general method for the study of the Noethericity of operators of potential type with power-logarithmic kernels on a finite segment (Russian). *Izv. Akad. Nauk Armyan. SSR, Ser. Mat.*, **12**, no 6, 447–461, (Corrections in *Ibid.*, 1979, **14**, no 1, 70–71).

—— (1980a) Noether theory for generalized Abel equations with a real exponent (Russian). *Differentsial'nye Urauneniya*, **16**, no 5, 915–927, {Transl. in *Diff. equat.*, 1980, **16**, no 5, 591–600}.

—— (1980b) The characterization of the range of the convolution operators with power logarithmical kernels on the finite segment (Russian). Rostov-on-Don, Dep. in VINITI 18.11.80, no 4848, 20 pp.

—— (1980c) On the Noethericity of integral equations of the first kind with a finite number of kernel of potential type (Russian). *Izv. Severo-Kavkaz. Nauch. Tsentra Vyssh. Shkoly, Ser. Estestv. Nauk*, no 3, 29–31.

—— (1982) An imbedding theorem for ranges of convolution operators on a finite interval and operators of potential type, I and II. (Russian). *Izv. Vyssh. Uchebn. Zaved. Mat.*, no 1, 53–63 and no 2, 49–59.

—— (1983a) The generalized Abel equation and the plane contact problem of the plasticity theory with power strengthening of the material with variable coefficient of friction (Russian). *Izv. Akad. Nauk Armyan. SSR, Ser. Meh.*, no 2, 19–25.

—— (1983b) Multidimensional integrals of Riemann-Liouville type and Riesz potentials in a half-space (Russian). Rostov-on-Don, Dep. in VINITI 23.06.83, no 3414, 34 pp.

—— (1983c) One-dimensional representation, inversion and certain properties of Riesz potentials of radial functions (Russian). *Mat. Zametki*, **34**, no 4, 521–533.

—— (1984a) Riesz potentials and operators of Riemann-Liouville type in a half space (Russian). *Dokl. Akad. Nauk SSSR*, **279**, no 1, 30–34.

—— (1984b) One-sided ball potentials and the inversion of Riesz potentials on an n-dimensional ball or its exterior (Russian). Rostov-on-Don, Dep. in VINITI 18.07.84, no 5150, 48 pp.

—— (1985a) The method of one-sided potentials in the theory of some classes of differentiable functions of fractional smoothness and the inversion of the potentials on the half-space (Russian). Rostov-on-Don, Dep. in VINITI 26.02.85, no 1456, 63 pp.

—— (1985b) Inversion of Riesz potentials on an n-dimensional ball or its exterior (Russian). *Izv. Vyssh. Uchehn. Zaved. Mat*, no 6, 81–85.

—— (1986a) The fractional integrals and Riesz potentials with radial density in the spaces with power weight (Russian). *Izv. Akad. Nauk Armyan. SSR, Ser. Mat.*, **21**, no 5, 488–503.

—— (1986b) On a method of characterization and inversion of Bessel and Riesz potentials (Russian). *Izv. Vyssh. Uchebn. Zaved. Mat.*, no 5, 59–68.

—— (1986c) The characterization and inversion of Bessel potentials by means of hypersingular integrals with weighted differences (Russian). *Differentsial'nye Uravneniya*, **22**, no 10, 1805–1818.

—— (1986d) The characterization and inversion of Bessel potentials with L_p-densities on R^n and in the half-space (Russian). *Soobsheh. Akad. Nauk Gruzin. SSR*, **124**, no 2, 245–248.

—— (1987a) The inversion of the potentials in R^n by means of the Gauss-Weierstrass integrals (Russian). *Mat. Zametki*, **41**, no 1, 34–42.

—— (1987b) The spaces of Lizorkin type on the half-line and fractional integration of generalized functions (Russian). In *Integral Equat. and Integral Operators, Mezhvuzov. sb. nauch. stat.*, Krasnodar: Kubansk. i Rostov. Univ., 81–88.

—— (1988) One-sided potentials, the spaces $L^\alpha_{p,r}$ and the inversion of Riesz and Bessel potentials in the half-space. *Math. Nachr.*, **136**, 177–208.

Rubin, B.S. and Volodarskaya, G.F. (1979) An imbedding theorem for convolutions on a finite interval and its application to integral equations of the first kind (Russian). *Dokl. Akad. Nauk SSSR*, **244**, no 6, 1322–1326.

Ruhovets, A.M. and Uflyand, Ya.S. (1966) On a class of dual integral equations and their applications to the theory of elasticity (Russian). *Prikl. mat. i meh.*, **30**, Vyp. 2, 271–277, {Transl. in *J. Appl. Math., Mech.*, 1966 (1967), **30**, 334–341}.

Ruiz, F.J. and Torrea, T.L. (1986) Weighted and vector-valued inequalities for potential operators. *Trans. Amer. Math. Soc.*, **295**, no 1, 213–232.

Rusak, V.N. (1983) Approximation by rational operators of functions having a fractional derivative of bounded variation (Russian). *Vestsi Akad. Navuk BSSR, Ser. Fiz.-Mat. Navuk*, no 6, 20–26.

—— (1984) Approximation by rational operators of Fourier type of the periodical functions represented in the convolution form (Russian). *Ibid.*, no 2, 25–32.

—— (1985) Rational approximation of periodic functions having a piecewise-convex derivative (Russian). In *Reports of the extended sessions of a seminar of the I.N. Vekua Inst. Appl. Math.* (Tbilisi, 1965), Tbiliss. Gos. Univ., **1**, no 2, 118–121.

Rusev, P.K. (1979) On the representation of the analitycal functions by means of the series of Laguerre polynomials (Russian). *Dokl. Akad. Nauk SSSR*, **249**, no 1, 57–59.

Rusia, K.C. (1966a) An integral equation involving generalized Laguerre polynomial. *Math. Japan.*, **11**, 15–18.

—— (1966b) An integral equation involving Jacobi polynomial. *Proc. Nat. Acad. Sci. India*, **A 36**, no 4, 933–936.

—— (1967) Some integral equations and integrals. *Ibid.*, **A 37**, no 1, 67–70.

—— (1969a) An integral equation involving confluent hypergeometric function. *Math. Student*, **37**, no 1–4, 55–58.

—— (1969b) A class of integral equations. *Proc. Nat. Acad. Sci. India*, **A 39**, 334–336.

—— (1969c) A class of integral equations involving confluent hypergeometric function. *Ibid.*, **A 39**, 349–354.

—— (1969d) On some integral equations involving Jacobi polynomials. *Ibid.*, **A39**, 381–386.

Saakyan, B.A. (1974) Differential operators of fractional order, and associated $\langle\rho_j\rangle$-absolutely monotone functions (Russian). *Izv. Akad. Nauk Armyan. SSR, Ser. Mat.*, **9**, no 4, 265–307.

—— (1975) Differential operators of fractional order, and associated $\langle\rho_j,\omega_j\rangle$-absolutely monotone functions (Russian). *Uchen. Zap. Erevan. Univ., Estestv. Nauki*, **1 (128)**, 3–9.

—— (1988) On a generalized Taylor-Maclaurian-type formula (Russian). *Ibid.*, **3**, 30–40.

Sadikova, R.H. (1979) Inequalities for sourcewise representable functions (Russian). *Izv. Vyssh. Uchebn. Zaved. Mat.*, no 11, 61–64.

Sadowska, D. (1959) Equation intégro-differentielle d'Abel. *Bull. Soc. sci. et lettres Lodz. Cl.* 3, **10**, no 6, 1–17.

Saigo, M. (1978) A remark on integral operators involving the Gauss hypergeometric functions. *Math. Rep. Kyushu Univ.*, **11**, no 2, 135–143.

—— (1979) A certain boundary value problem for the Euler-Darboux equation. *Math. Japan.*, **24**, no 4, 377–385.

—— (1980a) On the Hölder continuity of the generalized fractional integrals and derivatives. *Math. Rep. Kyushu Univ.*, **12**, no 2, 55–62.

—— (1980b) A certain boundary value problem for the Euler-Darboux equation, II. *Math. Japan.*, **25**, no 2, 211–220.

—— (1981a) A certain boundary value problem for the Euler-Darboux equation, III. *Ibid*, **26**, no 1, 103–119.

—— (1981b) A generalization of fractional calculus and its applications to Euler-Darboux equation. In *Proc. Symp. On Fractional Calculus and its Appl.* (Kyoto, 1981), Kyoto Univ., Res. Inst. Math. Sci., 33–56.

—— (1985) A generalization of fractional calculus. In *Fractional Calculus*, eds. A.C. McBride, G.F. Roach, Boston: Pitman Adv. Publ. Progr., *Res. Notes Math.*, **138**, 188–198.

—— (1987) A generalization of fractional calculus and boundary value problems for the Euler-Darboux equation. In *Proc. Third Conf. Diff. Equat. and Appl.* (Rousse, 1985), Sofia: Publ. House Bulg. Acad. Sci., 907–913.

—— (1989) Fractional integrals and derivatives associated with elementary functions and Bessel functions. In *Proc. Intern. Symp. Univalent Functions, Fractional Calculus and their Appl.* (Koriyama, 1988), eds. H.M. Srivastava, S. Owa. Chichester: Ellis Horwood Ltd, 283–306.

Saigo, M. and Glaeske, H.-J. (1990a) Fractional calculus on space $F_{p,\mu}$. In *Proc. Intern. Conf. Fractional Calculus and its Appl.* (Tokyo, 1989), ed. K. Nishimoto, Tokyo: Coll. Engin. Nihon Univ., 207–214.

—— (1990b) Fractional calculus operators involving the Gauss function on space $F_{p,\mu}$ and $F'_{p,\mu}$. *Math. Nachr.*, **147**, 285–305.

Saigo, M., Kant, S. and Koul, C.L. (1990) On generalized fractional integrals involving the H-function associated with a general class of polynomials. *Fukuoka Univ. Sci. Rep.*, **20**, no 1, 15–21.

Saigo, M. and Raina, R.K. (1988) Fractional calculus operators associated with a general class of polynomials. *Ibid.*, **18**, no 1, 15–22.

Saitoh, H. (1990) Properties of certain multivalent functions and an application of fractional calculus. In *Proc. Intern. Conf. Fractiontal Calculus and its Appl.* (Tokyo, 1989), ed. K. Nishimoto, Tokyo: Coll. Engin. Nihon Univ., 215–220.

Sakalyuk, K.D. (1960) Abel's generalized integral equations (Russian). *Dokl. Akad. Nauk. SSSR*, **131**, no 4, 748–751, {Transl. in *Soviet Math. Dokl.*, 1960, **1**, 332–335}.

—— (1962) Generalization of Abel's integral equation (Russian). *Uchen. Zap. Kishinev. Gos. Univ.*, **50**, 95–102.

—— (1963) Integral equations with power, logarithmical and polar kernels solved in the closed form (Russian). *Dr. Diss.*, Kishinev, 94 pp.

—— (1965) The generalized Abel integral equation with inner coefficients (Russian). *Uchen. Zap. Kishinev. Gos. Univ.*, **82** (mat.), 60–68.

Saksena, K.M. (1958) Inversion and representation theorems for a generalized Laplace integral. *Pacif. J. Math.*, **8**, no 3, 597–607.

Salahitdinov, M.S. and Mengziyaev, B. (1977) A certain boundary value problem with displacement for a mixed type equation with two lines of degeneracy (Russian). *Differentsial'nye Uravneniya*, **13**, no 1, 133–139.

Salahitdinov, M.S. and Mirsaburov, M. (1981) Some boundary value problems for a hyperbolic equation which degenerate inside the domain (Russian). *Ibid.*, **17**, no 1, 129–136, {Transl in *Dif. Equat.* **17** (1981), no 1, 88–94}.

—— (1982) Two nonlocal boundary value problems for a degenerate hyperbolic equation (Russian). *Ibid.*, **18**, no 1, 116–127.

Samko, S.G. (1967a) Solution of generalized Abel equation by means of an equation with Cauchy kernel (Russian). *Dokl. Akad. Nauk SSSR*, **176**, no 5, 1019–1022, {Transl. in *Soviet Math. Dokl.*, **6** (1967), 1259–1262}.

—— (1967b) On the reduction of certain integral equations of the first kind in the theory of elasticity and hydrodynamics to equations of the second kind (Russian). *Prikl. mat. i meh.*, **31**, no 2, 343–345.

—— (1968a) To the theory of the generalized Abel integral equation (Russian). In *Mater. 7th and 8th nauch. conf. aspir. Rostov. univ., Ser. tochn. i estestv. nauk.* (Russian), Rostov-on-Don: Izdat. Rostov Univ., 56–61.

—— (1968b) The generalized Abel equation with the infinite limits (Russian). *Ibid.*, 160–165.

—— (1968c) The generalized Abel equation and fractional integration operators (Russian). *Differentsial'nye Uravneniya*, **4**, no 2, 298–314.

—— (1968d) Noether theory for Abel's generalized integral equation (Russian). *Ibid.*, 315–326.

—— (1969a) Abel's generalized equation, Fourier transform, and convolution type equations (Russian). *Dokl. Akad. Nauk SSSR*, **187**, no 4, 743–746, {Transl. in *Soviet Math. Dokl.*, **10** (1969), no 4, 942–946}.

—— (1969b) On the integral modulus of continuity of the potentials with the densities summable on the axis with weight (Russian). In *Mat. Analysis and Appl.*, Rostov-on-Don: Izdat. Rostov. Univ., 175–184.

—— (1970a) The generalized Abel integral equation on the axis (Russian). *Izv. Vyssh. Uchebn. Zaved. Mat.*, no 8, 83–93.

—— (1970b) Integral equations of the first kind with a kernel of potential type (Russian). In *Proc. Conf. on Boundary Value Problems* (Kazan, 1969), Kazan: Izdat. Kazan. Univ., 216–220.

—— (1971a) Operators of potential type (Russian). *Dokl. Akad. Nauk SSSR*, **196**, no 2, 299–301, {Transl. in *Saviet Math. Dokl.*, **12** (1971), no 1, 125–126}.

—— (1971b) On integral equations of the first kind with kernels of potential type (Russian). *Izv. Vyssh. Uchebn. Zaved. Mat.*, no 4, 78–86.

—— (1971c) A certain class of potential type operators on the line (Russian). *Ibid.*, no 5, 92–100.

—— (1973) The space $I^\alpha(L_p)$ of fractional integrals, and operators of potential-type (Russian). *Izv. Akad. Nauk Armyan. SSR, Ser. Mat.*, **8**, no 5, 359–383.

—— (1974) On the boundedness of the truncation operator in the space of fractional integrals (Russian). *Mat. Analysis and Appl.*, Rostov-on-Don: Izdat. Rostov. Univ., **5**, 16–19.

—— (1975) Integral equations of convolution type of the first kind with a power kernel (Russian). *Izv. Vyssh. Uchebn. Zaved. Mat.*, no 4, 60–67.

—— (1976a) On spaces of Riesz potentials (Russian). *Izv. Akad. Nauk SSSR, Ser. Mat.*, **40**, no 5, 1143–1172, {Transl. in *Math. USSR Izvestiya*, **10** (1976), no 5, 1089–1117}.

—— (1976b) The spaces $L^\alpha_{p,r}(R^n)$, and hypersingular integrals (Russian). *Vestsi Akad. Navuk BSSR, Ser. Fiz.-Mat. Navuk*, no 2, 34–41.

—— (1977a) The spaces $L^\alpha_{p,r}(R^n)$ and hypersingular integrals (Russian). *Studia Math. (PRL)*, **61**, no 3, 193–230.

—— (1977b) Generalized Riesz potentials and hypersingular integrals, their symbols and inversion (Russian). *Dokl. Akad. Nauk SSSR*, **232**, no 3, 528–531, {Transl. in *Soviet Math. Dokl.*, **18** (1977), no 1, 97–101}.

—— (1977c) Spherical potentials, spherical Riesz differentiation, and their applications (Russian). *Izv. Vyssh. Uchehn. Zaved. Mat.*, no 2, 135–139.

—— (1977d) On the characterization of the range $I^\alpha(L_p)$ of Riesz potentials (Russian). *Izv. Akad. Nauk Armyan. SSR, Ser. Mat.*, **12**, no 5, 329–334.

—— (1977e) The classes $C^\lambda(R^n)$, and multipliers in the space $I^\alpha(L_p)$ of Riesz potentials (Russian). *Izv. Severo-Kavkaz. Nauch. Tsentra Vyssh. Shkoly, Ser. Estestv. Nauk*, no 3, 3–17.

—— (1977f) Test functions vanishing on a given set, and division by a function (Russian). *Mat. Zametki*, **21**, no 5, 677–689.

—— (1978a) Generalized Riesz potentials (Russian). *Semin. Inst. Prikl. Mat. Tbilissk. Univ.*, Vyp. 11, 35–44.

—— (1978b) Hypersingular integrals with homogeneous characteristics (Russian). *Trudy Inst. Prikl. Mat. Tbilis. Gos. Univ.*, **5/6**, 235–249.

—— (1978c) The methods of inversion of the potential type operators, and the equations with involution operators and their applications (Russian). *Dr. Diss.*, Moscow, Mat. Inst. Steklov, 295 pp.

—— (1980) Generalized Riesz potentials and hypersingular integrals with homogeneous characteristics; their symbols and inversion (Russian). *Trudy Mat. Inst. Steklov*, **156**, 157–222, {Transl. in *Proc. Steklov Inst. Mat.*, 1983, Issue 2, 173–243}.

—— (1982) Denseness of Lizorkin-type spaces Φ_V in $L_p(R^n)$ (Russian). *Mat. Zametki*, **31**, no 6, 655–665.

—— (1983) Singular integrals over a sphere and the construction of the characteristic by the given symbol (Russian). *Izv. Vyssh. Uchebn. Zaved. Mat.*, no 4, 26–42.

—— (1984) *Hypersingular integrals and their applications (Russian).* Rostov-on-Don: Izdat. Rostov. Univ., 208 pp.

—— (1985a) One- and multidimensional integral equations of the first kind with a weak singularity in the kernel (Russian). In *Proc. commemorative seminar on boundary valve problems* (Minsk, 1961), Minsk: Universitetskoe, 103–105.

—— (1985b) The coincidence of Grünwald-Letnikov differentiation with other forms of fractional differentiation. The periodic and the nonperiodic cases (Russian). In *Reports of the extended sessions of the seminar of the I. N. Vekua Inst. Appl. Math.* (Tbilisi, 1985), Tbiliss. Gos. Univ., **1**, no 1, 183–186.

—— (1990a) Hypersingular integrals and fractional order differences (Russian). *Trudy Mat. Inst. Steklov*, **192**, 164–182.

—— (1990b) The multidimensional fractional integro-differentiation and the Grünwald-Letnikov approach to fractional calculus. In *Proc. Intern. Conf. Fractional Calculus and its Appl.* (Tokyo, 1989), ed. K. Nishimoto., Tokyo: Coll. Engin. Nihon Univ., 221–224.

—— (1991) On denseness of the spaces Φ_V of Lizorkin type in the spaces $L_{\bar{p}}(R^n)$ with mixed norm (Russian). *Dokl. Akad. Nauk SSSR*, **319**, no 3, 567–569.

Samko, S.G. and Chuvenkov, A.F. (1975) On the Riesz potentials in the Orlicz spaces (Russian). *Mat. Analysis and Appl.*, Rostov-on-Don: Izdat. Rostov. Univ., no 7, 150–156.

Samko, S.G. and Murdaev, H.M. (1987) Weighted Zygmund-type estimates for fractional differentiation and integration and its applications (Russian). *Trudy Mat. Inst. Steklov*, **180**, 197–198, {Transl. in *Proc. Steklov Inst. Math.*, 1989, no 3, 233–235}.

Samko, S.G. and Umarkhadzhiev, S.M. (1980a) Characterization of the space of Riesz potentials in terms of higher derivatives (Russian). *Izv. Vyssh. Uchebn. Zaved. Mat.*, no 11, 79–82.

—— (1980b) Characterization of a space $I^\alpha(L_p)$ of Riesz potentials in terms of derivatives of order $[\alpha]$ (Russian). Rostov-on-Don, Dep. in VINITI 18.07.80, no 3165, 21 pp.

—— (1985) Applications of hypersingular integrals to multidimensional integral equations of the first kind (Russian). *Trudy Mat. Inst. Steklov*, **172**, 299–312, {Transl. in *Proc. Steklov Inst. Math*, 1987, Issue 3, 325–339}.

Samko, S.G. and Vasil'ev, I.L. (1981) Integral equations with analytic kernels of potential type (Russian). Minsk, Dep. in VINITI 1.07.81, no 3227, 22 pp.

Samko, S.G. and Yakubov, A.Ya. (1984) Zygmund estimate for a singular integral with a rapidly decreasing power weight (Russian). *Izv. Vyssh. Uchcbn. Zaved. Mat.*, no 12, 42–51.

—— (1985a) Zygmund type estimates for hypersingular integrals (Russian). Rostov-on-Don, Dep. in VINITI 19.03.85, no 1966, 22 pp.

—— (1985b) Zygmund estimate for moduli of continuity of fractional order of a conjugate function (Russian). *Izv. Vyssh. Uchebn. Zaved. Mat.*, no 12, 49–53.

—— (1986) Zygmund estimate for hypersingular integrals in the case of moduli of continuity of fractional order (Russian). *Izv. Severo-Kavkaz. Nauch. Tsentra Vyssh. Shkoly, Ser. Estestv. Nauk*, no 3, 42–47.

Sampson, C.H. (1986) A characterization of parabolic Lebesgue spaces. Dr. Diss., Rice Univ., 91 pp., *Diss. Abstrs*, 1986, **29**, no 6, pos. 2125–B.

Sargent, W.L.C. (1946) A mean value theorem involving Cesáro means. *Proc. London Math. Soc., Ser. 2*, **49**, 227–240.

—— (1950) On fractional integrals of a function integrable in the Cesáro-Perron sense. *Ibid.*, **51**, no 1, 46–80.

—— (1951) On the continuity (C) and integrability (CP) of fractional integrals. *Ibid.*, **52**, no 4, 253–270.

Satô, T. (1935) On Abel's integral equation. *Mem. Coll. Sci. Kyoto*, **18**, 63–78.

Savelova, T.I. (1980) On stable differentiation of functions (Russian). *Z. Vychisl. Mat. i Mat. Fiz.*, **20**, no 2, 501–505.

Sawyer, E. (1984) A two weight weak type inequality for fractional integrals. *Trans. Amer. Math. Soc.*, **281**, no 1, 339–345.

—— (1988) A characterization of two weight norm inequalities for fractional and Poisson integrals. *Trans. Amer. Math. Soc.*, **308**, no 2, 533–545.

Saxena, R.K. (1966a) An inversion formula for the Varma transform. *Proc. Cambridge Phil. Soc.*, **62**, no 3, 467–471.

—— (1966b) An inversion formula for a kernel involving a Mellin-Barnes type integral. *Proc. Amer. Math. Soc.*, **17**, no 4, 771–779.

—— (1967a) A formal solution of certain dual integral equations involving H-functions. *Proc. Cambridge Phil. Soc.*, **63**, no 1, 171–178.

—— (1967b) On the formal solution of dual integral equations. *Proc. Amer. Math. Soc.*, **18**, no 1, 1–8.

—— (1967c) On fractional integration operators. *Math. Z.*, **96**, no 4, 288–291.

Saxena, R.K. and Kumbhat, R.K. (1973) A generalization of Kober operators. *Vijnana Parishad Anusandhan Patrika*, **16**, no 1, 31–36.

—— (1974) Integral operators involving H-function. *Indian J. Pure and Appl. Math.*, **5**, no 1, 1–6.

—— (1975) Some properties of generalized Kober operators. *Vijnana Parishad Anusandhan Patrika*, **18**, no 2, 139–150.

Saxena, R.K. and Modi, G.C. (1980) Multidimensional fractional integration operators associated with hypergeometric functions. *Nat. Acad. Sci. Lett.*, **3**, no 5, 153–157.

Saxena, R.K. and Sethi, P.L. (1973) Relations between generalised Hankel and modified hypergeometric function operators. *Proc. Indian Acad. Sci.*, **A 78**, no 6, 267–273.

Saxena, V.P. (1970) Inversion formulae to certain integral equations involving H-function. *Portugal. Math.*, **29**, no 1, 31–42.

Schneider, W.R. (1982) The general solution of a non-linear integral equation of convolution type. *J. Appl. Math. and Phys.*, **33**, no 1, 140–142.

Schneider, W.R. and Wyss, W. (1989) Fractional diffusion and wave equations. *J. Math. Phys.*, **30**, no 1, 134–144.

Schwartz, J.T. (1961) A remark on inequalities of Calderon-Zygmund type for vector-valued functions. *Comm. Pure and Appl. Math.*, **14**, no 4, 785–799.

Schwartz, L. (1950–1951) *Théorie des distributions*. In 2 vols. Paris: Hermann, Vol. 1: 1950, 162 pp.; Vol. 2: 1951, 169 pp.

Seitkazieva, A. (1980) Integro-differential equations with a kernel which has a weak singularity (Russian). In *Studies in integro-differential equations*, Frunze: Ilim, no 13, 132–135.

Sekine, T. (1987) On new generalized classes of analytic functions with negative coefficients. *Rep. Res. Inst. Sci. Techn. Nihon Univ.*, no 32, 1–26.

—— (1990) On distortion theorems for fractional calculus. In *Proc. Intern. Conf. Fractional Calculus and its Appl.* (Tokyo, 1989), ed. K. Nishimoto, Tokyo: Coll. Engin. Nihon Univ., 232–237.

Sekine, T., Owa, S. and Nishimoto, K. (1986) An application of the fractional calculus. *J. Coll. Engng. Nihon Univ.*, **B-27**, 31–37.

Semyanistyi, V.I. (1960) On some integral transformations in Euclidean space (Russian). *Dokl. Akad. Nauk SSSR*, **134**, no 3, 536–539.

Senator, K. (1971) Schauder and L_p estimates for a certain class of integro-differential boundary value problems. *Bull. L'Acad. polon. Sci., Ser. sci. math, astron. et phys.*, **19**, no 5, 359–363.

Sethi, P.L. and Banerji, P.K. (1974–1975) Fractional integration and dual integral equations. *J. Indian Math. Soc.*, **38**, no 1–4, 359–363.

Sewell, W.E. (1935) Generalized derivatives and approximation. *Proc. Nat. Acad. Sci. USA, Ser. 2*, **21**, no 5, 255–258.

—— (1937) Generalized derivatives and approximation by polynomials. *Trans. Amer. Math. Soc.*, **41**, no 1, 84–123.

Shah, M. (1972) Two integral transform pairs involving H-function. *Glasnik Matem.*, **7**, no 1, 57–65.

Shanmugam, T.N. (1990) A note on convolution, differential subordination and fractional calculus. In *Proc. Intern. Conf. Fractiontal Calculus and its Appl.* (Tokyo, 1989), ed. K. Nishimoto, Tokyo: Coll. Engin. Nihon Univ., 238–244.

Shapiro, H.S. (1971) Topics in approximation theory. *Lect. Notes Math.*, **187**, 1–275.

Sharma, S. (1979) Certain fractional q-integral operaton. *Indian J. Pure and Appl. Math.*, **10**, no 5, 581–589.

Sharpley, R. (1976) Fractional integration in Orlicz spaces. *Proc. Amer. Math. Soc.*, **59**, no 1, 99–106.

Shelkovnikov, F.A. (1951) The generalized Cauchy formula (Russian). *Uspehi Mat. Nauk*, **6**, no 3 (43), 157–159.

Shermergor, T.D. (1966) On the use of the operators of fractional differentiation for the description of the hereditary properties of the materials (Russian). *Prikl. meh. i tekhn. fizika*, no 6, 118–121.

Shinbrot, M. (1971) Fractional derivatives of solutions of the Navier-Stokes equations. *Arch. Ration. Mech. and Analysis*, **40**, no 2, 139–154.

Shostak, R.Ya. (1952) Aleksei Vasil'evich Letnikov (Russian). In *Istor.-Mat. Issledov.*, Moscow: Gos. Izdat. Tehn.-Teor. Lit., 167–238.

Sidorov, Yu.V., Fedoryuk, M.V. and Shabunin, M.I. (1982) *Lectures in the theory of functions of a complex variable* (Russian). Moscow: Nauka, 468 pp.

Simak, L.A. (1987) Fractional integro-differential calculus. The questions of the theory, modelling and applications (Russian). Preprint no **98**, Kiev: Inst. probl. modelir. in energ. Akad. Nauk Ukrain. SSR, 57 pp.

Singh, B. (1965) The generalized Erdélyi-Kober operators and self-reciprocal functions. *Ann. Soc. Sci. Bruxclles, Ser. 1*, **79**, no 2, 117–132.

—— (1975a) A note on fractional integration. *Bol. Acad. cienc., fis., mat. y natur. Venezuela*, **33**, no 190, 95–97.

Singh, C. (1968) On a convolution transform involving Whittaker's function as its kernel. *Math. Japan.*, **13**, no 1, 71–74.

—— (1970a) An inversion integral for a Whittaker transform. *Riv. mat. Univ. Parma, Ser.* 2, **11**, 277–280.

—— (1970b) An integral equation with Jacobi polynomial in the kernel. *Ibid., Ser.* 2, **11**, 313–316.

—— (1975) On a class of integral equations. *Ibid., Ser.* 4, **1**, 1–7.

Singh, Rattan (1970) An inversion formula for Fox H-transform. *Proc. Nat. Acad. Sci. India*, **A 40**, no 1, 57–64.

Singh, R.P. (1967) An integral equation involving generalized Legendre polynomials. *Math. Student*, **35**, no 1–4, 81–84.

Sintsov, D.M. (1891) Bernoulli functions with an arbitrary index (Russian). *Izv. Kazan. fiz.-mat. obshch.*, **1**, no 3, 234–256.

Sirola, R.O. and Anderson, T.P. (1967) Abel integral inverter. *Rev. Sci. Instrum.*, **38**, no 6, 749–759.

Skorikov, A.V. (1974) On the Noethericity of the potential type operators in the Sobolev-Slobodetskii space (Russian). In *Mat. Analysis and its Appl.*, Rostov-on-Don: Izdat. Rostov Univ., Vol. 6, 136–147.

—— (1975) On the characterization of the spaces $L_p^\alpha(\Omega)$ (Russian). *Mat. Zametki*, **17**, no 5, 691–701.

—— (1977) The operators of the bi-potential type in $L_p(R^2)$ (Russian). In *Trudy young scientists of the faculty of higher math. Rostov. engin. build. inst.*, 1780, Dep. in VINITI 05.05.77, 32–51.

—— (1979) Convolution integral equations of the first kind (Russian). Rostov-on-Don, Dep. in VINITI 31.08.79, no 3193, 10 pp.

Skórnik, K. (1980) On fractional integrals and derivatives of one class of generalized functions (Russian). *Dokl. Akad. Nauk SSSR*, **254**, no 5, 1085–1087.

—— (1981) On tempered integrals and derivatives of non-negative orders. *Ann. polon. math.*, **40**, no 1, 47–57.

Slater, L.J. (1966) *Generalized Hypergeometric Functions*. Cambridge: Cambridge Univ. Press, 273 pp.

Sludskii, F. (1889) A.V. Letnikov's life and works (Russian). *Mat. Sb.*, **14**, Vyp. 2, 1–34.

Smirnov, M.M. (1970) *Equations of mixed type (Russian)*. Moscow: Nauka, 295 pp. (Transl. in *Amer. Math. Soc.*, Providence, R.I., 1978, 232 pp.).

—— (1977) *Degenerate hyperbolic equations* (Russian). Minsk: Vysheishaya Shkola, 158 pp.

—— (1981) On a Volterra equation with a hypergeometric function in the kernel (Russian). *Vestnik Leningrad. Univ., Ser. Mat., Meh., Astron.*, Vyp, 3, 117–119.

—— (1982) A solution in closed form of the Volterra equation with a hypergeometric function in the kernel (Russian). *Differentsial'nye Uravneniya*, **18**, no 1, 171–173.

—— (1984) A Volterra integral equation with a hypergeometric function in the kernel (Russian). *Vestnik Leningrad. Univ., Ser. Mat., Meh., Astron.*, Vyp, 2, 111–113.

—— (1985) *Equations of mixed type (Russian)*. Moscow: Vyssh. Shkola, 304 pp.

—— (1986) *Degenerating elliptic and hyperbolic equations* (Russian). Moscow: Nauka, 292 pp.

Smirnov, V.I. and Lebedev, N.A. (1964) *The constructive theory of functions of a complex variable* (Russian). Moscow: Nauka, 436 pp.

Smith, C.V.L. (1941) The fractional derivative of a Laplace integral. *Duke Math. J.*, **8**, no 1–2, 47–77.

Sneddon, I.N. (1960) The elementary solution of dual integral equations. *Proc. Glasgow Math. Assoc.*, **4**, no 3, 108–110.

—— (1962) Fractional integration and dual integral equations. *North Carolina State College, Appl. Math. Res. Group Raleigh*, PSR-6, 40 pp.

—— (1966) *Mixed boundary value problems in potential theory*. Amsterdam: North-Holland Publ., 283 pp.

—— (1968) A procedure for deriving inversion formulae for integral transform pairs of a general kind. *Glasgow Math. J.*, **9**, no 1, 67–77.

—— (1975) The use in mathematical physics of Erdélyi-Kober operators and of some of their generalizations. In *Proc. Intern. Conf. Fractional Calculus and its Appl.* (New Haven, 1974), ed. B. Ross, *Lect. Notes Math.*, **457**, 37–79.

—— (1979) The use of operators of fractional integration in applied mathematics. In *Appl. mech. ser.*, Warszawa, Poznan: PWN, 42 pp.

Sobolev, S.L. (1938) On a theorem of functional analysis (Russian). *Mat. Sb.*, **4**, no 3, 471–497.

—— (1950) *Some applications of functional analysis in mathematical physics* (Russian). Leningrad: Izdat. Leningrad. Gos. Univ., 255 pp.

—— (1974) *Introduction to the theory of cubature formulae* (Russian). Moscow: Nauka, 808 pp.

Sobolev, S.L. and Nikol'skii, S.M. (1963) Imbedding theorems (Russian). In *Proc. Fourth All-Union Mat. Congr.*, Vol. 1, (Leningrad, 1961), Leningrad: Izdat. Akad. Nauk SSSR, 227–242.

Sohi, N.S. (1990) Distortion theorems involving certain operators of fractional calculus on a class of p-valent functions. In *Proc. Intern. Conf. Fractiontal Calculus and its Appl.* (Tokyo, 1989), ed. K. Nishimoto, Tokyo: Coll. Engin. Nihon Univ., 245–252.

Sohncke, L. (1867) Ueber den Zusammenhang hypergeometrischer Reihen mit höheren Differentialquotienten und Vielfachen Integralen. *Programm Königlichen Friedrichs Collegium zu Königsbergin Pr.*, no 26–27, 3–30.

Solonnikov, V.A. (1962) A simple proof of an inequality of Hardy and Littlewood for fractional integrals (Russian). *Vestnik Leningrad. Univ., Ser. Mat., Meh. Astron.*, Vyp. 13, 150–153.

Soni, K. (1968) Fractional integrals and Hankel transforms. *Duke Math. J.*, **35**, no 2, 313–319.

—— (1969) A note on Fourier kernels. *Amer. Math. Month.*, **76**, no 2, 174–176.

—— (1970a) A unitary transform related to some integral equations. *SIAM J. Math. Anal.*, **1**, no 4, 426–436.

—— (1970b) A Sonine transform. *Duke Math. J.*, **37**, no 3, 431–438.

—— (1971) An integral equation with Bessel function kernel. *Ibid.*, **38**, no 1, 175–180.

Sonine, N.Ya. (1870) Report on differentiation with an arbitrary index (Russian). In *Proc. Second Congress of Russian Naturalists*, **2**, 18–21.

—— (1872) On differentiation with an arbitrary index (Russian). *Mat. Sb.*, **6**, Vyp. 1, 1–36.

—— (1880) Recherches sur les fonctions cylindriques et le developpement des fonctions continues en series. *Math. Ann.*, **16**, 1–80.

—— (1884a) Generalization of an Abel formula (Russian). In *Notes of mat. sect. of Novorossiisk. soc. of naturalists*, **5**, 143–150.

—— (1884b) Sur la generalization d'une formule d'Abel (Russian). *Acta Math.*, **4**, 171–176.

—— (1954) *Inveatigations of cylinder functions and special polynomials* (Russian). Moscow: Gos. Izdat. Tehn.-Teor. Lit., 244 pp.

Spain, B. (1940) Interpolated derivatives. *Proc. Roy. Soc. Edinburgh*, **60**, no 2, 134–140.

Sprinkhuizen-Kuyper, I.G. (1979a) A fractional integral operator corresponding to negative powers of a certain second-order differential operator. *J. Math. Anal. and Appl.*, **72**, no 2, 674–702.

—— (1979b) A fractional integral operator corresponding to negative powers of a second-order partial differential operator. *Report TW* 191/79, Amsterdam: Math. Centrum, 44 pp.

Srivastav, R.P. (1966) On certain integral equations of convolution type with Bessel-function kernels. *Proc. Edinburgh Math. Soc., Ser.* 2, **15**, no 2, 111–116.

Srivastava, H.M. (1968) Fractional integration and inversion formulae associated with the generalized Whittaker transform. *Pacif. J. Math.*, **26**, no 2, 375–377.

—— (1972) A class of integral equations involving the *H*- function as kernel. *Proc. Kongl. Nederl. Akad. Weten.*, **A 75**, no 3, 212–220.

—— (1976) An integral equation involving the confluent hypergeometric function of several complex variables. *Appl. Anal.*, **5**, no 4, 251–256.

—— (1983) The Weyl fractional integral of a general class of polynomials. *Boll. Unione mat. ital.*, **132**, no 1, 219–228.

—— (1989a) Some recent developments in the theory of generalized hypergeometric functions. In *Complex Analysis and Appl.' 87.* (Varna, 1987). Sofia: Publ. Mouse Bulg. Acad. Sci., 495–516.

—— (1989b) Univalent functions, fractional calculus and associated generalized hypergeometric functions. In *Proc. Intern. Symp. Univalent Functions, Fractional Calculus and their Appl.* (Koriyama, 1988). eds. H.M. Srivastava, S. Owa, Chichester: Ellis Horwood Ltd, 329–354.

—— (1990) The use of fractional calculus and other operational techniques in obtaining generating functions. In *Proc. Intern. Conf. Fractional Calculus and its Appl.* (Tokyo, 1989), ed. K. Nishimoto, Tokyo: Coll. Engin. Nihon Univ., 253–261.

Srivastava, H.M. and Buschman, R.G. (1973) Composition of fractional integral operators involving Fox's *H*-function. *Acta Mexic. cienc. y tecnol.*, **7**, no 1–3, 21–28.

—— (1974) Some convolution integral equations. *Proc. Kongl. Nederl. Akad. Weten.*, **A 77**, no 3, 211–216.

—— (1977) *Convolution Integral Equations with Special Function Kernels.* New Delhi, Bangalore: Wiley Eastern, 164 pp.

Srivastava, H.M. and Owa, S. (1984) An application of the fractional derivative. *Math. Japan.*, **29**, no 3, 383–389.

—— (1985) An application of the fractional calculus. In *Fractional Calculus*, eds. A.C. McBride and G.F. Roach. Boston: Pitman Adv. Publ. Progr., *Res. Notes Math.*, **138**, 199–212.

—— (1986a) A new class of analytic functions with negative coefficients. *Comment. Math. Univ. Sancti Pauli*, **35**, no 2, 175–188.

—— (1986b) A certain one-parameter additive family of operators defined on analytic functions. *J. Math. Anal. and Appl.*, **118**, no 1, 80–87.

—— (1986c) Some operational techniques in the theory of analytic functions. *Mat. Vesnik, Beograd*, **38**, no 4, 587–595.

—— (1987a) Some applications of fractional calculus operators to certain classes of analytic and multivalent function. *J. Math. Anal. and Appl.*, **122**, no 1, 187–196.

—— (1987b) Some characterization and distortion theorems involving fractional calculus, generalized hypergeometric functions, Hadamard products, linear operators, and certain subclasses of analytic functions. *Nagoya Math. J.*, **106**, 1–28.

Srivastava, H.M., Owa, S. and Nishimoto, K. (1984) A note on a certain class of fractional differintegral equations. *J. Coll. Engng. Nihon Univ.*, **B-25**, 69–73.

Srivastava, H.M. and Saigo, M. (1987) Multiplication of fractional calculus operators and boundary value problems involving the Euler-Darboux equation. *J. Math. Anal. and Appl.*, **121**, no 2, 325–369.

Srivastava, H.M., Saigo, M. and Owa, S. (1966) A class of distortion theorems involving certain operators of fractional calculus. *Ibid.*, **131**, no 2, 412–420.

Srivastava, H.M., Sekine, T., Owa, S. and Nishimoto, K. (1986) Fractional derivatives and fractional integrals of certain subclasses of starlike and convex functions. *J. Coll. Engng. Nihon Univ.*, **B-27**, 39–46.

Srivastava, H.M., Shen, C.Y. and Owa, S. (1989) A linear fractional calculus operator and its applications to certain subclasses of analytic functions. *J. Math. Anal. and Appl.*, **143**, no 1, 138–147. (Shen, C.Y. 全名为 Shen Chung-Yi——译者注)

Srivastava, K.J. (1957) Fractional integration and Meijer transform. *Math. Z.*, **67**, no 5, 404–412.

—— (1957–1958) Fractional integration and the $\bar{\omega}_{\mu,\nu}$-transform. *Rend. Sem. Mat. Univ. e Politecn. di Torino*, **17**, 201–208.

—— (1959) Self-reciprocal function and $\omega_{\mu,\nu}$-transform. *Bull. Calcutta Math. Soc.*, **51**, no 2, 57–65.

Srivastava, K.N. (1961–1962) On some integral transforms. *Math. Japan.*, **6**, no 3–4, 65–72.

—— (1963) A class of integral equations involving ultraspherical polynomials as kernel. *Proc. Amer. Math. Soc.*, **14**, no 6, 932–940.

—— (1964a) On some integral equations involving Jacobi's polynomials. *Ibid.*, **15**, no 4, 635–638.

—— (1964b) On some integral equations involving Jacobi polynomials. *Math. Japan.*, **9**, 85–88.

—— (1964c) Integral equations involving a confluent hypergeometric function as kernel. *J. Analyse Math.*, **13**, no 1, 391–397.

—— (1965a) A class of integral equations involving Jacobi polynomials as kernel. *Proc. Nat. Acad. Sci. India*, **A 35**, no 2, 221–226.

—— (1965b) On some integral transforms involving Jacobi functions. *Ann. Polon. Math,* **16**, no 2, 195–199.

—— (1965c) Fractional integration and integral equations with polynomial kernels. *J. London Math. Soc.*, **40**, no 3, 435–440.

—— (1966a) A class of integral equations involving Laguerre polynomials as kernel. *Proc. Edinburgh Math. Soc., Ser.* 2, **15**, no 1, 33–36.

—— (1966b) On integral equations involving Whittaker's function. *Proc. Glasgow Math. Assoc.*, **7**, no 3, 125–127.

—— (1968) On some triple integral equations involving Legendre functions of imaginary argument. *J. of M. A. C. T.*, **1**, 54–67.

Srivastava, R. (1989) Some applications of fractional calculus. In *Proc. Intern. Symp. Univalent functions, Fractional Calculus and their Appl.* (Koriyama, 1988), eds. H.M. Srivastava, S. Owa, Chichester: Ellis Horwood Ltd, 371–382.

—— (1990) The multidimensional Weyl fractional integral of certain classes of polynomials. In *Proc. Intern. Conf. Fractional Calculus and its Appl.* (Tokyo, 1989), ed. K. Nishimoto, Tokyo: Coil. Engin. Nihon Univ., 262–269.

Srivastava, T.N. and Singh, Y.P. (1968) On Maitland's generalized Bessel function. *Canad. Math. Bull.*, **11**, no 5, 739–741.

Starovoitov, A.P. (1984) Rational approximation of functions having a derivative of bounded variation (Russian). *Dokl. Akad. Nauk BSSR*, **28**, no 2, 104–106.

—— (1985a) Rational approximation of functions representable as an integral of fractional order in the Riemann-Liouville sense (Russian). *Ibid.*, **29**, no 12, 1079–1081.

—— (1985b) Rational approximation of functions in $W^r V[a, b]$ (Russian). In *Reports of the extended sessions of the seminar of the I.N. Vekus Inst. Appl. Math.* (Tbilisi, 1985), Tbiliss. Gos. Univ., Vol. 1, 129–132.

—— (1986) On the rational approximation of the functions differentiable in the Riemann-Liouville sense (Russian). In *Trudy Vtoroi Saratov. zimnei shkoly: Theory of Functions and Approximations* (Saratov, 1984), pt 3, 99–102.

Stechkin, S.B. (1951) Order of the best approximations of continuous functions (Russian). *Izv. Akad. Nauk SSSR, Ser. Mat.*, **15**, 219–242.

—— (1958) On the best approximation of certain classes of periodic functions by trigonometric polynomials (Russian). *Ibid.*, **20**, no 5, 643–648.

Stein, E.M. (1961) The characterization of functions arising as potentials, I. *Bull. Amer. Math. Soc.*, **67**, no 1, 102–104.

—— (1973) *Singular integrals and differentiability properties of functions* (Russian). Moscow: Mir, 342 pp. (English ed. in Princeton Univ. Press, 1970).

Stein, E.M. and Weiss, G. (1958) Fractional integrals on n-dimensional Euclidean space. *J. Math. and Mech.*, **7**, no 4, 503–514.

—— (1960) On the theory of harmonic functions of several variables, I: The theory of H^p-spaces. *Acta Math.*, **103**, no 1–2, 25–62.

—— (1974) *Introduction to Fourier analysis on Euclidean spaces* (Russian). Moscow: Mir, 334 pp. (English ed. in Princeton Univ. Press, 1971).

Stein, E.M. and Zygmund, A. (1960–1961) Smoothness and differentiability of functions. *Ann. Univ. Sci. Budapest, Eötvös. Sect. Math.*, no 3–4, 295–307.

—— (1965) On the fractional differentiability of functions. *Proc. London Math. Soc., Ser.* 3, **14a**, 249–264.

—— (1967) Boundedness of translation invariant operators on Hölder spaces and L^p-spaces. *Ann. Math.*, **85**, no 2, 337–349.

Steinig, J. (1970) The changes of sign of fractional integrals. *Math. Z.*, **116**, no 3, 183–190.

Stepanets, A.I. (1987) *Classification and approximation of periodic functiona* (Russian). Kiev: Naukova Dumka, 268 pp.

—— (1989) A new classification of periodic functions and their approximation. In *Banach Center Publ. vol. 22. Approxim. and Funct. Spaces* (Warsaw, 1988), ed. Zb. Ciesielski., Warsaw: PWN-Polish Sci. Publ., 437–447.

Stepanov, V.D. (1988a) Two-weighted estimates for Riemann-Liouville integrals, I. Preprint, Vladivostok: Vychisl. Tsentr Dal'nevost. Otdel. Akad. Nauk SSSR, 32 pp.

—— (1988b) Two-weighted estimates for Riemann-Liouville integrals, II. *Ibid*, 26 pp.

—— (1988c) Two-weighted estimates for Riemann-Liouville integrals. *Českosl. Akad. Ved. Mat. Ústav.*, Praga, 28 pp.

—— (1990a) Two-weighted estimates for Riemann-Liouville integrals (Russian). *Izv. Akad. Nauk SSSR, Ser. Mat.*, **54**, no 3, 645–656.

—— (1990b) On weight inequalities of Hardy type for Riemann-Liouville fractional integrals (Russian). *Sibirsk. Matemat. Zhurnal*, **31**, no 3, 186–197.

Strichartz, R.S. (1972) Multipliers for spherical harmonic expansions. *Trans. Amer. Math. Soc.*, **167**, no 1, 115–124.

—— (1980) Bounded mean oscillation and Sobolev spacea. *Indiana Univ. Math. J.*, **29**, no 4, 539–558.

—— (1990) H^p Sobolev spaces. *Colloq. Math.*, **60/61**, 129–139.

Strömberg, J.-O. and Wheeden, R.L. (1985) Fractional integrals on weighted H^p- and L^p-spaces. *Trans. Amer. Math. Soc.*, **287**, no 1, 293–321.

—— (1986) Kemel estimates for fractional integrals with polynomial weights. *Studia Math. (PRL)*, **84**, no 2, 133–157.

Stuloff, N. (1951) Die Differentiation beliebiger reeller Ordnung. *Math. Ann.*, **122**, no 5, 400–410.

Sun Yung-sheng (1959) Best approximation of periodic differentiable functions by trigonometric polynomials (Russian). *Izv. Akad. Nauk SSSR, Ser. Mat.*, **23**, no 1, 67–92.

Sunouchi, G. (1957) Some theorems on fractional integration. *Tôhoku Math. J.*, **9**, no 3, 307–317.

Swaroop, R. (1964) On a generalization of the Laplace and the Stieltjes transformations. *Ann. Soc. Sci. Bruxelles, Ser.* 1, **78**, no 2, 105–112.

Ta Li (1960) A new class of integral transforms. *Proc. Amer. Math. Soc.*, **11**, no 2, 290–298.

—— (1961) A note on integral transforms. *Ibid.*, **12**, no 6, 556. (Ta Li 实际姓名为 Li Ta——译者注)

Taberski, R. (1976) Two indirect approximation theorems. *Demonstr. Math.*, **9**, no 2, 243–255.

—— (1977a) Approximation of functions possessing derivatives of positive orders. *Ann. Polon. Math.*, **34**, no 1, 13–23.

—— (1977b) Differences, moduli and derivatives of fractional orders. *Ann. Soc. Math. Polon. Comm. Math. Prace Mat.*, **19**, no 2, 389–400.

—— (1979) Indirect approximation theorems in L^p-metrics ($1 < p < \infty$). Approximation theory. *Banach Center Publ. Polish. Sci. Publ.*, **4**, 247–259.

—— (1982) Estimates for entire functions of exponential type. *Funct. et approxim. (PRL)*, **13**, 129–147.

—— (1984a) Trigonometric approximation in the norms and seminorms. *Stud. Math.*, **80**, no 3, 197–217.

—— (1984b) Special convolutions on the real line. *Funct. et approxim. (PRL)*, **14**, 57–80.

—— (1986) Contribution to fractional calculus and exponential approximation. *Ibid.*, **15**, 81–106.

Taibleson, M. and Weiss, G. (1980) The molecular characterization of certain Hardy spaces. *Asterisque*, **77**, 67–151.

Takahashi, S. (1940) Some new properties of Bohr almost periodic Fourier series. *Japan. J. Math.*, **16**, 99–133.

Takano, K. (1981) One-parameter semigroups with infinitesimal generators of fractional powers of the Laplacian on weighted L^p-spaces. *Bull. Fac. Sci. Ibaraki Univ., Ser.* A, **13**, 45–55.

—— (1982) An application of weighted norm inequalities for maximal functions to semigroups of convolution transforms on $L^p_\omega(R^n)$. *Tsukuba J. Math.*, **6**, no 2, 151–156.

Talenti, G. (1965) Sul problema di Cauchy per le equazioni a derivate parziali. *Ann. Mat. Pura ed Appl.*, **67**, 365–394.

Tamarkin, J.D. (1930) On integrable solutions of Abel's integral equation. *Ann. Math., Ser.* 2, **31**, 219–229.

Tanno, Y. (1967) On a class of convolution transform, II. *Tôhoku Math. J.*, **19**, no 2, 168–186.

Tardy, P. (1858) Sui differenziali a indice qualunque. *Ann. Mat. Pura ed Appl.*, **1**, 135–148.

Tazali, A.Z.-A.M. (1982) Local existence theorems for ordinary differential equations of fractional order. *Lect. Notes Math.*, **964**, 652–665.

Tedone, O. (1914) Su l'inversione di alcuni integrali e la integrazione delle equazione a derivate parziali col metodo delle caratteristiche. *Atti Reale Accad. Naz. Lincei. Rend. Cl. sci. fis., mat. e natur., Sem.* 1°, **23**, no 7, 473–480.

—— (1915) Sulla risoluzione di certe equazioni integrali di Volterra. *Ibid.*, **24**, 544–554.

Telyakovskii, S.A. (1960) Approximation of functions differentiable in Weyl sense by Vallee-Poussin sums (Russian). *Dokl. Akad. Nauk SSSR*, **131**, no 2, 259–262, {Transl. in *Soviet Math. Dokl.*, 1960, **1**, 204–243}.

—— (1961) Norms of trigonometrical polynomials and approximation of differentiable functions by averages of their Fourier series, I (Russian). *Trudy Mat. Inst. Steklov*, **62**, 61–97.

Thielman, H.P. (1934) Note on the use of fractional integration of Bessel functions. *Bull. Amer. Math. Soc.*, **40**, 695–698.

Thorin, G.O. (1948) Convexity theorems generalizing those of M. Riesz and Hadamard with some applications. *Comm. Sémin. Math. L'Univ. Lund. Uppsala*, **9**, 1–58.

—— (1957) Convexity theorems (Russian). In *Mathematika (Period. sb. perev. inostr. stat.)*. Moscow: Izdat. Inostr. Lit., 1:3, 43–78.

Tihonov, A.N. and Samarskii, A.A. (1959) Asymptotic expansions of integrals with slowly decreasing kernel (Russian). *Dokl. Akad. Nauk SSSR*, **126**, no 1, 26–29.

Timan, A.F. (1951) A generalization of some results of A.N. Kolmogorov and S.M. Nikol'skii (Russian). *Ibid.*, **81**, no 4, 509–511.

—— (1958) On Jackson's theorems (Russian). *Ukrain. Mat. Z.*, **10**, no 3, 334–336.

—— (1960) *Theory of approximation of functions of a real variable* (Russian). Moscow: Fizmatgiz, 624 pp.

Titchmarsh, E.C. (1937) *Introduction to the theory of Fourier integrals.* Oxford, 234 pp. (Russian ed. in Moscow, Leningrad: Gostehizdat, 1948, 479 pp.).

Tonelli, L. (1928) Su un problema di Abel. *Math. Ann.*, **99**, 183–199.

Tranter, C.J. (1950) On some dual integral equations occurring in potential problems with axial symmetry. *Quart. J. Mech. Appl. Math.*, **3**, no 4, 411–419.

—— (1951) On some dual integral equations. *Quart. J. Math. Oxford ser.*, **2**, no 5, 60–66.

—— (1954) A further note on dual integral equations and an application to the diffraction of electromagnetic waves. *Quart. J. Mech. Appl. Math.*, **7**, no 3, 317–325.

Trebels, W. (1973) Multipliers for (c, α)-bounded Fourier expansions in Banach spaces and approximation theory. *Lect. Notes Math.*, no 329, V, 103 pp.

—— (1975) Some Fourier multiplier criteria and the spherical Bochner-Riesz kernel. *Rev. roum. math. pures et appl.*, **20**, no 10, 1173–1185.

Trebels, W. and Westphal, U. (1972) A note on the Landau-Kallman-Rota-Hille inequality. Linear operators and approximation. In *Proc. Conf.*, Oberwolfach: Birkhäuser Verl., 115–119.

Tremblay, R. (1974) Une contribution à la théorie de la dérivée fractionnaire. *Thèse de docteur*, Univ. Laval, Québec, Canada, 544 pp.

—— (1979) Some operational formulas involving the operators xD, $x\Delta$ and fractional derivatives. *SIAM J. Math. Anal.*, **10**, no 5, 933–943.

Tremblay, R. and Fugère, B.J. (1984) Expansions of operators related to xD and the fractional derivative. *Ibid.*, **15**, no 6, 1214–1219.

Tricomi, F.G. (1927) Sull' equazioni integrale di Abel con limiti d'integrazione constanti. *Rend. Inst. Lombardo, Ser. 2*, **60**, 598–604.

—— (1935) Sulla transformazione e il teorema di reciprocitá di Hankel. *Atti Reale Accad. Naz. Lincei, Rend. IV*, **22**, 564–571.

—— (1947) *On Linear Equations of Mixed Type* (Russian). Moecow, Leningrad: Gostehizdat, 192 pp.

—— (1954) *Lezioni sulle equazioni a derivate parziali.* Torino: Editrice Gheroni, 484 pp.

Triebel, H. (1980) *Interpolation theory. Functional space. Differential operators* (Russian). Moscow: Mir, 664 pp. (English ed. in VEB Deutscher Verlag der Wissenschaften, 1977).

Triméche, K. (1981) Transformation intégrale de Weyl et théoréme de Paley-Wiener associés a un opérateur différentiel singulier sur $(0, \infty)$. *J. Math. Pures et Appl.*, **60**, no 1, 51–98.

Trione, E.S. (1980) On the Fourier transforms of retarded Lorentz-invariant functions. *Trab. Mat. Inst. Argent. Mat.*, **26**, 1–109.

—— (1987) On Marsel Riesz's ultra hyperbolic kernel. *Ibid.*, **116**, 1–12.

—— (1988) On Marsel Riesz's ultra hyperbolic kernel. *Stud. Appl. Math.*, **79**, no 3, 185–191.

Tseitlin, A.I. (1984) *Applied methods for solution of the boundary value problems of building mechanics* (Russian). Moscow: Stroiizdat, 334 pp.

Türke, H. and Zeller, K. (1983) Riesz mean-value theorem extended. In *Proc. 3rd Intern. Conf. Generalized Inequalities' 3* (Oberwolfach, 1981), Basel ets., 491–496.

Uflyand, Ya.S. (1977) *The method of dual equations in problems of matlaematical physics* (Russian). Leningrad: Nauka, Leningrad. Otdel., 220 pp.

Ugniewski, S. (1976) *Solving the Abel integral equation by means of orthogonal polynomials.* Warsaw, 17 pp.

—— (1977) Solving the Abel integral equation by interpolation methods. *Zastos. Mat. Appl. Math.*, **16**, no 1, 91–109.

Umarkhadzhiev, S.M. (1981) Complete continuity of multipliers in the scale of spaces of Riesz potentials (Russian). *Izv. Severo-Kavkaz. Nauch. Tsentra Vyssh. Shkoly, Ser. Estestv. Nauk*, no 4, 32–35.

Upadhyay, M. (1971) q-Fractional differentiation and basic hypergeometric transformations. *Ann. polon. Math.*, **25**, no 2, 109–124.

Usanetashvili, M.A. (1982) On a problem with an oblique fractional derivative for the Holmgren equation (Russian). *Differentsial'nye Uravneniya*, **18**, no 1, 144–152, (Transl. in *Dif. Equat.* **18** (1982), no 1, 124–130).

Vainberg, B.B. and Gindikin, S.G. (1967) A strengthened Huygens principle for a certain class of differential operators with constant coefficients (Russian). *Trudy Moskov. Mat. Obshch.*, **16**, 151–180.

Vakulov, B.G. (1986a) The operators of potential type on the sphere in the generalized Hölder spaces (Russian). Rostov-on-Don, Dep. in VINITI 6.03.86, no 1563-B, 31 pp.

—— (1986b) An operator of potential type on a sphere in the generalized Hölder classes (Russian). *Izv. Vyssh. Uchebn. Zaved. Mat.*, no 11, 66–69.

Vakulov, B.G. and Samko, S.G. (1987) Equivalent norms in spaces of functions of fractional smoothness on the sphere of type $C^\lambda(S_{n-1})$, $H^\lambda(S_{n-1})$ (Russian). *Ibid.*, no 12, 68–71.

Varma, R.S. (1951) On a generalization of Laplace integral. *Proc. Nat. Acad. Sci. India*, **A 20**, 209–216.

Varma, V.K. (1969) Inversion of a class of transforms with a difference kernel. *Proc. Cambridge Phil. Soc.*, **65**, no 3, 673–677.

Vashchenko-Zakharchenko, M. (1861) On fractional differentiation /Wastchenxo-Zachartchenxo M./. *Quart. J. Math.*, Ser. 1, **4**, 237–243.

Vasilache, S. (1953) Asupra unei ecuatii integrale de tip Abel cu douá variable. *Comm. Acad. R. P. Române*, **3**, no 3–4, 109–113.

Vasilets, S.I. (1989) Solution in closed form of an integral equation of the first kind with logarithmic kernel (Russian). *Dokl. Akad. Nauk BSSR*, **33**, no 9, 777–780.

Vasil'ev, I.L. (1981a) Uniqueness of the solution of a system of Abel's equations with constant coefficients (Russian). *Dokl. Akad. Nauk BSSR*, **25**, no 2, 105–107.

—— (1981b) The operators of potential type with degenerate symbol (Russian). Minsk, Dep. in VINITI 01.07.81, no 3217, 17 pp.

—— (1981c) On the method of Hermite forms in the theory of the solvability of the systems of Abel equations (Russian). Minsk, Dep. in VINITI 1.07.81, no 3218, 15 pp.

—— (1982a) Systems of integral equations with an Abel kernel on an interval of the real axis (Russian). *Vestsi Akad. Navuk BSSR*, Ser. Fiz.-Mat. Navuk, no 2, 47–53.

—— (1982b) Operators of potential type with a degenerate symbol (Russian). *Dokl. Akad. Nauk BSSR*, no 4, 300–302.

—— (1985) The systems of the generalized Abel equations (Russian). In *Proc. commemorative seminar on boundary value problems* (Minsk, 1981), Minsk: Universitetskoe, 151–153.

Veber, V.K. (1973) On a differential equation of non-integer order (Russian). In *Sb. trudov aspir. i soiskat. Kirgizsk. univ.*, Ser. mat. nauk, Vyp. 10, 7–14.

—— (1974) A space of fundamental functions in the theory of Liouville differentiation (Russian). *Trudy Kirgiz. Gos. Univ., Ser. Mat. Nauk*, Vyp. 9, 164–168.

—— (1976a) The structure of general solution of the system $y^{(\alpha)} = Ay$, $0 < \alpha \leqslant 1$ (Russian). *Ibid.*, Vyp. 11, 26–32.

—— (1976b) Generalized Liouville differentiation, convolution, Fourier transform (Russian). *Ibid*, Vyp. 12, 11–25.

—— (1983a) Asymptotic behavior of solutions of a linear system of differential equations of fractional order (Russian). In *Studies in integro-differential equations*, Frunze: Ilim, no 16, 119–125.

—— (1983b) Passivity of linear systems of differential equations with fractional derivative and quasiasymptotic behavior of solutions (Russian). *Ibid.*, no 16, 349–356.

—— (1985a) On the general theory of linear systems with fractional derivatives (Russian). *Ibid.*, no 18, 301–305.

—— (1985b) Linear equations with fractional derivatives and constant coefficients in spaces of generalized functions (Russian). *Ibid.*, no 18, 306–312.

Veber, V.K. and Urdoletova, A.B. (1974) The space of generalized functions and the operation of the differentiation in the sense of Riemann-Liouville (Russian). *Trudy molod. uchenyh. Mat., fiz., him.*, Frunze: Kirgiz. Univ., Vyp. 2, 16–21.

Vekua, I.N. (1945) The inversion of an integral transformation and some its applications (Russian). *Soobshch. Akad. Nauk Gruzin. SSR*, **6**, no 3, 177–183.

—— (1947) On a generalization of the Poisson integral for a half-plane (Russian). *Dokl. Akad. Nauk SSSR*, **56**, no 3, 229–231.

—— (1948) *New Methods for Solving Elliptic Equations* (Russian). Moscow, Leningrad: Gostekhizdat, 296 pp.

Verblunsky, S. (1931) On the limit of a function at a point. *Proc. London Math. Soc.*, Ser. 2, **32**, 163–199.

Verma, R.U. (1969) On fractional integrals of two variables and a generalization of the Laplace transformation. *Math. Student*, **A 37**, no 1–4, 143–146.

—— (1970) Theorem on fractional integration and generalized Hankel transform. *Bull. Math. Soc. Sci. Math.*, **14**, no 1, 117–122.

—— (1972a) Some theorems on fractional integration and a generalized Hankel transform of two variables. *Math. Student*, **A 40**, 169–178.

—— (1972b) On symmetrical Fourier kernel, II. *Bol. Acad. cienc., fis., mat. y natur. Venezuela*, **32**, no 97, 107–116.

—— (1974) Solution of an integral equation by L and L^{-1} operators. *An. sti. Univ. "Al.I. Cuza", Iasi, Sec.*, **1a, 20**, no 2, 381–387.

—— (1975) A formal solution of an integral equation by L and L^{-1} operators. *Ghana J. Sci.*, **15**, no 2, 225–237.

—— (1977–1978) A formal solution of an integral equation involving the H-function of two variables by L_2 and L_2^{-1} operators. *Math. Notae*, **26**, 39–46.

——— (1978) Integral equations involving the G-function as kernel. *An. Univ. Bucuresti,* *Ser. mat.*, **27**, 107–110.

Vessella, S. (1985) Stability results for Abel's equation. *J. Integr. Equat.*, **9**, no 2, 125–134.

Virchenko, N.A. (1984) Some hybrid dual integral equations (Russian). *Ukrain. Mat. Z.*, **36**, no 2, 139–142.

——— (1986) Dual integral equations with hypergeometric functions $_2F_1(a, b; c; -xt)$, $_3F_2(v, \alpha_1, \alpha_2; \mu + v, b_1; -xt)$ (Russian). *Dokl. Akad. Nauk Ukrain. SSR, Ser. A*, no 2, 3–5.

——— (1989) *Dual (triple) integral equations* (Russian). Kiev: Izdat. Kiev. Univ., 160 pp.

Virchenko, N.A. and Gamaleya, R.V. (1988) Some questions of the theory of dual integral equations and their applications (Russian). In *Boundary value problems for partial diff. equat*, Kuibyshev, 128–133.

Virchenko, N.A. and Makarenko, L.G. (1974) On some integral equations with Legendre functions (Russian). In *Trudy nauch. conf. Vychisl mat. modern nauch.-tehn. progress* (Kanev, 1974), Vyp. 1, 86–91.

——— (1975a) Some triple integral equations with Bessel functions (Russian). In *Mat. fizika.* Kiev: Nankova Dumka, Vyp. 18, 72-76.

——— (1975b) Certain dual integral equations (Russian). *Ukrain. Mat. Z.*, **27**, no 6, 790–794.

Virchenko, N.A. and Ponomarenko, S.P. (1979) Properties of the generalized Mehler-Fock integral transformation and its application to the solution of dual-integral equations (Russian). *Dokl. Akad. Nauk Ukrain. SSR, Ser. A*, no 2, 83–86.

Virchenko, N.A. and Romashchenko, V.A. (1982) Some triple integral equations with associated Legendre functions (Russian). *Vychisl. Prikl. Mat.*, Kiev, no 46, 13–18.

Vladimirov, V.S. (1964) *Methods of the theory of functions of several complex variables* (Russian). Moscow: Nauka, 411 pp.

——— (1979) *Generalized functions in mathematical physics* (Russian). Moscow: Nauka, 320 pp.

——— (1988) Generalized functions over the field of p-adic numbers (Russian). *Uspehi Mat. Nauk*, **43**, Vyp. 5(263), 17–53, {Transl. in *Russian Math. Surveys*, 1988, no 5, 19–64}.

Vladimirov, V.S., Drozhzhinov, Yu.N. and Zav'yalov, B.I. (1986) *Multidimensional Tauberian theorems for generalized functions* (Russian). Moscow: Nauka, 304 pp.

Volkodavov, V.F. (1971) Solution of the Dirichlet problem for a certain elliptic equation (Russian). *Volzh. Mat. Sb.*, Kuibyshev, Vyp. 8, 51–57.

Volkodavov, V.F. and Repin, O.A. (1982) A boundary value problem for the Euler-Darboux equations with positive parameters (Russian). *Differentsial'nye Uravneniya*, **18**, no 7, 1275–1277.

Volterra, V. (1896) Sulla inversione degli integrali definiti, I–IV. *Atti Reale Accad. delle Sci. Torino*, **31**, 311–323, 400–408, 557–567, 693–708.

——— (1916) Theoria delle potenze, dei logarithmi e delle funzioni di composizione. *Atti Accad. dei Lincei, Ser. 5*, **11**, 167–249.

—— (1982) *Theory of functionals and of integral and integro-differential equations* (Russian). Moscow: Nauka, 304 pp. (English ed. in Dover Publications, Inc. 1959).

Volterra, V. and Peres, J. (1924) *Lecons sur la composition et les fonctions permutables.* Paris: Gauthier-Villars, 183 pp.

—— (1936) *Théorie générale des fonctionnelles.* Paris: Gauthier-Villars, 1, Ch. 7, 166–181.

Voskoboinikov, Yu.E. (1978) The inversion of Abel equation by means of cubic splines (Russian). In *Abel inversion and its generalizations*, Novosibirsk: Inst. Teor. i Prikl. Meh. Sibirsk. Otdel Akad. Nauk SSSR, 180–189.

—— (1980) Regularizing algorithm for the inversion of Abel equation (Russian). *Inzhen.- fiz. Z.*, **39**, no 2, 270–274.

Vu Kim Tuan (1985a) Integral transformations of Fourier type in a new class of functions (Russian). *Dokl. Akad. Nauk BSSR*, **29**, no 7, 584–587.

—— (1985b) Some questions of the theory and applications of the hypergeometric type functions (Russian). *Dr. Diss.*, Minsk: Univ., 118 pp.

—— (1985c) On *n*-ary integral equations (Russian). *Ukrain. Mat. Z.*, **37**, no 4, 430–437.

—— (1986a) On the theory of generalized integral transfonns in a certain function space (Russian). *Dokl. Akad. Nauk SSSR*, **286**, no 3, 521–524, {Transl. in *Soviet Math. Dokl.*, 1986, **33**, no 1, 103–106}.

—— (1986b) On the factorization of integral transformations of convolution type in the space L_2^Φ (Russian). *Dokl Akad. Nauk Armyan. SSR*, **83**, no 1, 7–10.

—— (1986c) On the theory of Volterra integral equations with special functions in the kernels (Russian). *Dokl. Akad. Nauk BSSR*, **30**, no 8, 689–691.

Vu Kim Tuan, Marichev, O.I. and Yakubovich, S.B. (1986) Composition structure of integral transformations (Russian). *Dokl. Akad. Nauk SSSR*, **286**, no 4, 786–790, {Transl. in *Soviet Math. Dokl.*, 1986, **33**, no 1, 166–170}.

Vu Kim Tuan and Yakubovich, S.B. (1985) The Kontorovich-Lebedev integral transformation in a new class of functions (Russian). *Dokl. Akad. Nauk BSSR*, **29**, no 1, 11–14, {Transl. in *Amer. Math. Soc. Trans.*, 1987, **137**, no 2, 61–65}.

Wainger, S. (1965) Special trigonometric series in *k*-dimensions. *Mem. Amer. Math. Soc.*, **59**.

Walton, J.R. (1975) A distributional approach to dual integral equations of Titchmarsh type. *SIAM J. Math. Anal.*, **6**, no 4, 628–643.

—— (1977) The question of uniqueness for dual integral equations of Titchmarsh type. *Proc. Roy. Soc. Edinburgh*, **A 76**, no 4, 267–282.

—— (1979) Systems of generalized Abel integral equations with applications to simultaneous dual relations. *SIAM J. Math. Anal.*, **10**, no 4, 808–822.

Wang, F.T. (1944a) A convergence criterion for a Fourier series. *Duke Math. J.*, **11**, no 3, 435–439. (Wang, F.T. 全名为 Wang Fu Traing——译者注)

—— (1944b) On Riesz summability of Fourier series by exponential means. *Bull. Amer. Math. Soc.*, **50**, 420–424.

Watanabe, J. (1961) On some properties of fractional powers of linear operators. *Proc. Japan Acad.*, **37**, no 6, 273–275.

Watanabe, S. (1962) On stable processes with boundary conditions. *J. Math. Soc. Japan.*, **14**, no 2, 170–198.

Watanabe, T. (1977) On distributions measured by the Riemann-Liouville operators associated with homogeneous convex cones. *Hiroshima Math. J.*, **7**, no 2, 643–653.

Watanabe, Y. (1931) Notes on the generalized derivatives of Riemann-Liouville and its application to Leibntz's formula, I and II. *Tôhoku Math. J.*, **34**, 8–27 and 28–41.

Weber, H. (1872) Ueber die Besselschen Functionen und ihre Anwendung auf die Theorie der elektrischen Ströme. *J. für reine und angew and Math.*, **75**, no 1, 75–105.

Weinstein, A. (1948) Discontinuous integrals and generalized potential theory. *Trans. Amer. Math. Soc.*, **63**, no 2, 342–354.

—— (1952) Sur le probléme de Cauchy pour l'équation de Poisson et l'équation des ondes. *C. R. Acad. sci. Paris*, **234**, 2584–2585.

—— (1953) Generalized axially symmetric potential theory. *Bull. Amer. Math. Soc.*, **59**, no 1, 20–38.

—— (1954) On the wave equation and the equation of Euler-Poisson. Wave motion and vibration theory. In *Proc. Symp. Appl. Math.*, New York: McGraw-Hill, **5**, 137–147.

—— (1955a) The generalized radiation problem and the Euler-Poisson-Darboux equation. *Summa Brasil Math.*, **3**, 125–147.

—— (1955b) On a class of partial differential equations of even order. *Ann. Mat. Pura ed Appl., Ser. 4*, **39**, 245–254.

—— (1960) On a singular differential operator. *Ibid.*, **49**, 359–365.

—— (1965) Some applications of generalized axially symmetric potential theory to continuum mechanics. In *Appl. theory functions to Continuum mechanics: Proc. intern. symp.* (Tbilisi, 1963), Moscow: Nauka, Vol. 2, 440–453.

Weiss, R. (1972) Product integration for the generalized Abel equation. *Math. Comput.*, **26**, no 117, 177–190.

Weiss, R. and Anderssen, R.S. (1971) A product integration method for a class of singular first kind Volterra equations. *Numer. Math.*, **18**, no 5, 442–456.

Welland, G.V. (1968a) Fractional differentiation of functions with lacunary Fourier series. *Proc. Amer. Math. Soc.*, **19**, no 11, 135–141.

—— (1968b) On the fractional differentiation of a function of several variables. *Trans. Amer. Math. Soc.*, **132**, no 2, 487–500.

—— (1975) Weighted norm inequalities for fractional integrals. *Proc. Amer. Math. Soc.*, **51**, no 1, 143–146.

Westphal, U. (1970a) Ein Kalkül für gebrochene Potenzen infinitesimaler Erzeuger von Halbgruppen und Gruppen von Operatoren. Teil I: Halbgruppenerzeuger. *Compos. Math.*, **22**, no 1, 67–103.

—— (1970b) Ein Kalkül für gebrochene Potenzen infinitesimaler Erzeuger von Halbgrup-
pen und Gruppen von Operatoren. Teil II: Gruppenerzeuger. *Ibid.*, 104–136.

—— (1974a) An approach to fractional powers of operators via fractional differences. *Proc.
London Math. Soc.*, **29**, no 3, 557–576.

—— (1974b) Gebrochene Potenzen abgeschlossener Operatoren, definiert mit Hilfe ge-
brochener Differenzen. *Int. ser. Numer. Math. Basel–Stuttgart*, **25**, 23–27.

Weyl, H. (1917) Bemerkungen zum Begriff des Differentialquotienten gebrochener Ord-
nung. *Vierteljahresschrift der Naturforschenden Gesellschaft in Zürich*, **62**, no 1–2,
296–302.

Wheeden, R.L. (1967) Hypersingular integrals and summability of Fourier integrals and
series. In *Proc. Symp. Pure Math. Amer. Math. Soc.*, **10**: *Singular Integrals* (Chicago,
1966), ed. A.P. Calderon, Providence, R.I., 336–369.

—— (1968) On hypersingular integrals and Lebesgue spaces of differentiable functions.
Trans. Amer. Math. Soc., **134**, no 3, 421–435.

—— (1969a) On hypersingular integrals and Lebesgue spaces of differentiable functions,
II. *Ibid.*, **139**, no 1, 37–53.

—— (1969b) On hypersingular integrals and certain spaces of locally differentiable func-
tions. *Ibid.*, **146**, no 2, 211–230.

—— (1972) A note on a generalized hypersingular integral. *Stud. Math.*, **44**, no 1, 17–26.

Whittaker, E.T. (1917–1918) On the numerical solution of integral equations. *Proc. Roy.
Soc. London, Ser. A*, **94**, 367–383.

Whittaker, E.T. and Watson, G.N. (1965) *A Course of Modern Analysis*, Vol. 2:
Transcendental Function (Russian). Moscow: Fizmatgiz, 515 p., (Engl. fourth ed. in
Cambridge Univ. Press, 1927).

Wick, J. (1968) Über eine Integralgleichung vom Abelschen Typ. *Z. angew. Math. und
Mech.*, **48**, no 8, 39–41.

Widder, D.V. (1938) The Stieltjes transform. *Trans. Amer. Math. Soc.*, **43**, no 1, 7–60.

—— (1946) *The Laplace Transform*. Princeton: Princeton Univ. Pres, 406 pp.

—— (1963a) The inversion of a convolution transorm whose kernel is a Laguerre polyno-
mial. *Amer. Math. Month.*, **70**, no 3, 291–293.

—— (1963b) Two convolution transforms which are inverted by convolutions. *Proc. Amer.
Math. Soc.*, **14**, no 5, 812–817.

Widom, H. (1960) Singular integral equations in L_p. *Trans. Amer. Math. Soc.*, **97**, no 1,
131–160.

Wiener, K. (1983a) Über Lösungen einer in der Theorie der Polarographie auftretenden
Differentialgleichung von nichtganzzahliger Ordnung. *Wiss. Z. Univ. Halle Math.
Natur. Wiss. R.*, **32**, no 1, 41–46.

—— (1983b) Über das asymptotische Verhalten der Lösungen einer Differentialgleichung
nichtganzzahliger Ordnung aus der Polarographie. *Ibid.*, **32**, no 5, 75–86.

—— (1988) Lösumgen inhomogenen Differentialgleichungen mit Ableitungen von nicht-ganzzabliger Ordnung (II). *Ibid.*, **37**, no 1, 52–55.

Williams, W.E. (1963) A class of integral equations. *Proc. Cambridge Phil. Soc.*, **59**, no 3, 589–597.

Wilmes, G. (1979a) Some inequalities for Riesz potentials of trigonometric polynomials of several variables. In *Proc. Sympos. Pure Math. Harmon. Anal. Euclidean Spaces, Amer. Math. Soc.*, (Williamstown, 1978), Providence, R.I., 175–182.

—— (1979b) On Riesz-type inequalities and K-functionals related to Riesz potentials in R^n. *Numer. Funct. Anal. and Optim.*, **1**, no 1, 57–77.

Wimp, J. (1964) A class of integral transforms. *Proc. Edinburgh Math. Soc., Ser.* 2, **14**, no 1, 33–40.

—— (1965) Two integral transform pairs involving hypergeometric functions. *Proc. Glasgow Math. Assoc.*, **7**, no 1, 42–44.

Wolfersdorf, L.von (1965a) Über eine Beziehung zwischen Integralen nichtganzer Ordnung. *Math. Z.*, **90**, no 1, 24–28.

—— (1965b) Abelsche Integralgleichung und Randwertprobleme für die verallgemeinerte Tricomi-Gleichung. *Math. Nachr.*, **29**, no 3–4, 161–178.

—— (1969) Zur Lösung der verallgemeinerten Abelschen Integralgleichung mit konstanten Koeffizienten. *Z. angew. Math. und Mech.*, **49**, no 12, 759–761.

—— (1970) Zur Theorie der Spiele über dem Einheitsquadrat mit Auszahlungsfunktionen von der Form eines Schmetterlings. *Wiss. Z. Univ. Rostock, Math.-Naturwiss. Reihe*, **19**, no 6/7, 425–433.

Wong, R. (1978) Asymptotic expansions of fractional integrals involving logarithms. *SIAM J. Math. Anal.*, **9**, no 5, 835–842. (Wong, R. 全名为 Wong Roderick——译者注)

—— (1979) Explicit error terms for asymptotic expansions of Mellin convolutions. *J. Math. Anal. and Appl.*, **72**, no 2, 835–842.

Wood, D.H. (1975) Fractional integration of fundamental solutions. In *Proc. Intern. Conf. Fractional Calculus antl its Appl.* (New Haven, 1974), ed. B. Ross, *Lect. Notes Math.*, **457**, 317–322.

Wyss, W. (1986) The fractional diffusion equation. *J. Math. Phys.*, **27**, no 11, 2782–2785.

Xie Ting-fan (1963) The best approximation of periodic differentiable functions by trigonometric polynomials. *Chinese Math.*, **4**, no 2, 179–187.

Yakubovich, S.B. (1985) Remark on inversion formula for Wimp integral transform with respect to index (Russian). *Differentsial'nye Uravneniya*, **21**, no 6, 1097–1098.

Yakubovich, S.B., Vu Kim Tuan, Marichev, O.I. and Kalla, S.L. (1987) A class of index integral transfonns. *Rev. Téc. Fac. Ingr. Univ. Zulia,* Maracaibo, **10**, no 1, 105–118.

Yaroslavtseva, V.Ya. (1976) A certain class of transformation operators and their application to differential equations (Russian). *Dokl. Akad. Nauk SSSR*, **227**, no 4, 816–819.

Yasakov, A.I. (1969) On the operators of potential type (Russian). In *Primenen. metodov vychisl. mat. i vychisl. tekhn. dlya resheniya nauch.-issled. i narod.-hozyaist. zadach,* Voronezh: Voronezh. Univ., Vyp. 1, 6–9.

Yogachandran, C. (1987) On ordinary limitability factors for Cesaro means. *J. Nat. Sci. Counc. Sri Lanka,* **15**, no 1, 71–81.

Yoshikawa, A. (1971) Fractional powers of operators, interpolation theory and imbedding theorems. *J. Fac. Sci. Univ. Tokyo, Sec.* 1A, **18**, no 2, 336–362.

Yoshinaga, K. (1964) On Liouville's differentiation. *Bull. Kyushu Inst. Technol. Math. Natur. sci.,* no 11, 1–17.

—— (1971) Fractional powers of an infinitesimal generator in the theory of semigroup distribution. *Ibid.,* **18**, 1–15.

Yosida, K. (1960) Fractional powers of infinitesimal generators and the analyticity of the semi groups generated by them. *Proc. Japan Acad.,* **36**, no 3, 86–89.

—— (1967) *Functional analysis* (Russian). Moscow: Mir, 624 pp. (English ed. in Springer-Verlag, 1965).

Young, E.C. (1969) On a generalized Euler-Poisson-Darboux equation. *J. Math. and Mech.,* **18**, no 12, 1167–1175.

Zabreiko, P.P. (1967) The spectral radius of Volterra integral operators (Russian). *Litovsk. Mat. sb.,* **7**, no 2, 281–287.

Zâgânescu, M. (1982a) Some applications of fractional integration and differentiation in quantum mechanics and field theory. Romania: Univ. din Timisoara, Preprint, *U. T. F. T.,* 5/82, 30 pp.

—— (1982b) Continuously iterated Schrödinger equation and the Riemann-Liouville and Riesz operators. *Ibid.,* 7/82, 7 pp.

Zanelli, V. (1981a) I polinomi di Stieltjes approssimanti in variazione di ordine frazionario. *Atti Semin. Mat., Fis. Univ. Modena,* **30**, no 1, 151–175.

—— (1981b) Funzioni momento convergenti "dal basso" in variazione di ordine non intero. *Ibid.,* no 2, 355–369.

—— (1988) Derivate di ordine frazionario dei polinomi di Jacobi. *Ibid.,* **36**, no 1, 57–74.

Zeilon, N. (1924) Sur quelques points de la théorie de l'equation intégrale d'Abel. *Arkiv för. Mat., Astr. och Fysik.,* **18**, no 5, 1–19.

Zheludev, V.A. (1974) The well-posedness of a certain class of convolution equations (Russian). *Z. Vychisl. Mat. i Mat. Fiz.,* **14**, no 3, 610–630.

—— (1982) Derivatives of fractional order and the numerical solution of a class of convolution equations (Russian). *Differentsial'nye Uravneniya,* **18**, no 11, 1950–1960.

Zhemukhov, Kh.Kh. (1986) The Darboux problem for a second-order degenerate loaded integro-differential equation (Russian). *Ibid.,* **22**, no 12, 2174–2176.

Zheng, X.L. (1982) The singular mixed problem for a class of Euler-Poisson-Darboux equation. *J. Hangzhou Univ.,* **9**, no 1, 1–16. (Zheng, X.L. 全名为 Zheng Xing Li——译者注)

Zhuk, V.V. (1986) Constructive characteristics of certain classes of functions (Russian). In *Math. methods in the analysis of controllable processes. Voprosy Meh. Protsess. Upravl.*, Leningrad: Leningrad. Univ., no 8, 88–94.

Zou Zhong Zhu (1988) Some new results of the class $L_\alpha(k, \rho)$. *Natur. Sci. J. Huaihua Teach. Coll.*, **7**, no 2, 1–5.

Zygmund, A. (1934) Some points in the theory of trigonometric and power series. *Trans. Amer. Math. Soc.*, **36**, no 2, 586–617.

—— (1945a) Smooth functions. *Duke Math. J.*, **12**, no 1, 47–76.

—— (1945b) A theorem on fractional derivatives. *Ibid.*, no 3, 455–464.

—— (1956) On a theorem of Marcinkiewicz concerning interpolation of operations. *J. math. pures et appl.*, **35**, no 3, 223–248.

—— (1965a) *Trigonometric Series*. Moscow: Mir, Vol. 1, 616 pp. (English. ed. in Cambridge Univ. Press, 1968).

—— (1965b) *Trigonometric Series*. Moscow: Mir, Vol. 2, 538 pp. (English. ed. in Cambridge Univ. Press, 1968).

作者索引

条 目 索 引

符号索引

附录
分数阶微积分概述及其在 Wolfram Mathematica 中的计算机实现

O.I. Marichev, E.L. Shishkina

内 容 简 介

附录中, 我们考虑非整数阶积分-微分的一些方法及其在计算机代数系统 Wolfram Mathematica 中的实现.

第 1 节简要讨论其历史、现状和应用. 开启分数阶微积分时代的想法在 1.1 小节介绍. 1.2 小节中给出了研究 $\dfrac{d}{dx}$ 的非整数幂的几种不同方法. 1.3 小节描述了分数阶导数的推广, 如带幂对数核的算子, $x\dfrac{d}{dx}$ 和 $\dfrac{1}{x^\gamma}\dfrac{d}{dx}x^\gamma\dfrac{d}{dx}$ 的非整数次幂, 一个函数 f 对另一个函数 g 的分数阶导数, Erdélyi-Kober 型算子, 变阶微分算子和序列分数阶导数. 分数阶微积分具有多样和广泛的应用. 1.4 小节介绍了分数阶微积分在物理、工程、医学中的应用, 以及数值计算分数阶导数的方法.

在第 2 节中, 给出了在 Wolfram Mathematica 中实现的分数积分-微分的一些基本细节. 该节形成了复变量解析函数的分数阶微分的新图景. 在 Wolfram Mathematica 中, Hadamard 正则化的 Riemann-Liouville 算子是创建积分-微分算子的基础. 2.1 小节描述了 Wolfram 语言中任意函数的任意符号 α 阶 Riemann-Liouville-Hadamard 积分-微分. 在 2.2 小节中, 运用 Hadamard 正则化方法将分数阶积分-微分应用于函数在零附近 Taylor 级数展开的每一项. 为计算任意复数阶导数, 可以使用 Meijer G 函数. 有相当多的函数可以表示为 Meijer G 函数, 并且 Meijer G 函数的 α 阶导数容易得到. 这种方法将在 2.3 小节中介绍. 在 2.4 小节中, 将分数积分-微分应用于 "微分常数", "微分常数" 并不处处为一个常数, 它们在复平面的某些域上是不同的常数, 并在某些直线上具有不连续性. 在最后一小节中, 还包含分数阶微分通用公式的描述.

参考文献列表包含了许多条目, 当然关于分数阶微积分的文献总数是巨大的.

1　历史、现状和应用

1.1　背景和概念

1.1.1　非整数阶导数的思想

　　微积分教我们如何计算任意整数阶导数. 我们可以将负整数阶微分解释为重积分. 零阶微分意味着函数本身. 问题是如何将导数推广到非整数阶? 历史上记载讨论这种想法的首次尝试包含在 Leibniz 的通信中. 在 Leibniz 收到的一封信中, Bernoulli 询问了一个定理在非整数阶微分情形下的意义. Leibniz 在 1695 年写给 L'Hôpital 和 1697 年写给 Wallis 的信中, 对考虑 1/2 阶微分和导数的可能性给出了一些评论 (了解分数阶微积分的主要里程碑, 请参阅 Lazarević, Milan and Tomislav [2014], Ross [1975]).

　　在 18—19 世纪, 数学家使用积分和级数表示引入了许多重要的函数. 1729 年, Euler 给出了阶乘 $n!$ 的积分表示, 从而得到了 Gamma 函数 $\Gamma(n+1) = n!$, 使得对除 $0, -1, -2, \cdots$ 外的任意复数 n 都可以定义 $n!$. 除了 Gamma 函数外, 还有其他方法可以将阶乘推广到复数 (见 Marichev [1978, pp. 35-36], Marichev [1983]). Euler 通过积分引入的 Gamma 函数后来被称为第二类 Euler 积分:

$$\Gamma(\alpha) = \int_0^\infty x^{\alpha-1} e^{-x} dx, \qquad \mathrm{Re}(\alpha) > 0. \tag{1}$$

利用性质 $\Gamma(\alpha) = \dfrac{\Gamma(\alpha+1)}{\alpha}$ 可以唯一地将 $\Gamma(\alpha)$ 延拓到除小于或等于零的整数外的亚纯函数. $\alpha = 0, -1, -2, \cdots$ 是 Gamma 函数的简单极点. 阶乘的这种推广使 Euler 注意到幂函数 x^p 的 n 阶导数对于非整数 n 是有意义的.

　　也就是说, 令 $n \in \mathbb{N}$, $x > 0$ 和 $p \in \mathbb{R}$. 显然有 $(x^p)^{(n)} = p(p-1)\cdots(p-n+1)x^{p-n}$ 或

$$(x^p)^{(n)} = \frac{p!}{(p-n)!} x^{p-n}. \tag{2}$$

如果我们使用 Gamma 函数 (1), 则表达式 (2) 对于非整数 n 有意义并且 x^p 的非整数 α 阶导数可定义为

$$\frac{d^\alpha}{dx^\alpha} x^p = \frac{\Gamma(p+1)}{\Gamma(p-\alpha+1)} x^{p-\alpha}. \tag{3}$$

　　我们应该注意到这里的公式 (3) 并不是对所有的 p 和 α 都成立. 因此, 我们必须排除导致函数极点的参数. 这意味着, 在 (3) 中

$$-(p+1), \quad -(p-\alpha+1) \notin \mathbb{N} \cup \{0\}.$$

然而我们知道, 对于 $\alpha = 0$ 即得 $\dfrac{d^0}{dx^0}x^p = x^p$, 对于 $\alpha = -1$ 得到积分, 对于 $\alpha = -2, -3, \cdots$ 得到重积分. 例如, 若 $\alpha = -1$, $p = -1$, 我们得到

$$\frac{d^{-1}}{dx^{-1}}x^{-1} = \int \frac{dx}{x} = \log(x) + C.$$

我们看到这种情形下得到的不是幂函数, 而是对数函数. 我们来看一下如何通过取极限从如下包含任意常数 C 的公式中得到对数函数,

$$\int x^p dx = \frac{x^{p+1}}{p+1} + C.$$

我们可以将上式中的常数 C 替换为包含参数 p 和常数 C_1 的常数 $-\dfrac{1}{p+1} + C_1$. 经过计算、积分和对下式取极限

$$\int x^p dx = \frac{x^{p+1}}{p+1} - \frac{1}{p+1} + C_1 = \frac{x^{p+1}-1}{p+1} + C_1,$$

我们得到

$$\int \frac{dx}{x} = \lim_{p \to -1} \int x^p dx = \lim_{p \to -1} \frac{x^{p+1}-1}{p+1} + C_1 = \log(x) + C_1.$$

这里我们用项 $\left(-\dfrac{1}{p+1}\right)$ 进行了正则化. 求幂函数任意阶导数的一般方法参见 2.2 小节.

−1/2 阶导数的问题由 Euler 提出, 他在 1738 年提到, 幂函数 z^b 的导数对于非整数阶微分有意义. 但直到之后的 1820 年, Lacroix 才实现了 Euler 的想法, 并给出了幂函数 z^b 的 −1/2 阶导数的精确公式 (详细信息请参阅 Ross [1975]).

因此, 如果函数 $f(x)$ 由收敛幂级数局部给定, 或者 $f(x)$ 是解析函数:

$$f(x) = \sum_{p=0}^{\infty} a_p x^p, \qquad a_p = \frac{f^{(p)}(0)}{p!},$$

则 $\alpha > 0$ 阶导数可以形式地定义为

$$\frac{d^\alpha f(x)}{dx^\alpha} = \sum_{p=0}^{\infty} \frac{\Gamma(p+1)}{\Gamma(p-\alpha+1)} a_p x^{p-\alpha}.$$

当然, 这种分数阶导数的存在性, 需要验证该级数的收敛性. 这里 $\alpha > 0$ 且 $p \geqslant 0$, 所以我们避开了 Gamma 函数的极点. 参数 α 和 p 可以为复数的一般情形在 2.2 小节中考虑.

1823 年, Abel 发现了分数阶微积分的第一个应用 (细节参见 Lazarević, Milan and Tomislav [2014], Podlubny, Magin and Trymorush [2017]). Abel 在竖直平面上寻找一条曲线, 使粒子在重力的影响下沿着曲线滑到最低点所需的时间与它在曲线上的初始位置无关, 这样的曲线称为等时曲线. Abel 发现, 为找到这条曲线, 必须求解方程

$$\int_0^x \frac{f(t)dt}{(x-t)^{1/2}} = \varphi(x), \qquad x > 0.$$

应该注意的是, Abel 求解了如下更一般的方程

$$\int_0^x \frac{f(t)dt}{(x-t)^{\alpha}} = \varphi(x), \qquad x > 0,$$

其中 $0 < \alpha < 1$.

此外, 我们注意到, 在 1832 年, Liouville 形式地将指数函数的整数阶导数公式 $\frac{d^n}{dx^n} e^{bx}$ (b 是某个数) 推广到任意阶导数 $\frac{d^{\alpha}}{dx^{\alpha}} e^{bx}$. 即

$$\frac{d^{\alpha} e^{bx}}{dx^{\alpha}} = b^{\alpha} e^{bx}. \tag{4}$$

基于公式 (4), 我们可以形式地写出任意可由如下级数表示的函数 f 的 $\alpha \in \mathbb{R}$ 阶导数

$$\frac{d^{\alpha} f(x)}{dx^{\alpha}} = \sum_{k=0}^{\infty} c_k b_k^{\alpha} e^{b_k x}, \qquad 其中 \qquad f(x) = \sum_{k=0}^{\infty} c_k e^{b_k x}.$$

此定义是否合理与级数的是否收敛有关.

1.1.2 分数阶积分-微分的正式定义

因此, 从 17 世纪开始, 对正式定义分数阶积分-微分的需求逐渐出现. 这里我们给出如下定义 (Ross [1975]).

设 $z \in \mathbb{C}$, $x \in \mathbb{R}$ 为变量, 分数阶积分-微分的起点为 0, $\nu \in \mathbb{C}$ 或 $\nu \in \mathbb{R}$ 是积分-微分的阶. 分数阶积分-微分 D^{ν} 关于 z 作用于 $f(z)$, 关于 x 作用于 $f(x)$. 在 Ross [1975] 中可以找到分数阶积分-微分的如下判定准则.

判定准则 1 算子 $D^{\nu} f(z)$ 是 $\nu \in \mathbb{C}$ 阶积分-微分算子当且仅当

1) 如果 $f(z)$ 是关于复变量 z 的解析函数, 则导数 $D^{\nu} f(z)$ 是关于 ν 和 z 的解析函数.

2) 当 ν 是正整数时, 运算 $D^\nu f(z)$ 必须产生与通常微分相同的结果. 如果 ν 为负整数, 即 $\nu = -n$, 则 $D^{-n}f(z)$ 必须产生与通常 n 重积分相同的结果, 且 $D^{-n}f(z)$ 与其 $(n-1)$ 阶导数在 $z = 0$ 处必须为零.

3) 零阶运算保持函数不变:

$$D^0 f(z) = f(z).$$

4) 分数阶算子必须是线性的:

$$D^\nu[af(z) + bg(z)] = aD^\nu f(z) + bD^\nu g(z).$$

5) 任意阶半群性质成立:

$$D^\nu D^\mu f(z) = D^{\nu+\mu} f(z).$$

在下面的 1.2 小节和 1.3 小节中, 我们介绍微分和积分的非整数幂的各种算子.

1.2 分数阶微积分的经典方法

本小节中我们考虑用不同的经典方法来介绍微分算子 $\dfrac{d}{dx}$ 的非整数幂 $\left(\dfrac{d}{dx}\right)^\alpha$. 如果算子有左和右两种形式, 我们将只考虑左形式.

1.2.1 Riemann-Liouville 型分数阶积分和导数

给出 $\dfrac{d}{dx}$ 满足判别准则 1 的任意实 (复) 幂算子的最广为人知的定义为

$$(I_{a+}^\alpha f)(x) = \frac{1}{\Gamma(\alpha)} \int_a^x \frac{f(t)}{(x-t)^{1-\alpha}} dt, \qquad a < x \leqslant b \tag{5}$$

和

$$(D_{a+}^\alpha f)(x) = \frac{1}{\Gamma(n-\alpha)} \left(\frac{d}{dx}\right)^n \int_a^x \frac{f(t)dt}{(x-t)^{\alpha-n+1}}, \qquad a < x \leqslant b, \tag{6}$$

其中 $n = [\alpha] + 1$. 算子 (5) 和 (6) 分别称为区间 $[a,b]$ 上的左 Riemann-Liouville 积分和微分. 分数阶积分的定义是基于以下 n 重积分的推广

$$\underbrace{\int_a^x dx \cdots \int_a^x dx \int_a^x f(x)dx}_{n} = \frac{1}{(n-1)!} \int_a^x (x-t)^{n-1} f(t)dt, \qquad x > a. \tag{7}$$

分数阶导数 (6) 是分数阶积分 (5) 的左逆算子, 用它可以得到 Abel 方程的解. 如果考虑 $D_{a+}^\alpha x^p$, $x > 0$, $p \in \mathbb{R}$, 我们得到

$$
\begin{aligned}
D_{a+}^\alpha x^p &= \frac{1}{\Gamma(n-\alpha)} \left(\frac{d}{dx}\right)^n \left(\int_a^x \frac{t^p dt}{(x-t)^{\alpha-n+1}}\right) \\
&= \frac{1}{\Gamma(n-\alpha)} \left(\frac{d}{dx}\right)^n \left(x^{p-\alpha+n} \left(\frac{\Gamma(p+1)\Gamma(n-\alpha)}{\Gamma(p+n-\alpha+1)} - \mathrm{B}_{\frac{a}{x}}(p+1, n-\alpha)\right)\right) \\
&= \frac{\Gamma(p+1)}{\Gamma(p-\alpha+1)} x^{p-\alpha} - \frac{1}{\Gamma(n-\alpha)} \left(\frac{d}{dx}\right)^n x^{p-\alpha+n} \mathrm{B}_{\frac{a}{x}}(p+1, n-\alpha),
\end{aligned}
$$

其中 $\mathrm{B}_{\frac{a}{x}}(p+1, n-\alpha) = \int_0^1 \left(1 - \frac{a}{x}\xi\right)^{n-\alpha-1} \left(\frac{a}{x}\xi\right)^p d\left(\frac{a}{x}\xi\right)$. 容易看出, 为使所得公式与 (3) 对应, 我们需要令 $a = 0$, 此时能够使上述 $D_{0+}^\alpha x^p$ 表达式的最后一项为零:

$$
D_{0+}^\alpha x^p = \frac{\Gamma(p+1)}{\Gamma(p-\alpha+1)} x^{p-\alpha}.
$$

因此, 在第 2 节中, 我们将只考虑与原点相关的分数阶导数和积分, 即 $a = 0$.

对于 $f \in L_1(0, \infty)$, 半轴 $(0, \infty)$ 上的 α 阶 Liouville 分数阶积分有如下形式

$$
(I_{0+}^\alpha f)(x) = \frac{1}{\Gamma(\alpha)} \int_0^x \frac{f(t)}{(x-t)^{1-\alpha}} dt, \qquad x \in (0, \infty). \tag{8}
$$

实轴上的 α 阶 Liouville 分数阶积分为

$$
(I_+^\alpha f)(x) = \frac{1}{\Gamma(\alpha)} \int_{-\infty}^x \frac{f(t)}{(x-t)^{1-\alpha}} dt, \qquad x \in \mathbb{R}. \tag{9}
$$

半轴 $(0, \infty)$ 和实轴上的 α 阶 Liouville 分数阶导数分别为

$$
(\mathcal{D}_{0+}^\alpha f)(x) = \frac{1}{\Gamma(n-\alpha)} \left(\frac{d}{dx}\right)^n \int_0^x \frac{f(t)dt}{(x-t)^{\alpha-n+1}}, \qquad x \in (0, +\infty), \tag{10}
$$

$$
(\mathcal{D}_+^\alpha f)(x) = \frac{1}{\Gamma(n-\alpha)} \left(\frac{d}{dx}\right)^n \int_{-\infty}^x \frac{f(t)dt}{(x-t)^{\alpha-n+1}}, \qquad x \in \mathbb{R}, \tag{11}
$$

其中 $n = [\alpha] + 1$.

接下来, 我们考虑 Riemann-Liouville 积分的一种修正, 其积分上下限是对称的. 对于固定的任意一点 $c \in \mathbb{R}$ 和 $\alpha > 0$, 算子

$$
(I_c^\alpha f)(x) = \frac{1}{\Gamma(\alpha)}
\begin{cases}
\displaystyle\int_c^x (x-t)^{\alpha-1} f(t)dt, & x > c, \\[2mm]
\displaystyle\int_x^c (t-x)^{\alpha-1} f(t)dt, & x < c,
\end{cases}
\tag{12}
$$

称为 Chen (Chen Yu Why) 分数阶积分.

设 $\alpha > 0$ 为非整数, $n = [\alpha] + 1$, 则 Chen 分数阶导数为

$$(D_c^\alpha f)(x) = \frac{1}{\Gamma(n-\alpha)} \begin{cases} \left(\dfrac{d}{dx}\right)^n \displaystyle\int_c^x \frac{f(t)dt}{(x-t)^{\alpha-n+1}}, & x > c, \\ \left(-\dfrac{d}{dx}\right)^n \displaystyle\int_x^c \frac{f(t)dt}{(t-x)^{\alpha-n+1}}, & x < c. \end{cases} \tag{13}$$

Riemann-Liouville, Liouville 和 Chen 算子在本书中均有考虑.

现在最常用的分数导数之一是 Caputo 分数阶导数, 其形式为

$$(^C D_{0+}^\alpha f)(x) = \frac{1}{\Gamma(n-\alpha)} \int_0^x \frac{f^{(n)}(y)dy}{(x-y)^{\alpha-n+1}}, \qquad n = [\alpha] + 1, \qquad x > 0. \tag{14}$$

算子 (14) 由意大利物理学家 M. Caputo 于 1967 年在论文 Caputo [1967] 中介绍, 并在专著 Caputo [1969] 中专门研究.

1948 年 (见 Gerasimov [1948], 1947 年投稿), 苏联力学家 A.N. Gerasimov 引入了如下形式的分数阶导数

$$\frac{1}{\Gamma(1-\alpha)} \int_{-\infty}^x \frac{f'(y)dy}{(x-y)^\alpha}, \quad y > 0, \quad x \in \mathbb{R}, \quad 0 < \alpha < 1. \tag{15}$$

在同一工作中, A.N. Gerasimov 研究了粘弹性理论中的两个新问题. 他将这个问题简化为具有偏导数的微分方程.

我们注意到, 文章 Podlubny, Magin and Trymorush [2017] 仔细分析了 Abel 对分数阶微积分理论的贡献, 特别是给出了 $(0,1) \ni \alpha$ 阶导数 (参见 (14)).

分数阶导数 (14) 在应用中受欢迎有如下原因. 如果我们考虑如下形式的 Riemann-Liouville 分数阶微分方程

$$(D_{0+}^\alpha f)(x) = \lambda f(x), \qquad x > 0, \qquad 0 < \alpha < 1, \qquad \lambda \in \mathbb{R},$$

需要添加初值条件

$$(D_{0+}^{\alpha-1} f)(0+) = 1,$$

此问题的解为 (参见 Kilbas, Srivastava and Trujillo [2006])

$$f(x) = x^{\alpha-1} E_{\alpha,\alpha}(\lambda x^\alpha), \tag{16}$$

其中 $E_{\alpha,\beta}(\lambda x^\alpha) = \sum_{k=0}^{\infty} \frac{(\lambda x^\alpha)^k}{\Gamma(\alpha k + \beta)}$ 是 Mittag-Leffler 函数. 注意, (16) 式在零处有奇异性. 因此, 对于带 Riemann-Liouville 导数的问题, 在零初值处考虑经典 Cauchy 问题是不可能的.

另一方面, 带分数阶导数 (14) 的分数阶微分方程的 Cauchy 问题

$$\begin{cases} (^C D_{0+}^\alpha f)(x) = \lambda f(x), & x > 0, \quad 0 < \alpha \leqslant 1, \quad \lambda \in \mathbb{R}, \\ f(0+) = 1 \end{cases}$$

的解为 (参见 Kilbas, Srivastava and Trujillo [2006])

$$f(x) = E_{\alpha,1}(\lambda x^\alpha). \tag{17}$$

现在它在零处有界, 所以经典 Cauchy 问题是正确的.

我们来寻找 (17) 的 Riemann-Liouville 导数:

$$\begin{aligned} D_{0+}^\alpha E_{\alpha,1}(\lambda x^\alpha) &= \sum_{k=0}^{\infty} \frac{\lambda^k}{\Gamma(\alpha k + 1)} D_{0+}^\alpha x^{\alpha k} = \sum_{k=0}^{\infty} \frac{\lambda^k}{\Gamma(\alpha k + 1)} \frac{\Gamma(\alpha k + 1)}{\Gamma(\alpha k - \alpha + 1)} x^{\alpha k - \alpha} \\ &= \sum_{k=0}^{\infty} \frac{\lambda^k x^{\alpha(k-1)}}{\Gamma(\alpha k - \alpha + 1)} = \frac{x^{-\alpha}}{\Gamma(1-\alpha)} + \lambda \sum_{k=1}^{\infty} \frac{(\lambda x^\alpha)^{k-1}}{\Gamma(\alpha(k-1)+1)} \\ &= \frac{x^{-\alpha}}{\Gamma(1-\alpha)} + \lambda \sum_{k=0}^{\infty} \frac{(\lambda x^\alpha)^k}{\Gamma(\alpha k + 1)} = \frac{x^{-\alpha}}{\Gamma(1-\alpha)} + \lambda E_{\alpha,1}(\lambda x^\alpha). \end{aligned}$$

显然我们看到项 $\dfrac{x^{-\alpha}}{\Gamma(1-\alpha)}$ 在 $x = 0$ 处有奇异性.

我们来考虑 $^C D_{0+}^\alpha x^p,\ p \in \mathbb{R}$:

$$\begin{aligned} ^C D_{0+}^\alpha x^p &= \frac{\Gamma(p+1)}{\Gamma(p-n+1)\Gamma(n-\alpha)} \int_0^x \frac{y^{p-n} dy}{(x-y)^{\alpha-n+1}} \\ &= \frac{\Gamma(p+1)}{\Gamma(p-n+1)\Gamma(n-\alpha)} \frac{\Gamma(n-\alpha)\Gamma(p-n+1)x^{p-\alpha}}{\Gamma(p-\alpha+1)} \\ &= \frac{\Gamma(p+1)}{\Gamma(p-\alpha+1)} x^{p-\alpha}. \end{aligned}$$

注意到, 只有 $p > n - 1$ 时才能进行积分, 其中 $n = [\alpha] + 1$. 因此, 我们会受到严重的限制, 一般来说, 不能将导数 (14) 逐项应用于幂级数的每一项. 为解决这一问题, 我们令

$$^C D_{0+}^\alpha x^p = \begin{cases} \dfrac{\Gamma(p+1)}{\Gamma(p-\alpha+1)} x^{p-\alpha}, & p > n-1, \\ 0, & p \leqslant n-1, \end{cases}$$

则我们可以通过对级数逐项微分得到

$$^C D_{0+}^\alpha E_{\alpha,1}(\lambda x^\alpha) = \sum_{k=0}^\infty \frac{\lambda^k}{\Gamma(\alpha k + 1)} {}^C D_{0+}^\alpha x^{\alpha k} = \lambda \sum_{k=1}^\infty \frac{(\lambda x^\alpha)^{k-1}}{\Gamma(\alpha(k-1)+1)} = \lambda E_{\alpha,1}(\lambda x^\alpha).$$

这里我们看到了使用分数阶导数 (14) 明显的局限性.

除 Caputo 导数外, 还出现了 Riemann-Liouville 导数的各种其他修正. 我们在这里介绍其中的一些.

虽然我们只考虑左算子, 但我们会提到一个如下形式的右分数阶积分

$$(I_-^\alpha f)(x) = \frac{1}{\Gamma(\alpha)} \int_x^\infty (y-x)^{\alpha-1} f(y) dy.$$

有人称其为函数 $f(y)$ 的 Weyl 分数阶积分 (见 Zhmakin [2022]).

修正的 Riemann-Liouville 分数阶导数为 (参见 Jumarie [2006], 公式 (2.10))

$$(^{MRL} D_{0+}^\alpha f)(x) = \frac{1}{\Gamma(1-\alpha)} \frac{d}{dx} \int_0^x \frac{(f(y) - f(0)) dy}{(x-y)^\alpha}, \qquad x > 0, \qquad 0 < \alpha < 1.$$

因为对于 $p > 0$ 有 $x^p|_{x=0} = 0$, 我们得到 $^{MRL} D_{0+}^\alpha x^p = \frac{\Gamma(p+1)}{\Gamma(p-\alpha+1)} x^{p-\alpha}, p > 0.$

在 Cossar [1941] 中, 给出了如下分数阶导数

$$(\mathcal{D}_-^\alpha f)(x) = -\frac{1}{\Gamma(1-\alpha)} \lim_{N\to\infty} \frac{d}{dx} \int_x^N \frac{f(y)}{(y-x)^\alpha} dy, \qquad 0 < \alpha < 1.$$

Osler 分数阶导数 (见 Osler [1970], 公式 (2.2))

$$(^O D_{0+}^\alpha f)(x) = \frac{\Gamma(1+\alpha)}{2\pi i} \int_{C[\alpha, z^+]} \frac{f(t)}{(t-z)^{\alpha+1}} dt, \qquad 0 < \alpha < 1,$$

其中围道 $C[\alpha, z^+]$ 起止于 $t = 0$.

文献 Li and Deng [2007] 研究了 Riemann-Liouville 和 Caputo 导数的性质.

1.2.2 分数阶微积分的有限差分定义

现在考虑如何将如下形式的 n 阶导数

$$f^{(n)}(x) = \lim_{h\to 0} \frac{(\Delta_h^n f)(x)}{h^n}, \tag{18}$$

其中 $(\Delta_h^n f)(x)$ 为整数阶有限差分

$$(\Delta_h^n f)(x) = \sum_{k=0}^{n} (-1)^k \binom{n}{k} f(x - kh), \qquad \binom{n}{k} = \frac{n!}{k!(n-k)!} \tag{19}$$

推广至非整数阶.

由于 Gamma 函数是阶乘函数对非整数值的推广, 因此对于 $\alpha > 0$, 分数阶导数可以作为 (18) 的推广, 由下式给出

$$f^{(\alpha)}(x) = \lim_{h \to +0} \frac{(\Delta_h^\alpha f)(x)}{h^\alpha}, \tag{20}$$

其中

$$(\Delta_h^\alpha f)(x) = \sum_{k=0}^{\infty} (-1)^k \binom{\alpha}{k} f(x - kh), \qquad \binom{\alpha}{k} = \frac{(-1)^{k-1} \alpha \Gamma(k - \alpha)}{\Gamma(1 - \alpha) \Gamma(k + 1)}. \tag{21}$$

对于 $h > 0$ 和 $\alpha > 0$, (20) 为左 Grünwald-Letnikov 导数. 我们也可以在 (21) 中考虑 $h < 0$ 的情形. 在实直线上的 Grünwald-Letnikov 分数阶积分为

$$f^{(-\alpha)}(x) = \lim_{h \to +0} h^\alpha (\Delta_h^{-\alpha} f)(x). \tag{22}$$

下面我们来寻找幂函数 x^p, $x > 0$, $p \in \mathbb{R}$ 的 Grünwald-Letnikov 导数. 因为定义 (20) 是在整条实直线上给出的, 我们考虑函数

$$f_p(x) = \begin{cases} x^p, & x > 0, \\ 0, & x \leqslant 0. \end{cases}$$

从而 $f_p(x)$ 可写为一个逆 Laplace 变换

$$f_p(x) = \frac{\Gamma(p+1)}{2\pi i} \int_{c-i\infty}^{c+i\infty} s^{-p-1} e^{xs} ds, \qquad c > 0,$$

则

$$\begin{aligned}
f_p^{(\alpha)}(x) &= \frac{\Gamma(p+1)}{2\pi i} \int_{c-i\infty}^{c+i\infty} e^{xs} s^{-p-1} \lim_{h \to +0} h^{-\alpha} \sum_{k=0}^{\infty} (-1)^k \binom{\alpha}{k} e^{-khs} ds \\
&= \frac{\Gamma(p+1)}{2\pi i} \int_{c-i\infty}^{c+i\infty} e^{xs} s^{-p-1} \lim_{h \to +0} h^{-\alpha} (1 - e^{-hs})^\alpha ds \\
&= \frac{\Gamma(p+1)}{2\pi i} \int_{c-i\infty}^{c+i\infty} e^{xs} s^{\alpha-p-1} ds = \frac{\Gamma(p+1)}{\Gamma(p-\alpha+1)} x^{p-\alpha},
\end{aligned}$$

当 $x > 0$ 时与 $D_{0+}^\alpha x^p$ 吻合.

Grünwald-Letnikov 型分数阶导数在 Ortigueira and Trujillo [2012] 中考虑过. 基于有限差分方法 (21) 的 Marchaud 导数定义如下

$$(\mathbf{D}_+^\alpha f)(x) = -\frac{1}{\Gamma(-\alpha)A_l(\alpha)} \int_0^\infty \frac{(\Delta_t^l f)(x)}{t^{\alpha+1}} dt, \qquad A_l(\alpha) = \sum_{k=0}^l (-1)^{k-1} \binom{l}{k} k^\alpha, \tag{23}$$

其中 $0 < \mathrm{Re}\,\alpha < l$, $l \in \mathbb{N}$ 或 $\alpha \in \mathbb{R}$, $l = [\alpha] + 1$.

由分数阶差分构造的分数阶导数的其他修正在本书第四章中给出. 例如, $\alpha > 0$ 阶 Grünwald-Letnikov-Riesz 分数阶导数定义为

$$(^{GLR}D_x^\alpha f)(x) = \frac{1}{2\cos(\alpha\pi/2)} \lim_{h\to 0+} \frac{(\Delta_h^\alpha f)(x) + (\Delta_{-h}^\alpha f)(x)}{|h|^\alpha}, \tag{24}$$

其中 α 阶分数阶差分 $(\Delta_h^\alpha f)(x)$ 由级数 (21)定义.

Grünwald-Letnikov 导数 (20) 和 (22)、Marchaud 导数 (23), 以及 Grünwald-Letnikov-Riesz 分数阶导数 (24) 在 Letnikov [1868] 和本书中均有考虑.

1.2.3 一维 Riesz 和 Bessel 势及其逆

积分

$$(I^\alpha f)(x) = \frac{1}{2\Gamma(\alpha)\cos\left(\frac{\pi}{2}\alpha\right)} \int_{-\infty}^\infty \frac{f(t)dt}{|t-x|^{1-\alpha}}, \quad \mathrm{Re}(\alpha) > 0, \ \alpha \neq 1, 3, 5, \cdots \tag{25}$$

称为 Riesz 势. 我们考虑它如下形式的修正 (下式中的 sgn 表示符号函数——译者注)

$$H^\alpha f(x) = \frac{1}{2\Gamma(\alpha)\sin\left(\frac{\pi}{2}\alpha\right)} \int_{-\infty}^\infty \frac{\mathrm{sgn}(x-t)}{|t-x|^{1-\alpha}} f(t)dt, \ \mathrm{Re}\,\alpha > 0, \ \alpha \neq 2, 4, 6, \cdots. \tag{26}$$

对于 $0 < \alpha < 1$, I^α 和 H^α 的逆算子可以构造为以下形式

$$((I^\alpha)^{-1}f)(x) = \frac{1}{2\Gamma(-\alpha)\cos\left(\frac{\pi}{2}\alpha\right)} \int_{-\infty}^\infty \frac{f(x-t) - f(x)}{|t|^{1+\alpha}} dt,$$

$$((H^\alpha)^{-1}f)(x) = \frac{1}{2\Gamma(-\alpha)\sin\left(\frac{\pi}{2}\alpha\right)} \int_{-\infty}^\infty \frac{f(x-t) - f(x)}{|t|^{1+\alpha}} \mathrm{sgn}\,t\,dt.$$

下面我们来介绍卷积算子

$$(G^\alpha f)(x) = \int_{-\infty}^{\infty} G_\alpha(x-t)f(t)dt,$$

它是通过如下 Fourier 变换定义的

$$F[G^\alpha f](x) = \frac{1}{(1+|x|^2)^{\alpha/2}} F[f](x), \qquad \mathrm{Re}(\alpha) > 0. \tag{27}$$

函数 $G_\alpha(x)$ 通过 Bessel 函数得到其 Fourier 变换 $(1+|x|^2)^{-\alpha/2}$, 这就是为什么算子 $G_\alpha(x)$ 称为 Bessel 分数阶积分或 Bessel 势.

Bessel 分数阶积分或 Bessel 势可写为以下形式

$$(G^\alpha f)(x) = \frac{2^{\frac{1-\alpha}{2}}}{\sqrt{\pi}\Gamma\left(\frac{\alpha}{2}\right)} \int_{-\infty}^{\infty} f(t)|x-t|^{\frac{\alpha-1}{2}} K_{\frac{1-\alpha}{2}}(|x-t|)dt, \qquad \mathrm{Re}(\alpha) > 0.$$

1.2.4　解析函数的分数阶积分-微分

设函数 $f(z) = \sum\limits_{k=0}^{\infty} f_k z^k$ 在单位圆盘内解析, 则

$$(\mathfrak{D}_0^\alpha f)(z) = z^{-\alpha} \sum_{k=0}^{\infty} \frac{\Gamma(k+1)}{\Gamma(k-\alpha+1)} f_k z^k. \tag{28}$$

推广 (28) 的一个自然方法是将 (28) 中的因子 $\dfrac{\Gamma(k+1)}{\Gamma(k-\alpha+1)}$ 替换为更一般的因子. 这种推广之一是以下形式的 Gel'fond-Leont'ev 微分

$$\mathfrak{D}^n(a;f) = \sum_{k=n}^{\infty} \frac{a_{k-n}}{a_k} f_k z^{k-n}, \tag{29}$$

其中 a_k 由 $a(z) = \sum\limits_{k=0}^{\infty} a_k z^k$ 定义, 算子 (29) 称为 Gel'fond-Leont'ev 广义微分算子. 显然, 在 $a(z) = e^z$ 的情形下 $\mathfrak{D}^n(a;f) = \dfrac{d^n f}{dz^n}$.

算子

$$\mathfrak{I}^n(a;f) = \sum_{k=0}^{\infty} \frac{a_{k+n}}{a_k} f_k z^{k+n}$$

是 (29) 的右逆, 称为 Gel'fond-Leont'ev 广义积分算子. 算子 $\mathfrak{D}^n$ 和 $\mathfrak{I}^n$ 是整数 n 阶积分-微分的直接推广, 它们也隐含了分数阶积分-微分的推广. 为说明这一点, 我们考虑以下特殊情形, 即 $a(z) = E_\alpha(z) = \sum\limits_{k=0}^{\infty} \dfrac{z^k}{\Gamma(\alpha k + 1)}$, $\alpha > 0$, 为 Mittag-Leffler 函数 (Gorenflo, Mainardi and Rogozin [2019]). 阶 $n=1$ 的广义积分算子为

$$(\mathfrak{I}_\alpha f)(z) = \mathfrak{I}^1(E_{1/\alpha}; f) = \sum_{k=0}^{\infty} \frac{\Gamma(\alpha k + 1)}{\Gamma(\alpha k + \alpha + 1)} f_k z^{k+1}.$$

它有如下积分表示

$$(\mathfrak{I}_\alpha f)(z) = \frac{1}{\Gamma(\alpha)} \int_0^1 (1-t)^{\alpha-1} f(zt^\alpha) dt.$$

相应的 $0 < \alpha < 1$ 阶微分算子为

$$(\mathfrak{D}_\alpha f)(z) = \frac{1}{\Gamma(1-\alpha)} \frac{1}{g'(z)} \frac{d}{dz} \int_0^z \frac{f(t)g'(t)}{[g(z)-g(t)]^\alpha} dt,$$

其中 $g(z) = z^{1/\alpha}$. 算子 $\mathfrak{D}_\alpha$ 对应展开式

$$(\mathfrak{D}_\alpha f)(z) = \sum_{k=1}^{\infty} \frac{\Gamma(\alpha k + 1)}{\Gamma(\alpha k + 1 - \alpha)} f_k z^{k-1}.$$

如果考虑单位圆盘上的解析函数 $b(z) = \sum\limits_{k=0}^{\infty} b_k z^k$, 则函数 $b(z)$ 和 $f(z)$ 的 Hadamard 积为

$$\mathcal{D}\{b; f\} = b \circ f = \sum_{k=0}^{\infty} b_k f_k z^k, \tag{30}$$

(30) 是微分的一个非常广泛的推广. 在假设 $b_k \to \infty$ 下, 广义积分定义为

$$\mathfrak{I}\{b; f\} = \sum_{k=0}^{\infty} \frac{f_k}{b_k} z^k. \tag{31}$$

在 (30) 和 (31) 中选择各种函数 $b(z)$, 可以得到各种不同类型的积分-微分算子. 当 $b(z) = \dfrac{\Gamma(\alpha+1)}{(1-z)^{\alpha+1}}$ 时, (30) 给出了函数 $z^\alpha f(z)$ 的 Riemann-Liouville 分数阶导数. 如果在 (30) 中取 $b(z) = \dfrac{\Gamma(\alpha+1)z}{(1-z)^{\alpha+1}}$, 我们得到 Ruscheweyh 分数阶导数. 函数 $b(z) = \sum\limits_{k=1}^{\infty} (ik)^\alpha z^k$ 给出了 Weyl 分数阶导数.

1.2.5　周期函数的 Weyl 分数阶导数

设 $f(x)$ 为 $\mathbb{R}$ 上的 2π 周期函数且

$$f(x) \sim \sum_{k=-\infty}^{\infty} f_k e^{-ikx}, \qquad f_k = \frac{1}{2\pi} \int_0^{2\pi} e^{-ikx} f(x)dx$$

为其 Fourier 级数. 这里我们将考虑具有零均值的函数:

$$\int_0^{2\pi} f(x)dx = 0.$$

Weyl 提出了周期函数的分数阶积分的定义:

$$(I_+^{(\alpha)}f)(x) \sim \sum_{k=-\infty}^{\infty} (ik)^{-\alpha} f_k e^{ikx}, \qquad f_k = \frac{1}{2\pi} \int_0^{2\pi} e^{-ikt} f(t)dt, \qquad f_0 = 0. \quad (32)$$

类似地, 分数阶微分定义为

$$(\mathcal{D}_+^{(\alpha)}f)(x) \sim \sum_{k=-\infty}^{\infty} (ik)^{\alpha} f_k e^{ikx}, \qquad f_k = \frac{1}{2\pi} \int_0^{2\pi} e^{-ikt} f(t)dt, \qquad f_0 = 0. \quad (33)$$

定义 (32) 可以解释为

$$(I_+^{(\alpha)}f)(x) = \frac{1}{2\pi} \int_0^{2\pi} f(x-t)\Psi_+^{\alpha}(t)dt, \qquad \alpha > 0, \quad (34)$$

其中

$$\Psi_+^{\alpha}(t) = 2 \sum_{k=1}^{\infty} \frac{\cos(kt - \alpha\pi/2)}{k^{\alpha}} = e^{-\frac{1}{2}i\pi\alpha} \left(e^{i\pi\alpha}\mathrm{Li}_\alpha\left(e^{-it}\right) + \mathrm{Li}_\alpha\left(e^{it}\right) \right), \quad (35)$$

这里 $\mathrm{Li}_\alpha(z) = \sum_{k=1}^{\infty} \frac{z^k}{k^{\alpha}}$ 是多重对数函数. (34) 式的右端称为 α 阶 Weyl 分数阶积分.

Marchaud-Weyl 导数定义为

$$(D_+^{(\alpha)}f)(x) = \frac{1}{2\pi} \int_0^{2\pi} (f(x) - f(x-t)) \frac{d}{dt}\Psi_+^{\alpha}(t)dt, \qquad 0 < \alpha < 1. \quad (36)$$

已知 2π 周期函数 f 满足 $f \in L_1(0, 2\pi)$ 和 $\int_0^{2\pi} f(x)dx = 0$, 则对于 $0 < \alpha < 1$, Weyl 分数阶积分 $I_+^{(\alpha)}$ 在实直线上与 Liouville 积分 I_+^{α} (9) 一致: $(I_+^{(\alpha)}f)(x) = (I_+^{\alpha}f)(x)$. 本书讨论了周期函数分数阶导数的 Weyl 方法.

1.3 分数阶导数的推广

1.3.1 带幂对数核的算子. 算子的分数次幂

实轴有限区间 $[a,b]$ 上的分数阶积分 I_{a+}^{α} 和 I_{b-}^{α} 的一个直接推广有以下形式

$$(I_{a+}^{(\alpha,\beta)}f)(x) = \frac{1}{\Gamma(\alpha)} \int_a^x \log^\beta \left(\frac{\gamma}{x-t}\right)(x-t)^{\alpha-1}f(t)dt, \ \alpha>0, \ \beta\geqslant 0, \ \gamma>b-a,$$
(37)

$$(I_{b-}^{(\alpha,\beta)}f)(x) = \frac{1}{\Gamma(\alpha)} \int_x^b \log^\beta \left(\frac{\gamma}{t-x}\right)(t-x)^{\alpha-1}f(t)dt, \ \alpha>0, \ \beta\geqslant 0, \ \gamma>b-a,$$
(38)

式中包含了对数函数和幂函数奇异性, 这些结构称为带幂对数核算子. 这类积分在研究具有幂对数核的第一类积分方程时出现.

Kilbas [1975] 中研究了整数 β 和 $\gamma = 1$ 时的带幂对数核算子, Kilbas [1978] 中考虑了这些算子的一般情形.

Riemann-Liouville 分数阶积分-微分在形式上是微分算子 $\dfrac{d}{dx}$ 的分数次幂 $\left(\dfrac{d}{dx}\right)^\alpha$, 并且在整个实轴上相对于平移不变. Hadamard [1892] 提出了一种分数阶积分-微分的结构, 它是 $\left(x\dfrac{d}{dx}\right)^\alpha$ 型分数次幂, 这种结构非常适合半轴的情况, 并且具有伸缩不变性.

Hadamard 分数阶积分定义如下

$$(\mathfrak{F}_+^\alpha f)(x) = \frac{1}{\Gamma(\alpha)} \int_0^x \frac{f(t)dt}{t\left(\log \dfrac{x}{t}\right)^{1-\alpha}}, \qquad x>0, \qquad \alpha>0.$$
(39)

不难看出, 算子 $\mathfrak{F}_+^\alpha$ 与形如 (9) 的 Liouville 算子 I_+^α 有联系, 即

$$(\mathfrak{F}_+^\alpha f)(x) = A^{-1}I_+^\alpha Af, \qquad (Af)(x) = f(e^x).$$

对于 $0 < \alpha < 1$, Hadamard 分数阶导数定义如下

$$(\mathfrak{D}_+^\alpha f)(x) = \frac{1}{\Gamma(1-\alpha)} x\frac{d}{dx} \int_0^x \frac{f(t)dt}{t\left(\log \dfrac{x}{t}\right)^\alpha}.$$

我们也可以考虑有限线段 $[a,b]$ 上的 Hadamard 分数阶积分和导数.

下面我们简单讨论如下形式的微分 Bessel 算子的分数次幂 $(B_\gamma)^\alpha, \alpha \in \mathbb{R}$,

$$B_\gamma = D^2 + \frac{\gamma}{x}D = \frac{1}{x^\gamma}\frac{d}{dx}x^\gamma\frac{d}{dx}, \qquad \gamma \geqslant 0, \qquad D := \frac{d}{dx}. \tag{40}$$

McBride [1982] 中推导出了 (40) 的分数次幂的显式公式, 它以较简单算子的复合运算给出. Sprinkhuizen-Kuyper [1979] 完成了重要一步, 即根据 Gauss 超几何函数推导出在 PDE 中有不同应用的显式定义. 最一般的研究由 I. Dimovski 和 V. Kiryakova 完成 (Dimovski [1966, 1968], Dimovski and Kiryakova [1985], Kiryakova [1994]), 他们研究了与 Obrechkoff 积分变换相关的更一般的超 Bessel 微分算子类.

在线段 $[a, b]$ 上, 对于 $f \in L_1(a, b)$, $a, b \in (0, \infty)$ 的左分数阶 Bessel 积分 $B_{\gamma, a+}^{-\alpha}$ 定义如下

$$(B_{\gamma, a+}^{-\alpha}f)(x) = (IB_{\gamma, a+}^\alpha f)(x)$$

$$= \frac{1}{\Gamma(2\alpha)}\int_a^x \left(\frac{y}{x}\right)^\gamma \left(\frac{x^2-y^2}{2x}\right)^{2\alpha-1} {}_2F_1\left(\alpha+\frac{\gamma-1}{2}, \alpha; 2\alpha; 1-\frac{y^2}{x^2}\right)f(y)dy. \tag{41}$$

设 $\alpha > 0$, $n = [\alpha] + 1$, $f \in L_1(a, b)$, $IB_{\gamma, b-}^{n-\alpha}f, IB_{\gamma, a+}^{n-\alpha}f \in C^{2n}(a, b)$. 对于 $\alpha \neq 0, 1, 2, \cdots$, 线段上的 Riemann-Liouville 型左分数阶 Bessel 导数定义为

$$(B_{\gamma, a+}^\alpha f)(x) = (DB_{\gamma, a+}^\alpha f)(x) = B_\gamma^n(IB_{\gamma, a+}^{n-\alpha}f)(x), \qquad n = [\alpha] + 1.$$

若 $\alpha = n \in \mathbb{N} \cup \{0\}$, 则

$$(B_{\gamma, a+}^0 f)(x) = f(x), \qquad (B_{\gamma, a+}^n f)(x) = B_\gamma^n f(x),$$

其中 B_γ^n 为复合 Bessel 算子 (40). Shishkina and Sitnik [2017a,b] 中研究了分数阶 Bessel 积分和导数.

1.3.2　Erdelýi-Kober 型算子与一个函数关于另一个函数的分数阶积分和导数

假设对于任意 $\sigma \in \mathbb{R}$, $0 \leqslant a < x < b \leqslant \infty$, 或对于整数 σ, $-\infty \leqslant a < x < b \leqslant \infty$. Erdelýi-Kober 型算子为

$$I_{a+;\sigma,\eta}^\alpha f(x) = \frac{\sigma x^{-\sigma(\alpha+\eta)}}{\Gamma(\alpha)}\int_a^x (x^\sigma - t^\sigma)^{\alpha-1}t^{\sigma\eta+\sigma-1}f(t)dt, \; \alpha > 0, \tag{42}$$

$$I_{a+;\sigma,\eta}^\alpha f(x) = x^{-\sigma(\alpha+\eta)}\left(\frac{d}{\sigma x^{\sigma-1}dx}\right)^n x^{\sigma(\alpha+n+\eta)}I_{a+;\sigma,\eta}^{\alpha+n}f(x), \; \alpha > -n, \; n \in \mathbb{N}. \tag{43}$$

经变量替换 $x^\sigma = y$, $t^\sigma = \tau$ 后, (42)—(43) 简化为通常的 Riemann-Liouville 分数阶积分和导数

$$I^\alpha_{a+;\sigma,\eta}f(x) = y^{-\alpha-\eta}(I^\alpha_{a^\sigma+}\varphi)(y), \qquad \varphi(y) = y^\eta f(x), \qquad x^\sigma = y. \qquad (44)$$

Erdelýi-Kober 算子是嬗变理论中必不可少的重要算子. 例如, 最著名的 Sonine 嬗变和 Poisson 嬗变都是对应上式 $\sigma = 2$ 时的情形 (详情请见 Katrakhov and Sitnik [2018], Sitnik and Shishkina [2019]). 专著 Katrakhov and Sitnik [2018] 和 Shishkina and Sitnik [2020] 中研究了 Erdelýi-Kober 算子的重要性质.

设 $\mathrm{Re}\,\alpha > 0$. 函数 f 关于另一个函数 g 的分数阶积分为

$$(I^\alpha_{a+,g}f)(x) = \frac{1}{\Gamma(\alpha)} \int_a^x (g(x) - g(t))^{\alpha-1} g'(t)f(t)dt, \quad -\infty \leqslant a < b \leqslant \infty. \qquad (45)$$

积分 (45) 对于每个 $f(t) \in L_1(a, b)$ 和任意单调且有连续导数的函数 $g(t)$ 有定义.

若 $g'(x) \neq 0$, $a \leqslant x \leqslant b$, 则算子 $I^\alpha_{a+,g}$, $I^\alpha_{b-,g}$ 作相应的变量替换后, 可用通常的 Riemann-Liouville (或 Liouville) 分数阶积分表示

$$I^\alpha_{a+,g}f = QI^\alpha_{c+}Q^{-1}f, \qquad I^\alpha_{b-,g}f = QI^\alpha_{d-}Q^{-1}f, \qquad c = g(a), \qquad d = g(b),$$

其中 $(Qf)(x) = f[g(x)]$.

一个函数 f 关于另一个函数 g 的 $\alpha \in (0, 1)$ 阶分数阶导数为

$$(D^\alpha_{a+,g}f)(x) = \frac{1}{\Gamma(1-\alpha)} \frac{1}{g'(x)} \frac{d}{dx} \int_a^x \frac{f(t)}{(g(x) - g(t))^\alpha} g'(t)dt, \quad -\infty \leqslant a < b \leqslant \infty. \qquad (46)$$

也可以考虑 Marchaud 和其他形式的一个函数 f 关于另一个函数 g 的分数阶导数.

关于函数的分数阶微积分的算子分析方法在 Fahad and Fernandez [2021] 中给出.

在 (45) 中选择 $g(x) = x$, 可以得到 Riemann-Liouville 分数阶积分; 取函数 $g(x) = x^\sigma$, 我们得到 Erdelýi-Kober 型算子; 取 $g(x) = \log x$, 我们得到 Hadamard 分数阶积分; 对于选择 $g(x) = \exp(-x)$ 及其应用在 Dzhrbashjan and Nersesyan [1958] 中考虑.

正如 A.M. Djrbashian 指出的那样, 一个函数对另一个函数的分数阶导算子 (45), 甚至在一些更一般的情况下, 是由他的父亲 M. M. Djrbashian (又名 Mkhitar Dzhrbashjan, M.M. Jerbashian) 引入和研究的, 参见 Dzhrbashjan [1967, 1968], Dzhrbashjan and Nersesyan [1968]. 这些文章研究了此类算子的积分表示、逆以及相应的分数阶积分-微分方程.

1.3.3　变阶微分算子、序列分数阶导数

文献 Samko and Ross [1993] 提出了分数阶积分和导数的阶不是常数而是函数的情况. 为给出变阶微分算子, Samko and Ross [1993] 中给出了两种方法: 第一种是直接方法; 第二种使用 Fourier 变换. 对于变阶的 Riemann-Liouville 分数阶积分, 我们有 (见 Samko and Ross [1993], 公式 2)

$$(I_{a+}^{\alpha(x)}f)(x) = \frac{1}{\Gamma(\alpha(x))} \int_a^x (x-y)^{\alpha(x)-1} f(y) dy, \qquad \mathrm{Re}(\alpha(x)) > 0, \qquad x > a. \tag{47}$$

对于 $a > -\infty$ 我们有 Riemann 定义; 对于 $a = -\infty$ 我们有 Liouville 定义.

Riemann-Liouville 导数也可推广到变阶的情形 (参见 Samko and Ross [1993], 公式 3):

$$(D_{a+}^{\alpha(x)}f)(x) = \frac{1}{\Gamma(1-\alpha(x))} \frac{d}{dx} \int_a^x (x-y)^{-\alpha(x)} f(y) dy, \quad 0 < \mathrm{Re}(\alpha(x)) < 1, \quad x > a. \tag{48}$$

我们观察到分数阶算子 (48) 不是 (47) 的逆, 这与常数阶情形不同, 这将在下文中看到. 因此, 引入 $D_{a+}^{-\alpha(x)}$ 作为 $[D_{a+}^{\alpha(x)}]^{-1}$ 是不正确的.

Coimbra 导数定义为 (Coimbra [2003])

$$(^{CV}D_0^{\alpha(x)}f)(x) = \frac{1}{\Gamma(1-\alpha(x))} \int_0^x \frac{f'(y)}{(x-y)^{\alpha(x)}} \, dy + \frac{f(0+) - f(0-)}{x^{\alpha(x)}(\Gamma(1-\alpha(x)))},$$

其中 $0 \leqslant \mathrm{Re}(\alpha(x)) < 1$.

现在考虑依赖两个变量的分数阶 $\alpha(x,y)$ 情形. 设函数 $f : [a,b] \to \mathbb{R}$. 阶为 $\alpha(\cdot,\cdot)$ 的左 Riemann-Liouville 分数阶积分定义为 (见 Malinowska, Odzijewicz and Torres [2015])

$$(_a I_x^{\alpha(\cdot,\cdot)}f)(x) = \int_a^x \frac{(x-y)^{\alpha(x,y)-1}}{\Gamma(\alpha(x,y))} f(y) dy, \qquad x > a. \tag{49}$$

阶为 $\alpha(\cdot,\cdot)$ 的左 Riemann-Liouville 分数阶导数定义为

$$(_a D_x^{\alpha(\cdot,\cdot)}f)(x) = \frac{d}{dx} \int_a^x \frac{(x-y)^{-\alpha(x,y)}}{\Gamma(1-\alpha(x,y))} f(y) dy, \qquad x > a, \qquad 0 < \alpha(x,y) < 1. \tag{50}$$

可以类似地介绍了变分数阶的 Caputo 和 Marchaud 导数 (见 Samko [1995], Samko and Ross [1993]).

接下来我们考虑所谓的序列导数. Djrbashian-Nersesyan 分数阶导数与一个 σ 阶的序列 $\{\gamma_0, \gamma_1, \cdots, \gamma_m\}$ 相关联, 其中 $\sigma = \gamma_0 + \gamma_1 + \cdots + \gamma_m$, 此导数定义为

$$D_{DN}^{\sigma} = D^{\gamma_0} D^{\gamma_1} \cdots D^{\gamma_m}, \tag{51}$$

其中 D^{γ_k} 是具有某些端点的 Riemann-Liouville 的分数阶积分和导数. 这些算子在 Dzhrbashjan and Nersesyan [1960, 1961, 1968] 中引入, 随后, Dzhrbashjan [1981] 对其进行了研究和应用. 原始定义要求 $-1 \leqslant \gamma_0 \leqslant 0$, $0 \leqslant \gamma_k \leqslant 1$, $1 \leqslant k \leqslant m$, 如上述论文在此条件下对包含算子(51) 的积分-微分方程进行了研究. 但如果使用适当的 Riemann-Liouville 算子定义, 则 Djrashian-Nerseyan 分数阶算子可以对于任意参数 γ_k 定义和考虑.

Djrbashian-Nersesyan 算子是专著 Miller and Ross [1993] 中引入的更一般的分数阶积分-微分序列算子的形式, 其形如 (51) 定义的复合运算由任意分数阶算子组成, Podlubny [1999a] 中也有讨论.

1.3.4 分数阶积分的推广

分数阶积分-微分算子有许多推广, 这些推广与更标准的分数阶算子的组合和复合运算有关. 例如, 下式介绍了与任意给定的分数阶算子 R^t 有关的平均或分布阶分数阶算子

$$I_{MR}^{(a,b)} f = \int_a^b R^t f(t) dt, \tag{52}$$

其中 R^t 是给定的阶为 t 的任意类型的分数阶算子. 特别地, 如果 R^t 是分数阶 Riemann-Liouville 算子, 则通常使用连续或分布的分数阶积分或导数. 文献 Pskhu [2005a,b] 中研究了这种算子.

其他积分核中包含 Gauss 超几何函数的分数阶积分是 Saigo 分数阶积分 (见 Saigo [1977]), 其定义为

$$J_x^{\gamma,\beta,\eta} f(x) = \frac{1}{\Gamma(\gamma)} \int_x^{\infty} (t-x)^{\gamma-1} t^{-\gamma-\beta} {}_2F_1\left(\gamma+\beta, -\eta; \gamma; 1-\frac{x}{t}\right) f(t) dt \tag{53}$$

和

$$I_x^{\gamma,\beta,\eta} f(x) = \frac{x^{-\gamma-\beta}}{\Gamma(\gamma)} \int_0^x (x-t)^{\gamma-1} {}_2F_1\left(\gamma+\beta, -\eta; \gamma; 1-\frac{t}{x}\right) f(t) dt, \tag{54}$$

其中 $\gamma > 0, \beta, \eta$ 为实数. 本书中还提到了由 Love 引入的另一类推广, 以及更多带有特殊函数核的推广.

我们考虑区间 $[0,1]$ 的情形. 根据 Hadamard [1892] 和 M.M. Dzhrbashjan [1967, 1968], 我们介绍算子

$$(L^{(\omega)}f)(x) = -\int_0^1 f(xt)\omega'(t)dt, \tag{55}$$

其中假定函数 $\omega \in C([0,1])$ 满足以下假设:

1) $\omega(x)$ 单调;

2) $\omega(0) = 1$ (或其他非零常数), $\omega(1) = 0$, $\omega(x) \neq 0$, 当 $0 < x < 1$ 时;

3) $\omega'(x) \in L_1(0,1)$.

若 $\omega(x) = \dfrac{(1-x)^\alpha}{\Gamma(1+\alpha)}$, 则显然 $(L^{(\omega)}f)(x) = x^{-\alpha}(I_{0+}^\alpha f)(x)$, 其中 I_{0+}^α 定义如 (8) 所示.

M.M. Djrbashian 在 Dzhrbashjan [1967, 1968] 中以更一般的形式考虑了算子 $L^{(\omega)}$:

$$(L^{(\omega)}f)(x) = -\frac{d}{dx}\left(x\int_0^1 f(xt)dp(t)\right), \qquad p(t) = t\int_t^1 \frac{\omega(x)}{x^2}dx.$$

1.3.5　结论

我们提到了分数阶积分-微分不同的方法, 将它们应用于 Taylor 级数和 Fourier 级数中广泛使用的最简单函数 z^λ, e^z 等, 具有重要的意义.

正如我们所看到的, 可以找到不同的方法来创建分数阶导数和分数阶积分. 解析延拓方法是众所周知的, 但不能直接用这个方法对微分的阶数进行解析延拓, 因为最初的阶数只能是自然阶数. 只可能在代入一个自然数时找到一个与函数的 n 阶导数一致的解析函数, 然后解析地将这个函数延拓到整个或几乎整个复平面上. 因此, 我们可以用非唯一的方式构造分数阶导数和积分.

另一方面, 如果两个不同的积分-微分算子满足判定准则 1.1.2, 则存在一类函数使得这两个算子一致. 例如, 如果 $\alpha > 0$ 和 $f \in L_1(a,b)$, 则左 Grünwald-Letnikov 分数阶积分 (22) 对于几乎所有 x 等于 Riemann-Liouville 分数阶积分 (5) (其中 $a = 0$).

1.4　分数阶导数和积分的应用

1.4.1　应用

分数阶微积分被大量应用的原因如下.

(1) 分数阶导数的非局部性使其可以用于具有记忆介质的数学建模.

(2) 在物理学、生物学和医学的许多模型中, 由于分数阶导数的阶赋予了额外的自由度, 所以分数阶微分方程能更精确地描述所考虑的现象.

(3) 分数阶方程描述了非 Markov 过程, 为概率论和统计学开辟了新视野.

专著 Atanacković, Pilipović, Stanković and Zorica [2014], Herrmann [2018], Podlubny [1999a], Uchaikin [2013] 中描述了分数阶微积分在理论物理和力学中的应用. 在物理学中使用分数阶导数和积分的主要思想是基于空间和时间中可能出现的非局部效应. 因此, 物理学家将模型中的时间分数阶导数解释为所描述的过程存在记忆性. 关于空间变量的分数阶导数则表示存在运动限制.

文章 Valério, Machado and Kiryakova [2014] 介绍了 19 世纪和 20 世纪将分数阶微积分应用于科学和工程问题的科学家. 文献 Luchko and Gorenflo [1999], Luchko and Kiryakova [2013] 中描述了如何在分数阶微积分中使用 Mellin 积分变换. 文章 Grigoletto and De Oliveira [2013] 中给出了分数阶微积分的基本定理.

分数阶导数在连续介质力学中的应用是由于出现了同时具有粘性和弹性的新型高分子材料. 用包含分数阶算子且应力与应变相关的粘弹性模型描述固体的行为始于 1948 年 Yu.N. Rabotnov 的论文 (见译文 Rabotnov [2014]) 和 A. N. Gerasimov 的论文 (见 Gerasimov [1948]). 我们在这里提到论文 Novozhenova [2017], 其中有许多关于 A.N. Gerasimov 的传记事实和论文, 包括他的论文 Gerasimov [1948]. 带分数阶算子的粘弹性模型由 Yu.A. Rossikhin 和 M.V. Shitikova 在连续介质力学百科全书 Rossikhin and Shitikova [2020] 中描述. 文章 Bosiakov and Rogosin [2015] 利用分数阶微积分对粘弹性牙周膜的应力-应变状态进行了数学建模. 在这种情况下, 应变随时间的分数阶导数与应力应变之比用于描述材料在弹性和液体之间的中间状态 (Rossikhin and Shitikova [2019a], Scott Blair [1944], Shitikova [2022]). 专著 Mainardi [2010] 概述了分数阶微积分和波在线性粘弹性介质中的应用, 包括分数阶粘弹性模型、色散、耗散和扩散. K. Diethelm [2020] 描述了粘弹性分数阶微分方程的数值方法.

文章 Caputo [1995] 注意到, 在弹性波传播中的能量耗散和色散建模中, 需要在其本构方程中引入记忆机制. 事实证明, 最成功的表示方差和能量耗散的记忆机制是分数阶导数. Caputo [1969, 1995] 中引入了推广的滞弹性介质的应力应变关系的分数阶导数.

刚体动力学问题中使用的分数阶算子模型早期出现在 Gemant [1936], Gerasimov [1948], Scott Blair [1944] 中, 并在综述 (Rossikhin [2010], Shitikova [2019, 2022], Shitikova and Krusser [2022]) 中进行了介绍. 文章 Rossikhin and Shitikova [1997, 2010, 2015, 2019b] 中给出了固体力学问题中的分数阶微积分.

在热力学问题中, 半无限区域边界附近的非定常流动的解在 Babenko [2009] 中通过分数阶导数来表示. 文章 Meilanov and Magomedov [2014] 用分数阶导数推广了热力学问题, 而 Carnot, Clausius 和 Helmholtz 的传统热力学结果是在分数阶导数的指数等于 1 的特殊情况下得到的. 在 Povstenko [2020] 中描述了分数阶微积分在热弹性力学中的应用.

由 Scott Blair 提出的分数阶模型在流变学中的应用在文章 Rogosin and Mainardi [2014] 中得到了介绍. V.V. Uchaikin 在专著 Uchaikin [2019] 中提出了流体力学中的分数阶模型.

文章 Engheta [1996, 1997] 研究并简要回顾了分数阶微积分在电磁学中的应用, 包括分数阶多极子、Helmholtz 方程的分数阶解和分数阶图像方法.

Petras [2011] 研究了分数阶混沌系统, 也就是说, Petras [2011] 中考虑的混沌系统模型是三个单独的微分方程组成的方程组, 方程中包含分数阶导数.

分数阶微积分在控制理论中的应用可以在 Podlubny [1994] 中找到. 研究表明, 对于分数阶系统, 最合适的方法是使用含有分数阶积分器和微分器的分数阶控制器.

文献 Zaslavsky [2002, 2005] 涉及扩散方程的分数阶推广、混沌动力学和动力学的分形特性, 还包括非遍历和非阱混合 Hamilton 动力学的材料.

分数阶积分的物理解释可以在 Rutman [1995] 中找到. 文献 Kaminsky, Selivanov and Chornoivan [2020] 的作者给出了断裂力学中分数阶算子的解释.

Ortigueira [2011] 一书给电磁学、控制工程和信号处理等领域的研究人员提供了分数阶微积分多方面知识的介绍.

文献 Bosiakov [2020] 综述了分数阶微积分在生物力学中的应用. 分数阶微积分在科学和工程中的应用问题集在 Sun, Zhang, Baleanu, W. Chen and Y. Q. Chen [2018] 中逐条列出.

由于 COVID-19 (例如, 见 Monteiro and Mazorche [2021]) 的出现, 用分数阶导数微分方程代替经典的一阶常微分方程的流行病学 SIR 模型引起注意. 模型中分数阶导数的存在增加了自由度.

专著 West, Bologna and Grigolini [2003] 展示了如何使用分数阶微积分对复杂系统的统计行为进行建模, 给出了理解波通过随机介质传播、复杂材料的非线性响应和非均质材料中热输运波动的一般策略.

综述文章 Kolokoltsov [2019] 从概率角度全面阐述了分数阶和广义分数阶导数分析进展. 分数阶 Brown 运动和其他长记忆过程理论在 Mishura [2008] 中进行了描述, 其中特别得到了分数阶市场的 Black-Scholes 方程的不同形式. Boguslavskaya, Mishura and Shevchenko [2018] 对 Wiener 可转型市场进行了研究, 其驱动过程由 Wiener 过程的自适应变换给出, 包括具有长记忆的过程, 如分数阶 Brown 运动和相关过程. 文章 Stanislavsky [2004] 给出了分数阶积分的概率解释.

1.4.2 数值计算

分数阶导数和积分是复杂的研究对象, 其计算往往在技术上比较困难. 在这种情况下, 需使用数值方法. 由于分数阶导数是一种非局部近似, 它比整数阶导数更复杂. 上海大学数学系李常品教授及其合作者对分数阶积分和导数数值计算的发展及其应用做出了贡献. 几乎现有的所有分数阶积分和导数的数值逼近都可在 Li and Cai [2019], Li, Wu and Ye [2013], Li and Zeng [2015] 中得到系统介绍.

求解时间分数阶导数方程的差分格式首先在 Shkhanukov [1996] 中使用. 在一系列文章 (Podlubny [2000], Podlubny, Chechkin, Skovranek, Chen and Vinagre Jara [2009], Podlubny, Skovranek, Vinagre Jara, Petras, Verbitsky et al. [2013]) 中, 三角带状矩阵被用于逼近分数阶导数和求解分数阶微分方程.

文献 Leonenko and Podlubny [2022a,b] 引入 Monte Carlo 方法对分数阶导数进行数值计算. 这些工作的一个特点是计算函数的点分布不均匀, 并且它们的分布依赖于导数的阶.

Igor Podlubny, Ivo Petras, Blas Vinagre 等科学家团队在分数阶导数在分数阶控制器和分布阶动态系统等物理领域的应用方面取得了长足进步 (参见 Caponetto, Dongola, Fortuna and Petras [2010], Jiao, Chen and Podlubny [2012], Petras [2011], Petras, Podlubny, O'Leary, Dorcak and Vinagre [2002], Podlubny [1994, 1999a,b]).

1.4.3 1987 年以后的出版物

自 1987 年至今, 各国学者出版了大量专著 (200 多部), 对分数阶微积分的各个方面及应用进行了探讨.

如今, 全部或部分致力于分数阶微积分及应用的出版物不胜枚举. 关于分数阶微积分当前研究状态的信息可以在 Butzer and Westphal [2000], Debnath [2004], De Oliveira and Machado [2014], Diethelm [2004], Machado, Kiryakova and Mainardi [2011], Rogosin and Dubatovskaya [2018], Teodoro, Machado and De Oliveira [2019], Valério, Machado and Kiryakova [2014], Zhmakin [2022] 中找到.

我们应该提到 Virginia Kiryakova 和她的合作者的工作产生了巨大影响. 她出版了一本关于广义分数阶导数的书 Kiryakova [1994] 且发表了很多论文, 包括普及分数阶导数 (Dimovski and Kiryakova [1985], Valério, Machado and Kiryakova [2014] 的文章). 此外, 她还是颇受欢迎的分数阶微积分专业期刊《分数阶微积分与应用分析》(FCAA; Fract. Calc. Appl. Anal.) 的主编.

分数阶微积分更详细的书籍列表在 Machado and Kiryakova [2019] 中给出.

2 Wolfram 语言中的分数阶微分

2.1 Wolfram 语言中 Riemann-Liouville-Hadamard 积分-微分的定义

2.1.1 定义

我们在 Wolfram 语言中描述了任意函数的任意符号 α 阶的 Riemann-Liouville 积分-微分. 使用下面描述的技术, 此运算 (以下简称为 "分数阶微分") 已在 Wolfram 函数库中以 `ResourceFunction["FractionalOrderD"]` 的形式发布. 分数阶微分是通过积分变换定义的关于 α 的解析函数, 当 α 为正整数时, 与通常的 α 阶导数一致, 当 α 为负整数时, 与通常的不定重积分一致.

对于所有 $\alpha \in \mathbb{C}$, 我们将使用符号 $\dfrac{d^{\alpha} f(z)}{z^{\alpha}}$ 表示 Riemann-Liouville 积分-微分.

定义 根据 $\dfrac{d^{\alpha} f(z)}{dz^{\alpha}}$ 的定义, 我们令

$$\frac{d^{\alpha} f(z)}{dz^{\alpha}} = \begin{cases} f(z), & \alpha = 0, \\[2mm] f^{(\alpha)}(z), & \alpha \in \mathbb{Z} \text{ 且 } \alpha > 0, \\[2mm] \underbrace{\int_0^z dt \cdots \int_0^t dt \int_0^t f(t)dt}_{-\alpha}, & \alpha \in \mathbb{Z} \text{ 且 } \alpha < 0, \\[2mm] \dfrac{1}{\Gamma(n-\alpha)} \dfrac{d^n}{dz^n} \int_0^z \dfrac{f(t)dt}{(z-t)^{\alpha-n+1}}, & n = \lfloor \alpha \rfloor + 1 \text{ 且 } \operatorname{Re}(\alpha) > 0, \\[2mm] \dfrac{1}{\Gamma(-\alpha)} \int_0^z \dfrac{f(t)dt}{(z-t)^{\alpha+1}}, & \operatorname{Re}(\alpha) < 0 \text{ 且 } \alpha \notin \mathbb{Z}, \\[2mm] \dfrac{1}{\Gamma(1-\alpha)} \dfrac{d}{dz} \int_0^z \dfrac{f(t)dt}{(z-t)^{\alpha}}, & \operatorname{Re}(\alpha) = 0 \text{ 且 } \operatorname{Im}(\alpha) \neq 0, \end{cases} \tag{56}$$

其中在发散积分的情况下我们使用 Hadamard 有限部分积分, 这样的积分-微分 (56) 称为 Riemann-Liouville-Hadamard "导数".

上面我们将符号正整数 n 阶导数与分数阶积分-微分的通用结果分离开来. 特别地, 对于 $\alpha = -1, -2, \cdots$, 我们有

$$\frac{1}{\Gamma(-\alpha)} \int_0^z \frac{f(t)dt}{(z-t)^{\alpha+1}} = \underbrace{\int_0^z dt \cdots \int_0^t dt \int_0^t f(t)dt}_{-\alpha},$$

所以我们可以把第三个和第五个公式结合起来. 函数 FractionalOrderD 实现了 Riemann-Liouville 积分-微分的正则化, 这意味着如果 (56) 中的任何积分发散, 我们使用这个积分的 Hadamard 正则化 (参见 2.2 小节).

Wolfram 函数库中给出了计算 $\dfrac{d^{\alpha}}{dz^{\alpha}}$ 的函数 FractionalOrderD. 为了使用此函数, 我们应该写为

$$\text{ResourceFunction["FractionalOrderD"]}.$$

2.1.2 最简单的例子

我们来考虑函数 FractionalOrderD 如何作用于简单函数. 例如, FractionalOrderD[x², {x,α}] 由下式给出

$$\frac{2x^{2-\alpha}}{\Gamma(3-\alpha)},$$

而 FractionalOrderD[sin[z],{z,α}] 由下式给出

$$\begin{cases} \sin\left(z+\dfrac{\pi\alpha}{2}\right), & \alpha\in\mathbb{Z},\alpha\geqslant 0, \\[3mm] \dfrac{2^{\alpha-1}\sqrt{\pi}z^{1-\alpha}}{\Gamma\left(1-\dfrac{\alpha}{2}\right)\Gamma\left(\dfrac{3-\alpha}{2}\right)}\,{}_1F_2\left(1;1-\dfrac{\alpha}{2},\dfrac{3-\alpha}{2};-\dfrac{z^2}{4}\right), & \text{其他情形.} \end{cases}$$

如果我们在上式中取 $\alpha=3$, 得到 $(\sin(z))''' = -\cos(z)$.

当 $\alpha=-3$, 对于 $f(z)=e^z$, 我们有

$$\frac{d^{-3}e^z}{dz^{-3}} = \frac{1}{\Gamma(3)}\int_0^z (z-t)^2 e^t dt = \int_0^z\left(\int_0^{t_3}\left(\int_0^{t_2} e^{t_1}dt_1\right)dt_2\right)dt_3 = e^z - \frac{z^2}{2} - z - 1.$$

对于 $\alpha=-1/2$ 和 $\alpha=1/2$, 我们可以写出

$$\frac{d^{-1/2}e^z}{dz^{-1/2}} = \frac{1}{\Gamma(1/2)}\int_0^z \frac{e^t}{(z-t)^{1/2}}dt = e^z\text{erf}(\sqrt{z}),$$

$$\frac{d^{1/2}e^z}{dz^{1/2}} = \frac{1}{\Gamma(1/2)}\frac{d}{dz}\int_0^z \frac{e^t}{(z-t)^{1/2}}dt = e^z\left(\frac{\Gamma\left(-\dfrac{1}{2},z\right)}{2\sqrt{\pi}} + 1\right),$$

其中 erf(z) 是 Gauss 分布表示的积分, $\mathrm{erf}(z) = \dfrac{2}{\sqrt{\pi}} \displaystyle\int_0^z e^{-t^2} dt$, $\Gamma(\alpha, z)$ 是不完全 Gamma 函数, 即 $\Gamma(\alpha, z) = \displaystyle\int_z^{\infty} t^{\alpha-1} e^{-t} dt$.

现在我们可以计算超过 100 000 个函数的 `FractionalOrderD`, 这些函数关于变量 z 是解析的. 我们给出一些例子, 从 "最简单" 的数学函数开始, 只涉及一个或两个字母 $\dfrac{1}{z}$, $\sqrt{z}$, z^b, a^z, e^z, z^z. 然后, 我们看标题为 $\log(z)$, $\sin(z)$, $J_\nu(z)$, $J_z(b)$ 的 "命名函数". 最后我们看 "复合函数", $\sqrt{z^2}$, $(z^a)^b$, a^{z^c}, $\arcsin(z^3)$. 如果我们使用微分或者不定积分, 则有

$$\left(\frac{1}{z}\right)' = -\frac{1}{z^2}, \quad (\sqrt{z})' = \frac{1}{2\sqrt{z}}, \quad (z^b)' = bz^{b-1}, \quad (a^z)' = a^z \log(a), \quad (e^z)' = e^z,$$

$$(z^z)' = z^z(\log(z) + 1), \qquad (\log(z))' = \frac{1}{z}, \qquad (\sin(z))' = \cos(z),$$

$$(J_\nu(z))' = \frac{1}{2}(J_{\nu-1}(z) - J_{\nu+1}(z)), \qquad (\sqrt{z^2})' = \frac{z}{\sqrt{z^2}},$$

$$((z^a)^b)' = abz^{a-1}(z^a)^{b-1}, \quad (a^{z^c})' = c\log(a)z^{c-1}a^{z^c}, \quad (\arcsin(z^3))' = \frac{3z^2}{\sqrt{1-z^6}},$$

$$\int \frac{dz}{z} = \log(z) + C, \qquad \int \sqrt{z}\, dz = \frac{2z^{3/2}}{3} + C, \qquad \int z^b dz = \frac{z^{b+1}}{b+1} + C,$$

$$\int a^z dz = \frac{a^z}{\log(a)} + C, \qquad \int e^z dz = e^z + C, \qquad \int \log(z) dz = -z\log(z) - z + C,$$

$$\int \sin(z) dz = -\cos(z) + C,$$

$$\int J_\nu(z) dz = \frac{2^{-\nu-1} z^{\nu+1} \Gamma\left(\dfrac{\nu+1}{2}\right)}{\Gamma(\nu+1)\Gamma\left(\dfrac{\nu+3}{2}\right)} {}_1F_2\left(\frac{\nu+1}{2}; \nu+1, \frac{\nu+3}{2}; -\frac{z^2}{4}\right) + C,$$

$$\int \sqrt{z^2}\, dz = \frac{z\sqrt{z^2}}{2} + C, \qquad \int (z^a)^b dz = \frac{z(z^a)^b}{ab+1} + C,$$

$$\int a^{z^c} dz = -\frac{z(\log(a)(-z^c))^{-1/c} \Gamma\left(\dfrac{1}{c}, -z^c \log(a)\right)}{c} + C,$$

$$\int \arcsin(z^3)dz = z\arcsin(z^3) - \frac{3}{4}z^4\,_2F_1\left(\frac{1}{2}, \frac{2}{3}; \frac{5}{3}; z^6\right) + C.$$

我们发现并不是每一个积分甚至导数都可以求值, 这里没给出关于下式的结果

$$(J_z(b))', \qquad \int z^z dz, \qquad \int J_z(b)dz.$$

在许多情况下, 我们看到用特殊函数表示积分的结果.

运算 `FractionalOrderD` 计算 α 整数阶导数和不定积分, 并扩展了关于任意复数或实数阶 α 的结果. 例如:

$$\frac{d^\alpha}{dz^\alpha}\frac{1}{z} = z^{-\alpha}\left(\frac{1}{\Gamma(1-\alpha)}\,_2F_2(1,1;2,1-\alpha;-z) + G_{1,2}^{1,1}\left(z\left|\begin{array}{c}0\\-1,\alpha\end{array}\right.\right)\right),$$

$$\frac{d^\alpha\sqrt{z}}{dz^\alpha} = \frac{\sqrt{\pi}z^{\frac{1}{2}-\alpha}}{2\Gamma\left(\frac{3}{2}-\alpha\right)}, \qquad \frac{d^\alpha z^b}{dz^\alpha} = \frac{\Gamma(b+1)z^{b-\alpha}}{\Gamma(b-\alpha+1)},$$

$$\frac{d^\alpha a^z}{dz^\alpha} = \begin{cases} a^z\log^\alpha(a), & \alpha \in \mathbb{Z}, \alpha \geqslant 0, \\ a^z\log^\alpha(a)(1 - Q(-\alpha, z\log(a))), & \alpha \in \mathbb{Z}, \alpha < 0, \\ a^z z^{-\alpha}(z\log(a))^\alpha(1 - Q(-\alpha, z\log(a))), & \text{其他情形}, \end{cases}$$

$$\frac{d^\alpha e^z}{dz^\alpha} = \begin{cases} e^z, & \alpha \in \mathbb{Z}, \alpha \geqslant 0, \\ e^z(1 - Q(-\alpha, z)), & \text{其他情形}, \end{cases}$$

$$\frac{d^\alpha\sin(z)}{dz^\alpha} = \begin{cases} \sin\left(\frac{\pi\alpha}{2} + z\right), & \alpha \in \mathbb{Z}, \alpha \geqslant 0, \\ \dfrac{z^{1-\alpha}\,_1F_2\left(1; 1-\frac{\alpha}{2}, \frac{3}{2}-\frac{\alpha}{2}; -\frac{z^2}{4}\right)}{\Gamma(2-\alpha)}, & \text{其他情形}, \end{cases}$$

$$\frac{d^\alpha J_\nu(z)}{dz^\alpha}$$
$$= \frac{\sqrt{\pi}2^{\alpha-2\nu}\Gamma(v+1)z^{\nu-\alpha}}{\Gamma\left(\dfrac{\nu-\alpha+1}{2}\right)\Gamma\left(\dfrac{\nu-\alpha+2}{2}\right)}$$
$$\cdot\,_2F_3\left(\frac{\nu+1}{2}, \frac{\nu+2}{2}; \frac{\nu-\alpha+1}{2}, \frac{\nu-\alpha+2}{2}, \nu+1; -\frac{z^2}{4}\right),$$

$$\frac{d^{\alpha}\sqrt{z^2}}{dz^{\alpha}} = \frac{\sqrt{z^2}z^{-\alpha}}{\Gamma(2-\alpha)}, \qquad \frac{d^{\alpha}(z^a)^b}{dz^{\alpha}} = \frac{z^{-\alpha}(z^a)^b\,\Gamma(ab+1)}{\Gamma(ab-\alpha+1)},$$

$$\frac{d^{\alpha}\arcsin(z^3)}{dz^{\alpha}} = \frac{6z^{3-\alpha}}{\Gamma(4-\alpha)}$$

$$\cdot{}_7F_6\left(\frac{1}{2},\frac{1}{2},\frac{2}{3},\frac{5}{6},1,\frac{7}{6},\frac{4}{3};\frac{2}{3}-\frac{\alpha}{6},\frac{5}{6}-\frac{\alpha}{6},\right.$$

$$\left.1-\frac{\alpha}{6},\frac{7}{6}-\frac{\alpha}{6},\frac{4}{3}-\frac{\alpha}{6},\frac{3}{2}-\frac{\alpha}{6};z^6\right),$$

其中 $Q(\alpha,z)=\dfrac{\Gamma(\alpha,z)}{\Gamma(\alpha)}$ 是正则化的不完全 Gamma 函数, $\Gamma(\alpha,z)=\displaystyle\int_z^{\infty}t^{\alpha-1}e^{-t}dt$ 是不完全 Gamma 函数. 我们可以计算 $\dfrac{d^{\alpha}z^z}{dz^{\alpha}}$, $\dfrac{d^{\alpha}\log(z)}{dz^{\alpha}}$, $\dfrac{d^{\alpha}J_z(b)}{dz^{\alpha}}$, $\dfrac{d^{\alpha}a^{z^c}}{dz^{\alpha}}$ 但公式过于复杂.

下面比较一下 Mathematica 中的运算 FractionalOrderD, D 和 Integrate. 由 Mathematica 中的定义, 可以直接计算出

$$D^7z^{\pi} = D[z^{\pi},\{z,7\}] = \pi(\pi-1)(\pi-2)(\pi-3)(\pi-4)(\pi-5)(\pi-6)z^{\pi-7},$$

$$\frac{d^7}{dz^7}z^{\pi} = \text{ResourceFunction}["\text{FractionalOrderD}"][z^{\pi},\{z,7\}]$$

$$= \frac{z^{\pi-7}\Gamma(1+\pi)}{\Gamma(\pi-6)} = \pi(\pi-1)(\pi-2)(\pi-3)(\pi-4)(\pi-5)(\pi-6)z^{\pi-7},$$

$$\underbrace{\int_0^z dt \cdots \int_0^t dt \int_0^t t^{\pi}dt}_{7} = \text{Nest}\left[\int \#dz\&, z^{\pi}, 7\right]$$

$$= \frac{z^{\pi+7}}{(1+\pi)(2+\pi)(3+\pi)(4+\pi)(5+\pi)(6+\pi)(7+\pi)},$$

$$\frac{d^{-7}}{dz^{-7}}\frac{1}{z^2} = \text{ResourceFunction}["\text{FractionalOrderD}"][z^{\pi},\{z,-7\}]$$

$$= \frac{z^{\pi+7}\Gamma(1+\pi)}{\Gamma(8+\pi)} = \frac{z^{\pi+7}}{(1+\pi)(2+\pi)(3+\pi)(4+\pi)(5+\pi)(6+\pi)(7+\pi)}.$$

因此 FractionalOrderD 推广了 D 和 Integrate.

需要说明的是, 对函数的参数微分 $\left(\text{例如}, \dfrac{d^{\alpha}J_z(b)}{dz^{\alpha}}\right)$, 并不能产生熟知的函数. 但是我们可以这样说: "广义超几何函数 ${}_pF_q(a_1,\cdots,a_p;b_1,\cdots,b_q;z)$ 关于 "上" 参

数 a_k 的一阶导数, 以及关于 "下" 参数 b_k 的符号整数 m 阶导数, 都可以用两个变量的 Kampé de Fériet 超几何函数表示" (见 https://blog.wolfram.com/2016/05/16/new-derivatives-of-the-bessel-functions-have-been-discovered-with-the-help-of-the-wolfram-language/).

我们来说明 `FractionalOrderD` 如何工作. 为了计算 $\dfrac{d^\alpha}{dz^\alpha}$, 我们使用了三种方法.

1) 单个简单函数存在通用公式, 这些被转化为模式匹配规则. 这里用到了幂级数、广义幂级数和 Hadamard 正则化.

2) 利用强大的新算子 `MeijerGReduce` 和基于规则的 `MeijerGForm` (适用于超几何型函数) 将函数转换为 Meijer G 函数.

3) 分数阶微分的通用公式会得到两个变量的 Appel 函数 F_1 (未来将使用几个变量的 Lauricella 函数 D 和两个变量的 Humbert 函数 Φ).

在下面的小节中, 我们将考虑这三种方法.

2.2 通过级数展开计算分数阶导数和积分

2.2.1 基本的幂对数算例

我们来考虑第一种计算 $\dfrac{d^\alpha}{dz^\alpha}$ 的方法. `FractionalOrderD` 函数允许我们找到所有这些和许多其他的分数阶导数, 因为这个运算适用于所有函数在零附近的 Taylor 级数展开式的每一项. 所以, 如果

$$f(z) = z^b \sum_{n=0}^{\infty} c_n z^n, \tag{57}$$

则

$$\frac{d^\alpha f(z)}{dz^\alpha} = \sum_{n=0}^{\infty} c_n \frac{d^\alpha z^{b+n}}{dz^\alpha}. \tag{58}$$

对于形如

$$e^z = \sum_{n=0}^{\infty} \frac{z^n}{n!}, \qquad J_\nu(z) = \sum_{n=0}^{\infty} \frac{(-1)^n}{n!\Gamma(n+\nu+1)} \left(\frac{z}{2}\right)^{2n+\nu},$$

这样的函数满足公式 (57) 的和式, 但有时级数展开包括 $\log(z)$ 函数, 诸如 $K_0(z)$ 的对数情况:

$$K_0(z) = -\left(\log\left(\frac{z}{2}\right) + \gamma\right) I_0(z) + \sum_{n=1}^{\infty} \frac{H_n}{(n!)^2} \left(\frac{z}{2}\right)^{2n}, \tag{59}$$

其中 $H_n = \sum\limits_{k=1}^{n} \dfrac{1}{k}$ 为 n 阶调和数, γ 为 Euler-Mascheroni 常数

$$\gamma = \lim_{n\to\infty} \left(-\log n + \sum_{k=1}^{n} \frac{1}{k} \right) = -\int_0^\infty e^{-x} \log(x) dx. \tag{60}$$

我们需要考虑更一般的级数

$$f_L(z) = z^b \log^k(z) \sum_{n=0}^{\infty} c_n z^n, \tag{61}$$

并对于任意 b, α 和整数 $k = 0, 1, 2, \cdots$, 计算如下问题

$$\frac{d^\alpha f_L(z)}{dz^\alpha} = \sum_{n=0}^{\infty} c_n \frac{d^\alpha}{dz^\alpha} z^{b+n} \log^k(z). \tag{62}$$

令 $\lambda = b+n$. 为计算 (58), 我们应通过公式 (56) 寻找 $\dfrac{d^\alpha z^\lambda}{dz^\alpha}$. 因为 $\dfrac{d^0 z^\lambda}{dz^0} = z^\lambda$, 且对于 $\alpha \in \mathbb{Z}$ 和 $\alpha \geqslant 0$ (即 $\alpha = 0, 1, 2, \cdots$) 的整数阶导数有

$$\frac{d^\alpha z^\lambda}{dz^\alpha} = \lambda(\lambda-1)\cdots(\lambda-\alpha+1)z^{\lambda-\alpha} = (\lambda-\alpha+1)_\alpha z^{\lambda-\alpha} = (-1)^\alpha(-\lambda)_\alpha z^{\lambda-\alpha}, \tag{63}$$

其中 $(\lambda)_\alpha$ 为 Pochhammer 符号.

因此我们得到

$$\frac{d^\alpha z^\lambda}{dz^\alpha} = \begin{cases} z^\lambda, & \alpha = 0, \\[2mm] (\lambda-\alpha+1)_\alpha z^{\lambda-\alpha}, & \alpha \in \mathbb{Z} \text{ 且 } \alpha > 0, \\[2mm] \dfrac{1}{\Gamma(n-\alpha)} \dfrac{d^n}{dz^n} \displaystyle\int_0^z \dfrac{t^\lambda dt}{(z-t)^{\alpha-n+1}}, & n = \lfloor \mathrm{Re}(\alpha) \rfloor + 1 \text{ 且 } \mathrm{Re}(\alpha) > 0, \\[2mm] \dfrac{1}{\Gamma(-\alpha)} \displaystyle\int_0^z \dfrac{t^\lambda dt}{(z-t)^{\alpha+1}}, & \mathrm{Re}(\alpha) < 0, \\[2mm] \dfrac{1}{\Gamma(1-\alpha)} \dfrac{d}{dz} \displaystyle\int_0^z \dfrac{t^\lambda dt}{(z-t)^\alpha}, & \mathrm{Re}(\alpha) = 0 \text{ 且 } \mathrm{Im}(\alpha) \neq 0. \end{cases} \tag{64}$$

为计算 (62), 我们应通过公式 (56) 求 $\dfrac{d^\alpha}{dz^\alpha} z^\lambda \log^k(z)$:

$$\frac{d^{\alpha}}{dz^{\alpha}} z^{\lambda} \log^{k}(z) = \begin{cases} z^{\lambda} \log^{k}(z), & \alpha = 0, \\[2mm] (z^{\lambda} \log^{k}(z))^{(\alpha)}, & \alpha \in \mathbb{Z} \quad \text{且} \quad \alpha > 0, \\[2mm] \dfrac{1}{\Gamma(n-\alpha)} \dfrac{d^{n}}{dz^{n}} \displaystyle\int_{0}^{z} \dfrac{t^{\lambda} \log^{k}(t)dt}{(z-t)^{\alpha-n+1}}, & n = \lfloor \alpha \rfloor + 1 \quad \text{且} \quad \mathrm{Re}(\alpha) > 0, \\[2mm] \dfrac{1}{\Gamma(-\alpha)} \displaystyle\int_{0}^{z} \dfrac{t^{\lambda} \log^{k}(t)dt}{(z-t)^{\alpha+1}}, & \mathrm{Re}(\alpha) < 0, \\[2mm] \dfrac{1}{\Gamma(1-\alpha)} \dfrac{d}{dz} \displaystyle\int_{0}^{z} \dfrac{t^{\lambda} \log^{k}(t)dt}{(z-t)^{\alpha}}, & \mathrm{Re}(\alpha) = 0 \quad \text{且} \quad \mathrm{Im}(\alpha) \neq 0, \end{cases}$$

$$(65)$$

这里对于 $\alpha \in \mathbb{Z}$ 且 $\alpha > 0$, 有

$$(z^{\lambda} \log^{k}(z))^{(\alpha)} = \sum_{j=0}^{\alpha} \binom{\alpha}{j} \frac{\Gamma(\lambda+1)}{\Gamma(\lambda-j+1)} z^{\lambda-j} \frac{d^{\alpha-j} \log^{k}(z)}{dz^{\alpha-j}}.$$

如果 (64) 或 (65) 中的一些积分

$$\int_{0}^{z} \frac{t^{\lambda}dt}{(z-t)^{\alpha+1}}, \quad \int_{0}^{z} \frac{t^{\lambda}dt}{(z-t)^{\alpha-n+1}}, \quad \int_{0}^{z} \frac{t^{\lambda} \log^{k}(t)dt}{(z-t)^{\alpha+1}}, \quad \int_{0}^{z} \frac{t^{\lambda} \log^{k}(t)dt}{(z-t)^{\alpha-n+1}} \quad (66)$$

发散, 我们取这些积分的 Hadamard 有限部分.

2.2.2 Hadamard 有限部分积分

Hadamard 在丢掉一些发散项并保持有限部分的基础上引入了奇异积分的 "有限部分" 的概念.

令函数 $f = f(x)$ 对于任意 $0 < \varepsilon$, $\varepsilon < A < \infty$, 在区间 $\varepsilon < x < A$ 内可积, 且如下表达式成立

$$\int_{\varepsilon < x < A} f(x)dx = \sum_{k=1}^{N} a_{k} \varepsilon^{-\lambda_{k}} + h \log \frac{1}{\varepsilon} + J_{\varepsilon}, \tag{67}$$

其中 a_{k}, h, λ_{k} 为不依赖于 A 的正常数. 如果极限 $\lim\limits_{\varepsilon \to 0} J_{\varepsilon}$ 存在, 则称它为函数 f 奇异积分的 Hadamard 有限部分, 函数 $f = f(x)$ 在原点处具有 Hadamard 性质. Hadamard 奇异积分有限部分的标准记号如下

$$\mathrm{f.p.} \int_{x < A} f(x)dx = \lim_{\varepsilon \to 0} J_{\varepsilon}. \tag{68}$$

在表达式 (67)中, 对于 $h = 0$ 的情形, 我们认为函数 $f = f(x)$ 在原点处具有非对数型 Hadamard 性质.

例如, 我们考虑积分

$$\int_0^\infty x^{-1} f(x) dx,$$

其中 $f(x)$ 是半无限区间 $[0, \infty)$ 上的解析函数, $f(0) \neq 0$ 且 $f(x) = O(x^{-\delta})$, 当 $x \to \infty$ 时, $\delta > 0$. 容易看出, 此积分是发散的. 但如果我们考虑积分

$$\int_\varepsilon^\infty x^{-1} f(x) dx, \qquad \varepsilon > 0,$$

那么通过分部积分, 我们得到

$$\int_\varepsilon^\infty x^{-1} f(x) dx = -f(\varepsilon) \log(\varepsilon) - \int_\varepsilon^\infty \log(x) f'(x) dx.$$

则极限

$$\lim_{\varepsilon \to 0} \left(\int_\varepsilon^\infty x^{-1} f(x) dx + f(\varepsilon) \log(\varepsilon) \right)$$

存在且有限. 此极限是 $\int_0^\infty x^{-1} f(x) dx$ 的 Hadamard 有限部分, 即

$$\text{f.p.} \int_0^\infty x^{-1} f(x) dx = \lim_{\varepsilon \to 0} \left(\int_\varepsilon^\infty x^{-1} f(x) dx + f(\varepsilon) \log(\varepsilon) \right).$$

一般来说, 对于解析函数 $f(x)$ 使得 $f(0) \neq 0$ 和 $f(x) = O(x^{n-\delta-1})$, $x \to \infty$ 时, $\delta > 0$, 积分 $\int_0^\infty x^{-n} f(x) dx$ 的有限部分定义为

$$\text{f.p.} \int_0^\infty x^{-n} f(x) dx$$

$$= \lim_{\varepsilon \to 0} \left(\int_\varepsilon^\infty x^{-n} f(x) dx - \sum_{k=0}^{n-2} \frac{\varepsilon^{k+1-n}}{k!(n-1-k)!} f^{(k)}(0) + \frac{\log(\varepsilon)}{(n-1)!} f^{(n-1)}(0) \right).$$

关于具有积分幂奇异性的 Hadamard 有限部分积分的数值计算方法, 可以参看 Ogata [2019].

2.2.3 基本幂对数函数算例的 Hadamard 有限部分

我们来考虑如何取 $\displaystyle\int_0^z \frac{t^\lambda dt}{(z-t)^{\alpha+1}}$ 的 Hadamard 有限部分积分. 对于 (64) 中的第四种情况, 我们有 $\mathrm{Re}(\alpha) < 0$, 所以在 $t = z$ 处没有奇异点. 当 $\mathrm{Re}(\lambda) > -1$ 时, 在 $t = 0$ 处也没有奇点, 能直接计算积分

$$\int_0^z \frac{t^\lambda dt}{(z-t)^{\alpha+1}} = \frac{\Gamma(-\alpha)\Gamma(\lambda+1)}{\Gamma(\lambda+1-\alpha)} z^{\lambda-\alpha}, \qquad 对于 \qquad \mathrm{Re}(\lambda) > -1.$$

如果 $-2 < \mathrm{Re}(\lambda) < -1$, 我们可以考虑

$$\mathrm{f.p.} \int_0^z \frac{t^\lambda dt}{(z-t)^{\alpha+1}} = \int_0^z \frac{t^\lambda}{(z-t)^\alpha}\left(\frac{1}{z-t} - \frac{1}{z}\right) dt + \frac{\Gamma(1-\alpha)\Gamma(\lambda+1)}{\Gamma(\lambda+2-\alpha)} z^{\lambda-\alpha}.$$

积分

$$\mathrm{f.p.} \int_0^z \frac{t^\lambda dt}{(z-t)^{\alpha+1}} = \frac{\Gamma(-\alpha)\Gamma(\lambda+2)}{\Gamma(\lambda+2-\alpha)} z^{\lambda-\alpha} + \frac{\Gamma(1-\alpha)\Gamma(\lambda+1)}{\Gamma(\lambda+2-\alpha)} z^{\lambda-\alpha}$$

$$= [\Gamma(-\alpha)\Gamma(\lambda+2) + \Gamma(1-\alpha)\Gamma(\lambda+1)]\frac{z^{\lambda-\alpha}}{\Gamma(\lambda+2-\alpha)}$$

$$= [\Gamma(-\alpha)(\lambda+1)\Gamma(\lambda+1) + (-\alpha)\Gamma(-\alpha)\Gamma(\lambda+1)]\frac{z^{\lambda-\alpha}}{\Gamma(\lambda+2-\alpha)}$$

$$= \frac{(\lambda+1-\alpha)\Gamma(-\alpha)\Gamma(\lambda+1)}{\Gamma(\lambda+2-\alpha)} z^{\lambda-\alpha} = \frac{\Gamma(-\alpha)\Gamma(\lambda+1)}{\Gamma(\lambda+1-\alpha)} z^{\lambda-\alpha}.$$

对于 $-n-1 < \mathrm{Re}(\lambda) < -n$, $\lambda \neq -1, -2, \cdots, -n$, 我们将再进行正则化

$$\mathrm{f.p.} \int_0^z \frac{t^\lambda dt}{(z-t)^{\alpha+1}} = \int_0^z \frac{t^\lambda}{(z-t)^\alpha}\left(\frac{1}{z-t} - \frac{1}{z}\sum_{k=1}^n \frac{t^{k-1}}{z^{k-1}}\right) dt$$

$$+ \sum_{k=1}^n \frac{\Gamma(1-\alpha)\Gamma(\lambda+k)}{\Gamma(\lambda+k+1-\alpha)} z^{\lambda-\alpha}.$$

我们考虑积分

$$\int_0^z \frac{t^\lambda}{(z-t)^\alpha}\left(\frac{1}{z-t} - \frac{1}{z}\sum_{k=1}^n \frac{t^{k-1}}{z^{k-1}}\right) dt$$

$$= \int_0^z \frac{t^\lambda}{(z-t)^\alpha}\left(\frac{1}{z-t} - \frac{1}{z} - \frac{t}{z^2} - \cdots - \frac{t^{n+1}}{z^n}\right) dt$$

$$= \int_0^z \frac{t^\lambda}{(z-t)^\alpha} \left(\frac{z^n - z^{n-1}(z-t) - z^{n-2}t(z-t) - \cdots - t^{n-1}(z-t)}{z^n(z-t)} \right) dt$$

$$= \int_0^z \frac{t^\lambda}{(z-t)^\alpha} \left(\frac{z^n - z^n + z^{n-1}t - z^{n-1}t + z^{n-2}t^2 - \cdots - zt^{n-1} + t^n}{z^n(z-t)} \right) dt$$

$$= \frac{1}{z^n} \int_0^z \frac{t^{\lambda+n}dt}{(z-t)^{\alpha+1}} = \frac{\Gamma(-\alpha)\Gamma(n+\lambda+1)z^{\lambda-\alpha}}{\Gamma(n-\alpha+\lambda+1)}.$$

它对于 $\mathrm{Re}(\lambda) > -n-1$ 收敛. 则

$$\mathrm{f.p.} \int_0^z \frac{t^\lambda dt}{(z-t)^{\alpha+1}} = \frac{\Gamma(-\alpha)\Gamma(n+\lambda+1)}{\Gamma(n-\alpha+\lambda+1)} z^{\lambda-\alpha} + \sum_{k=1}^n \frac{\Gamma(1-\alpha)\Gamma(\lambda+k)}{\Gamma(\lambda+k+1-\alpha)} z^{\lambda-\alpha}$$

$$= \left(\frac{\Gamma(n+\lambda+1)}{\Gamma(n-\alpha+\lambda+1)} - \alpha \sum_{k=1}^n \frac{\Gamma(\lambda+k)}{\Gamma(\lambda+k+1-\alpha)} \right) \Gamma(-\alpha) z^{\lambda-\alpha}.$$

计算和式, 我们得到

$$\sum_{k=1}^n \frac{\Gamma(\lambda+k)}{\Gamma(\lambda+k+1-\alpha)} = \frac{1}{\alpha} \left(\frac{\Gamma(n+\lambda+1)}{\Gamma(n-\alpha+\lambda+1)} - \frac{\Gamma(\lambda+1)}{\Gamma(-\alpha+\lambda+1)} \right).$$

因此对于 $\mathrm{Re}(\lambda) > -n-1, \lambda \neq -1, -2, \cdots, -n$,

$$\mathrm{f.p.} \int_0^z \frac{t^\lambda dt}{(z-t)^{\alpha+1}} = \frac{\Gamma(-\alpha)\Gamma(\lambda+1)}{\Gamma(\lambda+1-\alpha)} z^{\lambda-\alpha}.$$

所以对于所有的 α 和 $\lambda \neq -1, -2, \cdots, -n$, 我们有

$$\frac{d^\alpha z^\lambda}{dz^\alpha} = \frac{\Gamma(\lambda+1)}{\Gamma(\lambda+1-\alpha)} z^{\lambda-\alpha}. \tag{69}$$

这种方法与 Gelfand and Shilov [2016, p. 69] 使用的方法相同.

现在让我们考虑 $\lambda \in \mathbb{Z}$ 和 $\lambda < 0$ 的情况, 即 $\lambda = -1, -2, \cdots, -n$. 这里我们有两种变化形式. 第一种是 $\alpha \in \mathbb{Z}$ 和 $\lambda < \alpha$. 当 $\alpha \in \mathbb{Z}$ 且 $\alpha < 0$ 时, 我们有 $\alpha = -1, -2, \cdots$ 和

$$\frac{d^{-1} z^\lambda}{dz^{-1}} = \mathrm{f.p.} \int_0^z t^\lambda dt.$$

因为对于 $\varepsilon > 0$

$$\int_\varepsilon^z t^\lambda dt = \frac{z^{\lambda+1}}{\lambda+1} - \frac{\varepsilon^{\lambda+1}}{\lambda+1},$$

所以

$$\frac{d^{-1}z^{\lambda}}{dz^{-1}} = \text{f.p.} \int_0^z t^{\lambda}dt = \frac{z^{\lambda+1}}{\lambda+1}, \qquad \lambda = -2, -3, \cdots.$$

类似地, 对于 $\alpha = -2, -3, \cdots$, 且 $\lambda < \alpha$, $\lambda \in \mathbb{Z}$,

$$\frac{d^{\alpha}z^{\lambda}}{dz^{\alpha}} = \text{f.p.} \underbrace{\int_0^z dt \cdots \int_0^t dt \int_0^t t^{\lambda}dt}_{-\alpha} = \frac{z^{\lambda-\alpha}}{(\lambda+1)(\lambda+2)\cdots(\lambda-\alpha)}.$$

令 $\alpha = -n$, $\lambda = -m$. 因为 $m > n$, 我们可以写为

$$\begin{aligned}
\frac{1}{(\lambda+1)(\lambda+2)\cdots(\lambda-\alpha)} &= \frac{1}{(\lambda+1)(\lambda+2)\cdots(\lambda+n)} \\
&= \frac{(-1)^n(-1-n-\lambda)!}{(-1-\lambda)!} \\
&= \frac{\lambda!}{(\lambda-\alpha)!} = (-1)^{\alpha}(-\lambda)_{\alpha}.
\end{aligned}$$

所以对于使得 $\alpha \in \mathbb{Z}$, $\lambda \in \mathbb{Z}$, $\lambda < 0$ 和 $\lambda < \alpha$ 的所有 α 和 λ, 结合 (63) 我们有

$$\frac{d^{\alpha}z^{\lambda}}{dz^{\alpha}} = (-1)^{\alpha}(-\lambda)_{\alpha}z^{\lambda-\alpha}. \tag{70}$$

在 $\lambda \in \mathbb{Z}$, $\lambda < 0$ 且 $\lambda \geqslant \alpha$ 的情形下, z^{λ} 的积分会出现 $\log(z)$ (对于负整数 λ, $\lambda \geqslant \alpha$). 例如, 当 $\lambda = -1$ 且 $\alpha = -1$ 时,

$$\int_{\varepsilon}^z \frac{dt}{t} = \log(z) - \log(\varepsilon),$$

所以由 (67) 和 (68), 我们得到

$$\frac{d^{-1}z^{-1}}{dz^{-1}} = \text{f.p.} \int_0^z \frac{dt}{t} = \log(z).$$

如果我们考虑 Laurent 级数关于 λ 在 $\lambda = -1$ 时的展开式, 我们可以得到相同的正则化结果

$$\begin{aligned}
\frac{d^{-1}z^{\lambda}}{dz^{-1}} &= \int_0^z t^{\lambda}dt = \frac{z^{\lambda+1}}{\lambda+1} = \frac{1}{\lambda+1}\left[1 + (\lambda+1)\log(z) + O\left((\lambda+1)^2\right)\right] \\
&= \frac{1}{\lambda+1} + \log(z) + O(\lambda+1).
\end{aligned}$$

然后丢掉主要部分 $\dfrac{1}{\lambda+1}$, 我们得到

$$\frac{d^{-1}z^{-1}}{dz^{-1}} = \text{f.p.} \int_0^z \frac{dt}{t} = \lim_{\lambda \to -1}[\log(z) + O(\lambda+1)] = \log(z).$$

一般情况下, 当 $\lambda = -n$, $n \in \mathbb{Z}$ 时, $\alpha \leqslant -n$, (69) 的 Laurent 级数关于 λ 在 $\lambda = -n$ 处的展开为

$$\frac{\Gamma(\lambda+1)}{\Gamma(\lambda+1-\alpha)}z^{\lambda-\alpha} = \frac{(-1)^{\lambda-1}z^{\lambda-\alpha}}{(-1-\lambda)!\Gamma(1+\lambda-\alpha)(\lambda+n)}$$

$$+ \frac{(-1)^{\lambda-1}(\psi(-\lambda) - \psi(\lambda-\alpha+1)+\log(z))}{(-\lambda-1)!\Gamma(\lambda-\alpha+1)}z^{\lambda-\alpha}+O(\lambda+n).$$

这里 ψ 是 digamma 函数, 定义为 $\psi(z) = \dfrac{\Gamma'(z)}{\Gamma(z)}$. 然后丢掉 Laurent 级数的主项, 我们有

$$\frac{d^\alpha z^{-n}}{dz^\alpha} = \text{f.p.} \int_0^z \frac{t^\lambda dt}{(z-t)^{\alpha+1}}$$

$$= \lim_{\lambda \to -n} \left[\frac{(-1)^{\lambda-1}(\psi(-\lambda) - \psi(\lambda-\alpha+1) + \log(z))}{(-\lambda-1)!\Gamma(\lambda-\alpha+1)}z^{\lambda-\alpha} + O(\lambda+n) \right]$$

$$= \frac{(-1)^{-n-1}(\psi(n) - \psi(1-n-\alpha) + \log(z))}{(n-1)!\Gamma(1-n-\alpha)}z^{-n-\alpha}.$$

所以在一定的限制下, 我们令

$$\frac{d^\alpha z^\lambda}{dz^\alpha} = \frac{(-1)^{\lambda-1}(\psi(-\lambda) - \psi(\lambda-\alpha+1) + \log(z))}{(-\lambda-1)!\Gamma(\lambda-\alpha+1)}z^{\lambda-\alpha}. \tag{71}$$

最后, 结合公式 (69)—(71) 我们得到

$$\frac{d^\alpha z^\lambda}{dz^\alpha} = z^{\lambda-\alpha} \begin{cases} (-1)^\alpha(-\lambda)_\alpha, & \alpha, \lambda \in \mathbb{Z}, \quad \lambda < 0, \ \lambda < \alpha, \\[2mm] \dfrac{(-1)^{\lambda-1}(\log(z) + \psi(-\lambda) - \psi(1-\alpha+\lambda))}{(-\lambda-1)!\Gamma(1-\alpha+\lambda)}, & 0 > \lambda \in \mathbb{Z}, \\[2mm] \dfrac{\Gamma(\lambda+1)}{\Gamma(\lambda+1-\alpha)}, & \text{其他情形.} \end{cases}$$

$$\tag{72}$$

由于 $\text{Re}(\alpha - n) < 0$, (66) 中的第二个积分 $\displaystyle\int_0^z \frac{t^\lambda dt}{(z-t)^{\alpha-n+1}}$ 可用同样的方式计算.

我们还需要计算 (66) 中的另一个积分. 基于与计算 $\displaystyle\int_0^z \frac{t^\lambda dt}{(z-t)^{\alpha+1}}$ 相同的想

法, 计算并取 $\displaystyle\int_0^z \frac{t^\lambda \log^k(t)dt}{(z-t)^{\alpha+1}}$ 和 $\displaystyle\int_0^z \frac{t^\lambda \log^k(t)dt}{(z-t)^{\alpha-n+1}}$ 的 Hadamard 有限部分, 但过

程会复杂得多. 例如, 当 $\text{Re}(\alpha) < 0$, $\text{Re}(z) > 0$ 且 $\text{Re}(\lambda) > -1$ 时, 我们有

$$\frac{d^\alpha}{dz^\alpha} z^\lambda \log(z) = z^{\lambda-\alpha} \frac{\Gamma(\lambda+1)\left(H_\lambda - H_{\lambda-\alpha} + \log(z)\right)}{\Gamma(\lambda-\alpha+1)}, \tag{73}$$

其中 $H_s = \gamma + \psi(s+1)$ 为调和数 $\left(\text{对于整数 } n, H_n = \sum_{k=1}^n \frac{1}{k}\right)$, $\psi(z) = \dfrac{\Gamma'(z)}{\Gamma(z)}$ 为

digamma 函数, γ 是 Euler-Mascheroni 常数. 然而, 一般来说,

$$\frac{d^\alpha}{dz^\alpha}\left(z^\lambda \log(z)\right)$$

$$= z^{\lambda-\alpha}\begin{cases} (-1)^\alpha(-\lambda)_\alpha(\psi(-\lambda) - \psi(\alpha-\lambda) + \log(z)), & \begin{aligned}&\alpha, \lambda \in \mathbb{Z},\\ &\lambda < 0, \lambda < \alpha,\end{aligned} \\[2ex] \begin{aligned}&\frac{(-1)^{\lambda+1}}{2\Gamma(-\lambda)\Gamma(\lambda-\alpha+1)}\left(\log^2(z) + \frac{\pi^2}{3} - \psi^{(1)}(\lambda-\alpha+1)\right.\\ &\left. - \psi^{(1)}(-\lambda) + (\psi(-\lambda) - \psi(\lambda-\alpha+1))\right.\\ &\left. \times (\psi(-\lambda) - H_{\lambda-\alpha} + 2\log(z) + \lambda)\right),\end{aligned} & \lambda \in \mathbb{Z}, \lambda < 0, \\[2ex] \dfrac{\Gamma(\lambda+1)\left(H_\lambda - H_{\lambda-\alpha} + \log(z)\right)}{\Gamma(\lambda-\alpha+1)}, & \text{其他情形,} \end{cases}$$

$$\tag{74}$$

这里 $\psi^{(m)}(z) = \dfrac{d^{m+1}}{dz^{m+1}} \log \Gamma(z)$ 为 m 次 polygamma 函数.

将 Mathematica 中的基本函数展开为 (57) 或 (61) 形式的和式, 我们可以对超过 100 000 个测试例子进行 α 阶分数阶求导, 其中仅涉及基本函数及其复合运算.

2.3 Meijer G 函数和分数阶微积分

2.3.1 定义和主要性质

所有已知的特殊函数可以分为以下几大类:

- 基本特殊函数,
- 超几何型函数,
- Riemann zeta 函数及相关函数,
- 椭圆函数及相关函数,
- 数论函数,
- 广义函数及其他标准的特殊函数.

最重要的特殊函数中, 大多数是解析函数, 根据定义, 解析函数通常可以通过无穷级数表示:

$$(z - z_0)^{\alpha} \log^k (z - z_0) \sum_{n=0}^{\infty} c_n (z - z_0)^n, \tag{75}$$

其中 $k \in \mathbb{Z}$, $k \geqslant 0$, $c_j, \alpha \in \mathbb{C}$, $j = 0, 1, 2, \cdots$, 这样的级数可以解析延拓 (再扩展) 或通过积分表示. 它们通常是相应的微分方程的解, 这些微分方程来源于应用, 它们的解定义了特殊函数.

超几何型函数定义为一般可由 Meijer G 函数的线性组合表示的函数, Meijer G 函数是一类非常一般的特殊函数, 其形式为

$$G_{p,q}^{m,n} \left(z \left| \begin{array}{l} a_1, \cdots, a_n, a_{n+1}, \cdots, a_p \\ b_1, \cdots, b_m, b_{m+1}, \cdots, b_q \end{array} \right. \right)$$

$$= \frac{1}{2\pi i} \int_{\mathcal{L}} \frac{\prod_{k=1}^{m} \Gamma(b_k - s) \prod_{k=1}^{n} \Gamma(1 - a_k + s)}{\prod_{k=n+1}^{p} \Gamma(a_k - s) \prod_{k=m+1}^{q} \Gamma(1 - b_k + s)} z^s ds \tag{76}$$

(参见 https://functions.wolfram.com/HypergeometricFunctions/MeijerG/20/03/01/ShowAll.html), 其中围道 $\mathcal{L}$ 表示积分路径. 这个积分是所谓的 Mellin-Barnes 型积分, 可以看作是逆 Mellin 变换的推广. 有下述三种不同的积分路径 $\mathcal{L}$:

- $\mathcal{L}$ 是从 $-i\infty$ 到 $+i\infty$ 的围道, 因此 $\Gamma(b_i - s)$, $i = 1, \cdots, m$ 的所有极点位于 $\mathcal{L}$ 的右侧, $\Gamma(1 - a_k + s)$, $k = 1, \cdots, n$ 的所有极点位于 $\mathcal{L}$ 的左侧. 如果 $\text{Re}(b_i - a_k) > -1$, 此围道可以是一条垂直的直线 $(\gamma - i\infty, \gamma + i\infty)$ (则 $\text{Re}(a_k) - 1 < \gamma < \text{Re}(b_i)$). 如果 $p + q < 2(m + n)$ 且 $|\arg z| < \left(m + n - \frac{p + q}{2} \right) \pi$, 则积分收敛. 如果 $m + n - \frac{p + q}{2} = 0$, 则 z 必须是实的、正的, 且需附加条件 $(q - p)\gamma + \text{Re}(\mu) < 0$, $\mu = \sum_{i=1}^{q} b_i - \sum_{k=1}^{p} a_k + \frac{p - q}{2} + 1$.

• $\mathcal{L}$ 是以 $+\infty$ 为起点和终点的环, 以负方向环绕 $\Gamma(b_i - s)$, $i = 1, \cdots, m$ 的所有极点, 但 $\Gamma(1 - a_k + s)$, $k = 1, \cdots, n$ 的所有极点都不在其中. 当 $q \geqslant 1$ 和 $p < q$, 或 $p = q$ 且 $|z| < 1$, 或 $q = p$ 且 $|z| = 1$ 且 $m + n - \dfrac{p + q}{2} \geqslant 0$ 且 $\mathrm{Re}(\mu) < 0$ 时, 积分收敛.

• $\mathcal{L}$ 是以 $-\infty$ 为起点和终点的环, 以正方向环绕 $\Gamma(1 - a_k + s)$, $k = 1, \cdots, n$ 的所有极点, 但 $\Gamma(b_i - s)$, $i = 1, \cdots, m$ 的极点都不在其中. 当 $p \geqslant 1$ 和 $p > q$, 或 $p = q$ 且 $|z| > 1$, 或 $q = p$ 且 $|z| = 1$ 且 $m + n - \dfrac{p + q}{2} \geqslant 0$ 且 $\mathrm{Re}(\mu) < 0$ 时, 积分收敛.

上述 Meijer G 函数的定义在以下假设下成立:

• $0 \leqslant m \leqslant q$ 且 $0 \leqslant n \leqslant p$, 其中 m, n, p 和 q 为整数.

• 对于 $k = 1, 2, \cdots, n$ 和 $j = 1, 2, \cdots, m$, 有 $a_k - b_j \neq 1, 2, 3, \cdots$, 意味着 $\Gamma(b_j + s)$, $j = 1, 2, \cdots, m$ 的任何极点与 $\Gamma(1 - a_k - s)$, $k = 1, 2, \cdots, n$ 的任何极点不重合.

• $z \neq 0$.

注 1 Brychkov, Marichev and Savischenko [2019], Marichev [1978], Prudnikov, Marichev and Brychkov [1990] 中使用了一种不同于 (76) 但与之等价的形式:

$$G_{p,q}^{m,n}\left(z \left| \begin{array}{c} a_1, \cdots, a_n, a_{n+1}, \cdots, a_p \\ b_1, \cdots, b_m, b_{m+1}, \cdots, b_q \end{array} \right. \right)$$

$$= \frac{1}{2\pi i} \int_{\mathcal{L}} \frac{\prod\limits_{k=1}^{m} \Gamma(b_k + s) \prod\limits_{k=1}^{n} \Gamma(1 - a_k - s)}{\prod\limits_{k=n+1}^{p} \Gamma(a_k + s) \prod\limits_{k=m+1}^{q} \Gamma(1 - b_k - s)} z^{-s} ds, \tag{77}$$

其中

$$m \in \mathbb{N}, \qquad n \in \mathbb{Z}, \qquad p \in \mathbb{N}, \qquad q \in \mathbb{Z}, \qquad m \leqslant q, \qquad n \leqslant p.$$

这两种形式可以通过改变积分变量 $s \to -s$ 来相互转换.

在系统 Mathematica 中, 标准形式的 Meijer G 函数使用以下符号

```
MeijerG[{{a₁,⋯,aₙ},{aₙ₊₁,⋯,aₚ}},{{b₁,⋯,bₘ},{bₘ₊₁,⋯,b_q}},z]
```

$$= \frac{1}{2\pi i} \mathtt{ContourIntegrate} \left(\frac{\prod\limits_{k=1}^{m} \Gamma(b_k + s) \prod\limits_{k=1}^{n} \Gamma(1 - a_k - s)}{\prod\limits_{k=n+1}^{p} \Gamma(a_k + s) \prod\limits_{k=m+1}^{q} \Gamma(1 - b_k - s)} z^{-s}, \{s, L\} \right);$$

$$m \in \mathbb{Z} \wedge m \geqslant 0 \wedge n \in \mathbb{Z} \wedge n \geqslant 0 \wedge p \in \mathbb{Z} \wedge p \geqslant 0 \wedge q \in \mathbb{Z} \wedge q \geqslant 0 \wedge m \leqslant q \wedge n \leqslant p.$$

在许多经典的特殊函数 (如 Bessel 函数) 中, 可以使用 $cz^{1/r}$ 代替 z, 并且在被积因子下 z^{-s} 变成 $(cz^{1/r})^{-s}$, 它不等于幂展开式 $c^{-s}z^{-s/r}$. 这些变换的正确公式可以在 Wolfram 函数网页上找到, 例如 http://functions.wolfram.com/01.02.16.0037.01.

在 Mathematica 中, 通过带或不带假设选项的 PowerExpand 命令, 可以描述性质:

```
{PowerExpand[((zᵃ)ᵇ), Assumptions → True], PowerExpand[(zᵃ)ᵇ]}
```

$$\left\{ e^{2i\pi b \left\lfloor \frac{1}{2} - \frac{\mathrm{Im}(a\log(z))}{2\pi} \right\rfloor} z^{ab}, z^{ab} \right\}.$$

这种情况促使我们定义带有额外实参数 r 的 Meijer G 函数的广义形式, 这使我们能够在复平面上有效处理像 $J_a(z)$ 这样的函数.

注 2　类似积分 (76), 网页 https://functions.wolfram.com/HypergeometricFunctions/MeijerG1/ 中定义了带额外实参数 r 的 Meijer G 函数的广义形式

$$G_{p,q}^{m,n}\left(z, r \left| \begin{matrix} a_1, \cdots, a_n, a_{n+1}, \cdots, a_p \\ b_1, \cdots, b_m, b_{m+1}, \cdots, b_q \end{matrix} \right. \right)$$

$$= \frac{r}{2\pi i} \int_{\mathcal{L}} \frac{\prod\limits_{k=1}^{m} \Gamma(b_k + s) \prod\limits_{k=1}^{n} \Gamma(1 - a_k - s)}{\prod\limits_{k=n+1}^{p} \Gamma(a_k + s) \prod\limits_{k=m+1}^{q} \Gamma(1 - b_k - s)} z^{-\frac{s}{r}} ds, \tag{78}$$

其中 $r \in \mathbb{R}$, $r \neq 0$, $m \in \mathbb{Z}$, $m \geqslant 0$, $n \in \mathbb{Z}$, $n \geqslant 0$, $p \in \mathbb{Z}$, $p \geqslant 0$, $q \in \mathbb{Z}$, $q \geqslant 0$, $m \leqslant q$, $n \leqslant p$.

显然, 对于默认情形 $r = 1$, 我们有等式

$$G_{p,q}^{m,n}\left(z, 1 \left| \begin{matrix} a_1, \cdots, a_n, a_{n+1}, \cdots, a_p \\ b_1, \cdots, b_m, b_{m+1}, \cdots, b_q \end{matrix} \right. \right) = G_{p,q}^{m,n}\left(z \left| \begin{matrix} a_1, \cdots, a_n, a_{n+1}, \cdots, a_p \\ b_1, \cdots, b_m, b_{m+1}, \cdots, b_q \end{matrix} \right. \right).$$

这个带参数 r 的 Meijer G 函数满足两个重要性质:

$$G_{p,q}^{m,n}\left(\frac{1}{z}, r \left| \begin{matrix} 1 - b_1, \cdots, 1 - b_m, 1 - b_{m+1}, \cdots, 1 - b_q \\ 1 - a_1, \cdots, 1 - a_n, 1 - a_{n+1}, \cdots, 1 - a_p \end{matrix} \right. \right)$$

$$= G_{p,q}^{m,n}\left(z, r \left| \begin{matrix} a_1, \cdots, a_n, a_{n+1}, \cdots, a_p \\ b_1, \cdots, b_m, b_{m+1}, \cdots, b_q \end{matrix} \right. \right), \quad z \notin \mathbb{R}, \tag{79}$$

$$G_{p,q}^{m,n}\left(z, r \left|\begin{array}{c} \alpha + a_1, \cdots, \alpha + a_n, \alpha + a_{n+1}, \cdots, \alpha + a_p \\ \alpha + b_1, \cdots, \alpha + b_m, \alpha + b_{m+1}, \cdots, \alpha + b_q \end{array}\right.\right) \tag{80}$$
$$= z^{\alpha/r} G_{p,q}^{m,n}\left(z \left|\begin{array}{c} a_1, \cdots, a_n, a_{n+1}, \cdots, a_p \\ b_1, \cdots, b_m, b_{m+1}, \cdots, b_q \end{array}\right.\right),$$

这可在以下网址中找到: http://functions.wolfram.com/07.35.16.0002.01. http://functions.wolfram.com/07.35.16.0001.01.

2.3.2 关于 Meijer G 函数的可表示性

使用经典和广义 Meijer G 函数, 我们可以用以下公式表示 Bessel 函数 $J_\nu(z)$:

$$J_\nu(z) = G_{0,2}^{1,0}\left(\frac{z^2}{4}\left|\begin{array}{c} - \\ \frac{\nu}{2}, -\frac{\nu}{2} \end{array}\right.\right), \qquad -\frac{\pi}{2} < \arg(z) \leqslant \frac{\pi}{2}, \tag{81}$$

$$J_\nu(z) = G_{0,2}^{1,0}\left(\frac{z}{2}, \frac{1}{2}\left|\begin{array}{c} - \\ \frac{\nu}{2}, -\frac{\nu}{2} \end{array}\right.\right). \tag{82}$$

第二个公式包含参数 $r = 1/2$, 但它适用于整个复 z-平面. 包含经典 G 函数的第一个公式仅对半平面成立. 为了通过 Meijer G 函数找到上面的表示, 我们可以使用命令 `ResourceFunction["MeijerGForm"]` 和 `MeijerGReduce`:

```
ResourceFunction["MeijerGForm"][BesselJ[v, z], z],
        MeijerGReduce[BesselJ[v, z], z].
```

为了更好地理解 Meijer G 函数, 我们建议使用几个内部命令 `MeijerGInfo`, `MeijerGToSums`, `SlaterForm`, 它们与环境 `System'MeijerGDump'` 一起使用, 例如,

```
System'MeijerGDump'SlaterForm[MeijerG[a, b, c, d, z, 2/3], s]
```

给出

$$\frac{2z^{-s}\Gamma\left(1 - a - \frac{2s}{3}\right)\Gamma\left(c + \frac{2s}{3}\right)}{3\Gamma\left(b + \frac{2s}{3}\right)\Gamma\left(1 - d - \frac{2s}{3}\right)}.$$

通过 Meijer G 函数我们可以表示 100 多个已知函数, 如 log, exp, arctan, Bessel, Airy 和 Legendre 函数. 在 Mathematica `TraditionalForm` 记号中, 这些函数形成了下面的 127 个函数的列表, 我们可以对其应用 `ResourceFunction['MeijerGForm']`. 见 `TraditionalForm` 中的列表 `MeijerG127`:

`MeijerG127` $= \{a^z, e^z, \sqrt{z}, z^b, \text{Ai}(z), \text{Ai}'(z), \text{Bi}(z), \text{Bi}'(z),$

$\boldsymbol{J}_a(z), \boldsymbol{J}_a^b(z), \arccos(z), \operatorname{arcosh}(z), \operatorname{arccot}(z), \operatorname{arcoth}(z), \operatorname{arccsc}(z),$

$\operatorname{arcsch}(z), \operatorname{arcsec}(z), \operatorname{arsech}(z), \arcsin(z), \operatorname{arsinh}(z), \arctan(z),$

$\arctan(a, z), \arctan(z, a), \operatorname{artanh}(z), I_a(z), J_a(z), K_a(z), Y_a(z),$

$B_z(a, b), B_{(c,z)}(a, b), B_{(z,c)}(a, b), I_z(a, b), I_{(c,z)}(a, b), I_{(z,c)}(a, b),$

$R_C(x, z), R_C(z, y), R_E(x, z), R_E(y, z), R_K(x, z), R_K(y, z), T_a(z),$

$U_a(z), \cos(z), \cosh(z), \operatorname{Chi}(z), \operatorname{Ci}(z), F(z), E(z), K(z), \operatorname{erf}(z),$

$\operatorname{erf}(a, z), \operatorname{erf}(z, b), \operatorname{erfc}(z), \operatorname{erfi}(z), E_a(z), \operatorname{Ei}(z), F_z, F_a(z), C(z),$

$F(z), G(z), S(z), \Gamma(a, z), \Gamma(a, b, z), \Gamma(a, z, b), Q(a, z), Q(a, b, z),$

$Q(a, z, b), C_a^{(b)}(z), H_a^{(1)}(z), H_a^{(2)}(z), \operatorname{hav}(z), H_a(z), {}_0F_1(; a; z),$

${}_0\tilde{F}_1(; a; z), {}_1F_1(a; b; z), {}_1\tilde{F}_1(a; b; z), {}_2F_1(a, b; c; z), {}_2\tilde{F}_1(a, b; c; z),$

${}_pF_q(a_1, \cdots, a_p; b_1, \cdots, b_q; z), {}_p\tilde{F}F_q(a_1, \cdots, a_p; b_1, \cdots, b_q; z),$

$U(a, b, z), \operatorname{hav}^{-1}(z), \operatorname{bei}_0(z), \operatorname{bei}_a(z), \operatorname{ber}_0(z), \operatorname{ber}_a(z), \operatorname{kei}_0(z),$

$\operatorname{kei}_a(z), \operatorname{ker}_0(z), \operatorname{ker}_a(z), L_a(z), L_a^b(z), P_\nu(z), P_a^b(z), Q_\nu(z), Q_a^b(z),$

$\log(z), L_z, L_a(z), D_a(z), \operatorname{Li}_2(z), \operatorname{Li}_a(z), \operatorname{Gi}(z), \operatorname{Gi}'(z), \operatorname{Hi}(z), \operatorname{Hi}'(z),$

$\sin(z), \operatorname{sinc}(z), \sinh(z), \operatorname{Shi}(z), \operatorname{Si}(z), j_a(z), y_a(z), h_a^{(1)}(z), h_a^{(2)}(z),$

$\boldsymbol{H}_\nu(z), \boldsymbol{L}_\nu(z), \theta(z), \boldsymbol{E}_\nu(z), \boldsymbol{E}_\nu^a(z), M_{a,b}(z), W_{a,b}(z)\}.$

这些函数的不同组合有时也可以通过 Meijer G 函数来表示. 在这个方向上的长期工作使我们能够构建此类函数具有大约 3000 个算例的基本集, 以及具有 90 000 个算例的更完整的测试集.

2.3.3　Meijer G 函数的分数阶积分-微分

对于上述所有函数, 都可以通过搜索 Wolfram 函数网站 https://functions.wolfram.com 找到分数阶积分-导数的不同表示. 特别地, Meijer G 函数的 α 阶分数阶积分-导数的定义公式 (56) 可以转换为如下表示:

$$\frac{d^\alpha}{dz^\alpha} G_{p,q}^{m,n}\left(z \left| \begin{array}{l} a_1, \cdots, a_n, a_{n+1}, \cdots, a_p \\ b_1, \cdots, b_m, b_{m+1}, \cdots, b_q \end{array} \right.\right)$$

$$= G_{p+1,q+1}^{m,n+1}\left(z \left| \begin{array}{l} -\alpha, a_1 - \alpha, \cdots, a_n - \alpha, a_{n+1} - \alpha, \cdots, a_p - \alpha \\ b_1 - \alpha, \cdots, b_m - \alpha, 0, b_{m+1} - \alpha, \cdots, b_q - \alpha \end{array} \right.\right) \tag{83}$$

(也见 https://functions.wolfram.com/HypergeometricFunctions/MeijerG/20/03/01/Show All.html).

我们可以看到如果在 Mathematica 中使用下面的输入, 这个公式的右边通过 Fox H 函数表示:

ResourceFunction["FractionalOrderD"][MeijerG[{Table[Subscript[a,i], {i, 1, n}], Table[Subscript[a,i], {i, n + 1, p}]}, {Table[Subscript[b,i], {i, 1, m}], Table[Subscript[b,i], {i, m + 1, q}]}, z], {z, α}].

下面我们给出自变量为 az^r, 参数为 r_1 的广义 Meijer G 函数的更一般公式:

$$\frac{d^\alpha}{dz^\alpha} G_{p,q}^{m,n}\left(az^r, r_1 \left|\begin{matrix} a_1, \cdots, a_n, a_{n+1}, \cdots, a_p \\ b_1, \cdots, b_m, b_{m+1}, \cdots, b_q \end{matrix}\right.\right)$$

$$= r_1 z^{-\alpha}(az^r)^{\alpha/r} \times H_{p+1,q+1}^{m,n+1}\left(az^r \left|\begin{matrix} \{-\alpha,r\}, \left\{a_1 - \dfrac{r_1}{r}\alpha, r_1\right\}, \cdots, \left\{a_p - \dfrac{r_1}{r}\alpha, r_1\right\} \\ \left\{b_1 - \dfrac{r_1}{r}\alpha, r_1\right\}, \cdots, \left\{b_q - \dfrac{r_1}{r}\alpha, r_1\right\}, \{0,r\} \end{matrix}\right.\right).$$

(84)

在一般情况下 (非对数), Meijer G 函数可以用一个或者有限个 $z_0 = 0$ 和 $k = 0$ 的级数 (75) 组合来表示.

假设 $p \leqslant q$, 任意两个底部参数 b_j, $j = 1, \cdots, m$ 之间相差的都不是整数, 并且当 $j = 1, 2, \cdots, n$ 且 $k = 1, 2, \cdots, m$ 时, $(a_j - b_k)$ 不是正整数. 则 $G_{p,q}^{m,n}$ 的 "左" 留数的二重和可以写成广义超几何函数的有限和:

$$G_{p,q}^{m,n}\left(z \left|\begin{matrix} a_1, \cdots, a_n, a_{n+1}, \cdots, a_p \\ b_1, \cdots, b_m, b_{m+1}, \cdots, b_q \end{matrix}\right.\right)$$

$$= \sum_{k=1}^{m} A_{p,q,k}^{m,n} z^{b_k}{}_pF_{q-1}\left(\begin{matrix} 1 + b_k - a_1, \cdots, 1 + b_k - a_p \\ 1 + b_k - b_1, \cdots * \cdots, 1 + b_k - b_q \end{matrix}; (-1)^{p-m-n}z\right),$$

(85)

其中 " $*$ " 表示省略项 $(1 + b_k - b_k)$. 并且

$$A_{p,q,k}^{m,n} = \frac{\prod\limits_{j=1, j \neq k}^{m} \Gamma(b_j - b_k) \prod\limits_{j=1}^{n} \Gamma(1 + b_k - a_j)}{\prod\limits_{j=n+1}^{p} \Gamma(a_j - b_k) \prod\limits_{j=m+1}^{q} \Gamma(1 + b_k - b_j)},$$

参见 http://functions.wolfram.com/07.34.06.0005.01, 此函数网站包含 Meijer G 函数渐近公式的最完整集合. 在更复杂的对数情况下, Meijer G 函数可以通过上述级数的有限组合来表示, 其中 $z_0 = 0$ 且 $n > 0$. 这意味着我们可以计算 Meijer G 函数, 是一个无穷和, 其中包括已经唯一定义的基本初等函数 (幂和对数) 的项 $z^b \log^k(z)$.

所以, 如果有超几何函数 $f(z)$, 我们可以将 $f(z)$ 写为 $z^b g(z)$ 或 $z^b \log^k(z) g(z)$, 其中假定 $g(x)$ 比 $f(z)$ 简单. 利用函数 $g(z) = \sum_{n=0}^{\infty} c_n z^n$ 的级数展开和式 (85), 我们可将 $f(z)$ 改写为单个的 G 函数. 在更复杂的情况下, 函数 $f(z)$ 可写为 G 函数的有限和. 接下来应用公式 (83), 我们可以找到以 Meijer G 函数的形式表示的 $f(z)$ 的分数阶积分或导数. 然后如果可能的话, 我们可以把 G 函数写成更简单的函数.

2.3.4　指数函数和第二类修正的 Bessel 函数的分数阶积分-微分

在 Wolfram Mathematica 中有一个函数 `MeijerGForm[g(z),z]`, 它将 $g(z)$ 约化为 Meijer G 函数 (z 的函数). 为使用函数 `MeijerGForm`, 我们应写出

$$\text{ResourceFunction[\"MeijerGForm\"]}.$$

例如, `ResourceFunction["MeijerGForm"][e``z, z]` 给出如下结果:

$$e^z = \text{MeijerG}(\{\{\}, \{\}\}, \{\{0\}, \{\}\}, -z, 1) = G_{0,1}^{1,0}\left(-z, 1 \left| \begin{array}{c} - \\ 0 \end{array} \right.\right) = G_{0,1}^{1,0}\left(-z \left| \begin{array}{c} - \\ 0 \end{array} \right.\right),$$

`ResourceFunction["MeijerGForm"][ BesselK[v, z], z]` 给出

$$K_\nu(z) = \frac{1}{2}\text{MeijerG}\left(\{\{\}, \{\}\}, \left\{\left\{\frac{\nu}{2}, -\frac{\nu}{2}\right\}, \{\}\right\}, \frac{z}{2}, \frac{1}{2}\right) = G_{0,2}^{2,0}\left(\frac{z}{2}, \frac{1}{2} \left| \begin{array}{c} - \\ \frac{\nu}{2}, -\frac{\nu}{2} \end{array} \right.\right),$$

其中使用了公式 (78).

我们来比较通过级数展开和通过 G 函数表示法寻找分数阶算子 $\dfrac{d^\alpha}{dz^\alpha}$ 的方法. 通过 G 函数表示直接计算给出

$$\frac{d^\alpha e^z}{dz^\alpha} = \begin{cases} e^z, & \alpha \in \mathbb{Z} \text{ 和 } \alpha \geqslant 0, \\ e^z(1 - Q(-\alpha, z)), & \text{其他情形}, \end{cases} \tag{86}$$

其中 $Q(a, z) = \dfrac{\Gamma(a, z)}{\Gamma(a)}$ 是正则化的不完全 Gamma 函数, $\Gamma(a, z) = \displaystyle\int_z^{\infty} t^{a-1} e^{-t} dt$ 是不完全 Gamma 函数. 指数函数 e^z 在 $z = 0$ 处有如下形式的 Taylor 级数

$$e^z = \sum_{n=0}^{\infty} \frac{z^n}{n!}.$$

因为 $n \in \mathbb{N} \cup \{0\}$, 使用 (72) 中的第三行, 我们得到

$$\frac{d^\alpha e^z}{dz^\alpha} = \sum_{n=0}^\infty \frac{1}{n!} \frac{d^\alpha z^n}{dz^\alpha} = \sum_{n=0}^\infty \frac{1}{n!} \frac{\Gamma(n+1) z^{n-\alpha}}{\Gamma(n-\alpha+1)} = \sum_{n=0}^\infty \frac{z^{n-\alpha}}{\Gamma(n-\alpha+1)}$$

$$= e^z \left(1 + \frac{\alpha \Gamma(-\alpha, z)}{\Gamma(1-\alpha)} \right).$$

对于 $\alpha = 0, 1, 2, \cdots$, 我们有 $\dfrac{\alpha \Gamma(-\alpha, z)}{\Gamma(1-\alpha)} = 0$ 和

$$\frac{\alpha \Gamma(-\alpha, z)}{\Gamma(1-\alpha)} = \frac{\alpha \Gamma(-\alpha, z)}{-\alpha \Gamma(-\alpha)} = -\frac{\Gamma(-\alpha, z)}{\Gamma(-\alpha)} = -Q(-\alpha, z),$$

因此, 结果与公式 (86) 一致.

对于 $K_0(z)$, 我们有

$$\frac{d^\alpha}{dz^\alpha} K_0(z) = \frac{1}{2} G_{2,4}^{2,2} \left(\frac{z}{2}, \frac{1}{2} \left| \begin{array}{c} \dfrac{1-\alpha}{2}, -\dfrac{\alpha}{2} \\ -\dfrac{\alpha}{2}, -\dfrac{\alpha}{2}, 0, \dfrac{1}{2} \end{array} \right. \right). \tag{87}$$

另一方面, 由 (59)

$$\frac{d^\alpha}{dz^\alpha} K_0(z) = \frac{d^\alpha}{dz^\alpha} \left(-(\log(z) - \log(2) + \gamma) \sum_{n=0}^\infty \frac{1}{(n!)^2} \left(\frac{z}{2} \right)^{2n} + \sum_{n=1}^\infty \frac{H_n}{(n!)^2} \left(\frac{z}{2} \right)^{2n} \right),$$

其中 γ 是 Euler-Mascheroni 常数 (60). 应用 (72) 和 (73), 我们得到

$$\frac{d^\alpha}{dz^\alpha} K_0(z) = \frac{1}{2} \sum_{k=0}^\infty \frac{2^{1-2k}(2k)! \psi(k+1)}{(k!)^2 \Gamma(2k-\alpha+1)} z^{2k-\alpha}$$

$$- \sum_{k=0}^\infty \frac{(2k)! \left(H_{2k} - H_{2k-\alpha} + \log\left(\frac{z}{2} \right) \right)}{2^{2k}(k!)^2 \Gamma(2k-\alpha+1)} z^{2k-\alpha}. \tag{88}$$

利用 Mathematica 可以检验 (87) 等于 (88).

2.3.5 广义 Meijer G 函数的 Riemann-Liouville 积分

我们来计算下面 "主要的" Riemann-Liouville 积分

$$\frac{1}{\Gamma(\beta)} \int_0^z (z-\tau)^{\beta-1} \tau^{\alpha-1} G_{p,q}^{m,n} \left(w\tau^g, r \left| \begin{array}{c} a_1, \cdots, a_n, a_{n+1}, \cdots, a_p \\ b_1, \cdots, b_m, b_{m+1}, \cdots, b_q \end{array} \right. \right) d\tau, \tag{89}$$

它定义了广义 Meijer G 函数 (78) 乘以 $\tau^{\alpha-1}$ 的 β 阶分数阶积分, 其中 $r \in \mathbb{R}$, $r \neq 0$, $m \in \mathbb{Z}$, $m \geqslant 0$, $n \in \mathbb{Z}$, $n \geqslant 0$, $p \in \mathbb{Z}$, $p \geqslant 0$, $q \in \mathbb{Z}$, $q \geqslant 0$, $m \leqslant q$, $n \leqslant p$. 为简单起见, 在公式 (78) 中, 我们使用垂直围道 $\mathcal{L} = \{\gamma - i\infty, \gamma + i\infty\}$.

具有特定参数 $g = \dfrac{\ell}{k} \in \mathbb{Q}$ 和 $r = 1$ 的积分 (89) 有有限值, 见 Brychkov, Marichev and Savischenko [2019, p. 535, 公式 (3.36.2.1)]. 下面我们通过 Fox H 函数或 Meijer G 函数推导出该积分的表达式, 并详细说明如何建立相应的条件集保证该积分收敛.

将上述 Meijer G 函数的定义代入到 Riemann-Liouville 积分中, 并通过 s 和 τ 变换积分次序, 得到以下链式运算, 计算其内部积分得

$$
\frac{1}{\Gamma(\beta)} \int_0^z (z-\tau)^{\beta-1} \tau^{\alpha-1} G_{p,q}^{m,n}\left(w\tau^g, r \left|\begin{array}{c} a_1, \cdots, a_n, a_{n+1}, \cdots, a_p \\ b_1, \cdots, b_m, b_{m+1}, \cdots, b_q \end{array}\right.\right) d\tau
$$

$$
= \frac{1}{2\pi i \Gamma(\beta)} \int_0^z (z-\tau)^{\beta-1} \tau^{\alpha-1}
$$

$$
\times \left(\int_{\gamma-i\infty}^{\gamma+i\infty} \frac{\prod\limits_{k=1}^m \Gamma(b_k+s) \prod\limits_{k=1}^n \Gamma(1-a_k-s)}{\prod\limits_{k=n+1}^p \Gamma(a_k+s) \prod\limits_{k=m+1}^q \Gamma(1-b_k-s)} (w\tau^g)^{-\frac{s}{r}} ds \right) d\tau
$$

$$
= \frac{1}{2\pi i \Gamma(\beta)} \int_{\gamma-i\infty}^{\gamma+i\infty} w^{-\frac{s}{r}} \frac{\prod\limits_{k=1}^m \Gamma(b_k+s) \prod\limits_{k=1}^n \Gamma(1-a_k-s)}{\prod\limits_{k=n+1}^p \Gamma(a_k+s) \prod\limits_{k=m+1}^q \Gamma(1-b_k-s)} \tag{90}
$$

$$
\times \left(\int_0^z (z-\tau)^{\beta-1} \tau^{\alpha-g\frac{s}{r}-1} d\tau \right) ds
$$

$$
= \frac{z^{\alpha+\beta-1}}{2\pi i} \int_{\gamma-i\infty}^{\gamma+i\infty} \frac{\prod\limits_{k=1}^m \Gamma(b_k+s) \prod\limits_{k=1}^n \Gamma(1-a_k-s) \Gamma\left(\alpha-\dfrac{g}{r}s\right)}{\prod\limits_{k=n+1}^p \Gamma(a_k+s) \prod\limits_{k=m+1}^q \Gamma(1-b_k-s) \Gamma\left(\alpha+\beta-\dfrac{g}{r}s\right)}
$$

$$
\times \left(w^{\frac{1}{r}} z^{\frac{g}{r}} \right)^{-s} ds.
$$

根据 Fox H 函数的定义, 最后一个 Mellin-Barnes 积分 (90) 可通过相应的 Fox H 函数写出. 因此, 通过 Fox H 函数我们得到广义 Meijer G 函数的 β 阶 Riemann-Liouville 分数阶积分的如下表示

$$\frac{1}{\Gamma(\beta)} \int_0^z (z-\tau)^{\beta-1} \tau^{\alpha-1} G_{p,q}^{m,n} \left(w\tau^g, r \left| \begin{array}{c} a_1, \cdots, a_n, a_{n+1}, \cdots, a_p \\ b_1, \cdots, b_m, b_{m+1}, \cdots, b_q \end{array} \right. \right) d\tau$$

$$= z^{\alpha+\beta-1} H_{p,q}^{m,n} \left[w^{\frac{1}{r}} z^{\frac{g}{r}} \left| \begin{array}{c} \left(1-\alpha, \dfrac{g}{r}\right), (a_1, 1), \cdots, (a_n, 1), (a_{n+1}, 1), \cdots, (a_p, 1) \\ (b_1, 1), \cdots, (b_m, 1), (b_{m+1}, 1), \cdots, (b_q, 1), \left(1-\alpha-\beta, \dfrac{g}{r}\right) \end{array} \right. \right].$$

$$\tag{91}$$

值得注意的是, 如 $(w\tau^g)^{-\frac{s}{r}} \to \left(w^{\frac{1}{r}} z^{\frac{g}{r}}\right)^{-s}$ 这样具有复变量的运算, 其正确性需要特殊的条件.

具有 Gamma 函数乘积的公式 (90) 包含带积分变量 s 的 Gamma 函数, 其变量的系数为 $+1$ 或 -1 或 $-\dfrac{g}{r}$. Meijer G 函数的定义不包括不等于 $+1$ 或 -1 的系数, 但经过一些特殊变换后, 上面的 Mellin-Barnes 积分可以改写为 Meijer G 函数.

我们考虑公式 (90) 中的 Mellin-Barnes 积分, 将其记为 MB:

$$\mathrm{MB} = \frac{z^{\alpha+\beta-1}}{2\pi i} \int_{\gamma-i\infty}^{\gamma+i\infty} \frac{\Gamma\left(\alpha - \dfrac{g}{r}s\right)}{\Gamma\left(\alpha + \beta - \dfrac{g}{r}s\right)} \frac{\prod\limits_{k=1}^{m} \Gamma(b_k + s)}{\prod\limits_{k=n+1}^{p} \Gamma(a_k + s)}$$

$$\times \frac{\prod\limits_{k=1}^{n} \Gamma(1 - a_k - s)}{\prod\limits_{k=m+1}^{q} \Gamma(1 - b_k - s)} \left(w^{\frac{1}{r}} z^{\frac{g}{r}}\right)^{-s} ds.$$

假设 $\dfrac{g}{r}$ 是正整数 g 比 r 的有理值 (它们没有公因数). 作变量替换 $s = r\zeta$, 我们得到

$$\mathrm{MB} = \frac{z^{\alpha+\beta-1}}{2\pi i} \int_{\delta-i\infty}^{\delta+i\infty} \frac{\Gamma(\alpha - g\zeta)}{\Gamma(\alpha + \beta - g\zeta)} \frac{\prod\limits_{k=1}^{m} \Gamma(b_k + r\zeta)}{\prod\limits_{k=n+1}^{p} \Gamma(a_k + r\zeta)}$$

$$\times \frac{\prod\limits_{k=1}^{n} \Gamma(1 - a_k - r\zeta)}{\prod\limits_{k=m+1}^{q} \Gamma(1 - b_k - r\zeta)} \left(w^{\frac{1}{r}} z^{\frac{g}{r}}\right)^{-r\zeta} r d\zeta, \quad \delta = \frac{\gamma}{r}.$$

由于 $r, g \in \mathbb{N}$, 对于前面 Mellin-Barnes 积分中的每个 Gamma 函数, 我们可以应用如下形式已知的 Gauss 乘法公式:

$$\Gamma(b + \zeta r) = (2\pi)^{\frac{1-r}{2}} r^{b+\zeta r - \frac{1}{2}} \prod_{j=0}^{r-1} \Gamma\left(\frac{b+j}{r} + \zeta\right), \qquad r \in \mathbb{N}, \tag{92}$$

$$\Gamma(\alpha - \zeta g) = (2\pi)^{\frac{1-g}{2}} g^{\alpha - \zeta g - \frac{1}{2}} \prod_{j=0}^{g-1} \Gamma\left(\frac{\alpha+j}{g} - \zeta\right), \qquad g \in \mathbb{N} \tag{93}$$

(参见 https://functions.wolfram.com/GammaBetaErf/Gamma/16/02/0004/), 我们得到

$$
\begin{aligned}
A(\alpha, \beta, r) &= \frac{\Gamma(\alpha - g\zeta)}{\Gamma(\alpha + \beta - g\zeta)} \frac{\prod_{k=1}^{m} \Gamma(b_k + r\zeta)}{\prod_{k=n+1}^{p} \Gamma(a_k + r\zeta)} \frac{\prod_{k=1}^{n} \Gamma(1 - a_k - r\zeta)}{\prod_{k=m+1}^{q} \Gamma(1 - b_k - r\zeta)} \left(w^{\frac{1}{r}} z^{\frac{g}{r}}\right)^{-r\zeta} r \\
&= \frac{(2\pi)^{\frac{1-g}{2}}}{(2\pi)^{\frac{1-g}{2}}} \frac{g^{\alpha - g\zeta - \frac{1}{2}}}{g^{\alpha + \beta - g\zeta - \frac{1}{2}}} \frac{\prod_{j=0}^{g-1} \Gamma\left(\frac{\alpha+j}{g} - \zeta\right)}{\prod_{j=0}^{g-1} \Gamma\left(\frac{\alpha + \beta + j}{g} - \zeta\right)} \\
&\quad \times \frac{\left(\prod_{k=1}^{n} (2\pi)^{\frac{1-r}{2}} r^{-a_k - r\zeta + \frac{1}{2}}\right) \prod_{j=0}^{r-1} \Gamma\left(\frac{j - a_k + 1}{r} - \zeta\right)}{\left(\prod_{k=m+1}^{q} (2\pi)^{\frac{1-r}{2}} r^{-b_k - r\zeta + \frac{1}{2}}\right) \prod_{j=0}^{r-1} \Gamma\left(\frac{j - b_k + 1}{r} - \zeta\right)} \\
&\quad \times \frac{\left(\prod_{k=1}^{m} (2\pi)^{\frac{1-r}{2}} r^{b_k + r\zeta - \frac{1}{2}}\right) \prod_{j=0}^{r-1} \Gamma\left(\frac{b_k + j}{r} + \zeta\right)}{\left(\prod_{k=n+1}^{p} (2\pi)^{\frac{1-r}{2}} r^{a_k + r\zeta - \frac{1}{2}}\right) \prod_{j=0}^{r-1} \Gamma\left(\frac{a_k + j}{r} + \zeta\right)} (wz^g)^{-\zeta} r.
\end{aligned}
$$

化简可得

$$
\begin{aligned}
&A(\alpha, \beta, r) \\
&= \frac{g^{-\beta} \prod_{j=0}^{g-1} \Gamma\left(\frac{\alpha+j}{g} - \zeta\right)}{\prod_{j=0}^{g-1} \Gamma\left(\frac{\alpha + \beta + j}{g} - \zeta\right)} \frac{\prod_{k=1}^{n} (2\pi)^{\frac{1-r}{2}} r^{-a_k - r\zeta + \frac{1}{2}} \prod_{j=0}^{r-1} \Gamma\left(\frac{1 - a_k + j}{r} - \zeta\right)}{\prod_{k=m+1}^{q} (2\pi)^{\frac{1-r}{2}} r^{-b_k - r\zeta + \frac{1}{2}} \prod_{j=0}^{r-1} \Gamma\left(\frac{1 - b_k + j}{r} - \zeta\right)} \\
&\quad \times \frac{\prod_{k=1}^{m} (2\pi)^{\frac{1-r}{2}} r^{b_k + r\zeta - \frac{1}{2}} \prod_{j=0}^{r-1} \Gamma\left(\frac{b_k + j}{r} + \zeta\right)}{\prod_{k=n+1}^{p} (2\pi)^{\frac{1-r}{2}} r^{a_k + r\zeta - \frac{1}{2}} \prod_{j=0}^{r-1} \Gamma\left(\frac{a_k + j}{r} + \zeta\right)} (wz^g)^{-\zeta} r
\end{aligned}
$$

$$
\begin{aligned}
= \ & \frac{\displaystyle\prod_{k=1}^{n}(2\pi)^{\frac{1-r}{2}}r^{-a_k-r\zeta+\frac{1}{2}}}{\displaystyle\prod_{k=m+1}^{q}(2\pi)^{\frac{1-r}{2}}r^{-b_k-r\zeta+\frac{1}{2}}} \frac{\displaystyle\prod_{k=1}^{m}(2\pi)^{\frac{1-r}{2}}r^{b_k+r\zeta-\frac{1}{2}}}{\displaystyle\prod_{k=n+1}^{p}(2\pi)^{\frac{1-r}{2}}r^{a_k+r\zeta-\frac{1}{2}}} \frac{\displaystyle\prod_{j=0}^{g-1}\Gamma\left(\frac{\alpha+j}{g}-\zeta\right)}{\displaystyle\prod_{j=0}^{g-1}\Gamma\left(\frac{\alpha+\beta+j}{g}-\zeta\right)} \\[2ex]
\times \ & \frac{\displaystyle\prod_{k=1}^{n}\prod_{j=0}^{r-1}\Gamma\left(\frac{1-a_k+j}{r}-\zeta\right)}{\displaystyle\prod_{k=m+1}^{q}\prod_{j=0}^{r-1}\Gamma\left(\frac{1-b_k+j}{r}-\zeta\right)} \frac{\displaystyle\prod_{k=1}^{m}\prod_{j=0}^{r-1}\Gamma\left(\frac{b_k+j}{r}+\zeta\right)}{\displaystyle\prod_{k=n+1}^{p}\prod_{j=0}^{r-1}\Gamma\left(\frac{a_k+j}{r}+\zeta\right)} g^{-\beta}(wz^g)^{-\zeta}\, r.
\end{aligned}
$$

整理幂运算我们得到

$$
\begin{aligned}
A(\alpha,\beta,r) = \ & \frac{\left((2\pi)^{\frac{1-r}{2}}r^{\frac{1}{2}-r\zeta}\right)^n}{\left((2\pi)^{\frac{1-r}{2}}r^{\frac{1}{2}-r\zeta}\right)^{q-m}} \frac{\left((2\pi)^{\frac{1-r}{2}}r^{\zeta r-\frac{1}{2}}\right)^m}{\left((2\pi)^{\frac{1-r}{2}}r^{\zeta r-\frac{1}{2}}\right)^{p-n}} \frac{\displaystyle\prod_{k=1}^{n}r^{-a_k}}{\displaystyle\prod_{k=m+1}^{q}r^{-b_k}} \\[2ex]
\times \ & \frac{\displaystyle\prod_{k=1}^{m}r^{b_k}}{\displaystyle\prod_{k=n+1}^{p}r^{a_k}} \frac{\displaystyle\prod_{j=0}^{g-1}\Gamma\left(\frac{\alpha+j}{g}-\zeta\right)}{\displaystyle\prod_{j=0}^{g-1}\Gamma\left(\frac{\alpha+\beta+j}{g}-\zeta\right)} \\[2ex]
\times \ & \frac{\displaystyle\prod_{k=1}^{n}\prod_{j=0}^{r-1}\Gamma\left(\frac{1-a_k+j}{r}-\zeta\right)}{\displaystyle\prod_{k=m+1}^{q}\prod_{j=0}^{r-1}\Gamma\left(\frac{1-b_k+j}{r}-\zeta\right)} \frac{\displaystyle\prod_{k=1}^{m}\prod_{j=0}^{r-1}\Gamma\left(\frac{b_k+j}{r}+\zeta\right)}{\displaystyle\prod_{k=n+1}^{p}\prod_{j=0}^{r-1}\Gamma\left(\frac{a_k+j}{r}+\zeta\right)} g^{-\beta}(wz^g)^{-\zeta}\, r \\[2ex]
= \ & \frac{\displaystyle\prod_{j=0}^{g-1}\Gamma\left(\frac{\alpha+j}{g}-\zeta\right)}{\displaystyle\prod_{j=0}^{g-1}\Gamma\left(\frac{\alpha+\beta+j}{g}-\zeta\right)} \frac{\displaystyle\prod_{k=1}^{n}\prod_{j=0}^{r-1}\Gamma\left(\frac{1-a_k+j}{r}-\zeta\right)}{\displaystyle\prod_{k=m+1}^{q}\prod_{j=0}^{r-1}\Gamma\left(\frac{1-b_k+j}{r}-\zeta\right)} \\[2ex]
\times \ & \frac{\displaystyle\prod_{k=1}^{m}\prod_{j=0}^{r-1}\Gamma\left(\frac{b_k+j}{r}+\zeta\right)}{\displaystyle\prod_{k=n+1}^{p}\prod_{j=0}^{r-1}\Gamma\left(\frac{a_k+j}{r}+\zeta\right)} \frac{r^{\sum\limits_{k=1}^{q}b_k-\sum\limits_{k=1}^{p}a_k+\frac{p-q}{2}+1}}{(2\pi)^{(r-1)\left(m+n-\frac{p+q}{2}\right)}g^{\beta}} \left(\frac{wz^g}{r^{r(q-p)}}\right)^{-\zeta}.
\end{aligned}
$$

在上述变换中, 我们将 $\left(w^{\frac{1}{r}}z^{\frac{g}{r}}\right)^{-r\zeta}$ 变为 $(wz^g)^{-\zeta}$, 这在某些限制条件下是允许的. 我们得到了 Gamma 函数的乘积, 其中积分变量 ζ 之前的系数为 $+1$ 或 -1.

这个结果允许我们在 g 和 r 为正整数, 即 $\frac{g}{r}$ 为有理数的情况下, 通过 Meijer

G 函数写出广义 Meijer G 函数的 β 阶 Riemann-Liouville 分数阶积分的表示:

$$\frac{1}{\Gamma(\beta)} \int_0^z (z-\tau)^{\beta-1} \tau^{\alpha-1} G_{p,q}^{m,n}\left(w\tau^g, r \left|\begin{array}{c} a_1,\cdots,a_n,a_{n+1},\cdots,a_p \\ b_1,\cdots,b_m,b_{m+1},\cdots,b_q \end{array}\right.\right) d\tau$$

$$= z^{\alpha+\beta-1} \frac{r^{\sum\limits_{k=1}^{q} b_k - \sum\limits_{i=1}^{p} a_i + \frac{p-q}{2}+1}}{(2\pi)^{(r-1)\left(m+n-\frac{p+q}{2}\right)} g^\beta} G_{rp+g,rq+g}^{rm,rn+g}\left(\frac{wz^g}{r^{r(q-p)}} \left|\begin{array}{c} \Delta_1, \Delta_2 \\ \Delta_3, \Delta_4 \end{array}\right.\right),$$

(94)

其中

$$\Delta_1 = \frac{1-\alpha}{g}, \cdots, \frac{g-\alpha}{g}, \frac{a_1}{r}, \cdots, \frac{a_1+r-1}{r}, \cdots, \frac{a_n}{r}, \cdots, \frac{a_n+r-1}{r},$$

$$\Delta_2 = \frac{a_{n+1}}{r}, \cdots, \frac{a_{n+1}+r-1}{r}, \cdots, \frac{a_p}{r}, \cdots, \frac{a_p+r-1}{r},$$

$$\Delta_3 = \frac{b_1}{r}, \cdots, \frac{b_1+r-1}{r}, \cdots, \frac{b_m}{r}, \cdots, \frac{b_m+r-1}{r},$$

$$\Delta_4 = \frac{b_{m+1}}{r}, \cdots, \frac{b_{m+1}+r-1}{r}, \cdots, \frac{b_q}{r}, \cdots, \frac{b_q+r-1}{r}, \frac{1-\alpha-\beta}{g}, \cdots, \frac{g-\alpha-\beta}{g}.$$

2.3.6　Meijer G 函数渐近性的 O 表示

如果我们用"大 O 符号"(见 https://en.wikipedia.org/wiki/Big_O_notation) 来描述 Meijer G 函数的渐近行为, 我们得到如下描述 Meijer G 函数在其两个或三个奇点附近大 O 表示的通用公式 (见 Brychkov, Marichev and Savischenko [2019, p.571] 和 Wolfram 函数网站 http://functions.wolfram.com/01.02.16.0037.01):

$$G_{p,q}^{m,n}\left(z \left|\begin{array}{c} a_1,\cdots,a_n,a_{n+1},\cdots,a_p \\ b_1,\cdots,b_m,b_{m+1},\cdots,b_q \end{array}\right.\right)$$

$$\leftrightarrow \begin{cases} \sum\limits_{k=1}^{m} z^{b_k}, & p \leqslant q, \\ \sum\limits_{k=1}^{m} z^{b_k} + z^\chi e^{\frac{(-1)^{q-m-n}}{z}}, & p = q+1, \\ \sum\limits_{k=1}^{m} z^{b_k} + z^\chi \cos\left(2\sqrt{\frac{(-1)^{q-m-n-1}}{z}}\right), & p = q+2, \\ \sum\limits_{k=1}^{m} z^{b_k} + z^\chi e^{(p-q)(-z)^{\frac{1}{q-p}}}, & p \geqslant q+3, \end{cases}$$

(95)

在 (95) 中, $|z| \to 0$,

$$\chi = \frac{1}{q-p} \left(\sum_{j=1}^{q} b_j - \sum_{j=1}^{p} a_j + \frac{p-q+1}{2} \right). \tag{96}$$

当 $z \to (-1)^{m+n-p}$ 时, 我们得到

$$G_{p,q}^{m,n} \left(z \left| \begin{array}{c} a_1, \cdots, a_n, a_{n+1}, \cdots, a_p \\ b_1, \cdots, b_m, b_{m+1}, \cdots, b_q \end{array} \right. \right)$$

$$\leftrightarrow \begin{cases} 1 + (1 - (-1)^{p-m-n} z)^{\psi_p}, & q = p \text{ 且 } \psi_p \neq 0, \\ 1 + \log (1 - (-1)^{p-m-n} z), & q = p \text{ 且 } \psi_p = 0, \\ 1, & q \neq p, \end{cases} \tag{97}$$

其中

$$\psi_p = \sum_{j=1}^{p} (a_j - b_j) - 1. \tag{98}$$

最后, 对于 $|z| \to \infty$,

$$G_{p,q}^{m,n} \left(z \left| \begin{array}{c} a_1, \cdots, a_n, a_{n+1}, \cdots, a_p \\ b_1, \cdots, b_m, b_{m+1}, \cdots, b_q \end{array} \right. \right)$$

$$\leftrightarrow \begin{cases} \displaystyle\sum_{k=1}^{n} z^{a_k-1}, & q \leqslant p, \\ \displaystyle\sum_{k=1}^{n} z^{a_k-1} + z^{\chi} e^{(-1)^{p-m-n} z}, & q = p+1, \\ \displaystyle\sum_{k=1}^{n} z^{a_k-1} + z^{\chi} \cos \left(2\sqrt{(-1)^{p-m-n-1} z} \right), & q = p+2, \\ \displaystyle\sum_{k=1}^{n} z^{a_k-1} + z^{\chi} e^{(q-p)(-z)^{\frac{1}{q-p}}}, & q \geqslant p+3, \end{cases} \tag{99}$$

其中 χ 由 (96) 定义.

2.3.7 带 Meijer G 函数的 Riemann-Liouville 积分的收敛条件

上述关系包括 z^{b_k} 或 z^{χ} 或 z^{a_k-1} 或 1 或 $\log(1-(-1)^{p-m-n} z)$ 等幂函数, 它们对应 "大 O 项" (参见 https://en.wikipedia.org/wiki/Big_O_notation), 并且

在这里代替 $O(z^{b_k})$ 或 $O(z^\chi)$ 或 $O(z^{a_k-1})$ 或 $O(1)$ 或 $O(\log(1-(-1)^{p-m-n}z))$ 在渐近展开中使用. 这允许我们最简单地建立涉及 Meijer G 函数的积分收敛条件. 例如, 经典的 Riemann-Liouville 积分

$$\frac{1}{\Gamma(\beta)} \int_0^z (z-\tau)^{\beta-1} \tau^{\alpha-1} G_{p,q}^{m,n} \left(w\tau^g, r \middle| \begin{array}{l} a_1,\cdots,a_n,a_{n+1},\cdots,a_p \\ b_1,\cdots,b_m,b_{m+1},\cdots,b_q \end{array} \right) d\tau \quad (100)$$

有带参数 $G_{p,q}^{m,n}[w\tau^g, r|\cdots]$ 的 Meijer G 函数, 在某些条件下它可以写成不含参数 r, 即 $r=1$ 的经典 G 函数 $G_{p,q}^{m,n}[w^{\frac{1}{r}}\tau^{\frac{g}{r}}|\cdots]$. 这里的积分区间是有限的, 如果 $\frac{g}{r} > 0$, 我们没有得到在无穷远处收敛的条件 (则 $\tau^{\frac{g}{r}} \to \infty$, 当 $\tau \to \infty$ 时). 但对于 $q < p$ 和 $\frac{g}{r} > 0$, 点 $\tau = 0$ 是本性奇点, 并且这个积分在零处收敛当且仅当下面 "大 O 等价" 的积分收敛:

$$\int_0^z \tau^{\alpha-1} \sum_{k=1}^m z^{b_k} d\tau, \quad p \leqslant q, \quad (101)$$

$$\int_0^z \left(\tau^{\alpha-1} \sum_{k=1}^m z^{b_k} + \tau^{\alpha-1} z^\chi e^{\frac{(-1)^{q-m-n}}{z}} \right) d\tau, \quad p = q+1, \quad (102)$$

$$\int_0^z \left(\tau^{\alpha-1} \sum_{k=1}^m z^{b_k} + \tau^{\alpha-1} z^\chi \cos\left(2\sqrt{\frac{(-1)^{q-m-n}}{z}} \right) \right) d\tau, \quad p = q+2, \quad (103)$$

$$\int_0^z \left(\tau^{\alpha-1} \sum_{k=1}^m z^{b_k} + \tau^{\alpha-1} z^\chi e^{(p-q)(-z)^{\frac{1}{q-p}}} \right) d\tau, \quad p \geqslant q+3, \quad (104)$$

其中 $z = w^{\frac{1}{r}}\tau^{\frac{g}{r}}$ 且 $\frac{g}{r} > 0$, χ 定义为 (96). 当积分 (104) 收敛时, 积分 (101) 收敛. 它可以在条件

$$\min = \operatorname{Re}(\alpha) + \frac{g}{r} \min_{1 \leqslant k \leqslant m} \{\operatorname{Re}(b_k)\} > 0 \quad (105)$$

下发生. 显然, 在 $p > q$ 的其他三种情形下, 此条件存在. 令

$$\theta(\delta) = \begin{cases} 0, & \delta < 0, \\ 1, & \delta \geqslant 0. \end{cases}$$

这里我们看到了另外的三个具有指数函数和余弦函数的积分, 对于它们, 可以写出下面的 "收敛等价式" 并进行计算:

$$\int_0^1 x^\gamma e^{ax^\delta} dx = \frac{(-a)^{-\frac{\gamma+1}{\delta}}}{\delta} \left(\theta(\delta)\Gamma\left(\frac{\gamma+1}{\delta}\right) - \Gamma\left(\frac{\gamma+1}{\delta}, -a\right) \right),$$

其中 $\mathrm{Re}(\gamma) > -1$, 当 $\delta > 0$ 时; $\mathrm{Re}(a) \leqslant 0$, 当 $\delta < 0$ 时,

$$\int_0^1 x^\gamma \cos(ax^\delta) dx = \frac{1}{\gamma+1} {}_1F_2\left(\frac{\gamma+1}{2\delta}; \frac{1}{2}, \frac{\gamma+1}{2\delta}+1; -\frac{a^2}{4}\right)$$

$$- \frac{\theta(-\delta)}{\delta} \cos\left(\frac{\pi(\gamma+1)}{2\delta}\right) \Gamma\left(\frac{\gamma+1}{\delta}\right) |a|^{-\frac{\gamma+1}{\delta}},$$

其中 $a \in \mathbb{R}$, $\delta \in \mathbb{R}$ 且 $\mathrm{Re}\left(\frac{\gamma+1}{\delta}\right) < 1$.

如果我们将上述收敛条件应用于提及的三个积分, 则它们可重写为

$$\int_0^1 \tau^{\alpha+\frac{g}{r}\chi-1} e^{(-1)^{q-m-n} w^{-\frac{1}{r}} \tau^{-\frac{g}{r}}} d\tau,$$

$$\int_0^1 \tau^{\alpha+\frac{g}{r}\chi-1} \cos\left(2\tau^{\frac{g}{2r}} \sqrt{(-1)^{q-m-n-1} w^{-\frac{1}{r}}}\right) d\tau,$$

$$\int_0^1 \tau^{\alpha+\frac{g}{r}\chi-1} e^{(p-q)\left(-w^{\frac{1}{r}}\right)^{\frac{1}{q-p}} \tau^{\frac{g}{r(q-p)}}} d\tau,$$

我们得出以下三组条件

$$\begin{cases} \mathrm{Re}\left(\alpha+\frac{g}{r}\chi\right) > 0, & gr < 0, \\ \mathrm{Re}\left(w^{-\frac{1}{r}}(-1)^{q-m-n}\right) \leqslant 0, & gr > 0, \end{cases} \tag{106}$$

$$\sqrt{w^{-\frac{1}{r}}(-1)^{q-m-n-1}} \in \mathbb{R} \quad \text{且} \quad \frac{g}{r} \in \mathbb{R} \quad \text{且} \quad 2\mathrm{Re}\left(\frac{\alpha r}{g}+\chi\right) < 1, \tag{107}$$

$$\begin{cases} \mathrm{Re}\left(\alpha+\frac{g}{r}\chi\right) > 0, & \frac{g}{r(q-p)} > 0, \\ \mathrm{Re}\left((p-q)\left(-w^{\frac{1}{r}}\right)^{\frac{1}{q-p}}\right) \leqslant 0, & \frac{g}{r(q-p)} < 0. \end{cases} \tag{108}$$

在将这些条件合并到 "大 O 等价" 积分之后, 我们得到了 Riemann-Liouville 积分在初始点 $\tau = 0$ 处收敛的条件:

$$
\begin{cases}
\min > 0, & p \leqslant q, \\[2ex]
\min > 0, & \begin{cases} \mathrm{Re}\left(\alpha + \dfrac{g}{r}\chi\right) > 0, & \dfrac{g}{r} < 0, \\[2ex] \mathrm{Re}\left((-1)^{q-m-n}w^{-\frac{1}{r}}\right) \leqslant 0, & \dfrac{g}{r} > 0, \end{cases} & p = q+1, \\[4ex]
\min > 0, & \sqrt{w^{-\frac{1}{r}}(-1)^{q-m-n-1}} \in \mathbb{R},\ \dfrac{g}{r} \in \mathbb{R},\ \mathrm{Re}\left(\dfrac{\alpha r}{g} + \chi\right) < \dfrac{1}{2}, & p = q+2, \\[3ex]
\min > 0, & \begin{cases} \mathrm{Re}\left(\alpha + \dfrac{g}{r}\chi\right) > 0, & \dfrac{g}{r(q-p)} > 0, \\[2ex] \mathrm{Re}\left((p-q)\left(-w^{\frac{1}{r}}\right)^{\frac{1}{q-p}}\right) \leqslant 0, & \dfrac{g}{r(q-p)} < 0, \end{cases} & p \geqslant q+3,
\end{cases}
\tag{109}
$$

其中 $\dfrac{g}{r} > 0$, χ 由 (96) 定义, min 由 (105) 定义.

显然, 我们需要为在点 $\tau = z$ 处积分的收敛性增加限制条件 $-\mathrm{Re}(\beta) > 0$, 并且当 $q = p$ 时, 可以得到 Meijer G 函数的第三个奇异点 $w^{\frac{1}{r}}\tau^{\frac{g}{r}} = (-1)^{m+n-p}$.

令

$$
\tau_0 = ((-1)^{m+n-p}w^{\frac{1}{r}})^{\frac{r}{g}}.
\tag{110}
$$

则在条件 $\tau_0 \in \mathbb{R}$ 和 $0 < \tau_0 < z$ 下, 我们应该添加限制

$$
\mathrm{Re}\left(\sum_{j=1}^{p}(a_j - b_j)\right) > 0
\tag{111}
$$

(对于 $q = p$, 它为 $\mathrm{Re}(\psi_p + 1) > 0$), 如果点与 z 一致: $\tau_0 = z$ (这里 $\mathrm{Re}(\beta) > 0$ 应去掉), 它变弱为

$$
\mathrm{Re}\left(\sum_{j=1}^{p}(a_j - b_j) + \beta - 1\right) > 0.
\tag{112}
$$

对于 $0 < \tau_0 \leqslant z$, 它说明了在点 τ_0 处收敛.

利用 χ, ψ_p, min 和 τ_0 的记号 (96), (98), (105) 和 (110), 可以写出积分 (100) 收敛的条件:

$$
\begin{cases}
\mathrm{Re}(\beta) > 0, \min > 0, & p < q, \\[2ex]
\min > 0, \tau_0 \in \mathbb{R} \ \text{且} \begin{cases} 0 < \tau_0 < z, \mathrm{Re}\,(\psi_p) > -1, & \text{若} \ \mathrm{Re}(\beta) > 0, \\[1ex] \tau_0 = z, & \text{若} \ \mathrm{Re}\,(\beta + \psi_p) > 0, \end{cases} & p = q, \\[4ex]
\mathrm{Re}(\beta) > 0, \min > 0 \ \text{且} \begin{cases} \mathrm{Re}\left(\alpha + \dfrac{g}{r}\chi\right) > 0, & \text{若} \ \dfrac{g}{r} < 0, \\[2ex] \mathrm{Re}\left((-1)^{q-m-n}w^{-\frac{1}{r}}\right) \leqslant 0, & \text{若} \ \dfrac{g}{r} > 0, \end{cases} & p = q + 1, \\[4ex]
\mathrm{Re}(\beta) > 0, \min > 0, \sqrt{(-1)^{q-m-n-1}w^{-\frac{1}{r}}} \in \mathbb{R}, \dfrac{g}{r} \in \mathbb{R}, \mathrm{Re}\left(\dfrac{\alpha r}{g} + \chi\right) < \dfrac{1}{2}, & p = q + 2, \\[4ex]
\mathrm{Re}(\beta) > 0, \min > 0, \text{且} \begin{cases} \mathrm{Re}\left(\alpha + \dfrac{g}{r}\chi\right) > 0, & \text{若} \ \dfrac{g}{r(q-p)} > 0, \\[2ex] \mathrm{Re}\left((p-q)\left(-w^{\frac{1}{r}}\right)^{\frac{1}{q-p}}\right) \leqslant 0, & \text{若} \ \dfrac{g}{r(q-p)} < 0, \end{cases} & p > q + 2.
\end{cases}
\tag{113}
$$

2.4　支持微分常数、分数阶微分的通用公式

随着计算机代数系统的出现, 如 Wolfram Mathematica, Maple, MATLAB 等, 有必要修改得到已知函数的方法. 计算机系统要求在复平面上的任意位置提供解析函数正确的数值计算, 包括在支割线上, 如 $\sqrt{z}$ 的支割线 $(-\infty, 0)$. 它刺激了 Mathematica 系统的开发人员修改数学公式, 其中函数在支割线上的行为不仅在理论上得到了准确的描述, 而且在 Mathematica 中得到了数值计算的支持. 因此, Wolfram Mathematica 使用了一个简单的公理: "所有复数 z 的辐角满足不等式 $-\pi < \arg(z) \leqslant \pi$." 所以, 函数在内部是相互一致的, 甚至可以在支割线上描述. 因此 Mathematica 在整个复平面上对所有函数进行运算, 这些函数涉及所谓的微分常数 $\left(\text{如} \ \dfrac{\sqrt{z^2}}{z}, \log(z^2) - 2\log(z)\right)$ 和分段构造 (包括对数情况在内). 这类情况下的分数阶积分-微分会发生什么变化, 这是以前文献所忽略的问题. 运算 `FractionalOrderD` 填补了这一空白.

根据 Mathematica 中的定义, 我们有

$$
\frac{\sqrt{z^2}}{z} = \begin{cases} 1, & -\dfrac{\pi}{2} < \arg(z) \leqslant \dfrac{\pi}{2}, \\[2ex] -1, & \text{其他情形} \end{cases}
\tag{114}
$$

和

$$\log\left(z^2\right) - 2\log(z) = \begin{cases} 0, & -\dfrac{\pi}{2} < \arg(z) \leqslant \dfrac{\pi}{2}, \\ 2i\pi, & -\pi < \arg(z) \leqslant -\dfrac{\pi}{2}, \\ -2i\pi, & \text{其他情形.} \end{cases} \tag{115}$$

Mathematica 内置的导算子 **D** 忽略了支割线处的不连续性:

$$\mathbf{D}\left[\frac{\sqrt{z^2}}{z}, z\right] = 0 \quad \text{和} \quad \mathbf{D}\left[\log\left(z^2\right) - 2\log(z), z\right] = 0. \tag{116}$$

`FractionalOrderD` 提供了以下结果, 它保留了因子 $\sqrt{z^2}$ 和 $\log(z^2) = \log(-iz) + \log(iz)$:

$$\frac{d^\alpha}{dz^\alpha}\frac{\sqrt{z^2}}{z} = \frac{\sqrt{z^2}\, z^{-\alpha-1}}{\Gamma(1-\alpha)} \tag{117}$$

和

$$\frac{d^\alpha}{dz^\alpha}\left[\log\left(z^2\right) - 2\log(z)\right] = \frac{z^{-\alpha}(\log(-iz) + \log(iz) - 2\log(z))}{\Gamma(1-\alpha)}. \tag{118}$$

经典的 (1 阶或 2 阶等) 微分与积分可以与抽象函数 $f(z), g(z), h(z)$ 以及它们的一些构造 (积、复合、比、反函数、级数等) 一起运算. 对于分数阶积分-微分可以导出类似的公式. 在 `ResourceFunction["FractionalOrderD"]` 中已经有很多这样的公式了. 例如, 我们有以下运算的通用公式

$$f^{(-1)}(z), \qquad f(z) \cdot g(z), \qquad f(z) \cdot g(z) \cdot h(z), \qquad \frac{1}{f(z)}, \qquad \frac{f(z)}{g(z)},$$

$$(f(z))^a, \qquad (f(z))^{g(z)}, \qquad f(z)^{g(z)^{h(z)}}, \qquad (az)^b \log^c(d \cdot f(z)),$$

$$c^{bf(z)^a + d}, \qquad c^{bf(z^a) + d}, \qquad c^{bf(a^z) + d}, \qquad f(g(z)), \qquad f(g(h(z))), \qquad \text{等等,}$$

这里 $f^{(-1)}(z)$ 是函数 $f(z)$ 的逆. 下面我们给出一个相当简单的例子, 对于乘积 $f(z) \cdot g(z)$:

$$\frac{d^\alpha}{dz^\alpha}(f(z)g(z)) = \begin{cases} \displaystyle\sum_{k=0}^{\alpha} \binom{\alpha}{k} f^{(\alpha-k)}(z)g^{(k)}(z), & z \in \mathbb{Z}, \alpha \geqslant 0, \\ \displaystyle\sum_{k=0}^{\alpha} \binom{\alpha}{k} \frac{d^{\alpha-k}f(z)}{dz^{\alpha-k}}\frac{d^k g(z)}{dz^k}, & \text{其他情形.} \end{cases} \tag{119}$$

当然, 大多数抽象函数的分数阶积分-微分公式都是非常复杂和庞大的. 但在特定公式的情形下, 我们可得到更简单的表达式. 例如,

$$\frac{d^\alpha}{dz^\alpha} e^{z^2} = \frac{\sqrt{\pi} 2^\alpha z^{-\alpha}}{\Gamma\left(1 - \frac{\alpha+1}{2}\right) \Gamma\left(1 - \frac{\alpha}{2}\right)} {}_2F_2\left(\frac{1}{2}, 1; 1 - \frac{\alpha+1}{2}, 1 - \frac{\alpha}{2}; z^2\right). \quad (120)$$

近年来, Wolfram 语言增加了一些新的通用函数:

- 10 个 Heun 函数,
- 4 个 Lamé 函数,
- 8 个 Carlson 椭圆积分,
- Fox H 函数,
- 4 个 Coulomb 函数.

对于这些函数, 可以得到相应的分数阶积分-微分公式. 例如, 我们可以考虑 Carlson 椭圆积分 (见 https://mathworld.wolfram.com/CarlsonEllipticIntegrals.html):

$$R_D(x, y, z) = \frac{3}{2} \int_0^\infty (t+x)^{-1/2}(t+y)^{-1/2}(t+z)^{-3/2} dt, \quad x > 0, \ y > 0, \ z > 0$$
$$(121)$$

和 Heun G 函数 $H(a, b, c, d, p, q, z)$ (参见 https://en.wikipedia.org/wiki/Heun_function). 如果 $b = a \cdot c \cdot d$ 且 $q = c + d - p + 1$, 或者 $a = 1$ 且 $b = c \cdot d$, Heun G 函数 $H(a, b, c, d, p, q, z)$ 被简化为 ${}_2F_1(c, d, p; z)$.

我们得到

$$\frac{d^\alpha}{dz^\alpha} R_D\left(\frac{1}{2}, z, 1\right)$$

$$= \begin{cases} \dfrac{3(-1)^\alpha}{2\alpha+3} \left(\dfrac{1}{2}\right)_\alpha F_1\left(\alpha + \dfrac{3}{2}; \dfrac{1}{2}, 1; \alpha + \dfrac{5}{2}; \dfrac{1}{2}, 1-z\right), & \alpha \in \mathbb{Z}, \alpha \geqslant 0, \\[4mm] \dfrac{3\pi z^{-\alpha}}{4\Gamma(1-\alpha)} \displaystyle\sum_{k=0}^\infty \dfrac{{}_2F_1\left(\dfrac{1}{2}, k + \dfrac{3}{2}; 2; \dfrac{1}{2}\right)\left(\dfrac{3}{2}\right)_k}{(1-\alpha)_k} z^k \\[4mm] \quad - \dfrac{3\sqrt{\pi} z^{\frac{1}{2}-\alpha}}{2\Gamma\left(\dfrac{3}{2} - \alpha\right)} \displaystyle\sum_{k=0}^\infty \dfrac{(k+1)! {}_2F_1\left(\dfrac{1}{2}, k+2; 2; \dfrac{1}{2}\right) z^k}{\left(\dfrac{3}{2} - \alpha\right)_k}, & \text{其他情形} \end{cases} \quad (122)$$

和

$$\frac{d^{\alpha}}{dz^{\alpha}}H(a,b,c,d,p,q,z) = \sum_{k=0}^{\infty} \frac{k!c_k z^{k-\alpha}}{\Gamma(k-\alpha+1)}, \tag{123}$$

其中 $|z| < \min(1,|a|)$, $c_0 = 1$, $c_1 = \dfrac{b}{ap}$, $c_j = -\dfrac{c_{j-2}P_{j-2}+c_{j-1}Q_{j-1}}{R_j}$, $P_j = (c+j)(d+j)$, $Q_j = -j(a(j+p+q-1)+c+d+j-q)-b$, $R_j = aj(j+p-1)$.

一般来说, Heun G 函数不是超几何型函数, 其级数表示具有系数 $c_k = \dfrac{k!c_k}{\Gamma(k-\alpha+1)}$, $\alpha = 0$, 满足 `ConditionalExpression` 中描述的三项递归关系.

目前我们有关于下列运算的通用规则: $a^{g(z)}$, $\left(a^{bf(z)}\right)^c$, $c^{ba^{f(z)}+d}$, $c^{bf(a^z)+d}$, $c^{bf(z)^a+d}$, $c^{bf(z^a)}$, $e^{g(z)}$, $e^{g(h(z))}$, $f(a^z)$, $(f(a^{bz}))^c$, $f\left(a^{bz^c}\right)$, $\dfrac{1}{f(z)}$, $zf(z)$, $z^2f(z)$, $(f(z))^a$, $(f(z))^{g(z)}$, $(f(z))^{(g(z))^{h(z)}}$, $f(z^a)$, $f(g(z))$, $f(g(h(z)))$, $\dfrac{f(z)}{g(z)}$, $f(z) \cdot g(z)$, $f(z) \cdot g(z) \cdot h(z)$, $f^{(-1)}(z)$.

2.5　小结

在考虑了引入微分算子 $\dfrac{d}{dx}$ 的任意幂的各种方法后, 我们得出的结论是, 这些方法没有很大不同. 因此, 在计算幂函数 x^p 的各种分数阶导数时, 我们几乎总是得到相同的结果. 这使得所考虑的导数在解析函数类上是一致的. 另一方面, 如果分数阶导数中存在额外的参数, 那么将这样的算子应用于幂函数的结果将依赖于这些参数. 在一些应用问题中, 这是有意义的. 引入不同分数阶导数定义的另一个原因是应用发散积分的正则化. Wolfram Mathematica 使用发散积分的 Hadamard 正则化. 此外, Mathematica 将一般形式的分数阶导数和一般函数的公式系统化.

最后, 回到主要问题: "如何以最大限度自然地将微分 $\dfrac{d^n}{dx^n}$ 从自然阶 $n = 1, 2, 3, \cdots$ 推广到任意符号 (或复数) 阶 α," 我们可以这样说: "就像将阶乘 $n!$ 从自然数 n 推广到 Gamma 函数 $\Gamma(\alpha+1)$ $(\alpha = n)$ 一样, 在这样的推广中, 我们没有唯一的解决方案 (关于 $n!$ 相应细节请参阅 Marichev [1978] 和 Marichev [1983, p. 43]). 因此, 我们在文献中看到了许多通过变量 x 来定义分数阶微分的方法. 相应的逆定义了分数阶积分, 在大多数情况下, 从 a 到 x 的分数阶积分包括积分端点处附加的点 a, 为保证其收敛性需要额外的限制. 这一点的存在分散了注意力, 因此很自然地使用 $a = 0$ 作为从 0 到 x 的积分的端点, 并允许 x 为负数或复数. 这种构造导致了从 0 开始的左 Riemann-Liouville 分数阶积分和公式 (56) 中描述的 Riemann-Liouville 分数阶导数. 在引入 Hadamard '有限部分' 概念后, 我们避免了其他 '次要' 点 $(x = 0)$ 对我们的主要点 x 的分数阶积分-微分过程的影响, 对于任意解析函数在其正则点或分支点上, 包括 $\log(x)$, $\dfrac{1}{x}$, x^c, $(x^n)^{1/m}$, 等等, 它有效地适用于所有复 x-平面. 它允许形成上述 Riemann-Liouville-Hadamard 分数阶积分-微分, 它看起来是整数阶微分及其逆 (出现了不含任意多项式的整数阶不定重积分) 的最自然的推广. 这个结论来自于对分数阶积分-微分的不同方法之间的比较以及它们如何在 Taylor 和 Fourier 级数中广泛使用的最简单的 z^λ, e^z 等基本函数上实现."

关于分数阶微分的额外信息可以在 Wolfram 虚拟技术会议 (2021 年 10 月 12—15 日) 上 Oleg Marichev, Paco Jain 题为 "分数阶微分的新进展" 的报告中找到 (参见 https://www.wolfram.com/events/technology-conference/2021/presentations/#day3), 其扩展版本 "经典积分变换的组合结构" 在 Wolfram 技术会议 (2022 年 10 月 18—21 日) 报告过 (https://www.wolfram.com/events/technology-conference/2022/). 后来,这些结果在 O. Marichev, E. Shishkina 的报告 (Marichev and Shishkina [2023]) 和 O. Marichev 的一系列互联网演讲中得到了发展. 演讲网址如下:

https://community.wolfram.com/groups/-/m/t/2821053
https://community.wolfram.com/groups/-/m/t/2838335
https://community.wolfram.com/groups/-/m/t/2861119

我们永远感谢 Paco Jain 在 Wolfram Mathematica 中编写分数阶微积分材料的帮助, 以及 Michael Trott 描述了计算机的数学函数世界, 包括主值公理化方法. 特别感谢 Igor Podlubny 慷慨地分享改进材料的想法.

参 考 文 献

Atanacković, T.M., Pilipović, S., Stanković, B. and Zorica, D. (2014) *Fractional Calculus with Applications in Mechanics: Wave Propagation, Impact and Variational Principles.* London: Wiley.

Babenko, Yu.I. (2009) *Method of Fractional Differentiation in Applied Problems of Theory Heat and Mass Transfer.* St. Petersburg: NPO "Professional".

Boguslavskaya, E., Mishura, Y. and Shevchenko, G. (2018) Replication of Wiener-transformable stochastic processes with application to financial markets with memory. In *Stochastic Processes and Applications.* SPAS 2017, eds. S. Silvestrov, A. Malyarenko and M. Rančić, Springer Proc. Math. Stat., Vol. 271, Cham: Springer, 335–361.

Bosiakov, S. (2020) Fractional calculus in biomechanics. In *Encyclopedia of Continuum Mechanics*, eds. H. Altenbach and A. Öchsner, Berlin: Springer, Vol. 2, 946–953.

Bosiakov, S. and Rogosin, S. (2015) Analytical modeling of the viscoelastic behavior of periodontal ligament with using Rabotnov's fractional exponential function. In *Computational Problems in Science and Engineering*, eds. N. Mastorakis, A. Bulucea and G. Tsekouras, Lect. Notes Electr. Eng., Vol. 343, Cham: Springer, 156–167.

Brychkov, Yu.A., Marichev, O.I. and Savischenko, N.V. (2019) *Handbook of Mellin transforms*. Adv. Appl. Math., Boca Raton, FL: CRC Press.

Butzer, P.L. and Westphal, U. (2000) An introduction to fractional calculus. In *Applications of Fractional Calculus in Physics*, ed. R. Hilfer, Singapore: World Scientific, 1–85.

Caponetto, R., Dongola, G., Fortuna, L. and Petras, I. (2010) *Fractional Order Systems: Modeling and Control Applications*. Singapore: World Scientific.

Caputo, M. (1967) Linear model of dissipation whose Q is almost frequancy independent–II. *Geophys. J. Astronom. Soc.*, **13**, 529–539.

—— (1969) *Elasticita e Dissipazione*. Bologna: Zanichelli.

—— (1995) Mean fractional-order-derivatives differential equations and filters. *Ann. Univ. Ferrara*, **41**, 73–84.

Coimbra, C.F.M. (2003) Mechanics with variable-order differential operators. *Ann. Phys.*, **12**, no 11-12, 692–703.

Cossar, J. (1941) A theorem on Cesàro summability. *J. London Math. Soc.*, **16**, 56–68.

Debnath, L. (2004) A brief historical introduction to fractional calculus. *Int. J. Math. Educ. Sci. Tech.*, **35**, no 4, 487–501.

De Oliveira, E.C. and Machado, J.A.T. (2014) A review of definitions for fractional derivatives and integral. *Math. Probl. Eng.*, 1–6.

Diethelm, K. (2004) *The Analysis of Fractional Differential Equations: An Application-oriented Exposition Using Differential Operators of Caputo Type*. Heidelberg: Springer.

—— (2020) Numerical methods for the fractional differential equations of viscoelasticity. In *Encyclopedia of Continuum Mechanics*, eds. H. Altenbach and A. Öchsner, Berlin: Springer, Vol. 3, 1927–1938.

Dimovski, I. (1966) Operational calculus for a class of differential operators. *C. R. Acad. Bulg. Sci.*, **19**, no 12, 1111–1114.

—— (1968) On an operational calculus for a differential operator. *C. R. Acad. Bulg. Sci.*, **21**, no 6, 513–516.

Dimovski, I.H. and Kiryakova, V.S. (1985) Transmutations, convolutions and fractional powers of Bessel-type operators via Meijer's G-function. In *"Complex Analysis and Applications'83" (Proc. Intern. Conf. Varna 1983)*, Sofia, 45–66.

Dzhrbashjan, M.M. (1967) The generalized Riemann–Liouville operator and some of its applications. *Dokl. USSR Academy of Sciences*, **177**, no 4, 767–770.

—— (1968) The generalized Riemann–Liouville operator and some of its applications. *Izv. Akad. Nauk SSSR, Ser. Matem.*, **32**, no 5, 1075–1111.

—— (1981) The basis property of biorthogonal systems generated by boundary value problems for fractional differential operators. *Dokl. RAN SSSR*, **261**, no 5, 1054–1058.

Dzhrbashjan, M.M. and Nersesyan, A.B. (1958) On the application of certain integro-differential operators. *Dokl. USSR Academy of Sciences*, **121**, no 2, 210–213.

—— (1960) Expansions in special biorthogonal systems and boundary value problems for fractional differential equations. *Dokl. USSR Academy of Sciences*, **132**, no 4, 747–750.

—— (1961) Expansions in some biorthogonal systems and boundary value problems for fractional differential equations. *Tr. MMO*, **10**, 89–179.

—— (1968) Fractional derivatives and Cauchy problems for fractional differential equations. *Izv. Acad. Nauk Arm. SSR*, **3**, no 1, 3–28.

Engheta, N. (1996) On fractional calculus and fractional multipoles in electromagnetism. *IEEE Trans. Antennas and Propagation*, **44**, no 4, 554–566.

—— (1997) On the role of fractional calculus in electromagnetic theory. *IEEE Antennas Propag. Mag.*, **39**, no 4, 35–46.

Fahad, H.M. and Fernandez, A. (2021) Operational calculus for Riemann-Liouville fractional calculus with respect to functions and the associated fractional differential equations. *Fract. Calc. Appl. Anal.*, **24**, no 2, 518–540.

Gelfand, I.M. and Shilov, G.E. (2016) *Generalized Functions, Vol. 1: Properties and Operations*. Providence: AMS Chelsea Publishing.

Gemant, A. (1936) A method of analyzing experimental results obtained from elasto-viscous bodies. *Phys.*, **7**, 311–317.

Gerasimov, A.N. (1948) Generalization of the linear laws of deformation and their application to the problems of internal friction. *Academy of Sciences of the USSR. Applied Mathematics and Mechanics*, **12**, 529–539.

Gorenflo, R., Mainardi, F. and Rogozin, S. (2019) *Mittag-Leffler Function: Properties and Applications*. Berlin: De Gryter.

Grigoletto, E.C. and De Oliveira, E.C. (2013) Fractional versions of the fundamental theorem of calculus. *Appl. Math.*, **4**, 23–33.

Hadamard, J. (1892) Essai sur l'étude des fonctions données par leur développement de Taylor. *J. Math. Pures et Appl.*, Ser. 4, **8**, 101–186.

Herrmann, R. (2018) *Fractional Calculus: An Introduction for Physicists (Third Edition)*. Singapore: World Scientific.

Jiao, Z., Chen, Y.Q. and Podlubny, I. (2012) *Distributed-order Dynamic Systems: Stability, Simulation, Applications and Perspectives*. London: Springer.

Jumarie, G. (2006) Modified Riemann-Liouville derivative and fractional Taylor series of nondifferentiable functions further results. *Comput. Math. Appl.*, **51**, 1367–1376.

Kaminsky, A.A., Selivanov, M.F. and Chornoivan, Yu.O. (2020) Fractional-order operators in fracture mechanics. In *Encyclopedia of Continuum Mechanics*, eds. H. Altenbach and A. Öchsner, Berlin: Springer, Vol. 2, 982–989.

Katrakhov, V.V. and Sitnik, S.M. (2018) The transmutation method and boundary-value problems for singular elliptic equations. *Contemporary Mathematics. Fundamental Directions*, **64**, no 2, 211–426.

Kilbas, A.A. (1975) Power-logarithmic integrals in spaces of Hölder functions (Russian). *Vescī Akad. Navuk BSSR, Ser. Fīz.-Mat. Navuk*, no 1, 37–43.

—— (1978) Operators of potential type with power-logarithmic kernels in Holder spaces with weight (Russian). *Vescī Akad. Navuk BSSR, Ser. Fīz.-Mat. Navuk*, no 2, 29–39.

Kilbas, A.A., Srivastava, H.M. and Trujillo, J.J. (2006) *Theory and Applications of Fractional Differential Equation*. Amsterdam: Elsevier Science B.V.

Kiryakova, V. (1994) *Generalized Fractional Calculus and Applications*. Pitman Res. Notes Math. Ser., Vol. 301, New York: Longman Scientific & Technical, Harlow, Co-publ. John Wiley.

Kolokoltsov, V.N. (2019) The probabilistic point of view on the generalized fractional partial differential equations. *Fract. Calc. Appl. Anal.*, **22**, 543–600.

Lazarević, M.P., Milan, R.R. and Tomislav, B.Š. (2014) Introduction to fractional calculus with brief historical background. *Adv. Top. Appl. Fractional Calc. Control Probl. Syst. Stab. Model.*, **3**, 82–85.

Leonenko, N. and Podlubny, I. (2022a) Monte Carlo method for fractional-order differentiation. *Fract. Calc. Appl. Anal.*, **25**, 346–361.

—— (2022b) Monte Carlo method for fractional-order differentiation extended to higher orders. *Fract. Calc. Appl. Anal.*, **25**, 841–857.

Letnikov, A.V. (1868) Theory of differentiation of fractional order. *Math. Sb.*, **3**, 1–7.

Li, C.P. and Cai, M. (2019) *Theory and Numerical Approximations of Fractional Integrals and Derivatives*. Philadelphia: SIAM.

Li, C.P. and Deng, W.H. (2007) Remarks on fractional derivatives. *Appl. Math. Comput.*, **187**, 777–784.

Li, C.P., Wu, Y.J. and Ye, R.S. (2013) *Recent Advances in Applied Nonlinear Dynamics with Numerical Analysis*. Singapore: World Scientific.

Li, C.P. and Zeng, F.H. (2015) *Numerical Methods for Fractional Calculus*. Boca Raton, FL: CRC Press.

Luchko, Y.F. and Gorenflo, R. (1999) An operational method for solving fractional differential equations. *Acta Math. Vietnamica*, **24**, 207–234.

Luchko, Y.F. and Kiryakova, V. (2013) The Mellin integral transform in fractional calculus. *Fract. Calc. Appl. Anal.*, **16**, 405–430.

Machado, J.T. and Kiryakova, V. (2019) Recent history of the fractional calculus: data and statistics. In *Basic Theory*, eds. A. Kochubei and Y. Luchko, Berlin: De Gruyter, Vol. 1, 1–22.

Machado, J.T., Kiryakova, V. and Mainardi, F. (2011) Recent history of fractional calculus. *Commun. Nonlinear Sci. Numer. Simulat.*, **16**, 1140–1153.

Mainardi, F. (2010) *Fractional Calculus and Waves in Linear Viscoelasticity: An Introduction to Mathematical Models*. London: Imperial College Press.

Malinowska, A.B., Odzijewicz, T. and Torres, D.F.M. (2015) *Advanced Methods in the Fractional Calculus of Variations*. SpringerBriefs Appl. Sci. Technol., Cham: Springer.

Marichev, O. and Shishkina, E. (2023) Fractional order differentiation of Meijer G-functions and their cases. In *book of matherials of the International Conference Polynomial Computer Algebra 2023*, St. Peterburg department of Steklov Institute of Mathematics, RAS, 113–117.

Marichev, O.I. (1978) *A Method of Calculating Integrals of Special Functions (Theory and Tables of Formulas)*. Minsk: Nauka i Tekhnika.

—— (1983) *Handbook of Integral Transforms of Higher Transcendental Functions (Theory and Algorithmic Tables)*. New York: Ellis Horwood Ltd.

McBride, A.C. (1982) Fractional powers of a class of ordinary differential operators. *Proc. London Math. Soc.*, **3**, no 45, 519–546.

Meilanov, R.P. and Magomedov, R.A. (2014) Thermodynamics in fractional calculus. *J. Eng. Phys. Thermophy*, **87**, no 6, 1521–1531.

Miller, K.S. and Ross, B. (1993) *An Introduction to the Fractional Calculus and Fractional Differential Equations*. New York: Jon Wiley & Sons. Inc.

Mishura, Yu.S. (2008) *Stochastic Calculus for Fractional Brownian Motion and Related Processes.* Berlin: Springer-Verlag.

Monteiro, N.Z. and Mazorche, S.R. (2021) Fractional derivatives applied to epidemiology. *Trends Comput. Appl. Math.*, **22**, no 2, 157–177.

Novozhenova, O.G. (2017) Life and science of Alexey Gerasimov, one of the pioneers of fractional calculus in Soviet Union. *Fract. Calc. Appl. Anal.*, **20**, no 3, 3–14.

Ogata, H. (2019) A numerical method of computing Hadamard finite-part integrals with an integral power singularity at the endpoint on a half infinite interval, arXiv: 1910.00807v1.

Ortigueira, M.D. (2011) *Fractional Calculus for Scientists and Engineers.* Dordrecht: Springer.

Ortigueira, M.D. and Trujillo, J.J. (2012) A unified approach to fractional derivatives. *Commun. Nonlinear Sci. Numer. Simul.*, **17**, no 12, 5151–5157.

Osler, T.J. (1970) Leibniz rule for fractional derivatives generalized and an application to infinite series. *SIAM J. Appl. Math.*, **18**, 658–674.

Petras, I. (2011) *Fractional-order Nonlinear Systems: Modeling, Analysis and Simulation.* Berlin: Springer Science and Business Media.

Petras, I., Podlubny, I., O'Leary, P., Dorcak, L. and Vinagre, B. (2002) *Analogue Realization of Fractional Order Controllers.* Kosice: FBERG, Technical University of Kosice, 1–84.

Podlubny, I. (1994) Fractional-order systems and fractional-order controllers. UEF-03-94, *Inst. Exp. Phys., Slovak Acad. Sci.*, 1–21.

—— (1999a) *Fractional Differential Equations: An Introduction to Fractional Derivatives, Fractional Differential Equations, to Methods of Their Solution and Some of Their Applications.* Math. Sci. Engrg., Vol. 198, San Diego: Academic Press.

—— (1999b) Fractional-order systems and $PI^\lambda D^\mu$-controllers. *IEEE Trans. Automat. Control*, **44**, no 1, 208–214.

—— (2000) Matrix approach to discrete fractional calculus. *Fract. Calc. Appl. Anal.*, **3**, no 4, 359–386.

Podlubny, I., Chechkin, A., Skovranek, T., Chen, Y.Q. and Vinagre Jara, B.M. (2009) Matrix approach to discrete fractional calculus II: Partial fractional differential equations. *J. Comput. Phys.*, **228**, no 8, 3137–3153.

Podlubny, I., Magin, R.L. and Trymorush, I. (2017) Niels Henrik Abel and the birth of fractional calculus. *Fract. Calc. Appl. Anal.*, **20**, no 5, 1068–1075.

Podlubny, I., Skovranek, T., Vinagre Jara, B.M., Petras, I., Verbitsky, V. and Chen, Y.Q. (2013) Matrix approach to discrete fractional calculus III: nonequidistant grids, variablestep length and distributed orders. *Philos. Trans. R. Soc. Lond. Ser. A Math. Phys. Eng. Sci.*, **371**, Paper No. 20120153, 1–15.

Povstenko, Yu. (2020) Fractional calculus in thermoelasticity. In *Encyclopedia of Continuum Mechanics*, eds. H. Altenbach and A. Öchsner, Berlin: Springer, Vol. 2, 953–961.

Prudnikov, A.P., Marichev, O.I. and Brychkov, Yu.A. (1990) *Integrals and Series, Vol. 3: More Special Functions.* Newark, NJ: Gordon and Breach.

Pskhu, A.V. (2005a) *Partial Partial Differential Equations.* Nauka: Moscow.

—— (2005b) *Boundary Value Problems for Fractional and Continuum Differential Partial Differential Equations.* Nalchik: ed. KBSC RAS.

Rabotnov, Yu.N. (2014) Equilibrium of an elastic medium with after-effect. *Fract. Calc. Appl. Anal.*, **17**, 684–696.

Rogosin, S. and Dubatovskaya, M. (2018) Letnikov vs. Marchaud: A survey on two prominent constructions of fractional derivatives. *Mathematics*, **6**, no 1, Paper No. 3.

Rogosin, S. and Mainardi, F. (2014) George Scott Blair–the pioneer of fractional calculus in rheology. *Commun. Appl. Ind. Math.*, **6**, no 1, e-481, 20 pp.

Ross, B. (1975) A brief history and exposition of the fundamental theory of fractional calculus. In *Fractional Calculus and Its Applications*, ed. B. Ross, Lect. Notes Math., Vol. 457, Berlin, Heidelberg: Springer, 1–36.

Rossikhin, Yu.A. (2010) Reflections on two parallel ways in progress of fractional calculus in mechanics of solids. *Appl. Mech. Rev.*, **63**, no 1, 1–12.

Rossikhin, Yu.A. and Shitikova, M.V. (1997) Applications of fractional calculus to dynamic problems of linear and nonlinear hereditary mechanics of solids. *Appl. Mech. Rev.*, **50**, no 1, 15–67.

—— (2010) Application of fractional calculus for dynamic problems of solid mechanics: Novel trends and recent results. *Appl. Mech. Rev.*, **63**, no 1, Paper No. 010801.

—— (2015) Features of fractional operators involving fractional derivatives and their applications to the problems of mechanics of solids. In *Fractional Calculus: History, Theory and Applications*, New York: Nova Science Publishers, Chap. 8, 165–226.

—— (2019a) Fractional calculus models in dynamic problems of viscoelasticity. In *Handbook of Fractional Calculus with Applications. Vol. 7: Applications in Engineering, Life and Social Sciences, Part A*, eds. D. Baleanu and A.M. Lopes, Berlin: De Gruyter, 139–158.

—— (2019b) Fractional calculus in structural mechanics. In *Handbook of Fractional Calculus with Applications. Vol 7: Applications in Engineering, Life and Social Sciences, Part A*, eds. D. Baleanu and A.M. Lopes, Berlin: De Gruyter, 159–192.

—— (2020) Fractional operator models of viscoelasticity. In *Encyclopedia of Continuum Mechanics*, eds. H. Altenbach and A. Öchsner, Berlin: Springer, Vol. 2, 971–982.

Rutman, R.S. (1995) On physical interpretations of fractional integration and differentiation. *Theor. Math. Phys.*, **105**, 1509–1519.

Saigo, M. (1977) A remark on integral operators involving the Gauss hypergeometric functions. *Math. Rep. Kyushu Univ.*, **11**, no 2, 135–143.

Samko, S.G. (1995) Fractional integration and differentiatin of variable order. *Anal. Math.*, **21**, 213–236.

Samko, S.G. and Ross, B. (1993) Integration and differentiation to a variable fractional order. *Integral Transform. Spec. Funct.*, **1**, no 4, 277–300.

Scott Blair, G.W. (1944) Analytical and integrative aspects of the stress-strain-time problem. *J. Sci. Instrum.*, **21**, no 5, 80–84.

Shishkina, E.L. and Sitnik, S.M. (2017a) On fractional powers of Bessel operators. *J. Inequal. Spec. Funct.*, **8**, no 1, 49–67.

—— (2017b) On fractional powers of Bessel operators. *J. Inequal. Spec. Funct.*, Special issue To honor Prof. Ivan Dimovski's contributions, **8**, no 1, 49–67.

—— (2020) *Transmutations, Singular and Fractional Differential Equations with Applications to Mathematical Physics.* Math. Sci. Eng., London: Elsevier, Academic Press.

Shitikova, M.V. (2019) Wave theory of impact and professor Yury Rossikhin contribution in the field (A Memorial Survey). *J. Mater. Eng. Perform.*, **28**, no 6, 1–13.

—— (2022) Fractional operator viscoelastic models in dynamic problems of mechanics of solids: A review. *Mech. Solids*, **57**, no 1, 1–33.

Shitikova, M.V. and Krusser, A.I. (2022) Models of viscoelastic materials: a review on historical development and formulation. In *Theoretical Analyses, Computations, and Experiments of Multiscale Materials*, eds. I. Giorgio, L. Placidi, E. Barchiesi, B.E. Abali and H. Altenbach, Adv. Struct. Mater., Vol. 175, Cham: Springer, Chapter 14, 285–326.

Shkhanukov, M.K. (1996) On the convergence of difference schemes for differential equations with a fractional derivative. *Dokl. Akad. Nauk*, **348**, no 6, 746–748.

Sitnik, S.M. and Shishkina, E.L. (2019) *Transmutation Operators Method for Differential Equations with Bessel Operator*. Moscow: Fizmathlit.

Sprinkhuizen-Kuyper, I.G. (1979) A fractional integral operator corresponding to negative powers of a certain second-order differential operator. *J. Math. Anal. Appl.*, **72**, 674–702.

Stanislavsky, A.A. (2004) Probabilistic interpretation of the integral of fractional order. *Theor. Math. Phys.*, **138**, 418–431.

Sun, H.G., Zhang, Y., Baleanu, D., Chen, W. and Chen, Y.Q. (2018) A new collection of real world applications of fractional calculus in science and engineering. *Commun. Nonlinear Sci. Numer. Simulat.*, **64**, 213–231.

Teodoro, G.S., Machado, J.A.T. and De Oliveira, E.C. (2019) A review of definitions of fractional derivatives and other operators. *J. Comput. Phys.*, **388**, 195–208.

Uchaikin, V.V. (2013) *Fractional Derivatives for Physicists and Engineers*. Berlin, Heidelberg: Springer.

—— (2019) Fractional models in hydromechanics. *Izv. Vyssh. Uchebn. Zav. Prikl. Nelin. Din.*, **27**, no 1, 5–40.

Valério, D., Machado, J.T. and Kiryakova, V. (2014) Some pioneers of the applications of fractional calculus. *Fract. Calc. Appl. Anal.*, **17**, 552–578.

West, B.J., Bologna, M. and Grigolini, P. (2003) *Physics of Fractal Operators*. New York: Springer-Verlag.

Zaslavsky, G.M. (2002) Chaos, fractional kinetics, and anomalous transport. *Phys. Rep.*, **371**, 461–580.

—— (2005) *Hamiltonian Chaos and Fractional Dynamics*. New York: Oxford University Press.

Zhmakin, A.I. (2022) *A Compact Introduction to Fractional Calculus*, arXiv: 2301. 00037v1.

《现代数学译丛》已出版书目

（按出版时间排序）